Charles Darwin

Gesammelte Werke

Charles Darwin

Gesammelte Werke

Nach Übersetzungen aus dem Englischen von:
J. Victor Carus

Zweitausendeins

Lizenzausgabe mit freundlicher Genehmigung
der Wunderkammer Verlag GmbH, Neu-Isenburg 2009
für Zweitausendeins, Postfach, D-60381 Frankfurt am Main

Umschlaggestaltung: Sabine Kauf, Publicontor, Hamburg

Satz: Karsten Bittner, Bittner Dokumedia, Wöllstadt
Druck: GGP Media GmbH, Pößneck

Printed in Germany

Alle Rechte vorbehalten, insbesondere das Recht der mechanischen,
elektronischen oder fotografischen Vervielfältigung, der Einspeicherung
und Verarbeitung in elektronischen Systemen und Kommunikationsmitteln,
des Nachdrucks in Zeitschriften oder Zeitungen, des öffentlichen Vortrags,
der Verfilmung oder Dramatisierung, der Übertragung durch Rundfunk,
Fernsehen oder Internet, auch einzelner Text- und Bildteile.
Der gewerbliche Weiterverkauf und der gewerbliche Verleih von Büchern,
CDs, CD-ROMs, DVDs, Downloads, Videos, Streamings
oder anderen Sachen aus der Zweitausendeins-Produktion
bedürfen in jedem Fall
der schriftlichen Genehmigung durch die Geschäftsleitung
vom Zweitausendeins Versand in Frankfurt am Main.

Dieses Buch gibt es nur bei Zweitausendeins im Versand:
Postfach, D-60381, Frankfurt am Main,
Telefon: (069) 4 20 80 00, Fax: (069) 41 50 03.
Internet: www.Zweitausendeins.de, E-Mail: Service@Zweitausendeins.de.
Oder in den Zweitausendeins-Läden in Aachen, Augsburg, Bamberg, 2 x in Berlin, in Bochum,
Bonn, Bremen, Darmstadt, Dortmund, Dresden, 2 x in Düsseldorf, in Duisburg,
Erfurt, Essen, Frankfurt am Main, Freiburg, Göttingen, Gütersloh, 2 x in
Hamburg, in Hannover, Karlsruhe, Kiel, Koblenz, Köln, Konstanz, Leipzig, Ludwigsburg, Mannheim,
Marburg, München, Münster, Neustadt/Weinstraße, Nürnberg, Oldenburg,
Osnabrück, Speyer, Stuttgart, Trier, Tübingen, Ulm, Würzburg.

In der Schweiz über buch 2000, Postfach 89, CH-8910 Affoltern a. A.

ISBN 978-3-86150-773-4

Inhalt

Erster Teil: Reise eines Naturforschers um die Welt 7

Zweiter Teil: Über die Entstehung der Arten 347

Dritter Teil: Die Abstammung des Menschen 693

Vierter Teil: Der Ausdruck der Gemütsbewegungen 1163

Erster Teil

Reise eines Naturforschers um die Welt

Inhalt (Erster Teil)

Vorwort 15

Erstes Kapitel 17

St. Jago – Inseln des grünen Vorgebirges

Porto Praya – Ribeira Grande – Atmosphärischer Staub mit Infusorien – Lebensweise einer Seeschnecke und eines Tintenfisches – Insekten, die ersten Kolonisten auf Inseln – Fernando Noronha – Bahia – Polierte Felsen – Lebensweise eines *Diodon* – Pelagische Conferven und Infusorien – Ursachen der Färbungen des Meerwassers

Zweites Kapitel 28

Rio de Janeiro

Rio de Janeiro – Exkursion nördlich von Kap Frio – Große Verdunstung – Sklaverei – Botofogo-Bay – Land-Planarien – Wolken auf dem Corcovado – Starker Regen – Singende Frösche – Leuchtende Insekten – Schnellvermögen des *Elater* – Blauer Dunst – Von einem Schmetterling hervorgebrachtes Geräusch – Entomologie – Ameisen – Wespe, die eine Spinne tötet – Parasitische Spinne – Schlauheit einer *Epeira* – Gesellig lebende Spinne – Spinne mit einem unsymmetrischen Gewebe

Drittes Kapitel 41

Maldonado

Monte Video – Maldonado – Ausflug nach dem Rio Polanco – Lasso und Bolas – Rebhühner – Fehlen von Bäumen – Hirsche – Capybara oder Flußschwein – Tucu-tuco – *Molothrus*, kuckucksartige Gewohnheiten – Tyrannen-Fliegenschnäpper – Spottvogel – Aasfalken – Blitzröhren – Haus vom Blitz getroffen

Viertes Kapitel 56

Vom Rio Negro nach Bahia Blanca

Rio Negro – Estancias von den Indianern angegriffen – Salzseen – Flamingos – Vom Rio Negro zum Rio Colorado – Heiliger Baum – Patagonischer Hase – Indianerfamilien – General Rosas – Weiterreise nach Bahia Blanca – Sanddünen – Negerlieutenant – Bahia Blanca – Salzinkrustationen – Punta Alta – Zorillo

Fünftes Kapitel 68

Bahia Blanca

Bahia Blanca – Geologie – Zahlreiche ausgestorbene gigantische Säugetiere – Neuerliches Aussterben – Langlebigkeit der Spezies – Große Tiere bedürfen keiner üppigen Vegetation – Süd-Afrika – Sibirische Fossile – Zwei Spezies von Strauß – Lebensweise des Ofenvogels – Armadillos – Giftschlange, Kröte, Eidechse – Winterschlaf der Tiere – Lebensweise einer Seefeder – Indianische Kriege und Metzeleien – Pfeilspitze, antiquarische Reliquie

Sechstes Kapitel 84

Von Bahia Blanca nach Buenos Aires

Aufbruch nach Buenos Aires – Rio Sauce – Sierra Ventana – Dritte Posta – Pferdetreiben – Bolas – Rebhühner und Füchse – Charakter der Landschaft – Langbeiniger Regenpfeifer – Terutero – Hagelwetter – Natürliche Einzäunungen in der Sierra Tapalguen – Pumafleisch – Fleischkost – Guardia del Monte – Wirkungen der Rinder auf die Vegetation – Cardonen – Buenos Aires – Corral, wo Rinder geschlachtet werden

Siebtes Kapitel 95

Von Buenos Aires nach Santa Fé

Ausflug nach Santa Fé – Distelbeete – Lebensart der Viscache – Kleine Eule – Salinenflüsse – Flache Ebenen – *Mastodon* – Santa Fé – Änderung in der Landschaft – Geologie – Zahn des ausgestorbenen Pferdes – Verwandtschaft der fossilen und lebenden Säugetiere von Nord- und Süd-Amerika – Wirkungen großer Dürre – Parana – Lebensweise des Jaguar – Scherenschnabel – Eisvogel, Papagei und Scherenschwanz – Revolution – Buenos Aires – Zustand der Regierung

Achtes Kapitel 108

Banda Oriental und Patagonien

Ausflug nach Colonia del Sacramiento – Wert einer Estancia – Wie die Rinder gezählt werden – Eigentümliche Rinderrasse – Durchbohrte Rollsteine – Schäferhunde – Zähmung der Pferde, das Reiten der Gauchos – Charakter der Einwohner – Rio Plata – Schwärme von Schmetterlingen – Luftschiffende Spinnen – Meerleuchten – Port Desire – Guanaco – Port St. Julian – Geologie von Patagonien – Fossile Riesentiere – Beständigkeit der Organisationstypen – Veränderungen der amerikanischen Fauna – Ursachen des Aussterbens

Neuntes Kapitel 131

Santa Cruz, Patagonien und die Falkland-Inseln

Santa Cruz – Expedition stromaufwärts – Indianer – Ungeheure Ströme basaltischer Lava – Felsstücke, die der Fluß nicht fortgeführt hat – Aushöhlung des Tals – Lebensweise des Kondors – Cordillera – Erratische Blöcke von bedeutender Größe – Indianer-Reliquien – Rückkehr zum Schiff – Falkland-Inseln – Wilde Pferde, Rinder, Kaninchen – Wolfartiger Fuchs – Feuer mit Knochen angemacht – Art, das wilde Rind zu jagen – Geologie – Steinströme – Gewaltszenen – Pinguin – Gänse – Eierschnüre einer Doris – Zusammengesetzte Tiere

Zehntes Kapitel 149

Das Feuerland

Das Feuerland, erstes Betreten – Good Success Bay – Schilderung der Feuerländer an Bord – Zusammenkunft mit den Wilden – Szenerie der Wälder – Kap Hoorn – Wigwam-Bucht – Elender Zustand der Wilden – Hungersnöte – Kannibalismus – Muttermord – Religiöse Gefühle – Großer Sturm – Beagle-Kanal – Ponsonby-Sund – Wir bauen Wigwams und richten die Feuerländer ein – Gabelung des Beagle-Kanals – Gletscher – Rückkehr zum Schiff – Zweiter Besuch bei der Niederlassung mit dem Schiff – Gleichheit des Zustands unter den Wilden

Elftes Kapitel 166

Magellan-Straße – Klima der südlichen Küsten

Magellan-Straße – Port Famine – Besteigung des Mount Tarn – Wälder – Eßbarer Pilz – Zoologie – Großer Tang – Wir verlassen Feuerland – Klima – Fruchtbäume und Naturerzeugnisse der südlichen Küsten – Höhe der Schneegrenze an der Cordillera – Herabsteigen von Gletschern bis zum Meer – Bildung von Eisbergen – Transport von Felsblöcken – Klima und Naturprodukte der antarktischen Inseln – Erhaltung gefrorener Tierleichen – Rekapitulation

Zwölftes Kapitel 180

Zentrales Chile

Valparaiso – Exkursion zum Fuß der Anden – Bildung des Landes – Besteigung des Glockenbergs von Quillota – Zerstreute Massen von Grünstein – Ungeheure Täler – Bergwerke – Lage der Bergleute – Santiago – Warme Bäder von Cauquenes – Goldminen – Mühlen – Durchbohrte Steine – Lebensweise des Puma – El Turco und Tapacolo – Kolibris

Dreizehntes Kapitel 193

Chiloë und Chonos-Inseln

Chiloë – Allgemeines Aussehen – Bootsausflug – Eingeborene Indianer – Castro – Zahmer Fuchs – Besteigung von San Pedro – Chonos-Archipel – Halbinsel von Tres Montes – Granitische Bergkette – Schiffbrüchige Matrosen – Lows Hafen – Wilde Kartoffel – Bildung von Torf – *Myopotamus*, Otter und Mäuse – Cheucau und bellender Vogel – *Opetiorhynchus* – Eigentümlicher Charakter der Ornithologie – Sturmvögel

Vierzehntes Kapitel 205

Chiloë und Concepcion: Großes Erdbeben

San Carlos, Chiloë – Ausbruch des Osorno, gleichzeitig mit dem Aconcagua und Coseguina – Ritt nach Cucao – Undurchdringliche Wälder – Valdivia – Indianer – Erdbeben – Concepcion – Großes Erdbeben – Felsen gespalten – Ansehen der früheren Städte – Das Meer schwarz und siedend – Richtung der Schwingungen – Steine herumgedreht – Große Welle – Permanente Erhebung des Landes – Verbreitungsbezirk der vulkanischen Erscheinungen – Zusammenhang zwischen den hebenden und eruptiven Kräften – Ursache der Erdbeben – Langsame Erhebung der Gebirgsketten

Fünfzehntes Kapitel 219

Übergang über die Cordillera

Valparaiso – Portillo-Paß – Spürkraft der Maultiere – Bergströme – Bergwerke, wie sie entdeckt werden – Beweise für die allmähliche Erhebung der Cordillera – Wirkung des Schnees auf Felsen – Geologischer Bau der beiden Hauptketten; ihr verschiedener Ursprung und Erhebung – Große Senkung – Roter Schnee – Winde – Schneesäulen – Trockene und klare Atmosphäre – Elektrizität – Pampas – Zoologie der beiden gegenüberliegenden Seiten der Anden – Heuschrecken – Große Wanzen – Mendoza – Uspallata-Paß – Verkieselte Bäume, so wie sie wuchsen, begraben – Inkas-Brücke – Schlimmer Zustand der Pässe übertrieben – Cumbre – Casuchas – Valparaiso

Sechzehntes Kapitel 235

Nördliches Chile und Peru

Küstenstraße nach Coquimbo – Große, von den Bergleuten getragene Lasten – Coquimbo – Erdbeben – Stufenförmige Terrassen – Mangel neuerer Ablagerungen – Gleichzeitigkeit der Tertiärbildungen – Exkursion talaufwärts – Straße nach Guasco – Wüsten – Tal von Copiapó – Regen und Erdbeben – Wasserscheu – Das Despoblado – Indianer-Ruinen – Wahrscheinliche Änderung des Klimas – Flußbett durch Erdbeben gehoben – Kalte Windstöße – Lärm von einem Berge – Iquique – Salz-Alluvium – Salpetersaures Natron – Lima – Ungesundes Land – Ruinen von Callao, von einem Erdbeben umgestürzt – Neuerliche Senkung – Muscheln von San Lorenzo, gehoben und zersetzt – Ebene mit eingeschlossenen Muscheln und Töpferei-Bruchstükken – Alter der Indianer-Rasse

Siebzehntes Kapitel 258

Galapogos-Archipel

Die ganze Inselgruppe vulkanisch – Zahl der Krater – Blattlose Gebüsche – Kolonie auf der Charles-Insel – James-Insel – Salzsee in einem Krater – Naturgeschichte der Gruppe – Ornithologie, merkwürdige Finken – Reptilien – Große Schildkröten, ihre Lebensweise – Marine Eidechse, lebt von Seegras – Land-Eidechse, Gewohnheit zu graben, pflanzenfressend – Bedeutung der Reptilien auf dem Archipel – Fische, Schaltiere, Insekten – Botanik – Amerikanischer Organisationstypus – Verschiedenheiten der Arten oder Rassen auf den verschiedenen Inseln – Zahmheit der Vögel – Furcht vor dem Menschen, ein erworbener Instinkt

Achtzehntes Kapitel 277

Tahiti und Neu-Seeland

Fahrt durch den Archipel der Niedrigen Inseln – Tahiti – Anblick – Vegetation der Berge – Ansicht von Eimeo – Exkursion in das Innere – Tiefe Schluchten – Reihe von Wasserfällen – Große Zahl wilder nutzbarer Pflanzen – Mäßigkeit der Einwohner – Ihr moralischer Zustand – Versammlung des Parlaments – Neu-Seeland – Insel-Bay – Hippahs – Exkursion nach Waimate – Missionar-Niederlassung – Englische Unkräuter, hier verwildert – Waiomio – Begräbnis einer neuseeländischen Frau – Abfahrt nach Australien

Neunzehntes Kapitel 297

Australien

Sydney – Exkursion nach Bathurst – Anblick der Wälder – Gesellschaft Eingeborener – Allmähliches Aussterben der Ureinwohner – Ansteckung durch Zusammenleben mit gesunden Menschen erzeugt – Blaue Berge – Anblick der großen golfartigen Täler – Ihr Ursprung und ihre Bildung – Bathurst, allgemeine Höflichkeit der niederen Klassen – Zustand der Gesellschaft – Van Diemen's Land – Hobart Town – Eingeborene sämtlich verbannt – Wellington-Berg – King George's Sund – Ungemütliches Aussehen des Landes – Bald Head, kalkige Abgüsse von Baumzweigen – Gesellschaft Eingeborener – Verlassen Australiens

Zwanzigstes Kapitel 311

Keeling-Insel – Korallenbildungen

Keeling-Insel – Eigentümliches Aussehen – Kümmerliche Flora – Transport von Samen – Vögel und Insekten – Quelle mit Ebbe und Flut – Felder von toten Korallen – In den Wurzeln von Bäumen transportierte Steine – Große Krabbe – Nesseln der Korallen – Korallenfressender

Fisch – Korallenbildungen – Lagunen-Inseln oder Atolle – Tiefe, in welcher riffbildende Korallen leben können – Ungeheure Flächen mit niedrigen Korallen-Inseln besät – Senkung ihrer Grundlagen – Kanalriffe – Strandriffe – Umwandlung der Strandriffe in Kanalriffe und in Atolle – Beweise für die Veränderungen im Niveau – Durchbrüche in Kanalriffen – Maldiva-Atolle; ihr eigentümlicher Bau – Abgestorbene und untergesunkene Riffe – Senkungs- und Erhebungsbezirke – Verbreitung der Vulkane – Das Sinken ist langsam und dem Betrag nach ungeheuer

Einundzwanzigstes Kapitel 330

Von Mauritius nach England

Mauritius, wundervoller Anblick – Großer kraterförmiger Ring von Bergen – Hindus – St. Helena – Geschichte der Veränderung der Vegetation – Ursache des Aussterbens von Landschnecken – Ascension – Abänderung der eingeführten Ratten – Vulkanische Bomben – Infusorienschichten – Bahia – Brasilien – Pracht der tropischen Szenerie – Pernambuco – Eigentümliches Riff – Sklaverei – Rückkehr nach England – Rückblick auf unsere Reise

Vorwort

Infolge eines von Kapitän Fitz Roy ausgesprochenen Wunsches, einen Naturforscher an Bord zu haben, bot ich meine Dienste an; auf freundliche Verwendung des Hydrographen, Kapitän Beaufort, hießen die Lords der Admiralität das Vorhaben gut. Da ich lebhaft fühle, daß ich die Gelegenheit, die Naturgeschichte der verschiedenen von uns besuchten Länder zu studieren, ganz und gar Kapitän Fitz Roy verdanke, sei es mir gestattet, den Ausdruck meiner Dankbarkeit hier zu wiederholen und noch hinzuzufügen, daß ich während der fünf Jahre, welche wir zusammen verlebten, die herzlichste Freundschaft und stete Hilfe von ihm erfahren habe. Sowohl Kapitän Fitz Roy als allen Offizieren der „Beagle" werde ich mich stets für die nie ermüdende Freundlichkeit, mit welcher ich während unserer langen Reise behandelt wurde, auf das Dankbarste verpflichtet fühlen. Namentlich danke ich Mr. Bynoe, dem Schiffsarzt, aufrichtigst für die mir, als ich krank in Valparaiso lag, erwiesene freundliche Aufmerksamkeit.

Der vorliegende Band enthält in der Form eines Tagebuchs eine Geschichte unserer Reise und eine Skizze derjenigen Beobachtungen aus den Gebieten der Naturgeschichte und Geologie, welche, wie ich glaube, für ein größeres Publikum Interesse besitzen. Ich habe in dieser Bearbeitung einige Teile bedeutend zusammengezogen und verbessert und zu anderen Zusätze gemacht, um die Schrift einem weiteren Leserkreis zusagender zu machen; ich hoffe aber, daß die Naturforscher sich erinnern werden, daß sie in Betreff der Einzelheiten sich an die größeren Publikationen wenden müssen, welche die wissenschaftlichen Resultate der Expedition umfassen. Die „Zoology of the Voyage of the Beagle" enthält eine Schilderung der fossilen Säugetiere von Prof. Owen, der lebenden Säugetiere von Mr. Waterhouse, der Vögel von Mr. Gould, der Fische von Mr. L. Jenyns und der Reptilien von Mr. Bell. Der Beschreibung einer jeden Spezies habe ich eine Schilderung ihrer Lebensweise und Verbreitung hinzugefügt. Diese Schriften, welche wir den Kenntnissen und dem selbstlosen Eifer der genannten ausgezeichneten Forscher verdanken, hätten nicht veröffentlicht werden können, hätten nicht die Lords Commissioners of Her Majesty's Treasury auf die Vorstellung des Lordkanzlers der Schatzkammer in höchst liberaler Weise die Summe von tausend Pfund Sterling als Beitrag zu den Herstellungskosten bewilligt.

Ich selbst habe noch besondere Werke herausgegeben: „Über den Bau und die Verbreitung der Korallen-Riffe", „Über die während der Reise der ‚Beagle' besuchten vulkanischen Inseln", und „Über die Geologie von Süd-Amerika". Der fünfte und sechste Band der „Geological Transactions" enthält zwei Aufsätze von mir „Über die Erratischen Blöcke" und „Über die vulkanischen Erscheinungen von Süd-Amerika". Die Herren Waterhouse, Walker, Newman und White haben mehrere vortreffliche Aufsätze über die von mir gesammelten Insekten geschrieben, und ich denke, es werden noch mehr davon folgen. Die Pflanzen von den südlichen Teilen von Amerika werden von Dr. J. Hooker in seinem großen Werk über die Botanik der südlichen Hemisphäre geschildert werden. Die Flora des Galapagos-Archipels bildet den Gegenstand eines besonderen Aufsatzes von ihm in den Linnean Transactions. Prof. Henslow hat eine Liste der von mir auf der Keeling-Insel gesammelten Pflanzen veröffentlicht und Mr. Berkeley meine kryptogamen Pflanzen beschrieben.

Im Verlaufe dieser sowie meiner anderen Schriften werde ich das Vergnügen haben, die große Unterstützung dankbar anzuerkennen, welche ich seitens mehrerer anderer Naturforscher gefunden habe; es sei mir aber hier gestattet, meinen aufrichtigsten Dank dem Prof. Henslow auszusprechen, welcher, als ich Student in Cambridge war, hauptsächlich den Sinn für Naturgeschichte in mir weckte, welcher während meiner Abwesenheit meine nach Hause geschickten Sammlungen überwachte und durch seine Briefe meine Bestrebungen leitete, und welcher seit meiner Rückkehr mir beständig jedwede Hilfe gewährte, die der liebenswürdigste Freund nur bieten kann.

Down, Bromley, Kent, Juni 1845.

Erstes Kapitel

Porto Praya – Ribeira Grande – Atmosphärischer Staub mit Infusorien – Lebensweise einer Seesckneke und eines Tintenfisches – Insekten, die ersten Kolonisten auf Inseln – Fernando Noronha – Bahia – Polierte Felsen – Lebensweise eines *Diodon* – Pelagische Conferven und Infusorien – Ursachen der Färbungen des Meerwassers

St. Jago – Inseln des grünen Vorgebirges

Nachdem I. Maj. Schiff „Beagle", eine Brigg von zehn Kanonen unter dem Kommando des Kapitän Fitz Roy, durch heftige Südweststürme zwei Mal zurückgetrieben worden war, segelte es am 27. Dezember 1831 von Devonport ab. Der Zweck der Expedition war die Aufnahme von Patagonien und dem Feuerland, welche unter Kapitän King in den Jahren 1826 bis 1830 begonnen worden war, zu vollenden, die Küste von Chile, Peru und einigen Südsee-Inseln aufzunehmen und eine Kette von chronometrischen Maßbestimmungen rund um die Erde auszuführen. Am 6. Januar erreichten wir Teneriffa, durften aber nicht landen, weil man fürchtete, wir brächten die Cholera. Am nächsten Morgen sahen wir die Sonne hinter den zerklüfteten Konturen von Gran Canaria aufgehen und plötzlich den Pic von Teneriffa erleuchten, während die unteren Teile noch in wollige Wolken gehüllt waren. Dies war einer der vielen entzückenden Tage, welche ich nie vergessen werde. Am 16. Januar 1832 warfen wir in Porto Praya auf St. Jago, der Hauptinsel des Kapverdischen Archipels, Anker.

Die Umgebung von Porto Praya bietet, von der See aus gesehen, einen trostlosen Anblick dar; das vulkanische Feuer vergangener Zeiten und die sengende Hitze einer tropischen Sonne haben an den meisten Stellen den Boden untauglich dafür gemacht, eine Vegetation zu tragen. Das Land steigt in hintereinanderliegenden Stufen von Tafelland auf, mit dazwischenliegenden abgestutzten, kegelförmigen Hügeln, und der Horizont wird von einer unregelmäßigen Kette höherer Berge begrenzt. Die Szenerie, durch die duftige Atmosphäre dieses Klimas betrachtet, ist von großem Interesse; vorausgesetzt allerdings, daß jemand, der frisch vom Meere herkommt und eben zum ersten Mal in einem Hain von Kokosnußbäumen gewandelt ist, irgend etwas anderes als sein eigenes glückliches Gefühl beurteilen kann. Die Insel dürfte sonst für sehr uninteressant angesehen werden; aber für einen jeden, der nur an eine englische Landschaft gewöhnt ist, besitzt der ganz neue Anblick eines völlig unfruchtbaren Landes etwas so Großartiges, daß etwas mehr Vegetation den Eindruck nur verderben würde. Über weite Strecken der Lavaebenen kann man kaum ein einziges grünes Blatt entdecken, und doch machen es Herden von Ziegen, ebenso wie ein paar Kühe möglich, hier zu existieren. Es regnet sehr selten, aber während einer kurzen Zeit des Jahres fällt der Regen in heftigen Strömen, und unmittelbar darauf sprießt eine leichte Vegetation aus jeder Spalte empor. Diese verdorrt bald wieder, und von derartigem, natürlich gebildetem Heu leben die Tiere. Es hatte nun ein ganzes Jahr lang nicht geregnet. Als die Insel entdeckt wurde, war die unmittelbare Umgebung von Porto Praya mit Bäumen bedeckt[1]; die unbedachte Zerstörung derselben hat aber hier, wie in St. Helena und auf einigen der kanarischen Inseln, beinahe vollständige Unfruchtbarkeit erzeugt. Die breiten flachbodigen Täler, von denen viele nur während weniger Tage im Jahr als Wasserbetten dienen, sind mit Gruppen von blattlosen Gebüschen bedeckt. Nur wenige lebende Wesen bewohnen diese Täler. Der gewöhnlichste Vogel ist ein Eisvogel (*Dacelo Jagoensis* [*Halcyon erythrogastra Temm.*]), welcher ganz zahm auf den Zweigen der Rizinus-Pflanze sitzt und von dort auf Heuschrecken und Eidechsen stößt. Er ist glänzend gefärbt, aber nicht so schön wie die europäische Art; auch be-

---

[1] Ich führe dies nach der Autorität des Dr. E. Dieffenbach aus seiner Übersetzung der ersten Bearbeitung dieser Reise an.

Erstes Kapitel

steht zwischen beiden in der Art des Fluges, der Lebensweise und der Aufenthaltsorte, welches hier die trockensten Täler sind, eine große Verschiedenheit.

Eines Tages ritten zwei Offiziere und ich nach Ribeira Grande, einem Dorfe wenige Meilen[2] östlich von Porto Praya. Bis wir das Tal von St. Martin erreichten, bot die Gegend ihre gewöhnliche trübbraune Erscheinung dar; aber dort ruft ein sehr kleiner Wasserlauf eine äußerst erfrischende Einfassung üppigen Pflanzenwuchses hervor. Nach Verlauf einer Stunde kamen wir in Ribeira Grande an und waren über den Anblick einer großen in Ruinen liegenden Festung und Kathedrale überrascht. Ehe der Hafen dieser kleinen Stadt verschüttet wurde, war sie der Hauptort der Insel; jetzt bietet sie ein sehr melancholisches, aber sehr malerisches Ansehen dar. Nachdem wir uns einen schwarzen Padre als Führer und einen Spanier, der während des Halbinselkriegs gedient hatte, als Dolmetscher verschafft hatten, sahen wir uns eine Gruppe von Gebäuden an, unter denen eine alte Kirche das Hervorragendste war. Hier sind die Gouverneure und Generalkapitäne der Insel begraben worden. Einige der Grabsteine ergaben Daten aus dem 16. Jahrhundert.[3] Die heraldischen Ornamente waren die einzigen Gegenstände in diesem abgelegenen Orte, welche uns an Europa erinnerten. Die Kirche oder Kapelle bildete die eine Seite eines Vierecks, in dessen Mitte ein großer Haufen von Bananen wuchs. An der anderen Seite war ein Hospital, welches ungefähr ein Dutzend elend aussehender Bewohner enthielt.

Wir kehrten zur Vênda zurück, um unser Mittagessen zu verzehren. Eine beträchtliche Zahl von Männern, Frauen und Kindern, alle schwarz wie Ebenholz, hatten sich versammelt, um uns zu beobachten. Unsere Begleiter waren außerordentlich heiter, und alles, was wir sagten oder taten, wurde von einem herzlichen Lachen ihrerseits begleitet. Ehe wir die Stadt verließen, besuchten wir die Kathedrale. Sie scheint nicht so reich zu sein, wie die kleinere Kirche, konnte sich aber einer kleinen Orgel rühmen, welche eigentümliche unharmonische Laute ertönen ließ. Wir machten dem schwarzen Priester ein Geschenk von ein paar Schillingen; der Spanier sagte, ihn auf den Kopf klopfend, mit großer Gemütlichkeit: er glaube, daß seine Farbe keinen großen Unterschied mache. Dann kehrten wir, so schnell die Ponies gehen wollten, nach Porto Praya zurück.

An einem anderen Tage ritten wir nach dem Dorfe St. Domingo, welches ziemlich im Mittelpunkt der Insel gelegen ist. Auf einer kleinen Ebene, welche wir durchkreuzten, wuchsen einige wenige verkümmerte Akazien; ihre Gipfel waren durch die beständigen Passatwinde in einer eigentümlichen Weise gebogen worden, einige von ihnen selbst im rechten Winkel zum Stamm. Die Richtung der Zweige war genau NO bei N und SW bei S. Diese natürlichen Windfahnen geben natürlich die vorherrschende Richtung des Passatwindes an. Unser Ritt hatte auf dem kahlen Boden so wenig Spuren hinterlassen, daß wir unsere Richtung verloren und die nach Fuentes einschlugen. Wir bemerkten dies nicht eher, als bis wir dort ankamen, waren aber hernach über unseren Irrtum froh. Fuentes ist ein hübsches Dorf mit einem kleinen Fluß, und alles schien wohl zu gedeihen, allerdings mit Ausnahme dessen, was am meisten hätte gedeihen sollen, nämlich der Bewohner. Die schwarzen, völlig nackten Kinder, die sehr elend aussahen, trugen Bündel von Brennholz, halb so groß wie ihr kleiner Körper.

In der Nähe von Fuentes sahen wir eine große Herde von Perlhühnern – wohl fünfzig oder sechzig an der Zahl. Sie waren außerordentlich vorsichtig und scheu und ließen sich nicht beschleichen. Sie mieden uns, wie Rebhühner an einem regnerischen Septembertage, die Köpfe hoch aufgerichtet davonlaufend; wurden sie verfolgt, so erhoben sie sich sehr gern zum Flug.

Die Szenerie von St. Domingo hat eine, nach dem vorherrschend düsteren Charakter der übrigen Insel gänzlich unerwartete Schönheit. Das Dorf liegt im Grunde eines Tales, welches von hohen und zackigen Gehängen geschichteter Lava begrenzt wird. Die schwarzen Felsen

---

[2] Es sind hier überall englische „Miles" gemeint.
[3] Die Inseln des Grünen Vorgebirges wurden 1449 entdeckt. Wir fanden den Grabstein eines Bischofs mit der Jahreszahl 1571, und einen Helmschmuck mit einer Hand und einem Dolch, datiert 1497.

bieten einen äußerst auffallenden Kontrast zu der hellgrünen Vegetation dar, welche den Ufern eines kleinen Flusses mit klarem Wasser folgt. Zufällig war ein großer Festtag und das Dorf war voll von Menschen. Auf unserem Rückweg überholten wir eine Gesellschaft von ungefähr zwanzig jungen schwarzen Mädchen, die mit außerordentlichem Geschmack gekleidet waren. Der Eindruck ihrer schwarzen Haut und ihrer schneeweißen Wäsche wurde noch durch farbige Turbans und große Shawls erhöht. Sobald wir nahe herangekommen waren, wandten sie sich plötzlich sämtlich herum, breiteten ihre Shawls auf den Weg aus und stimmten mit großer Energie einen wilden Gesang an, wobei sie mit ihren Händen den Takt auf ihren Beinen schlugen. Wir warfen ihnen einige Vintéms zu, welche mit munterem Lachen angenommen wurden; als wir weiterritten, verdoppelten sie den Lärm ihres Gesanges.

Eines Morgens war die Aussicht eigentümlich klar: die Berge in der Ferne hoben sich mit den schärfsten Konturen auf einer dichten Wand schwarzblauer Wolken ab. Nach dem Aussehen und nach ähnlichen Erscheinungen in England urteilend vermutete ich, daß die Luft mit Feuchtigkeit gesättigt sei. Es stellte sich indessen heraus, daß gerade das Gegenteil der Fall war. Der Hygrometer zeigte eine Differenz von 29,6 Grad (15,85 °C.) zwischen der Temperatur der Luft und dem Punkt des Tauniederschlags. Diese Differenz war beinahe zweimal so groß wie die, welche ich an dem vorhergehenden Morgen beobachtet hatte. Dieser ungewöhnliche Grad von atmosphärischer Trockenheit wurde von beständigem Blitzen begleitet. Ist es nicht ein ganz ungewöhnlicher Fall, einen merkwürdigen Grad von Durchsichtigkeit der Luft mit einem solchen Zustand des Wetters verbunden zu sehen!

Meist ist die Atmosphäre dunstig, und zwar infolge eines unfühlbar feinen Staubes, welcher auch, wie wir fanden, die astronomischen Instrumente unbedeutend beschädigt hatte. Am Morgen, ehe wir in Porto Praya vor Anker gingen, sammelte ich ein kleines Päckchen dieses braun gefärbten feinen Staubes, welcher durch die Gaze der Windfahne an der Mastspitze vom Winde filtriert worden zu sein schien. Mr. Lyell hat mir noch vier Päckchen von Staub gegeben, welcher auf ein Schiff einige hundert Meilen nördlich von diesen Inseln gefallen war. Prof. Ehrenberg[4] hat gefunden, daß dieser Staub zum großen Teil aus Infusorien mit Kieselpanzern und aus kieseligen Geweben von Pflanzen besteht. In fünf kleinen Päckchen, welche ich ihm geschickt habe, hat er nicht weniger als siebenundsechzig verschiedene organische Formen ermittelt! Die Infusorien sind, mit Ausnahme zweier mariner Arten, sämtlich Süßwasserbewohner. Mir sind nicht weniger als fünfzehn verschiedene Berichte bekannt über Staub, welcher weit draußen im Atlantischen Meer auf Schiffe gefallen ist. Nach der Richtung des Windes zu der Zeit als er fiel, und infolge des Umstandes, daß er immer während derjenigen Monate gefallen ist, wo der Harmattan bekanntermaßen Wolken von Staub hoch in die Atmosphäre aufwirbelt, können wir sicher sein, daß er immer aus Afrika kommt. Es ist indessen eine höchst eigentümliche Tatsache, daß Prof. Ehrenberg, obwohl er viele Spezies von Infusorien kennt, welche Afrika eigentümlich sind, doch keine von diesen Arten in den Staubproben findet, die ich ihm geschickt habe; andererseits findet er zwei Arten in ihnen, von denen er bis jetzt nur erfahren hat, daß sie in Süd-Amerika leben. Der Staub fällt in solchen Mengen, daß er alles an Bord schmutzig macht und die Augen belästigt; es sind selbst Schiffe gestrandet infolge der Verdunkelung der Atmosphäre. Er ist oft auf Schiffe gefallen mehrere hundert und selbst über tausend Meilen von der Küste von Afrika entfernt und an Punkten, die in einer nördlichen und südlichen Richtung sechzehnhundert Meilen auseinanderliegen. In einer Staubprobe, welche auf einem Schiff dreihundert Meilen vom Lande gesammelt worden war, war ich sehr überrascht, Bruchstücke von Steinen größer als ein Tausendstel Quadratzoll mit feiner Substanz vermischt zu finden. Nach dieser Tatsache braucht man über die Verbreitung der viel leichteren und kleineren Sporen kryptogamer Pflanzen nicht überrascht zu sein.

---

[4] Ich benutze die Gelegenheit, die große Freundlichkeit dankbar anzuerkennen, mit welcher dieser berühmte Naturforscher viele meiner Proben untersucht hat. Im Juni 1845 habe ich einen ausführlichen Bericht über diesen Staubfall der Geological Society übergeben (s. Gesammelte Werke, Bd. XII, 2. Abt., S.99-104).

Erstes Kapitel

Die Geologie dieser Insel ist der interessanteste Teil ihrer Naturgeschichte. Beim Eintritt in den Hafen sieht man einen vollkommen horizontalen weißen Gang an der Wand des steilen Meeresufers mehrere Meilen der Küste entlanglaufen, ungefähr fünfundvierzig Fuß über dem Wasser. Bei näherer Untersuchung ergibt sich, daß diese weiße Schicht aus kalkiger Masse besteht, welche zahlreiche Muscheln eingebettet enthält; von diesen gehören die meisten oder alle solchen Arten an, welche noch jetzt an der benachbarten Küste leben. Die Kalkschicht ruht auf alten vulkanischen Gesteinen und ist von einem Strom von Basalt bedeckt worden, welcher in das Meer eingetreten sein muß, als das weiße Muschelbett auf dessen Grunde lag. Es ist interessant, die durch die Hitze der darüber liegenden Lava in der brüchigen Masse hervorgerufene Veränderung zu verfolgen, welche stellenweise in einen kristallinischen Kalkstein, an anderen Stellen in ein kompaktes, fleckiges Gestein verwandelt worden ist. Wo der Kalk mit den schlakkenartigen Fragmenten der unteren Fläche des Stromes in Berührung gekommen ist, ist er in Gruppen wunderschön strahlig angeordneter Fasern verwandelt worden, die dem Arragonit ähnlich sind. Die Lavabetten steigen in hintereinanderliegenden leicht abfallenden Ebenen nach dem Innern zu auf, von wo aus diese Ströme geschmolzener Gesteinsmasse ursprünglich ausgegangen sind. Ich glaube, innerhalb historischer Zeiten haben sich keine Zeichen vulkanischer Tätigkeit in irgendeinem Teil von St. Jago geäußert. Selbst die Form eines Kraters kann nur selten an den Gipfeln der vielen roten Schlackenhügel herausgefunden werden; doch lassen sich neuere Ströme an der Küste nachweisen. Sie bilden Klippenreihen von geringerer Höhe, erstrecken sich aber noch weiter hinaus, als die zu einer älteren Reihe gehörigen. Es gibt daher die Höhe der Klippen einen ungefähren Maßstab für das Alter der Ströme ab.

Während unseres Aufenthaltes beobachtete ich die Lebensweise einiger Seetiere. Sehr häufig ist eine große *Aplysia*. Diese Seeschnecke ist ungefähr fünf Zoll lang, von einer schmutziggelben Färbung und purpurn geädert. An jeder Seite der unteren Fläche oder des Fußes findet sich eine breite Membran, welche zuweilen als eine Art Ventilator zu fungieren scheint, indem sie einen Strom von Wasser über die auf dem Rücken gelegenen Kiemen oder Lungen ergießt. Das Tier lebt von zarten Seepflanzen, welche zwischen den Steinen in schlammigem oder seichtem Wasser wachsen; in seinem Magen fand ich mehrere kleine Steinchen, wie im Kaumagen eines Vogels. Wird diese Schnecke gereizt, so ergießt sie eine sehr schöne purpurrote Flüssigkeit, welche das Wasser einen Fuß rings herum färbt. Außer diesem Verteidigungsmittel scheidet das Tier noch ein scharfes Sekret ab, welches sich über seinen Körper verbreitet und ein brennendes nesselndes Gefühl hervorruft, ähnlich dem, welches die Berührung einer Physalie veranlaßt.

Es interessierte mich sehr, bei verschiedenen Gelegenheiten die Lebensweise eines Tintenfisches (*Octopus*) zu beobachten. Obschon diese Tiere in den Wassertümpeln, welche die Ebbe zurückgelassen hatte, häufig waren, ließen sie sich doch nicht leicht fangen. Mit Hilfe ihrer langen Arme und Saugnäpfe konnten sie ihren Körper in sehr schmale Spalten einzwängen; und saßen sie in dieser Weise fest, so erforderte es große Kraft, sie zu entfernen. Andere Male schossen sie, das Hinterende voraus, mit der Schnelligkeit eines Pfeils von der einen Seite des Tümpels zur anderen, gleichzeitig das Wasser durch ihre dunkle kastanienbraune Tinte färbend. Diese Tiere entgehen auch der Entdeckung durch eine außerordentliche, chamäleonartige Fähigkeit, ihre Farbe zu ändern. Sie scheinen ihre Färbungen je nach der Natur des Bodens, über welchen sie gehen, ändern zu können. Befinden sie sich in tiefem Wasser, so ist der allgemeine Ton ihrer Färbung bräunlich purpurn, werden sie aber auf das Land oder in seichtes Wasser gebracht, so verändert sich dieser dunkle Farbton in ein Gelblichgrün. Sorgfältiger untersucht war die Farbe ein französisch Grau mit zahlreichen kleinen Flecken von Hellgelb: Ersteres variierte der Intensität nach, die Letzteren verschwanden vollkommen und kehrten abwechselnd wieder. Diese Veränderungen wurden in einer Weise ausgeführt, daß beständig Wolken, die im Farbton zwischen Hyazinthrot und Kastanienbraun[5] abwechselten, über den Körper zogen. Jeder Teil,

---

[5] Nach der Nomenklatur von Patrick Symes so genannt.

der einem leichten galvanischen Reiz unterworfen wurde, wurde fast schwarz. Eine ähnliche Wirkung, aber in einem geringeren Grade, wurde hervorgebracht, wenn man die Haut mit einer Nadel kratzte. Diese Wolken oder dieses Erröten, wie man es nennen könnte, soll durch das abwechselnde Ausdehnen und Zusammenziehen kleiner, verschieden gefärbte Flüssigkeiten enthaltender Bläschen hervorgerufen werden.[6]

Dieser Tintenfisch entfaltete seine chamäleonartigen Veränderungen sowohl während er schwamm, als auch während er ruhig am Boden liegen blieb. Mich unterhielt es sehr, die verschiedenen Künste zu beobachten, die ein Individuum anwandte, um nicht entdeckt zu werden. Es schien sich vollständig der Tatsache bewußt zu sein, daß ich es beobachtete. Eine Zeitlang blieb es ruhig ohne irgendeine Bewegung und schlich sich dann ein oder zwei Zoll weit fort, wie eine Katze nach einer Maus; zuweilen wechselte es seine Farbe; so ging es fort, bis es eine tiefere Stelle erreicht hatte, und dann schoß es hinweg, einen dunklen Streifen von Tinte hinter sich lassend, um die Höhle, in welche es gekrochen war, zu verbergen.

Wenn ich mich nach Seetieren umsah, den Kopf vielleicht zwei Fuß über dem felsigen Ufer haltend, traf mich mehr als ein Mal ein Wasserstrahl, der von einem leichten kratzenden Geräusch begleitet war. Anfangs konnte ich mir nicht erklären, was es war, fand aber später heraus, daß es dieser Tintenfisch war, welcher, trotzdem er in einer Höhle verborgen lag, hierdurch oft seine Entdeckung veranlaßte. Daß er das Vermögen Wasser auszuspritzen hat, daran ist nicht zu zweifeln, und mir schien es auch, als könne er sicher gut zielen, und zwar dadurch, daß er die Röhre oder den Sipho (Trichter) an der unteren Seite seines Körpers lichtete. Wegen der Schwierigkeit, mit welcher diese Tiere ihre Köpfe halten, können sie nicht gut kriechen, wenn sie auf trockenes Land gesetzt werden. Ich beobachtete, daß einer, den ich in meiner Kajüte hielt, im Dunkeln unbedeutend phosphoreszierte.

St. Paul's Felsen – Beim Kreuzen des Atlantischen Ozeans legten wir während des Morgens des 16. Februar dicht bei der Insel von St. Paul bei. Diese Gruppe von Felsen liegt in 0° 58' n. Br. und 29° 15 w. L. Sie ist 540 Meilen von der Küste von Amerika und 350 von der Insel Fernando Noronha entfernt. Der höchste Punkt ist nur fünfzig Fuß über dem Meeresspiegel und der ganze Umfang ist nicht ganz Dreiviertel-Meile. Dieser kleine Punkt steigt ganz plötzlich aus den Tiefen des Ozeans empor. Seine mineralogische Konstitution ist durchaus nicht einfach; an einigen Stellen ist der Felsen von einer hornsteinartigen, an anderen von einer feldspatartigen Natur, mit Serpentinadern. Es ist eine merkwürdige Tatsache, daß all die vielen kleinen Inseln, welche fern von irgendeinem Kontinent in der Südsee, im Indischen und Atlantischen Ozean liegen, mit Ausnahme der Seychellen und dieses kleinen Stückchens Felsen, wie ich glaube entweder aus Korallen oder aus Eruptivgebilden bestehen. Die vulkanische Natur dieser ozeanischen Inseln ist offenbar eine Folge der Ausdehnung jenes Gesetzes und die Wirkung jener selben Ursachen, mögen sie nun chemische oder mechanische sein, nach denen eine bedeutende Mehrzahl von jetzt noch tätigen Vulkanen entweder in der Nähe der Meeresküsten oder auf Inseln in der Mitte des Meeres liegt.

Die St. Paul's Felsen erscheinen aus der Entfernung von glänzend weißer Färbung. Dies kommt zum Teil von den Exkrementen einer ungeheuren Menge von Seevögeln her, zum Teil von einem Überzug einer harten, glänzenden perlmutterartigen Substanz, welche innig mit der Oberfläche der Felsen verbunden ist. Untersucht man diese mit einer Lupe, so ergibt sie sich als aus zahllosen, außerordentlich dünnen Schichten zusammengesetzt; ihre Gesamtdicke beträgt nur ungefähr ein Zehntel Zoll. Sie enthält viel tierische Substanz und ihr Ursprung ist ohne Zweifel als eine Wirkung des Regens oder des Spritzwassers auf die Vogelexkremente anzusehen. Auf der Insel Ascension und auf den Abrolhos-Inseln fand ich unterhalb kleiner Massen von Guano gewisse stalaktitische verzweigte Körper, die offenbar in derselben Weise entstanden

---
[6] Siehe Todd's Encycl. of Anat. and Physiol., Artikel „Cephalopoda".

waren, wie der dünne weiße Überzug auf diesen Felsen. Die verzweigten Körper waren dem allgemeinen Ansehen nach gewissen Nulliporen (einer Familie harter kalkiger Seepflanzen) so ähnlich, daß ich, als ich vor kurzem meine Sammlung überblickte, den Unterschied nicht wahrnahm. Die kugeligen Enden der Zweige sind von perliger Textur, wie der Schmelz der Zähne, aber so hart, daß sie eine Glasscheibe eben noch ritzen. Ich will hier noch erwähnen, daß an einer Stelle der Küste von Ascension, wo sich eine ungeheuere Anhäufung muscheligen Sandes befindet, auf die zwischen den Flutgrenzen gelegenen Felsen eine Inkrustation durch das Seewasser niedergeschlagen wird, welche gewissen kryptogamen Pflanzen (*Marchantiae*), die oft an feuchten Wänden zu sehen sind, ähnlich sind. Die Oberfläche der blättrigen Masse ist schönglänzend, und diejenigen Teile, welche sich unter dem vollen Einfluß des Lichtes bilden, sind von einer tiefschwarzen Färbung, diejenigen aber, welche unter überhängenden Vorsprüngen sich finden, sind nur grau. Ich habe Exemplare dieser Inkrustation mehreren Geologen gezeigt, und alle glaubten, sie seien vulkanischen oder feurigen Ursprungs! In ihrer Härte und ihrer Durchsichtigkeit, in ihrer polierten Oberfläche, ähnlich der schönsten Oliva-Muschel, in dem Umstand, daß sie vor dem Lötrohr einen üblen Geruch abgibt und die Farbe verliert, – in allem diesem zeigt sie eine bedeutende Ähnlichkeit mit lebenden Seemuscheln. Ferner ist es bekannt, daß bei Seemuscheln die beständig von dem Mantel des Tieres bedeckten und beschatteten Teile von blasserer Färbung sind als diejenigen, welche dem Licht völlig ausgesetzt sind; und genau dasselbe ist bei dieser Inkrustation der Fall. Wenn wir uns daran erinnern, daß Kalk, entweder als phosphorsaurer oder kohlensaurer, in die Zusammensetzung harter Teile, wie der Knochen und Muscheln, aller lebenden Tiere eingeht, so ist es eine interessante physiologische Tatsache[7], wenn wir sehen, daß sich Substanzen, härter als der Zahnschmelz, und gefärbte Oberflächen, welche so gut poliert sind wie die einer frischen Muschel, auf unorganischem Wege aus abgestorbener organischer Substanz neu bilden und auch in ihrer Form manche der niederen vegetabilischen Produkte nachahmen.

Wir fanden auf St. Paul nur zwei Vogelarten – den Tölpel und den Weißkopf. Das Erstere ist eine Spezies von Ruderfüßlern, das Letztere eine Seeschwalbe. Beide sind zahm und von schwachsinniger Gemütsart; sie sind so gar nicht daran gewöhnt, Besucher zu sehen, daß ich eine beliebige Zahl mit meinem geologischen Hammer hätte töten können. Der Tölpel legt seine Eier auf den nackten Felsen, die Seeschwalbe aber baut aus Seegras ein sehr einfaches Nest. Neben vielen dieser Nester lag ein kleiner fliegender Fisch, welcher, wie ich vermute, von dem männlichen Vogel für sein Weibchen dahin gebracht worden war. Es unterhielt mich, zu beobachten, mit welcher Geschwindigkeit eine große und behende Krappe (*Grapsus*), welche die Felsenspalten bewohnt, den Fisch von der Seite des Nestes wegstahl, sobald wir die brütenden Vögel gestört hatten. Sir W. Symonds, eine der wenigen Personen, welche hier gelandet sind, erzählte mir, daß er gesehen habe, wie die Krabben selbst die jungen Vögel aus den Nestern geholt und verzehrt haben. Nicht eine einzige Pflanze, nicht einmal eine Flechte wächst auf dieser Insel, und doch wird sie von mehreren Insekten und Spinnen bewohnt. Die folgende Liste gibt, wie ich glaube, die terrestrische Fauna vollständig: eine Fliege (*Olfersia*), welche auf dem Tölpel lebt, und eine Zecke, welche als Parasit auf den Vögeln hierher gekommen sein muß; eine kleine braune Motte, welche zu einer von Federn lebenden Gattung gehört; ein Käfer (*Quedius*) und eine Holzlaus unter dem Vogeldünger; und endlich zahlreiche Spinnen, welche, wie ich vermute, von diesen kleinen Begleitern und Reinigern der Wasservögel leben. Die oft wiederholte Be-

---

[7] Mr. Horner und Sir David Brewster haben (Philosophical Transactions, 1836, p.65) eine eigentümliche „künstliche Substanz" beschrieben, welche „der Muschelschalensubstanz ähnlich ist". Sie wird in feinen, durchsichtigen, gut polierten, braungefärbten Blättern von eigentümlichen optischen Eigenschaften an der Innenfläche eines Gefäßes abgelagert, in welchem erst mit Leim und dann mit Kalk präpariertes Zeug sehr schnell im Wasser herumgedreht wird. Sie ist viel weicher, durchsichtiger und enthält mehr tierische Substanz als die natürliche Inkrustation von Ascension; wir sehen aber hier wieder die starke Neigung, welche der kohlensaure Kalk besitzt, mit tierischer Substanz eine der Muschelschale ähnliche feste Masse zu bilden.

schreibung, daß zunächst die stattliche Palme und andere edle tropische Pflanzen, dann Vögel und endlich der Mensch von den Koralleninseln in der Südsee Besitz ergreifen, sobald sie nur gebildet sind, ist wahrscheinlich nicht ganz richtig; ich fürchte fast, es wird die Poesie dieser Erzählung etwas trüben, wenn ich hinzufüge, daß von Federn und Schmutz lebende parasitische Insekten und Spinnen wohl die ersten Bewohner neugebildeten ozeanischen Festlandes sein dürften.

Der kleinste Felsen in den tropischen Meeren unterhält dadurch, daß er dem Wachstum zahlloser Arten von Seekräutern und zu Tierstöcken verbundener niederer Tiere eine Unterlage gibt, auch gleichzeitig eine große Anzahl von Fischen. Der Haifisch und die Matrosen in den Booten lagen beständig im Kampfe miteinander, wer den größten Anteil an der durch die Angelleine erlangten Beute sich sichern würde. Ich habe davon gehört, daß ein Felsen in der Nähe der Bermudas, welcher viele Meilen von ihnen frei in der See liegt und zwar in beträchtlicher Tiefe, zuerst durch den Umstand entdeckt wurde, daß in seiner Nähe Fische beobachtet wurden.

Fernando Noronha, den 20. Februar – Soweit ich es während der wenigen Stunden, welche wir an diesem Orte blieben, imstande war zu beobachten, ist die Bildung der Insel vulkanisch, aber wahrscheinlich nicht aus neuerer Zeit. Der merkwürdigste Zug in ihrer Erscheinung ist ein kegelförmiger, ungefähr tausend Fuß hoher Berg, dessen oberer Teil ganz außerordentlich steil ist und auf der einen Seite die Basis des Berges überhängt. Das Gestein ist Phonolith und teilt sich in unregelmäßige Säulen. Betrachtet man eine dieser isolierten Massen, so ist man zunächst geneigt anzunehmen, sie seien plötzlich in einem halb flüssigen Zustande aufwärts getrieben worden. Auf St. Helena habe ich indessen ermittelt, daß einige solcher Säulen von nahezu ähnlicher Form und Konstitution durch das Eindringen flüssiger Gesteinsmasse in nachgebende Schichten sich gebildet haben, welche letztere dabei die Matrizen für die gigantischen Obelisken abgegeben haben. Die ganze Insel ist mit Wald bedeckt; aber wegen der Trockenheit des Klimas zeigt sich nichts von tropischer Üppigkeit. Auf halber Höhe des Berges brachten große Massen des säuligen Gesteins, die von lorbeerartigen Bäumen beschattet und von anderen mit schönen rosa Blüten, aber ohne ein einziges Blatt, geschmückt wurden, eine angenehme Wirkung für die näher gelegenen Teile der Szenerie hervor.

Bahia oder San Salvador, Brasilien, den 29. Februar – Der ganze Tag war entzückend. Indes selbst entzückend ist nur ein schwacher Ausdruck zur Wiedergabe der Gefühle eines Naturforschers, der zum ersten Male allein in einem brasilianischen Wald gewandert ist. Die Eleganz der Gräser, die Neuheit der parasitischen Pflanzen, die Schönheit der Blüten, das glänzende Grün des Laubes, aber vor allem die allgemeine Üppigkeit der ganzen Vegetation erfüllte mich mit Bewunderung. Ein höchst paradoxes Gemisch von Geräusch und Stille herrscht in den schattigen Teilen des Waldes. Das Geräusch der Insekten ist so laut, daß man es in einem Schiff, welches selbst mehrere hundert Yards von der Küste entfernt vor Anker gegangen ist, hören kann; und doch scheint in der Abgeschiedenheit des Waldes ein allgemeines Stillschweigen zu herrschen. Für jemand, der Naturgeschichte liebt, bringt ein Tag wie dieser tieferes Vergnügen mit sich, als er je nochmals zu erfahren hoffen kann. Nachdem ich mehrere Stunden herumgewandert war, kehrte ich zum Landungsplatz zurück. Ehe ich ihn aber erreichte, überraschte mich ein tropisches Gewitter. Ich versuchte unter einem Baum Schutz zu finden, welcher so dick war, daß ein gewöhnlicher englischer Regen nie durchgedrungen sein würde; hier aber floß nach ein paar Minuten ein förmlicher Strom den Stamm herab. Dieser Heftigkeit des Regens müssen wir den grünen Teppich auf dem Boden der dichtesten Wälder zuschreiben; wären die Regenschauer so wie die eines kühleren Klimas, so würde der größere Teil absorbiert worden oder verdampft sein, ehe er den Boden erreichte. Ich will für jetzt nicht versuchen, die großartige Szenerie dieses prachtvollen Busens zu beschreiben, weil wir auf unserer Reise heimwärts hier noch einmal vorsprachen; ich werde dann Veranlassung haben, meine Bemerkungen darüber zu machen.

Der ganzen Küste von Brasilien entlang, in einer Länge von mindestens zweitausend Meilen und sicher auch beträchtlich weit in das Land hinein gehört das Gestein, wo nur immer solide Felsmasse vorkommt, zur Granitformation. Der Umstand, daß dieses ungeheure Gebiet aus Materialien besteht, von denen die meisten Geologen annehmen, daß sie kristallisierten, als sie unter hohem Druck erhitzt waren, veranlaßt viele eigentümliche Reflexionen. Geschah dies unterhalb der Tiefen eines großen Ozeans? Oder erstreckte sich eine Decke von Schichten früher über diese Massen, welche seitdem entfernt wurde? Können wir wohl annehmen, daß irgendeine Kraft, wenn sie auch eine fast unendlich lange Zeit tätig war, den Granit über so viele tausend Quadratmeilen entblößt haben könnte?

An einem Punkt nicht weit von der Stadt, wo ein kleiner Bach sich ins Meer ergießt, beobachtete ich eine Tatsache, welche mit einem von von Humboldt[8] erörterten, Gegenstand in Verbindung steht. In den Katarakten der großen Flüsse Orinoko, Nil und Kongo sind die syenitischen Felsen mit einer schwarzen Substanz bedeckt, so daß sie aussehen, als wären sie mit Reißblei poliert. Die Schicht ist äußerst dünn, und bei einer von Berzellius ausgeführten Analyse ergab sie sich als aus Mangan und Eisenoxyd bestehend. Am Orinoko kommt sie da vor, wo die Felsen periodisch von Wasser überwaschen werden, und nur an denjenigen Stellen, wo der Strom reißend ist; die Indianer sagen: „Die Felsen sind schwarz, wo die Wasser weiß sind." Hier ist der Überzug saftigbraun, statt ganz schwarz zu sein, und scheint nur aus eisenschüssiger Substanz zu bestehen. Handstücke geben durchaus nicht eine richtige Idee von diesem braunen, polierten Gestein, welches in den Strahlen der Sonne glänzt. Es kommt nur innerhalb der Flutgrenzen vor, und da der Bach nur langsam abwärts rieselt, muß das Schäumen des Meeres die polierende Kraft der Katarakten in den größeren Flüssen ersetzen. In gleicher Weise entspricht das Steigen und Fallen der Gezeiten wahrscheinlich den periodischen Überschwemmungen; und es werden hiernach dieselben Wirkungen unter scheinbar verschiedenen, der Wirklichkeit nach aber ähnlichen Umständen hervorgebracht. Doch ist der Ursprung dieser verschiedenen Formen eines Überzugs von Metalloxyden, welche wie an die Felsen angekittet erscheinen, nicht aufgeklärt; und so viel ich meine, läßt sich dafür, daß ihre Dicke immer dieselbe bleibt, kein Grund anführen.

Eines Tages unterhielt mich die Beobachtung der Lebensweise des *Diodon antennatus*, welcher in der Nähe der Küste schwamm und gefangen wurde. Es ist bekannt, daß dieser Fisch mit seiner losen, faltigen Haut das eigentümliche Vermögen besitzt, sich zu einer beinahe kugeligen Gestalt auszudehnen. Wurde er kurze Zeit aus dem Wasser genommen und dann wieder in dasselbe gebracht, so wurde eine beträchtliche Menge sowohl von Wasser als von Luft durch den Mund und vielleicht auch durch die Kiemenöffnungen aufgenommen. Dieser Vorgang wird auf doppelte Weise ausgeführt: Die Luft wird verschluckt und dann in die Körperhöhle getrieben, wobei das Entweichen derselben durch eine Zusammenziehung von Muskeln verhindert wird, welche äußerlich sichtbar ist; das Wasser aber tritt in einem sanften Strom durch den Mund ein, welcher offen und bewegungslos gehalten wird. Das Letztere muß daher eine Art Saugen sein. Die Haut um den Unterleib ist viel loser als die am Rücken; während des Aufblasens wird daher die untere Fläche viel mehr ausgedehnt als die obere, und infolgedessen flottiert der Fisch mit seinem Rücken nach unten. Cuvier bezweifelt es, ob der *Diodon* imstande ist, in dieser Stellung zu schwimmen; er kann sich aber nicht bloß in einer geraden Linie vorwärts bewegen, sondern auch nach beiden Seiten herumdrehen. Diese letztere Bewegung wird allein mittelst der Brustflossen ausgeführt, die Schwanzflosse ist zusammengefallen und wird nicht gebraucht. Weil der Körper infolge der vielen Luft in ihm in die Höhe getrieben wird, sind die Kiemenöffnungen außerhalb des Wassers, doch fließt ein durch den Mund eingezogener Strom beständig durch sie ab.

---

[8] Personal Narrative, Vol. V, P. I, p.18.

War der Fisch eine kurze Zeit in diesem ausgedehnten Zustand geblieben, so trieb er meist die Luft und das Wasser mit beträchtlicher Kraft durch die Kiemenöffnungen und den Mund wieder aus. Er konnte nach Belieben eine gewisse Menge Wasser ausstoßen und es scheint daher wahrscheinlich zum Teil zu dem Zwecke aufgenommen zu werden, das spezifische Gewicht des Körpers zu regulieren. Dieser *Diodon* besitzt mehrere Verteidigungsmittel. Er konnte einen heftigen Biß beibringen und konnte aus seinem Munde das Wasser in ziemliche Entfernung ausspritzen, bei welcher Gelegenheit er dann durch die Bewegung seiner Kiefer ein merkwürdiges Geräusch machte. Durch, die Auftreibung seines Körpers werden die Papillen, mit denen die Haut bedeckt ist, aufgerichtet und spitz. Der merkwürdigste Umstand aber ist der, daß er von seiner Bauchhaut, wenn man ihn angreift, eine sehr schöne, karminrote, faserige Substanz absondert, welche Elfenbein und Papier in einer so dauernden Weise färbt, daß die Färbung mit all ihrer Frische bis auf den heutigen Tag erhalten ist: Über die Natur und den Zweck dieser Absonderung bin ich völlig im Dunkeln. Ich habe von Dr. Allan von Forres gehört, daß er häufig einen *Diodon* aufgeblasen und lebendig im Magen eines Haifisches schwimmend gefunden habe, und daß er bei mehreren Gelegenheiten erfahren habe, daß sich das Tier nicht bloß durch die Magenwand, sondern durch die Leibeswand des Hais durchgefressen habe, welchen er dadurch getötet hatte. Wer würde sich je vorgestellt haben, daß ein kleiner weicher Fisch einen großen und wilden Haifisch hätte umbringen können!

Den 18. März – Wir segelten von Bahia ab. Wenige Tage später, als wir nicht weit von den Abrolhos-Inseln entfernt waren, wurde meine Aufmerksamkeit durch eine rötlichbraune Erscheinung in der See gefesselt. Die ganze Oberfläche des Wassers schien bei der Betrachtung unter einer schwachen Lupe wie mit gehackten Stückchen Heus bedeckt, deren Enden zerklüftet waren. Es sind dies sehr kleine zylindrische Conferven in Bündeln oder Flößen von zwanzig bis sechzig Stück in jedem. Mr. Berkeley teilt mir mit, daß sie zu derselben Spezies gehören (*Trichodesmium erythraeum*), wie die auf weiten Flächen des Roten Meeres gefundenen, woher auch der Name dieses Meeresteils rührt.[9] Die Zahl derselben muß unendlich sein. Das Schiff passierte mehrere Züge von ihnen, von denen jeder ungefähr zehn Yards breit und nach der schlammähnlichen Farbe des Wassers zu urteilen mindestens zwei und eine halbe Meile lang war. In der Schilderung beinahe einer jeden längeren Seereise ist dieser Conferven Erwähnung getan. Sie scheinen besonders in dem Meere in der Nähe von Australien gemein zu sein; in der Höhe von Kap Leeuwin fand ich eine verwandte, aber kleinere und allem Anschein nach verschiedene Spezies. Kapitän Cook erzählt in seiner dritten Reise, daß die Matrosen diesem Gebilde den Namen Meersägespäne gegeben haben.

In der Nähe von Keeling-Atoll im Indischen Ozean beobachtete ich viele kleine, wenige Quadratzoll große Confervenmassen, welche aus langen zylindrischen Fäden von äußerster Dünne bestanden, so daß sie dem unbewaffneten Auge kaum sichtbar waren, und denen andere, im ganzen größere an beiden Enden schön konisch zugespitzte Körperchen zugemischt waren. Ihre Länge wechselt von 0,04 bis 0,06 und selbst bis 0,08 Zoll, ihr Durchmesser von 0,006 bis 0,008 Zoll. Nahe dem einen Ende des zylindrischen Teiles ist meist eine grüne, aus körniger Substanz gebildete und in der Mitte dickste Scheidewand zu sehen. Meiner Meinung nach ist dies der Boden eines äußerst zarten, farblosen Säckchens, welches aus einer pulpösen Substanz besteht und die äußere Schale auskleidet, sich aber bis in die äußersten konischen Spitzen hinein erstreckt.

In einigen Exemplaren nahmen kleine, aber vollkommene Kugeln einer braunen granulösen Substanz die Stellen der Scheidewände ein, und hier konnte ich den merkwürdigen Prozeß beobachten, durch welchen sie gebildet wurden. Die pulpöse Masse der inneren Auskleidung ordnete sich plötzlich in Linien, von denen einige eine von einem gemeinsamen Mittelpunkt

---

[9] M. Montagne, in: Comptes rend. Acad. Sc. Paris, Juillet 1844, und: Annal. D. Sc. Natur., Déc. 1844.

ausstrahlende Form annahmen; dann fuhr sie fort, mit einer unregelmäßigen und schnellen Bewegung sich zusammenzuziehen, so daß im Verlauf einer Sekunde das Ganze, zu einer vollkommen kleinen Kugel vereint war, welche die Lage der Scheidewand an dem einen Ende der nun völlig hohlen Kapsel einnahm. Die Bildung der körnigen Kugel wurde durch jede zufällige Verletzung beschleunigt. Ich will noch hinzufügen, daß häufig ein Paar dieser Körper aneinanderhingen, und zwar wie oben dargestellt, Kegel an Kegel an dem Ende, wo sich die Scheidewand findet.

Ich will hier noch einige wenige Beobachtungen hinzufügen, welche sich auf die Färbung des Meeres durch organische Körper beziehen. An der Küste von Chile, wenige Seemeilen nördlich von Concepcion, kam die „Beagle" eines Tages durch große Streifen schlammigen Wassers genauso, wie das eines angeschwollenen Flusses; und dieselbe Erscheinung, nur noch ausgedehnter, wurde ferner einen Grad südlich von Valparaiso, fünfzig Meilen von der Küste entfernt, beobachtet. Etwas von diesem Wasser in ein Glas gebracht, zeigte eine blaßrote Färbung und bei Untersuchung unter dem Mikroskop stellte es sich heraus, daß äußerst kleine darin herumschießende und oft explodierende Tierchen darin schwärmten. Ihre Form war oval, in der Mitte durch einen Ring gekrümmter schwingender Wimpern eingeschnürt. Es war indessen sehr schwer, sie sorgfältig zu untersuchen, denn beinahe in dem Augenblick, wo die Bewegung aufhörte, selbst wenn sie gerade das Gesichtsfeld passierten, platzten ihre Körper. Zuweilen platzten beide Enden zu gleicher Zeit, zuweilen nur das eine, wobei dann eine Menge grober bräunlicher granulierter Substanz ausgeworfen wurde. In dem Augenblick, ehe es barst, dehnte sich das Tierchen zu einem noch ein halb Mal größeren Umfange seiner ursprünglichen Größe aus, und die Explosion fand ungefähr fünfzehn Sekunden danach statt, nachdem die schnelle progressive Bewegung aufgehört hatte; in einigen wenigen Fällen ging ihr für eine kurze Zeit eine drehende Bewegung um die längere Achse voraus. Ungefähr zwei Minuten, nachdem eine beliebige Zahl derselben in einem Tropfen Wasser isoliert worden waren, gingen sie in dieser Weise zugrunde. Die Tierchen bewegen sich mit der schmaleren Spitze vorwärts und zwar mit Hilfe ihrer schwingenden Wimpern und meist in schnellen Stößen. Sie sind außerordentlich klein und für das unbewaffnete Auge vollkommen unsichtbar. Ihre Masse deckt nur ungefähr den Raum des Tausendstels eines Quadratzolles. Ihre Zahl war unendlich, denn der kleinste Wassertropfen, den ich aufheben konnte, enthielt deren sehr viele. An einem Tage passierten wir zwei Stellen, wo das Wasser in dieser Weise gefärbt war, eine derselben allein muß sich über mehrere Quadratmeilen erstreckt haben. Welche unberechenbare Zahlen solcher mikroskopischer Tierchen mußten da existieren! Die Farbe des Wassers war von einer gewissen Entfernung gesehen ähnlich dem eines Flusses, der durch einen roten tonigen Distrikt geflossen ist; aber im Schatten an der Seite des Schiffes war es völlig so dunkel wie Schokolade. Die Linie, wo sich das rote und blaue Wasser verbanden, war deutlich abgegrenzt. Das Wetter war mehrere Tage vorher ruhig gewesen und das Meer bot in einem ganz ungewöhnlichen Grade Reichtum lebender Wesen dar.[10]

In dem Meere rings um das Feuerland und in einer geringen Entfernung von dem Festland habe ich schmale Streifen von Wasser von einer hellroten Färbung gesehen und zwar infolge einer großen Zahl von Krustentieren, welche ihrer Form nach in gewisserweise großen Garnelen ähnlich waren. Die Robbenjäger nennen sie Walfischfutter. Ob sich Walfische von ihnen ernähren, weiß ich nicht. Aber Seeschwalben, Kormorane und ungeheure Herden großer unbehilfli-

---

[10] Lessen erwähnt in der Voyage de la Coquille, Tom. I, p.255, rotes Wasser, welches er in der Höhe von Lima beobachtete und was dem Anschein nach derselben Ursache seinen Ursprung verdankte. Der ausgezeichnete Naturforscher Peron gibt in der Voyage aux Terres Australes (Vol. II, p.239) nicht weniger als zwölf Verweisungen auf Berichte von Reisenden, welche die Färbungen des Meerwassers erwähnen. Den von Peron gegebenen Zitaten kann noch hinzugefügt werden: Humboldt, Personal Narrative, Vol. VI, p.804; Flinders' Voyage, Vol. I, p.92; Labillardière, Vol. I, p.287; Ulloa, Voyage de l'Astrolabe et de la Coquille; King, Survey of Australia; etc.

cher Robben fristen an manchen Stellen der Küste ihr Dasein hauptsächlich von diesen schwimmenden Krustern. Seefahrer schreiben unabänderlich die Verfärbung des Wassers dem Laich zu. Ich habe aber nur bei einer Gelegenheit gefunden, daß dies der Fall war. Mehrere Seemeilen von dem Archipel der Galapagos entfernt fuhr das Schiff durch drei Streifen von dunkel gelblichem oder schlammartigem Wasser; diese Streifen waren einige Meilen lang, aber nur wenig Yards breit, und sie waren von dem umgebenden Wasser durch einen welligen, aber deutlichen Rand geschieden. Die Farbe war durch kleine gallertige Kugeln ungefähr ein Fünftel Zoll im Durchmesser verursacht, innerhalb deren zahlreiche sehr kleine sphärische Eier eingebettet lagen: Es waren zwei verschiedene Arten davon, die eine war von einer rötlichen Farbe und bot eine von der anderen etwas verschiedene Form dar. Zu welcher Art von Tieren diese Eiermassen gehörten, darüber kann ich auch nicht einmal eine Vermutung äußern. Kapitän Colinett bemerkt, daß diese Erscheinung bei den Galapagos-Inseln sehr gemein ist, und daß die Richtung der Züge die der Strömungen andeutet; in dem erwähnten Fall indessen wurde die Richtung durch den Wind veranlaßt. Die einzige andere Erscheinung, welche ich noch zu erwähnen habe, ist ein dünner öliger Überzug auf dem Wasser, welcher irisierende Farben entfaltet. Ich sah eine beträchtliche Strecke des Ozeans an der Küste von Brasilien in dieser Weise überzogen. Die Matrosen schrieben es dem faulenden Körper irgendeines Walfisches zu, welcher wahrscheinlich in keiner großen Entfernung vom Schiff im Meer schwamm. Die sehr kleinen gallertigen Stückchen, welche ich später erwähnen werde und welche häufig durch das ganze Wasser zerstreut auftreten, führe ich hier nicht an, da sie nicht zahlreich genug sind, irgendeine Veränderung in der Farbe des Seewassers hervorzubringen.

Es sind zwei Umstände in den vorstehenden Mitteilungen, welche merkwürdig erscheinen: Erstens, auf welche Weise halten die verschiedenen Körper, welche die Streifen mit scharf bestimmten Rändern bilden, zusammen? Was die garnelenartigen Kruster betrifft, so waren ihre Bewegungen genauso gleichzeitig, wie bei einem Regiment Soldaten; das kann aber bei Eiern oder Converven nicht infolge von irgend etwas, einer willkürlichen Handlung Ähnlichem eintreten; auch ist es bei den Infusorien nicht wahrscheinlich. Zweitens, was ist die Ursache der Länge und der Schmalheit dieser Züge? Die Erscheinung ist so sehr der ähnlich, die man in jedem Strom beobachten kann, wo sich die Strömung in lange Streifen auflöst und der Schaum in den Wirbeln ansammelt, daß ich auch hier das Resultat einer ähnlichen Tätigkeit entweder der Luft- oder der Meeresströmung zuschreiben muß. Unter dieser Voraussetzung müssen wir annehmen, daß die verschiedenen organisierten Körper an gewissen günstigen Stellen erzeugt und von dort durch das Einsetzen entweder des Windes oder einer Strömung im Wasser fortgeführt werden. Ich bekenne indessen, es ist sehr schwierig, sich vorzustellen, daß irgendeine besondere Stelle der Geburtsort von Millionen von Tierchen und Converven sei; denn woher kommen die Keime an solche Stellen? Die erzeugenden Körper sind ja durch die Winde und Wellen über den ganzen ungeheueren Ozean verbreitet worden. Aber nach keiner anderen Hypothese kann ich ihre reihenförmige Anordnung begreifen. Noch will ich hinzufügen, was Scoresby bemerkt, daß sich grünes Wasser, welches ungeheuer reich an pelagischen Tieren ist, ganz unabänderlich in einem gewissen Teil des arktischen Meeres findet.

Zweites Kapitel

Rio de Janeiro – Exkursion nördlich von Kap Frio – Große Verdunstung – Sklaverei – Botofogo-Bay – Land-Planarien – Wolken auf dem Corcovado – Starker Regen – Singende Frösche – Leuchtende Insekten – Schnellvermögen des *Elater* – Blauer Dunst – Von einem Schmetterling hervorgebrachtes Geräusch – Entomologie – Ameisen – Wespe, die eine Spinne tötet – Parasitische Spinne – Schlauheit einer *Epeira* – Gesellig lebende Spinne – Spinne mit einem unsymmetrischen Gewebe

Rio de Janeiro

4. April bis 5. Juli 1832 – Wenige Tage nach unserer Ankunft wurde ich mit einem Engländer bekannt, welcher im Begriffe war, seine etwas über hundert Meilen von der Hauptstadt entfernt gelegene Besitzung, nördlich von Kap Frio, zu besuchen. Ich nahm mit Freuden die mir dargebotene Erlaubnis, ihn zu begleiten, an.

8. April – Unsere Reisegesellschaft bestand aus sieben Personen. Die erste Station war sehr interessant. Der Tag war gewaltig heiß, und als wir die Wälder passierten, war alles bewegungslos, mit Ausnahme der großen und prachtvollen Schmetterlinge, welche träge umherflatterten. Die sich beim Übergang über die Berge hinter Praia Grande bietende Aussicht war ganz wundervoll; die Farben waren intensiv, der vorherrschende Ton ein dunkles Blau; der Himmel und das ruhige Wasser der Bucht wetteiferten miteinander an Pracht. Nachdem wir durch eine Strecke kultivierten Landes gekommen waren, betraten wir einen Wald, welcher in der Großartigkeit aller seiner Teile von nichts zu übertreffen war. Um Mittag kamen wir in Ithacaia an; dies kleine Dorf liegt in einer Ebene; rund um das in der Mitte gelegene Haus liegen die Hütten der Neger. In der regelmäßigen Form und Stellung erinnerten mich die letzteren an Abbildungen der Hottentottendörfer in Süd-Afrika. Da der Mond zeitig aufging, entschlossen wir uns, noch an demselben Abend nach unserem Nachtquartier in der Lagoa Marica aufzubrechen. Mit Dunkelwerden zogen wir am Fuß eines jener massigen, kahlen und steilen Berge von Granit hin, welche in diesem Land so gewöhnlich sind. Die Stelle ist berüchtigt, weil sie eine lange Zeit hindurch der Aufenthaltsort einiger entlaufener Sklaven war, welche durch Bebauung eines kleinen Stückchen Bodens nahe dem Gipfel sich eine erbärmliche Existenz gegründet hatten. Endlich wurden sie entdeckt; eine Abteilung Soldaten wurde ihnen nachgeschickt und die ganze Gesellschaft ergriffen mit Ausnahme einer alten Frau, welche, ehe sie sich wieder in Sklaverei bringen ließ, sich vom Gipfel des Berges herabstürzte. Bei einer römischen Matrone würde man dies die edle Liebe zur Freiheit genannt haben, bei einer armen Negerin ist es brutaler Starrsinn! Wir ritten noch mehrere Stunden fort. Die letzten paar Meilen war der Weg bedenklich, er ging durch eine öde Wüstenei von Marschen und Lagunen. In dem trüben Mondlicht war die Szenerie äußerst trostlos. Ein paar Leuchtkäfer flogen an uns vorüber; eine Bekassine stieß beim Auffliegen ihren klagenden Ruf aus. Das entfernte und dumpfe Brausen des Meeres unterbrach kaum die Stille der Nacht.

9. April – Wir verließen unser erbärmliches Nachtquartier vor Sonnenaufgang. Die Straße ging über eine schmale sandige Fläche, welche zwischen dem Meer und der inneren salzigen Lagune lag. Die große Zahl schöner, Fischfang treibender Vögel, wie Silberreiher und Kraniche, und die die phantastischsten Formen darbietenden Fettpflanzen gaben der Szenerie ein Interesse, welches sie ohne dies nicht besessen haben würde. Die wenigen verkrüppelten Bäume waren mit Schmarotzerpflanzen beladen, unter denen die wundervollen und einen entzückenden Duft aushauchenden Orchideen am meisten zu bewundern waren. Nachdem die Sonne aufgegangen war, wurde der Tag ganz außerordentlich heiß; der Reflex des Lichtes und der Wärme von dem weißen Sand war im hohen Grade peinigend. Wir aßen in Mandetiba zu Mittag; das Thermometer zeigte 84° (28,9 °C.) im Schatten. Die schöne Aussicht auf die entfernten bewaldeten Berge, welche sich in dem vollkommen ruhigen Wasser einer weiten Lagune widerspiegelte, erfrischte uns förmlich. Da die Vênda[1] hier eine sehr gute war und ich die angenehme, aber freilich seltene Erinnerung eines ausgezeichneten Mittagsmahls von hier mitnahm, will ich mich dankbar bezeigen und sofort dasselbe, als den Typus seiner Klasse, beschreiben. Diese Häuser sind häufig groß und aus dicken, aufrecht stehenden Stämmen mit dazwischengeflochtenen Zweigen gebaut und später beworfen. Sie haben selten Dielen und niemals verglaste Fenster, sind aber meist gut eingedacht. Allgemein ist der vordere Teil offen und bildet eine Art von Veranda, in welche Tische und Bänke gestellt werden. Die Schlafzimmer stoßen auf beiden Seiten hieran und hier können die Reisenden so gut sie können auf einer hölzernen, mit einer dünnen Strohmatte bedeckten Platte schlafen. Die Vênda steht in einem Hofraum, wo die Pferde gefüttert werden. Bei der Ankunft pflegten wir zunächst die Pferde abzusatteln und ihnen ihr türkisches Korn zu geben; dann baten wir mit einer tiefen Verbeugung den Senhôr, uns die Gunst zu erweisen, uns etwas zu essen zu geben. „Alles, was Sie wünschen, mein Herr", war seine gewöhnliche Antwort. Die paar ersten Male dankte ich leichtsinnig der Vorsehung, daß sie uns zu einem so guten Manne geführt habe. Wie aber das Gespräch seinen weiteren Fortgang nahm, stellte sich der Fall meist als erbarmungswürdig heraus. „Können Sie uns etwas Fisch zu geben die Freundlichkeit haben?" – „O, nein, mein Herr!" – „Etwas Suppe?" – „Nein, mein Herr!" – „Etwas Brot?" – „O, nein, mein Herr!" – „Etwas getrocknetes Fleisch!" – „O, nein, mein Herr!" Hatten wir Glück, so bekamen wir, nachdem wir ein paar Stunden gewartet hatten, Hühner, Reis und Farinha. Es kam nicht selten vor, daß wir genötigt waren, die Hühner zu unserem Abendessen selbst, mit Steinen, zu töten. Wenn wir von Müdigkeit und Hunger gründlich erschöpft schüchtern anzudeuten wagten, daß wir froh sein würden, wenn wir unser Essen bekommen könnten, war die hochtrabende und, zwar wahre, aber äußerst unbefriedigende Antwort: „Es wird fertig sein, wenn es fertig ist." Hätten wir gewagt, noch weiter zu remonstrieren, so würde man uns gesagt haben, unsere Reise nur fortzusetzen, da wir zu unverschämt wären. Die Wirte sind äußerst ungefällig und unangenehm in ihren Manieren; ihre Häuser und ihre Personen starren oft von Schmutz; ganz allgemein ist der Mangel derartiger Bequemlichkeiten wie Gabeln, Messer und Löffel; ich bin überzeugt, kein Bauernhaus, keine Hütte in England ließe sich finden, die so vollständig jeden Komforts bar wäre. In Campos Novos indessen lebten wir prächtig; wir hatten Reis und Hühner, Biskuit, Wein und Likör zum Mittagsbrot, am Abend Kaffee, und Fisch mit Kaffee zum Frühstück. Alles dies kostete, mit gutem Futter für die Pferde, nur 2 sh. 6 d. per Kopf. Als indessen der Wirt dieser Vênda gefragt wurde, ob er nichts von einer Peitsche wisse, die einer von der Gesellschaft verloren hatte, antwortete er brummig: „Was soll ich das wissen? Warum kümmern Sie sich nicht selbst darum? – Ich vermute, die Hunde haben sie gefressen."

Nachdem wir Mandetiba verlassen hatten, passierten wir wiederum wüste, von Seen durchzogene Gegenden; in einigen der Seen fanden sich Süßwassermuscheln, in anderen Seemuscheln. Von den ersteren Arten fand ich eine *Limnaea* in großer Zahl in einem See, in welchen, wie mir die Einwohner versicherten, das Meer jährlich einmal, zuweilen häufiger eintritt und das Wasser ganz salzig macht. Ohne Zweifel dürften sich viele interessante Tatsachen in bezug auf marine und Süßwasser-Tiere in dieser Reihe von Lagunen, welche die Küste von Brasilien begrenzen, beobachten lassen. Mr. Gay hat angegeben[2], daß er in der Nähe von Rio Arten der marinen Gattungen *Solen* und *Mytilus* und der im Süßwasser lebenden *Ampullaria* im Brackwasser nebeneinander lebend gefunden habe. In der Lagune in der Nähe des botanischen Gartens, in welcher das Wasser nur wenig geringer salzig ist als im Meere, habe ich auch oft eine

---

[1] Vênda, der portugiesische Name für Wirtshaus.
[2] Annales des Scienc. natur., T. 29, 1833, p.371.

Art von *Hydrophilus* beobachtet, die einem in den englischen Teichen häufigen Wasserkäfer sehr ähnlich ist. Die einzige in diesem See vorkommende Muschel gehörte zu einer meist in Aestuarien gefundenen Gattung.

Wir verließen die Küste eine Zeitlang und traten wieder in den Wald ein. Die Bäume waren sehr hoch und, mit europäischen verglichen, wegen der weißen Farbe ihrer Stämme merkwürdig. Wie ich aus meinem Notizbuch sehe, fielen mir unabänderlich „wunderbare und sehr schön blühende Schmarotzerpflanzen" als die ihrer Neuheit wegen merkwürdigsten Dinge in diesen großartigen Szenen auf. Beim Weiterreisen kamen wir über Strecken von Weideland, welches durch die enormen kegelförmigen, nahezu zwölf Fuß hohen Ameisennester bedeutend geschädigt war. Sie gaben der Ebene genau das Ansehen der Schlammvulkane am Jorullo, wie sie Humboldt abgebildet hat. Wir kamen in Engenhodo nach Dunkelwerden an, nachdem wir zehn Stunden zu Pferde gesessen hatten. Während der ganzen Reise habe ich nicht aufgehört, mich darüber zu verwundern, welche Masse von Arbeit die Pferde imstande waren zu leisten; sie schienen auch offenbar sich von irgendeinem Unfall viel schneller zu erholen als unsere englische Rasse. Die Vampir-Fledermaus ist häufig die Ursache vieler Störungen, dadurch daß sie die Pferde am Widerrist beißt. Die Störung ist meist nicht so sehr Folge des Blutverlustes, als vielmehr Folge der Entzündung, welche der Druck des Sattels auf die Bißwunde verursacht. Die ganze Sache ist vor kurzem in England bezweifelt worden; ich war daher sehr erfreut, gerade gegenwärtig zu sein, als einer dieser Vampire (*Desmodus d'Orbignyi Wat.*) faktisch auf dem Rücken des Pferdes gefangen wurde. Wir biwakierten eines Abends spät in der Nähe von Coquimbo in Chile, als mein Diener bemerkte, daß eines der Pferde sehr unruhig wurde; er ging hin, um zu sehen, was es gäbe; da er meinte, irgend etwas unterscheiden zu können, griff er schnell mit der Hand nach dem Rücken des Pferdes und ergriff den Vampir. Am Morgen ließ sich die Stelle, wo der Biß beigebracht worden war leicht daran erkennen, daß sie etwas geschwollen und blutig war. Am dritten Tage darauf ritten wir aber das Pferd wieder, ohne üble Folgen zu veranlassen.

13. April – Nach drei Tagen weiteren Reisens kamen wir in Socêgo an, der Besitzung des Senhôr Manuel Figuireda, eines Verwandten eines unserer Reisegesellschafter. Das Haus war einfach und obschon es der Form nach einer Scheuer glich, entsprach es doch ganz gut dem Klima. Im Wohnzimmer stachen vergoldete Stühle und Sofas höchst merkwürdig gegen die einfach geweißten Wände, das Schindeldach und die glaslosen Fenster ab. Das Haus bildete mit den Getreidespeichern, den Ställen und den Werkstellen für die Neger, denen verschiedene Handwerke gelehrt worden waren, eine Art von Viereck, in dessen Mitte ein großer Haufen von Kaffee zum Trocknen ausgebreitet lag. Diese Gebäude stehen auf einem kleinen Hügel, welcher das kultivierte Land überragt und von allen Seiten von einer Mauer dunkelgrünen üppigen Waldes umgeben ist. Das hauptsächlichste Produkt dieses Teils des Landes ist Kaffee. Jeder Baum gibt angenommenermaßen jährlich im Mittel zwei Pfund, manche geben aber bis zu acht Pfund. Mandioca oder Cassada wird gleichfalls in großer Menge angebaut. Jeder Teil dieser Pflanze ist verwendbar; die Blätter und Stengel fressen die Pferde, und die Wurzeln werden zu einem Brei gemahlen, welcher, wenn er trocken gepreßt und gebacken wird, die Farinha bildet, dieses hauptsächlichste Subsistenzmittel in Brasilien. Es ist eine merkwürdige, wenngleich wohlbekannte Tatsache, daß der Saft dieser äußerst nahrhaften Pflanze in hohem Grade giftig ist. Vor wenigen Jahren starb eine Kuh auf dieser Fazênda infolge davon, daß sie etwas von der Flüssigkeit getrunken hatte. Senhôr Figuireda erzählte mir, daß er im vorhergehenden Jahr einen Sack Feijaô oder Bohnen und drei Säcke Reis gesät habe; die ersten ergaben eine achtzigfache, der letztere dreihundertzwanzigfache Frucht. Das Weideland erhält eine schöne Herde Rinder und die Wälder sind so voll von Wild, daß an jedem der drei vorausgegangenen Tage ein Hirsch erlegt worden war. Dieser Überfluß von Nahrung zeigte sich auch beim Mittagsessen, wo, wenn die Tische nicht stöhnten, die Gäste es sicherlich taten; denn man erwartete von einem jeden, daß er von einem jeden Gericht esse. Eines Tages hatte ich es meiner Meinung nach ganz nett berechnet, daß nichts ungekostet abgenommen werden dürfte, als zu meinem größten Schrecken ein gebratener Truthahn und ein Schwein in ihrer ganzen substantiellen Wirklichkeit erschienen. Während der Mahlzeiten bestand die Beschäftigung eines der Diener darin, ein paar alte Hunde und Dutzende kleiner Negerkinder aus dem Zimmer zu treiben, die bei jeder Gelegenheit zusammen hereingekrochen kamen. So lange man sich den Gedanken an Sklaverei fernhalten konnte, lag in dieser einfachen und patriarchalischen Art des Lebens etwas außerordentlich Anziehendes; man war von der ganzen übrigen Welt so vollkommen zurückgezogen und unabhängig. Sobald die Ankunft irgendeines Fremden bemerkt wird, wird mit einer großen Glocke geläutet, gewöhnlich wird auch irgendeine kleine Kanone abgefeuert. Das Ereignis wird hierdurch den Felsen und Wäldern angekündigt, aber niemandem weiter. Eines Morgens ging ich eine Stunde vor Tagesanbruch aus, um die feierliche Ruhe der ganzen Szene zu bewundern; zuletzt wurde die Stille durch den Morgengesang, welchen die ganze Menge der Neger laut anstimmten, unterbrochen; ihre tägliche Arbeit wird meist in dieser Weise begonnen. Auf Fazêndas wie dieser zweifle ich durchaus nicht, daß die Sklaven ein glückliches und zufriedenes Leben führen. Sonnabend und Sonntag arbeiten sie für sich selbst, und in diesem fruchtbaren Klima reicht die Arbeit von zwei Tagen hin, einen Mann mit seiner Familie die ganze Woche zu erhalten.

14. April – Nachdem wir Socêgo verlassen hatten, ritten wir nach einer anderen Besitzung am Rio Macâe, welche das letzte Stück kultivierten Landes in dieser Richtung war. Die Besitzung war zwei und eine halbe Meilen lang; wie viele Meilen sie breit war, hatte der Besitzer vergessen. Nur ein sehr kleines Stück war urbar gemacht worden; doch war beinahe jeder Acker imstande, alle die verschiedenen reichen Erzeugnisse eines tropischen Landes zu produzieren. Überdenkt man die ungeheure Flächenausdehnung Brasiliens, so verschwindet beinahe das Stückchen kultivierten Landes, im Vergleich zu dem, was noch im Naturzustand sich findet; welche ungeheure Bevölkerung wird dies in späteren Zeiten tragen können! Während des zweiten Tages unserer Reise fanden wir den Weg so verschlossen, daß es nötig wurde, einen Mann mit einem Hiebmesser vorauszuschicken, um die Kletterpflanzen abzuschneiden. Der Wald strotzte von schönen Sachen; unter diesen waren die Baumfarne mit ihrem hellgrünen Laub und der eleganten Krümmung ihrer Wedel, obgleich sie nicht groß waren, die bewunderungswürdigsten. Am Abend regnete es sehr stark, und obschon das Thermometer 65° (18,33 °C.) zeigte, fror mich doch sehr. Sobald der Regen aufhörte, war es merkwürdig, die außerordentliche Verdunstung zu beobachten, welche nun in der ganzen Ausdehnung des Waldes eintrat. In einer Höhe von hundert Fuß waren die Berge in dichten weißen Dampf eingehüllt, welcher wie Rauchsäulen aus den dichtest bewaldeten Teilen und besonders aus den Tälern aufstieg. Ich beobachtete diese Erscheinung bei mehreren Gelegenheiten. Ich vermute, es ist dies eine Folge der großen Fläche von Laub, welche vorher von den Strahlen der Sonne erhitzt war.

Während ich mich auf dieser Besitzung aufhielt, wäre ich beinahe Augenzeuge eines jener schauerlichen Akte geworden, welche nur in einem Sklavenland stattfinden können. Infolge eines Streites und eines Prozesses war der Besitzer darauf und daran, alle Frauen und Kinder den männlichen Sklaven wegzunehmen und sie einzeln in den öffentlichen Auktionen in Rio zu verkaufen. Sein Interesse und nicht irgendein Gefühl von Mitleid verhinderten diesen Akt. Ich glaube in der Tat, daß es ihm gar nicht in den Sinn gekommen ist, daran zu denken, wie unmenschlich es sei, dreißig Familien, welche viele Jahre lang zusammengelebt hatten, auseinanderzureißen. Und doch verbürge ich mich dafür, daß er, was Humanität und Wohlwollen betrifft, der gewöhnlichen Sorte solcher Leute überlegen war. Man kann wohl sagen, daß es für die Blindheit des Interesses und selbstsüchtiger Gewohnheiten keine Grenze gebe. Ich will hier eine kleine unbedeutende Anekdote erzählen, welche mich damals stärker frappierte als irgendeine Geschichte von Grausamkeit. Ich setzte auf einer Fähre mit einem Neger über, der ganz ungewöhnlich dumm war. Bei den Versuchen, mich ihm verständlich zu machen, sprach ich laut und machte Zeichen, wobei ich mit meiner Hand dicht an seinem Gesicht hinfuhr. Ich vermute nun, er glaubte, ich sei leidenschaftlich erregt und wolle ihn schlagen; denn sofort ließ er mit einem erschreckten Blick und halbgeschlossenen Augen die Hände herabsinken. Ich werde niemals mein Gefühl von Überraschung, Widerwillen und Scham vergessen, wie ich sah, daß ein großer starker Mann sich fürchtete, einen, seiner Meinung nach, nach seinem Gesicht gerichteten Schlag auch nur zu parieren. Dieser Mann war in einem Zustand von Erniedrigung erzogen worden, tiefer als die Sklaverei des allerhilflosesten Tieres.

18. April – Auf dem Rückweg brachten wir zwei Tage in Socêgo zu; ich benutzte dieselben dazu, Insekten im Wald zu sammeln. Die größere Zahl von Bäumen sind trotz ihrer Höhe doch nicht mehr als drei oder vier Fuß im Umfang. Natürlich finden sich einige wenige von viel größeren Dimensionen. Senhôr Manuel machte sich damals aus einem soliden Stamm, der ursprünglich 110 Fuß lang und von großer Dicke gewesen war, ein 70 Fuß langes Kanu. Die gegen die gewöhnlichen, sich verzweigenden Arten von Bäumen kontrastierenden Palmbäume geben stets der Szenerie einen tropischen Charakter. Hier schmückte die Kohl-Palme – einer der schönsten Bäume der Familie – die Wälder. Auf einem Stamm, der so dünn ist, daß man ihn fast mit den beiden Händen umspannen kann, erhebt sie ihre elegante Krone bis zu einer Höhe von vierzig oder fünfzig Fuß über den Boden. Die holzigen Schlingpflanzen, die selbst wieder mit anderen Kletterpflanzen bedeckt waren, erreichten eine bedeutende Dicke; einige, welche ich gemessen habe, waren zwei Fuß im Umfang. Viele der älteren Bäume boten infolge der von ihren Zweigen herabhängenden und Heubündeln ähnlichen lockigen Lianen ein sehr merkwürdiges Aussehen dar. Wendete sich das Auge von der Welt von Laubwerk im oberen Teil des Waldes nach dem Boden darunter, so wurde es durch die außerordentliche Eleganz der Farnwedel und Mimosenblätter gefesselt. Die letzteren bedeckten an manchen Stellen die Oberfläche mit einem nur wenige Zoll hohen Buschwerk. Ging man quer über diese dicken Mimosenbetten, so hob sich ein breiter Streifen durch die Änderung des Lichts und Schattens sehr deutlich ab, welche von dem Schließen der sensitiven Fiederblättchen verursacht wurde. Es ist wohl leicht, die individuellen Gegenstände der Bewunderung in diesen großartigen Szenen einzeln namhaft zu machen; unmöglich aber ist es, eine einigermaßen entsprechende Idee jener höheren Gefühle der Bewunderung, des Erstaunens und der Andacht zu geben, welche die Seele des Reisenden erfüllen und erheben.

19. April – Nachdem wir Socêgo verlassen hatten, folgten wir während der ersten beiden Tage genau dem Weg, welchen wir herwärts gekommen waren. Es war ein sehr mühsames Stück Arbeit, da der Weg meist quer über eine blendende, heiße Sandebene nicht weit von der Küste hinzog. Ich bemerkte, daß jedesmal, wenn das Pferd seinen Fuß auf den feinen kieseligen Sand setzte, ein leises zirpendes Geräusch hervorgebracht wurde. Am dritten Tage schlugen wir einen verschiedenen Weg ein und kamen durch das freundliche kleine Dorf Madre de Deôs. Es ist dies einer der Hauptfäden im Straßennetz Brasiliens; doch war der Weg in einem so schlechten Zustand, daß kein Gefährt auf Rädern, mit Ausnahme des schwerfälligen Ochsenwagens, fortkommen konnte. Auf unserer ganzen Reise kamen wir nicht über eine einzige Brücke, die aus Steinen gebaut gewesen wäre; und die aus Baumstämmen gemachten bedurften häufig so sehr der Reparatur, daß man genötigt war, einen Umweg zu machen, um sie zu vermeiden. Alle Entfernungen sind nur ungenau bekannt. An der Straße finden sich häufig Kreuze aufgestellt anstatt der Meilensteine, um den Ort zu bezeichnen, wo Blut vergossen wurde. Am Abend des 23. kamen wir nach Beendigung unseres angenehmen kleinen Ausflugs nach Rio zurück.

Während der übrigen Zeit meines Aufenthaltes in Rio wohnte ich in einem Häuschen an der

Botofogo-Bucht. Es ließ sich unmöglich irgend etwas Entzückenderes wünschen, als in dieser Weise einige Wochen in einem so prachtvollen Lande zubringen zu können. Jedermann, der Naturgeschichte liebt, genießt in England bei seinen Spaziergängen den großen Vorteil, daß er beständig etwas findet, was seine Aufmerksamkeit fesselt; in diesen fruchtbaren Klimaten aber, die von Leben strotzen, sind die Anziehungspunkte so zahlreich, daß man kaum imstande ist, überhaupt nur zu gehen.

Die wenigen Beobachtungen, welche ich anzustellen imstande war, bezogen sich beinahe ausschließlich auf wirbellose Tiere. Die Existenz einer Abteilung der Gattung *Planaria*, welche trockenes Land bewohnt, interessierte mich sehr. Diese Tiere haben einen so einfachen Bau, daß Cuvier sie mit den Eingeweidewürmern verband, obschon sie selbst niemals innerhalb der Körper anderer Tiere gefunden werden. Zahlreiche Spezies leben im Seewasser und im süßen Wasser; diejenigen aber, welche ich hier erwähne, fanden sich selbst an den trockeneren Stellen des Waldes unter Stücken verfaulten Holzes, von dem sie, wie ich glaube, leben. Der allgemeinen Form nach sind sie kleinen Wegschnecken ähnlich, sind aber im Verhältnis viel schmäler; mehrere Arten haben sehr schöne Längsstreifen. Ihr Bau ist sehr einfach; nahe der Mitte der unteren oder kriechenden Fläche finden sich zwei kleine quere Spalten, aus deren vorderer der trichterförmige und sehr reizbare Mund vorgestülpt werden kann. Noch einige Zeit, nachdem der übrige Körper des Tieres vollständig tot war, sei es infolge der Einwirkung von Meerwasser oder irgendeiner anderen Ursache, blieb dies Organ lebendig.

Ich habe nicht weniger als zwölf verschiedene Spezies von Land-Planarien an verschiedenen Stellen der südlichen Hemisphäre gefunden.[3] Einige Exemplare, welche ich in Van Diemen's Land bekam, hielt ich nahezu zwei Monate am Leben, indem ich sie mit faulendem Holz fütterte. Nachdem ich eines von ihnen quer durch in nahezu gleiche Teile geschnitten hatte, hatten beide Stücke nach Verlauf von vierzehn Tagen die Gestalt vollkommener Tiere erhalten. Ich hatte indes den Körper so geteilt, daß die eine Hälfte beide untere Öffnungen besaß, die andere Hälfte folglich gar keine hatte. Nach Verlauf von fünfundzwanzig Tagen nach der Operation hätte man die vollkommenere Hälfte von keinem anderen Exemplar unterscheiden können. Die andere Hälfte hatte der Größe nach bedeutend zugenommen; nach dem hinteren Ende zu hatte sich in der parenchymatösen Körpermasse ein heller Fleck gebildet, in dem man einen rudimentären, becherförmigen Mund deutlich unterscheiden konnte; doch war an der unteren Fläche noch kein jenem entsprechender Spalt geöffnet worden. Wenn die mit dem Annähern an den Äquator verstärkte Hitze des Wetters nicht alle Individuen zerstört hätte, so würde ohne Zweifel dieser letzte Entwicklungsakt den Bau vervollständigt haben. War auch der Versuch ein so bekannter, so war es doch interessant, das allmähliche Entstehen jedes wesentlichen Organs aus dem einfachen Schwanzende eines anderen Tieres zu verfolgen. Es ist außerordentlich schwierig, diese Planarien aufzubewahren; sobald das Aufhören des Lebens den gewöhnlichen Gesetzen chemischer Umsetzung gestattet, in Tätigkeit zu treten, wird der ganze Körper weich und flüssig und zwar mit einer Schnelligkeit, wie ich sie nirgends anders gleich gesehen habe.

Ich besuchte den Wald, in welchem diese Planarien zu finden waren, zuerst in Begleitung eines alten portugiesischen Priesters, der mich mit hinaus nahm, um mit ihm zu jagen. Das Jagdvergnügen bestand darin, einige wenige Hunde in das Dickicht zu schicken und dann geduldig wartend auf jedes Tier loszuschießen, welches etwa sichtbar wurde. Es begleitete uns der Sohn eines benachbarten Farmers – ein hübsches Exemplar eines wilden brasilianischen jungen Mannes. Er war mit einem alten zerrissenen Hemd und ähnlichen Hosen bekleidet und ging mit bloßem Kopf; er trug eine altmodische Flinte und ein großes Messer. Die Gewohnheit, das Messer zu tragen, ist ganz allgemein; beim Durchschreiten eines dichten Waldes ist es beinahe notwendig wegen der Schlingpflanzen. Das häufige Vorkommen von Morden dürfte wohl zum Teil dieser Gewohnheit zugeschrieben werden. Die Brasilianer sind so geschickt im Gebrauch des

---
[3] Ich habe diese Spezies beschrieben und benannt in: Annals of Natur. Hist., Vol. XIV, 1844, p.241.

Zweites Kapitel

Messers, daß sie es in ziemlicher Entfernung mit Präzision und genügender Kraft, eine tödliche Wunde zu verursachen, werfen können. Ich habe gesehen, wie eine Zahl kleiner Jungen sich in dieser Kunst als einer Art Spiel übten, und nach ihrer Geschicklichkeit, einen aufrechten Stock zu treffen, versprachen sie auch für ernstere Versuche der Art tüchtig zu werden. Mein Begleiter hatte am Tage vorher zwei große Bartaffen geschossen. Die Tiere haben Greifschwänze, deren Spitze selbst nach dem Tod das ganze Gewicht des Körpers halten kann. Einer von ihnen blieb damit fest an einem Zweige hängen, und es war nötig, einen großen Baum zu fällen, um ihn zu bekommen. Dies war bald getan, und Baum und Affe fielen mit einem fürchterlichen Krach zu Boden. Die Jagdausbeute des Tages beschränkte sich außer dem Affen auf mehrere kleine grüne Papageien und ein paar Tukans. Ich machte mir indessen die Bekanntschaft des portugiesischen Padre zunutzen; denn bei einer anderen Gelegenheit gab er mir ein schönes Exemplar der Yagouaroundi-Katze.

Wohl jedermann hat von der Schönheit der Szenerie in der Nähe von Botofogo gehört. Das Haus, in dem ich wohnte, lag dicht am Fuße des bekannten Berges Corcovado. Man hat sehr richtig bemerkt, daß abrupt sich erhebende kegelförmige Berge charakteristisch für die Formation sind, welche Humboldt Gneißgranit nennt. Es kann nichts Überraschenderes geben, als die Wirkung dieser kolossalen abgerundeten Massen nackten Gesteins, welche sich aus der üppigsten Vegetation heraus erheben.

Ich beobachtete oft mit großem Interesse die Wolken, welche, sich von dem Meer heranwälzend, gerade unter dem höchsten Punkte des Corcovado eine Bank bildeten. Wie die meisten anderen schien auch dieser Berg, wenn er in dieser Weise zum Teil verschleiert war, zu einer viel stolzeren Höhe sich zu erheben, als es wirklich der Fall ist; er ist 2300 Fuß hoch. In seinen meteorologischen Aufsätzen hat Mr. Dantell bemerkt, daß eine Wolke zuweilen an der Spitze eines Berges befestigt zu sein scheint, während der Wind beständig über sie wegbläst. Dasselbe Vorkommnis bot hier ein unbedeutend verschiedenes Aussehen dar. Hier sah man deutlich, wie sich die Wolke aufwärts drehte und mit großer Geschwindigkeit an dem Gipfel vorbeizog, dabei aber an Größe weder abnahm noch zunahm. Die Sonne war im Untergehen und eine sanfte südliche Brise, welche gegen die Südseite des Berges stieß, mischte ihre Strömung mit der kälteren oberen Luft; hierdurch wurde der Wasserdampf verdichtet; in dem Maße aber, wie die leichten Wolkenflocken über den Grat zogen und in den Einfluß der warmen Atmosphäre des nördlichen, sanft abfallenden Gehänges kamen, wurden sie sofort wieder aufgelöst.

Das Klima war während der Monate Mai und Juni, oder während des Winteranfangs, entzückend. Die mittlere Temperatur, nach Beobachtungen, welche sowohl morgens als abends um 9 Uhr gemacht wurden, betrug nur 72° (22,22 °C). Es regnete oft sehr stark, aber die austrocknenden Südwinde machten die Spaziergänge bald wieder angenehm. Eines Morgens fiel im Laufe von sechs Stunden 1,6 Zoll Regen. Wie dieses Gewitter über die den Corcovado umgebenden Wälder zog, war das von den auf die zahllosen Mengen von Blättern niederfallenden Regentropfen hervorgebrachte Geräusch sehr merkwürdig; man konnte es in einer Entfernung von einer Viertel-Meile hören; es glich dem Rauschen einer großen Wassermasse. Nach den heißeren Tagen war es entzückend, ruhig im Garten zu sitzen und den Übergang des Abends in die Nacht zu betrachten. Die Natur wählt sich in diesen Klimaten ihre Sänger aus bescheideneren Kreisen als in Europa. Ein kleiner Laubfrosch von der Gattung *Hyla* sitzt auf einem Grashalm, ungefähr einen Zoll über der Oberfläche des Wassers, und läßt ein angenehmes Zirpen erklingen; sind mehrere beisammen, so singen sie harmonisch in verschiedenen Tönen. Ich hatte ziemliche Schwierigkeit, ein Exemplar dieses Frosches zu fangen. Bei der Gattung *Hyla* enden die Zehen in kleine Saugnäpfe; ich fand, daß dies Tier an einer Glasscheibe in die Höhe kriechen konnte, wenn sie absolut senkrecht gehalten wurde. Verschiedene Zikaden und Grillen unterhalten gleichzeitig ein unaufhörliches grelles Geschrei, welches aber, sich durch die Entfernung abmildernd, nicht unangenehm ist. Jeden Abend nach Dunkelwerden begann dies große Konzert; und oft habe ich dagesessen und ihm zugehört, bis meine Aufmerksamkeit durch irgendein merkwürdiges vorüberfliegendes Insekt abgezogen wurde.

Zu solchen Zeiten sah man leuchtende Insekten von Busch zu Busch fliegen und herumschwärmen. In einer dunklen Nacht kann ihr Licht in ungefähr zweihundert Schritt Entfernung gesehen werden. Es ist merkwürdig, daß bei allen den verschiedenen Arten von Leuchtkäfern, leuchtenden Elateren und verschiedenen Seetieren (wie mehreren Crustaceen, Medusen, Nereiden, einer Koralle der Gattung *Clytia*, und bei *Pyrosoma*), welche ich beobachtet habe, das Licht von einer scharf ausgesprochenen grünen Färbung war. Alle Leuchtkäfer, welche ich hier gefangen habe, gehörten zu den Lampyriden (zu welcher Familie auch das englische Glühwürmchen gehört), und die größere Zahl von Exemplaren waren *Lampyris occidentalis*[4]. Ich fand, daß dies Insekt die brillantesten Lichtblitze ausströmen ließ, wenn es gereizt wurde; in den Zwischenzeiten waren die Abdominalringe dunkel. Das Aufblitzen war in beiden Segmenten beinahe gleichzeitig, aber in dem vorderen zuerst wahrnehmbar. Die leuchtende Substanz war flüssig und sehr klebrig; kleine Fleckchen blieben, wo die Haut zerrissen war, mit einem unbedeutenden Flackern glänzend, während die nicht verletzten Teile dunkel wurden. Wurde das Insekt geköpft, so blieben die Ringe ununterbrochen glänzend, aber nicht so brillant wie vorher; eine lokale Reizung mit einer Nadel erhöhte allemal die Lebhaftigkeit des Lichts. Die Segmente behielten in einem Falle ihre leuchtende Eigenschaft noch vierundzwanzig Stunden nach dem Tod des Insekts. Nach diesen Tatsachen möchte es fast als wahrscheinlich erscheinen, daß das Tier nur die Kraft habe, das Licht für kurze Intervalle zu verbergen oder auszulöschen, während die Entfaltung des Lichts zu anderen Zeiten unwillkürlich wäre. Auf den schmutzigen und feuchten Kieswegen fand ich die Larven dieser *Lampyris* in großer Zahl; sie glichen im allgemeinen den Weibchen des englischen Leuchtkäfers. Diese Larven besaßen nur ein schwaches Leuchtvermögen; sehr verschieden von ihren Eltern stellten sie sich bei der geringsten Berührung tot und hörten auf zu leuchten: auch rief Reizung keine neue Lichtentfaltung hervor. Ich hielt mehrere solcher Larven eine Zeitlang lebendig; ihr Schwanz ist ein sehr eigentümliches Organ; er fungiert mittels einer gut angepaßten Einrichtung als Sauger oder Haftorgan, außerdem aber auch als Reservoir für Speichel oder irgendeine ähnliche Flüssigkeit. Ich fütterte sie wiederholt mit rohem Fleisch und beobachtete ausnahmslos, daß dann und wann das Ende des Schwanzes an den Mund gebracht und ein Tropfen Flüssigkeit auf das Fleisch gegossen wurde, was eben im Begriff war, verzehrt zu werden. Trotz so viel Übung scheint der Schwanz nicht imstande zu sein, den Weg zum Munde zu finden; denn ausnahmslos wurde zuerst der Hals berührt, wie es schien als Wegweiser.

Als wir in Bahia waren, schien ein Elater oder Springkäfer (*Pyrophorus luminosus* Illig.) das häufigste leuchtende Insekt zu sein. Auch in diesem Falle wurde das Licht durch Reizung brillanter gemacht. Eines Tages unterhielt ich mich damit, das Schnellvermögen dieses Insekts, welches, wie mir scheint, noch nicht ordentlich beschrieben worden ist, zu beobachten.[5] Wurde der Elater auf den Rücken gelegt und bereitete er sich zum Springen vor, so bewegte er den Kopf und Thorax rückwärts, so daß der Bruststachel ausgezogen wurde und auf dem Rand seiner Scheide ruhte. Dieselbe Bewegung rückwärts wurde fortgesetzt und der Stachel durch die volle Wirkung der Muskeln wie eine elastische Feder gebogen; in diesem Augenblick ruhte das Insekt auf den Spitzen des Kopfes und der Flügeldecken. Nun wird die Anstrengung plötzlich erschlafft, der Kopf und Thorax fliegen in die Höhe und infolge hiervon stößt die Basis der Flügeldecken mit solcher Kraft auf die Fläche, auf der das Tier liegt, auf, daß es durch den Rückprall ein bis zwei Zoll hoch emporgeschnellt wird. Die vorspringenden Spitzen des Thorax und die Scheide des Stachels dienen dazu, den ganzen Körper während des Springens stät zu halten. In

---

[4] Ich bin Mr. Waterhouse sehr für seine Freundlichkeit verbunden, mir dieses sowie viele andere Insekten bestimmt und benannt und mir auch sonst viel freundliche Unterstützung gewährt zu haben.

[5] S. Kirby's Entomology, Vol. II, p.317.

den Beschreibungen, welche ich gelesen habe, scheint nicht hinreichendes Gewicht auf die Elastizität des Stachels gelegt zu sein; ein so plötzlicher Sprung konnte nicht das Resultat einfacher Muskelkontraktion ohne die Hilfe irgendeiner mechanischen Einrichtung sein.

Bei mehreren Gelegenheiten genoß ich das Vergnügen einiger kurzer, aber äußerst angenehmer Exkursionen in die benachbarte Landschaft. Eines Tages ging ich in den botanischen Garten, wo viele wegen ihrer großen Nützlichkeit bekannte Pflanzen lebend zu sehen waren. Die Blätter des Kampfer-, Pfeffer-, Zimt- und Gewürznelkenbaums waren entzückend aromatisch; und der Brotbaum, die Jaca und der Mango wetteiferten miteinander in der Pracht ihres Laubes. Die Landschaft in der Nähe von Bahia erhält beinahe ihren Charakter von den beiden letztgenannten Bäumen. Ehe ich sie gesehen hatte, hatte ich keine Idee, daß irgendein Baum einen so intensiv schwarzen Schatten auf den Boden werfen könne. Beide stehen zu der immergrünen Pflanzenwelt dieser Klimate in derselben Art von Verhältnis, wie Lorbeer und Stechpalme zu dem helleren Grün der blätterabwerfenden Bäume in England. Es ist noch zu bemerken, daß die Häuser in den Tropen von den wunderschönsten Pflanzenformen umgeben sind, weil viele derselben gleichzeitig dem Menschen äußerst nützlich sind. Wer zweifelt wohl daran, daß diese Eigenschaften bei der Banane, der Kokosnuß, den vielen anderen Palmenarten, der Orange und dem Brotfruchtbaum vereinigt sind?

Während dieses Tages fiel mir eine Bemerkung Humboldts ganz besonders auf, welcher häufig „den feinen Dunst" erwähnt, „welcher, ohne die Durchsichtigkeit der Luft zu verändern, ihre Farbentöne harmonischer macht, und deren Wirkungen mildert". Dies ist eine Erscheinung, welche ich in temperierten Zonen nie beobachtet habe. Die Atmosphäre war, in einer kleinen Entfernung von einer halben oder drei Viertel-Meile durchblickt, vollkommen klar, in einer größeren Entfernung aber verschmolzen alle Farben zu einem außerordentlich schönen Duft von einem blassen französisch Grau, mit ein wenig Blau vermischt. Der Zustand der Atmosphäre hatte zwischen Morgen und ungefähr Mittag, wo die Wirkung am auffallendsten war, nur geringe Veränderung erlitten, mit Ausnahme ihrer Trockenheit. In der Zwischenzeit war der Unterschied zwischen dem Taupunkt und der Temperatur von 7,5° auf 17° (von 4,18° auf 9,5 °C.) gestiegen.

Bei einer anderen Gelegenheit brach ich früh auf und ging nach dem Gavia oder Topsegelberg. Die Luft war entzückend kühl und würzig und die Tautropfen glänzten noch auf den Blättern der großen lilienartigen Pflanzen, welche die kleinen Bäche klaren Wassers beschatteten. Ich setzte mich auf einen Granitblock nieder, und es war entzückend, die verschiedenen Insekten und Vögel zu beobachten, wie sie vorüberflogen. Der Kolibri scheint ganz besonders derartige schattige abgelegene Stellen zu lieben. So oft ich diese kleinen Wesen um eine Blume herumschwirren sah, ihre Flügel so rapid schwingend, daß sie kaum sichtbar waren, erinnerte ich mich unserer Schwärmer, Sphinxe; in ihren Bewegungen und ihrer Lebensweise sind beide allerdings in vielen Beziehungen einander sehr ähnlich.

Einen Fußweg verfolgend trat ich in einen schönen Wald, und von einer Höhe von fünf- oder sechshundert Fuß bot sich mir eine jener glänzenden Aussichten dar, welche auf allen Seiten um Rio herum so häufig sind. In dieser Höhe erhält die Landschaft ihre brillanteste Färbung; und jede Form, jede Schattierung übertrifft an Pracht so vollkommen alles, was ein Europäer jemals in seinem heimischen Erdteil gesehen hat, daß er nicht weiß, wie er seinen Gefühlen Ausdruck geben soll. Der allgemeine Eindruck rief häufig in meiner Erinnerung die heiterste Szenerie aus dem Opernhause oder überhaupt größeren Theatern zurück. Von solchen Exkursionen kehrte ich niemals mit leeren Händen zurück. An diesem Tage fand ich ein Exemplar eines merkwürdigen Pilzes, *Hymenophallus* genannt. Allgemein kennt man den englischen *Phallus*, der im Herbst die Luft mit seinem widerwärtigen Geruch erfüllt; indes ist derselbe, wie die Entomologen wissen, für manche unserer Käfer ein entzückender Duft. Dasselbe war auch hier der Fall; durch den Geruch angelockt, setzte sich ein *Strongylus* auf den Pilz, während ich ihn in der

Hand trug. Wir sehen hier in zwei weit voneinander entfernt liegenden Ländern ein ähnliches Verhältnis zwischen Pflanzen und Insekten gleicher Familien, wenn schon die Spezies beider verschieden sind. Ist der Mensch bei der Einführung einer neuen Spezies in ein Land tätig gewesen, so wird dies Verhältnis oft gestört; als ein Beispiel hierfür will ich nur erwähnen, daß die Kohl- und Salatblätter, welche in England einer solchen Menge von Schnecken und Raupen Nahrung darbieten, in den Gärten in der Nähe von Rio unberührt bleiben.

Während unseres Aufenthalts in Brasilien habe ich eine große Zahl von Insekten gesammelt. Einige wenige allgemeine Bemerkungen über die relative Bedeutung der verschiedenen Ordnungen dürfte für europäische Entomologen von Interesse sein. Die großen, brillant gefärbten Schmetterlinge verraten die Zone, in welcher sie leben, bei weitem deutlicher, als irgendeine andere Rasse von Tieren. Ich meine hier die Tagschmetterlinge; denn Abend- und Nachtfalter erscheinen, im Gegensatz zu dem, was man nach der Üppigkeit der Vegetation hätte erwarten können, sicher in viel geringerer Zahl als in unseren gemäßigten Gegenden. Sehr überraschte mich die Lebensweise des *Papilio feronia*. Dieser Schmetterling ist nicht selten und besucht häufig die Orangenhaine. Trotzdem er hoch fliegt, setzt er sich doch sehr häufig auf die Stämme der Bäume. Bei dieser Gelegenheit ist sein Kopf stets abwärts gekehrt und seine Flügel sind in einer horizontalen Ebene ausgebreitet, anstatt, wie es gewöhnlich der Fall ist, vertikal aufrecht zusammengelegt zu sein. Dies ist der einzige Schmetterling, von dem ich jemals gesehen habe, daß er seine Füße zum Laufen gebrauchte. Da mir diese Tatsache nicht bekannt war, entging mir das Insekt mehr als einmal, indem es sich gerade in dem Moment, wo ich, nachdem ich mich vorsichtig mit der Pinzette genähert hatte, das Instrument schließen wollte, nach der Seite ausweichend fortbewegte. Aber eine noch weit eigentümlichere Tatsache ist das Vermögen dieser Art, ein Geräusch hervorzubringen.[6] Mehrere Male kamen sie, wenn sich ein Paar, wahrscheinlich Männchen und Weibchen, im unregelmäßigen Laufe jagte, innerhalb weniger Yards bei mir vorüber; da hörte ich deutlich ein tickendes Geräusch, dem ähnlich, welches entsteht, wenn ein Zahnrad sich unter einem federnden Sperrhaken bewegt. Das Geräusch wurde in kurzen Intervallen fortgesetzt und konnte in ungefähr zwanzig Yards Entfernung unterschieden werden; ich bin ganz sicher darüber, daß hier kein Irrtum der Beobachtung vorliegt.

Über das allgemeine Bild der Käferwelt war ich enttäuscht. Die Zahl der sehr kleinen und düster gefärbten Arten ist außerordentlich groß.[7] Die Sammlungen in Europa können sich bis jetzt nur rühmen, die größeren Arten aus tropischen Klimaten zu besitzen. Um die Seelenruhe eines Entomologen zu stören, ist es schon genügend, an die künftigen Erweiterungen eines vollständigen Katalogs zu denken. Die fleischfressenden Käfer, die Carabiden, erscheinen in äußerst geringer Anzahl innerhalb der Wendekreise. Dies ist um so merkwürdiger, wenn man damit die Zahl der fleischfressenden Säugetiere vergleicht, welche in heißen Ländern so außerordentlich zahlreich sind. Mich frappierte diese Beobachtung sowohl als ich nach Brasilien kam, als auch als ich die vielen eleganten und lebendigen Formen der Harpaliden in den gemäßigten Ebenen von La Plata wieder auftreten sah. Nehmen etwa die sehr zahlreichen Spinnen und räuberischen

---

[6] Mr. Doubleday hat vor kurzem (vor der Entomological Society, 3. März, 1845) ein merkwürdiges Gebilde an den Flügeln dieses Schmetterlings beschrieben, welches das Mittel zum Hervorbringen des Geräusches zu sein scheint. Er sagt: „Er ist merkwürdig deshalb, weil er an der Basis der Vorderflügel zwischen der Costal- und Subcostalader eine Art Trommelfell besitzt. Diese beiden Adern haben überdies ein eigentümliches schraubenartiges Diaphragma oder Gefäß im Innern." In Langsdorffs Reisen (in den Jahren 1803-1807, p.74) finde ich erwähnt, daß auf der Insel Sta. Catharina an der brasilianischen Küste ein *Februa Hoffmannseggi* genannter Schmetterling beim Auffliegen ein Geräusch wie eine Klapper machte.

[7] Als gewöhnliches Beispiel für die Sammlung eines Tages (23. Juni), wo ich nicht besonders auf die Käfer mein Augenmerk richtete, will ich erwähnen, daß ich da achtundsechzig Arten aus dieser Ordnung fing. Unter diesen waren nur zwei Carabiden, vier Brachyelytren, fünfzehn Rüsselkäfer und vierzehn Chrysomeliden. Siebenunddreißig Arten von Spinnen, welche ich mit nach Hause brachte, werden wohl genügen, um zu zeigen, daß ich der allgemein begünstigten Ordnung der Coleoptern nicht übermäßige Aufmerksamkeit zuwandte.

Zweites Kapitel

Hymenoptern die Stelle der fleischfressenden Käfer hier ein? Die Aasfresser und die mit kurzen Flügeldecken versehenen Staphylinen (Brachyelytren) sind sehr selten; andererseits sind Rüsselkäfer und Chrysomeliden, welche sämtlich in bezug auf ihren Lebensunterhalt auf die Pflanzenwelt angewiesen sind, in ganz erstaunlichen Zahlen vorhanden. Ich beziehe mich hier nicht auf die Zahl verschiedener Spezies, sondern auf die der individuellen Insekten. Denn hiervon hängt der augenfälligste Charakter der Insektenwelt verschiedener Länder ab. Besonders zahlreich sind die Ordnungen der Orthoptern und Hemiptern vertreten, ebenso die mit einem Stachel versehene Abteilung der Hymenoptern, vielleicht die Bienen ausgenommen. Wer zum ersten Mal einen tropischen Wald betritt, ist erstaunt über die Arbeiten der Ameisen; gut ausgetretene Pfade zweigen sich in allen Richtungen ab, auf denen ein ganzes Heer niemals fehlender Fouragierer zu sehen ist; manche gehen, andere kommen heim, mit Stücken grüner Blätter beladen, oft größer als ihre eigenen Körper.

Eine kleine, dunkel gefärbte Ameise wandert zuweilen in zahllosen Mengen. In Bahia wurde eines Tages meine Aufmerksamkeit dadurch gefesselt, daß ich beobachtete, wie viele Spinnen, Schaben und andere Insekten, auch einige Eidechsen, in der größten Aufregung über ein nacktes Stück Boden quer hinüberliefen. Eine kurze Strecke weiter zurück war jeder Stengel und jedes Blatt schwarz von kleinen Ameisen. Nachdem der Schwarm den nackten Flecken überschritten hatte, teilte er sich und stieg an einer alten Mauer hinab. Hierdurch waren viele Insekten förmlich eingeschlossen und die Anstrengungen, welche die armen kleinen Dinger machten, sich aus einer derartigen Todesgefahr zu befreien, waren wunderbar. Als die Ameisen auf die Straße kamen, änderten sie die Richtung ihres Zugs und stiegen in schmalen Reihen wieder die Mauer hinauf. Ich hatte einen kleinen Stein so hingelegt, daß einer dieser Züge dadurch unterbrochen wurde; sofort griff ihn die ganze Masse an und zog sich dann augenblicklich zurück. Kurz darauf kam ein anderer Haufen zum Angriff, und da auch dieser nicht imstande gewesen war, irgendeinen Eindruck zu machen, wurde nun diese Marschlinie ganz aufgegeben. Wären sie einen Zoll weitergegangen, so hätte die Reihe den Stein vermieden; und dies würde wohl auch zweifellos eingetreten sein, wenn der Stein ursprünglich dagelegen hätte; da sie aber angegriffen wurden, hielten die löwenherzigen kleinen Krieger die Idee eines Nachgebens für unwürdig.

In der Umgebung von Rio sind gewisse Arten wespenähnlicher Insekten sehr zahlreich, welche in den Winkeln der Verandas Tonzellen für ihre Larven bauen. Diese Zellen stopfen sie mit halbtoten Spinnen und Raupen voll; sie scheinen wunderbar genau zu wissen, bis zu welchem Grade sie dieselben mit ihrem Stachel verwunden müssen, um sie so lange zwar gelähmt aber noch lebendig zu erhalten, bis ihre Eier ausgebrütet sind; die Larven leben dann von der schauerlichen Masse kraftloser, halbgetöteter Opfer – ein Anblick, welcher von einem enthusiastischen Naturforscher[8] als merkwürdig und unterhaltend beschrieben worden ist! Eines Tages interessierte es mich sehr, einen Kampf auf Leben und Tod zwischen einer *Pepsis* (einer Wespe) und einer großen Spinne von der Gattung *Lycosa* zu beobachten. Die Wespe machte einen plötzlichen Angriff auf ihre Beute und flog dann fort; die Spinne war offenbar verwundet, denn als sie versuchte zu entfliehen, rollte sie einen kleinen Abhang hinab, hatte aber doch noch so viel Kraft, in ein dichtes Büschel Gras zu kriechen. Bald kehrte die Wespe zurück und schien überrascht zu sein, ihr Opfer nicht sofort zu finden. Sie fing dann eine so regelmäßige Jagd an, wie nur je ein Hund sie nach einem Dachs gemacht hat; sie machte dabei kurze, halbkreisförmige Flüge und ließ die ganze Zeit ihre Flügel und Fühlhörner rapid schwingen. Trotzdem die Spinne gut verborgen war, wurde sie doch bald entdeckt; offenbar fürchtete sich die Wespe noch immer vor den Kiefern ihres Feindes, brachte ihm aber nach vielem Manövrieren zwei Stichwunden an der unteren Seite des Thorax bei. Endlich schritt sie, sorgfältig mit ihren Antennen die nun

---

[8] Mr. Abbott (Manuskript im British Museum), welcher diese Beobachtung in Georgien machte; s. Mr. A. White's Aufsatz in: Annals of nat. hist. Vol. VII, p.472. Lieut. Hutton hat eine indische Art von *Sphex* mit ähnlicher Lebensweise beschrieben, in: Journal of the Asiatic Society, Vol. I, p.555.

bewegungslose Spinne untersuchend, dazu, den Körper fortzuschleppen. Ich faßte aber beide ab, den Tyrannen und sein Opfer.[9]

Die Zahl der Spinnen im Verhältnis zu anderen Gliedertieren ist, verglichen mit England, hier viel größer, vielleicht größer als die irgendeiner anderen Abteilung der Gliedertiere. Die Verschiedenheit der Arten unter den springenden Spinnen scheint fast unendlich zu sein. Die Gattung *Epeira* oder vielmehr die Familie der Epeiriden wird durch viele charakteristische Spezies vertreten; einige Arten haben spitze lederartige Schalen, andere verbreiterte und mit Dornen besetzte Schienen. Jeder Fußweg in den Wäldern ist durch starke gelbe Gewebe einer Art verbarrikadiert, welche zu derselben Abteilung gehört wie *Epeira clavipes* Fabricius; von dieser erzählte früher Sloane, daß sie in Westindien Gewebe anfertige, so stark, daß sie Vögel fange. Eine kleine und hübsche Art von Spinnen mit sehr langen Vorderbeinen, welche wie es scheint zu einer noch unbeschriebenen Gattung gehört, lebt als Schmarotzer auf fast jedem dieser Gewebe. Ich vermute, sie ist zu unbedeutend, um von der großen *Epeira* bemerkt zu werden; sie gestattet ihr daher, sich der kleineren Insekten zu bemächtigen, welche in den Fäden des Gewebes hängend sonst nutzlos verderben würden. Wird diese kleine Spinne erschreckt, so stellt sie sich entweder tot, wobei sie ihre Vorderbeine ausstreckt, oder läßt sich plötzlich von dem Gewebe herabfallen. Eine große, zu derselben Abteilung wie *Epeira tuberculata* und *conica* gehörende *Epeira* ist außerordentlich häufig, besonders an trockenen Örtlichkeiten. Ihr Gewebe, welches gewöhnlich zwischen den großen Blättern der gemeinen *Agave* ausgespannt ist, wird zuweilen noch in der Nähe des Mittelpunktes dadurch verstärkt, daß ein Paar oder selbst vier Zickzackbänder zwei nebeneinanderliegende Strahlen verbinden. Hat sich irgendein großes Insekt, wie ein Grashüpfer oder eine Wespe, gefangen, so setzt die Spinne durch eine geschickte Bewegung das Gewebe in eine rapide drehende Bewegung, und da sie gleichzeitig aus ihren Spinndrüsen ein Bündel von Fäden abschickt, wickelt sie ihre Beute in eine Hülle, wie in einen Seidenwurmkokon, ein. Die Spinne untersucht nun das kraft- und machtlose Opfer und bringt ihm am hinteren Teil des Thorax den Todesbiß bei; dann zieht sie sich zurück und wartet geduldig ab, bis das Gift seine Wirkung geäußert hat. Die Giftigkeit dieser Flüssigkeit kann man nach der Tatsache beurteilen, daß ich nach einer halben Minute eine solche Hülse öffnete und eine große Wespe völlig leblos fand. Die *Epeira* steht immer mit ihrem Kopf nach unten im Mittelpunkte des Netzes. Wird sie gestört, so handelt sie je nach den Umständen verschieden: Findet sich ein Dickicht unter dem Gewebe, so läßt sie sich plötzlich hinabfallen; ich habe dabei deutlich gesehen, wie das Tier einen langen Faden aus den Spinnwarzen auszog, während es noch ganz ruhig war, als Vorbereitung zum Fallen. Ist der Boden unter dem Gewebe unbedeckt, so fällt die *Epeira* selten hinab, sondern bewegt sich durch einen mittleren Gang geschwind von der einen zur anderen Seite. Wird sie noch weiter beunruhigt, so führt sie ein äußerst merkwürdiges Manöver aus: In der Mitte des Gewebes stehend gibt sie demselben, welches an elastische Zweige befestigt ist, einen heftigen Stoß, wiederholt dies schnell hintereinander, bis endlich das Ganze in so rapider schwingender Bewegung ist, daß selbst die Konturen des Spinnenkörpers undeutlich werden.

Es ist bekannt, daß die meisten britischen Spinnen, wenn sich ein großes Insekt in ihren Geweben gefangen hat, die Fäden zu zerschneiden suchen, um ihre Beute zu befreien und ihre Netze davor zu bewahren, ganz verdorben zu werden. Indessen habe ich einmal in einem Gewächshaus in Shropshire gesehen, wie sich eine große weibliche Wespe in dem unregelmäßigen Gewebe einer ganz kleinen Spinne gefangen hatte; anstatt nun aber das Gewebe abzuschneiden, blieb diese Spinne mit der äußersten Ausdauer dabei, den Körper und besonders die Flügel ihrer

---

[9] Don Felix Azara (Vol. I, p.175) erwähnt ein Hymenopter, wahrscheinlich zu derselben Gattung gehörig, und sagt, er habe eine tote Spinne durch hohes Gras in gerader Linie nach seinem hundertdreiundsechzig Schritt entfernten Nest schleppen sehen. Er fügt hinzu, die Wespe habe, um den Weg zu finden, alle Minuten einmal „demi-tours d'environ trois palmes" gemacht.

Beute einzuwickeln. Die Wespe versuchte anfangs vergeblich, Stöße mit ihrem Stachel nach ihrem kleinen Feinde auszuführen. Nachdem ich sie länger als eine Stunde hatte kämpfen lassen, dauerte mich die Wespe; ich tötete sie und brachte sie in das Gewebe zurück. Bald kam auch die Spinne wieder herbei; eine Stunde später war ich sehr überrascht, zu finden, daß sich die Spinne mit ihren Kiefern in die Öffnung eingegraben hatte, durch welche die lebende Wespe ihren Stachel vorstreckte. Ich trieb zwei oder drei Mal die Spinne fort, aber während der nächsten vierundzwanzig Stunden fand ich sie immer wieder an derselben Stelle saugend. Durch die Säfte ihrer Beute, welche viele Male größer als sie selbst war, schwoll die Spinne bedeutend an.

Ich will hier noch erwähnen, daß ich in der Nähe von Sta. Fé Bajada viele große schwarze Spinnen mit rubinroten Zeichnungen auf ihrem Rücken fand, welche gesellig lebten. Die Gewebe waren senkrecht gestellt, wie es bei der Gattung *Epeira* unabänderlich der Fall ist; sie waren durch Zwischenräume von ungefähr zwei Fuß voneinander getrennt, waren aber alle an gewisse gemeinschaftliche Fäden geheftet, welche von bedeutender Länge waren und sich nach allen Teilen der Gemeinde hin erstreckten. Auf diese Weise waren die Spitzen mehrerer großer Gebüsche von den vereinigten Geweben umhüllt. Azara[10] hat eine soziale Spinne aus Paraguay beschrieben, von welcher Walkenaer meint, daß es ein *Theridion* sein müsse; wahrscheinlich ist es aber eine *Epeira* und vielleicht sogar dieselbe Spezies wie die meinige. Ich kann mich indessen nicht erinnern, ein zentrales Nest so groß wie ein Hut gesehen zu haben, in welches, wie Azara sagt, während des Herbstes, wenn die Spinnen sterben, die Eier abgelegt werden. Da die sämtlichen Spinnen, welche ich gesehen habe, von einer und derselben Größe waren, so müssen sie auch nahezu von demselben Alter gewesen sein. Diese soziale Lebensweise bei einer so typischen Gattung wie *Epeira* und unter den Spinnen, welche so blutdürstig und sonst so solitär in ihrem Leben sind, daß sich selbst die beiden Geschlechter einander angreifen, ist eine sehr eigentümliche Tatsache.

In einem hochgelegenen Tal der Cordilleren, in der Nähe von Mendoza, fand ich eine andere Spinne mit einem eigentümlich gebildeten Gewebe. Starke Fäden strahlten in einer senkrechten Ebene von einem gemeinsamen Mittelpunkt aus, wo die Spinne ihren Aufenthaltsort hatte; aber nur zwei der Strahlen waren durch ein symmetrisches Maschenwerk miteinander verbunden, so daß das Gewebe, anstatt, wie es gewöhnlich der Fall ist, kreisförmig zu sein, aus einem keilförmigen Segment bestand. Alle Gewebe der Art waren ähnlich konstruiert.

---

[10] Azara: Voyage. Vol. I, p.213.

Drittes Kapitel

Monte Video – Maldonado – Ausflug nach dem Rio Polanco – Lasso und Bolas – Rebhühner – Fehlen von Bäumen – Hirsche – Capybara oder Flußschwein – Tucu-tuco – *Molothrus*, kuckucksartige Gewohnheiten – Tyrannen-Fliegenschnäpper – Spottvogel – Aasfalken – Blitzröhren – Haus, vom Blitz getroffen

Maldonado

5. Juli 1832 – Am Morgen früh machten wir uns auf den Weg aus dem prachtvollen Hafen von Rio de Janeiro hinaus. Auf unserer Überfahrt nach La Plata sahen wir nichts Besonderes mit Ausnahme einer großen Herde von Meerschweinen, viele hundert an der Zahl, die wir eines Tages antrafen. Das ganze Meer war stellenweise von ihnen durchfurcht, und es war ein außerordentlicher Anblick, welchen sie darboten, wenn sie zu Hunderten sprungweise vorwärts sich bewegten, dabei ihre ganzen Körper dem Blicke darboten und auf diese Weise das Wasser durchschnitten. Wenn das Schiff neun Knoten die Stunde segelte, so konnten diese Tiere doch vor dem Bug beständig von einer zur anderen Seite hinüber und herüber kreuzen und dann plötzlich geradeaus schießen. Sobald wir das Mündungsgebiet des Plata berührten, begann das Wetter sehr unsicher zu werden. Während einer dunklen Nacht waren wir von zahlreichen Robben und Pinguinen umgeben, welche so eigentümliche Geräusche machten, daß der wachthabende Offizier rapportierte, er könne die Rinder am Ufer brüllen hören. In einer anderen Nacht beobachteten wir eine prachtvolle Szene natürlichen Feuerwerks; die Mastspitzen und die Enden der Rahen glänzten in St. Elms Feuer. Es ließ sich sogar beinahe die Form der Windfahne verfolgen, als wenn sie mit Phosphor eingerieben wäre. Das Meer war so außerordentlich leuchtend, daß die Züge der Pinguine durch feurige Linien markiert waren und die Dunkelheit des Himmels wurde für Augenblicke durch die glänzendsten Blitze aufgehellt.

Als wir uns innerhalb der Mündung des Flusses befanden, interessierte es mich, zu beobachten, wie langsam das Meer- und Flußwasser sich vermischte. Das Letztere wurde, schlammig und mißfarbig, wegen seiner geringen spezifischen Schwere an der Oberfläche des Salzwassers getragen. Dies zeigte sich in einer merkwürdigen Weise in dem Kielwasser des Schiffes, wo sich ein Streifen blauen Wassers in kleinen Strudeln mit der umgebenden Flüssigkeit vermischte.

Den 26. Juli – Wir ankerten vor Monte Video. Die „Beagle" war beauftragt, die südlichsten und östlichen Küsten Amerikas südlich vom La Plata während der zwei nächstfolgenden Jahre aufzunehmen. Um nun unnütze Wiederholungen zu vermeiden, will ich diejenigen Teile meines Tagebuchs hier im Auszug zusammenbringen, welche sich auf dieselben Gegenden beziehen, ohne mich immer streng nach der Reihenfolge zu richten, in welcher wir dieselben besuchten.

Maldonado liegt am nördlichen Ufer des Plata und nicht sehr weit von der Mündung der Meeresbucht. Es ist eine äußerst ruhige, öde kleine Stadt; wie es meist in diesen Ländern der Fall ist, ist sie so gebaut, daß die Straßen rechtwinklig zueinander verlaufen und in der Mitte einen großen Platz oder ein Square haben, welcher seiner Größe wegen die Dürftigkeit der Bevölkerung noch auffallender macht. Sie besitzt kaum irgendwelchen Handel; der Export beschränkt sich auf einige wenige Häute und wenige Köpfe lebenden Rindviehs. Die Bewohner sind hauptsächlich Landeigentümer, außerdem noch wenige Krämer und die notwendigen Handwerker, wie Schmiede und Tischler, welche beinahe die ganze Arbeit für einen Umkreis von fünfzig Meilen besorgen. Die Stadt ist vom Fluß durch einen Zug von Sandhügeln, ungefähr eine Meile breit, getrennt; auf allen übrigen Seiten wird sie von einer offenen, leicht welligen Landschaft umgeben, welche von einer gleichförmigen Schicht schönen, grünen Rasens bedeckt wird, auf dem zahllose Herden von Rindern, Schafen und Pferden grasen. Sehr wenig Land wird kulti-

Drittes Kapitel

viert, selbst dicht bei der Stadt. Einige wenige, aus Kaktus und Agaven gebildete Hecken zeichnen die Stellen aus, wo etwas Weizen oder indisches Korn gepflanzt worden ist. Die landschaftlichen Züge der ganzen Gegend sind sich dem ganzen nördlichen Ufer des Plata entlang einander sehr ähnlich. Die einzige Verschiedenheit besteht darin, daß hier die Granitberge etwas kühnere Formen darbieten. Die Szenerie ist sehr uninteressant; es findet sich kaum ein Haus oder ein eingeschlossenes Stück Land oder selbst nur ein Baum, um ihr den Anblick von Gemütlichkeit zu geben. Und doch liegt, wenn man eine Zeitlang in einem Schiff gefangen gehalten worden ist, ein Reiz in dem unbeschränkten Gefühl des Gehens über unbegrenzte Rasenflächen. Wird dann überdies der Anblick noch auf einen kleinen Raum beschränkt, so erscheinen viele Gegenstände schön. Manche der kleineren Vögel sind brillant gefärbt und der hellgrüne, vom Rind kurzgepflückte Rasen wird von zwergigen Blumen geschmückt, unter denen eine Pflanze, die wie ein Gänseblümchen aussah, das Bild eines alten Freundes wachrief. Was würde ein Blumenfreund zu solchen Gegenden sagen, wo ganze Strecken so dicht von der *Verbena melindres* bedeckt sind, daß sie selbst aus einiger Entfernung im glänzendsten Scharlach erscheinen?

Ich blieb zehn Wochen in Maldonado, in welcher Zeit eine nahezu vollständige Sammlung der Säugetiere, Vögel und Reptilien zusammengebracht wurde. Ehe ich einige Bemerkungen in bezug auf diese mitteile, will ich eine kleine Exkursion schildern, die ich bis zum Fluß Polanco, ungefähr siebzig Meilen in nördlicher Richtung entfernt, gemacht habe. Als Beweis, wie billig hier alles in diesem Lande ist, will ich noch anführen, daß ich nur zwei Dollar den Tag oder acht Schilling für zwei Mann, inklusive einer Zahl von ungefähr einem Dutzend Reitpferden bezahlte. Meine Begleiter waren gut mit Pistolen und Säbeln bewaffnet, eine Vorsicht, welche ich für ziemlich unnötig hielt. Doch war die erste Neuigkeit, die wir hörten, die, daß am Tage zuvor ein Reisender aus Monte Video tot mit durchschnittener Kehle auf der Straße gefunden worden war. Und dies ereignete sich dicht bei einem Kreuz, dem Merkzeichen eines früheren Mordes.

Die erste Nacht schliefen wir in einem abgelegenen kleinen Landhause, und dort fand ich sehr bald heraus, daß ich zwei oder drei Gegenstände, besonders einen Taschenkompaß, besaß, welcher grenzenloses Erstaunen erweckte. In jedem Haus wurde ich gebeten, den Kompaß zu zeigen und mit seiner Hilfe auf einer Landkarte die Richtung verschiedener Orte anzuzeigen. Es erregte die lebhafteste Bewunderung, daß ich, der ich doch ein vollkommen Fremder war, den Weg (denn Richtung und Weg sind in diesem offenen Land synonym) nach Orten hin wissen könne, wo ich nie gewesen war. In dem einen Hause schickte eine junge Frau, welche krank zu Bett lag, nach mir, um mich zu bitten, zu ihr zu kommen und ihr den Kompaß zu zeigen. War ihre Überraschung groß, so war die meine wohl noch größer, eine solche Unwissenheit unter Leuten zu finden, welche Tausende von Rindern und Estancias von großer Ausdehnung besaßen. Sie kann nur durch den Umstand erklärt werden, daß dieser entlegene Teil des Landes nur selten von Fremden besucht wird. Man fragte mich, ob sich die Erde oder die Sonne bewege; ob es nach Norden hin wärmer oder kälter sei; wo Spanien läge, und viele andere derartige Fragen. Die größere Zahl der Bewohner hatte eine unbestimmte Idee, als seien England, London und Nordamerika verschiedene Namen für einen und denselben Ort; die besser Informierten wußten aber ganz wohl, daß London und Nordamerika getrennte Länder, aber dicht beieinander wären, und daß England eine große Stadt in London sei! Ich hatte einige Streichzündhölzchen bei mir, welche ich durch Beißen entzündete. Man hielt es für so wunderbar, daß ein Mensch mit seinen Zähnen Feuer entzünden könne, daß gewöhnlich die ganze Familie versammelt wurde, um es zu sehen. Einmal bot man mir einen Dollar für ein einziges Streichzündhölzchen. Daß ich am Morgen mir mein Gesicht wusch, veranlaßte in dem Dorf von Las-Minas viel Kopfzerbrechen. Einer der besseren Kaufleute inquirierte mich förmlich über einen so sonderbaren Gebrauch, auch darüber, warum wir an Bord unsere Bärte trügen, denn er hatte von meinem Führer gehört, daß wir dies taten. Er betrachtete mich mit vielem Verdacht! Vielleicht hatte er von den Waschungen in der mohammedanischen Religion gehört, und da er wußte, daß ich ein Ketzer sei, kam er vielleicht zu dem Schluß, daß alle Ketzer Türken seien. Es ist der gewöhnliche Gebrauch in diesem Lande, am ersten besten passenden Hause um ein Nachtquartier zu bitten. Das Erstaunen über meinen Kompaß und meine anderen Zauberstückchen war in einem gewissen Grade vorteilhaft, da ich den Leuten damit, ebenso wie mit den langen Geschichten, die meine Führer von mir erzählten, daß ich Steine bräche, giftige von unschädlichen Schlangen unterscheiden könne, Insekten sammle usw., die Gastfreundschaft der Leute einigermaßen bezahlte. Ich schreibe gerade, als wenn ich unter den Bewohnern von Zentralafrika gewesen wäre; Banda Oriental wird durch diesen Vergleich wenig geschmeichelt sein, aber dies waren meine Empfindungen zu der damaligen Zeit.

Am nächsten Tag ritten wir nach dem Dorf Las-Minas. Die Landschaft war im ganzen etwas hügeliger, aber sonst blieb sie beständig dieselbe; ein Bewohner der Pampas würde sie ohne Zweifel als eine echte Alpenlandschaft angesehen haben. Das Land ist so dünn bewohnt, daß wir während des ganzen Tages kaum einer einzigen Person begegneten. Las-Minas ist viel kleiner als Maldonado. Es liegt auf einer kleinen Ebene, rings umgeben von niedrigen felsigen Bergen. Es hat die gewöhnliche symmetrische Form und bietet mit seiner weißgetünchten, im Mittelpunkt stehenden Kirche im ganzen ein nettes Ansehen dar. Die äußersten Häuser sprangen aus dem Boden empor wie isolierte Wesen ohne die Umgebung von Gärten oder Höfen. Dies ist meist der Fall in diesem Land und alle Häuser haben infolge hiervon ein ungemütliches Ansehen. Über Nacht blieben wir in einer Pulperia oder einem Trinkladen. Während des Abends kam eine große Zahl von Gauchos herein, um Schnaps zu trinken und Zigarren zu rauchen. Ihr Aussehen ist sehr auffallend; sie sind meist groß und hübsch, aber mit einem stolzen und liederlichen Ausdruck in ihrem Gesicht. Sie tragen häufig Schnurrbärte und langes, schwarzes, in Locken auf ihren Rücken herabfallendes Haar. Mit ihren hellgefärbten Gewändern, großen, an den Fersen klirrenden Sporen und den wie Dolche in ihren Gürteln steckenden (oft auch als Dolche gebrauchten) Messern, sehen sie wie eine ganz verschiedene Menschenrasse aus, verschieden von dem, was sich nach dem Namen „Gauchos", einfacher Landmann, hätte erwarten lassen. Ihre Höflichkeit ist übertrieben; sie trinken niemals ihren Branntwein ohne die Erwartung auszudrücken, daß man ihn kosten werde; aber während sie ihren außerordentlich graziösen Diener machen, scheinen sie ebenso bereit dazu zu sein, wenn sich die Gelegenheit böte, einem den Hals abzuschneiden.

Am dritten Tag machten wir einen im ganzen sehr unregelmäßigen Weg, da ich damit beschäftigt war, einige Marmorzüge zu untersuchen. Auf den schönen Grasebenen sahen wir viele Strauße (*Struthio rhea*). Einige der Herden enthielten zwanzig oder dreißig Vögel. Wenn diese auf irgendeiner kleinen Erhöhung standen und sich gegen den klaren Himmel abhoben, boten sie eine sehr edle Erscheinung dar. In keinem anderen Teil des Landes bin ich so zahmen Straußen begegnet; es war leicht, bis auf eine kurze Entfernung an sie heran zu galoppieren; dann aber breiteten sie ihre Flügel aus, liefen mit allen Segeln gespannt vor dem Wind und ließen die Pferde sehr bald weit zurück.

Am Abend kamen wir an das Haus des Don Juan Fuentes, eines reichen Landeigentümers, der indessen keinem meiner Begleiter persönlich bekannt war. Nähert man sich dem Haus eines Fremden, so ist es gewöhnlich, mehrere kleine Etikettenpunkte zu erfüllen: Man reitet langsam bis an die Tür, gibt als Gruß ein Ave Maria, und bis irgend jemand kommt und bittet abzusteigen, ist es nicht gebräuchlich, nicht einmal vom Pferde herunterzusteigen. Die förmliche Antwort des Besitzers ist „sin pecado concebida", empfangen ohne Sünde. Hat man das Haus betreten, so wird einige Minuten lang eine allgemeine Konversation gepflegt, bis man um die Erlaubnis bittet, die Nacht dort zubringen zu dürfen. Dies wird natürlich als selbstverständlich gewährt. Der Fremde nimmt dann die Mahlzeiten mit der Familie und es wird ihm ein Zimmer angewiesen, wo er mit den zu seinem Recado (oder dem Sattel der Pampa) gehörigen Pferdedecken sein Bett macht. Es ist merkwürdig, wie ähnliche Verhältnisse ähnliche Eigentümlichkeiten in der Le-

Drittes Kapitel

bensweise herbeiführen. Am Kap der Guten Hoffnung findet man ganz allgemein dieselbe Gastfreundschaft und fast genau dieselben Punkte der Etikette. Indes zeigt sich der Unterschied zwischen dem Charakter des Spaniers und dem des holländischen Bauern darin, daß der erstere seinen Gast niemals auch nur eine einzige Frage über die strikteste Regel der Höflichkeit hinaus fragt, während der biedere Holländer den Fremden fragt, wo er gewesen sei, wo er hingehe, was sein Geschäft sei, und selbst wie viel Brüder und Schwestern oder Kinder er etwa zufällig haben möge.

Bald nach unserer Ankunft bei Don Juan wurde eine der großen Rinderherden nach dem Hause zu getrieben und drei Tiere wurden ausgesucht, um für den Bedarf der Niederlassung geschlachtet zu werden. Diese halbwilden Rinder sind sehr lebendig, und da sie das tödliche Lasso sehr wohl kennen, gaben sie den Pferden eine lange und mühselige Jagd. Nachdem wir Zeuge des Reichtums an Rohmaterial, der sich in der Zahl von Rindern, Menschen und Pferden entfaltet hatte, geworden waren, war der Anblick des miserablen Hauses Don Juans äußerst merkwürdig. Die Dielen bestanden aus erhärtetem Schlamm und die Fenster waren ohne Glas; das Wohnzimmer konnte sich nur einiger weniger sehr roher Stühle und Sessel rühmen mit ein paar Tischen. Obgleich mehrere Fremde zugegen waren, bestand das Abendessen nur aus zwei sehr gehäuften Schüsseln, einer mit gebratenem und einer mit gekochtem Rindfleisch mit einigen Stücken Kürbis. Außer diesen letzteren fand sich kein anderes Gemüse und nicht einmal ein Bissen Brot. Zum Getränk diente ein großer irdener Krug mit Wasser der ganzen Gesellschaft. Und doch war dieser Mann Besitzer mehrerer Quadratmeilen Landes, von denen beinahe jeder Acker Korn und mit nur etwas Mühe all die gewöhnlichen Gemüse produzieren würde. Der Abend wurde mit Rauchen hingebracht und mit etwas Gesang aus dem Stegreif, der von Gitarren begleitet wurde. Die Damen saßen alle zusammen in einem Winkel des Zimmers und aßen nicht mit den Männern.

Es sind schon so viele Werke über diese Länder geschrieben worden, daß es beinahe überflüssig ist, entweder das Lasso oder die Bolas zu beschreiben. Das Lasso besteht aus einem sehr starken, aber dünnen, gut geflochtenem Strick, der aus rohem Leder gemacht wird. Das eine Ende wird an dem breiten Sattelgurt befestigt, welcher das komplizierte Geschirr des Recado oder des in den Pampas gebrauchten Sattels zusammenhält. Das andere hält einen kleinen eisernen oder messingenen Ring, mittels dessen man eine Schlinge bilden kann. Will der Gaucho das Lasso benutzen, so hält er ein paar kurze Windungen des Lassos in der Zügelhand und in der anderen die lose Schlinge, welche sehr weit gemacht wird und meist einen Durchmesser von ungefähr acht Fuß hat. Diese wirbelt er um seinen Kopf herum und hält durch geschickte Bewegung seiner Hand die Schlinge offen. Wirft er sie dann, so läßt er sie auf jeden beliebigen Punkt fallen, den er sich ausgesucht hat. Wird das Lasso nicht benutzt, so wird er kurz aufgerollt an den hinteren Teil des Recado gebunden. Die Bolas oder Kugeln sind zweierlei Art: Die einfachste, welche hauptsächlich dazu benutzt wird, Strauße zu fangen, besteht aus zwei runden, mit Leder überzogenen und durch einen dünn geflochtenen, ungefähr acht Fuß langen Riemen verbundenen Steinen. Die andere Art weicht nur darin ab, daß bei ihr drei Kugeln durch Riemen in einem gemeinsamen Mittelpunkt verbunden sind. Der Gaucho hält die kleinste der drei Kugeln in seiner Hand und wirbelt die beiden anderen beständig rund um seinen Kopf; dann zielt er und wirft sie, wie Kettenkugeln wirbelnd, durch die Luft. Sobald die Kugeln irgendeinen Gegenstand berühren, winden sie sich rund herum, kreuzen einander und hängen fest an. Die Größe und das Gewicht der Kugeln schwankt je nach dem Zweck, zu dem sie gebraucht werden; sind sie von Stein, so werden sie mit einer solchen Gewalt geschleudert, daß sie, obschon sie nicht größer als ein Apfel sind, doch zuweilen einem Pferd das Bein brechen. Ich habe Kugeln aus Holz und nicht größer als eine Rübe gesehen, um Pferde zu fangen, ohne sie zu verletzen. Die hauptsächliche Schwierigkeit bei der Benutzung sowohl des Lassos als der Bolas besteht darin, so gut zu reiten, daß man im gestreckten Galopp und beim plötzlichen Umbiegen sie immer noch so stetig über dem Kopf wirbeln läßt, daß man zielen kann. Zu Fuß würde jedermann die Kunst bald lernen. Eines Tages unterhielt ich mich damit, zu galoppieren und die Kugeln über meinem Kopf zu wirbeln, als die freie Kugel zufällig an ein Gebüsch anstieß. Da ihre Wirbelbewegung hierdurch aufgehoben wurde, fiel sie direkt auf den Boden; wie durch einen Zauber aber fingen sie das eine Hinterbein meines Pferdes; die andere Kugel wurde mir aus der Hand geschlagen und das Pferd ordentlich gefangen. Glücklicherweise war es ein altes erfahrenes Tier und es wußte, was es zu bedeuten hatte; im anderen Falle würde es wahrscheinlich so lange ausgeschlagen haben, bis es sich auf die Erde geworfen hätte. Die Gauchos brüllten vor Lachen; sie riefen, daß sie alle Arten Tiere hätten fangen sehen, aber noch niemals zuvor, daß sich ein Mann selbst gefangen hätte.

Während der nächsten zwei Tage erreichte ich den weitesten Punkt, welchen zu untersuchen mir besonders angelegen war. Die Landschaft trug den nämlichen Charakter, bis zuletzt der schöne grüne Rasen ermüdender wurde, als eine staubige Landschaft. Überall sahen wir eine große Zahl von Rebhühnern (*Nothura major*). Diese Vögel leben nicht in Völkern, auch verbergen sie sich nicht wie die englische Art. Es scheint ein sehr dummer Vogel zu sein. Ein Mann zu Pferd kann dadurch, daß er in einem Kreis rundherum reitet, oder vielmehr in einer Spirale, so daß er sich jedes Mal immer mehr nähert, so viele auf den Kopf schlagen, als er nur will. Die gewöhnlichere Methode, sie zu fangen, ist mit einer offenen Schlinge oder einem kleinen Lasso, das aus dem Schaft einer Straußenfeder, die an dem Ende eines langen Stockes befestigt wird, gemacht ist. Ein Knabe auf einem ruhigen alten Pferd kann auf diese Weise häufig dreißig oder vierzig an einem Tage fangen. Im arktischen Nordamerika[1] fangen die Indianer den Abändernden Hasen dadurch, daß sie in einer Spirale um ihn herumgehen, wenn er in seinem Lager sitzt; die Mitte des Tages wird für die beste Zeit gehalten, wenn die Sonne hoch steht und der Schatten des Jägers nicht sehr lang ist.

Auf unserem Rückweg nach Maldonado schlugen wir einen etwas verschiedenen Weg ein. In der Nähe von Pan de Azucar, einem Punkt, welcher allen denen wohl bekannt ist, die den Plata hinaufgesegelt sind, blieb ich einen Tag lang im Hause eines äußerst gastlichen alten Spaniers. Früh am Morgen bestiegen wir die Sierra de las Animas. Die aufgehende Sonne machte die Szenerie beinahe pittoresk. Nach Westen dehnte sich der Blick über eine ungeheure gleichförmige Ebene aus, weithin bis zum Berg bei Monte Video, und östlich über das wellenförmige Land von Maldonado. Auf dem Gipfel des Berges fanden sich mehrere kleine Haufen von Steinen, welche offenbar schon viele Jahre dort gelegen hatten. Mein Begleiter versicherte mir, daß sie das Werk der Indianer aus alten Zeiten seien. Die Haufen waren ähnlich, aber in einem viel kleineren Maßstab, wie die so häufig auf den Bergen von Wales gefundenen. Der Wunsch, jedes Ereignis auf dem höchsten Punkt des umgebenden Landes dauernd zu bezeichnen, scheint beim Menschen eine ganz allgemeine Leidenschaft zu sein. Heutigen Tages existiert nicht ein einziger Indianer, weder zivilisiert noch wild, in diesem Teil der Provinz; auch ist mir nicht bekannt, daß die früheren Bewohner irgendwelche anderen Urkunden als diese unbedeutenden Steinhaufen auf dem Gipfel der Sierra de las Animas zurückgelassen hätten.

Das allgemeine und beinahe gänzliche Fehlen von Bäumen in der Banda Oriental ist merkwürdig. Einige der felsigen Berge sind zum Teil mit Dickicht bedeckt und an den Ufern der größeren Flüsse, besonders nördlich von Las-Minas, sind Weidenbäume nicht ungewöhnlich. In der Nähe der Arroyo Tapes hörte ich von einem Palmenwald, und einen dieser Bäume von beträchtlicher Größe sah ich in der Nähe des Pan de Azucar in fünfunddreißig Grad südlicher Breite. Diese und die von den Spaniern gepflanzten Bäume machen die einzigen Ausnahmen in bezug auf das allgemeine Fehlen von Wäldern aus. Unter den eingeführten Arten will ich Pappeln, Oliven, Pfirsiche und andere Fruchtbäume erwähnen. Die Pfirsichbäume gedeihen so gut, daß sie das hauptsächliche Brennholz für die Stadt Buenos Aires abgeben. Äußerst ebene Län-

---

[1] Hearne's Journey, p.383.

der, wie die Pampa, scheinen selten für das Wachstum von Bäumen günstig zu sein. Dies läßt sich möglicherweise der Gewalt der Winde oder auch der Art der Drainage zuschreiben. In der Umgebung von Maldonado indes findet sich in der Natur des Landes kein derartiger Grund; die felsigen Berge bieten geschützte Örtlichkeiten, die auch verschiedene Arten von Boden besitzen; kleine Wasserläufe sind am Grunde fast jeden Tales gewöhnlich und die tonige Natur des Bodens scheint dazu geeignet zu sein, Feuchtigkeit zu bewahren. Man ist zu dem Schluß gekommen, daß mit großer Wahrscheinlichkeit die Gegenwart von Holzland durch den jährlichen Betrag von Feuchtigkeit bestimmt wird.[2] Indes fällt in dieser Provinz während des Winters außerordentlich viel und massiger Regen, und wenn der Sommer auch trocken ist, ist er es doch in keinem irgend übertriebenen Grade.[3] Wir sehen nahezu ganz Australien von hohen Bäumen bedeckt, und doch besitzt dieses Land ein viel trockeneres Klima. Wir müssen uns daher nach irgendeiner anderen, unbekannten Ursache umsehen.

Beschränken wir unseren Überblick auf Süd-Amerika, so werden wir sicher versucht sein anzunehmen, daß Bäume nur in einem sehr feuchten Klima gedeihen; denn die Grenze des Waldlandes folgt hier in einer äußerst merkwürdigen Weise der der feuchten Winde. Im südlichen Teil des Kontinents, wo die mit den Wasserdämpfen der Südsee beladenen westlichen Stürme vorherrschen, ist jede Insel an der durchbrochenen Westküste von 38° S. Br. an bis zu der äußersten Spitze des Feuerlandes dicht mit undurchdringlichen Wäldern bedeckt. Auf der östlichen Seite der Cordilleren, in derselben Breitenausdehnung, wo der blaue Himmel und ein schönes Klima beweisen, daß die Atmosphäre bei dem Übergang über die Berge ihrer Feuchtigkeit beraubt worden ist, tragen die dürren Ebenen von Patagonien eine äußerst dürftige Vegetation. In den mehr nördlichen Teilen des Kontinents ist innerhalb der Grenzen der beständigen Südostpassatwinde die östliche Seite mit prachtvollen Wäldern geschmückt, während die Westküste von 4° bis zu 32° S. Br. als Wüste beschrieben werden kann. Auf dieser westlichen Seite nördlich von 4° S. Br., wo der Passatwind seine Regelmäßigkeit verliert und periodisch heftige Regenschauer niederfallen, nehmen die Küsten des Stillen Ozeans, welche in Peru im äußersten Grade wüst sind, in der Nähe von Kap Blanco den Charakter der Üppigkeit an, der in Guyaquil und Panama so berühmt ist. Es nehmen daher in den südlicheren und nördlicheren Teilen des Kontinents die mit Wald bedeckten und wüsten Teile des Landes in bezug auf die Cordilleren gerade die umgekehrte Stellung ein, und diese Stellung wird offenbar durch die Richtung der vorherrschenden Winde bestimmt. In der Mitte des Kontinents findet sich ein breiter Zwischenstreifen, welcher Zentral-Chile und die Provinz von La Plata umfaßt, wo die regenbringenden Winde nicht über hohe Berge zu streichen brauchen, und wo das Land weder eine Wüste noch mit Wäldern bedeckt ist. Aber beschränkt man sich auf Süd-Amerika, so hat selbst das Gesetz, daß Bäume nur in einem von regenbringenden Winden feucht gemachten Klima gedeihen, eine sehr scharf ausgesprochene Ausnahme auf den Falkland-Inseln. Diese in derselben Breite mit Feuerland gelegenen und von jenem nur zwei- bis dreihundert Meilen entfernten Inseln, welche ein nahezu ähnliches Klima, eine beinahe identische geologische Bildung, günstige Örtlichkeiten und dieselbe Art torfartigen Bodens besitzen, können sich doch nur des Besitzes weniger Pflanzen rühmen, die auch nur Gebüsche genannt zu werden verdienen, während es in Feuerland unmöglich ist, auch nur einen Acker Landes zu finden, der nicht vom dichtesten Wald bedeckt wäre. In diesem Falle sind sowohl die Richtung der heftigen Stürme und der Seeströmungen dem Transport von Samen aus Feuerland günstig, wie Kanus und Baumstämme beweisen, welche von diesem Land weggetrieben und häufig an den Ufern der westlichen Falkland-Inseln ans Land geworfen werden. Vielleicht rührt es hiervon, daß es viele Pflanzen gibt, welche beiden Ländern gemeinsam zukommen: Aber in bezug auf die Bäume des Feuerlandes haben selbst direkt angestellte Versuche, sie anzupflanzen, fehlgeschlagen.

---

[2] Maclaren, Art.: „America" in der Encyclop. Britann.
[3] Azara sagt: „Je crois que la quantité annuelle des pluies est, dans toutes ces contrées, plus considérable qu'en Espagne." (Vol. I, p.36).

Während unseres Aufenthaltes in Maldonado sammelte ich mehrere Säugetiere, achtzig Arten von Vögeln und viele Reptilien mit Einschluß von neun Arten von Schlangen. Das einzige noch übriggebliebene, häufige eingeborene Säugetier von namhafter Größe ist der *Cervus campestris*. Dieser Hirsch ist außerordentlich häufig und kommt oft in kleinen Herden über die ganzen, den Plata begrenzenden Landstrecken und im nördlichen Patagonien vor. Wenn jemand dicht am Boden hinkriechend sich langsam einer Herde nähert, kommt der Hirsch häufig aus Neugierde dicht hinzu, um ihn zu rekognoszieren. Durch dies Mittel gelang es mir, von einem Fleck aus drei Stück aus ein und derselben Herde zu erlegen. Trotzdem sie so zahm und neugierig sind, sind sie doch, wenn man sich ihnen zu Pferde nähern will, äußerst vorsichtig. In diesem Land geht niemand zu Fuß, und die Hirsche kennen den Menschen nur als ihren Feind, wenn er zu Pferde und mit den Bolas bewaffnet ist. In Bahia Blanca, einer neueren Niederlassung im nördlichen Patagonien, war ich erstaunt zu finden, wie wenig sich der Hirsch um das Geräusch einer Flinte kümmerte. Eines Tages feuerte ich zehn Mal aus einer Entfernung von achtzig Yards nach einem Tier, und es verwunderte sich viel mehr darüber, wenn die Kugel den Boden aufritzte, als über den Knall des Schusses. Da mein Pulver zu Ende gegangen war, war ich genötigt, aufzustehen (ich muß es zu meiner Schande als Jäger gestehen; doch bin ich wohl imstande, Vögel im Flug zu schießen) und zu hallohen, bis der Hirsch davonlief.

Die merkwürdigste Tatsache in bezug auf diese Tiere ist der überwältigend starke und widrige Geruch, der von dem männlichen Tier ausgeht. Er ist völlig unbeschreiblich: Mehrere Male wurde ich, während ich das Exemplar, welches nun im zoologischen Museum ausgestopft ist, abbalgte, beinahe von Ekel überwältigt. Ich band die Haut in ein seidenes Taschentuch und trug sie so nach Hause. Nachdem dies Taschentuch gewaschen war, brauchte ich es beständig wieder, und natürlich wurde es ebenso wiederholt gewaschen. Trotzdem bemerkte ich jedes Mal, und noch eine Zeit von einem Jahr und sieben Monaten nachher, wenn ich es zuerst auseinanderfaltete, ganz deutlich den Geruch. Dies ist doch sicher ein staunenerregendes Beispiel von der Beharrlichkeit irgendeiner Substanz, welche nichtsdestoweniger ihrer Natur nach äußerst subtil und flüchtig sein muß. Ich habe häufig, wenn ich in der Entfernung von einer halben Meile vom Wind ab bei einer Herde vorüberging, die ganze Luft mit dieser Ausdünstung durchdrungen gefunden. Ich glaube, der Geruch beim Hirschbock ist am mächtigsten in der Periode, wenn sein Geweih vollkommen oder frei von der haarigen Haut ist. Wenn er sich in diesem Zustand befindet, so ist das Fleisch natürlich vollständig ungenießbar; die Gauchos versichern indes, daß, wenn es eine zeitlang in frische Erde eingegraben wird, der Geruch sich verliere. Ich habe irgendwo gelesen, daß die Inselbewohner im Norden von Schottland die riechenden Körper der fischfressenden Vögel in derselben Weise behandeln.

Die Ordnung der Nagetiere ist hier den Arten nach sehr zahlreich: Allein von Mäusen erhielt ich nicht weniger als acht Arten.[4] Das größte Nagetier in der Welt, der *Hydrochoerus capybara* (das Wasserschwein) ist hier auch häufig. Ein Exemplar, welches ich in Montevideo schoß, wog achtundneunzig Pfund. Seine Länge betrug von der Schnauzenspitze bis zum stummelartigen Schwanz drei Fuß zwei Zoll. Diese großen Nagetiere besuchen gelegentlich die Inseln in der Mündung des Plata, wo das Wasser vollkommen salzig ist, sind aber bei weitem häufiger an den Ufern von Süßwasserseen und Flüssen. In der Nähe von Maldonado leben gewöhnlich drei oder vier zusammen. Bei Tage liegen sie entweder zwischen den Wasserpflanzen oder grasen ganz offen auf der rasigen Ebene.[5] Sieht man sie von einer Entfernung aus, so gleichen sie wegen ihrer

---

[4] In Süd-Amerika habe ich im ganzen siebenundzwanzig Spezies von Mäusen gesammelt, dreizehn mehr als aus den Werken Azaras und anderer Autoren bekannt sind. Die von mir gesammelten hat Mr. Waterhouse in den Versammlungen der zoologischen Gesellschaft benannt und beschrieben. Es sei mir hier gestattet, Herrn Waterhouse und den anderen, mit der Gesellschaft in Verbindung stehenden Herren meinen herzlichsten Dank für ihre bei allen Gelegenheiten bewiesene liberale Unterstützung zu sagen.

[5] Im Magen und Zwölffingerdarm eines Capybara, welches ich öffnete, fand ich eine sehr große Menge einer dünnen gelblichen Flüssigkeit, in welcher nicht eine einzige Faser unterschieden werden konnte. Mr. Owen teilt

Gangart und ihrer Farbe Schweinen. Sitzen sie aber auf ihren Keulen und beobachten sie aufmerksam irgendeinen Gegenstand mit einem Auge, so nehmen sie die Erscheinung ihrer Gattungsverwandten, der Meerschweinchen und Kaninchen, an. Sowohl die Vorder- als die Seitenansicht ihres Kopfes bietet einen geradezu lächerlichen Anblick dar, wegen der großen Höhe ihrer Kinnladen. Bei Maldonado waren diese Tiere sehr zahm; indem ich vorsichtig vorschritt, näherte ich mich vier alten Tieren bis auf drei Yards. Diese Zahmheit läßt sich wahrscheinlich dadurch erklären, daß der Jaguar schon seit einigen Jahren vertrieben ist und daß der Gaucho es nicht für der Mühe wert hält, sie zu jagen. Als ich mich ihnen immer mehr und mehr näherte, machten sie häufig ihr eigentümliches Geräusch, welches ein tiefes, abgestoßenes Grunzen ist, nicht viel wirklichen Ton besitzt, sondern vielmehr die Folge des plötzlichen Ausstoßens von Luft ist; das einzige Geräusch, welches ich kenne, das diesem irgendwie ähnlich ist, ist das erste heisere Bellen eines großen Hundes. Nachdem ich diese vier auf beinahe Armweite (und sie mich wieder) mehrere Minuten beobachtet hatte, stürzten sie sich in vollem Galopp mit größtem Ungestüm ins Wasser und stießen gleichzeitig ihr Gebell aus. Nachdem sie eine kurze Strecke untergetaucht waren, kamen sie wieder an die Oberfläche, zeigten aber nur gerade den oberen Teil ihrer Köpfe. Wenn das Weibchen im Wasser schwimmt und Junge hat, so sollen, wie man sagt, die letzteren auf seinem Rücken sitzen. Die Tiere werden sehr leicht in Mengen getötet, aber ihre Haut ist nur von geringem Wert und das Fleisch ist sehr geschmacklos. Auf den Inseln im Rio Parana sind sie außerordentlich gemein und bieten dem Jaguar die gewöhnlichste Beute dar.

Der Tucutuco (*Ctenomys brasiliensis*) ist ein merkwürdiges kleines Tier, welches kurz als ein Nagetier mit der Lebensweise eines Maulwurfs beschrieben werden kann. In einigen Teilen des Landes ist er außerordentlich zahlreich, aber schwer zu beschaffen, und kommt, wie ich glaube, niemals aus der Erde herauf. Er wirft an der Mündung seiner Höhlen Erdhaufen auf, ähnlich denen des Maulwurfs, aber kleiner. Beträchtliche Strecken des Landes sind von diesen Tieren so unterminiert, daß Pferde beim Darübergehen bis an ihre Fesseln einsinken. Der Tucutuco scheint bis zu einem gewissen Grad sozial zu sein. Der Mann, welcher mir Exemplare verschaffte, hatte sechs zusammen gefangen und sagte mir, daß dies ein häufiges Vorkommen sei. In ihrer Lebensweise sind sie nächtlich, und ihre hauptsächliche Nahrung sind Pflanzenwurzeln, welche den Gegenstand ihres ausgedehnten und oberflächlichen Grabens abgeben. Man erkennt dieses Tier allgemein an einem sehr eigentümlichen Geräusch, welches es macht, während es sich unterhalb des Erdbodens befindet. Wer dies zum ersten Mal hört, ist sehr überrascht; denn es ist nicht leicht zu sagen, wo es herkommt, auch ist es unmöglich zu erraten, von welcher Art Geschöpf es ausgestoßen wird. Der Laut besteht in einem kurzen, aber nicht rauhen nasalen Grunzen, welches ungefähr vier Mal in schneller Aufeinanderfolge monoton wiederholt wird.[6] Der Name Tucutuco wird dem Tier in Nachahmung seines Lautes beigelegt. Wo das Tier häufig ist, kann man es zu allen Zeiten des Tages hören und zuweilen direkt unter seinen Füßen. Hält man sie in einem Zimmer, so bewegen sich die Tucutucos sowohl langsam als ungeschickt, und es scheint dies eine Folge der Auswärtsstellung ihrer Hinterbeine zu sein; weil die Gelenkpfanne ihres Schenkelknochens ein gewisses Band nicht besitzt, sind sie vollständig unfähig, auch nur die geringste senkrechte Höhe zu springen. Sie sind äußerst dumm bei dem Anstellen irgendei-

---

mir mit, daß ein Teil der Speiseröhre so eingerichtet ist, daß nichts hindurch gehen kann, was viel größer ist als eine Krähenfeder. Sicher sind die breiten Zähne und starken Kiefer gut dazu eingerichtet, die Wasserpflanzen, von denen das Tier lebt, zu einem Brei zu zermahlen.

[6] Am Rio Negro im nördlichen Patagonien findet sich ein Tier mit derselben Lebensweise, wahrscheinlich eine nahe verwandte Art, welche ich aber niemals gesehen habe. Der von ihm ausgestoßene Laut ist von der Maldonado-Art verschieden; er wird nur zweimal, anstatt drei- oder viermal wiederholt und ist bestimmter und klangreicher; wird er aus einer Entfernung gehört, so ist er dem Geräusch sehr ähnlich, welches entsteht, wenn ein kleiner Baum mit einer Axt umgehauen wird, so daß ich zuweilen betreffs desselben im Zweifel blieb.

nes Versuches zu entfliehen; werden sie zornig oder werden sie erschreckt, so stoßen sie ihr tucutuco aus. Von denen, welche ich lebend hielt, wurden mehrere selbst schon am ersten Tag ganz zahm und versuchten weder zu beißen, noch fortzulaufen, andere waren etwas wilder.

Der Mann, welcher sie gefangen hatte, behauptete, daß sehr viele ausnahmslos blind gefunden würden. Ein Exemplar, welches ich in Spiritus konservierte, befand sich in diesem Zustand; Mr. Reid meint, es sei dies die Wirkung einer Entzündung der Nickhaut. Als das Tier noch lebendig war, hielt ich meinen Finger einen halben Zoll vor seinen Kopf und es nahm nicht die geringste Notiz davon: Es fand indes seinen Weg im Zimmer herum ebensogut wie die anderen. Betrachtet man die streng unterirdische Lebensweise des Tucutuco, so kann die Blindheit, wenn sie auch häufig ist, doch kein sehr ernstliches Übel sein. Doch scheint es seltsam, daß irgendein Tier ein Organ besitzen sollte, welches häufig einer Verletzung ausgesetzt ist. Lamarck würde bei seinen Spekulationen (und wahrscheinlich mit mehr Wahrheit, als es sonst bei ihm gewöhnlich ist) über die allmählich erlangte Blindheit des *Aspalax*, einem unter der Erde lebenden Nagetier und des *Proteus*, einem in dunklen, mit Wasser gefüllten Höhlen lebenden Amphibium[7], über diese Tatsachen entzückt gewesen sein, wenn er sie gekannt hätte; bei beiden Tieren befindet sich das Auge in einem fast rudimentären Zustand und wird von einer sehnigen Haut und der Oberhaut bedeckt. Bei dem gemeinen Maulwurf ist das Auge außerordentlich klein, aber vollkommen, obschon viele Anatomen zweifeln, ob es mit dem Sehnerven wirklich in Zusammenhang steht; sicherlich muß sein Gesicht sehr unvollkommen sein, obschon es dem Tier wahrscheinlich von Nutzen ist, wenn es seine Höhle verläßt. Bei dem Tucutuco, welcher, wie ich glaube, niemals auf die Oberfläche der Erde kommt, ist das Auge eher etwas größer, wird aber häufig blind und unnütz, trotzdem es allem Anschein nach für das Tier keine Unbequemlichkeit verursacht; ohne Zweifel würde Lamarck gesagt haben, daß der Tucutuco sich jetzt in einem Übergang zu dem Zustand des *Aspalax* und *Proteus* befinde.

Vögel vieler Arten sind äußerst häufig auf den welligen Grasebenen rings um Maldonado. Es finden sich hier mehrere Spezies einer im Bau und in der Lebensweise mit unserem Star verwandten Familie. Eine derselben (*Molothrus niger*) ist wegen seiner Lebensweise merkwürdig. Häufig sind mehrere derselben zusammen auf dem Rücken einer Kuh oder eines Pferdes stehend zu sehen. Und während sie sich auf einer Hecke niedergelassen haben und in der Sonne die Federn putzen, versuchen sie zuweilen zu singen oder vielmehr zu zischen; das Geräusch ist sehr eigentümlich und ist dem ähnlich, wenn Luftbläschen schnell unter Wasser aus einer kleinen Öffnung heraustreten, so daß sie ein scharfes Geräusch hervorbringen. Der Angabe von Azara zufolge legt dieser Vogel, wie die Kuckucke, seine Eier in die Nester anderer Vögel. Die Landleute haben mir zu wiederholten Malen gesagt, daß es sicher irgendeinen Vogel gibt, welcher diese Gewohnheit habe, und mein Assistent beim Sammeln, welcher eine sehr zuverlässige Person ist, fand ein Nest des Sperlings dieses Landes (*Zonotrichia matutina*), in dem sich ein Ei befand, was größer als die anderen und von einer verschiedenen Färbung und Form war. In Nordamerika findet sich eine andere Spezies von *Molothrus* (*M. pecoris*), welche eine ähnliche kuckucksartige Lebensweise hat und welche in jeder Beziehung mit der Spezies von Plata sehr nahe verwandt ist, selbst in so unbedeutenden Eigenschaften, wie die, daß auch sie auf dem Rücken der Rinder steht. Sie weicht nur darin ab, daß sie etwas kleiner ist, ferner in ihrem Gefieder, welches, ebenso wie die Eier, von einer unbedeutend verschiedenen Farbenschattierung ist. Diese nahe Übereinstimmung im Bau und in der Lebensweise bei stellvertretenden Arten, welche aus entgegengesetzten Teilen eines großen Kontinents herkommen, fällt immer als interessant auf, wenn sie auch von gewöhnlichem Vorkommen ist.

Mr. Swainson hat richtig bemerkt[8], daß mit Ausnahme des *Molothrus pecoris*, dem noch *Molothrus niger* hinzugefügt werden muß, die Kuckucke die einzigen Vögel sind, welche in Wahr-

---

[7] Philosophie Zoolog. Tom. I, p.242.
[8] Magazine of Zoology and Botany, Vol. I, p.217.

Drittes Kapitel

heit parasitisch genannt werden können, nämlich solche, „welche sich gewissermaßen an ein anderes lebendes Tier festheften, dessen tierische Wärme ihre Jungen zum Leben bringt, von dessen Nahrung diese leben und dessen Tod während der Periode der Kindheit den ihrigen verursachen würde." Es ist merkwürdig, daß einige Spezies, aber nicht alle, sowohl vom Kukkuck als vom *Molothrus* in diesem einzigen fremdartigen Zug der Lebensweise, nämlich ihrer parasitischen Fortpflanzung übereinstimmen, während sie einander in beinahe jedem anderen Punkt der Lebensweise entgegengesetzt sind. Der *Molothrus* ist, gleich unserem Star, außerordentlich sozial und lebt auf den offenen Ebenen ohne Kunst und Verstellung. Der Kuckuck ist, wie jedermann weiß, ein eigentümlich scheuer Vogel, er sucht die versteckten Dickichte auf und lebt von Früchten und Raupen. Auch in ihrem Bau sind diese beide Gattungen weit voneinander verschieden. Viele Theorien, selbst phrenologische, sind vorgebracht worden zur Erklärung des Ursprungs der Gewohnheit des Kuckucks, seine Eier in anderer Vögel Nester zu legen. Meiner Ansicht nach hat nur Mr. Prévost durch seine Beobachtungen[9] Licht auf dieses Rätsel geworfen. Er findet, daß der weibliche Kuckuck, welcher nach den meisten Beobachtern wenigstens vier bis sechs Eier legt, sich mit dem Männchen begatten muß, jedes Mal, nachdem er nur ein oder zwei Eier gelegt hat. Wenn der weibliche Kuckuck gezwungen wäre, auf seinen eigenen Eiern zu sitzen, so würde er entweder auf allen zusammen zu sitzen haben, und daher die zuerst gelegten so lange verlassen müssen, daß sie wahrscheinlich verdorben sein würden, oder er würde jedes Ei oder je zwei Eier, sobald sie gelegt sind, einzeln auszubrüten haben. Da aber der Kuckuck sich eine kürzere Zeit in unseren Breiten aufhält, als irgendein anderer Zugvogel, so würde er ganz sicher nicht hinreichende Zeit haben für das Aufziehen der aufeinanderfolgenden Bruten. Wir können daher in der Tatsache, daß der Kuckuck sich mehrere Male paart und seine Eier in Zwischenräumen legt, die Ursache davon erkennen, daß er die Eier in die Nester anderer Vögel legt und sie der Sorgfalt von Pflegeeltern überläßt. Ich bin stark geneigt anzunehmen, daß diese Ansicht die richtige ist, da ich ganz unabhängig davon (wie wir hernach sehen werden) zu einem analogen Schluß in bezug auf den südamerikanischen Strauß gekommen bin, dessen Weibchen, wenn ich mich so ausdrücken darf, aufeinander schmarotzen. Jedes Weibchen legt nämlich mehrere Eier in die Nester mehrerer anderer Weibchen, und der männliche Strauß übernimmt die sämtliche Sorge der Bebrütung, wie die fremden Pflegeeltern bei dem Kuckuck.

Ich will nur noch zwei andere Vögel erwähnen, welche sehr häufig sind und sich durch ihre Lebensweise sehr bemerkbar machen. Der *Saurophagus sulphuratus* ist ein Typus der großen amerikanischen Gruppe der Tyrannenfliegenschnäpper. In seiner Bildung nähert er sich sehr den echten Würgern, in seiner Lebensweise aber läßt er sich mit vielen anderen Vögeln vergleichen. Beim Abjagen eines Feldes habe ich häufig beobachtet, wie er über einem Fleck wie ein Habicht schwebte und dann weiter nach einem anderen hinflog. Wenn man ihn in dieser Weise in der Luft schweben sieht, so kann er sehr leicht aus einer geringen Entfernung für einen Raubvogel genommen werden. Sein Niederstoßen steht indessen, sowohl in bezug auf Kraft als auf Geschwindigkeit, dem eines Habichts bedeutend nach. Zu anderen Zeiten hält sich der *Saurophagus* in der Nachbarschaft des Wassers auf, bleibt hier wie ein Eisvogel still sitzen und fängt jeden kleinen Fisch, der in die Nähe des Randes kommt. Diese Vögel werden nicht selten entweder in Käfigen oder auf Höfen mit verschnittenen Flügeln gehalten. Sie werden bald zahm und sind wegen ihrer verschmitzten, merkwürdigen Manieren sehr amüsant, die mir als denen der gewöhnlichen Elster ähnlich beschrieben wurden. Der Flug ist wellenförmig, denn das Gewicht des Kopfes und Schnabels scheint für den Vogel zu groß zu sein. Abends nimmt der *Saurophagus* seinen Platz auf einem Gebüsch, häufig am Wege, und wiederholt beständig ohne irgendeinen Wechsel ein grelles und im ganzen angenehmes Geschrei, welches in einer gewissen Weise artikulierten Worten ähnlich ist: Die Spa-

---

9 Vortrag in der Académie des Sciences gehalten, s. l'Institut, 1834, p.418.

nier sagen, es klinge wie die Worte „bien te veo" (Ich sehe dich wohl) und haben ihm demzufolge diesen Namen gegeben.

Ein Spottvogel (*Mimus Orpheus*), von den Einwohnern Calandria genannt, ist merkwürdig, weil er einen bei weitem schöneren Gesang besitzt, als irgendein anderer Vogel im Land. Er ist allerdings beinahe der einzige Vogel in Süd-Amerika, von dem ich beobachtet habe, daß er sich einen Platz aussucht zu dem Zweck, zu singen. Der Gesang läßt sich mit dem des Laubsängers vergleichen, ist aber kräftiger; einige rauhe Töne und einige sehr hohe verbinden sich mit einem angenehmen Zwitschern. Man hört ihn nur während des Frühjahrs. Zu anderen Zeiten ist seine Stimme rauh und bei weitem nicht harmonisch. In der Nähe von Maldonado waren diese Vögel zahm und kühn; sie besuchten beständig in großer Zahl die Landhäuser, um das Fleisch anzupicken, welches an Pfählen oder Wänden aufgehängt war. Kam irgendein anderer kleiner Vogel, um an dem Genuß teilzunehmen, so jagte ihn die Calandria bald fort. Auf den weiten unbewohnten Ebenen von Patagonien lebt eine andere nahe verwandte Spezies (*Orpheus patagonicus* d'Orbigny), welche die mit dornigem Gebüsch bekleideten Täler bewohnt; es ist ein wilderer Vogel und hat einen unbedeutend verschiedenen Ton in seiner Stimme. Dies scheint mir ein merkwürdiger Umstand zu sein, da es die feinen Schattierungen der Verschiedenheit und der Lebensweise andeutet, so daß ich, als ich diese zweite Spezies zuerst sah, nach dieser letzteren allein urteilend, der Ansicht war, sie sei verschieden von der Maldonado-Art. Nachdem ich mir später ein Exemplar verschafft und beide ohne besondere Sorgfalt miteinander verglichen hatte, schien sie mir so sehr ähnlich zu sein, daß ich meine Meinung änderte; Mr. Gould sagt mir jetzt, daß sie sicherlich verschieden sind: Ein Schluß, der mit der unbedeutenden Verschiedenheit der Lebensweise, die ihm indes unbekannt war, in Übereinstimmung steht.

Die Zahl, Zahmheit und widrige Lebensweise der aasfressenden Geierfalken von Süd-Amerika machen sie für jeden, der nur daran gewöhnt ist, die Vögel von Nordeuropa zu sehen, in einer ganz besonderen Weise auffallend. In diese Liste müssen vier Spezies des Caracara oder *Polyborus*, der brasilianische Geier, der Galinazo und der Kondor eingeschlossen werden. Die Caracaras werden nach ihrem Bau unter die Adler gestellt. Wir werden bald sehen, wie übel ihnen eine so hohe Stellung ansteht. In ihrer Lebensweise vertreten sie ganz wohl die Stelle unserer Aaskrähen, Elstern und Raben, einer Vogelgruppe, welche über die übrige Welt sehr weit verbreitet ist, aber in Süd-Amerika vollständig fehlt. Fangen wir mit dem *Polyborus brasiliensis* an. Es ist dies ein häufiger Vogel, der eine sehr weite geographische Verbreitung hat; er ist sehr zahlreich auf den grasigen Savannahs von La Plata, wo er unter dem Namen „Carrancha" bekannt ist. Über die ganzen sterilen Ebenen von Patagonien, in der Wüste zwischen den Flüssen Negro und Colorado, findet sich dieser Vogel in großer Anzahl beständig auf den Landstraßen, um die toten Körper der erschöpften Tiere zu verzehren, welche zufällig aus Ermüdung und Durst umkommen. Obschon sie hiernach in diesen trockenen und offenen Ländern, ebenso wie an den dürren Küsten des Stillen Ozeans häufig sind, finden sie sich auch nichtsdestoweniger als Bewohner der undurchdringlichen Wälder von West-Patagonien und Feuerland. Die Carranchas ebenso wie der Chimango besuchen beständig in großer Zahl die Estancias und Schlachthäuser. Wenn ein Tier auf der Ebene stirbt, so beginnt der Galinazo sein Mahl und dann kommen die beiden Arten von *Polyborus* und reinigen die Knochen. Trotzdem diese Vögel hiernach sich zusammen ernähren, sind sie durchaus keine Freunde. Wenn der Carrancha ruhig auf dem Zweig eines Baumes oder auf dem Boden sitzt, fliegt der Chimango eine lange Zeit hindurch beständig vorwärts und rückwärts auf und nieder in einem Halbkreis und versucht jedes Mal am Grund seines bogenförmigen Flugs seinen größeren Verwandten zu treffen. Der Carrancha nimmt wenig Notiz hiervon, ausgenommen, daß er mit dem Kopf nickt. Obschon die Carranchas sich häufig in größeren Zahlen versammeln, sind sie doch nicht sozial; denn an wüsten Stellen sind sie einzeln oder häufiger in Paaren zu sehen.

Die Carranchas sollen, wie man sagt, sehr verschlagen sein und eine große Zahl von Eiern

Drittes Kapitel

stehlen. Auch versuchen sie, ebenso wie der Chimango, die Schorfe von den wunden Rücken der Pferde und Maultiere abzupicken. Einerseits das arme Tier mit hängenden Ohren und gekrümmten Rücken, auf der anderen Seite der darüber schwebende Vogel, der aus der Entfernung eines Yards den widrigen Bissen erspäht, geben ein Bild, welches von Kapitän Head mit seiner ihm eigentümlichen Lebendigkeit und Genauigkeit geschildert worden ist. Diese falschen Adler töten äußerst selten irgendein lebendes Säugetier oder einen Vogel, und ihre geierartige, aasfressende Lebensweise wird jedem offenbar, der auf den verlassenen Ebenen von Patagonien eingeschlafen war; denn wenn er erwacht, wird er auf jedem der kleinen ihn umgebenden Hügel einen dieser Vögel bemerken, der ihn mit einem üblen Auge besonders bewacht. Es ist ein Zug in der landschaftlichen Szenerie dieses Landes, welcher von jedem wiedererkannt werden wird, der durch dasselbe gewandert ist. Geht eine Gesellschaft Männer mit Hunden und Pferden auf die Jagd, so werden ihnen während des Tages mehrere dieser Begleiter folgen. Hat der Vogel gefressen, so tritt der nackte Kropf vor; zu solchen Zeiten und in der Tat im allgemeinen ist der Carrancha ein nicht sehr lebendiger, ein zahmer und furchtsamer Vogel. Sein Flug ist schwer und langsam, wie der einer englischen Krähe. Er schwebt selten sehr hoch; ich habe aber zwei Mal einen in großer Höhe mit vieler Leichtigkeit durch die Luft gleiten sehen. Er läuft (im Gegensatz zum Hüpfen), aber nicht völlig so geschwind, wie viele seiner Gattungsverwandten. Zu Zeiten ist der Carrancha sehr lärmend, aber im allgemeinen ist er es nicht. Sein Geschrei ist laut, sehr rauh und eigentümlich, und läßt sich mit dem Laut des spanischen gutturalen g vergleichen, dem ein rauhes doppeltes rr folgt; wenn er dies Geschrei ausstößt, erhebt er seinen Kopf immer höher, bis endlich, den Schnabel weit offen, der Scheitel beinahe den unteren Teil des Rückens berührt. Diese Tatsache, welche bezweifelt worden ist, ist vollständig richtig, ich habe sie mehrere Male mit ihren Köpfen rückwärts in einer vollständig verkehrten Stellung gesehen. Diesen Beobachtungen kann ich noch nach der hohen Autorität von Azara hinzufügen, daß der Carrancha sich von Würmern, Muscheln, Schnecken, Heuschrecken und Fröschen nährt, daß er junge Lämmer durch Zerren des Nabelstranges tötet, und daß er den Galinazo so lange verfolgt, bis dieser gezwungen wird, das Aas wieder auszubrechen, das er kurz vorher verschlungen haben mag. Endlich führt Azara an, daß mehrere Carranchas, fünf oder sechs zusammen, sich zur Jagd auf größere Vögel, selbst auf Reiher verbinden. Alle diese Tatsachen zeigen, daß es ein Vogel von sehr veränderlicher Lebensweise und beträchtlicher Erfindungskraft ist.

Der *Polyborus Chimango* ist beträchtlich kleiner als die letztere Spezies. Er ist echt omnivor und frißt selbst Brot; mir ist versichert worden, daß er in Chiloë die Kartoffelfelder beträchtlich schädigt dadurch, daß er die Knollen aufwühlt, nachdem sie gepflanzt sind. Von allen Aasfressern ist er meistens der letzte, welcher das Skelett des toten Tieres verläßt, und oft kann man ihn innerhalb der Rippen einer Kuh oder eines Pferdes sehen, wie einen Vogel in einem Bauer. Eine andere Art ist der *Polyborus Novae Zelandiae*, welcher auf den Falkland-Inseln außerordentlich häufig ist. Diese Vögel gleichen in vieler Beziehung in ihrer Lebensweise den Carranchas. Sie leben vom Fleisch toter Tiere und von Erzeugnissen des Meeres; und auf den Ramirez-Felsen muß ihr ganzer Lebensunterhalt aus dem Meer genommen werden. Sie sind außerordentlich zahm und furchtlos und halten sich der Abfälle wegen in der Nähe der Häuser auf. Wenn eine Jagdgesellschaft ein Tier tötet, so versammeln sich bald diese Vögel in großer Anzahl und warten geduldig, auf allen Seiten ringsumher auf dem Boden stehend. Nach dem Fressen treten ihre nackten Kröpfe bedeutend hervor und geben ihnen ein widriges Aussehen. Sie greifen alte, verwundete Vögel an; ein in diesem Zustand an die Küste geflüchteter Kormoran wurde sofort von mehreren ergriffen, welche seinen Tod durch ihre Schläge beschleunigten. Die „Beagle" war nur während des Sommers bei den Falkland-Inseln; aber die Offiziere der „Adventure", welche während des Winters dort waren, erwähnen viele außerordentliche Beispiele von der Kühnheit und Raubgier dieser Vögel. Sie fielen faktisch über einen Hund her, welcher dicht bei einem Herrn aus der Gesellschaft fest schlafend dalag, und die Jäger hatten Schwierigkeit, es zu verhindern, daß die angeschossenen Gänse nicht vor ihren Augen von diesen Vögeln ergriffen wurden. Es wird angeführt, daß mehrere in Verbindung (in dieser Beziehung den Carranchas ähnlich) an der Öffnung eines Kaninchenbaus warten und dann zusammen das Tier überfallen, wenn es herauskommt. Sie kamen beständig an Bord des Schiffes geflogen, so lange es im Hafen lag, und es war nötig, ein scharfes Auge auf sie zu haben, um zu verhüten, daß das Leder nicht von der Takelage gerissen und das Fleisch oder Wild nicht vom Schiffsspiegel gestohlen wurde. Diese Vögel sind sehr mutwillig und neugierig; sie picken fast jedes Ding vom Boden auf, ein großer schwarz lackierter Hut wurde beinahe eine Meile weit fortgeschleppt, ebenso ein Paar der schweren, beim Fangen der Rinder benutzten Kugeln. Mr. Usborne erlitt während der Küstenaufnahme einen noch schmerzlicheren Verlust; sie stahlen ihm nämlich einen kleinen Kater's Kompaß in rotem Marokkolederetui, der nicht wiedergefunden wurde. Überdies sind diese Vögel streitsüchtig und sehr leidenschaftlich und reißen den Rasen mit ihren Schnäbeln vor Wut auf. Sie sind nicht eigentlich sozial, sie fliegen nicht sehr hoch und ihr Flug ist schwer und ungeschickt; auf dem Boden rennen sie außerordentlich schnell, sehr ähnlich den Fasanen. Sie sind sehr lärmend und stoßen mehrere harsche Geschreie aus, eins derselben ist dem der englischen Krähe ähnlich; die Robbenjäger nennen sie daher beständig Krähen. Es ist ein merkwürdiger Umstand, daß sie bei dem Schreien ihre Köpfe auf- und rückwärts werfen in derselben Art und Weise wie der Carrancha. Sie nisten auf felsigen Riffen der Meeresküste, aber nur auf den kleinen benachbarten Inselchen und nicht auf den zwei Hauptinseln; es ist dies eine eigentümliche Vorsicht bei einem so zahmen und furchtlosen Vogel. Die Robbenjäger sagen, daß das Fleisch dieser Vögel gekocht völlig weiß und sehr gut zum Essen sei; indes muß wohl einiger Mut dazu gehören, eine solche Mahlzeit zu versuchen.

Wir haben nun nur noch den brasilianischen Geier (*Vultur aura*) und den Galinazo zu erwähnen. Der erstere wird gefunden, wo nur immer das Land mäßig feucht ist, vom Kap Horn an bis nach Nordamerika. Verschieden vom *Polyborus brasiliensis* und dem Chimango hat er seinen Weg auch nach den Falkland-Inseln gefunden. Der brasilianische Geier ist ein einzeln lebender Vogel oder geht höchstens zu zweien. Er kann sofort in einer großen Entfernung an seinem hohen schwebenden und äußerst eleganten Flug erkannt werden. Bekannt ist, daß er ein echter Aasfresser ist. An der Westküste von Patagonien, zwischen den dicht bewaldeten Inselchen und dem zerklüfteten Land, lebt er ausschließlich von dem, was das Meer auswirft und von dem Aas toter Robben. Wo sich nur immer diese Tiere auf den Felsen versammeln, sind auch diese Geier zu sehen. Der Galinazo (*Cathartes atratus*) hat eine von der letzten Spezies verschiedene geographische Verbreitung, da er niemals südlich von 41° S. Br. vorkommt. Azara erzählt, es bestehe eine Überlieferung, daß diese Vögel zur Zeit der Eroberung nicht in der Nähe von Monte Video zu finden waren, daß sie aber später den Einwohnern aus den nördlicheren Bezirken folgten. Heutigen Tages sind sie im Tal des Colorado zahlreich, welcher dreihundert Meilen genau südlich von Monte Video fließt. Wahrscheinlich ist diese weitere Wanderung seit der Zeit von Azara eingetreten. Der Galinazo zieht im allgemeinen ein feuchtes Klima oder vielmehr die Nachbarschaft von Süßwasser vor. Es ist daher in Brasilien und La Plata äußerst häufig, während er auf den wüsten und dürren Ebenen des nördlichen Patagoniens niemals gefunden wird, ausgenommen in der Nähe irgendeines Stromes. Diese Vögel besuchen die ganzen Pampas bis an den Fuß der Cordilleren. Ich habe aber in Chile niemals einen gesehen oder von einem solchen gehört. In Peru werden sie als Reiniger geschont. Diese Geier können mit vollem Recht sozial genannt werden, denn sie scheinen an der Gesellschaft Vergnügen zu haben und werden nicht allein durch die Anziehungskraft einer gemeinsamen Beute zusammengeführt. An einem schönen Tag kann man oft einen ganzen Zug in großer Höhe beobachten, wobei jeder Vogel in den graziösesten Wendungen im Kreis rundherum segelt, ohne seine Flügel zu schließen. Dies wird offenbar des bloßen Vergnügens der Bewegung wegen ausgeführt oder steht vielleicht in Beziehung zu ihren ehelichen Verbindungen.

Drittes Kapitel

Ich habe nun alle Aasfresser mit Ausnahme des Kondor erwähnt; eine Schilderung des letzteren wird passender dann gegeben werden, wenn wir ein Land besuchen, welches seiner Lebensweise zusagender ist, als die Ebenen von La Plata.

In einem breiten Streifen von Sandhügeln, welche die Laguna del Potrero von den Ufern des Plata trennen, wenige Meilen von Maldonado entfernt, fand ich eine Gruppe jener verglasten Kieselröhren, welche dadurch gebildet werden, daß der Blitz in losen Sand fährt. Diese Röhren sind in allen Einzelheiten denen von Drigg in Cumberland ähnlich, welche in den Geological Transactions beschrieben worden sind.[10] Da die Sandhügel von Maldonado nicht von Pflanzenwuchs geschützt sind, verändern sie beständig ihre Lage. Aus dieser Ursache ragten die Röhren über die Oberfläche vor, und zahlreiche in der Nähe liegende Fragmente wiesen darauf hin, daß sie früher in einer größeren Tiefe eingegraben waren. Vier Reihen solcher Röhren gingen senkrecht in den Sand hinein. Mit meinen Händen arbeitend, verfolgte ich eine derselben bis in eine Tiefe von zwei Fuß, und einige Bruchstücke, welche offenbar zu derselben Röhre gehört hatten, maßen, wenn sie an die anderen Teile gefugt wurden, fünf Fuß drei Zoll. Der Durchmesser der ganzen Röhre war nahezu gleich und wir müssen daher annehmen, daß sie ursprünglich in eine viel bedeutendere Tiefe hinabreichte. Diese Dimensionen sind indessen klein, verglichen mit denen der Blitzröhren von Drigg, von denen eine bis in eine Tiefe von nicht weniger als dreißig Fuß verfolgt wurde.

Die innere Oberfläche ist vollkommen verglast, glänzend und glatt. Ein kleines Bruchstück, unter dem Mikroskop untersucht, sah, wegen der großen Zahl von sehr kleinen eingeschlossenen Luft- oder vielleicht Dampfbläschen aus, wie eine vor dem Lötrohr geschmolzene Metallprobe. Der Sand ist durchaus oder zum größten Teil kieselig; einige Körnchen sind aber von einer schwarzen Farbe und besitzen wegen ihrer glänzenden Oberfläche ein metallisches Aussehen. Die Dicke der Wandungen der Röhre schwankt von einem Dreißigstel zu einem Zwanzigstel Zoll und beträgt gelegentlich selbst ein Zehntel Zoll. Auf der Außenseite sind die Sandkörner abgerundet und haben ein leicht glasiges Aussehen, irgendwelche Zeichen von Kristallisation konnte ich nicht unterscheiden. In ähnlicher Weise wie die in den Geological Transactions beschriebenen sind die Röhren im allgemeinen komprimiert und haben tiefe Längsfurchen, so daß sie einem geschrumpften Pflanzenstengel oder der Rinde der Ulme oder der Korkeiche sehr ähnlich sind. Ihr Umfang beträgt ungefähr zwei Zoll, aber an einigen Bruchstücken, welche zylindrisch und ohne irgendwelche Furchen sind, beträgt er gegen vier Zoll. Der Druck des umgebenden Sandes, welcher auf die Röhren einwirkte, so lange sie noch infolge der Wirkungen der intensiven Hitze weich waren, hat offenbar die Falten oder Furchen verursacht. Nach den nichtkomprimierten Fragmenten zu urteilen, muß der Durchmesser oder das Bohrloch des Blitzes (wenn ein solcher Ausdruck erlaubt ist) ungefähr einen und ein Viertel Zoll betragen haben. In Paris ist es Mr. Hachette und Mr. Beudant[11] gelungen, Röhren, welche in den meisten Beziehungen diesen Fulguriten ähnlich sind, dadurch herzustellen, daß sie sehr starke galvanische Schläge durch fein gepulvertes Glas leiteten; wurde Salz hinzugefügt, so daß die Schmelzbarkeit erhöht wurde, so waren die Röhren in allen Dimensionen größer. Es gelang ihnen aber nicht mit gepulvertem Feldspat und Quarz. Eine aus gepulvertem Glas gebildete Röhre war beinahe einen Zoll lang, nämlich 0,982, und hatte einen inneren Durchmesser von 0,019 Zoll. Wenn wir hören, daß die stärkste Batterie in Paris gebraucht wurde und daß ihre Wirkung auf eine Substanz von so großer Schmelzbarkeit wie Glas nur Röhren von so diminutiver Größe hervorbrachte, so müssen wir über die Kraft eines Blitzschlages sehr erstaunt sein, welcher, den Sand an mehreren Stellen treffend, Zylinder gebildet hat, die in einem Fall mindestens dreißig Fuß lang waren

---

[10] Geolog. Transactions, Vol. II, p.528. In den Philosoph. Transactions (1790, p.294) hat Dr. Priestley einige unvollkommene Kieselröhren und einen geschmolzenen Rollstein aus Quarz beschrieben, die beim Graben in der Erde unter einem Baum gefunden worden waren, wo ein Mensch vom Blitz getötet worden war.
[11] Annales de Chimie et de Physique, Tom. XXXVII, p.319.

und da, wo sie nicht komprimiert waren, eine innere Höhle von einem und einen halben Zoll reichlich besaßen und zwar in einem so widerstandsfähigen Material wie Quarz!

Wie ich bereits bemerkt habe, stehen die Röhren nahezu senkrecht im Sand. Eine indessen, welche weniger regelmäßig als die anderen war, wich von der geraden Linie ab, und zwar an der beträchtlichsten Beugungsstelle bis zum Betrag von dreiunddreißig Grad. Diese selbe Röhre gab zwei kleine Zweige ab, ungefähr einen Fuß voneinander; der eine war mit der Spitze abwärts, der andere aufwärts gerichtet. Dieser letztere Fall ist merkwürdig, da der elektrische Strom in einem spitzen Winkel von sechsundzwanzig Grad zu der Richtung seines mittleren Verlaufs zurückgebogen worden sein muß. Außer den vier Röhren, welche ich senkrecht stehend fand, und unter die Oberfläche verfolgte, waren noch mehrere andere Gruppen von Bruchstükken vorhanden, deren ursprüngliche Lage ohne Zweifel in der Nähe gewesen sein muß. Alle kamen auf einer ebenen Strecke beweglichen Sandes von sechzig Yards zu zwanzig vor, welche zwischen einigen hohen Sandhügeln und in einer Entfernung von ungefähr einer halben Meile von einer Kette von vier- bis fünfhundert Fuß hohen Bergen gelegen war. Wie mir es scheint, ist der merkwürdigste Umstand in diesem Fall sowohl, wie in dem von Brigg und in einem von Ribbentrop in Deutschland beschriebenen, die Zahl von Röhren, welche innerhalb eines so begrenzten Raumes gefunden wurden. In Drigg wurden innerhalb einer Fläche von fünfzehn Yards drei beobachtet, und ebenso viel kamen in Deutschland vor. In dem Fall, welchen ich beschrieben habe, existierten sicherlich mehr als vier innerhalb des Raumes von sechzig bei zwanzig Yards. Da es nicht wahrscheinlich erscheint, daß die Röhren durch aufeinanderfolgende verschiedene Schläge gebildet wurden, müssen wir annehmen, daß der Blitz, kurz ehe er in den Boden tritt, sich in verschiedene Zweige teilt.

Die Umgebung von Rio Plata scheint elektrischen Erscheinungen eigentümlich ausgesetzt zu sein. Im Jahr 1793[12] kam eines der zerstörendsten Gewitter von allen vielleicht, die beschrieben worden sind, in Buenos Aires vor: Innerhalb der Stadt schlug der Blitz an siebenunddreißig Stellen ein und neunzehn Personen wurden getötet. Nach den in mehreren Reisebeschreibungen angeführten Tatsachen bin ich geneigt zu vermuten, daß Gewitter in der Nähe der Mündungen größerer Flüsse sehr häufig sind. Ist es nicht möglich, daß die Mischung großer Mengen von süßem und salzigem Wasser das elektrische Gleichgewicht stören könnte? Selbst während unserer doch nur gelegentlichen Besuche in diesem Teil von Süd-Amerika hörten wir, daß der Blitz in ein Schiff, in zwei Kirchen und in ein Haus eingeschlagen habe. Sowohl die Kirche als das Haus sah ich kurz nachher. Das Haus gehörte Mr. Wood, dem Generalkonsul in Monte Video. Einige der Wirkungen waren merkwürdig: Die Tapete war nahezu einen Fuß auf jeder Seite der Linie, wo der Klingelzug gelaufen war, geschwärzt. Das Metall war geschmolzen, und obgleich das Zimmer ungefähr fünfzehn Fuß hoch war, hatten die auf die Stühle und andere Möbel herabtropfenden Metallkügelchen eine Reihe kleiner Löcher gebohrt. Ein Teil der Wände war zertrümmert, wie durch Pulver, und die Fragmente waren mit solcher Kraft fortgesprengt, daß sie die Wand auf der entgegengesetzten Seite des Zimmers gezeichnet hatten. Der Rahmen eines Spiegels war geschwärzt und die Vergoldung muß verflüchtigt worden sein, denn ein Riechfläschchen, welches auf dem Kamin stand, war mit glänzenden metallischen Teilchen überzogen, die so fest anhingen, als wenn sie emailliert wären.

---

[12] Azara, Voyage, Vol. I, p.36.

Viertes Kapitel

Rio Negro – Estancias, von den Indianern angegriffen – Salzseen – Flamingos – Vom Rio Negro zum Rio Colorado – Heiliger Baum – Patagonischer Hase – Indianerfamilien – General Rosas – Weiterreise nach Bahia Blanca – Sanddünen – Negerlieutenant – Bahia Blanca – Salzinkrustationen – Punta Alta – Zorillo

Vom Rio Negro nach Bahia Blanca

24. Juli 1833 – Die „Beagle" segelte von Maldonado ab und kam am 3. August auf die Höhe der Mündung des Rio Negro. Dies ist der Hauptfluß auf der ganzen Küstenstrecke zwischen der Magellan-Straße und dem Plata. Er mündet ungefähr dreihundert Meilen südlich vom Aestuarium des Plata ins Meer. Vor ungefähr fünfzig Jahren, unter der alten spanischen Herrschaft, hatte sich eine kleine Kolonie hier niedergelassen; und noch immer ist es der südlichste Punkt (41° S. Br.) an dieser östlichen Küste von Süd-Amerika, welcher von zivilisierten Menschen bewohnt wird.

Das Land in der Nähe der Mündung des Flusses ist im äußersten Grade wüst: Auf der südlichen Seite beginnt eine lange Reihe senkrechter Uferriffe, welche einen Durchschnitt der geologischen Beschaffenheit des Landes dem Blick darbieten. Die Schichten bestehen aus Sandstein, und eine derselben war dadurch merkwürdig, daß sie aus einem fest zementierten Konglomerat von Bimssteinstücken zusammengesetzt war, welche weiter als vierhundert Meilen, von den Anden her, transportiert sein mußten. Die Oberfläche wird überall von einem dicken Kiesbett bedeckt, welches sich weit und breit über die offene Ebene erstreckt. Wasser ist außerordentlich selten, und wo es zu finden ist, ist es beinahe ausnahmslos brackig. Die Vegetation ist dürftig; und obgleich es Gebüsche vielerlei Art gibt, so sind doch alle mit furchtbaren Dornen bewaffnet, als wollten sie den Fremden warnen, diese unwirtlichen Gegenden zu betreten.

Die Niederlassung liegt achtzehn Meilen stromaufwärts. Die Straße zieht sich am Fuß der sanft abfallenden Riffe hin, welche das nördliche Gehänge des großen Tales bilden, in dem der Rio Negro fließt. Auf dem Weg kamen wir an den Ruinen einiger schöner „Estancias" vorbei, welche vor wenigen Jahren von den Indianern zerstört worden waren. Sie widerstanden mehreren Angriffen. Jemand, der bei einem derselben gegenwärtig gewesen war, gab mir eine sehr lebendige Beschreibung von dem was vorging. Die Einwohner hatten zeitig genug von dem Anschlag erfahren, um alle Rinder und Pferde in das „Corral"[1] zu treiben, welches das Haus umgab, und um gleichfalls einige kleine Kanonen herrichten zu können. Die Indianer waren Araucanier aus dem Süden von Chile; sie waren mehrere Hundert an der Zahl und sehr gut diszipliniert. Sie erschienen zuerst in zwei Truppen auf einem in der Nähe liegenden Hügel; nachdem sie dort abgestiegen waren und ihre Pelzmäntel abgelegt hatten, kamen sie nackt zum Angriff vor. Die einzige Waffe eines Indianers ist ein sehr langer Bambus oder Chuzo, welcher mit Straußenfedern geschmückt ist und am Ende eine scharfe Lanzenspitze trägt. Mein Berichterstatter schien sich nur mit dem größten Entsetzen des Schwingens dieser Chuzos, als sie sich näherten, zu erinnern. Als sie dicht herangekommen waren, rief der Cazike Pincheira die Belagerten an, ihre Waffen niederzulegen, sonst würde er ihnen allen die Kehle abschneiden. Da dies wahrscheinlich die Folge ihres Eintritts unter allen Umständen gewesen sein würde, so war die Antwort eine Flintensalve. Die Indianer kamen mit großer Hartnäckigkeit selbst bis zur Einzäunung des Corrals heran; zu ihrer Überraschung fanden sie aber die Pfahle derselben durch eiserne Nägel miteinander verbunden, anstatt mit ledernen Strängen, und versuchten daher

---

[1] Das „Corral" ist eine aus hohen und starken Pfählen gemachte Einzäunung. Jede Estancia, oder jedes Landgut, hat ein Corral, was zu ihr gehört.

natürlich vergebens, dieselben mit ihren Messern zu zerschneiden. Dies rettete das Leben der Christen; viele der verwundeten Indianer wurden von ihren Genossen fortgetragen; und da zuletzt einer der Untercaziken verwundet wurde, ertönte das Hornsignal zum Rückzug. Sie zogen sich bis zu ihren Pferden zurück und schienen einen Kriegsrat zu halten. Dies war ein fürchterlich spannender Moment für die Spanier, da sie alle ihre Munition mit Ausnahme einiger weniger Patronen verwendet hatten. Einen Augenblick danach bestiegen die Indianer ihre Pferde und galoppierten davon. Ein anderer Angriff wurde noch schneller zurückgeschlagen. Ein kaltblütiger Franzose bediente die Kanone; er wartete, bis sie ganz dicht herangekommen waren und beschoß dann ihre Reihen mit Kartätschen. Er streckte hierdurch neununddreißig nieder, und ein solcher Schlag warf natürlich die ganze Gesellschaft zurück.

Die Stadt wird gleichmäßig El Carmen oder Patagones genannt. Sie ist auf die Fläche der Klippen gebaut, welche den Fluß beherrschen, und viele Häuser sind geradezu in den Sandstein ausgehöhlt. Der Fluß ist ungefähr zwei- oder dreihundert Yards breit und tief und reißend. Die vielen Inseln mit ihrem Weidengebüsch und die flachen vorspringenden Berge, welche einer hinter dem anderen an der nördlichen Grenze des grünen Tales zu sehen sind, bilden, von einem hellen Sonnenschein unterstützt, einen beinahe malerischen Anblick. Die Zahl der Einwohner übersteigt nicht wenig Hunderte. Diese spanischen Kolonien tragen nicht, wie unsere britischen, die Elemente des Wachstums in sich. Viele Vollblut-Indianer wohnen hier: Der Stamm des Caziken Lucanee hat beständig seine Toldos[2] dicht an den äußeren Häusern der Stadt. Die Lokalregierung versorgt die Indianer zum Teil mit Unterhalt, indem sie alle alten abgenutzten Pferde bekommen; auch verdienen sie etwas, indem sie Pferdedecken und andere Artikel von Reitzeug machen. Diese Indianer werden als zivilisiert betrachtet; was aber ihr Charakter durch einen geringeren Grad von Wildheit gewonnen haben mag, wird beinahe durch ihre gänzliche Immoralität aufgewogen. Einige der jüngeren Leute sind indessen auf dem Weg, besser zu werden; sie sind bereit zu arbeiten, und vor nicht langer Zeit ging eine Anzahl mit auf eine Robbenjagdfahrt und betrug sich ganz gut. Sie genießen nun die Früchte ihrer Arbeit in der Weise, daß sie sich mit sehr bunten, reinen Kleidern angetan haben und sehr faul sind. Der Geschmack, den sie in ihrem Anzug zeigten, war bewundernswert; wenn man einen dieser jungen Indianer hätte in eine Bronzestatue verwandeln können, so würde seine Drapierung vollkommen graziös gewesen sein.

Eines Tages ritt ich nach einem großen Salzsee oder einer Salina, welcher fünfzehn Meilen von der Stadt entfernt war. Während des Winters besteht er aus einem seichten See von Salzlake, welcher im Sommer in ein Feld schneeweißen Salzes verwandelt wird. Die Salzschicht ist in der Nähe der Ränder vier bis fünf Zoll dick, aber nach der Mitte hin nimmt ihre Dicke zu. Dieser See war zwei und eine halbe Meile lang und eine Meile breit. In der weiteren Umgebung kommen andere vor, welche vielmal größer sind und einen zwei oder drei Fuß in der Dicke haltenden Salzboden haben, selbst wenn sie im Winter unter Wasser stehen. Eine dieser glänzend weißen und eben ausgedehnten Flächen bietet inmitten der braunen und desolaten Ebene ein außerordentliches Schauspiel dar. Eine große Quantität Salz wird jährlich aus der Salina entnommen; und große Haufen, einige hundert Tonnen an Gewicht, lagen bereit zum Export. Die Zeit der Arbeit in den Salinas bildet die Erntezeit von Patagones; denn auf ihr beruht der Wohlstand des Orts. Beinahe die ganze Bevölkerung kampiert an dem Flußufer; die Leute sind damit beschäftigt, das Salz in Ochsenwagen herauszufahren. Dies Salz ist in großen Würfeln kristallisiert und ist merkwürdig rein: Mr. Trenham Reeks hat die Freundlichkeit gehabt, etwas davon für mich zu analysieren; er findet darin nur 0,26 Gips und 0,22 erdige Substanz. Es ist eine eigentümliche Tatsache, daß es zur Konservierung von Fleisch nicht so gut benutzbar ist, wie das Seesalz von den Kapverdischen Inseln; ein Kaufmann in Buenos Aires sagte mir, er hielte es für um fünfzig Prozent weniger wertvoll. Kapverdisches Salz wird daher beständig importiert und mit dem aus diesen Salinen vermischt. Die Reinheit des patagonischen Salzes oder das Fehlen aller jener

---
[2] Die Hütten der Indianer werden so genannt.

anderen in allem Seewasser gefundenen salzigen Bestandteile in ihm ist die einzige Ursache für diesen geringeren Wert, den man anführen kann. Ein Schluß, den wohl, wie ich glaube, niemand erwartet haben dürfte, der aber durch die neuerlich ermittelte Tatsache[3] unterstützt wird, daß diejenigen Salzarten am besten dazu dienen, Käse zu konservieren, welche die meisten zerfließenden Chloride enthalten.

Die Ränder des Sees werden aus Schlamm gebildet; in diesem eingebettet finden sich zahlreiche große Kristalle von Gips, manche drei Zoll lang, während an der Oberfläche andere von schwefelsaurem Natron zerstreut umherliegen. Die Gauchos nennen die ersteren den „Padre del sal", die letzteren die „Madre"; sie geben an, daß diese „erzeugenden" Salze immer an den Rändern der Salinas vorkommen, wenn das Wasser zu verdunsten beginnt. Der Schlamm ist schwarz und hat einen fauligen Geruch. Zuerst konnte ich die Ursache hiervon mir nicht ausdenken; später bemerkte ich aber, daß der vom Wind an das Ufer getriebene Schaum grün, wie durch Conferven gefärbt war; ich versuchte etwas von dieser grünen Substanz nach Hause zu nehmen; durch einen Zufall mißglückte mir es. Teile des Sees erschienen aus einer kurzen Entfernung gesehen von einer rötlichen Farbe; dies war vielleicht Folge irgendwelcher Infusionstiere. Der Schlamm war an vielen Stellen durch zahlreiche Individuen einer Art von Würmern aufgewühlt. Wie überraschend ist es, daß irgendwelche Geschöpfe imstande sind, in Salzlake zu leben, und daß sie zwischen Natron- und Kalkkristallen herumkriechen! Und was wird aus diesen Würmern, wenn während des langen Sommers die Oberfläche zu einer soliden Salzschicht erhärtet? Flamingos bewohnen diesen See in beträchtlicher Zahl und brüten hier; durch ganz Patagonien, in Nord-Chile und auf den Galapagos-Inseln traf ich diese Vögel, wo immer sich nur derartige Salzlakenseen fanden. Ich sah sie hier nach Nahrung suchend umherwaten, wahrscheinlich nach den im Schlamm bohrenden Würmern; diese letzteren wiederum leben wahrscheinlich von Infusorien oder Conferven. Wir haben hiernach eine kleine, in sich abgeschlossene lebende Welt, welche sich diesen Inlandseen von Salzlake angepaßt hat. Ein äußerst kleines krustenartiges Tier (*Cancer salinus*) soll, wie man sagt[4], in zahllosen Mengen in den großen Solpfannen in Lymington leben, aber nur in denen, in welchen die Flüssigkeit infolge der Verdunstung eine beträchtliche Stärke erhalten hat, – nämlich ungefähr ein Viertelpfund Salz auf einen halben Liter Wasser. Man kann wohl behaupten, daß jeder Teil der Welt bewohnbar ist! Mögen es Seen von Salzlake sein, oder jene unterirdischen unter vulkanischen Bergen verborgene Seen – warme Mineralquellen – die weite Ausdehnung und die Tiefen des Ozeans, – die oberen Regionen der Atmosphäre und selbst die Oberfläche des ewigen Schnees – alles erhält organische Wesen.

Nördlich vom Rio Negro, zwischen ihm und dem bewohnten Land in der Nähe von Buenos Aires, haben die Spanier nur eine kleine, vor kurzem in Bahia Blanca gegründete Niederlassung. Die Entfernung von Buenos Aires beträgt in gerader Linie nahezu fünfhundert englische Meilen. Die wandernden Stämme der berittenen Indianer, welche immer den größeren Teil dieses Landes eingenommen haben, hatten vor kurzem die abgelegenen Estancias vielfach belästigt; die Regierung von Buenos Aires hat daher vor einiger Zeit eine Armee unter dem Kommando des Ge-

---

[3] Report of the Agricult. Chem. Assoc. in the Agricult. Gazette, 1845, p.93.

[4] Linnean Transactions, Vol. XI, p.205. Es ist merkwürdig, wie die sämtlichen, mit den Salzseen in Zusammenhang stehenden Umstände für Patagonien und Sibirien ähnliche sind. Sibirien scheint, wie Patagonien, erst neuerdings aus den Wassern des Ozeans emporgehoben worden zu sein. In beiden Ländern nehmen die Salzseen flache Vertiefungen in den Ebenen ein; in beiden ist der Schlamm an den Rändern schwarz und übelriechend; unterhalb der Kruste von gewöhnlichem Salz kommt schwefelsaures Natron und schwefelsaure Magnesia, unvollkommen kristallisiert, vor, und in beiden ist der schlammige Sand mit Gipseinschlüssen vermischt. Die sibirischen Salzseen werden von kleinen Krustentieren bewohnt; und Flamingos besuchen sie gleichfalls (Edinb. New Philos. Journ., Jan. 1830). Da diese scheinbar so unbedeutenden Umstände in zwei entfernt voneinander liegenden Kontinenten vorkommen, so dürfen wir sicher sein, daß sie die notwendigen Resultate gemeinsamer Ursachen sind. – S. Pallas, Reisen, 1793 bis 1794, p.129-134.

nerals Rosas ausgerüstet zum Zweck, diese Indianer zu vertilgen. Die Truppen hatten jetzt ein Lager an den Ufern des Colorado bezogen, eines Flusses ungefähr achtzig Meilen nördlich vom Rio Negro. Als General Rosas Buenos Aires verließ, zog er in einer geraden Linie quer durch die unerforschten Ebenen; und da das Land hierdurch ziemlich gut von Indianern gesäubert wurde, ließ er in großen Zwischenräumen kleine Abteilungen von Soldaten mit einer Anzahl Pferde (a posta) zurück, um dadurch in den Stand gesetzt zu sein, mit der Hauptstadt in Verbindung zu treten. Da die „Beagle" die Absicht hatte, in Bahia Blanca anzulaufen, entschloß ich mich, zu Land dorthin zu reisen. Schließlich erweiterte ich meinen Plan dahin, den ganzen Weg bis nach Buenos Aires über die Postas zu reisen.

11. August – Mr. Harkis, ein in Patagones lebender Engländer, ein Führer und fünf Gauchos, welche in Geschäften zur Armee gingen, waren meine Reisegesellschafter. Wie ich bereits gesagt habe, ist der Colorado ungefähr achtzig Meilen entfernt, und da wir langsam reisten, blieben wir zwei und einen halben Tag unterwegs. Die ganze Strecke Landes verdient kaum einen besseren Namen als den einer Wüste. Wasser fanden wir nur in zwei kleinen Quellen: Man nennt es Süßwasser; aber selbst in dieser Zeit des Jahres, während der Regenzeit, war es vollständig brackig. Im Sommer muß dies eine schlechte Reise sein, denn schon jetzt war sie trostlos genug. Das Tal des Rio Negro, so breit es auch ist, ist einfach aus der Sandsteinebene ausgehöhlt worden, denn unmittelbar oberhalb des Ufers, an welchem die Stadt liegt, beginnt ein ganz gleichmäßig ebenes Land, welches nur durch einige wenige unbedeutende Täler und Einsenkungen unterbrochen wird, überall trägt die Landschaft einen und denselben unfruchtbaren Charakter; ein trockener, kiesiger Boden trägt Büsche von braunem verdorrtem Gras und niedrige, zerstreute, mit Dornen bewaffnete Büsche.

Kurz nachdem wir die erste Quelle passiert hatten, kamen wir in Sicht eines berühmten Baums, den die Indianer als den Altar des Walleechu verehren. Er steht auf einem erhöhten Teil der Ebene und ist daher als ein Merkzeichen in großer Entfernung sichtbar. Sobald ein Indianerstamm in Sichtweite von ihm kommt, drückt er seine Anbetung durch laut ausgestoßenes Rufen aus. Der Baum selbst ist niedrig, vielfach verzweigt und dornig. Unmittelbar über der Wurzel hat er einen Durchmesser von ungefähr drei Fuß. Er stand ganz allein für sich, ohne irgendeinen Nachbar und war faktisch der erste Baum, den wir sahen; später trafen wir noch einige wenige andere von derselben Art an, sie waren aber durchaus nicht häufig. Da es Winter war, hatte der Baum keine Blätter, sondern an ihrer Stelle zahllose Fäden, mittels deren die verschiedenen Opfergaben, wie Zigarren, Brot, Fleisch, Stücke Zeugs usw. aufgehängt waren. Arme Indianer, welche nichts Besseres haben, holen aus ihren Ponchos nur ein Stückchen Faden und binden es an den Baum. Wohlhabendere Indianer sind daran gewöhnt, Spiritus und Maté in ein bestimmtes Loch zu gießen, ebenso den Rauch nach oben zu blasen, wodurch sie ihrer Ansicht nach dem Walleechu alle nur möglichen Annehmlichkeiten darbieten. Um die Szenerie zu vervollständigen, war der Baum von gebleichten Knochen von Pferden umgeben, welche als Opfer geschlachtet worden waren. Alle Indianer von jedem Geschlecht und Alter bringen ihre Opfer dar; sie glauben dann, daß ihre Pferde nicht ermüden und daß sie selbst glücklich sind. Der Gaucho, der mir dies erzählte, sagte, daß er in Friedenszeiten dieser Szene als Zeuge beigewohnt habe und daß er und andere gewöhnlich gewartet hätten, bis die Indianer abgezogen wären, um dem Walleechu die Opfergaben zu stehlen.

Die Gauchos glauben, daß die Indianer den Baum für den Gott selbst halten; es scheint aber weit wahrscheinlicher zu sein, daß sie ihn als den Altar ansehen. Die einzige Ursache, welche ich für diese Wahl ausfindig machen kann, ist, daß der Baum auf einem gefährlichen Stück Weg ein Merkzeichen ist. Die Sierra de la Ventana ist in einer ungeheuren Entfernung sichtbar; ein Gaucho erzählte mir, daß ein Indianer, als er mit ihm wenig Meilen nördlich vom Rio Colorado geritten sei, auf einmal dasselbe laute Rufen begonnen habe, welches gewöhnlich ist, wenn sie

Viertes Kapitel

zuerst den Baum in der Entfernung erblicken; er habe dabei seine Hand an den Kopf gelegt und in der Richtung der Sierra gewiesen. Als ihn der Gaucho nach der Veranlassung hierzu gefragt habe, habe der Indianer in gebrochenem Spanisch zu ihm gesagt: „Zuerst sehe die Sierra". Ungefähr zwei Stunden jenseits dieses merkwürdigen Baums machten wir für die Nacht Halt. In diesem Augenblick wurde eine unglückliche Kuh von den luchsäugigen Gauchos erspäht; sie setzten ihr in voller Jagd nach und brachten sie nach wenigen Minuten mit ihren Lassos hereingeschleppt und schlachteten sie. Wir hatten hier die vier notwendigen Dinge zum Leben „en el campo": – Weide für die Pferde, Wasser (nur ein schmutziger Tümpel), Fleisch und Brennholz. Die Gauchos waren sehr aufgeräumt, diesen Luxus hier zu finden, und bald machten wir uns an unsere Arbeit an der armen Kuh. Dies war die erste Nacht, welche ich unter freiem Himmel zubrachte, nur mit dem Zeug meines Recado als Bett. In der Unabhängigkeit des Gaucholebens liegt ein großer Genuß – jeden Augenblick das Pferd halten lassen zu können und zu sagen: „Hier wollen wir die Nacht zubringen"! Die Totenstille der Ebene, die Wacht haltenden Hunde, die Zigeunergruppe der Gauchos, welche sich ihr Lager rings um das Feuer machten, – alles das hat in meiner Erinnerung ein scharf gezeichnetes Bild dieser ersten Nacht hinterlassen, welches ich niemals vergessen werde.

Während des nächsten Tagesmarsches blieb das Land dem ähnlich, wie ich es oben beschrieben habe. Es wird nur von wenig Vögeln oder Tieren irgendwelcher Art bewohnt. Gelegentlich ist ein Hirsch oder ein Guanaco (wildes Llama) zu sehen; das Aguti (*Cavia patagonica*) ist aber das gemeinste Säugetier. Es vertritt dies Tier hier unsere Hasen. Doch weicht es von dieser Gattung in vielen wesentlichen Beziehungen ab; es hat z. B. hinten nur drei Zehen. Auch ist es nahezu doppelt so groß und wiegt zwanzig bis fünfundzwanzig Pfund. Das Aguti ist ein echter Freund der Wüste; es ist ein gewöhnlicher Zug des landschaftlichen Bildes, zwei oder drei schnell hintereinander in einer geraden Linie quer über diese wilden Ebenen hüpfen zu sehen. Nördlich werden sie bis zur Sierra Tapalguen (37,30° S. Br.) gefunden, wo die Ebene ziemlich plötzlich grüner und fruchtbarer wird; ihre südliche Verbreitungsgrenze ist zwischen Port Desire und St. Julian, wo keine Änderung in der Natur des Landes eintritt. Es ist eine merkwürdige Tatsache, daß das Aguti jetzt nicht mehr soweit südlich wie Port St. Julian gefunden wird, daß aber Capt. Wood in seiner Reise von 1670 erwähnt, daß sie dort zahlreich wären. Welche Ursache kann in einem großen, unbewohnten und selten besuchten Lande die Verbreitung eines Tieres wie dieses geändert haben? Auch nach der von Capt. Wood an einem Tage in Port Desire geschossenen Zahl zu urteilen, müssen sie früher dort beträchtlich häufiger gewesen sein als jetzt. Wo die Viscache lebt und ihre Höhlen gräbt, benutzt sie das Aguti; wo sich aber, wie in Bahia Blanca, die Viscache nicht findet, gräbt sich das Aguti seine Höhlen selbst. Dasselbe ist der Fall mit der kleinen Eule der Pampa (*Athene cunicularia*), welche oft wie eine Wache an den Öffnungen der Höhlen stehend beschrieben worden ist; denn in der Banda Oriental ist sie infolge des Fehlens der Viscache genötigt, sich ihre Wohnung selbst auszuwühlen.

Als wir uns am nächsten Morgen dem Rio Colorado näherten, änderte sich das Ansehen des Landes; wir kamen bald auf eine mit Rasen bedeckte Ebene, welche mit ihren Blumen, ihrem hohen Klee und den kleinen Eulen den Pampas glich. Wir passierten auch ein sumpfiges Moor von beträchtlicher Ausdehnung, welches im Sommer austrocknet und mit verschiedenen Salzen inkrustiert, daher ein Salitral genannt wird. Es war mit niedrigen Fettpflanzen bedeckt, von derselben Art mit denen, die an der Meeresküste leben. An der Übergangsstelle, wo wir den Colorado kreuzten, ist er nur ungefähr sechzig Yards breit; im allgemeinen muß er nahezu doppelt so breit sein. Sein Lauf ist sehr gewunden; er ist durch Weiden- und Rohrdickichte bezeichnet. In einer direkten Linie soll die Entfernung von hier bis zur Mündung neun Stunden, zu Wasser aber fünfundzwanzig sein. Wir wurden beim Übergang über den Fluß in dem Kanu durch eine ungeheure Zahl von Stuten aufgehalten, welche im Fluß schwammen, um einer Abteilung der Truppen nach dem Innern zu folgen. Einen lächerlicheren Anblick habe ich niemals gesehen, als die Hunderte und Hunderte von Köpfen, welche sämtlich nach einer Richtung hin mit gespitzten Ohren und weitgeöffneten schnaubenden Nüstern gerade über dem Wasser sichtbar wurden, wie ein großer Zug irgendeines amphibischen Tieres. Stutenfleisch ist die einzige Nahrung, welche die Soldaten auf einer Expedition haben. Dies gibt ihnen eine große Leichtigkeit der Bewegung; denn die Entfernungen, welche diese Tiere über diese Ebenen getrieben werden können, sind ganz überraschend: Man hat mir versichert, daß ein unbeladenes Pferd viele Tage hintereinander hundert Meilen täglich zurücklegen kann.

Das Lager des Generals Rosas war dicht am Fluß. Es bestand aus einem von Wagen, Artillerie, Strohhütten usw. gebildeten Viereck. Die Soldaten waren beinahe sämtlich Kavalleristen; und ich glaube, daß eine so schurkische, banditenartige Armee noch niemals zusammengebracht worden ist. Die größere Zahl der Leute war gemischter Abkunft, zwischen Neger, Indianer und Spanier. Ich kenne die Ursache nicht, aber Menschen solchen Ursprungs haben selten einen guten Gesichtsausdruck. Ich fragte nach dem Sekretär, um meinen Paß zu zeigen. Er fing an, mich in der würdevollsten und mysteriösesten Art zu examinieren. Glücklicherweise hatte ich einen Empfehlungsbrief von der Regierung in Buenos Aires[5] an den Kommandanten von Patagones. Dieser wurde mit zum General Rosas genommen, der mir einen sehr verbindlichen Gruß sagen ließ; der Sekretär kam wieder, ganz lächelnd und gnädig. Wir nahmen unser Quartier in dem „Rancho" oder der Hütte eines merkwürdigen alten Spaniers, welcher unter Napoleon auf dem Zug gegen Rußland gedient hatte.

Wir blieben zwei Tage am Colorado; ich hatte wenig zu tun, denn das Land ringsherum war ein Moor, welches im Sommer (Dezember), wenn der Schnee auf den Cordilleren schmilzt, vom Fluß überschwemmt wird. Meine hauptsächlichste Unterhaltung war, die Indianerfamilien zu beobachten, wie sie hereinkamen, um in dem Rancho, wo wir wohnten, kleine Gegenstände zu kaufen. Man nahm an, daß General Rosas ungefähr sechshundert Indianer zu Verbündeten habe. Die Männer waren eine große, schöne Rasse; doch war es später leicht, in dem wilden Feuerländer dieselbe Gesichtsbildung wiederzufinden, nur durch Kälte, Nahrungsmangel und geringere Zivilisation häßlich geworden. Einige Schriftsteller haben bei Beschreibung der primären Menschenrassen diese Indianer in zwei Klassen geteilt; dies ist aber sicherlich unrichtig. Unter den jungen Frauen oder Chinas gibt es einige, welche schön genannt zu werden verdienen. Ihr Haar war grob, aber glänzend und schwarz, und sie trugen es in zwei bis zur Taille herabhängenden Zöpfen. Sie hatten lebendige Farben und Augen, welche von Feuer glänzten; ihre Beine, Füße und Arme waren klein und elegant geformt; ihre Knöchel, zuweilen auch ihre Taillen waren mit breiten Schnüren blauer Perlen geschmückt. Nichts konnte interessanter sein als einige der Familiengruppen. Häufig kam eine Mutter mit einer oder zwei Töchtern, auf demselben Pferd reitend, zu unserem Rancho. Sie reiten wie die Männer, haben aber die Knie höher hinaufgezogen. Vielleicht rührt dieser Gebrauch daher, daß sie gewöhnt sind, auf der Wanderung die beladenen Pferde zu reiten. Die Pflicht der Frauen ist, die Pferde zu beladen und abzuladen, die Zelte für die Nacht aufzuschlagen, kurz, wie die Frauen aller Wilden, nützliche Sklaven zu sein. Die Männer kämpfen, jagen, übernehmen die Sorge für die Pferde und machen das Reitzeug. Eine ihrer hauptsächlichsten Beschäftigungen im Hause ist die, zwei Steine so lange aneinander zu schlagen, bis sie rund sind, um Bolas davon zu machen. Mit dieser wichtigen Waffe fängt der Indianer sein Jagdwild und auch sein Pferd, welches frei über die Ebene schweift. Beim Kämpfen versucht er zuerst das Pferd seines Gegners mit den Bolas niederzuwerfen und ihn dann selbst, wenn er sich beim Fall verwickelt, mit dem Chuzo zu töten. Wenn die Bolas nur den Hals oder Körper eines Tieres fangen, werden sie oft fortgerissen und verloren. Da das Rundmachen der Steine eine Arbeit von zwei Tagen ist, so ist die Herstellung

---

[5] Ich halte mich für verpflichtet, in der ausdrücklichsten Weise der Regierung in Buenos Aires für die verbindliche Art, in welcher mir als Naturforscher der „Beagle" Pässe nach allen Teilen des Landes hin gegeben wurden, meinen Dank zu sagen.

der Kugeln eine sehr gewöhnliche Beschäftigung. Mehrere der Männer und Frauen hatten ihr Gesicht rot bemalt; ich habe aber hier niemals die horizontalen Streifen gesehen, die bei den Feuerländern so häufig sind. Ihren hauptsächlichsten Stolz setzen sie darein, alles von Silber zu haben; ich habe einen Caziken gesehen, dessen Sporen, Steigbügel, Messergriff und Zaum aus diesem Metall gemacht waren. Das Kopfgestell und die Zügel waren von Draht und nicht stärker als eine Peitschenschnur; ein feuriges Roß unter dem Kommando einer so leichten Kette sich herumschwenken zu sehen, gab der Reiterei einen merkwürdigen Charakter von Eleganz.

General Rosas ließ mir den Wunsch ausdrücken, mich zu sehen, ein Umstand, über welchen ich später sehr froh war. Er ist ein Mann von außerordentlichem Charakter und hat einen äußerst hervorragenden Einfluß im Land, den er, wie es wahrscheinlich zu sein scheint, zu dessen Gedeihen und Fortschritt benutzen wird.[6] Man sagt, er sei ein Eigentümer von vierundsiebzig Quadratstunden Landes und besitze ungefähr dreimal hunderttausend Stück Rinder. Seine Besitzungen sind ausgezeichnet verwaltet und produzieren viel mehr Getreide, als die anderer Besitzer. Er erlangte zuerst durch die Gesetze für seine eigenen Estancias Berühmtheit, sowie dadurch, daß er mehrere hundert Mann disziplinierte, so daß sie mit Erfolg den Angriffen der Indianer widerstanden. Man erzählt sich viele Geschichten über die strenge Art und Weise, mit der seine Gesetze durchgeführt wurden. Eines dieser war, daß kein Mann, bei Strafe in den Klotz geschlossen zu werden, am Sonntag sein Messer tragen dürfe; dies ist der Haupttag für Spielen und Trinken, woraus denn viele Streitereien entstehen, welche wegen der allgemeinen Sitte, mit dem Messer zu kämpfen, häufig tödlich abliefen. Eines Sonntags kam der Gouverneur mit großen Formalitäten, der Estancia einen Besuch zu machen; in der Eile ging General Rosas hinaus, ihn zu begrüßen, und hatte wie gewöhnlich sein Messer im Gürtel stecken. Der Haushofmeister griff ihn am Arm und erinnerte ihn an das Gesetz; darauf wandte er sich zum Gouverneur und sagte, es tue ihm unendlich leid, er müsse sich aber in den Block schließen lassen, und bis er wieder herausgelassen sei, habe er selbst in seinem eigenen Hause keine Gewalt. Nach kurzer Zeit wurde der Haushofmeister überredet, den Block zu öffnen und ihn herauszulassen; kaum war dies geschehen, so wandte er sich zum Haushofmeister und sagte: „Jetzt haben Sie das Gesetz übertreten und nun müssen Sie meine Rolle im Block einnehmen." Derartige Handlungen entzückten die Gauchos, welche alle einen sehr hohen Begriff von ihrer Gleichheit und Würde haben.

General Rosas ist auch ein vollendeter Reiter – eine Eigenschaft, welche in einem Land, wo das ganze versammelte Heer seinen General durch die folgende Probe erwählt, von nicht geringer Bedeutung ist: Eine Herde nicht gezähmter Pferde wird in das Corral getrieben und dann eine Pforte freigelassen, über welcher ein Querbalken liegt. Die Mannschaft war übereingekommen, daß derjenige ihr General sein sollte, welcher von diesem Querbalken sich auf eines dieser wilden Tiere, wenn sie hinausstürmen, herabfallen ließe und imstande wäre, es nicht bloß ohne Sattel und Zügel zu reiten, sondern es auch zur Tür des Corral zurückzubringen. Die Person, welcher dies glückte, wurde dementsprechend gewählt und war auch zweifellos ein ganz passender General für eine solche Armee. Dieses außerordentliche Manöver ist denn auch von General Rosas ausgeführt worden.

Durch derartige Mittel und dadurch, daß er sich in der Kleidung und Lebensweise den Gauchos akkommodierte, hat er eine unbegrenzte Popularität im Land und infolgedessen auch eine despotische Gewalt erlangt. Ein englischer Kaufmann hat mir versichert, daß ein Mann, welcher einen anderen ermordet hatte, festgenommen und wegen der Beweggründe zu seiner Tat verhört wurde, geantwortet hat: „Er sprach von General Rosas verächtlich, da habe ich ihn getötet". Nach Verlauf einer Woche war der Mörder in Freiheit. Dies war ohne Zweifel auf Betrieb der Partei des Generals geschehen und nicht durch den General selbst.

In der Unterhaltung ist er enthusiastisch, reizbar und sehr feierlich. Diese Feierlichkeit treibt er sehr weit. Von einem seiner verrückten Possenreißer (er hält sich deren zwei, wie die Barone

---

[6] Diese Prophezeiung hat sich als gänzlich und elendiglich falsch herausgestellt (1845).

vor Alters) hörte ich die folgende Anekdote erzählen: „Ich wollte sehr gern ein gewisses Musikstück hören; ich ging daher zwei- oder dreimal zum General, um ihn zu bitten; er sagte mir: ‚Geh' an Deine Arbeit, ich bin beschäftigt.' Ich ging ein zweites Mal zu ihm; er sagte: ‚Wenn Du noch einmal kommst, laß ich Dich strafen'. Ein drittes Mal bat ich ihn; da lachte er. Ich stürzte aus dem Zelt, aber es war zu spät; er befahl zwei Soldaten, mich zu fangen und zu pfählen. Ich bat bei allen Heiligen im Himmel, er solle mich freilassen; er tat es aber nicht; – wenn der General lacht, dann schont er weder Narren noch Gesunde." Der arme verrückte Herr schaute ganz schmerzlich drein bei der bloßen Erinnerung an das Pfählen. Dies ist eine sehr harte Strafe; vier Pfähle werden in den Boden getrieben und der Mensch mit seinen Armen und Beinen horizontal daran ausgestreckt, wo er dann mehrere Stunden ausgedehnt liegen gelassen wird. Die Idee hierzu ist wahrscheinlich von der gewöhnlichen Methode, Häute zu trocknen, entnommen. Meine Begegnung mit dem General ging ohne Lachen vorüber; ich erhielt einen Paß und eine Ordre für die Regierungs-Postpferde, und dies gab er mir in der verbindlichsten und bereitwilligsten Weise.

Am Morgen machten wir uns auf den Weg nach Bahia Blanca, welches wir in zwei Tagen erreichten. Nachdem wir das regelmäßige Lager verlassen hatten, kamen wir durch die Toldos der Indianer. Diese sind rund wie Backöfen und mit Häuten bedeckt; am Eingang in einen jeden war ein spitzer Chuzo in die Erde gesteckt. Die Toldos waren in besondere Gruppen geteilt, welche zu den Stämmen der verschiedenen Caziken gehörten; diese waren wieder in kleinere geschieden, je nach den Verwandtschaftsverhältnissen der Besitzer. Mehrere Meilen lang reisten wir das Tal des Colorado entlang. Die Alluvialebenen zu beiden Seiten schienen fruchtbar zu sein und man glaubt, daß sie zum Anbau von Getreide passen. Als wir uns vom Fluß nordwärts abwandten, betraten wir bald ein, von den südlich vom Fluß gelegenen Ebenen verschiedenes Land. Noch immer blieb das Land trocken und steril; aber es trug viele verschiedene Arten von Pflanzen; das Gras, obschon es braun und verwelkt war, war reichlicher und die dornigen Gebüsche weniger reichlich vorhanden. Nach einer kurzen Strecke verschwanden diese letzteren vollständig und die Ebenen trugen nun gar kein Dickicht mehr, ihre Nacktheit zu bedecken. Diese Veränderung in der Vegetation bezeichnet den Beginn der großen kalkig-tonigen Ablagerung, welche die weite Fläche der Pampas bildet und die granitischen Felsen der Banda Oriental bedeckt. Von der Magellan-Straße bis zum Colorado, eine Entfernung von ungefähr achthundert Meilen, besteht die Oberfläche des Landes überall aus Geröll; die Rollsteine bestehen hauptsächlich aus Porphyr und verdanken ihren Ursprung wahrscheinlich den Felsen der Cordillera. Nördlich vom Colorado dünnt sich diese Schicht aus, die Rollsteine werden außerordentlich klein, und hier hört die charakteristische Vegetation von Patagonien auf.

Nachdem wir ungefähr fünfundzwanzig Meilen geritten waren, kamen wir an einen breiten Gürtel von Sanddünen, welche sich, so weit nur das Auge reichen konnte, nach Osten und Westen erstreckten. Da die Sandhügel auf Ton ruhen, gestatten sie kleinen Teichen von Wasser sich zu sammeln, und bieten dadurch in diesem trockenen Land eine unschätzbare Zufuhr von süßem Wasser dar. Der große, aus Vertiefungen und Erhebungen des Bodens sich ergebende Vorteil wird nicht immer klar vor die Seele gebracht. Die zwei miserablen Quellen auf dem langen Weg vom Rio Negro zum Colorado verdankten ihr Dasein unbedeutenden Unebenheiten in der Ebene; ohne diese würde nicht ein Tropfen Wasser zu finden gewesen sein. Der Gürtel von Sanddünen ist ungefähr acht Meilen breit; zu einer früheren Zeit bildete er wahrscheinlich den Rand eines großen Aestuariums, wo der Colorado jetzt fließt. In diesem Bezirk, wo für die neuere Erhebung des Landes absolute Beweise vorkommen, kann sich niemand derartigen Spekulationen entziehen, auch wenn er nur einfach die physikalische Geographie des Landes in Betracht zieht. Nachdem wir den sandigen Strich durchschritten hatten, kamen wir am Abend an einem der Posthäuser an; und da die frischen Pferde in ziemlicher Entfernung grasten, beschlossen wir, die Nacht hier zuzubringen.

Viertes Kapitel

Das Haus lag am Fuß eines zwischen ein- und zweihundert Fuß hohen Bergrückens – ein merkwürdiger Zug im Charakter dieses Landes. Der Posten wurde von einem in Afrika geborenen Negerlieutenant kommandiert: Zu seinem Ruhm muß ich sagen, daß es zwischen dem Colorado und Buenos Aires keinen Rancho gab, der auch nur in nahezu so netter Ordnung gewesen wäre wie der seinige. Er hatte ein kleines Zimmer für Fremde und ein kleines Corral für die Pferde, alles aus Pfählen und Rohr gemacht; er hatte auch rings um das Haus einen Graben gezogen als Verteidigungsmittel im Fall eines Angriffs. Dies würde indes von wenig Nutzen gewesen sein, wenn die Indianer gekommen wären; sein hauptsächlichster Trost schien aber in dem Gedanken zu liegen, daß er sein Leben nur teuer verkaufen würde. Kurze Zeit vorher war ein Trupp Indianer in der Nacht vorübergekommen; hätten sie etwas von der Posta gewußt, so wäre sicher unser schwarzer Freund mit seinen vier Soldaten hingeschlachtet worden. Ich habe nirgends einen höflicheren und verbindlicheren Mann getroffen als diesen Neger; um so schmerzlicher bedauerten wir daher, daß er sich nicht niedersetzen und mit uns essen wollte.

Am Morgen schickten wir sehr zeitig nach den Pferden und brachen zu einem weiteren ermunternden Galopp auf. Wir passierten die Cabeza del Buey, ein alter, dem oberen Ende eines großen Moors gegebener Name, das sich bis nach Bahia Blanca erstreckt. Hier wechselten wir die Pferde und kamen einige Stunden lang durch Morast und Salzmoor. Nachdem wir zum letzten Mal Pferde gewechselt hatten, fingen wir wieder an durch den Schlamm zu waten. Mein Tier stürzte und ich wurde gehörig von schwarzem Schlamm eingeweicht – ein höchst unangenehmer Zufall, wenn man keine Kleider zum Wechseln hat. Einige Meilen von der Festung begegneten wir einem Mann, der uns erzählte, daß man vier große Kanonen dort abgefeuert habe, ein Signal, daß Indianer in der Nähe sind. Wir verließen sofort die Straße und verfolgten den Rand eines Moors, was, wenn man gejagt wird, die beste Art des Entkommens darbietet. Wir waren froh, innerhalb der Mauern einzutreffen, wo wir erfuhren, daß der Lärm um Nichts gewesen sei. Die Indianer stellten sich als Freunde heraus, welche General Rosas Armee zu begleiten wünschten.

Bahia Blanca verdient kaum den Namen eines Dorfes. Einige wenige Häuser und Baracken für die Truppen sind von einem tiefen Graben und einer befestigten Mauer umgeben. Die Niederlassung ist erst neueren Datums (seit 1828) und ihr Wachstum ist stets ein gestörtes gewesen. Die Regierung von Buenos Aires behauptete sie ungerechterweise mit Gewalt, anstatt dem weisen Beispiel der spanischen Vizekönige zu folgen, welche das Land in der Nähe der alten Niederlassung des Rio Negro den Indianern abkauften. Daher rührt das Bedürfnis der Befestigung; daher kommt es, daß nur wenige Häuser und wenig kultiviertes Land außerhalb der Grenzen der Mauern liegen; selbst die Rinder sind nicht jenseits der Grenzen der Ebene, auf der die Festung steht, sicher.

Da der Teil des Hafens, wo die „Beagle" vor Anker zu gehen beabsichtigte, fünfundzwanzig Meilen entfernt war, erhielt ich vom Kommandanten Pferde und einen Führer, um mich hinzubringen, damit ich sähe, ob er angekommen sei. Nachdem wir die grüne Rasenebene, welche sich dem Lauf eines kleinen Bachs entlang erstreckte, verlassen hatten, betraten wir bald eine weite ebene Wüstenei, die entweder aus Sand, salzigem Moor oder bloßem Schlamm bestand. Einige Teile waren mit niedrigen Dickichten bekleidet, andere mit jenen saftigen Fettpflanzen, welche nur bei Gegenwart von Salz üppig gedeihen. So schlecht die Gegend war, so waren doch Strauße, Hirsche, Agutis und Armadillos sehr häufig. Mein Führer erzählte mir, daß er vor zwei Monaten mit äußerst knapper Not dem Tod entgangen sei: Er war mit zwei anderen Männern in keiner großen Entfernung von diesem Teil des Landes auf die Jagd ausgezogen, als sie plötzlich auf einen Trupp Indianer stießen, welche sie jagten und bald seine beiden Freunde überholten und töteten. Auch die Beine seines eigenen Pferdes wurden von den Bolas gefangen; er sprang aber ab, und schnitt sie mit seinem Messer wieder los; während er dies tat, war er genötigt, um sein Pferd herumzukriechen, und erhielt dabei zwei schwere Wunden von ihren Chuzos. In den Sattel springend gelang es ihm durch wunderbare Anstrengung gerade noch, vor den langen Speeren seiner Verfolger sich entfernt zu halten, welche ihn bis in Sicht der Festung verfolgten. Seit der Zeit wurde der Befehl gegeben, daß sich niemand weit von der Festung entfernen dürfe. Als wir aufbrachen, wußte ich davon nichts und wunderte mich darüber, wie ernsthaft mein Führer einen Hirsch beobachtete, der von einem entfernten Punkt aus erschreckt worden zu sein schien.

Wir fanden, daß die „Beagle" noch nicht angekommen war, und traten infolgedessen sofort die Rückreise an; da aber die Pferde bald müde wurden, waren wir genötigt, auf der Ebene zu biwakieren. Am Morgen hatten wir einen Armadillo gefangen, welcher, trotzdem er in seinem Knochenpanzer geröstet ein ausgezeichnetes Gericht ist, doch kein recht substantielles Frühstück und Mittagsbrot für zwei hungrige Menschen abgab. Der Boden war an der Stelle, wo wir die Nacht zugebracht hatten, mit einer Schicht schwefelsauren Natrons überzogen und enthielt daher natürlich kein Wasser. Doch machten es viele der kleineren Nagetiere möglich, selbst hier zu existieren, und der Tucutuco gab sein leichtes merkwürdiges Grunzen gerade unter meinem Kopf die halbe Nacht hindurch von sich. Unsere Pferde waren sehr armselige Geschöpfe und waren am Morgen, weil sie nichts zu trinken gehabt hatten, bald so erschöpft, daß wir zu Fuß gehen mußten. Ungefähr um Mittag töteten die Hunde ein Hirschkalb, welches wir uns rösteten. Ich aß etwas davon, es machte mich aber unerträglich durstig. Dies war um so quälender, da die Straße, infolge von etwas kürzlich gefallenem Regen, voll klaren Wassers war, von dem aber nicht ein Tropfen trinkbar war. Ich war kaum zwanzig Stunden ohne Wasser und nur einen Teil dieser Zeit der Sonnenhitze ausgesetzt gewesen, doch machte mich der Durst sehr matt. Wie Leute zwei oder drei Tage unter solchen Umständen am Leben bleiben können, kann ich mir nicht vorstellen; gleichzeitig muß ich bekennen, daß mein Führer durchaus nicht litt und erstaunt war, daß die Entbehrungen eines Tages mir schon so beschwerlich fielen.

Ich habe mehrere Male bemerkt, daß die Oberfläche des Bodens mit Salz inkrustiert ist. Diese Erscheinung ist von der der Salinas völlig verschieden und ist noch außerordentlicher. Diese Inkrustationen kommen in vielen Teilen von Süd-Amerika vor, wo nur immer das Klima mäßig trocken ist; ich habe sie aber nirgends so häufig gesehen als in der Nähe von Bahia Blanca. Das Salz besteht hier und in anderen Teilen von Patagonien hauptsächlich aus schwefelsaurem Natron mit etwas gewöhnlichem Salz. So lange der Boden in diesen Salitrales (wie sie die Spanier uneigentlicher Weise nennen, sie verwechseln das Salz mit Salpeter) feucht bleibt, ist nichts zu sehen als eine weit ausgedehnte, aus einem schwarzen schlammigen Boden bestehende Ebene, welche zerstreut stehende Büsche von Fettpflanzen trägt. Kehrt man aber über eine dieser Ebenen nach einer Woche warmen Wetters zurück, so ist man überrascht, ganze Quadratmeilen wie nach einem leichten Schneefall weiß zu finden, wo der Schnee hier und da vom Wind in kleinen Wehen zusammengehäuft ist. Diese letzte Erscheinung wird hauptsächlich dadurch verursacht, daß sich bei der langsamen Verdunstung der Feuchtigkeit die Salze um abgestorbene Grashalme, Baumstümpfe und zerbrochene Erdschollen herum in die Höhe ziehen, anstatt am Boden der Wasserpfützen zu kristallisieren. Die Salitrales kommen entweder auf ebenen, nur wenige Fuß über den Meeresspiegel erhobenen Flächen oder auf alluvialem, Flüsse begrenzendem Land vor. Mr. Parchappe[7] hat gefunden, daß die salzigen Inkrustationen auf den Ebenen, in der Entfernung von einigen Meilen vom Meer, hauptsächlich aus schwefelsaurem Natron mit nur sieben Prozent gewöhnlichen Salzes bestehen, während näher der Küste zu das Kochsalz bis zu 37 Teilen in hundert zunahm. Dieser Umstand könnte wohl in Versuchung führen, anzunehmen, daß sich das schwefelsaure Natron im Boden aus dem Chloride erzeuge, welches während der langsamen und vor kurzem eingetretenen Erhebung dieses trockenen Landes an der Oberfläche zurückgelassen wurde. Die ganze Erscheinung ist der Aufmerksamkeit der Naturforscher wohl wert. Haben die saftreichen, salzliebenden Fettpflanzen, von denen bekannt ist, daß sie viel Natron enthalten, das Vermögen, das Chlorid zu zersetzen? Liefert der schwarze, faulig riechende, an organischer Substanz so überaus reiche Schlamm den Schwefel und schließlich die Schwefelsäure?

---

[7] D'Orbigny: Voyage dans l'Amérique Mérid. Part. Hist. Tom. I, p.664.

Viertes Kapitel

Zwei Tage später ritt ich wiederum nach dem Hafen; als wir nicht mehr weit von unserem Bestimmungsort waren, erspähte mein Begleiter, derselbe Mann wie früher, drei zu Pferde jagende Leute. Er stieg sofort ab und sagte, indem er sie gespannt beobachtete: „Sie reiten nicht wie Christen, und niemand kann die Festung verlassen." Die drei Jäger vereinigten sich und stiegen gleichfalls von ihren Pferden ab. Zuletzt stieg einer wieder auf und ritt über den Hügel uns aus dem Gesicht. Mein Begleiter sagte: „Wir müssen nun auf die Pferde; laden Sie Ihre Pistole." Dabei sah er auf seinen Säbel. Ich fragte: „Sind es Indianer?" – „Quien sabe? (Wer weiß?), wenn es nicht mehr als drei sind, hat es nichts zu bedeuten." Es kam mir nun der Gedanke, daß der eine Mann über den Hügel gegangen sein könne, um die übrigen des Stammes zu holen. Ich äußerte dies gegen ihn; aber die ganze Antwort, die ich aus ihm herausbringen konnte, war: „Quien sabe!" Sein Kopf und Auge hörte nicht eine Minute auf, langsam den entfernten Horizont aufmerksam zu beobachten. Seine ungemeine Kaltblütigkeit hielt ich doch für einen gar zu guten Scherz und fragte ihn, warum wir nicht umkehrten. Ich erschrak, als er mir antwortete: „Wir kehren zurück, aber auf einem Wege, der uns dicht an einem Moor vorüberbringt, in welchem wir unsere Pferde galoppieren lassen können, so weit sie gehen können; dann verlassen wir uns auf unsere Beine, so daß dann keine Gefahr mehr vorhanden ist." Ich traute dem doch nicht so recht und wollte gern unsere Schritte beschleunigen. Er sagte: „Nicht eher als sie es tun." Sobald uns irgendeine kleine Unregelmäßigkeit des Bodens ihnen verbarg, galoppierten wir; waren wir in Sicht, ritten wir in Schritt. Endlich erreichten wir ein Tal und galoppierten nun, uns nach links wendend, schnell an den Fuß eines Hügels; er gab mir sein Pferd zu halten, ließ die Hunde niederlegen und kroch auf Händen und Knien vor, um zu rekognoszieren. Er blieb eine Zeitlang in dieser Stellung, brach aber endlich in ein Gelächter aus und rief: „Mugeres!" (Weiber!) Er erkannte sie als die Frau und Schwägerin des Sohnes des Majors, welche nach Straußeneiern jagten. Ich habe das Benehmen dieses Mannes geschildert, weil er vollständig unter dem Eindruck handelte, daß es Indianer seien. Sobald aber das alberne Mißverständnis aufgeklärt war, brachte er mir hundert Gründe vor, weshalb es keine Indianer gewesen sein konnten; die waren aber alle vorher vergessen worden. Wir ritten dann in Frieden und Ruhe nach einem niedrig gelegenen, Punta Alta genannten Punkte, von dem aus wir beinahe den ganzen großen Hafen von Bahia Blanca übersehen konnten.

Die weite Wasserfläche wird durch zahlreiche große Schlammbänke unterbrochen, welche die Einwohner Cangrejales (oder crabberies engl., Krabbereien) nennen, wegen der großen Zahl kleiner Krabben. Der Schlamm ist so weich, daß man selbst die geringste Strecke weit nicht über sie gehen kann. Viele dieser Bänke sind an ihrer Oberfläche mit langen Binsen bedeckt, welche zur Flutzeit nur mit den Spitzen sichtbar sind. Bei einer Gelegenheit wurden wir in einem Boot so in diesen seichten Stellen verwickelt, daß wir kaum unseren Weg hinausfinden konnten. Nichts war sichtbar als die platten Schlammbänke. Der Tag war nicht sehr klar und die Lichtbrechung war stark, oder wie es die Matrosen ausdrückten, „Die Dinge erschienen hoch". Der einzige Gegenstand in unserem Gesichtskreis, welcher nicht horizontal war, war der Horizont; die Binsen erschienen ohne Unterlage in der Luft, das Wasser sah aus wie Schlammbänke und die Schlammbänke wie Wasser.

Wir brachten die Nacht in Punta Alta zu; ich beschäftigte mich damit, fossile Knochen zu suchen. Dieser Punkt war eine förmliche Katakombe für die Ungeheuer ausgestorbener Arten. Der Abend war vollkommen ruhig und klar; die äußerste Eintönigkeit gab ihm ein großes Interesse selbst inmitten von Schlammbänken und Möwen, Sandhügeln und einzeln daherschwebenden Geiern. Als wir am Morgen zurückritten, trafen wir auf die frische Spur eines Pumas; es glückte uns aber nicht, ihn zu finden. Wir sahen auch ein Paar Zorillos oder Stinktiere (skunks), widerwärtige Tiere, die durchaus nicht selten sind. Der allgemeinen Erscheinung nach ist der Zorillo dem Iltis ähnlich, er ist aber größer und im Verhältnis viel dicker. Seines Verteidigungsmittels sich bewußt, schweift er bei Tag über die offene Ebene und fürchtet weder den

Hund noch den Menschen. Wenn ein Hund zum Angriff genötigt wird, so wird sein Mut augenblicklich durch wenige Tropfen des stinkenden Öles gebrochen, welches heftige Übelkeit und Laufen der Nase verursacht. Was einmal von ihm befleckt wird, ist für immer unbrauchbar. Azara sagt, daß der Geruch vier Stunden weit wahrgenommen werden kann; mehr als einmal haben wir beim Einlaufen in den Hafen von Monte Video, wenn der Wind vom Ufer her kam, den Geruch an Bord der „Beagle" wahrgenommen. Sicher ist, daß jedes andere Tier dem Zorillo äußerst willig Platz macht.

Fünftes Kapitel

Bahia Blanca – Geologie – Zahlreiche ausgestorbene gigantische Säugetiere – Neuerliches Aussterben – Langlebigkeit der Spezies – Große Tiere bedürfen keiner üppigen Vegetation – Südafrika – Sibirische Fossile – Zwei Spezies von Strauß – Lebensweise des Ofenvogels – Armadillos – Giftschlange, Kröte, Eidechse – Winterschlaf der Tiere – Lebensweise einer Seefeder – Indianische Kriege und Metzeleien – Pfeilspitze, antiquarische Reliquie

Bahia Blanca

Die „Beagle" kam am 24. August hier an und segelte eine Woche später nach dem Plata. Mit Kapitän Fitz Roy's Zustimmung wurde ich zurückgelassen, um über Land nach Buenos Aires zu reisen. Ich will hier einige Beobachtungen einfügen, welche während dieses Besuchs und bei einer früheren Gelegenheit gemacht wurden, als die „Beagle" damit beschäftigt war, den Hafen zu vermessen.

Die Ebene gehört in einer Entfernung von wenigen Meilen von der Küste zu der großen Pampasformation, welche zum Teil aus einem rötlichen Ton, zum Teil aus einem in hohem Grade kalkhaltigen Mergel besteht. Näher nach der Küste hin finden sich einige Strecken, welche aus den Abfällen der oberen Ebene und aus Schlamm, Kies und Sand, die während der langsamen Erhebung des Landes von dem Meer ausgeworfen wurden, gebildet sind; für diese Erhebung haben wir Beweise in den emporgehobenen Schichten rezenter Muscheln und abgerundeter Rollsteine von Bimsstein, welche über das Land zerstreut sind. In Punta Alta haben wir einen Durchschnitt einer dieser später gebildeten kleinen Ebenen, welcher wegen der großen Zahl und des außerordentlichen Charakters der Überreste der in ihm eingebetteten riesenhaften Landtiere interessant ist. Diese sind von Prof. Owen in der Zoologie der Reise des „Beagle" ausführlich beschrieben und sind dem Museum des College of Surgeons einverleibt worden. Ich will hier nur eine kurze Schilderung der Beschaffenheit dieser Funde geben.

Erstens: Teile von drei Schädeln und anderen Knochen des *Megatherium*, dessen kolossale Dimensionen durch seinen Namen ausgedrückt werden. Zweitens: *Megalonyx*, ein großes, jenem verwandtes Tier. Drittens: das *Scelidotherium*, gleichfalls ein verwandtes Tier, von dem ich ein nahezu vollständiges Skelett erhielt. Es muß so groß wie ein Rhinozeros gewesen sein. In dem Bau seines Kopfes kommt es Mr. Owen zufolge dem Kap'schen Ameisenfresser am nächsten, nähert sich aber in anderen Beziehungen den Gürteltieren. Viertens: das *Mylodon Darwinii*, eine nahe verwandte Gattung von unbedeutend geringerer Größe. Fünftens: ein anderes riesenhaftes, zahnlückiges Säugetier. Sechstens: ein großes Tier, mit einem in Abschnitte geteilten Knochenpanzer, sehr ähnlich dem eines Gürteltieres. Siebtens: eine ausgestorbene Art von Pferd, auf welche ich später zurückzukommen haben werde. Achtens: ein Zahn eines Pachydermen, wahrscheinlich derselben Art wie die *Macrauchenia*; ein kolossales Tier mit einem langen kamelartigen Hals, welches ich gleichfalls noch später zu erwähnen haben werde. Endlich: das *Toxodon*, vielleicht eines der fremdartigsten Tiere, die je entdeckt worden sind. Der Größe nach glich es einem Elefanten oder *Megatherium*. Der Bau seiner Zähne beweist aber, wie Mr. Owen angibt, ganz unbestreitbar, daß es sehr nahe mit den Nagetieren verwandt war, mit der Ordnung, welche heutigen Tages die meisten der allerkleinsten Säugetiere umfaßt. In vielen Einzelheiten ist es mit den Pachydermen verwandt; nach der Stellung seiner Augen, Ohren und Nasenlöcher zu urteilen, war es wahrscheinlich ein Wassertier, wie der Dugong und der Manati, mit denen es gleichfalls verwandt ist. Wie wunderbar sind die verschiedenen Ordnungen, welche in der Jetztzeit so scharf getrennt sind, in verschiedenen Punkten des Baues beim *Toxodon* miteinander verschmolzen!

Die Überreste dieser neun großen Säugetiere und viele einzelne Knochen fanden sich in dem flachen Ufer eingebettet und zwar innerhalb eines Raumes von ungefähr zweihundert Quadrat-Yards. Es ist ein merkwürdiger Umstand, daß so viele verschiedene Spezies zusammen gefunden wurden; er beweist, wie zahlreich der Art nach die alten Bewohner dieses Landes gewesen sein müssen. In einer Entfernung von ungefähr dreißig Meilen von Punta Alta fand ich in einem Abhang von roter Erde mehrere Fragmente von Knochen, einige von bedeutender Größe. Unter diesen fanden sich die Zähne eines Nagetieres, welche denen des Capybara in Größe gleich und der Form nach auch ähnlich waren. Die Lebensweise dieses letzteren Tieres habe ich bereits beschrieben, und es war auch dieses fossile Tier wahrscheinlich ein Wassertier. Es fand sich auch ein Teil des Schädels einer *Ctenomys*; die Art war verschieden von dem Tucutuco, aber ihm sonst sehr ähnlich. Die rote Erde, in welche diese Überreste eingebettet waren, enthielt ebenso wie die der Pampas, nach Prof. Ehrenberg acht Süßwasser- und ein Seewasser-Infusionstier; sie ist daher wahrscheinlich die Ablagerung eines Flußmündungsgebietes.

Die Überbleibsel von Punta Alta waren in geschichteten Kies und rötlichen Schlamm, so wie sie jetzt das Meer noch an ein niedriges Ufer werfen könnte, eingebettet. In ihrer Gesellschaft fanden sich dreiundzwanzig Muschelarten, von denen dreizehn noch leben und vier andere jetzt lebenden Arten sehr nahe verwandt sind; ob die übrigen ausgestorben oder einfach unbekannt sind, muß noch zweifelhaft gelassen werden, da nur wenige Muschelsammlungen an dieser Küste gemacht worden sind.[1] Da indes die lebenden Spezies in nahezu denselben proportionalen Zahlen wie die jetzt in dem Meerbusen lebenden eingebettet gefunden wurden, so glaube ich, daß man nur wenig daran zweifeln kann, daß diese Anhäufung einer sehr späten tertiären Periode angehört.[2] Infolge des Umstandes, daß die Knochen des *Scelidotherium* selbst mit Einschluß der Kniescheiben in ihrer gehörigen relativen Lage begraben waren, und daß der Knochenpanzer des großen armadilloartigen Tieres in Verbindung mit den Knochen eines seiner Beine sehr wohl erhalten war, können wir darüber sicher sein, daß diese Reste frisch und noch von ihren Bändern zusammengehalten waren, als sie zusammen mit den Muscheln in dem Kies abgelagert wurden. Wir haben daher hierin einen guten Beweis dafür, daß die oben aufgezählten riesenhaften Säugetiere, die von denen der Jetztzeit verschiedener sind als die ältesten tertiären Säugetiere Europas, zu einer Zeit lebten, als das Meer von den meisten seiner jetzigen Bewohner bevölkert war; und wir haben eine Bestätigung jenes merkwürdigen so oft von Mr. Lyell betonten Gesetzes, daß nämlich „die Langlebigkeit der Spezies bei den Säugetieren im ganzen geringer ist als bei den Schaltieren".[3]

Die bedeutende Größe der Knochen der megatheroiden Tiere mit Einschluß des *Megatherium*, *Megalonyx*, *Scelidotherium* und *Mylodon* ist wirklich wunderbar. Die Lebensgewohnheiten dieser Tiere waren den Naturforschern ein vollkommenes Rätsel, bis Prof. Owen[4] vor kurzem das Problem mit merkwürdigem Scharfsinn löste. Die Zähne weisen durch ihren einfachen Bau darauf hin, daß die megatheroiden Tiere von vegetabilischer Nahrung und wahrscheinlich von Blättern und kleinen Zweigen von Bäumen lebten; ihre schwerfälligen Formen und großen, stark gekrümmten Klauen scheinen für eine leichte Bewegung so wenig angepaßt zu sein, daß einige ausgezeichnete Naturforscher wirklich angenommen haben, daß sie wie Faultiere, mit denen sie

---

[1] Die Muscheln sind seit dieser Zeit von Alcide d'Orbigny untersucht worden (s. Geological Observations in South America, p.83; Übersetz. Gesammelte Werke Bd. XII, 1. Abt., p.122); er erklärt sie sämtlich für lebend.
[2] Mr. Aug. Bravard hat vor kurzem in einem spanischen Werk (Observaciones Geologicas, 1857) diesen Distrikt beschrieben; er glaubt, daß die Knochen der ausgestorbenen Tiere aus der unterliegenden Pampas-Ablagerung ausgewaschen und später dann mit den jetzt noch lebenden Muscheln in eine Schicht eingeschlossen worden sind; doch haben mich seine Bemerkungen nicht überzeugt. Mr. Bravard glaubt, daß die ganze ungeheure Pampas-Formation ein subaërisches Gebilde sei, wie Sanddünen, dies scheint mir jedoch eine unhaltbare Theorie zu sein.
[3] Principles of Geology, Vol. IV, p.40.
[4] Diese Theorie wurde zuerst in der Zoology of the Voyage of the Beagle und später in Professor Owens Abhandlung über das *Mylodon robustus* entwickelt.

nahe verwandt sind, mit dem Rücken nach abwärts an Bäumen kletternd lebten und sich von den Blättern ernährten. Es war eine kühne, um nicht zu sagen widersinnige Idee, sich vorsintflutliche Bäume vorzustellen, deren Zweige stark genug gewesen wären, Tiere zu tragen, die so groß wie Elefanten waren. Mit viel größerer Wahrscheinlichkeit nimmt Prof. Owen an, daß sie anstatt auf Bäume zu klettern die Zweige zu sich herunterholten und die kleineren mit den Wurzeln ausrissen, um sich von den Blättern zu ernähren. Die kolossale Breite und Schwere ihrer Hinterteile, die man sich kaum vorstellen kann, ohne sie gesehen zu haben, wird nach dieser Ansicht von offenbarem Nutzen, statt nur eine Beschwerung zu sein. Ihre scheinbare Unbeholfenheit verschwindet. Ihre großen Schwänze und ihre kolossalen Fersen, fast wie ein Dreifuß auf den Boden aufgestützt, konnten sie die volle Gewalt ihrer äußerst kräftigen Arme und Klauen ungehindert anwenden. Allerdings festgewurzelt müßte der Baum gewesen sein, welcher einer solchen Kraft hätte widerstehen können! Überdies war das *Mylodon* mit einer langen vorstreckbaren Zunge, ähnlich der der Giraffe, versehen, welche mittels einer jener wunderschönen Einrichtungen der Natur hierdurch mit Unterstützung ihres langen Halses ihre Blätternahrung erreicht. Ich will noch erwähnen, daß der Angabe Bruce's zufolge der Elefant in Abessinien, wenn er die Zweige mit seinem Rüssel nicht erreichen kann, den Stamm des Baumes mit seinen Stoßzähnen aufwärts und abwärts und ringsum tief einritzt, bis er hinreichend geschwächt ist, um umgebrochen zu werden.

Die die obengenannten fossilen Reste enthaltenden Schichten liegen nur fünfzehn bis zwanzig Fuß über dem Flutstand; die Erhebung des Landes ist daher seit der Zeit, wo diese großen Säugetiere über die umgebenden Ebenen wanderten, nur klein gewesen (wenn nicht eine Periode der Senkung dazwischen gelegen hat, für welche wir keine Beweise haben); die äußeren Züge des Landes müssen damals nahezu dieselben gewesen sein, wie sie jetzt sind. Man wird nun natürlich fragen, welches war der Charakter des Pflanzenwuchses in jener Periode; war das Land so schlecht und unfruchtbar, wie es jetzt ist? Da so viele der miteingeschlossenen Muscheln mit denen, die jetzt im Meerbusen leben, identisch sind, so war ich anfangs geneigt anzunehmen, daß die frühere Vegetation wahrscheinlich der jetzt existierenden ähnlich war; dies würde indes eine irrige Folgerung gewesen sein, denn einige dieser selben Muscheln leben an den üppigen Küsten von Brasilien; und im allgemeinen ist der Charakter der Bewohner des Meeres nutzlos, wenn man ihn als Führer bei der Beurteilung des der Landbewohner benutzen will. Nach den folgenden Betrachtungen glaube ich trotzdem nicht, daß die einfache Tatsache, daß viele riesenhafte Säugetiere auf den Ebenen in der Umgebung von Bahia Blanca gelebt haben, ein irgendwie sicherer Fingerzeig dafür sei, daß diese Ebenen früher mit einer üppigen Vegetation bekleidet waren. Ich zweifle nicht daran, daß das unfruchtbare Land etwas weiter nach Süden in der Nähe des Rio Negro mit seinen zerstreut stehenden, dornigen Bäumen viele und große Säugetiere erhalten könnte.

Daß große Tiere eine üppige Vegetation erfordern, ist eine allgemeine Annahme gewesen, welche von einem Buch ins andere gegangen ist; ich stehe aber nicht an zu sagen, daß sie vollständig falsch ist, und daß sie das Räsonnement der Geologen über einige Punkte von großem Interesse in der alten Geschichte der Welt irregeführt hat. Das Vorurteil ist wahrscheinlich von Indien und den indischen Inseln hergeleitet worden, wo die Vorstellung von Herden von Elefanten mit der von prachtvollen Wäldern und undurchdringlichen Dschungel bei jedermann innig miteinander verbunden ist. Wenn wir indes irgendein Reisewerk über die südlichen Teile von Afrika aufschlagen, finden wir auf jeder Seite Hinweisungen entweder auf den wüsten Charakter des Landes oder auf große Zahlen großer dasselbe bewohnender Tiere. Dasselbe tritt deutlich in den vielen Abbildungen hervor, welche von verschiedenen Teilen des Inneren publiziert worden sind. Als die „Beagle" in Kapstadt war, machte ich eine Exkursion von einigen Tagen ins Land hinein, welche wenigstens hinreichte, das, was ich gelesen hatte, mir noch vollständiger verständlich zu machen.

Dr. Andrew Smith, dem es an der Spitze seiner verwegenen Gesellschaft kürzlich geglückt ist, den Wendekreis des Steinbocks zu überschreiten, teilt mir mit, daß, wenn man den ganzen südlichen Teil von Afrika in Betracht zieht, darüber kein Zweifel sein kann, daß es ein unfruchtbares Land ist. An der südlichen und südöstlichen Küste finden sich einige schöne Wälder; aber mit diesen Ausnahmen kann der Reisende tagelang hintereinander über offene Ebenen ziehen, welche von einer armseligen und dürftigen Vegetation bedeckt sind. Es ist schwer, irgendeine genaue Idee von verschiedenen Graden der relativen Fruchtbarkeit sich zu bilden; man kann aber getrost sagen, daß die Masse des Pflanzenwuchses, die zu irgendeiner Zeit[5] Großbritannien trägt, die Masse auf einem gleich großen Bezirk in den inneren Teilen von Süd-Afrika vielleicht um das Zehnfache übertrifft. Die Tatsache, daß Ochsenwagen nach allen Richtungen hin reisen können, ausgenommen in der Nähe der Küste, ohne gelegentlich mehr als eine halbe Stunde aufgehalten zu werden, um Gebüsch niederzuschneiden, gibt vielleicht einen noch bestimmteren Begriff von der Dürftigkeit des Pflanzenwuchses. Wenn wir nun auf die Tiere blicken, welche diese weiten Ebenen bewohnen, so finden wir ihre Zahlen außerordentlich groß und ihre Körpermasse ungeheuer. Wir müssen den Elefanten, drei Spezies von Rhinozeros und wahrscheinlich Dr. Smith zufolge noch zwei andere, den *Hippopotamus*, die Giraffe, den *Bos Caffer* (so groß wie ein ausgewachsener Bulle), das Eland, das nur wenig kleiner ist, zwei Zebras und das Quagga, zwei Gnus und mehrere Antilopen, die selbst größer als diese zuletzt genannten Tiere sind, hier anführen. Man könnte annehmen, daß, wenn schon die Spezies zahlreich sind, die Individuen einer jeden Art nur wenige seien. Durch die Freundlichkeit von Dr. Smith bin ich in den Stand gesetzt zu zeigen, daß der Fall sehr verschieden liegt. Er teilt mir mit, daß er in 24° S. Br. während eines eintägigen Marsches mit dem Ochsenwagen, ohne irgendeine weitere Entfernung nach jeder Seite gewandert zu sein, zwischen einhundert und einhundertfünfzig Rhinozerosse gesehen habe, die zu drei Spezies gehören. An demselben Tag sah er mehrere Herden von Giraffen, die zusammen nahezu einhundert Stück enthielten, und daß sich auch Elefanten in diesem Distrikt finden, obschon keiner beobachtet wurde. In der Entfernung von etwas mehr als einem einstündigen Marsch von ihrem Lagerplatz der vergangenen Nacht tötete seine Gesellschaft faktisch an einem Fleck acht *Hippopotamus* und sah viele mehr. In diesem selben Fluß fanden sich gleichfalls Krokodile. Es war natürlich ein völlig außerordentlicher Fall, so viele große Tiere zusammengedrängt zu sehen; offenbar beweist es aber, daß sie in großer Anzahl existieren müssen. Dr. Smith beschreibt das während jenes Tages durchzogene Land als „Dünen mit Gras und ungefähr vier Fuß hohem Gebüsch und noch sparsamer mit Mimosenbäumen bedeckt". Nichts hinderte die Wagen, in einer beinahe geraden Linie zu reisen.

Abgesehen von diesen großen Tieren hat ein jeder, der nur im geringsten mit der Naturgeschichte des Kaps bekannt ist, von den Herden von Antilopen gelesen, welche mit den Zügen der Wandervögel verglichen werden können. Die große Zahl von Löwen, Panthern, Hyänen und die Menge von Raubvögeln sprechen an und für sich schon ganz deutlich für die Masse kleinerer Säugetiere. An einem Abend wurden sieben Löwen gezählt, welche zu ein und derselben Zeit um Dr. Smith's Lagerplatz herum jagten. Wie dieser tüchtige Naturforscher gegen mich bemerkte, muß das tägliche Blutvergießen in Süd-Afrika in der Tat schrecklich sein! Ich bekenne, daß es wirklich überraschend ist, wie eine solche Zahl von Tieren in einem so wenig Nahrung darbietenden Land sich erhalten kann. Ohne Zweifel schweifen die größeren Säugetiere über weite Strecken nach ihrer Nahrung, und ihre Nahrung besteht hauptsächlich aus Buschwerk, welches wahrscheinlich viel Nährstoff in einem geringen Umfang enthält. Auch teilt mir Dr. Smith mit, daß die Vegetation ein rapides Wachstum hat; kaum ist ein Teil verzehrt, so wird seine Stelle von einer frischen Menge eingenommen. Indes kann darüber kein Zweifel sein, daß unsere Ideen von der dem Anschein nach zum Unterhalt großer Säugetiere nötigen

---

[5] Ich will hierbei die Gesamtmasse ausschließen, welche sich hintereinander während einer gegebenen Periode entwickelt hat und verzehrt worden ist.

Fünftes Kapitel

Menge von Nahrung bedeutend übertrieben sind. Man muß sich daran erinnern, daß das Kamel ein Tier von durchaus nicht geringem Umfang immer als das Sinnbild der Wüste angesehen worden ist.

Die Annahme, daß, wo große Säugetiere existieren, der Pflanzenwuchs notwendigerweise üppig sein müsse, ist um so merkwürdiger, als die entsprechende umgekehrte Annahme durchaus nicht richtig ist. Mr. Burchell bemerkte gegen mich, daß ihm bei seinem Eintritt in Brasilien nichts so gewaltig aufgefallen sei, als die Pracht der südamerikanischen Vegetation im Vergleich mit der von Südafrika und dabei doch die Abwesenheit aller großen Säugetiere. In seinen Reisen[6] weist er darauf hin, daß ein Vergleich des respektiven Gewichts (wenn man hinreichende Angaben besäße) von einer gleichen Zahl der größten pflanzenfressenden Säugetiere beider Länder äußerst merkwürdig sein würde. Wenn wir auf der einen Seite den Elefanten[7], *Hippopotamus*, Giraffe, *Bos Caffer*, das Eland, sicherlich drei und wahrscheinlich fünf Spezies von Rhinozeros nähmen, auf der anderen aber, der amerikanischen, zwei Tapire, das Guanaco, drei Hirsche, Vicuna, Peccari, das Capybara (außer welchen wir noch unter den Affen eine Auswahl treffen müssen, um die Zahl zu vervollständigen) und wir brächten dann diese beiden Gruppen nebeneinander, so ließen sich kaum zwei Reihen von verschiedenerer Größe ausfindig machen. Nach allen diesen Tatsachen sind wir zu dem Schluß genötigt, und zwar gegen die näher liegende Wahrscheinlichkeit[8], daß bei den Säugetieren keine nahe Beziehung zwischen der Größe der Spezies und der Quantität des Pflanzenwuchses in den Ländern besteht, welche sie bewohnen.

Was die Zahl dieser großen Säugetiere betrifft, so existiert sicher kein Teil der Erde, welcher einen Vergleich mit Süd-Afrika aushalten kann. Nach den verschiedenen Angaben, welche darüber veröffentlicht worden sind, kann der äußerst wüste Charakter des Landes nicht bestritten werden, in dem europäischen Teil der Welt müssen wir bis zur Tertiärepoche zurückgehen, um in bezug auf die Säugetiere einen Zustand der Dinge zu finden, welcher dem jetzt am Vorgebirge der Guten Hoffnung existierenden ähnlich ist. Jene tertiären Epochen, welche wir gern bis zu einem erstaunlichen Grade mit großen Tieren erfüllt betrachten, weil wir die Reste aus vielen Jahrhunderten auf gewissen Stellen zusammengehäuft finden, können sich kaum größerer Säugetiere rühmen, als es Süd-Afrika in der Jetztzeit tun kann. Wenn wir über den Zustand der Vegetation während jener Epochen Betrachtungen anstellen, so sind wir wenigstens insoweit genötigt, jetzt bestehende Analogien in Betracht zu ziehen, und nicht eine üppige Vegetation als absolut notwendig zu betonen, wenn wir einen so vollständig verschiedenen Zustand der Dinge am Vorgebirge der Guten Hoffnung sehen.

---

[6] Travels in the Interior of Africa, Vol. II, p.207.

[7] Der in Exeter Change getötete Elefant wurde (zum Teil gewogen) auf fünf und eine halbe Tonne geschätzt. Der weibliche, sich produzierende Elefant, wog, wie man mir mitteilte, eine halbe Tonne weniger, so daß wir fünf Tonnen als das mittlere Gewicht eines erwachsenen Elefanten annehmen können. In dem Surrey-Zoologischen Garten sagte man mir, daß ein in Stücke geschnitten nach England geschickter *Hippopotamus* zu drei und eine halbe Tonne geschätzt wurde; wir wollen sagen, er wog drei. Nach diesen Voraussetzungen können wir drei und eine halbe Tonne jedem der fünf Rhinozerosse geben, vielleicht eine Tonne der Giraffe und eine halbe dem *Bos Caffer* und Eland (ein großer Ochse wiegt von 1200 bis 1500 Pfund). Das gibt im Mittel (nach den obigen Schätzungen) 2,7 Tonnen für die zehn größten pflanzenfressenden Säugetiere Süd-Afrikas. Rechnet man in Süd-Amerika 1200 Pfund auf die beiden Tapire zusammen, 550 auf das Guanaco und die Vicuna, 500 für drei Hirsche, 300 für das Capybara, Peccari und einen Affen, so erhalten wir ein Mittel von 250 Pfund, welches, wie ich glaube, zu hoch gegriffen ist. Das Verhältnis ist daher 6048 zu 250 oder 24 zu 1 für die zehn größten Tiere beider Kontinente.

[8] Wenn wir den Fall annehmen, daß ein Skelett eines Grönland-Walfisches im fossilen Zustand entdeckt würde, ohne daß man von der Existenz eines einzigen Cetaceen etwas wüßte, welcher Naturforscher würde wohl die Vermutung gewagt haben, daß es möglich sei, der Leib eines so riesenhaften Tieres erhalte sich von den äußerst kleinen, in den eisigen Meeren des äußersten Nordens lebenden Krusten- und Weichtieren?

Wir wissen[9], daß die fernsten Gegenden von Nord-Amerika, viele Grade jenseits der Grenze, wo der Erdboden in der Tiefe von einigen Fuß beständig gefroren bleibt, von Wäldern mit großen und hohen Bäumen bedeckt sind. In gleicher Weise haben wir in Sibirien Wälder von Birken, Fichten, Espen und Lärchen, welche in eine Breite[10] (64°) wachsen, wo die mittlere Temperatur der Luft unter dem Gefrierpunkt steht und wo die Erde so vollständig gefroren ist, daß der tote Körper eines in ihr eingebetteten Tieres vollkommen erhalten wird. Diesen Tatsachen gegenüber müssen wir zugeben, daß, was allein die Quantität des Pflanzenwuchses betrifft, die großen Säugetiere der späteren tertiären Epochen in den meisten Teilen des nördlichen Europas und Asiens wohl an den Stellen gelebt haben können, wo ihre Überreste jetzt gefunden werden. Ich spreche hier nicht von der Art der Vegetation, welche zu ihrem Unterhalt nötig ist, weil wir, da ja Beweise physikalischer Veränderungen vorhanden sind und die Tiere ausgestorben sind, wohl vermuten können, daß die Pflanzenarten gleichfalls sich verändert haben.

Es sei mir gestattet hinzuzufügen, daß von diesen Bemerkungen direkt der Fall berührt wird, wo sibirische Tiere im Eis erhalten worden sind. Die feste Überzeugung von der Notwendigkeit einer den Charakter tropischer Üppigkeit besitzenden Vegetation zum Unterhalt so großer Tiere und die Unmöglichkeit, diese mit der Nähe ewigen Frostes zu verbinden, war eine der hauptsächlichsten Ursachen für die verschiedenen Theorien plötzlicher Umgestaltungen des Klimas und überwältigender Katastrophen, welche erfunden wurden, um das Begrabenwerden jener zu erklären. Ich bin weit davon entfernt, zu vermuten, daß das Klima seit der Zeit, wo diese Tiere, welche jetzt im Eis begraben liegen, gelebt haben, sich nicht verändert habe. Für jetzt möchte ich nur zeigen, daß, soweit die Quantität der Nahrung allein in Betracht kommt, die früheren Rhinozerosarten wohl über die Steppen von Zentralsibirien (die nördlichen Teile waren wahrscheinlich unter Wasser) selbst in ihrem gegenwärtigen Zustand herumgeschweift sein mögen, ebenso wie es die jetzt lebenden Rhinozerosse und Elefanten über die Karroos von Süd-Afrika tun.

Ich will nun eine Schilderung der Lebensweise einiger der interessanteren Vögel geben, welche auf den wüsten Ebenen des nördlichen Patagonien gemein sind, und zunächst mit dem größten beginnen, dem südamerikanischen Strauß. Die gewöhnliche Lebensart der Strauße ist jedermann bekannt. Sie leben von Pflanzenstoffen, wie Wurzeln und Gras; in Bahia Blanca habe ich aber wiederholt drei oder vier zur Ebbezeit zu den ausgedehnten Schlammbänken, welche dann trockenliegen, herabkommen sehen, um, wie die Gauchos sagen, kleine Fische zu fangen. Obgleich der Strauß in seiner Lebensweise so scheu, vorsichtig und solitär, und trotzdem er so flüchtig in seinem Laufe ist, so wird er doch von dem Indianer oder dem Gaucho mittels der Bolas ohne große Schwierigkeit gefangen. Wenn mehrere Reiter in einem Halbkreis erscheinen, so wird er verwirrt und weiß nicht, nach welcher Richtung er entfliehen soll. Er zieht im allgemeinen vor gegen den Wind zu laufen; bei dem ersten Anlauf aber breitet er seine Flügel aus und setzt wie ein Schiff alle Segel auf. An einem schönen warmen Tag sah ich mehrere Strauße ein Gebüsch von hohen Binsen betreten, wo sie verborgen niederkauerten, bis man ganz dicht an sie herangekommen war. Es ist nicht allgemein bekannt, daß Strauße sehr leicht ins Wasser gehen. Mr. King erzählt mir, daß er in der Bay von San Blas und in Port Valdes in Patagonien diese Vögel mehrmals von Insel zu Insel habe schwimmen sehen. Sie liefen in das Wasser, sowohl wenn sie hineingetrieben worden waren und nun nicht anders konnten, als auch aus eigenem Antrieb, wenn sie nicht erschreckt waren; die durchschwommene Stelle betrug un-

---

[9] S. die zoologischen Bemerkungen zu Capt. Backs Expedition von Dr. Richardson. Er sagt: „Nördlich von 56° ist der Untergrund beständig gefroren, das Auftauen dringt an der Küste nicht tiefer als drei Fuß und bei Bear Lake in 64° nicht tiefer als zwanzig Zoll. Die gefrorene Unterlage zerstört an sich nicht die Vegetation, denn in einer gewissen Entfernung von der Küste gedeihen Wälder an der Oberfläche."
[10] S. Humboldt, Fragmens Asiatiques, p.386; Barton, Geography of Plants, und Malte Brun. Im Werk des letzteren wird gesagt, daß in Sibirien die Grenze des Baumwuchses unterhalb des Parallelkreises von 70° liegt.

gefähr zweihundert Yards. Beim Schwimmen erscheint nur sehr wenig von ihrem Körper oberhalb des Wassers; der Hals ist ein wenig nach vorn ausgestreckt und der Fortschritt ist sehr langsam. Bei zwei Gelegenheiten sah ich einige Strauße quer über den Fluß Santa Cruz schwimmen, wo er ungefähr vierhundert Yards breit und das Gefälle reißend war. Kapitän Sturt[11] sah beim Hinabfahren auf dem Murrumbidgee in Australien zwei Emus im Akt des Schwimmens.

Die Einwohner des Landes unterscheiden selbst in einiger Entfernung sehr leicht den männlichen Vogel von dem weiblichen. Der erstere ist größer und dunkler gefärbt[12] und hat einen dickeren Kopf. Der Strauß, wie ich glaube der männliche, stößt einen eigentümlichen tiefen, zischenden Laut aus: Als ich ihn zuerst hörte, in der Mitte einiger Sandhügel stehend, glaubte ich, er käme von irgendeinem wilden Tier, denn es ist ein Laut, von dem man nicht sagen kann, wo oder aus wie großer Entfernung er herkommt. Als wir in den Monaten September und Oktober in Bahia Blanca waren, fanden wir die Eier in außerordentlich großer Zahl über das ganze Land. Sie liegen entweder zerstreut – in welchem Fall sie niemals ausgebrütet werden; sie werden dann von den Spaniern Huachos genannt – oder sie sind in seichte Vertiefungen zusammengebracht, welche das Nest bilden. Unter den vier Nestern, die ich sah, enthielten drei jedes zweiundzwanzig Eier, und das vierte siebenundzwanzig. Während der Jagd eines Tages wurden vierundsechzig Eier gefunden; hiervon hatten vierundvierzig in zwei Nestern gelegen und die übrigen zwanzig waren zerstreute Huachos. Die Gauchos behaupten einstimmig, und es liegt kein Grund vor, ihre Angabe zu bezweifeln, daß der männliche Vogel allein die Eier ausbrütet und auch einige Zeit später die Jungen begleitet. Wenn das Männchen auf dem Nest sitzt, liegt es sehr niedrig. Ich bin selbst beinahe über einen weggeritten. Es wird behauptet, daß sie zu solchen Zeiten gelegentlich wild und selbst gefährlich sind, und daß man erfahren habe, wie sie selbst einen Mann zu Pferde angreifen und versuchen, nach ihm zu stoßen und auf ihn zu springen. Mein Berichterstatter zeigte mir einen alten Mann, den er darüber in großer Angst gesehen habe, daß ihn ein Strauß gejagt habe. Ich finde in Burchells Reise in Afrika die Bemerkung: „Ist ein männlicher Strauß getötet worden, und sind die Federn schmutzig, so sagen die Hottentotten, daß es ein Nestvogel sei." Wie ich höre, übernimmt der männliche Emu im zoologischen Garten die Sorge um das Nest: Diese Gewohnheit ist daher der ganzen Familie eigen.

Die Gauchos behaupten einstimmig, daß mehrere Weibchen in ein Nest legen. Mir ist bestimmt versichert worden, daß vier oder fünf weibliche Vögel beobachtet worden sind, wie sie in der Mitte des Tages einer nach dem anderen zu demselben Nest gingen. Ich will noch hinzufügen, daß man auch in Afrika der Ansicht ist, daß zwei oder mehrere Weibchen in ein Nest legen.[13] Obgleich diese Gewohnheit auf den ersten Blick sehr fremdartig erscheint, so glaube ich doch, daß sich dieselbe in einer sehr einfachen Weise erklären läßt. Die Zahl der Eier in einem Nest variiert von zwanzig bis vierzig und selbst bis fünfzig, und der Angabe Azakas zufolge zuweilen sogar von siebzig bis achtzig. Obgleich es nun äußerst wahrscheinlich ist, sowohl nach der Zahl der in einem Distrikt gefundenen Eier, welche im Verhältnis zu den elterlichen Vögeln so außerordentlich groß ist, als auch nach dem Zustand des Eierstocks im weiblichen Vogel, daß derselbe im Lauf der Brunstzeit eine große Zahl legt, so muß doch die hierzu nötige Zeit sehr lang sein. Azara gibt an[14], daß ein Weibchen im domestizierten Zustand siebzehn Eier legte und zwar jedes nach einem Zeitraum von drei Tagen. Wäre der weibliche Vogel genötigt, seine eigenen Eier auszubrüten, so würde wahrscheinlich das erste verdorben sein, ehe das letzte gelegt worden ist; legte aber jeder weibliche Vogel nur wenige Eier in aufeinanderfolgenden Zwischenräumen in verschiedene Nester und verbänden sich, wie es ja der Angabe nach der

---

[11] Sturt's Travels, Vol. II, p.74.
[12] Ein Gaucho versicherte mir, daß er einmal eine schneeweiße oder Albino-Varietät gesehen habe und daß es ein wunderschöner Vogel gewesen sei.
[13] Burchell, Travels, Vol. I, p.280.
[14] Azara, Voyage, Vol. IV, p.173.

Fall ist, mehrere Hennen zur Füllung eines Nestes, dann würden die Eier in einer solchen Sammlung nahezu von demselben Alter sein. Wenn die Zahl der Eier in einem dieser Nester, wie ich glaube, im Mittel nicht größer ist als die von einem Weibchen in einer Brunstzeit gelegten, dann muß es so viel Nester geben als weibliche Vögel, und jeder männliche Vogel wird seinen gehörigen Anteil an der Arbeit der Bebrütung haben und zwar während einer Zeit, wo die Weibchen wahrscheinlich nicht sitzen könnten, weil sie das Eierlegen noch nicht beendigt haben.[15] Ich habe vorhin die große Zahl von Huachos oder verlassenen Eiern erwähnt, so daß während der Jagd eines Tages zwanzig in diesem Zustand gefunden wurden. Es erscheint nun eigentümlich, daß so viele verloren gehen sollten. Sollte dies nicht eine Folge der Schwierigkeit sein, mehrere Weibchen zusammenzubringen und ein Männchen zu finden, welches bereit ist, das Geschäft der Bebrütung auf sich zu nehmen? Offenbar muß zuerst ein gewisser Grad von Assoziation mindestens zwischen zwei Weibchen vorhanden sein; im anderen Fall würden die Eier über die weiten Ebenen zerstreut liegenbleiben und zwar in zu großen Entfernungen voneinander, um dem Männchen zu gestatten, sie in ein Nest zu sammeln. Einige Schriftsteller sind der Ansicht gewesen, daß die zerstreuten Eier abgelegt würden, damit sich die jungen Vögel davon ernährten. Dies kann kaum in Amerika der Fall sein, weil die Huachos, obschon sie häufig verdorben und faul gefunden werden, doch im allgemeinen unzerbrochen sind.

Als ich in Rio Negro im nördlichen Patagonien war, hörte ich wiederholt die Gauchos von einem sehr seltenen Vogel sprechen, welchen sie *Avestruz Petise* nannten. Sie beschrieben ihn kleiner als den gemeinen Strauß, welcher dort sehr häufig ist, aber als ihm doch im allgemeinen sehr ähnlich. Sie sagten, seine Farbe wäre dunkel und gefleckt, seine Beine wären kürzer und weiter hinab befiedert als beim gewöhnlichen Strauß. Er werde leichter mit den Bolas gefangen als die andere Art. Die wenigen Einwohner, welche beide Arten gesehen hatten, behaupteten, sie könnten beide aus einer weiten Entfernung voneinander unterscheiden. Die Eier der kleineren Art schienen indes allgemeiner bekannt zu sein, und es wurde mit Verwundern bemerkt, daß sie nur sehr wenig kleiner wären, als die der *Rhea*, aber von einer unbedeutend verschiedenen Form und mit einem Stich ins Blaßblaue. Diese Spezies kommt äußerst selten auf den an den Rio Negro anstoßenden Ebenen vor; aber ungefähr einen und einen halben Grad weiter nach Süden ist sie ziemlich häufig. Als wir in Port Desire in Patagonien (48° S. Br.) waren, schoß Mr. Martens einen Strauß. Ich sah ihn mir an, vergaß aber im Augenblick in der unerklärlichsten Weise die ganze Geschichte von den *Petises* und glaubte, es sei ein noch nicht ausgewachsener Vogel der gemeinen Art. Er wurde gekocht und gegessen, ehe mein Gedächtnis zurückkehrte. Glücklicherweise war der Kopf, Hals, die Beine, Flügel, viele der größeren Federn und ein großer Teil der Haut aufgehoben worden. Und aus diesen ist ein nahezu vollständiges Exemplar zusammengestellt worden, welches jetzt im Museum der zoologischen Gesellschaft aufgestellt ist. Bei der Beschreibung dieser neuen Spezies hat Mr. Gould mir die Ehre erwiesen, sie nach meinem Namen zu nennen.

Unter den patagonischen Indianern an der Magellan-Straße fanden wir einen Halb-Indianer, welcher mehrere Jahre mit dem Stamm gelebt hatte, aber in den nördlichen Provinzen geboren war. Ich fragte ihn, ob er jemals von dem *Avestruz Petise* gehört habe; er antwortete mir: „In diesen südlichen Ländern gibt es gar keine anderen." Er teilte mir mit, daß die Zahl der Eier im Nest des *Petise* beträchtlich geringer ist, als in dem der anderen Art, nämlich nicht mehr als fünfzehn im Mittel; er behauptete aber, daß mehr als ein Weibchen sie legte. In Santa Cruz sahen wir mehrere dieser Vögel. Sie waren äußerst vorsichtig; ich glaube sie konnten eine Person herankommen sehen, wenn sie noch zu weit weg war, um den Vogel selbst zu unterscheiden. Auf

---

[15] Lichtenstein behauptet aber (Reisen, Bd. 2, p.25), daß die weiblichen Vögel zu sitzen anfangen, wenn sie zehn oder zwölf Eier gelegt haben, und daß sie zu legen fortfahren, und zwar, wie ich glaube, in ein anderes Nest. Dies scheint mir sehr unwahrscheinlich zu sein. Er behauptet, daß sich vier oder fünf Hennen zur Bebrütung mit einem männlichen Vogel verbinden, welcher nur des Nachts sitzt.

dem Weg stromaufwärts wurden wenige gesehen, aber auf unserer ruhigen und sehr schnellen Herunterfahrt wurden viele in Paaren und zu vieren und fünfen beobachtet. Es wurde bemerkt, daß dieser Vogel seine Flügel nicht ausbreitete, wenn er zuerst in voller Eile aufbrach, wie es die Art der nördlichen Spezies ist. Zum Schluß will ich noch bemerken, daß der *Struthio Rhea* [*Rhea americana* Lath.] das Land des La Plata bis etwas südlich von Rio Negro im 41. Grad S. Br. bewohnt und daß der *Struthio* [*Rhea*] *Darwinii* im südlichen Patagonien seine Stelle einnimmt; der Teil um den Rio Negro ist neutrales Gebiet. A. d'Orbigny[16] machte, als er am Rio Negro war, große Anstrengungen, sich diesen Vogel zu verschaffen, hatte aber nicht das Glück, dies zu erreichen. Vor langer Zeit schon wußte Dobrizhoffer[17], daß es zwei Arten von Straußen gäbe; er sagt: „Sie müssen übrigens wissen, daß die Emus in der Größe und Lebensweise je nach den verschiedenen Landstrichen verschieden sind. Denn diejenigen, welche die Ebenen von Buenos Aires und Tucuman bewohnen, sind größer und haben schwarze, weiße und graue Federn. Die in der Nähe der Magellan-Straße sind kleiner und schöner, denn ihre weißen Federn sind am Ende mit Schwarz gespitzt und ihre schwarzen enden in gleicher Weise mit Weiß."

Ein sehr eigentümlicher kleinerer Vogel, *Thinocorus rumicivorus*, ist hier gemein: In seiner Lebensweise und im allgemeinen Ansehen besitzt er fast zu gleichen Teilen, so verschieden sie auch sind, die Charaktere der Wachtel und der Bekassine. Der *Thinocorus* findet sich im ganzen südlichen Süd-Amerika, wo es nur immer sterile Ebenen oder offenes trockenes Weideland gibt. Er lebt in Paaren oder kleinen Herden an den trostlosesten Stellen, wo kaum irgendein anderes lebendes Geschöpf existieren kann. Nähert man sich ihnen, so ducken sie sich platt nieder, und sind dann sehr schwer von dem Erdboden zu unterscheiden. Suchen sie Nahrung, so gehen sie im ganzen langsam mit weit auseinandergestellten Beinen. Auf Straßen und sandigen Plätzen stäuben sie sich und besuchen besondere Stellen, wo sie Tag für Tag gefunden werden können. Wie die Rebhühner erheben sie sich in der Herde zum Flug. In allen diesen Beziehungen, in dem muskulösen Kaumagen, der für Pflanzenkost angepaßt ist, in dem gebogenen Schnabel und den fleischigen Nasenlöchern, den kurzen Beinen und der Form des Fußes zeigt der *Thinocorus* eine nahe Verwandtschaft mit den Wachteln. Sobald man aber den Vogel fliegen sieht, verändert sich sein ganzes Ansehen; die lang zugespitzten Flügel, die von denen der hühnerartigen Vögel so verschieden sind, die unregelmäßige Art und Weise des Fluges, und der klagende, im Moment des Erhebens ausgestoßene Ton, rufen sofort das Bild der Bekassine hervor. Die Jäger von der „Beagle" nannten ihn einmütig die kurzschnäbelige Bekassine. Daß er mit dieser Gattung oder vielmehr mit der Familie der Watvögel wirklich verwandt ist, zeigt sein Skelett.

Der *Thinocorus* ist mit einigen anderen südamerikanischen Vögeln nahe verwandt. Zwei Spezies der Gattung *Attagis* sind ihrer Lebensweise nach in beinahe jeder Beziehung Schneehühner. Die eine lebt im Feuerland, oberhalb der Grenzen des Waldlandes, und die andere gerade unterhalb der Schneegrenze auf den Cordilleren von Zentral-Chile. Ein zu einer anderen, nahe verwandten Gattung gehöriger Vogel, *Chionis alba*, ist ein Bewohner der antarktischen Gegenden; er lebt von Meerpflanzen und Muscheln auf den zwischen Ebbe und Flut gelegenen Felsen. Obschon er keine Schwimmhäute besitzt, wird er doch infolge irgendeiner unerklärlichen Gewohnheit häufig weit draußen im Meer gefunden. Diese kleine Familie von Vögeln ist eine von jenen, welche nach ihren verschiedenen verwandtschaftlichen Beziehungen zu anderen Familien, trotzdem sie für jetzt nur dem systematischen Naturforscher Schwierigkeiten darbietet, uns doch schließlich helfen kann, den großen, der Jetztzeit und den vergangenen Zeiten gemeinsamen Plan zu enthüllen, nach welchem die organischen Wesen erschaffen worden sind.

---

[16] Als wir am Rio Negro waren, hörten wir viel von der unermüdlichen Tätigkeit dieses Naturforschers. Alcide d'Orbigny hat während der Jahre 1825 bis 1833 mehrere große Teile von Süd-Amerika durchreist, hat eine Sammlung gemacht und fängt jetzt an, die Resultate in einem so großartigen Maßstab zu veröffentlichen, daß dies ihm in der Reihe der amerikanischen Reisenden einen Platz unmittelbar nach Humboldt sichert.

[17] Account of the Abipones, 1749, Vol. I (englische Übersetzung), p.314.

Die Gattung *Furnarius*, sämtlich kleine Vögel, enthält mehrere Spezies, welche auf dem Boden leben und offene trockene Landstrecken bewohnen. Ihrem Bau nach können sie mit keiner europäischen Form verglichen werden. Die Ornithologen haben sie allgemein unter die Bäumläufer gestellt, obschon sie von dieser Familie in jedem Punkte ihrer Lebensweise abweichen. Die bestbekannte Spezies ist der Ofenvogel des La Plata, der „Casara" oder Baumeister der Spanier, *Furnarius rufus* d'Orb. Das Nest, von dem er seinen Namen hat, wird an den augenfälligsten Stellen angebracht, so auf der Spitze eines Pfahles, auf einem nackten Felsen oder auf einem Kaktus. Es wird aus Schlamm und Stückchen Stroh gebaut, und hat starke, dicke Wände: Seiner Form nach gleicht es genau einem Backofen oder einem eingedrückten Bienenkorb. Die Öffnung ist groß und bogenförmig, und gerade vorn. Innerhalb des Nestes findet sich eine Scheidewand, welche bis nahe an das Dach reicht, und so einen Vorsaal oder ein Vorzimmer für das eigentliche Nest bildet.

Eine andere und kleinere Art von *Furnarius* (*F.* [*Geositta*] *cunicularius*) gleicht dem Ofenvogel in dem allgemeinen rötlichen Ton seines Gefieders, in einem eigentümlich gellenden, oft wiederholten Ruf und in einer merkwürdigen Manier, stoßweise zu laufen. Seiner Verwandtschaft wegen nennen ihn die Spanier „Casarita" (oder kleiner Baumeister), obschon sein Nestbau völlig verschieden ist. Die Casarita baut ihr Nest am Grund einer engen zylindrischen Höhle, welche, wie man sagt, sich horizontal bis nahezu sechs Fuß unter der Erde hin erstreckt. Mehrere Personen des Landes erzählten mir, daß sie als Knaben versucht hätten, das Nest auszugraben, aber es kaum jemals erreicht hätten, bis zum Ende des Ganges zu kommen. Der Vogel wählt jede niedrige Schicht eines festen sandigen Bodens an der Seite einer Straße oder eines Stromes. Hier (in Bahia Blanca) sind die Mauern um die Häuser aus erhärtetem Schlamm oder Lehm gebaut, und ich bemerkte eine, welche den Hofraum, wo ich wohnte, einschloß, und an einer großen Zahl von Stellen von runden Löchern durchbohrt war. Als ich den Hausbesitzer nach der Ursache dieser Löcher fragte, beklagte er sich bitterlich über die kleine Casarita, von denen ich später mehrere bei der Arbeit beobachtete. Es ist wohl merkwürdig zu sehen, wie unfähig diese Vögel sein müssen, irgendeinen Begriff von Dicke zu erlangen; denn obschon sie beständig über die niedrige Mauer fliegend gesehen wurden, fuhren sie doch immer vergebens fort, sie zu durchbohren in der Meinung, daß es eine ausgezeichnete Stelle für ihre Nester sei. Ich zweifle nicht, daß jeder Vogel, so oft er auf der anderen Seite wieder ans Licht gekommen sein wird, über diese merkwürdige Tatsache höchlichst überrascht gewesen ist.

Ich habe bereits beinahe alle Säugetiere erwähnt, die in dem Land häufig sind. Von Gürteltieren kommen drei Arten vor, nämlich der *Dasypus minutus* oder *Pichy*, der *D. villosus* oder *Peludo* und der *Apar*. Die erste Art erstreckt sich zehn Grad weiter südlich als irgendeine andere; eine vierte Spezies, die *Mulita*, reicht südlich nicht bis nach Bahia Blanca. Diese vier Spezies haben nahezu ähnliche Lebensweise; der *Peludo* ist indes ein Nachttier, während die anderen, bei Tag über die offenen Ebenen wandern und sich von Käfern, Larven, Wurzeln und selbst kleinen Schlangen ernähren. Der *Apar*, gewöhnlich *Mataco* genannt, ist dadurch merkwürdig, daß er nur drei bewegliche Gürtel hat. Der übrige Teil seiner getäfelten Knochendecke ist nahezu unbeweglich. Er hat das Vermögen, sich zu einer vollkommenen Kugel aufzurollen, wie eine Art englischer Asseln. In diesem Zustand ist er gegen die Angriffe vor Hunden sicher; denn da der Hund nicht imstande ist, das ganze Tier ins Maul zu nehmen, versucht er die eine Seite anzubeißen und dabei schlüpft die Kugel fort. Die glatte harte Decke des *Mataco* bietet ihm ein besseres Verteidigungsmittel als die scharfen Stacheln des Igels. Der *Pichy* zieht einen sehr trockenen Boden vor, und die Sanddünen in der Nähe der Küste, wo er viele Monate lang kein Wasser trinken kann, ist sein Lieblingsaufenthaltsort. Er versucht häufig der Beobachtung dadurch zu entgehen, daß er sich platt auf die Erde drückt. Während eines eintägigen Rittes in der Nähe von Bahia Blanca trafen wir meistens mehrere. Es war aber notwendig, um eins dieser Tiere zu fangen, sich fast im Moment, wo man es bemerkte, vom Pferd herabzustürzen, denn im weichen

Boden gräbt das Tier so schnell, daß das Hinterteil fast verschwindet, ehe man nur absteigt. Es scheint fast schade, so nette kleine Tiere zu töten, denn, wie ein Gaucho sagte, während er sein Messer auf dem Rücken eines derselben schärfte, „Son tan mansos" (Sie sind so ruhig).

Von Reptilien gibt es viele Arten: eine Schlange (ein *Trigonocephalus* oder *Cophias*) muß nach der Größe des Giftkanals in ihren Fangzähnen sehr tödlich sein. Im Gegensatz zu einigen anderen Naturforschern betrachtet Cuvier diese Form als eine Untergattung der Klapperschlange und zwar zwischen ihr und der Viper. In Bestätigung dieser Ansicht beobachtete ich eine Tatsache, welche mir sehr merkwürdig und instruktiv zu sein scheint, da sie zeigt, wie jeder Charakter, selbst wenn er in gewissem Grad unabhängig vom Bau sein mag, eine Neigung hat, in langsamen Graden abzuändern. Der letzte Teil des Schwanzes dieser Schlange endet in einer Spitze, welche sehr unbedeutend verbreitert ist; und wie das Tier den Boden entlanggleitet, läßt es den letzten Zoll beständig erzittern; da dieser Teil nun gegen das trockene Gras und Reißholz anstößt, so bringt er dadurch ein rasselndes Geräusch hervor, welches in der Entfernung von sechs Fuß deutlich gehört werden kann. So oft das Tier gereizt oder überrascht wurde, wurde der Schwanz geschüttelt und die Schwingungen waren äußerst rapid. Selbst so lange der Körper seine Irritabilität behielt, war eine Neigung zu dieser gewohnheitsgemäßen Bewegung offenbar. Dieser *Trigonocephalus* besitzt daher in einigen Beziehungen den Bau einer Viper mit der Lebensweise einer Klapperschlange:[18] Das Geräusch wird indes durch ein einfacheres Mittel hervorgebracht. Der Gesichtsausdruck dieser Schlange war widrig und wild; die Pupille bestand aus einem senkrechten Schlitz in einer fleckigen und kupferfarbigen Iris; die Kiefer waren breit an der Basis und die Nase endete in einem dreieckigen Vorsprung. Ich glaube, ich habe niemals irgend etwas Häßlicheres gesehen, vielleicht mit Ausnahme der Vampir-Fledermäuse. Ich stelle mir vor, dieser widrige Anblick rührt daher, daß die Gesichtszüge in bezug zueinander in Stellungen gebracht sind, die in etwas denen des menschlichen Gesichts entsprechen; und der Grad dieser Übereinstimmung gibt uns einen Maßstab der Widerwärtigkeit.

Von Batrachiern habe ich nur eine kleine Kröte (*Phryniscus nigricans*) gefunden, welche ihrer Farbe wegen äußerst eigentümlich war. Wenn wir uns vorstellen, daß sie zuerst in die schwärzeste Tinte eingetaucht und dann nach dem Eintrocknen über ein frisch mit dem hellsten Karmin angestrichenes Brett kriechen gelassen wurde, so daß die Fußsohlen und Teile des Unterleibes gefärbt wurden, so erhalten wir eine gute Idee von ihrer Erscheinung. Wäre es eine unbekannte Art gewesen, sie hätte sicherlich *diabolicus* genannt werden sollen, denn sie trägt eine richtige Teufels-Livree. Anstatt in ihrer Lebensweise nächtlich zu sein, wie andere Kröten, und in feuchten dunklen Schlupfwinkeln zu leben, kriecht sie während der Hitze des Tages auf den trockenen Sandhügeln und dürren Ebenen umher, wo nicht ein einziger Wassertropfen zu finden ist. Sie ist natürlich für das, was sie an Feuchtigkeit braucht, auf den Tau beschränkt; und dieser wird wahrscheinlich von der Haut absorbiert; man weiß ja, daß diese Amphibien in ihrer Haut ein großes Absorptionsvermögen besitzen. In Maldonado fand ich eine Kröte an einer nahezu so trockenen Örtlichkeit, wie in Bahia Blanca, und da ich glaubte, ihr eine große Wohltat zu erweisen, brachte ich sie in einen Wassertümpel; das kleine Tier war aber nicht bloß nicht imstande zu schwimmen, sondern würde auch, wie ich glaube, ohne Hilfe bald ertrunken sein.

Eidechsen gab es vielerlei Arten, aber nur eine (*Proctotretus multimaculatus*) war wegen ihrer Lebensweise merkwürdig. Sie lebt auf dem nackten Sand in der Nähe der Küste und kann wegen ihrer gefleckten Farbe, den bräunlichen, mit weiß, gelblich-rot und schmutzigblau gesprenkelten Schuppen kaum von der umgebenden Fläche unterschieden werden. Wird sie erschreckt, so versucht sie dadurch der Entdeckung zu entgehen, daß sie sich mit ausgestreckten Beinen, platt gedrücktem Körper und geschlossenen Augen totstellt. Wird sie noch weiter belästigt, so gräbt sie sich mit großer Geschwindigkeit in den losen Sand ein. Wegen ihres abgeplatteten Körpers und ihrer kurzen Beine kann diese Eidechse nicht schnell laufen.

---

[18] Diese Schlange ist eine neue Art *Trigonocephalus*, welche Bibron *T. crepitans* zu nennen vorschlägt.

Bahia Blanca

Ich will hier noch einige wenige Bemerkungen über den Winterschlaf der Tiere in diesem südlichen Teil von Süd-Amerika hinzufügen. Als wir zuerst in Bahia Blanca ankamen, am 7. September 1832, glaubten wir, daß die Natur kaum ein lebendes Geschöpf diesem sandigen und trockenen Land gegönnt habe. Als wir aber in den Boden gruben, wurden mehrere Insekten, große Spinnen und Eidechsen in einem halb torpiden Zustand gefunden. Am 15. fingen ein paar Tiere zu erscheinen an und am 18. (drei Tage vor der Tag- und Nachtgleiche) verkündete alles den Frühlingsanfang. Die Ebenen waren mit den Blüten eines rosa Sauerklee, mit wilden Erbsen, Oenotheren und Geraniums geschmückt, und die Vögel fingen an, Eier zu legen. Zahlreiche Lamellicornier und heteromere Käfer, die letzteren wegen ihrer skulpturierten Körper merkwürdig, krochen langsam umher, während die Eidechsen, die ständigen Bewohner eines sandigen Bodens, in jeder Richtung umherschossen. Während der ersten elf Tage, so lange die Natur noch schlummerte, war die mittlere Temperatur nach Beobachtungen, welche alle zwei Stunden an Bord der „Beagle" gemacht wurden, 51° (10,56 °C). Und in der Mitte des Tages zeigte das Thermometer selten mehr als 55° (12,78 °C). In den elf folgenden Tagen, in denen alle lebenden Wesen so munter wurden, betrug das Mittel 58° (14,44 °C), und der Thermometerstand in der Mitte des Tages ergab zwischen 60 und 70° (15,56–21,11 °C). Es war daher eine Zunahme von sieben (vier) Grad an der mittleren Temperatur, aber eine bedeutendere in der größten Wärme, genügend, die Lebensfunktionen zu erwecken. In Monte Video, von wo wir unmittelbar vorher abgesegelt waren, betrug in den dreiundzwanzig Tagen, zwischen dem 26. Juli und dem 19. August, die mittlere Temperatur aus 276 Beobachtungen 58,4° (14,66 °C); die höchste mittlere Tagestemperatur betrug 65,5° (18,61 °C.) und die kälteste 46° (7,78 °C). Der niedrigste Punkt, auf welchen das Thermometer fiel, war 41,5° (5,28 °C.) und gelegentlich stieg es in der Mitte des Tages auf 69 oder 70° (20,56–21,11 °C). Und doch lagen bei dieser hohen Temperatur fast alle Käfer, mehrere Gattungen von Spinnen, Schnecken und Landmuscheln, Kröten und Eidechsen sämtlich im torpiden Zustand unter Steinen. Wir haben aber gesehen, daß in Bahia Blanca, welches vier Grad südlicher liegt und daher ein nur um weniges kälteres Klima hat, dieselbe Temperatur mit einer im ganzen geringeren extremen Wärme hinreichend war, alle Ordnungen belebter Wesen zu erwecken. Dies beweist, wie genau der zum Erwecken überwinternder Tiere erforderte Reiz durch das gewöhnliche Klima des Bezirkes und nicht durch die absolute Wärme bestimmt wird. Es ist bekannt, daß innerhalb der Tropen das Überwintern oder richtiger gesagt, die Ästivation (oder das Übersommern) der Tiere nicht von der Temperatur, sondern von den Zeiten der Trockenheit bestimmt wird. In der Nähe von Rio de Janeiro war ich anfangs sehr überrascht, als ich sah, daß wenige Tage, nachdem ein paar kleine Einsenkungen sich mit Wasser gefüllt hatten, dieselben mit zahlreichen, völlig erwachsenen Muscheln und Käfern bevölkert waren, welche im Sommerschlaf gelegen haben mußten. Humboldt hat den merkwürdigen Zufall beschrieben, wo eine Hütte auf einer Stelle errichtet wurde, wo ein junges Krokodil in dem erhärteten Schlamm lag. Er fügt hinzu: „Die Indianer finden oft enorme Boas, welche sie ‚Uji' oder Wasserschlangen nennen, in demselben lethargischen Zustand. Um sie wiederzubeleben, müssen sie gereizt oder mit Wasser befeuchtet werden."

Ich will nur noch ein einziges anderes Tier erwähnen, einen Zoophyten (ich glaube *Virgularia patagonica*), eine Art von Seefeder. Es besteht aus einem dünnen, geraden, fleischigen Stamm mit abwechselnden Reihen von Polypen auf jeder Seite, und mit einer elastischen kalkigen Achse im Innern, die in der Länge von acht Zoll bis zu zwei Fuß variiert. Der Stamm ist an dem einen Ende abgestutzt, geht aber am anderen Ende in einen wurmförmigen fleischigen Anhang aus. Die kalkige Achse, welche dem Stamm Festigkeit gibt, kann an diesem letzteren Ende in ein einfaches, mit granulöser Masse gefülltes Gefäß verfolgt werden. Zu Ebbezeiten kann man Hunderte dieser Zoophyten wie Stoppeln mit dem abgestutzten Ende nach aufwärts gerichtet, wenige Zoll über die Oberfläche des schlammigen Sandes hervorragen sehen. Wurden sie berührt oder gezogen, so zogen sie sich plötzlich mit großer Kraft zurück, so daß sie beinahe oder vollständig verschwanden. Hierbei muß die sehr elastische Achse an dem unteren Ende, welches natürlich leicht gekrümmt ist, gebogen werden, und ich glaube, daß nur mittels dieser Elastizität der Zoophyt imstande ist, wieder durch den Schlamm nach oben zu steigen. Jeder Polyp hat, trotzdem er eng mit seinen Nachbarn verbunden ist, einen besonderen Mund, Körper und Tentakeln. An einem großen Exemplar muß es viele Tausende solcher Polypen geben; doch sehen wir, daß sie in gleichförmiger, gemeinsamer Bewegung handeln: Sie haben auch eine zentrale, mit einem System undeutlichen Kreislaufs zusammenhängende Achse, und die Eier werden in einem von den einzelnen Individuen getrennten Organ erzeugt.[19] Es ist hier wohl gestattet zu fragen, was ist ein Individuum? Es ist immer interessant, die Grundlagen zu den wunderlichen Erzählungen alter Reisender aufzufinden, und ich zweifle nicht, daß die Lebensweise dieser *Virgularia* einen derartigen Fall erklärt. Kapitän Lancaster erzählt in seiner Reise von 1601:[20] „Ich fand auf dem Meeressande der Insel Sombrero in Ost-Indien einen kleinen, wie ein junger Baum aufwachsenden Zweig; bei dem Versuch, ihn herauszuziehen, schrumpft er bis auf den Boden zusammen und würde auch untergesunken sein, wenn er nicht festgehalten worden wäre. Wurde er herausgezogen, so fand sich, daß ein großer Wurm seine Wurzel bildete, und in dem Maße, wie der Baum an Größe zunimmt, vermindert sich der Wurm; und sobald der Wurm sich vollständig in einen Baum verwandelt hat, wurzelt er in der Erde und wird hiermit groß. Diese Umwandlung ist eins der fremdartigsten Wunder, die ich auf allen meinen Reisen gesehen habe, denn wenn dieser Baum ausgezogen wird, so lange er jung ist, und die Blätter und Rinde abgestreift werden, so wird er beim Trocknen ein harter Stein, sehr ähnlich der weißen Koralle: auf diese Weise ist dann der Wurm zweimal zu verschiedenen Naturen umgewandelt worden. Hiervon sammelten wir viele und brachten sie mit nach Hause."

Während meines Aufenthaltes in Bahia Blanca, während ich auf die „Beagle" wartete, war der Ort in einem beständigen Zustand von Aufregung infolge der Gerüchte von Krieg und Siegen zwischen den Truppen des General Rosas und den wilden Indianern. Eines Tages kam ein Bericht, daß die ganze Mannschaft einer kleinen, eine der Postas auf dem Weg nach Buenos Aires bildenden Truppe, ermordet gefunden worden sei. Am nächsten Tage kamen dreihundert Mann unter dem Befehl des Kommandanten Miranda von Colorado an. Ein großer Teil dieser Leute waren Indianer („Mansos" oder Zahme), die zu dem Stamm des Caziken Bernantio gehörten. Sie brachten die Nacht hier zu und man kann sich unmöglich etwas Wilderes und Roheres vorstellen als die Szene ihres Biwaks. Einige tranken, bis sie berauscht waren, andere verschlangen das Blut des zu ihrem Abendessen geschlachteten Rindes, warfen dann in ihrer Trunkenheit alles wieder aus und wurden mit Schmutz und Blut über und über beschmiert.

>   Nam simul expletus dapibus, vinoque sepultus Cervicem inflexam posuit, jacuitque per antrum Immensus, saniem eructans, ac frustra cruenta Per somnum commixta mero.

---

[19] Die Hohlräume, in welche sich die fleischigen Abteilungen des Stielendes fortsetzten, waren mit einer gelben pulpösen Masse erfüllt, welche, unter dem Mikroskop untersucht, eine außerordentliche Erscheinung darbot. Die Masse bestand aus runden, halb durchscheinenden, unregelmäßigen Körnchen, welche zu Gruppen verschiedener Größe miteinander verbunden waren. Alle derartigen Gruppen, wie auch die einzelnen Körnchen besaßen die Fähigkeit rapider Bewegung, meist um verschiedene Achsen sich drehend, zuweilen aber auch progressiv. Die Bewegung war schon bei sehr geringer Vergrößerung zu sehen, aber selbst mit der stärksten war ihre Ursache nicht nachzuweisen. Sie war sehr verschieden von der Zirkulation der Flüssigkeit in dem, das dünne Ende der Achse enthaltenden, elastischen Säckchen. Auch bei anderen Gelegenheiten habe ich, während ich kleine Seetiere unter dem Mikroskop zergliederte, gesehen, daß Stückchen einer pulpösen Masse, manche von ziemlicher Größe, sobald sie sich gelöst hatten, sich herumzudrehen begannen. Ich war der Ansicht, ich weiß nicht mit wie viel Recht, daß diese körnig-pulpöse Masse auf dem Weg war, in Eier umgewandelt zu werden. Sicher schien dies bei dem vorliegenden Zoophyten der Fall zu sein.
[20] Kerr's Collection of Voyages, Vol. VIII, p.119.

Am Morgen brachen sie nach der Szene des Mordes auf mit dem Befehl, dem „Rastro" oder der Spur zu folgen, selbst wenn sie dieselbe nach Chile führte. Wir hörten später, daß die wilden Indianer in die großen Pampas entkommen seien, und daß aus irgendwelcher Ursache die Spur verloren worden sei. Ein Blick auf den Rastro erzählt diesen Leuten eine ganze Geschichte. Nimmt man an, sie untersuchen die Spur von einem Tausend Pferde, so werden sie sehr bald die Zahl der gerittenen überschlagen können, wenn sie sehen, wie viele galoppiert haben; an der Tiefe der anderen Eindrücke, ob irgendwelche Pferde mit Lasten beladen waren; aus der Unregelmäßigkeit der Fußtritte, wie weit sie ermüdet waren; und aus der Art und Weise, in welcher die Nahrung zubereitet worden war, ob die Verfolgten in Eile fortzogen; endlich aus dem allgemeinen Ansehen, wie lange es her ist, daß sie die Stelle passierten. Sie halten einen Rastro von zehn oder vierzehn Tagen für völlig frisch genug, um aufgejagt zu werden. Wir hörten auch, daß Miranda vom westlichen Ende der Sierra Ventana in einer direkten Richtung nach der Insel Cholechel marschiert sei, die siebzig Stunden den Rio Negro aufwärts liegt. Dies ist eine Entfernung von zwischen zwei- und dreihundert Meilen durch eine vollständig unbekannte Gegend. Welche anderen Truppen in der Welt sind so unabhängig? Mit der Sonne zum Führer, Stutenfleisch zur Nahrung, ihren Satteldecken zum Bett, können diese Leute, so lange ein wenig Wasser vorhanden ist, bis zum Ende der Welt aushalten.

Wenige Tage später sah ich eine andere Abteilung dieser banditenartigen Soldaten zu einer Expedition gegen einen Indianerstamm an den kleinen Salinas aufbrechen, der von einem gefangenen Caziken verraten worden war. Der Spanier, welcher den Befehl zu dieser Expedition brachte, war ein sehr intelligenter Mann. Er gab mir einen Bericht von dem letzten Gefecht, bei dem er zugegen gewesen war. Einige Indianer, die gefangengenommen worden waren, gaben Mitteilungen über einen nördlich vom Colorado lebenden Stamm. Zweihundert Soldaten wurden ausgesendet; sie entdeckten die Indianer zuerst durch eine von den Füßen ihrer Pferde aufgeworfene Staubwolke, wie sie weiter wanderten. Das Land war bergig und wild, und es muß weit im Innern gewesen sein, denn die Cordillera war in Sicht. Die Indianer, Männer, Frauen und Kinder, waren ungefähr einhundertzehn an Zahl und wurden beinahe alle gefangen oder getötet; denn die Soldaten säbeln jedermann nieder. Die Indianer sind jetzt so erschreckt, daß sie keinen Widerstand in Masse leisten, sondern jeder flieht, seine Frau und Kinder verlassend; werden sie aber überholt, so kämpfen sie wie wilde Tiere gegen jede Überzahl bis zum letzten Moment. Ein sterbender Indianer erfaßte mit seinen Zähnen den Daumen seines Gegners und ließ sich das eigene Auge ausdrücken, ehe er seinen Biß losließ. Ein anderer, der verwundet war, stellte sich tot, hielt aber ein Messer bereit, um noch einen tüchtigen Streich damit zu versetzen. Mein Gewährsmann erzählte, daß, als er einen Indianer verfolgt habe, der Mann um Gnade gerufen, aber gleichzeitig heimlich die Bolas um seine Taille gelöst habe, in der Absicht, sie um den Kopf seines Verfolgers zu schwingen und ihn so niederzustrecken. „Ich streckte ihn aber mit meinem Säbel nieder, stieg dann vom Pferde ab und schnitt ihm mit dem Messer die Kehle ab." Dies ist ein dunkles Gemälde, aber wie viel schaudervoller ist die unbestreitbare Tatsache, daß alle Frauen, die über zwanzig Jahre alt zu sein scheinen, mit kaltem Blut massakriert werden! Als ich ausrief, daß dies doch im ganzen inhuman schiene, antwortete er: „Warum? Was ist zu machen? Sie vermehren sich sonst!"

Jedermann ist hier völlig überzeugt, daß dies der allergerechteste Krieg ist, weil er gegen Barbaren geführt wird. Wer würde glauben, daß in dieser Zeit solche Scheußlichkeiten in einem christlichen zivilisierten Land begangen werden könnten? Die Kinder der Indianer werden erhalten, um als Diener oder vielmehr Sklaven verkauft oder weggegeben zu werden, und zwar für eine so lange Zeit, als die Besitzer dieselben glauben lassen können, daß sie Sklaven sind. Ich glaube aber, in ihrer Behandlung haben sie sich nur über wenig zu beklagen.

In dem Kampf liefen vier Mann zusammen fort. Sie wurden verfolgt, einer wurde getötet und die anderen wurden lebendig gefangen. Es stellte sich heraus, daß sie Boten oder Gesandte von

Fünftes Kapitel

einer großen, zu der gemeinsamen Sache der Verteidigung verbundenen Menge Indianer in der Nähe der Cordillera waren. Der Stamm, zu dem sie gesandt worden waren, war im Begriff, einen großen Rat zu halten. Das Festessen von Stutenfleisch war hergerichtet und der Tanz vorbereitet: Am Morgen hätten die Gesandten nach der Cordillera zurückkehren sollen. Sie waren merkwürdig schöne Leute, sehr blond, über sechs Fuß hoch und alle unter dreißig Jahre alt. Die drei Überlebenden waren natürlich im Besitz sehr wertvoller Informationen; und um diese aus ihnen herauszubringen, wurden sie in eine Reihe gestellt. Als die ersten beiden gefragt wurden, antworteten sie „No sé" (Ich weiß nicht), und einer nach dem anderen wurde erschossen. Der dritte sagte gleichfalls „No sé", und setzte hinzu: „Schießt, ich bin ein Mann und kann sterben!" Nicht eine Silbe wollten sie verraten, wodurch sie die vereinte Sache ihres Vaterlandes hätten schädigen können! Das Benehmen des oben erwähnten Caziken war sehr verschieden hiervon; er rettete sein Leben dadurch, daß er den besprochenen Kriegsplan und den Vereinigungspunkt in den Andes verriet. Man glaubte, daß bereits sechs- oder siebenhundert Indianer dort versammelt seien und daß sich im Sommer diese Zahl verdoppeln würde. Gesandte hatten an die Indianer an den kleinen Salinas in der Nähe von Bahia Blanca geschickt werden sollen, von denen ich erwähnt habe, daß sie dieser selbe Cazik verraten hatte. Es erstreckte sich daher die Kommunikation bei den Indianern von der Cordillera bis zur Küste des Atlantischen Meeres.

General Rosas Plan ist, alle zerstreut Aufgefundenen zu töten und die übrigen, nachdem sie auf einen gemeinsamen Punkt zusammengetrieben wären, im Lauf des Sommers mit Unterstützung der Chilenen in Masse anzugreifen. Diese Operation solle in drei aufeinanderfolgenden Jahren wiederholt werden. Ich glaube, der Sommer ist für die Zeit des Hauptangriffs gewählt worden, weil die Ebenen dann kein Wasser haben und die Indianer nur in besonderen Richtungen ziehen können. Das Entkommen der Indianer nach dem Süden vom Rio Negro, wo sie in einem so ungeheuren, unbekannten Land sicher sein würden, wird durch einen Vertrag mit den Tehuelches verhütet, welcher dahin lautet, daß Rosas ihnen für jeden südwärts von dem Fluß betroffenen, getöteten Indianer so und so viel zahlt, daß sie aber, wenn sie dies nicht tun, selbst vertilgt werden. Der Krieg wird hauptsächlich gegen die Indianer in der Nähe der Cordillera geführt, denn viele von den Stämmen auf der östlichen Seite kämpfen auf Rosas Seite. Da der General indessen, wie Lord Chesterfield, daran denkt, daß seine Freunde in der Zukunft einmal seine Feinde werden könnten, stellt er sie immer in die vordersten Reihen, so daß ihre Zahlen gelichtet werden. Seitdem wir Süd-Amerika verlassen haben, haben wir gehört, daß dieser Vertilgungskrieg vollständig fehlgeschlagen ist.

Unter den während dieses Gefechtes gefangengenommenen Mädchen waren zwei sehr hübsche Spanierinnen, die, als sie jung waren, von den Indianern weggeschleppt worden waren und nur noch die Sprache der Indianer reden konnten. Nach ihrer Schilderung müssen sie von Salta gekommen sein, in gerader Linie eine Entfernung von nahezu tausend Meilen. Dies gibt eine großartige Idee von dem ungeheuren Bezirk, über welchen die Indianer schweifen. Und doch so groß dieser ist, glaube ich, daß in einem halben Jahrhundert nicht ein wilder Indianer nördlich vom Rio Negro noch leben wird. Die Kriegführung ist zu blutig, um lange dauern zu können. Die Christen töten jeden Indianer und die Indianer tun dasselbe mit den Christen. Es ist traurig zu verfolgen, wie die Indianer vor den Eindringlingen zurückgewichen sind. Schirdel sagt[21], daß es 1535, als Buenos Aires gegründet wurde, Dörfer gab, welche zwei- und dreitausend Einwohner hatten. Selbst in Falconers Zeit (1750) machten die Indianer noch Streifzüge bis nach Luxan, Areco und Arrecife. Jetzt sind sie aber bis jenseits des Salado zurückgetrieben. Es sind nicht bloß ganze Stämme vertilgt worden, sondern die übrigbleibenden Indianer sind barbarischer geworden: Anstatt in großen Dörfern zu leben und mit den Künsten des Fischfangs ebensowohl wie der Jagd beschäftigt zu sein, wandern sie jetzt über die offenen Ebenen ohne Heimstätte und ohne feste Beschäftigungen.

---

[21] Purchas' Collection of Travels. Ich glaube, das genaue Datum war 1537.

Ich erhielt auch einen Bericht von dem Gefecht, welches, wenige Wochen vor dem erwähnten, bei Cholechel stattfand. Es ist dies ein sehr wichtiger Punkt, weil er ein Paß für Pferde ist, und er war infolgedessen eine Zeitlang das Hauptquartier einer Armeeabteilung. Als die Truppen zuerst dort ankamen, fanden sie einen Indianerstamm, von dem sie zwanzig oder dreißig töteten. Der Cazik entkam in einer Art und Weise, welche alle in Erstaunen setzte. Die Indianerhäuptlinge haben stets ein oder zwei ausgesuchte Pferde, welche sie für irgendwelche dringende Gelegenheit bereithalten. Auf eins derselben, einen alten Schimmel, sprang der Cazike, seinen kleinen Sohn mit sich nehmend. Das Pferd hatte weder Sattel noch Zügel. Um die Schüsse zu vermeiden, ritt der Indianer in der eigentümlichen Art seines Volkes, nämlich den einen Arm um den Hals des Pferdes festgeschlungen und nur ein Bein auf dessen Rücken. In dieser Weise auf einer Seite hängend, sah man ihn den Kopf des Pferdes liebkosend und zu ihm sprechend. Die Verfolger machten alle Anstrengungen auf der Jagd; der Kommandant wechselte dreimal sein Pferd, aber alles vergebens. Der alte Indianer, Vater und Sohn, entkamen und waren frei. Was für ein schönes Bild kann man sich im Geiste machen, die bronzeartige Figur des alten Mannes mit seinem kleinen Jungen, wie ein Mazeppa auf dem Schimmel reitend und die Menge seiner Verfolger weit hinter sich lassend!

Eines Tages sah ich einen Soldaten an einem Stück Feuerstein Feuer schlagen, welches ich sofort als einen Teil einer Pfeilspitze erkannte. Er sagte mir, daß es in der Nähe der Insel Cholechel gefunden worden sei und daß sie dort häufig aufgelesen würden. Es war zwei bis drei Zoll lang und daher zweimal so groß, wie die jetzt im Feuerland gebrauchten. Es war aus einem opaken rahmfarbigen Feuerstein gemacht, aber die Spitze und Widerhaken waren absichtlich abgebrochen worden. Es ist bekannt, daß kein Pampas-Indianer jetzt Bogen und Pfeile braucht. Ich glaube, ein kleiner Stamm in Banda Oriental muß ausgenommen werden; sie leben aber weit von den Pampa-Indianern entfernt und berühren sich nahe mit den Stämmen, welche die Wälder bewohnen und zu Fuß leben. Es scheint demnach, als seien diese Pfeilspitzen antiquarische Überreste[22] der Indianer aus der Zeit her, ehe die große Veränderung in der Lebensweise, welche die Einführung des Pferdes in Süd-Amerika verursacht hat, eingetreten war.

---

[22] Azara hat selbst bezweifelt, ob die Pampas-Indianer jemals Bogen und Pfeile gebraucht haben.

Sechstes Kapitel

Aufbruch nach Buenos Aires – Rio Sauce – Sierra Ventana – Dritte Posta – Pferdetreiben – Bolas – Rebhühner und Füchse – Charakter der Landschaft – Langbeiniger Regenpfeifer – Terutero – Hagelwetter – Natürliche Einzäunungen in der Sierra Tapalguen – Pumafleisch – Fleischkost – Guardia del Monte – Wirkungen der Rinder auf die Vegetation – Cardonen – Buenos Aires – Corral, wo Rinder geschlachtet werden

Von Bahia Blanca nach Buenos Aires

8. September – Ich mietete einen Gaucho, um mich auf meinem Ritt nach Buenos Aires zu begleiten, hatte aber dabei einige Schwierigkeit; der Vater des einen Mannes fürchtete sich, ihn gehen zu lassen, und ein anderer, der Willens zu sein schien, wurde mir als so furchtsam geschildert, daß ich besorgt wurde, ihn mitzunehmen; es wurde mir gesagt, daß er, wenn er einen Strauß in der Ferne sähe, ihn für einen Indianer halten und wie der Wind fliehen werde. Die Entfernung bis nach Buenos Aires beträgt ungefähr vierhundert Meilen; beinahe der ganze Weg führt durch ein unbewohntes Land. Wir brachen zeitig am Morgen auf; nachdem wir wenige hundert Fuß aus dem mit grünem Rasen bekleideten Becken, in welchem Bahia Blanca liegt, aufwärts gestiegen waren, betraten wir eine weite wüste Ebene. Sie besteht aus einem zerbröckelnden, tonig-kalkigen Gestein, welches wegen der trockenen Beschaffenheit des Klimas nur zerstreut stehende Büschel verwelkten Grases trug, ohne daß durch einen einzigen Baum oder Strauch die monotone Gleichförmigkeit unterbrochen würde. Das Wetter war schön, die Atmosphäre war aber merkwürdig dunstig; ich glaubte, ihr Ansehen kündete einen Sturm an, die Gauchos sagten aber, es rühre daher, daß die Ebene in einer großen Entfernung nach dem Innern zu brenne. Nach einem langen Galopp und zweimaligem Wechseln der Pferde erreichten wir den Rio Sauce: Es ist ein kleiner, tiefer, reißender Strom, nicht über fünfundzwanzig Fuß breit. Die zweite Posta auf der Straße nach Buenos Aires liegt an seinen Ufern; eine kurze Strecke stromaufwärts findet sich eine Furt für Pferde, wo das Wasser den Pferden nicht bis an den Bauch reicht; von diesem Punkt an ist er aber in seinem weitern Verlauf bis zum Meer vollständig unpassierbar und bildet daher eine äußerst wirksame Schranke gegen die Indianer.

So unbedeutend auch dieser Fluß ist, so stellt ihn doch der Jesuit Falconer, dessen Mitteilungen im allgemeinen so sehr korrekt sind, als einen beträchtlichen, am Fuß der Cordillera entspringenden Strom dar. Was seine Quelle betrifft, so zweifle ich nicht daran, daß das letztere der Fall ist; denn die Gauchos versicherten mir, daß in der Mitte des Sommers dieser Fluß zu gleicher Zeit mit dem Colorado sein periodisches Hochwasser habe, und dies kann nur dadurch entstehen, daß der Schnee auf den Andes schmilzt. Es ist äußerst unwahrscheinlich, daß ein so kleiner Fluß, wie es der Sauce damals war, die ganze Breite des Kontinents durchfließen sollte; und wäre es wirklich der Rest eines großen Stromes, so würde sein Wasser, wie in anderen sicher ermittelten Fällen, salzig sein. Während des Winters müssen wir in den Quellen rund um die Sierra Ventana den Ursprung seines reinen und klaren Wassers suchen. Ich vermute, die Ebenen von Patagonien werden, wie die von Australien, von vielen Wasserläufen durchzogen, welche die ihnen eigene Bedeutung nur in gewissen Perioden erhalten. Wahrscheinlich ist dies mit dem Wasser der Fall, welches in das obere Ende des Port Desire fließt, und auch mit dem Rio Chupat, an dessen Ufern Massen von in hohem Grade zelligen Schlacken von den bei der Aufnahme beschäftigten Beamten gefunden wurden.

Da es zeitig am Nachmittag war, als wir ankamen, nahmen wir frische Pferde, einen Soldaten zum Führer und brachen nach der Sierra Ventana auf. Dieser Berg ist vom Ankerplatz bei Bahia Blanca aus sichtbar; Capt. Fitz Roy berechnet seine Höhe zu 3340 Fuß – eine für die östliche Seite des Kontinents sehr merkwürdige Erhebung. Mir ist nicht bekannt, daß vor meinem Besuch irgendein Fremder den Berg bestiegen hätte; und allerdings wußten selbst nur wenige der Soldaten in Bahia Blanca irgend etwas über ihn. Wir hörten daher von Kohlenlagern, von Gold und Silber, von Höhlen und Wäldern erzählen, was alles meine Neugierde anregte, aber nur um sie zu enttäuschen. Die Entfernung von der Posta war ungefähr sechs Stunden über eine flach ausgedehnte Ebene desselben Charakters wie früher. Der Ritt war indes interessant, da der Berg allmählich anfing, seine wahre Gestalt zu zeigen. Als wir den Fuß des Hauptrückens erreicht hatten, hatten wir große Schwierigkeit, irgend etwas Wasser zu finden; schon glaubten wir genötigt zu sein, die Nacht ohne Wasser zu verbringen. Endlich entdeckten wir etwas bei aufmerksamem Suchen dicht am Berge; denn schon in der Entfernung von wenigen hundert Yards waren die kleinen Bäche in dem brüchigen Kalkstein und dem losen Geröll begraben und vollständig verloren. Ich glaube nicht, daß die Natur irgendwo einen noch einsameren, verlasseneren Felshaufen gebildet hat; der Berg verdient mit Recht den Namen „Hurtado", der Vereinzelte. Der Berg ist steil, äußerst zerrissen und zerklüftet und so vollkommen von Bäumen und selbst Buschwerk entblößt, daß wir faktisch keinen Spieß machen konnten, um unser Fleisch über das Feuer von Distelstengeln[1] zu halten. Der fremdartige Anblick dieses Berges kontrastiert mit der meerartigen Ebene, welche nicht bloß an seine steilen Abhänge anstößt, sondern auch die parallelen Rücken scheidet. Die Gleichförmigkeit der Färbung gibt der Ansicht eine außerordentliche Ruhe; – das weißliche Grau des Quarzgesteins und das helle Braun des verdorrten Grases auf der Ebene wird durch keine helleren Färbungen gehoben. Der Gewohnheit nach erwartet man in der Nähe eines hohen und steilen Berges ein unterbrochenes, mit kolossalen Bruchstücken übersätes Land zu sehen. Hier zeigt die Natur, daß die letzte Bewegung, ehe das Meeresbett in trockenes Land verwandelt wird, zuweilen eine ruhige sein kann. Unter diesen Umständen war ich begierig zu beobachten, wie weit vom Muttergestein entfernt noch Rollsteine gefunden würden. An den Ufern bei Bahia Blanca und in der Nähe der Ansiedlung finden sich einige aus Quarz, welche bestimmt aus dieser Quelle hergerührt haben müssen: Die Entfernung beträgt fünfundvierzig Meilen.

Der Tau, welcher im ersten Teil der Nacht die Satteldecken, unter denen wir schliefen, feucht gemacht hatte, war am Morgen gefroren. Obschon die Ebene horizontal erschien, war sie doch unmerklich bis zu einer Höhe von 800 bis 900 Fuß über dem Meer angestiegen. Am Morgen (9. September) riet mir der Führer, den nächsten Kamm zu ersteigen, welcher mich dann, wie er meinte, zu den vier, den Gipfel krönenden Spitzen bringen würde. Das Hinaufklettern auf so rauhen Felsen war sehr ermüdend; die Abhänge waren so zerklüftet, daß das, was in den einen fünf Minuten erreicht war, in den nächsten wieder verloren wurde. Als ich endlich den Rücken erreicht hatte, war ich im äußersten Grade enttäuscht, da ich sah, daß ein abschüssiges Tal, so tief wie die Ebene, welches die Bergkette in zwei Teile schneidet, mich von den vier Spitzen trennte. Das Tal ist sehr eng, hat aber eine flache Sohle und bildet einen schönen Paß für die Pferde der Indianer, da es die Ebenen auf der nördlichen und südlichen Seite des Bergzugs miteinander verbindet. Nachdem ich hinabgestiegen war, sah ich, während ich quer durch das Tal schritt, zwei Pferde grasen; ich verbarg mich sofort in dem hohen Gras und fing an zu rekognoszieren; da ich aber kein Zeichen von Indianern sah, schritt ich vorsichtig weiter zur zweiten Besteigung. Es war schon spät am Tag, und auch dieser Teil des Berges war wie der andere steil und zerklüftet. Ich war um zwei Uhr auf dem Gipfel der zweiten Kuppe, gelangte aber nur mit äußerster Schwierigkeit dahin; jede zwanzig Yards bekam ich einen Krampf in den oberen Teilen der Schenkel, so daß ich fürchtete, nicht imstande zu sein, wieder hinunterzukommen. Auch war es nötig, auf einem anderen Weg zurückzukehren, da eine nochmalige Überschreitung des Sattelrückens ganz außer Frage war. Ich war daher gezwungen, die beiden anderen höheren Spitzen aufzugeben. Ihre Höhe war nur um wenig beträchtlicher und alle geologischen Zwecke

---

[1] Ich nenne dies Distelstengel aus Mangel eines korrekteren Namens. Ich glaube, es ist eine Spezies von *Eryngium*.

waren erreicht; der weitere Versuch war daher das Risiko irgendeiner ferneren Anstrengung nicht wert. Ich vermute, die Ursache des Krampfes war der auffallende Wechsel in der Tätigkeit der Muskeln, von der des scharfen Reitens zu der des noch angestrengteren Kletterns. Es ist eine wohl beherzigenswerte Lehre, da dies Vorkommnis in manchen Fällen viele Beschwerden veranlassen kann.

Ich habe bereits bemerkt, daß der Berg aus weißem Quarzfelsen besteht, mit dem ein wenig glänzender Tonschiefer verbunden ist. In der Höhe von wenig hundert Fuß über der Ebene hingen Konglomeratstücke an mehreren Stellen dem soliden Felsen an. Sie waren in der Härte und in der Beschaffenheit des Bindemittels den Massen ähnlich, welche man an einigen Küsten sich täglich bilden sehen kann. Ich zweifle nicht daran, daß diese Rollsteine in einer ähnlichen Weise zu einer Zeit miteinander verbunden wurden, wo sich die große Kalkformation unter dem umgebenden Meer ablagerte. Wir dürfen annehmen, daß die zackigen und mürben Formen des harten Quarzes noch die Wirkungen der Wellen eines offenen Ozeans anzeigen.

Im ganzen war ich von dieser Besteigung enttäuscht. Selbst die Rundsicht war unbedeutend; – eine Ebene wie das Meer, aber ohne seine schönen Farben und bestimmte Konturen. Die Szene war indes neu und ein wenig Gefahr gab ihr, wie Salz dem Fleisch, eine Würze. Daß die Gefahr sehr gering war, war sicher, denn meine Begleiter brannten ein gutes Feuer an, was man nie tut, wenn zu vermuten ist, daß Indianer in der Nähe sind. Ich erreichte unser Biwak mit Sonnenuntergang; nachdem ich viel Maté getrunken und mehrere Zigaretten geraucht hatte, machte ich mir für die Nacht mein Lager zurecht. Der Wind blies stark und war kalt, ich habe aber nie gemütlicher geschlafen.

10. September – Nachdem wir am Morgen glücklich vor dem Sturm entflohen waren, kamen wir um die Mitte des Tages an der Sauce Posta an. Auf dem Weg sahen wir Hirsche in großer Zahl und in der Nähe der Berge ein Guanaco. Die Ebene, welche an die Sierra anstößt, ist von einigen merkwürdigen Graben durchzogen, von denen einer ungefähr zwanzig Fuß breit und mindestens dreißig tief war; infolgedessen waren wir genötigt, einen beträchtlichen Umweg zu machen, ehe wir einen Übergang finden konnten. Wir blieben die Nacht in der Posta; das Gespräch drehte sich, wie es gewöhnlich der Fall ist, um die Indianer. Die Sierra Ventana war früher für sie ein bedeutender Versammlungsort; und vor drei oder vier Jahren wurde dort viel gekämpft. Mein Führer war anwesend, als viele Indianer getötet wurden; die Frauen entkamen auf die Spitze des Kammes und kämpften ganz verzweifelt mit großen Steinen; viele retteten sich dadurch.

11. September – Wir gingen weiter zur dritten Posta in Begleitung des dieselbe kommandierenden Lieutenants. Die Entfernung wird auf fünfzehn Stunden angegeben; dies ist aber nur ungefähr geraten; allgemein überschätzt man die Entfernungen. Die Straße war uninteressant und führte über eine trockene grasige Ebene; zu unserer Linken waren in größerer oder geringerer Entfernung einige niedrige Hügel. Eine Verlängerung derselben überschritten wir dicht vor der Posta. Vor unserer Ankunft begegneten wir einer großen Herde von Rindern und Pferden, welche von fünfzehn Soldaten behütet wurden; man sagte uns aber, daß viele verloren worden seien. Es ist sehr schwer, Tiere über die Ebene zu treiben; denn wenn sich in der Nacht ein Puma, oder selbst nur ein Fuchs nähert, so ist nichts imstande, die Pferde davon abzuhalten, nach allen Richtungen hin auseinanderzujagen; ein Gewitter hat dieselbe Wirkung. Es ist nicht lange her, daß ein Beamter mit fünfhundert Pferden Buenos Aires verließ; als er bei der Armee ankam, hatte er nicht ganz zwanzig.

Bald nachher merkten wir durch eine Wolke Staubes, daß ein Trupp Berittener auf uns zu käme; als sie noch weit entfernt waren, erkannten sie meine Begleiter aus ihrem langen, ihren Rücken hinabwallenden Haar für Indianer. Die Indianer haben meistens nur ein Stirnband um ihre Köpfe, tragen aber nie eine Bedeckung; ihr schwarzes, quer über dunkelbraune Gesichter wehendes Haar erhöht in einem ganz ungemeinen Grad die Wildheit ihrer Erscheinung. Es stellte sich heraus, daß es ein Trupp von Bernantios befreundetem Stamm war, welcher nach Salz zu einer Salina ging. Die Indianer essen viel Salz, die Kinder saugen daran wie an Zucker. Dies ist eine Gewohnheit, die von der der Gauchos sehr verschieden ist, welche, trotzdem sie dieselbe Lebensweise haben, doch kaum irgend jemals Salz essen; der Angabe Mungo Parks[2] zufolge sind es die von Pflanzenkost lebenden Menschen, welche eine unbesiegbare Begierde nach Salz haben. Die Indianer nickten uns freundlich zu, als sie in vollem Galopp bei uns vorbeikamen, einen Trupp Pferde vor sich hertreibend und ein Gefolge von mageren Hunden hinter sich.

12. und 13. September – Ich blieb zwei Tage auf dieser Posta und wartete auf einen Trupp Soldaten, welche, wie General Rosas die Freundlichkeit gehabt hatte, mich durch einen Boten wissen zu lassen, binnen kurzem nach Buenos Aires ziehen würden; er riet mir, diese Gelegenheit, mit einer Eskorte zu reisen, zu benutzen. Am Morgen ritten wir auf einige benachbarte Hügel, um einen Blick auf das Land zu haben und die Geologie desselben zu untersuchen. Nach dem Mittagessen teilten sich die Soldaten in zwei Gruppen, um sich in ihrer Geschicklichkeit mit den Bolas miteinander zu messen. Zwei Speere wurden fünfunddreißig Yards voneinander entfernt in den Boden gesteckt; sie wurden aber nur einmal unter vier oder fünf Würfen getroffen und umwickelt. Die Kugeln können fünfzig oder sechzig Yards weit, aber dann nur mit geringer Sicherheit geworfen werden. Dies gilt aber nicht für einen Mann zu Pferde; denn wenn die Geschwindigkeit des Pferdes noch zu der Stärke des Arms hinzukommt, so können sie, wie man sagt, mit voller Wirkung noch auf eine Entfernung von achtzig Yards fortgeschleudert werden. Als einen Beweis für ihre Kraft will ich erwähnen, daß, als auf den Falkland-Inseln die Spanier mehrere ihrer eigenen Landsleute und alle Engländer ermordeten, ein junger befreundeter Spanier davonlief; ein starker, großer Mann, mit Namen Luciano, kam ihm in vollem Galopp nachgesetzt, rief ihm zu, er möge stehenbleiben, er wolle nur etwas mit ihm sprechen. Gerade als der Spanier im Begriff war, das Boot zu erreichen, warf Luciano die Kugeln nach ihm; sie trafen ihn an den Beinen mit einer solchen Wucht, daß er niedergeworfen wurde und eine Zeitlang besinnungslos blieb. Nachdem Luciano sein Gespräch mit ihm gehabt hatte, ließ man ihn laufen. Er sagte uns, daß seine Beine da, wo sich der Riemen herumgeschlungen hätte, mit großen Schwielen gezeichnet gewesen wären, als wäre er mit einer Peitsche geschlagen worden. In der Mitte des Tages kamen zwei Männer, die ein Paket von der nächsten Posta zur Weiterbeförderung an den General brachten: Unsere Gesellschaft bestand sonach an diesem Abend, außer diesen beiden, aus meinem Führer, mir selbst, dem Lieutenant und seinen vier Soldaten. Die letzteren waren fremdartige Geschöpfe; der erste war ein schöner junger Neger; der zweite halb Neger, halb Indianer, die anderen beiden unbestimmbar, nämlich der eine ein alter chilenischer Bergmann von Mahagoni-Farbe, der andere teilweise Mulatte; beide waren aber solche Mischlinge, mit so abscheulichem Ausdruck, wie ich nie zuvor gesehen hatte. Des Nachts, wenn sie um das Feuer herumsaßen und Karten spielten, zog ich mich etwas zurück, um eine solche Salvator-Rosa-artige Szene zu betrachten. Sie saßen unter einem niedrigen Felsvorsprung, so daß ich auf sie herabsehen konnte; um die Gesellschaft herum lagen Hunde, Waffen, Überreste von Hirschen und Straußen; ihre langen Speere waren in den Boden gepflanzt. Weiter hinten in dem dunklen Hintergrund waren ihre Pferde angebunden, bereit für jede plötzliche Gefahr. Wurde die Stille der öden Ebene durch das Bellen eines der Hunde unterbrochen, so legte einer der Soldaten, das Feuer verlassend, seinen Kopf dicht an den Boden und musterte langsam den Horizont. Selbst wenn der unruhige Teru-tero sein Geschrei ausstieß, neigte sich für einen Augenblick jeder Kopf etwas nach vorn.

Welch elendes Leben scheinen uns doch diese Leute zu führen! Sie waren wenigstens zehn

---
[2] Travels in Africa, p.233.

Sechstes Kapitel

Stunden von der Sauce-Posta und seit dem von den Indianern verübten Morde zwanzig von einer anderen entfernt. Man vermutet, die Indianer hätten ihren Angriff mitten in der Nacht ausgeführt; denn sehr zeitig am Morgen nach dem Mord wurden sie glücklicherweise bei ihrer Annäherung an diese Posta gesehen. Der ganze Trupp hier mitsamt dem Trupp Pferden entkam indessen; jeder schlug eine Richtung für sich ein und trieb so viele Tiere mit sich fort, als er zu leiten imstande war.

Die kleine, aus Distelstengeln gebaute Hütte in denen sie schliefen, hielt weder den Regen noch den Wind ab; die Wirkung, die das Dach im ersteren Fall hatte, war geradezu die, den Regen in größere Tropfen zu sammeln. Sie hatten nichts zu essen, außer was sie sich fangen konnten, wie Strauße, Hirsche, Armadillos usw., und ihr einziges Feuerungsmaterial waren die trockenen Stengel einer kleinen, einer Aloe in etwas ähnlichen Pflanze. Der einzige Luxus, den diese Leute genossen, bestand darin, die kleinen Papier-Zigarren zu rauchen und Maté zu schlürfen. Ich dachte mir immer, daß die Aasgeier, diese beständigen Begleiter des Menschen auf diesen traurigen Ebenen, während sie auf den kleinen Felsvorsprüngen in der Nähe saßen, durch die Geduld selbst, mit der sie dasaßen, auszusprechen schienen: „Ei, wenn die Indianer kommen, haben wir eine gute Mahlzeit."

In der Frühe brachen wir alle zur Jagd auf, und wenngleich wir nicht viel Erfolg hatten, gab es doch ein paar recht belebte Rennen. Bald nach dem Aufbruch trennte sich die Gesellschaft und richtete ihre Pläne so ein, daß sie zu einer bestimmten Zeit des Tages (und diese zu erraten zeigen sie viel Geschick) von den verschiedenen Punkten des Kompasses her alle auf einem ebenen Stück Boden zusammenkommen und auf diese Weise die zu jagenden Tiere zusammentreiben sollten. Eines Tages ging ich in Bahia Blanca zur Jagd aus; die Leute ritten aber nur einfach in einem Halbkreis, jeder vom anderen ungefähr eine Viertel-Meile entfernt. Ein schöner, vom vordersten Reiter aufgetriebener männlicher Strauß suchte nach der einen Seite zu entkommen. Die Gauchos jagten ihm in kopfloser Eile nach, dabei ihre Pferde mit der bewunderungswürdigsten Herrschaft herumwerfend; jeder wirbelte die Bolas über dem Kopf. Endlich warf sie der Vorderste, sie durch die Luft herum schwingend: Im Augenblick überschlug sich der Strauß, da der Riemen die Beine ordentlich zusammengewickelt hatte.

Auf den Ebenen sind drei Arten von Feldhühnern[3] außerordentlich häufig, zwei davon so groß wie Fasane. Auch ihr Hauptvertilger, ein kleiner hübscher Fuchs, war eigentümlich häufig; im Lauf des Tages können wir nicht weniger als vierzig oder fünfzig gesehen haben. Sie waren meist in der Nähe ihrer Erdbaue, doch töteten die Hunde einen. Als wir zur Posta zurückkamen, fanden wir, daß zwei Leute aus der Gesellschaft zurückgekehrt waren, welche für sich auf die Jagd gegangen waren. Sie hatten einen Puma getötet und ein Straußennest mit siebenundzwanzig Eiern darin gefunden. Jedes derselben, sagt man, gleicht im Gewicht elf Hühnereiern, so daß wir von diesem einzigen Nest so viel Nahrung erhielten, wie 297 Hühnereier gegeben haben würden.

14. September – Da die zur nächsten Posta gehörenden Soldaten zurückzukehren dachten und wir zusammen eine Gesellschaft von fünf, sämtlich bewaffneten Personen bilden würden, beschloß ich, nicht auf die erwarteten Truppen zu warten. Mein Wirt, der Lieutenant, drängte sehr in mich, zu bleiben. Da er sehr verbindlich gewesen war – er hatte mich nicht bloß mit Nahrung versehen, sondern mir sogar seine Privatpferde geliehen –, so wollte ich ihm gern irgendeine Entschädigung geben. Ich fragte also meinen Führer; er sagte aber ganz entschieden „Nein"; er meinte, daß die einzige Antwort, die ich erhalten würde, wahrscheinlich die wäre: „Wir haben in unserem Land Fleisch für die Hunde, geben es daher auch einem Christen gern." Man darf nicht etwa vermuten, daß die Stellung eines Lieutenants in einer solchen Armee die Annahme

---

[3] Zwei Spezies von Tinamus und Eudromia elegans A. d'Orbigny, welche nur mit Rücksicht auf ihre Lebensweise ein Feldhuhn genannt werden kann.

einer Bezahlung irgendwie verhindern würde; es war nur das starke Gefühl der Gastfreundschaft, welches jeder Reisende als nahezu ganz allgemein in diesen Provinzen anzuerkennen verbunden ist. Nachdem wir einige Wegstunden galoppiert waren, kamen wir in eine niedrige, morastige Gegend, welche sich nahezu achtzig Meilen nach Norden bis zur Sierra Tapalguen hin erstreckt. In einigen Teilen fanden sich schöne, feuchte, mit Gras bedeckte ebene Stellen, während andere einen weichen, schwarzen, torfigen Boden hatten. Es waren dort auch viele große, aber seichte Seen und große mit Röhricht bedeckte Einsenkungen. Das Land war im ganzen den besseren Teilen des Marschlands in Cambridgeshire ähnlich. Zur Nacht hatten wir etwas Schwierigkeit, inmitten des Morastes einen trockenen Fleck für unser Biwak zu finden.

15. September – Wir brachen sehr zeitig am Morgen auf und passierten bald darauf die Posta, wo die Indianer die fünf Soldaten getötet hatten. Der Offizier hatte achtzehn Chuzowunden an seinem Körper. In der Mitte des Tages erreichten wir nach einem scharfen Galopp die fünfte Posta; wegen einiger Schwierigkeit, frische Pferde zu bekommen, blieben wir die Nacht hier. Da dieser Punkt der exponierteste auf der ganzen Strecke war, waren einundzwanzig Soldaten hier stationiert; mit Sonnenuntergang kamen sie von der Jagd zurück und brachten sieben Hirsche, drei Strauße und viele Armadillos und Feldhühner. Beim Reiten durch das Land ist es ein gewöhnlicher Gebrauch, die Ebene anzuzünden; der Horizont war daher auch bei dieser Gelegenheit an mehreren Stellen durch glänzende Feuer erleuchtet. Man tut dies zum Teil, um irgendwelche etwa verstreute Indianer zu verwirren, hauptsächlich aber um den Weidegrund zu verbessern. Auf grasigen Ebenen, welche keine größeren wiederkäuenden Säugetiere bewohnen, scheint es notwendig zu sein, den überflüssigen Pflanzenwuchs durch Feuer zu zerstören, um das im neuen Jahr Wachsende nutzbar zu machen.

Der Rancho an dieser Stelle konnte sich nicht einmal eines Daches rühmen, sondern bestand nur aus einem Ring von Distelstengeln, um die Kraft des Windes zu brechen. Er lag am Rand eines ausgedehnten, aber seichten Sees, den äußerst zahlreiches, wildes Geflügel bevölkerte; unter diesem war der schwarzhalsige Schwan auffallend.

Die Art von Regenpfeifern (Himantopus nigricollis), welche wie auf Stelzen gehend aussieht, kommt hier in Herden von beträchtlicher Größe häufig vor. Sie ist mit Unrecht der Ineleganz beschuldigt worden; wenn sie in seichtem Wasser, ihrem Lieblingsaufenthalt, herumwatet, ist ihr Gang durchaus nicht unbehilflich. Diese Vögel stoßen, zu Schwärmen vereinigt, einen Laut aus, welcher eigentümlich dem Gebell einer Meute kleiner Hunde in voller Jagd ähnlich ist. Wachte ich in der Nacht auf, so bin ich mehr als einmal für einen Augenblick über diesen entfernten Laut erschrocken. Der Teru-tero (Vanellus cayanensis) ist ein anderer Vogel, welcher häufig die Stille der Nacht stört. Im Aussehen und in der Lebensweise ist er in vielen Beziehungen unseren Kiebitzen ähnlich; seine Flügel sind indessen mit scharfen Spornen bewaffnet, gleich denen an den Beinen des Haushahns. Wie der Kiebitz seinen Namen (auch englisch: peewit) vom Klang seines Rufes erhalten hat, so wird auch der Teru-tero nach seinem Ruf so genannt. Wenn man über die grasigen Ebenen reitet, wird man beständig von diesen Vögeln verfolgt, welche den Menschen zu hassen scheinen, aber auch sicherlich wegen ihres unaufhörlichen, sich stets gleichbleibenden, gellenden Geschreis gehaßt zu werden verdienen. Für den Jäger sind sie äußerst lästig, da sie jedem anderen Vogel und Säugetier seine Annäherung verkünden. Für den im Land Reisenden können sie wohl, wie Molina sagt, eine Wohltat deshalb werden, daß sie ihn vor dem mitternächtlichen Räuber warnen. Während der Brutzeit versuchen sie, wie unsere Kiebitze, dadurch Hunde und andere Feinde von ihren Nestern abzuziehen, daß sie sich verwundet stellen. Die Eier dieser Vögel werden für eine große Delikatesse gehalten.

16. September – Ritt zur siebten Posta am Fuß der Sierra Tapalguen. Die Gegend war vollständig eben und trug auf einem weichen torfigen Boden einen groben Pflanzenwuchs. Die Hütte hier

Sechstes Kapitel

war merkwürdig nett, die Pfosten und Balken waren aus ungefähr einem Dutzend trockener, mit Lederriemen zusammengebundener Distelstengel gemacht; und gestützt von diesen, ionischen Säulen ähnlich, war das Dach und die Seitenwände mit Stroh bedeckt. Es wurde uns hier eine Tatsache erzählt, welche ich nicht geglaubt haben würde, wäre ich nicht selbst zum Teil noch Augenzeuge davon gewesen: Daß nämlich in der vorigen Nacht Hagelsteine, so groß wie kleine Äpfel und außerordentlich hart, mit solcher Heftigkeit niedergefallen wären, daß die größere Zahl der wilden Tiere getötet worden sei. Einer der Leute hatte bereits dreizehn Hirsche (*Cervus campestris*) tot umherliegend gefunden, und ich habe ihre frischen Häute gesehen; ein anderer der Mannschaft brachte wenige Minuten nach meiner Ankunft noch weitere sieben. Ich weiß nun aber, daß ein Mann ohne Hunde sieben Hirsche doch kaum in einer Woche erlegt haben könnte. Die Leute meinten, sie hätten ungefähr fünfzehn tote Strauße gesehen (von einem aßen wir zu Mittag), und sagten, sie hätten mehrere, offenbar auf einem Auge blind, herumlaufen sehen. Große Mengen kleinerer Vögel wie Enten, Habichte und Feldhühner, waren erschlagen. Eins der letzteren habe ich gesehen, welches einen dunklen Fleck auf dem Rücken hatte, als wäre es von einem Pflasterstein getroffen worden. Eine Hecke von Distelstengeln rings um die Hütte war beinahe umgebrochen, und als mein Berichterstatter den Kopf hinausstreckte, um zu sehen, was denn los wäre, erhielt er einen heftigen Schlag; und noch trug er eine Binde. Das Hagelwetter soll von beschränkter Ausdehnung gewesen sein; gewiß ist, daß wir vom Biwak der letzten Nacht aus eine dichte Wolke und Blitze in dieser Richtung gesehen hatten. Es ist merkwürdig, wie so starke Tiere wie Hirsche auf diese Weise erschlagen werden konnten; nach den Beweisen, die ich hier mitgeteilt habe, habe ich aber keinen Zweifel daran, daß die Geschichte nicht im mindesten übertrieben ist. Übrigens freue ich mich, ihre Glaubwürdigkeit auch vom Jesuiten Dobrizhoffer[4] bestätigt zu sehen, welcher von einem viel weiter nördlich gelegenen Land erzählt, daß Hagel von enormer Größe gefallen sei und ungeheure Mengen von Rindern erschlagen habe. Die Indianer nannten daher die Stelle „Lalegraicavalca", das heißt „die kleinen weißen Dinger". Auch teilt mir Dr. Malcolmson mit, daß er im Jahre 1831 Zeuge eines Hagelwetters in Indien gewesen sei, welches eine Menge großer Vögel getötet und Rinder erheblich verletzt habe. Diese Hagelsteine waren glatt, einer maß zehn Zoll im Umfang, ein anderer wog zwei Unzen. Sie hatten einen Kiesweg wie mit Flintenschüssen aufgewühlt und waren durch Fensterscheiben gegangen, runde Löcher durch sie schlagend, ohne sie zu zersplittern.

Nachdem wir unser Mittagessen von Hagelschlag-Fleisch beendet hatten, überstiegen wir die Sierra Tapalguen, eine niedrige, wenig hundert Fuß hohe Hügelkette, welche am Kap Corrientes beginnt. Das Gestein in diesem Teil ist reiner Quarz; weiter nach Osten zu ist es, wie ich höre, granitisch. Die Hügel sind von einer merkwürdigen Gestalt; sie bestehen aus flachen Stücken eines von niedrigen senkrechten Klippen umgebenen Tafellandes, wie die Ausläufer einer sedimentären Ablagerung. Der Hügel, den ich bestieg, war sehr klein, nicht über ein paar hundert Yards im Durchmesser; ich habe aber andere, größere gesehen. Einer derselben, welcher mit dem Namen „Corral" bezeichnet wird, soll zwei oder drei Meilen im Durchmesser halten und von senkrechten, zwischen dreißig und vierzig Fuß hohen Klippen umgeben sein, ausgenommen an einer Stelle, wo der Zugang sich findet. Falconer[5] gibt eine merkwürdige Schilderung davon, wie die Indianer Truppen wilder Pferde hineintreiben und sie dann durch Bewachung des Eingangs in Sicherheit halten. Ich habe nirgends von irgendeinem anderen Beispiel von Tafelland in einer Quarzformation gehört, welche, wenigstens auf dem von mir untersuchten Hügel, weder Spaltung noch Schichtung zeigte. Mir wurde erzählt, daß das Gestein des „Corrals" weiß sei und beim Schlagen Funken gebe.

Wir erreichten die Posta am Rio Tapalguen nicht vor Dunkelwerden. Beim Abendessen erfüllte mich auf einmal infolge irgendeiner Äußerung, die ich hörte, der Gedanke mit Schaudern,

---
[4] History of the Abipones, Vol. II, p.6.
[5] Falconer's Patagonia, p.70.

daß ich eines jener Lieblingsgerichte des Landes äße, nämlich ein halbgebildetes Kalb, lange vor der eigentlichen Zeit seiner Geburt. Es stellte sich aber heraus, daß es Pumafleisch sei; das Fleisch ist sehr weiß und im Geschmack dem Kalbfleisch merkwürdig ähnlich. Dr. Shaw wurde wegen seiner Angabe, daß „Löwenfleisch sehr geschätzt werde und keine geringe Verwandtschaft, sowohl in Farbe als Geschmack und Aroma mit Kalbfleisch habe", ausgelacht. Sicher ist dies mit dem Pumafleisch der Fall. Die Gauchos sind nicht einig in der Ansicht, ob Jaguarfleisch ein gutes Gericht sei; einstimmig sagen sie aber, daß Katze ausgezeichnet ist.

17. September – Wir folgten dem Lauf des Rio Tapalguen durch eine sehr fruchtbare Gegend bis zur neunten Posta. Tapalguen selbst, oder die Stadt Tapalguen, wenn man es so nennen kann, besteht aus einer vollkommen flachen Ebene, welche, so weit das Auge reichen kann, mit den Toldos oder backofenförmigen Hütten der Indianer besetzt ist. Die Familien der befreundeten, auf General Rosas Seite kämpfenden Indianer wohnten hier. Wir trafen und begegneten viele junge Indianerfrauen, welche zu zweien oder dreien zusammen auf einem und demselben Pferd ritten; sie sowohl als auch viele der jungen Männer waren auffallend hübsch, – ihre schönen, frischen Gesichter boten ein Bild der Gesundheit dar. Außer den Toldos waren drei Ranchos da; den einen bewohnte der Kommandant, die beiden anderen hatten Spanier mit kleinen Kramläden inne.

Wir waren hier imstande, etwas Zwieback zu kaufen. Mehrere Tage lang war nichts anderes als Fleisch über meine Lippen gekommen. Ich war dieser neuen Kost durchaus nicht abgeneigt; ich fühlte aber, daß sie mir nur bei starker körperlicher Anstrengung hätte bekommen können. Ich habe gehört, daß Patienten in England, wenn man von ihnen verlangte, daß sie sich, selbst mit der Hoffnung, nur so ihr Leben erhalten zu können, ganz auf animale Diät beschränken sollten, kaum imstande waren, sie zu ertragen. Und doch rührt der Gaucho in den Pampas monatelang nichts anderes an als Rindfleisch. Sie essen aber, wie ich beobachtet habe, eine sehr große Menge Fett im Verhältnis zum Fleisch, und dies ist weniger animalisiert; auch haben sie eine ganz besondere Abneigung gegen trockenes Fleisch wie das des Aguti. Dr. Richardson[6] hat gleichfalls die Bemerkung gemacht, „daß, wenn Leute lange Zeit hindurch nur von magerem Fleisch gelebt haben, das Bedürfnis nach Fett so unersättlich wird, daß sie große Mengen unvermischten, ja selbst öligen Fettes verzehren können, ohne daß es ihnen Übelkeit erregt"; dies scheint mir eine merkwürdige physiologische Tatsache zu sein. Vielleicht ist es eine Folge ihrer Fleischdiät, daß die Gauchos, wie andere fleischfressende Tiere, lange ohne Nahrung aushalten können. Mir wurde erzählt, daß in Tandeel eine Abteilung Soldaten aus freien Stücken eine Truppe Indianer drei Tage lang ohne zu essen und zu trinken verfolgt habe.

In den Läden sahen wir viele Artikel wie Pferdedecken, Gürtel und Strumpfbänder, welche die Indianerinnen gewebt hatten. Die Muster waren sehr hübsch und die Farben brillant; die Arbeit der Strumpfbänder war so gut, daß ein englischer Kaufmann in Buenos Aires behauptete, sie müßten in England fabriziert worden sein, bis er fand, daß die Quasten mit zerschlitzten Sehnen befestigt waren.

18. September – Wir ritten an diesem Tag sehr weit. An der zwölften Posta, welche sieben Stunden südlich vom Rio Salado liegt, kamen wir zu der ersten Estancia mit Rindern und weißen Frauen. Später mußten wir viele Meilen durch überschwemmtes Land reiten, wo das Wasser den Pferden bis über die Knie ging. Dadurch, daß wir die Steigbügel auf dem Sattel kreuzten und nach Art der Araber mit aufgebogenen Beinen ritten, machten wir es möglich, uns ziemlich trocken zu halten. Es war beinahe dunkel, als wir am Salado ankamen; der Strom war tief und ungefähr vierzig Yards breit; im Sommer wird dagegen sein Bett fast ganz trocken und das wenige übrigbleibende Wasser ist so salzig wie Meerwasser. Wir schliefen auf einer der großen

---
[6] Fauna Boreali-Americana, Vol. I, p.35.

Estancias des Generals Rosas. Sie war befestigt und von einer solchen Ausdehnung, daß ich bei unserer Ankunft im Dunkeln glaubte, es sei eine Stadt und Festung. Am Morgen sahen wir ungeheure Rinderherden, da der General hier vierundsiebzig Quadratstunden Landes besitzt. Früher waren dreihundert Menschen auf dieser Estancia beschäftigt; sie schlugen alle Angriffe der Indianer zurück.

19. September – Wir passierten die Guardia del Monte. Es ist dies eine nette, zerstreut gebaute Stadt mit vielen Gärten voll von Pfirsichen und Quittenbäumen. Die Ebene sah hier so aus wie die um Buenos Aires: Der Rasen war kurz und hellgrün, mit Klee- und Distelbeeten und mit Viscache-Höhlen. Die scharf markierte Veränderung im Ansehen des Landes, nachdem wir den Salado überschritten hatten, fiel mir sehr auf. Aus einem groben Pflanzenwuchs kamen wir auf einen schönen grünen Teppich. Ich schrieb dies zuerst einer Änderung in der Beschaffenheit des Bodens zu; die Einwohner versicherten mir aber, daß hier sowohl wie in Banda Oriental, wo auch ein großer Unterschied zwischen der Landschaft rings um Monte Video und den dünn bevölkerten Savannahs von Colonia besteht, das Ganze nur dem Düngen und Grasen der Rinder zuzuschreiben sei. Genau dieselbe Tatsache ist in den Prärien[7] von Nord-Amerika beobachtet worden, wo grobes, zwischen fünf und sechs Fuß hohes Gras durch das Abgrasen der Rinder in gewöhnliches Weideland verwandelt wird. Ich bin nicht Botaniker genug, um sagen zu können, ob diese Veränderung hier eine Folge der Einführung neuer Spezies oder eines veränderten Wachstums derselben Arten, oder einer Verschiedenheit in der relativen Zahl derselben ist. Auch Azara hat mit Erstaunen diese Veränderung beobachtet; auch das sofortige Erscheinen von Pflanzen, welche nicht in der Nähe vorkommen, an den Rändern eines jeden zu einer neu gebauten Hütte führenden Weges macht ihn verlegen. An einer anderen Stelle sagt er:[8] „Ces chevaux (sauvages) ont la manie de préférer les chemins et le bord des routes pour déposer leurs excrémens, dont on trouve des monceaux dans ces endroits." Erklärt dies nicht zum Teil jene Erscheinung? Wir erhalten auf diese Weise Züge reich gedüngten Landes, welche als Kommunikationskanäle quer über große Distrikte dienen.

In der Nähe der Guardia findet sich die südliche Grenze zweier, jetzt außerordentlich gemein gewordener Pflanzen. Der Fenchel bedeckt in großer Üppigkeit die Grabenränder in der Nähe von Monte Video, Buenos Aires und anderen Städten. Aber die Cardone (spanische Artischocke, *Cynara cardunculus*)[9] hat eine bei weitem ausgedehntere Verbreitung; sie kommt in diesen Breiten auf beiden Seiten der Cordillera, quer über den Kontinent vor. Ich habe sie an abgelegenen Orten in Chile, Entre Rios und Banda Oriental gesehen. Allein in letzterem Land sind sehr viele (wahrscheinlich mehrere hundert) Quadratmeilen von einer großen Masse dieser stachligen Pflanze bedeckt und sind für Menschen und Tiere undurchdringlich. Auf diesen wellenförmigen Ebenen, wo diese großen Beete vorkommen, kann nichts anderes leben. Vor ihrer Einführung muß indessen die Oberfläche wie in anderen Teilen eine üppige Pflanzendecke getragen haben. Ich bezweifle es, ob irgendein Fall von einer so großartigen Invasion einer Pflanze mit Verdrängung der eingeborenen noch bekannt ist. Wie ich bereits angeführt habe, habe ich die Cardone

---

[7] S. Mr. Atwater's Schilderung der Prärien in: Silliman's American Journal, Vol. I, p.117.
[8] Azara, Voyage, Vol. I, p.373.
[9] D'Orbigny sagt (Vol. I, p.474), daß sowohl die Cardone als die Artischocke wild gefunden werden. Dr. Hooker hat (Botanical Magazine, Vol. LV, p.2862) eine Varietät der *Cynara* aus diesem Teil von Süd-Amerika unter dem Namen *inermis* beschrieben. Er gibt an, daß die Botaniker jetzt allgemein darin übereinstimmten, daß die Cardone und die Artischocke Varietäten einer und derselben Pflanze seien. Ich will hinzufügen, daß mir ein intelligenter Farmer versichert hat, daß in einem wüst gelegenen Garten einige Artischocken sich in die gemeine Cardone verwandelt hätten. Dr. Hooker meint, die lebendige Beschreibung Heads von der Distel der Pampas beziehe sich auf die Cardone; dies ist aber ein Irrtum. Captain Head bezog sich auf die Pflanze, welche ich wenige Zeilen später unter dem Namen der Riesendistel erwähnt habe. Ob es eine echte Distel ist, weiß ich nicht; sie ist aber von der Cardone völlig verschieden und viel mehr einer eigentlich so genannten Distel ähnlich.

nirgends im Süden vom Rio Salado gesehen; aber es ist wahrscheinlich, daß in dem Verhältnis, als das Land bewohnt wird, auch die Cardone ihre Verbreitungsgrenze erweitert. In bezug auf die Riesendistel der Pampas (mit gefleckten Blättern) liegt der Fall anders; denn ich fand sie im Tal des Sauce. Den von Mr. Lyell so gut entwickelten Grundsätzen zufolge haben wenige Länder seit 1535, wo die ersten Kolonisten von La Plata mit zweiundsiebzig Pferden landeten, so merkwürdige Veränderungen erfahren. Die zahllosen Herden von Pferden, Rindern und Schafen haben nicht bloß das ganze Aussehen der Vegetation verändert, sondern haben das Guanaco, den Hirsch und den Strauß beinahe ganz vertrieben. Zahllose andere Veränderungen müssen stattgefunden haben; an manchen Orten vertritt wahrscheinlich das wilde Schwein das Peccari; Rudel wilder Hunde kann man an den bewaldeten Ufern der weniger besuchten Flüsse heulen hören und die gemeine Katze bewohnt, in ein großes und wildes Tier verwandelt, die felsigen Berge. Wie d'Orbigny bemerkt hat, muß die Zunahme der Aasgeier an Zahl seit der Einführung der domestizierten Tiere unendlich groß gewesen sein; wir haben auch Gründe zu der Annahme angeführt, daß sie ihre südliche Verbreitungsgrenze vorgeschoben haben. Ohne Zweifel sind noch viele andere Pflanzen außer dem Fenchel und der Cardone naturalisiert worden; so sind die Inseln in der Nähe der Mündung des Parana dicht mit Pfirsich- und Orangebäumen bedeckt, welche von den Wassern des Flusses dorthin geführten Samen ihre Entstehung verdanken.

Während wir in Guardia die Pferde wechselten, fragten uns mehrere Leute eingehend über die Armee aus; ich habe niemals etwas dem Enthusiasmus für Rosas und für den Erfolg „des gerechtesten aller Kriege, des gegen Barbaren geführten", ähnliches gesehen. Man muß bekennen, daß dieser Ausdruck sehr natürlich ist; denn bis vor kurzem war weder Mann, noch Frau, noch Pferd vor den Angriffen der Indianer sicher. Wir hatten einen langen Tagesritt über die gleich reiche grüne Ebene, voll von verschiedenen Herden, hier und da mit einer Estancia und seinem einzigen „Ombu"-Baum. Am Abend regnete es sehr stark; als wir an dem Haus der Posta ankamen, sagte uns der Besitzer, daß wir, wenn wir nicht einen regelrechten Paß hätten, weiter fort müßten; denn es gäbe so viele Räuber, daß er niemanden traute. Nachdem er indes meinen Paß gelesen hatte, der mit den Worten begann „El Naturalista Don Carlos", war seine Hochachtung und Höflichkeit ebenso unbegrenzt als es vorher sein Argwohn gewesen war. Was ein Naturalista sein mochte, davon hatten, glaube ich, weder er noch seine Landsleute irgendeine Idee; aber wahrscheinlich verlor mein Titel aus dieser Ursache nichts von seiner Bedeutung.

20. September – Wir kamen um die Mitte des Tages in Buenos Aires an. Die äußeren Umgebungen der Stadt sahen ganz nett aus mit den Agave-Hecken und den Hainen von Oliven, Pfirsichen und Weiden, welche alle gerade ihre frischen grünen Blätter trieben. Ich ritt nach dem Hause des Mr. Lumb, eines englischen Kaufmanns, dessen Freundlichkeit und Gastfreundschaft ich während meines Aufenthalts in dem Land sehr verpflichtet wurde.

Die Stadt Buenos Aires ist groß[10]; und ich glaube, sie ist eine der allerregelmäßigsten auf der Welt. Jede Straße steht zu der sie kreuzenden in rechtem Winkel, und da die Parallelstraßen in gleichen Abständen voneinander laufen, stehen die Häuser in soliden Vierecken von gleichen Dimensionen zusammen; diese werden Quadras genannt. Andererseits sind die Häuser selbst hohle Vierecke; alle Zimmer gehen nach einem netten kleinen Hof hinaus. Sie sind meist nur ein Stockwerk hoch, mit platten Dächern, welche mit Sitzen versehen sind und im Sommer von den Bewohnern viel besucht werden. Im Mittelpunkt der Stadt liegt die Plaza, wo die öffentlichen Gebäude, die Festung, die Kathedrale usw. stehen. Hier hatten auch vor der Revolution die alten Vizekönige ihre Paläste. Die Gesamtmasse der Gebäude besitzt eine ziemliche architektonische Schönheit, doch kann sich keines individuell einer solchen rühmen.

---

[10] Man sagt, sie habe 60.000 Einwohner. Monte Video, die zweite Stadt von Bedeutung an den Ufern des Plata, hat 15.000.

Sechstes Kapitel

Das große Corral, wo die Tiere zum Schlachten gehalten werden, um diese Rindfleisch essende Bevölkerung mit Nahrung zu versorgen, ist eine der am meisten sehenswürdigen Merkwürdigkeiten. Die Kraft des Pferdes verglichen mit der des Bullen ist völlig erstaunlich; ein Mann zu Pferde, der seinen Lasso um die Hörner eines Tieres geworfen hat, kann es hinziehen wo er nur will. Das Tier, welches mit ausgestreckten Beinen den Boden aufpflügt in vergeblicher Anstrengung, der Gewalt zu widerstehen, bricht meistens in voller Gewalt nach einer Seite hin aus; das Pferd aber dreht sich augenblicklich um, um den Stoß zu empfangen, und steht so fest, daß der Bulle beinahe niedergeworfen wird; und merkwürdig ist es, daß er nicht seinen Hals bricht. Der Kampf ist indes nicht mit gleichen Kräften, da des Pferdes Umfang gegen den ausgestreckten Hals des Bullen steht. In ähnlicher Weise kann ein Mann das wildeste Pferd halten, wenn es mit dem Lasso gerade hinter den Ohren gefangen ist. Wenn der Bulle zu dem Ort hingeschleift ist, wo er geschlachtet werden soll, schneidet ihm der „Matador" mit großer Vorsicht die Knieflechsen durch. Dann stößt das Tier sein Todesgeschrei aus; einen für wilden Todeskampf ausdrucksvolleren Laut kenne ich nicht; ich habe ihn oft aus einer großen Entfernung unterschieden und habe immer gewußt, daß der Kampf nun zu Ende geht. Der ganze Anblick ist schaudervoll und widerstrebend; der Boden ist fast ganz mit Knochen gepflastert, und Pferd und Reiter sind mit Blut bedeckt.

Siebtes Kapitel

Ausflug nach Santa Fé – Distelbeete – Lebensart der Viscache – Kleine Eule – Salinenflüsse – Flache Ebenen – *Mastodon* – Santa Fé – Änderung in der Landschaft – Geologie – Zahn des ausgestorbenen Pferdes – Verwandtschaft der fossilen und lebenden Säugetiere von Nord- und Süd-Amerika – Wirkungen großer Dürre – Parana – Lebensweise des Jaguar – Scherenschnabel – Eisvogel, Papagei und Scherenschwanz – Revolution – Buenos Aires – Zustand der Regierung

Von Buenos Aires nach Santa Fé

27. September – Am Abend brach ich zu einem Ausflug nach Santa Fé auf, welches nahezu dreihundert englische Meilen von Buenos Aires entfernt an den Ufern des Parana liegt. Die Straßen in der Nähe der Stadt waren nach dem regnerischen Wetter außerordentlich schlecht. Ich würde es nie für möglich gehalten haben, daß sich hier ein Ochsenwagen hätte fortwälzen können. Wie die Dinge standen, kamen sie kaum mit der Schnelligkeit von einer Meile in der Stunde vorwärts; auch mußte ein Mann immer vorausgehen, um zu untersuchen, welches die beste Richtung wäre, den weiteren Versuch zu machen. Die Ochsen waren schauerlich abgetrieben: Es ist ein großer Irrtum, annehmen zu wollen, daß in dem Verhältnis als die Straßen verbessert werden und die Schnelligkeit des Reisens zunimmt, auch die Leiden der Tiere sich vergrößern. Wir kamen an einem Wagenzug und einer Herde Ochsen auf dem Weg nach Mendoza vorbei. Die Entfernung beträgt ungefähr 580 Meilen und die Fahrt wird meistens in fünfzig Tagen zurückgelegt. Die Wagen sind sehr lang, schmal und mit einem Strohdach aus Schilf bedeckt; sie haben nur zwei Räder, deren Durchmesser in manchen Fällen bis zu zehn Fuß beträgt. Jeder Wagen wird von sechs Ochsen gezogen, die mit einem Stachelstecken von mindestens zwanzig Fuß Länge angetrieben werden; derselbe ist unterhalb des Strohdaches aufgehängt; für die Deichselochsen ist noch ein kleinerer vorhanden; und zum Antreiben des mittleren Paares springt von der Mitte des langen Steckens rechtwinklig eine Spitze vor. Das Ganze sieht wie ein Kriegsgerät aus.

28. September – Wir kamen durch die kleine Stadt Luxan, wo sich eine hölzerne Brücke über den Fluß fand – eine Bequemlichkeit von äußerster Seltenheit in diesem Land. Wir kamen auch durch Areco. Die Ebenen erschienen ganz flach, waren es aber in der Tat nicht, denn an verschiedenen Stellen war der Horizont ferngerückt. Die Estancias liegen hier weit auseinander, denn es findet sich nur wenig gutes Weideland: Der Boden ist entweder mit großen Beeten eines bitteren Klees oder der großen Distel bedeckt. Die letztgenannte, durch die lebendige Beschreibung Sir J. Heads bekannte Pflanze stand in dieser Zeit des Jahres in halbem Wuchs; an einigen Stellen war sie so hoch wie der Rücken der Pferde, an anderen aber war sie noch nicht aufgegangen und der Boden war kahl und staubig, wie auf einer Landstraße. Die Pflanzengruppen waren von dem glänzendsten Grün und boten ein angenehmes Miniaturbild einer gerodeten Waldlandschaft dar. Wenn die großen Disteln voll ausgewachsen sind, dann sind die großen beetartigen Strecken undurchdringlich, mit Ausnahme weniger, wie in einem Labyrinth verwickelter Pfade. Diese sind nur den Räubern bekannt, welche sie zu der Jahreszeit bewohnen, nachts hervorbrechen und ungestraft die Kehlen abschneiden. Als ich an einem Haus fragte, ob es viele Räuber gebe, wurde mir geantwortet: „Die Disteln sind noch nicht in die Höhe". Der Sinn der Antwort war mir anfangs nicht recht klar. Das Durchwandern dieser Landstriche hat nur wenig Interesse, da sie nur von wenigen Tieren oder Vögeln, mit Ausnahme der Viscache und ihrer Freundin, der kleinen Eule, bewohnt werden.

Siebtes Kapitel

Es ist bekannt, daß die Viscache[1] einen hervorragenden Charakterzug in der Zoologie der Pampa bildet. Sie findet sich südlich bis zum Rio Negro, im 41.° S. Br., aber nicht jenseits desselben. Sie kann nicht, wie das Aguti, auf den kiesigen und wüsten Ebenen Patagoniens leben, zieht vielmehr einen tonigen oder sandigen Boden vor, welcher einen verschiedenen und reichlicheren Pflanzenwuchs hervorbringt. In der Nähe von Mendoza, am Fuß der Cordillera kommt sie in nächster Nachbarschaft mit der verwandten alpinen Art vor. Es ist ein sehr merkwürdiger Umstand in ihrer geographischen Verbreitung, daß sie, zum Glück für die Bewohner der Banda Oriental, niemals östlich vom Rio Uruguay gesehen worden ist; und doch gibt es in dieser Provinz Ebenen, welche ihrer Lebensweise wunderbar zusagend zu sein scheinen. Der Uruguay hat ihrer Wanderung ein unübersteigliches Hindernis in den Weg gelegt, trotzdem daß die breitere Schranke des Parana überschritten worden ist und die Viscache in Entre Rios, der Provinz zwischen diesen beiden großen Flüssen, häufig ist. In der Nähe von Buenos Aires sind diese Tiere außerordentlich gemein. Ihr am meisten beliebter Aufenthaltsort scheinen diejenigen Teile der Ebenen zu sein, welche während der einen Hälfte des Jahres, mit Ausschluß anderer Pflanzen, mit der Riesendistel bedeckt sind. Die Gauchos behaupten, sie lebe von Wurzeln; und nach der großen Kraft ihrer Nagezähne und der Beschaffenheit der von ihnen aufgesuchten Orte scheint dies wahrscheinlich richtig zu sein. Des Abends kommen die Viscachen in großer Anzahl heraus und sitzen ruhig auf ihren Keulen vor dem Eingang zu ihren Höhlen. Zu solchen Zeiten sind sie sehr zahm und ein vorüberreitender Mensch scheint ihnen nur einen Gegenstand für ihre tiefsinnigen Betrachtungen darzubieten. Sie laufen sehr ungeschickt, und wenn sie der Gefahr entlaufen, so sind sie mit ihren in die Höhe gehaltenen Schwänzen und ihren kurzen Vorderbeinen großen Ratten sehr ähnlich. Ihr Fleisch ist, gekocht, sehr weiß und gut, wird aber nur selten benutzt.

Die Viscache hat eine sehr eigentümliche Gewohnheit, nämlich jeden harten Gegenstand an die Mündung ihres Baus zu schleppen; rund um jede Gruppe von Löchern liegen viele Rinderknochen, Steine, Distelstengel, harte Erdklöße, trockener Dünger usw. zu unregelmäßigen Haufen zusammengebracht, die zuweilen so groß sind, wie ein Schubkarren halten würde. Man hat mir in glaubwürdiger Weise mitgeteilt, daß ein Herr während des Reitens in einer dunklen Nacht seine Uhr fallen ließ; er ging am Morgen hinaus und, wie er erwartet hatte, fand er sie durch Absuchen aller Viscachelöcher an der Straße wieder. Diese Gewohnheit, alles aufzulesen, was nur irgendwo in der Nähe der Höhle auf dem Boden liegt, muß viel Mühe machen. Zu welchem Zweck es geschieht, darüber bin ich nicht einmal imstande, auch nur die entfernteste Vermutung zu äußern: Es kann nicht der Verteidigung wegen geschehen, weil das Zeug hauptsächlich oberhalb des Eingangs zur Höhle hingelegt wird, welcher mit einer sehr geringen Neigung in die Erde führt. Ohne Zweifel muß es seinen ganz guten Grund haben; die Einwohner des Landes sind aber völlig unwissend darüber. Die einzige hiermit analoge Tatsache, die ich kenne, ist die Gewohnheit jenes merkwürdigen australischen Vogels, der *Calodera* [*Chlamydodera* Gould] *maculata*, einen eleganten gewölbten Gang aus Zweigen, zum Spielen darin, zu bauen und in die Nähe dieses Flecks Land- und Meermuscheln, Knochen und Vogelfedern, besonders glänzend gefärbte, zusammenzutragen. Mr. Gould, welcher diese Tatsachen beschrieben hat, teilt mir mit, daß, wenn die Eingeborenen irgendeinen harten Gegenstand verloren haben, sie diese Spielplätze absuchen; und er weiß, daß eine Tabakspfeife auf diese Weise wieder gefunden worden ist.

Die so oft schon erwähnte kleine Eule (*Athene* [*Speotyto* Glog.] *cunicularia*) bewohnt auf den Ebenen von Buenos Aires ausschließlich die Höhlen der Viscache; in Banda Oriental ist sie ihr eigener Baumeister. Während des hellen Tages, ganz besonders aber am Abend, kann man diese Vögel nach allen Richtungen hin häufig paarweise auf den Sandhügeln in der Nähe ihrer

---

[1] Die Viscache (*Lagostomus trichodactylus*) ist etwa einem großen Kaninchen ähnlich, hat aber größere Nagezähne und einen langen Schwanz; doch hat sie, wie das Aguti, hinten nur drei Zehen. Während der letzten drei oder vier Jahre sind die Felle dieser Tiere als Pelzwerk nach England geschickt worden.

Höhlen stehen sehen. Werden sie gestört, so gehen sie entweder in ihre Höhle oder bewegen sich, einen gellenden harschen Schrei ausstoßend, mit einem merkwürdig welligen Flug eine kurze Strecke weit fort, drehen sich dann um und stieren fest ihren Verfolger an. Gelegentlich hört man sie am Abend schreien. Im Magen von zweien, die ich öffnete, fand ich Reste von Mäusen, und eines Tages sah ich, wie sie eine kleine Schlange töteten und fortschleppten. Man sagt, daß während der Tageszeit Schlangen ihre gewöhnliche Beute seien. Da es zeigt, von was für verschiedener Art von Nahrung Eulen leben, will ich noch anführen, daß bei einer auf den Inselchen des Chonos-Archipels getöteten der Magen voll von ziemlich großen Krabben war. In Indien[2] gibt es eine von Fischen lebende Gattung von Eulen, die gleichfalls Krabben fängt.

Am Abend setzten wir auf einem einfachen, aus zusammengebundenen Fässern gemachten Floß über den Rio Arrecife und schliefen im Posthaus am anderen Ufer. Ich bezahlte an diesem Tage Pferdemiete für einunddreißig Wegstunden, und obschon die Sonne glühend heiß war, war ich doch nur wenig ermüdet. Wenn Kapitän Head von einem Ritt von fünfzig Stunden an einem Tag spricht, so glaube ich doch nicht, daß dies 150 englischen Meilen gleich ist. Auf alle Fälle waren die einunddreißig Stunden nur 76 Meilen in einer geraden Linie, und in einem offenen Land sollten doch vier weitere Meilen für Krümmungen des Weges genug gerechnet sein.

29. und 30. September – Wir ritten fortwährend über Ebenen desselben Charakters. In San Nicolas sah ich zum ersten Mal den prachtvollen Rio Parana. Am Fuß des felsigen Rückens, auf welchem die Stadt liegt, waren einige große Fahrzeuge vor Anker. Ehe wir in Rozario ankamen, kreuzten wir den Saladillo, einen Fluß mit schönem, klarem, fließendem Wasser, das aber zu salzig zum Trinken war. Rozario ist eine große, auf einer ganz platten Ebene erbaute Stadt; die Ebene bildet einen ungefähr sechzig Fuß über dem Parana hohen Felsrücken. Der Fluß ist sehr breit, mit vielen Inseln, welche ebenso wie das gegenüberliegende Ufer niedrig und bewaldet sind. Der Anblick würde dem eines großen Sees ähnlich sein, wenn nicht die linienförmigen Inselchen schon allein die Idee an fließendes Wasser hervorriefen. Die Felsklippen bilden den pittoreskesten Teil; zuweilen sind sie absolut senkrecht und von roter Farbe; andere Male sind sie in große, von Kaktus und Mimosenbäumen bedeckte Massen zerklüftet. Die wirkliche Großartigkeit eines ungeheuren Flusses wie dieser, tritt uns erst entgegen, wenn wir bedenken, welch bedeutungsvolles Mittel für Kommunikation und Handel zwischen zwei Nationen er bildet, wie weit er läuft und von welch ungeheurem Gebiet er die große Masse von Süßwasser, welche zu unseren Füßen vorüberfließt, abführt.

Viele Stunden weit nördlich und südlich von San Nicolas und Rozario ist das Land wirklich waagrecht eben. Kaum irgend etwas, was Reisende über seine äußerste Flachheit geschrieben haben, kann für übertrieben gehalten werden. Und doch konnte ich keine Stelle finden, wo nicht beim langsamen Herumdrehen Gegenstände in manchen Richtungen in einer größeren Entfernung gesehen worden wären als in anderen; und dies beweist offenbar, daß die Ebene Ungleichheiten darbot. Auf dem Meer, wo das Auge sechs Fuß über der Wasserfläche steht, liegt sein Horizont zwei und vier Fünftel Meilen entfernt. In gleicher Weise rückt der Horizont, je horizontaler die Ebene ist, um so mehr in diese engen Grenzen; und dies zerstört meiner Meinung nach vollständig jene Großartigkeit, welche, wie man sich wohl hätte vorstellen können, eine ungeheure horizontal ausgedehnte Ebene besitzen sollte.

1. Oktober – Wir brachen bei Mondschein auf und kamen mit Sonnenaufgang an den Rio Tercero. Es wird dieser Fluß auch Saladillo genannt, und diesen Namen verdient er, da das Wasser brackig ist. Ich blieb den größeren Teil des Tages hier und suchte fossile Knochen. Außer einem vollkommenen Zahn des *Toxodon* und vielen zerstreut umherliegenden Knochen, fand ich nahe beieinander zwei ungeheure Skelette, die in kühnem Relief aus der senkrechten Felswand des

---
[2] Journal of Asiatic Society, Vol. V., p.363.

Parana vorsprangen. Sie waren indessen so vollständig verwittert, daß ich nur kleine Bruchstücke eines der großen Backenzähne mitnehmen konnte; diese reichten aber hin, zu zeigen, daß die Reste einem *Mastodon* angehörten, wahrscheinlich derselben Spezies, welche in früheren Zeiten in so großer Anzahl die Cordillera im oberen Peru bewohnte. Die Leute, welche mich im Kanu zur Stelle brachten, sagten mir, daß sie schon lange von diesen Skeletten gewußt und sich gewundert hätten, wie sie wohl dahin gekommen wären; da sie die Notwendigkeit fühlten, sich eine Theorie darüber zu machen, waren sie zu dem Schluß gekommen, daß das *Mastodon* früher ein grabendes Tier wie die Viscache gewesen sei! Am Abend ritten wir eine Station weiter und kreuzten den Monge, einen anderen Fluß mit Brackwasser, der den Bodensatz der Auswaschungen der Pampas abführt.

2. Oktober – Wir kamen durch Corunda, wegen der Üppigkeit seiner Gärten eines der hübschesten Dörfer, das ich gesehen habe. Von diesem Punkt an bis nach Santa Fé ist die Straße nicht recht sicher. Die westliche Seite des Parana nach Norden zu ist nicht mehr bewohnt; daher kommen die Indianer zuweilen so weit herunter und lauern den Reisenden an den Straßen auf. Auch begünstigt dies die Beschaffenheit des Landes; denn anstatt grasiger Ebenen findet sich hier ein offenes, aus niedrigen dornigen Mimosen gebildetes Waldland. Wir kamen an einigen Häusern vorüber, welche geplündert und seitdem verlassen worden waren; auch hatten wir einen Anblick, der meine Führer mit hoher Befriedigung erfüllte: Es war das mit der eingetrockneten, die Knochen überziehenden Haut bedeckte Skelett eines Indianers, was an einem Baumast aufgehängt war.

Am Morgen kamen wir in Santa Fé an. Ich war überrascht zu sehen, eine wie große Veränderung des Klimas durch eine Verschiedenheit von nur drei Breitengraden zwischen diesem Ort und Buenos Aires verursacht wurde. Dies zeigte sich deutlich in dem Anzug und dem Teint der Menschen, – in der bedeutenderen Größe der Ombu-Bäume, – in der Zahl neuer Kaktus-Arten und anderer Pflanzen, – und besonders in der Vogelwelt. Im Verlauf einer Stunde hatte ich ein halbes Dutzend Vögel bemerkt, welche ich niemals in Buenos Aires gesehen hatte. Zieht man in Betracht, daß es keine natürliche Grenzlinie zwischen den beiden Orten gibt und daß der Charakter des Landes bei beiden sehr ähnlich ist, so war die Verschiedenheit viel bedeutender, als man hätte erwarten können.

3. und 4. Oktober – Ich wurde diese zwei Tage durch Kopfschmerzen ans Bett gefesselt. Eine gutmütige alte Frau, welche mich bediente, wollte viele kuriose Mittel probieren. Ein gewöhnliches Mittel ist, ein Orangen-Blatt oder ein Stückchen schwarzen Pflasters auf jede Schläfe zu binden. Noch allgemeiner ist der Gebrauch, eine Bohne in zwei Hälften zu spalten, sie anzufeuchten und eine auf jede Schläfe zu legen, wo sie leicht haften. Man hält es nicht für gut, die Bohnen oder die Pflaster zu entfernen, sondern läßt sie abfallen; und wenn einmal jemand mit Flecken am Kopf gefragt wird, was es denn gäbe, so wird die Antwort sein: „Ich hatte vorgestern Kopfschmerzen!" Viele von den Leuten hierzulande angewandte Mittel sind lächerlich und wunderbar fremdartig, aber zu ekelhaft, sie zu erwähnen. Eines der noch am wenigsten widerwärtigen ist, zwei junge Hunde zu töten, aufzuschneiden und auf beide Seiten eines gebrochenen Gliedes zu binden. Kleine haarlose Hunde werden sehr gesucht, um zu Füßen von Leuten von schwacher Gesundheit zu schlafen.

Santa Fé ist eine ruhige kleine Stadt, welche reinlich und in guter Ordnung gehalten wird. Der Gouverneur Lopez war zur Zeit der Revolution gemeiner Soldat, ist aber nun schon siebzehn Jahre im Besitz der Gewalt. Diese Stetigkeit der Regierung ist eine Folge seiner tyrannischen Gebräuche; denn Tyrannei scheint bis jetzt für diese Länder noch immer besser zu passen als Republikanismus. Die Lieblingsbeschäftigung des Gouverneurs ist, Indianer zu jagen: Vor kurzem ließ er achtundvierzig hinschlachten und verkaufte die Kinder zu drei oder vier Pfund das Stück.

5. *Oktober* – Wir setzten über den Parana nach Santa Fé Bajada, einer Stadt am gegenüberliegenden Ufer. Die Überfahrt nahm einige Stunden in Anspruch, da der Fluß hier aus einem Labyrinth kleiner, durch niedrig bewaldete Inseln getrennter Arme besteht. Ich hatte einen Empfehlungsbrief an einen alten katalonischen Spanier, welcher mich mit der ungemeinsten Gastlichkeit behandelte. Santa Fé Bajada ist die Hauptstadt von Entre Rios. Im Jahre 1825 hatte die Stadt 6.000, die Provinz 30.000 Einwohner; doch hat, so klein auch die Zahl der Einwohner ist, keine andere Provinz mehr von blutigen und verzweifelten Revolutionen zu leiden gehabt. Sie rühmen sich hier des Besitzes von Repräsentanten, Ministern, einer stehenden Armee und Gouverneuren; es ist daher kein Wunder, daß sie auch ihre Revolutionen haben. In der Zukunft muß diese Provinz eines der reichsten Länder am Plata sein. Der Boden ist verschiedenartig und produktiv; und die beinahe inselartige Form der Provinz gibt ihr zwei große Hauptkommunikationswege in den Flüssen Parana und Uruguay.

Ich wurde hier fünf Tage aufgehalten und beschäftigte mich während derselben damit, die Geologie des umgebenden Landes zu untersuchen, welche sehr interessant war. Am Fuß der Felsen finden sich Schichten, welche Haifischzähne und Seemuscheln ausgestorbener Arten enthalten; nach oben gehen dieselben in einen erhärteten Mergel und dieser wiederum in die rote tonige Erde der Pampas über, welche die kalkigen Konkretionen und die Knochenreste von Landsäugetieren einschließt. Dieser senkrechte Durchschnitt weist deutlich darauf hin, wie in eine große Bucht von reinem Salzwasser Süßwassermassen kamen und sie allmählich in das Bett eines schlammigen Aestuariums verwandelten, in welches tote Tierleiber geschwemmt wurden. Bei Punta Gorda in Banda Oriental fand ich, daß die Aestuarablagerung der Pampas mit einem Kalkstein abwechselte, welcher einige derselben ausgestorbenen Seemuscheln enthielt; und dies weist entweder auf eine Veränderung in den früheren Strömungen oder wahrscheinlicher auf eine Oszillation im Boden des alten Aestuariums hin. Meine Gründe, die Pampa-Formation für eine Ästuarablagerung zu halten, waren bis vor kurzem einmal ihre allgemeine äußere Erscheinung, dann ihre Lage an der Mündung des jetzt noch bestehenden großen Flusses, des Plata, und das Vorhandensein so vieler Knochen von Landsäugetieren. Nun hat aber Prof. Ehrenberg die Freundlichkeit gehabt, ein wenig von der tief unten in der Ablagerung, dicht bei den Skeletten des *Mastodon* entnommenen roten Erde für mich zu untersuchen. Er findet darin viele Infusorien, zum Teil Seewasser-, zum Teil Süßwasserformen, die letzteren im ganzen vorherrschend; und daher muß, wie er bemerkt, das Wasser brackig gewesen sein. A. d'Orbigny fand an den Ufern des Parana, in der Höhe von hundert Fuß, große Schichten voll von einer Aestuarmuschel, welche jetzt hundert Meilen weiter abwärts näher dem Meer lebt; ich fand ähnliche Muscheln in einer geringeren Höhe an den Ufern des Uruguay. Dies beweist, daß das Wasser, welches die Pampas kurz vor ihrer Erhebung und Umwandlung in trockenes Land bedeckte, brackig war. Unterhalb Buenos Aires finden sich emporgehobene Schichten mit Seemuscheln von noch jetzt lebenden Arten, welches gleichfalls beweist, daß die Periode der Erhebung der Pampas innerhalb einer neueren Zeit liegt.

In der Pampas-Ablagerung bei Bajada fand ich den Knochenpanzer eines riesenhaften armadilloartigen Tieres, dessen Innenseite, nachdem die Erde entfernt war, wie ein großer Kessel aussah; ich fand Zähne von *Toxodon* und *Mastodon* und einen Pferdezahn in demselben schmutzigen und verwitterten Zustand. Dieser letztere Zahn interessierte mich in hohem Grade[3]; ich gab mir die sorgfältigste Mühe festzustellen, daß derselbe zu der gleichen Zeit wie die anderen Überreste in die Schicht eingeschlossen worden war; mir war damals noch nicht bekannt, daß unter den Fossilien von Bahia Blanca ein Pferdezahn war, welcher in dem Muttergestein verborgen lag, auch wußte man damals noch nicht mit Sicherheit, daß Fossilreste vom Pferd in Nord-Amerika häufig sind. Mr. Lyell hat vor kurzem einen Pferdezahn aus den Vereinigten

---

[3] Ich brauche wohl kaum hier anzuführen, daß triftige Beweise gegen die Annahme vorliegen, daß zur Zeit Columbus irgendein Pferd in Amerika gelebt habe.

Siebtes Kapitel

Staaten mitgebracht; es ist nun eine interessante Tatsache, daß Prof. Owen eine eigentümliche, diesen letzteren charakterisierende Krümmung in keiner, weder fossilen noch lebenden Spezies finden konnte, bis es ihm einfiel, ihn mit meinem hier gefundenen Exemplar zu vergleichen. Er hat danach dieses amerikanische Pferd *Equus curvidens* genannt. Sicherlich ist es eine ganz wunderbare Tatsache in der Geschichte der Säugetiere, daß in Süd-Amerika ein eingeborenes Pferd gelebt hat und dann verschwunden ist, um in späteren Jahrhunderten durch die zahllosen Herden ersetzt zu werden, welche alle die Nachkommen der wenigen mit den spanischen Kolonisten eingeführten Individuen sind!

Das Vorkommen eines fossilen Pferdes, des *Mastodon*, möglicherweise eines Elefanten[4] und eines hohlhörnigen Wiederkäuers, den die Herren Lund und Clausen in den brasilianischen Höhlen entdeckt haben, in Süd-Amerika ist in Hinsicht auf die geographische Verbreitung der Tiere eine höchst interessante Tatsache. Wenn wir Amerika, wie es in der Jetztzeit existiert, nicht am Isthmus von Panama, sondern im südlichen Teil von Mexico[5] beim 20. Grad N. Br. teilen, wo das große Tafelland der Wanderung der Spezies ein Hindernis darbietet, dadurch, daß es das Klima beeinflußt und mit Ausnahme einiger Täler und einem Rand von niedrigem Terrain an der Küste eine Scheidewand bildet, dann stehen sich die beiden zoologischen Provinzen von Nord- und Süd-Amerika scharf einander gegenüber. Nur einige wenige Spezies haben die Scheidemauer überschritten und können als Einwanderer vom Süden angesehen werden, wie der Puma, Opossum, Kinkajou und Peccari. Süd-Amerika wird durch den Besitz vieler eigentümlicher Nagetiere, einer Familie von Affen, des Llama, Peccari, Tapir, Opossum und besonders mehrerer Gattungen von Edentaten charakterisiert, der Ordnung, welche die Faultiere, Ameisenfresser und Armadillos oder Gürteltiere umfaßt. Andererseits wird Nord-Amerika (wenn man einige wenige wandernde Arten beiseite läßt) durch zahlreiche eigentümliche Nagetiere und durch vier Gattungen hohlhörniger Wiederkäuer (Rind, Schaf, Ziege und Antilope) charakterisiert, von welcher Abteilung Süd-Amerika, so viel man weiß, nicht eine einzige Spezies besitzt. Früher, aber doch innerhalb der Periode, wo die meisten der gegenwärtig existierenden Muscheln lebten, besaß Nord-Amerika außer hohlhörnigen Wiederkäuern den Elefanten, das *Mastodon,* das Pferd und drei Gattungen von Edentaten, nämlich das *Megatherium*, *Megalonyx* und *Mylodon*. Innerhalb nahezu derselben Periode (wie es die Muscheln bei Bahia Blanca beweisen) besaß Süd-Amerika, wie wir soeben gesehen haben, ein *Mastodon*, ein Pferd, einen hohlhörnigen Wiederkäuer und dieselben drei Gattungen (ebenso wie noch mehrere andere) von Edentaten. Es ist hiernach offenbar, daß Nord- und Süd-Amerika, welche in einer späten geologischen Periode diese verschiedenen Gattungen gemeinsam besaßen, im Charakter ihrer Landtiere viel näher miteinander verwandt waren, als sie es jetzt sind. Je mehr ich über diesen Fall nachdenke, desto interessanter erscheint er mir. Ich kenne kein anderes Beispiel, wo wir den Zeitpunkt und die Art und Weise der Teilung eines großen Bezirks in zwei scharf charakterisierte zoologische Provinzen beinahe bezeichnen können. Ein Geologe, welcher einen lebendigen Eindruck von den ungeheuren Schwankungen des Niveaus hat, die innerhalb neuerer Zeit die Erdrinde betroffen haben, wird nicht anstehen, über die neuere Erhebung des mexikanischen Plateaus oder, noch wahrscheinlicher, die neuerlich erfolgte Senkung von Land im Westindischen Archipel als die Ursache der jetzigen zoologischen Trennung von Nord- und Süd-Amerika Betrachtungen

---
[4] Cuvier, Ossemens fossiles. Tom. I, p.158.
[5] Dies ist die von Lichtenstein, Swainson, Erichson und Richardson angenommene geographische Teilung. Der Durchschnitt von Vera Cruz nach Acapulco, den Humboldt in dem Essai polit. sur le Royaume de la Nouvelle Espagne gegeben hat, zeigt, was für eine ungeheure Scheidewand das mexikanische Tafelland bildet. Dr. Richardson sagt in seinem ausgezeichneten Bericht über die Zoologie von Nord-Amerika, der British Association 1837 mitgeteilt (p.157), wo er von der Identifikation eines mexikanischen Säugetieres mit dem *Synetheres prehensilis* spricht: „Wir wissen nicht, mit welcher Berechtigung wir diese annehmen; ist es aber richtig, dann ist es ein, wenn nicht ganz allein dastehendes, doch beinahe ein solches Beispiel eines Nord- und Süd-Amerika gemeinsam zukommenden Nagetieres."

anzustellen. Der südamerikanische Charakter der westindischen Säugetiere[6] scheint darauf hinzuweisen, daß der Archipel früher mit dem südlichen Kontinent verbunden war und daß er später ein Senkungsgebiet gewesen ist.

Als Amerika, und besonders Nord-Amerika, seine Elefanten, das Pferd und die hohlhörnigen Wiederkäuer besaß, war es in seinem zoologischen Charakter den gemäßigten Teilen von Europa viel näher verwandt, als es jetzt ist. Da die Überreste der nämlichen Gattungen auf beiden Seiten der Behrings-Straße[7] und auf den Ebenen Sibiriens gefunden werden, so werden wir darauf geführt, die nordwestliche Seite von Amerika als den früheren Kommunikationspunkt zwischen der Alten und der sogenannten Neuen Welt zu betrachten. Und da so viele, sowohl lebende als auch ausgestorbene Arten dieser nämlichen Gattungen die Alte Welt bewohnen und bewohnt haben, so erscheint es in hohem Grade wahrscheinlich, daß die nordamerikanischen Elefanten, Mastodonten, Pferde und hohlhörnigen Wiederkäuer über, seit jener Zeit untergesunkenes Land in der Nähe der Behrings-Straße aus Sibirien nach Nord-Amerika und von dort über, seit jener Zeit in West-Indien untergesunkenes Land nach Süd-Amerika gewandert sind, wo sie sich eine Zeitlang unter die, jenem südlichen Kontinent charakteristischen Formen gemischt haben und seit jener Zeit dann untergegangen sind.

Während ich durch das Land reiste, erhielt ich mehrere sehr lebendige Schilderungen von den Wirkungen einer vor kurzem dagewesenen Zeit der Dürre; und eine Beschreibung derselben dürfte wohl etwas Licht auf die Fälle werfen, wo ungeheure Mengen von Tieren aller Arten zusammen begraben worden sind. Die zwischen die Jahre 1827 und 1830 fallende Zeit wird der „gran seco" oder die große Dürre genannt. Während dieser Zeit fiel so wenig Regen, daß der ganze Pflanzenwuchs, selbst bis auf die Disteln, ausblieb; die Bäche vertrockneten und das ganze Land nahm das Aussehen einer staubigen Landstraße an. Dies war besonders im nördlichen Teil der Provinz von Buenos Aires und dem südlichen Teil von Santa Fé der Fall. Eine sehr große Zahl von Vögeln, wilden Tieren, Rindern und Pferden kamen aus Mangel an Nahrung und Wasser um. Ein Mann erzählte mir, daß die Hirsche[8] in seinen Hof zu dem Brunnen zu kommen pflegten, den er zu graben genötigt worden war, um nur seine eigene Familie mit Wasser zu versorgen; und daß die Rebhühner kaum Kraft genug hatten, fortzufliegen, wenn sie verfolgt wurden. Die niedrigste Schätzung des Verlustes an Rindern in der Provinz von Buenos Aires allein war zu einer Million angenommen. Ein Grundbesitzer in San Pedro hatte vor diesen Jahren 2000 Rinder, und am Ende derselben war nicht eines übrig geblieben! San Pedro liegt mitten in dem schönsten Land und ist jetzt wiederum ganz voll von Tieren; und doch wurde während des letzteren Teils des „gran seco" lebendes Rind für den Konsum der Einwohner auf Schiffen dorthin gebracht. Die Tiere schweiften über den Bereich der Estancias hinaus und mischten sich, da sie weit nach dem Süden wanderten, in solchen Mengen untereinander, daß eine Kommission der Regierung von Buenos Aires hingeschickt wurde, um die Streitigkeiten der Besitzer beizu-

---

[6] S. Dr. Richardsons Bericht, a.a.O., p.157, auch l'Institut, 1837, p.253. Cuvier sagt, daß der Kinkajou auf den größeren Antillen gefunden wird, doch ist dies zweifelhaft. Gervais gibt an, daß die *Didelphis cancrivora* dort gefunden wird. Sicher ist, daß West-Indien einige ihm eigentümliche Säugetiere besitzt. Ein *Mastodon*-Zahn ist von Bahama gebracht worden: Edinb. New Philos. Journ. 1826, p.395.
[7] S. den ausgezeichneten Appendix von Dr. Buckland zu Beechey's Voyage; auch die Mitteilungen Chamissos in Kotzebues Reise.
[8] In Capt. Owens Vermessungsreise (Vol. II, p.274) findet sich eine merkwürdige Schilderung der Wirkungen einer Dürre auf die Elefanten in Benguela (Westküste von Afrika). „Eine Anzahl dieser Tiere war vor einiger Zeit in Masse in die Stadt gekommen, um sich in den Besitz der Brunnen zu setzen, da sie nicht imstande waren, sich im Lande irgendwo Wasser zu verschaffen. Die Einwohner taten sich zusammen und ein verzweifelter Kampf begann, welcher mit der schließlichen Niederlage der Eindringlinge endete, aber nicht eher bis sie einen Mann getötet und mehrere andere verwundet hatten." Man sagt, die Stadt habe eine Bevölkerung von nahezu dreitausend! Dr. Malcolmson teilt mir mit, daß während einer großen Trockenheit in Indien die wilden Tiere in die Zelte einiger Truppen in Ellore kamen und daß ein Hase aus einem vom Regimentsadjutanten gehaltenen Gefäß trank.

legen. Sir Woodbine Parish teilte mir noch eine andere und sehr merkwürdige Ursache von Streit mit; da der Erdboden so lange trocken war, wurden solche Mengen von Staub umhergeweht, daß in einem so offenen Land die Grenzsteine verweht wurden und die Leute nicht mehr die Grenzen ihrer Besitzungen angeben konnten.

Ein Augenzeuge hat mir mitgeteilt, daß sich Rinder in Herden von Tausenden in den Parana stürzten; da sie aus Erschöpfung vor Hunger nicht imstande waren, die schlammigen Ufer hinaufzukriechen, ertranken sie. Der Flußarm, welcher bei San Pedro vorüberfließt, war so voll von faulenden Tierkörpern, daß der Geruch, wie mir der Kapitän eines Fahrzeugs mitteilte, ihn vollständig unpassierbar machte. Ohne Zweifel kamen auf diese Weise mehrere Hunderttausende von Tieren um; als ihre Körper zu faulen begannen, sah man sie den Fluß hinabschwimmen, und ohne Zweifel wurden viele im Aestuarium des Plata abgelagert. Alle die kleineren Flüsse waren stark salzig und dies veranlaßte den Tod von ungeheuren Mengen an besonderen Stellen; denn wenn ein Tier von solchem Wasser trinkt, erholt es sich nicht wieder. Azara beschreibt[9] die Wut der wilden Pferde bei einer ähnlichen Gelegenheit; sie stürzten sich in die Moräste; diejenigen, welche zuerst hineinkamen, wurden von den folgenden überwältigt und erdrückt. Er fügt hinzu, daß er mehr als einmal die toten Leiber von über einem Tausend auf diese Weise umgekommener Pferde gesehen habe. Ich bemerkte, daß die kleineren Flüsse in den Pampas mit einer Breccie von Knochen gepflastert waren; doch ist dies wahrscheinlich die Folge einer allmählichen Anhäufung und nicht die einer massenhaften Zerstörung zu einer Zeit. Nach der großen Dürre von 1827 bis 1830 folgte eine sehr regnerische Zeit, welche große Überschwemmungen verursachte. Es ist daher beinahe sicher, daß einige Tausend Skelette von den Ablagerungen schon des nächsten Jahres begraben wurden. Was würde die Ansicht eines Geologen sein, wenn er eine solch enorme Ansammlung von Knochen von Tieren aller Arten und jeden Alters in eine einzige, dicke erdige Masse eingebettet sähe? Würde er es nicht eher einer großen, die Oberfläche des Landes überschwemmenden Flut zuschreiben mögen, als dem gewöhnlichen Hergang der Dinge?[10]

12. Oktober – Ich hatte beabsichtigt, meine Exkursion noch weiter auszudehnen, da ich aber nicht ganz wohl war, war ich gezwungen, auf einer Balandra, einem einmastigen Fahrzeug von ungefähr hundert Tonnen Last, welches nach Buenos Aires bestimmt war, zurückzukehren. Da das Wetter nicht gut war, vertauten wir das Schiff noch zeitig am Tag an dem Ast eines Baumes auf einer der Inseln. Der Parana ist voll von Inseln, welche einem regelmäßigen Wechsel der Abtragung und der Erneuerung unterliegen. Der Kapitän konnte sich erinnern, daß mehrere große Inseln verschwunden waren und neue sich gebildet hatten und durch Vegetation geschützt wurden. Sie bestehen aus einem schlammigen Sand ohne auch nur den kleinsten Stein und ragten damals vier Fuß über den Wasserspiegel empor; während der periodischen Überschwemmungen stehen sie indessen unter Wasser. Sie bieten alle einen und denselben Charakter dar: Zahlreiche Weiden und einige wenige andere Bäume werden durch eine große Menge verschiedener Kletterpflanzen untereinander verbunden und bilden auf diese Weise einen dicken Dschungel. Diese Dickichte bieten den Capybaras und Jaguaren einen Aufenthaltsort dar. Die Furcht vor dem letztgenannten Tier raubte alles Vergnügen beim Klettern durch dies Gehölz. Am heutigen Abend war ich noch nicht hundert Yards weit gekommen, als ich unzweifelhafte Anzeichen von der kürzliche Anwesenheit des Tigers erhielt und ich genötigt wurde, umzukehren. Auf jeder der Inseln fanden sich Spuren; und wie auf der früheren Exkursion „el rastro de los Indios" den Gegenstand der Unterhaltung gebildet hatte, so war es bei dieser „el rastro del tigre".

Die bewaldeten Ufer der großen Flüsse scheinen die Lieblingsaufenthaltsorte des Jaguars zu

---

[9] Voyage, Vol. I, p.374.
[10] Diese Zeiten der Dürre scheinen in gewissem Grade periodisch zu sein; mir sind die Daten mehrerer anderen mitgeteilt worden; die Zwischenzeiten betrugen ungefähr fünfzehn Jahre.

sein; südlich vom Plata wurde mir aber gesagt, daß sie die die Seeufer einfassenden Schilfdikkichte aufsuchten. Wo sie sich auch finden, sie scheinen Wasser nötig zu haben. Ihre gewöhnliche Beute ist das Capybara, so daß allgemein gesagt wird, wo die Capybaras zahlreich wären, sei die Gefahr der Jaguare gering. Falconer gibt an, daß in der Nähe der südlichen Seite der Platamündung viele Jaguare wären und daß sie hauptsächlich von Fischen lebten; diese Schilderung habe ich mehrmals wiederholen hören. Am Parana haben sie viele Holzschläger getötet und sind selbst nachts auf die Schiffe gekommen. In Bajada lebt noch jetzt ein Mann, der, im Dunkeln von unten heraufkommend, auf dem Verdeck angefallen wurde; doch entkam er noch, freilich mit dem Verlust des Gebrauchs des einen Arms. Wenn die Überschwemmungen diese Tiere von den Inseln vertreiben sind sie am gefährlichsten. Mir ist erzählt worden, daß vor wenigen Jahren ein sehr großer Jaguar seinen Weg in eine Kirche von Santa Fé fand: Zwei Padres, welche einer nach dem anderen hineingingen, wurden getötet, und ein dritter, welcher kam, um nachzusehen, was es gäbe, entkam nur mit Schwierigkeit. Das Tier wurde so beseitigt, daß es von der einen Ecke des Gebäudes aus, welche ohne Dach war, geschossen wurde. Zu solchen Zeiten richten sie auch unter Rindern und Pferden große Verwüstungen an. Man sagt, sie töteten ihre Beute so, daß sie ihr den Hals brächen. Werden sie von den toten Leibern vertrieben, so kehren sie selten zu ihnen zurück. Die Gauchos sagen, daß der Jaguar, wenn er des Nachts umherschweift, sehr durch das Bellen der Füchse, die ihm folgen, belästigt wird. Diese Tatsache stimmt in einer merkwürdigen Weise mit der anderen allgemein behaupteten überein, daß die Schakale in einer ähnlich offiziösen Art den ostindischen Tiger begleiten. Der Jaguar ist ein lärmendes Tier, welches in der Nacht und besonders vor schlechtem Wetter viel brüllt.

Als ich eines Tages an den Ufern des Uruguay jagte, zeigte man mir gewisse Bäume, zu welchen diese Tiere beständig wieder zurückkommen zum Zwecke, wie man sagt, um ihre Krallen zu schärfen. Ich sah drei solcher wohlbekannten Bäume; vorn war die Rinde glatt gerieben, wie von der Brust der Tiere und an den Seiten fanden sich tiefe Ritzen oder vielmehr Gruben, die, nahezu einen Yard lang, sich in einer schrägen Richtung hinzogen. Die Risse waren von verschiedenem Alter. Eine gewöhnliche Methode sich zu vergewissern, ob ein Jaguar in der Nähe ist, ist die, diese Bäume zu untersuchen. Ich glaube, dieser Gebrauch des Jaguars ist dem völlig entsprechend, den man alle Tage bei der gemeinen Katze sehen kann, wenn sie mit ausgestreckten Beinen und vorgestreckten Krallen die Beine eines Stuhles kratzt; ich habe erzählen hören, daß junge Fruchtbäume in einem englischen Obstgarten dadurch stark beschädigt worden sind. Irgendein derartiger Gebrauch muß auch dem Puma eigentümlich sein; denn auf dem harten nackten Boden in Patagonien habe ich häufig so tiefe Ritzen gesehen, wie sie kein anderes Tier gemacht haben könnte. Der Zweck dieser Handlungsweise ist, wie ich glaube, die rauhen Stellen ihrer Krallen abzureißen und nicht, wie die Gauchos meinen, sie zu schärfen. Der Jaguar wird ohne viel Schwierigkeit mit der Hilfe von Hunden erlegt, welche ihn jagen und auf einen Baum treiben, wo ihm dann mit Kugeln der Garaus gemacht wird.

Infolge schlechten Wetters blieben wir zwei Tage an der Insel liegen. Unsere einzige Unterhaltung bestand darin, Fische zu unserem Mittagessen zu fangen: Es gab mehrere Arten und alle waren gut zu essen. Ein, der „Armado" genannter Fisch (ein *Silurus*), war dadurch merkwürdig, daß er, wenn er mit dem Haken und der Leine gefangen wurde, ein scharfes kratzendes Geräusch machte, was deutlich gehört werden konnte, wenn der Fisch noch unter Wasser war. Dieser selbe Fisch hat auch die Fähigkeit, mit dem starken Stachel sowohl seiner Brustflossen als seiner Rückenflosse irgendeinen Gegenstand, so die Platte eines Ruders oder die Angelleine festzuhalten. Am Abend war das Wetter vollständig tropisch, das Thermometer zeigte 79° (26,11 °C). Eine große Anzahl von Leuchtkäfern schwebte umher und die Moskitos waren sehr lästig. Ich hielt meine Hand ihnen fünf Minuten lang hin; sie war bald ganz schwarz von ihnen; ich glaube nicht, daß es weniger als fünfzig sein konnten, alle eifrig saugend.

Siebtes Kapitel

15. Oktober – Wir gingen weiter und passierten Punta Gorda, wo sich eine Kolonie zahmer Indianer aus der Provinz der Missiones findet. Wir segelten sehr schnell den Strom hinab, aber vor Sonnenuntergang legten wir aus einer albernen Furcht vor schlechtem Wetter in einem schmalen Flußarm bei. Ich nahm das Boot und ruderte eine Strecke weit den kleinen Fluß hinauf. Er war sehr schmal, gewunden und tief; eine dreißig bis vierzig Fuß hohe, aus Bäumen mit zwischen sie geflochtenen Kletterpflanzen gebildete Wand auf jeder Seite gab dem Kanal ein eigentümlich düsteres Ansehen. Ich sah hier einen außerordentlich merkwürdigen Vogel, den Scherenschnabel (*Rhynchops nigra*). Er hat kurze Beine, Schwimmhäute, äußerst lang zugespitzte Flügel und ist ungefähr von der Größe einer Seeschwalbe. Der Schnabel ist von den Seiten zusammengedrückt, d. h. in einem rechten Winkel zum platten Schnabel des Löffelreihers oder der Ente. Er ist so flach und elastisch wie ein elfenbeinernes Falzbein und der Unterschnabel ist, verschieden von dem aller übrigen Vögel, anderthalb Zoll länger als der Oberschnabel. Auf einem See in der Nähe von Maldonado, dessen Wasser beinahe ganz abgelaufen war, in welchem infolgedessen zahllose junge Fische waren, sah ich mehrere dieser Vögel, meistens in kleinen Herden, dicht an der Oberfläche des Wassers mit großer Schnelligkeit rückwärts und vorwärts fliegen. Sie hielten ihre Schnäbel weit geöffnet und der Unterschnabel war halb in das Wasser eingetaucht. Indem sie so die Oberfläche leicht berührten, pflügten sie gewissermaßen das Wasser in ihrem Flug: Das Wasser war vollständig glatt, und es war ein äußerst merkwürdiger Anblick, eine Herde zu beobachten, wie jeder Vogel seine eigene schmale Spur auf der spiegelglatten Oberfläche hinterließ. In ihrem Flug drehen sie sich häufig mit äußerster Geschwindigkeit herum und verstehen es sehr geschickt, mit ihrem vorspringenden Unterschnabel kleine Fische aufzuwerfen, welche dann mit der oberen und kürzeren Hälfte ihrer scherenartigen Schnäbel festgehalten werden. Ich habe diese Tatsache wiederholt gesehen, wenn sie wie Schwalben beständig dicht vor mir rück- und vorwärtsflogen. Wenn sie die Oberfläche des Wassers verließen, wurde gelegentlich ihr Flug wild, unregelmäßig und rapid; sie stießen dann ein lautes, rauhes Geschrei aus. Wenn diese Vögel fischen, wird der Vorteil der langen Schwungfedern erster Reihe, durch welche sie sich trocken erhalten, sehr auffallend. Sind sie in dieser Weise in Tätigkeit, dann ist ihre Form dem Zeichen sehr ähnlich, durch welches viele Künstler Seevögel darstellen. Der Schwanz wird beständig in Tätigkeit gesehen, ihren unregelmäßigen Flug zu steuern.

Diese Vögel sind dem Lauf des Rio Parana entlang weit in das Land hinein häufig; man sagt, sie blieben während des ganzen Jahres hier und brüteten in den Morästen. Während des Tages sitzen sie herdenweise ruhig auf den grasigen Ebenen in ziemlicher Entfernung vom Wasser. Als wir, wie ich erwähnte, in einem der tiefen Flußarme zwischen den Inseln des Parana vor Anker lagen, erschien, als beinahe die Nacht einbrach, plötzlich einer dieser Scherenschnäbel. Das Wasser war vollständig ruhig und viele kleine Fische kamen in die Höhe. Der Vogel furchte lange Zeit beständig die Oberfläche in seinem wilden und unregelmäßigen Flug, den engen Kanal auf und nieder fliegend, welcher mit der hereinsinkenden Nacht und von dem Schatten der überhängenden Bäume ganz dunkel war. Bei Monte Video sah ich, daß mehrere große Herden während des Tages auf den Schlammbänken am oberen Ende des Hafens, in derselben Weise wie auf den grasigen Ebenen in der Nähe des Parana, ruhig sitzen blieben; jeden Abend machten sie sich auf und flogen seewärts. Nach diesen Tatsachen vermute ich, daß der Rhynchops meistens bei Nacht fliegt, in welcher Zeit viele der niederen Tiere in großer Menge an die Oberfläche kommen. Lesson gibt an, gesehen zu haben, wie diese Vögel die Schalen der in den Sandbänken an der Küste von Chile eingebetteten Trogmuscheln geöffnet hätten. Bei der Schwäche ihres Schnabels, an dem die Unterkinnlade so bedeutend vorspringt, bei der Kürze ihrer Beine und der Länge ihrer Flügel ist es sehr unwahrscheinlich, daß dies ein gewöhnlicher Gebrauch ist, sich Nahrung zu verschaffen.

Auf unserer Fahrt den Parana hinab beobachtete ich nur noch drei andere Vögel, deren Lebensweise der Erwähnung wert ist. Der eine ist ein kleiner Eisvogel (*Ceryle* [*Chloroceryle* Kp.]

americana); er hat einen längeren Schwanz als die europäische Art und hat daher beim Sitzen keine so steife und aufrechte Haltung. Sein Flug ist auch, anstatt gerade und rapid wie der Flug eines Pfeiles zu sein, matt und wellenförmig, wie er bei weichschnäbligen Vögeln gewöhnlich der Fall ist. Er stößt einen leisen Ton aus, ähnlich dem Zusammenschlagen zweier kleiner Steine. Ein kleiner grüner Papagei (*Conurus murinus* Gm. [*monachus* Bodd.]) mit einer grauen Brust scheint die hohen Bäume auf den Inseln allen anderen Örtlichkeiten als Nistplatz vorzuziehen. Eine Anzahl von Nestern sind so dicht nebeneinandergestellt, daß sie eine große Masse von Stengeln bilden. Diese Papageien leben immer in Herden zusammen und richten auf den Getreidefeldern großen Schaden an. Man hat mir erzählt, daß in der Nähe von Colonia im Laufe eines Jahres 2500 getötet wurden. Ein Vogel mit einem gabelförmigen, in zwei lange Federn endenden Schwanz (*Tyrannus savanna* Viell. [*Milvulus tyrannus* Bp.]), von den Spaniern Scherenschwanz genannt, ist in der Nähe von Buenos Aires sehr gemein; er sitzt gewöhnlich auf einem Ast des Ombu-Baumes in der Nähe eines Hauses, verfolgt von da in kurzem Fluge Insekten und kehrt auf denselben Fleck zurück. Wenn er fliegt, bietet er in seiner Art und Weise zu fliegen und in der allgemeinen Erscheinung eine karikaturhafte Ähnlichkeit mit der gewöhnlichen Schwalbe dar. Er hat die Fähigkeit, in der Luft sehr kurz und scharf zu wenden; dabei öffnet und schließt er seinen Schwanz, zuweilen in horizontaler oder seitlicher, zuweilen in senkrechter Richtung, gerade wie eine Schere.

16. Oktober – Einige Stunden unterhalb Rozario wird das westliche Ufer des Parana von senkrechten Klippen begrenzt, welche sich in einer langen Reihe bis unterhalb San Nicolas erstrecken; es ist daher dem Meeresufer viel ähnlicher als dem Ufer eines Süßwasserstromes. Es stört den Eindruck der Szenerie des Parana außerordentlich, daß sein Wasser wegen der weichen Beschaffenheit seiner Ufer so sehr schlammig ist. Der Uruguay, welcher durch einen granitischen Bezirk fließt, ist viel klarer; und wo sich die beiden Ströme am oberen Ende des Plata vereinigen, lassen sich die beiden Wasser eine lange Strecke weit an ihrer schwarzen und roten Farbe voneinander unterscheiden. Da der Wind am Abend nicht vollständig günstig war, legten wir wie gewöhnlich sofort bei, und da es am nächsten Tage ziemlich frisch blies, trotzdem die Strömung uns günstig war, war doch der Kapitän viel zu indolent, um an einen Aufbruch zu denken. In Bajada wurde er mir als „hombre muy aflicto", als einer, der ewig traurige Bedenklichkeiten hat, wenn es sich ums Weitergehen handelt, geschildert; sicher ist, daß er allen Aufenthalt mit bewunderungswerter Resignation ertrug. Er war ein alter Spanier, der viele Jahre schon im Land war. Er versicherte, die Engländer sehr gern zu haben, behauptete aber doch steif und fest, daß die Schlacht von Trafalgar nur dadurch gewonnen worden sei, daß sämtliche spanischen Kapitäne erkauft wären, und daß die einzige wirklich tapfere Waffentat auf beiden Seiten vom spanischen Admiral ausgeführt worden sei. Es berührte mich als sehr charakteristisch, daß dieser Mann seine Landsleute lieber für die schändlichsten Verräter, als für ungeschickt und feig gehalten wissen wollte.

18. und 19. Oktober – Wir setzten unsere langsame Fahrt den prächtigen Strom hinab fort; die Strömung half uns nur wenig. Während unserer Hinabfahrt begegneten wir nur wenigen Fahrzeugen. Eine der besten Gaben der Natur, ein so großartiger Kommunikationskanal, scheint hier absichtlich von der Hand gewiesen zu werden: Ein Strom, auf welchem Schiffe aus einem Land gemäßigten Klimas, welches an gewissen Produkten in ebenso überraschender Weise reich, als arm an anderen ist, in ein anderes segeln könnten, welches ein tropisches Klima und einen Boden besitzt, der nach dem Zeugnis des besten Beurteilers, Bonpland, vielleicht von keinem anderen Teil der Welt an Fruchtbarkeit erreicht wird. Wie verschieden würde der Anblick dieses Flusses gewesen sein, wenn englische Kolonisten das Glück gehabt hätten, zuerst den Plata hinaufzusegeln! Welche prächtigen Städte würden jetzt seine Ufer bedeckt haben! Bis zum Tode Francias, des Diktators von Paraguay, müssen diese beiden Länder getrennt bleiben, als lägen sie auf den entgegengesetzten Seiten der Erdkugel. Und wenn der alte, blutdürstige Tyrann zur Rechenschaft ins Jenseits abberufen sein wird, wird Paraguay durch Revolutionen erschüttert werden, die im Verhältnis zu der vorausgegangenen unnatürlichen Ruhe heftig sein werden. Dies Land wird, wie alle übrigen südamerikanischen Staaten zu lernen haben, daß eine Republik nicht eher gedeihen kann, als bis sie eine gewisse Anzahl von Leuten besitzt, welche von den Grundsätzen der Gerechtigkeit und der Ehre durchdrungen sind.

20. Oktober – Nachdem wir an der Mündung des Parana angekommen waren, lag mir sehr viel daran, Buenos Aires zu erreichen; ich ging daher bei Las Conchas ans Land mit der Absicht, dorthin zu reiten. Beim Landen fand ich zu meiner großen Überraschung, daß ich in gewisser Weise ein Gefangener sei. Da eine heftige Revolution ausgebrochen war, waren alle Häfen unter Embargo gelegt. Ich konnte nicht nach meinem Schiff zurückkehren, und zu Land nach der Stadt zu gehen war ganz außer Frage. Nach einer langen Unterredung mit dem Kommandanten erhielt ich die Erlaubnis, am folgenden Tage zu General Rolor zu gehen, welcher eine Abteilung Rebellen auf dieser Seite der Hauptstadt kommandierte. Am Morgen ritt ich zum Lager. Der General, die Offiziere und Soldaten sahen alle wie rechte Schurken aus und ich glaube, sie waren es auch. Noch am letzten Abend, ehe er die Stadt verließ, war der General freiwillig zum Gouverneur gegangen und hatte, die Hand aufs Herz gelegt, sein Ehrenwort verpfändet, daß mindestens er bis zum letzten Augenblick treu bleiben würde. Der General sagte mir, daß sich die Stadt in einem Zustand enger Blockade befände und daß alles, was er für mich tun könnte, wäre, mir einen Paß an den Kommandeur „en chef" der Rebellen in Quilmes zu geben. Wir mußten daher einen großen Bogen um die Stadt machen und bekamen nur mit großer Schwierigkeit Pferde. Meine Aufnahme im Lager war ganz höflich, nur wurde mir gesagt, es sei unmöglich, mir die Erlaubnis zu geben, die Stadt zu betreten. Dies beunruhigte mich sehr, da ich glaubte, die „Beagle" würde zeitiger von La Plata absegeln, als sie es dann wirklich tat. Wie ich indessen die verbindliche Freundlichkeit des General Rosas gegen mich, als ich in Colorado war, erwähnt hatte, hätte selbst ein Zauber die Umstände nicht schneller ändern können, als es diese Konversation tat. Man sagte mir augenblicklich, daß man mir zwar keinen Paß geben könne; wenn ich aber meinen Führer und meine Pferde zurücklassen wolle, könnte ich ihre Wachen passieren. Ich war nur zu froh, dies Anerbieten anzunehmen, und ein Offizier wurde fortgeschickt, um Befehle zu geben, daß ich nicht an der Brücke aufgehalten würde. Die Straße war eine Wegstunde lang vollständig verlassen. Mir begegnete ein Trupp Soldaten, die sich damit befriedigt fühlten, einen alten Paß mit wichtiger Miene anzusehen: Endlich war ich nicht wenig froh, mich in der Stadt zu wissen.

Dieser Revolution lag kaum irgendwelcher Vorwand, etwa Beschwerden oder Klagen, zugrunde; in einem Staat aber, welcher im Verlauf von neun Monaten (vom Februar bis Oktober 1820) fünfzehn Regierungsänderungen durchgemacht hatte, – wobei jeder Gouverneur nach der Verfassung auf drei Jahre gewählt wurde, – würde es sehr unverständig sein, nach Vorwänden zu fragen. In diesem Fall verließ eine Anzahl Leute, welche dem General Rosas sehr attachiert waren und den Gouverneur Balcarce nicht leiden konnten, ungefähr zu siebzig die Stadt, und mit dem Rufe „Rosas!" griff das ganze Land zu den Waffen. Die Stadt wurde nun blockiert, keine Provisionen, Rinder oder Pferde ließ man hinein; außer diesem fanden nur kleine Scharmützel statt, und wenig Leute wurden täglich getötet. Die Partei außerhalb der Stadt wußte sehr wohl, daß sie durch Abschneiden der Zufuhr von Fleisch sicher den Sieg erringen würde. General Rosas konnte von diesem Aufstand nichts wissen; es schien dies aber mit den Plänen seiner Partei völlig zu stimmen. Vor einem Jahre wurde er zum Gouverneur erwählt, er lehnte es aber ab, wenn ihm nicht auch die Sala außerordentliche Machtvollkommenheit übertragen wollte. Dies wurde verweigert, und seit der Zeit hat seine Partei gezeigt, daß sich kein anderer

Gouverneur in seiner Stellung halten kann. Die Kriegführung wurde von beiden Seiten sehr lau betrieben, bis es möglich war, von Rosas zu hören. Wenig Tage nachdem ich Buenos Aires verlassen hatte, kam ein Brief des Generals, welcher es mißbilligte, daß der Frieden gebrochen worden sei, aber doch ausdrückte, daß seiner Meinung nach die Außenpartei das Recht auf ihrer Seite habe. Auf das bloße Eintreffen dieser Nachricht hin flohen der Gouverneur, die Minister und ein Teil des Militärs, im ganzen einige Hundert, aus der Stadt. Die Rebellen rückten ein, erwählten einen neuen Gouverneur und wurden, etwa 5500 Mann, für ihre Dienste bezahlt. Nach diesen Vorgängen war es klar, daß Rosas schließlich Diktator werden würde. Gegen den Ausdruck König haben die Leute in dieser wie in anderen Republiken eine besondere Abneigung. Seitdem wir Süd-Amerika verlassen haben, haben wir gehört, daß General Rosas erwählt worden ist, und zwar mit einer Machtvollkommenheit und für eine Zeit, welche in völligem Widerspruch zu den konstitutionellen Grundsätzen der Republik stehen.

Achtes Kapitel

Ausflug nach Colonia del Sacramiento – Wert einer Estancia – Wie die Rinder gezählt werden – Eigentümliche Rinderrasse – Durchbohrte Rollsteine – Schäferhunde – Zähmung der Pferde, das Reiten der Gauchos – Charakter der Einwohner – Rio Plata – Schwärme von Schmetterlingen – Luftschiffende Spinnen – Meerleuchten – Port Desire – Guanaco – Port St. Julian – Geologie von Patagonien – Fossile Riesentiere – Beständigkeit der Organisationstypen – Veränderungen der amerikanischen Fauna – Ursachen des Aussterbens

Banda Oriental und Patagonien

Nachdem ich beinahe vierzehn Tage in der Stadt aufgehalten worden war, war ich froh, an Bord eines nach Monte Video bestimmten Dampfschiffes entkommen zu können. Eine Stadt im Blokkadezustand wird immer ein unangenehmer Aufenthaltsort sein. Außerdem bestand hier immer noch eine beständige Furcht vor Räubereien im Innern. Die Wachen waren von allen die schlimmsten, denn infolge ihrer Stellung und infolge des Umstandes, daß sie Waffen in den Händen hatten, beraubten sie mit einem Grad von Autorität, welchen andere Leute nicht nachahmen konnten.

Unsere Überfahrt war eine sehr lange und langweilige. Der Plata sieht auf der Landkarte wie ein großartiges Aestuarium aus, ist aber in Wahrheit sehr armselig. Eine große Fläche schlammigen Wassers bietet weder Großartigkeit noch Schönheit dar. Zu einer Zeit des Tages konnte man die beiden Ufer, welche beide außerordentlich niedrig sind, gerade vom Verdeck aus unterscheiden. Bei meiner Ankunft in Monte Video erfuhr ich, daß die „Beagle" vor Ablauf einer ziemlichen Zeit nicht aussegeln würde; so machte ich mich denn bereit zu einer kurzen Expedition in diesen Teil der Banda Oriental. Alles was ich über das Land bei Maldonado gesagt habe, ist auch auf Monte Video anwendbar; nur ist, mit der einzigen Ausnahme des grünen Berges, der vierhundertfünfzig Fuß hoch ist und von welchem der Platz seinen Namen hat, das Land viel ebener. Nur sehr wenig von der welligen, grasigen Ebene ist eingehegt; doch finden sich in der Nähe der Stadt einige wenige mit Agaven, Kaktus und Fenchel bedeckte Strecken.

14. November – Wir verließen Monte Video am Nachmittag. Ich beabsichtigte nach Colonia del Sacramiento, welche am nördlichen Ufer des Plata Buenos Aires gegenüber liegt, von da dem Laufe des Uruguay folgend, nach dem Dorf Mercedes am Rio Negro (einem der vielen Flüsse dieses Namens in Süd-Amerika) zu gehen und von dem letzteren Punkt aus direkt nach Monte Video zurückzukehren. Wir schliefen im Haus meines Führers in Canelones. Am Morgen standen wir zeitig auf in der Hoffnung, imstande zu sein, ein gutes Stück reiten zu können; es war aber ein vergeblicher Versuch, denn alle Flüsse waren ausgetreten. Wir setzten in Booten über die Flüsse bei Canelones, Sta. Lucia und San José und verloren dadurch viel Zeit. Bei einer früheren Expedition kreuzte ich den Lucia in der Nähe seiner Mündung und war überrascht zu sehen, wie leicht unsere Pferde, trotzdem sie nicht gewohnt waren zu schwimmen, eine Breite von mindestens sechshundert Yards passierten. Als ich dies in Monte Video erwähnte, sagte man mir, daß einmal ein Schilf, welches Kunstreiter und ihre Pferde brachte, im Plata gestrandet und daß von dort ein Pferd sieben Meilen bis zur Küste geschwommen sei. Im Verlauf des Tages unterhielt mich die Geschicklichkeit, mit welcher ein Gaucho ein widerspenstiges Pferd zwang, über den Fluß zu schwimmen. Er warf seine Kleider ab, sprang auf den Rücken des Pferdes, und ritt es ins Wasser bis es keinen Grund mehr hatte, dann glitt er über die Kruppe herunter, erfaßte den Schwanz, und so oft sich das Pferd herumdrehte, erschreckte er es damit, daß er ihm Wasser ins Gesicht spritzte. Sobald das Pferd auf der anderen Seite wieder den Grund berührte, zog sich der Mann nach und saß, den Zügel in der Hand, fest auf dem Rücken, ehe das Pferd das Ufer erreichte. Ein nackter Mensch auf einem nackten Pferde ist ein schöner Anblick; ich hatte keine Idee, wie gut die zwei Geschöpfe zueinander paßten. Der Schwanz eines Pferdes ist ein sehr nützlicher Anhang; ich passierte einen Fluß in einem Boot, welches vier Leute enthielt, und es wurde in derselben Weise hinübergezogen, wie der Gaucho. Wenn ein Mann und ein Pferd einen breiten Fluß zu kreuzen haben, so ist der beste Plan für den Mann, den Widerrist oder die Mähne zu ergreifen und sich mit dem anderen Arm weiterzurudern.

Wir schliefen die Nacht und blieben den folgenden Tag in der Posta von Cufre. Am Abend kam der Postmann oder Briefträger an. Er kam einen Tag zu spät infolge des Austrittes des Rio Rozario. Es war indessen von keiner großen Bedeutung, denn obgleich er mehrere der Hauptstädte in Banda Oriental passiert hatte, war sein ganzes Gepäck doch nur zwei Briefe stark! Die Aussicht vom Hause war sehr angenehm: eine wellige grüne Fläche mit einzelnen Blicken auf den entfernten Plata. Ich bemerke, daß ich jetzt diese Provinz mit sehr verschiedenen Augen ansehe als damals, wie ich zuerst hier ankam. Ich erinnere mich, daß ich sie früher für eigentümlich eben hielt, jetzt aber, nachdem ich über die Pampas galoppiert bin, überrascht mich nur das Eine: was mich jemals bestimmt haben kann, sie überhaupt eben zu nennen. Das Land bildet eine Reihe von Undulationen, an sich vielleicht nicht absolut groß, aber mit den Ebenen von Santa Fé verglichen wirkliche Berge. Infolge dieser Unebenheiten gibt es eine Menge kleiner Bäche und der Rasen ist grün und üppig.

17. November – Wir kreuzten den Rozario, welcher tief und reißend war, und kamen, nachdem wir das Dorf Colla passiert hatten, um Mittag in Colonia del Sacramiento an. Die Entfernung beträgt zwanzig Stunden, der Weg geht durch ein mit schönem Gras bedecktes, aber nur sparsam mit Rindern oder mit Einwohnern bevölkertes Land. Ich wurde eingeladen, in Colonia zu schlafen und am folgenden Tag einen Herrn nach seiner Estancia zu begleiten, wo einige Kalkfelsen waren. Die Stadt ist auf einem steinigen Vorgebirge gebaut, beinahe in derselben Art wie Monte Video. Sie ist stark befestigt, aber sowohl die Befestigungen als die Stadt selbst haben in dem brasilianischen Krieg bedeutend gelitten. Sie ist sehr alt und die Unregelmäßigkeit der Straßen und die umgebenden Haine alter Orangen- und Pfirsichbäume geben ihr ein nettes Ansehen. Die Kirche ist eine merkwürdige Ruine, sie wurde als Pulvermagazin benutzt und bei einem der zehntausend Gewitter am Rio Plata schlug der Blitz hinein. Zwei Drittel des Gebäudes wurden bis auf den Grund weggeblasen und der Rest steht nun als ein beschädigtes und merkwürdiges Monument der vereinten Kräfte des Blitzes und des Pulvers da. Des Abends wanderte ich um die halbzerstörten Mauern der Stadt umher. Hier war der hauptsächlichste Sitz des brasilianischen Krieges – eines Krieges, der für das Land äußerst nachteilig war, nicht sowohl in seinen unmittelbaren Wirkungen, als darin, daß er eine Menge von Generälen und allen übrigen Graden von Offizieren erzeugte. Man zählt (bezahlt sie aber nicht) in den vereinigten Provinzen von La Plata mehr Generäle als in den vereinigten Königreichen Großbritanniens. Diese Herren haben es gelernt, an Macht Vergnügen zu haben, und sind einem kleinen Handgemenge durchaus nicht abgeneigt. Daher sind immer viele darauf aus, Störungen hervorzurufen und eine Regierung über den Haufen zu stürzen, welche bis jetzt noch nie auf irgendeinem festen Grunde errichtet worden ist. Indes bemerkte ich sowohl hier als an anderen Orten ein sehr allgemeines Interesse an der bevorstehenden Wahl eines Präsidenten. Und dies erscheint als ein günstiges Zeichen für die Wohlfahrt dieses kleinen Landes. Die Einwohner fordern nicht viel Erziehung bei ihren Repräsentanten. Ich hörte einige Leute die Verdienste der Abgeordneten von Colonia erörtern und man sagte, daß sie, obschon sie keine Geschäftsleute wären, doch alle ihren Namen unterzeichnen könnten, und hiermit sollte doch ihrer Ansicht nach jeder verständige Mann zufrieden sein.

Achtes Kapitel

18. November – Ritt mit meinem Wirt nach seiner Estancia am Arroyo de San Juan. Am Abend machten wir einen Ritt über die Besitzung. Sie enthielt zwei und eine halbe Quadratstunde und war, wie man es nennt, in einem „Rincon" gelegen, d.h. die eine Seite wurde vom Plata begrenzt und die beiden anderen von unpassierbaren Wasserläufen. Es war ein ausgezeichneter Hafen für kleine Fahrzeuge und eine große Menge kleinen Gehölzes da, welches als Feuermaterial für Buenos Aires von Wert ist. Ich war begierig, den Wert einer so vollständigen Estancia kennenzulernen. Rinder waren 3000 vorhanden und sie konnte ganz gut drei- oder viermal so viel erhalten; Stuten gab es 800, außerdem 150 gezähmte Pferde und 600 Schafe. Es war reichlich Wasser und Kalk vorhanden, ein rohes Haus, ausgezeichnete Corrals und ein Obstgarten mit Pfirsichen. Für alles dies waren ihm zweitausend Pfund geboten worden und er forderte nur fünfhundert mehr und wird es wahrscheinlich für weniger verkaufen. Die hauptsächlichste Unbequemlichkeit bei einer Estancia ist der Umstand, die Rinder zweimal in der Woche nach einem in der Mitte gelegenen Fleck hinzutreiben, um sie zahm zu machen und sie zu zählen. Diese letztere Operation wird man für schwierig halten, wenn zehn- oder fünfzehntausend Stück zusammen sind. Sie wird aufgrund der Tatsache ausgeführt, daß die Rinder unabänderlich sich in kleine Herden von vierzig bis hundert teilen. Jede dieser Herden wird nach ein paar besonders gezeichneten Tieren sofort wiedererkannt und ihre Zahl ist bekannt, so daß, wenn ein Stück aus den zehntausend verloren ist, dies durch seine Abwesenheit von einer der Tropillas bemerkt wird. Während einer stürmischen Nacht mengen sich alle Rinder durcheinander; aber am nächsten Morgen trennen sich die Tropillas wie vorher, so daß jedes Tier seinen Genossen aus den zehntausend übrigen erkennen muß.

Bei zwei Gelegenheiten traf ich in dieser Provinz einige Ochsen von einer sehr merkwürdigen Rasse, die man Nâta oder Niata nennt. Äußerlich scheinen sie nahezu in demselben Verhältnis zu anderen Rindern zu stehen, wie Bulldoggen oder Möpse zu anderen Hunden. Ihr Vorderkopf ist sehr kurz und breit und das Nasenende nach oben aufgeworfen, dabei ist die Oberlippe stark zurückgezogen; ihre untere Kinnlade springt vor der oberen vor und hat eine entsprechende Krümmung nach aufwärts, daher sind ihre Zähne stets exponiert. Die Nasenlöcher sitzen sehr hoch oben und stehen weit offen; ihre Augen springen nach außen weit vor. Beim Gehen tragen sie ihre Köpfe an einem kurzen Hals sehr niedrig und ihre Hinterbeine sind im Verhältnis zu den vorderen im ganzen länger als gewöhnlich. Ihre bloßen Zähne, kurzen Köpfe und umgestülpten Nasenlöcher geben ihnen den denkbar lächerlichsten Zug einer selbstvertrauenden Herausforderung.

Seit meiner Rückkehr habe ich mir durch die Güte meines Freundes, Kapitän Sullivan, R. N., einen Schädel verschafft, welcher jetzt im College of Surgeons aufbewahrt wird.[1] F. Muniz in Luxan hat mir freundlichst alle Informationen, welche er in bezug auf diese Rasse finden konnte, gesammelt. Seinem Bericht zufolge scheinen sie vor ungefähr achtzig oder neunzig Jahren selten und in Buenos Aires als Merkwürdigkeiten gehalten worden zu sein. Allgemein glaubt man, daß die Rasse bei den Indianern südlich vom Plata entstanden und daß sie bei ihnen die gewöhnlichste Rasse gewesen ist. Selbst bis auf den heutigen Tag zeigen die in den Provinzen in der Nähe des Plata gezüchteten Rinder ihren weniger zivilisierten Ursprung einmal darin, daß sie wilder sind als gewöhnliche Rinder, und dann darin, daß die Kuh leicht ihr erstes Kalb verläßt, wenn sie zu oft aufgesucht oder belästigt wird. Es ist eine eigentümliche Tatsache, daß eine, der abnormen Bildung[2] der Niatarasse beinahe gleiche Bildung, wie mir Dr. Falconer mit-

---

[1] Mr. Waterhouse hat eine detaillierte Beschreibung desselben niedergeschrieben, die er hoffentlich in irgendeinem Journal veröffentlichen wird. [Dies ist nicht geschehen; der Schädel ist von Owen beschrieben worden. S. „Variieren der Tiere und Pflanzen im Zustande der Domestikation", Übers., 2. Aufl. (Ges. Werke Bd. III), 1. Bd., p.98.

[2] Eine sehr ähnliche, ich weiß aber nicht ob in gleicher Weise erbliche Bildung ist beim Karpfen und gleichfalls beim Krokodil des Ganges beobachtet worden: Histoire des Anomalies, par Isidore Geoffroy St. Hilaire. Tom. I, p.244.

geteilt hat, einen großen ausgestorbenen Wiederkäuer von Indien, das *Sivatherium*, charakterisiert. Die Rasse ist sehr echt; ein Niatabulle und eine Niatakuh erzeugen ausnahmslos Niatakälber. Ein Niatabulle erzeugt mit einer gemeinen Kuh Nachkommen, die einen intermediären Charakter haben, bei denen aber die Niatamerkmale stark entwickelt sind, ebenso die umgekehrte Kreuzung. Der Angabe des Senor Muniz zufolge sind die deutlichsten Beweise vorhanden, daß, der gewöhnlichen Annahme der Landwirte in analogen Fällen entgegen, die Niatakuh, wenn sie mit einem gewöhnlichen Bullen gekreuzt wird, ihre Eigentümlichkeiten stärker vererbt als der Niatabulle, wenn er mit einer gewöhnlichen Kuh gekreuzt wird. Ist die Weide erträglich lang, so frißt das Niatarind mit der Zunge und mit dem Gaumen, ebenso wie das gemeine Rind. Aber während der großen Trockenheit, wo so viele Tiere umkommen, ist die Niatarasse in großem Nachteil und würde zugrunde gehen, wenn man sich ihrer nicht annähme; denn das gemeine Rind ist wie das Pferd imstande, sich gerade am Leben zu erhalten dadurch, daß es mit den Lippen Schößlinge von Bäumen und Schilf abrupft; dies können die Niatas nicht so gut tun, da sich ihre Lippen nicht berühren; man sieht daher, daß sie vor dem gemeinen Rind umkommen. Dies ist mir aufgefallen, da es ein gutes Beispiel dafür abgibt, wie wenig wir nach den gewöhnlichen Lebensweisen der Tiere zu urteilen imstande sind, welche, nur in langen Zwischenräumen auftretende, Umstände die Seltenheit oder das Aussterben einer Spezies bestimmen können.

19. November – Nachdem wir das Tal von Las Vacas passiert hatten, schliefen wir im Hause eines Nord-Amerikaners, welcher einen Kalkofen im Arroyo de Las Vivoras in Betrieb hatte. Am Morgen ritten wir nach einem vorspringenden Berg an den Ufern des Flusses Punta Gorda. Unterwegs versuchten wir, einen Jaguar zu finden. Wir fanden zahlreiche frische Spuren und untersuchten die Bäume, an welchen sie ihre Krallen schärfen sollen; es gelang uns aber nicht, einen aufzustöbern. Von diesem Punkt aus bot der Rio Uruguay den Blick einer prachtvollen Wassermasse dar. Wegen der Klarheit des Wassers und der Schnelligkeit des Stromes war sein Ansehen dem seines Nachbars, des Parana, weit überlegen. Auf dem gegenüberliegenden Ufer ergossen sich mehrere Zweige des letzteren in den Uruguay. Da die Sonne schien, konnte man die Farben der beiden Gewässer als vollständig verschieden erkennen.

Am Abend setzten wir unseren Weg nach Mercedes am Rio Negro fort. Des Nachts baten wir um die Erlaubnis, in einer Estancia schlafen zu können, an welcher wir zufällig ankamen. Es war ein sehr großes Besitztum von zehn Quadratstunden und der Besitzer ist einer der größten Grundeigentümer des Landes. Sein Neffe hatte die Aufsicht über dieselbe, und bei ihm war ein Kapitän der Armee, welcher vor kurzem aus Buenos Aires entlaufen war. In Anbetracht ihrer gesellschaftlichen Stellung war ihre Unterhaltung ziemlich amüsant. Sie drückten, wie es gewöhnlich der Fall war, unbegrenztes Erstaunen darüber aus, daß die Erde rund sei, und wollten kaum glauben, daß ein Loch, wenn es nur tief genug wäre, auf der anderen Seite wieder herauskäme. Sie hatten indessen von einem Land gehört, wo es sechs Monate hell und sechs Monate dunkel sei, und wo die Bewohner sehr lang und dünn wären. Sie waren sehr begierig zu erfahren, welches der Preis und der Zustand der Pferde und Rinder in England sei. Als sie erfahren hatten, daß wir unsere Tiere nicht mit dem Lasso fingen, riefen sie aus: „Oh, dann gebrauchen sie nur die Bolas!"; die Idee eines eingehegten Landes war ihnen völlig neu. Der Kapitän sagte mir zuletzt, daß er eine Frage an mich zu richten hätte, für deren völlig wahre Beantwortung er mir sehr verbunden sein würde. Ich zitterte vor Angst, wie tief wissenschaftlich sie vielleicht sein möchte; es war: „ob die Damen von Buenos Aires nicht die schönsten in der Welt seien." Ich erwiderte wie ein Abtrünniger: „Ohne allen Zweifel." Er fuhr fort: „Ich habe noch eine andere Frage: ‚Tragen die Damen in irgendeinem anderen Teile der Welt so große Kämme?'" Ich versicherte ihm feierlich, daß sie dies nicht täten. Sie waren außer sich vor Entzücken. Der Kapitän rief aus: „Seht da, ein Mann, der die halbe Welt gesehen hat, sagt, daß es so ist, wir haben immer

Achtes Kapitel

so gedacht, aber nun wissen wir es." Mein ausgezeichnetes Urteil in bezug auf die Kämme und weibliche Schönheit verschaffte mir eine äußerst gastliche Aufnahme, der Kapitän zwang mich, sein Bett einzunehmen, und er schlief auf seinem Recado.

21. November – Wir brachen mit Sonnenaufgang auf und ritten während des ganzen Tages langsam. Die geologische Beschaffenheit dieses Teiles der Provinz war von dem übrigen verschieden und der der Pampa sehr ähnlich. Infolge hiervon finden sich ungeheure Strecken mit Disteln, ebenso wie mit Cardonen bedeckt: Man kann geradezu das ganze Land ein großes Beet von diesen Pflanzen nennen. Die beiden Arten wachsen getrennt, jede Pflanze in Gemeinschaft mit ihrer eigenen Art. Die Cardone ist so hoch wie der Rücken eines Pferdes, aber die Distel der Pampa ist oft höher als der Scheitel des Reiters. Die Straße auch nur für einen Yard verlassen zu können, ist ganz außer Frage; und die Straße selbst ist teilweise, in manchen Fällen sogar vollkommen geschlossen. Natürlich gibt es hier keine Weide: Wenn Rinder oder Pferde einmal diese Flächen betreten, so sind sie vollständig verloren. Es ist daher sehr gewagt, in dieser Zeit des Jahres den Versuch zu machen, Rinder zu treiben; denn sind sie ermüdet genug, sich nicht mehr an das Stechen der Disteln zu kehren, so geraten sie in die Distelmassen und werden nicht wieder gesehen. Es gibt in diesen Bezirken sehr wenig Estancias und diese wenigen liegen in der Nachbarschaft feuchter Täler, wo glücklicherweise keine jener alles überwuchernden Pflanzen existieren kann. Da die Nacht herankam ehe wir das Ende unserer Reise erreichten, schliefen wir in einer elenden, kleinen, von dem ärmsten Volke bewohnten Hütte. Die außerordentliche, wenngleich schon formelle Höflichkeit unseres Wirtes und unserer Wirtin war in Anbetracht ihrer Lebensstellung völlig entzückend.

22. November – Wir kamen in einer Estancia am Berquelo an, welche einem sehr gastfreundschaftlichen Engländer gehörte, an welchen ich einen Empfehlungsbrief von meinem Freunde Lumb hatte. Ich blieb hier drei Tage. Eines Morgens ritt ich mit meinem Wirt nach der Sierra del Pedro Flaco, ungefähr zwanzig Meilen den Rio Negro aufwärts. Beinahe das ganze Land war mit gutem, wenn auch grobem Gras bedeckt, welches so hoch war, daß es den Bauch der Pferde erreichte; und doch gab es ganze Quadratstunden ohne ein einziges Stück Rind. Die Provinz von Banda Oriental könnte, wenn sie ordentlich bevölkert wäre, eine erstaunliche Zahl von Tieren erhalten; augenblicklich beträgt der jährliche Export von Häuten aus Monte Video dreihunderttausend Stück und der Verbrauch im Land ist infolge des Verwüstens sehr beträchtlich. So erzählte mir ein Estanciero, daß er oft große Herden von Rindern einen langen Weg nach einem Salzetablissement zu schicken hätte und daß die ermüdeten Tiere häufig getötet und gehäutet werden müßten, daß er aber niemals die Gauchos überreden könnte, von diesen zu essen, so daß jeden Abend ein frisches Tier zu ihrer Abendmahlzeit geschlachtet werden müßte! Der Blick auf den Rio Negro von der Sierra war malerischer als irgendein anderer, den ich gesehen habe. Der breite, tiefe und reißende Fluß wand sich am Fuß einer felsigen, steil abfallenden Klippe entlang. Ein Zug von Gehölz folgte seinem Lauf und der Horizont endete mit den entfernten Undulationen der Rasenebene.

Als ich mich in dieser Gegend aufhielt, hörte ich mehrere Male von der Sierra de Las Cuentas, einem viele Meilen nach Norden zu liegenden Berg. Der Name bedeutet: Perlenberg. Man versicherte mir, daß eine ungeheure Menge kleiner runder Steine von verschiedenen Farben, jeder mit einem kleinen zylindrischen Loch dort gefunden würden. Früher pflegten die Indianer sie zu dem Zweck zu sammeln, um Hals- und Armbänder davon zu machen, – ein Geschmack, der, wie ich beiläufig bemerken will, ebenso allen wilden Nationen wie den gebildetsten gemeinsam ist. Ich wußte nicht, was ich aus dieser Geschichte machen sollte; als ich sie aber am Kap der Guten Hoffnung gegen Dr. Andrew Smith erwähnte, erzählte er mir, daß er sich erinnere, an der südöstlichen Küste von Afrika ungefähr hundert Meilen östlich vom St. John's-Fluß Quarzkristalle mit infolge der gegenseitigen Reibung abgestumpften Kanten und mit Kies vermischt im Sand gefunden zu haben. Jeder Kristall war ungefähr fünf Linien im Durchmesser und ein bis anderthalb Zoll lang. Viele von ihnen hatten einen kleinen Kanal, der von einem Ende die zum andern ging, vollkommen zylindrisch war und groß genug, einen starken Faden oder ein Stück Darmsaite durchzulassen. Ihre Farbe war rot oder schmutzig-weiß. Die Eingeborenen kannten diese Struktur der Kristalle. Ich habe diese Umstände erwähnt, weil sie, obschon kein kristallisierter Körper gegenwärtig bekannt ist, der diese Form annähme, irgendeinen zukünftigen Reisenden dazu veranlassen könnten, die wirkliche Beschaffenheit solcher Steine zu untersuchen.

Während ich auf dieser Estancia blieb, unterhielt mich das, was ich von den Schäferhunden des Landes sah und hörte.[3] Reitet man aus, so ist es sehr gewöhnlich, eine große Herde Schafe in einer Entfernung von einigen Meilen von irgendeinem Hause oder Menschen von einem oder zwei Hunden bewacht zu finden. Ich wunderte mich oft, wie eine so dauernde Freundschaft hergestellt worden sein konnte. Die Erziehungsmethode besteht darin, daß man den jungen Hund, während er noch sehr jung ist, von der Hündin trennt und ihn an seine künftigen Genossen gewöhnt. Drei- oder viermal des Tages hält man ein Mutterschaf, daß der kleine Hund daran saugen kann, und ein Nest von Wolle wird für ihn in der Schafhürde gemacht. Zu keiner Zeit gestattet man ihm, mit anderen Hunden oder mit den Kindern des Hauses umzugehen. Überdies wird der junge Hund meist kastriert, so daß er, wenn er erwachsen ist, kaum irgendwelche Gefühle mit den übrigen seiner Art in Gemeinschaft haben kann. Infolge dieser Erziehung hat er nie den Wunsch, die Herde zu verlassen; und ebenso wie ein anderer Hund seinen Herrn, den Menschen, verteidigen wird, so verteidigt dieser die Schafe. Es ist unterhaltend zu sehen, wie der Hund, wenn man sich einer Herde nähert, sofort bellend vortritt und die Schafe sich alle dicht hinter ihm sammeln, gerade wie um den ältesten Widder herum. Man kann diese Hunde auch leicht lehren, die Herde zu einer bestimmten Stunde am Abend nach Hause zu bringen. Ihr lästigster Fehler ist, so lange sie jung sind, die Begierde, mit den Schafen zu spielen; denn in ihrem Vergnügen hetzen sie zuweilen die armen Geschöpfe ganz unbarmherzig herum.

Der Schäferhund kommt jeden Tag nach etwas Fleisch ins Haus, und sobald es ihm gegeben ist, schleicht er sich davon, als schäme er sich. Bei solchen Gelegenheiten sind die Haushunde sehr tyrannisch und der kleinste von ihnen wird den fremden angreifen und verfolgen. In der Minute aber, wo der letztere die Herde erreicht hat, dreht er sich um und fängt an zu bellen, und dann reißen alle die Haushunde sehr schnell aus. In ähnlicher Weise wird selbst ein ganzer Trupp hungriger, wilder Hunde kaum jemals (und, wie mir von mehreren Seiten gesagt worden ist, niemals) es wagen, eine, auch nur von einem dieser Treuen scharf bewachte Herde anzugreifen. Die ganze Erzählung scheint mir ein merkwürdiges Beispiel von der Schmiegsamkeit der Zuneigungen bei dem Hunde zu sein; und doch hat ein Hund, mag er wild oder wie auch immer erzogen sein, ein Gefühl von Respekt oder Furcht vor denjenigen, die ihrem Assoziationsinstinkt folgen. Wir können wenigstens nach keinem anderen Grundsatz es einsehen, weshalb sich die wilden Hunde von dem einzelnen mit seiner Herde forttreiben lassen, ausgenommen sie sind infolge irgendeines verwirrten Begriffs der Ansicht, daß der eine durch solche Verbindung größere Kraft erhält, so als wäre er in Gesellschaft mit seiner eigenen Art. F. Cuvier hat die Bemerkung gemacht, daß alle Tiere, welche leicht domestiziert werden, den Menschen als ein Mitglied ihrer eigenen Gesellschaft betrachten und hierdurch ihrem Assoziationsinstinkt folgen. In dem obigen Fall betrachtet der Schäferhund die Schafe als seine Genossen und gewinnt dadurch Vertrauen; und trotzdem die wilden Hunde wissen, daß die individuellen Schafe keine Hunde, wohl aber gut zu fressen sind, stimmen sie zum Teil wenigstens dieser Ansicht bei, wenn sie dieselben mit einem Schäferhund an ihrer Spitze zu einer Herde vereint sehen.

Eines Abends kam ein „Domidor" (ein Pferdebändiger) in der Absicht, einige Füllen zu zähmen. Ich will die vorbereitenden Schritte beschreiben, da ich glaube, daß sie von keinem anderen

---

[3] A. d'Orbigny hat eine sehr ähnliche Schilderung dieser Hunde gegeben.

Achtes Kapitel

Reisenden erwähnt worden sind. Eine Herde wilder junger Pferde wird in das Corral oder die große mit Pfählen umgebene Einzäumung getrieben und die Tür geschlossen. Wir wollen annehmen, daß ein Mann allein ein Pferd zu fangen und zu besteigen hat, welches bis dahin niemals Zügel oder Sattel gefühlt hatte. Ich glaube, eine derartige Leistung würde, ausgenommen von einem Gaucho, für vollständig unausführbar gehalten werden. Der Gaucho sucht sich ein erwachsenes Füllen aus, und wenn das Tier rings in dem Zirkus herumjagt, wirft er sein Lasso, daß er beide Vorderbeine fängt. In dem Augenblicke stürzt das Pferd mit einem heftigen Stoß kopfüber, und während es sich am Boden windet, beschreibt der Gaucho, das Lasso straff haltend, einen Kreis, so daß er eins der Hinterbeine gerade unterhalb der Fessel fängt, und zieht es nun dicht an die beiden Vorderbeine; dann schlingt er das Lasso herum, daß die drei zusammengebunden sind. Jetzt setzt er sich auf den Hals des Pferdes und befestigt einen starken Zügel, aber ohne Gebiß, an den Unterkiefer. Dies tut er in der Weise, daß er einen schmalen Riemen durch die Löcher in den Zügelenden steckt und sie mehrere Male rund um die Zunge und die Kinnlade windet. Die zwei Vorderbeine werden jetzt mit einem starken ledernen Riemen, der durch eine verschiebbare Schlinge befestigt ist, eng aneinandergebunden. Das Lasso, welches die drei Beine miteinander verband, wird nun gelöst und das Pferd steht mit Schwierigkeit auf. Der Gaucho führt nun, den an der Unterkinnlade befestigten Zügel festhaltend, das Pferd aus dem Corral hinaus. Ist ein zweiter Mann dabei (im andern Fall ist die Mühe viel größer), so hält dieser den Kopf des Pferdes, während der erstere die Decke und den Sattel auflegt und das Ganze zusammengürtet. Während dieser Operation wirft sich das Pferd aus Schreck und aus Erstaunen, in dieser Weise rund um die Brust gebunden zu werden, immer und immer wieder auf den Boden und wird ohne geschlagen zu werden nicht aufstehen. Endlich, wenn das Satteln beendet ist, kann das arme Tier kaum vor Furcht atmen und ist weiß vor Schaum und Schweiß. Der Mann bereitet sich nun vor, aufzusteigen, und zwar dadurch, daß er scharf auf den Steigbügel drückt, so daß das Pferd nicht etwa sein Gleichgewicht verliert; im Moment, daß er sein Bein über den Rücken des Tieres schwingt, zieht er die die Vorderbeine zusammenhaltende Schlinge auf und das Tier ist frei. Manche „Domidors" lösen den Knoten, während das Tier auf dem Boden liegt, und lassen es über dem Sattel stehend unter sich aufstehen. Das Pferd, wütend vor Furcht, macht ein paar äußerst heftige Sprünge und bricht dann im vollen Galopp auf. Wenn es vollständig erschöpft ist, bringt es der Mann mit Geduld zum Corral zurück, wo das arme, vor Hitze dampfende und kaum lebendige Tier freigelassen wird. Diejenigen Tiere, welche nicht fortgaloppieren, sondern sich hartnäckig immer wieder auf den Boden werfen, sind bei weitem die beschwerlichsten. Dieser ganze Prozeß ist furchtbar streng, aber nach zwei oder drei Versuchen ist das Pferd zahm. Doch wird das Pferd vor einigen Wochen nicht mit einem eisernen Mundstück und soliden Ringen geritten, denn es muß erst den Willen seines Reiters mit dem Gefühl des Zügels verbinden lernen, ehe selbst das stärkste Gebiß von irgendwelchem Nutzen sein kann.

Tiere sind so unendlich zahlreich in diesen Ländern, daß das eigene Interesse noch keine Humanität gegen die Tiere gelehrt hat; ich fürchte, dies ist die Ursache, daß die letztere hier kaum gekannt ist. Als ich eines Tages in den Pampas mit einem sehr respektablen Estanciero ritt, blieb mein Pferd, weil es müde war, etwas zurück. Der Mann rief mir oft zu, ich solle es spornen. Als ich ihm entgegnete, daß dies schade sei, denn das Pferd wäre völlig erschöpft, rief er aus: „Warum nicht, es ist ganz gleich, spornen sie es nur, es ist mein Pferd." Ich fand dann ziemliche Schwierigkeit, ihm verständlich zu machen, daß ich des Pferdes wegen und nicht seinetwegen nicht Lust hätte, meine Sporen zu gebrauchen. Mit einem Blick großer Überraschung rief er aus: „Ah, Don Carlos, que cosa!" Es war offenbar, eine solche Idee war ihm früher noch nie in den Sinn gekommen.

Die Gauchos sind dafür bekannt, vollendete Reiter zu sein. Die Idee, abgeworfen zu werden, mag das Pferd tun, was es will, kommt ihnen niemals in den Sinn. Das Kennzeichen eines guten

Reiters ist bei ihnen, wenn ein Mann ein ungezähmtes Füllen behandeln kann und wenn er, wenn sein Pferd stürzt, auf seine eigenen Beine zu stehen kommt, oder wenn er andere derartige Stücke ausführen kann. Ich habe einen Mann wetten hören, daß er sein Pferd zwanzig Mal niederwerfen würde und daß er neunzehn Mal nicht selbst fallen würde. Ich erinnere mich, einen Gaucho gesehen zu haben, der ein sehr widerspenstiges Pferd ritt, dasselbe stieg dreimal hintereinander, so daß es mit großer Gewalt rückwärts niederschlug. Mit ungemeiner Kaltblütigkeit beurteilte der Mann den richtigen Augenblick herunterzugleiten, weder einen Augenblick vor, noch einen Augenblick nach der richtigen Zeit. Sobald das Pferd aufgestanden war, sprang ihm der Mann auf den Rücken und endlich brachen sie im vollen Galopp auf. Der Gaucho scheint niemals irgend besondere Muskelkraft aufzuwenden. Eines Tages beobachtete ich einen guten Reiter, als wir in großer Geschwindigkeit dahingaloppierten, und sagte mir, wenn das Pferd ausbricht, so mußt du sicherlich fallen, so arglos scheinst du im Sattel zu sitzen. In diesem Augenblick sprang ein männlicher Strauß gerade unter der Nase des Pferdes von seinem Nest in die Höhe. Das junge Pferd bog wie ein Hirsch nach einer Seite um; aber was den Mann betrifft, so war alles, was sich sagen ließ, daß er mit seinem Pferde erschrak und ausriß.

In Chile und Peru gibt man sich mehr Mühe mit dem Maul des Pferdes als in La Plata, und dies ist offenbar eine Folge der schwierigeren Beschaffenheit des Landes. In Chile hält man ein Pferd so lange für noch nicht vollkommen gezähmt, bis es nicht dazu gebracht werden kann, in der Mitte des schnellsten Laufes an einem beliebigen Punkt festzustehen, z.B. auf einem auf die Erde geworfenen Mantel; oder es nimmt einen Anlauf an die Mauer, und beim Umdrehen kratzt es die Oberfläche derselben mit seinen Hufen. Ich habe ein voll Feuer sprühendes Pferd gesehen, welches nur mit dem Zeigefinger und Daumen gezügelt im vollen Galopp quer über einen Hof und dann um den Pfeiler einer Veranda in großer Schnelligkeit geritten wurde, aber in einer so gleichförmigen Distanz, daß der Reiter mit ausgestrecktem Arme die ganze Zeit einen Finger an dem Pfeiler gleiten ließ. Dann machte er eine halbe Volte in der Luft und drehte sich, den anderen Arm in gleicher Weise ausgestreckt, mit erstaunlicher Kraft in die entgegengesetzte Richtung zurück.

Ein solches Pferd ist gut dressiert; und obschon dies auf den ersten Blick unnütz zu sein scheint, so ist dies durchaus nicht der Fall. Es wird hier nur das, was täglich notwendig ist, zur Vollkommenheit gebracht. Wenn eine Bulle mit dem Lasso aufgehalten und gefangen ist, so galoppiert er immer und immer wieder im Kreis herum, und ist das Pferd nicht gut dressiert, so wird es von dem starken Zug beunruhigt und wird nicht leicht wie der Zapfen an einem Rad sich umdrehen. Infolge hiervon sind viele Leute getötet worden; denn wenn das Lasso einmal um den Körper eines Menschen eine Schlinge bildet, so wird er infolge der Kraft der beiden gegeneinander wirkenden Tiere augenblicklich fast entzwei geschnitten. Nach demselben Prinzip sind die Wettrennen eingerichtet; die Laufbahn ist nur zwei- oder dreihundert Yards lang, da man nur wünscht, Pferde zu haben, die mit Rapidität aufbrechen. Die Rennpferde werden nicht bloß so trainiert, daß sie beim Stillstehen mit ihren Hufen eine Linie berühren, sondern daß sie auch alle vier Füße zusammenziehen, um beim ersten Sprung die volle Tätigkeit der Hinterhand ins Spiel kommen zu lassen. In Chile wurde mir eine Anekdote erzählt, die, wie ich glaube, wahr ist; sie gibt eine gute Erläuterung von dem Nutzen eines gut dressierten Pferdes. Ein angesehener Mann begegnete beim Ausreiten eines Tages zwei anderen, von denen der eine ein Pferd ritt, welches, wie er wohl wußte, ihm selbst gestohlen war; er forderte sie heraus; sie antworteten ihm damit, daß sie ihre Säbel zogen und ihn zu jagen begannen. Der Mann hielt sich auf seinem guten und flüchtigen Pferd gerade vor ihnen. Als er dichtes Gebüsch passierte, flog er schnell um dasselbe herum und brachte sein Pferd im Augenblick zum Stillstand. Seine Verfolger schossen notwendigerweise an der Seite ihm voraus. Augenblicklich ihnen nachjagend, bohrte er sein Messer in den Rücken des einen, verwundete den anderen, nahm sein Pferd dem sterbenden Räuber ab und ritt nach Hause. Für derartige Reiterstückchen sind zwei Dinge notwendig: Ein äußerst scharfes

Achtes Kapitel

Gebiß, wie das der Mamelucken, dessen Gewalt, obschon selten gebraucht, das Pferd vollständig kennt, und große stumpfe Sporen, welche entweder als leichte Berührung oder als äußerst schmerzhaftes Instrument angewendet werden können. Ich bin der Meinung, daß es mit englischen Sporen, deren leiseste Berührung die Haut ritzt, unmöglich sein würde, ein Pferd nach südamerikanischer Manier zuzureiten.

Auf einer Estancia in der Nähe von Las Vacas werden wöchentlich große Mengen von Stuten ihrer Häute wegen geschlachtet, obschon diese nur fünf Papier-Dollar oder eine halbe Krone das Stück wert sind. Es scheint auf den ersten Blick wunderbar, wie es sich wohl bezahlen könne, Stuten wegen einer solchen Kleinigkeit zu schlachten. Da man es aber in diesem Land für lächerlich hält, jemals eine Stute zu zähmen oder zu reiten, so haben sie mit Ausnahme des Züchtens gar keinen Wert. Das einzige, wozu ich jemals Stuten gebrauchen sah, war Weizen zu dreschen; zu diesem Zweck werden sie in einer kreisförmigen Einzäunung, wo die Weizengarben ausgestreut sind, rundherumgetrieben. Der mit dem Schlachten der Stuten beschäftigte Mann war zufällig wegen seiner Geschicklichkeit mit dem Lasso berühmt. In einer Entfernung von zwölf Yards von der Öffnung des Corrals stehend wettete er, daß er jedes Tier, ohne es zu fehlen, bei den Füßen fange, wenn es bei ihm vorüberstürze. Ein anderer Mann war dort, welcher sagte, er wollte zu Fuß in das Corral gehen, eine Stute fangen, ihre Vorderbeine zusammenbinden, sie heraustreiben, niederwerfen, töten, häuten und ihre Haut zum Trocknen pfählen (was ein sehr langweiliges Geschäft ist); und er machte sich anheischig, daß er diese ganze Prozedur an zweiundzwanzig Tieren in einem Tag ausführen wolle. Oder er wollte in derselben Zeit fünfzig töten und ihnen die Haut abziehen. Dies wäre eine ungeheure Aufgabe gewesen; denn man hält es für eine ganz gute Tagesarbeit, die Haut von fünfzehn oder sechzehn Tieren abzuziehen und zu pfählen.

26. November – Ich brach zu meiner Rückkehr nach Monte Video in gerader Richtung auf. Da ich von einigen Riesenknochen in einem benachbarten Farmhaus am Sarantis, einem kleinen sich in den Rio Negro ergießenden Fluß, gehört hatte, ritt ich in Begleitung meines Wirtes dorthin und kaufte für den Wert von achtzehn Pence den Kopf des *Toxodon*.[4] Als er gefunden wurde, war er ganz vollkommen, aber die Jungen schlugen einige der Zähne mit Steinen heraus und stellten dann den Schädel als Scheibe auf, um danach zu werfen. Durch einen äußerst glücklichen Zufall fand ich einen vollkommenen Zahn, der genau in die eine der Zahnhöhlen dieses Schädels paßte, ganz allein in einer Schicht an den Ufern des Rio Tercero in einer Entfernung von ungefähr hundertachtzig Meilen von hier. Ich fand noch an zwei anderen Orten Überreste dieses außerordentlichen Tieres, so daß es früher häufig gewesen sein muß. Ich fand hier auch einige große Bruchstücke des Panzers eines riesenhaften armadilloähnlichen Tieres und einen Teil des großen Schädels eines *Mylodon*. Die Knochen dieses Schädels sind so frisch, daß sie nach der Analyse von Mr. T. Reeks sieben Prozent tierischer Substanz enthalten und in eine Spiritusflamme gehalten, brennen sie mit schwacher Flamme. Die Zahl der in der großen Aestuariumablagerung, welche die Pampa bildet und die granitischen Felsen der Banda Oriental bedeckt, eingeschlossenen Tierreste muß außerordentlich groß sein. Ich glaube, jede gerade in irgendeiner Richtung durch die Pampa gezogene Linie würde irgendein Skelett oder Knochen durchschneiden. Außer denen, welche ich während meiner kurzen Ausflüge fand, hörte ich noch von vielen anderen. Und der Ursprung von derartigen Namen, wie „Der Strom des Tieres" oder „Der Berg des Riesen" liegt auf der Hand. Andere Male hörte ich von der merkwürdigen Eigenschaft gewisser Flüsse, welche die Macht haben, kleine Knochen in große zu verwandeln; manche Leute behaupten umgekehrt, die Knochen selbst wüchsen. So weit ich sehen kann, kam

---

[4] Ich muß Mr. Keane meinen Dank aussprechen, in dessen Haus ich am Berquelo wohnte, ebenso Mr. Lumb in Buenos Aires; denn ohne ihre Unterstützung würden diese wertvollen Überreste niemals England erreicht haben.

keines dieser Tiere, wie früher vermutet wurde, in den Morästen oder schlammigen Flußbetten des jetzigen Landes um, sondern ihre Knochen wurden von den Flüssen an den Tag gefördert, welche die unter Wasser gebildete Ablagerung, in welcher die Reste ursprünglich eingeschlossen wurden, durchsetzen. Wir können annehmen, daß das ganze Gebiet der Pampa ein großes Grab dieser ausgestorbenen riesenhaften Vierfüßler ist.

In der Mitte des Tages am 28. kamen wir in Monte Video an, nachdem wir zwei und einen halben Tag unterwegs gewesen waren. Die Landschaft war den ganzen Weg lang von sehr gleichförmigem Charakter, einige Teile waren im ganzen etwas felsiger und bergiger als in der Nähe des Plata. Nicht weit von Monte Video kamen wir durch das Dorf Las Pietras, wegen einiger großer abgerundeter Massen von Syenit so genannt; sein Ansehen war ganz nett. In diesem Land müssen einige wenige Feigenbäume rund um eine Gruppe von Häusern und ein nur hundert Fuß über die allgemeine Fläche sich erhebender Punkt immer schon pittoresk genannt werden.

Während der letzten sechs Monate habe ich Gelegenheit gehabt, ein wenig den Charakter der Bewohner dieser Provinz kennenzulernen. Die Gauchos oder Landleute sind den Bewohnern der Stadt sehr überlegen. Der Gaucho ist ausnahmslos äußerst verbindlich, höflich und gastfreundschaftlich. Ich bin auch nicht einem einzigen Beispiel von Grobheit oder Inhospitalität begegnet. Er ist bescheiden sowohl in Betreff seiner selbst, als seines Landes, aber gleichzeitig ein mutiger, kühner Gesell. Auf der anderen Seite werden viele Räubereien begangen und es wird viel Blut vergossen. Die hauptsächlichste Ursache für letzteres ist der Gebrauch, beständig das Messer zu tragen. Es ist beklagenswert zu hören, wie viel Leben in kleinlichen Streitigkeiten verloren werden. Bei dem Kampf versucht jede Partei das Gesicht seines Gegners durch Stöße auf die Nase und in die Augen zu zeichnen, wofür die häufigen tiefen und schauerlich aussehenden Narben Zeugnis ablegen. Räubereien sind eine natürliche Folge des allgemeinen Spielens, des vielen Trinkens und der äußersten Indolenz. In Mercedes fragte ich zwei Leute, warum sie nicht arbeiteten. Der eine sagte mir gewichtig, die Tage seien zu lang, der andere sagte, er wäre zu arm. Die große Zahl von Pferden und der Überfluß an Nahrung zerstört alle Industrie. Überdies gibt es gar zu viel Feiertage; ferner kann nichts gedeihen, wenn es nicht mit zunehmendem Mond angefangen wird, so daß der halbe Monat aus diesen zwei Ursachen verloren geht.

Die Polizei und die Gerichte sind völlig unzureichend. Wenn ein Armer einen Mord begeht und ergriffen wird, so wird er gefangengesetzt und vielleicht erschossen; ist er aber reich und hat Freunde, so kann er sich darauf verlassen, daß keine strenge Bestrafung ihn ereilen wird. Es ist merkwürdig, daß die alleranständigsten Bewohner des Landes ausnahmslos einen Mörder bei seiner Flucht unterstützen: sie scheinen anzunehmen, daß das Individuum gegen die Regierung und nicht gegen das Volk sich vergangen habe. Ein Reisender hat außer seinen Schußwaffen keinen Schutz; und der beständige Gebrauch, solche zu tragen, ist das hauptsächliche Hindernis noch häufigerer Räubereien.

Der Charakter der höheren und besser erzogenen Klassen, welche in den Städten wohnen, ist, aber vielleicht in einem geringeren Grade, der guten Seiten des Gaucho teilhaftig, hat aber, wie ich fürchte, viele Laster, von denen jener frei ist. Sinnlichkeit, Verachtung jeder Religion und die gröbste Bestechlichkeit sind durchaus nicht selten. Beinahe jeder in öffentlichem Dienste Stehende kann bestochen werden. Der Hauptbeamte der Postanstalt verkaufte gefälschte Regierungsfrankaturen. Der Gouverneur und Premierminister verbinden sich öffentlich dazu, den Staat zu plündern. Wo Gold ins Spiel kam, wurde Gerechtigkeit kaum von irgend jemand erwartet. Ich machte die Bekanntschaft eines Engländers, welcher zum Oberrichter ging (er erzählte mir, daß er, die Art und Weise des Ortes nicht vollständig verstehend, gezittert habe, als er in das Zimmer getreten sei) und ihm sagte, „Mein Herr, ich komme Ihnen zweihundert (Papier-) Dollars (ungefähr fünf Pfund Sterling wert) anzubieten, wenn Sie einen Mann, der mich betrogen hat, vor einer gewissen Zeit arretieren lassen. Ich weiß, es ist gegen das Gesetz, aber

Achtes Kapitel

mein Advokat (ihn mit Namen anführend) empfahl mir, diesen Schritt zu tun." Der Oberrichter lächelte in freundlicher Zustimmung, dankte ihm und noch vor dem Abend war der betreffende Mann sicher in Gewahrsam. Und mit diesem völligen Mangel an Grundsätzen bei vielen der leitenden Persönlichkeiten, in einem Lande, das voll von schlecht bezahlten unruhigen Beamten ist, hofft das Volk doch noch, daß eine demokratische Regierungsform Erfolg haben könne!

Wenn man zuerst in diesen Ländern in die Gesellschaft kommt, so fallen zwei oder drei Züge als besonders merkwürdig auf. Die höflichen und würdevollen Manieren, welche durch jede Lebensstellung hindurchgehen, der ausgezeichnete Geschmack, den die Frauen in ihrer Kleidung entfalten, und die Gleichheit zwischen allen Ständen. Am Rio Colorado pflegten ein paar Leute, welche die allereinfachsten Kramläden hielten, mit dem General Rosas zu Mittag zu speisen; der Sohn des Majors in Bahia Blanca erwarb sich seinen Unterhalt durch Anfertigung von Papierzigarren; er wünschte mich als Führer oder Diener nach Buenos Aires zu begleiten, aber sein Vater widersetzte sich dem, und zwar nur wegen der Gefahr. Viele Offiziere der Armee können weder lesen noch schreiben, und doch begegnen sie sich alle in der Gesellschaft als gleich. In Entre Rios bestand die Sala nur aus sechs Repräsentanten. Einer derselben hielt einen offenen Kramladen und stand offenbar durch diese Beschäftigung nicht niedriger. Alles dies war in einem neu sich gründenden Land zu erwarten; trotzdem erscheint einem Engländer das Fehlen der „gentlemen" von Profession ziemlich fremdartig.

Wenn man von diesen Ländern spricht, so muß man immer die Art und Weise, wie sie von ihrer unnatürlichen Mutter Spanien erzogen worden sind, mit im Auge behalten. Im ganzen muß man ihnen vielleicht das, was getan worden ist, höher anrechnen, anstatt sie dafür, was noch fehlt, zu tadeln. Es läßt sich unmöglich daran zweifeln, daß der äußerste Liberalismus dieser Länder schließlich zu guten Resultaten führen muß. Die allgemeine Toleranz fremder Religionen, die den Mitteln der Erziehung gewidmete Achtung, die Freiheit der Presse, die allen Fremden und ganz besonders, wie ich hinzuzusetzen mich für verbunden halte, jedem, der auch nur die geringsten Ansprüche an Wissenschaft zu erkennen gibt, gewährten Erleichterungen sollten von denen, welche das spanische Süd-Amerika besuchen, immer dankbar anerkannt werden.

6. Dezember – Die „Beagle" segelte vom Rio Plata fort, um niemals wieder in den schlammigen Strom einzulaufen. Unsere Fahrt war nach Port Desire an der Küste von Patagonien gerichtet. Ehe ich weitergehe, will ich hier einige wenige Beobachtungen zusammenstellen, die ich auf dem Meer gemacht habe.

Mehrere Male, als das Schiff einige Meilen von der Mündung des Plata entfernt in See und zu anderen Zeiten, wenn es den Küsten des nördlichen Patagoniens gegenüber war, wurden wir von Insekten umgeben. Eines Abends, als wir ungefähr zehn Meilen von der Bay von San Blas entfernt waren, waren Massen von Schmetterlingen in Mengen oder Herden zahlloser Myriaden, soweit nur das Auge reichen konnte, zu bemerken. Selbst mit Hilfe des Teleskops war es nicht möglich, einen von Schmetterlingen freien Fleck zu finden. Die Matrosen riefen aus: „Jetzt schneit es Schmetterlinge!" und in der Tat, es sah auch bald so aus. Es fanden sich darunter mehrere Spezies, aber der größte Teil gehörte zu einer Art, welche der gemeinen englischen *Colias Edusa* sehr ähnlich, wenn nicht mit ihr identisch war. Einige Nachtschmetterlinge und Hymenoptern begleiteten die Schmetterlinge; auch kam ein schöner Käfer (*Calosoma*) an Bord geflogen. Man kennt auch mehrere Beispiele, daß dieser Käfer weit draußen auf dem Meer gefangen worden ist; und dies ist um so merkwürdiger, als die größere Zahl der Carabiden selten oder niemals fliegt. Der Tag war schön und ruhig gewesen, und der vorhergehende ebenso, mit leichten und wechselnden Brisen. Wir können daher nicht annehmen, daß die Insekten vom Land weggeblasen worden sind, sondern müssen zu der Folgerung kommen, daß sie willkürlich geflogen sind. Die großen Züge der *Colias* scheinen auf den ersten Blick ein Beispiel von Wanderung, ähnlich jenen anderen verzeichneten Fällen von Wanderungen der *Vanessa Cardui*[5], darzubieten; aber die Anwesenheit anderer Insekten macht den Fall verschieden und selbst schwerer verständlich. Vor Sonnenuntergang setzte eine scharfe Brise aus Norden ein, und diese muß die Ursache des Todes von Tausenden dieser Schmetterlinge und anderen Insekten geworden sein.

Bei einer anderen Gelegenheit, als wir siebenzehn Meilen gegenüber dem Kap Corrientes waren, hatte ich ein Netz über Bord hängen, um pelagische Tiere zu fangen. Als ich es heraufzog fand ich zu meiner Überraschung eine beträchtliche Zahl von Käfern in ihm und trotzdem sie im offenen Meer waren, schienen sie von dem Salzwasser nicht sehr belästigt zu werden. Einige von den Exemplaren habe ich verloren, aber die ich aufbewahrt habe, gehörten zu den Gattungen *Colymbetes*, *Hydroporus* (zwei Arten), *Notaphus*, *Cynucus*, *Adimonia* und *Scarabaeus*. Anfangs glaubte ich, daß diese Insekten von dem Ufer hergeweht worden wären. Als ich mir aber überlegte, daß unter den acht Spezies vier im Wasser lebten und zwei andere in ihrer Lebensweise zum Teil wenigstens Wassertiere waren, schien es mir am wahrscheinlichsten zu sein, daß sie von einem kleinen, einem See in der Nähe von Kap Corrientes zum Abfluß dienenden Strom in das Meer geführt worden seien. Mag man annehmen, was man will, so ist es ein interessanter Umstand, lebendige Insekten im offenen Ozean, siebzehn Meilen von der nächsten Landesspitze herumschwimmen zu finden. Man hat mehrere Berichte über Insekten, welche von der patagonischen Küste fortgeweht worden sind. Kapitän Cook hat es beobachtet und später noch Kapitän King auf der „Adventure". Die Ursache hiervon ist wahrscheinlich der Mangel an Schutz sowohl von Bäumen als von Bergen, so daß ein Insekt im Flug von einer von der Küste wegblasenden Brise sehr leicht auf das Meer geweht werden wird. Den merkwürdigsten Fall von einem Insekt, welches weit vom Land gefangen worden ist, der mir bekannt geworden ist, ist der einer großen Heuschrecke (*Acridium*), welche an Bord geflogen kam, als die „Beagle" windwärts von den Kapverdischen Inseln sich befand, wo der nächste Punkt Landes, der nicht direkt dem Passatwinde entgegengesetzt war, das Kap Blanco an der Küste von Afrika dreihundertsiebzig Meilen entfernt war.[6]

Als die „Beagle" innerhalb der Mündung des Plata lag, wurde die Takelage bei mehreren Gelegenheiten von dem Gewebe des Alten Weibersommers überzogen. An einem Tage (1. Nov. 1832) widmete ich dem Gegenstande besondere Aufmerksamkeit. Das Wetter war schön und klar gewesen und am Morgen war die Luft voll von Zügen jenes flockigen Gewebes, wie es an einem Herbsttag in England zu sehen ist. Das Schiff lag sechzig Meilen vom Land entfernt, in der Richtung einer steten aber leichten Brise. Eine ungeheure Zahl von kleinen, ungefähr ein zehntel Zoll langen und schmutzig rötlichen Spinnen war an die Fäden geheftet. Ich sollte meinen, es müßten einige Tausende auf dem Schiff gewesen sein. Wenn die kleine Spinne zuerst in Berührung mit der Takelage kam, saß sie immer auf einem einzigen Faden und nicht auf der flockigen Masse. Die letztere erscheint nur durch das Verwirren der einzelnen Fäden entstanden zu sein. Die Spinnen waren alle von einer Spezies, aber beiderlei Geschlechts, und auch Junge dabei. Die letzteren unterschieden sich durch ihre geringe Größe und trübere Färbung. Ich will hier keine Beschreibung dieser Spinnen geben, sondern einfach anführen, daß sie mir in keine der Lattreille'schen Gattungen zu gehören scheinen. Sobald der kleine Luftschiffer an Bord gekommen war, zeigte er sich sehr lebendig, lief umher, ließ sich zuweilen fallen und stieg dann an demselben Faden wieder in die Höhe; zuweilen beschäftigte er sich damit, ein kleines, sehr unregelmäßiges Gewebe in den Winkeln zwischen den Tauen zu machen. Die Spinne konnte mit Leichtigkeit auf der Oberfläche des Wassers laufen. Störte man sie, so erhob sie ihre Vorderbeine in einer aufmerksamen Stellung. Bei ihrer ersten Ankunft schien sie sehr durstig zu sein und

---

[5] Lyell, Principles of Geology, Vol. III, p.63.
[6] Die Fliegen, welche häufig Schiffe einige Tage lang auf dem Wege von Hafen zu Hafen begleiten, verlieren sich, wenn sie von dem Schiffe wegfliegen, bald und verschwinden sämtlich.

trank mit vorgestreckten Kiefern begierig Wassertropfen. Dieser selbe Umstand ist von Strack beobachtet worden. Sollte dies nicht eine Folge davon sein, daß das kleine Tier durch eine trokkene und dünne Luft gekommen ist? Sein Vorrat an Webstoff schien unerschöpflich zu sein. Während ich einige an einem einzelnen Faden aufgehängt beobachtete, bemerkte ich mehrere Male, daß der geringste Luftzug sie in einer horizontalen Linie aus dem Gesichtskreis forttrug. Bei einer anderen Gelegenheit (25.) beobachtete ich unter ähnlichen Umständen wiederholt, wie dieselbe Spinne, wenn sie entweder auf irgendeine kleine Erhöhung gekrochen oder dahingestellt worden war, ihren Hinterleib erhob, einen Faden aussandte und dann horizontal dahinsegelte, aber mit einer Geschwindigkeit, die völlig unerklärlich war. Ich glaube bemerken zu können, daß die Spinne, ehe sie die eben erwähnten vorbereitenden Schritte tat, ihre Beine mit den allerzartesten Fäden zusammenband, doch bin ich nicht sicher, ob diese Beobachtung richtig ist.

Eines Tages hatte ich in Santa Fé bessere Gelegenheit, einige ähnliche Tatsachen zu beobachten. Eine Spinne, welche ungefähr drei Zehntel Zoll lang und in ihrem allgemeinen Ansehen einer *Citigrada* ähnlich war (daher völlig verschieden von der Spinne der Sommerfäden), schoß, während sie auf der Spitze des Pfahles stand, vier oder fünf Fäden aus ihren Spinndrüsen heraus. Man könnte diese im Sonnenschein glänzenden Fäden mit divergierenden Lichtstrahlen vergleichen, sie waren indes nicht gerade, sondern wellig, wie vom Wind bewegte Seidenfädchen. Sie waren über einen Yard lang und bogen von den Öffnungen in aufsteigender Richtung ab. Nun ließ die Spinne plötzlich sich von dem Pfahl los und wurde schnell aus dem Gesichtskreis getragen. Der Tag war warm und scheinbar vollständig ruhig, aber unter solchen Umständen kann die Atmosphäre niemals so ruhig sein, daß sie nicht eine so zarte Windfahne, wie den Faden eines Spinngewebes affizierte. Wenn wir während eines warmen Tages entweder den auf eine Fläche geworfenen Schatten irgendeines Gegenstandes oder über eine waagrechte Ebene nach einem entfernten Punkt blicken, so ist die Wirkung eines aufsteigenden Stromes erwärmter Luft beinahe immer deutlich. Derartige Strömungen aufwärts sind, wie ganz richtig bemerkt worden ist, auch durch das Aufsteigen von Seifenblasen nachweisbar, welche in einem geschlossenen Zimmer nicht aufsteigen. Ich glaube daher, daß es nicht sehr schwierig ist, das Aufsteigen der feinen, aus den Spinndrüsen einer Spinne abgehenden Fäden und später der Spinne selbst zu verstehen; das Auseinandergehen der Fäden hat man, ich glaube, es war Mr. Murray, durch ihren gleichen elektrischen Zustand zu erklären versucht. Der Umstand, daß Spinnen einer und derselben Spezies, aber von verschiedenem Geschlecht und Alter bei mehreren Gelegenheiten in einer Entfernung von vielen Stunden vom Land in ungeheuren Zahlen solchen Fäden anhängend gefunden worden sind, macht es wahrscheinlich, daß die Gewohnheit, durch die Luft zu segeln, für die Gruppe ebenso charakteristisch ist, wie das Tauchen für die *Argyroneta*. Wir können daher Latreilles Vermutung, daß die Sommerfäden ihren Ursprung ganz gleichmäßig den Jungen mehrerer Gattungen von Spezies verdanken, zurückweisen, obschon, wie wir gesehen haben, die Jungen anderer Spinnen die Fähigkeit, Luftreisen auszuführen, besitzen.[7]

Während unserer verschiedenen Touren südlich vom Plata ließ ich oft ein aus Segeltuch gemachtes Netz am Spiegel des Schiffes nachziehen und fing damit viele merkwürdige Tiere. Von Krustentieren gab es viele fremdartige und unbeschriebene Gattungen. Eins derselben, welches in manchen Beziehungen mit den Notopoden (oder denjenigen Krabben, welche ihre Hinterbeine beinahe auf den Rücken gestellt haben, zum Zweck, sich an der unteren Seite von Steinen festhalten zu können) verwandt ist, ist wegen der Struktur seines hinteren Fußpaares sehr merkwürdig. Das vorletzte Glied endet anstatt in eine einfache Klaue auszulaufen, in drei borstenartigen Anhängen verschiedener Länge und zwar ist der längste an Länge dem ganzen Bein gleich. Diese Krallen sind sehr dünn und sind mit den feinsten rückwärts gerichteten Zähnen ge-

---

[7] Blackwall teilt in seinen Researches in Zoology viele ausgezeichnete Beobachtungen über die Lebensweise der Spinnen mit.

sägt. Ihre gekrümmten Enden sind abgeplattet und auf diesem Teil stehen fünf äußerst kleine Näpfe, welche in derselben Weise zu fungieren scheinen, wie die Saugnäpfe an den Armen des Tintenfisches. Da das Tier im offenen Meer lebt und doch wahrscheinlich eines Ruheplatzes bedarf, so vermute ich, daß diese schöne, aber äußerst anormale Bildung dem Tier dazu dient, an flottierenden Meertieren sich festzuhalten.

In tiefem Wasser, weit vom Land entfernt, ist die Zahl lebender Geschöpfe äußerst gering: Südlich vom 35.° S. Br. glückte es mir niemals, irgend etwas anderes zu fangen, als einige *Beroe* und einige wenige Spezies sehr kleiner entomostraker Krustentiere. In seichterem Wasser in der Entfernung von nur wenigen Meilen von der Küste sind sehr viele Arten von Krustentieren und einige andere Tiere zahlreich, indes nur während der Nacht. Zwischen dem 56. und 57.° südlich vom Kap Hoorn wurde das Netz mehrere Male am Spiegel ausgeworfen; es wurde indes niemals irgend etwas anderes heraufgebracht, als wenige Individuen von zwei äußerst kleinen Spezies von Entomostraken. Und doch sind Walfische und Robben, Sturmvögel und Albatrosse äußerst häufig über diesen ganzen Teil des Ozeans. Es ist mir immer ein Rätsel geblieben, von was der Albatroß, welcher weit von dem Ufer entfernt lebt, leben mag; ich vermute, daß er, wie der Kondor, imstande ist, lange zu fasten und daß eine gute Mahlzeit vom faulign Aas eines Walfisches für lange Zeit ausreicht. Die zentralen und zwischen den Tropen gelegenen Teile des Atlantischen Ozeans sind erfüllt mit Pteropoden, Krustentieren und Strahltieren, und von ihren Vertilgern, den fliegenden Fischen, und wiederum von deren Vertilgern, den Bonitos und Thunfischen; ich vermute, daß die zahlreichen anderen Seetiere von Infusorien leben, von denen man jetzt nach den Untersuchungen von Ehrenberg weiß, daß sie in dem offenen Meer äußerst häufig sind. Aber von was leben in dem klaren blauen Wasser diese Infusorien?

Während wir ein wenig südlich vom Plata in einer sehr dunkeln Nacht dahinsegelten, bot das Meer einen wunderbaren und äußerst prachtvollen Anblick dar. Es war eine frische Brise und jeder Teil der Oberfläche, welche während des Tages als Schaum sichtbar war, glühte nun in einem blassen Licht. Das Schiff trieb vor seinem Bug zwei Kissen flüssigen Phosphors her und in seinem Kielwasser folgte ihm ein milchiger Zug. So weit das Auge reichen konnte, glänzte jede Wellenkrone und infolge des reflektierten Glanzes dieser matten Flamme war der Himmel am Horizont nicht so gänzlich verdunkelt wie am Himmelsgewölbe.

Gehen wir weiter nach Süden, so phosphoresziert das Meer nur selten und auf der Höhe des Kap Hoorn erinnere ich mich nicht, dies mehr als ein Mal gesehen zu haben, und dann war es auch durchaus nicht brillant. Dieser Umstand steht wahrscheinlich in innigem Zusammenhang mit der Seltenheit organischer Wesen in diesem Teil des Ozeans. Nach dem eingehenden Aufsatz[8] Ehrenbergs über das Leuchten des Meeres ist es für mich beinahe überflüssig, irgendwelche Bemerkung über den Gegenstand noch zu machen. Ich will indes hinzufügen, daß dieselben zerrissenen und unregelmäßigen Stückchen gallertartiger Substanz, welche Ehrenberg beschrieben hat, auf der südlichen ebenso wie auf der nördlichen Hemisphäre die gemeinsame Ursache dieser Erscheinung zu sein scheinen. Die Stückchen waren so klein, daß sie leicht durch die Maschen einer feinen Gaze hindurchtraten, doch waren viele mit bloßem Auge deutlich zu sehen. Wurde das Wasser in ein Wasserglas getan und erschüttert, so gab es Funken, eine kleine Portion aber in einem Uhrglas war kaum jemals leuchtend. Ehrenberg gibt an, daß die Stückchen sämtlich einen gewissen Grad von Reizbarkeit behalten. Meine Beobachtungen, von denen einige unmittelbar nach Entnahme aus dem Wasser gemacht wurden, ergaben ein verschiedenes Resultat. Ich will auch erwähnen, daß einmal, nachdem ich das Netz während einer Nacht gebraucht hatte, ich es zum Teil trocken werden ließ, und als ich zwölf Stunden später Veranlassung hatte, es wieder zu benutzen, fand ich die ganze Oberfläche so glänzend funkeln, wie vorher, als ich es zuerst aus dem Wasser genommen hatte. In diesem Fall scheint es nicht wahrscheinlich zu sein, daß die Stückchen so lange hätten lebendig bleiben können. Nachdem ich bei

---

[8] Ein Auszug ist in Nr. IV des Magazine of Zoology and Botany gegeben (Vol. I, 1837, p.409-412).

einer Gelegenheit eine Meduse von der Gattung *Dianaea* so lange aufbewahrt hatte, bis sie abgestorben war, wurde das Wasser, in welches sie gebracht war, leuchtend. Wenn die Wellen mit hellgrünen Punkten funkeln, so glaube ich, daß dies meistens äußerst kleinen Crustaceen zuzuschreiben ist. Doch kann darüber kein Zweifel sein, daß sehr viele andere pelagische Tiere, so lange sie lebendig sind, phosphoreszieren.

Bei zwei Gelegenheiten beobachtete ich, daß das Meer in beträchtlichen Tiefen unterhalb der Oberfläche leuchtete. In der Nähe der Mündung des Plata leuchteten einige kreisförmige und ovale Flecke von zwei bis drei Yards im Durchmesser und von bestimmten Umrissen mit einem steten aber blassen Licht, während das umgebende Wasser nur wenige Funken aufleuchten ließ. Die Erscheinung glich dem Reflex des Mondes oder irgendeines leuchtenden Körpers; denn die Ränder der Flecke waren infolge der Wellen an der Oberfläche wellig; das Schiff, welches dreizehn Fuß tief ging, ging über diese Stellen hinweg, ohne sie zu stören. Wir müssen daher annehmen, daß irgendwelche Tiere sich in einer größeren Tiefe als der Kiel des Schiffes angesammelt hatten.

In der Nähe von Fernando Noronha leuchtete das Meer in Blitzen. Die Erscheinung war der sehr ähnlich, welche man erwarten könnte, wenn sich ein großer Fisch mit großer Geschwindigkeit durch eine leuchtende Flüssigkeit hindurchbewegt. Einer solchen Ursache schrieben es auch die Matrosen zu; zur Zeit der Beobachtung indes hatte ich doch wegen der Häufigkeit und Schnelligkeit der Blitze einige Zweifel. Ich habe bereits bemerkt, daß die Erscheinung in warmen Breiten sehr viel häufiger ist als in kalten; und ich habe mir zuweilen vorgestellt, daß eine Störung des elektrischen Zustandes der Atmosphäre ihrer Erzeugung am günstigsten sei. Ich glaube sicher, daß das Meer nach wenigen Tagen ruhigeren Wetters als gewöhnlich am meisten leuchtet, während welcher Zeit verschiedene Tiere auch am häufigsten sind. Da man beobachtet, daß das mit gallertigen Stückchen durchsetzte Wasser unrein ist und daß die Erscheinung des Leuchtens in allen gewöhnlichen Fällen durch die Bewegung der Flüssigkeit in Berührung mit der Atmosphäre hervorgebracht wird, so bin ich zu der Annahme geneigt, daß das Phosphoreszieren das Resultat der Zersetzung der organischen Stückchen ist, durch welchen Vorgang (man ist beinahe versucht, es eine Art Atmung zu nennen) der Ozean gereinigt wird.

23. Dezember – Wir kamen in Port Desire an, im 47.° S. Br. Die kleine Bucht läuft ungefähr zwanzig Meilen weit landeinwärts mit einer unregelmäßigen Breite. Die „Beagle" ankerte wenige Meilen innerhalb des Einganges, den Ruinen einer alten spanischen Niederlassung gegenüber.

An demselben Abend ging ich an Land. Das erste Betreten des Bodens in irgendeinem neuen Land ist sehr interessant, besonders wenn, wie es hier der Fall ist, der ganze Anblick den Stempel einen ausgesprochen individuellen Charakter trägt. In der Höhe von zwischen zwei- und dreihundert Fuß oberhalb einiger Massen von Porphyr dehnt sich eine weite Ebene aus, welche für Patagonien wahrhaft charakteristisch ist. Die Oberfläche ist vollkommen waagerecht und besteht aus gut abgerundeten Flußrollsteinen, die mit einer weißlichen Erde vermischt sind. Hier und da finden sich zerstreut stehende Büschel braunen starren Grases und noch seltener einige niedrige dornige Gebüsche. Das Wetter ist trocken und angenehm und der schöne blaue Himmel nur selten verdunkelt. Wenn man in der Mitte einer dieser wüsten Ebenen steht und nach dem Inneren hinblickt, so ist die Aussicht meist durch die Böschung einer anderen etwas höheren, aber ebenso waagerecht ausgedehnten und trostlosen Ebene begrenzt; und in jeder anderen Richtung wird der Horizont durch die zitternde Luftspiegelung, welche von der erhitzten Oberfläche auszugehen scheint, undeutlich.

In einem solchen Land war das Schicksal einer spanischen Niederlassung bald entschieden; die Trockenheit des Klimas während des größeren Teils des Jahres und die gelegentlichen feindlichen Angriffe der wandernden Indianerstämme zwangen die Kolonisten, ihre halbbeendeten

Gebäude zu verlassen. Indes zeigt der Stil, in dem sie begonnen wurden, die starke und liberale Hand des Spaniens der alten Zeit. Das Resultat aller der Versuche, diese Seite von Amerika südlich vom 40. Grad zu kolonisieren, ist vergeblich gewesen. Port Famine drückt in seinem Namen die hinzehrenden und außerordentlichen Leiden mehrerer hundert unglücklicher Menschen aus, von denen nur einer übrig blieb, um ihr Mißgeschick erzählen zu können. In der St. Joseph-Bucht an der Küste von Patagonien wurde eine kleine Niederlassung begründet; aber während eines Sonntags machten die Indianer einen Angriff und massakrierten die ganze Gesellschaft mit Ausnahme zweier Leute, welche viele Jahre hindurch gefangen blieben. Am Rio Negro habe ich mich mit einem dieser Leute, der jetzt ein äußerst hohes Alter erreicht hat, unterhalten.

Die Fauna von Patagonien ist ebenso beschränkt wie seine Flora.[9] Auf den dürren Ebenen kann man einige wenige schwarze Käfer (Heteromeren) langsam herumkriechen und gelegentlich eine Eidechse herüber- und hinüberschießen sehen. Von Vögeln haben wir drei Aasfalken und in den Tälern ein paar Finken und Insektenfresser gesehen. Ein Ibis (*Theristicus melanops*, eine Spezies, die im zentralen Afrika gefunden worden sein soll) ist auf den wüstesten Teilen nicht selten. In seinem Magen fand ich Heuschrecken, Zikaden, kleine Eidechsen und selbst Skorpione.[10] Zu einer Zeit des Jahres gehen diese Vögel in Zügen, zu einer anderen in Paaren; ihr Geschrei ist sehr laut und eigentümlich, ähnlich dem Wiehern des Guanaco.

Das Guanaco oder wilde Llama ist das charakteristische Säugetier der Ebenen von Patagonien, es ist der südamerikanische Repräsentant des orientalischen Kamels. Im Urzustand ist es ein elegantes Tier mit einem langen schlanken Hals und schönen Beinen. Es ist sehr gemein über die ganzen gemäßigten Teile des Kontinentes, südlich bis zu den Inseln in der Nähe des Kap Hoorn. Es lebt meist in kleinen Herden von einem halben Dutzend bis dreißig in jeder; aber an den Ufern des Santa Cruz sahen wir eine Herde, die mindestens fünfhundert Stück enthalten haben muß.

Sie sind meist wild und äußerst vorsichtig. Mr. Stokes hat mir erzählt, daß er eines Tages durch ein Glas eine Herde dieser Tiere sah, welche offenbar erschreckt waren und in voller Eile davonliefen, obschon die Entfernung so groß war, daß er sie mit dem bloßen Auge nicht unterscheiden konnte. Der Jäger erhält häufig die erste Notiz von ihrer Gegenwart dadurch, daß er aus einer weiten Entfernung her ihren eigentümlich gellenden, wiehernden Alarmruf hört. Untersucht er dann aufmerksam die Gegend, so wird er wahrscheinlich die Herde in einer Reihe zur Seite eines entfernten Hügels aufgestellt sehen. Nähert er sich mehr, so werden ein paar Rufe ausgestoßen und sie ziehen davon in einem scheinbar langsamen, aber tatsächlich geschwinden Galopp irgendeinen schmalen, betretenen Pfad entlang nach einem benachbarten Berg. Begegnet er indes zufällig einem einzelnen Tier oder mehreren zusammen, so stehen sie meist bewegungslos da und stieren ihn aufmerksam an; dann gehen sie vielleicht wenige Yards weiter, wenden sich um und sehen ihn wieder an. Was ist die Ursache dieser Verschiedenheit in ihrer Schüchternheit? Verwechseln sie einen Menschen in der Entfernung mit ihrem hauptsächlichsten Feinde, dem Puma, oder überwindet die Neugierde ihre Furcht? Daß sie neugierig sind, ist sicher, denn wenn sich jemand auf die Erde legt und fremdartige Gesten macht, so z.B. seine Füße in der Luft herumbewegt, so werden sie sich ihm beinahe immer allmählich nähern, um ihn zu rekognoszieren. Es war dies ein Kunststück, welches von unsern Jägern wiederholt mit

---

[9] Ich fand hier eine, von Professor Henslow unter dem Namen *Opuntia Darwinii* beschriebene Kaktus-Art (Magazine of Zoology and Botany, Vol. I, P.466), welche wegen der Reizbarkeit ihrer Staubfäden, sobald ich entweder ein Stückchen Holz oder meinen Finger in die Blüte steckte, merkwürdig ist. Auch die Segmente des Periants schlossen sich um das Pistill, aber langsamer als die Staubfäden. Pflanzen dieser, meist als tropisch angesehenen Familie kommen in Nord-Amerika (Lewis und Clarke, Travels, p.221) in derselben Höhe wie hier in Süd-Amerika, nämlich in 47°, vor.

[10] Diese Tiere sind unter Steinen nicht gerade selten. Ich fand einen Skorpion, welcher als Kannibale ruhig einen anderen verzehrte.

Achtes Kapitel

Erfolg ausgeführt wurde und außerdem den Vorteil bot, mehrere Schüsse zu gestatten, welche alle offenbar als zugehörige Teile der Vorstellung angesehen wurden. Auf den Bergen Feuerlands habe ich mehr als ein Mal ein Guanaco, wenn man sich ihm näherte, nicht bloß wiehern und schreien hören, sondern sich in der lächerlichsten Art und Weise bäumen und springen sehen, offenbar zum Hohn und als eine Art Herausforderung. Diese Tiere werden sehr leicht domestiziert und ich habe einige in diesem Zustand im nördlichen Patagonien in der Nähe eines Hauses gesehen, obschon sie nicht gefangen gehalten wurden. Sie sind in diesem Zustand sehr kühn und greifen einen Menschen leicht von hinten an, indem sie ihn mit beiden Knien stoßen. Man hat behauptet, daß die Motive zu diesen Angriffen Eifersucht in bezug auf ihre Weibchen sei. Das wilde Guanaco hat indes keine Idee von Verteidigung, selbst ein einzelner Hund kann eins dieser großen Tiere festhalten, bis der Jäger herankommt. In vielen Zügen ihrer Lebensweise verhalten sie sich wie Schafe in einer Herde. Wenn sie z. B. Menschen in verschiedenen Richtungen zu Pferde herankommen sehen, werden sie ganz verstört und wissen nicht, wohin sie laufen sollen. Das erleichtert bedeutend die Methode der Indianer, sie zu jagen, denn sie werden hiernach leicht auf einen mittleren Punkt hingetrieben und eingeschlossen.

Die Guanacos gehen sehr leicht ins Wasser: Mehrere Male hat man sie in Port Valdes von Insel zu Insel schwimmen sehen. Byron sagt in seiner Reise, daß er sie hat Salzwasser trinken sehen. Einige unserer Offiziere sahen gleichfalls eine Herde, die allem Anschein nach die laugenartige Flüssigkeit einer Saline in der Nähe des Kap Blanco trank. Ich glaube wohl, daß sie in mehreren Teilen des Landes, wenn sie kein Salzwasser trinken, dann überhaupt gar nicht trinken. In der Mitte des Tages wälzen sie sich häufig in untertassenförmig ausgehöhlten Löchern im Staub. Die Männchen kämpfen miteinander. Eines Tages kamen zwei dicht an mir vorüber, schrien und versuchten sich einander zu beißen; und bei mehreren, die geschossen wurden, war die Haut mit tiefen Narben bedeckt. Manche Herden scheinen zuweilen auf Entdeckungszüge auszugehen. In Bahia Blanca, wo innerhalb dreißig Meilen von der Küste diese Tiere äußerst selten sind, sah ich eines Tages die Spuren von dreißig oder vierzig, welche in einer direkten Linie nach einer schmutzigen Salzwasserbucht gekommen waren. Sie müssen dann bemerkt haben, daß sie sich dem Meer näherten, denn mit der Regelmäßigkeit von Kavalleristen schwenkten sie herum und kehrten in einer genau so geraden Linie zurück, als sie gekommen waren. Die Guanacos haben eine eigentümliche Gewohnheit, welche mir vollständig unerklärlich ist, nämlich die, daß sie Tag für Tag ihren Dünger auf denselben bestimmten Haufen fallen lassen. Ich habe einen dieser Haufen gesehen, welcher acht Fuß im Durchmesser war und aus einer großen Masse bestand. Diese Gewohnheit ist der Angabe A. d'Orbignys zufolge allen Arten der Gattung gemeinsam; er ist den peruanischen Indianern sehr nützlich, welche den Dünger als Feuerungsmaterial benutzen und daher der Mühe enthoben sind, ihn zu sammeln.

Die Guanacos scheinen Lieblingsplätze zu haben, um sich niederzulegen und dort zu sterben. An den Ufern des Sta. Cruz war an gewissen umschriebenen Stellen, welche meist buschig waren und sämtlich in der Nähe des Flusses lagen, der Boden faktisch weiß von Knochen. An einer solchen Stelle zählte ich zwischen zehn und zwanzig Schädel. Ich untersuchte die Knochen genau, sie waren nicht, wie einige zerstreut herumliegende, die ich gesehen hatte, angenagt und zerbrochen, als wenn sie von Raubtieren zusammengeschleppt wären. Die Tiere müssen in den meisten Fällen vor dem Tod unter und zwischen die Gebüsche gekrochen sein. Mr. Bynoe teilt mir mit, daß er auf einer früheren Reise denselben Umstand an den Ufern des Rio Gallegos beobachtet habe. Ich verstehe durchaus den Grund hiervon nicht, will aber bemerken, daß die verwundeten Guanacos am Santa Cruz ausnahmslos nach dem Fluß zu gingen. In San Jago auf den Kapverdischen Inseln erinnere ich mich in einer Schlucht einen einsamen Winkel gesehen zu haben, der von Ziegenknochen bedeckt war; wir riefen damals aus, daß dies der Begräbnisgrund für sämtliche Ziegen auf der Insel sei. Ich erwähne diese unbedeutenden Umstände, weil sie in gewissen Fällen das Vorkommen einer großen Zahl von unverletzten Knochen in einer

Höhle oder von unter Alluvialanhäufungen begrabenen Knochen erklären können; ebenso, warum gewisse Tiere häufiger als andere in sedimentäre Ablagerungen eingebettet sind.

Eines Tages wurde die Schaluppe unter dem Kommando von Mr. Chaffers mit Provision für drei Tage abgesandt, um den oberen Teil des Hafens aufzunehmen. Am Morgen suchten wir nach einigen Badeorten, welche in einer alten spanischen Karte erwähnt waren. Wir fanden einen kleinen Fluß, an dessen oberem Ende ein tröpfelnder Bach von Brackwasser war (der erste, den wir sahen). Hier zwang uns die Flut, mehrere Stunden zu warten, und in der Zwischenzeit ging ich ein paar Meilen ins Innere. Die Ebene bestand wie gewöhnlich aus Kies, untermischt mit etwas Erde, welche der Kreide im Ansehen ähnlich, aber von ihr in der Beschaffenheit sehr verschieden war. Wegen der Weichheit dieser Bestandteile war die Fläche in viele Rinnen zerklüftet. Es war nicht ein einziger Baum vorhanden, und ausgenommen das Guanaco, welches auf dem Gipfel eines Hügels als wachthabender Posten vor seiner Herde stand, fand sich kaum ein Tier oder ein Vogel. Alles war ruhig und verlassen. Und doch, läßt man seinen Blick über solche Szenen schweifen, ohne daß ein auffallender Gegenstand ihn fesselt, so wird ein schwer zu bestimmendes, aber sehr starkes Gefühl von Vergnügen sehr lebhaft in uns angeregt. Man fragt sich, wie viele Jahrhunderte die Ebene schon so bestanden habe und wie viele weitere sie bestimmt sei, noch zu bestehen.

None can reply – all seems eternal now.
The wilderness hat a mysterious tongue,
Which teaches awful doubt.[11]

(Niemand gibt Antwort: – ewig scheint hier alles.
Die Wildnis hat geheimnisvolle Sprache:
Sie lehrt zu staunen und zweifeln. –)

Am Abend segelten wir ein paar Meilen weiter hinauf und schlugen dann die Zelte für die Nacht auf. In der Mitte des nächsten Tages saß die Schaluppe auf dem Grund und konnte wegen der Seichtigkeit des Wassers nicht höher hinaufgehen. Da sich das Wasser als zum Teil süß herausstellte, nahm Mr. Chaffers das kleine Boot und ging noch zwei oder drei Meilen weiter hinauf, wo es gleichfalls auf den Grund kam, aber in einem Süßwasserfluß. Das Wasser war schlammig, und wenngleich der Fluß in bezug auf seine Größe äußerst unbedeutend war, so ist es doch schwer, seinen Ursprung zu erklären, ausgenommen durch den schmelzenden Schnee der Cordillera. An dem Ort, wo wir biwakierten, umgaben uns kühne Felsenriffe und steile Türme von Porphyr. Ich glaube nicht, daß ich jemals einen Fleck gesehen habe, der mir mehr von der übrigen Welt abgeschlossen zu sein schien, als diese felsige Schlucht in der weiten Ebene.

Am zweiten Tage nach unserer Rückkehr zum Ankerplatz ging eine Gesellschaft von Offizieren und ich selbst aus, um ein altes Indianergrab genauer zu durchsuchen, welches ich auf dem Gipfel eines benachbarten Hügels gefunden hatte. Zwei ungeheure Steine, von denen jeder wahrscheinlich mindestens ein paar Tonnen wog, waren vor den vorspringenden Rand eines ungefähr sechs Fuß hohen Felsens gelegt. Auf dem Boden des Grabes auf dem harten Felsen war eine ungefähr einen Fuß hohe Erdschicht, welche unten von der Ebene heraufgebracht worden sein mußte. Über dieser lag eine Pflasterung von glatten Steinen, auf welche andere so gehäuft waren, daß sie den Raum zwischen dem vorspringenden Rande und den zwei großen Felsblöcken erfüllten. Um das Grab zu vervollständigen, hatten die Indianer es möglich gemacht, von dem Felsrande ein ungeheures Stück loszubrechen und es so über den Steinhaufen zu legen, daß es auf den beiden Blöcken ruhte. Wir unterminierten das Grab von beiden Seiten, konnten aber keine Überreste, nicht einmal Knochen finden. Die letzteren waren wahrscheinlich schon

---

[11] Shelley, Zeilen an M. Blanc.

Achtes Kapitel

lange zerfallen (in welchem Falle das Grab von einem äußerst hohen Alter gewesen sein mußte); denn an einem anderen Orte fand ich ein paar kleinere Haufen, unter denen ich äußerst wenige, zerbröckelnde Fragmente als zu einem menschlichen Skelett gehörig unterscheiden konnte. Falconer gibt an, daß ein Indianer da begraben wird, wo er stirbt, aber daß später seine Knochen sorgfältig gesammelt und, mag die Entfernung so groß sein wie sie will, weggeführt werden, um in der Nähe der Küste niedergelegt zu werden. Ich glaube, dieser Gebrauch läßt sich erklären, wenn man sich daran erinnert, wie diese Indianer vor der Einführung des Pferdes nahezu dieselbe Lebensweise gehabt haben müssen, wie jetzt die Bewohner Feuerlands, und daher meist in der Nähe des Meeres gewohnt haben. Das gewöhnliche Vorurteil, dort begraben zu liegen, wo die Vorfahren begraben sind, dürfte die jetzt herumschweifenden Indianer dazu führen, die weniger vergänglichen Teile ihrer Toten nach den alten Begräbnisplätzen an der Küste zu bringen.

Den 9. Januar 1834 – Ehe es dunkel war ging die „Beagle" in dem schönen, geräumigen Hafen von Port St. Julian vor Anker, der ungefähr einhundertzehn Meilen südlich von Port Desire liegt. Wir blieben acht Tage hier. Die Gegend ist der um Port Desire sehr ähnlich, vielleicht aber im ganzen noch unfruchtbarer. An einem Tage begleitete eine Gesellschaft den Kapitän Fitz Roy auf einem langen Gang rund um das obere Ende des Hafens. Wir gingen elf Stunden, ohne irgendeinmal Wasser zu finden, und einige aus der Gesellschaft waren ganz erschöpft. Von dem Gipfel eines Berges (seitdem sehr treffend „Durstiger Berg", „Thirsty Hill", genannt) wurde ein schöner See erspäht und zwei aus der Gesellschaft gingen nach der Verabredung von Signalen aus, um zu sehen, ob er Süßwasser enthalte. Wie groß war aber unsere Enttäuschung, als wir eine schneeweiße Fläche von Salz fanden, das in großen Würfeln kristallisiert war! Wir schrieben unseren äußerst heftigen Durst der Trockenheit der Atmosphäre zu; was aber auch die Ursache gewesen sein mag, wir waren äußerst froh, spät am Abend zu den Booten zurückzukommen. Obgleich wir während unseres ganzen Besuches nirgends auch nur einen einzigen Tropfen von Süßwasser finden konnten, so muß doch solches existieren; denn durch einen merkwürdigen Zufall fand ich auf der Oberfläche des Salzwassers nahe dem oberen Ende der Bucht einen nicht völlig toten *Colymbetes*, welcher in irgendeinem nicht weit entfernten Tümpel gelebt haben muß. Drei andere Insekten (eine *Cicindela*, ähnlich der *hybrida*, eine *Cymindis* und ein *Harpalus*, welche alle auf gelegentlich vom Meer überschwemmten schlammigen Flächen leben) und ein anderer tot auf der Ebene gefundener Käfer vervollständigen die Liste. Eine ziemlich große Fliege (*Tabanus*) war äußerst häufig und quälte uns mit ihrem schmerzenden Biß. Die gewöhnliche Pferdebremse, welche in den schattigen Wegen Englands so lästig ist, gehört zu dieser selben Gattung. Wir haben hier dasselbe Rätsel vor uns, was so häufig in bezug auf die Moskitos uns entgegentritt; von dem Blut welcher Tiere leben diese Insekten gewöhnlich? Das Guanaco ist beinahe der einzige warmblütige Vierfüßer und seine Anzahl ist ganz unbeträchtlich, wenn man die Menge von Fliegen damit vergleicht.

Interessant ist die Geologie von Patagonien. Verschieden von Europa, wo die Tertiärformationen sich in Buchten angehäuft zu haben scheinen, haben wir hier Hunderte von Meilen an der Küste entlang eine große Ablagerung, welche viele tertiäre Muscheln enthält, wie es scheint alle ausgestorben. Die gemeinste Muschel ist eine massive, riesige Auster, zuweilen selbst einen Fuß im Durchmesser haltend. Diese Schichten sind von anderen aus einem eigentümlichen, weißen Stein bestehenden bedeckt, welcher viel Gips enthält und der Kreide ähnlich ist, aber in Wirklichkeit von einer bimssteinartigen Beschaffenheit ist. Er ist dadurch im höchsten Grade merkwürdig, daß er zu mindestens einem Zehntel seiner Masse aus Infusorien gebildet wird: Prof. Ehrenberg hat darin bereits dreißig ozeanische Formen nachgewiesen. Diese Schicht erstreckt sich fünfhundert Meilen der Küste entlang und wahrscheinlich noch in einer beträchtlich größeren Entfernung. Bei Port St. Julian beträgt ihre Dicke mehr als achthundert Fuß! Diese weißen Schichten sind überall von einer Masse von Kies bedeckt, die wahrscheinlich eins der größten Kiesbetten in der Welt bildet: Sie erstreckt sich sicher von der Nähe des Rio Colorado bis sechs- oder siebenhundert Seemeilen nach Süden. Bei Santa Cruz (einem Fluß wenig südlich von St. Julian) reicht sie bis an den Fuß der Cordillera; auf der Hälfte des Wegs stromaufwärts beträgt ihre Dicke mehr als zweihundert Fuß; sie erstreckt sich wahrscheinlich überall bis zu jener großen Bergkette, von welcher die gut gerundeten Rollsteine von Porphyr herzuleiten sind. Wir können ihre mittlere Breite zu zweihundert Meilen und ihre mittlere Dicke zu ungefähr fünfzig Fuß annehmen. Wenn wir dieses große Lager von Rollsteinen, ohne den notwendig durch ihr gegenseitiges Abreiben entstehenden Schlamm mit hinzuzurechnen, auf einen Haufen zusammenhäufen könnten, so würde es einen großen Gebirgszug bilden! Wenn wir bedenken, daß alle diese Rollsteine, so zahllos wie die Sandkörner in der Wüste, durch das langsame Abfallen von Felsmassen an den älteren Küstenlinien und Flußufern entstanden, und daß diese Bruchstücke in kleinere Stücke zerschlagen sind, und daß jedes derselben seit der Zeit langsam umhergerollt, abgerundet und weit weg transportiert worden ist, so wird man starr vor Erstaunen, wenn man die lange, hierzu absolut notwendige Reihe von Jahrhunderten sich im Geiste vergegenwärtigt. Und doch ist dieser ganze Kies transportiert und wahrscheinlich auch abgerundet worden, nachdem die weißen Schichten und lange nachdem die darunterliegenden Schichten mit den tertiären Muscheln abgelagert wurden.

Alles in diesem südlichen Kontinent ist in einem großartigen Maßstab ausgeführt worden: Das Land vom Rio Plata bis nach Feuerland, eine Entfernung von zwölfhundert Meilen, ist in einer einzigen großen Masse (und in Patagonien bis zu einer Höhe von drei- und vierhundert Fuß) und zwar innerhalb der Periode der jetzt noch lebenden Seemuscheln emporgehoben worden. Die alten und verwitterten, an der Oberfläche der emporgehobenen Ebenen liegen gebliebenen Muscheln zeigen noch jetzt zum Teil ihre Farben. Die hebende Bewegung ist von mindestens acht langen Perioden der Ruhe unterbrochen worden, während welcher das Meer tief ins Land hinein gefressen hat, wobei es die aufeinanderfolgenden Höhen der Klippen und Böschungen bildete, welche die verschiedenen, wie Stufen eine hinter der anderen liegenden Ebenen trennen. Die hebende Bewegung und die ausnagende Kraft des Meeres während der Ruheperioden ist über lange Strecken der Küste hinweg gleich gewesen; denn ich war erstaunt, zu sehen, daß die terrassenartigen Ebenen in weit voneinander entfernt liegenden Punkten in nahezu entsprechender Höhe standen. Die unterste Ebene ist neunzig Fuß hoch; und die höchste, welche ich in der Nähe der Küste erstieg, ist neunhundertfünfzig Fuß, und von dieser sind nur Reste übrig in der Form flacher, mit Kies bedeckter Hügel. Die obere Ebene von Santa Cruz steigt zu einer Höhe von dreitausend Fuß am Fuße der Cordillera auf. Ich habe angegeben, daß Patagonien innerhalb der Periode der jetzt lebenden Seemuscheln drei- bis vierhundert Fuß emporgehoben wurde. Ich will noch hinzufügen, daß in der Periode, wo Eisberge Findlinge über die obere Fläche von Santa Cruz fortschafften, die Erhebung mindestens fünfzehnhundert Fuß betragen hat. Auch ist Patagonien nicht bloß von der hebenden Bewegung beeinflußt worden. Die ausgestorbenen tertiären Muscheln von Port St. Julian und Santa Cruz können nach Professor E. Forbes in keiner größeren Tiefe als von 40 bis 250 Fuß im Wasser gelebt haben; sie sind aber jetzt von Ablagerungen aus dem Meer von 800 bis 1000 Fuß Dicke bedeckt. Der Meeresgrund, auf welchem diese Muscheln einst gelebt haben, muß daher mehrere hundert Fuß gesunken sein, um die darüberliegenden Schichten sich haben ablagern zu lassen. Welche Geschichte geologischer Veränderungen enthüllt nicht die einfach gebaute Küste von Patagonien!

Bei Port St. Julian[12] fand ich in etwas rotem, den Kies auf der neunzig Fuß hohen Ebene be-

---

[12] Ich habe kürzlich gehört, daß Capt. Sullivan, R. N., an den Ufern des Rio Gallegos in 51° 4' S. Br. zahlreiche fossile Knochen in regelmäßigen Schichten eingebettet gefunden habe. Einige dieser Knochen sind groß, andere sind klein und scheinen mir einem Armadillo angehört zu haben. Dies ist eine äußerst interessante und wichtige Entdeckung.

Achtes Kapitel

deckendem Schlamm das halbe Skelett der *Macrauchenia patagonica*, eines merkwürdigen Säugetiers, völlig so groß wie ein Kamel. Es gehört zu derselben Abteilung der Dickhäuter, wie das Rhinozeros, Tapir und das *Palaeotherium*; aber in der Struktur der Knochen seines langen Halses zeigt es deutlich eine Verwandtschaft zum Kamel oder noch mehr zum Guanaco und Llama. Nach dem Vorkommen lebender Seemuscheln auf zweien der höheren stufenförmigen Ebenen, welche vor der Ablagerung des die *Macrauchenia* enthaltenden Schlammes gebildet und emporgehoben worden sein müssen, ist es sicher, daß dies merkwürdige Säugetier lange noch nach der Zeit gelebt haben muß, in welcher das Meer von seinen jetzigen Muscheln bewohnt war. Ich war anfangs sehr überrascht, wie ein großes Säugetier so spät noch in 49° 15' auf diesen wüsten Kiesebenen mit ihrer verkümmerten Vegetation Bestand haben konnte, doch klärt die Verwandtschaft der *Macrauchenia* mit dem Guanaco, welches jetzt die unfruchtbarsten Teile bewohnt, die Schwierigkeit zum Teil auf.

Die wenn auch entfernte Verwandtschaft zwischen der *Macrauchenia* und dem Guanaco, zwischen dem *Toxodon* und dem Capybara, die nähere Verwandtschaft zwischen den vielen ausgestorbenen Edentaten und den lebenden Faultieren, Ameisenfressern und Armadillos, die jetzt so eminent charakteristisch für die südamerikanische Fauna sind, und die noch nähere Verwandtschaft zwischen den fossilen und lebenden Arten von *Ctenomys* und *Hydrochoerus* sind äußerst interessante Tatsachen. Diese wunderbare Verwandtschaft – so wunderbar, wie die zwischen den fossilen und lebenden Beuteltieren von Australien – wird durch die große Sammlung bestätigt, die vor kurzem die Herren Lund und Clausen aus den brasilianischen Höhlen nach Europa gebracht haben. In dieser Sammlung finden sich ausgestorbene Spezies aller der zweiunddreißig Gattungen von Landsäugetieren, vier ausgenommen, welche jetzt die Provinzen bewohnen, in welchen die Höhlen vorkommen; und die ausgestorbenen Arten sind bei weitem zahlreicher als die jetzt lebenden: Es finden sich darunter fossile Ameisenfresser, Gürteltiere, Tapire, Peccaris, Guanacos, Opossums, zahlreiche südamerikanische Säugetiere, und Affen und andere Tiere. Diese wunderbare Verwandtschaft zwischen den ausgestorbenen und den lebenden Tieren eines und desselben Kontinents wird noch, wie ich nicht zweifle, später mehr Licht auf das Erscheinen organischer Wesen auf unserer Erde und auf das Verschwinden von ihr werfen, als irgendeine andere Klasse von Tatsachen.

Es ist unmöglich, über den veränderten Zustand des amerikanischen Kontinents ohne das tiefste Erstaunen nachzudenken. Früher muß er von großen Ungeheuern gewimmelt haben. Jetzt finden wir bloße Zwerge im Vergleich mit den vorausgegangenen verwandten Rassen. Wenn Buffon etwas von dem Riesenfaultier und den armadilloartigen Tieren und von den ausgestorbenen Dickhäutern gewußt hätte, so würde er mit einem noch größeren Schein von Wahrheit eher gesagt haben, daß die schöpferische Tätigkeit in Amerika an Kraft verloren habe, als daß sie niemals große Macht besessen hätte. Die größere Zahl, wenn nicht sämtliche dieser ausgestorbenen Säugetiere, haben in einer späten Periode gelebt und waren Zeitgenossen der meisten der jetzt lebenden Meermuscheln. Seit der Zeit, wo sie lebten, kann keine sehr große Veränderung in der Bildung des Landes stattgefunden haben. Was hat denn nun so viele Spezies und ganze Gattungen vertilgt? Zunächst wird man unwiderstehlich zu der Annahme einer großen Katastrophe getrieben; aber um hierdurch Tiere, und zwar sowohl große als kleine im südlichen Patagonien, in Brasilien, auf der Cordillera, in Peru, in Nord-Amerika bis hinauf nach der Behringstraße zerstören zu lassen, müßten wir das ganze Gerüst der Erde erschüttern. Überdies führt eine Untersuchung der Geologie von La Plata und Patagonien zu der Annahme, daß alle Gestaltungen des Landes das Resultat langsamer und allmählicher Umwandlungen sind. Aus der Beschaffenheit der Fossilien in Europa, Asien, Australien und Nord- und Süd-Amerika geht hervor, daß diejenigen Bedingungen, welche das Leben der größeren Säugetiere begünstigen, sich vor kurzem über die ganze Erde erstreckten. Worin diese Bedingungen bestanden, hat niemand bis jetzt auch nur zu vermuten versucht. Es kann kaum eine Veränderung der Temperatur gewesen sein, welche zu ungefähr derselben Zeit die Bewohner tropischer, gemäßigter und arktischer Breiten auf beiden Seiten der Erdkugel zerstörte. Durch Mr. Lyell wissen wir positiv, daß in Nord-Amerika die großen Säugetiere nach jener Periode lebten, wo Findlinge in Breiten gebracht wurden, zu welchen Eisberge jetzt niemals gelangen. Aus zwingenden, wenn auch indirekten Gründen können wir versichert sein, daß in der südlichen Hemisphäre auch die *Macrauchenia* lange nach der Findlinge transportierenden Eiszeit gelebt hat. Hat der Mensch nach seinem ersten Eindringen in Süd-Amerika, wie wohl vermutet worden ist, das ungelenke *Megatherium* und die anderen Edentaten ausgerottet? In bezug auf die Zerstörung des kleinen Tucu-tuco in Bahia Blanca und der vielen fossilen Mäuse und anderen kleinen Säugetiere in Brasilien müssen wir uns nach irgendeiner anderen Ursache umsehen. Niemand wird sich vorstellen, daß eine Dürre, selbst viel heftiger als diejenigen, welche so große Verluste in den Provinzen von La Plata verursachen, alle Individuen aller Spezies vom südlichen Patagonien bis zur Behringstraße zerstören könnte. Was sollen wir vom Aussterben des Pferdes sagen; gaben jene Ebenen keine Weide, welche jetzt von Tausenden und Hunderten von Tausenden der Nachkommen jenes von den Spaniern eingeführten Stammes überschwärmt werden? Haben die später eingeführten Spezies die Nahrung der großen vorausgehenden Rassen aufgezehrt? Können wir glauben, daß das Capybara dem *Toxodon*, das Guanaco der *Macrauchenia*, die jetzt existierenden kleinen Zahnlücker ihren zahlreichen riesenhaften Prototypen die Nahrung weggenommen haben? Gewiß ist keine Tatsache in der langen Geschichte der Erde so verwirrend, wie das ausgedehnte und wiederholt vorkommende Vertilgen ihrer Bewohner.

Wenn wir aber den Gegenstand von einem anderen Gesichtspunkt aus betrachten, so wird er trotzdem weniger verwirrend erscheinen. Wir halten uns nicht fortwährend vor Augen, wie groß unsere Unwissenheit in bezug auf die Existenzbedingungen eines jeden Tieres ist; auch erinnern wir uns nicht immer daran, daß irgendein Hindernis beständig die zu rapide Zunahme jedes sich im Naturzustand selbst überlassenen organischen Wesens aufhält. Die Nahrungszufuhr bleibt im Mittel konstant; doch besteht bei jedem Tier die Neigung, durch Fortpflanzung in einem geometrischen Verhältnis zuzunehmen; und ihre überraschenden Wirkungen haben sich nirgends in einer so erstaunlichen Weise gezeigt, wie gerade in dem Falle, wo europäische Tiere während der letzten wenigen Jahrhunderte in Amerika verwildert sind. Im Naturzustand pflanzt sich jedes Tier fort; doch ist bei einer lange bestehenden Spezies jede bedeutende Zahlenzunahme offenbar unmöglich und muß durch irgendwelche Mittel gehindert werden. Doch sind wir selten in der Lage, in bezug auf irgendeine gegebene Spezies mit Sicherheit zu sagen, in welche Periode des Lebens oder in welche Periode des Jahres dieses Hindernis fällt oder ob es nur nach langen Zwischenräumen eintritt. Ferner können wir auch nicht mit Genauigkeit angeben, von welcher Beschaffenheit dieses Hindernis ist. Daher rührt es wahrscheinlich, daß wir so wenig überrascht sind, wenn wir sehen, daß eine von zwei in ihrer Lebensweise nahe verwandten Spezies selten, und die andere in einem und demselben Distrikt außerordentlich häufig ist, oder daß die eine in dem einen Bezirk außerordentlich häufig, und eine andere, die in dem Naturhaushalt dieselbe Stelle einnimmt, in einem benachbarten in seinen Lebensbedingungen nur sehr wenig verschiedenen Distrikt selten ist. Wird man gefragt, woher dies kommt, so antwortet man sofort, daß es durch irgendwelche unbedeutende Verschiedenheit im Klima, in der Nahrung oder der Zahl der Feinde bestimmt wird. Wie selten aber, wenn überhaupt jemals, können wir die genaue Beschaffenheit und Wirkungsweise des Hemmnisses angeben! Wir werden daher zu der Folgerung getrieben, daß im allgemeinen für uns völlig unerkennbare Ursachen es bestimmen, ob eine gegebene Spezies häufig oder selten sein soll.

In den Fällen, wo wir die Vernichtung einer Tierart durch den Menschen verfolgen können, und zwar entweder überhaupt oder in einem begrenzten Bezirk, wissen wir, daß sie zunächst seltener und immer seltener wird und dann ausstirbt; es dürfte schwierig sein, irgendeinen scharfen

Achtes Kapitel

Unterschied[13] zwischen der Zerstörung einer Spezies durch den Menschen oder durch die Zunahme seiner natürlichen Feinde anzugeben. Die Beweise für das dem Aussterben vorausgehende Seltenwerden sind noch auffallender in den aufeinanderfolgenden tertiären Schichten, wie mehrere gute Beobachter hervorgehoben haben; es ist oft beobachtet worden, daß eine in einer tertiären Schicht sehr häufige Muschel jetzt äußerst selten ist und selbst lange Zeit für ausgestorben gehalten worden ist. Wenn daher, wie es wahrscheinlich zu sein scheint, die Spezies zuerst selten werden und dann aussterben, – wenn die zu rapide Zunahme einer jeden Spezies, selbst der am meisten begünstigten, beständig durch Hemmnisse aufgehalten wird, wie wir zugeben müssen, obschon es schwer ist zu sagen, wie und wann, – und wenn wir ohne das geringste Erstaunen, doch außer Stande den genauen Grund anzuführen, sehen, daß eine Spezies außerordentlich häufig und eine andere nahe verwandte Spezies in einem und demselben Bezirk selten ist: – Warum sollten wir ein großes Erstaunen empfinden, daß die Seltenheit noch einen Schritt weiter, nämlich zum Aussterben geführt wird? Ein rings um uns her stattfindender und doch kaum bemerkbarer Vorgang kann sicherlich ein wenig verstärkt werden, ohne unsere Aufmerksamkeit zu erregen. Wer würde wohl darüber sehr erstaunt sein, wenn er hört, daß das *Megalonyx* früher, mit dem *Megatherium* verglichen, selten war, oder daß einer der fossilen Affen, verglichen mit einem der jetzt lebenden, der Zahl nach gering war, und doch würden wir in dieser verhältnismäßigen Seltenheit den offenbarsten Beweis für die wenig günstigen Bedingungen zu ihrer Existenz haben. Zuzugeben, daß Spezies allgemein selten werden, ehe sie aussterben, – nicht überrascht zu sein über die vergleichsweise Seltenheit einer Spezies einer anderen gegenüber, und doch irgendeine außerordentliche Kraft herbeizuziehen und sich ungeheuer zu wundern, wenn dann eine Spezies zu existieren aufhört, scheint mir auf das gleiche hinauszulaufen, als wollten wir zwar zugeben, daß die Krankheit des Individuums der Vorläufer des Todes ist, – wären auch nicht überrascht über die Krankheit, wunderten uns aber doch, wenn der kranke Mensch stirbt, und wollten annehmen, daß er durch irgendeinen Gewaltakt umgekommen sei.

---

[13] S. die ausgezeichneten Bemerkungen hierüber in Lyell's Principles of Geology.

Neuntes Kapitel

Santa Cruz – Expedition stromaufwärts – Indianer – Ungeheure Ströme basaltischer Lava – Felsstücke, die der Fluß nicht fortgeführt hat – Aushöhlung des Tals – Lebensweise des Kondors – Cordillera – Erratische Blöcke von bedeutender Größe – Indianer-Reliquien – Rückkehr zum Schiff – Falkland-Inseln – Wilde Pferde, Rinder, Kaninchen – Wolfartiger Fuchs – Feuer, mit Knochen angemacht – Art, das wilde Rind zu jagen – Geologie – Steinströme – Gewaltszenen – Pinguin – Gänse – Eierschnüre einer Doris – Zusammengesetzte Tiere

Santa Cruz, Patagonien und die Falkland-Inseln

13. April 1834 – Die „Beagle" ankerte innerhalb der Mündung des Santa Cruz. Der Fluß ist ungefähr sechzig Meilen südlich von Port St. Julian gelegen. Während der letzten Reise ging ihn Kapitän Stokes dreißig Meilen stromaufwärts, war aber dann aus Mangel an Provision genötigt, umzukehren. Mit Ausnahme dessen, was zu jener Zeit entdeckt wurde, war kaum irgend etwas von diesem großen Strom bekannt. Kapitän Fitz Roy bestimmte nun, daß sein Lauf nach aufwärts verfolgt werden sollte, so weit es die Zeit gestattete. Am 18. machten sich drei große Boote auf den Weg, mit Provision für drei Wochen; die Mannschaft bestand aus fünfundzwanzig Köpfen – eine Macht, welche genügend gewesen wäre, einem Heer von Indianern Trotz zu bieten. Mit einer guten Flut an einem schönen Tag legten wir eine gute Strecke zurück, tranken bald etwas Süßwasser und waren abends ziemlich außerhalb des Einflusses der Flut.

Der Fluß erhielt hier eine Größe und ein Ansehen, das selbst an dem höchsten Punkt, den wir schließlich erreichten, kaum vermindert wurde. Er war meist drei- bis vierhundert Yards breit und in der Mitte ungefähr siebzehn Fuß tief. Die Schnelligkeit seiner Strömung, welche in seinem ganzen Verlaufe etwa vier bis sechs Knoten die Stunde lief, ist vielleicht der merkwürdigste Zug. Das Wasser ist von einer schönen blauen Farbe, aber mit einem leichten Stich ins milchige, auch ist es nicht so durchsichtig, wie man auf den ersten Blick erwartet haben würde. Er fließt über eine Schicht von Rollsteinen, ähnlich denen, welche den Strand und die umgebenden Ebenen zusammensetzen. Er hat einen gewundenen Lauf durch ein Tal, welches sich in einer geraden Linie nach Westen erstreckt. Das Tal variiert in seiner Breite von fünf bis zehn Meilen; es wird von stufenförmigen Terrassen begrenzt, welche an den meisten Stellen, eine hinter der anderen, bis zur Höhe von fünfhundert Fuß ansteigen und sich auf den beiden gegenüberliegenden Ufern merkwürdig entsprechen.

19. April – Gegen eine so starke Strömung war es natürlich ganz unmöglich, entweder zu rudern oder zu segeln. Infolgedessen wurden die drei Boote Bug an Spiegel zusammengetaut und zwei Mann in jedem gelassen, während der Rest der Bemannung an das Ufer kam zum Ziehen. Da die von Kapitän Fitz Roy getroffene Anordnung in sehr zweckmäßiger Weise allen die Arbeit erleichterte, und da alle ihren Teil an derselben hatten, so will ich sein System beschreiben. Die Mannschaft, mit Einschluß aller, wurde in zwei Wachen geteilt, von denen eine jede abwechselnd anderthalb Stunden am Schlepptau zog. Die Offiziere jeden Bootes lebten mit ihrer Mannschaft, hatten dieselbe Kost und schliefen in denselben Zelten, so daß jedes Boot vollkommen unabhängig vom anderen war. Nach Sonnenuntergang wurde der erste ebene Fleck, wo irgendwelches Gebüsch wuchs, zur Wohnstatt für die Nacht ausgewählt. Jeder einzelne der Mannschaft übernahm der Reihe nach das Amt des Kochs. Unmittelbar nachdem das Boot heraufgezogen war, machte der Koch Feuer an; zwei andere schlugen das Zelt auf, der Bootsführer reichte die Sachen aus dem Boot; die übrigen tragen sie zu den Zelten hinauf und sammelten Brennholz. Infolge dieser Ordnung war alles in einer halben Stunde für die Nacht fertig. Stets wurde von zwei Mann und einem Offizier eine Wache gehalten, deren Pflicht es war, nach dem Boot zu sehen, das Feuer zu unterhalten und vor Indianern auf der Hut zu sein. Jedermann von der Gesellschaft hatte seine Wachtstunde jede Nacht.

Wir zogen an diesem Tage nur eine kurze Strecke aufwärts; es waren so viele mit dornigem Gebüsch bedeckte kleine Inseln da und die Kanäle zwischen ihnen waren seicht.

20. April – Wir passierten die Inseln und machten uns an unsere Arbeit. Unser regelmäßiger Tagesmarsch brachte uns, so schwere Arbeit es auch war, im Mittel nur zehn Meilen in einer geraden Linie, und im ganzen vielleicht fünfzehn oder zwanzig Meilen vorwärts. Jenseits des Platzes, wo wir in der letzten Nacht schliefen, ist das Land vollständig terra incognita; denn dort war es, wo Kapitän Stokes umkehrte. In der Entfernung sahen wir starken Rauch und fanden das Skelett eines Pferdes; wir wußten daher, daß Indianer in der Nähe waren. Am nächsten Morgen (21.) wurden Spuren einer Abteilung zu Pferde und durch das Schleifen der Chuzos oder langen Speere gemachte Streifen auf dem Boden bemerkt. Man war allgemein der Ansicht, daß uns die Indianer während der Nacht rekognosziert hatten. Kurz darauf kamen wir an eine Stelle, wo nach den frischen Fußspuren von Männern, Kindern und Pferden offenbar der Trupp den Fluß gekreuzt hatte.

22. April – Das Land blieb immer dasselbe und war äußerst uninteressant. Die vollkommene Ähnlichkeit aller Naturerzeugnisse durch ganz Patagonien ist einer seiner auffallendsten Charaktere. Die ebenen Flächen dürren Kieses tragen die gleichen verkümmerten und zwerghaften Pflanzen; und in den Tälern wachsen überall dieselben dornigen Büsche. Überall sieht man dieselben Vögel und Insekten. Selbst die Flußufer und die Ufer der kleinen, klaren, sich in den Fluß ergießenden Bäche wurden kaum durch einen helleren Ton von Grün belebt. Der Fluch der Unfruchtbarkeit liegt auf dem Lande, und das über ein Bett von Rollsteinen fließende Wasser unterliegt demselben Fluch. Es ist daher die Menge des Wassergeflügels sehr gering, denn es ist nichts vorhanden, was Leben in dem unfruchtbaren Fluß erhalten könnte.

So arm aber auch Patagonien ist, so kann es sich doch einer größeren Menge kleiner Nagetiere[1] rühmen, als vielleicht irgendein anderes Land in der Welt. Mehrere Spezies von Mäusen sind äußerlich durch sehr lange dünne Ohren und einen sehr feinen Pelz charakterisiert. Diese kleinen Tiere wimmeln in den Dickichten der Täler, wo sie monatelang keinen Tropfen Wasser finden können als den Tau. Sie scheinen alle Kannibalen zu sein; denn es hatte sich kaum eine Maus in einer meiner Fallen gefangen, als sie von anderen gefressen wurde. Ein kleiner und zartgestalteter Fuchs, welcher gleichfalls äußerst häufig ist, lebt wahrscheinlich ganz und gar von diesen kleinen Tieren. Auch das Guanaco ist hier in seinem eigentlichen Bezirk: Herden von fünfzig oder hundert waren häufig; und, wie ich bereits angeführt habe, einmal sahen wir eine solche, welche mindestens fünfhundert Stück enthielt. Der Puma, mit dem Kondor und anderen Aasfalken in seinem Gefolge, verfolgt diese Tiere und lebt von ihnen. Die Fußspuren des Pumas waren beinahe überall an den Ufern des Flusses zu sehen; und die Überreste mehrerer Guanacos mit verrenktem Hals und zerbrochenen Knochen zeigten, auf welche Weise sie ihren Tod gefunden hatten.

24. April – Wie die Seefahrer vor alters bei der Annäherung eines fremden Landes, so untersuchten und beobachteten auch wir die allergeringfügigsten Anzeichen einer Veränderung. Ein herabschwimmender Baumstamm oder ein Findling von Urgestein wurde jauchzend begrüßt, als hätten wir einen an den Seiten der Cordillera wachsenden Wald gesehen. Indes war der obere

---

[1] Die Wüsten von Syrien werden nach Volney (Tom. I, p.351) durch holziges Gebüsch, zahlreiche Ratten, Gazellen und Hasen charakterisiert. In der Landschaft von Patagonien vertritt das Guanaco die Gazelle und das Aguti den Hasen.

Rand einer dichten Wolkenwand, welche beinahe beständig in derselben Stellung blieb, das bedeutungsvollste Zeichen und stellte sich wirklich als froher Bote heraus. Zuerst nahmen wir die Wolken irrtümlich für die Berge selbst, anstatt für die von ihren eisigen Gipfeln verdichtete Dampfmasse.

26. April – Wir stießen heute auf einen merkwürdigen Wechsel in der geologischen Bildung der Ebenen. Vom ersten Aufbruch an hatte ich sorgfältig die Steine im Fluß untersucht und hatte während der letzten zwei Tage das Vorhandensein einiger weniger, kleiner Rollsteine eines stark zelligen Basalts bemerkt. Diese nahmen allmählich an Zahl und Größe zu; keiner war aber so groß wie ein Mannskopf. Diesen Morgen indessen wurden Rollsteine derselben Felsart, aber kompakter, plötzlich außerordentlich häufig, und nach Verlauf einer halben Stunde sahen wir in der Entfernung von fünf oder sechs Meilen den winkligen Rand eines großen, basaltischen Plateaus. Als wir an dessen Basis ankamen, fanden wir den Fluß über die herabgefallenen Blöcke sprudeln. Die nächsten achtundzwanzig Meilen war das Flußbett vielfach durch diese Basaltmassen eingeengt. Jenseits dieser Grenze waren sehr große Bruchstücke primitiven Gesteins, von der umgebenden Geschiebeformation herrührend, gleich zahlreich. Keins der Bruchstücke von irgendwie beträchtlicher Größe war mehr als drei oder vier Meilen von ihrer Geburtsstätte den Fluß abwärts hinabgespült worden. In Anbetracht des eigentümlich starken Gefälles der großen Wassermasse im Santa Cruz und des Umstandes, daß keine ruhigen Strecken in irgendeinem Teile vorkommen, ist dies ein äußerst auffallendes Beispiel für die Unfähigkeit der Flüsse, selbst mäßig große Fragmente fortzuführen.

Der Basalt ist nur Lava, welche unter dem Meer geflossen ist; die Eruptionen müssen aber im großartigsten Maßstabe stattgefunden haben. An dem Punkt, wo wir zuerst dieser Formation begegneten, betrug ihre Mächtigkeit 120 Fuß; dem Flußlauf aufwärts folgend, stieg die Oberfläche unmerklich und die Masse wurde mächtiger, so daß sie vierzig Meilen oberhalb der ersten Station 320 Fuß dick war. Was ihre Mächtigkeit dicht an der Cordillera sein mag, habe ich kein Mittel zu erfahren, aber das Plateau erreicht dort eine Höhe von ungefähr dreitausend Fuß über dem Meeresspiegel. Wir müssen daher die Berge jener Kette als ihre Quelle ansehen; und einer solchen Quelle sind wohl Ströme wert, welche über den sanft geneigten Meeresgrund bis in eine Entfernung von hundert Meilen geflossen sind. Beim ersten Blick auf die Basaltklippen auf den beiden gegenüberliegenden Seiten des Tales war es offenbar, daß die Schichten einst verbunden waren. Welche Kraft hat denn nun wohl einer ganzen Strecke Landes entlang eine solide Masse sehr harten Gesteins, welche eine mittlere Dicke von beinahe dreihundert Fuß und eine von etwas unter zwei bis vier Meilen schwankende Breite hatte, entfernt? Trotzdem der Fluß eine so geringe Kraft zum Transport selbst unbeträchtlicher Fragmente hat, dürfte er doch im Laufe der Jahrhunderte durch seine allmähliche Erosion eine Wirkung hervorbringen, deren Größe schwer zu beurteilen ist. In diesem Falle können aber, unabhängig von der unbedeutenden Natur einer solchen Kraft, gute Gründe für die Annahme beigebracht werden, daß dieses Tal früher von einem Meeresarm eingenommen wurde. Es ist unnötig, in diesem Buch die zu diesem Schluß hinleitenden Argumente einzeln anzuführen, welche von der Form und der Beschaffenheit der stufenförmigen Terrassen auf beiden Seiten des Tales, von der Art und Weise, in welcher sich der Talboden in der Nähe der Andes in eine große Aestuarium-ähnliche Ebene mit Sandhügeln in ihr erweitert, und von dem Vorkommen einiger weniger im Flußbett liegender Seemuscheln hergenommen sind. Wenn ich Raum hätte, könnte ich beweisen, daß Süd-Amerika hier früher von einer Meerenge, welche den Atlantischen mit dem Stillen Ozean verband, wie die Magellan-Straße, durchsetzt wurde. Man könnte aber noch immer fragen, wie ist der solide Basalt entfernt worden? Die Geologen würden früher die heftige Wirkung irgendeiner überwältigenden Flut ins Spiel gebracht haben; in diesem Falle ist aber eine derartige Annahme völlig unannehmbar, weil dieselben stufenförmigen Terrassen, mit lebenden Seemuscheln an ihrer

Oberfläche, welche die lange Strecke der patagonischen Küste begrenzen, sich auf jeder Seite in das Tal des Santa Cruz hineinwenden. Unmöglich hätte die Einwirkung irgendeiner Flut das Land weder an der offenen Küste, noch innerhalb des Tales in dieser Weise modellieren können, und das Tal selbst ist durch die Bildung derartiger stufenförmiger Plateaus oder Terrassen ausgehöhlt worden. Obschon es bekannt ist, daß es Gezeiten gibt, welche in der Meerenge der Magellan-Straße acht Knoten die Stunde laufen, so muß ich doch bekennen, daß es einen fast schwindlig macht, wenn man über die Anzahl von Jahren, Jahrhundert auf Jahrhundert, nachdenkt, welche die durch keine heftige Brandung unterstützten Fluten nötig gehabt hätten, um ein so ungeheuer großes und mächtiges Gebiet solider basaltischer Lava auszunagen. Nichtsdestoweniger müssen wir annehmen, daß die von den Wassern dieser alten Meerenge unterminierten Schichten in kolossale Fragmente zerbrochen wurden; und diese wurden, zerstreut am Strand umherliegend, zuerst zu kleineren Blöcken, dann zu kieselartigen Rollsteinen und endlich zu dem äußerst feinen, unfühlbaren Schlamm zerkleinert, welchen die Gezeiten weit in den östlichen oder westlichen Ozean hinausführten.

Mit dem Wechsel in der geologischen Bildung der Ebenen änderte sich der Charakter der Landschaft gleichfalls. Während ich einige der engen und felsigen Hohlpässe hinaufkletterte, hätte ich mich beinahe in die kahlen Täler der Insel S. Jago zurückversetzt glauben können. Zwischen den basaltischen Klippen fand ich einige Pflanzen, welche ich sonst nirgends gefunden habe; andere erkannte ich als Einwanderer Feuerlands. Diese porösen Felsen dienen als Reservoir für das wenige Regenwasser; infolgedessen brechen an der Linie, wo sich die vulkanischen und sedimentären Formationen vereinigen, einige kleine Quellen hervor (ein in Patagonien äußerst seltenes Vorkommen); man konnte sie aus der Entfernung an den umschriebenen Flecken hellgrünen Pflanzenwuchses erkennen.

27. April – Das Flußbett wurde etwas schmäler, die Strömung daher reißender. Sie hatte hier eine Geschwindigkeit von sechs Knoten in der Stunde. Aus dieser Ursache und wegen der vielen großen, scharfkantigen Fragmente wurde das Schleppen der Boote sowohl gefährlich als mühsam.

Ich schoß heute einen Kondor. Er maß von einer Flügelspitze zur anderen acht und einen halben Fuß und vom Schnabel bis zum Schwanz vier Fuß. Es ist bekannt, daß dieser Vogel eine weite geographische Verbreitung hat; man findet ihn an der Westküste von Süd-Amerika von der Magellan-Straße der Cordillera entlang bis acht Grade nördlich vom Äquator. Die steilen Klippen in der Nähe der Mündung des Rio Negro sind seine nördliche Grenze an der patagonischen Küste; von der großen zentralen Linie seines Vorkommens auf den Andes ist er vierhundert Meilen bis dahin gewandert. Weiter südlich, um die steilen Abgründe am oberen Ende von Port Desire ist der Kondor nicht selten; doch besuchen nur gelegentlich ein paar verirrte Individuen die Meeresküste. Eine Klippenreihe in der Nähe der Mündung des Santa Cruz wird von diesen Vögeln besucht; ebenso erscheint der Kondor wieder, wo ungefähr achtzig Meilen stromaufwärts die Talgehänge von steilen basaltischen Abhängen gebildet werden. Nach diesen Tatsachen scheint es, als bedürfe der Kondor senkrechter Klippen. In Chile halten sie sich während des größeren Teils des Jahres in dem flachen Lande in der Nähe der Küsten des Stillen Ozeans auf; des Nachts sitzen mehrere zusammen auf einem Baum; im ersten Teil des Sommers aber ziehen sie sich in die unzugänglichsten Teile der inneren Cordillera zurück, um dort in Ruhe zu brüten.

In bezug auf ihr Fortpflanzungsgeschäft wurde mir von den Landbewohnern in Chile gesagt, daß der Kondor kein Nest irgendwelcher Art baue, sondern in den Monaten November und Dezember zwei große weiße Eier auf eine nackte Felsenplatte lege. Man sagt, daß die jungen Kondore vor einem ganzen Jahr nicht fliegen können; und noch lange nachdem sie es gelernt haben, setzen sie sich nachts zu ihren Eltern und jagen am Tage mit ihnen. Die alten Vögel leben meist in Paaren; aber auf den weit landeinwärts gelegenen Basaltklippen des Santa Cruz fand ich einen Fleck, wo sich Hunderte gewöhnlich aufhalten müssen. Wenn man plötzlich auf die Gipfel dieser Felsrücken kam, war es ein großartiges Schauspiel, zwischen zwanzig und dreißig dieser großen Vögel mit schwerem Aufflug sich von ihren Ruheplätzen erheben und in majestätischen Kreisen abschwenken zu sehen. Nach der Menge des Düngers auf den Felsen müssen sie die Klippe zum Ausruhen und Brüten schon lange besucht haben. Nachdem sie sich mit Aas auf den Ebenen unten vollgestopft haben, ziehen sie sich auf diese Lieblingsfelsen zurück, um ihre Nahrung zu verdauen. Nach diesen Tatsachen muß der Kondor, ähnlich dem Gallinazo, in einem gewissen Grade als ein gesellig lebender Vogel betrachtet werden. In diesem Teil des Landes leben sie durchaus nur von den Guanacos, welche eines natürlichen Todes gestorben, oder, was gewöhnlicher der Fall ist, von den Pumas getötet worden sind. Nach dem, was ich in Patagonien gesehen habe, glaube ich nicht, daß sie bei gewöhnlichen Gelegenheiten ihre täglichen Ausflüge bis zu irgendwelchen größeren Entfernungen von ihren nächtlichen Ruheplätzen ausdehnen.

Man kann die Kondore häufig in bedeutender Höhe über einem gewissen Fleck in den graziösesten Bogen schweben sehen. Ich bin überzeugt, daß sie dies bei manchen Gelegenheiten nur zum Vergnügen tun; zu anderen Zeiten aber wird der chilenische Bauer sagen, daß sie ein sterbendes Tier oder ein Puma beobachten, welches seine Beute verschlingt. Wenn die Kondore hinabgleiten und dann plötzlich sich alle erheben, so weiß der Chilene, daß es der Puma war, welcher, den toten Körper bewachend, vorgesprungen ist, um die Räuber zu verjagen. Außer daß sie sich von Aas nähren, greifen die Kondore auch häufig Ziegen und Lämmer an; die Schäferhunde werden daher darauf dressiert, so oft jene über die Herde hinfliegen, hinzuzulaufen und, nach oben blickend, heftig zu bellen. Die Chilenen fangen und töten große Mengen. Man wendet zwei Methoden an; die eine besteht darin, ein Aas auf ein Stück ebenen Boden innerhalb einer Umzäunung von Pfählen mit einer Eingangsöffnung hinzulegen. Sind nun die Kondore vollgestopft, so galoppiert man zu Pferde an den Eingang und schließt sie damit ein. Hat nämlich der Vogel nicht hinreichenden Raum zum Anlauf, so kann er seinem Körper nicht genug Schwung geben, um sich vom Boden zu erheben. Die zweite Methode ist die, die Bäume zu merken, wo sie, häufig fünf oder sechs zusammen, sich zum Schlaf niederlassen, dann des Nachts hinaufzuklettern und sie mit Schlingen zu fangen. Sie schlafen so fest, wie ich selbst gesehen habe, daß dies keine schwierige Aufgabe ist. In Valparaiso habe ich einen lebendigen Kondor für einen Sixpence verkaufen sehen; der gewöhnliche Preis ist aber acht oder zehn Schillinge. Einer, den ich hereinbringen sah, war mit Stricken gebunden und sehr verletzt worden; sobald aber die Schnur, mit der man den Schnabel unschädlich gemacht hatte, durchschnitten war, fing er, trotzdem ihn viele Menschen umstanden, sofort an, wütend ein Stück Aas zu zerreißen. An demselben Ort wurden in einem Garten zwischen zwanzig und dreißig lebendig gehalten. Sie wurden nur einmal in der Woche gefüttert, schienen aber ganz gesund zu sein.[2] Die chilenischen Landleute behaupten, daß der Kondor zwischen fünf und sechs Wochen ohne zu fressen am Leben bleiben und seine Kraft behalten kann. Ich kann nicht für die Richtigkeit dieser Behauptung einstehen, doch ist es ein grausames Experiment, was sehr wahrscheinlich auch ausgeführt worden ist.

Wenn irgendwo im Land ein Tier getötet ist, so erfahren dies bekanntlich die Kondore mit anderen Aasgeiern sehr bald und es kommen auf eine unerklärliche Art sehr viele zusammen. Es darf nicht übersehen werden, daß die Vögel in den meisten Fällen ihre Beute entdeckt und das Skelett rein abgepickt haben, ehe das Fleisch im allergeringsten verdorben war. Da ich mich der Versuche Audubons über das geringe Geruchsvermögen der Aasfalken erinnerte, stellte ich in dem oben erwähnten Garten den folgenden Versuch an: Die Kondore wurden, jeder mit einem Strick, in einer langen Reihe am Fuß einer Mauer festgebunden; ich hatte ein Stück Fleisch in weißes Papier gewickelt und ging nun, es in meiner Hand haltend, in einer Entfernung von un-

---

[2] Ich habe bemerkt, daß mehrere Stunden, ehe einer der Kondore starb, alle Läuse, von denen er geplagt war, auf die äußeren Federn krochen. Man versicherte mir, daß dies immer der Fall sei.

gefähr drei Yards vor ihnen hin und her; sie nahmen aber nicht die geringste Notiz davon. Dann warf ich es auf die Erde innerhalb einer Yardweite von einem alten männlichen Vogel; er sah es einen Augenblick mit Aufmerksamkeit an, dann beachtete er es nicht weiter. Mit einem Stock schob ich es nun näher und näher, bis er es endlich mit dem Schnabel berührte. Das Papier wurde nun mit großer Wut abgerissen und in demselben Augenblicke fingen alle Vögel in der ganzen langen Reihe, sich heftig zu sträuben und mit den Flügeln zu schlagen, an. Es würde vollkommen unmöglich gewesen sein, unter den nämlichen Umständen einen Hund zu täuschen. Die Beweise für und wider das scharfe Geruchsvermögen der Aasgeier halten sich in eigentümlicher Weise die Waage. Professor Owen hat nachgewiesen, daß die Geruchsnerven des brasilianischen Geiers (*Cathartes aura*) stark entwickelt sind; und an dem Abend, wo der Aufsatz Mr. Owens in der zoologischen Gesellschaft gelesen wurde, erwähnte einer der Herren, daß er gesehen habe, wie sich in West-Indien bei zwei Gelegenheiten Aasfalken auf dem Dach eines Hauses gesammelt hätten, in dem sich ein Leichnam fand, welcher, weil er nicht begraben wurde, in Verwesung überging; in diesem Falle konnten die Vögel kaum eine Kenntnis hiervon durch das Gesicht erhalten haben. Auf der anderen Seite hat, außer den von Audubon und mir selbst angestellten Versuchen, Mr. Bachman in den Vereinigten Staaten viele verschiedenartig abgeänderte Experimente angestellt, welche zeigen, daß weder der brasilianische Geier (die von Professor Owen zergliederte Art), noch der Gallinazo ihre Nahrung durch den Geruchsinn finden. Er bedeckte Stücke stark riechenden Abfalls mit einem dünnen, leinenen Tuch und streute Stückchen Fleisch auf dasselbe; dies fraßen die Aasgeier auf und blieben dann ruhig stehen, wobei ihre Schnäbel bis auf ein Achtel-Zoll der faulen Masse nahe gekommen waren, ohne sie zu entdecken. Nun wurde ein kleiner Riß in das Tuch gemacht und der Abfall wurde sofort entdeckt; die Leinwand wurde durch ein frisches Stück ersetzt und von neuem Fleisch darauf gelegt; dies fraßen die Geier wieder, ohne die verborgene Masse zu entdecken, auf welche sie traten. Diese Tatsachen sind durch die Unterschriften von sechs Herren und Mr. Bachmans bezeugt.[3]

Oft habe ich, wenn ich mich, um auszuruhen, auf die offenen Ebenen hinstreckte, beim Blick nach oben Aasfalken in bedeutender Höhe durch die Luft segeln sehen. Wo das Land eben ist, glaube ich nicht, daß jemand, welcher zu Fuß geht oder reitet, für gewöhnlich einen größeren Raum am Himmel mit irgendwelcher Aufmerksamkeit betrachtet, als bis zu fünfzehn Grad über dem Horizont. Wenn dies der Fall ist und der Geier schwebt auf seinen Flügeln in einer Höhe zwischen drei- und viertausend Fuß, so würde seine Entfernung in gerader Linie vom Auge des Beobachters, ehe er in seinen Gesichtskreis kommen könnte, etwas mehr als zwei englische Meilen sein. Könnte er nicht auf diese Weise leicht übersehen werden? Wenn ein Tier in einem einsamen Tal vom Jäger getötet wird, könnte er nicht die ganze Zeit über von oben herab von dem scharfsichtigen Vogel beobachtet werden? Und wird nicht die Art des Herabsteigens auch der ganzen übrigen Gesellschaft von Aasfressern weit und breit ankündigen, daß Beute bereit ist?

Wenn die Kondore in einer Herde immer rings um einen Fleck herum kreisen, ist ihr Flug wundervoll. Ausgenommen, wenn sie sich vom Boden erheben, kann ich mich nicht erinnern, einen dieser Vögel jemals mit den Flügeln zusammenschlagen gesehen zu haben. In der Nähe von Lima beobachtete ich mehrere dieser Vögel beinahe eine halbe Stunde lang, ohne auch nur einmal mein Auge wegzuwenden; sie bewegten sich in großen Bogen, schwenkten im Kreise herum, senkten und erhoben sich, ohne einen einzigen Flügelschlag zu tun. Als sie dicht über meinem Kopfe hinglitten, beobachtete ich sehr scharf in schräger Richtung die Umrisse der einzelnen endständigen Federn in jedem Flügel; wäre die geringste schwingende Bewegung dagewesen, so würden diese einzelnen Federn wie verschmolzen erschienen sein; sie hoben sich aber einzeln deutlich gegen den blauen Himmel ab. Der Kopf und Hals wurden häufig und dem Anschein nach mit Gewalt bewegt; die ausgestreckten Flügel schienen den Stützpunkt zu

---

[3] London's Magazine of Nat. History, Vol. VII.

bilden, auf welchen die Bewegungen des Halses, Kopfes und Schwanzes wirkten. Wenn der Vogel niedersteigen wollte, so wurden die Flügel für einen Augenblick zusammengefaltet; wurden sie nun wieder ausgestreckt, und zwar in einer etwas veränderten Neigung, so schien die durch das schnelle Herabfahren erlangte Bewegung den Vogel mit der gleichmäßigen und steten Bewegung eines Papierdrachens nach aufwärts zu treiben. In dem Fall, wo irgendein Vogel schwebt, muß seine Bewegung hinreichend schnell sein, so daß die Wirkung der geneigten Ebene seines Körpers auf die Atmosphäre seiner Schwere das Gleichgewicht hält. Die Kraft, welche nötig ist, das Bewegungsmoment eines sich in einer horizontalen Ebene in der Luft (wo so wenig Reibung vorhanden ist) bewegenden Körpers zu erhalten, kann nicht groß sein; und diese Kraft ist alles, was eben nötig ist. Die Bewegung des Halses und Körpers des Kondors ist, wie wir wohl annehmen können, hierzu ausreichend. Wie sich dies aber auch verhalten mag, es ist wahrhaft wunderbar und prachtvoll, einen so großen Vogel Stunde auf Stunde ohne irgendwelche scheinbare Anstrengung über Berge und Flüsse schweben und gleiten zu sehen.

29. April – Von einem hoch gelegenen Punkt begrüßten wir mit freudigem Jauchzen die weißen Gipfel der Cordillera, wie wir sie gelegentlich durch ihre trübe Wolkenumhüllung durchblicken sahen. Während der wenigen folgenden Tage kamen wir immer nur langsam vorwärts; denn wir fanden den Lauf des Flusses sehr gewunden und überstreut mit ungeheuren Bruchstücken von verschiedenen alten, schiefrigen Gesteinen und von Granit. Die das Tal begrenzende Ebene hatte hier eine Höhe von ungefähr 1100 Fuß über dem Fluß erreicht und ihr Charakter war bedeutend verändert. Die wohl abgerundeten Rollsteine von Porphyr waren mit vielen ungeheuer großen, scharfkantigen Fragmenten von Basalt und Urgesteinen untermischt. Die ersten dieser erratischen Blöcke, welche ich bemerkte, waren siebenundsechzig Meilen von dem nächsten Berge entfernt; ein anderer, den ich maß, war fünf Quadrat-Yard groß und sprang fünf Fuß über die Flußsteine in die Höhe. Seine Kanten waren so scharf winklig und seine Größe so bedeutend, daß ich ihn anfangs irrigerweise für einen Felsen in situ hielt und meinen Kompaß herausnahm, um seine Spaltungsrichtung zu beobachten. Die Ebene war hier nicht völlig so waagerecht wie die in weiterer Nähe der Küste, ließ aber doch kein Zeichen irgendwelcher größerer Gewalt erkennen. Unter diesen Umständen ist es, glaube ich, ganz unmöglich, den Transport dieser riesigen Felsmassen auf eine Entfernung von so vielen Meilen von ihrem Mutterboden nach irgendeiner Theorie zu erklären, ausgenommen durch schwimmende Eisberge.

Während der letzten zwei Tage trafen wir auf Anzeichen von Pferden und mehrere kleine Sachen, welche Indianern gehört hatten –, z. B. Stücke eines Mantels und einen Busch Straußenfedern –, sie schienen aber schon lange auf der Erde gelegen zu haben. Zwischen der Stelle, wo die Indianer so kurze Zeit zuvor den Fluß überschritten hatten und dieser Gegend, trotzdem daß beide Punkte so viele Meilen weit auseinanderliegen, schien das Land völlig unbetreten zu sein. In Anbetracht der großen Häufigkeit der Guanacos war ich anfangs hierüber überrascht; es wird aber durch die steinige Beschaffenheit der Ebenen erklärt, welche sehr bald ein nicht beschlagenes Pferd unfähig machen würde, an einem Jagdrennen teilzunehmen. Nichtsdestoweniger fand ich doch selbst inmitten dieser öden Gegend einen kleinen Haufen von Steinen, von welchen ich nicht glaube, daß sie zufällig zusammengeworfen worden sind. Sie lagen auf Punkten, welche über den Rand der höchsten Lavaklippen vorragten, und glichen, nur in einem kleinen Maßstabe, denen in der Nähe von Port Desire.

4. Mai – Kapitän Fitz Roy beschloß, die Boote nicht höher hinauf zu führen. Der Fluß hatte einen gewundenen Verlauf und war sehr reißend; auch bot die äußere Erscheinung des Landes keine Versuchung dar, noch irgend weiter vorzudringen. Überall begegneten wir denselben Naturgegenständen und derselben traurigen Landschaft. Wir waren nun einhundertvierzig Meilen vom Atlantischen Ozean und ungefähr sechzig vom nächsten Arm des Stillen Ozeans entfernt.

Neuntes Kapitel

Das Tal erweiterte sich in diesem oberen Teil in ein weites Becken, welches nach Norden und Süden von den basaltischen Plateaus begrenzt und gerade vor uns von der langen Reihe der Cordillera abgeschlossen wurde. Wir sahen aber diese großartigen Berge mit Bedauern an, denn wir waren genötigt, uns ihre Beschaffenheit und ihre Erzeugnisse nur in der Phantasie vorzustellen, anstatt, wie wir gehofft hatten, auf ihren Gipfeln zu stehen, Außer dem unnützen Zeitverlust, welchen uns ein Versuch, den Fluß noch höher hinaufzudringen, gekostet haben würde, hatten wir schon einige Tage lang nur halbe Brotrationen erhalten. Obschon dies wirklich für vernünftige Menschen genug war, so war es doch nach einem anstrengenden Tagesmarsch etwas dürftige Nahrung; ein leichter Magen und eine leichte Verdauung sind ganz nette Sachen, um sich darüber zu unterhalten, aber in der Praxis sehr unangenehm.

5. Mai – Wir begannen unsere Fahrt stromabwärts vor Sonnenaufgang. Wir schossen mit großer Geschwindigkeit den Fluß hinab, meistens im Verhältnis von zehn Knoten die Stunde. An diesem einen Tage kamen wir ein solches Stück Wegs hinunter, als uns fünf und einen halben Tag harter Arbeit beim Heraufweg gekostet hatte. Am 8. erreichten wir die „Beagle" nach einer Expedition von einundzwanzig Tagen. Alle, mit Ausnahme meiner, hatten wohl Ursache, enttäuscht zu sein; mir hätte sich aber auf diesem Wege stromaufwärts ein äußerst interessanter Durchschnitt der großen Tertiärformation von Patagonien dargeboten.

Die „Beagle" ankerte am 1. März 1833 und dann wieder am 16. März 1834 in Berkeley-Sound, an der östlichen Falkland-Insel. Es liegt dieser Archipel nahezu in derselben Breite mit der Mündung der Magellan-Straße; er enthält einen Raum von hundertzwanzig zu sechzig geographischen Meilen und ist ein wenig mehr als halb so groß wie Irland. Nachdem Frankreich, Spanien und England um den Besitz dieser elenden Inseln gestritten hatten, wurden sie unbewohnt gelassen. Die Regierung von Buenos Aires verkaufte sie dann an eine Privatperson, benutzte sie aber gleichfalls, wie es das alte Spanien schon vorher getan hatte, als Strafniederlassung. England machte sein Recht geltend und nahm sie in Besitz. Der Engländer, dem die Wahrung der Flagge übergeben worden war, wurde infolgedessen ermordet. Dann wurde ein englischer Offizier abgeschickt: und als wir ankamen, fanden wir unter seiner Obhut eine Bevölkerung, welche mehr als zur Hälfte aus entflohenen Rebellen und Mördern bestand.

Das Theater ist der Szenen wert, die auf ihm gespielt werden. Ein wellenförmiges Land von einem desolaten und elenden Aussehen wird überall von einem torfigen Boden und starren Gras von einer monotonen braunen Färbung bedeckt. Hier und da bricht eine Kuppe von grauen Quarzfelsen aus der glatten Fläche hervor. Jedermann hat schon vom Klima dieser Gegenden gehört; man kann es mit dem vergleichen, was auf den Höhen zwischen ein- und zweitausend Fuß in den Bergen von Wales herrscht; doch hat es weniger Sonnenschein und weniger Frost, aber mehr Wind und Regen.[4]

16. Mai – Ich will nun eine kurze Exkursion beschreiben, welche ich über einen Teil dieser Insel gemacht habe. Ich brach am Morgen mit sechs Pferden und zwei Gauchos auf; die letzteren waren für diesen Zweck ganz kapitale Leute, vollständig gewohnt, für ihr Leben selbst zu sorgen. Das Wetter war sehr stürmisch und kalt, mit schweren Hagelschauern. Wir kamen indessen ganz gut vorwärts; außer der Geologie konnte es aber nichts Uninteressanteres geben, als unseren Tagesritt. Die Landschaft ist ganz gleichförmig, immer dasselbe wellenförmige Moorland; die Oberfläche ist von hellbraunem vertrocknetem Gras und einigen wenigen sehr kleinen Bü-

---

[4] Nach Berichten, welche seit unserer Reise veröffentlicht worden sind, und besonders nach mehreren interessanten Briefen von Capt. Sullivan, R. N., welcher bei der Aufnahme tätig war, scheint es, als wäre unsere Ansicht von der schlechten Natur des Klimas dieser Inseln übertrieben. Wenn ich mir aber die allgemeine Decke von Torf und die Tatsache überlege, daß Weizen hier nur selten reif wird, so glaube ich kaum, daß das Klima im Sommer so schön und trocken ist, wie man es neuerdings dargestellt hat.

schen bedeckt, was alles aus einem elastischen torfigen Boden entspringt. In den Tälern war hier und da eine kleine Herde wilder Gänse zu sehen; überall war der Boden so weich, daß die Bekassine imstande war, sich zu ernähren. Außer diesen beiden Vögeln gab es nur noch wenig andere. Es ist ein Hauptzug von nahezu zweitausend Fuß hohen Bergen da, welche aus Quarzfelsen bestehen, deren zerklüftete und kahle Kämme zu übersteigen wir einige Schwierigkeiten hatten. Auf der Südseite kamen wir zu dem besten Land für wilde Rinder; wir begegneten indessen keiner großen Menge, da sie vor kurzem stark abgejagt worden waren.

Am Abend kamen wir an einer kleinen Herde vorbei. Einer meiner Begleiter, St. Jago mit Namen, trennte bald eine fette Kuh von den anderen; er warf die Bolas; sie trafen ihre Beine, verwickelten sie aber nicht. Dann warf er seinen Hut ab, um die Stelle zu bezeichnen, wo er die Bolas gelassen hatte, machte in vollem Galopp seinen Lasso frei, kam nach einem angestrengten Rennen nahe an die Kuh heran und fing sie rund um die Hörner. Der andere Gaucho war mit den Reserve-Pferden voraus geritten, so daß St. Jago ziemliche Schwierigkeit hatte, das wütende Tier zu töten. Es gelang ihm, sie auf ein ebenes Stück Boden zu bringen dadurch, daß er ihr stets den Vorteil abfing, sobald sie sich auf ihn losstürzte; wenn sie sich nicht rühren wollte, kam mein Pferd, welches dressiert war, herangaloppiert und gab ihr mit der Brust einen heftigen Stoß. Es ist aber offenbar auf ebenem Boden für einen einzelnen Mann kein leichtes Stück Arbeit, ein vor Schrecken tolles Tier zu töten. Es würde dies noch mehr der Fall sein, wenn nicht das Pferd, ohne den Reiter und nur sich selbst überlassen, bald lernte, seiner eigenen Sicherheit wegen das Lasso straff zu halten, so daß es, wenn sich die Kuh oder der Ochse vorwärts bewegt, ebenso geschwind vorwärts läuft; sonst steht es, bewegungslos nach einer Seite gelehnt, ganz still. Dies Pferd indessen war jung und wollte nicht ruhig stehen, sondern gab der Kuh nach, als sie sich heftig sträubte. Es war nun wunderbar zu sehen, mit welcher Geschicklichkeit der Gaucho sich hinter die Kuh wandte, bis es ihm endlich gelang, der Hauptsehne des Hinterbeins den Todesstreich zu geben, worauf er ohne viele Schwierigkeit sein Messer in das vordere Ende des Rückenmarks einstieß und die Kuh wie vom Blitz getroffen niederstürzte. Er schnitt Stücke Fleisch mit der Haut daran, aber ohne Knochen heraus, und zwar genug für unseren Ausflug. Wir ritten dann nach dem Platz, wo wir schlafen wollten, und hatten „carne con cuero" oder mit der Haut geröstetes Fleisch zum Nachtessen. Dies ist um so viel vorzüglicher als gewöhnliches Rindfleisch, wie Wildbret besser als Hammel ist. Ein großes, kreisförmiges, aus dem Rücken genommenes Stück wird mit dem Fell nach unten auf den glühenden Kohlen geröstet; die Haut bildet dabei eine Art Untertasse, so daß nichts von dem Saft verloren wird. Wenn irgendein würdiger Alderman an jenem Abend mit uns soupiert hätte, so würde ohne Zweifel das „carne con cuero" bald in London berühmt sein.

Während der Nacht regnete es und der folgende Tag (17.) war sehr stürmisch mit viel Hagel und Schnee. Wir ritten quer über die Insel nach dem Landrücken, welcher den Rincon del Toro (die große Halbinsel an dem südwestlichen Ende) mit dem Rest der Insel verbindet. Infolge der großen Zahl von Kühen, welche getötet worden sind, sind die Bullen im Verhältnis sehr zahlreich. Sie wandern einzeln umher oder zu zweien oder dreien und sind sehr wild. Ich habe niemals so prachtvolle Tiere gesehen; sie glichen mit ihren ungeheuren Köpfen und Nacken den griechischen Skulpturen. Kapitän Sullivan teilt mir mit, daß das Fell eines mittelgroßen Bullen siebenundvierzig Pfund wiegt, während eine Haut von diesem Gewicht, und noch dazu weniger tüchtig getrocknet, in Monte Video als eine sehr schwere angesehen wird. Die jungen Bullen laufen gewöhnlich eine kurze Strecke weit fort; die alten aber rühren sich auch nicht einen Schritt, ausgenommen, daß sie sich auf Pferde und Menschen stürzen; viele Pferde sind auf diese Weise getötet worden. Ein alter Bulle kreuzte einen sumpfigen Fluß und nahm seinen Stand uns gegenüber: Wir versuchten vergebens, ihn wegzutreiben und waren gezwungen, einen weiten Umweg zu machen. Die Gauchos beschlossen aus Rache, ihn zu kastrieren und ihn für später unschädlich zu machen. Es war sehr interessant anzusehen, wie die Kunst hier vollständig die

Neuntes Kapitel

Gewalt meisterte. Ein Lasso wurde über seine Hörner geschlungen, als er auf das Pferd losstürzte und ein zweiter um seine Hinterbeine. In einer Minute lag das Ungeheuer machtlos auf den Boden hingestreckt. Nachdem das Lasso einmal fest um die Hörner eines wütenden Tieres geschlungen worden ist, scheint es auf den ersten Blick kein leichtes Stück zu sein, ihn, ohne das Tier zu töten, wieder frei zu machen. So viel ich sehen kann, würde es auch nicht gehen, wenn ein Mann allein wäre. Mit Hilfe einer zweiten Person indessen, welche ihr Lasso so wirft, daß es beide Hinterbeine fängt, ist es leicht zu machen. Denn so lange seine Hinterbeine ausgestreckt gehalten werden, ist das Tier völlig hilflos und der erste Mann kann mit der Hand ruhig das Lasso von den Hörnern losmachen und wieder aufsteigen; in dem Augenblick aber, wo der zweite Mann, wenn er auch noch so wenig nachgibt, den Zug erschlafft, gleitet das Lasso von den Beinen des sich abarbeitenden Tieres ab, welches dann frei aufsteht, sich schüttelt und vergebens auf seinen Gegner losstürzt.

Während unseres ganzen Rittes sahen wir nur eine einzige Herde wilder Pferde. Es wurden diese Tiere ebenso wie die Rinder im Jahre 1764 von den Franzosen eingeführt, seit welcher Zeit sich beide bedeutend vermehrt haben. Es ist eine merkwürdige Tatsache, daß die Pferde niemals das östliche Ende der Insel verlassen haben, obschon keine natürliche Scheidewand sie hindert, weiter herumzuschweifen und dieser Teil der Insel durchaus nicht verführerischer ist, als das übrige. Die Gauchos, welche ich fragte, bestätigten zwar, daß dies der Fall sei, konnten es aber nicht erklären, ausgenommen mit der starken Anhänglichkeit, welche Pferde für jede Örtlichkeit haben, an welche sie gewöhnt sind. Bedenkt man, daß die Insel allem Anschein nach nicht vollständig bevölkert ist und daß es keine Raubtiere auf derselben gibt, war ich besonders neugierig zu erfahren, was ihre ursprünglich so rapide Zunahme aufgehalten hat. Daß auf einer beschränkten Insel irgendwelches Hindernis früher oder später auftritt, ist unvermeidlich; warum ist aber die Zunahme des Pferdes zeitiger aufgehalten worden als die des Rindes? Kapitän Sullivan hat sich viel Mühe gegeben, meinetwegen hierüber Untersuchungen anzustellen. Die hier beschäftigten Gauchos schreiben es dem Umstand zu, daß die Hengste beständig von Ort zu Ort schweifen und die Stuten zwingen, sie zu begleiten, mögen nun die jungen Füllen imstande sein, ihnen zu folgen oder nicht. Ein Gaucho erzählte Kapitän Sullivan, daß er einen Hengst eine ganze Stunde lang beobachtet habe, wie er eine Stute heftig gestoßen und gebissen habe, bis er sie zwang, ihr Füllen seinem Schicksal zu überlassen. Kapitän Sullivan kann diese merkwürdige Schilderung so weit bestätigen, daß er mehrere Male junge Füllen tot gefunden hat, wogegen er niemals ein totes Kalb gefunden hat. Überdies findet man auch die toten Körper erwachsener Pferde häufiger (als wenn sie Krankheiten und Zufällen stärker ausgesetzt wären), als tote Rinder. Wegen der Weichheit des Bodens wachsen die Hufe häufig unregelmäßig zu großer Länge aus und dies verursacht Lahmheit. Die vorherrschenden Farben sind rötlichgrau und stahlgrau. Alle hier aufgezogenen Pferde, sowohl zahme als wilde, sind von etwas kleiner Statur, wenn schon allgemein in gutem Zustand; sie haben so viel an Kraft verloren, daß sie nicht mehr zum Fangen der Rinder mit dem Lasso benutzt werden können. Infolgedessen ist es notwendig, die große Ausgabe zu machen und frische Pferde von La Plata zu importieren. In einer späteren, zukünftigen Periode wird die südliche Hemisphäre ihre Rasse von Falkland-Ponies haben, wie die nördliche ihre Shetland-Rasse hat.

Anstatt wie die Pferde degeneriert zu sein, scheinen die Rinder, wie schon vorhin bemerkt wurde, an Größe zugenommen zu haben; auch sind sie viel zahlreicher als die Pferde. Kapitän Sullivan teilt mir mit, daß sie in der allgemeinen Form ihrer Körper und der Gestalt ihrer Hörner viel weniger variieren als das englische Rind. In der Farbe sind sie untereinander sehr verschieden; und es ist ein merkwürdiger Umstand, daß in verschiedenen Teilen dieser einen kleinen Insel verschiedene Farben vorherrschen. Rund um Mount Usborne herum, in einer Höhe von 1000 bis 1500 Fuß über dem Meeresspiegel, ist ungefähr die Hälfte einiger Herden mausbraun oder bleifarbig, eine Färbung, welche in anderen Teilen der Insel nicht häufig ist. In der Nähe von Port Pleasant herrscht dunkelbraun vor, während südlich von Choiseul Sound (welcher die Insel beinahe in zwei Teile teilt) weiße Tiere mit schwarzem Kopf und schwarzen Füßen die häufigsten sind: In allen Teilen findet man schwarze und einige gefleckte Tiere. Kapitän Sullivan bemerkt, daß die Verschiedenheit in den vorherrschenden Farben so auffallend ist, daß bei einem Blick auf die Herden in der Nähe von Port Pleasant die Tiere aus weiter Entfernung wie schwarze Punkte erschienen, während sie südlich von Choiseul Sound wie weiße Flecke auf den Bergabhängen aussähen. Kapitän Sullivan glaubt, daß sich die Herden nicht untereinander vermischen; und es ist eine eigentümliche Tatsache, daß die mausfarbigen Rinder, trotzdem sie auf dem Hochland leben, ungefähr einen Monat früher im Jahr kalben, als die anders gefärbten Tiere auf niedriger gelegenen Strecken. Es ist demnach interessant zu sehen, wie das einst domestizierte Rind in drei Farben sich gespalten hat, von denen die eine aller Wahrscheinlichkeit schließlich über die anderen vorherrschen wird, wenn die Herden für mehrere der nächsten Jahrhunderte ungestört sich selbst überlassen werden.

Das Kaninchen ist noch ein anderes Tier, welches eingeführt worden und ganz gut gediehen ist, so daß große Teile der Insel jetzt davon wimmeln. Und doch ist ihre Verbreitung, wie die der Pferde, von bestimmten Grenzen eingeschlossen; sie haben weder die zentrale Bergkette überschritten, noch würden sie sich bis zu deren Fuß verbreitet haben, wenn nicht, wie mir die Gauchos mitteilten, kleine Kolonien dahin geschafft worden wären. Ich würde nicht geglaubt haben, daß diese Tiere, Eingeborene des nördlichen Afrika, in einem so feuchten Klima wie diesem und welches so wenig Sonnenschein hat, daß selbst Weizen nur gelegentlich reif wird, hätten existieren können. Es wird behauptet, daß in Schweden, welches doch jedermann für ein günstigeres Klima gehalten haben würde, das Kaninchen nicht im Freien leben kann. Überdies hatten die ersten wenigen Paare gegen zwei vor ihnen schon hier lebende Feinde anzukämpfen, den Fuchs und einige größere Falken. Die französischen Naturforscher haben die schwarze Varietät für eine besondere Art gehalten und sie *Lepus magellanicus* genannt.[5] Sie glaubten, daß Magellan, da wo er von einem Tier in der Magellan-Straße unter dem Namen „*conejos*" spricht, diese Art gemeint habe; er bezog sich aber damit auf ein kleines Meerschweinchen, welches bis auf den heutigen Tag von den Spaniern so genannt wird. Die Gauchos lachten über die Idee, daß die schwarze Art von der grauen verschieden sei, und sagten, daß sie auf alle Fälle ihre Verbreitung nicht weiter ausgedehnt habe als die graue Art; daß die beiden niemals getrennt gefunden würden und daß sie sich leicht untereinander fortpflanzten und eine gescheckte Nachkommenschaft erzeugten. Von der letzteren besitze ich jetzt ein Exemplar und um den Kopf herum ist es verschieden von dem gezeichnet, was die französische spezifische Beschreibung sagt. Dieser Umstand zeigt, wie vorsichtig Naturforscher beim Machen neuer Spezies sein müssen; denn selbst Cuvier meinte, als er einen Schädel eines dieser Kaninchen betrachtete, daß es wahrscheinlich verschieden sei!

Das einzige eingeborene Säugetier der Insel[6] ist ein großer wolfartiger Fuchs (*Canis antarcticus*), welcher Ost- und West-Falkland gemeinsam zukommt. Ich zweifle nicht daran, daß es eine besondere, auf diesen Archipel beschränkte Spezies ist, weil viele Robbenjäger, Gauchos und Indianer, welche diese Inseln besucht haben, sämtlich behaupten, daß kein derartiges Tier in irgendeinem Teil von Süd-Amerika gefunden werde. Wegen einer gewissen Ähnlichkeit in

---

[5] Lesson, Zoologie du Voyage de la Coquille Tom. I, p.168. Alle früheren Reisenden, und besonders Bougainville, geben ausdrücklich an, daß der wolfähnliche Fuchs das einzige eingeborene Tier der Insel sei. Die Unterscheidung des Kaninchens als Spezies ist Eigentümlichkeiten des Pelzes, der Form des Kopfes und der Kürze der Ohren entnommen. Ich will hier bemerken, daß die Verschiedenheit zwischen den irischen und englischen Hasen auf beinahe ähnlichen, nur stärker ausgeprägten Merkmalen beruht.

[6] Ich habe indes Grund zu vermuten, daß es noch eine Feldmaus gibt. Die gemeine europäische Ratte und Maus haben sich weit jenseits der Wohnungen der Ansiedler verbreitet. Auch das gemeine Schwein ist auf der Insel verwildert: Alle sind von schwarzer Farbe; die Eber sind sehr wild und haben große Stoßzähne.

der Lebensweise glaubte Molina, daß dies Tier dasselbe sei wie der „culpen"[7]; ich habe aber beide gesehen, sie sind völlig verschieden. Sehr bekannt sind diese Wölfe durch Byrons Schilderung ihrer Zahmheit und Neugierde, welche die Franzosen für Wildheit hielten; dieselben flüchteten daher vor ihnen ins Wasser. Bis auf den heutigen Tag sind ihre Manieren dieselben geblieben. Man hat beobachtet, wie sie in ein Zelt gekommen sind und faktisch ein Stück Fleisch unter dem Kopf eines schlafenden Matrosen vorgezerrt haben. Die Gauchos haben sie auch oft des Abends getötet, indem sie ihnen in der einen Hand ein Stück Fleisch hinhielten und in der anderen das Messer bereit hatten, sie niederzustoßen. So weit mir bekannt ist, gibt es kein anderes Beispiel in der Welt, wo eine so kleine Masse vielfach unterbrochenen Landes und entfernt von einem Kontinente, ein so großes, ihm eigentümliches, ursprünglich eingeborenes Säugetier besäße. Ihre Zahl hat rapid abgenommen; von der Hälfte der Insel, welche östlich von dem Landrücken zwischen St. Salvador Bay und Berkeley Sound liegt, sind sie verschwunden. Wenige Jahre, nachdem diese Inseln regelmäßig mit Niederlassungen bedeckt sein werden, wird aller Wahrscheinlichkeit nach dieser Fuchs wie der Dodo zu den Tieren gezählt werden, welche von der Oberfläche der Erde verschwunden sind.

Des Nachts (17.) schliefen wir auf dem Landrücken am oberen Ende des Choiseul Sound, welcher die südwestliche Halbinsel bildet. Das Tal war ziemlich gut gegen den kalten Wind geschützt; es gab aber nur sehr wenig Buschholz als Brennmaterial. Die Gauchos fanden indes bald etwas, was zu meiner großen Überraschung beinahe ein so heißes Feuer gab wie Steinkohlen: Dies war das Skelett eines kürzlich getöteten Bullen, dessen Fleisch die Aasfalken abgefressen hatten. Sie erzählten mir, daß sie im Winter häufig ein Stück Vieh töteten, das Fleisch mit ihren Messern von den Knochen rein abputzten und es dann mit seinen eigenen Knochen zum Abendbrot rösteten.

18. Mai – Es regnete beinahe den ganzen Tag durch. Des Nachts machten wir es indes doch möglich, uns mit unseren Satteldecken ziemlich trocken und warm zu halten; der Boden aber, auf dem wir schliefen, war bei diesen Gelegenheiten beinahe in dem Zustand eines Sumpfes, und es gab nicht einen trockenen Fleck, auf den wir uns nach unserem Tagesritt hätten niedersetzen können. An einer anderen Stelle habe ich erwähnt, wie eigentümlich es ist, daß es auf diesen Inseln absolut keine Bäume gibt, während doch das Feuerland von einem großen Walde bedeckt ist. Das größte Gebüsch auf der Insel (zu der Familie der Kompositen gehörig) ist kaum so hoch wie unser Ginster. Das beste Brennmaterial gibt ein kleiner grüner Strauch ungefähr von der Höhe des Heidekrautes ab, welcher die nützliche Eigenschaft hat, zu brennen, so lange er noch frisch und grün ist. Es war sehr überraschend zu sehen, wie die Gauchos mitten im Regen, wo alles triefend naß war, mit nichts weiter als einer Zunderbüchse und einem bißchen Zunder sofort Feuer anzündeten. Sie suchten unter den Grasbüscheln und kleinen Gebüsch nach wenigen trockenen Zweigen, diese zerrissen sie in Fasern; dann umgaben sie sie mit stärkeren Zweigen, beinahe wie eine Art Vogelnest, steckten das Stückchen Zunder, mit dem Funken darin, in die Mitte und deckten es zu. Das Nest wurde nun dem Winde entgegengehalten; allmählich rauchte es mehr und mehr und endlich schlugen helle Flammen heraus. Ich glaube nicht, daß irgendeine andere Methode bei so feuchtem Material eine Aussicht auf Erfolg gehabt hätte.

19. Mai – Weil ich längere Zeit vorher nicht geritten war, war ich jedesmal am Morgen sehr steif. Mich überraschte es zu hören, daß die Gauchos, die doch seit ihrer Kindheit beinahe auf dem Pferde leben, mir sagten, sie litten unter ähnlichen Umständen allemal sehr. St. Jago erzählte mir, daß er einmal, nachdem er drei Monate lang durch Krankheit ans Bett gefesselt gewesen wäre,

---

[7] Der „culpen" ist der *Canis magellanicus*, den Kapitän King von der Magellan-Straße mitgebracht hat. Er ist in Chile häufig.

auf die Jagd nach wildem Rind gegangen sei; infolge hiervon seien in den nächsten zwei Tagen seine Schenkel so steif geworden, daß er genötigt gewesen sei, sich ins Bett zu legen. Dies beweist, daß die Gauchos, obschon sie es nicht zu tun scheinen, doch faktisch beim Reiten viel Muskelkraft aufwenden müssen. Das Jagen wilder Rinder in einem, wegen des sumpfigen Bodens so schwer zu passierenden Land, muß eine sehr harte Arbeit sein. Die Gauchos sagen, daß sie oft in vollem Lauf über Strecken hinjagen, welche in einem langsamen Schritt ganz unpassierbar seien; gerade so wie man imstande ist, über dünnes Eis mit Schlittschuhen wegzujagen. Beim Jagen sucht die Gesellschaft so nahe wie möglich an die Herde heran zu kommen, ohne entdeckt zu werden. Jeder Mann führt vier oder fünf Paar Bolas mit sich; diese wirft er eins nach dem anderen nach ebenso viel Stück Rind, welche, wenn einmal umwickelt, einige Tage sich selbst überlassen werden, bis sie durch Hunger und Abarbeiten etwas erschöpft sind. Sie werden dann freigelassen und nach einer kleinen, zu diesem Zwecke mit zur Stelle gebrachten Herde zahmer Tiere hingetrieben. Da sie durch die frühere Behandlung zu sehr erschreckt sind, um die Herde zu verlassen, werden sie dann leicht, wenn ihre Kräfte aushalten, nach der Niederlassung getrieben.

Das Wetter blieb beständig so schlecht, daß wir beschlossen, eine letzte Anstrengung zu machen und zu versuchen, noch vor der Nacht das Schiff zu erreichen. Wegen der Masse Regen, welche gefallen war, war die Oberfläche des ganzen Landes sumpfig. Ich glaube, mein Pferd stürzte mindestens ein Dutzend Mal, und zuweilen schlugen alle sechs Pferde im Kot umher. Alle kleinen Bäche waren von weichem Torf eingefaßt, was es für die Pferde sehr schwer machte, darüberzusetzen, ohne zu fallen. Um unseren Unmut zu vervollständigen, waren wir genötigt, das obere Ende einer Meeresbucht zu durchreiten, wo das Wasser so tief war, daß es bis an den Rücken der Pferde ging; infolge der Heftigkeit des Windes brachen die kleinen Wellen beständig über uns weg und machten uns vollständig naß und kalt. Selbst die Gauchos mit ihren eisernen Naturen erklärten, daß sie froh wären, nach unserer kleinen Exkursion zur Ansiedlung zurückzukommen.

Die geologische Bildung dieser Inseln ist in den meisten Beziehungen einfach. Das niedrig gelegene Land besteht aus Tonschiefer und Sandstein, welcher Fossile enthält, die denen sehr nahe verwandt, aber nicht mit ihnen identisch sind, die in den Silurformationen Europas gefunden werden; die Berge werden aus weißem körnigen Quarzfelsen gebildet. Die Schichten des letzteren sind häufig vollkommen symmetrisch gebogen; infolgedessen ist das Aussehen einiger dieser Massen äußerst eigentümlich. Pernety[8] hat mehrere Seiten der Beschreibung eines „Ruinenbergs" gewidmet, dessen aufeinanderfolgende Schichten er mit Recht mit den Sitzreihen eines Amphitheaters verglichen hat. Der Quarzfelsen muß vollständig teigig gewesen sein, als er solchen Krümmungen unterlag, ohne in Bruchstücke zersplittert zu werden. Da der Quarz unmerklich in den Sandstein übergeht, verdankt der erstere seinen Ursprung wahrscheinlich dem Sandstein dadurch, daß dieser bis zu einem hohen Grade erhitzt wurde, daß er klebrig wurde, und dann beim Erkalten kristallisierte. Während er noch in dem weichen Zustand sich befand, muß er durch die darüberliegenden Schichten hindurchgetrieben worden sein.

An vielen Stellen der Insel ist die Sohle der Täler in einer außerordentlichen Art und Weise von Myriaden großer lockerer, kantiger Fragmente von Quarzgestein bedeckt, welche die „Steinströme" bilden. Diese sind seit Pernetys Zeit von allen Reisenden mit Überraschung erwähnt worden. Die Blöcke sind nicht vom Wasser abgerieben, die Kanten sind nur wenig abgestumpft; sie schwanken in der Größe von einem oder zwei Fuß bis zu zehn Fuß im Durchmesser, zuweilen erreichen sie mehr als das Zwanzigfache dieser Größe. Sie sind nicht in unregelmäßige Haufen durcheinander geworfen, sondern sind in ebene Flächen oder große Ströme ausgebreitet. Es ist nicht möglich, die Dicke dieser zu ermitteln; man hört aber das Wasser kleiner Bäche viele Fuß unter der Oberfläche zwischen den Steinen durchplätschern. Die

---

[8] Pernety, Voyage aux Iles Malouines, p.526.

wirkliche Tiefe derselben ist wahrscheinlich groß, weil die Lücken zwischen den untersten Fragmenten schon vor langer Zeit mit Sand ausgefüllt worden sein müssen. Die Breite dieser Flächen von Steinen variiert von wenigen hundert Fuß bis zu einer Meile; der torfige Boden greift aber täglich weiter über die Grenzen über und bildet selbst Inselchen, wo nur immer einige wenige Stücke zufällig dicht aneinander liegen. In einem Tal südlich von Berkeley Sound, welches einige aus unserer Gesellschaft das „große Fragmentental" nannten, waren wir genötigt, einen ununterbrochenen, eine halbe Meile breiten Streifen in der Weise zu überschreiten, daß wir von einem spitzen Stein auf den anderen sprangen. Die Felsfragmente waren so groß, daß ich, als wir von einem Regenschauer überrascht wurden, leicht unter einem derselben Schutz fand.

Der merkwürdigste Umstand bei diesen „Steinströmen" ist ihre geringe Neigung. An den Seiten der Berge habe ich sie in einem Winkel von zehn Grad gegen den Horizont aufsteigen sehen; aber in einigen der ebenen, breitsohligen Täler war die Neigung gerade nur hinreichend, um deutlich bemerkt zu werden. Auf einer so zerklüfteten Oberfläche fand sich natürlich kein Mittel, den Winkel zu messen; um aber eine Erläuterung zu geben, will ich sagen, daß das sanfte Ansteigen die Geschwindigkeit einer englischen Postkutsche nicht gehemmt haben würde. An einigen Stellen ließ sich ein kontinuierlicher Strom dieser Felsfragmente im Laufe eines Tals aufwärts verfolgen und erstreckte sich selbst bis zum eigentlichen Gipfel des Berges. Auf diesen Rücken schienen kolossale Massen, in ihren Dimensionen jedes kleine Bauwerk übertreffend, in ihrem abschüssigen Sturz aufgehalten stehengeblieben zu sein. Dort lagen auch die gekrümmten Schichten der Bogengänge aufeinandergehäuft wie die Ruinen einer ungeheuren alten Kathedrale. Bei dem Versuch, diese Gewaltszenen zu beschreiben, wird man versucht, aus einem Gleichnis ins andere zu fallen. Wir können uns vorstellen, daß Ströme weißer Lava von vielen Teilen der Berge aus in das niedriger gelegene Land geflossen und, nachdem sie erstarrt waren, durch irgendeine ungeheure Konvulsion in Myriaden von Bruchstücken zerbrochen worden seien. Der Ausdruck „Steinströme", welcher sich einem jeden unmittelbar darbietet, bringt dieselbe Idee mit sich. An Ort und Stelle werden diese Szenen dadurch noch auffallender gemacht, daß sie scharf gegen die niedrigen, abgerundeten Formen der umgebenden Berge kontrastieren.

Es interessierte mich, auf einem der höchsten Gipfel der einen Kette (ungefähr 750 Fuß über dem Meeresspiegel) ein großes gebogenes Fragment zu finden, welches mit seiner konvexen Seite oder mit dem Rücken nach unten lag. Müssen wir annehmen, daß es wirklich in die Luft empor geworfen und auf diese Weise herumgedreht worden ist? Oder, was mehr Wahrscheinlichkeit für sich hat, daß früher ein noch höherer Teil derselben Kette existierte, als der Punkt, auf welchem dies Denkmal einer großen Konvulsion der Natur jetzt liegt? Da die Fragmente in den Tälern weder abgerundet, noch ihre Zwischenräume mit Schlamm ausgefüllt sind, so müssen wir schließen, daß die Periode der gewaltsamen Erschütterung später eintrat als die, in welcher das Land aus den Fluten des Meeres emporgehoben wurde. Auf einem Querschnitt ist der Boden dieser Täler nahezu eben oder steigt nur sehr wenig nach jeder Seite zu auf. Daher scheinen die Brachstücke vom oberen Ende des Tales herabgekommen zu sein; in Wirklichkeit scheinen sie aber wahrscheinlicher von den nächstgelegenen Abhängen herabgestürzt zu sein und sind seitdem durch eine schwingende Bewegung von überwältigender Kraft[9] zu einer zusammenhängenden Fläche geebnet worden. Wenn man es während des Erdbebens[10], welches 1835 Concepcion in Chile erschütterte, für wunderbar hielt, daß kleine Gegenstände wenige Zoll vom

---

[9] „Nous n'avons pas été moins saisis d'étonnement à la vue de l'innombrable quantité de pierres de toutes grandeurs, bouleversées négligemment pour remplir des ravins. On ne se lassoit pas d'admirer les effets prodigieux de la nature." Pernety, p.526.

[10] Ein Bewohner von Mendoza, daher wohl imstande, ein Urteil abzugeben, versicherte mir, daß er während der verschiedenen Jahre, welche er auf diesen Inseln gewohnt hat, niemals auch nur den leisesten Stoß eines Erdbebens gefühlt habe.

Boden in die Höhe geworfen wurden, was müssen wir zu einer Bewegung sagen, welche viele Tonnen schwere Felsbruchstücke wie Sandkörner auf einem Resonanzboden fortbewegen und ihre Gleichgewichtslage finden ließ? Ich habe in der Cordillera der Andes offenbare Spuren davon gesehen, daß ungeheure Berge wie eine dünne Kruste in Stücke geworfen und die Schichten senkrecht auf ihre Ränder gestellt worden waren; aber nirgends hat ein Anblick so gewaltsam wie diese „Steinströme" meinem Geiste die Idee einer Konvulsion eingeprägt, für welche wir in historischen Zeiten wohl vergebens nach einem Seitenstück suchen dürften. Und doch wird der Fortschritt der Wissenschaft uns eines Tages eine einfache Erklärung dieses Phänomens geben, wie sie uns schon eine Erklärung für den so lange Zeit für unerklärlich gehaltenen Transport der erratischen Blöcke gegeben hat, welche über die Ebenen Europas ausgestreut liegen.

Über die Zoologie dieser Inseln habe ich wenig zu bemerken. Ich habe früher den Aasgeier oder *Polyborus* beschrieben. Es finden sich noch einige andere Falken, Eulen und einige wenige kleine Land-Vögel. Wasser-Vögel sind besonders zahlreich und müssen, nach den Schilderungen der alten Seefahrer, früher noch viel zahlreicher gewesen sein. Eines Tages beobachtete ich einen Kormoran, der mit einem Fisch, den er gefangen hatte, spielte. Achtmal hintereinander ließ der Vogel seine Beute los, tauchte dann nach ihr und brachte sie, trotzdem es tiefes Wasser war, jedesmal wieder an die Oberfläche. Im zoologischen Garten habe ich einen Otter gesehen, welcher einen Fisch in derselben Weise behandelte, beinahe so wie eine Katze mit der Maus spielt. Ich kenne kein anderes Beispiel, wo die Mutter Natur so absichtlich grausam zu sein scheint. An einem anderen Tage hatte ich mich zwischen einen Pinguin (*Aptenodytes demersa*) und das Wasser gestellt, und es gewährte mir viel Unterhaltung, seine Gewohnheiten zu beobachten. Es war ein tapferer Vogel; und bis er das Meer erreichte, kämpfte er regelrecht mit mir und trieb mich zurück. Nichts anderes als derbe Schläge würden ihn aufgehalten haben: Jeden Zoll, den er gewann, behauptete er fest, aufrecht und entschlossen dicht vor mir stehend. Als er mir so gegenüber stand, drehte er beständig seinen Kopf in einer sehr merkwürdigen Weise von einer Seite zur anderen, als wenn das Vermögen des deutlichen Sehens nur im vorderen und basalen Teil jeden Auges läge. Der Vogel wird gewöhnlich der Esel-Pinguin genannt, wegen der Gewohnheit, während er am Land ist, seinen Kopf rückwärts zu werfen und einen fremdartigen, lauten Schrei auszustoßen, wie das Geschrei eines Esels; ist er aber auf dem Meer und ungestört, so ist sein Ruf sehr tief und feierlich und wird oft zur Nachtzeit gehört. Beim Tauchen werden die kurzen Flügel als Flossen benutzt, auf dem Land aber als Vorderbeine. Wenn er, man darf wohl sagen auf vier Beinen, durch das Grasgestrüpp oder am Rande einer grasigen Klippe kriecht, bewegt er sich so schnell, daß er leicht für ein Säugetier gehalten wird. Wenn er im Meer ist und fischt, so kommt er um Atem zu holen mit einem solchen Sprung in die Höhe und taucht so augenblicklich wieder unter, daß ich den wohl sehen möchte, der auf den ersten Blick sicher wäre, ob es nicht ein zum Vergnügen herausspringender Fisch ist.

Zwei Arten von Gänsen besuchen die Falkland-Inseln. Die Hochland-Art (*Anas* [*Chloëphaga* Eyt.] *magellanica* Gm.) ist in Paaren und kleinen Herden über die ganze Insel häufig. Sie wandern nicht, sondern nisten auf den äußeren im Meer liegenden Inselchen. Man glaubt, es geschähe dies aus Furcht vor den Füchsen; vielleicht rührt es von der gleichen Ursache her, daß diese Vögel, obschon sie bei Tage sehr zahm sind, in dem Düster des Abends scheu und wild sind. Sie leben gänzlich von Pflanzenkost. Die Felsen-Gans (*Anas* [*Bernicla* Steph.] *antarctica* Gm.), so genannt, weil sie ausschließlich am Meeresstrand lebt, ist sowohl hier als an der Westküste von Süd-Amerika, nördlich bis Chile, häufig. In den tiefen und einsamen Kanälen des Feuerlandes bildet der schneeweiße Gänserich, der ausnahmslos in Begleitung seiner dunkleren Genossin dicht neben dieser auf irgendeinem entfernten Felsenvorsprung steht, einen gewöhnlichen Zug in dem Landschaftsbild.

Auf diesen Inseln ist auch eine große, dickköpfige Ente oder Gans (*Anas brachyptera* Lat. [*Micropterus cinereus* Gm., Less.]), welche zuweilen zweiundzwanzig Pfund wiegt, außerordentlich häufig. In früheren Zeiten wurden diese Vögel wegen ihrer außerordentlichen Art, über das Wasser zu rudern und zu spritzen, Rennpferde genannt; jetzt werden sie aber viel passender Dampfer genannt. Ihre Flügel sind zu klein und zu schwach, um ihnen zu gestatten, zu fliegen; aber mit ihrer Hilfe, teils durch rudern, teils durch schlagen auf die Oberfläche des Wassers, bewegen sie sich sehr geschwind. Die Art und Weise ist ziemlich der ähnlich, wie eine Hausente entflieht, wenn sie ein Hund verfolgt; ich bin aber beinahe sicher, daß der „Dampfer" seine Flügel abwechselnd gebraucht, statt beide gleichzeitig, wie andere Vögel. Diese unbeholfenen, dickköpfigen Enten machen ein solches Geschrei und Spritzen, daß die Wirkung eine außerordentlich merkwürdige ist.

Wir finden daher in Süd-Amerika drei Vögel, welche ihre Flügel zu anderen Zwecken außer dem Flug brauchen; der Pinguin als Flossen, der „Dampfer" als Ruder, und der Strauß als Segel, und der *Apteryx* von Neu-Seeland, wie sein ausgestorbener, gigantischer Prototyp, der *Dinornis*, besitzt nur rudimentäre Repräsentanten der Flügel. Der „Dampfer" ist nur imstande, in eine geringe Tiefe zu tauchen. Er ernährt sich gänzlich von Muscheln auf dem Kelp (Seegras) und von den Schaltieren, die sich auf den zwischen der Ebbe- und Flutgrenze liegenden Felsen finden; der Schnabel und Kopf sind daher, um diese zerbrechen zu können, außerordentlich schwer und stark, der Kopf ist so stark, daß ich kaum imstande gewesen bin, ihn mit meinem geologischen Hammer zu zerbrechen; und alle unsere Jäger fanden sehr bald, was für ein zähes Leben diese Vögel haben. Wenn sie sich am Abend in einer Herde die Federn reinigen, bringen sie dieselbe merkwürdige Mischung von Lauten hervor, wie die Brüllfrösche in den Tropen.

In Feuerland, ebenso wie hier auf den Falkland-Inseln, habe ich viele Beobachtungen über die niederen Seetiere[11] angestellt; sie sind aber von geringem allgemeinen Interesse. Ich will nur eine Reihe von Tatsachen erwähnen, welche sich auf gewisse Zoophyten aus der höher organisierten Abteilung dieser Klasse beziehen. Mehrere Gattungen (*Flustra*, *Eschara*, *Cellaria*, *Crisia* und andere) stimmen darin überein, daß sie eigentümliche bewegliche Organe (ähnlich denen der *Flustra avicularia*, die sich in den europäischen Meeren findet) an ihren Zellen befestigt haben. Das Organ ist in der größeren Zahl der Fälle dem Kopf eines Geiers sehr ähnlich; der Unterkiefer kann aber viel weiter geöffnet werden, als bei einem wirklichen Vogelschnabel. Der Kopf selbst besitzt ein beträchtliches Bewegungsvermögen mittels eines kurzen Halses. Bei einem Polypen war der Kopf selbst fest, aber der Unterkiefer frei; bei einem anderen war er durch eine dreieckige Kappe mit einer sehr schön passenden Falltür ersetzt, wobei die letztere offenbar der Unterkinnlade entsprach. In der Mehrzahl der Spezies war jede Zelle mit einem Kopf versehen, andere hatten aber zwei Köpfe an jeder Zelle.

Die jungen Zellen am Ende der Zweige dieser Korallenstämmchen enthalten völlig unreife Polypen, doch waren die ihnen angehefteten Geierköpfe, obgleich klein, doch in jeder Beziehung vollkommen. Wenn der Polyp aus irgendeiner Zelle mit einer Nadel entfernt wurde, schienen diese Organe nicht im geringsten affiziert zu werden. Wurde einer der Geierköpfe von einer Zelle abgeschnitten, so behielt der Unterkiefer die Fähigkeit, sich zu öffnen und zu schließen. Vielleicht der eigentümlichste Zug ihrer Organisation ist, daß da, wo mehr als zwei Reihen von Zellen auf einem Zweige waren, die mittleren Zellen mit diesen Anhängen, aber nur ein Viertel

---

[11] Beim Zählen der Eier einer großen weißen *Doris* (die Schnecke war dreieinhalb Zoll lang) war ich überrascht, zu finden, wie außerordentlich zahlreich diese waren. Von zwei bis fünf Eiern (jedes drei Tausendstel-Zoll im Durchmesser) waren in einer kleinen sphärischen Kapsel enthalten. Diese waren zu zweien tief, in quere ein Band bildende Reihen geordnet. Das Band hing mit dem Rand dem Felsen an und war in einer ovalen Spirale gewunden. Ein solches Band, welches ich fand, maß nahezu zwanzig Zoll in der Länge und einen halben Zoll in der Breite. Das Zählen, wie viele Kugeln in einem Zehntel-Zoll in einer Reihe, und wie viele Reihen in einer gleichen Länge des Bandes enthalten waren, ergab nach einer äußerst mäßigen Schätzung, daß sechsmal hunderttausend Eier da waren. Und doch war diese *Doris* sicherlich nicht sehr häufig. Trotzdem ich oft unter den Steinen gesucht habe, habe ich nur sieben Individuen gesehen. Kein Irrtum ist bei Naturforschern häufiger, als der, daß die Zahl der Individuen einer Spezies von ihrem Fortpflanzungsvermögen abhängt.

so groß wie die der äußeren Zellen, versehen waren. Ihre Bewegungen waren verschieden je nach der Spezies; in einigen aber sah ich niemals auch nur die geringste Bewegung, während andere, meistens mit weit geöffnetem Unterkiefer, rückwärts und vorwärts schwangen mit einer Geschwindigkeit von fünf Sekunden für jedes Hin- und Herschwingen; andere bewegten sich rapid und stoßweise. Wurden sie mit einer Nadel berührt, so ergriff der Schnabel meist die Spitze so fest, daß der ganze Zweig geschüttelt werden konnte.

Diese Körper stehen in durchaus gar keiner Beziehung zur Erzeugung der Eier oder Knospen, da sie gebildet werden, ehe die jungen Polypen in den Zellen am Ende der wachsenden Zweige erscheinen. Da sie ferner sich unabhängig von den Polypen bewegen und dem Anschein nach in keiner Weise mit ihnen in Verbindung stehen und da sie an den äußeren und inneren Zellenreihen an Größe verschieden sind, so zweifle ich nur wenig, daß sie in ihren Funktionen eher zu der hornigen Achse der Zweige als zu den Polypen in den Zellen in Beziehung stehen. Der fleischige Anhang am unteren Ende der Seefeder (die ich bei Bahia Blanca beschrieben habe) bildet gleichfalls einen Teil des Polypen als eines Ganzen, in derselben Weise wie die Wurzeln eines Baums Teile des ganzen Baums und nicht der individuellen Blätter- oder Blütenknospen bilden.

Bei einem anderen kleinen eleganten Polypen (*Crisia*?) war jede Zelle mit einer langgezahnten Borste versehen, welche die Fähigkeit hatte, sich schnell zu bewegen. Jede dieser Borsten und jeder der geierartigen Köpfe bewegte sich völlig unabhängig von den anderen; zuweilen bewegten sich aber alle an beiden Seiten des Zweigs, zuweilen nur die an einer Seite gleichzeitig; zuweilen bewegten sich alle in regelmäßiger Reihe eine nach der anderen. In diesen Handlungen erblicken wir augenscheinlich eine ebenso vollkommene Fortleitung des Willens im Zoophyten, obschon derselbe aus tausend einzelnen Polypen zusammengesetzt ist, wie in irgendeinem einzelnen Tier. Der Fall ist in der Tat von dem nicht verschieden, wo sich die Seefedern, wenn sie berührt wurden, in den Sand an der Küste von Bahia Blanca zurückzogen. Ich will noch ein anderes Beispiel einer gleichförmigen, wenn schon ihrer Natur nach sehr verschiedenen Handlung an einem nahe mit *Glytia* verwandten, daher sehr einfach organisierten Zoophyten anführen. Ich hielt einen großen Busch davon in einem Becken mit Seewasser; als es dunkel war, fand ich, daß, so oft ich irgendeinen Teil eines Zweiges rieb, das Ganze mit einem grünen Licht stark phosphoreszierte: Ich glaube, ich habe niemals etwas Schöneres gesehen. Das Merkwürdigste dabei aber war, daß die Lichtblitze immer die Zweige hinauf fuhren, von der Basis nach den Spitzen.

Die Untersuchung dieser zusammengesetzten Tiere war mir immer sehr interessant. Was kann wohl merkwürdiger sein, als zu sehen, wie ein pflanzenartiger Körper ein Ei produziert, welches fähig ist, herumzuschwimmen und einen passenden Platz zum Festsetzen auszusuchen, und dann in Zweige auswächst, von denen jeder von unzähligen einzelnen, oft kompliziert organisierten Tieren wimmelt? Überdies besitzen, wie wir soeben gesehen haben, die Zweige zuweilen Organe, welche selbständiger und von den Polypen unabhängiger Bewegung fähig sind. So überraschend diese Vereinigung einzelner Individuen zu einem gemeinsamen Stamme immer erscheinen muß, so bietet doch jeder Baum dieselbe Tatsache dar, denn die Knospen müssen als individuelle Pflanzen betrachtet werden. Es ist indes natürlich, einen mit Mund, Eingeweiden und anderen Organen versehenen Polypen als ein besonderes Individuum zu betrachten, während man sich die Individualität einer Blattknospe schwer vorstellig machen kann, so daß die Vereinigung einzelner Individuen zu einem gemeinsamen Körper bei einem Zoophyten auffallender ist als bei einem Baume. Unsere Vorstellung von einem zusammengesetzten Tiere, wo die Individualität jedes einzelnen in gewissen Beziehungen nicht vollendet ist, kann vielleicht dadurch erleichtert werden, daß wir uns zwei getrennte Geschöpfe als durch das Durchschneiden eines einzigen mit einem Messer entstanden vorstellen, oder daß die Natur selbst diese Durchschneidung vorgenommen hat. Wir können die Polypen an einem Zoophyten oder die Knospen an einem Baume als Fälle betrachten, wo die Teilung der Individuen nicht vollständig erreicht worden ist. Sicherlich scheinen, was die Bäume, und nach Analogie zu urteilen, auch was die Zoophyten betrifft, die durch Knospen erzeugten Individuen näher miteinander verwandt zu sein, als Eier oder Samen mit deren Erzeugern. Es scheint jetzt ziemlich sicher ermittelt zu sein, daß durch Knospen vermehrte Pflanzen sämtlich eine gemeinsame Lebensdauer haben; und es ist ja eine jedermann geläufige Tatsache, welche merkwürdige und zahlreiche Eigentümlichkeiten durch Knospen, Senker und Pfropfreiser sicher überliefert werden, welche bei Fortpflanzung durch Samen niemals oder nur zufällig wiedererscheinen.

Zehntes Kapitel

Das Feuerland, erstes Betreten – Good Success Bay – Schilderung der Feuerländer an Bord – Zusammenkunft mit den Wilden – Szenerie der Wälder – Kap Hoorn – Wigwam-Bucht – Elender Zustand der Wilden – Hungersnöte – Kannibalismus – Muttermord – Religiöse Gefühle – Großer Sturm – Beagle-Kanal – Ponsonby-Sund – Wir bauen Wigwams und richten die Feuerländer ein – Gabelung des Beagle-Kanals – Gletscher – Rückkehr zum Schiff – Zweiter Besuch bei der Niederlassung mit dem Schiff – Gleichheit des Zustands unter den Wilden

Das Feuerland

17. Dezember 1832 – Nachdem ich nun mit Patagonien und den Falkland-Inseln fertig bin, will ich unsere erste Ankunft im Feuerland beschreiben. Kurz nach Mittag doublierten wir das Kap St. Diego und kamen in die berühmte Straße Le Maire. Wir hielten uns dicht an der Küste Feuerlands, doch waren die Umrisse des zerklüfteten, unwirklichen Staatenlandes in den Wolken sichtbar. Am Nachmittag warfen wir in der Bucht des guten Erfolgs (Good Success Bay) Anker. Als wir einfuhren, wurden wir nach der Manier der Bewohner dieses wilden Landes begrüßt. Eine Gruppe Feuerländer, zum Teil von dem dicht verwachsenen Wald bedeckt, kauerten an einem wilden, die See überragenden Punkt, und als wir vorbeifuhren, sprangen sie auf, schwangen ihre zerlumpten Mäntel und stießen ein lautes sonores Geschrei aus. Die Wilden folgten dem Schiff, und noch ehe es dunkel war, sahen wir ihre Feuer und hörten ihr wildes Geschrei. Der Hafen hält ein schönes Stück Wasser, zur Hälfte von niedrigen, abgerundeten Bergen von Tonschiefer umgeben, welche bis zum Wasserrand von einem zusammenhängenden dichten, düsteren Walde bedeckt sind. Ein einziger Blick auf die Landschaft genügte, um mir zu zeigen, wie gänzlich verschieden es von alle dem war, was ich jemals gesehen hatte. Des Nachts erhob sich ein heftiger Wind und derbe Windstöße von den Bergen zogen über uns hin. Es würde draußen auf dem offenen Meer ein böses Wetter gewesen sein, und wir konnten ebensogut wie andere die Bucht die des guten Erfolgs nennen.

Am Morgen schickte der Kapitän eine Abteilung ab, um sich mit den Feuerländern in Beziehung zu setzen. Als wir in Rufweite gekommen waren, kam einer der vier Eingeborenen, welche da waren, vorwärts, um uns zu empfangen, und fing an, äußerst heftig zu rufen, um uns nach dem Platz hinzuleiten, wo wir landen sollten. Als wir am Land waren, sah die Gesellschaft im ganzen beunruhigt aus, sie fuhren aber fort, beständig zu sprechen und mit großer Geschwindigkeit zu gestikulieren. Es war ohne alle Ausnahme das merkwürdigste und interessanteste Schauspiel, das ich je erblickte. Ich hätte kaum geglaubt, wie groß die Verschiedenheit zwischen wilden und zivilisierten Menschen ist: Sie ist größer als zwischen einem wilden und domestizierten Tier, insofern beim Menschen eine größere Veredelungsfähigkeit vorhanden ist. Der Hauptsprecher war alt und schien das Oberhaupt der Familie zu sein, die drei anderen waren kräftige, ungefähr sechs Fuß hohe junge Leute. Die Frauen und Kinder waren weggeschickt. Diese Feuerländer bilden eine, von den verkümmerten, elenden, unglücklichen Geschöpfen weiter westlich sehr verschiedene Rasse und scheinen den berühmten Patagoniern der Magellan-Straße nahe verwandt zu sein. Ihr einziges Kleidungsstück besteht aus einem aus Guanaco-Haut gefertigten Mantel, mit den Haaren nach außen. Diesen tragen sie nur über ihre Schulter geworfen und lassen dadurch ihren Körper ebensooft nackt, als bedeckt. Ihre Haut ist von einer schmutzig kupferroten Farbe.

Der alte Mann hatte ein Stirnband mit weißen Federn rund um den Kopf gebunden, welches zum Teil sein schwarzes, grobes und verwildertes Haar zusammenhielt. Quer über sein Gesicht zogen zwei breite quere Streifen; der eine, hellrot gemalt, reichte von einem Ohr zum anderen und schloß die Oberlippe mit ein; der andere, weiß wie Kreide, lief über und parallel mit dem ersten, so daß selbst seine Augenbrauen so gefärbt waren. Die anderen beiden Männer waren mit Strichen von schwarzem, aus Holzkohle gemachtem Pulver verziert. Die Gesellschaft war durchaus den Teufeln ähnlich, welche in Stücken wie der Freischütz auf die Bühne kommen.

Ihre ganze Haltung war verworfen und der Ausdruck ihrer Gesichter mißtrauisch, überrascht und entsetzt. Nachdem wir sie mit etwas rotem Tuch beschenkt hatten, welches sie sofort um ihren Hals banden, wurden wir gute Freunde. Dies drückten sie so aus, daß der alte Mann uns auf die Brust klopfte und eine Art glucksendes Geräusch machte, wie die Leute tun, wenn sie Hühnchen füttern. Ich ging mit dem alten Mann weiter, während diese Beweise von Freundschaft mehrere Male wiederholt wurden. Sie wurden von drei derben Schlägen beschlossen, welche mir gleichzeitig auf die Brust und den Rücken gegeben wurden. Er entblößte dann seine Brust vor mir, um das Kompliment zu erwidern, was sofort geschah, worüber er höchlichst vergnügt zu sein schien. Die Sprache dieser Leute verdient nach unseren Begriffen kaum artikuliert genannt zu werden. Kapitän Cook hat sie mit dem Laut verglichen, den ein Mensch macht beim Reinigen seiner Kehle; aber sicher hat kein Europäer jemals seine Kehle mit so viel harschen Gutturalen und glucksenden Geräuschen gereinigt.

Sie ahmen ausgezeichnet nach: So oft wir husteten oder gähnten oder irgendeine eigentümliche Bewegung machten, ahmten sie uns augenblicklich nach. Einer von unserer Gesellschaft fing an zu schielen und von der Seite zu sehen; aber einer der jungen Feuerländer (dessen ganzes Gesicht schwarz gemalt war, mit Ausnahme eines weißen Streifens quer über seine Augen) übertraf ihn doch noch und machte noch widerwärtigere Grimassen. Sie konnten mit vollständiger Korrektheit jedes Wort in irgendeinem Satze, den wir an sie richteten, wiederholen und sie erinnerten sich auch solcher Worte eine Zeitlang. Und doch wissen wir Europäer alle, wie schwer es ist, die Laute in einer fremden Sprache voneinander zu unterscheiden. Wer von uns könnte z. B. einem Indianer von Amerika einen Satz von mehr als drei Worten nachsprechen? Alle Wilden scheinen in einem ganz ungeheuren Grade diese Fähigkeit des Nachahmens zu besitzen. Man hat mir beinahe mit denselben Worten die nämliche lächerliche Gewohnheit von den Kaffern erzählt. Die Australier sind gleichfalls schon lange dafür bekannt, daß sie imstande sind, den Gang eines jeden Menschen so nachzuahmen und zu beschreiben, daß er erkannt werden kann. Wie läßt sich diese Fähigkeit erklären? Ist sie eine Folge der häufiger geübten Gewohnheiten der Wahrnehmung und scharfen Sinne, welche allen Menschen im wilden Zustand gemeinsam ist, verglichen mit denen lange zivilisierter?

Als von unserer Gesellschaft ein Gesang angestimmt wurde, glaubte ich, die Feuerländer würden vor Erstaunen zu Boden fallen. Mit gleichem Überraschen sahen sie unserem Tanz zu; doch hatte einer der jüngeren Leute, als er gefragt wurde, nichts gegen einen Walzer einzuwenden. So wenig sie an Europäer gewohnt zu sein schienen, so kannten und fürchteten sie doch unsere Feuerwaffen; nichts konnte sie verführen, eine Flinte in ihre Hand zu nehmen. Sie baten um Messer, sie dabei mit dem spanischen Worte „cuchilla" nennend. Sie erklärten uns auch, wozu sie sie brauchten, indem sie uns vorstellten, als wenn sie ein Stück Speck in ihrem Munde hätten und nun versuchten, es zu schneiden, anstatt zu zerreißen.

Ich habe bis jetzt die Feuerländer noch nicht erwähnt, welche wir an Bord hatten. Während der früheren Reise der „Adventure" und der „Beagle" in den Jahren 1826 bis 1830 ergriff Kapitän Fitz Roy eine Anzahl Eingeborener als Geiseln für den Verlust eines Bootes, welches gestohlen war, wodurch dann eine bei der Aufnahme beschäftigte Abteilung in große Gefahr gebracht worden war. Einige dieser Eingeborenen, ebenso wie ein Kind, welches er für einen Perlmutterknopf gekauft hatte, nahm er mit sich nach England, entschlossen, sie auf seine eigenen Kosten erziehen und religiös unterrichten zu lassen. Diese Eingeborenen in ihrem eigenen Vaterlande wieder einzuführen, war einer der hauptsächlichsten Beweggründe für Kapitän Fitz Roy, unsere gegenwärtige Reise zu unternehmen; und ehe die Admiralität beschlossen hatte, diese Expedition auszusenden, hatte Kapitän Fitz Roy in großmütiger und liberaler Weise ein Schiff gechartert, um sie selbst zurückzubringen. Die Eingeborenen wurden von einem Missionar R. Matthews begleitet, über welchen, ebenso wie über die Eingeborenen, Kapitän Fitz Roy einen ausführlichen und ausgezeichneten Bericht veröffentlicht hat. Zwei Männer, von denen einer in England an den Blattern starb, ein Knabe und ein kleines Mädchen waren ursprünglich mitgenommen worden, und jetzt hatten wir an Bord York Minster, Jemmy Button (dessen Name sein Kaufgeld bezeichnet) und Fuegia Basket. York Minster war ein erwachsener, kurzer, dicker, kräftiger Mann. Seine Disposition war zurückhaltend, schweigsam, moros und, wenn er gereizt wurde, leidenschaftlich heftig. Seine Zuneigungen zu einigen wenigen Freunden an Bord waren sehr stark, sein Intellekt gut. Jemmy Button war ein ganz allgemeiner Liebling, doch war er gleichfalls leidenschaftlich, sein Gesichtsausdruck zeigte sofort seine zärtlichen Anlagen. Er war heiter und lachte oft und war merkwürdig mitfühlend mit jedem, der Schmerzen hatte. Wenn das Meer unruhig war, war er oft etwas seekrank und pflegte dann zu mir zu kommen und in einer schmerzlichen Stimme zu sagen: „Armer, armer Kerl." Aber nach seinem an das Wasser gewohnten Leben die Idee in sich aufkommen zu lassen, daß ein Mensch seekrank wäre, war ihm zu lächerlich, und er mußte sich meist nach der Seite umdrehen und ein Lachen verbergen, worauf er dann sein „Armer, armer Kerl" wiederholte. Er hatte viel Patriotismus und liebte es, seinen eigenen Stamm und sein Vaterland, in welchem, wie er mit Recht sagte, Massen von Bäumen wären, zu loben; dabei schimpfte er auf alle anderen Stämme: er behauptete steif und fest, daß es in seinem Land keine Teufel gäbe. Jemmy war kurz, dick und fett, aber auf seine persönliche Erscheinung eitel. Er pflegte stets Handschuhe zu tragen, sein Haar war nett geschnitten, und er war unglücklich, wenn seine blank geputzten Schuhe beschmutzt wurden. Er liebte es, sich in einem Spiegel zu bewundern, und ein kleiner Indianerknabe mit einem heiteren Gesicht vom Rio Negro, den wir einige Monate lang an Bord hatten, merkte dies sehr bald und pflegte ihn zu necken. Jemmy, der immer etwas eifersüchtig auf die diesem kleinen Jungen gewidmete Aufmerksamkeit war, hatte das durchaus nicht gern und pflegte mit einer etwas verächtlichen Wendung des Kopfes zu sagen: „Zu viel Lerche." Mir scheint es immer noch wunderbar, wenn ich an alle seine vielen guten Eigenschaften denke und mir doch sagen muß, daß er von derselben Rasse und ohne Zweifel auch von demselben Charakter war, wie die miserablen niedrigen Wilden, die wir zuerst hier trafen. Fuegia Basket endlich war ein nettes, bescheidenes, zurückhaltendes junges Mädchen mit einem im ganzen angenehmen, aber zuweilen trotzigen Ausdruck. Sie lernte sehr schnell alles, besonders Sprachen. Dies bewies sie dadurch, daß sie etwas Portugiesisch und Spanisch aufgeschnappt hatte, als sie eine kurze Zeit in Rio de Janeiro und Monte Video am Land gelassen worden war, und in ihrer Kenntnis des Englischen. York Minster war sehr eifersüchtig auf irgendwelche ihr gewidmete Aufmerksamkeit, denn offenbar war er gewillt, sie zu heiraten, sobald sie sich am Ufer niedergelassen hätten.

Obgleich alle drei ziemlich gut Englisch sowohl sprachen als verstehen konnten, so war es doch eigentümlich schwierig, viel Aufklärung von ihnen in Betreff der Lebensweise ihrer Landsleute zu erhalten. Dies war zum Teil eine Folge der offenbaren Schwierigkeit, die einfachste Alternative zu verstehen. Ein jeder, der gewohnt ist, mit sehr kleinen Kindern zu verkehren, weiß, wie selten man eine Antwort selbst auf eine so einfache Frage von ihnen bekommt, ob ein Gegenstand schwarz oder weiß ist; die Idee von schwarz oder weiß scheint ihr Bewußtsein abwechselnd zu erfüllen. Dies war mit diesen Feuerländern der Fall und daher war es meist unmöglich, durch Querfragen herauszufinden, ob einer irgend etwas, was er behauptet hatte, auch wirklich recht verstanden habe. Ihr Gesicht war merkwürdig scharf: Es ist bekannt, daß Matrosen infolge der langen Übung einen entfernten Gegenstand viel besser unterscheiden können, als jemand, der auf dem Festland lebt; aber sowohl York als Jemmy waren allen Matrosen an Bord bedeutend überlegen. Mehrmals erklärten sie, was irgendein entfernter Gegenstand gewesen sei, und obschon es von allen bezweifelt wurde, stellte es sich heraus, daß sie Recht hat-

Zehntes Kapitel

ten, wenn derselbe durch ein Teleskop untersucht wurde. Sie waren sich dieses Vermögens wohl bewußt; und wenn Jemmy irgendeinen kleinen Streit mit dem wachthabenden Offizier hatte, sagte er: „Ich Schiff sehen, mir nicht sagen."

Es war interessant, das Benehmen der Wilden gegen Jemmy Button zu beobachten, als wir landeten. Sie nahmen sofort die Verschiedenheit zwischen ihm und uns wahr und pflogen eine lange Unterhaltung über den Gegenstand. Der ältere Mann richtete eine lange Anrede an Jemmy, welche sich, wie es schien, darum drehte, ihn einzuladen, bei ihnen zu bleiben. Aber Jemmy verstand nur sehr wenig von ihrer Sprache und war überdies über seine Landsleute gründlich beschämt. Als York Minster später an das Ufer kam, beobachteten sie ihn auf dieselbe Weise und sagten ihm, er solle sich rasieren, und doch hatte er nicht zwanzig verkümmerte Haare auf seinem Gesicht, während wir sämtlich ungestutzte Bärte trugen. Sie untersuchten die Farbe seiner Haut und verglichen sie mit unserer. Nachdem einer unserer Arme entblößt war, drückten sie ihre lebhafteste Überraschung und Bewunderung über seine Helligkeit aus, genau in derselben Weise, wie ich den Orang-Utan im zoologischen Garten dies habe tun sehen. Wir glaubten, daß sie zwei oder drei Offiziere, welche im ganzen kürzer und heller waren, trotzdem sie lange Bärte trugen, für die Damen unserer Gesellschaft hielten. Der längste unter den Feuerländern war offenbar sehr geschmeichelt, daß wir seine Länge bemerkten. Als er Rücken an Rücken mit dem längsten von unserer Bootsmannschaft gestellt wurde, tat er alles Mögliche, um auf einen höheren Fleck zu kommen und sich auf die Zehen zu stellen. Er öffnete seinen Mund, um seine Zähne zu zeigen, und drehte sein Gesicht herum, daß wir auch eine Seitenansicht erhielten. Und alles dies geschah mit solcher Munterkeit, daß ich wohl sagen darf, er hielt sich für den schönsten Mann in der Tierra del Fuego. Nachdem das erste Gefühl tiefen Erstaunens bei uns vorüber war, konnte nichts lächerlicher sein als die kuriose Mischung von Überraschung und Nachahmung, welche diese Wilden in jedem Augenblick darboten.

Am nächsten Tage versuchte ich ein Stückchen Weges in das Land einzudringen. Das Feuerland läßt sich als ein Bergland beschreiben, welches zum Teil in das Meer versenkt ist, so daß tiefe Buchten und Busen die Stellen einnehmen, wo Täler existieren sollten. Die bergigen Strecken sind mit Ausnahme der exponierten westlichen Küste vom Wasserrande aufwärts mit einem großen Wald bedeckt. Die Bäume gehen bis zu einer Bodenerhebung zwischen 1000 und 1500 Fuß hinauf, ihnen folgt dann ein Streifen von Torfland mit kleinen Alpenpflanzen; und diesen wieder folgt die Linie des ewigen Schnees, welche nach Kapitän King in der Magellan-Straße bis zu 3000 oder 4000 Fuß herabsteigt. Es ist äußerst selten, einen Acker ebenen Landes in irgendeinem Teil des Feuerlandes zu finden. Ich erinnere mich nur einer kleinen flachen Stelle in der Nähe von Port Famine und einer anderen von im ganzen etwas größerer Ausdehnung in der Nähe von Goeree Road. An beiden Orten, wie überall sonst, ist die Oberfläche von einer dikken Schicht morastigen Torfes bedeckt. Selbst innerhalb des Waldes wird der Boden durch eine Masse langsam faulender, vegetabilischer Substanz verhüllt, welche, weil sie von Wasser durchfeuchtet ist, dem Fuß nachgibt.

Da ich es für nahezu hoffnungslos fand, meinen Weg durch den Wald fortsetzen zu können, folgte ich dem Laufe eines Bergstromes. Anfangs konnte ich wegen der Wasserfälle und der großen Zahl abgestorbener Bäume kaum vorwärts kriechen; aber bald wurde das Flußbett etwas offener, weil die Überschwemmungen die Ränder abgekehrt hatten. Ich ging langsam eine Stunde lang an den durchbrochenen felsigen Ufern entlang vorwärts und wurde durch die Großartigkeit der Szene reichlich belohnt. Die düstere Tiefe der Schlucht stimmte sehr gut mit den allgemeinen Zeichen der Gewalt überein. Auf allen Seiten lagen unregelmäßige Massen von Felsen und umgeworfene Bäume; andere Bäume, die zwar noch aufrecht standen, waren bis auf das Mark zerfallen und bereit, umzustürzen. Die verwickelte Masse der wachsenden und der umgefallenen erinnerte mich an die Wälder innerhalb der Tropen, doch bestand ein großer Unterschied, denn in diesen stillen, einsamen Örtlichkeiten schien der Tod anstatt des Lebens der vorherrschende Geist zu sein. Ich folgte dem Wasserlauf, bis ich an einen Fleck kam, wo ein großer Erdrutsch eine Stelle gerade hinunter an der Bergseite abgeklärt hatte. Auf dieser Straße stieg ich bis zu einer beträchtlichen Erhebung hinauf und erhielt eine gute Ansicht der umgebenden Wälder. Die Bäume gehören alle einer Art an, der *Fagus betuloides*; denn die Zahl der anderen Spezies von *Fagus* und der Winter's-Rinde (*Drimys Winteri* Forst.) ist ganz unbeträchtlich. Es behält diese Buche ihre Blätter das ganze Jahr hindurch; doch ist ihr Laub von einer eigentümlichen bräunlich-grünen Färbung mit einem Stich ins Gelbe. Da die ganze Landschaft so gefärbt ist, hat sie ein trübes, düsteres Ansehen; auch wird sie nicht oft durch Sonnenstrahlen belebt.

20. Dezember – Die eine Seite des Hafens wird von einem ungefähr 1500 Fuß hohen Berg gebildet, welchen Kapitän Fitz Roy nach Sir J. Banks genannt hat, zur Erinnerung an seine unglückliche Exkursion, welche zwei Leuten aus seiner Gesellschaft das Leben kostete und beinahe dem Dr. Solander das seine gekostet hätte. Der Schneesturm, welcher die Ursache ihres Unglücks war, trat in der Mitte des Januars ein, der unserem Juli entspricht, und zwar in der Breite von Durham. Mir lag viel daran, den Gipfel dieses Berges zu erreichen, um Alpenpflanzen zu sammeln, denn Blumen irgendwelcher Art waren an den tieferen Stellen nur wenige an Zahl. Wir folgten demselben Wasserlauf wie am vorhergehenden Tag, bis er verschwand, und waren dann gezwungen, blindlings zwischen den Bäumen durch unseren Weg zu suchen. Diese waren infolge der Höhe und der stürmischen Winde niedrig, dick und gekrümmt. Endlich erreichten wir das, was aus der Entfernung wie ein Teppich schönen grünen Rasens erschienen war, welches sich aber als eine kompakte Masse kleiner, ungefähr vier oder fünf Fuß hoher Buchenbäume herausstellte. Sie standen so dicht aneinander, wie Buchsbaum in den Rändern um Gartenbeete und wir waren genötigt, über die flache, aber verräterische Ebene uns durchzukämpfen. Nach etwas weiterer Mühe erreichten wir den Torf und dann den nackten Schieferfelsen.

Ein Rücken verband diesen Berg mit einem anderen einige Meilen entfernten und noch höheren, so daß Flecken von Schnee auf ihm lagen. Da es noch nicht hoch am Tage war, entschloß ich mich, dorthin zu gehen und auf dem Weg Pflanzen zu sammeln. Es wäre ein schweres Stück Arbeit gewesen, wenn nicht ein gut betretener und gerader, von den Guanacos gemachter Weg dagewesen wäre; denn diese Tiere gehen wie Schafe immer in einer Reihe. Als wir den Berg erreichten, fanden wir, daß es der höchste in der unmittelbaren Umgebung war, und die Wasser flossen in entgegengesetzter Richtung von ihm nach dem Meere ab. Wir hatten dort eine weite Umsicht über das umgebende Land; nach Norden hin erstreckte sich ein sumpfiges Moorland, nach dem Süden dagegen hatten wir eine Szene von wilder Großartigkeit, wie sie wohl zum Feuerland paßte. Es lag ein hoher Grad geheimnisvoller Großartigkeit in diesen Bergen hinter Bergen mit den tiefen, dazwischenliegenden Tälern, die alle von einem einzigen dichten, dunklen Wald massig bedeckt waren. Auch erscheint die Atmosphäre in diesem Klima, wo ein Sturm mit Regen, Hagel und Schloßen dem anderen folgt, schwärzer als irgendwo anders. In der Magellan-Straße, gerade südwärts von Port Famine hinausblickend, schienen die entfernten Kanäle zwischen den Bergen ihrer Düsterheit wegen über die Grenzen dieser Welt hinauszuführen.

21. Dezember – Die „Beagle" machte sich auf den Weg; am folgenden Tage dicht bei den Barnevelts, in einem ungemeinen Grade von einer schönen Ostbrise begünstigt, vorübersegelnd und am Kap Deceit mit seinen felsigen Pics vorüberlaufend, doublierten wir ungefähr um drei Uhr das stürmische Kap Hoorn. Der Abend war ruhig und klar und wir genossen einen schönen Anblick auf die umgebenden Inseln. Das Kap Hoorn indes forderte seinen Tribut und schickte uns noch vor der Nacht einen Sturm gerade in die Zähne. Wir wendeten nach der See hinaus und am zweiten Tage wieder dem Land zu, wo wir an unserer Windseite dieses berüchtigte Vorgebirge in seiner eigentümlichen Form sahen, von Nebel verschleiert und seine undeutlichen Umrisse von einem Wind und Wasser führenden Sturm umgeben. Große schwarze Wolken rollten quer über den Himmel und Stürze von Regen mit Hagel wehten mit solcher äußersten Heftigkeit an uns vorüber, daß der Kapitän sich entschloß, in Wigwam Cove einzulaufen. Dies ist ein niedlicher kleiner Hafen nicht weit vom Kap Hoorn, und hier ankerten wir am heiligen Christabend in ruhigem Wasser. Das einzige, was uns an den Sturm außerhalb erinnerte, war aller Augenblicke ein heftiger Windstoß vom Berge, welcher das vor Anker liegende Schiff rollen machte.

25. Dezember – Dicht bei der Bucht steigt ein spitziger Berg, Kater's Peak, bis zu einer Höhe von 1700 Fuß auf. Die herumliegenden Inseln bestehen alle aus kegelförmigen Massen von Grünstein, zuweilen in Verbindung mit weniger regelmäßigen Hügeln von zusammengebackenem und metamorphosiertem Tonschiefer. Dieser Teil des Feuerlandes läßt sich als das Ende der untergetauchten, bereits erwähnten Bergkette betrachten. Die Bucht erhielt ihren Namen „Wigwam" von einigen Feuerländer-Wohnungen. Doch könnte jede Bucht in der Nähe mit gleichem Recht so genannt werden. Die Einwohner, welche hauptsächlich von Muscheln leben, sind genötigt, beständig ihren Aufenthaltsort zu wechseln; sie kehren aber nach Zwischenräumen zu denselben Stellen zurück, wie offenbar aus den Haufen alter Muscheln hervorgeht, die oft viele Tonnen im Gewicht betragen müssen. Diese Haufen können in einer weiten Entfernung an der hellgrünen Farbe gewisser Pflanzen unterschieden werden, welche ausnahmslos auf ihnen wachsen. Unter diesen können der wilde Sellerie und das Löffelkraut aufgezählt werden, zwei sehr nutzbare Pflanzen, deren Gebrauch aber von den Eingeborenen noch nicht entdeckt worden ist.

Der Wigwam der Feuerländer ist in Größe und Dimension einem Heuschober ähnlich. Er besteht einfach aus einigen wenigen abgebrochenen, in die Erde gesteckten Ästen und ist an der einen Seite sehr unvollkommen mit ein paar Gras- und Binsenschichten bedeckt. Das Ganze kann nicht mehr als die Arbeit einer Stunde sein und wird nur für wenige Tage benutzt. In Goeree Road sah ich einen Ort, wo einer der nackten Leute geschlafen hatte: Er bot absolut nicht mehr Schutz dar, als das Lager eines Hasen. Der Mann lebte offenbar allein für sich, und York Minster sagte, er sei ein sehr schlechter Mann, der wahrscheinlich irgend etwas gestohlen habe. An der Westküste sind indes die Wigwams im ganzen besser, denn sie sind dort mit Robbenfellen bedeckt. Wir wurden hier mehrere Tage durch das schlechte Wetter aufgehalten. Das Klima ist sicherlich schlecht: Das Sommersolstitium war nun vorüber und doch fiel jeden Tag Schnee auf die Berge und in den Tälern gab es Regen in Gesellschaft mit Schloßen. Das Thermometer zeigte meistens ungefähr 45 Grad (7,22 °C), fiel aber in der Nacht auf 38 (3,33 °C.) oder 40 Grad (4,44 °C). Wegen des feuchten, stürmischen Zustandes der Atmosphäre, der nicht durch einen einzigen Sonnenblick erheitert wurde, hielt man das Klima selbst für noch schlechter, als es wirklich war.

Während wir eines Tages in der Nähe der Wollaston-Insel ans Land gingen, ruderten wir neben einem Kanu mit sechs Feuerländern. Es waren dies die verächtlichsten und elendsten Geschöpfe, die ich irgendwo gesehen habe. An der Ostküste haben die Eingeborenen, wie wir gesehen haben, Guanaco-Mäntel und auf der Westküste besitzen sie Robbenfelle. Unter diesen zentralen Stämmen haben die Männer meist eine Otterhaut oder irgendeinen schmalen Streifen ungefähr so groß wie ein Taschentuch, der kaum hinreicht, ihren Rücken bis hinab zu den Weichen zu bedecken. Er wird quer über die Brust durch Schnüre festgehalten und, je nachdem der Wind bläst, von einer Seite zur anderen geschoben. Diese Feuerländer aber in dem Kanu waren völlig nackt, und selbst eine ganz erwachsene Frau war absolut nackt. Es regnete stark und das Süßwasser zusammen mit dem Spritzen von den Rudern rieselte an ihrem Körper hinab. An einem anderen nicht weit entfernten Hafenplatze kam eines Tages eine Frau, welche ein vor kurzem geborenes Kind stillte, an die Seite des Schiffes und blieb dort aus bloßer Neugier, während die Schloßen herabfielen und auf ihrer nackten Brust, ebenso wie auf der Haut ihres nackten

Säuglings tauten. Diese armen elenden Geschöpfe waren in ihrem Wachstum verkümmert, ihre häßlichen Gesichter waren mit weißer Farbe beschmiert, ihre Haut schmutzig und fettig, ihre Haare verwirrt, ihre Stimmen mißtönend und ihre Gebärden heftig. Erblickt man solche Menschen, so kann man sich kaum zu dem Glauben bestimmen, daß sie unsere Mitgeschöpfe und Bewohner einer und derselben Welt sind. Es ist ein sehr gewöhnlicher Gegenstand der Betrachtung, was für Freuden manche niederen Tiere in ihrem Leben genießen können. Um wie viel verständiger könnte man die Frage in bezug auf diese Barbaren aufwerfen! Des Nachts schliefen fünf oder sechs nackte und kaum vor dem Wind und Regen dieses stürmischen Klimas geschützte Wesen auf der Erde, wie Tiere zusammengekrümmt. Sooft Ebbe ist, müssen sie Winter oder Sommer, Tag oder Nacht aufstehen, um Muscheln von den Felsen zu sammeln; und die Weiber tauchen entweder, um Seeigel zu sammeln, oder sitzen geduldig in ihren Kanus und schnellen mit einer mit einem Köder versehenen Schnur ohne irgendwelche Haken kleine Fische heraus. Wird eine Robbe getötet oder das treibende Aas eines Walfisches entdeckt, so gibt es ein Fest; und solche elende Nahrung wird nur durch einige wenige geschmacklose Beeren und Pilze gewürzt.

Sie leiden oft an Hungersnöten. Ich hörte wie Mr. Low, der Kapitän eines Robbenjägers, der sehr genau mit den Eingeborenen des Landes bekannt war, eine merkwürdige Schilderung des Zustandes einer Gesellschaft von einhundertfünfzig Eingeborenen an der Westküste gab, welche sehr mager und in großer Not waren. Eine Reihe von Stürmen hinderten die Frauen, Muscheln von den Felsen zu sammeln, auch konnten sie nicht in Kanus ausfahren, um Robben zu fangen. Eine kleine Partie dieser Leute machte sich eines Morgens auf den Weg und die anderen Indianer erklärten ihm, daß sie sich auf eine viertägige Reise aufmachten, um Nahrung zu holen. Bei ihrer Rückkehr ging Low hin, um sie zu treffen, und fand sie äußerst ermüdet. Jeder trug ein großes, viereckiges Stück fauligen Walfischspecks mit einem Loch in der Mitte, durch das sie ihren Kopf gesteckt hatten, gerade so wie die Gauchos ihren Poncho oder Mantel tragen. Sobald der Speck in einen Wigwam gebracht war, schnitt ein alter Mann dünne Scheibchen davon ab, murmelte ein paar Worte über sie, röstete sie eine Minute lang und verteilte sie dann an seine verhungerte Gesellschaft, welche während der ganzen Zeit ein tiefes Stillschweigen bewahrte. Mr. Low glaubt, daß, sobald ein Walfisch an das Ufer geworfen wird, die Eingeborenen große Stücke davon im Sande begraben als Hilfsvorrat in Zeiten der Hungersnot, und ein eingeborener Knabe den wir an Bord hatten, fand einmal einen in dieser Weise begrabenen Vorrat. Sind die verschiedenen Stämme miteinander im Krieg, so sind sie Kannibalen. Nach den übereinstimmenden, aber völlig unabhängigen Zeugnissen des von Mr. Low mitgenommenen Knaben und Jemmy Buttons ist es gewiß richtig, daß, wenn sie im Winter vom Hunger geplagt werden, sie eher ihre alten Weiber töten und verzehren, ehe sie ihre Hunde schlachten. Als der Knabe von Mr. Low gefragt wurde, warum sie dies täten, antwortete er: „Hunde fangen Ottern, alte Weiber nicht." Dieser Knabe beschrieb die Art und Weise, in welcher sie durch Halten über Rauch und daher durch Ersticken getötet werden; er machte ihr Geschrei zum Scherz nach und beschrieb die Teile ihres Körpers, welche als die besten zum Essen betrachtet werden. So schrecklich ein derartiger Tod durch die Hand ihrer Freunde und Verwandten sein muß, so ist es doch noch peinlicher, an die Furcht der alten Weiber zu denken, wenn der Hunger anfängt zu drücken. Es wurde uns gesagt, daß sie häufig in die Berge davonlaufen, daß sie aber von den Männern verfolgt und zu dem Schlachthaus an ihren eigenen Herd zurückgebracht werden.

Kapitän Fitz Roy konnte niemals sicher ermitteln, ob die Feuerländer irgendeinen bestimmten Glauben an ein künftiges Leben haben. Sie begraben zuweilen ihre Toten in Höhlen und zuweilen in den Bergwäldern: Wir wissen nicht, was für Zeremonien sie ausführen. Jemmy Button wollte keine Landvögel essen, weil sie tote Menschen äßen; sie erwähnen nicht einmal gern ihre toten Freunde. Wir haben keinen Grund zur Annahme, daß sie irgendeine Art religiösen Dienstes ausüben; obschon vielleicht das Murmeln des alten Mannes, ehe er den fauligen Speck

Zehntes Kapitel

seiner verhungerten Familie austeilte, etwas Derartiges sein mag. Jede Familie oder jeder Stamm hat einen Zauberer oder Beschwörungsdoktor, dessen Geschäft wir niemals sicher ermitteln konnten. Jemmy glaubt an Träume, aber wie ich gesagt habe, nicht an den Teufel; ich glaube nicht, daß unsere Feuerländer viel abergläubischer waren als einige von den Matrosen. Denn ein alter Quartiermeister glaubte steif und fest, daß die einander folgenden heftigen Stürme, welche uns auf der Höhe von Kap Hoorn trafen, dadurch verursacht wären, daß wir die Feuerländer an Bord hatten. Die meiste Annäherung an ein religiöses Gefühl, die mir bekannt wurde, zeigte York Minster, welcher, als Mr. Bynoe einige sehr junge Enten für die Sammlung schoß, in der feierlichsten Weise erklärte: „Oh! Mr. Bynoe, viel Regen, viel Schnee, viel Blasen." Dies war offenbar als vergeltende Strafe für Verwüstung menschlicher Nahrung gedacht. In einer wilden und aufgeregten Art und Weise erzählte er auch, daß sein Bruder, als er eines Tages zurückkehrte, um einige tote Vögel, die er an der Küste gelassen hatte, aufzulesen, einige vom Winde verwehte Federn beobachtete. Sein Bruder sagte (und York machte nun seine Erzählungsweise nach), „Was ist dies da?" und vorwärts kriechend sah er über die Klippe hinunter und sah einen „wilden Mann" seine Vögel auflesen. Er kroch noch etwas näher, schleuderte dann einen großen Stein hinab und erschlug ihn. York erklärte, daß lange nachher Stürme gewütet hätten und viel Regen und Schnee gefallen wäre. So viel wir herausbekommen konnten, schien er die Elemente selbst als die rächenden Kräfte zu betrachten: In diesem Falle sieht man ganz deutlich, wie natürlich in einer nur wenig in der Kultur fortgeschrittenen Rasse die Elemente personifiziert werden müssen. Was der „böse wilde Mann" wäre, ist mir immer äußerst mysteriös erschienen. Als wir den Ort, wie das Lager eines Hasen, fanden, wo ein einzelner Mann die Nacht vorher geschlafen hatte, würde ich nach dem, was York sagte, gemeint haben, es wären Diebe, welche aus ihrem Stamm vertrieben worden wären; aber andere dunkle Reden ließen mich daran zweifeln; ich habe zuweilen gedacht, die wahrscheinlichste Erklärung sei die, daß es Wahnsinnige waren.

Die verschiedenen Stämme haben keine Regierung und keine Häuptlinge; und doch ist ein jeder von anderen feindlichen Stämmen, welche verschiedene Dialekte sprechen, umgeben und voneinander nur durch einen Streifen wüsten Landes oder neutralen Territoriums getrennt. Die Ursache ihrer Kämpfe scheinen die Subsistenzmittel zu sein. Ihr Land ist eine zerklüftete Masse wilder Felsen, hoher Berge und nutzloser Wälder; und diese erblickt man durch Nebel und endlose Stürme. Das bewohnbare Land ist auf die Steine am Strande beschränkt; um Nahrung zu suchen, sind sie gezwungen, unablässig von Ort zu Ort zu wandern, und die Küste ist so steil, daß sie nur in ihren elenden Kanus von Ort zu Ort kommen können. Das Gefühl, ein Daheim zu haben, können sie nicht kennen und noch weniger das von häuslicher Anhänglichkeit; denn der Mann ist für die Frau der brutale Herr eines mühselig arbeitenden Sklaven. Ist je eine schaudervollere Tat ausgeführt worden, als die, welche Byron an der Westküste als Zeuge erlebte, wo er eine unglückliche Mutter ihren kleinen, blutenden, sterbenden Jungen aufheben sah, den ihr Mann schonungslos an die Felsen geschleudert hatte, weil er einen Korb mit Seeigeln hatte fallen lassen! Wie wenig können hier die höheren Geisteskräfte in Tätigkeit kommen: Was kann sich dort die Einbildungskraft vorstellen, die Vernunft vergleichen, worauf kann sich ein Urteil stützen? Eine Schüsselmuschel vom Felsen zu stoßen, erfordert nicht einmal Schlauheit, diese niedrigste Geisteskraft eines Tieres. Ihre Geschicklichkeit kann in mancher Beziehung mit dem Instinkt der Tiere verglichen werden; denn er wird durch Erfahrung nicht veredelt: Ihr Kanu, ihre ingeniöseste Arbeit, so elend es ist, ist, wie wir von Drake wissen, die letzten zweihundertfünfzig Jahre dasselbe geblieben.

Wenn man diese Wilden betrachtet, so fragt man, wo sind sie hergekommen, was kann wohl einen Stamm von Menschen versucht, oder welche Veränderung kann ihn gezwungen haben, die schönen Gegenden des Nordens zu verlassen, die Cordillera oder das Rückgrat von Amerika hinabzuwandern, Kanus zu erfinden und zu bauen, welche von den Stämmen in Chile, Peru und Brasilien nicht gebraucht werden, und dann eines der unwirtlichsten Länder auf der ganzen

Erde zu betreten? Obschon sich derartige Betrachtungen anfangs dem Geist aufdrängen, dürfen wir doch sicher sein, daß sie zum Teil irrig sind. Es liegt kein Grund vor zur Annahme, daß die Feuerländer an Zahl abnehmen; wir müssen daher annehmen, daß sie ihren Anteil an Glück, welcher Natur dies auch sein mag, genießen und zwar genug, um ihr Leben des Besitzes wert zu machen. Die Natur, welche die Gewohnheit zu einer unwiderstehlichen Macht und ihre Wirkungen erblich gemacht hat, hat den Feuerländer dem Klima und den Erzeugnissen seines elenden Vaterlandes angepaßt.

Nachdem wir sechs Tage in Wigwam Cove durch sehr schlechtes Wetter aufgehalten worden waren, stießen wir am 30. Dezember in See. Kapitän Fitz Roy wünschte westlich zu gehen, um York und Fuegia in ihrem Vaterland ans Land zu setzen. Als wir auf der See waren, hatten wir in beständiger Aufeinanderfolge Stürme, und die Strömung war gegen uns. Wir wurden bis zu 57° 23' abgetrieben. Am 11. Januar 1833 kamen wir durch starkes Andrücken der Segel bis innerhalb weniger Meilen des großen zerklüfteten Berges York Minster (von Kapitän Cook so genannt, der Ursprung des Namens des älteren Feuerländers), als ein heftiger Sturm uns zwang, die Segel zu reffen und das offene Meer zu gewinnen. Die Brandung brach sich furchtbar an der Küste und das Flugwasser wurde über eine zu 200 Fuß Höhe geschätzte Klippe fortgetragen. Am 12. war der Sturm sehr heftig und wir wußten nicht genau, wo wir waren. Es war ein äußerst unangenehmer Laut, beständig wiederholen zu hören, „Paßt auf, leewärts!" Am 13. raste der Sturm mit voller Wut. Unser Horizont war sehr eng umgrenzt durch die vom Wind aufgerührten Flächen von Flugwasser. Das Meer sah bedenklich aus, wie eine trübselige, wogende Fläche mit Flecken getriebenen Schnees. Während das Schiff sich schwer fortarbeitete, glitt der Albatroß mit ausgedehnten Schwingen gerade dem Wind entgegen. Um Mittag brach eine starke See über uns ein und füllte eins der großen Boote mit Wasser, so daß es augenblicklich abgeschnitten werden mußte. Die arme „Beagle" erzitterte unter dem Stoß und wollte wenige Minuten lang nicht einmal dem Steuer gehorchen. Bald aber, wie ein gutes Schiff, das sie auch war, stellte sie sich zurecht und kam wieder vor den Wind. Wäre eine zweite See der ersten gefolgt, so würde unser Schicksal bald und zwar für immer entschieden gewesen sein. Wir hatten nun vierundzwanzig Tage lang vergebens versucht, nach Westen vorzukommen; die Leute waren abgetrieben vor Ermüdung und hatten viele Nächte und Tage lang nichts Trockenes anzuziehen gehabt. Kapitän Fitz Roy gab den Versuch, an der äußeren Küste nach Westen vorzukommen, auf. Am Abend liefen wir hinter dem falschen Kap Hoorn ein und ließen den Anker in siebenundvierzig Faden Wasser fallen, wobei die Funken aus der Winde sprangen, als die Kette um sie herumrasselte. Wie entzückend war diese stille Nacht, nachdem wir so lange in das Getöse der sich bekriegenden Elemente eingetaucht gewesen waren.

15. Januar 1833 – Die „Beagle" ankerte in Goeree Road. Da Kapitän Fitz Roy beschlossen hatte, die Feuerländer ihren Wünschen entsprechend in Ponsonby Sound ans Land zu setzen, wurden vier Boote ausgerüstet, sie durch den Beagle-Kanal dahinzuführen. Dieser Kanal, welchen Kapitän Fitz Roy während der letzten Reise entdeckt hatte, ist ein äußerst merkwürdiger Zug in der Geographie dieses oder geradezu jeden anderen Landes. Man könnte ihn mit dem Tal von Loch Ness in Schottland mit seiner Kette von Seen und Fjords vergleichen. Er ist ungefähr hundertzwanzig Meilen lang mit einer, keiner großen Veränderung unterliegenden mittleren Breite von ungefähr zwei Meilen und ist dem bei weitem größeren Teile nach so vollkommen gerade, daß die Aussicht, auf beiden Seiten durch eine Reihe von Bergen begrenzt, in der weiten Entfernung allmählich undeutlich wird. Er durchsetzt den südlichen Teil des Feuerlandes in einer ostwestlichen Richtung, in der Mitte stößt unter rechtem Winkel auf der Südseite ein unregelmäßiger Kanal auf ihn, welcher Ponsonby Sound genannt worden ist. Dies ist der Aufenthaltsort von Jemmy Buttons Stamm und Familie.

Zehntes Kapitel

19. Januar – Drei große Boote und die Schaluppe mit einer Gesellschaft von achtundzwanzig Mann brachen unter dem Kommando von Kapitän Fitz Roy auf. Am Nachmittag fuhren wir in die östliche Mündung des Kanals ein und fanden kurz darauf eine nette kleine, von einigen darumliegenden Inselchen verborgene Bucht. Hier schlugen wir unsere Zelte auf und brannten unsere Feuer an. Nichts konnte gemütlicher aussehen als diese Szene. Das spiegelglatte Wasser des kleinen Hafens mit den Zweigen der über den felsigen Strand herabhängenden Bäume, die vor Anker liegenden Boote, die von den gekreuzten Rudern gestützten Zelte und der das bewaldete Tal hinaufwirbelnde Rauch gaben ein Bild ruhiger Zurückgezogenheit. Am nächsten Tag (20.) glitten wir auf der glatten Fläche mit unserer kleinen Flotte weiter und kamen in einen bewohnteren Bezirk. Wenige, wenn überhaupt einer, dieser Eingeborenen konnten jemals einen weißen Menschen gesehen haben. Sicherlich konnte nichts ihr Erstaunen beim Erscheinen der vier Boote übertreffen. Auf allen Punkten wurden Feuer entzündet (daher der Name Tierra del Fuego oder das Feuerland), sowohl um unsere Aufmerksamkeit zu fesseln, als auch um die Neuigkeit weit und breit zu verbreiten. Einige der Männer liefen meilenweit an dem Ufer entlang. Ich werde niemals vergessen, wie wüst und wild eine Gruppe uns erschien: Es erschienen plötzlich vier oder fünf Leute am Rand einer überhängenden Klippe; sie waren absolut nackt und ihr langes Haar hing um ihr Gesicht herum; sie hielten rohe Stöcke in ihren Händen und von der Erde aufspringend, schwangen sie ihre Arme um die Köpfe und stießen das widerlichste Geschrei aus.

Um die Mittagszeit landeten wir unter einer Gesellschaft Feuerländer. Anfangs waren sie nicht geneigt, freundlich zu sein, denn bis der Kapitän an der Spitze der anderen Boote heranruderte, hielten sie ihre Schleudern in der Hand. Wir entzückten sie aber bald durch unbedeutende Geschenke, wie z. B. rotes Band, was sie um ihre Köpfe banden. Sie hatten unseren Zwieback gern; als aber einer der Wilden mit seinem Finger etwas von dem in Zinnbüchsen präservierten Fleisch berührte, was ich aß, und es weich und kalt fand, zeigte er so großen Widerwillen dagegen, wie ich vor faulendem Speck gezeigt haben würde. Jemmy war durch und durch beschämt von seinen Landsleuten und erklärte, sein eigener Stamm wäre hiervon ganz verschieden, worin er sich aber in unseliger Weise irrte. Es war ebenso leicht, diese Wilden zu amüsieren, als es schwer war, sie zufrieden zu stellen. Junge und Alte, Männer und Kinder hörten nicht auf, das Wort „Yammerschooner", was „Gib mir" bedeutet, zu wiederholen. Nachdem sie fast jeden Gegenstand, einen nach dem anderen, selbst die Knöpfe an unseren Röcken bezeichnet und ihr Lieblingswort in so vielen Ausdrucksweisen als nur möglich gesagt hatten, sprachen sie es dann in einem neutralen Sinn aus und wiederholten tonlos „Yammerschooner". Nachdem sie für jeden einzelnen Gegenstand sehr eifrig geyammerschoonert hatten, wiesen sie, einen sehr einfachen Kunstgriff brauchend, auf ihre jungen Frauen und kleinen Kinder, was so viel heißen sollte als: „Wenn ihr's mir nicht geben wollt, dann werdet ihr es doch denen da geben."

Am Abend versuchten wir vergebens eine unbewohnte Bucht zu finden und waren endlich genötigt, nicht weit von einem Trupp Eingeborener zu biwakieren. Sie waren sehr harmlos, so lange sie nur gering an Zahl waren; nachdem sich aber am Morgen (21.) andere zu ihnen gesellt hatten, zeigten sich Symptome von Feindseligkeit und wir glaubten, daß es zu einem Scharmützel kommen würde. Ein Europäer ist im großen Nachteil, wenn er mit Wilden, wie diesen, zu tun hat, welche nicht die geringste Idee von der Kraft der Feuerwaffen haben. Selbst in dem Momente, wo er seine Flinte anlegt, scheint er nach der Ansicht des Wilden einem mit Bogen und Pfeil, mit dem Speer oder selbst mit der Schleuder bewaffneten Manne weit unterlegen zu sein. Auch ist es nicht leicht, sie unsere Überlegenheit zu lehren, ausgenommen durch einen tödlichen Schuß. Wie wilde Tiere scheinen sie nicht Zahlen miteinander zu vergleichen; denn jedes Individuum wird, wenn es angegriffen wird, anstatt sich zurückzuziehen, versuchen, das Gehirn seines Feindes mit einem Stein auszuschlagen, so gewiß, wie ein Tiger unter ähnlichen Umständen ihn zerreißen würde. Kapitän Fitz Roy war bei einer Gelegenheit viel daran gelegen, und zwar aus guten Gründen, einen Trupp fortzuschrecken, er schwang zuerst seinen Hirschfänger vor ihnen, wozu sie nur lachten, und dann feuerte er zwei Mal seine Pistole dicht vor einem Eingeborenen ab. Der Mann sah beide Male wie betäubt aus und rieb sich sorgfältig, aber sehr geschwind seinen Kopf, dann stutzte er eine Weile und schwatzte zu seinen Gefährten, schien aber nicht daran zu denken, fortzulaufen. Wir können uns kaum in die Lage dieser Wilden versetzen und ihre Handlungsweise verstehen. Was den Fall dieses Feuerländers betrifft, so konnte die Möglichkeit eines solchen Lautes, wie der Schuß einer Flinte dicht an seinem Ohr, niemals in seinen Kopf gekommen sein. Er wußte vielleicht buchstäblich eine Sekunde lang nicht, ob es ein Laut oder ein Schlag gewesen war, und rieb sich daher sehr natürlich seinen Kopf. Wenn ein Wilder ein von einer Kugel getroffenes Ziel sieht, so wird es in einer ähnlichen Weise eine ziemliche Zeit erfordern, ehe er imstande ist, nur irgendwie zu verstehen, wie dies bewirkt worden ist; denn die Tatsache, daß ein Körper seiner Geschwindigkeit wegen unsichtbar ist, würde ihm vielleicht eine gänzlich unbegreifliche Idee sein. Überdies dürfte die außerordentliche Kraft einer Kugel, welche eine harte Substanz durchbohrt, ohne sie zu zerreißen, den Wilden eher davon überzeugen, daß sie durchaus gar keine Kraft habe. Ich glaube sicherlich, daß viele Wilde der niedrigsten Stellung, so wie diese Feuerländer, Gegenstände durch Flintenkugeln getroffen und selbst kleine Tiere getötet gesehen haben, ohne im allergeringsten sich dessen bewußt worden zu sein, was für ein tödliches Instrument eine Flinte ist.

22. Januar – Nachdem wir die Nacht unbelästigt auf einem, wie es scheinen mochte, neutralen Gebiet zwischen Jemmys Stamm und den Leuten, die wir gestern sahen, zugebracht hatten, setzten wir unsere angenehme Fahrt fort. Ich kenne nichts anderes, was deutlicher den feindlichen Zustand der verschiedenen Stämme anzeigt, als diese weiten Grenzstreifen oder neutralen Züge. Obschon Jemmy Button die Macht unserer Gesellschaft wohl kannte, hatte er doch anfangs nicht Lust, unter den feindlichen, seinem eigenen zunächst lebenden Stämmen zu landen. Er sagte uns oft, wie die wilden Oens-Männer, „wenn das Blatt rot", von der östlichen Küste Feuerlands die Berge überstiegen und auf die Eingeborenen dieser Seite des Landes Angriffe machten. Es war äußerst merkwürdig, ihn zu beobachten, wenn er so sprach, seine Augen glänzen und sein ganzes Gesicht einen neuen und wilden Ausdruck annehmen zu sehen. Als wir den Beagle-Kanal entlang weiterkamen, nahm die Szenerie einen eigentümlichen und sehr großartigen Charakter an. Die Wirkung wurde aber durch die niedrige Stellung unseres Augenpunktes im Boot und dadurch, daß wir das Tal entlangsahen und so die ganze Schönheit der hintereinanderliegenden Reihe von Bergrücken verloren, bedeutend verringert. Die Berge waren hier ungefähr dreitausend Fuß hoch und endeten in scharfen zerrissenen Spitzen. Sie stiegen in einer ununterbrochenen Erhebung vom Rande des Wassers auf und waren bis zur Höhe von vierzehn- bis fünfzehnhundert Fuß mit dem düster gefärbten Wald bedeckt. Es war äußerst merkwürdig zu beobachten, wie, soweit das Auge nur reichen konnte, die Linie an der Bergseite, wo die Bäume zu wachsen aufhörten, gerade und wirklich horizontal war: Sie glich genau der Flutgrenze mit angetriebenem Seekraut an einem Seestrand.

Des Nachts schliefen wir dicht an der Verbindung des Ponsonby Sound mit dem Beagle-Kanal. Eine kleine Familie von Feuerländern, welche in der Bucht lebte, war ruhig und harmlos, und vereinigte sich bald mit unserer Gesellschaft um ein prächtiges Feuer. Wir waren gut bekleidet und waren doch, trotzdem wir dicht am Feuer saßen, durchaus nicht zu warm; und doch sahen wir, wie diese nackten Wilden, trotzdem sie weit wegsaßen, zu unserer großen Überraschung von Schweiß überströmt waren, weil sie ein solches Rösten aushalten mußten. Sie schienen indes alle sehr befriedigt zu sein, und fielen alle in den Chor der Matrosenlieder mit ein; aber die Art und Weise, in welcher sie ausnahmslos immer ein bißchen zu spät waren, war vollständig lächerlich.

Während der Nacht hatte sich die Nachricht verbreitet und zeitig am Morgen (23.) kam ein

Zehntes Kapitel

frischer Trupp an, welcher zu den Tekenika oder zu Jemmys Stamm gehörte. Mehrere von ihnen waren so schnell gelaufen, daß ihre Nasen bluteten, und ihr Mund schäumte infolge der Schnelligkeit, mit der sie sprachen. Und mit ihren nackten, über und über mit Schwarz, Weiß[1] und Rot beschmierten Körpern sahen sie aus wie so viele Dämonen, die miteinander gekämpft haben. Wir gingen dann (von zwölf Kanus, von denen jedes vier oder fünf Leute hielt, begleitet) weiter den Ponsonby Sound hinab, zu dem Ort, wo der arme Jemmy erwartete, seine Mutter und Verwandten zu finden. Er hatte bereits gehört, daß sein Vater tot war; da er aber in bezug hierauf einen „Traum in seinem Kopfe" gehabt hatte, so schien ihm das nicht sehr am Herzen zu liegen; er tröstete sich wiederholt mit der sehr natürlichen Betrachtung: „Ich nicht helfen." Er war nicht imstande, irgendwelche Einzelheiten in bezug auf den Tod seines Vaters zu erfahren, da seine Verwandten nicht darüber sprechen wollten.

Jemmy war nun in einem wohlbekannten Bezirk und leitete die Boote nach einer netten, ruhigen Bucht, genannt Woollya, umgeben von kleinen Inseln, von denen jede, und auch jeder Punkt seinen eigenen eingeborenen Namen hatte. Wir fanden hier eine Familie von Jemmys Stamm, aber nicht seine Verwandten. Wir wurden mit ihnen befreundet; und am Abend sandten sie ein Kanu, um Jemmys Mutter und Bruder zu benachrichtigen. Die Bucht war von einigen Ackern guten, sich sanft erhebenden Landes umgeben, was nicht (wie überall sonst) mit Torf oder Waldbäumen bedeckt war. Wie früher angeführt, beabsichtigte Kapitän Fitz Roy, York Minster und Fuegia zu ihrem eigenen Stamm zu bringen. Da sie aber den Wunsch aussprachen, hierzubleiben und da der Fleck eigentümlich günstig war, entschloß sich Kapitän Fitz Roy, die ganze Gesellschaft mit Einschluß des Missionars Matthews ans Land zu setzen. Fünf Tage wurden darauf verwandt, ihnen drei Wigwams zu bauen, ihre Effekten zu landen, zwei Gärten anzulegen und Samen zu säen.

Am nächsten Morgen nach unserer Ankunft (24.) fingen die Feuerländer an, herbeizuströmen, auch kamen Jemmys Mutter und Bruder. Jemmy erkannte die Stentorstimme eines seiner Brüder schon in einer ungeheuren Entfernung. Die Begegnung war weniger interessant als zwischen einem frei auf das Feld gelassenen Pferde und einem alten Gefährten, dem es wieder zugesellt wird. Kein Zeichen von Zuneigung machte sich bemerkbar; sie starrten einfach einander eine kurze Zeit an und die Mutter ging augenblicklich wieder fort, um nach ihrem Kanu zu sehen. Durch York hörten wir indes, daß die Mutter über den Verlust Jemmys untröstlich gewesen sei und überall nach ihm gesucht habe, da sie glaubte, daß er uns, nachdem wir ihn in unser Boot genommen hatten, bald wieder verlassen haben würde. Die Weiber zollten der Fuegia viel Aufmerksamkeit und waren sehr freundlich mit ihr. Wir hatten bereits bemerkt, daß Jemmy beinahe seine Muttersprache vergessen hatte. Ich sollte meinen, es habe kaum ein anderes menschliches Wesen mit einem so kleinen Sprachvorrat gegeben als ihn, denn auch sein Englisch war sehr unvollkommen. Es war zum Lachen, aber beinahe zum Erbarmen, ihn seinen wilden Bruder englisch anreden und ihn dann spanisch („no sabe?") fragen zu hören, ob er ihn nicht verstände.

Während der nächsten drei Tage ging alles friedlich fort, in welcher Zeit eben die Gärten angelegt und die Wigwams gebaut wurden. Wir schätzten die Zahl der Eingeborenen auf ungefähr hundertzwanzig. Die Frauen arbeiteten hart, während die Männer den ganzen Tag lang herumlungerten und uns beobachteten. Sie baten um alles, was sie sahen, und stahlen, was sie konnten. Sie waren entzückt über unser Tanzen und Singen, und interessierten sich ganz besonders dafür,

---

[1] Diese Substanz ist getrocknet ziemlich kompakt und von geringem spezifischen Gewicht; Prof. Ehrenberg hat sie untersucht: Er gibt an (Berlin. Akad., Febr. 1845), daß sie aus Infusorien besteht, unter denen sich vierzehn Polygastern und vier Phytolitharien finden. Er sagt, daß sie sämtlich Süßwasserbewohner sind, und dies ist ein sehr schönes Beispiel für die Bedeutung der Resultate, welche durch Prof. Ehrenbergs mikroskopische Untersuchungen zu erlangen sind. Jemmy Button sagt mir nämlich, daß diese Substanz stets auf dem Grunde von Bergbächen gefunden werde. Überdies ist es eine auffallende Tatsache in bezug auf die geographische Verbreitung der Infusorien, welche bekanntlich sehr weite Verbreitungsbezirke haben, daß sämtliche Spezies in dieser Substanz, trotzdem sie von der äußersten Südspitze des Feuerlandes kommen, alte bekannte Formen sind.

uns in einem nahe gelegenen Bach waschen zu sehen; allem anderen schenkten sie nicht viel Aufmerksamkeit, nicht einmal unseren Booten. Von allen den Dingen, welche York während seiner Abwesenheit gesehen hatte, scheint ihn nichts mehr in Erstaunen gesetzt zu haben als ein Strauß in der Nähe von Maldonado: Atemlos vor Erstaunen kam er auf Mr. Bynoe zugelaufen, mit welchem er ausgegangen war: „Oh! Mr. Bynoe, Vogel, ganz gleich Pferd!" So sehr unsere weiße Haut die Eingeborenen überraschte, so tat dies doch nach Mr. Lows Schilderung ein Neger, der als Koch auf einem Robbenfänger war, faktisch noch mehr. Und der arme Kerl wurde so von den Leuten verfolgt und angeschrien, daß er nicht wieder an Land gehen wollte. Alles ging ruhig weiter, so daß einige der Offiziere und ich selbst lange Spaziergänge auf den umgebenden Bergen und in den Wäldern machten. Am 27. verschwanden indes plötzlich alle Frauen und Kinder. Wir waren darüber etwas beunruhigt, da weder York noch Jemmy die Ursache ausfindig machen konnten. Einige meinten, sie wären darüber erschrocken, daß wir unsere Flinten am vergangenen Abend gereinigt und abgeschossen hätten; andere sagten, es sei die Folge davon, daß ein alter Wilder sich beleidigt glaubte, der, als ihm gesagt worden war, sich weiter fort zu halten, kaltblütig der Wache ins Gesicht gespuckt und dann durch Gesten, die er über einem schlafenden Feuerländer gemacht, wie erzählt wurde, deutlich gezeigt habe, daß er unseren Mann gern in Stücke schnitte und aufäße. Kapitän Fitz Roy hielt es, um die Aussicht auf eine feindliche Begegnung, die für so viele der Feuerländer unglücklich gewesen wäre, zu vermeiden, für uns für geraten, in einer wenige Meilen entfernten Bucht zu übernachten. Matthews beschloß mit seiner gewöhnlichen ruhigen Zuversicht (bei einem Mann merkwürdig, der dem Aussehen nach wenig Energie des Charakters besaß), bei den Feuerländern zu bleiben, welche an sich keine Unruhe zeigten; und so verließen wir sie denn, um ihre erste schreckliche Nacht zuzubringen.

Bei unserer Rückkehr am Morgen (28.) waren wir sehr froh, sie alle ruhig und die Männer damit beschäftigt zu finden, von ihren Kanus aus Fische zu speeren. Kapitän Fitz Roy beschloß, die Schaluppe und eins der großen Boote nach dem Schiff zurückzuschicken und mit den anderen Booten, das eine unter seinem eigenen Kommando (in welchem er mir freundlichst gestattete, ihn zu begleiten) und eins unter Mr. Hammond weiterzugehen, um die westlichen Teile des Beagle-Kanals aufzunehmen und später zu der Niederlassung zurückzukehren und sie nochmals zu besuchen. Zu unserem Erstaunen war der Tag überwältigend heiß, so daß unsere Haut verbrannt wurde. Bei diesem prachtvollen Wetter war die Aussicht von der Mitte des Beagle-Kanals sehr merkwürdig. Nach beiden Enden hin blickend, unterbrach kein Gegenstand die Horizontlinien dieses langen, zwischen den Bergen einspringenden Kanals. Die Tatsache, daß es ein Meeresarm war, wurde dadurch sehr deutlich erwiesen; daß mehrere kolossale Walfische[2] in verschiedenen Richtungen herumschossen. Bei einer Gelegenheit sah ich zwei dieser Ungeheuer, wahrscheinlich Männchen und Weibchen, langsam eins hinter dem anderen in weniger als Wurfweite vom Ufer, über welches die Buchenstämme ihre Zweige ausbreiteten, dahinschwimmen.

Wir segelten fort, bis es dunkel war, und schlugen dann unsere Zelte in einer ruhigen Bucht auf. Der größte Genuß war, daß wir für unser Lager einen Strand mit kleinen Rollsteinen fanden, welche trocken waren und dem Körper nachgaben. Torfiger Grund ist feucht, Felsen ist uneben und hart: Sand gerät in das Fleisch, wenn es nach Schiffsmanier gekocht und gegessen wird; aber in unsere Decken eingehüllt auf einem guten Lager glatter Rollsteine liegend, brachten wir äußerst gemütliche Nächte zu.

Ich hatte meine Wache bis ein Uhr. Es liegt in dieser Szene etwas sehr Feierliches. Zu keiner

---

[2] Eines Tages hatten wir der Ostküste des Feuerlandes gegenüber einen großartigen Anblick, indem mehrere Spermaceti-Walfische senkrecht in die Höhe und mit Ausnahme ihrer Schwanzflosse völlig aus dem Wasser heraussprangen. Wie sie auf die Seite zurückfielen, spritzten sie das Wasser hoch in die Höhe und der Schall donnerte nach wie ein entfernter Breitseitenschuß.

anderen Zeit tritt das Bewußtsein, auf welchem entlegenen Winkel man steht, so stark vor die Seele. Alles verbindet sich, diesen Eindruck zu erhöhen; die Stille der Nacht wird nur durch das schwere Atmen der Matrosen unter den Zelten und zuweilen durch das Geschrei eines Nachtvogels unterbrochen. Das gelegentliche Bellen eines Hundes, das in der Ferne gehört wird, erinnert uns, daß es ein Land von Wilden ist.

29. Januar – Zeitig am Morgen kamen wir an dem Punkt an, wo sich der Beagle-Kanal in zwei Arme teilt. Wir fuhren in den nördlichen ein. Die Szenerie wird hier selbst noch großartiger als vorher. Die hohen Berge an der nördlichen Seite bilden die granitische Achse oder das Rückgrat des Landes und steigen kühn bis zu einer Höhe von zwischen drei- und viertausend Fuß an, mit einem Pic von über sechstausend Fuß Höhe. Sie sind mit einem weißen Mantel ewigen Schnees bedeckt und zahlreiche Wasserfälle ergießen das Wasser durch die Wälder in die schmalen Kanäle darunter. An vielen Stellen erstrecken sich prachtvolle Gletscher von der Seite der Berge bis an den Rand des Wassers. Es ist kaum möglich, sich irgend etwas Schöneres vorzustellen, als das beryllartige Blau dieser Gletscher, besonders wenn man sie mit dem platten Weiß der oberen Schneefläche vergleicht. Die vom Gletscher in das Wasser gefallenen Bruchstücke schwammen fort und der Kanal mit seinen Eisbergen bot für eine Meile lang ein Miniaturbild des Polarmeeres dar. Nachdem die Boote um unsere Essensstunde ans Land herangezogen waren, bewunderten wir in der Entfernung von einer halben Meile eine senkrechte Eisklippe und wünschten, daß noch mehr Bruchstücke herunterstürzen möchten. Endlich fiel eine Masse mit einem brüllenden Geräusch herunter und unmittelbar darauf sahen wir die glatten Umrisse einer auf uns zukommenden Welle. Die Leute liefen so schnell sie konnten nach den Booten hinab, denn es war offenbar, daß sie wohl könnten in Stücke zerschellt werden. Einer der Matrosen hatte eben den Bug ergriffen, als die rollende Brandung das Boot erreichte; er wurde gehörig überschlagen, aber nicht verletzt, und auch die Boote, trotzdem sie dreimal in die Höhe gehoben und fallengelassen wurden, erlitten keinen Schaden. Dies war äußerst glücklich für uns, denn wir waren hundert Meilen vom Schiff entfernt und würden ohne Provision und Waffen gelassen worden sein. Ich hatte vorher bemerkt, daß einige große Felsblöcke am Ufer vor kurzem ihren Ort verändert hatten, aber ehe ich diese Welle gesehen hatte, konnte ich die Ursache nicht einsehen. Die eine Seite der Bucht wurde von einer Glimmerschieferader gebildet, das obere Ende von einer ungefähr vierzig Fuß hohen Eisklippe und die andere Seite von einem fünfzig Fuß hohen Vorgebirge, das aus kolossalen, abgerundeten Fragmenten von Granit und Glimmerschiefer aufgebaut war, aus denen alte Bäume herauswuchsen. Dieses Vorgebirge war offenbar eine Moräne, welche zu der Zeit, als der Gletscher größere Ausdehnung gehabt hatte, angehäuft worden war.

Als wir die westliche Mündung dieses nördlichen Armes des Beagle-Kanals erreicht hatten, segelten wir zwischen vielen unbekannten, öden Inseln hin und das Wetter war elendiglich schlecht. Wir begegneten keinen Eingeborenen. Die Küste war beinahe überall so steil, daß wir mehrere Male viele Meilen zu rudern hatten, ehe wir Platz genug finden konnten, unsere Zelte aufzuschlagen; die eine Nacht schliefen wir auf großen runden erratischen Blöcken, zwischen denen faulendes Seegras lag. Und als die Flut stieg, mußten wir aufstehen und unsere Decken entfernen. Der weiteste Punkt nach Westen, den wir erreichten, war die Stewart-Insel, eine Entfernung von ungefähr hundertfünfzig Meilen von unserem Schiff. Wir kehrten in den Beagle-Kanal durch den südlichen Arm zurück und fuhren dann ohne Abenteuer zurück nach Ponsonby Sound.

6. Februar – Wir kamen in Woollya an: Matthews machte uns eine so schlechte Schilderung des Betragens der Feuerländer, daß Kapitän Fitz Roy beschloß, ihn zur „Beagle" zurückzubringen. Schließlich wurde er in Neuseeland gelassen, wo sein Bruder Missionar war. Seit der Zeit un-

Das Feuerland

serer Abreise hatte ein regelmäßiges System des Plünderns begonnen. Beständig kamen neue Trupps von Eingeborenen; York und Jemmy hatten viele Sachen verloren, beinahe alles, was nicht unter der Erde verborgen worden war. Jeder Artikel schien von den Eingeborenen zerrissen und geteilt worden zu sein. Matthews beschrieb die Wache, die er beständig zu halten genötigt war, als äußerst ermüdend; Tag und Nacht wurde er von Eingeborenen umgeben, die ihn damit zu ermüden suchten, daß sie einen beständigen Lärm dicht an seinem Kopf machten. Eines Tages kam ein alter Mann, den Matthews gebeten hatte, seinen Wigwam zu verlassen, unmittelbar darauf mit einem großen Stein in seiner Hand zurück. An einem anderen Tage kam eine ganze Partie mit Steinen und Stöcken bewaffnet und einige der jüngeren Leute und Jemmys Bruder schrien beständig. Matthews beschwichtigte sie mit Geschenken. Ein anderer Trupp machte ihm durch Zeichen bemerkbar, daß sie ihn nackt auszuziehen und alle Haare von dem Gesicht und Körper auszureißen wünschten. Ich glaube, wir kamen gerade zu rechter Zeit, um sein Leben zu retten. Jemmys Verwandte waren so eitel und albern gewesen, Fremden ihren Raub zu zeigen und die Art und Weise ihn zu erhalten. Es war geradezu melancholisch, die drei Feuerländer bei ihren wilden Landsleuten zu lassen; doch war es ein großer Trost, daß sie selbst keine persönliche Furcht hatten. York, der ein kraftvoller entschlossener Mann war, war ziemlich sicher, gut vorwärts zu kommen, zusammen mit seiner Frau Fuegia. Der arme Jemmy sah etwas untröstlich aus und würde damals, woran ich nur wenig zweifle, froh gewesen sein, mit uns zurückzukehren. Sein eigener Bruder hatte ihm viele Sachen gestohlen; und als er bemerkte: „Was Manier das nennen", räsonierte er auf seine Landsleute: „Alle schlechte Menschen, no sabe (wissen) nichts", und (trotzdem ich ihn niemals vorher hatte fluchen hören) „verd– Narren". Obschon unsere drei Feuerländer nur drei Jahre lang unter zivilisierten Menschen gewesen waren, so bin ich doch sicher, sie würden gern ihre neue Lebensweise beibehalten haben; dies war aber offenbar unmöglich. Ich fürchte, es ist sogar sehr zweifelhaft, ob ihr Besuch ihnen von irgendwelchem Nutzen gewesen ist.

Am Abend setzten wir Segel, um nach dem Schiff zurückzukehren, mit Matthews an Bord, aber nicht durch den Beagle-Kanal, sondern der Südküste entlang. Die Boote waren schwer beladen und die See rauh, so daß wir eine gefährliche Überfahrt hatten. Am Abend des 7. waren wir an Bord der „Beagle" nach einer Abwesenheit von zwanzig Tagen, während welcher Zeit wir dreihundert Meilen in den offenen Booten gefahren waren. Am 11. besuchte Kapitän Fitz Roy die Feuerländer allein und fand sie wohlbehalten, auch hatten sie wenig Sachen mehr verloren.

Am letzten Tage des Februars im folgenden Jahr (1834) ankerte die „Beagle" in einer wunderschönen kleinen Bucht im östlichen Eingang des Beagle-Kanals. Kapitän Fitz Roy beschloß, den kühnen und, wie sich herausstellte, erfolgreichen Versuch zu machen, auf derselben Route gegen die Westwinde zu lavieren, welche wir in den Booten nach der Niederlassung in Woollya eingeschlagen hatten. Wir sahen nicht viele Eingeborene, bis wir in die Nähe von Ponsonby Sound kamen, wo uns zehn oder zwölf Kanus folgten. Die Eingeborenen verstanden durchaus nicht den Grund unseres Lavierens und anstatt uns bei jeder Wendung wieder zu treffen, strengten sie sich vergeblich an, uns in unserem Zickzacklauf zu folgen. Mich unterhielt es zu sehen, was für einen Unterschied der Umstand, daß man sich in seiner Macht so weit überlegen fühlte, in dem Interesse hervorbrachte, mit dem man diese Wilden betrachtete. So lange wir in den Booten waren, fing ich an, selbst den Laut ihrer Stimmen zu hassen, so sehr störten sie uns. Das erste und letzte Wort war Yammerschooner. Wenn wir früher in irgendeine kleine stille Bucht gefahren waren, sahen wir uns ringsum und dachten, eine ruhige Nacht zuzubringen. Doch das widerwärtige Wort Yammerschooner ertönte gellend aus irgendeiner dunklen Ecke und dann verbreitete der geringe in die Höhe wirbelnde Rauch unseres Feuers als Signal die Nachricht weit und breit. Verließen wir einen Ort, so sagten wir zueinander, Gott sei Dank, wir haben endlich diese Elenden ziemlich günstig verlassen; und dann erreichte noch einmal ein

Zehntes Kapitel

schwacher Laut von einer alles überwältigenden, aus einer ungeheuren Entfernung hörbaren Stimme unsere Ohren und wir konnten deutlich unterscheiden: Yammerschooner. Jetzt aber, je mehr Feuerländer, desto heiterer; und eine sehr heitere Sache war es. Beide Teile lachten, wunderten sich und starrten einander an. Wir bemitleideten sie, daß sie uns gute Fische und Krabben gegen Lumpen usw. gaben. Sie griffen zu und benutzten den Zufall, daß sie Leute so närrisch fanden, so glänzenden Schmuck gegen ein gutes Abendessen einzutauschen. Es war äußerst unterhaltend, das nicht versteckte Lächeln der Befriedigung zu sehen, mit welchem eine junge Frau mit schwarz gemaltem Gesicht mehrere Stückchen scharlachnen Tuchs mit Binsen rund um ihren Kopf band. Ihr Mann, welcher das in diesem Lande ganz allgemeine Privilegium hatte, zwei Frauen zu besitzen, wurde offenbar über all die Aufmerksamkeit, die seiner jungen Frau gewidmet wurde, eifersüchtig und wurde nach einer Beratung mit seinen nackten Schönen fortgeschickt.

Einige der Feuerländer bewiesen deutlich, daß sie einen ordentlichen Begriff von Tausch hatten. Ich gab einem Mann einen großen Nagel (ein äußerst wertvolles Geschenk), ohne irgendein Zeichen zu machen, daß ich eine Gegengabe erwartete. Er suchte sofort zwei Fische aus und reichte sie mir an der Spitze seines Speeres zu. Wenn irgendein Geschenk für ein Kanu bestimmt war, und es fiel in der Nähe eines anderen nieder, so wurde es ausnahmslos dem richtigen Besitzer gegeben. Der Feuerländer-Knabe, den Mr. Low an Bord hatte, zeigte dadurch, daß er in die heftigste Leidenschaft geriet, ganz deutlich, daß er den Vorwurf, ein Lügner genannt worden zu sein, der er in der Tat war, vollkommen verstanden hatte. Wir waren diesmal, wie bei allen früheren Gelegenheiten, darüber sehr überrascht, daß die Eingeborenen sehr wenig oder durchaus gar keine Notiz von manchen Dingen nahmen, deren Gebrauch ihnen doch bekannt sein mußte. Einfache Dinge, – so die Schönheit von scharlachnem Tuch, oder blaue Perlen, die Abwesenheit von Frauen, unsere Sorgfalt, uns zu waschen, – erregte ihre Bewunderung viel mehr, als irgendein großartiger oder komplizierter Gegenstand, wie unser Schiff. Bougainville hat in bezug auf diese Leute ganz richtig bemerkt, sie behandeln „les chef-d'oeuvre de l'industrie humaine comme ils traitent les lois de la nature et ses phénomènes".

Am 8. März ankerten wir in der Bucht bei Woollya, sahen aber nicht eine Seele dort. Wir waren hierüber beunruhigt, denn die Eingeborenen in Ponsonby Sound machten durch Gestikulationen uns verständlich, daß es Kämpfe gesetzt habe, und später hörten wir, daß die gefürchteten Oens-Männer herabgekommen waren. Bald sahen wir ein kleines Kanu mit einer kleinen Flagge sich uns nähern, in dem einer der Leute sich die Farbe von seinem Gesicht abwusch. Dieser Mann war der arme Jemmy – jetzt ein magerer, elender Wilder mit langem unordentlichem Haar und nackt mit Ausnahme eines Stückchens Decke, das er um seine Lenden gebunden hatte. Wir erkannten ihn nicht wieder, bis er dicht bei uns war, denn er schämte sich über sich selbst und drehte dem Schiff den Rücken zu. Wir hatten ihn fett, rund, rein und gut bekleidet verlassen. Ich habe niemals eine so vollständige und traurige Veränderung gesehen. Sobald er indes bekleidet und die erste Aufregung vorüber war, nahmen die Dinge ein ganz gutes Ansehen an. Er aß mit Kapitän Fitz Roy zu Mittag und verzehrte seine Mahlzeit so reinlich wie früher. Er erzählte uns, er hätte „zu viel" (er meinte genug) zu essen, er fröre nicht, seine Verwandten seien sehr gute Leute und er wünschte nicht, nach England zurückzugehen. Am Abend erkannten wir die Ursache dieser großen Änderung in Jemmys Gefühlen bei der Ankunft seiner jungen, nett aussehenden Frau. Mit seinen gewöhnlichen guten Gesinnungen brachte er zwei wundervolle Otternfelle für zwei seiner besten Freunde und einige Speerspitzen und Pfeile, die er mit seinen eigenen Händen für den Kapitän gemacht hatte. Er sagte, er habe ein Kanu für sich gebaut und rühmte sich, daß er etwas von seiner Muttersprache sprechen könne! Es ist aber eine äußerst eigentümliche Tatsache, daß er seinem ganzen Stamm etwas Englisch gelernt zu haben scheint: Ein alter Mann kündete ganz von freien Stücken an „Jemmy Button's wife". Jemmy hatte sein ganzes Besitztum verloren. Er erzählte uns, daß York Minster ein großes Kanu gebaut habe und vor mehreren Monaten mit seiner Frau Fuegia[3] in sein Vaterland gegangen sei, daß er aber mit einem Akt ausgemachter Gemeinheit Abschied genommen habe: Er hatte Jemmy und seine Mutter überredet, mit ihm zu kommen, sie dann unterwegs bei Nacht verlassen und ihnen alles, was ihnen gehörte, gestohlen.

Jemmy verließ uns, um an Land zu schlafen, am Morgen kehrte er zurück und blieb an Bord, bis das Schiff abging, was sein Weib sehr erschreckte, die beständig heftig weinte, bis er in sein Kanu kam. Er kehrte zurück, reich beladen mit wertvollem Besitztum. Jedermann an Bord war von Herzen traurig, ihm für das letzte Mal Lebewohl zu sagen. Ich zweifle jetzt nicht, daß er so glücklich und vielleicht noch glücklicher sein wird, als wenn er niemals sein Vaterland verlassen hätte. Jedermann muß aufrichtig hoffen, daß Kapitän Fitz Roys noble Hoffnung erfüllt werden möchte, die vielen freigebigen Opfer, welche er diesen Feuerländern gebracht hatte, dadurch belohnt zu sehen, daß irgendein schiffbrüchiger Matrose von den Nachkommen Jemmy Buttons und seinem Stamm beschützt würde! Als Jemmy das Land erreichte, zündete er ein Signalfeuer an, der Rauch stieg auf und sagte uns ein letztes und langes Lebewohl, als das Schiff auf dem Weg in das offene Meer hinaus war.

Die vollkommene Gleichheit unter den die Stämme der Feuerländer bildenden Individuen muß für eine lange Zeit ihre Zivilisation aufhalten. Ebenso wie wir sehen, daß diejenigen Tiere, deren Instinkt sie zwingt, in Gesellschaft zu leben und einem Häuptling zu gehorchen, die veredelungsfähigsten sind, so ist es auch mit den Menschenrassen der Fall. Mögen wir es nun als eine Ursache oder als eine Folge ansehen, die zivilisierteren haben immer die künstlichsten Regierungen. So waren z.B. die Bewohner von Otaheiti welche, als sie zuerst entdeckt wurden, von erblichen Königen regiert wurden, auf eine viel höhere Stufe gekommen, als ein anderer Zweig desselben Volkes, die Neuseeländer, welche, trotzdem sie den Vorteil hatten, gezwungen zu sein, ihre Aufmerksamkeit dem Landbau zu widmen, Republikaner in dem absolutesten Sinne des Wortes waren. So lange nicht im Feuerland irgendein Häuptling aufsteht, welcher Kraft genug hat, irgendeinen erlangten Vorteil, wie z.B. domestizierte Tiere, sich zu sichern, scheint es kaum möglich, daß der politische Zustand des Landes verbessert werden kann. Jetzt wird selbst ein Stück Tuch, was dem einen gegeben wird, in Streifen zerrissen und verteilt, und kein Individuum wird reicher als ein anderes. Auf der anderen Seite ist es schwer, einzusehen, wie ein Häuptling erstehen kann, bis Besitz irgendwelcher Art vorhanden ist, durch welchen er seine Überlegenheit offenbaren und seine Macht vergrößern kann.

Ich glaube, in diesem äußersten Teil von Süd-Amerika steht der Mensch auf einer niedrigeren Stufe des Fortschritts als in irgendeinem anderen Teil der Welt. Die Südsee-Insulaner der beiden, den Stillen Ozean bewohnenden Rassen sind vergleichsweise zivilisiert. Der Eskimo genießt in seiner unterirdischen Hütte manche der Bequemlichkeiten des Lebens und zeigt in seinem Kanu, wenn es vollständig ausgerüstet ist, viel Geschicklichkeit. Manche der Stämme von Süd-Afrika, die nach Wurzeln umherkriechen und auf den wilden und dürren Ebenen verborgen leben, sind wohl elend genug. Der Australier kommt in der Einfachheit der auf das Leben verwandten Künste dem Feuerländer am nächsten: Er kann sich indes seines Boomerangs, seines Speers, seines Wurfstocks, seiner Methode, die Bäume zu erklettern, Tiere aufzuspüren und zu jagen, rühmen. Obgleich der Australier in solchen Fertigkeiten überlegen sein mag, so folgt doch daraus durchaus nicht, daß er auch der geistigen Fähigkeit nach höher stehe. Nach dem, was ich von den Feuerländern, so lange sie an Bord waren, gesehen und was ich von den Australiern gelesen habe, möchte ich glauben, daß gerade das Gegenteil wahr ist.

---

[3] Kapitän Sullivan, welcher seit seiner Reise mit der „Beagle" bei der Aufnahme der Falkland-Inseln angestellt war, hörte von einem Robbenfänger (1842?), daß dieser, als er sich im westlichen Teil der Magellan-Straße befunden habe, sehr erstaunt gewesen sei, wie eine eingeborene Frau an Bord gekommen sei, die etwas Englisch sprechen konnte. Ohne Zweifel war dies Fuegia Basket. Sie lebte (ich fürchte, der Ausdruck läßt eine mehrfache Erklärung zu) einige Tage an Bord

Elftes Kapitel

Magellan-Straße – Port Famine – Besteigung des Mount Tarn – Wälder – Eßbarer Pilz – Zoologie – Großer Tang – Wir verlassen das Feuerland – Klima – Fruchtbäume und Naturerzeugnisse der südlichen Küsten – Höhe der Schneegrenze an der Cordillera – Herabsteigen von Gletschern bis zum Meer – Bildung von Eisbergen – Transport von Felsblöcken – Klima und Naturprodukte der antarktischen Inseln – Erhaltung gefrorener Tierleichen – Rekapitulation

Magellan-Straße – Klima der südlichen Küsten

Ende Mai 1834 fuhren wir zum zweiten Male in die östliche Mündung der Magellan-Straße ein. Das Land besteht in diesem Teil der Straße zu beiden Seiten aus beinahe horizontalen Ebenen, wie die von Patagonien. Kap Negro, eine kurze Strecke innerhalb der zweiten Enge der Straße, kann als derjenige Punkt angesehen werden, wo das Land die ausgesprochenen Züge des Feuerlandes annimmt. Auf der Ostküste, südlich von der Straße, verbindet eine unterbrochene, parkartige Szenerie in gleichförmiger Weise die beiden Länder, welche in beinahe jedem einzelnen Zuge ihres landschaftlichen Bildes einander entgegengesetzt sind. Es ist wahrhaft überraschend, auf einem Raum von zwanzig Meilen einen derartigen Wechsel in der Landschaft zu finden. Wenn wir eine größere Entfernung nehmen, z.B. zwischen Port Famine und Gregory-Bucht, das sind ungefähr sechzig Meilen, so ist der Unterschied noch wunderbarer. Am ersteren Ort haben wir abgerundete Berggrücken, mit undurchdringlichen Wäldern bedeckt, welche durch eine endlose Aufeinanderfolge von Stürmen vom Regen durchschwemmt werden; während beim Kap Gregory ein klarer und heller blauer Himmel über den trockenen und unfruchtbaren Ebenen ausgespannt ist. Die atmosphärischen Strömungen[1] sind zwar reißend, stürmisch und von keinen deutlich nachweisbaren Grenzen eingeschlossen; doch scheinen sie, wie ein Fluß in seinem Bett, einen regelmäßig bestimmten Lauf zu haben.

Während unseres früheren Besuchs (im Januar) trafen wir am Kap Gregory mit den berühmten, sogenannten riesenhaften Patagoniern zusammen, welche uns eine herzliche Aufnahme gewährten. Ihre Größe erscheint wegen ihrer großen Guanaco-Mäntel, ihres langen wallenden Haars und ihrer ganzen Erscheinung bedeutender, als sie wirklich ist: Im Mittel beträgt ihre Größe ungefähr sechs Fuß, einige Männer sind kleiner und nur wenige größer; auch die Frauen sind groß; alles zusammengenommen sind sie sicher die größte Rasse, welche wir irgendwo gesehen haben. In ihrem Gesicht sind sie den weiter nördlich lebenden Indianern, welche ich bei Rosas sah, auffallend ähnlich; ihre Erscheinung ist aber wilder und furchtbarer; ihr Gesicht war stark mit Rot und Schwarz bemalt, und ein Mann wie ein Feuerländer mit Weiß geringelt und gefleckt. Kapitän Fitz Roy bot ihnen an, drei von ihnen an Bord zu nehmen, und alle schienen entschlossen zu sein, zu diesen Dreien zu gehören. Es dauerte lange, ehe wir unser Boot klarmachen konnten; endlich kamen wir mit unseren drei Riesen an Bord, welche mit dem Kapitän zu Mittag aßen und sich ganz wie gebildete Leute benahmen, Messer, Gabel und Löffel ganz ordentlich gebrauchend; an nichts ergötzten sie sich so sehr wie an Zucker. Dieser Stamm ist so vielfach mit Robben- und Walfischfängern in Berührung gewesen, daß die meisten der Leute ein wenig Englisch und Spanisch sprechen können; sie sind halb zivilisiert und auch im Verhältnis demoralisiert.

---

[1] Die südwestlichen Brisen sind meistens sehr trocken. Jan. 29., vor Anker unter Kap Gregory: Sehr heftiger Sturm aus W. bei S., klarer Himmel, wenig Cumuli; Temperatur 57° (13,89 °C.), Taupunkt 36° (2,22 °C.). – Unterschied 21° (11,67 °C.). Jan. 15., in Port St. Julian: Am Morgen leicht windig mit viel Regen, dem eine sehr heftige Böe mit Regen folgte, ging in heftigen Sturm mit großen Cumuli über, klärte sich auf, wobei es sehr stark aus SSW wehte. Temperatur 60° (15,56 °C.), Taupunkt 42° (5,56 °C.), – Unterschied 18° (10 °C.).

Am nächsten Morgen ging eine große Gesellschaft ans Land, um Felle und Straußenfedern zu tauschen; Feuerwaffen wurden verschmäht, aber Tabak wurde stark begehrt, viel mehr als Äxte und Werkzeuge. Die ganze Bevölkerung der Toldos, Männer, Frauen und Kinder, hatte sich an einem kleinen Hügel geordnet. Es war eine unterhaltende Szene und es war unmöglich, die sogenannten Riesen nicht gern zu haben; sie waren so durchaus gutmütig und frei von Mißtrauen; sie baten uns wiederzukommen. Sie scheinen zu wünschen, daß Europäer unter ihnen leben; und die alte Maria, eine Frau von Bedeutung in ihrem Stamm, bat einmal Mr. Low, irgendeinen seiner Matrosen bei ihnen zu lassen. Sie verbringen den größeren Teil des Jahres hier; im Sommer aber jagen sie am Fuße der Cordillera; zuweilen wandern sie selbst bis zum Rio Negro, 750 Meilen weit nach Norden. Sie sind sämtlich gut mit Pferden versehen; der Angabe Mr. Lows zufolge hat jeder Mann sechs oder sieben, und alle Frauen und selbst Kinder haben ihre eigenen Pferde. In der Zeit Sarmientos (1580) hatten diese Indianer Bogen und Pfeile, welche schon lange außer Gebrauch sind; damals schon besaßen sie einige Pferde. Dies ist eine sehr merkwürdige Tatsache, welche die außerordentlich rapide Vermehrung der Pferde in Süd-Amerika beweist. Das Pferd kam zuerst 1537 in Buenos Aires an Land, und da die Kolonie eine Zeitlang verlassen wurde, verwilderten die Pferde[2]; im Jahre 1580, nur dreiundvierzig Jahre später, finden wir sie schon an der Magellan-Straße erwähnt! Mr. Low teilt mir mit, daß ein benachbarter Stamm von Indianern, welcher bis jetzt zu Fuß lebte, sich in einen berittenen Stamm umwandelte: Der Stamm an der Gregory-Bucht gibt ihnen seine abgenutzten Pferde und schickt ihnen im Winter ein paar seiner geschicktesten Leute, um für sie zu jagen.

1. Juni – Wir ankerten in dem schönen Busen von Port Famine. Es war jetzt Anfang Winter, und niemals habe ich einen ungemütlicheren Anblick gehabt; die düsteren Wälder, durch Schnee gefleckt erscheinend, konnte man durch die mit Staubregen erfüllte, dunstige Atmosphäre nur undeutlich sehen. Wir waren indessen so glücklich, zwei schöne Tage zu haben. An einem derselben bot der Mount Sarmiento, ein entferntliegender, 6800 Fuß hoher Berg, ein sehr großartiges Schauspiel dar. Ich war bei der Szenerie des Feuerlandes häufig überrascht über die scheinbar geringe Erhebung wirklich hoher Berge. Ich glaube, es ist dies die Wirkung einer sich nicht auf den ersten Blick ergebenden Ursache, nämlich daß man mit einem Blick die ganze Masse von der Spitze bis zum Wasserspiegel übersieht. Ich erinnere mich, einen Berg zuerst vom Beagle-Kanal aus gesehen zu haben, wo der ganze Abhang vom Gipfel bis zum Fuß zu übersehen war; dann sah ich ihn vom Ponsonby Sound aus quer über mehreren hintereinanderliegenden Bergrücken; und es war merkwürdig, zu beobachten, wie im letzteren Fall der Berg an Höhe zunahm, sobald ein neuer Rücken ein weiteres Mittel darbot, die Entfernung zu beurteilen.

Ehe wir Port Famine erreichten, sahen wir zwei Männer am Ufer entlanglaufen und das Schiff anrufen. Es wurde ein Boot nach ihnen abgeschickt. Es stellte sich heraus, daß es zwei Matrosen waren, welche von einem Robbenfangschiff weggelaufen und zu den Patagoniern gegangen waren. Diese Indianer hatten sie mit ihrer gewöhnlichen uneigennützigen Gastfreundschaft aufgenommen. Durch Zufall hatten sie sich wieder von ihnen getrennt und waren nun auf dem Weg nach Port Famine, in der Hoffnung, dort irgendein Schiff zu finden. Ich kann wohl sagen, sie waren nichtswürdige Vagabunden, ich habe aber niemals elender aussehende gesehen. Sie hatten mehrere Tage lang nur von Muscheln und Beeren gelebt und ihre zerlumpten Kleider waren verbrannt, weil sie zu nahe am Feuer geschlafen hatten. Sie waren Tag und Nacht ohne irgendwelchen Schutz den letzten unaufhörlichen Stürmen mit Regen, Schloßen und Schnee ausgesetzt gewesen, befanden sich aber doch ganz wohl.

Während unseres Aufenthaltes in Port Famine kamen die Feuerländer zweimal und störten uns. Da wir viele Instrumente, Sachen und Mannschaft am Land hatten, so wurde es für notwendig gehalten, sie fortzuschrecken. Das erste Mal wurden ein paar große Kanonen gelöst, als sie

---

[2] Rengger, Naturgeschichte der Säugetiere von Paraguay, p.334.

Elftes Kapitel

weit entfernt waren. Es war ein äußerst lächerlicher Anblick, die Indianer durch ein Fernglas zu beobachten; so oft der Schuß auf das Wasser aufschlug, warfen sie Steine in die Höhe und warfen sie in stolzer Herausforderung nach dem Schiffe zu, trotzdem sie anderthalb Meilen entfernt waren! Ein Boot wurde mit dem Befehl abgesandt, ein paar Flintenschüsse weit von ihnen abzufeuern. Die Feuerländer verbargen sich hinter Bäumen, und auf jeden Flintenschuß schossen sie ihre Pfeile ab; sie fielen indes vom Boot entfernt ins Wasser, und der Offizier wies auf sie und lachte. Dies machte die Feuerländer unsinnig vor Leidenschaft und in vergeblicher Wut schüttelten sie ihre Mäntel. Als sie endlich sahen, wie die Kugeln in die Bäume flogen und trafen, liefen sie davon, und wir wurden nun in Ruhe und Frieden gelassen. Während der früheren Reise waren die Feuerländer hier sehr belästigend, und um sie zu erschrecken, wurde des Nachts eine Rakete über ihre Wigwams abgeschossen; dies tat seine Dienste ganz vortrefflich; einer der Offiziere erzählte mir, daß der Kontrast zwischen dem zuerst erhobenen Geschrei und dem Bellen der Hunde, und dem tiefen, eine oder zwei Minuten später eintretenden Stillschweigen förmlich lächerlich gewesen sei.

Als die „Beagle" im Februar hier war, brach ich eines Morgens um vier Uhr auf, um den Mount Tarn zu besteigen, welcher 2600 Fuß hoch und in dem unmittelbar benachbarten Bezirk der höchste Punkt ist. Wir gingen in einem Boot an den Fuß des Berges (unglücklicherweise nicht an die beste Stelle) und begannen dann unser Steigen. Der Wald beginnt an der Flutgrenze, und während der ersten zwei Stunden gab ich die Hoffnung, den Gipfel zu erreichen, ganz auf. Der Wald war so dicht, daß es beständig notwendig war, unsere Zuflucht zum Kompaß zu nehmen; denn jedes Merkzeichen war, trotzdem wir uns in einem bergigen Land befanden, vollständig ausgeschlossen. In den tiefen Schluchten ging die totenartige Szenerie der ödesten Stille über alle Beschreibung; draußen blies ein heftiger Sturm, aber in diesen Hohlwegen bewegte nicht einmal ein Windhauch die Blätter der höchsten Bäume. Alles war so düster, kalt und naß, daß nicht einmal die Pilze, Moose und Farne gedeihen konnten. In den Tälern war es kaum möglich, fortzukriechen, so vollständig waren sie von großen, morndernden, nach allen Richtungen hin umgestürzten Baumstämmen verbarrikadiert. Ging man über diese natürlichen Brücken, so wurde man oft dadurch aufgehalten, daß man knietief in das verfaulte Holz einsank; wenn man andere Male versuchte, sich an einen festen Stamm anzulehnen, so erschrak man, eine Masse zerfallener Substanz zu finden, bereit, bei der geringsten Berührung umzustürzen. Endlich befanden wir uns zwischen den verkümmerten Bäumen und erreichten dann bald den kahlen Rücken, der uns auf den Gipfel führte. Hier hatten wir eine für das Feuerland charakteristische Aussicht; unregelmäßige Bergketten, gefleckt durch Haufen von Schnee, tiefe gelblich-grüne Täler und Meeresarme, welche das Land in vielen Richtungen durchschnitten. Der starke Wind war durchdringend kalt und die Atmosphäre etwas dunstig, so daß wir nicht lange auf dem Gipfel blieben. Das Hinabsteigen war nicht ganz so mühsam wie das Hinaufsteigen; denn das Gewicht des Körpers erzwang sich einen Weg, und alles Ausrutschen und Fallen geschah in der gewünschten Richtung.

Ich habe bereits den düsteren und trüben Charakter der immergrünen Wälder[3] erwähnt, in welchen mit Ausschluß aller anderen zwei oder drei Arten wachsen. Oberhalb des Waldlandes finden sich nur zwerghafte Alpenpflanzen, welche aus der Torfmasse herauswachsen und sie bilden helfen; diese Pflanzen sind wegen ihrer nahen Verwandtschaft mit den auf den Bergen Europas wachsenden Arten, von denen sie doch so viele tausend Meilen entfernt sind, sehr

---

[3] Kapitän Fitz Roy teilt mir mit, daß im April (unserem Oktober) die Blätter derjenigen Bäume, welche in der Nähe des Fußes der Berge wachsen, die Farbe wechseln, nicht aber die in den höher gelegenen Teilen. Ich erinnere mich, einige Beobachtungen gelesen zu haben, welche zeigen, daß in England die Blätter in einem warmen und schönen Herbst zeitiger fallen, als in einem kalten und späten. Da der Farbenwechsel hier in den höher gelegenen, also kälteren Lagen verlangsamt wird, so muß dies von demselben allgemeinen Vegetationsgesetz abhängen. Die Bäume des Feuerlandes werfen während keines Teils des Jahres gänzlich ihre Blätter ab.

merkwürdig. Der zentrale Teil Feuerlands, wo die Tonschieferformation auftritt, ist dem Wuchs der Bäume am günstigsten; an der äußeren Küste läßt sie der arme granitische Boden und die den heftigen Winden ausgesetzte Lage keine bedeutende Größe erreichen. In der Nähe von Port Famine habe ich mehr große Bäume gesehen als irgendwo anders; ich maß eine Winters-Rinde (*Drimys Winteri*), welche vier Fuß sechs Zoll im Umfang hatte, und mehrere große Buchen hatten bis dreizehn Fuß. Auch Kapitän King erwähnt eine Buche, welche, siebenzehn Fuß über den Wurzeln, sieben Fuß im Durchmesser maß.

Ein vegetabilisches Produkt verdient noch Erwähnung wegen seiner Bedeutung als Nahrungsmittel für die Feuerländer. Es ist ein kugeliger, hellgelber Pilz, welcher in ungeheurer Menge an den Buchenstämmen wächst. So lange er jung ist, ist er elastisch und geschwollen; wird er aber reif, so schrumpft er zusammen, wird zäher und die ganze Oberfläche wird mit tiefen Gruben oder wie mit Honigwaben bedeckt. Dieser Pilz gehört zu einer neuen und merkwürdigen Gattung[4]; eine zweite Art fand ich an einer anderen Spezies von Buche in Chile, und Dr. Hooker teilt mir mit, daß vor kurzem eine dritte Spezies an einer dritten Art von Buchen in Van Diemen's Land entdeckt worden ist. Wie merkwürdig ist diese Verwandtschaft zwischen parasitischen Pilzen und den Bäumen, auf denen sie wachsen, in weit voneinander entfernten Teilen der Welt. Im Feuerland wird der Pilz in seinem zähen und reifen Zustande von den Frauen und Kindern in großen Mengen gesammelt und dann ungekocht gegessen. Er hat einen schleimigen, unbedeutend süßen Geschmack, mit einem leichten Pilzgeruch. Mit Ausnahme einiger weniger Beeren, hauptsächlich von einer Zwergart von *Arbutus*, essen die Eingeborenen keine andere vegetabilische Nahrung als diesen Pilz. In Neuseeland wurde vor Einführung der Kartoffel eine große Menge Farnwurzeln konsumiert; heutigen Tages ist, wie ich glaube, Feuerland das einzige Land auf der Erde, wo eine kryptogame Pflanze einen Hauptnahrungsartikel ausmacht.

Die Zoologie des Feuerlandes ist, wie es sich schon nach der Beschaffenheit seines Klimas und seiner Vegetation hätte erwarten lassen, sehr ärmlich. Von Säugetieren finden sich hier, außer Walfischen und Robben, eine Fledermausart, eine Art Maus (*Reithrodon chinchilloides*), zwei echte Mäuse, eine *Ctenomys*, verwandt oder identisch mit dem Tucu-tuco, zwei Füchse (*Canis magellanicus* und *C. Azarae*), eine Seeotter, das Guanaco und eine Hirschart. Die meisten dieser Tiere bewohnen nur die trockenen östlichen Teile des Landes, und der Hirsch ist noch niemals südlich von der Magellan-Straße gesehen worden. Betrachtet man die allgemeine Übereinstimmung der Küstenabhänge von weichem Sandstein, Lehm und Flußsteinen an den beiden gegenüberliegenden Seiten der Straße und auf mehreren dazwischenliegenden Inseln, so wird man sehr versucht anzunehmen, daß das Land einst verbunden war und dadurch solchen zarten und hilflosen Tieren wie dem Tucu-tuco und dem *Reithrodon* gestattete, hinüberzuwandern. Die Übereinstimmung der Küstengehänge beweist durchaus nicht eine Verbindung, weil solche Abhänge meist durch Durchschneidung geneigter Ablagerungen gebildet werden, welche sich vor der Erhebung des Landes in der Nähe der damals existierenden Küsten angehäuft hatten. Es ist indes ein merkwürdiges Zusammentreffen, daß von den beiden großen, durch den Beagle-Kanal von dem übrigen Feuerland abgeschnittenen Inseln die eine Klippen besitzt, welche aus einer Masse bestehen, die man wohl geschichtet nennen kann, und welche ähnlichen auf der anderen Seite des Kanals gegenüberstehen, – während die andere ausschließlich von alten, kristallinischen Gesteinen eingefaßt wird: Auf der ersteren, Navarin-Insel genannt, kommen sowohl Füchse als das Guanaco vor; auf der letzteren aber, der Hoste-Insel, werden, obschon sie der anderen in jeder Beziehung ähnlich und nur durch einen wenig mehr als eine halbe Meile breiten Kanal getrennt ist, nach der Versicherung Jemmy Buttons beide Tiere nicht gefunden.

---

[4] J. M. Berkeley hat diesen Pilz nach meinen Exemplaren und Notizen in den Linnean Transactions, Vol. XIX, p.37, unter dem Namen *Cyttaria Darwinii* beschrieben; die chilenische Spezies ist *C. Berteroi*. Die Gattung ist mit *Bulgaria* verwandt.

Elftes Kapitel

Die düsteren Wälder werden nur von wenigen Vögeln bewohnt; gelegentlich hört man den klagenden Ruf eines Tyrannen-Fliegenfängers mit weißem Federbusch (*Myiobius albiceps*), der sich in der Nähe des Gipfels der höchsten Bäume verborgen hält, noch seltener den lauten fremdartigen Schrei eines schwarzen Spechtes mit einem scharlachenen Federbusch auf dem Kopfe. Ein kleiner, trübe gefärbter Zaunkönig (*Scytalopus magellanicus*) hüpft in einer lauernden Weise zwischen der verwirrten Masse umgestürzter und vermodernder Stämme umher. Der häufigste Vogel des Landes ist aber der Baumläufer (*Oxyurus Tupinieri*). Überall in den Buchenwäldern, hoch oben und tief unten, in den allerdüstersten, nassen und unzugänglichsten Schluchten ist er zu finden. Es erscheint dieser kleine Vogel ohne Zweifel viel zahlreicher, als er wirklich ist, wegen seiner Gewohnheit, mit scheinbarer Neugierde jeder Person, welche diese schweigsamen Wälder betritt, zu folgen. Dabei stößt er beständig ein harsches Gezwitscher aus und fliegt wenig Fuß vor dem Gesicht des Eindringlings von Baum zu Baum. Er liebt durchaus nicht die bescheidene Verborgenheit des echten Baumläufers (*Certhia familiaris*), auch läuft er nicht, wie jener Vogel, die Baumstämme hinauf. Er hüpft aber nach der Manier des Weidenzeisigs fleißig herum und sucht auf jedem Aste und Zweige nach Insekten. In den offeneren Teilen des Landes kommen noch drei oder vier Spezies von Finken, eine Drossel, ein Star (oder *Icterus*), zwei *Opetiorhynchus*-Arten und mehrere Falken und Eulen vor.

Die Abwesenheit aller und jeder Arten aus der ganzen Klasse der Reptilien ist ein sehr auffallender Charakterzug der Fauna dieses Landes, ebenso wie der Falkland-Inseln. Ich gründe diese Angabe nicht bloß auf meine eigenen Beobachtungen; ich hörte sie vielmehr von den spanischen Bewohnern der letztgenannten Inseln und von Jemmy Button in bezug auf Feuerland. An den Ufern des Santa Cruz, in 50° S. Br., sah ich einen Frosch; und es ist schon möglich oder nicht unwahrscheinlich, daß diese Tiere ebenso wie Eidechsen südlich bis zur Magellan-Straße, wo das Land den Charakter von Patagonien beibehält, vorkommen; in dem kalten und feuchten Gebiet Feuerlands kommt aber nicht eines vor. Daß das Klima einigen Formen der hierher gehörigen Ordnungen, so z.B. Eidechsen, nicht zusagen würde, hätte sich voraussehen lassen; aber in bezug auf Frösche liegt es nicht so ohne weiteres auf der Hand.

Käfer kommen in sehr geringer Anzahl vor; ich konnte mich lange nicht entschließen, zu glauben, daß ein Land so groß wie Schottland, mit Pflanzenwuchs ganz bedeckt und verschiedenartige Wohnplätze darbietend, so unproduktiv sein könnte. Die wenigen, welche ich fand, waren unter Steinen lebende alpine Spezies (*Harpalidae* und *Heteromera*). Die pflanzenfressenden *Chrysomelidae*, welche für die Tropen so eminent charakteristisch sind, fehlen hier beinahe gänzlich[5]; ich habe nur sehr wenig Fliegen, Schmetterlinge oder Bienen gesehen und gar keine Grillen oder Orthoptern. In den Wassertümpeln habe ich nur wenig Wasserkäfer und gar keine Süßwassermuscheln gefunden: *Succinea* scheint auf den ersten Blick eine Ausnahme zu bilden; sie muß aber hier eine Landschnecke genannt werden, denn sie lebt weit vom Wasser auf den feuchten Kräutern. Landschnecken waren nur an denselben alpinen Fundorten wie die Käfer zu finden. Ich habe schon auf die Verschiedenheit des Klimas ebenso wie der allgemeinen Erscheinung Feuerlands von dem von Patagonien hingewiesen; der Unterschied spricht sich auch sehr deutlich in der Entomologie aus. Ich glaube nicht, daß sie eine Spezies miteinander gemein haben; sicherlich ist der allgemeine Charakter der Insektenwelt sehr verschieden.

---

[5] Ich glaube, ich muß hier eine alpine *Haltica* und ein einzelnes Exemplar eines *Melasoma* ausnehmen. Mr. Waterhouse teilt mir mit, daß unter den Käfern acht oder neun Spezies Harpaliden, die Mehrzahl sehr eigentümliche Formen, vier oder fünf Spezies Heteromeren, sechs oder sieben Rüsselkäfer und von den Staphyliniden, Elateriden, Cebrioniden und Melolonthiden je eine Spezies war. Die Spezies aus den anderen Ordnungen waren noch weniger zahlreich, und bei allen Ordnungen war die Seltenheit der Individuen selbst noch merkwürdiger als die der Spezies. Die meisten Coleoptern hat Mr. Waterhouse in den Annals of nat. hist. sorgfältig beschrieben.

Wenden wir uns vom Land zum Meer, so finden wir das letztere ebenso reichlich mit lebenden Wesen bevölkert, als das erstere arm daran ist. In allen Teilen der Welt trägt ein felsiges und teilweise geschütztes Ufer auf einem gegebenen Baume eine größere Zahl von Individuen, als irgendeine andere Örtlichkeit. Ein Meeresprodukt ist wegen seiner großen Bedeutung einer besonderen Schilderung wert. Es ist dies der Kelp oder *Macrocystis pyrifera*. Diese Pflanze wächst an jedem Felsen von der Grenze der Ebbe bis in eine große Tiefe, sowohl an der äußeren Küste als innerhalb der Kanäle.[6] Ich glaube, während der Reisen der „Adventure" und der „Beagle" wurde nicht ein der Oberfläche des Meeres naher Felsen gefunden, welcher nicht durch diesen schwimmenden Tang wie durch eine Boje angegeben gewesen wäre. Die vorzüglichen Dienste, welche er daher in diesem stürmischen Bezirk den Schiffen leistet, sind offenbar; auch hat er sicherlich schon so manches vor dem Schiffbruch bewahrt. Ich kenne nichts, was so sehr überraschte, wie diese Pflanze in der ungeheuren Brandung des westlichen Ozeans wachsen und gedeihen zu sehen, welcher kein Felsen, mag er auch noch so hart sein, lange widerstehen kann. Der Stamm ist rund, schleimig und glatt, und sein Durchmesser steigt selten bis zu einem Zoll. Wenige zusammengenommen sind stark genug, das Gewicht der großen, lose daliegenden Steine zu halten, an welche sie in den Kanälen zwischen dem Land befestigt sind; und doch sind einige dieser Steine so schwer, daß ein Mann kaum imstande war, sie ins Boot zu heben, wenn sie an die Oberfläche heraufgezogen wurden. Capt. Cook sagt in seiner zweiten Reise, daß bei den Kerguelen-Inseln diese Pflanze aus einer Tiefe emporsteige, welche mehr als vierundzwanzig Faden betrage; „und da sie nicht senkrecht nach oben wächst, sondern mit dem Grunde einen sehr spitzen Winkel bildet und sich auch ein großer Teil davon viele Faden weit auf der Oberfläche des Meeres ausbreitet, so glaube ich wohl berechtigt zu sein, die Länge, zu welcher sie wächst, auf sechzig Faden und mehr anzugeben." Ich glaube nicht, daß der Stamm irgendeiner anderen Pflanze eine so bedeutende Länge, dreihundertsechzig Fuß, erreicht, wie es hier Capt. Cook annimmt. Überdies fand Capt. Fitz Roy, daß sie aus einer noch größeren Tiefe, aus fünfundvierzig Faden, heraufwuchs.[7] Diese Beete von Seegras, selbst wenn sie nicht sehr breit sind, bilden ausgezeichnete schwimmende Wasserbrecher. Es ist ganz merkwürdig, in einem exponierten Hafen zu sehen, wie schnell die Wellen aus dem offenen Ozean, wenn sie durch diese Stengelschichten durchgehen, an Höhe abnehmen und in glattes Wasser übergehen.

Die Zahl lebender Wesen aller Ordnungen, deren Existenz ganz wesentlich von dem Kelp abhängt, ist wunderbar. Man könnte einen dicken Band mit der Beschreibung der Bewohner dieser Beete von Seegras füllen. Fast alle Blätter mit Ausnahme derjenigen, welche an der Oberfläche schwimmen, sind so dick mit korallenartigen Tieren inkrustiert, daß sie weiß sind. Man findet ganz ausgesuchte zarte Gebilde, von denen einige von *Hydra*-artigen Polypen, andere von höher organisierten Arten bewohnt werden, auch schöne zusammengesetzte Ascidien. Auf den Blättern heften sich auch verschiedene, patellenartige Schnecken, *Trochus*-Arten, Nacktschnecken und einige Muscheln an. Zahllose Krustentiere bewohnen jeden Teil der Pflanze. Schüttelt man die großen, verwickelten Wurzeln, so fällt ein Haufen von kleinen Fischen, Muscheln, Tintenfischen, Krabben von allen Sorten, Seeigeln, Seesternen, wunderschönen Holothurien, Pla-

---

[6] Seine geographische Verbreitung ist merkwürdig weit; der Kelp wird von den äußersten südlichen kleinen Inseln in der Nähe des Kap Hoorn an der Ostküste (nach Mitteilungen des Mr. Stokes) nach Norden hinauf bis zum 43° S. Br. gefunden; an der Westküste erstreckt er sich aber, wie mir Dr. Hooker mitteilt, bis zum Rio San Francisco in Kalifornien und vielleicht selbst bis nach Kamtschatka. Wir haben daher eine ganz ungeheure Ausdehnung in der geographischen Breite; seine Verbreitung in geographischer Länge beträgt nicht weniger als 140°, da Cook, der die Spezies wohl gekannt haben muß, ihn in Kerguelen-Land fand.

[7] Voyages of the Adventure and Beagle, Vol. I, p.363. Wie es scheint, wächst Tang außerordentlich schnell. Mr. Stephenson fand (Wilson's Voyage round Scotland, Vol. II, p.228), daß ein nur bei Springebben entblößter Felsen, welcher im November glattgemeißelt worden war, im Mai des folgenden Jahres, also innerhalb von sechs Monaten, dick mit zwei Fuß langem *Fucus digitatus* und mit sechs Fuß langem *F. esculentus* bedeckt war.

narien und kriechenden, nereidenartigen Würmer in einer großen Mannigfaltigkeit der Formen zusammen heraus. So oft ich auch einen Zweig vom Kelp aufnahm, ich fand immer Tiere von neuer und merkwürdiger Struktur. In Chiloë, wo der Kelp nicht sehr gut gedeiht, fehlen die zahlreichen Muscheln, Korallen und Krustentiere; es bleiben aber noch einige Flustraceen und einige zusammengesetzte Ascidien; doch gehören diese letzteren anderen Arten an als die von Feuerland. Wir sehen hieraus, daß der Tang eine weitere Verbreitung hat, als die Tiere, welche auf ihm zu leben pflegen. Ich kann diese großen submarinen Wälder der südlichen Hemisphäre nur mit den Landwäldern in den Tropen vergleichen. Und doch glaube ich nicht, daß, wenn in irgendeinem Land ein Wald zerstört wird, auch nur annähernd so viele Tierarten zugrunde gehen würden, als hier mit der Zerstörung des Kelp. Zwischen den Blättern dieser Pflanze leben zahlreiche Arten von Fischen, welche nirgends anders Nahrung und Schutz finden würden; mit ihrer Vertilgung würden auch die vielen Kormorane und andere von Fischen lebende Vögel, die Ottern, Robben und Meerschweine untergehen; und endlich würde auch der Wilde des Feuerlandes, der elende Herr dieses elenden Landes, seine kannibalischen Mahlzeiten verdoppeln müssen, der Zahl nach abnehmen und vielleicht zu existieren aufhören.

8. Juni – Wir lichteten den Anker zeitig am Morgen und verließen Port Famine. Capt. Fitz Roy beschloß, die Magellan-Straße durch den Magdalenen-Kanal zu verlassen, welcher nicht lange vorher entdeckt worden war. Unser Weg lag gerade nach Süden, jener düsteren, früher erwähnten Straße entlang, welche in eine andere und schlimmere Welt zu führen schien. Der Wind war günstig, aber die Atmosphäre war sehr trübe und dicht, so daß wir viel von der landschaftlichen, sehr merkwürdigen Szenerie verloren. Die dunklen, zerrissenen Wolken wurden mit reißender Schnelligkeit über die Berge getrieben, von ihren Gipfeln bald bis zu ihrem Fuß. Die einzelnen Blicke, welche wir durch die düstere Masse erhaschten, waren sehr interessant: zerklüftete Gipfel, Schneekegel, blaue Gletscher, starke, vom schmutzigen Himmel sich abhebende Umrisse waren in verschiedenen Entfernungen und Höhen zu sehen. Inmitten einer solchen Szenerie ankerten wir bei Kap Turn, dicht am Mount Sarmiento, welcher von den Wolken verhüllt war. Am Fuße der hohen und beinahe senkrechten Wände unserer kleinen Bucht lag ein verlassener Wigwam, und er allein erinnerte uns daran, daß zuweilen der Mensch in diese öden und verlassenen Gegenden wandert. Es dürfte aber schwer sein, sich eine Szene vorzustellen, wo er weniger Ansprüche oder weniger Autorität zu haben schien. Die unbelebten Werke der Natur, – Felsen, Eis, Schnee, Wind und Wasser, alle miteinander im Kampfe liegend und doch gegen den Menschen verbündet, – herrschten hier in absoluter Oberherrlichkeit.

9. Juni – Am Morgen waren wir entzückt, als wir den Nebelschleier sich allmählich vom Mount Sarmiento erheben und diesen unserem Blick sich darbieten sahen. Dieser Berg, welcher einer der höchsten im Feuerland ist, hat eine Höhe von 6800 Fuß. Sein Fuß ist bis ungefähr zu einem Achtel der ganzen Höhe mit düsteren Wäldern bekleidet, und oberhalb derselben erstreckt sich ein großes Schneefeld bis zum Gipfel. Diese ungeheuren Massen Schnee, welche niemals schmelzen und dazu bestimmt zu sein scheinen, so lange zu bestehen, als die Welt zusammenhält, gewähren ein prächtiges und selbst erhabenes Schauspiel. Die Umrisse des Berges waren wunderbar klar und bestimmt. Infolge der Masse von Licht, welche von der weißen und glänzenden Oberfläche reflektiert wurde, war kein Schatten auf irgendeinem Teil; und nur die Linien konnten unterschieden werden, welche sich gegen den Himmel abgrenzten. Die ganze Masse stand daher im kühnsten Relief da. Mehrere Gletscher stiegen in gewundenem Verlauf von der oberen großen Schneefläche nach der Meeresküste hinab; man könnte sie mit großen gefrorenen Niagara-Fällen vergleichen, und vielleicht sind auch diese Katarakte von blauem Eis völlig so schön wie die sich bewegenden Wasserfälle. Abends erreichten wir den westlichen Teil des Kanals; das Wasser war aber so tief, daß kein Ankerplatz zu finden war. Wir waren daher gezwungen, in diesem engen Meeresarm in einer pechdunklen Nacht von vierzehn Stunden abwechselnd land- und seewärts beizulegen.

10. Juni – Am Morgen suchten wir so gut es ging in das offene Wasser des Stillen Ozeans zu kommen. Die Westküste besteht meistens aus niedrigen, abgerundeten, vollständig kahlen Hügeln von Granit und Grünstein. Sir J. Narborough nannte einen Teil davon South Desolation, weil es ein so ödes und verlassenes Land ist; und er hatte damit wohl Recht. Außerhalb der Hauptinseln liegen zahllose zerstreute Felsen, an welchen die lange Schwellung des offenen Ozeans beständig wütet. Wir fuhren zwischen den östlichen und westlichen Furien hinaus: Ein wenig nach Norden zu liegen so viele Klippen, daß das Meer die Milchstraße genannt wird. Ein einziger Blick auf eine solche Küste reicht hin, um einen Menschen des Festlands eine Woche lang von Schiffbrüchen, Gefahr und Tod träumen zu lassen; und mit diesem Blick sagten wir für immer Feuerland Lebewohl.

Die folgende Erörterung über das Klima der südlichen Teile des Kontinents in Beziehung zu deren Erzeugnissen, zu der Schneegrenze, dem außerordentlich tiefen Herabsteigen der Gletscher und der Zone ewigen Frostes auf den antarktischen Inseln kann von jedem, der sich nicht besonders für diese merkwürdigen Gegenstände interessiert, überschlagen werden, oder er mag die Rekapitulation am Schluß des Kapitels allein nachlesen.

Über das Klima und die Naturerzeugnisse Feuerlands und der Südwestküste – Die folgende kleine Tabelle gibt die mittlere Temperatur des Feuerlandes, der Falkland-Inseln und, zum Vergleich, die von Dublin:

	Breite	Sommer-Temperatur	Winter-Temperatur	Mittel von Sommer u. Winter
Feuerland (Port Famine)	53°38′S.	50° (10°C.)	33,08° (0,56°C.)	41,54° (5,30°C.)
Falkland-Inseln	51°30′S.	51° (10,56°C.)	—	—
Dublin	53°21′N.	59,54° (15,30°C.)	39,2° (3,90°C.)	49,37° (9,46°C.)

Wir sehen hieraus, daß der zentrale Teil Feuerlands im Winter kälter und um nicht weniger als 9 ½° (5,28 °C.) im Sommer weniger warm ist als Dublin. Der Angabe L. von Buchs zufolge ist die Mittel-Temperatur des Juli (dies ist nicht der wärmste Monat im Jahre) in Saltenfjord in Norwegen 57,8° (14,22 °C), und dieser Punkt liegt faktisch 13° dem Pol näher als Port Famine![8] So unwirklich auch dies Klima unserem Gefühl erscheint, so gedeihen in ihm doch üppige immergrüne Bäume. Man sieht Kolibris in den Blüten saugen und Papageien die Samen der Winters-Rinde fressen, in 55° S. Br. Ich habe bereits bemerkt, in welchem Grade das Meer von lebenden Wesen wimmelt; auch sind, der Angabe Mr. Sowerbys zufolge, die Muscheln (wie *Patellae, Fissurellae, Chitones* und Entenmuscheln) von viel bedeutenderer Größe und kräftigerem Wachstum als die analogen Spezies auf der nördlichen Hemisphäre. Eine große *Voluta* ist im südlichen Feuerland und an den Falkland-Inseln außerordentlich häufig. Bei Bahia Blanca, in 39° S. Br., waren die allerhäufigsten Muscheln drei Spezies von *Oliva* (eine von bedeutender

---

[8] In bezug auf das Feuerland sind die Resultate teils den Beobachtungen Capt. Kings (Geographical Journal, 1830), teils den an Bord der „Beagle" angestellten entnommen. Was die Falkland-Inseln betrifft, so verdanke ich Capt. Sullivan das Mittel aus der Mitteltemperatur (nach sorgfältigen Beobachtungen um Mitternacht, um 8 Uhr morgens, mittags und 8 Uhr abends reduziert) der drei wärmsten Monate, nämlich Dezember, Januar und Februar. Die Temperatur von Dublin habe ich aus Barton genommen.

Größe), eine oder zwei *Voluta* und eine *Terebra*. Nun gehören diese aber zu den bestcharakterisierten tropischen Formen. Es ist zweifelhaft, ob auch nur eine kleine Spezies von *Oliva* an den südlichen Küsten von Europa lebt, und von den anderen beiden Gattungen findet sich keine Art dort. Wenn ein Geologe an der Küste von Portugal in 39° N. Br. eine Schicht fände, in welcher zahlreiche Muscheln eingeschlossen sind, die zu drei Spezies von *Oliva*, zu einer *Voluta* und einer *Terebra* gehören, so würde er wahrscheinlich behaupten, daß das Klima zu der Zeit, wo sie dort lebten, tropisch gewesen sein müsse; aber nach Süd-Amerika zu urteilen, wäre dieser Schluß falsch.

Das gleichförmige, feuchte und windige Klima des Feuerlandes erstreckt sich mit einer nur geringen Wärmezunahme viele Grade der westlichen Küste des Kontinents entlang. Die Wälder haben 600 Meilen nach Norden vom Kap Hoorn ein sehr ähnliches Aussehen. Als Beweis für die Gleichförmigkeit des Klimas, selbst 300 oder 400 Meilen noch weiter nach Norden, will ich erwähnen, daß in Chiloë (der Breite nach den nördlichen Teilen von Spanien entsprechend) der Pfirsichbaum selten reife Früchte produziert, während Erdbeeren und Äpfel vortrefflich gedeihen. Selbst die Ernten von Gerste und Weizen[9] werden oft in die Häuser geschafft, um dort zu trocknen und zu reifen. In Valdivia (in derselben Breite, 40°, wie Madrid), reifen wohl Trauben und Feigen, aber sind nicht häufig; Oliven werden selten, selbst nur teilweise, reif, und Orangen gibt es gar nicht. Es ist bekannt, daß diese nämlichen Früchte in entsprechenden Breiten in Europa vortrefflich gedeihen; und selbst auf dem amerikanischen Kontinent wurden am Rio Negro, in demselben Parallelkreise, süße Bataten (*Convolvulus*) kultiviert, und Trauben, Feigen, Oliven, Orangen, Wasser- und Moschus-Melonen tragen sehr reichlich Früchte. Obgleich das gleichförmige und feuchte Klima von Chiloë und den südlich und nördlich davon gelegenen Küsten für unsere Früchte so ungünstig ist, so wetteifern doch die einheimischen Wälder von 45° bis 38° in Üppigkeit beinahe mit denen der glühenden Tropenländer. Stattliche Bäume vieler Arten mit glatten und reich gefärbten Rinden sind mit parasitischen monocotyledonen Pflanzen beladen; große und elegante Farne sind zahlreich, und baumartig aufschießende Gräser verbinden die Bäume bis zur Höhe von dreißig oder vierzig Fuß über dem Boden zu einer verwickelten Masse. Palmbäume wachsen in 37° S. Br.; ein baumartiges Gras, dem Bambus sehr ähnlich, in 40°, und eine andere nahe verwandte Art von großer Länge, aber nicht aufrecht, gedeiht vortrefflich selbst bis zum 45.° S. Br.

Ein gleichförmiges Klima, das offenbar eine Folge der, mit dem Lande verglichen, so großen Ausdehnung des Meeres ist, scheint sich über den größeren Teil der südlichen Hemisphäre zu erstrecken; als Folge hiervon hat die Vegetation einen halb-tropischen Charakter erhalten. Baumfarne gedeihen üppig auf Van Diemen's Land (45° S. Br.); ich habe einen Stamm gemessen, welcher nicht weniger als sechs Fuß im Umfang enthielt. Forster fand einen baumartigen Farn auf Neu-Seeland in 46° S. Br. wo Orchideen parasitisch auf Bäumen leben. Auf den Auckland-Inseln haben nach Dr. Dieffenbach[10] Farne so dicke und hohe Stämme, daß man auch sie beinahe Baum-Farne nennen kann; und auf diesen Inseln, und selbst noch weiter südlich, selbst bis zu 55°, auf den Macquarrie-Inseln sind Papageien außerordentlich häufig.

Über die Höhe der Schneegrenze und über das Herabsteigen der Gletscher in Süd-Amerika – Die folgende Tabelle ist nach den Angaben von Humboldts, Pentlands, Gillies, Kings und der „Beagle" zusammengestellt:

---

[9] Agüeros, Descrip. Hist. de la Prov. de Chiloë, 1791, p.94.
[10] S. die Übersetzung der ersten Bearbeitung dieser Reise (I. Bd., p.317); wegen der anderen Tatsachen R. Browns Appendix zu Flinders Reisen.

Breite	Höhe der Schneegrenze in Fuß	Beobachter
Gegend des Äquators, mittleres Resultat	15.748	Humboldt
Bolivia, 16° bis 18° S. Br.	17.000	Pentland[11]
Zentrales Chile, 33° S. Br.	14.500 bis 15.000	Gillies u. der Verf.
Chiloë, 41° bis 43° S. Br	6.000	Offiziere der „Beagle" und der Verfasser
Feuerland, 54° S. Br.	3.500 bis 4.000	King[12]

Da die Höhe der Linie des ewigen Schnees hauptsächlich durch die extreme Sommerwärme und weniger durch die mittlere Jahrestemperatur bestimmt zu werden scheint, so darf es uns nicht überraschen, daß sie in der Magellan-Straße, wo der Sommer so kühl ist, bis zu 3500 oder 4000 Fuß über dem Meeresspiegel herabsteigt, während wir in Norwegen bis hinauf zwischen 67° und 70° N. Br. wandern müssen, um die Grenze des ewigen Schnees in einem so niedrigen Niveau zu finden. Der ungefähr 9000 Fuß betragende Unterschied zwischen der Höhe der Schneegrenze auf der Cordillera hinter Chiloë (dessen höchster Punkt nur von 5600 bis 7500 Fuß sich erhebt) und in Zentral-Chile[13] (eine Entfernung von nur 9 Breitengraden) ist wahrhaft wunderbar. Das Land südlich von Chiloë bis in die Nähe von Concepcion (37° S. Br.) wird von einem einzigen großen, von Feuchtigkeit triefenden Walde bedeckt. Der Himmel ist bewölkt, und wir haben gesehen, wie schlecht hier die Früchte des südlichen Europas gedeihen. Im zentralen Chile andererseits, ein wenig nördlich von Concepcion, ist der Himmel meist klar. Während der sieben Sommermonate fällt kein Regen und südeuropäische Früchte gedeihen wunderbar gut; selbst das Zuckerrohr ist kultiviert worden.[14] Ohne Zweifel erleidet die Grenzlinie des ewigen Schnees die oben erwähnte merkwürdige, in der ganzen Welt einzig und ohne Parallele dastehende Biegung von 9000 Fuß nicht weit von der Breite von Concepcion, wo das Land aufhört mit Waldbäumen bedeckt zu sein; denn Bäume zeigen in Süd-Amerika ein regnerisches Klima an, und Regen einen bewölkten Himmel und geringe Sommerwärme.

Das Herabsteigen von Gletschern nach dem Meer hängt, so viel ich sehe, hauptsächlich (natürlich eine gehörige Zufuhr von Schnee in der oberen Gegend vorausgesetzt) von der niedrigen Lage der Grenze des ewigen Schnees an steilen Bergen in der Nähe der Küste ab. Da die Schneegrenze in Feuerland so tief liegt, hätten wir von vornherein erwarten können, daß viele der Gletscher das Meer erreichen würden. Nichtsdestoweniger war ich erstaunt, als ich zuerst eine nur 3000 bis 4000 Fuß hohe Bergkette, in der Breite von Cumberland, sah, auf welcher ein jedes Tal mit nach der Meeresküste hinabsteigenden Strömen von Eis erfüllt war. Beinahe jeder Meeresarm, welcher bis zu der inneren höheren Kette, nicht bloß in Feuerland, sondern auch an der Küste bis 650 Meilen weiter nach Norden, vordringt, wird von „furchtbaren und staunenswerten Gletschern" geschlossen, wie einer der Offiziere der Küstenaufnahme es beschreibt. Große Massen von Eis fallen häufig von diesen eisigen Klippen herab, und der Krach hallt in den einsamen Kanälen wieder wie ein Breitseitenschuß eines Kriegsschiffes. Dieses Fallen bringt, wie

---

[11] Journ. of the Geograph. Soc., Vol. 5, p.70.
[12] Journ. of the Geograph. Soc., Vol. 1, p.165.
[13] Ich glaube, auf der Cordillera von Zentral-Chile variiert die Höhe der Schneegrenze außerordentlich in verschiedenen Sommern. Man hat mir versichert, daß während eines sehr trockenen und langen Sommers aller Schnee vom Aconcagua verschwunden sei, obschon er sich zu der ungeheuren Höhe von 23.000 Fuß erhebt. Wahrscheinlich ist ein großer Teil des Schnees in dieser bedeutenden Höhe eher verdunstet als geschmolzen.
[14] Miers' Chile, Vol. I, p.415. Man sagt, daß das Zuckerrohr in Ingenio, 32-33° S. Br., zwar gediehen sei, aber nicht in genügender Menge, um die Zuckerbereitung nutzbringend zu machen. Im Tal von Quillota, südlich von Ingenio, sah ich einige große Dattelpalmbäume.

Elftes Kapitel

es im vorigen Kapitel erwähnt wurde, große Wellen hervor, welche sich an den anstoßenden Küsten brechen. Es ist bekannt, daß Erdbeben häufig das Herabstürzen großer Massen von Land von den Küstenfelsen verursachen: wie fürchterlich würde dann die Wirkung eines heftigen Stoßes (und solche kommen hier vor[15]) auf einen Körper sein, der wie ein Gletscher bereits in Bewegung und von Spalten durchsetzt ist! Ich kann es mir leicht vorstellen, daß das Wasser aus dem tiefsten Kanal förmlich weggedrängt werden und dann mit überwältigender Macht zurückkehrend, kolossale Felsenmassen umherwirbeln würde wie Spreu. In Eyre's Sund, in der Breite von Paris, finden sich ungeheure Gletscher, und doch ist der höchste Berg in der Nähe nur 6200 Fuß hoch. In diesem Sund waren einmal zu gleicher Zeit ungefähr fünfzig Eisberge nach außen schwimmen zu sehen, und einer derselben muß mindestens 168 Fuß in totaler Höhe gemessen haben. Einige dieser Eisberge waren mit Blöcken von Granit von nicht unbeträchtlicher Größe und anderen Gesteinen beladen, verschieden von dem Tonschiefer der benachbarten Berge. Der während der Reisen der „Adventure" und der „Beagle" in größter Entfernung vom Pol beobachtete Gletscher wurde in 46° 50; S. Br. im Golf von Penas gesehen. Er ist 15 Meilen lang und an einer Stelle 7 Meilen breit und steigt bis an die Meeresküste herab. Aber selbst noch wenige Meilen nach Norden von diesem Gletscher, in der Laguna de San Rafael, begegneten einige spanische Missionare[16] „vielen Eisbergen, von denen manche groß, manche klein, einige mittelgroß" waren, in einem schmalen Meeresarm am 22. des unserem Juni entsprechenden Monats und in einer der des Genfer Sees entsprechenden Breite!

In Europa findet sich der südlichste Gletscher, welcher bis zum Meer hinabgeht, der Angabe von Buchs zufolge, an der Küste von Norwegen, in Kunnen, in 67° N. Br. Dies ist über 20 Breitengrade oder 1230 Meilen näher am Pol als die Laguna de San Rafael. Die Lage der Gletscher an dieser Stelle und im Golf von Penas kann durch eine noch auffallendere Beziehung ausgedrückt werden. Sie steigen nämlich zur Meeresküste hinab innerhalb 7 ½ oder 450 Meilen von einem Hafen, wo drei Spezies von Oliva, eine Voluta und eine Terebra die häufigsten Muscheln sind, und weniger als 9° von einem Orte, wo Palmen wachsen, innerhalb 4 ½° von einer Gegend, wo der Puma und der Jaguar über die Ebene schweifen, weniger als 2 ½° von baumartigen Gräsern und (in derselben Hemisphäre nach Westen blickend) weniger als 2° von parasitischen Orchideen und weniger als einen Grad von Baumfarnen!

Diese Tatsachen sind von großem geologischem Interesse in bezug auf das Klima der nördlichen Hemisphäre zu der Zeit, als erratische Blöcke transportiert wurden. Ich will hier nicht im Einzelnen ausführen, wie einfach die Theorie, nach welcher Eisberge mit Felsenfragmenten beladen wurden, den Ursprung und die Lage der riesengroßen erratischen Blöcke des östlichen Feuerlandes, auf der hohen Ebene des Santa Cruz und auf der Insel Chiloë erklärt. In Feuerland liegt die größere Zahl der erratischen Blöcke auf den Linien alter Meeresarme, welche durch die Erhebung des Landes in trockene Täler verwandelt worden sind. Sie werden von einer großen, nicht geschichteten Ablagerung von Schlamm und Sand begleitet, welche abgerundete und eckige Fragmente von allen Größen enthält und durch das wiederholte Aufwühlen des Meeresgrundes, durch das Stranden von Eisbergen und die von diesen selbst fortgeschafften Massen entstanden ist.[17] Wenige Geologen zweifeln jetzt noch daran, daß diejenigen Blöcke, welche in der Nähe hoher Berge liegen, von den Gletschern selbst fortgeschoben worden sind, diejenigen aber, welche von Gebirgen entfernt in Ablagerungen, die unter Wasser sich gebildet haben, eingeschlossen sind, von Eisbergen oder in Küsteneis eingefroren dorthin gebracht worden sind. Der Zusammenhang zwischen dem Fortschaffen erratischer Blöcke und dem Vorhandensein von Eis in irgendeiner Form wird sehr auffallend durch ihre geographische Verbreitung über die

---

[15] Bulkeley and Cummin, Faithful Narrative of the Loss of the Wager. Das Erdbeben ereignete sich am 25. August 1741.
[16] Agüeros, Descr. hist. de Chiloë, p.227.
[17] Geological Transactions, Vol. VI, p.415.

Erde erwiesen. In Süd-Amerika finden sie sich, vom Südpol aus gemessen, nicht weiter als bis zum 48.°, in Nord-Amerika scheint sich ihre Transportgrenze bis 53 ½° vom Nordpol aus zu erstrecken, in Europa aber, von demselben Pol aus gerechnet, nicht weiter als bis zum 40.° N. Br. Andererseits sind sie in den tropischen Teilen von Amerika, Asien und Afrika niemals beobachtet worden, ebensowenig am Kap der Guten Hoffnung und in Australien.[18]

Über das Klima und die Naturprodukte der antarktischen Inseln – Bedenkt man die Üppigkeit der Vegetation im Feuerland und an der Küste nördlich davon, so ist der Zustand der Inseln südlich und südwestlich von Amerika wahrhaft überraschend. Sandwich-Land, in der Breite des nördlichen Teils von Schottland, fand Cook während des heißesten Monats im Jahre „viele Faden tief mit ewigem Schnee bedeckt"; auch scheint dort kaum irgendeine Vegetation zu existieren. Georgia, eine 96 Meilen lange und 10 Meilen breite Insel in der Breite von Yorkshire, „ist selbst in der Höhe des Sommers gewissermaßen ganz und gar mit gefrorenem Schnee bedeckt." Es trägt nur Moos, einige Büschel Gras und die wilde Pimpernelle. Es hat nur einen Land-Vogel (*Anthus correndera*), wogegen Island, welches dem Pol um 10° näher liegt, der Angabe Mackenzies zufolge fünfzehn Land-Vögel hat. Die Süd-Shetland-Inseln, in derselben Breite wie die südliche Hälfte von Norwegen, besitzen nur Flechten, Moos und ein kleines Gras; und Lieutenant Kendall[20] fand, daß die Bay, in welcher er vor Anker lag, in einer Zeit zuzufrieren begann, welche unserem 8. September entspricht. Der Boden besteht hier aus Eis und vulkanischer Asche in abwechselnden Schichten, und in einer geringen Tiefe unter der Oberfläche muß er beständig gefroren sein, denn Lieutenant Kendall fand den Leichnam eines fremden Matrosen, welcher vor langer Zeit hier begraben worden war, mit dem Fleisch und allen Gesichtszügen ganz wohlerhalten.

Es ist eine eigentümliche Tatsache, daß wir auf den beiden großen Kontinenten der nördlichen Hemisphäre (aber nicht in dem unterbrochenen Land von Europa zwischen ihnen) die Zone des ewigen Bodeneises in einer niedrigen Breite finden, nämlich bei 56° in einer Tiefe von drei Fuß in Nord-Amerika[20], und bei 62° in Sibirien in einer Tiefe von zwölf bis fünfzehn Fuß, – es ist dies das Resultat eines gerade entgegengesetzten Zustandes der Dinge von dem der südlichen Hemisphäre. Auf der nördlichen Hemisphäre wird der Winter durch das Ausstrahlen von einer großen Fläche Landes in den klaren Himmel exzessiv kalt gemacht, auch wird die Kälte nicht durch Wärme bringende Meeresströmungen gemäßigt: andererseits ist der kurze Sommer warm. Im südlichen Ozean ist der Winter nicht so exzessiv kalt; der Sommer aber ist viel weniger warm, denn der bedeckte Himmel gestattet der Sonne nur selten, den Ozean zu wärmen, welcher selbst nur schlecht Wärme absorbiert; daher ist die mittlere Temperatur des Jahres, welche die Zone des ewigen Bodeneises reguliert, niedrig. Offenbar kann eine üppige Vegetation, welche nicht sowohl Wärme als vielmehr Schutz vor intensiver Kälte bedarf, unter dem gleichförmigen Klima der südlichen Hemisphäre der Linie ewigen Bodeneises viel näher kommen, als unter dem extremen Klima der nördlichen Kontinente.

Der Umstand, daß der vollkommen erhaltene Leichnam eines Matrosen in dem eisigen Boden der Süd-Shetland-Inseln (62°– 63° S. Br.) in einer noch etwas niedrigeren Breite gefunden wurde, als in der (64° N. Br), in welcher Pallas in Sibirien das gefrorene Rhinozeros fand, ist sehr interessant. Obschon es, wie ich in einem früheren Kapitel zu zeigen versucht habe, ein Irrtum ist, anzunehmen, daß die größeren Säugetiere zu ihrem Unterhalt einer üppigen Vegetation bedürfen, so ist es doch nichtsdestoweniger von Bedeutung, auf den Süd-Shetland-Inseln innerhalb 360 Meilen von den mit Wäldern bedeckten Inseln in der Nähe des Kap Hoorn, wo, was

---

[18] Ich habe (die ersten veröffentlichten, wie ich glaube) Details über diesen Gegenstand in der ersten Bearbeitung dieser Reise und dem Appendix dazu mitgeteilt. Ich habe dort gezeigt, daß die scheinbaren Ausnahmen von der Regel, daß erratische Blöcke in warmen Ländern fehlen, auf irrigen Beobachtungen beruhen; mehrere der dort gemachten Angaben sind, wie ich sehe, von verschiedenen Schriftstellern bestätigt worden.

[19] Geographical Journal, 1830, p.65, 66.

[20] Richardsons Appendix zu Backs Expedition, und Humboldt Fragm. Asiat., Tom. II, p.336.

Elftes Kapitel

die Masse der Vegetation betrifft, jede beliebige Zahl großer Säugetiere sich erhalten könnte, einen gefrorenen Boden zu finden. Die vollkommene Erhaltung toter Körper von Elefanten und Nashörnern in Sibirien ist sicherlich eine der wunderbarsten Tatsachen der Geologie; aber, abgesehen von der vermeintlichen Schwierigkeit, sie mit Nahrung, von dem umgebenden Lande aus zu versorgen, ist der ganze Fall, wie ich glaube, nicht so schwierig, wie man allgemein angenommen hat. Die Ebenen von Sibirien scheinen wie die der Pampas unter dem Meere gebildet worden zu sein, in welches Flüsse die Körper vieler Tiere hinabführten. Nun ist bekannt, daß in den seichten Meeren an der arktischen Küste von Amerika der Boden friert[21] und nicht so zeitig im Frühjahr auftaut, wie die Oberfläche des Landes; überdies dürfte in größeren Tiefen, wo der Meeresgrund nicht gefriert, der Schlamm wenige Fuß unter der obersten Schicht selbst im Sommer unter 32 °F. (0 °C.) bleiben, wie es auf dem Lande mit dem Boden in einer Tiefe von wenigen Fuß der Fall ist. In noch größeren Tiefen würde wahrscheinlich die Temperatur des Schlammes und des Wassers nicht niedrig genug sein, um das Fleisch zu erhalten; von Tierleibern, welche bis jenseits der seichteren Stellen in der Nähe einer arktischen Küste getrieben wären, würde daher wahrscheinlich nur das Skelett erhalten werden. Nun finden sich in den äußersten nördlichen Teilen von Sibirien Knochen so unendlich zahlreich, daß man selbst angibt, kleine Inseln bestünden ganz aus solchen[22]; und diese Inselchen liegen nun nicht weniger als zehn Breitengrade nördlicher als der Ort, wo Pallas das gefrorene Rhinozeros fand. Andererseits würde ein durch einen Strom in einem seichten Teil des arktischen Meeres hinabgewaschener Tierleib eine ganz unendliche Zeitlang erhalten bleiben, wenn er bald nachher mit einer hinreichend dicken Schlammschicht bedeckt würde, um die Sommerwärme zu verhindern, bis zu ihm durchzudringen, und wenn auch, wäre dann der Meeresboden erhoben worden und bildete Festland, die Decke hinreichend dick wäre, um zu verhindern, daß die Wärme der Sommerluft und Sommersonne ihn auftaute und verdürbe.

Rekapitulation – Ich will die hauptsächlichsten Tatsachen, welche sich auf Klima, Wirkung des Eises und die organischen Produkte der südlichen Hemisphäre beziehen, zusammenfassend wiederholen und sie in der Phantasie nach Europa versetzen, mit dessen Natur wir um so viel besser bekannt sind. Es würden dann in der Nähe von Lissabon die gemeinsten Seemuscheln, nämlich drei Spezies von *Oliva*, eine *Voluta* und eine *Terebra* einen tropischen Charakter haben. In den südlichen Provinzen von Frankreich würden prachtvolle Wälder, durch baumartige Gräser verflochten, ihre Bäume mit parasitischen Pflanzen beladen, die Oberfläche des Landes bedecken. Der Puma und der Jaguar würden durch die Pyrenäen schweifen. In der Breite des Mont Blanc, aber auf einer Insel so weit nach Westen hinaus, wie das zentrale Nord-Amerika, würden Baumfarne und parasitische Orchideen in den dichten Wäldern gedeihen. Selbst so weit nördlich wie Dänemark würde man Kolibris um zarte Blumen flattern und Papageien zwischen den immergrünen Wäldern ihre Nahrung finden sehen; und im Meer würden wir dort eine *Voluta* und alle Muscheln von bedeutender Größe und von kräftigem Wachstum finden. Nichtsdestoweniger würde auf einigen, nur 360 Meilen nördlich von unserem neuen Kap Hoorn in Dänemark liegenden Inseln ein im Boden begrabener (oder in das seichte Meer hinabgeschwemmter und mit Schlamm bedeckter) Tierleib beständig gefroren erhalten bleiben. Wenn irgendein kühner Schiffsfahrer den Versuch wagte, nördlich von diesen Inseln vorzudringen, würde er tausend Gefahren zwischen riesigen Eisbergen ausgesetzt sein, auf einigen von denen er große Felsblöcke weit von ihrer ursprünglichen Lage fortgetragen sehen würde. Eine andere Insel von bedeutender Größe in der Breite des südlichen Schottland, aber zweimal so weit nach Westen, würde „beinahe gänzlich mit ewigem Schnee bedeckt sein" und jede Bucht würde mit Eisklippen enden, von denen sich jährlich große Massen lösten, diese Insel würde sich nur eines kleinen Mooses,

---

[21] Dease und Simpson, in: Geographical Journal, Vol. VIII, p.218, 220.
[22] Cuvier, Ossemens fossiles, Tom. I, p.151, aus Billings Reisen.

Grases und der Pimpernelle rühmen können und eine Heidelerche wäre ihr einziger Landbewohner. Von unserem neuen Kap Hoorn in Dänemark aus würde eine Bergkette, kaum halb so hoch wie die Alpen, in gerader Linie nach Süden laufen, und auf ihrer Westseite würde jede tiefe Meeresbucht oder jedes Fjord in „steilen und erstaunlichen Gletschern" enden. Diese einsamen Kanäle würden häufig vom Sturz von Eismassen widerhallen und ebenso häufig würden große Wellen die Küsten entlangstürzen. Zahlreiche Eisberge, manche so hoch wie Dome und gelegentlich mit „nicht unansehnlichen Felsblöcken beladen", würden an den äußeren Inseln stranden; von Zeit zu Zeit würden Erdbeben ungeheure Massen von Eis in die Gewässer darunter schütten. Endlich würden Missionare, welche in einen langen Meeresarm einzudringen versuchten, sehen, wie die nicht hohen umgebenden Berge viele große Eisströme nach der Meeresküste hinabsenden, und ihre Weiterfahrt in den Booten würde durch unzählige Eisberge, manche groß und manche klein, aufgehalten werden; und dies würde sich an unserem 22. Juni und in einer Breite, in der sich jetzt der Genfer See ausbreitet, ereignen.[23]

---

[23] In der ersten Bearbeitung und dem Appendix dazu habe ich einige Tatsachen über den Transport erratischer Blöcke und Eisberge im antarktischen Ozean mitgeteilt. Dieser Gegenstand ist neuerdings von Hayes im Boston Journal, Vol. IV, p.426, ausgezeichnet behandelt worden. Der Verfasser scheint einen Fall nicht gekannt zu haben, den ich veröffentlicht habe (Geographical Journal, Vol. IX, p.528), wo ein gigantischer Block in einem Eisberg, beinahe sicher hundert Meilen von irgendeinem Land entfernt, vielleicht sogar noch viel weiter, eingeschlossen war. In dem Appendix habe ich ausführlich die (zu jener Zeit kaum geahnte) Wahrscheinlichkeit erörtert, daß Eisberge, wenn sie gestrandet sind, Felsen ritzen und polieren wie Gletscher. Dies ist jetzt eine allgemein angenommene Ansicht, und ich kann noch immer die Vermutung nicht unterdrücken, daß sie selbst auf solche Fälle wie den Jura anwendbar ist. Dr. Richardson hat mir versichert, daß die Eisberge vor den nordamerikanischen Küsten Rollsteine und Sand vor sich her schieben und die submarinen felsigen Flächen in der Richtung der vorherrschenden Strömungen poliert und gefurcht werden müssen. Seitdem ich jenen Appendix geschrieben habe, habe ich in Nord-Wales die sich berührenden Wirkungen von Gletschern und Eisbergen gesehen (Lond. Phil. Mag., Vol. XXI, p.180). S. auch Ges. Werke Bd. XII. 2. Abt.

Zwölftes Kapitel

Valparaiso – Exkursion nach dem Fuß der Anden – Bildung des Landes – Besteigung des Glokkenbergs von Quillota – Zerstreute Massen von Grünstein – Ungeheure Täler – Bergwerke – Lage der Bergleute – Santiago – Warme Bäder von Cauquenes – Goldminen – Mühlen – Durchbohrte Steine – Lebensweise des Puma – El Turco und Tapacolo – Kolibris

Zentrales Chile

23. Juli – Die „Beagle" ankerte spät in der Nacht im Meerbusen von Valparaiso, dem Haupthafen von Chile. Als der Morgen herankam, erschien alles entzückend. Nach dem Aufenthalt in Feuerland fühlte man sich in diesem Klima ganz köstlich – die Atmosphäre war so trocken und der Himmel so klar und blau mit glänzend scheinender Sonne, daß die ganze Natur von Leben zu sprudeln schien. Die Ansicht vom Ankerplatz aus ist sehr hübsch. Die Stadt ist unmittelbar am Fuße einer ungefähr 1600 Fuß hohen und im ganzen steilen Bergkette gebaut. Die abgerundeten, nur zum Teil mit einer dürftigen Vegetation bedeckten Hügel sind von zahllosen kleinen, ausgewaschenen Gräben durchzogen, welche einen eigentümlich hellroten Boden dem Blicke aussetzen. Aus dieser Ursache und wegen der niedrigen, weiß getünchten Häuser mit Ziegeldächern erinnerte mich die Ansicht an Sta. Cruz auf Teneriffa. In einer nördlichen Richtung hat man einige schöne Blicke auf die Anden; doch sehen diese Berge von den benachbarten Hügeln aus betrachtet viel großartiger aus; die große Entfernung, in welcher sie liegen, kann dann viel leichter wahrgenommen werden. Der Vulkan von Aconcagua ist ganz besonders prachtvoll. Diese ungeheure und unregelmäßig konische Masse hat eine bedeutendere Höhe als der Chimborazo; denn nach den von den Offizieren der „Beagle" ausgeführten Messungen beträgt seine Höhe nicht weniger als 23.000 Fuß. Indes verdankt die Cordillera, von diesem Punkte aus gesehen, den größeren Teil ihrer Schönheit der Atmosphäre, durch welche hindurch sie gesehen wird. Wenn die Sonne im Stillen Ozean unterging, war es wunderbar schön zu beobachten, wie deutlich ihre zerklüfteten Umrisse unterschieden werden konnten, und doch auch, wie mannigfaltig und zart die Schattierung ihrer Färbung war.

Ich hatte das große Glück, Mr. Richard Corfield, einen alten Schulkameraden und lieben Freund, zu finden, welcher sich hier niedergelassen hatte und dessen Gastfreundschaft und Liebenswürdigkeit ich so lange die „Beagle" in Chile blieb, einen äußerst angenehmen Aufenthalt zu danken gehabt habe. Die unmittelbare Umgebung von Valparaiso ist für den Naturforscher nicht sehr ergiebig. Während des langen Sommers bläst der Wind beständig von Süden und etwas vom Lande ab, so daß niemals Regen fällt; während der drei Wintermonate ist er indessen hinreichend stark. Infolge hiervon ist die Vegetation sehr dürftig; mit Ausnahme einiger tiefer Täler gibt es keine Bäume, und nur etwas weniges Gras und ein paar niedrige Büsche sind über die weniger steilen Teile der Berge zerstreut. Wenn wir bedenken, daß in einer Entfernung von 350 Meilen nach Süden diese Seiten der Anden vollständig von einem einzigen undurchdringlichen Wald verhüllt werden, so ist der Kontrast sehr merkwürdig. Ich machte mehrere lange Spaziergänge, auf denen ich Naturgegenstände sammelte. Das Land ist angenehm zum Spazierengehen. Es gibt viele sehr schöne Blumen, und die Pflanzen und Sträucher besitzen, wie in den meisten anderen trockenen Ländern, starke und eigentümliche Gerüche; selbst die Kleider werden parfümiert, wenn sie sich beim Gehen an den Pflanzen reiben. Ich hörte nicht auf, mich zu wundern, als ich jeden folgenden Tag ebenso schön fand wie den vorhergehenden. Welchen Unterschied bedingt doch das Klima im Lebensgenuß! Wie einander entgegengesetzt sind die Empfindungen, wenn man dunkle, halb in Wolken eingehüllte Berge erblickt und eine andere Kette durch den leichten blauen Duft eines schönen

Tages sieht! Das erstere mag eine Zeitlang sehr erhaben sein; das andere aber erfüllt uns ganz mit Heiterkeit und Lebensglück.

14. August – Ich brach zu einer Exkursion zu Pferde auf, zum Zweck, den basalen Teil der Anden, welcher nur in dieser Jahreszeit nicht vom Winterschnee bedeckt ist, geologisch zu untersuchen. Unser Ritt am ersten Tage führte uns nordwärts der Meeresküste entlang. Nach Dunkelwerden erreichten wir die Hacienda von Quintero, das Landgut, welches früher dem Lord Cochrane gehört hatte. Ich ging in der Absicht dorthin, die großen Muschellager zu sehen, welche einige Yards über dem Meeresspiegel liegen und zu Kalk gebrannt werden. Die Beweise für die Erhebung dieser ganzen Küstenstrecke sind ganz eindeutig; in der Höhe von einigen hundert Fuß sind alt aussehende Muscheln zahlreich, ich fand deren auch in 1300 Fuß Höhe. Diese Muscheln liegen entweder lose an der Oberfläche oder sind in eine rötlich-schwarze, vegetabilische Erde eingeschlossen. Ich war sehr überrascht, unter dem Mikroskop zu finden, daß diese vegetabilische Erde wirklich Meeresschlamm ist, voll von sehr kleinen Stückchen organischer Körper.

15. August – Wir kehrten in der Richtung nach dem Tal von Quillota zurück. Die Landschaft war äußerst lieblich, genau so, wie es die Dichter als Hirtenlandschaft bezeichnen würden: Grüne offene Matten wurden durch kleine, von Bächen durchströmte Täler voneinander getrennt und die Hütten, wir wollen uns vorstellen: der Schäfer, lagen zerstreut an den Abhängen der Berge. Wir waren genötigt, den Rücken des Chilicauquen zu überschreiten. An seinem Fuße fanden sich viele schöne immergrüne Waldbäume, sie gediehen aber ordentlich nur in den Schluchten, wo es fließendes Wasser gab. Hätte jemand nur die Gegend in der Nähe von Valparaiso gesehen, so würde er sich niemals gedacht haben, daß es in Chile solche malerische Punkte gäbe. Sobald wir den Rücken der Sierra erreicht hatten, lag das Tal von Quillota unmittelbar zu unseren Füßen. Der Anblick zeigt eine merkwürdige, künstlich hervorgerufene Üppigkeit. Das Tal ist sehr breit und ganz flach und wird daher in allen Teilen sehr leicht bewässert. Die kleinen viereckigen Gärten sind ganz dicht voll von Orangen und Oliven und allen Sorten von Gemüse. Auf beiden Seiten erheben sich kolossale nackte Berge, und dies macht des Kontrastes wegen das mosaikartig bebaute Tal nur um so angenehmer. Wer nur immer ‚Valparaiso' zuerst das ‚Valle del Paradiso', das Tal des Paradieses genannt haben mag, er muß an Quillota gedacht haben. Wir gingen quer hindurch nach der Hacienda de San Isidro, welche unmittelbar am Fuße des Glokkenberges liegt.

Chile ist, wie man ja auf den Landkarten sieht, ein schmaler Streifen Landes zwischen der Cordillera und dem Stillen Ozean; und dieser Streifen wird selbst wieder von mehreren Gebirgszügen durchsetzt, welche in diesem Teile ihres Verlaufs mit der Hauptkette parallel ziehen. Zwischen diesen äußeren Bergreihen und der Hauptkette der Cordillera erstreckt sich eine aufeinander folgende Reihe ebener, meist durch enge Übergänge sich ineinander öffnende Becken weit nach Süden; in diesen liegen die hauptsächlichsten Städte, wie San Felipe, Santiago, San Fernando. Diese Becken oder Ebenen stellen zusammen mit den queren flachen Tälern (wie das von Quillota), welche sie mit der Küste verbinden, ohne Zweifel den Boden alter, in das Land einspringender Meeresarme oder tiefer Meerbusen dar, so wie sie heutigen Tages das ganze Feuerland und die westliche Küste durchschneiden. Dem letztgenannten Land muß Chile früher in der Verteilung des Landes und Wassers ähnlich gewesen sein. Diese Ähnlichkeit trat gelegentlich sehr auffallend hervor, wenn eine horizontale Nebelschicht die ganzen niedriger gelegenen Teile des Landes wie mit einem Mantel bedeckte; die weißen, in die Schluchten hinaufwirbelnden Dämpfe stellten wunderschön die kleinen Buchten und Busen dar, und hier und da zeigte ein einzeln stehender, aus der Nebelmasse hervorlugender Hügel, daß er früher als kleine Insel hier gestanden habe. Der Gegensatz zwischen diesen flachen Tälern und Becken und den unregelmäßig konturierten Bergen gab der Szenerie einen für mich neuen und sehr interessanten Charakter.

Wegen der natürlichen Abdachung dieser Ebenen nach dem Meere zu werden sie sehr leicht bewässert und sind infolgedessen ganz eigentümlich fruchtbar. Ohne diesen Prozeß würde wohl das Land kaum irgend etwas hervorbringen, denn während des ganzen Sommers ist der Himmel wolkenlos. Die Berge und Hügel sind über und über mit Gebüschen und niedrigen Bäumen besetzt; mit Ausnahme dieser aber ist die Vegetation sehr dürftig. Jeder Landeigentümer im Tale besitzt noch eine gewisse Strecke Hügelland, wo sein halbwildes Rind in beträchtlicher Anzahl es ermöglicht, hinreichende Weide zu finden. Einmal in jedem Jahr findet ein großer „Rodeo" statt, wo sämtliches Rind hinabgetrieben, gezählt und gezeichnet, und eine gewisse Stückzahl von den anderen getrennt wird, um auf den bewässerten Feldern gemästet zu werden. Weizen wird in großer Ausdehnung kultiviert, auch eine ziemliche Menge Mais; der hauptsächlichste Nahrungsartikel für die gemeinen Arbeiter ist indessen eine Art Bohnen. Die Obstgärten erzeugen einen reichen Überfluß von Pfirsichen, Feigen und Trauben. Bei allen diesen Vorteilen sollten die Bewohner des Landes viel besser vorwärts kommen, als sie es wirklich tun.

16. August – Der Mayor-Domo der Hacienda war freundlich genug, mir einen Führer und Pferde zu geben; wir brachen daher am Morgen auf, um die Campana oder den Glockenberg zu besteigen, der 6400 Fuß hoch ist. Die Wege waren sehr schlecht, aber sowohl die Geologie als die Szenerie wogen die Mühe reichlich auf. Am Abend erreichten wir eine Quelle, Agua del Guanaco genannt, welche in beträchtlicher Höhe liegt. Es muß dies ein alter Name sein, denn es ist schon sehr viele Jahre her, daß ein Guanaco vom Wasser dieser Quelle getrunken hat. Während des Steigens bemerkte ich, daß auf dem nördlichen Abhang nichts als Büsche wuchsen, während auf dem südlichen Abhang ein ungefähr fünfzehn Fuß hoher Bambus stand. An einigen wenigen Stellen fanden sich Palmen, und ich war sehr überrascht, eine solche in einer Höhe von mindestens 4500 Fuß zu finden. Diese Palmen sind, für ihre Familie, häßliche Bäume. Ihr Stamm ist sehr groß und von einer merkwürdigen Form, nämlich in der Mitte dicker als an der Basis und an der Spitze. Sie sind in einigen Teilen von Chile ganz außerordentlich zahlreich und wegen einer Sorte Sirup, die man aus ihrem Saft bereitet, wertvoll. Auf einer großen Besitzung in der Nähe von Petorca versuchte man sie zu zählen; der Versuch schlug aber fehl, nachdem man mehrere Hunderttausend gezählt hatte. Jedes Jahr werden im zeitigen Frühjahr, im August, sehr viele umgeschlagen, und wenn der Stamm auf der Erde liegt, wird die Blätterkrone abgeschnitten. Der Saft beginnt dann sofort am oberen Ende auszulaufen und läuft einige Monate lang fort; es ist indes nötig, jeden Morgen eine dünne Scheibe von diesem Ende abzuschneiden, um eine frische Oberfläche der Luft auszusetzen. Ein guter Baum gibt neunzig Gallonen (409 Liter), und das alles muß in den Gefäßen des scheinbar trockenen Stammes enthalten gewesen sein. Man sagt, daß der Saft viel schneller an den Tagen ausfließe, an welchen die Sonne recht mächtig ist, ebenso daß es absolut notwendig ist, dafür Sorge zu tragen, daß beim Niederhauen des Baumes das obere Ende desselben nach der höheren Seite des Berges hin falle, denn wenn er nach abwärts falle, fließe kaum irgendwelcher Saft aus, trotzdem man doch meinen sollte, daß in diesem Falle das Ausfließen durch die Wirkung der Schwerkraft unterstützt, anstatt gehindert werde. Der Saft wird durch Kochen eingedickt und wird dann Sirup genannt, dem er in Geschmack sehr ähnlich ist.

Wir sattelten die Pferde in der Nähe der Quelle ab und bereiteten uns vor, hier die Nacht zuzubringen. Der Abend war schön und die Atmosphäre so klar, daß die Masten der im Meerbusen von Valparaiso vor Anker liegenden Schiffe, trotzdem sie nicht weniger als sechsundzwanzig geographische Meilen entfernt waren, deutlich als kleine schwarze Streifen unterschieden werden konnten. Ein Schiff, welches mit aufgesetzten Segeln die Spitze umschiffte, erschien als ein glänzender weißer Fleck. Anson drückt in seiner Reise großes Erstaunen über die Entfernung aus, in welcher seine Schiffe von der Küste aus entdeckt worden seien; er berechnete aber nicht hinreichend die Höhe des Landes und die große Durchsichtigkeit der Luft.

Der Untergang der Sonne war ganz prachtvoll; die Täler waren schwarz, während die schneeigen Gipfel der Anden noch immer eine rötliche Färbung behielten. Als es dunkel war, machten wir ein Feuer unter einer kleinen Laube von Bambus, brieten unser Charqui (getrocknete Streifen Rindfleisch), nahmen unseren Maté und waren ganz gemütlich. Es gewährt einen unaussprechlichen Reiz, in dieser Weise in der freien Luft zu leben. Der Abend war ruhig und still; – gelegentlich hörte man den gellender Lärm der Berg-Viscache und das schwache Geschrei eines Ziegenmelkers. Außer diesen besuchen nur wenige Vögel, nicht einmal Insekten, diese trockenen versengten Berge.

17. August – Am Morgen kletterten wir die rauhe Masse von Grünstein hinauf, welche den Gipfel krönt. Wie es so häufig vorkommt, war dies Gestein in ungeheuer große, kantige Bruchstücke zerklüftet und umhergestreut. Doch beobachtete ich einen merkwürdigen Umstand, daß nämlich viele Flächen dieser Fragmente vollkommen frisch waren, einige sahen so aus, als seien sie am Tage vorher erst gebrochen, während an andere sich Flechten entweder eben erst befestigt hatten oder schon lange daran gewachsen waren. Ich war so vollständig der Ansicht, daß dies eine Folge der häufigen Erdbeben sei, daß ich mich unwillkürlich veranlaßt sah, nicht unterhalb eines der losen Haufen zu verweilen. Da man sich bei Tatsachen dieser Art sehr leicht täuschen kann, so zweifelte ich an der Richtigkeit meiner Deutung, bis ich den Wellington-Berg in Australien bestieg, wo keine Erdbeben vorkommen; dort fand ich, daß der Gipfel in ähnlicher Weise gebildet und mit Fragmenten überstreut war; aber die ganzen Blöcke erschienen so, als seien sie vor Tausenden von Jahren in ihre gegenwärtige Lage geschleudert worden.

Wir brachten den Tag auf dem Gipfel zu, und ich habe niemals wieder einen Tag so vollständig genossen. Chile war, von den Anden und dem Stillen Ozean begrenzt, wie auf einer Landkarte zu sehen. Das Vergnügen an der an und für sich schon schönen Szenerie wurde noch durch die vielen Betrachtungen erhöht, welche der bloße Blick auf den Gebirgszug der Campana mit den niedrigeren parallelen Zügen und auf das breite, diese direkt durchschneidende Tal von Quillota hervorrief. Wer muß hier nicht die Kraft bewundern, welche diese Gebirge emporgehoben hat, und noch mehr die unendliche Zeit, deren es bedurft hat, um ganze große Massen derselben zu durchbrechen, zu entfernen und einzuebnen? Man tut wohl, sich in diesem Falle der ungeheuren Schichten von Rollsteinen und Niederschlägen in Patagonien zu erinnern, welche, wenn sie auf die Cordillera gesetzt würden, ihre Höhe um viele tausend Fuß vergrößern würden. Als ich in jenem Lande war, wunderte ich mich darüber, wie irgendeine Bergkette solche Massen hätte liefern können, ohne vollständig vernichtet zu werden Wir dürfen aber jetzt nicht das Wundern umkehren und daran zweifeln, daß die alles überwältigende Zeit ganze Bergketten – selbst die riesenhafte Cordillera – in Kies und Schlamm zermahlen könne.

Die Erscheinung der Anden war verschieden von dem, was ich erwartet hatte. Die untere Grenzlinie des Schnees war natürlich horizontal, und mit dieser Linie schienen die ebenen Gipfel der Kette parallel zu sein. Nur in langen Zwischenräumen zeigte eine Gruppe von Bergspitzen oder ein einzelner Kegel die Stelle, wo ein Vulkan existiert hatte, oder noch existierte. Die Bergkette war daher einer großen soliden Mauer ähnlich, welche hie und da von einem Turm überragt wird und eine äußerst vollständige Grenzscheidewand für das Land bildet.

Beinahe jeder Punkt in den Bergen ist angebohrt worden, um Versuche auf Goldminen zu machen. Die Sucht, Bergbau zu treiben, hat kaum einen Fleck in Chile undurchwühlt gelassen. Den Abend brachte ich wie den vorhergehenden zu, mit meinen beiden Begleitern um das Feuer gelagert und schwatzend. Die Guasos von Chile entsprechen zwar den Gauchos der Pampas, sind aber doch eine sehr verschiedene Art Leute, Chile ist das zivilisiertere der beiden Länder, seine Einwohner haben infolgedessen viel von ihrem individuellen Charakter verloren. Abstufungen im Range sind hier viel schärfer ausgesprochen: Der Guaso hält durchaus nicht jeden Menschen für seinesgleichen; und mit großer Überraschung bemerkte ich, daß meine beiden Begleiter nicht zu derselben Zeit essen wollten wie ich. Dies Gefühl der Ungleichheit ist die notwendige Folge des Vorhandenseins einer Aristokratie des Reichtums. Man sagt, daß einige wenige der großen Landbesitzer eine jährliche Einnahme von fünf- bis zehn tausend Pfund Sterling besitzen; eine so ungleiche Verteilung des Wohlstands, wie sie, meiner Meinung nach, in keinem der Rinder züchtenden Länder östlich von den Anden vorkommt. Ein Reisender begegnet hier nicht jener schrankenlosen Gastfreundschaft, welche jede Bezahlung verschmäht, alles wird aber mit solcher Liebenswürdigkeit geboten, daß gar keine Skrupel entstehen können, es anzunehmen. Beinahe ein jedes Haus in Chile wird Dich für die Nacht aufnehmen; man erwartet aber am Morgen eine Kleinigkeit dafür; selbst ein reicher Mann wird zwei oder drei Schillinge annehmen. Der Gaucho ist ein Gentleman, wenn er auch ein Kehlabschneider sein mag; der Guaso ist in einigen wenigen Beziehungen besser, aber gleichzeitig ist er ein gemeiner, ordinärer Kerl. Trotzdem die beiden Leute beinahe ganz gleiche Beschäftigung haben, so sind sie doch in ihrer Lebensart und Kleidung verschieden; und die Eigentümlichkeiten eines jeden sind in dem Vaterlande eines jeden ganz allgemein. Der Gaucho scheint ein Stück von seinem Pferde zu sein und weist verächtlich jede Anstrengung zurück, ausgenommen, wenn er auf dem Rücken jenes sitzt; der Guaso kann als Feldarbeiter zur Arbeit gemietet werden. Der erstere lebt gänzlich von animaler, der letztere beinahe gänzlich von vegetabilischer Kost. Wir sehen hier nicht mehr die weißen Stiefeln, die weiten Hosen und die scharlachne Chilipa, das malerische Kostüm der Pampa. Hier werden gewöhnliche Hosen durch schwarze und grüne hohe Gamaschen geschont. Der Poncho ist indessen beiden gemeinsam. Der Hauptstolz des Guaso liegt in seinen Sporen, welche ganz albern groß sind. Ich habe ein Paar gemessen, deren Spornrädchen sechs Zoll im Durchmesser hielten, und die Rädchen hatten über dreißig Spitzen. Die Steigbügel sind in demselben Maßstabe gemacht; jeder besteht aus einem viereckigen, geschnitzten und ausgehöhlten Stück Holz, was drei oder vier Pfund wiegt. Der Guaso ist vielleicht noch erfahrener im Gebrauch des Lassos als der Gaucho; der Beschaffenheit des Landes wegen kennt er aber den Gebrauch der Bolas nicht.

18. August – Wir stiegen den Berg hinab und kamen an einigen prächtigen kleinen Fleckchen mit Bächen und schönen Bäumen vorüber. Nachdem wir in derselben Hacienda wie vorher geschlafen hatten, ritten wir die zwei folgenden Tage das Tal hinauf und kamen durch Quillota, das mehr aussieht wie eine Sammlung von Gemüsegärten als wie eine Stadt. Die Obstgärten waren herrlich und boten eine große Masse von Pfirsichblüten dar. An einer oder zwei Stellen sah ich auch die Dattelpalme; es ist ein äußerst stattlicher Baum, und ich glaube wohl, daß eine Gruppe solcher in ihren heimatlichen Wüsten von Asien oder Afrika ein prachtvoller Anblick sein muß. Wir kamen auch durch San Felipe, einer kleinen, zerstreut angelegten Stadt, wie Quillota. Das Tal erweitert sich an dieser Stelle in eine jener großen Buchten oder Ebenen, welche bis an den Fuß der Cordillera reichen und welche, wie ich oben erwähnt habe, einen so merkwürdigen Zug in der Szenerie von Chile bilden. Am Abend erreichten wir die Bergwerke von Jajuel, die in einer Schlucht an der Seite der großen Kette liegen. Ich hielt mich hier fünf Tage auf. Mein Wirt, der Oberaufseher des Bergwerks, war ein schlauer, aber im ganzen unwissender Bergmann aus Cornwall. Er hatte eine Spanierin geheiratet und gedachte nicht wieder in seine Heimat zurückzukehren; seine Bewunderung für die Bergwerke von Cornwall blieb aber ohne Grenzen. Unter vielen anderen Fragen fragte er mich auch: „Jetzt, wo nun George Rex tot ist, wie viele leben denn da noch weiter von der Familie der Rexes?" Dieser Rex muß jedenfalls ein Verwandter von dem großen Schriftsteller Finis sein, der ja alle Bücher geschrieben hat!

Die Bergwerke fördern Kupfer und das Erz wird verschifft, um in Swansea geschmolzen zu werden. Die Bergwerke haben daher ein eigentümliches ruhiges Ansehen verglichen mit denen in England: Hier stören weder Rauch, noch Hochöfen, noch große Dampfmaschinen die Ruhe der umgebenden Gebirge.

Die chilenische Regierung, oder vielmehr das alte spanische Gesetz, ermutigt auf alle mögliche Art das Suchen nach Erzgruben. Der Entdecker kann ein Bergwerk auf jedwedem Grund und Boden gegen Erlegung von fünf Schillingen bearbeiten, und ehe er diese bezahlt, kann er, selbst in dem Garten eines anderen, zwanzig Tage versuchsweise nachgraben.

Es ist bekannt, daß die chilenische Methode des Bergbaubetriebs die billigste ist. Mein Wirt sagt mir, daß die beiden hauptsächlichsten Verbesserungen, welche die Fremden hier eingeführt haben, darin bestehen, daß man erstens den Kupferkies durch vorgängiges Rösten reduziert, – da dieser Kupferkies in Cornwall das gewöhnliche Erz ist, so waren die englischen Bergleute bei ihrer Ankunft sehr erstaunt, es als nutzlos weggeworfen zu sehen; – und zweitens, daß man die Schlacken aus den alten Hochöfen stampft und wäscht, durch welchen Prozeß massenhaft Metallstücke wiedererlangt werden. Ich habe faktisch Maultiere gesehen, welche Lasten solcher Schlacken nach der Küste schafften, zum Export nach England. Aber der erste Umstand ist bei weitem der merkwürdigste. Die chilenischen Bergleute waren so überzeugt davon, daß der Kupferkies nicht ein Stückchen Kupfer enthielte, daß sie die Engländer wegen ihrer Unwissenheit auslachten; diese lachten aber sie wiederum aus und kauften ihre reichste Mine für ein paar Dollars. Es ist sehr merkwürdig, daß in einem Lande, wo der Bergbau viele Jahre lang in ausgedehntem Maße betrieben worden ist, ein so einfacher Prozeß, wie der des leichten Röstens des Erzes, um den Schwefel fortzutreiben, ehe man es schmilzt, niemals entdeckt wurde. Auch an einigen der einfachen Apparate sind einige wenige Verbesserungen eingeführt worden; aber selbst heutigen Tages noch wird aus einigen Gruben das Wasser durch Männer herausgeschafft, welche es in ledernen Schläuchen zum Schachte hinaustragen!

Die Grubenarbeiter haben eine sehr harte Arbeit. Es wird ihnen nur wenig Zeit für ihre Mahlzeiten gelassen und Sommer und Winter durch fangen sie die Arbeit an, wenn es hell wird, und hören mit Dunkelwerden auf. Sie erhalten ein Pfund Sterling im Monat und freie Kost; diese besteht zum Frühstück aus sechzehn Feigen und zwei kleinen Laib Brot, zum Mittagsessen aus gekochten Bohnen und zum Abendbrot aus gerösteten, zerdrückten Weizenkörnern. Sie bekommen kaum jemals Fleisch zu kosten, denn mit den zwölf Pfund das Jahr haben sie sich zu kleiden und ihre Familien zu erhalten. Die Bergleute, welche in den Gruben selbst arbeiten, haben fünfundzwanzig Schillinge den Monat, und es wird ihnen auch etwas Charqui gereicht. Diese Leute kommen aber nur einmal alle vierzehn Tage oder drei Wochen aus ihren traurigen Aufenthaltsorten herunter.

Während meines Aufenthaltes hier genoß ich das Herumklettern in diesen ungeheuren Bergen in vollem Maße. Die geologische Beschaffenheit derselben war, wie man schon hatte erwarten können, sehr interessant. Die zertrümmerten und gedörrten Gesteinsmassen, von unzähligen Grünsteingängen durchsetzt, zeigten, was für Erschütterungen hier früher stattgefunden haben. Die Szenerie war ziemlich dieselbe wie in der Nähe der Glocke von Quillota, – trockene, kahle Berge, in Zwischenräumen mit einzelnen Flecken von Buschwerk mit dürftigem Laube besetzt. Die Kakteen, oder vielmehr Opuntien, waren hier sehr zahlreich. Ich maß eine von kugeliger Gestalt, welche mit Einschluß der Stacheln sechs Fuß vier Zoll im Umfang hielt. Die Höhe der gemeinen, zylindrischen, sich verzweigenden Art beträgt zwölf bis fünfzehn Fuß und der Umfang (mit den Dornen) der Zweige zwischen zwei und drei Fuß.

Ein heftiger Schneefall auf den Bergen hinderte mich während der letzten zwei Tage daran, irgendeine interessante Exkursion zu machen. Ich versuchte, einen See zu erreichen, von welchem die Einwohner aus irgendeinem unerklärlichen Grunde glauben, daß er ein Meeresarm sei. Während eines sehr trockenen Jahres wurde der Vorschlag gemacht, doch den Bau eines Kanals des Wassers wegen zu versuchen; nach einer Beratung erklärte aber der Padre, es sei zu gefährlich, da ganz Chile überschwemmt werden würde, wenn der See, wie allgemein vermutet wurde, mit dem Stillen Ozean zusammenhinge. Wir stiegen bis zu einer bedeutenden Höhe hinauf, da wir aber in Schneetriften kamen, gelang es uns nicht, diesen wunderbaren See zu erreichen, und hatten einige Schwierigkeit auf dem Rückwege. Ich meinte, wir würden unsere Pferde verlieren; denn wir hatten kein Mittel, auch nur zu erraten, wie tief diese Triften waren und die Tiere konnten, wenn sie geführt wurden, nur durch Springen vorwärts kommen. Der schwarze Himmel verkündete, daß ein neuer Schneesturm im Anzug sei; wir waren daher nicht wenig froh, als wir glücklich entkamen. Zu der Zeit, als wir an dem Fuße ankamen, brach der Sturm los, und es war ein Glück für uns, daß dies nicht drei Stunden früher am Tage eintrat.

26. August – Wir verließen Jajuel und durchschritten wiederum das Talbecken von San Felipe. Der Tag war echt chilenisch: blendend hell und die Atmosphäre vollkommen klar. Die dicke und gleichförmige Decke frisch gefallenen Schnees machte den Blick auf den Vulkan von Aconcagua und die Hauptkette ganz prachtvoll. Wir überschritten den Cerro del Talguen und schliefen in einem kleinen Ranco. Der Wirt sprach über den Zustand von Chile im Vergleich mit anderen Ländern, war aber dabei sehr bescheiden: „Manche sehen mit zwei Augen und manche nur mit einem, ich für meinen Teil glaube aber, daß man hier in Chile mit gar keinem sieht."

27. August – Nachdem wir über mehrere kleine Berge gekommen waren, stiegen wir in die rings eingeschlossene Ebene von Guitron hinab. In solchen beckenförmigen Einsenkungen, wie dies eine ist, welche ein- bis zweitausend Fuß über dem Meeresspiegel hoch liegen, wachsen zwei in ihrer Form verkümmerte und im System weit voneinander stehende Spezies von Akazien in großer Anzahl. Es finden sich diese Bäume niemals in der Nähe der Küste und dies verleiht der Szenerie dieser Becken einen weiteren charakteristischen Zug. Wir überschritten einen niedrigen Rücken, welcher Guitron von der großen Ebene trennt, auf welcher Santiago steht. Die Aussicht war hier ganz besonders überraschend: Die völlig horizontale, teilweise mit Akazienwäldern bedeckte Fläche und mit der Stadt in der Ferne stieß horizontal an den Fuß der Anden an, deren schneeige Gipfel in der Abendsonne glänzten. Mit dem ersten Blick auf dieses Bild wurde es völlig klar, daß die Ebene in ihrer Ausdehnung einem früheren, tief in das Land eindringenden Meeresarm entspreche. Sobald wir die ebene Straße erreicht hatten, trieben wir unsere Pferde zum Galopp an und kamen noch vor Dunkelwerden in die Stadt.

Ich blieb eine Woche lang in Santiago und ergötzte mich sehr. Des Morgens ritt ich nach mehreren Punkten in der Ebene und des Abends aß ich mit mehreren der englischen Kaufleute zu Mittag, deren Gastfreundschaft in dieser Stadt sehr bekannt ist. Eine niemals unbefriedigt lassende Quelle von Vergnügen war die Besteigung des kleinen Felsenhügels (Sta. Lucia), welcher sich in der Mitte der Stadt erhebt. Die Szenerie ist sicherlich sehr überraschend und, wie ich schon gesagt habe, sehr eigentümlich. Mir ist gesagt worden, daß die Städte auf dem großen mexikanischen Plateau denselben Charakter haben. Von der Stadt selbst habe ich nichts Besonderes zu erwähnen. Sie ist weder so schön noch so groß wie Buenos Aires, ist aber nach demselben Muster gebaut. Ich war auf einem bogenförmigen Umwege nach Norden hierher gekommen; ich entschloß mich daher, nach Valparaiso mittels eines etwas längeren Ausflugs nach Süden von der direkten Straße zurückzukehren.

5. September – Um die Mitte des Tages kamen wir an einer der aus Tierhäuten gemachten Hängebrücken an, welche den Maypu überspannt, einen großen stürmischen Fluß, einige wenige Stunden südlich von Santiago. Diese Brücken sind elende Machwerke. Der der Krümmung der tragenden Taue folgende Weg ist von Bündeln von Stöcken gemacht, die dicht aneinandergelegt sind. Er war voller Löcher und schwankte ganz fürchterlich, selbst schon unter dem Gewichte eines, sein Pferd am Zügel führenden Menschen. Am Abend erreichten wir ein komfortables Farmhaus, wo sich mehrere Senoritas vorfanden. Sie waren sehr entsetzt darüber, daß ich aus bloßer Neugierde in eine ihrer Kirchen gegangen wäre. Sie fragen mich: „Warum werden Sie nicht ein Christ – denn unsere Religion ist ganz gewiß und wahr?" Ich versicherte ihnen, daß ich eine Art Christ sei; sie wollten aber davon nichts hören und beriefen sich auf meine eigenen Worte: „Heiraten denn Ihre Padres, ja selbst Ihre Bischöfe nicht?" Die Ungereimtheit, daß ein Bischof eine Frau habe, frappierte sie ganz besonders; sie wußten kaum, ob sie sich über eine solche Ungeheuerlichkeit mehr amüsieren oder entsetzen sollten.

6. September – Wir gingen gerade nach Süden weiter und schliefen in Rancagua. Die Straße führte über die horizontale, aber schmale, auf der einen Seite von hohen Hügeln, auf der anderen von der Cordillera begrenzte Ebene. Am nächsten Tage wendeten wir uns aufwärts in das Tal des Rio Cachapual, in welchem die heißen, seit langer Zeit wegen ihrer heilenden Eigenschaften berühmten Bäder von Cauquenes liegen. Die Hängebrücken werden in den weniger besuchten Gegenden meist während des Winters, wo die Flüsse niedrig sind, herabgenommen. Dies war in diesem Tal der Fall; so waren wir denn genötigt, den Fluß zu Pferde zu passieren. Dies ist ziemlich unangenehm, denn das schäumende Wasser, wenn schon es nicht tief ist, rauscht so schnell über die Schicht runder Steine hinab, daß man völlig drehend wird und es selbst schwer zu entscheiden ist, ob sich das Pferd vorwärts bewegt oder stillsteht. Im Sommer, wenn der Schnee schmilzt, sind diese Wildbäche völlig unpassierbar; ihre Gewalt und Wut ist dann außerordentlich groß, wie sich deutlich aus den Spuren ergibt, welche sie hinterlassen. Wir erreichten die Bäder am Abend und blieben fünf Tage dort, die letzten zwei durch heftige Regen festgehalten. Die Baulichkeiten bestehen aus einem Viereck elender kleiner Hütten, jede mit einem einzigen Tisch und einer Bank. Sie liegen in einem engen tiefen Tal, dicht vor der Cordillera. Es ist ein ruhiger einsamer Ort, mit einem guten Teil wilder Schönheit.

Die Mineralquellen von Cauquenes brechen auf einer Verwerfungslinie hervor und durchsetzen eine Masse geschichteten Gesteins, dessen ganzes Ansehen die Einwirkung der Hitze verrät: Eine beträchtliche Menge von Gas tritt beständig durch dieselben Öffnungen wie das Wasser nach außen. Obgleich die einzelnen Quellen nur wenige Yards voneinander liegen, haben sie doch sehr verschiedene Temperaturen; dies scheint die Folge einer ungleichen Zumischung von kaltem Wasser zu sein, denn diejenigen mit der niedrigsten Temperatur haben kaum irgendeinen mineralischen Geschmack. Nach dem großen Erdbeben von 1822 blieben die Quellen aus, und das Wasser kam erst nach einem Jahr wieder. Auch das Erdbeben von 1835 wirkte bedeutend auf sie; ihre Temperatur änderte sich plötzlich von 118° zu 92°.[1] Wahrscheinlich werden tief aus dem Innern der Erde aufsteigende Quellen durch unterirdische Umwälzungen mehr gestört, als die nahe an der Oberfläche entspringenden. Der Mann, welcher die Aufsicht über die Bäder hatte, versicherte mir, daß das Wasser im Sommer reichlicher fließt und wärmer ist als im Winter. Den letzteren Umstand würde ich erwartet haben wegen der geringeren Zumischung von kaltem Wasser während der trockenen Jahreszeit; die erstere Angabe erscheint mir aber sehr befremdlich und widersprechend. Die periodische Zunahme während des Sommers, wo niemals Regen fällt, läßt sich, wie ich glaube, nur durch das Schmelzen des Schnees erklären, doch sind die Berge, welche während dieser Jahreszeit mit Schnee bedeckt sind, drei oder vier Stunden von den Quellen entfernt. Ich habe keinen Grund, die Richtigkeit der Angaben meines Gewährsmannes zu bezweifeln, welcher, da er mehrere Jahre am Ort gelebt hat, wohl mit dem Umstand gut bekannt sein sollte, und dieser ist, wenn er richtig ist, sicher sehr merkwürdig. Denn wir müssen uns vorstellen, daß das Schneewasser, nachdem es durch poröse Schichten bis zu dem Sitz der Wärme geleitet worden ist, der Linie dislokierter und verworfener Gesteinsmassen entlang wieder nach der Oberfläche getrieben wird; auch würde die Regelmäßigkeit der Erscheinung anzudeuten scheinen, daß in diesem Bezirk erhitztes Gestein in keiner sehr großen Tiefe liegt.

---

[1] Caldcleugh, in: Philosoph. Transactions, 1836.

Zwölftes Kapitel

Eines Tages ritt ich das Tal hinauf nach dem entferntesten bewohnten Punkt. Kurz oberhalb dieses Punktes teilt sich der Cachapual in zwei tiefe, furchtbare Schluchten, welche direkt in die große Gebirgskette eindringen. Ich kletterte einen spitzen, wahrscheinlich über sechstausend Fuß hohen Berg hinauf. Hier, wie allerdings überall, boten sich Szenen des höchsten Interesses dem Blicke dar. Durch eine dieser Schluchten kam Pincheira nach Chile hinein und plünderte das umliegende Land. Es ist dies derselbe Mann, dessen Angriff auf eine Estancia am Rio Negro ich oben beschrieben habe. Er war ein Renegat, Mischling von Spanier, der eine große Anzahl von Indianern um sich sammelte und sich bei einem Fluß in den Pampas niederließ; diesen Platz konnte keine der zu seiner Verfolgung ausgesandten Truppenabteilungen jemals entdecken. Von diesem Punkte aus pflegte er vorzubrechen; und indem er die Cordillera auf bisher noch nicht versuchten Pässen überschritt, plünderte er die Farmhäuser und trieb die Rinder weg nach seinem verborgenen Rendezvous. Pincheira war ein ausgezeichneter Reiter und machte alle in seiner Umgebung zu ebensolchen Reitern; denn ausnahmslos schoß er jeden nieder, der ihm nicht folgen wollte. Gegen diesen Mann und andere wandernde Indianerstämme führte Rosas den Vertilgungskrieg.

13. September – Wir verließen die Bäder von Cauquenes, schlugen die Hauptstraße ein und schliefen am Rio Claro. Von dieser Stelle aus ritten wir nach der Stadt San Fernando. Ehe wir dort ankamen, hatte sich das letzte, rings eingeschlossene Becken in eine große weite Ebene erweitert, welches sich so weit nach Süden hin erstreckte, daß die schneeigen Gipfel der entfernten Anden wie oberhalb des Horizontes des Meeres zu sehen waren. San Fernando ist vierzig Stunden von Santiago entfernt; es war dies mein südlichster Punkt, denn hier wendeten wir uns im rechten Winkel der Küste zu. Wir schliefen in den Goldgruben von Yaquil, welche von Mr. Nixon, einem amerikanischen Herrn, betrieben werden, dem ich für große Freundlichkeit während eines viertägigen Aufenthalts in seinem Hause sehr verbunden bin. Am nächsten Morgen ritten wir nach den Minen, welche in der Entfernung von einigen Stunden in der Nähe des Gipfels eines hohen Berges liegen. Unterwegs hatten wir einen Blick auf den See Tagua-tagua, berühmt wegen seiner schwimmenden Inseln, welche Mr. Gay beschrieben hat.[2] Sie bestehen aus den Stengeln verschiedener abgestorbener Pflanzen, welche miteinander verflochten sind und auf deren Oberfläche andere lebende Pflanzen Wurzeln fassen. Ihre Form ist meist kreisförmig, ihre Dicke beträgt vier bis sechs Fuß, wovon der größere Teil im Wasser untergetaucht ist. Je nachdem der Wind weht, gehen sie von einer Seite des Sees zur anderen und führen häufig Rinder und Pferde als Passagiere mit.

Als wir an der Grube ankamen, frappierte mich das bleiche Aussehen vieler der Leute, und ich erkundigte mich bei Mr. Nixon nach ihrer Lage. Die Grube ist 450 Fuß tief und jeder Mann bringt ungefähr 200 Pfund Gewicht an Steinen herauf. Mit dieser Last haben sie die abwechselnd in die Baumstämme, welche in einer Zickzacklinie den Schacht hinaufgestellt sind, eingehauenen stufenartigen Einschnitte heraufzuklettern. Selbst bartlose junge Männer, achtzehn und zwanzig Jahre alt, mit geringer muskulöser Entwicklung ihres Körpers (sie sind ganz nackt mit Ausnahme von Hosen), steigen mit derselben Last aus nahezu derselben Tiefe hinauf. Ein starker, nicht an diese Arbeit gewohnter Mann gerät in einen ganz profusen Schweiß, wenn er nur seinen eigenen Körper heraufträgt. Bei dieser sehr schweren Arbeit leben sie nur von gekochten Bohnen und Brot. Sie würden vorziehen, Brot allein zu essen, aber da ihre Herren finden, daß sie mit diesem allein nicht so hart arbeiten können, so behandeln diese sie wie Pferde und lassen sie die Bohnen essen. Ihr Lohn ist hier etwas höher als in Jajuel, er beträgt von 24 bis 28 Schilling den Monat. Sie verlassen die Grube nur einmal in drei Wochen, wo sie dann zwei Tage lang bei ihren Familien bleiben. Eins der Gesetze in diesen Bergwerken klingt sehr hart, bewährt

---

[2] Annales des sciences naturelles, 1833. Tom. 28, p.374. Mr. Gay, ein eifriger und fähiger Naturforscher, war damals damit beschäftigt, alle verschiedenen Zweige der Naturgeschichte durch ganz Chile zu studieren.

sich aber für den Herrn ganz gut. Die einzige Methode, Gold zu stehlen, ist, Erzstücke zu verbergen und sie fortzuschaffen, wenn sich einmal eine Gelegenheit findet. So bald nun der Mayor-Domo einen auf diese Weise verborgenen Klumpen findet, wird sein voller Wert dem Lohne sämtlicher Leute abgezogen; diese sind daher, wenn sie sich nicht alle miteinander verbünden, genötigt, aufeinander aufzupassen.

Ist das Erz zur Mühle gebracht, so wird es nun zu einem äußerst feinen Pulver gerieben; der Prozeß des Waschens entfernt alle die leichteren Teilchen und die Amalgamation sichert dann schließlich den Goldstaub. Wie die Beschreibung klingt, ist das Waschen ein sehr einfacher Prozeß; es ist indes sehr schön zu sehen, wie genau der Wasserstrom dem spezifischen Gewicht des Goldes angepaßt ist, so daß sich die gepulverte Masse des Muttergesteins leicht von dem Metall trennt. Der aus den Mühlen kommende Schlamm wird in Teichen gesammelt, wo er sich absetzt; von Zeit zu Zeit wird er herausgenommen und auf einen großen Haufen gebracht. Nun tritt eine chemische Wirkung ziemlich ausgedehnt in Tätigkeit, Salze verschiedener Arten effloreszieren an der Oberfläche und die Masse wird hart. Nachdem man diese ein oder zwei Jahre hat liegengelassen, wird sie noch einmal gewaschen und ergibt Gold; dieser Prozeß kann selbst noch sechs oder sieben Male wiederholt werden; die Menge des erhaltenen Goldes wird aber natürlich jedesmal geringer und die (zur Erzeugung des Metalls, wie die Leute sagen) nötige Zwischenzeit ist länger. Es läßt sich wohl nicht daran zweifeln, daß die bereits erwähnte chemische Tätigkeit jedesmal etwas frisches Gold aus irgendwelchen Verbindungen frei macht. Die Entdeckung einer Methode, dies schon vor dem ersten Mahlen zu erreichen, würde ohne Zweifel den Wert der Golderze vielfach erhöhen. Es ist merkwürdig, zu sehen, wie die äußerst kleinen, umhergestreuten und nicht korrodierten Stückchen Goldes sich schließlich in ziemlicher Menge anhäufen. Vor kurzer Zeit erhielten ein paar Bergleute, die keine Arbeit hatten, die Erlaubnis, den Boden rund um das Haus und die Mühle herum aufzukratzen: Sie wuschen die so zusammengebrachte Erde und erhielten für dreißig Dollar Gold. Dies ist ein genaues Seitenstück zu dem, was in der Natur stattfindet. Die Berge unterliegen einer Abnutzung und werden abgerieben und mit ihnen die metallischen Gänge, die sie enthalten. Die härtesten Gesteine werden zu einem unfühlbar feinen Schlamm zerrieben, die gemeineren Metalle werden oxidiert, und beides wird entfernt; aber Gold, Platina und einige wenige andere sind beinahe unzerstörbar und werden, da sie ihres Gewichts wegen zu Boden sinken, zurückgelassen. Nachdem ganze Gebirge durch diese Mühle durchgegangen und von der Hand der Natur ausgewaschen worden sind, wird der Rückstand metallhaltig und der Mensch findet, daß es der Mühe wert ist, diesen Scheidungsprozeß zu vollenden.

So schlecht auch die oben geschilderte Behandlung der Bergleute ist, so wird sie doch gern von ihnen angenommen; denn der Zustand der zum Feldbau verwendeten Arbeiter ist noch viel schlimmer. Ihr Lohn ist geringer und sie leben beinahe ausschließlich von Bohnen. Es muß diese Armut hauptsächlich eine Folge des dem Feudalwesen ähnlichen Systems sein, nach welchem das Land bestellt wird; der Grundbesitzer gibt dem Arbeiter ein kleines Stück Grund und Boden, auf dem er sich anbauen und welches er kultivieren kann, und als Gegenleistung hat er dessen Arbeit (oder die eines Stellvertreters) für jeden Tag seines Lebens ohne irgendwelchen Lohn. Bis ein Vater einen erwachsenen Sohn hat, welcher durch seine Arbeit die Pacht zahlen kann, ist, ausgenommen an gelegentlichen Tagen, niemand da, welcher sich seines eigenen Stückchens Bodens annähme. Äußerste Armut ist daher unter den arbeitenden Klassen hierzulande sehr häufig.

In dieser Gegend herum finden sich einige alte indianische Ruinen; mir wurde einer jener durchbohrten Steine gezeigt, deren Vorkommen an vielen Orten in beträchtlichen Mengen Molina erwähnt. Sie sind von kreisrunder, abgeplatteter Gestalt von fünf bis sechs Zoll im Durchmesser und haben ein Loch, welches sie in der Mitte völlig durchbohrt. Man hat allgemein vermutet, daß sie als Kopfstücke für Keulen benutzt worden wären, trotzdem ihre Form diesem

Zwölftes Kapitel

Zwecke durchaus nicht gut angepaßt zu sein scheint. Burchell[3] gibt an, daß einige der Völkerschaften in Süd-Afrika Wurzeln mithilfe eines an einem Ende zugespitzten Stockes ausgraben, dessen Gewicht und Wucht dadurch vergrößert wird, daß das andere Ende in einen runden, mit einem Loche versehenen Stein fest eingekeilt wird. Hiernach wird es wahrscheinlich, daß auch die Indianer in Chile früher irgendein derartiges rohes landwirtschaftliches Instrument in Gebrauch gehabt haben.

Eines Tages besuchte mich ein deutscher Naturaliensammler namens Renous, und beinahe zu derselben Zeit ein alter spanischer Jurist. Man erzählte mir, was für eine Unterhaltung die beiden miteinander gepflogen hatten; dies amüsierte mich kostbar. Renous spricht Spanisch so gut, daß der alte Advokat ihn für einen Chilenen hielt. Renous fragte ihn, auf mich anspielend, was er vom König von England dächte, der einen Sammler nach Chile schicke, um Eidechsen und Käfer aufzulesen und Steine abzuschlagen. Der alte Herr dachte eine zeitlang ernsthaft nach und sagte dann: „Es ist nicht recht, – hay un gato encerrado aqui (hier ist eine Katze eingesperrt). Kein Mensch ist so reich, daß er Leute aussenden könnte, solches Zeug aufzulesen. Ich halte es nicht für recht. Wenn nun jemand von uns solche Sachen in England machen wollte, meinen Sie nicht, daß uns der König von England sehr bald aus seinem Lande verweisen würde?" Und dieser alte Herr gehört seiner Profession nach zu den besser unterrichteten und intelligenteren Klassen! Vor zwei oder drei Jahren ließ Renous selbst in einem Hause in San Fernando einige Raupen in der Pflege eines Mädchens, das sie füttern sollte, um sie in Schmetterlinge verwandeln zu lassen. Dies wurde durch die Stadt ruchbar; endlich berieten die Padres und der Gouverneur, und man kam darin überein, es müsse irgendeine Ketzerei dahinter stecken. Dementsprechend wurde Renous, als er zurückkehrte, arretiert.

19. September – Wir verließen Yaquil und folgten dem flachen, wie das von Quillota gebildeten Tal, in welchem der Rio Tinderidica fließt. Selbst diese wenigen Meilen südlich von Santiago ist doch das Klima viel feuchter; infolgedessen fanden sich hier schöne Strecken von Weideland, welche nicht künstlich bewässert wurden. (20.) Wir verfolgten dies Tal, bis es sich zu einer großen Ebene erweiterte, welche sich vom Meer bis zu den Bergen westlich von Rancagua erstreckte. Nach kurzer Zeit verloren sich alle Bäume und selbst alles Buschwerk, so daß die Bewohner in bezug auf Brennholz beinahe so übel daran waren, wie in den Pampas. Da ich niemals von diesen Ebenen gehört hatte, war ich sehr überrascht, eine solche Szenerie in Chile anzutreffen. Die Ebenen gehören zu mehr als einer Reihe verschiedener Erhebungsstufen und werden von breiten, flachsohligen Tälern quer durchsetzt; beide Umstände sprechen wie in Patagonien für die Einwirkung des Meeres auf langsam sich erhebendes Land. In den steilen, diese Täler begrenzenden Felsen finden sich einige große Höhlen, welche ohne Zweifel ursprünglich von den Wellen gebildet worden sind; eine davon ist berühmt unter dem Namen der Cueva del Obispo; es war früher ein geweihter Ort. Im Laufe des Tages fühlte ich mich sehr unwohl und wurde von dieser Zeit an bis Ende Oktober nicht wieder besser.

22. September – Wir kamen beständig über grüne Ebenen ohne einen Baum. Am nächsten Tage kamen wir an einem Haus in der Nähe von Navedad an der Küste an, wo uns ein reicher Haciendero Wohnung gab. Ich hielt mich hier die zwei folgenden Tage auf, und obgleich ich mich sehr unwohl fühlte, machte ich es doch möglich, aus der Tertiärformation einige Seemuscheln zu sammeln.

24. September – Unser Kurs war nun direkt nach Valparaiso gerichtet, das ich mit großer Schwierigkeit am 27. erreichte; dort lag ich, ans Bett gefesselt, bis Ende Oktober. Während dieser Zeit war ich Hausgenosse Mr. Corfields, dessen Freundlichkeit gegen mich ich kaum zu schildern weiß.

---

[3] Burchell's Travels, Vol. II, p.45.

Zentrales Chile

Ich will hier einige wenige Betrachtungen über ein paar Säugetiere und Vögel von Chile einschalten. Der Puma oder der südamerikanische Löwe ist nicht selten. Das Tier hat eine weite geographische Verbreitung; man findet es von den äquatorialen Wäldern über die ganzen Steppen von Patagonien südlich bis in die kalten und feuchten Breiten Feuerlands (53° bis 54°). Ich habe seine Spur in der Cordillera des zentralen Chile in einer Höhe von mindestens 10.000 Fuß gesehen. In La Plata jagt der Puma hauptsächlich Hirsche, Strauße, die Viscache und andere kleine Säugetiere; dort greift er nur selten Rinder oder Pferde an und äußerst selten Menschen. In Chile indessen tötet es viele junge Pferde und Rinder, wahrscheinlich wegen der geringen Zahl anderer Säugetiere; auch habe ich von zwei Männern und einer Frau gehört, welche auf diese Weise umgekommen sind. Es wird behauptet, daß der Puma seine Beute immer so tötet, daß es auf die Schultern springt und es dann dadurch, daß es den Hals mit einer seiner Tatzen nach hinten biegt, die Wirbelsäule bricht. In Patagonien habe ich allerdings Skelette von Guanacos gesehen, deren Hals in dieser Weise verrenkt war.

Hat sich der Puma satt gefressen, so bedeckt er das Aas mit vielem großen Buschwerk und legt sich nieder, es zu bewachen. Diese Gewohnheit führt oft zu seiner Entdeckung; denn die in der Luft schwebenden Kondors steigen immer dann und wann hinab, um an der Mahlzeit teilzunehmen und erheben sich, da sie wütend fortgejagt werden, alle zusammen gleichzeitig zum Flug. Der chilenische Guaso weiß dann, daß ein Löwe seine Beute bewacht, – die Parole wird gegeben und Männer und Hunde stürzen zur Jagd. Sir F. Head sagt, daß ein Gaucho in den Pampas beim bloßen Erblicken einiger in der Luft im Kreise schwebender Kondors ausgerufen habe: „Ein Löwe!" Ich selbst bin niemals einem begegnet, welcher sich einer solchen feinen Beobachtungsgabe hätte rühmen können. Man gibt an, daß, wenn ein Puma einmal in dieser Weise bei der Wache über seinem Aas verraten und dann aufgejagt worden ist, er niemals wieder diese Gewohnheit annimmt, sondern, nachdem er sich vollgestopft hat, auf und davon geht. Der Puma wird leicht getötet. In einem offenen Lande wird es zuerst mit den Bolas umwickelt, dann mit dem Lasso gefangen und über den Boden geschleift, bis er besinnungslos ist. In Tandeel (südlich vom Plata) hat man mir erzählt, daß innerhalb dreier Monate einhundert in dieser Weise vertilgt wurden. In Chile werden sie meist auf Bäume oder Büsche getrieben und dann entweder geschossen oder von Hunden zu Tode gehetzt. Die zu dieser Jagd benutzten Hunde gehören zu einer besonderen Zucht, Leoneros genannt; es sind schwache, schlanke Tiere, wie langbeinige Terrier, werden aber mit einem besonderen Instinkt für diese Jagd geboren. Der Puma wird als sehr schlau beschrieben: Wird er verfolgt, so kommt es oft auf seine frühere Spur zurück, macht dann plötzlich einen Sprung zur Seite und wartet da, bis die Hunde vorbeigejagt sind. Er ist ein sehr schweigsames Tier, welches keinen Laut ausstößt, selbst wenn er verwundet wird und nur selten während der Paarungszeit.

Unter den Vögeln sind vielleicht zwei Spezies der Gattung Pteroptochus (megapodius und albicollis v. Kittl.) die in die Augen fallendsten. Der erstere, von den Chilenen „el Turco" genannt, ist so groß wie ein Krammetsvogel, zu welchem er in einem gewissen Verwandtschaftsverhältnis steht, aber seine Beine sind viel länger, der Schwanz kürzer und der Schnabel stärker; er ist von rötlich brauner Farbe. Der Turco ist nicht selten. Er lebt auf dem Boden, von den über die trockenen und sterilen Hügeln zerstreuten Dickichten geschützt. Mit aufrecht gehaltenem Schwanz auf seinen stelzenartigen Beinen kann man ihn von Zeit zu Zeit aus einem Gebüsch in das andere mit ungemeiner Geschwindigkeit huschen sehen. Es bedarf in der Tat nur wenig Einbildungskraft um zu glauben, daß der Vogel sich über sich selbst schäme und sich seiner äußerst lächerlichen Gestalt wohl bewußt sei. Erblickt man ihn zum ersten Male, so wird man versucht auszurufen: „Ein schlecht ausgestopftes Exemplar ist aus irgendeinem Museum entflohen und wieder lebendig geworden!" Man kann ihn nicht ohne die größte Mühe zum Fliegen bringen, auch läuft er nicht, sondern hüpft nur. Die verschiedenen lauten Rufe, welche er ausstößt, wenn er im Gebüsch versteckt ist, sind ebenso fremdartig wie seine Erscheinung. Es wird angegeben,

Zwölftes Kapitel

daß er sein Nest in einer tiefen Höhle unter der Erde baue. Ich habe mehrere Exemplare zergliedert: Der Kaumagen, welcher sehr muskulös ist, enthält Käfer, Pflanzenfasern und Steinchen. Durch dies Merkmal, durch die Länge seiner Beine, die scharrenden Füße, häutigen Decken über den Nasenlöchern, kurzen und geschweiften Flügel scheint dieser Vogel in gewissem Maße die Drosseln mit den hühnerartigen Vögeln zu verbinden.

Die zweite Art (*P. albicollis*) ist mit der ersten in ihrer allgemeinen Form verwandt. Sie wird „Tapacolo" genannt oder „Deck' deinen Hintern zu"; und der harmlose kleine Vogel verdient diesen Namen ganz wohl; denn er trägt seinen Schwanz noch mehr als aufrecht, d.h. vorwärts nach dem Kopf zu geneigt. Er ist sehr gemein und frequentiert den Boden unter den Hecken und die über die kahlen Berge zerstreuten Gebüsche, wo kaum ein anderer Vogel existieren kann. In seiner allgemeinen Art sich zu ernähren, schnell aus dem Dickicht heraus und wieder hinein zu hüpfen, in seiner Sucht sich zu verbergen, seiner Unlust zum Fliegen und seiner Art des Nestbaues hat er eine große Ähnlichkeit mit dem Turco; seine Erscheinung ist aber nicht ganz so lächerlich. Der Tapacolo ist sehr verschmitzt; wird er von jemand erschreckt, so bleibt er bewegungslos auf dem Boden des Gebüsches und versucht dann nach einer kleinen Weile mit vieler Geschicklichkeit auf der anderen Seite fortzukriechen. Es ist auch ein sehr lebendiger Vogel, welcher beständig Lärm macht; diese Laute sind verschiedenartig und wunderbar fremdartig: Manche klingen wie das Girren der Tauben, andere wie das Sprudeln von Wasser und viele bieten jedem Vergleich Trotz. Die Leute des Landes sagen, er verändere seinen Ruf fünfmal im Jahre, wie ich vermute, je nach gewissen Veränderungen der Jahreszeit.[4]

Zwei Arten von Kolibris sind häufig; *Trochilus forficatus* [*Eustephanus galeritus* Rchb.] wird in einer Ausdehnung von 2500 Meilen an der Westküste gefunden, von dem trockenen, heißen Land von Lima bis zu den Wäldern des Feuerlandes, wo man ihn in Schneestürmen herumschlüpfen sehen kann. Auf der bewaldeten Insel Chiloë, welche ein äußerst feuchtes Klima hat, ist dieser kleine, zwischen dem triefenden Laube von einer Seite zur anderen hüpfende Vogel vielleicht zahlreicher als irgendeine andere Art. Ich habe den Magen mehrerer Exemplare, die ich in verschiedenen Teilen des Kontinents geschossen habe, geöffnet; in allen waren Insektenreste so zahlreich wie im Magen eines Baumläufers. Wenn diese Art im Sommer nach Süden wandert, wird sie durch eine zweite aus dem Norden kommende ersetzt. Diese zweite Art (*Trochilus* [*Patagona* Gray] *gigas*) ist für die so zarte Familie, zu welcher sie gehört, ein sehr großer Vogel; im Flug ist seine Erscheinung eigentümlich. Wie andere Arten der Gruppe bewegt er sich mit einer Geschwindigkeit von Ort zu Ort, welche sich mit der eines *Syrphus* unter den Fliegen vergleichen läßt, oder mit der einer *Sphinx* unter den Schwärmern; während er aber über einer Blüte schwebt, schlägt er seine Flügel in einer sehr langsamen und kraftvollen Art, gänzlich verschieden von der den meisten anderen Arten eignen schwirrenden Bewegung, welche das summende Geräusch hervorbringt. Ich habe niemals irgendeinen anderen Vogel gesehen, wo die Kraft der Flügel im Verhältnis zum Gewicht des Körpers so mächtig erschien (wie bei einem Schmetterling). Schwebt er bei einer Blume in der Luft, so wird der Schwanz beständig wie ein Fächer ausgebreitet und wieder geschlossen, während der Körper in einer beinahe senkrechten Stellung gehalten wird. Diese Bewegungen scheinen den Vogel in der Zeit zwischen den langsamen Bewegungen seiner Flügel zu stätigen und zu tragen. Obschon er von Blüte zu Blüte nach Nahrung suchend flog, enthielt sein Magen doch meistens massige Reste von Insekten, welche, wie ich vermute, viel mehr der Gegenstand seiner Nachforschungen sind als Honig. Der Ruf dieser Art ist wie der beinahe der ganzen Familie äußerst gellend.

---

[4] Es ist eine merkwürdige Tatsache, daß Molina, trotzdem er im Detail alle Vögel und Säugetiere von Chile beschreibt, doch nicht ein einziges Mal diese Gattung erwähnt, deren Spezies so gemein und in ihrer Lebensweise so merkwürdig sind. War er verlegen, wie er sie klassifizieren sollte und glaubte er infolgedessen, daß es am klügsten sein würde, zu schweigen? Es ist ein weiteres Beispiel von der Häufigkeit eines Übergehens von Gegenständen seitens der Schriftsteller, über welche man gerade am allerwenigsten erwartet haben würde, ein Stillschweigen beobachtet zu sehen.

Dreizehntes Kapitel

Chiloë – Allgemeines Aussehen – Bootsausflug – Eingeborene Indianer – Castro – Zahmer Fuchs – Besteigung von San Pedro – Chonos-Archipel – Halbinsel von Tres Montes – Granitische Bergkette – Schiffbrüchige Matrosen – Low's Hafen – Wilde Kartoffel – Bildung von Torf – *Myopotamus*, Otter und Mäuse – Cheucau und bellender Vogel – *Opetiorhynchus* – Eigentümlicher Charakter der Ornithologie – Sturmvögel

Chiloë und Chonos-Inseln

10. November – Die „Beagle" segelte von Valparaiso aus nach Süden in der Absicht, den südlichen Teil von Chile, die Insel Chiloë und das zerfallene Land, Chonos-Archipel genannt, südlich bis zum Vorgebirge der Tres Montes aufzunehmen. Am 21. ankerten wir im Meerbusen von S. Carlos, der Hauptstadt von Chiloë.

Diese Insel ist ungefähr neunzig Meilen lang, mit einer Breite von etwas weniger als dreißig. Das Land ist hügelig, aber nicht bergig und wird von einem großen Wald bedeckt, ausgenommen wo rings um die mit Stroh gedeckten Hütten ein paar grüne Stellen abgeräumt sind. Aus der Entfernung ist die Ansicht der von Feuerland ähnlich, die Waldungen sind aber, mehr in der Nähe gesehen, ganz unvergleichlich schöner. Viele Arten schöner immergrüner Bäume und Pflanzen mit einem tropischen Charakter nehmen hier die Stelle der düsteren Buche der südlichen Küsten ein. Im Winter ist das Klima schaudervoll und im Sommer ist es nur ein wenig besser. Ich glaube, es gibt innerhalb der gemäßigten Zonen wenige Teile der Erde, wo so viel Regen fällt. Die Winde sind sehr stürmisch und der Himmel beinahe immer bewölkt. Es ist selbst schwer, auch nur einen einfachen Blick auf die Cordillera zu erlangen. Während unseres ersten Besuchs trat nur ein einziges Mal der Vulkan Osorno in kühnem Relief hervor; und das war vor Sonnenaufgang. Es war dann merkwürdig zu beobachten, wie mit dem Sonnenaufgang die Umrisse allmählich in dem Glanze des östlichen Himmels verschwanden.

Die Bewohner scheinen nach ihrem Teint und der kleinen Statur drei Viertel Indianerblut in ihren Adern zu haben. Sie sind eine bescheidene, ruhige, fleißige Sorte Leute. Obschon der fruchtbare, aus den sich zersetzenden vulkanischen Gesteinen gebildete Boden eine üppige Vegetation trägt, ist doch das Klima all den Erzeugnissen nicht günstig, welche zum Reifen viel Sonnenschein bedürfen. Es ist nur wenig Weidegrund für die größeren Säugetiere vorhanden; infolgedessen sind die Hauptnahrungsmittel Schweine, Kartoffeln und Fische. Die Leute kleiden sich alle in starke wollene Zeuge, welche jede Familie für sich anfertigt und mit Indigo dunkelblau färbt. Die Künste stehen indessen auf der niedersten Stufe, wie man aus ihrer fremdartigen Art und Weise zu pflügen, ihrer Methode zu spinnen, Korn zu mahlen und aus der Konstruktion ihrer Boote sehen kann. Die Wälder sind so undurchdringlich, daß das Land nirgends kultiviert ist, ausgenommen in der Nähe der Küste und auf den benachbarten kleinen Inselchen. Selbst wo Wege existieren, sind sie wegen des weichen und sumpfigen Zustandes des Bodens kaum zu passieren. Obgleich sie vollauf zu essen haben, sind die Leute doch sehr arm: Es besteht keine Nachfrage nach Arbeit, und infolgedessen können die niederen Klassen nicht genug Geld sammeln, um sich auch nur die kleinsten Genüsse zu kaufen. Es herrscht auch ein großer Mangel an zirkulierenden Tauschmitteln. Ich habe gesehen, wie ein Mann auf seinem Rücken einen Sack mit Holzkohle brachte, womit er sich irgendeine geringfügige Sache kaufen wollte; ein anderer brachte eine Planke geschleppt, um sie gegen eine Flasche Wein einzutauschen. Jeder Handwerker muß daher auch ein Kaufmann sein und die Waren wieder verkaufen, die er im Tausch annimmt.

Dreizehntes Kapitel

24. November – Die Schaluppe und ein großes Boot wurden unter dem Kommando des Mr. (jetzt Kapitän) Sullivan abgeschickt, um die östliche oder nach dem Festlande zu gelegene Küste von Chiloë aufzunehmen, mit der Weisung, die „Beagle" am südlichen Ende der Insel wiederzutreffen; nach diesem Punkt wollte er auf der äußeren Seite herumfahren, so daß die ganze Insel umschifft wurde. Ich begleitete diese Expedition; anstatt aber am ersten Tage mit den Booten zu gehen, mietete ich Pferde, um mich nach Chacao, an der nördlichen Spitze der Insel, zu bringen. Die Straße folgte der Küste; von Zeit zu Zeit überschritt sie von schönen Wäldern bedeckte Vorgebirge. Auf diesen schattigen Wegen ist es absolut notwendig, daß die ganze Straße aus Holzklötzen gemacht wird, welche viereckig zugeschnitten und einer neben den anderen gestellt werden. Da die Sonnenstrahlen das immergrüne Laub niemals durchdringen, so ist der Boden so feucht und weich, daß, ausgenommen auf diese Weise, weder ein Mensch noch ein Pferd imstande wäre, vorwärts zu kommen. Ich kam im Dorf Chacao an kurz nachdem die zu den Booten gehörenden Zelte zum Nachtlager aufgeschlagen worden waren.

Das Land ist an dieser Stelle in ausgedehnter Weise urbar gemacht worden und am Waldrande waren viele stille und sehr malerische Winkel zu sehen. Chacao war früher der hauptsächlichste Hafen an der Insel; da aber wegen der gefährlichen Strömungen und Klippen in der Meerenge viele Fahrzeuge zugrunde gingen, so brannte die spanische Regierung die Kirche nieder und zwang damit eigenmächtig die größere Zahl der Einwohner, nach S. Carlos auszuwandern. Wir waren noch nicht lange in unserem Biwak, als der barfüßige Sohn des Gouverneurs herunterkam, uns zu rekognoszieren. Als er die englische Flagge an der Mastspitze der Schaluppe aufgehißt sah, fragte er mit der allergrößten Gleichgültigkeit, ob sie immer in Chacao wehen solle. An mehreren Orten waren die Einwohner sehr über das Erscheinen von Booten eines Kriegsschiffes erstaunt und hofften und glaubten, sie wären die Vorläufer einer spanischen Flotte, welche käme, die Insel der patriotischen Regierung von Chile wieder abzunehmen. Die sämtlichen Beamten waren indessen von unserem beabsichtigten Besuche unterrichtet worden und waren äußerst höflich. Während wir unser Abendbrot aßen, machte uns der Gouverneur einen Besuch. Er war Oberstlieutenant in spanischen Diensten gewesen, war aber jetzt ganz erbärmlich arm. Er gab uns zwei Schafe und nahm dagegen zwei baumwollene Taschentücher, zwei Stück Messingschmuck und etwas Tabak an.

25. November – Ströme von Regen kamen herunter; wir machten es indessen möglich, die Küste hinunter bis nach Huapi-lenou zu kommen. Diese ganze östliche Seite von Chiloë hat ein einziges gleichmäßiges Ansehen; es ist eine von Tälern durchbrochene und in kleine Inseln geteilte Ebene, welche durchaus dicht von einem undurchdringlichen, schwärzlich-grünen Walde bedeckt wird. An den Rändern finden sich einige urbar gemachte Stellen, welche die mit hohen Dächern versehenen Hütten umgeben.

26. November – Der Tag brach prachtvoll klar an. Der Vulkan von Osorno warf Massen von Rauch aus. Dieser außerordentlich schöne, wie ein vollkommener Kegel gebildete und von Schnee weiße Berg steht vor der Cordillera. Ein anderer großer Vulkan mit einem sattelförmigen Gipfel warf gleichfalls aus seinem ungeheuren Krater Strahlen von Dampf aus. Später sahen wir den Corcovado mit seinem hohen Gipfel, der ganz wohl den Namen „el famoso Corcovado" verdient. Wir erblickten daher von einem Standpunkt aus drei große tätige Vulkane, von denen jeder ungefähr siebentausend Fuß hoch war. Außer diesen sahen wir noch weit nach Süden mehrere andere mit Schnee bedeckte Bergkegel, welche, obschon nicht als tätige Vulkane bekannt, doch ihrem Ursprung nach vulkanisch sein müssen. Die Reihen der Anden ist in dieser Gegend nicht annähernd so hoch wie in Chile; auch scheint sie keine so vollkommene Grenzscheide zwischen den verschiedenen Regionen der Erde zu bilden. Obgleich diese große Bergkette in einer geraden Linie von Norden nach Süden läuft, so erscheint sie doch immer infolge einer op-

Chiloë und Chonos-Inseln

tischen Täuschung bogenförmig zu sein; denn die von jedem Gipfel aus nach dem Auge des Beobachters gezogenen Linien konvergierten notwendigerweise wie die Radien eines Halbkreises; und da es wegen der Durchsichtigkeit der Atmosphäre und der Abwesenheit aller zwischenliegenden Gegenstände unmöglich zu beurteilen war, wie weit entfernt die weitest abliegenden Gipfel wären, so schienen sie fälschlich in einem Halbkreis zu stehen.

Als wir um Mittag landeten, sahen wir eine Familie von rein indianischer Herkunft. Der Vater war dem York Minster merkwürdig ähnlich, und einige der jüngeren Knaben hätten mit ihrem rotbraunen Teint für Pampa-Indianer gehalten werden können. Alles, was ich gesehen habe, bestärkt mich in der Überzeugung, daß die verschiedenen amerikanischen Stämme nahe zusammenhängen, trotzdem sie verschiedene Sprachen sprechen. Diese Gesellschaft hier konnte nur sehr wenig Spanisch und unterhielt sich untereinander in ihrer eigenen Sprache. Es ruft ein angenehmes Gefühl hervor, die Ureinwohner auf denselben Zivilisationsgrad fortgeschritten zu sehen, wie niedrig der auch immer sein mag, welchen ihre weißen Eroberer erlangt haben. Mehr nach Süden zu sahen wir viele reine Indianer; ja, alle Bewohner einiger der kleinen Inseln behalten ihre indianischen Familiennamen bei. Bei der Volkszählung von 1832 fanden sich auf Chiloë und den dazugehörigen Inseln zweiundvierzigtausend Seelen; die Mehrzahl von diesen scheint gemischten Blutes zu sein. Elftausend behalten ihre indianischen Familiennamen, wahrscheinlich sind aber bei weitem nicht alle von diesen reinen Blutes. Ihre Art zu leben ist dieselbe wie die der anderen armen Bewohner, auch sind sie alle Christen; man sagt aber, daß sie noch immer einige fremdartige abergläubische Gebräuche haben und daß sie in gewissen Höhlen mit dem Teufel in Kommunikation zu stehen vorgeben. Früher wurde ein jeder, der dieses Verbrechens überführt war, vor die Inquisition in Lima geschickt. Viele von den Bewohnern, welche nicht mit in den elf Tausenden mit indianischen Familiennamen einbegriffen sind, können ihrer Erscheinung nach nicht von Indianern unterschieden werden. Gomez, der Gouverneur von Lemuy [einer der kleinen Inseln des Chonos-Archipels], ist väterlicher- und mütterlicherseits Nachkomme von spanischem Adel; aber durch die beständigen Kreuzungen mit den Eingeborenen ist der Mann hier ein Indianer. Andererseits rühmt sich der Gouverneur von Quinchao sehr seines rein erhaltenen spanischen Bluts.

Am Abend erreichten wir eine wunderschöne kleine Bucht, nördlich von der Insel Caucahue. Die Leute beklagten sich hier über Mangel an Land. Dies ist zum Teil eine Folge ihrer eigenen Nachlässigkeit, daß sie die Wälder nicht ausroden, zum Teil liegt es an der beschränkenden Bestimmung der Regierung, wonach es notwendig ist, ehe die Leute ein auch noch so kleines Stück kaufen, zwei Schillinge an den Landvermesser für das Abmessen einer jeden Quadra (150 Quadrat-Yard) außer dem Preis zu zahlen, welchen letzterer für den Wert des Landes bestimmt. Nach dieser Abschätzung muß das Land dreimal zur Auktion gebracht werden, und wenn niemand mehr bietet, kann es der Käufer zu jener Taxe bekommen. Alle diese Verhandlungen müssen natürlich dem Urbarmachen des Bodens da ein sehr ernstes Hindernis bieten, wo die Bewohner so äußerst arm sind. In den meisten Ländern werden Wälder ohne große Schwierigkeit durch Feuer entfernt; in Chiloë aber ist es wegen der feuchten Beschaffenheit des Klimas und der Art der Bäume notwendig, sie vorher umzuhauen. Dies ist ein großer Nachteil für das Gedeihen von Chiloë. Zu Zeiten der Spanier konnten die Indianer kein Land besitzen; und hatte eine Familie ein Stück Grund und Boden urbar gemacht, so konnte sie weggetrieben und der Grund von der Regierung in Besitz genommen werden. Die chilenische Regierung übt jetzt einen Akt der Gerechtigkeit aus, indem sie als Entschädigung für die armen Indianer jedem Mann je nach seiner Stellung im Leben ein gewisses Stück Land gibt. Der Wert des nicht ausgerodeten Landes ist sehr gering. Die Regierung gab Mr. Douglas (dem jetzigen Landvermesser, welcher mir diese Umstände mitteilte) an Stelle einer Forderung acht und eine halbe Quadratmeile Landes in der Nähe von San Carlos; diese verkaufte er für 350 Dollars oder ungefähr 70 Pfund Sterling.

Dreizehntes Kapitel

Die zwei folgenden Tage waren schön und am Abend erreichten wir die Insel Quinchao. Dieser Teil ist der am meisten kultivierte im Archipel; denn ein breiter Streifen Landes an der Küste der Hauptinsel, ebenso wie auf vielen der kleineren benachbarten, ist beinahe vollkommen gerodet. Einige der Farmhäuser schienen sehr komfortabel zu sein. Ich war begierig, zu ermitteln, wie reich irgendeiner dieser Leute wohl sein möchte; aber Mr. Douglas sagte mir, daß man von keinem einzigen sagen könne, er besäße ein regelmäßiges Einkommen. Einer der reichsten Landbesitzer möchte vielleicht in einem langen, fleißigen Leben seine 1000 Pfund Sterling ansammeln können. Sollte dies aber der Fall sein, so würde es alles an irgendeinen verborgenen Winkel gebracht werden; denn beinahe in jeder Familie besteht der Gebrauch, einen Topf oder einen Schatzkasten in der Erde vergraben zu haben.

30. November – Zeitig am Sonntag morgen erreichten wir Castro, die alte Hauptstadt von Chiloë, jetzt aber ein äußerst einsamer und veröderter Ort. Die gewöhnliche viereckige Anordnung der spanischen Städte konnte noch verfolgt werden, die Straßen und die Plaza waren aber mit schönem grünen Rasen überzogen, auf welchem Schafe weideten. Die Kirche, welche in der Mitte steht, ist ganz aus Pfosten gebaut und hat ein malerisches und ehrwürdiges Aussehen. Von der Armut des Ortes kann man sich nach der Tatsache eine Vorstellung machen, daß, obgleich ein paar hundert Einwohner hier sind, einer aus unserer Gesellschaft nicht imstande war, weder ein Pfund Zucker noch ein gewöhnliches Messer zu kaufen. Kein einziges Individuum besaß weder eine Uhr noch eine Wanduhr; und ein alter Mann, von dem man meinte, er habe eine ordentliche Idee von Zeit, war dazu angestellt, nach Gutdünken die Kirchenglocke zu schlagen. Die Ankunft unserer Boote war in diesem ruhigen, abgelegenen Winkel der Erde ein seltenes Ereignis, und fast sämtliche Einwohner kamen herunter zum Strande, um uns unsere Zelte aufschlagen zu sehen. Sie waren sehr höflich und boten uns ein Haus an; ein Mann schickte uns selbst ein Faß Apfelwein zum Geschenk. Am Nachmittag machten wir dem Gouverneur unsere Aufwartung, – ein ruhiger alter Herr, welcher in seiner Erscheinung und seiner Lebensweise kaum höher stand als ein englischer Bauer. Spät abends fing es sehr stark zu regnen an, indessen kaum stark genug, den großen Kreis von Zuschauern von unseren Zelten wegzutreiben. Eine Indianer-Familie, welche in einem Kanu von Caylen gekommen war, um hier zu handeln, biwakierte in der Nähe von uns. Sie hatten während des Regens keinen Schutz. Am Morgen fragte ich einen jungen Indianer, der bis auf die Haut naß war, wie er die Nacht zugebracht habe. Er schien vollständig zufrieden zu sein und antwortete: „Muy bien, Señor."

1. Dezember – Wir steuerten der Insel Lemuy zu. Mir war daran gelegen, eine der Schilderung nach hier vorhandene Steinkohlengrube zu untersuchen; es stellte sich indes heraus, daß es Braunkohle von geringem Werte war; sie tritt in dem Sandstein auf (wahrscheinlich aus einer früh tertiären Zeit), aus welchem diese Inseln bestehen. Als wir Lemuy erreichten, hatten wir bedeutende Schwierigkeit, irgendeine Stelle zu finden, wo wir unsere Zelte aufschlagen könnten; es war gerade Springflut und das Land war hinunter bis zum Rande des Wassers bewaldet. In kurzer Zeit waren wir von einer Gruppe der beinahe reinen Indianer-Bevölkerung umgeben. Sie waren sehr über unsere Ankunft überrascht und sagten untereinander: „Das ist der Grund, weshalb wir kürzlich so viele Papageien gesehen haben; der Cheucau (ein merkwürdiger rotbrüstiger kleiner Vogel, welcher die dichten Wälder bewohnt und sehr eigentümliche Laute ausstößt) hat sein ‚Seht Euch vor' nicht umsonst geschrien." Bald wurden sie sehr begierig, mit uns zu tauschen. Geld war kaum irgend etwas wert, aber ihre Gier auf Tabak war etwas vollkommen Außerordentliches. Nach dem Tabak stand Indigo am höchsten im Preise; dann spanischer Pfeffer, alte Kleider und Schießpulver. Den letzten Artikel brauchten sie zu einem sehr unschuldigen Zwecke: Jedes Kirchspiel besitzt eine öffentliche Flinte; und das Pulver wurde nun gebraucht, um an ihren Heiligen- oder anderen Festtagen etwas Lärm zu machen.

Chiloë und Chonos-Inseln

Die Leute hier leben hauptsächlich von Muscheln und von Kartoffeln. Zu gewissen Zeiten des Jahres fangen sie auch in „corrales" oder eingezäunten Stellen unter Wasser viele beim Zurückgehen der Flut auf den Schlammbänken zurückgelassene Fische. Gelegentlich besitzen sie auch Hühner, Schafe, Ziegen, Schweine, Pferde und Rinder, wobei die Reihenfolge, in welcher diese Tiere hier aufgeführt werden, ihre respektive Anzahl ergibt. Ich habe niemals etwas Verbindlicheres und Bescheideneres gesehen, als die Manieren dieser Leute. Sie hoben meist damit an, daß sie arme Eingeborene des Ortes und keine Spanier wären, und daß sie den Mangel an Tabak und anderen Bedürfnissen sehr schmerzlich empfänden. In Caylen, der südlichsten Insel, kauften die Matrosen mit einem Tabakstengel im Werte von anderthalb Penny zwei Stück Geflügel, von denen das eine nach Angabe der Indianer Haut zwischen den Zehen hatte und sich als eine prächtige Ente herausstellte; gegen ein paar baumwollene Tücher im Werte von drei Schillingen wurden drei Schafe und ein großer Büschel Zwiebeln eingetauscht. Die Schaluppe lag hier ziemlich entfernt vom Ufer vor Anker und wir waren um ihre Sicherheit vor etwaigen Räubern während der Nacht besorgt. Unser Lotse, Mr. Douglas, sagte daher dem Distriktsvorsteher, daß wir stets Wachen mit geladenen Waffen ausstellten, und da wir nicht Spanisch verstünden, so würden wir ganz zuverlässig auf jedermann, der im Dunkel von uns bemerkt würde, schießen. Der Vorsteher erkannte mit vieler Bescheidenheit die vollständige Berechtigung dieser Anordnung an und versprach uns, daß sich während dieser Nacht niemand aus dem Hause entfernen werde.

Während der folgenden vier Tage segelten wir immer weiter nach Süden. Die allgemeinen Charakterzüge des Landes blieben dieselben, doch war es viel weniger dicht bewohnt. Auf der großen Insel von Tanqui war kaum ein einziger urbar gemachter Fleck, auf allen Seiten streckten die Bäume ihre Zweige über den Meeresstrand aus. Eines Tages bemerkte ich einige sehr schöne, auf den Sandsteinklippen wachsende Exemplare der „Panke" (*Gunnera scabra*), welche in gewisser Weise dem Rhabarber in riesigem Maßstab ähnlich ist. Die Einwohner essen die Stengel, welche leicht säuerlich sind, gerben mit den Wurzeln Leder und bereiten ein schwarzes Färbemittel aus ihnen. Das Blatt ist nahezu kreisförmig, aber am Rande tief zahnartig eingeschnitten. Ich maß eins, welches nahezu acht Fuß im Durchmesser hielt, daher nicht weniger als vierundzwanzig Fuß im Umfang! Der Stengel ist etwas über ein Yard hoch und jede Pflanze hat vier oder fünf dieser enormen Blätter, welche zusammen eine sehr großartige Erscheinung darbieten.

6. Dezember – Wir erreichten Caylen, welches „el fin del Cristiandad" genannt wird. Am Morgen hielten wir wenige Minuten bei einem Hause am nördlichen Ende von Laylec an, welches der äußerste Punkt der südamerikanischen Christenheit ist; es war eine recht erbärmliche Hütte. Die Breite ist 43° 10', also zwei Grade weiter südlich als der Rio Negro an der atlantischen Küste. Diese Christen des äußersten Postens waren sehr arm und baten unter Vorhalt ihrer Lage um etwas Tabak. Als einen Beweis für die Armut dieser Indianer will ich erwähnen, daß wir vor kurzer Zeit einem Manne begegnet waren, welcher drei und einen halben Tag zu Fuß gegangen war und ebenso viele auch wieder zurückgehen mußte, um sich den Wert einer kleinen Axt und einiger weniger Fische wiederzuholen. Wie äußerst schwierig muß es da sein, auch den kleinsten Artikel zu kaufen, wenn solche Mühe darauf verwandt wird, eine so kleine Schuld einzuziehen!

Am Abend erreichten wir die Insel San Pedro, wo wir die „Beagle" vor Anker liegen fanden. Beim Umsegeln der Spitze gingen zwei von den Offizieren an Land, um mit dem Theodoliten eine Reihe von Winkelaufnahmen zu machen. Ein Fuchs (*Canis fulvipes*) von einer, wie man sagt, der Insel eigentümlichen, aber auf ihr sehr seltenen Art, welcher eine neue Spezies ist, saß auf den Felsen. Das Tier war so intensiv davon absorbiert, die Arbeiten der Offiziere zu beobachten, daß ich imstande war, ruhig hinter ihn zu kommen und ihn mit meinem geologischen

Hammer auf den Kopf zu schlagen. Dieser Fuchs, neugieriger oder wissenschaftlicher als die große Mehrzahl seiner Brüder, steht jetzt ausgestopft, im Museum der zoologischen Gesellschaft.

Wir blieben drei Tage in diesem Hafen; an einem derselben versuchte Capt. Fitz Roy mit einer Anzahl Leute den Gipfel von San Pedro zu besteigen. Die Wälder hatten hier ein sehr verschiedenes Aussehen von denen der nördlichen Teile der Insel. Da das Gestein ein glimmerartiger Schiefer war, so gab es hier auch keinen Strand, sondern die steilen Abhänge tauchten direkt unter das Wasser. Das allgemeine Ansehen war daher dem des Feuerlandes ähnlicher als dem von Chiloë. Wir versuchten vergebens, den Gipfel zu erreichen: Der Wald war so undurchdringlich, daß niemand, der es nicht gesehen hat, sich eine Vorstellung von einer so ineinander gewirrten Masse von absterbenden und abgestorbenen Baumstämmen machen kann. Sicher berührten häufig unsere Füße länger als zehn Minuten hintereinander nicht einmal den Boden; oft waren wir zehn oder fünfzehn Fuß darüber, so daß die Matrosen im Scherz die Peilungen ausriefen. Andere Male krochen wir einer hinter dem anderen auf unseren Händen und Knien unter den vermoderten Stämmen. Am unteren Teile des Berges waren prächtige Bäume der Winters-Rinde, eine Art Lorbeer, wie der Sassafras mit aromatisch riechenden Blättern, und andere Bäume, deren Namen ich nicht weiß, durch einen sich an ihnen hinstreckenden Bambus oder ein Rohr untereinander verflochten. Wir waren hier Fischen, die in einem Netz sich sträubend bewegten, ähnlicher als irgend anderen Tieren. In den höher gelegenen Teilen nimmt Strauchholz die Stelle der größeren Bäume ein, hier und da mit einer roten Zeder oder einer Alerze [*Fitzroya*]. Es freute mich auch, in einer Höhe von wenig unter 1000 Fuß unseren alten Freund, die südliche Buche, zu sehen. Es waren dies aber ärmliche verkrüppelte Bäume, und ich sollte meinen, daß dies nahezu ihre nördliche Verbreitungsgrenze war. Zuletzt gaben wir den Versuch, hinaufzukommen, auf.

10. Dezember – Die Schaluppe und das große Boot fuhren unter Mr. Sullivan in ihrer Aufnahme-Arbeit fort; ich blieb aber an Bord der „Beagle", welche den nächsten Tag San Pedro verließ und nach Süden weiterging. Am 13. liefen wir in eine offene Stelle im südlichen Teile von Guayatecas oder dem Chonos-Archipel ein, und zwar war es unser Glück, daß wir es taten, denn am folgenden Tage erhob sich ein Sturm, der Feuerlands würdig gewesen wäre und mit großer Wut raste. Weiße, massive Wolken häuften sich gegen den dunkelblauen Himmel auf und quer über sie hin wurden zerrissene Schichten Dampfes rapid fortgetrieben. Die hintereinanderliegenden Bergketten erschienen wie undeutliche Schatten und die untergehende Sonne warf einen gelben Schein auf das Waldland, sehr dem durch eine Spiritusflamme hervorgebrachten ähnlich. Das Wasser war von dem schäumenden Flugwasser weiß, während der Wind bald sank, bald aber wieder durch die Takelage brauste: Es war eine ominöse, aber erhabene Szene. Während weniger Minuten war ein heller Regenbogen zu sehen, wobei es merkwürdig war, die Wirkung des Flugwassers zu beobachten. Da dies nämlich der Oberfläche des Meeres entlang fortgeführt wurde, verwandelte es den gewöhnlichen Halbkreis in einen Kreis, – ein Streifen prismatischer Farben setzte sich von den beiden unteren Enden des Bogens quer über die Bucht fort bis dicht an die Seite des Schiffs und bildete damit einen zwar verzerrten, aber nahezu ganz vollkommenen Ring.

Wir waren drei Tage hier. Das Wetter blieb schlecht; es hatte dies aber nicht viel zu bedeuten, denn die Oberfläche des Landes auf allen diesen Inseln ist beinahe vollständig unpassierbar. Die Küste ist so äußerst zerklüftet, daß ein Versuch, ihr entlangzugehen, ein beständiges Auf- und Abkriechen über die scharfkantigen Glimmerschieferfelsen erfordert; und was die Wälder betrifft, so legten unsere Gesichter, Hände und Schienbeine beredtes Zeugnis für die schlechte Behandlung ab, welche wir bei dem Versuch, in ihre verbotenen Heimlichkeiten einzudringen, erfahren hatten.

18. Dezember – Wir wendeten uns wieder auf das Meer hinaus. Am 20. sagten wir dem Süden Lebewohl und wandten mit einem günstigen Wind den Bug unseres Schiffes dem Norden zu. Vom Vorgebirge Tres Montes segelten wir sehr angenehm der hohen, verwetterten Küste entlang, welche wegen der kühnen Umrisse ihrer Berge und des dicken Überzugs mit Wald, selbst an den beinahe senkrecht abstürzenden Seiten, merkwürdig ist. Am nächsten Tage wurde ein Hafen entdeckt, welcher an dieser gefährlichen Küste für ein Schiff in Not von großem Nutzen sein kann. Er kann leicht an einem 1600 Fuß hohen Berg wiedererkannt werden, welcher selbst noch vollkommener kegelförmig ist, als der berühmte Zuckerhut bei Rio de Janeiro. Am nächsten Tage, nachdem wir geankert hatten, glückte es mir, den Gipfel dieses Berges zu erreichen. Es war ein mühsames Unternehmen, denn die Seiten waren so steil, daß an manchen Stellen die Bäume als Leitern benutzt werden mußten. Es fanden sich dort auch mehrere ausgedehnte Gebüsche von Fuchsien, mit ihren schönen hängenden Blüten bedeckt; es war aber sehr schwer, durch sie durchzukriechen. In diesen wilden Ländern gewährt es immer großes Entzücken, den Gipfel irgendeines Berges zu erreichen. Man hat vorher eine unbestimmte Erwartung, irgend etwas sehr Fremdartiges zu sehen, welche, so oft sie mich auch immer getäuscht haben mag, sich doch unfehlbar bei jedem späteren ähnlichen Versuche bei mir wieder einstellte. Ein jeder wird ja das Gefühl des Triumphes und Stolzes kennen, welches sich bei einer großartigen Aussicht von einer Höhe dem Geiste mitteilt. In diesen so wenig besuchten Ländern verbindet sich damit auch etwas Eitelkeit, daß Du vielleicht der erste Mensch bist, der auf dieser Zinne gestanden oder diese Aussicht bewundert hat.

Immer regt sich ein starkes Verlangen danach, sich zu vergewissern, ob irgendein menschliches Wesen schon vor uns einen nicht besuchten Ort betreten hat. Ein Stückchen Holz mit einem Nagel darin wird aufgehoben und studiert, als wäre es mit Hieroglyphen bedeckt. Von diesem Gefühl beherrscht interessierte es mich sehr, an einer wilden Stelle der Küste unter einem Felsenvorsprung eine aus Gras gemachte Lagerstätte zu finden. Dicht dabei war ein Feuer gewesen; auch hatte der Mensch eine Axt gebraucht. Das Feuer, das Lager und die Lage zeigten die Geschicklichkeit eines Indianers; es konnte aber kaum ein Indianer gewesen sein; denn infolge des Wunsches der katholischen Missionare, auf einen Schlag Christen und Sklaven zu machen, ist die Rasse in diesem Teile ausgestorben. Damals hatte ich eine leichte Ahnung, der einsame Mann, welcher sein Lager an diesem wilden Orte aufgeschlagen hatte, müßte irgendein schiffbrüchiger Matrose sein, welcher beim Versuche, die Küste hinaufzuwandern, sich für seine traurige Nachtruhe hier niedergelegt hätte.

28. Dezember – Das Wetter blieb beständig sehr schlecht, es gestattete uns aber doch endlich, mit der Aufnahme fortzufahren. Die Zeit wurde uns endlos lang, wie es immer der Fall war, wenn wir von einem Tage zum anderen durch eine Reihe aufeinanderfolgender Stürme aufgehalten wurden. Am Abend wurde ein anderer Hafen entdeckt, wo wir ankerten. Unmittelbar danach wurde ein Mensch gesehen, der mit seinem Hemd uns winkte; es wurde daher ein Boot abgeschickt, welches mit zwei Matrosen zurückkam. Eine Gesellschaft von sechs Mann waren von einem amerikanischen Walfischfahrer entlaufen und war etwas weiter südlich in einem Boot gelandet, das kurze Zeit danach von der Brandung in Stücke zerschellt wurde. Sie waren nun fünfzehn Monate lang an der Küste auf- und abwärts gewandert, ohne zu wissen, wohin sie gehen müßten, noch wo sie wären. Was für eine eigentümliche Laune des Glücks war es, daß dieser Hafen jetzt entdeckt wurde! Wenn dieser glückliche Zufall nicht eingetreten wäre, so hätten sie wandern können, bis sie alte Leute geworden wären, und wären dann an dieser rauhen Küste umgekommen. Ihre Leiden waren sehr groß gewesen und einer von ihnen war dadurch ums Leben gekommen, daß er von einer Klippe herunterstürzte. Zuweilen waren sie genötigt, sich zu trennen, um Nahrung zu suchen, und dies erklärte die Lagerstätte des einsamen Menschen. In Anbetracht dessen, was sie auszustehen gehabt hatten, waren sie doch mit der Zeitrechnung sehr gut zurecht gekommen, denn sie hatten nur vier Tage verloren.

Dreizehntes Kapitel

30. Dezember – Wir ankerten in einer niedlichen kleinen Bucht am Fuße einiger hohen Berge in der Nähe der nördlichen Spitze von Tres Montes. Am nächsten Morgen nach dem Frühstück erstieg eine Gesellschaft unserer Leute einen dieser Berge, der 2400 Fuß hoch war. Die Szenerie war merkwürdig. Der Hauptteil der Bergkette bestand aus großartigen, soliden, unzusammenhängenden Massen von Granit, welche so aussahen, als wären sie so alt wie die Erschaffung der Welt. Der Granit war von Glimmerschiefer bedeckt, welcher im Laufe der Jahrhunderte in fremdartig aussehende, fingerförmige Spitzen abgewittert war. Da unsere Augen so lange an einen beinahe ganz allgemein das Land bedeckenden Wald mit dunkelgrünen Bäumen gewöhnt waren, so hatte diese Kahlheit etwas Fremdartiges für uns. Es verschaffte mir besonders Entzücken, die Struktur dieser Berge untersuchen zu können. Die komplizierten und hohen Bergreihen trugen ein prächtiges Aussehen von Dauerhaftigkeit, – freilich in gleicher Weise nutzlos für den Menschen, wie für alle übrigen Tiere. Granit ist für den Geologen klassischer Boden: Wegen seiner sehr weiten Verbreitungsgrenzen und seiner schönen und kompakten Textur ist er so früh wie wenig andere Gesteine erkannt worden. Granit hat vielleicht mehr Erörterungen in bezug auf seinen Ursprung veranlaßt, als irgendeine andere Formation. Wir sehen meistens, daß er das Grundgestein darstellt, und wie er auch immer gebildet sein mag, wir wissen, daß er die tiefste Schicht der Erdrinde darstellt, bis zu welcher der Mensch vorgedrungen ist. Die Grenze in der Erkenntnis des Menschen über irgendeinen Gegenstand hat ein hohes Interesse, welches vielleicht noch durch die nahe Nachbarschaft mit dem Reiche der Phantasie vermehrt wird.

1. Januar 1835 – Das neue Jahr wird mit den in diesen Gegenden dazugehörigen Zeremonien begrüßt. Es erweckt keine trügerischen Hoffnungen; ein heftiger Nordweststurm mit beständigem Regen kündigt das erstehende Jahr an. Gott sei Dank, daß es uns nicht bestimmt ist, auch das Ende davon hier zu erleben, sondern daß wir hoffen können, dann auf dem Stillen Ozean zu sein, wo eine blaue Luft uns sagt, daß es einen Himmel gibt, – etwas jenseits der Wolken über unseren Köpfen.

Da die Nordwestwinde auch während der nächsten vier Tage noch anhielten, so glückte es uns nur, quer über eine große Bucht zu segeln, und wir ankerten dann in einem anderen sicheren Hafen. Ich begleitete den Kapitän in einem Boote an das obere Ende einer tiefen Bucht. Unterwegs war die Zahl der Robben, die wir sahen, ganz erstaunlich; jedes Stückchen flachen Felsens und Teile des Strandes waren ganz von ihnen bedeckt. Sie schienen von einer liebevollen Disposition zu sein und lagen fest eingeschlafen aneinandergeschmiegt, wie ebenso viele Schweine; aber selbst Schweine würden sich über ihren Unrat und über den von ihnen ausgehenden schrecklichen Gestank geschämt haben. Eine jede Herde wurde von dem geduldigen, aber Schlimmes verkündenden Auge des brasilianischen Geiers beobachtet. Diese widerwärtigen Vögel mit ihrem kahlen scharlachroten, zum Wühlen in faulenden Stoffen gebildeten Kopf sind an der Westküste sehr häufig, und ihre Aufmerksamkeit auf die Robben zeigt, auf was sie wegen ihrer Mahlzeiten warten. Wir fanden das Wasser (wahrscheinlich nur an der Oberfläche) beinahe süß; dies war die Folge einer großen Zahl von Wildbächen, welche sich, in der Form von Kaskaden über die steilen Granitberge herabfallend, in das Meer ergossen. Das Süßwasser zieht die Fische an und diese wieder bringen viele Sturmvögel, Möwen und zwei Arten von Kormoranen herbei. Wir sahen auch ein Paar der schönen schwarzhalsigen Schwäne und mehrere kleine See-Ottern, deren Pelz in so hohem Werte gehalten wird. Bei unserer Rückkehr amüsierte es uns wieder, die stürmische Art und Weise zu sehen, mit welcher der Haufen von Robben, junge und alte, sich ins Wasser stürzten, als das Boot vorüberging. Sie blieben nicht lange unter Wasser, sondern kamen herauf, folgten uns mit ausgestrecktem Halse und drückten große Verwunderung und Neugierde aus.

7. Januar – Nachdem wir die Küste hinaufgesegelt waren, ankerten wir in der Nähe des nördlichen Endes, des Chonos-Archipels in Lows Hafen, wo wir eine Woche blieben. Die Inseln wurden hier, wie in Chiloë, von einer geschichteten, weichen, littoralen Ablagerung gebildet; und die Vegetation war infolgedessen herrlich üppig. Die Wälder kamen herab bis zum Strande, genau in derselben Weise, wie immergrünes Strauchwerk als Einfassung eines Kieswegs. Wir genossen auch vom Ankerplatze aus eine prachtvolle Aussicht auf vier große schneebedeckte Kegel in der Cordillera, mit Einschluß des „famoso Corcovado"; die Kette selbst hat in dieser Breite eine so geringe Höhe, daß nur wenig Teile davon über den Spitzen der benachbarten Inseln erschienen. Wir trafen hier eine Gesellschaft von fünf Leuten aus Caylen, „el fin del Cristiandad", welche wagehalsiger Weise in ihrem offenen Kanu die Strecke offenen Meeres, welche Chonos von Chiloë trennt, quer durchkreuzt hatten, um hier zu fischen. Aller Wahrscheinlichkeit nach werden diese Inseln in kurzer Zeit bevölkert werden, ebenso wie die der Küste von Chiloë naheliegenden.

Die wilde Kartoffel wächst auf diesen Inseln in großer Menge auf dem sandigen, muscheligen Boden in der Nähe des Strandes. Die größte Pflanze war vier Fuß hoch. Die Knollen waren meist klein, doch fand ich einen von ovaler Gestalt, welcher zwei Zoll im Durchmesser maß. Sie glichen in allen Beziehungen den englischen Kartoffeln, hatten auch denselben Geruch; wurden sie aber gekocht, so schrumpften sie bedeutend zusammen und waren wässerig und geschmacklos ohne irgendwelche Bitterkeit. Sie sind unzweifelhaft hier eingeboren. Der Angabe Mr. Lows zufolge wachsen sie bis 50° nach Süden und werden von den wilden Indianern dieses Teils „Aquinas" genannt; die chilenischen Indianer haben einen verschiedenen Namen für sie. Professor Henslow, welcher die von mir mitgebrachten getrockneten Exemplare untersucht hat, sagt, daß sie mit denen, welche Mr. Sabine[1] von Valparaiso beschrieben hat, übereinstimmen, daß sie aber eine Varietät bilden, welche von einigen Botanikern für spezifisch verschieden betrachtet worden ist. Es ist merkwürdig, daß eine und dieselbe Pflanze auf den sterilen Bergen des zentralen Chile, wo länger als sechs Monate hindurch kein Tropfen Regen fällt, und in den feuchten Wäldern dieser südlichen Inseln gefunden wird.

In den zentralen Teilen des Chonos-Archipels (45° S. Br.) hat der Wald ziemlich denselben Charakter wie der entlang der ganzen Westküste 600 Meilen lang südlich bis zum Kap Hoorn. Das baumartige Gras von Chiloë findet sich hier nicht; dagegen wächst die Buche des Feuerlandes bis zu einer ziemlichen Größe heran und bildet einen beträchtlichen Teil des Waldes, indessen nicht in derselben ausschließlichen Art und Weise, wie weiter südlich. Kryptogame Pflanzen finden hier ein äußerst zuträgliches Klima. Wie ich früher bemerkt habe, scheint an der Magellan-Straße das Land zu kalt und zu feucht zu sein, um sie zu rechter Vollkommenheit gedeihen zu lassen; aber hier auf diesen Inseln ist innerhalb des Waldes die Zahl der Spezies und die große Menge der Moose, Flechten und kleinen Farne ganz außerordentlich.[2] Im Feuerland wachsen Bäume nur an den Seiten der Berge; jedes Stück ebenen Landes wird ausnahmslos von einer dicken Schicht Torf bedeckt. Hier auf dem Chonos-Archipel gleicht die Natur des Klimas mehr dem Feuerlands als dem des nördlichen Chiloë; denn jeder Fleck des ebenen Bodens wird von Spezies von Pflanzen bedeckt (*Astelia pumila* und *Donatia magellanica*), welche durch ihren Zerfall gemeinsam eine dicke Schicht elastischen Torfes bilden.

---

[1] Horticultural Transactions, Vol. V, p.249. Mr. Caldcleugh schickte zwei Knollen nach England, welche, gehörig gedüngt, schon im ersten Jahre zahlreiche Kartoffeln und eine Masse Blätter produzierten. S. Humboldts interessante Erörterung über diese Pflanze, welche, wie es scheint, in Mexiko unbekannt war, in: Essay polit. sur la Nouvelle Espagne. Livr. IV, Chap. IX.

[2] Durch Streichen mit dem Insektennetz erhielt ich eine beträchtliche Anzahl sehr kleiner Insekten von diesen Örtlichkeiten aus der Familie der Staphyliniden, andere mit *Pselaphus* verwandte Käfer und kleine Hymenoptern. Die durch ihre Anzahl, sowohl in Individuen als in Spezies, am meisten charakteristische Familie ist aber über die ganzen offenen Teile von Chiloë und Chonos die der Telephoriden.

Dreizehntes Kapitel

In Feuerland ist oberhalb der Region des Waldlandes die erste dieser beiden ausgezeichnet gesellig lebenden Pflanzen das hauptsächlichste Mittel zur Produktion des Torfes. Frische Blätter folgen beständig eines dem anderen rund um die zentrale Pfahlwurzel; die unteren welken bald ab, und wenn man die Wurzel nach abwärts in den Torf verfolgt, so läßt sich erkennen, wie die noch immer in ihrer Lage befindlichen Blätter alle Stufen der Zersetzung durchlaufen, bis das Ganze eine verworrene Masse bildet. Hierbei wird die *Astelia* von einigen wenigen anderen Pflanzen unterstützt: – Hier und da eine kleine kriechende Myrthe (*Myrtus nummularia*) mit einem holzigen Stamm wie unsere Moosbeere und mit einer süßen Beere, ein *Empetrum* (*E. rubrum*), unserem Heidekraut ähnlich, und eine Binse (*Juncus grandiflorus*) sind beinahe die einzigen Pflanzen, welche auf der morastigen Oberfläche wachsen. Obgleich diese Pflanzen eine große allgemeine Ähnlichkeit mit den englischen Spezies derselben Gattungen besitzen, sind sie doch verschieden. In den ebeneren Teilen des Landes ist die Oberfläche des Torfes in kleine Tümpel mit Wasser zerklüftet, welche in verschiedenen Höhen liegen und wie künstlich ausgehöhlt aussehen. Kleine, unter der Erde fließende Wasserläufe vollenden die Zerstörung der vegetabilischen Masse und machen das Ganze fest.

Das Klima des südlichen Teils von Amerika scheint für die Erzeugung von Torf besonders günstig zu sein. Auf den Falkland-Inseln wird beinahe jede Art von Pflanzen, selbst das grobe Gras, welches die ganze Oberfläche des Landes bedeckt, in diese Substanz verwandelt; kaum irgendeine Lage stört ihr Wachstum; einige der Torflager sind bis zu zwölf Fuß dick und der untere Teil wird beim Trocknen so fest, daß er kaum brennt. Obschon jede Pflanze bei deren Bildung hilft, so ist doch an den meisten Orten die *Astelia* die allerwirksamste. Es ist ein ziemlich eigentümlicher Umstand, da es von dem, was in Europa vorkommt, so ganz verschieden ist, daß ich in Süd-Amerika nirgends gesehen habe, daß Moos durch seinen Zerfall irgendeinen Teil des Torfes gebildet hätte. In bezug auf die nördliche Grenze, bis zu welcher das Klima diese eigentümliche Art langsamer Zersetzung, welche zur Bildung dieses Torfes notwendig ist, gestattet, glaube ich, daß in Chiloë (41°- 42° S. Br.), obschon dort viel morastiger Grund vorkommt, doch kein gut charakterisierter Torf vorhanden ist; auf den Chonos-Inseln aber, drei Grad weiter südlich, haben wir ihn in Menge gesehen. An der Ostküste in La Plata (35° S. Br.) sagte mir ein dort lebender Spanier, welcher Irland besucht hatte, daß er oft nach dieser Substanz gesucht habe, aber nie imstande gewesen sei, etwas davon zu finden. Als das Ähnlichste, was er hätte finden können, zeigte er mir einen schwarzen torfartigen Boden, welcher so mit Wurzeln durchzogen war, daß er äußerst langsam und unvollkommen verbrannte.

Die Fauna dieses in kleine Inselchen zerfallenen Chonos-Archipels ist, wie sich hätte erwarten lassen, sehr arm. Von Säugetieren sind zwei amphibische Arten sehr häufig. Der *Myopotamus Coypus* (einem Biber ähnlich, aber mit einem runden Schwanz) ist seines feinen Pelzes wegen bekannt; derselbe bildet im ganzen Gebiet der Zuflüsse des La Plata einen Handelsartikel. Das Tier besucht indessen hier ausschließlich Salzwasser; derselbe Umstand kommt, wie angegeben worden ist, zuweilen bei dem großen Nagetiere, dem Capybara, vor. Ein kleiner Seeotter ist sehr zahlreich; er lebt nicht ausschließlich von Fischen, sondern ernährt sich, wie die Robben, zu einem großen Teil von einer kleinen roten Krabbe, welche scharenweise nahe der Oberfläche des Wassers schwimmt. Mr. Bynoe sah, wie ein Otter in Feuerland einen Tintenfisch verzehrte; und in Lows Hafen wurde ein anderer getötet, als er im Begriff war, eine große *Voluta* nach seiner Höhle zu schaffen. An einer Stelle fing ich eine eigentümliche kleine Maus (*M. brachyotis*) in einer Falle; sie schien auf mehreren der kleinen Inseln häufig zu sein, aber die Chilotaner in Lows Hafen sagten, daß sie dort gar nicht gefunden würde. Welche Reihe von Zufälligkeiten[3],

---

[3] Es wird angegeben, daß manche Raubvögel ihre Beute lebendig zum Nest bringen. Ist dies der Fall, so kann wohl im Laufe der Jahrhunderte dann und wann einmal eine derselben den jungen Vögeln entschlüpfen. Irgendeine derartige Ursache ist notwendig, um die Verbreitung der kleinen nagenden Säugetiere auf nicht sehr nahe beieinanderliegenden Inseln zu erklären.

oder welche Veränderungen im Niveau müssen ins Spiel gekommen sein, um diese kleinen Tiere in solcher Weise auf diesem kleinen Archipel zu verbreiten!

In allen Teilen von Chiloë und Chonos kommen zwei sehr eigentümliche Vögel vor, welche mit dem Turco und dem Tapacolo des zentralen Chile verwandt sind und sie hier ersetzen. Der eine (*Pteroptochus rubecula*) wird von den Einwohnern „Cheucau" genannt; er sucht die allerdüstersten und verstecktesten Stellen innerhalb der feuchten Wälder auf. Obgleich man zuweilen seinen Ruf ganz nahebei hört, man mag noch so aufmerksam beobachten und wird den Cheucau doch nicht sehen; wenn man andere Male bewegungslos still steht, wird sich der kleine rotbrüstige Vogel in der vertraulichsten Art bis auf wenige Fuß nähern. Er hüpft dann geschäftig zwischen der verschlungenen Masse faulender Rohre und Zweige herum, mit seinem kleinen Schwanz nach oben geschlagen. Die Chilotaner haben eine abergläubische Furcht vor dem Cheucau wegen seiner fremdartigen und verschiedenartigen Laute. Er hat drei verschiedene Rufe: Der eine wird „chiduco" genannt und ist eine gute Vorbedeutung; ein anderer „huitreu" ist äußerst ungünstig; einen dritten habe ich vergessen. Diese Worte sind als Nachahmung der Laute gewählt und die Eingeborenen werden in manchen Dingen absolut von ihnen beherrscht. Ganz sicherlich haben die Chilotaner ein äußerst komisches kleines Geschöpf sich zu ihrem Propheten gewählt. Eine verwandte, aber etwas größere Spezies (*Pteroptochus Tarnii*) wird von den Eingeborenen „Guid-Guid", von den Engländern der bellende Vogel genannt. Dieser letztere Name ist sehr treffend gewählt; denn ich möchte wohl den sehen, der anfangs sicher wäre, daß nicht ein kleiner Hund irgendwo im Walde kläffte. Genau wie beim Cheucau wird man ihn zuweilen ganz nahebei bellen hören, aber sich doch vergebens bemühen, durch warten und mit noch weniger Aussicht durch schlagen auf die Büsche ihn zu Gesicht zu bekommen; andere Male aber kommt der Guid-Guid furchtlos nahe heran. Seine Ernährungsweise und seine allgemeine Lebensweise sind denen des Cheucau sehr ähnlich.

An der Küste[4] ist ein kleiner, trübe gefärbter Vogel (*Opetiorhynchus patagonicus*) sehr häufig. Er ist wegen seiner ruhigen Lebensweise merkwürdig; er lebt gänzlich am Meeresstrand, wie ein Strandläufer. Außer diesen Vögeln bewohnen nur sehr wenige andere dieses zerfallene Land. In meinen Tagebuchnotizen beschreibe ich die fremdartigen Geschreie, welche zwar häufig in diesen düsteren Wäldern gehört werden, aber doch kaum das allgemeine Stillschweigen stören. Das Bellen des Guid-Guid und das plötzliche Hu-Hu des Cheucau ertönen zuweilen von weit her, zuweilen aus größter Nähe. Der kleine schwarze Zaunkönig Feuerlands fügt seinen Ruf hinzu; der Baumläufer (*Oxyurus*) folgt dem Eindringling schreiend und zwitschernd; der Kolibri ist dann und wann einmal von einer Seite zur anderen fahrend zu sehen und stößt wie ein Insekt sein gellendes Zirpen aus; endlich bemerkt man von dem Gipfel irgendeines hohen Baumes den undeutlichen, aber klagenden Ton des weißbuschigen Tyrannen-Fliegenschnäppers (*Myiobius*). Wegen des bedeutenden Vorwiegens gewisser gemeiner Vogelgattungen in den meisten Ländern, wie z. B. der Finken, fühlt man sich anfangs überrascht, die eigentümlichen oben aufgezählten Formen als die gemeinsten Vögel in einem Bezirke zu finden. Im zentralen Chile kommen zwei von ihnen, obschon äußerst selten, vor, nämlich der *Oxyurus* und *Scytalopus*. Wenn man, wie in diesem Falle, Tiere findet, welche eine so unbedeutende Rolle in dem großen Naturhaushalt zu spielen scheinen, so ist man geneigt, sich darüber zu wundern, warum sie überhaupt erschaffen wurden. Man muß aber immer im Auge behalten, daß sie vielleicht in irgendeinem anderen Lande wesentliche Glieder der Gesellschaft sind oder daß sie es in einer früheren Zeit gewesen sind. Wenn Amerika südlich vom 37.° unter das Wasser des Ozeans sinken sollte, so würden diese zwei Vögel noch immer eine lange Zeit hindurch im zentralen Chile, fort-

---

[4] Als Beweis für die große Verschiedenheit in dem Eintritt der Jahreszeiten in den bewaldeten und den offenen Teilen dieser Küste will ich erwähnen, daß am 20. September in 34° S. Br. diese Vögel Junge im Nest hatten, während sie auf den Chonos-Inseln drei Monate später erst legten; die Breitenverschiedenheit zwischen diesen Orten beträgt ungefähr 700 Meilen.

Dreizehntes Kapitel

existieren können, doch ist es sehr unwahrscheinlich, daß sie sich der Zahl nach vermehren würden. Wir würden dann einen Fall vor uns haben, wie er ganz unvermeidlich mit sehr vielen Tieren eingetreten sein muß.

Diese südlichen Meere werden von mehreren Arten von Sturmvögeln besucht; die größte Art, *Procellaria gigantea* (nelly der Engländer, quebranta-huesos oder Knochenbrecher der Spanier) ist sowohl auf den landeinwärts gelegenen Kanälen als auf dem offenen Meer ein häufiger Vogel. In seiner Lebensweise und Art zu fliegen ist er dem Albatroß sehr ähnlich, und wie beim Albatroß kann man ihn stundenlang beobachten, ohne zu sehen, von was er sich ernährt. Der „Knochenbrecher" ist indessen ein Raubvogel; einige der Offiziere beobachteten in Port S. Antonio, wie er einen Taucher verfolgte, der ihm durch tauchen und fliegen zu entgehen suchte, aber beständig niedergestoßen und zuletzt durch einen Schlag auf den Kopf getötet wurde. In Port S. Julian sah man diese großen Sturmvögel junge Möwen töten und verschlingen. Eine zweite Spezies (*Puffinus cinereus*), welche in Europa, am Kap Hoorn und an der Küste von Peru häufig ist, ist von viel geringerer Größe als die *P. gigantea*, aber wie diese von einer schmutzig-grauen Färbung. Sie sucht häufig die in das Land einspringenden Sunde in großen Herden auf; ich glaube, ich habe niemals so viele Vögel irgendeiner anderen Art zusammen gesehen, wie ich einmal von diesen Sturmvögeln hinter der Insel Chiloë gesehen habe. Hunderte von Tausenden flogen in einer unregelmäßigen Reihe mehrere Stunden lang nach einer Richtung hin. Wenn ein Teil des Zuges sich auf das Wasser niederließ wurde die Oberfläche schwarz, und ein Geräusch ging von ihm aus, wie von Menschen, die in der Entfernung sprechen.

Es finden sich hier noch mehrere andere Arten von Sturmvögeln; ich will aber nur noch eine andere Art, *Pelecanoides Berardi*, erwähnen, welche ein Beispiel jener außerordentlichen Fälle darbietet, wo ein offenbar zu einer gut charakterisierten Familie gehöriger Vogel doch in seiner Lebensweise und seinem Bau mit einer sehr verschiedenen Gruppe verwandt ist. Dieser Vogel verläßt niemals die ruhigen, landeinwärts gelegenen Kanäle. Wird er gestört, so taucht er bis in eine gewisse Entfernung, und wenn er an die Oberfläche kommt, erhebt er sich mit derselben Bewegung zum Fluge. Nachdem er mittels der rapiden Bewegung seiner kurzen Flügel eine Strecke weit in einer geraden Linie geflogen ist, fällt er wie tot herab und taucht wieder. Die Form seines Schnabels und seiner Nasenlöcher, die Länge der Füße und selbst die Färbung seines Gefieders zeigen, daß dieser Vogel ein Sturmvogel ist; andererseits lassen es seine kurzen Flügel und infolgedessen sein geringes Flugvermögen, die Gestalt seines Körpers und die Form seines Schwanzes, das Fehlen einer Hinterzehe am Fuße, seine Gewohnheit zu tauchen und die Wahl seines Standorts anfangs zweifelhaft erscheinen, ob er nicht gleichermaßen nahe mit den Alken verwandt ist. Im Fluge oder tauchend und ruhig in den versteckten Kanälen des Feuerlandes umherschwimmend aus der Ferne gesehen, würde er ohne Zweifel fälschlich für einen Alken gehalten werden.

Vierzehntes Kapitel

San Carlos, Chiloë – Ausbruch des Osorno, gleichzeitig mit dem Aconcagua und Coseguina – Ritt nach Cucao – Undurchdringliche Wälder – Valdivia – Indianer – Erdbeben – Conception – Großes Erdbeben – Felsen gespalten – Ansehen der früheren Städte – Das Meer schwarz und siedend – Richtung der Schwingungen – Steine herumgedreht – Große Welle – Permanente Erhebung des Landes – Verbreitungsbezirk der vulkanischen Erscheinungen – Zusammenhang zwischen den hebenden und eruptiven Kräften – Ursache der Erdbeben – Langsame Erhebung der Gebirgsketten

Chiloë und Concepcion: Großes Erdbeben

Am 15. Januar segelten wir aus Lows Hafen ab und ankerten drei Tage später zum zweiten Male in dem Meerbusen von S. Carlos in Chiloë. In der Nacht vom 19. war der Vulkan von Osorno in Tätigkeit. Um Mitternacht beobachtete die Wache etwas wie einen großen Stern, der allmählich an Größe zunahm bis ungefähr um drei Uhr, wo er einen äußerst glänzenden Anblick darbot. Mit Hilfe eines Glases sah man, daß in beständiger Aufeinanderfolge mitten in einem großen, blendenden, roten Lichte dunkle Gegenstände in die Höhe geworfen wurden und niederfielen. Das Licht war hell genug, auf dem Wasser einen langen, glänzenden Reflex zu erzeugen. Große Mengen geschmolzener Massen scheinen in diesem Teile der Cordillera sehr gewöhnlich von den Kratern ausgeworfen zu werden. Man hat mir versichert, daß, wenn der Corcovado in Tätigkeit ist, große Massen in die Höhe geschleudert und in der Luft platzen gesehen werden; sie nehmen dabei viele phantastische Gestalten an, wie Bäume u.dgl.; ihre Größe muß ungeheuer sein; denn man kann sie von dem Hochlande hinter S. Carlos, welches nicht weniger als dreiundneunzig Meilen von dem Corcovado entfernt ist, erkennen. Am Morgen wurde der Vulkan wieder ruhig.

Ich war sehr überrascht, als ich später hörte, daß der Aconcagua in Chile 480 Meilen nördlich, in derselben Nacht in Tätigkeit war; noch mehr überraschte es mich aber, als ich hörte, daß die große Eruption des Coseguina (2700 Meilen nördlich vom Aconcagua), von einem über 1000 Meilen fühlbaren Erdbeben begleitet, innerhalb sechs Stunden von derselben Zeit stattfand. Dieses Zusammentreffen ist um so merkwürdiger, als der Coseguina sechsundzwanzig Jahre lang ruhig gewesen war, und der Aconcagua überhaupt äußerst selten irgendein Zeichen von Tätigkeit zeigt. Es ist schwierig, auch nur zu vermuten, ob dieses Zusammentreffen zufällig war oder irgendeinen unterirdischen Zusammenhang andeutet. Wenn der Vesuv, der Ätna und der Hekla auf Island (alle drei einander relativ näher, als die entsprechenden Punkte in Süd-Amerika) plötzlich in einer und derselben Nacht in eine Eruption ausbrechen würden, würde man das Zusammentreffen für merkwürdig halten: In diesem Falle hier ist es aber noch weit merkwürdiger, wo die drei Auswurfsöffnungen in eine und dieselbe große Bergkette fallen, und wo die ungeheuren Ebenen der ganzen Ostküste entlang und die emporgehobenen rezenten Schaltiergehäuse mehr als 2000 Meilen der Westküste entlang erkennen lassen, in welch gleichmäßiger und zusammenhängender Art und Weise die hebenden Kräfte gewirkt haben.

Da Capt. Fitz Roy daran gelegen war, daß an der äußeren Küste von Chiloë einige Marken aufgenommen würden, wurde ausgemacht, daß Mr. King und ich nach Castro und von da quer über die Insel nach der an der Westküste gelegenen Capella de Cucao reiten sollten. Nachdem wir Pferde und einen Führer gemietet hatten, brachen wir am Morgen des 19. auf. Wir waren noch nicht weit gekommen, als sich eine Frau mit zwei Knaben zu uns gesellte, welche die gleiche Reise vorhatte. Jedermann reist auf dieser Straße mit dem Grundsatz: „Willkommen, Gesell, wohl trifft es sich, daß wir zusammen wandern!" Auch kann man hier das in Süd-Amerika so

Vierzehntes Kapitel

seltene Glück genießen, ohne Schußwaffen reisen zu können. Anfangs bestand das Land aus einer Reihenfolge von Bergen und Tälern; näher nach Castro hin wurde es sehr eben. Die Straße selbst ist eine merkwürdige Geschichte; sie besteht in ihrer ganzen Länge, mit Ausnahme von sehr wenigen Stellen, aus großen Holzklötzen, welche entweder breit und der Länge nach hingelegt sind oder schmal und quer gelegt. Im Sommer ist die Straße nicht schlecht; im Winter aber, wo das Holz durch den Regen schlüpfrig geworden ist, ist das Reisen äußerst schwierig. Zu dieser Zeit des Jahres wird der Boden zu beiden Seiten ein Morast und wird häufig überschwemmt. Daher ist es notwendig, daß die langen Klötze durch quere, auf beiden Seiten in die Erde gepfählte Pfosten befestigt werden. Diese Pfähle machen einen Sturz vom Pferde gefährlich, da die Aussicht, auf einen solchen zu fallen, nicht gerade klein ist. Es ist indes merkwürdig, wie beweglich die Gewohnheit die chilotanischen Pferde gemacht hat. Beim Übergang über schlechte Stellen, wo die Klötze aus ihrer Lage gekommen sind, springen sie von einem auf den anderen mit der Schnelligkeit und der Sicherheit eines Hundes. Zu beiden Seiten wird die Straße von hohen Waldbäumen eingefaßt, deren untere Teile durch Rohr miteinander verflochten sind. Wenn gelegentlich ein langes Stück eines solchen Weges zu erblicken war, bot sich eine merkwürdige Szene von Gleichförmigkeit dar; die weiße Reihe der Klötze, die sich in der Perspektive verschmälerte, wurde von dem düsteren Wald verdeckt oder endete in einem Zickzack, welches irgendeinen steilen Berg hinaufführte.

Obschon die Entfernung von S. Carlos nach Castro in einer geraden Linie nur zwölf Stunden beträgt, so muß doch der Bau der Straße eine sehr mühevolle Arbeit gewesen sein. Mir ist erzählt worden, daß früher mehrere Menschen bei dem Versuch, durch den Wald quer durchzudringen, ums Leben gekommen sind. Der erste, dem es glückte, war ein Indianer, welcher in acht Tagen einen Weg durch das Röhricht schnitt und S. Carlos erreichte; die spanische Regierung belohnte ihn durch Verleihung eines Stück Landes. Während des Sommers wandern viele der Indianer in den Wäldern umher (aber hauptsächlich in den höheren Teilen, wo die Wälder nicht so dicht sind), um das halbwilde Rind aufzusuchen, welches von den Blättern des Rohres und gewisser Bäume lebt. Es war einer dieser Jäger, welcher vor wenigen Jahren durch Zufall ein englisches Schiff entdeckte, welches an der äußeren Küste gestrandet war. Die Mannschaft fing an, um Nahrung in Not zu sein und es ist nicht wahrscheinlich, daß sie sich ohne die Hilfe dieses Mannes je aus den kaum durchdringbaren Wäldern hätten befreien können. Einer der Matrosen starb faktisch auf dem Marsche aus Erschöpfung. Die Indianer richten sich bei diesen Exkursionen nach der Sonne; hält daher trübes, wolkiges Wetter eine Zeitlang an, so können sie nicht reisen.

Der Tag war wunderschön; eine große Zahl in voller Blüte stehender Bäume erfüllte die Luft mit Wohlgeruch; und doch konnte selbst dies kaum den Eindruck der düsteren, feuchten Natur des Waldes zerstören. Überdies geben die vielen, wie Skelette dastehenden, abgestorbenen Baumstämme stets den Urwäldern einen Charakter der Feierlichkeit, welcher den Wäldern lange kultivierter Länder fehlt. Bald nach Sonnenuntergang biwakierten wir für die Nacht. Unsere weibliche Begleiterin, die gar nicht übel aussah, gehörte einer der respektabelsten Familien in Castro an; sie ritt indessen nach Männerart und ohne Schuhe und Strümpfe. Mich überraschte der gänzliche Mangel an Stolz bei ihr und ihrem Bruder. Sie brachten Nahrungsmittel für sich mit, saßen aber bei allen unseren Mahlzeiten da und sahen mir und Mr. King so lange beim Essen zu, bis wir uns so zu schämen anfingen, daß wir die ganze Gesellschaft fütterten. Die Nacht war wolkenlos; während wir in unseren Betten lagen, ergötzten wir uns an dem Anblick der Menge von Sternen (und dies ist ein großer Genuß), welche die Dunkelheit des Waldes erhellten.

23. Januar – Wir standen zeitig am Morgen auf und erreichten die hübsche, ruhige Stadt Castro um zwei Uhr. Der alte Gouverneur war seit unserem letzten Besuch gestorben und ein Chilene vertrat seine Stelle. Wir hatten einen Empfehlungsbrief an Don Pedro, welchen wir äußerst gastfreundlich und liebenswürdig und weniger interessiert fanden, als es auf dieser Seite des Kontinents gewöhnlich der Fall zu sein pflegt. Am nächsten Tage besorgte uns Don Pedro frische Pferde und erbot sich selbst, uns zu begleiten. Wir gingen nach Süden, meist der Küste folgend und dabei durch mehrere kleine Weiler kommend, jeder mit seiner großen, scheunenartigen, aus Holz gebildeten Kapelle. In Vilipilli bat Don Pedro den dortigen Kommandanten, uns einen Führer nach Cucao zu geben. Der alte Herr erbot sich selbst mitzukommen; lange Zeit aber wollte er sich nicht überreden lassen, daß zwei Engländer wirklich nach einem so ganz abgelegenen Orte wie Cucao gehen wollten. Auf diese Weise wurden wir von den beiden größten Aristokraten des Landes begleitet, wie sich deutlich in der Art und Weise des Benehmens aller ärmeren Indianer gegen sie zeigte. Bei Chonchi wendeten wir uns quer über die Insel; wir folgten dabei verwickelten gewundenen Pfaden, kamen zuweilen durch prachtvolle Wälder, zuweilen durch hübsche, urbar gemachte Stellen mit reichen Korn- und Kartoffelfeldern. Dieses wellenförmige bewaldete Land, das zum Teil kultiviert ist, erinnerte mich an die wilderen Teile von England und bot daher meinem Auge einen äußerst fesselnden Anblick dar. Bei Vilinco, welches an den Ufern des Sees von Cucao liegt, waren nur ein paar Felder urbar gemacht; alle Einwohner schienen Indianer zu sein. Dieser See ist zwölf Meilen lang und erstreckt sich in einer westöstlichen Richtung. Infolge örtlicher Verhältnisse weht während des Tages sehr regelmäßig die See-Brise, des Nachts fällt dann Windstille ein: Dies hat merkwürdige Übertreibungen veranlaßt; denn nach der in S. Carlos uns gegebenen Beschreibung mußte das Phänomen ein ungeheures Wunder sein.

Die Straße nach Cucao war so sehr schlecht, daß wir uns entschlossen, uns in einer „*Periagua*" einzuschiffen. Der Kommandant befahl in der allergebieterischsten Art sechs Indianern, sich fertig zu machen, uns nach Cucao zu rudern, ohne sie auch nur eines Wortes darüber zu würdigen, ob sie bezahlt werden würden oder nicht. Die Periagua ist ein merkwürdiges rohes Boot, aber die Bemannung war noch merkwürdiger: Ich zweifle, ob je sechs noch häßlichere, kleine Menschen in einem Boot zusammengesessen haben. Sie ruderten indessen sehr gut und gemütlich. Der Vormann schwatzte indianisch und stieß fremdartige Schreie aus, ungefähr so wie ein Schweinehirte, wenn er seinen Schweinen zuruft. Wir hatten bei der Abfahrt eine leichte Brise gegen uns, erreichten aber die Capella de Cucao noch ziemlich zeitig. Das Land zu beiden Seiten des Sees war ein ununterbrochener Wald. In derselben Periagua mit uns wurde noch eine Kuh eingeschifft. Ein so großes Tier in ein kleines Boot zu bringen scheint auf den ersten Blick schwierig zu sein; doch brachten es die Indianer in einer Minute fertig. Sie brachten die Kuh an die Seite des Bootes, welches ihr entgegen auf die Seite geneigt wurde; dann brachten sie zwei Ruder unter ihren Bauch und ließen deren Enden auf dem Rand des Bootes ruhen; mit Hilfe dieser Hebel wurde nun das arme Vieh kopfüber in das Boot geworfen und dann mit Stricken festgebunden. In Cucao fanden wir eine unbewohnte Hütte (welche die Wohnung des Padre ist, wenn er dieser Capella einen Besuch macht), wo wir ein Feuer anzündeten, unser Abendbrot kochten und uns sehr komfortabel fühlten.

Die Gegend von Cucao ist der einzig bewohnte Teil auf der ganzen Westküste von Chiloë. Es wohnen ungefähr dreißig oder vierzig Indianer-Familien in ihm, welche über einen Raum von vier oder fünf Meilen der Küste entlang zerstreut sind. Sie sind von dem übrigen Chiloë sehr abgeschieden und haben kaum irgendwelche Art von Handel, ausgenommen zuweilen mit einem wenig Öl, welches sie aus Robbentran gewinnen. Sie sind hinreichend mit Zeugen eigner Manufaktur bekleidet und haben vollauf zu essen. Sie schienen indessen unzufrieden, dabei aber doch in einem für den Beschauer geradezu peinlichen Grade demütig zu sein. Diese Empfindungen sind, wie ich glaube, hauptsächlich der rauhen und gebieterischen Art und Weise zuzuschreiben, mit welcher sie von ihren Herrschern behandelt werden. Obgleich unsere Begleiter gegen uns so äußerst höflich waren, benahmen sie sich doch gegen die Indianer so, als wären diese eher Sklaven als freie Männer. Sie befahlen ihnen, Provisionen zu schaffen und den Ge-

Vierzehntes Kapitel

brauch ihrer Pferde zu gestatten, ohne sich je herabzulassen, ein Wort über den Preis oder überhaupt darüber zu sagen, ob die Einwohner bezahlt werden würden oder nicht. Da wir am Morgen mit diesen armen Leuten allein gelassen wurden, machten wir uns bald durch Geschenke an Zigarren und Maté beliebt. Ein Stück weißen Zuckers wurde unter alle Anwesende verteilt und mit der größten Neugierde gekostet. Alle ihre Klagen schlossen die Indianer mit der Rede: „Und es ist nur, weil wir arme Indianer sind und nichts wissen; es war aber nicht so, als wir einen König hatten."

Am nächsten Tage ritten wir nach dem Frühstück ein paar Meilen nördlich nach Punta Huantamó. Die Straße führte über einen sehr breiten Strand, auf welchem sich, selbst nach so vielen schönen Tagen, ein furchtbarer Wellenschlag brach. Mir wurde versichert, daß nach einem heftigen Sturme das Getöse des Nachts selbst in Castro gehört werden kann, in einer Entfernung von nicht weniger als einundzwanzig Seemeilen quer über ein bergiges und bewaldetes Land. Wir hatten ziemliche Schwierigkeit, die Spitze zu erreichen, wegen der unerträglich schlechten Wege; denn im Schatten wurde der Boden überall eine vollkommene Kotlache. Die Spitze selbst ist ein steiler, felsiger Berg. Sie wird von einer, wie ich glaube, mit Bromelia verwandten und von den Einwohnern „Chepones" genannten Pflanze bedeckt. Beim Klettern durch die Beete wurden unsere Hände vielfach zerkratzt. Die Sorgfalt unseres indianischen Führers amüsierte mich sehr, welcher seine Hosen aufstreifte, von der Ansicht ausgehend, daß sie zarter seien als seine eigene, abgehärtete Haut. Diese Pflanze trägt eine, in ihrer Gestalt einer Artischocke ähnliche Frucht, in welcher eine Anzahl Samenbehälter zusammenliegen: Diese enthalten ein angenehm süßes Fleisch, das hier sehr geschätzt wird. In Lows Hafen sah ich die Chilotaner Chichi oder Cider aus dieser Frucht bereiten; es ist ganz richtig, was Humboldt bemerkt, daß beinahe überall der Mensch Mittel und Wege findet, sich aus einem Produkte des Pflanzenreichs irgendeine Art Getränk zu bereiten. Indessen sind die Wilden Feuerlands und ich glaube auch die von Australien in den Künsten nicht so weit fortgeschritten.

Nördlich von Punta Huantamó ist die Küste außerordentlich zerrissen und durchbrochen; vor ihr liegen eine Menge Wellenbrecher, an welchen das Meer ewig brüllt. Mr. King und ich wären am liebsten, wenn es möglich gewesen wäre, der Küste entlang zu Fuß zurückgekehrt, aber selbst die Indianer sagten, es wäre unausführbar. Es wurde uns erzählt, daß Leute hinübergekommen wären, indem sie direkt quer durch den Wald von Cucao nach S. Carlos gegangen waren, niemals aber der Küste entlang. Auf solchen Expeditionen nehmen die Indianer nur geröstetes Korn mit sich und essen davon zweimal des Tages ein wenig.

26. Januar – Wir stiegen wieder in die Periagua, kehrten quer über den See zurück und bestiegen dann unsere Pferde. Ganz Chiloë profitierte von dieser Woche ungewöhnlich schönen Wetters, um den Boden durch Feuer urbar zu machen. Nach allen Richtungen hin sah man Massen von Rauch kräuselnd sich nach oben erheben. Obschon die Bewohner so eifrig waren, jeden Teil des Waldes anzuzünden, habe ich doch nicht ein einziges Feuer gesehen, welchem eine größere Ausbreitung zu geben ihnen geglückt wäre. Wir aßen mit unserem Freunde, dem Kommandanten, zu Mittag und erreichten Castro erst nach Dunkelwerden. Am nächsten Morgen brachen wir sehr zeitig auf. Nachdem wir eine Zeitlang geritten waren, bekamen wir von dem Gipfel eines steilen Berges eine weit ausgedehnte Aussicht auf den großen Wald (und dergleichen ist auf dieser Straße eine Seltenheit). Oberhalb des von Bäumen gebildeten Horizontes trat der Corcovado und der große flachgipfelige Vulkan nördlich davon in stolzer Größe hervor: Kaum irgendein anderer Gipfel in der langen Kette zeigte seine schneeige Spitze. Ich denke, ich werde diesen Abschiedsblick auf die prachtvolle Cordillera Chiloë gegenüber sobald nicht vergessen. Nachts biwakierten wir unter einem wolkenlosen Himmel und erreichten am nächsten Morgen S. Carlos. Wir kamen zur rechten Zeit an, denn vor Abend noch trat heftiger Regen ein.

4. Februar – Wir segelten von Chiloë ab. Während der letzten Woche machte ich mehrere kurze Exkursionen. Die eine galt der Untersuchung einer großen Schicht von Gehäusen jetzt lebender Schaltiere, welche 350 Fuß über dem Meeresspiegel erhoben war. Zwischen den Muscheln heraus wuchsen große Waldbäume. Ein anderer Ritt brachte mich nach P. Huechucucuy. Ich hatte einen Führer mit mir, welcher das Land nur gar zu gut kannte, denn unablässig teilte er mir endlos lange indianische Namen für jeden kleinen Punkt, Bach und Fluß mit. In derselben Weise wie auf Feuerland bemerkte ich auch hier, daß die Indianersprache ganz besonders gut dem Wunsche angepaßt zu sein scheint, den allergewöhnlichsten Zügen der Landschaft Namen beizulegen. Ich glaube, wir waren alle froh, Chiloë Lebewohl zu sagen; und doch könnte, wenn man den trüben und unaufhörlichen Regen bringenden Winter vergessen könnte, Chiloë für eine reizende Insel gelten. Auch in der Einfachheit und demütigen Höflichkeit der armen Bewohner liegt etwas sehr Anziehendes.

Wir steuerten der Küste entlang nach Norden, erreichten aber infolge nebligen Wetters Valdivia erst in der Nacht am 8. Am nächsten Morgen ging das Boot zur Stadt hinauf, welche zehn Meilen entfernt ist. Wir folgten dem Lauf des Flusses, kamen gelegentlich bei ein paar Hütten und bei einigen abgerodeten Stellen in dem sonst ununterbrochenen Walde vorbei. Die Stadt liegt an den niedrigen Ufern des Flusses und ist so vollständig in einem Walde von Obstbäumen begraben, daß die Straßen nur Gänge in einem Obstgarten sind. Ich habe nirgends ein Land gesehen, wo Apfelbäume so gut zu gedeihen schienen als in diesem feuchten Teile von Süd-Amerika; an den Rändern der Landstraße fanden sich viele junge, offenbar selbst ausgesäte Bäumchen. In Chiloë haben die Einwohner eine wunderbar kurze Methode, einen Obstgarten anzulegen. Am unteren Ende beinahe eines jeden Zweiges springen kleine, konische, braune, runzlige Punkte vor; diese sind jederzeit bereit, sich in Wurzeln zu verwandeln, wie man zuweilen sehen kann, wo zufällig etwas Schlamm gegen den Baum gespritzt ist. Im zeitigen Frühjahr wird ein Ast, so dick wie ein Mannesschenkel, aufgesucht und gerade unter einer Gruppe solcher Punkte abgeschnitten; alle kleineren Zweige werden beseitigt und er wird dann ungefähr zwei Fuß tief in die Erde eingepflanzt. Während des folgenden Sommers treibt der Stumpf lange Sprossen aus und trägt selbst zuweilen Früchte: Mir wurde ein solcher gezeigt, welcher dreiundzwanzig Äpfel trug; dies wurde aber als sehr ungewöhnlich angesehen. Im dritten Jahre hat sich (wie ich selbst gesehen habe) der Stumpf in einen gut beholzten, mit Früchten beladenen Baum verwandelt. Ein alter Mann in der Nähe von Valdivia illustrierte seinen Wahlspruch: „Necesidad es la madre del invencion" durch eine Schilderung der verschiedenartigen nützlichen Sachen, die er aus seinen Äpfeln bereitete. Nachdem er Cider und gleichfalls Wein gemacht hat, zieht er aus den Abfällen einen weißen und schönen aromatischen Branntwein; mittels eines anderen Prozesses verschaffte er sich Sirup oder, wie er es nannte, Honig. Seine Kinder und seine Schweine scheinen während dieser Zeit des Jahres ganz in seinem Obstgarten zu leben.

11. Februar – Ich brach mit meinem Führer zu einem kurzen Ritt auf, wobei es mir indessen nur gelang, merkwürdig wenig zu sehen, sowohl von der Geologie des Landes als von seinen Bewohnern. In der Nähe von Valdivia findet sich nur wenig gerodetes Land; nachdem wir in der Entfernung von wenigen Meilen über einen Fluß gesetzt hatten, betraten wir den Wald und kamen dann, ehe wir den Platz für unsere Nachtruhe erreichten, nur bei einer elenden Hütte vorbei. Die unbedeutende Verschiedenheit in der Breite von nur 150 Meilen hat dem Walde, verglichen mit dem von Chiloë, ein neues Ansehen gegeben. Dies ist eine Folge eines unbedeutend verschiedenen Verhältnisses der einzelnen Baumarten. Die immergrünen Bäume scheinen nicht völlig so zahlreich zu sein; infolgedessen hat der Wald eine hellere Färbung. Wie in Chiloë sind die unteren Teile durch Rohr miteinander verflochten; auch wächst hier eine andere Art in Gruppen (dem Bambus von Brasilien ähnlich und ungefähr zwanzig Fuß hoch) und verziert die Ufer einiger der Flüsse in einer sehr hübschen Art. Aus dieser Art machen sich die Indianer ihre Chuzos oder langen spitz zulaufenden Speere. Das Haus, wo wir schlafen sollten, war so schmutzig, daß ich vorzog, draußen zu bleiben. Auf diesen Reisen ist meist die erste Nacht sehr ungemütlich, weil man an das Kitzeln und Stechen der Flöhe noch nicht gewöhnt ist. Am Morgen war sicherlich nicht ein schillinggroßer Fleck an meinen Beinen, der nicht sein kleines rotes Zeichen, wo der Floh sich eine Güte getan hatte, getragen hätte.

12. Februar – Wir ritten fortwährend durch den nicht ausgeholzten Wald und begegneten nur gelegentlich einem Indianer zu Pferde oder einem Trupp schöner Maultiere, welche Alerz-Planken und Getreide von den südlichen Ebenen herüberbrachten. Am Nachmittag fing eins der Pferde zu schonen an; wir befanden uns auf dem Gipfel eines Berges, welcher eine schöne Aussicht auf die Llanos darbot. Der Blick auf diese offenen Ebenen war sehr erfrischend, nachdem wir von der Wildnis der Bäume ringsum eingehegt und wie begraben gewesen waren. Die Gleichförmigkeit eines Waldes wird bald sehr ermüdend. Diese Westküste läßt mich mit großem Vergnügen an die freien, unbegrenzten Ebenen von Patagonien denken; und doch kann ich (so lebhaft regt sich der Geist des Widerspruchs) nicht vergessen, wie erhaben die Stille des Waldes ist. Die Llanos sind die fruchtbarsten und am dichtesten bevölkerten Teile des Landes, da sie den ungeheuren Vorteil besitzen, beinahe ganz frei von Bäumen zu sein. Ehe wir den Wald verließen, kamen wir über ein paar kleine, ebene Lichtungen, um welche herum wie in einem englischen Park einzelne Bäume standen. In bewaldeten, wellenförmigen Bezirken habe ich oft mit Überraschung bemerkt, daß die völlig ebenen Teile ganz der Bäume entbehren. Wegen des ermüdeten Pferdes entschloß ich mich, in dem Missionshaus von Cudico zu bleiben, an dessen geistlichen Herrn ich einen Empfehlungsbrief hatte. Cudico ist ein zwischen dem Walde und den Llanos liegender Bezirk. Es finden sich ziemlich viele Bauernhäuser hier, mit Strecken von Getreide und Kartoffeln, welche beinahe alle Indianern gehören. Die von Valdivia abhängigen Stämme sind „reducidos y cristianos". Die Indianer weiter nördlich, in der Umgegend von Arauco und Imperial, sind noch immer sehr wild und nicht bekehrt; sie haben aber sämtlich viel Verkehr mit den Spaniern. Der Padre sagte, daß die christlichen Indianer nicht sehr gern zur Messe kämen, daß sie aber sonst Respekt vor der Religion zeigten. Die größte Schwierigkeit besteht darin, sie die Zeremonien der Heirat beobachten zu lassen. Die wilden Indianer nehmen so viele Frauen wie sie erhalten können und ein Cazike hat zuweilen mehr als zehn: Beim Betreten seines Hauses kann man die Zahl der Frauen, an der Zahl der Feuer erkennen. Jede Frau lebt der Reihe nach eine Woche mit dem Caziken, aber alle werden damit beschäftigt, Ponchos usw. zu seinem Vorteil zu weben. Die Frau eines Caziken zu sein, ist eine von den Indianerfrauen sehr erstrebte Ehre.

Die Männer aller dieser Stämme tragen einen groben wollenen Poncho, die südlich von Valdivia tragen kurze Hosen, die nördlich davon einen Rock, ähnlich der Chilipa der Gauchos. Alle haben ihr langes Haar von einem scharlachnen Stirnband zusammengehalten, tragen aber keine andere Bedeckung auf ihrem Kopf. Es haben diese Indianer eine ansehnliche Größe; ihre Wangenknochen springen vor und in der allgemeinen Erscheinung gleichen sie der großen amerikanischen Familie, zu welcher sie gehören; ihre Physiognomie schien mir aber von der aller anderen Stämme, die ich vorher gesehen hatte, unbedeutend verschieden zu sein. Ihr Ausdruck ist meist feierlich und selbst streng und zeigt viel Charakter; dies kann man für den Ausdruck einer ehrlichen Derbheit oder einer wilden Entschlossenheit halten. Das lange schwarze Haar, das feierliche, viele Falten darbietende Gesicht und der dunkle Teint riefen mir alte Porträts von Jacob I. in Erinnerung. Unterwegs begegneten wir niemandem, der jene bescheidene Höflichkeit gezeigt hätte, wie sie in Chiloë so allgemein ist. Manche gaben ihr „mari-mari" (guten Morgen) mit Bereitwilligkeit, die größere Zahl schien aber nicht geneigt zu sein, irgendwelchen Gruß zu bieten. Diese Unabhängigkeit der Manieren ist wahrscheinlich eine Folge ihrer langen Kriege und der wiederholten Siege, welche sie, und sie allein von allen Stämmen in Amerika, über die Spanier errungen haben.

Ich verlebte den Abend sehr angenehm in Gesprächen mit dem Padre. Er war äußerst liebenswürdig und gastfreundlich, und da er von Santiago kam, war es ihm gelungen, sich mit etwas geringem Komfort zu umgeben. Da er ein Mann war, der doch ein wenig Erziehung genossen hatte, beklagte er sich bitter über den gänzlichen Mangel an Gesellschaft. Ohne einen besonderen Eifer für Religion, ohne Geschäft oder Aufgaben, wie vollständig vergebens muß das Leben dieses Mannes sein! Am folgenden Tage begegneten wir auf unserer Rückreise sieben sehr wild aussehenden Indianern, von denen einige Caziken waren, die soeben von der chilenischen Regierung ihren geringen jährlichen Lohn dafür, daß sie lange treu geblieben waren, erhalten hatten. Es waren schön aussehende Männer; sie ritten einer hinter dem anderen mit äußerst düsterem Ausdruck. Ein alter Cazike, der sie anführte, war, wie ich vermute, in noch übertriebenerem Maße als die übrigen betrunken gewesen, denn er sah ebensowohl äußerst ernst und feierlich, als sehr sauer und griesgrämig aus. Kurz vor dieser Begegnung gesellten sich zwei Indianer zu uns, welche von einer entfernten Mission aus wegen eines Prozesses nach Valdivia reisten. Ich bot beiden häufig Zigarren an; und obschon sie bereit waren, sie, ich darf wohl sagen, dankbar anzunehmen, so ließen sie sich doch kaum herab, mir zu danken. Ein chilotanischer Indianer würde seinen Hut abgenommen und sein „Dios le page!" gesagt haben. Das Reisen war sehr langweilig, sowohl wegen der schlechten Beschaffenheit der Straße, als auch wegen der Zahl großer umgestürzter Bäume, über die man notwendigerweise springen mußte, oder wegen denen, um sie zu vermeiden, lange Umwege nötig waren. Wir schliefen auf der Straße und erreichten am nächsten Morgen Valdivia, von wo ich an Bord ging.

Wenige Tage später fuhr ich mit einer Gesellschaft Offiziere quer über die Bucht und landete in der Nähe des „Niebla" genannten Forts. Die Gebäude waren in einem äußerst ruinenhaften Zustand und die Lafetten ganz verfault. Mr. Wickham machte gegen den kommandierenden Offizier die Bemerkung, daß sie bei einer einzigen Entladung sicher alle in Stücke zerfallen würden. Der arme Mann versuchte der Sache ein leidliches Ansehen zu geben und erwiderte: „O nein, mein Herr, ich denke, sie werden sicher zwei Schüsse aushalten." Die Spanier müssen die Absicht gehabt haben, den Platz uneinnehmbar zu machen. In der Mitte des Hofraums liegt jetzt ein völliger kleiner Berg von Zement, welcher in Härte dem Gestein gleichkommt, auf dem er liegt. Er war von Chile gebracht worden und hatte 7000 Dollar gekostet. Der Ausbruch der Revolution verhinderte es, daß er zu irgendeinem Zwecke verwendet worden wäre, und nun liegt er da, als ein Denkmal der gefallenen Größe Spaniens.

Ich wünschte nach einem ungefähr anderthalb Meilen entfernten Hause zu gehen; mein Führer sagte mir aber, es sei vollkommen unmöglich, in einer geraden Linie durch den Wald zu dringen. Er erbot sich indessen, mich durch Verfolgen undeutlicher Rinderpfade den kürzesten Weg hinüberzuführen. Trotzdem dauerte der Gang nicht weniger als drei Stunden! Dieser Mann wird dazu benutzt, verirrte Rinder aufzujagen; so gut er nun auch den Wald kennen muß, so hatte er sich doch vor nicht langer Zeit zwei ganze Tage lang verloren und hatte nichts zu essen gehabt. Diese Tatsachen geben eine gute Idee von der Unwegsamkeit der Wälder in diesen Ländern. Eine Frage drängte sich mir häufig auf: – Wie lange bleibt von einem gestürzten Baume irgendwelche Spur zurück? Mein Führer zeigte mir einen, welchen ein Trupp flüchtiger Royalisten vor vierzehn Jahren umgehauen hatten; und wenn ich dies als Maßstab annehme, so sollte ich meinen, daß ein Stamm von anderthalb Fuß Durchmesser in dreißig Jahren in einen Haufen Moder verwandelt sein würde.

20. Februar – Dieser Tag ist in den Annalen Valdivias merkwürdig geworden wegen des heftigsten Erdbebens, das selbst die ältesten Bewohner erlebt haben. Ich war zufällig am Land und hatte mich im Walde hingestreckt, um mich auszuruhen. Es trat plötzlich ein und dauerte zwei Minuten; die Zeit schien aber viel länger zu sein. Das Erschüttern des Bodens war sehr merkbar. Die Erzitterungswellen schienen meinem Begleiter wie mir selbst rein aus Osten zu kommen,

Vierzehntes Kapitel

während andere der Meinung waren, sie kämen von Süd-Westen her. Dies zeigt, wie schwierig es zuweilen ist, die Richtung der Schwingungen wahrzunehmen. Man hatte keine Schwierigkeit, aufrecht zu stehen, die Bewegung machte mich aber beinahe schwindlig. Sie war der Bewegung eines Fahrzeuges in kleinen, sich kreuzenden Wellen ähnlich oder noch mehr dem Gefühl, welches man beim Schlittschuhlaufen über sehr dünnes Eis hat, wenn sich das Eis unter den Füßen biegt.

Ein schlimmes Erdbeben zerstört auf einmal unsere ältesten Assoziationen; die Erde, das wahre Sinnbild der Festigkeit, hat sich unter unseren Füßen wie eine dünne Kruste auf einer Flüssigkeit bewegt; – eine einzige Sekunde Zeit hat im Geiste ein fremdartiges Gefühl der Unsicherheit hervorgerufen, welches Stunden von Nachdenken nicht erzeugt haben würden. Wie im Walde, wo ich war, eine Brise die Bäume bewegte, so fühlte ich nur die Erde zittern und sah keine andere Wirkung. Capt. Fitz Roy und einige Offiziere waren während des Erdstoßes in der Stadt, und dort war die Szene noch auffallender; denn obschon die Häuser, da sie aus Holz gebaut sind, nicht umfielen, so wurden sie doch heftig erschüttert und die Balken knarrten und rasselten zusammen. Die Leute stürzten in der größten Unruhe aus den Häusern heraus. Diese begleitenden Umstände sind es, welche jenes vollständige Entsetzen hervorrufen, welches alle, die in dieser Weise die Wirkungen der Erdbeben gesehen und gefühlt haben, an sich erfahren haben. Innerhalb des Waldes war es eine im hohen Grade interessierende, aber durchaus keine Schauer erregende Erscheinung. Ebbe und Flut wurden sehr merkwürdig beeinflußt. Der große Erdstoß trat zur Ebbezeit ein; eine alte Frau, welche zu der Zeit am Strande war, erzählte mir, daß das Wasser sehr schnell, aber in nicht in großen Wellen nach dem Flutstrand geströmt, dann aber ebenso schnell zu seinem früheren Niveau zurückgekehrt sei; dies war auch nach der Linie nassen Sandes offenbar der Fall gewesen. Diese selbe Art schneller, aber ruhiger Bewegung der Fluten ereignete sich vor wenigen Jahren in Chiloé während eines unbedeutenden Erdbebens und verursachte viel grundlose Unruhe. Im Laufe des Abends fanden noch viele schwächere Stöße statt, welche im Hafen die allerkompliziertesten Strömungen, einige von bedeutender Stärke, hervorzubringen schienen.

4. März – Wir fuhren in den Hafen von Concepcion ein. Während das Schiff nach dem Ankerplatze hin kreuzte, landete ich auf der Insel Quiriquina. Der Mayor-Domo kam schleunig zu mir herabgeritten, um mir die schreckliche Nachricht des großen Erdbebens vom 20. mitzuteilen: – „Nicht ein Haus in Concepcion oder Talcahuano (dem Hafenort) stehe mehr; siebzig Dörfer seien zerstört und eine große Welle habe die Ruinen von Talcahuano beinahe ganz fortgewaschen." Für diese letztere Angabe sah ich bald hinreichende Beweise. Die ganze Küste war mit Balken und Hausgerät überstreut, als ob tausend Schiffe gestrandet wären. Außer Stühlen, Tischen, Bücherregalen usw. in großer Anzahl lagen auch mehrere Dächer von kleinen Häusern da, welche beinahe ganz fortgetragen worden waren. Die Lagerhäuser von Talcahuano waren geborsten und große Säcke mit Baumwolle, Yerba und anderen wertvollen Waren waren über das Ufer zerstreut. Während meines Ganges rund um die Insel nahm ich wahr, daß zahlreiche Felsstücke hoch auf den Strand hinaufgeschleudert worden waren, welche nach der Natur der an ihnen befestigten Meereserzeugnisse noch vor kurzem in tiefem Wasser gelegen haben mußten. Eines derselben war sechs Fuß lang, drei Fuß breit und zwei Fuß dick.

Die Insel zeigte die überwältigende Macht des Erdbebens ebenso deutlich, wie der Strand die Wirkung der dem Erdbeben folgenden großen Welle erkennen ließ. Der Boden war an vielen Stellen in nördliche und südliche Linien gespalten, vielleicht infolge des Nachgebens der parallelen und steilen Seiten dieser schmalen Insel. Einige von den Spalten in der Nähe der Uferklippen waren ein Yard breit. Viele ungeheure Massen waren bereits auf den Strand hinabgefallen, und die Bewohner waren der Meinung, daß, wenn die Regenzeit einträte, noch viele größere Erdschlüpfe stattfinden würden. Die Wirkung der Schwingung auf den harten Urschiefer, welcher die Grundmasse der Insel bildet, war noch merkwürdiger; die oberflächlich gelegenen Teile von ein paar schmalen Höhenrücken waren so vollständig zersplittert, als wenn sie mit Schießpulver gesprengt worden wären. Diese, durch frische Bruchstellen und verworfenen Boden augenfällig gemachte Wirkung muß auf die Nähe der Oberfläche beschränkt geblieben sein; denn im anderen Falle könnte über ganz Chile nicht ein einziger Block soliden Gesteins mehr existieren; auch ist dies nicht unwahrscheinlich, da es ja bekannt ist, daß die Oberfläche eines schwingenden Körpers verschieden von den zentraleren Teilen affiziert wird. Vielleicht ist es eine Folge derselben Ursache, daß Erdbeben durchaus nicht so fürchterlichen Schaden in tiefen Bergwerken anrichten, als man erwarten sollte. Ich glaube, daß diese Erschütterung erfolgreicher im Verkleinern der Insel Quiriquina gewesen ist, als die gewöhnliche Abnutzung durch das Meer und das Wetter im Laufe eines ganzen Jahrhunderts.

Am nächsten Tage landete ich in Talcahuano und ritt dann später nach Concepcion. Beide Städte boten das schauervollste, aber doch interessanteste Schauspiel dar, das ich je gesehen habe. Für jemand, welcher sie früher gekannt hat, dürfte möglicherweise der Eindruck noch mächtiger gewesen sein, denn die Ruinen waren so durcheinander gemengt und die ganze Szene besaß so wenig das Ansehen eines bewohnbaren Ortes, daß es kaum möglich war, sich den früheren Zustand vorzustellen. Das Erdbeben begann vormittags um halb zwölf Uhr. Wäre es mitten in der Nacht eingetreten, so hätte die größere Zahl der Einwohner (die sich in dieser einen Provinz auf viele Tausende beläuft) umkommen müssen, während so nur weniger als hundert umgekommen sind. Wie es nun war, so hat die ausnahmslos befolgte Gewohnheit, beim ersten Erzittern des Bodens aus dem Hause ins Freie zu laufen, sie ganz allein gerettet. In Concepcion stand jedes Haus oder jede Reihe Häuser für sich, ein Haufen oder eine Reihe von Ruinen; in Talcahuano aber konnte infolge der großen Welle wenig mehr als eine einzige große Schicht Ziegelsteine, Dachsteine und Balken, hier und da mit einem Stück einer stehengelassenen Wand, unterschieden werden. Infolge dieses Umstandes bot Concepcion, obgleich es nicht so vollständig verwüstet war, doch einen fürchterlicheren und, wenn ich so sagen darf, malerischen Anblick dar. Der Stoß war ein sehr plötzlicher. Der Mayor-Domo in Quiriquina erzählte mir, daß die erste Notiz, die er vom Erdbeben empfangen habe, darin bestanden habe, daß sowohl er als das Pferd, welches er ritt, auf einmal sich am Boden gewälzt hätten. Er sei aufgestanden und wieder niedergeworfen worden. Auch sagte er mir, daß ein paar Kühe, welche auf der steilen Küste der Insel gestanden wären, in das Meer hinabgerollt wären. Die große Welle verursachte den Tod vieler Rinder; auf einer niedrigen Insel, in der Nähe des oberen Endes des Meerbusens, wurden siebzig Tiere fortgewaschen und ertränkt. Allgemein wird angenommen, daß dies das schlimmste Erdbeben gewesen sei von allen, über die man in Chile nur jemals Nachricht erhalten hat; da aber die sehr heftigen nur nach langen Zwischenzeiten eintreten, so läßt sich dies nicht so leicht wissen; auch würde faktisch ein noch viel schlimmerer Stoß keinen irgend großen Unterschied gemacht haben, denn die Zerstörung war jetzt schon vollständig. Unzählige kleine Erzitterungen folgten dem großen Erdbeben. Innerhalb der ersten zwölf Tage wurden nicht weniger als dreihundert gezählt.

Nachdem ich Concepcion gesehen habe, kann ich nicht verstehen, wie die größere Zahl der Bewohner hat entkommen können. An vielen Stellen fielen die Häuser nach außen und bildeten dadurch auf der Mitte der Straße kleine Berge von Bausteinen und Schutt. Mr. Rouse, der englische Konsul, erzählte uns, daß er gerade beim Frühstück gesessen habe, als ihn das erste Zittern gewarnt habe und er hinausgelaufen sei. Er hatte kaum die Mitte des Hofes erreicht, als die eine Seite des Hauses donnernd herabgestürzt kam. Er behielt Geistesgegenwart genug, um sich zu erinnern, daß er sicher sein würde, wenn er auf die Höhe des einmal eingestürzten Haufens käme. Da er wegen der Bewegung des Bodens nicht imstande war zu stehen, kroch er auf Händen und Füßen hinauf; kaum hatte er diese kleine Erhöhung erreicht, als die andere Seite des Hauses einstürzte, wobei die großen Balken dicht vor seinem Kopf hinabflogen. Mit

Vierzehntes Kapitel

geblendeten Augen und mit ganz von Staub, der in dichten Wolken den Himmel verdunkelte, erfülltem Mund erreichte er endlich die Straße. Da Erdstoß auf Erdstoß in Zwischenräumen von wenigen Minuten folgte, wagte niemand, sich den zerfallenen Ruinen zu nähern; auch wußte niemand, ob seine teuersten Freunde und Verwandten nicht aus Mangel an Hilfe umkämen. Die, welche irgendwelche Besitztümer gerettet hatten, waren genötigt, beständig Wache zu halten; denn überall schlichen Diebe herum, bei jedem kleinen Erzittern des Bodens schlugen sie mit der einen Hand an ihre Brust und schrien „Misericordia" und stahlen mit der anderen von den Ruinen weg, was sie nur bekommen konnten. Die Strohdächer fielen auf die Feuer und allerorten brachen Flammen hervor. Hunderte wußten, daß sie ruiniert seien und wenige hatten Mittel genug, für den Tag sich Nahrung zu verschaffen.

Erdbeben allein sind imstande, die Wohlhabenheit eines jeden Landes zu zerstören. Wenn unter England die jetzt untätigen, unterirdischen Kräfte ihre Macht ausüben würden, wie sie dieselben ganz zuverlässig in früheren geologischen Perioden ausgeübt haben, wie vollständig würde der ganze Zustand des Landes geändert werden! Was würde aus den hohen Häusern, aus den dicht zusammengepackten Städten, den großen Fabriken, den schönen öffentlichen und privaten Gebäuden werden? Wenn die neu eintretende Periode der Störung zuerst mit einem großen Erdbeben in der tiefsten Stille der Nacht einträte, wie fürchterlich würde das Gemetzel sein! England würde sofort bankrott sein; alle Papiere, Berichte und Urkunden würden in dem Augenblick verloren gehen. Die Regierung würde nicht imstande sein, Steuern einzukassieren und ihre Autorität aufrechtzuerhalten; die Handlungen des Raubes und der Gewalt würden ohne Kontrolle bleiben. In jeder großen Stadt würde eine Hungersnot ausbrechen und Seuchen und Tod dieser folgen.

Kurz nach dem Erdstoß sah man eine große Welle aus einer Entfernung von drei oder vier Meilen in der Mitte der Bucht mit glatten Umrissen herankommen; aber dem Ufer entlang warf sie Häuser und Bäume um, als sie mit unwiderstehlicher Kraft einherrollte. Am oberen Ende der Bucht stürzte sie in einer fürchterlichen Reihe weißer Brandung über, welche zu einer Höhe von 23 Fuß senkrecht über die höchste Springflutgrenze stieg. Ihre Gewalt muß ganz ungeheuer gewesen sein; denn in dem Fort war eine Kanone mit ihrer Lafette, die zu vier Tonnen Gewicht geschätzt wurde, fünfzehn Fuß weiter nach innen geschoben worden. Ein Schoner war in der Mitte der Ruinen, 200 Yards vom Strande, liegengelassen worden. Der ersten Welle folgten zwei andere, welche bei ihrem Zurückfließen eine ungeheure Masse schwimmender, schiffbrüchiger Gegenstände mit fortführten. An einer Stelle der Bucht wurde ein Schiff hoch hinauf auf das Trockene geworfen, wieder flott gemacht, noch einmal an das Land geworfen und wiederum weggeführt. An einer anderen Stelle wurden zwei große, nahe beieinander vor Anker liegende Fahrzeuge umeinander herumgewirbelt. Ihre Ankertaue waren dreimal umeinander gewickelt; trotzdem sie in einer Tiefe von 36 Fuß ankerten, waren sie doch einige Minuten auf dem Grunde gewesen. Die große Welle muß langsam vorgeschritten sein, denn die Bewohner von Talcahuano hatten Zeit, auf die Berge hinter der Stadt zu laufen; einige Matrosen ruderten in das Meer hinaus, sich mit Erfolg darauf verlassend, daß ihr Boot sicher über die Wellen gleiten würde, wenn sie dieselbe erreichen könnten, ehe sie sich brach. Eine alte Frau lief mit einem vier oder fünf Jahre alten Knaben in ein Boot; es fand sich aber niemand, der es ruderte; infolgedessen wurde das Boot gegen einen Anker geschleudert und entzwei geschnitten; die alte Frau ertrank, das Kind wurde aber einige Stunden später, sich an das Wrack anklammernd, gefunden und gerettet. Tümpel von Salzwasser standen noch zwischen den Ruinen der Häuser, und Kinder, die sich aus alten Stühlen oder Tischen Boote machten, erschienen ebenso glücklich, als ihre Eltern elend waren. Es war indessen außerordentlich interessant zu beobachten, um wie vieles tätiger und heiterer alles erschien, als man hätte erwarten können. Sehr richtig wurde bemerkt, daß, weil die Zerstörung ganz allgemein war, kein einzelnes Individuum sich mehr gedemütigt fühlen konnte als ein anderes, oder seine Freunde im Verdacht der Kälte und Gleichgültigkeit, dieses betrübendste Resultat des Verlustes eines Vermögens, haben konnte. Mr. Rouse lebte mit einer großen Gesellschaft, welche er freundlich unter seinen Schutz nahm, die erste Woche in einem Garten unter einigen Apfelbäumen. Anfangs waren sie so heiter, als wären sie auf einem Picknick; aber bald danach brachte heftiger Regen viel Ungemach mit sich, denn sie waren absolut ohne Schutz.

In Capt. Fitz Roys ausgezeichneter Schilderung des Erdbebens wird angegeben, daß zwei Explosionen im Meerbusen gesehen wurden, die eine wie eine Rauchsäule und die andere wie das Blasen eines großen Walfisches. Auch erschien das Wasser überall so, als wenn es kochte; es wurde „schwarz und gab einen äußerst unangenehmen schwefligen Geruch von sich". Diese letzteren Umstände wurden in dem Meerbusen von Valparaiso während des Erdbebens von 1822 beobachtet; ich glaube, sie lassen sich dadurch erklären, daß der auf dem Boden liegende und in der Zersetzung begriffene, organische Substanz enthaltende Schlamm aufgerührt wird. Im Meerbusen von Callao bemerkte ich während eines ruhigen Tages, daß, wie das Schiff sein Ankertau über den Boden hinschleppte, sein Weg durch eine Reihe von Luftblasen angedeutet wurde. Die niederen Klassen der Bewohner von Talcahuano glaubten, daß das Erdbeben durch ein paar alte Indianer-Weiber veranlaßt worden sei, welche vor zwei Jahren infolge einer ihnen widerfahrenen Beleidigung den Vulkan von Antuco verstopft hätten. Dieser alberne Glaube ist deshalb merkwürdig, weil er zeigt, daß die Erfahrung sie zu der Beobachtung geführt hat, daß zwischen der unterdrückten Tätigkeit der Vulkane und dem Erzittern des Bodens eine Beziehung besteht. Notwendigerweise mußten sie die Zauberei auf den Punkt beziehen, wo sie eine Wahrnehmung von Ursache und Wirkung im Stich ließ; und dies war das Schließen der vulkanischen Abflußöffnung. Dieser Glaube ist in diesem besonderen Beispiel um so merkwürdiger, weil Capt. Fitz Roy zufolge Grund zu der Annahme vorliegt, daß der Antuco durchaus nicht affiziert war.

Die Stadt Concepcion war nach der gewöhnlichen spanischen Mode gebaut, wo alle Straßen in rechtem Winkel aufeinanderstoßen; der eine Teil lief nach SW. bei W., der andere NW. bei N. Die Mauern standen in der ersten der genannten beiden Richtungen besser als in der letzteren. Die größere Anzahl der Mauerwerkmassen war nach NO. zu niedergeworfen worden. Diese beiden Umstände stimmen vollkommen mit der allgemein angenommenen Ansicht überein, daß die wellenförmigen Bewegungen von SW. ausgegangen sind, in welcher Richtung man auch unterirdische Geräusche gehört hat. Es ist ja offenbar, daß die von SW. nach NO. stehenden Wände, welche ihre Endpunkte (und die Kante) der Seite darboten, von wo die Erdwellen ausgingen, viel weniger leicht umstürzen würden, als diejenigen, welche von NW. nach SO. laufend in ihrer ganzen Länge in einem und demselben Augenblick aus der senkrechten Lage gebracht worden sein müssen. Denn die von SW. herkommenden Wellen müssen sich in NW.- und SO.-Wellen ausgebreitet haben, als sie unter dem Grunde der Häuser hingingen. Es läßt sich dies gut erläutern, wenn man Bücher auf ihren Rändern aufrecht auf einen Teppich stellt, und dann nach der von Michell angegebenen Art die wellenförmigen Bewegungen eines Erdbodens nachahmt. Man wird finden, daß sie mit größerer oder geringerer Leichtigkeit umfallen, je nachdem ihre Richtung mit der Richtungslinie der Wellen mehr oder weniger zusammenfällt. Die Spalten im Boden erstreckten sich meistens, aber nicht gleichförmig, in einer südöstlich-nordwestlichen Richtung, und entsprechen daher den Undulationslinien oder den Zügen der Hauptbiegung. Behält man alle diese Umstände im Auge, welche so deutlich nach SW. als dem Hauptherd der Störung hinweisen, so ist es eine sehr interessante Tatsache, daß die in jener Richtung liegende Insel S. Maria während der allgemeinen Erhebung des Landes beinahe dreimal so hoch als irgendein anderer Teil der Küste gehoben worden ist.

Die je nach ihrer Richtung verschiedene Widerstandsfähigkeit der Mauern wurde sehr gut durch das Beispiel der Kathedrale erläutert. Die Seite, welche nach Nord-Osten zu stand, bot einen großen Haufen von Ruinen dar, aus deren Mitte Türgewände und Balkenwerk emporragten, als ob es auf einem Strom schwämme. Einige der eckigen Blöcke von Mauerwerk hatten große Dimensionen und waren eine ziemliche Strecke weit auf die ebene Plaza fortgerollt worden, wie Felsbruchstücke am Fuß irgendeines hohen Berges. Die Seitenwände (von Süd-West nach Nord-Ost laufend) waren zwar vielfach zerklüftet, standen aber noch aufrecht; die Strebepfeiler aber, welche in rechtem Winkel zu ihnen und daher zu den umgestürzten Mauern parallel standen, waren in vielen Fällen rein abgeschnitten, wie mit einem Meißel, und zu Boden geschleudert worden. Einige viereckige Ornamente auf den Giebeln dieser selben Wände waren durch das Erdbeben in eine diagonale Stellung verrückt worden. Ähnliche Verhältnisse sind nach Erdbeben in Valparaiso, Kalabrien und an anderen Orten, mit Einschluß einiger alten griechischen Tempel, beobachtet worden.[1] Diese drehende Verrückung scheint auf den ersten Blick eine wirbelartige Bewegung unterhalb jedes so affizierten Punktes anzudeuten; dies ist aber im hohen Grade unwahrscheinlich. Könnte es nicht durch die jedem Steine innewohnende Neigung verursacht sein, sich in irgendeine besondere, zu der Vibrationsrichtung in Beziehung stehende Lage zu bringen, – in einer ähnlichen Weise wie Stecknadeln auf einem Blatt Papier, wenn dies erschüttert wird? Allgemein gesprochen widerstanden gewölbte Tore oder Fenster viel besser als irgendein anderer Teil der Gebäude. Trotzdem wurde ein armer, lahmer, alter Mann, welcher die Gewohnheit gehabt hatte, während unbedeutender Stöße nach einem gewissen Torweg hinzuschleichen, diesmal in Stücke zerquetscht.

Ich habe es gar nicht versucht, eine irgendwie detaillierte Beschreibung von dem Aussehen von Concepcion zu geben; denn ich fühle, es ist vollständig unmöglich, die verschiedenartigen Gefühle, welche mich bewegten, auszudrücken. Mehrere der Offiziere besuchten es noch früher als ich; aber selbst ihre stärksten Ausdrücke konnten doch keine richtige Idee von dieser Szene der Verwüstung geben. Es ist etwas ungemein Bitteres und Demütigendes, Werke, welche den Menschen so viel Zeit und Mühe gekostet haben, in einer Minute einstürzen zu sehen; und doch wurde das Mitgefühl für die Bewohner augenblicklich durch die Überraschung verbannt, in einem einzigen Augenblick einen Zustand der Dinge hervorgebracht zu sehen, den man gewöhnt war, der Tätigkeit einer Reihe von Jahrhunderten zuzuschreiben. Meiner Meinung nach haben wir, seit wir England verlassen haben, kaum irgendeinen anderen so tief interessierenden Anblick gehabt.

Bei beinahe jedem starken Erdbeben wird angegeben, daß die angrenzenden Wasser des Meeres in heftiger Aufregung gewesen seien. Die Störung scheint meistens, wie in dem Falle von Concepcion, zweierlei Art gewesen zu sein: Erstens schwillt im Augenblicke des Stoßes das Wasser mit einer ruhigen Bewegung den Strand hinauf an und zieht sich dann ebenso ruhig wieder zurück; zweitens zieht sich einige Zeit später die ganze Masse des Meerwassers von der Küste zurück und kehrt dann in Wellen von überwältigender Gewalt wieder. Die erste Bewegung scheint eine unmittelbare Folge des Erdbebens zu sein, welches eine flüssige und eine solide Masse verschieden affiziert, so daß ihre gegenseitigen Niveaus unbedeutend gestört werden. Die zweite Form ist aber eine bei weitem wichtigere Erscheinung. Während der meisten Erdbeben, und besonders während der an der Westküste von Amerika ist die erste große Bewegung des Wassers ein Zurückweichen gewesen. Einige Schriftsteller haben dies damit zu erklären versucht, daß sie annehmen, das Wasser behalte sein Niveau, während das Land aufwärts oszilliere; aber sicherlich würde das Wasser selbst an einer ziemlich steilen Küste an der Bewegung des Bodens teilnehmen. Überdies sind, wie Mr. Lyell betont hat, ähnliche Bewegungen des Meeres an Inseln vorgekommen, welche von der Hauptlinie der Erschütterung entfernt liegen, wie es an Juan Fernandez bei diesem Erdbeben und an Madeira während des berühmten Erdbebens von Lissabon der Fall war. Ich vermute (der Gegenstand ist aber sehr dunkel), daß eine auf irgendwelche Weise erzeugte Welle zuerst das Wasser von dem Ufer abzieht, auf welchem

---
[1] Arago, in: L'Institut, 1839, p.337, s. auch Miers'Chile, Vol. I, p.392; auch Lyell, Principles of Geology, Chap. XV, Book II.

sie sich dann im Vorschreiten bricht. Ich habe bemerkt, daß dies mit den kleinen, von den Rädern der Dampfschiffe hervorgebrachten Wellen der Fall ist. Merkwürdig ist es, daß, während Talcahuano und Callao (bei Lima), beide am oberen Ende großer seichter Meerbusen gelegen, bei jedem stärkeren Erdbeben durch große Wellen bedeutend gelitten haben, das dicht am Rande eines außerordentlich tiefen Wassers gelegene Valparaiso niemals überflutet worden ist, trotzdem es die heftigsten Stöße so oft erschüttert haben. Da die große Welle dem Erdbeben nicht unmittelbar folgt, sondern zuweilen nach einem Zwischenraum selbst bis zu einer halben Stunde, und da entfernt liegende Inseln in ähnlicher Weise wie die dem Erschütterungszentrum näher liegende Küste affiziert werden, so scheint die Welle zuerst auf hoher See zu entstehen; und da dies allgemein so vorkommt, so muß auch die Ursache allgemein sein. Wie ich vermute, müssen wir die Linie, wo das weniger gestörte Wasser des tiefen Ozeans das Wasser in der Nähe der Küste, welches an der Bewegung des Landes teilgenommen hat, trifft, als den Ort ansehen, wo die große Welle erzeugt wird; es scheint auch die Welle größer oder kleiner zu sein, je nach der Ausdehnung des seichten Wassers, welches zusammen mit dem Grunde, auf dem es lag, erschüttert worden ist.

Die merkwürdigste Wirkung dieses Erdbebens war die dauernde Erhebung des Landes; wahrscheinlich würde es viel richtiger sein, hiervon als von der Ursache zu sprechen. Daran läßt sich nicht zweifeln, daß das Land rings um den Meerbusen von Concepcion zwei oder drei Fuß emporgehoben wurde; es verdient indes Erwähnung, daß ich infolge des Umstandes, daß die Welle die alten Linien der Wirkung der Ebbe und Flut an dem ansteigenden, sandigen Ufer verwischt hatte, keinen Beweis für diese Tatsache finden konnte, ausgenommen in dem einstimmigen Zeugnis der Bewohner dafür, daß eine kleine felsige Untiefe, welche jetzt entblößt war, früher mit Wasser bedeckt war. Auf der Insel S. Maria (ungefähr dreißig Meilen entfernt) war die Erhebung größer; an einer Stelle fand Capt. Fitz Roy Massen faulender Miesmuscheln, noch an den Felsen haftend, zehn Fuß über dem Hochwasserstand, während vorher die Einwohner bei Springebben nach diesen Muscheln hatten tauchen müssen. Die Erhebung dieser Provinz ist besonders interessant, da sie der Schauplatz mehrerer anderer heftiger Erdbeben gewesen ist und da ungeheure Mengen von Meeresmuscheln sicher bis in eine Höhe von 600 und, wie ich glaube, von 1000 Fuß über das Land zerstreut umherliegen. Wie ich schon bemerkt habe, findet man bei Valparaiso ähnliche Muscheln in einer Höhe von 1300 Fuß; es ist kaum möglich, daran zu zweifeln, daß diese bedeutende Erhebung durch aufeinanderfolgende Steigerungen wie die, welche das diesjährige Erdbeben begleitete oder verursachte, gleichermaßen aber auch durch ein unmerkbar langsames Erheben, welches an einigen Teilen dieser Küste sicherlich im Fortschreiten begriffen ist, bewirkt worden ist.

Die Insel Juan Fernandez, 360 Meilen nordöstlich, wurde zur Zeit des großen Stoßes am 20. heftig erschüttert, so daß die Bäume gegeneinander schlugen. Und ein Vulkan dicht am Ufer kam unter Wasser zum Ausbruch. Diese Tatsachen sind deshalb merkwürdig, weil diese Insel während des Erdbebens von 1751 gleichfalls heftiger als andere Orte in gleicher Entfernung von Concepcion affiziert wurde; dies scheint auf irgendeinen unterirdischen Zusammenhang zwischen diesen beiden Punkten hinzuweisen. Chiloë, ungefähr 340 Meilen südlich von Concepcion, scheint heftiger erschüttert worden zu sein, als der zwischenliegende Bezirk von Valdivia, wo der Vulkan von Villarica in keiner Weise affiziert war, während in der Cordillera gegenüber Chiloë zwei der dortigen Vulkane in dem nämlichen Augenblicke in heftige Tätigkeit ausbrachen. Die Eruption dieser beiden und einiger benachbarter Vulkane hielt lange Zeit hindurch an; sie wurden dann zehn Monate später wiederum durch ein Erdbeben in Concepcion beeinflußt. Einige Männer, welche nahe am Fuße eines dieser Vulkane Holz schlugen, nahmen den Stoß am 20. gar nicht wahr, obgleich die ganze umgebende Provinz damals erzitterte; wir haben daher hier den Fall, wo eine Eruption ein Erdbeben mildert und an seine Stelle tritt, wie es in Concepcion der Fall gewesen sein würde, wenn nicht nach der Meinung der niederen Klassen

Vierzehntes Kapitel

der Vulkan von Antuco durch Zauberei geschlossen worden wäre. Zweidreiviertel Jahre später wurden Valdivia und Chiloë wiederum, und zwar heftiger als am 20., erschüttert und eine Insel im Chonos-Archipel wurde dauernd mehr als acht Fuß emporgehoben. Es wird noch eine bessere Idee von dem Maßstabe dieser Erscheinungen geben, wenn ich (wie ich es für die Gletscher getan habe) annehme, sie hätten in entsprechenden Entfernungen voneinander in Europa stattgefunden: – Es würde dann hier das Land von der Nordsee bis zum Mittelländischen Meere heftig erschüttert und in demselben Augenblicke eine große Strecke der Ostküste von England, ebenso wie einige davor liegende Inseln, dauernd erhoben worden sein; – eine Reihe von Vulkanen an der Küste von Holland würden in Tätigkeit ausgebrochen sein und auf dem Meeresgrunde in der Nähe der Nordspitze von Irland würde eine Eruption stattgefunden haben; endlich würden die alten Abzugsöffnungen der Auvergne, des Cantal und Mont d'Or eine jede eine dunkle Rauchsäule himmelwärts aufgesandt haben und lange in heftigster Tätigkeit geblieben sein. Zweidreiviertel Jahre später würde Frankreich wiederum, von seiner Mitte bis zum Kanal, durch ein Erdbeben verwüstet und im Mittelmeer eine Insel dauernd erhoben worden sein.

Der Raum, unter welchem hervor am 20. vulkanische Masse faktisch ausgeworfen wurde, ist in einer Richtung 720, in einer zweiten, zur ersten rechtwinkligen 400 Meilen lang. Aller Wahrscheinlichkeit nach liegt also hier ein unterirdischer Lava-See ausgebreitet von beinahe der doppelten Ausdehnung des schwarzen Meeres. Nach der innigen und komplizierten Art, in welcher die hebenden und eruptiven Kräfte während dieser Reihe von Erscheinungen, wie gezeigt wurde, in Zusammenhang stehen, können wir ruhig schließen, daß die Kräfte, welche langsam und in kleinen Rucken Kontinente erheben, und die, welche in aufeinanderfolgenden Perioden vulkanische Massen zu offenen Mündungen auswerfen, identisch sind. Aus vielen Gründen glaube ich, daß die häufigen Erdbeben auf dieser Küstenstrecke eine Folge des Berstens der Schichten, welches notwendig der Spannung des Landes, wenn es erhoben wird, folgt, und ihrer Erfüllung mit flüssiger Gesteinsmasse sind. Dieses Bersten und Erfüllen würde, wenn es häufig genug wiederholt würde (und wir wissen, daß Erdbeben wiederholt dieselben Bezirke in gleicher Weise heimsuchen), eine Bergkette erzeugen; – und die lineare Insel S. Maria, welche dreimal so hoch als das umgebende Land emporgehoben wurde, scheint jetzt diesen Prozeß durchzumachen. Ich glaube, daß die solide Achse eines Berges in der Art und Weise ihrer Bildung nur dadurch von einem vulkanischen Hügel verschieden ist, daß hier die geschmolzene Masse wiederholt eingeflossen ist, anstatt wiederholt ausgeworfen worden zu sein. Wie ich übrigens glaube, läßt sich die Struktur großer Bergketten, wie die der Cordillera, wo die die eingeströmte Achse plutonischen Gesteins bedeckenden Schichten mehreren parallelen und nahe beieinanderliegenden Erhebungszügen entlang auf ihre Ränder gestellt worden sind, unmöglich erklären, ausgenommen unter der Annahme, daß das Gestein eingeflossen ist, und zwar nach hinreichend langen Zwischenräumen, um die oberen Teile oder Keile kalt und fest werden zu lassen; – denn wenn die Schichten in ihre jetzige stark geneigte, senkrechte, ja selbst umgewendete Lage durch einen einzigen Stoß geworfen worden wären, so würden die Eingeweide der Erde ausgeworfen worden sein; und statt einzelne Gebirgsachsen aus unter hohem Druck festgewordenem Gestein zu erblicken, würden ganze Sintfluten von Lava aus zahllosen Punkten auf jeder Erhebungslinie ausgeströmt sein.[2]

---

[2] Wegen einer ausführlichen Schilderung der das Erdbeben vom 20. begleitenden vulkanischen Erscheinungen und wegen der aus denselben abzuleitenden Schlüsse muß ich auf den 5. Band der Geological Transactions verweisen (s. auch Gesammelte Werke Bd. XII, 2. Abt., S.12ff.).

Fünfzehntes Kapitel

Valparaiso – Portillo-Paß – Spürkraft der Maultiere – Bergströme – Bergwerke, wie sie entdeckt werden – Beweise für die allmähliche Erhebung der Cordillera – Wirkung des Schnees auf Felsen – Geologischer Bau der beiden Hauptketten; ihr verschiedener Ursprung und Erhebung – Große Senkung – Roter Schnee – Winde – Schneesäulen – Trockene und klare Atmosphäre – Elektrizität – Pampa – Zoologie der beiden gegenüberliegenden Seiten der Anden – Heuschrecken – Große Wanzen – Mendoza – Uspallata-Paß – Verkieselte Bäume, so wie sie wuchsen, begraben – Inkas-Brücke – Schlimmer Zustand der Pässe übertrieben – Cumbre – Casuchas – Valparaiso

Übergang über die Cordillera

7. März 1835 – Wir blieben drei Tage in Concepcion und segelten dann nach Valparaiso. Da der Wind vom Norden wehte, erreichten wir die Mündung des Hafens von Concepcion erst, als es dunkel war. Da wir dem Lande sehr nahe waren und ein Nebel herabfiel, ließen wir den Anker fallen. Unmittelbar darauf erschien ein großer amerikanischer Walfischfahrer dicht an unserer Seite und wir hörten den Yankee seinen Leuten zufluchen, ruhig zu sein, während er nach der Brandung hinhorchte. Kapitän Fitz Roy rief ihm in einer lauten, klaren Stimme zu, vor Anker zu gehen, wo er war. Der arme Mann muß geglaubt haben, die Stimme käme vom Ufer, solch eine babylonische Verwirrung von Stimmen war sofort vom Schiff her zu hören. Jedermann schrie laut: Laßt den Anker gehen, mehr Tau, rafft die Segel. Es war das Lächerlichste, was ich je gehört habe. Wenn die Besatzung des Schiffs lauter Kapitäne gewesen wären und gar keine Matrosen dabei, es hätte keine größere Konfusion von Befehlen geben können. Wir fanden später heraus, daß der Steuermann stotterte. Ich glaube, alle anderen versuchten, ihm beim Befehlen zu helfen.

Am 11. ankerten wir in Valparaiso und zwei Tage darauf brach ich auf, um über die Cordillera zu gehen. Ich ging zunächst nach Santiago, wo Mr. Caldcleugh mich sehr freundlich auf alle mögliche Weise bei den kleinen Vorbereitungen, die nötig waren, unterstützte. In diesem Teile von Chile führen zwei Pässe über die Anden nach Mendoza. Der eine, am häufigsten benutzte – nämlich der von Aconcagua oder Uspallata – liegt etwas nach Norden, der andere, Portillo genannt, ist südlicher und näher, aber höher und gefährlicher.

18. März – Wir brachen nach dem Portillo-Paß auf; nachdem wir Santiago verlassen hatten, gingen wir über die weite, verbrannte Ebene, auf welcher diese Stadt steht, und kamen am Nachmittag am Maypu an, einem der Hauptflüsse von Chile. Das Tal wird an dem Punkte, wo es in die erste Cordillera hineinführt, auf jeder Seite von hohen, kahlen Bergen begrenzt; und obgleich es nicht breit ist, ist es doch sehr fruchtbar. Zahlreiche Bauernhäuser waren von Weingärten und Obstgärten mit Apfel-, Nektarinen- und Pfirsichbäumen umgeben, alle Zweige fast unter der Last der wundervollen reifen Früchte brechend. Am Abend passierten wir das Zollhaus, wo unser Gepäck untersucht wurde. Die Grenze von Chile ist besser durch die Cordillera bewacht, als durch die Wasser des Meeres. Es gibt nur sehr wenige Täler, welche zu den Zentralketten hinführen, und an anderen Stellen sind die Berge für die Lasttiere vollständig unpassierbar. Die Zollbeamten waren sehr höflich, was vielleicht zum Teil infolge des Passes war, welchen der Präsident der Republik mir gegeben hatte; ich kann aber nicht umhin, meine Bewunderung über die natürliche Höflichkeit beinahe jedes Chilenen auszudrücken. In diesem Falle war der Gegensatz zu derselben Klasse Leute in den meisten anderen Ländern sehr auffallend. Es sei mir gestattet, eine kleine Anekdote mitzuteilen, die mich damals sehr unterhielt: In der Nähe von

Fünfzehntes Kapitel

Mendoza begegneten wir einer kleinen, sehr fetten Negerin, die rittlings auf einem Maulesel saß. Sie hatte einen so enormen Kropf, daß es kaum zu vermeiden möglich war, sie für einen Augenblick anzustarren; aber meine beiden Begleiter grüßten sie augenblicklich, als eine Art von Entschuldigung, auf die gewöhnliche Weise, indem sie ihren Hut abnahmen. Wo würde jemand aus den niederen oder höheren Klassen in Europa eine solche mitempfindende Höflichkeit für ein armes, elendes Geschöpf aus einer herabgekommenen Rasse gezeigt haben?

Des Nachts schliefen wir in einem Bauernhause. Unsere Art und Weise zu reisen war entzückend unabhängig. In den bewohnten Teilen kauften wir etwas Brennholz, mieteten Weide für die Tiere und biwakierten in einem Winkel desselben Feldes mit ihnen. Wir führten einen eisernen Topf mit uns, kochten und aßen unser Abendessen unter einem wolkenlosen Himmel und kannten keine Sorge. Meine Begleiter waren Mariano Gonzales, welcher mich schon früher in Chile begleitet hatte und ein Arriero mit seinen zehn Maultieren und einer Madrina. Die Madrina (oder Patin) ist eine äußerst wichtige Persönlichkeit: Sie ist eine alte, zuverlässige Stute mit einer kleinen Glocke um ihren Hals; und wo sie nur immer hingeht, die Maulesel folgen ihr wie gute Kinder. Die Anhänglichkeit dieser Tiere an ihre Madrina erspart unendliche Sorge. Wenn mehrere große Herden in ein und dasselbe Feld zum Grasen getrieben werden, so brauchen am Morgen die Maultiertreiber nur die Madrinas etwas apart zu führen und mit ihren Glokken zu läuten. Und wenn auch zwei- oder dreihundert zusammen sind, so kennt doch jedes Maultier sofort die Glocke seiner besonderen Madrina heraus und kommt zu ihr. Es ist beinahe unmöglich, einen alten Maulesel zu verlieren; denn wenn er auch mehrere Stunden gewaltsam zurückgehalten wird, so wird er mit Hilfe des Geruchs, wie ein Hund, seine Begleiter oder vielmehr die Madrina aufspüren; denn wie der Maultiertreiber sagte, ist sie der hauptsächlichste Gegenstand der Zuneigung. Indes ist dies Gefühl nicht von einer individuellen Art, denn ich glaube, ich habe Recht, wenn ich sage, daß jedes Tier mit einer Glocke als Madrina dienen kann. In einem Zug trägt jedes Tier auf ebener Straße eine Last von 416 Pfund Gewicht (mehr als 29 Stein), aber in einem bergigen Lande 100 Pfund weniger. Mit welchen zarten, schlanken Gliedern ohne irgendwelche auffallende Muskelmasse tragen diese Tiere eine so große Last! Das Maultier erscheint mir immer als ein äußerst staunenswertes Tier. Daß ein Bastard mehr Verstand, Gedächtnis, Beharrlichkeit, soziale Neigungen, Fähigkeit einer muskulösen Ausdauer und eine größere Lebensdauer als eine der beiden elterlichen Formen besitzt, scheint anzudeuten, daß hier die Kunst die Natur übertroffen hat. Von unseren zehn Tieren waren sechs zum Reiten bestimmt und vier zum Lasttragen, und zwar jedes abwechselnd. Wir führten eine ziemliche Quantität Nahrungsmittel mit uns für den Fall, daß wir eingeschneit würden, da die Jahreszeit für einen Übergang über den Portillo-Paß im ganzen spät war.

19. März – Wir ritten heute bis zum letzten und daher zum höchsten Haus in dem Tal. Die Zahl der Bewohner wurde sehr klein; wo aber nur Wasser auf das Land gebracht werden konnte, war es sehr fruchtbar. Alle Haupttäler in der Cordillera sind dadurch ausgezeichnet, daß sie auf beiden Seiten einen Rand oder eine Terrasse von Rollsteinen und Sand haben, die undeutlich geschichtet und meist von beträchtlicher Dicke ist. Diese Ränder erstreckten sich offenbar früher quer über die Täler und waren miteinander verbunden; und die Talsohlen im nördlichen Chile, wo es keinen Fluß gibt, sind noch jetzt in dieser Weise glatt ausgefüllt. Auf diesen Rändern sind meist die Straßen hingeführt, denn ihre Oberfläche ist eben und sie steigen mit einer sehr leichten Neigung die Täler hinauf. Daher werden sie auch leicht durch Berieseln kultiviert. Man kann sie bis zu einer Höhe von 7000 bis zu 9000 Fuß verfolgen, wo sie durch die unregelmäßigen Haufen von Schutt verborgen werden. An dem unteren Ende oder den Mündungen der Täler sind sie in zusammenhängender Weise mit jenen rings von Land eingeschlossenen (gleichfalls aus Rollsteinen gebildeten) Ebenen am Fuße der Hauptcordillera verbunden, welche ich in einem früheren Kapitel als charakteristisch für die Szenerie von Chile beschrieben habe und welche ohne Zweifel abgelagert wurden, als das Meer nach Chile hereinragte, wie es jetzt noch an den südlichen Küsten tut. Keine Tatsache in bezug auf die Geologie von Süd-Amerika interessierte mich mehr als diese aus undeutlich geschichteten Rollsteinen gebildeten Terrassen. Sie sind in ihrer Zusammensetzung ganz genau den Massen ähnlich, welche die Bergströme in jedem Tal absetzen würden, wenn sie in ihrem Laufe durch irgendwelche Ursache gehemmt würden, so z. B. wenn sie in einen See oder in einen Meeresarm flössen. Ich kann unmöglich hier die Gründe anführen, ich bin aber überzeugt, daß diese Terrassen von Rollsteinen während der allmählichen Erhebung der Cordillera von den Bergströmen angehäuft wurden, die in aufeinanderfolgenden Niveaus ihren Detritus an dem Strand der oberen Enden langer, schmaler Meeresarme absetzten, zuerst hoch oben in den Tälern und dann immer tiefer und tiefer hinab in dem Maße, wie sich das Land erhob. Wenn dies der Fall ist, und ich kann es nicht bezweifeln, so ist die großartige ununterbrochene Kette der Cordillera, anstatt plötzlich in die Höhe geworfen worden zu sein, wie es bis vor kurzem die ganz allgemeine Meinung der Geologen war und wie es noch immer eine häufige Ansicht ist, in derselben allmählichen Weise langsam in Masse emporgehoben worden, wie die Küste des Atlantischen und Stillen Ozeans während der Jetztzeit erhoben worden sind. Eine Menge einzelner Tatsachen in dem Bau der Cordillera empfängt von diesem Gesichtspunkt aus eine einfache Erklärung.

Die Flüsse, welche in diesen Tälern fließen, sollten vielmehr Bergströme genannt werden. Ihr Fall ist sehr bedeutend und ihr Wasser ist schlammfarbig. Das Getöse, welches der Maypu machte, als er über die großen, abgerundeten Fragmente hin abbrauste, glich dem des Meeres. Mitten in dem Geräusch des fallenden Wassers war der Lärm, welchen die Steine machten, als einer über den anderen weggerollt wurde, selbst in der Entfernung deutlich hörbar. Dieses rasselnde Geräusch hört man Tag und Nacht den ganzen Lauf des Stromes entlang. Dieser Laut sprach sehr beredt zum Geologen; die Tausende und Abertausende von Steinen, welche gegeneinanderstoßend diesen einen dumpfen gleichförmigen Laut hervorbrachten, stürzten alle in einer und derselben Richtung vorwärts. Es brachte die Idee der Zeit gegenwärtig vor uns, wo die Minute, die jetzt entschwindet, unwiederbringlich vergangen ist. So war es mit diesen Steinen; der Ozean ist ihre Ewigkeit, und jeder Ton ihrer wilden Musik sprach von einem weiteren Schritt ihrer Bestimmung entgegen.

Es ist dem Geiste ganz unmöglich, ausgenommen durch einen sehr langsamen Prozeß, irgendeine Wirkung zu begreifen, welche durch eine Ursache hervorgebracht wird, die sich so häufig wiederholt, daß der Multiplikator selbst eine nicht deutlicher bestimmte Idee hervorruft, als wie sie ein Wilder hat, wenn er auf die Haare auf seinem Kopf weist. So oft ich auch Schichten von Schlamm, Sand und Rollsteinen gesehen habe in einer Anhäufung bis zur Dicke von vielen tausend Fuß, habe ich mich immer geneigt gefühlt, auszurufen, daß solche Ursachen wie die jetzigen Flüsse und die jetzigen Strandbildungen niemals solche Massen zermahlen und hervorbringen könnten. Horcht man aber auf der anderen Seite auf den rasselnden Lärm dieser Ströme und ruft sich in das Gedächtnis, daß ganze Tierrassen von dem Angesicht der Erde verschwunden sind und daß während dieser ganzen Zeit diese Steine Tag und Nacht in ihrem Laufe rasselnd weitergegangen sind, dann habe ich mich wohl selbst gefragt, kann irgendein Berg, irgendein Kontinent einer solchen Abnutzung widerstehen?

In diesem Teile des Tales waren die Berge auf beiden Seiten von 3000 bis 6000 oder 8000 Fuß hoch, mit abgerundeten Umrissen und steilen kahlen Seiten. Die allgemeine Farbe des Steines war trübe purpurn und die Schichtung sehr deutlich. War die Szenerie nicht schön, so war sie doch merkwürdig und großartig. Wir begegneten während des Tages mehreren Rinderherden, welche Männer von den höheren Tälern in der Cordillera herabtrieben. Dies Zeichen des herannahenden Winters beschleunigte unsere Schritte, und zwar mehr als es für das Geologisieren bequem war. Das Haus, wo wir schliefen, lag am Fuße eines Berges, auf dessen Gipfel die Minen von S. Pedro de Nolasko waren. Sir F. Head wunderte sich darüber, wie Minen in so au-

Fünfzehntes Kapitel

ßerordentlicher Lage haben entdeckt werden können, wie der kahle Gipfel des Berges von S. Pedro de Nolasko. An erster Stelle ist zu bemerken, daß metallische Adern in diesem Lande meist härter als die umgebenden Schichten sind. Sie springen daher während der allmählichen Abnutzung der Berge über die Oberfläche des Bodens hervor. Zweitens versteht fast jeder Arbeiter, besonders in den nördlichen Teilen von Chile, etwas von der äußeren Erscheinung der Erze. In den großen Bergbaudistrikten von Coquimbo und Copiapó ist Brennholz rar und die Leute suchen danach auf allen Bergen und Tälern, und auf diese Weise sind beinahe alle die reichsten Minen dort entdeckt worden. Chanuncillo, von wo im Lauf von wenigen Jahren Silber im Wert von vielen hunderttausend Pfund gehoben worden ist, ist von einem Mann entdeckt worden, der nach seinem beladenen Esel einen Stein warf; da ihm derselbe sehr schwer vorkam, hob er ihn nochmals auf und fand ihn voll reinen Silbers. Die Ader stand nicht weit davon, wie ein metallener Keil, zu Tage. Auch die Bergleute wandern oft des Sonntags über die Berge und nehmen ein Brecheisen mit sich. In diesem südlichen Teil von Chile sind die Leute, welche das Rind in die Cordillera treiben und welche jede Schlucht besuchen, wo sich nur etwas Weide findet, gewöhnlich die Entdecker.

20. März – Je weiter wir das Tal hinaufstiegen, um so äußerst dürftiger wurde die Vegetation mit Ausnahme einiger weniger hübscher Alpenblumen, und von Säugetieren, Vögeln oder Insekten war kaum eines zu sehen. Die höheren Berge, deren Gipfel mit wenigen Flecken von Schnee gezeichnet waren, standen wohl abgesondert nebeneinander; die Täler wurden von einer ungeheuren dicken Schicht geschichteten Alluviums ausgefüllt. Die Züge in der Szenerie der Anden, welche mir im Gegensatz zu anderen Bergketten, mit denen ich bekannt bin, am meisten auffielen, waren: – die flachen, zuweilen zu schmalen Ebenen auf beiden Seiten der Täler sich ausbreitenden Bänder, – die hellen Farben, hauptsächlich rot und purpurn, der gänzlich kahlen und fast senkrechten Porphyrberge, – die großartigen und zusammenhängenden mauerartigen Trappgänge, – die deutlich gesonderten Schichten, welche, wo sie nahezu senkrecht waren, die malerischen und wilden mittleren Spitzen bildeten, wo sie aber eine geringe Neigung hatten, die großen massiven Berge an den Rändern der Hauptkette ausmachten, – und endlich die glatten, kegelförmigen Haufen schönen, hellgefärbten Detritus, welche sich in einem spitzen Winkel von dem Fuß der Berge an zuweilen bis in eine Höhe von mehr als 2000 Fuß erhoben.

Ich habe häufig sowohl im Feuerland als auch innerhalb der Anden beobachtet, daß da, wo das Gestein während des größeren Teils des Jahres mit Schnee bedeckt ist, es in einer sehr außerordentlichen Art und Weise in kleine eckige Bruchstücke abschilferte. Scoresby[1] hat dieselbe Tatsache in Spitzbergen beobachtet. Die Sache scheint mir ziemlich dunkel zu sein; denn der Teil des Berges, welcher durch einen Schneemantel geschützt wird, muß den wiederholten bedeutenden Temperaturveränderungen weniger ausgesetzt sein, als irgendein anderer Teil. Ich habe zuweilen daran gedacht, daß die Erde und Steinfragmente an der Oberfläche vielleicht weniger wirksam durch das langsam durchsickernde Schneewasser[2] entfernt werden als durch Regen, und daß daher die Erscheinung einer schnelleren Zersetzung des soliden Felsens unter dem Schnee eine Täuschung ist. Was auch die Ursache immer sein mag, die Menge des zerbröckelnden Gesteins ist auf der Cordillera sehr groß. Gelegentlich gleiten im Frühjahr große Massen dieses Detritus die Berge hinab und bedecken die Schneefelder in Tälern und bilden in dieser Weise natürliche Eishäuser. Wir ritten über eins derselben, dessen Höhe weit unter der Schneelinie lag.

---

[1] Scoresby's Arctic Voyages, Vol. I, p.122.
[2] In Shropshire habe ich die Bemerkung machen hören, daß das Wasser des Severn, wenn er durch lange anhaltenden Regen Hochwasser hat, bei weitem trüber ist, als wenn das Hochwasser auf das Schmelzen des Schnees in den Bergen von Wales folgt. Wo d'Orbigny die Ursache der verschiedenen Färbungen der Flüsse in Süd-Amerika erklärt, bemerkt er, daß diejenigen mit blauem oder klarem Wasser ihre Quelle in der Cordillera haben, wo der Schnee schmilzt.

Als die Nacht herankam, erreichten wir eine eigentümliche beckenartige Ebene, genannt das Valle del Yeso. Sie wurde von weniger trockener Weide bedeckt und wir hatten den angenehmen Blick auf eine Rinderherde mitten in den umgebenden steinigen Wüsten. Das Tal erhält seinen Namen Yeso nach einem großen Lager, ich sollte meinen, mindestens von 2000 Fuß Dicke, von weißem und an einigen Stellen völlig reinem Gips. Wir schliefen mit einer Anzahl von Leuten zusammen, welche damit beschäftigt waren, Maulesel mit dieser Substanz zu beladen, welche bei der Bereitung von Wein benutzt wird. Wir brachen zeitig am Morgen (21.) auf und folgten beständig dem Lauf des Flusses, welcher sehr klein geworden war, bis wir an den Fuß des Rükkens kamen, welcher die in den Stillen Ozean fließenden Wasser von denen trennt, die sich in den Atlantischen ergießen. Die Straße, welche bis dahin gut gewesen und stetig, aber sehr allmählich aufgestiegen war, verwandelte sich jetzt in einen steilen Zickzackpfad den hohen Rükken hinauf, welcher die Republiken von Chile und Mendoza trennt.

Ich will hier eine sehr kurze Skizze von der Geologie der verschiedenen parallelen Züge geben, welche die Cordillera bilden. Von diesen Zügen sind zwei beträchtlich höher als die anderen; nämlich auf der chilenischen Seite der Peuquenes-Rücken, welcher, wo die Straße über ihn führt, 13.210 Fuß über dem Meeresspiegel hoch ist, und der Portillo-Rücken auf der Seite nach Mendoza, welcher 14.305 Fuß hoch ist. Die unteren Schichten der Peuquenes-Kette und der verschiedenen großen Züge westlich von ihr bestehen in einem ungeheuren Haufen, viele tausend Fuß dick, von Porphyrsteinen, welche als untermeerische Lavaströme geflossen sind, abwechselnd mit eckigen und abgerundeten Fragmenten derselben Gesteinarten, welche untermeerische Krater ausgeworfen haben. Diese abwechselnd übereinanderliegenden Massen werden in den zentralen Teilen von einer sehr dicken Schicht von roten Sandsteinkonglomeraten und kalkigem Tonschiefer bedeckt, welche mit ungeheuren Gipslagern verbunden sind und in solche übergehen. In diesen oberen Schichten sind Muscheln ziemlich häufig. Sie gehören ungefähr in die Periode der unteren Kreide von Europa. Es ist eine alte Geschichte, aber nicht weniger wunderbar, von Muscheln zu hören, welche einst auf dem Meeresboden umherkrochen und jetzt nahezu 14.000 Fuß über seinem Spiegel liegen. Die unteren Schichten in diesen großen Haufen von Ablagerungen sind disloziert, durch Hitze verwandelt, kristallisiert und beinahe miteinander verschmolzen und zwar durch die Einwirkung von Gebirgsmassen von einem eigentümlichen weißen, soda-granitischen Gestein.

Der andere Hauptzug, nämlich der des Portillo, ist von einer ganz und gar verschiedenen Bildung. Er besteht hauptsächlich aus großen kahlen Säulen, eines roten Kali-Granits, welcher tief unten auf der westlichen Seite von einem durch die frühere Hitze in ein Quarzgestein umgewandelten Sandstein bedeckt wird. Auf dem Quarz ruhen Schichten eines mehrere tausend Fuß mächtigen Konglomerats, welche von dem roten Granit emporgehoben worden sind und unter einem Winkel von 45° nach dem Peuquenes-Zuge geneigt sind. Ich war erstaunt, zu finden, daß dies Konglomerat zum Teil aus Rollsteinen, welche mit ihren fossilen Muscheln von der Peuquenes-Kette herrührten, zum Teil auch aus rotem Kali-Granit, wie dem des Portillo, zusammengesetzt war. Wir müssen daher schließen, daß sowohl die Peuquenes- als die Portillo-Kette teilweise emporgehoben wurden und der Abnutzung unterlagen, als sich das Konglomerat bildete; da aber die Schichten des Konglomerats von dem roten Portillo-Granit (mit dem darunterliegenden, von ihm metamorphosierten Sandstein) in einem Winkel von 45° aufgehoben worden sind, so dürfen wir sicher sein, daß der größere Teil der Erfüllung und Aufhebung des bereits teilweise gebildeten Portillo-Zugs nach der Anhäufung des Konglomerats und lange nach der Erhebung der Peuquenes-Kette stattfand. Es ist daher der Portillo, der höchste Zug in diesem Teil der Cordillera, nicht so alt wie der weniger hohe Zug der Peuquenes. Einen weiteren Beweis gibt noch ein geneigtes Lavabett an dem östlichen Fuß des Portillo, welches zeigt, daß es seine bedeutende Höhe Erhebungen eines noch späteren Datums verdankt. Blickt man nach seinem frühesten Ursprung, so scheint der rote Granit in einen alten, früher existierenden Zug

Fünfzehntes Kapitel

weißen Granits und Glimmerschiefers getreten zu sein. In den meisten, vielleicht in allen Teilen der Cordillera, kann man schließen, daß sich jeder Gebirgszug durch wiederholte Erhebungen und Erfüllungen gebildet hat, und daß die verschiedenen parallelen Züge von verschiedenem Alter sind. Nur hierdurch erlangen wir Zeit, welche hinreichend lang ist, den wahrhaft erstaunlichen Grad von Denudation zu erklären, welcher diese großen, wenn schon mit den meisten anderen Bergketten verglichen, neueren Berge unterlegen sind.

Endlich beweisen, wie schon vorhin bemerkt, die Muscheln in dem Peuquenes- oder ältesten Rücken, daß er 14.000 Fuß seit der sekundären Zeit emporgehoben worden ist, welche wir in Europa als durchaus nicht alt zu betrachten gewohnt sind; da aber diese Muscheln in einem nur mäßig tiefen Meer lebten, so läßt sich nachweisen, daß das jetzt von der Cordillera eingenommene Gebiet mehrere tausend Fuß – im nördlichen Chile bis zu 6.000 Fuß – sich gesenkt haben muß, um der Masse untermeerischer Schichten zu gestatten, sich auf dem Grunde, auf welchem die Muscheln lebten, anzuhäufen. Der Beweis ist derselbe wie der, durch welchen gezeigt wurde, daß in einer viel späteren Zeit, als in welcher die tertiären Muscheln von Patagonien lebten, eine Senkung von mehreren hundert Fuß, ebenso wie eine darauffolgende Hebung stattgefunden haben muß. Täglich prägt sich die Überzeugung dem Sinn des Geologen ein, daß nichts, selbst nicht der Wind, welcher weht, so unbeständig wie das Niveau der Erdkruste ist.

Ich will nur noch eine andere geologische Bemerkung machen; obgleich die Portillo-Kette hier höher ist als die Peuquenes-Kette, so haben sie doch die Wasser, welche die dazwischen liegenden Täler entwässern, durchbrochen. Dieselbe Tatsache, nur im großartigeren Maßstab, ist in dem östlichen und höchsten Zuge der bolivianischen Cordillera beobachtet worden, durch welche die Flüsse hindurchtreten; analoge Tatsachen sind auch in anderen Teilen der Welt beobachtet worden. Unter der Annahme einer späteren und allmählichen Erhebung der Portillo-Kette läßt sich dies verstehen; denn zuerst würde eine Reihe von Inselchen erscheinen, und in dem Maße, als diese emporgehoben werden, werden die Gezeiten immer tiefere und breitere Kanäle zwischen sie einarbeiten. Heutigen Tages sind selbst in den am weitesten zurücktretenden Buchten der Küste des Feuerlandes die Strömungen in den queren Teilen, welche die längs verlaufenden Kanäle miteinander verbinden, sehr stark, so daß in einem dieser queren Kanäle selbst ein kleines Schiff unter Segel rund umher gewirbelt wurde.

Ungefähr um Mittag begannen wir die langweilige Besteigung des Peuquenes-Rückens und fühlten dabei zum ersten Male etwas Schwierigkeit beim Atmen. Die Maultiere blieben alle fünfzig Yards einmal stehen, und nach einer Ruhe von wenigen Sekunden brachen die armen, gutwilligen Tiere von selbst wieder auf. Die Kurzatmigkeit infolge der verdünnten Atmosphäre wird von den Chilenen „Puna" genannt; in bezug auf ihren Ursprung haben sie die allerlächerlichsten Vorstellungen. Manche sagen, alle Wasser hier oben haben Puna, andere sagen: „Wo Schnee ist, da ist Puna", und dies ist ohne Zweifel richtig. Die einzige Empfindung, die ich hatte, war ein unbedeutendes Gefühl von Enge um den Kopf und die Brust, wie das, welches man empfindet, wenn man ein warmes Zimmer verläßt und schnell in frostiges Wetter geht. Selbst hierbei ist etwas Einbildung im Spiel, denn als ich auf dem höchsten Rücken fossile Muscheln fand, vergaß ich in meinem Entzücken die Puna vollständig. Sicher ist, daß die Anstrengung des Gehens äußerst groß war, und das Atemholen wurde tief und mühsam. Man hat mir gesagt, daß in Potosi (ungefähr 13.000 Fuß über dem Meeresspiegel) die Fremden erst nach einem ganzen Jahr an die Atmosphäre gänzlich gewöhnt werden. Die Bewohner empfehlen alle gegen die Puna Zwiebeln; da diese Pflanze zuweilen in Europa gegen Brustbeschwerden angewendet wird, so mag sie möglicher Weise von wirklichem Nutzen sein; ich für meinen Teil fand nichts so wohltuend, als die fossilen Muscheln!

Als wir die Hälfte des Weges hinauf waren, begegnete uns ein großer Zug mit siebzig beladenen Maultieren. Es war interessant, das wilde Geschrei der Maultiertreiber zu hören und die lang sich hinabwindende Reihe der Tiere zu beobachten; sie schienen so außerordentlich klein, da nichts als die kahlen Berge vorhanden war, mit denen man sie hätte vergleichen können. Als wir in der Nähe des Gipfels waren, wurde der Wind, wie es gewöhnlich der Fall ist, stürmisch und äußerst kalt. Auf jeder Seite des Rückens hatten wir über breite Streifen ewigen Schnees zu gehen, welche jetzt bald mit einer frischen Schicht bedeckt werden sollten. Als wir den Kamm erreichten und rückwärts sahen, bot sich uns ein prachtvoller Anblick dar. Die Atmosphäre war glänzend klar, der Himmel intensiv blau, die tiefen Täler, die wilden, zerklüfteten Formen, die Haufen von Ruinen, die sich während des Verlaufes der Jahrhunderte angesammelt hatten, die hellgefärbten Felsen, die scharf gegen die ruhigen Schneeberge abstachen, – alles dies zusammen rief eine Szene hervor, die sich niemand hätte vorstellen können. Weder Pflanzen noch Vögel, mit Ausnahme weniger Kondors, welche um die höheren Zinnen herumschwebten, zogen meine Aufmerksamkeit von der unbelebten Masse ab. Ich war glücklich, mich allein zu fühlen; es war, als beobachtete man ein Gewitter, oder hörte mit voller Orchesterbegleitung einen Chor aus dem Messias.

Auf mehreren Schneestrecken fand ich den *Protococcus nivalis* oder den roten Schnee, der aus den Erzählungen arktischer Seefahrer so bekannt ist. Meine Aufmerksamkeit wurde dadurch darauf gelenkt, daß ich bemerkte, wie die Fußspuren der Maultiere blaßrot gefärbt waren, als wenn ihre Hufe leicht blutig wären. Ich glaubte zuerst, es wäre eine Folge von Staub, der von den umgebenden Bergen von rotem Porphyr herabgeblasen wäre; denn wegen der vergrößernden Wirkung der Schneekristalle erschienen die Gruppen dieser kleinen, mikroskopischen Pflanzen wie grobe Stückchen. Der Schnee war nur da gefärbt, wo er sehr schnell getaut oder durch Zufall zerdrückt war. Ein wenig davon auf Papier zerrieben gab demselben eine schwach rosa mit etwas Ziegelrot untermischte Färbung. Ich schabte später etwas von dem Papier ab und fand, daß die Substanz aus Gruppen von kleinen Kugeln in farblosen Hüllen, jede einen tausendstel Zoll im Durchmesser, bestand.

Wie eben bemerkt, ist der Wind auf dem Kamme der Peuquenes meist stürmisch und sehr kalt. Man sagt[3], er blase beständig vom Westen oder vom Stillen Ozean her. Da die Beobachtungen hauptsächlich im Sommer gemacht wurden, so muß dieser Wind eine obere oder rückläufige Strömung sein. Der Pic von Teneriffa fällt bei einer geringeren Erhebung und im 28.° S. Br. gelegen in gleicher Weise innerhalb der oberen, rückläufigen Strömung. Auf den ersten Blick erscheint es ziemlich überraschend, daß der Passatwind den nördlichen Teilen von Chile entlang und an der Küste von Peru in einer so sehr südlichen Richtung weht, wie er es tut; wenn wir aber bedenken, daß die in einer nord-südlichen Richtung verlaufende Cordillera wie eine große Mauer die ganze Tiefe der unteren atmosphärischen Strömung durchsetzt, so können wir leicht einsehen, daß der Passatwind nordwärts abgezogen werden muß; er folgt der Bergkette, so daß er nach den äquatorialen Gegenden hin weht und damit einen Teil jener östlichen Bewegung verliert, welche er sonst durch die Drehung der Erde erhalten haben würde. In Mendoza, am östlichen Fuße der Anden, treten, wie man sagt, zuweilen lange Perioden der Windstille ein, und häufig scheinen sich, aber nur täuschenderweise, Regenwolken zu sammeln. Wir können uns wohl vorstellen, daß der Wind, welcher von Osten kommend durch die Bergkette aufgehalten wird, zum Stehen gebracht oder in seinen Bewegungen unregelmäßig wird.

Nachdem wir die Peuquenes überschritten hatten, stiegen wir in ein bergiges Land unmittelbar zwischen den beiden Hauptgebirgszügen hinab und schlugen dann unser Nachtquartier auf. Wir befanden uns nun in der Republik Mendoza. Die Höhe war wahrscheinlich nicht unter 11.000 Fuß und die Vegetation war infolgedessen äußerst dürftig. Die Wurzel einer kleinen, strauchartigen Pflanze diente als Feuerungsmaterial, sie gab aber nur ein schwaches Feuer und der Wind war durchdringend kalt. Da ich von meiner Tagesarbeit tüchtig ermüdet war, machte ich mir mein Lager so schnell als ich konnte zurecht und ging schlafen. Ungefähr um Mitternacht bemerkte ich, daß der Himmel plötzlich bewölkt wurde. Ich weckte den Arriero, um zu wissen,

---
[3] Dr. Gillies: in Journ. of Nat. and Geograph. Science, Aug. 1830. Dieser Schriftsteller gibt die Höhen der Pässe an.

ob wirklich Gefahr schlechten Wetters vorhanden wäre; er sagte aber, daß ohne Donner und Blitz keine Gefahr eines heftigen Schneesturmes vorhanden wäre. Für jemand, der zwischen den beiden Bergrücken von schlechtem Wetter überrascht wird, ist die Gefahr drohend und die Schwierigkeit eines nachträglichen Entschlüpfens groß. Eine bestimmte Höhle bietet den einzigen Zufluchtsort dar. Mr. Caldcleugh, welcher den Paß an demselben Tage des Monats überschritt, wurde durch einen heftigen Schneefall einige Zeit hier zurückgehalten. Casuchas oder Zufluchtshäuser sind in diesem Paß noch nicht gebaut worden, wie sie es in dem Paß von Uspallata sind, und daher wird der Portillo während des Herbstes wenig begangen. Ich will hier bemerken, daß innerhalb der Hauptkette der Cordillera niemals Regen fällt, denn während des Sommers ist der Himmel wolkenlos und im Winter kommen nur Schneestürme vor.

An dem Ort, wo wir schliefen, kochte das Wasser notwendig wegen des verminderten Druckes der Luft bei einer niedrigeren Temperatur, als in einem weniger hoch gelegenen Lande. Es bietet sich hier gerade das Umgekehrte dar von einem papinischen Digestor. Die Kartoffeln waren daher, nachdem sie mehrere Stunden in dem kochenden Wasser geblieben waren, beinahe so hart wie vorher. Der Topf wurde die ganze Nacht hindurch beim Feuer gelassen und den nächsten Morgen wieder zum Kochen gebracht, und doch waren die Kartoffeln noch nicht gar. Ich erfuhr dies, als ich meine beiden Begleiter die Ursache dieses Falles erörtern hörte; sie waren zu dem einfachen Schluß gekommen, „daß der verdammte Topf (welcher ein neuer war) keine Kartoffeln kochen wollte."

22. März – Nachdem wir unser kartoffelloses Frühstück gegessen hatten, gingen wir quer über den dazwischenliegenden Strich Land zum Fuß der Portillo-Kette. Im hohen Sommer werden Rinder hier heraufgebracht zum Grasen; es war aber jetzt alles schon wieder hinabgetrieben worden; selbst die größere Zahl der Guanacos hatten die Gegend verlassen, da sie wohl wußten, daß, wenn sie hier von einigen Schneestürmen überrascht würden, sie wie in einer Falle gefangen wären. Wir hatten einen schönen Blick auf eine Masse von Bergen, Tupungato genannt, das Ganze ununterbrochen mit einem Überzug von Schnee bedeckt, in dessen Mitte ein blauer Fleck war, ohne Zweifel ein Gletscher; – ein Umstand von seltenem Vorkommen in diesen Bergen. Nun fing ein beschwerliches und langes Steigen an, ähnlich dem die Peuquenes hinauf. Auf beiden Seiten erhoben sich steile, kegelförmige Berge von rotem Granit; in den Tälern lagen mehrere breite Felder ewigen Schnees. Diese gefrorenen Massen waren während des Prozesses des Tauens an einigen Stellen in Zinnen oder Säulen verwandelt worden[4], welche, da sie hoch und dicht beieinanderstanden, es dem mit dem Gepäck beladenen Maultier schwer machten, zu passieren. Auf einer dieser Säulen von Eis stand ein gefrorenes Pferd, wie auf einem Piedestal mit den Hinterbeinen gerade aufwärts in die Luft. Ich vermute, das Tier muß mit dem Kopf nach unten in ein Loch gefallen sein, als der Schnee noch zusammenhängend war, worauf dann später die umgebenden Teile durch Tauen entfernt wurden.

Als wir nahe am Kamm des Portillo waren, wurden wir in eine niedergehende Wolke sehr kleiner Eisnadeln eingehüllt. Dies war sehr unangenehm, denn es hielt den ganzen Tag an und schnitt uns vollständig die Aussicht ab. Der Paß erhält seinen Namen Portillo von einer engen Spalte oder einem Türchen auf dem höchsten Kamm, durch welche die Straße hindurchgeht. Von diesem Punkt aus kann man an einem klaren Tage jene ungeheuren Ebenen sehen, welche sich ununterbrochen bis nach dem Atlantischen Ozean hin erstrecken. Wir stiegen hinab bis zu der

---

[4] Diese Bildungsweise an gefrorenem Schnee wurde schon vor langer Zeit von Scoresby an den Eisbergen in der Nähe von Spitzbergen beobachtet und neuerdings mit größerer Sorgfalt von Colonel Jackson an der Newa (Journ. of Geograph. Soc., Vol. V, p.12). Mr. Lyell hat (Principles, Vol. IV, p.360) die Spalten, durch welche der säulenartige Bau bestimmt zu werden scheint, mit den Spaltflächen verglichen, welche beinahe alle Felsen quer durchsetzen, welche aber am besten in nicht geschichteten Massen zu sehen sind. Ich will noch bemerken, daß, was den gefrorenen Schnee betrifft, die säulenförmige Bildung die Folge einer „metamorphischen" Tätigkeit, und nicht die eines während des Niederschlags eintretenden Prozesses sein muß.

oberen Vegetationsgrenze und fanden gutes Nachtquartier im Schutze einiger großen Felsfragmente. Wir trafen hier einige Reisende, welche sich ängstlich nach dem Zustand der Straße erkundigten. Kurz nachdem es dunkel geworden war klärten sich die Wolken plötzlich auf, und die nun eintretende Wirkung war magisch. Die großen, im Vollmondschein glänzenden Berge schienen von allen Seiten her wie über einer tiefen Schlucht über uns hereinzuhängen. Denselben auffallenden Effekt hatte ich noch einmal eines Morgens sehr zeitig. Sobald sich die Wolken zerstreut hatten, fror es sehr stark. Da aber kein Wind war, schliefen wir ganz gemütlich.

Der erhöhte Glanz des Mondes und der Sterne in dieser Höhe infolge der vollkommenen Durchsichtigkeit der Atmosphäre war sehr merkwürdig. Reisende, welche die Schwierigkeit bemerkt haben, Höhen und Entfernungen inmitten hoher Berge zu beurteilen, haben dieselbe meist der Abwesenheit von Vergleichungsobjekten zugeschrieben. Wie mir vorkommt, ist es ebensowohl eine Folge der Durchsichtigkeit der Luft, welche Gegenstände aus verschiedenen Entfernungen miteinander verschmilzt, teilweise wohl auch Folge der neuen Empfindung, sich in einem ungewohnten Grade nach einer geringen Anstrengung ermüdet zu fühlen, indem hier die Gewöhnung sich dem Zeugnis der Sinne entgegenstellt. Ich bin überzeugt, daß diese außerordentliche Klarheit der Luft der Landschaft einen eigentümlichen Charakter gibt. Alle Gegenstände scheinen nahezu in eine Ebene gebracht zu werden, wie bei einer Zeichnung und einem Panorama. Die Durchsichtigkeit ist, wie ich vermute, eine Folge, des gleichförmigen und sehr hohen Standes atmosphärischer Trockenheit. Diese Trockenheit zeigt sich in der Art und Weise, in welcher alles Holz zusammenschrumpft (wie ich sehr bald durch die Not erfuhr, die mir mein geologischer Hammer machte); ferner dadurch, daß Nahrungsmittel, wie Brot und Zucker, äußerst hart wurden und auch durch die Erhaltung der Haut- und Fleischteile von Tieren, welche auf der Straße verendet waren. Derselben Ursache müssen wir es auch zuschreiben, mit welcher eigentümlichen Leichtigkeit Elektrizität erregt wird. Wurde mein Flanelljäckchen im Dunkeln gerieben, so erschien es so, als wäre es mit Phosphor gewaschen; – jedes Haar auf dem Rücken eines Hundes knisterte; – selbst die leinenen Gurte und ledernen Riemen am Sattel sprühten, wenn man an ihnen zu tun hatte, Funken aus.

23. März – Das Herniedersteigen auf der östlichen Seite der Cordillera ist viel kürzer und steiler als auf der Seite nach dem Stillen Ozean zu; mit anderen Worten, die Berge erheben sich viel plötzlicher von den Ebenen, als von der alpinen Gegend von Chile. Ein horizontales, glänzend weißes Meer von Wolken breitete sich unter unseren Füßen aus und schnitt dadurch den Blick auf die gleicher Weise horizontalen Pampas ab. Wir traten bald in die Wolkenstreifen ein und kamen an diesem Tage nicht wieder aus ihnen heraus. Da wir um Mittag Weide für die Tiere und Gebüsch zu Feuerholz bei Los Arenales fanden, schlugen wir unser Nachtquartier auf. Es war dies in der Nähe der obersten Grenze der Gebüsche und ich vermute, die Höhe betrug zwischen sieben- und achttausend Fuß.

Mir fiel der ausgesprochen scharfe Unterschied zwischen der Vegetation dieser östlichen Täler und der auf der chilenischen Seite sehr auf; und doch ist das Klima ebenso wie die Bodenart ziemlich dieselbe; auch ist der Längenunterschied sehr unbedeutend. Dieselbe Bemerkung gilt auch für die Säugetiere und in einem geringeren Grade für die Vögel und Insekten. Als Beispiel will ich die Mäuse anführen, von denen ich an den Küsten des Atlantischen dreizehn Spezies und an den Küsten des Stillen Ozeans fünf erhielt, und nicht eine von ihnen ist mit einer anderen identisch. Wir müssen hierbei alle jene Spezies ausnehmen, welche beständig oder gelegentlich hohe Berge besuchen; ebenso auch gewisse Vögel, welche sich südlich bis nach der Magellan-Straße verbreiten. Diese Tatsache steht in vollkommener Übereinstimmung mit der geologischen Geschichte der Anden; denn diese Berge haben schon seit der Zeit als eine große Scheidewand da gestanden, wo die jetzigen Arten von Tieren erschienen sind; wenn wir daher nicht annehmen, daß ein und dieselbe Spezies an zwei verschiedenen Orten erschaffen worden ist, so dürfen wir keine größere Ähnlichkeit zwischen den organischen Geschöpfen auf den entgegengesetzten Seiten der Anden erwarten, als auf den gegenüberliegenden Küsten des Ozeans. In beiden Fällen müssen wir diejenigen Arten außer Betracht lassen, welche imstande gewesen sind, die Scheidewand zu überschreiten, mag dieselbe aus soliden Felsen oder aus Meerwasser bestanden haben.[5]

Eine große Zahl von Pflanzen und Tieren waren entweder absolut dieselben oder äußerst nahe verwandt mit denen von Patagonien. Wir haben hier das Aguti, die Viscache, drei Spezies von Armadillo, den Strauß, gewisse Arten von Feldhühnern und andere Vögel, von denen kein einziger jemals in Chile zu sehen ist, welche dagegen für die wüsten Ebenen von Patagonien charakteristische Tiere sind. Für die Augen jemandes, der kein Botaniker ist, bieten sich hier auch viele derselben dornigen, verkümmerten Gebüsche, des verdorrten Grases und zwerghafter Pflanzen dar. Selbst die schwarzen, langsam kriechenden Käfer sind einander sehr ähnlich und einige, wie ich nach rigoroser Untersuchung glaube, absolut identisch. Ich habe es immer sehr bedauert, daß wir ganz unabweislich gezwungen wurden, die weitere Verfolgung des oberen Laufs des Santa Cruz-Flusses aufzugeben, ehe wir die Berge erreichten; ich hatte immer eine stille Hoffnung, irgendeine bedeutende Veränderung in dem ganzen Charakter des Landes zu finden; jetzt bin ich aber überzeugt, daß dies nur dann der Fall gewesen wäre, wenn wir den Ebenen von Patagonien nach den Bergen hinauf gefolgt wären.

24. März – Zeitig am Morgen kletterte ich einen Berg an der einen Seite des Tales hinauf und genoß eine sehr weite Aussicht über die Pampa. Dies war ein Anblick, dem ich mit Interesse entgegengesehen hatte. Ich wurde indes enttäuscht. Auf den ersten Blick glich es einem entfernten Blick auf das Meer, aber in den nördlichen Teilen wurden viele Unregelmäßigkeiten sehr bald erkennbar. Der auffallendste Zug in dem landschaftlichen Bild bestand in den Flüssen, welche im Angesicht der aufgehenden Sonne wie silberne Fäden glitzerten, bis sie sich in der unendlichen Entfernung verloren. Um Mittag stiegen wir das Tal hinab und erreichten eine Hütte, wo ein Offizier und drei Soldaten postiert waren, um die Pässe zu untersuchen. Einer dieser Leute war ein Vollblut-Pampa-Indianer. Er wurde ziemlich zu demselben Zweck gehalten, wie ein Bluthund, um die Spur irgendeiner Person zu verfolgen, welche entweder zu Fuß oder zu Pferd heimlich sich durchschleichen wollte. Vor einigen Jahren versuchte ein Reisender der Entdeckung dadurch zu entgehen, daß er einen langen Umweg über den benachbarten Berg machte. Da aber dieser Indianer zufällig über seine Spur gekommen war, verfolgte er sie den ganzen Tag über trockene und sehr steinige Berge, bis er endlich auf seine in einer Bergschrunde verborgene Beute stieß. Wir hörten hier, daß die silbernen Wolken, welche wir von oben bewundert hatten, Ströme von Regen niedergegossen hatten. Von diesem Punkt aus erweiterte sich das Tal allmählich und die Berge wurden hier bloße, vom Wasser abgewaschene Hügelchen, verglichen mit den Riesen hinter uns. Das Tal breitete sich dann in eine sanft absteigende Ebene mit Rollsteinen aus, die mit niedrigen Bäumen und Gebüsch bedeckt war. Diese Schwelle, obschon sie eng erschien, muß doch nahezu zehn Meilen breit sein, ehe sie in die scheinbar ganz horizontalen Pampas übergeht. Wir kamen bei dem einzigen Haus in dieser Gegend, der Estancia von Chaquaio vorüber; und bei Sonnenuntergang machten wir an der ersten gemütlichen Ecke Halt und biwakierten dort.

---

[5] Dies ist bloß eine Erläuterung der wunderbaren, zuerst von Mr. Lyell ausgesprochenen Gesetze über die durch geologische Veränderungen beeinflußte geographische Verbreitung der Tiere. Das ganze Räsonnement gründet sich natürlich auf die Annahme der Unveränderlichkeit der Arten; im anderen Fall könnte man die Verschiedenheit der Arten der beiden Gegenden als eine während des Verlaufs einer langen Zeit eingetretene Erscheinung ansehen.

25. März – Als ich die Scheibe der aufgehenden Sonne von einem so horizontal wie das Meer abschneidenden Horizont durchschnitten sah, wurde ich an die Pampa von Buenos Aires erinnert. Während der Nacht fiel starker Tau, etwas, was wir innerhalb der Cordillera nicht erfahren hatten. Die Straße ging eine zeitlang gerade nach Osten quer über niederes Moorland; wo sie dann in die trockene Ebene kam, wendete sie sich nach Norden, Mendoza zu. Die Entfernung beträgt zwei sehr lange Tagesreisen. Unser erster Tagesmarsch sollte vierzehn Stunden bis nach Estacado, und der zweite siebzehn Stunden bis nach Luxan in der Nähe von Mendoza sein. Die ganze Entfernung entlang geht der Weg über eine horizontale, wüste Ebene mit nicht mehr als zwei oder drei Häusern. Die Sonne war außerordentlich mächtig und der Ritt allen Interesses bar. Auf dieser Traversia findet sich sehr wenig Wasser und auf unserem zweiten Tagesmarsch fanden wir nur einen kleinen Tümpel. Von den Bergen fließt nur wenig Wasser herab und es wird von dem trockenen und porösen Boden bald aufgesaugt, so daß wir, trotzdem wir nur in einer Entfernung von zehn oder fünfzehn Meilen von der äußeren Kette der Cordillera hingingen, auch nicht einen einzigen Fluß kreuzten. An vielen Stellen war der Boden mit einem salzartigen Anflug inkrustiert; wir hatten daher hier dieselben salzliebenden Pflanzen, welche in der Nähe von Bahia Blanca gemein sind. Die Landschaft hat einen gleichförmigen Charakter von der Magellan-Straße an der ganzen Ostküste von Patagonien entlang bis zum Rio Colorado. Und es scheint, als erstrecke sich dieselbe Art Landes von diesem Fluß an in einer bogenförmigen Linie bis nach San Luis und vielleicht selbst noch nördlicher. Östlich von dieser gekrümmten Linie liegt das Becken der vergleichsweise feuchten und grünen Ebene von Buenos Aires; die sterilen Ebenen von Mendoza und Patagonien bestehen aus einem Bett von Rollsteinen, die durch die Wellen des Meeres glattgerieben und zusammengehäuft sind, während die mit Disteln, Klee und Gras bedeckten Pampas sich aus dem alten Aestuariumschlamm des Plata gebildet haben.

Nach einer langweiligen Reise von zwei Tagen war es eine Erfrischung, in der Entfernung die Reihen von Pappeln und Weiden zu sehen, die um das Dorf und an dem Fluß von Luxan wuchsen. Kurz ehe wir an diesem Ort ankamen, bemerkten wir nach Süden zu eine zerrissene Wolke von einer dunklen, rotbraunen Färbung. Anfangs glaubten wir, daß es Rauch von irgendeinem großen Feuer auf der Ebene sei; aber bald sahen wir, daß es ein Schwarm Heuschrecken war. Sie flogen nach Norden zu, und unterstützt von einer leichten Brise überholten sie uns mit einer Geschwindigkeit von zehn oder fünfzehn Meilen die Stunde. Die Hauptmasse erfüllte die Luft von einer Höhe von zwanzig Fuß bis zu der, wie es schien, von zwei- oder dreitausend über dem Boden; „und der Klang ihrer Flügel war wie das Geräusch von vielen Wagen und Pferden, die zur Schlacht zogen"; oder wie ich vielleicht noch eher sagen sollte, wie eine starke Brise, die durch die Takelage eines Schiffs fährt. Der Himmel erschien, durch die Vorläufer des Schwarmes angesehen, wie ein Mezzotintostich. Die Hauptmasse war aber für das Licht undurchdringlich; sie waren indes nicht so dicht beieinander, daß sie nicht einem vorwärts und rückwärts bewegten Stock hätten ausweichen können. Wenn sie sich niederließen, waren sie zahlreicher als die Blätter auf dem Felde und die Oberfläche wurde rötlich, anstatt grün zu bleiben; hatte sich der Schwarm einmal niedergelassen, so flogen die Individuen in allen Richtungen von einer Seite zur anderen. Heuschrecken sind keine seltene Plage in diesem Lande. Bereits in diesem Jahr waren mehrere kleinere Schwärme vom Süden hergekommen, wo sie, wie es allem Anschein nach in allen übrigen Teilen der Welt der Fall ist, in den Wüsten sich entwickeln. Die armen Bauern versuchen vergeblich durch Anzünden von Feuern, durch Schreien und durch Schwenken von Ästen den Angriff abzuschlagen. Die Spezies von Heuschrecken ist dem berühmten *Gryllus migratorius* des Orients sehr ähnlich und vielleicht mit ihm identisch.

Wir setzten über den Luxan, welcher ein Fluß von beträchtlicher Größe ist; doch ist sein Lauf nach der Meeresküste zu sehr unvollständig bekannt. Es ist selbst zweifelhaft, ob er bei seinem Lauf über die Ebenen nicht verdampft oder verlorengeht. Wir schliefen in dem Dorf Luxan, welches ein kleiner, von Gärten umgebener Ort und der südlichste kultivierte Distrikt in der

Provinz Mendoza ist. Er ist fünf Stunden südlich von der Hauptstadt entfernt. In der Nacht hatte ich einen Angriff (denn es verdient kaum einen geringeren Namen) der *Benchuca* zu bestehen, einer Spezies von *Reduvius*, der großen schwarzen Wanze der Pampas. Es ist äußerst widerwärtig, weiche, flügellose, ungefähr einen Zoll lange Insekten über seinen Körper kriechen zu fühlen. Ehe sie zu saugen beginnen, sind sie ganz dünn. Später werden sie aber rund und vom Blut aufgedunsen, und in diesem Zustand werden sie leicht zerdrückt. Eine solche Wanze, welche ich in Iquique fand (denn sie werden auch in Chile und Peru gefunden), war äußerst leer. Wurde sie auf den Tisch gestellt, so streckte, trotzdem Leute ringsherum waren, wenn ihm ein Finger dargeboten wurde, das kühne Insekt sofort seinen Rüssel hervor, machte einen Angriff und sog, wenn es gestattet wurde, Blut. Die Wunde verursacht keinen Schmerz. Es war merkwürdig, den Körper des Insekts während des Aktes des Saugens zu beobachten, da er sich in weniger als zehn Minuten von einer flachen Form wie eine Oblate in eine förmliche Kugel verwandelte. Diese eine Mahlzeit, für welche die Benchuca einem unserer Offiziere Dank schuldig war, hielt sie ganze vier Monate fett; aber nach den ersten vierzehn Tagen war sie völlig bereit, noch einmal zu saugen.

27. März – Wir ritten weiter nach Mendoza. Das Land war schön kultiviert und ähnlich wie in Chile. Diese Gegend hier ist wegen ihrer Früchte berühmt und sicher konnte man nichts sehen, was in einem besseren Zustand des Gedeihens wäre, als die Weinberge und die Obstgärten mit Feigen, Pfirsichen und Oliven. Wir kauften Wassermelonen beinahe zweimal so groß wie ein Mannskopf, äußerst entzückend kühl und aromatisch, das Stück für einen halben Penny, und für den Wert von drei Pence einen halben Schubkarren voll Pfirsiche. Der kultivierte und eingezäunte Teil dieser Provinz ist sehr klein. Nur wenig mehr als der Teil, den wir passierten, zwischen Luxan und der Hauptstadt ist angebaut. Das Land verdankt, wie in Chile, seine Fruchtbarkeit gänzlich künstlicher Berieselung, und es ist in der Tat wunderbar zu sehen, wie außerordentlich produktiv hierdurch eine kahle Traversia gemacht wird.

Wir blieben den folgenden Tag in Mendoza. Die Wohlhabenheit des Ortes hat in den letzten Jahren sehr abgenommen. Die Bewohner sagen: „Es läßt sich hier sehr gut leben, aber sehr schlecht reich werden." Die unteren Klassen haben die sorglose, faule Manier der Gauchos der Pampas; auch sind ihr Anzug, ihr Reitzeug und ihre Lebensweise nahezu dieselben. Auf mich machte die Stadt einen stupiden, verlassenen Eindruck. Weder die berühmte Alameda, noch die Szenerie läßt sich durchaus mit der von Santiago vergleichen; aber für die, welche von Buenos Aires kommen und die abwechslungslosen Pampas überschritten haben, müssen die Blumen und Obstgärten entzückend erscheinen. Sir F. Head sagt, wo er von den Einwohnern spricht: „Sie essen ihre Mahlzeiten, und da es so sehr warm ist, gehen sie zu Bett, – könnten sie wohl was Besseres tun?" Ich stimme vollständig mit Sir F. Head überein; das glückliche Geschick der Mendozinos ist: zu essen, zu schlafen und zu faulenzen.

29. März – Wir brachen zu unserer Rückkehr nach Chile auf, und zwar über den Uspallata-Paß, nördlich von Mendoza. Wir hatten über eine lange und äußerst sterile Traversia von fünfzehn Stunden zu reiten. Der Boden war stellenweise absolut kahl, an anderen Stellen von zahllosen zwergartigen, mit furchtbaren Stacheln bewaffneten Kakteen bedeckt, welche die Einwohner „kleine Löwen" nannten. Auch einige wenige niedrige Büsche finden sich. Obschon die Ebene nahezu dreitausend Fuß über dem Meere liegt, war die Sonne doch sehr mächtig; und die Hitze, ebenso wie die Wolken unfühlbaren feinen Staubes machten die Reise äußerst ermüdend. Unser Weg ging den Tag über nahezu der Cordillera parallel, aber näherte sich ihr allmählich. Vor Sonnenuntergang traten wir in eines der weiten Täler oder vielmehr Buchten ein, welche sich nach der Ebene hin öffnen; diese verengte sich bald in eine Schlucht, in welcher etwas weiter hinauf das Haus der Villa Vicencio lag. Da wir den ganzen Tag lang, ohne einen Tropfen Wasser zu haben, geritten waren, waren sowohl unsere Maultiere als wir selbst sehr durstig und wir sahen uns ängstlich nach dem Fluß um, welcher dies Tal hinabfließt. Es war merkwürdig zu beobachten, wie allmählich das Wasser zum Vorschein kam; auf der Ebene war das Flußbett ganz trocken; gradweise wurde es etwas feuchter, dann erschienen kleine Pfützen mit Wasser, diese verbanden sich dann untereinander, und an der Villa Vicencio fand sich ein netter kleiner Bach.

30. März – Die einsame Hütte, welche den imponierenden Namen der Villa Vicencio trägt, ist von jedem Reisenden, der die Anden überschritten hat, erwähnt worden. Ich blieb die nächstfolgenden zwei Tage hier und in einigen benachbarten Bergwerken. Die Geologie des umgebenden Landes ist sehr merkwürdig. Die Uspallata-Kette wird von der Haupt-Cordillera durch eine lange schmale Ebene oder durch ein Becken getrennt, wie die in Chile so häufig erwähnten, aber höher gelegen, da es 6000 Fuß über dem Meer liegt. Diese Kette hat nahezu dieselbe geographische Lage in bezug auf die Cordillera, wie sie die riesenhafte Portillo-Reihe hat; sie ist aber von einem vollständig verschiedenen Ursprung. Sie besteht aus verschiedenen Arten submariner Lava mit vulkanischen Sandsteinen und anderen merkwürdigen, sedimentären Ablagerungen abwechselnd; das Ganze hat eine sehr große Ähnlichkeit mit einigen der tertiären Schichten an den Ufern des Stillen Ozeans. Wegen dieser Ähnlichkeit erwartete ich auch hier verkieseltes Holz zu finden, welches für diese Formationen allgemein charakteristisch ist. Ich wurde in einer ganz außerordentlichen Art und Weise befriedigt. In dem zentralen Teile der Bergkette, in einer Erhebung von ungefähr 7000 Fuß, beobachtete ich an einem nackten Abhang einige schneeweiße, vorspringende Säulen; diese waren versteinerte Bäume, elf waren verkieselt und dreißig bis vierzig waren in grobkristallisierten, weißen kalkigen Spat verwandelt. Sie waren scharf abgebrochen und die aufrechten Stümpfe sprangen wenige Fuß über dem Boden hervor. Die Stämme maßen von drei zu fünf Fuß ein jeder im Umfang. Sie standen jeder etwas getrennt vom anderen, aber das Ganze bildete eine Gruppe. Mr. Robert Brown hat die Freundlichkeit gehabt, das Holz zu untersuchen. Er sagte, daß es zu der Familie der Fichten gehört, etwas vom Charakter der Familie der Araucarien hat, aber mit einigen merkwürdigen verwandtschaftlichen Beziehungen zur Eibe. Der vulkanische Sandstein, in welchen die Bäume eingeschlossen waren und aus dessen unterem Teil sie entsprungen sein müssen, hatte sich in aufeinanderfolgende dünne Schichten rund um die Stämme abgelagert, und der Stein behielt noch immer den Eindruck der Rinde.

Es bedurfte nur geringer geologischer Übung, die wunderbare Geschichte zu erklären, welche diese Szene mit einem Male entfaltete; doch bekenne ich, daß ich anfangs so sehr erstaunt war, daß ich kaum dem offenbarsten Beweis Glauben schenken wollte. Ich sah den Fleck, wo eine Gruppe schöner Bäume einstmals ihre Zweige an den Küsten des Atlantischen Ozeans wiegten, als dieser Ozean (jetzt 700 Meilen zurückgetrieben) bis an den Fuß der Anden reichte. Ich sah, daß sie einem vulkanischen Boden entsprungen waren, welcher über den Meeresspiegel erhoben worden war, und daß später dies trockene Land mit seinen aufrechten Bäumen wieder in die Tiefen des Ozeans versenkt worden war. In diesen Tiefen war das früher trockene Land von sedimentären Schichten bedeckt und diese wieder von ungeheuren Strömen submariner Lava zugedeckt worden; – eine solche Masse erreichte die Dicke von 1000 Fuß; und diese Überschwemmungen von geschmolzenen Steinen und von Niederschlägen aus dem Wasser hatten sich abwechselnd fünf Mal hintereinander ausgebreitet. Der Ozean, welcher solche dicke Massen aufnahm, muß außerordentlich tief gewesen sein; aber die unterirdischen Kräfte traten wieder in Tätigkeit und ich sah nun das Bett dieses Meeres eine Kette von Bergen bilden, die über 7000 Fuß hoch waren. Es waren auch jene einander entgegenwirkenden Kräfte nicht untätig geblieben, welche immer damit beschäftigt sind, die Oberfläche des Landes abzunutzen. Die großen Haufen von Schichten waren durch viele weite Täler eingeschnitten worden und die nun

Fünfzehntes Kapitel

in Kiesel verwandelten Bäume traten jetzt nackt aus dem nun in Felsen verwandelten vulkanischen Boden hervor, von welchem sie sich früher im grünen und knospenden Zustand mit ihren hohen Kronen erhoben hatten. Jetzt ist nun alles völlig unfähig zur Kultur und wüst, selbst die Flechten können nicht mehr an den steinernen Abgüssen der früheren Bäume festhaften. So ungeheuer und kaum begreiflich derartige Veränderungen auch erscheinen müssen, so sind sie doch alle in einer Periode aufgetreten, welche mit der Geschichte der Cordillera verglichen als neu erscheinen muß; und die Cordillera selbst wieder ist absolut modern zu nennen, wenn man sie mit vielen der fossilführenden Schichten von Europa und Amerika vergleicht.

1. April – Wir überschritten die Uspallata-Kette und schliefen die Nacht im Zollhaus – dem einzigen bewohnten Ort auf der Ebene. Kurz ehe wir die Berge verließen, hatten wir einen außerordentlichen Anblick: rote, purpurne, grüne und völlig weiße sedimentäre Gesteine, mit schwarzen Laven abwechselnd, waren aufgebrochen und durch Massen von Porphyr von jeder möglichen Farbenschattierung, vom dunklen Braun bis zum hellsten Lila, in alle mögliche Unordnung geworfen worden. Es war der erste Anblick, den ich je gesehen habe, welcher in der Tat jenen hübschen Durchschnitten ähnlich war, die die Geologen von dem Innern der Erde machen.

Am nächsten Tage gingen wir über die Ebene und folgten dem Lauf desselben großen Bergstromes, welcher bei Luxan vorbeifließt. Es war hier ein wütender Bergstrom, vollständig unpassierbar und erschien größer als in dem Niederland, ebenso wie es der Fall mit dem Bach von Villa Vicencio war. Am Abend des folgenden Tages erreichten wir den Rio de las Vacas, welcher für den schlimmsten Strom in der Cordillera zum Übersetzen angesehen wird. Da alle diese Flüsse einen reißenden und kurzen Lauf haben und durch das Schmelzen des Schnees gebildet werden, so macht die Tagesstunde einen beträchtlichen Unterschied in bezug auf ihre Masse. Am Abend ist der Strom schlammig und ganz voll, aber um den Anbruch des Tages wird er klarer und viel weniger stürmisch. Wir fanden, daß dies auch mit dem Rio de las Vacas der Fall war und setzten am Morgen mit nur geringer Schwierigkeit über.

Die Szenerie war bis hierher sehr uninteressant, verglichen mit der des Portillo-Passes. Man sieht nur wenig außer den kahlen Wänden des einen großen flachsohligen Tales, welchem entlang die Straße bis auf den höchsten Kamm hinaufgeht. Das Tal und die ungeheuren felsigen Berge sind äußerst kahl. Während der zwei vorausgehenden Nächte hatten die armen Maultiere absolut nichts zu fressen, denn mit Ausnahme einiger weniger, niedriger, harziger Gebüsche war kaum eine Pflanze zu sehen. Im Laufe dieses Tages gingen wir über einige der schwierigsten Pässe der Cordillera; doch ist ihre Gefahr sehr übertrieben worden. Man hatte mir gesagt, daß, wenn ich etwa versuchte zu Fuß hinüberzugehen, ich schwindlig werden würde, und daß kein Platz um abzusteigen vorhanden wäre; ich habe aber keine Stelle gefunden, wo nicht ein jeder hätte rückwärts darüber gehen können oder an jeder Seite seines Maultieres noch hätte absteigen können. Ich hatte einen der schlechten Pässe, Las Animas (die Seelen) genannt, passiert und erfuhr erst einen Tag später, daß dies eine jener fürchterlichen Gefahren sei. Ohne Zweifel finden sich viele Stellen, wo, wenn das Maultier straucheln sollte, der Reiter einen großen Abgrund hinuntergestürzt werden würde, aber dazu war wenig Aussicht vorhanden. Ich glaube wohl, daß im Frühjahr die Laderas oder Straßen, welche jedes Jahr über die Haufen niederfallenden Detritus neu gemacht werden, sehr schlecht sind; aber nach dem, was ich gesehen habe, glaube ich, daß eine wirkliche Gefahr kaum vorhanden ist. Mit Lastmaultieren liegt der Fall vielleicht verschieden, denn die Lasten springen so weit vor, daß die Tiere, wenn sie gelegentlich gegeneinander oder gegen eine Felsspitze anrennen, ihr Gleichgewicht verlieren und in die Abgründe hinabgestoßen werden. Ich kann auch wohl glauben, daß bei einem Kreuzen der Flüsse die Schwierigkeit zuweilen sehr groß sein mag. In dieser Jahreszeit hatten wir nur geringe Mühe, im Sommer aber müssen sie sehr gefährlich sein. Ich kann mir vollständig, wie Sir F. Head es beschreibt, die verschiedenen Ausdrücke derer vorstellen, welche den Abgrund überschritten haben, und derer, welche ihn eben erst überschreiten. Ich habe nie gehört, daß ein Mensch ertrunken wäre, aber mit beladenen Maultieren passiert es häufig. Der Arriero veranlaßt Dich, Deinem Maultiere die beste Stelle zu zeigen und ihm dann zu überlassen, hinüberzukommen wie es will. Das Lastmaultier wählt aber, da es nicht geleitet wird, oft eine schlechte Stelle und geht häufig dabei verloren.

4. April – Vom Rio de las Vacas nach der Puente del Incas, eine halbe Tagereise. Da es hier Weide für die Maultiere und Geologisches für mich gab, biwakierten wir hier die Nacht. Wenn man von einer natürlichen Brücke hört, so malt man sich irgendeine tiefe und schmale Schlucht vor, über welche quer eine steile Felsenmasse gefallen ist, oder einen großen, wie das Gewölbe einer Höhle ausgehöhlten Bogen. Statt dessen besteht die Inkas-Brücke aus einer Kruste geschichteter Rollsteine, die durch eine Ablagerung der umgebenden heißen Quellen miteinander verkittet sind. Es scheint, als hätte der Strom an der einen Seite einen Kanal ausgehöhlt und einen überhängenden Vorsprung stehen lassen, welcher von Erde und von Steinen, die von der gegenüberliegenden Klippe herabgefallen sind, erreicht wurde. Sicherlich war eine solche schräge Verbindung, wie sie in einem solchen Falle eintreten würde, an der einen Seite sehr deutlich. Die Brücke der Inkas ist durchaus nicht der großen Monarchen würdig, deren Namen sie trägt.

5. April – Wir machten einen langen Tagesritt quer über den zentralen Rücken von der Inkas-Brücke nach den Ojos del Agua, welche in der Nähe der untersten Casucha auf der chilenischen Seite gelegen sind. Diese Casuchas sind kleine runde Türme mit einer Treppe außen, um auf die Diele der Zimmer zu gelangen, welche wegen der Schneewehen einige Fuß über dem Boden erhöht liegen. Es sind deren acht, und unter der spanischen Regierung wurden sechs während des Winters mit einem ordentlichen Vorrat von Nahrung und Kohle versehen, und jeder Kurier hatte einen Hauptschlüssel. Jetzt dienen sie nur als Keller oder mehr noch als Gefängnisse. Auf einer kleinen Erhöhung stehend passen sie indes ganz gut zu der umgebenden verlassenen Szenerie. Der Zickzackweg hinauf auf den Cumbre oder die Wasserscheide war sehr steil und langweilig; seine Höhe beträgt nach Mr. Pentland 12.454 Fuß. Die Straße ging über kein einziges Stück ewigen Schnees, obschon Flecke davon zu beiden Seiten vorhanden waren. Der Wind auf dem Gipfel war außerordentlich kalt, aber es war unmöglich, doch nicht ein paar Minuten stehenzubleiben und wieder und immer wieder die Farbe des Himmels und die prachtvolle Durchsichtigkeit der Atmosphäre zu bewundern. Die Szenerie war großartig. Nach Westen lag ein schönes Chaos von Bergen, durch tiefe Schluchten geteilt. Meist fällt etwas Schnee schon vor dieser Zeit im Jahr, und es ist selbst vorgekommen, daß die Cordillera um diese Zeit schon dauernd verschlossen wurde; wir waren aber noch äußerst glücklich. Der Himmel war Tag und Nacht wolkenlos mit Ausnahme weniger runder kleiner Massen von Dampf, welche über den höchsten Säulen schwebten. Ich habe oft diese kleinen Inselchen am Himmel gesehen, welche die Lage der Cordillera bezeichneten, wenn die weit entfernten Berge unter dem Horizont verborgen lagen.

6. April – Am Morgen fanden wir, daß irgendein Dieb eines unserer Maultiere und die Glocke der Madrina gestohlen hatte; wir ritten daher zwei oder drei Meilen das Tal hinab und blieben dort den ganzen Tag, in der Hoffnung, das Maultier wiederzuerlangen, welches, wie der Arriero glaubte, in irgendeiner Schlucht verborgen sei. Die Szenerie hatte in diesem Teile den chilenischen Charakter angenommen. Die unteren Gehänge der Berge mit den blassen, immergrünen Quillay-Bäumen und mit den großen, leuchterartigen Kakteen sind sicher mehr zu bewundern als die öden Täler im Osten; doch kann ich nicht in die Bewunderung einstimmen, die manche

Reisende ausdrücken. Ich vermute, das außerordentliche Vergnügen ist hauptsächlich eine Wirkung der Aussicht auf ein gutes Feuer und ein gutes Abendbrot, nachdem man den kalten Regionen da oben entflohen ist; und sicherlich teilte ich von Herzen diese Gefühle.

8. April. – Wir verließen das Tal des Aconcagua, durch welches wir hinabgestiegen waren, und erreichten am Abend ein Bauernhaus in der Nähe der Villa de Sta. Rosa. Die Fruchtbarkeit der Ebene war entzückend; da der Herbst schon vorgeschritten war, fielen von vielen der Obstbäume die Blätter, und von den Arbeitern waren einige eifrig damit beschäftigt, Feigen und Pfirsiche auf den Dächern ihrer Hütten zu trocknen, während andere die Trauben in den Weinbergen sammelten. Es war eine hübsche Szene; ich vermißte aber jene nachdenkliche Stille, welche den Herbst in England in der Tat zum Abend des Jahres macht. Am 10. erreichten wir Santiago, wo ich eine sehr freundliche und gastliche Aufnahme bei Mr. Caldcleugh fand. Meine Expedition kostete mich nur vierundzwanzig Tage, und ich habe nie in einem gleichen Zeitraum mehr genossen. Wenige Tage später kehrte ich nach Valparaiso in Mr. Corfields Haus zurück.

Sechzehntes Kapitel

Küstenstraße nach Coquimbo – Große, von den Bergleuten getragene Lasten – Coquimbo – Erdbeben – Stufenförmige Terrassen – Mangel neuerer Ablagerungen – Gleichzeitigkeit der Tertiärbildungen – Exkursion talaufwärts – Straße nach Guasco – Wüsten – Tal von Copiapó – Regen und Erdbeben – Wasserscheu – Das Despoblado – Indianer-Ruinen – Wahrscheinliche Änderung des Klimas – Flußbett durch Erdbeben gehoben – Kalte Windstöße – Lärm von einem Berge – Iquique – Salz-Alluvium – Salpetersaures Natron – Lima – Ungesundes Land – Ruinen von Callao, von einem Erdbeben umgestürzt – Neuerliche Senkung – Muscheln von San Lorenzo, gehoben und zersetzt – Ebene mit eingeschlossenen Muscheln und Töpferei-Bruchstücken – Alter der Indianer-Rasse

Nördliches Chile und Peru

27. April – Ich brach zu einer Tour nach Coquimbo auf und von da durch Guasco nach Copiapó, von wo Kapitän Fitz Roy mir freundlich anbot, mich wieder mit der „Beagle" abzuholen. Die Entfernung in einer geraden Linie der Küste entlang nach Norden ist nur vierhundertzwanzig Meilen, aber meine Art zu reisen, machte den Weg sehr lang. Ich kaufte vier Pferde und zwei Maultiere, von denen die letzteren an abwechselnden Tagen das Gepäck trugen. Die sechs Tiere kosteten zusammen nur fünfundzwanzig Pfund Sterling und in Copiapó verkaufte ich sie wieder für dreiundzwanzig. Wir reisten in derselben unabhängigen Art wie früher, kochten uns unsere Mahlzeiten selbst und schliefen unter freiem Himmel. Als wir nach dem Vino del Mar ritten, hatte ich noch einen Abschiedsblick auf Valparaiso und bewunderte seine malerische Lage. Zu geologischen Zwecken machte ich noch einen Umweg von der Landstraße aus nach dem Fuß der Glocke von Quillota. Wir kamen durch einen an Gold reichen alluvialen Bezirk bis in die Nähe von Limache, wo wir schliefen. Das Waschen nach Gold gewährt den Lebensunterhalt für die Einwohner zahlreicher, fast jedem kleinen Bache entlang zerstreut liegender Hütten; aber wie alle, deren Verdienst unsicher ist, sind sie unordentlich in ihrer Lebensweise und infolgedessen arm.

28. April – Am Nachmittag kamen wir bei einem Bauernhause am Fuß des Glockenberges an. Die Bewohner desselben waren Freisassen, was in Chile nicht sehr gebräuchlich ist. Sie erhielten sich von den Produkten eines Gartens und von ein wenig Feld, waren aber sehr arm. Es mangelt hier so an Kapital, daß die Leute genötigt sind, ihr Getreide zu verkaufen, während es noch grün auf dem Felde steht, um das Nötigste für das folgende Jahr zu kaufen. Infolgedessen war Weizen am Orte seiner Produktion selbst teurer, als in Valparaiso, wo die Händler leben. Am Nachmittag kamen wir wieder auf die Hauptstraße nach Coquimbo. In der Nacht fiel ein sehr leichter Regenschauer; dies war der erste Regentropfen, der seit den heftigen Regengüssen des 11. und 12. September, welche, mich in den Bädern von Cauquenes gefangen gehalten hatten, gefallen war. Dies war eine Zeit von sieben und einem halben Monaten; doch trat der Regen in Chile in diesem Jahre im ganzen später ein als gewöhnlich. Die entfernten Anden waren jetzt von einer dicken Masse von Schnee bedeckt und boten einen prachtvollen Anblick dar.

2. Mai – Die Straße lief beständig der Küste entlang, nicht weit vom Meer entfernt. Die wenigen Bäume und Gebüsche, welche im zentralen Chile gemein sind, nahmen sehr schnell der Zahl nach ab und wurden durch eine hohe Pflanze ersetzt, die in ihrer Erscheinung in etwas einer Yucca glich. Die Oberfläche des Landes war in kleinem Maßstabe eigentümlich unterbrochen; unregelmäßige, kleine, steile Felsspitzen stiegen aus kleinen Ebenen oder beckenförmigen Mul-

Sechzehntes Kapitel

den empor. Die vielfach eingeschnittene Küste und der Grund des benachbarten Meeres, welcher mit Wellenbrechern übersät war, würde, in trockenes Land verwandelt, ähnliche Form darbieten; und eine derartige Umwandlung hat auch ohne Zweifel in dem Teile des Landes, über welchen wir ritten, stattgefunden.

3. Mai – Von Quilimari nach Conchalee. Das Land wurde immer kahler und kahler. In den Tälern fand sich kaum hinreichendes Wasser für eine Berieselung; und das zwischen ihnen liegende Land war vollständig kahl, so daß nicht einmal Ziegen auf ihm leben konnten. Im Frühjahr sprießt hier nach den Winterschauern eine dünne Weide rapid in die Höhe und dann wird das Rindvieh von der Cordillera herabgetrieben, um hier eine kurze Zeit zu grasen. Es ist merkwürdig zu sehen, wie die Samen der Gräser und anderer Pflanzen sich gleichsam durch eine erlangte Gewohnheit an die Menge des auf verschiedene Teile dieser Küste fallenden Regens anzupassen scheinen. Ein einziger Schauer bringt weit nördlich in Copiapó einen ebenso großen Effekt auf die Vegetation hervor, wie zwei in Guasco und wie drei oder vier in diesem Bezirk. Ein Winter, welcher in Valparaiso so trocken wäre, daß er die Weide bedeutend schädigt, würde in Guasco den ungemeinsten Reichtum hervorrufen. Geht man weiter nach Norden, so scheint die Menge des Regens nicht im strengen Verhältnis zur geographischen Breite abzunehmen. In Conchalee, welches nur 67 Meilen nördlich von Valparaiso liegt, erwartet man den Regen nicht vor Ende Mai, während er in Valparaiso meist schon zeitig im April beginnt; auch ist die jährliche Menge, im Verhältnis zu der späteren Zeit seines Beginnens, klein.

4. Mai – Da wir fanden, daß die Küstenstraße kein Interesse irgendwelcher Art darbot, wandten wir uns landeinwärts nach dem Bergbaudistrikt und dem Tal Illapel. Dies Tal ist wie jedes andere in Chile eben, breit und sehr fruchtbar. Es wird von beiden Seiten entweder von Felsen aus geschichteten Flußsteinen oder von kahlen felsigen Bergen begrenzt. Oberhalb der dem oberen Berieselungsteich entsprechenden Linie ist alles braun, wie auf der Landstraße, während alles Darunterliegende infolge der Beete von Alfarfa, einer Art Klee, so hellgrün wie Grünspan ist. Wir gingen weiter nach Los Hornos, einem anderen Bergbaubezirk, wo der hauptsächlichste Berg mit Löchern durchbohrt war, wie ein großer Ameisenhaufen. Die chilenischen Bergleute sind in ihrer Lebensweise eine eigentümliche Rasse Menschen. Da sie wochenlang in den wüstesten Orten zusammenleben, von wo sie nur an Festtagen nach den Dörfern herabsteigen, gibt es keine Art von Exzessen oder Ausschweifungen, welche sie nicht darböten. Zuweilen gewinnen sie eine beträchtliche Summe und versuchen dann, wie Matrosen mit Prisengeldern, in wie kurzer Zeit sie es wieder verschwenden können. Sie trinken ganz exzessiv, kaufen Massen von Zeugen und kehren nach zwei Tagen ohne einen Pfennig Geld nach ihren elenden Arbeitsstätten zurück, wo sie schwerer als Lasttiere arbeiten. Diese Gedankenlosigkeit ist wie bei den Matrosen offenbar das Resultat einer ähnlichen Lebensweise. Ihre tägliche Nahrung wird ihnen verabfolgt, und sie erlangen nicht die Gewohnheit der Sorglichkeit; überdies wird sowohl die Versuchung, als das Mittel ihr nachzugeben, zu derselben Zeit in ihre Hand gelegt. Andererseits sind die Bergleute in Cornwall und einigen anderen Teilen von England, wo das System, einen Teil der Erzader zu verkaufen, befolgt wird, weil sie genötigt sind, für sich selbst zu handeln und zu denken, eine eigentümlich intelligente und sich wohl aufführende Sorte Menschen.

Der Anzug des chilenischen Bergmanns ist eigentümlich und im ganzen malerisch. Er trägt ein sehr langes Hemd von irgendeinem dunkelfarbigen, wollenen Zeug mit einer Lederschürze. Das Ganze wird mit einem hellgefärbten Gurt um die Taille festgehalten. Seine Hosen sind sehr weit und die kleine Mütze aus scharlachrotem Tuch ist so eng, daß sie dicht auf dem Kopfe schließt. Wir begegneten einem Trupp dieser Bergleute in vollem Anzug, die den Leichnam eines ihrer Genossen zum Begräbnis trugen. Nachdem die eine Partie ungefähr zweihundert Yards so schnell gelaufen war, als sie konnten, wurden sie von vier anderen abgelöst, welche zu Pferde vorausgeeilt waren. In dieser Weise gingen sie vorwärts, einander durch wildes Geschrei anfeuernd. Die Szene stellte sich alles zusammengenommen als ein äußerst fremdartiges Begräbnis dar.

Wir reisten beständig in Zickzacklinien weiter nach Norden, zuweilen uns einen Tag aufhaltend, um zu geologisieren. Das Land war so dünn bevölkert und der Weg so undeutlich, daß wir oft Schwierigkeiten hatten, ihn zu finden. Am 12. hielt ich mich bei einigen Bergwerken auf. Das Erz wurde hier als ganz besonders gut betrachtet, und da es äußerst massig war, so glaubte man, das Bergwerk würde sich für ungefähr dreißig oder vierzigtausend Dollar (das sind sechs- oder achttausend Pfund Sterling) verkaufen; doch hat es eine der englischen Gesellschaften für eine Unze Goldes (drei Pfund acht Schillinge) gekauft. Das Erz ist ein gelber Kupferkies, von dem man, wie ich bemerkt habe, vor der Ankunft der Engländer meinte, es enthalte nicht ein Körnchen Kupfer. Mit einem nahezu gleichen Verdienst, wie in dem eben angeführten Falle, wurden Haufen von Schlacken, in denen Unmassen kleiner Kügelchen von metallischem Kupfer eingeschlossen waren, gekauft, und doch machte die Gesellschaft mit allen diesen Vorteilen, wie es wohl bekannt ist, möglich, ungeheure Summen Geldes zu verlieren. Die Torheit der größeren Zahl der Angestellten und Aktieninhaber grenzte an Blödsinn: – Tausend Pfund per Jahr wurden in einigen Fällen darauf verwandt, die chilenischen Autoritäten festlich zu bewirten; ganze Bibliotheken schön eingebundener geologischer Werke; Bergleute, die wegen besonderer, in Chile nicht zu findender Metalle hinübergebracht wurden, wie Zinn zum Beispiel; Kontrakte, die Bergleute mit Milch zu versorgen, in Teilen des Landes, wo es keine Kühe gab; Maschinen, wo sie unmöglich angewendet werden konnten; – und hundert ähnliche Anordnungen bezeugten die Absurdität, und gewähren noch bis auf den heutigen Tag den Eingeborenen großes Amüsement. Und doch läßt sich nicht daran zweifeln, daß dasselbe Kapital, gut in diesen Bergwerken angewendet, einen ungeheuren Gewinn gebracht haben würde. Ein zuverlässiger Geschäftsmann und ein praktischer Bergmann und Erzwardein wäre alles gewesen, was nötig war.

Kapitän Head hat die wunderbare Last beschrieben, welche die „Apires", in der Tat Lasttiere, aus den tiefsten Bergwerken herauftragen. Ich bekenne, ich hielt den Bericht für übertrieben, so daß ich froh war, Gelegenheit zu haben, eine dieser Lasten, welche ich durch Zufall auffand, zu wägen. Es bedurfte beträchtlicher Anstrengung meinerseits, sie, als ich direkt über ihr stand, vom Boden aufzuheben. Die Last wurde noch als untergewichtig angesehen, als sich herausstellte, daß sie hundertsiebenundneunzig Pfund wog. Der Apire hat diese Last achtzig Yards senkrecht heraufgeschafft, einen Teil des Wegs in einem steilen Gange, aber den größeren Teil auf in Pfosten eingeschnittenen Stufen, welche in einer Zickzacklinie zum Schacht hinaufführen. Den allgemeinen Regeln zu Folge ist dem Apire nicht gestattet, zum Atemholen anzuhalten, ausgenommen das Bergwerk ist sechshundert Fuß tief. Das mittlere Gewicht einer Last wird zu etwas mehr als zweihundert Pfund geschätzt und mir ist versichert worden, daß eine von dreihundert (zweiundzwanzigeinhalb Stein) vom tiefsten Bergwerk einmal zum Versuch heraufgebracht worden ist! Damals brachten die Apires die gewöhnliche Last zwölf Mal am Tage heraus, also 2400 Pfund aus achtzig Yards Tiefe, und in den Zwischenzeiten waren sie beschäftigt, das Erz zu brechen und aufzulesen.

Diese Leute sind, Unglücksfälle ausgenommen, gesund und erscheinen heiter. Ihre Körper sind nicht sehr muskulös. Sie essen nur einmal wöchentlich Fleisch und niemals häufiger und auch dann nur das harte, trockene Charqui. Trotzdem ich wußte, daß die Arbeit völlig freiwillig war, war es doch nichtsdestoweniger vollständig empörend, den Zustand zu sehen, in welchem sie die Öffnung des Schachtes erreichten. Ihre Körper vorgebeugt, sich mit den Armen auf die Stufen lehnend, die Beine gekrümmt, die Muskeln zitternd, ihr Gesicht und Brust von Schweiß strömend, die Nasenlöcher erweitert, die Mundwinkel gewaltsam zurückgezogen, und das Ausstoßen des Atems äußerst beschwerlich. Jedes Mal, wenn sie Atem einziehen, stoßen sie einen unartikulierten Laut, wie ay ay aus, welches in einem, wie aus der Tiefe der Brust heraufsteigenden, aber wie der Ton einer Querpfeife gellenden Laute endet. Nachdem sie zu dem Erzhau-

Sechzehntes Kapitel

fen hingewankt waren, entleerten sie den Carpacho, sammelten in zwei oder drei Sekunden ihren Atem wieder, wischten sich den Schweiß von ihrer Stirn und stiegen dem Anschein nach ganz frisch in schnellen Schritten den Schacht hinab. Mir scheint dies ein wunderbares Beispiel von dem Betrage an Arbeit zu sein, welchen auszuhalten die Gewohnheit, denn es kann nichts anderes sein, einen Menschen befähigt.

Am Abend sprach ich mit dem Mayor-Domo dieser Bergwerke über die Zahl der jetzt über das ganze Land zerstreuten Fremden, und dabei erzählte er mir, daß er sich, obgleich er noch ein junger Mann war, wohl erinnere, daß, als er als Knabe in der Schule in Coquimbo war, ein Tag freigegeben wurde, um den Kapitän eines englischen Schiffes zu sehen, weiter nach der Stadt gekommen war, um den Gouverneur zu sprechen. Er meinte, daß nichts irgendeinen Knaben in der Schule, sich selbst mit eingeschlossen, hätte bestimmen können, dem Engländer nahezukommen, so tief war ihnen die Idee der Ketzerei, Befleckung und des Übels eingeprägt, welches einer Berührung mit einer derartigen Person folgen würde. Bis auf den heutigen Tag erzählen sie die grausamen Taten der Bukaniere und besonders eines Mannes, welcher die Figur der Jungfrau Maria wegnahm, und das Jahr darauf nach der des heiligen Joseph wiederkam, wobei er meinte, es sei schade, daß die Dame keinen Gatten habe. Ich hörte auch von einer alten Dame, welche bei einem Diner in Coquimbo bemerkte, wie wunderbar es sei, daß sie es noch erlebt habe, in ein und demselben Zimmer mit einem Engländer zu speisen; denn sie erinnere sich aus ihrer Mädchenzeit, daß zwei Mal bei dem bloßen Geschrei „Los Ingleses!" alle Welt nach den Bergen geflüchtet wäre und alle Wertgegenstände mitgenommen hätte.

14. Mai – Wir kamen nach Coquimbo, wo wir einige Tage blieben. Die Stadt ist wegen nichts weiter merkwürdig, als wegen ihrer außerordentlichen Ruhe. Sie soll sechs- bis achttausend Einwohner haben. Am Morgen des 17. regnete es ein wenig, ungefähr fünf Stunden lang, das erste Mal in diesem Jahre. Die Landleute, welche in der Nähe der Küste, wo die Atmosphäre feuchter ist, Getreide bauen, werden diesen ersten Schauer benutzen und die Erde umbrechen; nach einem zweiten Schauer werden sie den Samen aussäen und sollte ein dritter Schauer fallen, werden sie im Frühjahr eine gute Ernte haben. Es war interessant, die Wirkung dieser geringen Menge von Feuchtigkeit zu beobachten. Zwölf Stunden nachher sah der Boden so trocken wie immer aus; aber nach Verlauf von zehn Tagen waren die Berge mit grünen Flecken leicht gefärbt; das Gras war zerstreut in haarähnlichen, einen vollen Zoll langen Fasern aufgeschossen. Vor diesem Schauer war jeder Fleck der Oberfläche so kahl wie eine Landstraße.

Am Abend aß Kapitän Fitz Roy und ich selbst bei Mr. Edwards zu Mittag – einem hier lebenden Engländer, der allen, die Coquimbo besucht haben, wegen seiner Gastfreundschaft bekannt ist – als ein heftiges Erdbeben eintrat. Ich hörte das vorausgehende Brausen, aber wegen des Geschreis der Damen, des Hin- und Herlaufens der Diener und wegen des Umstandes, daß mehrere der Herren nach der Tür zustürzten, konnte ich die Bewegung nicht unterscheiden. Einige der Frauen weinten später vor Schrecken, und einer der Herren sagte, er würde die ganze Nacht nicht imstande sein zu schlafen, oder, wenn er schliefe, würde er nur von einstürzenden Häusern träumen. Der Vater dieser Person hatte vor kurzem in Talcahuano sein ganzes Vermögen verloren und er selbst war mit knapper Not dem entgangen, von einem herabstürzenden Dach in Valparaiso im Jahr 1822 erschlagen zu werden! Er erwähnte ein merkwürdiges Zusammentreffen, welches damals vorkam: Er spielte Karten, als ein Deutscher, einer von der Gesellschaft, aufstand und sagte, er würde in diesen Ländern niemals in einem Zimmer mit geschlossener Tür sitzen, da er, weil er dies getan habe, in Copiapó beinahe ums Leben gekommen wäre. Dementsprechend öffnete er die Tür und kaum hatte er dies getan, als er ausrief: „Hier kommt es wieder", und der berühmte Erdstoß begann. Die ganze Gesellschaft entkam. Die Gefahr bei einem Erdbeben liegt nicht in dem Zeitverlust beim Öffnen der Tür, sondern darin, daß die Tür durch die Bewegung der Wände festgekeilt werden kann.

Man kann unmöglich über die Furcht sehr überrascht sein, welche Eingeborene und solche, welche schon lange an dem Orte wohnen, – wenn schon manche von ihnen als Leute von großer Selbstbeherrschung bekannt sein mögen, – so allgemein während der Erdbeben befällt. Ich glaube indes, daß man dieses Übermaß von Schreck zum Teil einem Mangel der Gewohnheit zuschreiben kann, diese Furcht zu beherrschen, da es kein Gefühl ist, dessen sie sich zu schämen haben. Die Eingeborenen haben es geradezu nicht gern, eine Person ganz gleichgültig dabei zu sehen. Ich hörte von zwei Engländern, welche während eines tüchtigen Erdstoßes unter freiem Himmel schliefen, aber, da sie wußten, daß keine Gefahr vorhanden war, nicht aufstanden. Die Eingeborenen riefen ganz indigniert: „Seht nur diese Ketzer, sie wollen nicht einmal aus ihren Betten!"

Ich verwendete einige Tage darauf, die stufenförmigen Terrassen von Rollsteinen zu untersuchen, welche zuerst Kapitän B. Hall bemerkt hat, und von denen Mr. Lyell glaubt, daß sie während des allmählichen Erhebens des Landes von dem Meere gebildet worden sind. Dies ist auch sicher die richtige Erklärung, denn ich fand zahlreiche Muscheln noch jetzt lebender Spezies auf diesen Terrassen. Fünf schmale, leicht ansteigende, saumartige Terrassen steigen eine hinter der anderen auf, und bestehen, wo sie am Besten entwickelt sind, aus Rollsteinen. Sie liegen nach dem Meerbusen zu und ziehen sich auf beiden Seiten des Tales hinauf. In Guasco, nördlich von Coquimbo, ist diese Erscheinung in einem viel großartigeren Maßstabe entwickelt, so daß selbst einige der Einwohner darüber erstaunt sind. Die Terrassen sind dort viel breiter und können Ebenen genannt werden; an einigen Stellen sind sechs, allgemein aber nur fünf vorhanden; sie laufen siebenunddreißig Meilen weit von der Küste aus das Tal hinauf. Diese stufenförmigen Terrassen oder Säume sind denen in dem Tal von Santa Cruz ähnlich und, ausgenommen, daß sie in einem viel kleineren Maßstabe entwickelt sind, auch den großen, welche sich der ganzen Linie von Patagonien entlang finden. Sie sind unzweifelhaft durch die entblößende Tätigkeit des Meeres während langer Ruheperioden in dem Prozeß der allmählichen Erhebung des Kontinents gebildet worden.

Muscheln vieler jetzt lebender Spezies liegen nicht bloß auf der Oberfläche der Terrassen (bis zu einer Höhe von 250 Fuß), sondern sind auch in einem zerreibbaren, kalkigen Gestein eingeschlossen, welches an einigen Stellen zwanzig und dreißig Fuß Mächtigkeit erreicht, aber nur von geringer Ausdehnung ist. Diese modernen Schichten ruhen auf einer alten tertiären Formation, welche dem Anscheine nach sämtlich ausgestorbene Muscheln enthält. Obgleich ich so viele hundert Meilen der Küste an der Seite des Stillen Ozeans sowohl als auch an der des Atlantischen in Süd-Amerika untersucht habe, habe ich doch keine regelmäßigen Meer-Conchylien von jetzt lebenden Spezies enthaltenden Schichten gefunden, ausgenommen an diesem Orte und an einigen wenigen Punkten nördlich von hier an der Straße nach Guasco. Diese Tatsache scheint mir in hohem Grade merkwürdig; denn die gewöhnlich von den Geologen gegebene Erklärung für die Abwesenheit geschichteter, fossilführender Ablagerungen einer bestimmten Periode in irgendeinem Bezirk, nämlich daß die Oberfläche damals als trockenes Land existierte, ist hier nicht anwendbar; denn wir wissen durch die Muscheln, die auf der Oberfläche zerstreut umherliegen und in losen Sand oder Schlamm eingebettet sind, daß das Land Tausende von Meilen entlang auf beiden Küsten vor kurzem noch vom Meer bedeckt war. Ohne Zweifel muß die Erklärung in der Tatsache gesucht werden, daß der ganze südliche Teil des Kontinents eine lange Zeit hindurch sich langsam erhoben hat; die ganze, der Küste entlang in seichtem Wasser abgelagerte Masse muß daher bald in die Höhe gehoben und langsam der abnutzenden Einwirkung des Meeresstrandes ausgesetzt worden sein; und gerade in vergleichsweise seichtem Wasser kann allein die größere Zahl der organischen Wesen des Meeres gedeihen; aber offenbar können sich Schichten von irgendwelcher größeren Mächtigkeit in solchem Wasser unmöglich anhäufen. Um die ungeheuere Kraft der abnutzenden Tätigkeit eines Meeresstrandes zu zeigen, brauchen wir nur auf die großen Klippen entlang der jetzigen Küste von Patagonien und auf die

Sechzehntes Kapitel

Böschungen oder alten Meeresklippen in verschiedenen Höhen eine über der anderen auf derselben Küste hinzuweisen.

Die ältere, darunterliegende tertiäre Formation in Coquimbo scheint ungefähr von demselben Alter zu sein wie verschiedene Ablagerungen an der Küste von Chile (von denen die von Navedad die hauptsächlichste ist) und wie die große Tertiärformation von Patagonien. Sowohl in Navedad als in Patagonien finden sich Beweise, daß seit der Zeit, wo die dort begraben liegenden Muscheln (von denen Professor E. Forbes eine Liste gesehen hat) gelebt haben, eine Periode der Senkung von mehreren hundert Fußen, ebenso wie eine darauffolgende Periode der Erhebung bestanden hat. Man kann natürlich fragen, woher es kommt, daß, obgleich keine ausgedehnten fossilführenden Ablagerungen der Jetztzeit ebenso wenig wie irgendeiner Periode zwischen dieser und der alten tertiären Epoche auf beiden Seiten des Kontinents erhalten worden sind, doch in dieser alten tertiären Zeit sedimentäre, fossile Reste enthaltende Masse abgelagert und an verschiedenen Punkten in nach Norden und Süden reichenden Zügen erhalten worden ist und zwar über einen Raum von 1100 Meilen an den Küsten des Stillen Ozeans und von mindestens 1350 Meilen an den Küsten des Atlantischen und in einer ostwestlichen Ausdehnung von 700 Meilen quer über den breitesten Teil des Kontinents. Ich glaube, daß die Erklärung nicht schwierig ist und daß sie sich auf beinahe analoge, in anderen Teilen der Erde beobachtete Tatsachen anwenden läßt. Bedenkt man die ungeheure Kraft der Denudation, welche, wie zahllose Tatsachen beweisen, das Meer besitzt, so ist es nicht wahrscheinlich, daß eine sedimentäre Ablagerung, wenn sie erhoben wird, die Feuerprobe eines Meeresstrandes so aushalten kann, daß sie in hinreichendem Maße bis auf eine entfernte Zeit bestehen könne, wenn sie nicht ursprünglich von großer Ausdehnung und beträchtlicher Mächtigkeit war. Nun ist es unmöglich, daß sich eine dicke und weit ausgedehnte Lage von Sediment über einen mäßig seichten Grund, welcher allein für die meisten lebenden Wesen günstig ist, ausbreiten kann, ohne daß der Grund gesunken wäre, um die späteren Schichten aufzunehmen. Dies scheint faktisch ungefähr in derselben Periode im südlichen Patagonien und in Chile stattgefunden zu haben, trotzdem daß diese Orte tausend Meilen voneinander liegen. Wenn daher lange andauernde Bewegungen einer annähernd gleichzeitigen Senkung meist von großer Ausdehnung sind, wie ich nach meiner Untersuchung der Korallenriffe der großen Ozeane sehr stark geneigt bin anzunehmen, oder wenn die Senkungsbewegungen (wenn wir unseren Blick auf Süd-Amerika beschränken) gleiche Ausdehnung mit denen der Hebung gehabt haben, durch welche innerhalb derselben Periode wie die der jetzt lebenden Muscheln die Küsten von Peru, Chile, dem Feuerland, von Patagonien und La Plata emporgehoben worden sind, dann läßt sich einsehen, daß zu einer und derselben Zeit in sehr weit voneinander entfernt liegenden Punkten die Umstände der Bildung fossilführender Ablagerungen von großer Ausdehnung und beträchtlicher Mächtigkeit günstiger gewesen sind; und derartige Ablagerungen werden infolgedessen viel Aussicht haben, der Abnutzung durch aufeinanderfolgende Strandlinien zu widerstehen und bis in eine spätere Epoche bestehen zu bleiben.

21. Mai – Ich brach in Begleitung des Don Jose Edwards nach dem Silberbergwerk von Arqueros auf und von da nach dem Tal von Coquimbo. Wir kamen durch ein bergiges Land und erreichten mit Einbruch der Nacht die Mr. Edwards gehörigen Bergwerke. Ich genoß meine Nachtruhe aus einem Grunde, welcher in England nicht völlig gewürdigt werden wird, nämlich durch die Abwesenheit von Flöhen! Die Zimmer in Coquimbo wimmeln von ihnen; aber hier in einer Höhe von nur drei- oder viertausend Fuß leben sie nicht. Es kann kaum die unbedeutende Abnahme der Temperatur sein, sondern irgendeine andere Ursache muß diese lästigen Insekten an diesem Orte zerstören. Die Bergwerke befinden sich in einem schlechten Zustande, obschon sie früher ungefähr zweitausend Pfund dem Gewicht nach Silber in einem Jahre ergaben. Es ist gesagt worden, daß „Jemand mit einem Kupferbergwerk gewinnen wird, mit Silber kann er gewinnen, aber mit Gold wird er sicherlich verlieren." Dies ist nicht richtig. Alle die großen Vermögen in Chile sind durch die Bergwerke der edleren Metalle gewonnen worden. Vor kurzer Zeit kehrte ein englischer Arzt von Copiapó nach England zurück und brachte die Ergebnisse eines Anteils an einem Silberbergwerk mit, welche sich ungefähr auf 24.000 Pfund Sterling beliefen. Ohne Zweifel bietet die sorgfältige Bearbeitung eines Kupferbergwerkes einen sicheren Gewinn, während das andere ein Spiel ist, oder vielmehr ein Los in der Lotterie. Die Eigentümer verlieren große Mengen reicher Erze; denn keine Vorsicht kann die Räuberei verhindern. Ich hörte einen Herrn mit einem anderen wetten, daß einer seiner Leute ihn vor seinen Augen bestehlen würde. Wenn das Erz aus dem Bergwerk heraufgebracht wird, wird es in Stücke zerbrochen und das unnütze Gestein auf die Seite geworfen. Ein paar Bergleute, welche hiermit beschäftigt waren, hoben wie durch einen Zufall zwei Bruchstücke in demselben Augenblicke auf, und riefen dann zum Scherz aus: „Wir wollen mal sehen, wer am Weitesten rollen kann." Der Eigentümer, der dabei stand und mit dem einen der Bergleute im Einverständnis war, wettete mit seinem Freunde um eine Zigarre. Der Bergmann merkte sich genau den Punkt unter dem Abfall, wo der Stein lag. Am Abend hob er ihn auf und brachte ihn zu seinem Herrn; es war eine reiche Masse von Silbererz; er setzte dazu: „Dies war der Stein, mit dem Sie durch das Weiterrollen eine Zigarre gewonnen haben."

23. Mai – Wir stiegen in das fruchtbare Tal von Coquimbo hinab und folgten dessen Lauf, bis wir eine Hacienda erreichten, welche einem Verwandten von Don Jose gehörte und wo wir den nächsten Tag blieben. Ich ritt dann eine Tagesreise weiter, um mir das anzusehen, was man für versteinerte Muscheln und Bohnen erklärte. Die letzteren stellten sich aber als kleine Quarzsteine heraus. Wir kamen durch mehrere kleine Dörfer, das Tal war sehr schön kultiviert und die ganze Szenerie sehr großartig. Wir waren hier der Hauptcordillera nahe und die umgebenden Berge waren hoch. In allen Teilen des nördlichen Chile tragen Obstbäume in einer beträchtlichen Höhe in der Nähe der Anden viel reichlicher Frucht, als in dem niedriger gelegenen Lande. Die Feigen und Trauben dieses Bezirks sind ihrer Vortrefflichkeit wegen berühmt und werden in großer Ausdehnung kultiviert. Dies Tal ist vielleicht nördlich von Quillota das produktivste. Ich glaube, es hat mit Einschluß von Coquimbo 25.000 Einwohner. Am nächsten Tage kehrte ich zur Hacienda und von da zusammen mit Don Jose nach Coquimbo zurück.

2. Juni – Wir brachen nach dem Tal Guasco auf und folgten der Küstenstraße, welche im allgemeinen für weniger wüst angesehen wird als die andere. Unser erster Tagesritt war bis zu einem einzelnen Haus, Yerba Buena, wo sich Weide für unsere Pferde fand. Der Regenschauer, von dem ich erwähnt habe, daß er ungefähr vor vierzehn Tagen gefallen sei, reichte nur ungefähr halbwegs bis nach Guasco; wir hatten daher im ersten Teil unserer Reise eine äußerst schwache Färbung von Grün, welche bald vollständig verschwand. Selbst wo sie am Lebhaftesten war, war sie kaum hinreichend, um uns an den frischen Rasen und die knospenden Blumen des Frühjahrs in anderen Ländern zu erinnern. Wenn man durch diese Wüsten reist, fühlt man sich wie ein in einem düsteren Hof eingeschlossener Gefangener, welcher sich sehnt, irgend etwas Grünes zu sehen und eine feuchte Atmosphäre zu riechen.

3. Juni – Von Yerba Buena nach Carizal. Im ersten Teil des Tages durchschritten wir eine bergige, felsige Wüste und später eine lange, tiefe, sandige, mit zerbrochenen Seemuscheln bestreute Ebene. Es fand sich sehr wenig Wasser und dies wenige war salzig. Die ganze Gegend von der Küste bis zur Cordillera ist eine unbewohnte Wüste. Ich sah nur die Spuren eines einzigen lebenden Tieres in Menge, nämlich die Schalen eines *Bulimus*, welche an den trockensten Stellen in außerordentlicher Anzahl zusammengehäuft waren. Im Frühjahr produziert eine niedrige kleine Pflanze ein paar Blätter, und von diesen lebt die Schnecke. Da die Tiere nur sehr früh am Morgen, wenn der Boden leicht feucht ist, zu sehen sind, so glauben die Guasos, daß sie sich aus ihm erzeugen. Ich habe an anderen Orten beobachtet, daß äußerst trockene und unfruchtbare Distrikte, wo der Boden kalkig ist, der Entwicklung von Landschnecken außerordentlich günstig sind. In Carizal fanden wir einige wenige Bauernhäuser, etwas Brackwasser und eine Spur von Kultur; aber wir konnten nur mit ziemlicher Schwierigkeit etwas Korn und Stroh für unsere Pferde kaufen.

4. Juni – Von Carizal nach Sauce. Wir ritten weiter über wüste, von Guanaco-Herden bewohnte Ebenen, kamen auch durch das Tal Chañeral, welches, obschon das fruchtbarste zwischen Guasco und Coquimbo, sehr eng ist und so wenig Weide produziert, daß wir keine für unsere Pferde kaufen konnten. In Sauce trafen wir einen sehr höflichen alten Herrn, der einem Kupferschmelzofen vorstand. Als besondere Gunst erlaubte er mir, zu hohem Preis einen Arm voll schmutziges Stroh zu kaufen, was alles war, was die armen Pferde nach ihrer langen Tagesreise zum Fressen hatten. Jetzt sind nur wenige Schmelzöfen in irgendeinem Teile von Chile in Gang; man hält es für nutzbringender, wegen der äußersten Seltenheit von Brennholz und weil die chilenische Methode der Reduktion so ungeschickt ist, das Erz nach Swansea zu schicken. Am nächsten Tag überschritten wir einige Berge nach Freyrina im Tal von Guasco. Jede Tagesreise weiter nördlich wurde die Vegetation immer dürftiger; selbst die großen, leuchterartigen Kakteen waren hier durch eine verschiedene und viel kleinere Spezies vertreten. Während der Wintermonate liegt sowohl im nördlichen Chile als in Peru eine gleichförmige Schicht von Wolken in einer geringen Höhe über dem Stillen Ozean. Von den Bergen aus hatten wir eine sehr überraschende Ansicht dieses weißen und glänzenden, luftigen Feldes, welches in die Täler hinauf Arme abschickt und in derselben Weise Inseln und Vorgebirge stehenläßt, wie das Meer im Chonos-Archipel und dem Feuerland.

Wir blieben zwei Tage in Freyrina. Im Tal von Guasco liegen vier kleine Städte. An der Mündung liegt der Hafen, ein völlig dürrer Ort und ohne irgendwelches Wasser in der unmittelbaren Umgebung. Fünf Stunden höher hinauf liegt Freyrina, ein lang ausgedehntes Dorf mit zerstreutliegenden, anständigen, weiß abgeputzten Häusern. Wiederum zehn Stunden höher hinauf liegt Ballenar; und oberhalb dieses Guasco alto, ein Gartendorf, welches wegen seiner getrockneten Früchte berühmt ist. An einem klaren Tage ist die Aussicht das Tal hinauf sehr schön; den geraden Einschnitt schließt in der weiten Entfernung die schneebedeckte Cordillera; auf beiden Seiten verbinden sich unzählige, sich kreuzende Linien in einem schönen Dufte. Der Vordergrund ist wegen der großen Zahl paralleler und stufenförmiger Terrassen eigentümlich; und der eingeschlossene Streifen grünen Tales mit seinem Weidengebüsch sticht auf beiden Seiten gegen die nackten Berge ab. Daß das umgebende Land äußerst dürr war, wird man leicht glauben, wenn man erfährt, daß während der letzten dreizehn Monate kein Regenschauer gefallen war. Die Bewohner hörten mit dem größten Neide von dem Regen in Coquimbo; nach dem Ansehen des Himmels machten sie sich Hoffnung auf ein gleiches glückliches Los; dieselbe ging vierzehn Tage später auch in Erfüllung. Um diese Zeit war ich in Copiapó und dort sprachen die Leute mit gleichem Neide von der Menge Regen in Guasco. Nach zwei oder drei sehr trockenen Jahren, während welcher ganzen Zeit vielleicht nicht mehr als ein Schauer fällt, folgt meistens ein regnerisches Jahr; und dies tut mehr Schaden als selbst die Trockenheit. Die Flüsse schwellen an und bedecken die schmalen Streifen Bodens, welche allein für die Kultur passend sind, mit Sand und Steinen. Auch schädigen die Überschwemmungen die Berieselungsgräben. Vor drei Jahren sind hierdurch große Verwüstungen angerichtet worden.

8. Juni – Wir ritten weiter nach Ballenar, welches seinen Namen von Ballenagh in Irland herleitet, dem Geburtsort der Familie O'Higgins, welche unter der spanischen Regierung Präsidenten und Generäle in Chile waren. Da die felsigen Berge auf beiden Seiten durch Wolken verhüllt waren, gaben die terrassenförmigen Ebenen dem Tal ein Ansehen, wie dem von Santa Cruz in Patagonien. Nachdem ich einen Tag in Ballenar zugebracht hatte, brach ich am 10. nach dem oberen Teile des Tales von Copiapó auf. Wir ritten den ganzen Tag hindurch durch eine uninteressante Gegend. Ich bin müde, die Epitheta dürr und unfruchtbar immer zu wiederholen. Wie man indes diese Worte gewöhnlich braucht, rufen sie einen Vergleich hervor; ich habe sie immer auf die Ebenen von Patagonien angewendet, welche sich dorniger Gebüsche und einiger Grasbüschel rühmen können, und dies ist absolute Fruchtbarkeit mit dem nördlichen Chile. Ferner finden sich hier nicht viele zweihundert Quadrat-Yards große Flecke, wo man nicht irgendein kleines Büschchen, einen Kaktus oder eine Flechte bei sorgfältiger Untersuchung entdecken kann, und im Boden schlummern Samen, bereit, während des ersten regnerischen Winters aufzugehen. In Peru finden sich über weite Landstriche wirkliche Wüsten. Am Abend kamen wir in ein Tal, in dem das Bett des Baches feucht war; als wir demselben höher hinauf folgten, kamen wir an erträglich gutes Wasser. Während der Nacht fließt das Wasser, weil es nicht so schnell verdampft und aufgesaugt wird, eine Stunde weiter hinab als am Tag. Wir fanden reichlich Stöcke als Feuerholz, so daß es ein guter Platz für uns zum Biwakieren war; aber für die armen Tiere gab es auch nicht einen Mundvoll zu fressen.

11. Juni – Wir ritten, ohne uns aufzuhalten, zwölf Stunden lang, bis wir einen alten Schmelzofen erreichten, wo sich Wasser und Brennholz fand, unsere Pferde hatten aber wiederum nichts zu fressen und waren in einen alten Hofraum eingeschlossen. Die Straße war bergig und die Blicke in die Ferne waren interessant wegen der verschiedenen Färbungen der kahlen Berge. Es tat einem fast leid, die Sonne beständig über ein so nutzloses Land scheinen zu sehen; so prachtvolles Wetter hätte Felder und hübsche Gärten erfrischen sollen. Am nächsten Tage erreichten wir das Tal von Copiapó. Ich freute mich sehr darüber; denn die ganze Reise war eine beständige Quelle der Angst. Es war äußerst unangenehm, während wir unsere Abendmahlzeit aßen, unsere Pferde die Pfosten, an die sie angebunden waren, benagen zu hören und doch kein Mittel zu wissen, ihren Hunger zu stillen. Allem Anschein nach waren indes die Tiere vollständig frisch und niemand hätte sagen können, daß sie in den letzten fünfundfünfzig Stunden nichts gefressen hätten.

Ich hatte einen Empfehlungsbrief an Mr. Bingley, welcher mich in der Hacienda Potrero Seco sehr freundlich aufnahm. Diese Besitzung ist zwanzig bis dreißig Meilen lang, aber sehr schmal, meist nur zwei Felder breit, eins auf jeder Seite des Flusses. An einigen Stellen hat die Besitzung gar keine Breite, d. h. das Land kann nicht berieselt werden, und ist daher, wie die umgebende felsige Wüste, wertlos. Die kleine Menge kultivierten Landes in der ganzen Ausdehnung des Tales hängt nicht sowohl von den Ungleichheiten des Niveaus und der hieraus folgenden Untauglichkeit zur Berieselung, als vielmehr von der geringen Menge Wasser ab. Der Fluß war in diesem Jahre merkwürdig voll; hier hoch oben im Tal ging er bis an den Bauch der Pferde, und war ungefähr fünfzehn Yards breit und reißend; weiter unten wird er immer kleiner und kleiner und verliert sich meist ganz, was während einer ganzen Zeit von dreißig Jahren der Fall war, so daß nicht ein Tropfen in das Meer kam. Die Bewohner beobachten einen Sturm auf der Cordillera mit großem Interesse, da ein guter Schneefall sie für das folgende Jahr mit Wasser versorgt. Dies ist von unendlich größerer Bedeutung, als der Regen in dem niedriger gelegenen Teile des Landes. Regen bietet einen großen Vorteil dar, so oft er auch fällt, was ungefähr ein Mal alle zwei oder drei Jahre eintritt; die Rinder und Maultiere finden nämlich eine Zeitlang danach etwas Weide auf den Bergen. Aber ohne Schnee auf den Anden erstreckt sich die Verödung durch das ganze Tal. Man hat Berichte, daß dreimal beinahe alle Bewohner genötigt wurden, nach dem Süden auszuwandern. Dies Jahr fand sich eine Menge Wasser und jedermann berieselte seinen Grund und Boden so viel er wollte; es ist aber häufig nötig gewesen, Soldaten an die Schleusen zu stellen, um darauf zu sehen, daß jede Besitzung nur während so und so vieler

Sechzehntes Kapitel

Stunden in der Woche ihren ihr gehörigen Anteil entnahm. Das Tal soll 12.000 Seelen enthalten, aber seine Produktion reicht nur für drei Monate im Jahr aus; das übrige des Bedarfs wird aus Valparaiso und dem Süden bezogen. Vor der Entdeckung der berühmten Silberbergwerke von Chanuncillo war Copiapó in reißendem Verfall; jetzt ist es aber in einem sehr blühenden Zustande, und die Stadt, welche durch ein Erdbeben vollständig über den Haufen geworfen worden war, ist wieder aufgebaut worden.

Das Tal von Copiapó, welches nur ein grünes Band in der Wüste bildet, verläuft in einer sehr südlichen Richtung, so daß es bis zu seinem Ursprung an der Cordillera von beträchtlicher Länge ist. Die Täler von Guasco und Copiapó können als lange schmale Inseln betrachtet werden, die von dem übrigen Chile, anstatt durch Salzwasser, durch Felsenwüsten getrennt werden. Nach Norden von diesen Tälern liegt noch ein anderes sehr elendes Tal, Paposo genannt, welches ungefähr zweihundert Seelen enthält, und dann breitet sich dort die eigentliche Wüste von Atacama aus – eine viel schlimmere Schranke, als der stürmische Ozean. Nachdem ich wenige Tage in Potrero Seco geblieben war, ging ich das Tal weiter hinauf nach dem Hause des Don Benito Cruz, an welchen ich einen Empfehlungsbrief hatte. Ich fand ihn äußerst gastfreundschaftlich; es ist in der Tat unmöglich, die Freundlichkeit, mit welcher in beinahe jedem Teil von Süd-Amerika Reisende aufgenommen werden, zu stark zu rühmen. Am nächsten Tag mietete ich einige Maultiere, um mich durch die Schlucht von Jolquero in die Zentral-Cordillera zu bringen. In der zweiten Nacht schien das Wetter einen Schnee- oder Regensturm anzukündigen, und während wir in unseren Betten lagen, fühlten wir einen unbedeutenden Stoß eines Erdbebens.

Der Zusammenhang zwischen Erdbeben und dem Wetter ist oft bestritten worden; mir scheint es ein Punkt von großem Interesse zu sein, der nur wenig aufgeklärt ist. Humboldt hat an einer Stelle seiner Reisebeschreibung bemerkt[1], daß es für jemand, der sich lange in Neu-Andalusien oder in dem unteren Peru aufgehalten hat, schwierig sein würde, irgendeinen Zusammenhang zwischen diesen Erscheinungen zu leugnen. An einer anderen Stelle indes scheint er den Zusammenhang für nur in der Einbildung vorhanden zu betrachten. In Guayaquil sagte man, daß einem heftigen Schauer in der trockenen Jahreszeit ausnahmslos ein Erdbeben folgt. Im nördlichen Chile, wo Regen oder selbst Regen verkündendes Wetter so äußerst selten ist, wird die Wahrscheinlichkeit eines zufälligen Zusammentreffens sehr klein; und doch sind hier die Einwohner äußerst fest von irgendwelchem Zusammenhang zwischen dem Zustand der Atmosphäre und dem Erzittern des Bodens überzeugt. Ich war hierüber sehr überrascht, als ich einigen Leuten in Copiapó erzählte, daß in Coquimbo ein sehr heftiger Stoß eingetreten sei. Sie riefen sofort aus „Oh! Wie glücklich! Dann wird es reichliche Weide in diesem Jahr dort geben." Nach ihrer Meinung kündet ein Erdbeben Regen an, ebenso sicher wie Regen Überfluß an Weide verkündet. Sicher traf es sich gerade so, daß an dem nämlichen Tage, wo das Erdbeben war, jener Regenschauer fiel, von dem ich geschrieben habe, daß er nach Verlauf von zehn Tagen ein dünnes Hervorsprießen von Gras erzeugte. Zu anderen Zeiten folgte Regen dem Erdbeben in einem Teile des Jahres, wo er noch ein größeres Wunder war als das Erdbeben selbst. Dies ereignete sich nach dem Erdstoß im November 1822 und wiederum 1829 in Valparaiso, und ebenso nach dem Erdbeben vom September 1833 in Tacna. Man muß in einem gewissen Grade an das Klima dieser Länder gewöhnt sein, um die äußerste Unwahrscheinlichkeit eines Regenfalles in solchen Zeiten des Jahres zu empfinden, ausgenommen als Folge irgendeines, mit dem gewöhnlichen Ablaufe des Wetters völlig außer Zusammenhang stehenden Gesetzes. In Fällen großer vulka-

---

[1] Personal Narrative, Vol. IV, p.11, Vol. II, p.217. Wegen der Bemerkungen über Guayaquil s. Silliman's Journal, Vol. XXIV, p.384, wegen der Mr. Hamiltons über Tacna s. Trans. British Association, 1840; wegen des Coseguina s. Caldcleugh in Philos. Transact., 1835. In der ersten Bearbeitung habe ich mehrer Angaben über das Zusammentreffen plötzlichen Sinkens des Barometers und von Erdbeben und zwischen Erdbeben und Meteoren zusammengestellt.

nischer Ausbrüche, wie des Coseguina, wo völlige Ströme von Regen in einer ganz ungewöhnlichen und in Zentral-Amerika beinahe noch nie dagewesenen Zeit des Jahres fielen, ist es wohl nicht schwierig einzusehen, daß die Menge von Dampf- und Aschenwolken das atmosphärische Gleichgewicht gestört haben können. Humboldt dehnt diese Ansicht auch auf Erdbeben aus, die nicht von Eruptionen begleitet werden; ich kann es aber kaum für möglich halten, daß die kleine Quantität luftförmiger Flüssigkeit, welche dann aus dem gespaltenen Boden entweicht, so merkwürdige Wirkungen hervorruft. Mir scheint in der zuerst von Mr. P. Scrope aufgestellten Ansicht viel Wahrscheinlichkeit zu liegen, daß, wenn das Barometer tief steht und wenn man naturgemäß erwarten darf, daß Regen fallen werde, der verminderte Druck der Atmosphäre über ein großes Stück Landes uns wohl in den Stand setzt, genau den Tag zu bestimmen, an welchem die bereits durch die unterirdischen Kräfte bis aufs Äußerste ausgespannte Erdkruste nachgeben, bersten und infolgedessen erzittern muß. Indes ist es doch zweifelhaft, inwieweit diese Idee den Umstand erklären kann, daß Ströme von Regen in der trockenen Jahreszeit während mehrerer Tage nach einem Erdbeben fallen können, welche von keiner Eruption begleitet waren. Derartige Fälle scheinen für noch weitere innigere Bezüge zwischen der Atmosphäre und den unterirdischen Gegenden zu sprechen.

Da ich wenig von Interesse in diesem Teile der Schlucht fand, wendeten wir unsere Schritte zurück nach dem Hause des Don Benito, wo ich zwei Tage blieb, um fossile Muscheln und Holz zu sammeln. Große, liegende, verkieselte Baumstämme, welche in einem Konglomerat eingeschlossen waren, waren außerordentlich zahlreich. Ich maß einen, welcher fünfzehn Fuß im Umfang hielt. Wie wunderbar ist es doch, daß jedes Atom der Holzsubstanz in diesen großen Zylindern so vollkommen entfernt und durch Kiesel ersetzt worden ist, daß jedes Gefäß und jede Pore erhalten ist! Diese Bäume lebten ungefähr zur Zeit unserer unteren Kreide; sie gehörten alle der Familie der Fichten an. Es war amüsant, die Einwohner die Natur der fossilen Muscheln, welche ich sammelte, beinahe in ähnlichen Ausdrücken erörtern zu hören, wie sie vor einem Jahrhundert in Europa gebräuchlich waren, nämlich, ob sie in diesem Zustande „von der Natur geboren" wären oder nicht. Meine geologische Untersuchung des Landes erzeugte meist eine bedeutende Überraschung unter den Chilenen. Es dauerte lange, ehe sie sich überzeugen konnten, daß ich nicht nach Bergwerken suchte. Dies war zuweilen störend; die leichteste Art, ihnen meine Beschäftigung zu erklären, war, wie ich fand, sie zu fragen, woher es käme, daß sie nicht selbst in bezug auf Erdbeben und Vulkane neugierig wären? – Warum manche Quellen heiß und andere kalt wären? – Warum in Chile Berge vorhanden wären, und in La Plata nicht ein Hügel? – Diese einfachen Fragen befriedigten sofort die größere Zahl und brachten sie zum Schweigen. Einige indessen (wie einige wenige in England, welche um ein Jahrhundert zurück sind) glaubten, daß alle derartigen Untersuchungen unnütz und gottlos wären, und daß es vollständig genüge, zu wissen, daß Gott die Berge so gemacht habe.

Neuerdings war eine Verordnung erlassen worden, daß alle herumlaufenden Hunde getötet werden sollen, und wir sahen auch viele tot auf der Straße liegen. Eine große Zahl war vor kurzem toll geworden und mehrere Menschen waren gebissen worden und infolgedessen gestorben. Wasserscheu hatte bei mehreren Gelegenheiten in diesem Tale geherrscht. Es ist merkwürdig, eine so eigentümliche und fürchterliche Krankheit von Zeit zu Zeit an demselben isolierten Orte auftreten zu sehen. Es ist bemerkt worden, daß gewisse Dörfer in England in gleicher Art dieser Heimsuchung mehr ausgesetzt sind als andere. Dr. Unanue gibt an, daß die Wasserscheu zuerst im Jahr 1803 in Süd-Amerika bekannt geworden sei; diese Angabe wird dadurch bestätigt, daß Azara und Ulloa zu ihrer Zeit niemals davon gehört haben. Dr. Unanue sagt, daß sie in Zentral-Amerika zum Ausbruch kam und langsam nach Süden wanderte. Sie erreichte Arequipa im Jahr 1807; und es wird angeführt, daß einige Menschen, welche nicht gebissen worden waren, dort von ihr ergriffen wurden, ebenso wie einige Neger, welche von einem Ochsen gegessen hatten, der an Wasserscheu zugrunde gegangen war. In Ica kamen hierdurch zweiundvierzig Leute elen-

Sechzehntes Kapitel

diglich um. Die Krankheit brach zwischen zwölf und neunzig Tagen nach dem Biß aus, und in denjenigen Fällen, wo sie zum Ausbruch kam, trat der Tod ausnahmslos innerhalb von fünf Tagen ein. Nach 1808 folgte ein langer Zeitraum ohne irgendwelche Fälle. In Van Diemen's Land und in Australien erfuhr ich nach eingezogenen Erkundigungen nichts von Wasserscheu, und Burchell gibt an, daß er während der fünf Jahre, wo er am Vorgebirge der Guten Hoffnung gewesen sei, nicht von einem einzigen Falle gehört habe. Webster behauptet, daß auf den Azoren niemals Wasserscheu vorgekommen sei; und dieselbe Behauptung ist in bezug auf Mauritius und St. Helena[2] gemacht worden. Bei einer so fremdartigen Krankheit dürfte etwas Aufklärung durch eine Betrachtung der Umstände zu erlangen sein, unter denen sie in voneinander entfernt liegenden Klimaten entstanden sind; denn es ist doch unwahrscheinlich, daß ein bereits gebissener Hund nach diesen fremden Ländern gebracht worden sein sollte.

Spät abends kam ein Fremder im Hause des Don Benito an und bat um Erlaubnis, dort zu schlafen. Er sagte, er sei siebzehn Tage lang in den Bergen umhergewandert, da er seinen Weg verloren habe. Er sei von Guasco aufgebrochen und habe, da er an die Reisen in der Cordillera gewöhnt sei, nicht erwartet, beim Verfolgen des Pfades nach Copiapó irgendwelche Schwierigkeit zu finden. Er sei aber bald in einem Labyrinth von Bergen verloren gewesen, aus dem man nicht hätte entschlüpfen können. Mehrere seiner Maultiere waren in Abgründe gefallen und er war in großer Not gewesen. Seine hauptsächliche Schwierigkeit kam daher, daß er nicht wußte, wo er in dem tieferen Lande Wasser finden könne, so daß er genötigt war, sich immer am Rande der mittleren Bergkette zu halten.

Wir kehrten abwärts durch das Tal wieder zurück und erreichten am 22. die Stadt Copiapó. Der untere Teil des Tales ist breit und bildet eine schöne Ebene, wie das Tal von Quillota. Die Stadt nimmt einen beträchtlichen Flächenraum ein, da jedes Haus einen Garten hat; es ist aber ein ungemütlicher Ort und die Wohnungen sind ärmlich eingerichtet. Ein jeder scheint nur das eine Ziel vor Augen zu haben, Geld zu machen und dann so schnell wie möglich auszuwandern. Alle Einwohner stehen mehr oder weniger direkt mit Bergwerken in Beziehung; und Minen und Erze sind die einzigen Gegenstände der Unterhaltung. Bedürfnisse aller Arten sind äußerst teuer, da die Entfernung von der Stadt bis zum Hafen achtzehn Stunden beträgt und der Landtransport sehr teuer ist. Ein Huhn kostet fünf oder sechs Schillinge; Fleisch ist nahezu so teuer wie in England; Brennholz oder vielmehr Stöcke werden auf Eseln aus einer Entfernung von zwei oder drei Tagesreisen von der Cordillera herabgebracht; und Miete für die Weide der Tiere beträgt einen Schilling pro Tag. Alles dies ist für Süd-Amerika ganz exorbitant.

26. Juni – Ich mietete einen Führer und acht Maultiere, um mich auf einem anderen Wege als auf meiner letzten Expedition in die Cordillera zu bringen. Da das Land vollkommen wüst war, nahmen wir anderthalb Last mit geschnittenem Stroh vermischter Gerste mit. Ungefähr zwei Stunden oberhalb der Stadt zweigt sich ein breites, Despoblado oder „unbewohnt" genanntes Tal von dem ab, durch welches wir gekommen waren. Obgleich es ein Tal von den großartigsten Dimensionen war und zu einem Paß über die Cordillera führte, war es doch vollkommen trocken, vielleicht mit Ausnahme einiger weniger Tage während eines sehr regnerischen Winters. Die Abhänge der zerbröckelnden Berge waren kaum durch irgendwelche Schluchten gefurcht; und die Sohle des Haupttales, welches mit Rollsteinen gefüllt war, war glatt und nahezu horizontal. Kein beträchtlicher Strom konnte je dies Bett von Rollsteinen herabgeflossen sein; denn wäre dies der Fall gewesen, so würde sich, wie in allen den südlichen Tälern, ein großer von Klippen begrenzter Kanal ganz zuverlässig gebildet haben. Ich zweifle nur wenig daran, daß dies Tal ebenso wenig wie diejenigen, welche Reisende in Peru erwähnt haben, in dem Zustande, in welchem wir es jetzt sehen,

---

[2] Observaciones sobre el clima de Lima, p.67. Azara, Travels, Vol. I, p.381. Ulloa, Voyage, Vol. II, p.28. Burchell, Travels, Vol. II, p.524. Webster, Description of the Azores, p.124. Voyage à l'Isle de France par un Officier du Roi, Tome I, p.248. Description of St. Helena, p.123.

von den Meereswellen so gelassen worden ist, als das Land sich langsam erhob. An einer Stelle, wo eine Schlucht in das Despoblado einmündet – eine Schlucht, welche beinahe in jeder anderen Bergkette ein großartiges Tal genannt worden wäre – beobachtete ich, daß das Bett des Despoblado, obgleich es nur aus Sand und Kiesel bestand, höher war, als das seines Nebentals. Ein einfacher Bach mit Wasser würde im Verlauf einer Stunde sich einen Kanal eingeschnitten haben; offenbar waren aber Jahrhunderte vergangen, ohne daß ein derartiger kleiner Bach dies große Nebental entwässert hätte. Es war merkwürdig, die Maschinerie, wenn der Ausdruck gestattet ist, zum Entwässern zu betrachten, welche mit der letztgenannten unbedeutenden Ausnahme, ganz vollkommen war und doch ohne irgendein Zeichen, daß sie in Tätigkeit getreten wäre. Jedermann muß bemerkt haben, wie von der zurückweichenden Flut gelassene Schlammbänke in Miniatur ein Land mit Berg und Tal nachahmen; hier haben wir das Originalmodell in Stein zu dem, was sich während der sekulären Zurückweichung des Ozeans und des Erhebens des Kontinents bildet, anstatt während der Ebbe und Flut der Gezeiten ausgeführt zu sein. Wenn ein Regenschauer auf die trocken gelassene Lehmbank fällt, vertieft er die bereits gebildeten seichten Vertiefungsstriche und dasselbe gilt für den Regen aufeinanderfolgender Jahrhunderte, der auf eine Felsbank und den Boden fällt, den wir Kontinent nennen.

Wir ritten noch nach Dunkelwerden weiter, bis wir eine Seitenschlucht mit einer kleinen Quelle, genannt Agua amarga, erreichten. Das Wasser verdiente seinen Namen, denn außer, daß es salzig war, war es widerwärtig faulig und bitter, so daß wir uns nicht dazu bringen konnten, weder Tee noch Maté zu trinken. Ich vermute, die Entfernung von dem Fluß Copiapó bis zu diesem Punkte betrug mindestens fünfundzwanzig oder dreißig englische Meilen; auf der ganzen Strecke fand sich nicht ein einziger Tropfen Wasser, so daß das Land im eigentlichsten Sinne den Namen einer Wüste verdiente. Und doch trafen wir ungefähr auf der Hälfte des Wegs einige alte indianische Häuser in der Nähe von Punta Gorda. Ich bemerkte auch vor einigen der Täler, welche von dem Despoblado abzweigten, zwei Steinhaufen, etwas apart gelegen und so gerichtet, daß sie in die Mündung dieser kleinen Täler hinwiesen. Meine Begleiter wußten nichts hierüber und beantworteten meine Fragen nur durch ihr unverwüstliches „Quien sabe?"

Ich beobachtete Indianer-Ruinen in mehreren Teilen der Cordillera; die vollkommensten, welche ich sah, waren die Ruinas de Tambillas im Uspallata-Paß. Kleine viereckige Räume waren dort in verschiedene Gruppen zusammengedrängt. Einige Türen standen noch; sie waren durch eine quere Steinplatte von nur drei Fuß Höhe gebildet. Ulloa hat schon die Niedrigkeit der Türen in den alten peruanischen Wohnungen bemerkt; diese Häuser müssen, als sie noch vollkommen erhalten waren, imstande gewesen sein, eine beträchtliche Zahl von Personen aufzunehmen. Die Überlieferung sagt, daß sie als Halteplätze für die Inkas benutzt wurden, wenn diese das Gebirge überschritten. Spuren von Indianer-Wohnungen sind in vielen anderen Teilen entdeckt worden, wo es nicht wahrscheinlich erscheint, daß sie als bloße Ruheplätze benutzt worden wären, wo aber doch das Land vollkommen unfähig zu irgendwelcher Art von Kultur ist, wie es in der Nähe der Tambillos oder an der Inka-Brücke oder am Portillo-Paß der Fall ist, an allen welchen Orten ich Ruinen gesehen habe. In der Schlucht von Jajuel in der Nähe von Aconcagua, wo kein Paß weiterführt, hörte ich von Überresten von Häusern in einer bedeutenden Höhe, wo es außerordentlich kalt und unfruchtbar ist. Zuerst bildete ich mir ein, daß diese Gebäude Zufluchtsstätten gewesen seien, welche die Indianer bei der ersten Ankunft der Spanier gebaut hätten; ich bin aber seitdem geneigt worden, an die Möglichkeit einer unbedeutenden Veränderung des Klimas zu denken.

In diesem nördlichen Teile von Chile innerhalb der Cordillera sollen Indianer-Häuser, wie man sagt, besonders zahlreich sein. Beim Graben zwischen den Ruinen werden nicht selten Stücke wollener Zeuge, Instrumente von edlen Metallen und Maiskolben aufgefunden; eine aus Achat gemachte Pfeilspitze von genau derselben Form, wie sie jetzt in Feuerland gebraucht werden, wurde mir gegeben. Mir ist bekannt, daß die peruanischen Indianer jetzt häufig äußerst

Sechzehntes Kapitel

hohe Berge und kahle Örtlichkeiten bewohnen; in Copiapó haben mir aber Männer, welche ihr ganzes Leben auf Reisen durch die Anden zugebracht haben, versichert, daß ich sehr viele Gebäude („muchisimas") in so bedeutenden Höhen finden könne, daß sie beinahe an die Grenze des ewigen Schnees reichen, und zwar in Teilen, wo keine Pässe existieren und wo das Land absolut nichts hervorbringt und wo, was noch außerordentlicher ist, kein Wasser vorhanden ist. Nichtsdestoweniger ist es die Meinung der Leute im Lande (obschon sie der Umstand sehr in Verwirrung setzt), daß nach dem Aussehen der Häuser die Indianer dieselben als Aufenthaltsorte benutzt haben müssen. In diesem Teile bei Punta Gorda bestanden die Ruinen aus sieben oder acht kleinen, viereckigen Zimmern, welche von einer ähnlichen Form wie die bei Tambillos, aber hauptsächlich aus Lehm erbaut waren, welchen in bezug auf seine Dauerhaftigkeit die jetzigen Einwohner weder hier, noch Ulloa zufolge in Peru nachahmen können. Sie standen auf dem auffallendsten und verteidigungslosesten Ort, auf der Sohle des flachen breiten Tales. Es fand sich kein Wasser näher als drei oder vier Stunden weit und dann nur in sehr geringer Menge und schlecht. Der Boden war absolut steril; ich suchte vergebens selbst nur nach einer Flechte, die am Felsen hing. Heutigen Tages könnte hier selbst mit dem Vorteil von Lasttieren ein Bergwerk, wenn es nicht sehr reich wäre, kaum mit Vorteil im Betrieb erhalten werden. Und doch suchten sich früher die Indianer diese Stelle als Aufenthaltsort aus! Wenn in jetziger Zeit zwei oder drei Regenschauer fielen anstatt eines, wie es jetzt der Fall ist, und zwar während ebenso vieler Jahre, so würde sich ein kleiner Wasserlauf wahrscheinlich in diesem großen Tale bilden; und dann würde durch Berieselung (welche die Indianer früher so gut verstanden) der Boden leicht hinreichend produktiv gemacht werden, um einige wenige Familien zu erhalten.

Ich habe überzeugende Beweise in Händen, daß dieser Teil des Kontinents von Süd-Amerika in der Nähe der Küste mindestens von 400 bis 500, an einigen Stellen von 1000 bis 1300 Fuß seit der Periode der jetzt lebenden Schaltiere erhoben worden ist; und weiter landeinwärts kann möglicherweise die Erhebung noch bedeutender gewesen sein. Da der eigentümlich dürre Charakter des Klimas offenbar eine Folge der Höhe der Cordillera ist, so können wir ziemlich sicher sein, daß vor den letzten Erhebungen die Atmosphäre nicht so vollkommen ihrer Feuchtigkeit beraubt worden sein kann, als es jetzt der Fall ist, und da Erhebung allmählich eingetreten ist, so wird auch die Veränderung des Klimas allmählich gewesen sein. Nach dieser Ansicht von einer Veränderung des Klimas seit der Zeit, wo diese Häuser bewohnt wurden, müssen die Ruinen von einem äußerst hohen Alter sein; ich glaube aber nicht, daß ihre Erhaltung in dem Klima von Chile irgendwelche Schwierigkeit darbietet. Auch müssen wir nach dieser Ansicht (und dies ist vielleicht eine noch größere Schwierigkeit) annehmen, daß der Mensch Süd-Amerika schon eine ungeheuer lange Zeit bewohnt hat, weil ja eine jede durch die Erhebung des Landes herbeigeführte Veränderung des Klimas äußerst allmählich gewesen sein muß. In Valparaiso hat innerhalb der letzten 220 Jahre die Erhebung etwas weniger als 19 Fuß betragen; in Lima ist ein Teil des Strandes sicher 80 bis 90 Fuß innerhalb der menschlichen oder Indianer-Periode erhoben worden, aber derartige kleine Erhebungen können auf die Ablenkung der Feuchtigkeit führenden atmosphärischen Ströme nur geringen Einfluß gehabt haben. Dr. Lund fand indes menschliche Skelette in den Höhlen von Brasilien, deren Ansehen ihn zur Ansicht führte, daß die Indianer-Rasse während einer ungeheuer langen Zeit in Süd-Amerika existiert hat.

Als ich in Lima war, unterhielt ich mich über diese Gegenstände[3] mit Mr. Gill, einem Zivilingenieur, der viel von dem inneren Land gesehen hatte. Er sagte mir, daß eine Vermutung von einer Veränderung des Klimas ihm zuweilen durch den Kopf gegangen sei; daß er aber glaube,

---

[3] Temple sagt in seinen Reisen durch das obere Peru oder Bolivia, auf dem Wege von Potosi nach Oruro: „Ich sah viele indianische Dörfer oder Wohnorte in Ruinen, nach oben fast bis zum Gipfel der Berge, Zeugen einer früheren Bevölkerung an Orten, wo jetzt alles öde und wüst ist." An einer anderen Stelle macht er ähnliche Bemerkungen; ich kann aber nicht sagen, ob diese Verödung durch einen Mangel an Bevölkerung oder durch einen veränderten Zustand des Landes verursacht worden ist.

Nördliches Chile und Peru

der größere Teil des jetzt einer Kultur unfähigen, aber mit Indianerruinen bedeckten Landes sei dadurch in diesen Zustand versetzt worden, daß die Wasserleitungen, welche die Indianer früher in einem so wunderbaren Maßstab bauten, durch Vernachlässigung und unterirdische Bewegungen beschädigt worden seien. Ich will hier erwähnen, daß die Peruaner faktisch ihre Berieselungsströme in Tunneln durch Berge aus solidem Felsen hindurchführten. Mr. Gill erzählte mir, er sei berufsmäßig beschäftigt gewesen, einen solchen zu untersuchen; er fand den Gang niedrig, schmal, gekrümmt und nicht von gleichförmiger Breite, aber von sehr beträchtlicher Länge. Ist es nicht äußerst wunderbar, daß Menschen derartige Arbeiten unternommen haben ohne den Gebrauch von Eisen und Schießpulver! Mr. Gill erwähnte auch gegen mich einen äußerst interessanten und, soviel mir bekannt ist, vollkommen einzig dastehenden Fall, wo eine unterirdische Störung die Entwässerung eines Landes verändert hat. Als er von Casma nach Huaraz (nicht sehr weit von Lima) reiste, fand er eine mit Ruinen und Zeichen alter Kultur bedeckte, aber jetzt vollkommen kahle und unfruchtbare Ebene. In ihrer Nähe fand sich das trokkene Bett eines beträchtlichen Flusses, aus welchem früher das Wasser zur Berieselung abgeleitet wurde. Im Ansehen des Flußbettes war nichts, was hätte andeuten können, daß der Fluß nicht wenige Jahre zuvor noch darin geflossen wäre; an einigen Stellen breiteten sich Sand und Kiesschichten aus; an anderen war der solide Felsen zu einem breiten Kanal ausgewaschen, welcher an einer Stelle ungefähr 40 Yards breit und 8 Fuß tief war. Es liegt ganz in der Natur der Sache, daß jemand, welcher dem Lauf eines Flusses aufwärts folgt, immer in einer größeren oder geringeren Neigung aufsteigen muß. Mr. Gill war daher sehr erstaunt, als er dem Bett dieses alten Flusses stromaufwärts folgte und plötzlich fand, daß er bergab ging. Er war der Ansicht, daß die Neigung nach abwärts ungefähr einen Fall von vierzig oder fünfzig Fuß senkrecht betrug. Hier liegt ein ganz unzweideutiger Beweis dafür vor, daß ein Bergrücken gerade quer durch das alte Strombett emporgehoben worden ist. Von diesem Moment an war der Lauf des Flusses gehemmt und das Wasser mußte notwendig umkehren und einen neuen Kanal bilden. Ferner mußte von demselben Moment an die anstoßende Ebene ihren befruchtenden Strom verloren haben und eine Wüste geworden sein.

27. Juni – Wir brachen zeitig am Morgen auf und erreichten um Mittag die Schlucht von Paypote, wo ein unbedeutender Wasserlauf mit etwas Pflanzenwuchs und selbst ein paar Algarroba-Bäume, eine Art von Mimosen, vorhanden waren. Da es Brennholz gab, war früher ein Schmelzofen hier errichtet worden: Wir fanden einen einzelnen Mann zu seiner Beaufsichtigung hier, dessen einzige Beschäftigung die Jagd auf Guanacos war. Des Nachts fror es stark; da wir aber genug Holz für unser Feuer hatten, hielten wir uns selbst warm.

28. Juni – Wir stiegen beständig allmählich an und das Tal veränderte sich nun zu einer Schlucht. Den Tag über sahen wir mehrere Guanacos und die Spur der nahe verwandten Art, der Vicuna. Dies letztere Tier ist in hohem Grade alpin in seiner Lebensweise; es steigt selten weit unter die Grenze des ewigen Schnees herunter und besucht daher selbst noch höhere und unfruchtbarere Lagen als das Guanaco. Das einzige andere Tier, welches wir in einer ziemlichen Anzahl sahen, war ein kleiner Fuchs; ich vermute, das Tier lebt von Mäusen und anderen kleinen Nagetieren, welche, so lange es überhaupt noch die mindeste Vegetation gibt, sich an sehr wüsten Orten in beträchtlicher Anzahl erhalten. In Patagonien wimmelt es von diesen kleinen Tieren selbst an den Rändern der Salinas, wo sich mit Ausnahme des Taus nirgends ein Tropfen Süßwasser findet. Nach den Eidechsen scheinen die Mäuse am besten imstande zu sein, sich auf dem kleinsten und trockensten Stückchen Erde zu erhalten, selbst auf kleinen Inseln in der Mitte großer Ozeane.

Die Szenerie zeigt auf allen Seiten Wüstenei, nur von einem klaren, wolkenlosen Himmel beleuchtet, und dadurch noch auffallender gemacht. Eine Zeitlang ist eine derartige Szenerie er-

Sechzehntes Kapitel

haben; diese Empfindung kann aber nicht anhalten und dann wird es uninteressant. Wir biwakierten am Fuß der Primera Linea oder der ersten Linie der Scheidung der Wasser. Die Flüsse auf der Ostseite fließen indes nicht in den Atlantischen Ozean, sondern in einen hochgelegenen Distrikt, in dessen Mitte sich eine große Saline oder ein Salzsee findet. Es wird auf diese Art ein kleiner kaspischer See in der Höhe von vielleicht 10.000 Fuß gebildet. Wo wir schliefen, fanden sich einige beträchtliche Haufen Schnee, sie blieben aber nicht das ganze Jahr liegen. Die Winde unterliegen in dieser hohen Gegend sehr regelmäßigen Gesetzen; jeden Tag weht eine frische Brise das Tal hinauf und des Nachts, eine oder zwei Stunden nach Sonnenuntergang, steigt die Luft von den kalten Gegenden oben wie durch einen Trichter wieder hinab. In dieser Nacht blies ein förmlicher Sturm und die Temperatur mußte beträchtlich unter dem Gefrierpunkt sein, denn Wasser in einem Gefäß wurde sehr bald zu einem Stück Eis. Kleidung schien durchaus für die Luft kein Hindernis zu sein. Ich litt sehr bedeutend unter der Kälte, so daß ich nicht schlafen konnte und am anderen Morgen mit ganz steifem und eingenommenem Körper aufstand.

In der Cordillera weiter nach Süden büßen die Leute zuweilen ihr Leben durch Schneestürme ein; hier geschieht es zuweilen aus einer anderen Ursache. Mein Führer ging einmal, als er ein Knabe von vierzehn Jahren war, mit einer Gesellschaft über die Cordillera; während sie in den zentralen Teilen waren, erhob sich ein wütender Sturm, so daß die Männer sich kaum auf ihren Maultieren halten konnten und die Steine auf dem Boden umherflogen. Der Tag war wolkenlos und nicht eine Flocke Schnee fiel, doch war die Temperatur sehr niedrig. Wahrscheinlich hat das Thermometer nicht sehr viel Grad unter dem Gefrierpunkt gestanden, aber die Wirkung auf die durch Kleider nur schlecht geschützten Körper muß im Verhältnis zu der Geschwindigkeit des Stromes kalter Luft gestanden haben. Der Sturm dauerte länger als einen Tag; die Leute fingen an die Kräfte zu verlieren, und die Maultiere wollten sich nicht mehr vorwärts bewegen. Der Bruder meines Führers versuchte umzukehren, und sein Leichnam wurde zwei Jahre später an der Seite seines Maultieres liegend in der Nähe der Straße gefunden, mit dem Zügel noch immer in der Hand. Zwei andere Leute aus dieser Gesellschaft verloren ihre Finger und Zehen, und von zwanzig Maultieren und dreißig Kühen kamen nur vierzehn Maultiere mit dem Leben davon. Vor vielen Jahren soll, wie man vermutet, eine große Gesellschaft aus einer ähnlichen Ursache umgekommen sein; aber ihre Leichname sind bis auf den heutigen Tag nicht entdeckt worden. Das Zusammentreffen eines wolkenlosen Himmels, einer niedrigen Temperatur und eines wütenden Sturmwindes muß, wie ich glaube, in allen Teilen der Welt ein ungewöhnliches Ereignis sein.

29. Juni – Wir wanderten froh das Tal hinab nach unserem früheren Nachtquartier und von dort in die Nähe der Agua amarga. Am ersten Juli erreichten wir das Tal von Copiapó. Der Geruch frischen Klees war geradezu entzückend nach der aromenlosen Luft des trockenen und unfruchtbaren Despoblado. Während ich mich in der Stadt aufhielt, hörte ich von mehreren der Einwohner eine Schilderung eines Berges in der Nähe, welchen sie „El Bramador", oder den Schreier nannten. Ich schenkte damals der Beschreibung nicht hinreichende Aufmerksamkeit; soviel ich aber verstehen konnte, war der Berg mit Sand bedeckt und das Geräusch wurde nur dann hervorgerufen, wenn Leute bei seiner Besteigung den Sand in Bewegung setzten. Derselbe Umstand wird nach der Autorität von Seetzen und Ehrenberg[4] im Detail als die Ursache der Laute beschrieben, welche von vielen Reisenden auf dem Berge Sinai in der Nähe des Roten Meeres gehört worden sind. Eine Person, mit der ich mich unterhalten habe, hat selbst dies Geräusch gehört. Es wird als sehr überraschend beschrieben, und der Herr gibt ausdrücklich an, daß, obschon er nicht einsehen könne, wie es verursacht würde, es doch notwendig sei, den Sand in eine den Abhang hinabrollende Bewegung zu versetzen. Ein über trockenen und groben

---

[4] Edinburgh Philos. Journal, Jan. 1830, p.74, und April 1830, p.258. – S. auch Daubeny, über Vulkane, p.438, und Bengal Journ., Vol. VII, p.324.

Sand gehendes Pferd verursacht ein eigentümliches zirpendes Geräusch von der Reibung der Sandstückchen, ein Umstand, den ich mehrere Male an der Küste von Brasilien bemerkt habe.

Drei Tage später hörte ich von der Ankunft der „Beagle" im Hafen, achtzehn Stunden von der Stadt entfernt. Das Tal hinab ist nur sehr wenig Land angebaut; seine weite Fläche trägt nur ein erbärmlich dürres Gras, welches selbst die Esel kaum fressen können. Diese Ärmlichkeit der Vegetation ist Folge der Menge von salziger Substanz, mit welcher der Boden durchtränkt ist. Der Hafenort besteht aus einer Ansammlung miserabler kleiner Hütten, die am Fuße einer sterilen Ebene liegen. Da gegenwärtig der Fluß Wasser genug enthält, um das Meer zu erreichen, genießen die Einwohner den Vorteil, Süßwasser in einer Entfernung von anderthalb Meilen zu haben. Am Strande liegen große Haufen von Waren, und der kleine Ort hatte ein sehr lebendiges Ansehen. Am Abend sagte ich mit einem herzlichen Wunsch meinem Begleiter Mariano Gonzales, mit welchem ich so viele Stunden in Chile geritten war, Lebewohl, am nächsten Morgen segelte die „Beagle" ab nach Iquique.

12. Juli – Wir ankerten im Hafen von Iquique in 20° 12' S. Breite an der Küste von Peru. Die Stadt enthält ungefähr tausend Einwohner und steht auf einer kleinen Ebene von Sand am Fuße einer großen, 2000 Fuß hohen, hier die Küste bildenden Felsenwand. Das Ganze ist vollkommen wüst. Ein leichter Regenschauer fällt nur einige Male in sehr vielen Jahren; die Schluchten sind infolgedessen mit Detritus erfüllt und die Bergabhänge mit Haufen feinen weißen Sandes selbst bis zur Höhe von 1000 Fuß bedeckt. Während dieses Teiles des Jahres erstreckte sich eine schwere Wolkenbank über den Ozean und erhob sich selten bis oberhalb der Felsenmauer an der Küste. Das Ansehen des Ortes war äußerst düster; der kleine Hafen mit seinen wenigen Fahrzeugen und der kleinen Gruppe elender Häuser schien von der ganzen Szenerie überwältigt zu sein und ganz außer allem Verhältnis zu dem übrigen zu stehen.

Die Bewohner leben wie die Leute an Bord eines Schiffes. Jedes Bedürfnis kommt von weit her. Wasser wird in Booten vom Pisagua, ungefähr vierzig Meilen nördlich, gebracht und wird zum Preis von neun Realen (4 s. 6 d.) das Achtzehn-Gallonenfaß verkauft. Ich kaufte eine Weinflasche voll für 3 Pence. In gleicher Weise wird Brennholz und natürlich jedes Nahrungsmittel eingeführt. Sehr wenige Tiere können an einem solchen Ort gehalten werden. Am folgenden Morgen mietete ich mit Schwierigkeit um den Preis von vier Pfund Sterling zwei Maulesel und einen Führer, um mich nach den Salpeterwerken zu begeben. Diese erhalten gegenwärtig Iquique. Dies Salz wurde zuerst im Jahre 1830 ausgeführt; in einem Jahr wurde ein Betrag im Wert von hunderttausend Pfund Sterling nach Frankreich und England geschickt. Es wird hauptsächlich als Düngemittel und bei der Fabrikation der Salpetersäure gebraucht. Infolge seiner deliqueszierenden Eigenschaft kann es nicht zur Schießpulverbereitung gebraucht werden. Früher waren zwei außerordentlich reiche Silberminen hier in der Nähe, aber ihre Ausbeute ist jetzt sehr gering.

Unsere Ankunft auf der Reede verursachte eine geringe Beunruhigung. Peru war in einem Zustand der Anarchie; und da jede Partei eine Kontribution verlangt hatte, so war die arme Stadt von Iquique in großen Nöten, da sie glaubte, die schlimme Stunde hätte nun geschlagen. Die Leute hatten auch ihre häusliche Unruhe; kurze Zeit zuvor hatten drei französische Tischler während derselben Nacht die beiden Kirchen erbrochen und alles Silberzeug gestohlen; einer der Räuber legte indessen später ein Geständnis ab und das Silberzeug wurde wiedererlangt. Die Verbrecher wurden nach Arequipa geschickt, welches, obschon es die Hauptstadt dieser Provinz ist, doch zweihundert Stunden entfernt ist; die Regierung dort hielt es für schade, so nützliche Arbeiter zu bestrafen, welche alle Arten von Möbeln machen konnten, und ließ sie infolgedessen frei. Da die Sachen so standen, wurden die Kirchen wieder erbrochen, aber dieses Mal wurde das Silberzeug nicht wieder erlangt. Die Einwohner wurden fürchterlich wütend, und da sie erklärten, daß niemand anders als Ketzer in dieser Weise „Gott den Allmächtigen verspeisen" könnten, gingen sie daran, ein paar Engländer zu foltern, mit der Absicht, sie später zu erschießen; endlich legten sich die Autoritäten ins Mittel und der Friede wurde wiederhergestellt.

13. Juli – Am Morgen brach ich nach dem Salpeterwerk auf, eine Entfernung von vierzehn Stunden. Nachdem wir die steilen Küstenberge auf einem sandigen Zickzackpfad erstiegen hatten, kamen wir sehr bald in Sicht der Bergwerke von Guantajaya und Santa Rosa. Diese beiden kleinen Dörfer liegen direkt an den Mündungen der Bergwerke, und da sie auf die Berge aufgesetzt waren, hatten sie ein noch unnatürlicheres und öderes Ansehen als die Stadt Iquique. Wir erreichten das Salpeterwerk nicht vor Sonnenuntergang, nachdem wir den ganzen Tag quer über ein wellenförmiges Land, eine vollständige und absolute Wüste, geritten waren; die Straße war mit den Knochen und den getrockneten Häuten der vielen Lasttiere überstreut, welche aus Erschöpfung unterwegs umgekommen waren. Mit Ausnahme des *Vultur aura*, welcher von dem Aas lebt, habe ich weder einen Vogel, noch ein Säugetier, noch Reptil, noch Insekt gesehen. An den Küstenbergen in der Höhe von ungefähr 2000 Fuß, wo während dieser Jahreszeit die Wolken meistens hängen, wuchsen sehr wenige Kakteen in den Felsenspalten und der lockere Sand war überstreut mit einer Flechte, welche völlig unbefestigt an der Oberfläche liegt. Diese Pflanze gehört zur Gattung *Cladonia* und ist in einer gewissen Weise der Rentierflechte ähnlich. An einigen Stellen war sie in hinreichender Menge vorhanden, um den Sand zu färben, so daß er aus der Entfernung gesehen blaßgelblich erschien. Weiter landeinwärts habe ich während des ganzen Rittes von vierzehn Stunden nur ein einziges anderes vegetabilisches Erzeugnis gesehen, und dies war eine äußerst kleine gelbe Flechte, welche auf den Knochen der toten Maultiere wuchs. Dies war die erste echte Wüste, welche ich gesehen hatte. Die Wirkung auf mich war nicht sehr eindrucksvoll; ich glaube aber, dies war eine Folge davon, daß ich allmählich an derartige Szenen gewöhnt worden war, wie ich von Valparaiso aus durch Coquimbo nach Copiapó nördlich geritten war. Das Aussehen des Landes war merkwürdig, weil es mit einer dicken Kruste gewöhnlichen Salzes und eines geschichteten, salzführenden Alluviums bedeckt war, welches abgelagert worden zu sein scheint, als sich das Land langsam über das Niveau des Meeres erhob. Das Salz ist weiß, sehr hart und fest. Es kommt in vom Wasser abgeriebenen Nieren vor, welche über den agglutinierten Sand hervorragen, und ist von vielem Gips begleitet. Das Aussehen dieser oberflächlichen Masse ist dem eines Landes sehr ähnlich, welches mit Schnee bedeckt war, der bis auf die letzten schmutzigen Flecke weggetaut ist. Das Vorhandensein dieser Rinde aus einer löslichen Substanz über die ganze Oberfläche des Landes zeigt, wie außerordentlich trocken das Klima schon eine lange Periode hindurch gewesen sein muß.

Des Nachts schliefen wir im Hause des Eigentümers einer der Salpeterminen. Das Land ist hier so unproduktiv wie in der Nähe der Küste; man kann aber durch das Graben von Brunnen Wasser erhalten, welches allerdings einen etwas bitteren und brackigen Geschmack hat. Der Brunnen an diesem Hause war sechsunddreißig Yards tief. Da kaum irgendwelcher Regen fällt, so kann das Wasser offenbar nicht davon herrühren; wäre dies der Fall, so müßte es so salzig wie Mutterlauge sein, denn die ganze Umgegend ist mit verschiedenen salzigen Substanzen inkrustiert. Wir müssen daher schließen, daß es unter der Erde von der Cordillera her durchsickert, obschon diese viele Stunden entfernt ist. In jener Richtung liegen einige wenige kleine Dörfer, wo die Bewohner, weil sie mehr Wasser haben, in den Stand gesetzt sind, etwas Land zu berieseln und Heu zu erziehen, womit die Maultiere und Esel, die beim Fortschaffen des Salpeters verwendet werden, gefüttert werden. Das salpetersaure Natron wurde jetzt an der Seite des Schiffes mit 14 Schillingen für 100 Pfund verkauft. Die hauptsächlichsten Kosten werden durch den Transport nach der Küste verursacht. Das Lager besteht aus einer harten, zwischen zwei und drei Fuß dicken Schicht des salpetersauren Salzes, dem wenig schwefelsaures Natron und eine ziemliche Menge gewöhnlichen Kochsalzes zugemischt ist. Es liegt dicht unter der Oberfläche und folgt in einer Länge von 150 Meilen dem Rand eines großen Beckens oder einer Ebene; nach den Umrissen derselben muß sie offenbar früher ein See oder wahrscheinlicher ein in das Land hineinreichender Meeresarm gewesen sein, wie man aus der Gegenwart von Jodsalzen in derselben Salzschicht schließen kann. Die Oberfläche der Ebene liegt 3300 Fuß über dem Stillen Ozean.

19. Juli – Wir gingen in dem Meerbusen von Callao, dem Hafenort von Lima, der Hauptstadt von Peru, vor Anker. Wir blieben sechs Wochen lang hier, aber wegen des unruhigen Zustandes der öffentlichen Angelegenheiten sah ich nur sehr wenig vom Land. Während unseres Aufenthaltes war das Klima bei weitem nicht so entzückend, wie es gewöhnlich dargestellt wird. Eine trübe, schwere Wolkenbank hing beständig über dem Land, so daß ich während der ersten sechzehn Tage nur ein einziges Mal einen Blick auf die Cordillera hinter Lima hatte. Diese Berge hatten, in Stufen eine über der anderen durch die Öffnungen in den Wolken gesehen, ein sehr großartiges Ansehen. Es ist beinahe zu einem Sprichwort geworden, daß Regen in dem niederen Teile von Peru niemals fällt. Doch kann dies kaum für korrekt angesehen werden, denn beinahe jeden Tag unseres Aufenthaltes kam ein dicker, tröpfelnder Nebel, welcher hinreichte, die Straßen schmutzig und die Kleider feucht zu machen. Es beliebt den Leuten, dies peruanischen Tau zu nennen. Daß nicht viel Regen fällt, ist sicher, denn die Häuser sind nur mit flachen, aus gehärtetem Schlamm gebildeten Dächern bedeckt und auf dem Hafendamme waren Schiffsladungen von Weizen aufgehäuft, welche wochenlang so liegengelassen wurden ohne irgendwelchen Schutz.

Ich muß gestehen, das sehr wenige, was ich von Peru sah, hat mir nicht recht gefallen. Indes soll im Sommer das Klima viel angenehmer sein. Zu allen Jahreszeiten leiden sowohl die Einwohner als die Fremden von heftigen Anfällen von Fieber. Diese Krankheit ist an der ganzen Küste von Peru häufig, ist aber im Innern unbekannt. Die Fälle von Erkrankungen, welche durch Miasma entstehen, erscheinen doch immer äußerst mysteriös. Nach dem Ansehen eines Landes beurteilen zu sollen, ob es gesund ist oder nicht, ist so schwierig, daß, wenn jemandem aufgetragen worden wäre, innerhalb der Tropen eine Örtlichkeit auszuwählen, die der Gesundheit günstig erschiene, er wahrscheinlich diese Küste angeführt haben würde. Die Ebene um die Vorstädte von Callao ist spärlich mit einem groben Gras bedeckt und an einigen Stellen finden sich einige wenige Tümpel stehenden Wassers, obschon sie sehr klein sind. Das Miasma entsteht aller Wahrscheinlichkeit nach aus diesen; denn die Stadt Arica war in ganz ähnlicher Lage und ihre Gesundheit wurde durch das Entwässern einiger kleiner Tümpel bedeutend verbessert. Miasma wird nicht immer durch eine üppige Vegetation mit einem heißen Klima hervorgebracht; denn viele Teile von Brasilien, selbst wo Moräste und eine üppige Vegetation sich finden, sind viel gesünder als diese sterile Küste von Peru. Die dichtesten Wälder in einem gemäßigten Klima, wie z.B. in Chiloë, scheinen nicht im allergeringsten Grade den gesunden Zustand der Atmosphäre zu beeinflussen.

Die Insel Santiago am grünen Vorgebirge bietet ein anderes, ausgesprochen scharfes Beispiel eines Landes dar, von dem jedermann erwartet haben würde, daß es äußerst gesund sei, und welches doch durchaus nicht so ist. Ich habe die kahlen und offenen Ebenen beschrieben, wie sie während weniger Wochen nach der Regenzeit eine dünne Vegetation tragen, die direkt verwelkt oder vertrocknet. In dieser Zeit scheint die Luft vollständig giftig zu werden; sowohl Eingeborene als Fremde werden häufig von heftigen Fiebern ergriffen. Andererseits sind die Galapagos-Inseln im Stillen Ozean, mit einem ähnlichen Boden und periodisch demselben Vegetationsprozeß unterworfen, vollständig gesund. Humboldt hat bemerkt, daß „in der heißen Zone die kleinsten Moräste die gefährlichsten sind, da sie, wie in Vera-Cruz und Cartagena, von einem dürren und sandigen Boden umgeben sind, welcher die Temperatur der umgebenden Luft erhöht".[5] An der Küste von Peru ist aber die Temperatur nicht bis zu einem exzessiven Grade heiß, und vielleicht sind infolgedessen die intermittierenden Fieber nicht von der bösar-

---

[5] Essai polit. sur la Nouv. Espagne. T. IV, p.199.

Sechzehntes Kapitel

tigsten Sorte. In allen ungesunden Ländern läuft man die größte Gefahr, wenn man am Land schläft. Ist dies wohl eine Folge des Zustandes des Körpers während des Schlafes oder eine Folge der größeren Menge von Miasma zu solchen Zeiten? Es scheint sicher zu sein, daß diejenigen, welche an Bord eines Schiffes bleiben, auch wenn es nur in kurzer Entfernung von der Küste vor Anker liegt, meist weniger leiden als diejenigen, welche faktisch am Ufer sind. Andererseits habe ich von einem merkwürdigen Fall gehört, wo unter der Mannschaft eines Kriegsschiffes einige hundert Meilen von der Küste von Afrika entfernt ein Fieber ausbrach, und zu derselben Zeit eine jener fürchterlichen Sterblichkeitsperioden[6] in Sierra Leone begann.

Kein Staat in Süd-Amerika hat seit der Unabhängigkeitserklärung mehr unter der Anarchie gelitten als Peru. Zur Zeit unseres Besuches waren vier Häuptlinge unter Waffen im Kampf um die Obergewalt in der Regierung; gelingt es einem, für eine kurze Zeit sehr mächtig zu werden, so verbinden sich die anderen gegen ihn; aber kaum sind sie siegreich, als sie wieder gegeneinander feindlich auftreten. Vor kurzem wurde beim Jahrestag der Unabhängigkeitserklärung eine Messe zelebriert und der Präsident nahm das Sakrament; während des Te Deum laudamus wurde, statt daß jedes Regiment die peruanische Flagge entfaltete, eine schwarze Fahne mit einem Totenkopf entrollt. Nun stelle man sich eine Regierung vor, unter welcher eine derartige Szene bei einer solchen Gelegenheit angeordnet werden kann, um ihren Entschluß auszudrükken, bis zum Tode zu kämpfen! Dieser Zustand der Dinge bestand unglücklicherweise gerade als wir dort waren, so daß ich verhindert war, irgendwelche Exkursionen weit über die Grenzen der Stadt auszudehnen. Die kahle Insel San Lorenzo, welche den Hafen bildet, war beinahe der einzige Ort, wo man sicher spazierengehen konnte. Der obere Teil, welcher über 1000 Fuß hoch ist, kommt während dieser Jahreszeit (Winter) in die untere Wolkengrenze; und infolgedessen bedeckt eine äußerst reichliche kryptogame Vegetation und einige wenige Blütenpflanzen den Gipfel. Auf den Bergen in der Nähe von Lima ist der Boden in einer nur wenig bedeutenderen Höhe mit einem Moosteppich und Beeten schöner gelber Lilien, Amancaes genannt, bedeckt. Dies weist auf einen sehr viel höheren Grad von Feuchtigkeit hin, als er in einer entsprechenden Höhe von Iquique besteht. Kommt man nördlich von Lima, so wird das Klima feuchter, bis wir an den Ufern des Guyaquil, beinahe unter dem Äquator, die üppigsten Wälder finden. Die Veränderung von der sterilen Küste von Peru zu jenem fruchtbaren Lande findet indes der Beschreibung nach im ganzen plötzlich statt und zwar in der Breite von Kap Blanco, zwei Grad südlich von Guyaquil.

Callao ist ein schmutziger, schlecht gebauter, kleiner Hafenort, die Bewohner bieten sowohl hier als in Lima jede denkbare Schattierung von einer Mischung von europäischem, Neger- und Indianer-Blut dar. Sie sind dem Anschein nach eine verderbte, trunkene Sorte Leute. Die Atmosphäre ist mit üblen Gerüchen beladen, und jener eigentümliche Geruch, welcher in beinahe jeder Stadt innerhalb der Tropen wahrgenommen werden kann, war hier sehr stark. Die Festung welche Lord Cochranes langer Belagerung widerstand, hat ein imponierendes Ansehen. Während unseres Aufenthaltes verkaufte aber der Präsident die messingenen Kanonen und schritt dazu, Teile der Festung zu schleifen. Der angeführte Grund war, daß er keine Offiziere habe, welchem er einen so wichtigen Posten anvertrauen könne. Er selbst hatte gute Gründe, so zu denken, da er die Präsidentschaft dadurch erlangt hatte, daß er revoltierte, während er diese selbe Festung kommandierte. Nachdem wir Süd-Amerika verlassen hatten, büßte er seine Schuld in der gewöhnlichen Weise, d.h. er wurde besiegt, gefangengenommen und erschossen.

Lima liegt auf einer Ebene in einem Tal, welches sich während des allmählichen Zurückweichens des Meeres gebildet hat. Es ist sieben Meilen von Callao entfernt und liegt fünfhundert Fuß höher als dieses; aber da die Neigung sehr allmählich ist, so scheint die Straße absolut eben

---

[6] Ein ähnlicher interessanter Fall ist mitgeteilt in dem Madras Medical Quart. Journ., 1839, p.340. Dr. Ferguson weist in seiner ausgezeichneten Arbeit (s. Transact. R. Soc. Edinb., Vol. 9) deutlich nach, daß das Gift während des Prozesses des Trocknens sich bilde, daß daher heiße trockene Länder häufig die ungesündesten seien.

zu sein, so daß, wenn man in Lima ist, es schwer scheint, zu glauben, daß man selbst auch nur hundert Fuß in die Höhe gestiegen sei. Humboldt hat dieses eigentümlichen, täuschenden Falls Erwähnung getan. Steile kahle Berge steigen wie Inseln aus der Ebene empor, welche durch gerade Lehmwände in große grüne Felder abgeteilt sind. In diesen wächst kaum ein Baum mit Ausnahme weniger Weiden und gelegentlich ein Haufen Bananen und Orangen. Die Stadt Lima ist jetzt in einem elenden Zustand von Verfall. Die Straßen sind beinahe nicht gepflastert und Haufen von Schmutz sind nach allen Richtungen hin aufgehäuft, wo die schwarzen Gallinazos, zahm wie Hausgeflügel, Stücke von Aas aufpicken. Die Häuser haben meist ein oberes Stockwerk, welches wegen der Erdbeben aus mit Gips beworfenem Holzwerk gebaut ist. Einige der älteren Häuser aber, welche jetzt von mehreren Familien benutzt werden, sind ungeheuer groß und würden in der Flucht von Zimmern und Appartements mit den prächtigsten Häusern in irgendwelcher Stadt rivalisieren. Lima, die Stadt der Könige, muß früher eine prachtvolle Stadt gewesen sein. Die außerordentliche Anzahl von Kirchen gibt ihr selbst heutigen Tages einen eigentümlichen und auffallenden Charakter, besonders, wenn man es aus einer geringen Entfernung ansieht.

Eines Tages ging ich mit einigen Kaufleuten aus, um in der unmittelbaren Nähe der Stadt zu jagen. Unser Jagdvergnügen war sehr dürftig; ich hatte aber Gelegenheit, die Ruinen eines der alten Indianer-Dörfer zu sehen, mit seinem Erdhügel im Zentrum, ähnlich einem natürlichen Berge. Die Überreste von Häusern, Einfriedigungen, Berieselungsströmen und Begräbnishügeln, welche über diese Ebene zerstreut lagen, müssen jedermann eine hohe Idee von dem Zustand und der Zahl der alten Bevölkerung geben. Betrachtet man ihr irdenes Geschirr, ihre wollenen Stoffe, ihre aus den härtesten Steinen geschnittenen Geräte von eleganten Formen, ihre kupfernen Werkzeuge, Schmuckgegenstände aus edlen Steinen, ihre Paläste und hydraulischen Werke, so ist es unmöglich, die beträchtlichen Fortschritte, die sie in den Künsten und der Kultur gemacht haben, nicht mit hoher Achtung zu betrachten. Die Huacas genannten Begräbnishügel sind in der Tat staunenerregend, obschon sie an einigen Stellen wie natürliche, umschlossene und modellierte Berge aussahen.

Es findet sich noch eine andere und sehr verschiedene Klasse von Ruinen, welche einiges Interesse darbieten, nämlich die des alten Callao, welches von dem großen Erdbeben von 1746 und seiner begleitenden Welle umgestürzt wurde. Die Zerstörung muß selbst noch vollständiger gewesen sein als in Talcahuano. Massen von Rollsteinen verbergen beinahe den Fuß der Mauern und ungeheure Mengen von Ziegeln scheinen, wie Rollsteine, von den sich zurückziehenden Wellen umhergewirbelt worden zu sein. Es ist behauptet worden, daß während dieses denkwürdigen Erdstoßes das Land gesunken sei. Ich konnte indes keinen Beweis hierfür entdecken; doch scheint es durchaus nicht unwahrscheinlich zu sein, denn die Form der Küste muß sicherlich seit der Gründung der alten Stadt eine Veränderung erlitten haben, da niemand bei gesunden Sinnen den schmalen Zug von Rollsteinen absichtlich als Baugrund gewählt haben würde, auf welchem die Ruinen jetzt stehen. Seit unserer Rückkehr ist Herr von Tschudi zu dem Schluß gekommen, und zwar nach Vergleichung alter und neuer Landkarten, daß die Küste sowohl nördlich als südlich von Lima sicher gesunken ist.

Auf der Insel San Lorenzo finden sich sehr befriedigende Beweise von der Erhebung während der jetzigen Periode; dies ist natürlich nicht im Widerspruch zu der Annahme, daß später ein geringes Sinken des Erdbodens eingetreten ist. Die nach dem Meerbusen von Callao hin liegende Seite dieser Insel ist in drei undeutliche Terrassen ausgewaschen; von denen die untere von einer eine Meile langen Schicht bedeckt wird; diese wird beinahe gänzlich aus Muscheln von achtzehn noch jetzt in dem umgebenden Meer lebenden Schaltierarten gebildet. Die Höhe dieser Schicht beträgt fünfundachtzig Fuß. Viele der Gehäuse sind tief angefressen und haben ein viel älteres und zerfallenes Ansehen, als die in der Höhe von 500 oder 600 Fuß an der Küste von Chile gefundenen. In Verbindung mit diesen Muscheln findet sich sehr viel gewöhnliches

Sechzehntes Kapitel

Salz, ein wenig schwefelsaurer Kalk (beides wahrscheinlich nach Verdunstung des Flugwassers zurückgelassen, als das Land allmählich stieg), daneben noch schwefelsaures Natron und Chlorkalk. Sie ruhen auf Bruchstücken des darunterliegenden Sandsteines und sind wenige Zoll dick mit Detritus bedeckt. Höher hinauf auf die Terrasse konnte man die Schalen in Flocken sich abbröckeln und in ein unfühlbares feines Pulver zerfallen sehen; und auf einer oberen Terrasse, in der Höhe von 170 Fuß, fand ich eine Schicht salzigen Pulvers von genau ähnlichem Ansehen und auch in derselben relativen Lage sich findend. Ich zweifle nicht daran, daß dieses obere Lager ursprünglich als Muschelschicht existierte, wie das auf der fünfundachtzig Fuß hohen Terrasse; sie scheint aber jetzt auch nicht eine Spur organischen Baus zu enthalten. Das Pulver hat auf meine Bitte Mr. T. Reeks analysiert. Es besteht aus schwefelsaurem und Chlorkalk und Natron mit sehr wenig kohlensaurem Kalk. Es ist bekannt, daß gemeines Salz und kohlensaurer Kalk, eine Zeitlang in Masse zusammengelassen, sich gegenseitig zersetzen, obgleich dies mit kleinen Mengen in Auflösung nicht eintritt. Da die halb zersetzten Schaltiergehäuse in den unteren Lagern mit viel Kochsalz, in Verbindung mit einigen der salzigen, die obere salzige Schicht bildenden Substanzen vereint auftreten, und da die Gehäuse in einer merkwürdigen Art und Weise angefressen und zerfallen sind, so vermute ich sehr stark, daß diese doppelte Zersetzung hier stattgefunden hat. Die hieraus hervorgehenden Salze sollten indessen kohlensaures Natron und Chlorkalk sein; das letztere ist vorhanden, aber nicht das kohlensaure Natron. Ich werde daher zu der Ansicht geführt, daß infolge irgendwelcher unerklärter Mittel das kohlensaure Natron in schwefelsaures verwandelt wird. Offenbar könnte sich diese salzige Schicht in keinem Land erhalten, wo gelegentlich sehr reichlich Regen fällt; andererseits ist dieser selbe Umstand, welcher auf den ersten Blick so äußerst günstig für die lange Erhaltung bloß daliegender Muscheln zu sein scheint, wahrscheinlich das indirekte Mittel gewesen, daß sie, und zwar weil das Kochsalz nicht ausgewaschen worden ist, sich zersetzt haben und so bald zerfallen.

Es interessierte mich sehr, auf der Terrasse in der Höhe von fünfundachtzig Fuß zwischen den Schaltiergehäusen und vielem von dem Meer angetriebenem Unrat einige Stücke baumwollenen Garns, geflochtener Binsen und einen Stengel von Mais eingebettet zu finden; ich verglich diese Überreste mit ähnlichen aus den Huacas oder alten peruanischen Gräbern genommenen und fand sie im Ansehen identisch. Auf dem Festland San Lorenzo, gegenüber in der Nähe von Bella Vista, findet sich eine ausgedehnte und horizontale, ungefähr hundert Fuß hohe Ebene, deren unterer Teil aus abwechselnden Lagern von Sand und unreinem Ton in Verbindung mit etwas Kies, und deren Oberfläche bis zur Tiefe von drei bis sechs Fuß aus rötlichem Lehm gebildet wird, welch letzterer wenige zerstreute Seemuscheln und zahlreiche kleine Fragmente grober, roter, irdener Geräte an gewissen Stellen reichlicher als an anderen enthält. Anfangs war ich zur Annahme geneigt, daß diese oberflächliche Schicht wegen ihrer weiten Ausdehnung und Glätte unter der See abgelagert sein müsse; ich fand aber später an einer Stelle, daß sie auf einem künstlichen Fußboden von runden Steinen ruhte. Es scheint daher äußerst wahrscheinlich zu sein, daß in einer Zeit, wo das Land ein niedrigeres Niveau hatte, eine der jetzt Callao umgebenden sehr ähnliche Ebene vorhanden war, welche, durch einen Strand mit Rollsteinen geschützt, nur sehr wenig über das Niveau des Meeres vorragte. Auf dieser Ebene mit den darunterliegenden roten Tonschichten, glaube ich, daß die Indianer ihre irdenen Gefäße fabrizierten, und daß während irgendeines heftigen Erdbebens das Meer über den Strand hereinbrach und die Ebene zeitweise in einen See verwandelte, wie es rund um Callao in den Jahren 1713 und 1746 eintrat. Das Wasser wird dann Schlamm abgesetzt haben, welcher Bruchstücke von Töpferwaren aus den Hütten, und zwar an einzelnen Stellen reichlicher als an anderen, und Schaltiergehäuse aus der See enthalten haben wird. Diese Schicht mit fossilen irdenen Gefäßen liegt in ungefähr derselben Höhe mit den Muscheln auf der unteren Terrasse von San Lorenzo, in welcher die Baumwollfäden und anderen Überreste eingebettet waren. Wir können daher ruhig schließen, daß während der Periode der Indianer eine Erhebung, wie früher erwähnt wurde, von mehr als fünfundachtzig Fuß bestanden hat; denn ein kleiner Betrag von Erhebung muß verloren gegangen sein, da die Küste, seitdem die alten Landkarten gestochen wurden, gesunken ist. Obschon in Valparaiso in den 220 Jahren vor unserem Besuch die Erhebung nicht neunzehn Fuß überschritten haben kann, so ist doch nach 1817 teils eine unmerkliche, teils aber während des Erdstoßes von 1822 eine ruckweise Erhebung von zehn oder elf Fuß eingetreten. Das Alter der indo-menschlichen Rasse hier ist, nach der Erhebung des Landes von fünfundachtzig Fuß zu urteilen, welche eingetreten ist, seitdem die Überreste eingebettet wurden, um so merkwürdiger, als an der Küste von Patagonien in der Zeit, wo das Land ungefähr dieselbe Zahl von Fußen tiefer lag, die *Macrauchenia* ein lebendes Tier war; da aber die patagonische Küste eine ziemliche Strecke von der Cordillera entfernt liegt, so kann die Erhebung dort langsamer gewesen sein als hier. In Bahia Blanca hat die Erhebung nur wenige Fuß betragen, seitdem die zahlreichen riesenhaften Säugetiere dort begraben wurden, und der allgemein angenommenen Ansicht zufolge hat, als diese ausgestorbenen Tiere lebten, der Mensch nicht existiert. Aber das Erheben jenes Teils der Küste von Patagonien steht vielleicht in gar keiner Weise mit der Cordillera in Zusammenhang, sondern eher vielleicht mit einer Reihe alter vulkanischer Gesteine in Banda Oriental, so daß sie unendlich langsamer verlaufen sein kann, als an den Küsten von Peru. Alle diese Spekulationen müssen indessen sehr unsicher sein; denn wer will zu sagen sich anmaßen, daß nicht mehrere Senkungsperioden, zwischen die erhebende Bewegung eingeschaltet, bestanden haben mögen. Wir wissen ja, daß der ganzen Küste von Patagonien entlang lange und viele Pausen in der Wirkung der emporhebenden Kräfte eingetreten sind.

Siebzehntes Kapitel

Die ganze Inselgruppe vulkanisch – Zahl der Krater – Blattlose Gebüsche – Kolonie auf der Charles-Insel – James-Insel – Salzsee in einem Krater – Naturgeschichte der Gruppe – Ornithologie, merkwürdige Finken – Reptilien – Große Schildkröten, ihre Lebensweise – Marine Eidechse, lebt von Seegras – Land-Eidechse, Gewohnheit zu graben, pflanzenfressend – Bedeutung der Reptilien auf dem Archipel – Fische, Schaltiere, Insekten – Botanik – Amerikanischer Organisationstypus – Verschiedenheiten der Arten oder Rassen auf den verschiedenen Inseln – Zahmheit der Vögel – Furcht vor dem Menschen, ein erworbener Instinkt

Galapogos-Archipel

15. September – Es besteht dieser Archipel aus zehn Hauptinseln, von welchen fünf die anderen an Größe übertreffen. Sie sind unter dem Äquator gelegen und sind fünf- bis sechshundert Meilen nach Westen von der Küste von Amerika entfernt. Sie werden alle aus vulkanischen Gesteinen gebildet. Wenige Fragmente eines verglasten und durch die Hitze veränderten Granits können kaum als eine Ausnahme betrachtet werden. Einige der die größeren Inseln überragenden Krater sind von ungeheurer Größe und erheben sich bis zu einer Höhe von zwischen drei- und viertausend Fuß. Ihre Seiten sind mit unzähligen kleineren Öffnungen besetzt. Ich zögere kaum zu behaupten, daß es auf dem Archipel mindestens zweitausend Krater geben muß. Diese bestehen entweder aus Lava und Schlacken, oder aus schön geschichtetem sandsteinartigem Tuff. Im letzteren Falle sind sie sehr schön symmetrisch; sie verdanken ihre Entstehung Ausbrüchen vulkanischen Schlamms ohne Lava. Es ist ein merkwürdiger Umstand, daß ein jeder einzelne der achtundzwanzig Tuff-Krater, welche untersucht wurden, die südliche Seite viel niedriger hatte als die anderen Seiten, oder daß diese Seite ganz zusammengebrochen und entfernt war. Da allem Anschein nach diese sämtlichen Krater gebildet wurden, als die Inseln im Meere lagen, und da die Wellen des Passatwindes und die große Bewegung der offenen Südsee hier ihre Gewalt an den Südküsten aller der Inseln vereinen, so läßt sich die merkwürdige Gleichförmigkeit in dem eingebrochenen Zustand der Krater, die aus weichem und nachgebendem Tuff bestehen, leicht erklären.

In Anbetracht dessen, daß diese Inseln direkt unter dem Äquator liegen, ist das Klima durchaus nicht übertrieben heiß; dies scheint hauptsächlich durch die eigentümlich niedrige Temperatur des umgebenden, von dem großen Süd-Polar-Strom hierher gebrachten Wassers verursacht zu werden. Mit Ausnahme eines sehr kurzen Teils des Jahres fällt nur sehr wenig Regen, und selbst während dieser Jahreszeit ist er unregelmäßig; die Wolken hängen aber meist tief herab. Während daher die niedrigeren Teile der Inseln sehr unfruchtbar sind, haben die oberen Teile, in einer Höhe von 1000 Fuß und darüber, ein feuchtes Klima und eine ziemlich üppige Vegetation. Dies ist besonders an den nach den Winden gelegenen Teilen der Fall, welche die Feuchtigkeit der Atmosphäre zuerst erhalten und aus ihr verdichten.

Am Morgen (den 17.) landeten wir auf der Chatham-Insel, welche gleich den anderen mit einem milden, abgerundeten, hier und da durch zerstreute Hügel (die Überreste früherer Krater) unterbrochenen Umrisse aus dem Meer aufsteigt. Nichts konnte weniger einladend sein, als die erste Erscheinung. Ein zerklüftetes Feld schwarzer, basaltischer Lava, welche in die verschiedenartigst zerrissenen Wellen geworfen und von großen Spalten durchsetzt ist, wird überall von verkümmertem, sonnenverbranntem Buschholz bedeckt, welches nur wenige Zeichen von Leben gibt. Die trockene und ausgedorrte, von der Mittagssonne erhitzte Oberfläche gab der Luft ein eingeschlossenes und drückendes Gefühl, wie ein Ofen; wir bildeten uns selbst ein, daß die Gebüsche unangenehm röchen. Obschon ich mit vielem Fleiß versuchte, so viele Pflanzen als nur irgend möglich zu sammeln, erhielt ich doch nur sehr wenige; und derartige elend aussehende kleine Kräuter würden einer arktischen Flora viel besser anstehen, als einer äquatorialen. Das Buschwerk sieht aus einer kurzen Entfernung so blattlos aus wie unsere Bäume während des Winters; und es dauerte eine Zeitlang, ehe ich entdeckte, daß jetzt jede Pflanze nicht bloß sich in vollem Blätterschmuck befand, sondern daß die größere Zahl in Blüte stand. Der gemeinste Strauch ist eine der Euphorbiaceen; eine Akazie und ein großer, merkwürdig aussehender Kaktus sind die einzigen Bäume, welche irgendeinen Schatten darbieten. Nach der Zeit der heftigen Regengüsse sollen die Inseln eine kurze Zeitlang teilweise grün erscheinen. Die vulkanische Insel Fernando Noronha, welche in vielen Beziehungen nahezu ähnlichen Bedingungen ausgesetzt ist, ist das einzige andere Land, wo ich einen überhaupt mit dem der Galapagos-Inseln vergleichbaren Pflanzenwuchs gefunden habe.

Die „Beagle" segelte um die Chatham-Insel herum und ging in mehreren Buchten vor Anker. Eine Nacht schlief ich am Ufer auf einem Teile der Insel, wo sich schwarze, abgestutzte Kegel außerordentlich zahlreich fanden. Von einer kleinen Erhöhung aus zählte ich deren sechzig, und alle wurden von mehr oder weniger vollkommenen Kratern gekrönt. Die größere Zahl derselben bestand nur aus einem Ring zusammengekitteter Scoriae oder Schlacken, und ihre Höhe über der Lava-Ebene betrug nicht mehr als fünfzig bis hundert Fuß. Keiner der Krater war in der letzten Zeit tätig gewesen. Die ganze Oberfläche dieses Teils der Insel scheint von den unterirdischen Dämpfen wie ein Sieb durchlöchert worden zu sein; hier und da ist die Lava, so lange sie weich war, in große Blasen aufgeworfen worden; an anderen Stellen ist das Dach ähnlich gebildeter Höhlen eingestürzt und hat kreisförmige Gruben mit steilen Seitenwänden entblößt. Infolge ihrer regelmäßigen Form gaben die vielen Krater der Landschaft ein künstliches Ansehen, welches mich lebhaft an die Teile von Staffordshire erinnerte, wo die großen Eisenwerke am zahlreichsten sind. Der Tag war glühend heiß und das Kriechen über die rauhe Fläche und die verwirrten Dickichte sehr ermüdend; ich wurde aber durch die fremdartige zyklopische Szenerie reichlich belohnt. Wie ich dahinging, begegnete ich zwei großen Schildkröten, von denen eine jede mindestens zweihundert Pfund gewogen haben muß; die eine fraß ein Stück Kaktus, und als ich mich ihr näherte, starrte sie mich an und kroch langsam fort; die andere stieß ein tiefes Zischen aus und zog ihren Kopf ein. Diese ungeheuren Reptilien in dieser Umgebung von schwarzer Lava, blattlosen Sträuchern und großen Kakteen erschienen meiner Phantasie wie irgendwelche vorsintflutliche Tiere. Die wenigen, trübe gefärbten Vögel kümmerten sich um mich nicht mehr als die großen Schildkröten.

23. September – Die „Beagle" ging weiter nach der Charles-Insel. Es ist dieser Archipel schon seit langer Zeit besucht worden, zuerst von den Flibustiern und später von den Walfischfängern; aber erst innerhalb der letzten sechs Jahre ist eine kleine Kolonie hier gegründet worden. Einwohner sind zwischen zwei- und dreihundert vorhanden; sie sind beinahe sämtlich farbige Leute, welche wegen politischer Verbrechen aus der Republik Ecuador, deren Hauptstadt Quito ist, verbannt worden sind. Die Niederlassung liegt ungefähr vier und eine halbe Meile landeinwärts und in einer Höhe von wahrscheinlich 1000 Fuß. Im ersten Teil der Straße kamen wir durch blattlose Gebüsche, wie auf der Chatham-Insel. Höher hinauf wurde das Gehölz nach und nach grüner; und sobald wir den Rücken der Insel überstiegen hatten, wurden wir von einer schönen südlichen Brise erfrischt, und das Auge ergötzte sich an einer grünen und gut gedeihenden Vegetation. In dieser oberen Region ist grobes Gras und Farnkraut üppig vorhanden, es finden sich aber keine Baumfarne. Nirgends sah ich ein Glied der Familie der Palmen, was umso eigentümlicher ist, als 360 Meilen weiter nördlich die Kokos-Insel ihren Namen von der großen Zahl der Kokosnüsse erhält. Die Häuser sind unregelmäßig über ein ebenes Stück Land zerstreut, auf welchem Bataten und Bananen angebaut werden. Man wird sich kaum leicht eine Vorstellung davon machen können, wie angenehm uns der Anblick schwarzen Schlamms war,

Siebzehntes Kapitel

nachdem wir so lange an den ausgedörrten Boden von Peru und dem nördlichen Chile gewöhnt gewesen waren. Obgleich sich die Einwohner über ihre Armut beklagen, so erlangen sie doch ohne viele Mühe ihre Subsistenzmittel. In den Wäldern finden sich viele wilde Schweine und Ziegen; der hauptsächlichste animale Nahrungsartikel wird aber von den Schildkröten dargeboten. Ihre Zahl ist natürlich auf dieser Insel beträchtlich verringert worden; die Leute rechnen doch aber noch immer darauf, daß eine zweitägige Jagd ihnen für den Rest der Woche hinreichende Nahrung gibt. Es wird erzählt, daß früher einzelne Schiffe bis zu siebenhundert Schildkröten fortgeschafft haben, und daß vor einigen Jahren die Schiffsmannschaft einer Fregatte an einem Tag zweihundert Schildkröten nach dem Strand hinabgebracht habe.

29. September – Wir doublierten die Südwest-Spitze der Albemarle-Insel und wurden am nächsten Tage zwischen dieser und der Narborough-Insel beinahe von einer Windstille befallen. Beide sind von ungeheuren Strömen nackter schwarzer Lava bedeckt, welche entweder über den Band der großen Kessel geflossen ist, wie Pech über den Rand der großen Töpfe, in denen es gekocht wird, oder aus kleineren Öffnungen in den Seiten ausgebrochen ist; in ihrem Herabsteigen haben sie sich meilenweit an der Küste ausgebreitet. Von diesen beiden Inseln ist es bekannt, daß Eruptionen auf ihnen stattgefunden haben; und auf der Albemarle-Insel sahen wir einen kleinen Strahl Rauchs vom Gipfel eines der großen Krater emporwirbeln. Am Abend ankerten wir in Banks Cove auf der Albemarle-Insel. Am nächsten Morgen ging ich zu einem Gang aus. Nach Süden von dem zerbrochenen Tuff-Krater, in welchem die „Beagle" vor Anker lag, war noch ein anderer, wundervoll symmetrischer von einer elliptischen Form; seine längere Achse betrug nur ein geringes weniger als eine Meile und seine Tiefe ungefähr 500 Fuß. Auf seinem Grund fand sich ein seichter See, in dessen Mitte ein kleiner Krater ein Inselchen bildete. Der Tag war überwältigend heiß und der See sah klar und blau aus. Ich eilte den Aschenabhang hinab und kostete, von Staub erstickt, eifrig das Wasser; – zu meinem Bedauern fand ich es so salzig wie Sole.

Die Felsen an der Küste waren voll von großen schwarzen Eidechsen, zwischen drei und vier Fuß lang, und auf den Bergen war eine häßliche, gelblich-braune Art gleichermaßen gemein. Von dieser letzteren Art sahen wir viele, manche rannten in einer ungeschickten Art uns aus dem Wege, andere krochen nach ihren Löchern. Ich werde sogleich die Lebensweise dieser beiden Reptilien mit mehr Detail beschreiben. Dieser ganze nördliche Teil der Albemarle-Insel ist äußerst steril.

8. Oktober – Wir kamen an der James-Insel an. Diese Insel, ebenso wie die Charles-Insel, wurde schon vor langer Zeit nach den englischen Königen aus dem Hause Stuart so genannt. Mr. Bynoe, ich und unsere Diener wurden hier für eine Woche gelassen, mit Provisionen und einem Zelte, während die „Beagle" nach Wasser ausging. Wir fanden hier eine Gesellschaft Spanier, welche von der Charles-Insel hierher geschickt worden waren, um Fische zu trocknen und Schildkrötenfleisch einzusalzen. Ungefähr sechs Meilen landeinwärts und in einer Höhe von 2000 Fuß war eine Hütte gebaut worden, in welcher zwei Männer lebten; ihre Beschäftigung bestand in dem Fangen der Schildkröten, während die übrigen an der Küste Fische fingen. Ich besuchte diese Leute zweimal und schlief eine Nacht dort. Wie auf den anderen Inseln war die untere Region von beinahe blattlosen Sträuchern bedeckt; die Bäume erreichten hier aber eine bedeutendere Größe als irgendwo anders; mehrere maßen zwei Fuß, einige sogar zwei Fuß neun Zoll im Durchmesser. Die obere Region wird von den Wolken feucht erhalten und entwickelt daher eine grüne und wohl gedeihende Vegetation. Der Boden war so feucht, daß sich große Strecken fanden, die von einem groben Riedgrase bedeckt waren; in diesem lebte eine große Zahl einer sehr kleinen Wasser-Ralle und brütete dort. Während wir in dieser oberen Gegend blieben, lebten wir ganz und gar von Schildkrötenfleisch; das Brustschild mit dem Fleisch daran geröstet (wie die Gauchos ihr *carne con cuero* bereiten) ist sehr gut; die jungen Schildkröten geben eine vorzügliche Suppe; im übrigen aber ist das Fleisch meinem Geschmacke nach nichtssagend.

Eines Tages begleiteten wir eine Gesellschaft jener Spanier in ihrem Walfischboot nach einer Salina, oder einem See, von woher sie das Salz sich holen. Nach der Landung hatten wir einen sehr unebenen Weg über ein zerklüftetes Feld neuerer Lava, welche einen Tuff-Krater, in dessen Grund der Salzsee liegt, beinahe umgeben hatte. Das Wasser ist ungefähr drei oder vier Zoll tief und steht auf einer Schicht wundervoll kristallisierten weißen Salzes. Der See ist vollkommen kreisförmig und wird von einem Rande hellgrüner saftiger Pflanzen eingefaßt; die beinahe senkrecht abstürzenden Wände des Kraters sind mit Bäumen bekleidet, so daß die ganze Szenerie sowohl malerisch als merkwürdig war. Vor wenigen Jahren haben die zu einem Robbenfänger gehörigen Matrosen ihren Kapitän an diesem stillen Ort ermordet; wir sahen seinen Schädel noch zwischen den Sträuchern liegen.

Während des größeren Teils unseres einwöchentlichen Aufenthalts war der Himmel wolkenlos; und wenn der Passatwind nur für eine Stunde aufhörte, so wurde die Hitze sehr erdrückend. An zwei Tagen stand das Thermometer innerhalb des Zeltes mehrere Stunden lang auf 93° (33,9 °C), in der freien Luft aber, im Wind und in der Sonne nur auf 85° (29,4 °C). Der Sand war außerordentlich heiß; als das Thermometer in Sand von einer braunen Farbe gesteckt wurde, stieg es unmittelbar auf 137° (40,56 °C); wie weit er darüber hinaus noch gestiegen sein würde, weiß ich nicht, denn er war nur bis dahin graduiert. Der schwarze Sand fühlte sich viel heißer an, so daß es selbst mit dicken Stiefeln unangenehm war, auf ihm zu gehen.

Die Naturgeschichte dieser Inseln ist in hohem Grade merkwürdig und verdient sehr wohl der Aufmerksamkeit. Die meisten organischen Erzeugnisse sind eingeborene Schöpfungen, die sich nirgendwo anders finden; es besteht sogar eine Verschiedenheit zwischen den Bewohnern der verschiedenen Inseln; doch zeigen alle eine ausgesprochene Verwandtschaft mit denen von Amerika, obschon sie von diesem Kontinent durch ein Stück offenen Meeres von einer Breite von 500 bis 600 Meilen getrennt sind. Der Archipel ist eine kleine Welt für sich, oder vielmehr ein Amerika angehängter Satellit; von dort hat er einige wenige verstreute Kolonisten herbezogen und den allgemeinen Charakter seiner eingeborenen Erzeugnisse erhalten. Bedenkt man die unbedeutende Größe dieser Inseln, so fühlt man sich nur umso mehr über die Zahl ihrer eingeborenen Geschöpfe und über ihren beschränkten Verbreitungsbezirk überrascht. Wenn man sieht, daß jede Höhe von einem Krater gekrönt wird und daß die Verbreitungsgrenzen der meisten Lavaströme noch ganz deutlich sind, so werden wir zu der Annahme geführt, daß sich innerhalb einer, geologisch genommen, rezenten Periode hier noch der Ozean ununterbrochen ausbreitete. Wir scheinen daher in beiden Beziehungen, sowohl im Raum als in der Zeit, jener großen Tatsache, – jenem Geheimnis aller Geheimnisse –, dem ersten Erscheinen neuer lebender Wesen auf der Erde, näher gebracht zu werden.

Von Landsäugetieren findet sich nur eines, welches als eingeboren angesehen werden muß, nämlich eine Maus (*Mus* [*Habrothrix*] *galapagoensis*), und diese ist, so viel ich es ermitteln konnte, auf die Chatham-Insel, die östlichste Insel der ganzen Gruppe, beschränkt. Wie mir Mr. Waterhouse mitgeteilt hat, gehört sie zu einer für Amerika charakteristischen Abteilung der Familie der Mäuse. Auf der James-Insel kommt eine von der gemeinen Ratte hinreichend verschiedene Art vor, um von Mr. Waterhouse benannt und beschrieben zu werden [*Mus rattus* var. *Jacobiae* Waterh.]; da sie aber zur altweltlichen Abteilung der Familie gehört und da diese Insel seit den letzten hundertfünfzig Jahren öfters von Schiffen besucht worden ist, so kann ich kaum daran zweifeln, daß diese Ratte nur eine durch die neuen und eigentümlichen Verhältnisse des Klimas, der Nahrung und des Bodens, denen sie ausgesetzt gewesen ist, erzeugte Varietät ist. Obschon niemand ein Recht hat, ohne bestimmte Tatsachen zu spekulieren, so muß man doch selbst in bezug auf diese Maus der Chatham-Insel sich daran erinnern, daß es möglicherweise eine hier eingeführte amerikanische Art ist; denn ich habe in einem äußerst wenig besuchten Teil der Pampas eine eingeborene Maus im Dach einer neu erbauten Hütte leben sehen; ihr Transport in einem Schiff ist daher nicht unwahrscheinlich. Analoge Tatsachen sind von Dr. Richardson in Nord-Amerika beobachtet worden.

Von Landvögeln erhielt ich nur sechsundzwanzig Arten, alle dem Archipel eigentümlich und nirgends anderswo zu finden, mit Ausnahme eines einzigen lerchenartigen Finken von Nord-Amerika (*Dolichonyx oryzivorus*), welcher sich auf diesem Kontinent nördlich bis zum 54.° findet und gewöhnlich auf Moorboden vorkommt. Die anderen fünfundzwanzig Arten bestehen erstens aus einem Falken, welcher in einer merkwürdigen Art und Weise seinem Bau zufolge eine Zwischenstellung zwischen einem Bussard und der amerikanischen Gruppe der aasfressenden Polybori einnimmt; mit diesen letzteren Vögeln stimmt er in jedem Detail seiner Lebensweise und selbst im Ton seiner Stimme überein. Zweitens finden sich hier zwei Eulen, welche die kurzohrige und die weiße Schleiereule von Europa repräsentieren. Drittens ein Zaunkönig und drei Tyrannen-Fliegenschnäpper (zwei davon sind Arten der Gattung *Pyrocephalus*, von denen eine oder alle beide von manchen Ornithologen nur als Varietäten betrachtet werden würden) und eine Taube, – sämtlich analog mit, aber verschieden von amerikanischen Spezies. Viertens eine Schwalbe, welche zwar von der *Progne purpurea* Nord- und Süd-Amerikas nur darin abweicht, daß sie trüber gefärbt, kleiner und schlanker ist, aber doch von Mr. Gould als spezifisch verschieden betrachtet wird. Fünftens finden sich drei Arten von Spottdrosseln hier, – einer Form, welche für Amerika in hohem Grade charakteristisch ist. Die noch übrigen Landvögel bilden eine äußerst eigentümliche Gruppe von Finken, welche in der Struktur ihrer Schnäbel, den kurzen Schwingen, der Form des Körpers und dem Gefieder miteinander verwandt sind; es sind dreizehn Spezies, welche Mr. Gould in vier Untergruppen verteilt hat. Alle diese Spezies sind diesem Archipel eigentümlich; dasselbe ist auch mit der ganzen Gruppe der Fall, mit Ausnahme einer einzigen Art von der Untergruppe *Cactornis*, welche neuerdings von der Bow-Insel im Archipel der Niedrigen Inseln mitgebracht worden ist. Die beiden Spezies *Cactornis* kann man häufig um die Blüten der großen Kaktusbäume herumklettern sehen; aber alle übrigen, in Herden durcheinander gemischten Spezies dieser Gruppe ernähren sich auf dem trockenen und unfruchtbaren Boden der niedriger gelegenen Bezirke. Die Männchen aller, oder sicherlich wenigstens der größeren Zahl, sind tiefschwarz; die Weibchen sind (mit vielleicht einer oder zwei Ausnahmen) braun. Die merkwürdigste Tatsache ist die vollkommene Abstufung in der Größe des Schnabels bei den verschiedenen Arten von *Geospiza*, von einem Schnabel, der so groß ist wie der eines Kernbeißers bis zu dem eines Buchfinken und (wenn Mr. Gould Recht hat, seine Untergruppe *Certhidea* in die Hauptgruppe mit einzuschließen) bis zu dem eines Sängers. Der Schnabel von *Cactornis* ist ungefähr dem eines Stares ähnlich; und der der vierten Untergruppe, *Camarhynchus*, ist leicht papageienartig. Wenn man diese Abstufung und Verschiedenartigkeit der Struktur in einer kleinen, nahe untereinander verwandten Gruppe von Vögeln sieht, so kann man sich wirklich vorstellen, daß infolge einer ursprünglichen Armut an Vögeln auf diesem Archipel die eine Spezies hergenommen und zu verschiedenen Zwecken modifiziert worden sei. In gleicher Weise könnte man sich vorstellen, daß ein Vogel, ursprünglich ein Bussard, hier bestimmt worden sei, die Rolle der aasfressenden Polybori des amerikanischen Kontinents zu übernehmen.

Von Watt- und Wasservögeln war ich nur imstande, elf Arten zu erhalten, und von diesen sind nur drei Spezies neu (mit Einschluß einer die feuchten Höhen der Insel bewohnenden Ralle). In Anbetracht der wandernden Lebensweise der Möwen überraschte es mich, zu finden, daß die diese Inseln bewohnende Art eigentümlich, aber mit einer aus den südlichen Teilen von Süd-Amerika verwandt ist. Das bei weitem größere Verhältnis eigentümlicher Landvögel, – von sechsundzwanzig waren ja fünfundzwanzig neue Arten oder wenigstens neue Varietäten, – im Vergleich zu den Watt- und Schwimmvögeln steht in Übereinstimmung mit der größeren Verbreitung, welche diese letzteren Ordnungen in allen Teilen der Welt haben. Wir werden später noch dies Gesetz, daß Wasserformen, mögen sie dem See- oder dem Süßwasser angehören, auf jedem gegebenen Punkt der Erdoberfläche weniger eigentümlich sind, als die terrestrischen Formen einer und derselben Klasse, in auffallender Weise bei den Mollusken und in einem geringeren Grade auch bei den Insekten dieses Archipels erläutert finden.

Zwei von den Wattvögeln sind eher etwas kleiner als Exemplare derselben Art von anderen Fundorten; die Schwalbe ist gleichfalls kleiner, wennschon es zweifelhaft ist, ob sie von der analogen Form verschieden ist oder nicht. Die beiden Eulen, die zwei Tyrannen-Fliegenschnäpper (*Pyrocephalus*) und die Taube sind gleichfalls kleiner als die analogen, aber verschiedenen Spezies, mit welchen sie sonst äußerst nahe verwandt sind; andererseits ist die Möwe eher größer. Die beiden Eulen, die Schwalbe, alle drei Spezies der Spottdrossel, die Taube in ihren verschiedenen Färbungen, aber nicht im ganzen Gefieder, der *Totanus* und die Möwe sind gleichfalls trüber gefärbt als ihre analogen Arten; und was die Spottdrossel und den *Totanus* betrifft, so sind sie trüber gefärbt als irgendeine andere Art dieser Gattungen. Mit Ausnahme eines Sängers, der eine schön gelbe Brust, und eines Tyrannen-Fliegenschnäppers, der einen scharlachnen Federbusch und eine ebensolche Brust hat, ist keiner der Vögel brillant gefärbt, wie man es wohl in einem äquatorialen Bezirke hätte erwarten können. Es dürfte daher wohl als wahrscheinlich erscheinen, daß dieselben Ursachen, welche hier die Einwanderer gewisser Arten kleiner machen, auch die meisten der dem Galapagos-Archipel eigentümlichen Arten kleiner, und ebenso ganz allgemein trüber gefärbt machen. Alle Pflanzen haben ein schlechtes, unkrautartiges Aussehen, und ich habe nicht eine einzige schöne Blume gesehen. Ferner sind die Insekten von geringer Größe und düster gefärbt, und, wie mir Mr. Waterhouse mitteilt, findet sich nichts in ihrer allgemeinen Erscheinung, welches ihn zu der Vermutung geführt haben könnte, daß sie von dem Äquator kämen. Die Vögel, Pflanzen und Insekten haben einen Wüstencharakter und sind nicht brillanter gefärbt als die vom südlichen Patagonien. Wir können daher wohl schließen, daß die gewöhnliche bunte Färbung der intertropischen Naturerzeugnisse nicht zu der Wärme oder dem Licht dieser Zonen in Beziehung steht, sondern zu irgendeiner anderen Ursache, vielleicht zu dem Umstand, daß die Existenzbedingungen allgemein dem Leben günstig sind.

Ich will mich nun zu der Klasse der Reptilien wenden, welche der Zoologie dieser Inseln den auffallendsten Charakterzug aufprägt. Die Arten sind nicht zahlreich, aber die Zahl der Individuen einer jeden Spezies ist außerordentlich groß. Es finden sich eine kleine, zu einer südamerikanischen Gattung gehörige Eidechse und zwei Spezies (und wahrscheinlich mehr) von *Amblyrhynchus* – einer auf die Galapagos-Inseln beschränkten Gattung. Es gibt dort eine Schlange, welche zahlreich vorhanden ist; sie ist, wie mir von Mr. Bibron mitgeteilt worden ist, mit der *Psammophis Temminckii* von Chile identisch. Von See-Schildkröten findet sich, wie ich glaube, mehr als eine Art; und von Land-Schildkröten gibt es, wie wir sogleich sehen werden, zwei oder drei Spezies oder Rassen. Kröten und Frösche gibt es keine dort; ich war hiervon überrascht, wenn ich bedachte, wie passend für diese Tiere die gemäßigten und feuchten Waldungen auf den Höhen zu sein schienen. Die Tatsache rief die von Bory St. Vincent gemachte Bemerkung[1] in mein Gedächtnis, daß kein Glied dieser Familien auf irgendeiner der vulkanischen Inseln der großen Ozeane gefunden werde. Soweit ich dies nach verschiedenen Werken ermitteln kann, gilt diese Angabe durch den ganzen Stillen Ozean und selbst für die großen Inseln des Sandwich-Archipels. Mauritius bietet eine scheinbare Ausnahme dar, wo ich die *Rana mascareniensis* in großer Menge sah. Es wird jetzt angegeben, dieser Frosch lebe auf den Sey-

---

[1] Voyage aux Quatre Iles d'Afrique. In bezug auf die Sandwich-Inseln s. Tyerman und Bennett's Journal, Vol. I, p.434; wegen Maurtitius s. die Voyage par un Officier du Roi etc. Part I, p.170. Es gibt keine Frösche auf den Kanarischen Inseln (Webb et Berthelot) Hist. Natur. des Iles Canaries). Ich habe keine auf St. Jago, einer der Kapverdischen Inseln, gesehen. Es gibt auch keine auf St. Helena.

Siebzehntes Kapitel

chellen, auf Madagaskar und auf Bourbon; andererseits führt aber Du Bois in seiner Reise vom Jahre 1669 an, daß es keine Reptilien auf Bourbon gäbe, ausgenommen Schildkröten; und der Officier du Roi behauptet, daß man vor 1768, aber ohne Erfolg, versucht habe, Frösche auf Mauritius einzuführen, wie ich vermute, zum Zweck, sie zu verspeisen. Es dürfte da wohl ein Zweifel erlaubt sein, ob dieser Frosch auf diesen Inseln eingeboren sei. Das Fehlen der Familie der Frösche auf den Ozeanischen Inseln ist umso auffallender, wenn man dagegen die Eidechsen bedenkt, welche auf den meisten der kleinsten Inseln in Menge vorhanden sind. Dürfte die Ursache dieser Verschiedenheit nicht in der größeren Leichtigkeit liegen, mit welcher die von kalkigen Schalen beschützten Eier der Eidechsen durch das Salzwasser fortgeschafft werden können, als es der schleimige Froschlaich könnte?

Ich will zuerst die Lebensweise der Schildkröte (*Testudo nigra*, früher *indica* genannt) beschreiben, welche schon so oft hier erwähnt wurde. Es werden diese Tiere, wie ich glaube, auf sämtlichen Inseln des Archipels gefunden, sicherlich wenigstens auf der Mehrzahl derselben. Sie suchen mit Vorliebe die hoch gelegenen feuchten Teile auf, leben aber gleichfalls in den niedrigeren und dürren Distrikten. Ich habe schon nach der großen Zahl, welche an einem einzigen Tage gefangen wurde, gezeigt, wie außerordentlich zahlreich dieselben sein müssen. Einige wachsen bis zu einer ungeheuren Größe. Mr. Lawson, ein Engländer und Vize-Gouverneur der Kolonie, erzählte uns, daß er mehrere gesehen habe, die so groß waren, daß es sechs oder acht Mann bedurfte, um sie vom Boden aufzuheben, und daß einige bis zweihundert Pfund Fleisch geliefert hätten. Die alten Männchen sind die größten, die Weibchen wachsen nur selten zu einer so bedeutenden Größe heran. Das Männchen kann vom Weibchen leicht durch die größere Länge des Schwanzes unterschieden werden. Die Schildkröten, welche auf denjenigen Inseln leben, die kein Wasser haben, oder in den niedrig gelegenen und trockenen Distrikten der anderen, ernähren sich hauptsächlich von den saftigen Kakteen. Diejenigen, welche die höheren und feuchten Gegenden aufsuchen, fressen die Blätter verschiedener Bäume, eine Art von Beeren (*Guayavita* genannt), welche säuerlich und herb sind, und auch eine blaßgrüne, fadige Flechte (*Usnera plicata*), welche locken- oder zopfartig von den Baumzweigen herabhängt.

Die Schildkröte liebt das Wasser sehr, trinkt große Mengen und wühlt im Schlamm. Die größeren Inseln allein besitzen Quellen, und diese sind stets nach den zentraleren Teilen hin und in beträchtlicher Höhe gelegen. Es sind daher die Schildkröten, welche die niedriger gelegenen Distrikte bewohnen, wenn sie durstig sind, genötigt, eine große Strecke weit zu wandern. Daher gehen von den Quellen breite und gut ausgetretene Pfade zweigartig sich teilend nach allen Richtungen hinab nach der Meeresküste; die Spanier entdeckten die Wasser bietenden Stellen zuerst dadurch, daß sie diese Pfade aufwärts verfolgten. Als ich auf der Chatham-Insel landete, konnte ich mir nicht vorstellen, welches Tier so methodisch auf sorgfältig gewähltem Wege wandere. Es war ein merkwürdiges Schauspiel, in der Nähe der Quellen viele dieser kolossalen Geschöpfe zu beobachten, wie die einen eifrig, mit vorgestrecktem Halse vorwärts marschierten, während die anderen, nachdem sie sich vollgetrunken hatten, wieder zurückkehrten. Wenn die Schildkröte an der Quelle ankommt, so taucht sie, ohne Rücksicht auf irgendwelche Zuschauer zu nehmen, ihren Kopf bis über die Augen ins Wasser und verschluckt gierig ungefähr zehn Mal den Mund voll in einer Minute. Die Einwohner sagen, jedes Tier bleibe drei oder vier Tage in der Nähe des Wassers und kehre dann in das niedere Land zurück; ihre Angaben weichen aber in bezug auf die Häufigkeit dieser Besuche voneinander ab. Das Tier reguliert sie wahrscheinlich nach der Natur der Nahrung, von welcher es gelebt hat. Es ist indessen sicher, daß Schildkröten selbst auf denjenigen Inseln bestehen können, wo es kein anderes Wasser gibt, als das, welches während einiger weniger Regentage im Jahre fällt.

Ich glaube, es ist sicher ermittelt worden, daß die Harnblase des Frosches als ein Reservoir für die Feuchtigkeit dient, deren das Tier zu seiner Existenz bedarf. Dies scheint auch bei der Schildkröte der Fall zu sein. Einige Zeitlang nach einem Besuch der Quellen sind ihre Harnblasen von Flüssigkeit ausgedehnt, welche, wie man sagt, allmählich an Umfang abnimmt und weniger rein wird. Wenn die Bewohner in den tiefer gelegenen Teilen umhergehen und von Durst übermannt werden, so ziehen sie häufig aus diesem Umstand Vorteil und trinken den Inhalt der Blase, wenn dieselbe voll ist. Ich sah, wie eine Schildkröte getötet wurde; die Flüssigkeit in der Blase war völlig hell und klar und hatte nur einen sehr unbedeutend bitteren Geschmack. Die Einwohner trinken indessen immer zuerst das Wasser im Herzbeutel, welches als das beste beschrieben wird.

Wenn sich die Schildkröten vorsätzlich nach einem bestimmten Punkt hin bewegen, so wandern sie Tag und Nacht und kommen an ihrem Reiseziel viel früher an, als man hätte erwarten sollen. Nach der Beobachtung gezeichneter Individuen sind die Einwohner der Ansicht, daß die Tiere eine Entfernung von ungefähr acht Meilen in zwei oder drei Tagen zurücklegen. Eine große Schildkröte, welche ich beobachtete, ging mit einer Geschwindigkeit von sechzig Yards in zehn Minuten, das sind 360 Yards in einer Stunde oder vier Meilen in einem Tage, – wobei wir eine kurze Zeit dem Tier zum Fressen unterwegs gestatten. Während der Brutzeit, wo Männchen und Weibchen zusammenleben, stößt das Männchen ein rauhes Brüllen oder Bellen aus, welches, wie man sagt, in einer Entfernung von über hundert Yards gehört werden kann. Das Weibchen braucht seine Stimme niemals und auch das Männchen nur zu den erwähnten Zeiten; wenn die Leute diesen Laut hören, wissen sie daher, daß zwei beisammen sind. Um die Zeit unseres Besuchs (Oktober) waren sie beim Eierlegen. Das Weibchen legt sie, wo der Boden sandig ist, zusammen und deckt sie wieder mit Sand zu; wo aber der Boden steinig ist, läßt es dieselben ganz unterschiedslos in jedes Loch fallen. Mr. Bynoe fand deren sieben in einer Spalte. Das Ei ist weiß und kugelig; eines, welches ich maß, hatte sieben und drei Achtel Zoll im Umfang, war daher größer als ein Hühnerei. Die jungen Schildkröten fallen, sobald sie ausgekrochen sind, in großer Anzahl dem aasfressenden Bussard zur Beute. Die alten Tiere scheinen meist an den Folgen von Unglücksfällen zu sterben, so wenn sie Abgründe hinabstürzen. Mindestens erzählten mir mehrere Einwohner, sie hätten niemals eines ohne irgendeine offenbare Ursache tot gefunden.

Die Einwohner glauben, daß diese Tiere absolut taub sind; sicher ist es, daß sie es nicht hören, wenn jemand dicht hinter ihnen hergeht. Es unterhielt mich immer sehr, eines dieser großen Ungeheuer zu überholen, wenn es ruhig dahinging, zu sehen, wie es plötzlich im Augenblick, wo ich an ihm vorbeiging, seinen Kopf und seine Beine einzog und sich unter Ausstoßung eines tiefen Zischens mit einem schweren Ton auf die Erde fallen ließ, als sei es totgeschlagen. Ich stellte mich ihnen häufig auf den Rücken; wenn ich ihnen dann ein paar Schläge auf den hinteren Teil ihres Rückenschildes gab, standen sie auf und gingen weiter; – ich fand es aber sehr schwierig, das Gleichgewicht zu behalten. Das Fleisch der Tiere wird in ausgedehnter Weise verwendet, sowohl frisch als eingesalzen; aus ihrem Fett wird ein schönes, klares Öl bereitet. Wenn eine Schildkröte gefangen wird, so macht der Mann in die Haut in der Nähe des Schwanzes einen Einschnitt, um in den Körper hineinsehen und beurteilen zu können, ob die Fettschicht unter dem Rückenschild dick ist. Ist dies nicht der Fall, so wird das Tier freigelassen; man sagt, es erhole sich ganz gut von dieser merkwürdigen Operation. Um sich der Schildkröten zu vergewissern, genügt es nicht, sie wie Seeschildkröten herumzudrehen, denn häufig sind sie imstande, wieder auf ihre Beine zu kommen.

Es läßt sich nur wenig daran zweifeln, daß diese Schildkröte ein eingeborener Bewohner der Galapagos-Inseln sei; sie wird auf allen oder nahezu allen den Inseln gefunden, selbst auf einigen der kleineren, wo es kein Wasser gibt; wäre sie eine eingeführte Spezies, so würde dies wohl kaum der Fall gewesen sein bei einer so wenig besuchten Inselgruppe. Überdies fanden die alten Flibustier die Schildkröte selbst in noch größerer Anzahl, als sie jetzt gefunden wird; auch Wood und Rogers sagen 1708, es sei die Meinung der Spanier, daß sie in diesem Weltteil nirgends weiter gefunden werde. Sie ist jetzt sehr weit verbreitet; es dürfte sich aber noch fragen, ob sie an irgendeinem anderen Orte eingeboren ist. Man war allgemein der Ansicht, daß die Knochen einer Schildkröte, welche auf Mauritius in Gesellschaft derer des ausgestorbenen Dodo gefunden wurden, zu dieser Schildkröte gehören; wäre dies der Fall gewesen, so müßte sie unzweifelhaft dort eingeboren gewesen sein; Mr. Bibron teilt mir aber mit, daß er diese Art für verschieden hält, wie auch die jetzt dort lebende Spezies sicher verschieden ist.

Die Gattung *Amblyrhynchus*, ein merkwürdiges Eidechsengeschlecht, ist auf diesen Archipel beschränkt. Es finden sich davon zwei Spezies, die einander in der allgemeinen Form ähnlich sind, die eine lebt auf dem Land, die andere lebt im Wasser. Die letztere Art (*A. cristatus*) wurde zuerst von Mr. Bell charakterisiert, welcher nach ihrem kurzen, breiten Kopf und starken Krallen von gleicher Länge ganz richtig voraussah, daß sich ihre Lebensweise als sehr eigentümlich und von der ihres nächsten Verwandten, der *Iguana*, verschieden herausstellen würde. Sie ist äußerst gemein auf allen den Inseln in der ganzen Gruppe und lebt ausschließlich auf dem steinigen Meeresstrande; sie findet sich niemals, wenigstens sah ich keine, auch nur zehn Yards weit landeinwärts. Es ist ein häßlich aussehendes Geschöpf von einer schmutzig schwarzen Färbung, dumm und träge in seinen Bewegungen. Die gewöhnliche Länge eines völlig erwachsenen Tieres ist ungefähr ein Yard; aber es gibt einige selbst von vier Fuß Länge; ein großes Tier wog zwanzig Pfund. Auf der Albemarle-Insel scheinen sie zu einer bedeutenderen Größe heranzuwachsen als anderswo. Ihr Schwanz ist an den Seiten abgeplattet und alle vier Füße sind teilweise mit Schwimmhäuten versehen. Man sieht sie gelegentlich einige hundert Yards vom Ufer entfernt umherschwimmen; Capt. Collnett sagt in seiner Reise: „Sie gehen herdenweise in das Meer, um zu fischen, und sonnen sich auf den Felsen; man kann sie Alligatoren en miniature nennen." Man darf indessen nicht etwa glauben, daß sie von Fischen leben. Ist diese Eidechse im Wasser, so schwimmt sie mit vollkommener Leichtigkeit und Schnelligkeit durch eine schlangenartige Bewegung ihres Körpers und seitlich abgeplatteten Schwanzes, – die Beine bleiben bewegungslos und dicht zusammengefaltet an den Seiten. Ein Matrose an Bord versenkte eine, mit einem schweren Gewicht an ihren Körper gebunden, in der Absicht, sie auf diese Weise direkt zu töten; als er sie aber nach Verlauf einer Stunde mit der Schnur heraufzog, war sie vollständig lebendig. Ihre Gliedmaßen und starken Krallen sind wunderbar zum Kriechen über die rauhen und zerklüfteten Massen von Lava angepaßt, welche überall die Küste bilden. An solchen Stellen kann man oft eine Gruppe von sechs oder sieben dieser widerwärtigen Reptilien wenige Fuß über der Brandung auf den schwarzen Felsen mit ausgestreckten Beinen sich in der Sonne wärmen sehen.

Ich öffnete den Magen von mehreren und fand ihn von fein zerkleinertem Seegras (*Ulvae*) bedeutend ausgedehnt, welches in dünnen, blättrigen Bändern von hellgrüner oder trübroter Färbung wächst. Ich erinnere mich nicht, dieses Seegras in irgendeiner bedeutenden Menge an den Felsen zwischen den Flutgrenzen gesehen zu haben; ich habe vielmehr Grund zur Annahme, daß es auf dem Grund des Meeres in einer kleinen Entfernung von der Küste wächst. Wenn dies der Fall ist, so wird der Grund, weshalb diese Tiere gelegentlich ins Meer hinausgehen, erklärt. Der Magen enthielt nichts als dieses Seegras. Mr. Bynoe fand indessen in einem ein Stückchen von einer Krabbe, dies kann aber zufällig hineingelangt sein, in derselben Weise, wie ich mitten in einigen Flechten eine Raupe im Bauch einer Schildkröte gefunden habe. Der Darm war groß, wie bei anderen pflanzenfressenden Tieren. Die Beschaffenheit der Nahrung dieser Eidechse, ebenso wie die Struktur ihres Schwanzes und ihrer Füße, und die Tatsache, daß man sie aus freien Stücken hat ins Meer hinausschwimmen sehen, beweisen absolut ihre aquatische Lebensweise; und doch findet sich eine in dieser Hinsicht fremdartige Anomalie. Wird sie nämlich erschreckt, so geht sie nicht ins Wasser. Es ist daher leicht, diese Eidechsen auf irgendeinen kleinen, ins Meer hinausragenden Vorsprung zu treiben, wo sie eher eine Person ihren Schwanz ergreifen lassen, als daß sie ins Wasser sprängen. Sie scheinen keinen Begriff davon zu haben, sich durch Beißen zu wehren, wenn sie aber sehr erschreckt werden, so spritzen sie einen Tropfen Flüssigkeit aus jedem Nasenloch. Ich warf eine dieser Eidechsen mehrere Male, so weit ich konnte, in einen tiefen, von der zurückgehenden Flut gelassenen Tümpel; sie kehrte aber ausnahmslos in einer geraden Linie nach dem Fleck zurück, wo ich stand. Sie schwamm, dem Grund nahe, mit einer sehr graziösen und rapiden Bewegung und half sich gelegentlich über die unebenen Stellen mit ihren Füßen weiter. Sobald sie am Rande angekommen, aber noch unter Wasser war, versuchte sie sich in den Gebüschen von Seegras zu verbergen oder kroch in irgendeine Spalte. Sobald sie glaubte, die Gefahr sei vorüber, kroch sie heraus auf die trockenen Steine und watschelte fort, so schnell sie konnte. Ich fing diese selbe Eidechse mehrere Male dadurch, daß ich sie auf einen Vorsprung hinabtrieb; trotzdem sie aber im Besitz solch vollkommenen Vermögens zum Tauchen und Schwimmen war, konnte sie nichts dazu bestimmen, ins Wasser zu gehen; und so oft ich sie hineinwarf, kehrte sie in der oben beschriebenen Weise zurück. Dies eigentümliche Stück scheinbarer Dummheit läßt sich vielleicht durch den Umstand erklären, daß dies Reptil am Land keinen Feind hat, während es häufig den zahlreichen Haifischen zur Beute dienen muß. Daher nimmt es wahrscheinlich seine Zuflucht zum Land, wie auch der Fall liegen möge, da es von einem festgewurzelten und vererbten Instinkt zu dem Glauben gedrängt wird, daß das Land ein sicherer Ort für es sei.

Während unseres Aufenthaltes hier (im Oktober) sah ich nur äußerst wenig kleine Individuen dieser Spezies und keines, wie ich meinen sollte, unter einem Jahr alt. Diesem Umstand zufolge scheint es wahrscheinlich zu sein, daß die Brutzeit noch nicht begonnen hatte. Ich fragte mehrere Einwohner, ob sie wüßten, wo das Tier seine Eier hinlege. Sie antworteten, daß sie von den Fortpflanzungsverhältnissen nichts wüßten, obschon sie mit den Eiern der auf dem Land lebenden Art ganz gut bekannt wären, – eine Tatsache, die in Anbetracht des Umstandes, daß diese Eidechse so sehr gemein ist, nicht wenig wunderbar ist.

Wir wollen uns nun zu der auf dem Land lebenden Art (*A. Demarlii*), mit einem runden Schwanz und Zehen ohne Schwimmhäute, wenden. Anstatt wie die andere Art auf allen Inseln gefunden zu werden, ist diese Eidechse nur auf den zentralen Teil des Archipels beschränkt, nämlich auf Albemarle-, James-, Barrington- und Indefatigable-Inseln. Nach Süden hin, auf der Charles-Insel, Hood- und Chatham-lnsel, und nach Norden zu auf den Towers-, Bindloes- und Abingdon-Inseln habe ich weder von einer gehört, noch selbst eine gesehen. Es möchte scheinen, als sei das Tier im Mittelpunkt des Archipels erschaffen und von da nur eine bestimmte Strecke weit verbreitet worden. Einige dieser Eidechsen bewohnen die hohen und feuchten Teile der Inseln; aber in den niedrigeren und sterilen Distrikten in der Nähe der Küste sind sie viel zahlreicher. Ich kann keinen eindringlicheren Beweis für ihre Mengen geben, als wenn ich anführe, daß wir, nachdem wir auf der James-Insel zurückgelassen worden waren, eine Zeitlang keine Stelle finden konnten, die frei von ihren Höhlen gewesen wäre und wo wir unser einziges Zelt hätten aufschlagen können. Wie ihre nächsten Verwandten, die marine Art, sind sie häßliche Tiere, unten von einer gelblich-orangenen, oben von einer bräunlich-roten Färbung. Infolge ihres niedrigen Gesichtswinkels haben sie ein eigentümlich dummes Ansehen. Sie sind vielleicht von einer etwas geringeren Größe als die im Meer lebende Art; doch wogen mehrere derselben zwischen zehn und fünfzehn Pfund. In ihren Bewegungen sind sie faul und halb torpid. Wenn sie nicht erschreckt werden, kriechen sie langsam vorwärts und ziehen dabei ihre Schwänze und ihre Bäuche auf dem Boden hin. Sie bleiben oft stehen und träumen eine oder zwei Minuten vor sich hin, mit geschlossenen Augen und mit auf dem heißen Boden ausgestreckten Hinterbeinen.

Sie bewohnen Höhlen, welche sie zuweilen zwischen Bruchstücken von Lava, allgemeiner aber an ebenen Flecken des weichen sandsteinartigen Tuffs sich bauen. Die Höhlen scheinen nicht sehr tief zu sein und gehen unter einem sehr kleinen Winkel in den Boden hinein, so daß, wenn man über dieses Eidechsengehege geht, der Boden beständig zum großen Ärger des ermüdeten Wanderers nachgibt. Wenn sich dieses Tier seine Höhle gräbt, so arbeitet es abwech-

Siebzehntes Kapitel

selnd mit den entgegengesetzten Seiten des Körpers. Eine kurze Zeitlang scharrt das eine Vorderbein den Boden auf und wirft ihn dem Hinterbeine zu, welches zweckmäßig so gestellt ist, daß es die Erde über die Mündung der Höhle hinausschafft. Ist diese Seite des Körpers ermüdet, so nimmt die andere die Arbeit auf, und so abwechselnd weiter. Ich beobachtete eine Eidechse lange Zeit bei ihrer Arbeit, bis der halbe Körper vergraben war; dann ging ich hinzu und zog sie am Schwanz heraus. Darüber war sie in hohem Grade erstaunt und drehte sich bald herum, um zu sehen, was denn vorginge; dabei stierte sie mir ins Gesicht, ganz als wollte sie sagen: „Was heißt Dich denn mich am Schwanz ziehen?"

Sie fressen bei Tage und wandern nicht weit von ihren Gruben fort; werden sie erschreckt, so stürzen sie mit einem äußerst ungeschickten Gang auf dieselben zu. Ausgenommen wenn sie bergab rennen, können sie sich nicht sehr schnell bewegen, wie es scheint wegen der seitlichen Stellung ihrer Beine. Sie sind durchaus nicht furchtsam. Beobachtet man eines der Tiere aufmerksam, so ringelt es seinen Schwanz, erhebt sich auf seinen Vorderbeinen, nickt in einer schnellen Bewegung senkrecht mit dem Kopf und versucht sehr wild auszusehen. In Wirklichkeit sind sie es aber durchaus nicht; wenn man nur auf den Boden stampft, so lassen sie den Schwanz hängen und watscheln fort, so schnell sie nur können. Ich habe häufig bemerkt, daß kleine fliegenfressende Eidechsen, wenn sie irgend etwas beobachten, mit ihrem Kopf in genau derselben Weise nicken. Ich weiß aber durchaus nicht, zu welchem Zweck sie dies tun. Wenn man diesen *Amblyrhynchus* mit einem Stock festhält und neckt, so beißt er heftig zu; ich habe aber viele beim Schwanz gefangen und niemals haben sie versucht, mich zu beißen. Werden zwei auf die Erde gelegt und zusammengehalten, so kämpfen sie miteinander und beißen einander, bis Blut fließt.

Die Individuen (und deren ist eine große Zahl), welche die niedrigeren Teile des Landes bewohnen, können das ganze Jahr hindurch kaum einen Tropfen Wasser kosten. Sie verzehren aber viel von dem saftigen Kaktus, deren Zweige gelegentlich vom Winde abgebrochen werden. Ich warf ihnen mehrere Male ein Stück zu, wenn zwei oder drei von ihnen zusammen waren. Da war es amüsant, zu sehen, wie sie versuchten, es zu ergreifen und in ihrem Maul wegzubringen, ebenso wie es viele hungrige Hunde mit einem Knochen machen würden. Sie fressen sehr bedächtig, kauen aber ihre Nahrung nicht. Die kleinen Vögel wissen sehr wohl, wie unschuldig diese Geschöpfe sind. Ich habe gesehen, wie ein dickschnäbeliger Fink an dem einen Ende eines Stückes Kaktus pickte (den Kaktus lieben alle Tiere der niedrigen Regionen sehr), während eine Eidechse am anderen Ende fraß; und später hüpfte der kleine Vogel mit der allergrößten Gleichgültigkeit dem Reptil auf den Rücken.

Ich öffnete den Magen von mehreren und fand ihn voll von vegetabilischen Fasern und von Blättern verschiedener Bäume, besonders einer Akazie. In den oberen Gegenden leben sie hauptsächlich von den säuerlichen und zusammenziehenden Beeren der Guayavita, unter welchen Bäumen ich diese Eidechsen und die kolossalen Schildkröten habe zusammen fressen sehen. Um die Akazien-Blätter zu erlangen, kriechen sie den niedrigen, verkrüppelten Stamm hinauf; und es ist nicht selten, ein Paar ruhig die Blätter abweiden zu sehen, während sie auf einem mehrere Fuß über dem Boden befindlichen Zweig sitzen. Gekocht geben diese Eidechsen ein weißes Fleisch, welches diejenigen ganz gern haben, deren Magen sich über alle gewöhnlichen Vorurteile hinwegsetzt. Humboldt hat bemerkt, daß im tropischen Amerika alle Eidechsen, welche trockene Distrikte bewohnen, als Delikatessen für die Tafel geschätzt werden. Die Einwohner geben an, daß diejenigen, welche die oberen feuchten Teile der Inseln bewohnen, Wasser trinken, daß aber die anderen nicht, wie die Schildkröten, aus dem niedrigeren sterilen Lande hinaufwandern, um Wasser zu erlangen. Zur Zeit unseres Besuches hatten die Weibchen zahlreiche große, längliche Eier in ihren Körpern, welche sie in ihre Höhlen ablegen; die Bewohner suchen sie als Nahrungsmittel auf.

Diese beiden Spezies von *Amblyrhynchus* stimmen, wie ich bereits angegeben habe, in ihrem allgemeinen Bau und in vielen ihrer Lebensgewohnheiten miteinander überein. Keine von beiden hat jene rapide Bewegungsart, welche für die Gattungen *Lacerta* und *Iguana* so charakteristisch ist. Sie sind beide pflanzenfressend, obschon die Art des Pflanzenwuchses, von dem sie sich ernähren, so sehr verschieden ist. Mr. Bell hat der Gattung den Namen wegen der Kürze der Schnauze gegeben; man kann allerdings die Form des Maules beinahe mit dem der Schildkröte vergleichen. Man wird zu der Vermutung veranlaßt, daß dies eine Anpassung an ihren herbivoren Appetit ist. Es ist sehr interessant, in dieser Weise eine gut charakterisierte Gattung zu finden, welche ihre marine und ihre landlebende Art hat, die beide einem so beschränkten Teile der Welt angehören. Die im Wasser lebende Art ist bei weitem die merkwürdigste, weil sie die einzige existierende Eidechse ist, welche von vegetabilischen Erzeugnissen des Meeres lebt. Wie ich zuerst schon bemerkt habe, sind diese Inseln nicht so merkwürdig wegen der Zahl der Reptilien-Arten, wie wegen der Zahl der Individuen; wenn wir uns der tüchtig ausgetretenen, von den tausenden kolossaler Schildkröten gemachten Wege, – der vielen Seeschildkröten, – der großen Gehege des auf dem Lande lebenden *Amblyrhynchus* – und der zahlreichen Gruppen der sich auf den Felsen aller Inseln in der Sonne wärmenden marinen Art erinnern, so müssen wir zugeben, daß es wohl keinen anderen Teil der Welt gibt, wo diese Ordnung die pflanzenfressenden Säugetiere in einer so außerordentlichen Weise vertritt. Wenn der Geologe dies hört, wendet er sich wahrscheinlich in seiner Erinnerung zurück zu den sekundären Perioden, wo Eidechsen, einige pflanzenfressend, manche fleischfressend, und von Dimensionen, die sie nur mit unseren jetzt existierenden Waltieren vergleichen lassen, auf dem Land und im Meer schwärmten. Es ist daher wohl seiner Beachtung wert, daß dieser Archipel, statt ein feuchtes Klima und eine üppige Vegetation zu besitzen, nicht anders denn als äußerst dürr und, für eine Äquatorialgegend, merkwürdig gemäßigt betrachtet werden kann.

Ich will nun aber den zoologischen Bericht beenden. Die fünfzehn Arten Seefische, welche ich hier bekam, sind sämtlich neue Arten; sie gehören zu zwölf, sämtlich weit verbreiteten Gattungen, mit Ausnahme von *Prionotus*, von welchem Genus die vier früher bekannten Arten auf der östlichen Seite von Amerika leben. Von Landschnecken sammelte ich sechzehn Arten (und zwei scharf markierte Varietäten), von denen alle mit Ausnahme einer auf Tahiti gefundenen Art von *Helix* diesem Archipel eigentümlich sind; eine einzige Süßwasserschnecke (*Paludina*) gehört noch Tahiti und Van Diemen's Land an. Vor unserer Reise erhielt Mr. Cuming hier neunzig Spezies von Meeresmuscheln, und diese Zahl schließt mehrere noch nicht spezifisch untersuchte Arten von *Trochus*, *Turbo*, *Monodonta* und *Nassa* nicht mit ein. Er ist so freundlich gewesen, mir die folgenden interessanten Resultate mitzuteilen: Von den neunzig Schaltieren sind nicht weniger als siebenundvierzig an anderen Orten unbekannt – in Anbetracht dessen, daß Seeschaltiere meist so weit verbreitet sind, eine wunderbare Tatsache! Von den dreiundvierzig in anderen Teilen der Welt gefundenen Arten bewohnen fünfundzwanzig die Westküste von Amerika und von diesen lassen sich acht als Varietäten unterscheiden; die übrigbleibenden achtzehn (mit Einschluß einer Varietät) fand Mr. Cuming im Archipel der Niedrigen Inseln, einige derselben auch bei den Philippinen. Diese Tatsache, daß Schaltiere von Inseln in den zentralen Teilen des Stillen Ozeans hier vorkommen, verdient Beachtung; denn man kennt nicht ein einziges Seeschaltier, welches den Inseln dieses Ozeans und der Westküste von Amerika gemeinsam wäre. Die Strecke offenen Meeres, welche der Westküste gegenüber nach Norden und Süden strömt, trennt zwei verschiedene conchologische Provinzen voneinander; auf dem Galapagos-Archipel haben wir aber einen Ruheplatz, wo viele neue Formen erzeugt worden sind, und wohin von diesen beiden großen conchologischen Provinzen eine jede mehrere Kolonisten geschickt hat. Die amerikanische Provinz hat auch repräsentative Arten hierher geschickt; denn es gibt eine Galapagos-Art von *Monoceros*, einer nur an der Westküste von Amerika gefundenen Gattung; auch gibt es Galapagos-Arten von *Fissurella* und *Cancellaria*, Gattungen, welche an der Westküste gemein sind, aber, wie mir Mr. Cuming mitgeteilt, auf den zentralen Inseln des Stillen Ozeans nicht gefunden werden. Auf der anderen Seite gibt es Galapagos-Arten von *Oniscia* und *Stylifer*, Gattungen, welche West-Indien und dem Chinesischen und Indischen Meere gemeinsam zukommen, aber weder an der Westküste von Amerika noch im zentralen Stillen Ozean gefunden werden. Ich will hier hinzufügen, daß bei einer von den Herren Cuming und Hinds angestellten Vergleiche von ungefähr 2000 Schaltieren von den östlichen und westlichen Küsten Amerikas nur eine einzige Art beiden gemeinsam zukommend gefunden wurde, nämlich die *Purpura patula*, welche West-Indien, die Küste von Panama und die Galapagos bewohnt. Wir haben daher in diesem Teil der Welt drei große conchologische Meeres-Provinzen, völlig verschieden, aber doch einander überraschend nahe, voneinander durch lange nach Norden und Süden sich erstreckende Räume entweder von Land oder von Meer getrennt.

Ich habe mir große Mühe mit dem Sammeln der Insekten gegeben, aber mit Ausnahme des Feuerlandes habe ich noch niemals ein in dieser Hinsicht so armes Land gesehen. Selbst in der oberen und feuchten Region habe ich nur sehr wenig erhalten, ausgenommen einige äußerst kleine Diptern und Hymenoptern, meist aus gemeinen, über die ganze Erde vorkommenden Gruppen. Wie schon früher bemerkt, sind die Insekten für eine tropische Gegend von einer sehr geringen Größe und von trüben Färbungen. Von Käfern sammelte ich fünfundzwanzig Spezies (mit Ausnahme eines *Dermestes* und eines *Corynetes*, welche eingeführt werden, wo nur immer ein Schiff die Inseln berührt); von diesen gehören zwei zu den Harpaliden, zwei zu den Hydrophiliden, neun zu drei Familien von heteromeren Käfern und die übrigbleibenden zwölf zu ebenso vielen verschiedenen Familien. Dieser Umstand, daß Insekten (und ich kann auch hinzufügen: Pflanzen), wo sich deren der Zahl nach wenige finden, vielen verschiedenen Familien angehören, ist, wie ich glaube, sehr allgemein. Mr. Waterhouse, welcher einen Bericht über die Insekten dieses Archipels veröffentlicht hat[2] und dem ich für die Angabe der obigen Details verbunden bin, teilt mir mit, daß mehrere neue Gattungen unter den Insekten vertreten sind, und daß von den nicht neuen Gattungen eine oder zwei amerikanisch, die übrigen von einer allgemeinen Verbreitung über die ganze Erde sind. Mit Ausnahme einer holzfressenden *Apate* und eines oder wahrscheinlich zweier Wasserkäfer vom amerikanischen Kontinent sind sämtliche Spezies dem Anscheine nach neu.

Die Botanik dieser Inselgruppe ist völlig so interessant wie ihre Zoologie. Dr. J. Hooker wird nächstens in den Verhandlungen der Linnéischen Gesellschaft einen ausführlichen Bericht über die Flora veröffentlichen; und jetzt schon bin ich ihm für Mitteilung der folgenden Einzelheiten sehr verbunden. Von Blütenpflanzen gibt es dort, so viel bis jetzt bekannt ist, 185 Spezies, von kryptogamen Pflanzen 40, was eine Summe von zusammen 225 Arten gibt; von dieser Zahl war ich glücklich genug, 193 nach Hause zu bringen. Von den Blütenpflanzen sind 100 Spezies neu und wahrscheinlich auf diesen Archipel beschränkt. Dr. Hooker ist der Meinung, daß von den nicht in dieser Weise beschränkten Arten mindestens 10, in der Nähe des kultivierten Bodens auf der Charles-Insel gefundene, eingeführt worden sind. Meiner Ansicht nach ist es überraschend, daß nicht mehr amerikanische Arten auf natürlichem Wege eingeführt worden sind, wenn man in Betracht zieht, daß die Entfernung von dem Kontinent nur 500 bis 600 Meilen beträgt und daß (der Angabe Collnetts p. 58) zufolge, Treibholz, Bambus, Rohre und die Nüsse einer Palme häufig an den südöstlichen Küsten ans Land geworfen werden. Der Umstand, daß von 185 Blütenpflanzen (oder 175, wenn man die zehn importierten Unkräuter ausschließt) 100 Arten neu sind, reicht meiner Meinung nach hin, aus dem Galapagos-Archipel eine besondere botanische Provinz zu bilden; doch ist diese Flora nicht annähernd so eigentümlich wie die von St. Helena oder, wie mir Dr. Hooker mitgeteilt hat, wie die von Juan Fernandez. Die Eigentümlichkeit der Galapagos-Flora zeigt sich am besten in gewissen Familien; – so finden sich da 21 Arten von Kompositen, von denen 20 dem Archipel eigentümlich angehören; diese gehören zwölf Gattungen an, und von diesen sind nicht weniger als zehn auf den Archipel beschränkt!

---

[2] Ann. and Magaz. of Natur. Hist., Vol. XVI, 1845, p.19.

Dr. Hooker teilt mir mit, daß die Flora einen zweifellos westamerikanischen Charakter habe; auch kann er in ihr keine Verwandtschaft mit der Flora des Stillen Ozeans entdecken. Wenn wir daher die achtzehn marinen, die eine Süßwasser- und die eine Landweichtierschale ausnehmen, welche allem Anschein nach als Kolonisten von den zentralen Inseln des Stillen Ozeans hierher gekommen sind, in gleicher Weise auch die eine pazifische Art der sonst dem Galapagos-Archipel eigenen Gruppe von Finken, so sehen wir, daß dieser Archipel, trotzdem er in dem Stillen Ozean liegt, zoologisch ein Teil von Amerika ist.

Wäre dieser Charakter der Fauna nur eine Folge des Umstandes, daß Arten von Amerika eingewandert sind, so würde darin nur wenig Merkwürdiges liegen; wir sehen aber, daß die ungeheure Mehrzahl sämtlicher Landtiere und mehr als die Hälfte der Blütenpflanzen eingeborene Erzeugnisse sind. Es war mir äußerst überraschend, von neuen Vögeln, neuen Reptilien, neuen Schaltieren, neuen Insekten, neuen Pflanzen umgeben zu sein, und doch in zahllosen unbedeutenden Einzelheiten des Baues, und selbst im Tone der Stimme und dem Charakter des Gefieders der Vögel die temperierten Ebenen Patagoniens oder die heißen Wüsten des nördlichen Chile lebhaft vor meine Augen gebracht zu sehen. Warum sind auf diesen kleinen Stückchen Land, welche noch in einer späten geologischen Periode vom Ozean bedeckt gewesen sein müssen, welche aus basaltischer Lava bestehen und daher in ihrem geologischen Charakter vom amerikanischen Kontinent verschieden sind und auch ein eigentümliches Klima besitzen, – warum sind hier die eingeborenen Bewohner, die, wie ich noch hinzufügen will, der Art und der Zahl nach in, von den auf dem Kontinent zu treffenden verschiedenen Verhältnissen miteinander vergesellschaftet sind, nach amerikanischen Organisationstypen erschaffen? Wahrscheinlich sind die Inseln des Kapverdischen Archipels in allen ihren physikalischen Bedingungen den Galapagos-Inseln viel ähnlicher, als diese letzteren physikalisch mit der Küste von Amerika übereinstimmen; und doch sind die ursprünglichen Bewohner der beiden Gruppen völlig ungleich; die der Kapverdischen Inseln tragen den afrikanischen Charakter, während die des Galapagos-Archipels den Stempel des amerikanischen Gepräges tragen.

Noch habe ich den allermerkwürdigsten Zug der Naturgeschichte dieses Archipels nicht erwähnt; er besteht darin, daß von den verschiedenen Inseln in einem beträchtlichen Verhältnisse jede von einer verschiedenen Gruppe von Geschöpfen bewohnt wird. Meine Aufmerksamkeit wurde dadurch zuerst auf diese Tatsache gelenkt, daß der Vize-Gouverneur Lawson erklärte, die Schildkröten von den verschiedenen Inseln seien untereinander verschieden und er könne mit Sicherheit sagen, von welcher Insel irgendeine hergebracht sei. Eine Zeitlang schenkte ich dieser Angabe nicht hinreichende Aufmerksamkeit und ich hatte bereits zum Teil die Sammlungen von zwei der Inseln untereinander gemengt. Es wäre mir doch nicht im Traume eingefallen, daß ungefähr fünfzig oder sechzig Meilen voneinander entfernt liegende Inseln, die meisten in Sicht voneinander, aus genau denselben Gesteinen bestehend, in einem ganz ähnlichen Klima gelegen und nahezu zu derselben Höhe sich erhebend, verschiedene Bewohner haben sollten; wir werden aber sofort sehen, daß dies der Fall ist. Es ist das Geschick der meisten Reisenden, sobald sie entdeckt haben, was an irgendeiner Lokalität das Interessanteste ist, von derselben eiligst fortgetrieben zu werden; ich muß aber gerade dafür dankbar sein, daß ich genügendes Material erhalten konnte, diese äußerst merkwürdige Tatsache in der Verbreitung der organischen Geschöpfe ermitteln zu können.

Die Bewohner der Inseln geben, wie ich gesagt habe, an, daß sie die Schildkröten von den verschiedenen Inseln unterscheiden können, und daß die Tiere nicht bloß der Größe nach, sondern auch in anderen Charakteren voneinander abweichen. Kapitän Porter hat die von der Charles-Insel und von der dieser nächstgelegenen, nämlich der Hood-Insel, beschrieben und erwähnt, daß ihre Schalen vorn dick und wie ein spanischer Sattel aufgebogen seien, während die Schildkröten von der James-Insel runder, schwärzer und, wenn gekocht, von besserem Geschmacke seien. Mr. Bibron teilt mir außerdem noch mit, daß er zwei, seiner Ansicht nach für verschiedene

Siebzehntes Kapitel

Arten zu haltende Schildkröten von den Galapagos gesehen habe, er wisse aber nicht, von welcher Insel. Die Exemplare, welche ich von drei Inseln mitbrachte, waren junge Tiere, und wahrscheinlich infolge dieses Umstandes konnte weder Mr. Gray noch ich selbst irgendwelche spezifischen Unterschiede an ihnen finden. Ich habe bemerkt, daß die marine Art von *Amblyrhynchus* auf der Albermarle-Insel größer war als irgendwo anders; Mr. Bibron teilt mir mit, daß er zwei verschiedene wasserbewohnende Spezies dieser Gattung gesehen habe, so daß die verschiedenen Inseln wahrscheinlich ebensogut ihre repräsentativen Arten oder Rassen von *Amblyrhynchus* haben, wie von der Schildkröte. Meine Aufmerksamkeit wurde zuerst auf das Lebhafteste angeregt, als ich die zahlreichen von mir selbst wie von mehreren anderen Gesellschaften an Bord geschossenen Exemplare der Spottdrosseln miteinander verglich, wobei sich zu meinem größten Erstaunen herausstellte, daß alle die von der Charles-Insel zu einer Spezies (*Mimus trifasciatus*), alle die von der Albemarle-Insel zu *Mimus parvulus*, und alle die von der James- und Chatham-Insel (zwischen welchen als verbindende Glieder zwei andere Inseln liegen) zu *Mimus melanotis* gehörten. Diese zwei letzten Arten sind nahe miteinander verwandt und werden wohl auch von manchen Ornithologen nur für gut markierte Rassen oder Varietäten gehalten werden; doch ist *Mimus trifasciatus* sehr verschieden. Unglücklicherweise wurden die meisten Exemplare der Finken-Gruppe durcheinander gemengt; doch habe ich starke Gründe, zu vermuten, daß einige Arten der Unter-Gruppe *Geospiza* auf verschiedene Inseln beschränkt sind. Wenn die verschiedenen Inseln ihre repräsentativen Arten von *Geospiza* haben, so kann dieser Umstand die merkwürdig große Zahl der Arten dieser Unter-Gruppe auf diesem einzigen kleinen Archipel, und als eine wahrscheinliche Folge ihrer großen Zahl die vollkommen abgestufte Reihe in der Größe ihrer Schnäbel erklären helfen. Von der Unter-Gruppe *Cactornis* erhielten wir zwei Arten, und von *Camarhynchus* gleichfalls zwei Arten auf dem Archipel; von den zahlreichen, von vier Sammlern auf der James-Insel geschossenen Exemplaren stellte es sich heraus, daß sie sämtlich zu einer Spezies von jeder der beiden Unter-Gruppen gehörten, während die zahlreichen entweder auf der Chatham- oder auf der Charles-Insel (beide Sammlungen wurden durcheinander gemengt) geschossenen Exemplare sämtlich zu den beiden anderen Arten gehörten. Wir können daher sicher annehmen, daß diese Inseln ihre repräsentativen Arten dieser beiden Unter-Gruppen besitzen. Für Landschnecken scheint dies Verbreitungsgesetz nicht zu gelten. In bezug auf meine sehr kleine Insektensammlung macht Mr. Waterhouse die Bemerkung, daß von den Arten, welche die Bezeichnung ihres Fundortes haben, nicht eine einzige irgendwelchen zwei Inseln gemeinsam zukomme.

Wenn wir uns nun zu der Flora wenden, so werden wir die eingeborenen Pflanzen der verschiedenen Inseln wunderbar verschieden finden. Ich führe die sämtlichen folgenden Resultate nach der hohen Autorität meines Freundes, des Dr. J. Hooker, an. Ich will vorausschicken, daß ich ohne Unterschied alles sammelte, was nur auf den verschiedenen Inseln in Blüte stand, und daß ich glücklicherweise meine Sammlungen getrennt hielt. Es darf indessen den proportionalen Resultaten nicht zu viel Vertrauen geschenkt werden, da die kleinen von anderen Naturforschern heimgebrachten Sammlungen zwar in manchen Beziehungen diese Resultate bestätigen, aber doch deutlich zeigen, daß in bezug auf die Botanik der Gruppe noch viel zu tun ist. Überdies sind die Leguminosen bis jetzt nur annähernd ausgearbeitet worden:

Name der Insel	Totalzahl der Arten	Zahl der in anderen Teilen der Erde gefundenen Arten	Zahl der auf den Galapagos-Archipel beschränkten Arten	Zahl der auf die eine Insel beschränkten Arten	Zahl der auf den Galapagos-Archipel beschränkten, aber auf mehr als einer Insel gefundenen Arten
James-Insel	71	33	38	30	8
Albemarle-Insel	46	18	26	22	4
Chatham-Insel	32	16	16	12	4
Charles-Insel	68	39 (oder 29, wenn die wahrscheinlich importierten Pflanzen abgezogen werden).	29	21	8

Wir haben daher hier die wahrhaft wunderbare Tatsache vor uns, daß auf der James-Insel von den dort gefundenen achtunddreißig Galapagos-Pflanzen, oder solchen, die auf keinem anderen Fleck der Erde gefunden werden, dreißig ausschließlich auf diese eine Insel beschränkt sind, daß von den auf der Albemarle-Insel gefundenen sechsundzwanzig eingeborenen Galapagos-Pflanzen zweiundzwanzig auf diese eine Insel beschränkt sind, d.h. man kennt bis jetzt nur vier, die noch auf anderen Teilen des Archipels vorkommen; und so fort in bezug auf die Pflanzen von der Chatham- und der Charles-Insel, wie es die obige Tabelle ergibt. Diese Tatsache wird vielleicht selbst noch auffallender durch Anführung einiger weniger Beispiele; – so ist *Scalesia*, eine merkwürdige baumartige Gattung der Kompositen, auf den Archipel beschränkt; sie hat sechs Spezies. Eine von der Chatham-, eine von der Albemarle-, eine von der Charles-, zwei von der James-Insel und die sechste von einer der drei letzten Inseln, es ist aber unbekannt von welcher; nicht eine einzige dieser sechs Arten wächst auf irgendwelchen zwei Inseln. Ferner hat *Euphorbia*, eine kosmopolitische oder weit verbreitete Gattung, hier acht Spezies, von denen sieben auf den Archipel beschränkt sind, und nicht eine einzige wird auf irgendwelchen zwei Inseln gefunden; *Acalypha* und *Borreria*, beides mundane Gattungen, haben beziehentlich sechs und sieben Spezies hier, von denen keine einzige auf zwei Inseln gleichzeitig gefunden wird, mit Ausnahme einer *Borreria*, welche auf zwei Inseln vorkommt. Die Spezies der Kompositen sind ganz eigentümlich lokal; Dr. Hooker hat mir mehrere andere äußerst auffallende Erläuterungen über die Verschiedenheit der Spezies auf den verschiedenen Inseln gegeben. Er bemerkt, daß dies Gesetz der Verbreitung sowohl für diejenigen Gattungen gilt, welche auf den Archipel beschränkt sind, als auch für diejenigen, welche in anderen Teilen der Welt verbreitet sind. In gleicher Weise haben wir gesehen, daß die verschiedenen Inseln ihre besonderen eigenen Arten der weltweit verbreiteten Gattung der Schildkröte und der weit verbreiteten amerikanischen Gattung der Spottdrossel, ebenso der zwei dem Galapagos-Archipel eigenen Unter-Gruppen von Finken und beinahe sicher der Galapagos-Gattung *Amblyrhynchus* besitzen.

Die Verbreitung der Bewohner dieses Archipels würde auch nicht annähernd so wunderbar

Siebzehntes Kapitel

sein, wenn beispielsweise die eine Insel eine Spottdrossel und eine zweite Insel irgendeine andere, davon ganz verschiedene Gattung hätte; – wenn die eine Insel ihre besondere Gattung von Eidechsen und eine zweite eine andere verschiedene Gattung oder gar keine, – oder wenn die verschiedenen Inseln nicht von repräsentativen Spezies der nämlichen Gattungen von Pflanzen, sondern von ganz und gar verschiedenen Gattungen bewohnt würden, wie es auch in einer gewissen Ausdehnung der Fall ist; denn, um ein Beispiel anzuführen, ein großer beerentragender Baum der James-Insel hat auf der Charles-Insel keine repräsentative Art. Das, was mich mit Verwunderung erfüllt, ist gerade der Umstand, daß mehrere der Inseln ihre besonderen eigenen Spezies von Schildkröte, Spottdrossel, Finken und zahlreichen Pflanzen besitzen, während doch diese Arten dieselben allgemeinen Lebensgewohnheiten haben, analoge Örtlichkeiten bewohnen und ganz offenbar dieselben Stellen in dem Naturhaushalt des Archipels ausfüllen. Man könnte vielleicht vermuten, daß einige dieser repräsentativen Arten, wenigstens was die Schildkröten und einige Formen der Vögel betrifft, sich später nur als gut markierte Rassen herausstellen dürften. Dies würde aber für den philosophisch die Erscheinungen auffassenden Naturforscher von ganz gleich großem Interesse sein. Ich habe vorhin gesagt, daß die meisten Inseln in Sicht voneinander liegen. Ich will noch einzeln anführen, daß die Charles-Insel fünfzig Meilen vom nächsten Teil der Chatham-Insel und dreiunddreißig Meilen vom nächsten Punkte der Albemarle-Insel entfernt liegt. Chatham-Insel ist sechzig Meilen weit vom nächsten Teile der James-Insel, zwischen beiden liegen aber zwei kleine Inseln, welche ich nicht besucht habe. Die James-Insel ist nur zehn Meilen vom nächsten Punkt der Albemarle-Insel entfernt; die beiden Punkte aber, wo die Sammlungen veranstaltet wurden, liegen zweiunddreißig Meilen auseinander. Ich muß wiederholen, daß weder die Natur des Bodens, noch die Erhebung des Landes, noch der allgemeine Charakter der vergesellschafteten Lebewesen, daher auch ebensowenig ihre Einwirkung aufeinander, auf den verschiedenen Inseln sehr verschieden sein können. Wenn es irgendeine bemerkbare Differenz im Klima gibt, so muß sie zwischen dem Klima der windwärts gelegenen Inseln (nämlich die Charles- und Chatham-Insel) und dem Klima der vom Winde abgelegenen bestehen; es scheint aber keine korrespondierende Verschiedenheit in den Naturerzeugnissen dieser beiden Hälften des Archipels zu existieren.

Das einzige Licht, welches ich auf diese merkwürdige Verschiedenheit in den Bewohnern der einzelnen Inseln werfen kann, ist, daß ich darauf aufmerksam mache, wie sehr starke Meeresströmungen, welche in einer westlichen und westnordwestlichen Richtung laufen, soweit der Transport durch das Meer in Betracht kommt, die südlichen Inseln von den nördlichen trennen müssen; und zwischen diesen nördlichen Inseln ist eine starke Nordwestströmung beobachtet worden, welche James- und Albemarle-Insel sehr wirksam voneinander trennen müssen. Da der Archipel in einem äußerst merkwürdigen Grade von heftigen Stürmen frei ist, so werden weder die Vögel und Insekten, noch die leichteren Samen von Insel zu Insel geweht werden. Endlich machen es auch einmal die große Tiefe des Ozeans zwischen den Inseln und ihre allem Anscheine nach neuere (im geologischen Sinne) vulkanische Entstehung im hohen Grade unwahrscheinlich, daß sie jemals miteinander verbunden gewesen wären; und dies ist wahrscheinlich eine viel bedeutungsvollere Betrachtung, als irgendeine andere, wenn wir die geographische Verbreitung ihrer Bewohner im Auge haben. Überblickt man die hier mitgeteilten Tatsachen, so ist man über den Betrag an schöpferischer Kraft, wenn ein derartiger Ausdruck gestattet ist, erstaunt, der sich auf diesen kleinen, nackten und felsigen Inseln entfaltet hat; und noch mehr über deren verschiedenartige, aber analoge Wirkung auf so nahe beieinandergelegenen Punkten. Ich habe oben gesagt, daß der Galapagos-Archipel ein Amerika angehängter Satellit genannt werden könnte; man sollte ihn aber lieber eine Satelliten-Gruppe nennen, deren einzelne Glieder physikalisch einander ähnlich, organisch verschieden, aber aufs innigste miteinander verwandt, und sämtlich in einem ausgesprochenen, wenn schon viel geringeren Grade mit dem großen amerikanischen Kontinent verwandt sind.

Galapogos-Archipel

Ich will meine Beschreibung der Naturgeschichte dieser Inseln damit beschließen, daß ich die außerordentliche Zahmheit der Vögel schildere.

Diese Eigentümlichkeit kommt allen auf dem Lande lebenden Arten zu, nämlich den Spottdrosseln, den Finken, Zaunkönigen, Tyrannen-Fliegenschnäppern, der Taube und dem Aas-Bussard. Sie alle kamen häufig hinreichend nahe, um mit einer Gerte und zuweilen, wie ich selbst versucht habe, mit einer Mütze oder einem Hut totgeschlagen zu werden. Eine Flinte ist hier beinahe überflüssig; denn einmal stieß ich mit dem Flintenlauf einen Falken vom Zweige eines Baumes herunter. Eines Tages kam, während ich am Boden lag, eine Spottdrossel und setzte sich am Rande eines aus der Schale einer Schildkröte gefertigten Eimers, den ich in meiner Hand hielt, nieder und fing ganz ruhig an, das Wasser zu schlürfen; sie ließ mich den Eimer vom Boden in die Höhe heben, während sie darauf saß. Ich habe oft versucht, und es wäre mir beinahe geglückt, diese Vögel bei ihren Beinen zu fangen. Früher scheinen die Vögel selbst noch zahmer gewesen zu sein als jetzt. Cowley erzählt (im Jahre 1684), daß „die Turteltauben so zahm waren, daß sie sich oft auf unseren Hüten und Armen niederließen, so daß wir sie lebendig fangen konnten. Sie fürchteten sich nicht vor den Menschen, bis zu der Zeit, wo einige Leute aus unserer Gesellschaft nach ihnen schossen, wodurch sie scheuer gemacht wurden." In demselben Jahre sagt auch Dampier, daß ein Mann auf dem Spaziergang eines Morgens sechs oder sieben Dutzend von diesen Tauben töten könne. Obschon sie sicherlich sehr zahm sind, so lassen sie sich doch jetzt nicht mehr auf den Armen der Leute nieder, noch lassen sie sich in so großer Anzahl töten. Überraschend ist es, daß sie nicht wilder geworden sind; denn während der letzten hundertfünfzig Jahre sind diese Inseln häufig von Flibustiern und Walfischfahrern besucht worden; und wenn die Matrosen beim Suchen nach Schildkröten durch die Wälder gehen, haben sie immer ihr grausames Vergnügen daran, die kleinen Vögel totzuschlagen.

Obgleich diese Vögel jetzt noch mehr verfolgt werden, werden sie doch nicht leicht wild. Auf der Charles-Insel, welche damals ungefähr vor sechs Jahren kolonisiert worden war, sah ich einen Jungen mit einer Rute in der Hand an einer Quelle sitzen; damit schlug er die Tauben und Finken tot, wie sie zum Trinken herankamen. Er hatte sich bereits einen kleinen Haufen für sein Mittagessen verschafft und sagte, daß er beständig die Gewohnheit gehabt habe, zu dem gleichen Zwecke an dieser Quelle auf die Vögel zu warten. Es möchte scheinen, als ob die Vögel dieses Archipels, welche noch nicht gelernt haben, daß der Mensch ein gefährlicheres Tier ist als die Schildkröte oder der *Amblyrhynchus*, ihn völlig unbeachtet lassen, in derselben Art und Weise, wie in England scheue Vögel, so z.B. Elstern, die auf den Weiden grasenden Kühe und Pferde nicht beachten.

Die Falkland-Inseln bieten ein zweites Beispiel von Vögeln mit ähnlicher Disposition dar. Die außerordentliche Zahmheit des kleinen *Opetiorhynchus* ist von Pernety, Lesson und anderen Reisenden bemerkt worden. Sie ist indessen diesem Vogel nicht eigentümlich; der *Polyborus*, die Bekassine, die Hochland- und Niederland-Gans, die Drossel, Ammer und selbst einige echte Falken sind sämtlich mehr oder weniger zahm. Da die Vögel hier, wo Füchse, Falken und Eulen vorkommen, so zahm sind, so können wir schließen, daß das Fehlen aller Raubtiere auf den Galapagos-Inseln nicht die Ursache ihrer Zahmheit dort ist. Die Hochland-Gans auf den Falkland-Inseln beweist durch die Vorsicht, mit welcher sie das Nest auf den kleinen abliegenden Inseln baut, daß sie die ihr von den Füchsen drohende Gefahr wohl kennt. Sie wird aber dadurch nicht gegen den Menschen wild gemacht. Diese Zahmheit der Vögel, besonders der Wasservögel, steht in sehr auffallendem Gegensatz zu der Lebensweise derselben Arten auf dem Feuerlande, wo sie schon seit langer Zeit von den wilden Einwohnern verfolgt worden sind. Auf den Falkland-Inseln kann ein Jäger zuweilen an einem Tage mehr Hochland-Gänse töten, als er nach Hause schaffen kann, während es in Feuerland beinahe so schwierig ist, eine zu töten, als es in England schwer ist, die gemeine Wildgans zu schießen.

Siebzehntes Kapitel

In Pernetys Zeit (1763) scheinen alle Vögel noch viel zahmer gewesen zu sein, als jetzt; er führt an, daß der *Opetiorhynchus* sich beinahe auf seinen Finger niedergelassen hätte, und daß er mit einem Stock zehn in einer halben Stunde totgeschlagen habe. Zu jener Zeit müssen die Vögel ungefähr so zahm gewesen sein, wie sie jetzt auf den Galapagos-Inseln sind. Auf diesen letztgenannten Inseln scheinen sie Vorsicht langsamer gelernt zu haben, als auf den Falkland-Inseln, wo sie auch im Verhältnis mehr Erfahrung sammeln konnten; denn außer häufigen Besuchen von Schiffen sind diese Inseln mit Zwischenräumen während der ganzen Periode kolonisiert gewesen. Selbst in jener früheren Zeit, wo alle Vögel so zahm waren, war es nach Pernetys Erzählung unmöglich, den schwarzhalsigen Schwan zu töten, einen Zugvogel, der wahrscheinlich die in fremden Ländern gelernte Weisheit mitbrachte.

Ich will noch hinzufügen, daß der Angabe Du Bois zufolge in den Jahren 1571 und 1572 alle Vögel auf Bourbon mit Ausnahme der Flamingos und der Gänse so äußerst zahm waren, daß sie sich mit den Händen fangen ließen oder in beliebiger Zahl mit einem Stock erschlagen werden konnten. Ferner führt Carmichael[3] an, daß auf Tristan d'Acunha im Atlantischen Ozean die einzigen beiden Landvögel, eine Drossel und eine Ammer, „so zahm waren, daß sie sich mit einem Handnetz fangen ließen." Aus diesen verschiedenen Tatsachen können wir, glaube ich, schließen, daß die Wildheit der Vögel in bezug auf den Menschen ein eigentümlicher, besonders gegen ihn gerichteter Instinkt ist und nicht von irgendeinem allgemeinen, von anderen Quellen der Gefahr herrührenden Grad von Vorsicht abhängt; zweitens, daß sie nicht von individuellen Vögeln in einer kurzen Zeit, selbst wenn sie verfolgt werden, erlangt wird, daß sie vielmehr im Laufe aufeinanderfolgender Generationen erblich wird. Bei domestizierten Tieren sind wir daran gewöhnt, neue geistige Gewohnheiten oder Instinkte erlangt und erblich gemacht zu sehen; bei Tieren im Naturzustande wird es aber immer äußerst schwierig sein, Beispiele von erworbener erblicher Kenntnis nachzuweisen. In bezug auf die Wildheit der Vögel gegen den Menschen haben wir kein Mittel, sie zu erklären, ausgenommen als einen vererbten Instinkt. In einem jeden Jahre werden vergleichsweise wenig junge Vögel vom Menschen in England verletzt, und doch fürchten sich beinahe alle, selbst Nestlinge, vor ihm; andererseits sind aber sowohl auf den Galapagos- als auf den Falkland-Inseln viele Individuen von ihm verfolgt und verletzt worden, haben aber doch noch nicht die ihnen so heilsame Furcht vor ihm gelernt. Wir können aus diesen Tatsachen schließen, welches Gemetzel die Einführung irgendeines neuen Raubtieres in einem Lande verursachen muß, ehe die Instinkte der eingeborenen Bewohner sich der List oder der Kraft des fremden Ankömmlings angepaßt haben.

---

[3] Linn. Transact. Vol. XII, p.496. Die abnormste Tatsache in bezug auf diesen Gegenstand, die mir aufgestoßen ist, ist die Wildheit der kleinen Vögel im arktischen Teil von Nord-Amerika (von Richardson, Fauna bor. amer., Vol. II, p.332 beschrieben), wo sie, wie man sagt, niemals verfolgt werden. Dieser Fall ist um so befremdlicher, weil behauptet wird, daß einige von den nämlichen Arten in ihren Winterquartieren in den Vereinigten Staaten zahm sind. Wie Dr. Richardson ganz richtig bemerkt, ist noch vieles, mit den verschiedenen Graden der Schlauheit und der Sorgfalt, mit welcher Vögel ihre Nester verbergen, im Zusammenhang stehendes völlig unerklärlich. Wie merkwürdig ist es, daß die englische Holztaube, welche im allgemeinen ein so wilder Vogel ist, sehr oft ihre Jungen im Buschwerk dicht in der Nähe von Häusern aufzieht!

Achtzehntes Kapitel

Fahrt durch den Archipel der Niedrigen Inseln – Tahiti – Anblick – Vegetation der Berge – Ansicht von Eimeo – Exkursion in das Innere – Tiefe Schluchten – Reihe von Wasserfällen – Große Zahl wilder nutzbarer Pflanzen – Mäßigkeit der Einwohner – Ihr moralischer Zustand – Versammlung des Parlaments – Neu-Seeland – Insel-Bay – Hippahs – Exkursion nach Waimate – Missionar-Niederlassung – Englische Unkräuter, hier verwildert – Waiomio – Begräbnis einer neuseeländischen Frau – Abfahrt nach Australien

Tahiti und Neu-Seeland

20. Oktober – Da die Aufnahme des Galapagos-Archipel beendet war, steuerten wir auf Tahiti zu und begannen unsere lange Fahrt von 3200 Meilen. Im Laufe weniger Tage kamen wir aus dem trüben und wolkigen Bezirke des Ozeans heraus, welcher sich während des Winters von der Küste von Süd-Amerika an weit hinaus erstreckt. Wir erfreuten uns nun hellen und klaren Wetters, während wir sehr angenehm mit einer Geschwindigkeit von 150 oder 160 Meilen in einem Tage vor dem beständigen Passatwinde hinfuhren. Die Temperatur ist in diesem zentraleren Teil des Stillen Ozeans höher als in der Nähe der amerikanischen Küste. Das Thermometer in der hinteren Kajüte stand Tag und Nacht zwischen 80° und 83° (26,7 und 28,3 °C), was ein sehr angenehmes Gefühl ist; bei einem Grade oder zweien mehr wird die Hitze drückend. Wir kamen durch den Archipel der Niedrigen oder Gefährlichen Inseln und sahen mehrere der merkwürdigsten Ringe von Korallen-Land, gerade über den Wasserspiegel hervorragend, welche Lagunen-Inseln genannt worden sind. Ein langer und glänzend weißer Strand wird von einem Saume grüner Vegetation gekrönt; nach beiden Seiten hinblickend, verschmälert sich der Streifen in der Entfernung und sinkt unter den Horizont. Von der Mastspitze aus sieht man eine weite Fläche glatten Wassers innerhalb des Ringes. Diese niedrigen hohlen Korallen-Inseln stehen in gar keinem Verhältnis zu dem ungeheuren Ozean, aus dem sie sich ganz plötzlich erheben; und es erscheint wunderbar, daß solche schwache Eindringlinge nicht von den allmächtigen und nie ermüdenden Wellen jenes großen, fälschlich „Stillen" genannten, Ozeans überwältigt werden.

15. November – Bei Tagesanbruch war Tahiti, eine Insel, welche dem in dem Stillen Ozean Reisenden für alle Zeiten klassisch bleiben muß, in Sicht. In der Entfernung war ihre Erscheinung nicht anziehend. Die üppige Vegetation der niedrig gelegenen Teile konnte noch nicht gesehen werden und wie die Wolken vorüberrollten, zeigten sich die wildesten und am steilsten abstürzenden Gipfel nach der Mitte der Insel zu. Sobald wir in Matavai-Bay vor Anker gegangen waren, wurden wir von Kanus umgeben. Es war dies unser Sonntag, aber der Montag von Tahiti. Wäre das Umgekehrte der Fall gewesen, hätten wir nicht einen einzigen Besuch erhalten; denn dem Befehl, am Sabbat nicht ein einziges Kanu ins Meer zu lassen, wird streng gehorcht. Nach dem Mittagsessen gingen wir an Land, um all das Entzücken zu genießen, welches die ersten Eindrücke eines neuen Landes hervorrufen, und dies neue Land war noch dazu das reizende Tahiti. Eine Menge von Männern, Frauen und Kindern hatte sich auf dem denkwürdigen Point Venus versammelt, bereit, uns mit Lachen und heiteren Gesichtern zu empfangen. Sie geleiteten uns nach dem Hause des Mr. Wilson, des Missionars des Distrikts, welcher uns unterwegs begegnete und sehr freundschaftlich empfing. Nachdem wir eine kurze Zeit in seinem Hause gesessen hatten, trennten wir uns, um umherzuwandern, kehrten aber am Abend wieder dorthin zurück.

Das der Bearbeitung fähige Land ist kaum an irgendeiner Stelle mehr als ein Saum von niedrigem alluvialen Boden, der sich ringsum an dem Fuße der Berge angesammelt hat und welcher

Achtzehntes Kapitel

vor den Wellen des Ozeans durch ein Korallenriff beschützt wird, welches die ganze Küste umgibt. Innerhalb dieses Riffes ist eine weite Fläche ruhigen Wassers, wie die eines Sees, gelegen, wo die Kanus der Eingeborenen sich mit völliger Sicherheit bewegen und wo Schiffe vor Anker gehen können. Das untere Land, welches bis zu dem aus Korallensand gebildeten Strande hinabreicht, ist von den allerschönsten Erzeugnissen der zwischen den Wendekreisen gelegenen Gegenden bedeckt. In der Mitte von Bananen, Orangen, Kokosnuß- und Brotfrucht-Bäumen sind Stellen abgeräumt, wo Yams, süße Bataten, das Zuckerrohr und Ananas gebaut werden. Selbst das Gesträuch wird von einem wichtigen Fruchtbaume gebildet, nämlich der Guava, welche ihrer ungeheuren Menge wegen so schädlich wie ein Unkraut geworden ist. In Brasilien habe ich oft die verschiedenartige Schönheit der Bananen, Palmen und Orangenbäume in ihrem einander hebenden Kontraste bewundert; hier haben wir noch den Brotfruchtbaum, der durch seine großen, glänzenden und tief fingerförmig geteilten Blätter so in die Augen fällt. Es ist wunderbar, ganze Haine von Bäumen zu sehen, welche ihre Zweige mit der Lebenskraft einer englischen Eiche ausbreiten und mit großen und äußerst nahrhaften Früchten beladen sind. Wie selten es auch immer sein mag, daß die Nützlichkeit eines Gegenstandes das Vergnügen beim Erblicken desselben erklären kann; was den Fall dieser herrlichen Haine betrifft, so macht die Kenntnis von ihrer so großen Produktivität ohne Zweifel einen Teil des Gefühls der Bewunderung aus. Die kleinen gewundenen Pfade, alle wegen des umgebenden Schattens kühl, führten zu den zerstreut liegenden Häusern; die Besitzer derselben gaben uns überall eine herzliche und äußerst gastliche Aufnahme.

Mir gefiel nichts so sehr wie die Einwohner. In dem Ausdruck ihres Gesichts liegt eine Milde, welche sofort die Idee eines Wilden verbannt, und eine Intelligenz, welche deutlich zeigt, daß sie auf dem Wege der Zivilisation fortschreiten. Die gemeinen Leute haben beim Arbeiten den oberen Teil ihrer Körper vollkommen nackt; und dann zeigen sich die Tahitianer gerade zu ihrem Vorteil. Sie sind alle sehr groß, breitschultrig, athletisch und gut proportioniert. Man hat die Bemerkung gemacht, daß es nur einer geringen Gewöhnung bedürfe, um eine dunkle Haut dem Auge eines Europäers angenehmer und natürlicher zu machen, als seine eigene Farbe. Wenn sieh ein weißer Mann neben einem Tahitianer badete, so erschien er wie eine durch die Kunst des Gärtners gebleichte Pflanze verglichen mit einer schön dunkelgrünen, welche kräftig auf dem offenen Felde wächst. Die meisten Männer sind tätowiert und die Verzierungen folgen den Krümmungen der Körperlinien in einer so graziösen Weise, daß sie eine sehr elegante Wirkung hervorbringen. Ein sehr häufiges, in seinen Details abänderndes Muster ist in etwas der Laubkrone eines Palmbaums ähnlich. Es entspringt von der Mittellinie des Rückens und schlängelt sich graziös um beide Seiten des Körpers. Der sich mir aufdrängende Vergleich mag etwas phantastisch erscheinen, aber mir kam es vor, als sei der Rumpf eines in dieser Weise verzierten Mannes wie der Stamm eines edlen Baumes, welchen eine zarte Schlingpflanze umgebe.

Bei vielen der älteren Leute sind die Füße mit kleinen Figuren bedeckt, die so angeordnet sind, daß sie einer Socke ähnlich sind. Indessen ist diese Mode zum Teil vorübergegangen und andere sind an ihre Stelle getreten. Obgleich die Mode durchaus nicht unveränderlich ist, so muß sich doch ein jedes Individuum mit der genügen lassen, welche zur Zeit seiner Jugend herrschte. Auf diese Weise trägt ein alter Mann für immer den Stempel seiner Zeit auf seinem Körper und kann nicht das Ansehen eines jungen Dandy annehmen. Die Frauen sind in derselben Weise tätowiert wie die Männer und sehr gewöhnlich auch an ihren Fingern. Eine sehr schlecht kleidende Mode herrscht jetzt ganz allgemein; nämlich sich das Haar vom oberen Teil des Kopfs in einer kreisförmigen Weise rasieren zu lassen, so daß nur außen ein Ring stehen bleibt. Die Missionare haben die Leute zu überreden versucht, diese Gewohnheit aufzugeben; es heißt aber: „Es ist so Mode", und diese Antwort genügt ebensogut in Tahiti wie in Paris. In bezug auf die persönliche Erscheinung der Frauen war ich sehr enttäuscht; sie stehen den Männern in allen Beziehungen bei weitem nach. Die Gewohnheit, eine weiße oder scharlachrote Blüte am hinteren

Teile des Kopfes oder in einem kleinen Loche in jedem Ohre zu tragen, ist hübsch. Auch wird ein Kranz von gewebten Kokosnuß-Blättern als ein Schirm für die Augen getragen. Die Frauen scheinen irgend etwas, was sie gut kleidet, selbst noch mehr zu bedürfen als die Männer.

Beinahe alle Eingeborene verstehen ein wenig Englisch – d.h. sie kennen die Namen der gewöhnlichsten Gegenstände; und mit Hilfe dieses Umstandes in Verbindung mit Zeichen konnte eine Art lahmer Konversation unterhalten werden. Als wir am Abend zum Boote zurückkehrten, blieben wir stehen, um Zeuge einer allerliebsten Szene zu sein. Eine Menge Kinder spielten auf dem Strand und hatten Freudenfeuer angezündet, welche das ruhige Meer und die umgebenden Bäume beleuchteten; andere standen im Kreise und sangen tahitianische Verse. Wir setzten uns auf den Sand und teilten ihre Gesellschaft. Die Gesänge waren aus dem Stegreif und bezogen sich, wie ich glaube, auf unsere Ankunft; ein kleines Mädchen sang eine Zeile, welche die übrigen mehrstimmig aufnahmen, so einen sehr hübschen Chor bildend. Die ganze Szene brachte uns in einer ganz unzweideutigen Art vor das Bewußtsein, daß wir der Küste einer Insel in der weit berühmten Süd-See säßen.

17. November – In unserem Log-Buch wird dieser Tag als Dienstag der 17., statt Montag der 16. gerechnet, und zwar infolge unseres insoweit erfolgreichen Wettlaufs mit der Sonne. Vor dem Frühstück war unser Schiff von einer Flottille von Kanus umsäumt; und als den Eingeborenen gestattet worden war, an Bord zu kommen, können es meiner Meinung nach nicht weniger als zweihundert gewesen sein. Sämtliche Leute an Bord waren der Ansicht, daß es schwierig gewesen sein würde, aus irgendeiner anderen Nation eine gleiche Anzahl auszulesen, welche so wenig Unruhe gemacht hätte. Alle brachten sie etwas zum Verkauf, Muscheln und Schneckenhäuser waren die hauptsächlichsten Handelsartikel. Die Tahitianer sehen jetzt vollständig den Wert des Geldes ein und ziehen dasselbe alten Kleidern und anderen Gegenständen vor. Doch setzen sie die verschiedenen Münzen mit englischen und spanischen Bezeichnungen in Verwirrung, und sie halten daher die kleinen Silbermünzen niemals für sicher, bis sie dieselben in Dollars umgewechselt haben. Einige der Häuptlinge haben ganz beträchtliche Summen Geldes angehäuft. Vor nicht langer Zeit bot ein Häuptling 800 Dollars (ungefähr 160 Pfund Sterling [3200 Mark]) für ein kleines Fahrzeug, und häufig kaufen sie Schaluppen und Pferde im Preise von 50 bis 100 Dollars.

Nach dem Frühstücke ging ich an Land und ging den nächsten Abhang bis zu einer Höhe von zwei- bis dreitausend Fuß hinauf. Die äußeren Berge sind glatt und kegelförmig, aber steil, und die alten vulkanischen Gesteine, aus denen sie gebildet sind, sind von vielen tiefen Schluchten zerschnitten, welche von den mittleren durchbrochenen Teilen der Insel aus bis nach der Küste hin reichen. Nachdem ich den schmalen, niedrigen Gürtel bewohnten und fruchtbaren Landes überschritten hatte, ging ich entlang einem glatten steilen Grat zwischen zwei tiefen Schluchten. Der Pflanzenwuchs war eigentümlich; er bestand beinahe ausschließlich aus kleinen zwergartigen Farnkräutern, zwischen welche höher hinauf grobes Gras gemengt war; es war dem auf manchen Waliser Bergen sich findenden nicht sehr unähnlich, und dies dicht über dem Garten mit tropischen Pflanzen an der Küste zu finden, war sehr überraschend. Am höchsten Punkte, den ich erreichte, erschienen wieder Bäume. Von den drei Zonen sich abstufender Üppigkeit verdankt die untere ihre Feuchtigkeit und daher auch ihre Fruchtbarkeit ihrer Flachheit; denn da sie kaum über den Meeresspiegel erhoben ist, fließt das Wasser aus dem höher gelegenen Lande nur langsam ab. Die zwischenliegende Zone reicht allem Anschein nach nicht wie die obere bis in eine feuchte und wolkige Atmosphäre; sie bleibt daher unfruchtbar. Die Wälder in der oberen Zone sind sehr nett, Baumfarne ersetzen die Kokos-Palmen der Küstenzone. Man darf indessen nicht etwa meinen, als glichen diese Wälder überhaupt in ihrem Glanz den Wäldern Brasiliens. Die ungeheure Zahl von Naturerzeugnissen, welche einen Kontinent charakterisieren, darf nicht auf einer Insel erwartet werden.

Achtzehntes Kapitel

Von dem höchsten Punkte, welchen ich erreichte, hatte ich einen guten Blick auf die entfernte Insel Eimeo, welche unter Botmäßigkeit desselben Herrschers steht wie Tahiti. Auf den hohen und zerklüfteten Bergspitzen waren weiße massige Wolken aufgetürmt, welche in dem blauen Himmel ebenso eine Insel bildeten, wie Eimeo selbst eine solche im blauen Ozean war. Die Insel ist mit Ausnahme einer einzigen engen Pforte vollständig von einem Riffe umgeben. Von dieser Entfernung aus war nur eine schmale, aber scharf begrenzte glänzend weiße Linie da zu sehen, wo die Wellen zuerst den Korallenwänden begegneten. Die Berge erhoben sich ganz plötzlich aus der spiegelglatten Fläche der Lagune, welche von dieser schmalen weißen Linie eingeschlossen wird; außerhalb der letzteren waren die auf- und abschwellenden Wasser des Ozeans von dunkler Färbung. Der Anblick war überraschend. Man konnte es ganz passend mit einem eingerahmten Kupferstich vergleichen, wo der Rahmen die Wellenbrecher darstellt, der weiße Papierrand die glatte Lagune und der Stich die Insel selbst. Als ich am Abend von dem Berge herabstieg, kam ein Mann, dem ich durch irgendein unbedeutendes Geschenk eine Freude gemacht hatte, und brachte mir warme geröstete Bananen, eine Ananas und Kokosnüsse. Wenn man unter einer brennenden Sonne gegangen ist, kenne ich nichts Entzückenderes als die Milch einer frischen Kokosnuß. Ananas sind hier in solcher Masse da, das sie die Leute in derselben verschwenderischen Weise essen, wie wir etwa Rüben. Sie sind von ausgezeichnetem Geschmack – vielleicht selbst noch besser als die in England kultivierten, und ich glaube, dies ist das größte Kompliment, welches man irgendeiner Frucht machen kann. Ehe wir an Bord gingen, machte Mr. Wilson dem Manne, der mir eine so artige Aufmerksamkeit erwiesen hatte, um meinetwillen verständlich, daß ich wünschte, er und noch ein zweiter Mann sollte mich auf einer kurzen Exkursion in die Berge begleiten.

18. November – Am Morgen kam ich zeitig an Land und brachte einige Provisionen in einem Sack und zwei Decken für mich selbst und den Diener mit. Diese wurden an die beiden Enden einer langen Stange gebunden, welche abwechselnd von meinen Tahitianern auf den Schultern getragen wurde. Diese Leute sind gewöhnt, in dieser Weise einen ganzen Tag lang selbst bis zu fünfzig Pfund an jedem Ende ihrer Stangen zu tragen. Ich sagte meinen Führern, daß sie sich mit Nahrung und Kleidung versehen sollten; sie erwiderten mir aber, daß es in den Bergen genug Nahrung gebe und daß ihre eigene Haut völlig genügende Bedeckung sei. Unsere Marschroute war das Tal Tia-auru, durch welches ein Fluß bei Point Venus herab in die See fließt. Dies ist einer der Hauptströme der Insel; seine Quelle liegt am Fuße der höchsten zentralen Spitzen, welche bis zu einer Höhe von ungefähr 7000 Fuß ansteigen. Die ganze Insel ist so bergig, daß der einzige Weg, in das Innere einzudringen, der ist, die Täler aufwärts zu verfolgen. Unsere Straße führte uns anfangs durch Gehölz, welches auf jeder Seite den Fluß einfaßte; die Durchblicke auf die hohen zentralen Pics, gleichsam wie durch Baumgänge gesehen, hier und da eine wallende Kokos-Palme auf der einen Seite, waren äußerst malerisch. Das Tal begann bald eng zu werden und die Seiten sich hoch und steil zu erheben. Nachdem wir drei bis vier Stunden marschiert waren, sahen wir, daß die Breite der Schlucht kaum die des Flußbettes übertraf. Auf jeder Seite waren die Wände beinahe senkrecht; aber infolge der weichen Beschaffenheit der vulkanischen Schichten sprangen Bäume und ein üppiger Pflanzenwuchs aus jedem vorspringenden Rande vor. Diese Abgründe müssen einige tausend Fuß tief gewesen sein; das Ganze bildete eine Bergschlucht, bei weitem großartiger als irgend etwas, was ich bis dahin gesehen hatte. Bis die Mittagssonne senkrecht über der Schlucht stand, war die Luft kühl und feucht; dann aber wurde sie ausnehmend drückend und schwül. Im Schatten eines Felsenvorsprungs unter einer Fassade säulenförmiger Lava aßen wir unser Mittagsbrot. Meine Führer hatten bereits ein Gericht kleiner Fische und Süßwasser-Garnelen besorgt. Sie führten ein kleines, auf einen Reifen gespanntes Netz mit sich; und wo das Wasser tief war und Strudel bildete, tauchten sie und folgten, wie die Ottern die Augen offen behaltend, den Fischen in ihre Höhlen und Winkel und fingen sie auf diese Weise.

Tahiti und Neu-Seeland

Die Tahitianer haben die Geschicklichkeit von Amphibien im Wasser. Eine von Ellis erwähnte Anekdote zeigt, wie sehr sie sich in diesem Elemente zu Hause fühlen. Als im Jahre 1817 ein Pferd für Pomarre gelandet wurde, rissen die Schlingen, von denen es gehalten wurde, und es fiel ins Wasser; sofort sprangen die Eingeborenen über Bord und hätten es durch ihr Geschrei und die vergeblichen Anstrengungen zu seiner Unterstützung beinahe ertränkt. Sobald es aber das Ufer erreicht hatte, ergriff die ganze Bevölkerung die Flucht und versuchte sich vor dem menschentragenden Schweine – so tauften sie das Pferd – zu verbergen.

Ein wenig höher hinauf teilte sich der Fluß in drei kleine Bäche. Die beiden nördlichen waren unzugänglich und zwar infolge einer Reihe von Wasserfällen, welche von dem zerklüfteten, zentralen Gipfel herabkamen; der andere war allem Anscheine nach in gleicher Weise unzugänglich; wir machten es indes möglich, ihn auf einem ganz außerordentlichen Wege aufwärts zu verfolgen. Die Seitengehänge der Täler waren hier nahezu senkrecht; wie es aber häufig bei geschichteten Felsarten der Fall ist, so sprangen schmale Leisten vor, welche dicht mit wilden Bananen, lilienartigen Pflanzen und anderen, üppig gedeihenden Erzeugnissen der Tropen bedeckt waren. Die Tahitianer hatten, als sie beim Suchen nach Früchten auf diesen Vorsprüngen herumgeklettert waren, einen Pfad entdeckt, auf dem der ganze Abgrund erklettert werden konnte. Das erste Stück, vom Tal aus aufzusteigen, war sehr gefährlich; denn es war notwendig, eine steil aufgerichtete Fläche nackten Felsens mit Hilfe von Stricken, welche wir mit uns geführt hatten, hinaufzukommen. Wie irgend jemand hat entdecken können, daß dieser furchtbare Ort der einzige Punkt war, von wo die Seite des Berges zugänglich war, kann ich mir nicht vorstellen. Wir gingen dann vorsichtig einem der Vorsprünge entlang weiter, bis wir an einen der drei Bäche kamen. Dieser Vorsprung bildete eine flache Stelle, über welche ein wunderschöner, einige hundert Fuß hoher Wasserfall herabstürzte; darunter ergoß eine andere hohe Kaskade das Wasser in den Hauptfluß unten im Tale. Von diesem kühlen und schattigen Versteck machten wir einen Bogen, um den überhängenden Wasserfall zu vermeiden. Wie früher folgten wir kleinen vorspringenden Felsrändern, wobei die Gefahr des Weges zum Teil durch die Dichtheit der Vegetation verhüllt wurde. Beim Übergang von einem Felsrande zum anderen gingen wir über eine senkrechte Felsenwand hin. Einer der Tahitianer, ein schöner lebendiger Mann, lehnte einen Baumstamm an diese, erkletterte ihn und erreichte dann mit Hilfe kleiner Schrunden den Gipfel. Er befestigte dann die Taue an einem vorspringenden Punkt und ließ sie herab, um zuerst unseren Hund und unser Gepäck hinaufzubringen; dann kletterten wir selbst hinauf. Unterhalb des Vorsprungs, auf welchen der abgestorbene Baumstamm gestellt wurde, muß der Abgrund fünf- oder sechshundert Fuß tief gewesen sein; und wäre diese Tiefe nicht zum Teil durch die überhängenden Farnkräuter und Lilien verborgen worden, so wäre mir es im Kopfe schwindlig geworden und nichts hätte mich bestimmen können, den Versuch zu machen. Wir stiegen beständig weiter hinauf, zuweilen Vorsprüngen entlang, und dann wieder über messerschneidenartige Grate, wobei wir zu jeder Seite einen tiefen Abgrund hatten. In der Cordillera habe ich Berge in einem weit großartigeren Maßstabe gesehen; was aber Steilheit und Schroffheit betrifft, so läßt sich durchaus nichts mit diesen Bergen hier vergleichen. Am Abend erreichten wir eine kleine ebene Stelle an den Ufern desselben Baches, welchem wir beständig gefolgt waren und welcher in einer Reihe von Wasserfällen hinabfließt. Hier biwakierten wir für die Nacht. Auf jeder Seite der Schlucht fanden sich große Flächen mit der Berg-Banane bewachsen, die mit reifen Früchten bedeckt war. Viele dieser Pflanzen waren zwanzig bis fünfundzwanzig Fuß hoch und drei bis vier Fuß im Umfang. Mittels Streifen von Rinde anstatt der Stricke, der Bambus-Stämme anstatt der Balken und des großen Bananen-Blattes anstatt des Dachstrohs bauten uns die Tahitianer in ein paar Minuten ein ausgezeichnetes Haus; von verwelkten Blättern machten sie uns ein Lager zurecht.

Sie schritten dann dazu, ein Feuer anzuzünden und unsere Abendmahlzeit zu kochen. Feuer verschafften sie sich dadurch, daß sie einen stumpf zugespitzten Stock in einer, in einem anderen

Achtzehntes Kapitel

Stock gemachten Vertiefung reiben, als wenn sie beabsichtigten, die Vertiefung zu vergrößern, bis denn endlich durch die Reibung der Staub entzündet wird. Ein eigentümlich weißes und sehr leichtes Holz (der *Hibiscus tiliaceus*) wird allein zu diesem Zwecke benutzt. Es ist dasselbe Holz, welches auch die Stangen gibt, um Lasten daran zu tragen, ebenso wie die flottierenden Stangen an ihren Kanus. In wenig Sekunden war das Feuer erzeugt; für jemand, der die Kunst nicht versteht, bedarf es aber, wie ich fand, die größte Anstrengung; zu meinem großen Stolze gelang es mir aber doch zuletzt, den Staub zu entzünden. Der Gaucho in den Pampas bedient sich einer anderen Methode: Er nimmt einen elastischen, ungefähr achtzehn Zoll langen Stab, drückt das eine Ende an seine Brust, das andere zugespitzte Ende in ein Loch in einem Stück Holz und dreht nun den krumm gebogenen Teil rapid herum, wie den Zentrumbohrer eines Tischlers. Nachdem die Tahitianer ein kleines Feuer von Holzstäben gemacht hatten, legten sie an zwanzig Steine, so groß wie Kricketbälle, auf das brennende Holz. In ungefähr zehn Minuten war das Holz verbrannt und die Steine heiß. Vorher schon hatten die Leute in kleine Stückchen von Blättern Stücke Rindfleisch, Fische, reife und unreife Bananen und die Spitzen des wilden Arum eingelegt. Diese grünen Paketchen wurden nun in je einer Schicht zwischen zwei Schichten heiße Steine gelegt und das Ganze mit Erde bedeckt, so daß kein Rauch oder Dampf entweichen konnte. In ungefähr einer halben Stunde war alles auf das Köstlichste fertig gekocht. Die ausgesuchten grünen Paketchen wurden nun auf ein Tischtuch von Bananen-Blättern gelegt; aus einer Kokos-Schale tranken wir das kalte Wasser des Baches, und so genossen wir freudigst unser ländliches Mahl.

Ich konnte meinen Blick nicht ohne Bewunderung auf die uns umgebende Pflanzenwelt werfen. Auf allen Seiten waren Wälder von Bananen, deren Früchte, trotzdem sie in verschiedenen Weisen zur Nahrung dienten, doch haufenweise auf dem Boden lagen und verdarben. Gerade vor uns war ein sehr ausgedehntes Gebüsch von wildem Zuckerrohr; und der Bach wurde von dem dunkelgrünen, sich knotig verzweigenden Stamme der Ava [*Piper methysticum*] beschattet, die in früheren Zeiten wegen ihrer mächtig berauschenden oder betäubenden Wirkungen so berühmt war. Ich kaute ein kleines Stück und fand, daß es einen scharfen, unangenehmen Geschmack hatte, der jedermann sofort zu dem Ausspruch veranlaßt haben würde, daß sie giftig sei. Dank den Missionaren gedeiht diese Pflanze jetzt nur noch, jedermann unschädlich, in diesen tiefen Schluchten. Dicht dabei sah ich das wilde *Arum*, dessen Wurzeln, wenn sie ordentlich gebacken sind, gut zu essen sind und dessen junge Blätter besser als Spinat sind. Es fand sich auch der wilde Yam und eine, *Ti* genannte, lilienartige Pflanze hier, welche in großer Menge wächst und eine weiche, braune Wurzel besitzt, der Form und Größe nach einem ungeheuren Holzklotz ähnlich. Diese diente uns als Dessert, denn sie schmeckte so süß wie Sirup und dabei angenehm aromatisch. Überdies fanden sich noch andere wilde Fruchtarten und nützliche Gemüse vor. Der kleine Strom bot uns außer seinem kühlen Wasser Aale und Krebse. Ich bewunderte in der Tat die ganze Szene, wenn ich sie mit einem nicht kultivierten Stück Landschaft in der gemäßigten Zone verglich. Es drängte sich mir die Wahrheit der Bemerkung auf, daß der Mensch, mindestens der wilde, mit nur zum Teile entwickeltem Vermögen des Nachdenkens, ein Kind der Tropen sei.

Als der Abend zu Ende ging, schlenderte ich im düsteren Schatten der Bananen, dem Laufe des Baches folgend, aufwärts. Mein Spaziergang wurde bald unterbrochen, da ich an einen Wasserfall kam, der zwei- bis dreihundert Fuß herabstürzte und über welchem wieder ein anderer war. Ich erwähne alle diese Wasserfälle an diesem einzigen Bache, um eine allgemeine Vorstellung von der Neigung des Landes zu geben. In dem kleinen Versteck, wo das Wasser herabfiel, schien niemals auch nur ein Hauch von Wind geblasen zu haben. Die dünnen Ränder der großen Bananen-Blätter waren naß von Flugwasser, aber nicht gebrochen, anstatt, wie es so allgemein der Fall ist, in tausend Fäden gefasert zu sein. Von unserer beinahe am Abhang des Berges aufgehängten Stellung aus hatten wir Einblicke in die Tiefen der benachbarten Täler, und die hohen

Gipfel der zentralen Berge, die sich bis zu sechzig Grad nach dem Zenit zu auftürmten, verbergen halb den Abendhimmel. An einer solchen Stelle sitzend, war es ein erhabener Anblick, zu beobachten, wie der Schatten der Nacht allmählich die letzten und höchsten Zinnen der Berge verdunkelte.

Ehe wir uns zum Schlafen niederlegten, fiel der ältere Tahitianer auf seine Knie und sprach mit geschlossenen Augen ein langes Gebet in seiner Muttersprache. Er betete, wie es ein Christ tun soll, mit geziemender Andacht und ohne Furcht, lächerlich zu werden oder mit Ostentation fromm zu sein. Bei unseren Mahlzeiten rührte keiner der Leute das Essen an, ohne zuvor ein kurzes Tischgebet zu sagen. Diejenigen Reisenden, welche glauben, daß ein Tahitianer nur betet, wenn die Augen des Missionars auf ihn gerichtet sind, hätten jene Nacht mit uns am Bergesabhang zubringen sollen. Vor Morgenanbruch regnete es sehr stark; aber die gute Dachung mit den Bananen-Blättern hielt uns trocken.

19. November – Mit Tagesanbruch bereiteten meine Freunde, nach Verrichtung ihrer Morgengebete, in derselben Art und Weise wie am vergangenen Abend, ein ausgezeichnetes Frühstück. Sie selbst nahmen auch reichlich daran Teil; in der Tat habe ich niemals einen Menschen auch nur annähernd so viel essen sehen. Ich vermute, daß derartige so ungeheuer geräumige Mägen die Folge davon sein müssen, daß ein großer Teil ihrer Nahrung aus Früchten und Gemüse besteht, welche in einer gegebenen Masse eine vergleichsweise nur geringe Menge eigentlicher Nahrung enthalten. Unwissentlich war ich, wie ich später erfuhr, die Veranlassung, daß meine beiden Begleiter eines ihrer eigenen Gesetze und Bestimmungen überschritten. Ich hatte eine Flasche Branntwein mitgenommen, von welcher mir Bescheid zu tun sie nicht abschlagen konnten. So oft sie aber ein wenig davon tranken, legten sie ihre Finger an den Mund und sprachen das Wort „Missionar" aus. Obschon der Gebrauch der Ava vor ungefähr zwei Jahren verboten worden war, verbreitete sich doch nach der Einführung von Branntwein die Trunksucht außerordentlich. Die Missionare vermochten es über ein paar tüchtige Männer, welche einsahen, daß ihr Vaterland mit reißender Schnelligkeit dem Ruin entgegenging, sich mit ihnen zu einer Mäßigkeitsgesellschaft zu verbinden. Aus gesundem Menschenverstand oder aus Scham ließen sich zuletzt alle Häuptlinge und die Königin überreden, beizutreten. Sofort wurde ein Gesetz erlassen, daß es nicht erlaubt sei, Spirituosen auf die Insel einzuführen und daß derjenige, welcher den verbotenen Artikel verkaufte, und der, welcher ihn kaufte, mit einer Geldstrafe belegt würde. Mit bemerkenswertem Gerechtigkeitssinn wurde eine Frist bestimmt, um den Verkauf des einmal vorhandenen Vorrats zu gestatten, ehe das Gesetz in Kraft trat. Als dies aber eintrat, wurde eine allgemeine Haussuchung vorgenommen, wo selbst die Häuser der Missionare nicht verschont wurden; und alle gefundene Ava (so nennen die Eingeborenen alle hitzigen Spirituosen) wurde auf die Erde gegossen. Wenn man über die Wirkungen der Unmäßigkeit auf die Eingeborenen von Nord- und Süd-Amerika nachdenkt, so glaube ich wohl, man muß zugeben, daß jeder, der es mit dem Gedeihen von Tahiti wohlmeint, den Missionaren einen nicht geringen Dank schuldig ist. So lange die kleine Insel St. Helena unter der Regierung der ostindischen Kompanie stand, war wegen des großen von ihnen verursachten Unheils die Einfuhr von Spirituosen nicht erlaubt; doch wurde Wein vom Vorgebirge der Guten Hoffnung bezogen. Es ist nun eine auffallende und nicht sehr wohltuend berührende Tatsache, daß in demselben Jahr, wo der Verkauf von Spirituosen auf St. Helena wieder erlaubt wurde, ihr Gebrauch durch den freien Willen des Volkes von Tahiti verbannt wurde.

Nach dem Frühstück setzten wir unsere Reise fort. Da mein Zweck nur der war, ein wenig von der Szenerie des Innern der Insel zu sehen, so kehrten wir auf einem anderen Wege zurück, welcher uns weiter unten in das Haupttal hinunterführte. Eine Strecke lang wandten wir uns auf einem äußerst verwickelten Pfade dem Abhang des Berges entlang, welcher das Tal bilden half. In den wenigen steilen Partien kamen wir durch ausgedehnte Haine der wilden Banane. Die Tahitianer mit ihren nackten tätowierten Körpern, ihren mit Blumen geschmückten Köpfen, und in dem dunkeln Schatten dieser Haine gesehen, würden ein schönes Bild des irgendein Urland bewohnenden Menschen abgegeben haben. Bei unserem Herabsteigen folgten wir der Richtung der Grate; diese waren außerordentlich schmal und eine beträchtliche Strecke lang so steil wie eine Leiter, aber sämtlich mit Pflanzenwuchs bedeckt. Die äußerste Sorgfalt, welche notwendig war, jeden Schritt im Gleichgewicht aufzusetzen, machte den Marsch sehr ermüdend. Ich konnte nicht aufhören, diese Schluchten und Abgründe zu bewundern; überblickte man das Land von einem dieser messerschneideartig schmalen Rücken, so war der Unterstützungspunkt so klein, daß die Wirkung nahezu dieselbe gewesen sein muß, als sähe man von einem Ballon aus auf das Land. Bei diesem Hinabsteigen hatten wir nur einmal Veranlassung, die Taue zu gebrauchen, an der Stelle, wo wir in das Hauptal wieder eintraten. Wir schliefen unter demselben Vorsprung der Felsen, wo wir am Tage vorher unser Mittagsbrot verzehrt hatten. Die Nacht war schön, aber wegen der Tiefe und Enge der Schlucht äußerst dunkel.

Ehe ich dieses Land wirklich gesehen hatte, war es mir schwer, zwei von Ellis erwähnte Tatsachen zu verstehen; daß nämlich nach den mörderischen Schlachten früherer Zeiten die Überlebenden von der besiegten Partei sich in die Gebirge zurückzogen, wo dann eine handvoll Leute einer großen Menge widerstehen konnte. Sicherlich hätte an der Stelle, wo mein Tahitianer den alten Baumstamm anlehnte, ein halbes Dutzend Männer leicht Tausende zurückschlagen können. Die zweite Tatsache ist, daß es nach der Einführung des Christentums wilde Leute gegeben hat, welche in den Bergen lebten, und deren verborgene Aufenthaltsorte den zivilisierteren Einwohnern unbekannt waren.

20. November – Am Morgen brachen wir zeitig auf und erreichten Matavai um Mittag. Unterwegs begegneten wir einer großen Gesellschaft nobel aussehender athletischer Männer, welche nach wilden Bananen ausgingen. Ich fand, daß unser Schiff wegen der Schwierigkeit, Wasser zu erhalten, nach dem Hafen von Papawa gesegelt war, nach welchem Ort ich sofort hinging. Es ist dies ein sehr schöner Ort. Die Bucht wird von Riffen umgeben und das Wasser ist so glatt wie auf einem See. Der kultivierte Boden mit seinen wundervollen Erzeugnissen und mit Hütten zerstreut besetzt, kommt bis dicht an den Rand des Wassers hinab.

Nach den verschiedenartigen Berichten, welche ich gelesen hatte, ehe wir diese Inseln selbst erreichten, war ich sehr begierig, mir nach meinen eigenen Beobachtungen ein Urteil über ihren moralischen Zustand zu bilden, obgleich ein solches Urteil notwendigerweise sehr unvollkommen sein mußte. Die ersten Eindrücke hängen überall und zu allen Zeiten von den vorher erhaltenen Vorstellungen ab. Die Vorstellungen, die ich mir gebildet hatte, hatte ich aus Ellis „Polynesischen Untersuchungen" geschöpft, ein bewundernswertes und äußerst interessantes Buch, das aber natürlich alles von einem sehr günstigen Gesichtspunkte aus betrachtet, ferner aus Beecheys Reise und aus Kotzebues Reise, welcher ein entschiedener Gegner des ganzen missionierenden Systems ist. Wer diese drei Schilderungen miteinander vergleicht, wird sich, wie ich glaube, einen ganz erträglich richtigen Begriff von dem gegenwärtigen Zustand von Tahiti bilden können. Einer der Eindrücke, welchen ich aus den Erzählungen der beiden letztgenannten Autoritäten erhalten hatte, war ganz entschieden inkorrekt, nämlich, daß die Tahitianer eine düstere, trübe gestimmte Rasse geworden wären und in Furcht vor den Missionaren lebten. Von dem letzteren Gefühl sah ich keine Spur, wenn man nicht allerdings Furcht und Respekt unter einer Bezeichnung vermengt. Anstatt daß Mißvergnügen das verbreitetste Gefühl ist, dürfte es schwierig sein, in Europa aus einer Menge Menschen auch nur halb so viele heitere und glückliche Gesichter herauszulesen. Gegen das Verbot der Flöte und des Tanzens zieht man als unrecht und albern los; – die noch strenger als von Presbyterianern gehaltene Feier des Sabbat wird in ähnlicher Weise angesehen. Über diese Punkte will ich nicht wagen, irgendeine Meinung im Gegensatz zur Ansicht von Leuten abzugeben, welche ebensoviele Jahre auf der Insel gelebt haben, als ich Tage dort gewesen bin.

Tahiti und Neu-Seeland

Im ganzen scheint mir die Moralität wie die Religiosität der Einwohner alle Anerkennung zu verdienen. Es gibt viele Leute, welche, selbst noch bitterer als Kotzebue, sowohl die Missionare als ihr ganzes System und die dadurch hervorgebrachten Wirkungen, angreifen. Derartige Schwätzer vergleichen niemals den gegenwärtigen Zustand der Insel mit dem vor nur zwanzig Jahren, nicht einmal mit dem von Europa heutzutage; sie vergleichen ihn nur mit dem hohen Maßstab der evangelischen Vollkommenheit. Sie erwarten, daß den Missionaren zu tun gelinge, was nicht einmal den Aposteln selbst zu tun gelungen ist. Um so viel als der Zustand des Volks hinter diesem hohen Maßstab zurückbleibt, so viel Tadel empfängt der Missionar, anstatt das dankbar anzuerkennen, was er geleistet hat. Sie vergessen oder wollen sich nicht daran erinnern, daß Menschenopfer und die Allgewalt einer götzendienerischen Priesterschaft, – ein System der Liederlichkeit, wie es in allen Teilen der Welt ohne Parallele dasteht, – Kindesmord als Folge dieses Systems, – blutige Kriege, wo die Sieger weder Frauen noch Kinder schonten, – daß alles dies beseitigt und abgetan ist; und daß Unredlichkeit, Unmäßigkeit und Ausschweifung durch die Einführung des Christentums bedeutend eingeschränkt worden sind. Diese Sachen zu vergessen, ist für einen Reisenden niedrige Undankbarkeit; denn sollte er zufällig als Schiffbrüchiger an irgendeine unbekannte Küste geworfen werden, so wird er äußerst inbrünstig flehen, daß die Lehren der Missionare sich doch so weit erstreckt haben möchten.

Was die Moralität betrifft, so ist häufig gesagt worden, daß die Tugend der Frauen etwaigen Einwürfen bedeutend ausgesetzt ist. Ehe sie aber zu streng getadelt werden, dürfte es sich wohl der Mühe lohnen, die von Kapitän Cook und Mr. Banks beschriebenen Szenen ins Gedächtnis zurückzurufen, bei welchen die Großmütter und Mütter der gegenwärtig lebenden Rasse eine Rolle gespielt haben. Diejenigen, welche am strengsten urteilen, sollten doch bedenken, ein wie großer Teil der Moralität der Frauen in Europa eine Folge des schon frühzeitig den Töchtern von ihren Müttern eingeprägten Systems und, in jedem individuellen Falle, eine Folge der Vorschriften der Religion ist. Es ist aber ganz unnütz, gegen solche Schwätzer mit Gründen anzukämpfen; – ich glaube, daß sie, darüber enttäuscht, das Feld der zügellosen Ausschweifung nicht mehr so offen wie früher zu finden, – eine Moralität nicht anerkennen wollen, welche sie selbst nicht auszuüben wünschen, oder eine Religion, welche sie, wenn sie sie nicht geradezu verachten, doch unterschätzen.

22. November, Sonntag – Der Hafen von Papiéte, wo die Königin residiert, kann als die Hauptstadt der Insel angesehen werden; es ist auch der Sitz der Regierung und der hauptsächliche Stapelplatz für den Schiffverkehr. Kapitän Fitz Roy führte heute einen Teil der Mannschaft dorthin, um den Gottesdienst zu feiern, zuerst in der Tahitianer Sprache, dann englisch. Mr. Pritchard, der dirigierende Missionar auf der Insel, vollzog den Gottesdienst. Die Kapelle bestand aus einem großen, luftigen Gerüst von Balkenwerk; sie war bis zum Übermaß von ordentlichen, reinlichen Leuten jeden Alters und Geschlechts erfüllt. Ich war im ganzen von dem bemerkbaren Grade von Aufmerksamkeit enttäuscht, ich glaube aber, daß ich meine Erwartungen zu hoch gespannt hatte. Auf alle Fälle war das äußere Ansehen vollkommen dem einer Landkirche in England gleich. Der Gesang der Hymnen war ganz entschieden sehr angenehm; die Sprache aber klang von der Kanzel herab, trotzdem sie ganz fließend gesprochen wurde, nicht gut; eine beständige Wiederholung von Worten, wie „*tata ta, 'mata mai*" machte den Klang monoton. Nach dem englischen Gottesdienst kehrte eine Anzahl Leute zu Fuß nach Matavai zurück. Es war ein angenehmer Spaziergang, zuweilen dem Meeresstrand entlang, und zuweilen im Schatten der vielen wundervollen Bäume.

Ungefähr vor zwei Jahren wurde ein kleines Schiff, welches unter englischer Flagge fuhr, von einigen Einwohnern der Niedrigen Inseln, welche damals unter der Herrschaft der Königin von Tahiti standen, ausgeplündert. Man war der Ansicht, daß die Übeltäter zu diesem Akt durch einige indiskrete, von ihrer Majestät erlassene Gesetze gereizt worden seien. Die englische Regierung forderte Genugtuung; dem wurde nachgegeben, und man kam überein, am vergangenen ersten September eine Summe von nahezu dreitausend Dollar zu zahlen. Der Kommodore in Lima beauftragte den Kapitän Fitz Roy, betreffs dieser Schuld Erkundigungen anzustellen und Genugtuung zu verlangen, im Falle sie noch nicht bezahlt wäre. Kapitän Fitz Roy bat infolgedessen um eine Audienz bei der Königin Pomarre, welche seitdem durch die ihr von den Franzosen zugefügte schlechte Behandlung berühmt geworden ist; ferner wurde ein Parlament abgehalten, um die Frage zu erörtern; zu diesem waren die vornehmsten Häuptlinge der Insel und die Königin versammelt. Nach dem interessanten Berichte des Kapitän Fitz Roy will ich nicht versuchen, noch einmal zu beschreiben, was hier stattfand. Wie es sich ergab, war das Geld nicht bezahlt worden; die deshalb angeführten Gründe waren vielleicht ziemlich zweideutig; im übrigen kann ich gar nicht stark genug ausdrücken, wie allgemein unser Erstaunen über den äußerst gesunden Menschenverstand, die Mäßigung, Offenheit und sofortige Entschließung waren, welche von allen Seiten dargeboten wurden. Ich glaube, wir verließen alle die Versammlung mit einer sehr verschiedenen Meinung von den Indianern von der, die wir beim Eintritt hatten. Die Häuptlinge und das Volk beschlossen zu subskribieren und die fehlende Summe zu vervollständigen; Kapitän Fitz Roy hob hervor, daß es ja hart sei, ihr Privateigentum zu opfern für die Verbrechen weit weg wohnender Inselbewohner. Sie erwiderten, daß sie ihm für seine Nachsichtigkeit dankten, daß aber Pomarre ihre Königin sei und daß sie entschlossen seien, ihr in dieser schwierigen Lage zu helfen. Dieser Beschluß und seine prompte Ausführung – denn zeitig am nächsten Morgen wurde ein Buch ausgelegt – gaben dieser sehr merkwürdigen Szene von Loyalität und anständiger Gesinnung einen vollkommen würdigen Abschluß.

Als die hauptsächliche Diskussion geschlossen war, benutzten mehrere Häuptlinge die Gelegenheit, dem Kapitän Fitz Roy viele intelligente Fragen über internationale Gebräuche und Gesetze vorzulegen, welche sich auf die Behandlung von Schiffen und von Fremden bezogen. Über manche Punkte wurde, so bald man zu einem Entschluß gekommen war, auf dem Fleck wörtlich ein Gesetz erlassen. Dieses Tahitianer-Parlament dauerte mehrere Stunden; als es vorüber war, lud Kapitän Fitz Roy die Königin Pomaree ein, der „Beagle" einen Besuch zu machen.

25. November – Am Abend wurden vier Boote zum Abholen ihrer Majestät abgeschickt. Das Schiff wurde mit Flaggen geschmückt und die Rahen bei ihrer Ankunft mit Leuten bemannt. Sie wurde von den meisten der Häuptlinge begleitet. Das Benehmen aller war sehr anständig; sie bettelten um nichts und waren über Kapitän Fitz Roys Geschenke sehr erfreut. Die Königin ist eine große, plumpe Frau, ohne irgendwelche Schönheit, Grazie oder Würde. Sie hat nur eine einzige königliche Eigentümlichkeit: nämlich eine vollkommene Unbeweglichkeit des Ausdrucks unter allen Umständen, und noch dazu eines ziemlich mürrischen. Die Raketen wurden am meisten bewundert; und ein tiefes „Oh!" konnte nach jeder Explosion vom Ufer her rings um die ganze Bucht gehört werden. Auch die Gesänge der Matrosen wurden sehr bewundert; die Königin sagte von einem der lärmendsten, sie glaubte doch, daß dies keine Hymne sein könne! Die königliche Gesellschaft kehrte erst nach Mitternacht an Land zurück.

26. November – Am Abend schlugen wir mit einer leichten Landbrise den Kurs nach Neu-Seeland ein, und als die Sonne unterging, hatten wir einen Abschiedsblick auf die Berge von Tahiti – der Insel, welcher jeder Reisende seinen Tribut der Bewunderung gezollt.

19. Dezember – Am Abend sahen wir Neu-Seeland in der Ferne. Wir können nun annehmen, daß wir den Stillen Ozean nahezu durchkreuzt haben. Man muß notwendigerweise über diesen großen Ozean gesegelt sein, um seine ungeheure Ausdehnung zu begreifen. Während man sich Woche auf Woche schnell vorwärts bewegt, sieht man nichts als denselben blauen, unendlich tiefen Ozean. Selbst innerhalb der Archipele sind die Inseln nur Punkte und sehr weit voneinander entfernt. Gewöhnt auf Landkarten zu blicken, die nach einem kleinen Maßstab gezeichnet sind, wo Punkte, Schattierungen und Namen dicht zusammengedrängt sind, erhalten wir kein richtiges Urteil darüber, wie unendlich klein das Verhältnis des trockenen Landes zum Wasser auf dieser ungeheuren Fläche ist. Der Meridian der Antipoden war gleichfalls bereits überschritten; und nun machte es uns glücklich, uns sagen zu können, daß jede weitere Wegstunde uns England eine Stunde näher brachte. Diese Antipoden rufen uns alte Erinnerungen an kindische Zweifel und Wunder ins Gedächtnis zurück. Erst noch vor wenigen Tagen sah ich dieser luftigen Markscheide als einem bestimmten Punkte auf unserem Wege heimwärts entgegen; jetzt sehe ich aber, daß dieselbe, wie alle derartige Ruhepunkte unserer Phantasie, nur Schatten sind, welche man, wenn man sich vorwärts bewegt, nicht fassen kann. Ein mehrere Tage anhaltender Sturm hat uns noch kürzlich reichlich Muße gegeben, die künftigen Stationen auf unserer langen Heimfahrt auszurechnen und das Ende der Reise ernstlich herbeizuwünschen.

21. Dezember – Früh am Morgen kamen wir in die Insel-Bay; da indes, als wir in der Nähe der Mündung waren, eine Windstille eintrat, die mehrere Stunden anhielt, erreichten wir den Ankerplatz erst um die Mitte des Tages. Das Land ist bergig mit einer glatten Umrißlinie und von zahlreichen, von der Bay ausgehenden Meeresarmen tief eingeschnitten. Die Oberfläche sieht von der Ferne so aus, als würde sie von dichtem groben Weidegrund bedeckt, in Wahrheit ist es aber nichts anderes als Farnkraut. Auf den entfernteren Bergen ebenso wie in Teilen der Täler findet sich eine ziemliche Menge Waldland. Die allgemeine Färbung der Landschaft ist nicht ein helles Grün; sie ist der Landschaft eine kurze Strecke südlich von Concepcion in Chile ähnlich. An mehreren Stellen des Meerbusens liegen kleine Dörfer mit zerstreut stehenden, viereckigen, nett aussehenden Häusern bis dicht herab an den Rand des Wassers. Drei Walfischfahrer lagen vor Anker und dann und wann einmal kreuzte ein Kanu von Ufer zu Ufer; mit diesen Ausnahmen herrschte der Ausdruck äußerster Stille auf dem ganzen Distrikt. Nur ein einziges Kanu kam an die Seite unseres Schiffes. Dies sowohl als der Anblick der ganzen Szene bot einen merkwürdigen und nicht sehr angenehmen Kontrast gegen das freudige und stürmische Willkommen auf Tahiti dar.

Am Nachmittag gingen wir ans Land nach einer der größeren Häusergruppe, welche kaum schon den Namen eines Dorfes verdiente. Ihr Name ist Pahia. Sie ist der Wohnort der Missionare und es finden sich keine Eingeborenen hier mit Ausnahme der Dienstleute und Arbeiter. In der Umgebung der Insel-Bay beläuft sich die Zahl der Engländer, mit Einschluß ihrer Familien, auf zwei- bis dreihundert. Alle die Landhäuser, von denen viele weiß getüncht sind und sehr nett aussehen, sind Eigentum der Engländer. Die Hütten der Eingeborenen sind so äußerst winzig und elend, daß sie kaum von der Entfernung aus gesehen werden können. Es war außerordentlich wohltuend, in Pahia in den Gärten vor den Häusern englische Blumen zu sehen; es waren da Rosen in mehreren Arten vorhanden, Jelängerjelieber, Jasmin, Lack und ganze Hecken von duftenden Heckenrosen.

22. Dezember – Am Morgen ging ich zu einem Spaziergang aus; ich merkte aber bald, daß das Land sehr unzugänglich war. Alle Berge waren dicht mit hohem Farnkraut bedeckt, mit welchem vereint sich noch ein niedriges, wie eine Zypresse wachsendes Gebüsch vorfand; sehr wenig Boden war abgeräumt und angebaut worden. Ich versuchte dann, am Strande hinzugehen; aber trotzdem ich es nach beiden Seiten hin versuchte, wurde mein Weg doch bald durch Salzwasserbuchten oder tiefe Bäche gehemmt. Die Kommunikation der Bewohner der verschiedenen Teile der Bay wird (wie in Chiloë) beinahe gänzlich durch Boote unterhalten. Mich überraschte es sehr, als ich fand, daß beinahe jeder Berg, den ich bestieg, in einer früheren Zeit einmal mehr oder weniger stark befestigt gewesen war. Die Gipfel waren in Stufen oder aufeinanderfolgende Terrassen geschnitten und waren häufig durch tiefe Gräben beschützt worden. Ich bemerkte später, daß die hauptsächlicheren Berge landeinwärts in gleicher Weise einen künstlich veränderten Umriß erkennen ließen. Dies sind die Pas, welche Kapitän Cook so häufig unter dem Namen „Hippah" erwähnt hat; die Verschiedenheit des Klangs ist nur eine Folge davon, daß im letzten Falle der Artikel vorgesetzt ist.

Daß die Pas früher sehr viel benutzt worden sind, ging deutlich aus den Haufen von Muscheln und aus den Gruben hervor, in welchen, wie mir mitgeteilt wurde, die süßen Bataten als Reservevorrat aufbewahrt zu werden pflegten. Da sich auf diesen Bergen kein Wasser findet, können die Verteidiger nicht an eine lange Belagerung gedacht haben, sondern nur an einen in Eile ausgeführten Überfall zum Plündern, gegen welchen die aufeinanderfolgenden Terrassen einen guten Schutz dargeboten haben werden. Die allgemeine Einführung der Schußwaffen hat das ganze System des Kriegführens verändert; eine exponierte Stellung auf dem Gipfel eines Berges ist jetzt schlimmer und nutzlos. Infolge hiervon werden daher heutzutage die Pas auf einem ebenen Stück Boden gebaut. Sie bestehen aus einer doppelten Palisadenreihe von dicken und hohen Pfosten, welche in einer Zickzacklinie gestellt sind, so daß jeder Teil derselben von der Seite gedeckt werden kann. Innerhalb der Palisadenreihen wird ein Erdhügel aufgeworfen, hinter welchem die Verteidiger in Sicherheit ausruhen oder über welchen sie ihre Schußwaffen brauchen können. In der Höhe des Bodens führen zuweilen kleine Bogengänge durch diese Brustwehr, durch welche die Verteidiger nach den Palisaden hinauskriechen können, um die Feinde zu rekognoszieren. Der Missionar Mr. Williams, welcher mir diese Schilderung mitteilte, fügte noch hinzu, daß er in einem der Pas Querwände oder Strebepfeiler bemerkt habe, welche von der inneren oder gedeckten Seite des Erdwalls nach innen vorsprangen. Als er den Häuptling nach dem Nutzen derselben gefragt habe, habe er erwidert, daß, wenn zwei oder drei seiner Leute erschossen wären, die Nachbarn dann ihre Leichen nicht sehen und daher nicht entmutigt würden.

Diese Pas werden von den Neu-Seeländern für sehr vollkommene Verteidigungsmittel angesehen; denn die angreifende Truppenmacht ist niemals so gut diszipliniert, daß sie in geschlossener Masse auf die Palisaden eindringen, sie niederhauen und sich dadurch den Eintritt verschaffen. Wenn ein Stamm einen Krieg unternimmt, so kann der Häuptling nicht dem einen Trupp befehlen, hierhin, einem anderen, dorthin zu gehen; jeder einzelne Mann kämpft vielmehr in der Manier, die ihm am besten zusagt; und für jedes einzelne Individuum muß die getrennte Annäherung an die Palisadenreihen eines von Feuerwaffen verteidigten Pas als sichrer Tod erscheinen. Ich möchte glauben, daß es in keinem anderen Teile der Welt eine noch kriegerischere Rasse von Eingeborenen geben könne, als die Neuseeländer sind. Dies wird sehr schlagend durch ihr Benehmen erläutert, als sie zuerst ein Schiff sahen, wie es Kapitän Cook geschildert hat. Die Tatsache, daß sie ganze Ladungen von Steinen nach einem so großen und ihnen neuen Gegenstand schleuderten, sowie ihre Herausforderung „Kommt nur an Land und wir werden Euch alle totschlagen und essen", zeigt ganz ungemeine Kühnheit. Dieser kriegerische Geist tritt in vielen ihrer Gewohnheiten deutlich hervor und selbst in ihren unbedeutendsten Handlungen. Wenn ein Neu-Seeländer, wenn auch nur im Scherze, geschlagen ward, so muß der Schlag zurückgegeben werden; und hiervon sah ich einen Fall, der einem unserer Offiziere begegnete.

Infolge des Fortschritts der Zivilisation werden heutzutage viel weniger Kriege geführt, mit Ausnahme einiger der im Süden lebender Stämme. Ich hörte eine charakteristische Anekdote davon erzählen, was sich vor einiger Zeit im Süden zugetragen hatte. Ein Missionar fand einen Häuptling und seinen Stamm mit den Vorbereitungen zum Kriege beschäftigt; – ihre Flinten waren geputzt und glänzten, ihre Munition war fertiggestellt. Er sprach lange Zeit mit ihnen über die Nutzlosigkeit des Krieges und über die geringfügige Provokation, die als Vorwand für denselben genommen wurde. Der Häuptling war in seiner Entschließung bedeutend erschüttert und schien in Zweifel zu sein, was zu tun; endlich fiel ihm ein, daß ein Faß von seinem Schießpulver sich in einem schlechten Zustande befände und sich nicht länger halten würde. Dies wurde als ein unwiderleglicher Beweis für die Notwendigkeit, den Krieg sofort zu erklären, vorgebracht: So vieles gutes Schießpulver unbenutzt verderben zu lassen, davon konnte gar keine Rede sein, und dies entschied die Sache. Mir haben die Missionare erzählt, daß in dem Leben Shongis, des Häuptlings, welcher England besuchte, die Liebe zum Krieg die einzige und ausdauernde Triebfeder zu jeder seiner Handlungen war. Der Stamm, in welchem er einer der hervorragenden Häuptlinge war, war zu einer Zeit von einem anderen Stamm am Themse-Fluß stark bedrückt worden. Da mußten die Männer einen feierlichen Schwur tun, daß, wenn ihre Knaben erwachsen sein und Kraft genug erlangt haben würden, sie dieses Unrecht niemals vergeben und vergessen dürften. Diesen Eid zu erfüllen, scheint der hauptsächlichste Beweggrund für Shongi gewesen zu sein, nach England zu gehen; und als er dort war, machte er ihn zum Mittelpunkt seiner Gedanken und Pläne. Geschenke wurden nur danach geschätzt, wie sie in Waffen umgesetzt werden konnten; von den Künsten interessierten ihn nur diejenigen, welche mit der Anfertigung von Waffen in Verbindung standen. Als er in Sydney war, traf Shongi infolge eines merkwürdigen Zufalls im Hause des Mr. Marsden mit dem feindlichen Häuptling vom Themse-Fluß zusammen. Ihr Benehmen gegeneinander war sehr höflich. Shongi sagte ihm aber, daß er, wenn er erst wieder in Neu-Seeland sein würde, nie aufhören werde, sein Land mit Krieg zu überziehen. Die Herausforderung wurde angenommen, und nach seiner Rückkehr führte Shongi seine Drohung bis auf den letzten Buchstaben aus. Der Stamm am Themse-Fluß wurde gänzlich überwältigt und der Häuptling selbst, dem die Kriegserklärung gemacht worden war, getötet. Obschon Shongi so tief eingewurzelte Gefühle von Haß und Rache hegt, wird er doch als eine gutmütige Persönlichkeit geschildert.

Am Abend ging ich mit Kapitän Fitz Roy und Mr. Baker, einem Missionar, um Kororadika einen Besuch zu machen. Wir gingen im Dorfe umher, sahen viele Leute und unterhielten uns mit vielen, sowohl Männern, als auch Frauen und Kindern. Betrachtet man den Neu-Seeländer, so vergleicht man ihn natürlich mit dem Tahitianer; beide gehören ja zu derselben Familie von Menschen. Der Vergleich fällt indessen sehr zu Ungunsten des Neu-Seeländers aus. Er mag vielleicht an Energie überlegen sein; in jeder anderen Beziehung indessen ist sein Charakter von einer viel niedrigeren Art. Ein Blick auf die Ausdrucksweisen beider drängt sofort die Überzeugung auf, daß der eine ein Wilder, der andere ein zivilisierter Mensch ist. Man würde vergeblich auf ganz Neu-Seeland eine Person suchen mit dem Gesicht und dem Ausdruck des alten Tahitianer-Häuptlings Utamme. Ohne Zweifel gibt die außerordentliche Art und Weise, wie hier das Tätowieren geübt wird, ihren Gesichtern einen unangenehmen Ausdruck. Die komplizierten, aber symmetrischen Figuren, welche hier das ganze Gesicht bedecken, verwirren und leiten ein ungewöhntes Auge irre. Überdies ist es wohl wahrscheinlich, daß die tiefen Einschnitte dadurch, daß sie das Spiel der oberflächlichen Muskeln zerstören, das Ansehen starrer Unbeugsamkeit dem Gesicht verleihen. Außerdem aber haben sie einen Blick im Auge, welcher nichts anderes als Verschlagenheit und Wildheit andeuten kann. Ihre Gestalten sind groß und massig, aber in der Eleganz der Erscheinung nicht mit der der arbeitenden Klassen von Tahiti zu vergleichen.

Sowohl ihre Personen selbst als ihre Häuser sind unflätig schmutzig und widerwärtig. Die Idee, ihren Körper oder ihre Kleidung zu waschen, scheint ihnen niemals in den Sinn zu kommen. Ich sah einen Häuptling, der ein Hemd anhatte, das vom Schmutz schwarz und filzig war; und als er gefragt wurde, woher es käme, daß es so schmutzig wäre, antwortete er mit Überraschung: „Seht Ihr denn nicht, daß es ein altes ist?" Manche von den Männern haben Hemden; der gewöhnliche Anzug besteht aber in einer oder zwei großen wollenen Decken, die meist vor Schmutz schwarz sind und in einer sehr unbequemen und plumpen Weise über ihre Schultern geworfen werden. Einige wenige der bedeutendsten Häuptlinge haben anständige Anzüge von englischem Zeuge, diese werden aber nur bei großen Gelegenheiten getragen.

Achtzehntes Kapitel

23. Dezember – An einem, Waimate genannten, Orte ungefähr fünfzehn Meilen von der Insel-Bucht und halbwegs zwischen der östlichen und westlichen Küste haben die Missionare etwas Land zu landwirtschaftlichen Zwecken gekauft. Ich war an Mr. W. Williams empfohlen worden, welcher, als ich den Wunsch aussprach, jenes Land zu sehen, mich einlud, ihn dort zu besuchen. Mr. Bushby, der englische Resident, bot mir an, mich in seinem Boot durch eine kleine Bucht zu bringen, wo ich einen hübschen Wasserfall sehen würde und wodurch mein Weg abgekürzt werden würde. Er besorgte mir gleichfalls einen Führer. Als er einen benachbarten Häuptling bat, ihm einen Mann zu empfehlen, erbot sich der Häuptling selbst mitzugehen; seine Unkenntnis des Geldwertes war aber so vollkommen, daß er zuerst fragte, wie viel Pfund ich ihm geben würde; später war er aber mit zwei Dollar ganz zufrieden. Als ich dem Häuptling ein sehr kleines Bündel zeigte, was ich getragen zu haben wünschte, wurde es für ihn eine absolute Notwendigkeit, einen Sklaven mitzunehmen. Diese Gefühle des Stolzes fangen jetzt an, zu verschwinden; früher würde aber ein Mann von Einfluß eher gestorben sein, als daß er sich der Entwürdigung, auch nur die kleinste Last zu tragen, ausgesetzt hätte. Mein Begleiter war ein heller lebendiger Mann, mit einer schmutzigen Decke angetan und mit einem vollkommen tätowierten Gesicht. Er war früher ein großer Krieger gewesen. Er schien mit Mr. Bushby auf einem sehr vertrauten Fuße zu stehen; aber verschiedene Male haben sie sich heftig gezankt. Mr. Bushby bemerkte gegen mich, daß ein wenig ruhiger Ironie häufig einen jeden dieser Eingeborenen in ihren allerlärmendsten Momenten zum Schweigen brächte. So war dieser Häuptling zu Mr. Bushby gekommen, hatte ihn haranguiert und in einer renommierenden Art und Weise gesagt: „Ein großer Häuptling, ein großer Mann, ein Freund von mir ist zum Besuch zu mir gekommen, – Ihr müßt ihm etwas Gutes zu essen, einige schöne Geschenke geben usw." Mr. Bushby ließ ihn ruhig zu Ende reden und gab ihm dann ruhig eine Antwort, etwa wie: „Was kann sonst noch Euer Sklave für Euch tun?" Der Mann gab dann augenblicklich mit einem komischen Ausdruck sein Bramarbasieren auf.

Vor einiger Zeit hatte Mr. Bushby einen weit ernsteren Angriff auszuhalten. Ein Häuptling und ein Trupp Männer versuchten, mitten in der Nacht in sein Haus einzubrechen; da sie fanden, daß dies nicht so leicht war, fingen sie flott weg mit ihren Flinten zu feuern an. Mr. Bushby wurde leicht verwundet; endlich wurden aber die Räuber fortgetrieben. Kurze Zeit nachher wurde es entdeckt, wer der Täter gewesen war; und eine allgemeine Versammlung der Häuptlinge wurde einberufen, die Sache in Betracht zu ziehen. Es wurde von den Neu-Seeländern für sehr nichtswürdig gehalten, insofern es ein nächtlicher Angriff war und Mr. Bushby krank im Hause lag. Es gereicht ihnen sehr zur Ehre, daß dieser letztere Umstand in allen Fällen als schützend angesehen wird. Die Häuptlinge kamen darin überein, daß das Land des Übeltäters für den König von England konfisziert würde. Die ganze Prozedur indessen, in dieser Weise einen Häuptling zu verurteilen und zu bestrafen, war ganz und gar ohne Vorbild gewesen. Überdies verlor der Übeltäter in der Achtung seiner Gleichgestellten seinen Rang; und dies hielten die Engländer für bedeutungsvoller als die Konfiskation seines Landes.

Als das Boot abstieß, stieg noch ein zweiter Häuptling in dasselbe, welcher nur das Amüsement einer Bootfahrt die kleine Bucht hinauf und herab genießen wollte. Ich habe niemals einen fürchterlicheren und wilderen Ausdruck gesehen, als ihn dieser Mann hatte. Es fiel mir sofort ein, daß ich irgendwo ein Bild von ihm gesehen haben müßte; man findet es in Retzschs Umrißzeichnungen zu Schillers Gang nach dem Eisenhammer, wo die zwei Männer den Robert ergreifen und in den Ofen werfen. Es ist der Mann, dessen Arm auf Roberts Brust liegt. Die Physiognomie hatte hier Recht: dieser Häuptling war ein notorischer Mörder gewesen und war noch obendrein ein Erzfeigling. Von dem Punkt aus, wo wir landeten, begleitete mich Mr. Bushby noch ein paar hundert Yards auf meinem Wege. Ich konnte nicht umhin, die kaltblütige Unverschämtheit des alten, grauen Schurken zu bewundern, den wir im Boote zurückließen und der Mr. Bushby nachrief: „Bleibt nicht lange aus, ich werde müde, hier zu warten."

Wir begannen nun unseren Marsch. Unser Weg führte uns einem gut betretenen Pfad entlang, der auf beiden Seiten von dem hohen Farnkraut eingefaßt war, das das Land bedeckt. Nachdem wir ein paar Meilen gewandert waren, kamen wir zu einem kleinen ländlichen Dorf, wo einige wenige Hütten zusammenstanden und ein paar Stücke Boden mit Kartoffeln bepflanzt waren. Die Einführung der Kartoffel ist eine der wesentlichsten Wohltaten für das Land gewesen; sie wird jetzt viel mehr verwendet als irgendeine eingeborene Pflanze. Neu-Seeland hat einen großen natürlichen Vorteil, nämlich den, daß die Eingeborenen niemals Hungers sterben können. Das ganze Land ist mit Farnen bedeckt, und die Wurzeln dieser Pflanze, wenn sie auch nicht sehr wohlschmeckend sind, enthalten doch vielen Nährstoff. Ein Eingeborener kann stets davon leben, ebenso von den Schaltieren, welche an allen Teilen der Meeresküste in Masse vorhanden sind. Die Dörfer sind hauptsächlich durch die Plattformen auffallend, welche auf vier Pfosten stehen, zehn oder zwölf Fuß über den Boden erhoben sind, und auf welchen die Erzeugnisse der Felder gegen alle Zufälle gesichert werden.

Als wir uns einer der Hütten näherten, unterhielt es mich sehr, die Zeremonie des Reibens, oder, wie es richtiger genannt werden sollte, des Drückens der Nasen in gehöriger Form ausführen zu sehen. Sobald wir uns näherten, fingen die Frauen an, irgend etwas in einem äußerst wehmütig klingenden Tone zu äußern; dann kauerten sie sich nieder und hielten ihre Gesichter in die Höhe; mein Begleiter stand neben ihnen, brachte bei einer nach der anderen seine Nasenwurzel rechtwinklig auf die ihrige und fing nun zu drücken an. Dies dauerte im ganzen etwas länger als ein herzliches Schütteln der Hände bei uns; und ebenso wie wir die Stärke des Druckes beim Handgeben verschieden sein lassen, so machen sie es auch beim Nasendrücken. Während des ganzen Herganges ließen sie ein leises, gemütliches Grunzen vernehmen, beinahe in derselben Weise, wie es zwei Schweine tun, wenn sie sich aneinanderreiben. Ich bemerkte als auffallend, daß der Sklave mit jedem, dem er begegnete, einen Nasendruck austauschte, ganz ohne Unterschied, ob er es vor oder nach seinem Herrn, dem Häuptling, tat. Obschon unter diesen Wilden der Häuptling absolute Gewalt über Leben und Tod seines Sklaven hat, so besteht doch ein vollständiger Mangel an Zeremonien zwischen ihnen. Ganz dasselbe hat Mr. Burchell in Süd-Afrika bei den wilden Bachapins beobachtet. Wo die Zivilisation bis zu einem gewissen Punkt fortgeschritten ist, treten bald auch gewisse Formalitäten im Umgang zwischen den verschiedenen Stufen der Gesellschaft auf. So war früher auf Tahiti jedermann gezwungen, sich in Gegenwart des Königs bis auf die Taille zu entblößen.

Nachdem die Zeremonie des Nasendrückens mit allen Anwesenden gehörigermaßen vollzogen war, setzten wir uns im Kreise vor einer der Hütten nieder und ruhten uns ungefähr eine halbe Stunde lang aus. Alle Hütten haben nahezu dieselbe Form und dieselben Dimensionen, und sie stimmen sämtlich darin überein, daß sie ganz unflätig schmutzig sind. Sie sind einem Kuhstall ähnlich, der an einem Ende offen ist. Eine kurze Strecke weit nach innen aber haben sie eine Scheidewand, mit einem viereckigen Loch darin, welche ein kleines düsteres Zimmer abscheidet. Darin bewahren die Eingeborenen ihr ganzes Besitztum; und wenn das Wetter kalt ist, schlafen sie auch darin. Sie essen indessen in dem offenen vorderen Teil und bringen auch sonst ihre Zeit hier zu. Nachdem meine Führer ihre Pfeifen zu Ende geraucht hatten, setzten wir unseren Marsch fort. Der Weg führte wieder durch ein ganz gleiches wellenförmiges Land, das ganz und gar gleichförmig, wie früher mit Farnkraut bedeckt war. Zu unserer rechten Hand hatten wir einen schlangenartig sich windenden Fluß, dessen Ufer mit Bäumen eingefaßt waren. Hier und da auf den Bergabhängen war eine Baumgruppe. Die ganze Szenerie bot trotz ihrer grünen Färbung im ganzen ein desolates Aussehen dar. Der Anblick von so viel Farnkraut ruft uns die Idee der Unfruchtbarkeit vor die Seele. Dies ist indessen nicht richtig, denn wo nur immer Farnkraut dicht und brusthoch wächst, da wird das Land durch Bebauung fruchtbar. Einige der hier lebenden Engländer sind der Meinung, daß dies ganze weit ausgedehnte, offene Land ursprünglich mit Wald bedeckt gewesen und durch Feuer abgerodet worden sei. Es wird angeführt,

Achtzehntes Kapitel

daß man beim Graben an den kahlsten Stellen häufig Stücke von der Art Harz findet, welche von der Kauri-Tanne ausschwitzt. Die Eingeborenen hatten einen sehr in die Augen springenden Beweggrund, das Land offen zu machen; denn Farnkraut, früher ein Hauptnahrungsmittel, gedeiht nur an den abgeräumten, offenen Stellen. Das beinahe gänzliche Fehlen der gesellig wachsenden Grasarten, welches einen so merkwürdigen Zug in der Vegetation dieser Insel bildet, läßt sich vielleicht daraus erklären, daß das Land ursprünglich mit Waldbäumen bedeckt war.

Der Boden ist vulkanisch; an mehreren Stellen kamen wir über schlackige Lava und bei mehreren der nähergelegenen Berge konnten deutlich die Formen der Krater unterschieden werden. Obgleich die Szenerie nirgends schön und nur gelegentlich einmal hübsch zu nennen war, so genoß ich doch freudig meinen Marsch. Ich würde ihn noch mehr genossen haben, hätte mein Begleiter, der Häuptling, nicht eine so außerordentliche Unterhaltungsfähigkeit entwickelt. Ich wußte nur drei Worte: „gut", „schlecht" und „ja" und damit beantwortete ich seine sämtliche Bemerkungen, ohne natürlich davon, was er sprach, auch nur ein einziges Wort verstanden zu haben. Dies genügte indessen vollständig; ich war ein guter Zuhörer, eine angenehme Person, und so hörte er denn nicht einen Augenblick auf, mit mir zu sprechen.

Endlich erreichten wir Waimate. Nachdem ich so viele Meilen eines unbewohnten, nutzlos liegenden Landes durchwandert war, war das plötzliche Erscheinen eines englischen Farmhauses und seiner gut gepflegten Felder, welches alles wie durch einen Zauberstab hierher geschafft schien, äußerst angenehm. Da Mr. Williams nicht zu Hause war, fand ich im Hause des Mr. Davies ein herzliches Willkommen. Nachdem ich in Gesellschaft seiner Familie Tee mit ihm getrunken hatte, machten wir einen Spaziergang über seine Farm. In Waimate sind drei große Häuser, wo die Missionare, die Herren Williams, Davies und Clarke wohnen, in der Nähe von ihnen stehen die Hütten der eingeborenen Arbeiter. Auf einem sich leicht erhebenden Stück Landes dicht dabei waren schöne Felder von Gerste und Weizen in voller Frucht; und an einer anderen Stelle fanden sich Felder mit Kartoffeln und Klee. Ich will aber gar nicht versuchen, alles zu beschreiben, was ich hier gesehen habe; es fanden sich da große Gärten mit allen Früchten und Gemüse, welche England erzeugt, und auch viele, welche einem wärmeren Klima angehören. Beispielsweise will ich nur anführen: Spargel, Schminkbohnen, Gurken, Rhabarber, Äpfel, Birnen, Feigen, Pfirsiche, Aprikosen, Weintrauben, Oliven, Stachelbeeren, Johannisbeeren, Hopfen, Ginster zu Hecken und englische Eichen; ebenso viele Arten von Blumen. Um den Meierhof herum lagen Ställe, eine Dreschtenne mit einer Kornreinigungsmaschine, eine Schmiedewerkstatt und auf dem Boden Pflüge und andere Geräte. In der Mitte fanden sich in glücklicher Mischung Schweine und Geflügel, was alles gemütlich nebeneinander lag, wie auf einem englischen Farmhof. In der Entfernung von einigen hundert Yards, wo das Wasser eines kleinen Rinnsals in einen Teich aufgedämmt war, stand eine große dauerhafte Mühle.

Dies ist alles außerordentlich überraschend, wenn man bedenkt, daß vor fünf Jahren nichts anderes als das Farnkraut gedieh. Überdies hat Arbeit der Eingeborenen, von den Missionaren ihnen gelehrt, diese Veränderung hervorgebracht; – der Unterricht der Missionare ist hier der Stab des Zauberers gewesen. Das Haus ist von Neu-Seeländern gebaut worden, die Fenster sind von ihnen eingefügt, die Felder von ihnen gepflügt, selbst die Bäume von ihnen gepfropft worden. In der Mühle sah man einen Neu-Seeländer, welcher wie sein Bruder Müller in England ganz weiß von Mehl bestäubt war. Wenn ich die ganze Szene übersah, so erschien sie mir völlig wunderbar. Es lag nicht bloß darin, daß England mir lebendig vor die Seele gebracht wurde, obschon, als die Nacht hereinbrach, die heimischen Laute, die Getreidefelder, das draußen liegende, wellige Land mit seinen Bäumen leicht mit unserem Vaterlande zu verwechseln gewesen wäre; es war auch nicht das triumphierende Gefühl, zu sehen, was Engländer hervorbringen könnten, es waren vielmehr die durch alles dies angeregten hohen Erwartungen von den künftigen Fortschritten dieser schönen Insel.

Mehrere, von den Missionaren aus der Sklaverei befreite junge Männer waren auf der Farm beschäftigt. Sie waren mit einem Hemd, einer Jacke und mit Hosen bekleidet und hatten ein ganz anständiges Aussehen. Nach einer unbedeutenden Anekdote zu urteilen, sollte ich meinen, daß sie ehrlich seien. Als wir durch die Felder spazierengingen, kam ein junger Arbeiter zu Mr. Davies und gab ihm ein Messer und einen Nagelbohrer mit der Angabe, er habe beides auf der Straße gefunden und wisse nicht, wem es gehöre. Diese jungen Männer und Knaben sahen sehr heiter und aufgeräumt aus. Am Abend sah ich, wie eine Anzahl von ihnen eine Partie Kricket spielte. Wenn ich daran dachte, wie sehr die Missionare angeklagt worden sind, zu streng aufgetreten zu sein, so amüsierte es mich, als ich wahrnahm, wie einer ihrer Söhne sich lebhaft am Spiele beteiligte. Eine noch entschiedenere und angenehme Veränderung war bei den jungen Frauenzimmern zu bemerken, welche in den Häusern als Dienerinnen tätig waren. Ihr reinliches, ordentliches und gesundes Ansehen, das an das der englischen Milchmädchen erinnerte, bildete einen wunderbaren Kontrast mit der Erscheinung der Frauen in den schmutzigen Hütten von Kororadika. Die Frauen der Missionare versuchten sie zu überreden, sich nicht tätowieren zu lassen; als aber ein berühmter Operateur aus dem Süden angekommen war, sagten sie: „Wir müssen wirklich, wenn auch nur einige wenige Linien auf unseren Lippen haben; sonst werden, wenn wir alt werden, unsere Lippen zusammenschrumpfen und dann würden wir so sehr häßlich aussehen." Es wird jetzt auch nicht nahezu soviel tätowiert wie früher. Da aber ein Unterscheidungszeichen zwischen dem Häuptling und dem Sklaven darin liegt, wird es wahrscheinlich noch lange ausgeübt werden. Jeder beliebige Ideenzug wird in einer kurzen Zeit schon so gewohnheitsgemäß, daß mir die Missionare sagten, selbst in ihren Augen sehe ein glattes, nicht tätowiertes Gesicht niedrig und nicht wie das eines Neu-Seeländer Gentleman aus.

Spät am Abend ging ich in Mr. Williams Haus, wo ich die Nacht zubrachte. Ich fand da eine große Kindergesellschaft, die des Christtags wegen dort versammelt war; die sämtlichen Kinder saßen rund um einen Tisch beim Tee. Ich habe niemals eine nettere oder heitere Gruppe gesehen; und nun denke man nur, daß dies im Mittelpunkte des Landes des Kannibalismus, Mordes und aller schaudervollen Verbrechen war! Das herzliche Zutrauen und das Glück, das sich so deutlich auf den Gesichtern des kleinen Kreises aussprach, schien in gleicher Weise von den älteren Personen der Mission empfunden zu werden.

24. Dezember – Am Morgen wurden in der Sprache der Eingeborenen vor der ganzen Familie Gebete gelesen. Nach dem Frühstück ging ich durch die Gärten und die Farm. Es war dies ein Markttag, wo die Eingeborenen der umgebenden Weiler ihre Kartoffeln, ihren Mais oder ihre Schweine bringen, um sie gegen wollene Decken, Tabak und zuweilen auf das Zureden der Missionare gegen Seife auszutauschen. Der älteste Sohn des Mr. Davies, welcher eine eigene Farm für sich betreibt, ist der Geschäftsmann auf dem Markte. Die Kinder der Missionare, welche auf die Insel kamen, als sie noch jung waren, verstehen die Sprache besser als ihre Eltern und bekommen auch alles viel leichter von den Eingeborenen getan.

Kurze Zeit vor Tisch gingen die Herren Williams und Davies in einen Teil des nahegelegenen Waldes, um mir die berühmte Kauri-Tanne zu zeigen. Ich maß einen dieser schönen Bäume und fand ihn oberhalb der Wurzeln einunddreißig Fuß im Umfang messend. Nicht weit davon entfernt war ein anderer, doch habe ich ihn nicht gesehen, welcher dreiunddreißig Fuß maß, und ich habe von einem gehört, der nicht weniger als vierzig Fuß messen sollte. Diese Bäume sind besonders merkwürdig wegen ihrer glatten zylindrischen Stämme, welche sich zu einer Höhe von sechzig und selbst neunzig Fuß, mit einem nahezu gleichen Durchmesser und ohne einen einzigen Zweig abzugeben, erheben. Die Krone der Zweige am Gipfel ist außer allem Verhältnis zum Stamme klein; und auch die Blätter sind klein, verglichen mit den Zweigen. Der Wald bestand hier beinahe ganz allein aus den Kauri-Bäumen; und die größten Bäume standen, wegen des Parallelismus ihrer Seiten, in die Höhe wie riesenhafte Säulen von Holz. Das Bauholz dieser Kauri-Bäume ist das wertvollste Erzeugnis der Inseln; überdies quillt eine Quantität Harz aus der Rinde hervor, welches zu einem Penny das Pfund an die Amerikaner verkauft wird; doch war sein Nutzen damals noch unbekannt. Einige der Wälder von Neu-Seeland müssen in einem ganz außerordentlichen Grade undurchdringlich sein. Mr. Matthews teilte mir mit, daß der eine, nur vierunddreißig Meilen breite und zwei bewohnte Distrikte voneinander trennende Wald, erst vor kurzem zum ersten Male durchschritten worden sei. Er und ein anderer Missionar, jeder mit einem Trupp von ungefähr fünfzig Mann, unternahmen es, eine Straße durchzulegen; es kostete ihn aber mehr als vierzehn Tage Arbeit! In den Wäldern sah ich sehr wenige Vögel. In bezug auf Säugetiere ist es eine äußerst merkwürdige Tatsache, daß eine so große Insel, welche sich der geographischen Breite nach über 700 Meilen erstreckt und selbst an vielen Stellen neunzig Meilen breit ist, welche verschiedenartige Wohnorte darbietet, ein schönes Klima und Land von allen möglichen Erhebungen, von 14.000 Fuß abwärts besitzt, mit Ausnahme einer kleinen Ratte, keine eingeborene Art hat. Die verschiedenen Arten jener riesenhaften Gattung von Vögeln, *Dinornis*, scheinen hier die vierfüßigen Säugetiere in derselben Weise ersetzt zu haben, wie es auf dem Galapagos-Archipel die Reptilien noch jetzt tun. Es wird angegeben, daß die gemeine norwegische Ratte in der kurzen Zeit von zwei Jahren auf diesem nördlichen Ende der Insel die neu-seeländische Spezies vertilgt habe. An vielen Stellen bemerkte ich mehrere Sorten von Unkräutern, von denen ich, wie bei der Ratte, zugeben mußte, daß sie Landsleute seien. Eine Art Lauch bedeckt jetzt ganze Distrikte und wird sich noch als recht störend herausstellen; es wurde dieselbe aber als ein Geschenk von einem französischen Schiff eingeführt. Der gemeine Ampfer ist gleichfalls weit verbreitet und wird, wie ich fürchte, auf ewig ein Beweis der Niederträchtigkeit eines Engländers bleiben, welcher die Samen für die der Tabakspflanze verkaufte.

Nachdem wir von unserem angenehmen Spaziergang nach Hause zurückgekehrt waren, aß ich mit Herrn Williams zu Mittag; dann wurde mir ein Pferd geliehen und ich kehrte damit nach der Insel-Bucht zurück. Ich verabschiedete mich von den Missionaren mit herzlichem Dank für ihr freundliches Willkommen und mit den Gefühlen hoher Achtung vor ihrem gentlemangleichen, praktischen und biederen Charakter. Ich glaube, man würde nur schwer eine Anzahl Männer finden, welche für die hohe Aufgabe, welche sie erfüllen, besser geeignet wären.

Christtag – In einigen wenigen Tagen werden vier Jahre vollendet sein, seitdem wir England verlassen haben. Unseren ersten Christtag feierten wir in Plymouth, den zweiten in St. Martin's Cove in der Nähe des Kap Hoorn, den dritten in Port Desire in Patagonien, den vierten vor Anker in einem wilden Hafen an der Halbinsel von Tres Montes, den fünften hier; den nächsten werden wir, wie ich zur Vorsehung vertraue, in England erleben. Wir besuchten den Gottesdienst in der Kapelle von Pahia; ein Teil desselben wurde englisch gelesen, ein Teil in der Sprache der Eingeborenen. Während wir in Neu-Seeland waren, hörten wir von keinem neuerdings vorgekommenen Falle von Kannibalismus; Mr. Stokes fand aber angekohlte menschliche Knochen rund um eine Feuerstätte auf einer kleinen Insel in der Nähe des Ankerplatzes; es können aber diese Überbleibsel eines gemütlichen Bankettes schon mehrere Jahre dort gelegen haben. Es ist wahrscheinlich, daß sich der moralische Zustand der eingeborenen Bevölkerung äußerst schnell verbessern wird. Mr. Bushby erzählte eine wohltuende Anekdote als Beweis von der Aufrichtigkeit wenigstens mancher, die das Christentum bekennen. Einer seiner jungen Leute, welcher gewöhnt war, den übrigen Dienstleuten die Gebete vorzulesen, verließ ihn. Als er mehrere Wochen später zufällig einmal spät am Abend bei einem abliegenden Hause vorüberkam, sah er und hörte er, wie einer seiner Leute mit Schwierigkeit, beim Scheine des Feuers den übrigen die Bibel vorlas. Darauf kniete die Gesellschaft nieder und betete; in ihren Gebeten erwähnten sie Herrn Bushby und seine Familie und die Missionare, jeden besonders in seinem bezüglichen Bezirk.

26. Dezember – Mr. Bushby erbot sich, Mr. Sullivan und mich in seinem Boot einige Meilen den Fluß hinauf nach Cawa-Cawa zu bringen, und schlug vor, später nach dem Dorfe Waiomio zu gehen, wo sich einige merkwürdige Felsen finden. Indem wir einen der Arme der Bucht hinauffuhren, hatten wir den Genuß einer angenehmen Ruderpartie, kamen auch durch nette Szenerie, bis wir an ein Dorf kamen, über welches hinaus das Boot nicht weiterfahren konnte. Von diesem Ort an erboten sich freiwillig ein Häuptling und ein Trupp Männer, mit uns nach Waiomio zu gehen, eine Entfernung von vier Meilen. Der Häuptling war zu jener Zeit ziemlich berüchtigt, da er vor kurzem erst eine seiner Frauen und einen Sklaven wegen Ehebruchs gehenkt hatte. Als einer der Missionare ihm darüber Vorwürfe machte, schien er sehr überrascht und sagte, er glaubte ganz genau die englische Methode befolgt zu haben. Der alte Shongi, welcher zufällig während eines Ehescheidungsprozesses vor dem Oberhofgericht in England war, drückte seine große Mißbilligung mit dem ganzen Verfahren aus. Er sagte, er habe fünf Frauen und er würde ihnen lieber allen fünfen den Kopf abschneiden, als mit einer einzigen einen solchen Umstand zu haben. Nachdem wir dies Dorf verlassen hatten, setzten wir über nach einem anderen, welches am Abhang eines Berges in geringer Entfernung gelegen war. Die Tochter eines Häuptlings, welche noch Heidin war, war vor fünf Tagen gestorben. Die Hütte, in welcher sie gestorben war, war bis auf den Grund niedergebrannt worden; ihr zwischen zwei kleine Kanus eingeschlossener Leichnam war aufrecht auf den Boden gestellt und durch eine Einzäunung geschützt, welche hölzerne Bildnisse ihrer Götter trug; das Ganze war hellrot angestrichen, daß es von weitem her sichtbar war. Ihr Rock war an den Sarg befestigt und ihr Haar war abgeschnitten und zu Füßen gelegt worden. Die Verwandten der Familie hatten sich das Fleisch von den Armen, Körpern und Gesichtern gerissen, so daß sie mit geronnenem Blut bedeckt waren; die alten Weiber sahen schrecklich schmutzig widerwärtig aus. Am folgenden Tage besuchten einige von den Offizieren nochmals den Ort und fanden, daß die Weiber noch immer heulten und sich zerfleischten.

Wir setzten unseren Marsch fort und erreichten bald Waiomio. Hier finden sich einige merkwürdige Massen von Kalkstein, welche in Ruinen liegenden Schlössern ähnlich sind. Diese Felsen haben lange zu Begräbnisplätzen gedient und werden infolge davon für zu heilig gehalten, als daß man sich ihnen nähern dürfe. Einer der jungen Leute indessen rief aus: „Laßt uns alle tapfer sein!" und lief voraus; als sie aber ungefähr hundert Yards davon waren, überlegte sich die ganze Gesellschaft die Sache doch anders und blieb plötzlich stehen. Mit vollkommener Gleichgültigkeit ließen sie uns indessen den ganzen Ort untersuchen. In diesem Dorfe ruhten wir uns einige Stunden aus, während welcher Zeit eine lange Verhandlung mit Mr. Bushby stattfand, mit Bezug auf das Recht des Verkaufs gewisser Ländereien. Ein alter Mann, welcher ein vollkommener Genealoge zu sein schien, stellte die verschiedenen aufeinanderfolgenden Besitzer durch Stückchen von Stöcken dar, die er in den Boden eintrieb. Ehe wir die Häuser verließen, wurde einem jeden aus unserer Gesellschaft ein kleiner Korb voll mit süßen Bataten gegeben; und dem Gebrauche entsprechend, nahmen wir sie mit, um sie unterwegs zu essen. Ich bemerkte, daß unter den beim Kochen beschäftigten Frauenzimmern sich ein männlicher Sklave befand; Es muß in diesem kriegerischen Lande etwas Erniedrigendes für einen Mann sein, dazu angestellt zu werden, was für die Arbeit der niedrigsten Frauen angesehen wird. Sklaven ist nicht gestattet, in den Krieg zu ziehen; dies kann aber kaum als Härte angesehen werden. Ich habe von einem armen, elenden Kerle gehört, welcher während der Feindseligkeiten zu der feindlichen Partei ausriß; zwei Männer trafen ihn und er wurde sofort ergriffen. Da sie aber nicht darüber sich einigen konnten, wem er angehören sollte, standen sie beide mit Steinhämmern über ihm und schienen entschlossen zu sein, daß der andere ihn wenigstens nicht lebendig fortbringen sollte. Der arme, vor Angst und Furcht halbtote Mann wurde nur durch das Zureden seitens der Frau eines Häuptlings gerettet. Wir hatten dann einen sehr angenehmen Marsch zum Boote zurück, erreichten das Schiff aber erst spät abends.

Achtzehntes Kapitel

30. Dezember – Am Nachmittag hatten wir unseren Bug zur Insel-Bucht hinaus gewendet, auf dem Wege nach Sydney. Ich glaube, wir waren alle froh, Neu-Seeland zu verlassen. Es ist kein angenehmer Ort. Unter den Eingeborenen fehlt jene reizende Einfalt des Gemüts, welche sich auf Tahiti findet; und der größere Teil der Engländer besteht aus der wahren Hefe der Gesellschaft. Auch ist das Land an und für sich nicht anziehend. Ich finde beim Blick in die hier verlebte Zeit nur einen leuchtenden Punkt, und das ist Waimate mit seinen christlichen Bewohnern.

Neunzehntes Kapitel

Sydney – Exkursion nach Bathurst – Anblick der Wälder – Gesellschaft Eingeborener – Allmähliches Aussterben der Ureinwohner – Ansteckung durch Zusammenleben mit gesunden Menschen erzeugt – Blaue Berge – Anblick der großen golfartigen Täler – Ihr Ursprung und ihre Bildung – Bathurst, allgemeine Höflichkeit der niederen Klassen – Zustand der Gesellschaft – Van Diemen's Land – Hobart Town – Eingeborene sämtlich verbannt – Wellington-Berg – King George's Sund – Ungemütliches Aussehen des Landes – Bald Head, kalkige Abgüsse von Baumzweigen – Gesellschaft Eingeborener – Verlassen Australiens

Australien

12. Januar 1836 – Früh am Morgen brachte uns eine leichte Brise an den Eingang von Port Jackson. Statt ein blühendes Land zu erblicken mit schönen Häusern besät, erinnerte uns eine gerade Linie gelblicher Küstenriffe an die Küste von Patagonien. Ein einsamer Leuchtturm, aus weißem Stein erbaut, war das einzige Zeichen, daß wir in der Nähe einer großen und bevölkerten Stadt seien. Ist man in den Hafen eingelaufen, so zeigt er sich als schön und geräumig, mit einer klippenförmigen Küste von horizontal geschichtetem Sandstein. Das nahezu horizontal ebene Land ist mit einzeln stehenden strauchartigen Bäumen bedeckt, die den Fluch der Unfruchtbarkeit andeuten. Kommt man weiter landeinwärts, so wird die Landschaft besser: Schöne Villen und nette Landhäuser sind hie und da dem Strande entlang zerstreut. In der Entfernung zeigten uns steinerne, zwei oder drei Stockwerk hohe Häuser und am Rande einer Hügelreihe stehende Windmühlen an, daß wir in der Nachbarschaft der Hauptstadt Australiens wären.

Endlich warfen wir in der Bucht von Sydney Anker. Wir fanden das kleine Wasserbecken von vielen großen Schiffen besetzt und von großen Lagerhäusern umgeben. Am Abend ging ich durch die Stadt und kehrte voll von Bewunderung über die ganze Szene zurück. Es ist ein äußerst großartiges Zeugnis für die Kraft der britischen Nation. Hier haben zwanzig Jahre in einem viel weniger versprechenden Land viele Male mehr getan, als eine gleiche Zahl von Jahrhunderten in Süd-Amerika bewirkt haben. Mein erstes Gefühl war, daß ich mir gratulierte, als Engländer geboren zu sein. Nachdem ich später etwas mehr von der Stadt gesehen hatte, sank freilich meine Bewunderung etwas, und demungeachtet ist es immerhin eine schöne Stadt. Die Straßen sind regelmäßig, breit, reinlich und in ausgezeichneter Ordnung gehalten; die Häuser sind von einer gehörigen Größe und die Läden gut ausgerüstet. Die Stadt kann ganz richtig mit den großen Vorstädten verglichen werden, welche sich von London aus und von einigen wenigen anderen großen Städten in England in das Land hinein erstrecken, aber selbst nicht in der Nähe von London oder Birmingham zeigt sich ein solches rapides Wachstum. Die Anzahl großer Häuser und anderer Gebäude, die eben vollendet worden waren, war in der Tat überraschend. Nichtsdestoweniger beklagte sich doch jedermann über die hohen Mietpreise und über die Schwierigkeiten, sich ein Haus zu verschaffen. Von Süd-Amerika kommend, wo in den Städten eine jede Person von Wohlstand bekannt ist, überraschte mich hier nichts mehr, als nicht sofort imstande zu sein, zu ermitteln, wem diese oder jene Equipage gehörte.

Ich mietete einen Mann und zwei Pferde, um mich nach Bathurst zu begeben, einem ungefähr hundertzwanzig Meilen im Innern gelegenen Dorfe, dem Mittelpunkt eines großen ländlichen Bezirkes. Auf diese Weise hoffte ich, eine allgemeine Vorstellung von dem Ansehen des Landes zu erhalten. Am Morgen des 16. Januar brach ich zu meiner Exkursion auf. Die erste Station brachte uns bis Paramatta, einer kleinen Landstadt, der Bedeutung nach Sydney sehr nahestehend. Die Straßen waren ausgezeichnet, nach Mac Adams Prinzipien gebaut und mit Basaltstein gepflastert, der zu diesem Zweck aus der Entfernung von mehreren Meilen herbeigeschafft worden war. In jeder Beziehung trat eine große Ähnlichkeit mit England hervor, vielleicht waren nur hier die Bierhäuser noch zahlreicher. Die Trupps von Menschen in Eisenketten oder die Haufen von Sträflingen, welche hier irgendein Vergehen begangen hatten, sahen am wenigsten englisch aus. Sie arbeiteten in Ketten unter der Aufsicht von Wachen mit geladenen Gewehren. Das Vermögen, welches die Regierung besitzt, mittels Zwangsarbeit sofort gute Straßen durch das Land zu legen, ist, wie ich glaube, eine der hauptsächlichsten Ursachen des früh schon eintretenden Wohlstandes dieser Kolonie gewesen. Ich schlief die Nacht in einem sehr komfortablen Gasthaus in Emu-Ferry, fünfunddreißig Meilen von Sydney in der Nähe des Fußes der blauen Berge. Diese Straßenlinie ist die frequentierteste und die am längsten von allen bewohnte in der Kolonie gewesen. Das ganze bebaute Land wird von hohen Geländern eingeschlossen, da die Farmer es noch nicht dahin gebracht haben, Hecken zu ziehen. Es finden sich viele massive Häuser und gute Landwohnungen über die Landschaft zerstreut; obschon aber beträchtliche Stücke Landes unter Kultur stehen, bleibt doch der größere Teil noch so, wie er bei seiner ersten Entdeckung war.

Die äußerste Gleichförmigkeit des Pflanzenwuchses ist der merkwürdigste Zug in dem landschaftlichen Bilde des größeren Teiles von Neu-Süd-Wales. Überall finden wir ein offenes Holzland, den Boden zum Teil mit einer äußerst dünnen Weide bedeckt mit nur sehr geringem Anflug von Grün. Die Bäume gehören nahezu sämtlich zu einer Familie und meistens stehen ihre Blätter in einer senkrechten, anstatt wie in Europa, in einer nahezu horizontalen Stellung. Das Laub ist dürftig und von einem eigentümlich blaß-grünen Farbton ohne irgendwelchen Glanz. Daher sehen die Waldungen hell und schattenlos aus. Obgleich das ein Verlust an Annehmlichkeit für den Reisenden ist unter den sengenden Strahlen der Sommersonne, so ist es doch für den Landmann von Bedeutung, da es ihm gestattet, Gras zu bauen, wo es im anderen Falle nicht wachsen würde. Die Blätter werden nicht periodisch abgeworfen; dieser Charakter scheint der ganzen südlichen Hemisphäre gemein zu sein, nämlich Süd-Amerika, Australien und dem Vorgebirge der Guten Hoffnung. Die Bewohner dieser Hemisphäre und der zwischen den Wendekreisen gelegenen Gegenden verlieren auf diese Weise vielleicht eines der prachtvollsten, wenn auch unserem Auge gewöhnlichen Schauspiele in der Welt, nämlich das erste Aufbrechen der Laubknospen an dem blattlosen Baume. Die Leute können uns indes dagegen einwerfen, daß wir dies Schauspiel teuer bezahlen, und zwar dadurch, daß wir das Land durch so viele Monate mit nackten Baumskeletten bedeckt sehen. Auch dies ist wohl richtig; aber unsere Sinne erlangen dadurch eine große Empfänglichkeit für das Ergötzen an dem ausgesuchten Grün des Frühjahrs, welches die Augen derjenigen, welche zwischen den Wendekreisen leben und das ganze lange Jahr hindurch mit den prachtvollen Erzeugnissen dieser glühenden Klimate gesättigt sind, niemals empfinden können. Die größere Anzahl der Bäume, mit Ausnahme einiger der blauen Gummibäume, erreichen keine bedeutende Größe; sie wachsen aber immerhin hoch und ziemlich gerade und stehen in gehöriger Entfernung voneinander. Die Rinde von einigen *Eucalyptus-Arten* fällt jährlich ab, oder hängt in langen Streifen abgestorben herab, welche dann vom Winde umher geweht werden und den Wäldern ein trauriges und unordentliches Ansehen geben. Ich kann keinen vollständigeren Kontrast in jeder Beziehung mir vorstellen, als zwischen den Wäldern von Valdivia oder Chiloë und den Waldungen von Australien.

Bei Sonnenuntergang begegneten wir einer Gesellschaft von etwa zwanzig der schwarzen Eingeborenen, von denen ein jeder in ihrer herkömmlichen Art und Weise ein Bündel von Speeren und anderen Waffen trugen. Dadurch, daß ich einem der anführenden jungen Männer einen Schilling gab, wurden sie ohne Mühe aufgehalten und warfen dann zu meiner Unterhaltung die Speere. Sie waren alle teilweise bekleidet und mehrere konnten ein wenig Englisch sprechen. Ihre Gesichter waren freundlich und angenehm, und sie schienen bei weitem nicht so gänzlich herabgekommene Wesen zu sein, als welche sie gewöhnlich dargestellt werden. In ihren eigenen Künsten sind sie bewundernswert. Eine Mütze wurde in dreißig Yards Entfernung aufgestellt und sie schossen mittels des Wurfstocks einen Speer durch sie hindurch mit der Geschwindigkeit eines Pfeils, der vom Bogen eines geübten Bogenschützen abgesendet wird. Beim Verfolgen der Fährte von Tieren oder Menschen zeigen sie einen wunderbaren Scharfsinn, und ich sah aus mehreren ihrer Bemerkungen beträchtliche Schärfe des Verstandes herausleuchten. Sie wollen indes nicht den Boden kultivieren, oder Häuser bauen, oder seßhaft bleiben, oder auch nur die Mühe sich geben, eine Schafherde zu besorgen, wenn sie ihnen gegeben wird. Im ganzen scheinen sie mir in der Zivilisation einige Grade höher zu stehen als die Feuerländer.

Es ist sehr merkwürdig, in dieser Weise mitten in einem zivilisierten Volke eine Gruppe harmloser Wilder zu sehen, die umherwandern, ohne zu wissen, wo sie die Nacht schlafen werden, und welche ihren Lebensunterhalt durch das Jagen in den Wäldern sich verschaffen. Wie die Weißen allmählich vorgerückt sind, haben diese sich über das mehreren Stämmen gehörige Land verbreitet. Obgleich letztere hierdurch von einer gleichen Bevölkerung eingeschlossen werden, halten sie doch ihre alten Unterscheidungsmerkmale aufrecht und führen zuweilen sogar Krieg miteinander. Bei einer derartigen Begegnung, welche vor kurzem stattfand, wählten sich die beiden Parteien, äußerst merkwürdig genug, die Mitte des Dorfes von Bathurst zum Schlachtfeld. Dies war der besiegten Partei von Nutzen, denn die fliehenden Krieger nahmen ihre Zuflucht in den Baracken der Ansiedler.

Die Zahl der Eingeborenen nimmt reißend ab. Auf meinem ganzen Ritte sah ich mit Ausnahme einiger von Engländern aufgezogener Knaben nur noch eine einzige andere Horde. Diese Abnahme muß ohne Zweifel zum Teil eine Folge der Einführung von Spirituosen, von europäischen Krankheiten (denn selbst die milderen Formen derselben, wie z.B. die Masern[1], treten hier äußerst zerstörend auf) und zum Teil von der allmählichen Ausrottung der wild lebenden Tiere sein. Man gibt an, daß eine große Anzahl ihrer Kinder ausnahmslos in sehr früher Kindheit infolge des Einflusses ihres wandernden Lebens zugrunde gehen; und da die Schwierigkeit, sich Nahrung zu verschaffen, zunimmt, so muß die Gewohnheit herumzuwandern sich verstärken, und daher wird die Bevölkerung ohne irgendwelche auffallende Sterblichkeit infolge von Hungersnöten in einer Weise abnehmen, welche äußerst plötzlich erscheint im Vergleich mit dem, was in zivilisierten Ländern auftritt, wo der Vater, wenn er auch durch Übernahme von mehr Arbeit sich selbst schadet, doch nicht seine Nachkommen zerstört.

Außer diesen verschiedenen offenbaren Ursachen der Vernichtung scheint ganz allgemein irgendein anderer geheimnisvollerer Einfluß tätig zu sein. Wo nur immer der Europäer seinen Fuß hingesetzt hat, scheint der Tod den Eingeborenen zu verfolgen. Wir können auf die großen Flächen von Amerika, nach Polynesien, dem Vorgebirge der Guten Hoffnung und Australien hinblicken, wir finden dasselbe Resultat. Auch ist es nicht der weiße Mensch allein, welcher in dieser Weise zerstörend auftritt. Die polynesische oder malaiische Bevölkerung hat in Teilen des ostindischen Archipels in dieser Weise die dunkelfarbene eingeborene Bevölkerung vor sich hergetrieben. Die Varietäten des Menschen scheinen aufeinander in derselben Weise einzuwirken, wie verschiedene Spezies von Tieren: – die stärkere unterdrückt immer die schwächere. Es war sehr niederschlagend, in Neu-Seeland die schönen energischen Eingeborenen sagen zu hören, daß sie wohl wüßten, das Land wäre dazu bestimmt, von ihren Kindern auf andere überzugehen. Jedermann hat von der unerklärlichen Abnahme der Bevölkerung auf der schönen und gesunden Insel von Tahiti seit den Tagen von Kapitän Cooks Reisen gehört, obschon wir in diesem Falle hätten erwarten können, daß sie zugenommen haben würde. Der Kindermord, welcher früher bis zu so einem außerordentlichen Grade herrschte, hat aufgehört; Ausschweifung ist in

---

[1] Es ist merkwürdig, wie ein und dieselbe Krankheit in verschiedenen Klimaten modifiziert wird. Auf der kleinen Insel St. Helena wird das Einschleppen des Scharlachfiebers wie die Pest gefürchtet. In manchen Ländern werden Eingeborene und Fremde so verschieden von gewissen ansteckenden Krankheiten ergriffen, als wären sie verschiedene Tiere; Beispiele für diese Tatsache sind in Chile aufgetreten, und nach Humboldts Angabe auch in Mexiko (Essay polit. Nouv. Espagne, Vol. IV).

einem bedeutenden Grade unterdrückt worden, und die mörderischen Kriege sind weniger häufig gewesen.

Der Missionar J. Williams sagt in seinem interessanten Buch[2], daß die erste Berührung zwischen Eingeborenen und Europäern unabänderlich von der Einführung von Fieber, Ruhr oder irgend anderer Krankheiten begleitet ist, welche große Zahlen des Volkes dahinraffen. Ferner behauptet er: „Es ist sicherlich eine Tatsache, welche nicht widerlegt werden kann, daß die meisten Krankheiten, welche auf den Inseln während meines Aufenthaltes hier gewütet haben, von Schiffen eingeschleppt worden sind.[3] Und was die Tatsache noch merkwürdiger macht, ist, daß unter der Bemannung des Schiffes, welche eine solche zerstörende Einschleppung verursacht, gar keine Krankheit scheinbar vorhanden zu sein braucht." Diese Angabe ist nicht völlig so außerordentlich, als sie auf den ersten Blick erscheint; denn mehrere Fälle sind beschrieben worden, wo die bösartigsten Fieber ausgebrochen sind, ohne daß die Parteien selbst, welche die Ursachen dazu waren, affiziert gewesen wären. In der ersten Zeit der Regierung Georg des Dritten wurde ein Gefangener, der in einem Kerker gefangen gehalten worden war, in einer Kutsche mit vier Konstablern vor den Richter gebracht, und obgleich der Mann selbst nicht krank war, starben doch die vier Konstabler an einem sehr schnell verlaufenden fauligen Fieber; aber die Ansteckung verbreitete sich nicht auf andere. Nach diesen Tatsachen möchte es beinahe scheinen, als ob die Ausdünstungen von einer Anzahl eine Zeitlang zusammengeschlossen gehaltener Menschen giftig wirkte, wenn sie von anderen eingeatmet wird, und möglicherweise ist dies noch mehr dann der Fall, wenn die Menschen verschiedenen Rassen angehören. So mysteriös dieser Umstand zu sein scheint, so ist er doch nicht mehr überraschend, als daß der Körper von einem Mitgeschöpf unmittelbar nach dem Tode und ehe noch die Fäulnis aufzutreten begonnen hat, häufig von einer so tödlichen Eigenschaft ist, daß ein bloßer Stich mit einem bei seiner Sektion benutzten Instrument sich als todbringend herausstellt.

17. Januar – Zeitig am Morgen überschritten wir den Nepean in einer Bootfähre. Obgleich der Fluß an dieser Stelle sowohl breit als tief war, hatte er doch nur eine sehr kleine Menge fließenden Wassers. Nachdem wir auf der gegenüberliegenden Seite ein niedrig gelegenes Stück Land überschritten hatten, erreichten wir den Fuß der Blauen Berge. .Die Erhebung ist nicht steil, da die Straße mit sehr viel Sorgfalt an der Seite eines Sandsteinriffes eingeschnitten ist. Auf dem Gipfel breitet sich eine beinahe horizontale Ebene aus, welche unmerklich nach Westen aufsteigend zuletzt eine Höhe von mehr als 3000 Fuß erreicht. Nach einer so großartigen Bezeichnung

---

[2] Narrative of Missionary Entreprise, p.282.
[3] Capt. Beechey (4. Cap., 1. Band) führt an, daß die Einwohner der Pitcairn-Insel fest davon überzeugt sind, daß sie nach der Ankunft eines jeden Schiffes an Hautkrankheiten und anderen Affektionen leiden. Capt. Beechey schreibt dies der Veränderung der Diät während der Zeit des Besuches zu. Dr. Macculloch sagt (Western Isles, Vol. II, p.32): „Es wird behauptet, daß nach der Ankunft eines Fremden (auf St. Kilda) alle Einwohner, dem gewöhnlichen Sprachgebrauch nach, sich erkälten." Dr. Macculloch hält den ganzen Fall, obschon er bereits früher wiederholt angeführt worden ist, für lächerlich. Er fügt indessen hinzu: „Wir legten den Einwohnern die Frage vor, und einstimmig bestätigten sie die Erzählung." In Vancouvers Reise kommt eine ziemlich ähnliche Angabe in bezug auf Otahaiti vor. Dr. Dieffenbach gibt in einer Anmerkung zu seiner Übersetzung der ersten Bearbeitung dieser Reise an, daß die nämliche Tatsache von den Einwohnern der Chatham-Inseln ganz allgemein, und von denen von Neu-Seeland teilweise geglaubt werde. Es ist unmöglich, daß sich eine derartige Annahme auf der nördlichen Hemisphäre, bei den Antipoden und im Stillen Ozean ohne irgendeinen guten Grund ganz allgemein verbreitet haben sollte. Humboldt sagt (Essai polit. sur la Nouv. Espagne, Vol. IV), daß die großen Epidemien in Panama und Callao durch die Ankunft von Schiffen aus Chile „bezeichnet" seien, weil die Leute aus dieser gemäßigten Zone dort zum ersten Male die tödlichen Wirkungen der Tropenzone erfahren. Ich will noch hinzufügen, daß ich in Shropshire habe behaupten hören, daß Schafe, welche auf Schiffen eingeführt worden sind, auch wenn sie selbst sich in einem ganz gesunden Zustand befunden haben, doch, wenn sie mit anderen Schafen in dieselben Hürden gebracht werden, häufig in der Herde Krankheiten erzeugen.

wie „Die Blauen Berge" und nach ihrer absoluten Erhebung hatte ich erwartet, eine kühne Bergkette quer das Land durchsetzen zu sehen; aber anstatt dessen bot eine langsam sich erhebende Ebene nur einen unansehnlichen Hintergrund für das niedrig gelegene Land in der Nähe der Küste dar. Von dieser ersten Erhebung aus war die Aussicht auf das ausgedehnte Waldland nach Osten hin sehr überraschend und die Bäume in der Umgebung erhoben sich zu kühnen und hohen Formen. Befindet man sich aber einmal auf der Sandsteinebene, so wird die Szenerie äußerst eintönig; jede Seite der Straße ist von strauchartigen Bäumen der nirgends fehlenden Familie der Eukalypten eingefaßt, und mit Ausnahme von zwei oder drei kleinen Gasthäusern finden sich keine Häuser und kein angebautes Land. Überdies ist die Straße sehr einsam; der am häufigsten gesehene Gegenstand ist ein Ochsenwagen, der mit Haufen von Wollballen beladen ist.

In der Mitte des Tages fütterten wir unsere Pferde in einem kleinen Gasthaus, genannt das Weatherboard. Das Land ist hier 2800 Fuß über dem Meeresspiegel erhoben. Ungefähr anderthalb Meilen von diesem Orte ist ein des Besuchs außerordentlich werter Aussichtspunkt. Indem man ein kleines Tal mit seinem geringfügigen Wasserlauf hinabgeht, öffnet sich ganz unerwartet ein ungeheurer Schlund zwischen den Bäumen, welche den Fußpfad begrenzen, in einer Tiefe von ungefähr 1500 Fuß. Geht man wenige Yards weiter, so steht man am Rande des gewaltigen Abgrundes und sieht unter sich eine große Bucht oder einen Golf (denn ich weiß nicht, welchen anderen Namen ich hier anwenden könnte), der dicht mit Wald bedeckt ist. Der Aussichtspunkt liegt gewissermaßen am oberen Ende der Bay; die Reihe der Riffe geht auf jeder Seite auseinander und zeigt einen Bergvorsprung hinter dem anderen, wie an einer kühnen Meeresküste. Diese Riffe bestehen aus horizontalen Schichten eines weißen Sandsteines und sind so absolut senkrecht, daß an vielen Stellen eine am Rande stehende Person, wenn sie einen Stein hinabwirft, ihn auf die Bäume in dem Abgrunde darunter aufschlagen sehen kann. Die Reihe dieser Felsenvorsprünge ist so ununterbrochen, daß man, um den Fuß des von diesem kleinen Bach gebildeten Wasserfalls zu erreichen, wie angegeben wird, einen Umweg von sechzehn Meilen machen muß. Ungefähr fünf Meilen entfernt gerade gegenüber erhebt sich eine andere Reihe von Felsen, welche auf diese Weise das Tal vollständig einzuschließen scheinen, deshalb ist der Name Bay gerechtfertigt in seiner Anwendung auf diese große amphitheatralische Einsenkung. Wenn wir uns einen bogenförmig sich ausdehnenden Hafen, dessen tiefes Wasser von kühnen, riffartigen Küstenfelsen umgeben wird, trockengelegt vorstellen, und uns ferner denken, daß von seinem sandigen Boden ein Wald entspringt, so würden wir dann das Ansehen und die Anordnung vor uns haben, wie sie sich hier darbot. Diese Art von Aussichten war für mich vollständig neu und äußerst prachtvoll.

Am Abend erreichten wir Blackheath. Das Sandstein-Plateau hat hier die Höhe von 3400 Fuß erreicht und wird, wie früher, von demselben strauchartigen Holz bedeckt. Von der Straße aus hatten wir gelegentlich Einblicke in ein tiefes Tal von demselben Charakter, wie das vorhin beschriebene; aber wegen der Steilheit und der Tiefe seiner Seiten war der Boden kaum jemals zu sehen. Blackheath ist ein sehr komfortables Gasthaus, welches ein alter Soldat hält und das mich an die kleinen Gasthäuser in Nord-Wales erinnerte.

18. Januar – Sehr zeitig am Morgen brach ich auf und ging ungefähr drei Meilen, um Govett's Leap [Govett's Sprung] zu sehen, ein Aussichtspunkt von ähnlichem Charakter, wie der am Weatherboard, aber vielleicht noch wunderbarer. So zeitig am Morgen, wie es noch war, war der Golf mit einem dünnen blauen Dunst erfüllt, welcher, obschon die allgemeine Wirkung der Aussicht störend, doch die scheinbare Tiefe erhöhte, in welcher sich der Wald unter unseren Füßen erstreckte. Diese Täler, welche eine so lange Zeit eine unüberwindliche Schranke für die Versuche der unternehmendsten Kolonisten, das Innere zu erreichen, darboten, sind äußerst merkwürdig. Große armartige Buchten, die sich an ihrem oberen Ende erweitern, zweigen sich häufig von den Haupttälern ab und dringen in die Sandsteinebene ein; andererseits sendet die Sandsteinebene häufig Vorgebirge in die Täler und läßt selbst dergleichen als beinahe inselartige, vereinzelte große Massen in den Tälern stehen. Um in einige dieser Täler hinabzusteigen ist es nötig, einen Umweg von zwanzig Meilen zu machen. In andere haben die Landvermesser erst vor kurzem eindringen können, und die Kolonisten sind noch nicht imstande gewesen, ihre Rinder hineinzutreiben. Aber der merkwürdigste Zug in ihrer Bildung ist, daß, obschon sie an ihrem oberen Ende mehrere Meilen breit sind, sie sich meist nach ihrer Mündung zu in einem solchen Grade zusammenziehen, daß sie unpassierbar werden. Der Generalvermesser Sir T. Mitchell[4] versuchte vergebens, indem er erst ging und dann zwischen den großen, herabgestürzten Fragmenten von Sandstein durchkroch, durch die Schlucht hinaufzukriechen, in welcher sich der Grose-Fluß mit dem Nepean verbindet; und doch bildet das Tal des Grose in seinem oberen Teil, wie ich gesehen habe, ein prachtvolles horizontales, einige Meilen breites Becken, von allen Seiten von Felsen umgeben, deren Gipfel der Annahme zufolge nirgends weniger als 3000 Fuß über den Meeresspiegel sich erheben. Wenn Rinder in das Tal des Wolgan auf einem zum Teil natürlichen, zum Teil von dem Landeigentümer hergestellten Pfade (welchen ich hinabgegangen bin) getrieben werden, können sie nicht entweichen; denn dies Tal wird an allen übrigen Stellen von senkrechten Felsenriffen umgeben, und acht Meilen weiter hinab zieht es sich von einer mittleren Breite von einer halben Meile zu einer bloßen Spalte zusammen, die für Menschen und Vieh nicht durchgängig ist. Sir T. Mitchell gibt an, daß das große Tal des Cox-Flusses mit allen seinen Zweigen sich da, wo er sich mit dem Nepean verbindet, in eine Schlucht von 2200 Yards Breite und ungefähr 1000 Fuß Tiefe zusammenzieht. Andere ähnliche Fälle ließen sich noch anführen.

Wenn man die Übereinstimmung der horizontalen Schichten auf jeder Seite dieser Täler und die großen amphitheatralischen Einsenkungen betrachtet, so ist der erste Eindruck der, daß sie wie andere Täler durch die Tätigkeit des Wassers ausgehöhlt worden seien. Wenn man aber über die ganze ungeheure Masse von Stein nachdenkt, welche nach dieser Ansicht durch bloße Schluchten oder Spalten entfernt worden sein müssen, so wird man veranlaßt zu fragen, ob derartige Orte nicht auch durch Senkungen entstanden sein können. Betrachtet man aber die Form der sich regelmäßig verzweigenden Täler und der schmalen, von den umgebenden Plateaus aus in dieselben einspringenden Vorgebirge, so sind wir gezwungen, diese Vorstellung aufzugeben. Diese Aushöhlungen der jetzigen alluvialen Tätigkeit zuzuschreiben, würde ein unglücklicher Gedanke sein; auch fällt der Wasserabfluß von der Ebene am oberen Ende nicht immer, wie ich in der Nähe des Weatherboard bemerkt habe, in das obere Ende dieser Täler, sondern in die eine Seite ihrer in meerbusenartigen Einbuchtungen. Einige der Einwohner machten gegen mich die Bemerkung, daß sie niemals eine dieser meerbusenartigen Einbuchtungen betreten hätten, ohne von ihrer Ähnlichkeit mit einer kühnen Meeresküste überrascht gewesen zu sein. Dies ist sicherlich der Fall. Überdies bieten an der gegenwärtigen Küste von Neu-Süd-Wales die zahlreichen schönen, weit sich verzweigenden Häfen, welche meistens mit dem Meer durch eine enge, in die Felsen der Sandsteinküsten eingearbeitete Mündung zusammenhängen, die von einer Meile bis zu einer Viertelmeile in der Breite variieren, mit den großen Tälern im Innern viele Ähnlichkeit dar, wenn auch nur in einem Miniaturmaßstab. Dann tritt uns aber sofort die verwirrende Schwierigkeit entgegen, warum hat das Meer diese großen, wenn auch umschriebenen Vertiefungen auf einer großen Ebene ausgewaschen und bloße Schluchten an den Mündungen gelassen, durch welche der ganze ungeheure Betrag zerriebener Substanz fortgeschafft worden sein muß? Das einzige Licht, welches ich auf dieses Rätsel werfen kann, ist, daß ich darauf aufmerksam mache, wie Bänke der allerunregelmäßigsten Form in einigen Meeren gegenwärtig gebildet zu werden scheinen, wie z.B. an Stellen des Westindischen Meeres und des Roten Meeres,

---

[4] Travels in Australia, Vol. I, p.154. Ich kann nicht umhin, hier zu erwähnen, wie außerordentlich ich Sir T. Mitchell für mehrere persönliche Mitteilungen in Betreff dieser großen Täler von Neu-Süd-Wales verbunden bin.

und daß ihre Seiten äußerst steil sind. Ich bin zu der Vermutung geführt worden, daß derartige Bänke durch Niederschläge gebildet worden sind, welche durch starke Strömungen auf dem unregelmäßigen Boden aufgehäuft worden sind. Daß in manchen Fällen das Meer, anstatt solche in einer gleichförmigen Fläche auszubreiten, sie rund um untermeerische Felsen oder Inseln anhäuft, ist kaum möglich zu bezweifeln, wenn man die Seekarten von Westindien genauer durchgesehen hat. Und daß die Wellen die Kraft haben, hohe und steile Riffe zu bilden, selbst in Häfen, die rings vom Lande eingeschlossen sind, habe ich in vielen Teilen von Süd-Amerika bemerkt. Wenn man nun diese Vorstellungen auf die Sandstein-Plateaus von Neu-Süd-Wales anwendet, so stelle ich mir vor, daß die Schichten durch die Tätigkeit starker Strömungen und der Wellenbewegungen eines offenen Meeres auf dem unregelmäßigen Boden angehäuft worden sind, und daß die talähnlichen, hierdurch unerfüllt gelassenen Räume Seitenwände darboten, welche während einer langsamen Erhebung des Landes steil abfallend in Felsenriffe ausgewaschen wurden; der abgenagte Sandstein wurde entweder zu der Zeit entfernt, wo die schmalen Spalten durch das zurückweichende Meer eingeschnitten wurden, oder noch später durch alluviale Tätigkeit.

Bald nachdem wir Blackheath verlassen hatten, stiegen wir von dem Sandstein-Plateau durch den Paß des Victoria-Berges hinunter. Um diesen Paß herzustellen, ist eine ungeheure Menge von Felsen durchschnitten worden; der ganze Plan und die Art seiner Ausführung verdient jedem Straßenbau in England an die Seite gestellt zu werden. Wir betraten nun ein Land, welches nahezu 1000 Fuß weniger hoch war und aus Granit bestand. Mit der Änderung des Gesteins besserte sich auch der Pflanzenwuchs; die Bäume wurden sowohl schöner, als standen sie auch weiter voneinander, und das Weideland zwischen ihnen war ein wenig grüner und auch reichlicher. Bei Hassan's Walls verließ ich die Landstraße und machte einen kurzen Abstecher nach einer Farm mit Namen Walerawang, an deren Vorsteher ich von dem Besitzer in Sydney einen Empfehlungsbrief hatte. Mr. Browne hatte die Freundlichkeit, mich aufzufordern, den folgenden Tag noch dort zu bleiben, was ich mit vielem Vergnügen tat. Dieser Ort bietet ein Beispiel einer jener großen Farmen oder noch besser Schaf-Etablissements der Kolonie dar. In diesem Fall waren aber wohl Rinder und Pferde zahlreicher als gewöhnlich, weil einige der Täler sumpfig waren und eine gröbere Weide darboten. Zwei oder drei ebene Stellen in der Nähe des Hauses waren abgeräumt und mit Getreide besetzt worden, welches die Erntearbeiter jetzt schnitten. Es wird aber nicht mehr Weizen gesät, als was zum jährlichen Unterhalt der auf der Niederlassung beschäftigten Arbeiter notwendig ist. Die gewöhnliche Zahl der zugeteilten Sträflingsarbeiter ist hier ungefähr vierzig; zu der gegenwärtigen Zeit waren aber wohl mehr da. Obschon die Farm Vorräte von allem Notwendigen hatte, war doch ein offenbarer Mangel an Komfort zu bemerken, und es lebte nicht eine einzige Frau hier. Der Sonnenuntergang nach einem schönen Tage wirft gewöhnlich einen Schein von glücklicher Zufriedenheit auf eine jede ländliche Szene. Aber hier in diesem einsamen Farmhause ließen die glänzendsten Farbtöne auf den umgebenden Waldungen mich nicht vergessen, daß vierzig abgehärtete, verworfene Männer ihre tägliche Arbeit, wie die Sklaven in Afrika, beendeten, ohne jedoch das heilige Gefühl des Mitleids mit ihnen wachzurufen.

Zeitig am nächsten Morgen hatte Mr. Archer, der Mitvorsteher der Farm, die Freundlichkeit, mich auf eine Känguruh-Jagd mitzunehmen. Wir ritten den größeren Teil des Tages in einem fort, hatten aber eine sehr schlechte Jagd, da wir nicht ein einziges Känguruh und nicht einmal einen wilden Hund sahen. Die Windspiele verfolgten eine Känguruh-Ratte in einem hohlen Baum, aus welchem wir sie herauszogen. Es ist ein Tier so groß wie ein Kaninchen, aber mit der Figur des Känguruhs. Noch vor wenigen Jahren schwärmten in diesem Teile des Landes wilde Tiere; jetzt aber ist der Emu bis auf eine weite Entfernung hin zurückgetrieben und das Känguruh ist selten geworden. Für beide ist das englische Windspiel sehr verderblich geworden. Es mag vielleicht noch lange dauern, ehe diese Tiere vollständig ausgerottet sind, aber ihr

Neunzehntes Kapitel

Schicksal ist bestimmt. Die Eingeborenen borgen sich stets sehr gern Hunde von den Farmhäusern. Der Gebrauch derselben, der Abfall, wenn ein Tier getötet wird, und etwas Milch von den Kühen sind die Friedensgaben des Ansiedlers, welcher sich immer weiter und weiter in das Innere hinein verbreitet. Der gedankenlose Eingeborene, durch diese nichts bedeutenden Vorteile geblendet, ist von der Annäherung des weißen Mannes entzückt, welcher dazu bestimmt zu sein scheint, das Land seiner Kinder zu erben.

Wenn wir auch eine armselige Jagdausbeute hatten, so erfreuten wir uns doch an dem angenehmen Ritt. Das Waldland ist meist so offen, daß ein Reiter bequem durch dasselbe galoppieren kann. Es wird von einigen wenigen Tälern mit ebenen Sohlen durchschnitten, welche grün und von Bäumen frei sind; an solchen Stellen war die Szenerie sehr hübsch, wie die eines Parkes. In dem ganzen Lande sah ich kaum einen einzigen Fleck ohne die Zeichen eines Feuers; ob dieselben vor mehr oder weniger kurzer Zeit gebrannt hatten, ob die Baumstümpfe mehr oder weniger schwarz waren, das waren die größten Abwechslungen, welche die für das Auge des Reisenden so langweilige Gleichförmigkeit unterbrachen. In diesen Wäldern finden sich nicht viele Vögel; indes sah ich einige große Herden des weißen Kakadu in einem Kornfelde fressend und einige wenige, sehr schöne Papageien; Krähen, unseren Dohlen ähnlich, waren nicht selten, ebenso ein anderer Vogel, der der Elster in gewisser Hinsicht glich. In der Abenddämmerung ging ich ein wenig an einer Reihe von Teichen entlang spazieren, welche in diesem trockenen Lande den Lauf eines Flusses darstellten, und hatte das Glück, mehrere Exemplare des berühmten *Ornithorhynchus paradoxus* zu sehen. Sie tauchten und spielten an der Oberfläche des Wassers, ließen aber so wenig von ihrem Körper sehen, daß man sie sehr leicht hätte für Wasserratten halten können. Mr. Browne schoß einen; sicherlich ist es ein äußerst merkwürdiges Tier; ein ausgestopftes Exemplar gibt durchaus keine gute Idee von dem Aussehen des Kopfes und des Schnabels, wenn die Teile frisch sind. Der letztere wird hart und zusammengeschrumpft.[5]

20. Januar – Ich hatte einen langen Tagesritt nach Bathurst. Ehe wir auf die große Landstraße kamen, folgten wir einem einfachen Fußpfad durch den Wald, und das Land war mit Ausnahme weniger Ansiedlerhütten sehr einsam. Wir empfanden an diesem Tage den Scirocco-ähnlichen Wind von Australien, welcher von den versengten Wüsten des Innern herkommt. Staubwolken wurden in allen Richtungen hergetrieben und der Wind war gerade, als käme er über Feuer her. Ich hörte später, daß das Thermometer im Freien auf 119° (45 °C.) und im geschlossenen Zimmer auf 96° (35,56 °C.) gestanden hatte. Am Nachmittag kamen wir in Sicht der Niederungen von Bathurst. Diese wellenförmigen, aber beinahe ganz platten Ebenen sind in diesem Lande sehr merkwürdig, da ihnen absolut jeder Baum fehlt. Sie tragen nur eine dünne braune Weide. Wir ritten einige Meilen über diese Landschaft und erreichten dann die Stadt Bathurst, die in der Mitte einer Vertiefung lag, die man entweder ein sehr breites Tal oder eine schmale Ebene nennen könnte. Man hatte mir in Sydney gesagt, keine zu schlechte Meinung von Australien mir zu bilden, wenn ich es nur von der Straße aus beurteilte, und auch keine zu gute nach dem Urteil von Bathurst; was diese letztere Beziehung betrifft, so fühlte ich mich auch nicht im mindesten versucht, hier in meinem Urteile befangen zu werden. Es muß allerdings zugegeben werden, daß das Jahr ein außerordentlich trockenes gewesen war, und die Landschaft bot kein günstiges Ansehen dar, obschon ich wohl versichern kann, daß es vor zwei oder drei Monaten unvergleichlich

---

[5] Mich interessierte es, hier die trichterförmig ausgehöhlte Fanggrube des Ameisenlöwen oder irgendeines anderen Insektes zu finden. Zuerst fiel eine Fliege den verräterischen Abhang hinab und verschwand augenblicklich; dann kam eine große, aber unbedachte Ameise; da ihre Anstrengungen, zu entkommen, sehr heftig waren, wurden jene merkwürdigen Strahlen Sandes, welche Kirby und Spence (Entomol., Vol. I, p.425) als mit dem Schwanz des Insektes hervorgeschleudert schildern, in einer sehr sicheren Weise gegen das erwartete Opfer gerichtet. Die Ameise hatte aber ein besseres Geschick als die Fliege und entkam den tödlichen Kinnladen, welche am Grunde der kegelförmigen Grube verborgen waren. Diese australische Fanggrube war nur ungefähr halb so groß, wie die des europäischen Ameisenlöwen.

schlechter gewesen sein mag. Das Geheimnis, weshalb der Wohlstand von Bathurst so reißend zunimmt, liegt darin, daß das braune Weideland, welches dem Auge des Fremden so elend vorkommt, ausgezeichnet zur Weide für Schafe ist. Die Stadt liegt in einer Höhe von 2200 Fuß über dem Meeresspiegel an dem Ufer des Macquarie; dies ist einer der in das ungeheuer große und kaum bekannte Innere fließenden Flüsse. Die Linie der Wasserscheide, welche die Inland-Flüsse von denen, die nach der Küste abfallen, trennt, hat eine Höhe von ungefähr 3000 Fuß und läuft in einer nordsüdlichen Richtung in einer Entfernung von 80 bis 100 Meilen von der Küste. Der Macquarie erscheint auf der Landkarte als ein ganz respektabler Fluß, und es ist der größte von denen, welche diese Seite der Wasserscheide entwässern; und doch fand ich zu meiner großen Überraschung, daß er aus einer bloßen Reihe von Teichen bestand, die durch beinahe ganz trockene Stellen voneinander getrennt waren. Meist fließt ein kleiner Bach zwischen ihnen und zuweilen treten sehr hohe und stürmische Überschwemmungen ein. So dürftig dieser Bezirk in seiner ganzen Ausdehnung mit Wasser versorgt ist, so wird es doch noch weiter landeinwärts immer dürftiger.

22. Januar – Ich trat meine Rückreise an und schlug eine neue, „Lockyers Linie" genannte Straße ein, welche durch ein im ganzen bergigeres und malerischeres Land führt. Dies war ein langer Tagesritt, und das Haus, wo ich zu übernachten wünschte, lag eine Strecke weit von der Straße ab und war nicht leicht zu finden. Ich erfuhr bei dieser Gelegenheit und in der Tat bei allen anderen eine sehr allgemein verbreitete und bereitwillige Höflichkeit unter den niederen Klassen, die man in Anbetracht dessen, was sie sind und was sie gewesen sind, kaum hätte erwarten können. Die Farm, wo ich die Nacht zubrachte, war im Besitz zweier junger Männer, die erst vor kurzem herausgekommen waren und nun das Leben von Ansiedlern begannen. Der gänzliche Mangel von beinahe jedem Komfort war nicht sehr anziehend; aber künftiger und sicherer Wohlstand lag vor ihren Blicken und nicht einmal sehr weit entfernt.

Am nächsten Tage kamen wir durch große Striche Landes, welche in Flammen standen; große Massen Rauch strichen über die Straße. Noch vor Mittag kamen wir auf unsere frühere Straße und bestiegen den Victoria-Berg. Ich schlief in Weatherboard und machte vor Dunkelwerden noch einen zweiten Spaziergang nach dem Amphitheater. Auf der Straße nach Sydney brachte ich einen sehr angenehmen Abend mit Kapitän King in Dunheved zu; und in dieser Weise beschloß ich meinen kleinen Ausflug in die Kolonie von Neu-Süd-Wales.

Ehe ich hierher kam, waren die drei Dinge, die mich am meisten interessierten: Einmal der Zustand der Gesellschaft unter den höheren Klassen, dann die Lage der Sträflinge und endlich der Grad von Anziehung, welcher hinreichte, Leute zum Auswandern zu bewegen. Natürlich ist nach einem so sehr kurzen Besuch jemandes Ansicht kaum irgend etwas wert; es ist aber ebenso schwer, sich gar keine Ansicht zu bilden, wie sich ein richtiges Urteil zu machen. Nach dem, was ich hörte, und zwar mehr, als nach dem, was ich sah, war ich im ganzen über den Zustand der Gesellschaft enttäuscht. Die ganze Gemeinde ist beinahe über jeden Gegenstand in feindselige Parteien geteilt, von denjenigen, welche ihrer Lebensstellung nach die besten sein sollten, leben viele in so offener Ausschweifung, daß anständige Leute nicht mit ihnen umgehen können. Zwischen den Kindern der Reichgewordenen, Emanzipierten und der freien Ansiedler herrscht eine große Eifersucht; die ersteren betrachten gern anständige Menschen als Beeinträchtiger ihrer Stellung. Die ganze Bevölkerung, Arme und Reiche, denken nur daran, Reichtum zu erlangen; in den höheren Klassen bilden Wolle und Schafweide das beständige Thema der Konversation. Für das komfortable Leben einer Familie bieten sich viele ernstliche Hindernisse dar, von welchen vielleicht das Hauptsächlichste das ist, daß man von Sträfling-Dienstleuten umgeben ist. Wie durchaus widerwärtig für jedes Gefühl ist es, sich von einem Menschen bedienen lassen zu müssen, der vielleicht den Tag vorher auf unsere eigene Anzeige hin wegen eines kleinen Vergehens gepeitscht worden ist! Die weiblichen Dienstleute sind natürlich viel schlechter, daher

Neunzehntes Kapitel

lernen Kinder die gemeinsten Ausdrücke und man kann von Glück sagen, wenn sie nicht in gleicher Weise gemeine Ideen sich aneignen.

Andererseits trägt das Kapital, das jemand in der Hand hat, ohne irgendwelche Mühe seinerseits dreifach so viel Zinsen, wie es in England tun würde, und mit einiger Sorgfalt wird er sicher reich. Die Luxusartikel des Lebens sind in Menge vorhanden und sehr wenig teurer als in England, und die meisten Nahrungsgegenstände sind billiger. Das Klima ist prachtvoll und vollkommen gesund; aber nach meiner Ansicht gehen seine Reize durch das durchaus nicht einladende Ansehen des Landes verloren. Die Ansiedler haben darin einen großen Vorteil, daß sie schon Nutzen von ihren Söhnen ziehen können, wenn sie sehr jung sind. Im Alter von sechzehn bis zwanzig übernehmen sie häufig die Obhut über entfernt liegende Vorwerke. Indes muß dies geschehen um den Preis, daß die Jungen sich ganz und gar mit Sträfling-Dienstleuten vergesellschaften. Mir ist nicht bekannt, daß der Ton der Gesellschaft irgendeinen besonderen Charakter angenommen hätte. Aber bei derartigen Gewohnheiten und ohne irgendwelche intellektuellen Ziele kann es kaum anders sein, als daß er sich verschlechtert. Meine Meinung geht dahin, daß nichts als dringendste Notwendigkeit mich veranlassen könnte, dorthin auszuwandern.

Der reißend zunehmende Wohlstand und die künftigen Aussichten dieser Kolonie sind für mich, der ich diese Sachen nicht verstehe, sehr verwirrend. Die beiden wesentlichen Exportartikel sind Wolle und Walfischtran, und für beide Erzeugnisse gibt es doch eine Grenze. Das Land ist für Kanalisation gänzlich unpassend; daher kann der Punkt nicht sehr weit entfernt sein, über welchen hinaus der Landtransport der Wolle die Ausgaben für das Scheren und Pflegen der Schafe nicht bezahlen wird. Die Weide ist überall so dünn, daß die Ansiedler bereits weit in das Innere vorgedrungen sind. Überdies wird das Land weiter landeinwärts äußerst arm. Ackerbau kann wegen der Zeiten der Dürre niemals in ausgedehntem Maßstabe Erfolg haben. Soweit ich daher sehen kann, muß Australien an letzter Stelle sich darauf verlassen, daß es der Handelsmittelpunkt für die südliche Hemisphäre wird, und vielleicht auch auf seine künftigen Fabriken. Da es Kohlen besitzt, hat es immer die bewegende Kraft in Händen. Da sich das bewohnbare Land der Küste entlang hinzieht und die Bewohner englischer Abstammung sind, wird es wohl sicher der Wohnort einer seefahrenden Nation. Ich bildete mir früher ein, daß Australien sich erheben und eine ebenso großartige und mächtige Nation werden würde, wie Nord-Amerika. Jetzt scheint mir aber doch eine derartige künftige Größe sehr problematisch zu sein.

Was die Lage der Sträflinge betrifft, so hatte ich noch weniger Gelegenheit selbst zu urteilen, als in bezug auf die anderen Punkte. Die erste Frage ist die, ob ihre Lage überhaupt die einer Strafe ist. Und da wird wohl niemand behaupten mögen, daß es eine sehr schwere Strafe ist. Ich vermute indes, daß dies von sehr geringer Bedeutung ist, so lange die Transportation hierher ein Gegenstand der Furcht für die Verbrecher zu Hause ist. Für die körperlichen Bedürfnisse der Sträflinge ist erträglich gut gesorgt. Ihre Aussicht auf künftige Freiheit und Komfort ist nicht eine sehr entfernte und nach einer guten Aufführung eine ganz sichere. Ein Urlaubsschein (ticket of leave), welcher, so lange sich der Mann von Verdacht ebenso wie von Verbrechen freihält, ihn innerhalb eines bestimmten Distriktes frei macht, wird ihm nach einem guten Betragen gegeben, und zwar nach Ablauf von so viel Jahren, als zur Länge seiner Strafzeit im Verhältnis stehen; und doch glaube ich, bei alle dem und besonders, wenn man die vorhergehende Gefangenschaft und die elende Überfahrt in Betracht zieht, daß die Jahre der zugeteilten Arbeit nur unter Unzufriedenheit und unglücklichen Gefühlen vorübergehen. Wie ein intelligenter Mann gegen mich bemerkte, kennen die Sträflinge kein Vergnügen über die bloße Sinnlichkeit hinaus, und mit dieser werden sie nicht befriedigt. Der enorme Einfluß, den die Regierung darin besitzt, daß sie vollständige Freiheit bieten kann in Verbindung mit der tiefsitzenden Furcht vor den abgeschlossenen Verbrecher-Niederlassungen, zerstört das Vertrauen unter den Verbrechern selbst und verhindert dadurch Verbrechen. Was das Schamgefühl betrifft, so scheint eine derartige Empfindung unbekannt zu sein, und hiervon habe ich selbst mehrere eigentümliche Beweise miterlebt. Obschon die Tatsache merkwürdig ist, so wurde mir doch ganz allgemein gesagt, daß der Charakter der Verbrecher-Bevölkerung ein durchaus feiger ist; nicht zu selten werden einige ganz verzweifelt und ganz gleichgültig gegen ihr Leben, und doch kommt ein kaltes Blut oder beständigen Mut erfordernder Plan nur selten zur Ausführung. Das Schlimmste in dem ganzen Falle ist, daß, obschon das existiert, was man eine gesetzliche Besserung nennen könnte, und obschon vergleichsweise wenig begangen wird, was das Gesetz ahnden könnte, doch davon gar keine Rede zu sein scheint, daß irgendwelche moralische Verbesserung eintreten könnte. Mir haben gut unterrichtete Leute versichert, daß ein Mensch, welcher etwa versuchte, besser zu werden, es nicht tun könnte, so lange er mit anderen zugeteilten Dienstleuten zusammenlebte. Sein Leben würde ein Leben unerträglichen Elendes und beständiger Verfolgung sein. Auch darf die Ansteckungskraft der Verbrecherschiffe und der Gefängnisse sowohl hier als in England nicht vergessen werden. Im ganzen also ist, wenn man Australien als einen Bestrafungsort betrachtet, der Zweck kaum erreicht; betrachtet man die Transportation als ein wirkliches System der Besserung, so hat dies fehlgeschlagen, wie vielleicht jeder andere Plan es auch tun würde. Aber als ein Mittel, die Menschen äußerlich anständig zu machen, – Vagabunden, die in der einen Hemisphäre völlig nutzlos sind, in tätige Bürger in einer anderen umzuwandeln, und dadurch ein neues, glänzendes Land entstehen zu lassen, – einen großen Zivilisationsmittelpunkt, – da hat es Erfolg gehabt in einem vielleicht in der ganzen Geschichte nicht wieder erreichten Grade.

30. Januar – Die „Beagle" segelte nach Hobart-Town in Van Diemen's Land. Am 5. Februar, nach einer Überfahrt von sechs Tagen, deren erster Teil schön, der letzte sehr kalt und stürmisch war, kamen wir in die Mündung der Sturm-Bay; das Wetter rechtfertigte diesen schaudervollen Namen. Die Bucht sollte vielmehr ein Aestuarium genannt werden, denn sie erhält in ihrem oberen Ende die Wasser des Derwent; in der Nähe der Mündung finden sich einige ausgedehnte basaltische Plateaus, aber höher hinauf wird das Land bergig und wird von einem lichten Wald bedeckt. Die unteren Teile der Berge, welche die Bucht umgeben, sind abgeräumt und die hellgelben Getreidefelder und dunkelgrünen Kartoffeln schienen sehr üppig zu stehen. Spät am Abend ankerten wir in der netten kleinen Bucht, an deren Ufer die Hauptstadt von Tasmanien liegt. Der erste Anblick stand dem von Sydney bedeutend nach. Das letztere kann eine große Stadt genannt werden, dies hier nur ein Städtchen. Sie steht am Fuße des Wellington-Berges, welcher 3100 Fuß hoch, aber von geringer malerischer Schönheit ist. Aus dieser Quelle indes erhält die Stadt einen guten Vorrat von Wasser. Rund um die Bucht liegen einige schöne Lagerhäuser und auf der einen Seite eine kleine Festung. Wenn man von den spanischen Kolonien kommt, wo eine so großartige Sorgfalt im allgemeinen auf die Befestigungen verwendet worden ist, erscheinen die Verteidigungsmittel in diesen Kolonien hier sehr verächtlich. Vergleicht man die Stadt mit Sydney, so wird man hauptsächlich durch die vergleichsweise geringe Zahl von größeren Häusern überrascht, die entweder schon gebaut sind oder im Bau begriffen sind. Nach der Volkszählung von 1835 hat Hobart-Town 13.826 Einwohner und das ganze Tasmanien 36.505.

Sämtliche Ureinwohner sind nach einer Insel in der Bass-Straße entfernt worden, so daß Van Diemen's Land den großen Vorteil genießt, frei von einer eingeborenen Bevölkerung zu sein. Dieser äußerst grausame Schritt scheint völlig unvermeidlich gewesen zu sein, und als das einzige Mittel, einer fürchterlichen Kette von Räubereien, Brandstiftungen und Ermordungen, welche die Schwarzen begangen, ein Ziel zu setzen, Verbrechen, welche früher oder später damit geendet haben würden, daß die Schwarzen gänzlich ausgerottet worden wären. Ich fürchte, darüber besteht kein Zweifel, daß dieses ganze Übel mit seinen Folgen darin seinen Ursprung fand, daß einige unserer Landsleute sie ganz schmählich betrogen haben. Dreißig Jahre ist eine kurze Periode, um auch den letzten Ureinwohner von seiner Mutter-Insel verbannt zu haben, noch dazu, da die Insel beinahe so groß ist wie Irland. Die Korrespondenz über diesen Gegenstand, welche zwischen der Regierung in England und der von Van Diemen's Land stattfand, ist sehr interessant. Obgleich eine große Zahl von Eingeborenen in den Gefechten, welche mit Zwischenräumen mehrere Jahre hindurch fortbestanden, erschossen und zu Gefangenen gemacht wurde, so scheint ihnen doch nichts eine deutliche Idee von unserer überwältigenden Kraft beigebracht zu haben, bis im Jahre 1830 die ganze Insel unter das Standrecht gestellt und gleichzeitig durch öffentlichen Aufruf die ganze Bevölkerung dazu mitbefohlen wurde, bei dem einen großen Versuche der eingeborenen Rasse ganz und gar habhaft zu werden, die Regierung zu unterstützen. Der dabei befolgte Plan war ziemlich dem bei den großen Jagden in Indien befolgten ähnlich: Es wurde eine quer durch die Insel reichende Kette gebildet mit der Absicht, die Eingeborenen auf Tasman's Halbinsel in eine Sackgasse zu treiben. Der Versuch schlug fehl. Die Eingeborenen hatten ihre Hunde angebunden und sich während einer Nacht durch unsere Vorpostenlinien durchgeschlichen. Dies ist durchaus nicht überraschend, wenn man ihre geübten Sinne und die gewöhnliche Art und Weise, wilde Tiere zu beschleichen, in Betracht zieht. Mir ist versichert worden, daß sie sich auf beinahe nackter Erde verbergen können, und zwar in einer Art und Weise, welche kaum zu glauben ist, bis man selbst Zeuge davon wird. Die dunkelfarbigen Körper werden leicht für die angeschwärzten Holzklötze genommen, welche über das ganze Land zerstreut sind. Man hat mir von einer Wette erzählt zwischen einer Anzahl von Engländern und einem Eingeborenen, welcher am Abhang eines kahlen Berges in voller Länge dastehen sollte; wenn die Engländer ihre Augen für kürzere Zeit als eine Minute schließen wollten, so wollte er sich niederducken und sie sollten nicht imstande sein, ihn von den umgebenden Klötzen zu unterscheiden. Aber um auf unsere Jagdgeschichte zurückzukommen, die Eingeborenen, welche diese Art von Kriegsführung wohl verstanden, waren in fürchterlicher Unruhe, denn sie erkannten sofort die Gewalt und die Zahl der Weißen; kurze Zeit danach kam ein aus dreizehn Mann bestehender Trupp, welcher zu zwei Stämmen gehörte und übergab sich in Verzweiflung den Weißen im vollen Bewußtsein ihres ganz schutzlosen Zustandes. Später wurden durch die unerschrockenen Bemühungen des Mr. Robinson, eines tätigen wohlwollenden Mannes, welcher in eigener Person furchtlos die feindlichsten Eingeborenen besuchte, die ganze Bevölkerung veranlaßt, ebenso zu handeln. Sie wurden dann nach einer Insel gebracht, wo sie mit Nahrung und Kleidung versorgt wurden. Graf Strzelecki führt an[6], daß zur Zeit ihrer Deportation im Jahre 1835 die Zahl der Eingeborenen sich auf zweihundertzehn belief. Im Jahre 1842, d.h. also nach Verlauf von sieben Jahren, zählten sie nur noch vierundfünfzig Individuen, und während eine jede Familie im Innern von Neu-Süd-Wales, die nicht durch die Berührung mit den Weißen infiziert worden war, eine Menge Kinder hatte, hatten die auf Flinders-Insel während acht Jahren nur eine Zunahme von vierzehn Kindern.

Die „Beagle" blieb hier zehn Tage, und während dieser Zeit machte ich mehrere angenehme kleine Ausflüge hauptsächlich zum Zweck, den geologischen Bau der unmittelbaren Umgebung zu untersuchen. Die hauptsächlichsten Punkte von Interesse bestehen erstens in einigen außerordentlich reichen fossilführenden Schichten, welche zur devonischen und Kohlenperiode gehören, zweitens in den Beweisen für eine neuerdings eingetretene geringe Erhebung des Landes und endlich in einem vereinzelten und oberflächlich gelegenen Flecken von gelblichem Kalkstein oder Travertin, welcher zahlreiche Eindrücke von Baumblättern zusammen mit Gehäusen von Landschaltieren enthält, welche beide jetzt nicht mehr existieren. Es ist nicht unwahrscheinlich, daß dieser eine kleine Steinbruch die einzige noch übrige Urkunde über die Vegetation von Van Diemen's Land während einer früheren Periode enthält.

Das Klima ist hier feuchter als in Neu-Süd-Wales und daher ist das Land fruchtbarer; der Akkerbau blüht, die angebauten Felder sehen gut aus und in den Gärten sind Mengen von gut gedeihendem Gemüse und von Fruchtbäumen. Einige der an wohlgeschützten Stellen stehenden

---

[6] Physical Description of New South Wales and Van Diemen's Land, p.354.

Farmhäuser hatten ein sehr anziehendes Aussehen. Der allgemeine Anblick der Vegetation ist der von Australien ähnlich; vielleicht ist er ein wenig grüner und anheimelnder, wie auch die Weide zwischen den Bäumen im ganzen etwas reichlicher ist. Eines Tages machte ich einen langen Spaziergang auf der der Stadt gegenüberliegenden Seite der Bucht. Ich fuhr in einem Dampfboot quer über die Bucht, von denen zwei beständig hin und her fahren. Die Maschine eines dieser Fahrzeuge war gänzlich hier in der Kolonie gebaut worden, welche von dem Tage ihrer Gründung an damals nur dreiunddreißig Jahre zählte! An einem anderen Tage bestieg ich den Mount Wellington. Ich nahm einen Führer mit mir, denn bei einem ersten Versuche verirrte ich mich wegen der Dichte des Waldes. Unser Führer war indes ein dummer Kerl und führte uns nach der südlichen und feuchten Seite des Berges, wo die Vegetation sehr üppig war, und von wo aus die Besteigung wegen der Anzahl verfaulter Baumstämme beinahe ebenso mühsam und beschwerlich war, wie die auf einem Berge im Feuerland oder in Chiloë. Es kostete uns fünf und eine halbe Stunde strengen Kletterns, ehe wir den Gipfel erreichten. An vielen Stellen wuchsen die *Eucalyptus* zu einer bedeutenden Größe und bildeten einen schönen Wald. In einigen der feuchtesten Schluchten gediehen Baumfarne in einer ganz außerordentlichen Art und Weise; ich sah einen, welcher bis zu der Basis der Wedel wenigstens zwanzig Fuß hoch gewesen sein muß und der im Umfang genau sechs Fuß maß. Die äußerst elegante Sonnenschirme bildenden Wedel brachten einen dunklen Schatten hervor, wie in der ersten Abendstunde. Der Gipfel des Berges ist breit und flach, und wird von ungeheuren eckigen Massen nackten Grünsteins gebildet. Seine Erhebung beträgt 3100 Fuß über dem Meeresspiegel. Der Tag war prachtvoll klar und wir genossen eine äußerst weit ausgedehnte Aussicht. Nach Norden zu erschien das Land wie eine Masse bewaldeter Berge von ungefähr derselben Höhe, wie der, auf dem wir standen, und mit einer ebenso sanften Kontur. Nach Süden lag das vielfach durchbrochene Land und das Wasser, welches viele verwickelte Buchten bildete, deutlich wie eine Landkarte vor uns. Nachdem wir einige Stunden auf dem Gipfel geblieben waren, fanden wir einen besseren Weg zum Hinabsteigen, erreichten aber die „Beagle" nicht vor acht Uhr am Abend nach einem Tage harter Arbeit.

7. Februar – Die „Beagle" segelte von Tasmanien ab und erreichte am sechsten des folgenden Monats King-George's-Sund, welches an der südwestlichen Ecke von Australien liegt. Wir blieben hier acht Tage und haben während unserer ganzen Reise keine langweiligere und uninteressantere Zeit verlebt. Das Land sieht, von einer Erhöhung aus angesehen, wie eine bewaldete Ebene aus, hie und da mit abgerundeten und zum Teil nackten Bergen. Eines Tages ging ich mit einer Gesellschaft aus, in der Hoffnung, eine Känguruh-Jagd zu sehen, und marschierte eine ziemliche Anzahl von Meilen durch das Land. Überall fanden wir den Boden sandig und arm. Er trug entweder eine grobe Vegetation von dünnem niedrigen Buschwerk und drahtartigem Gras oder einen Wald von verkümmerten Bäumen. Die Szenerie glich der auf den hohen Sandsteinplateaus der Blauen Berge. Indes findet sich die *Casuarina* (ein ungefähr einer schottischen Tanne ähnlicher Baum) in einer größeren und *Eucalyptus* in etwas geringerer Zahl. An den offenen Stellen finden sich viele Grasbäume – eine Pflanze, welche in ihrem Äußeren eine gewisse Verwandtschaft mit der Palme hat, aber statt von einer Krone schöner Wedel besetzt zu sein, nur ein Büschel sehr grober grasähnlicher Blätter am oberen Ende trägt. Die allgemeine grüne Färbung des Strauchwerkes und anderer Pflanzen schien, von der Entfernung aus gesehen, für Fruchtbarkeit zu sprechen. Indes war ein einziger Gang hinreichend, um eine derartige Illusion zu zerstören. Und wer so wie ich denkt, wird niemals den Wunsch hegen, noch einmal in einem so wenig einladenden Lande spazieren zu gehen.

Eines Tages begleitete ich Kapitän Fitz Roy nach Bald-Head, dem von so viel Schifffahrern erwähnten Orte, wo sich einige einbilden, Korallen gesehen zu haben, andere versteinerte Bäume, welche in der Stellung stehen sollten, in der sie gewachsen wären. Unserer Ansicht zu-

Neunzehntes Kapitel

folge waren die Schichten dadurch entstanden, daß der Wind feinen, aus außerordentlich kleinen, abgerundeten Stückchen von Muscheln und Korallen bestehenden Sand angehäuft hat, wobei im Verlauf dieses Prozesses Zweige und Wurzeln von Bäumen in Verbindung mit vielen Landmollusken eingeschlossen wurden. Das Ganze wurde dann durch das Durchsickern von kalkhaltiger Flüssigkeit konsolidiert, und auch die zylindrischen Höhlen, welche nach dem Zerfallen des Holzes übrigblieben, wurden in dieser Weise mit einem harten, tropfsteinartigen Gestein erfüllt. Die weicheren Teile werden jetzt durch einen Verwitterungsprozeß entfernt und infolgedessen springen die harten Abgüsse der Wurzeln und Zweige der Bäume über die Oberfläche vor und ähneln in einer eigentümlich täuschenden Weise den abgestorbenen Stümpfen eines früheren Dickichts.

Ein großer Stamm von Eingeborenen, die weißen Kakadu-Leute genannt, machten zufällig der Niederlassung einen Besuch, solange wir dort waren. Diese Leute, ebenso wie die, welche den zu King George's-Sund gehörigen Stamm bildeten, wurden durch das Anerbieten von ein paar Faß Reis und Zucker überredet, eine große Corrobery oder Tanzgesellschaft abzuhalten. Sobald es dunkel war, wurden kleine Feuer angezündet und die Leute fingen ihre Toilette zu machen an, welche darin bestand, daß sie sich in Flecken und Streifen weiß malten. Sobald alles fertig war, wurden große Feuer in beständiger Glut erhalten, um welche herum die Frauen und Kinder als Zuschauer sich versammelten. Die Kakadu-Leute und die King-George's-Sund-Leute bildeten zwei verschiedene Parteien und tanzten meist sich einander beantwortend. Der Tanz bestand darin, daß sie entweder nach der Seite oder nach Indianerart hintereinander auf einen freien Fleck liefen und den Boden, wie sie zusammen marschierten, mit großer Gewalt stampften. Ihre schweren Fußtritte wurden durch eine Art von Grunzen, durch das Zusammenschlagen ihrer Keulen und Speere und von verschiedenen anderen Gestikulationen begleitet, wie von dem Ausstrecken ihrer Arme und dem Winden ihrer Körper. Es war eine außerordentlich rohe, barbarische Szene, und nach unserer Idee ohne irgendwelchen Sinn; wir beobachteten aber, daß die schwarzen Frauen und Kinder es mit dem größten Vergnügen verfolgten. Vielleicht stellten ursprünglich derartige Tänze gewisse Handlungen, wie z.B. Kriege oder Siege, vor; da war ein Tanz, welcher der Emu-Tanz genannt wurde, bei welchem jedermann seinen Arm in einer eigentümlich gebogenen Art wie den Hals jenes Vogels ausstreckte. Bei einem anderen Tanz ahmte ein Mann die Bewegung eines in den Wäldern grasenden Känguruhs nach, während ein anderer herankroch und nun darstellte, wie er es mit dem Speere treffe. Wenn beide Stämme sich zum Tanze vereinigten, zitterte der Boden unter der Schwere ihrer Tritte und die Luft erklang von ihrem wilden Geschrei. Alle schienen sehr aufgeräumt zu sein, und die Gruppen beinahe nackter Figuren, im Scheine der glänzenden Feuer betrachtet, die sich alle in einer widrigen Harmonie bewegten, boten eine vollkommene Darstellung eines Festes unter den niedrigsten Barbaren dar. Auf Feuerland haben wir viele merkwürdige Szenen des Lebens der Wilden gesehen, aber ich glaube niemals eine, wo die Eingeborenen so aufgeräumt und so vollständig guter Laune waren. Nachdem der Tanz vorüber war, bildete die ganze Gesellschaft einen großen Kreis auf der Erde und zum Entzücken aller wurde nun der gekochte Reis und Zucker verteilt.

Nach mehreren langweiligen Aufenthalten infolge von schlechtem Wetter waren wir am 14. März froh, unseren Bug zur Ausfahrt aus King-George's-Sund und zur Fahrt nach der Keeling-Insel zu richten. Lebe wohl, Australien, du bist ein aufblühendes Kind und wirst zweifellos einmal eine große Fürstin des Südens sein. Du bist aber zu groß und ehrgeizig zur Liebe und noch nicht groß genug zum Respekt. Ich verlasse deine Ufer ohne Kummer und ohne Bedauern.

Zwanzigstes Kapitel

Keeling-Insel – Eigentümliches Aussehen – Kümmerliche Flora – Transport von Samen – Vögel und Insekten – Quelle mit Ebbe und Flut – Felder von toten Korallen – In den Wurzeln von Bäumen transportierte Steine – Große Krabbe – Nesseln der Korallen – Korallenfressender Fisch – Korallenbildungen – Lagunen-Inseln oder Atolle – Tiefe, in welcher riffbildende Korallen leben können – Ungeheure Flächen mit niedrigen Korallen-Inseln besät – Senkung ihrer Grundlagen – Kanalriffe – Strandriffe – Umwandlung der Strandriffe in Kanalriffe und in Atolle – Beweise für die Veränderungen im Niveau – Durchbrüche in Kanalriffen – Maldiva-Atolle; ihr eigentümlicher Bau – Abgestorbene und untergesunkene Riffe – Senkungs- und Erhebungsbezirke – Verbreitung der Vulkane – Das Sinken ist langsam und dem Betrag nach ungeheuer

Keeling-Insel – Korallenbildungen

1. April – Wir kamen in Sicht der Keeling- oder Kokos-Inseln, welche im Indischen Ozean gelegen und ungefähr sechshundert Meilen von der Küste von Sumatra entfernt sind. Es ist dies ein Beispiel der Lagunen-Inseln (oder Atolle) der Korallenformation, denjenigen im Archipel der Niedrigen Inseln ähnlich, an welchen wir nahe vorübergekommen sind. Als sich das Schiff im Kanal am Eingang befand, kam uns Mr. Liesk, ein hier wohnender Engländer, in seinem Boot entgegen. Die Geschichte der Bewohner dieses Ortes ist, in so wenig Worten wie möglich erzählt, die folgende. Vor ungefähr neun Jahren brachte ein Mr. Hare, ein unwürdiger Charakter, eine Anzahl malaiischer Sklaven vom Indischen Archipel, welche jetzt mit Einschluß der Kinder sich auf mehr als hundert belaufen. Kurze Zeit nachher kam Capt. Ross, welcher diese Inseln vorher schon in seinem Kauffahrteischiff besucht hatte, von England hier an und brachte seine Familie und sein Besitztum mit, um sich hier niederzulassen; zusammen mit ihm kam Mr. Liesk, welcher auf seinem Schiff Steuermann gewesen war. Die malaiischen Sklaven liefen nun bald von der kleinen Insel, auf welcher sich Mr. Hare niedergelassen hatte, davon und stießen zur Gesellschaft des Capt. Ross. Infolge hiervon war Mr. Hare schließlich genötigt, den Ort zu verlassen.

Die Malaien finden sich jetzt nominell im Zustande der Freiheit, und dies ist auch sicher der Fall, insoweit ihre persönliche Behandlung in Frage kommt; in den meisten anderen Beziehungen werden sie aber als Sklaven betrachtet. Infolge ihres mißvergnügten Zustandes, des wiederholten Fortschäffens von Insel zu Insel, und vielleicht auch infolge einer etwas nachlässigen Verwaltung ist die Lage der Leute nicht gerade sehr vorwärtsgekommen. Die Insel hat kein Haussäugetier mit Ausnahme des Schweines und das hauptsächlichste vegetabilische Erzeugnis ist die Kokosnuß. Der ganze Wohlstand der Insel hängt von diesem Baume ab; die einzigen Exportartikel sind Öl aus den Nüssen und die Nüsse selbst, welche nach Singapore und Mauritius gebracht werden; dort werden sie hauptsächlich, nachdem sie geröstet sind, zum Anfertigen stark gepfefferter indianischer Gerichte (curries) benutzt. Auch die Schweine, welche mit Fett beladen sind, leben beinahe ausschließlich von der Kokosnuß, ebenso wie die Enten und Hühner. Selbst eine kolossale Landkrabbe ist von der Natur mit den Mitteln versehen worden, dieses äußerst nützliche Produkt zu öffnen und zu fressen.

Von dem ringförmigen Riff der Lagunen-Insel ragen im größeren Teile seiner Länge linienförmige Inselchen empor. Auf der nördlichen Seite oder auf der Seite unter dem Winde findet sich eine Öffnung im Riff, durch welche die Fahrzeuge nach dem Ankerplatz im Innern des Riffes gelangen können. Als wir hineinkamen, war die Szene sehr merkwürdig und im ganzen hübsch; es hängt indessen ihre Schönheit gänzlich von dem Glanz der umgebenden Farben ab. Das seichte, klare und dunkle Wasser der Lagune, welches zum größten Teile auf weißem Sande steht, erscheint, wenn es von der senkrecht darüberstehenden Sonne erleuchtet wird, von einem

Zwanzigstes Kapitel

äußerst lebhaften Grün. Diese mehrere Meilen breite, glänzende Fläche wird auf allen Seiten entweder durch eine Linie schneeweißer Brandungswellen von den dunklen wogenden Wassern des Ozeans oder durch Streifen Landes, welche von den gleich hohen Wedelkronen der Kokos-Palmen gekrönt werden, vom blauen Gewölbe des Himmels getrennt. Wie eine weiße Wolke hier und da in wohltuender Weise gegen den azurnen Himmel absticht, so machen auch in der Lagune Streifen von lebenden Korallen das smaragdgrüne Wasser dunkel.

Am nächsten Morgen, nachdem wir vor Anker gegangen waren, ging ich auf der Directions-Insel an Land. Der Streifen trockenen Landes ist nur wenige hundert Yards breit; auf der Seite nach der Lagune findet sich ein weißer kalkiger Strand, dessen Ausstrahlung unter diesem schwülen Klima sehr drückend war; an der äußeren Küste diente eine solide breite Bank von Korallengestein dazu, die Gewalt des offenen Meeres zu brechen. Ausgenommen in der Nähe der Lagune, wo etwas Land vorhanden ist, besteht das Land gänzlich aus abgerundeten Fragmenten von Korallen. In einem so lockeren, trockenen, steinigen Boden konnte nur das Klima der tropischen Regionen einen kräftigen Pflanzenwuchs erzeugen. Auf einigen der kleineren Inselchen konnte man nichts Eleganteres sehen, als die Art und Weise, in welcher die jungen und die vollkommen erwachsenen Kokos-Palmen, ohne einander in der symmetrischen Entwicklung zu stören, zu einem Walde verbunden waren. Ein Strand von blendend weißem Sande umsäumte diese feenhaften Orte.

Ich will nun eine Skizze der Naturgeschichte dieser Inseln geben, welche gerade wegen ihrer Dürftigkeit ein ganz besonderes Interesse darbietet. Auf den ersten Blick scheint der Kokosnußbaum den ganzen Wald zu bilden; es sind indessen noch fünf oder sechs andere Bäume vorhanden. Einer derselben wächst zu einer bedeutenden Größe heran, ist aber wegen der Weichheit seines Holzes nutzlos; eine andere Art gibt ausgezeichnetes Holz für den Schiffbau. Außer diesen Bäumen ist die Anzahl der Pflanzen außerordentlich beschränkt und besteht aus unbedeutenden Kräutern. In meiner Sammlung, welche, wie ich glaube, nahezu die ganze Flora enthält, sind zwanzig Arten vorhanden, ohne ein Moos, eine Flechte und einen Pilz mitzuzählen. Zu dieser Zahl müssen noch zwei Bäume hinzugefügt werden; der eine derselben war nicht in Blüte, vom anderen habe ich nur gehört. Der letztere ist ein einzeln vorhandener Baum seiner Art; er wächst in der Nähe des Strandes, wohin ohne Zweifel das einzige Samenkorn von den Wellen geworfen worden ist. Eine *Guilandina* wächst gleichfalls nur auf einer der Inseln. In die obige Liste schließe ich das Zuckerrohr, die Banane, einige andere Gemüsepflanzen, Fruchtbäume und eingeführte Grasarten nicht mit ein. Da die Insel gänzlich aus Korallen besteht und es eine Zeit gegeben haben muß, wo sie nichts als vom Wasser überflutete Riffe war, so müssen alle ihre Landerzeugnisse durch die Wellen des Meeres dahin transportiert worden sein. In Übereinstimmung hiermit hat die Florula vollständig den Charakter derjenigen eines Zufluchtsortes für Hilflose. Professor Henslow teilt mir mit, daß von den zwanzig Arten neunzehn zu verschiedenen Gattungen und diese wiederum zu nicht weniger als sechzehn verschiedenen Familien gehören![1]

In Holman's Reisen[2] ist nach der Autorität des Mr. A. S. Keating, welcher zwölf Monate auf diesen Inseln gelebt hat, eine Aufzählung der verschiedenen Samen und anderer Körper mitgeteilt worden, von denen man in Erfahrung gebracht hat, daß sie ans Ufer gewaschen worden sind. „Samen und Pflanzen von Sumatra und Java sind von den Wellen an der vor dem Winde gelegenen Seite der Inseln angetrieben worden. Unter denselben haben sich befunden: der Kimiri, auf Sumatra und der Halbinsel von Malacca eingeboren, die Kokosnuß von Balci, durch ihre Form und Größe zu erkennen, der Dadass, von den Malaien mit dem Pfefferwein angepflanzt, welch letzterer sich um seinen Stamm windet und sich durch die Stacheln an dem Stamm festhält; die Rizinus-Pflanze, Stämme der Sago-Palme und noch verschiedene Samen, welche den auf den Inseln niedergelassenen Malaien unbekannt waren. Man vermutet, daß diese Gegen-

---

[1] Diese Pflanzen sind in den Annals of Natur. History, Vol. I, 1838, p.337, beschrieben worden.
[2] Holman's Travels, Vol. IV, p.378.

stände sämtlich von dem Nord-West-Monsun nach der Küste von Neu-Holland und von dort von dem Süd-Ost-Passatwind nach diesen Inseln hergetrieben worden sind. Große Massen von Java-Teak-Holz und von Gelbholz sind gleichfalls gefunden worden, außerdem ungeheure Bäume der roten und weißen Zeder und das blaue Gummi-Holz von Neu-Holland in vollkommen gesundem Zustand. Alle die kräftigen Samen, wie die der Kletter-Pflanzen, behalten ihre Keimkraft, aber die zarteren Sorten, unter denen sich die Mangostine befindet, werden auf dem Wege zerstört. Fischerboote, allem Anscheine nach von Java, sind gelegentlich auf den Strand geworfen worden." Es ist interessant, hieraus zu sehen, wie zahlreich die Arten der Samen sind, welche, aus mehreren Ländern kommend, über den weiten Ozean getrieben werden. Professor Henslow sagt mir, er glaube, daß nahezu die sämtlichen Pflanzen, welche ich von diesen Inseln mitgebracht habe, gemeine littorale Arten auf den Inseln des Indischen Archipels seien. Indessen scheint es doch nach der Richtung der Winde und Strömungen kaum möglich zu sein, daß sie von dort in direkter Richtung hierher gekommen sind. Wenn sie, wie es Mr. Keating mit sehr großer Wahrscheinlichkeit vermutet, zuerst nach der Küste von Neu-Holland geführt und dann mit den Erzeugnissen jenes Landes zusammen zurückgetrieben worden sind, so müssen die Samen, ehe sie keimten, eine Entfernung von 1800 und 2400 Meilen durchwandert haben.

Wo Chamisso[3] den im westlichen Teil des Stillen Ozeans gelegenen Radack-Archipel beschreibt, gibt er an: „Das Meer bringt die Samen und Früchte vieler Bäume zu diesen Inseln, von welchen die meisten hier noch nicht gewachsen sind. Der größere Teil dieser Samen hat allem Anscheine nach die Fähigkeit zu wachsen noch nicht verloren." Es wird auch angegeben, daß Palmen und Bambus von irgendeinem Punkt in der heißen Zone, aber auch Stämme nordischer Fichtenbäume an den Strand geworfen werden. Diese Fichten müssen aus einer ungeheuren Entfernung hergekommen sein. Diese Tatsachen sind in hohem Grade interessant. Wären Landvögel hier vorhanden, welche die Samen sofort nachdem sie ans Ufer geworfen wurden, aufpickten, und wäre der Boden besser für das Wachstum der Pflanzen geeignet als die losen Korallenblöcke, so ist nicht zu bezweifeln, daß selbst die isoliertesten unter den Lagunen-Inseln mit der Zeit eine weit reichere Flora besitzen würden, als sie jetzt besitzen.

Das Verzeichnis der Landtiere ist selbst noch ärmer als das der Pflanzen. Einige der kleinen Inseln werden von Ratten bewohnt, welche mit einem hier gestrandeten Schiffe von der Insel Mauritius eingeführt worden sind. Diese Ratten werden von Mr. Waterhouse für identisch mit der englischen Art gehalten, sie sind aber kleiner und heller gefärbt. Es finden sich keine eigentlichen Landvögel; denn eine Bekassine und eine Ralle (*Rallus* [*Hypotaenidia* Rchb.] *phillippensis*) gehören, obgleich sie ganz und gar in dem trockenen Kräuterich leben, doch zur Ordnung der Wattvögel. Vögel aus dieser Ordnung sollen auf mehreren der kleinen Niedrigen Inseln im Stillen Ozean vorkommen. Auf Ascension, wo sich kein Landvogel findet, wurde in der Nähe des Gipfels des Berges eine *Ralle* (*Porphyrio* [*parvus* Bodd.] *simplex*) geschossen, welche offenbar nur ein vereinzelter Findling war. Auf Tristan d'Acunha, wo es Carmichael zufolge nur zwei Landvögel gibt, findet sich ein Wasserhuhn. Nach diesen Tatsachen glaube ich, daß die Wattvögel mit ihren zahllosen, mit Schwimmfüßen versehenen Arten allgemein die ersten Ansiedler auf kleinen isolierten Inseln sind. Ich will noch hinzufügen, daß, wo ich nur immer weit draußen auf offenem Meere Vögel bemerkte, welche zu keinen ozeanischen Arten gehörten, diese immer aus dieser Ordnung waren; sie werden daher ganz natürlich die frühesten Kolonisten auf allen entfernten Landspitzen werden.

Von Reptilien sah ich nur eine kleine Eidechse. Von Insekten gab ich mir Mühe, alle Arten zu sammeln. Mit Ausschluß der Spinnen, welche zahlreich waren, fanden sich dreizehn Arten.[4]

---

[3] Kotzebues erste Reise, Bd. III, p.155.

[4] Diese dreizehn Arten gehören zu folgenden Ordnungen: zu den Käfern ein sehr kleiner *Elater*, zu den Orthoptern ein *Gryllus* und eine *Blatta*, zu den Hemiptern eine Spezies, zu den Homoptern zwei, zu den Neuroptern eine *Chrysopa*, zu den Hymenoptern zwei Ameisen, zu den Nachtschmetterlingen eine *Diopaea* und ein *Pterophorus* (?), zu den Diptern endlich zwei Arten.

Unter diesen war nur ein einziger Käfer. Eine kleine Ameise kroch zu Tausenden unter den lokkeren, trockenen Korallenblöcken umher und war das einzige echte Insekt, welches in Menge vorhanden war. Obschon hiernach die Erzeugnisse des Landes dürftig sind, so ist doch, wenn wir unseren Blick auf die umgebenden Wasser des Meeres werfen, die Zahl organischer Wesen allerdings unendlich. Chamisso hat die Naturgeschichte einer Lagunen-Insel im Radack-Archipel beschrieben[5]; und da ist es denn merkwürdig, wie außerordentlich deren Bewohner sowohl der Zahl als der Art nach denen der Keeling-Insel ähnlich sind. Es findet sich dort eine Eidechse und zwei Wattvögel, nämlich eine Bekassine und ein Brachvogel. Von Pflanzen sind dort neunzehn Arten, mit Einschluß eines Farnkrauts; einige von diesen sind mit denen, welche hier wachsen, identisch, trotzdem daß sie sich auf einem ungeheuer entfernten Punkte der Erde und in einem verschiedenen Ozean finden.

Die langen Streifen Landes, welche die linienförmigen Inseln bilden, sind nur so hoch emporgehoben worden, wie der Wellenschlag Bruchstücke von Korallen aufwerfen und der Wind kalkigen Sand anhäufen kann. Die solide Wand von Korallenfelsen an der Außenseite bricht durch seine Breite die erste Heftigkeit der Wellen, welche sonst in einem Tage diese ganzen Inselchen mit allen ihren Erzeugnissen hinwegwaschen würden. Es scheinen hier der Ozean und das Festland miteinander um die Herrschaft zu kämpfen. Obgleich schon die terra firma Fuß gefaßt hat, glauben doch die Bewohner der Wasser mindestens ebenso begründete Ansprüche zu haben. Überall trifft man auf Einsiedlerkrebse von mehr als einer Art[6], welche auf ihrem Rücken die auf dem nächsten Strande gestohlene Schale tragen. Über unseren Köpfen sitzen zahlreiche Tölpel. Fregattenvögel und Seeschwalben auf den Bäumen, und wegen der vielen Nester und dem Geruch der Atmosphäre könnte man die Waldung einen Meer-Krähenstand nennen. Die Tölpel oder Gannets stieren einen, auf ihren rohen Nestern sitzend, mit einem dummen, aber ärgerlichen Ausdruck an. Die Idioten (Noddies) sind, wie ihr Name es ausdrückt, dumme kleine Geschöpfe. Aber ein reizender kleiner Vogel ist hier; das ist eine kleine schneeweiße Seeschwalbe, welche ruhig in der Entfernung von wenigen Fußen über dem Kopf schwebt und mit einem großen schwarzen Auge in ruhiger Neugierde den Ausdruck des Betreffenden prüft. Es gehört nur wenig Einbildung dazu, um sich vorzustellen, daß ein so leichter und zarter Körper von irgendeinem wandernden, feenartigen Geiste bewohnt wird.

Sonntag, 3. April – Nach dem Gottesdienste begleitete ich Capt. Fitz Roy nach der Niederlassung, welche in der Entfernung von einigen Meilen an dem mit hohen Kokosnuß-Bäumen dicht bedeckten Vorsprung einer kleinen Insel gelegen ist. Capt. Ross und Mr. Liesk leben in einem großen scheunenartigen, an beiden Enden offenen Hause, welches mit aus geflochtener Rinde verfertigten Matten innen ausgekleidet ist. Die Häuser der Malaien sind an der Küste der Lagune entlang aufgestellt. Der ganze Ort hatte im ganzen ein desolates Aussehen, denn es fanden sich keine Gärten hier als Zeichen von Sorgfalt und Kultur. Die Eingeborenen gehören verschiedenen Inseln des ostindischen Archipels an, sprechen aber sämtlich eine und dieselbe Sprache. Wir sahen Einwohner von Borneo, Celebes, Java und Sumatra. Der Färbung nach sind sie den Tahitianern ähnlich, von denen sie auch in der Bildung der Gesichtszüge nicht sehr verschieden sind. Einige von den Frauen bieten indes ein gut Teil chinesischen Charakters dar. Ich hatte sowohl den allgemeinen Ausdruck ihres Gesichts als auch den Klang ihrer Stimmen sehr gern. Sie schienen arm zu sein und ihren Häusern fehlten alle Möbel; nach der Wohlbeleibtheit ihrer Kinder zu urteilen, geben aber offenbar Kokosnüsse und Schildkröten gar keine schlechte Nahrung ab.

---

[5] Kotzebues erste Reise, Bd. III, p.222.

[6] Die großen Klauen oder Scheren mancher dieser Krebse sind auf das Wundervollste dazu eingerichtet, beim Zurückziehen des Tieres als Deckel der Schale zu dienen, beinahe ebenso vollkommen wie der eigentliche Deckel, welcher ursprünglich zu dem Mollusk gehörte. Man hat mir versichert, und so weit meine Beobachtungen reichen, fand ich es auch bestätigt, daß gewisse Spezies von Einsiedlerkrebsen immer bestimmte Spezies von Schneckenschalen benutzen.

Auf dieser Insel befinden sich die Brunnen, von denen Schiffe Wasser erhalten. Auf den ersten Blick scheint es ein nicht wenig merkwürdiger Umstand zu sein, daß das Süßwasser mit den Gezeiten des Meeres ebbt und flutet; und man hat sich selbst vorgestellt, daß der Sand die Kraft habe, das Salz vom Wasser beim Filtrieren durch ihn hindurch zurückzuhalten. Die ebbenden und flutenden Quellen sind auf einigen der Niedrigen Inseln in West-Indien gemein. Der komprimierte Sand oder das poröse Korallengestein wird vom Salzwasser wie ein Schwamm durchdrungen; der Regen aber, welcher auf die Oberfläche fällt, muß bis auf das Niveau des umgebenden Meeres sinken und sich dort anhäufen, wo er ein gleiches Volumen von Salzwasser verdrängt. So wie das Wasser in dem tieferen Teil der großen schwammartigen Korallen-Masse mit den Gezeiten steigt und sinkt, ebenso wird es auch das Wasser in der Nähe der Oberfläche tun; und wenn die Masse hinreichend kompakt ist, um eine bedeutendere mechanische Beimengung zu verhindern, wird es auch süß bleiben; wo aber das Land aus größeren losen Korallen-Blöcken besteht, mit offenen Zwischenräumen, so wird, wenn ein Brunnen gegraben wird, das Wasser brackig sein, was ich selbst beobachtet habe.

Nach dem Mittagessen blieben wir noch dort, um ein merkwürdiges, halb abergläubisches Schauspiel zu sehen, das die malaiischen Frauen aufführten. Ein großer, in Gewänder gekleideter hölzerner Löffel, welchen sie nach dem Grabe eines verstorbenen Mannes gebracht hatten, soll, wie sie vorgeben, mit dem Eintritt des Vollmondes inspiriert werden und tanzen und umherspringen. Nach den gehörigen Vorbereitungen fiel der von zwei Frauen gehaltene Löffel in Konvulsionen und tanzte ganz ordentlich im Takt zu dem Gesang der umgebenden Kinder und Frauen. Es war ein äußerst läppischer Anblick; Mr. Liesk behauptete aber, daß viele der Malaien an seine spiritistischen Bewegungen glauben. Der Tanz begann nicht eher, als bis der Mond aufgegangen war; es war wohl der Mühe wert gewesen, geblieben zu sein und seine strahlende Scheibe ruhig zwischen den langen Ästen der Kokos-Palmen durchscheinen gesehen zu haben, als diese sich in der leichten Abendbrise hin und her wiegten. Diese Szenen aus den Tropengegenden sind an und für sich schon so entzückend, daß sie beinahe jenen anderen, uns noch teureren in der Heimat gleichkommen, an denen wir mit den wertvollsten Empfindungen unseres Gemüts hängen.

Am nächsten Tag beschäftigte ich mich damit, den sehr interessanten und doch einfachen Bau und die Entstehungsweise dieser Inseln zu untersuchen. Da das Meer ganz ungewöhnlich glatt und ruhig war, watete ich über die äußere Fläche von abgestorbenem Gestein so weit, wie die lebenden Berge von Korallen heraufreichten, an denen sich die Schwellung des Ozeans bricht. In einigen der Rinnen und Höhlungen waren wunderschöne grüne und anders gefärbte Fische; auch waren sowohl die Formen als die Färbung vieler der Zoophyten ganz wunderbar. Es ist wohl zu entschuldigen, wenn man über die unendliche Zahl organischer Wesen, von denen das Meer der Tropen, dieser an Leben so verschwenderisch reichen Gegenden, schwärmt, in Enthusiasmus gerät; und doch muß ich offen bekennen, ich glaube, daß diejenigen Naturforscher, welche in bekannten Ausdrücken die untermeerischen Grotten, mit tausend Schönheiten geschmückt, beschrieben haben, sich doch zu einer im ganzen übertriebenen Sprache haben hinreißen lassen.

6. April – Ich begleitete Capt. Fitz Roy nach einer Insel am oberen Ende der Lagune. Der fahrbare Weg war außerordentlich verwickelt und wand sich zwischen Feldern sehr zart verästelter Korallen hindurch. Wir sahen mehrere Schildkröten, und es waren gerade zwei Boote damit beschäftigt, sie zu fangen. Das Wasser ist so klar und so seicht, daß zwar zuerst eine Schildkröte durch Tauchen sich völlig dem Blicke entzieht, daß aber doch ein Kanu oder ein Boot mit Segeln ihre Verfolger nach keiner zu langen Jagd ihnen auf die Ferse bringt. Ein Mann steht auf dem Bug des Bootes in Bereitschaft und stürzt sich durch das Wasser auf den Rücken der Schildkröte; dann hängt er sich mit beiden Händen fest an der Schale am Nacken des Tieres an und läßt sich

Zwanzigstes Kapitel

mit herumtragen, bis das Tier erschöpft ist und gefangen wird. Es war ein durchaus interessanter Anblick, diese Jagd zu beobachten, wie die beiden Boote umherkreuzten und die Männer sich kopfüber ins Wasser stürzten, um ihre Beute zu ergreifen. Kap. Moresby erzählt mir, daß die Eingeborenen auf dem Chagos-Archipel, in diesem selben Ozean, mittels eines schaudervollen Prozesses die Schale dem lebenden Tiere vom Rücken abnehmen. „Sie wird mit brennender Holzkohle bedeckt, was die äußere Schale nach oben aufrollen macht; dann wird sie mit einem Messer gewaltsam entfernt und, ehe sie kalt wird, zwischen Brettern abgeplattet. Nach diesem barbarischen Prozeß läßt man das Tier in sein angeborenes Element zurück, wo sich nach einer gewissen Zeit eine neue Schale bildet; dieselbe ist indessen zu dünn, um dem Tiere von irgendwelchem Nutzen zu sein; das Tier bleibt daher immer elend und kränklich."

Als wir am oberen Ende der Lagune angekommen waren, überschritten wir eine schmale Insel und fanden eine große Schwellung, die sich an der Küste vor dem Winde brach. Ich kann kaum die Ursache angeben, aber für mich liegt in diesen äußeren Küsten der Lagunen-Inseln etwas ungemein Großartiges. Es liegt eine große Einfachheit in dem barrenartigen Strand, der Einfassung mit grünem Buschwerk und hohen Kokos-Palmen, der festen Ebene von abgestorbenem Korallen-Gestein, welches hier und da mit großen losen Fragmenten überstreut ist, und der Linie wütender, sich brechender Wellen, welche nach beiden Seiten hin fortrollen. Der seine Wasser über das breite Riff schüttende Ozean scheint ein unbesiegbarer, unendlich mächtiger Feind zu sein; und doch sehen wir, wie ihm widerstanden, ja wie er besiegt wird, und zwar mit Mitteln, welche auf den ersten Blick äußerst schwach und unwirksam erscheinen. Es ist nicht etwa der Fall, daß der Ozean das Korallen-Gestein schont; die großen über das Riff zerstreuten und auf dem Strande, von dem die hohen Kokos-Palmen entspringen, aufgehäuften Fragmente sprechen nur zu deutlich für die nimmer nachlassende Gewalt der Wellen. Auch werden keine Zeiten der Ruhe gegönnt. Die lange, durch die sanfte, aber stetige Wirkung der immer in einer und derselben Richtung über eine große Fläche wehenden Passatwinde verursachte Schwellung erzeugt Wellen, welche in bezug auf ihre Gewalt beinahe denen gleichkommen, die in den gemäßigten Zonen während eines Sturmes entstehen, und nimmer zu wüten aufhören. Man kann unmöglich diese Wellen erblicken, ohne die Überzeugung zu empfinden, daß eine jede Insel, und wäre sie aus dem härtesten Gestein gebaut, mag es Porphyr oder Granit oder Quarz sein, doch endlich nachgeben muß und durch eine so unwiderstehliche Gewalt zerstört werden wird. Und doch bleiben diese niedrigen, unbedeutenden Korallen-Inselchen siegreich bestehen; denn hier beteiligt sich als Gegner noch eine andere Macht am Kampfe! Die organischen Kräfte scheiden die Atome von kohlensaurem Kalke aus den schäumenden Wellen und verbinden sie zu einem symmetrischen Gebilde. Mag der Orkan Tausende ungeheurer Bruchstücke losreißen. Was hat das zu bedeuten gegenüber der sich häufenden Arbeit von Myriaden kleiner Architekten, welche Tag und Nacht, jahraus jahrein bei der Arbeit sind? Wir sehen hiernach, wie der weiche gallertartige Körper eines Polypen durch die Wirksamkeit der Gesetze des Lebens die große mechanische Kraft der Wellen eines Ozeans besiegt, denen weder menschliche Kunst noch die unbelebten Werke der Natur genügend widerstehen können.

Wir kehrten erst spät am Abend zurück, denn wir hielten uns lange Zeit auf der Lagune auf und untersuchten die Korallen-Felder und die riesenhaften Muscheln der *Chama*, aus welchen ein Mensch, wenn er seine Hand hineinsteckte, nicht imstande sein würde, sie wieder herauszuziehen, so lange das Tier lebte. In der Nähe des oberen Endes der Lagune war ich sehr überrascht, ein weites, beträchtlich mehr als eine Quadratmeile großes Feld zu finden, welches mit einem Wald zart verzweigter und zwar aufrecht stehender, aber sämtlich abgestorbener und verfaulter Korallen bedeckt war. Anfangs war ich durchaus nicht imstande, mir dies zu erklären; später kam mir der Gedanke, daß es eine Folge der folgenden, im ganzen merkwürdigen Kombination von Umständen sei. Zunächst muß indessen bemerkt werden, daß die Korallen nicht leben zu bleiben fähig sind, wenn sie auch nur für kurze Zeit in der Luft den Strahlen der Sonne ausgesetzt sind, so daß ihr Wachstum nach oben durch den niedrigsten Ebbestand bei Springebben eine scharf bestimmte Grenze findet. Aus einigen alten Karten geht nun hervor, daß die lange Insel vor dem Wind früher durch weite Kanäle in mehrere kleine Inselchen geschieden war; diese Tatsache wird auch dadurch angedeutet, daß die Bäume auf diesen Teilen jünger sind. In dem früheren Zustande des Riffs wird eine starke Brise dadurch, daß sie mehr Wasser über die Barre warf, dahin gestrebt haben, das Niveau der Lagune zu erhöhen. Jetzt aber wirkt sie in einer direkt entgegengesetzten Art und Weise; denn das Wasser innerhalb der Lagune wird nicht bloß durch Strömungen von außerhalb nicht vermehrt, sondern wird selbst durch die Kraft des Windes hinausgeweht. Es ist daher zu beobachten, daß die Flut in der Nähe des oberen Endes der Lagune während einer starken Brise nicht so hoch steigt, als wenn es windstill ist. Dieser Unterschied des Niveau hat, wenn schon er ohne Zweifel sehr gering ist, doch, wie ich glaube, den Tod jener Korallen-Wälder herbeigeführt, welche unter den früheren und offeneren Verhältnissen des äußeren Riffes die alleräußerste Grenze des Wachstums nach oben erreicht hatte.

Wenige Meilen nördlich von der Keeling-Insel liegt ein anderes kleines Atoll, dessen Lagune beinahe ganz mit Korallen-Schlamm ausgefüllt ist. Capt. Ross fand in dem Konglomerat an der äußeren Küste ein gut abgerundetes Fragment von Grünstein eingebettet, welches etwas größer als ein Mannskopf war; er sowohl, als auch seine Leute waren so überrascht darüber, daß sie es mitnahmen und als Merkwürdigkeit aufbewahrten. Das Vorkommen dieses einen Steines, wo jedes andere Substanzteilchen kalkig ist, ist sicherlich äußerst verwirrend. Die Insel ist kaum jemals besucht worden, auch ist es nicht wahrscheinlich, daß ein Schiff dort gestrandet ist. Aus Mangel irgendeiner anderen, besseren Erklärung kam ich zu dem Schluß, daß es zwischen den Wurzeln irgendeines großen Baumes eingekeilt dorthin gekommen sein muß. Als ich indessen mir die große Entfernung vom nächsten Land und die Kombination der gegen die folgenden Umstände sprechenden Möglichkeiten überlegte, nämlich daß ein Stein in der beregten Weise eingeklemmt, daß der Baum in das Meer hinabgewaschen, dann so weit getrieben, sicher gelandet und der Stein schließlich so eingeschlossen sein würde, daß er auch wieder entdeckt werden könnte, fürchtete ich mich beinahe, an ein so unwahrscheinliches Transportmittel zu denken. Es gewährte mir daher ein großes Interesse, zu finden, daß Chamisso, der mit Recht berühmte Naturforscher, welcher Kotzebue begleitete, angibt, die Bewohner des Radack-Archipels, einer Gruppe von Lagunen-Inseln inmitten des Stillen Ozeans, erhielten die Steine zum Schärfen ihrer Instrumente dadurch, daß sie die Wurzeln der auf den Strand geworfenen Bäume durchsuchten. Offenbar muß dies mehrere Male sich ereignet haben; denn es sind Gesetze erlassen worden, wonach solche Steine dem Häuptling gehören, und welche Strafen über diejenigen verhängen, welche solche Steine zu stehlen versuchen. Bedenkt man die isolierte Lage solcher kleinen Inselchen in der Mitte eines ungeheuren Ozeans, – ihre große Entfernung von irgendeinem Lande, ausgenommen von einem der Korallen-Formation, welche noch durch den Wert, den die Einwohner (welche so kühne Seefahrer sind) einem Stein jeder Art beilegen, bestätigt wird[7], – und die Langsamkeit der Strömungen im offenen Weltmeer, bedenkt man alle diese Umstände, so erscheint allerdings das Vorkommen von Rollsteinen, die in dieser Weise transportiert worden sind, wunderbar. Steine mögen wohl oft so herumgeschafft werden; ist die Insel, auf welcher sie stranden, aus irgendeinem anderen Gestein als bloßer Koralle zusammengesetzt, so dürften sie kaum irgendwelche Aufmerksamkeit erreichen, mindestens würde wohl ihr Ursprung niemals erraten werden. Überdies dürfte auch wohl diese Erscheinung sich dadurch lange Zeit der Entdeckung entziehen, als wahrscheinlich derartige Bäume, besonders solche, die mit Steinen beladen sind, unterhalb der Oberfläche des Meeres schwimmen. In den Kanälen des Feuerlandes werden große Mengen von Treibholz an das Ufer geworfen, und doch ist es äußerst selten, einen auf dem Wasser schwimmenden Baum anzutreffen. Diese Tatsachen dürf-

---

[7] Einige Eingeborene, die Kotzebue nach Kamtschatka brachte, sammelten dort Steine, die sie in ihre Heimat mitnehmen wollten.

Zwanzigstes Kapitel

ten möglicherweise auf Fälle Licht werfen, wo einzelne Steine, eckig oder abgerundet, gelegentlich in feinen sedimentären Massen eingebettet gefunden werden.

An einem anderen Tage besuchte ich West Islet, auf welchem der Pflanzenwuchs vielleicht noch üppiger war, als auf irgendeiner anderen Insel. Die Kokos-Palmen wachsen meist einzeln; hier aber gediehen die jungen unter ihren schlanken Eltern und bildeten mit ihren langen gekrümmten Wedeln die schattigsten Haine. Nur diejenigen, welche es versucht haben, wissen es, wie entzückend es ist, in einem solchen Schatten zu sitzen und die angenehme kühle Flüssigkeit der Kokosnuß zu trinken. Auf dieser Insel findet sich ein großer buchtartiger, aus dem feinsten weißen Sand bestehender Raum, welcher völlig eben ist und nur bei Hochwasser von der Flut bedeckt wird; von dieser großen Bucht aus dringen kleinere Buchten in die umgebenden Waldungen ein. Eine große Fläche mit glänzendem weißen Sand, welche eine Wasserfläche vorstellte, zu sehen, um welches die Kokos-Bäume ihre hohen und wogenden Stämme am Rande ringsherum erhoben, war ein eigentümlicher und sehr hübscher Anblick.

Ich habe früher eine Krabbe erwähnt, welche von Kokosnüssen lebt; sie ist auf allen Stellen des trockenen Landes sehr gemein und wächst zu einer ungeheuren Größe heran. Sie ist verwandt oder vielleicht identisch mit dem *Birgus latro*. Das vordere Fußpaar endet in sehr starken und schweren Scheren, das letzte Paar ist mit schwächeren und viel schmäleren ausgerüstet. Auf den ersten Blick möchte man es für ganz unmöglich halten, daß eine Krabbe eine starke, mit der äußeren Haut noch bedeckte Kokosnuß öffnen könne; Mr. Liesk versichert mir aber, daß er es wiederholt gesehen habe. Die Krabbe beginnt damit, die äußere Haut Faser für Faser abzuziehen, wobei sie allemal bei dem Ende beginnt, unter welchem sich die drei Keimlöcher befinden; ist dies vollendet, dann fängt die Krabbe mit ihren schweren Klauen auf eines der Keimlöcher zu hämmern an, bis sich eine Öffnung gebildet hat. Dann dreht sie ihren Körper herum und zieht mit Hilfe ihrer hinteren, schmäleren Scheren die weiße, albuminöse Substanz heraus. Ich glaube, dies ist eines der merkwürdigsten Beispiele von Instinkt, von dem ich je gehört habe, gleichermaßen aber auch ein äußerst merkwürdiges Beispiel von Anpassung des Baues zwischen zwei anscheinend so weit im Naturhaushalt voneinander stehenden Gegenständen wie einer Krabbe und einer Kokos-Palme. Der *Birgus* ist ein Tagtier in bezug auf seine Lebensweise. Man sagt aber, daß er in jeder Nacht dem Meere einen Besuch mache, ohne Zweifel zum Zweck, seine Kiemen anzufeuchten. Auch die Jungen kriechen an der Küste aus und leben eine Zeitlang hier. Diese Krabben bewohnen tiefe Löcher, welche sie unter den Wurzeln der Bäume sich graben und wo sie ganz überraschende Mengen von den abgezupften Fasern der äußeren Schale der Kokosnuß anhäufen, auf denen sie wie auf einem Bett liegen. Die Malaien ziehen manchmal hieraus Vorteil und sammeln die fibröse Masse, um sie zu Tauen zu verwenden. Diese Krabben sind sehr gut zu essen; überdies findet sich unter dem Schwanz der größeren eine bedeutende Masse von Fett, das, geschmolzen, zuweilen bis zu einer Quartflasche voll klaren Öles gibt. Von einigen Schriftstellern ist angegeben worden, daß der *Birgus* auf die Kokos-Bäume hinaufkrieche, zum Zweck, die Nüsse zu stehlen; ich bezweifle sehr, daß dies möglich ist; beim *Pandanus*[8] würde die Sache viel leichter sein. Mr. Liesk hat mir gesagt, daß auf diesen Inseln der *Birgus* nur von den Nüssen lebt, welche auf den Boden gefallen sind.

Capt. Moresby teilt mir mit, daß diese Krabbe die Chagos-Inseln und die Seychellen, aber nicht den benachbarten Malediven-Archipel bewohne. Sie war früher auf Mauritius äußerst häufig, jetzt finden sich aber nur einige kleine Exemplare dort. Im Stillen Ozean soll diese Art[9] oder eine mit sehr ähnlicher Lebensweise eine einzige Korallen-Insel, nördlich von den Gesellschafts-Inseln, bewohnen. Um die ganz wunderbare Stärke der Scheren des vorderen Fußpaares zu zeigen, will ich noch erwähnen, daß Capt. Moresby eine solche Krabbe in eine starke Blechbüchse, in welcher Zwieback gewesen war, eingesperrt und den Deckel mit Draht befestigt

---

[8] Proceedings of Zoological Society, 1832, p.17.
[9] Tyerman und Bennett, Voyage etc., Vol. II, p.33.

hatte; die Krabbe bog aber die Ränder nieder und entschlüpfte. Beim Niederbiegen der Ränder hatte sie faktisch zahlreiche kleine Löcher durch das Blech gestoßen.

Ich war nicht wenig überrascht, als ich fand, daß zwei Spezies von Korallen aus der Gattung *Millepora* (*M. complanata* und *alcicornis*) die Fähigkeit zu nesseln besaßen. Die steinigen Zweige oder Platten fühlen sich, wenn sie frisch aus dem Wasser genommen werden, rauh an und sind nicht schleimig, obschon sie einen starken und unangenehmen Geruch haben. Die Eigenschaft des Nesselns scheint in verschiedenen Exemplaren verschieden zu sein. Wurde ein Stückchen auf die empfindliche Haut des Armes oder Gesichtes gedrückt oder gerieben, so entstand meist ein stechendes Gefühl, welches nach Verlauf einer Sekunde eintrat und nur einige wenige Minuten anhielt. Eines Tages indessen wurde beim bloßen Berühren des Gesichts mit einem der Zweige augenblicklich Schmerz hervorgerufen; er nahm wie gewöhnlich ein paar Sekunden lang zu, blieb dann einige Minuten lang ziemlich heftig und war noch eine halbe Stunde später fühlbar. Die Empfindung war so schlimm wie die nach Berührung einer Brennessel, aber noch ähnlicher der durch die *Physalia*, die gemeine Kammblase oder Galeerenqualle verursachten. Auf der zarten Haut des Armes wurden rote Flecke hervorgerufen, welche aussahen, als wollten sie Wasserbläschen bilden, es aber nicht taten. Mr. Quoy erwähnt diesen Fall von *Millepora* und ich habe von ähnlichen Korallen in West-Indien gehört. Viele Seetiere scheinen diese Fähigkeit, zu nesseln, zu besitzen; außer der Galeerenqualle noch viele Medusen, auch die *Aplysia* oder der Seehase der Kapverdischen Inseln; und in der Reise der „Astrolabe" wird angegeben, daß eine Actinie oder See-Anemone, desgleichen eine biegsame Koralle, die mit *Sertularia* verwandt ist, beide dieses Verteidigungs- oder Angriffsmittel besitzen. In dem Ostindischen Meer soll ein nesselndes Seegras gefunden werden.

Zwei Arten von Büschen, aus der Gattung *Scarus*, welche hier gemein sind, ernähren sich ausschließlich von Korallen. Beide sind prachtvoll bläulich-grün gefärbt, die eine lebt ausnahmslos in der Lagune und die andere in der Nähe der starken äußeren Wellen, Mr. Liesk versicherte uns, daß er es wiederholt gesehen habe, wie ganze Züge mit ihren starken, knöchernen Kiefern die Spitzen der Korallenzweige abgrasten. Ich öffnete den Magen von mehreren Exemplaren und fand ihn von einem gelblichen, kalkigen, sandigen Schlamm ausgedehnt. Die schleimigen, widerwärtigen Holothurien, die mit unseren Seesternen verwandt sind, und welche die chinesischen Feinschmecker so lieben, leben auch zum großen Teile, wie mir Mr. Allan mitgeteilt hat, von Korallen; der Knochenapparat innerhalb ihrer Körper scheint auch diesem Zweck gut angepaßt zu sein. Diese Holothurien, die Fische, die zahlreichen bohrenden Schaltiere und nereidenartigen Würmer, welche jeden Block abgestorbener Korallenmasse durchbohren, müssen äußerst wirksame Agentien bei der Hervorbringung des feinen weißen Schlammes sein, welcher auf dem Grunde und an den Ufern der Lagune liegt. Indes hat Professor Ehrenberg gefunden, daß ein Teil dieses Schlammes, welcher im feuchten Zustand so auffallend gestoßener Kreide ähnlich ist, zum Teil aus kieselschaligen Infusorien besteht.

12. April – Am Morgen wendeten wir das Schiff aus der Lagune hinaus zur Fahrt nach Isle de France. Ich freue mich sehr, daß wir diese Inseln besucht haben; derartige Bildungen nehmen sicherlich eine hohe Stellung unter den wunderbaren Gegenständen dieser Welt ein. Capt. Fitz Roy fand mit einer Schnur von 7200 Fuß Länge in einer Entfernung von nur 2200 Yards vom Ufer keinen Grund; es bildet daher diese Insel einen hohen untermeerischen Berg, dessen Seitenabhänge selbst noch steiler sind, als die des steilsten vulkanischen Kegels. Der untertassenförmige Gipfel ist beinahe zehn Meilen im Durchmesser; und jedes einzelne Atom[10] in diesem ungeheuren Haufen, von dem kleinsten Stückchen bis zu den größten Felsbruchstücken, trägt

---

[10] Natürlich nehme ich hier etwas Erde aus, welche in Schiffen von Malacca und Java hierher geschafft worden ist, ebenso einige kleine Bimsstein-Fragmente, welche von den Wellen hier angetrieben worden sind. Überdies muß auch der eine Block von Grünstein auf der nördlichen Insel ausgenommen werden.

Zwanzigstes Kapitel

den Stempel davon, daß es einer organischen Anordnung gefolgt ist; und doch ist die Insel noch klein, verglichen mit vielen anderen Lagunen-Inseln. Wir sind überrascht, wenn uns Reisende von den ungeheuren Dimensionen der Pyramiden und anderer großer Ruinen erzählen; wie völlig nichtssagend sind aber die größten derselben, wenn man sie mit diesen steinernen Bergen vergleicht, welche durch die Tätigkeit verschiedener sehr kleiner und zarter Tiere aufgehäuft worden sind! Dies ist ein Wunder, welches nicht sogleich auf den ersten Blick unser körperliches Auge frappiert, um so mehr aber nach Überlegung unser geistiges.

Ich will nun eine sehr kurze Schilderung der drei großen Klassen von Korallen-Riffen geben. Nämlich der Atolle oder Lagunenriffe, Kanal- oder Barrieren-Riffe und Strand- oder Saum-Riffe, und will meine Ansichten[11] über ihre Bildungsweise auseinandersetzen. Beinahe ein jeder Reisende, welcher den Stillen Ozean durchschifft hat, hat sein unendliches Erstaunen über die Lagunen-Inseln – oder über die Atolle, wie ich sie mit ihrem indischen Namen künftighin nennen werde, – ausgedrückt und hat versucht, irgendeine Erklärung zu geben. Selbst schon vor langer Zeit, nämlich 1605, rief Pyrard de Laval mit Recht aus: „C'est une merveille de voir chacun de ces atollons, environné d'un grand banc de pierre tout autour, n'y ayant point d'artifice humain." Die Pfingstinsel im Stillen Ozean gibt eine Vorstellung von dem eigentümlichen Anblick eines Atolls. Es ist dies eines der kleinsten, dessen schmale Inselchen zu einem Ring miteinander verbunden sind. Die Unendlichkeit des Ozeans, die Wut der Wellen, im scharfen Gegensatz zu der niedrigen Erhebung des Landes und der Glätte des hellgrünen Wassers innerhalb der Lagune kann man sich kaum vorstellen, ohne dies alles gesehen zu haben.

Die früheren Reisenden stellten sich vor, die Korallenbauenden Tiere bauten instinktiv ihre großen Kreise, um sich dann an den nach innen gelegenen Teilen Schutz zu verschaffen; dies ist aber von der Wahrheit so weit entfernt, daß im Gegenteil diejenigen massiven Arten, von deren Wachstum an den äußeren exponierten Küsten geradezu die Existenz des Riffes abhängt, nicht im Innern der Lagune leben können, wo wiederum andere sich zart verästelnde Formen gedeihen. Überdies wird nach dieser Ansicht vorausgesetzt, daß sich viele Spezies verschiedener Gattungen und Familien zu einem gemeinsamen Zwecke verbinden; aber von einer solchen Verbindung läßt sich in der ganzen Natur nicht ein einziges Beispiel auffinden. Diejenige Theorie, welche am allgemeinsten angenommen worden ist, ist die, daß Atolle auf die Ränder untermeerischer Krater gebaut sind; wenn wir aber die Größe und die Form einiger, die Zahl, die dichte Lage nebeneinander und die relative Lage anderer bedenken, so verliert die Idee bedeutend von ihrem plausibeln Charakter. So ist z.B. Suadiva-Atoll in der einen Richtung 44 geographische Meilen im Durchmesser, in einer anderen Richtung 34 Meilen; Rimsky ist 54 zu 20 Meilen im Durchmesser und hat einen ganz eigentümlich bogigen Rand; Bow-Atoll ist 30 Meilen lang und im Mittel nur 6 Meilen breit; Mentschikoff-Atoll besteht aus drei miteinander vereinigten oder verbundenen Atollen. Überdies ist diese Theorie auf die nördlichen Maldiva-Atolle im Indischen Ozean unanwendbar (eines davon ist 88 Meilen lang und zwischen 10 und 20 Meilen breit); sie sind nämlich nicht wie die gewöhnlichen Atolle von schmalen Riffen umgeben, sondern von einer ungeheuren Anzahl einzelner kleiner Atolle, während wieder andere kleine Atolle aus den großen zentralen, lagunenartigen Räumen aufsteigen. Eine dritte und bessere Theorie stellte Chamisso auf, welcher der Ansicht war, daß die äußeren Ränder von dem gemeinsamen Boden deshalb früher als irgendein anderer Teil heraufwachsen würden, – wodurch dann auch der ring- oder becherförmige Bau erklärt werden würde, – weil diejenigen Polypen, welche dem offenen Meer ausgesetzt sind, viel kräftiger wachsen, was zweifellos der Fall ist. Wir werden aber sofort sehen, daß sowohl bei dieser als auch bei der Krater-Theorie eine äußerst bedeutungsvolle Betrachtung außer Acht gelassen worden ist, nämlich: Worauf haben

---

[11] Diese wurden zuerst der Geological Society in einem vor ihr im Mai 1837 gelesenen Aufsatz mitgeteilt und sind seit der Zeit in einem besonderen Band weiterentwickelt worden: „Der Bau und die Verbreitung der Korallen-Riffe." (Gesammelte Werke, Bd. XI, 1. Abt.).

die riffbildenden Korallen, welche in keiner großen Tiefe leben können, ihre massiven Gebäude gegründet?

An der steilen Außenseite von Keeling-Atoll wurden zahlreiche Tiefmessungen von Capt. Fitz Roy mit großer Sorgfalt vorgenommen; es stellte sich dabei heraus, daß der Talg auf der unteren Seite des Senkbleis innerhalb einer Tiefe bis zu zehn Faden ausnahmslos Eindrücke von lebenden Korallen erhalten hatte, dabei aber so rein geblieben war, als sei er auf einen Rasenteppich niedergelassen worden; mit der Zunahme der Tiefe wurden die Eindrücke im Talg weniger zahlreich, dagegen nahm die Zahl der anklebenden Sandstückchen immer mehr und mehr zu, bis es zuletzt ganz offenbar wurde, daß der Boden aus einer Schicht glatten Sandes bestände, oder um den Vergleich mit dem Rasen fortzuführen, die Grashalme wurden immer dünner und dünner, bis der Boden zuletzt so unfruchtbar wurde, daß nichts mehr von ihm entsprang. Aus diesen, von vielen anderen bestätigten Beobachtungen kann man getrost schließen, daß die äußerste Tiefe, bis zu welcher Korallen-Riffe bauen können, zwischen 20 und 30 Faden liegt. Nun gibt es kolossale Gebiete im Stillen und im Indischen Ozean, in denen jede einzelne Insel zur Korallenbildung gehört und nur so weit in die Höhe gehoben ist, als die Wellen Fragmente aufwerfen und der Wind Sand anhäufen kann. So ist die Radack-Gruppe von Atollen ein unregelmäßiges Viereck, 520 Meilen lang und 240 breit; der Archipel der Niedrigen Inseln ist elliptisch, 840 Meilen in seiner längeren und 420 in seiner kürzeren Achse lang; zwischen diesen beiden Archipelen finden sich noch andere kleine Gruppen und einzelne niedrige Inseln, welche zusammen eine Fläche des Ozeans von faktisch mehr als 4000 Meilen Länge ausmachen, auf welcher nicht eine einzige Insel über die angegebene Höhe sich erhebt. Ferner findet sich im Indischen Ozean ein Raum von Wasser, 1500 Meilen lang und drei Archipele einschließend, wo jede Insel niedrig ist und der Korallenbildung angehört. Nach der Tatsache, daß die riffbildenden Korallen in keinen bedeutenden Tiefen leben, ist es absolut sicher, daß über diese ganzen ungeheuren Gebiete hinweg, wo nur immer sich jetzt ein Atoll findet, ursprünglich ein Grund innerhalb einer Tiefe von zwischen 20 und 30 Faden unter der Oberfläche des Meeres existiert haben muß. Es ist im allerhöchsten Grade unwahrscheinlich, daß breite, sehr hohe, isolierte, mit steilen Seitenabhängen versehene Bänke von Sediment, welche sich in Gruppen und Reihen Hunderte von Meilen lang angeordnet haben, in den zentralen und tiefsten Teilen des Stillen und Indischen Ozeans in einer ungeheuren Entfernung von irgendeinem Festlande und da, wo das Wasser vollkommen klar ist, hätten zur Ablagerung kommen können. Es ist in gleichem Grade unwahrscheinlich, daß die erhebenden Kräfte über die ganzen oben bezeichneten Gebiete hinweg zahllose große, felsige Bänke bis in einen Abstand von 20 bis 30 Faden oder 120 bis 180 Fuß von der Oberfläche des Meeres und nicht einen einzigen Punkt über dieses Niveau noch höher hinauf erhoben haben sollten. Denn wo können wir auf der ganzen Erdoberfläche eine einzige Bergkette, selbst von einer Länge von nur wenigen hundert Meilen, finden, deren viele Gipfel sich immer nur bis zu einer Höhe erheben, die innerhalb weniger Fuß eines gegebenen Niveaus sich bewegt, und in welcher nicht eine einzige Bergzinne darüber hinausragt? Wenn daher die Grundlagen, von denen die Atollbauenden Korallen ausgingen, nicht von Niederschlägen gebildet wurden, und wenn sie nicht bis zu dem verlangten Niveau emporgehoben wurden, so müssen sie notwendigerweise bis zu demselben gesunken sein, und dies löst auch sofort die Schwierigkeit. Denn in dem Maß, als Berg nach Berg und Insel nach Insel langsam unter das Wasser hinabsank, werden sich auch nach und nach neue Grundlagen dargeboten haben, auf denen die Korallen wachsen konnten. Es ist unmöglich, hier auf alle notwendigen Einzelheiten einzugehen; ich wage aber jedermann aufzufordern[12], das hier Vorkommende nach

---

[12] Es ist merkwürdig, daß Mr. Lyell, selbst schon in der ersten Ausgabe seiner Principles of Geology, zu dem Schluß gekommen ist, daß der Betrag an Senkung in dem Stillen Ozean das Maß der Erhebung übertroffen haben muß, weil die Ausdehnung des Landes im Verhältnis zu den Kräften, die hier solches zu bilden streben, nämlich das Wachstum von Korallen und die vulkanische Tätigkeit, sehr gering ist.

Zwanzigstes Kapitel

irgendeiner anderen Weise zu erklären; – nämlich, wie es möglich ist, daß zahlreiche Inseln über ungeheuer große Räume verteilt sind –, wobei die sämtlichen Inseln niedrig, – sämtlich aus Korallen aufgebaut sind, welche absolut eine Unterlage innerhalb einer beschränkten Tiefe unter der Oberfläche erfordern.

Ehe wir zur Erklärung kommen, wie die atollförmigen Riffe ihren eigentümlichen Bau erhalten, müssen wir uns zu der zweiten großen Klasse wenden, nämlich zu den Kanal- oder Barrieren- oder Barren-Riffen. Dieselben erstrecken sich entweder in geraden Linien vor den Küsten eines Kontinents oder einer großen Insel, oder sie umgeben ringförmig kleinere Inseln; in beiden Fällen sind sie von dem Land durch einen breiten und ziemlich tiefen Kanal von Wasser getrennt, welcher mit der Lagune innerhalb eines Atolls analog ist. Es ist merkwürdig, wie wenig Aufmerksamkeit den ringförmig umgebenden Kanalriffen geschenkt worden ist; und doch sind sie wahrhaft wunderbare Gebilde. Zum Beispiel wird die Insel Bolabola im Stillen Ozean von einem Barrieren-Riff umgeben. In diesem Fall ist die ganze Länge des Riffs in Land umgewandelt worden; gewöhnlich aber trennt eine schneeweiße Linie großer sich brechender Wellen, nur hie und da durch eine einzelne niedrige kleine, mit Kokosnußbäumen besetzte Insel unterbrochen, die dunklen sich hebenden und senkenden Wasser des Ozeans von der hellgrünen Fläche des Lagunen-Kanals. Auch bedeckt das ruhige Wasser dieses Kanals meist einen Strandsaum von niedrigem, alluvialem Boden, welcher mit den prachtvollsten Erzeugnissen der Tropengegenden beladen ist und am Fuße der wilden, steilen, zentralen Berge liegt.

Ringförmig einschließende Kanalriffe kommen von allen Größen vor, von drei Meilen bis zu nicht weniger als vierundvierzig Meilen im Durchmesser; und das Riff, welches parallel der einen Seite von Neu-Kaledonien läuft und beide Enden dieser Insel einschließt, ist 400 Meilen lang. Jedes Riff schließt eine, zwei oder mehrere felsige Inseln von verschiedener Höhe ein, in einem Falle sogar zwölf einzelne Inseln. Das Riff läuft in einer größeren oder geringeren Entfernung vom eingeschlossenen Land; im Archipel der Gesellschaftsinseln beträgt die Entfernung meist von einer bis zu drei oder vier Meilen; bei Hogoleu aber liegt das Riff an der südlichen Seite 20 Meilen und 14 Meilen an der entgegengesetzten oder nördlichen Seite von den umschlossenen Inseln entfernt. Auch die Tiefe innerhalb des Lagunen-Kanals variiert bedeutend; 10 bis 30 Faden kann man als Mittel annehmen; bei Vanikoro gibt es aber Stellen, welche nicht weniger als 56 Faden oder 336 Fuß tief sind. Nach innen fällt entweder das Riff ganz allmählich in den Lagunen-Kanal ab oder schneidet mit einer senkrechten Wand ab, zuweilen zwischen zwei- und dreihundert Fuß unter Wasser hoch. An der äußeren Seite steigt das Riff, wie ein Atoll, mit äußerster Steilheit ganz plötzlich aus den größten Tiefen des Ozeans empor. Was kann wohl merkwürdiger sein, als diese Gebilde? Wir sehen eine Insel, welche mit einem auf dem Gipfel eines hohen untermeerischen Berges errichteten Schloß verglichen werden kann, von einer großen Mauer von Korallen-Gestein beschützt, immer an der äußeren Seite, zuweilen auch an der inneren steil abfallend, mit einem breiten, ebenen Gipfel, hier und da von schmalen Pforten durchbrochen, durch welche die größten Fahrzeuge in den breiten und tiefen Graben einfahren können.

So weit das Riff selbst in Betracht kommt, findet sich nicht der geringste Unterschied in den allgemeinen Größenverhältnissen, den Umrissen, der Gruppierung und selbst in unbedeutenden Einzelheiten des Baues zwischen einem Kanal-Riff und einem Atoll. Der Geograph Balbi hat ganz richtig bemerkt, daß eine ringförmig eingeschlossene Insel ein Atoll ist, aus dessen Lagune sich Land hoch erhebt; man braucht sich nur das Land innen wegzudenken, so bleibt ein vollkommenes Atoll übrig.

Was ist aber die Veranlassung gewesen, daß diese Riffe in so großen Entfernungen von den eingeschlossenen Inseln sich erheben? Die Ursache kann nicht darin liegen, daß etwa die Korallen nicht dicht am Land wachsen können; denn die Ufer innerhalb des Lagunen-Kanals sind, wenn sie nicht mit alluvialem Boden bedeckt sind, häufig von lebenden Riffen umsäumt; und wir werden sofort sehen, daß es eine ganze Klasse von Riffen gibt, welche ich wegen ihrer Verbindung mit den Ufern sowohl von Kontinenten als auch von Inseln Strand- oder Saum-Riffe (fringing reefs) genannt habe. Worauf haben ferner die Riffe bildenden Korallen, welche nicht in großen Tiefen leben können, ihre einschließenden Bauwerke gegründet? Dies ist allem Anschein nach eine beträchtliche Schwierigkeit, analog der bei den Atollen vorliegenden, welche allgemein übersehen worden ist. Betrachtet man Querschnitte von, in nördlicher und südlicher Richtung durch die mit Kanal-Riffen umgebenen Inseln Vanikoro, Gambier und Maurua, werden die Verhältnisse deutlicher.

Man müßte noch beachten, daß man die Durchschnitte in jeder beliebigen Richtung durch diese Inseln oder auch durch viele andere ringförmig eingeschlossene Inseln legen könnte; die allgemeinen Züge würden immer dieselben bleiben. Hält man nun die Tatsache sich in dem Gedächtnis gegenwärtig, daß Riffe bildende Korallen in keiner größeren Tiefe leben können, als von 20 bis 30 Faden, worauf sind denn nun diese Kanal-Riffe gegründet? Haben wir uns vorzustellen, daß jede Insel von einer kragenartigen untermeerischen Felsenleiste oder von einer großen Bank von Sediment umgeben ist, welche da steil endet, wo das Riff aufhört? Wenn das Meer früher tiefe Einschnitte in die Inseln genagt hätte, ehe dieselben durch die Riffe beschützt waren, wobei dann eine Leiste in seichter Tiefe unter Wasser rings um sie stehengeblieben wäre, so würden gegenwärtig die Ufer ausnahmslos von großen Abgründen begrenzt werden; dies ist aber nur äußerst selten der Fall. Überdies ist es nach dieser Ansicht nicht möglich, zu erklären, warum die Korallen wie eine Mauer vom weitesten nach außen gelegenen Rand der Felsenkante entsprungen sein sollten, wobei sie einen breiten Raum von Wasser innerhalb zurücklassen mußten, der zu tief für das Wachstum der Korallen war. Die Anhäufung einer Schicht weißen Sediments ganz ringsherum um diese Inseln, welche allgemein da am breitesten ist, wo die eingeschlossenen Inseln am kleinsten sind, ist in hohem Grade bedeutungsvoll, wenn man die exponierte Lage derselben in den zentralen und tiefsten Teilen des Ozeans in Betracht zieht. Was das Kanal-Riff von Neu-Kaledonien betrifft, welches sich noch 250 Meilen jenseits des nördlichsten Punktes der Insel in derselben Linie fort erstreckt, in welcher es der Westküste gegenüberliegt, so ist es kaum möglich zu glauben, daß eine Sedimentbank in dieser Weise geradlinig vor einer hohen Insel und so weit jenseits des Endes dieser in den offenen Ozean hätte abgelagert werden können. Wenn wir endlich auf andere ozeanische Inseln von ungefähr derselben Höhe und von ähnlicher geologischer Konstitution, aber nicht von Korallen-Riffen ringförmig eingeschlossen, blicken, so dürften wir vergebens uns nach einer so unbedeutenden Tiefe, wie 30 Faden, ausgenommen ganz nahe an der Küste, umsehen. Denn gewöhnlich fällt Land, welches sich steil und plötzlich aus dem Wasser erhebt, ebenso plötzlich unter demselben ab. Ich wiederhole daher die Frage, worauf sind die Kanal-Riffe gegründet? Warum stehen sie mit ihren breiten, Festungsgräben ähnlichen Kanälen so weit von der eingeschlossenen Insel ab? Wir werden bald sehen, wie leicht diese Schwierigkeiten verschwinden.

Wir kommen jetzt zu unserer dritten Klasse, den Strand- oder Saum-Riffen, welche nur einer ganz kurzen Erwähnung bedürfen. Wo das Land unter dem Wasserspiegel steil abfällt, sind diese Riffe nur wenige Yards breit und bilden nur ein schmales Band rings um die Ufer; wo das Land sehr allmählich abfällt, erstreckt sich das Riff unter Wasser weiter, zuweilen selbst bis eine Meile vom Land; in solchen Fällen weisen aber die Peilungen an der Außenseite des Riffs immer nach, daß die untermeerische Verlängerung des Landes sanft abwärts geneigt ist. In der Tat erstrecken sich die Riffe nur bis zu jener Entfernung vom Ufer weg, in welcher sich Grund in der erforderlichen Tiefe von 20 bis 30 Faden findet. Was nun ein Riff der vorliegenden Klasse betrifft, so besteht keine wesentliche Verschiedenheit zwischen einem solchen und einem, eine Barre oder ein Atoll bildenden. Es ist indessen meistens von geringerer Breite und infolgedessen sind nur wenige kleine Inselchen auf ihm gebildet worden. Weil die Korallen kräftiger an der Außenseite gedeihen und infolge der beeinträchtigenden Wirkung des Umstandes, daß Ablage-

Zwanzigstes Kapitel

rungen immer nach innen gewaschen werden, ist der äußere Rand des Riffs der höchste Teil, und zwischen ihm und dem Land findet sich meist ein seichter, sandiger Kanal von wenig Fuß Tiefe. Wo Schichten von Sediment in der Nähe der Oberfläche angehäuft worden sind, wie an manchen Stellen in West-Indien, werden sie zuweilen von Korallen umsäumt und werden daher in einem gewissen Grade Lagunen-Inseln oder Atollen ähnlich; auf dieselbe Weise sind Strandriffe, welche sanft in das Meer abfallende Inseln umgeben, in gewissem Grade Kanal-Riffen ähnlich.

Keine Theorie über die Bildung der Korallen-Riffe kann für befriedigend angesehen werden, welche nicht diese drei großen Klassen umfaßt. Wir haben gesehen, daß wir dazu getrieben werden, an die Senkung jener ungeheuren Gebiete zu glauben, die mit niedrigen Inseln übersät sind, von welchen keine einzige sich über die Höhe hinaus erhebt, bis zu welcher der Wind und die Wellen Material aufwerfen können, und welche doch alle von Tieren gebaut worden sind, die zu ihrem Bau eine Grundlage bedürfen, und zwar eine Grundlage, die in keiner großen Tiefe liegen darf. Wir wollen daher einmal uns eine Insel vorstellen, welche von Strandriffen umgeben wird; dieselben bieten in ihrem Bau keine Schwierigkeit dar; wir wollen ferner annehmen, daß diese Insel mit ihrem Riff, im Holzschnitt durch die ausgezogenen Linien dargestellt, untersinke. Wie nun die Insel hinabsinkt, entweder einige wenige Fuß auf einmal oder völlig unmerklich langsam, so können wir ganz getrost schließen, nach dem was wir von den dem Wachstum der Korallen günstigen Bedingungen wissen, daß die lebenden, von dem Wellenschlag am Rande des Riffs gebadeten Massen bald wieder die Oberfläche erreichen. Das Wasser indessen greift immer mehr, langsam und Schritt für Schritt in das Land vor, die Insel wird niedriger und schmaler, und der Raum zwischen dem inneren Rand des Riffs und dem Strand im Verhältnis breiter. Es wird anzunehmen sein, daß sich Korallen-Inseln auf dem Riff gebildet haben, und ein Schiff liegt in dem Lagunen-Kanal vor Anker. Dieser Kanal wird mehr oder weniger tief sein, je nach der Schnelligkeit des Sinkens, nach der Menge des in ihm sich angehäuft habenden Niederschlags und nach dem Wachstum der zart verzweigten Korallen, welche dort leben können. Ein Querschnitt einer Insel in diesem Zustand ist in jeder Beziehung einem durch eine ringförmig eingeschlossene Insel gelegten ähnlich. Wir können nun sofort einsehen, warum ringförmig umgebende Kanal-Riffe so weit von den Ufern, vor welchen sie liegen, abstehen. Wir können auch wahrnehmen, daß eine vom äußeren Rand des neuen Riffs auf die Grundlage soliden Gesteins unterhalb des alten Strand-Riffs gezogene senkrechte Linie jene geringe Tiefengrenze, bis zu welcher die werktätigen Korallen leben können, um so viel Fuß an Länge übertreffen wird, wie die Senkung betragen hat; – die kleinen Architekten haben ihre großen wallartigen Massen in dem Maße, als das Ganze tiefer sank, auf eine von anderen Korallen und ihren zusammen fest gewordenen Fragmenten gebildete Basis erbaut. Hiernach verschwindet also die Schwierigkeit in bezug auf diesen Punkt, welche so groß erschien.

Wenn wir anstatt einer Insel das Ufer eines Kontinents genommen und dasselbe mit Strand-Riffen sich hätten bedecken lassen, und hätten uns vorgestellt, es sei gesunken, so würde offenbar eine große gerade Barre, wie die von Australien oder Neu-Kaledonien, welche vom Land durch einen breiten und tiefen Kanal getrennt war, das Resultat gewesen sein.

Wir wollen nun einmal das neu gebildete ringförmige Kanal-Riff nehmen, und wollen annehmen, daß es immer weiter untersinke. In dem Maße, wie das Kanal-Riff langsam sinkt, werden die Korallen fortfahren, kräftig nach oben zu wachsen; aber wie die Insel sinkt, wird das Wasser Zoll für Zoll am Ufer aufsteigen; – dadurch werden die einzelnen Berggipfel zuerst einzelne Inseln bilden innerhalb eines großen Riffs, bis endlich auch die letzte und höchste Bergzinne verschwindet. In dem Augenblick, wo dies stattfindet, hat sich ein vollkommenes Atoll gebildet. Ich habe vorhin gesagt, man entferne das hohe Land aus dem Innern eines ringförmigen Kanal-Riffes und ein Atoll wird übrigbleiben. Hier ist nun wirklich das Land entfernt worden. Wir können nun verstehen, woher es kommt, daß Atolle, welche aus ringförmigen Kanal-Riffen hervorgegangen sind, ihnen in der allgemeinen Größe, Form, in der Art und Weise, wie sie zusammen gruppiert sind, und in ihrer Anordnung in einfachen oder doppelten Reihen ähnlich sind, denn man könnte sie rohe Umrißkarten der versunkenen Inseln nennen, über denen sie stehen. Wir können ferner sehen, woher es kommt, daß die Atolle im Stillen und Indischen Ozean in Linien verteilt sind, welche den allgemeinen Zügen der hohen Inseln und der großen Küstenlinien jener Ozeane parallel verlaufen. Ich wage daher zu behaupten, daß nach der Theorie des Aufwärtswachsens der Korallen während des Sinkens des Landes[13] alle die charakteristischen Eigentümlichkeiten jener wunderbaren Gebilde einfach erklärt werden, der Lagunen-Inseln oder Atolle, welche so lange die Aufmerksamkeit der Reisenden auf sich gezogen haben, ebenso wie der nicht weniger wunderbaren Kanal-Riffe, mögen sie nun kleine Inseln ringförmig einschließen oder sich Hunderte von Meilen den Küsten eines Kontinents entlang erstrecken.

Es könnte wohl gefragt werden, ob ich irgendwelche direkte Beweise für das Sinken der Kanal-Riffe oder der Atolle anführen kann; man muß aber vor Augen behalten, wie schwierig es stets sein muß, eine Bewegung zu entdecken, deren Bestreben dahin geht, den betroffenen Teil unter Wasser zu verbergen. Nichtsdestoweniger habe ich auf dem Keeling-Atoll auf allen Seiten der Lagune unterminierte und umstürzende alte Kokos-Palmen beobachtet; an einer Stelle sah ich die Grundpfeiler eines Schuppens, von denen die Bewohner versicherten, daß sie vor sieben Jahren gerade oberhalb der Flutgrenze gestanden haben, welche aber jetzt täglich von jeder Flut überspült werden; auf Erkundigung erfuhr ich, daß während der letzten zehn Jahre drei Erdbeben, eines davon sehr heftig, hier gefühlt worden seien. In Vanikoro ist der Lagunen-Kanal merkwürdig tief, es hat sich kaum irgendwelcher alluvialer Boden am Fuße der eingeschlossenen hohen Berge angehäuft und merkwürdig wenig Inselchen sind durch die Anhäufung von Gesteinsfragmenten und Sand auf dem wallartigen Kanal-Riff gebildet worden. Diese Tatsachen, und noch einige andere analoge, führten mich zu der Annahme, daß diese Insel vor kurzem gesunken und das Riff nach oben gewachsen ist. Ferner sind hier Erdbeben häufig und sehr heftig. Andererseits werden auf dem Archipel der Gesellschafts-Inseln, wo die Lagunen-Kanäle beinahe verstopft sind, wo viel alluviales Land angehäuft worden ist und wo in einigen Fällen lange Inselchen auf den Kanal-Riffen gebildet worden sind, – Tatsachen, welche sämtlich darauf hinweisen, daß die Inseln nicht vor sehr kurzer Zeit einer Senkung unterlegen sind –, nur schwache Erdstöße und diese äußerst selten gefühlt. Bei diesen Korallenbildungen, wo das Land und das Wasser um die Herrschaft zu streiten scheinen, muß es stets schwierig sein, zwischen den Wirkungen einer Veränderung in dem Auftreten der Gezeiten und einer unbedeutenden Senkung zu unterscheiden. Daß viele Riffe und Atolle Veränderungen irgendeiner Art unterliegen, ist sicher; auf manchen Atollen scheinen die kleinen Inseln innerhalb einer neueren Periode bedeutend zugenommen zu haben; von anderen sind sie gänzlich oder zum Teil weggewaschen worden. Die Einwohner einzelner Teile des Maldiva-Archipels kennen das Datum der ersten Bildung einiger kleinen Inseln; auf anderen Teilen wachsen jetzt die Korallen kräftig auf von Wasser überspülten Riffen, auf welchen zu Gräbern bestimmte Aushöhlungen die frühere Existenz bewohnten Landes bezeugen. Es ist schwer, an häufige Veränderungen in den Flutströmungen eines offenen Ozeans zu glauben, während wir in den Erdbeben, von denen uns die Eingeborenen auf manchen Atollen Bericht geben, und in den großen, auf anderen Atollen beobachteten Spalten offenbare Beweise von Veränderungen und Störungen haben, welche in den unterirdischen Regionen im Fortgang begriffen sind.

---

[13] Es gewährte mir in hohem Grade Befriedigung, in einer von Mr. Couthouy, einem der Naturforscher der großen antarktischen Expedition der Vereinigten Staaten, herausgegebenen Broschüre die folgende Stelle zu finden: „Nachdem ich persönlich eine große Anzahl von Korallen-Inseln besucht und acht Monate lang auf den vulkanischen Inseln mit Strand- und teilweise ringförmig umgebenden Riffen gewohnt habe, sei mir zu bemerken gestattet, daß meine eigenen Beobachtungen mir die Überzeugung von der Richtigkeit der Theorie Herrn Darwins eingeprägt haben." Indessen weichen die Naturforscher dieser Expedition mit mir in bezug auf einige Punkte der Korallenbildungen ab.

Zwanzigstes Kapitel

Nach unserer Theorie können sich offenbar Küsten, welche von Riffen nur umsäumt sind, nicht in irgendeinem wahrnehmbaren Maße gesenkt haben; sie müssen daher, seitdem ihre Korallen zu wachsen angefangen haben, entweder stationär geblieben oder erhoben worden sein. Es ist nun merkwürdig, wie allgemein durch das Vorhandensein emporgehobener organischer Reste gezeigt werden kann, daß die umsäumten Inseln emporgehoben worden sind; und in so weit ist dies ein indirekter Beweis zu Gunsten unserer Theorie. Ich war von dieser Tatsache besonders frappiert, als ich zu meiner Überraschung fand, daß die von Quoy und Gaimard gegebenen Beschreibungen nicht auf Riffe im allgemeinen, wie sie es verstanden hatten, sondern nur auf die Klasse der Strandriffe anwendbar waren; mein Erstaunen hörte indessen auf, als ich später fand, daß infolge eines merkwürdigen Zufalls die sämtlichen von diesen ausgezeichneten Naturforschern besuchten Inseln solche waren, von denen nach den eigenen Angaben derselben gezeigt werden konnte, daß sie innerhalb einer neuen geologischen Epoche emporgehoben worden sind.

Nicht bloß die großen Merkmalgruppen in der Struktur der Kanal-Riffe und der Atolle sowie ihre Ähnlichkeit untereinander in Form, Größe und anderen Charakteren werden nach der Theorie der Senkung erklärt, – welche Theorie wir ganz unabhängig für die verschiedenen hier in Frage kommenden Gebiete anzunehmen gezwungen sind, da wir notwendigerweise für die Korallen in der erforderlichen Tiefe Grundlagen finden müssen, – sondern es können auch viele Einzelheiten in dem Bau und ebenso auch Ausnahmefälle auf diese Weise einfach erklärt werden. Ich will nur einige wenige Beispiele anführen. Bei Kanal-Riffen ist schon seit langer Zeit mit Überraschung bemerkt worden, daß die Durchlässe durch das Riff genau Tälern in dem eingeschlossenen Land entsprechen, und zwar selbst in Fällen, wo das Riff von dem Land durch einen so weiten und so viel tieferen Lagunen-Kanal, als der wirkliche Durchlaß selbst, getrennt ist, daß es kaum möglich zu sein scheint, wie die sehr geringe Menge von Wasser oder von Sediment, welche damit herabgeschafft wird, die Korallen am Riffe beeinträchtigen können. Nun ist jedes Riff aus der Klasse der Strand-Riffe auch vor dem kleinsten Bach, selbst wenn er während des größeren Teiles des Jahres trocken ist, von einer schmalen Pforte durchbrochen, denn der Schlamm, Sand oder Kies, der gelegentlich da herabgewaschen wird, tötet die Korallen, auf welchen er sich ablagert. Wenn folglich eine in dieser Weise umsäumte Insel sinkt, so werden zwar wohl die meisten dieser schmalen Pforten wahrscheinlich durch das nach oben und außen erfolgende Wachsen der Korallen geschlossen werden, irgend solche aber, die nicht verschlossen werden (und einige müssen immer dadurch offen gehalten werden, daß Sediment und unreines Wasser aus dem Lagunen-Kanal ausfließt), werden immer noch genau vor dem oberen Teile derjenigen Täler liegen, an deren Mündungen das ursprünglich am Fuß gelegene Strand-Riff durchbrochen war.

Wir können ferner leicht einsehen, wie eine Insel, vor deren einer Seite allein oder vor deren einer Seite und einem von beiden Enden ein bogenförmiges Kanal-Riff liegt, nach einer lange Zeit andauernden Senkung entweder in ein einziges wallartiges Riff, oder in ein Atoll, von welchem ein langer, gerader, spornartiger Fortsatz ausgeht, oder in zwei oder drei, durch geradlinige Riffe miteinander verbundene Atolle verwandelt werden kann, – Fälle, welche sämtlich gelegentlich vorkommen. Da die riffbildenden Korallen Nahrung bedürfen, von anderen Tieren zur Nahrung benutzt werden, durch Sediment getötet werden, sich auf einem lockeren Boden nicht festsetzen können und auch leicht bis in eine Tiefe hinabgebracht werden können, von welcher aus sie sich nicht wieder zu erheben vermögen, so dürfen wir darüber nicht überrascht sein, daß die Riffe sowohl in Atollen als in Kanal-Riffen stellenweise unvollkommen werden. Das große Kanal-Riff von Neu-Kaledonien ist in dieser Weise an vielen Stellen unvollkommen und durchbrochen; es würde daher dieses Riff nach einer lange andauernden Senkung nicht ein großes, 400 Meilen langes Atoll, sondern eine Kette oder einen Archipel von Atollen hervorbringen, von fast genau denselben Dimensionen wie die Atolle in dem Maldiva-Archipel. Bei einem einmal auf gegenüberliegenden Stellen durchbrochenen Atoll ist es überdies wegen der wahrscheinlicherweise gerade durch die Durchbruchsstellen hindurchgehenden ozeanischen und Flut-Strömungen im äußersten Grade unwahrscheinlich, daß die Korallen besonders während einer fortdauernden Senkung, jemals wieder imstande sein sollten, die Spalten auszufüllen. Tun sie dies aber nicht, so wird ein Atoll, in dem Maß wie das Ganze versank, in zwei oder mehr geteilt werden. Im Maldiva-Archipel gibt es einzelne bestimmte Atolle, welche in ihrer Lage so zueinander in Beziehung stehen und durch entweder ganz unergründliche oder sehr tiefe Kanäle voneinander getrennt sind (der Kanal zwischen dem Ross- und Ari-Atoll ist 150 Faden und der zwischen dem nördlichen und südlichen Nillandoo-Atoll 200 Faden tief), daß man unmöglich eine Karte derselben ansehen kann, ohne der Ansicht zu sein, daß sie früher einmal in näherer Beziehung zueinander standen. Und in diesem selben Archipel ist das Mahlos-Mahdoo-Atoll durch einen sich gabelförmig teilenden Kanal von 100 bis 132 Faden Tiefe in einer derartigen Weise geteilt, daß es kaum möglich ist, zu sagen, ob man dasselbe streng genommen als drei getrennte Atolle oder als ein großes noch nicht definitiv geteiltes Atoll bezeichnen soll.

Auf viele weitere Einzelheiten will ich nicht eingehen; ich muß aber noch bemerken, daß der merkwürdige Bau der nördlichen Maldiva-Atolle, – wenn man den freien Eintritt des Meeres durch ihre durchbrochenen Ränder in Betracht zieht, – eine einfache Erklärung erhält durch das nach oben und nach außen erfolgende Wachsen der Korallen, welche ursprünglich sowohl auf kleinen getrennten Riffen in ihren Lagunen, so wie sie in gewöhnlichen Atollen vorkommen, als auch auf durchbrochenen Stellen des linienförmigen und randständigen Riffes, so wie ein solches jedes Atoll in der gewöhnlichen Form begrenzt, ihre Grundlage zum Bauen fanden. Ich kann mich nicht enthalten, noch einmal auf die Eigentümlichkeit dieser komplizierten Gebilde hinzuweisen: – Eine große sandige und meistens konkave Scheibe steigt plötzlich und steil aus dem unergründlich tiefen Meer empor, die mittlere Fläche ist ganz dicht bedeckt und ihr Rand symmetrisch eingefaßt mit ovalen Becken von Korallengestein, welche entweder gerade bis an den Wasserspiegel reichen, zuweilen mit Pflanzenwuchs bedeckt sind, und von denen jedes einen See von klarem Wasser enthält!

Nur einen Punkt will ich noch im Einzelnen berühren: Wie bei zwei benachbarten Archipelen Korallen in dem einen prächtig gedeihen, aber nicht in dem anderen, und wie so viele, vorhin aufgezählte Bedingungen ihre Existenz beeinflussen müssen, so würde es auch eine unerklärliche Tatsache sein, wenn während der Veränderungen, welchen die Erde, die Luft und das Wasser unterliegen, die Riffe bauenden Korallen auf irgendeinem bestimmten Fleck oder Gebiet auf ewige Zeiten lebendig bleiben sollten. Und da nach unserer Theorie die Gebiete, welche Atolle und Kanal-Riffe umfassen, in der Senkung begriffen sind, so sollten wir gelegentlich auch sowohl abgestorbene als untergesunkene Riffe finden. Infolge des Umstandes, daß das Sediment aus der Lagune oder dem Lagunen-Kanal nach der Seite unter dem Winde hinausgewaschen wird, ist bei allen Riffen diese Seite dem lange andauernden kräftigen Wachstum der Korallen am wenigsten günstig; es kommen daher gar nicht selten abgestorbene Partien des Riffs auf der Seite unter dem Winde vor, und obgleich diese immer noch ihre eigentümliche wallförmige Gestalt beibehalten, so sind sie doch jetzt in mehreren Fällen mehrere Faden tief unter die Oberfläche gesunken. Die Chagos-Inselgruppe scheint aus irgendeiner Ursache, möglicherweise deswegen, weil die Senkung zu geschwind gewesen ist, gegenwärtig viel weniger günstig für das Wachstum der Polypen gestellt zu sein, als früher; bei einem Atoll ist ein Teil seines randständigen Riffs von neun Meilen Länge abgestorben und untergetaucht; ein fünftes ist ein bloßes Wrack, dessen Struktur beinahe gänzlich verwischt ist. Es ist merkwürdig, daß in allen diesen Fällen die abgestorbenen Riffe oder Teile von Riffen in nahezu derselben Tiefe liegen, nämlich sechs bis acht Faden unter der Oberfläche, so daß es aussieht, als wären sie durch eine einzige gleichförmige Bewegung hinabgeführt worden. Eines dieser „halbertrunkenen Atolle", wie sie Capt. Moresby nennt (dem ich für viele wertvolle Mitteilungen zu großem Dank verpflichtet bin), ist von ungeheurer Größe, nämlich neunzig Seemeilen in dem einen Durchmesser und siebzig in einem anderen; auch ist es in vielen Beziehungen außerordentlich merkwürdig. Da aus unserer Theorie hervorgeht, daß neue Atolle sich allgemein in jedem neuen Senkungsgebiete bilden werden, so könnten dieser Folgerung zwei gewichtige Einwände entgegengehalten werden: Nämlich, daß die Atolle sich der Zahl nach ganz unbegrenzt vermehren müßten, und zweitens, daß auf alten Senkungsgebieten jedes einzelne Atoll ganz unbegrenzt an Dicke zunehmen müßte, wenn nicht Beweise ihrer gelegentlichen Zerstörung hätten beigebracht werden können. Wir haben nun im Vorstehenden die Geschichte dieser großen Rings von Korallen-Gestein von ihrem ersten Ursprung an durch ihre normalen Veränderungen und durch die gelegentlich ihre Existenz berührenden Ereignisse bis zu ihrem Absterben und ihrer endlichen Vernichtung verfolgt.

In meinem Buch über „Korallen-Bildungen" habe ich eine Landkarte veröffentlicht, wo ich alle Atolle dunkelblau, die Kanal-Riffe hellblau und die Strand-Riffe rot illuminiert habe. Die letztere Art von Riffen hat sich gebildet, so lange das Land stationär blieb oder, wie es des häufigen Vorkommens von emporgehobenen organischen Überresten wegen den Anschein hat, während es sich langsam erhoben hat. Anderseits sind Atolle und Kanal-Riffe während der direkt entgegengesetzten Bewegung der Senkung emporgewachsen; es muß diese letzte Bewegung sehr allmählich gewesen sein und, was die Atolle betrifft, so ungeheuer groß in ihrer Ausdehnung, daß jeder Berggipfel über weite Räume des Ozeans begraben worden ist. Wir sehen nun auf dieser Karte, daß die hell oder dunkelblau kolorierten Riffe, welche durch dieselbe Form der Bewegung hervorgebracht worden sind, der allgemeinen Regel zufolge offenbar einander nahestehen. Ferner sehen wir, daß die Gebiete, wo die beiden blauen Färbungen vorkommen, von großer Ausdehnung sind, und daß sie getrennt liegen von den ausgedehnten Küstenstrichen, welche rot bezeichnet sind; beide Umstände hätten schon natürlich nach der Theorie, daß die Beschaffenheit der Riffe durch die Beschaffenheit der Bewegung der Erdrinde bestimmt werden, gefolgert werden können. Es verdient noch Beachtung, daß ich in mehr als einem jener Fälle, wo sich rote und blaue Kreise einander nahekommen, nachweisen kann, daß hier Niveauschwankungen eingetreten sind. Denn in solchen Fällen bestehen die roten oder umsäumenden Kreise aus Atollen, welche unserer Theorie nach ursprünglich während der Senkung gebildet, aber später emporgehoben worden sind; anderseits bestehen einige von den blaßblauen oder ringförmig eingeschlossenen Inseln aus Korallen-Gestein, welches bis zu seiner jetzigen Höhe gehoben worden sein muß, ehe jene Senkung statthatte, während welcher die Kanal-Riffe nach oben wuchsen.

Viele Naturforscher haben mit Überraschung bemerkt, daß die Atolle, obgleich dieselben über einige ungeheuer große Flächen des Ozeans die gemeinsten Formen der Korallenbildung sind, doch in anderen Meeren gänzlich fehlen, wie z.B. in West-Indien; wir können nun sofort die Ursache einsehen; denn wo keine Senkung stattgefunden hat, können sich keine Atolle gebildet haben; und was den angeführten Fall von West-Indien, ebenso auch Teile von Ost-Indien betrifft, so weiß man, daß diese Gebiete innerhalb der jetzigen Periode im Aufsteigen begriffen waren. Die größeren, rot und blau gefärbten Gebiete sind sämtlich langausgestreckt. Zwischen den beiden Färbungen ist ein gewisser Grad von Abwechslung im großen und ganzen zu sehen, als wenn das Steigen des einen dem Fallen des anderen das Gleichgewicht gehalten hätte. Wenn man die Beweise für die neuerliche Erhebung sowohl an den umsäumten als auch an anderen Küsten (z.B. in Süd-Amerika), wo keine Riffe vorhanden sind, in Betracht zieht, so werden wir zu der Folgerung geführt, daß die großen Kontinente dem größten Teil nach Erhebungsgebiete und nach der Beschaffenheit der Korallen-Riffe, daß die zentralen Teile der großen Ozeane Senkungs-Gebiete sind. Der Ostindische Archipel, das durchbrochenste Stück Land auf der ganzen Erde, ist an den meisten Stellen ein Erhebungs-Gebiet, wird aber, wahrscheinlich in mehr als einer Richtung, von schmalen Senkungs-Gebieten umgeben und durchsetzt.

Ich habe mit dunklem Rot alle die vielen bekannten tätigen Vulkane bezeichnet, welche in die Grenzen derselben Karte fallen. Ihr vollständiges Fehlen auf sämtlichen großen Senkungs-Gebieten, welche entweder blaß- oder dunkelblau koloriert sind, ist äußerst auffallend; nicht weniger ist das Zusammenfallen der hauptsächlichsten Reihen von Vulkanen mit den rot gefärbten Teilen auffallend, in bezug auf welche wir zu dem Schluß geführt werden, daß sie entweder stationär geblieben sind oder, allgemeiner, in neuerer Zeit emporgehoben wurden. Obgleich einige wenige dieser dunkelroten Flecke in keiner großen Entfernung von einzelnen blau bezeichneten Kreisen stehen, so ist doch kein einziger tätiger Vulkan innerhalb mehrerer hundert Meilen von einem Archipel oder selbst nur von einer kleinen Gruppe von Atollen gelegen. Es ist daher eine auffallende Tatsache, daß auf dem Archipel der Freundschafts-Inseln, welcher aus einer Gruppe von emporgehobenen und seit dieser Zeit zum Teil niedergebröckelten Atollen besteht, zwei, und vielleicht noch mehr Vulkane innerhalb historischer Zeit bekanntermaßen in Tätigkeit gewesen sind. Obgleich andererseits die meisten Inseln im Stillen Ozean, welche von Kanal-Riffen umgeben werden, vulkanischen Ursprungs sind und häufig noch die Überreste der Krater erkennen lassen, so hat man doch von keiner einzigen erfahren, daß sie jemals Eruptionen gezeigt hätte. Es dürften daher in diesen Fällen allem Anschein nach die Vulkane an denselben Orten in Tätigkeit getreten und wieder erloschen sein, je nachdem erhebende oder sinkende Bewegungen gerade dort vorherrschten. Zahllose Tatsachen könnten zum Beweise dafür vorgebracht werden, daß emporgehobene organische Überreste überall da häufig sind, wo nur immer tätige Vulkane sich finden; so lange aber nicht gezeigt werden könnte, daß auf Senkungs-Gebieten Vulkane entweder fehlen oder untätig sind, würde die Folgerung, so wahrscheinlich sie auch an und für sich sein mag, daß deren Verteilung vom Heben oder Sinken der Erdoberfläche abhängt, doch sehr gewagt sein. Jetzt aber glaube ich, daß wir diesen bedeutungsvollen Schluß ohne Rückhalt annehmen können.

Werfen wir zum Schluß noch einen Blick auf jene Landkarte und halten wir uns die in bezug auf die emporgehobenen organischen Überreste gemachten Angaben gegenwärtig, so müssen wir über die ungeheure Ausdehnung der Gebiete erstaunt sein, welche in einer geologisch genommen nicht sehr entfernten Zeit Veränderungen im Niveau entweder aufwärts oder abwärts erlitten haben. Auch möchte es scheinen, als folgten die emporhebenden und die sinkenden Bewegungen denselben Gesetzen. Über die ganzen großen Räume hinweg, welche mit Atollen dicht überstreut sind und auf denen nicht ein einziger Pic eines Hochlandes oberhalb des Meeresspiegels gelassen worden ist, muß die Senkung der Ausdehnung nach ungeheuer gewesen sein. Überdies muß die Senkung äußerst langsam gewesen sein, mag sie nun kontinuierlich oder sich abwechselnd wiederholend gewesen sein, mit Zeitintervallen, welche lang genug waren, um den Korallen zu gestatten, ihre lebendigen Gebäude bis nach der Oberfläche heraufzuführen. Dieser Schluß ist wahrscheinlich der bedeutungsvollste, welcher aus dem Studium der Korallenbildungen abgeleitet werden kann; – und es ist einer, von dem man sich nur schwer vorstellen kann, wie man überhaupt jemals auf andere Weise hätte zu ihm gelangen können. Ich kann auch die Wahrscheinlichkeit nicht ganz unerwähnt lassen, daß früher große Archipele hoher Inseln da existiert haben mögen, wo jetzt nur Ringe von Korallen-Gestein kaum die weite Fläche des offenen Meeres unterbrechen, welcher Umstand etwas Licht auf die Verbreitungsweise der Bewohner der anderen hohen Inseln wirft, welches jetzt so ungeheuer entfernt voneinander inmitten der großen Ozeane übriggelassen worden sind. Die Riffe bildenden Korallen haben allerdings wunderbare Erzählungen von den unterirdischen Niveau-Schwankungen erlebt und bewahrt; wir sehen in jedem Kanal-Riff einen Beweis dafür, daß das Land da gesunken ist, und in jedem Atoll ein Denkmal über einer jetzt verschwundenen Insel. Wir können in dieser Weise, ähnlich einem Geologen, der seine zehntausend Jahre gelebt und einen fortlaufenden Bericht über die vorkommenden Veränderungen geführt hat, einen Einblick in jenes große System erhalten, durch welches die Oberfläche dieser Erde zerklüftet und Land und Wasser abwechselnd verteilt wurde.

Einundzwanzigstes Kapitel

Mauritius, wundervoller Anblick – Großer kraterförmiger Ring von Bergen – Hindus – St. Helena – Geschichte der Veränderung der Vegetation – Ursache des Aussterbens von Landschnekken – Ascension – Abänderung der eingeführten Ratten – Vulkanische Bomben – Infusorienschichten – Bahia – Brasilien – Pracht der tropischen Szenerie – Pernambuco – Eigentümliches Riff – Sklaverei – Rückkehr nach England – Rückblick auf unsere Reise

Von Mauritius nach England

29. April – Am Morgen fuhren wir um das nördliche Ende von Mauritius oder Isle de France herum. Von diesem Gesichtspunkt aus erfüllte die Insel die durch die vielen wohlbekannten Beschreibungen ihrer wundervollen Szenerie gemachten Erwartungen. Die sanft sich erhebende Ebene, mit Pampelmusen, mit zwischenliegenden Häusern und durch die großen hellgrünen Zuckerfelder gefärbt, bildete den Vordergrund. Das glänzende Grün war um so merkwürdiger, weil es eine Farbe ist, welche meist nur aus einer sehr kurzen Entfernung auffällig ist. Nach der Mitte der Insel zu erhoben sich bewaldete Berge aus dieser hochkultivierten Ebene; ihre Gipfel sind, wie es so häufig mit alten vulkanischen Felsen der Fall ist, in die schärfsten Spitzen zerklüftet. Massen weißer Wolken hatten sich um diese Zinnen gesammelt, als wollten sie damit dem Auge des Fremden noch mehr Gefälliges bieten. Die ganze Insel mit ihrem leicht abfallenden Rand und ihren mittleren Bergen war mit dem Ausdruck der vollkommensten Eleganz geschmückt. Die Szenerie erschien, wenn ich einen derartigen Ausdruck gebrauchen darf, dem Auge harmonisch.

Ich brachte den größeren Teil des folgenden Tages damit zu, in der Stadt umherzugehen und verschiedene Leute zu besuchen. Die Stadt ist von einer beträchtlichen Größe und soll, wie man sagt, 20.000 Einwohner haben; die Straßen sind sehr reinlich und regelmäßig. Obgleich die Insel so viele Jahre schon unter englischer Regierung gestanden bat, ist doch der allgemeine Charakter des Ortes gänzlich französisch; Engländer reden mit ihren Dienstleuten französisch und die Läden sind sämtlich französisch; ich möchte in der Tat fast meinen, daß Calais und Boulogne viel mehr anglisiert wären. Es findet sich ein hübsches kleines Theater dort, in welchem Opern aufgeführt werden. Wir waren auch überrascht, große Buchhändlerläden mit wohlsortierten Regalen zu sehen; Musik und Lesematerial zeugten für unsere Annäherung an die alte Welt der Zivilisation, denn in Wahrheit sind sowohl Australien als Amerika neue Welten.

Die verschiedenen, in den Straßen umhergehenden Menschenrassen bieten das interessanteste Schauspiel in Port Louis dar. Verbrecher aus Ost-Indien sind für Lebenszeit hierher verbannt; gegenwärtig sind ungefähr achthundert hier und werden bei verschiedenen öffentlichen Arbeiten beschäftigt. Ehe ich diese Leute gesehen hatte, hatte ich keine Idee davon, daß die Bewohner von Indien so nobel aussehende Leute wären. Ihre Haut ist außerordentlich dunkel und viele der älteren Männer hatten große Schnurrbärte und Vollbärte von schneeweißer Farbe. Dies in Verbindung mit dem Feuer in ihrem Ausdruck gab ihnen ein vollständig imponierendes Ansehen. Die größere Zahl derselben war wegen Mordes und der schlimmsten Verbrechen verbannt worden. Andere aus Ursachen, welche kaum als moralische Fehler angesehen werden können, wie z.B. daß sie aus abergläubischen Motiven den englischen Gesetzen nicht gehorcht hatten. Diese Leute sind im allgemeinen ruhig und führen sich gut auf; wegen ihres äußeren Auftretens, ihrer Reinlichkeit und ihrer pflichttreuen Beobachtung ihrer fremdartigen religiösen Gebräuche konnte man sie unmöglich mit demselben Auge ansehen, wie unsere elenden Sträflinge in Neu-Süd-Wales.

1. Mai, Sonntag – Ich machte einen gemütlichen Spaziergang an der Seeküste entlang nach dem Norden der Stadt. Die Ebene ist in diesem Teil vollständig unbebaut. Sie besteht aus einem Feld schwarzer Lava, deren Unregelmäßigkeiten durch grobes Gras oder Gebüsch (letzteres besteht hauptsächlich aus Mimosen) ausgeglichen sind. Die Szenerie kann als dem Charakter nach zwischen der der Galapagos und der von Tahiti mitten innestehend beschrieben werden; dies wird aber nur sehr wenigen Personen eine bestimmte Idee zu geben imstande sein. Es ist eine sehr angenehme Gegend, sie hat aber weder die Reize von Tahiti, noch die Großartigkeit von Brasilien. Am nächsten Tage bestieg ich La Pouce, einen wegen eines daumenartigen Vorsprungs so genannten Berg, welcher sich dicht hinter der Stadt zu einer Höhe von 2600 Fuß erhebt. Die Mitte der Insel besteht aus einem großen Plateau, welches von alten, zerklüfteten, basaltischen Bergen umgeben wird, deren Schichten nach dem Meer hin einfallen. Das aus vergleichsweise neuen Lavaströmen gebildete Zentralplateau ist von einer ovalen Form und in der Richtung seiner kürzeren Achse dreizehn geographische Meilen lang. Die äußeren begrenzenden Berge gehören in diejenige Klasse von Bildungen, welche Erhebungskrater genannt werden, und von welchen man annimmt, daß sie sich nicht wie gewöhnliche Krater gebildet haben, sondern durch eine große und plötzliche Erhebung. Mir scheinen ganz unüberwindliche Einwände gegen eine solche Ansicht zu bestehen. Und doch kann ich andererseits kaum glauben, daß in diesen wie in einigen anderen Fällen die randständigen, kraterförmigen Berge nur die basalen Überbleibsel ungeheurer Vulkane sind, deren Gipfel entweder in die Luft geflogen oder von unterirdischen Abgründen verschlungen worden sind.

Von unserem erhabenen Standpunkt aus genossen wir eine ausgezeichnete Aussicht über die Insel, das Land scheint auf dieser Seite sehr gut kultiviert zu sein; es ist in Felder geteilt und dicht mit Farmhäusern besetzt. Man versicherte mir indes, daß von dem ganzen Land nicht mehr als die Hälfte in einem produktiven Zustand sich befinde; wenn dies der Fall ist, so wird die Insel, wenn man den jetzigen bedeutenden Export von Zucker in Betracht zieht, in einer späteren Zeit, wenn sie dicht bevölkert ist, von großem Wert sein. Seitdem England sie in Besitz genommen hat, einem Zeitraum von nur fünfundzwanzig Jahren, soll sich der Export von Zukker, wie man sagt, fünfundsiebzigfach vermehrt haben. Eine wichtige Ursache ihres Wohlstandes ist der ausgezeichnete Zustand ihrer Straßen. Auf der benachbarten Insel Bourbon, welche noch unter französischer Herrschaft steht, befinden sich die Straßen noch immer in demselben miserablen Zustande, wie sie hier in Mauritius noch vor wenigen Jahren waren. Obgleich die französischen Bewohner durch den vermehrten Wohlstand der Insel bedeutend gewonnen haben müssen, so ist die englische Herrschaft doch durchaus nicht populär.

3. Mai – Am Abend lud Kapitän Lloyd, der General-Vermesser, welcher durch seine Untersuchung des Isthmus von Panama so bekannt ist, Mr. Stokes und mich nach seinem Landhause, welches am Rande von Wilhelm-Plains und ungefähr sechs Meilen vom Hafen gelegen ist, ein. Wir blieben an diesem entzückenden Ort zwei Tage lang; da wir nahezu achthundert Fuß über dem Meeresspiegel waren, war die Luft kühl und frisch, und nach jeder Seite hatten wir entzükkende Spaziergänge. Nahebei war eine großartige Schlucht durch die leicht geneigten Lavaströme, welche von dem mittleren Plateau herabgeflossen waren, bis zu einer Tiefe von ungefähr fünfhundert Fuß ausgearbeitet worden.

5. Mai – Kapitän Lloyd nahm uns mit nach der Rivière noire, welche mehrere Meilen nach Süden zu liegt, um mir Gelegenheit zu geben, einige Gesteine mit emporgehobenen Korallen zu untersuchen. Wir kamen durch anmutige Gärten und schönen, mitten zwischen Lavablöcken wachsende Zuckerfelder. Die Straßen waren von Mimosenhecken eingefaßt und in der Nähe vieler Häuser waren Alleen von Mango-Bäumen. Einige der Ansichten, wo die picförmig zugespitzten Berge und die kultivierten Farmen zu sehen waren, waren äußerst malerisch, und wir waren

Einundzwanzigstes Kapitel

beständig in Versuchung, auszurufen, wie angenehm würde es sein, sein Leben in solchen ruhigen Orten verbringen zu können! Kapitän Lloyd besaß einen Elefanten und schickte ihn den halben Weg mit uns, damit wir einen Ritt nach echt indischer Art genießen könnten. Der Umstand, welcher mich am meisten überraschte, war sein ruhiger, geräuschloser Tritt. Dieser Elefant ist gegenwärtig der einzige auf der Insel; aber man erzählt sich, daß man nach anderen bereits geschickt habe.

9. Mai – Wir segelten aus Port Louis ab, sprachen am Kap der Guten Hoffnung an und kamen am 8. Juli auf der Höhe von St. Helena an. Diese Insel, deren wenig versprechender Anblick so oft beschrieben worden ist, steigt ganz plötzlich wie ein ungeheures schwarzes Schloß aus dem Ozean auf. In der Nähe der Stadt füllen, als hätte man die Verteidigungsmittel der Natur vervollständigen wollen, kleine Forts und Kanonen jede Spalte in dem zerklüfteten Felsen aus. Die Stadt zieht sich in einem flachen und schmalen Tale hinauf, die Häuser sehen anständig aus und zwischen ihnen sind sehr wenig grüne Bäume. Als wir dem Ankerplatz nahekamen, bot sich ein sehr auffallender Blick dar, nämlich ein unregelmäßiges, auf die Spitze eines hohen Berges gestelltes und von einigen wenigen zerstreuten Fichtenbäumen umgebenes, kühnes, sich gegen den Himmel abhebendes Schloß.

Am nächsten Tag erhielt ich eine Wohnung innerhalb einer Steinwurfweite von Napoleons Grab.[1] Es war eine ganz prächtige zentrale Lage, von wo aus ich nach allen Richtungen Exkursionen machen konnte. Während der vier Tage, die ich hier blieb, wanderte ich vom Morgen bis zur Nacht über die Insel und untersuchte ihre geologische Geschichte. Meine Wohnung lag in einer Höhe von ungefähr 2000 Fuß. Hier war das Wetter kalt und stürmisch mit beständigen Regenschauern, und alle Minuten war einmal die ganze Szene in dicke Wolken verhüllt.

In der Nähe der Küste ist die rohe Lava vollkommen nackt. In den zentralen und höher gelegenen Teilen haben die feldspathaltigen Gesteine durch ihre Zersetzung einen tonigen Boden hervorgebracht, welcher, wo er nicht vom Pflanzenwuchs bedeckt ist, in breiten Bändern mit vielen hellen Farben gefärbt ist Um diese Zeit des Jahres brachte das durch beständige Schauer angefeuchtete Land eine eigentümliche, hellgrüne Weide hervor, welche immer tiefer und tiefer hinab allmählich dünner wird und zuletzt ganz verschwindet. Es ist überraschend, in einer Breite von sechzehn Grad und in der unbedeutenden Erhebung von 1500 Fuß eine Vegetation zu erblicken, die einen entschieden britischen Charakter besitzt. Die Berge sind mit unregelmäßigen Anpflanzungen von schottischen Fichten gekrönt und die Seiten der Abhänge sind dicht mit Dickicht von Ginster mit seinen hellgelben Blüten bedeckt. Trauerweiden sind an den Ufern der Bäche gemein und die Hecken werden aus Brombeeren mit ihren bekannten schwarzen Früchten gebildet. Wenn wir bedenken, daß die Zahl der jetzt auf der Insel gefundenen Pflanzen 746 beträgt und daß von diesen nur 52 eingeboren, während die übrigen eingeführt worden sind, und zwar die meisten von ihnen aus England, so tritt uns die Ursache des britischen Charakters des Pflanzenwuchses leicht vor Augen. Viele dieser englischen Pflanzen scheinen besser zu gedeihen als in ihrem Heimatland; auch einige von den entgegengesetzten Weltteilen, aus Australien, gedeihen merkwürdig gut. Die vielen eingeführten Arten müssen einige der eingeborenen unterdrückt haben, und nur auf den höchsten und steilsten Bergrücken herrscht noch die eingeborene Flora vor.

Der englische oder vielmehr walisische Charakter der Szenerie wird durch die zahlreichen Hütten und kleinen weißen Häuser aufrecht erhalten, von denen einige im Grunde der allertiefsten Täler begraben liegen, andere auf dem Rücken der höchsten Berge errichtet sind. Einige der

---

[1] Nach den ganzen Bänden von Beredsamkeit, welche über diesen Gegenstand bereits gefüllt worden sind, ist es gefährlich, auch nur das Grab zu erwähnen. Ein moderner Reisender überhäuft in zwölf Zeilen die arme kleine Insel mit den folgenden Titeln: Sie ist ein Grab, ein Grabmal, eine Pyramide, ein Gottesacker, ein Grabdenkmal, eine Katakombe, ein Sarkophag, ein Minarett und ein Mausoleum!

Aussichten sind überraschend, z.B. die in der Nähe von Sir W. Dovetons Haus, wo der kühne Pic, Lot genannt, über einem dunklen Fichtenwald gesehen und der ganze Hintergrund von den roten, vom Wasser zerklüfteten Bergen der südlichen Küste eingenommen wird. Betrachtet man die Insel von einem erhöhten Punkte aus, so ist der erste Umstand, welcher auffällt, die Zahl der Straßen und Festungen. Die auf öffentliche Arbeiten verwendete Mühe scheint, wenn man den Charakter der Insel als Gefängnis vergißt, ganz außer allem Verhältnis zu ihrer Größe oder ihrem Wert zu stehen. Es findet sich so wenig ebenes oder nutzbares Land, daß es überraschend erscheint, wie so viele Leute, ungefähr fünftausend, hier bestehen können. Die niederen Klassen oder die emanzipierten Sklaven sind, wie ich glaube, äußerst arm, sie beklagen sich über Mangel an Arbeit. Infolge der Reduktion der Zahl öffentlich Angestellter – und dies wegen des Umstandes, daß die Insel von der ostindischen Gesellschaft aufgegeben worden ist –, und infolge der daran sich knüpfenden Auswanderung vieler der reicheren Leute wird die Armut wahrscheinlich zunehmen. Die hauptsächlichste Nahrung der arbeitenden Klasse ist Reis mit ein wenig gesalzenem Fleisch. Da keiner dieser Artikel ein Erzeugnis der Insel selbst ist, sondern mit Geld gekauft werden muß, so liegen die niedrigen Lohnsätze schwer auf den armen Leuten. Jetzt, wo die Leute mit Freiheit gesegnet sind, ein Recht, welches sie, wie ich glaube, ganz ordentlich würdigen, erscheint es wahrscheinlich, daß ihre Anzahl sich schnell vermehren wird. Ist dies aber der Fall, was wird dann aus dem kleinen Staat von Sanct Helena?

Mein Führer war ein ältlicher Mann, der als Knabe ein Ziegenhirt gewesen war und jeden Schritt zwischen den Felsen kannte. Er war von einer vielmals gekreuzten Rasse und hatte, trotzdem er eine dunkle Haut besaß, doch nicht den unangenehmen Ausdruck eines Mulatten. Er war ein sehr höflicher, ruhiger alter Mann, und so scheint der Charakter der größeren Zahl der niederen Klasse zu sein. Es war für meine Ohren fremdartig, einen nahezu weißen und anständig gekleideten Mann mit Gleichgültigkeit von den Zeiten sprechen zu hören, wo er ein Sklave war. Mit diesem meinem Begleiter, welcher unsere Mahlzeiten und ein Horn mit Wasser trug, welches letztere notwendig ist, da alles Wasser in den niedrig gelegenen Tälern salzig ist, machte ich jeden Tag lange Spaziergänge.

Unterhalb des oberen und zentralen grünen Kreises sind die wilden Täler vollständig desolat und unbewohnt. Hier boten sich dem Geologen Szenen von großem Interesse dar, sowohl aufeinanderfolgende Veränderungen als komplizierte Störungen zeigend. Meinen Ansichten zufolge hat St. Helena schon seit einer sehr entfernten Zeit als Insel bestanden; einige undeutliche Zeugnisse für die Erhebung des Landes bestehen indes noch immer. Ich glaube, daß die zentralen und höchsten Pics Teile des Randes eines großen Kraters bilden, dessen südliche Hälfte von den Wellen des Ozeans gänzlich entfernt worden ist. Es findet sich überdies noch eine äußere Mauer von schwarzen basaltischen Gesteinen, wie die Küstenberge von Mauritius, welche älter sind als die zentralen vulkanischen Ströme. Auf den höheren Stellen der Insel kommen beträchtliche Mengen einer Muschel, die lange Zeit für eine marine Art gehalten worden, in dem Boden eingebettet vor. Sie stellt sich als eine *Cochlogena* heraus oder eine Landschnecke von einer sehr eigentümlichen Form.[2] Mit ihr fand ich sechs andere Arten und an einer anderen Stelle noch eine achte Spezies. Es ist merkwürdig, daß keine von ihnen jetzt lebend gefunden wird. Ihr Aussterben ist wahrscheinlich durch die gänzliche Zerstörung der Wälder und den dadurch veranlaßten Verlust von Nahrung und Schutz verursacht worden, welche während des ersten Teiles des vorigen Jahrhunderts eintrat.

Die Geschichte der Veränderungen, welche die emporgehobenen Ebenen von Longwood und Deadwood erlitten haben, wie sie in General Beatsons Schilderung der Insel mitgeteilt wird, ist äußerst merkwürdig. Beide Ebenen waren, wie erzählt wird, in früherer Zeit mit Wald bedeckt und wurden daher als der „Große Wald" bezeichnet. Noch so spät als im Jahre 1716 waren viele

---

[2] Es verdient Beachtung, daß alle die vielen Exemplare dieser Schnecke, die ich an einem Ort gefunden habe, als scharf markierte Varietät von einer Anzahl an einem anderen Ort erhaltener Exemplare abweichen.

Einundzwanzigstes Kapitel

Bäume vorhanden, aber 1724 waren die alten Bäume meist schon umgestürzt, und da man den Ziegen und Schweinen gestattet hatte, frei herumzuschweifen, so waren alle jungen Bäume vernichtet worden. Es scheint auch nach den offiziellen Berichten, als wäre auf die Bäume ganz unerwartet einige Jahre später ein starres Gras gefolgt, welches sich über die ganze Fläche verbreitete.[3] General Beatson fügt hinzu, daß jetzt diese Ebene „mit schönem Rasen bedeckt und das schönste Stück Weide auf der ganzen Insel geworden ist". Die Ausdehnung des wahrscheinlich in einer frühen Zeit mit Wald bedeckten Oberflächenteiles wird auf nicht weniger als zweitausend Acker geschätzt; heutigen Tages ist kaum ein einziger Baum dort zu finden. Es wird auch angegeben, daß im Jahre 1709 noch Mengen von abgestorbenen Bäumen in Sandy Bay gewesen seien. Dieser Ort ist jetzt so vollkommen wüst, daß nichts als ein so gut bezeugter Bericht mich hätte glauben lassen, daß Bäume jemals dort hätten wachsen können. Die Tatsache, daß Ziegen und Schweine alle jungen Bäume zerstörten, wie sie in die Höhe kamen, und daß im Lauf der Zeit die alten, welche vor ihren Angriffen sicher waren, aus Altersschwäche abstarben, scheint ganz sicher festgestellt zu sein. Ziegen wurden im Jahre 1502 eingeführt; sechsundachtzig Jahre später, zur Zeit von Cavendish, waren sie bekanntlich äußerst zahlreich. Mehr als ein Jahrhundert später, im Jahre 1731, als das Übel vollendet und nicht wieder gut zu machen war, wurde ein Befehl erlassen, daß alle zerstreut herumlaufenden Tiere getötet werden sollten. Es ist hiernach interessant zu sehen, daß die Ankunft von Tieren auf St. Helena im Jahre 1501 den ganzen Anblick der Insel nicht eher ändern konnte, als bis eine Periode von zweihundertzwanzig Jahren verlaufen war. Denn die Ziegen wurden im Jahre 1502 eingeführt und im Jahre 1724 wird angegeben, daß „die alten Bäume meist umgestürzt seien". Daran läßt sich nur wenig zweifeln, daß diese große Änderung in der Vegetation nicht bloß die Landschaltiere beeinflußte, das Aussterben von acht Spezies veranlaßte, sondern auch auf eine Menge von Insekten von gleichem Einfluß war.

So entfernt von jedem Kontinent in der Mitte eines großen Ozeans gelegen und eine ganz einzige Flora besitzend, erregt Sanct Helena unsere Neugierde. Die acht Landschnecken, wenn sie auch jetzt ausgestorben sind, und eine lebende Art von *Succinea* sind eigentümliche, nirgendwo anders gefundene Spezies. Mr. Cuming teilt mir indes mit, daß eine englische *Helix* hier gemein ist, da ohne Zweifel ihre Eier mit einigen der vielen eingeführten Pflanzen mit importiert worden sind. Mr. Cuming sammelte an der Küste sechzehn Spezies von Seemuscheln, von denen sieben, soweit ihm bekannt ist, auf diese Insel beschränkt sind. Vögel und Insekten[4] sind,

---

[3] Beatson's St. Helena, Einleitendes Kapitel, S.4.
[4] Unter diesen wenigen Insekten war ich überrascht, einen kleinen *Aphodius* (nov. sp.) und einen *Oryctes* zu finden, welche beide unter Dünger äußerst zahlreich waren. Als die Insel entdeckt wurde, hatte sie sicher kein Säugetier, vielleicht mit Ausnahme einer Maus. Es wird daher ein nur mit Schwierigkeit zu ermittelnder Punkt, ob diese kotfressenden Insekten seitdem durch Zufall importiert worden sind, oder, wenn sie eingeboren sind, von welcher Nahrung sie früher gelebt haben. An den Ufern des Plata, wo infolge der ungeheuren Mengen von Rindern und Pferden die schönen Rasenebenen reich gedüngt sind, sucht man vergeblich nach den vielen Arten kotfressender Käfer, welche in Europa in solchen Mengen vorkommen. Ich beobachtete nur einen *Oryctes* (die Insekten dieser Gattung leben in Europa meist von zerfallender vegetabilischer Substanz) und zwei Spezies von *Phanaeus*, welche au solchen Orten häufig waren. Auf der anderen Seite der Cordillera, in Chiloë, ist eine andere Spezies von *Phanaeus* äußerst häufig; sie begräbt den Rinderkot in großen Erdkugeln unter der Erde. Es ist Grund zur Vermutung vorhanden, daß vor der Einführung der Rinder die Gattung *Phanaeus* dem Menschen als Kotkärrner diente. In Europa sind Käfer, welche ihren Unterhalt in der Masse finden, welche bereits zum Leben anderer und größerer Tiere beigetragen hat, so zahlreich, daß es beträchtlich mehr als hundert verschiedene Arten davon geben muß. In Anbetracht dieses Umstandes und da ich bemerkte, welche Menge Nahrung solcher Art auf den Ebenen des Plata verloren geht, glaubte ich, einen jener Fälle zu sehen, wo der Mensch jene Kette durchbrochen hat, durch welche so viele Tiere in ihrem Heimatland miteinander verbunden sind. In Van Diemen's Land fand ich indessen vier Spezies von *Onthophagus*, zwei *Aphodius* und eine Art einer dritten Gattung unter dem Kot der Kühe außerordentlich häufig; und doch waren die letzteren damals erst vor dreiunddreißig Jahren eingeführt worden. Vor dieser Zeit waren das Känguruh und einige andere kleine Tiere die einzigen Säugetiere; und deren Kot ist von einer ganz verschiedenen Beschaffenheit von dem ihrer vom Menschen eingeführten Nachfolger. In England ist

wie sich hätte erwarten lassen, sehr gering an Zahl. Ich glaube geradezu, daß sämtliche Vögel während der letzten Jahre eingeführt worden sind. Rebhühner und Fasane sind in ziemlicher Menge vorhanden; die Insel ist viel zu sehr englisch, um nicht ganz strengen Jagdgesetzen unterworfen zu sein. Man hat mir ein derartigen Verordnungen gebrachtes Opfer erzählt, welches ungerechter ist als irgendeins, von denen ich in England gehört habe. Die armen Leute pflegten früher eine Pflanze zu verbrennen, welche an den Küstenfelsen wächst, und die aus ihrer Asche gewonnene Soda zu exportieren; es wurde aber ein peremtorischer Befehl erlassen, welcher diesen Gebrauch verbot, und zwar wurde als Ursache angeführt, daß die Rebhühner sonst nicht wüßten, wo sie zu nisten hätten.

Bei meinen Spaziergängen kam ich mehr als ein Mal über die grasige, von tiefen Tälern eingefaßte Ebene, auf welcher Longwood steht. Aus kurzer Entfernung gesehen sieht es wie der Landsitz eines respektabeln Herrn aus. Vor ihm sind einige wenige bestellte Felder und über diese hinaus liegt der glatte Berg von gefärbten Gesteinen, welcher der „Flagstaff" genannt wird, und die zerklüftete, viereckige schwarze Masse des „Barn". Im ganzen war die Aussicht ziemlich traurig und uninteressant. Die einzige Unbequemlichkeit, welche ich während meiner Spaziergänge zu erdulden hatte, war der ungestüme Wind. Eines Tages bemerkte ich einen merkwürdigen Umstand: Ich stand am Rande einer Ebene, welche von einem großen, ungefähr 1000 Fuß tief hinabgehenden Riff begrenzt wurde, und sah in einer Entfernung von wenigen Yards von mir nach der Windseite zu eine Seeschwalbe, die gegen eine sehr starke Brise ankämpfte, während da, wo ich stand, die Luft vollständig ruhig war. Als ich mich dem Rande näherte, wo der Strom von der Fläche des Riffs nach oben abgelenkt zu werden schien, streckte ich meinen Arm aus und fühlte sofort die volle Gewalt des Windes; eine unsichtbare zwei Yards breite Schranke trennte hier eine vollkommen ruhige Luft von einem starken Wind.

Ich genoß meine Spaziergänge durch die Felsen und Berge von St. Helena so sehr, daß ich es beinahe bedauerte, als ich am Morgen des 14. nach der Stadt hinabging. Noch vor Mittag war ich an Bord und die „Beagle" setzte ihre Segel.

Am 19. Juli erreichten wir Ascension. Die, welche eine vulkanische Insel schon gesehen haben, die unter einem dürren Klima gelegen ist, werden sich sofort ein Bild von der äußeren Erscheinung von Ascension machen können. Sie werden sich glatte konische Berge von einer glänzend roten Farbe vorstellen, die Gipfel meist abgestutzt und einzeln aus einer horizontalen Ebene schwarzer zerklüfteter Lava sich erhebend. Ein besonderer Berg in der Mitte der Insel scheint der Vater der kleineren Kegel zu sein. Er wird der grüne Berg genannt. Der Name rührt von der äußerst zarten Spur jener Farbe her, welche um diese Zeit des Jahres vom Ankerplatz aus kaum zu erkennen ist. Um die ganze desolate Szenerie zu vervollständigen, will ich nur erwähnen, wie die schwarzen Felsen an der Küste von einer wilden stürmischen See zerstoßen werden.

Die Niederlassung ist in der Nähe des Strandes; sie besteht aus mehreren unregelmäßig gestellten, aber aus weißen behauenen Steinen ziemlich gut gebauten Häusern und Baracken. Die einzigen Einwohner sind Seesoldaten und einige von Sklavenschiffen befreite Neger, welche von der Regierung bezahlt und mit Nahrung versorgt werden. Es findet sich nicht eine einzige Privatperson auf der Insel. Viele der Seesoldaten scheinen mit ihrer Lage sehr zufrieden zu sein. Sie halten es für besser, ihre einundzwanzig Jahre auf dem Lande zu dienen, was es auch immer für ein Land sein mag, als an Bord eines Schiffes, und in dieser Hinsicht würde ich, wenn ich ein Seesoldat wäre, äußerst gern mit ihnen übereinstimmen.

---

die größere Zahl der kotfressenden Käfer in ihrem Geschmack beschränkt, d.h. sie leben nicht ganz unterschiedslos vom Abfall irgendwelchen beliebigen Säugetiers. Die Veränderung in der Lebensweise, welche daher bei den Käfern in Van Diemen's Land eingetreten sein muß, ist in hohem Grade merkwürdig. Ich bin Mr. F. W. Hope, welcher, wie ich hoffe, mir gestatten wird, ihn meinen Lehrer in der Entomologie zu nennen, dafür sehr verbunden, daß er mir die Namen der vorstehend erwähnten Insekten gegeben hat.

Einundzwanzigstes Kapitel

Am nächsten Morgen bestieg ich den grünen Berg, 2840 Fuß hoch, und ging dann quer über die Insel nach dem windabgelegenen Punkte. Ein guter Fahrweg führt von der Niederlassung an der Küste nach den in der Nähe des Gipfels der zentralen Berge gelegenen Häusern, Gärten und Feldern. An der Straße entlang finden sich Meilensteine und gleichfalls auch Zisternen, wo jeder durstige Vorübergehende gutes Wasser trinken kann. Eine ähnliche Sorgfalt zeigt sich in jedem anderen Teil der Niederlassung, und besonders in der Pflege der Brunnen, so daß nicht ein einziger Tropfen Wasser verloren geht. Die ganze Insel kann man in der Tat mit einem kolossalen, in der brillantesten Ordnung gehaltenen Schiff vergleichen. Als ich die tätige Industrie bewunderte, welche mit solchen Mitteln solche Wirkungen hatte hervorbringen können, konnte ich nicht umhin, es doch auch zu bedauern, daß diese Tätigkeit auf einen so ärmlichen und unbedeutenden Zweck verwendet wird. Mr. Lesson hat sehr richtig bemerkt, daß die englische Nation allein auf den Gedanken kommen konnte, die Insel Ascension zu einem produktiven Punkt zu machen, jedes andere Volk würde dieselbe als eine bloße Festung im Ozean betrachtet haben.

In der Nähe dieser Küste wächst nichts; weiter landeinwärts trifft man gelegentlich einmal eine grüne Rizinuspflanze und einige wenige Heuschrecken, echte Freunde der Wüste. Etwas Gras ist über die Oberfläche der zentralen erhobenen Gegenden zerstreut und das Ganze gleicht sehr den schlechtesten Teilen der walisischen Berge. So dürftig aber auch die Weide erscheinen mag, ungefähr sechshundert Schafe, viele Ziegen und einige wenige Kühe und Pferde gedeihen ganz gut bei ihr. Von eingeborenen Tieren sind Landkrabben und Ratten in großer Anzahl überall vorhanden. Ob die Ratte wirklich eingeboren ist, dürfte wohl zu bezweifeln sein; wie Mr. Waterhouse beschrieben hat, finden sich zwei Varietäten hier; die eine ist von schwarzer Farbe, mit einem feinen glänzenden Pelz, und lebt auf dem grasigen Gipfel; die andere ist braun gefärbt und weniger glänzend, mit langen Haaren, und lebt in der Nähe der Niederlassung an der Küste. Diese beiden Varietäten sind um ein Drittel kleiner als die gemeine schwarze Ratte (*Mus rattus*); und sie weichen von ihr sowohl in der Färbung als dem Charakter ihres Pelzes, aber sonst in keinem anderen wesentlichen Punkt ab. Ich kann kaum daran zweifeln, daß diese Ratten (ebenso wie die gemeine Maus, welche hier auch verwildert ist) hier eingeführt worden sind und wie auf den Galapagos infolge der Einwirkung der neuen Bedingungen, denen sie ausgesetzt worden sind, variiert haben. Infolge hiervon weicht die Varietät auf dem Gipfel der Insel von der an der Küste ab. Von eingeborenen Vögeln gibt es keine. Aber das Perlhuhn, welches von den Kapverdischen Inseln her eingeführt worden ist, ist äußerst zahlreich, und auch das gemeine Huhn ist verwildert. Katzen, welche ursprünglich ausgesetzt worden sind, um die Ratten und Mäuse zu zerstören, haben sich so vermehrt, daß sie eine große Plage geworden sind. Die Insel ist gänzlich ohne Bäume, in welcher Beziehung, und in der Tat in allen anderen, dieselbe St. Helena außerordentlich nachsteht.

Eine meiner Exkursionen führte mich nach der südwestlichen Spitze der Insel. Der Tag war klar und warm, und ich sah die Insel nicht gerade in Schönheit lächelnd, aber vor nackter Häßlichkeit strahlend. Die Lavaströme sind mit kleinen Hügeln bedeckt und in einem Grade zerklüftet, welcher, geologisch gesprochen, nicht leicht zu erklären ist Die dazwischenliegenden Spalträume sind durch Schichten von Bimsstein, Asche und vulkanischem Tuff ausgefüllt. Als ich um dieses Ende der Insel auf der See herumfuhr, konnte ich mir nicht vorstellen, was die weißen Flecke wären, mit welchen die ganze Ebene besetzt war; ich fand, nun, daß es Seevögel waren, die voller Vertrauen hier schliefen, so daß man selbst in der Mitte des Tages hinaufgehen und sie ergreifen konnte. Diese Vögel waren die einzigen lebendigen Geschöpfe, die ich während des ganzen Tages gesehen habe. Am Strand kam eine große Brandung, die sich, obgleich die Brise sehr gering war, an den durchbrochenen Lavafelsen brach.

Die Geologie der Insel ist in vieler Beziehung interessant. An mehreren Stellen bemerkte ich vulkanische Bomben, d.h. Massen von Lava, welche in flüssigem Zustand durch die Luft geschossen worden zu sein scheinen und daher eine kugelige- oder Birnenform angenommen haben. Nicht bloß ihre äußere Form, sondern in mehreren Fällen auch ihr innerer Bau zeigt in einer sehr merkwürdigen Weise, daß sie sich während ihres Laufes durch die Luft gedreht haben. Das Innere einer dieser Bomben kann wie folgt beschrieben werden: Der zentrale Teil ist grobzellig, die Zellen nehmen der Größe nach nach außen zu ab, und hier findet sich eine bombenartige Kapsel von ungefähr ein Drittel-Zoll Dicke von kompaktem Stein, welche wiederum von einer äußeren Kruste feinzelliger Lava überlagert ist. Ich glaube, es läßt sich kaum daran zweifeln, erstens, daß die äußere Kruste sehr schnell in dem Zustand abgekühlt ist, zweitens, daß die noch flüssige Lava innerhalb durch die Zentrifugalkraft, welche durch das Drehen der Bombe sich erzeugte, gegen die äußere abgekühlte Kruste angedrückt wurde und so die solide Schale von Stein bildete, und endlich, daß dieselbe Zentrifugalkraft dadurch, daß sie den Druck in den zentraleren Teilen der Bombe verminderte, den erhitzten Dämpfen gestattete, die Zellen zu erweitern, wodurch dann die grobzellige Masse des Innern gebildet wurde.

Ein aus der älteren Reihe vulkanischer Gesteine gebildeter Berg, welcher unrichtiger Weise für den Krater eines Vulkans angesehen worden ist, ist wegen seines breiten, leicht ausgehöhlten und kreisförmigen Gipfels merkwürdig, welcher durch viele aufeinanderfolgende Schichten von Asche und feineren Schlacken ausgefüllt worden ist. Diese flach schalenförmigen Schichten laufen an den Rändern aus und bilden daher vollkommene Ringe von vielen verschiedenen Farben, wodurch sie dem Gipfel ein äußerst phantastisches Ansehen geben; einer dieser Ringe ist weiß und breit und gleicht einer Bahn, um welche herum Pferde geritten worden sind. Hiernach ist der Berg „des Teufels Reitbahn" genannt worden. Ich habe Handstücke einer dieser tuffartigen Schichten von einer Rosafärbung mitgebracht, und es ist eine äußerst merkwürdige Tatsache, daß Professor Ehrenberg[5] sie beinahe ganz und gar aus Substanz bestehend findet, welche organisiert gewesen ist. Er findet in ihr einige kieselschalige Süßwasser-Infusorien und nicht weniger als fünfundzwanzig verschiedene Arten kieseliger Gewebe von Pflanzen, hauptsächlich von Gräsern. Wegen der Abwesenheit aller kohlenstoffhaltigen Substanz glaubt Professor Ehrenberg, daß diese organischen Körper durch das vulkanische Feuer hindurchgegangen und in diesem Zustand ausgebrochen worden sind, in welchem wir sie jetzt sehen. Das Aussehen dieser Schichten hatte mich zu der Annahme geführt, daß sie unter Wasser gelegen hätten, obschon ich wegen der außerordentlichen Trockenheit des Klimas genötigt war, mir vorzustellen, daß Ströme von Regen wahrscheinlich während irgendeiner großen Eruption niedergefallen wären und auf diese Weise einen temporären See gebildet hätten, in welchen die Asche gefallen wäre. Man kann indes jetzt annehmen, daß der See kein temporärer war. Wie sich aber auch die Sache verhalte, darüber können wir sicher sein, daß in einer früheren Zeit das Klima und die Erzeugnisse von Ascension von denen sehr verschieden waren, wie sie sich jetzt uns darbieten. Wo können wir uns auf der ganzen Oberfläche der Erde eine Stelle ausfindig machen, auf welcher eine eingehendere Untersuchung nicht Zeichen jener endlosen Kreisläufe von Veränderungen entdecken wird, denen diese Erde unterlegen ist, noch unterliegt und immer unterliegen wird?

Nachdem wir Ascension verlassen hatten, segelten wir nach Bahia an der Küste von Brasilien, um die chronometrischen Maßbestimmungen rings um die Erde zu vervollständigen. Wir kamen hier am 1. August an und blieben vier Tage dort, während welcher ich mehrere lange Spaziergänge machte. Ich freute mich sehr, zu finden, daß mein Entzücken an tropischer Szenerie nicht wegen des Mangels der Neuheit auch nur im allergeringsten Grade sich vermindert hatte. Die einzelnen Elemente der Szenerie sind so einfach, daß es sich der Mühe lohnt, sie zu erwähnen, und zwar als Beweis, von welchen unbedeutenden Umständen eine ausgesuchte Naturschönheit abhängt.

Das Land kann als eine horizontale Ebene von ungefähr dreihundert Fuß Erhebung beschrieben werden, welche überall in flachsohlige Täler ausgewaschen worden ist. Diese Bildung ist

---

[5] Monatsberichte der Kön. Akad. d. Wiss. zu Berlin, April 1845.

Einundzwanzigstes Kapitel

in einem granitischen Land merkwürdig, ist aber in allen den weicheren Formationen beinahe ganz allgemein, aus denen Ebenen gewöhnlich gebildet sind. Die ganze Oberfläche wird von verschiedenen Arten stattlicher Bäume bedeckt, zwischen denen Flecken von angebautem Boden zerstreut liegen, auf welchen sich Häuser, Klöster und Kapellen erheben. Man muß sich daran erinnern, daß innerhalb der Tropen die wilde Üppigkeit der Natur selbst nicht in der Nähe größerer Städte verloren geht, denn der natürliche Pflanzenwuchs der Hecken und Bergabhänge überwältigt in seiner malerischen Wirkung die künstlichen Arbeiten des Menschen. Es gibt daher nur einige wenige Flecke, wo der hellrote Boden einen starken Kontrast gegen das ganz allgemein grüne Kleid darbietet. Von den Rändern der Ebene aus hat man weite Ausblicke entweder auf den Ozean, oder auf den großen Meerbusen mit seinen niedrig bewaldeten Ufern, auf welchem zahlreiche Boote oder Kanus ihre weißen Segel zeigen. Ausgenommen von diesem Punkt aus ist die Szenerie äußerst eingeschränkt; folgt man den horizontalen Pfaden, so erhält man rechts und links nur Einblicke in die bewaldeten Täler darunter. Ich will noch hinzufügen, daß die Häuser und besonders die geweihten Gebäude in einem eigentümlichen und im ganzen phantastischen architektonischen Stil gebaut sind. Sie sind alle geweißt, so daß, wenn sie von der glänzenden Sonne des Mittags beleuchtet sind und gegen das blasse Blau des Himmels am Horizont betrachtet werden, mehr wie Schatten als wie wirkliche Gebäude heraustreten.

Von solcher Art sind die Elemente der Szenerie. Es ist aber ein hoffnungsloser Versuch, den allgemeinen Eindruck wiedergeben zu wollen. Gelehrte Naturforscher beschreiben diese Szenen der Tropenlandschaften in der Weise, daß sie eine Menge Objekte nennen und auch einige charakteristische Züge von jedem erwähnen. Einem gelehrten Reisenden mag dies möglicherweise gewisse bestimmte Ideen mitteilen; aber wer sonst kann sich nach dem Anblick einer Pflanze in einem Herbarium ihre Erscheinung vorstellen, wenn sie in ihrem eingeborenen Boden wächst? Wer kann sich nach dem Anblick einiger ausgewählter Pflanzen in einem Gewächshaus einige derselben bis zu den Dimensionen von Waldbäumen vergrößern und andere in einen verwickelten Dschungel vermehren lassen! Wer wird bei der Untersuchung der munteren exotischen Schmetterlinge und merkwürdigen Zikaden in der Sammlung eines Entomologen mit diesen leblosen Gegenständen die unaufhörliche, schrille Musik der letzteren und den trägen Flug der ersteren vergesellschaften; beides die sicheren Begleiter des stillen, glühenden Mittags der Tropen? Wenn die Sonne ihre größte Höhe erreicht hat, dann ist die Zeit eingetreten, derartige Szenen sich zu betrachten, dann verhüllt das dichte prachtvolle Laub der Mango-Bäume den Boden mit dem dunkelsten Schatten, während die oberen Zweige durch den Überfluß von Licht im glänzendsten Grün erscheinen. In gemäßigten Zonen liegt der Fall sehr verschieden; die Vegetation ist dort nicht so dunkel und nicht so reich, und daher geben die Strahlen der untergehenden Sonne, mit einer roten purpurnen oder hellgelben Abtönung gefärbt, diesen Klimaten ihre Schönheit.

Ging ich ruhig den schattigen Pfad entlang und bewunderte ich jede sich mir nacheinander darbietende Aussicht, so wünschte ich wohl Worte zu finden, meine Ideen ausdrücken zu können. Eigenschaftswort nach Eigenschaftswort wurde hervorgesucht und für zu schwach befunden, denen, welche die tropischen Gegenden nicht besucht haben, das Gefühl von Entzücken beibringen zu können, welches der Geist hier empfindet. Ich habe schon gesagt, daß die Pflanzen in einem Gewächshaus keine richtige Idee von der Vegetation mitteilen können, und doch muß ich darauf zurückkommen. Das Land ist ein großes, wildes, unordentlich gehaltenes, üppiges Gewächshaus, das die Natur für sich errichtet hat, wovon aber der Mensch Besitz ergriffen hat, der es mit freundlichen Häusern und planvoll angelegten Gärten bedeckt hat. Wie groß wird bei jedem Bewunderer der Natur die Sehnsucht sein, wenn es möglich wäre, die Szenerie eines anderen Planeten zu erblicken, und doch kann man in Wahrheit sagen, daß für jedermann in Europa in der Entfernung von nur wenigen Graden die Wunder einer anderen Welt geöffnet sind. Auf meinem letzten Spaziergange blieb ich immer und immer wieder stehen, um diese

Schönheiten anzustarren, und mir in meinem Geiste für immer einen Eindruck festzuhalten, von dem ich wußte, daß er früher oder später einmal verblassen müsse. Die Form des Orangenbaumes, der Kokos-Palme, der Palme, des Mango-Baumes, des Baumfarn, der Banane wird klar und deutlich getrennt bleiben; aber die tausend Schönheiten, welche alle diese zu einer vollkommenen Szene vereinigen, müssen erbleichen. Und doch werden sie wie ein in der Kindheit gehörtes Märchen ein Gemälde voll von zwar undeutlichen, aber außerordentlich schönen Bildern zurücklassen.

6. August – Am Nachmittag wandten wir uns seewärts hinaus in der Absicht, einen direkten Weg nach den Kapverdischen Inseln einzuschlagen. Ungünstiger Wind hielt uns indessen zurück und am 12. liefen wir Pernambuco an, eine große Stadt an der Küste von Brasilien im 8.° S. Br. Wir gingen außerhalb des Riffs vor Anker, aber nach einer kurzen Zeit kam ein Lotse an Bord und brachte uns in den inneren Hafen, wo wir dicht an der Stadt uns vor Anker legten.

Pernambuco ist auf einigen schmalen und niedrigen Sandbänken erbaut, welche durch seichte Kanäle von Seewasser voneinander getrennt sind. Die drei Teile der Stadt sind untereinander durch zwei lange, auf hölzerne Pfeiler gebaute Brücken verbunden. Die Stadt ist durchaus widerwärtig. Die Straßen sind schmal, schlecht gepflastert und schmutzig. Die Häuser hoch und düster. Die Zeit der heftigen Regengüsse war kaum zu Ende. Daher war das umgebende Land, welches sich kaum über den Meeresspiegel erhebt, mit Wasser überschwemmt. Alle meine Versuche, größere Spaziergänge zu machen, schlugen daher fehl.

Das platte sumpfige Land, auf welchem Pernambuco steht, wird in der Entfernung von wenigen Meilen von einem Halbkreis von niedrigen Bergen oder vielmehr von dem Rande eines vielleicht zweihundert Fuß über dem Meeresspiegel erhobenen Landes umgeben. Die alte Stadt Olinda steht auf dem einen Ende dieses Rückens. Eines Tages nahm ich ein Kanu und fuhr den einen der Kanäle hinauf, um diese Stadt zu besuchen. Wegen ihrer Lage fand ich, daß die alte Stadt sowohl besser roch, als auch reinlicher war als Pernambuco. Ich muß hier etwas erwähnen, was zum ersten Mal während unserer beinahe fünf Jahre währenden Wanderungen sich ereignete, nämlich, daß wir hier Mangel an Höflichkeit erfuhren. In zwei verschiedenen Häusern wurde mir in einer groben Manier die Erlaubnis verweigert, die ich dann in einem dritten nur mit Schwierigkeit erhielt, durch den Garten nach einem nicht bebauten Berge zu gehen, zu dem Zweck, einen Blick auf das Land zu haben. Ich bin froh darüber, daß mir dies in dem Lande der Brasilianer widerfuhr, denn zu ihnen habe ich gar keine Neigung. Gleichzeitig ist ihr Land ein Sklavenland und daher ein Land moralischer Erniedrigung. Ein Spanier würde sich beim bloßen Gedanken, eine derartige Bitte abgeschlagen oder einen Fremden roh behandelt zu haben, beschämt fühlen. Der Kanal, durch welchen wir nach Olinda hin- und zurückfuhren, war an beiden Seiten von Mangroven eingefaßt, welche wie ein Miniaturwald aus den fettigen Schlammbänken emporsprangen. Die hellgrüne Färbung dieser Büsche erinnerte mich immer an das üppige Gras auf einem Gottesacker: beides wird durch faulige Ausdünstung ernährt; das eine erinnert an den bereits eingetretenen Tod und das andere nur zu häufig an den bevorstehenden.

Der merkwürdigste Gegenstand, den ich in der Umgebung der Stadt sah, war das Riff, welches den Hafen bildet. Ich bezweifle es, ob in der ganzen Welt irgendein anderer natürlicher Bau ein so künstliches Aussehen hat.[6] Es läuft in einer Länge von mehreren Meilen in einer absolut geraden Linie parallel mit dem Ufer und nicht weit davon entfernt. Es schwankt in seiner Breite von dreißig bis sechzig Yards und seine Oberfläche ist eben und glatt; es ist aus undeutlich geschichtetem, hartem Sandstein gebildet. Zur Flutzeit brechen sich die Wellen über dasselbe. Zur Ebbezeit ist sein Gipfel trocken und dann kann man es irrtümlicher Weise für einen von Zyklopen errichteten Wellenbrecher halten. An dieser Küste werfen die Meeresströmungen gern vor dem Land lange Spitzen und Bänke lockeren Sandes auf und auf einer derselben steht ein Teil

---

[6] Ich habe diese Barre im Detail beschrieben in: London and Edinb. Philos. Magaz., Vol. XIX, 1841, p.257.

der Stadt Pernambuco. In früheren Zeiten scheint eine lange Landzunge dieser Beschaffenheit durch das Durchsickern von kalkiger Substanz fest geworden und später allmählich erhoben worden zu sein; die äußeren und loser daraufliegenden Teile sind während dieses Prozesses durch die Tätigkeit der Wellen weggenagt und der solide Kern, so wie wir ihn jetzt sehen, zurückgelassen worden. Obgleich die Wellen des offenen Atlantischen Ozeans, die durch Sediment, das sie führen, trübe sind, Tag und Nacht gegen die steilen äußeren Flächen dieses steinernen Walles angetrieben werden, so kennen die ältesten Lotsen auch nicht einmal eine Überlieferung von irgendeiner Veränderung in seiner Erscheinung. Diese Dauerhaftigkeit ist bei Weitem die merkwürdigste Tatsache in seiner Geschichte. Sie ist eine Folge einer zähen, wenige Zoll dicken Schicht kalkiger Substanz, welche ganz und gar durch das allmähliche Wachstum und Absterben kleiner *Serpula*-Röhren gebildet worden ist, in Verbindung mit einigen wenigen Rankenfüßlern und Nulliporen. Diese Nulliporen, welche harte, sehr einfach organisierte Meerpflanzen sind, spielen eine analoge und bedeutungsvolle Rolle bei dem Schutz der oberen Flächen von Korallen-Riffen hinter und innerhalb der Wellenbrecher, wo die echten Korallen während des Wachstums der Masse nach außen dadurch getötet werden, daß sie der Sonne und Luft ausgesetzt sind. Diese unbedeutend erscheinenden organischen Wesen, besonders die Serpulae, haben dem Volke von Pernambuco wesentliche Dienste geleistet. Denn ohne ihre schützende Hilfe würde die Sandstein-Barriere ganz unvermeidlich schon seit langer Zeit weggewaschen worden sein und ohne Barre würde es keinen Hafen gegeben haben.

Am 19. August verließen wir zum letzten Mal die Küste von Brasilien. Ich danke Gott, daß ich nie wieder ein Sklavenland zu besuchen haben werde. Bis auf den heutigen Tag ruft mir, wenn ich ein fernes Schreien höre, dasselbe mit peinlicher Lebendigkeit meine Empfindungen zurück, die ich beim Vorübergehen an einem Hause in Pernambuco hatte, als ich das allererbarmungswürdigste Stöhnen hörte, und mir dasselbe doch nicht anders als so erklären konnte, das irgendein armer Sklave gemartert wurde, während ich doch wußte, daß ich so machtlos wie ein Kind war, selbst nur Vorstellungen zu machen. Ich vermutete deshalb, daß dieses Stöhnen von einem gemarterten Sklaven herrührte, weil mir in einem anderen Falle ausdrücklich gesagt wurde, daß dies der Fall sei. In der Nähe von Rio de Janeiro lebte ich einer alten Dame gegenüber, welche sich Schrauben hielt, um die Finger ihrer weiblichen Sklaven zu quetschen. Ich habe in einem Haus mich aufgehalten, wo ein junger, zum Hausstand gehöriger Mulatte täglich und stündlich gescholten, geschlagen und verfolgt wurde in einem Maße, daß selbst der Mut des niedrigsten Tieres gebrochen worden wäre. Ich habe gesehen, wie ein kleiner Junge, sechs oder sieben Jahre alt, dreimal mit einer Reitpeitsche, ehe ich dazwischen treten konnte, über seinen nackten bloßen Kopf geschlagen wurde, weil er mir ein Glas Wasser gereicht hatte, was nicht ganz rein war; ich sah, wie sein Vater bei einem bloßen Blick aus dem Auge seines Herrn zitterte. Diese letzten Grausamkeiten habe ich als Zeuge in einer spanischen Kolonie miterlebt, in welcher, wie allgemein gesagt wird, die Sklaven noch besser behandelt werden, als von den Portugiesen, Engländern oder anderen europäischen Nationen. Ich habe in Rio de Janeiro gesehen, wie ein kraftvoller Jüngling sich fürchtete, einen zum Schein nach seinem Gesicht geführten Schlag zu parieren. Ich war gegenwärtig, als ein mild denkender Mann im Begriff war, die Männer, Frauen und Kinder von einer großen Anzahl von Familien, die lange Zeit zusammengelebt hatten, voneinander zu trennen. Viele niederschlagende Grausamkeiten, von denen ich authentisch gehört habe, will ich noch nicht einmal erwähnen. Auch würde ich die oben erwähnten, widerwärtigen Einzelheiten nicht erwähnt haben, wären mir nicht mehrere Leute begegnet, welche von der konstitutionellen Heiterkeit des Negers so geblendet waren, daß sie von der Sklaverei als von einem erträglichen Übel sprachen. Derartige Leute haben meist Häuser der oberen Klasse besucht, wo die Haus-Sklaven gewöhnlich gut behandelt werden; und sie haben nicht, wie ich, unter den niederen Klassen gelebt. Derartige Forscher erkunden sich bei den Sklaven nach ihrem Zustand; sie vergessen, daß der Sklave sehr dumm sein muß, welcher sich nicht berechnet, was es für Folgen haben könnte, wenn seine Antwort das Ohr seines Herrn erreichte. Man hat angeführt, daß das eigene Interesse eine exzessive Grausamkeit verhindere; als wenn dieses eigene Interesse unsere Haustiere irgendwie schützte, welche doch noch viel weniger die Wahrscheinlichkeit bieten, die Wut ihrer wilden Gebieter zu erregen, als herabgekommene Sklaven. Es ist dies ein Argument, gegen welches schon vor langer Zeit mit einem edlen Gefühl und unter Anführung auffallender, in die Augen springender Beispiele der berühmte Humboldt protestiert hat. Es ist oft versucht worden, die Sklaverei durch den Vergleich des Zustandes der Sklaven mit dem unserer armen Landsleute zu bemänteln; sollte das Elend unserer Armen nicht durch die Gesetze der Natur, sondern durch unsere Einrichtungen verursacht worden sein, so ist unsere Sünde schon groß; wie dies aber in Beziehung zur Sklaverei gebracht werden kann, sehe ich nicht ein; ebensogut könnte man den Gebrauch der Daumenschrauben in einem Lande verteidigen dadurch, daß man zeigt, daß die Menschen in einem anderen Lande von irgendeiner Krankheit zu leiden gehabt haben. Diejenigen, welche den Sklavenbesitzer mit zarter Rücksicht betrachten und den Sklaven selbst mit einem kalten Herzen, scheinen sich niemals in die Lage des letzteren versetzt zu haben; was für eine traurige Aussicht mit nicht einmal einer Hoffnung einer möglichen Veränderung eröffnet sich hier! Man male sich doch nur einmal selbst die Möglichkeit, die beständig über den armen Leuten schwebt, aus, daß Frauen und Kinder – diejenigen Gegenstände, welche die Natur selbst den Sklaven drängt, sein Eigen zu nennen – von ihm gerissen und wie so viel Stück Vieh an den ersten besten Bieter verkauft werden! Und diese Handlungen werden von Leuten ausgeführt und verteidigt, welche bekennen, ihren Nächsten wie sich selbst zu lieben, welche an Gott glauben und welche beten, daß sein Wille auf Erden geschehe! Es macht unser Blut aufwallen und doch unser Herz erzittern, wenn wir bedenken, daß wir Engländer und unsere amerikanischen Nachkommen mit ihrem übermütigen Geschrei nach Freiheit so schuldbeladen sind und noch sind. Es ist indes ein Trost, sich sagen zu können, daß wir wenigstens ein größeres Opfer, als jemals von einer Nation gebracht worden ist, gebracht haben, um unsere Sünde gut zu machen.

Am letzten August ankerten wir zum zweiten Mal in Porto Praya im Kapverdischen Archipel; von dort gingen wir weiter nach den Azoren, wo wir sechs Tage blieben. Am 2. Oktober erreichten wir die Küste von England und in Falmouth verließ ich die „Beagle", nachdem ich beinahe fünf Jahre an Bord des guten kleinen Schiffes gelebt hatte.

Nachdem denn nun unsere Reise zu ihrem Abschluß gekommen ist, will ich einen kurzen Rückblick über die Vorteile und Nachteile, über die Leiden und Freuden unserer Weltumsegelung zusammenstellen. Wenn mich jemand, ehe er eine große Reise unternimmt, um meinen Rat fragen würde, so würde meine Antwort davon abhängen, ob er einen ausgesprochenen Geschmack für irgendeinen Zweig des Wissens besäße, welcher durch ein solches Mittel gefördert werden könnte. Ohne Zweifel gewährt es eine große Befriedigung, verschiedene Länder und die vielen Menschenrassen zu sehen, aber das während dieser Zeit genossene Vergnügen wiegt die Übelstände nicht auf. Es ist nötig, nach irgendwelcher Ernte, wie fern dieselbe auch sein mag, blicken zu können, wo man gewisse Früchte ernten, irgend etwas Gutes bewirken kann.

Viele von den Entbehrungen, denen man sich dadurch aussetzt, liegen auf der Hand; so der Mangel des Umganges mit allen alten Freunden, die Unmöglichkeit, alle die Plätze, mit denen jede teuere Erinnerung so innig zusammenhängt, erblicken zu können. Indes werden diese Verluste zur Zeit teilweise ersetzt durch das unerschöpfliche Entzücken, den lange gewünschten Tag der Rückkehr sich im Geiste ausmalen zu können. Wenn das Leben, wie die Dichter sagen, ein Traum ist, so bin ich der sicheren Überzeugung, daß bei einer solchen Reise dies die Visionen sind, welche am besten die lange Nacht überstehen helfen. Andere Verluste, wenn sie auch anfangs nicht gefühlt werden, stellen sich nach einer gewissen Zeit sehr schmerzlich heraus: diese sind der Mangel an Raum, an Abgeschlossenheit, an Ruhe, das abmattende Gefühl beständiger Eile, die Entbehrung kleiner Gegenstände des Komforts, der Mangel an häuslicher Gesellschaft

Einundzwanzigstes Kapitel

und selbst an Musik und den anderen Vergnügen unserer Phantasie. Wenn derartige unbedeutende Sachen erwähnt werden, so geht offenbar daraus hervor, daß die wirklichen Trübsale eines Lebens auf dem Meere, ausgenommen die etwaigen Unglücksfalle, zu Ende sind. Die kurze Zeit von nur sechzig Jahren hat einen erstaunlichen Unterschied in der Leichtigkeit der Schifffahrt in entfernte Gegenden hervorgebracht. Selbst in der Zeit Cooks setzte sich ein Mann, welcher seinen Herd wegen derartiger Expeditionen verließ, bitteren Entbehrungen aus. Jetzt kann eine Yacht, mit allem Luxus des bequemsten Lebens ausgestattet, die Erde umsegeln. Außer den ungeheuren Verbesserungen an Schiffen und den Hilfsquellen der Schiffahrt ist jetzt die ganze westliche Küste von Amerika geöffnet und Australien ist die Hauptstadt eines emporblühenden Kontinentes geworden. Wie verschieden sind jetzt die Umstände für einen Mann, der am heutigen Tage im Stillen Ozean Schiffbruch erleidet, gegen das was sie zur Zeit Cooks waren! Seit seiner Reise ist eine ganze Hemisphäre der zivilisierten Welt hinzugefügt worden.

Leidet jemand stark an der Seekrankheit, so soll er das sehr ernstlich bei dem Abwägen seines Entschlusses bedenken. Ich spreche aus Erfahrung: Es ist kein leicht zu behandelndes Übel, das in einer Woche zu beseitigen wäre. Hat er auf der anderen Seite Vergnügen an der Schiffstaktik, so wird er sicher ein reiches Feld nach seinem Geschmack vor sich finden. Es muß aber im Auge behalten werden, ein wie großer Teil der Zeit während einer langen Seereise auf dem Wasser zugebracht wird, im Vergleich mit den Tagen in den Hafenorten. Und welches sind die gerühmten Herrlichkeiten des grenzenlosen Ozeans? Eine langweilige Wüste, eine Wüste von Wasser, wie es der Araber nennt. Ohne Zweifel gibt es einige entzückende Szenen. Eine Mondscheinnacht mit dem klaren Himmel und dem dunkel glänzenden Meere, die weißen Segel von dem weichen Hauche eines sanft wehenden Passatwindes gefüllt; eine tote Windstille, wo die auf- und abschwellende Fläche des Meeres wie ein Spiegel poliert erscheint und alles, mit Ausnahme des gelegentlichen Anschlagens der Segel, ruhig ist. Es ist alles ganz gut, einmal eine Böe mit ihren sich erhebenden Wirbeln und ihrer steigernden Wut, oder einen schweren Sturm und berghohe Wellen zu erblicken. Ich muß indes bekennen, daß sich meine Einbildungskraft etwas noch Großartigeres, noch Schrecklicheres in dem auf seine Höhe gekommenen Sturme vorgemalt hatte. Es ist ein unvergleichlich schönerer Anblick, ihn am Lande zu beobachten, wo die wogenden Bäume, der wilde Flug der Vögel, die dunklen Schatten und die grellen Lichter, das Rauschen der Regenströme, alles dies den Kampf der entfesselten Elemente, bezeugt. Auf dem Meere fliegen der Albatroß und der kleine Sturmvogel, als wenn der Sturm ihr eigentliches Element wäre. Das Wasser hebt sich und sinkt wieder, als wenn es seine gewöhnliche Aufgabe erfülle, und allein das Schiff und seine Bewohner scheinen Gegenstände der Wut zu sein. An einer einsamen und vom Wetter hart mitgenommenen Küste ist die Szene allerdings verschieden; doch sind unsere Empfindungen da mehr die des Entsetzens, als die eines wilden Entzückens.

Wir wollen aber jetzt unsere Blicke auf die glänzendere Seite der letztvergangenen Zeit werfen. Das Vergnügen, welches der Anblick der Szenerie und des allgemeinen Erscheinens der verschiedenen Länder, die wir besucht haben, verursachte, ist entschieden die beständigste und höchste Quelle des Entzückens gewesen. Es ist wohl wahrscheinlich, daß die malerische Schönheit vieler Teile von Europa alles, was wir gesehen haben, übertrifft. Aber es besteht ein beständig zunehmendes Vergnügen darin, den Charakter der Szenerie in verschiedenen Ländern miteinander zu vergleichen, ein Vergnügen, welches bis zu einem gewissen Grade von der bloßen Bewunderung der Schönheit der Länder verschieden ist. Es hängt hauptsächlich von der Bekanntschaft mit den individuellen Teilen einer jeden Ansicht ab. Ich bin sehr geneigt anzunehmen, daß, ebenso wie in der Musik, derjenige, welcher jede Note versteht, wenn er auch gleichzeitig einen gehörigen Geschmack hat, das Ganze mehr durch und durch genießt, so auch derjenige, welcher jeden Teil einer schönen Ansicht sorgfältig prüft, auch die volle und kombinierte Wirkung des Ganzen besser erfassen wird. Es sollte daher ein Reisender Botaniker sein, denn bei allen Ansichten bilden Pflanzen die hauptsächlichsten Verschönerungsmittel.

Man gruppiere Massen nackter Felsen selbst in den wildesten Formen zusammen, sie werden wohl für eine kurze Zeit ein erhabenes Schauspiel darbieten, sie werden aber sehr bald monoton werden. Man male sie mit glänzenden und verschiedenen Farben an, wie im nördlichen Chile, so werden sie phantastisch erscheinen; bedecke man sie mit Vegetation, so müssen sie ein anständiges, wenn nicht ein schönes Gemälde abgeben.

Wenn ich sage, daß die Szenerie von Teilen von Europa wahrscheinlich schöner ist als irgend etwas, was wir gesehen haben, so nehme ich, als Klasse für sich, die Szenerie der Tropenzonen aus. Diese beiden Klassen können gar nicht miteinander verglichen werden; ich habe mich aber bereits häufig genug über die Großartigkeit dieser Szenen verbreitet. Da die Stärke der Eindrücke allgemein von vorher erlangten Ideen abhängt, so will ich noch hinzufügen, daß meine Vorstellungen aus den lebendigen Beschreibungen in der Reiseschilderung Humboldts entnommen waren, welche an Verdienst alles übrige bei weitem übertreffen, was ich gelesen habe. Und doch mischte sich mit diesen sehr hoch geschraubten Vorstellungen auch nicht entfernt ein leiser Anstrich von Enttäuschung meinen Empfindungen bei, als ich zum ersten und zum letzten Male an der Küste von Brasilien landete.

Unter den Szenen, welche sich tief in meine Erinnerung eingeprägt haben, übertreffen keine an Großartigkeit die von den Händen des Menschen noch nicht berührten Wälder, mögen es nun die von Brasilien sein, wo die Kraft des Lebens vorherrschend ist, oder diejenigen des Feuerlandes, wo Tod und Zerfall herrscht. Beide sind Tempel, die mit den großartigen Erzeugnissen des Gottes der Natur erfüllt sind. – Niemand kann in diesen Einsamkeiten stehen, und dabei nicht fühlen, daß im Menschen noch etwas mehr existiert, als der bloße Atem seines Körpers. Wenn ich mir Bilder aus der Vergangenheit zurückrufe, so bemerke ich, daß die Ebenen von Patagonien häufig vor meinen Augen erscheinen; und doch werden diese Ebenen von allen Reisenden als elend und nutzlos geschildert. Sie können nur durch negative Merkmale beschrieben werden: Ohne Wohnstätten, ohne Wasser, ohne Bäume, ohne Berge tragen sie nur einige wenige zwerghafte Pflanzen. Warum haben denn nun, und der Fall ist nicht mir allein eigentümlich, diese dürren Wüsten einen so festen Platz in meinem Gedächtnis sich errungen? Warum haben nicht die noch ebeneren, grüneren und fruchtbareren Pampas, welche für den Menschen nutzbringend sind, einen gleichen Eindruck hervorgebracht? Ich kann diese Empfindung kaum analysieren. Sie müssen aber die Folge davon sein, daß hier der Einbildung volle Freiheit gelassen ist. Die Ebenen von Patagonien sind ohne Grenzen, denn sie sind kaum zu durchschreiten, und daher unbekannt. Sie tragen den Stempel an sich, jahrhundertelang so bestanden zu haben, wie sie jetzt sind und es scheint keine Grenze für ihre Dauer durch künftige Zeiten zu bestehen. Wenn die flache Erde, wie die Alten vermuteten, von einem unüberschreitbaren Gürtel von Wasser oder von Wüsten umgeben wäre, die bis zu einem unerträglichen Übermaß erhitzt wären, wer würde nicht auf diese Grenzen der Erkenntnis des Menschen mit tiefen, aber schwer bestimmbaren Empfindungen hinblicken?

Von den Szenerien der Natur sind denn endlich die Aussichten von hohen Bergen, obschon sicher in einem Sinne nicht schön, doch sehr merkwürdig. Wenn man von dem höchsten Kamm der Cordillera hinabblickt, so füllt sich der Geist, ohne durch minutiöse Einzelheiten gestört zu werden, mit dem Eindruck der Staunen erregenden Dimensionen der umgebenden Massen.

Von individuellen Gegenständen erregt vielleicht nichts so sicher großes Erstaunen als der erste Anblick eines Barbaren in seinem eingeborenen Erdwinkel, eines Menschen in seinem niedrigsten und wildesten Zustande. Der Geist eilt zurück über vergangene Jahrhunderte und fragt dann, könnten wohl unsere Vorfahren Menschen gewesen sein wie diese, Menschen, deren Zeichen und Ausdrücke uns weniger verständlich sind, als die der domestizierten Tiere, Menschen, welche nicht den Instinkt dieser Tiere besitzen und sich doch auch nicht des Besitzes menschlicher Vernunft oder wenigstens irgendeiner Kunstfertigkeit, die eine Folge dieses Vermögens ist, rühmen zu können schienen; ich glaube nicht, daß es möglich ist, die Verschieden-

Einundzwanzigstes Kapitel

heit zwischen einem wilden und einem zivilisierten Menschen zu beschreiben oder zu malen. Es ist die Verschiedenheit zwischen einem wilden und einem zahmen Tiere; und ein Teil des Interesses beim Anblick eines Wilden ist dasselbe, welches einen jeden wohl dazu treiben wird, den Löwen in der Wüste sehen, den Tiger seine Beute im Dschungel zerreißen oder das Rhinozeros über die wilden Ebenen von Afrika wandern sehen zu wollen.

Unter den anderen äußerst merkwürdigen Schauspielen, welche ich gesehen habe, mag noch angeführt werden: das südliche Kreuz, die Magellan'sche Wolke und die anderen Sternbilder der südlichen Hemisphäre, die Wasserhose, der Gletscher mit seinem blauen Eisstrome, der über das Meer in einem kühnen Absturz herüberhängt, eine Laguneninsel, die durch Riffe bildende Korallen erhoben worden ist, ein tätiger Vulkan und die überwältigenden Wirkungen eines Erdbebens. Vielleicht besitzen diese letzteren Erscheinungen für mich ein besonderes Interesse wegen ihres innigen Zusammenhanges mit der geologischen Bildung der Erde. Indes muß das Erdbeben für jeden ein äußerst eindrucksvolles Ereignis sein. Die Erde, die von unserer frühesten Kindheit an als Sinnbild der Beständigkeit betrachtet wurde, hat wie eine dünne Rinde unter unseren Füßen geschwankt; und sieht man die mühsamen Werke des Menschen in einem Augenblicke über den Haufen gestürzt, so empfinden wir die Unbedeutendheit seiner gerühmten Gewalt.

Es ist angeführt worden, daß die Liebe zur Jagd ein eingeborenes Entzücken im Menschen ist, – ein Überbleibsel einer instinktiven Leidenschaft. Ist dies der Fall, so bin ich auch sicher, daß das Vergnügen, in der freien Luft zu leben, mit dem Himmel als Dach über sich und den Boden als Tisch, ein Teil derselben Empfindung ist; es kehrt hier der Wilde zu seinen wilden, eingeborenen Gewohnheiten zurück. Ich blicke immer auf unsere Bootfahrten und meine Landreisen, sobald sie durch unbesuchte Länder gingen, mit einem außerordentlichen Entzücken zurück, welches keinerlei Szenen der Zivilisation hervorgerufen haben würden. Ich zweifle nicht daran, daß jeder Reisende das die Brust durchglühende Gefühl des Glücks sich vergegenwärtigen muß, welches er empfand, als er zum ersten Male in einem fremden Klima atmete, wo der zivilisierte Mensch nur selten oder niemals hingekommen war.

Es gibt noch mehrere andere Quellen des Entzückens auf einer langen Seereise, welche von einer verständlicheren Art sind. Die Erdkarte hört auf, ein unbeschriebenes Blatt zu sein, sie wird ein Gemälde voll der verschiedenartigsten und belebtesten Bilder. Jeder Teil erhält seine richtigen Dimensionen; Kontinente werden nicht so wie Inseln, oder Inseln nicht mehr wie bloße Flecke betrachtet, welche aber in Wahrheit größer sind als viele Königreiche in Europa. Afrika oder Nord- und Süd-Amerika sind wohlklingende und leicht auszusprechende Namen; aber erst, wenn man wochenlang kleine Strecken ihrer Küsten entlang gesegelt ist, wird man durch und durch überzeugt, was für ungeheure Räume auf unserer ungeheuren Erde diese Namen umfassen.

Sieht man den gegenwärtigen Zustand, so ist es unmöglich, nicht mit großen Erwartungen auf den künftigen Fortschritt beinahe einer ganzen Hemisphäre zu blicken. Der Fortschritt der Veredelung, der eine Folge der Einführung des Christentums durch den ganzen Stillen Ozean ist, steht wahrscheinlich in den Büchern der Geschichte als etwas ganz Besonderes da. Er ist umso auffallender, wenn wir uns daran erinnern, daß vor nur sechzig Jahren Cook, dessen ausgezeichnetes Urteil niemand bestreiten wird, keine Aussicht auf eine Änderung vorhersehen konnte. Und doch sind diese Veränderungen jetzt durch den menschenfreundlichen Geist der britischen Nation bewirkt worden.

In demselben Teile der Erde erhebt sich jetzt Australien oder hat sich, wie man in der Tat wohl sagen kann, Australien zu einem großen Mittelpunkt der Zivilisation erhoben, welcher in keiner sehr weit entfernt liegenden Zeit als eine Königin über die südliche Hemisphäre herrschen wird. Es ist unmöglich für einen Engländer, diese entfernte Kolonie ohne das Gefühl eines großen Stolzes und großer Befriedigung zu erblicken. Das Aufhissen der englischen Flagge scheint als sichere Folge Wohlstand, Gedeihen und Zivilisation herbeizuziehen.

Zum Schluß scheint es mir, als wenn nichts einen jungen Naturforscher mehr fördern könne, als eine Reise in ferne Länder. Sie schärft sowohl als mildert jenes Drängen und Verlangen, welches, wie Sir J. Herschel bemerkt, ein Mensch empfindet, wenn auch jeder körperliche Sinn vollständig befriedigt ist. Die Anregung durch die Neuheit der Gegenstände und die Möglichkeit eines Erfolges reizen ihn zu einer vermehrten Tätigkeit an. Da überdies die bloße Anzahl isolierter Tatsachen bald uninteressant wird, so führt die Gewohnheit der Vergleichung zur Verallgemeinerung. Da aber andererseits der Reisende nur eine kurze Zeit an jedem Orte verweilt, so müssen seine Beschreibungen meist aus bloßen Skizzen bestehen, statt ins Einzelne gehende Beobachtungen zu enthalten. Hieraus entsteht, wie ich zu meinem Nachteil erfahren habe, die beständige Neigung, die großen Lücken unserer Kenntnis durch ungenaue und oberflächliche Hypothesen auszufüllen.

Ich habe aber die Reise mit zu tief empfundenem Entzücken gemacht, als daß ich nicht jedem Naturforscher empfehlen könnte (obschon er nicht erwarten darf, so glücklich mit seinen Reisegenossen zu sein, wie ich es gewesen bin), unter allen Umständen die Gelegenheit zu ergreifen und aufzubrechen, womöglich zu Landreisen, und ist es nicht anders möglich, zu einer langen Seefahrt. Er mag sich versichert halten, daß er keine Schwierigkeiten oder Gefahren, ausgenommen in seltenen Fällen, finden wird, die auch nur nahezu so schlimm wären, als er vorher es sich vorstellt. Von einem moralischen Gesichtspunkt aus sollte die Wirkung die sein, daß eine Reise ihn eine gutmütige Geduld, Freiheit von Selbstsucht, die Gewohnheit, für sich selbst zu handeln und aus jedem Vorkommen das Beste für sich zu gewinnen, lehrt. Mit einem Worte, er müßte die charakteristischen Eigenschaften der Matrosen sich aneignen. Das Reisen müßte ihn auch Mißtrauen lehren; gleichzeitig wird er aber entdecken, wie viele wahrhaft mildherzige Leute es gibt, mit welchen er niemals vorher irgendeine Verbindung gehabt hat, oder mit denen er wiederum niemals irgendeine weitere Verbindung haben wird, und welche doch bereit sind, ihm auf die uneigennützigste Weise Beistand zu leisten.

Zweiter Teil

Über die Entstehung der Arten durch natürliche Zuchtwahl oder die Erhaltung der begünstigten Rassen im Kampfe ums Dasein

Inhalt (Zweiter Teil)

Historische Skizze der Fortschritte in den Ansichten über den Ursprung der Arten 355

Erste Veröffentlichungen des Verfassers über den Ursprung der Arten 361

Über das Variieren organischer Wesen im Naturzustand; über die natürlichen Mittel der Zuchtwahl; über den Vergleich zwischen domestizierten Rassen und echten Arten 361
Auszug eines Briefes an Prof. Asa Gray vom 5. September 1857 364

Einleitung 367

Erstes Kapitel 370

Abänderung im Zustand der Domestikation

Ursachen der Veränderlichkeit – Wirkungen der Gewohnheit und des Gebrauchs und Nichtgebrauchs der Teile – Korrelative Abänderung – Vererbung – Charaktere domestizierter Varietäten – Schwierigkeit der Unterscheidung zwischen Varietäten und Arten – Ursprung kultivierter Varietäten von einer oder mehreren Arten – Zahme Tauben, ihre Verschiedenheiten, ihr Ursprung – Früher befolgte Grundsätze bei der Züchtung und deren Folgen – Planmäßige und unbewußte Züchtung – Unbekannter Ursprung unserer kultivierten Rassen – Günstige Umstände für das Züchtungsvermögen des Menschen

Zweites Kapitel 391

Abänderung im Naturzustand

Variabilität – Individuelle Verschiedenheiten – Zweifelhafte Arten – Weit und sehr verbreitete und gemeine Arten variieren am meisten – Arten der größeren Gattungen jeden Landes variieren häufiger als die der kleineren Genera – Viele Arten der großen Gattungen gleichen den Varietäten darin, daß sie sehr nahe, aber ungleich miteinander verwandt sind und beschränkte Verbreitungsbezirke haben – Schluß

Drittes Kapitel 403

Der Kampf ums Dasein

Seine Beziehung zur natürlichen Zuchtwahl – Der Ausdruck im weiten Sinne gebraucht – Geometrisches Verhältnis der Zunahme – Rasche Vermehrung naturalisierter Pflanzen und Tiere – Natur der Hindernisse der Zunahme – Allgemeine Konkurrenz – Wirkungen des Klimas – Schutz durch die Zahl der Individuen – Verwickelte Beziehungen aller Tiere und Pflanzen in der ganzen Natur – Kampf ums Dasein am heftigsten zwischen Individuen und Varietäten einer Art, oft auch heftig zwischen Arten einer Gattung – Beziehung von Organismus zu Organismus die wichtigste aller Beziehungen

Viertes Kapitel 414

Natürliche Zuchtwahl oder Überleben des Passendsten

Natürliche Zuchtwahl; ihre Wirksamkeit im Vergleich zu der des Menschen; ihre Wirkung auf Eigenschaften von geringer Wichtigkeit; ihre Wirksamkeit in jedem Alter und auf beide Geschlechter – Geschlechtliche Zuchtwahl – Erläuterungen der Wirkungsweise der natürlichen Zuchtwahl oder des Überlebens des Passendsten – Über die Allgemeinheit der Kreuzung zwischen Individuen der nämlichen Art – Günstige und ungünstige Umstände für die natürliche Zuchtwahl, insbesondere Kreuzung, Isolierung und Individuenzahl – Langsame Wirkung – Aussterben durch natürliche Zuchtwahl verursacht – Divergenz der Charaktere in bezug auf die Verschiedenheit der Bewohner eines kleinen Gebiets und auf Naturalisation – Wirkung der natürlichen Zuchtwahl auf die Abkömmlinge gemeinsamer Eltern durch Divergenz der Charaktere und durch Aussterben – Erklärt die Gruppierung aller organischen Wesen – Fortschritt in der Organisation – Erhaltung niederer Formen – Konvergenz der Charaktere – Unbeschränkte Vermehrung der Arten – Zusammenfassung des Kapitels

Fünftes Kapitel 448

Gesetze der Abänderung

Wirkungen veränderter Bedingungen – Gebrauch und Nichtgebrauch der Organe in Verbindung mit natürlicher Zuchtwahl; Flieg- und Sehorgane – Akklimatisierung – Korrelative Abänderung – Kompensation und Ökonomie des Wachstums – Falsche Wechselbeziehungen – Vielfache, rudimentäre und niedrig organisierte Bildungen sind veränderlich – In ungewöhnlicher Weise entwickelte Teile sind sehr veränderlich – Spezifische Charaktere sind veränderlicher als Gattungscharaktere – Sekundäre Geschlechtscharaktere sind veränderlicher als Gattungscharaktere – Zu einer Gattung gehörige Arten variieren auf analoge Weise – Rückschlag zu längst verlorenen Charakteren – Zusammenfassung des Kapitels

Sechstes Kapitel 469

Schwierigkeiten der Theorie

Schwierigkeiten der Theorie einer Deszendenz mit Modifikationen – Abwesenheit oder Seltenheit der Übergangsvarietäten – Übergänge in der Lebensweise – Differenzierte Gewohnheiten bei einer und derselben Art – Arten mit weit von denen ihrer Verwandten abweichender Lebensweise – Organe von äußerster Vollkommenheit – Übergangsweisen – Schwierige Fälle – Natura non facit saltum – Organe von geringer Wichtigkeit – Organe nicht in allen Fällen absolut vollkommen – Zusammenfassung des Kapitels; das Gesetz von der Einheit des Typus und von den Existenzbedingungen enthalten in der Theorie der natürlichen Zuchtwahl

Siebtes Kapitel 495

Verschiedene Einwände gegen die Theorie der natürlichen Zuchtwahl

Langlebigkeit – Modifikationen nicht notwendig gleichzeitig – Modifikationen scheinbar ohne direkten Nutzen – Progressive Entwicklung – Charaktere von geringer funktioneller Bedeutung die konstantesten – Natürliche Zuchtwahl vermeintlich ungenügend, die Anfangsstufen nützlicher Gebilde zu erklären – Ursachen, welche das Erlangen nützlicher Bildungen durch natürliche Zuchtwahl stören – Abstufungen des Baues bei veränderten Funktionen – Sehr verschiedene Organe bei Gliedern der nämlichen Klasse aus einer und derselben Quelle entwickelt – Gründe, nicht an große und plötzliche Modifikationen zu glauben

Achtes Kapitel 522

Instinkt

Instinkte vergleichbar mit Gewohnheiten, doch anderen Ursprungs – Abstufungen der Instinkte – Blattläuse und Ameisen – Instinkte veränderlich – Instinkte domestizierter Tiere und deren Entstehung – Natürliche Instinkte des Kuckucks, des Molothrus, des Straußes und der parasitischen Bienen – Sklavenmachende Ameisen – Honigbienen und ihr Zellenbau-Instinkt – Veränderung von Instinkt und Struktur nicht notwendig gleichzeitig – Schwierigkeiten der Theorie natürlicher Zuchtwahl der Instinkte – Geschlechtslose oder unfruchtbare Insekten – Zusammenfassung des Kapitels

Neuntes Kapitel 545

Bastardbildung

Unterscheidung zwischen der Unfruchtbarkeit bei der ersten Kreuzung und der Unfruchtbarkeit der Bastarde – Unfruchtbarkeit dem Grade nach veränderlich; nicht allgemein; durch nahe Inzucht vermehrt und durch Domestikation vermindert – Gesetze für die Unfruchtbarkeit der Bastarde – Unfruchtbarkeit keine besondere Eigentümlichkeit, sondern mit anderen Verschiedenheiten zusammenfallend und nicht durch natürliche Zuchtwahl gehäuft – Ursachen der Unfruchtbarkeit der ersten Kreuzung und der Bastarde – Parallelismus zwischen den Wirkungen veränderter Lebensbedingungen und der Kreuzung – Dimorphismus und Trimorphismus – Fruchtbarkeit miteinander gekreuzter Varietäten und ihrer Blendlinge nicht allgemein – Bastarde und Blendlinge unabhängig von ihrer Fruchtbarkeit miteinander verglichen – Zusammenfassung des Kapitels

Zehntes Kapitel 568

Unvollständigkeit der geologischen Urkunden

Über das Fehlen mittlerer Varietäten in der Jetztzeit – Natur der erloschenen Mittelvarietäten und deren Zahl – Länge der Zeiträume nach Maßgabe der Ablagerung und Denudation – Länge der verflossenen Zeit nach Jahren abgeschätzt – Armut unserer paläontologischen Sammlungen –

Unterbrechung geologischer Formationen – Denudation granitischer Bodenflächen Abwesenheit der Mittelvarietäten in allen Formationen – Plötzliches Erscheinen von Artengruppen – Plötzliches Auftreten ganzer Gruppen verwandter Arten in den ältesten bekannten fossilführenden Schichten – Alter der bewohnbaren Erde

Elftes Kapitel 588

Geologische Aufeinanderfolge organischer Wesen

Langsames und sukzessives Erscheinen neuer Arten – Verschiedene Schnelligkeit ihrer Veränderung – Einmal untergegangene Arten kommen nicht wieder zum Vorschein – Artengruppen folgen denselben allgemeinen Regeln des Auftretens und Verschwindens, wie die einzelnen Arten – Erlöschen der Arten – Gleichzeitige Veränderungen der Lebensformen auf der ganzen Erdoberfläche – Verwandtschaft erloschener Arten mit anderen fossilen und mit lebenden Arten – Entwicklungsstufe erloschener Formen – Aufeinanderfolge derselben Typen im nämlichen Ländergebiet – Zusammenfassung dieses und des vorhergehenden Kapitels

Zwölftes Kapitel 607

Geographische Verbreitung

Die gegenwärtige Verbreitung der Organismen läßt sich nicht aus Verschiedenheiten der physikalischen Lebensbedingungen erklären – Wichtigkeit der Verbreitungsschranken – Verwandtschaft der Erzeugnisse eines nämlichen Kontinents – Schöpfungsmittelpunkte – Mittel der Verbreitung: Veränderungen des Klimas, Schwankungen der Bodenhöhe und gelegentliche Mittel – Die Zerstreuung während der Eisperiode – Abwechselnder Eintritt der Eiszeit im Norden und Süden

Dreizehntes Kapitel 627

Geographische Verbreitung (Fortsetzung)

Verbreitung der Süßwasserbewohner – Die Bewohner ozeanischer Inseln – Abwesenheit von Batrachiern und Landsäugetieren – Beziehungen der Bewohner von Inseln zu denen des nächsten Festlandes – Über Ansiedlung aus den nächsten Quellen und nachherige Abänderung – Zusammenfassung dieses und des vorigen Kapitels

Vierzehntes Kapitel 642

Gegenseitige Verwandtschaft organischer Wesen; Morphologie; Embryologie; rudimentäre Organe

Klassifikation: Unterordnung der Gruppen – Natürliches System – Regeln und Schwierigkeiten der Klassifikation erklärt aus der Theorie der Deszendenz mit Modifikation – Klassifikation der Varietäten – Abstammung stets bei der Klassifikation benutzt – Analoge oder Anpassungscharaktere – Verwandtschaften: allgemeine, verwickelte und strahlenförmige – Erlöschung trennt und begrenzt die Gruppen – Morphologie: zwischen Gliedern derselben Klasse und zwischen Teilen desselben Individuums – Embryologie: deren Gesetze daraus erklärt, daß Abänderungen nicht im frühen Lebensalter eintreten und in korrespondierendem Alter vererbt werden – Rudimentäre Organe: ihre Entstehung erklärt – Zusammenfassung des Kapitels

Fünfzehntes Kapitel 673

Allgemeine Wiederholung und Schluß

Wiederholung der Einwände gegen die Theorie natürlicher Zuchtwahl – Wiederholung der allgemeinen und besonderen Umstände zu deren Gunsten – Ursachen des allgemeinen Glaubens an die Unveränderlichkeit der Arten – Wie weit die Theorie natürlicher Zuchtwahl auszudehnen ist – Folgen ihrer Annahme für das Studium der Naturgeschichte – Schlußbemerkungen

Historische Skizze der Fortschritte in den Ansichten über den Ursprung der Arten

Ich will hier eine kurze Skizze von der Entwicklung der Ansichten über den Ursprung der Arten geben. Bis vor kurzem glaubte die große Mehrzahl der Naturforscher, daß die Arten unveränderlich seien und daß jede einzelne für sich erschaffen worden sei. Diese Ansicht ist von vielen Schriftstellern mit Geschick verteidigt worden. Nur einige wenige Naturforscher nahmen dagegen an, daß Arten einer Veränderung unterliegen und daß die jetzigen Lebensformen durch wirkliche Zeugung aus anderen früher vorhandenen Formen hervorgegangen sind. Abgesehen von einigen, auf unsern Gegenstand zu beziehende Andeutungen in den Schriftstellern des klassischen Altertums[1], war Buffon der erste Schriftsteller, welcher in neuerer Zeit denselben in einem wissenschaftlichen Geiste behandelt hat. Da indessen seine Ansichten zu verschiedenen Zeiten sehr schwankten und er sich nicht auf die Ursache oder Mittel der Umwandlung der Arten einläßt, brauche ich hier nicht auf Einzelheiten einzugehen.

Lamarck war der erste, dessen Ansichten über diesen Punkt großes Aufsehen erregten. Dieser mit Recht gefeierte Naturforscher veröffentlichte dieselben zuerst 1801 und dann bedeutend erweitert 1809 in seiner ‚Philosophie Zoologique', sowie 1815 in der Einleitung zu seiner Naturgeschichte der wirbellosen Tiere, in welchen Schriften er die Lehre aufstellte, daß alle Arten, den Menschen eingeschlossen, von anderen Arten abstammen. Er hat das große Verdienst, die Aufmerksamkeit zuerst auf die Wahrscheinlichkeit gelenkt zu haben, daß alle Veränderungen in der organischen wie in der unorganischen Welt die Folgen von Naturgesetzen und nicht von wunderbaren Zwischenfällen sind. Lamarck scheint hauptsächlich durch die Schwierigkeit, Arten und Varietäten voneinander zu unterscheiden, durch die fast ununterbrochene Stufenreihe der Formen in manchen Organismen-Gruppen und durch die Analogie mit unseren Züchtungserzeugnissen zu der Annahme einer gradweisen Veränderung der Arten geführt worden zu sein. Was die Mittel betrifft, wodurch die Umwandlung der Arten bewirkt werde, so schreibt er einiges auf Rechnung einer direkten Einwirkung der äußeren Lebensbedingungen. Einiges führt er auf die Wirkung einer Kreuzung der bereits bestehenden Formen und vieles auf den Gebrauch und Nichtgebrauch der Organe, also auf die Wirkung der Gewohnheit zurück. Dieser letzten Kraft scheint er alle die schönen Anpassungen in der Natur zuzuschreiben, wie z. B. den langen Hals der Giraffe, der sie in den Stand setzt, die Zweige hoher Bäume abzuweiden. Doch nahm er zugleich ein Gesetz fortschreitender Entwicklung an, und da hiernach alle Lebensformen fortzuschreiten streben, so nahm er, um sich von dem Dasein sehr einfacher Lebensformen auch in unseren Tagen Rechenschaft zu geben, für derartige Formen noch eine Generation spontanea an.[2]

---

[1] Aristoteles führt in den ‚Physicae auscultationes' (Buch 2, Kap. 8) die Ansicht des Empedokles an, daß der Regen nicht niederfalle, um das Korn wachsen zu machen, ebensowenig wie er falle, um das Korn zu verderben, wenn es unter freiem Himmel gedroschen wird, und wendet nun dieselbe Argumentation auf die Organismen an. Er fügt hinzu (Herr Clair Grece hat mich auf diese Stelle aufmerksam gemacht): „Was demnach steht dem im Wege, daß auch die Teile des Körpers in der Natur sich ebenso zufällig verhalten, daß z. B. die Zähne durch Notwendigkeit hervorwachsen, nämlich die vorderen schneidig und tauglich zum Zerteilen, hingegen die Backenzähne breit und brauchbar zum Zermalmen der Nahrung, da sie ja nicht um dessentwillen so werden, sondern dies eben nebenbei erfolgt, und ebenso auch bei den übrigen Teilen, bei welchem das um eines Zweckes willen Wirkende vorhanden zu sein scheint; und die Dinge dann nun, bei welchen alles einzelne gerade so sich ergab, als wenn es um eines Zweckes willen entstünde, diese hätten sich, nachdem sie grundlos von selbst in tauglicher Weise sich gebildet hätten, auch erhalten; bei welchen aber dies nicht der Fall war, diese seien schon zugrunde gegangen und gingen noch zugrunde." (Acht Bücher Physik. Übersetzt von Prantl, p.89). Wir finden hier zwar eine dunkle Ahnung des Prinzips der natürlichen Zuchtwahl bei Empedokles; wie weit aber Aristoteles selbst davon entfernt war, es völlig zu erfassen, zeigen seine Bemerkungen über die Bildung der Zähne.

[2] Ich habe die obige Angabe der ersten Veröffentlichung Lamarcks aus Isid. Geoffroy St.-Hilaires vortrefflicher Geschichte der Meinungen über diesen Gegenstand (Histoire naturelle générale, T. II, p.405, 1859) entnommen, wo auch ein vollständiger Bericht von Buffons Urteilen über denselben Gegenstand zu finden ist. Es ist merkwür-

Historische Skizze der Fortschritte in den Ansichten über den Ursprung der Arten

Étienne Geoffroy Saint-Hilaire vermutete, wie sein Sohn in dessen Lebensbeschreibung berichtet, schon um das Jahr 1795, daß unsere sogenannten Spezies nur Ausartungen eines und des nämlichen Typus seien. Doch erst im Jahre 1828 sprach er öffentlich seine Überzeugung aus, daß sich ein und dieselben Formen nicht unverändert seit dem Anfang der Dinge erhalten haben. Geoffroy scheint die Ursache der Veränderung hauptsächlich in den Lebensbedingungen oder dem „Monde ambiant" gesucht zu haben. Doch war er vorsichtig im Ziehen von Schlüssen und glaubte nicht, daß jetzt bestehende Arten einer Veränderung unterlägen; sein Sohn sagt: „C'est donc un problème à réserver entièrement à l'avenir, supposé même, que l'avenir doive avoir prise sur lui."

1813 las Dr. W. C. Wells vor der Royal Society eine „Nachricht über eine Frau der weißen Rasse, deren Haut zum Teil der eines Negers gleicht"; der Aufsatz wurde nicht eher veröffentlicht, als bis seine zwei berühmten Essays „über Tau und Einfach Sehn" 1818 erschienen. In diesem Aufsatz erkennt er deutlich das Prinzip der natürlichen Zuchtwahl an, und dies ist der erste nachgewiesene Fall einer solchen Anerkennung. Er wandte es aber nur auf die Menschenrassen und nur auf besondere Merkmale an. Nachdem er angeführt hat, daß Neger und Mulatten Immunität gegen gewisse tropische Krankheiten besitzen, bemerkt er erstens, daß alle Tiere in einem gewissen Grade abzuändern streben, und zweitens, daß Landwirte ihre Haustiere durch Zuchtwahl verbessern. Nun fügt er hinzu: was aber im letzten Falle „durch Kunst geschieht, scheint mit gleicher Wirksamkeit, wenn auch langsamer, bei der Bildung der Varietäten des Menschengeschlechts, welche den von ihnen bewohnten Ländern angepaßt sind, durch die Natur zu geschehen. Unter den zufälligen Varietäten von Menschen, die unter den wenigen zerstreuten Einwohnern der mittleren Gegenden von Afrika auftreten, werden einige besser als andere imstande sein, den Krankheiten des Landes zu widerstehen. Infolge hiervon wird sich diese Rasse vermehren, während die anderen abnehmen, und zwar nicht bloß, weil sie unfähig sind, die Erkrankungen zu überstehen, sondern weil sie nicht imstande sind, mit ihren kräftigeren Nachbarn zu konkurrieren. Nach dem, was bereits gesagt wurde, nehme ich es als ausgemacht an, daß die Farbe dieser kräftigeren Rasse dunkel sein wird. Da aber die Neigung, Varietäten zu bilden, noch besteht, so wird sich eine immer dunklere und dunklere Rasse im Laufe der Zeit bilden; und da die dunkelste am besten für das Klima paßt, so wird diese zuletzt in dem Lande, in dem sie entstand, wenn nicht die einzige, doch die vorherrschende Rasse werden." Er dehnt dann die Betrachtungen auf die weißen Bewohner kälterer Klimate aus. Ich bin Herrn Rowley aus den Vereinigten Staaten, welcher durch Mr. Brace meine Aufmerksamkeit auf die angezogene Stelle in Dr. Wells Aufsatz lenkte, hierfür sehr verbunden.

Im vierten Band der Horticultural Transactions, 1822, und in seinem Werk über die Amaryllidaceae (1837, p.19, 339) erklärte W. Herbert, nachheriger Dechant von Manchester, „es sei durch Hortikulturversuche unwiderleglich dargetan, daß Pflanzenarten nur eine höhere und beständigere Stufe von Varietäten seien." Er dehnt die nämliche Ansicht auch auf die Tiere aus und glaubt, daß ursprünglich einzelne Arten jeder Gattung in einem Zustand hoher Bildsamkeit geschaffen worden seien, und daß diese sodann hauptsächlich durch Kreuzung, aber auch durch Abänderung alle unsere jetzigen Arten erzeugt haben.

---

dig, wie weitgehend mein Großvater, Dr. Erasmus Darwin, die Ansichten Lamarcks und deren irrige Begründung in seiner 1794 erschienenen Zoonomia (1. Bd., p.500-510) antizipierte. Nach Isid. Geoffroy Saint-Hilaire war ohne Zweifel auch Goethe einer der eifrigsten Parteigänger für solche Ansichten, wie aus seiner Einleitung zu einem 1794-1795 geschriebenen, aber erst viel später veröffentlichten Werke hervorgeht. Er hat sich nämlich ganz bestimmt dahin ausgesprochen, daß für den Naturforscher in Zukunft die Frage beispielsweise nicht mehr die sei, wozu das Rind seine Hörner habe, sondern wie es zu seinen Hörnern gekommen sei (K. Meding über Goethe als Naturforscher, p.34). – Es ist ein merkwürdiges Beispiel der Art und Weise, wie ähnliche Ansichten ziemlich zu gleicher Zeit auftauchen, daß Goethe in Deutschland, Dr. Darwin in England und (wie wir sofort sehen werden) Ét. Geoffroy St.-Hilaire in Frankreich fast gleichzeitig, in den Jahren 1794 bis 1795, zu gleichen Ansichten über den Ursprung der Arten gelangt sind.

Im Jahre 1826 sprach Professor Grant im Schlußparagraphen seiner bekannten Abhandlung über Spongilla (Edinburgh Philos. Journ. XIV, p.283) seine Meinung ganz klar dahin aus, daß Arten von anderen Arten abgestammt sind und durch fortgesetzte Modifikationen verbessert werden. Die nämliche Ansicht hat er auch 1834 im „Lancet" in seiner 55. Vorlesung wiederholt. Im Jahre 1831 erschien das Buch von Patrick Matthew: ‚Naval Timber and Arboriculture', in welchem er genau dieselbe Ansicht von dem Ursprung der Arten entwickelt, wie die (sofort zu erwähnende) von Mr. Wallace und mir im ‚Linnean Journal' entwickelte, und wie die in dem vorliegenden Band weiter ausgeführt dargestellte. Unglücklicherweise jedoch teilte Matthew seine Ansicht an einzelnen zerstreuten Stellen in dem Anhang zu einem Werk über einen ganz anderen Gegenstand mit, so daß sie völlig unbeachtet blieb, bis er selbst 1860 im Gardener's Chronicle vom 7. April die Aufmerksamkeit darauf lenkte. Die Abweichungen seiner Ansicht von der meinigen sind nicht von wesentlicher Bedeutung. Er scheint anzunehmen, daß die Welt in aufeinanderfolgenden Zeiträumen beinahe ausgestorben und dann wieder neu bevölkert worden ist, und stellt als die eine Alternative die Ansicht auf, daß neue Formen wohl erzeugt werden könnten „ohne die Anwesenheit eines Models oder Keimes früherer Aggregate". Ich bin nicht sicher, ob ich alle Stellen richtig verstehe; doch scheint er großen Wert auf die unmittelbare Wirkung der äußeren Lebensbedingungen zu legen. Er erkannte jedoch deutlich die volle Bedeutung des Prinzips der natürlichen Zuchtwahl.

Der berühmte Geologe Leopold von Buch spricht sich in seiner vortrefflichen ‚Description physique des Iles Canaries' (1836, p.147) deutlich darüber aus, daß er glaube, Varietäten werden langsam zu beständigen Arten umgeändert, welche dann nicht mehr imstande seien, sich zu kreuzen. Rafinesque schreibt 1836 in seiner ‚New Flora of North Amerika' (p.6): „Alle Arten mögen einmal bloße Varietäten gewesen sein, und viele Varietäten werden dadurch allmählich zu Spezies, daß sie konstante und eigentümliche Charaktere erhalten", fügt aber später (p.18) hinzu: „mit Ausnahme jedoch des Originaltypus oder Stammvaters jeder Gattung". Im Jahre 1843-44 hat Professor Haldeman die Gründe für und wider die Hypothese der Entwicklung und Umgestaltung der Arten in angemessener Weise zusammengestellt (im Boston Journal of Natural History, Vol. IV, p.468) und scheint sich mehr zur Annahme einer Veränderlichkeit zu neigen. Die ‚Vestiges of Creation' sind zuerst 1844 erschienen. In der zehnten sehr verbesserten Ausgabe (1853, p.155) sagt der ungenannte Verfasser: „Das auf reifliche Erwägung gestützte Ergebnis ist, daß die verschiedenen Reihen beseelter Wesen, von den einfachsten und ältesten an bis zu den höchsten und jüngsten, die unter Gottes Vorsehung eingetretenen Resultate sind 1) eines den Lebensformen erteilten Impulses, der sie in bestimmten Zeiten auf dem Wege der Fortpflanzung von einer Organisationsstufe zur anderen bis zu den höchsten Dicotyledonen und Wirbeltieren erhebt, – welche Stufen der Zahl nach nur wenige und gewöhnlich durch Lücken in der organischen Reihenfolge voneinander geschieden sind, die eine praktische Schwierigkeit bei Ermittlung der Verwandtschaften abgeben; – 2) eines anderen Impulses, welcher mit den Lebenskräften zusammenhängt und im Laufe der Generationen die organischen Gebilde in Übereinstimmung mit den äußeren Bedingungen, wie Nahrung, Wohnort und meteorische Kräfte, abzuändern strebt; dies sind die ‚Anpassungen' der natürlichen Theologie." Der Verfasser ist offenbar der Meinung, daß die Organisation sich durch plötzliche Sprünge vervollkomme, die Wirkungen der äußeren Lebensbedingungen aber allmählich eintreten. Er folgert mit großem Nachdruck aus allgemeinen Gründen, daß Arten keine unveränderlichen Produkte seien. Ich vermag jedoch nicht zu ersehen, wie die angenommenen zwei „Impulse" in einem wissenschaftlichen Sinne von den zahlreichen und schönen Zusammenpassungen Rechenschaft geben können, welche wir allerwärts in der ganzen Natur erblicken; ich vermag nicht zu erkennen, daß wir dadurch zur Einsicht gelangen, wie z. B. ein Specht seiner besonderen Lebensweise angepaßt worden ist. Das Buch hat sich durch seinen glänzenden und hinreißenden Stil sofort eine sehr weite Verbreitung errungen, obwohl es in seinen früheren Auflagen wenig eingehende Kenntnis und einen großen Mangel an wissenschaftlicher Vorsicht verriet. Nach meiner Meinung hat es hierzulande vortreffliche Dienste dadurch geleistet, daß es die Aufmerksamkeit auf den Gegenstand lenkte, Vorurteile beseitigte, und so den Boden zur Aufnahme analoger Ansichten vorbereitete.

Im Jahre 1846 sprach der Veteran unter den Geologen, J. d'Omalius d'Halloy in einem vortrefflichen kurzen Aufsatz (im Bulletin de l'Académie Roy. de Bruxelles, Tome XIII, p.581) die Ansicht aus, daß es wahrscheinlicher sei, daß neue Arten durch Deszendenz mit Abänderung der alten Charaktere hervorgebracht, als einzeln geschaffen worden seien; er hatte diese Meinung zuerst im Jahre 1831 öffentlich ausgedrückt. In Professor R. Owens ‚Nature of Limbs' (1849, p.86) kommt folgende Stelle vor: „Die Idee Grundtypus war in der Tierwelt unseres Planeten lange vor dem Dasein der sie jetzt erläuternden Tierarten in verschiedenen Modifikationen bereits offenbart worden. Von welchen Naturgesetzen oder sekundären Ursachen aber das regelmäßige Aufeinanderfolgen und Fortschreiten solcher organischen Erscheinungen abhängig gewesen ist, das wissen wir bis jetzt noch nicht." In seiner Ansprache an die Britische Gelehrtenversammlung im Jahre 1858 spricht er (p. LI) vom „Axiom der fortwährenden Tätigkeit der Schöpfungskraft oder des geordneten Werdens lebender Wesen", – und fügt später (p. XC) nach Bezugnahme auf die geographische Verbreitung hinzu: „Diese Erscheinungen erschüttern unser Vertrauen zu der Annahme, daß der Apteryx in Neu-Seeland und das rote Waldhuhn in England verschiedene Schöpfungen in und für die genannten Inseln allein seien. Auch darf man nicht vergessen, daß das Wort Schöpfung für den Zoologen nur einen Prozeß, man weiß nicht welchen, bedeutet." Owen führt diese Vorstellung dann weiter aus, indem er sagt: „Wenn der Zoologe solche Fälle, wie den vom roten Waldhuhn, als eine besondere Schöpfung des Vogels auf und für eine einzelne Inseln aufzählt, so will er damit eben nur ausdrücken, daß er nicht begreife, wie derselbe dahin und eben nur dahin gekommen sei, und daß er durch diese Art seine Unwissenheit auszudrücken gleichzeitig seinen Glauben ausspreche, Insel wie Vogel verdanken ihre Entstehung einer großen ersten Schöpfungskraft." Wenn wir die in derselben Rede enthaltenen Sätze einen durch den anderen erklären, so scheint im Jahre 1858 der ausgezeichnete Forscher in dem Vertrauen erschüttert worden zu sein, daß der Apteryx und das rote Waldhuhn in ihren Heimatländern zuerst auf eine Weise, „man weiß nicht auf welche", oder infolge eines Prozesses, „man weiß nicht welches", erschienen seien. Diese Rede wurde gehalten, nachdem die sofort zu erwähnenden Aufsätze über den Ursprung der Arten von Mr. Wallace und mir selbst vor der Linnean Society gelesen worden waren. Als die erste Auflage des vorliegenden Werkes erschien, war ich, wie so viele andere, durch Ausdrücke wie: „Die beständige Wirksamkeit schöpferischer Tätigkeit" so vollständig getäuscht worden, daß ich Professor Owen zu denjenigen Palaeontologen rechnete, welche von der Unveränderlichkeit der Arten fest überzeugt seien. Es erscheint dies aber (vergl. Anatomy of Vertebrates, Vol. III, p.796) als ein bedenklicher Irrtum meinerseits. In der letzten Auflage dieses Buches schloß ich aus einer mit den Worten „no doubt the typeform etc." (dasselbe Werk, Vol. I, p. XXXV) beginnenden Stelle (und dieser Schluß scheint mir noch jetzt völlig richtig), daß Professor Owen annehme, die Zuchtwahl könne wohl bei der Bildung neuer Arten etwas bewirkt haben. Doch ist dies, wie es scheint (vergl. Vol. III, p.798), ungenau und unbewiesen. Ich gab auch einige Auszüge aus einer Korrespondenz zwischen Professor Owen und dem Herausgeber der London Review, nach denen es sowohl dem Herausgeber als auch mir offenbar so erschien, als behaupte Professor Owen die Theorie der natürlichen Zuchtwahl schon vor mir ausgesprochen zu haben; und über diese Behauptung drückte ich meine Überraschung und meine Befriedigung aus. Soweit es indessen möglich ist, gewisse neuerdings publizierte Stellen zu verstehen (das angeführte Werk, Vol. III, p.798), bin ich wiederum entweder teilweise oder vollständig in Irrtum geraten. Es ist ein Trost für mich, daß andere die streitigen Schriften Professor Owens ebensoschwer zu verstehen und miteinander in Übereinstimmung zu bringen finden, wie ich selbst. Was die bloße Aussprache des Prinzips der natürlichen Zuchtwahl betrifft, so ist es völlig gleichgültig, ob mir darin Professor Owen vorausgegangen ist oder nicht; denn wie in dieser historischen Skizze nachgewiesen wird, gingen uns beiden schon vor langer Zeit Dr. Wells und Herr Matthews voraus.

Isidore Goeffroy St.-Hilaire spricht in seinen im Jahre 1850 gehaltenen Vorlesungen (von welchen ein Auszug in Revue et Magazin de Zoologie, 1851, Jan., erschien) seine Meinung über Artencharaktere kurz dahin aus, daß „sie für jede Art feststehen, so lange wie sich dieselbe inmitten der nämlichen Verhältnisse fortpflanze, daß sie aber abändern, sobald die äußeren Lebensbedingungen wechseln". Im ganzen „zeigt die Beobachtung der wilden Tiere schon die beschränkte Veränderlichkeit der Arten. Die Versuche mit gezähmten wilden Tieren und mit verwilderten Haustieren zeigen dies noch deutlicher. Dieselben Versuche beweisen auch, daß die hervorgebrachten Verschiedenheiten vom Wert derjenigen sein können, durch welche wir Gattungen unterscheiden." In seiner ‚Histoire naturelle générale' (1859, T. II, p.430) führt er ähnliche Folgerungen noch weiter aus.

Aus einer unlängst erschienenen Veröffentlichung scheint hervorzugehen, daß Dr. Freke schon im Jahre 1851 (Dublin Medical Press, p.322) die Lehre aufgestellt hat, daß alle organischen Wesen von einer Urform abstammen. Seine Gründe und seine Behandlungsart des Gegenstandes sind aber von den meinigen gänzlich verschieden: Da aber sein ‚Origin of Spezies by means of organic affinity', jetzt (1861) erschienen ist, so dürfte mir der schwierige Versuch, eine Darstellung seiner Ansicht zu geben, wohl erlassen werden.

Herbert Spencer hat in einem Essay, welcher zuerst im „Leader" vom März 1852 und später in ‚Spencer's Essays' 1858 erschien, die Theorie der Schöpfung und die der Entwicklung organischer Wesen mit viel Geschick und großer Überzeugungskraft einander gegenübergestellt. Er folgert aus der Analogie mit den Züchtungserzeugnissen, aus den Veränderungen, welchen die Embryonen vieler Arten unterliegen, aus der Schwierigkeit, Arten und Varietäten zu unterscheiden, sowie endlich aus dem Prinzip einer allgemeinen Stufenfolge in der Natur, daß Arten abgeändert worden sind, und schreibt diese Abänderung dem Wechsel der Umstände zu. Derselbe Verfasser hat 1855 die Psychologie nach dem Prinzip einer notwendigen stufenweisen Erwerbung jeder geistigen Kraft und Fähigkeit bearbeitet.

Im Jahre 1852 hat Naudin, ein ausgezeichneter Botaniker, in einem vorzüglichen Aufsatz über den Ursprung der Arten (Revue horticole, p.102, später zum Teil wieder abgedruckt in den Nouvelles Archives du Muséum, T.1, p.171) ausdrücklich erklärt, daß nach seiner Ansicht Arten in analoger Weise von der Natur, wie Varietäten durch die Kultur gebildet worden seien; den letzten Vorgang schreibt er dem Wahlvermögen des Menschen zu. Er zeigt aber nicht, wie diese Wahl in der Natur vor sich geht. Er nimmt wie Dechant Herbert an, daß die Arten anfangs bildsamer waren als jetzt, legt Gewicht auf sein sogenanntes Prinzip der Finalität, „eine unbestimmte geheimnisvolle Kraft, gleichbedeutend mit blinder Vorbestimmung für die einen, mit providenziellem Willen für die anderen, durch deren unausgesetzten Einfluß auf die lebenden Wesen in allen Weltaltern die Form, der Umfang und die Dauer eines jeden derselben je nach seiner Bestimmung in der Ordnung der Dinge, wozu es gehört, bedingt wird. Es ist diese Kraft welche jedes Glied mit dem Ganzen in Harmonie bringt, indem sie dasselbe der Verrichtung anpaßt, die es im Gesamtorganismus der Natur zu übernehmen hat, einer Verrichtung, welche für dasselbe Grund des Daseins ist."[3]

Im Jahre 1853 hat ein berühmter Geologe, Graf Keyserling (im Bulletin de la Société géolo-

---

[3] Nach einigen Zitaten in Bronns „Untersuchungen über die Entwicklungsgesetze" (p.79 u.a.) scheint es, als habe der berühmte Botaniker und Paläontologe Unger im Jahre 1852 die Meinung ausgesprochen, daß Arten sich entwickeln und abändern. Ebenso d'Alton 1821 in Pander und d'Altons Werk über das fossile Riesenfaultier. Ähnliche Ansichten entwickelte bekanntlich Oken in seiner mystischen „Naturphilosophie". Nach anderen Zitaten in Godrons Werk ‚Sur l'Espèce' scheint es, daß Bory St.-Vincent, Burdach, Poiret und Fries alle eine fortwährende Erzeugung neuer Arten angenommen haben. – Ich will noch hinzufügen, daß von den 34 Autoren, welche in dieser historischen Skizze als solche aufgezählt werden, die an eine Abänderung der Arten oder wenigstens nicht an getrennte Schöpfungsakte glauben, 27 über spezielle Zweige der Naturgeschichte oder Geologie geschrieben haben.

gique, Tome X, p.357), die Meinung ausgesprochen, daß, wie zu den verschiedenen Zeiten neue Krankheiten durch irgendwelches Miasma entstanden sind und sich über die Erde verbreitet haben, so auch zu gewissen Zeiten die Keime der bereits vorhandenen Arten durch Moleküle von besonderer Natur in ihrer Umgebung chemisch affiziert worden sein könnten, so daß nun neue Formen aus ihnen entstanden wären.

Im nämlichen Jahre 1853 lieferte auch Dr. Schaafhausen einen Aufsatz in die Verhandlungen des naturhistorischen Vereins der Preuß. Rheinlande, worin er die fortschreitende Entwicklung organischer Formen auf der Erde behauptet. Er nimmt an, daß viele Arten sich lange Zeiträume hindurch unverändert erhalten haben, während wenige andere Abänderungen erlitten. Das Auseinanderweichen der Arten ist nach ihm durch die Zerstörung der Zwischenstufen zu erklären: „Lebende Pflanzen und Tiere sind daher von den untergegangenen nicht als neue Schöpfungen geschieden, sondern vielmehr als deren Nachkommen infolge ununterbrochener Fortpflanzung zu betrachten."

Ein bekannter französischer Botaniker, Lecoq, schreibt 1854 in seinen ‚Études sur la géographie botanique' (T. I, p.250): „Man sieht, daß unsere Untersuchungen über die Stetigkeit und Veränderlichkeit der Arten uns geradezu auf die von Geoffroy St.-Hilaire und Goethe ausgesprochenen Vorstellungen führen." Einige andere in dem genannten Werke verstreute Stellen lassen uns jedoch darüber im Zweifel, wie weit Lecoq selbst diesen Vorstellungen zugetan ist.

Die ‚Philosophie der Schöpfung' ist 1855 in meisterhafter Weise durch Baden-Powell (in seinen ‚Essays on the Unity of Worlds') behandelt worden. Er zeigt aufs Treffendste, daß die Einführung neuer Arten „eine regelmäßige und nicht eine zufällige Erscheinung" oder, wie Sir John Herschel es ausdrückt, „eine Natur- im Gegensatz zu einer Wundererscheinung" ist.

Der dritte Band des Journal of the Linnean Society enthält zwei von Herrn Wallace und mir am 1. Juli 1858 gelesene Aufsätze, worin, wie in der Einleitung zu vorliegendem Band erwähnt wird, Wallace die Theorie der natürlichen Zuchtwahl mit außerordentlicher Kraft und Klarheit entwickelt.

C. E. von Baer, der bei allen Zoologen in höchster Achtung steht, drückte um das Jahr 1859 seine hauptsächlich auf die Gesetze der geographischen Verbreitung gegründete Überzeugung dahin aus, daß jetzt vollständig verschiedene Formen Nachkommen einer einzelnen Stammform sind. (Rud. Wagner: Zoolog.-anthropolog. Untersuchungen, 1861, p.51.)

Im Juni 1859 hielt Professor Huxley einen Vortrag vor der Royal Institution über die „Bleibenden Typen des Tierlebens". In bezug auf derartige Fälle bemerkt er: „Es ist schwierig, die Bedeutung solcher Tatsachen zu begreifen, wenn wir voraussetzen, daß jede Pflanzen- und Tierart oder jeder große Organisationstypus nach langen Zwischenzeiten durch je einen besonderen Akt der Schöpfungskraft gebildet und auf die Erdoberfläche gesetzt worden ist; man darf nicht vergessen, daß eine solche Annahme weder in der Tradition noch in der Offenbarung eine Stütze findet, wie sie denn auch der allgemeinen Analogie in der Natur zuwider ist. Betrachten wir andererseits die persistenten Typen in bezug auf die Hypothese, wonach die zu irgendeiner Zeit lebenden Arten das Ergebnis allmählicher Abänderung schon früher existierender Arten sind – eine Hypothese, welche, wenn auch unbewiesen und auf klägliche Weise von einigen ihrer Anhänger verkümmert, doch die einzige ist, der die Physiologie einen Halt verleiht – , so scheint das Dasein dieser Typen zu zeigen, daß das Maß der Modifikation, welche lebende Wesen während der geologischen Zeit erfahren haben, sehr gering ist im Vergleich zu der ganzen Reihe von Veränderungen, welche sie überhaupt erlitten haben."

Im Dezember 1859 veröffentlichte Dr. Hooker seine ‚Einleitung zu der Tasmanischen Flora'. In dem ersten Teil dieses großen Werkes gibt er die Richtigkeit der Annahme des Ursprungs der Arten durch Abstammung und Umänderung von anderen zu und unterstützt diese Lehre durch viele Originalbeobachtungen.

Im November 1859 erschien die erste Ausgabe dieses Werkes, im Januar 1860 die zweite, im April 1861 die dritte, im Juni 1866 die vierte, im Juli 1859 die fünfte, im Januar 1872 die sechste.

Erste Veröffentlichungen des Verfassers über den Ursprung der Arten

Über das Variieren organischer Wesen im Naturzustand; über die natürlichen Mittel der Zuchtwahl; über den Vergleich zwischen domestizierten Rassen und echten Arten

Teil eines Kapitels mit obiger Überschrift aus einem nicht veröffentlichten Werk über die Art (dem ersten Entwurf des vorliegenden, skizziert 1839, ausgeführt 1844); vorgelesen Juni 1858 und mitgeteilt in: Journal of the Proceedings of the Linnean Society. Zoology, Vol. III, 1869, p.45.

De Candolle hat einmal in beredter Weise erklärt, die ganze Natur sei im Kriege begriffen, ein Organismus kämpfe mit dem anderen oder mit der umgebenden Natur. Wenn man sieht, was für ein zufriedenes Aussehen die Natur darbietet, so möchte man dies zunächst bezweifeln; Überlegung führt indessen unvermeidlich zu dem Schluß, daß es wahr ist. Doch ist dieser Krieg nicht fortwährend anhaltend, sondern tritt in kürzeren Zwischenräumen in geringerem Grade, in gelegentlich und nach längerer Zeit wiederkehrenden Perioden heftiger auf, seine Wirkungen werden daher leicht übersehen. Es ist die Lehre von Malthus in den meisten Fällen mit verzehnfachter Kraft anwendbar. Wie es in einem jeden Klima für jeden seiner Bewohner verschiedene Jahreszeiten von größerem und geringerem Überfluß gibt, so pflanzen sie sich auch sämtlich jährlich fort; und die moralische Zurückhaltung, welche in einem geringen Grade die Zunahme der Menschheit aufhält, geht gänzlich verloren. Selbst die langsam sich vermehrenden Menschen haben schon ihre Zahl in fünfundzwanzig Jahren verdoppelt, und wenn sie ihre Nahrung mit größerer Leichtigkeit vermehren könnten, so würden sie ihre Zahl in einer noch kürzeren Zeit verdoppeln. Bei Tieren aber, welche keine künstlichen Mittel, die Nahrung zu vermehren, besitzen, muß die Quantität der Nahrung für jede Spezies im Mittel konstant sein, während alle Organismen sich der Zahl nach in einem geometrischen Verhältnis zu vermehren neigen, in einer ungeheuren Majorität der Fälle sogar in einem enormen Verhältnis. Man nehme an, daß an einem bestimmten Ort acht Vogelpaare leben, und daß nur vier Paare davon jährlich (mit Einschluß doppelter Bruten) nur vier Junge aufziehen, und daß diese in demselben Verhältnis gleichfalls Junge aufziehen, dann werden nach Ablauf von sieben Jahren (ein kurzes Leben für jeden Vogel, aber mit Ausschluß gewaltsamer Todesursachen) 2048 Vögel anstatt der ursprünglichen sechzehn vorhanden sein. Da diese Zunahme völlig unmöglich ist, so müssen wir schließen, entweder daß Vögel auch nicht annähernd die Hälfte ihrer Jungen aufziehen oder daß die mittlere Lebensdauer eines Vogels, infolge von Unglücksfällen, auch nicht annähernd sieben Jahre beträgt. Wahrscheinlich wirken beide Hemmnisse zusammen. Dieselbe Art von Berechnung auf alle Pflanzen und Tiere angewandt, ergibt mehr oder weniger auffallende Resultate, aber in sehr wenigen Fällen auffallendere als beim Menschen.

Es sind viele tatsächliche Beispiele dieser Tendenz zu einer rapiden Vermehrung gegeben worden; unter diesen findet sich die außerordentliche Anzahl gewisser Tiere während gewisser Jahre. Als z. B. während der Jahre 1826 bis 1828 in La Plata infolge einer Dürre einige Millionen Rinder umkamen, wimmelte faktisch das ganze Land von Mäusen. Ich glaube nun, es läßt sich nicht bezweifeln, daß während der Brutzeit sämtliche Mäuse (mit Ausnahme einiger weniger im Überschuß vorhandener Männchen oder Weibchen) sich gewöhnlich paaren; diese erstaunliche Zunahme während dreier Jahre muß daher dem Umstand zugeschrieben werden, daß eine größere Zahl wie gewöhnlich das erste Jahr überlebt und sich dann fortgepflanzt hat, und so fort bis zum dritten Jahr, wo dann ihre Zahl durch den Wiedereintritt nassen Wetters in ihre gewöhnlichen Grenzen zurückgebracht wurde. Wo der Mensch Pflanzen und Tiere in ein neues und günstiges Land eingeführt hat, da ist häufig, wie viele Schilderungen es ergeben, in überraschend wenig Jahren das ganze Land von ihnen bevölkert worden. Diese Zunahme wird natürlich aufhören, sobald das Land vollständig bevölkert ist; und doch haben wir allen Grund zur Annahme, daß nach dem, was wir von wilden Tieren wissen, sie sich sämtlich im Frühjahr paaren werden. In der Mehrzahl der Fälle ist es äußerst schwierig, sich vorzustellen, in welche Zeit die Hemmnisse fallen, – obschon dieselben ohne Zweifel meist die Samen, Eier und Junge treffen; wenn wir uns aber erinnern, wie unmöglich es selbst beim Menschen (der doch so viel besser bekannt ist als irgendein anderes Tier) ist, aus wiederholten zufälligen Beobachtungen zu schließen, welches die mittlere Lebensdauer ist, oder den verschiedenen Prozentsatz der Todesfälle und Geburten in verschiedenen Ländern aufzufinden, so darf uns das nicht überraschen, daß wir nicht imstande sind, aufzufinden, wann bei jedem Tier und bei jeder Pflanze die Hemmnisse eintreten. Man muß sich beständig daran erinnern, daß in den meisten Fällen die Hemmnisse in einem geringen, regelmäßigen Grade jährlich, und in äußerst starkem Grade, im Verhältnis zur Konstitution des in Frage stehenden Wesens, während ungewöhnlich warmer, kalter, trockener oder nasser Jahre wiederkehren. Man vermindere irgendein Hemmnis im allergeringsten Grade und die geometrischen Zunahmeverhältnisse von jedem Organismus werden beinahe augenblicklich die Durchschnittszahl der begünstigten Spezies vergrößern. Die Natur kann mit einer Fläche verglichen werden, auf welcher zehntausend scharfe, sich einander berührende Keile liegen, welche durch beständige Schläge nach innen getrieben werden. Um sich diese Ansicht vollständig zu vergegenwärtigen, ist viel Nachdenken erforderlich. Malthus ‚Über den Menschen' sollte studiert, und alle solche Fälle wie von den Mäusen in La Plata, von den Rindern und Pferden bei ihrer ersten Verwilderung in Süd-Amerika, von den Vögeln nach der oben angestellten Berechnung usw. sollten eingehend betrachtet werden. Man überlege sich nur das enorme Vervielfältigungsvermögen, was allen Tieren inhärent und bei allen jährlich in Tätigkeit ist; man bedenke die zahllosen Samen, welche durch hundert sinnreiche Einrichtungen Jahr für Jahr über die ganze Oberfläche des Landes verstreut werden; und doch haben wir allen Grund zu vermuten, daß der durchschnittliche Prozentsatz aller der Bewohner einer Gegend für gewöhnlich konstant bleibt. Man erinnere sich endlich noch daran, daß diese mittlere Zahl von Individuen (solange die äußeren Lebensbedingungen dieselben bleiben) in jedem Land durch immer wiederkehrende Kämpfe mit anderen Arten oder mit der umgebenden Natur erhalten wird (wie z. B. an den Grenzen der arktischen Regionen, wo die Kälte die Verbreitung des Lebens hemmt), und daß für gewöhnlich jedes Individuum jeder Spezies seinen Platz behauptet, entweder durch sein eigenes Kämpfen und die Fähigkeit, auf irgendeiner Periode seines Lebens vom Ei an aufwärts sich Nahrung zu verschaffen, oder durch das Kämpfen seiner Eltern (bei kurzlebigen Organismen, wo ein größeres Hemmnis erst nach längeren Intervallen wiederkehrt) mit anderen Individuen derselben oder verschiedener Spezies.

Wir wollen aber nun annehmen, daß die äußeren Bedingungen in einem Land sich ändern. Tritt dies nur in geringem Grade ein, so werden in den meisten Fällen die relativen Mengen der Bewohner unbedeutend verändert werden; wenn wir aber annehmen, daß die Zahl der Bewohner klein ist, wie auf einer Insel, und daß der freie Eintritt von anderen Ländern her beschränkt ist, ferner, daß die Veränderung der Bedingungen beständig und stetig fortschreite (wobei neue Wohnstätten gebildet werden): – in einem solchen Falle müssen die ursprünglichen Bewohner aufhören, so vollkommen den veränderten Bedingungen angepaßt zu sein, wie sie es vorher waren. In einem früheren Teil dieses Werkes ist gezeigt worden, daß derartige Veränderungen der äußeren Bedingungen, weil sie auf das Reproduktionssystem wirken, wahrscheinlich das bewirken werden, daß die Organisation derjenigen Wesen, welche am meisten affiziert wurden (wie im Zustand der Domestikation), plastisch wird. Kann es nun bei dem Kampf, welchen jedes Individuum zum Erlangen seiner Subsistenz zu führen hat, bezweifelt werden, daß jede kleinste Abänderung im Bau, in der Lebensweise oder in den Instinkten, welche dieses Individuum besser den neuen Verhältnissen anpassen wird, Einfluß auf seine Lebenskraft und Gesundheit haben wird? Im Kampf wird es bessere Aussicht haben, leben zu bleiben, und diejenigen von seinen Nachkommen, welche die Abänderung, mag sie auch noch so unbedeutend sein, erben, werden gleichfalls eine bessere Aussicht haben. Jedes Jahr werden mehr Individuen geboren, als leben bleiben können; das geringste Körnchen in der Waage muß mit der Zeit entscheiden, welche Individuen dem Tode verfallen und welche überleben sollen. Wir wollen nun einerseits diese Arbeit der Zuchtwahl, andererseits das Absterben für eintausend Generationen fortgehen lassen, wer möchte da wohl zu behaupten wagen, daß dies keine Wirkung hervorbringen wird, wenn wir uns daran erinnern, was in wenigen Jahren Bakewell beim Rind, Western beim Schaf durch das hiermit identische Prinzip der Auslese zur Nachzucht erreicht hat?

Wir wollen ein Beispiel fingieren von Veränderungen, welche auf einer Insel im Fortschreiten begriffen sind: Wir wollen annehmen, die Organisation eines hundeartigen Tieres, welches hauptsächlich auf Kaninchen, zuweilen aber auch auf Hasen jagt, werde in geringem Grade plastisch; wir nehmen ferner an, daß dieselben Veränderungen es bewirken, daß die Zahl der Kaninchen sehr langsam ab-, die der Hasen dagegen zunimmt. Das Resultat hiervon wird das sein, daß der Fuchs oder Hund dazu getrieben wird, zu versuchen, mehr Hasen zu fangen. Da indessen seine Organisation in geringem Grade plastisch ist, so werden diejenigen Individuen, welche die leichtesten Formen, die längsten Beine und das schärfste Gesicht haben, – der Unterschied mag noch so gering sein – , in geringem Maße begünstigt sein und dazu neigen, länger zu leben und während der Zeit des Jahres leben zu bleiben, in welcher die Nahrung am knappsten war; sie werden auch mehr Junge aufziehen, welchen die Tendenz innewohnt, jene unbedeutenden Eigentümlichkeiten zu erben. Die weniger flüchtigen Individuen werden ganz sicher untergehen. Ich finde ebensowenig Grund, daran zu zweifeln, daß diese Ursachen in tausend Generationen eine ausgesprochene Wirkung hervorbringen und die Form des Fuchses oder Hundes dem Fangen von Hasen anstatt von Kaninchen anpassen werden, wie daran, daß Windhunde durch Auswahl und sorgfältige Nachzucht veredelt werden können. Dasselbe würde auch für Pflanzen unter ähnlichen Umständen gelten. Wenn die Anzahl der Individuen einer Spezies mit befiederten Samen durch ein größeres Vermögen der Verbreitung innerhalb ihres eigenen Gebiets vermehrt werden könnte (vorausgesetzt, daß die Hemmnisse der Vermehrung hauptsächlich die Samen betreffen), so würden diejenigen Samen, welche mit etwas, wenn auch noch so unbedeutend mehr Fiederung versehen wären, mit der Zeit am meisten verbreitet werden; es würde daher eine größere Zahl so gebildeter Samen keimen und würden Pflanzen hervorzubringen neigen, welche die um ein Geringes besser angepaßte Fiederkrone ihrer Samen erben.[1]

Außer diesen natürlichen Mitteln der Auslese, durch welche diejenigen Individuen entweder im Ei, oder im Larven- oder im reifen Zustand erhalten werden, welche an den Platz, welchen sie im Naturhaushalt zu füllen haben, am besten angepaßt sind, ist noch bei den meisten eingeschlechtlichen Tieren eine zweite Tätigkeit wirksam, welche dasselbe Resultat hervorzubringen strebt, nämlich der Kampf der Männchen um die Weibchen. Dieses Ringen nach dem Sieg wird im allgemeinen durch das Gesetz eines wirklichen Kampfes entschieden, aber, was die Vögel betrifft, allem Anschein nach durch den Zauber ihres Gesangs, durch ihre Schönheit oder durch ihr Vermögen, den Hof zu machen, wie es bei dem tanzenden Klippenhuhn von Guiana der Fall ist. Die lebenskräftigsten und gesündesten Männchen, die damit auch die am vollkommensten angepaßten sind, tragen allgemein in ihren Kämpfen den Sieg davon. Diese Art von Auswahl ist indessen weniger rigoros als die andere; sie erfordert nicht den Tod des weniger Erfolgreichen, gibt ihm aber weniger Nachkommen. Überdies fällt der Kampf in eine Zeit des Jahres, wo Nahrung meist sehr reichlich vorhanden ist; vielleicht dürfte auch die hervorgebrachte Wirkung

---

[1] Ich kann hierin keine größere Schwierigkeit finden, als darin, daß der Pflanzer seine Varietäten der Baumwollstaude veredelt. – C. D. 1858.

hauptsächlich in einer Modifikation der sekundären Sexualcharaktere bestehen, welche weder in einer Beziehung zur Erlangung von Nahrung, noch zur Verteidigung gegen Feinde stehen, sondern nur auf das Kämpfen oder Rivalisieren mit anderen Männchen Bezug haben. Die Resultate dieses Kämpfens unter den Männchen lassen sich in manchen Beziehungen mit dem vergleichen, was diejenigen Landwirte hervorrufen, welche weniger Aufmerksamkeit auf die sorgfältige Auswahl aller ihrer jungen Tiere und mehr auf die gelegentliche Benutzung eines ausgesuchten Männchens wenden.

Auszug eines Briefes an Prof. Asa Gray vom 5. September 1857

1. Es ist wunderbar, was durch Befolgung des Grundsatzes der Zuchtwahl vom Menschen erreicht werden kann, d. h. durch das Auslesen gewisser Individuen mit irgendeiner gewünschten Eigenschaft, das Züchten von ihnen und wieder Auslesen usf. Züchter sind selbst über ihre eigenen Resultate erstaunt gewesen. Sie können auf Unterschiede Einfluß äußern, welche für ein unerzogenes Auge nicht wahrnehmbar sind. Zuchtwahl ist in Europa nur seit dem letzten halben Jahrhundert methodisch befolgt worden; gelegentlich wurde sie aber, und selbst in einem gewissen Grade methodisch in den allerältesten Zeiten befolgt. Seit sehr langer Zeit muß auch eine Art unbewußter Zuchtwahl bestanden haben, nämlich in der Weise, daß, ohne irgend an ihre Nachkommen zu denken, diejenigen Individuen erhalten wurden, welche jeder Menschenrasse unter ihren besonderen Verhältnissen am nützlichsten waren. Das „Ausjäten", wie die Gärtner das Zerstören der vom Typus abweichenden Varietäten nennen, ist eine Art von Zuchtwahl. Ich bin überzeugt, absichtliche und gelegentliche Zuchtwahl ist das hauptsächliche Agens in dem Hervorbringen unserer domestizierten Rassen gewesen; wie sich dies aber auch immer verhalten mag, ihr großer Einfluß auf die Modifikation hat sich in neuerer Zeit ganz unbestreitbar herausgestellt. Zuchtwahl wirkt nur durch Anhäufung unbedeutender oder größerer Abänderungen, welche durch äußere Bedingungen verursacht worden sind oder einfach in der Tatsache ausgedrückt sind, daß bei der Zeugung das Kind nicht seinem Erzeuger absolut ähnlich ist. Der Mensch paßt durch sein Vermögen, Abänderungen zu häufen, lebende Wesen seinen Bedürfnissen an, – man kann sagen, er macht die Wolle des einen Schafs gut zu Teppichen, die des anderen gut zu Tuch usw.

2. Wenn wir nun annehmen, daß es ein Wesen gäbe, welches nicht bloß nach dem äußeren Ansehen urteilte, sondern die ganze innere Organisation studieren könnte, welches niemals von Launen sich bestimmen ließe, und zu einem bestimmten Zweck Millionen von Generationen lang zur Nachzucht auswählte; wer wird hier angeben wollen, was hier nicht zu erreichen wäre? In der Natur treten irgendwelche unbedeutende Abänderungen in allen Teilen auf; und ich glaube, es läßt sich zeigen, daß veränderte Existenzbedingungen die hauptsächliche Ursache davon sind, daß das Kind nicht ganz genau seinen Eltern gleicht; ferner zeigt uns die Geologie, was für Veränderungen in der Natur stattgefunden haben und noch stattfinden. Wir haben Zeit beinahe ohne Schranken; niemand anders als ein praktischer Geologe kann dies vollständig würdigen. Man denke nur an die Eiszeit, während welcher in ihrer ganzen Dauer dieselben Spezies, wenigstens von Schaltieren, existiert haben; während dieser Zeit müssen Millionen auf Millionen von Generationen gefolgt sein.

3. Ich glaube, es läßt sich nachweisen, daß eine derartige niemals irrende Kraft in der ‚Natürlichen Zuchtwahl' (dies ist der Titel meines Buches) tätig ist, welche ausschließlich zum besten eines jeden organischen Wesens auswählt. Der ältere De Candolle, W. Herbert und Lyell haben ausgezeichnet über den Kampf ums Dasein geschrieben; aber selbst diese haben sich nicht eindringlich genug ausgedrückt. Man überlege sich nur, daß ein jedes Wesen (selbst der Elefant) in einem solchen Verhältnis sich vermehrt, daß in wenigen Jahren, oder höchstens in

einigen wenigen Jahrhunderten die Oberfläche der Erde nicht imstande wäre, die Nachkommen eines Paares zu fassen. Ich habe gefunden, daß es sehr schwer ist, beständig im Auge zu behalten, daß die Zunahme einer jeden Spezies während irgendeines Teiles ihres Lebens oder während einiger kurz aufeinanderfolgender Generationen gehemmt wird. Nur einige wenige von den jährlich geborenen Individuen können leben bleiben, um ihre Art fortzupflanzen. Welcher unbedeutende Unterschied muß da oft bestimmen, welche leben bleiben und welche untergehen sollen!

4. Wir wollen nun den Fall nehmen, daß ein Land irgendeine Veränderung erleidet. Dies wird einige seiner Bewohner dazu bestimmen, unbedeutend zu variieren –, womit ich aber nicht sagen will, daß ich etwa nicht glaubte, die meisten Wesen variierten zu aller Zeit genug, um die Zuchtwahl auf sie einwirken lassen zu können. Einige seiner Bewohner werden vertilgt werden und die übrig bleibenden werden der gegenseitigen Einwirkung einer verschiedenen Gesellschaft von Bewohnern ausgesetzt sein, welche, wie ich glaube, bei weitem bedeutungsvoller für ein jedes Wesen ist als das bloße Klima. Bedenkt man die unendlich verschiedenen Methoden, welche lebende Wesen befolgen, durch Kampf mit anderen Organismen sich Nahrung zu verschaffen, zu verschiedenen Zeiten ihres Lebens Gefahren zu entgehen, ihre Eier oder Samen auszubreiten usw., so kann ich nicht daran zweifeln, daß während Millionen von Generationen gelegentlich Individuen einer Spezies geboren werden, welche irgendeine unbedeutende, irgendeinem Teil ihres Lebenshaushalts vorteilhafte Abänderung darbieten. Derartige Individuen werden eine bessere Aussicht haben, leben zu bleiben und ihren neuen und ein wenig abweichenden Bau fortzupflanzen; die Modifikation wird auch durch die akkumulative Tätigkeit der natürlichen Zuchtwahl in jeder vorteilhaften Ausdehnung vergrößert werden. Die in dieser Weise gebildete Varietät wird entweder mit ihrer elterlichen Form zusammen existieren oder, was noch häufiger der Fall sein wird, dieselbe verdrängen. Ein organisches Wesen, wie der Specht oder die Mistel, kann in dieser Weise einer Menge von Beziehungen angepaßt werden –, die natürliche Zuchtwahl häuft eben diejenigen unbedeutenden Abänderungen in allen Teilen seines Baus, welche ihm während irgendeines Teils seines Lebens von Nutzen sind.

5. Vielerlei Schwierigkeiten werden sich mit Rücksicht auf diese Theorie einem jeden darbieten. Ich glaube, viele können völlig befriedigend beantwortet werden. Der Satz „Natura non facit saltum" beseitigt einige der augenfälligsten. Die Langsamkeit der Veränderung und der Umstand, daß nur sehr wenige Individuen zu irgendeiner gegebenen Zeit sich verändern, widerlegt andere. Die äußerste Unvollständigkeit unserer geologischen Berichte beseitigt noch andere.

6. Ein anderes Prinzip, welches das Prinzip der Divergenz genannt werden kann, spielt, wie ich glaube, eine bedeutungsvolle Rolle beim Ursprung der Arten. Eine und dieselbe Örtlichkeit wird mehr Lebensformen erhalten können, wenn sie von sehr verschiedenartigen Formen bewohnt wird. Wir sehen dies in den vielen generischen Formen auf einem Quadrat-Yard Rasen und in den Pflanzen oder Insekten auf irgendeiner kleinen, gleichförmige Verhältnisse darbietenden Insel, welche beinahe ausnahmslos zu ebensovielen Gattungen und Familien wie Spezies gehören. Wir können die Bedeutung dieser Tatsachen bei höheren Tieren einsehen, deren Lebensweise wir verstehen. Wir wissen, daß experimentell nachgewiesen worden ist, daß ein Stück Land ein größeres Gewicht an Heu abgibt, wenn es mit mehreren Spezies und Gattungen von Gräsern besät war, als wenn es nur zwei oder drei Spezies getragen hatte. Man kann nun von jedem organischen Wesen sagen, daß es durch seine so rapide Fortpflanzung aufs Äußerste danach ringe, an Zahl zuzunehmen. Dasselbe wird auch der Fall mit den Nachkommen einer jeden Spezies sein, nachdem sie verschieden voneinander geworden sind und entweder Varietäten oder Subspezies oder echte Spezies bilden. Und ich meine, aus den vorstehenden Tatsachen folgt, daß die variierenden Nachkommen einer jeden Spezies es versuchen (nur wenige mit Erfolg), so viele und so verschiedenartige Stellen in dem Haushalt der Natur einzunehmen wie nur möglich. Jede neue Varietät oder Spezies wird, sobald sie gebildet ist, meist die Stelle ihrer we-

niger gut angepaßten elterlichen Form einnehmen und sie zum Absterben bringen. Ich glaube, dies ist der Ursprung der Klassifikation und der Verwandtschaften organischer Wesen zu allen Zeiten; denn organische Wesen scheinen immer Zweige und Unterzweige zu bilden, wie das Astwerk eines Baumes aus einem gemeinsamen Stamm heraus, wobei die gut gedeihenden und divergierenden Zweige die weniger lebenskräftigen zerstört haben und die abgestorbenen und verlorenen Zweige in ungefährer Weise die abgestorbenen Gattungen und Familien darstellen.

Diese Skizze ist äußerst unvollkommen; aber auf so kleinem Raum kann ich sie nicht besser machen. Ihre Phantasie muß sehr weite Lücken ausfüllen.

Ch. Darwin

Einleitung

Als ich an Bord der „Beagle" als Naturforscher Süd-Amerika erreichte, überraschten mich gewisse Tatsachen in hohem Grade, die sich mir in bezug auf die Verbreitung der Bewohner und die geologischen Beziehungen der jetzigen zu der früheren Bevölkerung dieses Weltteils darboten. Diese Tatsachen schienen mir, wie sich aus dem letzten Kapitel dieses Bandes ergeben wird, einiges Licht auf den Ursprung der Arten zu werfen, dieses Geheimnis der Geheimnisse, wie es einer unserer größten Philosophen genannt hat. Nach meiner Heimkehr im Jahre 1837 kam ich auf den Gedanken, daß sich etwas über diese Frage müsse ermitteln lassen durch ein geduldiges Sammeln und Erwägen aller Arten von Tatsachen, welche möglicherweise in irgendeiner Beziehung zu ihr stehen konnten. Nachdem ich fünf Jahre lang in diesem Sinne gearbeitet hatte, glaubte ich eingehender über die Sache nachdenken zu dürfen und schrieb nun einige kurze Bemerkungen darüber nieder; diese führte ich im Jahre 1844 weiter aus und fügte der Skizze die Schlußfolgerungen hinzu, welche sich mir als wahrscheinlich ergaben. Von dieser Zeit an bis jetzt bin ich mit beharrlicher Verfolgung des Gegenstandes beschäftigt gewesen. Ich hoffe, daß man die Anführung dieser auf meine Person bezüglichen Einzelheiten entschuldigen wird. Sie sollen zeigen, daß ich nicht übereilt zu einem Abschluß gelangt bin.

Mein Werk ist nun (1859) nahezu beendet; da es aber noch viele weitere Jahre bedürfen wird, um es zu vollenden, und da meine Gesundheit keineswegs fest ist, so hat man mich zur Veröffentlichung dieses Auszugs gedrängt. Ich sah mich noch umso mehr dazu veranlaßt, als Mr. Wallace beim Studium der Naturgeschichte der Malayischen Inselwelt zu fast genau denselben allgemeinen Schlußfolgerungen über den Ursprung der Arten gelangt ist, wie ich. Im Jahre 1858 sandte er mir eine Abhandlung darüber mit der Bitte zu, sie Sir Charles Lyell zuzustellen, welcher sie der Linné'schen Gesellschaft übersandte, in deren Journal sie nun im dritten Band abgedruckt worden ist. Sir Ch. Lyell sowohl als auch Dr. Hooker, welche beide meine Arbeit kannten (der letzte hatte meinen Entwurf von 1844 gelesen), hielten es in ehrender Rücksicht auf mich für ratsam, einige kurze Auszüge aus meinen Niederschriften zugleich mit Wallaces Abhandlung zu veröffentlichen.

Der Auszug, welchen ich hiermit der Lesewelt vorlege, muß notwendig unvollkommen sein. Er kann keine Belege und Autoritäten für meine verschiedenen Angaben beibringen, und ich muß den Leser bitten, einiges Vertrauen in meine Genauigkeit zu setzen. Zweifelsohne mögen Irrtümer mit unterlaufen sein; doch glaube ich, mich überall nur auf zuverlässige Autoritäten berufen zu haben. Ich kann hier überall nur die allgemeinen Schlußfolgerungen anführen, zu welchen ich gelangt bin, unter Mitteilung von nur wenigen erläuternden Tatsachen, die aber, wie ich hoffe, in den meisten Fällen genügen werden. Niemand kann mehr als ich selbst die Notwendigkeit fühlen, später alle Tatsachen, auf welche meine Schlußfolgerungen sich stützen, mit ihren Einzelheiten bekannt zu machen, und ich hoffe dies in einem künftigen Werke zu tun, denn ich weiß wohl, daß kaum ein Punkt in diesem Buch zur Sprache kommt, zu welchem man nicht Tatsachen anführen könnte, die oft zu gerade entgegengesetzten Folgerungen zu führen scheinen. Ein richtiges Ergebnis läßt sich aber nur dadurch erlangen, daß man alle Tatsachen und Gründe, welche für und gegen jede einzelne Frage sprechen, zusammenstellt und sorgfältig gegeneinander abwägt, und dies kann unmöglich hier geschehen.

Ich bedaure sehr, aus Mangel an Raum so vielen Naturforschern nicht meine Erkenntlichkeit für die Unterstützung ausdrücken zu können, die sie mir, mitunter ihnen persönlich ganz unbekannt, in uneigennützigster Weise zuteil werden ließen. Doch kann ich diese Gelegenheit nicht vorübergehen lassen, ohne wenigstens die große Verbindlichkeit anzuerkennen, welche ich Dr. Hooker dafür schulde, daß er mich in den letzten zwanzig Jahren in jeder möglichen Weise durch seine reichen Kenntnisse und sein ausgezeichnetes Urteil unterstützt hat.

Wenn ein Naturforscher über den Ursprung der Arten nachdenkt, so ist es wohl begreiflich, daß er in Erwägung der gegenseitigen Verwandtschaftsverhältnisse der Organismen, ihrer embryonalen Beziehungen, ihrer geographischen Verbreitung, ihrer geologischen Aufeinanderfolge und anderer solcher Tatsachen zu dem Schluß gelangt, die Arten seien nicht selbständig erschaffen, sondern stammen wie Varietäten von anderen Arten ab. Dem ungeachtet dürfte eine solche Schlußfolgerung, selbst wenn sie wohl begründet wäre, kein Genüge leisten, solange nicht nachgewiesen werden könnte, auf welche Weise die zahllosen Arten, welche jetzt unsere Erde bewohnen, so abgeändert worden sind, daß sie die jetzige Vollkommenheit des Baues und der gegenseitigen Anpassung erlangten, welche mit Recht unsere Bewunderung erregen. Die Naturforscher verweisen beständig auf die äußeren Bedingungen, wie Klima, Nahrung usw., als die einzigen möglichen Ursachen ihrer Abänderung. In einem beschränkten Sinne mag dies, wie wir später sehen werden, wahr sein. Aber es wäre verkehrt, lediglich äußeren Ursachen z. B. die Organisation des Spechtes, die Bildung seines Fußes, seines Schwanzes, seines Schnabels und seiner Zunge zuschreiben zu wollen, welche ihn so vorzüglich befähigen, Insekten unter der Rinde der Bäume hervorzuholen. Ebenso wäre es verkehrt, bei der Mistelpflanze, welche ihre Nahrung aus gewissen Bäumen zieht und deren Samen von gewissen Vögeln ausgestreut werden müssen, mit ihren Blüten, welche getrennten Geschlechts sind und die Tätigkeit gewisser Insekten zur Übertragung des Pollens von der männlichen auf die weibliche Blüte bedürfen, – es wäre verkehrt, die organische Einrichtung dieses Parasiten mit seinen Beziehungen zu mehreren anderen organischen Wesen als eine Wirkung äußerer Ursachen oder der Gewohnheit oder des Willens der Pflanze selbst anzusehen.

Es ist daher von der größten Wichtigkeit eine klare Einsicht in die Mittel zu gewinnen, durch welche solche Umänderungen und Anpassungen bewirkt werden. Zu Beginn meiner Beobachtungen schien es mir wahrscheinlich, daß ein sorgfältiges Studium der Haustiere und Kulturpflanzen die beste Aussicht auf Lösung dieser schwierigen Aufgabe gewähren würde. Und ich habe mich nicht getäuscht, sondern habe in diesem wie in allen anderen verwickelten Fällen immer gefunden, daß unsere wenn auch unvollkommenen Kenntnisse von der Abänderung der Lebensformen im Zustand der Domestikation immer den besten und sichersten Aufschluß gewähren. Ich stehe nicht an, meine Überzeugung von dem hohen Wert solcher von den Naturforschern gewöhnlich sehr vernachlässigten Studien auszudrücken.

Aus diesem Grunde widme ich denn auch das erste Kapitel dieses Auszugs der Abänderung im Zustand der Domestikation. Wir werden daraus ersehen, daß ein hoher Grad erblicher Abänderung wenigstens möglich ist, und, was nicht minder wichtig oder noch wichtiger ist, daß das Vermögen des Menschen, geringe Abänderungen durch deren ausschließliche Auswahl zur Nachzucht, d. h. durch Zuchtwahl, zu häufen, sehr beträchtlich ist. Ich werde dann zur Veränderlichkeit der Arten im Naturzustand übergehen; doch bin ich unglücklicherweise genötigt diesen Gegenstand viel zu kurz abzutun, da er eingehend eigentlich nur durch Mitteilung langer Listen von Tatsachen behandelt werden kann. Wir werden dem ungeachtet imstande sein zu erörtern, was für Umstände die Abänderung am meisten begünstigen. Im nächsten Abschnitt soll der Kampf ums Dasein unter den organischen Wesen der ganzen Welt abgehandelt werden, welcher unvermeidlich aus dem hohen geometrischen Verhältnis ihrer Vermehrung hervorgeht. Es ist dies die Lehre von Malthus auf das ganze Tier- und Pflanzenreich angewendet. Da viel mehr Individuen jeder Art geboren werden, als möglicherweise fortleben können, und demzufolge das Ringen um Existenz beständig wiederkehren muß, so folgt daraus, daß ein Wesen, welches in irgendeiner für dasselbe vorteilhaften Weise von den übrigen, so wenig es auch sei, abweicht, unter den zusammengesetzten und zuweilen abändernden Lebensbedingungen mehr Aussicht auf Fortdauer hat und demnach von der Natur zur Nachzucht gewählt werden wird. Eine solche zur Nachzucht ausgewählte Varietät ist dann nach dem strengen Erblichkeitsgesetz jedesmal bestrebt, seine neue und abgeänderte Form fortzupflanzen.

Diese natürliche Zuchtwahl ist ein Hauptpunkt, welcher im vierten Kapitel ausführlicher ab-

Einleitung

gehandelt werden soll; und wir werden dann finden, wie die natürliche Zuchtwahl gewöhnlich die unvermeidliche Veranlassung zum Erlöschen minder geeigneter Lebensformen wird und das herbeiführt, was ich Divergenz des Charakters genannt habe. Im nächsten Abschnitt werden die verwickelten und wenig bekannten Gesetze der Abänderung besprochen. In den fünf folgenden Kapiteln sollen die auffälligsten und bedeutendsten Schwierigkeiten, welche der Annahme der Theorie entgegenstehen, angegeben werden, und zwar erstens die Schwierigkeiten der Übergänge oder wie es zu begreifen ist, daß ein einfaches Wesen oder ein einfaches Organ umgeändert und in ein höher entwickeltes Wesen oder ein höher ausgebildetes Organ umgestaltet werden kann; zweitens der Instinkt oder die geistigen Fähigkeiten der Tiere; drittens die Bastardbildung oder die Unfruchtbarkeit der gekreuzten Spezies und die Fruchtbarkeit der gekreuzten Varietäten; und viertens die Unvollkommenheit der geologischen Urkunden. Im nächsten Kapitel werde ich die geologische Aufeinanderfolge der Organismen in der Zeit betrachten; im zwölften und dreizehnten deren geographische Verbreitung im Raum; im vierzehnten ihre Klassifikation oder ihre gegenseitigen Verwandtschaften im reifen wie im Embryonal-Zustand. Im letzten Abschnitt endlich werde ich eine kurze Zusammenfassung des Inhaltes des ganzen Werkes mit einigen Schlußbemerkungen geben.

Darüber, daß noch so vieles über den Ursprung der Arten und Varietäten ungeklärt bleibt, wird sich niemand wundern, wenn er unsere tiefe Unwissenheit hinsichtlich der Wechselbeziehungen der vielen um uns her lebenden Wesen in Betracht zieht. Wer kann erklären, warum eine Art in großer Anzahl und weiter Verbreitung vorkommt, während eine andere ihr nahe verwandte Art selten und auf engen Raum beschränkt ist? Und doch sind diese Beziehungen von der höchsten Wichtigkeit, insofern sie die gegenwärtige Wohlfahrt und, wie ich glaube, das künftige Gedeihen und die Modifikationen eines jeden Bewohners der Welt bedingen. Aber noch viel weniger wissen wir von den Wechselbeziehungen der unzähligen Bewohner dieser Erde während der vielen vergangenen geologischen Perioden ihrer Geschichte. Wenn daher auch noch so vieles dunkel ist und noch lange dunkel bleiben wird, so zweifle ich nach den sorgfältigsten Studien und dem unbefangensten Urteil, dessen ich fähig bin, doch nicht daran, daß die Meinung, welche die meisten Naturforscher hegen und auch ich lange gehegt habe, als wäre nämlich jede Spezies unabhängig von den übrigen erschaffen worden, eine irrtümliche ist. Ich bin vollkommen überzeugt, daß die Arten nicht unveränderlich sind; daß die zu einer sogenannten Gattung zusammengehörigen Arten in direkter Linie von einer anderen, gewöhnlich erloschenen Art abstammen, in der nämlichen Weise, wie die anerkannten Varietäten irgendeiner Art Abkömmlinge dieser Art sind. Endlich bin ich überzeugt, daß die natürliche Zuchtwahl das wichtigste, wenn auch nicht das ausschließliche Mittel zur Abänderung der Lebensformen gewesen ist.

Erstes Kapitel

Abänderung im Zustand der Domestikation

Ursachen der Veränderlichkeit – Wirkungen der Gewohnheit und des Gebrauchs und Nichtgebrauchs der Teile – Korrelative Abänderung – Vererbung – Charaktere domestizierter Varietäten – Schwierigkeit der Unterscheidung zwischen Varietäten und Arten – Ursprung kultivierter Varietäten von einer oder mehreren Arten – Zahme Tauben, ihre Verschiedenheiten, ihr Ursprung – Früher befolgte Grundsätze bei der Züchtung und deren Folgen – Planmäßige und unbewußte Züchtung – Unbekannter Ursprung unserer kultivierten Rassen – Günstige Umstände für das Züchtungsvermögen des Menschen

Ursachen der Veränderlichkeit

Wenn wir die Individuen einer Varietät oder Untervarietät unserer älteren Kulturpflanzen und Tiere vergleichen, so ist einer der Punkte, die uns zuerst auffallen, daß sie im allgemeinen mehr voneinander abweichen, als die Individuen irgendeiner Art oder Varietät im Naturzustand. Erwägen wir nun die ungeheure Verschiedenartigkeit der Pflanzen und Tiere, welche kultiviert und domestiziert worden sind und welche zu allen Zeiten unter den verschiedensten Klimata und Behandlungsweisen abgeändert haben, so werden wir zu dem Schluß gedrängt, daß diese große Veränderlichkeit unserer Kulturerzeugnisse die Wirkung davon ist, daß die Lebensbedingungen minder einförmig und von denen der natürlichen Stammarten etwas abweichend gewesen sind. Auch hat, wie mir scheint, Andrew Knights Meinung, daß diese Veränderlichkeit zum Teil mit Überfluß an Nahrung zusammenhänge, einige Wahrscheinlichkeit für sich. Es scheint ferner klar zu sein, daß die organischen Wesen einige Generationen hindurch den neuen Lebensbedingungen ausgesetzt sein müssen, um ein merkliches Maß von Veränderung an ihnen auftreten zu lassen, und daß, wenn ihre Organisation einmal abzuändern begonnen hat, sie gewöhnlich durch viele Generationen abzuändern fortfährt. Man kennt keinen Fall, daß ein veränderlicher Organismus im Kulturzustand aufgehört hätte zu variieren. Unsere ältesten Kulturpflanzen, wie der Weizen z. B., geben noch immer neue Varietäten, und unsere ältesten Haustiere sind noch immer rascher Umänderung und Veredelung fähig.

Soviel ich nach langer Beschäftigung mit dem Gegenstand zu urteilen vermag, scheinen die Lebensbedingungen auf zweierlei Weise zu wirken: direkt auf den ganzen Organismus oder nur auf gewisse Teile, und indirekt durch Affektion der Reproduktionsorgane. In bezug auf die direkte Einwirkung müssen wir im Auge behalten, daß in jedem Fall, wie Professor Weismann vor kurzem betont hat und wie ich in meinem Buch, ‚Das Variieren im Zustand der Domestikation' gelegentlich gezeigt habe, zwei Faktoren tätig sind: nämlich die Natur des Organismus und die Natur der Bedingungen. Das erstere scheint bei weitem das wichtigere zu sein. Denn nahezu ähnliche Variationen entstehen zuweilen, soviel sich urteilen läßt, unter unähnlichen Bedingungen; und auf der anderen Seite treten unähnliche Abänderungen unter Bedingungen auf, welche nahezu gleichförmig zu sein scheinen. Die Wirkungen auf die Nachkommen sind entweder bestimmte oder unbestimmte. Sie können als bestimmte angesehen werden, wenn alle oder beinahe alle Nachkommen von Individuen, welche während mehrerer Generationen gewissen Bedingungen ausgesetzt gewesen sind, in demselben Maß modifiziert werden. Es ist außerordentlich schwierig, in bezug auf die Ausdehnung der Veränderungen, welche in dieser Weise bestimmt herbeigeführt worden sind, zu irgendeinem Schluß zu gelangen. Kaum ein Zweifel kann indessen über viele unbedeutende Abänderungen bestehen: wie Größe infolge der Menge der Nahrung, Farbe infolge der Art der Nahrung, Dicke der Haut und des Haares infolge des Klimas usw.

Jede der endlosen Varietäten, welche wir im Gefieder unserer Hühner sehen, muß ihre bewirkende Ursache gehabt haben; und wenn eine und dieselbe Ursache gleichmäßig eine lange Reihe von Generationen hindurch auf viele Individuen einwirken würde, so würden auch wahrscheinlich alle in derselben Art modifiziert werden. Solche Tatsachen, wie die komplizierten und außerordentlichen Auswüchse, welche unveränderlich der Einimpfung eines minutiösen Tröpfchens Gift von einem Gall-Insekt folgen, zeigen uns, was für eigentümliche Modifikationen bei Pflanzen aus einer chemischen Änderung in der Natur des Saftes resultieren können.

Unbestimmte Variabilität ist ein viel häufigeres Resultat veränderter Bedingungen als bestimmte Variabilität und hat wahrscheinlich bei der Bildung unserer Kulturrassen eine bedeutungsvollere Rolle gespielt. Wir finden unbestimmte Variabilität in den endlosen unbedeutenden Eigentümlichkeiten, welche die Individuen einer und derselben Art unterscheiden und welche nicht durch Vererbung von einer der bei den elterlichen Formen oder von irgendeinem entfernteren Vorfahren erklärt werden können. Selbst stark markierte Verschiedenheiten treten gelegentlich unter den Jungen einer und derselben Brut auf und bei Sämlingen aus derselben Frucht. In langen Zeiträumen erscheinen unter Millionen von Individuen, welche in demselben Land erzogen und mit beinahe gleichem Futter ernährt wurden, so stark ausgesprochene Strukturabweichungen, daß sie Monstrositäten genannt zu werden verdienen; Monstrositäten können aber durch keine bestimmte Trennungslinie von leichteren Abänderungen geschieden werden. Alle derartigen Strukturveränderungen, mögen sie nun äußerst unbedeutend oder scharf markiert sein, welche unter vielen zusammenlebenden Individuen erscheinen, können als die unbestimmten Einwirkungen der Lebensbedingungen auf einen jeden individuellen Organismus angesehen werden, in beinahe derselben Weise, wie eine Erkältung verschiedene Menschen nicht in einer bestimmten Weise affiziert, indem sie je nach dem Zustand ihres Körpers oder ihrer Konstitution Husten oder Schnupfen, Rheumatismus oder Entzündung verschiedener Organe verursacht.

In bezug auf das, was ich indirekte Wirkung veränderter Bedingungen genannt habe, nämlich Abänderungen durch Affektion des Fortpflanzungssystems, können wir folgern, daß hierbei die Variabilität zum Teil Folge der Tatsache ist, daß dieses System äußerst empfindlich gegen jede Veränderung der Bedingungen ist, zum Teil hervorgerufen wird durch die Ähnlichkeit, welche, wie Kölreuter und andere bemerkt haben, zwischen der einer Kreuzung bestimmter Arten folgenden und der bei allen unter neuen und unnatürlichen Bedingungen aufgezogenen Pflanzen und Tieren beobachteten Variabilität besteht. Viele Tatsachen beweisen deutlich, wie außerordentlich empfänglich das Reproduktivsystem für sehr geringe Veränderungen in den umgebenden Bedingungen ist. Nichts ist leichter, als ein Tier zu zähmen, und wenige Dinge sind schwieriger, als es in der Gefangenschaft zu einer freiwilligen Fortpflanzung zu bringen, selbst wenn die Männchen und Weibchen bis zur Paarung kommen. Wie viele Tiere wollen sich nicht fortpflanzen, obwohl sie schon lange fast frei in ihrem Heimatland leben! Man schreibt dies gewöhnlich, aber irrtümlich, einem entarteten Instinkt zu. Viele Kulturpflanzen gedeihen in der äußersten Kraftfülle, und setzen doch nur sehr selten oder auch nie Samen an! In einigen wenigen solchen Fällen hat man entdeckt, daß eine ganz unbedeutende Veränderung, wie etwas mehr oder weniger Wasser zu einer gewissen Zeit des Wachstums, für oder gegen die Samenbildung entscheidend wird. Ich kann hier nicht auf die zahlreichen Einzelheiten eingehen, die ich über diese merkwürdige Frage gesammelt und an einem anderen Ort veröffentlicht habe; um aber zu zeigen, wie eigentümlich die Gesetze sind, welche die Fortpflanzung der Tiere in Gefangenschaft bedingen, will ich erwähnen, daß Raubtiere selbst aus den Tropengegenden sich bei uns auch in Gefangenschaft ziemlich gern fortpflanzen, mit Ausnahme jedoch der Sohlengänger oder der Familie der bärenartigen Säugetiere, welche nur selten Junge erzeugen; wogegen fleischfressende Vögel nur in den seltensten Fällen oder fast niemals fruchtbare Eier legen. Viele ausländische Pflanzen haben ganz wertlose Pollen, genau in demselben Zustand, wie die unfruchtbarsten Bastardpflanzen. Wenn wir auf der einen Seite Haustiere und Kulturpflanzen oft selbst in schwachem und krankem Zustand sich in der Gefangenschaft ganz ordentlich fortpflanzen sehen, während auf der anderen Seite jung eingefangene Individuen, vollkommen gezähmt, langlebig und kräftig (wovon ich viele Beispiele anführen kann), aber in ihrem Reproduktivsystem infolge nicht wahrnehmbarer Ursachen so tief affiziert erscheinen, daß dasselbe nicht auftritt, so dürfen wir uns nicht darüber wundern, daß dieses System, wenn es wirklich in der Gefangenschaft in Tätigkeit tritt, dann in nicht ganz regelmäßiger Weise auftritt und eine Nachkommenschaft erzeugt, welche von den Eltern etwas verschieden ist. Ich will noch hinzufügen, daß, wie einige Organismen (wie die in Kästen gehaltenen Kaninchen und Frettchen) sich unter den unnatürlichsten Verhältnissen fortpflanzen (was nur beweist, daß ihre Reproduktionsorgane nicht affiziert sind), so auch einige Tiere und Pflanzen der Domestikation oder Kultur widerstehen und nur sehr gering, vielleicht kaum stärker als im Naturzustand, variieren.

Mehrere Naturforscher haben behauptet, daß alle Abänderungen mit dem Akt der sexuellen Fortpflanzung zusammenhängen. Dies ist aber sicher ein Irrtum; denn ich habe in einem anderen Werk eine lange Liste von Spielpflanzen (Sporting plants) mitgeteilt; Gärtner nennen Pflanzen so, welche plötzlich eine einzelne Knospe produzierten, welche einen neuen und von dem der übrigen Knospen derselben Pflanze oft sehr abweichenden Charakter annehmen. Solche Knospenvariationen wie man sie nennen kann, kann man durch Pfropfen, Senker usw., zuweilen auch mittels Samen fortpflanzen. Sie kommen in der Natur selten, im Kulturzustand aber durchaus nicht selten vor. Wie man weiß, daß eine einzelne Knospe unter den vielen Tausenden Jahr für Jahr unter gleichförmigen Bedingungen auf demselben Baum entstehenden plötzlich einen neuen Charakter annimmt und daß Knospen auf verschiedenen Bäumen, welche unter verschiedenen Bedingungen wachsen, zuweilen beinahe die gleiche Varietät hervorgebracht haben, – z.B. Knospen auf Pfirsichbäumen, welche Nektarinen erzeugen, und Knospen auf gewöhnlichen Rosen, welche Moosrosen hervorbringen, – so sehen wir auch offenbar, daß die Natur der Bedingungen für die Bestimmung der besonderen Form der Abänderung von völlig untergeordneter Bedeutung ist im Vergleich zur Natur des Organismus, und vielleicht von nicht mehr Bedeutung als die Natur des Funkens für die Bestimmung der Art der Flammen ist, wenn er eine Masse brennbarer Stoffe entzündet.

Wirkungen der Gewohnheit und des Gebrauchs und Nichtgebrauchs der Teile – Korrelative Abänderung – Vererbung

Veränderte Gewohnheiten bringen eine erbliche Wirkung hervor, wie z.B. die Versetzung von Pflanzen aus einem Klima in das andere deren Blütezeit ändert. Bei Tieren hat der vermehrte Gebrauch oder Nichtgebrauch der Teile einen noch bemerkbareren Einfluß gehabt; so habe ich bei der Hausente gefunden, daß die Flügelknochen leichter und die Beinknochen schwerer im Verhältnis zum ganzen Skelett sind als bei der wilden Ente; und diese Veränderung kann man getrost dem Umstand zuschreiben, daß die zahme Ente weniger fliegt und mehr geht, als es diese Entenart im wilden Zustand tut. Die erbliche stärkere Entwicklung der Euter bei Kühen und Ziegen in solchen Gegenden, wo sie regelmäßig gemolken werden, im Verhältnis zu denselben Organen in anderen Ländern, wo dies nicht der Fall ist, ist ein anderer Beleg für die Wirkungen des Gebrauchs. Es gibt keine Art von unseren Haus-Säugetieren, welche nicht in dieser oder jener Gegend hängende Ohren hätte; es ist daher die zu dessen Erklärung vorgebrachte Ansicht, daß dieses Hängendwerden der Ohren vom Nichtgebrauch der Ohrmuskeln herrühre, weil das Tier nur selten durch drohende Gefahren beunruhigt werde, ganz wahrscheinlich.

Viele Gesetze regeln die Abänderung, von welchen einige wenige sich dunkel erkennen lassen, und welche nachher noch kurz erörtert werden sollen. Hier will ich nur auf das hinweisen, was man Korrelation des Abänderns nennen kann. Wichtige Veränderungen in Embryo oder Larve werden wahrscheinlich auch Veränderungen im reifen Tier nach sich ziehen. Bei Monstrositäten sind die Wechselbeziehungen zwischen ganz verschiedenen Teilen des Körpers sehr sonderbar, und Isidore Geoffroy St.-Hilaire führt davon viele Belege in seinem großen Werk an. Züchter glauben, daß lange Beine beinahe immer auch von einem verlängerten Kopf begleitet werden. Einige Fälle von Korrelation erscheinen ganz wunderlicher Art; so, daß ganz weiße Katzen mit blauen Augen gewöhnlich taub sind; Mr. Tait hat indessen vor kurzem angegeben, daß dies auf die Männchen beschränkt ist. Farbe und Eigentümlichkeiten der Konstitution stehen miteinander in Verbindung, wovon sich viele merkwürdige Fälle bei Pflanzen und Tieren anführen ließen. Aus den von Heusinger gesammelten Tatsachen geht hervor, daß auf weiße Schafe und Schweine gewisse Pflanzen schädlich einwirken, während dunkelfarbige nicht affiziert werden. Professor Wyman hat mir kürzlich einen sehr belehrenden Fall dieser Art mitgeteilt. Auf seine an einige Farmer in Virginia gerichtete Frage, woher es komme, daß alle ihre Schweine schwarz seien, erhielt er zur Antwort, daß die Schweine die Farbwurzel (Lachnanthes) fräßen, diese färbe ihre Knochen rosa und mache, außer bei den schwarzen Varietäten derselben, die Hufe abfallen; einer der Crackers (d.h. der Virginia-Ansiedler) fügte hinzu: „Wir wählen die schwarzen Glieder eines Wurfes zum Aufziehen aus, weil sie allein Aussicht auf Gedeihen geben." Unbehaarte Hunde haben ein unvollständiges Gebiß; von lang- oder grobhaarigen Wiederkäuern behauptet man, daß sie gern lange oder viele Hörner bekommen; Tauben mit Federfüßen haben eine Haut zwischen ihren äußeren Zehen; kurz-schnäbelige Tauben haben kleine Füße, und die mit langen Schnäbeln große Füße. Wenn man daher durch Auswahl geeigneter Individuen von Pflanzen und Tieren für die Nachzucht irgendeine Eigentümlichkeit derselben steigert, so wird man fast sicher, ohne es zu wollen, diesen geheimnisvollen Gesetzen der Korrelation gemäß noch andere Teile der Struktur mit abändern.

Die Resultate der mancherlei entweder unbekannten oder nur undeutlich verstandenen Gesetze der Variation sind außerordentlich verwickelt und vielfältig. Es ist wohl der Mühe wert, die verschiedenen Abhandlungen über unsere alten Kulturpflanzen, wie Hyazinthen, Kartoffeln, selbst Dahlien usw., sorgfältig zu studieren, und es ist wirklich überraschend zu sehen, wie endlos die Menge von einzelnen Verschiedenheiten in der Struktur und Konstitution ist, durch welche alle ihre Varietäten und Subvarietäten unbedeutend voneinander abweichen. Ihre ganze Organisation scheint plastisch geworden zu sein, um bald in dieser und bald in jener Richtung sich etwas von dem elterlichen Typus zu entfernen.

Nicht-erbliche Abänderungen sind für uns ohne Bedeutung. Aber schon die Zahl und Mannigfaltigkeit der erblichen Abweichungen in dem Bau des Körpers, sei es von geringer oder von beträchtlicher physiologischer Wichtigkeit, ist endlos. Dr. Prosper Lucas' Abhandlung, in zwei starken Bänden, ist das Beste und Vollständigste, was man darüber hat. Kein Züchter ist darüber im Zweifel, wie groß die Neigung zur Vererbung ist; „Gleiches erzeugt Gleiches" ist sein Grundglaube, und nur theoretische Schriftsteller haben dagegen Zweifel erhoben. Wenn irgendeine Abweichung oft zum Vorschein kommt und wir sie in Vater und Kind sehen, so können wir nicht sagen, ob sie nicht etwa von einerlei Grundursache herrühre, die auf beide gewirkt habe. Wenn aber unter Individuen einer Art, welche augenscheinlich denselben Bedingungen ausgesetzt sind, irgendeine sehr seltene Abänderung infolge eines außerordentlichen Zusammentreffens von Umständen an einem Individuum zum Vorschein kommt – an einem unter mehreren Millionen – und dann am Kind wiedererscheint, so nötigt uns schon die Wahrscheinlichkeitslehre diese Wiederkehr durch Vererbung zu erklären. Jedermann wird ja schon von Fällen gehört haben, wo seltene Erscheinungen, wie Albinismus, Stachelhaut, ganz behaarter Körper u. dgl. bei mehreren Gliedern einer und der nämlichen Familie vorgekommen sind. Wenn aber seltene und fremdartige Abweichungen der Körperbildung sich wirklich vererben, so werden minder fremdartige und ungewöhnliche Abänderungen umso mehr als erblich zugestanden werden müssen. Ja, vielleicht wäre die richtigste Art die Sache anzusehen die, daß man jedweden Charakter als erblich und die Nichtvererbung als Anomalie betrachtete.

Die Gesetze, welche die Vererbung der Charaktere regeln, sind zum größten Teil unbekannt, und niemand vermag zu sagen, woher es kommt, daß dieselbe Eigentümlichkeit in verschiedenen Individuen einer Art und in verschiedenen Arten zuweilen vererbt wird und zuweilen nicht; woher es kommt, daß das Kind zuweilen zu gewissen Charakteren des Großvaters oder der Großmutter oder noch früherer Vorfahren zurückkehrt; woher es kommt, daß eine Eigentümlichkeit sich oft von einem Geschlecht auf beide Geschlechter überträgt, oder sich auf eines und zwar gewöhnlich aber nicht ausschließlich auf dasselbe Geschlecht beschränkt. Es ist eine Tatsache von einiger Wichtigkeit für uns, daß Eigentümlichkeiten, welche an den Männchen unserer Haustiere zum Vorschein kommen, entweder ausschließlich oder doch in einem viel bedeutenderen Grade wieder nur auf männliche Nachkommen übergehen. Eine noch wichtigere und wie ich glaube verläßliche Regel ist die, daß, in welcher Periode des Lebens sich eine Eigentümlichkeit auch zeigen möge, sie in der Nachkommenschaft auch immer in dem entsprechenden Alter, wenn auch zuweilen wohl früher, zum Vorschein zu kommen strebt. In vielen Fällen ist dies nicht anders möglich, weil die erblichen Eigentümlichkeiten z. B. an den Hörnern des Rindviehs an den Nachkommen sich erst im nahezu reifen Alter zeigen können; und ebenso gibt es bekanntlich Eigentümlichkeiten des Seidenwurms, die nur den Raupen oder Puppenzustand betreffen. Aber erbliche Krankheiten und einige andere Tatsachen veranlassen mich zu glauben, daß die Regel eine weitere Ausdehnung hat, und daß da, wo kein offenbarer Grund für das Erscheinen einer Abänderung in einem bestimmten Alter vorliegt, doch das Streben bei ihr vorhanden ist, auch am Nachkommen in dem gleichen Lebensabschnitt sich zu zeigen, in welchem sie an dem Erzeuger zuerst eingetreten ist. Ich glaube, daß diese Regel von der größten Wichtigkeit für die Erklärung der Gesetze der Embryologie ist. Diese Bemerkungen beziehen sich übrigens auf das erste Sichtbarwerden der Eigentümlichkeit, und nicht auf ihre erste Ursache, die vielleicht schon auf den männlichen oder weiblichen Zeugungsstoff eingewirkt haben kann, in derselben Weise etwa, wie der aus der Kreuzung einer kurzhörnigen Kuh und eines langhörnigen Bullen hervorgegangene Sprößling die größere Länge seiner Hörner, obschon sie sich erst spät im Leben zeigen kann, offenbar dem Zeugungsstoff des Vaters verdankt.

Da ich des Rückschlags zur großelterlichen Bildung Erwähnung getan habe, so will ich hier eine von Naturforschern oft gemachte Angabe anführen, daß nämlich unsere Haustier-Rassen, wenn sie verwildern, zwar nur allmählich, aber doch unabänderlich, den Charakter ihrer wilden Stammeltern wieder annehmen, woraus man dann geschlossen hat, daß man von zahmen Rassen nicht auf Arten in ihrem Naturzustand folgern könne. Ich habe jedoch vergeblich zu ermitteln gesucht, auf was für entscheidende Tatsachen sich jene so oft und so bestimmt wiederholte Behauptung stützte. Es möchte sehr schwer sein, ihre Richtigkeit nachzuweisen; denn wir können mit Sicherheit sagen, daß sehr viele der ausgeprägtesten zahmen Varietäten im wilden Zustand gar nicht leben könnten. In vielen Fällen kennen wir nicht einmal den Urstamm und vermögen uns daher noch weniger zu vergewissern, ob eine vollständige Rückkehr eingetreten ist oder nicht. Jedenfalls würde es, um die Folgen der Kreuzung zu vermeiden, nötig sein, daß nur eine einzelne Varietät in ihrer neuen Heimat in die Freiheit zurückversetzt werde. Ungeachtet aber unsere Varietäten gewiß in einzelnen Merkmalen zuweilen zu ihren Urformen zurückkehren, so scheint es mir doch nicht unwahrscheinlich, daß, wenn man die verschiedenen Abarten des Kohls z. B. einige Generationen hindurch in einem ganz armen Boden zu kultivieren fortführe (in welchem Falle dann allerdings ein Teil des Erfolges der bestimmten Wirkung des Bodens zuzuschreiben wäre), dieselben ganz oder fast ganz wieder in ihre wilde Urform zurückfallen würden. Ob der Versuch nun gelinge oder nicht, ist für unsere Folgerungen von keiner großen Bedeutung, weil durch den Versuch selber die Lebensbedingungen geändert werden. Ließe sich beweisen, daß unsere kultivierten Rassen eine starke Neigung zum Rückschlag, d. h. zur Ablegung der angenommenen Merkmale an den Tag legen, solange sie unter unveränderten Bedingungen und in beträchtlichen Mengen beisammen gehalten werden, so daß die hier mögliche freie Kreuzung etwaige geringe Abweichungen der Struktur, die dann eben verschmölzen, verhütete, – in diesem Falle würde ich zugeben, daß sich von den domestizierten Varietäten nichts in bezug auf die Arten folgern lasse. Aber es ist nicht ein Schatten von Beweis zugunsten dieser Meinung vorhanden. Die Behauptung, daß sich unsere Karren und Rennpferde, unsere lang- und kurzhörnigen Rinder, unsere mannigfaltigen Federviehsorten und Nahrungsgewächse nicht eine fast unbegrenzte Zahl von Generationen hindurch fortpflanzen lassen, wäre aller Erfahrung entgegen.

Charaktere domestizierter Varietäten – Schwierigkeiten der Unterscheidung zwischen Varietäten und Arten – Ursprung kultivierter Varietäten von einer oder mehreren Arten

Wenn wir die erblichen Varietäten oder Rassen unserer domestizierten Pflanzen und Tiere betrachten und dieselben mit nahe verwandten Arten vergleichen, so finden wir meist, wie schon bemerkt wurde, in jeder solchen Rasse eine geringere Übereinstimmung des Charakters als bei echten Arten. Auch haben domestizierte Rassen oft einen etwas monströsen Charakter, womit ich sagen will, daß, wenn sie sich auch voneinander und von den übrigen Arten derselben Gattung in mehreren unwichtigen Punkten unterscheiden, sie doch oft im äußersten Grade in irgendeinem einzelnen Teil sowohl von den anderen Varietäten als insbesondere von den übrigen nächstverwandten Arten im Naturzustand abweichen. Diese Fälle (und die der vollkommenen Fruchtbarkeit gekreuzter Varietäten, wovon nachher die Rede sein soll) ausgenommen, weichen die kultivierten Rassen einer und derselben Spezies in gleicher Weise voneinander ab, wie die einander nächst verwandten Arten derselben Gattung im Naturzustand, nur sind die Verschiedenheiten dem Grad nach geringer. Man muß dies als richtig zugeben, denn die domestizierten Rassen vieler Tiere und Pflanzen sind von kompetenten Richtern für Abkömmlinge ursprünglich verschiedener Arten, von anderen kompetenten Beurteilern für bloße Varietäten erklärt worden. Gäbe es irgendeinen scharf bestimmten Unterschied zwischen einer kultivierten Rasse und einer Art, so könnten dergleichen Zweifel nicht so oft wiederkehren. Oft hat man versichert, daß domestizierte Rassen nicht in Merkmalen von generischem Wert voneinander abweichen. Diese Behauptung läßt sich als nicht korrekt erweisen; doch gehen die Meinungen der Naturforscher weit auseinander, wenn sie sagen sollen, worin Gattungscharaktere bestehen, da alle solche Schätzungen für jetzt nur empirisch sind. Wenn erklärt ist, wie Gattungen in der Natur entstehen, wird sich zeigen, daß wir kein Recht haben zu erwarten, bei unseren domestizierten Rassen oft auf Verschiedenheiten zu stoßen, welche Gattungswert haben.

Wenn wir die Größe der Strukturverschiedenheiten zwischen verwandten domestizierten Rassen zu schätzen versuchen, so werden wir bald dadurch in Zweifel verwickelt, daß wir nicht wissen, ob dieselben von einer oder mehreren Stammarten abstammen. Es wäre von Interesse, wenn sich diese Frage aufklären ließe. Wenn z.B. nachgewiesen werden könnte, daß das Windspiel, der Schweißhund, der Pinscher, der Jagdhund und der Bullenbeißer, welche ihre Form so streng fortpflanzen, Abkömmlinge von nur einer Stammart sind, dann würden solche Tatsachen sehr geeignet sein, uns an der Unveränderlichkeit der vielen, einander sehr nahestehenden, natürlichen Arten, der Füchse z.B., die so ganz verschiedene Weltgegenden bewohnen, zweifeln zu lassen. Ich glaube nicht, wie wir gleich sehen werden, daß die ganze Verschiedenheit zwischen den Hunderassen im Zustand der Domestikation entstanden ist; ich glaube, daß ein gewisser kleiner Teil ihrer Verschiedenheit auf ihre Abkunft von besonderen Arten zurückzuführen ist. Bei scharf markierten Rassen einiger anderer domestizierten Arten ist es anzunehmen oder

Erstes Kapitel

entschieden zu beweisen, daß alle Rassen von einer einzigen wilden Stammform abstammen. Es ist oft angenommen worden, der Mensch habe sich solche Pflanzen- und Tierarten zur Domestikation ausgewählt, welche ein angeborenes, außerordentlich starkes Vermögen abzuändern und in verschiedenen Klimata auszudauern besitzen. Ich bestreite nicht, daß diese Fähigkeiten den Wert unserer meisten Kulturerzeugnisse beträchtlich erhöht haben. Aber wie vermochte ein Wilder zu wissen, als er ein Tier zu zähmen begann, ob dasselbe in folgenden Generationen zu variieren geneigt und in anderen Klimata auszudauern vermögend sein werde? Oder hat die geringe Variabilität des Esels und der Gans, das geringe Ausdauervermögen des Rentiers in der Wärme und des Kamels in der Kälte es verhindert, daß sie Haustiere wurden? Daran kann ich nicht zweifeln, daß, wenn man andere Pflanzen- und Tierarten in gleicher Anzahl wie unsere domestizierten Rassen und aus eben so verschiedenen Klassen und Gegenden ihrem Naturzustand entnähme und eine gleich lange Reihe von Generationen hindurch im domestizierten Zustand sich fortpflanzen lassen könnte, sie durchschnittlich in gleichem Umfang variieren würden, wie es die Stammarten unserer jetzt existierenden, domestizierten Rassen getan haben.

In bezug auf die meisten unserer von Alters her domestizierten Pflanzen und Tiere ist es nicht möglich, zu einem bestimmten Ergebnis darüber zu gelangen, ob sie von einer oder von mehreren Arten abstammen. Die Anhänger der Lehre von einem mehrfältigen Ursprung unserer Hausrassen berufen sich hauptsächlich darauf, daß wir schon in den ältesten Zeiten, auf den ägyptischen Monumenten und in den Pfahlbauten der Schweiz eine große Mannigfaltigkeit der gezüchteten Tiere finden, und daß einige dieser alten Rassen den jetzt noch existierenden außerordentlich ähnlich, oder gar mit ihnen identisch sind. Dies drängt aber nur die Geschichte der Zivilisation weiter zurück und lehrt, daß Tiere in einer viel früheren Zeit, als bis jetzt angenommen worden ist, zu Haustieren gemacht wurden. Die Pfahlbautenbewohner der Schweiz kultivierten mehrere Sorten Weizen und Gerste, die Erbse, den Mohn wegen des Öls und den Flachs und besaßen mehrere domestizierte Tiere. Sie standen auch in Verkehr mit anderen Nationen. Alles dies zeigt deutlich, wie Heer bemerkt hat, daß sie in jener frühen Zeit beträchtliche Fortschritte in der Kultur gemacht hatten; und dies setzt wieder eine noch frühere, lange andauernde Periode einer weniger fortgeschrittenen Zivilisation voraus, während welcher die von den verschiedenen Stämmen und in den verschiedenen Distrikten als Haustiere gehaltenen Arten variiert und getrennte Rassen haben entstehen lassen können. Seit der Entdeckung von Feuerstein-Geräten in den oberen Bodenschichten so vieler Teile der Welt glauben alle Geologen, daß barbarische Menschen in einem völlig unzivilisierten Zustand in einer unendlich weit zurückliegenden Zeit existiert haben; und bekanntlich gibt es heutzutage kaum noch einen so wilden Volksstamm, daß er sich nicht wenigstens den Hund gezähmt hätte.

Über den Ursprung der meisten unserer Haustiere wird man wohl immer im Ungewissen bleiben. Doch will ich hier bemerken, daß ich nach einem mühsamen Sammeln aller bekannten Tatsachen über die domestizierten Hunde in allen Teilen der Erde zu dem Schluß gelangt bin, daß mehrere wilde Arten von Caniden gezähmt worden sind und daß deren Blut in mehreren Fällen gemischt in den Adern unserer domestizierten Hunderassen fließt. In bezug auf Schaf und Ziege vermag ich mir keine entschiedene Meinung zu bilden. Nach den mir von Blyth über die Lebensweise, Stimme, Konstitution und Bau des Indischen Höckerochsen mitgeteilten Tatsachen ist es beinahe sicher, daß er von einer anderen Stammform als unser europäisches Rind abstammt; und dieses letztere glauben einige kompetente Richter von zwei oder drei wilden Vorfahren ableiten zu müssen, mögen diese nun den Namen Art oder Rasse verdienen. Diesen Schluß kann man allerdings, ebenso wie die spezifische Trennung des Höckerochsen vom gemeinen Rind, als durch die neuen ausgezeichneten Untersuchungen Rütimeyers sicher erwiesen ansehen. Hinsichtlich des Pferdes bin ich mit einigen Zweifeln aus Gründen, die ich hier nicht entwickeln kann, gegen die Meinung mehrerer Schriftsteller anzunehmen geneigt, daß alle seine Rassen zu einer und derselben Art gehören. Nachdem ich mir fast alle englischen Hühnerrassen lebend gehalten, sie gekreuzt und ihre Skelette untersucht habe, scheint es mir beinahe sicher zu sein, daß sie sämtlich die Nachkommen des wilden indischen Huhns, Gallus bankiva, sind; zu dieser Folgerung gelangten auch Herr Blyth und andere, welche diesen Vogel in Indien studiert haben. In bezug auf Enten und Kaninchen, von denen einige Rassen in ihrem Körperbau sehr voneinander abweichen, ist der Beweis klar, daß sie alle von der gemeinen Wildente und dem wilden Kaninchen stammen.

Die Lehre von der Abstammung unserer verschiedenen Haustier-Rassen von verschiedenen wilden Stammformen ist von einigen Schriftstellern bis zu einem abgeschmackten Extrem getrieben worden. Sie glauben nämlich, daß jede wenn auch noch so wenig verschiedene Rasse, welche ihren unterscheidenden Charakter bei der Zucht bewahrt, auch ihre wilde Stammform gehabt habe. Hiernach müßte es wenigstens zwanzig wilde Rinder-, ebensoviele Schaf- und mehrere Ziegen-Arten allein in Europa und mehrere selbst schon innerhalb Groß-Britanniens gegeben haben. Ein Autor meint, es hätten in letzterem Land ehedem elf wilde und ihm eigentümliche Schafarten gelebt! Wenn wir nun erwägen, daß Groß-Britannien jetzt keine ihm eigentümliche Säugetierart, Frankreich nur sehr wenige nicht auch in Deutschland vorkommende, und umgekehrt, besitzt, daß es sich ebenso mit Ungarn, Spanien usw. verhält, daß aber jedes dieser Länder mehrere ihm eigene Rassen von Rind, Schaf usw. hat, so müssen wir zugeben, daß in Europa viele Haustierstämme entstanden sind; denn von woher könnten sie sonst alle gekommen sein? Und so ist es auch in Ost-Indien. Selbst in bezug auf die über die ganze Erde hin vorkommenden Rassen des domestizierten Hundes kann ich es, obwohl ich ihre Abstammung von mehreren verschiedenen Arten annehme, nicht in Zweifel ziehen, daß hier außerordentlich viel von vererbter Abweichung ins Spiel gekommen ist. Denn wer kann glauben, daß Tiere, welche mit dem italienischen Windspiel, mit dem Schweißhund, mit dem Bullenbeißer, mit dem Mops, mit dem Blenheimer Jagdhund usw., mit Formen, welche so sehr von allen wilden Caniden abweichen, nahe übereinstimmen, jemals frei im Naturzustand gelebt hätten? Es ist oft hingeworfen worden, alle unsere Hunderassen seien durch Kreuzung einiger weniger Stammarten miteinander entstanden; aber durch Kreuzung können wir nur solche Formen erhalten, welche mehr oder weniger das Mittel zwischen ihren Eltern haben; und wollten wir unsere verschiedenen domestizierten Rassen hierdurch erklären, so müßten wir annehmen, daß einstens die äußersten Formen, wie das italienische Windspiel, der Schweißhund, der Bullenbeißer usw. im wilden Zustand gelebt hätten. Überdies ist die Möglichkeit, durch Kreuzung verschiedene Rassen zu bilden, sehr übertrieben worden. Man kennt wohl viele Fälle, welche beweisen, daß eine Rasse durch gelegentliche Kreuzung mittelst sorgfältiger Auswahl der Individuen, welche irgendeinen bezweckten Charakter darbieten, sich modifizieren läßt; es wird aber sehr schwer sein, eine nahezu das Mittel zwischen zwei weit verschiedenen Rassen oder Arten haltende neue Rasse zu züchten. Sir J. Sebrigth hat ausdrückliche Versuche in dieser Beziehung angestellt und keinen Erfolg gehabt. Die Nachkommenschaft aus der ersten Kreuzung zwischen zwei reinen Rassen ist so ziemlich, und zuweilen, wie ich bei Tauben gefunden, außerordentlich übereinstimmend in ihren Merkmalen und alles scheint einfach genug zu sein. Werden aber diese Blendlinge einige Generationen hindurch untereinander gepaart, so werden kaum zwei ihrer Nachkommen einander ähnlich ausfallen, und dann wird die äußerste Schwierigkeit des Erfolges klar.

Zahme Tauben, ihre Verschiedenheiten, ihr Ursprung

Von der Ansicht ausgehend, daß es am zweckmäßigsten ist, irgendeine besondere Tiergruppe zum Gegenstand der Forschung zu machen, habe ich mir nach einiger Erwägung die Haustauben dazu ausersehen. Ich habe alle Rassen gehalten, die ich mir kaufen oder sonst verschaffen konnte, und bin auf die freundlichste Weise mit Bälgen aus verschiedenen Weltgegenden be-

Erstes Kapitel

dacht worden; insbesondere durch W. Elliot aus Ost-Indien und C. Murray aus Persien. Es sind in verschiedenen Sprachen viele Abhandlungen über die Tauben veröffentlicht worden und einige darunter haben durch ihr hohes Alter eine ganz besondere Bedeutung. Ich habe mich mit einigen ausgezeichneten Taubenliebhabern verbunden und mich in zwei Londoner Tauben-Clubs aufnehmen lassen. Die Verschiedenheit der Rassen ist erstaunlich groß. Man vergleiche z.B. die Englische Botentaube und den kurzstirnigen Purzler und betrachte die wunderbare Verschiedenheit in ihren Schnäbeln, welche entsprechende Verschiedenheiten in ihren Schädeln bedingt. Die Englische Botentaube (Carrier) und insbesondere das Männchen ist noch außerdem merkwürdig durch die wundervolle Entwicklung von Fleischlappen an der Kopfhaut; und in Begleitung hiervon treten wieder die mächtig verlängerten Augenlider, sehr weite äußere Nasenlöcher und eine weite Mundspalte auf. Der kurzstirnige Purzler hat einen Schnabel, im Profil fast wie beim Finken; und die gemeine Purzeltaube hat die eigentümliche erbliche Gewohnheit, sich in dichten Gruppen zu ansehnlicher Höhe in die Luft zu erheben und dann kopfüber herabzupurzeln. Die „Runt"- Taube ist ein Vogel von beträchtlicher Größe mit langem, massigem Schnabel und großen Füßen; einige Unterrassen derselben haben einen sehr langen Hals, andere sehr lange Schwingen und Schwanz, noch andere einen ganz eigentümlich kurzen Schwanz. Die „Barb"- Taube ist mit der Botentaube verwandt, hat aber, statt des sehr langen, einen sehr kurzen und breiten Schnabel. Der Kröpfer hat Körper, Flügel und Beine sehr verlängert, und sein ungeheuer entwickelter Kropf, den er aufzublähen sich gefällt, mag wohl Verwunderung und selbst Lachen erregen. Die Möwentaube (*Turbit*) besitzt einen sehr kurzen, kegelförmigen Schnabel, mit einer Reihe umgewendeter Federn auf der Brust, und hat die Gewohnheit, den oberen Teil des Oesophagus beständig etwas aufzutreiben. Der Jakobiner oder die Perückentaube hat die Nackenfedern so weit umgewendet, daß sie eine Perücke bilden, und im Verhältnis zur Körpergröße lange Schwung- und Schwanzfedern. Der Trompeter und die Lachtaube[1] ruck-sen, wie ihre Namen ausdrücken auf eine ganz andere Weise als die anderen Rassen. Die Pfauentaube hat 30-40 statt der in der ganzen großen Familie der Tauben normalen 12-14 Schwanzfedern und trägt diese Federn in der Weise ausgebreitet und aufgerichtet, daß bei guten Vögeln sich Kopf und Schwanz berühren; die Öldrüse ist gänzlich verkümmert. Noch könnten einige minder ausgezeichnete Rassen aufgezählt werden.

Im Skelett der verschiedenen Rassen weicht die Entwicklung der Gesichtsknochen in Länge, Breite und Krümmung außerordentlich ab. Die Form sowohl als auch die Breite und Länge des Unterkieferastes ändern sich in sehr merkwürdiger Weise. Die Zahl der Sakral- und Schwanzwirbel und der Rippen, die verhältnismäßige Breite der letzteren und Anwesenheit ihrer Querfortsätze variieren ebenfalls. Sehr veränderlich sind ferner die Größe und Form der Lücken oder Öffnungen im Brustbein, sowie der Öffnungswinkel und die relative Größe der zwei Schenkel des Gabelbeins. Die verhältnismäßige Weite der Mundspalte, die verhältnismäßige Länge der Augenlider, der äußeren Nasenlöcher und der Zunge, welche sich nicht immer nach der des Schnabels richtet, die Größe des Kropfes und des oberen Teils der Speiseröhre, die Entwicklung oder Verkümmerung der Öldrüse, die Zahl der ersten Schwung- und der Schwanzfedern, die relative Länge von Flügeln und Schwanz zueinander und zu der des Körpers, die des Beines und des Fußes, die Zahl der Hornschuppen in der Zehenbekleidung, die Entwicklung von Haut zwischen den Zehen sind alles abänderungsfähige Punkte im Körperbau. Auch die Periode, wo sich das vollkommene Gefieder einstellt, ist ebenso veränderlich wie die Beschaffenheit des Flaums, womit die Nestlinge beim Ausschlüpfen aus dem Ei bekleidet sind. Form und Größe der Eier sind der Abänderung unterworfen. Die Art des Flugs ist ebenso merkwürdig verschieden, wie es bei manchen Rassen mit Stimme und Gemütsart der Fall ist. Endlich weichen bei gewissen Rassen die Männchen und Weibchen in einem geringen Grade voneinander ab.

---

[1] „The laugher" ist nach brieflicher Mitteilung des Verfassers nicht *G. risoria*, sondern eine andere, in Deutschland wie es scheint unbekannte östliche Varietät der *C. livia*.

Abänderung im Zustand der Domestikation

So könnte man wenigstens zwanzig Tauben auswählen, welche ein Ornithologe, wenn man ihm sagte, es seien wilde Vögel, unbedenklich für wohl umschriebene Arten erklären würde. Ich glaube nicht einmal, daß irgendein Ornithologe die Englische Botentaube, den kurzstirnigen Purzler, die Runt-, die Barb-, die Kropf- und die Pfauentaube in dieselbe Gattung zusammenstellen würde, zumal ihm von einer jeden dieser Rassen wieder mehrere erbliche Unterrassen vorgelegt werden könnten, die er Arten nennen würde.

Wie groß nun aber auch die Verschiedenheit zwischen den Taubenrassen sein mag, so bin ich doch überzeugt, daß die gewöhnliche Meinung der Naturforscher, daß alle von der Felstaube (*Columba livia*) abstammen, richtig ist, wenn man nämlich unter diesem Namen verschiedene geographische Rassen oder Unterarten mit begreift, welche nur in den alleruntergeordnetsten Merkmalen voneinander abweichen. Da einige der Gründe, welche mich zu dieser Ansicht bestimmt haben, mehr oder weniger auch auf andere Fälle anwendbar sind, so will ich sie hier kurz angeben. Sind jene verschiedenen Rassen nicht Varietäten und nicht aus der Felstaube hervorgegangen, so müssen sie von wenigstens 7-8 Stammarten herrühren; denn es ist unmöglich, alle unsere domestizierten Rassen durch Kreuzung einer geringeren Artenzahl miteinander zu erlangen. Wie wollte man z. B. die Kropftaube durch Paarung zweier Arten miteinander erzielen, wovon nicht eine den ungeheuren Kropf besäße? Die angenommenen wilden Stammarten müssen sämtlich Felstauben gewesen sein, solche nämlich, die nicht auf Bäumen brüten oder sich auch nur freiwillig auf Bäume setzen. Doch kennt man außer der *C. livia* und ihren geographischen Unterarten nur noch 2-3 Arten Felstauben, welche aber nicht einen der Charaktere unserer zahmen Rassen besitzen. Daher müßten denn die angeblichen Urstämme entweder noch in den Gegenden ihrer ersten Zähmung vorhanden und den Ornithologen unbekannt geblieben sein, was wegen ihrer Größe, Lebensweise und merkwürdigen Eigenschaften unwahrscheinlich erscheint; oder sie müßten im wilden Zustand ausgestorben sein. Aber Vögel, welche an Felsabhängen nisten und gut fliegen, sind nicht leicht auszurotten, und unsere gemeine Felstaube, welche mit unseren zahmen Rassen eine gleiche Lebensweise besitzt, hat noch nicht einmal auf einigen der kleineren Britischen Inseln oder an den Küsten des Mittelmeeres ausgerottet werden können. Daher scheint mir die angebliche Ausrottung so vieler Arten, die mit der Felstaube eine gleiche Lebensweise besitzen, eine sehr übereilte Annahme zu sein. Überdies sind die oben genannten so abweichenden Rassen nach allen Weltgegenden verpflanzt worden und müßten daher wohl einige derselben in ihre Heimat zurückgelangt sein. Und doch ist nicht eine derselben verwildert, obwohl die Feldtaube, d.i. die Felstaube in ihrer nur sehr wenig veränderten Form, in einigen Gegenden verwildert ist. Da nun alle neueren Versuche zeigen, daß es sehr schwer ist ein wildes Tier im Zustand der Zähmung zur Fortpflanzung zu bringen, so wäre man durch die Hypothese eines mehrfältigen Ursprungs unserer Haustauben zur Annahme genötigt, es seien schon in den alten Zeiten und von halb zivilisierten Menschen wenigstens 7-8 Arten so vollkommen gezähmt worden, daß sie selbst in der Gefangenschaft fruchtbar geworden sind.

Ein Beweisgrund von großem Gewicht und auch anderweitiger Anwendbarkeit ist der, daß die oben aufgezählten Rassen, obwohl sie im allgemeinen in Konstitution, Lebensweise, Stimme, Färbung und den meisten Teilen ihres Körperbaus mit der Felstaube übereinkommen, doch in anderen Teilen gewiß sehr abnorm sind; wir würden uns in der ganzen großen Familie der Columbiden vergeblich nach einem Schnabel, wie ihn die Englische Botentaube oder der kurzstirnige Purzler oder die Barbtaube besitzen, – oder nach umgedrehten Federn, wie sie die Perückentaube hat, – oder nach einem Kropf, wie beim Kröpfer, – oder nach einem Schwanz, wie bei der Pfauentaube, umsehen. Man müßte daher annehmen, daß der halb zivilisierte Mensch nicht allein bereits mehrere Arten vollständig gezähmt, sondern auch absichtlich oder zufällig außerordentlich abnorme Arten dazu erkoren habe, und daß diese Arten seitdem alle erloschen oder verschollen seien. Das Zusammentreffen so vieler seltsamer Zufälligkeiten ist denn doch im höchsten Grade unwahrscheinlich.

Erstes Kapitel

Noch möchten hier einige Tatsachen in bezug auf die Färbung des Gefieders bei Tauben Berücksichtigung verdienen. Die Felstaube ist schieferblau mit weißen (bei der ostindischen Subspezies, *C. intermedia* Strickl., bläulichen) Weichen, hat am Schwanz eine schwarze Endbinde und am Grund der äußeren Federn desselben einen weißen äußeren Rand; auch haben die Flügel zwei schwarze Binden. Einige halb-domestizierte und andere ganz wilde Unterrassen haben auch außer den beiden schwarzen Binden noch schwarze Würfelflecke auf den Flügeln. Diese verschiedenen Zeichnungen kommen bei keiner anderen Art der ganzen Familie vereinigt vor. Nun treffen aber auch bei jeder unserer zahmen Rassen zuweilen und selbst bei gut gezüchteten Vögeln alle jene Zeichnungen gut entwickelt zusammen, selbst bis auf die weißen Ränder der äußeren Schwanzfedern. Ja, wenn man zwei oder mehr Vögel von verschiedenen Rassen, von welchen keine blau ist oder eine der erwähnten Zeichnungen besitzt, miteinander paart, so sind die dadurch erzielten Blendlinge sehr geneigt, diese Charaktere plötzlich anzunehmen. So kreuzte ich, um von mehreren Fällen, die mir vorgekommen sind, einen anzuführen, einfarbig weiße Pfauentauben, die sehr konstant bleiben, mit einfarbig schwarzen Barbtauben, von deren zufällig äußerst seltenen blauen Varietäten mir kein Fall in England bekannt ist, und erhielt eine braune, schwarze und gefleckte Nachkommenschaft. Ich kreuze nun auch eine Barb- mit einer Bläßtaube, einem weißen Vogel mit rotem Schwanz und rote Blässe von sehr beständiger Rasse, und die Blendlinge waren dunkelfarbig und fleckig. Als ich ferner einen der von Pfauen- und von Barb-Tauben erzielten Blendlinge mit einem der Blendlinge von Barb- und von Bläß-Tauben paarte, kam ein Enkel mit schön blauem Gefieder, weißen Weichen, doppelter schwarzer Flügelbinde, schwarzer Schwanzbinde und weißen Seitenrändern der Steuerfedern, alles wie bei der wilden Felstaube, zum Vorschein. Man kann diese Tatsachen aus dem bekannten Prinzip des Rückschlags zu voreltericlen Charakteren begreifen, wenn alle zahmen Rassen von der im Zustand der Domestikation Felstaube abstammen. Wollten wir aber dies leugnen, so müßten wir eine von den zwei folgenden sehr unwahrscheinlichen Voraussetzungen machen: Entweder, daß all die verschiedenen angenommenen Stammarten wie die Felstaube gefärbt und gezeichnet gewesen seien (obwohl keine andere lebende Art mehr so gefärbt und gezeichnet ist), so daß in dessen Folge noch bei allen Rassen eine Neigung, zu dieser anfänglichen Färbung und Zeichnung zurückzukehren, vorhanden wäre; oder, daß jede und auch die reinste Rasse seit etwa den letzten zwölf oder höchstens zwanzig Generationen einmal mit der Felstaube gekreuzt worden sei; ich sage: zwölf oder zwanzig Generationen, denn es ist kein Beispiel bekannt, daß gekreuzte Nachkommen auf einen Vorfahren fremden Blutes nach einer noch größeren Zahl von Generationen zurückschlagen. Wenn in einer Rasse nur einmal eine Kreuzung stattgefunden hat, so wird die Neigung zu einem aus einer solchen Kreuzung abzuleitenden Charakter zurückzukehren natürlich um so kleiner und kleiner werden, je weniger fremdes Blut noch in jeder späteren Generation übrig ist. Hat aber keine Kreuzung stattgefunden und ist gleichwohl in der Zucht die Neigung der Rückkehr zu einem Charakter vorhanden, der in irgendeiner früheren Generation verloren gegangen war, so ist trotz allem, was man etwa Gegenteiliges anführen mag, die Annahme geboten, daß sich diese Neigung in ungeschwächtem Grade durch eine unbestimmte Reihe von Generationen forterhalten könne. Diese zwei ganz verschiedenen Fälle von Rückschlag sind in Schriften über Erblichkeit oft miteinander verwechselt worden.

Endlich sind die Bastarde oder Blendlinge, welche durch die Kreuzung der verschiedenen Taubenrassen erzielt werden, alle vollkommen fruchtbar. Ich kann dies nach meinen eigenen Versuchen bestätigen, die ich absichtlich mit den allerverschiedensten Rassen angestellt habe. Dagegen wird es aber schwer und vielleicht unmöglich sein, einen Fall anzuführen, wo ein Bastard von zwei bestimmt verschiedenen Arten vollkommen fruchtbar gewesen wäre. Einige Schriftsteller nehmen an, lang dauernde Domestikation beseitige allmählich diese Neigung zur Unfruchtbarkeit. Aus der Geschichte des Hundes und einiger anderer Haustiere zu schließen, ist diese Hypothese wahrscheinlich vollkommen richtig, wenn sie aufeinander sehr nahe verwandte

Arten angewendet wird. Aber eine Ausdehnung der Hypothese bis zu der Behauptung, daß Arten, die ursprünglich voneinander ebenso verschieden gewesen, wie es Botentaube, Purzler, Kröpfer und Pfauenschwanz jetzt sind, untereinander eine vollkommen fruchtbare Nachkommenschaft liefern, scheint mir äußerst voreilig zu sein.

Diese verschiedenen Gründe und zwar: die Unwahrscheinlichkeit, daß der Mensch schon in früher Zeit sieben bis acht wilde Taubenarten zur Fortpflanzung im gezähmten Zustand vermocht habe, – Arten, welche wir weder im wilden noch im verwilderten Zustand kennen; der Umstand, daß diese Spezies Merkmale darbieten, welche im Vergleich mit allen anderen Columbiden sehr abnorm sind, obwohl die Arten in den meisten Beziehungen der Felstaube so ähnlich sind; das gelegentliche Wiedererscheinen der blauen Farbe und der verschiedenen schwarzen Zeichnungen in allen Rassen sowohl im Falle einer reinen Züchtung als auch der Kreuzung, endlich die vollkommene Fruchtbarkeit der Blendlinge: – alle diese Gründe zusammengenommen lassen uns mit Sicherheit schließen, daß alle unsere domestizierten Taubenrassen von *Columba livia* und deren geographischen Unterarten abstammen.

Zugunsten dieser Ansicht will ich ferner noch anführen: 1) daß die Felstaube, *C. livia*, in Europa wie in Indien zur Zähmung geeignet gefunden worden ist, und daß sie in ihren Gewohnheiten wie in vielen Punkten ihrer Struktur mit allen unseren zahmen Rassen übereinkommt. 2) Obwohl eine Englische Botentaube oder ein kurzstirniger Purzler sich in gewissen Charakteren weit von der Felstaube entfernen, so ist es doch dadurch, daß man die verschiedenen Unterformen dieser Rassen, und besonders die aus entfernten Gegenden abstammenden, miteinander vergleicht, möglich, zwischen ihnen und der Felstaube eine fast ununterbrochene Reihe herzustellen; dasselbe können wir in einigen anderen Fällen tun, wenn auch nicht mit allen Rassen. 3) Diejenigen Charaktere, welche die verschiedenen Rassen hauptsächlich voneinander unterscheiden, wie die Fleischwarzen und die Länge des Schnabels der Englischen Botentaube, die Kürze des Schnabels beim Purzler und die Zahl der Schwanzfedern der Pfauentaube, sind bei jeder Rasse in eminentem Grade veränderlich; die Erklärung dieser Erscheinung wird sich uns darbieten, wenn von der Zuchtwahl die Rede sein wird. 4) Tauben sind bei vielen Völkern beobachtet und mit äußerster Sorgfalt und Liebhaberei gepflegt worden. Man hat sie schon vor Tausenden von Jahren in mehreren Weltgegenden domestiziert; die älteste Nachricht über Tauben stammt aus der Zeit der fünften ägyptischen Dynastie, etwa 3000 Jahre v. Chr., wie mir Professor Lepsius mitgeteilt hat; aber Birch sagt mir, daß Tauben schon auf einem Küchenzettel der vorangehenden Dynastie vorkommen. Von Plinius vernehmen wir, daß zur Zeit der Römer ungeheure Summen für Tauben ausgegeben worden sind. „Ja es ist dahin gekommen, daß man ihrem Stammbaum und Rasse nachrechnete." Um das Jahr 1600 schätzte sie Akber Khan in Indien so sehr, daß ihrer nicht weniger als 20000 zur Hofhaltung gehörten. „Die Monarchen von Iran und Turan sandten ihm einige sehr seltene Vögel und", berichtet der höfliche Historiker weiter, „Ihre Majestät haben durch Kreuzung der Rassen, welche Methode früher nie angewendet worden war, dieselben in erstaunlicher Weise verbessert." Um diese nämliche Zeit waren die Holländer ebensosehr, wie früher die Römer, auf die Tauben erpicht. Die äußerste Wichtigkeit dieser Betrachtungen für die Erklärung der außerordentlichen Veränderungen, welche die Tauben erfahren haben, wird uns erst bei den späteren Erörterungen über die Zuchtwahl deutlich werden. Wir werden dann auch sehen, woher es kommt, daß die Rassen so oft ein etwas monströses Aussehen haben. Endlich ist ein sehr günstiger Umstand für die Erzeugung verschiedener Rassen, daß bei den Tauben ein Männchen mit einem Weibchen leicht lebenslänglich zusammengepaart werden kann, und daß verschiedene Rassen in einem und dem nämlichen Vogelhaus beisammen gehalten werden können.

Ich habe den wahrscheinlichen Ursprung der zahmen Taubenrassen mit einiger, wenn auch noch ganz ungenügender Ausführlichkeit besprochen, weil ich selbst zur Zeit, wo ich anfing, Tauben zu halten und ihre verschiedenen Formen zu beobachten und während ich wohl wußte, wie rein sich die Rassen halten, es für ganz ebensoschwer hielt zu glauben, daß alle ihre Rassen, seit sie zuerst domestiziert wurden, einem gemeinsamen Stammvater entsprossen sein könnten, als es einem Naturforscher schwer fallen würde, an die gemeinsame Abstammung aller Finken oder irgendeiner anderen Vogelgruppe im Naturzustand zu glauben. Insbesondere machte mich ein Umstand sehr betroffen, daß nämlich fast alle Züchter von Haustieren und Kulturpflanzen, mit welchen ich je gesprochen oder deren Schriften ich gelesen habe, vollkommen überzeugt sind, daß die verschiedenen Rassen, welche ein jeder von ihnen erzogen, von ebensovielen ursprünglich verschiedenen Arten herstammen. Fragt man, wie ich es getan habe, irgendeinen berühmten Züchter der Hereford-Rindviehrasse, ob dieselbe nicht etwa von der langhörnigen Rasse oder beide von einer gemeinsamen Stammform abstammen könnten, so wird er die Frager auslachen. Ich habe nie einen Tauben-, Hühner-, Enten oder Kaninchen-Liebhaber gefunden, der nicht vollkommen überzeugt gewesen wäre, daß jede Hauptrasse von einer anderen Stammart herkomme. Vanmons zeigt in seinem Werk über die Äpfel und Birnen, wie völlig ungläubig er darin ist, daß die verschiedenen Sorten, wie z.B. Ribston-pippin oder der Codlin-Apfel je von Samen des nämlichen Baumes entsprungen sein könnten. Und so könnte ich unzählige andere Beispiele anführen. Dies läßt sich, wie ich glaube, einfach erklären. Infolge langjähriger Studien haben diese Leute eine große Empfindlichkeit für die Unterschiede zwischen den verschiedenen Rassen erhalten; und obgleich sie wohl wissen, daß jede Rasse etwas variiert, da sie ja eben durch die Zuchtwahl solcher geringer Abänderungen ihre Preise gewinnen, so gehen sie doch nicht von allgemeineren Schlüssen aus und rechnen nicht den ganzen Betrag zusammen, der sich durch Häufung kleiner Abänderungen während vieler aufeinanderfolgenden Generationen ergeben muß. Werden nicht jene Naturforscher, welche, obschon viel weniger als diese Züchter mit den Gesetzen der Vererbung bekannt und nicht besser als sie über die Zwischenglieder in der langen Reihe der Nachkommenschaft unterrichtet, doch annehmen, daß viele von unseren Haustierrassen von gleichen Eltern abstammen, – werden sie nicht vorsichtig sein lernen, wenn sie die Annahme verlachen, daß Arten im Naturzustand in gerader Linie von anderen Arten abstammen?

Früher befolgte Grundsätze bei der Züchtung und deren Folgen

Wir wollen nun kurz untersuchen, wie die domestizierten Rassen schrittweise von einer oder von mehreren, einander nahe verwandten Arten erzeugt worden sind. Dem direkten und bestimmten Einfluß äußerer Lebensbedingungen kann dabei wohl ein gewisses Resultat zugeschrieben werden, ebenso der Angewöhnung; es wäre aber kühn, solchen Einwirkungen die Verschiedenheiten zwischen einem Karrengaul und einem Rennpferd, zwischen einem Windspiel und einem Schweißhund, einer Boten- und einer Purzeltaube zuschreiben zu wollen. Eine der merkwürdigsten Eigentümlichkeiten, die wir an unseren domestizierten Rassen wahrnehmen, ist ihre Anpassung nicht zugunsten des eigenen Vorteils der Pflanze oder des Tieres, sondern zugunsten des Nutzens und der Liebhaberei des Menschen. Einige ihm nützliche Abänderungen sind zweifelsohne plötzlich oder auf einmal entstanden, wie z.B. manche Botaniker glauben, daß die Weberkarde mit ihren Haken, welchen keine mechanische Vorrichtung an Brauchbarkeit gleichkommt, nur eine Varietät des wilden Dipsacus ist; und diese ganze Abänderung mag wohl plötzlich in irgendeinem Sämling dieses letzteren zum Vorschein gekommen sein. So ist es wahrscheinlich auch mit den Dachshunden der Fall; und es ist bekannt, daß ebenso das amerikanische Ancon- oder Otter-Schaf entstanden ist. Wenn wir aber das Rennpferd mit dem Karrengaul, das Dromedar mit dem Kamel, die für Kulturland tauglichen mit den für Bergweide passenden Schafrassen, deren Wollen sich zu ganz verschiedenen Zwecken eignen, wenn wir die mannigfaltigen Hunderassen vergleichen, deren jede dem Menschen in einer anderen Weise

Abänderung im Zustand der Domestikation

dient, – wenn wir den im Kampf so ausdauernden Streithahn mit anderen friedfertigen und trägen Rassen, welche „immer legen und niemals zu brüten verlangen", oder mit dem so kleinen und zierlichen Bantam-Huhn vergleichen, – wenn wir endlich das Heer der Acker-, Obst-, Küchen- und Zierpflanzenrassen ins Auge fassen, von welchen eine jede dem Menschen zu anderem Zwecke und in anderer Jahreszeit so nützlich oder für seine Augen so angenehm ist, so müssen wir doch wohl an mehr denken, als an bloße Veränderlichkeit. Wir können nicht annehmen, daß diese Varietäten auf einmal so vollkommen und so nutzbar entstanden seien, wie wir sie jetzt vor uns sehen, und kennen in der Tat von manchen ihre Geschichte genau genug, um zu wissen, daß dies nicht der Fall gewesen ist. Der Schlüssel liegt in dem akkumulativen Wahlvermögen des Menschen: Die Natur liefert allmählich mancherlei Abänderungen; der Mensch summiert sie in gewissen ihm nützlichen Richtungen. In diesem Sinne kann man von ihm sagen, er habe sich nützliche Rassen geschaffen.

Die bedeutende Wirksamkeit dieses Prinzips der Zuchtwahl ist nicht hypothetisch; denn es ist Tatsache, daß einige unserer ausgezeichnetsten Viehzüchter selbst innerhalb nur eines Menschenalters mehrere Rinder und Schafrassen in beträchtlichem Grad modifiziert haben. Um das, was sie geleistet haben, in seinem ganzen Umfang zu würdigen, ist es fast notwendig, einige von den vielen diesem Zweck gewidmeten Schriften zu lesen und die Tiere selbst zu sehen. Züchter sprechen gewöhnlich von der Organisation eines Tieres, wie von etwas völlig Plastischem, das sie fast ganz nach ihrem Gefallen modeln könnten. Wenn es der Raum gestattete, so könnte ich viele Stellen aus Schriften der sachkundigsten Gewährsmänner als Belege anführen. Youatt, der wahrscheinlich besser als fast irgendein anderer mit den landwirtschaftlichen Werken bekannt und selbst ein sehr guter Beurteiler eines Tieres war, sagt von diesem Prinzip der Zuchtwahl, es sei das, „was den Landwirt befähige, den Charakter seiner Herde nicht allein zu modifizieren, sondern gänzlich zu ändern. Es ist der Zauberstab, mit dessen Hilfe er jede Form ins Leben ruft, die ihm gefällt". Lord Somerville sagt in bezug auf das, was die Züchter hinsichtlich der Schafrassen geleistet haben: „Es ist, als hätten sie eine in sich vollkommene Form an die Wand gezeichnet und dann belebt." In Sachsen ist die Wichtigkeit jenes Prinzips für die Merinozucht so anerkannt, daß die Leute es gewerbsmäßig verfolgen. Die Schafe werden auf einen Tisch gelegt und studiert, wie ein Gemälde von Kennern geprüft wird. Dieses wird je nach Monatsfrist dreimal wiederholt, und die Schafe werden jedesmal gezeichnet und klassifiziert, so daß nur die allerbesten zuletzt zur Nachzucht genommen werden.

Was englische Züchter bis jetzt schon geleistet haben, geht aus den ungeheuren Preisen hervor, die man für Tiere bezahlt, die einen guten Stammbaum aufzuweisen haben; und deren hat man jetzt nach allen Weltgegenden ausgeführt. Die Veredlung rührt im allgemeinen keineswegs davon her, daß man verschiedene Rassen miteinander gekreuzt hat. Alle die besten Züchter sprechen sich streng gegen dieses Verfahren aus, es sei denn zuweilen zwischen einander nahe verwandten Unterrassen. Und hat eine solche Kreuzung stattgefunden, so ist die sorgfältigste Auswahl weit notwendiger, als selbst in gewöhnlichen Fällen. Wenn es sich bei der Wahl nur darum handelte, irgendwelche sehr auffallende Varietät auszusondern und zur Nachzucht zu verwenden, so wäre das Prinzip so handgreiflich, daß es sich kaum der Mühe lohnte, davon zu sprechen. Aber seine Wichtigkeit besteht in dem großen Erfolg einer durch Generationen fortgesetzten Häufung dem ungeübten Auge ganz unkenntlicher Abänderungen in einer Richtung hin: Abänderungen, die ich z.B. vergebens herauszufinden versucht habe. Nicht ein Mensch unter tausend hat ein hinreichend scharfes Auge und Urteil, um ein ausgezeichneter Züchter zu werden. Ist er mit diesen Eigenschaften versehen, studiert er seinen Gegenstand jahrelang und widmet ihm seine ganze Lebenszeit mit unbeugsamer Beharrlichkeit, so wird er Erfolg haben und große Verbesserungen bewirken. Mangelt ihm aber eine jener Eigenschaften, so wird er sicher nichts ausrichten. Es haben wohl nur wenige davon eine Vorstellung, was für ein Grad von natürlicher Befähigung und wie viele Jahre Übung dazu gehören, um nur ein geschickter Taubenzüchter zu werden.

Erstes Kapitel

Die nämlichen Grundsätze werden beim Gartenbau befolgt; nur treten die Abänderungen hier oft plötzlicher auf. Doch glaubt niemand, daß unsere edelsten Gartenerzeugnisse durch eine einfache Abänderung unmittelbar aus der wilden Urform entstanden seien. In einigen Fällen können wir beweisen, daß dies nicht geschehen ist, indem genaue Protokolle darüber geführt worden sind; um hier ein Beispiel von untergeordneter Bedeutung anzuführen, können wir uns auf die stetig zunehmende Größe der Stachelbeeren beziehen. Wir nehmen eine erstaunliche Veredlung in manchen Zierblumen wahr, wenn man die heutigen Blumen mit Abbildungen vergleicht, die vor 20-30 Jahren davon gemacht worden sind. Wenn eine Pflanzenrasse einmal wohl ausgebildet worden ist, so sucht sich der Samenzüchter nicht die besten Pflanzen aus, sondern entfernt nur diejenigen aus den Samenbeeten, welche am weitesten von ihrer eigentümlichen Form abweichen. Bei Tieren findet diese Art von Auswahl ebenfalls statt; denn es dürfte kaum jemand so sorglos sein, seine schlechtesten Tiere zur Nachzucht zu verwenden.

Bei den Pflanzen gibt es noch ein anderes Mittel, die sich häufenden Wirkungen der Zuchtwahl zu beobachten, wenn man nämlich die Verschiedenheit der Blüten in den mancherlei Varietäten einer Art im Blumengarten, die Verschiedenheit der Blätter, Hülsen, Knollen oder was sonst für Teile in Betracht kommen, im Küchengarten, im Vergleich zu den Blüten der nämlichen Varietäten, und die Verschiedenheit der Früchte bei den Varietäten einer Art im Obstgarten, im Vergleich zu den Blättern und Blüten derselben Varietätenreihe, miteinander vergleicht. Wie verschieden sind die Blätter der Kohlsorten und wie ähnlich einander die Blüten! Wie unähnlich die Blüten der Pensées und wie ähnlich die Blätter! Wie sehr weichen die Früchte der verschiedenen Stachelbeersorten in Größe, Farbe, Gestalt und Behaarung voneinander ab, während an den Blüten nur ganz unbedeutende Verschiedenheiten zu bemerken sind! Nicht als ob die Varietäten, die in einer Beziehung sehr bedeutend verschieden sind, es in anderen Punkten gar nicht wären: Dies ist schwerlich je und (ich spreche nach sorgfältigen Beobachtungen) vielleicht niemals der Fall! Die Gesetze der Korrelation der Abänderungen, deren Wichtigkeit nie übersehen werden sollte, werden immer einige Verschiedenheiten veranlassen; im allgemeinen kann ich aber nicht daran zweifeln, daß die fortgesetzte Auswahl geringer Abänderungen in den Blättern, in den Blüten oder in der Frucht solche Rassen erzeuge, welche hauptsächlich in diesen Teilen voneinander abweichen.

Man könnte einwenden, das Prinzip der Zuchtwahl sei erst seit kaum drei Vierteln eines Jahrhunderts zu planmäßiger Anwendung gebracht worden; gewiß ist es erst seit den letzten Jahren mehr in Übung und es sind viele Schriften darüber erschienen; die Ergebnisse sind denn auch in einem entsprechenden Grade immer rascher und erheblicher geworden. Es ist aber nicht entfernt wahr, daß dieses Prinzip eine neue Entdeckung sei. Ich könnte mehrere Belegstellen anführen, aus welchen sich die volle Anerkennung seiner Wichtigkeit schon in sehr alten Schriften ergibt. Selbst in den rohen und barbarischen Zeiten der englischen Geschichte sind ausgesuchte Zuchttiere oft eingeführt und ist ihre Ausfuhr gesetzlich verboten worden; auch war die Entfernung der Pferde unter einer gewissen Größe angeordnet, was sich mit dem oben erwähnten Ausjäten der Pflanzen vergleichen läßt. Das Prinzip der Zuchtwahl finde ich auch in einer alten chinesischen Enzyklopädie bestimmt angegeben. Ausführliche Regeln darüber sind bei einigen römischen Klassikern niedergelegt. Aus einigen Stellen in der Genesis erhellt, daß man schon in jener frühen Zeit der Farbe der Haustiere seine Aufmerksamkeit zugewendet hat. Wilde kreuzen noch jetzt zuweilen ihre Hunde mit wilden Hundearten, um die Rasse zu verbessern, wie es nach Plinius' Zeugnis auch vormals geschehen ist. Die Wilden in Süd-Afrika paaren ihre Zugochsen nach der Farbe zusammen, wie einige Eskimos ihre Zughunde. Livingstone berichtet, wie hoch gute Haustierrassen von den Negern im inneren Afrika, welche nie mit Europäern in Berührung gewesen sind, geschätzt werden. Einige der angeführten Tatsachen sind zwar keine Belege für wirkliche Zuchtwahl; aber sie zeigen, daß die Zucht der Haustiere schon in alten Zeiten ein Gegenstand aufmerksamer Sorgfalt gewesen, und daß sie es bei den rohesten

Wilden jetzt ist. Es hätte aber in der Tat doch befremden müssen, wenn der Zuchtwahl keine Aufmerksamkeit geschenkt worden wäre, da die Erblichkeit der guten und schlechten Eigenschaften so augenfällig ist.

Planmäßige und unbewußte Züchtung – Unbekannter Ursprung unserer kultivierten Rassen

In jetziger Zeit versuchen es ausgezeichnete Züchter durch planmäßige Wahl, mit einem bestimmten Ziel vor Augen, neue Stämme oder Unterrassen zu bilden, die alles bis jetzt im Land Vorhandene übertreffen sollen. Für unseren Zweck jedoch ist diejenige Art von Zuchtwahl wichtiger, welche man die unbewußte nennen kann und welche das Resultat des Umstandes ist, daß jedermann von den besten Tieren zu besitzen und nachzuziehen sucht. So wird jemand, der Hühnerhunde halten will, natürlich zuerst möglichst gute Hunde zu bekommen suchen und nachher die besten seiner eigenen Hunde zur Nachzucht bestimmen; dabei hat er aber nicht die Absicht oder die Erwartung, die Rasse hierdurch bleibend zu ändern. Dem ungeachtet läßt sich annehmen, daß dieses Verfahren, einige Jahrhunderte lang fortgesetzt, eine jede Rasse ändern und veredeln wird, wie Bakewell, Collins u. a. durch ein gleiches und nur etwas planmäßigeres Verfahren schon während ihrer eigenen Lebenszeit die Formen und Eigenschaften ihrer Rinderherden wesentlich verändert haben. Langsame und unmerkbare Veränderungen dieser Art können nicht erkannt werden, wenn nicht wirkliche Messungen oder sorgfältige Zeichnungen der fraglichen Rassen vor langer Zeit gemacht worden sind, welche zur Vergleichung dienen können. In manchen Fällen kann man jedoch noch unveredelte oder wenig veränderte Individuen einer und derselben Rasse in weniger zivilisierten Gegenden auffinden, wo die Veredlung derselben weniger fortgeschritten ist. So hat man Grund zu glauben, daß König Karls Jagdhundrasse seit der Zeit dieses Monarchen unbewußterweise beträchtlich verändert worden ist. Einige völlig sachkundige Gewährsmänner hegen die Überzeugung, daß der Spürhund in gerader Linie vom Jagdhund abstammt und wahrscheinlich durch langsame Veränderung aus demselben hervorgegangen ist. Es ist bekannt, daß der Vorstehehund im letzten Jahrhundert große Umänderung erfahren hat, und in diesem Falle glaubt man, es sei die Umänderung hauptsächlich durch Kreuzung mit dem Fuchshund bewirkt worden; aber was uns angeht, ist, daß diese Umänderung unbewußt und allmählich geschehen und dennoch so beträchtlich ist, daß, obwohl der alte spanische Vorstehehund gewiß aus Spanien gekommen, Herr Borrow mir doch versichert hat, in ganz Spanien keine einheimische Hunderasse gesehen zu haben, die unserem Vorstehehund gliche.

Durch ein ähnliches Wahlverfahren und sorgfältige Erziehung ist die ganze Masse der englischen Rennpferde dahin gelangt, in Schnelligkeit und Größe ihren arabischen Urstamm zu übertreffen, so daß dieser letzte bei den Bestimmungen über die Goodwood-Rennen hinsichtlich des zu tragenden Gewichtes begünstigt werden mußte. Lord Spencer u. a. haben gezeigt, daß in England das Rindvieh an Schwere und früher Reife gegen die früher hier gehaltenen Herden zugenommen hat. Vergleicht man die Nachrichten, welche in alten Taubenbüchern über Boten und Purzeltauben enthalten sind, mit diesen Rassen, wie sie jetzt in England, Indien und Persien vorkommen, so kann man, scheint mir, deutlich die Stufen verfolgen, welche sie allmählich zu durchlaufen hatten, um endlich so weit von der Felstaube abzuweichen.

Youatt gibt ein vortreffliches Beispiel von den Wirkungen einer fortdauernden Zuchtwahl, welche man insofern als unbewußte betrachten kann, als die Züchter nie das von ihnen erlangte Ergebnis selbst erwartet oder gewünscht haben können, nämlich die Erziehung zweier ganz verschiedener Stämme. Die bei den Herden von Leicester-Schafen, welche Mr. Buckley und Mr. Burgess halten, sind, wie Youatt bemerkt, „seit länger als 50 Jahren rein aus der ursprünglichen Stammform Bakewells gezüchtet worden. Unter allen, welche mit der Sache bekannt sind, denkt niemand auch nur von fern daran, daß die beiden Eigner dieser Herden dem reinen Bakewell'schen Stamm jemals fremdes Blut beigemischt hätten, und doch ist jetzt die Verschiedenheit zwischen deren Herden so groß, daß man glaubt, ganz verschiedene Rassen zu sehen."

Gäbe es Wilde, die so barbarisch wären, daß sie keine Ahnung von der Erblichkeit des Charakters ihrer Haustiere hätten, so würden sie doch jedes ihnen zu einem besonderen Zweck vorzugsweise nützliche Tier während einer Hungersnot und anderer Unglücksfälle, denen Wilde so leicht ausgesetzt sind, sorgfältig zu erhalten bedacht sein, und ein derartig auserwähltes Tier würde mithin mehr Nachkommenschaft als ein anderes von geringerem Wert hinterlassen, so daß schon auf diese Weise eine unbewußte Auswahl zur Züchtung stattfände. Welchen Wert selbst die Barbaren des Feuerlandes auf ihre Tiere legen, sehen wir, wenn sie in Zeiten der Not lieber ihre alten Weiber als ihre Hunde töten und verzehren, weil ihnen diese nützlicher sind als jene.

Bei den Pflanzen kann man dasselbe stufenweise Veredlungsverfahren in der gelegentlichen Erhaltung der besten Individuen wahrnehmen, mögen sie nun hinreichend oder nicht genügend verschieden sein, um bei ihrem ersten Erscheinen schon als eine eigene Varietät zu gelten, und mögen dabei zwei oder mehr Rassen oder Arten durch Kreuzung miteinander verschmolzen worden sein. Wir erkennen dies klar aus der zunehmenden Größe und Schönheit der Blumen von Pensées, Dahlien, Pelargonien, Rosen u. a. Pflanzen im Vergleich mit den älteren Varietäten derselben Arten oder mit ihren Stammformen. Niemand wird erwarten, ein Stiefmütterchen (Pensée) oder eine Dahlie erster Qualität aus dem Samen einer wilden Pflanze zu erhalten, oder eine Schmelzbirne erster Sorte aus dem Samen einer wilden Birne zu ziehen, obwohl es von einem wild gewachsenen Sämling der Fall sein könnte, welcher von einer im Garten gezogenen Varietät herrührt. Die Birne ist zwar schon in der klassischen Zeit kultiviert worden, scheint aber nach Plinius' Bericht eine Frucht von sehr untergeordneter Qualität gewesen zu sein. Ich habe in Gartenbauschriften den Ausdruck großen Erstaunens über die wunderbare Geschicklichkeit der Gärtner gefunden, die aus so dürftigem Material so glänzende Erfolge erzielt hätten; aber ihre Kunst war ohne Zweifel einfach und ist, wenigstens in bezug auf das Endergebnis, beinahe unbewußt ausgeübt worden. Sie bestand nur darin, daß sie die jederzeit beste Varietät wieder aussäten und, wenn dann zufällig eine neue, etwas bessere Abänderung zum Vorschein kam, nun diese zur Nachzucht wählten usw. Aber die Gärtner der klassischen Zeit, welche die beste Birne, die sie erhalten konnten, kultivierten, hatten keine Idee davon, was für eine herrliche Frucht wir einst essen würden; und doch verdanken wir dieses treffliche Obst in einem geringen Grade wenigstens dem Umstand, daß schon sie begonnen haben, die besten Varietäten, die sie nur irgend finden konnten, auszuwählen und zu erhalten.

Ein bedeutender Grad von Veränderung, der sich hiernach in unseren Kulturpflanzen langsamer und unbewußterweise angehäuft hat, erklärt, glaube ich, die bekannte Tatsache, daß wir in einer Anzahl von Fällen die wilde Mutterpflanze nicht wiedererkennen und daher nicht anzugeben vermögen, woher die am längsten in unseren Blumen- und Küchengärten angebauten Pflanzen stammen. Wenn es aber Hunderte und Tausende von Jahren bedurft hat, um unsere Kulturpflanzen bis auf deren jetzige, dem Menschen so nützliche Stufe zu veredeln oder zu modifizieren, so wird es uns auch begreiflich, warum weder Australien, noch das Kap der guten Hoffnung, noch irgendein anderes, von ganz unzivilisierten Menschen bewohntes Land uns eine der Kultur werte Pflanze geboten hat. Nicht als ob diese an Pflanzenarten so reichen Länder infolge eines eigenen Zufalls gar nicht mit Urformen nützlicher Pflanzen von der Natur versehen worden wären; ihre einheimischen Pflanzen sind nur nicht durch unausgesetzte Zuchtwahl bis zu einem Grade veredelt worden, welcher mit dem veredelten Zustand der Pflanzen in den schon von Alters her kultivierten Ländern vergleichbar wäre.

Was die Haustiere nicht zivilisierter Völker betrifft, so darf man nicht übersehen, daß dieselben sich beinahe immer ihre eigene Nahrung zu erkämpfen haben, wenigstens zu gewissen Jahreszeiten. In zwei sehr verschieden beschaffenen Gegenden können Individuen einer und derselben Spezies, aber von etwas verschiedener Bildung und Konstitution, oft die einen in der ersten und die anderen in der zweiten Gegend besser fortkommen; und hier können sich durch eine Art natürlicher Zuchtwahl, wie nachher weiter erklärt werden soll, zwei Unterrassen bilden. Dies erklärt vielleicht zum Teil, was einige Schriftsteller anführen, daß die Tierrassen der Wilden mehr die Charaktere besonderer Spezies an sich tragen, als die bei zivilisierten Völkern gehaltenen Varietäten.

Nach der hier aufgestellten Ansicht von der bedeutungsvollen Rolle, welche die Zuchtwahl des Menschen gespielt hat, erklärt es sich auch sofort, woher es kommt, daß unsere domestizierten Rassen sich in ihrer Struktur oder in ihrer Lebensweise den Bedürfnissen und Launen des Menschen anpassen. Es lassen sich daraus ferner, wie ich glaube, der oft abnorme Charakter unserer Hausrassen und auch die gewöhnlich in äußeren Merkmalen so großen, in inneren Teilen oder Organen aber verhältnismäßig so unbedeutenden Verschiedenheiten derselben begreifen. Der Mensch kann kaum oder nur sehr schwer andere als äußerlich sichtbare Abweichungen der Struktur bei seiner Auswahl beachten, und er kümmert sich in der Tat nur selten um das Innere. Er kann durch Zuchtwahl nur auf solche Abänderungen einwirken, welche ihm von der Natur selbst in anfänglich geringem Grade dargeboten werden. So würde nie jemand versuchen, eine Pfauentaube zu machen, wenn er nicht zuvor schon eine Taube mit einem in etwas ungewöhnlicher Weise entwickelten Schwanz gesehen hätte, oder einen Kröpfer, wenn er nicht eine Taube gefunden hätte mit einem ungewöhnlich großen Kropf. Je abnormer und ungewöhnlicher ein Charakter bei seinem ersten Erscheinen war, desto mehr wird derselbe die Aufmerksamkeit gefesselt haben. Doch ist ein derartiger Ausdruck, wie „versuchen eine Pfauentaube zu machen", in den meisten Fällen äußerst inkorrekt. Denn der, welcher zuerst eine Taube mit einem etwas stärkeren Schwanz zur Nachzucht auswählte, hat sich gewiß nicht träumen lassen, was aus den Nachkommen dieser Taube durch teils unbewußte, teils planmäßige Zuchtwahl werden würde. Vielleicht hat der Stammvater aller Pfauentauben nur vierzehn etwas ausgebreitete Schwanzfedern gehabt, wie die jetzige javanische Pfauentaube oder wie einzelne Individuen verschiedener anderer Rassen, an welchen man bis zu 17 Schwanzfedern gezählt hat. Vielleicht hat die erste Kropftaube ihren Kropf nicht stärker aufgebläht, als es jetzt die Möwentaube mit dem oberen Teil der Speiseröhre zu tun pflegt, eine Gewohnheit, welche bei allen Taubenliebhabern unbeachtet bleibt, weil sie keinen Gesichtspunkt für ihre Zuchtwahl abgibt.

Man darf aber nicht annehmen, daß es erst einer großen Abweichung in der Struktur bedürfe, um den Blick des Liebhabers auf sich zu ziehen; er nimmt äußerst kleine Verschiedenheiten wahr, und es ist in des Menschen Art begründet, auf eine wenn auch geringe Neuigkeit in seinem eigenen Besitz Wert zu legen. Auch darf der anfangs auf geringe individuelle Abweichungen bei Individuen einer und derselben Art gelegte Wert nicht nach demjenigen beurteilt werden, welcher denselben Verschiedenheiten jetzt beigelegt wird, nachdem einmal mehrere reine Rassen hergestellt sind. Viele geringe Abänderungen treten bekanntlich bei Tauben gelegentlich auf; sie werden aber als Fehler oder als Abweichungen vom vollkommenen Typus einer Rasse jedesmal verworfen. Die gemeine Gans hat keine auffallenden Varietäten geliefert; daher sind die Toulouse- und die gewöhnliche Rasse, welche nur in der Farbe, dem biegsamsten aller Charaktere, verschieden sind, bei unseren Geflügel-Ausstellungen als verschiedene ausgestellt worden.

Diese Ansichten erklären ferner, wie ich meine, eine zuweilen gemachte Bemerkung, daß wir nämlich kaum etwas über den Ursprung oder die Geschichte irgendeiner unserer domestizierten Rassen wissen. Man kann indessen von einer Rasse, wie von einem Sprachdialekt, in Wirklichkeit kaum sagen, daß sie einen bestimmten Ursprung gehabt habe. Jemand erhält und gebraucht irgendein Individuum mit geringen Abweichungen des Körperbaues zur Nachzucht, oder er verwendet mehr Sorgfalt als gewöhnlich darauf, seine besten Tiere miteinander zu paaren, und verbessert dadurch seine Zucht; und die verbesserten Tiere verbreiten sich langsam in die unmittelbare Nachbarschaft. Da sie aber bis jetzt noch schwerlich einen besonderen Namen haben und sie noch nicht sonderlich geschätzt sind, so achtet niemand auf ihre Geschichte. Wenn sie dann durch dasselbe langsame und allmähliche Verfahren noch weiter veredelt worden sind, breiten sie sich immer weiter aus und werden jetzt als etwas Besonderes und Wertvolles anerkannt und erhalten wahrscheinlich nun zunächst einen Provinzialnamen. In halb zivilisierten Gegenden mit wenig freiem Verkehr dürfte die Ausbreitung und Anerkennung einer neuen Unterrasse ein langsamer Vorgang sein. Sobald aber die einzelnen wertvolleren Eigenschaften der neuen Unterrasse einmal vollständig anerkannt sind, wird stets das von mir sogenannte Prinzip der unbewußten Zuchtwahl – vielleicht zu einer Zeit mehr als zur anderen, je nachdem eine Rasse in der Mode steigt oder fällt, und vielleicht mehr in einer Gegend als in der anderen, je nach der Zivilisationsstufe ihrer Bewohner – langsam auf die Häufung der charakteristischen Züge der Rasse hinwirken, welcher Art sie auch sein mögen. Aber es ist unendlich wenig Wahrscheinlichkeit vorhanden, daß sich ein Bericht über derartige langsame, wechselnde und unmerkliche Veränderungen werde erhalten haben.

Günstige Umstände für das Züchtungsvermögen des Menschen

Ich habe nun einige Worte über die dem Wahlvermögen des Menschen günstigen oder ungünstigen Umstände zu sagen. Ein hoher Grad von Veränderlichkeit ist insofern offenbar günstig, als er ein reicheres Material zur Auswahl für die Züchtung liefert. Nicht als ob bloß individuelle Verschiedenheiten nicht vollkommen genügten, um mit äußerster Sorgfalt durch Häufung endlich eine bedeutende Umänderung in fast jeder gewünschten Richtung zu erwirken. Da aber solche dem Menschen offenbar nützliche oder gefällige Variationen nur zufällig vorkommen, so muß die Aussicht auf deren Erscheinen mit der Anzahl der gehaltenen Individuen zunehmen. Daher ist eine große Zahl von der höchsten Bedeutung für den Erfolg. Mit Rücksicht auf dieses Prinzip hat früher Marshall, in bezug auf die Schafe in einigen Teilen von Yorkshire, gesagt, daß „weil sie gewöhnlich nur armen Leuten gehören und meistens in kleine Lose verteilt sind, sie nie veredelt werden können". Auf der anderen Seite haben Handelsgärtner, welche dieselben Pflanzen in großen Massen ziehen, gewöhnlich mehr Erfolg als bloße Liebhaber in Bildung neuer und wertvoller Varietäten. Eine große Anzahl von Individuen einer Tier- oder Pflanzenform kann nur da aufgezogen werden, wo die Bedingungen ihrer Vermehrung günstig sind. Sind nur wenig Individuen einer Art vorhanden, so werden sie gewöhnlich alle, wie auch ihre Beschaffenheit sein mag, zur Nachzucht zugelassen, und dies hindert bedeutend ihre Auswahl. Aber wahrscheinlich der wichtigste Punkt von allen ist, daß das Tier oder die Pflanze für den Besitzer so nützlich oder so wertvoll ist, daß er die genaueste Aufmerksamkeit auf jede, auch die geringste Abänderung in den Eigenschaften und dem Körperbau eines jeden Individuums wendet. Wird keine solche Aufmerksamkeit angewendet, so ist auch nichts zu erreichen. Ich habe es mit Nachdruck hervorheben hören, es sei ein sehr glücklicher Zufall gewesen, daß die Erdbeere gerade zu variieren begonnen habe, als Gärtner die Pflanze näher zu beobachten anfingen. Zweifelsohne hatte die Erdbeere immer variiert, seitdem sie angepflanzt worden war, aber man hatte die geringen Abänderungen vernachlässigt. Sobald jedoch Gärtner später individuelle Pflanzen mit etwas größeren, früheren oder besseren Früchten heraushoben, Sämlinge davon erzogen und dann wieder die besten Sämlinge und deren Abkommen zur Nachzucht verwendeten, lieferten diese, unterstützt durch die Kreuzung mit besonderen Arten, die vielen bewundernswerten Varietäten der Erdbeere, welche während des letzten halben Jahrhunderts erzielt worden sind.

Bei Tieren ist die Leichtigkeit, womit ihre Kreuzung verhindert werden kann, ein wichtiges Element bei der Bildung neuer Rassen, wenigstens in einem Land, welches bereits mit anderen

Rassen besetzt ist. Hier spielt auch die Einzäunung der Ländereien eine Rolle. Wandernde Wilde oder die Bewohner offener Ebenen besitzen selten mehr als eine Rasse von einer und derselben Spezies. Man kann zwei Tauben lebenslänglich zusammenpaaren, und dies ist eine große Bequemlichkeit für den Liebhaber, weil er viele Rassen veredeln und rein erhalten kann, trotzdem sie im nämlichen Vogelhaus nebeneinander leben. Dieser Umstand muß die Bildung und Veredlung neuer Rassen sehr gefördert haben. Ich will noch hinzufügen, daß man die Tauben sehr rasch und in großer Anzahl vermehren und die schlechten Vögel reichlich beseitigen kann, weil sie getötet zur Speise dienen. Auf der anderen Seite lassen sich Katzen ihrer nächtlichen Wanderungen wegen nicht leicht zusammenpaaren; daher sieht man auch, trotzdem daß Frauen und Kinder sie gern haben, selten eine neue Rasse aufkommen; solche Rassen, wie wir dergleichen zuweilen sehen, sind immer aus irgendeinem anderen Land eingeführt. Obwohl ich nicht bezweifle, daß einige domestizierte Tiere weniger als andere variieren, so wird doch die Seltenheit oder der gänzliche Mangel verschiedener Rassen, bei Katze, Esel, Pfau, Gans usw. hauptsächlich davon herrühren, daß keine Zuchtwahl bei ihnen in Anwendung gekommen ist: bei Katzen, wegen der Schwierigkeit sie zu paaren; bei Eseln, weil sie bei uns nur in geringer Anzahl von armen Leuten gehalten werden und ihrer Zucht nur geringe Aufmerksamkeit geschenkt wird, wogegen dieses Tier in einigen Teilen von Spanien und den Vereinigten Staaten durch sorgfältige Zuchtwahl in erstaunlicher Weise abgeändert und veredelt worden ist; bei Pfauen, weil sie nicht leicht aufzuziehen sind und keine große Zahl beisammen gehalten wird; bei Gänsen, weil sie nur aus zwei Gründen geschätzt werden, wegen ihrer Federn und ihres Fleisches, und besonders, weil sie noch nicht zur Züchtung neuer Rassen gereizt haben; doch scheint die Gans unter den Verhältnissen, in welche sie bei ihrer Domestikation gebracht ist, auch eine eigentümlich unbiegsame Organisation zu besitzen, wenngleich sie in einem geringen Grade variiert hat, wie ich an einem anderen Ort beschrieben habe.

Einige Schriftsteller haben behauptet, daß die Höhe der Abänderung in unseren domestizierten Formen bald erreicht werde und später niemals überschritten werden könne. Es würde ziemlich voreilig sein, zu behaupten, daß die Grenze in irgendeinem Falle erreicht worden sei; denn fast alle unsere Pflanzen und Tiere sind in neuerer Zeit in vielfacher Weise veredelt worden, und dies setzt Abänderung voraus. Es würde gleichfalls voreilig sein, zu behaupten, daß jetzt bis zu ihrer äußersten Grenze entwickelte Charaktere nicht wieder, nachdem sie Jahrhunderte lang fixiert geblieben sind, unter neuen Lebensbedingungen variieren könnten. Es wird, wie Wallace sehr wahr bemerkt hat, zuletzt einmal eine Grenze erreicht werden. So muß es z.B. für die Schnelligkeit jedes Landtieres eine Grenze geben, da diese von der zu überwindenden Reibung, dem zu befördernden Körpergewicht und der Zusammenziehungskraft der Muskelfasern bestimmt wird. Was uns aber hier angeht, ist, daß die domestizierten Varietäten einer und derselben Art untereinander mehr als die distinkten Arten derselben Gattungen in fast allen den Merkmalen abweichen, welchen der Mensch seine Aufmerksamkeit zugewendet und welche er bei der Zuchtwahl beachtet hat. Isidore Geoffroy St.-Hilaire hat dies in bezug auf die Größe nachgewiesen; dasselbe gilt für die Farbe und wahrscheinlich für die Länge des Haares. In bezug auf die Schnelligkeit, welche von vielen körperlichen Eigentümlichkeiten abhängt, war Eclipse bei weitem schneller und ein Karrengaul ist unvergleichlich stärker als irgend zwei natürliche zu der nämlichen Gattung gehörende Arten. Dasselbe gilt für Pflanzen: Die Samen der verschiedenen Varietäten der Bohne oder des Mais sind wahrscheinlich an Größe verschiedener als die Samen der verschiedenen Arten irgendeiner Gattung der nämlichen zwei Familien. Dieselbe Bemerkung gilt auch in bezug auf die Früchte der verschiedenen Varietäten der Pflaume und noch mehr in bezug auf die Melone, ebenso wie in vielen anderen analogen Fällen.

Versuchen wir nun das über den Ursprung unserer domestizierten Tier- und Pflanzenrassen Gesagte zusammenzufassen. Veränderte Lebensbedingungen sind von höchster Bedeutung als Ursache der Variabilität, und zwar sowohl deshalb, weil sie direkt auf die Organisation einwirken, als auch weil sie indirekt das Fortpflanzungssystem affizieren. Es ist nicht wahrscheinlich, daß Veränderlichkeit als eine inhärente und notwendige Eigenschaft allen organischen Wesen unter allen Umständen zukomme. Die größere oder geringere Stärke der Vererbung und des Rückschlags bestimmen es, ob Abänderungen bestehen bleiben werden. Die Variabilität wird durch viele unbekannte Gesetze geregelt, von denen wahrscheinlich das der Korrelation des Wachstums das bedeutungsvollste ist. Etwas mag der bestimmten Einwirkung der äußeren Lebensbedingungen zugeschrieben werden; wie viel aber, das wissen wir nicht. Etwas, und vielleicht viel, mag dem Gebrauch und Nichtgebrauch der Organe zugeschrieben werden. Dadurch wird das Endergebnis unendlich verwickelt. In einigen Fällen hat wahrscheinlich die Kreuzung ursprünglich verschiedener Arten einen wesentlichen Anteil an der Bildung unserer Rassen gehabt. Wenn in einem Land einmal mehrere Rassen entstanden sind, so hat ihre gelegentliche Kreuzung mit Hilfe der Zuchtwahl zweifelsohne mächtig zur Bildung neuer Rassen mitgewirkt; aber die Wichtigkeit der Kreuzung ist sehr übertrieben worden, sowohl in bezug auf die Tiere als auf die Pflanzen, die aus Samen weitergezogen werden. Bei solchen Pflanzen dagegen, welche zeitweise durch Stecklinge, Knospen usw. fortgepflanzt werden, ist die Wichtigkeit der Kreuzung unermeßlich, weil der Pflanzenzüchter hier die außerordentliche Veränderlichkeit sowohl der Bastarde als auch der Blendlinge und die häufige Unfruchtbarkeit der Bastarde ganz außer acht lassen kann; doch haben die Fälle, wo Pflanzen nicht aus Samen fortgepflanzt werden, wenig Bedeutung für uns, weil ihre Dauer nur vorübergehend ist. Die über alle diese Ursachen der Abänderung bei weitem vorherrschende Kraft scheint die fortdauernd akkumulative Wirkung der Zuchtwahl gewesen zu sein, mag sie nun planmäßig und schneller oder unbewußt, und zwar langsamer, aber wirksamer in Anwendung gekommen sein.

Zweites Kapitel

Abänderung im Naturzustand

Variabilität – Individuelle Verschiedenheiten – Zweifelhafte Arten – Weit und sehr verbreitete und gemeine Arten variieren am meisten – Arten der größeren Gattungen jeden Landes variieren häufiger als die der kleineren Genera – Viele Arten der großen Gattungen gleichen den Varietäten darin, daß sie sehr nahe, aber ungleich miteinander verwandt sind und beschränkte Verbreitungsbezirke haben – Schluß

Variabilität

Ehe wir die Grundsätze, zu welchen wir im vorigen Kapitel gelangt sind, auf die organischen Wesen im Naturzustand anwenden, müssen wir kurz untersuchen, ob diese letzten irgendwie veränderlich sind oder nicht. Um diesen Gegenstand nur einigermaßen eingehend zu behandeln, müßte ich ein langes Verzeichnis trockener Tatsachen geben; doch will ich diese für ein künftiges Werk aufsparen. Auch will ich hier nicht die verschiedenen Definitionen erörtern, welche man von dem Wort „Spezies" gegeben hat. Keine derselben hat bis jetzt alle Naturforscher befriedigt; doch weiß jeder Naturforscher ungefähr, was er meint, wenn er von einer Spezies spricht. Allgemein schließt die Bezeichnung das unbekannte Element eines besonderen Schöpfungsaktes ein. Der Ausdruck „Varietät" ist fast ebensoschwer zu definieren; Gemeinsamkeit der Abstammung ist indessen hier meistens Bedingung, obwohl sie selten bewiesen werden kann. Auch finden sich Formen, die man Monstrositäten nennt; sie gehen aber stufenweise in Varietäten über. Unter einer „Monstrosität" versteht man nach meiner Meinung irgendeine beträchtliche Abweichung der Struktur, welche der Art meistens nachteilig oder doch nicht nützlich ist. Einige Schriftsteller gebrauchen noch den Ausdruck „Variation" in einem technischen Sinne, um Abänderungen zu bezeichnen, welche direkte Folge äußerer Lebensbedingungen sind, und die „Variationen" dieser Art gelten nicht für erblich. Wer kann indessen behaupten, daß die zwerghafte Beschaffenheit der Conchylien im Brackwasser der Ostsee, oder die Zwergpflanzen auf den Höhen der Alpen, oder der dichtere Pelz eines Tieres in höheren Breiten nicht in einigen Fällen auf wenigstens einige Generationen vererbt werden? Und in diesem Falle würde man, glaube ich, die Form eine „Varietät" nennen.

Es mag wohl zweifelhaft sein, ob plötzliche und große Abweichungen der Struktur, wie wir sie gelegentlich bei unseren domestizierten Rassen, zumal unter den Pflanzen, auftauchen sehen, im Naturzustand je dauernd fortgepflanzt werden. Fast jeder Teil eines jeden organischen Wesens steht in einer so schönen Beziehung zu seinen komplizierten Lebensbedingungen, daß es ebenso unwahrscheinlich scheint, daß irgendein Teil auf einmal in seiner ganzen Vollkommenheit erschienen sei, wie daß ein Mensch irgendeine zusammengesetzte Maschine sogleich in vollkommenem Zustand erfunden habe. Im domestizierten Zustand kommen oft Monstrositäten vor, welche normalen Bildungen in sehr verschiedenen Tieren ähnlich sind. So sind oft Schweine mit einer Art Rüssel geboren worden. Wenn nun irgendeine wilde Art der Gattung Schwein von Natur einen Rüssel besessen hätte, so hätte man schließen können, daß derselbe plötzlich als Monstrosität erschienen sei. Es ist mir aber bis jetzt nach eifrigem Suchen nicht gelungen, Fälle zu finden, wo Monstrositäten normalen Bildungen bei nahe verwandten Formen ähnlich wären; und nur solche haben Bezug auf vorliegende Frage. Treten monströse Formen dieser Art je im Naturzustand auf und sind sie fähig, sich fortzupflanzen (was nicht immer der Fall ist), so würde, da sie nur selten und einzeln vorkommen, ihre Erhaltung von ungewöhnlich günstigen Umständen abhängen. Sie würden sich auch in der ersten und den folgenden Generationen mit der gewöhnlichen Form kreuzen und würden auf diese Weise fast unvermeidlich ihren abnormen Charakter verlieren. Ich werde aber in einem späteren Kapitel auf die Erhaltung und Fortpflanzung einzelner und gelegentlicher Abänderungen zurückzukommen haben.

Individuelle Verschiedenheiten

Die vielen geringen Verschiedenheiten, welche oft unter den Abkömmlingen von einerlei Eltern vorkommen, oder unter solchen, von denen man einen derartigen Ursprung annehmen darf, kann man individuelle Verschiedenheiten nennen, da sie bei Individuen der nämlichen Art beobachtet werden, welche auf begrenztem Raum nahe beisammen wohnen. Niemand glaubt, daß alle Individuen einer Art faktisch genau nach einem und demselben Modell gebildet seien. Diese individuellen Verschiedenheiten sind nun gerade von der größten Bedeutung für uns, weil sie oft vererbt werden, wie schon jedermann zu beobachten Gelegenheit gehabt haben muß; hierdurch liefern sie der natürlichen Zuchtwahl Material zur Einwirkung und zur Häufung, in der nämlichen Weise wie der Mensch in seinen kultivierten Rassen individuelle Verschiedenheiten in irgendeiner gegebenen Richtung häuft. Diese individuellen Verschiedenheiten betreffen in der Regel nur die in den Augen des Naturforschers unwesentlichen Teile; ich könnte jedoch aus einer langen Liste von Tatsachen nachweisen, daß auch Teile, die man als wesentliche bezeichnen muß, mag man sie von physiologischem oder von klassifikatorischem Gesichtspunkt aus betrachten, zuweilen bei den Individuen von einerlei Arten variieren. Ich bin überzeugt, daß die erfahrensten Naturforscher erstaunt sein würden über die Menge von Fällen von Variabilität sogar in wichtigen Teilen des Körpers, die sie nach glaubwürdigen Autoritäten zusammenbringen könnten, wie ich sie im Laufe der Jahre zusammengetragen habe. Man muß sich aber dabei noch erinnern, daß die Systematiker durchaus nicht erfreut sind, Veränderlichkeit in wichtigen Charakteren zu entdecken, und daß es nicht viele gibt, welche mühsam innere wichtige Organe untersuchen und in vielen Exemplaren einer und der nämlichen Art miteinander vergleichen. So würde man nimmer erwartet haben, daß die Verzweigungen der Hauptnerven dicht am großen Zentralnervenknoten eines Insekts in einer und derselben Spezies abändern könnten, sondern vielmehr gedacht haben, Veränderungen dieser Art könnten nur langsam und stufenweise hervorgebracht worden sein. Und doch hat Sir John Lubbock kürzlich bei Coccus einen Grad von Veränderlichkeit an diesen Hauptnerven nachgewiesen, welcher beinahe an die unregelmäßige Verzweigung eines Baumstammes erinnert. Ebenso hat dieser ausgezeichnete Naturforscher, wie ich hinzufügen will, kürzlich gezeigt, daß die Muskeln in den Larven gewisser Insekten von Gleichförmigkeit weit entfernt sind. Die Schriftsteller bewegen sich oft in einem Kreise, wenn sie behaupten, daß wichtige Organe niemals variieren; denn diese selben Schriftsteller zählen in der Praxis diejenigen Organe zu den wichtigen (wie einige wenige ehrlich genug sind, zu gestehen), welche nicht variieren, und unter dieser Voraussetzung kann dann allerdings niemals ein Beispiel angeführt werden von einem wichtigen Organ, welches variiere; aber von jedem anderen Gesichtspunkt aus lassen sich deren ganz sicher viele aufzählen.

Mit den individuellen Verschiedenheiten steht noch ein anderer Punkt in Verbindung, welcher äußerst verwirrend ist: ich meine die Gattungen, welche man „proteïsche" oder „polymorphe" genannt hat, weil deren Arten einen ganz außergewöhnlichen Grad von Veränderlichkeit zeigen. In bezug auf viele dieser Formen stimmen kaum zwei Naturforscher darüber miteinander überein, ob dieselben als Arten oder als Varietäten zu betrachten seien. Ich will Rubus, Rosa und Hieracium unter den Pflanzen, mehrere Insekten und Brachiopodengenera unter den Tieren als Beispiele anführen. In den meisten dieser polymorphen Gattungen haben einige Arten feste und bestimmte Charaktere. Gattungen, welche in einer Gegend polymorph sind, scheinen es mit einigen wenigen Ausnahmen auch in anderen Gegenden zu sein, und es auch, nach den Brachiopoden zu urteilen, in früheren Zeiten gewesen zu sein. Diese Tatsachen nun sind insofern sehr auffallend, als sie zu zeigen scheinen, daß diese Art von Veränderlichkeit von den Lebensbedingungen unabhängig ist. Ich bin zu vermuten geneigt, daß wir wenigstens bei einigen dieser polymorphen Gattungen solche Abänderungen vor uns haben, welche der Spezies weder nützlich noch schädlich sind und welche daher bei der natürlichen Zuchtwahl nicht berücksichtigt und befestigt worden sind, wie nachher erläutert werden soll.

Individuen einer und derselben Art bieten oft, wie allgemein bekannt ist, unabhängig von einer Variation große Verschiedenheiten der Struktur dar, wie die beiden Geschlechter mancher Tiere, wie die zwei oder drei Formen steriler Weibchen oder Arbeiter bei Insekten, wie die unreifen oder Larvenzustände vieler niederer Tiere. Es gibt auch noch andere Fälle von Dimorphismus und Trimorphismus sowohl bei Pflanzen als auch bei Tieren. So hat Wallace, der vor kurzem die Aufmerksamkeit besonders auf diesen Gegenstand gelenkt hat, gezeigt, daß die Weibchen gewisser Schmetterlingsarten im Malayischen Archipel regelmäßig unter zwei oder selbst drei auffallend verschiedenen Formen auftreten, welche nicht durch intermediäre Varietäten verbunden werden. Neuerlich hat Fritz Müller analoge, aber noch außerordentlichere Fälle von den Männchen gewisser brasilianischer Crustaceen beschrieben; so kommt das Männchen einer Tanais regelmäßig unter zwei weit voneinander verschiedenen Formen vor, das eine hat viel stärkere und verschieden geformte Scheren, das andere mit viel reichlicher entwickelten Riechhaaren versehene Antennen. Obgleich nun aber in den meisten von diesen Fällen die dimorphen und trimorphen Formen sowohl bei Tieren als auch bei Pflanzen jetzt durch keine Zwischenglieder zusammenhängen, so ist es doch wahrscheinlich, daß sie einmal so zusammengehangen haben. Wallace beschreibt z. B. einen Schmetterling, der auf einer und derselben Insel eine große Reihe durch Zwischenglieder verbundener Varietäten darbietet und die äußersten Glieder dieser Reihe gleichen sehr den beiden Formen einer verwandten dimorphen Art, welche auf einem anderen Teil des Malayischen Archipels vorkommt. Dasselbe gilt für Ameisen; die verschiedenen Arbeiterformen sind gewöhnlich völlig verschieden. In manchen Fällen aber werden, wie wir später sehen werden, die verschiedenen Formen durch fein abgestufte Varietäten miteinander verbunden. Es erscheint allerdings zuerst als eine höchst merkwürdige Tatsache, daß derselbe weibliche Schmetterling das Vermögen haben sollte, gleichzeitig drei weibliche und eine männliche Form zu erzeugen; daß eine Zwitterpflanze aus derselben Samenkapsel drei verschiedene Zwitterformen erzeugen sollte, welche drei verschiedene Formen Weibchen und drei oder selbst sechs verschiedene Formen Männchen enthalten. Nichtsdestoweniger sind aber diese Fälle nur beinahe übertrieben zu nennende Belege für jene allgemeine Tatsache, daß jedes weibliche Tier Männchen und Weibchen hervorbringt, die in einigen Fällen in so wunderbarer Weise voneinander verschieden sind.

Zweifelhafte Arten

Diejenigen Formen, welche zwar in beträchtlichem Maße den Charakter einer Art besitzen, aber anderen Formen so ähnlich oder durch Mittelstufen mit solchen so eng verkettet sind, daß die Naturforscher sie nicht gern als besondere Arten anführen wollen, sind in mehreren Beziehungen die wichtigsten für uns. Wir haben allen Grund zu glauben, daß viele von diesen zweifelhaften und eng verwandten Formen ihre Charaktere lange Zeit beharrlich behauptet haben, eine so lange Zeit, so viel wir wissen, wie gute und echte Spezies. Praktisch genommen pflegt ein Naturforscher, welcher zwei Formen durch Zwischenglieder miteinander zu verbinden vermag, die eine als eine Varietät der anderen zu behandeln, wobei er die gewöhnlichere, zuweilen aber auch die zuerst beschriebene als die Art, die andere als die Varietät ansieht. Bisweilen treten aber auch sehr schwierige Fälle, die ich hier nicht aufzählen will, bei der Entscheidung der Frage ein, ob eine Form als Varietät der anderen anzusehen sei oder nicht, sogar wenn beide durch Zwischenglieder eng miteinander verbunden sind; auch will die gewöhnliche Annahme, daß diese Zwischenglieder Bastarde seien, nicht immer genügen, um die Schwierigkeit zu beseitigen. In sehr vielen Fällen jedoch wird eine Form als eine Varietät der anderen erklärt, nicht weil die Zwischenglieder wirklich gefunden worden sind, sondern weil Analogie den Beobachter verleitet anzunehmen, entweder daß solche noch irgendwo vorhanden sind, oder daß sie früher vorhanden gewesen sind; und damit ist dann Zweifeln und Vermutungen Tür und Tor geöffnet.

Wenn es sich daher darum handelt zu bestimmen, ob eine Form als Art oder als Varietät zu bestimmen sei, scheint die Meinung der Naturforscher von gesundem Urteil und reicher Erfahrung der einzige Führer zu bleiben. Gleichwohl können wir in vielen Fällen nur nach einer Majorität der Meinungen entscheiden; denn es lassen sich nur wenige ausgezeichnete und gut gekannte Varietäten namhaft machen, die nicht schon bei wenigstens einem oder dem anderen sachkundigen Richter als Spezies gegolten hätten.

Daß Varietäten von so zweifelhafter Natur keineswegs selten sind, kann nicht in Abrede gestellt werden. Man vergleiche die von verschiedenen Botanikern geschriebenen Floren von Groß-Britannien, Frankreich oder den Vereinigten Staaten miteinander und sehe, was für eine erstaunliche Anzahl von Formen von dem einen Botaniker als gute Arten und von dem anderen als bloße Varietäten angesehen wird. Herr H. C. Watson, welchem ich zur innigsten Erkenntlichkeit für Unterstützung aller Art verbunden bin, hat mir 182 britische Pflanzen bezeichnet, welche gewöhnlich als Varietäten betrachtet werden, aber auch schon alle von Botanikern für Arten erklärt worden sind; und bei Aufstellung dieser Liste hat er noch manche unbedeutendere, aber auch schon von einem oder dem anderen Botaniker als Art aufgenommene Varietät übergangen und einige sehr polymorphe Gattungen gänzlich außer acht gelassen. Unter gewissen Gattungen, mit Einschluß der am meisten polymorphen Formen, führt Babington 251, Bentham dagegen nur 112 Arten auf, ein Unterschied von 139 zweifelhaften Formen! Unter den Tieren, welche sich zu jeder Paarung vereinigen und sehr ortswechselnd sind, können dergleichen zweifelhafte, von verschiedenen Zoologen bald als Arten bald als Varietäten angesehene Formen nicht so leicht in einer Gegend beisammen vorkommen, sind aber in getrennten Gebieten nicht selten. Wie viele jener nordamerikanischen und europäischen Insekten und Vögel, die nur sehr wenig voneinander abweichen, sind von dem einen ausgezeichneten Naturforscher als unzweifelhafte Arten und von dem anderen als Varietäten oder sogenannte klimatische Rassen bezeichnet worden! In mehreren wertvollen Aufsätzen, die Wallace neuerdings über die verschiedenen Tierformen, besonders über die Lepidopteren des großen Malayischen Archipels veröffentlicht hat, weist er nach, daß man sie in vier Gruppen teilen kann, nämlich in variable Formen, in Lokalformen, in geographische Rassen oder Subspezies und in echte repräsentierende Arten. Die ersten oder die variablen Formen variieren bedeutend innerhalb der Grenzen einer und derselben Insel. Die lokalen Formen sind auf jeder einzelnen Insel mäßig konstant und bestimmt; vergleicht man aber alle derartigen Formen von den verschiedenen Inseln miteinander, so stellen sich die Unterschiede als so gering und allmählich abgestuft heraus, daß es unmöglich wird, sie zu bestimmen oder zu beschreiben, obschon die extremen Formen hinreichend scharf bestimmt sind. Die geographischen Rassen oder Subspezies sind vollständig fixierte und isolierte Lokalformen; da sie aber nicht durch stark markierte und bedeutungsvolle Charaktere voneinander abweichen, „so kann kein etwa möglicher Beweis, sondern nur individuelle Meinung bestimmen, welche derselben man als Art und welche man als Varietät betrachten soll". Repräsentierende Arten endlich nehmen im Naturhaushalt jeder Insel dieselbe Stelle ein, wie die lokalen Formen und Subspezies; da sie aber ein größeres Maß an Verschiedenheit als das zwischen lokalen Formen und Subspezies voneinander trennt, so werden sie allgemein von den Naturforschern für gute Arten genommen. Nichtsdestoweniger läßt sich kein bestimmtes Kriterium angeben, nach welchem man variable Formen, lokale Formen, Subspezies und repräsentierende Arten als solche erkennen kann.

Als ich vor vielen Jahren die Vögel von den einzelnen Inseln der Galapagos-Gruppe miteinander und mit denen des amerikanischen Festlands verglich und andere sie vergleichen sah, war ich sehr darüber erstaunt, wie gänzlich schwankend und willkürlich der Unterschied zwischen Art und Varietät ist. Auf den Inselchen der kleinen Madeira-Gruppe kommen viele Insekten vor, welche in Wollastons bewunderungswürdigem Werk als Varietäten charakterisiert sind, welche aber gewiß von vielen Entomologen als besondere Arten aufgestellt werden würden. Selbst Irland besitzt einige wenige jetzt allgemein als Varietäten angesehene Tiere, welche aber von einigen Zoologen für Arten erklärt worden sind. Mehrere erfahrene Ornithologen betrachten unser britisches Rothuhn (Lagopus) nur als eine scharf ausgezeichnete Rasse der norwegischen Art, während die Mehrzahl solches für eine unzweifelhafte und Groß-Britannien eigentümliche Art erklärt. Eine weite Entfernung zwischen den Heimatorten zweier zweifelhafter Formen bestimmt viele Naturforscher, dieselben für zwei Arten zu erklären; aber, hat man mit Recht gefragt, welche Entfernung genügt dazu? Wenn man die Entfernung zwischen Europa und Amerika groß nennt, wird dann auch jene zwischen Europa und den Azoren oder Madeira oder den Kanarischen Inseln oder zwischen den verschiedenen Inseln dieser kleinen Archipele genügen? B. D. Walsh, ein ausgezeichneter Entomologe der Vereinigten Staaten, hat neuerdings sogenannte phytophage Varietäten und phytophage Arten beschrieben. Die meisten pflanzenfressenden Insekten leben von einer Art oder von einer Gruppe von Pflanzen; einige leben ohne Unterschied von vielen Arten, ohne indessen deshalb abzuändern. Walsh hat nun aber mehrere derartige Fälle beobachtet, wo Insekten, welche auf verschiedenen Pflanzen lebend gefunden wurden, entweder im Larven- oder im erwachsenen Zustand oder in beiden, geringe, aber konstante Verschiedenheiten in Farbe, Größe oder in der Beschaffenheit ihrer Sekrete darboten. In einigen Fällen fand man nur die Männchen, in anderen Fällen Männchen und Weibchen in dieser Weise unbedeutend voneinander verschieden. Sind die Verschiedenheiten etwas stärker ausgeprägt und sind beide Geschlechter und alle Altersstände affiziert, dann werden die betreffenden Formen von allen Entomologen für Spezies erklärt. Aber kein Beobachter kann für einen anderen genau bestimmen, selbst wenn er es für sich tun kann, welche von diesen phytophagen Formen Varietäten, welche Arten zu nennen sind. Walsh bezeichnet diejenigen Formen, von denen man voraussetzen kann, daß sie sich reichlich kreuzen, als Varietäten, und diejenigen, welche diese Fähigkeit zu kreuzen verloren zu haben scheinen, als Arten. Da die Verschiedenheiten davon abhängen, daß sich die Insekten lange von verschiedenen Pflanzen ernährt haben, so kann man nicht erwarten, jetzt Zwischenglieder zwischen den verschiedenen Formen zu finden. Der Naturforscher verliert dadurch den besten Führer zu der Bestimmung, ob solche zweifelhafte Formen für Varietäten oder Spezies zu halten sind. Dies kommt notwendig in gleicher Weise bei nahe verwandten Organismen vor, welche verschiedene Kontinente oder Inseln bewohnen. Hat aber auf der anderen Seite ein Tier oder eine Pflanze eine weite Verbreitung über einen und denselben Kontinent, oder bewohnt es viele Inseln desselben Archipels, und bietet es in den verschiedenen Gebieten verschiedene Formen dar, so ist die Wahrscheinlichkeit immer groß, Zwischenglieder zu finden, welche die extremen Formen miteinander verbinden; diese werden dann auf den Rang von Varietäten herabgesetzt.

Einige wenige Naturforscher behaupten, daß Tiere niemals Varietäten darbieten; dann legen sie aber den geringsten Verschiedenheiten spezifischen Wert bei; und wenn selbst dieselbe identische Form in zwei verschiedenen Ländern oder in zwei verschiedenen geologischen Formationen gefunden wird, so glauben sie, daß zwei verschiedene Arten im nämlichen Gewand verborgen enthalten sind. Der Ausdruck Art wird dadurch zu einer nutzlosen Abstraktion, unter der man einen besonderen Schöpfungsakt versteht und annimmt. Es ist sicher, daß viele von kompetenten Richtern für Varietäten angesehene Formen so vollständig dem Charakter nach Arten ähnlich sind, daß sie von anderen ebenso kompetenten Männern dafür gehalten worden sind. Aber es ist vergebene Arbeit, die Frage zu erörtern, ob sie Arten oder

Varietäten genannt werden sollen, solange noch keine Definition dieser zwei Ausdrücke allgemein angenommen ist.

Viele dieser stark ausgeprägten Varietäten oder zweifelhaften Arten verdienten wohl eine nähere Betrachtung; denn man hat vielerlei interessante Beweismittel aus ihrer geographischen Verbreitung, analogen Variation, Bastardbildung usw. herbeigeholt, um bei Feststellung der ihnen gebührenden Rangstufe mitzuhelfen. Doch erlaubt mir der Raum nicht, sie hier zu erörtern. Sorgfältige Untersuchung wird in vielen Fällen ohne Zweifel die Naturforscher zur Verständigung darüber bringen, wofür die zweifelhaften Formen zu halten sind. Doch müssen wir bekennen, daß gerade in den am besten bekannten Ländern die meisten zweifelhaften Formen zu finden sind. Ich war über die Tatsache erstaunt, daß man, wenn irgendwelche Tiere und Pflanzen in ihrem Naturzustand dem Menschen sehr nützlich sind oder aus irgendeiner anderen Ursache seine besondere Aufmerksamkeit erregen, beinahe ganz allgemein Varietäten davon angeführt finden wird. Diese Varietäten werden überdies oft von einigen Autoren als Arten bezeichnet. Wie sorgfältig ist die gemeine Eiche studiert worden! Nun macht aber ein deutscher Autor über ein Dutzend Arten aus den Formen, welche bis jetzt von anderen Botanikern fast ganz allgemein als Varietäten angesehen wurden; und in England können die höchsten botanischen Gewährsmänner und vorzüglichsten Praktiker angeführt werden, welche nachweisen, die einen, daß die Trauben- und die Stieleiche gut unterschiedene Arten, die anderen, daß sie bloße Varietäten sind.

Ich will hier auf eine neuerdings erschienene merkwürdige Arbeit A. de Candolles über die Eichen der ganzen Erde verweisen. Nie hat jemand größeres Material zur Unterscheidung der Arten gehabt oder hätte dasselbe mit mehr Eifer und Scharfsinn verarbeiten können. Er gibt zuerst im Detail alle die vielen Punkte, in denen der Bau der verschiedenen Arten variiert, und schätzt numerisch die Häufigkeit der Abänderungen. Er führt speziell über ein Dutzend Merkmale auf, von denen man findet, daß sie selbst an einem und demselben Zweige, zuweilen je nach dem Alter und der Entwicklung, zuweilen ohne nachweisbaren Grund variieren. Derartige Merkmale haben natürlich keinen spezifischen Wert, sie sind aber, wie Asa Gray in seinem Bericht über diese Abhandlung bemerkt, von der Art, wie sie gewöhnlich in Speziesbestimmungen aufgenommen werden. De Candolle sagt dann weiter, daß er die Formen als Arten betrachtet, welche in Merkmalen voneinander abweichen, die nie auf einem und demselben Baum variieren und nie durch Zwischenzustände zusammenhängen. Nach dieser Erörterung, dem Resultat so vieler Arbeit, bemerkt er mit Nachdruck: „Diejenigen sind im Irrtum, welche immer wiederholen, daß die Mehrzahl unserer Arten deutlich begrenzt ist und daß die zweifelhaften Arten eine geringe Minorität bilden. Dies schien so lange wahr zu sein, als man eine Gattung unvollkommen kannte und ihre Arten auf wenig Exemplare gegründet wurden, d.h. provisorisch waren. Sobald wir dazu kommen, sie besser zu kennen, strömen die Zwischenformen herbei und die Zweifel über die Grenzen der Arten erheben sich." Er fügt auch noch hinzu, daß es gerade die am besten bekannten Arten sind, welche die größte Anzahl spontaner Varietäten und Subvarietäten darbieten. So hat *Quercus robur* achtundzwanzig Varietäten, welche mit Ausnahme von sechs sich sämtlich um drei Subspezies gruppieren, nämlich *Q. pedunculata*, *sessiliflora* und *pubescens*. Die Formen, welche diese drei Subspezies miteinander verbinden, sind vergleichsweise selten, und wenn, wie Asa Gray ferner bemerkt, diese jetzt seltenen Übergangsformen völlig aussterben sollten, so würden sich die drei Subspezies genau ebenso zueinander verhalten, wie die vier oder fünf provisorisch angenommenen Arten, welche sich eng um die typische *Quercus robur* gruppieren. Endlich gibt De Candolle noch zu, daß von den 300 Arten, welche in seinem Prodromus als zur Familie der Eichen gehörig werden aufgezählt werden, wenigstens zwei Drittel provisorisch, d.h. nicht genau genug bekannt sind, um der oben angegebenen Definition der Spezies zu genügen. Ich muß hinzufügen, daß De Candolle die Arten nicht mehr für unveränderliche Schöpfungen hält, sondern zu dem Schluß gelangt, daß die Ableitungstheorie die natürlichste „und die am besten mit den bekannten Tatsachen der Paläontologie, Pflanzengeographie und Tiergeographie, des anatomischen Baus und der Klassifikation übereinstimmende ist".

Wenn ein junger Naturforscher eine ihm ganz unbekannte Gruppe von Organismen zu studieren beginnt, so macht ihn anfangs die Frage verwirrt, was für Unterschiede er für spezifische halten soll und welche von ihnen nur Varietäten angehören; denn er weiß noch nichts von der Art und der Größe der Abänderungen, deren die Gruppe fähig ist; und dies beweist eben wieder, wie allgemein wenigstens einige Variation ist. Wenn er aber seine Aufmerksamkeit auf eine einzige Klasse innerhalb eines bestimmten Landes beschränkt, so wird er bald darüber im klaren sein, wofür er die meisten dieser zweifelhaften Formen anzuschlagen habe. Er wird im allgemeinen geneigt sein, viele Arten zu machen, weil ihm, so wie den vorhin erwähnten Tauben- oder Hühnerfreunden, die Verschiedenheiten der beständig von ihm studierten Formen sehr beträchtlich scheinen und weil er noch wenig allgemeine Kenntnis von analogen Verschiedenheiten in anderen Gruppen und anderen Ländern zur Berichtigung jener zuerst empfangenen Eindrücke besitzt. Dehnt er nun den Kreis seiner Beobachtung weiter aus, so wird er auf weitere schwierige Fälle stoßen; denn er wird einer großen Anzahl nahe verwandter Formen begegnen. Erweitern sich seine Erfahrungen aber noch mehr, so wird er endlich für sich selbst klar darüber werden, was Varietät und was Spezies zu nennen sei; doch wird er zu diesem Ziel nur gelangen, wenn er eine große Abänderungsfähigkeit zugibt, und er wird die Richtigkeit seiner Annahme von anderen Naturforschern oft in Zweifel gezogen sehen. Wenn er nun überdies verwandte Formen aus anderen jetzt nicht unmittelbar aneinandergrenzenden Ländern zu studieren Gelegenheit erhält, in welchem Fall er kaum hoffen darf, die Mittelglieder zwischen seinen zweifelhaften Formen zu finden, so wird er sich fast ganz auf Analogie verlassen müssen, und seine Schwierigkeiten kommen auf den Höhepunkt.

Eine bestimmte Grenzlinie ist bis jetzt sicherlich nicht gezogen worden, weder zwischen Arten und Unterarten, d. h. solchen Formen, welche nach der Meinung einiger Naturforscher den Rang einer Spezies nahezu, aber doch nicht ganz erreichen, noch zwischen Unterarten und ausgezeichneten Varietäten, noch endlich zwischen den geringeren Varietäten und individuellen Verschiedenheiten. Diese Verschiedenheiten greifen in einer unmerklichen Reihe ineinander, und eine Reihe erweckt die Vorstellung von einem wirklichen Übergang.

Ich betrachte daher die individuellen Abweichungen, wenn schon sie für den Systematiker nur wenig Wert haben, als für uns von großer Bedeutung, weil sie den ersten Schritt zu solchen unbedeutenden Varietäten bilden, welche man in naturgeschichtlichen Werken der Erwähnung kaum schon wert zu halten pflegt. Ich sehe ferner diejenigen Varietäten, welche etwas erheblicher und beständiger sind, als die uns zu den mehr auffälligen und bleibenderen Varietäten führende Stufe an, wie uns diese zu den Subspezies und endlich zu den Spezies leiten. Der Übergang von einer dieser Verschiedenheitsstufen in die andere nächst höhere mag in vielen Fällen lediglich von der Natur des Organismus und der lang währenden Einwirkung verschiedener äußerer Bedingungen, welchen derselbe ausgesetzt war, herrühren; aber in bezug auf die bedeutungsvolleren und adaptiven Charaktere kann er der später zu erörternden akkumulativen Wirkung der natürlichen Zuchtwahl und der Einwirkung des vermehrten Gebrauchs und Nichtgebrauchs von Teilen zugeschrieben werden. Ich glaube daher, daß man eine gut ausgeprägte Varietät mit Recht eine beginnende Spezies nennen kann; ob sich aber dieser Glaube rechtfertigen läßt, muß nach dem Gewicht der im Verlaufe dieses Werkes beigebrachten Tatsachen und Betrachtungen ermessen werden.

Man hat nicht nötig, anzunehmen, daß alle Varietäten oder beginnenden Spezies sich notwendig zum Rang einer Art erheben. Sie können in diesem beginnenden Zustand wieder erlöschen; oder sie können als Varietäten sehr lange Zeiträume hindurch feststehen bleiben, wie Wollaston von den Varietäten gewisser fossiler Landschneckenarten auf Madeira und Gaston de Saporta von Pflanzen gezeigt hat. Gediehe eine Varietät derartig, daß sie die elterliche Spezies an Zahl überträfe, so würde man sie für die Art und die Art für die Varietät einordnen; oder sie könnte die elterliche Art verdrängen und ausmerzen; oder endlich beide könnten nebeneinander fortbestehen und für unabhängige Arten gelten. Wir werden jedoch nachher auf diesen Gegenstand zurückkommen.

Aus diesen Bemerkungen geht hervor, daß ich den Kunstausdruck „Spezies" als einen arbiträren und der Bequemlichkeit halber auf eine Reihe voneinander sehr ähnlichen Individuen angewendeten betrachte, und daß er von dem Kunstausdruck „Varietät", welcher auf minder abweichende und noch mehr schwankende Formen Anwendung findet, nicht wesentlich verschieden ist. Ebenso wird der Ausdruck „Varietät" im Vergleich zu bloßen individuellen Verschiedenheiten nur arbiträr und der Bequemlichkeit wegen benutzt.

Weit und sehr verbreitete und gemeine Arten variieren am meisten

Durch theoretische Betrachtungen geleitet, glaubte ich, daß sich einige interessante Ergebnisse in bezug auf die Natur und die Beziehungen der am meisten variierenden Arten darbieten würden, wenn ich alle Varietäten aus verschiedenen wohl bearbeiteten Floren tabellarisch zusammenstellte. Anfangs schien mir dies eine einfache Sache zu sein. Aber Herr H. C. Watson, dem ich für seinen wertvollen Rat und Beistand in dieser Beziehung sehr dankbar bin, überzeugte mich bald, daß dies mit vielen Schwierigkeiten verknüpft ist, was späterhin Dr. Hooker in noch bestimmterer Weise bestätigte. Ich behalte mir daher für ein künftiges Werk die Erörterung dieser Schwierigkeiten und die Tabellen über die Zahlenverhältnisse der variierenden Spezies vor. Dr. Hooker erlaubt mir noch hinzuzufügen, daß, nachdem er sorgfältig meine handschriftlichen Aufzeichnungen durchgelesen und meine Tabellen geprüft hat, er die im folgenden mitgeteilten Sätze für vollkommen wohl begründet hält. Der ganze Gegenstand aber, welcher hier notwendig nur sehr kurz abgehandelt werden kann, ist ziemlich verwickelt, zumal Bezugnahmen auf den „Kampf ums Dasein", auf die „Divergenz der Charaktere" und andere erst später zu erörternde Fragen nicht vermieden werden können.

Alphonse de Candolle u. a. Botaniker haben gezeigt, daß solche Pflanzen, die sehr weit ausgedehnte Verbreitungsbezirke besitzen, gewöhnlich auch Varietäten darbieten, wie es sich ohnedies schon hätte erwarten lassen, da sie verschiedenen physikalischen Einflüssen ausgesetzt sind und mit anderen Gruppen von Organismen in Konkurrenz kommen, was, wie sich nachher ergeben wird, ein Umstand von gleicher oder selbst noch größerer Bedeutung ist. Meine Tabellen zeigen aber ferner, daß auch in einem bestimmt begrenzten Gebiet die gemeinsten, d. h. die in den zahlreichsten Individuen vorkommenden Arten und jene, welche innerhalb ihrer eigenen Gegend am meisten verbreitet sind (was von „weiter Verbreitung" und in gewisser Weise von „Gemeinsein" wohl zu unterscheiden ist), am häufigsten zur Entstehung von Varietäten Veranlassung geben, welche hinreichend ausgeprägt sind, um sie in botanischen Werken aufgezählt zu finden. Es sind mithin die am besten gedeihenden oder, wie man sie nennen kann, die dominierenden Arten, nämlich die am weitesten über die Erdoberfläche und in ihrer eigenen Gegend am allgemeinsten verbreiteten und die an Individuen reichsten Arten, welche am häufigsten wohl ausgeprägte Varietäten oder, wofür ich sie halte, beginnende Spezies liefern. Und dies dürfte vielleicht vorauszusehen gewesen sein; denn so wie Varietäten, um einigermaßen stet zu werden, notwendig mit anderen Bewohnern der Gegend zu kämpfen haben, so werden auch die bereits herrschend gewordenen Arten am meisten geeignet sein, Nachkommen zu liefern, welche, wenn auch in einem geringen Grade modifiziert, doch diejenigen Vorzüge erben, durch welche ihre Eltern befähigt wurden, über ihre Landesgenossen das Übergewicht zu erringen. Bei diesen Bemerkungen über das Übergewicht ist jedoch zu berücksichtigen, daß sie sich nur auf diejenigen Formen beziehen, welche zueinander und namentlich zu Gliedern derselben Gattung oder Klasse mit ganz ähnlicher Lebensweise im Verhältnis der Konkurrenz stehen. Hinsichtlich der Individuenzahl oder der Gemeinheit einer Art erstreckt sich daher der Vergleich natürlich nur auf Glieder der nämlichen Gruppe. Man kann eine der höheren Pflanzen eine herrschende nennen, wenn sie an Individuen reicher und weiter verbreitet als die anderen unter nahezu ähnlichen Verhältnissen lebenden Pflanzen des nämlichen Landes ist. Eine solche Pflanze wird darum nicht weniger eine herrschende sein, weil etwa eine Conferve des Wassers oder ein schmarotzender Pilz unendlich viel zahlreicher an Individuen und noch weiter verbreitet ist als sie. Wenn aber eine Conferve oder ein Schmarotzerpilz seine Verwandten in den oben genannten Beziehungen übertrifft, dann würden diese Formen unter den Pflanzen ihrer eigenen Klasse herrschende sein.

Arten der größeren Gattungen jeden Landes variieren häufiger als die der kleineren Genera

Wenn man die ein Land bewohnenden Pflanzen, wie sie in einer Flora desselben beschrieben sind, in zwei gleiche Mengen teilt, auf die eine Seite alle Arten aus großen (d. h. viele Arten umfassenden), und auf die andere Seite alle Arten aus kleinen Gattungen bringt, so wird man eine etwas größere Anzahl sehr gemeiner und sehr verbreiteter oder herrschender Arten auf Seiten der großen Genera finden. Auch dies hat vorausgesehen werden können; denn schon die einfache Tatsache, daß viele Arten einer und der nämlichen Gattung ein Land bewohnen, zeigt, daß die organischen und unorganischen Verhältnisse des Landes etwas für die Gattung Günstiges enthalten, daher man erwarten durfte, in den größeren oder viele Arten enthaltenden Gattungen auch eine verhältnismäßig größere Anzahl herrschender Arten zu finden. Aber es gibt so viele Ursachen, welche dieses Ergebnis zu verhüllen streben, daß ich erstaunt bin, in meinen Tabellen auch selbst eine kleine Majorität auf Seiten der größeren Gattungen zu finden. Ich will hier nur zwei Ursachen dieser Verhüllung anführen. Süßwasser- und Salzpflanzen haben gewöhnlich weit ausgedehnte Bezirke und eine große Verbreitung; dies scheint aber mit der Natur ihrer Standorte zusammenzuhängen und hat wenig oder gar keine Beziehung zu der Größe der Gattungen, wozu sie gehören. Ebenso sind Pflanzen von unvollkommenen Organisationsstufen gewöhnlich viel weiter als die höher organisierten verbreitet, und auch hier besteht kein nahes Verhältnis zur Größe der Gattungen. Die Ursache weiter Verbreitung niedrig organisierter Pflanzen wird in dem Kapitel über die geographische Verbreitung erörtert werden.

Der Umstand, daß ich die Arten nur als stark ausgeprägte und wohl umschriebene Varietäten betrachte, führte mich zu der Voraussetzung, daß die Arten der größeren Gattungen eines Landes öfter Varietäten darbieten würden als die der kleineren; denn wo immer sich viele einander nahe verwandte Arten (d. h. Arten derselben Gattung) gebildet haben, sollten sich, als allgemeine Regel, auch viele Varietäten derselben oder beginnende Arten jetzt bilden, wie man da, wo viele große Bäume wachsen, viele junge Bäumchen aufkommen zu sehen erwarten darf. Wo viele Arten einer Gattung durch Abänderung entstanden sind, da sind die Umstände günstig für Abänderung gewesen; und man möchte mithin auch erwarten, sie noch jetzt dafür günstig zu finden. Wenn wir dagegen jede Art als einen besonderen Akt der Schöpfung betrachten, so ist kein Grund einzusehen, weshalb verhältnismäßig mehr Varietäten in einer artenreichen Gruppe als in einer solchen mit wenigen Arten vorkommen sollten.

Um die Richtigkeit dieser Voraussetzung zu prüfen, habe ich die Pflanzenarten von zwölf verschiedenen Ländern und die Käferarten von zwei verschiedenen Gebieten in je zwei einander fast gleiche Mengen geteilt, die Arten der großen Gattungen auf die eine und die der kleinen auf die andere Seite, und es hat sich unwandelbar überall dasselbe Ergebnis gezeigt, daß eine verhältnismäßig größere Anzahl von Arten auf der Seite der großen Gattungen Varietäten haben als auf der Seite der kleinen. Überdies bieten diejenigen Arten der großen Genera, welche überhaupt Varietäten haben, unveränderlich eine verhältnismäßig größere Zahl von Varietäten dar, als die der kleineren. Zu diesen beiden Ergebnissen gelangt man auch, wenn man die Einteilung anders macht und alle kleinsten Gattungen, solche mit nur ein bis vier Arten, ganz aus den Tabellen ausschließt. Diese Tatsachen haben einen völlig klaren Sinn, wenn man von der Ansicht ausgeht, daß Arten nur streng ausgeprägte und bleibende Varietäten sind; denn wo immer viele Arten einer und derselben Gattung gebildet worden sind oder wo, wenn der Ausdruck erlaubt ist, die Artenfabrikation tätig betrieben worden ist, dürfen wir gewöhnlich diese Fabrikation auch noch in Tätigkeit finden, zumal wir alle Ursache haben zu glauben, daß das Fabrikationsverfahren neuer Arten ein sehr langsames ist. Und dies ist sicherlich der Fall, wenn man Varietäten als beginnende Arten betrachtet; denn meine Tabellen zeigen deutlich als allgemeine Regel, daß, wo immer viele Arten einer Gattung gebildet worden sind, die Arten dieser Gattung eine den Durchschnitt übersteigende Anzahl von Varietäten oder von beginnenden neuen Arten darbieten. Damit soll nicht gesagt werden, daß alle großen Gattungen jetzt sehr variieren und daher in Vermehrung ihrer Artenzahl begriffen sind, oder daß kein kleines Genus jetzt Varietäten bilde und wachse; denn dieser Fall wäre sehr verderblich für meine Theorie, zumal uns die Geologie klar beweist, daß kleine Genera im Laufe der Zeiten oft sehr groß geworden, und daß große Gattungen, nachdem sie ihr Maximum erreicht, wieder zurückgesunken und endlich verschwunden sind. Alles, was wir hier beweisen wollen, ist, daß da, wo viele Arten in einer Gattung gebildet worden, auch noch jetzt durchschnittlich viele in Bildung begriffen sind; und dies ist gewiß richtig.

Viele Arten der großen Gattungen gleichen den Varietäten darin, daß sie sehr nahe, aber ungleich miteinander verwandt sind und beschränkte Verbreitungsbezirke haben

Es gibt noch andere beachtenswerte Beziehungen zwischen den Arten großer Gattungen und ihren aufgeführten Varietäten. Wir haben gesehen, daß es kein untrügliches Unterscheidungsmerkmal zwischen Arten und gut ausgeprägten Varietäten gibt; und in jenen Fällen, wo Mittelglieder zwischen zweifelhaften Formen noch nicht gefunden wurden, sind die Naturforscher genötigt, ihre Bestimmung von der Größe der Verschiedenheiten zwischen zwei Formen abhängig zu machen, indem sie nach Analogie urteilen, ob deren Betrag genüge, um nur eine oder alle beide zum Rang von Arten zu erheben. Der Betrag der Verschiedenheit ist mithin ein sehr wichtiges Kriterium bei der Bestimmung, ob zwei Formen für Arten oder für Varietäten gelten sollten. Nun haben Fries in bezug auf die Pflanzen und Westwood hinsichtlich der Insekten die Bemerkung gemacht, daß in großen Gattungen der Grad der Verschiedenheit zwischen den Arten oft außerordentlich klein ist. Ich habe dies numerisch durch Mittelzahlen zu prüfen gesucht und, soweit meine noch unvollkommenen Ergebnisse reichen, bestätigt gefunden. Ich habe mich deshalb auch bei einigen scharfsinnigen und erfahrenen Beobachtern erkundigt und nach Auseinandersetzung der Sache gefunden, daß wir übereinstimmten. In dieser Hinsicht gleichen demnach die Arten der großen Gattungen den Varietäten mehr, als die Arten der kleinen Gattungen. Man kann die Sache aber auch anders ausdrücken und sagen, daß in den größeren Gattungen, wo eine den Durchschnitt übersteigende Anzahl von Varietäten oder beginnenden Spezies noch jetzt fabriziert wird, viele der bereits fertigen Arten doch bis zu einem gewissen Grade Varietäten gleichen, insofern sie durch ein geringeres Maß an Verschiedenheit als das gewöhnliche voneinander getrennt werden.

Überdies stehen die Arten großer Gattungen in den nämlichen Verwandtschaftsbeziehungen zueinander wie die Varietäten einer Art. Kein Naturforscher behauptet, daß alle Arten einer Gattung in gleichem Grade voneinander verschieden sind; sie können daher gewöhnlich noch in

Subgenera, in Sektionen oder noch kleinere Gruppen geteilt werden. Wie Fries richtig bemerkt, sind diese kleinen Artengruppen gewöhnlich wie Satelliten um gewisse andere Arten geschart. Und was sind Varietäten anderes als Formengruppen von ungleicher gegenseitiger Verwandtschaft und um gewisse Formen geordnet, um die Stammarten nämlich? Unzweifelhaft besteht ein äußerst wichtiger Differenzpunkt zwischen Varietäten und Arten; daß nämlich die Größe der Verschiedenheit zwischen Varietäten, wenn man sie miteinander oder mit ihren Stammarten vergleicht, weit kleiner ist, als der zwischen den Arten derselben Gattung. Wenn wir aber zur Erörterung des Prinzips, wie ich es nenne, der „Divergenz der Charaktere" kommen, so werden wir sehen, wie dies zu erklären ist, und wie die geringeren Verschiedenheiten zwischen Varietäten zu den größeren Verschiedenheiten zwischen Arten anzuwachsen streben.

Es gibt noch einen anderen Punkt, welcher der Beachtung wert ist. Varietäten haben gewöhnlich eine sehr beschränkte Verbreitung; dies versteht sich eigentlich schon von selbst, denn wäre eine Varietät weiter verbreitet, als ihre angebliche Stammart, so würden ihre Bezeichnungen umgekehrt werden. Es ist aber auch Grund zur Annahme vorhanden, daß diejenigen Arten, welche sehr nahe mit anderen Arten verwandt sind und insofern Varietäten gleichen, oft sehr enge Verbreitungsgrenzen haben. So hat mir z. B. Herr H. C. Watson in dem wohl gesichteten Londoner Pflanzenkatalog (vierte Ausgabe) 63 Pflanzen bezeichnet, welche darin als Arten aufgeführt sind, die er aber für so nahe mit anderen Arten verwandt hält, daß ihr Rang zweifelhaft wird. Diese 63 für Arten gehaltenen Formen verbreiten sich im Mittel über 6,9 der Provinzen, in welche Watson Groß-Britannien eingeteilt hat. Nun sind im nämlichen Katalog auch 53 anerkannte Varietäten aufgezählt, und diese erstrecken sich über 7,7 Provinzen, während die Arten, wozu diese Varietäten gehören, sich über 14,3 Provinzen ausdehnen. Daher denn die anerkannten Varietäten eine beinahe ebenso beschränkte mittlere Verbreitung besitzen, als jene nahe verwandten Formen, welche Watson als zweifelhafte Arten bezeichnet hat, die aber von englischen Botanikern fast ganz allgemein für gute und echte Arten genommen werden.

Schluß

Es können denn also Varietäten von Arten nicht unterschieden werden, außer: erstens durch die Entdeckung von verbindenden Mittelgliedern, und zweitens durch ein gewisses unbestimmtes Maß von Verschiedenheit zwischen ihnen; denn zwei Formen werden, wenn sie nur sehr wenig voneinander abweichen, allgemein nur als Varietäten angesehen, wenn sie auch durch Mittelglieder nicht verbunden werden können; der Betrag von Verschiedenheit aber, welcher zur Erhebung zweier Formen zum Artenrang für nötig gehalten wird, kann nicht bestimmt werden. In Gattungen, welche mehr als die mittlere Artenzahl in einer Gegend haben, zeigen die Arten auch mehr als die Mittelzahl von Varietäten. In großen Gattungen sind die Arten gern nahe, aber in ungleichem Grade miteinander verwandt und bilden kleine, um gewisse andere Arten sich ordnende Gruppen. Mit anderen sehr nahe verwandte Arten sind allem Anschein nach von beschränkter Verbreitung. In allen diesen verschiedenen Beziehungen zeigen die Arten großer Gattungen eine große Analogie mit Varietäten. Und man kann diese Analogien ganz gut verstehen, wenn Arten einst nur Varietäten gewesen und aus diesen hervorgegangen sind; wogegen diese Analogien vollständig unerklärlich sein würden, wenn jede Spezies unabhängig erschaffen worden wäre.

Wir haben nun auch gesehen, daß es die am besten gedeihenden oder herrschenden Spezies der größeren Gattungen in jeder Klasse sind, welche im Durchschnitt genommen die größte Zahl von Varietäten liefern; und Varietäten haben, wie wir hernach sehen werden, Neigung in neue und bestimmte Arten verwandelt zu werden. Dadurch neigen auch die großen Gattungen zur Vergrößerung, und in der ganzen Natur streben die Lebensformen, welche jetzt herrschend sind, durch Hinterlassung vieler abgeänderter und herrschender Abkömmlinge noch immer herrschender zu werden. Aber auf nachher zu erläuternden Wegen streben auch die größeren Gattungen immer mehr sich in kleine aufzulösen. Und so werden die Lebensformen auf der ganzen Erde in Gruppen geteilt, welche anderen Gruppen untergeordnet sind.

Drittes Kapitel

Der Kampf ums Dasein

Seine Beziehung zur natürlichen Zuchtwahl – Der Ausdruck im weiten Sinne gebraucht – Geometrisches Verhältnis der Zunahme – Rasche Vermehrung naturalisierter Pflanzen und Tiere – Natur der Hindernisse der Zunahme – Allgemeine Konkurrenz – Wirkungen des Klimas – Schutz durch die Zahl der Individuen – Verwickelte Beziehungen aller Tiere und Pflanzen in der ganzen Natur – Kampf ums Dasein am heftigsten zwischen Individuen und Varietäten einer Art, oft auch heftig zwischen Arten einer Gattung – Beziehung von Organismus zu Organismus die wichtigste aller Beziehungen

Seine Beziehung zur natürlichen Zuchtwahl

Ehe wir auf den Gegenstand dieses Kapitels eingehen, muß ich einige Bemerkungen vorausenden, um zu zeigen, in welcher Beziehung der Kampf ums Dasein zur natürlichen Zuchtwahl steht. Es ist im letzten Kapitel gezeigt worden, daß die Organismen im Naturzustand eine gewisse individuelle Variabilität besitzen, und ich wüßte in der Tat nicht, daß dies je bestritten worden wäre. Es ist für uns unwesentlich, ob eine Menge von zweifelhaften Formen Art, Unterart oder Varietät genannt werde, welchen Rang z.B. die 200 bis 300 zweifelhaften Formen britischer Pflanzen einzunehmen berechtigt sind, wenn die Existenz ausgeprägter Varietäten zulässig ist. Aber das bloße Vorhandensein individueller Variabilität und einiger weniger wohl ausgeprägter Varietäten, wenn auch notwendig als Grundlage für den Hergang, hilft uns nicht viel, um zu begreifen, wie Arten in der Natur entstehen. Wie sind alle jene vortrefflichen Anpassungen von einem Teil der Organisation an den anderen und an die äußeren Lebensbedingungen und von einem organischen Wesen an ein anderes bewirkt worden? Wir sehen diese schöne Anpassung außerordentlich deutlich bei dem Specht und der Mistelpflanze und nur wenig minder deutlich am niedersten Parasiten, welcher sich an das Haar eines Säugetieres oder die Federn eines Vogels anklammert; am Bau des Käfers, welcher ins Wasser untertaucht; am befiederten Samen, der vom leichtesten Lüftchen getragen wird; kurz, wir sehen schöne Anpassungen überall und in jedem Teil der organischen Welt.

Ferner kann man fragen, wie kommt es, daß die Varietäten, welche ich beginnende Arten genannt habe, zuletzt in gute und distinkte Spezies umgewandelt werden, welche in den meisten Fällen offenbar unter sich viel mehr, als die Varietäten der nämlichen Art verschieden sind? Wie entstehen jene Gruppen von Arten, welche das bilden, was man verschiedene Genera nennt, und welche mehr als die Arten dieser Genera voneinander abweichen? Alle diese Resultate folgen, wie wir im nächsten Abschnitt ausführlicher sehen werden, aus dem Kampf ums Dasein. In diesem Wettkampf werden Abänderungen, wie gering und auf welche Weise immer sie entstanden sein mögen, wenn sie nur für die Individuen einer Spezies in deren unendlich verwickelten Beziehungen zu anderen organischen Wesen und zu den physikalischen Lebensbedingungen einigermaßen vorteilhaft sind, die Erhaltung solcher Individuen zu unterstützen neigen und sich meistens durch Vererbung auf deren Nachkommen übertragen. Ebenso wird der Nachkömmling mehr Aussicht haben, leben zu bleiben; denn von den vielen Individuen dieser Art, welche von Zeit zu Zeit geboren werden, kann nur eine kleine Zahl am Leben bleiben. Ich habe dieses Prinzip, wodurch jede solche geringe, wenn nur nützliche, Abänderung erhalten wird, mit dem Namen „natürliche Zuchtwahl" belegt, um seine Beziehung zum Wahlvermögen des Menschen zu bezeichnen. Doch ist der von Herbert Spencer oft gebrauchte Ausdruck „Überleben des Passendsten" zutreffender und zuweilen gleich bequem. Wir haben gesehen, daß der Mensch durch

Drittes Kapitel

Auswahl zum Zweck der Nachzucht große Erfolge sicher zu erzielen, und durch die Häufung kleiner, aber nützlicher Abweichungen, die ihm durch die Hand der Natur dargeboten werden, organische Wesen seinen eigenen Bedürfnissen anzupassen imstande ist. Aber die natürliche Zuchtwahl ist, wie wir nachher sehen werden, eine unaufhörlich zur Tätigkeit bereite Kraft und des Menschen schwachen Bemühungen so unermeßlich überlegen, wie es die Werke der Natur überhaupt denen der Kunst sind.

Wir wollen nun den Kampf ums Dasein etwas mehr im einzelnen erörtern. In meinem späteren Werk über diesen Gegenstand soll er, wie er es verdient, in größerer Ausführlichkeit besprochen werden. Der ältere De Candolle und Lyell haben des weiteren und in philosophischer Weise nachgewiesen, daß alle organischen Wesen im Verhältnis einer harten Konkurrenz zueinander stehen. In bezug auf die Pflanzen hat niemand diesen Gegenstand mit mehr Geist und Geschick behandelt als W. Herbert, der Dechant von Manchester, offenbar infolge seiner ausgezeichneten Gartenbaukenntnisse. Nichts ist leichter, als in Worten die Wahrheit des allgemeinen Wettkampfes ums Dasein zuzugestehen, aber auch nichts schwerer – wie ich wenigstens gefunden habe – als sie beständig im Sinn zu behalten. Wenn wir aber dieselbe dem Geist nicht ganz fest eingeprägt haben, wird der ganze Haushalt der Natur, mit allen den Tatsachen der Verbreitungsweise, der Seltenheit und des Häufigseins, des Erlöschens und Abänderns, nur dunkel begriffen oder ganz mißverstanden werden. Wir sehen das Antlitz der Natur in Heiterkeit strahlen, wir sehen oft Überfluß an Nahrung; aber wir sehen nicht oder vergessen, daß die Vögel, welche um uns her müßig und sorglos ihren Gesang erschallen lassen, meistens von Insekten oder Samen leben und mithin beständig Leben zerstören; oder wir vergessen, wie viele dieser Sänger oder ihrer Eier und ihrer Nestlinge unaufhörlich von Raubvögeln und Raubtieren zerstört werden; wir behalten nicht immer im Sinn, daß, wenn auch das Futter jetzt im Überfluß vorhanden sein mag, dies doch nicht zu allen Zeiten jedes umlaufenden Jahres der Fall ist.

Der Ausdruck im weiten Sinne gebraucht

Ich will vorausschicken, daß ich diesen Ausdruck in einem weiten und metaphorischen Sinne gebrauche, unter dem sowohl die Abhängigkeit der Wesen voneinander, als auch, was wichtiger ist, nicht allein das Leben des Individuums, sondern auch Erfolg in bezug auf das Hinterlassen von Nachkommenschaft einbegriffen wird. Man kann mit Recht sagen, daß zwei hundeartige Raubtiere in Zeiten des Mangels um Nahrung und Leben miteinander kämpfen. Aber man kann auch sagen, eine Pflanze kämpfe am Rande der Wüste um ihr Dasein gegen die Trockenheit, obwohl es angemessener wäre zu sagen, sie hänge von der Feuchtigkeit ab. Von einer Pflanze, welche alljährlich tausend Samen erzeugt, unter welchen im Durchschnitt nur einer zur Entwicklung kommt, kann man noch richtiger sagen, sie kämpfe ums Dasein mit anderen Pflanzen derselben oder anderer Arten, welche bereits den Boden bekleiden. Die Mistel ist vom Apfelbaum und einigen wenigen anderen Baumarten abhängig; doch kann man nur in einem weit hergeholten Sinne sagen, sie kämpfe mit diesen Bäumen; denn wenn zu viele dieser Schmarotzer auf demselben Baum wachsen, so wird er verkümmern und sterben. Wachsen aber mehrere Sämlinge derselben dicht auf einem Ast beisammen, so kann man in zutreffenderer Weise sagen, sie kämpfen miteinander. Da die Samen der Mistel von Vögeln ausgestreut werden, so hängt ihr Dasein mit von dem der Vögel ab, und man kann metaphorisch sagen, sie kämpfen mit anderen beerentragenden Pflanzen, damit sie die Vögel veranlasse, eher ihre Früchte zu verzehren und ihre Samen auszustreuen, als die der anderen. In diesen mancherlei Bedeutungen, welche ineinander übergehen, gebrauche ich der Bequemlichkeit halber den allgemeinen Ausdruck „Kampf ums Dasein".

Der Kampf ums Dasein

Geometrisches Verhältnis der Zunahme – Rasche Vermehrung naturalisierter Pflanzen und Tiere

Ein Kampf ums Dasein tritt unvermeidlich ein infolge des starken Verhältnisses, in welchem sich alle Organismen zu vermehren streben. Jedes Wesen, welches während seiner natürlichen Lebenszeit mehrere Eier oder Samen hervorbringt, muß während einer Periode seines Lebens oder zu einer gewissen Jahreszeit oder gelegentlich einmal in einem Jahre eine Zerstörung erfahren, sonst würde seine Zahl infolge der geometrischen Zunahme rasch zu so außerordentlicher Größe anwachsen, daß kein Land das Erzeugte zu ernähren imstande wäre. Da daher mehr Individuen erzeugt werden, als möglicherweise fortbestehen können, so muß in jedem Fall ein Kampf um die Existenz eintreten, entweder zwischen den Individuen einer Art oder zwischen denen verschiedener Arten, oder zwischen ihnen und den äußeren Lebensbedingungen. Es ist die Lehre von Malthus in verstärkter Kraft auf das gesamte Tier- und Pflanzenreich übertragen; denn in diesem Fall ist keine künstliche Vermehrung der Nahrungsmittel und keine vorsichtige Enthaltung vom Heiraten möglich. Obwohl daher einige Arten jetzt in mehr oder weniger rascher Zahlenzunahme begriffen sein mögen: alle können es nicht zugleich, denn die Welt würde sie nicht fassen.

Es gibt keine Ausnahme von der Regel, daß jedes organische Wesen sich auf natürliche Weise in einem so hohen Maße vermehrt, daß, wenn nicht Zerstörung eintrete, die Erde bald von der Nachkommenschaft eines einzigen Paares bedeckt sein würde. Selbst der Mensch, welcher sich doch nur langsam vermehrt, verdoppelt seine Anzahl in fünfundzwanzig Jahren, und bei so fortschreitender Vervielfältigung würde die Erde schon in weniger als tausend Jahren buchstäblich keinen Raum mehr für seine Nachkommenschaft haben. Linné hat schon berechnet, daß, wenn eine einjährige Pflanze nur zwei Samen erzeugte (und es gibt keine Pflanze, die so wenig produktiv wäre) und ihre Sämlinge im nächsten Jahr wieder zwei gäben usw., sie in zwanzig Jahren schon eine Million Pflanzen liefern würde. Man sieht den Elefanten als das sich am langsamsten vermehrende von allen bekannten Tieren an. Ich habe das wahrscheinliche Minimalverhältnis seiner natürlichen Vermehrung zu berechnen gesucht; die Voraussetzung wird die sicherste sein, daß seine Fortpflanzung erst mit dem dreißigsten Jahr beginne und bis zum neunzigsten Jahr währe, daß er in dieser Zeit sechs Junge zur Welt bringe und daß er hundert Jahre alt wird. Verhält es sich so, dann würden nach Ablauf von 740–750 Jahren nahezu neunzehn Millionen Elefanten, Nachkömmlinge des ersten Paares, am Leben sein.

Doch wir haben bessere Belege für diese Sache, als bloße theoretische Berechnungen, nämlich die zahlreich aufgeführten Fälle von erstaunlich rascher Vermehrung verschiedener Tierarten im Naturzustand, wenn die natürlichen Bedingungen zwei oder drei Jahre lang ihnen günstig gewesen sind. Noch schlagender sind die von unseren in verschiedenen Weltgegenden verwilderten Haustierarten hergenommenen Beweise, so daß, wenn die Behauptungen von der Zunahme der sich doch nur langsam vermehrenden Rinder und Pferde in Süd-Amerika und neuerlich in Australien nicht sicher bestätigt wären, sie ganz unglaublich erscheinen müßten. Ebenso ist es mit den Pflanzen. Es ließen sich Fälle von eingeführten Pflanzen aufzählen, welche auf ganzen Inseln in weniger als zehn Jahren gemein geworden sind. Mehrere von den Pflanzen, welche jetzt auf den weiten Ebenen des La-Plata-Gebietes am zahlreichsten verbreitet sind und Flächen von Quadratmeilen an Ausdehnung fast mit Ausschluß aller anderen Pflanzen bedecken, wie die Artischocke und eine hohe Distel, sind von Europa eingeführt worden; und ebenso gibt es, wie ich von Dr. Falconer gehört habe, in Ost-Indien Pflanzen, welche jetzt vom Kap Comorin bis zum Himalaya verbreitet und doch erst seit der Entdeckung von Amerika von dorther eingeführt worden sind. In Fällen dieser Art, – und es könnten zahllose andere angeführt werden –, wird niemand annehmen, daß die Fruchtbarkeit solcher Pflanzen und Tiere plötzlich und zeitweise in einem irgendwie merklichen Grade zugenommen habe. Die handgreifliche Erklärung ist, daß die äußeren Lebensbedingungen sehr günstig, daß in dessen Folge die Zerstörung von Jung und Alt geringer und daß fast alle Abkömmlinge imstande gewesen sind, sich fortzupflanzen. In solchen Fällen genügt schon das geometrische Verhältnis der Zahlenvermehrung, dessen Resultat stets in Erstaunen versetzt, um einfach die außerordentlich schnelle Zunahme und die weite Verbreitung naturalisierter Einwanderer in ihrer neuen Heimat zu erklären.

Im Naturzustand bringt fast jede erwachsene Pflanze jährlich Samen hervor, und unter den Tieren sind nur sehr wenige, die sich nicht jährlich paarten. Wir können daher mit Zuversicht behaupten, daß alle Pflanzen und Tiere sich in geometrischem Verhältnisse zu vermehren strebten, daß sie jede Gegend, in welcher sie nur irgendwie existieren könnten, sehr rasch zu bevölkern imstande sein würden, und daß dieses Streben zur geometrischen Vermehrung zu irgendeiner Zeit ihres Lebens durch zerstörende Eingriffe beschränkt werden muß. Unsere genauere Bekanntschaft mit den größeren Haustieren könnte zwar, wie ich glaube, unsere Meinung in dieser Beziehung leicht irreleiten, da wir keine große Zerstörung sie treffen sehen; aber wir vergessen, daß Tausende jährlich zu unserer Nahrung geschlachtet werden, und daß im Naturzustand wohl ebensoviele irgendwie beseitigt werden müßten.

Der einzige Unterschied zwischen den Organismen, welche jährlich Tausende von Eiern oder Samen hervorbringen, und jenen, welche deren nur äußerst wenige liefern, besteht darin, daß die sich langsam Vermehrenden ein paar Jahre mehr brauchen werden, um unter günstigen Verhältnissen einen Bezirk zu bevölkern, sei derselbe auch noch so groß. Der Kondor legt zwei Eier und der Strauß deren zwanzig, und doch dürfte in einer und derselben Gegend der Kondor leicht der häufigere von beiden werden. Der Eissturmvogel (*Procellaria glacialis*) legt nur ein Ei, und doch glaubt man, daß er der zahlreichste Vogel in der Welt ist. Die eine Fliege legt hundert Eier und die andere, wie z. B. *Hippobosca*, deren nur eines; diese Verschiedenheit bestimmt aber nicht die Menge der Individuen, die in einem Bezirk ihren Unterhalt finden können. Eine große Anzahl von Eiern ist von Wichtigkeit für diejenigen Arten, deren Nahrungsvorräte raschen Schwankungen unterworfen sind; denn sie gestattet eine Vermehrung der Individuenzahl in kurzer Frist. Aber die wirkliche Bedeutung einer großen Zahl von Eiern oder Samen liegt darin, daß sie eine stärkere Zerstörung, welche zu irgendeiner Lebenszeit erfolgt, ausgleicht; und diese Zeit des Lebens ist in der großen Mehrheit der Fälle eine sehr frühe. Kann ein Tier in irgendeiner Weise seine eigenen Eier und Jungen schützen, so mag es deren nur eine geringere Anzahl erzeugen: es wird doch die ganze durchschnittliche Anzahl aufbringen; werden aber viele Eier oder Junge zerstört, so müssen deren viele erzeugt werden, wenn die Art nicht untergehen soll. Wird eine Baumart durchschnittlich tausend Jahre alt, so würde es zur Erhaltung ihrer vollen Anzahl genügen, wenn sie in tausend Jahren nur einen Samen hervorbrächte, vorausgesetzt, daß dieser eine nie zerstört und mit Sicherheit auf einen geeigneten Platz zur Keimung gebracht würde. So hängt in allen Fällen die mittlere Anzahl von Individuen einer jeden Pflanzen oder Tierart nur indirekt von der Zahl ihrer Samen oder Eier ab.

Bei Betrachtung der Natur ist es nötig, die vorstehenden Betrachtungen fortwährend im Auge zu behalten und nie zu vergessen, daß man von jedem einzelnen organischen Wesen sagen kann, es strebe nach der äußersten Vermehrung seiner Anzahl, daß jedes in irgendeinem Zeitabschnitt seines Lebens in einem Kampf begriffen ist, und daß eine große Zerstörung unvermeidlich in jeder Generation oder in wiederkehrenden Perioden die jungen oder alten Individuen befällt. Wird irgendein Hindernis beseitigt oder die Zerstörung um noch so wenig gemindert, so wird beinahe augenblicklich die Zahl der Individuen zu jeder Höhe anwachsen.

Der Kampf ums Dasein

Natur der Hindernisse der Zunahme – Allgemeine Konkurrenz – Wirkungen des Klimas – Schutz durch die Zahl der Individuen

Was für Hindernisse es sind, welche das natürliche Streben jeder Art nach Vermehrung ihrer Individuenzahl beschränken, ist sehr dunkel. Betrachtet man die am kräftigsten gedeihenden Arten, so wird man finden, daß, je größer ihre Zahl wird, desto mehr ihr Streben nach weiterer Vermehrung zunimmt. Wir wissen nicht einmal in einem einzelnen Fall genau, welches die Hindernisse der Vermehrung sind. Dies wird jedoch niemanden überraschen, der sich erinnert, wie unwissend wir in dieser Beziehung selbst beim Menschen sind, welcher doch so ohne Vergleich besser bekannt ist als irgendeine andere Tierart. Dieser Gegenstand ist bereits von mehreren Schriftstellern ganz gut behandelt worden, und ich hoffe denselben in einem späteren Werk mit einiger Ausführlichkeit behandeln zu können, besonders in bezug auf die wild lebenden Tiere Süd-Amerikas. Hier mögen nur einige wenige Bemerkungen Raum finden, nur um dem Leser einige Hauptpunkte ins Gedächtnis zu rufen. Eier oder ganz junge Tiere scheinen im allgemeinen am meisten zu leiden, doch ist dies nicht ganz ohne Ausnahme der Fall. Bei Pflanzen findet zwar eine ungeheure Zerstörung von Samen statt; aber nach mehreren von mir angestellten Beobachtungen scheint es, als litten die Sämlinge am meisten dadurch, daß sie auf einem schon mit anderen Pflanzen dicht bestockten Boden wachsen. Auch werden die Sämlinge noch in großer Menge durch verschiedene Feinde vernichtet. So notierte ich mir z. B. auf einer umgegrabenen und rein gemachten Fläche Landes von 3' Länge und 2' Breite, wo keine Erstickung durch andere Pflanzen drohte, alle Sämlinge unserer einheimischen Kräuter, wie sie aufgingen, und von den 357 wurden nicht weniger als 295 hauptsächlich durch Schnecken und Insekten zerstört. Wenn man Rasen, der lange Zeit immer geschnitten wurde (und der Fall wird der nämliche bleiben, wenn er durch Säugetiere kurz abgeweidet wird), wachsen läßt, so werden die kräftigeren Pflanzen allmählich die minder kräftigen, wenn auch voll ausgewachsenen, töten; und in einem solchen Fall gingen von zwanzig auf einem nur 3' zu 4' großen Fleck geschnittenen Rasens wachsenden Arten neun zugrunde, da man den anderen nun gestattete, frei aufzuwachsen.

Die für eine jede Art vorhandene Nahrungsmenge bestimmt natürlich die äußerste Grenze, bis zu welcher sie sich vermehren kann; aber sehr häufig hängt die Bestimmung der Durchschnittszahlen einer Tierart nicht davon ab, daß sie Nahrung findet, sondern daß sie selbst wieder einer anderen zur Beute wird. Es scheint daher wenig Zweifel unterworfen zu sein, daß der Bestand an Feld- und Haselhühnern, Hasen usw. auf großen Gütern hauptsächlich von der Zerstörung der kleinen Raubtiere abhängig ist. Wenn in England in den nächsten zwanzig Jahren kein Stück Wildbret geschossen, aber auch keines dieser Raubtiere zerstört würde, so würde, nach aller Wahrscheinlichkeit, der Wildstand nachher geringer sein als jetzt, obwohl jetzt Hunderttausende von Stücken Wildes jährlich erlegt werden. Andererseits gibt es aber auch manche Fälle, wo, wie beim Elefanten, eine Zerstörung durch Raubtiere gar nicht stattfindet; denn selbst der indische Tiger wagt es nur sehr selten, einen jungen, von seiner Mutter geschützten Elefanten anzugreifen.

Das Klima hat ferner einen wesentlichen Anteil an Bestimmung der durchschnittlichen Individuenzahl einer Art, und wiederkehrende Perioden äußerster Kälte oder Trockenheit scheinen zu den wirksamsten aller Hemmnisse zu gehören. Ich schätze, hauptsächlich nach der geringen Anzahl von Nestern im nachfolgenden Frühling, daß der Winter 1854-55 auf meinem eigenen Grundstück vier Fünftel aller Vögel zerstört hat; und dies ist eine furchtbare Zerstörung, wenn wir denken, daß beim Menschen eine Sterblichkeit von 10 Prozent bei Epidemien schon ganz außerordentlich stark ist. Die Wirkung des Klimas scheint beim ersten Anblick ganz unabhängig von dem Kampf ums Dasein zu sein; insofern aber das Klima hauptsächlich die Nahrung vermindert, veranlaßt es den heftigsten Kampf zwischen den Individuen, welche von derselben Nahrung leben, mögen sie nun einer oder verschiedenen Arten angehören. Selbst wenn das

Klima, z. B. äußerst strenge Kälte, unmittelbar wirkt, so werden die mindest kräftigen oder diejenigen Individuen, die beim vorrückenden Winter am wenigsten Futter bekommen haben, am meisten leiden. Wenn wir von Süden nach Norden oder aus einer feuchten in eine trockene Gegend wandern, werden wir stets einige Arten immer seltener und seltener werden und zuletzt gänzlich verschwinden sehen; und da der Wechsel des Klimas zutage liegt, so werden wir am ehesten versucht sein, den ganzen Erfolg seiner direkten Einwirkung zuzuschreiben. Und doch ist dies eine falsche Ansicht; wir vergessen dabei, daß jede Art selbst da, wo sie am häufigsten ist, in irgendeiner Zeit ihres Lebens beständig durch Feinde oder durch Konkurrenten um Nahrung oder um denselben Wohnort ungeheure Zerstörung erfährt; und wenn diese Feinde oder Konkurrenten nur im mindesten durch irgendeinen Wechsel des Klimas begünstigt werden, so werden sie an Zahl zunehmen, und da jedes Gebiet bereits vollständig mit Bewohnern besetzt ist, so muß die andere Art abnehmen. Wenn wir auf dem Wege nach Süden eine Art in Abnahme begriffen sehen, so können wir sicher sein, daß die Ursache ebensosehr in der Begünstigung anderer Arten liegt, wie in der Benachteiligung dieser einen, ebenso, wenn wir nordwärts gehen, obgleich in einem etwas geringeren Grade, weil die Zahl aller Arten und somit aller Mitbewerber gegen Norden hin abnimmt. Daher kommt es, daß, wenn wir nach Norden gehen oder einen Berg besteigen, wir weit öfter verkümmerten Formen begegnen, welche von unmittelbar schädlichen Einflüssen des Klimas herrühren, als wenn wir nach Süden oder bergab gehen. Erreichen wir endlich die arktischen Regionen, oder die schneebedeckten Bergspitzen oder vollkommene Wüsten, so findet das Ringen ums Dasein fast ausschließlich gegen die Elemente statt.

Daß das Klima vorzugsweise indirekt durch Begünstigung anderer Arten wirkt, ergibt sich klar aus der außerordentlichen Menge solcher Pflanzen in unseren Gärten, welche zwar vollkommen imstande sind, unser Klima zu ertragen, aber niemals naturalisiert werden können, weil sie weder den Wettkampf mit unseren einheimischen Pflanzen aushalten noch der Zerstörung durch unsere einheimischen Tiere widerstehen können.

Wenn sich eine Art durch sehr günstige Umstände auf einem kleinen Raum zu übermäßiger Anzahl vermehrt, so sind Epidemien (so scheint es wenigstens bei unseren Jagdtieren gewöhnlich der Fall zu sein) oft die Folge davon, und hier haben wir ein vom Kampf ums Dasein unabhängiges Hemmnis. Doch scheint selbst ein Teil dieser sogenannten Epidemien von parasitischen Würmern herzurühren, welche durch irgendeine Ursache, vielleicht durch die Leichtigkeit der Verbreitung auf den gedrängt zusammenlebenden Tieren, unverhältnismäßig begünstigt worden sind; und so fände hier gewissermaßen ein Kampf zwischen den Schmarotzern und ihren Nährtieren statt.

Andererseits ist in vielen Fällen ein großer Bestand an Individuen derselben Art im Verhältnis zur Anzahl ihrer Feinde unumgänglich für ihre Erhaltung nötig. Man kann daher leicht Getreide, Rapssaat usw. in Masse auf unseren Feldern ziehen, weil hier deren Samen im Vergleich zu den Vögeln, welche davon leben, in großem Übermaß vorhanden sind; und doch können diese Vögel, wenn sie auch in der einen Jahreszeit mehr als nötig Futter haben, nicht im Verhältnis zur Menge dieses Futters zunehmen, weil ihre Zahlenzunahme im Winter wieder aufgehalten wird. Dagegen weiß jeder, der es versucht hat, wie mühsam es ist, Samen aus ein paar Pflanzen Weizen oder anderen solchen Pflanzen im Garten zu ziehen. Ich habe in solchen Fällen jedes einzelne Samenkorn verloren. Diese Ansicht von der Notwendigkeit eines großen Bestandes einer Art für ihre Erhaltung erklärt, wie mir scheint, einige eigentümliche Fälle in der Natur, wie z. B. daß sehr seltene Pflanzen zuweilen auf den wenigen Flecken, wo sie vorkommen, außerordentlich zahlreich auftreten, und daß manche gesellige Pflanzen selbst auf der äußersten Grenze ihres Verbreitungsbezirkes gesellig, d. h. in sehr großer Anzahl beisammen gefunden werden. In solchen Fällen kann man nämlich glauben, eine Pflanzenart vermöge nur da zu bestehen, wo die Lebensbedingungen so günstig sind, daß ihrer viele beisammen leben und so die Art vor äußerster Zerstörung bewahren können. Ich muß hinzufügen, daß die guten Folgen einer häufigen Kreuzung und die schlimmen einer reinen Inzucht ohne Zweifel in einigen dieser Fälle mit in Betracht kommen; doch will ich mich über diesen verwickelten Gegenstand hier nicht weiter verbreiten.

Verwickelte Beziehungen aller Tiere und Pflanzen in der ganzen Natur

Man führt viele Beispiele auf, aus denen sich ergibt, wie verwickelt und wie unerwartet die gegenseitigen Beschränkungen und Beziehungen zwischen organischen Wesen sind, die in einerlei Gegend miteinander zu kämpfen haben. Ich will nur ein solches Beispiel anführen, das mich, wenn es auch einfach ist, interessiert hat. In Staffordshire auf dem Gut eines Verwandten, wo ich reichliche Gelegenheit zur Untersuchung hatte, befand sich eine große, äußerst unfruchtbare Heide, die nie von eines Menschen Hand berührt worden war. Doch waren einige hundert Acker derselben, von genau gleicher Beschaffenheit mit den übrigen, fünfundzwanzig Jahre zuvor eingezäunt und mit Kiefern bepflanzt worden. Die Veränderung in der ursprünglichen Vegetation des bepflanzten Teiles war äußerst merkwürdig, mehr als man gewöhnlich beim Übergang von einem ganz verschiedenen Boden zu einem anderen wahrnimmt. Nicht allein erschienen die Zahlenverhältnisse zwischen den Heidepflanzen gänzlich verändert, sondern es gediehen auch in der Pflanzung noch zwölf solche Arten, Ried- u. a. Gräser ungerechnet, von welchen auf der Heide nichts zu finden war. Die Wirkung auf die Insekten muß noch viel größer gewesen sein, da in der Pflanzung sechs Spezies insektenfressender Vögel sehr gemein waren, von welchen in der Heide nichts zu sehen war, welche dagegen von zwei bis drei anderen Arten solcher besucht wurde. Wir beobachten hier, wie mächtig die Folgen der Einführung einer einzelnen Baumart gewesen ist, indem sonst durchaus nichts geschehen war, mit Ausnahme der Einzäunung des Landes, so daß das Vieh nicht hinein konnte. Was für ein wichtiges Element aber die Einfriedigung sei, habe ich deutlich in der Nähe von Farnham in Surrey gesehen. Hier finden sich ausgedehnte Heiden, mit ein paar Gruppen alter Kiefern auf den Rücken der entfernteren Hügel; in den letzten 10 Jahren waren ansehnliche Strecken eingefriedigt worden, und innerhalb dieser Einfriedigungen schoß infolge von Selbstaussaat eine Menge junger Kiefern auf, so dicht beisammen, daß nicht alle fortleben konnten. Nachdem ich mich vergewissert hatte, daß diese jungen Stämmchen nicht gesät oder gepflanzt worden waren, war ich so erstaunt über deren Anzahl, daß ich mich sofort nach mehreren Aussichtspunkten wandte, um Hunderte von Ackern der nicht eingefriedigten Heide zu überblicken, wo ich jedoch außer den gepflanzten alten Gruppen buchstäblich genommen auch nicht eine einzige Kiefer zu finden vermochte. Als ich mich jedoch genauer zwischen den Pflanzen der freien Heide umsah, fand ich eine Menge Sämlinge und kleiner Bäumchen, welche aber fortwährend von den Herden abgeweidet worden waren. Auf einem ein Yard im Quadrat messenden Fleck, mehrere hundert Yards von den alten Baumgruppen entfernt, zählte ich 32 solcher abgeweideten Bäumchen, wovon eines mit 26 Jahresringen viele Jahre hindurch versucht hatte, sich über die Heidepflanzen zu erheben, aber immer vergebens. Kein Wunder also, daß, sobald das Land eingefriedigt worden war, es dicht von kräftigen jungen Kiefern überzogen wurde. Und doch war die Heide so äußerst unfruchtbar und so ausgedehnt, daß niemand geglaubt hätte, daß das Vieh hier so gründlich und so erfolgreich nach Futter gesucht haben würde.

Wir sehen hier das Vorkommen der Kiefer in absoluter Abhängigkeit vom Vieh; in anderen Weltgegenden ist dagegen das Vieh von gewissen Insekten abhängig. Vielleicht bildet Paraguay das merkwürdigste Beispiel; denn hier sind weder Rinder, noch Pferde, noch Hunde jemals verwildert, obwohl sie im Süden und Norden davon in verwildertem Zustand umherschwärmen. Azara und Rengger haben gezeigt, daß die Ursache dieser Erscheinung in Paraguay in dem häufigeren Vorkommen einer gewissen Fliege zu finden ist, welche ihre Eier in den Nabel der neu-

Drittes Kapitel

geborenen Jungen dieser Tierarten legt. Die Vermehrung dieser so zahlreich auftretenden Fliegen muß regelmäßig durch irgendein Gegengewicht und vermutlich durch andere parasitische Insekten aufgehalten werden. Wenn daher gewisse insektenfressende Vögel in Paraguay abnähmen, so würden die parasitischen Insekten wahrscheinlich zunehmen, und dies würde die Zahl der den Nabel aufsuchenden Fliegen vermindern; dann würden Rind und Pferd verwildern, was dann wieder (wie ich in einigen Teilen Süd-Amerikas wirklich beobachtet habe) eine bedeutende Veränderung in der Pflanzenwelt veranlassen würde. Dies müßte nun ferner in hohem Grade auf die Insekten und hierdurch, wie wir in Staffordshire gesehen haben, auf die insektenfressenden Vögel wirken, und so fort in immer verwickelteren Kreisen. Es soll damit nicht gesagt sein, daß in der Natur die Verhältnisse immer so einfach sind, wie hier. Kampf um Kampf mit veränderlichem Erfolg muß immer wiederkehren; aber auf die Länge halten auch die Kräfte einander so genau das Gleichgewicht, daß die Natur auf weite Perioden hinaus immer ein gleiches Aussehen behält, obwohl gewiß oft die unbedeutendste Kleinigkeit genügen würde, einem organischen Wesen den Sieg über das andere zu verleihen. Dem ungeachtet ist unsere Unwissenheit so tief und unsere Anmaßung so groß, daß wir uns wundern, wenn wir von dem Erlöschen eines organischen Wesens vernehmen; und da wir die Ursache nicht sehen, so rufen wir Umwälzungen zu Hilfe, um die Welt verwüsten zu lassen, oder erfinden Gesetze über die Dauer der Lebensformen!

Ich werde versucht durch ein weiteres Beispiel nachzuweisen, wie Pflanzen und Tiere, welche auf der Stufenleiter der Natur weit voneinander entfernt stehen, durch ein Gewebe von verwikkelten Beziehungen miteinander verkettet werden. Ich werde nachher Gelegenheit haben zu zeigen, daß die ausländische *Lobelia fulgens* in meinem Garten niemals von Insekten besucht wird und infolgedessen wegen ihres eigentümlichen Blütenbaus nie eine Frucht ansetzt. Beinahe alle unsere Orchideen müssen unbedingt von Insekten besucht werden, um ihre Pollenmassen wegzunehmen und sie so zu befruchten. Ich habe durch Versuche ermittelt, daß Hummeln zur Befruchtung des Stiefmütterchens oder Pensées (*Viola tricolor*) fast unentbehrlich sind, indem andere Bienen sich nie auf dieser Blume einfinden. Ebenso habe ich gefunden, daß der Besuch der Bienen zur Befruchtung von mehreren unserer Kleearten notwendig ist. So lieferten mir z. B. zwanzig Köpfe weißen Klees (*Trifolium repens*) 2290 Samen, während 20 andere Köpfe dieser Art, welche den Bienen unzugänglich gemacht worden waren, nicht einen Samen zur Entwicklung brachten. Ebenso ergaben 100 Köpfe roten Klees (*Trifolium pratense*) 2700 Samen, und die gleiche Anzahl gegen Hummeln geschützter Stöcke nicht einen! Hummeln allein besuchen diesen roten Klee, indem andere Bienenarten den Nektar dieser Blumen nicht erreichen können. Auch von Motten hat man vermutet, daß sie die Kleearten befruchten; ich zweifle aber wenigstens daran, daß dies mit dem roten Klee der Fall ist, indem sie nicht schwer genug sind, die Seitenblätter der Blumenkrone niederzudrücken. Man darf daher wohl als sehr wahrscheinlich annehmen, daß wenn die ganze Gattung der Hummeln in England sehr selten oder ganz vertilgt würde, auch Stiefmütterchen und roter Klee sehr selten werden oder ganz verschwinden würden. Die Zahl der Hummeln in einem Distrikte hängt in einem beträchtlichen Maße von der Zahl der Feldmäuse ab, welche deren Nester und Waben zerstören. Oberst Newman, welcher die Lebensweise der Hummeln lange beobachtet hat, glaubt, daß durch ganz England über zwei Drittel derselben auf diese Weise zerstört werden. Nun hängt aber, wie jedermann weiß, die Zahl der Mäuse in großem Maße von der Zahl der Katzen ab, so daß Newman sagt, in der Nähe von Dörfern und Flecken habe er die Zahl der Hummelnester größer als irgendwo anders gefunden, was er der reichlicheren Zerstörung der Mäuse durch die Katzen zuschreibt. Daher ist es denn völlig glaubhaft, daß die Anwesenheit eines katzenartigen Tieres in größerer Zahl in irgendeinem Bezirk durch Vermittlung zunächst von Mäusen und dann von Bienen auf die Menge gewisser Pflanzen daselbst von Einfluß sein kann!

Bei jeder Spezies tun wahrscheinlich verschiedene Momente der Vermehrung Einhalt, solche die in verschiedenen Perioden des Lebens, und solche die während verschiedener Jahreszeiten oder Jahre wirken. Eines oder einige derselben mögen im allgemeinen die mächtigsten sein; aber alle zusammen werden dazu beitragen, die Durchschnittszahl der Individuen oder selbst die Existenz der Art zu bestimmen. In manchen Fällen läßt sich nachweisen, daß sehr verschiedene Ursachen in verschiedenen Gegenden auf die Häufigkeit einer und derselben Spezies einwirken. Wenn wir Büsche und Pflanzen betrachten, welche ein dicht bewachsenes Ufer überziehen, so werden wir versucht, ihre Arten und deren Zahlenverhältnisse dem zuzuschreiben, was wir Zufall nennen. Doch wie falsch ist diese Ansicht! Jedermann hat gehört, daß, wenn in Amerika ein Wald niedergehauen wird, eine ganz verschiedene Pflanzenwelt zum Vorschein kommt, und doch ist beobachtet worden, daß die alten Indianerruinen im Süden der Vereinigten Staaten, wo der frühere Baumbestand abgetrieben worden sein mußte, jetzt wieder eben dieselbe bunte Mannigfaltigkeit und dasselbe Artenverhältnis wie die umgebenden unberührten Wälder darbieten. Welch ein Kampf muß hier Jahrhunderte lang zwischen den verschiedenen Baumarten stattgefunden haben, deren jede ihre Samen jährlich zu Tausenden abwirft! Was für ein Krieg zwischen Insekt und Insekt, zwischen Insekten, Schnecken und anderen Tieren mit Vögeln und Raubtieren, welche alle sich zu vermehren strebten, alle sich voneinander oder von den Bäumen und ihren Samen und Sämlingen, oder von jenen anderer Pflanzen ernährten, welche anfänglich den Boden überzogen und hierdurch das Aufkommen der Bäume verhindert hatten! Wirft man eine Hand voll Federn in die Luft, so müssen alle nach bestimmten Gesetzen zu Boden fallen; aber wie einfach ist das Problem, wohin eine jede fallen wird, im Vergleich zu der Wirkung und Rückwirkung der zahllosen Pflanzen und Tiere, welche im Laufe von Jahrhunderten das Zahlenverhältnis und die Arten der Bäume bestimmt haben, welche jetzt auf den alten indianischen Ruinen wachsen!

Die Abhängigkeit eines organischen Wesens von einem anderen, wie die des Parasiten von seinem Ernährer, findet in der Regel zwischen solchen Wesen statt, welche auf der Stufenleiter der Natur weit auseinander stehen. Dies ist gleichfalls oft bei solchen der Fall, von denen man auch im strengen Sinne sagen kann, sie kämpfen miteinander um ihr Dasein, wie grasfressende Säugetiere und Heuschrecken. Aber der Kampf wird fast ohne Ausnahme am heftigsten zwischen den Individuen einer Art sein; denn sie bewohnen dieselben Bezirke, verlangen dasselbe Futter und sind denselben Gefahren ausgesetzt. Bei Varietäten der nämlichen Art wird der Kampf meistens ebenso heftig sein, und zuweilen sehen wir den Streit schon in kurzer Zeit entschieden. So werden z. B., wenn wir verschiedene Weizenvarietäten durcheinander säen und ihren gemischten Samenertrag wieder aussäen, einige Varietäten, welche dem Klima und Boden am besten entsprechen oder von Natur die fruchtbarsten sind, die anderen besiegen und, indem sie mehr Samen liefern, sie schon nach wenigen Jahren gänzlich verdrängen. Um eine gemischte Menge selbst von so äußerst nahe verwandten Varietäten hervorzubringen, wie die verschiedenfarbigen *Lathyrus odoratus* sind, muß man sie jedes Jahr gesondert ernten und dann die Samen in erforderlichem Verhältnis jedesmal aufs neue mengen, wenn nicht die schwächeren Sorten von Jahr zu Jahr abnehmen und endlich ganz ausgehen sollen. Dasselbe gilt ferner auch für die Schafrassen. Man hat versichert, daß gewisse Gebirgsvarietäten derselben andere Gebirgsvarietäten zum Aussterben bringen, so daß sie nicht zusammen gehalten werden können. Dasselbe Resultat hat sich ergeben, als man verschiedene Varietäten des medizinischen Blutegels zusammen hielt. Man kann selbst bezweifeln, ob die Varietäten von irgendeiner unserer domestizierten Pflanzen- oder Tierformen so genau dieselbe Stärke, Lebensweise und Konstitution besitzen, daß sich die ursprünglichen Zahlenverhältnisse eines gemischten Bestandes derselben (unter Verhinderung von Kreuzungen) auch nur ein halbes Dutzend Generationen hindurch zu erhalten vermöchten, wenn man sie in derselben Weise wie die organischen Wesen im Naturzustand miteinander kämpfen ließe und der Samen oder die Jungen nicht alljährlich in richtigem Verhältnis erhalten würden.

Drittes Kapitel

Kampf ums Dasein am heftigsten zwischen Individuen und Varietäten einer Art, oft auch heftig zwischen Arten einer Gattung – Beziehung von Organismus zu Organismus die wichtigste aller Beziehungen

Da die Arten einer Gattung gewöhnlich, doch keineswegs immer, viel Ähnlichkeit miteinander in Lebensweise und Konstitution und immer in der Struktur besitzen, so wird der Kampf zwischen Arten einer Gattung, wenn sie in Konkurrenz miteinander geraten, gewöhnlich ein heftigerer sein, als zwischen Arten verschiedener Genera. Wir sehen dies an der neuerlichen Ausbreitung einer Schwalbenart über einen Teil der Vereinigten Staaten, welche die Abnahme einer anderen Art veranlaßt hat. Die neuerliche Vermehrung der Misteldrossel in einigen Teilen von Schottland hat daselbst die Abnahme der Singdrossel zur Folge gehabt. Wie oft hören wir, daß eine Rattenart in den verschiedensten Klimata den Platz einer anderen eingenommen hat. In Rußland hat die kleine asiatische Schabe (*Blatta*) ihren größeren Verwandten überall vor sich hergetrieben. In Australien ist die eingeführte Stockbiene im Begriff, die kleine einheimische Biene ohne Stachel rasch zu vertilgen. Man weiß, daß eine Art Feldsenf eine andere verdrängt hat; und so noch in anderen Fällen. Wir können dunkel erkennen, warum die Konkurrenz zwischen den verwandtesten Formen, welche nahezu denselben Platz im Haushalt der Natur ausfüllen, am heftigsten ist; aber wahrscheinlich werden wir in keinem einzigen Fall genauer anzugeben imstande sein, wie es zugegangen ist, daß in dem großen Wettringen um das Dasein die eine den Sieg über die andere davongetragen hat.

Aus den vorangehenden Bemerkungen läßt sich ein Folgesatz von größter Wichtigkeit ableiten, nämlich, daß die Struktur eines jeden organischen Gebildes auf die wesentlichste, aber oft verborgene Weise zu der aller anderen organischen Wesen in Beziehung steht, mit welchen es in Konkurrenz um Nahrung oder Wohnung kommt, oder vor welchen es zu fliehen hat, oder von welchen es lebt. Dies erhellt ebenso deutlich aus dem Baue der Zähne und der Klauen des Tigers, wie aus der Bildung der Beine und Krallen des Parasiten, welcher an des Tigers Haaren hängt. Zwar an dem zierlich gefiederten Samen des Löwenzahns wie an den abgeplatteten und gewimperten Beinen des Wasserkäfers scheint anfänglich die Beziehung nur auf das Luft- und Wasserelement beschränkt zu sein. Aber der Vorteil gefiederter Samen steht ohne Zweifel in der engsten Beziehung zu dem Umstand, daß das Land von anderen Pflanzen bereits dicht besetzt ist, so daß die Samen in der Luft erst weit umhertreiben und auf einen noch freien Boden fallen können. Den Wasserkäfer dagegen befähigt die Bildung seiner Beine, welche so vortrefflich zum Untertauchen eingerichtet sind, mit anderen Wasserinsekten in Konkurrenz zu treten, nach seiner eigenen Beute zu jagen und anderen Tieren zu entgehen, welche ihn zu ihrer Ernährung verfolgen.

Der Vorrat von Nahrungsstoffen, welcher in den Samen vieler Pflanzen niedergelegt ist, scheint anfänglich keinerlei Beziehung zu anderen Pflanzen zu haben. Aber nach dem lebhaften Wachstum der jungen Pflanzen, welche aus solchen Samen (wie Erbsen, Bohnen usw.) hervorgehen, wenn sie mitten in hohes Gras gesät worden sind, darf man vermuten, daß jener Nahrungsvorrat hauptsächlich dazu bestimmt ist, das Wachstum des jungen Sämlings zu begünstigen, während er mit anderen Pflanzen von kräftigem Gedeihen rund um ihn herum zu kämpfen hat.

Man betrachte eine Pflanze in der Mitte ihres Verbreitungsbezirkes, warum verdoppelt oder vervierfacht sie nicht ihre Zahl? Wir wissen, daß sie recht gut etwas mehr oder weniger Hitze oder Kälte, Trockenheit oder Feuchtigkeit ertragen kann; denn anderwärts verbreitet sie sich in etwas wärmere oder kältere, feuchtere oder trockenere Bezirke. In diesem Fall sehen wir wohl ein, daß, wenn wir in Gedanken der Pflanze das Vermögen noch weiterer Zunahme zu verleihen wünschten, wir ihr irgendeinen Vorteil über die anderen mit ihr konkurrierenden Pflanzen oder über die sich von ihr nährenden Tiere gewähren müßten. An den Grenzen ihrer geographischen

Der Kampf ums Dasein

Verbreitung würde eine Veränderung ihrer Konstitution in bezug auf das Klima offenbar von wesentlichem Vorteil für unsere Pflanze sein. Wir haben jedoch Grund zu glauben, daß nur wenige Pflanzen- oder Tierarten sich so weit verbreiten, daß sie durch die Strenge des Klimas allein zerstört werden. Erst wenn wir die äußersten Grenzen des Lebens überhaupt erreichen, in den arktischen Regionen oder am Rande der dürresten Wüste, hört auch die Konkurrenz auf. Mag das Land noch so kalt oder trocken sein, immer werden noch einige wenige Arten oder die Individuen derselben Art um das wärmste oder feuchteste Fleckchen konkurrieren.

Daher können wir auch einsehen, daß, wenn eine Pflanzen- oder eine Tierart in eine neue Gegend zwischen neue Konkurrenten versetzt wird, die äußeren Lebensbedingungen derselben meistens wesentlich andere werden, wenn auch das Klima genau dasselbe wie in der alten Heimat bleibt. Wünschten wir das durchschnittliche Zahlenverhältnis dieser Art in ihrer neuen Heimat zu steigern, so müßten wir ihre Natur in einer anderen Weise modifizieren, als es in ihrer alten Heimat hätte geschehen müssen; denn wir würden ihr einen Vorteil über eine andere Reihe von Konkurrenten oder Feinden, als sie dort gehabt hat, zu verschaffen haben.

Es ist ganz gut, in dieser Weise einmal in Gedanken zu versuchen, irgendeiner Form einen Vorteil über eine andere zu verschaffen. Wahrscheinlich wüßten wir nicht in einem einzigen Fall, was wir zu tun hätten, um Erfolg zu haben. Dies sollte uns die Überzeugung von unserer Unwissenheit über die Wechselbeziehungen zwischen allen organischen Wesen aufdrängen, eine Überzeugung, welche ebenso notwendig wie schwer zu erlangen ist. Alles, was wir tun können, ist, stets im Sinn zu behalten, daß jedes organische Wesen nach Zunahme in einem geometrischen Verhältnis strebt; daß jedes zu irgendeiner Zeit seines Lebens oder zu einer gewissen Jahreszeit, in jeder Generation oder nach Zwischenräumen ums Dasein kämpfen muß und großer Vernichtung ausgesetzt ist. Wenn wir über diesen Kampf ums Dasein nachdenken, so mögen wir uns mit dem festen Glauben trösten, daß der Krieg der Natur nicht ununterbrochen ist, daß keine Furcht gefühlt wird, daß der Tod im allgemeinen schnell ist, und daß der Kräftige, der Gesunde und Glückliche überlebt und sich vermehrt.

Viertes Kapitel

Natürliche Zuchtwahl oder Überleben des Passendsten

Natürliche Zuchtwahl; ihre Wirksamkeit im Vergleich zu der des Menschen; ihre Wirkung auf Eigenschaften von geringer Wichtigkeit; ihre Wirksamkeit in jedem Alter und auf beide Geschlechter – Geschlechtliche Zuchtwahl – Erläuterungen der Wirkungsweise der natürlichen Zuchtwahl oder des Überlebens des Passendsten – Über die Allgemeinheit der Kreuzung zwischen Individuen der nämlichen Art – Günstige und ungünstige Umstände für die natürliche Zuchtwahl, insbesondere Kreuzung, Isolierung und Individuenzahl – Langsame Wirkung – Aussterben durch natürliche Zuchtwahl verursacht – Divergenz der Charaktere in bezug auf die Verschiedenheit der Bewohner eines kleinen Gebiets und auf Naturalisation – Wirkung der natürlichen Zuchtwahl auf die Abkömmlinge gemeinsamer Eltern durch Divergenz der Charaktere und durch Aussterben – Erklärt die Gruppierung aller organischen Wesen – Fortschritt in der Organisation – Erhaltung niederer Formen – Konvergenz der Charaktere – Unbeschränkte Vermehrung der Arten – Zusammenfassung des Kapitels

Natürliche Zuchtwahl; ihre Wirksamkeit im Vergleich zu der des Menschen; ihre Wirkung auf Eigenschaften von geringer Wichtigkeit; ihre Wirksamkeit in jedem Alter und auf beide Geschlechter

Wie wird der Kampf ums Dasein, welcher im letzten Kapitel kurz abgehandelt wurde, in bezug auf Variation wirken? Kann das Prinzip der Auswahl für die Nachzucht, die Zuchtwahl, welche in der Hand des Menschen so viel leistet, in der Natur zur Anwendung kommen? Ich glaube, wir werden sehen, daß ihre Tätigkeit eine äußerst wirksame ist. Wir müssen die endlose Anzahl unbedeutender Abänderungen und individueller Verschiedenheiten bei den Erzeugnissen unserer Züchtung und in minderem Grade bei den Wesen im Naturzustand, ebenso auch die Stärke der Neigung zur Vererbung im Auge behalten. Im Zustand der Domestikation, kann man wohl sagen, wird die ganze Organisation in gewissem Grade plastisch. Aber die Veränderlichkeit, welche wir an unseren Kulturerzeugnissen fast allgemein antreffen, ist, wie Hooker und Asa Gray richtig bemerkt haben, nicht direkt durch den Menschen herbeigeführt worden; er kann weder Varietäten entstehen machen, noch ihr Entstehen hindern; er kann nur die vorkommenden erhalten und häufen. Absichtslos setzt er organische Wesen neuen und sich verändernden Lebensbedingungen aus und Variabilität ist die Folge hiervon; aber ähnliche Änderungen der Lebensbedingungen können auch in der Natur vorkommen und kommen wirklich vor. Wir müssen auch dessen eingedenk sein, wie unendlich verwickelt und wie scharf abgepaßt die gegenseitigen Beziehungen aller organischen Wesen zueinander und zu ihren physikalischen Lebensbedingungen sind; und folglich, welche unendlich mannigfaltige Abänderungen der Struktur einem jeden Wesen unter wechselnden Lebensbedingungen nützlich sein können. Kann man es denn, wenn man sieht, daß viele für den Menschen nützliche Abänderungen und zweifelhaft vorgekommen sind, für unwahrscheinlich halten, daß auch andere mehr oder weniger einem jeden Wesen in dem großen und verwickelten Kampf ums Leben vorteilhafte Abänderungen im Laufe vieler aufeinanderfolgenden Generationen zuweilen vorkommen werden? Wenn solche aber vorkommen, bleibt dann noch zu bezweifeln (wenn wir uns daran erinnern, daß offenbar viel mehr Individuen geboren werden, als möglicherweise fortleben können), daß diejenigen Individuen, welche irgendeinen, wenn auch noch so geringen Vorteil vor anderen voraus besitzen, die meiste Wahrscheinlichkeit haben, die anderen zu überdauern und wieder ihresgleichen hervorzubringen? Anderseits können wir sicher sein, daß eine im geringsten Grade nachteilige

Natürliche Zuchtwahl oder Überleben des Passendsten

Abänderung unnachsichtig zur Zerstörung der Form führt. Diese Erhaltung günstiger individueller Verschiedenheiten und Abänderungen und die Zerstörung jener, welche nachteilig sind, ist es, was ich natürliche Zuchtwahl nenne oder Überleben des Passendsten. Abänderungen, welche weder vorteilhaft noch nachteilig sind, werden von der natürlichen Zuchtwahl nicht berührt und bleiben entweder ein schwankendes Element, wie wir es vielleicht in den sogenannten polymorphen Arten sehen, oder werden endlich fixiert infolge der Natur des Organismus oder der Natur der Bedingungen.

Mehrere Schriftsteller haben den Ausdruck natürliche Zuchtwahl mißverstanden oder unpassend gefunden. Die einen haben selbst gemeint, natürliche Zuchtwahl führe zur Veränderlichkeit, während sie doch nur die Erhaltung solcher Abänderungen einschließt, welche dem Organismus in seinen eigentümlichen Lebensbeziehungen von Nutzen sind. Niemand macht dem Landwirt einen Vorwurf daraus, daß er von den großen Wirkungen der Zuchtwahl des Menschen spricht, und in diesem Fall müssen die von der Natur dargebotenen individuellen Verschiedenheiten, welche der Mensch in bestimmter Absicht zur Nachzucht wählt, notwendigerweise zuerst überhaupt vorkommen. Andere haben eingewendet, daß der Ausdruck Wahl ein bewußtes Wählen in den Tieren voraussetze, welche verändert werden; ja man hat selbst eingeworfen, da doch die Pflanzen keinen Willen hätten, sei auch der Ausdruck auf sie nicht anwendbar! Es unterliegt allerdings keinem Zweifel, daß buchstäblich genommen, natürliche Zuchtwahl ein falscher Ausdruck ist; wer hat aber je den Chemiker getadelt, wenn er von den Wahlverwandtschaften der verschiedenen Elemente spricht? Und doch kann man nicht sagen, daß eine Säure sich die Base auswähle, mit der sie sich vorzugsweise verbinden wolle. Man hat gesagt, ich spreche von der natürlichen Zuchtwahl wie von einer tätigen Macht oder Gottheit; wer wirft aber einem Schriftsteller vor, wenn er von der Anziehung redet, welche die Bewegung der Planeten regelt? Jedermann weiß, was damit gemeint und was unter solchen bildlichen Ausdrücken verstanden wird; sie sind ihrer Kürze wegen fast notwendig. Ebensoschwer ist es, eine Personifizierung des Wortes Natur zu vermeiden; und doch verstehe ich unter Natur bloß die vereinte Tätigkeit und Leistung der mancherlei Naturgesetze, und unter Gesetzen die nachgewiesene Aufeinanderfolge der Erscheinungen. Bei ein wenig Bekanntschaft mit der Sache sind solche oberflächlichen Einwände bald vergessen.

Wir werden den wahrscheinlichen Hergang bei der natürlichen Zuchtwahl am besten verstehen, wenn wir den Fall annehmen, eine Gegend erfahre irgendeine geringe physikalische Veränderung, z.B. im Klima. Das Zahlenverhältnis seiner Bewohner wird fast unmittelbar eine Veränderung erleiden, und eine oder die andere Art wird wahrscheinlich ganz erlöschen. Wir dürfen ferner aus dem, was wir von dem innigen und verwickelten Abhängigkeitsverhältnis der Bewohner einer Gegend voneinander kennengelernt haben, schließen, daß, unabhängig von dem Klimawechsel an sich, die Änderung im Zahlenverhältnis eines Teiles ihrer Bewohner auch sehr wesentlich auf die anderen wirke. Hat diese Gegend offene Grenzen, so werden sicherlich neue Formen einwandern; und auch dies wird die Beziehungen eines Teiles der alten Bewohner ernstlich stören; denn erinnern wir uns, wie folgenreich die Einführung einer einzigen Baum- oder Säugetierart in den früher mitgeteilten Beispielen gewesen ist. Handelte es sich dagegen um eine Insel oder um ein zum Teil von Schranken umschlossenes Land, in welches neue und besser angepaßte Formen nicht reichlich eindringen können, so werden sich Punkte im Hausstand der Natur ergeben, welche sicherlich besser dadurch ausgefüllt werden, daß einige der ursprünglichen Bewohner irgendeine Abänderung erfahren; denn, wäre das Land der Einwanderung geöffnet gewesen, so würden sich wohl Eindringlinge dieser Stellen bemächtigt haben. In solchen Fällen werden daher geringe Abänderungen, welche in irgendwelcher Weise Individuen einer oder der anderen Spezies durch bessere Anpassung an die veränderten Lebensbedingungen begünstigen, erhalten zu werden neigen und die natürliche Zuchtwahl wird freien Spielraum finden, in ihrer Verbesserung tätig zu sein.

Viertes Kapitel

Wie im ersten Kapitel gezeigt wurde, ist Grund zur Annahme vorhanden, daß Veränderungen in den Lebensbedingungen eine Neigung zu vermehrter Variabilität verursachen; in den vorangehenden Fällen ist eine Änderung der Lebensbedingungen angenommen worden, und diese wird gewiß für die natürliche Zuchtwahl insofern günstig gewesen sein, als mit ihr mehr Aussicht auf das Vorkommen nützlicher Abänderungen verbunden war. Kommen nützliche Abänderungen nicht vor, so kann die Natur keine Auswahl zur Züchtung treffen. Man darf nicht vergessen, daß unter dem Ausdruck „Abänderungen" stets auch bloße individuelle Verschiedenheiten mit eingeschlossen sind. Wie der Mensch große Erfolge bei seinen domestizierten Tieren und Pflanzen durch Häufung bloß individueller Verschiedenheiten in einer und derselben gegeben Richtung erzielen kann, so vermag es die natürliche Zuchtwahl, aber noch viel leichter, da ihr unvergleichlich längere Zeiträume für ihre Wirkungen zu Gebote stehen. Auch glaube ich nicht, daß irgendeine große physikalische Veränderung, z. B. des Klimas, oder ein ungewöhnlicher Grad von Isolierung gegen die Einwanderung wirklich nötig ist, um neue und noch unausgefüllte Stellen zu schaffen, welche die natürliche Zuchtwahl durch Abänderung und Verbesserung einiger variierender Bewohner des Landes ausfüllen könne. Denn da alle Bewohner eines jeden Landes mit gegenseitig genau abgewogenen Kräften beständig im Kampf miteinander liegen, so genügen oft schon äußerst geringe Modifikationen in der Bildung oder Lebensweise einer Art, um ihr einen Vorteil über andere zu geben; und weitere Abänderungen in gleicher Richtung werden ihr Übergewicht oft noch vergrößern, so lange wie die Art unter den nämlichen Lebensbedingungen fortbesteht und aus ähnlichen Subsistenz- und Verteidigungsmitteln Nutzen zieht. Es läßt sich kein Land anführen, in welchem alle eingeborenen Bewohner bereits so vollkommen aneinander und an die äußeren Bedingungen, unter denen sie leben, angepaßt wären, daß keiner unter ihnen mehr einer Veredlung oder noch besseren Anpassung fähig wäre; denn in allen Ländern sind die eingeborenen Arten so weit von naturalisierten Erzeugnissen besiegt worden, daß diese Fremdlinge imstande gewesen sind, festen Besitz vom Land zu nehmen. Und da die Fremdlinge überall einige der Eingeborenen geschlagen haben, so darf man hieraus wohl ruhig schließen, daß diese mit Vorteil hatten modifiziert werden können, um solchen Eindringlingen mehr Widerstand zu leisten.

Da nun der Mensch durch methodisch und unbewußt ausgeführte Wahl zum Zweck der Nachzucht so große Erfolge erzielen kann und gewiß erzielt hat, was mag nicht die natürliche Zuchtwahl leisten können? Der Mensch kann nur auf äußerliche und sichtbare Charaktere wirken; die Natur (wenn es gestattet ist, so die natürliche Erhaltung oder das Überleben des Passendsten zu personifizieren) fragt nicht nach dem Aussehen, außer wo es irgendeinem Wesen nützlich sein kann. Sie kann auf jedes innere Organ, auf jede Schattierung einer konstitutionellen Verschiedenheit, auf die ganze Maschinerie des Lebens wirken. Der Mensch wählt nur zu seinem eigenen Nutzen; die Natur nur zum Nutzen des Wesens, das sie aufzieht. Jeder von ihr ausgewählte Charakter wird daher in voller Tätigkeit erhalten, wie schon in der Tatsache seiner Auswahl liegt. Der Mensch dagegen hält die Eingeborenen aus vielerlei Klimata in derselben Gegend beisammen und läßt selten irgendeinen ausgewählten Charakter in einer besonderen und ihm entsprechenden Weise tätig werden. Er füttert eine lang- und eine kurzschnäbelige Taube mit demselben Futter; er beschäftigt ein langrückiges oder ein langbeiniges Säugetier nicht in einer besonderen Art; er setzt das lang- und das kurzwollige Schaf demselben Klima aus. Er läßt die kräftigeren Männchen nicht um ihre Weibchen kämpfen. Er zerstört nicht mit Beharrlichkeit alle unvollkommeneren Tiere, sondern schützt vielmehr alle seine Erzeugnisse, so viel in seiner Macht liegt, in jeder verschiedenen Jahreszeit. Oft beginnt er seine Auswahl mit einer halb monströsen Form oder mindestens mit einer Abänderung, welche hinreichend auffallend ist, seine Augen zu fesseln oder ihm offenbaren Nutzen zu versprechen. In der Natur dagegen können schon die geringsten Abweichungen in Bau oder der Konstitution das bisherige genau abgewogene Gleichgewicht im Kampf ums Leben aufheben und hierdurch ihre Erhaltung bewirken. Wie flüchtig sind die Wünsche und die Anstrengungen des Menschen! Wie kurz ist seine Zeit! Wie dürftig werden mithin seine Resultate denjenigen gegenüber sein, welche die Natur im Verlaufe ganzer geologischer Perioden angehäuft hat! Dürfen wir uns daher wundern, wenn die Naturprodukte einen weit „echteren" Charakter als die des Menschen haben, wenn sie den verwickeltsten Lebensbedingungen unendlich besser angepaßt sind und das Gepräge einer weit höheren Meisterschaft an sich tragen?

Man kann figürlich sagen, die natürliche Zuchtwahl sei täglich und stündlich durch die ganze Welt beschäftigt, eine jede, auch die geringste Abänderung zu prüfen, sie zu verwerfen, wenn sie schlecht, und sie zu erhalten und zu vermehren, wenn sie gut ist. Still und unmerkbar ist sie überall und allezeit, wo sich die Gelegenheit darbietet, mit der Vervollkommnung eines jeden organischen Wesens in bezug auf dessen organische und unorganische Lebensbedingungen beschäftigt. Wir sehen nichts von diesen langsam fortschreitenden Veränderungen, bis die Hand der Zeit auf eine abgelaufene Weltperiode hindeutet, und dann ist unsere Einsicht in die längst verflossenen, geologischen Zeiten so unvollkommen, daß wir nur noch das eine wahrnehmen, daß die Lebensformen jetzt verschieden von dem sind, was sie früher gewesen sind.

Um irgendeinen beträchtlichen Grad von Modifikation bei einer Spezies hervorzubringen, muß eine einmal aufgetretene Varietät, wenn auch vielleicht erst nach einem langen Zeitraum, von neuem variieren oder individuelle Verschiedenheiten derselben günstigen Art wie früher darbieten, und diese müssen wieder erhalten werden und so Schritt für Schritt weiter. Wenn man sieht, daß individuelle Verschiedenheiten aller Art beständig vorkommen, so kann dies kaum als eine nicht zu beweisende Vermutung angesehen werden. Ob es aber alles wirklich stattgefunden hat, kann nur danach beurteilt werden, daß man zusieht, wie weit die Hypothese mit den allgemeinen Erscheinungen der Natur übereinstimmt und sie erklärt. Andererseits beruht aber auch die gewöhnliche Meinung, daß der Betrag der möglichen Abänderung eine scharf begrenzte Größe sei, auf einer bloßen Voraussetzung.

Obwohl die natürliche Zuchtwahl nur durch und für das Gute eines jeden Wesens wirken kann, so werden doch wohl auch Eigenschaften und Bildungen dadurch berührt, denen wir nur eine untergeordnete Wichtigkeit beizulegen geneigt sind. Wenn wir sehen, daß blattfressende Insekten grün, rindenfressende graugefleckt, das Alpen-Schneehuhn im Winter weiß, die schottische Art heidenfarbig sind, so müssen wir glauben, daß solche Farben den genannten Vögeln und Insekten dadurch nützlich sind, daß sie dieselben vor Gefahren schützen. Waldhühner würden sich, wenn sie nicht in irgendeiner Zeit ihres Lebens der Zerstörung ausgesetzt wären, in endloser Anzahl vermehren. Man weiß, daß sie sehr unter Raubvögeln leiden, und Habichte werden durch das Gesicht auf ihre Beute geführt, und zwar in einem Grade, daß man in manchen Gegenden von Europa vor dem Halten von weißen Tauben warnt, weil diese der Zerstörung am meisten ausgesetzt sind. Es dürfte daher die natürliche Zuchtwahl entschieden dahin wirken, jeder Art von Waldhühnern die ihr eigentümliche Farbe zu verleihen und, wenn solche einmal hergestellt ist, dieselbe echt und beständig zu erhalten. Auch dürfen wir nicht glauben, daß die zufällige Zerstörung eines Tieres von irgendeiner besonderen Färbung nur wenig Wirkung habe; wir müssen uns daran erinnern, wie wesentlich es ist, aus einer weißen Schafherde jedes Lämmchen zu beseitigen, das die geringste Spur von schwarz an sich hat. Wir haben oben gesehen, wie in Virginia die Farbe der Schweine, welche sich von der Farbwurzel nähren, über deren Leben und Tod entscheidet. Bei den Pflanzen rechnen die Botaniker den flaumigen Überzug der Früchte und die Farbe ihres Fleisches mit zu den mindest wichtigen Merkmalen; und doch hören wir von einem ausgezeichneten Gärtner, Downing, daß in den Vereinigten Staaten nackthäutige Früchte viel mehr unter einem Käfer, einem Curculio, leiden, als die flaumigen, und daß die purpurfarbenen Pflaumen unter einer gewissen Krankheit viel mehr leiden, als die gelben, während eine andere Krankheit die gelbfleischigen Pfirsiche viel mehr angreift, als die mit andersfarbigem Fleische. Wenn bei aller Hilfe der Kunst diese geringen Verschiedenheiten schon einen großen Unterschied im Anbau der verschiedenen Varietäten bedingen, so werden gewiß im Zustand der Natur, wo die Bäume mit anderen Bäumen und mit einer Menge von Feinden zu kämpfen haben, derartige Verschiedenheiten äußerst wirksam entscheiden, welche Varietät erhalten bleiben soll, ob eine glatte oder eine flaumige, ob eine gelb- oder rotfleischige Frucht.

Betrachten wir eine Menge kleiner Verschiedenheiten zwischen Spezies, welche, soweit unsere Unkenntnis zu urteilen gestattet, ganz unwesentlich zu sein scheinen, so dürfen wir nicht vergessen, daß auch Klima, Nahrung usw. ohne Zweifel einigen unmittelbaren Einfluß geäußert haben. Es ist auch notwendig, uns daran zu erinnern, daß, wenn ein Teil variiert und wenn diese Modifikationen durch natürliche Zuchtwahl gehäuft werden, nach dem Gesetz der Korrelation dann wieder andere Modifikationen oft der unerwartetsten Art eintreten.

Wie wir sehen, daß die Abänderungen, welche im Kulturzustand zu irgendeiner bestimmten Zeit des Lebens hervortreten, auch beim Nachkömmling in der gleichen Lebensperiode wieder zu erscheinen geneigt sind, – z.B. in Form, Größe und Geschmack der Samen vieler Varietäten unserer Küchen- und Ackergewächse, in den Raupen und Kokons der Seidenwurmvarietäten, in den Eiern des Hofgeflügels und in der Färbung des Daunenkleides seiner Jungen, in den Hörnern unserer Schafe und Rinder, wenn sie fast erwachsen sind, – so wird auch die natürliche Zuchtwahl im Naturzustand fähig sein, dadurch in einem jeden Alter auf die organischen Wesen zu wirken und sie zu modifizieren, daß sie die für eine jede Lebenszeit nützlichen Abänderungen häuft und sie in einem entsprechenden Alter vererbt. Wenn es für eine Pflanze von Nutzen ist, ihre Samen immer weiter und weiter mit dem Winde umherzustreuen, so ist meiner Ansicht nach für die Natur die Schwierigkeit, dies Vermögen durch Zuchtwahl zu bewirken nicht größer als es für den Baumwollpflanzer ist, durch Züchtung die Baumwolle in den Fruchtkapseln seiner Pflanzen zu vermehren und zu verbessern.

Natürliche Zuchtwahl kann die Larve eines Insekts modifizieren und zu zwanzigerlei Bedürfnissen geeignet anpassen, welche ganz verschieden sind von jenen, die das reife Tier betreffen; und diese Abänderungen in der Larve können durch Korrelation auf die Struktur des reifen Insekts wirken. So können auch umgekehrt gewisse Veränderungen im reifen Insekt die Struktur der Larve berühren; in allen Fällen wird aber die natürliche Zuchtwahl das Tier dagegen sicherstellen, daß die Modifikationen nicht nachteiliger Art sind; denn wären sie so, so würde die Spezies aussterben. Natürliche Zuchtwahl kann auch die Struktur der Jungen im Verhältnis zu den Eltern und der Eltern im Verhältnis zu den Jungen modifizieren. Bei gesellig lebenden Tieren paßt sie die Struktur eines jeden Individuums dem besten der ganzen Gemeinde an, vorausgesetzt, daß die Gemeinde bei dem erzüchteten Wechsel gewinne. Was die natürliche Zuchtwahl nicht bewirken kann, das ist: Umänderung der Struktur einer Spezies ohne Vorteil für sie, zugunsten einer anderen Spezies; und obwohl in naturhistorischen Werken Beispiele hierfür angeführt werden, so kann ich doch nicht einen Fall finden, welcher eine Prüfung aushielte. Selbst ein organisches Gebilde, das nur einmal im Leben eines Tieres gebraucht wird, kann, wenn es ihm von großer Wichtigkeit ist, durch die natürliche Zuchtwahl bis zu jedem Betrag modifiziert werden, wie z.B. die großen Kinnladen einiger Insekten, welche ausschließlich zum Öffnen ihres Kokons dienen, oder das harte Spitzchen auf dem Ende des Schnabels junger Vögel, womit sie beim Ausschlüpfen die Eischale aufbrechen. Man hat versichert, daß von den besten kurzschnäbeligen Purzeltauben mehr im Ei zugrunde gehen, als auszuschlüpfen imstande sind, was Liebhaber mitunter veranlaßt, beim Durchbrechen der Schale mitzuhelfen. Wenn nun die Natur den Schnabel einer Taube zu deren eigenem Nutzen im ausgewachsenen Zustand sehr zu verkürzen hätte, so würde dieser Prozeß sehr langsam vor sich gehen, und es müßte dabei zugleich die strengste Auswahl derjenigen jungen Vögel im Ei stattfinden, welche den stärksten und härtesten Schnabel besitzen, weil alle mit weichem Schnabel unvermeidlich zugrunde gehen würden; oder aber es müßte eine Auswahl der zartesten und zerbrechlichsten Eischalen erfolgen, deren Dicke bekanntlich so wie jedes andere Gebilde variiert.

Es dürfte am Platze sein, hier zu bemerken, daß bei allen Wesen gelegentlich eine bedeutende Zerstörung eintritt, welche auf den Verlauf der natürlichen Zuchtwahl keinen oder nur einen geringen Einfluß haben kann. Es wird z. B. jährlich eine ungeheure Zahl von Eiern oder Samen verzehrt, und diese könnten durch natürliche Zuchtwahl nur dann modifiziert werden, wenn sie sich in irgendeiner solchen Weise veränderten, welche sie gegen ihre Feinde schützte. Und doch könnten viele dieser Eier oder Samen, wären sie nicht zerstört worden, vielleicht Individuen ergeben haben, welche ihren Lebensbedingungen besser angepaßt waren als irgendeines von denen, welche zufällig leben blieben. Ferner muß eine ungeheure Zahl reifer Tiere und Pflanzen, mögen sie die ihren Bedingungen am besten angepaßten gewesen sein oder nicht, jährlich durch zufällige Ursachen zerstört werden, welche nicht im geringsten Grade durch gewisse Veränderungen des Baues oder der Konstitution, die in anderer Weise für die Spezies wohltätig sein könnten, in ihrer Wirkung beschränkt werden würden. Mag aber auch die Zerstörung von Erwachsenen noch so reichlich sein, wenn nur die Zahl, welche in irgendeinem Bezirk existieren kann, nicht durch solche Ursachen gänzlich herabgedrückt wird; oder ferner, mag die Zerstörung von Eiern oder Samen so groß sein, daß nur der hundertste oder tausendste Teil entwickelt wird, – es werden doch von denen, welche leben bleiben, die am besten angepaßten Individuen, unter der Voraussetzung, daß überhaupt Variabilität in einer günstigen Richtung eintritt, ihre Art in größeren Zahlen fortzupflanzen streben als die weniger gut angepaßten. Wird die Anzahl durch die eben angedeuteten Ursachen gänzlich niedergehalten, wie es oft der Fall gewesen sein wird, so wird die natürliche Zuchtwahl in gewissen wohltätigen Richtungen wirkungslos sein. Dies ist aber kein triftiger Einwand gegen ihre Wirksamkeit zu anderen Zeiten und in anderen Weisen; denn wir sind weit davon entfernt, für die Annahme irgendeinen Grund zu haben, daß jemals viele Spezies zu derselben Zeit in demselben Bezirk eine Modifikation und Verbesserung erfahren.

Geschlechtliche Zuchtwahl

Wie im Zustand der Domestikation Eigentümlichkeiten oft an einem Geschlecht zum Vorschein kommen und sich erblich an dieses Geschlecht heften, so wird es wohl ohne Zweifel auch im Naturzustand geschehen. Hierdurch wird es möglich, daß die natürliche Zuchtwahl beide Geschlechter in bezug auf verschiedene Gewohnheiten des Lebens, wie es zuweilen der Fall ist, oder das eine Geschlecht in Beziehung auf das andere Geschlecht modifiziert, wie es gewöhnlich vorkommt. Dies veranlaßt mich, einige Worte über das zu sagen, was ich geschlechtliche Zuchtwahl genannt habe. Diese Form der Zuchtwahl hängt nicht von einem Kampf ums Dasein in Beziehung auf andere organische Wesen oder auf äußere Bedingungen ab, sondern von einem Kampf zwischen den Individuen des einen Geschlechts, meistens den Männchen, um den Besitz des anderen Geschlechts. Das Resultat desselben besteht nicht im Tod, sondern in einer spärlicheren oder ganz ausfallenden Nachkommenschaft des erfolglosen Konkurrenten. Diese geschlechtliche Auswahl ist daher minder rigoros als die natürliche. Im allgemeinen werden die kräftigsten, die ihre Stelle in der Natur am besten ausfüllenden Männchen die meiste Nachkommenschaft hinterlassen. In manchen Fällen jedoch wird der Sieg nicht sowohl von der Stärke im allgemeinen, sondern von besonderen, nur dem Männchen verliehenen Waffen abhängen. Ein geweihloser Hirsch und ein spornloser Hahn haben wenig Aussicht, zahlreiche Erben zu hinterlassen. Eine geschlechtliche Zuchtwahl, welche stets dem Sieger die Fortpflanzung ermöglicht, wird ihm unbezähmbaren Mut, lange Sporne und starke Flügel verleihen, um den gespornten Lauf einschlagen zu können, in derselben Weise, wie es der brutale Kampfhuhnzüchter durch sorgfältige Auswahl seiner besten Hähne tut. Wie weit hinab in der Stufenleiter der Natur dergleichen Kämpfe noch vorkommen, weiß ich nicht. Man hat männliche Alligatoren beschrieben,

Viertes Kapitel

wie sie um den Besitz eines Weibchens kämpfen, brüllen und sich wie Indianer in einem kriegerischen Tanz im Kreise drehen; männliche Salmen hat man den ganzen Tag lang miteinander kämpfen sehen; männliche Hirschkäfer haben zuweilen Wunden von den mächtigen Kiefern anderer Männchen; und die Männchen gewisser Hymenopteren sah der als Beobachter unerreichbare Fabre um ein besonderes Weibchen kämpfen, das wie ein scheinbar unbeteiligter Zuschauer des Kampfes daneben saß und sich dann mit dem Sieger zurückzog. Übrigens ist der Kampf vielleicht am heftigsten zwischen den Männchen polygamer Tiere, und diese scheinen auch am gewöhnlichsten mit besonderen Waffen dazu versehen zu sein. Die Männchen der Raubsäugetiere sind schon an sich wohl bewehrt; doch pflegen ihnen und anderen durch geschlechtliche Zuchtwahl noch besondere Verteidigungsmittel verliehen zu werden, wie dem Löwen seine Mähne, dem männlichen Salmen die hakenförmige Verlängerung seiner Unterkinnlade; denn der Schild mag für den Sieg ebenso wichtig sein, wie das Schwert oder der Speer.

Unter den Vögeln hat der Bewerbungskampf oft einen friedlicheren Charakter. Alle, welche diesem Gegenstand Aufmerksamkeit geschenkt haben, glauben, die eifrigste Rivalität finde unter denjenigen zahlreichen männlichen Vögeln statt, welche die Weibchen durch Gesang anzuziehen suchen. Die Steindrossel in Guinea, die Paradiesvögel u.e.a. scharen sich zusammen, und ein Männchen um das andere entfaltet mit der ausgesuchtesten Sorgfalt sein prächtiges Gefieder; sie paradieren auch in theatralischen Stellungen vor den Weibchen, welche als Zuschauer dastehen und sich zuletzt den anziehendsten Bewerber erkiesen. Sorgfältige Beobachter der in Gefangenschaft gehaltenen Vögel wissen sehr wohl, daß oft individuelle Bevorzugungen und Abneigungen stattfinden; so hat Sir R. Heron beschrieben, wie ein scheckiger Pfauhahn außerordentlich anziehend für alle seine Hennen gewesen ist. Ich kann hier nicht auf die notwendigen Einzelheiten eingehen; wenn jedoch der Mensch imstande ist, seinen Bantam-Hühnern in kurzer Zeit eine elegante Haltung und Schönheit je nach seinen Begriffen von Schönheit zu geben, so kann ich keinen genügenden Grund zum Zweifel finden, daß weibliche Vögel, indem sie Tausende von Generationen hindurch den melodiereichsten oder schönsten Männchen, je nach ihren Begriffen von Schönheit, bei der Wahl den Vorzug geben, nicht ebenfalls einen merklichen Effekt bewirken können. Einige wohlbekannte Gesetze in Betreff des Gefieders männlicher und weiblicher Vögel im Vergleich zu dem der jungen lassen sich zum Teil daraus erklären, daß die geschlechtliche Zuchtwahl auf Abänderungen wirkt, welche in verschiedenen Altersstufen auftreten und auf die Männchen allein oder auf beide Geschlechter in entsprechendem Alter vererbt werden. Ich habe aber hier keinen Raum, weiter auf diesen Gegenstand einzugehen.

Wenn daher Männchen und Weibchen einer Tierart die nämliche allgemeine Lebensweise haben, aber in Bau, Farbe oder Schmuck voneinander abweichen, so sind nach meiner Meinung diese Verschiedenheiten hauptsächlich durch die geschlechtliche Zuchtwahl verursacht worden; d.h. individuelle Männchen haben in aufeinanderfolgenden Generationen einige kleine Vorteile über andere Männchen gehabt durch ihre Waffen, Verteidigungsmittel oder Reize und haben diese Vorteile allein auf ihre männlichen Nachkommen übertragen. Doch möchte ich nicht alle solche Geschlechtsverschiedenheiten aus dieser Quelle ableiten; denn wir sehen bei unseren domestizierten Tieren Eigentümlichkeiten entstehen und auf das männliche Geschlecht beschränkt werden, welche augenscheinlich nicht durch die Zuchtwahl des Menschen verstärkt worden sind. Der Haarbüschel auf der Brust des Puterhahns kann ihm von keinem Nutzen sein und es ist zweifelhaft, ob er für die Augen des Weibchens für ornamental gilt; – und wirklich, hätte sich dieser Büschel erst im Zustand der Zähmung gebildet, er würde eine Monstrosität genannt worden sein.

Erläuterungen der Wirkungsweise der natürlichen Zuchtwahl oder des Überlebens des Passendsten

Um klar zu machen, wie nach meiner Meinung die natürliche Zuchtwahl wirke, muß ich um die Erlaubnis bitten, ein oder zwei erdachte Beispiele zur Erläuterung zu geben. Denken wir uns zunächst einen Wolf, der von verschiedenen Tieren lebt, die er sich teils durch List, teils durch Stärke und teils durch Schnelligkeit verschafft, und nehmen wir an, seine schnellste Beute, eine Hirschart z. B., hätte sich infolge irgendeiner Veränderung in einer Gegend sehr vervielfältigt, oder andere zu seiner Nahrung dienenden Tiere hätten sich in der Jahreszeit, wo sich der Wolf seine Beute am schwersten verschaffen kann, sehr vermindert. Unter solchen Umständen hätten die schnellsten und schlanksten Wölfe am meisten Aussicht auf Fortkommen und somit auf Erhaltung und Verwendung zur Nachzucht, immerhin vorausgesetzt, daß sie dabei Stärke genug behielten, um sich ihrer Beute in dieser oder irgendeiner anderen Jahreszeit zu bemeistern, wo sie veranlaßt sein könnten, auf die Jagd anderer Tiere auszugehen. Ich finde ebensowenig Ursache daran zu zweifeln, daß dies das Resultat sein würde, wie daran, daß der Mensch auch die Schnelligkeit seines Windhundes durch sorgfältige und planmäßige Auswahl oder durch jene unbewußte Zuchtwahl zu erhöhen imstande ist, welche schon stattfindet, wenn nur jedermann die besten Hunde zu halten strebt, ohne einen Gedanken an Veredlung der Rasse. Ich kann hinzufügen, daß Herrn Pierce zufolge zwei Varietäten des Wolfes die Catskill-Berge in den Vereinigten Staaten bewohnen, die eine von leichter windhundartiger Form, welche Hirsche jagt, die andere plumper mit kürzeren Füßen, welche häufiger Schafherden angreift.

Man muß beachten, daß ich in dem obigen Beispiel von den schlanksten individuellen Wölfen und nicht von einer einzelnen scharf markierten Abänderung sage, daß sie erhalten worden seien. In den früheren Ausgaben dieses Buches sprach ich zuweilen so, als sei diese letzte Alternative häufig eingetreten. Ich bemerkte die große Bedeutung individueller Verschiedenheiten und dies führte mich dazu, ausführlich die Wirkungen einer von Menschen ausgeführten, unbewußten Zuchtwahl zu erörtern, welche auf der Erhaltung der mehr oder weniger wertvollen Individuen und der Zerstörung der schlechtesten beruht. Ich bemerkte gleichfalls, daß die Erhaltung irgendeiner gelegentlichen Strukturabweichung, wie einer Monstrosität, im Naturzustand ein seltenes Ereignis sein würde und daß, würde sie anfangs erhalten, sie durch spätere Kreuzung mit gewöhnlichen Individuen allgemein verloren gehen würde. Ehe ich aber einen schönen und wertvollen Artikel in der North British Review (1867) gelesen hatte, versäumte ich doch dem Umstand Gewicht beizulegen, wie selten einzelne Abänderungen, mögen sie unbedeutend oder scharf markiert sein, sich erhalten können. Der Verfasser nimmt den Fall eines Tierpaares an, welches während seiner Lebenszeit zweihundert Nachkommen erzeugt, von denen aber aus verschiedenen zerstörenden Ursachen im Mittel nur zwei überleben und ihre Art fortpflanzen. Für die meisten höheren Tiere ist dies eine extreme Schätzung, aber durchaus nicht so für viele der niederen Organismen. Der Verfasser zeigt dann, daß, wenn ein einzelnes in irgendeiner Weise variierendes Individuum geboren würde und es doppelt soviel Aussicht hätte fortzuleben wie die anderen Individuen, die Wahrscheinlichkeit doch sehr gegen sein Fortleben sein würde. Angenommen es bliebe leben und pflanzte sich fort und die Hälfte seiner Jungen erbte die günstige Abänderung, so würde das Junge doch, wie der Verfasser weiter zeigt, nur unbedeutend mehr Aussicht haben leben zu bleiben und zu zeugen; und diese Aussicht würde in den folgenden Generationen immer weiter abnehmen. Ich glaube, man kann die Richtigkeit dieser Bemerkungen nicht bestreiten. Wenn z. B. ein Vogel irgendwelcher Art sich seine Nahrung leichter durch den Besitz eines gekrümmten Schnabels verschaffen könnte und wenn einer mit einem stark gekrümmten Schnabel geboren würde und demzufolge gut gediehe, so würde doch die Wahrscheinlichkeit sehr gering sein, daß dieses eine Individuum seine Form bis zum Verdrängen der gewöhnlichen fortpflanzte. Aber nach dem, was wir im Zustand der Domestikation vorgehen sehen, zu urteilen, kann darüber kaum ein Zweifel sein, daß dies Resultat eintreten würde, wenn viele Generationen hindurch eine große Zahl von Individuen mit mehr oder weniger gebogenen Schnäbeln erhalten und eine noch größere Zahl mit den geradesten Schnäbeln zerstört würde.

Man darf indessen nicht übersehen, daß gewisse im ganzen stark ausgeprägte Abänderungen, welche niemand für bloße individuelle Verschiedenheiten erklären dürfte, häufig infolge des Umstandes wiederkehren, daß eine ähnliche Organisation ähnliche Einflüsse erfährt. Von dieser Tatsache könnten von unseren domestizierten Formen zahlreiche Beispiele angeführt werden. Wenn in solchen Fällen ein variierendes Individuum seinen Nachkommen nicht wirklich seinen neu erlangten Charakter überlieferte, so würde es, solange die bestehenden Bedingungen dieselben blieben, ohne Zweifel eine noch stärkere Neigung überliefern, in derselben Weise zu variieren. Es läßt sich auch kaum daran zweifeln, daß die Neigung in einer und derselben Art und Weise zu variieren, häufig so stark gewesen ist, daß alle Individuen derselben Spezies ohne Hilfe irgendeiner Form von Zuchtwahl ähnlich modifiziert worden sind. Es könnte aber auch nur der dritte, vierte oder zehnte Teil der Individuen in dieser Weise affiziert worden sein, und solcher Fälle können mehrere angeführt werden. So bildet einer Schätzung Grabas zufolge ungefähr ein Fünftel der Lumme (*Uria*) auf den Faröern eine so scharf markierte Varietät, daß sie früher als eine distinkte Spezies bezeichnet wurde unter dem Namen *Uria lacrymans*. Wenn nun in derartigen Fällen die Abänderung von einer vorteilhaften Natur wäre, so würde die ursprüngliche Form bald infolge des Überlebens des Passendsten durch die modifizierte verdrängt werden.

Auf das Ausmerzen von Abänderungen aller Art infolge von Kreuzung werde ich zurückzukommen haben; es mag indessen hier bemerkt werden, daß die meisten Tiere und Pflanzen an ihrer eigenen Heimat hängen und nicht ohne Not umherwandern. Wir sehen dies selbst bei Zugvögeln, welche beinahe immer an denselben Ort zurückkehren. Es würde folglich allgemein jede neu gebildete Varietät zuerst lokal sein, wie es auch bei Varietäten im Naturzustand die allgemeine Regel zu sein scheint, so daß ähnlich modifizierte Individuen bald in einer kleinen Menge zusammen existieren und auch oft zusammen sich fortpflanzen würden. Wäre die neue Varietät in ihrem Kampf ums Leben erfolgreich, so würde sie sich langsam von einem zentralen Punkt aus verbreiten, an den Rändern des sich stets vergrößernden Kreises mit den unveränderten Individuen konkurrierend und dieselben besiegend.

Es dürfte der Mühe wert sein, ein anderes und komplizierteres Beispiel für die Wirkung natürlicher Zuchtwahl zu geben. Gewisse Pflanzen scheiden eine süße Flüssigkeit aus, wie es scheint, um irgend etwas Nachteiliges aus ihrem Saft zu entfernen. Dies wird z. B. bei manchen Leguminosen durch Drüsen am Grund der Stipulae und beim gemeinen Lorbeer auf dem Rücken seiner Blätter bewirkt. Diese Flüssigkeit, wenn auch nur in geringer Menge vorhanden, wird von Insekten begierig aufgesucht; aber ihre Besuche sind in keiner Weise für die Pflanzen von Vorteil. Nehmen wir nun an, es werde ein wenig solchen süßen Saftes oder Nektars von der inneren Seite der Blüten einer gewissen Anzahl von Pflanzen irgendeiner Spezies ausgesondert. In diesem Fall werden die Insekten, welche den Nektar aufsuchen, mit Pollen bestäubt werden und denselben oft von einer Blume auf die andere übertragen. Die Blumen zweier verschiedener Individuen einer und derselben Art würden dadurch gekreuzt werden; und die Kreuzung liefert, wie sich vollständig beweisen läßt, kräftige Sämlinge, welche mithin die beste Aussicht haben zu gedeihen und auszudauern. Die Pflanzen mit Blüten, welche die stärksten Drüsen oder Nektarien besitzen und den meisten Nektar liefern, werden am häufigsten von Insekten besucht und am häufigsten mit anderen gekreuzt werden und so mit der Länge der Zeit allmählich die Oberhand gewinnen und eine lokale Varietät bilden. Ebenso werden diejenigen Blüten, deren Staubfäden und Staubwege so gestellt sind, daß sie je nach Größe und sonstigen Eigentümlichkeiten der sie besuchenden Insekten in irgendeinem Grad die Übertragung ihres Samenstaubs erleichtern, gleicherweise begünstigt. Wir hätten auch den Fall annehmen können, die zu den Blumen kommenden Insekten wollten Pollen statt Nektar einsammeln; es wäre nun zwar die Entführung des Pollens, der allein zur Befruchtung der Pflanze erzeugt wird, dem Anschein nach einfach ein Verlust für dieselbe; wenn jedoch anfangs gelegentlich und nachher gewohnheitsgemäß ein wenig Pollen von den ihn verzehrenden Insekten entführt und von Blume zu Blume getragen und hierdurch eine Kreuzung bewirkt würde, möchten auch neun Zehntel der ganzen Pollenmasse zerstört werden, so könnte dies doch für die so beraubten Pflanzen ein großer Vorteil sein, und diejenigen Individuen, welche mehr und mehr Pollen erzeugen und immer größere Antheren bekommen, würden zur Nachzucht gewählt werden.

Wenn nun unsere Pflanze durch lange Fortdauer dieses Prozesses für die Insekten sehr anziehend geworden ist, so werden diese, ihrerseits ganz unabsichtlich, regelmäßig Pollen von Blüte zu Blüte bringen; und daß sie dies mit Erfolg tun, könnte ich durch viele auffallende Beispiele belegen. Ich will nur einen Fall anführen, welcher zugleich als Erläuterung eines der Schritte zur Trennung der Geschlechter bei Pflanzen dient. Einige Stechpalmenstämme bringen nur männliche Blüten hervor, welche vier nur wenig Pollen erzeugende Staubgefäße und ein verkümmertes Pistill enthalten; andere Stämme liefern nur weibliche Blüten, die ein vollständig entwickeltes Pistill und vier Staubfäden mit verschrumpften Antheren einschließen, in welchen nicht ein Pollenkörnchen zu entdecken ist. Nachdem ich einen weiblichen Stamm genau 60 Yards von einem männlichen entfernt gefunden hatte, nahm ich die Stigmata aus zwanzig Blüten von verschiedenen Zweigen unter das Mikroskop und entdeckte an allen ohne Ausnahme einige Pollenkörner und an einigen sogar eine ungeheure Menge derselben. Da der Wind schon einige Tage lang vom weiblichen gegen den männlichen Stamm hin geweht hatte, so konnte er nicht den Pollen dahin geführt haben. Das Wetter war schon einige Tage lang kalt und stürmisch und daher nicht günstig für die Bienen gewesen, und dem ungeachtet war jede von mir untersuchte weibliche Blüte durch die Bienen befruchtet worden, welche beim Aufsuchen von Nektar von Baum zu Baum geflogen waren. – Doch kehren wir nun zu unserem ersonnenen Fall zurück. Sobald jene Pflanze in solchem Grade anziehend für die Insekten gemacht worden ist, daß sie den Pollen regelmäßig von einer Blüte zur anderen tragen, wird ein anderer Prozeß beginnen. Kein Naturforscher zweifelt an dem Vorteil der sogenannten „physiologischen Teilung der Arbeit"; daher darf man glauben, es sei für eine Pflanzenart von Vorteil, in einer Blüte oder an einem ganzen Stock nur Staubgefäße und in der anderen Blüte oder auf dem anderen Stock nur Pistille hervorzubringen. Bei kultivierten oder in neue Existenzbedingungen versetzten Pflanzen schlagen manchmal die männlichen und zuweilen die weiblichen Organe mehr oder weniger fehl. Nehmen wir nun an, dies geschehe in einem wenn auch noch so geringen Grade im Naturzustand derselben, so würden, da der Pollen schon regelmäßig von einer Blüte zur anderen geführt wird und eine noch vollständigere Trennung der Geschlechter bei unserer Pflanze ihr nach dem Prinzip der Arbeitsteilung vorteilhaft ist, Individuen mit einer mehr und mehr entwickelten Tendenz dazu fortwährend begünstigt und zur Nachzucht ausgewählt werden, bis endlich die Trennung der Geschlechter vollständig wäre. Es würde zu viel Raum erfordern, die verschiedenen Wege, durch Dimorphismus und andere Mittel, nachzuweisen, auf welchen die Trennung der Geschlechter bei Pflanzen verschiedener Arten offenbar jetzt fortschreitet. Indessen will ich noch anführen, daß sich nach Asa Gray einige Arten von Stechpalmen in Nord-Amerika in einem genau intermediären Zustand befinden, deren Blüten, wie der genannte Botaniker sich ausdrückt, mehr oder weniger diözisch-polygam sind.

Kehren wir nun zu den von Nektar lebenden Insekten zurück; wir können annehmen, die Pflanze, deren Nektarbildung wir durch fortdauernde Zuchtwahl langsam vergrößert haben, sei eine gemeine Art und gewisse Insekten seien hauptsächlich auf deren Nektar als ihre Nahrung angewiesen. Ich könnte durch viele Beispiele nachweisen, wie sehr die Bienen bestrebt sind, Zeit zu sparen. Ich will mich nur auf ihre Gewohnheit berufen, in den Grund gewisser Blumen Öffnungen zu schneiden, um durch diese den Nektar zu saugen, in welche sie mit ein wenig mehr Mühe durch die Mündung hineingelangen könnten. Dieser Tatsachen eingedenk, darf man annehmen, daß unter gewissen Umständen individuelle Verschiedenheiten in der Länge und Krümmung des Rüssels usw., wenn auch viel zu unbedeutend für unsere Wahrnehmung, dadurch von Nutzen für eine Biene oder ein anderes Insekt sein können, daß gewisse Individuen imstande sind, ihr Futter schneller zu erlangen als andere; die Stöcke, zu denen sie gehören, würden daher gedeihen und viele, dieselben Eigentümlichkeiten erbende Schwärme ausgehen lassen. Die Röhren der Blumenkronen des roten und des Inkarnatklees (*Trifolium pratense* und *Tr. incarnatum*) scheinen bei flüchtiger Betrachtung nicht sehr an Länge voneinander abzuweichen; dem ungeachtet kann die Honig- oder Korbbiene (*Apis mellifica*) den Nektar leicht aus dem Inkarnatklee, aber nicht aus dem roten saugen, welcher daher nur von Hummeln besucht wird; ganze Felder roten Klees bieten daher der Korbbiene vergebens einen Überfluß an köstlichem Nektar dar. Daß die Korbbiene diesen Nektar außerordentlich liebt, ist gewiß; denn ich habe wiederholt, obschon bloß im Herbst viele dieser Bienen den Nektar durch Löcher an der Basis der Blütenröhre aussaugen sehen, welche die Hummeln in die Basis der Corolle gebissen hatten. Die Verschiedenheit in der Länge der Corolle bei beiden Kleearten, von welchen der Besuch der Honigbiene abhängt, muß sehr unbedeutend sein; denn mir ist versichert worden, daß, wenn roter Klee gemäht worden ist, die Blüten des zweiten Triebs etwas kleiner sind und außerordentlich zahlreich von Bienen besucht werden. Ich weiß nicht, ob diese Angabe richtig, ebenso ob die andere Mitteilung zuverlässig ist, daß nämlich die ligurische (italienische) Biene, welche allgemein nur als Varietät angesehen wird und sich reichlich mit der gemeinen Honigbiene kreuzt, imstande ist, den Nektar des gewöhnlichen roten Klees zu erreichen und zu saugen. In einer Gegend, wo diese Kleeart reichlich vorkommt, kann es daher für die Honigbiene von großem Vorteil sein, einen ein wenig längeren oder verschieden gebauten Rüssel zu besitzen. Da auf der anderen Seite die Fruchtbarkeit dieses Klees absolut davon abhängt, daß Bienen die Blüten besuchen, so würde, wenn die Hummeln in einer Gegend selten werden sollten, eine kürzere oder tiefer geteilte Blumenkrone von größtem Nutzen für den roten Klee werden, damit die Honigbienen in den Stand gesetzt würden, an ihren Blüten zu saugen. Auf diese Weise begreife ich, wie eine Blüte und eine Biene nach und nach, sei es gleichzeitig oder eins nach dem anderen, abgeändert und auf die vollkommenste Weise einander angepaßt werden können, und zwar durch fortwährende Erhaltung von Individuen mit beiderseits nur ein wenig einander günstigeren Abweichungen der Struktur.

Ich weiß wohl, daß die durch die vorangehenden ersonnenen Beispiele erläuterte Lehre von der natürlichen Zuchtwahl denselben Einwendungen ausgesetzt ist, welche man anfangs gegen Ch. Lyells großartige Ansichten in „The Modern Changes of the Earth, as illustrative of Geology" vorgebracht hat; indessen hört man jetzt die Wirkung der jetzt noch tätigen Momente in ihrer Anwendung auf die Aushöhlung der tiefsten Täler oder auf die Bildung der längsten binnenländischen Klippenlinien selten mehr als eine unwichtige und unbedeutende Ursache bezeichnen. Die natürliche Zuchtwahl wirkt nur durch Erhaltung und Häufung kleiner vererbter Modifikationen, deren jede dem erhaltenen Wesen von Vorteil ist; und wie die neuere Geologie solche Ansichten, wie die Aushöhlung großer Täler durch eine einzige Diluvialwoge, fast ganz verbannt hat, so wird auch die natürliche Zuchtwahl den Glauben an eine fortgesetzte Schöpfung neuer organischer Wesen oder an große und plötzliche Modifikationen ihrer Struktur verbannen.

Über die Allgemeinheit der Kreuzung zwischen Individuen der nämlichen Art

Ich muß hier eine kleine Abschweifung einschalten. Es liegt natürlich auf der Hand, daß bei Pflanzen und Tieren getrennten Geschlechts jedesmal (mit Ausnahme der merkwürdigen und noch nicht aufgeklärten Fälle von Parthenogenesis) zwei Individuen sich zur Zeugung vereinigen müssen. Bei Hermaphroditen aber ist dies keineswegs einleuchtend. Dem ungeachtet haben wir Grund zu glauben, daß bei allen Hermaphroditen zwei Individuen gewöhnlich oder nur gelegentlich zur Fortpflanzung ihrer Art zusammenwirken. Diese Ansicht wurde vor langer Zeit in zweifelhafter Weise von Sprengel, Knight und Kölreuter hingestellt. Wir werden sogleich ihre Wichtigkeit erkennen. Zwar kann ich diese Frage nur in äußerster Kürze abhandeln; jedoch habe ich die Materialien für eine ausführlichere Erörterung vorbereitet. Alle Wirbeltiere, alle Insekten und noch einige andere große Tiergruppen paaren sich für jede Geburt. Neuere Untersuchungen haben die Anzahl früher angenommener Hermaphroditen sehr vermindert, und von den wirklichen Hermaphroditen paaren sich viele, d.h. zwei Individuen vereinigen sich regelmäßig zur Reproduktion; dies ist alles, was uns hier angeht. Doch gibt es auch viele andere hermaphrodite Tiere, welche sich gewiß gewöhnlich nicht paaren, und die ungeheure Majorität der Pflanzen sind Hermaphroditen. Man kann nun fragen, was ist in diesen Fällen für ein Grund zur Annahme vorhanden, daß jedes Mal zwei Individuen zur Reproduktion zusammenwirken? Da es hier nicht möglich ist, auf Einzelheiten einzugehen, so muß ich mich auf einige allgemeine Betrachtungen beschränken.

Fürs erste habe ich eine so große Masse an Tatsachen gesammelt und so viele Versuche angestellt, – welche übereinstimmend mit der fast allgemeinen Überzeugung der Züchter beweisen, daß bei Tieren wie bei Pflanzen eine Kreuzung zwischen verschiedenen Varietäten, oder zwischen Individuen einer und derselben Varietät, aber von verschiedenen Linien, der Nachkommenschaft Stärke und Fruchtbarkeit verleiht, und andererseits, daß enge Inzucht Kraft und Fruchtbarkeit vermindert, – daß diese Tatsachen allein mich glauben machen, es sei ein allgemeines Naturgesetz, daß kein organisches Wesen sich selbst für eine Ewigkeit von Generationen befruchten könne, daß vielmehr eine Kreuzung mit einem anderen Individuum von Zeit zu Zeit, vielleicht nach langen Zwischenräumen, unentbehrlich sei.

Von dem Glauben ausgehend, daß dies ein Naturgesetz ist, werden wir, meine ich, verschiedene große Klassen von Tatsachen, wie z.B. die folgenden, verstehen, welche nach jeder anderen Ansicht unerklärlich sind. Jeder Blendlingszüchter weiß, wie nachteilig für die Befruchtung einer Blüte es ist, wenn sie der Feuchtigkeit ausgesetzt wird. Und doch, was für eine Menge von Blüten haben Staubbeutel und Narben vollständig dem Wetter ausgesetzt! Ist aber eine Kreuzung von Zeit zu Zeit unerläßlich, so erklärt sich dieses Ansgesetztsein aus der Notwendigkeit, daß die Blumen für den Eintritt fremden Pollens völlig offen seien, und zwar um so mehr, als die eigenen Staubgefäße und Pistille der Blüte gewöhnlich so nahe beisammen stehen, daß Selbstbefruchtung unvermeidlich scheint. Andererseits aber haben viele Blumen ihre Befruchtungswerkzeuge sehr eng eingeschlossen, wie die der Papilionaceen; aber diese Blumen bieten beinahe ausnahmslos sehr schöne und merkwürdige Anpassungen in Beziehung zum Besuch der Insekten dar. Zur Befruchtung vieler Schmetterlingsblüten ist der Besuch der Bienen so notwendig, daß ihre Fruchtbarkeit sehr abnimmt, wenn dieser Besuch verhindert wird. Nun ist es aber kaum möglich, daß Insekten von Blüte zu Blüte fliegen, ohne zum großen Vorteil der Pflanze den Pollen der einen zur anderen zu bringen. Die Insekten wirken dabei wie ein Kamelhaarpinsel, und es ist ja vollkommen zur Befruchtung genügend, wenn man mit einem und demselben Pinselchen zuerst das Staubgefäß der einen Blume und dann die Narbe der anderen berührt. Man darf aber nicht vermuten, daß die Bienen hierdurch viele Bastarde zwischen verschiedenen Arten erzeugen; denn, wenn man den eigenen Pollen einer Pflanze und den einer anderen Art auf dieselbe Narbe streicht, so hat der erste eine so überwiegende Wirkung, daß er, wie schon Gärtner gezeigt hat, jeden Einfluß des anderen ausnahmslos und vollständig zerstört.

Wenn die Staubgefäße einer Blüte sich plötzlich gegen das Pistill schnellen oder sich eines nach dem anderen langsam gegen dasselbe neigt, so scheint diese Einrichtung nur auf Sicherung der Selbstbefruchtung berechnet, und ohne Zweifel ist sie auch für diesen Zweck von Nutzen.

Viertes Kapitel

Aber die Tätigkeit der Insekten ist oft notwendig, um die Staubfäden vorschnellen zu machen, wie Kölreuter beim Sauerdorn gezeigt hat; und gerade bei dieser Gattung (*Berberis*), welche so vorzüglich zur Selbstbefruchtung eingerichtet zu sein scheint, hat man die bekannte Tatsache beobachtet, daß, wenn man nahe verwandte Formen oder Varietäten dicht nebeneinander pflanzt, es infolge der reichlichen von selbst eintretenden Kreuzung kaum möglich ist, noch reine Sämlinge zu erhalten. In vielen anderen Fällen aber findet man statt der Einrichtungen zur Begünstigung der Selbstbefruchtung weit mehr speziell solche, welche sehr wirksam verhindern, daß das Stigma den Samenstaub der nämlichen Blüte erhalte, wie ich aus C. Sprengels und anderer Werke, ebenso wie nach meinen eigenen Beobachtungen nachweisen könnte. So ist z.B. bei *Lobelia fulgens* eine wirklich schöne und sehr künstliche Einrichtung vorhanden, wodurch alle die unendlich zahlreichen Pollenkörnchen aus den verwachsenen Antheren einer jeden Blüte fortgeführt werden, ehe das Stigma derselben individuellen Blüte bereit ist dieselben aufzunehmen. Da nun, wenigstens in meinem Garten, diese Blüten niemals von Insekten besucht werden, so haben sie auch niemals Samen angesetzt, trotzdem ich dadurch, daß ich auf künstlichem Wege den Pollen einer Blüte auf die Narbe der anderen übertrug, mich in den Besitz zahlreicher Sämlinge zu setzen vermochte. Eine andere *Lobelia*-Art, die von Bienen besucht wird, bildet dagegen in meinem Garten reichlich Samen. In sehr vielen anderen Fällen, wo zwar keine besondere mechanische Einrichtung vorhanden ist, um das Stigma einer Blume an der Aufnahme des eigenen Samenstaubs zu hindern, platzen aber doch entweder, wie sowohl Sprengel als neuerdings auch Hildebrand und andere gefunden, die Staubbeutel schon, bevor die Narbe zur Befruchtung reif ist, oder das Stigma ist vor dem Pollen derselben Blüte reif, so daß diese sogenannten dichogamen Pflanzen in der Tat getrennte Geschlechter haben und fortwährend gekreuzt werden müssen. So verhält es sich mit den früher erwähnten wechselseitig dimorphen und trimorphen Pflanzen. Wie wundersam erscheinen diese Tatsachen! Wie wundersam, daß der Pollen und die Oberfläche des Stigmas einer und derselben Blüte, die doch so nahe zusammengerückt sind, als sollte dadurch die Selbstbefruchtung unvermeidlich werden, in so vielen Fällen völlig unnütz für einander sind! Wie einfach sind dagegen diese Tatsachen aus der Annahme zu erklären, daß von Zeit zu Zeit eine Kreuzung mit einem anderen Individuum vorteilhaft oder sogar unentbehrlich ist!

Wenn man verschiedene Varietäten von Kohl, Rettig, Lauch u.e.a. Pflanzen sich dicht nebeneinander besamen läßt, so erweist sich die Mehrzahl der Sämlinge, wie ich gefunden habe, als Blendlinge. So zog ich z.B. 233 Kohlsämlinge aus einigen Stöcken von verschiedenen Varietäten, die nahe beieinander wuchsen, und von diesen entsprachen nur 78 der Varietät des Stocks, von dem die Samen eingesammelt worden waren, und selbst diese waren nicht alle echt. Nun ist aber das Pistill einer jeden Kohlblüte nicht allein von deren eignen sechs Staubgefäßen, sondern auch von denen aller übrigen Blüten derselben Pflanze nahe umgeben und der Pollen jeder Blüte gelangt ohne Insektenhilfe leicht auf deren eigenes Stigma; denn ich habe gefunden, daß eine sorgfältig gegen Insekten geschützte Pflanze die volle Zahl von Schoten entwickelte. Woher kommt es nun aber, daß sich eine so große Anzahl von Sämlingen als Mischlinge erwies? Ich vermute, daß es davon herrühren muß, daß der Pollen einer verschiedenen Varietät eine überwiegende Wirkung über den eigenen Pollen der Blüte äußerst und zwar eben infolge des allgemeinen Naturgesetzes, daß die Kreuzung zwischen verschiedenen Individuen derselben Spezies für diese nützlich ist. Werden dagegen verschiedene Arten miteinander gekreuzt, so ist der Erfolg gerade umgekehrt, indem der eigene Pollen einer Art einen über den der anderen überwiegenden Einfluß hat. Doch auf diesen Gegenstand werde ich in einem späteren Kapitel zurückkommen.

Handelt es sich um mächtige, mit zahllosen Blüten bedeckte Bäume, so kann man einwenden, daß deren Pollen nur selten von einem Baum auf den anderen übertragen werden und höchstens nur von einer Blüte auf eine andere Blüte desselben Baumes gelangen kann, daß aber die einzelnen Blüten eines Baumes nur in einem beschränkten Sinn als verschiedene Individuen angesehen werden können. Ich halte diese Einrede für triftig; doch hat die Natur in dieser Hinsicht vorgesorgt, indem sie den Bäumen eine starke Neigung zur Bildung von Blüten getrennten Geschlechtes gegeben hat. Sind die Geschlechter getrennt, wenngleich männliche und weibliche Blüten auf einem Stamm vereinigt sein können, so muß regelmäßig Pollen von einer Blüte zur anderen geführt werden; und dies vergrößert die Wahrscheinlichkeit, daß gelegentlich auch Pollen von einem Baum zum anderen gebracht wird. Ich finde, daß in England Bäume, welche zu allen möglichen Ordnungen gehören, öfter als andere Pflanzen getrennte Geschlechter haben, und tabellarische Zusammenstellungen der neuseeländischen Bäume, welche Dr. Hooker, und der Vereinigten Staaten, welche Asa Gray mir auf meine Bitte angefertigt haben, haben zu demselben voraus erwarteten Ergebnis geführt. Doch hat mir andererseits Dr. Hooker mitgeteilt, daß diese Regel nicht für Australien gelte; wenn aber die meisten australischen Bäume dichogam sind, so ist das Resultat dasselbe, als wenn sie Blüten mit getrennten Geschlechtern trügen. Ich habe diese wenigen Bemerkungen über die Geschlechtsverhältnisse der Bäume nur machen wollen, um die Aufmerksamkeit darauf zu lenken.

Um nun auch kurz der Tiere zu gedenken, so gibt es unter den Landbewohnern mehrere Zwitterformen, wie Schnecken und Regenwürmer; aber diese paaren sich alle. Ich habe noch kein Beispiel kennengelernt, wo ein Landtier sich selbst befruchten konnte. Man kann diese merkwürdige Tatsache, welche einen so schroffen Gegensatz zu den Landpflanzen bildet, nach der Ansicht, daß eine Kreuzung von Zeit zu Zeit unumgänglich nötig sei, erklären; denn wegen der Beschaffenheit des befruchtenden Elementes gibt es kein Mittel, durch welches, wie durch Insekten und Wind bei den Pflanzen, eine gelegentliche Kreuzung zwischen Landtieren anders bewirkt werden könnte, als durch die unmittelbare Zusammenwirkung der beiderlei Individuen. Bei den Wassertieren dagegen gibt es viele sich selbst befruchtende Hermaphroditen; hier liefern aber die Strömungen des Wassers ein handgreifliches Mittel für gelegentliche Kreuzungen. Und wie bei den Pflanzen, so habe ich auch bei den Tieren, sogar nach Besprechung mit einer der ersten Autoritäten, mit Professor Huxley, vergebens gesucht, auch nur eine hermaphroditische Tierart zu finden, deren Geschlechtsorgane so vollständig im Körper eingeschlossen wären, daß ihre Erreichung von außen her und dadurch der gelegentliche Einfluß eines anderen Individuums physisch unmöglich gemacht würde. Die Cirripeden schienen mir zwar lange Zeit einen in dieser Beziehung sehr schwierigen Fall darzubieten; ich bin aber durch einen glücklichen Umstand in die Lage gesetzt gewesen, schon anderwärts zeigen zu können, daß zwei Individuen, wenn sie auch beide in der Regel sich selbst befruchtende Zwitter sind, sich doch zuweilen kreuzen.

Es muß den meisten Naturforschern als eine sonderbare Ausnahme schon aufgefallen sein, daß sowohl bei Pflanzen als auch bei Tieren mehrere Arten in einer Familie und oft sogar in einer Gattung beisammen stehen, welche, obwohl im größeren Teil ihrer übrigen Organisation unter sich nahe übereinstimmend, doch nicht selten die einen von ihnen Zwitter und die anderen eingeschlechtig sind. Wenn aber auch alle Hermaphroditen sich von Zeit zu Zeit mit anderen Individuen kreuzen, so wird in der Tat der Unterschied zwischen hermaphroditischen und eingeschlechtigen Arten, was ihre Geschlechtsfunktionen betrifft, ein sehr kleiner.

Nach diesen mancherlei Betrachtungen und den vielen einzelnen Fällen, die ich gesammelt habe, jedoch hier nicht mitteilen kann, scheint im Pflanzen- wie im Tierreich eine von Zeit zu Zeit erfolgende Kreuzung zwischen verschiedenen Individuen ein sehr allgemein, wenn nicht universell gültiges Naturgesetz zu sein.

Viertes Kapitel

Günstige und ungünstige Umstände für die natürliche Zuchtwahl, insbesondere Kreuzung, Isolierung und Individuenzahl – Langsame Wirkung

Dies ist ein äußerst verwickelter Gegenstand. Ein bedeutender Grad von Veränderlichkeit, unter welchem Ausdruck individuelle Verschiedenheiten stets mit einbezogen werden, wird offenbar der Tätigkeit der natürlichen Zuchtwahl günstig sein. Eine große Anzahl von Individuen gleicht dadurch, daß sie mehr Aussicht auf das Hervortreten nutzbarer Abänderungen in einem gegebenen Zeitraum darbietet, einen geringeren Betrag von Veränderlichkeit in jedem einzelnen Individuum aus und ist, wie ich glaube, eine äußerst wichtige Bedingung des Erfolgs. Obwohl die Natur lange Zeiträume für die Wirksamkeit der natürlichen Zuchtwahl gewährt, so gestattet sie doch keine von unendlicher Länge; denn da alle organischen Wesen eine jede Stelle im Haushalt der Natur einzunehmen streben, so wird eine Art, welche nicht gleichen Schrittes mit ihren Konkurrenten verändert und verbessert wird, aussterben. Wenn vorteilhafte Abänderungen sich nicht wenigstens auf einige Nachkommen vererben, so vermag die natürliche Zuchtwahl nichts auszurichten. Die Neigung zum Rückschlag mag die Tätigkeit der natürlichen Zuchtwahl oft hemmen oder aufheben. Da jedoch diese Neigung den Menschen nicht an der Bildung so vieler erblichen Rassen im Tier- wie im Pflanzenreich gehindert hat, wie sollte sie die Vorgänge der natürlichen Zuchtwahl verhindert haben?

Bei planmäßiger Zuchtwahl wählt der Züchter nach einem bestimmten Zweck, und ließe er die Individuen sich frei kreuzen, so würde sein Werk gänzlich fehlschlagen. Haben aber viele Menschen, ohne die Absicht ihre Rasse zu veredeln, ungefähr gleiche Ansichten von Vollkommenheit, und sind alle bestrebt, nur die besten und vollkommensten Tiere sich zu verschaffen und zur Nachzucht zu verwenden, so wird, wenn auch langsam, doch sicher aus diesem unbewußten Prozeß der Zuchtwahl eine Verbesserung hervorgehen, trotzdem keine Trennung der zur Zucht ausgewählten Tiere stattfindet. So wird es auch in der Natur sein. Findet sich ein beschränktes Gebiet mit einer nicht so vollkommen ausgefüllten Stelle wie es wohl sein könnte in seiner geselligen Zusammensetzung, so wird die natürliche Zuchtwahl bestrebt sein, alle Individuen zu erhalten, die, wenn auch in verschiedenem Grade, doch in der angemessenen Richtung so variieren, daß sie die Stelle allmählich auszufüllen imstande sind. Ist jenes Gebiet aber sehr groß, so werden seine verschiedenen Bezirke fast sicher ungleiche Lebensbedingungen darbieten; und wenn dann durch den Einfluß der natürlichen Zuchtwahl eine Spezies in den verschiedenen Bezirken abgeändert wird, so wird an den Grenzen dieser Bezirke eine Kreuzung der neu gebildeten Varietäten eintreten. Wir werden aber im sechsten Kapitel sehen, daß intermediäre Varietäten, welche intermediäre Bezirke bewohnen, auf die Dauer allgemein von einer der anstoßenden Varietäten verdrängt werden. Die Kreuzung wird hauptsächlich diejenigen Tiere berühren, welche sich zu jeder Fortpflanzung paaren, viel wandern und sich nicht rasch vervielfältigen. Daher bei Tieren dieser Art, Vögeln z. B., Varietäten gewöhnlich auf getrennte Gegenden beschränkt sein werden, wie es auch, wie ich finde, der Fall ist. Bei Zwitterorganismen, welche sich nur von Zeit zu Zeit mit anderen kreuzen, sowie bei solchen Tieren, die zu jeder Verjüngung ihrer Art sich paaren, aber wenig wandern und sich sehr rasch vervielfältigen können, dürfte sich eine neue und verbesserte Varietät an irgendeiner Stelle rasch bilden und sich dort in Masse zusammenhalten und später ausbreiten, so daß sich die Individuen der neuen Varietät hauptsächlich miteinander kreuzen würden. Nach diesem Prinzip ziehen Pflanzschulenbesitzer es immer vor, Samen von einer großen Pflanzenmasse gleicher Varietät zu ziehen, weil hierdurch die Möglichkeit einer Kreuzung mit anderen Varietäten gemindert wird.

Selbst bei Tieren mit langsamer Vermehrung, die sich zu jeder Fortpflanzung paaren, dürfen wir nicht annehmen, daß die Wirkungen der natürlichen Zuchtwahl stets durch freie Kreuzung beseitigt werden; denn ich kann eine lange Liste von Tatsachen beibringen, woraus sich ergibt, daß innerhalb eines und desselben Gebietes Varietäten der nämlichen Tierart lange unterschieden bleiben können, weil sie verschiedene Stationen innehaben, in etwas verschiedener Jahreszeit sich fortpflanzen, oder weil nur Individuen von einerlei Varietät sich miteinander zu paaren vorziehen.

Kreuzung verschiedener Individuen spielt in der Natur insofern eine große Rolle, als sie die Individuen einer Art oder einer Varietät rein und einförmig in ihrem Charakter erhält. Sie wird dies offenbar weit wirksamer zu tun vermögen bei solchen Tieren, die sich für jede Fortpflanzung paaren; aber wie ich schon vorher angegeben habe, haben wir zu vermuten Ursache, daß bei allen Pflanzen und bei allen Tieren von Zeit zu Zeit Kreuzungen erfolgen. Selbst wenn dies nur nach langen Zwischenräumen wieder einmal erfolgt, so werden die hierbei erzielten Abkömmlinge die durch lange Selbstbefruchtung erzielte Nachkommenschaft an Stärke und Fruchtbarkeit so sehr übertreffen, daß sie mehr Aussicht haben dieselben zu überleben und sich fortzupflanzen; und so wird auf die Dauer der Einfluß der wenn auch nur seltenen Kreuzungen doch groß sein. In bezug auf organische Wesen, welche äußerst niedrig auf der Stufenleiter stehen, welche sich nicht geschlechtlich fortpflanzen und nicht konjugieren, welche sich also unmöglich kreuzen können, ist zu bemerken, daß bei ihnen eine Gleichförmigkeit des Charakters, solange ihre äußeren Lebensbedingungen die nämlichen bleiben, nur infolge der Vererbung und infolge der natürlichen Zuchtwahl, welche jede zufällige Abweichung von dem eigenen Typus immer wieder zerstört, erhalten werden kann. Wenn aber die Lebensbedingungen sich ändern und jene Wesen Abänderungen erleiden, so kann ihre hiernach abgeänderte Nachkommenschaft nur dadurch Einförmigkeit des Charakters behaupten, daß natürliche Zuchtwahl ähnliche vorteilhafte Abänderungen erhält.

Auch die Isolierung ist ein wichtiges Element bei der durch natürliche Zuchtwahl bewirkten Veränderung der Arten. In einem umgrenzten oder isolierten Gebiet werden, wenn es nicht sehr groß ist, die organischen wie die unorganischen Lebensbedingungen gewöhnlich beinahe einförmig sein; so daß die natürliche Zuchtwahl streben wird, alle abändernden Individuen einer und derselben Art in gleicher Weise zu modifizieren. Auch Kreuzungen mit solchen Individuen derselben Art, welche die den Bezirk umgrenzenden Gegenden bewohnen, werden hier verhindert. Moritz Wagner hat vor kurzem einen interessanten Aufsatz über diesen Gegenstand veröffentlicht und gezeigt, daß der in bezug auf das Verhindern von Kreuzungen zwischen neu gebildeten Varietäten durch Isolierung geleistete Dienst wahrscheinlich selbst noch größer ist, als ich angenommen hatte. Aber aus bereits angeführten Gründen kann ich darin mit diesem Naturforscher durchaus nicht übereinstimmen, daß Wanderungen und Isolierung zur Bildung neuer Arten notwendige Momente seien. Die Bedeutung der Isolierung ist aber ferner insofern groß, als sie nach irgendeiner physikalischen Veränderung wie im Klima, in der Höhe des Landes usw. die Einwanderung besser passender Organismen hindert; es bleiben daher die neuen Stellen im Naturhaushalt der Gegend offen für die Bewerbung und Anpassung der alten Bewohner. Isolierung wird endlich dafür Zeit geben, daß eine neue Varietät langsam verbessert wird; und dies kann mitunter von großer Bedeutung sein. Wenn dagegen ein isoliertes Gebiet sehr klein ist, entweder der dasselbe umgebenden Schranken halber oder infolge seiner ganz eigentümlichen physikalischen Verhältnisse, so wird notwendig auch die Gesamtzahl seiner Bewohner sehr klein sein; und dies verzögert die Bildung neuer Arten durch natürliche Zuchtwahl, weil die Wahrscheinlichkeit des Auftretens günstiger individueller Verschiedenheiten vermindert ist.

Der bloße Verlauf der Zeit an und für sich tut nichts für und nichts gegen die natürliche Zuchtwahl. Ich bemerke dies ausdrücklich, weil man irrig behauptet hat, daß ich dem Zeitelement einen allmächtigen Anteil bei der Modifikation der Arten zugestehe, als ob alle Lebensformen mit der Zeit notwendig durch die Wirksamkeit eines in ihnen liegenden Gesetzes eine allmähliche Veränderung erfahren müßten. Zeit ist aber nur insofern von Bedeutung, und hier zwar von großer Bedeutung, als sie überhaupt mehr Aussicht darbietet, daß wohltätige Abänderungen auftreten und daß sie zur Zucht gewählt, gehäuft und fixiert werden. Auch strebt sie die direkte Wirkung der physikalischen Lebensbedingungen, in Beziehung zur Konstitution eines jeden Organismus, zu vergrößern.

Wenden wir uns zur Prüfung der Wahrheit dieser Bemerkungen an die Natur und betrachten wir irgendein kleines abgeschlossenes Gebiet, eine ozeanische Insel z. B., so werden wir finden, daß, obwohl die Gesamtzahl der dieselbe bewohnenden Arten nur klein ist, wie sich in dem Kapitel über geographische Verbreitung ergeben wird, doch eine verhältnismäßig sehr große Zahl dieser Arten endemisch, d. h. hier an Ort und Stelle und nirgends anderwärts erzeugt worden ist. Auf den ersten Blick scheint es demnach, als müsse eine ozeanische Insel außerordentlich günstig zur Hervorbringung neuer Arten gewesen sein. Wir dürften uns aber hierin sehr täuschen; denn um tatsächlich zu ermitteln, ob ein kleines, abgeschlossenes Gebiet oder eine weite offene Fläche wie ein Kontinent für die Erzeugung neuer organischer Formen mehr geeignet gewesen sei, müßten wir auch die Vergleichung innerhalb gleich langer Zeiträume anstellen können, und dies sind wir nicht imstande zu tun.

Obwohl nun Isolierung bei Erzeugung neuer Arten ein sehr wichtiger Umstand ist, so möchte ich doch im ganzen genommen glauben, daß eine große Ausdehnung des Gebietes noch wichtiger insbesondere für die Hervorbringung solcher Arten ist, die sich einer langen Dauer und weiten Verbreitung fähig zeigen sollen. Über einen großen und offenen Bezirk hin wird nicht nur die Aussicht für das Auftreten vorteilhafter Abänderungen wegen der größeren Anzahl sich dort erhaltender Individuen einer Art günstiger, es werden auch die Lebensbedingungen wegen der großen Anzahl schon vorhandener Arten viel verwickelter sein; und wenn einige von diesen zahlreichen Arten modifiziert und verbessert werden, so müssen auch andere in entsprechendem Grade verbessert werden oder sie gehen unter. Eben so wird jede neue Form, sobald sie sich bedeutend verbessert hat, fähig sein, sich über das offene und zusammenhängende Gebiet auszubreiten, und wird hierdurch in Konkurrenz mit vielen anderen treten. Außerdem aber werden große Gebiete, wenn sie auch jetzt zusammenhängend sind, infolge früherer Schwankungen ihrer Oberfläche, oft von unterbrochener Beschaffenheit gewesen sein, so daß hier die guten Wirkungen der Isolierung allgemein bis zu einem gewissen Grade mit konkurriert haben werden. Ich komme demnach zu dem Schluß, daß, wenn kleine abgeschlossene Gebiete auch in manchen Beziehungen wahrscheinlich in hohem Grade für die Erzeugung neuer Arten günstig gewesen sind, doch auf großen Flächen der Verlauf der Modifikation im allgemeinen rascher gewesen sein wird; und, was noch wichtiger ist, die auf den großen Flächen entstandenen neuen Formen, welche bereits den Sieg über viele Mitbewerber davongetragen haben, werden diejenigen sein, die sich am weitesten verbreiten und die größte Zahl von neuen Varietäten und Arten liefern. Sie spielen mithin eine bedeutungsvollere Rolle in der wechselnden Geschichte der organischen Welt.

Wir können von diesen Gesichtspunkten aus vielleicht einige Tatsachen verstehen, welche in unserem Kapitel über die geographische Verbreitung nochmals werden erwähnt werden, z. B. die Tatsache, daß die Erzeugnisse des kleinern australischen Kontinents jetzt vor denen des größeren europäisch-asiatischen Bezirkes im Weichen begriffen sind. Daher kommt es ferner, daß festländische Erzeugnisse allenthalben so reichlich auf Inseln naturalisiert worden sind. Auf einer kleinen Insel wird der Wettkampf ums Dasein viel weniger heftig, Modifikationen werden weniger und Aussterben wird geringer gewesen sein. Wir können hiernach einsehen, woher es kommt, daß die Flora von Madeira nach Oswald Heer in einem gewissen Grade der erloschenen Tertiärflora Europas gleicht. Alle Süßwasserbecken zusammengenommen nehmen dem Meer wie dem trockenen Land gegenüber nur eine kleine Fläche ein, und demgemäß wird die Konkurrenz zwischen den Süßwasser-Erzeugnissen minder heftig gewesen sein als anderwärts; neue Formen werden langsamer entstanden und alte langsamer erloschen sein. Und gerade im süßen Wasser finden wir sieben Gattungen ganoider Fische als übriggebliebene Vertreter einer einst vorherrschenden Ordnung der Klasse; und im süßen Wasser finden wir auch einige der anomalsten Wesen, welche auf der Erde bekannt sind, den *Ornithorhynchus* und den *Lepidosiren*, welche, gleich fossilen Formen bis zu einem gewissen Grade Ordnungen miteinander verbinden, welche jetzt auf der natürlichen Stufenleiter weit voneinander entfernt stehen. Man kann daher diese anomalen Formen „lebende Fossile" nennen. Sie haben sich bis auf den heutigen Tag erhalten, weil sie eine beschränkte Fläche bewohnt haben und infolge dessen einer weniger verschiedenartigen und deshalb minder heftigen Konkurrenz ausgesetzt gewesen sind.

Fassen wir die der natürlichen Zuchtwahl günstigen und ungünstigen Umstände schließlich zusammen, soweit die äußerst verwickelte Beschaffenheit des Gegenstandes solches gestattet. Ich gelange zu dem Schluß, daß für Landerzeugnisse ein großer kontinentaler Bezirk, welcher viele Niveauveränderungen erfahren hat, für Hervorbringung vieler neuen zu langer Dauer und weiter Verbreitung geeigneten Lebensformen die günstigsten Bedingungen dargeboten hat. Solange ein solcher Bezirk ein Festland war, werden seine Bewohner zahlreich an Arten und Individuen gewesen und sehr lebhafter Konkurrenz ausgesetzt gewesen sein. Ist sodann der Kontinent durch Senkungen in einzelne große Inseln umgewandelt worden, so werden noch immer viele Individuen derselben Art auf jeder Insel übriggeblieben sein; eine Kreuzung an den Grenzen des Verbreitungsbezirks jeder neuen Art wird verhindert worden sein. Nach irgendwelchen physikalischen Veränderungen konnten keine Einwanderungen mehr stattfinden, daher die neu entstehenden Stellen in dem Naturhaushalt jeder Insel durch Abänderungen ihrer alten Bewohner ausgefüllt werden mußten. Um die Varietäten einer jeden gehörig umzugestalten und zu vervollkommnen, wird Zeit gelassen worden sein. Wurden durch eine neue Hebung die Inseln wieder in ein Festlandgebiet verwandelt, so wird wieder eine heftige Konkurrenz eingetreten sein. Die am meisten begünstigten oder verbesserten Varietäten werden imstande gewesen sein, sich auszubreiten, viele minder vollkommene Formen werden erloschen sein und die Verhältniszahlen der verschiedenen Bewohner des wieder vereinigten Kontinents werden sich wiederum bedeutend geändert haben. Es wird daher wiederum der natürlichen Zuchtwahl ein reiches Feld zur ferneren Verbesserung der Bewohner und zur Hervorbringung neuer Arten geboten sein.

Ich gebe vollkommen zu, daß die natürliche Zuchtwahl immer mit äußerster Langsamkeit wirkt. Sie kann nur dann wirken, wenn in dem Naturhaushalt eines Gebietes Stellen vorhanden sind, welche dadurch besser besetzt werden können, daß einige seiner Bewohner irgendwelche Abänderung erfahren. Das Vorhandensein solcher Stellen wird oft von gewöhnlich sehr langsam eintretenden physikalischen Veränderungen und davon abhängen, daß die Einwanderung besser angepaßter Formen gehindert ist. Da einige wenige der alten Bewohner Abänderungen erleiden, so werden die Wechselbeziehungen anderer Bewohner zueinander häufig gestört werden; und dies schafft neue Stellen, welche geeignet sind, von besser angepaßten Formen ausgefüllt zu werden; aber alles dies wird sehr langsam vonstatten gehen. Obgleich alle Individuen einer und derselben Art in einem gewissen geringen Grade voneinander verschieden sind, so wird es häufig lange dauern, ehe Verschiedenheiten der richtigen Art in den verschiedenen Teilen der Organisation eintreten. Das Resultat wird durch häufige Kreuzung oft sehr verlangsamt werden. Viele werden der Meinung sein, daß diese verschiedenen Ursachen ganz genügend seien, um die Tätigkeit der natürlichen Zuchtwahl vollständig aufzuheben; ich bin jedoch nicht dieser Ansicht. Ich glaube aber, daß natürliche Zuchtwahl im Hervorbringen von Veränderungen meist sehr langsam, nur in langen Zwischenräumen und nur auf sehr wenig Bewohner einer Gegend zugleich wirkt. Ich glaube ferner, daß diese langsamen und aussetzenden Erfolge ganz gut dem entsprechen, was uns die Geologie in bezug auf die Schnelligkeit und Art der Veränderung lehrt, welche die Bewohner der Erde allmählich erfahren haben.

Wie langsam aber auch der Prozeß der Zuchtwahl sein mag: wenn der schwache Mensch in kurzer Zeit schon so viel durch seine künstliche Zuchtwahl tun kann, so vermag ich keine

Grenze für den Umfang der Veränderungen, für die Schönheit und endlose Verflechtung der Anpassungen aller organischen Wesen aneinander und an ihre natürliche Lebensbedingung zu erkennen, welche die natürliche Zuchtwahl, d. h. das Überleben des Passendsten, im Verlaufe langer Zeiträume zu bewirken imstande gewesen sein mag.

Aussterben durch natürliche Zuchtwahl verursacht

Dieser Gegenstand wird in dem Abschnitt über Geologie vollständiger abgehandelt werden; wir müssen ihn aber hier berühren, weil er mit der natürlichen Zuchtwahl eng zusammenhängt. Natürliche Zuchtwahl wirkt nur durch Erhaltung irgendwie vorteilhafter Abänderungen, welche folglich die anderen überdauern. Infolge des geometrischen Verhältnisses der Vervielfältigung aller organischen Wesen ist jeder Bezirk schon mit lebenden Bewohnern in voller Zahl besetzt und hieraus folgt, daß, wie die begünstigten Formen an Menge zunehmen, so die minder begünstigten Formen allmählich abnehmen und seltener werden. Seltenwerden ist, wie die Geologie uns lehrt, der Vorläufer des Aussterbens. Man sieht auch leicht ein, daß eine nur durch wenige Individuen vertretene Form durch bedeutende Schwankungen in der Beschaffenheit der Jahreszeiten oder durch ein zeitweises Zunehmen der Zahl ihrer Feinde große Gefahr gänzlicher Vertilgung läuft. Doch können wir noch weiter gehen; denn so wie neue Formen erzeugt werden, so müssen viele alte unvermeidlich erlöschen, wenn wir nicht annehmen, daß die Zahl der spezifischen Formen beständig und ins Unendliche anwachsen könne. Die Geologie zeigt uns deutlich, daß die Zahl der Arten nicht ins Unbegrenzte gewachsen ist, und wir werden gleich zu zeigen versuchen, woher es kommt, daß die Artenzahl auf der Erdoberfläche nicht unermeßlich groß geworden ist.

Wir haben gesehen, daß diejenigen Arten, welche die zahlreichsten an Individuen sind, die meiste Wahrscheinlichkeit für sich haben, innerhalb einer gegebenen Zeit vorteilhafte Abänderungen hervorzubringen. Die im zweiten Kapitel mitgeteilten Tatsachen können zum Beweis hierfür dienen, indem sie zeigen, daß es gerade die gemeinen und verbreiteten oder herrschenden Arten sind, welche die größte Anzahl ausgezeichneter Varietäten liefern. Daher werden denn auch die seltenen Arten in einer gegebenen Periode weniger rasch umgeändert oder verbessert werden und demzufolge in dem Kampf ums Dasein mit den umgeänderten und verbesserten Abkömmlingen der gemeineren Arten unterliegen.

Aus diesen verschiedenen Betrachtungen scheint mir nun unvermeidlich zu folgen, daß, wie im Laufe der Zeit neue Arten durch natürliche Zuchtwahl entstehen, andere seltener und seltener und endlich erlöschen werden. Diejenigen Formen werden natürlich am meisten leiden, welche in engster Konkurrenz mit denen stehen, welche eine Veränderung und Verbesserung erfahren. Und wir haben in dem Kapitel über den Kampf ums Dasein gesehen, daß es die miteinander am nächsten verwandten Formen – Varietäten der nämlichen Art und Arten der nämlichen oder einander zunächst verwandter Gattungen – sind, welche, weil sie nahezu gleichen Bau, Konstitution und Lebensweise haben, meistens auch in die heftigste Konkurrenz miteinander geraten. Jede neue Varietät oder Art wird folglich während des Verlaufes ihrer Bildung im allgemeinen am stärksten ihre nächst verwandten Formen bedrängen und sie zum Aussterben zu zwingen suchen. Wir sehen den nämlichen Prozeß der Austilgung unter unseren domestizierten Erzeugnissen vor sich gehen, infolge der Auswahl veredelter Formen durch den Menschen. Ich könnte mit vielen merkwürdigen Belegen zeigen, wie schnell neue Rassen von Rindern, Schafen und anderen Tieren oder neue Varietäten von Blumen die Stelle der früheren und unvollkommeneren einnehmen. Es ist geschichtlich bekannt, daß in Yorkshire das alte schwarze Rind durch die Langhornrasse verdrängt und daß diese wiederum nach dem Ausdruck eines landwirtschaftlichen Schriftstellers, „wie durch eine mörderische Seuche von den Kurzhörnern weggefegt worden ist".

Divergenz der Charaktere in bezug auf die Verschiedenheit der Bewohner eines kleinen Gebiets und auf Naturalisation

Das Prinzip, welches ich mit diesem Ausdruck bezeichne, ist von hoher Bedeutung und erklärt nach meiner Meinung verschiedene wichtige Tatsachen. Erstens weichen Varietäten, und selbst sehr ausgeprägte, obwohl sie etwas vom Charakter der Spezies an sich haben, wie in vielen Fällen aus den hoffnungslosen Zweifeln über ihren Rang erhellt, doch gewiß viel weniger als gute und verschiedene Arten voneinander ab. Dem ungeachtet sind nach meiner Anschauungsweise Varietäten Arten im Prozeß der Bildung oder, wie ich sie genannt habe, beginnende Spezies. Auf welche Weise wächst nun jene kleinere Verschiedenheit zwischen Varietäten zur größeren spezifischen Verschiedenheit an? Daß dies allgemein geschehe, müssen wir daraus schließen, daß die meisten der unzähligen in der ganzen Natur vorhandenen Arten wohl ausgeprägte Verschiedenheiten darbieten, während Varietäten, die von uns angenommenen Prototypen und Erzeuger künftiger wohl unterschiedener Arten, nur geringe und wenig ausgeprägte Unterschiede darbieten. Der bloße Zufall, wie man es nennen könnte, möchte wohl die Abweichung einer Varietät von ihren Eltern in irgendeinem Merkmal und dann die Abweichung des Nachkömmlings dieser Varietät von seinen Eltern in denselben Merkmalen und in einem höheren Grade veranlassen können; doch würde dies nicht allein genügen, ein so gewöhnliches und großes Maß von Verschiedenheit zu erklären, wie es zwischen Varietäten einer Art und zwischen Arten einer Gattung vorhanden ist.

Wie es stets mein Brauch war, so habe ich auch diesen Gegenstand mit Hilfe unserer Kulturerzeugnisse mir zu erklären gesucht. Wir werden dabei etwas Analoges finden. Man wird zugeben, daß die Bildung so weit auseinander laufender Rassen wie die des Kurzhorn- und des Hereford-Rindes, des Renn- und des Karrenpferdes, der verschiedenen Taubenrassen usw. durch bloß zufällige Häufung der Abänderungen ähnlicher Art während vieler aufeinanderfolgender Generationen niemals hätte zustande kommen können. Wenn nun aber in der Wirklichkeit ein Liebhaber z. B. seine Freude an einer Taube mit merklich kurzem und ein anderer die seinige an einer Taube mit viel längerem Schnabel hätte, so würden sich beide bestreben (wie es mit den Unterrassen der Purzeltauben wirklich der Fall gewesen ist), da „Liebhaber Mittelformen nicht bewundern und nicht bewundern werden, sondern Extreme lieben", zur Nachzucht Vögel mit immer kürzeren und kürzeren oder immer längeren und längeren Schnäbeln zu wählen. Ebenso können wir annehmen, daß in einer früheren Zeit die Leute der einen Nation flüchtigere und die einer anderen stärkere und schwerere Pferde bedurft haben. Die ersten Unterschiede werden nur sehr gering gewesen sein; wenn nun aber im Laufe der Zeit einige Züchter fortwährend die flüchtigeren, und andere ebenso die schwereren Pferde zur Nachzucht auswählten, so werden die Verschiedenheiten immer größer und als Unterscheidungszeichen für zwei Unterrassen angesehen werden. Endlich würden nach Verlauf von Jahrhunderten diese Unterrassen sich zu zwei wohlbegründeten und verschiedenen Rassen ausgebildet haben. In der Zeit, als die Verschiedenheiten langsam zunahmen, werden die unvollkommeneren Tiere von mittlerem Charakter, die weder sehr leicht noch sehr schwer waren, nicht zur Zucht benutzt worden sein und damit zum Verschwinden geneigt haben. Daher sehen wir denn in diesen Erzeugnissen des Menschen die Wirkungen des Prinzips der Divergenz, wie man es nennen könnte, welche anfangs kaum bemerkbare Verschiedenheiten immer zunehmen und die Rassen immer weiter unter sich wie von ihren gemeinsamen Stammeltern abweichen läßt.

Aber wie, kann man fragen, läßt sich ein solches Prinzip auf die Natur anwenden? Ich glaube, daß es schon durch den einfachen Umstand eine äußerst erfolgreiche Anwendung finden kann und auch findet (obwohl ich selbst dies lange Zeit nicht erkannt habe), daß, je weiter die Abkömmlinge einer Spezies im Bau, Konstitution und Lebensweise auseinandergehen, sie um so besser geeignet sein werden, viele und sehr verschiedene Stellen im Haushalt der Natur einzunehmen und somit befähigt werden, an Zahl zuzunehmen.

Viertes Kapitel

Dies zeigt sich deutlich bei Tieren mit einfacher Lebensweise. Nehmen wir ein vierfüßiges Raubtier zum Beispiel, dessen Zahl in einer Gegend schon längst zu dem vollen Betrag angestiegen ist, welchen die Gegend zu ernähren vermag. Hat sein natürliches Vervielfältigungsvermögen freies Spiel gehabt, so kann dieselbe Tierart (vorausgesetzt, daß die Gegend keine Veränderung ihrer natürlichen Verhältnisse erfahre) nur dann noch weiter zunehmen, wenn ihre Nachkommen in der Weise abändern, daß sie allmählich solche Stellen einnehmen können, welche jetzt andere Tiere schon innehaben, wenn z.B. einige derselben geschickt werden, auf neue Arten von lebender oder toter Beute auszugehen, wenn sie neue Standorte bewohnen, Bäume erklimmen, ins Wasser gehen oder vielleicht auch einen Teil ihrer Raubtiernatur aufgeben. Je mehr nun diese Nachkommen unseres Raubtieres in Organisation und Lebensweise verschiedenartig werden, desto mehr Stellen werden sie fähig sein, in der Natur einzunehmen. Und was von einem Tier gilt, das gilt durch alle Zeiten von allen Tieren, vorausgesetzt, daß sie variieren; denn außer dem kann natürliche Zuchtwahl nichts ausrichten. Und dasselbe gilt von den Pflanzen. Es ist durch Versuche dargetan worden, daß, wenn man eine Strecke Landes mit nur einer Grasart und eine ähnliche Strecke Landes mit Gräsern verschiedener Gattungen besät, man im letzten Falle eine größere Anzahl von Pflanzen erzielen und ein größeres Gewicht von Heu einbringen kann, als im ersten Falle. Zum nämlichen Ergebnis ist man gelangt, wenn man eine Varietät und wenn man verschiedene gemischte Varietäten von Weizen auf gleich große Grundstücke säte. Wenn daher eine Grasart immer weiter in Varietäten auseinandergeht, und wenn immer wieder diejenigen Varietäten, welche unter sich in derselben Weise, wenn auch in sehr geringem Grade, wie die Arten und Gattungen der Gräser verschieden sind, zur Nachzucht gewählt werden, so wird eine größere Anzahl einzelner Stöcke dieser Grasart mit Einschluß ihrer Varietäten auf gleicher Fläche wachsen können als zuvor. Bekanntlich streut jede Grasart und jede Varietät jährlich eine fast zahllose Menge von Samen aus, so daß man fast sagen könnte, ihr hauptsächlichstes Streben sei Vermehrung der Individuenzahl. Daher werden im Verlaufe von vielen tausend Generationen gerade die am weitesten auseinandergehenden Varietäten einer Grasart immer am meisten Aussicht auf Erfolg und auf Vermehrung ihrer Anzahl und dadurch auf Verdrängung der weniger verschiedenen Varietäten für sich haben; und sind diese Varietäten nun weit voneinander geschieden worden, so nehmen sie den Charakter der Arten an.

Die Wahrheit des Prinzips, daß die größte Summe von Leben durch die größte Differenzierung der Struktur vermittelt werden kann, läßt sich unter vielerlei natürlichen Verhältnissen erkennen. Auf einem äußerst kleinen Bezirk, zumal wenn er der Einwanderung offen ist, wo das Ringen der Individuen miteinander sehr heftig sein muß, finden wir stets eine große Mannigfaltigkeit unter seinen Bewohnern. So fand ich z. B. auf einem 3' langen und 4' breiten Stück Rasen, welches viele Jahre lang genau denselben Bedingungen ausgesetzt gewesen war, zwanzig Arten von Pflanzen, und diese gehörten zu achtzehn Gattungen und acht Ordnungen, woraus sich ergibt, wie verschieden voneinander diese Pflanzen sind. So ist es auch mit den Pflanzen und Insekten auf kleinen einförmigen Inseln; und ebenso in kleinen Süßwasserbehältern. Die Landwirte wissen, daß sie bei einer Fruchtfolge mit Pflanzenarten aus den verschiedensten Ordnungen am meisten Futter ziehen können, und die Natur bietet, was man eine simultane Fruchtfolge nennen könnte. Die meisten Pflanzen und Tiere, welche rings um ein kleines Grundstück wohnen, würden auch auf diesem Grundstück (wenn es nicht in irgendeiner Beziehung von sehr eigentümlicher Beschaffenheit ist) leben können und streben sozusagen in hohem Grade danach, da zu leben; wo sie aber in nächste Konkurrenz miteinander kommen, da sehen wir ihre aus der Differenzierung ihrer Organisation und der diese begleitenden Verschiedenartigkeit der Lebensweise und Konstitution sich ergebenden wechselseitigen Vorteile es bedingen, daß die am unmittelbarsten miteinander ringenden Bewohner der allgemeinen Regel zufolge Formen sind, welche wir als zu verschiedenen Gattungen und Ordnungen gehörig bezeichnen.

Dasselbe Prinzip erkennt man, wo der Mensch Pflanzen in fremden Ländern zu naturalisieren strebt. Man hätte erwarten dürfen, daß diejenigen Pflanzen, die mit Erfolg in einem Lande naturalisiert werden können, im allgemeinen nahe verwandt mit den eingeborenen seien; denn diese betrachtet man gewöhnlich als besonders für ihre Heimat geschaffen und angepaßt. Ebenso hätte man vielleicht erwartet, daß die naturalisierten Pflanzen zu einigen wenigen Gruppen gehörten, welche nur etwa gewissen Stationen ihrer neuen Heimat angepaßt wären. Aber die Sache verhält sich ganz anders; Alphonse de Candolle hat in seinem großen und vortrefflichen Werk ganz wohl gezeigt, daß die Floren durch Naturalisierung, im Verhältnis zu der Anzahl der eingeborenen Gattungen und Arten, weit mehr an neuen Gattungen als an neuen Arten gewinnen. Um nur ein Beispiel zu geben, so sind in der letzten Ausgabe von Dr. Asa Grays ‚Manual of the Flora of the Northern United States' 260 naturalisierte Pflanzenarten aufgezählt, und diese gehören zu 162 Gattungen. Wir sehen hieraus, daß diese naturalisierten Pflanzen von sehr verschiedener Natur sind. Überdies weichen sie auch von den eingeborenen in hohem Grade ab; denn von jenen 162 naturalisierten Gattungen sind nicht weniger als hundert ganz fremdländisch; die in den Vereinigten Staaten jetzt lebenden Gattungen haben also hierdurch eine verhältnismäßig bedeutende Vermehrung erfahren.

Berücksichtigt man die Natur der Pflanzen und Tiere, welche erfolgreich mit den eingeborenen einer Gegend gerungen haben und in dessen Folge naturalisiert worden sind, so kann man eine ungefähre Vorstellung davon gewinnen, wie etwa einige der eingeborenen hätten modifiziert werden müssen, um einen Vorteil über die anderen eingeborenen zu erlangen: wir können wenigstens schließen, daß eine Differenzierung ihrer Struktur bis zu einer generischen Verschiedenheit für sie ersprießlich gewesen wäre.

Der Vorteil einer Differenzierung der Struktur der Bewohner einer und derselben Gegend ist in der Tat derselbe, wie er für einen individuellen Organismus aus der physiologischen Teilung der Arbeit in seinen Organen entspringt, ein von H. Milne Edwards so trefflich erläuterter Gegenstand. Kein Physiologe zweifelt daran, daß ein Magen, welcher nur zur Verdauung von vegetabilischen oder von animalischen Substanzen geeignet ist, die meiste Nahrung aus diesen Stoffen zieht. So werden auch in dem großen Naturhaushalt eines Landes um so mehr Individuen von Pflanzen und Tieren ihren Unterhalt zu finden imstande sein, je weiter und vollkommener dieselben für verschiedene Lebensweisen differenziert sind. Eine Anzahl von Tieren mit nur wenig differenzierter Organisation kann schwerlich mit einer anderen von vollständiger differenziertem Bau konkurrieren. So wird man z.B. bezweifeln müssen, ob die australischen Beuteltiere, welche nach Waterhouses u.a. Bemerkung in nur wenig voneinander abweichende Gruppen geteilt sind und unsere Raubtiere, Wiederkäuer und Nager nur unvollkommen vertreten, imstande sein würden, mit diesen wohl ausgesprochenen Ordnungen zu konkurrieren. In den australischen Säugetieren erblicken wir den Prozeß der Differenzierung auf einer noch frühen und unvollkommenen Entwicklungsstufe.

Wirkung der natürlichen Zuchtwahl auf die Abkömmlinge gemeinsamer Eltern durch Divergenz der Charaktere und durch Aussterben – Erklärt die Gruppierung aller organischen Wesen

Nach den vorangehenden Erörterungen, welche sehr zusammengedrängt sind, können wir annehmen, daß die abgeänderten Nachkommen irgendeiner Spezies umso mehr Erfolg haben werden, je mehr sie in ihrer Organisation differenziert und hierdurch geeignet geworden sind, sich auf die bereits von anderen Wesen eingenommenen Stellen einzudrängen. Wir wollen nun zusehen, wie dieses Prinzip von der Herleitung eines Vorteils aus der Divergenz des Charakters, in Verbindung mit den Prinzipien der natürlichen Zuchtwahl und des Aussterbens, wirkt.

Viertes Kapitel

Das beigefügte Schema wird uns diese sehr verwickelte Frage leichter verstehen helfen. Gesetzt, es bezeichnen die Buchstaben A bis L die Arten einer in ihrem Heimatland großen Gattung; es wird angenommen, daß diese Arten einander in ungleichen Graden ähnlich sind, wie es eben in der Natur so allgemein der Fall zu sein pflegt und was im Schema durch verschiedene Entfernung jener Buchstaben voneinander ausgedrückt werden soll. Wir wählen eine große Gattung, weil wir schon im zweiten Kapitel gesehen haben, daß in großen Gattungen verhältnismäßig mehr Arten variieren als in kleinen und die variierenden Arten großer Gattungen eine größere Anzahl von Varietäten darbieten. Wir haben ferner gesehen, daß die gemeinsten und am weitesten verbreiteten Arten mehr als die seltenen und auf kleine Wohnbezirke beschränkten abändern. Es sei nun A eine gemeine, weit verbreitete und abändernde Art einer in ihrem Heimatland großen Gattung; der kleine Fächer divergierender Punktlinien von ungleicher Länge, welche von A ausgehen, möge ihre variierende Nachkommenschaft darstellen. Es wird ferner angenommen, die Abänderungen seien außerordentlich gering aber von der mannigfaltigsten Beschaffenheit, treten nicht alle gleichzeitig, sondern oft nach langen Zwischenräumen auf, und endlich sollen sie nicht alle gleich lange Zeiten dauern. Nur jene Abänderungen, welche in irgendeiner Beziehung nützlich sind, werden erhalten oder zur natürlichen Zuchtwahl verwendet werden. Und hier tritt die Bedeutung des Prinzips hervor, das die Divergenz des Charakters darbietet; denn diese wird allgemein zu den verschiedensten und am weitesten auseinandergehenden Abänderungen führen (welche durch die äußeren punktierten Linien dargestellt sind), wie sie durch natürliche Zuchtwahl erhalten und gehäuft werden. Wenn nun in unserem Schema eine der punktierten Linien eine der waagerechten Linien erreicht und dort mit einem kleinen numerierten Buchstaben bezeichnet erscheint, so wird angenommen, daß darin eine Summe von Abänderung gehäuft sei, genügend zur Bildung einer ziemlich gut ausgeprägten Varietät, wie sie der Aufnahme in ein systematisches Werk wert geachtet werden würde.

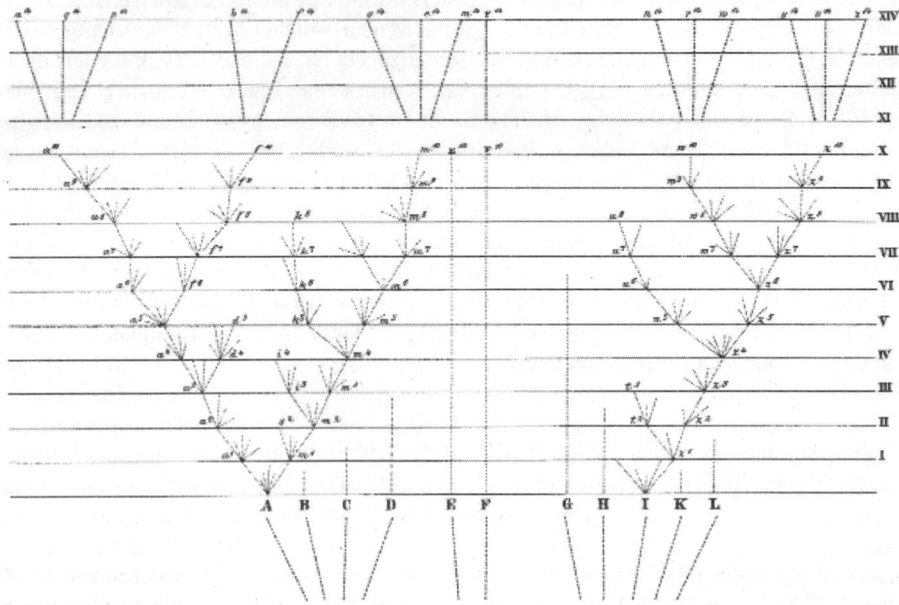

Die Zwischenräume zwischen je zwei waagerechten Linien des Schemas mögen je tausend oder noch mehr Generationen entsprechen. Nach tausend Generationen hätte die Art A zwei ziemlich gut ausgeprägte Varietäten a^1 und m^1 hervorgebracht. Diese zwei Varietäten werden im allgemeinen beständig denselben Bedingungen ausgesetzt sein, welche ihre Stammeltern zur Abänderung veranlaßten, und das Streben nach Abänderung ist an sich erblich. Sie werden daher nach weiterer Abänderung und gewöhnlich in nahezu derselben Art und Richtung streben wie ihre Stammeltern. Überdies werden diese zwei Varietäten, als nur erst wenig modifizierte Formen, diejenigen Vorzüge wieder zu erben geneigt sein, welche ihren gemeinsamen Eltern A das numerische Übergewicht über die meisten anderen Bewohner derselben Gegend verschafft hatten; sie werden gleicherweise an denjenigen allgemeineren Vorteilen teilnehmen, welche die Gattung, wozu ihre Stammeltern gehörten, zu einer großen Gattung ihres Heimatlandes erhoben. Und wir wissen, daß alle diese Umstände zur Hervorbringung neuer Varietäten günstig sind.

Wenn denn nun diese zwei Varietäten ebenfalls veränderlich sind, so werden die divergentesten unter ihren Abänderungen gewöhnlich während der nächsten tausend Generationen fortbestehen. Nach dieser Zeit, ist in unserem Schema angenommen, habe Varietät a^1 die Varietät a^2 hervorgebracht, die nach dem Differenzierungsprinzip weiter als a^1 von A verschieden ist. Varietät m^1 hat der Annahme nach zwei andere Varietäten m^2 und s^2 ergeben, welche unter sich, und noch beträchtlicher von ihrer gemeinsamen Stammform A abweichen. So können wir den Vorgang für eine beliebig lange Zeit von Stufe zu Stufe fortführen; einige der Varietäten werden von je tausend zu tausend Generationen bald nur eine einzige Abänderung aber in einem immer weiter und weiter modifizierten Zustande, bald auch zwei oder drei derselben hervorbringen, während andere gar keine neuen Formen darbieten. Auf diese Weise werden gewöhnlich die Varietäten oder abgeänderten Nachkommen einer gemeinsamen Stammform A im ganzen immer zahlreicher werden und immer weiter im Charakter auseinanderlaufen. In dem Schema ist der Vorgang bis zur zehntausendsten Generation, – und in einer gedrängteren und vereinfachten Weise bis zur vierzehntausendsten Generation dargestellt.

Doch muß ich hier bemerken, daß ich nicht der Meinung bin, daß der Prozeß jemals so regelmäßig und beständig vor sich gehe, wie er im Schema dargestellt ist, obwohl er auch da schon etwas unregelmäßig erscheint; es ist viel wahrscheinlicher, daß eine jede Form lange Zeit hindurch unverändert bleibt und dann wieder einer Modifizierung unterliegt. Ebenso bin ich nicht der Ansicht, daß die am weitesten differierenden Varietäten unabänderlich erhalten werden. Oft kann eine Mittelform von langer Dauer sein und entweder mehr als eine in ungleichem Grade abgeänderte Varietät hervorbringen oder nicht; denn die natürliche Zuchtwahl wird sich immer nach der Beschaffenheit der noch gar nicht oder nur unvollständig von anderen Wesen eingenommenen Stellen richten; und dies wird von unendlich verwickelten Beziehungen abhängen. Doch werden der allgemeinen Regel zufolge die Abkömmlinge irgendeiner Art umso besser befähigt sein, mehr Stellen einzunehmen, und ihre abgeänderten Nachkommen werden sich umso stärker vermehren, je verschiedenartiger sie in ihrer Organisation geworden sind. In unserem Schema ist die Sukzessionslinie in regelmäßigen Zwischenräumen durch kleine numerierte Buchstaben unterbrochen, zur Bezeichnung der nacheinander auftretenden Formen, welche genügend verschieden geworden sind, um als Varietäten angeführt zu werden. Aber diese Unterbrechungen sind nur imaginär und hätten anderwärts eingeschoben werden können, nach für die Häufung eines ansehnlichen Betrags divergenter Abänderung hinlänglich langen Zwischenräumen.

Da alle die modifizierten Abkömmlinge einer gemeinen und weit verbreiteten Art einer großen Gattung an den gemeinsamen Verbesserungen teilzunehmen streben, welche den Erfolg ihrer Stammeltern im Leben bedingt haben, so werden sie im allgemeinen sowohl an Zahl als an Divergenz des Charakters zunehmen; und dies ist im Schema durch die verschiedenen von A ausgehenden Verzweigungen ausgedrückt. Die abgeänderten Nachkommen der späteren und weiter verbesserten Zweige der Deszendenzlinien werden wahrscheinlich oft die Stelle der früheren und minder vervollkommneten einnehmen und sie verdrängen, und dies ist im Schema dadurch ausgedrückt, daß einige der unteren Zweige nicht bis zu den nächst höheren Horizontallinien hinaufreichen. In einigen Fällen wird ohne Zweifel der Prozeß der Abänderung auf eine einzelne

Viertes Kapitel

Linie der Deszendenz beschränkt bleiben und die Zahl der modifizierten Nachkommen nicht vermehrt werden, wenn auch das Maß divergenter Modifikation in den aufeinanderfolgenden Generationen zugenommen hat. Dieser Fall würde in dem Schema dargestellt werden, wenn alle von A ausgehenden Linien, ausgenommen die von a^1 bis a^{10}, beseitigt würden. Auf diese Weise sind allem Anschein nach z. B. die englischen Rennpferde und englischen Vorstehehunde langsam vom Charakter ihrer Stammform abgewichen, ohne je neue Abzweigungen oder Nebenrassen abgegeben zu haben.

Es wird nun der Fall gesetzt, daß die Art A nach zehntausend Generationen drei Formen, a^{10}, f^{10} und m^{10} hervorgebracht habe, welche infolge der Divergenz ihrer Charaktere während der aufeinanderfolgenden Generationen weit, aber vielleicht in ungleichem Grade unter sich und von ihren Stammeltern verschieden geworden sind. Nehmen wir nur einen äußerst kleinen Betrag von Veränderung zwischen je zwei Horizontalen unseres Schemas an, so könnten unsere drei Formen noch immer nur wohl ausgeprägte Varietäten sein; wir haben aber nur nötig, uns die Abstufungen in diesem Prozeß der Modifikation etwas zahlreicher oder dem Grade nach bedeutender zu denken, um diese drei Formen in zweifelhafte oder endlich gute Arten zu verwandeln. Alsdann drückt das Schema die Stufen aus, auf welchen die kleinen nur Varietäten charakterisierenden Verschiedenheiten in größere, schon Arten unterscheidende Verschiedenheiten übergehen. Denkt man sich denselben Prozeß durch eine noch größere Anzahl von Generationen fortgesetzt (wie es oben im Schema in gedrängter Weise geschehen), so erhalten wir acht von A abstammende Arten, mit a^{14} bis m^{14} bezeichnet. So werden, wie ich glaube, Arten vervielfältigt und Gattungen gebildet.

In einer großen Gattung dürfte wahrscheinlich mehr als eine Art variieren. Im Schema habe ich angenommen, daß eine zweite Art I in analogen Abstufungen nach zehntausend Generationen entweder zwei wohl ausgezeichnete Varietäten (w^{10} und z^{10}), oder zwei Arten hervorgebracht habe, je nachdem man sich den Betrag der Veränderung, welcher zwischen zwei waagerechten Linien liegt, kleiner oder größer denkt. Nach vierzehntausend Generationen werden nach unserer Annahme sechs neue durch die Buchstaben n^{14} bis z^{14} bezeichnete Arten entstanden sein. In jeder Gattung werden die bereits in ihrem Charakter sehr auseinandergegangenen Arten die größte Anzahl modifizierter Nachkommen hervorzubringen streben, indem diese die beste Aussicht haben, neue und voneinander sehr verschiedene Stellen im Naturhaushalt einzunehmen; daher habe ich im Schema die extreme Art A und die nahezu extreme Art I als solche gewählt, welche bedeutend variiert und zur Bildung neuer Varietäten und Arten Veranlassung gegeben haben. Die anderen neun mit großen Buchstaben (B – H, K, L) bezeichneten Arten unserer ursprünglichen Gattung sollen durch lange aber ungleiche Zeiträume fortfahren, nicht abgeänderte Nachkommen zu hinterlassen, was im Schema durch die punktierten Linien ausgedrückt ist, welche nach aufwärts ungleich verlängert sind.

Inzwischen dürfte während des auf unserem Schema dargestellten Umänderungsprozesses noch ein anderes unserer Prinzipien, das des Aussterbens, eine wichtige Rolle gespielt haben. Da in jeder vollständig bevölkerten Gegend natürliche Zuchtwahl notwendig dadurch wirkt, daß die gewählte Form in dem Kampf ums Dasein irgendeinen Vorteil vor den übrigen Formen voraus hat, so wird in den verbesserten Abkömmlingen einer Art ein beständiges Streben vorhanden sein, auf jeder ferneren Generationsstufe ihre Vorgänger und ihren Urstamm zu ersetzen und zum Aussterben zu bringen. Denn man muß sich erinnern, daß die Konkurrenz gewöhnlich am heftigsten zwischen solchen Formen ist, welche einander in Organisation, Konstitution und Lebensweise am nächsten stehen. Daher werden alle Zwischenformen zwischen den früheren und späteren, das ist zwischen den weniger und mehr verbesserten Zuständen einer und derselben Art, sowie die ursprüngliche Stammart selbst gewöhnlich zum Erlöschen geneigt sein. Ebenso wird es sich wahrscheinlich mit vielen ganzen Seitenlinien verhalten, welche durch spätere und vollkommenere Linien besiegt werden. Wenn dagegen die abgeänderte Nachkommenschaft einer Spezies in eine verschiedene Gegend kommt oder sich irgendeinem ganz neuen Standort rasch anpaßt, wo Stammform und Nachkommen nicht in Konkurrenz geraten, dann können beide fortbestehen.

Nimmt man daher bei unserem Schema an, daß es ein großes Maß von Abänderung darstelle, so werden die Art A und alle früheren Abänderungen derselben erloschen und durch acht neue Arten $a^{14} - m^{14}$ ersetzt sein, und die Art I wird durch sechs neue Arten $n^{14} - z^{14}$ ersetzt sein.

Wir können aber noch weiter gehen. Wir haben angenommen, daß die ursprünglichen Arten unserer Gattung einander in ungleichem Grade ähnlich seien, wie das in der Natur so gewöhnlich der Fall ist; daß die Art A. näher mit B, C und D als mit den anderen verwandt sei und I mehr mit G, H, K, L, als mit den übrigen; daß ferner diese zwei Arten A und I sehr gemein und weit verbreitet seien, so daß sie schon ursprünglich einige Vorzüge vor den meisten anderen Arten derselben Gattung vorausgehabt haben müssen. Ihre modifizierten Nachkommen, vierzehn an der Zahl bei der vierzehntausendsten Generation, werden wahrscheinlich einige der nämlichen Vorzüge geerbt haben; auch sind sie auf jeder weiteren Stufe der Deszendenz in einer divergenten Weise abgeändert und verbessert worden, so daß sie sich zur Besetzung vieler passender Stellen im Naturhaushalt ihres Heimatlandes geeignet haben. Es scheint mir daher äußerst wahrscheinlich, daß sie nicht allein ihre Eltern A und I ersetzt und vertilgt haben werden, sondern auch einige andere diesen zunächst verwandte ursprüngliche Spezies. Es werden daher nur sehr wenige der ursprünglichen Arten Nachkommen bis in die vierzehntausendste Generation hinterlassen haben. Wir können annehmen, daß nur eine, F, von den zwei mit den anderen ursprünglichen neun am wenigsten nahe verwandten Arten (E und F), Nachkommen bis zu dieser späten Generation erhalten hat.

Der neuen von den elf ursprünglichen Arten unseres Schema abgeleiteten Spezies sind nun fünfzehn. Dem divergenten Streben der natürlichen Zuchtwahl gemäß wird der äußerste Betrag von Charakter Verschiedenheit zwischen den Arten a^{14} und z^{14} viel größer als der zwischen den unter sich verschiedensten der elf ursprünglichen Arten sein. Überdies werden die neuen Arten in sehr ungleichem Grade miteinander verwandt sein. Unter den acht Nachkommen von A werden die drei a^{14}, q^{14} und p^{14} nahe verwandt sein, weil sie sich erst spät von a^{10} abgezweigt haben, wogegen b^{14} und f^{14} als alte Abzweigungen von a^5 in einem gewissen Grade von jenen drei erst genannten verschieden sind; und endlich werden o^{14}, e^{14} und m^{14} zwar unter sich nahe verwandt sein, aber weil sie beim ersten Beginn des Abänderungs-Prozesses divergiert haben, weit von den anderen fünf Arten abstehen und eine besondere Untergattung oder sogar eine eigene Gattung bilden.

Die sechs Nachkommen von I werden zwei Subgenera oder selbst Genera bilden. Da aber die Stammart I von A sehr verschieden war und weit entfernt, fast am anderen Ende der Artenreihe der ursprünglichen Gattung stand, so werden diese sechs Nachkommen von I, nur infolge der Vererbung, beträchtlich von den acht Nachkommen von A abweichen; überdies wurde angenommen, daß diese zwei Gruppen sich in auseinandergehenden Richtungen verändert haben. Auch sind die intermediären Arten, welche die ursprünglichen Spezies A und I miteinander verbanden (was zu beachten sehr wichtig ist), mit Ausnahme von F sämtlich erloschen, ohne Nachkommenschaft hinterlassen zu haben. Daher werden die sechs neuen von I entsprossenen und die acht von A abstammenden Spezies zu zwei sehr verschiedenen Gattungen oder selbst zu besonderen Unterfamilien gerechnet werden müssen.

So kommt es, wie ich meine, daß zwei oder mehr Gattungen durch Abstammung mit Modifikation aus zwei oder mehr Arten eines und desselben Genus entspringen können, und von den zwei oder mehr Stammarten ist angenommen worden, daß sie von einer Art einer noch früheren Gattung herrühren. In unserem Schema ist dies durch die unterbrochenen Linien unter den großen Buchstaben angedeutet, welche gruppenweise abwärts gegen einen einzigen Punkt konvergieren. Dieser Punkt stellt eine einzelne Spezies, die angenommene Stammart unserer verschiedenen neuen Subgenera und Genera dar.

Viertes Kapitel

Es ist der Mühe wert, einen Augenblick bei dem Charakter der neuen Art F^{14} zu verweilen, von welcher angenommen wird, daß sie keine große Divergenz des Charakters erfahren, vielmehr die Form von F unverändert oder mit nur geringer Abänderung beibehalten habe. In diesem Falle werden ihre verwandtschaftlichen Beziehungen zu den anderen vierzehn neuen Arten eigentümlicher und weitläufiger Art sein. Von einer zwischen den zwei jetzt als erloschen und unbekannt angenommenen Stammarten A und I stehenden Spezies abstammend, wird sie in ihrem Charakter einigermaßen das Mittel zwischen den zwei von diesen Arten abstammenden Gruppen halten. Da aber beide Gruppen in ihren Charakteren vom Typus ihrer Stammeltern fortdauernd auseinandergelaufen sind, so wird die neue Art F^{14} das Mittel nicht unmittelbar zwischen ihnen, sondern vielmehr zwischen den Typen beider Gruppen halten; und jeder Naturforscher dürfte imstande sein, sich ein Beispiel dieser Art ins Gedächtnis zu rufen.

In dem Schema entspricht nach unserer bisherigen Annahme jeder Abstand zwischen zwei Horizontalen tausend Generationen; es kann aber ein jeder auch einer Million oder mehreren Millionen von Generationen und zugleich einem Teil der aufeinanderfolgenden, organische Reste enthaltenden Schichten unserer Erdrinde entsprechen. In unserem Kapitel über Geologie werden wir wieder auf diesen Gegenstand zurückzukommen haben und werden dann, denke ich, finden, daß unser Schema geeignet ist, Licht über die Verwandtschaft erloschener Wesen zu verbreiten, welche, wenn auch im allgemeinen zu denselben Ordnungen, Familien oder Gattungen mit den jetzt lebenden gehörig, doch in ihrem Charakter oft in gewissem Grad das Mittel zwischen jetzt lebenden Gruppen halten; und man wird diese Tatsache begreiflich finden, da die erloschenen Arten in verschiedenen sehr frühen Zeiten gelebt haben, wo die sich verzweigenden Deszendenzlinien noch wenig auseinandergegangen waren.

Ich finde keinen Grund, den Verlauf der Abänderung, wie er bisher auseinandergesetzt worden ist, bloß auf die Bildung der Gattungen zu beschränken. Nehmen wir in unserem Schema den von jeder aufeinanderfolgenden Gruppe divergierender punktierter Linien dargestellten Betrag von Abänderung sehr groß an, so werden die mit a^{14} bis p^{14}, mit b^{14} bis f^{14} und mit o^{14} bis m^{14} bezeichneten Formen drei sehr verschiedene Genera darstellen. Wir werden dann auch zwei sehr verschiedene von I abstammende Gattungen haben, welche von den Nachkommen von A sehr abweichen. Diese beiden Gruppen von Gattungen werden daher zwei distinkte Familien oder Ordnungen bilden, je nach dem Maße der angenommenermaßen vom Schema dargestellten divergenten Abänderung. Und diese zwei neuen Familien oder Ordnungen stammen von zwei Arten der ursprünglichen Gattung ab, die selbst wieder als von einer noch älteren und unbekannten Form abstammend angenommen werden.

Wir haben gesehen, daß es in jedem Land die Arten der größeren Gattungen sind, welche am häufigsten Varietäten oder anfangende Arten bilden. Dies war in der Tat zu erwarten; denn, wie die natürliche Zuchtwahl durch eine im Kampf ums Dasein vor den anderen bevorzugte Form wirkt, so wird sie hauptsächlich auf diejenigen wirken, welche bereits einige Vorteile voraus haben; und die Größe einer Gruppe zeigt, daß ihre Arten von einem gemeinsamen Vorfahren einige Vorzüge gemeinschaftlich ererbt haben. Daher wird der Wettkampf in Erzeugung neuer und abgeänderter Sprößlinge hauptsächlich zwischen den größeren Gruppen stattfinden, welche sich alle an Zahl zu vergrößern streben. Eine große Gruppe wird langsam eine andere große Gruppe überwinden, deren Zahl verringern und so deren Aussicht auf künftige Abänderung und Verbesserung vermindern. Innerhalb einer und derselben großen Gruppe werden die späteren und höher vervollkommneten Untergruppen immer bestrebt sein, durch Verzweigung und durch Besetzung von möglichst vielen Stellen im Haushalt der Natur die früheren und minder vervollkommneten Untergruppen allmählich zu verdrängen. Kleine und unterbrochene Gruppen und Untergruppen werden endlich verschwinden. In bezug auf die Zukunft kann man vorhersagen, daß diejenigen Gruppen organischer Wesen, welche jetzt groß und siegreich und am wenigsten durchbrochen sind, d.h. bis jetzt am wenigsten durch Erlöschung gelitten haben, noch auf lange

Zeit hinaus zunehmen werden. Welche Gruppen aber zuletzt vorwalten werden, kann niemand vorhersagen; denn wir wissen, daß viele Gruppen von ehedem sehr ausgedehnter Entwicklung heutzutage erloschen sind. Blicken wir noch weiter in die Zukunft, so läßt sich voraussehen, daß infolge der fortdauernden und steten Zunahme der großen Gruppen eine Menge kleiner gänzlich erlöschen wird, ohne abgeänderte Nachkommen zu hinterlassen, und daß demgemäß von den zu irgendeiner Zeit lebenden Arten nur äußerst wenige ihre Nachkommenschaft bis in eine ferne Zukunft erstrecken werden. Ich werde in dem Kapitel über Klassifikation auf diesen Gegenstand zurückzukommen haben und will hier nur noch bemerken, daß es uns, da nach dieser Ansicht nur äußerst wenige der ältesten Spezies Abkömmlinge bis auf den heutigen Tag hinterlassen haben und die Abkömmlinge von einer und derselben Spezies heutzutage eine Klasse bilden, begreiflich werden muß, warum es in jeder Hauptabteilung des Pflanzen- und Tierreiches nur so wenige Klassen gibt. Obwohl indessen nur äußerst wenige der ältesten Arten noch jetzt lebende und abgeänderte Nachkommen hinterlassen haben, so mag doch die Erde in den ältesten geologischen Zeitabschnitten fast ebenso bevölkert gewesen sein, mit zahlreichen Arten aus mannigfaltigen Gattungen, Familien, Ordnungen und Klassen, wie heutigen Tages.

Fortschritt in der Organisation – Erhaltung niederer Formen

Natürliche Zuchtwahl wirkt ausschließlich durch Erhaltung und Häufung solcher Abweichungen, welche dem Geschöpf, das sie betroffen hat, unter den organischen und unorganischen Bedingungen des Lebens, welchen es in allen Perioden des Lebens ausgesetzt ist, nützlich sind. Das Endergebnis ist, daß jedes Geschöpf einer immer größeren Verbesserung im Verhältnis zu seinen Lebensbedingungen entgegenstrebt. Diese Verbesserung führt unvermeidlich zu der stufenweisen Vervollkommnung der Organisation der Mehrzahl der über die ganze Erdoberfläche verbreiteten Wesen. Doch kommen wir hier auf einen sehr schwierigen Gegenstand; denn noch kein Naturforscher hat eine allgemein befriedigende Definition davon gegeben, was unter Vervollkommnung der Organisation zu verstehen sei. Bei den Wirbeltieren kommt deren geistige Befähigung und Annäherung an den Körperbau des Menschen offenbar mit in Betracht. Man könnte glauben, daß die Größe der Veränderungen, welche die verschiedenen Teile und Organe während ihrer Entwicklung vom Embryozustand an bis zum reifen Alter zu durchlaufen haben, als Maßstab der Vergleichung dienen könne; doch kommen Fälle vor, wie bei gewissen parasitischen Krustern, wo mehrere Teile des Körpers unvollkommener werden, so daß man das reife Tier nicht höher organisiert als seine Larve nennen kann. Von Baers Maßstab scheint noch der beste und allgemeinst anwendbare zu sein, nämlich das Maß der Differenzierung der verschiedenen Teile eines und desselben Tieres, „im reifen Alter", wie ich hinzufügen möchte, und ihre Spezialisation für verschiedene Verrichtungen, oder Vollständigkeit der Teilung der physiologischen Arbeit, wie H. Milne Edwards sagen würde. Wie dunkel aber dieser Gegenstand ist, sehen wir, wenn wir z. B. die Fische betrachten, unter denen manche Naturforscher diejenigen am höchsten stellen, welche wie die Haie, sich den Reptilien am meisten nähern, während andere die gewöhnlichen Knochenfische oder Teleosteer als die höchsten ansehen, weil sie die ausgebildetste Fischform haben und am meisten von allen anderen Wirbeltierklassen abweichen. Noch deutlicher erkennen wir die Schwierigkeit, wenn wir uns zu den Pflanzen wenden, wo der von der geistigen Befähigung hergenommene Maßstab natürlich ganz wegfällt; und hier stellen einige Botaniker diejenigen Pflanzen am höchsten, welche sämtliche Organe, wie Kelch- und Kronenblätter, Staubfäden und Staubwege in jeder Blüte vollständig entwickelt besitzen, während andere wohl mit mehr Recht jene für die vollkommensten erachten, deren verschiedene Organe stärker metamorphosiert und auf geringere Zahlen zurückgeführt sind.

Wenn wir den Betrag der Differenzierung und Spezialisierung der einzelnen Organe in jedem

Viertes Kapitel

Wesen im erwachsenen Zustand als den besten Maßstab für die Höhe der Organisation der Formen annehmen (was mithin auch die fortschreitende Entwicklung des Gehirnes für die geistigen Leistungen mit in sich begreift), so muß die natürliche Zuchtwahl offenbar zur Erhöhung oder Vervollkommnung führen; denn alle Physiologen geben zu, daß die Spezialisierung der Organe, insofern sie in diesem Zustand ihre Aufgaben besser erfüllen, für jeden Organismus von Vorteil ist; und daher liegt Häufung der zur Spezialisierung führenden Abänderungen innerhalb des Zieles der natürlichen Zuchtwahl. Auf der anderen Seite sehen wir aber auch, daß es unter Berücksichtigung des Umstandes, daß alle organischen Wesen sich in raschem Verhältnis zu vervielfältigen und jeden noch nicht oder nur schlecht besetzten Platz im Haushalt der Natur einzunehmen streben, der natürlichen Zuchtwahl wohl möglich ist, ein organisches Wesen solchen Verhältnissen anzupassen, wo ihm manche Organe nutzlos oder überflüssig sind; und in derartigen Fällen wird Rückschritt auf der Stufenleiter der Organisation stattfinden. Ob die Organisation im ganzen seit den frühesten geologischen Zeiten bis jetzt wirklich fortgeschritten sei, wird zweckmäßiger in unserem Kapitel über die geologische Aufeinanderfolge der organischen Wesen zu erörtern sein.

Man könnte nun aber einwenden, wie es denn komme, daß, wenn hiernach alle organischen Wesen bestrebt sind, höher auf der Stufenleiter emporzusteigen, auf der ganzen Erdoberfläche noch eine Menge der unvollkommensten Wesen vorhanden sind, und warum in jeder großen Klasse einige Formen viel höher als die anderen entwickelt sind? Warum haben diese höher ausgebildeten Formen nicht schon überall die minder vollkommenen ersetzt und vertilgt? Lamarck, der an eine angeborene und unvermeidliche Neigung zur Vervollkommnung in allen Organismen glaubte, scheint diese Schwierigkeit so stark gefühlt zu haben, daß er sich zur Annahme veranlaßt sah, einfache Formen würden fortwährend durch Generatio spontanea neu erzeugt. Indessen hat die Wissenschaft bis jetzt die Richtigkeit dieser Annahme noch nicht bewiesen, was immer auch vielleicht die Zukunft noch enthüllen mag. Nach meiner Theorie dagegen bietet die fortdauernde Existenz niedrig organisierter Tiere keine Schwierigkeit dar; denn die natürliche Zuchtwahl oder das Überleben des Passendsten schließt denn doch nicht notwendig fortschreitende Entwicklung ein; sie benützt nur solche Abänderungen, welche auftreten und für jedes Wesen in seinen verwickelten Lebensbeziehungen vorteilhaft sind. Und nun kann man fragen, welchen Vorteil (soweit wir urteilen können) ein Infusorium, ein Eingeweidewurm, oder selbst ein Regenwurm davon haben könne, hoch organisiert zu sein? Wäre dies kein Vorteil, so würden diese Formen auch durch natürliche Zuchtwahl wenig oder gar nicht vervollkommnet werden und mithin für unendliche Zeiten auf ihrer tiefen Organisationsstufe stehenbleiben. In der Tat lehrt uns die Geologie, daß einige der niedrigsten Formen, wie Infusorien und Rhizopoden, schon seit unermeßlichen Zeiten nahezu auf ihrer jetzigen Stufe stehengeblieben sind. Dem ungeachtet möchte es voreilig sein, anzunehmen, daß die meisten der vielen jetzt vorhandenen niedrigen Formen seit dem ersten Erwachen des Lebens keinerlei Vervollkommnung erfahren hätten; denn jeder Naturforscher, der je solche Organismen zergliedert hat, welche jetzt für sehr tief auf der Stufenleiter der Natur stehend gelten, muß oft über deren wunderbare und herrliche Organisation erstaunt gewesen sein.

Nahezu dieselben Bemerkungen lassen sich hinsichtlich der großen Verschiedenheit zwischen den Graden der Organisationshöhe innerhalb einer und derselben großen Gruppe machen; so z.B. hinsichtlich des gleichzeitigen Vorkommens von Säugetieren und Fischen unter den Wirbeltieren oder von Mensch und *Ornithorhynchus* unter den Säugetieren, von Hai und *Amphioxus* unter den Fischen, indem dieser letztere Fisch sich in der äußersten Einfachheit seiner Organisation den wirbellosen Tieren nähert. Aber Säugetiere und Fische geraten kaum in Konkurrenz miteinander; das Fortschreiten der ganzen Klasse der Säugetiere oder gewisser Glieder dieser Klasse auf die höchste Stufe der Organisation wird sie nicht dahin führen, die Stelle der Fische einzunehmen. Die Physiologen glauben, das Gehirn müsse mit warmem Blut versorgt werden, um seine höchste Tätigkeit zu entfalten, und dazu ist Luftrespiration notwendig, so daß warmblütige Säugetiere, wenn sie das Wasser bewohnen, den Fischen gegenüber sogar in gewissem Nachteil sind, weil sie des Atmens wegen beständig an die Oberfläche zu kommen haben. Ebenso werden in der Klasse der Fische Glieder der Familie der Haie wahrscheinlich nicht geneigt sein, den *Amphioxus* zu verdrängen; denn dieser hat, wie ich von Fritz Müller höre, auf dem unfruchtbaren sandigen Ufer von Süd-Brasilien eine anomale Annelide zum einzigen Genossen und Konkurrenten. Die drei untersten Säugetierordnungen, die Beuteltiere, die Zahnlosen und die Nager existieren in Süd-Amerika in einerlei Gegend gleichzeitig mit zahlreichen Affen, und stören wahrscheinlich einander wenig. Obwohl die Organisation im allgemeinen auf der ganzen Erde fortgeschritten oder im Fortschreiten begriffen sein mag, so wird die Stufenleiter der Vollkommenheit doch immer noch viele Abstufungen darbieten; denn die hohe Organisationsstufe gewisser ganzer Klassen oder einzelner Glieder einer jeden derselben führen in keiner Weise notwendig zum Erlöschen derjenigen Gruppen, mit welchen sie nicht in nahe Konkurrenz treten. In einigen Fällen scheinen, wie wir hernach sehen werden, tief organisierte Formen sich bis auf den heutigen Tag dadurch erhalten zu haben, daß sie eigentümliche oder streng beschränkte Wohnorte haben, wo sie einer weniger heftigen Konkurrenz ausgesetzt gewesen sind und wo ihre geringe Anzahl die Aussicht auf das Auftreten begünstigender Abänderungen geschmälert hat.

Ich glaube demnach, daß das Vorkommen zahlreicher niedrig organisierter Formen über die ganze Erdoberfläche Folge von verschiedenen Ursachen ist. In einigen Fällen mag es an Abänderungen oder individuellen Verschiedenheiten von vorteilhafter Art gefehlt haben, mit deren Hilfe die natürliche Zuchtwahl zu wirken und welche sie zu häufen vermocht hätte. Wahrscheinlich in keinem Fall ist die Zeit ausreichend gewesen, um den höchsten möglichen Grad der Entwicklung zu erreichen. In einigen wenigen Fällen ist wohl auch das eingetreten, was wir einen Rückschritt der Organisation nennen müssen. Aber die Hauptursache liegt in der Tatsache, daß unter sehr einfachen Lebensbedingungen eine hohe Organisation ohne Nutzen, möglicherweise sogar von wirklichem Nachteil sein würde, weil sie zarter, empfindlicher und leichter zu stören und zu beschädigen ist.

Wenn man auf das erste Erwachen des Lebens zurückblickt, wo alle organischen Wesen, wie wir uns wohl vorstellen können, noch die einfachste Struktur besaßen: wie können da, hat man gefragt, die ersten Fortschritte in der Vervollkommnung oder der Differenzierung der Organe begonnen haben? Herbert Spencer würde wahrscheinlich antworten, daß, sobald die einfachen einzelligen Organismen durch Wachstum oder Teilung zu mehrzelligen Gebilden geworden oder auf eine sie tragende Fläche geheftet worden wären, sein Gesetz in Wirksamkeit getreten sei, daß „homologe Einheiten irgendwelcher Ordnung in dem Verhältnis differenziert werden wie ihre Beziehungen zu den auf sie wirkenden Kräften verschieden werden". Da uns aber keine Tatsachen leiten können, so ist jede Spekulation über diesen Punkt beinahe nutzlos. Es wäre jedoch ein Irrtum, anzunehmen, daß kein Kampf ums Dasein und mithin keine natürliche Zuchtwahl eher stattgefunden hätte, als bis erst vielerlei Formen hervorgebracht worden wären. Abänderungen einer einzelnen Art auf einem abgesonderten Standort mögen vorteilhaft gewesen sein und so entweder die ganze Masse von Individuen umgestaltet oder die Entstehung zweier verschiedenen Formen vermittelt haben. Doch ich muß auf dasjenige zurückkommen, was ich schon am Ende der Einleitung ausgesprochen habe, daß sich niemand wundern darf, wenn jetzt noch vieles in bezug auf den Ursprung der Arten ungeklärt bleiben muß, wenn wir unsere gänzliche Unwissenheit über die Wechselbeziehungen der Erdbewohner während der Jetztzeit und noch mehr während der verflossenen Perioden ihrer Geschichte in Rechnung bringen.

Viertes Kapitel

Konvergenz der Charaktere – Unbeschränkte Vermehrung der Arten

H. C. Watson glaubt, ich habe die Wichtigkeit des Prinzips der Divergenz der Charaktere (an welches er jedoch offenbar selbst glaubt) überschätzt, und sagt, daß auch die „Konvergenz der Charaktere", wie man es nennen könne, mit in Betracht zu ziehen sei. Wenn zwei Spezies von zwei verschiedenen, aber verwandten Gattungen eine Anzahl neuer divergenter Arten hervorgebracht hätten, so könnte man sich wohl vorstellen, daß diese sich so sehr einander näherten, daß sie sämtlich in eine und dieselbe Gattung zusammenzustellen wären; hierbei würden also die Nachkommen zweier verschiedener Gattungen in eine konvergieren. Es würde aber in den meisten Fällen äußerst voreilig sein, eine große und allgemeine Ähnlichkeit der Bildung bei den modifizierten Nachkommen weit voneinander verschiedener Formen einer Konvergenz zuzuschreiben. Die Form eines Kristalls wird nur durch die molekularen Kräfte bestimmt, und es hat nichts Überraschendes, daß unähnliche Substanzen zuweilen eine und dieselbe Form annehmen; bei organischen Wesen aber muß man sich daran erinnern, daß die Form eines jeden von einer unendlichen Menge komplizierter Beziehungen abhängt, nämlich von den aufgetretenen Abänderungen, welche von Ursachen herrühren, die viel zu verwickelt sind, um einzeln verfolgt werden zu können, – von der Natur der Abänderungen, welche erhalten oder ausgewählt worden sind, und dies hängt von den umgebenden physikalischen Bedingungen und in einem noch höheren Grade von den umgebenden Organismen ab, mit denen jedes Wesen in Konkurrenz gekommen ist, – und endlich von der Vererbung (an sich schon ein fluktuierendes Element) von zahllosen Vorfahren, deren Formen sämtlich wieder durch in gleicher Weise komplizierte Verhältnisse bestimmt worden sind. Es ist unglaublich, daß die Nachkommen zweier Organismen, welche ursprünglich in einer auffallenden Art und Weise voneinander verschieden gewesen sind, später je so nahe konvergieren sollten, daß sie sich einer Identität in ihrer gesamten Organisation näherten. Wäre dies eingetreten, so würden wir, unabhängig von einem genetischen Zusammenhang, derselben Form wiederholt in weit voneinander entfernt liegenden geologischen Formationen begegnen; und hier widerspricht der Ausschlag des tatsächlichen Beweismaterials jeder derartigen Annahme.

Watson hat auch eingewendet, daß die fortwährende Tätigkeit der natürlichen Zuchtwahl mit Divergenz der Charaktere zuletzt zu einer unbegrenzten Anzahl von Artenformen führen müsse. Soweit die bloß unorganischen äußeren Lebensbedingungen in Betracht kommen, scheint es wohl wahrscheinlich, daß sich bald eine genügende Anzahl von Spezies allen erheblicheren Verschiedenheiten der Wärme, der Feuchtigkeit usw. angepaßt haben würde; doch gebe ich vollkommen zu, daß die Wechselbeziehungen zwischen den organischen Wesen von noch größerer Bedeutung sind; und in dem Maße wie die Zahl der Arten in jedem Land sich beständig vermehrt, müssen auch die organischen Lebensbedingungen immer verwickelter werden. Demgemäß scheint es denn beim ersten Anblick keine Grenze für den Betrag nutzbarer Strukturvervielfältigung und somit auch keine für die hervorzubringende Artenzahl zu geben. Wir wissen nicht, daß selbst das reichlichst bevölkerte Gebiet der Erdoberfläche vollständig mit spezifischen Formen versorgt sei; am Kap der guten Hoffnung und in Australien, die eine so erstaunliche Menge von Arten darbieten, sind noch viele europäische Arten naturalisiert worden. Die Geologie jedoch lehrt uns, daß von der früheren Zeit der langen Tertiärperiode an die Zahl der Molluskenarten, und von dem mittleren Teil derselben Periode an die Zahl der Säugetiere nicht bedeutend oder gar nicht zugenommen hat. Was ist es nun, daß die unendliche Zunahme der Zahl der Arten beeinträchtigt? Die Summe des Lebens (ich meine nicht die Zahl der Artenformen) auf einem gegebenen Gebiet muß eine bestimmte Grenze haben, da es in so hohem Maße von den physikalischen Verhältnissen abhängt, so daß, wenn das Gebiet von sehr vielen Arten bewohnt ist, jede oder nahezu jede Art nur durch wenige Individuen vertreten sein wird; und solche Spezies befinden sich mithin in Gefahr, schon durch eine zufällige Schwankung in der Natur der

Jahreszeiten oder in der Zahl ihrer Feinde zugrunde zu gehen. Der Vertilgungsprozeß wird in diesen Fällen rasch vonstatten gehen, während die Neubildung der Arten stets langsam erfolgen muß. Nehmen wir den äußersten Fall an, daß es in England eben so viele Arten wie Individuen gäbe, so würde der erste strenge Winter oder trockene Sommer Tausende und Tausende von Arten zugrunde richten. Seltene Arten (und jede Art wird selten werden, wenn die Artenzahl in einer Gegend ins Unendliche wächst) werden nach dem oft entwickelten Prinzip in einem gegebenen Zeitraum nur wenige vorteilhafte Abänderungen darbieten, folglich wird der Prozeß der Erzeugung neuer spezifischer Formen hierdurch verlangsamt werden. Wird irgendeine Art sehr selten, so muß auch die Paarung unter nahen Verwandten, die nahe Inzucht, zu ihrer Vertilgung mitwirken; es haben einige Schriftsteller diesen Umstand als Grund für das allmähliche Aussterben des Auerochsen in Litauen, des Hirsches in Schottland, des Bären in Norwegen usw. angeführt. Endlich (und dies scheint mir das wichtigste zu sein) wird eine herrschende Spezies, die bereits viele Konkurrenten in ihrer eigenen Heimat überwunden hat, sich immer weiter auszubreiten und andere zu verdrängen streben. Alphonse de Candolle hat gezeigt, daß diejenigen Arten, welche sich weit ausbreiten, gewöhnlich nach sehr weiter Ausbreitung streben; infolge hiervon werden sie in die Lage kommen, in verschiedenen Gebieten verschiedene Mitbewerber zu verdrängen und zu vertilgen und somit die übermäßige Zunahme spezifischer Formen in der ganzen Welt zu hemmen. Dr. Hooker hat kürzlich nachgewiesen, daß auf der Südostspitze Australiens, wo offenbar viele Eindringlinge aus mancherlei Weltgegenden vorkommen, die endemischen australischen Arten sehr an Zahl abgenommen haben. Ich maße mir nicht an zu sagen, welches Gewicht allen diesen Momenten beizulegen ist; doch müssen sie im Verein miteinander jedenfalls der Neigung zu einer unendlichen Vermehrung der Artenformen in jeder Gegend eine Grenze setzen.

Zusammenfassung des Kapitels

Wenn unter sich ändernden Lebensbedingungen die organischen Wesen in beinahe allen Teilen ihres Baues individuelle Verschiedenheiten darbieten, was nicht bestritten werden kann; wenn ferner wegen des geometrischen Verhältnisses ihrer Vermehrung alle Arten in irgendeinem Alter, zu irgendeiner Jahreszeit oder in irgendeinem Jahr einen heftigen Kampf um ihr Dasein zu kämpfen haben, was sicher nicht zu leugnen ist, dann meine ich, – in Anbetracht der unendlichen Verwicklung der Beziehungen aller organischen Wesen zueinander und zu ihren Lebensbedingungen, welche es verursacht, daß eine endlose Verschiedenartigkeit der Organisation, Konstitution und Lebensweise ihnen vorteilhaft sein kann, – daß es eine ganz außerordentliche Tatsache sein würde, wenn nicht jeweils auch eine zu eines jeden Wesens eigener Wohlfahrt dienende Abänderung vorgekommen wäre, wie deren so viele vorgekommen sind, die dem Menschen vorteilhaft waren. Wenn aber solche für ein organisches Wesen nützliche Abänderungen jemals wirklich vorkommen, so werden sicherlich die dadurch ausgezeichneten Individuen die meiste Aussicht haben, in dem Kampf ums Dasein erhalten zu werden, und nach dem mächtigen Prinzip der Vererbung werden diese wieder danach streben, ähnlich ausgezeichnete Nachkommen zu erzeugen. Dies Prinzip der Erhaltung oder des Überlebens des Passendsten habe ich der Kürze wegen natürliche Zuchtwahl genannt; es führt zur Vervollkommnung eines jeden Geschöpfes seinen organischen und unorganischen Lebensbedingungen gegenüber und mithin auch in den meisten Fällen zu dem, was man als eine Vervollkommnung der Organisation ansehen muß. Dem ungeachtet werden tiefer stehende und einfache Formen lange andauern, wenn sie ihren einfachen Lebensbedingungen gut angepaßt sind.

Die natürliche Zuchtwahl kann nach dem Grundsatz, daß Eigenschaften auf entsprechenden Altersstufen vererbt werden, ebenso leicht das Ei, den Samen oder das Junge wie das Erwachsene modifizieren. Bei vielen Tieren wird die geschlechtliche Zuchtwahl noch die gewöhnliche Zuchtwahl unterstützt haben, indem sie den kräftigsten und geeignetsten Männchen die zahlreichste Nachkommenschaft sicherte. Geschlechtliche Zuchtwahl vermag auch solche Charaktere zu verleihen, welche den Männchen allein in ihren Kämpfen oder in ihrer Mitbewerbung mit anderen Männchen nützlich sind, und diese Charaktere werden einem Geschlecht oder beiden überliefert je nach der vorherrschenden Form der Vererbung.

Ob nun aber die natürliche Zuchtwahl zur Anpassung der verschiedenen Lebensformen an die mancherlei äußeren Bedingungen und Wohnorte wirklich mitgewirkt habe, muß nach dem allgemeinen Sinn und dem Wert der in den folgenden Kapiteln zu liefernden Beweise beurteilt werden. Doch haben wir bereits gesehen, daß dieselbe auch Aussterben verursacht; und die Geologie zeigt uns klar, in welch ausgedehntem Grade das Aussterben bereits in die Geschichte der organischen Welt eingegriffen hat. Auch führt natürliche Zuchtwahl zur Divergenz der Charaktere; denn je mehr die Wesen in Struktur, Lebensweise und Konstitution abändern, desto mehr kann eine große Zahl derselben in einem und demselben Gebiet nebeneinander bestehen, wofür man die Beweise bei Betrachtung der Bewohner eines kleinen Landflecks oder der naturalisierten Erzeugnisse in fremden Ländern findet. Je mehr daher während der Umänderung der Nachkommen einer jeden Art und während des beständigen Kampfes aller Arten um Vermehrung ihrer Individuenzahl jene Nachkommen differenziert werden, desto besser wird ihre Aussicht auf Erfolg im Ringen ums Dasein sein. Auf diese Weise streben die kleinen Verschiedenheiten zwischen den Varietäten einer und derselben Spezies dahin, stets größer zu werden, bis sie den größeren Verschiedenheiten zwischen den Arten einer Gattung oder selbst zwischen verschiedenen Gattungen gleichkommen.

Wir haben gesehen, daß es die gemeinen, die weit verbreiteten und allerwärts zerstreuten Arten großer Gattungen in jeder Klasse sind, die am meisten abändern; und diese streben dahin, auf ihre abgeänderten Nachkommen dieselbe Überlegenheit zu vererben, welche sie selbst jetzt in ihrem Heimatland zu herrschenden machen. Natürliche Zuchtwahl führt, wie soeben bemerkt worden ist, zur Divergenz der Charaktere und zu starkem Aussterben der minder vollkommenen und der mittleren Lebensformen. Aus diesen Prinzipien lassen sich die Natur der Verwandtschaften und die im allgemeinen deutlich ausgesprochenen Verschiedenheiten der unzähligen organischen Wesen aus jeder Klasse auf der ganzen Erdoberfläche erklären. Es ist eine wirklich wunderbare Tatsache, obwohl wir das Wunder aus Vertrautheit damit zu übersehen pflegen, daß alle Tiere und Pflanzen durch alle Zeiten und allen Raum so miteinander verwandt sind, daß sie Gruppen bilden, die anderen subordiniert sind, so daß nämlich, wie wir allerwärts erkennen, Varietäten einer Art einander am nächsten stehen, daß Arten einer Gattung weniger und ungleiche Verwandtschaft zeigen und Untergattungen und Sektionen bilden, daß Arten verschiedener Gattungen einander viel weniger nahe stehen, und daß Gattungen, mit verschiedenen Verwandtschaftsgraden zueinander, Unterfamilien, Familien, Ordnungen, Unterklassen und Klassen bilden. Die verschiedenen einer Klasse untergeordneten Gruppen können nicht in einer Linie aneinandergereiht werden, sondern scheinen vielmehr um gewisse Punkte und diese wieder um andere Mittelpunkte gruppiert zu sein, und so weiter in fast endlosen Kreisen. Wäre jede Art unabhängig von der anderen geschaffen worden, so würde keine Erklärung dieser Art von Klassifikation möglich sein; sie wird aber erklärt durch die Erblichkeit und durch die verwickelte Wirkungsweise der natürlichen Zuchtwahl, welche Aussterben und Divergenz der Charaktere verursacht wie mit Hilfe der schematischen Darstellung gezeigt worden ist.

Die Verwandtschaften aller Wesen einer Klasse zueinander sind manchmal in Form eines großen Baumes dargestellt worden. Ich glaube, dieses Bild entspricht sehr der Wahrheit. Die grünen und knospenden Zweige stellen die jetzigen Arten, und die in vorangehenden Jahren entstandenen die lange Aufeinanderfolge erloschener Arten vor. In jeder Wachstumsperiode haben alle wachsenden Zweige nach allen Seiten hinauszutreiben und die umgebenden Zweige und Äste zu überwachsen und zu unterdrücken gestrebt, ganz so wie Arten und Artengruppen andere Arten in dem großen Kampf ums Dasein überwältigt haben. Die großen, in Zweige geteilten und in immer kleinere und kleinere Verzweigungen abgeteilten Äste sind zur Zeit, wo der Stamm noch jung war, selbst knospende Zweige gewesen; und diese Verbindung der früheren mit den jetzigen Knospen durch sich verästelnde Zweige mag ganz wohl die Klassifikation aller erloschenen und lebenden Arten in, anderen Gruppen subordinierte Gruppen darstellen. Von den vielen Zweigen, welche munter gediehen, als der Baum noch ein bloßer Busch war, leben nur noch zwei oder drei, die jetzt als mächtige Äste alle anderen Verzweigungen abgeben; und so haben von den Arten, welche in längst vergangenen geologischen Zeiten lebten, nur sehr wenige noch lebende und abgeänderte Nachkommen. Von der ersten Entwicklung eines Baumes an ist mancher Ast und mancher Zweig verdorrt und verschwunden, und diese verlorenen Äste von verschiedener Größe mögen jene ganzen Ordnungen, Familien und Gattungen vorstellen, welche, uns nur im fossilen Zustand bekannt, keine lebenden Vertreter mehr haben. Wie wir hier und da einen vereinzelten dünnen Zweig aus einer Gabelteilung tief unten am Stamm hervorkommen sehen, welcher durch irgendeinen Zufall begünstigt an seiner Spitze noch fortlebt, so sehen wir zuweilen ein Tier, wie *Ornithorhynchus* oder *Lepidosiren*, welches durch seine Verwandtschaften gewissermaßen zwei große Zweige der belebten Welt, zwischen denen es in der Mitte steht, miteinander verbindet und vor einer verderblichen Konkurrenz offenbar dadurch gerettet worden ist, daß es irgendeine geschützte Station bewohnte. Wie Knospen durch Wachstum neue Knospen hervorbringen und, wie auch diese wieder, wenn sie kräftig sind, sich nach allen Seiten ausbreiten und viele schwächere Zweige überwachsen, so ist es, wie ich glaube, durch Zeugung mit dem großen Baum des Lebens ergangen, der mit seinen toten und abgebrochenen Ästen die Erdrinde füllt, und mit seinen herrlichen und sich noch immer weiter teilenden Verzweigungen ihre Oberfläche bekleidet.

Fünftes Kapitel

Gesetze der Abänderung

Wirkungen veränderter Bedingungen – Gebrauch und Nichtgebrauch der Organe in Verbindung mit natürlicher Zuchtwahl; Flieg- und Sehorgane – Akklimatisierung – Korrelative Abänderung – Kompensation und Ökonomie des Wachstums – Falsche Wechselbeziehungen – Vielfache, rudimentäre und niedrig organisierte Bildungen sind veränderlich – In ungewöhnlicher Weise entwickelte Teile sind sehr veränderlich – Spezifische Charaktere sind veränderlicher als Gattungscharaktere – Sekundäre Geschlechtscharaktere sind veränderlicher als Gattungscharaktere – Zu einer Gattung gehörige Arten variieren auf analoge Weise – Rückschlag zu längst verlorenen Charakteren – Zusammenfassung des Kapitels

Wirkungen veränderter Bedingungen

Ich habe bisher von den Abänderungen, – die so gemein und mannigfaltig bei Organismen im Kulturzustand und in etwas minderem Grade häufig bei solchen im Naturzustand sind, – zuweilen so gesprochen, als ob dieselben vom Zufall abhängig wären. Dies ist natürlich eine ganz inkorrekte Ausdrucksweise; sie dient aber dazu, unsere gänzliche Unwissenheit über die Ursache jeder besonderen Abweichung zu beurkunden. Einige Schriftsteller sehen es ebensosehr für die Funktion des Reproduktivsystems an, individuelle Verschiedenheiten oder ganz leichte Abweichungen des Baues hervorzubringen, wie das Kind den Eltern gleichzumachen. Aber die Tatsache des viel häufigeren Vorkommens sowohl von Abänderungen als von Monstrositäten bei den der Domestikation unterworfenen wie bei den im Naturzustand lebenden Organismen und die größere Veränderlichkeit der Arten mit weiten Verbreitungsgebieten als der mit beschränkter Verbreitung leiten mich zu der Folgerung, daß Variabilität in direkter Beziehung zu den Lebensbedingungen steht, welchen jede Art mehrere Generationen lang ausgesetzt gewesen ist. Ich habe im ersten Kapitel zu zeigen versucht, daß veränderte Bedingungen auf zweierlei Weise wirken: direkt auf die ganze Organisation oder nur auf gewisse Teile, und indirekt auf das Reproduktivsystem. In allen diesen Fällen sind zwei Faktoren tätig: die Natur des Organismus', welches der weitaus wichtigste von beiden ist, und die Natur der Bedingungen. Die direkte Wirkung veränderter Bedingungen führt zu bestimmten oder unbestimmten Resultaten. Im letzten Falle scheint die Organisation plastisch geworden zu sein, und wir finden eine große fluktuierende Variabilität. Im ersteren Falle ist die Natur des Organismus derartig, daß sie leicht nachgibt, wenn sie gewissen Bedingungen unterworfen wird, und alle oder nahezu alle Individuen werden in derselben Weise modifiziert.

Inwieweit Verschiedenheiten der äußeren Bedingungen, wie Klima, Nahrung usw., in einer bestimmten Weise eingewirkt haben, ist sehr schwer zu entscheiden. Wir haben Grund zu glauben, daß im Laufe der Zeit die Wirkungen größer gewesen sind, als es durch irgendwelche klare Belege als wirklich geschehen nachgewiesen werden kann. Wir können aber getrost schließen, daß die zahllosen zusammengesetzten Anpassungen des Baues, welche wir durch die ganze Natur zwischen verschiedenen organischen Wesen bestehen sehen, nicht einfach einer solchen Wirkung zugeschrieben werden können. In den folgenden Fällen scheinen die Lebensbedingungen eine geringe bestimmte Wirkung hervorgebracht zu haben. Edward Forbes behauptet, daß Conchylien an der südlichen Grenze ihres Verbreitungsbezirks und wenn sie in seichtem Wasser leben, glänzendere Farben annehmen, als dieselben Arten in ihrem nördlicheren Verbreitungsbezirk oder in größeren Tiefen darbieten. Doch ist dies gewiß nicht für alle Fälle richtig. Gould glaubt, daß Vögel derselben Art in einer stets heiteren Atmosphäre glänzender gefärbt sind, als wenn sie auf einer Insel oder in der Nähe der Küste leben. So ist auch Wollaston davon überzeugt, daß der Aufenthalt in der Nähe des Meeres Einfluß auf die Farben der Insekten habe. Moquin Tandon gibt eine Liste von Pflanzen, welche an der Seeküste mehr oder weniger fleischige Blätter bekommen, auch wenn sie an anderen Standorten nicht fleischig sind. Diese unbedeutend abändernden Organismen sind insofern interessant, als sie Charaktere darbieten, welche denen analog sind, welche auf ähnliche Lebensbedingungen beschränkte Arten besitzen.

Wenn eine Abänderung für ein Wesen von dem geringsten Nutzen ist, so vermögen wir nicht zu sagen, wieviel davon von der häufenden Tätigkeit der natürlichen Zuchtwahl und wieviel von dem bestimmten Einfluß äußerer Lebensbedingungen herzuleiten ist. So ist es den Pelzhändlern wohl bekannt, daß Tiere einer Art umso dichtere und bessere Pelze besitzen, je weiter im Norden sie gelebt haben. Aber wer vermöchte zu sagen, wieviel von diesem Unterschied davon herrührt, daß die am wärmsten gekleideten Individuen viele Generationen hindurch begünstigt und erhalten worden sind, und wieviel von dem direkten Einfluß des strengen Klimas? Denn es scheint wohl, als ob das Klima einige unmittelbare Wirkung auf die Beschaffenheit des Haares unserer Haustiere ausübe.

Es lassen sich Beispiele dafür anführen, daß ähnliche Varietäten bei einer und derselben Spezies unter den denkbar verschiedensten Lebensbedingungen entstanden sind, während andererseits verschiedene Varietäten unter offenbar denselben äußeren Bedingungen zum Vorschein gekommen sind. So sind ferner jedem Naturforscher auch zahllose Beispiele von sich echt erhaltenden Arten ohne alle Varietäten bekannt, obwohl dieselben in den entgegengesetztesten Klimata leben. Derartige Betrachtungen veranlassen mich, weniger Gewicht auf den direkten und bestimmten Einfluß der Lebensbedingungen zu legen, als auf eine Neigung zum Abändern, welche von Ursachen abhängt, über die wir vollständig unwissend sind.

In einem gewissen Sinne kann man sagen, daß die Lebensbedingungen nicht allein Veränderlichkeit entweder direkt oder indirekt verursachen, sondern auch natürliche Zuchtwahl einschließen; denn es hängt von der Natur der Lebensbedingungen ab, ob diese oder jene Varietät erhalten werden soll. Wenn aber der Mensch das zur Zucht auswählende Agens ist, dann sehen wir klar, daß diese zwei Elemente der Veränderung voneinander verschieden sind; Veränderlichkeit wird auf irgendeine gewisse Weise angeregt; es ist aber der Wille des Menschen, welcher die Abänderungen in diesen oder jenen bestimmten Richtungen anhäuft, und es ist diese letzte Wirkung, welche dem Überleben des Passendsten im Naturzustand entspricht.

Gebrauch und Nichtgebrauch der Organe in Verbindung mit natürlicher Zuchtwahl; Flieg- und Sehorgane

Die im ersten Kapitel angeführten Tatsachen lassen wenig Zweifel daran übrig, daß bei unseren Haustieren der Gebrauch gewisse Teile gestärkt und vergrößert und der Nichtgebrauch sie verkleinert hat, und daß solche Abänderungen erblich sind. In der freien Natur hat man keinen Maßstab zum Vergleich der Wirkungen lang fortgesetzten Gebrauches oder Nichtgebrauches, weil wir die elterlichen Formen nicht kennen; doch tragen manche Tiere Bildungen an sich, die sich am besten als Folge des Nichtgebrauches erklären lassen. Wie Professor R. Owen bemerkt hat, gibt es keine größere Anomalie in der Natur, als daß ein Vogel nicht fliegen könne, und doch sind mehrere Vögel in dieser Lage. Die südamerikanische Dickkopfente kann nur über der Oberfläche des Wassers hinflattern und hat Flügel von fast der nämlichen Beschaffenheit wie die Aylesburyer Hausenten-Rasse; es ist eine merkwürdige Tatsache, daß nach der Angabe von Mr. Cunningham die jungen Vögel fliegen können, während die erwachsenen dieses Vermögen verloren haben. Da die großen am Boden weidenden Vögel selten zu anderen Zwecken fliegen, als um einer Gefahr zu entgehen, so ist es wahrscheinlich, daß die fast ungeflügelte Beschaffenheit verschiedener Vogelarten, welche einige ozeanische Inseln jetzt bewohnen oder früher bewohnt haben, wo sie keine Verfolgungen von Raubtieren zu gewärtigen hatten, vom Nichtgebrauch ihrer Flügel herrührt. Der Strauß bewohnt zwar Kontinente und ist von Gefahren bedroht, denen er nicht durch Flug entgehen kann; aber er kann sich selbst durch Stoßen mit den Füßen gegen seine Feinde so gut verteidigen wie einige der kleineren Vierfüßler. Man kann sich vorstellen, daß der Urerzeuger der Gattung der Strauße eine Lebensweise etwa wie die Trappe gehabt habe, und daß er in dem Maße, wie er in einer langen Generationsreihe immer größer und schwerer geworden ist, seine Beine immer mehr und seine Flügel immer weniger gebraucht habe, bis er endlich ganz unfähig geworden sei, zu fliegen.

Kirby hat bemerkt (und ich habe dieselbe Tatsache beobachtet), daß die Vordertarsen vieler männlicher Kotkäfer oft abgebrochen sind; er untersuchte siebzehn Exemplare seiner Sammlung und fand in keinem auch nur eine Spur mehr davon. *Onitis Apelles* hat seine Tarsen so gewöhnlich verloren, daß man dieses Insekt so beschrieben hat, als fehlten sie ihm gänzlich. In einigen anderen Gattungen sind sie wohl vorhanden, aber nur in verkümmertem Zustand. Dem *Ateuchus* oder heiligen Käfer der Ägypter fehlen sie gänzlich. Die Beweise für die Erblichkeit zufälliger Verstümmlungen sind für jetzt nicht entscheidend; aber der von Brown-Séquard beobachtete merkwürdige Fall von der Vererbung der an einem Meerschweinchen durch Beschädigung des Rückenmarks verursachten Epilepsie auf dessen Nachkommen sollte uns vorsichtig machen, wenn wir die Neigung dazu leugnen wollten. Daher scheint es vielleicht am geratensten, den gänzlichen Mangel der Vordertarsen des *Ateuchus* und ihren verkümmerten Zustand in einigen anderen Gattungen nicht als Fälle vererbter Verstümmlungen, sondern lieber als von der lange fortgesetzten Wirkung ihres Nichtgebrauches bei deren Stammvätern abhängend anzusehen; denn da die Tarsen vieler Kotkäfer fast immer verlorengehen, so muß dies schon früh im Leben geschehen sein; sie können daher bei diesen Insekten weder von wesentlichem Nutzen sein, noch viel gebraucht werden.

In einigen Fällen können wir leicht dem Nichtgebrauch gewisse Abänderungen der Organisation zuschreiben, welche jedoch gänzlich oder hauptsächlich von natürlicher Zuchtwahl herrühren. Wollaston hat die merkwürdige Tatsache entdeckt, daß von den 550 Käferarten, welche Madeira bewohnen (man kennt aber jetzt mehr), 200 so unvollkommene Flügel haben, daß sie nicht fliegen können, und daß von den 29 endemischen Gattungen nicht weniger als 23 lauter solche Arten enthalten. Mehrere Tatsachen, – daß nämlich fliegende Käfer in vielen Teilen der Welt häufig ins Meer geweht werden und zugrunde gehen, daß die Käfer auf Madeira, nach Wollastons Beobachtung meistens verborgen liegen, bis der Wind ruht und die Sonne scheint, daß die Zahl der flügellosen Käfer an den ausgesetzten kahlen Desertas verhältnismäßig größer als in Madeira selbst ist, und zumal die außerordentliche Tatsache, worauf Wollaston so nachdrücklich aufmerksam macht, daß gewisse große, anderwärts äußerst zahlreiche Käfergruppen, welche infolge ihrer Lebensweise viel zu fliegen absolut genötigt sind, auf Madeira beinahe gänzlich fehlen, – diese mancherlei Gründe lassen mich glauben, daß die ungeflügelte Beschaffenheit so vieler Käfer dieser Insel hauptsächlich von natürlicher Zuchtwahl, doch wahrscheinlich in Verbindung mit Nichtgebrauch herrühre. Denn während vieler aufeinanderfolgender Generationen wird jeder individuelle Käfer, der am wenigsten flog, entweder weil seine Flügel wenn auch um ein noch so geringes weniger entwickelt waren, oder weil er der indolenteste war, die meiste Aussicht gehabt haben, alle anderen zu überleben, weil er nicht ins Meer geweht wurde; und auf der anderen Seite werden diejenigen Käfer, welche am liebsten flogen, am häufigsten in die See getrieben und vernichtet worden sein.

Diejenigen Insekten auf Madeira dagegen, welche sich nicht am Boden aufhalten und, wie die an Blumen lebenden Käfer und Schmetterlinge, ihrer Lebensweise wegen von ihren Flügeln Gebrauch machen müssen, um ihren Unterhalt zu gewinnen, haben nach Wollastons Vermutung keineswegs verkümmerte, sondern vielmehr stärker entwickelte Flügel. Dies ist mit der Tätigkeit der natürlichen Zuchtwahl völlig verträglich. Denn wenn ein neues Insekt zuerst auf die Insel kommt, wird das Streben der natürlichen Zuchtwahl, die Flügel zu verkleinern oder zu vergrößern davon abhängen, ob eine größere Anzahl von Individuen durch erfolgreiches Ankämpfen gegen die Winde, oder durch mehr oder weniger häufigen Verzicht auf diesen Versuch sich rettet. Es ist derselbe Fall, wie bei den Matrosen eines in der Nähe der Küste gestrandeten Schiffes; für diejenigen, welche gut schwimmen können, wäre es besser gewesen, wenn sie noch weiter hätten schwimmen können, während es für die schlechten Schwimmer besser gewesen wäre, wenn sie gar nicht hätten schwimmen können und sich an das Wrack gehalten hätten.

Die Augen der Maulwürfe und einiger wühlenden Nager sind an Größe verkümmert und in manchen Fällen ganz von Haut und Pelz bedeckt. Dieser Zustand der Augen rührt wahrscheinlich vom fortwährenden Nichtgebrauch her, dessen Wirkung aber vielleicht durch natürliche Zuchtwahl unterstützt worden ist. Ein südamerikanischer Nager, der Tucu-tuco oder *Ctenomys*, hat eine noch mehr unterirdische Lebensweise als der Maulwurf, und ein Spanier, welcher oft dergleichen gefangen hatte, versicherte mir, daß derselbe oft ganz blind sei; einer, den ich lebend gehalten habe, war es gewiß und zwar, wie die Sektion ergab, infolge einer Entzündung der Netzhaut. Da häufige Augenentzündungen einem jeden Tier nachteilig werden müssen, und da für Tiere mit unterirdischer Lebensweise die Augen gewiß nicht notwendig sind, so wird eine Verminderung ihrer Größe, die Adhäsion der Augenlider und das Wachstum des Felles über dieselben in solchem Falle für sie von Nutzen sein; und wenn dies der Fall ist, so wird die natürliche Zuchtwahl die Wirkung des Nichtgebrauches beständig unterstützen.

Es ist wohl bekannt, daß mehrere Tiere aus den verschiedensten Klassen, welche die Höhlen in Kärnten und Kentucky bewohnen, blind sind. Bei einigen Krabben ist der Augenstil noch vorhanden, obwohl das Auge verloren ist; das Teleskopgestell ist geblieben, obwohl das Teleskop mit seinen Gläsern fehlt. Da man sich schwer davon eine Vorstellung machen kann, wie Augen, wenn auch unnütz, den in Dunkelheit lebenden Tieren schädlich werden sollten, so schreibe ich ihren Verlust auf Rechnung des Nichtgebrauchs. Bei einer der blinden Tierarten nämlich, bei der Höhlenratte (*Neotoma*), wovon Professor Silliman eine halbe englische Meile weit einwärts vom Eingang der Höhle und mithin noch nicht gänzlich im tiefsten Hintergrund zwei gefangen hatte, waren die Augen groß und glänzend und erlangten, wie mir Prof. Silliman mitgeteilt hat, nachdem sie einen Monat lang allmählich verstärktem Licht ausgesetzt worden waren, ein schwaches Wahrnehmungsvermögen für Gegenstände.

Es ist schwer, sich noch ähnlichere Lebensbedingungen vorzustellen, als tiefe Kalksteinhöhlen in nahezu ähnlichem Klima, so daß, wenn man von der gewöhnlichen Ansicht ausgeht, daß die blinden Tiere für die amerikanischen und für die europäischen Höhlen besonders erschaffen worden seien, auch eine große Ähnlichkeit derselben in Organisation und Stellung wohl hätte erwartet werden können. Dies ist aber zwischen den beiderseitigen Faunen im ganzen genommen keineswegs der Fall, und Schiödte bemerkt, allein in bezug auf die Insekten, daß „die ganze Erscheinung nur als eine rein örtliche betrachtet werden dürfe, indem die Ähnlichkeit, die sich zwischen einigen wenigen Bewohnern der Mammuthöhle in Kentucky und der Kärntnerhöhlen herausstellte, nur ein ganz einfacher Ausdruck der Analogie sei, die zwischen den Faunen Nord-Amerikas und Europas überhaupt bestehe". Nach meiner Meinung muß man annehmen, daß amerikanische Tiere, welche in den meisten Fällen mit gewöhnlichem Sehvermögen ausgerüstet waren, in nacheinander folgenden Generationen von der äußeren Welt her immer tiefer und tiefer in die entferntesten Schlupfwinkel der Kentuckyer Höhle eingedrungen sind, wie es europäische in die Höhlen von Kärnten getan haben. Und wir haben einigen Anhalt für diese stufenweise Veränderung der Lebensweise; denn Schiödte bemerkt: „Wir betrachten demnach diese unterirdischen Faunen als kleine in die Erde eingedrungene Abzweigungen der geographisch-begrenzten Faunen der nächsten Umgegenden, welche in dem Grade, wie sie sich weiter in die Dunkelheit hinein erstreckten, sich den sie umgebenden Verhältnissen anpaßten; Tiere, von gewöhnlichen Formen nicht sehr entfernt, bereiten den Übergang vom Tag zu Dunkelheit vor; dann folgen die für das Zwielicht gebildeten und zuletzt endlich die für das gänzliche Dunkel bestimmten, deren Bildung ganz eigentümlich ist." Diese Bemerkungen Schiödtes beziehen sich aber, was zu beachten ist, nicht auf einerlei, sondern auf ganz verschiedene Spezies. In der Zeit, in welcher ein Tier nach zahllosen Generationen die hintersten Teile der Höhle erreicht hat, wird nach dieser Ansicht Nichtgebrauch die Augen mehr oder weniger vollständig unterdrückt und natürliche Zuchtwahl oft andere Veränderungen erwirkt haben, die wie verlängerte Fühler oder Freßspitzen, einigermaßen das Gesicht ersetzen. Ungeachtet dieser Modifikationen dürfen wir erwarten, bei den Höhlentieren Amerikas noch Verwandtschaften mit den anderen Bewohnern dieses Kontinents, und bei den Höhlenbewohnern Europas solche mit den übrigen europäischen Tieren zu sehen. Und dies ist bei einigen amerikanischen Höhlentieren der Fall, wie ich von Professor Dana höre; ebenso stehen einige europäische Höhleninsekten manchen in der Umgegend der Höhlen wohnenden Arten ganz nahe. Es dürfte sehr schwer sein, eine vernünftige Erklärung von der Verwandtschaft der blinden Höhlentiere mit den anderen Bewohnern der beiden Kontinente aus dem gewöhnlichen Gesichtspunkt einer unabhängigen Erschaffung zu geben. Daß einige von den Höhlenbewohnern der Alten und der Neuen Welt in naher verwandtschaftlicher Beziehung zueinander stehen, läßt sich aus den wohlbekannten Verwandtschaftsverhältnissen ihrer meisten übrigen Erzeugnisse zueinander erwarten. Da eine blinde *Bathyscia*-Art an schattigen Felsen außerhalb der Höhlen in großer Anzahl gefunden wird, so hat der Verlust des Gesichts bei der die Höhle bewohnenden Art dieser einen Gattung wahrscheinlich in keiner Beziehung zum Dunkel ihrer Wohnstätte gestanden; denn es ist ganz begreiflich, daß ein bereits des Sehvermögens beraubtes Insekt sich an die Bewohnung einer dunklen Höhle leicht akkommodieren wird. Eine andere blinde Gattung, *Anophthalmus*, bietet die merkwürdige Eigentümlichkeit dar, daß, wie Murray bemerkte, ihre verschiedenen Arten bis jetzt nirgends anders gefunden worden sind, als in Höhlen; doch sind die, welche die verschiedenen Höhlen von Europa und von Amerika bewohnen, voneinander verschieden. Es ist jedoch möglich, daß die Stammväter dieser verschiedenen Spezies, während sie noch mit Augen versehen waren, früher über beide Kontinente weit verbreitet gewesen und dann ausgestorben sind, ausgenommen an ihren jetzigen abgelegenen Wohnstätten. Weit entfernt, mich darüber zu wundern, daß einige der Höhlentiere von sehr anomaler Beschaffenheit sind, wie Agassiz von dem blinden Fisch *Amblyopsis* bemerkt, und wie es mit dem blinden Amphibium *Proteus* in Europa der Fall ist, bin ich vielmehr erstaunt, daß sich nicht mehr Trümmer alten Lebens unter ihnen erhalten haben, da die Bewohner solcher dunkler Wohnungen einer minder strengen Konkurrenz ausgesetzt gewesen sein müssen.

Akklimatisierung

Lebensweise ist bei Pflanzen erblich, so in bezug auf die Blütezeit, die Zeit des Schlafes, die für die Samen zum Keimen nötige Regenmenge usw., und dies veranlaßt mich, hier noch einiges über Akklimatisierung zu sagen. Da es äußerst gewöhnlich ist, daß verschiedene Arten einer und derselben Gattung heiße sowie kalte Gegenden bewohnen, so muß, wenn es richtig ist, daß alle Arten einer Gattung von einer einzigen elterlichen Form abstammen, Akklimatisierung während einer langen kontinuierlichen Deszendenz leicht bewirkt werden können. Es ist notorisch, daß jede Art dem Klima ihrer eigenen Heimat angepaßt ist; Arten aus einer arktischen oder auch nur aus einer gemäßigten Gegend können in einem tropischen Klima nicht ausdauern, und umgekehrt. So können auch ferner manche Fettpflanzen nicht in einem feuchten Klima vorkommen. Doch wird der Grad der Anpassung der Arten an das Klima, worin sie leben, oft überschätzt. Wir können dies schon aus unserer oftmaligen Unfähigkeit, vorauszusagen, ob eine eingeführte Pflanze unser Klima vertragen werde oder nicht, sowie aus der großen Anzahl von Pflanzen und Tieren entnehmen, welche aus wärmerem Klima zu uns verpflanzt hier ganz wohl gedeihen. Wir haben Grund anzunehmen, daß Arten im Naturzustand durch die Konkurrenz anderer organischer Wesen ebensosehr oder noch stärker als durch ihre Anpassung an besondere Klimata in ihrer Verbreitung beschränkt werden. Mag aber diese Anpassung im allgemeinen eine sehr genaue sein oder nicht: wir haben bei einigen wenigen Pflanzenarten Beweise dafür, daß dieselben schon von der Natur in gewissem Grade an ungleiche Temperaturen gewöhnt, d. h. akklimatisiert werden. So zeigen die *Pinus*- und *Rhododendron*-Arten, welche aus Samen gezogen worden sind, die Dr. Hooker von denselben, aber in verschiedenen Höhen am Himalaya wachsenden Arten gesammelt hat, hier in England ein verschiedenes Vermögen der Kälte zu widerstehen. Herr Thwaites teilt mir mit, daß er ähnliche Tatsachen auf Ceylon beobachtet habe, und H. C. Watson hat analoge Erfahrungen mit europäischen Arten von Pflanzen gemacht, die von den Azoren nach England gebracht worden sind; und ich könnte noch weitere Fälle anführen. In bezug auf Tiere ließen sich manche wohl beglaubigte Fälle anführen, daß Arten innerhalb der geschichtlichen Zeit ihre Verbreitung weit aus wärmeren in kältere Zonen oder umgekehrt ausgedehnt haben; jedoch wissen wir nicht mit Bestimmtheit, ob diese Tiere ihrem heimatlichen Klima eng angepaßt gewesen sind, obwohl wir dies in allen gewöhnlichen Fällen voraussetzen; auch wissen wir nicht, ob sie später eine spezielle Akklimatisierung an ihre neue Heimat erfahren haben, so daß sie derselben besser angepaßt wurden, als sie es zu erst waren.

Da wir annehmen können, daß unsere Haustiere ursprünglich von noch unzivilisierten Menschen gewählt worden sind, weil sie ihnen nützlich und in der Gefangenschaft leicht fortzupflanzen waren, und nicht wegen ihrer erst später gefundenen Tauglichkeit zu weit ausgedehnter Verpflanzung, so kann das gewöhnlich vorhandene und außerordentliche Vermögen unserer Haustiere, nicht bloß die verschiedensten Klimata auszuhalten, sondern in diesen (und dies ist ein viel gewichtigeres Zeugnis) vollkommen fruchtbar zu sein, als Argument dafür dienen, daß auch eine verhältnismäßig große Anzahl anderer Tiere, die sich jetzt noch im Naturzustand befinden, leicht dazu gebracht werden könnte, sehr verschiedene Klimata zu ertragen. Wir dürfen jedoch die vorstehende Folgerung nicht zu weit treiben, weil einige unserer Haustiere wahrscheinlich von verschiedenen wilden Stämmen herrühren, wie z. B. in unseren Haushundrassen das Blut eines tropischen und eines arktischen Wolfes gemischt sein könnte. Ratten und Mäuse können nicht als Haustiere angesehen werden; und doch sind sie vom Menschen in viele Teile der Welt überführt worden und besitzen jetzt eine viel weitere Verbreitung als irgendein anderes Nagetier, indem sie frei unter dem kalten Himmel der Faröer im Norden und der Falkland-Inseln im Süden, wie auf vielen Inseln der Tropenzone leben. Daher kann man die Anpassung an ein besonderes Klima als eine mit Leichtigkeit auf eine angeborene, den meisten Tieren eigene, weite Biegsamkeit der Konstitution gepfropfte Eigenschaft betrachten. Dieser Ansicht zufolge hat man die Fähigkeit des Menschen selbst und seiner meisten Haustiere, die verschiedensten Klimata zu ertragen, und die Tatsache, daß die ausgestorbenen Elefanten und Rhinozerosarten ein Eisklima ertragen haben, während deren jetzt lebende Arten alle eine tropische oder subtropische Heimat haben, nicht als Anomalien zu betrachten, sondern lediglich als Beispiele einer sehr gewöhnlichen Biegsamkeit der Konstitution anzusehen, welche nur unter besonderen Umständen zur Geltung gelangt ist.

Wie viel von der Akklimatisierung der Arten an ein besonderes Klima bloß Gewohnheitssache sei, und wie viel von der natürlichen Zuchtwahl von Varietäten mit verschiedenen angeborenen Körperkonstitutionen abhänge, oder wie weit beide Ursachen zusammenwirken, ist eine dunkle Frage. Daß Gewohnheit oder Lebensweise einigen Einfluß habe, muß ich sowohl nach der Analogie als auch nach den immer wiederkehrenden Warnungen wohl glauben, welche in allen landwirtschaftlichen Werken, selbst in alten chinesischen Enzyklopädien, enthalten sind, recht vorsichtig bei Versetzung von Tieren aus einer Gegend in die andere zu sein. Und da es nicht wahrscheinlich ist, daß die Menschen mit Erfolg so viele Rassen und Unterrassen ausgewählt haben, welche ihren eigenen Gegenden angepaßte Konstitutionen gehabt hätten, so muß das Ergebnis, wie ich denke, vielmehr von der Gewöhnung herrühren. Andererseits würde die natürliche Zuchtwahl beständig diejenigen Individuen zu erhalten streben, welche mit den für ihre Heimatgegenden am besten geeigneten Körperkonstitutionen geboren sind. In Schriften über verschiedene Sorten kultivierter Pflanzen heißt es von gewissen Varietäten, daß sie dieses oder jenes Klima besser als andere ertragen. Dies ergibt sich sehr schlagend aus den in den Vereinigten Staaten erschienenen Werken über Obstbaumzucht, worin beständig gewisse Varietäten für die nördlichen und andere für die südlichen Staaten empfohlen werden; und da die meisten dieser Abarten noch neuen Ursprungs sind, so kann man die Verschiedenheit ihrer Konstitutionen in dieser Beziehung nicht der Gewöhnung zuschreiben. Man hat selbst die Jerusalem-Artischocke, welche sich in England nie aus Samen fortgepflanzt und daher niemals neue Varietäten geliefert hat (denn sie ist jetzt noch so empfindlich wie je), als Beweis angeführt, daß es nicht möglich sei, eine Akklimatisierung zu bewirken! Zu gleichem Zwecke hat man sich auch oft auf die Schminkbohne, und zwar mit viel größerem Nachdruck berufen. So lange aber nicht jemand einige Dutzend Generationen hindurch Schminkbohnen so frühzeitig ausgesät haben wird, daß ein sehr großer Teil derselben durch Frost zerstört wird, und dann mit der gehörigen Vorsicht zur Vermeidung von Kreuzungen seine Samen von den wenigen überlebenden Stücken genommen und von deren Sämlingen mit gleicher Vorsicht abermals seine Samen erzogen haben wird, so lange wird man nicht sagen können, daß auch nur der Versuch angestellt worden sei. Auch darf man nicht etwa annehmen, daß nicht zuweilen Verschiedenheiten in der Konstitution dieser verschiedenen Bohnensämlinge zum Vorschein kämen; denn es ist bereits ein Bericht darüber erschienen, um wie viel einige dieser Arten härter sind als andere; auch habe ich selbst ein sehr auffallendes Beispiel dieser Tatsache beobachtet.

Im ganzen kann man, glaube ich, schließen, daß Gewöhnung oder Gebrauch und Nichtgebrauch in manchen Fällen einen beträchtlichen Einfluß auf die Abänderung der Konstitution und des Baues ausgeübt haben, daß jedoch diese Wirkungen oft in ansehnlichem Grade mit der natürlichen Zuchtwahl angeborener Varietäten kombiniert, zuweilen von ihr überboten worden ist.

Korrelative Abänderung

Ich will mit diesem Ausdruck sagen, daß die ganze Organisation während ihrer Entwicklung und ihres Wachstums so in sich verkettet ist, daß, wenn in irgendeinem Teil geringe Abänderungen auftreten und von der natürlichen Zuchtwahl gehäuft werden, auch andere Teile geändert werden. Dies ist ein sehr wichtiger, aber äußerst unvollständig bekannter Punkt, auch können hier ohne Zweifel leicht völlig verschiedene Klassen von Tatsachen miteinander verwechselt werden. Wir werden gleich sehen, daß einfache Vererbung oft fälschlich den Schein einer Korrelation darbietet. Eins der augenfälligsten Beispiele wirklicher Korrelation ist, daß Abänderungen im Bau der Larve oder des Jungen naturgemäß auch die Organisation des Erwachsenen zu berühren streben. Die mehrzähligen homologen und in einer frühen Embryonalzeit im Bau miteinander identischen Teile des Körpers, welche auch notwendigerweise ähnlichen Bedingungen ausgesetzt sind, scheinen außerordentlich geneigt zu sein, in ähnlicher Weise zu variieren; wir sehen dies an der rechten und linken Seite des Körpers, welche in gleicher Weise abzuändern pflegen, an den vorderen und hinteren Gliedmaßen und sogar an den Kinnladen, welche in gleicher Weise wie die Gliedmaßen variieren, wie ja einige Anatomen den Unterkiefer für ein Homologon der Gliedmaßen halten. Diese Neigungen können, wie ich nicht bezweifle, mehr oder weniger vollständig von natürlicher Zuchtwahl beherrscht werden; so hat es einmal eine

Hirschfamilie nur mit einem Gehörn auf einer Seite gegeben, und wäre diese Eigenheit von irgendeinem größeren Nutzen für die Rasse gewesen, so würde sie durch natürliche Zuchtwahl vermutlich zu einer bleibenden gemacht worden sein.

Homologe Teile streben danach, wie einige Autoren bemerkt haben, zu verwachsen, wie man es oft bei monströsen Pflanzen sieht; und nichts ist gewöhnlicher, als die Vereinigung homologer Teile in normalen Bildungen, wie z.B. die Vereinigung der Kronenblätter zu einer Röhre. Harte Teile scheinen auf die Form anliegender weicher einzuwirken; wie denn einige Schriftsteller glauben, daß bei den Vögeln die Verschiedenheit in der Form des Beckens die merkwürdige Verschiedenheit in der Form ihrer Nieren verursache. Andere glauben, daß beim Menschen die Gestalt des Beckens der Mutter durch Druck auf die Schädelform des Kindes wirke. Bei Schlangen bedingen nach Schlegel die Form des Körpers und die Art des Schlingens die Form mehrerer der wichtigsten Eingeweide.

Die Natur des korrelativen Bandes ist häufig ganz dunkel. Isidore Geoffroy Saint-Hilaire hat auf nachdrückliche Weise hervorgehoben, daß gewisse Mißbildungen sehr häufig und andere sehr selten zusammen vorkommen, ohne daß wir irgendeinen Grund anzugeben vermöchten. Was kann eigentümlicher sein, als bei Katzen die Beziehung zwischen völliger Weiße und blauen Augen einer- und Taubheit andererseits, oder zwischen einem gelb, schwarz und weiß gefleckten Pelz und dem weiblichen Geschlecht; oder bei Tauben die Beziehung zwischen den gefiederten Füßen und der Spannhaut zwischen den äußeren Zehen, oder die zwischen der Anwesenheit von mehr oder weniger Flaum an den eben ausgeschlüpften Vögeln mit der künftigen Farbe ihres Gefieders; oder endlich die Beziehung zwischen Behaarung und Zahnbildung des nackten türkischen Hundes, obschon hier zweifellos Homologie mit ins Spiel kommt? Mit Bezug auf diesen letzten Fall von Korrelation scheint es mir kaum zufällig zu sein, daß diejenigen zwei Säugetierordnungen, welche am abnormsten in ihrer Hautbekleidung, auch am abweichendsten in ihrer Zahnbildung sind: nämlich die Cetaceen (Wale) und die Edentaten (Schuppentiere, Gürteltiere usw.); es finden sich indessen so viele Ausnahmen von dieser Regel, wie Mr. Mivart bemerkt hat, daß sie geringen Wert hat.

Ich kenne keinen Fall, der besser geeignet wäre, die große Bedeutung der Gesetze der Korrelation und Variation, unabhängig von der Nützlichkeit und somit auch von der natürlichen Zuchtwahl, darzutun, als den der Verschiedenheit der äußeren und inneren Blüten im Blütenstand einiger Compositen und Umbelliferen. Jedermann kennt den Unterschied zwischen den mittleren und den Randblüten z.B. des Gänseblümchens (*Bellis*), und diese Verschiedenheit ist oft mit einer teilweisen oder vollständigen Verkümmerung der reproduktiven Organe verbunden. Aber bei einigen der genannten Pflanzen unterscheiden sich auch die Früchte der beiderlei Blüten in Größe und Aussehen. Diese Verschiedenheiten sind von einigen Botanikern dem Druck der Hüllen auf die Blüten oder ihrem gegenseitigen Druck zugeschrieben worden, und die Fruchtformen in den Strahlenblütchen einiger Compositen unterstützen diese Ansicht; keineswegs sind es aber, wie mir Dr. Hooker mitteilt, bei den Umbelliferen die Arten mit den dichtesten Umbellen, welche am häufigsten eine Verschiedenheit zwischen den inneren und äußeren Blüten wahrnehmen lassen. Man hätte denken können, daß die Entwicklung der randständigen Kronenblätter die Verkümmerung der reproduktiven Organe dadurch veranlaßt hätte, daß sie ihnen Nahrung entzögen; dies kann aber kaum die einzige Ursache sein; denn bei einigen Compositen zeigt sich ein Unterschied in der Größe der Früchte der inneren und der Strahlenblüten, ohne irgendeine Verschiedenheit der Corolle. Möglich, daß diese mancherlei Unterschiede mit irgendeinem Unterschied in dem Zufluß der Säfte zu den mittel- und den randständigen Blüten zusammenhängen; wir wissen wenigstens, daß bei unregelmäßigen Blüten die der Achse zunächst stehenden am häufigsten der Pelorienbildung unterworfen sind, d. h. in abnormer Weise regelmäßig werden. Ich will als Beispiel hiervon und zugleich als auffallenden Fall von Korrelation anführen, daß bei vielen Pelargonien die zwei oberen Kronenblätter der zentralen Blüte der Dolde oft die dunkler gefärbten Flecken verlieren, und daß, wenn dies der Fall ist, das anhängende Nectarium gänzlich verkümmert; hierdurch wird die zentrale Blüte pelorisch oder regelmäßig. Fehlt der Fleck nur an einem der zwei oberen Kronenblätter, so wird das Nectarium nicht vollständig abortiert, sondern nur stark verkürzt.

Hinsichtlich der Entwicklung der Blumenkronen ist G. Sprengels Idee, daß die Strahlenblumen zur Anziehung der Insekten bestimmt seien, deren Wirksamkeit für die Befruchtung dieser Pflanzen äußerst vorteilhaft oder notwendig ist, sehr wahrscheinlich, und wenn sich die Sache wirklich so verhält, so kann natürliche Zuchtwahl mit ins Spiel kommen. Dagegen scheint es unmöglich, daß die Verschiedenheit zwischen dem Bau der äußeren und der inneren Früchte, welche nicht immer in Korrelation mit irgendeiner verschiedenen Bildung der Corolle steht, irgendwie den Pflanzen von Nutzen sein kann. Jedoch erscheinen bei den Doldenpflanzen die Unterschiede von so auffallender Wichtigkeit (da in mehreren Fällen die Früchte der äußeren Blüten orthosperm und die der mittelständigen coelosperm sind), daß der ältere De Candolle seine Hauptabteilungen in dieser Pflanzenordnung auf derartige Verschiedenheiten gründete. Modifikationen der Struktur, welche von Systematikern als sehr wertvoll betrachtet werden, können daher von den Gesetzen der Abänderung und der Korrelation bedingt sein, und zwar, soweit wir es beurteilen können, ohne selbst den geringsten Vorteil für die Spezies darzubieten.

Wir können häufig irrigerweise der korrelativen Abänderung solche Bildungen zuschreiben, welche ganzen Artengruppen gemein sind und welche in Wahrheit ganz einfach von Erblichkeit abhängen. Denn ein alter Urerzeuger kann durch natürliche Zuchtwahl irgendeine Eigentümlichkeit seiner Struktur und nach Tausenden von Generationen irgendeine andere davon unabhängige Abänderung erlangt haben; und wenn dann beide Modifikationen auf eine ganze Gruppe von Nachkommen mit verschiedener Lebensweise übertragen worden sind, so wird man natürlich glauben, sie stünden in einer notwendigen Wechselbeziehung zueinander. Einige andere Fälle von Korrelation sind offenbar nur von der Art und Weise bedingt, in welcher die natürliche Zuchtwahl ihre Tätigkeit allein äußern kann. Wenn z.B. Alphonse de Candolle bemerkt, daß geflügelte Samen nie in Früchten vorkommen, die sich nicht öffnen, so möchte ich diese Regel durch die Tatsache erklären, daß Samen unmöglich durch natürliche Zuchtwahl allmählich beflügelt werden können, außer in Früchten, die sich öffnen; denn nur in diesem Falle können diejenigen Samen, welche etwas besser zur weiten Fortführung geeignet sind, vor anderen, weniger zu einer weiten Verbreitung geeigneten, einen Vorteil erlangen.

Kompensation und Ökonomie des Wachstums – Falsche Wechselbeziehungen

Der ältere Geoffroy und Goethe haben ziemlich zu derselben Zeit ein Gesetz aufgestellt, das der Kompensation oder des Gleichgewichts des Wachstums, oder, wie Goethe sich ausdrückt, „die Natur ist genötigt, auf der einen Seite zu ökonomisieren, um auf der anderen mehr geben zu können". Dies paßt in gewisser Ausdehnung, wie mir scheint, ganz gut auf unsere Kulturerzeugnisse; denn wenn einem Teil oder Organ Nahrung im Überfluß zuströmt, so fließt sie selten, oder wenigstens nicht in Überfluß, auch einem anderen zu; daher kann man eine Kuh z.B. nicht dahin bringen, viel Milch zu geben und zugleich schnell fett zu werden. Ein und dieselbe Kohlvarietät kann nicht eine reichliche Menge nahrhafter Blätter und zugleich einen guten Ertrag von Öl enthaltenden Samen liefern. Wenn in unserem Obst die Samen verkümmern, gewinnt die Frucht selbst an Größe und Güte. Bei unseren Hühnern ist eine große Federhaube auf dem Kopf gewöhnlich mit einem verkleinerten Kamm und ein großer Bart mit verkleinerten Fleischlappen verbunden. Dagegen ist kaum anzunehmen, daß dieses Gesetz auch auf Arten im Naturzustand allgemein anwendbar sei, obwohl viele gute Beobachter und namentlich Botaniker an seine Richtigkeit glauben. Ich will hier jedoch keine Beispiele anführen, denn ich kann kaum ein Mittel finden, einerseits zwischen der durch natürliche Zuchtwahl bewirkten ansehnlichen Vergrößerung eines Teiles und der durch gleiche Ursache oder durch Nichtgebrauch veranlaßten Verminderung eines anderen und nahe dabei befindlichen Organs, und andererseits der Verkümmerung eines Organs durch Nahrungseinbuße infolge exzessiver Entwicklung eines anderen nahe dabei befindlichen Teiles zu unterscheiden.

Ich vermute auch, daß einige der Fälle, die man als Beweise der Kompensation vorgebracht hat, sich mit einigen anderen Tatsachen unter ein noch allgemeineres Prinzip zusammenfassen lassen, das Prinzip nämlich, daß die natürliche Zuchtwahl fortwährend bestrebt ist, in jedem Teil der Organisation zu sparen. Wenn unter veränderten Lebensverhältnissen eine bisher nützliche Vorrichtung weniger nützlich wird, so dürfte wohl ihre Verminderung begünstigt werden, indem es ja für das Individuum vorteilhaft ist, wenn es seine Säfte nicht zur Ausbildung nutzloser Organe verschwendet. Nur auf diese Weise kann ich eine Tatsache begreiflich finden, welche mich, als ich mit der Untersuchung über die Cirripeden beschäftigt war, überraschte, und von welcher noch viele analoge Beispiele angeführt werden könnten, nämlich daß, wenn ein Cirripede an einem anderen als Schmarotzer lebt und daher geschützt ist, er mehr oder weniger vollständig seine eigene Kalkschale verliert. Dies ist mit dem Männchen von *Ibla* und in einer wahrhaft außerordentlichen Weise mit *Proteolepas* der Fall; denn während der Panzer aller anderen Cirripeden aus den drei hoch wichtigen und mit starken Nerven und Muskeln versehenen ungeheuer entwickelten Vordersegmenten des Kopfes besteht, ist bei dem parasitischen und geschützten *Proteolepas* der ganze Vorderteil des Kopfes zu dem unbedeutendsten an die Basen der Greifantennen befestigten Rudimente verkümmert. Nun dürfte die Ersparung eines großen und zusammengesetzten Gebildes, wenn es überflüssig wird, ein entschiedener Vorteil für jedes spätere Individuum der Spezies sein; denn im Kampf ums Dasein, welchen jedes Tier zu kämpfen hat, würde jedes einzelne umso mehr Aussicht, sich zu behaupten, erlangen, je weniger Nährstoff zur Entwicklung eines nutzlos gewordenen Organs verlorengeht.

Danach, glaube ich, wird die natürliche Zuchtwahl auf die Länge immer danach streben, jeden Teil der Organisation zu reduzieren und zu ersparen, sobald er durch eine veränderte Lebensweise überflüssig wird, und zwar durchaus ohne deshalb zu verursachen, daß ein anderer Teil in entsprechendem Grade sich stärker entwickelt. Und ebenso dürfte sie umgekehrt vollkommen imstande sein, ein Organ stärker auszubilden, ohne die Verminderung eines anderen benachbarten Teiles als notwendige Kompensation zu verlangen.

Vielfache, rudimentäre und niedrig organisierte Bildungen sind veränderlich

Nach Isidore Geoffroy Saint-Hilaires Bemerkung scheint es bei Varietäten wie bei Arten Regel zu sein, daß, wenn irgendein Teil oder ein Organ sich oftmals im Bau eines Individuums wiederholt, wie die Wirbel in den Schlangen und die Staubgefäße in den polyandrischen Blüten, seine Zahl veränderlich wird, während die Zahl desselben Organs oder Teils beständig bleibt, falls es sich weniger oft wiederholt. Derselbe Autor, sowie einige Botaniker haben ferner die Bemerkung gemacht, daß vielzählige Teile auch Veränderungen in ihrer Struktur sehr ausgesetzt sind. Insofern nun diese „vegetative Wiederholung", wie R. Owen sie nennt, ein Anzeigen niedriger Organisation ist, stimmen die vorangehenden Bemerkungen mit der allgemein verbreiteten Ansicht der Naturforscher zusammen, daß solche Wesen, welche tief auf der Stufenleiter der Natur stehen, veränderlicher als die höheren sind. Ich vermute, daß in diesem Falle unter tiefer Organisation eine nur geringe Differenzierung der Organe für verschiedene, besondere Verrichtungen gemeint ist. Solange ein und dasselbe Organ verschiedene Leistungen zu verrichten hat, läßt sich vielleicht einsehen, warum es veränderlich bleibt, d.h., warum die natürliche Zuchtwahl nicht jede kleine Abweichung der Form ebenso sorgfältig zu erhalten oder zu unterdrücken sucht, als wenn dasselbe Organ nur zu einem besonderen Zweck allein bestimmt ist. So können Messer, welche allerlei Dinge zu schneiden bestimmt sind, im ganzen so ziemlich von beinahe jeder beliebigen Form sein, während ein nur zu einerlei Gebrauch bestimmtes Werkzeug auch eine besondere Form haben muß. Man sollte nie vergessen, daß natürliche Zuchtwahl allein durch den Vorteil eines jeden Wesens und zu demselben wirken kann.

Rudimentäre Organe sind nach der allgemeinen Annahme sehr zur Veränderlichkeit geneigt. Wir werden auf diesen Gegenstand zurückzukommen haben, und ich will hier nur bemerken, daß ihre Veränderlichkeit durch ihre Nutzlosigkeit bedingt zu sein scheint, und infolgedessen davon, daß in diesem Falle natürliche Zuchtwahl nichts vermag, um Abweichungen ihres Baues zu verhindern.

In ungewöhnlicher Weise entwickelte Teile sind sehr veränderlich

Vor mehreren Jahren wurde ich durch eine in diesem Sinne von Waterhouse gemachte Bemerkung überrascht. Auch Professor Owen scheint zu einer nahezu ähnlichen Ansicht gelangt zu sein. Es ist keine Hoffnung vorhanden, jemanden von der Wahrheit des obigen Satzes zu überzeugen, ohne die lange Reihe von Tatsachen, die ich gesammelt habe, aber hier nicht mitteilen kann, aufzuzählen. Ich kann nur meine Überzeugung aussprechen, daß es eine sehr allgemeine Regel ist. Ich kenne zwar mehrere Fehlerquellen, hoffe aber, sie genügend berücksichtigt zu haben. Es ist hier zu bemerken, daß diese Regel durchaus nicht etwa auf einen, wenn auch an sich noch so ungewöhnlich entwickelten Teil, Anwendung findet, wofern er nicht in einer Spezies, oder in einigen wenigen, im Vergleich mit demselben Teil bei vielen nahe verwandten Arten ungewöhnlich ausgebildet ist. So ist die Flügelbildung der Fledermäuse in der Klasse der Säugetiere äußerst abnorm; doch würde sich jene Regel nicht hierauf beziehen, weil diese Bildung der ganzen Gruppe der Fledermäuse zukommt; sie würde nur anwendbar sein, wenn die Flügel einer Fledermausart in einer merkwürdigen Weise im Vergleich mit den Flügeln der anderen Arten derselben Gattung vergrößert wären. Die Regel bezieht sich daher sehr scharf auf die „sekundären Sexualcharaktere", wenn sie in irgendeiner ungewöhnlichen Weise entwickelt sind. Mit diesem von Hunter gebrauchten Ausdruck werden diejenigen Merkmale bezeichnet, welche nur dem Männchen oder dem Weibchen allein zukommen, aber mit dem Fortpflanzungsakt nicht in unmittelbarem Zusammenhang stehen. Die Regel findet sowohl auf Männchen wie auf Weibchen Anwendung, doch seltener auf Weibchen, weil auffallende Charaktere dieser Art bei Weibchen überhaupt seltener sind. Die offenbare Anwendbarkeit der Regel auf die Fälle von sekundären Sexualcharakteren dürfte mit der großen und, wie ich meine, kaum zu bezweifelnden Veränderlichkeit dieser Charaktere überhaupt, mögen sie in irgendeiner ungewöhnlichen Weise entwickelt sein oder nicht, zusammenhängen. Daß sich aber unsere Regel nicht auf die sekundären Sexualcharaktere allein bezieht, erhellt aus den hermaphroditischen Cirripeden; und ich will hier hinzufügen, daß ich bei der Untersuchung dieser Ordnung Waterhouses Bemerkung besondere Beachtung geschenkt habe und vollkommen von der fast unveränderlichen Anwendbarkeit dieser Regel auf die Cirripeden überzeugt bin. In einem späteren Werk werde ich eine Liste aller merkwürdigen Fälle geben; hier aber will ich nur einen anführen, welcher die Regel in ihrer ausgedehntesten Anwendbarkeit erläutert. Die Deckelklappen der sitzenden Cirripeden (*Balaniden*) sind in jedem Sinne des Wortes sehr wichtige Gebilde und sind selbst von einer Gattung zur anderen nur wenig verschieden. Aber in den verschiedenen Arten einer Gattung, *Pyrgoma*, bieten diese Klappen einen wundersamen Grad von Verschiedenartigkeit dar. Die homologen Klappen sind in verschiedenen Arten zuweilen ganz unähnlich in der Form, und der Betrag möglicher Abweichung bei den Individuen einer und derselben Art ist so groß, daß man ohne Übertreibung behaupten darf, die Varietäten einer und derselben Spezies weichen in den

Merkmalen dieser wichtigen Klappen weiter voneinander ab, als es sonst Arten tun, welche zu verschiedenen Gattungen gehören.

Da bei Vögeln die Individuen der nämlichen Spezies innerhalb einer und derselben Gegend außerordentlich wenig variieren, so habe ich auch sie in dieser Hinsicht besonders geprüft; und die Regel scheint sicher in dieser Klasse sich gut zu bewähren. Ich kann nicht ausfindig machen, ob sie auch auf Pflanzen anwendbar ist, und mein Vertrauen auf ihre Allgemeinheit würde hierdurch sehr erschüttert worden sein, wenn nicht eben die große Veränderlichkeit der Pflanzen überhaupt es ganz besonders schwierig machte, die relativen Veränderlichkeitsgrade zu vergleichen.

Wenn wir bei irgendeiner Spezies einen Teil oder ein Organ in merkwürdigem Grade oder in auffallender Weise entwickelt sehen, so läge es am nächsten, anzunehmen, daß dasselbe für diese Art von großer Wichtigkeit sein müsse, und doch ist der Teil in diesem Falle außerordentlich veränderlich. Woher kommt dies? Aus der Ansicht, daß jede Art mit allen ihren Teilen, wie wir sie jetzt sehen, unabhängig erschaffen worden sei, können wir keine Erklärung schöpfen. Dagegen verbreitet, wie ich glaube, die Annahme, daß Artengruppen eine gemeinsame Abstammung von anderen Arten haben und durch natürliche Zuchtwahl modifiziert worden sind, einiges Licht über die Frage. Zunächst will ich einige vorläufige Bemerkungen machen. Wenn bei unseren Haustieren ein einzelner Teil oder das ganze Tier vernachlässigt und bei der Nachzucht keine Auswahl angewandt wird, so wird ein solcher Teil (wie z. B. der Kamm bei den Dorking-Hühnern) oder die ganze Rasse aufhören, einen einförmigen Charakter zu bewahren. Man wird dann sagen, die Rasse arte aus. In rudimentären und in solchen Organen, welche nur wenig für einen besonderen Zweck differenziert worden sind, sowie vielleicht in polymorphen Gruppen, sehen wir einen fast parallelen Fall; denn in solchen Fällen ist die natürliche Zuchtwahl nicht ins Spiel gekommen oder hat nicht dazu kommen können, und die Organisation bleibt hiernach in einem schwankenden Zustand. Was uns aber hier noch näher angeht, das ist, daß eben bei unseren Haustieren diejenigen Charaktere, welche in der Jetztzeit durch fortgesetzte Zuchtwahl rascher Abänderung unterliegen, auch ebensosehr zu variieren geneigt sind. Man vergleiche einmal die Individuen einer und derselben Taubenrasse; was für ein wunderbar großes Maß an Verschiedenheit zeigt sich in den Schnäbeln der Purzeltauben, in den Schnäbeln und Hautlappen der verschiedenen Botentauben, in Haltung und Schwanz der Pfauentaube usw.; und dies sind die Punkte, auf welche die englischen Liebhaber jetzt hauptsächlich achten. Schon bei den nämlichen Unterrassen, wie z.B. bei den kurzstirnigen Purzlern, sind bekanntlich nahezu vollkommene Tiere schwer zu züchten; es kommen dabei viele zum Vorschein, welche weit von dem Musterbild abweichen. Man kann daher in Wahrheit sagen, es finde ein beständiger Kampf statt einerseits zwischen dem Streben zum Rückschlag in einen minder vollkommenen Zustand und ebenso einer angeborenen Neigung zu weiterer Veränderung, und andererseits dem Einfluß fortwährender Zuchtwahl zur Reinerhaltung der Rasse. Auf Dauer gewinnt die Zuchtwahl den Sieg, und wir fürchten nicht mehr so weit vom Ziel abzuweichen, daß wir von einem guten kurzstirnigen Stamm nur einen gemeinen Purzler erhielten. Solange aber die Zuchtwahl noch in raschem Fortschritt begriffen ist, wird immer eine große Unbeständigkeit in den der Veränderung unterliegenden Gebilden zu erwarten sein.

Doch kehren wir zur Natur zurück. Ist ein Teil in irgendeiner Spezies im Vergleich mit den anderen Arten derselben Gattung auf außergewöhnliche Weise entwickelt, so können wir schließen, derselbe habe seit der Abzweigung der verschiedenen Arten von der gemeinsamen Stammform der Gattung einen ungewöhnlichen Betrag von Modifikation erfahren. Diese Zeit der Abzweigung wird selten in einem extremen Grade weit zurückliegen, da Arten sehr selten länger als eine geologische Periode dauern. Ein ungewöhnlicher Betrag von Modifikation setzt ein ungewöhnlich langes und ausgedehntes Maß von Veränderlichkeit voraus, deren Produkt durch Zuchtwahl zum Besten der Spezies fortwährend gehäuft worden ist. Da aber die Veränderlichkeit des außerordentlich entwickelten Teils oder Organs in einer nicht sehr weit zurückliegenden Zeit so groß und andauernd gewesen ist, so dürften wir als allgemeine Regel auch jetzt noch mehr Veränderlichkeit in solchen als in anderen Teilen der Organisation, welche eine viel längere Zeit hindurch beständig geblieben sind, anzutreffen erwarten. Und dies findet nach meiner Überzeugung statt. Daß aber der Kampf zwischen natürlicher Zuchtwahl einerseits und der Neigung zum Rückschlag und zur Variabilität andererseits mit der Zeit aufhören werde, und daß auch die am abnormsten gebildeten Organe beständig werden können, sehe ich keinen Grund zu bezweifeln. Wenn daher ein Organ, wie unregelmäßig es auch sein mag, in annähernd gleicher Beschaffenheit auf viele bereits abgeänderte Nachkommen übertragen worden ist, wie dies mit dem Flügel der Fledermaus der Fall ist, so muß es meiner Theorie zufolge schon eine unermeßliche Zeit hindurch in dem gleichen Zustand vorhanden gewesen sein; und infolge hiervon ist es jetzt nicht veränderlicher als irgendein anderes Organ. Nur in denjenigen Fällen, wo die Modifikation noch verhältnismäßig neu und außerordentlich groß ist, sollten wir daher die „generative Veränderlichkeit", wie wir es nennen können, noch in hohem Grade vorhanden finden. Denn in diesem Falle wird die Veränderlichkeit nur selten schon durch fortgesetzte Zuchtwahl der in irgendeiner geforderten Weise und Stufe variierenden und durch fortwährende Beseitigung der zum Rückschlag auf einen früheren und weniger modifizierten Zustand neigenden Individuen zu einem festen Ziel gelangt sein.

Spezifische Charaktere sind veränderlicher als Gattungscharaktere

Das in dem vorigen Abschnitt erörterte Prinzip kann auch auf den vorliegenden Gegenstand angewendet werden. Es ist offenkundig, daß die spezifischen mehr als die Gattungscharaktere abzuändern geneigt sind. Ich will an einem einfachen Beispiel zeigen, was ich meine: Wenn in einer großen Pflanzengattung einige Arten blaue Blüten und andere rote haben, so wird die Farbe nur ein Artcharakter sein und daher auch niemand überrascht werden, wenn eine blaublühende Art in Rot variiert oder umgekehrt. Wenn aber alle Arten blaue Blumen haben, so wird die Farbe zum Gattungscharakter, und ihre Veränderung würde schon eine ungewöhnliche Erscheinung sein. Ich habe gerade dieses Beispiel gewählt, weil eine Erklärung, welche die meisten Naturforscher sonst beizubringen geneigt sein würden, darauf nicht anwendbar ist, daß nämlich spezifische Charaktere deshalb mehr als generische veränderlich erscheinen, weil sie von Teilen entlehnt sind, die eine geringere physiologische Wichtigkeit besitzen als diejenigen, welche gewöhnlich zur Charakterisierung der Gattungen dienen. Ich glaube zwar, daß diese Erklärung teilweise, indessen nur indirekt, richtig ist; ich werde jedoch auf diesen Punkt in dem Abschnitt über Klassifikation zurückkommen. Es dürfte fast überflüssig sein, Beispiele zur Unterstützung der obigen Behauptung anzuführen, daß gewöhnliche Artcharaktere veränderlicher sind als Gattungscharaktere; was aber die wichtigen Charaktere betrifft, so habe ich in naturhistorischen Werken wiederholt bemerkt, daß, wenn ein Schriftsteller durch die Wahrnehmung überrascht war, daß irgendein wichtiges Organ, welches sonst in einer ganzen großen Artengruppe beständig zu sein pflegt, in nahe verwandten Arten ansehnlich verschieden ist, dasselbe dann auch in den Individuen einer und derselben Art variabel ist. Diese Tatsache zeigt, daß ein Charakter, der gewöhnlich von generischem Wert ist, wenn er zu spezifischem Wert herabsinkt, oft veränderlich wird, wenn auch seine physiologische Wichtigkeit die nämliche bleibt. Etwas Ähnliches findet auch auf Monstrositäten Anwendung; wenigstens scheint Isidore Geoffroy Saint-Hilaire keinen Zweifel daran zu hegen, daß ein Organ umso mehr individuellen Anomalien unterliege, je mehr es in den verschiedenen Arten derselben Gruppen normal verschieden ist.

Wie wäre es nach der gewöhnlichen Meinung, welche jede Art unablässig erschaffen worden sein läßt, zu erklären, daß derjenige Teil der Organisation, welcher von demselben Teil in anderen unabhängig erschaffenen Arten derselben Gattung verschieden ist, veränderlicher ist als die Teile, welche in den verschiedenen Arten einer Gattung nahe übereinstimmen? Ich sehe keine Möglichkeit, dies zu erklären. Wenn wir aber von der Ansicht ausgehen, daß Arten nur wohl unterschiedene und beständig gewordene Varietäten sind, so werden wir häufig auch zu finden erwarten dürfen, daß dieselben noch jetzt in den Teilen ihrer Organisation abzuändern fortfahren, welche erst in verhältnismäßig neuer Zeit variiert haben und dadurch verschieden geworden sind. Oder, um den Fall in einer anderen Weise darzustellen: Die Merkmale, worin alle Arten einer Gattung einander gleichen und worin dieselben von verwandten Gattungen abweichen, heißen generische, und diese Merkmale zusammengenommen können der Vererbung von einem gemeinschaftlichen Stammvater zugeschrieben werden; denn nur selten kann es der Zufall gewollt haben, daß die natürliche Zuchtwahl verschiedene, mehr oder weniger abweichenden Lebensweisen angepaßte Arten in genau derselben Weise modifiziert haben sollte; und da diese sogenannten generischen Charaktere schon aus der Zeit her vererbt worden sind, ehe und bevor sich die verschiedenen Arten von ihrer gemeinsamen Stammform abgezweigt haben, und da sie später nicht mehr variiert haben oder gar nicht oder nur in einem unerheblichen Grade verschieden geworden sind, so ist es nicht wahrscheinlich, daß sie noch heutigen Tages abändern. Andererseits nennt man die Punkte, wodurch sich Arten von anderen Arten derselben Gattung unterscheiden, spezifische Charaktere; und da diese seit der Zeit der Abzweigung der Arten von der gemeinsamen Stammform variiert haben und verschieden geworden sind, so ist es wahrscheinlich, daß dieselben noch jetzt oft einigermaßen veränderlich sind, wenigstens veränderlicher als diejenigen Teile der Organisation, welche während einer sehr viel längeren Zeit beständig geblieben sind.

Sekundäre Geschlechtscharaktere sind veränderlicher als Gattungscharaktere

Ohne daß ich nötig habe, dabei auf Einzelheiten einzugehen, werden mir, denke ich, Naturforscher wohl zugeben, daß sekundäre Geschlechtscharaktere sehr veränderlich sind; man wird mir wohl auch ferner zugeben, daß die zu einerlei Gruppe gehörigen Arten hinsichtlich dieser Charaktere weiter als in anderen Teilen ihrer Organisation voneinander verschieden sind. Vergleicht man beispielsweise die Größe der Verschiedenheit zwischen den Männchen der hühnerartigen Vögel, bei welchen sekundäre Geschlechtscharaktere vorzugsweise stark entwickelt sind, mit der Größe der Verschiedenheit zwischen ihren Weibchen, so wird die Wahrheit dieser Behauptung eingeräumt werden. Die Ursache der ursprünglichen Veränderlichkeit dieser Charaktere liegt nicht sofort auf der Hand; doch läßt sich begreifen, wie es kommt, daß dieselben nicht ebenso einförmig und beständig gemacht worden sind wie andere Teile der Organisation; denn die sekundären Geschlechtscharaktere sind durch geschlechtliche Zuchtwahl gehäuft worden, welche weniger streng in ihrer Wirksamkeit als die gewöhnliche Zuchtwahl ist, indem sie die minder begünstigten Männchen nicht zerstört, sondern bloß mit weniger Nachkommenschaft versieht. Welches aber auch immer die Ursache der Veränderlichkeit dieser sekundären Geschlechtscharaktere sein mag: Da sie nun einmal sehr veränderlich sind, so wird die geschlechtliche Zuchtwahl darin einen weiten Spielraum für ihre Tätigkeit gefunden haben und somit den Arten einer Gruppe leicht einen größeren Betrag von Verschiedenheit in ihren Geschlechtscharakteren als in anderen Teilen ihrer Organisation haben verleihen können.

Es ist eine merkwürdige Tatsache, daß die sekundären Geschlechtsverschiedenheiten zwischen beiden Geschlechtern einer Art sich gewöhnlich in genau denselben Teilen der Organisation entfalten, in denen auch die verschiedenen Arten einer Gattung voneinander abweichen. Um dies zu erläutern, will ich nur zwei Beispiele anführen, welche zufällig als die ersten auf meiner Liste stehen; und da die Verschiedenheiten in diesen Fällen von sehr ungewöhnlicher Art sind, so kann die Beziehung kaum zufällig sein. Eine gleiche Anzahl von Tarsalgliedern ist allgemein ein sehr großen Gruppen von Käfern gemeinsam zukommender Charakter; aber in der Familie der Engidae ändert nach Westwoods Beobachtung diese Zahl sehr ab; und hier ist die Zahl in den zwei Geschlechtern einer und derselben Art verschieden. Ebenso ist bei den grabenden Hymenopteren der Verlauf der Flügeladern ein Charakter von höchster Wichtigkeit, weil er sich in großen Gruppen gleichbleibt; in einigen Gattungen jedoch ändert die Aderung von Art zu Art und gleicher Weise auch in den zwei Geschlechtern der nämlichen Art ab. Sir J. Lubbock hat kürzlich bemerkt, daß einige kleine Kruster vortreffliche Belege für dieses Gesetz darbieten. „Bei *Pontella* z.B. sind es hauptsächlich die vorderen Fühler und das fünfte Beinpaar, welche die Geschlechtscharaktere liefern; und dieselben Organe bieten auch hauptsächlich die Artenunterschiede dar." Diese Beziehung hat nach meiner Anschauungsweise eine naheliegende Bedeutung: Ich betrachte nämlich alle Arten einer Gattung ebenso gewiß als Abkömmlinge desselben Stammvaters, wie die zwei Geschlechter irgendeiner dieser Arten. Folglich: was immer für ein Teil der Organisation des gemeinsamen Stammvaters oder seiner ersten Nachkommen veränderlich geworden ist, es werden höchst wahrscheinlich die natürliche und geschlechtliche Zuchtwahl aus Abänderungen dieser Teile Vorteile gezogen haben, um die verschiedenen Arten ihren verschiedenen Stellen im Haushalt der Natur und ebenso um die zwei Geschlechter einer nämlichen Spezies einander anzupassen, oder endlich die Männchen in den Stand zu setzen, mit anderen Männchen um den Besitz der Weibchen zu kämpfen.

Schließlich gelange ich also zu der Folgerung, daß die größere Veränderlichkeit der spezifischen Charaktere oder derjenigen, durch welche sich Art von Art unterscheidet, gegenüber den generischen Merkmalen oder denjenigen, welche alle Arten einer Gattung gemein haben, – daß die oft äußerst große Veränderlichkeit des in irgendeiner einzelnen Art ganz ungewöhnlich entwickelten Teils im Vergleich mit demselben Teil bei den anderen Gattungsverwandten, und die geringe Veränderlichkeit eines wenn auch außerordentlich entwickelten, aber einer ganzen Gruppe von Arten gemeinsamen Teiles, – daß die große Variabilität sekundärer Geschlechtscharaktere und das große Maß an Verschiedenheit dieser selben Merkmale bei einander nahe verwandten Arten – daß die so allgemeine Entwicklung sekundärer Geschlechts- und gewöhnlicher Artcharaktere in einerlei Teilen der Organisation, – daß alles dieses eng untereinander verkettete Tatsachen sind. Alles dies ist hauptsächlich eine Folge davon, daß die zu einer nämlichen Gruppe gehörigen Arten von einem gemeinsamen Urerzeuger herrühren, von welchem sie vieles gemeinsam ererbt haben; – daß Teile, welche erst neuerlich noch starke Abänderungen erlitten haben, noch leichter fortwährend zu variieren geneigt sind als solche, welche schon seit langer Zeit vererbt sind und nicht variiert haben; – daß die natürliche Zuchtwahl je nach der Zeitdauer mehr oder weniger vollständig die Neigung zum Rückschlag und zu weiterer Variabilität überwunden hat; – daß die sexuelle Zuchtwahl weniger streng als die gewöhnliche ist; – endlich, daß Abänderungen in einerlei Organen durch natürliche und durch sexuelle Zuchtwahl gehäuft und für sekundäre Geschlechts- und gewöhnliche spezifische Zwecke verwandt worden sind. Verschiedene Arten zeigen analoge Abänderungen, so daß eine Varietät einer Spezies oft einen einer verwandten Spezies eigenen Charakter annimmt oder zu einigen von den Merkmalen einer früheren Stammart zurückkehrt.

Zu einer Gattung gehörige Arten variieren auf analoge Weise – Rückschlag zu längst verlorenen Charakteren

Diese Sätze werden am leichtesten verständlich durch Betrachtung der Haustierrassen. Die allerverschiedensten Taubenrassen bieten in weit voneinander entfernt gelegenen Ländern Untervarietäten mit umgewendeten Federn am Kopf und mit Federn an den Füßen dar, mit

Merkmalen, welche die ursprüngliche Felstaube nicht besitzt; dies sind also analoge Abänderungen in zwei oder mehreren verschiedenen Rassen. Die häufige Anwesenheit von vierzehn oder selbst sechzehn Schwanzfedern im Kröpfer kann man als eine die normale Bildung einer anderen Abart, der Pfauentaube, vertretende Abweichung betrachten. Ich setze voraus, daß niemand daran zweifeln wird, daß alle solche analogen Abänderungen davon herrühren, daß die verschiedenen Taubenrassen die gleiche Konstitution und daher die gleiche Neigung unter denselben unbekannten Einflüssen zu variieren von einem gemeinsamen Erzeuger geerbt haben. Im Pflanzenreich zeigt sich ein Fall von analoger Abänderung in dem verdickten Strunk (gewöhnlich wird er die Wurzel genannt) der Schwedischen Rübe und der *Ruta baga*, Pflanzen, welche mehrere Botaniker nur als durch die Kultur aus einer gemeinsamen Stammform hervorgebrachte Varietäten ansehen. Wäre dies aber nicht richtig, so hätten wir einen Fall analoger Abänderung in zwei sogenannten verschiedenen Arten, und diesen kann noch die gemeine Rübe als dritte zugezählt werden. Nach der gewöhnlichen Ansicht, daß jede Art unabhängig geschaffen worden sei, würden wir diese Ähnlichkeit der drei Pflanzen in ihrem verdickten Stengel nicht der wahren Ursache ihrer gemeinsamen Abstammung und einer daraus folgenden Neigung, in ähnlicher Weise zu variieren, zuzuschreiben haben, sondern drei verschiedenen, aber eng unter sich verwandten Schöpfungsakten. Viele ähnliche Fälle analoger Abänderung sind von Naudin in der großen Familie der Kürbisse, von anderen Schriftstellern bei unseren Zerealien beobachtet worden. Ähnliche, bei Insekten unter ihren natürlichen Verhältnissen vorkommende Fälle hat kürzlich mit vielem Geschick Walsh erörtert, der sie unter sein Gesetz der „gleichförmigen Variabilität" gebracht hat.

Bei den Tauben indessen haben wir noch einen anderen Fall, nämlich das in allen Rassen gelegentliche Zumvorscheinkommen von schieferblauen Vögeln mit zwei schwarzen Flügelbinden, weißen Weichen, einer Querbinde auf dem Ende des Schwanzes und einem weißen äußeren Rand am Grund der äußeren Schwanzfedern. Da alle diese Merkmale für die elterliche Felstaube bezeichnend sind, so glaube ich, wird niemand bezweifeln, daß es sich hier um einen Fall von Rückschlag und nicht um eine neue, aber analoge Abänderung in verschiedenen Rassen handelt. Wir werden, denke ich, dieser Folgerung um so mehr vertrauen können, als, wie wir bereits gesehen haben, diese Farbenzeichnungen sehr gern in den Blendlingen zweier ganz distinkter und verschieden gefärbter Rassen zum Vorschein kommen; und in diesem Fall ist auch in den äußeren Lebensbedingungen nichts zu finden, was das Wiedererscheinen der schieferblauen Farbe mit den übrigen Farbenzeichen verursachen könnte, außer dem Einfluß des bloßen Kreuzungsaktes auf die Gesetze der Vererbung.

Es ist ohne Zweifel eine sehr überraschende Tatsache, daß seit vielen und vielleicht Hunderten von Generationen verlorene Merkmale wieder zum Vorschein kommen. Wenn jedoch eine Rasse nur einmal mit einer anderen Rasse gekreuzt worden ist, so zeigt der Blendling die Neigung, gelegentlich zum Charakter der fremden Rasse zurückzukehren, noch einige, man sagt ein Dutzend, ja selbst zwanzig Generationen lang. Nun ist zwar nach zwölf Generationen, nach der gewöhnlichen Ausdrucksweise, das Blut des einen fremden Vorfahren nur noch im Verhältnis 1 zu 2048 vorhanden, und doch genügt nach der, wie wir sehen, allgemeinen Annahme dieser äußerst geringe Bruchteil fremden Blutes noch, um eine Neigung zum Rückschlag in jenen Urstamm zu unterhalten. In einer Zucht, welche nicht gekreuzt worden ist, sondern worin beide Eltern einige von den Charakteren ihrer gemeinsamen Stammart eingebüßt haben, dürfte die Neigung, den verlorenen Charakter wieder herzustellen, mag sie stärker oder schwächer sein, wie schon früher bemerkt worden, trotz allem, was man Gegenteiliges sehen mag, sich fast jede beliebige Anzahl von Generationen hindurch erhalten. Wenn ein Merkmal, das in einer Rasse verloren gegangen ist, nach einer großen Anzahl von Generationen wiederkehrt, so ist die wahrscheinlichste Hypothese nicht die, daß ein Individuum jetzt plötzlich nach einem mehrere hundert Generationen älteren Vorgänger zurückstrebt, sondern die, daß in jeder der aufeinanderfolgenden Generationen das fragliche Merkmal noch latent vorhanden gewesen ist und nun endlich unter unbekannten günstigen Verhältnissen zum Durchbruch gelangt. So ist es z.B. wahrscheinlich, daß in jeder Generation der Barb-Taube, welche nur selten einen blauen Vogel hervorbringt, das latente Streben, ein blaues Gefieder hervorzubringen, vorhanden ist. Die Unwahrscheinlichkeit, daß eine latente Neigung durch eine endlose Zahl von Generationen weiter vererbt werde, ist an sich nicht größer, als die tatsächlich bekannte Vererbung eines ganz unnützen oder rudimentären Organs. Und wir können allerdings zuweilen beobachten, daß ein solches Streben, ein Rudiment hervorzubringen, vererbt wird.

Da nach meiner Theorie alle Arten einer Gattung gemeinsamer Abstammung sind, so ist zu erwarten, daß sie zuweilen in analoger Weise variieren, so daß die Varietäten zweier oder mehrerer Arten einander, oder die Varietät einer Art in einigen ihrer Charaktere einer anderen und verschiedenen Art gleicht, welche ja nach meiner Meinung nur eine ausgebildete und bleibend gewordene Abart ist. Doch dürften solche, ausschließlich durch analoge Abänderung erlangte Charaktere nur unwesentlicher Art sein, denn die Erhaltung aller funktionell wesentlichen Merkmale wird durch natürliche Zuchtwahl in Übereinstimmung mit den verschiedenen Lebensweisen der Arten bestimmt worden sein. Es wird ferner zu erwarten sein, daß die Arten einer nämlichen Gattung zuweilen Fälle von Rückschlag zu den Charakteren alter Vorfahren zeigen. Da wir jedoch niemals die gemeinsame Stammform irgendeiner natürlichen Gruppe wirklich kennen, so vermögen wir nicht zwischen Rückschlagsmerkmalen und analogen Charakteren zu unterscheiden. Wenn wir z.B. nicht wüßten, daß die Felstaube nicht mit Federfüßen oder mit umgewendeten Federn versehen ist, so hätten wir nicht sagen können, ob diese Charaktere in unseren Haustaubenrassen Erscheinungen des Rückschlags zur Stammform oder bloß analoge Abänderungen seien; wohl aber hätten wir annehmen dürfen, daß die blaue Färbung ein Beispiel von Rückschlag sei, wegen der Anzahl anderer Zeichnungen, welche mit der blauen Färbung in Korrelation stehen und wahrscheinlich doch nicht bloß infolge einfacher Abänderung damit zusammengetroffen sein würden. Und noch mehr würden wir dies geschlossen haben, weil die blaue Farbe und die anderen Zeichnungen so oft wiedererscheinen, wenn Rassen von verschiedener Färbung miteinander gekreuzt werden. Obwohl es daher in der Natur gewöhnlich zweifelhaft bleibt, welche Fälle als Rückschlag zu alten Stammcharakteren und welche als neue, aber analoge Abänderungen zu betrachten sind, so sollten wir doch nach meiner Theorie zuweilen finden, daß die abändernden Nachkommen einer Art Charaktere annehmen, welche bereits in einigen anderen Gliedern derselben Gruppe vorhanden sind. Und dies ist zweifelsohne der Fall.

Ein großer Teil der Schwierigkeit, veränderliche Arten zu unterscheiden, rührt davon her, daß ihre Varietäten gleichsam einigen der anderen Arten der nämlichen Gattung nachahmen. Auch könnte man ein ansehnliches Verzeichnis von Formen geben, welche das Mittel zwischen zwei anderen Formen halten und welche selbst nur zweifelhaft als Arten aufgeführt werden können; und daraus ergibt sich, wenn man nicht alle diese nahe verwandten Formen als unabhängig erschaffen ansehen will, daß die einen durch Abänderung einige Charaktere der anderen angenommen haben. Aber den besten Beweis analoger Abänderung bieten Teile oder Organe dar, welche allgemein im Charakter konstant sind, zuweilen aber so abändern, daß sie einigermaßen den Charakter desselben Organs oder Teils in einer verwandten Art annehmen. Ich habe ein langes Verzeichnis von solchen Fällen zusammengebracht, kann aber auch solches leider hier nicht mitteilen, sondern bloß wiederholen, daß solche Fälle vorkommen und mir sehr merkwürdig zu sein scheinen.

Ich will jedoch einen eigentümlichen und komplizierten Fall anführen, zwar nicht deshalb, weil er einen wichtigen Charakter betrifft, wohl aber, weil er in verschiedenen Arten derselben Gattung teils im Natur- und teils im domestizierten Zustand vorkommt. Es ist fast sicher ein Fall von Rückschlag. Der Esel hat manchmal sehr deutliche Querbinden auf seinen Beinen, wie das Zebra. Man hat mir versichert, daß diese beim Füllen am deutlichsten zu sehen sind, und meinen

Nachforschungen zufolge glaube ich, daß dies richtig ist. Der Streifen an der Schulter ist zuweilen doppelt und sehr veränderlich in Länge und Umriß. Man hat auch einen weißen Esel, der *kein* Albino ist, sowohl ohne Rücken- als auch ohne Schulterstreifen beschrieben; und diese Streifen sind auch bei dunkelfarbigen Tieren zuweilen sehr undeutlich oder wirklich ganz verloren gegangen. Der Kulan von Pallas soll mit einem doppelten Schulterstreifen gesehen worden sein. Blyth hat ein Exemplar des *Hemionus* mit einem deutlichen Schulterstreifen gesehen, obschon dies Tier eigentlich keinen solchen besitzt; und Colonel Poole hat mir mitgeteilt, daß die Füllen dieser Art gewöhnlich an den Beinen und schwach an der Schulter gestreift sind. Das Quagga, obwohl am Körper ebenso deutlich gestreift wie das Zebra, ist an den Beinen ohne Binden; doch hat Dr. Gray ein Individuum mit sehr deutlichen, zebraähnlichen Binden an den Sprunggelenken abgebildet.

Was das Pferd betrifft, so habe ich in England Fälle vom Vorkommen des Rückenstreifens bei Pferden der verschiedensten Rassen und von allen Farben gesammelt. Querbinden auf den Beinen sind nicht selten bei Graubraunen, Mausfarbenen und einmal bei einem Kastanienbraunen vorgekommen. Auch ein schwacher Schulterstreifen tritt zuweilen bei Graubraunen auf, und eine Spur davon habe ich an einem Braunen gefunden. Mein Sohn hat mir eine sorgfältige Untersuchung und Zeichnung eines graubraunen Belgischen Karrenpferdes geschickt mit einem doppelten Streifen auf jeder Schulter und mit Streifen an den Beinen; ich selbst habe ein graubraunes Devonshire-Pony gesehen, und ein kleines graubraunes Walliser Pony ist mir sorgfältig beschrieben worden, welche alle mit drei parallelen Streifen auf jeder Schulter versehen waren.

Im nordwestlichen Teil Ostindiens ist die Kattywar-Pferderasse so allgemein gestreift, daß, wie ich von Colonel Poole vernehme, welcher dieselbe im Auftrag der indischen Regierung untersuchte, ein Pferd ohne Streifen nicht für Reinblut angesehen wird. Das Rückgrat ist immer gestreift; die Streifen auf den Beinen sind wie der Schulterstreifen, welcher zuweilen doppelt und selbst dreifach ist, gewöhnlich vorhanden; überdies sind die Seiten des Gesichts zuweilen gestreift. Die Streifen sind oft beim Füllen am deutlichsten und verschwinden zuweilen im Alter vollständig. Poole hat ganz junge, sowohl graue als auch braune neugeborene Kattywar-Füllen gestreift gefunden. Auch habe ich nach Mitteilungen, welche ich Herrn W. W. Edwards verdanke, Grund zu vermuten, daß bei englischen Rennpferden der Rückenstreifen häufiger an Füllen als an erwachsenen Pferden vorkommt. Ich habe selbst kürzlich ein Füllen von einer braunen Stute (der Tochter eines turkomanischen Hengstes und einer flämischen Stute) und einem braunen englischen Rennpferd gezogen. Dieses Füllen war, als es eine Woche alt war, an der Kruppe sowie am Vorderkopf mit zahlreichen, sehr schmalen dunklen Zebrastreifen und an den Beinen mit schwachen solchen Streifen versehen; alle Streifen verschwanden bald vollständig. Ohne hier noch weiter auf Einzelheiten einzugehen, will ich anführen, daß ich Fälle von Bein- und Schulterstreifen bei Pferden von ganz verschiedenen Rassen in verschiedenen Gegenden, von England bis Ost-China und von Norwegen im Norden bis zum Malayischen Archipel im Süden, gesammelt habe. In allen Teilen der Welt kommen diese Streifen weitaus am öftesten an Graubraunen und Mausfarbenen vor. Unter Graubraunen („dun") schlechthin begreife ich hier Pferde mit einer langen Reihe von Farbabstufungen von einer zwischen braun und schwarz liegenden Farbe an bis fast zum Rahmfarbigen.

Ich weiß, daß Colonel Hamilton Smith, der über diesen Gegenstand geschrieben hat, annimmt, unsere verschiedenen Pferderassen rührten von verschiedenen Stammarten her, wovon eine, die graubraune, gestreift gewesen sei, und alle oben beschriebenen Streifungen wären Folge früherer Kreuzungen mit dem graubraunen Stamm. Jedoch darf man diese Ansicht getrost verwerfen; denn es ist höchst unwahrscheinlich, daß das schwere belgische Karrenpferd, die Walliser Ponies, die norwegischen Pferde, die schlanke Kattywar-Rasse u. a., die in den verschiedensten Teilen der Welt verstreut sind, sämtlich mit einer vermeintlichen ursprünglichen Stammform gekreuzt worden wären.

Fünftes Kapitel

Wenden wir uns nun zu den Wirkungen der Kreuzung zwischen den verschiedenen Arten der Pferdegattung. Rollin versichert, daß der gemeine Maulesel, von Esel und Pferd, besonders gern Querstreifen auf den Beinen hat, und nach Gosse kommt dies in den Vereinigten Staaten in zehn Fällen neunmal vor. Ich habe einmal einen Maulesel gesehen mit so stark gestreiften Beinen, daß jedermann zuerst geneigt gewesen sein würde, ihn für einen Zebra-Bastard zu halten; und W. C. Martin hat in seinem vorzüglichen Werk über das Pferd die Abbildung von einem ähnlichen Maulesel mitgeteilt. In vier in Farben ausgeführten Bildern von Bastarden des Esels mit dem Zebra, die ich gesehen habe, fand ich die Beine viel deutlicher gestreift als den übrigen Körper, und bei einem derselben war ein doppelter Schulterstreifen vorhanden. In Lord Mortons berühmtem Falle eines Bastards von einem Quaggahengst und einer kastanienbraunen Stute war dieser und selbst das nachher von derselben Stute mit einem schwarzen arabischen Hengst erzielte reine Füllen an den Beinen viel deutlicher quergestreift, als selbst das reine Quagga. Endlich, und dies ist ein anderer äußerst merkwürdiger Fall, hat Dr. Gray (dem noch, wie er mir mitteilte, ein zweites Beispiel dieser Art bekannt war) einen Bastard von Esel und *Hemionus* abgebildet; und dieser Bastard hatte, obwohl der Esel nur zuweilen und der *Hemionus* niemals Streifen auf den Beinen und letzterer nicht einmal einen Schulterstreifen hat, nichtsdestoweniger alle vier Beine quergestreift, und auch die Schulter war mit drei kurzen Streifen wie beim braunen Devonshire und dem Walliser Pony versehen; auch waren sogar einige Streifen wie beim Zebra an den Seiten des Gesichts vorhanden. Durch diese letzte Tatsache drängte sich mir die Überzeugung, daß auch nicht ein Farbstreifen durch sogenannten Zufall entstehe, so eindringlich auf, daß ich allein durch das Auftreten von Gesichtsstreifen bei diesem Bastard von Esel und *Hemionus* veranlaßt wurde, Colonel Poole zu fragen, ob solche Gesichtsstreifen jemals bei der stark gestreiften Kattywar-Pferderasse vorkommen, was er, wie wir oben gesehen haben, bejahte.

Was haben wir nun zu diesen verschiedenen Tatsachen zu sagen? Wir sehen mehrere verschiedene Arten der Gattung *Equus* durch einfache Abänderung Streifen an den Beinen wie beim Zebra oder an der Schulter wie beim Esel erlangen. Beim Pferd sehen wir diese Neigung stark hervortreten, so oft eine graubräunliche Färbung zum Vorschein kommt, eine Färbung, welche sich der allgemeinen Farbe der anderen Arten dieser Gattung nähert. Das Auftreten der Streifen ist von keiner Veränderung der Form und von keinem anderen neuen Charakter begleitet. Wir sehen diese Neigung, streifig zu werden, sich am meisten bei Bastarden zwischen mehreren der voneinander verschiedensten Arten entwickeln. Vergleichen wir nun damit den vorhergehenden Fall von den verschiedenen Rassen der Tauben: Sie rühren von einer Stammart (mit 2-3 geographischen Varietäten oder Unterarten) her, welche bläulich von Farbe und mit einigen bestimmten Bändern und anderen Zeichnungen versehen ist; und wenn eine ihrer Rassen infolge einfacher Abänderung wieder einmal eine bläuliche Färbung annimmt, so erscheinen unfehlbar auch jene Bänder und anderen Zeichnungen der Stammform wieder, doch ohne irgendeine andere Veränderung der Form und des Charakters. Wenn man die ältesten und echtesten Arten von verschiedener Farbe miteinander kreuzt, so tritt in den Blendlingen eine starke Neigung hervor, die ursprüngliche schieferblaue Farbe mit den schwarzen und weißen Binden und Streifen wieder anzunehmen. Ich habe behauptet, die wahrscheinlichste Hypothese zur Erklärung des Wiedererscheinens sehr alter Charaktere sei die Annahme einer „Tendenz" bei den Jungen einer jeden neuen Generation, den längst verlorenen Charakter wieder hervorzuholen, welche Tendenz infolge unbekannter Ursachen zuweilen zum Durchbruch komme. Und wir haben soeben gesehen, daß in verschiedenen Arten der Pferdegattung die Streifen bei den Jungen deutlicher sind oder gewöhnlicher auftreten als bei den Alten. Man nenne nun die Taubenrassen, deren einige schon Jahrhunderte lang sich echt erhalten haben, Spezies, und die Erscheinung wäre genau dieselbe, wie bei den Arten der Pferdegattung. Ich für meinen Teil wage getrost über Tausende und Tausende von Generationen rückwärts zu schauen und sehe ein Tier, wie ein Zebra gestreift, aber sonst vielleicht sehr abweichend davon gebaut, welches der gemeinsame Stammvater unseres domestizierten Pferdes (rühre es nun von einem oder von mehreren wilden Stämmen her), des Esels, des *Hemionus*, des Quaggas und des Zebras ist.

Wer an die unabhängige Erschaffung der einzelnen Pferdespezies glaubt, wird vermutlich sagen, daß einer jeden Art die Neigung im freien wie im domestizierten Zustand auf so eigentümliche Weise zu variieren anerschaffen worden sei, der zufolge sie oft wie andere Arten derselben Gattung gestreift erscheine und daß einer jeden derselben eine starke Neigung anerschaffen sei, bei einer Kreuzung mit Arten aus den entferntesten Weltgegenden Bastarde zu liefern, welche in der Streifung nicht ihren eigenen Eltern, sondern anderen Arten derselben Gattung gleichen. Sich zu dieser Ansicht bekennen, heißt nach meiner Meinung eine tatsächliche für eine nicht tatsächliche oder wenigstens unbekannte Ursache aufgeben. Sie macht aus den Werken Gottes nur Täuschung und Nachäfferei; – und ich würde dann beinahe ebenso gern mit den alten und unwissenden Kosmogonisten annehmen, daß die fossilen Muscheln nie einem lebenden Tier angehört, sondern im Gestein erschaffen worden seien, um die jetzt an der Seeküste lebenden Schaltiere nachzuahmen.

Zusammenfassung des Kapitels

Wir sind in tiefer Unwissenheit über die Gesetze, wonach Abänderungen erfolgen. Nicht in einem von hundert Fällen dürfen wir behaupten, den Grund zu kennen, warum dieser oder jener Teil variiert hat. Doch, wo immer wir die Mittel haben, einen Vergleich anzustellen, da scheinen bei Erzeugung der geringeren Abweichungen zwischen Varietäten derselben Art wie in Hervorbringung der größeren Unterschiede zwischen Arten derselben Gattung die nämlichen Gesetze gewirkt zu haben. Veränderte Bedingungen rufen meist fluktuierende Variabilität hervor; zuweilen aber verursachen sie direkte und bestimmte Wirkungen; und diese können im Laufe der Zeit scharf ausgesprochen werden. Doch haben wir hierfür keine genügenden Beweise. Wesentliche Wirkungen dürften Angewöhnung an eine bestimmte Lebensweise auf das Hervorrufen von Eigentümlichkeiten der Konstitution, Gebrauch der Organe auf ihre Verstärkung und Nichtgebrauch auf ihre Schwächung und Verkleinerung gehabt haben. Homologe Teile sind geneigt, in gleicher Weise abzuändern, und streben, unter sich zu verwachsen. Modifikationen in den harten und in den äußeren Teilen berühren zuweilen weichere und innere Organe. Wenn sich ein Teil stark entwickelt, strebt er vielleicht anderen benachbarten Teilen Nahrung zu entziehen: und jeder Teil des organischen Baues, welcher ohne Nachteil für das Individuum erspart werden kann, wird erspart. Veränderungen der Struktur in einem frühen Alter können die sich später entwickelnden Teile affizieren; unzweifelhaft kommen aber noch viele Fälle von korrelativer Abänderung vor, deren Natur wir durchaus nicht imstande sind, zu begreifen. Vielzählige Teile sind veränderlich in Zahl und Struktur, vielleicht deshalb, weil dieselben durch natürliche Zuchtwahl für einzelne Verrichtungen nicht genug spezialisiert sind, so daß ihre Modifikationen durch natürliche Zuchtwahl nicht besonders beschränkt worden sind. Aus demselben Grund werden wahrscheinlich auch die auf tiefer Organisationsstufe stehenden Organismen veränderlicher sein als die höher entwickelten und in ihrer ganzen Organisation mehr differenzierten. Rudimentäre Organe bleiben ihrer Nutzlosigkeit wegen von der natürlichen Zuchtwahl unbeachtet und sind deshalb veränderlich. Spezifische Charaktere, solche nämlich, welche erst seit der Abzweigung der verschiedenen Arten einer Gattung von einem gemeinsamen Erzeuger auseinandergelaufen sind, sind veränderlicher als generische Merkmale, welche sich schon lange vererbt haben, ohne in dieser Zeit eine Abänderung erlitten zu haben. Wir haben in diesen Bemerkungen nur auf die einzelnen noch veränderlichen Teile und Organe Bezug genommen, weil sie erst neuerlich variierten und einander unähnlich geworden sind; wir haben jedoch schon im zweiten

Kapitel gesehen, daß das nämliche Prinzip auch auf das ganze Individuum anwendbar ist; denn in einem Bezirk, wo viele Arten einer Gattung gefunden werden, d. h., wo früher viele Abänderung und Differenzierung stattgefunden hat oder wo die Fabrikation neuer Artenformen lebhaft gewesen ist, in diesem Bezirk und unter diesen Arten finden wir jetzt durchschnittlich auch die meisten Varietäten. Sekundäre Sexualcharaktere sind sehr veränderlich, und solche Charaktere sind in den Arten einer nämlichen Gruppe sehr verschieden. Veränderlichkeit in denselben Teilen der Organisation ist gewöhnlich mit Vorteil dazu benutzt worden, die sekundären Sexualverschiedenheiten für die zwei Geschlechter einer Spezies und die Artenverschiedenheiten für die mancherlei Arten der nämlichen Gattung hervorzubringen. Irgendein in außerordentlicher Größe oder Weise entwickeltes Glied oder Organ, im Vergleich mit der Entwicklung desselben Gliedes oder Organs in den nächstverwandten Arten, muß seit dem Auftreten der Gattung ein außerordentliches Maß an Abänderung durchlaufen haben, woraus wir dann noch begreiflich finden, warum dasselbe noch jetzt in viel höherem Grade als andere Teile variabel ist; denn Abänderung ist ein langsamer und lang währender Prozeß, und die natürliche Zuchtwahl wird in solchen Fällen noch nicht die Zeit gehabt haben, das Streben nach fernerer Veränderung und nach dem Rückschlag zu einem weniger modifizierten Zustand zu überwinden. Wenn aber eine Art mit irgendeinem außerordentlich entwickelten Organ Stamm vieler abgeänderter Nachkommen geworden ist – was nach meiner Ansicht ein sehr langsamer und daher viele Zeit erheischender Vorgang ist –, dann mag auch die natürliche Zuchtwahl imstande gewesen sein, dem Organ, wie außerordentlich es auch entwickelt sein mag, schon ein festes Gepräge aufzudrücken. Haben Arten nahezu die nämliche Konstitution von einem gemeinsamen Erzeuger geerbt und sind sie ähnlichen Einflüssen ausgesetzt, so werden sie natürlich auch geneigt sein, analoge Abänderungen darzubieten, oder es können diese selben Arten gelegentlich auf einige der Charaktere ihrer früheren Ahnen zurückschlagen. Obwohl neue und wichtige Modifikationen aus dieser Umkehr und jenen analogen Abänderungen nicht hervorgehen mögen, so tragen solche Modifikationen doch zur Schönheit und harmonischen Mannigfaltigkeit der Natur bei.

Was aber auch die Ursache des ersten kleinen Unterschiedes zwischen Eltern und Nachkommen sein mag, und eine Ursache muß für einen jeden da sein, so haben wir zu der Annahme Ursache, daß es doch nur die stete Häufung der für das Individuum nützlichen Verschiedenheiten ist, welche alle jene bedeutungsvolleren Abänderungen der Struktur einer jeden Art in bezug zu deren Lebensweise hervorgebracht hat.

Sechstes Kapitel

Schwierigkeiten der Theorie

Schwierigkeiten der Theorie einer Deszendenz mit Modifikationen – Abwesenheit oder Seltenheit der Übergangsvarietäten – Übergänge in der Lebensweise – Differenzierte Gewohnheiten bei einer und derselben Art – Arten mit weit von denen ihrer Verwandten abweichender Lebensweise – Organe von äußerster Vollkommenheit – Übergangsweisen – Schwierige Fälle – Natura non facit saltum – Organe von geringer Wichtigkeit – Organe nicht in allen Fällen absolut vollkommen – Zusammenfassung des Kapitels; das Gesetz von der Einheit des Typus und von den Existenzbedingungen enthalten in der Theorie der natürlichen Zuchtwahl

Schwierigkeiten der Theorie einer Deszendenz mit Modifikationen

Schon lange bevor der Leser zu diesem Teil unseres Buches gelangt ist, wird sich ihm eine Menge von Schwierigkeiten dargeboten haben. Einige derselben sind von solchem Gewicht, daß ich bis auf den heutigen Tag nicht an sie denken kann, ohne in gewissem Maße schwankend zu werden; aber nach meinem besten Wissen sind die meisten von ihnen nur scheinbare, und diejenigen, welche wirklich bestehen, dürften meiner Theorie nicht verderblich werden.

Diese Schwierigkeiten und Einwendungen lassen sich in folgende Rubriken zusammenfassen:

Erstens: Wenn Arten aus anderen Arten durch unmerkbar kleine Abstufungen entstanden sind, warum sehen wir nicht überall unzählige Übergangsformen? Warum bietet nicht die ganze Natur ein Gewirr von Formen dar, statt daß die Arten, wie sie sich uns zeigen, wohl begrenzt sind?

Zweitens: Ist es möglich, daß ein Tier, z.B. mit der Konstitution und Lebensweise einer Fledermaus, durch Umbildung irgendeines anderen Tieres mit ganz verschiedener Lebensweise und verschiedenem Bau entstanden ist? Ist es glaubhaft, daß natürliche Zuchtwahl einerseits ein Organ von so unbedeutender Wichtigkeit, wie z.B. den Schwanz einer Giraffe, welcher als Fliegenwedel dient, und andererseits ein Organ von so wundervoller Struktur, wie das Auge, hervorbringen kann?

Drittens: Können Instinkte durch natürliche Zuchtwahl erlangt und abgeändert werden? Was sollen wir z.B. zu einem so wunderbaren Instinkt sagen, wie der ist, welcher die Bienen veranlaßt, Zellen zu bauen, und durch welchen die Entdeckungen der gelehrtesten Mathematiker praktisch antizipiert worden sind?

Viertens: Wie ist es zu begreifen, daß Spezies bei der Kreuzung miteinander unfruchtbar sind oder unfruchtbare Nachkommen geben, während, wenn Varietäten miteinander gekreuzt werden, deren Fruchtbarkeit ungeschwächt bleibt? Die zwei ersten dieser Hauptfragen sollen hier, einige verschiedene Einwürfe in dem nächsten Kapitel, Instinkt und Bastardbildung in den beiden darauffolgenden Kapiteln erörtert werden.

Abwesenheit oder Seltenheit der Übergangsvarietäten

Da die natürliche Zuchtwahl nur durch Erhaltung nützlicher Abänderungen wirkt, so wird jede neue Form in einer schon vollständig bevölkerten Gegend dahin streben, ihre eigene minder vervollkommnete Stammform, sowie alle anderen minder vollkommenen Formen, mit welchen sie in Konkurrenz kommt, zu verdrängen und endlich zu vertilgen. Aussterben und natürliche Zuchtwahl gehen daher Hand in Hand. Wenn wir folglich jede Spezies als Abkömmling von irgendeiner anderen unbekannten Form betrachten, so werden Urstamm und Übergangsformen

Sechstes Kapitel

gewöhnlich schon durch den Bildungs- und Vervollkommnungsprozeß der neuen Form selbst zum Aussterben gebracht worden sein.

Da nun aber doch dieser Theorie zufolge zahllose Übergangsformen existiert haben müssen, warum finden wir sie nicht in unendlicher Menge in den Schichten der Erdrinde eingebettet? Es wird angemessener sein, diese Frage in dem Kapitel von der Unvollständigkeit der geologischen Urkunden zu erörtern. Hier will ich nur anführen, daß ich die Antwort hauptsächlich darin zu finden glaube, daß jene Urkunden unvergleichlich weniger vollständig sind, als man gewöhnlich annimmt. Die Erdrinde ist ein ungeheures Museum, dessen naturgeschichtliche Sammlungen aber nur unvollständig und in einzelnen Zeitabschnitten eingebracht worden sind, die unendlich weit auseinander liegen.

Man kann nun aber einwenden, daß, wenn mehrere nahe verwandte Arten in einerlei Gegend beisammen wohnen, wir sicher in der Gegenwart viele Zwischenformen finden müßten. Nehmen wir einen einfachen Fall an. Wenn man einen Kontinent von Norden nach Süden durchreist, so trifft man gewöhnlich in aufeinanderfolgenden Zwischenräumen auf andere einander nahe verwandte oder stellvertretende Arten, welche offenbar ungefähr dieselbe Stelle in dem Naturhaushalt des Landes einnehmen. Diese stellvertretenden Arten grenzen oft aneinander oder greifen in ihr Gebiet gegenseitig ein, und in dem Maße wie die eine seltener und seltener wird, wird die andere immer häufiger, bis die eine die andere ersetzt. Vergleichen wir aber diese Arten da, wo sie sich mengen, miteinander, so sind sie in allen Teilen ihres Baues gewöhnlich noch ebenso vollkommen voneinander unterschieden, wie die aus der Mitte des Verbreitungsbezirks einer jeden entnommenen Exemplare. Nun sind indessen nach meiner Theorie alle diese Arten von einer gemeinsamen Stammform ausgegangen; jede derselben ist erst während des Modifikationsprozesses den Lebensbedingungen ihrer Gegend angepaßt worden und hat dort ihren Urstamm sowohl als alle Übergangsvarietäten zwischen ihrer früheren und jetzigen Form ersetzt und verdrängt. Wir dürfen daher jetzt nicht mehr erwarten, in jeder Gegend noch zahlreiche Übergangsformen zu finden, obwohl dieselben existiert haben müssen und ihre Reste wohl auch in die Erdschichten aufgenommen worden sein können. Aber warum finden wir in den Zwischengegenden, wo doch die äußeren Lebensbedingungen einen Übergang von denen des einen in die des anderen Bezirks bilden, nicht jetzt noch nahe verwandte Übergangsvarietäten? Diese Schwierigkeit hat mir lange Zeit viel Kopfzerbrechen verursacht; indessen glaube ich jetzt, sie lasse sich größtenteils erklären.

An erster Stelle sollten wir sehr vorsichtig mit der Annahme sein, daß eine Gegend, weil sie jetzt zusammenhängend ist, auch schon seit langer Zeit zusammenhängend gewesen sei. Die Geologie veranlaßt uns zu der Annahme, daß fast jeder Kontinent selbst noch in der späteren Tertiärzeit in viele Inseln geteilt gewesen ist; und auf solchen Inseln können sich verschiedene Arten gebildet haben, ohne die Möglichkeit mittlerer Varietäten in den Zwischengegenden zu liefern. Infolge der Veränderungen der Landform und des Klimas mögen auch die jetzt zusammenhängenden Meeresgebiete noch in verhältnismäßig später Zeit viel weniger zusammenhängend und einförmig gewesen sein, als sie es jetzt sind. Doch will ich von diesem Mittel, der Schwierigkeit zu entgehen, absehen; denn ich glaube, daß viele vollkommen unterschiedene Arten auf ganz zusammenhängenden Gebieten entstanden sind, wenn ich auch nicht daran zweifle, daß der früher unterbrochene Zustand jetzt zusammenhängender Gebiete einen wesentlichen Anteil an der Bildung neuer Arten, zumal sich häufig kreuzender und wandernder Tiere, gehabt hat.

Hinsichtlich der jetzigen Verbreitung von Arten über weite Gebiete finden wir allgemein, daß sie auf einem großen Teil derselben ziemlich zahlreich vorkommen, dann aber ziemlich plötzlich gegen die Grenzen hin immer seltener werden und endlich ganz verschwinden; daher ist das neutrale Gebiet zwischen zwei stellvertretenden Arten gewöhnlich nur schmal im Vergleich zu dem einer jeden Art eigenen. Wir begegnen derselben Tatsache, wenn wir an Gebirgen emporsteigen;

und zuweilen ist es sehr auffällig, wie plötzlich, nach Alphonse de Candolles Beobachtung, eine gemeine Art in den Alpen verschwindet. Edw. Forbes hat dieselbe Tatsache beobachtet, als er die Tiefen des Meeres mit dem Schleppnetz untersuchte. Diese Tatsache muß alle diejenigen in Verlegenheit setzen, welche die äußeren Lebensbedingungen, wie Klima und Höhe, als die allmächtigen Ursachen der Verbreitung der Organismenformen betrachten, indem der Wechsel von Klima und Höhe oder Tiefe überall ein allmählicher und unmerklicher ist. Wenn wir uns aber erinnern, daß fast jede Art, selbst im Mittelpunkt ihrer Heimat, zu unermeßlicher Zahl anwachsen würde, wenn sie nicht in Konkurrenz mit anderen Arten stünde, – daß fast alle von anderen Arten leben oder ihnen zur Nahrung dienen, – kurz, daß jedes organische Wesen mittelbar oder unmittelbar auf die bedeutungsvollste Weise zu anderen Organismen in Beziehung steht, so erkennen wir, daß das Maß der Verbreitung der Bewohner irgendeiner Gegend keineswegs ausschließlich von der unmerklichen Veränderung physikalischer Bedingungen, sondern zu einem großen Teil von der Anwesenheit oder Abwesenheit anderer Arten abhängt, von welchen sie leben, durch welche sie zerstört werden oder mit welchen sie in Konkurrenz stehen; und da diese Arten bereits scharf bestimmt sind und nicht mehr unmerklich ineinander übergehen, so muß die Verbreitung einer Spezies, welche doch eben von der Verbreitung anderer abhängt, scharf umgrenzt zu werden streben. Überdies wird jede Art an den Grenzen ihres Verbreitungsbezirkes, wo ihre Anzahl geringer wird, durch Schwankungen in der Menge ihrer Feinde oder ihrer Beute oder in dem Wesen der Jahreszeiten einer gänzlichen Zerstörung im äußersten Grade ausgesetzt sein; und hierdurch wird ihre geographische Verbreitung noch schärfer bestimmt werden.

Da verwandte oder stellvertretende Arten, wenn sie ein zusammenhängendes Gebiet bewohnen, gewöhnlich in einer solchen Weise verteilt sind, daß jede von ihnen ein weites Gebiet einnimmt, und daß diese Gebiete durch verhältnismäßig enge neutrale Zwischenräume getrennt werden, in welchen jede Art beinahe plötzlich seltener und seltener wird, – so wird dieselbe Regel, da Varietäten nicht wesentlich von Arten verschieden sind, wahrscheinlich auf die einen wie die anderen Anwendung finden; und wenn wir in Gedanken eine veränderliche Spezies einem sehr großen Gebiet anpassen, so werden wir zwei Varietäten zwei großen Untergebieten desselben und eine dritte Varietät dem schmalen Zwischengebiet anzupassen haben. Diese Zwischenvarietät wird, weil sie einen schmalen und kleinem Raum bewohnt, auch in geringerer Anzahl vorhanden sein; und in Wirklichkeit genommen, paßt diese Regel, soviel ich ermitteln kann, ganz gut auf Varietäten im Naturzustand. Ich habe auffallende Belege für diese Regel bei Varietäten von der Gattung *Balanus* gefunden, welche zwischen ausgeprägteren Varietäten derselben das Mittel halten. Und ebenso dürfte auch aus den Belehrungen, die ich den Herren Watson, Asa Gray und Wollaston verdanke, hervorgehen, daß Mittelvarietäten, wo deren zwischen zwei anderen Formen vorkommen, der Zahl nach weit hinter jenen zurückstehen, die sie verbinden. Wenn wir nun diese Tatsachen und Folgerungen als zuverlässig ansehen können und daraus schließen, daß Varietäten, welche zwei andere Varietäten miteinander verbinden, gewöhnlich in geringerer Anzahl als diese letzten vorhanden gewesen sind, so kann man, wie ich glaube, daraus auch begreifen, warum Zwischenvarietäten keine lange Dauer haben, warum sie einer allgemeinen Regel zufolge früher vertilgt werden und verschwinden müssen, als diejenigen Formen, welche sie ursprünglich miteinander verbanden.

Denn eine jede in geringerer Anzahl vorhandene Form wird, wie schon früher bemerkt worden ist, überhaupt mehr als die in reichlicher Menge verbreiteten in Gefahr sein, zum Aussterben gebracht zu werden; und in diesem besonderen Falle dürfte die Zwischenform vorzugsweise den Übergriffen der zwei nahe verwandten Formen zu ihren beiden Seiten ausgesetzt sein. Aber eine weit wichtigere Betrachtung scheint mir die zu sein, daß während des Prozesses weiterer Umbildung, wodurch nach meiner Theorie zwei Varietäten zu zwei ganz verschiedenen Spezies erhoben und ausgebildet werden, die zwei Varietäten, welche in größerer Anzahl vorhanden sind, weil sie größere Flächen bewohnen, einen großen Vorteil gegen die mittlere Varietät haben werden, welche in kleinerer Anzahl nur einen schmalen dazwischen liegenden Raum bewohnt. Denn Formen, welche in größter Anzahl vorhanden sind, werden immer eine bessere Aussicht als die in geringerer Zahl vorhandenen seltenen Formen haben, innerhalb einer gegebenen Periode noch andere nützliche Abänderungen der natürlichen Zuchtwahl darzubieten. Daher werden in dem Kampfe ums Dasein die gemeineren Formen die selteneren zu verdrängen und zu ersetzen streben, weil diese sich nur langsam abzuändern und zu vervollkommnen vermögen. Es scheint mir hier dasselbe Prinzip zu gelten, wonach, wie im zweiten Kapitel gezeigt wurde, die gemeinen Arten einer Gegend durchschnittlich auch eine größere Anzahl von Varietäten darbieten als die selteneren. Ich kann, um meine Meinung zu erläutern, einmal annehmen, es sollten drei Schafvarietäten gehalten werden, von welchen eine für eine ausgedehnte Gebirgsgegend, die zweite für einen verhältnismäßig schmalen hügeligen Streifen und die dritte für weite Ebenen an deren Fuße geeignet sein soll; ich will ferner annehmen, die Bewohner seien alle mit gleichem Geschick und Eifer bestrebt, ihre Rassen durch Zuchtwahl zu verbessern; in diesem Falle wird die Wahrscheinlichkeit des Erfolges ganz auf Seiten der großen Herdenbesitzer im Gebirge und in der Ebene sein, weil diese ihre Rassen schneller als die kleinen in der schmalen hügeligen Zwischenzone veredeln; die Folge wird sein, daß die verbesserte Rasse des Gebirges oder der Ebene bald die Stelle der minder verbesserten Hügellandrasse einnehmen wird; und so werden die zwei Rassen, welche ursprünglich schon in größerer Anzahl existiert haben, in unmittelbare Berührung miteinander kommen ohne fernere Einschaltung der verdrängten Zwischenrasse.

In Summa glaube ich, daß Arten doch leidlich gut umschriebene Objekte werden und zu keiner Zeit ein unentwirrbares Chaos veränderlicher und vermittelnder Formen darbieten: Erstens, weil sich neue Varietäten nur sehr langsam bilden, indem Abänderung ein äußerst langsamer Vorgang ist und natürliche Zuchtwahl so lange nichts auszurichten vermag, wie nicht günstige individuelle Verschiedenheiten oder Abänderungen vorkommen und nicht ein Platz im Naturhaushalt der Gegend durch Modifikation eines oder des anderen ihrer Bewohner besser ausgefüllt werden kann. Und das Auftreten solcher neuen Stellen wird von langsamen Veränderungen des Klimas oder der zufälligen Einwanderung neuer Bewohner und in wahrscheinlich viel bedeutungsvollerem Grade noch davon abhängen, daß einige von den alten Bewohnern langsam abgeändert werden, wobei dann die hierdurch entstehenden neuen Formen mit den alten in Wechselwirkung geraten. Daher dürften wir in jeder Gegend und zu jeder Zeit nur wenige Arten zu sehen bekommen, welche einigermaßen bleibende geringe Modifikationen der Struktur darbieten. Und dies sehen wir auch sicherlich.

Zweitens: viele jetzt zusammenhängende Bezirke der Erdoberfläche müssen noch in der jetzigen Erdperiode in verschiedene Teile getrennt gewesen sein, in denen viele Formen, zumal solche, welche sich für jede Brut begatten und beträchtlich wandern, sich einzeln weit genug zu differenzieren vermochten, um als Spezies gelten zu können. Zwischenvarietäten zwischen diesen verschiedenen stellvertretenden Spezies und ihrer gemeinsamen Stammform müssen in diesem Falle wohl vordem in jedem dieser isolierten Teile des Bezirks existiert haben, sind aber später während des Verlaufs der natürlichen Zuchtwahl ersetzt und ausgetilgt worden, so daß sie lebend nicht mehr vorhanden sind.

Drittens: wenn zwei oder mehrere Varietäten in den verschiedenen Teilen eines völlig zusammenhängenden Bezirkes gebildet worden sind, so werden wahrscheinlich Zwischenvarietäten zuerst in den schmalen Zwischenzonen entstanden sein; sie werden aber nur eine kurze Dauer gehabt haben. Denn diese Zwischenvarietäten werden aus schon entwickelten Gründen (nach dem nämlich, was wir über die jetzige Verbreitung einander nahe verwandter oder stellvertretender Arten und anerkannter Varietäten wissen) in den Zwischenzonen in geringerer Anzahl, als die Hauptvarietäten, die sie verbinden, vorhanden sein. Schon aus diesem Grunde allein werden die Zwischenvarietäten gelegentlicher Vertilgung ausgesetzt sein, werden aber während des Prozesses weiterer Modifikation beinahe sicher durch natürliche Zuchtwahl von den Formen, welche sie miteinander verketten, geschlagen und ersetzt werden; denn diese werden, weil sie in größerer Anzahl vorhanden sind, mehr Varietäten darbieten und daher durch natürliche Zuchtwahl weiter verbessert werden und weitere Vorteile erlangen.

Endlich müssen auch, nicht bloß zu einer, sondern zu allen Zeiten, wenn meine Theorie richtig ist, zahllose Zwischenvarietäten, welche die Arten einer nämlichen Gruppe eng miteinander verbinden, sicher existiert haben; aber gerade der Prozeß der natürlichen Zuchtwahl strebt, wie so oft bemerkt worden ist, beständig danach, sowohl die Stammform als die Mittelglieder zu vertilgen. Daher könnte ein Beweis ihrer früheren Existenz höchstens noch unter den fossilen Resten der Erdrinde gefunden werden, welche aber, wie in einem späteren Abschnitt gezeigt werden soll, nur in äußerst unvollkommener und unzusammenhängender Weise erhalten worden sind.

Übergänge in der Lebensweise – Differenzierte Gewohnheiten bei einer und derselben Art – Arten mit weit von denen ihrer Verwandten abweichender Lebensweise

Gegner solcher Ansichten, wie ich sie vertrete, haben mir die Frage vorgehalten, wie denn z.B. ein Landraubtier in ein Wasserraubtier habe verwandelt werden können; denn wie hätte denn das Tier in einem Zwischenzustand bestehen können? Es würde leicht sein, zu zeigen, daß innerhalb derselben Raubtiergruppe Tiere vorhanden sind, welche jede Mittelstufe zwischen wahren Land- und echten Wassertieren einnehmen; und da ein jedes durch einen Kampf ums Dasein existiert, so ist auch klar, daß jedes durch seine verschiedene Lebensweise wohl für seine Stelle im Naturhaushalt geeignet sein muß. So hat z.B. die nord-amerikanische *Mustela vison* eine Schwimmhaut zwischen den Zehen und gleicht der Fischotter in ihrem Pelz, ihren kurzen Beinen und der Form des Schwanzes. Den Sommer hindurch taucht dieses Tier ins Wasser und ernährt sich von Fischen; während des langen Winters aber verläßt es die gefrorenen Gewässer und lebt gleich anderen Iltissen von Mäusen und Landtieren. Hätte man einen anderen Fall gewählt und mir die Frage gestellt, auf welche Weise ein insektenfressender Vierfüßler in eine fliegende Fledermaus verwandelt worden sei, so wäre diese Frage weit schwieriger zu beantworten gewesen. Doch haben nach meiner Meinung solche Schwierigkeiten kein großes Gewicht.

Hier wie in anderen Fällen befinde ich mich in einem großen Nachteil; denn aus den vielen treffenden Belegen, die ich gesammelt habe, kann ich nur ein oder zwei Beispiele von Übergangsformen der Lebensweise und Organisation bei nahe verwandten Arten derselben Gattung und von vorübergehend oder bleibend veränderter Lebensweise einer und derselben Spezies anführen. Und mir scheint, als sei nur ein langes Verzeichnis solcher Beispiele genügend, die Schwierigkeiten der Erklärung irgendeines so eigentümlichen Falles zu verringern, wie der der Fledermaus ist.

Sehen wir uns in der Familie der Eichhörnchen um, so finden wir hier die schönsten Abstufungen von Tieren mit nur unbedeutend abgeplattetem Schwanz und, nach Sir J. Richardsons Bemerkung, von anderen mit einem etwas verbreiterten Hinterleib und vollerer Haut an den Seiten des Körpers bis zu den sogenannten fliegenden Eichhörnchen; und bei Flughörnchen sind die Hintergliedmaßen und selbst der Anfang des Schwanzes durch eine ansehnliche Ausbreitung der Haut miteinander verbunden, welche als Fallschirm dient und diese Tiere befähigt, auf erstaunliche Entfernungen von einem Baum zum anderen durch die Luft zu gleiten. Es ist kein Zweifel, daß jeder Art von Eichhörnchen in ihrer Heimat jeder Teil dieser eigentümlichen Organisation nützlich ist, indem er sie in den Stand setzt, den Verfolgungen der Raubvögel oder anderer Raubtiere zu entgehen, oder Nahrung schneller einzusammeln oder wie wir anzunehmen Grund haben, auch die Gefahr gelegentlichen Fallens zu vermindern. Aus dieser Tatsache folgt aber noch nicht, daß die Organisation eines jeden Eichhörnchens auch die bestmögliche für alle natürlichen Verhältnisse sei. Gesetzt, Klima und Vegetation veränderten sich, neue Nagetiere träten als Konkurrenten auf, oder neue Raubtiere wanderten ein oder alte erführen eine Abänderung, so müßten wir aller Analogie nach auch vermuten, daß wenigstens einige der Eichhörnchen sich an Zahl vermindern oder ganz aussterben würden, wenn ihre Organisation nicht ebenfalls in entsprechender Weise abgeändert und verbessert würde. Daher finde ich, zumal bei einem Wechsel der äußeren Lebensbedingungen, keine Schwierigkeit für die Annahme, daß Individuen mit immer vollerer Seitenhaut vorzugsweise erhalten worden sind, bis endlich, da jede Modifikation von Nutzen ist und da auch jede fortgepflanzt wird, durch Häufung aller einzelnen Effekte dieses Prozesses natürlicher Zuchtwahl aus dem Eichhörnchen ein Flughörnchen geworden ist.

Betrachten wir nun den sogenannten fliegenden Lemur oder den *Galeopithecus*, welcher vordem zu den Fledermäusen gezählt wurde, von dem man aber jetzt annimmt, daß er zu den Insektivoren gehöre. Er hat eine sehr breite Seitenhaut, welche von den Winkeln der Kinnladen bis zum Schwanz reichend die Beine und verlängerten Finger einschließt, auch mit einem Ausbreitemuskel versehen ist. Obwohl jetzt keine, das Gleiten durch die Luft ermöglichenden, abgestuften Zwischenformen den *Galeopithecus* mit den anderen Insektivoren verbinden, so sehe ich doch keine Schwierigkeiten für die Annahme, daß solche Zwischenglieder einmal existiert und sich auf ähnliche Art von Stufe zu Stufe entwickelt haben, wie die noch wenig gut gleitenden Eichhörnchen, und daß jeder Grad dieser Bildung für den Besitzer von Nutzen gewesen ist. Auch kann ich keine unüberwindlichen Schwierigkeiten darin erblicken, es ferner für möglich zu halten, daß die durch die Flughaut verbundenen Finger und der Vorderarm des *Galeopithecus* sich infolge natürlicher Zuchtwahl allmählich verlängert haben; und dies würde genügen, denselben, was die Flugwerkzeuge betrifft, in eine Fledermaus zu verwandeln. Bei gewissen Fledermäusen, deren Flughaut nur von der Schulterhöhe bis zum Schwanz geht und die Hinterbeine einschließt, sehen wir vielleicht noch die Spuren einer Vorrichtung, welche ursprünglich mehr dazu gemacht war, durch die Luft zu gleiten als zu fliegen.

Wenn etwa ein Dutzend Vogelgattungen erlöschen sollte, wer hätte auch nur die Vermutung wagen dürfen, daß es jemals Vögel gegeben habe, welche wie die Dickkopf-Ente (*Micropterus brachypterus* Eyton) ihre Flügel nur als Klappen zum Flattern über den Wasserspiegel hin, oder wie die Pinguine als Ruder im Wasser und als Vorderbeine auf dem Lande, oder wie der Strauß als Segel gebraucht oder welche endlich wie der *Apteryx* funktionell zwecklose Flügel besessen hätten? Und doch ist die Organisation eines jeden dieser Vögel unter den Lebensbedingungen, worin er sich befindet und um sein Dasein zu kämpfen hat, für ihn vorteilhaft; sie ist aber nicht notwendig die beste unter allen möglichen Einrichtungen. Aus diesen Bemerkungen darf übrigens nicht gefolgert werden, daß irgendeine der oben angeführten Abstufungen der Flügelbildungen, die vielleicht alle nur Folge des Nichtgebrauches sind, einer natürlichen Stufenreihe angehöre, auf welcher emporsteigend die Vögel das vollkommene Flugvermögen erlangt haben; aber sie können wenigstens zu zeigen dienen, was für mancherlei Wege des Übergangs möglich sind.

Wenn man sieht, daß eine kleine Anzahl von Formen aus derartigen Klassen wasseratmender Tiere wie Kruster und Mollusken zum Leben auf dem Lande geschickt sind, wenn man sieht, daß es fliegende Vögel, fliegende Säugetiere, fliegende Insekten von den verschiedenartigsten Typen gibt und daß es vordem auch fliegende Reptilien gegeben hat, so wird es auch begreiflich, daß fliegende Fische, welche jetzt weit durch die Luft gleiten und mit Hilfe ihrer flatternden Brustflossen sich leicht über den Meeresspiegel erheben und senken, allmählich zu vollkommen beflügelten Tieren hätten umgewandelt werden können. Und wäre dies einmal bewirkt worden, wer würde sich dann je einbilden, daß sie in einer früheren Zeit Bewohner des offenen Meeres gewesen seien und ihre beginnenden Flugorgane, wie uns jetzt bekannt ist, bloß gebraucht haben, um dem Rachen anderer Fische zu entgehen?

Wenn wir ein Organ zu irgendeinem besonderen Zweck hoch ausgebildet sehen, wie eben die Flügel des Vogels zum Flug, so müssen wir bedenken, daß Tiere, welche frühe Übergangsstufen solcher Bildungen zeigen, selten noch bis in die Jetztzeit erhalten sein werden; denn sie werden durch ihre Nachkommen verdrängt worden sein, welche mittelst natürlicher Zuchtwahl allmählich vollkommener geworden sind. Wir können ferner schließen, daß Übergangsstufen zwischen Bildungen, welche zu ganz verschiedenen Lebensweisen dienen, in früherer Zeit selten in großer Anzahl und unter vielerlei untergeordneten Gestalten ausgebildet worden sein werden. So scheint es, um zu dem gewählten Beispiel von einem fliegenden Fisch zurückzukehren, mir nicht wahrscheinlich zu sein, daß zu wirklichem Flug befähigte Fische sich in vielerlei untergeordneten Formen, zur Erhaschung von verschiedenartiger Beute auf mancherlei Wegen, zu Wasser und zu Land, entwickelt haben würden, bis ihre Flugwerkzeuge eine so hohe Stufe von Vollkommenheit erlangt hätten, daß sie im Kampfe ums Dasein ein entschiedenes Übergewicht über andere Tiere erlangten. Daher wird die Wahrscheinlichkeit, Arten auf Übergangsstufen der Organisation noch im fossilen Zustand zu entdecken, immer nur gering sein, weil sie in geringerer Anzahl als die Arten mit völlig entwickelten Bildungen existiert haben.

Ich will nun zwei oder drei Beispiele sowohl von verschiedenartig gewordener als auch von veränderter Lebensweise bei den Individuen einer und derselben Art anführen. In allen Fällen wird es der natürlichen Zuchtwahl leicht sein, ein Tier durch irgendeine Abänderung seines Baues für seine veränderte Lebensweise oder ausschließlich für nur eine seiner verschiedenen Gewohnheiten geschickt zu machen. Es ist indessen schwer und für uns unwesentlich zu sagen, ob im allgemeinen zuerst die Lebensweise und dann die Organisation sich ändern, oder ob geringe Modifikationen des Baues zu einer Änderung der Gewohnheiten führen; wahrscheinlich ändern oft beide fast gleichzeitig ab. Was die Änderung der Gewohnheiten betrifft, so wird es genügen, auf die Menge britischer Insektenarten zu verweisen, welche jetzt von ausländischen Pflanzen oder ganz ausschließlich von Kunsterzeugnissen leben. Vom Verschiedenartigwerden der Gewohnheiten ließen sich zahllose Beispiele anführen. Ich habe oft in Süd-Amerika eine Würgerart (*Saurophagus sulphuratus*) beobachtet, die das eine Mal wie ein Turmfalke über einem Fleck und dann wieder über einem anderen schwebte und ein andermal steif am Rande des Wassers stand und dann plötzlich wie ein Eisvogel auf den Fisch hinabstürzte. Hier in England sieht man die Kohlmeise (*Parus major*) bald fast wie einen Baumläufer an den Zweigen herumklimmen, bald nach Art des Würgers kleine Vögel durch Hiebe auf den Kopf töten; und oft habe ich gesehen und gehört, wie sie die Samen einer Eibe auf einem Zweig aufhämmerte, also sie wie ein Nußhacker aufbrach. In Nord-Amerika sah Hearne den schwarzen Bär vier Stunden lang mit weit geöffnetem Mund im Wasser umherschwimmen, um fast nach Art der Wale Wasserinsekten zu fangen.

Da wir zuweilen Individuen Gewohnheiten befolgen sehen, welche von denen anderer Individuen ihrer Art und anderer Arten derselben Gattung weit abweichen, so könnten wir erwarten, daß solche Individuen mitunter zur Entstehung neuer Arten mit abweichenden Sitten und einer nur unbedeutend oder beträchtlich vom eigenen Typus abweichenden Organisation Veranlassung geben. Und solche Fälle kommen in der Natur vor. Kann es ein auffallenderes Beispiel von Anpassung geben, als den Specht, welcher an Bäumen umherklettert, um Insekten in den Rissen der Baumrinde aufzusuchen? Und doch gibt es in Nord-Amerika Spechte, welche größtenteils von Früchten leben, und andere mit verlängerten Flügeln, welche Insekten im Fluge haschen. Auf den Ebenen von La Plata, wo kaum ein Baum wächst, gibt es einen Specht (*Colaptes campestris*), welcher zwei Zehen vorn und zwei hinten, eine lange spitze Zunge, steife Schwanzfedern und einen geraden kräftigen Schnabel besitzt. Doch sind die Schwanzfedern nur steif genug, um den Vogel in senkrechter Stellung auf einem Pfahl zu unterstützen, und nicht so steif wie bei den typischen Spechten. Auch der Schnabel ist weniger gerade und nicht so stark wie bei den typischen Spechten, obwohl stark genug, um ins Holz zu bohren. Demnach ist dieser *Colaptes* in allen wesentlichen Teilen seiner Organisation ein echter Specht. So unbedeutende Charaktere sogar wie seine Färbung, der schrille Ton seiner Stimme und der wellige Flug, alles überzeugte mich von seiner nahen Blutsverwandtschaft mit unseren gewöhnlichen Spechten. Aber dieser Specht klettert, wie ich sowohl nach meinen eigenen wie nach den Beobachtungen des genauen Azara versichern kann, in gewissen großen Bezirken niemals an Bäumen, und baut sein Nest in Höhlen an Ufern. In gewissen anderen Bezirken besucht aber dieser selbe Specht, wie Mr. Hudson angibt, Bäume und bohrt Löcher in Baumstämme behufs des Nestbaues. Ich will noch als ferneres Beispiel der abgeänderten Lebensweise in dieser Gattung erwähnen, daß De Saussure einen mexikanischen *Colaptes* beschrieben und von ihm mitgeteilt hat, daß er in hartes Holz Löcher bohrt, um einen Vorrat an Eicheln hineinzulegen.

Sturmvögel sind unter allen Vögeln diejenigen, die am meisten in der Luft leben und am meisten ozeanisch sind, und doch gibt es in den ruhigen stillen Meerengen des Feuerlandes eine Art, *Puffinuria Berardi*, die nach ihrer Lebensweise im allgemeinen, nach ihrer erstaunlichen Fähigkeit zu tauchen, nach ihrer Art zu schwimmen und zu fliegen, wenn sie zu fliegen genötigt wird, von jedem für einen Alk oder Lappentaucher (*Podiceps*) gehalten werden würde; sie ist aber nichtsdestoweniger ihrem Wesen nach ein Sturmvogel nur mit einigen tief eindringenden, zu ihrer neuen Lebensweise in Beziehung stehenden Änderungen der Organisation, während beim Specht von La Plata der Körperbau nur unbedeutende Veränderungen erfahren hat. Bei der Wasseramsel (*Cinclus*) dagegen würde man auch bei der genauesten Untersuchung des toten Körpers nicht im mindesten eine halb und halb ans Wasser gebundene Lebensweise vermutet haben. Und doch verschafft sich dieser mit der Drosselfamilie verwandte Vogel seinen ganzen Unterhalt nur durch Tauchen, wobei er seine Flügel unter Wasser gebraucht und mit seinen Füßen Steine ergreift. Alle Glieder der Hymenopteren-Ordnung sind Landtiere, mit Ausnahme der Gattung *Proctotrupes*, welche, wie Sir John Lubbock neuerdings gefunden hat, in ihrer Lebensweise ein Wassertier ist. Sie geht oft ins Wasser, taucht unter, nicht mit Hilfe ihrer Beine, sondern ihrer Flügel und bleibt bis zu vier Stunden unter Wasser. Und doch kann in ihrem Bau nicht die geringste, mit so abnormer Lebensweise in Übereinstimmung zu bringende Modifikation nachgewiesen werden.

Wer des Glaubens ist, daß jedes Wesen so geschaffen worden ist, wie wir es jetzt erblicken, muß schon gelegentlich überrascht gewesen sein, ein Tier zu finden, dessen Organisation und Lebensweise durchaus nicht miteinander in Einklang standen. Was kann klarer sein, als daß die Füße der Enten und Gänse mit der großen Haut zwischen den Zehen zum Schwimmen gemacht sind? Und doch gibt es Hochlandgänse mit solchen Schwimmfüßen, welche selten oder nie ins Wasser gehen; – und außer Audubon hat noch niemand den Fregattenvogel, dessen vier Zehen sämtlich durch eine Schwimmhaut verbunden sind, sich auf den Meeresspiegel niederlassen sehen. Andererseits sind Lappentaucher (*Podiceps*) und Wasserhühner (*Fulica*) ausgezeichnete Wasservögel, und doch sind ihre Zehen nur mit einer Schwimmhaut gesäumt. Was scheint klarer zu sein, als daß die langen, durch keine Haut verbundenen Zehen der Sumpfvögel ihnen dazu gegeben sind, damit sie über Sumpfböden und schwimmende Wasserpflanzen hinwegschreiten können? Rohrhuhn und Landralle sind Glieder dieser Ordnung; und doch ist das Rohrhuhn (*Ortygometra*) fast ebensosehr Wasservogel wie das Wasserhuhn, und die Landralle (*Crex*) fast ebensosehr Landvogel wie die Wachtel oder das Feldhuhn. In derartigen Fällen, und viele andere könnten noch angeführt werden, hat sich die Lebensweise geändert ohne eine entsprechende Änderung des Baues. Man kann sagen, der Schwimmfuß der Hochlandgans sei verkümmert in seiner Verrichtung, aber nicht in seiner Form. Beim Fregattenvogel dagegen zeigt der tiefe Ausschnitt der Schwimmhaut zwischen den Zehen, daß eine Veränderung der Fußbildung begonnen hat.

Wer an zahllose getrennte Schöpfungsakte glaubt, wird sagen, daß es in diesen Fällen dem Schöpfer gefallen habe, ein Wesen von dem einen Typus für den Platz eines Wesens von dem anderen Typus zu bestimmen. Dies scheint mir aber nur eine Umschreibung der Tatsache in einer würdevoll klingen sollenden Ausdrucksweise zu sein. Wer an den Kampf ums Dasein und an das Prinzip der natürlichen Zuchtwahl glaubt, der wird anerkennen, daß jedes organische Wesen beständig nach Vermehrung seiner Anzahl strebt und daß, wenn es in Organisation oder Gewohnheiten auch noch so wenig variiert, und hierdurch einen Vorteil über irgendeinen anderen Bewohner der Gegend erlangt, es dessen Stelle einnehmen kann, wie verschieden dieselbe auch von seiner eigenen bisherigen Stelle sein mag. Er wird deshalb nicht darüber erstaunt sein, Gänse und Fregattenvögel mit Schwimmfüßen zu sehen, wovon die einen auf dem trockenen Land leben und die anderen sich nur selten aufs Wasser niederlassen, oder langzehige Wiesenknarren (Crex) zu finden, welche auf Wiesen statt in Sümpfen wohnen; oder daß es Spechte da gibt, wo kaum ein Baum wächst, daß es Drosseln und Hymenopteren gibt, welche tauchen, und Sturmvögel mit der Lebensweise der Alke.

Organe von äußerster Vollkommenheit

Die Annahme, daß sogar das Auge mit allen seinen unnachahmlichen Vorrichtungen, um den Fokus den mannigfaltigsten Entfernungen anzupassen, verschiedene Lichtmengen zuzulassen und die sphärische und chromatische Abweichung zu verbessern, nur durch natürliche Zuchtwahl zu dem geworden sei, was es ist, scheint, ich will es offen gestehen, im höchsten möglichen Grade absurd zu sein. Als es zum ersten Male ausgesprochen wurde, daß die Sonne stillstehe, und die Erde sich um ihre Achse drehe, erklärte der gemeine Menschenverstand diese Lehre für falsch; aber das alte Sprichwort „vox populi, vox die" hat, wie jeder Forscher weiß, in der Wissenschaft keine Geltung. Die Vernunft sagt mir, daß wenn zahlreiche Abstufungen von einem unvollkommenen und einfachen bis zu einem vollkommenen und zusammengesetzten Auge, die alle nützlich für ihren Besitzer sind, nachgewiesen werden können, was sicher der Fall ist, – wenn ferner das Auge auch nur im geringsten Grade variiert und seine Abänderungen erblich sind, was gleichfalls sicher der Fall ist, – und wenn solche Abänderungen eines Organs je nützlich für ein Tier sind, dessen äußere Lebensbedingungen sich ändern, dann dürfte die Schwierigkeit der Annahme, daß ein vollkommenes und zusammengesetztes Auge durch natürliche Zuchtwahl gebildet werden könne, wie unübersteiglich sie auch für unsere Einbildungskraft scheinen mag, doch die Theorie nicht völlig umstürzen. Die Frage, wie ein Nerv für Licht empfänglich werde, beunruhigt uns schwerlich mehr, als die, wie das Leben selbst ursprünglich entstehe; doch will ich bemerken, daß es, wie manche der niedersten Organismen, bei denen keine Nerven nachgewiesen werden können, als für das Licht empfindlich bekannt sind, nicht unmöglich erscheint, daß gewisse sensitive Elemente ihrer Sarcode aggregiert und zu Nerven entwickelt worden sind, die mit dieser spezifischen Empfindlichkeit begabt sind.

Suchen wir nach den Abstufungen, durch welche ein Organ in irgendeiner Spezies vervollkommnet worden ist, so sollten wir ausschließlich bei deren direkten Vorgängern in gerader Linie nachsehen. Dies ist aber schwerlich jemals möglich, und wir sind in jedem dieser Fälle genötigt, uns unter den anderen Arten und Gattungen derselben Gruppe, d.h. bei den Seitenabkömmlingen derselben ursprünglichen Stammform umzusehen, um zu finden, was für Abstufungen möglich sind, und ob es wahrscheinlich ist, daß irgendwelche Abstufungen ohne alle oder mit nur geringer Abänderung vererbt worden seien. Aber selbst der Zustand eines und desselben Organs in verschiedenen Klassen kann beiläufig Licht auf den Weg werfen, auf dem es vervollkommnet worden ist.

Das einfachste Organ, welches ein Auge genannt werden kann, besteht aus einem, von Pig-

Sechstes Kapitel

mentzellen umgebenen und von durchscheinender Haut bedeckten Sehnerv, aber noch ohne Linse oder andere lichtbrechende Körper. Nach Jourdain können wir aber selbst noch einen Schritt weiter hinabgehen; wir finden dann Aggregate von Pigmentzellen, welche ohne einen Sehnerven zu besitzen, einfach auf der Sarcodemasse aufliegen und allem Anschein nach als Sehorgane dienen. Augen der erwähnten einfachen Art gestatten kein deutliches Sehen, sondern dienen nur dazu, Licht von Dunkelheit zu unterscheiden. Bei manchen Seesternen sind kleine Vertiefungen in dem den Nerven umgebenden Pigmentlager, wie es der eben genannte Schriftsteller beschreibt, mit einer durchsichtigen gallertartigen Masse gefüllt, welche mit einer gewölbten Oberfläche, wie die Hornhaut bei höheren Tieren, nach außen vorragt. Er vermutet, daß diese Einrichtung nicht dazu diene, ein Bild entstehen zu lassen, sondern nur die Lichtstrahlen zu konzentrieren und ihre Wahrnehmung leichter zu machen. In dieser Konzentration der Strahlen erhalten wir den ersten und weitaus wichtigsten Schritt zur Bildung eines wahren, Bilder entwerfenden Auges; denn wir haben nun bloß die freie Endigung des Sehnerven, der in manchen niederen Tieren tief im Körper vergraben, bei anderen der Oberfläche näher liegt, in die richtige Entfernung von dem konzentrierenden Apparat zu bringen, und ein Bild muß dann auf ihm entstehen.

In der großen Klasse der Gliedertiere können wir von einem einfach mit Pigment überzogenen Sehnerv ausgehen, welches weder eine Linse noch eine andere optische Einrichtung darbietet, wenngleich das Pigment zuweilen eine Art Pupille bildet. Bei Insekten weiß man jetzt, daß die zahlreichen Facetten auf der Hornhaut der großen zusammengesetzten Augen wahre Linsen bilden und daß die Kegel eigentümlich modifizierte Nervenfäden einschließen. Es ist aber die Struktur der Augen bei den Gliedertieren so mannigfach, daß Joh. Müller früher drei Hauptklassen von zusammengesetzten Augen mit sieben Unterabteilungen annahm, zu denen er noch eine vierte Hauptklasse fügt, die der aggregierten einfachen Augen.

Wenn wir diese, in bezug auf die große, mannigfaltige und abgestufte Reihe der Augenbildung bei niederen Tieren hier nur allzu kurz und unvollständig angedeuteten Tatsachen erwägen und ferner bedenken, wie klein die Anzahl aller lebenden Arten im Vergleich zu den bereits erloschenen sein muß, so kann ich doch keine allzu große Schwierigkeit für die Annahme finden, daß der einfache Apparat eines von Pigment umgebenen und von durchsichtiger Haut bedeckten Sehnervs durch natürliche Zuchtwahl in ein so vollkommenes optisches Werkzeug umgewandelt worden sei, wie es bei irgendeiner Form der Gliedertiere gefunden wird.

Wer nun so weit gehen will, braucht, wenn er nachdem Durchlesen dieses Buches findet, daß sich durch die Theorie der Deszendenz mit Modifikationen eine große Menge von anderweitig unerklärbaren Tatsachen begreifen läßt, kein Bedenken zu haben, einen Schritt weiter zu gehen und anzunehmen, daß durch natürliche Zuchtwahl auch ein so vollkommenes Gebilde, wie das Adlerauge ist, hergestellt werden könne, wenn ihm auch in diesem Falle die Zwischenstufen gänzlich unbekannt sind. Es ist eingewendet worden, daß, um das Auge zu modifizieren und es doch als vollkommenes Werkzeug zu erhalten, viele Veränderungen gleichzeitig bewirkt worden sein müssen, was, wie man meint, nicht durch natürliche Zuchtwahl geschehen könne. Wie ich aber in meinem Werk über „Variieren der Tiere im Zustand der Domestikation" zu zeigen versucht habe, ist es nicht notwendig anzunehmen, daß alle Modifikationen gleichzeitig waren, wenn sie äußerst gering und allmählich waren. Verschiedene Arten der Modifikation werden auch demselben allgemeinen Zweck dienen können; so bemerkt Mr. Wallace: „Wenn eine Linse eine zu kurze oder eine zu weite Brennweite hat, so kann sie entweder durch eine Änderung in der Krümmung oder durch eine Änderung in der Dichte verbessert werden; ist die Krümmung unregelmäßig und treffen die Strahlen nicht in einem Punkt zusammen, so wird jede Zunahme der Regelmäßigkeit der Krümmung eine Verbesserung sein. So sind die Kontraktion der Iris und die Muskelbewegungen des Auges beides für das Sehen nicht wesentlich, sondern nur Verbesserungen, welche auf jedem Punkt der Bildung des Werkzeugs hätten hinzugefügt und vervollkommnet werden können." Bei den Wirbeltieren, der am höchsten organisierten Abteilung des Tierreichs, können wir von einem so einfachen Auge ausgehen, daß es, wie beim *Amphioxus*, nur aus einer kleinen mit Pigment ausgekleideten und mit einem Nerv versehenen faltenartigen Einstülpung der Haut besteht, nur von durchscheinender Haut bedeckt, ohne irgendeinen anderen Apparat. In den beiden Klassen der Fische und Reptilien ist, wie Owen bemerkt, „die Reihe von Abstufungen der dioptrischen Bildungen sehr groß". Es ist eine sehr bezeichnende Tatsache, daß selbst beim Menschen, nach Virchows [und früherer] Autorität, die Linse sich ursprünglich nur aus einer Anhäufung von Epidermiszellen in einer sackförmigen Falte der Haut entwickelt, während der Glaskörper sich aus dem embryonalen subkutanen Gewebe bildet. Es ist allerdings für einen Forscher, welcher den Ursprung und die Bildungsweise des Auges mit all seinen wunderbaren und doch nicht absolut vollkommenen Eigenschaften erwägt, unumgänglich, seine Phantasie von seiner Vernunft besiegen zu lassen. Ich habe aber selbst die Schwierigkeit viel zu lebhaft empfunden, um mich darüber zu wundern, wenn andere zaudern, das Prinzip der natürlichen Zuchtwahl in einer so überraschend weiten Ausdehnung anzunehmen.

Man kann kaum vermeiden, das Auge mit einem Teleskop zu vergleichen. Wir wissen, daß dieses Werkzeug durch lang fortgesetzte Anstrengungen der höchsten menschlichen Intelligenz verbessert worden ist, und folgern natürlich daraus, daß das Auge seine Vollkommenheit durch einen ziemlich analogen Prozeß erlangt habe. Könnte aber dieser Schluß nicht voreilig sein? Haben wir ein Recht, anzunehmen, der Schöpfer wirke vermöge intellektueller Kräfte ähnlich denen des Menschen? Sollten wir das Auge einem optischen Instrument vergleichen, so müßten wir in Gedanken eine dicke Schicht eines durchsichtigen Gewebes nehmen, mit von Flüssigkeit angefüllten Räumen und mit einem für Licht empfänglichen Nerv darunter, und dann annehmen, daß jeder Teil dieser Schicht langsam aber unausgesetzt seine Dichte verändere, so daß verschiedene Lagen von verschiedener Dichte und Dicke in ungleichen Entfernungen voneinander entstehen, und daß auch die Oberfläche einer jeden Lage langsam ihre Form ändere. Wir müßten ferner annehmen, daß eine Kraft, durch die natürliche Zuchtwahl oder das Überleben des Passendsten dargestellt, vorhanden sei, welche aufmerksam auf jede geringe zufällige Veränderung in den durchsichtigen Lagen achte, und jede Abänderung sorgfältig erhalte, welche unter veränderten Umständen in irgendeiner Weise oder in irgendeinem Grade ein deutlicheres Bild hervorzubringen geschickt wäre. Wir müßten annehmen, jeder neue Zustand des Instrumentes werde millionenfach vervielfältigt, und jeder werde so lange erhalten, bis ein besserer hervorgebracht sei, dann würden aber die alten sämtlich zerstört. Bei lebenden Körpern bringt die Abänderung jene geringen Verschiedenheiten hervor, die Zeugung vervielfältigt sie fast ins Unendliche und die natürliche Zuchtwahl findet mit nie irrendem Takt jede Verbesserung heraus. Denkt man sich nun diesen Prozeß Millionen Jahre lang und jedes Jahr an Millionen von Individuen der mannigfaltigsten Art fortgesetzt, sollte man da nicht erwarten, daß das lebende optische Instrument endlich in demselben Grade vollkommener als das gläserne werden müsse, wie des Schöpfers Werke überhaupt vollkommener sind, als die des Menschen?

Übergangsweisen

Ließe sich irgendein zusammengesetztes Organ nachweisen, dessen Vollendung nicht möglicherweise durch zahlreiche, kleine, aufeinanderfolgende Modifikationen hätte erfolgen können, so müßte meine Theorie unbedingt zusammenbrechen. Ich vermag jedoch keinen solchen Fall aufzufinden. Zweifelsohne bestehen viele Organe, deren Vervollkommnungsstufen wir nicht kennen, insbesondere bei sehr vereinzelt stehenden Arten, deren verwandte Formen nach meiner Theorie in weitem Umkreis erloschen sind. So muß auch, wo es sich um ein allen Gliedern einer großen Klasse gemeinsames Organ handelt, dieses Organ schon in einer sehr frühen Vorzeit gebildet worden sein, seit welcher sich erst alle Glieder dieser Klasse entwickelt haben; und wenn wir die frühesten Übergangsstufen entdecken wollen, welche das Organ durchlaufen hat, so müßten wir uns bei den frühesten Anfangsformen umsehen, welche jetzt schon längst wieder erloschen sind.

Wir sollten äußerst vorsichtig sein mit der Behauptung, ein Organ habe nicht durch stufenweise Veränderungen irgendeiner Art gebildet werden können. Man könnte zahlreiche Fälle anführen, wie bei den niederen Tieren ein und dasselbe Organ zu derselben Zeit ganz verschiedene Verrichtungen besorgt; atmet doch und verdaut und exzerniert der Nahrungskanal in der Larve der Libellen wie in dem Fisch *Cobitis*. Wendet man die *Hydra* wie einen Handschuh um, das Innere nach außen, so verdaut die äußere Oberfläche und die innere atmet. In solchen Fällen könnte die natürliche Zuchtwahl das ganze Organ oder einen Teil desselben, welches bisher zweierlei Verrichtungen gehabt hat, ausschließlich nur für einen der beiden Zwecke spezialisieren und so in unmerklichen Schritten die ganze Natur des Organs allmählich umändern, wenn damit irgendein Vorteil erreicht würde. Es sind viele Fälle von Pflanzen bekannt, welche regelmäßig zu einer und derselben Zeit verschieden gebildete Blüten produzieren; sollten derartige Pflanzen nur eine Form hervorbringen, so würde verhältnismäßig eine große Veränderung in ihrem spezifischen Charakter eintreten. Es ist indessen wahrscheinlich, daß die zwei Arten von Blüten auf derselben Pflanze ursprünglich durch fein graduierte Abstufungen hervorgebracht worden sind, welche in einigen Fällen noch verfolgt werden können.

Ferner verrichten zuweilen zwei verschiedene Organe oder ein und dasselbe Organ unter zwei sehr verschiedenen Formen gleichzeitig einerlei Funktion in demselben Individuum, und dies ist ein äußerst wichtiges Übergangsmittel. So gibt es, um ein Beispiel anzuführen, Fische mit Kiemen, womit sie die im Wasser verteilte Luft einatmen, während sie zu gleicher Zeit atmosphärische Luft mit ihrer Schwimmblase atmen, welches Organ zu dem Ende durch einen Luftgang mit dem Schlund verbunden und innerlich von sehr gefäßreichen Zwischenwänden durchzogen ist. Um noch ein anderes Beispiel aus dem Pflanzenreich zu geben: Pflanzen klettern durch drei verschiedene Mittel, durch eine Spirale Windung, durch Ergreifen von Stützen mittelst ihrer empfindlichen Ranken und durch die Emission von Luftwurzeln; diese drei Mittel findet man gewöhnlich bei besonderen Gattungen oder Familien; einige wenige Pflanzen bieten aber zwei oder selbst alle drei Mittel in demselben Individuum vereint dar. In allen solchen Fällen kann das eine der beiden dieselbe Funktion vollziehenden Organe leicht verändert und so vervollkommnet werden, daß es immer mehr die ganze Arbeit allein übernimmt, wobei es während dieses Modifikationsprozesses durch das andere Organ unterstützt wird; und dann kann das andere entweder zu einer neuen und ganz verschiedenen Bestimmung modifiziert werden oder gänzlich verkümmern.

Das Beispiel von der Schwimmblase der Fische ist sehr belehrend, weil es uns die hochwichtige Tatsache zeigt, wie ein ursprünglich zu einem besonderen Zweck, zum Flottieren, gebildetes Organ für eine ganz andere Verrichtung umgeändert werden kann, und zwar für die Atmung. Auch ist die Schwimmblase als ein akzessorischer Teil für das Gehörorgan mancher Fische mitverarbeitet worden. Alle Physiologen geben zu, daß die Schwimmblase in Lage und Struktur den Lungen höherer Wirbeltiere „homolog" oder „ideell gleich" sei; daher ist kein Grund vorhanden, daran zu zweifeln, daß die Schwimmblase wirklich in eine Lunge oder in ein ausschließlich zum Atmen benutztes Organ verwandelt worden sei.

Nach dieser Ansicht kann man wohl schließen, daß alle Wirbeltiere mit echten Lungen auf dem Wege der gewöhnlichen Fortpflanzung von einer alten unbekannten Urform abstammen, welche mit einem Schwimmapparat oder einer Schwimmblase versehen war. So mag man sich, wie ich aus Professor Owens interessanter Beschreibung dieser Teile entnehme, die sonderbare Tatsache erklären, wie es komme, daß jedes Teilchen von Speise und Trank, das wir zu uns nehmen, über die Mündung der Luftröhre weggleiten muß, mit einiger Gefahr, in die Lungen zu fallen, der sinnreichen Einrichtung ungeachtet, wodurch der Kehldeckel die Stimmritze schließt. Bei den höheren Wirbeltieren sind die Kiemen gänzlich verschwunden, aber die Spalten an den Seiten des Halses und der bogenförmige Verlauf der Arterien deuten in dem Embryo noch ihre frühere Stelle an. Doch ist es begreiflich, daß die jetzt gänzlich verschwundenen Kiemen durch natürliche Zuchtwahl zu einem ganz anderen Zweck umgearbeitet worden sind; so hat z. B. Landois gezeigt, daß sich die Flügel der Insekten von den Tracheen aus entwickeln; es ist daher in hohem Grade wahrscheinlich, daß in dieser großen Klasse Organe, die einst zur Atmung gedient haben, jetzt faktisch zu Flugorganen umgewandelt worden sind.

Was die Übergangsstufen der Organe betrifft, so ist es so wichtig, sich mit der Wahrscheinlichkeit einer Umwandlung einer Funktion in die andere vertraut zu machen, daß ich noch ein weiteres Beispiel anführen will. Die gestielten Cirripeden haben zwei kleine Hautfalten, von mir Eierzügel genannt, welche bestimmt sind, mittelst einer klebrigen Absonderung die Eier festzuhalten, bis sie im Eiersack ausgebrütet sind. Diese Rankenfüßler haben keine Kiemen, indem die ganze Oberfläche des Körpers und Sackes mit Einschluß der kleinen Zügel zur Atmung dient. Die Balaniden oder sitzenden Cirripeden dagegen haben keine solchen eiertragenden Zügel oder Frena, indem die Eier lose auf dem Grund des Sackes in der gut verschlossenen Schale liegen; aber sie haben in derselben relativen Lage wie die Frena große, stark gefaltete Membranen, welche mit den Kreislauflakunen des Sacks und des Körpers frei kommunizieren und von allen Forschern für Kiemen erklärt worden sind. Nun denke ich, wird niemand bestreiten, daß die Eierzügel der einen Familie streng homolog mit den Kiemen der anderen sind, wie sie denn auch in der Tat stufenweise ineinander übergehen. Daher darf man nicht bezweifeln, daß die beiden kleinen Hautfalten, welche ursprünglich als Eierzügel gedient haben, welche aber auch in geringerem Grade schon bei der Atmung mitwirkten, durch natürliche Zuchtwahl stufenweise in Kiemen umgewandelt worden sind bloß durch Zunahme ihrer Größe bei gleichzeitiger Verkümmerung ihrer adhäsiven Drüsen. Wären alle gestielten Cirripeden erloschen (und sie haben bereits mehr Vertilgung erfahren als die sitzenden), wer hätte sich je denken können, daß die Atmungsorgane der Balaniden ursprünglich den Zweck gehabt hätten, die zu frühzeitige Ausführung der Eier aus dem Eiersack zu verhindern?

Es gibt noch eine andere mögliche Art des Übergangs, nämlich die Beschleunigung oder Verlangsamung der Reproduktionsperiode. Dies ist vor kurzem von Prof. Cope und anderen in den Vereinigten Staaten betont worden. Man weiß jetzt, daß einige Tiere in einem sehr frühen Alter fortpflanzungsfähig sind, ehe sie die Charaktere des vollkommenen Zustands erlangt haben; und wenn dieses Vermögen in einer Spezies durchaus gut entwickelt werden würde, so scheint es wohl wahrscheinlich, daß der erwachsene Entwicklungszustand früher oder später werde verloren werden. In diesem Fall, und besonders wenn die Larve von der reifen Form bedeutend abwiche, würde der Charakter der Spezies sehr verändert und degradiert. Ferner fahren nicht wenige Tiere, noch nachdem sie die Reife erlangt haben, immer fort ihre Charaktere, beinahe während ihres ganzen Lebens, zu ändern. So ändert sich z.B. bei Säugetieren die Form des Schädels häufig mit dem Alter, wofür Dr. Murie einige auffallende Beispiele von Robben angeführt hat; jedermann weiß, wie das Geweih der Hirsche immer mehr und mehr verzweigt wird und wie sich die Schmuckfedern einiger Vögel immer schöner entwickeln, je älter die Tiere werden. Prof. Cope gibt an, daß die Zähne gewisser Eidechsen mit dem fortschreitenden Alter ihre Form ändern; bei den Crustaceen nehmen nicht bloß viele bedeutungslose, sondern auch einige wichtige Teile, wie Fritz Müller geschildert hat, nach der Reife eine neue Beschaffenheit an. In allen solchen Fällen – und es ließen sich noch viele anführen – würde, wenn das Eintreten des fortpflanzungsfähigen Alters verzögert würde, der Charakter der Spezies, wenigstens in ihrem erwachsenen Zustand, modifiziert werden; auch ist es nicht unwahrscheinlich, daß die vorausgehenden früheren Entwicklungsstufen in manchen Fällen durcheilt und schließlich verloren würden. Ob Spezies häufig oder ob überhaupt jemals durch diese vergleichsweise plötzliche Art des Übergangs modifiziert worden sind, darüber kann ich mir keine Meinung bilden; wenn es aber vorgekommen ist, so werden wahrscheinlich die Verschiedenheiten zwischen den Jungen und den Erwachsenen und zwischen den Erwachsenen und den Alten ursprünglich in allmählichen Abstufungen erlangt worden sein.

Schwierige Fälle – Natura non facit saltum

Obwohl wir äußerst vorsichtig bei der Annahme sein müssen, daß ein Organ nicht könne durch ganz allmähliche Übergänge gebildet worden sein, so kommen doch unzweifelhaft sehr schwierige Fälle vor.

Einen der schwierigsten bilden die geschlechtslosen Insekten, welche oft sehr abweichend sowohl von den Männchen als den fruchtbaren Weibchen ihrer Spezies gebildet sind, auf welchen Fall ich jedoch im achten Kapitel zurückkommen werde. Die elektrischen Organe der Fische bieten einen anderen Fall von besonderer Schwierigkeit dar; denn es ist unmöglich, sich vorzustellen, durch welche Abstufungen die Bildung dieser wundersamen Organe bewirkt worden sein mag. Dies ist indessen nicht überraschend, denn wir wissen nicht einmal, welches ihr Nutzen ist. Bei *Gymnotus* und *Torpedo* dienen sie ohne Zweifel als kräftige Verteidigungswaffen und vielleicht als Mittel, Beute zu verschaffen; doch entwickelt ein analoges Organ im Schwanz der Rochen, wie Matteucci beobachtet hat, nur wenig Elektrizität, selbst wenn das Tier stark gereizt wird, und zwar so wenig, daß es kaum zu den genannten Zwecken dienen kann. Überdies liegt, wie R. M'Donnell gezeigt hat, außer dem eben erwähnten Organ noch ein anderes in der Nähe des Kopfes, von dem man nicht weiß, daß es elektrisch wäre, welches aber das wirkliche Homologen der elektrischen Batterie bei *Torpedo* ist. Es wird allgemein angenommen, daß zwischen diesen Organen und den gewöhnlichen Muskeln eine enge Analogie besteht, in dem feineren Bau, in der Verteilung der Nerven und in der Art und Weise, wie verschiedene Reagentien auf sie einwirken. Es ist auch noch besonders zu beachten, daß die Kontraktion der Muskeln von einer elektrischen Entladung begleitet wird. Dr. Radcliffe hebt noch hervor: „In dem elektrischen Apparat der *Torpedo* scheint während der Ruhe eine Ladung vorhanden zu sein, welche in jeder Hinsicht der entspricht, die in Muskel und Nerv während der Ruhe vorhanden ist; und die Entladung bei *Torpedo* dürfte, statt eigentümlich zu sein, nur eine andere Form jener Entladung sein, welche die Tätigkeit der Muskeln und motorischen Nerven begleitet." Weiter können wir für jetzt noch nicht auf eine Erklärung eingehen; da wir aber so wenig von dem Gebrauch dieser Organe wissen, und da wir endlich nichts von der Lebensweise und dem Bau der Urerzeuger der jetzt existierenden elektrischen Fische wissen, so wäre es äußerst voreilig, zu behaupten, daß keine nützlichen Übergänge möglich wären, durch welche die elektrischen Organe sich stufenweise hätten entwickeln können.

Diese Organe scheinen aber auf den ersten Blick noch eine andere und weit ernstlichere Schwierigkeit darzubieten, denn sie kommen in ungefähr einem Dutzend Fischarten vor, von denen mehrere verwandtschaftlich sehr weit voneinander entfernt sind. Wenn ein und dasselbe Organ in verschiedenen Gliedern einer und derselben Klasse und zumal bei Formen mit sehr auseinandergehenden Gewohnheiten auftritt, so können wir gewöhnlich seine Anwesenheit durch Erbschaft von einem gemeinsamen Vorfahren und seine Abwesenheit bei anderen Gliedern durch Verlust infolge von Nichtgebrauch oder natürlicher Zuchtwahl erklären. Hätte sich das elektrische Organ von einem alten, damit versehen gewesenen Vorgänger vererbt, so hätten wir erwarten dürfen, daß alle elektrischen Fische auch sonst in näherer Weise miteinander verwandt seien; dies ist aber durchaus nicht der Fall. Nun gibt auch die Geologie durchaus keine Veranlassung zu glauben, daß vordem die meisten Fische mit elektrischen Organen versehen gewesen seien, welche ihre modifizierten Nachkommen eingebüßt hätten. Betrachten wir uns aber die Sache näher, so finden wir, daß bei den verschiedenen mit elektrischen Organen versehenen Fischen diese Organe in verschiedenen Teilen des Körpers liegen, daß sie im Bau, wie in der Anordnung der verschiedenen Platten, und nach Pacini in dem Vorgang oder den Mitteln, durch welche Elektrizität erregt wird, voneinander abweichen, endlich auch darin, daß die nötige Nervenkraft (und dies ist vielleicht unter allen der wichtigste Unterschied) durch Nerven von ganz verschiedenem Ursprung zugeführt wird. Es können daher bei den verschiedenen Fischen, die mit elektrischen Organen versehen sind, diese nicht als homolog, sondern nur als analog in der Funktion betrachtet werden. Folglich haben wir auch keinen Grund anzunehmen, daß sie von einer gemeinsamen Stammform vererbt wären; denn wäre dies der Fall, so würden sie einander in allen Beziehungen gleichen. Die größere Schwierigkeit, zu erklären, wie ein allem Anschein nach gleiches Organ in mehreren entfernt miteinander verwandten Arten auftrat, verschwindet, es bleibt nur die geringere, aber noch immer große, durch welche allmähliche Zwischenstufen diese Organe sich in jeder der verschiedenen Gruppen von Fischen entwickelt haben.

Die Anwesenheit leuchtender Organe in einigen wenigen Insekten aus den verschiedensten Familien und Ordnungen, die aber in verschiedenen Körperteilen gelegen sind, bietet bei dem jetzigen Stand unserer Unwissenheit eine fast genau parallele Schwierigkeit wie die elektrischen Organe dar. Man könnte noch mehr ähnliche Fälle anführen wie z. B. im Pflanzenreich die ganz eigentümliche Entwicklung einer Masse von Pollenkörnern auf einem Fußgestell, mit einer klebrigen Drüse an dessen Ende, bei *Orchis* und bei *Asclepias* ganz dieselbe ist, also bei zwei unter den Blütenpflanzen so weit wie möglich auseinanderstehenden Gattungen; aber auch hier sind die Teile einander nicht homolog. In allen Fällen, wo in der Organisationsreihe sehr weit voneinander entfernt stehende Arten mit ähnlichen und eigentümlichen Organen versehen sind, wird man finden, daß, wenn auch die allgemeine Erscheinung und Funktion des Organs identisch ist, sich doch immer einige Grundverschiedenheiten zwischen ihnen entdecken lassen. So sind z. B. die Augen der Cephalopoden oder Tintenfische und der Wirbeltiere einander wunderbar gleich; und bei so weit auseinanderstehenden Gruppen kann nicht ein Teil dieser Ähnlichkeit der Vererbung von einem gemeinsamen Urerzeuger zugeschrieben werden. Mr. Mivart hat diesen Fall als einen von besonderer Schwierigkeit angeführt; ich bin aber nicht imstande, die Stärke des Arguments einzusehen. Ein zum Sehen bestimmtes Organ muß aus durchscheinendem Gewebe gebildet sein und irgendeine Form von Linse enthalten, um ein Bild auf dem Hintergrund einer dunklen Kammer zu bilden. Über diese oberflächliche Ähnlichkeit hinaus findet sich kaum irgendwelche wirkliche Gleichheit zwischen den Augen der Tintenfische und Wirbeltiere, wie man beim Nachschlagen von Hensens ausgezeichneter Arbeit über diese Organe bei den Cephalopoden sehen kann. Es ist mir unmöglich, hier auf Einzelheiten einzugehen; ich will indessen einige wenige Differenzpunkte anführen. Die Kristallinse besteht bei den höheren Tintenfischen aus zwei Teilen wie zwei Linsen, von welchen einer hinter dem anderen liegt, und welche beide eine von der bei Wirbeltieren vorkommenden sehr verschiedene Struktur und Disposition haben. Die Retina ist völlig verschieden, mit einer faktischen Lagenumkehrung der Elementarteile und mit einem großen, in den Augenhäuten eingeschlossenen Nervenknoten. Die Beziehungen der Muskeln sind so verschieden, wie man sich nur möglicherweise vorstellen kann, und so in noch anderen Punkten. Es ist daher durchaus nicht leicht, zu unterscheiden, wie weit bei der Beschreibung der Augen der Cephalopoden und Wirbeltiere die nämlichen Ausdrücke angewendet werden dürfen. Es steht natürlich jedermann frei, zu leugnen, daß in beiden Fällen sich das Auge durch natürliche Zuchtwahl geringer aufeinanderfolgender Abänderungen hat entwickeln können; wird dies aber in dem einen Fall zugegeben, so ist es offenbar in dem anderen möglich; und fundamentale Verschiedenheiten des Baues der Sehorgane in zwei Gruppen hätte man in Übereinstimmung mit dieser Ansicht von ihrer Bildungsweise voraussehen können. Wie zwei Menschen zuweilen unabhängig voneinander auf genau die nämliche Erfindung verfallen sind, so scheint auch in den vorstehend angeführten Fällen die natürliche Zuchtwahl, die zum besten eines jeden Wesens wirkt und aus allen günstigen Abänderungen Vorteil zieht, soweit die Funktion in Betracht kommt, ähnliche Teile in verschiedenen organischen Wesen gebildet zu haben, welche keine der ihnen gemeinsamen Bildungen einer Abstammung von einem gemeinsamen Urerzeuger verdanken.

Fritz Müller hat mit großer Sorgfalt eine nahezu ähnliche Argumentation angestellt, um die von mir in dieser Schrift vorgebrachten Ansichten zu prüfen. Mehrere Krusterfamilien umfassen einige wenige Arten, welche einen luftatmenden Apparat besitzen und imstande sind, außerhalb des Wassers zu leben. In zwei dieser Familien, welche Müller besonders untersuchte und die nahe miteinander verwandt sind, stimmen die Arten in allen wichtigen Charakteren äußerst eng miteinander überein: nämlich im Bau ihrer Sinnesorgane, in ihrem Zirkulationssystem, in der Stellung jedes einzelnen Haarbüschels, mit denen ihr in beiden Fällen gleich komplizierter Magen ausgekleidet ist, und endlich in dem ganzen Bau der wasseratmenden Kiemen, selbst bis auf die mikroskopischen Häkchen, durch welche dieselben gereinigt werden. Es hätte sich daher erwarten lassen, daß der gleich wichtige luftatmende Apparat in den wenigen Arten beider Familien, welche auf dem Land leben, derselbe sein werde; denn warum sollte dieser eine Apparat, der zu demselben speziellen Zweck verliehen wurde, verschieden angelegt sein, während alle übrigen wichtigen Organe äußerst ähnlich oder beinahe identisch sind?

Fritz Müller sagte sich nun, daß diese große Ähnlichkeit in so vielen Punkten des Baues in Übereinstimmung mit den von mir vorgebrachten Ansichten durch Vererbung von einer gemeinsamen Stammform zu erklären sei. Da aber sowohl die größte Mehrzahl der Arten der beiden obigen Familien, als auch überhaupt die meisten anderen Crustaceen ihrer Lebensweise nach Wassertiere sind, so ist es im höchsten Grade unwahrscheinlich, daß ihre gemeinschaftliche Stammform zum Luftatmen bestimmt gewesen sei. Müller wurde hierdurch darauf geführt, den Apparat in den luftatmenden Arten sorgfältig zu untersuchen, und fand, daß er bei jeder derselben in mehreren wichtigen Punkten, wie in der Lage der Öffnungen, in der Art, wie sich diese öffnen und schließen und in mehreren akzessorischen Details verschieden sei. Unter der Annahme nun, daß verschiedenen Familien angehörige Arten langsam immer mehr und mehr einem Leben außerhalb des Wassers und der Luftatmung angepaßt worden sind, sind derartige Verschiedenheiten verständlich. Denn diese Spezies werden, da sie verschiedenen Familien angehören, in gewissem Grade voneinander abweichen; und in Übereinstimmung mit dem Grundsatz, daß die Natur jeder Abänderung von zwei Faktoren abhängt, nämlich von der Natur des Organismus und der der Lebensbedingungen, wird zuverlässig die Variabilität dieser Kruster nicht genau dieselbe gewesen sein. Folglich wird die natürliche Zuchtwahl verschiedenes Material und verschiedene Abänderungen für ihre Wirksamkeit vorgefunden haben, um zu demselben funktionellen Resultat zu gelangen; und die auf diese Weise erlangten Bildungen werden fast notwendig verschiedene geworden sein. Nach der Hypothese verschiedener Schöpfungsakte bleibt der Fall unverständlich. Diese Anschauungsweise scheint Fritz Müller nachdrücklich dahin geführt zu haben, die von mir in der vorliegenden Schrift aufgestellten Ansichten anzunehmen.

Ein anderer ausgezeichneter Zoologe, der verstorbene Professor Claparède, hat in derselben Weise gefolgert und ist zu demselben Resultat gelangt. Er zeigt, daß es parasitische, zu verschiedenen Unterfamilien und Familien gehörige Milben (*Acaridae*) gibt, welche mit Haarklammern versehen sind. Diese Organe müssen sich unabhängig voneinander entwickelt haben, da sie nicht von einem gemeinsamen Urerzeuger vererbt worden sein können; und in den verschiedenen Gruppen werden sie gebildet durch Modifikation der Vorderfüße, der Hinterfüße, der Maxillen oder Lippen, und der Anhänge an der unteren Seite des hinteren Körperteils.

In den verschiedenen jetzt erörterten Fällen haben wir gesehen, daß in durchaus nicht oder nur entfernt miteinander verwandten Wesen durch, dem Anschein aber nicht der Entwicklung nach, nahezu ähnliche Organe derselbe Zweck erreicht und dieselbe Funktion ausgeführt wird. An-

Schwierigkeiten der Theorie

dererseits herrscht aber durch die ganze Natur die allgemeine Regel, daß selbst da, wo die einzelnen Wesen nahe miteinander verwandt sind, derselbe Zweck durch die verschiedenartigsten Mittel erreicht wird. Wie verschieden im Bau ist der befiederte Flügel eines Vogels und das von Haut überzogene Flugorgan einer Fledermaus; noch verschiedener sind die vier Flügel eines Schmetterlings, die zwei Flügel einer Fliege und die beiden Flügel eines Käfers mit ihren Flügeldecken. Zweischalige Muscheln brauchen sich nur zu öffnen und zu schließen; aber auf eine wie vielfältige Weise ist das Schloß gebaut, von den zahlreichen Formen gut ineinanderpassender Zähne einer *Nucula* bis zu dem einfachen Ligament eines *Mytilus*! Die Verbreitung der Samenkörner beruht entweder auf ihrer außerordentlichen Kleinheit oder darauf, daß ihre Kapsel in eine leichte, ballonartige Hülle umgewandelt ist, oder, daß sie in eine mehr oder weniger konsistente fleischige Masse eingebettet sind, welche aus den verschiedenartigsten Teilen gebildet, sowohl nahrhaft als auch durch ihre Färbung so ausgezeichnet ist, daß sie Vögel zum Fressen anlockt; oder darauf, daß sie sich mit Häkchen und Klammern vielfacher Art und mit rauhen Grannen an den Pelz der Säugetiere anhängen, oder endlich, daß sie mit Flügeln oder Federn ebenso verschiedenartig in Gestalt wie zierlich im Bau versehen sind, so daß sie von jedem Windhauch verweht werden. Ich will noch ein anderes Beispiel anführen; denn der Gegenstand, daß derselbe Zweck durch die verschiedenartigsten Mittel erreicht wird, ist wohl des Nachdenkens wert. Einige Schriftsteller behaupten, daß die organischen Wesen nur der bloßen Verschiedenheit wegen, beinahe wie Spielsachen in einem Laden, auf vielfache Weisen gebildet worden sind; eine solche Ansicht von der Natur ist indessen unhaltbar. Bei getrenntgeschlechtlichen Pflanzen und bei solchen, welche zwar Hermaphroditen sind, wo aber doch der Pollen nicht von selbst auf die Narbe fällt, ist zur Befruchtung irgendeine Hilfe nötig. Bei mehreren Arten wird dies dadurch bewirkt, daß die leichten und nicht zusammenhängenden Pollenkörner bloß zufällig vom Wind auf die Narbe geweht werden; dies ist der denkbar einfachste Plan. Ein fast ebenso einfacher, aber sehr verschiedener Plan ist der, daß in vielen Fällen eine symmetrische Blüte wenige Tropfen Nektar absondert und demzufolge von Insekten besucht wird; diese tragen dann den Pollen von den Antheren auf die Narbe.

Von dieser einfachen Form an bietet sich eine unerschöpfliche Zahl verschiedener Einrichtungen dar, welche alle demselben Zweck dienen und wesentlich in derselben Weise ausgeführt sind, aber doch Veränderungen in jedem Blütenteil mit sich bringen. Der Nektar wird in verschieden geformten Rezeptakeln angehäuft, die Staubfäden und Pistille sind vielfach modifiziert und bilden zuweilen klappenartige Einrichtungen, zuweilen sind sie infolge von Irritabilität oder Elastizität genau abgepaßter Bewegungen fähig. Von solchen Bildungen kommen wir dann zu einer solchen Höhe vollendeter Anpassung, wie Crüger neuerdings bei *Coryanthes* beschrieben hat. Bei dieser Orchidee ist das Labellum oder die Unterlippe zu einem großen, eimerartigen Gefäß ausgehöhlt, in welches fortwährend aus zwei über ihm stehenden, absondernden Hörnern Tropfen fast reinen Wassers herabfallen; ist der Eimer halb voll, so fließt das Wasser durch einen Abguß an der einen Seite ab. Der Basalteil des Labellums krümmt sich über den Eimer und ist selbst kammerartig ausgehöhlt mit zwei seitlichen Eingängen; innerhalb dieser Kammern finden sich einige merkwürdige fleischige Leisten. Der genialste Mensch hätte, wenn er nicht Zeuge dessen war, was hier vorgeht, sich nicht vorstellen können, welchem Zweck alle diese Teile dienten. Crüger sah aber, wie Mengen von Hummeln die riesigen Blüten dieser Orchideen am frühen Morgen besuchten, nicht um den Nektar zu saugen, sondern um die fleischigen Leisten in der Kammer oberhalb des Eimers abzunagen. Dabei stießen sie einander häufig in den Eimer; dadurch wurden ihre Flügel naß, so daß sie nicht fliegen konnten, sondern durch den vom Ausguß gebildeten Gang kriechen mußten. Crüger hat eine förmliche Prozession von Hummeln aus ihrem unfreiwilligen Bad kriechen sehen. Der Gang ist eng und vom Säulchen bedeckt, so daß eine Hummel, wenn sie sich durchzwängt, erst ihren Rücken am klebrigen Stigma und dann an den Klebedrüsen der Pollenmassen reibt. Die Pollenmassen werden dadurch an den Rücken der ersten Hummel angeklebt, welche zufällig durch den Gang einer kürzlich entfalteten Blüte kriecht und werden fortgetragen. Crüger hat mir eine Blüte in Spiritus geschickt mit einer Hummel, welche, ehe sie ganz durch den Gang gekrochen war, getötet worden war; an ihrem Rücken war eine Pollenmasse befestigt. Fliegt die so ausgestattete Hummel nach einer anderen Blüte oder ein zweites Mal nach derselben, und wird von ihren Genossen in den Eimer gestoßen, so kommt notwendig, wenn sie nun durch den Gang kriecht, zuerst die Pollenmasse mit dem klebrigen Stigma in Kontakt und die Blüte wird befruchtet. Und jetzt erst sehen wir den vollen Nutzen aller Teile der Blüte, der wasserabsondernden Hörner, des halb mit Wasser gefüllten Eimers ein, welcher die Hummeln am Fortfliegen hindert und dadurch zwingt, durch den Ausguß zu kriechen und sich an den passend gestellten klebrigen Pollenmassen und der klebrigen Narbe zu reiben.

Der Bau der Blüte einer anderen nahe verwandten Orchidee, *Catasetum*, ist sehr verschieden, doch dient er demselben Ende und ist gleich merkwürdig. Wie bei *Coryanthes* besuchen auch diese Blüten die Bienen, um das Labellum zu benagen. Dabei können sie nicht vermeiden einen langen, spitz zulaufenden sensitiven Fortsatz zu berühren, den ich Antenne genannt habe. Die Antenne überträgt, wenn sie berührt wird, eine Empfindung oder eine Schwingung auf eine gewisse Membran, welche augenblicklich zum Bersten gebracht wird, und hierdurch wird eine Feder frei, welche die Pollenmasse wie einen Pfeil in der passenden Richtung vorschnellt und ihr klebriges Ende an den Rücken der Bienen heftet. Die Pollenmasse einer männlichen Pflanze (denn die Geschlechter sind bei diesen Orchideen getrennt) wird nun auf die Blüte einer weiblichen Pflanze übertragen, wo sie mit der Narbe in Berührung gebracht wird. Diese ist hinreichend klebrig, um gewisse elastische Fäden zu zerreißen und die Pollenmasse zurückzuhalten, die nun das Geschäft der Befruchtung besorgt.

Man kann wohl fragen, wie können wir uns in den vorstehenden und in unzähligen anderen Fällen die allmähliche Stufenreihe von Komplexität und die mannigfaltigen Mittel zur Erreichung desselben Zweckes verständlich machen? Ohne Zweifel ist die Antwort, wie schon bemerkt wurde, daß wenn zwei bereits in einem geringen Grade voneinander abweichende Formen variieren, die Variabilität nicht genau von derselben Art und folglich auch die durch natürliche Zuchtwahl zu demselben allgemeinen Ende bewirkten Resultate nicht dieselben sein werden. Wir müssen uns auch daran erinnern, daß jeder hochentwickelte Organismus bereits eine lange Reihe von Modifikationen durchlaufen hat, und daß jede Modifikation eines Teils vererbt zu werden strebt; sie wird daher nicht leicht verloren gehen, sondern immer und immer wieder weiter modifiziert werden. Die Struktur eines jeden Teils jeder Spezies, welchem Zweck er auch dient, ist daher die Summe der vielen vererbten Abänderungen, welche diese Art während ihrer sukzessiven Anpassungen an veränderte Lebensweisen und Lebensbedingungen durchlaufen hat.

Obwohl es endlich in vielen Fällen sehr schwer auch nur zu mutmaßen ist, durch welche Übergänge viele Organe zu ihrer jetzigen Beschaffenheit gelangt seien, so bin ich doch in Betracht der sehr geringen Anzahl noch lebender und bekannter Formen im Vergleich mit den untergegangenen und unbekannten sehr darüber erstaunt gewesen, zu finden, wie selten ein Organ vorkommt, von dem man keine Übergangsstufen kennt, welche auf dessen jetzige Form hinführen. Es ist gewiß richtig, daß neue Organe sehr selten oder nie plötzlich bei einem Wesen erscheinen, als ob sie für irgendeinen besonderen Zweck erschaffen worden wären; – wie es auch schon durch die alte, obwohl etwas übertriebene naturgeschichtliche Regel „Natura non facit saltum" anerkannt wird. Wir finden diese Annahme in den Schriften fast aller erfahrenen Naturforscher: Milne Edwards hat es treffend mit den Worten ausgedrückt: Die Natur ist verschwenderisch in Abänderungen, aber geizig in Neuerungen. Warum sollte es nach der Schöpfungstheorie so viel Abänderung und so wenig wirklich neues geben? Woher sollte es kommen, daß alle Teile und Organe so vieler unabhängiger Wesen, von welchen allen doch angenommen wird, daß sie für ihre besonderen Stellen in der Natur erschaffen worden sind, doch durch ganz allmähliche Übergänge miteinander verkettet sind? Warum sollte die Natur nicht plötzlich von der einen Einrichtung zur anderen springen? Nach der Theorie der natürlichen Zuchtwahl können wir deutlich einsehen, warum sie dies nicht getan hat; denn die natürliche Zuchtwahl wirkt nur dadurch, daß sie sich kleine allmähliche Abänderungen zunutze macht; sie kann nie einen großen und plötzlichen Sprung machen, sondern muß mit kurzen und sicheren, aber langsamen Schritten voranschreiten.

Organe von geringer Wichtigkeit

Da die natürliche Zuchtwahl mit Leben und Tod arbeitet, indem sie nämlich die passendsten Individuen am Leben erhält und die weniger gut angepaßten unterdrückt, so schien mir manchmal der Ursprung oder die Bildung von Teilen geringer Bedeutung sehr schwer zu begreifen. Diese Schwierigkeit, obwohl von ganz anderer Art, schien mir manchmal beinahe ebensogroß zu sein, wie die hinsichtlich der vollkommensten und zusammengesetztesten Organe.

Erstens wissen wir viel zu wenig von dem ganzen Haushalt irgendeines organischen Wesens, um sagen zu können, welche geringe Modifikationen für dasselbe wichtig sein können und welche nicht wichtig sind. In einem früheren Kapitel habe ich Beispiele von sehr geringfügigen Charakteren, wie den Flaum der Früchte und die Farbe ihres Fleisches, wie die Farbe der Haut und Haare einiger Vierfüßler angeführt, welche, insofern sie mit konstitutionellen Verschiedenheiten im Zusammenhang stehen oder auf die Angriffe der Insekten von Einfluß sind, bei der natürlichen Zuchtwahl gewiß mit in Betracht kommen. Der Schwanz der Giraffe sieht wie ein künstlich gemachter Fliegenwedel aus, und es scheint anfangs unglaublich zu sein, daß derselbe seinem gegenwärtigen Zweck durch kleine aufeinanderfolgende Modifikationen, von denen eine jede einer so unbedeutenden Bestimmung, nämlich Fliegen zu verscheuchen, immer besser und besser angepaßt war, hergerichtet worden sein solle. Doch sollten wir uns selbst in diesem Fall hüten, uns allzu bestimmt auszusprechen, indem wir ja wissen, daß das Dasein und die Verbreitungsweise des Rindes und anderer Tiere in Süd-Amerika unbedingt von deren Vermögen abhängt, den Angriffen der Insekten zu widerstehen; daher wären Individuen, welche einigermaßen mit Mitteln zur Verteidigung gegen diese kleinen Feinde versehen sind, geschickt, sich über neue Weideplätze zu verbreiten, und würden dadurch große Vorteile erlangen. Nicht als ob große Säugetiere (einige seltene Fälle ausgenommen) wirklich durch Fliegen vertilgt würden; aber sie werden von ihnen so unausgesetzt geplagt und geschwächt, daß sie Krankheiten mehr ausgesetzt werden oder bei eintretender Hungersnot nicht so gut imstande sind, sich Nahrung zu suchen, oder den Nachstellungen der Raubtiere in weit größerer Anzahl erliegen.

Organe von jetzt unwesentlicher Bedeutung sind wahrscheinlich in manchen Fällen frühen Vorfahren von hohem Wert gewesen und nach früherer, langsamer Vervollkommnung in ungefähr demselben Zustand auf deren Nachkommen vererbt worden, obwohl ihr jetziger Nutzen nur noch sehr unbedeutend ist; dagegen werden wirklich schädliche Abweichungen in ihrem Bau durch natürliche Zuchtwahl immer verhindert worden sein. Wenn man beobachtet, was für ein wichtiges Organ der Fortbewegung der Schwanz für die meisten Wassertiere ist, so läßt sich seine allgemeine Anwesenheit und Verwendung zu mancherlei Zwecken bei so vielen Landtieren, welche durch ihre Lungen oder modifizierten Schwimmblasen ihre Abstammung von Wassertieren verraten, vielleicht daraus erklären. Nachdem einmal ein wohl entwickelter Schwanz bei einem Wassertier gebildet worden war, kann derselbe später zu den mannigfaltigsten Zwecken umgearbeitet worden sein, zu einem Fliegenwedel, zu einem Greifwerkzeug oder zu einem Mittel schneller Wendung im Lauf, wie es beim Hund der Fall ist, obwohl die Hilfe in letzterem Falle nur schwach sein mag, indem ja der Hase, fast ganz ohne Schwanz, sich noch schneller zuwenden imstande ist.

Sechstes Kapitel

Zweitens dürften wir mitunter darin irren, daß wir Charakteren eine große Wichtigkeit beilegen und glauben, daß sie durch natürliche Zuchtwahl entwickelt worden seien. Wir dürfen durchaus nicht die direkte Wirkung veränderter Lebensbedingungen übersehen, ebensowenig die der sogenannten spontanen Abänderungen, welche in einem völlig untergeordneten Grade von der Beschaffenheit der Lebensbedingungen abzuhängen scheinen, ferner die der Neigung zum Rückschlag auf lange verlorene Charaktere und der komplizierten Gesetze des Wachstums, wie Korrelation, Kompensation, Druck eines Teils auf einen anderen usw. Endlich dürfen wir die Wirkungen der geschlechtlichen Zuchtwahl nicht unbeachtet lassen, durch welche Charaktere, die dem einen Geschlecht von Nutzen sind, häufig erlangt und dann mehr oder weniger vollkommen auf das andere Geschlecht überliefert werden, trotzdem sie diesem von keinem Nutzen sind. Überdies kann eine auf einem solchen Wege indirekt erlangte Abänderung der Struktur anfangs oft ohne Vorteil für die Art gewesen sein, kann aber späterhin bei deren unter neue Lebensbedingungen versetzten und neue Lebensweisen erlangenden modifizierten Nachkommen mit Vorteil benutzt worden sein.

Wenn nur grüne Spechte existierten und wir wüßten nicht, daß es viele schwarze und bunte Arten gäbe, so würden wir sicher gemeint haben, daß die grüne Farbe eine schöne Anpassung sei, diese an den Bäumen herumkletternden Vögel vor den Augen ihrer Feinde zu verbergen, daß es mithin ein für die Spezies wichtiger und durch natürliche Zuchtwahl erlangter Charakter sei; so aber, wie sich die Sache verhält, rührt die Färbung wahrscheinlich von geschlechtlicher Zuchtwahl her. Eine kletternde Palmenart im Malayischen Archipel steigt bis zu den höchsten Baumgipfeln empor mit Hilfe ausgezeichnet gebildeter Haken, welche büschelweise an den Enden der Zweige befestigt sind, und diese Einrichtung ist zweifelsohne für die Pflanze von größtem Nutzen. Da wir jedoch nahezu ähnliche Haken an vielen Pflanzen sehen, welche nicht klettern, und da wir infolge der Verbreitung der dorntragenden Arten in Afrika und Süd-Amerika anzunehmen Ursache haben, daß diese Haken einen Schutz gegen die die Pflanzen abweidenden Säugetiere sind, so mögen dieselben auch bei jener Palme anfänglich zu diesem Zweck entwickelt worden, und von der Pflanze erst später, als sie noch sonstige Abänderung erfuhr und ein Kletterer wurde, zu ihrem Vorteil benützt worden sein. Die nackte Haut am Kopf des Geiers wird gewöhnlich als eine unmittelbare Anpassung des damit oft in faulen Kadavern wühlenden Tieres betrachtet; dies kann der Fall sein, es ist aber auch möglicherweise der direkten Wirkung faulender Stoffe zuzuschreiben; inzwischen müssen wir vorsichtig sein mit derartigen Deutungen, da ja auch die Kopfhaut des ganz säuberlich fressenden Truthahns nackt ist. Die Nähte an den Schädeln junger Säugetiere sind als eine schöne Anpassung zur Erleichterung der Geburt dargestellt worden, und ohne Zweifel erleichtern sie dieselbe oder sind sogar für diesen Akt unentbehrlich; da aber solche Nähte auch an den Schädeln junger Vögel und Reptilien vorkommen, welche nur aus einer zerbrochenen Eischale zu schlüpfen brauchen, so dürfen wir schließen, daß diese Bildungseigentümlichkeit auf den Wachstumsgesetzen beruht und daß bei der Geburt der höheren Wirbeltiere Vorteil daraus gezogen worden ist.

Wir wissen ganz und gar nichts über die Ursachen, welche unbedeutende Abänderungen oder individuelle Verschiedenheiten veranlassen, und werden dieser Unwissenheit uns unmittelbar bewußt, wenn wir über die Verschiedenheiten unserer Haustierrassen in verschiedenen Ländern, und ganz besonders in minder zivilisierten Ländern, wo nur wenig planmäßige Zuchtwahl angewendet worden ist, nachdenken. Die in verschiedenen Gegenden von wilden Völkern gehaltenen Haustiere haben oft um ihr eigenes Dasein zu kämpfen und sind bis zu einem gewissen Grade der Wirkung der natürlichen Zuchtwahl ausgesetzt; und Individuen mit einer etwas verschiedenen Konstitution gedeihen zuweilen am besten in verschiedenen Klimata. Beim Rind steht die Empfänglichkeit für die Angriffe der Fliegen, ebenso wie die Leichtigkeit, durch gewisse Pflanzen vergiftet zu werden, mit der Farbe in Korrelation, so daß auf diese Weise selbst die Farbe der Wirkung der natürlichen Zuchtwahl unterworfen ist. Einige Beobachter sind der

Überzeugung, daß ein feuchtes Klima den Haarwuchs affiziere, und daß Hörner mit dem Haar in Korrelation stehen. Gebirgsrassen sind überall von Niederungsrassen verschieden, und ein gebirgiges Land wird wahrscheinlich auf die Hinterbeine und möglicherweise selbst auf die Form des Beckens wirken, sofern diese da selbst mehr in Anspruch genommen werden; nach dem Gesetz homologer Variation werden dann wahrscheinlich auch die vorderen Gliedmaßen und der Kopf mit betroffen werden. Auch dürfte die Form des Beckens der Mutter durch Druck auf die Kopfform des Jungen in ihrem Leib wirken. Wir haben auch Grund zu vermuten, daß das notwendigerweise in hohen Gebirgen mühevollere Atmen auch die Weite des Brustkastens vergrößert, und hier wiederum würde Korrelation ins Spiel kommen. Die Wirkung verminderter Bewegung auf die Gesamtorganisation in Verbindung mit reichlichem Futter ist wahrscheinlich von noch größerer Wichtigkeit; und darin liegt, wie H. von Nathusius kürzlich in seiner ausgezeichneten Abhandlung nachgewiesen hat, offenbar eine Hauptursache der großen Veränderungen, welche die verschiedenen Schweinerassen erlitten haben. Wir haben aber viel zu wenig Erfahrung, um über die vergleichsweise Wichtigkeit der verschiedenen bekannten und unbekannten Abänderungsursachen Betrachtungen anzustellen, und ich habe die vorstehenden Bemerkungen nur gemacht, um zu zeigen, daß, wenn wir nicht imstande sind, die charakteristischen Verschiedenheiten unserer verschiedenen, kultivierten Rassen zu erklären, welche doch nichtsdestoweniger der allgemeinen Annahme zufolge durch gewöhnliche Fortpflanzung von einer oder wenigen Stammformen entstanden sind, wir auch unsere Unwissenheit über die genaue Ursache geringer analoger Verschiedenheiten zwischen echten Arten nicht zu hoch anschlagen dürfen.

Organe nicht in allen Fällen absolut vollkommen

Die vorangehenden Bemerkungen veranlassen mich, einige Worte über die neuerlich von mehreren Naturforschern eingelegte Verwahrung gegen die Nützlichkeitslehre zu sagen, nach welcher nämlich alle Einzelheiten der Bildung zum Vorteil ihres Besitzers hervorgebracht sein sollen. Dieselben sind der Meinung, daß sehr viele organische Gebilde nur der Schönheit wegen vorhanden seien, um die Augen des Menschen oder den Schöpfer zu ergötzen (doch liegt die letztere Annahme jenseits der Grenzen wissenschaftlicher Erörterungen), oder, wie bereits erwähnt und erörtert wurde, der bloßen Abwechslung wegen. Derartige Lehren müßten, wären sie richtig, meiner Theorie unbedingt verderblich werden. Ich gebe voll kommen zu, daß manche Bildungen jetzt von keinem unmittelbaren Nutzen für deren Besitzer und vielleicht nie von Nutzen für deren Vorfahren gewesen sind; dies beweist aber noch nicht, daß sie nur der Schönheit oder der Abwechslung wegen gebildet wurden. Ohne Zweifel haben die bestimmte Einwirkung veränderter Lebensbedingungen und die verschiedenartigen, kürzlich speziell angeführten Modifikationsursachen sämtlich eine Wirkung und wahrscheinlich eine große Wirkung, unabhängig von einem dadurch erlangten Vorteil, hervorgebracht. Aber eine noch wichtigere Erwägung ist die, daß der Hauptteil der Organisation eines jeden Lebewesens durch Vererbung erworben ist, daher denn auch, obschon zweifelsohne jedes Wesen für seinen Platz im Haushalt der Natur sicherlich ganz gut angepaßt ist, viele Bildungen keine sehr nahen und direkten Beziehungen zur gegenwärtigen Lebensweise jeder Spezies haben. So können wir kaum glauben, daß der Schwimmfuß des Fregattenvogels oder der Landgans (*Chloëphaga maghellanica*) diesen Vögeln von speziellem Nutzen sei; wir können nicht annehmen, daß die nämlichen Knochen im Arm des Affen, im Vorderfuß des Pferdes, im Flügel der Fledermaus und im Ruder des Seehundes allen diesen Tieren einen speziellen Nutzen bringen. Wir können diese Bildungen getrost der Vererbung zuschreiben; aber zweifelsohne sind Schwimmfüße dem Urerzeuger jener Gans und des Fregattenvogels eben so nützlich gewesen, wie sie den meisten jetzt lebenden Wasservögeln sind. So dürfen wir annehmen, daß der Stammvater des Seehundes nicht einen Ruderfuß, sondern einen fünfzehigen Geh- oder Greiffuß besessen habe; wir dürfen ferner annehmen, daß die einzelnen Knochen in den Beinen des Affen, des Pferdes, der Fledermaus ursprünglich nach dem Prinzip der Nützlichkeit entwickelt worden sind, wahrscheinlich durch Reduktion zahlreicherer Knochen in der Flosse irgendeines alten fischähnlichen Urerzeugers der ganzen Klasse. Es ist kaum möglich zu entscheiden, wie viel auf Rechnung solcher Ursachen der Abänderung, wie der bestimmten Wirkung äußerer Lebensbedingungen, sogenannter spontaner Abänderungen, und der komplizierten Gesetze des Wachstums zu bringen ist; aber mit diesen wichtigen Ausnahmen können wir schließen, daß der Bau jedes lebenden Geschöpfes direkt oder indirekt seinem Besitzer entweder jetzt noch von Nutzen ist oder früher von Nutzen war.

In bezug auf die Ansicht, daß die organischen Wesen zum Entzücken des Menschen schön erschaffen worden seien, – eine Ansicht, von der versichert wurde, sie sei verderblich für meine Theorie – will ich zunächst bemerken, daß das Gefühl der Schönheit offenbar von dem Geiste des Menschen ausgeht, ganz ohne Rücksicht auf irgendeine reale Qualität des bewunderten Gegenstandes, und daß die Idee von dem, was schön ist, kein eingeborenes und unveränderliches Element ist. Wir sehen dies z.B. bei den Männern der verschiedenen Rassen, welche einen völlig verschiedenen Maßstab für die Schönheit ihrer Frauen haben. Wären schöne Objekte allein zur Befriedigung des Menschen erschaffen worden, so müßte gezeigt werden, daß es, ehe der Mensch erschien, weniger Schönheit auf der Oberfläche der Erde gegeben habe, als seitdem er auf die Bühne gekommen ist. Wurden die schönen *Voluta-* und *Conus-*Schalen der eozänen Periode und die so graziös gebildeten Ammoniten der Sekundärzeit erschaffen, daß sie der Mensch nach Jahrtausenden in seinen Sammlungen bewundere? Wenig Objekte sind schöner als die minutiösen Kieselschalen der Diatomeen; wurden diese erschaffen, um unter stark vergrößernden Mikroskopen untersucht und bewundert zu werden? Im letzteren Falle wie in vielen anderen ist die Schönheit dem Anschein nach gänzlich eine Folge der Symmetrie des Wachstums. Die Blüten rechnet man zu den schönsten Erzeugnissen der Natur; sie sind indessen im Kontrast zu den grünen Blättern auffallend und infolge davon gleichzeitig schön gemacht worden, damit sie leicht von Insekten bemerkt würden. Ich bin zu diesem Schluß gelangt, weil ich es als eine unwandelbare Regel erkannt habe, daß, wenn eine Blüte durch den Wind befruchtet wird, sie nie eine lebhaft gefärbte Korolle hat. Ferner bringen mehrere Pflanzen gewöhnlich zwei Arten von Blüten hervor; die eine Art offen und gefärbt, um Insekten anzulocken, die andere geschlossen, nicht gefärbt, und ohne Nektar, die nie von Insekten besucht wird. Wir können hieraus schließen, daß, wenn Insekten niemals auf der Erdoberfläche existiert hätten, die Vegetation nicht mit schönen Blüten geziert worden wäre, sondern nur solche armselige Blüten erzeugt hätte, wie sie jetzt unsere Tannen, Eichen, Nußbäume, Eschen, Gräser, Spinat, Ampfer und Nesseln tragen, welche sämtlich durch die Tätigkeit des Windes befruchtet werden. Ein ähnliches Raisonnement paßt auch auf die verschiedenen Arten von Früchten; daß eine reife Erdbeere oder Kirsche für das Auge eben so angenehm ist wie für den Gaumen, daß die lebhaft gefärbte Frucht des Spindelbaums und die scharlachroten Beeren der Stechpalme schön sind, wird jedermann zugeben. Diese Schönheit dient aber nur dazu, Vögel und andere Tiere dazu zu bewegen, diese Früchte zu fressen und dadurch die Samen zu verbreiten. Daß dies der Fall ist, schließe ich daraus, daß ich bis jetzt keine Ausnahme von der Regel gefunden habe, daß die in Früchten irgendwelcher Art (d.h. in einer fleischigen oder pulpösen Hülle) eingeschlossenen Samen, wenn die Frucht irgend glänzend gefärbt oder nur auffallend, weiß oder schwarz, ist, stets auf diese Weise verbreitet werden.

Auf der anderen Seite gebe ich gern zu, daß eine große Anzahl männlicher Tiere, wie alle unsere prächtigst geschmückten Vögel, manche Fische, Reptilien und Säugetiere und eine Schar prachtvoll gefärbter Schmetterlinge, der Schönheit wegen schön geworden sind; dies ist aber nicht zum Vergnügen des Menschen bewirkt worden, sondern durch geschlechtliche Zuchtwahl,

Schwierigkeiten der Theorie

d.h. es sind beständig die schöneren Männchen von den Weibchen vorgezogen worden. Dasselbe gilt auch von dem Gesang der Vögel. Aus all diesem können wir schließen, daß ein ähnlicher Geschmack für schöne Farben und musikalische Töne sich durch einen großen Teil des Tierreichs hindurchzieht. Wo das Weibchen ebensoschön gefärbt ist, wie das Männchen, was bei Vögeln und Schmetterlingen nicht selten der Fall ist, da liegt die Ursache allem Anschein nach darin, daß die durch geschlechtliche Zuchtwahl erlangten Farben auf beide Geschlechter, statt nur auf das Männchen, vererbt worden sind. Wie das Gefühl der Schönheit in seiner einfachsten Form, – d. h. die Empfindung einer eigentümlichen Art von Vergnügen an gewissen Farben, Formen und Lauten – sich zuerst im Geist des Menschen und der niederen Tiere entwickelt hat, ist ein sehr dunkler Gegenstand. Dieselbe Schwierigkeit bietet sich dar, wenn wir untersuchen, woher es kommt, daß gewisse Geschmäcke und Gerüche Vergnügen machen und andere Mißvergnügen. In allen diesen Fällen scheint die Gewöhnung in einer gewissen Ausdehnung ins Spiel gekommen zu sein; es muß aber auch irgendeine fundamentale Ursache in der Konstitution des Nervensystems bei jeder Spezies vorhanden sein.

Natürliche Zuchtwahl kann unmöglich irgendeine Abänderung in irgendeiner Spezies hervorbringen, welche nur einer anderen Spezies zum ausschließlichen Vorteil gereicht, obwohl in der ganzen Natur eine Spezies ohne Unterlaß von der Organisation anderer Nutzen und Vorteil zieht. Aber natürliche Zuchtwahl kann auch oft hervorbringen und bringt oft in Wirklichkeit solche Gebilde hervor, welche anderen Tieren zum unmittelbaren Nachteil gereichen, wie wir im Giftzahn der Kreuzotter und in der Legeröhre des *Ichneumon* sehen, welcher mit deren Hilfe seine Eier in den Körper anderer lebender Insekten einführt. Ließe sich beweisen, daß irgendein Teil der Organisation einer Spezies zum ausschließlichen besten einer anderen Spezies gebildet worden sei, so wäre meine Theorie vernichtet, weil eine solche Bildung nicht durch natürliche Zuchtwahl hätte hervorgebracht werden können. Obwohl in naturhistorischen Schriften vielerlei Behauptungen in diesem Sinne gefunden werden können, so kann ich doch keine einzige darunter von einigem Gewicht finden. So gesteht man zu, daß die Klapperschlange einen Giftzahn zu ihrer eigenen Verteidigung und zur Tötung ihrer Beute besitzt; aber einige Autoren nehmen auch an, daß sie ihre Klapper gleichzeitig auch zu ihrem eigenen Nachteil erhalten habe, nämlich um ihre Beute zu warnen. Man könnte jedoch ebensogut behaupten, die Katze mache die Krümmungen mit dem Ende ihres Schwanzes, wenn sie im Begriff zu springen ist, in der Absicht, um die bereits zum Tode verurteilte Maus zu warnen. Viel wahrscheinlicher ist die Ansicht, daß die Klapperschlange ihre Klapper benutze, die Brillenschlange ihren Kragen ausdehne, die Buff-Otter während ihres lauten und scharfen Zischens anschwelle, um die vielen Vögel und Säugetiere zu beunruhigen, welche bekanntlich auch die giftigsten Spezies angreifen. Schlangen handeln hier nach demselben Prinzip, welches die Hennen ihre Federn erzittern und ihre Flügel ausbreiten macht, wenn ein Hund sich ihren Küklein nähert. Doch, ich habe hier nicht Raum, auf die vielerlei Weisen weiter einzugehen, auf welche die Tiere ihre Feinde abzuschrecken versuchen.

Natürliche Zuchtwahl kann niemals in einer Spezies irgendein Gebilde erzeugen, was für dieselbe mehr schädlich als wohltätig ist, indem sie ausschließlich nur durch und zu deren Vorteil wirkt. Kein Organ kann, wie Paley bemerkt hat, gebildet werden, um seinem Besitzer Qual und Schaden zu bringen. Eine genaue Abwägung zwischen Nutzen und Schaden, welchen ein jeder Teil verursacht, wird immer zeigen, daß er im ganzen genommen vorteilhaft ist. Wird etwa in späterer Zeit bei wechselnden Lebensbedingungen ein Teil schädlich, so wird er entweder abgeändert, oder die Art geht zugrunde, wie ihrer Myriaden zugrunde gegangen sind.

Natürliche Zuchtwahl strebt danach, jedes organische Wesen ebenso vollkommen oder ein wenig vollkommener wie die übrigen Bewohner derselben Gegend zu machen, mit welchem dasselbe um sein Dasein zu kämpfen hat. Und wir sehen, daß dies der Grad von Vollkommenheit ist, welcher im Naturzustand erreicht wird. Die Neuseeland eigentümlichen Naturerzeugnisse sind vollkommen, eines mit dem anderen verglichen, aber sie weichen jetzt weit zurück vor den vordringenden Legionen aus Europa eingeführter Pflanzen und Tiere.

Natürliche Zuchtwahl wird keine absolute Vollkommenheit herstellen; auch begegnen wir, so viel sich beurteilen läßt, einer so hohen Stufe nirgends im Naturzustand. Die Korrektion für die Aberration des Lichtes ist, wie Joh. Müller erklärt, selbst in dem vollkommensten aller Organe, dem menschlichen Auge, noch nicht vollständig. Helmholtz, dessen Urteilsfähigkeit niemand bestreiten wird, fügt, nachdem er in den kräftigsten Ausdrücken die wundervollen Kräfte des menschlichen Auges beschrieben hat, die merkwürdigen Worte hinzu: „Das was wir von Ungenauigkeit und Unvollkommenheit in dem optischen Apparat und in dem Bild auf der Netzhaut entdeckt haben, ist nichts im Vergleich mit der Ungenauigkeit, der wir soeben auf dem Gebiet der Empfindungen begegnet sind. Man könnte sagen, daß die Natur daran ein Gefallen gefunden hat, Widersprüche zu häufen, um alle Grundlagen zu einer Theorie einer präexistierenden Harmonie zwischen der äußeren und inneren Welt zu beseitigen." Wenn uns unsere Vernunft zu begeisterter Bewunderung einer Menge unnachahmlicher Einrichtungen in der Natur auffordert, so lehrt uns auch diese nämliche Vernunft, daß, trotzdem wir leicht nach beiden Seiten irren können, andere Einrichtungen weniger vollkommen sind. Können wir den Stachel der Biene als vollkommen betrachten, der, wenn er, einmal gegen die Angriffe so vieler Arten von Feinden angewandt, den unvermeidlichen Tod seines Besitzers verursacht, weil er seiner Widerhaken wegen nicht mehr aus der Wunde, die er gemacht hat, zurückgezogen werden kann, ohne die Eingeweide des Insekts herauszureißen und so unvermeidlich den Tod des Insekts nach sich zu ziehen?

Nehmen wir an, der Stachel der Biene sei bei einer sehr frühen Stammform bereits als Bohr- und Sägewerkzeug vorhanden gewesen, wie es häufig bei anderen Gliedern der Hymenopterenordnung vorkommt, und sei für seine gegenwärtige Bestimmung (mit dem ursprünglich zur Hervorbringung von Gallenauswüchsen oder anderen Zwecken bestimmten, später verschärften Gift) umgeändert aber nicht zugleich vollkommen gemacht worden, so können wir vielleicht begreifen, warum der Gebrauch dieses Stachels so oft den eigenen Tod des Insekts veranlaßt; denn wenn allgemein das Vermögen zu stechen dem ganzen sozialen Bienenstaat nützlich ist, so wird er allen Anforderungen der natürlichen Zuchtwahl entsprechen, obwohl seine Anwendung den Tod einiger weniger Glieder desselben veranlaßt. Wenn wir über das wirklich wunderbar scharfe Witterungsvermögen erstaunen, mit dessen Hilfe manche Insektenmännchen ihre Weibchen ausfindig zu machen imstande sind, können wir dann auch die für diesen einen Zweck bestimmte Erzeugung von Tausenden von Drohnen bewundern, welche der Gemeinde für jeden anderen Zweck gänzlich nutzlos sind und zuletzt von ihren arbeitenden aber unfruchtbaren Schwestern umgebracht werden? Es mag schwer sein, aber wir müssen den wilden instinktiven Haß der Bienenkönigin bewundern, welcher sie dazu treibt, die jungen Königinnen, ihre Töchter, augenblicklich nach ihrer Geburt zu töten oder selbst in dem Kampf zugrunde zu gehen; denn unzweifelhaft ist dies zum besten der Gemeinde, und mütterliche Liebe oder mütterlicher Haß, obwohl dieser letzte glücklicherweise äußerst selten ist, gilt dem unerbittlichen Prinzip der natürlichen Zuchtwahl völlig gleich. Wenn wir die verschiedenen sinnreichen Einrichtungen vergleichen, vermöge welcher die Blüten der Orchideen und vieler anderer Pflanzen durch die Tätigkeit der Insekten befruchtet werden, können wir dann die Anordnung bei unseren Nadelhölzern als eine gleich vollkommene ansehen, vermöge welcher große und dichte Staubwolken von Pollen hervorgebracht werden müssen, damit einige Körnchen davon durch einen günstigen Lufthauch den Eichen zugeführt werden?

Zusammenfassung des Kapitels; das Gesetz der Einheit des Typus und von den Existenzbedingungen enthalten in der Theorie der natürlichen Zuchtwahl

Wir haben in diesem Kapitel einige von den Schwierigkeiten und Einwendungen erörtert, welche meiner Theorie entgegengestellt werden könnten. Viele derselben sind ernster Art; doch glaube ich, daß durch ihre Erörterung einiges Licht über mehrere Tatsachen verbreitet worden ist, welche nach der Theorie der unabhängigen Schöpfungsakte ganz dunkel geblieben sein würden. Wir haben gesehen, daß Arten in einer bestimmten Periode nicht ins Endlose abändern können und nicht durch zahllose Übergangsformen untereinander zusammenhängen, teils weil der Prozeß der natürlichen Zuchtwahl immer sehr langsam ist und in jeder bestimmten Zeit nur auf sehr wenige Formen wirkt, und teils weil gerade dieser selbe Prozeß der natürlichen Zuchtwahl auch die fortwährende Verdrängung und Erlöschung vorausgehender und mittlerer Abstufungen schon in sich schließt. Nahe verwandte Arten, welche jetzt auf einer zusammenhängenden Fläche wohnen, müssen oft gebildet worden sein, als die Fläche noch nicht zusammenhängend war und die Lebensbedingungen nicht unmerkbar von einer Stelle zur anderen abänderten. Wenn zwei Varietäten an zwei Stellen eines zusammenhängenden Gebietes sich bildeten, so wird oft auch eine mittlere Varietät für eine mittlere Zone passend entstanden sein; aber aus den angegebenen Gründen wird die mittlere Varietät gewöhnlich in geringerer Anzahl als die zwei durch sie verbundenen Abänderungen vorhanden gewesen sein, welche letztere mithin im Verlaufe weiterer Umbildung sich durch ihre größere Anzahl in entschiedenem Vorteil vor der weniger zahlreichen mittleren Varietät befanden und mithin gewöhnlich auch imstande waren, sie zu ersetzen und zu vertilgen.

Wir haben in diesem Kapitel gesehen, wie vorsichtig man sein muß zu schließen, daß die verschiedenartigsten Formen der Lebensweise nicht ineinander übergehen können, daß z. B. eine Fledermaus nicht etwa auf dem Wege natürlicher Zuchtwahl entstanden sein könne aus einem Tiere, welches anfangs bloß durch die Luft zu gleiten imstande war.

Wir haben gesehen, daß eine Art unter veränderten Lebensbedingungen ihre Lebensweise ändern oder vermannigfaltigen und manche Sitten annehmen kann, die von denen ihrer nächsten Verwandten abweichen. Hiernach können wir begreifen (wenn wir uns zugleich erinnern, daß jedes organische Wesen zu leben versucht, wo es nur immer leben kann), wie es zugegangen ist, daß es Landgänse mit Schwimmfüßen, am Boden lebende Spechte, tauchende Drosseln und Sturmvögel mit den Sitten von Alken gebe.

Obwohl die Meinung, daß ein so vollkommenes Organ, wie es das Auge ist, durch natürliche Zuchtwahl hervorgebracht werden könne, mehr als genügt um jeden wankend zu machen, so ist doch keine logische Unmöglichkeit vorhanden, daß irgendein Organ unter sich verändernden Lebensbedingungen durch eine lange Reihe von Abstufungen in seiner Zusammensetzung, deren jede dem Besitzer nützlich ist, endlich jeden begreiflichen Grad von Vollkommenheit auf dem Wege natürlicher Zuchtwahl erlange. In Fällen, wo wir keine Zwischenzustände oder Übergangsformen kennen, müssen wir uns wohl sehr hüten zu schließen, daß solche niemals bestanden hätten, denn die Metamorphosen vieler Organe zeigen, welche wunderbaren Veränderungen in ihren Verrichtungen wenigstens möglich sind. So ist z.B. eine Schwimmblase offenbar in eine luftatmende Lunge verwandelt worden. Übergänge müssen namentlich da oft in hohem Grade erleichtert worden sein, wo ein und dasselbe Organ mehrere sehr verschiedene Verrichtungen gleichzeitig zu besorgen hatte und dann entweder zum Teil oder ganz für eine von diesen Verrichtungen spezialisiert wurde, ferner auch da, wo gleichzeitig zwei verschiedene Organe dieselbe Funktion ausübten und das eine mit Unterstützung des anderen sich weiter vervollkommnen konnte.

Wir haben bei zwei in der Stufenleiter der Natur sehr weit auseinanderstehenden Wesen gesehen, daß ein in beiden demselben Zweck dienendes und äußerlich sehr ähnlich erscheinendes

Organ besonders und unabhängig sich gebildet haben konnte; werden aber derartige Organe näher untersucht, so können beinahe immer wesentliche Differenzen in ihrem Bau nachgewiesen werden, und dies folgt natürlich aus dem Prinzip der natürlichen Zuchtwahl. Auf der anderen Seite ist eine unendliche Verschiedenheit der Struktur zur Erreichung desselben Zweckes die allgemeine Regel in der ganzen Natur; und dies folgt wieder ebenso natürlich aus demselben großen Prinzip.

Wir sind in vielen Fällen viel zu unwissend, um behaupten zu können, daß ein Teil oder Organ für das Gedeihen einer Art so unwesentlich sei, daß Abänderungen seiner Bildung nicht durch natürliche Zuchtwahl mittelst langsamer Häufung hätten bewirkt werden können. In vielen anderen Fällen sind Modifikationen wahrscheinlich das direkte Resultat der Gesetze der Abänderung oder des Wachstums, unabhängig davon, daß dadurch ein Vorteil erreicht wurde. Doch dürfen wir zuversichtlich annehmen, daß selbst solche Bildungen später mit Vorteil benutzt und unter neuen Lebensbedingungen weiter zum besten einer Art modifiziert worden sind. Wir dürfen ferner glauben, daß ein früher hochwichtiger Teil (wie der Schwanz eines Wassertieres von den davon abstammenden Landtieren) später beibehalten worden ist, obwohl er für dieselben von so geringer Bedeutung ist, daß er in seinem jetzigen Zustand nicht durch natürliche Zuchtwahl erworben sein könnte.

Natürliche Zuchtwahl kann bei keiner Spezies etwas erzeugen, das zum ausschließlichen Nutzen oder Schaden einer anderen wäre, doch kann sie Teile, Organe und Exkretionen herstellen, welche zwar für eine andere Art sehr nützlich und sogar unentbehrlich oder andererseits in hohem Grade verderblich, aber doch in allen Fällen zugleich nützlich für den Besitzer sind. Natürliche Zuchtwahl wirkt in jeder wohl bevölkerten Gegend durch die Konkurrenz der Bewohner untereinander und kann folglich auf Verbesserung und Kräftigung für den Kampf ums Dasein lediglich nach dem für diese besondere Gegend gültigen Maßstab hinwirken. Daher müssen die Bewohner einer, und zwar gewöhnlich der kleinern Gegend oft vor denen einer anderen und gemeiniglich größeren zurückweichen. Denn in der größeren Gegend werden mehr Individuen und mehr differenzierte Formen existiert haben, wird die Konkurrenz stärker und mithin das Ziel der Vervollkommnung höher gesteckt gewesen sein. Natürliche Zuchtwahl wird nicht notwendig zur absoluten Vollkommenheit führen, und diese ist auch, soviel wir mit unseren beschränkten Fähigkeiten zu beurteilen vermögen, nirgends zu finden.

Nach der Theorie der natürlichen Zuchtwahl läßt sich die ganze Bedeutung des alten Glaubenssatzes in der Naturgeschichte „Natura non facit saltum" verstehen. Dieser Satz ist, wenn wir nur die jetzigen Bewohner der Erde berücksichtigen, nicht ganz richtig, muß aber nach meiner Theorie vollkommen wahr sein, wenn wir alle, bekannten oder unbekannten, Wesen vergangener Zeiten mit einschließen.

Es wird allgemein anerkannt, daß alle organischen Wesen nach zwei großen Gesetzen gebildet worden sind: Einheit des Typus und Bedingungen der Existenz. Unter Einheit des Typus begreift man die Übereinstimmung im Grundplan des Baues, wie wir ihn bei den Gliedern einer und derselben Klasse finden und welcher ganz unabhängig von ihrer Lebensweise ist. Nach meiner Theorie erklärt sich die Einheit des Typus aus der Einheit der Abstammung. Der Ausdruck Existenzbedingungen, so oft von dem berühmten Cuvier betont, ist in meinem Prinzip der natürlichen Zuchtwahl vollständig mit inbegriffen. Denn die natürliche Zuchtwahl wirkt dadurch, daß sie die veränderlichen Teile eines jeden Wesens seinen organischen und unorganischen Lebensbedingungen entweder jetzt anpaßt oder in längst vergangenen Zeiten angepaßt hat. Diese Anpassungen können in vielen Fällen durch den vermehrten Gebrauch oder Nichtgebrauch unterstützt, durch direkte Einwirkung äußerer Lebensbedingungen leicht affiziert werden und sind in allen Fällen den verschiedenen Wachstums- und Abänderungsgesetzen unterworfen. Daher ist denn auch das Gesetz der Existenzbedingungen in der Tat das höhere, indem es vermöge der Erblichkeit früherer Abänderungen und Anpassungen das der Einheit des Typus mit in sich begreift.

Siebtes Kapitel

Verschiedene Einwände gegen die Theorie der natürlichen Zuchtwahl

Langlebigkeit – Modifikationen nicht notwendig gleichzeitig – Modifikationen scheinbar ohne direkten Nutzen – Progressive Entwicklung – Charaktere von geringer funktioneller Bedeutung die konstantesten – Natürliche Zuchtwahl vermeintlich ungenügend, die Anfangsstufen nützlicher Gebilde zu erklären – Ursachen, welche das Erlangen nützlicher Bildungen durch natürliche Zuchtwahl stören – Abstufungen des Baues bei veränderten Funktionen – Sehr verschiedene Organe bei Gliedern der nämlichen Klasse aus einer und derselben Quelle entwickelt – Gründe, nicht an große und plötzliche Modifikationen zu glauben

Ich will dieses Kapitel der Betrachtung mehrerer verschiedenartiger Einwendungen widmen, welche gegen meine Anschauungsweise erhoben worden sind, da einige der früheren Erörterungen hierdurch vielleicht klarer werden; es wäre aber nutzlos, alle Einwände zu erörtern, da viele von Schriftstellern ausgegangen sind, welche sich nicht die Mühe genommen haben, den Gegenstand eingehend zu erfassen. So hat ein distinguierter deutscher Naturforscher behauptet, die schwächste Seite meiner Theorie sei die, daß ich alle organischen Wesen für unvollkommen halte. Ich habe aber wirklich nur gesagt, daß sie alle im Verhältnis zu den Bedingungen, unter welchen sie leben, nicht so vollkommen sind, wie sie sein könnten; und daß dies der Fall ist, beweisen die vielen eingeborenen Formen, welche ihre Stellen im Naturhaushalt in vielen Teilen der Erde sich naturalisierenden Eindringlingen abgetreten haben. Auch können organische Wesen, selbst wenn sie zu irgendeiner Zeit ihren Lebensbedingungen vollkommen angepaßt waren, nicht so bleiben, wenn ihre Bedingungen sich ändern, sie müssen sich dann selbst gleichfalls ändern. Niemand wird aber bestreiten, daß die physikalischen Verhältnisse eines jeden Landes ebenso wie die Zahlen und Arten seiner Bewohner viele Veränderungen erfahren haben.

Ein Kritiker hat vor kurzem mit einer gewissen Zurschaustellung mathematischer Genauigkeit behauptet, daß Langlebigkeit ein großer Vorteil für alle Spezies sei, so daß der, welcher an natürliche Zuchtwahl glaubt, „seinen genealogischen Stammbaum in einer solchen Weise arrangieren muß", daß alle Abkömmlinge längeres Leben haben als ihre Vorfahren! Kann es unser Kritiker nicht begreifen, daß eine zweijährige Pflanze oder eines der niederen Tiere sich in ein kaltes Klima hinein erstrecken und dort jeden Winter umkommen kann; und daß diese Formen trotzdem, infolge der durch die natürliche Zuchtwahl erlangten Vorteile, von Jahr zu Jahr mittelst ihrer Samen oder Eier fortleben können? E. Ray Lankester hat kürzlich diesen Gegenstand erörtert und gelangt, soweit dessen außerordentliche Komplexität ihm ein Urteil zu bilden gestattet, zu dem Schluß, daß Langlebigkeit im allgemeinen zu dem Standpunkt jeder Spezies auf der Stufenleiter der Organisation ebenso wie zu der Größe des Aufwandes, welchen die Fortpflanzung und die allgemeine Lebenstätigkeit erheischt, im Verhältnis stehe. Wahrscheinlich sind diese Beziehungen in großem Maße durch die natürliche Zuchtwahl bestimmt worden.

Man hat gefolgert, daß, da keine der Tier- und Pflanzenarten Ägyptens, von welchen wir irgend etwas Genaueres wissen, während der letzten drei oder viertausend Jahre sich verändert habe, wahrscheinlich auch keine andere in irgendeinem Teil der Welt dies getan habe. Diese Schlußfolgerung beweist aber, wie G. H. Lewes bemerkt hat, zu viel; denn die alten domestizierten, auf den ägyptischen Monumenten abgebildeten oder einbalsamiert erhaltenen Rassen sind den jetzigen lebenden sehr ähnlich oder selbst mit ihnen identisch; und doch geben alle Naturforscher zu, daß solche Rassen durch die Modifikation ihrer ursprünglichen natürlichen Typen erzeugt worden sind. Die vielen Tierarten, welche seitdem Beginn der Eiszeit unverändert geblieben sind, würden eine unvergleichlich triftigere Einrede dargeboten haben; denn diese sind einem großen Klimawechsel ausgesetzt gewesen und sind über weite Entfernungen gewandert,

Siebtes Kapitel

während in Ägypten innerhalb der letzten einigen tausend Jahre die Lebensbedingungen, soweit wir es wissen, absolut gleichförmig geblieben sind. Die Tatsache, daß wenig oder gar keine Modifikation seit der Eiszeit eingetreten ist, würde denjenigen gegenüber einen belangreichen Einwand dargeboten haben, welche an ein eingeborenes und notwendiges Gesetz der Entwicklung glauben, ist aber in bezug auf die Lehre der natürlichen Zuchtwahl oder des Überlebens des Passendsten ohne Einfluß, welche davon ausgeht, daß, wenn Abänderungen oder individuelle Verschiedenheiten von einer wohltätigen Art zufällig auftreten, diese erhalten werden; dies wird aber nur unter gewissen günstigen Bedingungen erreicht werden.

Der berühmte Paläontologe Bronn fragt am Schluß seiner Übersetzung dieses Werkes, wie nach dem Prinzip der natürlichen Zuchtwahl eine Varietät unmittelbar neben der elterlichen Art leben könne? Wenn beide unbedeutend verschiedenen Lebensweisen und Lebensbedingungen angepaßt worden sind, so können sie zusammen leben; und wenn wir polymorphe Arten, bei denen die Variabilität von einer eigentümlichen Art zu sein scheint, und alle bloß zeitweiligen Abänderungen, wie Größe, Albinismus usw., bei Seite lassen, so findet man allgemein, daß die beständigen Varietäten, soweit ich es ausfindig machen kann, bestimmte Stationen bewohnen, wie Hochland oder Tiefland, trockene oder feuchte Distrikte. Überdies scheinen bei Tieren welche viel umherwandern und sich reichlich kreuzen, ihre Varietäten allgemein auf bestimmte Regionen beschränkt zu sein.

Bronn behauptet auch, daß verschiedene Spezies niemals in einzelnen Merkmalen voneinander abweichen, sondern in vielen Teilen; und er fragt, woher es komme, daß immer viele Teile der Organisation zu derselben Zeit durch Abänderung und natürliche Zuchtwahl modifiziert worden sein sollten? Es liegt aber keine Nötigung vor, zu vermuten, daß alle Teile irgendeines Wesens gleichzeitig modifiziert worden seien. Die alleraufallendsten Modifikationen, irgendeinem Zweck ausgezeichnet angepaßt, können, wie früher bemerkt wurde, durch nacheinander auftretende Abänderungen, wenn diese nur gering waren, erst in einem Teil, dann in einem anderen erlangt worden sein; und da sie alle zusammen überliefert werden, so wird es uns so erscheinen, als wären sie gleichzeitig entwickelt worden. Die beste Antwort auf die obige Einwendung bieten indessen diejenigen domestizierten Rassen dar, welche hauptsächlich durch das Zuchtwahlvermögen des Menschen zu irgendeinem speziellen Zweck modifiziert worden sind. Man betrachte das Rennpferd und den Karrengaul, oder den Windhund und die Dogge. Ihr ganzes Körpergerüst und selbst ihre geistigen Eigentümlichkeiten sind modifiziert worden; wenn wir aber Schritt für Schritt die Geschichte ihrer Umwandlung verfolgen könnten – und die letzten Schritte können verfolgt werden –, so würden wir keine großen und gleichzeitig auftretenden Veränderungen sehen, sondern finden, daß erst ein Teil und dann ein anderer unbedeutend modifiziert und verbessert wurde. Selbst wenn die Zuchtwahl vom Menschen auf einen Charakter allein angewendet worden ist – wofür unsere kultivierten Pflanzen die besten Beispiele darbieten –, wird man unveränderlich finden, daß zwar dieser eine Teil, mag es nun die Blüte, die Frucht oder die Blätter sein, bedeutend verändert worden ist, daß aber auch beinahe alle übrigen Teile unbedeutend modifiziert worden sind. Dies läßt sich zum Teil dem Prinzip der Korrelation des Wachstums, zum Teil der sogenannten spontanen Abänderung zu schreiben.

Einen viel ernsteren Einwand hat Bronn und neuerdings Broca gemacht, nämlich, daß viele Charaktere für ihre Besitzer von durchaus gar keinem Nutzen zu sein scheinen und daher nicht von der natürlichen Zuchtwahl beeinflußt worden sein können. Bronn führt die Länge der Ohren und des Schwanzes in den verschiedenen Arten der Hasen und Mäuse, die komplizierten Schmelzfalten an den Zähnen vieler Säugetiere, und eine Menge analoger Fälle an. In bezug auf Pflanzen ist dieser Gegenstand von Nägeli in einem vortrefflichen Aufsatz erörtert worden. Er gibt zu, daß natürliche Zuchtwahl vieles bewirkt hat; er hebt aber hervor, daß die Pflanzenfamilien hauptsächlich in morphologischen Charakteren voneinander abweichen, welche für die Wohlfahrt der Art völlig bedeutungslos zu sein scheinen. Er glaubt infolge dessen an eine eingeborene Neigung zu einer progressiven und vollkommneren Entwicklung. Er führt speziell die Anordnung der Zellen in den Geweben und die der Blätter an der Achse als Fälle an, in denen natürliche Zuchtwahl nicht tätig gewesen sein könne. Diesen ließen sich noch die Zahlenverhältnisse der Blütenteile, die Stellung der Eichen, die Form des Samens, wenn diese nicht für die Aussaat von irgendeinem Nutzen ist, und noch anderes hinzufügen.

Der obige Einwand hat viel Gewicht. Nichtsdestoweniger müssen wir aber erstens äußerst vorsichtig sein, ehe wir uns anzugeben entscheiden, welche Gebilde jetzt für eine jede Spezies von Nutzen sind oder es früher gewesen sind. Zweitens sollten wir uns immer daran erinnern, daß, wenn ein Teil modifiziert wird, es auch durch gewisse, nur undeutlich erkannte Ursachen andere Teile werden, so durch vermehrten oder verminderten Nahrungszufluß nach einem Teil hin, durch gegenseitigen Druck, dadurch, daß ein früh entwickelter Teil einen später entwickelten affiziert und dergl. mehr, ebenso aber auch durch andere Ursachen, welche zu den vielen mysteriösen Fällen von Korrelation hinleiten, welche wir nicht im mindesten verstehen. Diese Einflüsse können der Kürze wegen sämtlich unter dem Ausdruck der Gesetze des Wachstums vereinigt werden. Drittens müssen wir dem Anteil der direkten und bestimmten Wirkung veränderter Lebensbedingungen Rechnung tragen, wie auch der sogenannten spontanen Abänderungen, bei denen die Natur der Bedingungen dem Anschein nach eine völlig untergeordnete Rolle spielt. Gute Beispiele von spontanen Abänderungen bieten Knospenvarietäten dar, wie das Auftreten einer Moosrose an einer gewöhnlichen Rose, oder einer Nektarine an einem Pfirsichbaum. Wenn wir uns aber der Wirksamkeit eines minutiösen Tropfen Giftes bei der Bildung komplizierter Gallenauswüchse erinnern, so dürfen wir uns in diesen letzten Fällen nicht zu sicher fühlen, daß die obigen Abänderungen nicht die Wirkung irgendwelcher lokalen Veränderung in der Beschaffenheit des Saftes sind, welche wiederum Folge irgendwelcher Veränderungen der Lebensbedingungen sind. Für jede unbedeutende individuelle Verschiedenheit muß es ebensogut wie für stärker ausgeprägte Abänderungen, welche gelegentlich auftreten, irgendeine bewirkende Ursache geben, und wenn die unbekannte Ursache dauernd in Wirksamkeit bleiben sollte, so ist es beinahe gewiß, daß alle Individuen der Spezies in ähnlicher Weise modifiziert werden würden.

Es dürfte sich wohl der Mühe lohnen, einige der vorstehenden Bemerkungen zu erläutern. In bezug auf die vermeintliche Nutzlosigkeit verschiedener Teile und Organe ist es kaum notwendig, zu bemerken, daß selbst bei den höheren und am besten bekannten Tieren viele Gebilde existieren, welche so hoch entwickelt sind, daß niemand daran zweifelt, daß sie von Bedeutung sind; und doch ist ihr Gebrauch noch nicht, oder erst ganz neuerdings, ermittelt worden. Da Bronn die Länge der Ohren und des Schwanzes in den verschiedenen Arten der Mäuse als Beispiele, wenn auch geringfügige, von Verschiedenheiten anführt, welche von keinem speziellen Nutzen sein können, so will ich doch erwähnen daß nach der Angabe Dr. Schöbls die äußeren Ohren der gemeinen Maus in einer außerordentlichen Weise mit Nerven versehen sind, so daß sie ohne Zweifel als Tastorgane dienen; es kann daher die Länge der Ohren kaum völlig bedeutungslos sein. Wir werden auch sofort sehen, daß der Schwanz in einigen Spezies ein sehr nützliches Greiforgan ist; sein Gebrauch würde daher bedeutend durch die Länge beeinflußt werden.

Was die Pflanzen betrifft, auf welche ich mich wegen Nägelis Abhandlung in den folgenden Bemerkungen beschränken werde, so wird man zugeben, daß die Blüten der Orchideen eine Menge merkwürdiger Struktureinrichtungen darbieten, welche vor wenigen Jahren für bloße morphologische Verschiedenheiten ohne spezielle Funktion angesehen worden wären; jetzt weiß man aber, daß sie für die Befruchtung der Arten durch Insektenhilfe von der größten Bedeutung und wahrscheinlich durch natürliche Zuchtwahl erlangt worden sind. Bis vor kurzem würde niemand gemeint haben, daß die verschiedenen Längen der Staubfäden und Pistille und deren Anordnung bei dimorphen und trimorphen Pflanzen von irgendwelchem Nutzen sein könnten; jetzt wissen wir aber, daß dies der Fall ist.

Siebtes Kapitel

In gewissen ganzen Pflanzengruppen stehen die Ei'chen aufrecht, in anderen sind sie aufgehängt; und in einigen wenigen Pflanzen nimmt innerhalb eines und desselben Ovarium das eine Ei'chen die erstere, ein zweites die letztere Stellung ein. Diese Stellungen erscheinen auf den ersten Blick rein morphologisch, oder von keiner physiologischen Bedeutung. Dr. Hooker teilt mir aber mit, daß von den Ei'chen in einem und demselben Ovarium in manchen Fällen nur die oberen und in anderen Fällen nur die unteren befruchtet werden. Er vermutet, daß dies wahrscheinlich von der Richtung abhängt, in welcher die Pollenschläuche in das Ovarium eintreten. Ist dies der Fall, so würde die Stellung der Ei'chen, selbst wenn das eine aufrecht, das andere aufgehängt ist, eine Folge der Auswahl irgendwelcher unbedeutenden Abweichungen in der Stellung sein, welche die Befruchtung und die Samenbildung begünstigten.

Mehrere zu verschiedenen Ordnungen gehörige Pflanzen bringen gewohnheitsgemäß zwei Arten von Blüten hervor, die einen offen und von gewöhnlichem Bau, die anderen geschlossen und unvollkommen. Diese beiden Arten von Blüten sind manchmal wunderbar in ihrer Struktur verschieden; doch kann man sehen, daß sie an einer und derselben Pflanze gradweise ineinander übergehen. Die gewöhnlichen und offenen Blüten können gekreuzt werden, und hierdurch werden die Vorteile gesichert, welche diesem Prozeß gewiß folgen. Die geschlossenen und unvollkommenen Blüten sind indessen offenbar von großer Bedeutung, da sie mit äußerster Sicherheit einen großen Vorrat an Samen liefern mit wunderbar wenig Verbrauch an Pollen. Die beiden Blütenarten differieren, wie eben erwähnt, häufig bedeutend im Bau. In den unvollkommenen Blüten sind die Kronenblätter fast immer zu bloßen Rudimenten verkümmert, die Pollenkörner sind im Durchmesser reduziert. Fünf der alternierenden Staubfäden sind bei *Ononis columnae* rudimentär; und bei einigen Arten von *Viola* sind drei Staubfäden in diesem Zustand, während zwei ihre gewöhnliche Funktion beibehalten haben, aber von sehr geringer Größe sind. Unter dreißig solcher geschlossener Blüten bei einem indischen Veilchen (der Name ist unbekannt, da die Pflanzen bis jetzt bei mir noch keine vollkommenen Blüten hervorgebracht haben) waren bei sechs die Kelchblätter, deren Normalzahl fünf ist, auf drei reduziert. In einer Sektion der Malpighiaceae werden nach A. de Jussieu die geschlossenen Blüten noch weiter modifiziert; denn die fünf den Kelchblättern gegenüberstehenden Staubfäden sind alle abortiert, und nur ein, einem Kronenblatt gegenüberstehender sechster Staubfaden ist entwickelt. Dieser Staubfaden ist in den gewöhnlichen Blüten dieser Arten nicht vorhanden. Der Griffel ist abortiert; und die Ovarien sind von drei auf zwei reduziert. Obgleich nun wohl die natürliche Zuchtwahl die Kraft gehabt haben mag, die Entfaltung einiger dieser Blüten zu verhindern und die Pollenmenge zu reduzieren, wenn sie durch den Verschluß der Blüten überflüssig geworden ist, so kann doch kaum irgendeine der oben erwähnten speziellen Modifikationen hierdurch bestimmt worden sein, sondern muß den Gesetzen des Wachstums, mit Einschluß der funktionellen Untätigkeit einzelner Teile, während des Fortgangs der Reduktion des Pollens und des Verschließens der Blüte gefolgt sein.

Es ist so notwendig, die bedeutungsvollen Wirkungen der Gesetze des Wachstums zu würdigen, daß ich noch einige weitere Fälle einer anderen Art hinzufügen will, nämlich von Verschiedenheiten in einem und demselben Teil oder Organ, welche Folgen von Verschiedenheiten in der relativen Stellung an einer und derselben Pflanze sind. Bei der spanischen Kastanie und bei gewissen Kieferbäumen sind nach Schacht die Divergenzwinkel der Blätter an den nahezu horizontalen und an den aufrecht stehenden Zweigen verschieden. Bei der gemeinen Raute und einigen anderen Pflanzen öffnet sich zuerst eine Blüte, gewöhnlich die zentrale oder terminale, und hat fünf Kelch- und Kronenblätter und fünf Ovarialfächer, während alle übrigen Blüten an der Pflanze tetramer sind. Bei der britischen *Adoxa* hat meist die oberste Blüte zwei Kelchklappen und die anderen Organe vierzählig, während die umgebenden Blüten meist drei Kelchklappen und die übrigen Organe pentamer haben. Bei vielen Kompositen und Umbelliferen (und bei einigen anderen Pflanzen) haben die randständigen Blüten viel entwickeltere Korollen als die zentralen Blüten, und dies scheint häufig mit der Abortion der Reproduktionsorgane in Zusammenhang zu stehen. Eine noch merkwürdigere Tatsache, welche schon früher angedeutet wurde, ist die, daß die Achenen oder Samen des Randes und des Zentrums bedeutend in Form, Farbe und anderen Merkmalen verschieden sind. Bei *Carthamus* und einigen anderen Kompositen sind nur die zentralen Achenen mit einem Pappus versehen, und bei *Hyoseris* liefert ein und derselbe Blütenkopf drei verschiedene Formen von Achenen. Bei gewissen Umbelliferen sind nach Tausch die äußeren Samen orthosperm und die zentralen coelosperm; und dies ist eine Verschiedenheit, welche De Candolle bei anderen Spezies als von der höchsten systematischen Bedeutung angesehen hat. Prof. Braun erwähnt eine Gattung der Fumariaceen, bei welcher die Blüten im unteren Teil des Blütenstandes ovale, gerippte, einsamige Nüßchen tragen, im oberen Teil der Infloreszenz dagegen lanzettförmige, zweiklappige und zweisamige Schoten. Soweit wir es beurteilen können, kann in diesen verschiedenen Fällen, ausgenommen die stark entwickelten Randblüten, welche dadurch von Nutzen sind, daß sie die Blüten für die Insekten auffallend machen, natürliche Zuchtwahl nicht oder nur in einer völlig untergeordneten Weise ins Spiel gekommen sein. Alle diese Modifikationen sind eine Folge der relativen Stellung und der gegenseitigen Wirkung der Teile aufeinander; und es kann kaum bezweifelt werden, daß, wenn alle Blüten und Blätter einer und derselben Pflanze denselben äußeren und inneren Bedingungen ausgesetzt worden wären, sie auch sämtlich in derselben Art und Weise modifiziert worden sein würden.

In zahlreichen anderen Fällen sehen wir Modifikationen der Struktur, welche von den Botanikern als allgemein sehr bedeutungsvoll angesehen werden, nur an einigen Blüten einer und derselben Pflanze oder an verschiedenen Pflanzen auftreten, welche unter denselben Bedingungen dicht beisammen wachsen. Da diese Abänderungen von keinem speziellen Nutzen für die Pflanze zu sein scheinen, können sie nicht von der natürlichen Zuchtwahl beeinflußt worden sein. Über die Ursache befinden wir uns in völliger Unwissenheit; wir können sie nicht einmal, wie in der zuletzt angeführten Klasse von Fällen, einer nächstliegenden Ursache, wie der relativen Stellung, zuschreiben.

Ich will nur einige wenige Fälle speziell anführen. Da so häufig Blüten auf einer und derselben Pflanze beobachtet werden, welche ganz durcheinander tetramer, pentamer usw. sind, so ist es nicht nötig, erst noch Beispiele anzuführen; da aber numerische Abänderungen in allen Fällen, wo der Teile weniger sind, vergleichsweise selten sind, so möchte ich erwähnen, daß nach De Candolle die Blüten von *Papave rbracteatum* zwei Kelchblätter mit vier Kronenblättern (und dies ist der gewöhnliche Typus beim Mohn) oder drei Kelchblätter mit sechs Kronenblättern darbieten. Die Art, wie die Kronenblätter in der Knospe gefaltet sind, ist in den meisten Gruppen ein sehr konstanter und morphologischer Charakter; Professor Asa Gray führt aber an, daß bei einigen Arten von *Mimulus* die Ästivation fast ebenso häufig die der Rhinantideen als die der Antirhinideen ist, zu welch letzterer Gruppe die Gattung gehört. Aug. St.-Hilaire führt die folgenden Fälle an: Die Gattung *Zanthoxylon* gehört zu einer Abteilung der Rutaceen mit einem einzigen Ovarium; aber in einigen Arten kann man Blüten an einer und derselben Pflanze finden, ja selbst in derselben Rispe, mit entweder einem oder zwei Ovarien. Bei *Helianthemum* ist die Kapsel als ein- oder dreifächerig beschrieben worden und bei *H. mutabile* „une lame, plus ou moins large s'étend entre le péricarpe et le placenta". Auch bei den Blüten von *Saponaria officinalis* beobachtete Dr. Masters Beispiele sowohl von marginaler als von freier zentraler Plazentation. Endlich fand St.-Hilaire nach der südlichen Verbreitungsgrenze der *Gomphia oleaeformis* zwei Formen, von denen er anfangs nicht zweifelte, daß es distinkte Arten seien, welche er aber später auf demselben Busch wachsen sah, und fügt dann hinzu: „Voilà donc dans un même individu des loges et un style qui se rattachent tantôt à un axe verticale et tantôt à un gynobase."

Wir sehen hieraus, daß bei Pflanzen viele morphologische Veränderungen den Gesetzen des

Siebtes Kapitel

Wachstums und der gegenseitigen Einwirkung der Teile, unabhängig von natürlicher Zuchtwahl, zugeschrieben werden können. Kann man aber, mit Bezug auf Nägelis Lehre von einer angeborenen Neigung zur Vervollkommnung oder zur progressiven Entwicklung, bei diesen scharf ausgesprochenen Abänderungen sagen, daß sie gerade im Akt des Fortschreitens zu einer höheren Stufe der Entwicklung entdeckt worden sind? Ich würde im Gegenteil aus der bloßen Tatsache, daß die in Frage stehenden Teile an einer und derselben Pflanze bedeutend verschieden sind oder variieren, folgern, daß solche Modifikationen von äußerst geringer Bedeutung für die Pflanzen selbst sind, von welcher Bedeutung sie auch uns bei unserer Klassifikation sein mögen. Von dem Erlangen eines nutzlosen Teils kann man kaum sagen, daß es einen Organismus in der natürlichen Stufenleiter erhöhe; und was die oben beschriebenen unvollkommenen geschlossenen Blüten betrifft, so müßte hier, wenn irgendein neues Prinzip zu Hilfe genommen werden sollte, dies vielmehr das eines Rückschrittes sein, als eines Fortschrittes; dasselbe müßte man auch bei vielen parasitischen und degradierten Tieren annehmen. Wir sind in Betreff der erregenden Ursache der oben speziell angegebenen Modifikationen völlig unwissend; würde aber die unbekannte Ursache eine Zeit lang beinahe gleichförmig einwirken, dann könnten wir auch schließen, daß das Resultat beinahe gleichförmig sein würde; und in diesem Falle würden alle Individuen der Spezies in der nämlichen Weise modifiziert werden.

Nach der Tatsache, daß die obigen Charaktere für das Wohlbefinden der Spezies bedeutungslos sind, würden irgendwelche unbedeutenden Abänderungen, welche an ihnen vorkämen, nicht durch natürliche Zuchtwahl gehäuft oder vergrößert worden sein. Eine Bildung, welche durch lang andauernde Zuchtwahl entwickelt worden ist, wird, wenn sie aufhört, der Art von Nutzen zu sein, allgemein variabel, wie wir es bei den rudimentären Organen sehen; denn sie wird nun nicht mehr durch diese nämliche Kraft der Zuchtwahl reguliert werden. Sind aber durch die Natur des Organismus und der Bedingungen Modifikationen hervorgebracht worden, welche für die Wohlfahrt der Spezies ohne Bedeutung sind, so können sie in nahezu demselben Zustand zahlreichen, in anderen Beziehungen modifizierten Nachkommen überliefert werden und sind auch dem Anschein nach häufig überliefert worden. Es kann für die größere Zahl der Säugetiere, Vögel oder Reptilien von keiner großen Bedeutung gewesen sein, ob sie mit Haaren, Federn oder Schuppen bekleidet waren; und doch sind beinahe allen Säugetieren Haare, allen Vögeln Federn, und allen echten Reptilien Schuppen überliefert worden. Eine Bildung, welche vielen verwandten Formen gemeinsam ist, wird von uns als von hoher systematischer Bedeutung angesehen und wird demzufolge auch oft als von hoher vitaler Wichtigkeit für die Art angenommen. So bin ich zu glauben geneigt, daß morphologische Differenzen, welche wir als bedeutungsvoll betrachten, wie die Anordnung der Blätter, die Abteilungen der Blüte oder des Ovarium, die Stellung der Ei'chen usw. zuerst in vielen Fällen als fluktuierende Abänderungen erschienen sind, welche früher oder später durch die Natur des Organismus und der umgebenden Bedingungen, ebenso wie durch die Kreuzung verschiedener Individuen, aber nicht durch die natürliche Zuchtwahl konstant geworden sind; denn da diese morphologischen Charaktere die Wohlfahrt der Art nicht berühren, so können auch unbedeutende Abänderungen an ihnen nicht von natürlicher Zuchtwahl beeinflußt oder gehäuft worden sein. Es ist ein merkwürdiges Resultat, zu dem wir hiermit gelangen, daß nämlich Charaktere von geringer vitaler Bedeutung für die Art dem Systematiker die wichtigsten sind. Wie wir aber später bei Behandlung des genetischen Prinzips der Klassifikation sehen werden, ist dies durchaus nicht so paradox wie es zuerst erscheint.

Obgleich wir keine sicheren Beweise für die Existenz einer eingeborenen Neigung zur progressiven Entwicklung bei organischen Wesen haben, so folgt diese doch, wie ich im vierten Kapitel zu zeigen versucht habe, notwendig der beständigen Tätigkeit der natürlichen Zuchtwahl. Denn die beste Definition, welche jemals von einem hohen Maßstab der Organisation gegeben worden ist, ist die, daß dies der Grad sei, bis zu welchem Teil spezialisiert oder verschiedenartig geworden sind. Und die natürliche Zuchtwahl strebt diesem Ziel zu, insofern hierdurch die Teile in den Stand gesetzt werden, ihre Funktion erfolgreicher zu verrichten.

Ein ausgezeichneter Zoologe Mr. St George Mivart, hat vor kurzem alle die Einwände gegen die Theorie der natürlichen Zuchtwahl, wie sie von Wallace und mir aufgestellt worden ist, zusammengestellt und sie mit viel Geschick und Nachdruck erläutert. In dieser Art vorgeführt bilden sie eine furchteinflößende Heeresmacht; und da es nicht in Mr. Mivarts Plan lag, die verschiedenen, seinen Schlußfolgerungen entgegenstehenden Tatsachen und Betrachtungen aufzuführen, so wird dem Leser, welcher die für beide Seiten der Frage vorzubringenden Beweise etwa zu erwägen wünscht, keine kleine Anstrengung des Verstandes und Gedächtnisses zugemutet. Bei der Erörterung spezieller Fälle übergeht Mr. Mivart die Wirkungen des vermehrten Gebrauchs und Nichtgebrauchs von Teilen, von welchen ich immer behauptet habe, daß sie sehr bedeutungsvoll seien, und welche ich in meinem Buch über das „Variieren im Zustand der Domestikation" in größerer Ausführlichkeit behandelt habe, als wie ich glaube irgendein anderer Schriftsteller. Er nimmt auch häufig an, daß ich der Abänderung unabhängig von natürlicher Zuchtwahl nichts zuschreibe, während ich in dem oben herangezogenen Werk eine größere Zahl von sicher begründeten Tatsachen zusammengestellt habe, als in irgendeinem anderen mir bekannten Werk zu finden ist. Mein Urteil mag vielleicht nicht zuverlässig sein; aber nachdem ich Mr. Mivarts Buch sorgfältig durchgelesen und jeden Abschnitt mit dem verglichen hatte, was ich über denselben Gegenstand gesagt habe, fühlte ich mich von der allgemeinen Gültigkeit der Schlußfolgerungen, zu denen ich hier gelangt bin, so sehr überzeugt, wie noch nie zuvor, wenn dieselben auch natürlicherweise bei einem so verwickelten Gegenstand dem Irrtum im einzelnen sehr ausgesetzt sind.

Alle Einwände Mr. Mivarts werden in dem vorliegenden Band betrachtet werden oder sind bereits in Betracht gezogen worden. Der eine neue Satz, welcher viele Leser frappiert zu haben scheint, ist, „daß natürliche Zuchtwahl ungenügend ist, die Anfangsstufen nützlicher Struktureinrichtungen zu erklären". Dieser Gegenstand steht in innigem Zusammenhang mit der Abstufung der Charaktere, welche oft von einer Änderung der Funktion begleitet wird, – z. B. die Umwandlung einer Schwimmblase in Lungen – , Punkte, welche im letzten Kapitel von zwei Gesichtspunkten aus erörtert wurden. Nichtsdestoweniger will ich hier einige von Mr. Mivart vorgebrachte Fälle in ziemlicher Ausführlichkeit betrachten und dabei die illustrativsten auswählen, da mich der Mangel an Raum abhält, sie alle durchzugehen.

Der ganze Körperbau der Giraffe ist durch deren hohe Statur, den sehr verlängerten Hals, Vorderbeine, Kopf und Zunge wundervoll für das Abweiden hoher Baumzweige angepaßt. Sie kann dadurch Nahrung erlangen jenseits der Höhe, bis zu welcher die anderen Ungulaten oder Huftiere, welche dieselbe Gegend bewohnen, hinaufreichen können; und dies wird während der Zeiten der Hungersnöte für sie ein großer Vorteil sein. Das Niata-Rind in Süd-Amerika zeigt uns, welchen bedeutenden Unterschied im Erhalten des Lebens eines Tieres geringe Verschiedenheit im Bau während derartiger Zeiten bewirken könne. Diese Rinder können ebensogut wie andere Gras abweiden; aber wegen des Vorspringens des Unterkiefers können sie während der häufig wiederkehrenden Zeiten der Dürre die Zweige der Bäume, Rohr usw., zu welcher Nahrung das gewöhnliche Rind und die Pferde dann getrieben werden, nicht abpflücken; so daß in solchen Zeiten die Niata-Rinder umkommen, wenn sie nicht von ihren Besitzern gefüttert werden. Ehe wir auf Mr. Mivarts Einwand kommen, wird es zweckmäßig sein, noch einmal zu erklären, wie die natürliche Zuchtwahl in allen gewöhnlichen Fällen wirken wird. Der Mensch hat einige seiner Tiere dadurch modifiziert, – ohne notwendig auf spezielle Punkte ihres Baues zu achten –, daß er einfach entweder die flüchtigsten Tiere erhalten und zur Zucht benutzt hat, wie bei den Rennpferden und Windhunden, oder daß er von den siegreichen Tieren weiter gezüchtet hat, wie bei den Kampfhühnern. So werden im Naturzustand, als die Giraffe entstand, diejenigen Individuen, welche am höchsten abweiden und in Zeiten der Hungersnöte imstande waren, selbst nur einen oder zwei Zoll höher hinauf zu reichen als die anderen, oft erhalten worden sein, denn sie werden die ganze Gegend beim Suchen von Nahrung durchstrichen haben. Daß die Individuen einer und der nämlichen Art häufig unbedeutend in der relativen Länge aller ihrer Teile verschieden sind, läßt sich aus vielen naturgeschichtlichen Werken ersehen, in denen sorgfältige Messungen gegeben sind. Diese geringen proportionalen Verschiedenheiten, welche Folgen der Wachstums- und Abänderungsgesetze sind, sind für die meisten Spezies nicht vom mindesten Nutzen oder bedeutungsvoll. Aber bei der Giraffe wird es sich während des Prozesses ihrer Bildung in Anbetracht ihrer wahrscheinlichen Lebensweise anders verhalten haben; denn diejenigen Individuen, welche irgendeinen Teil oder mehrere Teile ihres Körpers etwas mehr als gewöhnlich verlängert hatten, werden allgemein leben geblieben sein. Diese werden sich gekreuzt und Nachkommen hinterlassen haben, welche entweder dieselben körperlichen Eigentümlichkeiten oder die Neigung, wieder in derselben Art und Weise zu variieren, erbten, während in demselben Punkt weniger begünstigte Individuen dem Aussterben am meisten ausgesetzt waren.

Wir sehen hier, daß es nicht nötig ist, einzelne Paare zu trennen, wie es der Mensch tut, wenn er eine Rasse methodisch veredelt; die natürliche Zuchtwahl wird alle vorzüglichen Individuen erhalten und damit separieren, ihnen gestatten, sich reichlich zu kreuzen und alle untergeordneteren Individuen zerstören. Dauert dieser Prozeß, welcher genau dem entspricht, was ich beim Menschen unbewußte Zuchtwahl genannt habe, lange Zeit an, ohne Zweifel in einer äußerst bedeutungsvollen Weise mit den vererbten Wirkungen des vermehrten Gebrauchs der Teile kombiniert, so scheint es mir beinahe sicher zu sein, daß ein gewöhnliches Huftier in eine Giraffe verwandelt werden könnte.

Gegen diese Folgerung bringt Mr. Mivart zwei Einwendungen vor. Die eine ist, daß er sagt, die vermehrte Körpergröße würde offenbar eine vergrößerte Nahrungsmenge erfordern, und er hält es für „problematisch, ob die daraus entstehenden Nachteile nicht in Zeiten, wo die Nahrung knapp ist, die Vorteile mehr als aufwiegen würden". Da aber die Giraffe faktisch in Süd-Afrika in großer Anzahl existiert und da einige der größten Antilopen der Welt, größer als ein Ochse, dort äußerst zahlreich sind, warum sollten wir daran zweifeln, daß, soweit die Größe in Betracht kommt, dazwischenliegende Abstufungen früher dort existiert haben und wie jetzt schweren Hungerszeiten ausgesetzt gewesen sind? Sicherlich wird die Fähigkeit, auf jeder Stufe der vermehrten Größe einen Nahrungsvorrat erreichen zu können, welcher von den anderen huftragenden Säugetieren des Landes unberührt gelassen wurde, für die entstehende Giraffe von Vorteil gewesen sein. Auch dürfen wir die Tatsache nicht übersehen, daß vermehrte Körpergröße als Schutz gegen beinahe alle Raubtiere, mit Ausnahme des Löwen, dienen wird; und gegen dieses Tier wird, wie Chauncey Wright bemerkt hat, ihr langer Hals, und zwar je länger je besser, als Wachtturm dienen. Es ist gerade dieser Ursache wegen, wie Sir S. Baker bemerkt, daß kein Tier so schwer zu jagen ist wie die Giraffe. Das Tier gebraucht auch seinen langen Hals als Angriffs- und Verteidigungsmittel, dadurch, daß es seinen mit stumpfartigen Hörnern bewaffneten Kopf heftig herumschwingt. Die Erhaltung einer jeden Spezies kann selten durch einen einzigen Vorteil bestimmt werden, wohl aber durch eine Vereinigung aller, großer und kleiner.

Mr. Mivart fragt dann (und dies ist sein zweiter Einwand): wenn natürliche Zuchtwahl so vielvermögend ist und wenn die Fähigkeit, hoch hinauf die Zweige abweiden zu können, ein so großer Vorteil ist, warum hat da kein anderes huftragendes Säugetier, außer der Giraffe und in einem geringen Grade dem Kamel, Guanaco und der *Macrauchenia*, einen langen Hals erhalten? Oder ferner, warum hat kein Glied der Gruppe einen langen Rüssel erhalten? In Bezug auf Süd-Afrika, welches früher von zahlreichen Herden der Giraffe bewohnt wurde, ist die Antwort nicht schwer und kann am besten durch ein Beispiel erläutert werden: Auf jeder Wiese in England, auf welcher Bäume wachsen, sehen wir die niedrigen Zweige durch das Abweiden der Pferde oder Rinder bis genau zu gleicher Höhe gestutzt oder geebnet; und was für ein Vorteil würde es nun z. B. für Schafe sein, wenn solche da gehalten würden, unbedeutend längere Hälse zu erlangen? Auf jedem Gebiet wird irgendeine Art von Tieren beinahe sicher imstande sein, ihr Futter höher herabzuholen als andere; und es ist beinahe gleich sicher, daß allein diese eine Art ihren Hals durch natürliche Zuchtwahl und die Wirkungen vermehrten Gebrauchs zu diesem Behufe verlängert erhalten wird. In Süd-Afrika muß die Konkurrenz um das Abweiden höherer Zweige der Akazien und anderer Bäume zwischen Giraffen und Giraffen und nicht zwischen diesen und anderen huftragenden Säugetieren bestehen.

Warum in anderen Teilen der Welt verschiedene zu dieser nämlichen Ordnung gehörige Tiere nicht entweder einen verlängerten Hals oder einen Rüssel erhalten haben, kann nicht bestimmt beantwortet werden; es ist aber ebenso unverständlich, auf eine solche Frage eine bestimmte Antwort zu erwarten, wie auf die, warum irgendein Ereignis in der Geschichte der Menschheit sich nicht in einem Lande zugetragen hat, während es sich in einem anderen zutrug. In bezug auf die Bedingungen, welche die Zahlenverhältnisse und die Verbreitung einer jeden Spezies bestimmen, sind wir unwissend; und wir können nicht einmal vermuten, was für Strukturänderungen vorteilhaft wären, um sie in irgendeinem neuen Lande vermehren zu lassen. In einer allgemeinen Art und Weise können wir indessen sehen, daß verschiedene Ursachen die Entwicklung eines langen Halses oder eines Rüssels verhindert haben dürften. Um das Laub der Bäume von einer beträchtlichen Höhe herab erreichen zu können, ist (ohne die Fähigkeit zu klettern, wofür die Huftiere ganz besonders ungeschickt gebaut sind) eine bedeutend vermehrte Körpergröße notwendig; und wir wissen, daß einige Gebiete merkwürdig wenig große Säugetiere ernähren, wie z. B. Süd-Amerika, trotzdem es ein so üppiges Land ist, während Süd-Afrika deren in einem ganz unvergleichlichen Grade besitzt. Warum sich dies so verhält, wissen wir nicht, auch nicht, warum die späteren Zeiten der Tertiärperiode so viel günstiger für ihre Existenz gewesen sind, als die Jetztzeit. Was auch die Ursachen davon sein mögen, wir können einsehen, daß gewisse Gebiete und Zeiten für die Entwicklung eines so großen Säugetieres, wie die Giraffe ist, viel günstiger als andere gewesen sein werden.

Damit ein Tier irgendein Gebilde besonders und in bedeutender Entwicklung erhalte, ist es beinahe unumgänglich notwendig, daß mehrere andere Teile modifiziert und einander angepaßt werden. Obgleich jeder Teil des Körpers unbedeutend variiert, so folgt doch daraus nicht, daß die notwendigen Teile immer in dem richtigen Sinne und in dem richtigen Grade abändern. Bei den verschiedenen Spezies unserer domestizierten Tiere wissen wir, daß die Teile in einer verschiedenen Weise und in verschiedenem Grade abändern, und daß manche Arten viel variabler sind als andere. Selbst wenn die passenden Varietäten aufträten, folgt daraus noch nicht, daß die natürliche Zuchtwahl auf sie einzuwirken und ein Gebilde hervorzubringen vermöchte, welches für die Spezies wohltätig wäre. Wenn z. B. die Zahl der in einer Gegend existierenden Individuen hauptsächlich durch die Zerstörung durch Raubtiere, durch äußere oder innere Parasiten usw. bestimmt wird, wie es häufig der Fall zu sein scheint, dann wird die natürliche Zuchtwahl nur wenig zu tun imstande sein oder wird bedeutend verzögert werden, wenn sie irgendein besonderes Organ zur Erlangung der Nahrung modifizieren will. Endlich ist die natürliche Zuchtwahl ein langsamer Prozeß und die nämlichen günstigen Bedingungen müssen lange andauern, damit irgendeine ausgesprochene Wirkung hervorgebracht werde. Ausgenommen durch Anführung derartiger allgemeiner und unbestimmter Ursachen können wir nicht erklären, warum nicht Huftiere in vielen Teilen der Erde einen verlängerten Hals oder andere Mittel die höheren Zweige der Bäume abzuweiden, erhalten haben.

Einwendungen derselben Art wie die vorstehenden sind von vielen Schriftstellern vorgebracht worden. In jedem Falle haben wahrscheinlich außer den allgemeinen eben angedeuteten verschiedenartige Ursachen das Erlangen von Gebilden durch natürliche Zuchtwahl gestört, welche, wie man glauben könnte, für die Spezies wohltätig sein würden. Ein Schriftsteller fragt, warum der Strauß nicht das Flugvermögen erlangt habe? Aber schon ein nur augenblickliches Nach-

Siebtes Kapitel

denken dürfte ergeben, was für eine enorme Nahrungsmenge notwendig sein würde, diesem Wüstenvogel die Kraft zu geben, seinen ungeheuren Körper durch die Luft zu tragen. Ozeanische Inseln werden von Fledermäusen und Robben bewohnt, aber von keinem Landsäugetier; da indessen einige dieser Fledermäuse eigentümlichen Spezies angehören, müssen sie ihre jetzige Heimat schon lange bewohnt haben. Sir Charles Lyell fragt daher und führt auch gewisse Gründe als Antwort an, warum nicht Robben und Fledermäuse auf solchen Inseln Formen geboren haben, welche auf dem Lande zu leben geschickt wären. Robben würden aber notwendigerweise zunächst in fleischfressende Landtiere von beträchtlicher Größe und Fledermäuse in insektenfressende Landtiere umgewandelt werden; für die ersten würde es an Beute fehlen; den Fledermäusen würden auf der Erde lebende Insekten zur Nahrung dienen; diesen würden aber bereits in hohem Grade die Reptilien und Vögel nachstellen, welche zuerst die meisten ozeanischen Inseln kolonisieren und in Menge bevölkern. Allmähliche Übergänge des Baues, von denen jede Stufe einer sich umändernden Art von Vorteil ist, werden nur unter gewissen eigentümlichen Bedingungen begünstigt werden. Ein im engeren Sinne terrestrisches Tier könnte dadurch, daß es gelegentlich in seichtem Wasser, dann in Strömen und Seen nach Beute jagt, endlich in ein so durch und durch wasserlebendes Tier verwandelt werden, daß es dem offenen Meere Stand hält. Robben dürften aber auf ozeanischen Inseln nicht die für ihre allmähliche Rückverwandlung in die Form eines Landtieres günstigen Bedingungen finden. Wie früher gezeigt wurde, erlangten Fledermäuse ihre Flughäute wahrscheinlich dadurch, daß sie zuerst wie die sogenannten fliegenden Eichhörnchen von Baum zu Baum durch die Luft glitten um ihren Feinden zu entgehen oder um das Herabstürzen zu vermeiden; wenn aber das rechte Flugvermögen einmal erlangt worden ist, so dürfte es wohl niemals, wenigstens für den angegebenen Zweck in das weniger wirksame Vermögen, durch die Luft zu gleiten, zurückverwandelt werden. Es könnten allerdings bei Fledermäusen wie bei vielen Vögeln die Flügel durch Nichtgebrauch bedeutend an Größe reduziert werden oder auch vollständig verloren gehen; in diesem Falle würde es aber notwendig sein, daß sie zuerst das Vermögen erlangten, allein mittelst ihrer Hinterbeine schnell auf dem Boden zu laufen, um mit Vögeln oder anderen am Boden lebenden Tieren konkurrieren zu können; und für eine derartige Veränderung scheinen die Fledermäuse merkwürdig schlecht angepaßt zu sein. Diese mutmaßlichen Bemerkungen sind nur zu dem Ende gemacht worden, um zu zeigen, daß ein Übergang von einer Struktureinrichtung zur anderen, wobei jede Stufe von Vorteil wäre, eine außerordentlich komplizierte Sache ist, und daß darin nichts Befremdendes liegt, daß in irgendeinem besonderen Falle ein solcher Übergang nicht stattgefunden hat.

Endlich hat mehr als ein Schriftsteller gefragt, warum einige Tiere so viel höher entwickelte Geisteskräfte erhalten haben als andere, da eine derartige Entwicklung allen wohltätig sein würde? Warum haben Affen nicht die intellektuellen Fähigkeiten des Menschen erlangt? Dies könnte verschiedenen Ursachen zugeschrieben werden; da sie aber nur Mutmaßungen enthalten und ihre relative Wahrscheinlichkeit nicht abgewogen werden kann, würde es nutzlos sein, sie anzuführen. Eine bestimmte Antwort auf die letzte Frage sollte man nicht erwarten, wenn man sieht, daß niemand das noch einfachere Problem lösen kann, warum von zwei Rassen von Wilden die eine auf der Stufenleiter der Zivilisation höher gestiegen ist als die andere; und dies setzt allem Anschein nach eine vermehrte Hirntätigkeit voraus.

Wir wollen aber auf Mr. Mivarts andere Einwände zurückkommen. Insekten gleichen häufig des Schutzes wegen verschiedenen Gegenständen, wie grünen oder abgestorbenen Blättern, toten Zweigen, Flechtenstückchen, Blüten, Dornen, Vogelexkrementen und anderen lebenden Insekten; auf den letzteren Punkt werde ich noch später zurückkommen. Die Ähnlichkeit ist oft wunderbar groß, und nicht auf die Farbe beschränkt, sondern erstreckt sich auch auf die Form und selbst auf die Art und Weise wie sich die Insekten halten. Die Raupen, welche wie tote Zweige von dem Buschwerk abstehen, von dem sie sich ernähren, bieten ein ausgezeichnetes

Beispiel einer Ähnlichkeit dieser Art dar. Die Fälle von Nachahmung solcher Gegenstände wie Vogelexkremente sind selten und exzeptionell. Über diesen Punkt bemerkt Mr. Mivart: „Da nach Mr. Darwins Theorie eine konstante Neigung zu einer unbestimmten Variation vorhanden ist und da die äußerst geringen beginnenden Abänderungen nach allen Richtungen gehen werden, so müssen sie sich zu neutralisieren und anfangs so unstete Modifikationen zu bilden streben, daß es schwierig, wenn nicht unmöglich ist, einzusehen, wie solche unbestimmte Schwankungen infinitesimaler Anfänge jemals eine hinreichend erkennbare Ähnlichkeit mit einem Blatt, einem Bambus oder einem anderen Gegenstand zustande bringen können, so daß die natürliche Zuchtwahl sie ergreifen und dauernd erhalten kann."

Aber in allen den vorstehend angeführten Fällen boten die Insekten in ihrem ursprünglichen Zustand ohne Zweifel eine gewisse allgemeine und zufällige Ähnlichkeit mit einem gewöhnlich an den von ihnen bewohnten Standorten zu findenden Gegenstand dar. Auch ist dies durchaus nicht unwahrscheinlich, wenn man die beinahe unendliche Zahl umgebender Gegenstände und die Verschiedenartigkeit der Form und Farbe bei den Mengen von Insekten, welche existieren, in Betracht zieht. Da eine gewisse oberflächliche Ähnlichkeit als ein erster Ausgangspunkt notwendig ist, so können wir einsehen, woher es kommt, daß die größeren und höheren Tiere, soweit es mir bekannt ist, nur mit der Ausnahme eines Fisches, des Schutzes wegen speziellen Objekten nicht ähnlich sehen, sondern nur der Fläche, welche sie gewöhnlich umgibt, und dies dann hauptsächlich in der Farbe. Wenn man annimmt, daß ein Insekt zufällig ursprünglich in irgendeinem Grade einem abgestorbenen Zweig oder einem vertrockneten Blatt ähnlich war, und daß es unbedeutend nach vielen Richtungen hin variierte, dann werden alle die Abänderungen, welche das Insekt überhaupt nur solchen Gegenständen ähnlicher machten und dadurch sein Verbergen begünstigten, erhalten werden, während andere Änderungen vernachlässigt und schließlich verloren sein werden; oder sie werden, wenn sie das Insekt überhaupt nur dem nachgeahmten Gegenstand weniger ähnlich machen, beseitigt werden. Mr. Mivarts Einwand würde allerdings von Belang sein, wenn wir die angeführten Ähnlichkeiten unabhängig von natürlicher Zuchtwahl durch bloße fluktuierende Abänderung zu erklären versuchen wollten; wie aber die Sache wirklich steht, ist er von keinem Belang.

Ich kann auch nicht sehen, daß Mr. Mivarts Schwierigkeit in bezug auf „die letzten Züge der Vollkommenheit bei der Mimikry" Gewicht beizulegen wäre; wie z. B. in dem von Mr. Wallace angeführten Fall eines „wandelnden Stabinsekts (*Ceroxylus laceratus*), welches einem mit kriechendem Moos oder Jungermannien überwachsenen Stab" gleicht. Diese Ähnlichkeit war so groß, daß ein eingeborener Dyak behauptete, die blättrigen Auswüchse wären wirklich Moos. Insekten wird von Vögeln und anderen Feinden nachgestellt, deren Gesicht wahrscheinlich schärfer als unseres ist, und jede Abstufung der Ähnlichkeit, welche das Insekt darin unterstützt, der Betrachtung oder Entdeckung zu entgehen, wird seine Erhaltung zu fördern dienen, und je vollkommener die Ähnlichkeit ist, umso besser ist es für das Insekt. Betrachtet man die Natur der Verschiedenheiten zwischen den Spezies der Gruppe, welche den obigen *Ceroxylus* einschließt, so findet man nichts Unwahrscheinliches darin, daß dieses Insekt in den Unregelmäßigkeiten an seiner Oberfläche abgeändert hat und daß diese mehr oder weniger grün gefärbt wurden; denn in einer jeden Gruppe sind diejenigen Charaktere, welche in den verschiedenen Spezies verschieden sind, am meisten zum Abändern geneigt, während die generischen Charaktere, oder diejenigen, welche sämtlichen Arten gemeinsam zukommen, die konstantesten sind.

Der Grönland-Wal ist eines der wunderbarsten Tiere auf der Welt, und die Barten oder das Fischbein stellen eine seiner größten Eigentümlichkeiten dar. Das Fischbein besteht auf jeder Seite des Oberkiefers aus einer Reihe von ungefähr dreihundert Platten oder Barten, welche quer zu der Längsachse des Mundes dicht hintereinander stehen. Innerhalb der Hauptreihe liegen einige sekundäre Reihen. Die unteren Enden und die inneren Ränder sämtlicher Barten sind in steife Borsten aufgelöst, welche den ganzen riesigen Gaumen bedecken und dazu dienen, das

Wasser zu seihen oder zu filtrieren, um dadurch die kleinen Beutetierchen zu fangen, von denen das große Tier lebt. Die mittelste und längste Lamelle oder Barte ist beim Grönland-Wal zehn, zwölf oder selbst fünfzehn Fuß lang. Bei den verschiedenen Arten der Walfische finden sich indessen Abstufungen in der Länge; nach Scorseby ist die mittlere Lamelle bei einer Spezies einen Fuß, bei einer anderen drei Fuß, bei einer dritten achtzehn Zoll und bei der *Balaenoptera rostrata* nur ungefähr neun Zoll lang. Auch ist die Beschaffenheit des Fischbeins bei den verschiedenen Spezies verschieden.

In bezug auf das Fischbein bemerkt Mr. Mivart, „daß, wenn es einmal eine solche Größe und Entwicklung erreicht hätte, daß es überhaupt von Nutzen wäre, dann seine Erhaltung und Vergrößerung innerhalb der nützlichen Grenzen von der natürlichen Zuchtwahl befördert werden würde. Wie läßt sich aber der Anfang einer solchen nutzbaren Entwicklung erlangen?" In Antwort hierauf kann gefragt werden, warum könnten nicht die früheren Urerzeuger der Bartenwalfische einen Mund besessen haben, dessen Einrichtung in etwas der ähnlich gewesen wäre, wie sie der lamellentragende Schnabel einer Ente darbietet? Enten ernähren sich wie Walfische in der Art, daß sie das Wasser oder den Schlamm durchseihen, und die Familie der Enten ist hiernach zuweilen die der Criblatores oder Seiher genannt worden. Ich hoffe, daß man mir hier nicht fälschlich nachsagt, daß ich meinte, die Urerzeuger der Bartenwalfische hätten faktisch lamellierte Mundränder wie ein Entenschnabel besessen. Ich wünschte nur zu zeigen, daß dies nicht unglaublich ist, und daß die ungeheuren Fischbeinplatten beim Grönland-Wal sich aus solchen Lamellen durch ganz allmählich abgestufte Zustände, von denen jede seinem Besitzer von Nutzen war, entwickelt haben können.

Der Schnabel der Löffel-Ente (*Spatula clypeata*) ist ein noch wundervolleres und komplizierteres Gebilde, als der Mund eines Walfisches. Der Oberkiefer ist auf jeder Seite (in dem von mir untersuchten Exemplar) mit einer kammartigen Reihe von 188 dünnen, elastischen Lamellen versehen, welche schräg so abgestutzt sind, daß sie zugespitzt enden, und quer auf der Längsachse des Schnabels stehen. Sie entspringen vom Gaumen und sind durch biegsame Membranen an der Seite des Kiefers befestigt. Diejenigen, welche nach der Mitte zu stehen, sind die längsten, nämlich ungefähr ein Drittel Zoll lang und springen 0,14 Zoll unter dem Rand vor. An ihrer Basis findet sich eine kurze Reservereihe schräg querstehender Lamellen. In diesen verschiedenen Beziehungen gleichen sie den Fischbeinplatten im Munde eines Walfisches. Aber nach dem Schnabelende hin werden sie bedeutend verschieden, indem sie hier nach innen vorspringen, anstatt gerade nach unten gerichtet zu sein. Der ganze Kopf der Löffel-Ente, obschon unvergleichlich weniger massig, hat ungefähr ein Achtzehntel der Länge des Kopfes einer mäßig großen *Balaenoptera rostrata*, bei welcher Spezies das Fischbein nur neun Zoll lang ist, so daß, wenn man den Kopf der Löffel-Ente so groß machen könnte wie der der *Balaenoptera* ist, die Lamellen sechs Zoll Länge erreichen würden, d. i. also zwei Drittel der Bartenlänge in dieser Walfischart. Die untere Kinnlade der Löffel-Ente ist mit Lamellen von gleicher Länge wie die oberen, aber feineren, versehen; und durch diesen Besitz von Platten weicht sie auffallend vom Unterkiefer eines Walfisches ab, welcher kein Fischbein besitzt. Andererseits sind aber die Enden dieser unteren Lamellen in feine borstige Spitzen ausgezogen, so daß sie den Fischbeinbarten merkwürdig ähnlich sind. In der Gattung *Prion*, einem Glied der von den Enten verschiedenen Familie der Sturmvögel, ist der Oberkiefer allein mit Lamellen versehen, welche gut entwickelt sind und unter dem Rand vorspringen; in dieser Hinsicht gleicht also der Schnabel dieses Vogels dem Munde eines Walfisches.

Von der hochentwickelten Struktureigentümlichkeit des Schnabels der Löffel-Ente können wir (wie ich durch Untersuchung von Exemplaren gelernt habe, die mir Mr. Salvin gesandt hat), ohne eine große Unterbrechung der Reihe, soweit die zweckmäßige Einrichtung zum Durchseihen in Betracht kommt, zu dem Schnabel der *Merganetta armata* und in gewisser Beziehung zu dem der *Aix sponsa* und von dieser zu dem Schnabel der gemeinen Ente kommen. In dieser letzteren Art sind die Lamellen viel größer als bei der Löffel-Ente und fest an die Seiten des Kiefers geheftet; es sind davon nur ungefähr 50 auf jeder Seite vorhanden und sie springen durchaus nicht unterhalb des Kieferrandes vor. Sie sind oben quer abgestutzt und mit durchscheinendem härterem Gewebe bedeckt, wie zum Zermalmen der Nahrung. Die Ränder der Unterkinnladen werden von zahlreichen feinen Leisten gekreuzt, welche sehr wenig vorspringen. Obgleich hiernach der Schnabel als Seihe-Apparat sehr dem der Löffel-Ente nachsteht, so gebraucht doch dieser Vogel, wie jedermann weiß, den Schnabel beständig zu diesem Zweck. Wie ich von Mr. Salvin erfahre, gibt es andere Spezies, bei denen die Lamellen beträchtlich weniger entwickelt sind, als bei der gemeinen Ente; ich weiß aber nicht, ob auch diese den Schnabel zum Seihen des Wassers benutzen.

Wenden wir uns zu einer anderen Gruppe derselben Familie. Bei der ägyptischen Gans (*Chenalopex*) gleicht der Schnabel sehr nahe dem der gemeinen Ente; die Lamellen sind aber nicht so zahlreich und nicht so distinkt voneinander, auch springen sie nicht so weit nach innen vor. Und doch benutzt diese Ente, wie mir Mr. Bartlett mitgeteilt hat, „ihren Schnabel wie eine Ente, indem sie das Wasser durch die Ränder auswirft". Ihre hauptsächlichste Nahrung ist indessen Gras, welches sie wie die gemeine Gans abpflückt. Bei diesem letzteren Vogel sind die Lamellen des Oberkiefers viel gröber als bei der gemeinen Ente, beinahe zusammenfließend, ungefähr 27 an der Zahl auf jeder Seite, und enden nach oben in zahnartigen Knöpfen. Auch der Gaumen ist mit harten, abgerundeten Vorsprüngen bedeckt. Die Ränder der Unterkinnlade sind mit viel vorspringenderen, gröberen und schärferen Zähnen als bei der Ente sägeartig besetzt. Die gemeine Gans seiht das Wasser nicht, sondern braucht ihren Schnabel ausschließlich dazu, Kräuter zu zerreißen oder zu schneiden, für welchen Gebrauch er so gut eingerichtet ist, daß sie kürzeres Gras als fast irgendein anderes Tier pflücken kann. Wie ich von Mr. Bartlett höre, gibt es auch Gänse, bei denen die Lamellen noch weniger entwickelt sind als bei der gemeinen Gans.

Wir sehen hieraus, daß ein zu der Entenfamilie gehörender Vogel mit einem wie der der gemeinen Gans gebauten und nur für das Grasen eingerichteten Schnabel oder selbst ein Vogel mit einem Schnabel, der noch weniger entwickelte Lamellen hat, durch langsame Abänderungen in eine Art wie die ägyptische Gans, diese in eine wie die gemeine Ente, und endlich in eine wie die Löffel-Ente verwandelt werden könnte, welche mit einem beinahe ausschließlich zum Durchseihen des Wassers eingerichtetem Schnabel versehen ist; denn dieser Vogel kann kaum irgendeinen Teil seines Schnabels, mit Ausnahme der hakigen Spitze, zum Ergreifen und Zerreißen fester Nahrung gebrauchen. Der Schnabel einer Gans könnte auch, wie ich noch hinzufügen will, durch kleine Abänderungen in einen mit vorspringenden, rückwärts gekrümmten Zähnen versehenen verwandelt werden, wie der des *Merganser* (einem Vogel derselben Familie), welcher dem weit von jenem verschiedenen Zweck dient, lebendige Fische zu fangen.

Doch kehren wir zu den Walfischen zurück. Der *Hyperoodon bidens* hat keine echten Zähne in einem funktionsfähigen Zustand, aber sein Gaumen ist nach Lacépède durch den Besitz kleiner ungleicher harter Hornpunkte rauh geworden. Es liegt daher in der Annahme nichts Unwahrscheinliches, daß irgendeine frühe Cetaceenform mit ähnlichen Hornpunkten am Gaumen versehen war, welche aber regelmäßiger gestellt waren und wie die Höcker am Schnabel der Gans dem Tier halfen, seine Nahrung zu ergreifen und zu zerreißen. War dies der Fall, so wird man kaum leugnen können, daß die Punkte durch Abänderung und natürliche Zuchtwahl in ebensowohl entwickelte Lamellen verwandelt werden konnten, wie die der ägyptischen Gans, in welchem Falle sie dann beiden Zwecken dienten, sowohl dem Ergreifen der Nahrung als dem Durchseihen des Wassers, dann in Lamellen wie die der gemeinen Ente, und so immer weiter, bis sie so gut gebildet waren, wie die der Löffel-Ente, in welchem Fall sie ausschließlich als Apparat zum Filtrieren des Wassers gedient haben werden. Von dieser Stufe, auf welcher die Lamellen im Verhältnis zur Kopflänge zwei Drittel der Länge der Fischbeinplatten von *Balaenoptera rostrata* hatten, führen uns dann Abstufungen, welche man in noch jetzt lebenden

Cetaceen beobachten kann, zu den enormen Fischbeinplatten beim Grönland-Wal. Es liegt auch hier nicht der geringste Grund zu zweifeln vor, daß jeder Fortschritt in dieser Stufenreihe gewissen alten Cetaceen ebenso nutzbar gewesen sein könne, wo die Funktionen der Teile sich während des Fortschritts der Entwicklung langsam änderten, wie es die Abstufungen im Bau der Schnäbel bei den verschiedenen jetzt lebenden Vögeln aus der Familie der Enten sind. Wir müssen uns daran erinnern, daß jede Entenspezies einem harten Kampf ums Dasein ausgesetzt ist, und daß der Bau eines jeden Körperteils ihren Lebensbedingungen angepaßt sein muß.

Die Pleuronectiden oder Plattfische sind merkwürdig wegen ihrer unsymmetrischen Körper. Sie liegen in der Ruhe auf einer Seite, – die größere Zahl der Spezies auf der linken, einige dagegen auf der rechten; und gelegentlich kommen erwachsene Exemplare mit einer umgekehrten Asymmetrie vor. Die untere Fläche, auf der der Fisch liegt, gleicht auf den ersten Blick der Bauchfläche eines gewöhnlichen Fisches; sie ist von weißer Farbe, in vielen Beziehungen weniger entwickelt als die obere Seite, die seitlichen Flossen sind häufig von geringerer Größe. Aber die Augen bieten die merkwürdigste Eigentümlichkeit dar; denn beide befinden sich auf der oberen Seite des Kopfes. Während der frühen Jugend indessen stehen sie einander gegenüber und der ganze Körper ist in dieser Zeit noch symmetrisch, auch sind beide Seiten gleich gefärbt. Bald aber beginnt das der unteren Seite angehörende Auge langsam um den Kopf herum auf die obere Seite zu gleiten, tritt indessen dabei nicht direkt quer durch den Schädel, wie man früher glaubte, daß es der Fall wäre. Es ist nun ganz offenbar, daß, wenn das untere Auge nicht in dieser Art herumwanderte, es von dem in seiner gewöhnlichen Stellung auf der einen Seite liegenden Fisch gar nicht benutzt werden könnte. Auch würde das untere Auge sehr leicht von dem sandigen Boden durch Reiben verletzt werden. Daß die Pleuronectiden durch ihren abgeplatteten und unsymmetrischen Körperbau ihrer Lebensweise wunderbar gut angepaßt sind, zeigt sich offenbar dadurch, daß mehrere Spezies, wie die Solen, Seezungen, Flundern usw. äußerst gemein sind. Die hauptsächlichsten hierdurch erlangten Vorteile scheinen einmal der Schutz vor ihren Feinden und dann die Leichtigkeit der Ernährung auf dem Meeresgrund zu sein. Die verschiedenen Glieder der Familie bieten indessen, wie Schiödte bemerkt, „eine lange Reihe von Formen dar mit einem allmählichen Übergang von *Hippoglossus pinguis*, welcher in keinem irgendwie beträchtlichen Grade die Gestalt ändert, in welcher er die Eihüllen verläßt, zu den Seezungen, welche vollkommen auf eine Seite umgeworfen sind."

Mr. Mivart hat diesen Fall aufgenommen und bemerkt, daß eine plötzliche, spontane Umwandlung in der Stellung der Augen kaum denkbar ist, worin ich vollständig mit ihm übereinstimme. Er fügt dann hinzu: „Wenn das Hinüberwandern stufenweise erfolgte, dann ist es durchaus nicht klar, wie ein solches Wandern des einen Auges um einen äußerst geringen Bruchteil der ganzen Entfernung bis zur anderen Seite des Kopfes für das Individuum wohltätig sein konnte. Es scheint selbst, als müsse eine derartige beginnende Umwandlung eher schädlich gewesen sein." Er hätte aber eine Antwort auf diesen Einwand in den ausgezeichneten, im Jahre 1867 veröffentlichten Beobachtungen von Malm finden können. Die Pleuronectiden oder Schollen können, solange sie sehr jung und noch symmetrisch sind, wo ihre Augen noch auf den gegenüberliegenden Seiten des Kopfes stehen, eine senkrechte Stellung nicht lange beibehalten, und zwar infolge der exzessiven Höhe ihres Körpers, der geringen Größe ihrer paarigen Flossen und wegen des Umstandes, daß ihnen eine Schwimmblase fehlt. Sie werden daher sehr bald müde und fallen auf die eine Seite zu Boden. Während sie so ruhig daliegen, drehen sie häufig, wie Malm beobachtete, das untere Auge aufwärts, um über sich zu sehen, und sie tun dies so kräftig, daß das Auge scharf gegen den oberen Augenhöhlenrand gedrückt wird. Die Stirn zwischen den Augen wird infolgedessen, wie deutlich gesehen werden konnte, zeitweise der Breite nach zusammen gezogen. Bei einer Gelegenheit sah Malm einen jungen Fisch das untere Auge durch einen Winkelabstand von ungefähr siebzig Grad heben und senken.

Wir müssen uns daran erinnern, daß der Schädel in diesem frühen Alter knorpelig und biegsam ist, so daß er der Muskelanstrengung leicht nachgibt. Es ist auch von höheren Tieren bekannt, daß der Schädel selbst nach der Zeit der frühesten Jugend nachgibt und in seiner Form geändert wird, wenn die Haut oder die Muskeln durch Krankheit oder irgendeinen Zufall permanent zusammengezogen werden. Bei langohrigen Kaninchen zieht, wenn das eine Ohr nach vorn und unten herabhängt, das Gewicht desselben alle Knochen des Schädels auf dieselbe Seite. Malm führt an, daß die eben ausgeschlüpften Jungen von Barschen, Lachsen und anderen symmetrischen Fischen die Gewohnheit haben, gelegentlich am Boden auf der einen Seite auszuruhen; auch hat er beobachtet, daß sie dann häufig ihre unteren Augen anstrengen, um nach oben zu sehen, und hierdurch werden ihre Schädel leicht gekrümmt. Diese Fische sind indessen bald imstande, sich in einer senkrechten Stellung zu erhalten; es wird daher keine dauernde Wirkung hervorgebracht. Die Pleuronectiden dagegen liegen, je älter sie werden, infolge der zunehmenden Plattheit ihrer Körper, desto gewöhnlicher auf der einen Seite, und dadurch wird eine dauernde Wirkung auf die Form des Kopfes und auf die Stellung der Augen hervorgebracht. Nach Analogie zu schließen wird ohne Zweifel die Neigung zur Verdrehung durch das Prinzip der Vererbung vergrößert werden. Schiödte glaubt, im Gegensatz zu einigen Forschern, daß die Pleuronectiden selbst im Embryonalzustand nicht vollkommen symmetrisch sind; und wenn dies der Fall ist, so können wir einsehen, woher es kommt, daß gewisse Spezies, während sie jung sind, beständig auf die linke Seite herumfallen und auf dieser ruhen, andere Arten auf die rechte Seite. Malm fügt als Bestätigung der oben angeführten Ansicht hinzu, daß der erwachsene *Trachypterus acticus*, welcher nicht zu der Familie der Pleuronectiden gehört, am Boden auf seiner linken Seite ruht und diagonal durch das Wasser schwimmt, und bei diesem Fisch sind, wie angegeben wird, die beiden Seiten des Kopfes etwas unähnlich. Unsere große Autorität in Fischen, Dr. Günther, schließt seinen Auszug aus Malms Aufsatz mit der Bemerkung, daß „der Verfasser eine sehr einfache Erklärung des abnormen Zustandes der Pleuronectiden gibt".

Wir sehen hieraus, daß die ersten Stufen des Hinüberwanderns des Auges von der einen Seite des Kopfes zur anderen, von denen Mr. Mivart meint, daß sie schädlich sein dürften, der ohne Zweifel für das Individuum wie für die Spezies wohltätigen Angewöhnung zugeschrieben werden können, zu versuchen, mit beiden Augen nach oben zu sehen, während der Fisch mit der einen Seite am Boden liegt. Wir können auch den vererbten Wirkungen des Gebrauchs die Tatsache zuschreiben, daß bei mehreren Arten von Plattfischen der Mund nach der unteren Fläche gebogen ist, wobei die Kieferknochen auf dieser, der augenlosen Seite des Kopfes stärker und wirkungskräftiger sind, als auf der anderen, damit, wie Dr. Traquair vermutet, der Fisch mit Leichtigkeit am Boden Nahrung aufnehmen könne. Auf der anderen Seite wird Nichtgebrauch den geringer entwickelten Zustand der ganzen unteren Hälfte des Körpers, mit Einschluß der paarigen Flossen, erklären; doch glaubt Yarrell, daß die reduzierte Größe dieser Flossen für den Fisch vorteilhaft sei, da „so viel weniger Platz für ihre Tätigkeit vorhanden ist, als für die größeren oberen Flossen". Vielleicht kann die geringere Zahl an Zähnen in der nach oben liegenden Hälfte der beiden Kieferknochen, nämlich vier bis sieben gegen fünfundzwanzig bis dreißig in der unteren, bei der Scholle gleichfalls durch Nichtgebrauch erklärt werden. Aus dem farblosen Zustand der Bauchfläche der meisten Fische und vieler anderer Tiere können wir wohl richtig schließen, daß das Fehlen der Farbe an derjenigen Seite, mag dies die rechte oder die linke sein, welche nach unten liegt, Folge des Ausschlusses des Lichtes ist. Man kann aber nicht annehmen, daß das eigentümlich gefleckte Aussehen der oberen Seite der Seezunge, welches dem sandigen Meeresgrund so sehr ähnlich ist, oder das einigen Spezies eigene Vermögen, ihre Farbe, wie neuerdings Pouchet gezeigt hat, in Übereinstimmung mit der umgebenden Fläche zu verändern, oder die Anwesenheit von knöchernen Höckern an der oberen Seite des Steinbutts Folge der Einwirkung des Lichtes sind. Hier ist wahrscheinlich natürliche Zuchtwahl ins Spiel gekommen, ebenso wie beim Anpassen der allgemeinen Körpergestalt und vieler anderer Eigentümlichkeiten dieser Fische an ihre Lebensweise. Wir müssen, wie ich schon vorhin betont habe, im Auge behalten, daß die vererbten Wirkungen des vermehrten Gebrauchs der Teile und vielleicht auch ihres Nichtgebrauchs durch die natürliche Zuchtwahl verstärkt werden. Denn alle spontanen Abänderungen in der passenden Richtung werden hierdurch erhalten werden, wie es auch diejenigen Individuen werden, welche im höchsten Grade die Wirkungen des vermehrten und wohltätigen Gebrauchs irgendeines Teiles erben. Zu entscheiden, wie viel in jedem einzelnen besonderen Falle den Wirkungen des Gebrauchs und wie viel der natürlichen Zuchtwahl zugeschrieben werden muß, scheint unmöglich zu sein.

Ich will noch ein anderes Beispiel einer Struktureinrichtung anführen, welche ihren Ursprung allem Anschein nach ausschließlich dem Gebrauch oder der Gewohnheit verdankt. Das Ende des Schwanzes ist bei einigen amerikanischen Affen in ein wunderbar vollkommenes Greiforgan verwandelt worden und dient als eine fünfte Hand. Ein Kritiker, welcher mit Mr. Mivart in jeder Einzelheit übereinstimmt, bemerkt über dieses Gebilde: „Es ist unmöglich, zu glauben, daß in irgendeiner noch so großen Anzahl von Jahren die erste unbedeutend auftretende Neigung zum Erfassen das Leben der damit versehenen Individuen erhalten oder die Wahrscheinlichkeit, daß diese nun Nachkommen erzeugen und aufziehen, vergrößern könne." Für einen solchen Glauben ist aber keine Notwendigkeit vorhanden. Gewohnheit (und diese setzt fast voraus, daß irgendeine Wohltat, groß oder klein, aus ihr hergeleitet wird) genügt aller Wahrscheinlichkeit nach für die Aufgabe. Brehm sah die Jungen eines afrikanischen Affen (*Cercopithecus*) sich an der unteren Körperfläche ihrer Mutter mit den Händen festhalten; gleichzeitig schlangen sie aber ihre kleinen Schwänze um den ihrer Mutter. Professor Henslow hielt einige Saatmäuse (*Mus messorius*) in Gefangenschaft, welche keinen, seinem Bau nach prehensilen Schwanz besitzen; aber er beobachtete häufig, daß sie ihre Schwänze um die Zweige eines Busches schlangen, den man in ihren Käfig gestellt hatte, und sich damit beim Klettern halfen. Einen analogen Bericht habe ich auch von Dr. Günther erhalten, welcher gesehen hat, wie sich eine Maus an dem Schwanz aufhing. Wäre die Saatmaus in strengerem Sinne baumlebend, so würde vielleicht ihr Schwanz seinem Bau nach prehensil gemacht worden sein, wie es bei einigen zu derselben Ordnung gehörenden Tieren der Fall ist. Warum der Cercopithecus nicht mit dieser Einrichtung versehen worden ist, da er doch im jugendlichen Alter die obige Gewohnheit zeigt, dürfte schwer zu sagen sein. Es ist indessen möglich, daß der lange Schwanz dieses Affen ihm bei Ausführung seiner ungeheuren Sprünge von größerem Nutzen als Balancierorgan denn als Greiforgan ist.

Die Milchdrüsen sind der ganzen Klasse der Säugetiere eigen und für ihre Existenz unentbehrlich; sie müssen sich daher zu einer äußerst frühen Zeit entwickelt haben, und über die Art und Weise ihrer Entwicklung können wir nichts Positives wissen. Mr. Mivart fragt: „Ist es wohl zu begreifen, daß das Junge irgendeines Tieres vor Zerstörung geschützt wurde, dadurch, daß es zufällig einen Tropfen einer wohl kaum nahrhaften Flüssigkeit aus einer zufällig hypertrophierten Hautdrüse seiner Mutter sog? Und selbst wenn dies einmal der Fall gewesen ist, welche Wahrscheinlichkeit lag da vor für die dauernde Erhaltung einer derartigen Abänderung?" Der Fall ist aber hier nicht richtig dargestellt. Die meisten Anhänger der Evolutionslehre geben zu, daß die Säugetiere von einer Beuteltierform abstammen; und ist dies der Fall, dann werden die Milchdrüsen zuerst innerhalb des marsupialen Beutels entwickelt worden sein. Bei Fischen kommt der Fall vor (*Hippocampus*), daß die Eier in einer Tasche dieser Art ausgebrütet und die Jungen eine Zeit lang darin aufgezogen werden; auch glaubt ein amerikanischer Naturforscher, Mr. Lockwood, nach dem, was er von der Entwicklung der Jungen gesehen hat, daß dieselben mit einer Absonderung der Hautdrüsen der Tasche ernährt werden. Ist es nun wohl in bezug auf die frühen Urerzeuger der Säugetiere, fast noch vor der Zeit, wo sie als solche bezeichnet zu werden verdienten, nicht wenigstens möglich, daß die Jungen auf eine ähnliche Weise ernährt wurden? Und in diesem Falle werden diejenigen Individuen, welche die in einem gewissen Grade oder in irgendeiner Art und Weise nahrhafteste Flüssigkeit, so daß sie die Beschaffenheit der Milch nahebei erhielt, absonderten, in der Länge der Zeit eine größere Zahl gut ernährter Nachkommen aufgezogen haben, als diejenigen Individuen, welche eine ärmere Flüssigkeit absonderten; und hierdurch werden die Hautdrüsen, welche die Homologa der Milchdrüsen sind, weiterentwickelt und funktionsfähiger gemacht worden sein. Es stimmt mit dem weit verbreiteten Prinzip der Spezialisation überein, daß die Drüsen auf einem bestimmten Stück der inneren Oberfläche der Tasche höher entwickelt werden würden, als die übrigen, und dann würden sie eine Brustdrüse, vorläufig aber noch ohne Zitze dargestellt haben, wie wir es jetzt noch beim *Ornithorhynchus*, dem untersten Glied der Säugetierreihe, sehen. Infolge welcher Kraft die Drüsen auf einem bestimmten Oberflächenteil höher spezialisiert wurden als die übrigen, will ich mir nicht zu entscheiden anmaßen, ob zum Teil durch Kompensation des Wachstums, oder durch die Wirkungen des Gebrauchs oder durch natürliche Zuchtwahl.

Die Entwicklung der Milchdrüsen würde von keinem Nutzen gewesen sein und hätte nicht durch natürliche Zuchtwahl bewirkt werden können, wenn nicht in derselben Zeit die Jungen fähig geworden wären, die Absonderung aufzunehmen. Einzusehen, wie junge Säugetiere instinktiv gelernt haben, an der Brust zu saugen, bietet keine größere Schwierigkeit dar, als einzusehen, woher die noch nicht ausgekrochenen Küken es gelernt haben, die Eischalen durch das Klopfen mit ihrem speziell dazu angepaßten Schnabel zu durchbrechen, oder woher sie gelernt haben, wenige Stunden nach dem Verlassen der Eischale Körner zur Nahrung aufzupicken. In solchen Fällen scheint die wahrscheinlichste Lösung die zu sein, daß die Gewohnheit zuerst durch Übung auf einer späteren Altersstufe erlangt und später in einem früheren Alter auf die Nachkommen vererbt worden ist. Man sagt aber, das junge Känguruh sauge nicht, sondern hänge an der Zitze seiner Mutter, welche das Vermögen habe, Milch in den Mund ihrer hilflosen, halb ausgebildeten Nachkommen einzuspritzen. Über diesen Punkt bemerkt Mr. Mivart: „Wenn keine besondere Vorrichtung bestünde, so müßte das Junge unfehlbar durch das Einströmen von Milch in die Luftröhre ersticken. Aber eine solche spezielle Vorrichtung besteht. Der Kehlkopf ist so verlängert, daß er bis in das hintere Ende des Nasengangs hinaufreicht; hierdurch wird er in den Stand gesetzt, die Luft frei in die Lungen eintreten zu lassen, während die Milch, ohne zu schaden, auf beiden Seiten dieses verlängerten Kehlkopfs hinabläuft und so wohlbehalten den dahinter gelegenen Schlund erreicht." Mr. Mivart fragt dann, auf welche Weise die natürliche Zuchtwahl im erwachsenen Känguruh (und in den meisten anderen Säugetieren, nach der Annahme nämlich, daß sie von einer marsupialen Form abgestammt sind) „diese zum mindesten vollkommen unschuldige und unschädliche Struktureigentümlichkeit" beseitige. Man kann wohl in Beantwortung hierauf vermuten, daß die Stimme, welche sicherlich für viele Tiere von großer Bedeutung ist, kaum mit voller Kraft hätte benutzt werden können, solange der Kehlkopf in den Nasengang eintrat; auch hat Professor Flower gegenüber mir die Vermutung geäußert, daß dieser Bau das Tier bedeutend daran gehindert haben würde, feste Nahrung zu verschlingen.

Wir wollen uns nun für eine kurze Zeit zu den niederen Abteilungen des Tierreichs wenden. Die Echinodermen (Seesterne, Seeigel usw.) sind mit merkwürdigen Organen versehen, den sogenannten Pedicellarien, welche, wenn sie ordentlich entwickelt sind, aus einer dreiarmigen Zange bestehen, d. h. aus einer solchen, welche drei am Rande sägezahnartig eingeschnittene Teile hat, welche genau ineinander passen und auf der Spitze eines beweglichen, durch Muskeln bewegten Stils stehen. Diese Zangen können beliebige Gegenstände mit festem Halt ergreifen; und Alexander Agassiz hat einen *Echinus* oder Seeigel beobachtet, wie er sehr schnell Exkrementteilchen von Zange zu Zange gewissen Linien seines Körpers entlang hinabschaffte, um seine Schale nicht durch faulende Stoffe zu schädigen. Ohne Zweifel dienen aber diese Pedicellarien außer der Entfernung des Schmutzes noch anderen Funktionen; und eine derselben ist allem Anschein nach Verteidigung.

Wie bei so vielen früheren Gelegenheiten fragt in bezug auf diese Organe Mr. Mivart: „Was würde wohl der Nutzen der ersten rudimentären Anfänge solcher Gebilde sein, und wie könnten wohl derartige beginnende, knospenartige Anlagen jemals das Leben auch nur eines einzigen

Echinus erhalten haben?" Er fügt hinzu: „Nicht einmal die plötzliche Entwicklung der schnappenden Tätigkeit könnte ohne den frei beweglichen Stil wohltätig gewesen sein, wie auch der letztere keine Wirkung hätte äußern können ohne die kinnladenartig zuschnappenden Zangen; und doch hätten keine minutiösen bloß unbestimmten Abänderungen gleichzeitig diese komplizierten, einander koordinierten Struktureigentümlichkeiten entwickeln lassen können; dies zu leugnen scheint nichts geringeres zu sein, als ein verwirrendes Paradoxon zu behaupten." So paradox es auch Mr. Mivart erscheinen mag: Dreiarmige Zangen, welche am Grund unbeweglich angeheftet, aber doch imstande sind, zuzugreifen, existieren mit Gewißheit bei manchen Seesternen; und dies ist verständlich, wenn sie wenigstens zum Teil als ein Verteidigungsmittel dienen. Mr. Agassiz, dessen Freundlichkeit ich sehr viel Information über diesen Gegenstand verdanke, teilt mir mit, daß es andere Seesterne gibt, bei denen der eine der drei Zangenarme zu einer Stütze für die beiden anderen reduziert ist, und ferner, daß es noch andere Gattungen gibt, bei denen dieser dritte Arm vollständig verlorengegangen ist. Bei *Echinoneus* trägt die Schale nach der Beschreibung Perriers zwei Arten von Pedicellarien, die eine gleicht denen von *Echinus*, die andere denen von *Spatangus*; und solche Fälle sind immer interessant, da sie die Mittel zur Erklärung von scheinbar plötzlichen Übergängen durch Abortion eines oder zweier Zustände eines Organs darbieten.

Was die einzelnen Stufen betrifft, durch welche diese merkwürdigen Organe entwickelt worden sind, so schließt Mr. Agassiz aus seinen Untersuchungen und denen Joh. Müllers, daß sowohl bei den Seesternen als auch bei den Seeigeln die Pedicellarien unzweifelhaft als modifizierte Stacheln angesehen werden müssen. Dies kann aus der Art der Entwicklung bei dem Individuum ebensowohl wie aus einer langen und vollkommenen Reihe von Abstufungen bei verschiedenen Arten und Gattungen, von einfachen Granulationen zu gewöhnlichen Stacheln und zu vollkommenen dreiarmigen Pedicellarien geschlossen werden. Die Abstufung erstreckt sich sogar bis auf die Art und Weise, in welcher gewöhnliche Stacheln und die Pedicellarien mit ihren sie stützenden kalkigen Stäbchen an der Schale artikulieren. Bei gewissen Gattungen von Seesternen sind „selbst die Kombinationen zu finden, welche für den Nachweis erforderlich sind, daß die Pedicellarien nur modifizierte, verästelte Stacheln sind". So findet man feste Stacheln mit drei in gleicher Entfernung voneinander stehenden, gezähnten, beweglichen Ästen nahe ihrer Basis eingelenkt, und weiter nach oben an demselben Stachel drei fernere bewegliche Äste. Wenn nun die letzteren von der Spitze eines Stachels entspringen, so bilden sie in der Tat eine rohe dreiarmige Pedicellarie und solche kann man an einem und demselben Stachel zusammen mit den drei unteren Ästen sehen. In diesem Falle ist die wesentliche Identität zwischen den Armen einer Pedicellarie und den beweglichen Ästen eines Stachels unverkennbar. Man nimmt allgemein an, daß die gewöhnlichen Stacheln als Schutzmittel dienen; und wenn dies richtig ist, so hat man keinen Grund, daran zu zweifeln, daß die mit gesägten und beweglichen Armen versehenen gleicherweise demselben Zwecke dienen, und sie würden diesen Dienst noch wirksamer verrichten, sobald sie bei ihrem Zusammentreffen als prehensiler oder schnappender Apparat wirken. Es wird daher hiernach eine jede Abstufung von einem gewöhnlichen festen Stachel zu einer fest angehefteten Pedicellarie dem Tier von Nutzen sein.

Bei gewissen Gattungen von Seesternen sind diese Organe, anstatt an einem unbeweglichen Träger geheftet oder von einem solchen getragen zu sein, an die Spitze eines biegsamen und muskulösen, wenn auch kurzen Stils gestellt; und in diesem Falle dienen sie wahrscheinlich noch irgendeiner anderen Funktion außer der der Verteidigung. Bei den Seeigeln lassen sich die Schritte verfolgen, durch welche ein festsitzender Stachel der Schale eingelenkt und dadurch beweglich wird. Ich wünschte wohl, ich hätte hier mehr Raum, um einen ausführlicheren Auszug aus Mr. Agassiz' interessanten Beobachtungen über die Entwicklung der Pedicellarien zu geben. Wie er noch hinzufügt, lassen sich gleichfalls alle möglichen Abstufungen zwischen den Pedicellarien der Seesterne und den Häkchen der Ophiuren, einer anderen Gruppe der Echinodermen, auffinden, ebenso zwischen den Pedicellarien der Seeigel und den Ankerorganen der Holothurien oder Seewalzen, welche auch zu derselben großen Klasse gehören.

Gewisse zusammengesetzte Tiere, oder Zoophyten, wie sie genannt worden sind, nämlich die Bryozoen, sind mit merkwürdigen, Avicularien genannten Organen versehen. Diese weichen in ihrem Bau bei den verschiedenen Spezies bedeutend voneinander ab. In ihrem vollkommensten Zustand sind sie in merkwürdiger Weise dem Kopf und Schnabel eines Geiers ähnlich, der auf einem Hals sitzt und bewegungsfähig ist, wie es in gleicher Weise auch die untere Kinnlade ist. Bei einer von mir beobachteten Spezies bewegten sich alle Avicularien an einem und demselben Ast oft gleichzeitig, die Unterkinnlade weit geöffnet, im Laufe weniger Sekunden durch einen Winkel von ungefähr 90°; und ihre Bewegung verursachte ein Erzittern des ganzen Bryozoenstocks. Wenn die Kiefer mit einer Nadel berührt werden, wird dieselbe so fest ergriffen, daß man den ganzen Zweig daran schütteln kann.

Mr. Mivart führt diesen Fall an hauptsächlich wegen der vermeintlichen Schwierigkeit, daß Organe wie die Avicularien der Bryozoen und die Pedicellarien der Echinodermen, welche er als „wesentlich ähnlich" betrachtet, durch natürliche Zuchtwahl in weit voneinander stehenden Abteilungen des Tierreichs entwickelt worden seien. Was aber die Struktur betrifft, so kann ich keine Ähnlichkeit zwischen einer dreiarmigen Pedicellarie und einem Avicularium oder vogelkopfähnlichen Organ finden. Die letzteren sind im ganzen den Scheren oder Kneipern der Crustaceen ähnlicher; und Mr. Mivart hätte mit gleicher Berechtigung diese Ähnlichkeit als spezielle Schwierigkeit ansehen können, oder selbst ihre Ähnlichkeit mit dem Kopf und Schnabel eines Vogels. Mr. Busk, Dr. Smith und Dr. Nitsche, – Forscher, welche die Gruppe sorgfältig untersucht haben, – glauben, daß die Avicularien mit den Einzeltieren und deren den Stock zusammensetzenden Zellen homolog sind, wobei die bewegliche Lippe, oder der Deckel der Zelle, der unteren und beweglichen Kinnlade des Avicularium entspricht. Mr. Busk kennt aber keine jetzt existierende Abstufung zwischen einem Einzeltier und einem Avicularium. Es ist daher unmöglich zu vermuten, durch welche nützliche Abstufungen das eine in das andere umgewandelt werden konnte; es folgt aber hieraus durchaus nicht, daß derartige Abstufungen nicht existiert haben.

Da die Scheren der Crustaceen in einem gewissen Grade den Avicularien der Bryozoen ähnlich sind, beide dienen als Zangen, so dürfte es wohl der Mühe wert sein, zu zeigen, daß von den ersteren eine lange Reihe von nützlichen Abstufungen noch existiert. Auf der ersten und einfachsten Stufe schlägt sich das Endsegment einer Gliedmaße herunter entweder auf das querabgestutzte Ende des breiten vorletzten Abschnitts oder gegen eine ganze Seite desselben, und wird hierdurch in den Stand gesetzt, einen Gegenstand festzuhalten; die Gliedmaße dient dabei aber noch immer als Lokomotionsorgan. Dann finden wir zunächst die eine Ecke des breiten vorletzten Abschnitts unbedeutend vorragen, zuweilen mit unregelmäßigen Zähnen versehen, und gegen diese schlägt sich nun das Endglied herab. Durch eine Größenzunahme dieses Vorsprungs und einer unbedeutenden Modifizierung und Verbesserung seiner Form ebenso wie der des endständigen Gliedes werden die Zangen immer mehr und mehr vervollkommnet, bis wir zuletzt ein so wirksames Instrument erhalten wie die Schere eines Hummers; und alle diese Abstufungen lassen sich jetzt faktisch nachweisen.

Außer den Avicularien besitzen die Bryozoen noch merkwürdige Organe in den sogenannten Vibracula. Es bestehen dieselben allgemein aus langen, der Bewegung fähigen und leicht zu reizenden Borsten. Bei einer von mir untersuchten Spezies waren die Vibracula unbedeutend gekrümmt und dem äußeren Rand entlang gesägt; und häufig bewegten sie sich sämtlich an einem und demselben Bryozoenstock gleichzeitig, so daß sie, wie lange Ruder wirkend, einen Zweig schnell quer über den Objektträger eines Mikroskops hinüberschwangen. Wurde ein Zweig auf seine vordere Fläche gelegt, so verwickelten sich die Vibracula und machten nun heftige Anstrengungen sich zu befreien. Man vermutet, daß sie als Verteidigungsorgane dienen, und man kann sehen, wie Mr. Busk bemerkt, „wie sie langsam und sorgfältig über die Oberfläche des Bryozoenstockes hinschwingen und das entfernen, was den zarten Bewohnern der Zellen, wenn deren Tentakeln ausgestreckt sind, schädlich sein könnte." Die Avicularien dienen wahrscheinlich wie diese Vibracula zur Verteidigung, sie fangen und töten aber auch kleine Tiere, welche, wie man annimmt, später dann durch Strömung innerhalb der Erreichbarkeit der Tentakeln der Einzeltiere gelangen. Einige Spezies sind mit Avicularien und Vibrakeln versehen, manche nur mit Avicularien und einige wenige nur mit Vibrakeln.

Es ist nicht leicht, sich zwei in ihrer Erscheinung weiter voneinander verschiedene Gegenstände vorzustellen, als ein einer Borste ähnliches Vibraculum und ein wie ein Vogelkopf gebildetes Avicularium; und doch sind beide fast sicher einander homolog und sind von derselben Grundlage aus entwickelt worden, nämlich einem Einzeltier mit seiner Zelle. Wir können daher einsehen, woher es kommt, daß diese Organe in manchen Fällen, wie mir Mr. Busk mitgeteilt hat, stufenweise ineinander übergehen. So ist bei den Avicularien mehrerer Spezies von *Lepralia* die bewegliche Unterkinnlade so sehr vorgezogen und so einer Borste gleich, daß allein das Vorhandensein des oberen oder feststehenden Schnabels ihre Bestimmung als ein Avicularium sichert. Die Vibracula können direkt, ohne den Avicularienzustand durchlaufen zu haben, aus den Deckeln der Zelle entwickelt worden sein; es erscheint aber wahrscheinlich, daß sie durch jenen Zustand hindurchgegangen sind, da während der früheren Stadien der Umwandlung die anderen Teile der Zelle mit dem eingeschlossenen Einzeltier kaum auf einmal verschwunden sein können. In vielen Fällen haben die Vibracula eine mit einer Grube versehene Stütze, welche den unbeweglichen Oberschnabel darzustellen scheint; doch ist diese Stütze in manchen Spezies gar nicht vorhanden. Diese Ansicht von der Entwicklung der Vibracula ist, wenn sie zuverlässig ist, interessant; denn wenn wir annehmen, daß alle mit Avicularien versehenen Spezies ausgestorben wären, so würde niemand selbst mit der lebhaftesten Einbildungskraft auf den Gedanken gekommen sein, daß die Vibracula ursprünglich als Teile eines Organs existiert hätten, welche einem Vogelkopf oder einer unregelmäßigen Büchse oder Kappe glichen. Es ist interessant, zu sehen, wie zwei so sehr voneinander verschiedene Organe von einem gemeinsamen Ausgangspunkt aus sich entwickelt haben; und da der bewegliche Deckel der Zelle dem Einzeltier als Schutz dient, so liegt in der Annahme keine Schwierigkeit, daß alle Abstufungen, durch welche der Deckel zuerst in die Unterkinnlade eines vogelkopfförmigen Organs und dann in eine verlängerte Borste umgewandelt wurde, gleichfalls als Mitte zum Schutz auf verschiedene Weisen und unter verschiedenen Umständen gedient haben.

Aus dem Pflanzenreich führt Mr. Mivart nur zwei Fälle an, nämlich die Struktur der Blüte bei Orchideen und die Bewegungen der kletternden Pflanzen. In bezug auf die ersteren sagt er: „Die Erklärung ihres Ursprungs ist für durchaus unbefriedigt zu halten, gänzlich unvermögend, die beginnenden infinitesimalen Anfänge von Bildungen zu erklären, welche nur von Nutzen sind, wenn sie beträchtlich entwickelt sind." Da ich diesen Gegenstand ausführlich in einem anderen Werk behandelt habe, werde ich hier nur einige wenige Einzelheiten über eine einzige der auffallendsten Eigentümlichkeiten der Orchideenblüten anführen, nämlich über ihre Pollinien. Ein Pollinium besteht, wenn es hochentwickelt ist, aus einer Masse von Pollenkörnern, welche einem elastischen Gestell oder Schwänzchen und dieses wieder einer kleinen Masse von äußerst klebriger Substanz angeheftet ist. Die Pollinien werden mittelst dieser Einrichtungen durch Insekten von einer Blüte auf das Stigma einer anderen übertragen. Bei manchen Orchideen findet sich kein Schwänzchen an den Pollenmassen, sondern die Körner sind bloß durch feine Fäden aneinandergeheftet; da solche indessen nicht auf die Orchideen beschränkt sind, brauchen sie hier nicht betrachtet zu werden; doch will ich erwähnen, daß wir am Grund der ganzen Orchideenreihe, bei *Cypripedium*, sehen können, wie die Fäden wahrscheinlich zuerst entwickelt worden sind. Bei anderen Orchideen hängen die Fäden an dem einen Ende der

Pollenmasse zusammen, und dies bildet die erste Spur oder Anlage eines Schwänzchens. Daß dies der Ursprung des Schwänzchens ist, selbst wenn dasselbe zu einer beträchtlichen Länge und Höhe entwickelt ist, dafür haben wir gute Belege in den abortierten Pollenkörnern, welche sich zuweilen innerhalb der zentralen und soliden Teile eingebettet nachweisen lassen.

Was die zweite hauptsächliche Eigentümlichkeit betrifft, nämlich die geringe Menge klebriger Masse, welche an das Ende des Schwänzchens geheftet ist, so kann eine lange Reihe von Abstufungen aufgezählt werden, von denen eine jede von offenbarem Nutzen für die Pflanze ist. In den meisten Blüten von Pflanzen, welche zu anderen Ordnungen gehören, sondert die Narbe ein wenig klebriger Substanz ab. Nun wird bei gewissen Orchideen ähnliche klebrige Substanz abgesondert, aber in viel größeren Mengen und nur von einem der drei Stigmen, und dies Stigma wird, vielleicht infolge dieser massigen Absonderung, unfruchtbar. Wenn ein Insekt eine Blüte solcher Art besucht, so reibt es etwas von der klebrigen Substanz ab und nimmt dabei gleichzeitig einige der Pollenkörner mit fort. Von diesem einfachen Zustand, welcher nur wenig von dem bei einer Menge gewöhnlicher Blumen sich findenden abweicht, führen endlose Abstufungen zu Arten, bei denen die Pollenmasse in ein sehr kurzes freies Schwänzchen ausgeht, dann zu anderen, bei denen das Schwänzchen fest an die klebrige Masse angeheftet wird, während das unfruchtbare Stigma selbst bedeutend modifiziert wird. In diesem letzten Falle haben wir dann ein Pollinium in seiner höchsten Entwicklung und seinem vollkommenen Zustand. Wer nur sorgfältig die Blüten von Orchideen selbst untersuchen will, wird nicht leugnen, daß die oben angeführte Reihe von Abstufungen wirklich existiert: Von Blüten mit einer Masse von Pollenkörnern, welche nur durch Fäden miteinander verbunden sind, während das Stigma nur wenig von dem einer gewöhnlichen Blüte abweicht, bis zu solchen mit einem äußerst komplizierten Pollinium, welches für den Transport durch Insekten wunderbar wohl angepaßt ist; auch wird er nicht leugnen können, daß alle diese Abstufungen bei den verschiedenen Spezies in Beziehung auf den allgemeinen Bau einer jeden Blüte wunderbar gut für die Befruchtung durch verschiedene Insekten angepaßt sind. In diesem, – und in der Tat beinahe jedem anderen – Falle kann die Untersuchung noch weiter zurückverfolgt werden; man kann fragen, wie kam es, daß das Stigma einer gewöhnlichen Blume klebrig wurde. Da wir indessen nicht die vollständige Geschichte einer einzigen Gruppe organischer Wesen kennen, so ist es ebenso nutzlos zu fragen, wie der Versuch derartige Fragen zu beantworten hoffnungslos ist.

Wir wollen uns nun zu den kletternden Pflanzen wenden. Diese können in eine lange Reihe eingeordnet werden, von denen, welche sich einfach um eine Stütze winden, zu denjenigen, welche ich Blattkletterer genannt habe, und zu den mit Ranken versehenen. In diesen letzten zwei Klassen haben die Stämme allgemein, aber nicht immer, das Vermögen des Windens verloren, trotzdem aber das Vermögen des Aufrollens, welches gleicherweise die Ranken besitzen, beibehalten. Die Abstufungen von Blattkletterern zu Rankenträgern sind wunderbar eng und gewisse Pflanzen lassen sich ganz unterscheidungslos in beide Klassen einordnen. Verfolgt man indessen die Reihe aufwärts, von einfachen Windeformen zu Blattkletterern, so tritt eine bedeutungsvolle Eigenschaft hinzu, nämlich die Empfindlichkeit für eine Berührung, durch welches Mittel die Stengel der Blätter oder der Blüten oder die in Ranken modifizierten und umgewandelten Stengel gereizt werden, sich um den berührenden Gegenstand herumzubiegen und ihn zu ergreifen. Wer meine Abhandlung über diesen Gegenstand lesen will, wird denke ich, zugeben, daß alle die vielerlei Abstufungen in Struktur und Funktion zwischen einfachen Windeformen und Rankenträgern in jedem einzelnen Falle in hohem Grade für die Spezies wohltätig sind. So ist es z.B. offenbar ein großer Vorteil für eine kletternde Pflanze, ein Blattkletterer zu werden; und es ist wahrscheinlich, daß jede windende Form, welche Blätter mit langen Stengeln besaß, in einen Blattkletterer entwickelt worden sein würde, wenn die Stengel in irgendeinem unbedeutenden Grade die erforderliche Empfindlichkeit für Berührung besessen hätten.

Da das Winden das einfachste Mittel ist, an einer Stütze emporzusteigen, und es die Grundlage

Siebtes Kapitel

unserer Reihe bildet, so kann natürlich gefragt werden, wie Pflanzen dies Vermögen in einem beginnenden Grade erlangten, um es später durch natürliche Zuchtwahl verbessert und verstärkt zu erhalten. Das Vermögen zu winden, hängt erstens davon ab, daß die Stämme, solange sie sehr jung sind, äußerst biegsam sind (dies ist aber ein vielen Pflanzen, welche nicht klettern, zukommender Charakter) und zweitens davon, daß sie sich beständig nach allen Gegenden der Windrose hinbiegen, und zwar nacheinander von einer zur anderen in einer und derselben Ordnung. Durch diese Bewegung werden die Stämme nach allen Seiten geneigt und veranlaßt, sich rundum zu drehen. Sobald der untere Teil eines Stammes gegen irgendeinen Gegenstand anstößt und in der Bewegung aufgehalten wird, fährt der obere Teil noch immer fort, sich zu biegen und umzudrehen und windet sich infolge dessen rund um die Stütze und an ihr in die Höhe. Die aufrollende Bewegung hört nach dem ersten Wachstum jedes Triebes auf. Wie in vielen weit voneinander getrennten Familien von Pflanzen einzelne Spezies und einzelne Genera das Vermögen des Aufrollens besitzen und daher Winder geworden sind, so müssen sie dasselbe auch unabhängig erhalten und können es nicht von einem gemeinsamen Urerzeuger geerbt haben. Ich wurde daher darauf geführt, vorherzusagen, daß eine unbedeutende Neigung zu einer Bewegung dieser Art sich als durchaus nicht selten bei Pflanzen herausstellen würde, welche keine Kletterer sind, und daß dieselbe die Grundlage abgegeben habe, von welcher aus die natürliche Zuchtwahl ihre verbessernde Arbeit begonnen habe. Als ich diese Vorhersage machte, kannte ich nur einen unvollkommenen Fall, nämlich die jungen Blütenstengel einer *Maurandia*, welche wie die Stämme windender Pflanzen unbedeutend und unregelmäßig sich aufrollten, ohne indessen irgendeinen Nutzen aus dieser Gewohnheit zu ziehen. Kurze Zeit nachher entdeckte Fritz Müller, daß die jungen Stämme eines *Alisma* und eines *Linum*, also zweier Pflanzen, welche nicht klettern und im natürlichen System weit voneinander entfernt stehen, sich deutlich, wenn auch unregelmäßig aufrollten; und er gibt an, er habe zu vermuten Ursache, daß dies bei einigen anderen Pflanzen vorkommt. Diese unbedeutenden Bewegungen scheinen für die in Rede stehenden Pflanzen von keinem Nutzen zu sein; auf alle Fälle sind sie nicht von dem geringsten Nutzen in bezug auf das Klettern, welches der uns hier berührende Punkt ist. Nichtsdestoweniger können wir aber doch einsehen, daß, wenn die Stämme dieser Pflanzen biegsam gewesen wären und wenn es unter den Bedingungen, denen sie ausgesetzt sind, für sie ein Vorteil gewesen wäre, in die Höhe hinaufzusteigen, dann die Gewohnheit sich unbedeutend und unregelmäßig aufzurollen, durch natürliche Zuchtwahl verstärkt und zum Nutzen hätte verwendet werden können, bis sie in wohl entwickelte kletternde Spezies umgewandelt worden wären.

In Bezug auf die sensitive Beschaffenheit der Blatt und Blütenstengel und der Ranken finden nahezu dieselben Bemerkungen Anwendung, wie in dem Falle der vollendeten Bewegungen kletternder Pflanzen. Da eine ungeheure Anzahl von Pflanzen, welche zu weit voneinander entfernt stehenden Gruppen gehören, mit dieser Art der Empfindlichkeit ausgerüstet sind, so sollte man sie in einem eben beginnenden Zustand bei vielen Pflanzen finden, welche nicht Kletterer geworden sind. Dies ist der Fall; ich beobachtete, daß die jungen Blütenstile der oben erwähnten *Maurandia* sich ein wenig nach der Seite hin bogen, welche berührt wurde. Morren fand bei verschiedenen Spezies von *Oxalis*, daß sich die Blätter und ihre Stile, besonders wenn sie einer heißen Sonne ausgesetzt gewesen waren, bewegten, sobald sie leise und wiederholt berührt wurden oder wenn die Pflanze erschüttert wurde. Ich wiederholte diese Beobachtungen an einigen anderen Spezies von *Oxalis* mit demselben Resultat; bei einigen von ihnen war die Bewegung deutlich, war aber am besten an den jungen Blättern zu sehen; bei anderen war sie äußerst unbedeutend. Es ist eine noch bedeutungsvollere Tatsache, daß nach der hohen Autorität Hofmeisters die jungen Schößlinge und Blätter aller Pflanzen sich bewegen, wenn sie geschüttelt worden sind; und bei kletternden Pflanzen sind, wie man weiß, nur während der frühen Wachstumsstadien die Stengel und Ranken sensitiv.

Es ist kaum möglich, daß die oben erwähnten unbedeutenden, infolge einer Berührung oder

Erschütterung an den jungen und wachsenden Organen von Pflanzen auftretenden Bewegungen für sie von irgendeiner funktionellen Bedeutung sein können. Pflanzen zeigen aber Bewegungsvermögen, in Abhängigkeit von verschiedenen Reizen, welche von offenbarer Bedeutung für sie sind, z.B. nach dem Licht hin und seltener vom Licht weg, gegen die Anziehung der Schwerkraft oder seltener in der Richtung derselben. Wenn die Nerven und Muskeln eines Tieres durch Galvanismus oder durch Absorption von Strychnin gereizt werden, so kann man die darauffolgenden Bewegungen zufällige nennen; denn die Nerven und Muskeln sind nicht speziell empfindlich für diese Reize gemacht worden. So scheint es auch bei Pflanzen zu sein; da sie das Vermögen der Bewegung als Antwort auf gewisse Reize haben, so werden sie durch eine Berührung oder Erschütterung in einer zufälligen Art gereizt. Es liegt daher keine große Schwierigkeit in der Annahme, daß es bei Blattkletterern und Rankenträgern diese Neigung ist, welche von der natürlichen Zuchtwahl zum Vorteil der Pflanze benützt und verstärkt worden ist. Es ist indessen aus Gründen, welche ich in meiner Abhandlung entwickelt habe, wahrscheinlich, daß dies nur bei Pflanzen eingetreten sein wird, welche bereits das Vermögen des Aufrollens erlangt hatten und dadurch Windeformen geworden waren.

Ich habe bereits zu erklären versucht, wie Pflanzen die Eigenschaft des Windens erlangt haben, nämlich durch eine Verstärkung einer Neigung zu unbedeutenden und unregelmäßigen aufrollenden Bewegungen, welche anfangs für sie von keinem Nutzen waren; diese Bewegung, ebenso die, welche als Folge einer Berührung oder Erschütterung auftritt, war das zufällige Resultat des Bewegungsvermögens, welches zu anderen und wohltätigen Zwecken erlangt worden war. Ob während der stufenweisen Entwicklung der kletternden Pflanzen die natürliche Zuchtwahl durch die vererbten Wirkungen des Gebrauchs unterstützt worden ist, will ich nicht zu entscheiden wagen; wir wissen aber, daß gewisse periodische Bewegungen, z.B. der sogenannte Schlaf der Pflanzen, durch Gewohnheit bestimmt werden.

Ich habe nun von den, durch einen gewandten Naturforscher ausgewählten Fällen genug, und vielleicht sogar mehr als genug betrachtet, welche beweisen sollten, daß die natürliche Zuchtwahl unzureichend sei, die beginnenden Stufen nützlicher Gebilde zu erklären; und ich habe, wie ich hoffe, gezeigt, daß in diesem Punkt wohl keine große Schwierigkeit vorliegt. Es hat sich dadurch eine gute Gelegenheit dargeboten, mich etwas über Abstufungen des Baues zu verbreiten, welche häufig mit veränderten Funktionen verbunden sind; es ist dies ein wichtiger Gegenstand, welcher in den früheren Auflagen dieses Werkes nicht mit hinreichender Ausführlichkeit behandelt worden war. Ich will nun noch einmal kurz die vorstehend erwähnten Fälle zusammenfassen.

Was die Giraffe betrifft, so wird die beständige Erhaltung derjenigen Individuen eines ausgestorbenen hoch hinaufreichenden Wiederkäuers, welche die längsten Hälse, Beine usw. besaßen und die Pflanzen um ein weniges über die durchschnittliche mittlere Höhe hinauf abweiden konnten, ebenso wie die beständige Zerstörung jener, welche nicht so hoch weiden konnten, hingereicht haben, dieses merkwürdige Säugetier hervorzubringen, aber der fortgesetzte Gebrauch aller dieser Teile zusammen mit der Vererbung wird ihre Koordination in einer bedeutungsvollen Weise unterstützt haben. Bei den vielen Insekten, welche verschiedene Gegenstände nachahmen, liegt in der Annahme nichts Unwahrscheinliches, daß in jedem einzelnen Falle die Grundlage für die Tätigkeit der natürlichen Zuchtwahl eine zufällige Ähnlichkeit mit irgendeinem gewöhnlichen Gegenstand war, welche dann durch die gelegentliche Erhaltung unbedeutender Abänderungen, wenn sie nur die Ähnlichkeit irgendwie größer machten, vervollkommnet wurde; und dies wird so lange fortgesetzt worden sein, als das Insekt fortfuhr, zu variieren, und solange eine immer mehr und mehr vollkomme Ähnlichkeit sein Entkommen vor scharfsehenden Feinden beförderte. Bei gewissen Arten von Walen ist eine Neigung zur Bildung unregelmäßiger kleiner Hornpunkte am Gaumen vorhanden; und es scheint vollständig innerhalb des

Siebtes Kapitel

Wirkungskreises der natürlichen Zuchtwahl zu liegen, alle günstigen Abänderungen zu erhalten, bis die Punkte zuerst in blättrige Höcker oder Zähne, wie die am Schnabel der Gans, dann in kurze Lamellen, wie die der Hausenten, dann in Lamellen, so vollkommen wie die der Löffel-Ente, und endlich in die riesigen Fischbeinplatten, wie im Munde des Grönland-Wales, verwandelt wurden. In der Familie der Enten werden die Lamellen zuerst als Zähne, dann zum Teil als Zähne, zum Teil als ein Apparat zum Durchseihen, und zuletzt beinahe ausschließlich zu diesem letzten Zwecke benutzt.

Bei derartigen Gebilden wie den oben erwähnten Hornlamellen oder dem Fischbein kann Gewohnheit oder Gebrauch, soweit wir es zu beurteilen imstande sind, nur wenig oder nichts zu ihrer Entwicklung beigetragen haben. Andererseits kann man aber wohl das Hinüberschaffen des unteren Auges eines Plattfisches auf die obere Seite des Kopfes und die Bildung eines Greifschwanzes beinahe gänzlich dem beständigen Gebrauch in Verbindung mit Vererbung zu schreiben. In bezug auf die Milchdrüsen der höheren Säugetiere ist die wahrscheinlichste Vermutung die, daß ursprünglich die Hautdrüsen über die ganze Oberfläche der marsupialen Tasche eine nahrhafte Flüssigkeit absonderten und daß diese Drüsen durch natürliche Zuchtwahl in ihrer Funktion verbessert und auf eine beschränkte Fläche konzentriert wurden, in welchem Falle sie nun Milchdrüsen gebildet haben werden. Die Schwierigkeit einzusehen, wie die verzweigten Stacheln eines alten Echinoderms, welche als Verteidigungsmittel dienten, durch natürliche Zuchtwahl in dreiarmige Pedicellarien entwickelt wurden, ist nicht größer als die, die Entwicklung der Scheren der Crustaceen durch unbedeutende dienstbare Modifikationen in dem letzten und vorletzten Glied einer Gliedmaße, welche anfangs nur zur Lokomotion benutzt wurde, zu verstehen. In den vogelkopfförmigen Organen und den Vibrakeln der Bryozoen haben wir Organe, in ihrer äußeren Erscheinung weit voneinander verschieden, welche sich aus derselben Grundform entwickelt haben; und bei den Vibrakeln können wir einsehen, wie die aufeinanderfolgenden Abstufungen von Nutzen gewesen sein dürften. Was die Pollinien der Orchideen betrifft, so läßt sich verfolgen, wie die Fäden, welche ursprünglich dazu dienten, die Pollenkörner zusammenzuhalten, zu den Schwänzchen sich verbanden, und auch die Schritte lassen sich verfolgen, auf welchen klebrige Masse, solche wie von den Narben gewöhnlicher Blüten abgesondert wird und noch immer nahezu, aber nicht völlig demselben Zweck dient, den freien Enden der Schwänzchen angeheftet wird, wobei alle diese Abstufungen von offenbarem Nutzen für die in Rede stehenden Pflanzen sind. In bezug auf die kletternden Pflanzen brauche ich das nicht zu wiederholen, was erst ganz vor kurzem gesagt worden ist.

Es ist oft gefragt worden: Wenn die natürliche Zuchtwahl so vielvermögend ist, warum haben nicht gewisse Spezies diese oder jene Struktureinrichtung erlangt, welche ganz offenbar für sie vorteilhaft gewesen wäre? Es ist aber unverständig, eine präzise Antwort auf derartige Fragen zu erwarten, wenn man unsere Unwissenheit in bezug auf die vergangene Geschichte einer jeden Spezies und auf die Bedingungen, welche heutigen Tages ihre Individuenzahl und Verbreitung bestimmen, in Betracht zieht. In den meisten Fällen lassen sich nur allgemeine Gründe anführen, aber in einigen wenigen Fällen spezielle Gründe. So sind, um eine Spezies neuen Lebensweisen anzupassen, viele einander koordinierte Modifikationen beinahe unentbehrlich, und es wird sich häufig ereignet haben, daß die erforderlichen Teile nicht in der rechten Art und Weise oder nicht bis zum richtigen Grade variierten. Viele Spezies müssen an der Vermehrung ihrer Individuenzahl durch zerstörende Einwirkungen gehindert worden sein, welche in keiner Beziehung zu gewissen Struktureigentümlichkeiten gestanden haben, die wir uns, da sie uns vorteilhaft für die Spezies zu sein scheinen, als durch natürliche Zuchtwahl erhalten vorstellen. Da der Kampf ums Leben nicht von solchen Gebilden abhing, konnten sie in diesem Falle nicht durch natürliche Zuchtwahl erlangt worden sein. In vielen Fällen sind zur Entwicklung einer bestimmten Struktureinrichtung komplizierte und lang andauernde Bedingungen, oft von einer eigentümlichen Beschaffenheit, notwendig; und die erforderlichen Bedingungen mögen nur selten eingetreten sein. Die Annahme, daß irgendeine gegebene Bildung, von welcher wir, häufig irrtümlicherweise, glauben, daß sie für die Art wohltätig gewesen sein würde, unter allen Umständen durch natürliche Zuchtwahl erlangt worden sein würde, steht im Widerspruch zu dem, was wir von ihrer Wirkungsweise zu verstehen imstande sind. Mr. Mivart leugnet nicht, daß die natürliche Zuchtwahl etwas ausgerichtet hat, er betrachtet es aber als „nachweisbar ungenügend", um die Erscheinungen zu erklären, welche ich durch ihre Tätigkeit erkläre. Seine hauptsächlichsten Beweisgründe sind nun betrachtet worden und die übrigen werden später noch in Betracht gezogen werden. Sie scheinen mir wenig von dem Charakter eines Beweises an sich zu tragen und nur wenig Gewicht zu haben im Vergleich zu denen, welche zugunsten der Kraft der natürlichen Zuchtwahl, unterstützt von den anderen speziell angeführten Agentien, sprechen. Ich halte mich für verpflichtet, hinzuzufügen, daß einige der von mir hier beigebrachten Tatsachen und Argumentationen zu demselben Zweck in einem kürzlich in der „Medico-chirurgical Review" veröffentlichten Artikel ausgesprochen worden sind.

Heutigen Tages nehmen alle Naturforscher Entwicklung unter irgendeiner Form an. Mr. Mivart glaubt, daß die Spezies sich „durch eine innere Kraft oder Neigung" verändern, über welche irgend etwas zu wissen nicht behauptet wird. Daß die Spezies die Fähigkeit sich zu verändern haben, wird von allen Anhängern der Entwicklungslehre, Evolutionisten, zugegeben werden; wie es mir aber scheint, ist keine Nötigung vorhanden, irgendeine innere Kraft außer der Neigung zu gewöhnlicher Variabilität anzurufen, welche ja unter der Hilfe der Zuchtwahl durch den Menschen so viele gut angepaßte domestizierte Rassen hat entstehen lassen, welche daher auch unter der Hilfe der natürlichen Zuchtwahl in gleicher Weise in langsam abgestuften Schritten natürliche Rassen oder Spezies entstehen lassen wird. Das endliche Resultat wird, wie bereits auseinandergesetzt worden ist, allgemein ein Fortschritt, aber in einigen wenigen Fällen ein Rückschritt in der Organisation sein.

Mr. Mivart ist ferner zu der Annahme geneigt, und einige Naturforscher stimmen hier mit ihm überein, daß neue Spezies sich „plötzlich und durch auf einmal erscheinende Modifikationen" offenbaren. Er vermutet z. B., daß die Verschiedenheiten zwischen dem ausgestorbenen dreizehigen *Hipparion* und dem Pferd plötzlich entstanden. Er hält es für schwierig zu glauben, daß der Flügel eines Vogels „auf irgendeine andere Weise als durch eine vergleichsweise plötzliche Modifikation einer auffallenden und bedeutungsvollen Art entwickelt wurde"; und allem Anschein nach würde er dieselbe Ansicht auch auf die Flugwerkzeuge der Fledermäuse und Pterodactylen ausdehnen. Diese Schlußfolgerung, welche große Sprünge und Unterbrechungen in der Reihe einschließen würde, scheint mir im höchsten Grade unwahrscheinlich zu sein.

Ein jeder, der an langsame und stufenweise Entwicklung glaubt, wird natürlicherweise zugeben, daß spezifische Abänderungen ebenso abrupt und ebensogroß aufgetreten sein können, wie irgendeine einzelne Abänderung, welche wir im Naturzustand oder selbst im Zustand der Domestikation antreffen. Da aber Spezies variabler sind, wenn sie domestiziert oder kultiviert werden, als unter ihren natürlichen Bedingungen, so ist es nicht wahrscheinlich, daß solche große und abrupte Abänderungen im Naturzustand häufig eingetreten sind, wie sie erfahrungsgemäß gelegentlich im Zustand der Domestikation auftraten. Von diesen letzteren Abänderungen können mehrere dem Rückschlag zugeschrieben werden; und die Charaktere, welche auf diese Weise wiedererscheinen, waren wahrscheinlich in vielen Fällen zuerst in einer allmählichen Weise erlangt worden. Eine noch viel größere Zahl muß als Monstrositäten bezeichnet werden, wie das Erscheinen von sechs Fingern, einer stachligen Haut beim Menschen, das Otter- oder Ancon-Schaf, das Niata-Rind usw.; und da diese in ihrem Charakter von natürlichen Spezies sehr verschieden sind, so werfen sie auf unseren Gegenstand nur wenig Licht. Schließt man solche Fälle von abrupten Abänderungen aus, so werden die wenigen, welche übrig bleiben, im besten Falle, würden sie im Naturzustand gefunden werden, zweifelhafte, ihren vorelterlichen Typen nahe verwandte Spezies herstellen.

Siebtes Kapitel

Meine Gründe, es zu bezweifeln, daß natürliche Spezies ebenso abrupt wie gelegentlich domestizierte Rassen sich verändert haben, und es durchaus nicht zu glauben, daß sie sich in der wunderbaren Art und Weise verändert haben, wie es Mr. Mivart angegeben hat, sind die folgenden: Unserer Erfahrung zufolge kommen abrupte und stark ausgesprochene Abänderungen bei unseren domestizierten Erzeugnissen einzeln vor und nach, im ganzen langen Zeitintervallen. Kämen solche im Naturzustand vor, so würden sie, wie früher erklärt wurde, dem ausgesetzt sein, durch zufällige Zerstörungsursachen und durch später eintretende Kreuzung verloren zu werden; und man weiß, daß dies im Zustand der Domestikation der Fall ist, wenn abrupte Abänderungen dieser Art nicht durch die Sorgfalt des Menschen speziell erhalten und separiert werden. Damit daher eine neue Spezies in der von Mr. Mivart vermuteten Art plötzlich auftrete, ist es beinahe notwendig anzunehmen, daß, im Gegensatz zu aller Analogie, mehrere wunderbar veränderte Individuen gleichzeitig innerhalb eines und desselben Gebietes erscheinen. Diese Schwierigkeit wird, wie in dem Falle der unbewußten Zuchtwahl des Menschen, nach der Theorie der stufenweisen Entwicklung vermieden durch die Erhaltung einer großen Zahl an Individuen, welche mehr oder weniger in irgendeiner günstigen Richtung variieren, und durch die Zerstörung einer großen Zahl, welche in der entgegengesetzten Art variieren.

Daß viele Spezies in einer äußerst allmählich abgestuften Weise entwickelt worden sind, darüber kann kaum ein Zweifel bestehen. Die Spezies und selbst die Gattungen vieler großen natürlichen Familien sind so nahe miteinander verwandt, daß es bei nicht wenigen von ihnen schwierig ist, sie zu unterscheiden. Auf jedem Kontinent begegnen wir, wenn wir von Norden nach Süden, von Niederungen zu Bergländern usw. fortschreiten, einer großen Menge nahe verwandter oder repräsentativer Spezies, wie wir solche gleicherweise auf gewissen verschiedenen Kontinenten finden, von denen wir Grund zur Annahme haben, daß sie früher in Zusammenhang standen. Indem ich aber diese und die folgenden Bemerkungen mache, bin ich genötigt, Gegenstände zu berühren, welche später erörtert werden. Man werfe einen Blick auf die vielen rund um einen Kontinent liegenden äußeren Inseln und sehe, wie viele ihrer Bewohner nur bis zum Rang zweifelhafter Arten erhoben werden können. So ist es auch, wenn wir einen Blick auf vergangene Zeiten werfen und die Spezies, welche eben verschwunden sind, mit den jetzt in demselben Gebiet lebenden vergleichen; oder wenn wir die in den verschiedenen Gliedern einer und derselben geologischen Formation eingeschlossenen fossilen Arten miteinander vergleichen. Es zeigt sich in der Tat offenbar, daß große Mengen an Spezies in der engsten Weise mit anderen noch existierenden oder vor kurzem existiert habenden verwandt sind; und man wird wohl kaum behaupten, daß derartige Spezies in einer abrupten oder plötzlichen Art und Weise entwickelt worden sind. Man darf auch nicht vergessen, daß, wenn man auf spezielle Teile verwandter Arten anstatt auf verschiedene Arten achtet, zahlreiche und wunderbar feine Abstufungen verfolgt werden können, welche sehr verschiedene Strukturverhältnisse untereinander verbinden.

Viele große Gruppen von Tatsachen sind nur von dem Grundsatz aus verständlich, daß die Spezies durch sehr kleine stufenweise Schritte sich entwickelt haben; so z.B. die Tatsache, daß die von größeren Gattungen umfaßten Spezies näher miteinander verwandt sind und eine größere Anzahl an Varietäten darbieten, als die Arten in den kleineren Gattungen. Die ersteren ordnen sich auch in kleine Gruppen, wie Varietäten um Spezies, und sie bieten noch andere Analogien mit Varietäten dar, wie im zweiten Kapitel gezeigt wurde. Nach demselben Prinzip können wir auch verstehen, woher es kommt, daß spezifische Charaktere variabler sind als Gattungscharaktere, und warum die Teile, welche in einer außerordentlichen Weise oder in einem außerordentlichen Grad entwickelt sind, variabler sind, als andere Teile der nämlichen Spezies. Es könnten noch viele analoge, alle nach derselben Richtung hinweisende Tatsachen hinzugefügt werden.

Obgleich sehr viele Spezies beinahe sicher durch Abstufungen hervorgebracht worden sind, nicht größer als die, welche feine Varietäten trennen, so dürfte doch behauptet werden, daß einige auf eine verschiedene und abrupte Art und Weise entwickelt worden sind. Eine solche Annahme darf indessen nicht ohne Anführung gewichtiger Zeugnisse gemacht werden. Die vagen und in einigen Beziehungen falschen Analogien, (als welche sie von Mr. Chauncey Wright nachgewiesen worden sind,) welche zugunsten dieser Ansicht vorgebracht worden sind, wie die plötzliche Kristallisation unorganischer Substanzen oder das Fallen eines facettierten Sphäroids von einer Facette auf die andere, verdienen kaum eine Betrachtung. Indessen eine Klasse von Tatsachen, nämlich das plötzliche Erscheinen neuer und verschiedener Lebensformen in unseren geologischen Formationen, unterstützt auf den ersten Blick den Glauben an plötzliche Entwicklung. Aber der Wert dieses Beweises hängt gänzlich von der Vollkommenheit der geologischen Berichte in bezug auf Perioden ab, welche in der Geschichte der Welt weit zurückliegen. Ist dieser Bericht so fragmentarisch, wie viele Geologen nachdrücklich behaupten, dann liegt darin nichts besonderes, daß neue Formen wie plötzlich entwickelt erscheinen.

Wenn wir nicht so ungeheure Umbildungen zugeben, wie die von Mr. Mivart verteidigten, wie die plötzliche Entwicklung der Flügel der Vögel oder Fledermäuse, oder die plötzliche Umwandlung eines *Hipparion* in ein Pferd, so wirft der Glaube an abrupte Modifikationen kaum irgendwelches Licht auf das Fehlen von Zwischengliedern in unseren geologischen Formationen. Aber gegen den Glauben an derartige abrupte Veränderungen legt die Embryologie einen gewichtigen Protest ein. Es ist bekannt, daß die Flügel der Vögel und Fledermäuse und die Beine der Pferde und anderer Vierfüßler in einer frühen embryonalen Periode nicht zu unterscheiden sind und durch unmerklich feine Abstufungen differenziert werden. Wie wir später sehen werden, lassen sich embryonale Ähnlichkeiten aller Art dadurch erklären, daß die Urerzeuger unserer existierenden Spezies erst nach der frühen Jugend variiert und ihre nun erlangten Charaktere ihren Nachkommen in einem entsprechenden Alter überliefert haben. Der Embryo ist hiernach beinahe unberührt gelassen worden und dient als Geschichte des vergangenen Zustandes der Spezies. Daher kommt es, daß jetzt existierende Spezies während der frühen Stufen ihrer Entwicklung so häufig alten und ausgestorbenen, zu der nämlichen Klasse gehörenden Formen ähnlich sind. Nach dieser Ansicht von der Bedeutung embryonaler Ähnlichkeiten, und in der Tat auch nach jeder anderen, ist es unglaublich, daß ein Tier solche augenblickliche und abrupte Umbildungen, wie die oben angedeuteten, erfahren haben sollte, ohne daß es in seinem embryonalen Zustand auch nur eine Spur irgendeiner plötzlichen Modifikation darböte, da eben jede Einzelheit seines Körperbaues durch unmerklich feine Abstufungen entwickelt wurde.

Wer da glaubt, daß irgendeine alte Form plötzlich durch eine innere Kraft oder Tendenz z.B. in eine mit Flügeln versehene Form umgewandelt worden sei, wird beinahe zu der Annahme genötigt, daß im Widerspruch mit aller Analogie, viele Individuen gleichzeitig abgeändert haben. Es kann nicht geleugnet werden, daß derartige große und abrupte Veränderungen im Bau von denen weit verschieden sind, welche die meisten Spezies augenscheinlich erlitten haben. Er wird ferner zu glauben genötigt sein, daß viele, allen übrigen Teilen des nämlichen Wesens und den umgebenden Bedingungen wunderschön angepaßten Struktureinrichtungen plötzlich erzeugt worden sind; und für solche komplizierte und wunderbare gegenseitige Anpassungen wird er auch nicht einen Schatten einer Erklärung beizubringen imstande sein. Er wird gezwungen sein, anzunehmen, daß diese großen und plötzlichen Umbildungen keine Spur ihrer Einwirkung im Embryo zurückgelassen haben. Alles dies annehmen, heißt aber, wie mir scheint, in den Bereich des Wunders eintreten und den der Wissenschaft verlassen.

Achtes Kapitel

Instinkt

Instinkte vergleichbar mit Gewohnheiten, doch anderen Ursprungs – Abstufungen der Instinkte – Blattläuse und Ameisen – Instinkte veränderlich – Instinkte domestizierter Tiere und deren Entstehung – Natürliche Instinkte des Kuckucks, des Molothrus, des Straußes und der parasitischen Bienen – Sklavenmachende Ameisen – Honigbienen und ihr Zellenbau-Instinkt – Veränderung von Instinkt und Struktur nicht notwendig gleichzeitig – Schwierigkeiten der Theorie natürlicher Zuchtwahl der Instinkte – Geschlechtslose oder unfruchtbare Insekten – Zusammenfassung des Kapitels

Instinkte vergleichbar mit Gewohnheiten, doch anderen Ursprungs – Abstufungen der Instinkte – Blattläuse und Ameisen – Instinkte veränderlich

Viele Instinkte sind so wunderbar, daß ihre Entwicklung dem Leser wahrscheinlich als eine Schwierigkeit erscheint, welche hinreicht, meine ganze Theorie über den Haufen zu werfen. Ich will hier vorausschicken, daß ich nichts mit dem Ursprung der geistigen Grundkräfte, noch mit dem des Lebens selbst zu schaffen habe. Wir haben es nur mit den Verschiedenheiten des Instinktes und der übrigen geistigen Fähigkeiten der Tiere in einer und der nämlichen Klasse zu tun.

Ich will keine Definition des Ausdrucks Instinkt zu geben versuchen. Es würde leicht sein, zu zeigen, daß ganz allgemein mehrere verschiedene geistige Fähigkeiten unter diesem Namen begriffen werden. Doch weiß jeder, was damit gemeint ist, wenn ich sage, der Instinkt veranlasse den Kuckuck zu wandern und seine Eier in anderer Vögel Nester zu legen. Wenn eine Handlung, zu deren Vollziehung selbst von unserer Seite Erfahrung vorausgesetzt wird, von Seiten eines Tieres und besonders eines sehr jungen Tieres noch ohne alle Erfahrung ausgeführt wird, und wenn sie auf gleiche Weise bei vielen Tieren erfolgt, ohne daß diese den Zweck derselben kennen, so wird sie gewöhnlich eine instinktive Handlung genannt. Ich könnte jedoch zeigen, daß keines von diesen Kennzeichen des Instinkts allgemein ist. Eine kleine Dosis von Urteil oder Verstand, wie Pierre Huber es ausdrückt, kommt oft mit ins Spiel, selbst bei Tieren, welche sehr tief auf der Stufenleiter der Natur stehen.

Frédéric Cuvier und mehrere von den älteren Metaphysikern haben Instinkt mit Gewohnheit verglichen. Dieser Vergleich gibt, denke ich, einen genauen Begriff von dem Zustand des Geistes, in dem eine instinktive Handlung vollzogen wird, aber nicht notwendig auch von ihrem Ursprung. Wie unbewußt werden manche unserer habituellen Handlungen vollzogen, ja nicht selten in geradem Gegensatz zu unserem bewußten Willen! Und doch können sie durch den Willen oder Verstand abgeändert werden. Gewohnheiten verbinden sich leicht mit anderen Gewohnheiten oder mit gewissen Zeitabschnitten und mit bestimmten Zuständen des Körpers. Einmal angenommen erhalten sie sich oft lebenslänglich. Es ließen sich noch manche andere Ähnlichkeiten zwischen Instinkten und Gewohnheiten nachweisen. Wie bei Wiederholung eines wohlbekannten Gesanges, so folgt auch beim Instinkt eine Handlung auf die andere durch eine Art Rhythmus. Wenn jemand beim Gesang oder bei Hersagung auswendig gelernter Worte unterbrochen wird, so ist er gewöhnlich genötigt, wieder von vorn anzufangen, um den gewohnheitsgemäßen Gedankengang wieder zu finden. So sah es P. Huber auch bei einer Raupenart, wenn sie beschäftigt war, ihr sehr zusammengesetztes Gewebe zu fertigen; nahm er sie heraus, nachdem dieselbe ihr Gewebe, sagen wir bis zur sechsten Stufe vollendet hatte, und setzte er sie in ein anderes nur bis zur dritten vollendetes, so fertigte sie einfach die vierte und fünfte Stufe nochmals mit der sechsten an. Nahm er sie aber aus einem z. B. bis zur dritten Stufe vollendeten Gewebe und setzte sie in ein bis zur sechsten fertiges, so daß sie ihre Arbeit schon größtenteils getan fand, so sah sie bei weitem diesen Vorteil nicht ein, sondern fing in großer Befangenheit über diesen Stand der Sache die Arbeit nochmals vom dritten Stadium an, da, wo sie solche in ihrem eigenen Gewebe verlassen hatte, und suchte von da aus das schon fertige Werk zu Ende zu führen.

Wenn wir nun annehmen, – und es läßt sich nachweisen, daß dies zuweilen eintritt –, daß eine durch Gewohnheit angenommene Handlungsweise auch auf die Nachkommen vererbt wird, dann würde die Ähnlichkeit zwischen dem, was ursprünglich Gewohnheit, und dem, was Instinkt war, so groß sein, daß beide nicht mehr unterscheidbar wären. Wenn Mozart statt in einem Alter von drei Jahren das Pianoforte nach wunderbar wenig Übung zu spielen, ohne alle vorgängige Übung eine Melodie gespielt hätte, so könnte man in Wahrheit sagen, er habe dies instinktiv getan. Es würde aber ein bedenklicher Irrtum sein, anzunehmen, daß die Mehrzahl der Instinkte durch Gewohnheit während einer Generation erworben und dann schon auf die nachfolgenden Generationen vererbt worden sei. Es läßt sich genau nachweisen, daß die wunderbarsten Instinkte, die wir kennen, wie die der Korbbienen und vieler Ameisen, unmöglich durch die Gewohnheit erworben sein können.

Man wird allgemein zugeben, daß für das Gedeihen einer jeden Spezies unter ihren jetzigen Existenzbedingungen Instinkte eben so wichtig sind, wie die Körperbildung. Ändern sich die Lebensbedingungen einer Spezies, so ist es wenigstens möglich, daß auch geringe Änderungen in ihrem Instinkt für sie nützlich sein werden. Wenn sich nun nachweisen läßt, daß Instinkte, wenn auch noch so wenig, variieren, dann kann ich keine Schwierigkeit für die Annahme sehen, daß natürliche Zuchtwahl auch geringe Abänderungen des Instinktes erhalte und durch beständige Häufung bis zu einem vorteilhaften Grade vermehre. In dieser Weise dürften, wie ich glaube, alle und auch die zusammengesetztesten und wunderbarsten Instinkte entstanden sein. Wie Abänderungen im Körperbau durch Gebrauch und Gewohnheit veranlaßt und verstärkt, dagegen durch Nichtgebrauch verringert oder ganz eingebüßt werden können, so ist es zweifelsohne auch mit den Instinkten der Fall gewesen. Ich glaube aber, daß die Wirkungen der Gewohnheit in vielen Fällen von ganz untergeordneter Bedeutung sind gegenüber den Wirkungen natürlicher Zuchtwahl auf sogenannte spontane Abänderungen des Instinktes, d. h. auf Abänderungen infolge derselben unbekannten Ursachen, welche geringe Abweichung in der Körperbildung veranlassen.

Kein zusammengesetzter Instinkt kann möglicherweise durch natürliche Zuchtwahl anders als durch langsame und stufenweise Häufung vieler geringer, aber nutzbarer Abänderungen hervorgebracht werden. Daher müßten wir, wie bei der Körperbildung, in der Natur zwar nicht die wirklichen Übergangsstufen, die jeder zusammengesetzte Instinkt bis zu seiner jetzigen Vollkommenheit durchlaufen hat, – die ja bei jeder Art nur in ihren Vorgängern gerader Linie zu entdecken sein würden –, wohl aber einige Beweise für solche Abstufungen in den Seitenlinien von gleicher Abstammung finden, oder wenigstens nachweisen können, daß irgendwelche Abstufungen möglich sind; und dies sind wir sicher imstande. Bringt man aber selbst in Rechnung, daß fast nur die Instinkte von in Europa und Nord-Amerika lebenden Tieren näher beobachtet worden und die der untergegangenen Tiere uns ganz unbekannt sind, so war ich doch erstaunt zu finden, wie ganz allgemein sich Abstufungen bis zu den Instinkten der zusammengesetztesten Art entdecken lassen. Instinktänderungen mögen zuweilen dadurch erleichtert werden, daß eine und dieselbe Spezies verschiedene Instinkte in verschiedenen Lebensperioden oder Jahreszeiten besitzt, oder wenn sie unter andere äußere Lebensbedingungen versetzt wird usw., in welchen Fällen dann wohl entweder nur der eine oder nur der andere Instinkt durch natürliche Zuchtwahl erhalten werden wird. Beispiele von solcher Verschiedenheit des Instinktes bei einer und derselben Art lassen sich in der Natur nachweisen.

Achtes Kapitel

Nun ist, wie es bei der Körperbildung der Fall und meiner Theorie gemäß ist, auch der Instinkt einer jeden Art nützlich für diese und soviel wir wissen niemals zum ausschließlichen Nutzen anderer Arten vorhanden. Eines der triftigsten Beispiele, die ich kenne, von Tieren, welche anscheinend zum bloßen Besten anderer etwas tun, liefern die Blattläuse, indem sie, wie Huber zuerst bemerkte, freiwillig den Ameisen ihre süßen Exkretionen überlassen. Daß sie dies freiwillig tun, geht aus folgenden Tatsachen hervor: Ich entfernte alle Ameisen von einer Gruppe von etwa zwölf Aphiden auf einer Ampferpflanze und hinderte beider Zusammenkommen mehrere Stunden lang. Nach dieser Zeit war ich sicher, daß die Blattläuse das Bedürfnis der Exkretion hatten. Ich beobachtete sie eine Zeit lang durch eine Lupe, aber nicht eine gab eine Exkretion von sich. Darauf streichelte und kitzelte ich sie mit einem Haar, so gut ich es konnte auf dieselbe Weise, wie es die Ameisen mit ihren Fühlern machen, aber keine Exkretion erfolgte. Nun ließ ich eine Ameise hinzu und aus ihrem eifrigen Hin- und Herrennen schien hervorzugehen, daß sie augenblicklich erkannt hatte, welch ein reicher Genuß ihrer harre. Sie begann dann mit ihren Fühlern den Hinterleib erst einer und dann einer anderen Blattlaus zu betasten, deren jede, sowie sie die Berührung des Fühlers empfand, sofort den Hinterleib in die Höhe richtete und einen klaren Tropfen süßer Flüssigkeit ausschied, der alsbald von der Ameise eingesogen wurde. Selbst ganz junge Blattläuse benahmen sich auf diese Weise und zeigten, daß ihr Verhalten ein instinktives und nicht die Folge der Erfahrung war. Nach den Beobachtungen Hubers ist es sicher, daß die Blattläuse keine Abneigung gegen die Ameisen zeigen, und wenn diese fehlen, so sind sie zuletzt genötigt, ihre Exkretionen auszustoßen. Da nun die Aussonderung außerordentlich klebrig ist, so ist es ohne Zweifel für die Aphiden von Nutzen, daß sie entfernt werde; und so ist es denn wahrscheinlich auch mit dieser Exkretion nicht auf den ausschließlichen Vorteil der Ameisen abgesehen. Obwohl kein Zeugnis dafür existiert, daß irgendein Tier in der Welt etwas zum ausschließlichen Nutzen einer anderen Art tue, so sucht doch jede Art Vorteil von den Instinkten anderer zu ziehen und macht sich die schwächere Körperbeschaffenheit anderer zu Nutze. So können denn auch in einigen Fällen gewisse Instinkte nicht als absolut vollkommen betrachtet werden, was ich aber bis ins Einzelne auseinanderzusetzen hier unterlassen will, da ein derartiges Eingehen nicht unentbehrlich ist.

Da im Naturzustand ein gewisser Grad von Abänderung in den Instinkten und die Erblichkeit solcher Abänderungen zur Wirksamkeit der natürlichen Zuchtwahl unerläßlich ist, so sollten wohl so viel Beispiele wie möglich hierfür angeführt werden; aber Mangel an Raum hindert mich es zu tun. Ich kann bloß versichern, daß Instinkte gewiß variieren, wie z. B. der Wanderinstinkt nach Ausdehnung und Richtung variieren oder sich auch ganz verlieren kann. So ist es mit den Nestern der Vögel, welche teils je nach der dafür gewählten Stelle, nach den Natur- und Wärmeverhältnissen der bewohnten Gegend, teils aber auch oft aus ganz unbekannten Ursachen abändern. So hat Audubon einige sehr merkwürdige Fälle von Verschiedenheiten in den Nestern derselben Vogelarten, je nachdem sie im Norden oder im Süden der Vereinigten Staaten leben, mitgeteilt. Warum, hat man gefragt, hat die Natur, wenn Instinkt veränderlich ist, der Biene nicht „die Fähigkeit gegeben, andere Materialien da zu benützen, wo Wachs fehlt?" Aber welche anderen Materialien könnten Bienen benützen? Ich habe gesehen, daß sie mit Cochenille erhärtetes und mit Fett erweichtes Wachs gebrauchen und verarbeiten. Andrew Knight sah seine Bienen, statt emsig Pollen einzusammeln, ein Zement aus Wachs und Terpentin gebrauchen, womit er entrindete Bäume überstrichen hatte. Endlich hat man kürzlich Bienen beobachtet, die, statt Blüten um ihres Samenstaubs willen aufzusuchen, gerne eine ganz verschiedene Substanz, nämlich Hafermehl, verwendeten. – Furcht vor irgendeinem besonderen Feind ist gewiß eine instinktive Eigenschaft, wie man bei den noch im Nest sitzenden Vögeln zu erkennen Gelegenheit hat, obwohl sie durch Erfahrung und durch die Wahrnehmung von Furcht vor demselben Feind bei anderen Tieren noch verstärkt wird. Aber Tiere auf abgelegenen kleinen Eilanden lernen, wie ich anderwärts gezeigt habe, sich nur langsam vor dem Menschen fürchten;

und so nehmen wir auch selbst in England wahr, daß die großen Vögel, weil sie vom Menschen mehr verfolgt werden, sich viel mehr vor ihm fürchten als die kleinen. Wir können die bedeutendere Scheu großer Vögel getrost dieser Ursache zuschreiben; denn auf von Menschen unbewohnten Inseln sind die großen nicht scheuer als die kleinen; und die Elster, so furchtsam in England, ist in Norwegen ebenso zahm wie die Krähe (*Corvuscornix*) in Ägypten.

Daß die geistigen Qualitäten der Individuen einer Spezies im allgemeinen, auch wenn sie in der freien Natur geboren sind, vielfach abändern, kann mit vielen Tatsachen belegt werden. Auch ließen sich von nicht gezähmten Tieren Beispiele von zufälligen und fremdartigen Gewohnheiten anführen, die, wenn sie der Art nützlich wären, durch natürliche Zuchtwahl zu ganz neuen Instinkten hätten Veranlassung geben können. Ich weiß aber wohl, daß diese allgemeinen Behauptungen, ohne einzelne Tatsachen zum Beleg, nur einen schwachen Eindruck auf den Leser machen werden, kann jedoch nur meine Versicherung wiederholen, daß ich nicht ohne gute Beweise so spreche.

Instinkte domestizierter Tiere und deren Entstehung

Die Möglichkeit oder sogar Wahrscheinlichkeit, Abänderungen des Instinktes im Naturzustand zu vererben, wird durch Betrachtung einiger Fälle bei domestizierten Tieren noch stärker hervortreten. Wir werden dadurch auch in den Stand gesetzt, den Anteil kennenzulernen, welchen Gewöhnung und die Züchtung sogenannter spontaner Abweichungen in bezug auf die Modifikationen der Geistesfähigkeiten unserer Haustiere ausgeübt haben. Es ist offenkundig, wie sehr domestizierte Tiere in ihren geistigen Eigenschaften abändern. Unter den Katzen z.B. geht die eine von Natur darauf aus, Ratten zu fangen, eine andere Mäuse; und man weiß, daß diese Neigungen vererbt werden. Nach St. John brachte die eine Katze immer Jagdvögel nach Hause, eine andere Hasen oder Kaninchen, und eine andere jagte auf Marschboden und fing fast allnächtlich Haselhühner oder Schnepfen. Es läßt sich eine Anzahl merkwürdiger und verbürgter Beispiele anführen von der Vererblichkeit verschiedener Abschattungen der Gemütsart, des Geschmacks oder der sonderbarsten Einfälle in Verbindung mit gewissen geistigen Zuständen oder mit gewissen periodischen Bedingungen. Bekannte Belege dafür liefern uns die verschiedenen Hunderassen. So unterliegt es keinem Zweifel (und ich habe selbst einen schlagenden Fall der Art gesehen), daß junge Vorstehehunde zuweilen stellen und selbst andere Hunde zum Stellen bringen, wenn sie das erste Mal mit hinausgenommen werden. So ist das Apportieren der Wasserhunde gewiß oft ererbt, wie junge Schäferhunde geneigt sind, die Herde zu umkreisen statt auf sie loszulaufen. Ich kann nicht einsehen, daß diese Handlungen wesentlich von Äußerungen wirklichen Instinktes verschieden wären; denn die jungen Hunde handeln ohne Erfahrung, ein Individuum fast wie das andere in derselben Rasse, mit demselben entzückten Eifer und ohne den Zweck zu kennen. Denn der junge Vorstehehund weiß noch ebensowenig, daß er durch sein Stellen den Absichten seines Herrn dient, wie der Kohlschmetterling weiß, warum er seine Eier auf ein Kohlblatt legt. Wenn wir eine Art Wolf sähen, welcher noch jung und ohne Abrichtung bei Witterung seiner Beute bewegungslos wie eine Bildsäule stehen bliebe und dann mit eigentümlicher Haltung langsam auf sie hinschliche, oder eine andere Art Wolf, welche statt auf ein Rudel Hirsche zuzuspringen, dasselbe umkreise und so nach einem entfernten Punkt hin triebe, so würden wir dieses Verhalten gewiß dem Instinkt zuschreiben. Domestizierte Instinkte, wie man sie nennen könnte, sind gewiß viel weniger fest fixiert als die natürlichen; es hat aber auch eine viel minder strenge Zuchtwahl auf sie eingewirkt, und sie sind eine bei weitem kürzere Zeit hindurch unter minder steten Lebensbedingungen vererbt worden.

Wie streng diese domestizierten Instinkte, Gewohnheiten und Neigungen vererbt werden und wie wunderbar sie sich zuweilen mischen, zeigt sich sehr deutlich, wenn verschiedene Hunderassen miteinander gekreuzt werden. So ist eine Kreuzung mit Bullenbeißern auf viele Generationen hinaus auf den Mut und die Beharrlichkeit des Windhundes von Einfluß gewesen, und eine Kreuzung mit dem Windhund hat auf eine ganze Familie von Schäferhunden die Neigung übertragen, Hasen zu verfolgen. Diese domestizierten Instinkte, auf solche Art durch Kreuzung erprobt, gleichen natürlichen Instinkten, welche sich in ähnlicher Weise sonderbar miteinander verbinden, so daß sich auf lange Zeit hinaus Spuren des Instinktes beider Eltern erhalten. So beschreibt z. B. Le Roy einen Hund, dessen Urgroßvater ein Wolf war; dieser Hund verriet die Spuren seiner wilden Abstammung nur auf eine Weise, indem er nämlich, wenn er von seinem Herrn gerufen wurde, nie in gerader Richtung auf ihn zukam.

Domestizierte Instinkte werden zuweilen als Handlungen bezeichnet, welche bloß durch eine lang fortgesetzte und erzwungene Gewohnheit erblich werden; dies ist aber nicht richtig. Gewiß hat niemals jemand daran gedacht oder versucht, die Purzeltaube das Purzeln zu lehren, was, wie ich selbst erlebt habe, auch schon junge Tauben tun, welche nie andere purzeln gesehen haben. Man kann sich denken, daß einmal eine einzelne Taube Neigung zu dieser sonderbaren Bewegungsweise gezeigt hat und daß dann infolge sorgfältiger und lang fortgesetzter Zuchtwahl der besten Individuen in aufeinanderfolgenden Generationen die Purzler allmählich das geworden sind, was sie jetzt sind; und wie ich von Herrn Brent erfahre, gibt es in der Nähe von Glasgow Hauspurzler, welche nicht drei Viertel Ellen weit fliegen können, ohne sich einmal kopfüber zu bewegen. Ebenso ist es zu bezweifeln, ob jemals irgend jemand daran gedacht habe, einen Hund zum Vorstehen abzurichten, hätte nicht etwa ein individueller Hund von selbst eine Neigung verraten, es zu tun, und man weiß, daß dies zuweilen vorkommt, wie ich es selbst einmal an einem echten Pinscher beobachtet habe; das „Stellen" ist wahrscheinlich, wie manche gedacht haben, nur die verstärkte Pause eines Tieres, das sich in Bereitschaft setzt, auf seine Beute einzuspringen. Hatte sich ein erster Anfang des Stellens einmal gezeigt, so mögen methodische Zuchtwahl und die erbliche Wirkung zwangsweiser Abrichtung in jeder nachfolgenden Generation das Werk bald vollendet haben; und unbewußte Zuchtwahl ist noch immer in Tätigkeit, da jedermann, wenn auch ohne die Absicht eine verbesserte Rasse zu bilden, sich gern die Hunde verschafft, welche am besten vorstehen und jagen. Andererseits hat auch Gewohnheit allein in einigen Fällen genügt. Kaum irgendein Tier ist schwerer zu zähmen als das Junge des wilden Kaninchens, und kaum ein Tier ist zahmer als das Junge des zahmen Kaninchens; und doch kann ich kaum glauben, daß die Hauskaninchen nur der Zahmheit wegen gezüchtet worden sind; wir müssen daher die erbliche Veränderung von äußerster Wildheit bis zur äußersten Zahmheit wenigstens zum größeren Teil der Gewohnheit und lange fortgesetzten engen Gefangenschaft zuschreiben.

Natürliche Instinkte gehen im domestizierten Zustand verloren; ein merkwürdiges Beispiel davon sieht man bei denjenigen Geflügelrassen, welche selten oder nie brütig werden; d. h. welche nie eine Neigung zum Sitzen auf ihren Eiern zeigen. Nur die große Vertrautheit verhindert uns zu sehen, in wie hohem Grade und wie beständig die geistigen Fähigkeiten unserer Haustiere durch Zähmung verändert worden sind. Es ist kaum möglich daran zu zweifeln, daß die Liebe zum Menschen beim Hund instinktiv geworden ist. Alle Wölfe, Füchse, Schakale und Katzenarten sind, wenn man sie gezähmt hält, sehr begierig Geflügel, Schafe und Schweine anzugreifen, und dieselbe Neigung hat sich bei solchen Hunden unheilbar gezeigt, welche man jung aus Gegenden zu uns gebracht hat, wo wie im Feuerland und in Australien die Wilden jene Haustiere nicht halten. Und wie selten ist es auf der anderen Seite nötig, unseren zivilisierten Hunden, selbst wenn sie noch jung sind, die Angriffe auf jene Tiere abzugewöhnen. Ohne Zweifel machen sie manchmal einen solchen Angriff und werden dann geschlagen und, wenn das nicht hilft, endlich weggeschafft, – so daß Gewohnheit und wahrscheinlich einige Zuchtwahl zusammengewirkt haben, unseren Hunden ihre erbliche Zivilisation beizubringen. Andererseits haben junge Hühnchen, ganz infolge von Gewöhnung, die Furcht vor Hunden und Katzen verloren, welche sie zweifelsohne nach ihrem ursprünglichen Instinkt besessen haben; denn ich erfahre von Capt. Hutton, daß die jungen Küklein der Stammform *Gallus bankiva*, wenn sie auch von einer gewöhnlichen Henne in Indien ausgebrütet worden waren, anfangs außerordentlich wild sind. Dasselbe ist auch mit den jungen Fasanen, die man in England von einem Haushuhn aus Eiern hat ausbrüten lassen, der Fall. Und doch haben die Hühnchen keineswegs alle Furcht verloren, sondern nur die Furcht vor Hunden und Katzen; denn sobald die Henne ihnen durch Glukken eine Gefahr anmeldet, laufen alle (zumal junge Truthähne) unter ihr hervor, um sich im Gras und Dickicht umher zu verbergen, offenbar in der instinktiven Absicht, wie wir bei wilden Bodenvögeln sehen, es ihrer Mutter möglich zu machen davonzufliegen. Freilich ist dieser bei unseren jungen Hühnchen zurückgebliebene Instinkt im gezähmten Zustand ganz nutzlos geworden, weil die Mutterhenne das Flugvermögen durch Nichtgebrauch gewöhnlich beinahe ganz verloren hat.

Es läßt sich nun hieraus schließen, daß im Zustand der Domestikation Instinkte erworben worden und natürliche Instinkte verloren gegangen sind, teils durch Gewohnheit und teils durch die Einwirkung des Menschen, welcher viele aufeinanderfolgende Generationen hindurch eigentümliche geistige Neigungen und Fähigkeiten, die uns in unserer Unwissenheit anfangs nur als ein sogenannter Zufall erschienen sind, durch Zuchtwahl gehäuft und gesteigert hat. In einigen Fällen hat erzwungene Gewöhnung genügt, um solche erbliche Veränderungen geistiger Eigenschaften zu bewirken; in anderen ist durch zwangsweises Abrichten nichts erreicht worden und alles ist nur das Resultat der Zuchtwahl, sowohl unbewußter als auch methodischer, gewesen; in den meisten Fällen aber haben Gewohnheit und Zuchtwahl wahrscheinlich zusammengewirkt.

Natürliche Instinkte des Kuckucks, des Molothrus, des Straußes und der parasitischen Bienen – Sklavenmachende Ameisen – Honigbienen und ihr Zellenbau-Instinkt – Veränderung von Instinkt und Struktur nicht notwendig gleichzeitig

Nähere Betrachtung einiger weniger Beispiele wird vielleicht am besten geeignet sein es begreiflich zu machen, wie Instinkte im Naturzustand durch Zuchtwahl modifiziert worden sind. Ich will nur drei Fälle hervorheben, nämlich den Instinkt, welcher den Kuckuck treibt, seine Eier in fremde Nester zu legen, den Instinkt gewisser Ameisen Sklaven zu machen, und den Zellenbautrieb der Honigbienen; die zwei zuletzt genannten sind von den Naturforschern wohl mit Recht als die zwei wunderbarsten aller bekannten Instinkte bezeichnet worden.

Instinkte des Kuckucks: Einige Naturforscher nehmen an, die unmittelbare und Grundursache für den Instinkt des Kuckucks seine Eier in fremde Nester zu legen bestehe darin, daß er dieselben nicht täglich, sondern in Zwischenräumen von zwei oder drei Tagen lege, so daß, wenn der Kuckuck sein eigenes Nest zu bauen und auf seinen eigenen Eiern zu sitzen hätte, die erst gelegten Eier entweder eine Zeitlang unbebrütet bleiben oder Eier und junge Vögel von verschiedenem Alter im nämlichen Nest zusammenkommen müßten. Wäre dies der Fall, so müßten allerdings die Prozesse des Legens und Ausbrütens unzweckmäßig lang währen, besonders da der weibliche Kuckuck sehr früh seine Wanderung antritt, und die zuerst ausgeschlüpften jungen Vögel würden wahrscheinlich vom Männchen allein aufgezogen werden müssen. Allein der amerikanische Kuckuck findet sich in dieser Lage; denn er baut sich sein eigenes Nest, legt seine Eier hinein und hat gleichzeitig Eier und sukzessiv ausgebrütete Junge. Man hat es sowohl behauptet, als auch geleugnet, daß auch der amerikanische Kuckuck zuweilen seine Eier in fremde Nester lege; ich habe aber kürzlich von Dr. Merrell, aus Iowa, gehört, daß er einmal in Illinois einen jungen Kuckuck mit einem jungen Heher in dem Nest eines Blauhehers (*Garrulus cristatus*) gefunden habe; und da sie beide fast vollständig befiedert waren, konnte in ihrer Bestimmung kein Irrtum vorfallen. Ich könnte auch noch mehrere andere Beispiele von Vögeln anführen, von denen man weiß, daß sie ihre Eier gelegentlich in fremde Nester legen. Nehmen wir nun an, der alte Stammvater unseres europäischen Kuckucks habe die Gewohnheiten des amerikanischen gehabt und zuweilen ein Ei in das Nest eines anderen Vogels gelegt. Wenn der alte Vogel von diesem gelegentlichen Brauch darin Vorteil hatte, daß er früher wandern konnte oder in irgendeiner anderen Weise, oder wenn der junge Vogel aus dem Instinkt einer anderen sich in bezug auf ihre Nestlinge irrenden Art einen Vorteil erlangte und kräftiger wurde, als er unter der Sorge seiner eigenen Mutter geworden sein würde, weil diese mit der gleichzeitigen Sorge für Eier und Junge von verschiedenem Alter überladen gewesen wäre, so gewannen entweder die alten Vögel oder die auf fremde Kosten gepflegten Jungen dabei. Der Analogie nach möchte ich dann glauben, daß infolge der Erblichkeit das so aufgeatzte Junge dazu geneigt sei, der zufälligen und abweichenden Handlungsweise seiner Mutter zu folgen, und auch seinerseits nun die Eier in fremde Nester zu legen und so erfolgreicher im Erziehen seiner Brut zu sein. Durch einen fortgesetzten Prozeß dieser Art wird nach meiner Meinung der wunderliche Instinkt des Kuckucks entstanden sein. Es ist auch neuerdings von Adolf Müller nach genügenden Beweisen behauptet worden, daß der Kuckuck gelegentlich seine Eier auf den nackten Boden legt, sie ausbrütet und seine Jungen füttert; dies seltene und merkwürdige Ereignis ist wahrscheinlich ein Rückschlag auf den lange verlorengegangenen, ursprünglichen Instinkt der Nidifikation.

Es ist mir eingehalten worden, daß ich andere verwandte Instinkte und Anpassungserscheinungen beim Kuckuck, von denen man als notwendig koordiniert spricht, nicht erwähnt habe. In allen Fällen ist aber Spekulation über irgendeinen, uns nur in einer einzigen Spezies bekannten Instinkt nutzlos, denn wir haben keine uns leitenden Tatsachen. Bis ganz vor kurzem kannte man nur die Instinkte des europäischen und des nicht parasitischen amerikanischen Kuckucks; Dank den Beobachtungen E. Ramsays wissen wir jetzt etwas über die drei australischen Arten, welche ihre Eier in fremde Nester legen. Drei Hauptpunkte kommen hier in Betracht: Erstens legt der gemeine Kuckuck mit seltenen Ausnahmen nur ein Ei in ein Nest, so daß der junge große und gefräßige Vogel reichliche Nahrung erhält. Zweitens ist das Ei so merkwürdig klein, daß es nicht größer ist als das Ei einer Lerche, eines viermal kleineren Vogels als der Kuckuck. Daß die geringe Größe des Eies ein wirklicher Fall von Adaptation ist, können wir aus der Tatsache entnehmen, daß der nicht parasitische amerikanische Kuckuck seiner Größe entsprechende Eier legt. Drittens und letztens hat der junge Kuckuck bald nach der Geburt schon den Instinkt, die Kraft und einen passend geformten Schnabel, um seine Pflegegeschwister aus dem Nest zu werfen, die dann vor Kälte und Hunger umkommen. Man hat nun kühner Weise behauptet, dies sei eine wohltätige Einrichtung, damit der junge Kuckuck hinreichende Nahrung erhalte und daß seine Pflegegeschwister umkommen können, ehe sie viel Empfindung erlangt haben!

Wenden wir uns nun zu den australischen Arten: Obgleich diese Vögel allgemein nur ein Ei in ein Nest legen, so findet man doch nicht selten zwei und selbst drei Eier derselben Kuckucksart in demselben Nest. Beim Bronzekuckuck variieren die Eier bedeutend in der Größe, von acht bis zehn Linien Länge. Wenn es nun für diese Art von irgendwelchem Vorteil gewesen wäre, selbst noch kleinere Eier gelegt zu haben, als sie jetzt tut, so daß gewisse Pflegeeltern leichter zu täuschen wären, oder, was noch wahrscheinlicher wäre, daß sie schneller ausgebrütet würden (denn es wird angegeben, daß zwischen der Größe der Eier und der Inkubationsdauer ein bestimmtes Verhältnis bestehe), dann ist es nicht schwer zu glauben, daß sich eine Rasse oder Art gebildet haben könne, welche immer kleinere und kleinere Eier legte; denn diese würden sicherer ausgebrütet und aufgezogen werden. Ramsay bemerkt von zwei der australischen Kuckucke, daß, wenn sie ihre Eier in ein offenes und nicht gewölbtes Nest legen, sie einen entschiedenen Vorzug für Nester zu erkennen geben, welche den ihrigen in der Färbung ähnliche Eier enthalten. Die europäische Art zeigt sicher Neigung zu einem ähnlichen Instinkt, weicht aber nicht selten davon ab, wie zu sehen ist, wenn sie ihre matt und blaß gefärbten Eier in das

Nest des Graukehlchens (*Accentor*) mit seinen hellen grünlich-blauen Eiern legt; hätte unser Kuckuck unveränderlich den obengenannten Instinkt gezeigt, so müßte dieser ganz sicher denen zugezählt werden, welche, wie anzunehmen ist, alle auf einmal erworben sein müssen. Die Eier des australischen Bronzekuckucks variieren nach Ramsay außerordentlich in der Farbe, so daß in Rücksicht hierauf wie auf die Größe die natürliche Zuchtwahl bestimmt irgendeine vorteilhafte Abänderung gesichert und fixiert haben dürfte.

Was den europäischen Kuckuck betrifft, so werden die Jungen der Pflegeeltern gewöhnlich innerhalb dreier Tage nach dem Ausschlüpfen des Kuckucks aus dem Nest geworfen; und da der letztere in diesem Alter sich in äußerst hilflosem Zustand befindet, so war Mr. Gould früher zu der Annahme geneigt, daß der Akt des Hinauswerfens von den Pflegeeltern selbst besorgt würde. Er hat aber jetzt eine zuverlässige Schilderung eines jungen Kuckucks erhalten, welcher, während er noch blind und nicht einmal seinen eigenen Kopf aufrecht zu halten imstande war, faktisch in dem Moment beobachtet wurde, wo er seine Pflegegeschwister aus dem Nest warf. Eins derselben wurde von dem Beobachter wieder in das Nest zurückgebracht und wurde von neuem hinausgeworfen. Ist es nun, wie es wahrscheinlich der Fall ist, für den jungen Kuckuck von großer Bedeutung gewesen, während der ersten Tage nach der Geburt so viel Nahrung wie möglich erhalten zu haben, so kann ich in bezug auf die Mittel, durch welche jener fremdartige und widerwärtige Instinkt erlangt worden ist, darin keine Schwierigkeit finden, daß er durch aufeinanderfolgende Generationen allmählich den blinden Trieb, die nötige Kraft und den geeigneten Bau erlangt hat, seine Pflegegeschwister hinauszuwerfen; denn diejenigen unter den jungen Kuckucken, welche diese Gewohnheit und diesen Bau am besten entwickelt besaßen, werden die am besten ernährten und am sichersten aufgebrachten gewesen sein. Der erste Schritt zu der Erlangung des richtigen Instinkts dürfte bloß unbeabsichtigte Unruhe seitens des jungen Vogels gewesen sein, sobald er im Alter und in der Kraft etwas fortgeschritten war; die Gewohnheit wird später verbessert und auf ein früheres Alter überliefert worden sein. Ich sehe hierin keine größere Schwierigkeit als darin, daß die noch nicht ausgeschlüpften Jungen anderer Vögel den Instinkt erhalten, ihre eigene Eischale zu durchbrechen; oder daß die jungen Schlangen am Oberkiefer, wie Owen bemerkt hat, einen vorübergehenden scharfen Zahn zum Durchschneiden der zähen Eischale erhalten. Denn wenn jeder Teil zu allen Zeiten individuellen Abänderungen unterliegen kann, und die Abänderungen im entsprechenden oder früheren Alter vererbt zu werden neigen – Annahmen, welche nicht bestritten werden können – dann kann sowohl der Instinkt als auch der Bau des Jungen ebenso sicher wie der des Erwachsenen langsam modifiziert werden, und beide Fälle stehen und fallen zusammen mit der ganzen Theorie der natürlichen Zuchtwahl.

Einige Spezies von *Molothrus*, einer ganz verschiedenen Gattung amerikanischer Vögel, welche mit unseren Staren verwandt sind, haben parasitische Gewohnheiten, ähnlich denen des Kuckucks; und die Arten bieten eine interessante Stufenreihe in der Vervollkommnung ihrer Instinkte dar. Wie ein ausgezeichneter Beobachter, Mr. Hudson, angibt, leben die Geschlechter des *Molothrus badius* zuweilen in Herden ganz willkürlich durcheinander, zuweilen paaren sie sich. Entweder bauen sie sich ihr eigenes Nest, oder sie nehmen eines, was irgendeinem anderen Vogel gehört, in Besitz, und werfen die Nestlinge des Fremden hinaus. Sie legen ihre Eier entweder in das in dieser Weise angeeignete Nest oder bauen sich wunderbar genug ein solches für sich auf jenes oben darauf. Sie brüten gewöhnlich ihre eigenen Eier selbst und ziehen ihre eigenen Jungen auf. Aber Mr. Hudson hält es für wahrscheinlich, daß sie gelegentlich parasitisch leben; denn er hat gesehen, wie die Jungen dieser Spezies alten Vögeln einer verschiedenen Art nachfolgten und sie um Nahrung anriefen. Die parasitischen Gewohnheiten einer anderen Spezies von *Molothrus*, des *M. bonariensis*, sind viel höher entwickelt als die der erstgenannten, sind aber bei weitem noch nicht vollkommen. Soweit es bekannt ist, legt dieser Vogel seine Eier unveränderlich in die Nester fremder; es ist aber merkwürdig, daß zuweilen mehrere von ihnen zusammen anfangen, ein unregelmäßiges, unordentliches eigenes Nest an eigentümlich schlecht passender Örtlichkeit zu bauen, wie auf den Blättern einer großen Distel. Indessen vollenden sie, soweit es Mr. Hudson ermittelt hat, niemals ein Nest für sich selbst. Sie legen häufig so viele Eier – von fünfzehn bis zwanzig – in ein und dasselbe fremde Nest, daß nur wenig oder gar keine ausgebrütet werden können. Überdies haben sie die außerordentliche Gewohnheit, Löcher in die Eier zu picken, mögen es Eier ihrer eigenen Spezies oder solche ihrer Pflegeeltern sein, die sie in den angeeigneten Nestern finden. Sie lassen auch viele Eier auf den nackten Boden fallen, welche demzufolge weggeworfen sind. Eine dritte Art, der Molothrus pecoris in Nord-Amerika, hat vollkommen die Instinkte des Kuckucks erlangt, denn er legt niemals mehr als ein Ei in ein Pflegenest, so daß der junge Vogel sicher aufgezogen wird. Mr. Hudson ist in bezug auf die Entwicklungstheorie entschieden ungläubig; er scheint aber durch die unvollkommenen Instinkte des Molothrus bonariensis so sehr frappiert worden zu sein, daß er meine Worte zitiert und fragt: „Müssen wir nicht diese Gewohnheiten, nicht etwa als spezielle Begabungen oder anerschaffene Instinkte, sondern vielmehr als kleine Folgen eines allgemeinen Gesetzes, nämlich des Übergangs, betrachten?"

Verschiedene Vögel legen, wie bereits bemerkt wurde, gelegentlich ihre Eier in die Nester anderer Vögel. Dieser Brauch ist unter den hühnerartigen Vögeln nicht ganz ungewöhnlich, und wirft etwas Licht auf die Entstehung des gewöhnlichen Instinkts der straußartigen Vögel. Mehrere Straußhennen vereinigen sich hier und legen zuerst einige wenige Eier in ein Nest und dann in ein anderes; und diese werden von den Männchen ausgebrütet. Man wird zur Erklärung dieser Gewohnheiten wahrscheinlich die Tatsache mit in Betracht ziehen können, daß diese Hennen eine große Anzahl von Eiern und zwar wie beim Kuckuck in Zwischenräumen von zwei bis drei Tagen legen. Jedoch ist dieser Instinkt beim amerikanischen Strauß wie bei dem *Molothrus bonariensis* noch nicht vollkommen entwickelt; denn es liegt dort auch noch eine so erstaunliche Menge von Eiern über die Ebene zerstreut, daß ich auf der Jagd an einem Tag nicht weniger als zwanzig verlassene und verdorbene Eier aufzusammeln imstande war.

Manche Bienen schmarotzen und legen ihre Eier regelmäßig in Nester anderer Bienenarten. Dies ist noch merkwürdiger als beim Kuckuck; denn diese Bienen haben nicht allein ihren Instinkt, sondern auch ihren Bau in Übereinstimmung mit ihrer parasitischen Lebensweise geändert; sie besitzen nämlich die Vorrichtung zur Einsammlung des Pollens nicht, deren sie unumgänglich bedürften, wenn sie Nahrungsvorräte für ihre eigene Brut aufhäufen müßten. Einige Arten von Sphegiden (wespenartigen Insekten) schmarotzen bei anderen Arten, und Fabre hat kürzlich Gründe für die Annahme nachgewiesen, daß, obwohl *Tachytes nigra* gewöhnlich ihre eigene Höhle macht und darin noch lebende aber gelähmte Beute zur Nahrung ihrer eigenen Larven in Vorrat niederlegt, dieselbe doch, wenn sie eine schon fertige und mit Vorräten versehene Höhle einer anderen Sphex findet, davon Besitz ergreift und für diesen Fall Parasit wird. In diesem Falle, wie bei dem *Molothrus* und dem Kuckuck, sehe ich keine Schwierigkeit, daß die natürliche Zuchtwahl aus dem gelegentlichen Brauch einen beständigen machen könnte, wenn er für die Art nützlich ist und wenn nicht infolgedessen die andere Insektenart, deren Nest und Futtervorräte sie sich räuberischer Weise aneignet, dadurch vertilgt wird.

Instinkt Sklaven zu machen: Dieser merkwürdige Instinkt wurde zuerst bei *Formica (Polyerges) rufescens* von Pierre Huber beobachtet, einem noch besseren Beobachter als selbst sein berühmter Vater gewesen war. Diese Ameise ist unbedingt von ihren Sklaven abhängig; ohne deren Hilfe würde die Art sicherlich schon in einem Jahr gänzlich aussterben. Die Männchen und fruchtbaren Weibchen arbeiten durchaus nicht. Die Arbeiter oder unfruchtbaren Weibchen dagegen, obgleich sehr mutig und tatkräftig beim Sklavenfangen, tun nichts anderes. Sie sind unfähig, ihre eigenen Nester zu machen oder ihre eigenen Larven zu füttern. Wenn das alte Nest unpassend befunden und eine Auswanderung nötig wird, entscheiden die Sklaven darüber und schleppen dann ihre Herren zwischen den Kinnladen fort. Diese letzteren sind so äußerst hilflos, daß, als Huber deren dreißig ohne Sklaven, aber mit einer reichlichen Menge des von ihnen am meisten geliebten Futters und zugleich mit ihren Larven und Puppen, um sie zur Tätigkeit anzuspornen, zusammensperrte, sie nichts taten; sie konnten nicht einmal sich selbst füttern und starben großenteils an Hunger. Huber brachte dann einen einzigen Sklaven (*Formica fusca*) dazu, der sich unverzüglich ans Werk machte, die Larven pflegte und alles in Ordnung brachte. Was kann es Außerordentlicheres geben, als diese wohl verbürgten Tatsachen? Hätte man nicht noch von einigen anderen sklavenmachenden Ameisen Kenntnis, so würde es ein hoffnungsloser Versuch gewesen sein, sich eine Vorstellung davon zu machen, wie ein so wunderbarer Instinkt zu solcher Vollkommenheit gedeihen könne.

Eine andere Ameisenart, *Formica sanguinea*, wurde gleichfalls zuerst von Huber als Sklavenmacherin erkannt. Sie kommt im südlichen Teil von England vor, wo ihre Gewohnheiten von F. Smith vom Britischen Museum beobachtet worden sind, dem ich für seine Mitteilungen über diese und andere Gegenstände sehr verbunden bin. Wenn auch volles Vertrauen in die Versicherungen der zwei genannten Naturforscher setzend, vermochte ich doch nicht ohne einigen Zweifel an die Sache zu gehen, und es mag wohl zu entschuldigen sein, wenn jemand an einen so außerordentlichen Instinkt, wie der ist, Sklaven zu machen, nicht unmittelbar glauben kann. Ich will daher dasjenige, was ich selbst beobachtet habe, mit einigen Einzelheiten erzählen. Ich öffnete vierzehn Nesthaufen der *Formica sanguinea* und fand in allen einzelne Sklaven. Männchen und fruchtbare Weibchen der Sklavenart (*F. fusca*) kommen nur in ihrer eigenen Gemeinde vor und sind nie in den Haufen der *F. sanguinea* gefunden worden. Die Sklaven sind schwarz und von nicht mehr als der halben Größe ihrer roten Herren, so daß der Gegensatz in ihrer Erscheinung sogleich auffällt. Wird der Haufen nur wenig gestört, so kommen die Sklaven zuweilen heraus und zeigen sich gleich ihren Herren sehr beunruhigt und zur Verteidigung bereit. Wird aber der Haufen so zerstört, daß Larven und Puppen frei zu liegen kommen, so sind die Sklaven mit ihren Herren zugleich lebhaft bemüht, dieselben nach einem sicheren Platz fortzuschleppen. Daraus geht deutlich hervor, daß sich die Sklaven ganz heimisch fühlen. Ich habe während der Monate Juni und Juli in drei aufeinanderfolgenden Jahren in den Grafschaften Surrey und Sussex mehrere solcher Ameisenhaufen stundenlang beobachtet und nie einen Sklaven aus- oder eingehen sehen. Da während dieser Monate der Sklaven nur wenige vorhanden sind, so dachte ich, sie würden sich anders benehmen, wenn sie in größerer Anzahl vorhanden wären; aber auch Mr. Smith teilt mir mit, daß er die Nester zu verschiedenen Stunden während der Monate Mai, Juni und August in Surrey wie in Hampshire beobachtet und, obwohl die Sklaven im August zahlreich sind, nie einen derselben aus- oder eingehen gesehen hat. Er betrachtet sie daher lediglich als Haussklaven. Dagegen sieht man ihre Herren beständig Nestbaustoffe und Futter aller Art herbeischleppen. Im Jahre 1860 jedoch traf ich im Juli eine Gemeinde an mit einem ungewöhnlich starken Sklavenstand und sah einige wenige Sklaven, unter ihre Herren gemengt, das Nest verlassen und mit ihnen den nämlichen Weg zu einer hohen Kiefer, fünfundzwanzig Yards entfernt, einschlagen und am Stamm hinauflaufen, wahrscheinlich um nach Blatt- oder Schildläusen zu suchen. Nach Huber, welcher reichliche Gelegenheit zur Beobachtung gehabt hat, arbeiten in der Schweiz die Sklaven gewöhnlich mit ihren Herren zusammen an der Aufführung des Nestes, aber sie allein öffnen und schließen die Tore in den Morgen- und Abendstunden; jedoch ist, wie Huber ausdrücklich versichert, ihr Hauptgeschäft, nach Blattläusen zu suchen. Dieser Unterschied in den herrschenden Gewohnheiten von Herren und Sklaven in zweierlei Gegenden dürfte wahrscheinlich lediglich davon abhängen, daß in der Schweiz die Sklaven zahlreicher gefangen werden als in England.

Eines Tages war ich so glücklich, eine Wanderung von *F. sanguinea* von einem Nesthaufen zum anderen mitanzusehen, und es war ein sehr interessanter Anblick, wie die Herren ihre Sklaven sorgfältig zwischen ihren Kinnladen davonschleppten, anstatt selbst von ihnen getragen zu werden, wie es bei *F. rufescens* der Fall ist. Eines anderen Tages wurde meine Aufmerksamkeit

Achtes Kapitel

von etwa zwei Dutzend Ameisen der sklavenmachenden Art in Anspruch genommen, welche dieselbe Stelle durchstreiften, doch offenbar nicht des Futters wegen. Sie näherten sich einer unabhängigen Kolonie der sklavengebenden Art, *F. fusca*, wurden aber kräftig zurückgetrieben, so daß zuweilen bis drei dieser letzten an den Beinen einer *F. sanguinea* hingen. Diese letzte tötete ihre kleineren Gegner ohne Erbarmen und schleppte deren Leichen als Nahrung in ihr neunundzwanzig Yards entferntes Nest; aber sie wurde daran gehindert, Puppen aufzunehmen, um sie zu Sklaven aufzuziehen. Ich entnahm dann aus einem anderen Haufen der *F. fusca* eine geringe Anzahl Puppen und legte sie auf eine kahle Stelle nächst dem Kampfplatz nieder. Diese wurden begierig von den Tyrannen ergriffen und fortgetragen, die sich vielleicht einbildeten, doch endlich Sieger in dem letzten Kampf gewesen zu sein.

Gleichzeitig legte ich an derselben Stelle eine Partie Puppen einer anderen Art, der *Formica flava*, mit einigen wenigen Ameisen dieser gelben Art nieder, welche noch an Bruchstücken ihres Nestes hingen. Auch diese Art wird zuweilen, doch selten zu Sklaven gemacht, wie Smith beschrieben hat. Obwohl so klein, so ist diese Art doch sehr mutig, und ich habe sie mit wildem Ungestüm andere Ameisen angreifen sehen. Einmal fand ich zu meinem Erstaunen unter einem Stein eine unabhängige Kolonie der *Formica flava* noch unterhalb eines Nestes der sklavenmachenden F. sanguinea; und da ich zufällig beide Nester zerstört hatte, so griff die kleine Art ihre große Nachbarin mit erstaunlichem Mut an. Ich war nun neugierig, zu erfahren, ob *F. sanguinea* imstande sei, die Puppen der *F. fusca*, welche sie gewöhnlich zur Sklavenzucht verwendet, von denen der kleinen wütenden *F. flava* zu unterscheiden, welche sie nur selten in Gefangenschaft führt, und es ergab sich bald, daß sie diese sofort unterschied; denn ich sah sie begierig und augenblicklich über die Puppen der *F. fusca* herfallen, während sie sehr erschrocken schienen, wenn sie auf die Puppen oder auch nur auf die Erde aus dem Nest der *F. flava* stießen, und rasch davonrannten. Aber nach einer Viertelstunde etwa, kurz nachdem alle kleinen gelben Ameisen fortgekrochen waren, bekamen sie Mut und führten auch diese Puppen fort.

Eines Abends besuchte ich eine andere Kolonie der *F. sanguinea* und fand eine Anzahl derselben auf dem Heimweg und beim Eingang in ihr Nest, Leichen und viele Puppen der *F. fusca* mit sich schleppend, also nicht auf einer Wanderung begriffen. Ich verfolgte eine ungefähr vierzig Yards lange Reihe mit Beute beladener Ameisen bis zu einem dichten Heidegebüsch zurück, wo ich das letzte Individuum der *F. sanguinea* mit einer Puppe belastet herauskommen sah; aber das verlassene Nest konnte ich in der dichten Heide nicht finden, obwohl es nicht mehr fern gewesen sein kann; denn zwei oder drei Individuen der *F. fusca* rannten in der größten Aufregung umher und eines stand bewegungslos auf der Spitze eines Heidezweigs mit ihrer eigenen Puppe im Maul, ein Bild der Verzweiflung über ihre verwüstete Heimat.

Dies sind die Tatsachen, welche ich, obwohl sie meiner Bestätigung nicht erst bedurft hätten, über den wundersamen sklavenmachenden Instinkt berichten kann. Zuerst ist der große Gegensatz zwischen den instinktiven Gewohnheiten der *F. sanguinea* und der kontinentalen *F. rufescens* zu bemerken. Diese letzte baut nicht selbst ihr Nest, bestimmt nicht ihre eigenen Wanderungen, sammelt nicht das Futter für sich und ihre Brut und kann nicht einmal allein fressen; sie ist absolut abhängig von ihren zahlreichen Sklaven. Die *Formica sanguinea* dagegen hält viel weniger und zumal im ersten Teil des Sommers äußerst wenige Sklaven; die Herren bestimmen, wann und wo ein neues Nest gebaut werden soll; und wenn sie wandern, schleppen die Herren die Sklaven. In der Schweiz wie in England scheinen die Sklaven ausschließlich mit der Sorge für die Larven beauftragt zu sein, und die Herren allein gehen auf den Sklavenfang aus. In der Schweiz arbeiten Herren und Sklaven miteinander, um Nestbaumaterial herbeizuschaffen; beide, aber vorzugsweise die Sklaven, besuchen und melken, wie man es nennen könnte, ihre Aphiden, und so sammeln beide Nahrung für die Kolonie ein. In England verlassen allein die Herren gewöhnlich das Nest, um Baustoffe und Futter für sich, ihre Larven und Sklaven zu sammeln, so daß dieselben hier von ihren Sklaven viel weniger Dienste empfangen als in der Schweiz.

Instinkt

Ich will mich nicht vermessen zu erraten, auf welchem Wege der Instinkt der *F. sanguinea* sich entwickelt hat. Da jedoch Ameisen, welche keine Sklavenmacher sind, wie wir gesehen haben, zufällig um ihr Nest zerstreute Puppen anderer Arten heimschleppen, so ist es möglich, daß sich solche, vielleicht zur Nahrung aufgespeicherte Puppen dort auch noch zuweilen entwickeln, und die auf solche Weise absichtslos im Haus erzogenen Fremdlinge mögen dann ihren eigenen Instinkten folgen und das tun, was sie können. Erweist sich ihre Anwesenheit nützlich für die Art, welche sie aufgenommen hat, und sagt es dieser letzten mehr zu, Arbeiter zu fangen als zu erzeugen, so kann der ursprünglich zufällige Brauch, fremde Puppen zur Nahrung einzusammeln, durch natürliche Zuchtwahl verstärkt und endlich zu dem ganz verschiedenen Zweck, Sklaven zu erziehen, bleibend befestigt werden. Wenn dieser Instinkt einmal vorhanden, aber in einem noch viel minderen Grade als bei unserer *F. sanguinea* entwickelt war, welche noch jetzt, wie wir gesehen haben, in England von ihren Sklaven weniger Hilfe als in der Schweiz empfängt, so kann natürliche Zuchtwahl dann diesen Instinkt verstärkt, und immer vorausgesetzt, daß jede Abänderung der Spezies nützlich gewesen sei, allmählich so weit abgeändert haben, daß endlich eine Ameisenart in so verächtlicher Abhängigkeit von ihren eigenen Sklaven entstand, wie es *F. rufescens* ist.

Zellenbauinstinkt der Korbbienen: Ich beabsichtige nicht, über diesen Gegenstand in minutiöse Einzelheiten einzugehen, sondern will mich darauf beschränken, eine Skizze von den Folgerungen zu geben, zu welchen ich gelangt bin. Es muß ein beschränkter Mensch sein, welcher bei Untersuchung des ausgezeichneten Baues einer Bienenwabe, die ihrem Zweck so wundersam angepaßt ist, nicht in begeisterte Verwunderung geriete. Wir hören von Mathematikern, daß die Bienen praktisch ein schwieriges Problem gelöst und ihre Zellen mit dem geringstmöglichen Aufwand des kostspieligen Baumaterials, des Wachses nämlich, in derjenigen Form hergestellt haben, welche die größtmögliche Menge von Honig aufnehmen kann. Man hat bemerkt, daß es einem geschickten Arbeiter mit passenden Massen und Werkzeugen sehr schwer fallen würde, regelmäßige sechseckige Wachszellen zu machen, obwohl dies eine wimmelnde Menge von Bienen in dunklem Korb mit größter Genauigkeit vollbringt. Was für einen Instinkt man auch annehmen mag, so scheint es doch anfangs ganz unbegreiflich, wie derselbe solle alle nötigen Winkel und Flächen berechnen, oder auch nur beurteilen können, ob sie richtig gemacht sind. Inzwischen ist doch die Schwierigkeit nicht so groß, wie es anfangs scheint; denn all dies schöne Werk läßt sich, wie ich denke, von einigen wenigen, sehr einfachen Instinkten herleiten.

Diesen Gegenstand näher zu verfolgen, dazu bin ich durch Mr. Waterhouse veranlaßt worden, welcher gezeigt hat, daß die Form der Zellen in enger Beziehung zur Anwesenheit von Nachbarzellen steht, und die folgende Ansicht ist vielleicht nur eine Modifikation seiner Theorie. Wenden wir uns zu dem großen Abstufungsprinzip und sehen wir zu, ob uns die Natur nicht die Methode enthülle, nach welcher sie zu Werke gegangen ist. An dem einen Ende der kurzen Stufenreihe sehen wir die Hummeln, welche ihre alten Kokons zur Aufnahme von Honig verwenden, indem sie ihnen zuweilen kurze Wachsröhren anfügen und ebenso auch einzeln abgesonderte und sehr unregelmäßig abgerundete Zellen von Wachs anfertigen. Am anderen Ende der Reihe haben wir die Zellen der Korbbiene, zu einer doppelten Schicht angeordnet; jede Zelle ist bekanntlich ein sechsseitiges Prisma, dessen Basalränder so zugeschrägt sind, daß sie an eine stumpfdreiseitige Pyramide von drei Rautenflächen gebildet passen. Diese Rhomben haben gewisse Winkel, und die drei, welche die pyramidale Basis einer Zelle in der einen Zellenschicht der Scheibe bilden, gehen auch in die Bildung der Basalenden von drei anstoßenden Zellen der entgegengesetzten Schicht ein. Als Zwischenstufe zwischen der äußersten Vervollkommnung im Zellenbau der Korbbiene und der äußersten Einfachheit in dem der Hummel haben wir dann die Zellen der mexikanischen *Melipona domestica*, welche P. Huber gleichfalls sorgfältig beschrieben und abgebildet hat. Diese Biene selbst steht in ihrer Körperbildung zwischen unserer Honigbiene und der Hummel in der Mitte, doch der letzteren näher; sie bildet einen fast regelmäßigen wächsernen Zellenkuchen mit zylindrischen Zellen, worin die Jungen gepflegt werden, und überdies mit einigen großen Zellen zur Aufnahme von Honig. Diese letzten sind fast kugelig, von nahezu gleicher Größe und in eine unregelmäßige Masse zusammengefügt. Der die Beachtung am meisten verdienende Punkt ist aber der, daß diese Zellen in einem Grade nahe aneinander gerückt sind, daß sie einander schneiden oder durchsetzen müßten, wenn die Kugeln vollendet worden wären; dies wird aber nie zugelassen, die Bienen bauen vollständig ebene Wachswände zwischen die Kugeln, da, wo sie sich kreuzen würden. Jede dieser Zellen hat mithin einen äußeren sphärischen Teil und 2-3 oder mehr vollkommen ebene Seitenflächen, je nachdem sie an 2-3 oder mehr andere Zellen seitlich angrenzt. Kommt eine Zelle in Berührung mit drei anderen Zellen, was, da alle von fast gleicher Größe sind, notwendig sehr oft geschieht, so vereinigen sich die drei ebenen Flächen zu einer dreiseitigen Pyramide, welche, nach Hubers Bemerkung, offenbar als eine rohe Wiederholung der dreiseitigen Pyramide an der Basis der Zellen unserer Korbbiene zu betrachten ist. Wie in den Zellen der Honigbiene, so nehmen auch hier die drei ebenen Flächen einer Zelle an der Zusammensetzung dreier anderen anstoßenden Zellen notwendig Teil. Es ist offenbar, daß die *Melipona* bei dieser Art zu bauen, Wachs und, was noch wichtiger ist, Arbeit spart; denn die ebenen Wände sind da, wo mehrere solche Zellen aneinandergrenzen, nicht doppelt, sondern nur von derselben Dicke wie die äußeren kugelförmigen Teile; und doch nimmt jedes ebene Stück Zwischenwand an der Zusammensetzung zweier aneinanderstoßenden Zellen Teil.

Indem ich mir diesen Fall überlegte, kam ich auf den Gedanken, daß, wenn die *Melipona* ihre kugeligen Zellen in einer gegebenen gleichen Entfernung voneinander und von gleicher Größe gefertigt und symmetrisch in eine doppelte Schicht geordnet hätte, der dadurch erzielte Bau wahrscheinlich so vollkommen wie der der Korbbiene geworden sein würde. Demzufolge schrieb ich an Professor Miller in Cambridge, und dieser Geometer hat die folgende, nach seiner Belehrung entworfene, Darstellung durchgesehen und mir gesagt, sie sei völlig richtig.

Wenn eine Anzahl unter sich gleicher Kugeln so beschrieben wird, daß ihre Mittelpunkte in zwei parallelen Ebenen liegen, und das Zentrum einer jeden Kugel um Radius X $\sqrt{2}$ oder Radius X 1,41421 (oder weniger) von den Mittelpunkten der sechs umgebenden Kugeln in derselben Schicht und ebensoweit von den Zentren der angrenzenden Kugeln in der anderen parallelen Schicht entfernt ist, und wenn alsdann Durchschneidungsflächen zwischen den verschiedenen Kreisen beider Schichten gebildet werden, so muß sich eine doppelte Lage sechsseitiger Prismen ergeben, welche von aus drei Rauten gebildeten dreiseitig-pyramidalen Basen verbunden werden, und alle Winkel an diesen Rauten- sowie den Seitenflächen der sechsseitigen Prismen werden mit denen identisch sein, welche an den Wachszellen der Bienen nach den sorgfältigsten Messungen vorkommen. Ich höre aber von Professor Wyman, der zahlreiche sorgfältige Messungen angestellt hat, daß die Genauigkeit in der Arbeit der Bienen bedeutend übertrieben worden ist, und zwar in einem Grade, daß er hinzufügt, was auch die typische Form der Zellen sein mag, sie werde nur selten, wenn überhaupt je, realisiert.

Wir können daher wohl sicher schließen, daß, wenn wir die Instinkte, welche die *Melipona* jetzt bereits besitzt, welche aber an und für sich nicht sehr wunderbar sind, etwas zu verbessern imstande wären, diese Biene einen ebenso wunderbar vollkommenen Bau zu liefern vermöchte, wie die Korbbiene. Wir müssen annehmen, die *Melipona* habe das Vermögen, ihre Zellen wirklich sphärisch und gleich groß zu machen, was nicht zum Verwundern sein würde, da sie es schon jetzt in gewissem Grade tut und viele Insekten sich vollkommen zylindrische Gänge in Holz aushöhlen, indem sie sich offenbar dabei um einen festen Punkt drehen. Wir müssen ferner annehmen, die *Melipona* ordne ihre Zellen in ebenen Lagen, wie sie es bereits mit ihren zylindrischen Zellen tut; und müssen weiter annehmen (und dies ist die größte Schwierigkeit), sie vermöge irgendwie genau zu beurteilen, in welchem Abstand von ihren Mitarbeiterinnen sie ihre sphärischen Zellen beginnen müsse, wenn mehrere gleichzeitig an ihren Zellen arbeiten; wir sahen sie aber ja bereits Entfernungen hinreichend bemessen, um alle ihre Kugeln so zu beschreiben, daß sie einander in einem gewissen Maße schneiden, und sahen sie dann die Schneidepunkte durch vollkommen ebene Wände miteinander verbinden. Dies sind die an sich nicht sehr wunderbaren Modifikationen des Instinktes (kaum wunderbarer als jener, der den Vogel bei seinem Nestbau leitet), durch welche, wie ich glaube, die Korbbiene auf dem Wege natürlicher Zuchtwahl zu ihrer unnachahmlichen architektonischen Geschicklichkeit gelangt ist.

Doch läßt sich diese Theorie durch Versuche prüfen. Nach Tegetmeiers Vorgang trennte ich zwei Bienenwaben und fügte einen langen dicken rechtwinkligen Streifen Wachs dazwischen. Die Bienen begannen sogleich kleine kreisrunde Grübchen darin auszuhöhlen, die sie immer mehr erweiterten, je tiefer sie wurden, bis flache Becken daraus entstanden, die für das Auge vollkommene Kugeln oder Teile davon zu sein schienen und ungefähr vom Durchmesser der gewöhnlichen Zellen waren. Es war mir sehr interessant, zu beobachten, daß überall, wo mehrere Bienen zugleich nebeneinander solche Aushöhlungen zu machen begannen, sie in solchen Entfernungen voneinander blieben, daß, als jene Becken die erwähnte Weite, d. h. die ungefähre Weite einer gewöhnlichen Zelle erlangt hatten, und ungefähr den sechsten Teil des Durchmessers des Kreises, wovon sie einen Teil bildeten, tief waren, sie sich mit ihren Rändern einander schnitten oder durchsetzten. Sobald dies der Fall war, hielten die Bienen mit der weiteren Austiefung ein und begannen auf den Schneidungslinien zwischen den Becken ebene Wände von Wachs senkrecht aufzuführen, so daß jedes sechsseitige Prisma auf den unebenen Rand eines glatten Beckens statt auf die geraden Ränder einer dreiseitigen Pyramide zu stehen kam, wie bei den gewöhnlichen Bienenzellen.

Ich brachte dann statt eines dicken rechtwinkligen Stückes Wachs einen schmalen und nur messerrückendicken Wachsstreifen, mit Cochenille gefärbt, in den Korb. Die Bienen begannen sogleich von zwei Seiten her kleine Becken nahe beieinander darin auszuhöhlen, in derselben Weise wie zuvor; aber der Wachsstreifen war so dünn, daß der Boden der Becken bei gleich tiefer Aushöhlung wie vorhin von zwei entgegengesetzten Seiten her hätte ineinander durchbrochen werden müssen. Dazu ließen es aber die Bienen nicht kommen, sondern hörten beizeiten mit der Vertiefung auf, so daß die Becken, sobald sie etwas vertieft waren, Boden mit ebenen Seiten bekamen; und diese ebenen Flächen, aus dünnen Plättchen des rotgefärbten Wachses bestehend, die nicht weiter ausgenagt wurden, kamen, soweit das Auge es unterscheiden konnte, genau längs der imaginären Schneideebenen zwischen den Becken der zwei entgegengesetzten Seiten des Wachsstreifens zu liegen. Stellenweise waren nur kleine Stücke, an anderen Stellen größere Teile rhombischer Tafeln zwischen den einander entgegengesetzten Becken übrig geblieben; aber die Arbeit wurde infolge der unnatürlichen Lage der Dinge nicht sauber ausgeführt. Die Bienen müssen in ungefähr gleichem Verhältnis auf beiden Seiten des roten Wachsstreifens gearbeitet haben, als sie die kreisrunden Vertiefungen von beiden Seiten her ausnagten, um bei Einstellung der Arbeit an den Schneideflächen die ebenen Bodenplättchen auf der Zwischenwand übriglassen zu können.

Berücksichtigt man, wie biegsam dünnes Wachs ist, so sehe ich keine Schwierigkeit für die Bienen ein, es von beiden Seiten her wahrzunehmen, wenn sie das Wachs bis zur angemessenen Dünne weggenagt haben, um dann ihre Arbeit einzustellen. In gewöhnlichen Bienenwaben schien mir, daß es den Bienen nicht immer gelinge, genau gleichen Schrittes von beiden Seiten her zu arbeiten. Denn ich habe halb vollendete Rauten am Grunde einer eben begonnenen Zelle bemerkt, die an einer Seite etwas konkav waren, wo nach meiner Vermutung die Bienen ein wenig zu rasch vorgedrungen waren, und auf der anderen Seite konvex erschienen, wo sie träger in der Arbeit gewesen. In einem sehr ausgezeichneten Falle der Art brachte ich die Wabe in den Korb zurück, ließ die Bienen kurze Zeit daran arbeiten, und nahm sie darauf wieder heraus, um die Zelle aufs neue zu untersuchen. Ich fand dann die rautenförmigen Platten ergänzt und von beiden Seiten vollkommen eben. Es war aber bei der außerordentlichen Dünne der rhombischen

Plättchen absolut unmöglich gewesen, dies durch ein weiteres Benagen von der konvexen Seite her zu bewirken, und ich vermute, daß die Bienen in solchen Fällen von den entgegengesetzten Zellen aus das biegsame und warme Wachs (was nach einem Versuch leicht geschehen kann) in die zukömmliche mittlere Ebene gedrückt und gebogen haben, bis es flach wurde.

Aus dem Versuch mit dem rotgefärbten Streifen ist klar zu ersehen, daß wenn die Bienen eine dünne Wachswand zur Bearbeitung vor sich haben, sie ihre Zellen von angemessener Form machen können, indem sie sich in richtigen Entfernungen voneinander halten, gleichen Schritts mit der Austiefung vorrücken und gleiche runde Höhlen machen, ohne jedoch dieselben ineinander durchbrechen zu lassen. Nun machen die Bienen, wie man bei Untersuchung des Randes einer im Wachstum begriffenen Honigwabe deutlich erkennt, eine rauhe Einfassung oder Wand rund um die Wabe und nagen dieselbe von den entgegengesetzten Seiten her weg, indem sie bei der Vertiefung einer jeden Zelle stets kreisförmig vorgehen. Sie machen nie die ganze dreiseitige Pyramide des Bodens einer Zelle auf einmal, sondern nur die eine der drei rhombischen Platten, welche dem äußersten in Zunahme begriffenen Rand entspricht, oder auch die zwei Platten, wie es die Lage mit sich bringt. Auch ergänzen sie nie die oberen Ränder der rhombischen Platten eher, als bis die Wände der sechsseitigen Zellen angefangen sind. Einige dieser Angaben weichen von denen des mit Recht berühmten älteren Huber ab, aber ich bin überzeugt, daß sie richtig sind; und wenn es der Raum gestattete, so würde ich zeigen, daß sie mit meiner Theorie in Einklang stehen.

Hubers Behauptung, daß die allererste Zelle aus einer kleinen parallelseitigen Wachswand ausgehöhlt wird, ist, soviel ich gesehen habe, nicht ganz richtig; der erste Anfang war immer eine kleine Haube von Wachs; doch will ich in diese Einzelheiten hier nicht eingehen. Wir sehen, was für einen wichtigen Anteil die Aushöhlung an der Zellenbildung hat; doch wäre es ein großer Fehler, anzunehmen, die Bienen könnten nicht eine rauhe Wachswand in geeigneter Lage, d. h. längs der Durchschnittsebene zwischen zwei aneinandergrenzenden Kreisen, aufbauen. Ich habe verschiedene Präparate, welche beweisen, daß sie dies können. Selbst in dem rohen, dem Umfang folgenden Wachsrand rund um eine in Zunahme begriffene Wabe beobachtet man zuweilen Krümmungen, welche ihrer Lage nach den Ebenen der rautenförmigen Grundplatten künftiger Zellen entsprechen. Aber in allen Fällen muß die rauhe Wachswand durch Wegnagung ansehnlicher Teile derselben von beiden Seiten her ausgearbeitet und vollendet werden. Die Art, wie die Bienen bauen, ist sonderbar. Sie machen immer die erste rohe Wand zehn bis zwanzig Mal dicker, als die äußerst feine Zellenwand, welche zuletzt übrigbleiben soll. Wir werden besser verstehen, wie sie zu Werke gehen, wenn wir uns denken, Maurer häuften zuerst einen breiten Zementwall auf, begännen dann am Boden denselben von zwei Seiten her gleichen Schrittes, bis noch eine dünne Wand in der Mitte übrigbliebe, wegzuhauen und häuften das Weggehauene mit neuem Zement immer wieder auf der Kante der Wand an. Wir haben dann eine dünne, stetig in die Höhe wachsende Wand, die aber stets von einem riesigen Wall noch überragt wird. Da alle Zellen, die erst angefangenen sowohl als die schon fertigen, auf diese Weise von einer starken Wachsmasse gekrönt sind, so können sich die Bienen auf der Wabe zusammenhäufen und herumtummeln, ohne die zarten sechseckigen Zellenwände zu beschädigen, welche nach Professor Millers Mitteilung im Durchmesser sehr variieren. Sie sind im Mittel von zwölf am Rande der Wabe gemachten Messungen 1/352 Zoll dick, während die Platten der Grundpyramide nahezu im Verhältnis von drei zu zwei dicker sind; nach einundzwanzig Messungen hatten sie eine mittlere Dicke von 1/229 Zoll. Durch diese eigentümliche Weise zu bauen erhält die Wabe fortwährend die erforderliche Stärke mit der größtmöglichen Ersparnis von Wachs.

Anfangs scheint die Schwierigkeit, die Anfertigungsweise der Zellen zu begreifen, noch dadurch vermehrt zu werden, daß eine Menge von Bienen gemeinsam arbeiten, indem jede, wenn sie eine Zeitlang an einer Zelle gearbeitet hat, an eine andere geht, so daß, wie Huber bemerkt, gegen zwei Dutzend Individuen sogar am Anfang der ersten Zelle sich beteiligen. Es ist mir möglich geworden, diese Tatsache experimentell zu bestätigen, indem ich die Ränder der sechsseitigen Wand einer einzelnen Zelle oder den äußersten Rand der Umfassungswand einer im Wachstum begriffenen Wabe mit einer äußerst dünnen Schicht flüssigen rotgefärbten Wachses überzog und dann jedesmal fand, daß die Bienen diese Farbe auf die zarteste Weise, wie es kein Maler zarter mit seinem Pinsel vermocht hätte, verteilten, indem sie Atome des gefärbten Wachses von ihrer Stelle entnahmen und ringsum in die zunehmenden Zellenränder verarbeiteten. Diese Art zu bauen kommt mir vor, wie eine Art Gleichgewicht, in das die Bienen gezwängt sind; indem alle instinktiv in gleichen Entfernungen voneinander stehen, und alle gleiche Kreise um sich zu beschreiben suchen, dann aber die Durchschnittsebenen zwischen diesen Kreisen entweder aufbauen oder unbenagt lassen. Es war in der Tat eigentümlich anzusehen, wie manchmal in schwierigen Fällen, wenn z. B. zwei Stücke einer Wabe unter irgendeinem Winkel aneinanderstießen, die Bienen dieselbe Zelle wieder niederrissen und in anderer Art herstellten, mitunter auch zu einer Form zurückkehrten, die sie einmal schon verworfen hatten.

Wenn Bienen einen Platz haben, wo sie in zur Arbeit angemessener Haltung stehen können, – z. B. auf einem Holzstückchen gerade unter der Mitte einer abwärts wachsenden Wabe, so daß die Wabe über eine Seite des Holzes gebaut werden muß, – so können sie den Grund zu einer Wand eines neuen Sechsecks legen, so daß es genau am gehörigen Platze unter den anderen fertigen Zellen vorragt. Es genügt, daß die Bienen imstande sind, in geeigneter relativer Entfernung voneinander und von den Wänden der zuletzt vollendeten Zellen zu stehen, und dann können sie nach Maßgabe der imaginären Kreise, eine Zwischenwand zwischen zwei benachbarten Zellen aufführen; aber, so viel ich gesehen habe, nagen und arbeiten sie niemals die Ecken einer Zelle eher scharf aus, als bis ein großer Teil sowohl dieser als der anstoßenden Zellen fertig ist. Dieses Vermögen der Bienen unter gewissen Verhältnissen an angemessener Stelle zwischen zwei soeben angefangenen Zellen eine rohe Wand zu bilden, ist wichtig, weil es eine Tatsache erklärt, welche anfänglich die vorstehend aufgestellte Theorie mit gänzlichem Umsturz bedrohte, nämlich daß die Zellen auf der äußersten Kante einer Wespenwabe zuweilen genau sechseckig sind; inzwischen habe ich hier nicht Raum, auf diesen Gegenstand einzugehen. Dann scheint es mir auch keine große Schwierigkeit mehr darzubieten, daß ein einzelnes Insekt (wie es bei der Wespenkönigin z. B. der Fall ist) sechskantige Zellen baut, wenn es nämlich abwechselnd an der Außen- und der Innenseite von zwei oder drei gleichzeitig angefangenen Zellen arbeitet und dabei immer in der angemessenen Entfernung von den Teilen der eben begonnenen Zellen steht, Kreise oder Zylinder um sich beschreibt und in den Schneidungsebenen Zwischenwände aufführt.

Da die natürliche Zuchtwahl nur durch Häufung geringer Modifikationen des Baues oder Instinktes wirkt, von welchen eine jede dem Individuum in seinen Lebensverhältnissen nützlich ist, so kann man vernünftigerweise fragen, welchen Nutzen eine lange und stufenweise Reihenfolge von Abänderungen des Bautriebes, in der zu seiner jetzigen Vollkommenheit führenden Richtung, der Stammform unserer Honigbienen haben bringen können? Ich glaube, die Antwort ist nicht schwer: Zellen, welche wie die der Bienen und Wespen gebildet sind, gewinnen an Stärke und ersparen viel Arbeit und Raum, besonders aber viel Material zum Bauen. In bezug auf die Bildung des Wachses ist es bekannt, daß Bienen oft in großer Not sind, genügenden Nektar aufzutreiben; und ich habe von Tegetmeier erfahren, daß man durch Versuche ermittelt hat, daß nicht weniger als 12-15 Pfund trockenen Zuckers zur Sekretion von einem Pfund Wachs in einem Bienenkorb verbraucht werden, daher eine überschwengliche Menge flüssigen Nektars eingesammelt und von den Bienen eines Stockes verzehrt werden muß, um das zur Erbauung ihrer Waben nötige Wachs zu erhalten. Überdies muß eine große Anzahl Bienen während des Sekretionsprozesses viele Tage lang unbeschäftigt bleiben. Ein großer Honigvorrat ist ferner nötig für den Unterhalt eines starken Stockes über Winter, und es ist bekannt, daß die Sicherheit desselben hauptsächlich gerade von der Erhaltung einer großen Zahl von Bienen abhängt. Daher muß eine Ersparnis an Wachs, da sie eine große Ersparnis an Honig und von auf das Einsammeln des Honigs verwandter Zeit in sich schließt, eine wesentliche Bedingung des Gedeihens einer jeden Bienenfamilie sein. Natürlich kann der Erfolg der Bienenart von der Zahl ihrer Parasiten und anderer Feinde oder von ganz anderen Ursachen abhängen und insofern von der Menge des Honigs unabhängig sein, welche die Bienen einsammeln können. Nehmen wir aber an, dieser letztere Umstand bedinge es wirklich, wie es wahrscheinlich oft der Fall gewesen ist, ob eine unseren Hummeln verwandte Bienenart in irgendeiner Gegend in größerer Anzahl existieren kann, und nehmen wir ferner an, die Kolonie durchlebe den Winter und verlange mithin einen Honigvorrat, so wäre es in diesem Falle für unsere Hummeln ohne Zweifel ein Vorteil, wenn eine geringe Veränderung ihres Instinktes sie veranlaßte, ihre Wachszellen etwas näher aneinander zu machen, so daß sich deren kreisrunde Wände etwas schnitten; denn eine jede auch nur zwei aneinanderstoßenden Zellen gemeinsam dienende Zwischenwand müßte etwas Wachs und Arbeit ersparen. Es würde daher ein zunehmender Vorteil für unsere Hummeln sein, wenn sie ihre Zellen immer regelmäßiger machten, immer näher zusammenrückten und immer mehr zu einer Masse vereinigten, wie *Melipona*, weil alsdann ein großer Teil der eine jede Zelle begrenzenden Wände auch anderen Zellen zur Begrenzung dienen und viel Wachs und Arbeit erspart werden würde. Aus gleichem Grunde würde es ferner für die *Melipona* vorteilhaft sein, wenn sie ihre Zellen näher zusammenrückte und in jeder Weise regelmäßiger als jetzt machte, weil dann, wie wir gesehen haben, die sphärischen Oberflächen gänzlich verschwinden und durch ebene Flächen ersetzt werden würden, wo dann die *Melipona* eine so vollkommene Wabe wie die Honigbiene liefern würde. Aber über diese Stufe hinaus kann natürliche Zuchtwahl den Bautrieb nicht mehr vervollkommnen, weil die Wabe der Honigbiene, so viel wir einsehen können, hinsichtlich der Ersparnis von Wachs und Arbeit absolut vollkommen ist.

So kann nach meiner Meinung der wunderbarste aller bekannten Instinkte, der der Honigbiene, durch die Annahme erklärt werden, natürliche Zuchtwahl habe allmählich eine Menge aufeinanderfolgender kleiner Abänderungen einfacherer Instinkte benützt; sie habe auf langsamen Stufen die Bienen allmählich immer vollkommener dazu angeleitet, in einer doppelten Schicht gleiche Kugeln in gegebenen Entfernungen voneinander zu beschreiben und das Wachs längs ihrer Durchschnittsebenen aufzuschichten und auszuhöhlen, wenn auch natürlich die Bienen selbst von den bestimmten Abständen ihrer Kugelräume voneinander ebensowenig wie von den Winkeln ihrer Sechsecke und den Rautenflächen am Boden ein Bewußtsein haben. Die treibende Ursache des Prozesses der natürlichen Zuchtwahl war die Konstruktion der Zellen von gehöriger Stärke und passender Größe und Form für die Larven bei der größtmöglichen Ersparnis an Wachs und Arbeit; der individuelle Schwarm, welcher die besten Zellen mit der geringsten Arbeit machte und am wenigsten Honig zur Sekretion von Wachs bedurfte, gedieh am besten und vererbte seinen neuerworbenen Ersparnistrieb auf spätere Schwärme, welche dann ihrerseits wieder die meiste Wahrscheinlichkeit des Erfolges in dem Kampf ums Dasein hatten.

Schwierigkeiten der Theorie natürlicher Zuchtwahl der Instinkt – Geschlechtslose oder unfruchtbare Insekten

Man hat auf die vorstehend entwickelte Anschauungsweise über die Entstehung des Instinktes erwidert, „daß Abänderungen von Körperbau und Instinkt gleichzeitig und in genauem Verhältnis zueinander erfolgt sein müssen, weil eine Abänderung des einen ohne entsprechenden Wechsel des anderen den Tieren hätte verderblich werden müssen". Die Stärke dieses Einwands beruht jedoch gänzlich auf der Annahme, daß die beiderlei Veränderungen, in Struktur und Instinkt, plötzlich erfolgten. Kommen wir zur weiteren Erläuterung auf den Fall von der Kohlmeise (*Parus major*) zurück, von welchem in einem früheren Kapitel die Rede gewesen ist. Dieser Vogel hält oft auf einem Zweige sitzend Eibensamen zwischen seinen Füßen und hämmert darauf los bis er zum Kern gelangt. Welche besondere Schwierigkeit könnte nun hier vorliegen, daß die natürliche Zuchtwahl alle geringen individuellen Abänderungen in der Form des Schnabels erhielte, welche ihn zum Aufhacken der Samen immer besser geeignet machten, bis endlich ein für diesen Zweck so wohl gebildeter Schnabel hergestellt wäre, wie der des Nußpickers (*Sitta*), während zugleich die erbliche Gewohnheit oder der Mangel an anderem Futter, oder zufällige Veränderungen des Geschmacks aus dem Vogel mehr und mehr einen ausschließlichen Körnerfresser werden ließen? Es ist hier angenommen, daß durch natürliche Zuchtwahl der Schnabel nach und nach, aber im Zusammenhang mit dem langsamen Wechsel der Gewohnheit verändert worden wäre. Man lasse aber nun auch noch die Füße der Kohlmeise sich verändern und in Korrelation mit dem Schnabel oder aus irgendeiner anderen unbekannten Ursache sich vergrößern; bliebe es dann noch sehr unwahrscheinlich, daß diese größeren Füße den Vogel auch mehr und mehr zum Klettern verleiteten, bis er auch die merkwürdige Neigung und Fähigkeit des Kletterns wie der Nußpicker erlangte? In diesem Falle würde dann eine stufenweise Veränderung des Körperbaus zu einer Veränderung von Instinkt und Lebensweise führen. – Nehmen wir einen anderen Fall an. Wenige Instinkte sind merkwürdiger als derjenige, welcher die Schwalben der ostindischen Inseln veranlaßt ihr Nest ganz aus verdicktem Speichel zu machen. Einige Vögel bauen ihr Nest aus, wie man glaubt, durchspeicheltem Schlamm, und eine nordamerikanische Schwalbenart sah ich ihr Nest aus Reisern mit Speichel und selbst mit Flocken von dieser Substanz zusammenkitten. Ist es dann nun so unwahrscheinlich, daß natürliche Zuchtwahl mittelst einzelner Schwalbenindividuen, welche mehr und mehr Speichel absonderten, endlich zu einer Art geführt habe, welche mit Vernachlässigung aller anderen Baustoffe ihr Nest allein aus verdichtetem Speichel bildete? Und so in anderen Fällen. Man muß zugeben, daß wir in vielen Fällen gar keine Vermutung darüber haben können, ob Instinkt oder Körperbau zuerst sich zu ändern begonnen habe.

Ohne Zweifel ließen sich noch viele schwer erklärbaren Instinkte meiner Theorie natürlicher Zuchtwahl entgegenhalten: Fälle, wo sich die Veranlassung zur Entstehung eines Instinktes nicht einsehen läßt; Fälle, wo keine Zwischenstufen bekannt sind; Fälle von anscheinend so unwichtigen Instinkten, daß kaum abzusehen ist, wie sich die natürliche Zuchtwahl an ihnen beteiligt haben könne; Fälle von fast identischen Instinkten bei Tieren, welche auf der Stufenleiter der Natur so weit auseinanderstehen, daß sich deren Übereinstimmung nicht durch Vererbung von einer gemeinsamen Stammform erklären läßt, daß wir vielmehr glauben müssen, sie seien unabhängig voneinander durch natürliche Zuchtwahl erlangt worden. Ich will hier nicht auf diese mancherlei Fälle eingehen, sondern nur bei einer besonderen Schwierigkeit stehenbleiben, welche mir anfangs unübersteiglich und meiner ganzen Theorie wirklich verderblich zu sein schien. Ich will von den geschlechtslosen Individuen oder unfruchtbaren Weibchen der Insektenkolonien sprechen; denn diese Geschlechtslosen weichen sowohl von den Männchen als den fruchtbaren Weibchen in Bau und Instinkt oft sehr weit ab und können doch, weil sie steril sind, ihre eigentümliche Beschaffenheit nicht selbst durch Fortpflanzung weiter übertragen.

Dieser Gegenstand verdiente wohl eine weitläufigere Erörterung; doch will ich hier nur einen einzelnen Fall herausheben, die Arbeiter- oder geschlechtslosen Ameisen. Anzugeben wie diese Arbeiter steril geworden sind, ist eine große Schwierigkeit, doch nicht viel größer als bei anderen auffälligen Abänderungen in der Organisation. Denn es läßt sich nachweisen, daß einige Insekten und andere Gliedertier im Naturzustand zuweilen unfruchtbar werden; und falls dies nun bei gesellig lebenden Insekten vorgekommen und es der Gemeinde vorteilhaft gewesen ist, daß jährlich eine Anzahl zur Arbeit geschickter aber zur Fortpflanzung untauglicher Individuen unter ihnen geboren werde, so sehe ich keine Schwierigkeit, warum dies nicht durch natürliche Zuchtwahl hätte hervorgebracht werden können. Doch muß ich über dieses vorläufige Bedenken hinweggehen. Die Größe der Schwierigkeit liegt darin, daß diese Arbeiter sowohl von den männlichen als von den weiblichen Ameisen auch in ihrem übrigen Bau, in der Form des Bruststücks, in dem Mangel der Flügel und zuweilen der Augen, so wie in ihren Instinkten weit abweichen. Was den Instinkt allein betrifft, so hätte sich die wunderbare Verschiedenheit, welche in dieser Hinsicht zwischen den Arbeitern und den fruchtbaren Weibchen sich ergibt, noch weit besser an den Honigbienen erläutern lassen. Wäre eine Arbeiterameise oder ein anderes geschlechtsloses Insekt ein Tier in seinem gewöhnlichen Zustand, so würde ich ohne Zögern angenommen haben, daß alle seine Charaktere durch natürliche Zuchtwahl langsam entwickelt worden seien, und daß namentlich, wenn ein Individuum mit irgendeiner kleinen nutzbringenden Abweichung des Baues geboren worden wäre, sich diese Abweichung auf dessen Nachkommen vererbt haben würde, welche dann ebenfalls variiert haben und bei weiterer Züchtung wieder gewählt worden sein würden, und sofort. In der Arbeiterameise aber haben wir ein Insekt, welches bedeutend von seinen Eltern verschieden, jedoch absolut unfruchtbar ist, welches daher sukzessiv erworbene Abänderungen des Baues oder Instinktes nie auf eine Nachkommenschaft weiter vererben kann. Man kann daher wohl fragen, wie es möglich sei, diesen Fall mit der Theorie natürlicher Zuchtwahl in Einklang zu bringen?

Zunächst können wir mit unzähligen Beispielen sowohl unter unseren kultivierten als unter den natürlichen Erzeugnissen belegen, daß vererbte Strukturverschiedenheiten aller Arten mit gewissen Altersstufen und mit einem der zwei Geschlechter in Korrelation getreten sind. Wir haben Verschiedenheiten, die in solcher Korrelation nicht nur allein mit dem einen Geschlecht, sondern sogar bloß mit der kurzen Jahreszeit stehen, wo das Reproduktivsystem tätig ist, wie das hochzeitliche Kleid vieler Vögel und der hakenförmige Unterkiefer des männlichen Salmen. Wir haben selbst geringe Unterschiede in den Hörnern einiger Rinderrassen, welche mit einem künstlich unvollkommenen Zustand des männlichen Geschlechts in bezug stehen; denn die Ochsen haben in manchen Rassen längere Hörner als die anderer Rassen, im Vergleich mit denen der Bullen oder Kühe derselben Rassen. Ich finde daher keine wesentliche Schwierigkeit darin, daß irgendein Charakter mit dem unfruchtbaren Zustand gewisser Mitglieder von Insektengemeinden in Korrelation tritt; die Schwierigkeit liegt nur darin, zu begreifen, wie solche in Korrelation stehenden Modifikationen des Baues durch natürliche Zuchtwahl langsam gehäuft werden konnten.

Diese anscheinend unüberwindliche Schwierigkeit wird aber bedeutend geringer oder verschwindet, wie ich glaube, gänzlich, wenn wir bedenken, daß Zuchtwahl ebensowohl auf die Familie als auf die Individuen anwendbar ist und daher zum erwünschten Ziele führen kann. Rindviehzüchter wünschen das Fleisch vom Fett gut durchwachsen; ein durch solche Merkmale ausgezeichnetes Tier ist geschlachtet worden, aber der Züchter wendet sich mit Vertrauen und mit Erfolg wieder zur nämlichen Familie. Man darf der Wirkungsfähigkeit der Zuchtwahl so viel Vertrauen schenken, daß ich nicht bezweifle, es könne aller Wahrscheinlichkeit nach eine Rinderrasse, welche stets Ochsen mit außerordentlich langen Hörnern liefert, langsam dadurch gezüchtet werden, daß man sorgfältig beobachtet, welche Bullen und Kühe, miteinander gepaart, Ochsen mit den längsten Hörnern geben, obwohl nie ein Ochse selbst diese Eigenschaft auf Nachkommen zu übertragen imstande ist. Das folgende ist ein noch besseres und faktisch vorliegendes Beispiel. Nach Verlot erzeugen einige Varietäten des einjährigen gefüllten Winterlevkoy, infolge der lang fortgesetzten sorgfältigen Auswahl in der passenden Richtung, aus Samen immer im Verhältnis sehr viele gefüllte und unfruchtbar blühende Pflanzen; sie bringen aber gleicherweise immer einige einfach und fruchtbar blühende Pflanzen hervor. Diese letzteren, durch welche allein die Varietät fortgepflanzt werden kann, können nun mit den fruchtbaren Männchen und Weibchen einer Ameisenkolonie, die unfruchtbaren gefülltblühenden mit den sterilen Geschlechtslosen derselben Kolonie verglichen werden. Wie bei den Varietäten des Levkoy, so ist auch bei den geselligen Insekten Zuchtwahl auf die Familie und nicht auf das Individuum zur Erreichung eines nützlichen Ziels angewendet worden. Wir können daher schließen, daß unbedeutende Modifikationen des Baus oder Instinkts, welche mit der unfruchtbaren Beschaffenheit gewisser Mitglieder der Gemeinde im Zusammenhang stehen, sich für die Gemeinde nützlich erwiesen haben; infolgedessen gediehen die fruchtbaren Männchen und Weibchen derselben besser und übertrugen auf ihre fruchtbaren Nachkommen eine Neigung unfruchtbare Glieder mit den nämlichen Modifikationen hervorzubringen. Dieser Vorgang muß vielmals wiederholt worden sein, bis diese Verschiedenheit zwischen den fruchtbaren und unfruchtbaren Weibchen einer und derselben Spezies zu der wunderbaren Höhe gedieh, wie wir sie jetzt bei vielen gesellig lebenden Insekten wahrnehmen.

Aber wir haben bis jetzt die größte Schwierigkeit noch nicht berührt, die Tatsache nämlich, daß die Geschlechtslosen bei mehreren Ameisenarten nicht allein von den fruchtbaren Männchen und Weibchen, sondern auch noch untereinander, zuweilen selbst bis zu einem beinahe unglaublichen Grade, abweichen und danach in zwei oder selbst drei Kasten geteilt werden. Diese Kasten gehen überdies in der Regel nicht ineinander über, sondern sind vollkommen scharf unterschieden, sie sind so verschieden voneinander, wie es sonst zwei Arten einer Gattung oder vielmehr wie zwei Gattungen einer Familie zu sein pflegen. So kommen bei *Eciton* arbeitende und kämpfende Individuen mit außerordentlich verschiedenen Kinnladen und Instinkten vor; bei *Cryptocerus* tragen die Arbeiter der einen Kaste allein eine wunderbare Art von Schild an ihrem Kopf, dessen Gebrauch ganz unbekannt ist. Bei den mexikanischen *Myrmecocystus* verlassen die Arbeiter der einen Kaste niemals das Nest; sie werden durch die Arbeiter einer anderen Kaste gefüttert und haben ein ungeheuer entwickeltes Abdomen, welches eine Art Honig absondert, als Ersatz für denjenigen, welchen die Aphiden, oder wie man sie nennen kann, die Hauskühe, welche unsere europäischen Ameisen bewachen oder einsperren, absondern.

Man wird in der Tat denken, daß ich ein übermäßiges Vertrauen in das Prinzip der natürlichen Zuchtwahl setze, wenn ich nicht zugebe, daß so wunderbare und wohlbegründete Tatsachen meine Theorie auf einmal gänzlich vernichten. In dem einfacheren Falle, wo geschlechtslose Ameisen nur von einer Kaste vorkommen, die nach meiner Meinung durch natürliche Zuchtwahl von den fruchtbaren Männchen und Weibchen verschieden gemacht worden sind, in einem solchen Falle dürfen wir aus der Analogie mit gewöhnlichen Abänderungen zuversichtlich schließen, daß die sukzessiv auftretenden geringen nützlichen Modifikationen nicht alsbald an allen geschlechtslosen Individuen eines Nestes zugleich, sondern nur an einigen wenigen zum Vorschein kamen, und daß erst infolge des Überlebens der Kolonien mit solchen Weibchen, welche die meisten derartig vorteilhaft modifizierten Geschlechtslosen hervorbrachten, endlich alle Geschlechtslosen den gewünschten Charakter erlangten. Nach dieser Ansicht müßte man nun in einem und demselben Nest zuweilen noch geschlechtslose Individuen derselben Insektenart finden, welche Zwischenstufen der Körperbildung darstellen; und diese findet man in der Tat und zwar, wenn man berücksichtigt, wie wenig außerhalb Europas solche Geschlechtslosen untersucht worden sind, nicht einmal selten. F. Smith hat gezeigt, wie erstaunlich dieselben bei den verschiedenen englischen Ameisenarten in der Größe und mitunter in der Farbe variieren, und daß selbst die äußersten Formen zuweilen vollständig durch aus demselben Nest entnommene Individuen untereinander verbunden werden können. Ich selbst habe vollkommene Stufenreihen dieser Art miteinander vergleichen können. Zuweilen kommt es vor, daß die größeren oder die kleineren Arbeiter die zahlreicheren sind; oder auch beide sind gleich zahlreich mit einer mittleren weniger zahlreichen Zwischenform. *Formica flava* hat größere und kleinere Arbeiter mit einigen wenigen von mittlerer Größe; und bei dieser Art haben nach Smiths Beobachtung die größeren Arbeiter einfache Augen (*Ocelli*), welche, wenn auch klein, doch deutlich zu beobachten sind, während die Ocellen der kleineren nur rudimentär erscheinen. Nachdem ich verschiedene Individuen dieser Arbeiter sorgfältig zergliedert habe, kann ich versichern, daß die Ocellen der kleineren weit rudimentärer sind, als aus ihrer im Verhältnis geringeren Größe allein zu erklären wäre, und ich glaube fest, wenn ich es auch nicht gewiß behaupten darf, daß die Arbeiter von mittlerer Größe auch Ocellen von mittlerem Vollkommenheitsgrade besitzen. Hier finden sich daher zwei Gruppen steriler Arbeiter in einem und demselben Nest, welche nicht allein in der Größe, sondern auch in den Gesichtsorganen voneinander abweichen, jedoch durch einige wenige Glieder von mittlerer Beschaffenheit miteinander verbunden werden. Ich könnte nun noch weiter gehen und sagen, daß, wenn die kleineren Arbeiter die nützlicheren für den Haushalt der Gemeinde gewesen wären und demzufolge immer diejenigen Männchen und Weibchen, welche die kleineren Arbeiter liefern, bei der Züchtung das Übergewicht gewonnen hätten, bis alle Arbeiter einerlei Beschaffenheit erlangten, wir eine Ameisenart haben müßten, deren Geschlechtslose fast wie bei *Myrmica* beschaffen wären. Denn die Arbeiter von *Myrmica* haben nicht einmal Augenrudimente, obwohl deren Männchen und Weibchen wohl entwickelte Ocellen besitzen.

Ich will noch ein anderes Beispiel anführen. Ich erwartete so zuversichtlich Abstufungen in wesentlichen Teilen des Körperbaus zwischen den verschiedenen Kasten der Geschlechtslosen bei einer nämlichen Art zu finden, daß ich mir gern Mr. F. Smiths Anerbieten zahlreicher Exemplare aus demselben Nest der Treiberameise (*Anomma*) aus West-Afrika zunutze machte. Der Leser wird vielleicht die Größe des Unterschiedes zwischen diesen Arbeitern am besten bemessen, wenn ich ihm nicht die wirklichen Ausmessungen, sondern zur Veranschaulichung eine völlig korrekte Vergleichung mitteile. Die Verschiedenheit war ebensogroß, als ob wir eine Reihe von Arbeitsleuten ein Haus bauen sähen, von welchen viele nur fünf Fuß vier Zoll und viele andere bis sechzehn Fuß groß wären (1 : 3); dann müßten wir aber noch außerdem annehmen, daß die größeren vier- statt dreimal so große Köpfe wie die kleineren und fast fünfmal so große Kinnladen hätten. Überdies ändern die Kinnladen dieser Arbeiter verschiedener Größen wunderbar in ihrer Gestalt und in der Form und Zahl der Zähne ab. Aber die für uns wichtigste Tatsache ist die, daß, obwohl man diese Arbeiter in Kasten von verschiedener Größe gruppieren kann, sie doch unmerklich ineinander übergehen, wie es auch mit der so weit auseinanderweichenden Bildung ihrer Kinnladen der Fall ist. Ich kann mit Zuversicht über diesen letzten Punkt sprechen, da Sir John Lubbock Zeichnungen dieser Kinnladen mit der Camera lucida für mich angefertigt hat, welche ich von den Arbeitern verschiedener Größen abgelöst hatte. Bates hat in seiner äußerst interessanten Schrift „Naturalist on the Amazons" einige analoge Fälle beschrieben.

Mit diesen Tatsachen vor mir glaube ich, daß natürliche Zuchtwahl, auf die fruchtbaren Ameisen oder die Eltern wirkend, eine Art zu bilden imstande ist, welche regelmäßig auch ungeschlechtliche Individuen hervorbringen wird, die entweder alle eine ansehnliche Größe und gleich beschaffene Kinnladen haben, oder welche alle klein und mit Kinnladen von sehr verschiedener Bildung versehen sind, oder welche endlich (und dies ist die Hauptschwierigkeit) gleichzeitig zwei Gruppen von verschiedener Beschaffenheit darstellen, wovon die eine von einer gewissen Größe und Struktur und die andere in beiderlei Hinsicht verschieden ist; anfänglich hat sich eine abgestufte Reihe, wie bei *Anomma*, entwickelt, wovon aber die zwei äußersten Formen infolge des Überlebens der sie erzeugenden Eltern immer zahlreicher überwiegend wurden, bis kein Individuum der mittleren Formen mehr erzeugt wurde.

Eine analoge Erklärung des gleich komplexen Falles, daß gewisse malayische Schmetterlinge regelmäßig zu derselben Zeit in zwei oder selbst drei verschiedenen weiblichen Formen erscheinen, hat Wallace gegeben, ebenso Fritz Müller von verschiedenen brasilianischen Krustern, die gleichfalls unter zwei voneinander sehr verschiedenen männlichen Formen auftreten. Der Gegenstand braucht aber hier nicht erörtert zu werden.

So ist nach meiner Meinung die wunderbare Erscheinung von zwei Kasten unfruchtbarer Arbeiter von scharf bestimmter Form in einerlei Nest zu erklären, welche beide sehr voneinander und von ihren Eltern verschieden sind. Wir können einsehen, wie nützlich ihr Auftreten für eine soziale Ameisengemeinde gewesen ist, nach demselben Prinzip, nach welchem die Teilung der Arbeit für die zivilisierten Menschen nützlich ist. Die Ameisen arbeiten jedoch mit ererbten Instinkten und mit ererbten Organen und Werkzeugen, während der Mensch mit erworbenen Kenntnissen und fabriziertem Gerät arbeitet. Ich muß aber bekennen, daß ich bei allem Vertrauen in die natürliche Zuchtwahl doch nie erwartet haben würde, daß dieses Prinzip sich in so hohem Grade wirksam erweisen könne, hätte mich nicht der Fall von diesen geschlechtslosen Insekten zu dieser Folgerung geführt. Ich habe deshalb auch diesen Gegenstand mit etwas größerer, obwohl noch ganz ungenügender Ausführlichkeit abgehandelt, um daran die Wirksamkeit der natürlichen Zuchtwahl zu zeigen und weil er in der Tat die ernsteste spezielle Schwierigkeit für meine Theorie darbietet. Auch ist der Fall darum sehr interessant, weil er zeigt, daß sowohl bei Tieren als auch bei Pflanzen jeder Betrag von Abänderung in der Struktur durch Häufung vieler kleinen und anscheinend zufälligen Abweichungen von irgendwelcher Nützlichkeit, ohne alle Unterstützung durch Übung und Gewohnheit, bewirkt werden kann. Denn eigentümliche, auf die Arbeiter und unfruchtbaren Weibchen beschränkte Gewohnheiten vermöchten doch, wie lange sie auch bestanden haben möchten, die Männchen und fruchtbaren Weibchen, welche allein die Nachkommenschaft liefern, nicht zu beeinflussen. Ich bin erstaunt, daß noch niemand den lehrreichen Fall der geschlechtslosen Insekten der wohlbekannten Lehre Lamarcks von den ererbten Gewohnheiten entgegengehalten hat.

Zusammenfassung des Kapitels

Ich habe in diesem Kapitel kurz zu zeigen versucht, daß die Geistesfähigkeiten unserer domestizierten Tiere abändern, und daß diese Abänderungen vererbt werden. Und in noch kürzerer Weise habe ich darzutun mich bemüht, daß Instinkte im Naturzustand ein wenig abändern. Niemand wird bestreiten, daß Instinkte von der höchsten Wichtigkeit für jedes Tier sind. Ich sehe daher keine Schwierigkeit, warum unter sich verändernden Lebensbedingungen die natürliche Zuchtwahl nicht auch imstande gewesen sein sollte, kleine Abänderungen des Instinktes in einer nützlichen Richtung in jeder beliebigen Ausdehnung zu häufen. In vielen Fällen haben Gewohnheit oder Gebrauch und Nichtgebrauch wahrscheinlich mitgewirkt. Ich behaupte nicht, daß die in diesem Abschnitt mitgeteilten Tatsachen meine Theorie in einem irgend bedeutenden Grade stützen; doch ist nach meiner besten Überzeugung auch keine dieser Schwierigkeiten imstande sie umzustoßen. Auf der anderen Seite aber haben wir die Tatsachen, daß Instinkte nicht immer absolut vollkommen und selbst Irrungen unterworfen sind, – daß kein Instinkt aufgeführt werden kann, welcher zum ausschließlichen Vorteil eines anderen Tieres entwickelt ist, wenn auch Tiere von Instinkten anderer Tiere Nutzen ziehen, – daß der naturhistorische Glaubenssatz „Natura non facit saltum" ebensowohl auf Instinkte als auf körperliche Bildung anwendbar und nach den vorgetragenen Ansichten ebenso erklärlich wie auf andere Weise unerklärbar ist; und alle diese Tatsachen sind wohl geeignet, die Theorie der natürlichen Zuchtwahl zu befestigen.

Diese Theorie wird noch durch einige andere Erscheinungen hinsichtlich der Instinkte bestärkt; so durch die alltägliche Beobachtung, daß einander nahe verwandte, aber sicherlich verschiedene Spezies, wenn sie entfernte Weltteile bewohnen und unter beträchtlich verschiedenen Existenzbedingungen leben, doch oft fast dieselben Instinkte beibehalten. So z.B. läßt sich aus dem Erblichkeitsprinzip erklären, warum die südamerikanische Drossel ihr Nest mit Schlamm auskleidet, ganz so wie es unsere europäische Drossel tut: warum die Männchen des ostindischen und des afrikanischen Nashornvogels beide denselben eigentümlichen Instinkt besitzen, ihre in Baumhöhlen brütenden Weibchen so einzumauern, daß nur noch ein kleines Loch in der Kerkerwand offen bleibt, durch welches sie das Weibchen und später auch die Jungen mit Nahrung versehen; warum das Männchen des amerikanischen Zaunkönigs (*Troglodytes*) ein besonderes Nest für sich baut, ganz wie das Männchen unserer einheimischen Art: Alles Sitten, welche bei anderen Vögeln gar nicht vorkommen. Endlich mag es wohl keine auf dem Wege der Logik erreichte Folgerung sein, es entspricht aber meiner Vorstellungsart weit besser, solche Instinkte, wie die des jungen Kuckucks, der seine Nährbrüder aus dem Nest stößt, wie die der Ameisen, welche Sklaven machen, oder die der Ichneumoniden, welche ihre Eier in lebende Raupen legen, nicht als eigentümliche oder anerschaffene Instinkte, sondern nur als unbedeutende Folgezustände eines allgemeinen Gesetzes zu betrachten, welches zum Fortschritt aller organischen Wesen führt, nämlich: Vermehrung und Abänderung, die Stärksten siegen und die Schwächsten unterliegen.

Neuntes Kapitel

Bastardbildung

Unterscheidung zwischen der Unfruchtbarkeit bei der ersten Kreuzung und der Unfruchtbarkeit der Bastarde – Unfruchtbarkeit dem Grade nach veränderlich; nicht allgemein; durch nahe Inzucht vermehrt und durch Domestikation vermindert – Gesetze für die Unfruchtbarkeit der Bastarde – Unfruchtbarkeit keine besondere Eigentümlichkeit, sondern mit anderen Verschiedenheiten zusammenfallend und nicht durch natürliche Zuchtwahl gehäuft – Ursachen der Unfruchtbarkeit der ersten Kreuzung und der Bastarde – Parallelismus zwischen den Wirkungen veränderter Lebensbedingungen und der Kreuzung – Dimorphismus und Trimorphismus – Fruchtbarkeit miteinander gekreuzter Varietäten und ihrer Blendlinge nicht allgemein – Bastarde und Blendlinge unabhängig von ihrer Fruchtbarkeit miteinander verglichen – Zusammenfassung des Kapitels

Unterscheidung zwischen der Unfruchtbarkeit bei der ersten Kreuzung und der Unfruchtbarkeit der Bastarde

Die allgemeine Meinung der Naturforscher geht dahin, daß Arten im Falle der Kreuzung speziell mit Unfruchtbarkeit begabt sind, um die Vermengung aller organischen Formen miteinander zu verhindern. Diese Meinung hat auf den ersten Blick gewiß große Wahrscheinlichkeit für sich; denn in derselben Gegend beisammenlebende Arten würden sich, wenn freie Kreuzung möglich wäre, kaum getrennt erhalten können. Der Gegenstand ist nach vielen Seiten hin von Bedeutung für uns, und ganz besonders deshalb, weil die Unfruchtbarkeit der Arten bei ihrer ersten Kreuzung und der ihrer Bastardnachkommen, wie ich zeigen werde, nicht durch fortgesetzte Erhaltung nacheinander auftretender, vorteilhafter Grade von Unfruchtbarkeit erlangt worden sein kann. Sie hängt nur beiläufig mit Verschiedenheiten in dem Reproduktionssystem der elterlichen Arten zusammen.

Bei Behandlung dieses Gegenstandes hat man zwei Klassen von Tatsachen, welche von Grund aus in hohem Maße verschieden sind, gewöhnlich miteinander verwechselt, nämlich die Unfruchtbarkeit zweier Arten bei ihrer ersten Kreuzung und die Unfruchtbarkeit der von ihnen erhaltenen Bastarde.

Reine Arten haben natürlich ihre Fortpflanzungsorgane in einem vollkommenen Zustand, liefern aber doch, wenn sie miteinander gekreuzt werden, entweder wenige oder gar keine Nachkommen. Bastarde dagegen haben ihre Reproduktionsorgane in einem funktionsunfähigen Zustand, wie man aus der Beschaffenheit der männlichen Elemente bei Pflanzen und Tieren deutlich erkennen kann, wenn auch die Organe selbst der Struktur nach vollkommen sind, soweit es die mikroskopische Untersuchung ergibt. Im ersten Falle sind die zweierlei geschlechtlichen Elemente, welche den Embryo liefern sollen, vollkommen, im anderen sind sie entweder gar nicht oder nur sehr unvollständig entwickelt. Diese Unterscheidung ist von Bedeutung, wenn die Ursache der in beiden Fällen stattfindenden Sterilität in Betracht gezogen werden soll. Die Unterscheidung ist wahrscheinlich übersehen worden, weil man die Unfruchtbarkeit in beiden Fällen als eine besondere Begabung betrachtet hat, deren Beurteilung außer dem Bereich unserer Kräfte liegt.

Die Fruchtbarkeit der Varietäten, d. h. derjenigen Formen, welche als von gemeinsamen Eltern abstammend bekannt sind, oder doch als so entstanden angesehen werden, bei ihrer Kreuzung und ebenso die Fruchtbarkeit ihrer Blendlinge ist in bezug auf meine Theorie von gleicher Wichtigkeit mit der Unfruchtbarkeit der Spezies untereinander; denn es scheint sich daraus ein klarer und scharf zu bestimmender Unterschied zwischen Arten und Varietäten zu ergeben.

Neuntes Kapitel

Unfruchtbarkeit dem Grade nach veränderlich; nicht allgemein; durch nahe Inzucht vermehrt und durch Domestikation vermindert

Erstens: Die Unfruchtbarkeit miteinander gekreuzter Arten und ihrer Bastarde. Man kann unmöglich die verschiedenen Werke und Abhandlungen der zwei gewissenhaften und bewundernswerten Beobachter Kölreuter und Gärtner, welche fast ihr ganzes Leben diesem Gegenstand gewidmet haben, durchlesen, ohne einen tiefen Eindruck von der großen Allgemeinheit eines gewissen Grades an Unfruchtbarkeit zu erhalten. Kölreuter macht es zur allgemeinen Regel; aber er durchhaut den Knoten; denn in zehn Fällen, in denen er zwei fast allgemein für verschiedene Arten geltende Formen ganz fruchtbar miteinander fand, erklärt er dieselben unbedenklich für bloße Varietäten. Auch Gärtner macht die Regel zur allgemeinen und bestreitet die zehn Fälle gänzlicher Fruchtbarkeit bei Kölreuter. Doch ist Gärtner in diesen wie in vielen anderen Fällen genötigt, die erzielten Samen sorgfältig zu zählen, um zu beweisen, daß doch einige Verminderung der Fruchtbarkeit stattfindet. Er vergleicht immer die höchste Anzahl der von zwei miteinander gekreuzten Arten und der von ihren hybriden Nachkommen erzielten Samen mit der Durchschnittszahl der von den zwei reinen elterlichen Arten in ihrem Naturzustand produzierten Samen. Doch laufen hier noch Ursachen ernsten Irrtums mit unter. Eine Pflanze, welche hybridisiert werden soll, muß kastriert und, was oft noch wichtiger ist, eingeschlossen werden, damit ihr kein Pollen von anderen Pflanzen durch Insekten zugeführt werden kann. Fast alle Pflanzen, die zu Gärtners Versuchen gedient haben, waren in Töpfe gepflanzt und in einem Zimmer seines Hauses untergebracht. Daß aber ein solches Verfahren die Fruchtbarkeit der Pflanzen oft beeinträchtigt, läßt sich nicht bezweifeln; denn Gärtner selbst führt in seiner Tabelle etwa zwanzig Fälle an, wo er die Pflanzen kastrierte und dann mit ihrem eigenen Pollen künstlich befruchtete; aber die Hälfte jener zwanzig Pflanzen (die Leguminosen und alle anderen derartigen Fälle, wo die Manipulation anerkanntermaßen schwierig ist, ganz bei Seite gesetzt) zeigte eine mehr oder weniger verminderte Fruchtbarkeit. Da nun über dies Gärtner einige Formen, wie *Anagallis arvensis* und *A. coerulea*, welche die besten Botaniker nur als Varietäten betrachten, wiederholt miteinander kreuzte und sie durchaus unfruchtbar miteinander fand, so dürfen wir wohl zweifeln, ob viele andere Spezies wirklich so steril bei der Kreuzung sind, wie Gärtner glaubte.

Es ist gewiß, daß einerseits die Unfruchtbarkeit mancher Arten bei wechselseitiger Kreuzung dem Grade nach so verschieden ist und sich allmählich so unmerklich abschwächt, und daß andererseits die Fruchtbarkeit echter Spezies so leicht durch mancherlei Umstände affiziert wird, daß es für alle praktischen Zwecke äußerst schwierig ist zu sagen, wo die vollkommene Fruchtbarkeit aufhöre und wo die Unfruchtbarkeit beginne. Ich glaube, man kann keinen besseren Beweis hierfür verlangen, als der ist, daß die zwei in dieser Beziehung erfahrensten Beobachter, die es je gegeben hat, nämlich Kölreuter und Gärtner, hinsichtlich einiger der nämlichen Formen zu schnurstracks entgegengesetzten Ergebnissen gelangt sind. Auch ist es sehr belehrend, die von unseren besten Botanikern vorgebrachten Argumente über die Frage, ob diese oder jene zweifelhafte Form als Art oder als Varietät zu betrachten sei, mit dem aus der Fruchtbarkeit oder Unfruchtbarkeit nach den Berichten verschiedener Bastardzüchter oder den in verschiedenen Jahren angestellten Versuchen eines und desselben Beobachters entnommenen Beweise zu vergleichen. Doch habe ich hier keinen Raum, auf Details einzugehen. Es läßt sich daraus dartun, daß weder Fruchtbarkeit noch Unfruchtbarkeit einen scharfen Unterschied zwischen Arten und Varietäten liefert, daß vielmehr der sich darauf stützende Beweis gradweise verschwindet und mithin in demselben Grade, wie die übrigen von den konstitutionellen und anatomischen Verschiedenheiten hergenommenen Beweise, zweifelhaft bleibt.

Was die Unfruchtbarkeit der Bastarde in aufeinanderfolgenden Generationen betrifft, so ist es zwar Gärtner geglückt, einige Bastarde, vor aller Kreuzung mit einer der zwei Stammarten geschützt, durch 6-7 und in einem Fall sogar 10 Generationen aufzuziehen; er versichert aber ausdrücklich, daß ihre Fruchtbarkeit nie zugenommen, sondern allgemein bedeutend und plötzlich abgenommen habe. In bezug auf diese Abnahme ist zunächst zu bemerken, daß, wenn irgendeine Abweichung in Bau oder Konstitution beiden Eltern gemeinsam ist, dieselbe oft in einem erhöhten Grade auf die Nachkommenschaft übergeht; und beide sexuelle Elemente sind bei hybriden Pflanzen bereits in einem gewissen Grade affiziert. Ich glaube aber, daß in fast allen diesen Fällen die Fruchtbarkeit durch eine hiervon unabhängige Ursache vermindert worden ist, nämlich durch die allzu strenge Inzucht. Ich habe so viele Versuche gemacht und eine so große Menge von Tatsachen gesammelt, welche zeigen, daß einerseits eine gelegentliche Kreuzung mit einem anderen Individuum oder einer anderen Varietät die Kräftigkeit und Fruchtbarkeit der Nachkommen vermehrt, daß andererseits sehr enge Inzucht ihre Stärke und Fruchtbarkeit vermindert, – so viele Tatsachen, sage ich, daß ich die Richtigkeit dieser Folgerung nicht bezweifeln kann. Bastarde werden selten in größerer Anzahl zu Versuchen gezogen, und da die elterlichen Arten oder andere nahe verwandte Bastarde gewöhnlich im nämlichen Garten wachsen, so müssen die Besuche der Insekten während der Blütezeit sorgfältig verhütet werden; daher werden Bastarde, wenn sie sich selbst überlassen werden, für jede Generation gewöhnlich durch Pollen aus der nämlichen Blüte befruchtet werden; und dies beeinträchtigt wahrscheinlich ihre Fruchtbarkeit, welche durch ihre Bastardnatur schon ohnedies geschwächt ist. In dieser Überzeugung bestärkt mich noch eine merkwürdige, von Gärtner mehrmals wiederholte Versicherung, daß nämlich die minder fruchtbaren Bastarde sogar, wenn sie mit Bastardpollen der gleichen Art künstlich befruchtet werden, ungeachtet des oft schlechten Erfolges wegen der schwierigen Behandlung, doch zuweilen entschieden an Fruchtbarkeit weiter und weiter zunehmen. Nun wird bei künstlicher Befruchtung der Pollen ebenso oft zufällig (wie ich aus meinen eigenen Versuchen weiß) von den Antheren einer anderen wie von denen der zu befruchtenden Blume selbst genommen, so daß hierdurch eine Kreuzung zwischen zwei Blüten, doch wahrscheinlich oft an derselben Pflanze, bewirkt wird. Ferner dürfte ein so sorgfältiger Beobachter, wie Gärtner, wenn die Versuche nur irgendwie kompliziert gewesen waren, sicher seine Bastarde kastriert haben, und dies würde bei jeder Generation eine Kreuzung mit dem Pollen einer anderen Blüte entweder von derselben oder von einer anderen Pflanze von gleicher Bastardbeschaffenheit nötig gemacht haben. So kann die befremdende Erscheinung, daß die Fruchtbarkeit in aufeinanderfolgenden Generationen von künstlich befruchteten Bastarden im Vergleich mit den spontan selbstbefruchteten zugenommen hat, wie ich glaube, dadurch erklärt werden, daß allzu enge Inzucht vermieden worden ist.

Wenden wir uns jetzt zu den Ergebnissen, welche sich durch die Versuche des dritten der erfahrensten Bastardzüchter, W. Herbert, herausgestellt haben. Er versichert ebenso ausdrücklich, daß manche Bastarde vollkommen fruchtbar sind, so fruchtbar wie die reinen Stammarten für sich, wie Kölreuter und Gärtner einen gewissen Grad von Sterilität bei Kreuzung verschiedener Spezies miteinander für ein allgemeines Naturgesetz erklären. Seine Versuche bezogen sich auf einige von denselben Arten, welche auch zu den Experimenten Gärtners gedient haben. Die Verschiedenheit der Ergebnisse, zu welchen beide gelangt sind, läßt sich, wie ich glaube, zum Teil aus Herberts großer Erfahrung in der Blumenzucht und zum Teil davon ableiten, daß er Warmhäuser zu seiner Verfügung hatte. Von seinen vielen wichtigen Ergebnissen will ich hier nur ein einziges beispielsweise hervorheben, daß nämlich „jedes Ei'chen in einer Samenkapsel von *Crinum capense*, welches mit *Crinum revolutum* befruchtet worden war, auch eine Pflanze lieferte, was ich (sagte er) bei natürlicher Befruchtung nie wahrgenommen habe". Wir haben mithin hier den Fall vollkommener und selbst mehr als gewöhnlich vollkommener Fruchtbarkeit bei der ersten Kreuzung zweier verschiedener Arten.

Dieser Fall von *Crinum* führt mich zu der Erwähnung einer ganz eigentümlichen Tatsache, daß es nämlich bei gewissen Arten von *Lobelia*, *Verbascum* und *Passiflora* individuelle Pflanzen gibt welche mit dem Pollen einer verschiedenen anderen Art, aber nicht mit dem ihrer eigenen befruchtet werden können, trotzdem dieser Pollen durch Befruchtung anderer Pflanzen oder Arten als vollkommen gesund nachgewiesen werden kann. Bei der Gattung *Hippeastrum*, bei *Corydalis*, wie Professor Hildebrand gezeigt hat, bei verschiedenen Orchideen, wie Scott und Fritz Müller gezeigt haben, finden sich alle Individuen in diesem merkwürdigen Zustand. Es können daher bei einigen Arten gewisse abnorme Individuen und bei anderen Spezies alle Individuen wirklich viel leichter verbastardiert, als durch den Pollen derselben individuellen Pflanze befruchtet werden! Um ein Beispiel anzuführen: Eine Zwiebel von *Hippeastrum aulicum* brachte vier Blumen; drei davon wurden von Herbert mit ihrem eigenen Pollen und die vierte hierauf mit dem Pollen einer komplizierten aus drei anderen verschiedenen Arten gezüchteten Bastardform befruchtet; das Resultat war, „daß die Ovarien der drei ersten Blüten bald zu wachsen aufhörten und nach einigen Tagen gänzlich eingingen, während das Ovarium der mit dem Bastardpollen befruchteten Blüte rasch zunahm und reife und gute Samen lieferte, welche kräftig gediehen". Herbert wiederholte ähnliche Versuche mehrere Jahre hindurch und immer mit demselben Resultat. Diese Fälle dienen dazu, zu zeigen, von was für geringen und geheimnisvollen Ursachen die größere oder geringere Fruchtbarkeit der Arten zuweilen abhängt.

Die praktischen Versuche der Blumenzüchter, wenn auch nicht mit wissenschaftlicher Genauigkeit ausgeführt, verdienen gleichfalls einige Beachtung. Es ist bekannt, in welch verwickelter Weise die Arten von *Pelargonium, Fuchsia, Calceolaria, Petunia, Rhododendron* u. a. gekreuzt worden sind, und doch setzen viele dieser Bastarde reichlich Samen an. So versichert Herbert, daß ein Bastard von *Calceolaria integrifolia* und *C. plantaginea*, zwei in ihrem allgemeinen Habitus sehr unähnlichen Arten, „sich selbst so vollkommen aus Samen verjüngte, als ob er einer natürlichen Spezies aus den Bergen Chiles angehört hätte". Ich habe mir ziemliche Mühe gegeben, den Grad der Fruchtbarkeit bei einigen durch mehrseitige Kreuzung erzielten *Rhododendron* kennenzulernen, und die Gewißheit erlangt, daß mehrere derselben vollkommen fruchtbar sind. Herr C. Noble z.B. berichtet mir, daß er zur Gewinnung von Propfreisern Stöcke eines Bastards von *Rhododendron ponticum* und *Rh. catawbiense* zieht, und daß dieser Bastard „so reichlichen Samen liefert, wie man sich nur denken kann". Nähme bei richtiger Behandlung die Fruchtbarkeit der Bastarde in aufeinderfolgenden Generationen in der Weise ab, wie Gärtner versichert, so müßte diese Tatsache unseren Gärtnereibesitzern bekannt sein. Blumenzüchter ziehen große Beete voll der nämlichen Bastarde; und diese allein erfreuen sich einer richtigen Behandlung; denn hier allein können die verschiedenen Individuen einer nämlichen Bastardform durch die Tätigkeit der Insekten sich untereinander kreuzen, und der schädliche Einfluß zu enger Inzucht wird vermieden. Von der Wirkung der Insektentätigkeit kann jeder sich selbst überzeugen, wenn er die Blumen der sterileren Rhododendronbastarde, welche keinen Pollen bilden, untersucht; denn er wird ihre Narben ganz mit Blütenstaub bedeckt finden, der von anderen Blumen hergetragen worden ist.

Was die Tiere betrifft, so sind der genauen Versuche viel weniger mit ihnen veranstaltet worden. Wenn unsere systematischen Anordnungen Vertrauen verdienen, d.h. wenn die Gattungen der Tiere ebenso verschieden voneinander sind wie die der Pflanzen, dann können wir behaupten, daß viel weiter auf der Stufenleiter der Natur auseinanderstehende Tiere noch gekreuzt werden können, als es bei den Pflanzen der Fall ist; dagegen sind die Bastarde, wie ich glaube, unfruchtbarer. Man darf jedoch nicht vergessen, daß, da sich nur wenige Tiere in der Gefangenschaft ordentlich fortpflanzen, nur wenig zuverlässige Versuche mit ihnen angestellt worden sind. So hat man z.B. den Kanarienvogel mit neun anderen Finkenarten gekreuzt, da sich aber keine dieser neun Arten in der Gefangenschaft gut fortpflanzt, so haben wir kein Recht zu erwarten, daß die ersten Kreuzungen zwischen ihnen und dem Kanarienvogel oder ihre Bastarde vollkommen fruchtbar sein sollten. Ebenso, was die Fruchtbarkeit der fruchtbareren Bastarde in aufeinanderfolgenden Generationen betrifft, so kenne ich kaum ein Beispiel, daß zwei Familien gleicher Bastarde gleichzeitig von verschiedenen Eltern erzogen worden wären, so daß die üblen Folgen allzu strenger Inzucht vermieden wurden; im Gegenteil hat man in jeder nachfolgenden Generation, die beständig wiederholten Mahnungen aller Züchter nicht beachtend, gewöhnlich Brüder und Schwestern miteinander gepaart. Und so ist es in diesem Falle durchaus nicht überraschend, daß die einmal vorhandene Sterilität der Bastarde mit jeder Generation zugenommen hat.

Obwohl ich kaum einen völlig wohl beglaubigten Fall vollkommen fruchtbarer Tierbastarde kenne, so habe ich doch einige Ursache anzunehmen, daß die Bastarde von *Cervulus vaginalis* und *C. Reevesii*, und die von *Phasianus colchicus* und *Ph. Torquatus* vollkommen fruchtbar sind. Mr. Quatrefages gibt an, daß die Bastarde zweier Spinner (*Bombyx cynthia* und *arrindia*) sich in Paris als für acht Generationen unter sich fruchtbar herausgestellt hätten. Es ist neuerdings behauptet worden, daß zwei so verschiedene Arten, wie es Hasen und Kaninchen sind, wenn sie zur Begattung gebracht werden können, Nachkommen erzeugen, welche bei Kreuzung mit einer der beiden elterlichen Formen sehr fruchtbar seien. Die Bastarde der gemeinen und der Schwanengans (*Anser cygnoides*), zweier so verschiedenen Arten, daß man sie allgemein in verschiedene Gattungen zu stellen pflegt, haben hierzulande oft Nachkommen mit einer der reinen Stammarten und in einem Falle sogar unter sich geliefert. Dies gelang Herrn Eyton, der zwei Bastarde von gleichen Eltern, aber von verschiedenen Bruten zog und dann von beiden zusammen nicht weniger als acht Nachkommen (Enkel der reinen Eltern) aus einem Nest erhielt. In Indien dagegen müssen diese durch Kreuzung gewonnenen Gänse weit fruchtbarer sein; denn zwei ausgezeichnet befähigte Beurteiler, nämlich Blyth und Hutton, haben mir versichert, daß dort in verschiedenen Landesgegenden ganze Herden dieser Bastardgans gehalten werden; und da diese des Nutzens wegen gehalten werden, wo die reinen Stammarten gar nicht existieren, so müssen sie notwendig in hohem Maße oder vollkommen fruchtbar sein.

Die verschiedenen Rassen unserer domestizierten Tiere sind, wenn sie untereinander gekreuzt werden, völlig fruchtbar; und doch stammen sie in vielen Fällen von zwei oder mehr wilden Arten ab. Aus dieser Tatsache müssen wir schließen, entweder daß die ursprünglichen Stammarten gleich anfangs ganz fruchtbare Bastarde geliefert haben, oder daß die im Zustand der Domestikation später erzogenen Bastarde ganz fruchtbar geworden seien. Diese letzte Alternative, welche zuerst von Pallas ausgesprochen wurde, erscheint als die bei weitem wahrscheinlichste, und kann allerdings kaum bezweifelt werden. Es ist z.B. beinahe gewiß, daß unsere Hunde von mehreren wilden Arten herrühren; und doch sind, vielleicht mit Ausnahme gewisser in Süd-Amerika gehaltener Haushunde, alle fruchtbar miteinander; aber die Analogie läßt mich sehr bezweifeln, ob die verschiedenen Stammarten derselben sich anfangs leicht miteinander gepaart und sogleich ganz fruchtbare Bastarde geliefert haben sollten. So habe ich ferner vor kurzem entscheidende Beweise dafür erhalten, daß die Bastarde vom Indischen Buckelochsen (dem Zebu) und dem gemeinen Rind unter sich vollkommen fruchtbar sind; und nach den Beobachtungen Rütimeyers über ihre wichtigen osteologischen Verschiedenheiten, sowie nach den Angaben Blyths über die Verschiedenheiten beider in Gewohnheiten, Stimme, Konstitution usf. müssen beide Formen als gute und distinkte Arten angesehen werden. Dieselben Bemerkungen können auf die zwei Hauptrassen des Schweins ausgedehnt werden. Wir müssen daher entweder den Glauben an die fast allgemeine Unfruchtbarkeit distinkter Spezies von Tieren bei ihrer Kreuzung aufgeben oder aber die Sterilität nicht als einen unzerstörbaren Charakter, sondern als einen solchen betrachten, welcher durch Domestikation beseitigt werden kann.

Überblicken wir endlich alle über die Kreuzung von Pflanzen- und Tierarten sicher ermittelten Tatsachen, so kann man schließen daß ein gewisser Grad an Unfruchtbarkeit sowohl bei der ersten Kreuzung als auch bei den daraus entspringenden Bastarden zwar eine äußerst gewöhnliche Erscheinung ist, daß er aber nach dem gegenwärtigen Stand unserer Kenntnisse nicht als unbedingt allgemein betrachtet werden kann.

Neuntes Kapitel

Gesetze für die Unfruchtbarkeit der Bastarde – Unfruchtbarkeit keine besondere Eigentümlichkeit, sondern mit anderen Verschiedenheiten zusammenfallend und nicht durch natürliche Zuchtwahl gehäuft

Wir wollen nun die Gesetze etwas mehr im einzelnen betrachten, welche die Unfruchtbarkeit der ersten Kreuzung und der Bastarde bestimmen. Unsere Hauptaufgabe wird sein, zu ermitteln, ob sich aus diesen Gesetzen ergibt, daß die Arten besonders mit dieser Eigenschaft begabt sind, um eine Kreuzung der Arten bis zur äußersten Verschmelzung der Formen zu verhüten oder nicht. Die nachstehenden Folgerungen sind hauptsächlich aus Gärtners bewunderungswertem Werk „Über die Bastarderzeugung im Pflanzenreich" entnommen. Ich habe mir viel Mühe gegeben, zu erfahren, inwiefern dieselben auch auf Tiere Anwendung finden; und obwohl unsere Erfahrungen über Bastardtiere sehr dürftig sind, so war ich doch erstaunt, zu sehen, in wie ausgedehntem Grade die nämlichen Regeln für beide Reiche gelten.

Es ist bereits bemerkt worden, daß sich die Fruchtbarkeit sowohl der ersten Kreuzung als auch der daraus entspringenden Bastarde von Null bis zur Vollkommenheit abstuft. Es ist erstaunlich auf wie mancherlei eigentümliche Weise sich diese Abstufung dartun läßt; doch können hier nur die nacktesten Umrisse der Tatsachen geliefert werden. Wenn Pollen einer Pflanze von der einen Familie auf die Narbe einer Pflanze von einer anderen Familie gebracht wird, so hat er nicht mehr Wirkung als ebensoviel unorganischer Staub. Wenn man aber Pollen von verschiedenen Arten einer Gattung auf das Stigma irgendeiner Spezies derselben Gattung bringt, so werden sich in der Anzahl der jedesmal erzeugten Samen alle Abstufungen von jenem absoluten Nullpunkt an bis zur nahezu oder selbst faktisch vollständigen Fruchtbarkeit und, wie wir gesehen haben, in einigen abnormen Fällen sogar über das bei Befruchtung mit dem eigenen Pollen gewöhnliche Maß hinaus ergeben. So gibt es unter den Bastarden selbst einige, welche sogar mit dem Pollen von einer der zwei reinen Stammarten nie auch nur einen einzigen fruchtbaren Samen hervorgebracht haben, noch wahrscheinlich jemals hervorbringen werden. Doch hat sich in einigen dieser Fälle eine erste Spur von Fruchtbarkeit insofern gezeigt, als der Pollen einer der reinen elterlichen Arten ein frühzeitigeres Abwelken der Blume der Bastardpflanze veranlaßte, als sonst eingetreten wäre; und rasches Abwelken einer Blüte ist bekanntlich ein Zeichen beginnender Befruchtung. An diesen äußersten Grad der Unfruchtbarkeit reihen sich dann Bastarde an, die durch Selbstbefruchtung eine immer größere Anzahl von Samen bis zur vollständigen Fruchtbarkeit hervorbringen.

Bastarde von zwei Arten erzielt, welche sehr schwer zu kreuzen sind und nur selten einen Nachkommen liefern, pflegen allgemein sehr unfruchtbar zu sein. Aber der Parallelismus zwischen der Schwierigkeit eine erste Kreuzung zustande zu bringen, und der Unfruchtbarkeit der aus einer solchen entsprungenen Bastarde, – zwei sehr gewöhnlich miteinander verwechselte Klassen von Tatsachen, – ist keineswegs streng. Denn es gibt viele Fälle, wo, wie bei der Gattung *Verbascum*, zwei reine Arten mit ungewöhnlicher Leichtigkeit miteinander gepaart werden und zahlreiche Bastarde liefern können; und doch sind diese Bastarde ganz merkwürdig unfruchtbar. Andererseits gibt es Arten, welche nur selten oder äußerst schwierig zu kreuzen sind, aber ihre Bastarde, wenn endlich erzeugt, sind sehr fruchtbar. Und diese zwei so entgegengesetzten Fälle können selbst innerhalb der nämlichen Gattung vorkommen, wie z. B. bei *Dianthus*.

Die Fruchtbarkeit sowohl der ersten Kreuzungen als auch der Bastarde wird leichter als die der reinen Arten durch ungünstige Bedingungen affiziert. Aber der Grad der Fruchtbarkeit ist gleicherweise an sich veränderlich; denn der Erfolg ist nicht immer der nämliche, wenn man dieselben zwei Arten unter denselben äußeren Umständen kreuzt, sondern hängt zum Teil von der Konstitution der zwei zufällig für den Versuch ausgewählten Individuen ab. So ist es auch mit den Bastarden; denn der Grad ihrer Fruchtbarkeit erweist sich oft bei verschiedenen aus Samen einer Kapsel gezogenen und den nämlichen Bedingungen ausgesetzten Individuen ganz verschieden.

Mit dem Ausdruck „systematische Verwandtschaft" wird die allgemeine Ähnlichkeit verschiedener Arten in Bau und Konstitution bezeichnet. Nun wird die Fruchtbarkeit der ersten Kreuzung zweier Spezies und der daraus hervorgehenden Bastarde in hohem Maße bestimmt von ihrer systematischen Verwandtschaft. Dies geht deutlich daraus schon hervor, daß man noch niemals Bastarde von zwei Arten erzielt hat, welche die Systematiker in zwei Familien stellen, während es dagegen leicht ist, sehr nahe verwandte Arten miteinander zu paaren. Doch ist die Beziehung zwischen systematischer Verwandtschaft und Leichtigkeit der Kreuzung keineswegs eine strenge. Denn es ließen sich eine Menge Fälle von sehr nahe verwandten Arten anführen, die gar nicht oder nur mit größter Mühe zur Paarung gebracht werden können, während andererseits mitunter auch sehr verschiedene Arten sich mit größter Leichtigkeit kreuzen lassen. In einer und derselben Familie können zwei Gattungen beisammen stehen, wovon die eine, wie *Dianthus*, viele solche Arten enthält, die sehr leicht zu kreuzen sind, während die der anderen, z.B. *Silene*, den beharrlichsten Versuchen, eine Kreuzung zu bewirken, in dem Grade widerstehen, daß man auch noch nicht einen Bastard zwischen den einander am nächsten verwandten Arten derselben zu erzielen vermochte. Ja, selbst innerhalb der Grenzen einer und der nämlichen Gattung zeigt sich ein solcher Unterschied. So sind z.B. die zahlreichen Arten von *Nicotiana* mehr untereinander gekreuzt worden, als die Arten fast irgendeiner anderen Gattung; Gärtner hat aber gefunden, daß *N. acuminata*, die keineswegs eine besonders ausgezeichnete Art ist, beharrlich allen Befruchtungsversuchen widerstand, so daß von acht anderen *Nicotiana*-Arten keine weder sie befruchten noch von ihr befruchtet werden konnte. Und analoge Tatsachen ließen sich noch sehr viele anführen.

Noch niemand hat zu bestimmen vermocht, welche Art oder welcher Grad von Verschiedenheit in irgendeinem erkennbaren Charakter genügt, um die Kreuzung zweier Spezies zu verhindern. Es läßt sich nachweisen, daß Pflanzen, welche in der Lebensweise und der allgemeinen Erscheinung am weitesten auseinandergehen, welche in allen Teilen ihrer Blüten, sogar bis zum Pollen oder in den Cotyledonen sehr scharfe Unterschiede zeigen, miteinander gekreuzt werden können. Einjährige und ausdauernde Gewächsarten, winterkahle und immergrüne Bäume und Pflanzen von den abweichendsten Standorten und für die entgegengesetztesten Klimata angepaßt, können oft leicht miteinander gekreuzt werden.

Unter wechselseitiger Kreuzung zweier Arten verstehe ich den Fall, wo z.B. erst ein Pferdehengst mit einer Eselin und dann ein Eselhengst mit einer Pferdestute gepaart wird; man kann dann sagen, diese zwei Arten seien wechselseitig gekreuzt worden. In der Leichtigkeit wechselseitige Kreuzungen anzustellen findet oft der möglichst größte Unterschied statt. Solche Fälle sind höchst wichtig, weil sie beweisen, daß die Fähigkeit irgend zweier Arten, sich zu kreuzen, von ihrer systematischen Verwandtschaft, d.h. von irgendwelcher Verschiedenheit in ihrem Bau und ihrer Konstitution, mit Ausnahme ihres Reproduktionssystems, oft völlig unabhängig ist. Diese Verschiedenheit der Ergebnisse von wechselseitigen Kreuzungen zwischen denselben zwei Arten ist schon längst von Kölreuter beobachtet worden. So kann, um ein Beispiel anzuführen, *Mirabilis jalapa* leicht durch den Samenstaub der *M. longiflora* befruchtet werden, und die daraus entspringenden Bastarde sind genügend fruchtbar; aber mehr als zweihundert Mal versuchte es Kölreuter im Verlaufe von acht Jahren die *M. longiflora* nun auch mit Pollen der *M. jalapa* zu befruchten, aber völlig vergebens. Und so ließen sich noch einige andere gleich auffallende Beispiele geben. Thuret hat dieselbe Erscheinung an einigen Seepflanzen oder *Fucoideen* beobachtet, und Gärtner noch überdies gefunden, daß diese verschiedene Leichtigkeit wechselseitiger Kreuzungen in einem geringeren Grade außerordentlich gemein ist. Er hat sie selbst zwischen Formen wahrgenommen, die so nahe miteinander verwandt sind, daß viele Botaniker sie nur als Varietäten einer nämlichen Art betrachten, wie *Matthiola annua* und *M. gla-*

bra. Ebenso ist es eine merkwürdige Tatsache, daß die beiderlei aus wechselseitiger Kreuzung hervorgegangenen Bastarde, wenn auch natürlich aus denselben zwei Stammarten zusammengesetzt, da die eine Art erst als Vater und dann als Mutter fungierte, zwar nur selten in äußeren Charakteren differieren, hinsichtlich ihrer Fruchtbarkeit aber gewöhnlich in einem geringen, zuweilen aber auch in hohem Grade voneinander abweichen.

Es lassen sich noch mehrere andere eigentümliche Regeln nach Gärtners Erfahrungen anführen, wie z.B. daß manche Arten sich überhaupt sehr leicht zur Kreuzung mit anderen verwenden lassen, ferner daß anderen Arten derselben Gattung ein merkwürdiges Vermögen innewohnt, den Bastarden eine große Ähnlichkeit mit ihnen aufzuprägen; doch stehen beiderlei Fähigkeiten durchaus nicht in notwendiger Beziehung zueinander. Es gibt gewisse Bastarde, welche, statt wie gewöhnlich das Mittel zwischen ihren zwei elterlichen Arten zu halten, stets nur einer derselben sehr ähnlich sind; und gerade diese Bastarde, trotzdem sie äußerlich der einen Stammart so ähnlich erscheinen, sind mit seltener Ausnahme äußerst unfruchtbar. So kommen ferner auch unter denjenigen Bastarden, welche zwischen ihren Eltern das Mittel zu halten pflegen, zuweilen ausnahmsweise und abnorme Individuen vor, die einer der reinen Stammarten außerordentlich gleichen; und diese Bastarde sind dann beinahe stets auch äußerst steril, selbst wenn die von Samen aus gleicher Fruchtkapsel entsprungenen Mittelformen in beträchtlichem Grade fruchtbar sind. Diese Tatsachen zeigen, wie ganz unabhängig die Fruchtbarkeit der Bastarde vom Grade ihrer äußeren Ähnlichkeit mit ihren beiden Stammeltern ist.

Betrachtet man die bis hierher gegebenen Regeln über die Fruchtbarkeit der ersten Kreuzungen und der hybriden Formen, so ergibt sich, daß, wenn man Formen, die als gute und verschiedene Arten angesehen werden müssen, miteinander paart, ihre Fruchtbarkeit in allen Abstufungen von Null an selbst bis zu einer unter gewissen Bedingungen exzessiven Fruchtbarkeit hinaus wechseln kann. Ferner ist ihre Fruchtbarkeit nicht nur äußerst empfindlich für günstige und ungünstige Bedingungen, sondern auch an und für sich veränderlich. Die Fruchtbarkeit verhält sich nicht immer dem Grade nach gleich bei der ersten Kreuzung und den aus dieser Kreuzung hervorgegangenen Bastarden. Die Fruchtbarkeit der Bastarde steht in keinem Verhältnis zu dem Grade, in welchem sie in der äußeren Erscheinung einer der beiden Elternformen ähnlich sind. Endlich: die Leichtigkeit einer ersten Kreuzung zwischen irgend zwei Arten ist nicht immer von deren systematischer Verwandtschaft noch von dem Grade ihrer Ähnlichkeit abhängig. Diese letzte Angabe ist hauptsächlich aus der Verschiedenheit des Ergebnisses der wechselseitigen Kreuzung zweier nämlichen Arten erweisbar, wo die Leichtigkeit, mit der man eine Paarung erzielt, gewöhnlich etwas, mitunter aber auch so weit wie möglich differiert, je nachdem man die eine oder die andere der zwei gekreuzten Arten als Vater oder als Mutter nimmt. Auch sind überdies die zweierlei durch Wechselkreuzung erzielten Bastarde oft in ihrer Fruchtbarkeit verschieden.

Nun fragt es sich, ob aus diesen eigentümlichen und verwickelten Regeln hervorgeht, daß die Unfruchtbarkeit der Arten bei deren Kreuzung einfach den Zweck hat, ihre Vermischung im Naturzustand zu verhüten! Ich glaube nicht. Denn warum wäre in diesem Falle der Grad der Unfruchtbarkeit so außerordentlich verschieden, wenn verschiedene Arten gekreuzt werden, da wir doch annehmen müssen, die Verhütung dieser Verschmelzung sei für alle gleich wichtig? Warum wäre sogar schon der Grad der Unfruchtbarkeit bei Individuen einer nämlichen Art angeborenermaßen veränderlich? Zu welchem Ende sollten manche Arten so leicht zu kreuzen sein und doch sehr sterile Bastarde erzeugen, während andere sich nur äußerst schwierig paaren lassen und doch vollkommen fruchtbare Bastarde liefern? Wozu sollte es dienen, daß die zweierlei Produkte einer wechselseitigen Kreuzung zwischen den nämlichen Arten sich oft so sehr abweichend verhalten? Wozu, kann man sogar fragen, hat die Natur überhaupt die Bildung von Bastarden gestattet? Es scheint doch eine wunderbare Anordnung zu sein, erst den Arten das Vermögen, Bastarde zu bilden, zu gewähren, dann aber deren weitere Fortbildung durch verschiedene Grade von Sterilität zu hemmen, welche in keiner strengen Beziehung zur Leichtigkeit der ersten Kreuzung ihrer Eltern stehen.

Die vorstehenden Regeln und Tatsachen scheinen mir dagegen deutlich darauf hinzuweisen, daß die Unfruchtbarkeit sowohl der ersten Kreuzungen als der Bastarde einfach mit unbekannten Verschiedenheiten im Fortpflanzungssystem der gekreuzten Arten zusammen- oder von ihnen abhängt. Die Verschiedenheiten sind von so eigentümlicher und eng umgrenzter Natur, daß bei wechselseitigen Kreuzungen zwischen denselben zwei Arten oft das männliche Element der einen von ganz ordentlicher Wirkung auf das weibliche der anderen ist, während bei der Kreuzung in der anderen Richtung das Gegenteil eintritt. Es wird ratsam sein, durch ein Beispiel etwas ausführlicher auseinanderzusetzen, was ich unter der Bemerkung verstehe, daß Sterilität mit anderen Verschiedenheiten zusammenfalle und nicht eine spezielle Eigentümlichkeit für sich bilde. Die Fähigkeit einer Pflanze, sich auf eine andere propfen oder okulieren zu lassen, ist für deren Gedeihen im Naturzustand so gänzlich gleichgültig, daß wohl, wie ich glaube, niemand diese Fähigkeit für eine spezielle Begabung der beiden Pflanzen halten, sondern jedermann annehmen wird, sie falle mit Verschiedenheiten in den Wachstumsgesetzen derselben zusammen. Den Grund davon, daß eine Art auf der anderen etwa nicht anschlagen will, kann man zuweilen in abweichender Wachstumsweise, Härte des Holzes, Zeit des Flusses oder Natur des Saftes u. dgl. finden; in sehr vielen Fällen aber läßt sich gar keine Ursache dafür angeben. Denn selbst sehr bedeutende Verschiedenheiten in der Größe der zwei Pflanzen, der Umstand, daß die eine holzig, die andere krautartig, die eine immergrün, die andere winterkahl ist, selbst ihre Anpassung an ganz verschiedene Klimata bilden nicht immer ein Hindernis ihrer Aufeinanderpropfung. Wie bei der Bastardbildung so ist auch beim Propfen die Fähigkeit durch die systematische Verwandtschaft beschränkt; denn es ist noch niemand gelungen, Baumarten aus ganz verschiedenen Familien aufeinander zu propfen, während dagegen nahe verwandte Arten einer Gattung und Varietäten einer Art gewöhnlich, aber nicht immer, leicht aufeinander gepropft werden können. Doch wird auch dieses Vermögen ebensowenig wie das der Bastardbildung durch systematische Verwandtschaft in absoluter Weise beherrscht. Denn wenn es auch gelungen ist, viele verschiedene Gattungen einer und derselben Familie aufeinander zu propfen, so nehmen doch wieder in anderen Fällen sogar Arten einer nämlichen Gattung einander nicht an. Der Birnbaum kann viel leichter auf den Quittenbaum, den man zu einem eigenen Genus erhoben hat, als auf den Apfelbaum gepropft werden, der mit ihm zur nämlichen Gattung gehört. Selbst verschiedene Varietäten der Birne schlagen nicht mit gleicher Leichtigkeit auf dem Quittenbaum an, und ebenso verhalten sich verschiedene Aprikosen- und Pfirsichvarietäten dem Pflaumenbaum gegenüber.

Wie Gärtner gefunden hat, daß zuweilen eine angeborene Verschiedenheit im Verhalten der verschiedenen Individuen zweier zu kreuzenden Arten vorhanden ist, so glaubt Sageret auch an eine angeborene Verschiedenheit im Verhalten der verschiedenen Individuen zweier aufeinander zu propfender Arten. Wie bei Wechselkreuzungen die Leichtigkeit der zweierlei Paarungen oft sehr ungleich ist, so verhält es sich oft auch bei dem wechselseitigen Verpropfen. So kann die gemeine Stachelbeere z.B. nicht auf den Johannisbeerstrauch gezweigt werden, während die Johannisbeere, wenn auch mit Schwierigkeit, auf dem Stachelbeerstrauch anschlagen wird.

Wir haben gesehen, daß die Unfruchtbarkeit der Bastarde, deren Reproduktionsorgane sich in einem unvollkommenen Zustand finden, eine ganz andere Sache ist, wie die Schwierigkeit, zwei reine Arten mit vollständigen Organen miteinander zu paaren; doch laufen diese beiden verschiedenen Klassen von Fällen bis zu gewissem Grade miteinander parallel. Etwas Analoges kommt auch beim Propfen vor; denn Thouin hat gefunden, daß drei *Robinia*-Arten, welche auf eigener Wurzel reichlichen Samen gebildet hatten und sich ohne große Schwierigkeit auf eine vierte zweigen ließen, durch diese Propfung unfruchtbar gemacht wurden; während dagegen gewisse *Sobus*-Arten, auf andere Spezies gesetzt, doppelt so viel Früchte wie auf eigener Wurzel lieferten. Diese Tatsache erinnert uns an die oben erwähnten außerordentlichen Fälle bei *Hippeastrum, Passiflora* u. dgl., welche viel reichlicher fruktifizieren, wenn sie mit Pollen einer anderen Art als wenn sie mit ihrem eigenen Pollen befruchtet werden.

Wir sehen daher, daß, wenn auch ein deutlicher und großer Unterschied zwischen der bloßen Adhäsion aufeinander gepropfter Stöcke und der Zusammenwirkung männlicher und weiblicher Elemente beim Akt der Reproduktion stattfindet, sich doch ein gewisser Grad von Parallelismus zwischen den Wirkungen der Propfung und der Befruchtung verschiedener Arten miteinander kundgibt. Und da wir die sonderbaren und verwickelten Gesetze, welche die Leichtigkeit der Aufeinanderpropfung zweier Bäume beherrschen, als mit unbekannten Verschiedenheiten in ihren vegetativen Organen zusammenhängend betrachten müssen, so glaube ich auch, daß die noch viel zusammengesetzteren Gesetze, welche die Leichtigkeit erster Kreuzungen beherrschen, mit unbekannten Verschiedenheiten in ihrem Reproduktionssystem im Zusammenhang stehen. Diese Verschiedenheiten folgen in beiden Fällen, wie sich hätte erwarten lassen, bis zu einem gewissen Grade der systematischen Verwandtschaft, durch welche Bezeichnung jede Art von Ähnlichkeit und Unähnlichkeit zwischen organischen Wesen auszudrücken versucht wird. Die Tatsachen scheinen mir in keiner Weise zu ergeben, daß die größere oder geringere Schwierigkeit, verschiedene Arten entweder aufeinander zu propfen oder miteinander zu kreuzen, eine besondere Eigentümlichkeit ist, obwohl dieselbe beim Kreuzen für die Dauer und Stetigkeit der Artformen ebenso wesentlich ist, wie sie beim Propfen unwesentlich für deren Gedeihen ist.

Ursachen der Unfruchtbarkeit der ersten Kreuzung und der Bastarde – Parallelismus zwischen den Wirkungen veränderter Lebensbedingungen und der Kreuzung

Es schien mir, wie es auch anderen ging, eine Zeit lang wahrscheinlich, daß die Unfruchtbarkeit erster Kreuzungen und der Bastarde wohl durch natürliche Zuchtwahl erreicht worden sein könnte, nämlich durch deren langsame Einwirkung auf unbedeutend verminderte Grade von Fruchtbarkeit, welche wie jede andere Abänderung zuerst von selbst bei gewissen Individuen einer mit einer anderen gekreuzten Varietät erschienen sei. Denn es würde offenbar für zwei Varietäten oder beginnende Arten von Vorteil sein, wenn sie an einer Vermischung gehindert würden, und zwar nach demselben Prinzip, wie jemand, wenn er gleichzeitig zwei Varietäten züchtet, sie notwendig getrennt halten muß. Zuerst muß nun bemerkt werden, daß Arten, welche zwei verschiedene Gegenden bewohnen, häufig steril sind, wenn sie gekreuzt werden. Für solche getrenntlebende Arten kann es nun aber offenbar nicht von Vorteil gewesen sein, gegenseitig unfruchtbar gemacht worden zu sein; und folglich kann dies hier nicht durch natürliche Zuchtwahl bewirkt worden sein; doch könnte man hier vielleicht einwenden, daß, wenn eine Art mit irgendeinem ihrer Landesgenossen unfruchtbar geworden ist, Unfruchtbarkeit mit anderen Arten wahrscheinlich als eine notwendige Folge sich ergeben wird. Zweitens widerspricht es beinahe ebensosehr meiner Theorie der natürlichen Zuchtwahl als der einer speziellen Erschaffung, daß bei wechselseitigen Kreuzungen das männliche Element der einen Form völlig impotent in bezug auf eine zweite Form geworden ist, während zu gleicher Zeit das männliche Element dieser zweiten Form imstande ist, die erste ordentlich zu befruchten; denn dieser eigentümliche Zustand des Reproduktionssystems kann unmöglich für die eine wie für die andere Spezies von Vorteil sein.

Denkt man an die Wahrscheinlichkeit, daß die Tätigkeit der natürlichen Zuchtwahl dabei ins Spiel gekommen ist, Arten gegenseitig unfruchtbar zu machen, so wird man die größte Schwierigkeit in der Existenz vieler gradweise verschiedener Zustände von unbedeutend verminderter Fruchtbarkeit bis zu völliger und absoluter Unfruchtbarkeit finden. Man kann zugeben, daß es für eine beginnende Art von Vorteil ist, wenn sie bei der Kreuzung mit ihrer Stammform oder

Bastardbildung

mit irgendeiner anderen Varietät in einem geringen Grade steril wird; denn danach werden weniger verbastardierte und deteriorierte Nachkommen erzeugt, die ihr Blut mit der neuen, im Prozeß der Bildung sich findenden Spezies mischen könnten. Wer sich indessen die Mühe geben will über die Wege nachzudenken, auf welchen dieser erste Grad von Sterilität durch natürliche Zuchtwahl vergrößert und bis zu jenem hohen Grade geführt werden könnte, der so vielen Arten eigen ist, und welcher ganz allgemein Arten zukommt, die bis zu einem generischen oder Familiengrade differenziert sind, der wird den Gegenstand außerordentlich verwickelt finden. Nach reiflicher Überlegung scheint mir, daß dies nicht hat durch natürliche Zuchtwahl bewirkt werden können. Man nehme den Fall, wo zwei Spezies beider Kreuzung wenig und unfruchtbare Nachkommen erzeugen: Was könnte nun wohl hier das Überleben derjenigen Individuen begünstigen, welche zufällig in einem unbedeutend höheren Grade mit gegenseitiger Unfruchtbarkeit begabt sind und welche hierdurch mit einem kleinen Schritt sich der absoluten Unfruchtbarkeit nähern? Und doch müßte, wenn hier die Theorie der natürlichen Zuchtwahl als Erklärungsgrund herangezogen werden sollte, beständig ein Fortschritt in dieser Richtung bei vielen Arten eingetreten sein; denn eine Menge solcher sind wechselseitig völlig unfruchtbar. Bei den sterilen geschlechtslosen Insekten haben wir Grund zu glauben, daß Modifikationen ihrer Struktur und Fruchtbarkeit durch natürliche Zuchtwahl langsam gehäuft worden sind, da hierdurch der Gemeinschaft, zu der sie gehörten, indirekt ein Vorteil über andere Gemeinschaften derselben Art erwuchs; wird aber ein individuelles, keiner sozialen Gemeinschaft angehöriges Tier beim Kreuzen mit einer anderen Varietät um ein weniges steril, so würde daraus kein indirekter Vorteil für das Individuum selbst oder irgendwelche andere Individuen derselben Varietät entspringen, welcher zu deren Erhaltung führte.

Es wäre aber überflüssig, diese Frage im Detail zu erörtern; denn in bezug auf die Pflanzen haben wir bündige Beweise, daß die Unfruchtbarkeit gekreuzter Arten Folge eines von natürlicher Zuchtwahl gänzlich unabhängigen Prinzips ist. Sowohl Gärtner als Kölreuter haben gezeigt, daß sich bei Gattungen, welche zahlreiche Arten umfassen, eine Reihe bilden läßt von Arten, welche bei ihrer Kreuzung immer weniger und weniger Samen liefern, bis zu Arten, welche niemals auch nur einen einzigen Samen erzeugen, aber doch vom Pollen gewisser anderer Spezies affiziert werden, da der Keim anschwillt. Es ist hier offenbar unmöglich, die unfruchtbareren Individuen zur Zuchtwahl zu wählen, welche bereits aufgehört haben, Samen zu ergeben; so daß dieser Gipfel der Unfruchtbarkeit, wo nur der Keim affiziert wird, nicht durch Zuchtwahl erreicht worden sein kann. Und aus den die verschiedenen Grade der Unfruchtbarkeit beherrschenden Gesetzen, welche durch das ganze Pflanzen- und Tierreich so gleichförmig sind, können wir schließen, daß die Ursache, was dieselbe auch sein mag, in allen Fällen dieselbe sein wird.

Wir wollen nun etwas näher zu betrachten versuchen, welches wohl wahrscheinlich die Natur der Verschiedenheiten ist, welche Sterilität sowohl erster Kreuzungen als der Bastarde verursachen. Bei ersten Kreuzungen reiner Arten hängt die größere oder geringere Schwierigkeit, eine Paarung zu bewirken und Nachkommen zu erzielen, anscheinend von mehreren verschiedenen Ursachen ab. Zuweilen muß eine physische Unmöglichkeit für das männliche Element vorhanden sein bis zum Eichen zu gelangen, wie es bei Pflanzen der Fall wäre, deren Pistill zu lang ist, als daß die Pollenschläuche bis ins Ovarium hinabreichen können. So ist auch beobachtet worden, daß wenn der Pollen einer Art auf das Stigma einer nur entfernt damit verwandten Art gebracht wird, die Pollenschläuche zwar hervortreten, aber nicht in die Oberfläche des Stigmas eindringen. In anderen Fällen kann ferner das männliche Element zwar das weibliche erreichen, es ist aber unfähig die Entwicklung des Embryos zu veranlassen, wie das aus einigen Versuchen Thurets mit Fucoideen hervorzugehen scheint. Wir können diese Tatsachen ebensowenig erklären, wie warum gewisse Baumarten nicht auf andere gepropft werden können. Endlich kann

Neuntes Kapitel

es auch vorkommen, daß ein Embryo sich zwar zu entwickeln beginnt, aber schon in einer frühen Zeit zugrunde geht. Diese letzte Alternative ist nicht genügend beachtet worden; doch glaube ich nach den von Mr. Hewitt, welcher große Erfahrung in der Bastardzüchtung von Fasanen und Hühnern besessen hat, mir mitgeteilten Beobachtungen, daß der frühzeitige Tod des Embryos eine sehr häufige Ursache der Unfruchtbarkeit der ersten Kreuzungen ist. Salter hat neuerdings die Resultate seiner Untersuchungen von 500 Eiern bekanntgemacht, die von verschiedenen Kreuzungen dreier Arten von *Gallus* und deren Bastarden erhalten worden waren. Die Mehrzahl dieser Eier war befruchtet, und bei der Majorität der befruchteten Eier waren die Embryonen entweder nur zum Teil entwickelt und waren dann abortiert, oder beinahe reif geworden, die Jungen waren aber nicht imstande, die Schale zu durchbrechen. Von den geborenen Hühnchen waren über vier Fünftel innerhalb der ersten paar Tage oder höchstens Wochen gestorben, „ohne irgendwelche auffallende Ursachen, scheinbar nur aus Mangel an Lebensfähigkeit", so daß von den 500 Eiern nur zwölf Hühnchen aufgezogen wurden. Der frühe Tod der Bastardembryonen tritt wahrscheinlich in gleicher Weise bei Pflanzen ein; wenigstens ist es bekannt, daß von sehr verschiedenen Arten erzogene Bastarde zuweilen schwach und zwerghaft sind und jung zugrunde gehen. Von dieser Tatsache hat neuerdings Max Wichura einige auffallende Fälle bei Weidenbastarden gegeben. Es verdient vielleicht, hier bemerkt zu werden, daß in manchen Fällen von Parthenogenesis die aus nicht befruchteten Eiern des Seidenschmetterlings kommenden Embryonen, wie die aus einer Kreuzung zweier besonderer Arten entstehenden, die ersten Entwicklungszustände durchliefen und dann untergingen. Ehe ich mit diesen Tatsachen bekannt wurde, war ich sehr wenig geneigt, an den frühen Tod hybrider Embryonen zu glauben, weil Bastarde, wenn sie einmal geboren sind, sehr kräftig und langlebend zu sein pflegen, wie es das Maultier zeigt. Überdies befinden sich Bastarde vor und nach der Geburt unter ganz verschiedenen Verhältnissen. In einer Gegend geboren und lebend, wo auch ihre beide Eltern leben, befinden sie sich allgemein unter ihnen zusagenden Lebensbedingungen. Aber ein Bastard hat nur halb an der Natur und Konstitution seiner Mutter Anteil und mag mithin vor der Geburt, solange er noch im Mutterleib ernährt wird oder in den von der Mutter hervorgebrachten Eiern und Samen sich befindet, einigermaßen ungünstigeren Bedingungen ausgesetzt und demzufolge in der ersten Zeit leichter zugrunde zu gehen geneigt sein, ganz besonders, weil alle sehr jungen Lebewesen gegen schädliche und unnatürliche Lebensverhältnisse außerordentlich empfindlich sind. Nach allem aber ist es wahrscheinlicher, daß die Ursache in irgendeiner Unvollkommenheit beim ursprünglichen Befruchtungsakt liegt, welche den Embryo nur unvollkommen entwickeln läßt, als in den Bedingungen, denen er später ausgesetzt ist.

Hinsichtlich der Sterilität der Bastarde, deren Zeugungselemente unvollkommen entwickelt sind, verhält sich die Sache etwas anders. Ich habe schon mehrmals angeführt, daß ich eine große Menge an Tatsachen gesammelt habe, welche zeigen, daß, wenn Pflanzen und Tiere aus ihren natürlichen Verhältnissen herausgerissen werden, es vorzugsweise die Fortpflanzungsorgane sind, welche unter solchen Umständen äußerst leicht bedenklich affiziert werden. Dies ist in der Tat die große Schranke für die Domestikation der Tiere. Zwischen der dadurch veranlaßten Unfruchtbarkeit der Tiere und der der Bastarde bestehen manche Ähnlichkeiten. In beiden Fällen ist die Sterilität unabhängig von der Gesundheit im allgemeinen und oft begleitet von exzedierender Größe und Üppigkeit. In beiden Fällen kommt die Unfruchtbarkeit in vielerlei Abstufungen vor; in beiden ist das männliche Element am meisten zu leiden geneigt, zuweilen aber das weibliche doch noch mehr als das männliche. In beiden geht diese Neigung bis zu gewisser Stufe gleichen Schritts mit der systematischen Verwandtschaft, denn ganze Gruppen von Pflanzen und Tieren werden durch dieselben unnatürlichen Bedingungen impotent, und ganze Gruppen von Arten neigen zur Hervorbringung unfruchtbarer Bastarde. Auf der anderen Seite widersteht zuweilen eine einzelne Art in einer Gruppe großen Veränderungen in den äußeren Bedingungen mit ungeschwächter Fruchtbarkeit, und gewisse Arten einer Gruppe liefern ungewöhnlich fruchtbare Bastarde. Niemand kann, ehe er es versucht hat, voraussagen, ob dieses oder jenes Tier in der Gefangenschaft und ob diese oder jene ausländische Pflanze während ihres Anbaus sich gut fortpflanzen wird, noch ob irgendwelche zwei Arten einer Gattung mehr oder weniger sterile Bastarde miteinander hervorbringen werden. Endlich, wenn organische Wesen während mehrerer Generationen in für sie unnatürliche Verhältnisse versetzt werden, so sind sie außerordentlich zu variieren geneigt, was, wie es scheint, zum Teil davon herrührt, daß ihre Reproduktionssysteme besonders affiziert worden sind, obwohl in minderem Grade als wenn gänzliche Unfruchtbarkeit folgt. Ebenso ist es mit Bastarden; denn Bastarde sind in aufeinanderfolgenden Generationen sehr zu variieren geneigt, wie es jeder Züchter erfahren hat.

So sehen wir denn, daß, wenn organische Wesen in neue und unnatürliche Verhältnisse versetzt, und wenn Bastarde durch unnatürliche Kreuzung zweier Arten erzeugt werden, das Reproduktionssystem ganz unabhängig von dem allgemeinen Zustand der Gesundheit in ganz ähnlicher Weise affiziert wird. In dem einen Falle sind die Lebensbedingungen gestört worden, obwohl oft nur in einem für uns nicht wahrnehmbaren Grade; in dem anderen, bei den Bastarden nämlich, sind die äußeren Bedingungen unverändert geblieben, aber die Organisation ist dadurch gestört worden, daß zwei verschiedene Besonderheiten der Struktur und Konstitution, natürlich mit Einschluß der Reproduktivsysteme, zu einer einzigen verschmolzen sind. Denn es ist kaum möglich, daß zwei Organisationen in eine verbunden werden, ohne einige Störung in der Entwicklung oder in der periodischen Tätigkeit oder in den Wechselbeziehungen der verschiedenen Teile und Organe zueinander oder zu den Lebensbeziehungen zu veranlassen. Wenn Bastarde fähig sind, sich unter sich fortzupflanzen, so übertragen sie von Generation zu Generation auf ihre Nachkommen dieselbe Vereinigung zweier Organisationen, und wir dürfen daher nicht darüber erstaunen, daß ihre Unfruchtbarkeit, wenn auch einigem Schwanken unterworfen, nicht abnimmt, sondern eher noch zuzunehmen geneigt ist; diese Zunahme ist, wie früher erwähnt, allgemein das Resultat einer zu engen Inzucht. Die obige Ansicht, daß die Sterilität der Bastarde durch das Vermischen zweier Konstitutionen zu einer verursacht sei, ist vor kurzem sehr entschieden von Max Wichura vertreten worden.

Wir müssen indessen bekennen, daß wir weder nach dieser noch nach irgendeiner anderen Ansicht imstande sind, gewisse Tatsachen in bezug auf die Unfruchtbarkeit der Bastarde zu begreifen, wie z.B. die ungleiche Fruchtbarkeit der zweierlei Bastarde aus der Wechselkreuzung, oder die zunehmende Unfruchtbarkeit derjenigen Bastarde, welche zufällig oder ausnahmsweise einem ihrer beiden Eltern sehr ähnlich sind. Auch bilde ich mir nicht ein, mit den vorangehenden Bemerkungen der Sache auf den Grund gekommen zu sein; ich habe keine Erklärung dafür, warum ein Organismus unter unnatürlichen Lebensbedingungen unfruchtbar wird. Alles, was ich zu zeigen versucht habe, ist, daß in zwei in mancher Beziehung miteinander verwandten Fällen Unfruchtbarkeit das gemeinsame Resultat ist, in dem einen Falle, weil die äußeren Lebensbedingungen, und in dem anderen, weil durch Verschmelzung zweier Organisationen in eine die Organisation oder Konstitution gestört worden ist.

Ein ähnlicher Parallelismus gilt auch noch bei einer anderen zwar verwandten, doch an sich sehr verschiedenen Reihe von Tatsachen. Es ist ein alter und fast allgemeiner Glaube, welcher auf einer Masse von, an einem anderen Orte mitgeteilten Zeugnissen beruht, daß leichte Veränderungen in den äußeren Lebensbedingungen für alles Lebendige wohltätig sind. Wir sehen daher Landwirte und Gärtner beständig ihre Samen, Knollen usw. austauschen, sie aus einem Boden und Klima ins andere und wieder zurück versetzen. Während der Wiedergenesung von Tieren sehen wir sie oft großen Vorteil aus beinahe einer jeden Veränderung in der Lebensweise ziehen. So sind auch bei Pflanzen und Tieren die deutlichsten Beweise dafür vorhanden, daß eine Kreuzung zwischen verschiedenen Individuen einer Art, welche bis zu einem gewissen Grade voneinander abweichen, der Nachzucht Kraft und Fruchtbarkeit verleiht, und daß enge Inzucht zwischen den nächsten Verwandten einige Generationen lang fortgesetzt, zumal wenn dieselben unter gleichen Lebensbedingungen gehalten werden, beinahe immer zu Größenabnahme, Schwäche oder Unfruchtbarkeit führt.

So scheint es mir denn, daß einerseits geringe Veränderungen in den Lebensbedingungen allen organischen Wesen vorteilhaft sind; und daß andererseits schwache Kreuzungen, nämlich solche zwischen Männchen und Weibchen derselben Art, welche unbedeutend verschiedenen Bedingungen ausgesetzt gewesen sind oder unbedeutend variiert haben, der Nachkommenschaft Kraft und Stärke verleihen. Dagegen haben wir gesehen, daß bedeutendere Veränderungen der Verhältnisse die Organismen, welche lange Zeit an gewisse gleichförmige Lebensbedingungen im Naturzustand gewöhnt waren, oft in gewissem Grade unfruchtbar machen, wie wir auch wissen, daß Kreuzungen zwischen sehr weit oder spezifisch verschieden gewordenen Männchen und Weibchen Bastarde hervorbringen, die beinahe immer einigermaßen unfruchtbar sind. Ich bin vollständig davon überzeugt, daß dieser Parallelismus durchaus nicht auf einem bloßen Zufall oder einer Täuschung beruht. Wer zu erklären imstande ist, warum der Elefant und eine Menge anderer Tiere unfähig sind, sich bei nur teilweiser Gefangenschaft in ihrem Heimatland fortzupflanzen, wird auch die primäre Ursache dafür anzugeben imstande sein, daß Bastarde so allgemein unfruchtbar sind. Er wird gleichzeitig zu erklären vermögen, woher es kommt, daß die Rassen einiger unserer domestizierten Tiere, welche häufig neuen und nicht gleichförmigen Bedingungen ausgesetzt worden sind, völlig fruchtbar miteinander sind, obwohl sie von verschiedenen Arten abstammen, welche wahrscheinlich bei einer ursprünglichen Kreuzung unfruchtbar gewesen sein werden. Beide obige Reihen von Tatsachen scheinen durch ein gemeinsames, aber unbekanntes Band miteinander verkettet zu sein, welches mit dem Lebensprinzip seinem Wesen nach zusammenhängt; das Prinzip ist, wie Herbert Spencer bemerkt hat, dies, daß das Leben von der beständigen Wirkung und Gegenwirkung verschiedener Kräfte abhängt oder daß es in einer solchen besteht, welche Kräfte wie überall in der Natur stets nach Gleichgewicht streben; wird dies Streben durch irgendeine Veränderung leicht gestört, so gewinnen die Lebenskräfte wieder an Stärke.

Dimorphismus und Trimorphismus

Dieser Gegenstand mag hier kurz erörtert werden; wir werden sehen, daß er ein ziemliches Licht auf die Lehre von der Bastardierung wirft. Mehrere zu verschiedenen Ordnungen gehörende Pflanzen bieten zwei, in ungefähr gleicher Zahl zusammen vorkommende Formen dar, welche in keiner anderen Beziehung, nur in ihren Reproduktionsorganen verschieden sind; die eine Form hat ein langes Pistill und kurze Staubfäden, die andere ein kurzes Pistill mit langen Staubfäden, beide mit verschieden großen Pollenkörnern. Bei trimorphen Pflanzen sind drei Formen vorhanden, welche gleicherweise in der Länge ihrer Pistille und Staubfäden, in der Größe und Farbe ihrer Pollenkörner und in einigen anderen Beziehungen verschieden sind; und da es in jeder dieser drei Formen zwei Sorten Staubfäden gibt, so sind zusammen sechs Arten von Staubfäden und drei Arten Pistille vorhanden. Diese Organe sind in ihrer Länge einander so proportioniert, daß die Hälfte der Staubfäden in zwei dieser Formen in gleicher Höhe mit dem Stigma der dritten Form steht. Nun habe ich gezeigt, und das Resultat haben andere Beobachter bestätigt, daß es, um vollständige Fruchtbarkeit bei diesen Pflanzen zu erreichen, nötig ist, die Narbe der einen Form mit Pollen aus den Staubfäden der korrespondierenden Höhe in der anderen Form zu befruchten. So sind bei dimorphen Arten zwei Begattungen, die man legitime nennen kann, völlig fruchtbar und zwei, welche man illegitim nennen kann, mehr oder weniger unfruchtbar. Bei trimorphen Arten sind sechs Begattungen legitim oder vollständig fruchtbar und zwölf sind illegitim oder mehr oder weniger unfruchtbar.

Die Unfruchtbarkeit, welche bei verschiedenen dimorphen und trimorphen Pflanzen nach illegitimer Befruchtung beobachtet wird, d. h. wenn sie mit Pollen aus Staubfäden befruchtet werden, die in ihrer Höhe nicht dem Pistill entsprechen, ist dem Grade nach sehr verschieden bis zu absoluter und äußerster Sterilität, genau in derselben Art, wie sie beim Kreuzen verschiedener Arten vorkommt. Wie der Grad der Sterilität in letzterem Falle in einem hervorragenden Grade davon abhängt, ob die Lebensbedingungen mehr oder weniger günstig sind, so habe ich es auch bei illegitimen Begattungen gefunden. Es ist bekannt, daß, wenn Pollen einer verschiedenen Art auf die Narbe einer Blüte, und später, selbst nach einem beträchtlichen Zwischenraum, ihr eigener Pollen auf dieselbe Narbe gebracht wird, dessen Wirkung so stark überwiegend ist, daß er den Effekt des fremden Pollens gewöhnlich vernichtet; dasselbe ist der Fall mit dem Pollen der verschiedenen Formen derselben Art: Legitimer Pollen ist stark überwiegend über illegitimen, wenn beide auf dieselbe Narbe gebracht werden. Ich ermittelte dies dadurch, daß ich mehrere Blüten erst illegitim und vierundzwanzig Stunden darauf legitim mit Pollen einer eigentümlich gefärbten Varietät befruchtete; alle Sämlinge waren ähnlich gefärbt. Dies zeigt, daß der, wenn auch vierundzwanzig Stunden später aufgetragene legitime Pollen die Wirksamkeit des vorher aufgetragenen illegitimen Pollens gänzlich zerstört oder gehindert hatte. Wie ferner bei dem Anstellen wechselseitiger Kreuzungen zwischen zwei Spezies zuweilen eine große Verschiedenheit im Resultat auftritt, so kommt auch etwas Analoges bei trimorphen Pflanzen vor. So wurde z. B. die Form mit mittellangem Griffel von *Lythrum salicaria* in größter Leichtigkeit von dem Pollen aus den längeren Staubfäden der kurzgriffligen Form illegitim befruchtet und ergab viele Samenkörner; die letztere Form aber ergab nicht ein einziges Samenkorn, wenn sie mit Pollen aus den längeren Staubfäden der mittelgriffligen Form befruchtet wurde.

In all diesen Beziehungen, sowie in anderen, welche noch hätten angeführt werden können, verhalten sich die verschiedenen Formen einer und derselben unzweifelhaften Art nach illegitimer Begattung genau ebenso wie zwei verschiedene Arten nach ihrer Kreuzung. Dies veranlaßte mich, vier Jahre hindurch sorgfältig viele Sämlinge zu beobachten, die das Resultat mehrerer illegitimer Begattungen waren. Das hauptsächlichste Ergebnis ist, daß diese illegitimen Pflanzen, wie sie genannt werden können, nicht vollkommen fruchtbar sind. Es ist möglich, von dimorphen Arten illegitim sowohl lang- als auch kurzgrifflige Arten zu erzielen, ebenso von trimorphen illegitim alle drei Formen. Diese können dann in legitimer Weise gehörig begattet werden. Ist dies geschehen, so sieht man keinen rechten Grund, warum sie nach legitimer Befruchtung nicht ebensoviel Samen liefern sollten, wie ihre Eltern bei legitimer Verbindung. Dies ist aber nicht der Fall; sie sind alle, aber in verschiedenem Grade unfruchtbar; einige sind so völlig unheilbar steril, daß sie durch vier Sommer nicht einen Samen, nicht einmal eine Samenkapsel ergaben. Die Unfruchtbarkeit dieser illegitimen Pflanzen, wenn sie auch in legitimer Weise miteinander begattet werden, kann vollständig mit der Unfruchtbarkeit untereinander gekreuzter Bastarde verglichen werden. Wird andererseits ein Bastard mit einer der reinen Stammarten gekreuzt, so wird gewöhnlich die Sterilität um vieles vermindert; so ist es auch, wenn eine illegitime Pflanze von einer legitimen befruchtet wird. In derselben Weise, wie die Sterilität der Bastarde nicht immer der Schwierigkeit der ersten Kreuzung ihrer Mutterarten parallel geht, so war auch die Sterilität gewisser illegitimer Pflanzen ungewöhnlich groß, während die Unfruchtbarkeit der Begattung, der sie entsprungen, durchaus nicht groß war. Bei aus einer und derselben Samenkapsel gezogenen Bastarden ist der Grad der Unfruchtbarkeit von sich aus variabel; so ist es auch in auffallender Weise bei illegitimen Pflanzen. Endlich blühen viele Bastarde beständig und außerordentlich stark, während andere und sterile Bastarde wenig Blüten produzieren und schwache elende Zwerge sind; genau ähnliche Fälle kommen bei den illegitimen Nachkommen verschiedener dimorpher und trimorpher Pflanzen vor.

Es besteht überhaupt die engste Identität in Charakter und Verhalten zwischen illegitimen Pflanzen und Bastarden. Es ist kaum übertrieben zu behaupten, daß illegitime Pflanzen Bastarde sind, aber innerhalb der Grenzen einer Spezies durch unpassende Begattung gewisser Formen erzeugt, während gewöhnliche Bastarde durch unpassende Begattung sogenannter distinkter Arten erzeugt sind. Wir haben auch bereits gesehen, daß in allen Beziehungen zwischen ersten illegitimen Begattungen und ersten Kreuzungen distinkter Arten die größte Ähnlichkeit besteht. Alles dies wird vielleicht durch ein Beispiel noch deutlicher. Nehmen wir an, ein Botaniker fände zwei auffallende Varietäten (und solche kommen vor) der langgriffligen Form des trimorphen *Lythrum salicaria*, und er entschlösse sich, durch eine Kreuzung zu versuchen, ob dieselben spezifisch verschieden seien. Er würde finden, daß sie nur ungefähr ein Fünftel der normalen Zahl von Samen liefern und daß sie sich in allen übrigen oben angeführten Beziehungen so verhielten, als wären sie zwei distinkte Arten. Um indessen sicher zu gehen, würde er aus seinen für verbastardiert gehaltenen Samen Pflanzen erziehen und würde finden, daß die Sämlinge elende Zwerge und völlig steril sind und sich in allen übrigen Beziehungen wie gewöhnliche Bastarde verhalten. Er würde dann behaupten, daß er im Einklang mit der gewöhnlichen Ansicht bewiesen habe, daß diese zwei Varietäten so gute und distinkte Arten seien wie irgendwelche in der Welt; er würde sich aber darin vollkommen geirrt haben.

Die hier mitgeteilten Tatsachen von dimorphen und trimorphen Pflanzen sind von Bedeutung, weil sie uns erstens zeigen, daß die physiologische Probe verringerter Fruchtbarkeit, sowohl bei ersten Kreuzungen als auch bei Bastarden, kein sicheres Kriterium spezifischer Verschiedenheit ist; zweitens, weil wir dadurch zu dem Schluß veranlaßt werden, daß es ein unbekanntes Band oder Gesetz gibt, welches die Unfruchtbarkeit illegitimer Begattungen mit der Unfruchtbarkeit ihrer illegitimen Nachkommenschaft in Verbindung bringt, und wir veranlaßt werden, diese Ansicht auf erste Kreuzungen und Bastarde auszudehnen; drittens, weil wir finden (und das scheint mir von besonderer Bedeutung zu sein), daß von derselben Art zwei oder drei Formen existieren und durchaus in gar keiner Beziehung, weder im Bau noch in der Konstitution in Beziehung auf äußere Lebensbedingungen, voneinander abweichen können, daß sie aber dennoch unfruchtbar sind, wenn sie auf gewisse Weise begattet werden. Denn wir müssen uns erinnern, daß es die Verbindung der Sexualelemente von Individuen der nämlichen Form, z. B. der beiden langgriffligen Formen ist, welche in Sterilität ausgeht; während die Verbindung der zwei verschiedenen Formen eigenen Sexualelemente fruchtbar ist. Es scheint daher auf den ersten Blick der Fall gerade das Umgekehrte von dem zu sein, was bei der gewöhnlichen Verbindung von Individuen einer und derselben Spezies und bei Kreuzungen zwischen verschiedenen Spezies eintritt. Es ist indessen zweifelhaft, ob dies wirklich der Fall ist; und ich will mich bei diesem dunklen Gegenstand nicht länger aufhalten.

Nach der Betrachtung dimorpher und trimorpher Pflanzen können wir es indessen als wahrscheinlich ansehen, daß die Unfruchtbarkeit distinkter Arten bei ihrer Kreuzung und deren hybrider Nachkommen ausschließlich von der Natur ihrer Sexualelemente und nicht von irgendwelcher allgemeinen Verschiedenheit in ihrem Bau oder ihrer Konstitution abhängt. Wir werden in der Tat zu demselben Schluß durch die Betrachtung wechselseitiger Kreuzungen zweier Arten geführt, bei denen das Männchen der einen mit dem Weibchen der anderen Art nicht oder nur mit großer Schwierigkeit gepaart werden kann, während die umgekehrte Kreuzung mit vollkommener Leichtigkeit ausgeführt werden kann. Gärtner, ein ausgezeichneter Beobachter, kam gleichfalls zu dem Schluß, daß gekreuzte Arten infolge von Verschiedenheiten, die auf ihre Reproduktionsorgane beschränkt sind, steril sind.

Fruchtbarkeit miteinander gekreuzter Varietäten und ihrer Blendlinge nicht allgemein

Man könnte uns als einen überwältigenden Beweisgrund entgegenhalten, es müsse irgendein wesentlicher Unterschied zwischen Arten und Varietäten bestehen, da ja Varietäten, wenn sie in ihrer äußeren Erscheinung auch noch so sehr auseinandergehen, sich doch mit vollkommener

Leichtigkeit kreuzen und vollkommen fruchtbare Nachkommen liefern. Ich gebe mit einigen sogleich nachzuweisenden Ausnahmen vollkommen zu, daß dies die Regel ist. Der Gegenstand bietet aber noch große Schwierigkeiten dar; denn wenn wir die in der Natur vorkommenden Varietäten betrachten, so werden, sobald zwei bisher als Varietäten angesehene Formen sich einigermaßen steril miteinander zeigen, dieselben von den meisten Naturforschern sogleich zu Arten erhoben. So sind z. B. die rote und die blaue *Anagallis*, welche die meisten Botaniker für bloße Varietäten halten, nach Gärtner bei der Kreuzung vollkommen steril und werden deshalb von ihm als unzweifelhafte Arten bezeichnet. Wenn wir in solcher Weise im Zirkel schließen, so muß die Fruchtbarkeit aller im Naturzustand entstandenen Varietäten als erwiesen angesehen werden.

Wenden wir uns zu den erwiesener- oder vermutetermaßen im Kulturstand erzeugten Varietäten, so werden wir auch hier in Zweifel verwickelt. Denn wenn es z. B. feststeht, daß gewisse in Süd-Amerika einheimische Haushunde sich nicht leicht mit europäischen Hunden kreuzen, so ist die Erklärung, welche jedem einfallen wird und wahrscheinlich auch die richtige ist, die, daß diese Hunde von ursprünglich verschiedenen Arten abstammen. Dem ungeachtet ist die vollkommene Fruchtbarkeit so vieler domestizierter Varietäten, die in ihrem äußeren Ansehen so weit voneinander verschieden sind, wie z. B. die der Tauben oder die des Kohls, eine merkwürdige Tatsache, besonders wenn wir erwägen, wie zahlreiche Arten es gibt, welche, trotzdem sie einander sehr ähnlich sind, doch bei der Kreuzung ganz unfruchtbar miteinander sind. Verschiedene Betrachtungen jedoch lassen die Fruchtbarkeit der domestizierten Varietäten weniger merkwürdig erscheinen. Es läßt sich zunächst beobachten, daß der Grad äußerlicher Unähnlichkeit zweier Arten kein sicheres Zeichen für den Grad der Unfruchtbarkeit bei ihrer Kreuzung ist, so daß ähnliche Verschiedenheiten bei Varietäten auch kein sicheres Zeichen sein dürften. Es ist gewiß, daß bei Arten die Ursache ausschließlich in Verschiedenheiten ihrer geschlechtlichen Konstitution liegt. Die verschiedenartigen Bedingungen nun, welchen domestizierte Tiere und kultivierte Pflanzen ausgesetzt worden sind, haben so wenig eine Tendenz das Reproduktionssystem in einer Weise zu modifizieren, welche zur wechselseitigen Unfruchtbarkeit führt, daß wir wohl Grund haben, gerade das direkte Gegenteil hiervon, die Theorie Pallas, anzunehmen, daß nämlich solche Bedingungen allgemein jene Neigung eliminieren; so daß also die domestizierten Nachkommen von Arten, welche in ihrem Naturzustand in einem gewissen Grade unfruchtbar bei ihrer Kreuzung gewesen sein dürften, vollkommen fruchtbar miteinander werden. Bei Pflanzen führt die Kultur so wenig eine Neigung zur Unfruchtbarkeit distinkter Spezies herbei, daß in mehreren bereits erwähnten wohl beglaubigten Fällen gewisse Pflanzen gerade in einer entgegengesetzten Art und Weise affiziert worden sind; sie sind nämlich selbst impotent geworden, während sie die Fähigkeit, andere Arten zu befruchten und von anderen Arten befruchtet zu werden, noch immer beibehalten haben. Wenn die Pallas'sche Theorie von der Elimination der Unfruchtbarkeit durch lange fortgesetzte Domestikation angenommen wird, – und sie kann kaum zurückgewiesen werden –, so wird es im höchsten Grade unwahrscheinlich, daß lange Zeit ähnlich bleibende Lebensbedingungen gleichfalls diese Neigung herbeiführen sollten; doch könnte in gewissen Fällen bei Spezies mit eigentümlicher Konstitution gelegentlich Unfruchtbarkeit dadurch herbeigeführt werden. Auf diese Weise können wir, wie ich glaube, einsehen, warum bei domestizierten Tieren keine Varietäten produziert worden sind, welche wechselseitig unfruchtbar sind und warum bei Pflanzen nur wenig derartige, sofort zu besprechende Fälle beobachtet worden sind.

Die wirkliche Schwierigkeit bei dem vorliegenden Gegenstand liegt, wie mir scheint, nicht darin, daß domestizierte Varietäten nicht wechselseitig unfruchtbar bei ihrer Kreuzung geworden sind, sondern darin, daß dies so allgemein bei natürlichen Varietäten eingetreten ist, sobald sie in hinreichendem Grade und so ausdauernd modifiziert worden sind, um als Spezies betrachtet zu werden. Wir kennen hiervon durchaus nicht genau die Ursache; auch ist dies nicht überra-

Neuntes Kapitel

schend, wenn wir sehen, wie völlig unwissend wir in bezug auf die normale und abnorme Tätigkeit des Reproduktivsystems sind. Wir können aber sehen, daß Spezies infolge ihres Kampfes um die Existenz mit zahlreichen Konkurrenten während langer Zeiträume gleichförmigeren Bedingungen ausgesetzt gewesen sein müssen, als domestizierte Varietäten; und dies kann wohl eine beträchtliche Verschiedenheit im Resultat herbeiführen. Denn wir wissen, wie ganz gewöhnlich wilde Tiere und Pflanzen, wenn sie aus ihren natürlichen Bedingungen herausgenommen und in Gefangenschaft gehalten werden, unfruchtbar gemacht werden; und die reproduktiven Funktionen organischer Wesen, welche immer unter natürlichen Bedingungen gelebt haben, werden wahrscheinlich in gleicher Weise für den Einfluß einer unnatürlichen Kreuzung äußerst empfindlich sein. Auf der anderen Seite waren aber domestizierte Erzeugnisse, wie schon die bloße Tatsache ihrer Domestikation zeigt, nicht ursprünglich in hohem Grade gegen Veränderungen in ihren Lebensbedingungen empfindlich und können jetzt allgemein mit unverminderter Fruchtbarkeit wiederholten Veränderungen der Bedingungen widerstehen; es konnte daher erwartet werden, daß sie Varietäten hervorbrächten, deren Reproduktionsvermögen durch den Akt der Kreuzung mit anderen Varietäten, die in gleicher Weise entstanden sind, nicht leicht schädlich beeinflußt werden würde.

Ich habe bis jetzt so gesprochen, als ob die Varietäten einer nämlichen Art bei der Kreuzung unabänderlich fruchtbar wären. Es ist aber unmöglich, sich den Zeugnissen für das Dasein eines gewissen Maßes an Unfruchtbarkeit in den folgenden wenigen Fällen zu verschließen, die ich kurz anführen will. Der Beweis ist wenigstens ebensogut wie derjenige, welcher uns an die Unfruchtbarkeit einer Menge von Arten glauben macht, und er ist auch von gegnerischen Zeugen entlehnt, die in allen anderen Fällen Fruchtbarkeit und Unfruchtbarkeit als sichere Beweise spezifischer Verschiedenheit betrachten. Gärtner hielt einige Jahre lang eine Sorte Zwergmais mit gelben und eine große Varietät mit roten Samen, welche nahe beisammen in seinem Garten wuchsen; und obwohl diese Pflanzen getrennten Geschlechts sind, so kreuzten sie sich doch nie von selbst miteinander. Er befruchtete dann dreizehn Blüten des einen mit dem Pollen des anderen; aber nur ein einziger Kolben gab einige Samen und zwar nur fünf Körner. Die Behandlungsweise kann in diesem Falle nicht schädlich gewesen sein, indem die Pflanzen getrennte Geschlechter haben. Noch niemand hat meines Wissens diese zwei Varietäten von Mais für verschiedene Arten angesehen; und es ist wesentlich zu bemerken, daß die aus ihnen gezogenen Blendlinge selbst vollkommen fruchtbar waren, so daß auch Gärtner selbst nicht wagte, jene Varietäten für zwei verschiedene Arten zu erklären.

Girou de Buzareingues kreuzte drei Varietäten von Gurken miteinander, welche wie der Mais getrennten Geschlechts sind, und versichert ihre gegenseitige Befruchtung sei um so weniger leicht, je größer ihre Verschiedenheit. Inwieweit diese Versuche Vertrauen verdienen, weiß ich nicht; aber die drei zu denselben benützten Formen sind von Sageret, welcher sich bei seiner Unterscheidung der Arten hauptsächlich auf die Unfruchtbarkeit stützt, als Varietäten aufgestellt worden, und Naudin ist zu demselben Schluß gelangt.

Weit merkwürdiger und anfangs fast unglaublich erscheint der folgende Fall, jedoch ist er das Resultat einer ganz außerordentlichen Zahl viele Jahre lang an neun *Verbascum*-Arten fortgesetzter Versuche, welche hier noch umso höher in Anschlag zu bringen sind, als sie von Gärtner herrühren, der ein ebenso vortrefflicher Beobachter als entschiedener Gegner ist: Es ist dies die Tatsache, daß die gelben und die weißen Varietäten der nämlichen *Verbascum*-Arten bei der Kreuzung miteinander weniger Samen geben, als jede derselben liefern, wenn sie mit Pollen aus Blüten von ihrer eigenen Farbe befruchtet werden. Er versichert außerdem, daß, wenn gelbe und weiße Varietäten einer Art mit gelben und weißen Varietäten einer anderen Art gekreuzt werden, man mehr Samen erhält, wenn man die gleichfarbigen als wenn man die ungleichfarbigen Varietäten miteinander paart. Auch Scott hat mit den Arten und Varietäten von *Verbascum* Versuche angestellt, und obgleich er nicht imstande war, Gärtners Resultate über das Kreuzen distinkter Arten zu bestätigen, so findet er doch, daß die ungleich gefärbten Varietäten derselben Art weniger Samen ergeben (im Verhältnis von 86 zu 100), als die ähnlich gefärbten Varietäten. Und doch weichen diese Varietäten in keiner anderen Beziehung als in der Farbe ihrer Blüten voneinander ab, und eine Varietät läßt sich zuweilen aus dem Samen der anderen ziehen.

Kölreuter, dessen Genauigkeit durch jeden späteren Beobachter bestätigt worden ist, hat die merkwürdige Tatsache nachgewiesen, daß eine eigentümliche Varietät des gemeinen Tabaks, wenn sie mit einer ganz anderen, ihr weit entfernt stehenden Spezies gekreuzt wird, fruchtbarer ist als die anderen Varietäten. Er machte mit fünf Formen Versuche, welche allgemein für Varietäten gelten, was er auch durch die strengste Probe, nämlich durch Wechselkreuzungen bewies, und fand, daß die Blendlinge vollkommen fruchtbar waren. Doch gab eine dieser fünf Varietäten, mochte sie nun als Vater oder Mutter mit ins Spiel kommen, bei der Kreuzung mit *Nicotiana glutinosa* stets minder unfruchtbare Bastarde, als die vier anderen Varietäten bei Kreuzung mit *Nicotiana glutinosa* gaben. Es muß daher das Reproduktionssystem dieser einen Varietät in irgendeiner Weise und in irgendeinem Grade modifiziert gewesen sein.

Nach diesen Tatsachen kann nicht länger mehr behauptet werden, daß Varietäten bei ihrer Kreuzung unabänderlich völlig fruchtbar sind. Bei der großen Schwierigkeit, die Unfruchtbarkeit der Varietäten im Naturzustand zu bestätigen, weil jede bei der Kreuzung nur in irgendeinem Grade etwas unfruchtbare Varietät alsbald allgemein für eine Spezies erklärt werden würde, sowie infolge des Umstands, daß der Mensch bei seinen domestizierten Varietäten nur auf die äußeren Charaktere sieht, und da solche Varietäten keine sehr lange Zeit hindurch gleichförmigen Lebensbedingungen ausgesetzt worden sind; – nach all diesen Betrachtungen können wir schließen, daß die Fruchtbarkeit bei Kreuzungen keinen fundamentalen Unterscheidungsgrund zwischen Varietäten und Arten abgibt. Die allgemeine Unfruchtbarkeit gekreuzter Arten kann getrost nicht als etwas besonders Erlangtes, oder als eine besondere Begabung, sondern als etwas mit Veränderungen unbekannter Natur in ihren Sexualelementen Zusammenhängendes betrachtet werden.

Bastarde und Blendlinge unabhängig von ihrer Fruchtbarkeit miteinander verglichen

Die Nachkommen miteinander gekreuzter Arten und gekreuzter Varietäten lassen sich unabhängig von der Frage nach ihrer Fruchtbarkeit noch in mehreren anderen Beziehungen miteinander vergleichen. Gärtner, dessen vorwiegendes Bestreben darauf gerichtet war, eine scharfe Unterscheidungslinie zwischen Arten und Varietäten zu ziehen, konnte nur sehr wenige, und wie es mir scheint nur ganz unwesentliche Unterschiede zwischen den sogenannten Bastarden der Arten und den sogenannten Blendlingen der Varietäten auffinden, wogegen sie sich in vielen anderen wesentlichen Beziehungen vollkommen gleichen.

Ich werde diesen Gegenstand hier nur mit äußerster Kürze erörtern. Der wichtigste Unterschied ist der, daß in der ersten Generation Blendlinge veränderlicher als Bastarde sind; doch gibt Gärtner zu, daß Bastarde von bereits lange kultivierten Arten in der ersten Generation oft variabel sind, und ich selbst habe auffallende Belege für diese Tatsache gesehen. Gärtner gibt ferner zu, daß Bastarde zwischen sehr nahe verwandten Arten veränderlicher sind, als die von sehr weit auseinanderstehenden; und daraus ergibt sich, daß die Verschiedenheit im Grade der Veränderlichkeit stufenweise abnimmt. Werden Blendlinge und die fruchtbaren Bastarde mehrere Generationen lang fortgepflanzt, so ist es offenkundig, in welch außerordentlichem Maße die Nachkommen in beiden Fällen veränderlich sind; dagegen lassen sich aber einige wenige Fälle anführen, wo Bastarde sowohl als Blendlinge ihren einförmigen Charakter lange Zeit behauptet haben. Es ist indessen die Veränderlichkeit der Blendlinge in den aufeinanderfolgenden Generationen doch vielleicht größer als bei den Bastarden.

Neuntes Kapitel

Diese größere Veränderlichkeit der Blendlinge den Bastarden gegenüber scheint mir in keiner Weise überraschend zu sein. Denn die Eltern der Blendlinge sind Varietäten und meistens domestizierte Varietäten (da nur sehr wenige Versuche mit natürlichen Varietäten angestellt worden sind); und dies schließt ein, daß ihre Veränderlichkeit noch eine neue ist, welche oft noch fortdauern und die schon aus der Kreuzung entspringende erhöhen wird. Der geringe Grad von Variabilität bei Bastarden in erster Generation im Gegensatz zu ihrer Veränderlichkeit in späteren Generationen ist eine eigentümliche und Beachtung verdienende Tatsache; denn sie führt zu der Ansicht, die ich mir über eine der Ursachen der gewöhnlichen Variabilität gebildet habe, wonach diese nämlich davon abhängt, daß das Reproduktionssystem, da es für jede Veränderung in den Lebensbedingungen äußerst empfindlich ist, unter diesen Umständen für seine eigentliche Funktion, mit der elterlichen Form übereinstimmende Nachkommen zu erzeugen, unfähig gemacht wird. Nun rühren die in erster Generation gebildeten Bastarde von Arten her (mit Ausschluß der lange kultivierten), deren Reproduktionssysteme in keiner Weise affiziert worden waren, und sie sind nicht veränderlich; aber Bastarde selbst haben ein bedeutend affiziertes Reproduktionssystem, und ihre Nachkommen sind sehr veränderlich.

Doch kehren wir zum Vergleich der Blendlinge und Bastarde zurück. Gärtner behauptet, daß Blendlinge mehr als Bastarde geneigt seien, wieder in eine der elterlichen Formen zurückzuschlagen; doch ist diese Verschiedenheit, wenn die Angabe richtig ist, gewiß nur eine gradweise. Gärtner gibt überdies ausdrücklich an, daß Bastarde lang kultivierter Pflanzen mehr zum Rückschlag geneigt sind, als Bastarde von Arten im Naturzustand; und dies erklärt wahrscheinlich die eigentümlichen Verschiedenheiten in den Resultaten verschiedener Beobachter. So zweifelt Max Wichura daran, ob Bastarde überhaupt je in ihre Stammformen zurückschlagen; und er experimentierte mit nichtkultivierten Arten von Weiden; während andererseits Naudin in der stärksten Weise die fast allgemeine Neigung zum Rückschlag bei Bastarden betont; und er experimentierte hauptsächlich mit kultivierten Pflanzen. Gärtner führt ferner an, daß, wenn zwei obgleich sehr nahe miteinander verwandte Arten mit einer dritten gekreuzt werden, deren Bastarde doch weit voneinander verschieden sind, während, wenn zwei sehr verschiedene Varietäten einer Art mit einer anderen Art gekreuzt werden, deren Bastarde unter sich nicht sehr verschieden sind. Dieser Schluß ist jedoch, so viel ich zu ersehen imstande bin, nur auf einen einzigen Versuch gegründet und scheint den Erfahrungen geradezu entgegengesetzt zu sein, welche Kölreuter bei mehreren Versuchen gemacht hat.

Dies allein sind die an sich unwesentlichen Verschiedenheiten, welche Gärtner zwischen Bastarden und Blendlingen von Pflanzen zu ermitteln imstande gewesen ist. Auf der anderen Seite folgen aber auch nach Gärtner die Grade und Arten der Ähnlichkeit der Bastarde und Blendlinge mit ihren bezüglichen Eltern, und insbesondere bei von nahe verwandten Arten entsprungenen Bastarden den nämlichen Gesetzen. Wenn zwei Arten gekreuzt werden, so zeigt zuweilen eine derselben ein überwiegendes Vermögen, eine Ähnlichkeit mit ihr dem Bastard aufzuprägen, und so ist es, wie ich glaube, auch mit Pflanzenvarietäten. Bei Tieren besitzt gewiß oft eine Varietät dieses überwiegende Vermögen über eine andere. Die beiderlei Bastardpflanzen aus einer Wechselkreuzung gleichen einander gewöhnlich sehr, und so ist es auch mit den zweierlei Blendlings-Pflanzen aus Wechselkreuzungen. Sowohl Bastarde als auch Blendlinge können wieder in jede der zwei elterlichen Formen zurückgeführt werden, wenn man sie in aufeinanderfolgenden Generationen wiederholt mit der einen ihrer Stammformen kreuzt.

Diese verschiedenen Bemerkungen lassen sich offenbar auch auf Tiere anwenden; doch wird hier der Gegenstand außerordentlich verwickelt, teils infolge vorhandener sekundärer Sexualcharaktere und teils insbesondere infolge des gewöhnlich bei einem von beiden Geschlechtern überwiegenden Vermögens sein Bild dem Nachkommen aufzuprägen, sowohl wo Arten mit Arten, als wo Varietäten mit Varietäten gekreuzt werden. So glaube ich z. B., daß diejenigen Schriftsteller Recht haben, welche behaupten, der Esel besitze ein derartiges Übergewicht über das Pferd, daß sowohl Maulesel als auch Maultier mehr dem Esel als dem Pferd gleichen; daß jedoch dieses Übergewicht noch mehr bei dem männlichen als dem weiblichen Esel hervortrete, daher der Maulesel als der Bastard von Eselhengst und Pferdestute dem Esel mehr als das Maultier gleiche, welches das Pferd zum Vater und eine Eselin zur Mutter hat.

Einige Schriftsteller haben viel Gewicht auf die vermeintliche Tatsache gelegt, daß es nur bei Blendlingen vorkomme, daß diese nicht einen mittleren Charakter haben, sondern einem ihrer Eltern außerordentlich ähnlich seien; doch kommt dies auch bei Bastarden, wenngleich, wie ich zugebe, viel weniger häufig als bei Blendlingen, vor. Was die von mir gesammelten Fälle gekreuzter Tiere betrifft, welche einer der zwei elterlichen Formen sehr ähnlich gewesen sind, so scheint sich diese Ähnlichkeit vorzugsweise auf in ihrer Art beinahe monströse und plötzlich aufgetretene Charaktere zu beschränken, wie Albinismus, Melanismus, Fehlen des Schwanzes oder der Hörner oder Überzahl der Finger und Zehen, und steht in keiner Beziehung zu den durch Zuchtwahl langsam entwickelten Merkmalen. Demzufolge wird auch eine Neigung plötzlicher Rückkehr zu dem vollkommenen Charakter eines der zwei elterlichen Typen bei Blendlingen, welche von oft plötzlich entstandenen und ihrem Charakter nach halb monströsen Varietäten abstammen, leichter vorkommen, als bei Bastarden, die von langsam und auf natürliche Weise gebildeten Arten herrühren. Im ganzen aber bin ich der Meinung von Prosper Lucas, welcher nach der Musterung einer ungeheuren Menge von Tatsachen in bezug auf Tiere zu dem Schluß gelangt, daß die Gesetze der Ähnlichkeit zwischen Kindern und Eltern die gleichen sind, mögen nun beide Eltern mehr oder mögen sie weniger voneinander verschieden sein, mögen sich also Individuen einer und derselben oder verschiedener Varietäten oder ganz verschiedener Arten gepaart haben.

Es scheint sich, von der Frage über Fruchtbarkeit oder Unfruchtbarkeit ganz unabhängig, in allen anderen Beziehungen eine allgemeine und große Ähnlichkeit im Verhalten der Nachkommen gekreuzter Arten mit denen gekreuzter Varietäten zu ergeben. Bei der Annahme, daß die Arten einzeln erschaffen und die Varietäten erst durch sekundäre Gesetze entwickelt worden sind, wird eine solche Ähnlichkeit als eine äußerst befremdende Tatsache erscheinen. Geht man aber von der Ansicht aus, daß ein wesentlicher Unterschied zwischen Arten und Varietäten gar nicht vorhanden ist, so steht sie vollkommen mit derselben im Einklang.

Zusammenfassung des Kapitels

Erste Kreuzungen sowohl zwischen Formen, welche hinreichend verschieden sind, um für Arten zu gelten, als auch zwischen ihren Bastarden sind sehr allgemein, aber nicht immer, unfruchtbar. Diese Unfruchtbarkeit findet in allen Abstufungen statt und ist oft so unbedeutend, daß die erfahrensten Experimentatoren zu mitunter schnurstracks entgegengesetzten Folgerungen gelangten, als sie die Formen danach ordnen wollten. Die Unfruchtbarkeit ist bei Individuen einer nämlichen Art von Haus aus variabel, und für die Einwirkung günstiger und ungünstiger Bedingungen außerordentlich empfänglich. Der Grad der Unfruchtbarkeit richtet sich nicht genau nach systematischer Verwandtschaft, sondern wird von mehreren merkwürdigen und verwickelten Gesetzen beherrscht. Er ist gewöhnlich ungleich und oft sehr ungleich bei wechselseitiger Kreuzung der nämlichen zwei Arten. Er ist nicht immer von gleicher Stärke bei einer ersten Kreuzung und bei den aus dieser Kreuzung entspringenden Nachkommen.

In derselben Weise, wie beim Propfen der Bäume die Fähigkeit einer Art oder Varietät bei anderen anzuschlagen, mit meist ganz unbekannten Verschiedenheiten in ihren vegetativen Systemen zusammenhängt, so fällt bei Kreuzungen die größere oder geringere Leichtigkeit einer Art, sich mit einer anderen zu verbinden, mit unbekannten Verschiedenheiten in ihren Reproduktionssystemen zusammen. Es ist daher nicht mehr Grund vorhanden, anzunehmen, daß von der

Natur einer jeden Art ein verschiedener Grad an Sterilität in der Absicht, ihr gegenseitiges Durchkreuzen und Ineinanderlaufen zu verhüten, besonders verliehen sei, als zu glauben, daß jeder Baumart ein verschiedener und etwas analoger Grad von Schwierigkeit, beim Verpropfen auf anderen Arten anzuschlagen, verliehen sei, um zu verhüten, daß sie nicht alle in unseren Wäldern miteinander verwachsen.

Die Unfruchtbarkeit erster Kreuzungen und deren hybrider Nachkommen ist nicht durch natürliche Zuchtwahl erworben worden. Bei ersten Kreuzungen scheint die Sterilität von verschiedenen Umständen abzuhängen: in einigen Fällen zum hauptsächlichsten Teile vom frühzeitigen Absterben des Embryos. Die Unfruchtbarkeit der Bastarde hängt augenscheinlich davon ab, daß ihre ganze Organisation durch Verschmelzung zweier Arten in eine gestört worden ist; die Sterilität ist derjenigen nahe verwandt, welche so oft reine Spezies befällt, wenn sie neuen und unnatürlichen Lebensbedingungen ausgesetzt werden. Wer diese letzteren Fälle erklärt, wird auch imstande sein, die Sterilität der Bastarde zu erklären. Diese Ansicht wird noch durch einen Parallelismus anderer Art nachdrücklich unterstützt, daß nämlich erstens geringe Veränderungen in den Lebensbedingungen für Gesundheit und Fruchtbarkeit aller organischen Wesen vorteilhaft sind, und zweitens, daß die Kreuzung von Formen, welche unbedeutend verschiedenen Lebensbedingungen ausgesetzt gewesen sind oder welche variiert haben, die Größe, Lebenskraft und Fruchtbarkeit ihrer Nachkommen begünstigt, während größere Veränderungen oft nachteilig sind. Die angeführten Tatsachen von Unfruchtbarkeit illegitimer Begattungen dimorpher und trimorpher Pflanzen und deren illegitimer Nachkommenschaft machen es vielleicht wahrscheinlich, daß in allen Fällen irgendein unbekanntes Band den Grad der Fruchtbarkeit der ersten Paarung und der ihrer Abkömmlinge miteinander verknüpft. Die Betrachtung dieser Fälle von Dimorphismus, ebenso wie die Resultate wechselseitiger Kreuzungen führen uns offenbar zu dem Schluß, daß die primäre Ursache der Sterilität gekreuzter Arten auf Verschiedenheiten in deren Sexualelementen beschränkt ist. Warum aber bei verschiedenen Arten die Sexualelemente so allgemein in einer zu gegenseitiger Unfruchtbarkeit führenden Weise modifiziert worden sein mögen, wissen wir nicht; es scheint dies aber in irgendeiner nahen Beziehung dazu zu stehen, daß Spezies lange Zeiträume hindurch nahezu gleichförmigen Lebensbedingungen ausgesetzt gewesen sind.

Es ist nicht überraschend, daß der Grad der Schwierigkeit, zwei Arten miteinander zu kreuzen und der Grad der Unfruchtbarkeit ihrer Bastarde einander in den meisten Fällen entsprechen, selbst wenn sie von verschiedenen Ursachen herrühren, denn beide hängen von dem Maße irgendwelcher Verschiedenheiten zwischen den gekreuzten Arten ab. Ebenso ist es nicht überraschend, daß die Leichtigkeit, eine erste Kreuzung zu bewirken, die Fruchtbarkeit der daraus entsprungenen Bastarde und die Fähigkeit wechselseitiger Aufeinanderpropfung, obwohl diese letzte offenbar von weit verschiedenen Ursachen abhängt, alle bis zu einem gewissen Grade mit der systematischen Verwandtschaft der Formen, welche bei den Versuchen in Anwendung gekommen sind, parallel gehen; denn mit dem Ausdruck »systematische Affinität« will man alle Arten von Ähnlichkeit bezeichnen.

Erste Kreuzungen zwischen Formen, die als Varietäten gelten oder sich hinreichend gleichen, um dafür angesehen zu werden, und ihre Blendlinge sind sehr allgemein, aber nicht (wie sehr oft behauptet wird) ohne Ausnahme, fruchtbar. Doch ist diese nahezu allgemeine und vollkommene Fruchtbarkeit nicht befremdend, wenn wir uns erinnern, wie leicht wir hinsichtlich der Varietäten im Naturzustand in einen Zirkelschluß geraten, und wenn wir uns ins Gedächtnis rufen, daß die größere Anzahl der Varietäten im domestizierten Zustand durch Zuchtwahl bloßer äußerer Verschiedenheiten hervorgebracht worden und nicht lange gleichförmigen Lebensbedingungen ausgesetzt gewesen sind. Auch darf man besonders nicht vergessen, daß lange anhaltende Domestikation offenbar die Sterilität zu beseitigen strebt und daher diese selbe Eigenschaft kaum herbeizuführen in der Lage ist. Abgesehen von der Frage ihrer Fruchtbarkeit besteht zwischen Bastarden und Blendlingen in allen übrigen Beziehungen die engste allgemeine Ähnlichkeit, in ihrer Veränderlichkeit, in dem Vermögen, nach wiederholten Kreuzungen einander zu absorbieren, und in der Vererbung von Charakteren beider Elternformen. Endlich scheinen mir die in diesem Kapitel aufgezählten Tatsachen trotz unserer völligen Unbekanntheit mit der wirklichen Ursache sowohl der Unfruchtbarkeit erster Kreuzungen und der Bastarde als auch der Erscheinung, daß Tiere und Pflanzen, wenn sie aus ihren natürlichen Bedingungen entfernt werden, unfruchtbar werden, doch nicht mit der Ansicht im Widerspruch zu stehen, daß Spezies ursprünglich Varietäten waren.

Zehntes Kapitel

Unvollständigkeit der geologischen Urkunden

Über das Fehlen mittlerer Varietäten in der Jetztzeit – Natur der erloschenen Mittelvarietäten und deren Zahl – Länge der Zeiträume nach Maßgabe der Ablagerung und Denudation – Länge der verflossenen Zeit nach Jahren abgeschätzt – Armut unserer paläontologischen Sammlungen – Unterbrechung geologischer Formationen – Denudation granitischer Bodenflächen – Abwesenheit der Mittelvarietäten in allen Formationen – Plötzliches Erscheinen von Artengruppen – Plötzliches Auftreten ganzer Gruppen verwandter Arten in den untersten fossilführenden Schichten – Alter der bewohnbaren Erde

Über das Fehlen mittlerer Varietäten in der Jetztzeit – Natur der erloschenen Mittelvarietäten und deren Zahl

Im sechsten Kapitel habe ich die hauptsächlichsten Einwände aufgezählt, welche man gegen die in diesem Band aufgestellten Ansichten mit Recht erheben könnte. Die meisten derselben sind jetzt bereits erörtert worden. Darunter ist allerdings eine von handgreiflicher Schwierigkeit: nämlich die Verschiedenheit der spezifischen Formen und der Umstand, daß sie nicht durch zahllose Übergangsglieder ineinander verschmolzen sind. Ich habe auf Ursachen hingewiesen, warum solche Bindeglieder heutzutage unter den anscheinend für ihr Dasein günstigsten Umständen, nämlich auf ausgedehnten und zusammenhängenden Flächen mit allmählich abgestuften physikalischen Bedingungen, nicht ganz gewöhnlich zu finden sind. Ich versuchte zu zeigen, daß das Leben einer jeden Art noch wesentlicher von der Anwesenheit anderer bereits unterschiedener organischer Formen abhängt als vom Klima, und daß daher die wirklich einflußreichen Lebensbedingungen sich nicht allmählich abstufen, wie Wärme und Feuchtigkeit. Ich versuchte ferner zu zeigen, daß mittlere Varietäten deswegen, weil sie in geringerer Anzahl als die von ihnen verbundenen Formen vorkommen, im Verlaufe weiterer Veränderung und Vervollkommnung dieser letzten bald verdrängt und zum Aussterben gebracht werden. Die Hauptursache jedoch, warum nicht in der ganzen Natur jetzt noch zahllose solche Zwischenglieder vorkommen, liegt im Prozeß der natürlichen Zuchtwahl selbst, wodurch neue Varietäten fortwährend die Stelle ihrer Stammformen einnehmen und dieselben ersetzen. Aber gerade in dem Verhältnis, wie dieser Prozeß der Vertilgung in ungeheurem Maße tätig gewesen ist, muß auch die Anzahl der Zwischenvarietäten, welche vordem auf der Erde vorhanden waren, eine wahrhaft ungeheure gewesen sein. Woher kommt es dann, daß nicht jede geologische Formation und jede Gesteinsschicht voll von solchen Zwischenformen ist? Die Geologie enthüllt uns sicherlich keine solche fein abgestufte Organismenreihe; und dies ist vielleicht die handgreiflichste gewichtigste Einrede, die man meiner Theorie entgegenhalten kann. Die Erklärung liegt aber, wie ich glaube, in der äußersten Unvollständigkeit der geologischen Urkunden.

Zuerst muß man sich erinnern, was für Zwischenformen meiner Theorie zufolge vordem bestanden haben mußten. Ich habe es nur schwer zu vermeiden gefunden, mir, wenn ich irgendwelche zwei Arten betrachtete, unmittelbare Zwischenformen zwischen denselben in Gedanken vorzustellen. Es ist dies aber eine ganz falsche Ansicht, man hat sich vielmehr nach Formen umzusehen, welche zwischen jeder der zwei Spezies und einem gemeinsamen, aber unbekannten Urerzeuger das Mittel halten; und dieser Erzeuger wird gewöhnlich von allen seinen modifizierten Nachkommen in einigen Beziehungen verschieden gewesen sein. Ich will dies mit einem einfachen Beispiel erläutern: Die Pfauentaube und der Kröpfer leiten beide ihren Ursprung von der Felstaube (*Columba livia*) her; besäßen wir alle Zwischenvarietäten, die je existiert haben, so würden wir eine außerordentlich dichte Reihe zwischen beiden und der Felstaube haben; aber unmittelbare Zwischenvarietäten zwischen Pfauentaube und Kropftaube würden wir nicht finden, keine z. B., die einen etwas ausgebreiteteren Schwanz mit einem nur mäßig erweiterten Kropf verbände, worin doch eben die bezeichnenden Merkmale jener zwei Rassen liegen. Diese beiden Rassen sind überdies so sehr modifiziert worden, daß, wenn wir keinen historischen oder indirekten Beweis von ihrem Ursprung hätten, wir unmöglich imstande gewesen sein würden, durch bloße Vergleichung ihrer Struktur mit der der Felstaube (*Columba livia*) zu bestimmen, ob sie aus dieser oder einer anderen ihr verwandten Art, wie z. B. *Columba oenas*, entstanden seien.

So verhält es sich auch mit den natürlichen Arten. Wenn wir uns nach sehr verschiedenen Formen umsehen, wie z. B. Pferd und Tapir, so finden wir keinen Grund zu der Annahme, daß es jemals unmittelbare Zwischenglieder zwischen denselben gegeben habe, wohl aber zwischen jedem von beiden und irgendeinem unbekannten Erzeuger. Dieser gemeinsame Urerzeuger wird in seiner ganzen Organisation viele allgemeine Ähnlichkeiten mit dem Tapir sowie mit dem Pferd besessen haben, doch in manchen Punkten des Baues auch von beiden beträchtlich verschieden gewesen sein, vielleicht selbst in noch höherem Grade, als beide jetzt unter sich sind. Daher würden wir in allen solchen Fällen nicht imstande sein, die elterliche Form für irgendwelche zwei oder mehr Arten wiederzuerkennen, selbst dann nicht, wenn wir den Bau der Stammform genau mit dem seiner abgeänderten Nachkommen vergleichen, es wäre denn, daß wir eine nahezu vollständige Kette von Zwischengliedern dabei hätten.

Es wäre nach meiner Theorie allerdings möglich, daß von zwei noch lebenden Formen die eine von der anderen abstammte, wie z. B. ein Pferd von einem Tapir, und in diesem Falle wird es direkte Zwischenglieder zwischen denselben gegeben haben. Ein solcher Fall würde jedoch voraussetzen, daß die eine der zwei Arten sich eine sehr lange Zeit hindurch unverändert erhalten habe, während ihre Nachkommen sehr ansehnliche Veränderungen erfuhren. Aber das Prinzip der Konkurrenz zwischen Organismus und Organismus, zwischen Kind und Erzeuger, wird diesen Fall nur sehr selten eintreten lassen; denn in allen Fällen streben die neuen und verbesserten Lebensformen die alten und unpassenderen zu ersetzen.

Nach der Theorie der natürlichen Zuchtwahl haben alle lebenden Arten mit der Stammart einer jeden Gattung durch Verschiedenheiten in Verbindung gestanden, welche nicht größer waren, als wir sie heutzutage zwischen den natürlichen und domestizierten Varietäten einer und derselben Art sehen; und diese jetzt ganz allgemein erloschenen Stammarten waren ihrerseits wieder in ähnlicher Weise mit älteren Arten verkettet; und so immer weiter rückwärts, bis endlich alle in dem gemeinsamen Vorfahren einer jeden großen Klasse zusammentreffen. So muß daher die Anzahl der Zwischen- und Übergangsglieder zwischen allen lebenden und erloschenen Arten ganz unfaßbar groß gewesen sein. Aber zuverlässig haben dergleichen, wenn die Theorie richtig ist, auf der Erde gelebt.

Länge der Zeiträume nach Maßgabe der Ablagerung und Denudation – Länge der verflossenen Zeit nach Jahren abgeschätzt

Unabhängig von dem Umstand, daß wir nicht die fossilen Reste einer so endlosen Anzahl von Zwischengliedern finden, könnte man mir ferner entgegenhalten, daß die Zeit nicht ausgereicht habe, ein so ungeheures Maß organischer Veränderungen durchzuführen, weil alle Abänderungen nur sehr langsam bewirkt worden seien. Es ist mir kaum möglich, demjenigen meiner Leser, welcher kein praktischer Geologe ist, die leitenden Tatsachen vorzuführen, welche uns einigermaßen die unermeßliche Länge der verflossenen Zeiträume zu erfassen in den Stand setzen. Wer Sir Charles Lyells großes Werk „The Principles of Geology", welchem spätere Historiker die Anerkennung eine große Umwälzung in den Naturwissenschaften bewirkt zu haben nicht versagen werden, lesen kann und nicht sofort die unfaßbare Länge der verflossenen Erdperioden zugesteht, der mag dieses Buch nur schließen. Damit ist nicht gesagt, daß es genügte, die „Principles of Geology" zu studieren oder die Spezialabhandlungen verschiedener Beobachter über einzelne Formationen zu lesen, um zu sehen, wie jeder Autor bestrebt ist, einen wenn auch nur ungenügenden Begriff von der Bildungsdauer einer jeden Formation oder sogar jeder einzelnen Schicht zu geben. Wir können am besten eine Idee von der verflossenen Zeit erhalten, wenn wir erfahren, was für Kräfte tätig waren, und wenn wir kennenlernen, wieviel Land abgetragen und wieviel Sediment abgelagert worden ist. Wie Lyell ganz richtig bemerkt hat, ist die Ausdehnung und Mächtigkeit unserer Sedimentärformationen das Resultat und der Maßstab für die Denudation, welche unsere Erdrinde an einer anderen Stelle erlitten hat. Man sollte daher selbst diese ungeheuren Stöße übereinander gelagerter Schichten untersuchen, die Bäche beobachten, wie sie Schlamm herabführen, und die See bei der Arbeit, die Uferfelsen nieder zu nagen, beobachten, um nur einigermaßen die Länge der Zeit zu begreifen, deren Denkmäler wir rings um uns her erblicken.

Es lohnt sich den Seeküsten entlang zu wandern, welche aus mäßig harten Felsschichten aufgebaut sind, und den Zerstörungsprozeß zu beobachten. Die Flut erreicht diese Felswände in den meisten Fällen nur für kurze Zeit zweimal am Tag, und die Wogen nagen sie nur aus, wenn sie mit Sand und Geröll beladen sind; denn bewährte Zeugnisse sprechen dafür, daß reines Wasser Gesteine nicht oder nur wenig angreift. Zuletzt wird der Fuß der Felswände unterwaschen sein, mächtige Massen brechen zusammen, und diese, nun fest liegen bleibend, müssen Atom um Atom zerrieben werden, bis sie, klein genug geworden, von den Wellen umher gerollt werden können; und dann werden sie noch schneller in Geröll, Sand und Schlamm verarbeitet. Aber wie oft sehen wir längs des Fußes zurücktretender Klippen abgerundete Blöcke liegen, alle dick überzogen mit Meereserzeugnissen, welche beweisen, wie wenig sie durch Abreibung leiden und wie selten sie umhergerollt werden! Überdies wenn wir einige Meilen weit eine derartige, der Zerstörung unterliegende Küstenwand verfolgen, so finden wir nur hier und da, auf kurze Strecken oder etwa um ein Vorgebirge herum die Klippen während der Jetztzeit leiden. Die Beschaffenheit der Oberfläche und der auf ihnen erscheinende Pflanzenwuchs beweisen, daß an anderen Orten Jahre verflossen sind, seitdem die Wasser ihren Fuß umspült haben.

Wir haben indessen neuerdings aus den Beobachtungen Ramsays als Vorläufer anderer ausgezeichneter Beobachter, wie Jukes, Geikie, Groll und anderer, gelernt, daß die Zerstörung der Oberfläche durch Einwirkung der Luft eine viel bedeutungsvollere Tätigkeit ist, als die Strandwirkung oder die Kraft der Wellen. Die ganze Oberfläche des Landes ist der chemischen Wirkung der Luft und des Regenwassers mit seiner aufgelösten Kohlensäure und in kälteren Zonen des Frostes ausgesetzt; die losgelöste Substanz wird während heftiger Regen selbst sanfte Abhänge hinabgespült und in größerer Ausdehnung, als man anzunehmen geneigt sein könnte, besonders in dürren Gegenden vom Wind fortgeführt; sie wird dann durch Flüsse und Ströme weitergeführt, welche, wenn sie reißend sind, ihre Betten vertiefen und die Fragmente zermahlen. An einem Regentag sehen wir selbst in einer sanft welligen Gegend die Wirkungen dieser Zerstörungen durch die Atmosphäre in den schlammigen Rinnsalen, welche jeden Abhang hinabfließen. Ramsay und Whitaker haben gezeigt, und die Beobachtung ist eine äußerst auffallende, daß die großen Böschungslinien im Wealdendistrikt und die quer durch England ziehenden, welche früher für alte Küstenzüge angesehen wurden, nicht als solche gebildet worden sein können; denn jeder derartige Zug wird von einer und derselben Formation gebildet, während unsere jetzigen Küstenwände überall aus Durchschnitten verschiedener Formationen bestehen. Da dies der Fall ist, so sind wir genötigt anzunehmen, daß diese Böschungslinien hauptsächlich dem Umstand ihren Ursprung verdanken, daß das Gestein, aus dem sie bestehen, der atmosphärischen Denudation besser als die umgebende Oberfläche widerstanden hat; diese umgebende Fläche ist folglich nach und nach niedriger geworden, während die Züge härteren Gesteins vorspringend gelassen wurden. Nichts bringt einen stärkeren Eindruck von der ungeheuren Zeitdauer, nach unseren Ideen von Zeit, auf uns hervor, als die hieraus gewonnene Überzeugung, daß atmosphärische Agenzien, welche scheinbar so geringe Kraft haben und so langsam zu wirken scheinen, so große Resultate hervorgebracht haben.

Haben wir hiernach einen Eindruck von der Langsamkeit erhalten, mit welcher das Land durch atmosphärische und Strand-Wirkung abgenagt wird, so ist es, um die Dauer vergangener Zeiträume zu schätzen, von Nutzen, einerseits die Masse von Gestein sich vorzustellen, welche über viele ausgedehnte Gebiete hin entfernt worden ist, und andererseits die Dicke unserer Sedimentärformationen zu betrachten. Ich erinnere mich, von der Tatsache der Entblößung in hohem Grade betroffen gewesen zu sein, als ich vulkanische Inseln sah, welche rundum von den Wellen so abgewaschen waren, daß sie in 1000 bis 2000 Fuß hohen Felswänden senkrecht emporragten, während sich aus dem geringen Fallwinkel der früher flüssigen Lavaströme auf den ersten Blick ermessen ließ, wie weit einst die harten Felslagen in den offenen Ozean hinausgereicht haben müssen. Dieselbe Geschichte ergibt sich oft noch deutlicher durch die Verwerfungen, jene großen Gebirgsspalten, längs deren die Schichten bis zu Tausenden von Fuß an einer Seite emporgestiegen oder an der anderen Seite hinabgesunken sind; denn seit die Erdrinde barst (gleichviel ob die Hebung plötzlich oder, wie die meisten Geologen jetzt annehmen, allmählich in vielen einzelnen Punkten erfolgt ist), ist die Oberfläche des Bodens wieder so vollkommen ausgeebnet worden, daß keine Spur von diesen ungeheuren Verwerfungen mehr äußerlich zu erkennen ist. So erstreckt sich die Kravenspaltung z.B. über 30 englische Meilen weit; und auf dieser ganzen Strecke sind die von beiden Seiten her zusammenstoßenden Schichten um 600-3000 Fuß senkrechter Höhe verworfen. Professor Ramsay hat eine Senkung von 2300 Fuß in Anglesea beschrieben und er sagt mir, er sei überzeugt, daß in Merionethshire eine solche von 12000 Fuß vorhanden sei. Und doch verrät in diesen Fällen die Oberfläche des Bodens nichts von solchen wunderbaren Bewegungen, indem die auf beiden Seiten emporragenden Schichtenreihen bis zur Einebnung der Oberfläche weggespült worden sind.

Andererseits sind in allen Teilen der Welt auch die Massen von sedimentären Schichten von wunderbarer Mächtigkeit. In der Cordillera schätzte ich eine Konglomeratmasse auf zehntausend Fuß; und obgleich Konglomeratschichten wahrscheinlich schneller aufgehäuft worden sind, als feinere Sedimente, so trägt doch eine jede, da sie aus abgeschliffenen und runden Geröllsteinen gebildet wird, den Stempel der Zeit; sie dienen dazu, zu zeigen, wie langsam die Massen angehäuft worden sein müssen. Professor Ramsay hat mir, meist nach wirklichen Messungen, die Masse der größten Mächtigkeit der aufeinanderfolgenden Formationen aus verschiedenen Teilen Groß-Britanniens in folgender Weise angegeben: Paläozoische Schichten (ohne die vulkanischen Schichten): 57154 Fuß; Sekundärschichten: 13190 Fuß; Tertiäre Schichten: 2240 Fuß; in Summa 72584 Fuß, d.i. beinahe 13 ¾ englische Meilen. Einige dieser Formationen, welche in England nur durch dünne Lagen vertreten sind, haben auf dem Kontinent Tausende von Fuß Mächtigkeit. Überdies fallen nach der Meinung der meisten Geologen zwischen je zwei aufeinanderfolgende Formationen immer unermeßlich lange leere Perioden, so daß somit selbst jene ungeheure Höhe von Sedimentschichten in England nur eine unvollkommene Vorstellung von der während ihrer Ablagerung verflossenen Zeit gewährt. Die Betrachtung dieser verschiedenen Tatsachen macht auf den Geist fast denselben Eindruck wie der eitle Versuch die Idee der Ewigkeit zu fassen.

Und doch ist dieser Eindruck teilweise unrichtig. Croll macht in einem interessanten Aufsatz die Bemerkung, daß wir nicht darin irren, „uns eine zu große Länge der geologischen Perioden vorzustellen", wohl aber in der Schätzung derselben nach Jahren. Wenn Geologen große und komplizierte Erscheinungen beobachten und dann die Zahlen betrachten, welche mehrere Millionen Jahre ausdrücken, so bringen diese beiden einen völlig verschiedenen Eindruck hervor, und die Zahlen werden sofort für zu klein erklärt. Aber in bezug auf die atmosphärische Denudation weist Croll durch Berechnung der bekannten, jährlich von gewissen Flüssen herabgeführten Sedimentmenge, im Verhältnis zu ihrem Entwässerungsgebiet, nach, daß 1000 Fuß eines durch atmosphärische Agenzien aufgelösten Gesteins von dem mittleren Niveau des ganzen Gebietes im Laufe von sechs Millionen Jahren entfernt werden würden. Dieses Resultat erscheint staunenswert, und mehrere Beobachtungen führen zu der Vermutung, daß es viel zu groß sein dürfte; aber selbst wenn es halbiert oder geviertelt würde, ist es immer noch sehr überraschend. Wenige unter uns wissen indessen, was eine Million wirklich heißt. Croll gibt die folgende Illustration: Man nehme einen schmalen Papierstreifen 83 Fuß, 4 Zoll lang und ziehe ihn der Wand eines großen Saales entlang; dann bezeichne man an einem Ende das Zehntel eines Zolls. Dieser Zehntel-Zoll stellt einhundert Jahre dar und der ganze Streifen eine Million Jahre. Man muß sich aber nun, in bezug auf die eigentliche Aufgabe des vorliegenden Buches daran erinnern, was einhundert Jahre bedeuten, wenn man sie in einem Saal von der bezeichneten Größe durch ein völlig unbedeutendes Maß bezeichnet hat. Mehrere ausgezeichnete Züchter haben während einer einzigen Lebenszeit einige der höheren Tiere, welche ihre Art weit langsamer fortpflanzen als die meisten niederen Tiere, so bedeutend modifiziert, daß sie das gebildet haben, was wohl neue Unterrassen genannt zu werden verdient. Wenige Menschen haben mit der nötigen Sorgfalt irgendeinen besonderen Schlag von Tieren länger als ein halbes Jahrhundert gezüchtet, so daß hundert Jahre die Arbeit zweier aufeinanderfolgender Züchter darstellen. Man darf aber nicht annehmen, daß die Spezies im Naturzustand je so schnell sich verändern wie domestizierte Tiere unter der Leitung methodischer Zuchtwahl. Der Vergleich würde nach allen Richtungen hin passender sein, wenn man ihn mit Bezug auf die Resultate unbewußter Zuchtwahl anstellte, d. h. mit der Erhaltung der nützlichsten oder schönsten Tiere ohne die Absicht die Rasse zu modifizieren; und doch sind durch diesen Prozeß unbewußter Zuchtwahl mehrere Rassen im Verlauf von zwei oder drei Jahrhunderten merkwürdig verändert worden.

Spezies ändern indessen wahrscheinlich viel langsamer, und innerhalb einer und derselben Gegend ändern nur wenige zu derselben Zeit ab. Diese Langsamkeit rührt daher, daß alle Bewohner derselben Gegend bereits so gut aneinander angepaßt sind, daß neue freie Stellen im Naturhaushalt erst nach langen Zwischenräumen vorkommen, wenn Veränderungen irgendwelcher Art in den physikalischen Bedingungen oder infolge von Einwanderung neuer Formen eingetreten sind; auch dürften individuelle Differenzen oder Abänderungen der richtigen Art, durch welche einige der Bewohner besser den neuen Stellen unter den veränderten Umständen angepaßt werden, nicht immer sofort auftreten. Unglücklicherweise haben wir, um es in Jahren ausdrücken zu können, kein Mittel zu bestimmen, eine wie große Periode zur Modifizierung einer Art erforderlich ist; aber auf das Kapitel von der Zeit müssen wir später zurückkommen.

Armut unserer paläontologischen Sammlungen – Unterbrechung geologischer Formationen – Denudation granitischer Bodenflächen

Wenden wir uns nun zu unseren reichsten geologischen Sammlungen; was für einen armseligen Anblick bieten sie uns dar! Jedermann gibt die außerordentliche Unvollständigkeit unserer paläontologischen Sammlungen zu. Überdies sollte man die Bemerkung des vortrefflichen Paläontologen, des verstorbenen Edward Forbes, niemals vergessen, daß sehr viele unserer fossilen Arten nur nach einem einzigen, oft zerbrochenen Exemplar oder nur nach wenigen auf einem kleinen Fleck beisammen gefundenen Individuen bekannt und benannt sind. Nur ein kleiner Teil der Erdoberfläche ist geologisch untersucht und noch keiner mit erschöpfender Genauigkeit erforscht, wie die noch jährlich in Europa aufeinanderfolgenden wichtigen Entdeckungen beweisen. Kein ganz weicher Organismus ist erhaltungsfähig. Selbst Schalen und Knochen zerfallen und verschwinden auf dem Boden des Meeres, wo sich keine Sedimente anhäufen. Ich glaube, daß wir beständig in einem großen Irrtum begriffen sind, wenn wir uns stillschweigend der Ansicht überlassen, daß sich Niederschläge fortwährend fast über die ganze Weite des Meeresgrundes hin mit hinreichender Schnelligkeit bilden, um die zu Boden sinkenden organischen Stoffe zu umhüllen und zu erhalten. In einer ungeheuren Ausdehnung des Ozeans spricht die klare blaue Farbe seines Wassers für dessen Reinheit. Die vielen Berichte von Formationen, welche nach einem unendlich langen Zeitraum von einer anderen und späteren Formation konform bedeckt wurden, ohne daß die tiefere auch nur Spuren einer zerstörenden Tätigkeit an sich trüge, scheinen nur durch die Ansicht erklärbar zu sein, daß der Meeresboden nicht selten eine unermeßliche Zeit in völlig unverändertem Zustand bleibt. Die Reste, welche in Sand und Kies eingebettet wurden, werden gewöhnlich von kohlensäurehaltigen Tagewässern wieder aufgelöst, welche den Boden nach seiner Emporhebung über den Meeresspiegel zu durchsickern beginnen. Einige von den vielen Tierarten, welche zwischen Ebbe- und Flutstand des Meeres am Strand leben, scheinen sich nur selten fossil zu erhalten. So z. B. überziehen über die ganze Erde Chthamalinen (eine Familie der sitzenden Cirripeden) in unendlicher Anzahl die Felsen der Küsten. Alle sind im strengen Sinne litoral, mit Ausnahme einer einzigen mittelmeerischen Art, welche dem tiefen Wasser angehört; und diese ist auch auf Sizilien fossil gefunden worden, während man bis jetzt noch keine andere tertiäre Art kennt; doch weiß man jetzt, daß die Gattung *Chthamalus* während der Kreideperiode existierte. Endlich fehlen in vielen großen, zu ihrer Anhäufung ungeheure Zeiträume erfordernden Ablagerungen organische Überreste vollständig, ohne daß wir imstande wären, hierfür eine Ursache anzugeben; eins der merkwürdigsten Beispiele ist die Flyschformation, welche aus Tonschiefer und Sandstein besteht und sich mehrere tausend, gelegentlich sechstausend Fuß an Mächtigkeit wenigstens 300 englische Meilen weit von Wien an bis in die Schweiz erstreckt. Und trotzdem daß diese große Masse äußerst sorgfältig untersucht worden ist, sind, mit Ausnahme weniger pflanzlichen Reste, keine Fossile darin gefunden worden.

Hinsichtlich der Landbewohner, welche in der paläozoischen und sekundären Zeit gelebt haben, ist es überflüssig darzutun, daß unsere auf fossile Reste sich gründende Kenntnis im äußersten Grade fragmentarisch ist. So war z. B. bis vor kurzem nicht eine Landschnecke aus einer dieser langen Perioden bekannt, mit Ausnahme einer von Sir Ch. Lyell und Dr. Dawson in den Kohlenschichten Nord-Amerikas entdeckten Art; jetzt sind aber Landschnecken im Lias gefunden worden. Was die Säugetierreste betrifft, so ergibt ein Blick auf die historische Tabelle in Lyells Handbuch weit besser, wie zufällig und selten ihre Erhaltung ist, als seitenlange Einzelheiten; und doch kann ihre Seltenheit keine Verwunderung erregen, wenn wir uns erinnern, was für ein verhältnismäßig großer Teil von den Knochen tertiärer Säugetiere aus Knochenhöhlen und Süßwasserablagerungen herrühren, während nicht eine Knochenhöhle und echte Süßwasserschicht vom Alter unserer paläozoischen oder sekundären Formationen bekannt ist.

Aber die Unvollständigkeit der geologischen Urkunden rührt hauptsächlich von einer anderen und weit wichtigeren Ursache her, als irgendeine der vorhin angegebenen ist, davon nämlich, daß die verschiedenen Formationen durch lange Zeiträume voneinander getrennt sind. Auf diese Behauptung ist von manchen Geologen und Paläontologen, welche wie E. Forbes nicht an eine Veränderlichkeit der Arten glauben mögen, großer Nachdruck gelegt worden. Wenn wir die Formationen in wissenschaftlichen Werken in Tabellen geordnet finden, oder wenn wir sie in der Natur verfolgen, so können wir nicht wohl anzunehmen vermeiden, daß sie unmittelbar aufeinander gefolgt sind. Wir wissen aber z.B. aus Sir R. Murchisons großem Werk über Rußland, was für weite Lücken in jenem Land zwischen den aufeinanderliegenden Formationen bestehen; und so ist es auch in Nord-Amerika und vielen anderen Weltgegenden. Und doch würde der beste Geologe, wenn er sich ausschließlich mit diesen weiten Ländergebieten allein beschäftigt hätte, nimmer vermutet haben, daß während dieser langen Perioden, aus welcher in seiner eigenen Gegend kein Denkmal übrig ist, sich große Schichtenlagen voll neuer und eigentümlicher Lebensformen anderweitig aufeinander gehäuft haben. Und wenn man sich in jeder einzelnen Gegend kaum eine Vorstellung von der Länge der Zeiten zwischen den aufeinanderfolgenden Formationen zu machen imstande ist, so wird man glauben, daß dies nirgends möglich sei. Die häufigen und großen Veränderungen in der mineralogischen Zusammensetzung aufeinanderfolgender Formationen, welche gewöhnlich auch große Veränderungen in der geographischen Beschaffenheit des umgebenden Landes vermuten lassen, aus welchem das Material zu diesen Ablagerungen entnommen ist, stimmt mit der Annahme ungeheuer langer zwischen den einzelnen Formationen verflossener Zeiträume überein.

Wir können, wie ich glaube, einsehen, warum die geologischen Formationen jeder Gegend beinahe unabänderlich unterbrochen sind, d.h. sich nicht ohne Zwischenpausen einander gefolgt sind. Kaum hat eine Tatsache bei Untersuchung vieler hundert Meilen langer Strecken der südamerikanischen Küsten, welche in der Jetztzeit einige hundert Fuß hoch emporgehoben worden sind, einen lebhafteren Eindruck auf mich gemacht als die Abwesenheit aller neueren Ablagerungen von hinreichender Entwicklung, um auch nur eine kurze geologische Periode zu überdauern. Längs der ganzen Westküste, die von einer eigentümlichen Meeresfauna bewohnt wird, sind die Tertiärschichten so spärlich entwickelt, daß wahrscheinlich kein Denkmal von verschiedenen aufeinanderfolgenden Meeresfaunen für spätere Zeiten erhalten bleiben wird. Ein wenig Nachdenken erklärt es uns, warum längs der sich fortwährend hebenden Westküste Süd-Amerikas keine ausgedehnten Formationen mit neuen oder mit tertiären Resten irgendwo zu finden sind, obwohl nach den ungeheuren Abtragungen der Küstenwände und den schlammreichen Flüssen zu urteilen, die sich dort in das Meer ergießen, die Zuführung von Sedimenten lange Perioden hindurch eine sehr große gewesen sein muß. Die Erklärung liegt ohne Zweifel darin, daß die litoralen und sublitoralen Ablagerungen beständig wieder weggewaschen werden, sobald sie durch die langsame oder stufenweise Hebung des Landes in den Bereich der zerstörenden Brandung gelangen.

Wir dürfen wohl schließen, daß Sediment in ungeheuer dicken soliden oder ausgedehnten Massen angehäuft werden muß, um während der ersten Emporhebung und der späteren Schwankungen des Niveaus der ununterbrochenen Tätigkeit der Wogen ebenso wie der späteren atmosphärischen Zerstörung zu widerstehen. Solche dicke und ausgedehnte Sedimentablagerungen können auf zweierlei Weise gebildet werden: Entweder in großen Tiefen des Meeres, in welchem Falle der Meeresgrund nicht von so vielen und von so verschiedenen Lebensformen bewohnt sein wird wie in den seichteren Meeren; daher die Masse nach ihrer Emporhebung nur eine sehr unvollkommene Vorstellung von den zur Zeit ihrer Ablagerung dort vorhanden gewesenen Lebensformen gewähren wird; – oder die Sedimente werden über einem seichten Grund zu jeder Dicke und Ausdehnung angehäuft, wenn er beständig in langsamer Senkung begriffen ist. In diesem letzten Falle bleibt das Meer so lange seicht und für viele und verschiedenartige Formen günstig, als die Senkung des Bodens und die Zufuhr der Niederschläge einander nahezu das Gleichgewicht halten, so daß auf diese Weise eine hinreichend dicke, an Fossilien reiche Formation entstehen kann, um bei ihrer späteren Emporhebung einem beträchtlichen Maße von Zerstörung zu widerstehen.

Ich bin demgemäß überzeugt, daß nahezu alle unsere alten Formationen, welche im größeren Teil ihrer Mächtigkeit reich an fossilen Resten sind, bei andauernder Senkung abgelagert worden sind. Seitdem ich im Jahre 1845 meine Ansichten über diesen Gegenstand bekannt gemacht habe, habe ich die Fortschritte der Geologie verfolgt und mit Überraschung wahrgenommen, wie ein Schriftsteller nach dem anderen bei Beschreibung dieser oder jener großen Formation zu dem Schluß gelangt ist, daß sie sich während der Senkung des Bodens gebildet habe. Ich will hinzufügen, daß die einzige alte Tertiärformation an der Westküste Süd-Amerikas, die mächtig genug war, solcher Abtragung, wie sie sie bisher zu ertragen hatte, zu widerstehen, aber wohl schwerlich bis zu fernen geologischen Zeiten auszudauern imstande ist, sich während der Senkung des Bodens gebildet und so eine ansehnliche Mächtigkeit erlangt hat.

Alle geologischen Tatsachen zeigen uns deutlich, daß jedes Gebiet der Erdoberfläche zahlreiche langsame Niveauschwankungen durchzumachen hatte, und alle diese Schwankungen haben sich augenscheinlich über weite Gebiete erstreckt. Demzufolge werden an Fossilien reiche und so mächtige und ausgedehnte Bildungen, daß sie späteren Abtragungen widerstehen konnten, während der Senkungsperioden auf weit ausgedehnten Flächen entstanden sein, doch nur so lange, wie die Zufuhr von Sediment stark genug war, um die See seicht zu erhalten und die fossilen Reste schnell genug einzubetten und zu schützen, ehe sie Zeit hatten, zu zerfallen. Dagegen konnten sich mächtige Schichten auf seichten Stellen, welche dem Leben am günstigsten sind, so lange nicht bilden, wie der Meeresboden stet blieb. Viel weniger konnte dies während wechselnder Perioden von Hebung und Senkung geschehen oder, um mich genauer auszudrücken, die Schichten, welche während solcher Schwankungen zur Zeit der Senkungen abgelagert wurden, müssen bei nachfolgender Hebung wieder in den Bereich der Brandung versetzt und so zerstört worden sein.

Diese Bemerkungen beziehen sich hauptsächlich auf litorale und sublitorale Ablagerungen. In einem weiten und seichten Meere dagegen, wie in einem großen Teil des Malayischen Archipels, wo die Tiefe nur von 30 oder 40 bis zu 60 Faden wechselt, dürfte während der Zeit der Erhebung eine weit ausgedehnte Formation entstehen, und auch während ihres langsamen Erhebens durch Abtragung nicht sonderlich leiden. Aber die Mächtigkeit dieser Formation dürfte nicht bedeutend sein, da sie wegen der aufwärtsgehenden Bewegung der Tiefe des seichten Meeres, in dem sie sich bildete, nicht gleichkommen kann; sie könnte ferner nicht sehr konsolidiert noch von späteren Bildungen überlagert sein, so daß sie bei späteren Bodenschwankungen wahrscheinlich durch atmosphärische Einflüsse und die Wirkung des Meeres bald ganz verschwinden würde. Hopkins hat indessen vermutet, daß, wenn ein Teil der Bodenfläche nach seiner Hebung und vor seiner Entblößung wieder sinke, die während der Hebung entstandene, wenn auch wenig mächtige Ablagerung durch spätere Niederschläge geschützt, und so für eine sehr lange Zeitperiode erhalten werden könnte.

Hopkins sagt auch ferner, daß er die gänzliche Zerstörung von Sedimentschichten von großer waagerechter Ausdehnung für etwas seltenes halte. Aber alle Geologen, mit Ausnahme der wenigen, welche in den metamorphischen Schiefern und plutonischen Gesteinen noch den einst glühenden Primordialkern der Erde erblicken, werden auch annehmen, daß von den Gesteinen dieser Beschaffenheit große Massen deckender Schichten abgewaschen worden sind. Denn es ist kaum möglich, daß diese Gesteine in unbedecktem Zustand sollten fest und kristallisiert worden sein; war aber die metamorphosierende Tätigkeit in großen Tiefen des Ozeans eingetreten, so brauchte der frühere schützende Mantel nicht sehr dick gewesen zu sein. Nimmt man nun an, daß solche Gesteine wie Gneis, Glimmerschiefer, Granit, Diorit usw. einmal notwendigerweise bedeckt gewesen sind, wie lassen sich dann die weiten und nackten Flächen, welche diese Gesteine in so vielen Weltgegenden darbieten, anders erklären, als durch die Annahme einer späteren Entblößung von allen überlagernden Schichten? Daß solche ausgedehnte granitische Gebiete bestehen, unterliegt keinem Zweifel. Die granitische Region von Parime ist nach Humboldt wenigstens 19 mal so groß wie die Schweiz. Im Süden des Amazonas zeigt Boués Karte eine aus solchen Gesteinen zusammengesetzte Fläche so groß wie Spanien, Frankreich, Italien, Groß-Britannien und ein Teil von Deutschland zusammengenommen. Diese Gegend ist noch nicht genau untersucht worden, aber nach den übereinstimmenden Zeugnissen der Reisenden muß dieses granitische Gebiet sehr groß sein. So gibt Von Eschwege einen detaillierten Durchschnitt desselben, der sich von Rio de Janeiro an in gerader Linie 260 geographische Meilen weit landeinwärts erstreckt, und ich selbst habe ihn 150 Meilen weit in einer anderen Richtung durchschnitten, ohne ein anderes Gestein als Granit zu sehen. Viele längs der ganzen 1100 englische Meilen langen Küste von Rio de Janeiro bis zur Platamündung gesammelte Handstücke, die ich untersucht habe, gehörten sämtlich dieser Klasse an. Landeinwärts sah ich längs des ganzen nördlichen Ufers des Platastromes, abgesehen von jung-tertiären Gebilden, nur noch einen kleinen Fleck mit schwach metamorphischen Gesteinen, der allein als Rest der früheren Hülle der granitischen Bildungen hätte gelten können. Wenden wir uns von dazu besser bekannten Gegenden, zu den Vereinigten Staaten und zu Kanada. Indem ich aus H. D. Rogers schöner Karte die den genannten Formationen entsprechend kolorierten Stücke herausschnitt und das Papier wog, fand ich, daß die metamorphischen (ohne die „halb metamorphischen") und granitischen Gesteine im Verhältnis von 190 : 125 die ganzen jüngeren paläozoischen Formationen überwogen. In vielen Gegenden würden die metamorphischen und granitischen Gesteine natürlich sehr viel weiter ausgedehnt sein, als sie es zu sein scheinen, wenn man alle ihnen ungleichförmig aufgelagerten und unmöglich zum ursprünglichen Mantel, unter dem sie kristallisierten, gehörigen Sedimentschichten von ihnen abhöbe. Somit ist es wahrscheinlich, daß in manchen Weltgegenden ganze Formationen vollständig fortgewaschen worden sind, ohne daß auch nur eine Spur von ihnen übrig geblieben ist.

Eine Bemerkung ist hier noch der Erwähnung wert. Während der Erhebungszeiten wird die Ausdehnung des Landes und der angrenzenden seichten Meeresstrecken vergrößert, und werden oft neue Wohnorte gebildet: alles für die Bildung neuer Arten und Varietäten, wie früher bemerkt worden ist, günstige Umstände; aber gerade während dieser Perioden werden Lücken in dem geologischen Bericht bleiben. Während der Senkung wird andererseits die bewohnte Fläche und die Anzahl der Bewohner abnehmen (die der Küstenbewohner etwa in dem Falle ausgenommen, daß ein Kontinent in Inselgruppen zerfällt); wenngleich daher während der Senkung viele Arten erlöschen, werden doch nur wenige neue Varietäten und Arten gebildet werden; und gerade während solcher Senkungszeiten sind unsere großen an Fossilien reichsten Schichten abgelagert worden.

Abwesenheit der Mittelvarietäten in allen Formationen

Nach diesen verschiedenen Betrachtungen ist es nicht zu bezweifeln, daß die geologischen Urkunden im ganzen genommen außerordentlich unvollständig sind; wenn wir aber dann unsere Aufmerksamkeit auf irgendeine einzelne Formation beschränken, so ist es doch viel schwerer zu begreifen, warum wir darin nicht eng aneinandergereihte Abstufungen zwischen denjenigen verwandten Arten finden, welche am Anfang und am Ende ihrer Bildung gelebt haben. Es werden mehrere Fälle angeführt, wo dieselbe Art in anderen Varietäten in den oberen wie in den unteren Teilen derselben Formation auftritt; so führt Trautschold eine Anzahl Beispiele von Ammoniten an, und Hilgendorf hat einen äußerst merkwürdigen Fall von zehn ineinander übergehenden Formen von *Planorbis multiformis* in den aufeinanderfolgenden Schichten des Miozän von Steinheim in Württemberg beschrieben. Obwohl nun jede Formation ohne allen Zweifel eine lange Reihe von Jahren zu ihrer Ablagerung bedurft hat, so können doch verschiedene Gründe angeführt werden, warum sich solche Stufenreihen zwischen den zuerst und den zuletzt lebenden Arten nicht darin vorfinden; doch kann ich den folgenden Betrachtungen nicht das nötige, ihnen verhältnismäßig zukommende Gewicht beilegen.

Obwohl jede Formation einer sehr langen Reihe von Jahren entsprechen dürfte, so ist doch wahrscheinlich eine jede kurz im Vergleich mit der zur Umänderung einer Art in die andere erforderlichen Zeit. Nun weiß ich wohl, daß zwei Paläontologen, deren Meinungen wohl der Beachtung wert sind, nämlich Bronn und Woodward, zu dem Schluß gelangt sind, daß die mittlere Dauer einer jeden Formation zwei- bis dreimal so lang wie die mittlere Dauer einer Artform ist. Indessen hindern uns, wie mir scheint, unübersteigbare Schwierigkeiten, in dieser Hinsicht zu einem richtigen Schluß zu gelangen. Wenn wir eine Art in der Mitte einer Formation zum ersten Mal auftreten sehen, so würde es äußerst übereilt sein, zu schließen, daß sie nicht irgendwo anders schon länger existiert habe. Ebenso, wenn wir eine Art schon vor den letzten Schichten einer Formation verschwinden sehen, würde es ebenso übereilt sein, anzunehmen, daß sie dann schon völlig erloschen sei. Wir vergessen, wie klein die Ausdehnung Europas im Vergleich zur übrigen Welt ist; auch sind die verschiedenen Etagen der einzelnen Formationen noch nicht durch ganz Europa mit vollkommener Genauigkeit parallelisiert worden.

Bei Seetieren aller Art können wir getrost annehmen, daß infolge von klimatischen und anderen Veränderungen massenhafte und ausgedehnte Wanderungen stattgefunden haben; und wenn wir eine Art zum ersten Mal in einer Formation auftreten sehen, so liegt die Wahrscheinlichkeit nahe, daß sie eben da nur zuerst in jenes Gebiet eingewandert war. So ist es z. B. wohlbekannt, daß einige Tierarten in den paläozoischen Bildungen Nord-Amerikas etwas früher als in den europäischen erschienen, indem sie zweifelsohne Zeit nötig hatten, um die Wanderung von den amerikanischen zu den europäischen Meeren zu machen. Bei Untersuchungen der neuesten Ablagerungen in verschiedenen Weltgegenden ist überall die Wahrnehmung gemacht worden, daß einige wenige noch lebende Arten in einer dieser Ablagerungen häufig, aber in den unmittelbar umgebenden Meeren verschwunden sind, oder daß umgekehrt einige jetzt in den benachbarten Meeren sehr häufige Arten in jener besonderen Ablagerung nur selten oder gar nicht zu finden sind. Es ist äußerst instruktiv, den erwiesenen Umfang der Wanderungen europäischer Tiere während der Eiszeit, welche doch nur einen kleinen Teil einer ganzen geologischen Periode ausmacht, sowie die großen Niveauänderungen, die außergewöhnlich großen Klimawechsel, die unermeßliche Länge der Zeiträume in Erwägung zu ziehen, welche alle mit dieser Eisperiode zusammenfallen. Und doch dürfte es zu bezweifeln sein, ob sich in irgendeinem Teil der Welt Sedimentablagerungen, welche fossile Reste enthalten, auf dem gleichen Gebiet während der ganzen Dauer dieser Periode abgelagert haben. So ist es z. B. nicht wahrscheinlich, daß während der ganzen Dauer der Eisperiode Sedimentschichten an der Mündung des Mississippi innerhalb derjenigen Tiefen, worin Tiere am gedeihlichsten leben können, abgelagert worden sind; denn wir wissen, daß während dieses Zeitraums ausgedehnte geographische Veränderungen in anderen Teilen von Amerika erfolgt sind. Sollten solche während der Eisperiode in seichtem Wasser an der Mississippimündung abgelagerte Schichten einmal erhoben worden sein, so würden organische Reste wahrscheinlich in verschiedenen Niveaus derselben zuerst erscheinen und wieder verschwinden, je nach den stattgefundenen Wanderungen der Arten und den geographischen Veränderungen des Landes. Und wenn in ferner Zukunft ein Geologe diese Schichten untersuchte, so dürfte er zu schließen versucht werden, daß die mittlere Lebensdauer der dort eingebetteten Organismenarten kürzer als die Eisperiode gewesen sei, obwohl sie in der Tat viel länger war, indem sie vor dieser begonnen und bis in unsere Tage gewährt hat.

Um nun eine vollständige Stufenreihe zwischen zwei Formen in den unteren und oberen Teilen einer Formation zu erhalten, müßte deren Ablagerung sehr lange Zeit fortgedauert haben, hinreichend lange, um dem langsamen Prozeß der Modifikation Zeit zu lassen; die Schichtenmasse müßte daher von sehr ansehnlicher Mächtigkeit sein, und die in Abänderung begriffenen Spezies müßten während der ganzen Zeit in demselben Distrikt gelebt haben. Wir haben jedoch gesehen, daß eine mächtige, organische Reste in ihrer ganzen Dicke enthaltende Schicht sich nur während einer Periode der Senkung ansammeln kann; damit nun die Tiefe annähernd dieselbe bleibe, was notwendig ist, damit dieselben marinen Arten fortdauernd an derselben Stelle wohnen können, wäre ferner notwendig, daß die Zufuhr von Sedimenten die Senkung fortwährend wieder ausgliche. Aber eben diese senkende Bewegung wird oft auch die Nachbargegend mitberühren, aus welcher jene Zufuhr erfolgt, und eben dadurch die Zufuhr selbst vermindern, während die Senkung fortschreitet. Eine solche nahezu genaue Ausgleichung zwischen der Stärke der stattfindenden Senkung und dem Betrag der zugeführten Sedimente mag in der Tat

Zehntes Kapitel

wahrscheinlich nur selten vorkommen; denn mehr als ein Paläontologe hat beobachtet, daß sehr dicke Ablagerungen, außer an ihren oberen und unteren Grenzen gewöhnlich leer an Versteinerungen sind.

Es möchte scheinen, als sei die Bildung einer jeden einzelnen Formation ebenso, wie die der ganzen Formationsreihe eines jeden Landes, meist mit Unterbrechung vor sich gegangen. Wenn wir, wie es so oft der Fall ist, eine Formation aus Schichten von sehr verschiedener mineralogischer Beschaffenheit zusammengesetzt sehen, so können wir vernünftigerweise annehmen, daß der Ablagerungsprozeß mehr oder weniger unterbrochen gewesen sei. Nun wird auch die genaueste Untersuchung einer Formation uns keine Idee von der Länge der Zeit geben, welche über ihrer Ablagerung vergangen ist. Man könnte viele Beispiele anführen, wo einzelne nur wenige Fuß dicke Schichten ganze Formationen vertreten, die in anderen Gegenden Tausende von Fuß mächtig sind und mithin eine ungeheure Länge der Zeit zu ihrer Bildung bedurft haben; und doch würde niemand, der dies nicht weiß, auch nur geahnt haben, welch einen unermeßlichen Zeitraum jene dünne Schicht repräsentiert. So ließen sich auch viele Fälle anführen, wo die unteren Schichten einer Formation emporgehoben, entblößt, wieder versenkt und dann von den oberen Schichten der nämlichen Formation wieder bedeckt worden sind, – Tatsachen, welche beweisen, daß weite, aber leicht zu übersehende Zwischenräume während der Ablagerung vorhanden gewesen sind. In anderen Fällen liefert uns eine Anzahl großer fossilierter und noch auf ihrem natürlichen Boden aufrecht stehender Bäume den klarsten Beweis von mehreren langen Zeitpausen und wiederholten Niveau-Veränderungen während des Ablagerungsprozesses, wie man sie außerdem nie hätte vermuten können, wären nicht zufällig die Bäume erhalten worden. So fanden Lyell und Dawson in 1400 Fuß mächtigen kohlenführenden Schichten Neu-Schottlands alte von Baumwurzeln durchzogene Lager, eines über dem anderen, in nicht weniger als 68 verschiedenen Höhen. Wenn daher die nämliche Art unten, mitten und oben in der Formation vorkommt, so ist Wahrscheinlichkeit vorhanden, daß sie nicht während der ganzen Ablagerungszeit immer an dieser Stelle gelebt hat, sondern während einer und derselben geologischen Periode, vielleicht vielmals, dort verschwunden und wieder erschienen ist. Wenn daher eine solche Spezies während der Ablagerung irgendeiner geologischen Periode beträchtliche Umänderungen erfahren sollte, so würde ein Durchschnitt durch jene Schichtenreihe wahrscheinlich nicht alle die feinen Abstufungen zutage fördern, welche nach meiner Theorie die Anfangs- mit der Endform jener Art verkettet haben müssen; man würde vielmehr sprungweise, wenn auch vielleicht nur kleine Veränderungen zu sehen bekommen.

Es ist nun äußerst wichtig, sich zu erinnern, daß die Naturforscher keine feste Regel haben, um Arten von Varietäten zu unterscheiden. Sie gestehen jeder Art einige Veränderlichkeit zu; wenn sie aber etwas größere Unterschiede zwischen zwei Formen wahrnehmen, so machen sie Arten daraus, wofern sie nicht etwa imstande sind, dieselben durch engste Zwischenstufen miteinander zu verbinden. Und nach den zuletzt angegebenen Gründen dürfen wir selten hoffen, solche in einem geologischen Durchschnitt zu finden. Nehmen wir an, *B* und *C* seien zwei Arten, und eine dritte *A* werde in einer tieferen und älteren Schicht gefunden. Hielte nun selbst *A* genau das Mittel zwischen *B* und *C*, so würde man sie wohl einfach als eine weitere dritte Art ansehen, wenn nicht gleichzeitig ihre Verbindung mit einer von beiden oder mit beiden anderen durch Zwischenvarietäten nachgewiesen werden könnte. Auch darf man nicht vergessen, daß, wie vorhin erläutert worden, wenn *A* auch der wirkliche Stammvater von *B* und *C* ist, derselbe doch nicht in allen Punkten der Organisation notwendig das Mittel zwischen beiden halten muß. So könnten wir denn sowohl die Stammart als auch die von ihr durch Umwandlung abgeleiteten Formen aus den unteren und oberen Schichten einer und derselben Formation erhalten und doch vielleicht in Ermangelung zahlreicher Übergangsstufen ihre Blutsverwandtschaft zueinander nicht erkennen, sondern alle für eigentümliche Arten anzusehen veranlaßt werden.

Es ist eine bekannte Sache, auf was für äußerst geringfügige Unterschiede manche Paläontologen ihre Arten gegründet haben, und sie tun dies auch umso leichter, wenn ihre Exemplare aus verschiedenen Etagen einer Formation herrühren. Einige erfahrene Conchyliologen setzen jetzt viele von den sehr schönen Arten d'Orbignys u.a. zum Rang bloßer Varietäten herunter, und tun wir dies, so erhalten wir die Form von Beweis für die Abänderung, welche wir nach meiner Theorie finden müssen. Berücksichtigen wir ferner die jüngeren tertiären Ablagerungen mit so vielen Weichtierarten, welche die Mehrzahl der Naturforscher für identisch mit noch lebenden Arten hält; andere ausgezeichnete Forscher aber, wie Agassiz und Pictet, halten diese tertiären Arten alle für von diesen letzten spezifisch verschieden, wenn sie auch zugeben, daß die Unterschiede nur sehr gering sein mögen. Wenn wir nun nicht glauben wollen, daß diese vorzüglichen Naturforscher durch ihre Phantasie verführt worden sind und daß diese jüngst-tertiären Arten wirklich durchaus gar keine Verschiedenheiten von ihren jetzt lebenden Repräsentanten darbieten, oder annehmen, daß die große Mehrzahl der Forscher Unrecht hat und daß die tertiären Arten alle von den jetzt lebenden wahrhaft distinkt sind, so erhalten wir hier den Beweis vom häufigen Vorkommen der geforderten leichten Modifikationen. Wenn wir überdies größere Zeitunterschiede, den aufeinanderfolgenden Stöcken einer nämlichen großen Formation entsprechend, berücksichtigen, so finden wir, daß die in ihnen eingeschlossene Fossilien, wenn auch gewöhnlich allgemein als verschiedene Arten betrachtet, doch immerhin bei weitem näher miteinander verwandt sind, als die in weiter getrennten Formationen enthaltenen Arten; so daß wir auch hier einen unzweifelhaften Beleg einer stattgefundenen Veränderung nach Maßgabe meiner Theorie erhalten. Doch werde ich auf diesen Gegenstand im folgenden Abschnitt zurückkommen.

Bei Tieren und Pflanzen, welche sich rasch vervielfältigen und nicht viel wandern, haben wir, wie früher gezeigt wurde, Grund zu vermuten, daß ihre Varietäten anfangs meistens lokal sind, und daß solche örtlichen Varietäten sich nicht weit verbreiten und ihre Stammformen erst ersetzen, wenn sie sich in einem etwas beträchtlicheren Maß modifiziert und vervollkommnet haben. Nach dieser Annahme ist die Aussicht, alle die früheren Übergangsstufen zwischen je zwei solchen Arten in einer Formation irgendeiner Gegend in übereinanderfolgenden Schichten zu finden nur klein, weil vorauszusetzen ist, daß die einzelnen Übergangsstufen als Lokalformen auf eine bestimmte Stelle beschränkt gewesen sind. Die meisten Seetiere besitzen eine weite Verbreitung; und da wir gesehen haben, daß die Pflanzen, welche am weitesten verbreitet sind, auch am häufigsten Varietäten darbieten, so werden auch unter den Mollusken und anderen Seetieren höchstwahrscheinlich diejenigen, welche sich vordem am weitesten verbreitet haben, weit über die Grenzen der bekannten geologischen Formationen Europas, auch am häufigsten die Bildung anfangs lokaler Varietäten und endlich neuer Arten veranlaßt haben. Auch dadurch muß die Wahrscheinlichkeit in irgendwelcher geologischen Formation eine ganze Reihenfolge der Übergangsstufen aufzufinden außerordentlich vermindert werden.

Eine zu demselben Resultat führende, neuerdings von Falconer betonte Betrachtung ist noch wichtiger, daß nämlich die Zeiträume, während deren die Arten einer Modifikation unterlagen, wenn auch nach Jahren bemessen sehr lang, doch im Verhältnis zu den Zeiträumen, während deren dieselben Arten keine Veränderung erfuhren, wahrscheinlich kurz waren.

Man darf nicht vergessen, daß man heutigen Tages, selbst wenn man vollständige Exemplare zur Untersuchung hat, selten zwei Formen durch Zwischenvarietäten verbinden und so deren Zusammengehörigkeit zu einer Art beweisen kann, wenn man nicht viele Exemplare von vielen Örtlichkeiten zusammengebracht hat; und bei fossilen Arten ist man selten imstande dies zu tun. Man wird vielleicht am besten begreifen, wie wenig wahrscheinlich wir in der Lage sein können, Arten durch zahlreiche feine, fossil gefundene Zwischenglieder untereinander zu verketten, wenn wir uns selbst fragen, ob z.B. Geologen späterer Zeiten imstande sein würden, zu beweisen, daß unsere verschiedenen Rinder-, Schaf-, Pferde- und Hunderassen von einem oder von mehreren ursprünglichen Stämmen herkommen, – oder ferner, ob gewisse Seeconchylien der nordamerikanischen Küsten, welche von einigen Conchyliologen als von ihren europäischen Vertretern abweichende Arten und von anderen Conchyliologen als bloße Varietäten derselben angesehen werden, wirklich nur Varietäten oder sogenannte eigene Arten sind. Dies könnte künftigen Geologen nur gelingen, wenn sie viele fossile Zwischenstufen entdeckten, was jedoch im höchsten Grade unwahrscheinlich ist.

Es ist von Schriftstellern, welche an die Unveränderlichkeit der Arten glauben, immer und immer wieder behauptet worden, die Geologie liefere keine vermittelnden Formen. Diese Behauptung ist aber, wie wir im nächsten Kapitel sehen werden, sicherlich falsch. Sir J. Lubbock sagt: „Jede Art ist ein Mittelglied zwischen anderen verwandten Formen." Wir erkennen dies deutlich, wenn wir aus einer Gattung, welche reich an fossilen und lebenden Arten ist, vier Fünftel der Arten herausnehmen; niemand wird dann bezweifeln, daß die Lücken zwischen den noch übrigbleibenden Arten größer sein werden als vorher. Sind es zufällig die extremen Formen, welche man fortgenommen hat, so wird die Gattung selbst in der Regel von anderen Gattungen weiter getrennt erscheinen als vorher. Was die geologischen Forschungen nicht enthüllt haben, das ist das frühere Dasein der unendlich zahlreichen Abstufungen vom Wert der wirklichen, jetzt existierenden Varietäten zur Verkettung aller der jetzt existierenden und ausgestorbenen Spezies. Dies darf man aber nicht erwarten; und doch ist dies wiederholt als ein sehr bedenklicher Einwand gegen meine Ansichten vorgebracht worden.

Es dürfte angemessen sein, die vorangehenden Bemerkungen über die Ursachen der Unvollständigkeit der geologischen Urkunden zusammenzufassen und durch einen ersonnenen Fall zu erläutern. Der Malayische Archipel ist etwa von der Größe Europas vom Nordkap bis zum Mittelmeer und von England bis Rußland, entspricht mithin der Ausdehnung desjenigen Teiles der Erdoberfläche, auf welchem, Nord Amerika ausgenommen, alle geologischen Formationen am sorgfältigsten und zusammenhängendsten untersucht worden sind. Ich stimme mit Godwin-Austen vollkommen überein, daß der jetzige Zustand des Malayischen Archipels mit seinen zahlreichen, durch breite und seichte Meeresarme getrennten Inseln wahrscheinlich dem früheren Zustand Europas, während noch die meisten unserer Formationen in Ablagerung begriffen waren, entspricht. Der Malayische Archipel ist eine der an Organismen reichsten Gegenden der ganzen Erdoberfläche; aber wenn man auch alle Arten sammelte, welche jemals da gelebt haben, wie unvollständig würden sie die Naturgeschichte der ganzen Erde vertreten!

Indessen haben wir alle Ursache zu glauben, daß die Überreste der Landbewohner dieses Archipels nur äußerst unvollständig in die Formationen übergehen dürften, die unserer Annahme gemäß sich dort ablagern. Es würden selbst nicht viele der eigentlichen Küstenbewohner und der auf kahlen, untermeerischen Felsen wohnenden Tiere in die neuen Schichten eingeschlossen werden; und die etwa in Kies und Sand eingeschlossenen dürften keiner späten Nachwelt überliefert werden. Da wo sich aber keine Niederschläge auf dem Meeresboden bildeten oder sich nicht in genügender Schnelligkeit anhäuften, um organische Einflüsse gegen Zerstörung zu schützen, da würden auch gar keine organischen Überreste erhalten werden können.

An Fossilien reiche und hinreichend mächtige Formationen, um bis zu einer ebensoweit in der Zukunft entfernten Zeit zu reichen, wie die Sekundärformationen bereits hinter uns liegen, würden im allgemeinen nur während der Perioden der Senkung in dem Archipel entstehen können. Diese Perioden der Senkung würden dann durch unermeßlich lange Zwischenzeiten, entweder der Hebung oder der Ruhe, voneinander getrennt werden; während der Hebung würden alle fossilführenden Formationen an steilen Küsten, und zwar fast so schnell, wie sie entstanden, durch die ununterbrochene Tätigkeit der Brandung wieder zerstört werden, wie wir es jetzt an den Küsten Süd Amerikas sehen; und selbst in ausgedehnten und seichten Meeren innerhalb des Archipels können während der Perioden der Hebung durch Niederschlag gebildete Schichten kaum in großer Mächtigkeit angehäuft oder von späteren Bildungen so bedeckt oder geschützt werden, daß ihnen eine Erhaltung bis in eine ferne Zukunft in wahrscheinlicher Aussicht stünde.

Während der Senkungszeiten würden wahrscheinlich viele Lebensformen zugrunde gehen, während der Hebungsperioden dagegen sich die Formen am meisten durch Abänderung entfalten, aber die geologischen Denkmäler würden dann weniger vollkommen sein.

Es dürfte zu bezweifeln sein, ob die Dauer irgendeiner großen Periode einer über den ganzen Archipel oder einen Teil desselben sich erstreckenden Senkung mit einer entsprechenden gleichzeitigen Sedimentablagerung die mittlere Dauer der alsdann vorhandenen spezifischen Formen übertreffen würde; und doch würde diese Bedingung unerläßlich notwendig sein für die Erhaltung aller Übergangsstufen zwischen irgendwelchen zwei oder mehreren Arten. Wenn diese Zwischenstufen aber nicht alle vollständig erhalten werden, dann werden Übergangsvarietäten einfach wie ebensoviele neue, wenn auch nahe verwandte Spezies erscheinen. Es ist auch wahrscheinlich, daß eine jede große Senkungsperiode auch durch Niveauschwankungen unterbrochen werden würde und daß kleine klimatische Veränderungen während solcher langer Zeiträume erfolgen würden. Und unter solchen Umständen würden die Bewohner des Archipels zu Wanderungen veranlaßt, so daß kein genau zusammenhängender Bericht über deren Abänderungsgang in irgendeiner der dortigen Formationen niedergelegt werden könnte.

Sehr viele der Meeresbewohner jenes Archipels wohnen gegenwärtig noch Tausende von englischen Meilen weit über seine Grenzen hinaus, und die Analogie führt offenbar zu der Annahme, daß es hauptsächlich diese weitverbreiteten Arten, wenn auch nur einige von ihnen, sein werden, welche am häufigsten neue Varietäten darbieten würden. Diese Varietäten dürften anfangs gewöhnlich nur lokal oder auf eine Örtlichkeit beschränkt sein, jedoch, wenn sie als solche irgendeinen Vorteil voraushaben, oder wenn sie noch weiter abgeändert und verbessert werden, sich allmählich ausbreiten und ihre elterlichen Formen ersetzen. Kehrten dann solche Varietäten in ihre alte Heimat zurück, so würden sie, weil sie vielleicht zwar nur wenig, aber doch einförmig von ihrem früheren Zustand abweichen und in unbedeutend verschiedenen Unterabteilungen der nämlichen Formation eingeschichtet gefunden würden, nach den Grundsätzen vieler Paläontologen als neue und verschiedene Arten aufgeführt werden.

Wenn daher diese Betrachtungen einigermaßen begründet sind, so sind wir nicht berechtigt, zu erwarten, in unseren geologischen Formationen eine endlose Anzahl solcher feinen Übergangsformen zu finden, welche nach meiner Theorie alle früheren und jetzigen Arten einer Gruppe zu einer langen und verzweigten Kette von Lebensformen verbunden haben. Wir werden uns nur nach einigen wenigen (und gewiß zu findenden) Zwischengliedern umsehen dürfen, von welchen die einen weiter und die anderen näher miteinander verbunden sind; und diese Glieder, grenzten sie auch noch so nahe aneinander, würden von vielen Paläontologen für verschiedene Arten erklärt werden, sobald sie in verschiedene Schichten einer Formation verteilt sind. Jedoch gestehe ich ein, daß ich nie geglaubt haben würde, welch dürftige Nachricht von der Veränderung der einstigen Lebensformen uns auch der beste geologische Durchschnitt gewährte, hätte nicht die Abwesenheit jener zahllosen Mittelglieder zwischen den am Anfang und am Ende einer jeden Formation lebenden Arten meine Theorie so sehr ins Gedränge gebracht.

Plötzliches Erscheinen von Artengruppen

Das plötzliche Erscheinen ganzer Gruppen neuer Arten in gewissen Formationen ist von mehreren Paläontologen, wie z.B. von Agassiz, Pictet und Sedgwick, als bedenklichster Einwand gegen den Glauben an eine allmähliche Umgestaltung der Arten hervorgehoben worden. Wären wirklich zahlreiche Arten von einerlei Gattung oder Familie auf einmal plötzlich ins Leben getreten, so müßte diese Tatsache freilich meiner Theorie einer Deszendenz mit langsamer Abänderung durch natürliche Zuchtwahl verderblich werden. Denn die Entwicklung einer Gruppe von Formen, die alle von einem Stammvater herrühren, durch dieses Mittel muß ein äußerst

Zehntes Kapitel

langsamer Prozeß gewesen sein; und die Stammformen selbst müssen ja schon sehr lange vor ihren abgeänderten Nachkommen gelebt haben. Aber wir überschätzen fortwährend die Vollständigkeit der geologischen Berichte und schließen fälschlich, daß, weil gewisse Gattungen oder Familien noch nicht unterhalb einer gewissen geologischen Schicht gefunden worden sind, sie auch noch nicht vor dieser Formation existiert haben. In allen Fällen verdienen positive paläontologische Beweise ein unbedingtes Vertrauen, während solche von negativer Art, wie die Erfahrung so oft ergibt, wertlos sind. Wir vergessen fortwährend, wie groß die Welt der kleinen Fläche gegenüber ist, über die sich unsere genauere Untersuchung geologischer Formationen erstreckt hat; wir vergessen, daß Artengruppen andererseits schon lange vertreten gewesen und sich langsam vervielfältigt haben können, bevor sie in die alten Archipele Europas und der Vereinigten Staaten eingedrungen sind. Wir bringen die enorme Länge der Zeiträume nicht genug in Anschlag, welche wahrscheinlich zwischen der Ablagerung unserer unmittelbar aufeinandergelagerten Formationen verflossen und vermutlich in vielen Fällen länger als diejenigen gewesen sind, die zur Ablagerung einer jeden Formation erforderlich waren. Diese Zwischenräume werden lang genug für die Vervielfältigung der Arten von irgendeiner Stammform aus gewesen sein, so daß dann solche Gruppen von Arten in der jedesmal nachfolgenden Formation so erscheinen konnten, als ob sie erst plötzlich geschaffen worden seien.

Ich will hier an eine schon früher gemachte Bemerkung erinnern, daß nämlich wohl ein äußerst langer Zeitraum dazu gehören dürfte, bis ein Organismus sich einer ganz neuen und besonderen Lebensweise anpasse, wie z.B. durch die Luft zu fliegen, und daß dementsprechend die Übergangsformen oft lange auf eine bestimmte Gegend beschränkt geblieben sein werden; daß aber, wenn diese Anpassung einmal bewirkt worden ist und nur einmal eine geringe Anzahl von Arten hierdurch einen großen Vorteil vor anderen Organismen erworben hat, nur noch eine verhältnismäßig kurze Zeit dazu erforderlich ist, um viele auseinanderweichende Formen hervorzubringen, welche dann geeignet sind, sich schnell und weit über die Erdoberfläche zu verbreiten. Professor Pictet sagt in dem vortrefflichen Bericht, welchen er über dieses Buch gibt, bei Erwähnung der frühesten Übergangsformen beispielsweise von den Vögeln, er könne nicht einsehen, welchen Vorteil die allmähliche Abänderung der vorderen Gliedmaßen einer angenommenen Stammform dieser zu gewähren imstande gewesen sein sollte? Betrachten wir aber die Pinguine der südlichen Weltmeere; sind denn nicht bei diesen Vögeln die Vordergliedmaßen geradezu eine Zwischenform von „weder wirklichen Armen noch wirklichen Flügeln?" Und doch behaupten diese Vögel im Kampf ums Dasein siegreich ihre Stelle, zahllos an Individuen und in mannigfaltigen Arten. Ich bin nicht der Meinung, hier eine der wirklichen Übergangsstufen zu sehen, durch welche der Flügel der Vögel sich gebildet habe; was für eine Schwierigkeit liegt wohl aber gegen die Meinung vor, daß es den modifizierten Nachkommen dieser Pinguine von Nutzen sein würde, wenn sie allmählich solche Abänderung erführen, daß sie zuerst gleich der Dickkopf-Ente (*Micropterus brachypterus*) flach über den Meeresspiegel hinflattern und endlich sich erheben und durch die Luft schweben lernten?

Ich will nun einige wenige Beispiele zur Erläuterung dieser Bemerkungen und insbesondere zum Nachweis darüber mitteilen, wie leicht wir uns in der Meinung, daß ganze Artengruppen auf einmal entstanden seien, irren können. Schon die kurze Zeit welche zwischen der ersten und der zweiten Ausgabe von Pictets Paläontologie verflossen ist (1844-46 bis 1853-57) hat zur wesentlichen Umgestaltung der Schlüsse über das erste Auftreten und das Erlöschen verschiedener Tiergruppen geführt, und eine dritte Auflage würde schon wieder bedeutende Veränderungen erheischen. Ich will zuerst an die wohlbekannte Tatsache erinnern, daß nach den noch vor wenigen Jahren erschienenen Lehrbüchern der Geologie die große Klasse der Säugetiere ganz plötzlich am Anfang der Tertiärperiode aufgetreten sein sollte; und nun zeigt sich eine der im Verhältnis ihrer Dicke reichsten Lagerstätten fossiler Säugetierreste mitten in der Sekundärreihe, und echte Säugetiere sind in Anfangsschichten dieser großen Reihe, im [triasischen] New red Sandstone entdeckt worden. Cuvier pflegte Nachdruck darauf zu legen, daß noch kein Affe in irgendeiner Tertiärschicht gefunden worden sei; jetzt aber kennt man fossile Arten von Vierhändern in Ost-Indien, in Süd-Amerika und in Europa, sogar schon aus der miozänen Periode. Hätte uns nicht ein seltener Zufall die zahlreichen Fährten im New red Sandstone der Vereinigten Staaten aufbewahrt, wie würden wir anzunehmen gewagt haben, daß außer Reptilien auch schon nicht weniger als mindestens dreißig Vogelarten, einige von riesiger Größe, in so früher Zeit existiert hätten; und es ist noch nicht ein Stückchen Knochen in jenen Schichten gefunden worden. Bis vor kurzer Zeit behaupteten Paläontologen, daß die ganze Klasse der Vögel plötzlich während der eozänen Periode aufgetreten sei; doch wissen wir jetzt nach Owens Autorität, daß ein Vogel gewiß schon zur Zeit gelebt hat, als der obere Grünsand sich ablagerte; und in noch neuerer Zeit ist jener merkwürdige Vogel, *Archäopteryx*, in den Solenhofener oolithischen Schiefern entdeckt worden mit einem langen eidechsenartigen Schwanz, der an jedem Glied ein paar Federn trägt und zwei freie Klauen an seinen Flügeln. Kaum irgendeine andere Entdeckung zeigt eindringlicher als diese, wie wenig wir noch von den früheren Bewohnern der Erde wissen.

Ich will noch ein anderes Beispiel anführen, was mich, als unter meinen eigenen Augen vorkommend, sehr frappierte. In der Abhandlung über fossile sitzende Cirripeden schloß ich aus der Menge von lebenden und von erloschenen tertiären Arten, aus dem außerordentlichen Reichtum vieler Arten an Individuen und deren Verbreitung über die ganze Erde von den arktischen Regionen an bis zum Äquator und von der oberen Flutgrenze an bis zu 50 Faden Tiefe hinab, aus der vollkommenen Erhaltungsweise ihrer Reste in den ältesten Tertiärschichten, aus der Leichtigkeit, selbst einzelne Klappen zu erkennen und zu bestimmen: aus allen diesen Umständen schloß ich, daß, wenn es in der sekundären Periode sitzende Cirripeden gegeben hätte, solche gewiß erhalten und wieder entdeckt worden sein würden; da jedoch noch keine Schale einer Spezies in Schichten dieses Alters damals gefunden worden war, so folgerte ich weiter, daß sich diese große Gruppe erst zu Beginn der Tertiärzeit plötzlich entwickelt habe. Es war dies eine Verlegenheit für mich, da es, wie ich damals glaubte, noch ein weiteres Beispiel vom plötzlichen Auftreten einer großen Artengruppe darböte. Kaum war jedoch mein Werk erschienen, als ein bewährter Paläontologe, H. Bosquet, mir eine Zeichnung von einem vollständigen Exemplar eines unverkennbaren sitzenden Cirripeden sandte, welchen er selbst aus der belgischen Kreide entnommen hatte. Und um den Fall so treffend wie möglich zu machen, so ist dieser sitzende Cirripede ein *Chthamalus*, eine sehr gemeine, große und überall weitverbreitete Gattung, von welcher sogar in tertiären Schichten bis jetzt noch kein einziges Exemplar gefunden worden war. In noch neuerer Zeit ist ein *Pyrgoma*, ein Glied einer verschiedenen Unterfamilie sitzender Cirripeden von Woodward in der oberen Kreide entdeckt worden, so daß wir jetzt völlig ausreichende Beweise für die Existenz dieser Tiergruppe während der Sekundärzeit besitzen.

Derjenige Fall von scheinbar plötzlichem Auftreten einer ganzen Artengruppe, auf welchen sich die Paläontologen am häufigsten berufen, ist die Erscheinung der echten Knochenfische oder Teleosteer, Agassiz' Angabe zufolge, erst in den unteren Schichten der Kreideperiode. Diese Gruppe enthält bei weitem die größte Anzahl der jetzigen Fische. Gewisse jurassische und triasische Formen werden aber jetzt gewöhnlich für Teleosteer gehalten, und selbst einige paläozoische Formen sind von einer bedeutenden Autorität dahin gerechnet worden. Wären die Teleosteer wirklich auf der nördlichen Hemisphäre plötzlich zu Beginn der Kreidezeit erschienen, so wäre die Tatsache freilich höchst merkwürdig; aber auch in ihr vermöchte ich noch keine unübersteigliche Schwierigkeit für meine Theorie zu erkennen, wenn nicht gleichfalls erwiesen wäre, daß die Arten dieser Gruppe in anderen Teilen der Erde plötzlich und gleichzeitig in einer und derselben Periode aufgetreten seien. Es ist fast überflüssig, zu bemerken, daß ja noch kaum ein fossiler Fisch von der Südseite des Äquators bekannt ist; und geht man Pictets Paläontologie durch, so sieht man, daß selbst aus mehreren Formationen Europas erst sehr wenige Arten bekannt geworden sind. Einige wenige Fischfamilien haben jetzt enge Verbreitungsgrenzen; dies könnte auch mit den Teleosteern der Fall gewesen sein, so daß sie erst dann, nachdem sie sich in diesem oder jenem Meer sehr entwickelt, sich weit verbreitet hätten. Auch sind wir nicht berechtigt, anzunehmen, daß die Weltmeere von Norden nach Süden allezeit so offen wie jetzt gewesen sind. Selbst heutigen Tages könnte der tropische Teil des Indischen Ozeans durch eine Hebung des Malayischen Archipels über den Meeresspiegel in ein großes geschlossenes Becken verwandelt werden, worin sich irgendeine große Seetiergruppe zu entwickeln und vervielfältigen vermöchte; und da würde sie dann eingeschlossen bleiben, bis einige der Arten für ein kühleres Klima geeignet und instand gesetzt worden wären, die Südkaps von Afrika und Australien zu umwandern und so in andere ferne Meere zu gelangen.

Aus diesen Betrachtungen, ferner in Berücksichtigung unserer Unkunde über die geologischen Verhältnisse anderer Weltgegenden außerhalb Europas und Nord-Amerikas, endlich nach dem Umschwung, welchen unsere paläontologischen Vorstellungen durch die Entdeckungen während des letzten Dutzend von Jahren erlitten haben, glaube ich folgern zu dürfen, daß wir ebenso übereilt handeln würden, die bei uns bekanntgewordene Art der Aufeinanderfolge der Organismen auf die ganze Erdoberfläche zu übertragen, wie ein Naturforscher täte, welcher nach einer Landung von fünf Minuten an irgendeinem öden Küstenpunkt Australiens auf die Zahl und Verbreitung seiner Organismen schließen wollte.

Plötzliches Auftreten ganzer Gruppen verwandter Arten in den untersten fossilführenden Schichten – Alter der bewohnbaren Erde

Es gibt noch eine andere und verwandte Schwierigkeit, welche noch bedenklicher ist; ich meine das plötzliche Auftreten von Arten aus mehreren der Hauptabteilungen des Tierreichs in den untersten fossilführenden Gesteinen. Die meisten der Gründe, welche mich zur Überzeugung geführt haben, daß alle lebenden Arten einer Gruppe von einem gemeinsamen Urerzeuger herrühren, gelten mit gleicher Stärke auch für die bekanntgewordenen ältesten fossilen Arten. So läßt sich z.B. nicht daran zweifeln, daß alle kambrischen und silurischen Trilobiten von irgendeinem Kruster abstammen, welcher lange vor der kambrischen Zeit gelebt haben muß und wahrscheinlich von allen jetzt bekannten Krustern sehr verschieden war. Einige der ältesten Tiere sind nicht sehr von noch jetzt lebenden Arten verschieden, wie *Lingula*, *Nautilus* u.a., und man kann nach meiner Theorie nicht annehmen, daß diese alten Arten die Erzeuger aller der später erschienenen Arten derselben Ordnungen gewesen sind, wozu sie gehören; denn sie stellen in keiner Weise Mittelformen zwischen denselben dar.

Wenn also meine Theorie richtig ist, so müßten unbestreitbar schon vor Ablagerung der ältesten kambrischen Schichten ebenso lange oder wahrscheinlich noch längere Zeiträume verflossen sein, wie der ganze Zeitraum von der kambrischen Zeit bis auf den heutigen Tag; und es müßte die Erdoberfläche während dieser unendlichen Zeiträume von lebenden Geschöpfen dicht bewohnt gewesen sein. Hier stoßen wir auf einen äußerst bedenklichen Einwurf; denn es scheint zweifelhaft, ob sich die Erde lange genug in einem zum Bewohntwerden passenden Zustand befunden hat. Sir W. Thompson kommt zu dem Schluß, daß das Festwerden der Erdrinde kaum vor weniger als 20 oder vor mehr als 400 Millionen Jahren, wahrscheinlich aber vor nicht weniger als 90 oder nicht mehr als 200 Millionen Jahren eingetreten ist. Diese sehr weiten Grenzen zeigen, wie zweifelhaft die Zeitangaben sind; und es mögen vielleicht noch andere Elemente in die Betrachtung des Problems einzuführen sein. Croll schätzt die seit der kambrischen Periode verflossene Zeit auf ungefähr 60 Millionen Jahre; aber nach dem geringen Betrag von Veränderung der organischen Welt seit dem Beginn der Glazialperiode zu urteilen, scheint dies für die vielen und bedeutenden Änderungen der Lebensformen, welche sicher seit der kambrischen

Formation eingetreten sind, eine sehr kurze Zeit zu sein; und die vorausgehenden 140 Millionen Jahre können für die Entwicklung der verschiedenartigen Lebensformen, welche bereits während der kambrischen Periode existierten, kaum als genügend betrachtet werden. Es ist indessen, wie Sir W. Thompson betont, wahrscheinlich, daß die Erde in einer sehr frühen Zeit schnelleren und heftigeren Veränderungen in ihren physikalischen Verhältnissen ausgesetzt gewesen ist, als solche jetzt vorkommen; und solche Veränderungen würden dann zu entsprechend schnellen Veränderungen in den organischen Wesen geführt haben, welche die Erde in jener Zeit bewohnten.

Was nun die Frage betrifft, warum wir aus diesen vermutlich frühesten Perioden vor dem kambrischen System keine an Fossilien reichen Ablagerungen mehr finden, so kann ich darauf keine genügende Antwort geben. Mehrere ausgezeichnete Geologen, wie Sir R. Murchison an ihrer Spitze, waren bis vor kurzem überzeugt, in den organischen Resten der untersten Silurschichten die Wiege des Lebens auf unserem Planeten zu erblicken. Andere hoch bewährte Richter, wie Sir Ch. Lyell und Edw. Forbes haben diese Behauptung bestritten. Wir dürfen nicht vergessen, daß nur ein geringer Teil unserer Erdoberfläche mit einiger Genauigkeit erforscht ist. Erst unlängst hat Barrande dem bis jetzt bekannten silurischen System noch eine andere tiefere Etage angefügt, die reich ist an neuen und eigentümlichen Arten; und jetzt hat Mr. Hicks noch tiefer, in der unteren kambrischen Formation in Süd-Wales an Trilobiten reiche Schichten, welche verschiedene Mollusken und Anneliden einschließen, gefunden. Die Anwesenheit phosphathaltiger Nieren und bituminöser Substanz selbst in einigen der untersten azoischen Schichten, deutet wahrscheinlich auf ein ehemaliges noch früheres Leben in denselben hin; und die Existenz des *Eozoon* in der Laurentischen Formation von Kanada wird jetzt allgemein zugegeben. Es finden sich in Kanada drei große Schichten unter dem Silursystem, in deren unterster das *Eozoon* gefunden wurde. Sir W. Logan führt an, daß ihre „gemeinsame Mächtigkeit möglicherweise die aller folgenden Gesteine von der Basis der paläozoischen Reihe bis zur Jetztzeit übertrifft. Wir werden hierdurch in eine so entfernte Periode zurückversetzt, daß das Auftreten der sogenannten Primordialfauna (Barrandes) als vergleichsweise neues Ereignis betrachtet werden kann." Das *Eozoon* gehört zu den am niedrigsten organisierten Klassen des Tierreichs, seiner Klassenstellung nach ist es aber hoch organisiert; es existierte in zahllosen Scharen und lebte, wie Dawson bemerkt hat, sicher von anderen kleinsten organischen Wesen, die wieder in großer Zahl vorhanden gewesen sein müssen. Die Worte, welche ich 1859 über die Existenz lebender Wesen lange Zeit vor dem kambrischen System niederschrieb, und welche fast dieselben sind, die seitdem Sir W. Logan ausgesprochen hat, haben sich daher als richtig erwiesen. Trotz dieser mannigfachen Tatsachen bleibt doch die Schwierigkeit, irgendeinen guten Grund für den Mangel ungeheurer, an Fossilien reicher Schichtenlager unter dem kambrischen System anzugeben, sehr groß. Es scheint nicht wahrscheinlich zu sein, daß diese ältesten Schichten durch Entblößungen ganz und gar weggewaschen oder daß ihre Fossile durch Metamorphismus ganz und gar unkenntlich gemacht worden seien, denn sonst müßten wir auch nur noch ganz kleine Überreste der nächstjüngeren Formationen entdecken dürfen, und diese müßten sich fast immer in einem teilweise metamorphischen Zustand befinden. Aber die Beschreibungen, welche wir jetzt von den silurischen Ablagerungen in den unermeßlichen Ländergebieten in Rußland und Nord-Amerika besitzen, sprechen nicht zugunsten der Meinung, daß, je älter eine Formation ist, sie desto mehr durch Entblößung und Metamorphismus gelitten haben müsse.

Diese Tatsache muß vorerst ungeklärt bleiben und wird mit Recht als eine wesentliche Einrede gegen die hier entwickelten Ansichten hervorgehoben werden. Ich will jedoch folgende Hypothese aufstellen, um zu zeigen, daß doch vielleicht später eine Erklärung möglich ist. Aus der Natur der in den verschiedenen Formationen Europas und der Vereinigten Staaten vertretenen organischen Wesen, welche keine sehr großen Tiefen bewohnt zu haben scheinen, und aus der

Zehntes Kapitel

ungeheuren Masse der meilendicken Niederschläge, woraus diese Formationen bestehen, können wir zwar schließen, daß von Anfang bis zu Ende große Inseln oder Landstriche, aus welchen die Sedimente herbeigeführt wurden, in der Nähe der jetzigen Kontinente von Europa und Nord-Amerika existiert haben müssen. Dieselbe Ansicht ist seitdem auch von Agassiz und anderen aufgestellt worden. Aber vom Zustand der Dinge in den langen Perioden, welche zwischen der Bildung dieser Formationen verflossen sind, wissen wir nichts; wir vermögen nicht zu sagen, ob während derselben Europa und die Vereinigten Staaten als trockene Länderstrecken oder als untermeerische Küstenflächen, auf welchen inzwischen keine Ablagerungen erfolgten, oder als Meeresboden eines offenen und unergründlichen Ozeans vorhanden waren.

Betrachten wir die jetzigen Weltmeere, welche dreimal so viel Fläche wie das trockene Land einnehmen, so finden wir sie mit zahlreichen Inseln übersät; aber kaum eine einzige echt ozeanische Insel (mit Ausnahme von Neuseeland, wenn man dies eine echte ozeanische Insel nennen kann) hat bis jetzt einen Überrest von paläozoischen oder sekundären Formationen geliefert. Man kann daraus vielleicht schließen, daß während der paläozoischen und Sekundärzeit weder Kontinente noch kontinentale Inseln da existiert haben, wo sich jetzt der Ozean ausdehnt; denn wären solche vorhanden gewesen, so würden sich nach aller Wahrscheinlichkeit aus dem von ihnen herbeigeführten Schutt auch paläozoische und sekundäre Schichten gebildet haben, und es würden dann infolge der Niveauschwankungen, welche während dieser ungeheuer langen Zeiträume jedenfalls stattgefunden haben müssen, wenigstens teilweise Emporhebungen trockenen Landes erfolgt sein. Wenn wir also aus diesen Tatsachen irgendeinen Schluß ziehen wollen, so können wir sagen, daß da, wo sich jetzt unsere Weltmeere ausdehnen, solche schon seit den ältesten Zeiten, von denen wir Kunde besitzen, bestanden haben, und daß andererseits da, wo jetzt Kontinente sind, große Landstrecken existiert haben, welche von der kambrischen Zeit an zweifelsohne großem Niveauwechsel unterworfen gewesen sind. Die kolorierte Karte, welche meinem Werk über die Korallenriffe beigegeben ist, führte mich zum Schluß, daß die großen Weltmeere noch jetzt hauptsächlich Senkungsfelder, die großen Archipele noch schwankende Gebiete und die Kontinente Hebungsgebiete sind. Aber wir haben kein Recht, anzunehmen, daß diese Dinge sich seit dem Beginn dieser Welt gleichgeblieben sind. Unsere Kontinente scheinen hauptsächlich durch vorherrschende Hebung während vielfacher Höhenschwankungen entstanden zu sein. Aber können nicht die Felder vorwaltender Hebungen und Senkungen ihre Rollen vor noch längerer Zeit umgetauscht haben? In einer unermeßlich früheren Zeit vor der kambrischen Periode können Kontinente da existiert haben, wo sich jetzt die Weltmeere ausbreiten, und können offene Weltmeere da gewesen sein, wo jetzt die Kontinente emporragen. Auch würde man noch nicht anzunehmen berechtigt sein, daß z.B. das Bett des Stillen Ozeans, wenn es jetzt in einen Kontinent verwandelt würde, uns Sedimentärformationen, welche in erkennbarer Weise älter als die kambrischen Schichten sind, darbieten müsse, vorausgesetzt, daß solche früher abgelagert worden wären; denn es wäre wohl möglich, daß Schichten, welche dem Mittelpunkt der Erde um einige Meilen näher rückten und von dem ungeheuren Gewicht darüberstehender Wasser zusammengedrückt wurden, weit stärkere metamorphische Einwirkungen erfahren haben als jene, welche näher an der Oberfläche geblieben sind. Die in einigen Weltgegenden, wie z.B. in Süd-Amerika vorhandenen unermeßlichen Strecken unbedeckten metamorphischen Gebirges, welche der Hitze unter hohen Graden von Druck ausgesetzt gewesen sein müssen, haben mir immer einer besonderen Erklärung zu bedürfen geschienen; und vielleicht darf man annehmen, daß in ihnen die zahlreichen schon lange vor der kambrischen Zeit abgesetzten Formationen in einem völlig metamorphischen und entblößten Zustand zu erblicken sind.

Die mancherlei hier erörterten Schwierigkeiten, welche namentlich daraus entspringen, daß wir in der Reihe der aufeinanderfolgenden geologischen Formationen zwar manche Mittelformen zwischen früher dagewesenen und jetzt vorhandenen Arten, nicht aber die unzähligen nur leicht abgestuften Zwischenglieder zwischen allen sukzessiven Arten finden, – daß ganze Gruppen verwandter Arten in unseren europäischen Formationen oft plötzlich zum Vorschein kommen, – daß, so viel bis jetzt bekannt, ältere fossilführende Formationen noch unter den kambrischen Schichten fast gänzlich fehlen, – alle diese Schwierigkeiten sind zweifelsohne von größtem Gewicht. Wir ersehen dies am deutlichsten aus der Tatsache, daß die ausgezeichnetsten Paläontologen, wie Cuvier, Agassiz, Barrande, Pictet, Falconer, Edw. Forbes und andere, sowie alle unsere größten Geologen, Lyell, Murchison, Sedgwick etc. die Unveränderlichkeit der Arten einstimmig und oft mit großer Heftigkeit verteidigt haben. Jetzt unterstützt aber Sir Charles Lyell mit seiner großen Autorität die entgegengesetzte Ansicht und die meisten anderen Geologen und Paläontologen sind in ihrem Vertrauen sehr wankend geworden. Alle, welche die geologischen Urkunden für einigermaßen vollständig halten, werden zweifelsohne meine ganze Theorie auf einmal verwerfen. Ich für meinen Teil betrachte (um Lyells bildlichen Ausdruck zu verwenden) die geologischen Urkunden als eine Geschichte der Erde, unvollständig geführt und in wechselnden Dialekten geschrieben, von welcher Geschichte aber nur der letzte, bloß auf zwei oder drei Länder sich beziehende Band bis auf uns gekommen ist. Und auch von diesem Band ist nur hier und da ein kurzes Kapitel erhalten und von jeder Seite sind nur da und dort einige Zeilen übrig. Jedes Wort der langsam wechselnden Sprache dieser Beschreibung, mehr oder weniger verschieden in den aufeinanderfolgenden Abschnitten, wird den Lebensformen entsprechen, welche in den aufeinanderfolgenden Formationen begraben liegen und welche uns fälschlich als plötzlich aufgetreten erscheinen. Nach dieser Ansicht werden die oben erörterten Schwierigkeiten zum großen Teil vermindert, oder sie verschwinden selbst.

Elftes Kapitel

Geologische Aufeinanderfolge organischer Wesen

Langsames und sukzessives Erscheinen neuer Arten – Verschiedene Schnelligkeit ihrer Veränderung – Einmal untergegangene Arten kommen nicht wieder zum Vorschein – Artengruppen folgen denselben allgemeinen Regeln des Auftretens und Verschwindens, wie die einzelnen Arten – Erlöschen der Arten – Gleichzeitige Veränderungen der Lebensformen auf der ganzen Erdoberfläche – Verwandtschaft erloschener Arten mit anderen fossilen und mit lebenden Arten – Entwicklungsstufe erloschener Formen – Aufeinanderfolge derselben Typen im nämlichen Ländergebiet – Zusammenfassung dieses und des vorhergehenden Kapitels

Langsames und sukzessives Erscheinen neuer Arten – Verschiedene Schnelligkeit ihrer Veränderung – Einmal untergegangene Arten kommen nicht wieder zum Vorschein – Artengruppen folgen denselben allgemeinen Regeln des Auftretens und Verschwindens, wie die einzelnen Arten

Sehen wir nun zu, ob die verschiedenen Tatsachen und Gesetze hinsichtlich der geologischen Aufeinanderfolge der organischen Wesen besser mit der gewöhnlichen Ansicht von der Unabänderlichkeit der Arten, oder mit der Theorie von deren langsamer und stufenweiser Abänderung durch natürliche Zuchtwahl übereinstimmen.

Neue Arten sind im Wasser wie auf dem Lande nur sehr langsam, eine nach der anderen zum Vorschein gekommen. Lyell hat gezeigt, daß es kaum möglich ist, sich den in den verschiedenen Tertiärschichten niedergelegten Beweisen in dieser Hinsicht zu verschließen, und jedes Jahr strebt die noch vorhandenen Lücken zwischen den einzelnen Stufen mehr auszufüllen und das Prozentverhältnis der noch lebend vorhandenen zu den ganz ausgestorbenen Arten mehr und mehr abzustufen. Von den in einigen der neuesten, wenn auch in Jahren ausgedrückt gewiß sehr alten Schichten vorkommenden Arten sind nur eine oder zwei ausgestorben, und nur je eine oder zwei sind für die Örtlichkeit oder, soviel wir bis jetzt wissen, für die Erdoberfläche neu. Die Sekundärformationen sind mehr unterbrochen; aber in jeder einzelnen Formation hat, wie Brown bemerkt hat, weder das Auftreten noch das Verschwinden ihrer vielen jetzt erloschenen Arten gleichzeitig stattgefunden.

Arten verschiedener Gattungen und Klassen haben weder gleichen Schrittes noch in gleichem Verhältnis gewechselt. In den älteren Tertiärschichten liegen einige wenige lebende Arten mitten zwischen einer Menge erloschener Formen. Falconer hat ein schlagendes Beispiel ähnlicher Art berichtet; es ist nämlich ein Krokodil von einer noch lebenden Art mit einer Menge untergegangener Säugetiere und Reptilien in Schichten des Subhimalaya vergesellschaftet. Die silurischen *Lingula*-Arten weichen nur sehr wenig von den lebenden Spezies dieser Gattung ab, während die meisten der übrigen silurischen Mollusken und alle Kruster großen Veränderungen unterlegen sind. Die Landbewohner scheinen sich schnelleren Schrittes als die Meeresbewohner verändert zu haben, wovon ein treffender Beleg kürzlich aus der Schweiz berichtet worden ist. Es ist Grund zur Annahme vorhanden, daß solche Organismen, welche auf höherer Organisationsstufe stehen, sich rascher als die unvollkommen entwickelten verändern; doch gibt es Ausnahmen von dieser Regel. Das Maß organischer Veränderung ist nach Pictets Bemerkung nicht in allen aufeinanderfolgenden geologischen sogenannten Formationen dasselbe. Wenn wir aber irgendwelche, ausgenommen zwei einander aufs engste verwandte Formationen miteinander vergleichen, so finden wir, daß alle Arten einige Veränderungen erfahren haben. Ist eine Art einmal von der Erdoberfläche verschwunden, so haben wir keinen Grund zu der Annahme, daß dieselbe identische Art je wieder zum Vorschein kommen werde. Die anscheinend auffallendsten Ausnahmen von dieser Regel bilden Barrendes sogenannte „Kolonien" von Arten, welche sich eine Zeit lang mitten in ältere Formationen einschieben und dann später die vorher existierende Fauna wieder erscheinen lassen; doch halte ich Lyells Erklärung, sie seien durch temporäre Wanderungen aus einer geographischen Provinz in die andere bedingt, für vollkommen genügend.

Diese verschiedenen Tatsachen vertragen sich wohl mit meiner Theorie. Dieselbe nimmt kein festes Entwicklungsgesetz an, welches alle Bewohner einer Gegend veranlaßte, sich plötzlich oder gleichzeitig oder gleichmäßig zu ändern. Der Abänderungsprozeß muß ein langsamer sein und wird im allgemeinen nur wenig Spezies zu einer und derselben Zeit ergreifen; denn die Veränderlichkeit jeder Art ist ganz unabhängig von der aller anderen Arten. Ob sich die natürliche Zuchtwahl solche Abänderungen oder individuelle Verschiedenheiten zu Nutzen macht, und ob die in größerem oder geringerem Maße gehäuften Abänderungen stärkere oder schwächere bleibende Modifikationen in den sich ändernden Arten veranlassen, dies hängt von vielen verwickelten Bedingungen ab: von der Nützlichkeit der Veränderungen, von der Möglichkeit der Kreuzung, vom langsamen Wechsel in der natürlichen Beschaffenheit der Gegend, von dem Einwandern neuer Kolonisten, und zumal von der Beschaffenheit der übrigen Organismen, welche mit den sich ändernden Arten in Konkurrenz kommen. Es ist daher keineswegs überraschend, wenn eine Art ihre Form viel länger unverändert bewahrt als andere, oder wenn sie, falls sie abändert, dies in geringerem Grade tut als diese. Wir finden ähnliche Beziehungen zwischen den Bewohnern verschiedener Länder, z. B. auf Madeira, wo die Landschnecken und Käfer in beträchtlichem Maße von ihren nächsten Verwandten in Europa verschieden geworden, während Vögel und Seemollusken die nämlichen geblieben sind. Man kann vielleicht die anscheinend raschere Veränderung in den Landbewohnern und den höher organisierten Formen gegenüber derjenigen der marinen und der tieferstehenden Arten aus den zusammengesetzteren Beziehungen der vollkommeneren Wesen zu ihren organischen und unorganischen Lebensbedingungen, wie sie in einem früheren Abschnitt auseinandergesetzt worden sind, herleiten. Wenn viele von den Bewohnern einer Gegend abgeändert und vervollkommnet worden sind, so begreift man aus dem Prinzip der Konkurrenz und aus den vielen so höchst wichtigen Beziehungen von Organismus zu Organismus in dem Kampf ums Leben, daß eine jede Form, welche gar keine Änderung und Vervollkommnung erfährt, der Austilgung preisgegeben ist. Daraus ersehen wir denn, warum alle Arten einer Gegend zuletzt, wenn wir nämlich hinreichend lange Zeiträume betrachten, modifiziert werden; denn, wenn nicht, müssen sie zugrunde gehen.

Bei Gliedern einer und derselben Klasse mag vielleicht der mittlere Betrag der Änderung während langer und gleicher Zeiträume nahezu gleich sein. Da jedoch die Anhäufung lange dauernder, an Fossilresten reicher Formationen dadurch bedingt ist, daß große Sedimentmassen während einer Senkungsperiode abgesetzt werden, so müssen sich unsere Formationen notwendig meist mit langen und unregelmäßigen Zwischenpausen gebildet haben; daher denn auch der Grad organischer Veränderung, welchen die in aufeinanderfolgenden Formationen abgelagerten organischen Reste darbieten, nicht gleich ist. Jede Formation bezeichnet nach dieser Anschauungsweise nicht einen neuen Akt der Schöpfung, sondern nur eine gelegentliche, beinahe aus Zufall herausgerissene Szene aus einem langsam vor sich gehenden Drama.

Man begreift leicht, warum eine einmal zugrunde gegangene Art nicht wieder zum Vorschein kommen kann, selbst wenn die nämlichen unorganischen und organischen Lebensbedingungen nochmals eintreten. Denn obwohl die Nachkommenschaft einer Art so angepaßt werden kann (was zweifellos in unzähligen Fällen vorgekommen ist), daß sie den Platz einer anderen Art im Haushalt der Natur genau ausfüllt und sie ersetzt, so können doch beide Formen, die alte und die neue, nicht identisch die nämlichen sein, weil beide fast gewiß von ihren verschiedenen Stammformen auch verschiedene Charaktere mitgeerbt haben und weil bereits voneinander abweichende Organismen auch in verschiedener Art variieren werden. So könnten z. B., wenn unsere Pfauentauben ausstürben, Taubenliebhaber durch lange Zeit fortgesetzte und auf denselben Punkt gerichtete Bemühungen möglicherweise wohl eine neue von unserer jetzigen Pfauentaube kaum unterscheidbare Rasse zustande bringen. Wäre aber auch deren Urform, unsere Felstaube, im Naturzustand, wo die Stammform gewöhnlich durch ihre vervollkommnete Nachkommenschaft ersetzt und vertilgt wird, zerstört worden, so müßte es doch ganz unglaubhaft erscheinen, daß ein Pfauenschwanz, mit unserer jetzigen Rasse identisch, von irgendeiner anderen Taubenart oder selbst von einer anderen guten Varietät unserer Haustauben gezogen werden könne, weil die sukzessiven Abänderungen beinahe sicher in irgendeinem Grade verschieden sein und die neugebildete Varietät wahrscheinlich von ihrem Stammvater einige charakteristische Verschiedenheiten erben würde.

Artengruppen, das heißt Gattungen und Familien, folgen in ihrem Auftreten und Verschwinden denselben allgemeinen Regeln, wie die einzelnen Arten selbst, indem sie mehr oder weniger schnell in größerem oder geringerem Grade sich verändern. Eine Gruppe erscheint niemals wieder, wenn sie einmal untergegangen ist, d. h. ihr Dasein ist, solange es besteht, kontinuierlich. Ich weiß wohl, daß es einige anscheinende Ausnahmen von dieser Regel gibt; allein es sind deren so erstaunlich wenig, daß Ed. Forbes, Pictet und Woodward (obwohl dieselben alle drei die von mir verteidigten Ansichten sonst bestreiten) deren Richtigkeit zugestehen; und diese Regel entspricht genau meiner Theorie. Denn alle Arten einer und derselben Gruppe, wie lange dieselbe auch bestanden haben mag, sind die modifizierten Nachkommen früherer Arten und eines gemeinsamen Urerzeugers. So müssen z. B. bei der Gattung *Lingula* die Spezies, welche zu allen Zeiten nacheinander aufgetreten sind, von der tiefsten Silurschicht an bis auf den heutigen Tag durch eine ununterbrochene Reihe von Generationen miteinander im Zusammenhang gestanden haben.

Wir haben im letzten Kapitel gesehen, daß es zuweilen irrtümlich so erscheint, als seien die Arten einer Gruppe ganz plötzlich in Masse aufgetreten, und ich habe versucht, diese Tatsache zu erklären, welche, wenn sie sich wirklich so verhielte, meiner Theorie verderblich sein würde. Aber derartige Fälle sind gewiß nur als Ausnahmen zu betrachten; nach der allgemeinen Regel wächst die Artenzahl jeder Gruppe allmählich zu ihrem Maximum an und nimmt dann früher oder später wieder langsam ab. Wenn man die Artenzahl einer Gattung oder die Gattungszahl einer Familie durch eine Vertikallinie ausdrückt, welche die übereinanderfolgenden Formationen mit einer nach Maßgabe der in jeder derselben enthaltenen Artenzahl veränderlichen Dicke durchsetzt, so kann es manchmal fälschlich erscheinen, als beginne dieselbe unten plötzlich breit, statt mit scharfer Spitze; sie nimmt dann aufwärts an Breite zu, hält darauf oft eine Zeitlang gleiche Stärke ein und läuft dann in den oberen Schichten, der Abnahme und dem Erlöschen der Arten entsprechend, allmählich spitz aus. Diese allmähliche Zunahme einer Gruppe steht mit meiner Theorie vollkommen im Einklang; denn die Arten einer und derselben Gattung und die Gattungen einer und derselben Familie können nur langsam und allmählich an Zahl wachsen; der Vorgang der Umwandlung und der Entwicklung einer Anzahl verwandter Formen ist notwendig nur ein langsamer und gradweiser; eine Art liefert anfänglich nur zwei oder drei Varietäten, welche sich langsam in Arten verwandeln, die ihrerseits wieder auf gleich langsamen Schritten andere Varietäten und Arten hervorbringen und so weiter (wie ein großer Baum sich allmählich von einem einzelnen Stamm aus verzweigt), bis die Gruppe groß wird.

Erlöschen der Arten

Wir haben bis jetzt nur gelegentlich von dem Verschwinden der Arten und der Artengruppen gesprochen. Nach der Theorie der natürlichen Zuchtwahl sind jedoch das Erlöschen alter und die

Bildung neuer und verbesserter Formen aufs innigste miteinander verbunden. Die alte Meinung, daß von Zeit zu Zeit sämtliche Bewohner der Erde durch große Umwälzungen von der Erde weggefegt worden seien, ist jetzt ziemlich allgemein und selbst von solchen Geologen, wie Elie de Beaumont, Murchison, Barrande u. a. aufgegeben, deren allgemeinere Anschauungsweise sie auf einen derartigen Schluß hinlenken müßte. Wir haben im Gegenteil nach den über die Tertiärformationen angestellten Studien allen Grund zu der Annahme, daß Arten und Artengruppen ganz allmählich eine nach der anderen zuerst von einer Stelle, dann von einer anderen und endlich überall verschwinden. In einigen wenigen Fällen jedoch wie beim Durchbruch einer Landenge und der nachfolgenden Einwanderung einer Menge von neuen Bewohnern in ein benachbartes Meer, oder bei dem endlichen Untertauchen einer Insel mag das Erlöschen verhältnismäßig rasch vor sich gegangen sein. Sowohl einzelne Arten als auch Artengruppen dauern sehr ungleich lange Zeiten; einige Gruppen haben, wie wir gesehen haben, von der ersten bekannten Wiegenzeit des Lebens an bis zum heutigen Tage bestanden, während andere nicht einmal den Schluß der paläozoischen Zeit erreicht haben. Es scheint kein bestimmtes Gesetz zu geben, welches die Länge der Dauer einer einzelnen Art oder einer einzelnen Gattung bestimmte. Doch scheint Grund zu der Annahme vorhanden zu sein, daß das gänzliche Erlöschen einer ganzen Gruppe von Arten gewöhnlich ein langsamerer Vorgang als ihre Entstehung ist. Wenn man das Erscheinen und Verschwinden der Arten einer Gruppe ebenso wie vorhin durch eine Vertikallinie von veränderlicher Dicke ausdrückt, so pflegt sich dieselbe weit allmählicher an ihrem oberen dem Erlöschen entsprechenden, als am unteren die Entwicklung und Zunahme an Zahl darstellenden Ende zuzuspitzen. Doch ist in einigen Fällen das Erlöschen ganzer Gruppen von Wesen, wie das der Ammoniten gegen das Ende der Sekundärzeit, den meisten anderen Gruppen gegenüber, wunderbar plötzlich erfolgt.

Die ganze Frage vom Erlöschen der Arten ist ohne Grund mit dem geheimnisvollsten Dunkel umgeben worden. Einige Schriftsteller haben sogar angenommen, daß Arten, geradeso wie Individuen eine bestimmte Lebensdauer haben, auch eine bestimmte Existenzdauer haben. Durch das Verschwinden der Arten kann wohl niemand mehr in Verwunderung gesetzt worden sein, als ich selbst. Als ich im La-Plata-Staat einen Pferdezahn in einerlei Schicht mit Resten von *Mastodon*, *Megatherium*, *Toxodon* und anderen ausgestorbenen Riesenformen zusammenliegend fand, welche sämtlich noch in später geologischer Zeit mit noch jetzt lebenden Conchylien-Arten zusammen gelebt haben, war ich mit Erstaunen erfüllt. Denn da ich sah, wie die von den Spaniern in Süd-Amerika eingeführten Pferde sich wild über das ganze Land verbreiteten und in beispiellosem Maße an Anzahl vermehrt haben, so mußte ich mich bei jener Entdeckung selber fragen, was in verhältnismäßig noch so neuer Zeit das frühere Pferd zu vertilgen vermocht habe, unter Lebensbedingungen, welche sich so außerordentlich günstig erwiesen haben? Aber wie ganz unbegründet war mein Erstaunen! Professor Owen erkannte bald, daß der Zahn, wenn auch denen der lebenden Arten sehr ähnlich, doch von einer ganz anderen nun erloschenen Art herrühre. Wäre diese Art noch jetzt, wenn auch schon etwas selten, vorhanden, so würde sich kein Naturforscher im mindesten über deren Seltenheit wundern, da es viele seltene Arten aller Klassen in allen Gegenden gibt. Fragen wir uns, warum diese oder jene Art selten ist, so antworten wir, es müsse irgend etwas in den vorhandenen Lebensbedingungen ungünstig sein, obwohl wir dieses Etwas kaum je zu bezeichnen wissen. Existierte das fossile Pferd noch jetzt als eine seltene Art, so würden wir es in Berücksichtigung der Analogie mit allen anderen Säugetierarten und selbst mit dem sich nur langsam fortpflanzenden Elefanten und der Geschichte der Naturalisation des domestizierten Pferdes in Süd-Amerika für sicher gehalten haben, daß jene fossile Art unter günstigeren Verhältnissen binnen weniger Jahre imstande gewesen sein müsse, den ganzen Kontinent zu bevölkern. Aber wir hätten nicht sagen können, welche ungünstigen Bedingungen es waren, die dessen Vermehrung hinderten, ob deren nur eine oder ob es ihrer mehrere waren, und in welcher Lebensperiode des Pferdes und in welchem Grade jede

Elftes Kapitel

derselben ungünstig wirkte. Wären aber jene Bedingungen allmählich, wenn auch noch so langsam, immer ungünstiger geworden, so würden wir die Tatsache sicher nicht bemerkt haben, obschon jene fossile Pferdeart gewiß immer seltener und seltener geworden und zuletzt erloschen sein würde, denn ihr Platz würde von einem anderen siegreichen Konkurrenten eingenommen worden sein.

Es ist äußerst schwer, sich immer zu erinnern, daß die Zunahme eines jeden lebenden Wesens durch unbemerkbare schädliche Agenzien fortwährend aufgehalten wird und daß dieselben unbemerkbaren Agenzien vollkommen genügen können, um eine fortdauernde Verminderung und endliche Vertilgung zu bewirken. Dieser Satz bleibt aber so unbegriffen, daß ich wiederholt habe eine Verwunderung darüber äußern hören, daß so große Tiere wie das *Mastodon* und die älteren Dinosaurier haben untergehen können, als ob die bloße Körperstärke schon genüge, um den Sieg im Kampfe ums Dasein zu sichern. Im Gegenteil könte gerade eine beträchtliche Größe, wie Owen bemerkt hat, in manchen Fällen des größeren Nahrungsbedarfes wegen das Erlöschen beschleunigen. Schon ehe der Mensch Ost-Indien und Afrika bewohnte, muß irgendeine Ursache die fortdauernde Vervielfältigung der dort lebenden Elefantenarten gehemmt haben. Ein sehr fähiger Beurteiler, Falconer, glaubt, daß es gegenwärtig hauptsächlich Insekten sind, die durch beständiges Beunruhigen und Schwächen die raschere Vermehrung der Elefanten hauptsächlich hemmen; dies war auch Bruces Schluß in bezug auf den afrikanischen Elefanten in Abyssinien. Es ist gewiß, daß sowohl Insekten als auch blutsaugende Fledermäuse auf die Existenz der in verschiedenen Teilen Süd-Amerikas eingeführten größeren Säugetiere bestimmend einwirken.

Wir sehen in den neueren Tertiärbildungen viele Beispiele, daß Seltenwerden dem gänzlichen Verschwinden vorangeht, und wir wissen, daß dies der Fall bei denjenigen Tierarten gewesen ist, welche durch den Einfluß des Menschen örtlich oder überall von der Erde verschwunden sind. Ich will hier wiederholen, was ich im Jahr 1845 drucken ließ: Zugeben, daß Arten gewöhnlich selten werden, ehe sie erlöschen, und sich über das Seltenwerden einer Art nicht wundern, aber dann doch hoch erstaunen, wenn sie endlich zugrunde geht, – heißt so ziemlich dasselbe, wie: Zugeben, daß bei Individuen Krankheit dem Tod vorangeht, und sich über das Erkranken eines Individuums nicht befremdet fühlen, aber sich wundern, wenn der kranke Mensch stirbt, und seinen Tod irgendeiner unbekannten Gewalttat zuschreiben.

Die Theorie der natürlichen Zuchtwahl beruht auf der Annahme daß jede neue Varietät und zuletzt jede neue Art dadurch gebildet und erhalten worden ist, daß sie irgendeinen Vorteil vor den konkurrierenden Arten voraushabe, infolge dessen die weniger begünstigten Arten fast unvermeidlich erlöschen. Es verhält sich ebenso mit unseren Kulturerzeugnissen. Ist eine neue und unbedeutend vervollkommnete Varietät gebildet worden, so ersetzt sie anfangs die minder vollkommenen Varietäten in ihrer Umgebung; ist sie bedeutend verbessert, so breitet sie sich in Nähe und Ferne aus, wie es unsere kurzhörnigen Rinder getan haben, und nimmt die Stelle der anderen Rassen in anderen Gegenden ein. So sind das Erscheinen neuer und das Verschwinden alter Formen, natürlicher wie künstlicher, eng miteinander verbunden. In manchen wohl gedeihenden Gruppen ist die Anzahl der in einer gegebenen Zeit gebildeten neuen Artformen wahrscheinlich zu manchen Perioden größer gewesen als die Zahl der alten spezifischen Formen, welche ausgetilgt worden sind; da wir aber wissen, daß gleichwohl die Artenzahl wenigstens in den letzten geologischen Perioden nicht unbeschränkt zugenommen hat, so dürfen wir im Hinblick auf die späteren Zeiten annehmen, daß eben die Hervorbringung neuer Formen das Erlöschen einer ungefähr gleichen Anzahl alter veranlaßt hat.

Die Konkurrenz wird gewöhnlich, wie schon früher erklärt und durch Beispiele erläutert worden ist, zwischen denjenigen Formen am heftigsten sein, welche sich in allen Beziehungen am ähnlichsten sind. Daher werden die abgeänderten und verbesserten Nachkommen einer Spezies gewöhnlich die Austilgung ihrer Stammart veranlassen; und wenn viele neue Formen von irgendeiner einzelnen Art entstanden sind, so werden die nächsten Verwandten dieser Art, das heißt die mit ihr zu einer Gattung gehörenden, der Vertilgung am meisten ausgesetzt sein. So muß, wie ich mir vorstelle, eine Anzahl neuer von einer Stammart entsprossener Spezies, d.h. eine neue Gattung, eine alte Gattung der nämlichen Familie ersetzen. Aber es muß sich auch oft ereignet haben, daß eine neue Art aus dieser oder jener Gruppe den Platz einer Art aus einer anderen Gruppe einnahm und somit deren Erlöschen veranlaßte; wenn sich dann von dem siegreichen Eindringling aus viele verwandte Formen entwickeln, so werden auch viele Arten diesen ihre Plätze überlassen müssen, und es werden gewöhnlich verwandte Arten sein, die infolge eines gemeinschaftlich geerbten Nachteils den anderen gegenüber unterliegen. Mögen jedoch die Arten, welche ihre Plätze anderen modifizierten und vervollkommneten Arten abgetreten haben, zu derselben Klasse gehören oder zu verschiedenen, so kann doch oft eine oder die andere von den Benachteiligten infolge einer Befähigung zu irgendeiner besonderen Lebensweise, oder ihres abgelegenen und isolierten Wohnortes wegen, wo sie eine minder strenge Konkurrenz erfahren hat, sich so noch längere Zeit erhalten haben. So überleben z.B. einige Arten *Trigonia* in dem australischen Meer die in der Sekundärzeit zahlreich gewesenen Arten dieser Gattung, und eine geringe Zahl von Arten der einst reichen und jetzt fast ausgestorbenen Gruppe der Ganoidfische kommt noch in unseren Süßwassern vor. Und so ist denn das gänzliche Erlöschen einer Gruppe gewöhnlich, wie wir gesehen haben, ein langsamerer Vorgang als ihre Entwicklung.

Was das anscheinend plötzliche Aussterben ganzer Familien und Ordnungen betrifft, wie das der Trilobiten am Ende der paläozoischen und der Ammoniten am Ende der sekundären Periode, so müssen wir uns zunächst dessen erinnern, was schon oben über die wahrscheinlich sehr langen Zwischenräume zwischen unseren verschiedenen aufeinanderfolgenden Formationen gesagt worden ist; und gerade während dieser Zwischenräume dürften viele Formen langsam erloschen sein. Wenn ferner durch plötzliche Einwanderung oder ungewöhnlich rasche Entwicklung viele Arten einer neuen Gruppe von einem Gebiet Besitz ergriffen haben, so werden sie auch in entsprechend rascher Weise viele der alten Bewohner verdrängt haben; und die Formen, welche ihnen ihre Stellen hiermit überlassen, werden gewöhnlich miteinander verwandt sein, da sie irgendeinen Nachteil der Organisation gemeinsam haben.

So scheint mir die Weise, wie einzelne Arten und ganze Artengruppen erlöschen, gut mit der Theorie der natürlichen Zuchtwahl übereinzustimmen. Das Erlöschen darf uns nicht wundernehmen; wenn uns etwas wundern müßte, so sollte es vielmehr unsere einen Augenblick lang genährte Anmaßung sein, die vielen verwickelten Bedingungen zu begreifen, von welchen das Dasein einer jeden Spezies abhängig ist. Wenn wir auch nur einen Augenblick vergessen, daß jede Art außerordentlich zuzunehmen strebt, daß aber irgendeine, wenn auch nur selten von uns wahrgenommene Gegenwirkung immer in Tätigkeit ist, so muß uns der ganze Haushalt der Natur allerdings sehr dunkel erscheinen. Nur wenn wir genau anzugeben wüßten, warum diese Art reicher an Individuen als jene ist, warum diese und nicht eine andere in einer gegebenen Gegend naturalisiert werden kann, dann, und nicht eher als dann, hätten wir Ursache uns zu wundern, warum wir uns von dem Erlöschen dieser oder jener einzelnen Spezies oder Artengruppe keine Rechenschaft zu geben imstande sind.

Gleichzeitige Veränderungen der Lebensformen auf der ganzen Erdoberfläche

Kaum irgendeine andere paläontologische Entdeckung ist so überraschend wie die Tatsache, daß die Lebensformen einem auf der ganzen Erdoberfläche fast gleichzeitigen Wechsel unterliegen. So kann unsere europäische Kreideformation in vielen entfernten Weltgegenden und in den verschiedensten Klimata wiedererkannt werden, wo nicht ein Stückchen des Kreidegesteins selbst zu entdecken ist. So namentlich in Nord-Amerika, im äquatorialen Süd-Amerika, im Feuerlande, am Kap der guten Hoffnung und auf der ostindischen Halbinsel; denn an all diesen entfernten Punkten der Erdoberfläche besitzen die organischen Reste gewisser Schichten eine unverkennbare Ähnlichkeit mit denen unserer Kreide. Nicht als ob überall die nämlichen Arten gefunden würden; denn manche dieser Örtlichkeiten haben nicht eine Art miteinander gemein, – aber sie gehören zu denselben Familien, Gattungen und Untergattungen und ähneln sich häufig in so gleichgültigen Punkten, wie in der Skulptur der Oberfläche. Ferner finden sich andere Formen, welche in Europa nicht in der Kreide, sondern in den über oder unter ihr liegenden Formationen vorkommen, auch in jenen Gegenden in ähnlicher Lagerung. In den verschiedenen aufeinanderfolgenden paläozoischen Formationen Rußlands, West-Europas und Nord-Amerikas ist ein ähnlicher Parallelismus im Auftreten der Lebensformen von mehreren Autoren wahrgenommen worden, und ebenso in den europäischen und nordamerikanischen Tertiärablagerungen nach Lyell. Selbst wenn wir die wenigen fossilen Arten ganz aus dem Auge lassen, welche die Alte und die Neue Welt miteinander gemein haben, so steht der allgemeine Parallelismus der aufeinanderfolgenden Lebensformen in den verschiedenen paläozoischen und tertiären Stufen so fest, daß sich diese Formationen leicht Glied um Glied miteinander vergleichen lassen.

Diese Beobachtungen beziehen sich jedoch nur auf die Meeresbewohner der verschiedenen Weltgegenden; wir haben nicht genügende Nachweise, um beurteilen zu können, ob die Erzeugnisse des Landes und des Süßwassers an entfernten Punkten sich einander gleichfalls in paralleler Weise ändern. Man möchte bezweifeln, daß sie sich in dieser Weise verändert haben; denn wenn das *Megatherium*, das *Mylodon*, *Toxodon* und die *Macrauchenia* aus dem La-Plata-Gebiet nach Europa gebracht worden wären ohne jeden Nachweis über ihre geologische Lagerstätte, so würde wohl niemand vermutet haben, daß sie mit noch jetzt lebend vorkommenden Seemollusken gleichzeitig existiert haben; da jedoch diese monströsen Wesen mit *Mastodon* und Pferd zusammengelebt haben, so läßt sich daraus wenigstens schließen, daß sie in einem der letzten Stadien der Tertiärperiode gelebt haben müssen.

Wenn vorhin von der gleichzeitigen Veränderung der Meeresbewohner auf der ganzen Erdoberfläche gesprochen wurde, so darf nicht etwa vermutet werden, daß es sich dabei um das nämliche Jahr oder das nämliche Jahrhundert, oder auch nur um eine strenge Gleichzeitigkeit im geologischen Sinne des Wortes handelt. Denn, wenn alle Meerestiere, welche jetzt in Europa leben, und alle, welche in der pleistozänen Periode (eine in Jahren ausgedrückt ungeheuer entfernt liegende Periode, indem sie die ganze Eiszeit mit in sich begreift) hier gelebt haben, mit den jetzt in Süd-Amerika oder in Australien lebenden verglichen würden, so dürfte der erfahrenste Naturforscher schwerlich zu sagen imstande sein, ob die jetzt lebenden oder die pleistozänen Bewohner Europas mit denen der südlichen Halbkugel am nächsten übereinstimmen. Ebenso glauben mehrere der sachkundigsten Beobachter, daß die jetzige Lebenswelt in den Vereinigten Staaten mit derjenigen Bevölkerung näher verwandt sei, welche während einiger der letzten Stadien der Tertiärzeit in Europa existiert hat, als mit den noch jetzt da wohnenden; und wenn dies so ist, so würde man offenbar die fossilführenden Schichten, welche jetzt an den nordamerikanischen Küsten abgelagert werden, in einer späteren Zeit eher mit etwas älteren europäischen Schichten zusammenstellen. Dem ungeachtet kann, wie ich glaube, kaum ein Zweifel darüber bestehen, daß man in einer sehr fernen Zukunft doch alle neuen marinen Bildungen, namentlich die oberen pliozänen, die pleistozänen und die im strengsten Sinne jetztzeitigen Schichten Europas, Nord- und Süd-Amerikas und Australiens, – weil sie Reste in gewissem Grade miteinander verwandter Organismen enthalten und weil sie nicht auch diejenigen Arten, welche allein den tieferliegenden älteren Ablagerungen angehören, in sich einschließen, – ganz richtig als gleichalt in geologischem Sinne bezeichnen würde.

Die Tatsache, daß die Lebensformen gleichzeitig (in dem obigen weiten Sinne des Wortes) selbst in entfernten Teilen der Welt andere werden, hat die vortrefflichen Beobachter De Verneuil und d'Archiac sehr frappiert. Nachdem sie auf den Parallelismus der paläozoischen Lebensformen in verschiedenen Teilen von Europa Bezug genommen haben, sagen sie weiter: „Wenden wir, überrascht durch diese merkwürdige Folgerung, unsere Aufmerksamkeit nun nach Nord-Amerika, und entdecken wir dort eine Reihe analoger Tatsachen, so scheint es gewiß zu sein, daß alle diese Abänderungen der Arten, ihr Erlöschen und das Auftreten neuer, nicht bloßer Veränderungen in den Meeresströmungen oder anderen mehr oder weniger örtlichen und vorübergehenden Ursachen zugeschrieben werden können, sondern von allgemeinen Gesetzen abhängen, welche das ganze Tierreich beherrschen." Auch Barrande hat ähnliche Wahrnehmungen gemacht und nachdrücklich hervorgehoben. Es ist in der Tat ganz zwecklos, die Ursache dieser großen Veränderungen der Lebensformen auf der ganzen Erdoberfläche und unter den verschiedensten Klimata im Wechsel der Seeströmungen, des Klimas oder anderer physikalischer Lebensbedingungen suchen zu wollen; wir müssen uns, wie schon Barrande bemerkt, nach einem besonderen Gesetz dafür umsehen. Wir werden dies deutlicher erkennen, wenn von der gegenwärtigen Verbreitung der organischen Wesen die Rede sein wird; wir werden dann finden, wie geringfügig die Beziehungen zwischen den physikalischen Lebensbedingungen verschiedener Länder und der Natur ihrer Bewohner sind.

Diese große Tatsache von der parallelen Aufeinanderfolge der Lebensformen auf der ganzen Erde ist aus der Theorie der natürlichen Zuchtwahl erklärbar. Neue Arten entstehen aus neuen Varietäten, welche einige Vorzüge vor älteren Formen voraushaben, und diejenigen Formen, welche bereits der Zahl nach vorherrschen oder irgendeinen Vorteil vor anderen Formen derselben Heimat voraushaben, werden natürlich die Entstehung der größten Anzahl neuer Varietäten oder beginnender Arten veranlassen. Wir finden einen bestimmten Beweis dafür darin, daß die herrschenden, d.h. in ihrer Heimat gemeinsten und am weitesten verbreiteten Pflanzenarten die größte Anzahl neuer Varietäten hervorbringen. Ebenso ist es natürlich, daß die herrschenden, veränderlichen und weit verbreiteten Arten, die bis zu einem gewissen Grade bereits in die Gebiete anderer Arten eingedrungen sind, auch bessere Aussicht als andere zu noch weiterer Ausbreitung und zur Bildung fernerer Varietäten und Arten in neuen Gegenden haben. Dieser Vorgang der Ausbreitung mag oft ein sehr langsamer sein, indem er von klimatischen und geographischen Veränderungen, zufälligen Ereignissen oder von der allmählichen Akklimatisierung neuer Arten in den verschiedenen von ihnen etwa zu durchwandernden Klimata abhängt; doch werden im Laufe der Zeit die bereits überwiegenden Formen sich meist weiter verbreiten und endlich vorherrschen. Die Verbreitung wird bei Landbewohnern verschiedener Kontinente wahrscheinlich langsamer vor sich gehen als bei den marinen Bewohnern zusammenhängender Meere. Wir werden daher einen minder genauen Grad paralleler Aufeinanderfolge in den Landals in den Meereserzeugnissen zu finden erwarten dürfen, wie es auch in der Tat der Fall ist.

So, scheint mir, stimmt die parallele und, in einem weiten Sinne genommen, gleichzeitige Aufeinanderfolge der nämlichen Lebensformen auf der ganzen Erde wohl mit dem Prinzip überein, daß neue Arten von sich weit verbreitenden und sehr veränderlichen herrschenden Spezies aus gebildet worden sind; die so erzeugten neuen Arten werden, weil sie einige Vorteile über ihre bereits herrschenden Eltern ebenso wie über andere Arten besitzen, selbst herrschend und breiten sich wieder aus, variieren und bilden wieder neue Spezies. Diejenigen älteren Formen, welche verdrängt werden und ihre Stellen den neuen siegreichen Formen überlassen, werden gewöhnlich gruppenweise verwandt sein, weil sie irgendeine Unvollkommenheit gemeinsam geerbt haben; daher müssen in dem Maße wie sich die neuen und vollkommeneren Gruppen über die Erde verbreiten, alte Gruppen vor ihnen aus der Welt verschwinden. Diese Aufeinanderfolge der Formen wird sich sowohl in bezug auf ihr erstes Auftreten als auch auf ihr endliches Erlöschen überall zu entsprechen geneigt sein.

Noch bleibt eine Bemerkung über diesen Gegenstand zu machen übrig. Ich habe die Gründe angeführt, weshalb ich glaube, daß die meisten unserer großen, an Fossilien reichen Formationen in Perioden fortdauernder Senkung abgesetzt worden sind, daß aber diese Ablagerungen, soweit Fossile in Betracht kommen, durch lange Zwischenräume getrennt gewesen sind, wo der Meeresboden stet oder in Hebung begriffen war, und auch wo die Anschüttungen nicht rasch genug erfolgten, um die organischen Reste einzuhüllen und gegen Zerstörung zu bewahren. Während dieser langen und leeren Zwischenzeiten nun haben nach meiner Annahme die Bewohner jeder Gegend viele Abänderungen erfahren und viel durch Erlöschen gelitten, und große Wanderungen haben von einem Teil der Erde zum anderen stattgefunden. Da nun Grund zur Annahme vorhanden ist, daß weite Strecken die gleichen Bewegungen durchgemacht haben, so sind wahrscheinlich auch oft genau gleichzeitige Formationen auf sehr weiten Räumen derselben Weltgegend abgesetzt worden; doch sind wir hieraus ganz und gar nicht zu schließen berechtigt, daß dies unabänderlich der Fall gewesen sei und daß weite Strecken unabänderlich von gleichen Bewegungen betroffen worden seien. Sind zwei Formationen in zwei Gegenden zu beinahe, aber nicht genau gleicher Zeit entstanden, so werden wir in beiden aus den in den vorausgehenden Abschnitten auseinandergesetzten Gründen im allgemeinen die nämliche Aufeinanderfolge der Lebensformen erkennen; aber die Arten werden sich nicht genau entsprechen; denn sie werden in der einen Gegend etwas mehr und in der anderen etwas weniger Zeit gehabt haben, abzuändern, zu wandern und zu erlöschen.

Ich vermute, daß Fälle dieser Art in Europa vorkommen. Prestwich ist in seiner vortrefflichen Abhandlung über die Eozänschichten in England und Frankreich imstande, einen im allgemeinen genauen Parallelismus zwischen den aufeinanderfolgenden Stöcken beider Länder nachzuweisen. Obwohl sich nun beim Vergleich gewisser Etagen in England mit denen in Frankreich eine merkwürdige Übereinstimmung beider in den Zahlenverhältnissen der zu einerlei Gattungen gehörigen Arten ergibt, so weichen doch diese Arten selbst in einer bei der geringen Entfernung beider Gebiete schwer zu erklärenden Weise voneinander ab, wenn man nicht annehmen will, daß eine Landenge zwei benachbarte Meere getrennt habe, welche von verschiedenen, aber gleichzeitigen Faunen bewohnt gewesen seien. Lyell hat ähnliche Beobachtungen über einige der späteren Tertiärformationen gemacht, und ebenso hat Barrande gezeigt, daß zwischen den aufeinanderfolgenden Silurschichten Böhmens und Skandinaviens im allgemeinen ein genauer Parallelismus herrscht; dem ungeachtet findet er aber eine erstaunliche Verschiedenheit zwischen den Arten. Wären nun aber die verschiedenen Formationen dieser Gegenden nicht genau während der gleichen Periode abgesetzt worden, indem etwa die Ablagerungen in der einen Gegend mit einer Pause in der anderen zusammenfielen, – hätten in beiden Gegenden die Arten sowohl während der Anhäufung der Schichten als auch während der langen Pausen dazwischen langsame Veränderungen erfahren; so würden sich in diesem Falle die verschiedenen Formationen beider Gegenden auf gleiche Weise, in Übereinstimmung mit der allgemeinen Aufeinanderfolge der Lebensformen anordnen lassen, und ihre Anordnung würde sogar fälschlich genau parallel scheinen; dem ungeachtet würden in den einzelnen, einander anscheinend entsprechenden Schichten beider Gegenden nicht alle Arten übereinstimmen.

Verwandtschaft erloschener Arten mit anderen fossilen und mit lebenden Arten

Werfen wir nun einen Blick auf die gegenseitigen Verwandtschaftsverhältnisse erloschener und lebender Formen. Alle gehören zu einigen wenigen großen Klassen; und diese Tatsache erklärt sich sofort aus dem Prinzip gemeinsamer Abstammung. Je älter eine Form ist, desto mehr weicht sie der allgemeinen Regel zufolge von den lebenden Formen ab. Doch können, wie Buckland schon längst bemerkt hat, die fossilen Formen sämtlich in noch lebende Gruppen eingereiht oder zwischen sie eingeschoben werden. Es ist gewiß ganz richtig, daß die erloschenen Formen weite Lücken zwischen den jetzt noch bestehenden Gattungen, Familien und Ordnungen ausfüllen helfen; da indessen diese Angabe oft übersehen oder selbst geleugnet worden ist, so dürfte sich die Mühe lohnen, hierüber einige Bemerkungen zu machen und einige Beispiele anzuführen. Wenn wir unsere Aufmerksamkeit entweder allein auf die lebenden oder nur auf die erloschenen Spezies der nämlichen Klasse richten, so ist die Reihe viel minder vollkommen als wenn wir beide in ein gemeinsames System zusammenfassen. In den Schriften von Professor Owen begegnen wir beständig dem Ausdruck „generalisierte Formen" auf ausgestorbene Tiere angewandt, und Agassiz spricht in seinen Schriften von prophetischen oder synthetischen Typen. Diese Ausdrücke sagen eben aus, daß derartige Formen in der Tat intermediäre oder verbindende Glieder darstellen. Ein anderer ausgezeichneter Paläontologe, Gaudry, hat nachgewiesen, daß viele von ihm in Attika entdeckten fossilen Säugetiere in der offenbarsten Weise die Scheidewände zwischen jetzt lebenden Gattungen niederreißen. Cuvier hielt die Ruminanten und Pachydermen (Wiederkäuer und Dickhäuter) für zwei der verschiedensten Säugetierordnungen; es sind aber so viele fossile Verbindungsglieder ausgegraben worden, daß Owen die ganze Klassifikation zu ändern gehabt und gewisse Pachydermen in dieselbe Unterordnung mit Wiederkäuern gestellt hat; so füllte er z. B. die anscheinend weite Lücke zwischen dem Schwein und dem Kamel mit Übergangsformen aus. Die Ungulaten oder Hufsäugetiere werden jetzt in Paarzehige und Unpaarzehige eingeteilt; die *Macrauchenia* von Süd-Amerika verbindet aber in gewissem Maß diese beiden großen Abteilungen. Niemand wird leugnen, daß das *Hipparion* in der Mitte steht zwischen dem lebenden Pferd und gewissen anderen ungulaten Formen. Was für ein wundervolles, verbindendes Glied in der Kette der Säugetiere ist das *Typotherium* von Süd-Amerika, wie es der ihm von Prof. Gervais gegebene Name ausdrückt, welches in keine jetzt bestehende Säugetierordnung gebracht werden kann. Die Sirenien bilden eine sehr distinkte Säugetiergruppe, und eine der merkwürdigsten Eigentümlichkeiten bei dem jetzt lebenden Dugong und Lamantin ist das vollständige Fehlen von Hintergliedmaßen, ohne auch nur ein Rudiment gelassen zu haben. Das ausgestorbene *Halitherium* hatte aber nach Professor Flower ein verknöchertes Schenkelbein, welches „in einer gut entwickelten Pfanne am Becken artikulierte", und bietet damit eine Annäherung an gewöhnliche, huftragende Säugetiere dar, mit denen die Sirenien in anderen Beziehungen verwandt sind. Die Cetaceen oder Waltiere sind von allen übrigen Säugetieren weit verschieden; doch werden die tertiären *Zeuglodon* und *Squalodon*, welche von manchen Naturforschern in eine Ordnung für sich gestellt worden sind, von Professor Huxley für unzweifelhafte Cetaceen betrachtet, welche „Verbindungsglieder mit den in Wasser lebenden Fleischfressern darstellen".

Selbst der weite Abstand zwischen Vögeln und Reptilien wird, wie der eben erwähnte Forscher gezeigt hat, zum Teil in der unerwartetsten Weise ausgefüllt, und zwar auf der einen Seite durch den Strauß und den *Archäopteryx*, auf der anderen Seite durch den *Compsognathus*, einen Dinosaurier, also zu einer Gruppe gehörig, welche die gigantischsten Formen aller terrestrischen Reptilien umfaßt. Was die Wirbellosen betrifft, so versichert Barrande, gewiß die erste Autorität in dieser Beziehung, wie er jeden Tag deutlicher erkenne, daß, wenn auch die paläozoischen Tiere in noch jetzt lebende Gruppen eingereiht werden können, diese Gruppen aus jener alten Zeit doch nicht so bestimmt voneinander verschieden waren, wie in der Jetztzeit.

Einige Schriftsteller haben sich dagegen erklärt, daß man irgendeine erloschene Art oder Artengruppe als zwischen lebenden Arten oder Gruppen in der Mitte stehend ansehe. Wenn damit gesagt werden sollte, daß die erloschene Form in allen ihren Charakteren genau das Mittel zwischen zwei lebenden Formen oder Gruppen halte, so wäre die Einwendung wahrscheinlich haltbar. In einer natürlichen Klassifikation stehen aber sicher viele fossile Arten zwischen lebenden Arten, und manche erloschene Gattungen zwischen lebenden Gattungen, selbst zwischen Gattungen verschiedener Familien. Der gewöhnlichste Fall zumal bei voneinander sehr verschiedenen Gruppen, wie Fische und Reptilien sind, scheint mir der zu sein, daß da, wo dieselben heutigen Tages, nehmen wir beispielsweise an, durch ein Dutzend Charaktere voneinander unterschieden werden, die alten Glieder der nämlichen zwei Gruppen in einer etwas geringeren Anzahl von Merkmalen unterschieden waren, so daß beide Gruppen vordem einander etwas näher standen, als sie jetzt einander stehen.

Es ist eine verbreitete Annahme, daß je älter eine Form, sie umso mehr geneigt sei, mittelst einiger ihrer Charaktere jetzt weit getrennte Gruppen zu verknüpfen. Diese Bemerkung muß ohne Zweifel auf solche Gruppen beschränkt werden, die im Laufe geologischer Zeiten große Veränderungen erfahren haben, und es möchte schwer sein, den Satz zu beweisen; denn hier und da wird selbst immer noch ein lebendes Tier wie der *Lepidosiren* entdeckt, das mit sehr verschiedenen Gruppen zugleich verwandt ist. Wenn wir jedoch die älteren Reptilien und Batrachier, die älteren Fische, die älteren Cephalopoden und die eozänen Säugetiere mit den neueren Gliedern derselben Klassen vergleichen, so müssen wir gestehen, daß etwas Wahres in der Bemerkung liegt.

Wir wollen nun zusehen, inwiefern diese verschiedenen Tatsachen und Schlüsse mit der Theorie einer Deszendenz mit Modifikationen übereinstimmen. Da der Gegenstand etwas verwickelt ist, so muß ich den Leser bitten, sich nochmals das im vierten Kapitel gegebene Schema anzusehen. Nehmen wir an, die numerierten, kursiv gedruckten Buchstaben stellen Gattungen und die von ihnen ausstrahlenden punktierten Linien die dazu gehörigen Arten vor. Das Schema ist insofern zu einfach, als zu wenige Gattungen und Arten darauf angenommen sind; doch ist dies unwesentlich für uns. Die wagerechten Linien mögen die aufeinanderfolgenden geologischen Formationen vorstellen und alle Formen unter der obersten dieser Linien als erloschene gelten. Die drei lebenden Gattungen a^{14}, q^{14}, p^{14} mögen eine kleine Familie bilden; b^{14} und f^{14} eine nahe verwandte oder eine Unterfamilie, und o^{14}, e^{14}, m^{14} eine dritte Familie. Diese drei Familien zusammen mit den vielen erloschenen Gattungen auf den verschiedenen von der Stammform A auslaufenden Deszendenzreihen werden eine Ordnung bilden; denn alle werden von ihrem alten und gemeinschaftlichen Urerzeuger auch etwas Gemeinsames geerbt haben. Nach dem Prinzip fortdauernder Divergenz des Charakters, zu dessen Erläuterung jenes Schema bestimmt war, muß jede Form, je neuer sie ist, im allgemeinen umso stärker von ihrem ersten Erzeuger abweichen. Daraus erklärt sich eben auch die Regel, daß die ältesten fossilen am meisten von den jetzt lebenden Formen verschieden sind. Doch dürfen wir nicht glauben, daß Divergenz des Charakters eine notwendig eintretende Erscheinung ist; sie hängt allein davon ab, daß hierdurch die Nachkommen einer Art befähigt werden, viele und verschiedenartige Plätze im Haushalt der Natur einzunehmen. Daher ist es auch ganz wohl möglich, wie wir bei einigen silurischen Fossilien gesehen haben, daß eine Art bei nur geringer, nur wenig veränderten Lebensbedingungen entsprechender Modifikation fortbestehen und während langer Perioden doch stets dieselben allgemeinen Charaktere beibehalten kann. Eine solche Art wird in dem Schema durch den Buchstaben F^{14} ausgedrückt.

All die vielerlei von A abstammenden Formen, erloschene wie noch lebende, bilden nach unserer Annahme zusammen eine Ordnung, und diese Ordnung ist infolge des fortwährenden Erlöschens der Formen und der Divergenz der Charaktere allmählich in mehrere Familien und Unterfamilien geteilt worden, von welchen angenommen wird, daß einige in früheren Perioden zugrunde gegangen sind und andere bis auf den heutigen Tag fortbestehen.

Das Schema zeigt uns ferner, daß, wenn eine Anzahl der schon früher erloschenen und angenommenermaßen in die aufeinanderfolgenden Formationen eingeschlossenen Formen an verschiedenen Stellen tief unten in der Reihe aufgefunden würde, die drei noch lebenden Familien auf der obersten Linie weniger scharf voneinander getrennt erscheinen müßten. Wären z. B. die Gattungen a^1, a^5, a^{10}, f^8, m^3, m^6, m^9 wieder ausgegraben worden, so würden diese drei Familien so eng miteinander verkettet erscheinen, daß man sie wahrscheinlich in eine große Familie vereinigen müßte, etwa so, wie es mit den Wiederkäuern und gewissen Dickhäutern geschehen ist. Wer nun etwa gegen die Bezeichnung jener die drei lebenden Familien verbindenden Gattungen als „intermediäre dem Charakter nach" Verwahrung einlegen wollte, würde in der Tat insofern Recht haben, als sie nicht direkt, sondern nur auf einem durch viele sehr abweichende Formen hergestellten Umweg sich zwischen jene anderen einschiebe. Wären viele erloschene Formen oberhalb einer der mittleren Horizontallinien oder Formationen, wie z. B. Nr. VI – , aber keine unterhalb dieser Linie gefunden worden, so würde man nur die zwei auf der linken Seite stehenden Familien – a^{14} etc. und b^{14} etc. – in eine Familie zu vereinigen haben, und es würden zwei Familien übrigbleiben, welche weniger weit voneinander getrennt sein würden, als sie es vor der Entdeckung der Fossilien waren. Wenn wir ferner annehmen, die aus acht Gattungen (a^{14} bis m^{14}) bestehenden drei Familien auf der obersten Linie wichen in einem halben Dutzend wichtiger Merkmale voneinander ab, so würden die in der früheren mit VI bezeichneten Periode lebenden Familien sicher weniger Unterschiede gezeigt haben, weil sie auf jener früheren Deszendenzstufe von dem gemeinsamen Erzeuger der Ordnung noch nicht so stark divergiert haben werden. Daher kommt es denn, daß alte und erloschene Gattungen oft in einem größeren oder geringeren Grade zwischen ihren modifizierten Nachkommen oder zwischen ihren Seitenverwandten das Mittel halten.

In der Natur wird der Fall weit zusammengesetzter sein als ihn unser Schema darstellt, denn die Gruppen werden viel zahlreicher, ihre Dauer wird von außerordentlich ungleicher Länge gewesen sein und die Abänderungen werden mannigfaltige Abstufungen dargeboten haben. Da wir nur den letzten Band des geologischen Berichts und diesen in einem vielfach unterbrochenen Zustand besitzen, so haben wir, einige seltene Fälle ausgenommen, kein Recht, die Ausfüllung großer Lücken im Natursystem und so die Verbindung getrennter Familien und Ordnungen zu erwarten. Alles, was wir zu erwarten ein Recht haben, ist, diejenigen Gruppen, welche erst innerhalb bekannter geologischer Zeiten große Veränderungen erfahren haben, in den frühesten Formationen etwas näher aneinander gerückt zu finden, so daß die älteren Glieder in einigen ihrer Charaktere etwas weniger weit auseinandergehen, als es die jetzigen Glieder derselben Gruppen tun; und dies scheint nach dem einstimmigen Zeugnis unserer besten Paläontologen häufig der Fall zu sein.

So scheinen sich mir nach der Theorie gemeinsamer Abstammung mit fortschreitender Modifikation die hauptsächlichsten Tatsachen hinsichtlich der wechselseitigen Verwandtschaft der erloschenen Lebensformen untereinander und mit den noch lebenden in zufriedenstellender Weise zu erklären. Nach jeder anderen Betrachtungsweise sind sie völlig unerklärbar.

Aus der nämlichen Theorie erhellt, daß die Fauna einer jeden großen Periode in der Erdgeschichte in ihrem allgemeinen Charakter das Mittel halten müsse zwischen der zunächst vorangehenden und der ihr nachfolgenden. So sind die Arten, welche auf der sechsten großen Deszendenzstufe unseres Schemas vorkommen, die abgeänderten Nachkommen derjenigen, welche schon auf der fünften vorhanden gewesen sind, und sind die Eltern der in der siebten noch weiter abgeänderten; sie können daher nicht wohl anders als nahezu intermediär im Charakter zwischen den Lebensformen darunter und darüber sein. Wir müssen jedoch hierbei das gänzliche Erlöschen einiger früherer Formen und in einem jeden Gebiet die Einwanderung neuer Formen aus anderen Gegenden und die beträchtliche Umänderung der Formen während der langen Lücke zwischen je zwei aufeinanderfolgenden Formationen mit in Betracht ziehen. Diese Zugeständnisse berücksichtigt, muß die Fauna jeder großen geologischen Periode zweifelsohne das Mittel einnehmen zwischen der vorhergehenden und der folgenden. Ich brauche nur als Beispiel anzuführen, wie die Fossilreste des devonischen Systems sofort nach Entdeckung desselben von den Paläontologen als intermediär zwischen denen des darunterliegenden Silur- und des daraufolgenden Steinkohlensystems erkannt wurden. Aber eine jede Fauna muß dieses Mittel nicht notwendig genau einhalten, weil die zwischen aufeinanderfolgenden Formationen verflossenen Zeiträume ungleich lang gewesen sind.

Es ist kein wesentlicher Einwand gegen die Wahrheit der Behauptung, daß die Fauna jeder

Periode im ganzen genommen ungefähr das Mittel zwischen der vorhergehenden und der nachfolgenden Fauna halten müsse, darin zu finden, daß gewisse Gattungen Ausnahmen von dieser Regel bilden. So stimmen z. B., wenn man Mastodonten und Elefanten nach Dr. Falconer zuerst nach ihrer gegenseitigen Verwandtschaft und dann nach ihrer geologischen Aufeinanderfolge in zwei Reihen ordnet, beide Reihen nicht miteinander überein. Die in ihren Charakteren am weitesten abweichenden Arten sind weder die ältesten noch die jüngsten, noch sind die von mittlerem Charakter auch von mittlerem Alter. Nehmen wir aber für einen Augenblick an, unsere Kenntnisse von den Zeitpunkten des Erscheinens und Verschwindens der Arten sei in diesem und ähnlichen Fällen vollständig, was aber durchaus nicht der Fall ist, so haben wir doch noch kein Recht zu glauben, daß die nacheinander auftretenden Formen notwendig auch gleich lang bestehen mußten. Eine sehr alte Form kann gelegentlich eine viel längere Dauer als eine irgendwo anders später entwickelte Form haben, was insbesondere von solchen Landbewohnern gilt, welche in ganz getrennten Bezirken zuhause sind. Kleines mit Großem vergleichend wollen wir die Tauben als Beispiel wählen. Wenn man die lebenden und erloschenen Hauptrassen unserer Haustauben nach ihren Verwandtschaften in Reihen ordnete, so würde diese Anordnungsweise nicht genau übereinstimmen weder mit der Zeitfolge ihrer Entstehung, noch, und zwar noch weniger, mit der ihres Untergangs. Denn die stammelterliche Felstaube lebt noch, und viele Zwischenvarietäten zwischen ihr und der Botentaube sind erloschen, und Botentauben, welche in der Länge des Schnabels das Äußerste bieten, sind früher entstanden als die kurzschnäbeligen Purzler, welche das entgegengesetzte Ende der auf die Schnabellänge gegründeten Reihenfolge bilden.

Mit der Behauptung, daß die organischen Reste einer dazwischenliegenden Formation auch einen nahezu intermediären Charakter besitzen, steht die Tatsache, worauf die Paläontologen bestehen, in nahem Zusammenhang, daß die Fossilien aus zwei aufeinanderfolgenden Formationen viel näher als die aus zwei entfernten miteinander verwandt sind. Pictet führt als ein bekanntes Beispiel die allgemeine Ähnlichkeit der organischen Reste aus den verschiedenen Etagen der Kreideformation an, obwohl die Arten in allen Etagen verschieden sind. Diese Tatsache allein scheint ihrer Allgemeinheit wegen Professor Pictet in seinem festen Glauben an die Unveränderlichkeit der Arten wankend gemacht zu haben. Wer mit der Verteilungsweise der jetzt lebenden Arten über die Erdoberfläche bekannt ist, wird nicht versuchen, die große Ähnlichkeit verschiedener Spezies in nahe aufeinanderfolgenden Formationen damit zu erklären, daß die physikalischen Bedingungen der alten Ländergebiete sich nahezu gleich geblieben seien. Erinnern wir uns, daß die Lebensformen wenigstens des Meeres auf der ganzen Erde und mithin unter den allerverschiedensten Klimata und anderen Bedingungen fast gleichzeitig gewechselt haben, – und bedenken wir, welchen unbedeutenden Einfluß die wunderbarsten klimatischen Veränderungen während der die ganze Eiszeit umschließenden Pleistozänperiode auf die spezifischen Formen der Meeresbewohner ausgeübt haben!

Nach der Deszendenztheorie tritt die volle Bedeutung der Tatsache klar zu Tage, daß fossile Reste aus unmittelbar aufeinanderfolgenden Formationen, wenn auch als verschiedene Arten aufgeführt, nahe miteinander verwandt sind. Da die Ablagerung jeder Formation oft unterbrochen worden ist und lange Pausen zwischen der Absetzung verschiedener sukzessiver Formationen stattgefunden haben, so dürfen wir, wie ich im letzten Kapitel zu zeigen versucht habe, nicht erwarten, in irgendeiner oder zwei Formationen alle Zwischenvarietäten zwischen den Arten zu finden, welche am Anfang und am Ende dieser Formationen gelebt haben; wohl aber müßten wir nach Zwischenräumen (sehr lang in Jahren ausgedrückt, aber mäßig lang in geologischem Sinne) nahe verwandte Formen oder, wie manche Schriftsteller sie genannt haben, „stellvertretende Arten" finden; und diese finden wir in der Tat. Kurz, wir entdecken diejenigen Beweise einer langsamen und kaum erkennbaren Umänderung spezifischer Formen, wie wir sie zu erwarten berechtigt sind.

Entwicklungsstufe erloschener Formen

Wir haben im vierten Kapitel gesehen, daß der Grad der Differenzierung und Spezialisierung der Teile aller organischen Wesen in ihrem reifen Alter den besten bis jetzt aufgestellten Maßstab zur Bemessung der Vollkommenheits- oder Höhenstufe derselben abgibt. Wir haben auch gesehen, daß, da die Spezialisierung der Teile ein Vorteil für jedes Wesen ist, die natürliche Zuchtwahl streben wird, die Organisation eines jeden Wesens immer mehr zu spezialisieren und somit, in diesem Sinne genommen, vollkommener und höher zu machen; was jedoch nicht ausschließt, daß noch immer viele Geschöpfe, für einfachere Lebensbedingungen bestimmt, auch ihre Organisation einfach und unverbessert behalten und in manchen Fällen selbst in ihrer Organisation zurückschreiten oder vereinfachen, wobei aber immer derartig zurückgeschrittene Wesen ihren neuen Lebenswegen besser angepaßt sind. Auch in einem anderen und allgemeinen Sinne ergibt sich, daß die neuen Arten höhere als ihre Vorfahren werden; denn sie haben im Kampf ums Dasein alle älteren Formen, mit denen sie in nahe Konkurrenz kommen, aus dem Felde zu schlagen. Wir können daher schließen, daß, wenn in einem nahezu ähnlichen Klima die eozänen Bewohner der Welt in Konkurrenz mit den jetzigen Bewohnern gebracht werden könnten, die ersteren unterliegen und von den letzteren vertilgt werden würden, ebenso wie eine sekundäre Fauna von der eozänen und eine paläozoische von der sekundären überwunden werden würde. Der Theorie der natürlichen Zuchtwahl gemäß müßten demnach die neuen Formen ihre höhere Stellung den alten gegenüber nicht nur durch diesen fundamentalen Beweis ihres Siegs im Kampf ums Dasein, sondern auch durch eine weitergediehene Spezialisierung der Organe bewähren. Ist dies aber wirklich der Fall? Eine große Mehrzahl der Paläontologen würde dies bejahen; und es scheint, daß man diese Antwort wird für wahr halten müssen, wenn sie auch schwer zu beweisen ist.

Es ist kein gültiger Einwand gegen diesen Schluß, daß gewisse Brachiopoden von einer äußerst weit zurückliegenden geologischen Periode an nur wenig modifiziert worden sind, und daß gewisse Land- und Süßwassermollusken von der Zeit an, wo sie, soweit es bekannt ist, zuerst erschienen, nahezu dieselben geblieben sind. Auch ist es keine unüberwindliche Schwierigkeit, daß Foraminiferen, wie Carpenter betont hat, selbst von der Laurentischen Formation an in ihrer Organisation keinen Fortschritt gemacht haben; denn einige Organismen müssen eben einfachen Lebensbedingungen angepaßt sein, und welche paßten hierfür besser, als jene niedrig organisierten Protozoen? Derartige Einwände wie die obigen würden meiner Ansicht verderblich sein, wenn diese einen Fortschritt in der Organisation als wesentliches Moment enthielte. Es würde auch meiner Theorie verderblich sein, wenn z. B. nachgewiesen werden könnte, daß die eben genannten Foraminiferen zuerst während der Laurentischen Epoche, oder die erwähnten Brachiopoden zuerst in der kambrischen Formation aufgetreten wären; denn wenn dies bewiesen würde, so wäre die Zeit nicht hinreichend gewesen, um die Organismen bis zu dem dann erreichten Grade entwickeln zu lassen. Einmal bis zu einem gewissen Punkt fortgeschritten, ist nach der Theorie der natürlichen Zuchtwahl keine Nötigung vorhanden, den Prozeß noch fortdauern zu lassen; dagegen werden sie während jedes folgenden Zeitraums leicht modifiziert werden müssen, um ihre Stellung im Verhältnis zu den abändernden Lebensbedingungen behaupten zu können. Alle solche Einwände drehen sich um die Frage, ob wir wirklich wissen, wie alt die Welt ist und in welchen Perioden die verschiedenen Lebensformen zuerst erschienen sind; und dies dürfte wohl bestritten werden.

Das Problem, zu entscheiden, ob die Organisation im ganzen fortgeschritten ist, ist in vieler Hinsicht außerordentlich verwickelt. Der geologische Bericht, schon zu allen Zeiten unvollständig, reicht nicht weit genug zurück, um mit nicht mißzuverstehender Klarheit zu zeigen, daß innerhalb der bekanntgewordenen Geschichte der Erde die Organisation große Fortschritte gemacht hat. Sind doch selbst heutzutage, wenn man die Glieder der nämlichen Klasse betrachtet, noch die Naturforscher nicht einstimmig, welche Formen als die höchsten zu betrachten sind.

Elftes Kapitel

So sehen einige die Selachier oder Haie wegen einiger wichtiger Beziehungen ihrer Organisation zu der der Reptilien als die höchsten Fische an, während andere die Knochenfische als solche betrachten. Die Ganoiden stehen in der Mitte zwischen den Haien und Knochenfischen. Heutzutage sind diese letzten an Zahl weit vorherrschend, während es vordem nur Haie und Ganoiden gegeben hat; und in diesem Falle wird man sagen, die Fische seien in ihrer Organisation vorwärts geschritten oder zurückgegangen, je nachdem man sie mit dem einen oder dem anderen Maßstab mißt. Aber es ist ein hoffnungsloser Versuch, die Stellung von Gliedern ganz verschiedener Typen nach dem Maßstab der Höhe gegeneinander abzumessen. Wer vermöchte zu sagen, ob ein Tintenfisch höher als die Biene stehe, – als das Insekt, von dem der große Naturforscher v. Baer sagt, daß es in der Tat höher als ein Fisch organisiert sei, wenn auch nach einem anderen Typus. In dem verwickelten Kampf ums Dasein ist es ganz glaubhaft, daß solche Kruster z. B., welche in ihrer eigenen Klasse nicht sehr hoch stehen, die Cephalopoden, diese vollkommensten Weichtiere, überwinden würden; und diese Kruster, obwohl nicht hoch entwickelt, würden doch sehr hoch auf der Stufenleiter der wirbellosen Tiere stehen, wenn man nach dem entscheidendsten aller Kriterien, dem Gesetz des Kampfes ums Dasein, urteilt. Abgesehen von den Schwierigkeiten, die es an und für sich hat zu entscheiden, welche Formen die in der Organisation fortgeschrittensten sind, haben wir nicht allein die höchsten Glieder einer Klasse in je zwei verschiedenen Perioden (obwohl dies gewiß eines der wichtigsten oder vielleicht das wichtigste Element bei der Abwägung ist), sondern wir haben alle Glieder, hoch und niedrig, in diesen zwei Perioden miteinander zu vergleichen. In einer alten Zeit wimmelte es sowohl von vollkommensten als auch unvollkommensten Weichtieren, von Cephalopoden und Brachiopoden; während heutzutage diese beiden Ordnungen sehr zurückgegangen und die zwischen ihnen in der Mitte stehenden Klassen mächtig angewachsen sind. Demgemäß haben einige Naturforscher geschlossen, daß die Mollusken vordem höher entwickelt gewesen seien als jetzt; während andere sich für die entgegengesetzte Ansicht auf die gegenwärtige ungeheure Verminderung der Brachiopoden mit umso mehr Gewicht berufen, als auch die noch vorhandenen Cephalopoden, obgleich weniger an Zahl, doch höher als ihre alten Stellvertreter organisiert sind. Wir müssen auch die Proportionalzahlen der oberen und der unteren Klassen der Bevölkerung der ganzen Erde in je zwei verschiedenen Perioden miteinander vergleichen. Wenn es z. B. jetzt 50.000 Arten Wirbeltiere gäbe und wir dürften deren Anzahl in irgendeiner früheren Periode nur auf 10000 schätzen, so müßten wir diese Zunahme der obersten Klassen, welche zugleich eine große Verdrängung tieferer Formen aus ihrer Stelle bedingte, als einen entschiedenen Fortschritt in der organischen Bildung auf der Erde betrachten. Man ersieht hieraus, wie gering allem Anschein nach die Hoffnung ist, unter so äußerst verwickelten Beziehungen jemals in vollkommen richtiger Weise die relative Organisationsstufe unvollkommen bekannter Faunen aufeinanderfolgender Perioden in der Erdgeschichte zu beurteilen.

Wir werden diese Schwierigkeit noch richtiger würdigen, wenn wir gewisse, jetzt existierende Faunen und Floren ins Auge fassen. Nach der außergewöhnlichen Art zu schließen, in der sich in neuerer Zeit aus Europa eingeführte Erzeugnisse über Neuseeland verbreitet und Plätze eingenommen haben, welche doch schon vorher von den eingeborenen Formen besetzt gewesen sein müssen, müssen wir glauben, daß, wenn man alle Pflanzen und Tiere Groß-Britanniens dort frei aussetzte, eine Menge britischer Formen mit der Zeit vollständig daselbst naturalisieren und viele der eingeborenen vertilgen würde. Dagegen dürfte die Tatsache, daß noch kaum ein Bewohner der südlichen Hemisphäre in irgendeinem Teil Europas verwildert ist, uns zu zweifeln veranlassen, ob, wenn alle Naturerzeugnisse Neuseelands in Groß-Britannien frei ausgesetzt würden, eine irgend beträchtliche Anzahl derselben vermögend wäre, sich jetzt von eingeborenen Pflanzen und Tieren schon besetzte Stellen zu erobern. Von diesem Gesichtspunkt aus kann man sagen, daß die Produkte Groß-Britanniens viel höher auf der Stufenleiter als die Neuseeländischen stehen. Und doch hätte der tüchtigste Naturforscher nach Untersuchung der Arten beider Gegenden dieses Resultat nicht voraussehen können. Agassiz und mehrere andere äußerst kompetente Gewährsmänner heben hervor, daß alte Tiere in gewissen Beziehungen den Embryonen neuerer Tierformen derselben Klassen gleichen, und daß die geologische Aufeinanderfolge erloschener Formen nahezu der embryonalen Entwicklung jetzt lebender Formen parallel läuft. Diese Ansicht stimmt mit der Theorie der natürlichen Zuchtwahl wundervoll überein. In einem späteren Kapitel werde ich zu zeigen versuchen, daß die Erwachsenen von ihren Embryonen infolge von Abänderungen abweichen, welche nicht in der frühesten Jugend erfolgen und auch erst auf die entsprechende Altersstufe vererbt werden. Während dieser Prozeß den Embryo fast unverändert läßt, häuft er im Laufe aufeinanderfolgender Generationen immer mehr Verschiedenheit in den Erwachsenen zusammen. So erscheint der Embryo gleichsam wie ein von der Natur aufbewahrtes Portrait des früheren und noch nicht sehr modifizierten Zustands einer jeden Spezies. Diese Ansicht mag richtig sein, dürfte jedoch nie eines vollkommenen Beweises fähig sein. Denn fänden wir auch, daß z. B. die ältesten bekannten Formen der Säugetiere, der Reptilien und der Fische zwar genau diesen Klassen angehörten, aber doch voneinander etwas weniger verschieden wären als die jetzigen typischen Vertreter dieser Klassen, so würden wir uns doch so lange vergebens nach Tieren umsehen, welche noch den gemeinsamen Embryonalcharakter der Vertebraten an sich trügen, als wir nicht fossilienreiche Schichten noch tief unter den untersten kambrischen entdeckten, wozu in der Tat sehr wenig Aussicht vorhanden ist.

Aufeinanderfolge derselben Typen im nämlichen Ländergebiet

Clift hat vor vielen Jahren gezeigt, daß die fossilen Säugetiere aus den Knochenhöhlen Neuhollands sehr nahe mit den noch jetzt dort lebenden Beuteltieren verwandt gewesen sind. In Süd-Amerika hat sich eine ähnliche Beziehung selbst für das ungeübte Auge ergeben in den Armadill-ähnlichen Panzerstücken von riesiger Größe, welche in verschiedenen Teilen von La Plata gefunden worden sind; und Professor Owen hat aufs Schlagendste nachgewiesen, daß die meisten der dort so zahlreich fossil gefundenen Tiere südamerikanischen Typen angehören. Diese Beziehung ist selbst noch deutlicher in den wundervollen Sammlungen fossiler Knochen zu erkennen, welche Lund und Clausen aus den brasilianischen Höhlen mitgebracht haben. Diese Tatsachen machten einen solchen Eindruck auf mich, daß ich in den Jahren 1839 und 1845 dieses „Gesetz der Sukzession gleicher Typen", diese „wunderbare Beziehung zwischen den Toten und Lebenden in einerlei Kontinent" sehr nachdrücklich hervorhob. Professor Owen hat später dieselbe Verallgemeinerung auch auf die Säugetiere der alten Welt ausgedehnt. Wir finden dasselbe Gesetz wieder in den von ihm restaurierten ausgestorbenen Riesenvögeln Neuseelands. Wir sehen es auch in den Vögeln der brasilianischen Höhlen. Woodward hat gezeigt, daß dasselbe Gesetz auch auf die See-Conchylien anwendbar ist, obwohl es der weiten Verbreitung der meisten Molluskengattungen wegen nicht sehr deutlich entwickelt ist. Es ließen sich noch andere Beispiele anführen, wie die Beziehungen zwischen den erloschenen und lebenden Landschnecken auf Madeira und zwischen den ausgestorbenen und jetzigen Brackwasser-Conchylien des Aral-Kaspischen Meeres.

Was bedeutet nun dieses merkwürdige Gesetz der Aufeinanderfolge gleicher Typen in gleichen Ländergebieten? Vergleicht man das jetzige Klima Neuhollands und der unter gleicher Breite damit gelegenen Teile Süd-Amerikas miteinander, so würde es als ein kühnes Unternehmen erscheinen, einerseits aus der Unähnlichkeit der physikalischen Bedingungen die Unähnlichkeit der Bewohner dieser zwei Kontinente und andererseits aus der Ähnlichkeit der Verhältnisse das Gleichbleiben der Typen in jedem derselben während der späteren Tertiärperioden erklären zu wollen. Auch läßt sich nicht behaupten, daß einem unveränderlichen Gesetz zufolge Beuteltiere hauptsächlich oder allein nur in Neuholland, oder daß Edentaten und andere der jetzigen amerikanischen Typen nur in Amerika hervorgebracht worden sein sollten. Denn es ist bekannt, daß Europa in alten Zeiten von zahlreichen Beuteltieren bevölkert war; und ich habe in den oben angedeuteten Schriften gezeigt, daß in Amerika das Verbreitungsgesetz für die Landsäugetiere früher ein anderes war als es jetzt ist. Nord-Amerika beteiligte sich früher sehr an dem jetzigen Charakter der südlichen Hälfte des Kontinents, und die südliche Hälfte war früher mehr als jetzt mit der nördlichen verwandt. Durch Falconers und Cautleys Entdeckung wissen wir in ähnlicher Weise, daß Nord-Indien hinsichtlich seiner Säugetiere früher in näherer Beziehung als jetzt zu Afrika stand. Analoge Tatsachen ließen sich auch von der Verbreitung der Seetiere anführen.

Nach der Theorie der Deszendenz mit Modifikation erklärt sich das große Gesetz langwährender aber nicht unveränderlicher Aufeinanderfolge gleicher Typen auf einem und demselben Gebiet unmittelbar. Denn die Bewohner eines jeden Teils der Welt werden offenbar streben, in diesem Teil während der zunächst folgenden Zeitperiode nahe verwandte, doch etwas abgeänderte Nachkommen zu hinterlassen. Sind die Bewohner eines Kontinents früher von denen eines anderen Festlandes sehr verschieden gewesen, so werden ihre abgeänderten Nachkommen auch jetzt noch in fast gleicher Art und fast gleichem Grade voneinander abweichen. Aber nach sehr langen Zeiträumen und sehr große Wechselwanderungen gestattenden geographischen Veränderungen werden die schwächeren den herrschenden Formen weichen und so ist nichts unveränderlich in Verbreitungsgesetzen früherer und jetziger Zeit.

Vielleicht fragt man mich, um die Sache ins Lächerliche zu ziehen, ob ich glaube, daß das *Megatherium* und die anderen ihm verwandten Ungetüme in Süd-Amerika das Faultier, das Armadill und die Ameisenfresser als ihre degenerierten Nachkommen hinterlassen haben. Dies kann man keinen Augenblick zugeben. Jene großen Tiere sind völlig erloschen, ohne eine Nachkommenschaft hinterlassen zu haben. Aber in den Höhlen Brasiliens finden sich viele ausgestorbene Arten, welche in Größe und anderen Merkmalen mit den noch jetzt in Süd-Amerika lebenden Spezies nahe verwandt sind, und einige dieser Fossilien mögen wirklich die Erzeuger noch jetzt dort lebender Arten gewesen sein. Man darf nicht vergessen, daß nach meiner Theorie alle Arten einer und derselben Gattung von einer und der nämlichen Spezies abstammen, so daß, wenn von sechs Gattungen eine jede acht Arten in einerlei geologischer Formation enthält und in der nächstfolgenden Formation wieder sechs andere verwandte oder stellvertretende Gattungen mit gleicher Artenzahl vorkommen, wir dann schließen dürfen, daß nur eine Art von jeder der sechs älteren Gattungen modifizierte Nachkommen hinterlassen habe, welche die verschiedenen Spezies der neueren Gattungen bildeten; die anderen sieben Arten der alten Genera sind alle ausgestorben, ohne Erben zu hinterlassen. Doch möchte es wahrscheinlich weit öfter vorkommen, daß zwei oder drei Arten von nur zwei oder drei unter den sechs alten Gattungen die Eltern der neuen Genera gewesen und die anderen alten Arten und sämtliche übrigen alten Gattungen gänzlich erloschen sind. In untergehenden Ordnungen mit abnehmender Gattungs- und Artenzahl, wie es offenbar die Edentaten Süd-Amerikas sind, werden noch weniger Genera und Spezies abgeänderte Nachkommen in gerader Linie hinterlassen.

Zusammenfassung dieses und des vorhergehenden Kapitels

Ich habe zu zeigen versucht, daß die geologische Urkunde äußerst unvollständig ist; daß erst nur ein kleiner Teil der Erdoberfläche sorgfältig geologisch untersucht worden ist; daß nur gewisse Klassen organischer Wesen zahlreich in fossilem Zustand erhalten sind; daß die Anzahl der in unseren Museen aufbewahrten Individuen und Arten gar nichts bedeutet im Vergleich mit der unberechenbaren Zahl von Generationen, die nur während einer einzigen Formationszeit aufeinandergefolgt sein müssen; daß an mannigfaltigen fossilen Spezies reiche Formationen, mächtig genug um künftiger Zerstörung zu widerstehen, sich beinahe notwendig nur während der Senkungsperioden ablagern konnten und daher große Zeitzwischenräume zwischen den meisten unserer aufeinanderfolgenden Formationen verflossen sind; daß wahrscheinlich während der Senkungszeiten mehr Aussterben und während der Hebungszeit mehr Abändern organischer Formen stattgefunden hat; daß der Bericht aus diesen letzten Perioden am unvollständigsten erhalten ist; daß jede einzelne Formation nicht in ununterbrochenem Zusammenhang abgelagert worden ist; daß die Dauer jeder Formation wahrscheinlich kurz war im Vergleich zur mittleren Dauer der Artformen; daß Einwanderungen einen großen Anteil am ersten Auftreten neuer Formen in irgendeinem Land oder einer Formation gehabt haben; daß die weit verbreiteten Arten am meisten variiert und am häufigsten Veranlassung zur Entstehung neuer Arten gegeben haben; daß Varietäten anfangs nur lokal gewesen sind. Endlich ist es, obschon jede Art zahlreiche Übergangsstufen durchlaufen haben muß, wahrscheinlich, daß die Zeiträume, während deren eine jede der Modifikation unterlag, zwar zahlreich und nach Jahren gemessen lang, aber mit den Perioden verglichen, in denen sie unverändert geblieben sind, kurz gewesen sind. Alle diese Ursachen zusammengenommen werden es zum großen Teil erklären, warum wir zwar viele Mittelformen zwischen den Arten einer Gruppe finden, warum wir aber nicht endlose Varietätenreihen die erloschenen und lebenden Formen in den feinsten Abstufungen miteinander verketten sehen. Man sollte auch beständig im Sinn behalten, daß zwei oder mehrere Formen miteinander verbindende Varietäten, die gefunden würden, als ebensoviele neue und verschiedene Arten betrachtet werden würden, wenn man nicht die ganze Kette vollständig herstellen könnte; denn wir können nicht behaupten, irgendein sicheres Kriterium zu besitzen, nach dem sich Arten von Varietäten unterscheiden lassen.

Wer diese Ansichten von der Unvollkommenheit der geologischen Urkunden verwerfen will, muß auch folgerichtig meine ganze Theorie verwerfen. Denn vergebens wird er dann fragen, wo die zahlreichen Übergangsglieder geblieben sind, welche die nächstverwandten oder stellvertretenden Arten einst miteinander verkettet haben müssen, die man in den aufeinanderfolgenden Lagern einer und derselben großen Formation übereinander findet. Er wird nicht an die unermeßlichen Zwischenzeiten glauben, welche zwischen unseren aufeinanderfolgenden Formationen verflossen sein müssen; er wird übersehen, welchen wesentlichen Anteil die Wanderungen, – die Formationen irgendeiner großen Weltgegend wie Europa für sich allein betrachtet, – gehabt haben; er wird sich auf das offenbare, aber oft nur scheinbar plötzliche Auftreten ganzer Artengruppen berufen. Er wird fragen, wo denn die Reste jener unendlich zahlreichen Organismen geblieben sind, welche lange vor der Bildung des kambrischen Systems abgelagert worden sein müssen? Wir wissen jetzt, daß wenigstens ein Tier damals existierte; diese letzte Frage kann ich aber nur hypothetisch beantworten mit der Annahme, daß unsere Ozeane sich schon seit unermeßlichen Zeiträumen an ihren jetzigen Stellen befunden haben, und daß da, wo unsere auf und ab schwankenden Kontinente jetzt stehen, sie sicher seit dem Beginn des kambrischen Systems gestanden haben; daß aber die Erdoberfläche lange vor dieser Periode ein ganz anderes Aussehen gehabt haben dürfte, und daß die älteren Kontinente, aus Formationen noch viel älter als irgendeine uns bekannte bestehend, sich jetzt nur in metamorphischem Zustand befinden oder tief unter dem Ozean versenkt liegen.

Doch sehen wir von diesen Schwierigkeiten ab, so scheinen mir alle anderen großen und leitenden Tatsachen in der Paläontologie wunderbar mit der Theorie der Deszendenz mit Modifikation durch natürliche Zuchtwahl übereinzustimmen. Es erklärt sich daraus, warum neue Arten nur langsam und nacheinander auftreten, warum Arten verschiedener Klassen nicht notwendig zusammen oder in gleichem Verhältnis oder in gleichem Grade sich verändern, daß aber alle im Laufe langer Perioden Veränderungen in gewisser Ausdehnung unterliegen. Das Erlöschen alter Formen ist die fast unvermeidliche Folge vom Entstehen neuer. Wir können einsehen, warum eine Spezies, wenn sie einmal verschwunden ist, nie wieder erscheint. Artengruppen wachsen

Elftes Kapitel

nur langsam an Zahl und dauern ungleich lange Perioden; denn der Prozeß der Modifikation ist notwendig ein langsamer und von vielerlei verwickelten Momenten abhängig. Die herrschenden Arten der größeren und herrschenden Gruppen streben danach, viele abgeänderte Nachkommen zu hinterlassen, welche wieder neue Untergruppen und Gruppen bilden. Im Verhältnis wie diese entstehen, neigen sich die Arten minder kräftiger Gruppen infolge ihrer von einem gemeinsamen Urerzeuger geerbten Unvollkommenheit dem gemeinsamen Erlöschen zu, ohne irgendwo auf der Erdoberfläche eine abgeänderte Nachkommenschaft zu hinterlassen. Aber das gänzliche Erlöschen einer ganzen Artengruppe ist oft ein langsamer Prozeß gewesen, da einzelne Arten in geschützten oder abgeschlossenen Standorten verkümmernd noch eine Zeitlang fortleben konnten. Ist eine Gruppe einmal vollständig untergegangen, so erscheint sie nie wieder, denn die Reihe der Generationen ist abgebrochen.

Wir können einsehen, woher es kommt, daß die herrschenden Lebensformen, welche weit verbreitet sind und die größte Zahl von Varietäten ergeben, die Erde mit verwandten jedoch modifizierten Nachkommen zu bevölkern streben, denen es sodann gewöhnlich gelingt, die Plätze jener Artengruppen einzunehmen, welche vor ihnen im Kampf ums Dasein unterliegen. Daher wird es denn nach langen Zwischenräumen aussehen, als hätten die Bewohner der Erdoberfläche überall gleichzeitig gewechselt.

Wir können einsehen, woher es kommt, daß alle Lebensformen, die alten wie die neuen, zusammen nur wenige große Klassen bilden. Es ist aus der fortgesetzten Neigung zur Divergenz des Charakters begreiflich, warum, je älter eine Form ist, sie um so mehr von den jetzt lebenden abweicht; warum alte und erloschene Formen oft Lücken zwischen lebenden auszufüllen geeignet sind und zuweilen zwei Gruppen zu einer einzigen vereinigen, welche zuvor als getrennte aufgestellt worden waren, obwohl sie solche in der Regel einander nur etwas näher rücken. Je älter eine Form ist, um so öfter hält sie in einem gewissen Grade zwischen jetzt getrennten Gruppen das Mittel; denn je älter eine Form ist, desto näher verwandt und mithin ähnlicher wird sie dem gemeinsamen Stammvater solcher Gruppen sein, welche seither weit auseinander gegangen sind. Erloschene Formen halten selten direkt das Mittel zwischen lebenden, sondern stehen in deren Mitte nur infolge einer weitläufigen Verkettung durch viele erloschene und abweichende Formen. Wir ersehen deutlich, warum die organischen Reste dicht aufeinanderfolgender Formationen einander nahe verwandt sind; denn sie hängen durch Zeugung eng miteinander zusammen. Wir vermögen endlich einzusehen, warum die organischen Reste einer mittleren Formation auch in ihren Charakteren intermediär sind.

Die Bewohner der Erde aus einer jeden der aufeinanderfolgenden Perioden ihrer Geschichte haben ihre Vorgänger im Kampf ums Dasein besiegt und stehen insofern auf einer höheren Vollkommenheitsstufe als diese, und ihr Körperbau ist im allgemeinen mehr spezialisiert worden; dies kann die allgemeine Annahme so vieler Paläontologen erklären, daß die Organisation im ganzen fortgeschritten sei. Ausgestorbene und geologisch alte Tiere sind in gewissem Grade den Embryonen neuerer zu denselben Klassen gehöriger Tiere ähnlich; und diese wunderbare Tatsache erhält aus unserer Theorie eine einfache Erklärung. Die Aufeinanderfolge gleicher Organisationstypen innerhalb gleicher Gebiete während der letzten geologischen Perioden hört auf, geheimnisvoll zu sein und wird nach dem Grundsatz der Vererbung verständlich.

Wenn daher die geologische Urkunde so unvollständig ist, wie es viele glauben (und es läßt sich wenigstens behaupten, daß das Gegenteil nicht erweisbar ist), so werden die Haupteinwände gegen die Theorie der natürlichen Zuchtwahl in hohem Grade abgeschwächt, oder sie verschwinden gänzlich. Anderseits scheinen mir alle Hauptgesetze der Paläontologie deutlich zu beweisen, daß die Arten durch gewöhnliche Zeugung entstanden sind. Frühere Lebensformen sind durch neue und vollkommenere Formen, den Produkten der Variation und des Überlebens des Passendsten, ersetzt worden.

Zwölftes Kapitel

Geographische Verbreitung

Die gegenwärtige Verbreitung der Organismen läßt sich nicht aus Verschiedenheiten der physikalischen Lebensbedingungen erklären – Wichtigkeit der Verbreitungsschranken – Verwandtschaft der Erzeugnisse eines nämlichen Kontinents – Schöpfungsmittelpunkte – Mittel der Verbreitung: Veränderungen des Klimas, Schwankungen der Bodenhöhe und gelegentliche Mittel – Die Zerstreuung während der Eisperiode – Abwechselnder Eintritt der Eiszeit im Norden und Süden

Die gegenwärtige Verbreitung der Organismen läßt sich nicht aus Verschiedenheiten der physikalischen Lebensbedingungen erklären – Wichtigkeit der Verbreitungsschranken – Verwandtschaft der Erzeugnisse eines nämlichen Kontinents

Bei Betrachtung der Verbreitungsweise der organischen Wesen über die Erdoberfläche ist die erste wichtige Tatsache, welche uns in die Augen fällt, die, daß weder die Ähnlichkeit noch die Unähnlichkeit der Bewohner verschiedener Gegenden aus klimatischen und anderen physikalischen Bedingungen völlig erklärbar ist. Alle, welche diesen Gegenstand studiert haben, sind neuerdings zu dem nämlichen Ergebnis gelangt. Das Beispiel Amerikas allein würde beinahe schon genügen, seine Richtigkeit zu erweisen. Denn alle Autoren stimmen darin überein, daß mit Ausschluß der arktischen und nördlichen gemäßigten Teile die Trennung der alten und der neuen Welt eine der fundamentalsten Abteilungen bei der geographischen Verbreitung der Organismen bildet. Wenn wir aber den weiten amerikanischen Kontinent von den zentralen Teilen der Vereinigten Staaten an bis zu seinem südlichsten Punkt durchwandern, so begegnen wir den allerverschiedenartigsten Lebensbedingungen, feuchten Landstrichen und den trockensten Wüsten, hohen Gebirgen und grasigen Ebenen, Wäldern und Marschen, Seen und großen Strömen mit fast jeder Temperatur. Es gibt kaum ein Klima oder einen besonderen Zustand eines Bezirkes in der alten Welt, wozu sich nicht eine Parallele in der neuen fände, so ähnlich wenigstens, wie dies zum Fortkommen der nämlichen Arten allgemein erforderlich ist. So gibt es ohne Zweifel zwar in der alten Welt wohl einige kleine Stellen, welche heißer als irgendwelche in der neuen sind; doch haben diese keine von der der umgebenden Distrikte abweichende Fauna; denn man findet sehr selten eine Gruppe von Organismen auf einen kleinen Bezirk beschränkt, dessen Lebensbedingungen nur in einem unbedeutenden Grade eigentümliche sind. Aber ungeachtet dieses allgemeinen Parallelismus in den Lebensbedingungen der alten und der neuen Welt, wie weit sind ihre lebenden Bewohner voneinander verschieden!

Wenn wir in der südlichen Halbkugel große Landstriche in Australien, Süd-Afrika und West-Süd-Amerika zwischen 25° - 35° S. B. miteinander vergleichen, so werden wir manche in allen ihren natürlichen Verhältnissen einander äußerst ähnliche Teile finden, und doch würde es nicht möglich sein, drei einander völlig unähnlichere Faunen und Floren ausfindig zu machen. Oder wenn wir die Naturprodukte Süd-Amerikas im Süden vom 35° Br. und im Norden vom 25° Br. miteinander vergleichen, die also durch einen Zwischenraum von zehn Breitengraden voneinander getrennt und beträchtlich verschiedenen Lebensbedingungen ausgesetzt sind, so zeigen sich dieselben doch einander unvergleichlich näher miteinander verwandt, als die in Australien und Afrika in fast einerlei Klima lebenden. Analoge Tatsachen könnten auch in bezug auf die Meerestiere angeführt werden.

Eine zweite wichtige, uns bei unserer allgemeinen Übersicht auffallende Tatsache ist die, daß Schranken verschiedener Art oder Hindernisse freier Wanderung mit den Verschiedenheiten zwischen Bevölkerungen verschiedener Gegenden in engem und wesentlichem Zusammenhang stehen. Wir sehen dies in der großen Verschiedenheit fast aller Landbewohner der alten und der neuen Welt mit Ausnahme der nördlichen Teile, wo sich das Land beinahe berührt und wo vordem unter einem nur wenig abweichenden Klima die Wanderungen der Bewohner der nördlichen gemäßigten Zone in ähnlicher Weise möglich gewesen sein dürften, wie sie noch jetzt von Seiten der im engeren Sinne arktischen Bevölkerung stattfinden. Wir erkennen dieselbe Tatsache in der großen Verschiedenheit zwischen den Bewohnern von Australien, Afrika und Süd-Amerika unter denselben Breiten wieder; denn diese Gegenden sind beinahe so vollständig voneinander geschieden, wie es nur immer möglich ist. Auch auf jedem Festland finden wir die nämliche Tatsache wieder; denn auf den entgegengesetzten Seiten hoher und zusammenhängender Gebirgsketten, großer Wüsten und mitunter sogar nur großer Ströme finden wir verschiedene Erzeugnisse. Da jedoch Gebirgsketten, Wüsten usw. nicht so unüberschreitbar sind oder es wahrscheinlich nicht solange gewesen sind wie die zwischen den Festländern gelegenen Weltmeere, so sind diese Verschiedenheiten dem Grade nach viel untergeordneter als die für verschiedene Kontinente charakteristischen.

Wenden wir uns zu dem Meer, so finden wir das nämliche Gesetz. Die Meeresfaunen der Ost- und Westküsten von Süd- und Zentral-Amerika sind sehr verschieden; sie haben äußerst wenige Mollusken, Krustentiere und Echinodermen gemeinsam; Günther hat aber neuerdings gezeigt, daß von den Fischen an den gegenüberliegenden Seiten des Isthmus von Panama ungefähr dreißig Prozent dieselben sind; und diese Tatsache hat einige Naturforscher zu der Annahme geführt, daß der Isthmus früher offen gewesen sei. Westwärts von den amerikanischen Gestaden erstreckt sich ein weiter Raum offenen Ozeans mit nicht einer Insel als Ruheplatz für Auswanderer; hier haben wir eine Schranke anderer Art, und sobald diese überschritten ist, treffen wir auf den östlichen Inseln des Stillen Ozeans auf eine neue und ganz verschiedene Fauna. Es erstrecken sich also drei Meeresfaunen nicht weit voneinander in parallelen Linien weit nach Norden und Süden unter sich entsprechenden Klimata. Da sie aber durch unübersteigbare Schranken von Land oder offenem Meer voneinander getrennt sind, so bleiben sie beinahe völlig verschieden voneinander. Gehen wir aber andererseits von den östlichen Inseln im tropischen Teil des Stillen Ozeans noch weiter nach Westen, so finden wir keine unüberschreitbaren Schranken mehr; unzählige Inseln oder zusammenhängende Küsten bieten sich als Ruheplätze dar, bis wir nach Umwanderung einer Hemisphäre zu den Küsten Afrikas gelangen, und in diesem ungeheuren Raum finden wir keine wohl-charakterisierten und verschiedenen Meeresfaunen. Obwohl nur so wenig Seetiere jenen drei benachbarten Faunen von der Ost- und Westküste Amerikas und von den östlichen Inseln des Stillen Ozeans gemeinsam sind, so reichen doch viele Fischarten vom Stillen bis zum Indischen Ozean; und viele Weichtiere sind den östlichen Inseln der Südsee und den östlichen Küsten Afrikas unter sich fast genau entgegengesetzten Längen-Meridianen gemein.

Eine dritte große Tatsache, schon zum Teil in den vorigen Angaben inbegriffen, ist die Verwandtschaft zwischen den Bewohnern eines nämlichen Festlands oder Weltmeeres, obwohl die Arten in verschiedenen Teilen und Standorten desselben verschieden sind. Es ist dies ein Gesetz von der größten Allgemeinheit, und jeder Kontinent bietet unzählige Belege dafür. Dem ungeachtet fühlt sich der Naturforscher auf seinem Wege z.B. von Norden nach Süden unfehlbar betroffen von der Art und Weise, wie Gruppen von Organismen der Reihe nacheinander ersetzen, welche in den Arten verschieden aber nahe verwandt sind. Er hört von nahe verwandten aber doch verschiedenen Vögeln ähnliche Gesänge, sieht ihre ähnlich gebauten, aber nicht völlig gleichen Nester mit ähnlich gefärbten Eiern. Die Ebenen in der Nähe der Magellanstraße sind von einem Nandu (*Rhea Americana*) bewohnt, und im Norden der La Plata-Ebene wohnt eine andere Art derselben Gattung, doch kein echter Strauß (*Struthio*) oder Emu (*Dromaius*), welche in Afrika und beziehungsweise in Neuholland unter gleichen Breiten vorkommen. In denselben La-Plata-Ebenen finden wir das Aguti (*Dasyprocta*) und die Viscache (*Lagostomus*), zwei Tiere nahezu von der Lebensweise unserer Hasen und Kaninchen und mit ihnen in die gleiche Ordnung der Nagetiere gehörig; sie bieten aber ganz deutlich einen rein amerikanischen Organisationstypus dar. Steigen wir zu dem Hochgebirge der Cordillera hinauf, so treffen wir die Berg-Viscache (*Lagidium*); sehen wir uns am Wasser um, so finden wir zwei andere Nager von südamerikanischem Typus, den Coypu (*Myopotamus*) und Capybara (*Hydrochoerus*) statt des Bibers und der Bisamratte. So ließen sich zahllose andere Beispiele anführen. Wie sehr auch die Inseln an den amerikanischen Küsten in ihrem geologischen Bau abweichen mögen, ihre Bewohner sind wesentlich amerikanisch, wenn auch von eigentümlichen Arten. Schauen wir zurück nach nächst früheren Zeitperioden, wie sie im letzten Kapitel erörtert wurden, so finden wir auch da noch amerikanische Typen vorherrschend, auf dem amerikanischen Festland wie in amerikanischen Meeren. Wir erkennen in diesen Tatsachen ein tiefliegendes organisches Gesetz, über Zeit und Raum hinweg auf demselben Gebiet von Land und Meer, unabhängig von ihrer natürlichen Beschaffenheit, herrschend. Der Naturforscher müßte wenig Forschungstrieb besitzen, der sich nicht versucht fühlte, näher nach diesem Gesetz zu forschen.

    Dieses Gesetz besteht einfach in der Vererbung, derjenigen Ursache, welche allein, soweit wir Sicheres wissen, einander völlig gleiche oder wie wir es bei den Varietäten sehen, nahezu gleiche Organismen hervorbringt. Die Unähnlichkeit der Bewohner verschiedener Gegenden wird der Modifikation durch Abänderung und natürliche Zuchtwahl, und, wahrscheinlich in einem untergeordneten Grade, dem bestimmten Einfluß verschiedener physikalischer Lebensbedingungen zuzuschreiben sein. Die Grade der Unähnlichkeit hängen davon ab, ob die Wanderung der herrschenderen Lebensformen aus der einen Gegend in die andere in späterer oder früherer Zeit mehr oder weniger wirksam verhindert worden ist; sie hängen ab von der Natur und Zahl der früheren Einwanderer, von der Einwirkung der Bewohner aufeinander, welche zur Erhaltung verschiedener Modifikationen führt, indem, wie ich schon oft bemerkt habe, die Beziehung von Organismus zu Organismus im Kampf ums Dasein die bedeutungsvollste aller Beziehungen ist. Bei den Wanderungen kommen daher die oben erwähnten Schranken wesentlich in Betracht, ebenso wie die Zeit bei dem langsamen Prozeß der natürlichen Zuchtwahl. Weitverbreitete und an Individuen reiche Arten, welche schon über viele Konkurrenten in ihrer eigenen ausgedehnten Heimat gesiegt haben, werden beim Vordringen in neue Gegenden die beste Aussicht haben, neue Plätze zu gewinnen. An ihren neuen Wohnorten werden sie neuen Lebensbedingungen ausgesetzt werden und häufig neue Abänderungen und Verbesserungen erfahren; und so werden sie den anderen noch überlegener werden und Gruppen modifizierter Nachkommen erzeugen. Aus diesem Prinzip fortschreitender Vererbung mit Abänderung können wir verstehen, weshalb Untergattungen, Gattungen und selbst ganze Familien, wie es so gewohnter- und anerkanntermaßen der Fall ist, auf die nämlichen Gebiete beschränkt erscheinen.

    Wie schon im letzten Kapitel bemerkt wurde, ist kein Beweis vorhanden für die Existenz irgendeines Gesetzes notwendiger Vervollkommnung. Sowie die Veränderlichkeit einer jeden Art eine unabhängige Eigenschaft ist und von der natürlichen Zuchtwahl nur so weit ausgebeutet wird, wie es den Individuen in ihrem vielseitigen Kampf ums Dasein zum Vorteil gereicht, so besteht auch für die Modifikation der verschiedenen Spezies kein gleichförmiges Maß. Wenn eine Anzahl von Arten, die in ihrer alten Heimat miteinander lange in Konkurrenz gestanden haben, in Masse nach einer neuen und nachher isolierten Gegend auswandern, so werden sie wenig Modifikation erfahren, indem weder die Wanderung noch die Isolierung an sich etwas dabei tun. Diese Prinzipien kommen nur in Tätigkeit, wenn dabei Organismen in neue Beziehungen untereinander, weniger, wenn sie in Berührung mit neuen Lebensbedingungen gebracht werden. Wie wir im letzten Kapitel gesehen haben, daß einige Formen den nämlichen Charakter seit ungeheuer weit zurückgelegenen geologischen Perioden fast unverändert behauptet haben, so sind auch gewisse Arten über weite Räume gewandert, ohne große oder überhaupt irgendwelche Veränderungen erlitten zu haben.

Nach diesen Ansichten liegt es auf der Hand, daß die verschiedenen Arten einer und derselben Gattung, wenn sie auch die entferntesten Teile der Welt bewohnen, doch ursprünglich aus gleicher Quelle entsprungen sein müssen, da sie vom nämlichen Erzeuger herrühren. Was diejenigen Arten betrifft, welche im Laufe ganzer geologischer Perioden nur eine geringe Modifikation erfahren haben, so hat es keine große Schwierigkeit, anzunehmen, daß sie aus einerlei Gegend hergewandert sind; denn während der ungeheuren geographischen und klimatischen Veränderungen, welche seit alten Zeiten vor sich gegangen, sind Wanderungen beinahe in jeder Ausdehnung möglich gewesen. In vielen anderen Fällen aber, wo wir Grund haben, zu glauben, daß die Arten einer Gattung erst in vergleichsweise neuer Zeit entstanden sind, ist die Schwierigkeit in dieser Hinsicht weit größer. Ebenso ist es einleuchtend, daß die Individuen einer und derselben Art, wenn sie jetzt auch weit auseinander und abgesondert gelegene Gegenden bewohnen, von einer Stelle ausgegangen sein müssen, wo ihre Eltern zuerst erstanden sind; denn es ist, wie es im letzten Abschnitt erläutert wurde, unglaublich, daß spezifisch identische Individuen durch natürliche Zuchtwahl von spezifisch verschiedenen Stammformen hätten erzeugt werden können.

Schöpfungsmittelpunkte

So wären wir denn bei der von Naturforschern des breiteren erörterten Frage angelangt, nämlich, ob Arten je an einer oder an mehreren Stellen der Erdoberfläche erschaffen worden seien. Zweifelsohne gibt es viele Fälle, wo es äußerst schwer zu begreifen ist, wie die gleiche Art von einem Punkt aus nach den verschiedenen entfernten und isolierten Punkten gewandert sein solle, wo sie nun gefunden wird. Dem ungeachtet drängt sich die Vorstellung, daß jede Art nur von einem einzelnen ursprünglichen Geburtsort ausgegangen sein muß, schon durch ihre Einfachheit dem Geist auf. Und wer sie verwirft, verwirft die vera causa der gewöhnlichen Zeugung mit nachfolgender Wanderung, und nimmt zu einem Wunder seine Zuflucht. Es wird allgemein zugestanden, daß die von einer Art bewohnte Gegend in den meisten Fällen zusammenhängend ist; und wenn eine Pflanzen- oder Tierart zwei voneinander so entfernte oder durch einen Zwischenraum solcher Art getrennte Punkte bewohnt, daß sie nicht leicht von einem zum anderen gewandert sein kann, so betrachtet man die Tatsache als etwas Merkwürdiges und Ausnahmsweises. Die Unfähigkeit, über Meer zu wandern, ist bei Landsäugetieren vielleicht mehr als bei irgendeinem anderen organischen Wesen in die Augen fallend; und wir finden damit übereinstimmend auch keine unerklärbaren Fälle, wo dieselben Säugetierarten sehr entfernte Punkte der Erde bewohnten. Kein Geologe findet darin irgendeine Schwierigkeit, daß Groß-Britannien die nämlichen Säugetiere wie das übrige Europa besitzt; denn ohne Zweifel hat es einmal mit diesem zusammengehangen. Wenn aber dieselbe Art an zwei entfernten Punkten der Welt erzeugt werden kann, warum finden wir nicht eine einzige Europa und Australien oder Süd-Amerika gemeinsam angehörige Säugetierart? Die Lebensbedingungen sind nahezu die nämlichen, so daß eine Menge europäischer Pflanzen und Tiere in Amerika und Australien naturalisiert worden sind; sogar einige der ureinheimischen Pflanzenarten sind genau dieselben an diesen zwei so entfernten Punkten der nördlichen und südlichen Hemisphäre! Die Antwort liegt, wie ich glaube, darin, daß Säugetiere nicht fähig gewesen sind, zu wandern, während einige Pflanzen mit ihren mannigfaltigen Verbreitungsmitteln diesen weiten und unterbrochenen Zwischenraum zu überschreiten vermochten. Der mächtige und handgreifliche Einfluß geographischer Schranken aller Art wird nur unter der Voraussetzung begreiflich, daß weitaus der größte Teil der Spezies nur auf einer Seite derselben erzeugt worden ist und Mittel zur Wanderung nach der anderen Seite nicht besessen hat. Einige wenige Familien, viele Unterfamilien, sehr viele Gattungen und eine noch größere Anzahl an Untergattungen sind nur auf je eine einzelne Gegend beschränkt, und mehrere Naturforscher haben die Beobachtung gemacht, daß die meisten natürlichen Gattungen, oder diejenigen, deren Arten am nächsten miteinander verwandt sind, allgemein auf dieselbe Gegend beschränkt sind oder daß, wenn sie eine weite Verbreitung haben, ihr Verbreitungsgebiet zusammenhängend ist. Was für eine wunderliche Anomalie würde es sein, wenn die entgegengesetzte Regel herrschte, sobald wir eine Stufe tiefer in der Reihe, nämlich auf die Individuen einer nämlichen Art kämen, und diese wären nicht, wenigstens zuerst, auf eine Gegend beschränkt gewesen!

Daher scheint mir, wie so vielen anderen Naturforschern, die Ansicht die wahrscheinlichste zu sein, daß jede Art nur in einer einzigen Gegend entstanden, aber nachher von da aus so weit gewandert ist, wie das Vermögen zu wandern und sich unter früheren und gegenwärtigen Bedingungen zu erhalten es gestattete. Es kommen unzweifelhaft viele Fälle vor, wo sich nicht erklären läßt, auf welche Weise diese oder jene Art von einer Stelle zur anderen gelangt ist. Aber geographische und klimatische Veränderungen, welche sich in den neueren geologischen Zeiten sicher ereignet haben, müssen den früher bestandenen Zusammenhang der Verbreitungsflächen vieler Arten unterbrochen haben. So gelangen wir zur Erwägung, ob diese Ausnahmen von dem Ununterbrochensein der Verbreitungsbezirke so zahlreich und so gewichtiger Natur sind, daß wir die durch die vorangehenden allgemeinen Betrachtungen wahrscheinlich gemachte Meinung, jede Art sei nur auf einem Gebiet entstanden und von da so weit wie möglich gewandert, aufzugeben genötigt werden. Es würde zum Verzweifeln langweilig sein, alle Ausnahmefälle aufzuzählen und zu erörtern, wo eine und dieselbe Art jetzt an verschiedenen weit voneinander entfernten Orten lebt; auch will ich keinen Augenblick behaupten, für viele dieser Fälle eine genügende Erklärung wirklich geben zu können. Doch möchte ich nach einigen vorläufigen Bemerkungen einige wenige der auffallendsten Klassen solcher Tatsachen erörtern, wie insbesondere das Vorkommen von einerlei Art auf den Spitzen weit voneinander gelegener Bergketten, oder an entlegenen Punkten im arktischen und antarktischen Kreis zugleich; dann zweitens (im folgenden Kapitel) die weite Verbreitung der Süßwasserbewohner, und drittens das Vorkommen von einerlei Landtierarten auf Inseln und dem nächsten Festland, wenn beide auch durch Hunderte von Meilen offenen Meeres voneinander getrennt sind. Wenn das Vorkommen von einer und der nämlichen Art an entfernten und vereinzelten Fundstätten der Erdoberfläche sich in vielen Fällen durch die Voraussetzung erklären läßt, daß eine jede Art von einer einzigen Geburtsstätte aus dahin gewandert sei, dann scheint mir in Anbetracht unserer gänzlichen Unbekanntschaft mit den früheren geographischen und klimatischen Veränderungen, sowie mit manchen zufälligen Transportmitteln die Annahme, daß eine einzige Geburtsstätte das allgemeine Gesetz gewesen ist, ohne Vergleich die sicherste zu sein.

Bei Erörterung dieses Gegenstandes werden wir Gelegenheit haben, noch einen anderen für uns gleichwichtigen Punkt in Betracht zu ziehen, ob nämlich die mancherlei verschiedenen Arten einer Gattung, welche meiner Theorie zufolge einen gemeinsamen Urzeuger hatten, von irgendeinem Gebiet ausgegangen und während ihrer Wanderung noch weiterer Modifikation unterworfen gewesen sein können. Kann nachgewiesen werden, daß eine Gegend, deren meiste Bewohner von denen einer zweiten Gegend verschieden aber denselben nahe verwandt sind, in irgendeiner früheren Zeit wahrscheinlich einmal Einwanderer aus dieser letzten erhalten hat, so wird dies zur Bestätigung unserer allgemeinen Anschauung beitragen; denn die Erklärung liegt dann nach dem Prinzip der Deszendenz mit Modifikation auf der Hand. Eine vulkanische Insel z. B., welche einige Hundert Meilen von einem Kontinent entfernt emporstiege, würde wahrscheinlich im Laufe der Zeit einige Kolonisten von diesem erhalten, deren Nachkommen, wenn auch etwas modifiziert, doch ihre Verwandtschaft mit den Bewohnern des Kontinents auf ihre Nachkommen vererben würden. Fälle dieser Art sind gewöhnlich und, wie wir nachher sehen werden, nach der Theorie unabhängiger Schöpfung unerklärlich. Diese Ansicht über die Verwandtschaft der Arten einer Gegend mit denen einer anderen ist nicht sehr von der von Wallace aufgestellten verschieden, welcher die Folgerung aufstellt, daß die „Entstehung jeder Art in Zeit und Raum mit einer früher vorhandenen nahe verwandten Art zusammentrifft". Und es ist jetzt allgemein bekannt, daß er dieses „Zusammentreffen" der Deszendenz mit Modifikation zuschreibt.

Die Frage über ein- oder mehrfache Schöpfungsmittelpunkte ist von einer anderen, wenn auch verwandten Frage verschieden: ob nämlich alle Individuen einer und derselben Art von einem einzigen Paar oder einem Hermaphroditen abstammen, oder ob, wie einige Autoren annehmen, von vielen gleichzeitig entstandenen Individuen einer Art. Bei solchen Organismen, welche sich niemals kreuzen (wenn dergleichen überhaupt existieren), muß nach meiner Theorie die Art von einer Reihenfolge modifizierter Varietäten herrühren, die sich nie mit anderen Individuen oder Varietäten derselben Spezies gekreuzt, sondern einfach einander ersetzt haben, so daß auf jeder der aufeinanderfolgenden Modifikationsstufen alle Individuen von einerlei Form auch von einerlei Stammvater herrühren mußten. In der großen Mehrzahl der Fälle jedoch, nämlich bei allen Organismen, welche sich zu jeder einzelnen Fortpflanzung paaren oder sich gelegentlich mit anderen kreuzen, werden sich die Individuen der nämlichen Spezies, welche ein und dasselbe Gebiet bewohnen, durch die Kreuzung nahezu gleichförmig erhalten haben, so daß viele Individuen sich gleichzeitig abänderten, und der ganze Betrag der Abänderung auf jeder Stufe nicht von der Abstammung von einem gemeinsamen Stammvater herrührt. Um zu erläutern, was ich meine, will ich anführen, daß unsere englischen Rennpferde von den Pferden jeder anderen Züchtung abweichen, aber ihre Verschiedenheit und Vollkommenheit verdanken sie nicht der Abstammung von irgendeinem einzigen Paar, sondern der fortgesetzt angewendeten Sorgfalt bei Auswahl und Erziehung vieler Individuen in jeder Generation.

Ehe ich auf die nähere Erörterung der drei Klassen von Tatsachen eingehe, welche ich als diejenigen ausgewählt habe, die nach der Theorie von den „einzelnen Schöpfungsmittelpunkten" die meisten Schwierigkeiten darbieten, muß ich den Verbreitungsmitteln noch einige Worte widmen.

Mittel der Verbreitung: Veränderungen des Klimas, Schwankungen der Bodenhöhe und gelegentliche Mittel

Sir Ch. Lyell und andere Autoren haben diesen Gegenstand sehr gut behandelt. Ich kann hier nur einen kurzen Auszug der wichtigsten Tatsachen liefern. Klimawechsel muß auf Wanderungen der Organismen einen mächtigen Einfluß gehabt haben. Eine Gegend mit früher verschiedenem Klima kann eine Heerstraße der Auswanderung gewesen und jetzt der Natur des Klimas wegen für gewisse Organismen ungangbar sein; diesen Gegenstand werde ich indessen sofort mit einigem Detail zu behandeln haben. Höhenwechsel des Landes kommt dabei als sehr einflußreich auch wesentlich mit in Betracht. Eine schmale Landenge trennt jetzt zwei Meeresfaunen; taucht sie unter oder war sie früher untergetaucht, so werden beide Faunen zusammenfließen oder vordem zusammengeflossen sein. Wo dagegen sich jetzt die See ausbreitet, da mag vormals trockenes Land Inseln und selbst Kontinente miteinander verbunden und so Landbewohner in den Stand gesetzt haben von einer Seite zur anderen zu wandern. Kein Geologe bestreitet, daß große Veränderungen der Bodenhöhen während der Periode der jetzt lebenden Organismen stattgefunden haben, und Edw. Forbes behauptet, alle Inseln des Atlantischen Meeres müßten noch unlängst mit Afrika oder Europa, wie gleicherweise Europa mit Amerika zusammengehangen haben. Andere Schriftsteller haben in ähnlicher Weise hypothetisch der Reihe nach jeden Ozean überbrückt und fast jede Insel mit irgendeinem Festland verbunden. Und wenn sich die Argumente von Forbes bestätigen ließen, so müßte man gestehen, daß es kaum irgendeine Insel gäbe, welche nicht noch neuerlich mit einem Kontinent zusammengehangen hätte. Diese Ansicht zerhaut den gordischen Knoten der Verbreitung einer Art bis zu den entlegensten Punkten und beseitigt eine Menge von Schwierigkeiten. Aber nach meinem besten Wissen und Gewissen glaube ich nicht, daß wir berechtigt sind, so ungeheure geographische Veränderungen innerhalb der Periode der noch jetzt lebenden Arten anzunehmen. Es scheint mir, daß wir zwar wohl sehr zahlreiche Beweise von großen Schwankungen im Niveau des Landes und der Meere besitzen, doch nicht von so ungeheuren Veränderungen in der Lage und Ausdehnung unserer Kontinente, daß sich mittelst jener eine Verbindung derselben miteinander und mit den verschiedenen dazwischen gelegenen ozeanischen Inseln noch in der jetzigen Erdperiode ergäbe. Dagegen gebe ich gern die vormalige Existenz vieler jetzt im Meer begrabener Inseln zu, welche vielen Pflanzen- und Tierarten bei ihren Wanderungen als Ruhepunkte gedient haben mögen. In den Korallenmeeren erkennt man, nach meiner Meinung, solche versunkene Inseln noch jetzt mittelst der auf ihnen stehenden Korallenringe oder Atolle. Wenn es einmal vollständig eingeräumt sein wird, wie es eines Tages ohne Zweifel noch geschehen wird, daß jede Art nur eine Geburtsstätte gehabt hat, und wenn wir im Laufe der Zeit etwas Bestimmteres über die Verbreitungsmittel erfahren haben werden, so werden wir imstande sein, über die frühere Ausdehnung des Landes mit einiger Sicherheit zu spekulieren. Dagegen glaube ich nicht, daß es je zu beweisen sein wird, daß die meisten unserer jetzt vollständig getrennten Kontinente noch in neuerer Zeit wirklich oder nahezu miteinander und mit den vielen noch vorhandenen ozeanischen Inseln zusammengehangen haben. Mehrere Tatsachen in der Verbreitung, wie die große Verschiedenheit der Meeresfaunen an den entgegengesetzten Seiten fast jedes großen Kontinents, die nahe Verwandtschaft tertiärer Bewohner mehrerer Länder und selbst Meere mit deren jetzigen Bewohnern, der Grad der Verwandtschaft zwischen Inseln bewohnenden Säugetieren und denen des nächsten Kontinents, der (wie wir später sehen werden) zum Teil durch die Tiefe des dazwischenliegenden Ozeans bestimmt wird: diese und andere derartige Tatsachen scheinen mir sich der Annahme solcher ungeheuren geographischen Umwälzungen in der neuesten Periode zu widersetzen, wie sie nach den von E. Forbes aufgestellten und von seinen zahlreichen Nachfolgern angenommenen Ansichten nötig wären. Die Natur und Zahlenverhältnisse der Bewohner ozeanischer Inseln scheinen mir gleicherweise der Annahme eines früheren Zusammenhangs mit den Festländern zu widerstreben. Ebensowenig ist die beinahe ganz allgemeine vulkanische Zusammensetzung solcher Inseln der Annahme günstig, daß sie bloße Trümmer versunkener Kontinente seien; denn wären es ursprünglich Spitzen von kontinentalen Bergketten gewesen, so würden doch wenigstens einige derselben gleich anderen Gebirgshöhen aus Granit, metamorphischen Schiefern, alten organische Reste führenden Schichten u. dergl. statt immer nur aus Anhäufungen vulkanischer Massen bestehen.

Ich habe nun noch einige Worte über die sogenannten „zufälligen" Verbreitungsmittel zu sagen, die man besser „gelegentliche" nennen würde. Doch will ich mich hier nur auf die Pflanzen beschränken. In botanischen Werken findet man häufig angegeben, daß diese oder jene Pflanze für weite Aussaat nicht gut geeignet sei. Aber was den Transport derselben über das Meer betrifft, so läßt sich behaupten, daß die größere oder geringere Leichtigkeit desselben beinahe völlig unbekannt ist. Bis zu der Zeit, wo ich mit Berkeleys Hilfe einige wenige Versuche darüber angestellt habe, war nicht einmal bekannt inwieweit Samen dem schädlichen Einfluß des Meerwassers zu widerstehen vermögen. Zu meiner Verwunderung fand ich, daß von 87 Arten 64 noch keimten, nach dem sie 28 Tage lang im Meerwasser gelegen; und einige wenige taten es sogar nach 137 Tagen noch. Es ist beachtenswert, daß gewisse Ordnungen viel stärker als andere angegriffen wurden. So versuchte ich neun Leguminosen, und mit einer Ausnahme widerstanden sie dem Einfluß des Salzwassers nur schlecht; und sieben Arten der verwandten Ordnungen der *Hydrophyllaceae* und *Polemoniaceae* waren nach einem Monat alle tot. Der Bequemlichkeit wegen wählte ich meistens nur kleine Samen ohne die Fruchthüllen, und da alle schon nach wenigen Tagen untersanken, so hätten sie natürlich keine weiten Räume des Meeres durchschiffen können, mochten sie nun ihre Keimkraft im Salzwasser bewahren oder nicht. Nachher wählte ich größere Früchte, Samenkapseln usw., und von diesen blieben einige eine lange Zeit schwimmen. Es ist wohl bekannt, wie verschieden die Schwimmfähigkeit einer Holzart im grünen und im trockenen Zustand ist. Es kam mir dabei der Gedanke, daß Hochwasser wohl häufig ausgetrocknete Pflanzen oder deren Zweige mit daran hängenden Samenkapseln oder Früchten in das Meer schwemmen könnten. Ich wurde dadurch veranlaßt, von 94 Pflanzenarten die Stengel und Zweige mit reifen Früchten daran zu trocknen und sie auf Meerwasser zu legen. Die Mehrzahl sank schnell unter, doch einige, welche grün nur sehr kurze Zeit an der Oberfläche geblieben waren, hielten sich getrocknet viel länger oben. So sanken z. B. reife Haselnüsse unmittelbar unter, schwammen aber, wenn sie vorher ausgetrocknet waren, 90 Tage lang und keimten dann noch, wenn sie gepflanzt wurden. Eine Spargelpflanze mit reifen Beeren schwamm 23 Tage, nach vorherigem Austrocknen aber 85 Tage, und ihre Samen keimten noch. Die reifen Früchte von *Helosciadium* sanken in zwei Tagen unter, schwammen aber nach vorgängigem Trocknen 90 Tage und keimten hierauf. Im ganzen schwammen von den 94 getrockneten Pflanzen 18 Arten über 28 Tage lang und einige von diesen 18 sogar noch viel länger. Es keimten also 64/87 = 0,74 der Samenarten nach einem Eintauchen von 28 Tagen, und schwammen 18/94 = 0,19 der getrockneten Pflanzenarten mit reifen Samen (doch zum Teil andere Arten als die vorigen) noch über 28 Tage; es würden daher, so viel man aus diesen dürftigen Tatsachen schließen darf, die Samen von 0,14 der Pflanzenarten einer Gegend ohne Nachteil für ihre Keimkraft 28 Tage lang von Meeresströmungen fortgetragen werden können. In Johnstons physikalischem Atlas ist die mittlere Geschwindigkeit der atlantischen Ströme auf 33 Seemeilen pro Tag (manche laufen 60 Meilen weit) angegeben; nach diesem Durchschnitt könnten die Samen von 0,14 Pflanzen eines Gebiets 924 Seemeilen weit nach einem anderen Land fortgeführt werden und, wenn sie dann strandeten und vom Wind sofort auf eine passende Stelle weiter landeinwärts getrieben würden, noch keimen.

Nach mir stellte Martens ähnliche Versuche, doch in weit besserer Weise an, indem er Kistchen mit Samen ins wirkliche Meer versenkte, so daß sie abwechselnd feucht und wieder der Luft ausgesetzt wurden, wie wirklich schwimmende Pflanzen. Er versuchte es mit 98 Samenarten, meistens verschieden von den meinigen, und darunter manche große Früchte und auch Samen von solchen Pflanzen, welche in der Nähe des Meeres wachsen; dies würde ein günstiger Umstand sein, geeignet die mittlere Länge der Zeit, während welcher sie sich schwimmend zu halten und der schädlichen Wirkung des Salzwassers zu widerstehen vermochten, etwas zu vermehren. Andererseits aber trocknete er nicht vorher die Früchte mit den Zweigen oder Stengeln, was einige derselben, wie wir gesehen haben, befähigt haben würde, länger zu schwimmen. Das Ergebnis war, daß 18/98 = 0,185 seiner Samenarten 42 Tage lang schwammen und dann noch keimten. Ich bezweifle jedoch nicht, daß Pflanzen, die mit den Wogen treiben, sich weniger lange schwimmend erhalten als jene, welche so wie in unseren Versuchen gegen heftige Bewegungen geschützt sind. Daher wäre es vielleicht sicherer anzunehmen, daß die Samen von etwa 0,10 Arten einer Flora nach dem Austrocknen noch eine 900 Meilen weite Strecke des Meeres durchschwimmen und dann keimen können. Die Tatsache, daß die größeren Früchte länger als die kleinen schwimmen, ist interessant, weil Pflanzen mit großen Samen oder Früchten, welche, wie Alph. de Candole gezeigt hat, im allgemeinen beschränkte Verbreitungsbezirke besitzen, wohl kaum anders als schwimmend aus einer Gegend in die andere versetzt werden könnten.

Doch können Samen gelegentlich auch auf andere Weise fortgeführt werden. So wird Treibholz an den meisten Inseln ausgeworfen, selbst an den in der Mitte der weitesten Ozeane; und die Eingebornen der Koralleninseln des Stillen Ozeans verschaffen sich härtere Steine für ihre Geräte fast nur von den Wurzeln der Treibholzstämme; diese Steine bilden ein erhebliches Einkommen ihrer Könige. Wenn nun unregelmäßig geformte Steine zwischen die Wurzeln der

Geographische Verbreitung

Bäume fest eingeklemmt sind, so sind auch, wie ich mich durch Untersuchungen überzeugt habe, zuweilen noch kleine Partien Erde dahinter eingeschlossen, mitunter so genau, daß nicht das geringste davon während des längsten Transportes weggewaschen werden könnte. Und nun kenne ich eine Beobachtung, von deren Genauigkeit ich sicher bin, wo aus einer solchen, vollständig eingeschlossenen Partie Erde zwischen den Wurzeln einer 50 jährigen Eiche drei Dicotyledonensamen gekeimt haben. So kann ich ferner nachweisen, daß zuweilen tote Vögel lange auf dem Meer treiben, ohne sofort verschlungen zu werden, und daß in ihrem Kropf enthaltene Samen lange ihre Keimkraft behalten; Erbsen und Wicken z. B., welche sonst schon zugrunde gehen, wenn sie nur wenige Tage im Meerwasser liegen, zeigten sich zu meinem großen Erstaunen noch keimfähig, als ich sie aus dem Kropf einer Taube nahm, welche schon 30 Tage lang auf künstlich bereitetem Salzwasser geschwommen war.

Lebende Vögel haben unfehlbar einen großen Anteil am Transport lebender Samen. Ich könnte viele Fälle anführen, um zu beweisen, wie oft Vögel von mancherlei Art durch Stürme weit über den Ozean verschlagen werden. Wir dürfen wohl als gewiß annehmen, daß unter solchen Umständen ihre Fluggeschwindigkeit oft 35 engl. Meilen in der Stunde betragen mag, und manche Schriftsteller haben sie viel höher angeschlagen. Ich habe nie eine nahrhafte Samenart durch die Eingeweide eines Vogels passieren sehen, wogegen harte Samen und Früchte unangegriffen selbst durch den Darmkanal des Truthahns gehen. Im Laufe von zwei Monaten sammelte ich in meinem Garten aus den Exkrementen kleiner Vögel zwölf Arten Samen, welche alle noch gut zu sein schienen, und einige von ihnen, die ich probierte, haben wirklich gekeimt. Wichtiger ist jedoch folgende Tatsache: Der Kropf der Vögel sondert keinen Magensaft aus und benachteiligt nach meinen Versuchen die Keimkraft der Samen nicht im mindesten. Nun sagt man, daß, wenn ein Vogel eine große Menge Samen gefunden und gefressen hat, die Körner nicht vor zwölf oder achtzehn Stunden in den Magen gelangen. In dieser Zeit aber kann ein Vogel leicht 500 Meilen weit fortgetrieben werden; und wenn Falken, wie sie gern tun, auf den ermüdeten Vogel Jagd machen, so kann dann der Inhalt seines Kropfes bald umhergestreut sein. Nun verschlingen einige Falken und Eulen ihre Beute ganz und brechen nach zwölf bis zwanzig Stunden unverdaute Ballen wieder aus, die, wie ich aus Versuchen in den zoologischen Gärten weiß, oft noch keimfähige Samen enthalten. Einige Samen von Hafer, Weizen, Hirse, Kanariengras, Hanf, Klee und Mangold keimten noch, nachdem sie zwölf bis einundzwanzig Stunden im Magen verschiedener Raubvögel verweilt hatten, und zwei Mangoldsamen wuchsen sogar, nachdem sie zwei Tage und vierzehn Stunden dort gewesen waren. Süßwasserfische verschlingen, wie ich weiß, Samen verschiedener Land- und Wasserpflanzen; Fische werden oft von Vögeln verzehrt, und so können jene Samen von Ort zu Ort gebracht werden. Ich brachte viele Samenarten in den Magen toter Fische und gab diese sodann Pelikanen, Störchen und Fischadlern zu fressen; diese Vögel brachen entweder nach einer Pause von vielen Stunden die Samen in Ballen aus oder die Samen gingen mit den Exkrementen fort. Mehrere dieser Samen besaßen alsdann noch ihre Keimkraft; gewisse andere dagegen wurden jederzeit durch diesen Prozeß getötet.

Heuschrecken werden zuweilen auf große Entfernungen weit vom Lande weggeweht; ich selbst fing eine solche 370 Meilen vor der afrikanischen Küste und habe von anderen gehört, welche in noch beträchtlicheren Entfernungen gefangen worden sind. R. T. Löwe teilte Sir Ch. Lyell mit, daß im November 1844 Heuschreckenmassen die Insel Madeira besuchten. Sie kamen in zahllosen Mengen so dicht wie die Schneeflocken im ärgsten Schneesturm und reichten so weit nach aufwärts, als nur mit dem Teleskop zu verfolgen war. Zwei oder drei Tage lang umschwärmten sie langsam die Insel in einer mindestens fünf oder sechs Meilen im Durchmesser haltenden Ellipse und setzten sich nachts auf die höheren Bäume, welche vollständig von ihnen überzogen waren. Dann verschwanden sie über das Meer so plötzlich wie sie erschienen waren, und haben seitdem die Insel nicht wieder besucht. Einige Farmer der Kolonie Natal glauben nun, indessen auf unzureichende Zeugnisse gestützt, daß schädliche Unkrautsamen durch die Exkremente der großen Heuschreckenschwärme auf ihr Grasland eingeführt werden, welche jenes Land oft besuchen. Infolge dieser Ansicht schickte mir Mr. Weale in einem Brief ein kleines Päckchen solcher getrockneter Kotballen; und aus diesen zog ich unter dem Mikroskop mehrere Samenkörner heraus und zog aus ihnen sieben Graspflanzen, die zu zwei Arten zweier Gattungen gehörten. Es kann daher ein Heuschreckenschwarm wie der, welcher Madeira besuchte, leicht das Mittel werden, mehrere Pflanzenarten auf eine weit vom Festland entfernt liegende Insel einzuführen.

Obwohl Schnäbel und Füße der Vögel gewöhnlich ganz rein sind, so hängen doch zuweilen auch Erdteile daran. In einem Fall entfernte ich 61 und in einem anderen 22 Gran trockener, toniger Erde vom Fuß eines Feldhuhns, und in dieser Erde befand sich ein Steinchen so groß wie ein Wickensamen. Der folgende Fall ist noch besser: Von einem Freund wurde mir das Bein einer Schnepfe geschickt, an dessen Fuß ein wenig trockene Erde, nur neun Gran wiegend, angeklebt war, und diese enthielt ein Samenkorn einer Binse (*Juncus bufonius*), welches keimte und blühte. Mister Swaysland aus Brighton, welcher unseren Zugvögeln während der verflossenen vierzig Jahre große Aufmerksamkeit gewidmet hat, teilt mir mit, daß er oft Bachstelzen (*Motacilla*), Weißkehlchen und Steinschmätzer (*Saxicolae*) bei ihrer ersten Ankunft und ehe sie sich auf englischem Boden niedergelassen hatten, geschossen und mehrere Male kleine Erdklümpchen an ihren Füßen bemerkt habe. Viele Tatsachen könnten angeführt werden, welche zeigen, wie der Boden überall voll von Sämereien steckt. Ich will ein Beispiel anführen: Prof. Newton schickte mir das Bein eines rotfüßigen Rebhuhns (*Caccabis rufa*), was verwundet war und nicht fliegen konnte; rings um das verwundete Bein mit dem Fuß hatte sich ein Ballen harter Erde angesammelt, der abgenommen sechseinhalb Unzen wog. Diese Erde war drei Jahre aufgehoben worden. Nachdem sie aber zerkleinert, bewässert und unter eine Glasglocke gebracht worden war, wuchsen nicht weniger als 82 Pflanzen aus ihr hervor. Diese bestanden aus 12 Monocotyledonen, darunter der gemeine Hafer und wenigstens eine Grasart, und aus 70 Dicotyledonen, unter denen sich nach den jungen Blättern zu urteilen mindestens drei verschiedene Arten befanden. Können wir solchen Tatsachen gegenüber daran zweifeln, daß die vielen Vögel, welche jährlich durch Stürme über große Strecken des Ozeans verschlagen werden, und welche jährlich wandern, wie z.B. die Millionen Wachteln über das Mittelmeer, gelegentlich ein paar Samen, von Schmutz an ihren Füßen oder Schnäbeln eingehüllt, transportieren müssen? Doch werde ich gleich auf diesen Gegenstand noch zurückzukommen haben.

Bekanntlich sind Eisberge oft mit Steinen und Erde beladen; selbst Buschholz, Knochen und auch ein Nest eines Landvogels hat man darauf gefunden; daher ist wohl nicht daran zu zweifeln, daß sie mitunter auch, wie Lyell bereits vermutet hat, Samen von einem Teil der arktischen oder antarktischen Zone zum anderen, und in der Glazialzeit von einem Teil der jetzigen gemäßigten Zonen zum anderen geführt haben. Da den Azoren eine im Verhältnis zu den übrigen dem Festland näher gelegenen Inseln des Atlantischen Ozeans große Anzahl an Pflanzen mit Europa gemeinsam ist und (wie H. C. Watson bemerkt) insbesondere solche Arten, die einen etwas nördlicheren Charakter haben, als der Breite entspricht, so vermutete ich, daß ein Teil derselben mit Eisbergen in der Glazialzeit dahin gelangt sei. Auf meine Bitte fragte Sir Ch. Lyell Hrn. Hartung, ob er erratische Blöcke auf diesen Inseln bemerkt habe, und erhielt zur Antwort, daß er große Blöcke von Granit und anderen im Archipel nicht vorkommenden Felsarten dort gefunden habe. Wir dürfen daher getrost folgern, daß Eisberge vordem ihre Bürden an der Küste dieser mittel-ozeanischen Inseln abgesetzt haben, und so ist es wenigstens möglich, daß auch einige Samen nordischer Pflanzen mit dahin gelangt sind.

In Berücksichtigung, daß diese verschiedenen, eben erwähnten und andere noch ohne Zweifel zu entdeckenden Transportmittel Jahr für Jahr und Zehntausende von Jahren in Tätigkeit gewesen sind, würde es nach meiner Ansicht eine wunderbare Tatsache sein, wenn nicht auf diesen

Geographische Verbreitung

Wegen viele Pflanzen mitunter in weite Fernen versetzt worden wären. Diese Transportmittel werden zuweilen zufällige genannt; doch ist dies nicht ganz richtig, indem weder die Seeströmungen noch die vorwaltende Richtung der Stürme zufällig sind. Es ist zu bemerken, daß wohl kaum irgendein Mittel imstande ist, Samen in sehr große Fernen zu versetzen, indem die Samen weder ihre Keimfähigkeit im Seewasser lange behalten, noch in Kropf und Eingeweiden der Vögel weit transportiert werden können. Wohl aber genügen diese Mittel, um dieselben gelegentlich über einige hundert Meilen breite Seestriche hinwegzuführen und so von Insel zu Insel, oder von einem Kontinent zu einer nahe liegenden Insel, aber nicht von einem weit abliegenden Kontinent zum anderen zu befördern. Die Floren entfernter Kontinente werden auf diese Weise mithin nicht in hohem Grade vermengt werden, sondern so weit verschieden bleiben, wie wir sie jetzt finden. Die Ströme würden ihrer Richtung nach niemals Samen von Nord-Amerika nach Groß-Britannien bringen können, wie sie deren von West-Indien aus an unsere westlichen Inseln bringen könnten und wirklich bringen, wo sie aber, selbst wenn sie auf diesem langen Weg noch ihre Lebenskraft bewahrt hätten, nicht das Klima zu ertragen vermöchten. Fast jedes Jahr werden ein oder zwei Landvögel durch Stürme von Nord-Amerika über den ganzen Atlantischen Ozean bis an die irischen und englischen Westküsten getrieben; Samen aber könnten diese seltenen Wanderer nur auf eine Weise mit sich bringen, nämlich in dem an ihren Füßen oder Schnäbeln hängenden Schmutz, was doch immer an sich schon ein seltener Fall ist. Und wie gering wäre selbst in diesem Falle die Wahrscheinlichkeit, daß ein solcher Same in einen günstigen Boden gelange, keime und zur Reife käme! Doch wäre es ein großer Irrtum zu folgern, weil eine schon dicht bevölkerte Insel, wie Groß-Britannien ist, in den paar letzten Jahrhunderten, so viel bekannt ist (was übrigens sehr schwer zu beweisen sein würde), durch gelegentliche Transportmittel keine Einwanderer aus Europa oder einem anderen Kontinent aufgenommen hat, so könnte auch eine wenig bevölkerte Insel selbst in noch größerer Entfernung vom Festland keine Kolonisten auf solchen Wegen erhalten. Von hundert auf eine Insel verschlagenen Samen oder Tierarten, auch wenn sie viel weniger bevölkert wäre als England, würde vielleicht nicht mehr als eine so für diese neue Heimat geeignet sein, daß sie dort naturalisiert würde. Doch ist dies kein triftiger Einwand gegen das, was durch solche gelegentliche Transportmittel im langen Verlauf der geologischen Zeiten geschehen konnte, während der Hebung und Bildung einer Insel und bevor sie mit Ansiedlern vollständig besetzt war. Auf einem fast noch öden Land mit noch keinen oder nur wenigen pflanzenfressenden, dort lebenden Insekten und Vögeln wird fast jedes zufällig dorthin kommende Samenkorn leicht zum Keimen und Fortleben gelangen, wenn es nur für das Klima paßte.

Die Zerstreuung während der Eisperiode

Die Übereinstimmung so vieler Pflanzen- und Tierarten auf Berghöhen, welche Hunderte von Meilen weit durch Tiefländer voneinander getrennt sind, wo die Alpenbewohner nicht fortkommen können, ist eines der schlagendsten Beispiele des Vorkommens gleicher Arten auf voneinander entlegenen Punkten, wobei die Möglichkeit einer Wanderung von einem derselben zum anderen ausgeschlossen scheint. Es ist allerdings eine merkwürdige Tatsache, so viele Pflanzenarten in den Schneegegenden der Alpen oder Pyrenäen und wieder in den nördlichsten Teilen Europas zu sehen; aber noch weit merkwürdiger ist es, daß die Pflanzenarten der Weißen Berge in den Vereinigten Staaten Amerikas alle die nämlichen wie in Labrador und ferner nach Asa Grays Versicherung beinahe alle die nämlichen wie auf den höchsten Bergen Europas sind. Schon vor so langer Zeit, wie im Jahre 1747, veranlaßten ähnliche Tatsachen Gmelin zu schließen, daß einerlei Spezies an verschiedenen Orten unabhängig voneinander geschaffen worden sein müssen, und wir würden dieser Meinung vielleicht noch zugetan geblieben sein, hätten nicht Agassiz u. a. unsere Aufmerksamkeit auf die Eiszeit gelenkt, die, wie wir sofort sehen werden, diese Tatsachen sehr einfach erklärt. Wir haben Beweise fast jeder denkbaren Art, organischer und unorganischer, daß in einer sehr neuen geologischen Periode Zentral-Europa und Nord-Amerika unter einem arktischen Klima litten. Die Ruinen eines niedergebrannten Hauses erzählen ihre Geschichte nicht so verständlich, wie die schottischen Gebirge und die von Wales mit ihren verschrammten Seiten, polierten Flächen, schwebenden Blöcken von den Eisströmen berichten, womit ihre Täler noch in später Zeit ausgefüllt gewesen sind. So sehr hat sich das Klima in Europa verändert, daß in Nord-Italien riesige, von einstigen Gletschern herrührende Moränen jetzt mit Mais und Wein bepflanzt sind. Durch einen großen Teil der Vereinigten Staaten bezeugen erratische Blöcke und verschrammte Felsen mit Bestimmtheit eine frühere Periode großer Kälte.

Der frühere Einfluß des Eisklimas auf die Verteilung der Bewohner Europas, wie ihn Edw. Forbes so klar dargestellt hat, ist im wesentlichen folgender. Doch werden wir die Veränderungen rascher verfolgen können, wenn wir annehmen, eine neue Eiszeit rücke langsam heran und verlaufe dann und verschwinde so, wie es früher geschehen ist. In dem Grade, wie die Kälte heranrückte und wie jede weiter südlich gelegene Zone der Reihe nach für nordische Wesen geeigneter wurde, werden nordische Ansiedler die Stelle der früheren Bewohner der gemäßigten Gegenden eingenommen haben. Zur gleichen Zeit werden auch diese ihrerseits immer weiter und weiter südwärts gewandert sein, wenn ihnen der Weg nicht durch Schranken versperrt war, in welchem Falle sie zugrunde gehen mußten. Die Berge werden sich mit Schnee und Eis bedeckt haben, und die früheren Alpenbewohner werden in die Ebene herabgestiegen sein. Erreichte mit der Zeit die Kälte ihr Maximum, so bedeckte eine einförmige arktische Flora und Fauna den mittleren Teil Europas südwärts bis zu den Alpen und Pyrenäen und selbst bis nach Spanien hinein. Auch die gegenwärtig gemäßigten Gegenden der Vereinigten Staaten bevölkerten sich mit arktischen Pflanzen und Tieren und zwar nahezu mit den nämlichen Arten wie Europa; denn die jetzigen Bewohner der Polarländer, von welchen soeben angenommen wurde, daß sie überall nach Süden wanderten, sind rund um den Pol merkwürdig einförmig.

Als nun die Wärme zurückkehrte, zogen sich die arktischen Formen wieder nach Norden zurück und die Bewohner der gemäßigteren Gegenden rückten ihnen unmittelbar nach. Als der Schnee am Fuß der Gebirge schmolz, nahmen die arktischen Formen von dem entblößten und aufgetauten Boden Besitz, und stiegen dann immer höher und höher hinauf, wie die Wärme zunahm und der Schnee immer weiter verschwand, während ihre Brüder in der Ebene den Rückzug nach Norden hin fortsetzten. War daher die Wärme vollständig wiederhergestellt, so werden die nämlichen Arten, welche bisher in Masse beisammen in den europäischen und nordamerikanischen Tiefländern lebten, wieder in den arktischen Regionen der alten und neuen Welt und auf vielen isolierten und weit voneinander entfernt liegenden Bergspitzen zu finden gewesen sein.

Auf diese Weise begreift sich die Übereinstimmung so vieler Pflanzenarten an so unermeßlich weit voneinander entlegenen Stellen, wie die Gebirge der Vereinigten Staaten und Europas sind. So begreift sich ferner die Tatsache, daß die Alpenpflanzen jeder Gebirgskette mit den gerade oder fast gerade nördlich von ihnen lebenden arktischen Arten in nächster Verwandtschaft stehen; denn die erste Wanderung bei Eintritt der Kälte und die Rückwanderung bei Wiederkehr der Wärme wird im allgemeinen eine gerade südliche und nördliche gewesen sein. Die Alpenpflanzen Schottlands z. B. sind nach H. C. Watsons Bemerkung und die der Pyrenäen nach Ramond spezieller mit denen des nördlichen Skandinavien verwandt, die der Vereinigten Staaten mit denen Labradors, die sibirischen mehr mit den im Norden dieses Landes lebenden. Diese Ansicht, auf den vollkommen sicher bestätigten Verlauf einer früheren Eiszeit gegründet, scheint mir in so genügender Weise die gegenwärtige Verteilung der alpinen und arktischen Arten in Europa und Nord-Amerika zu erklären, daß, wenn wir in noch anderen Regionen gleiche Spezies

Geographische Verbreitung

auf entfernten Gebirgshöhen zerstreut finden, wir auch ohne einen weiteren Beweis beinahe schließen dürfen, daß ein kälteres Klima ihnen vordem durch dazwischengelegene Tiefländer zu wandern gestattet habe, welche seitdem zu warm für dieselben geworden sind.

Da die arktischen Formen je nach der Änderung des Klimas erst südwärts, dann zurück nach Norden wanderten, so werden sie auf ihren langen Wanderungen keiner großen Verschiedenheit der Temperatur ausgesetzt gewesen und, da sie auf ihren Wanderungen in Masse beisammen blieben, auch in ihren gegenseitigen Beziehungen nicht sonderlich gestört worden sein. Es werden daher diese Formen nach den in diesem Band verteidigten Prinzipien, nicht allzugroßer Umänderung unterlegen haben. Etwas anderes würde es sich jedoch mit unseren Alpenbewohnern verhalten, welche von dem Moment der rückkehrenden Wärme an zuerst am Fuß der Gebirge und schließlich auf deren Gipfeln isoliert zurückgelassen wurden. Denn es ist nicht wahrscheinlich, daß alle dieselben arktischen Arten auf weit voneinander getrennten Gebirgsketten zurückgeblieben sind und dort seither fortgelebt haben. Auch werden die zurückgebliebenen aller Wahrscheinlichkeit nach sich mit früheren Alpenarten vermengt haben, welche schon vor der Eiszeit auf dem Gebirge existiert haben müssen und für die Dauer der kältesten Periode zeitweise in die Ebene herabgetrieben wurden; sie werden ferner späterhin einem etwas abweichenden klimatischen Einfluß ausgesetzt gewesen sein. Ihre gegenseitigen Beziehungen werden hierdurch etwas gestört und sie selbst mithin zur Abänderung geneigt worden sein, und dies ist auch, wie wir sehen, wirklich der Fall gewesen. Denn wenn wir die gegenwärtigen Alpenpflanzen und -tiere der verschiedenen großen europäischen Gebirgsketten miteinander vergleichen, so finden wir unter ihnen zwar im ganzen viele identische Arten, aber manche treten als Varietäten auf, andere als zweifelhafte Formen und Subspezies und einige wenige als sicher verschiedene aber nahe verwandte oder einander auf den verschiedenen Gebirgen vertretende Arten.

Bei der vorstehenden Erläuterung nahm ich an, daß zu Beginn der angenommenen Eiszeit die arktischen Organismen rund um den Pol so einförmig wie heutigen Tages gewesen seien. Es ist aber ferner notwendig, anzunehmen, daß viele subarktische und einige Formen der nördlich-gemäßigten Zone ringsum die Erde herum die nämlichen waren; denn manche von diesen Arten sind ebenfalls auf den niedrigeren Bergabhängen und in den Ebenen Nord-Amerikas und Europas die gleichen; und man kann fragen, wie ich denn diesen Grad der Übereinstimmung der Formen, welche in der subarktischen und der nördlich-gemäßigten Zone rund um die Erde am Anfang der wirklichen Eisperiode bestanden haben muß, erkläre? Heutzutage sind die subarktischen und nördlich-gemäßigten Gegenden der Alten und der Neuen Welt voneinander getrennt durch den ganzen Atlantischen und den nördlichsten Teil des Stillen Ozeans. Da während der Eiszeit die Bewohner der Alten und der Neuen Welt weiter südwärts als jetzt lebten, müssen sie auch durch weitere Strecken des Ozeans noch vollständiger voneinander geschieden gewesen sein, so daß man wohl fragen kann, wie dieselbe Art damals oder früher in die beiden Kontinente hat gelangen können. Die Erklärung liegt, glaube ich, in der Natur des Klimas vor dem Beginn der Eiszeit. Wir haben nämlich guten Grund zu glauben, daß damals, während der neueren Pliozänperiode, wo schon die Mehrzahl der Erdbewohner mit den jetzigen von gleichen Arten war, das Klima wärmer war als jetzt. Wir dürfen daher annehmen, daß die Organismen, welche jetzt unter dem 60. Breitengrad leben, in der Pliozänperiode weiter nördlich am Polarkreis unter dem 60° - 70° Br. wohnten, und daß die jetzigen arktischen Wesen auf die unterbrochenen Landstriche noch näher an den Polen beschränkt waren. Wenn wir nun einen Erdglobus ansehen, so werden wir finden, daß unter dem Polarkreis meist zusammenhängendes Land von West-Europa an durch Sibirien bis Ost-Amerika vorhanden ist. Und diesem Zusammenhang des Circumpolarlandes und der durch denselben möglichen freien Wanderung in einem schon günstigeren Klima schreibe ich die angenommene Einförmigkeit in den Bewohnern der subarktischen und nördlich-gemäßigten Zone der Alten und Neuen Welt in einer der Eiszeit vorausgehenden Periode zu.

Zwölftes Kapitel

Da die schon angedeuteten Gründe uns glauben lassen, daß unsere Kontinente lange Zeit in fast nahezu der nämlichen Lage gegeneinander geblieben sind, wenn sie auch beträchtlichen Höhenschwankungen unterworfen waren, so bin ich sehr geneigt, die erwähnte Ansicht noch weiter auszudehnen und anzunehmen, daß in einer noch früheren und noch wärmeren Zeit, in der ältern Pliozänzeit nämlich, eine große Anzahl der nämlichen Pflanzen- und Tierarten das fast zusammenhängende Circumpolarland bewohnt hat, und daß diese Pflanzen und Tiere sowohl in der Alten als auch in der Neuen Welt langsam südwärts zu wandern anfingen, als das Klima kühler wurde, lange vor dem Beginn der Eisperiode. Wir sehen nun ihre Nachkommen, wie ich glaube, meist in einem abgeänderten Zustand die Zentralteile von Europa und der Vereinigten Staaten bewohnen. Von dieser Annahme ausgehend begreift man dann die Verwandtschaft, bei sehr geringer Gleichheit, der Arten von Nord-Amerika und Europa, eine Verwandtschaft, welche bei der großen Entfernung beider Gegenden und ihrer Trennung durch das ganze Atlantische Meer äußerst merkwürdig ist. Man begreift ferner die von einigen Beobachtern hervorgehobene sonderbare Tatsache, daß die Naturerzeugnisse Europas und Nord-Amerikas während der letzten Abschnitte der Tertiärzeit näher miteinander verwandt waren, als sie es in der gegenwärtigen Zeit sind; denn in dieser wärmeren Zeit werden die nördlichen Teile der Alten und der Neuen Welt beinahe vollständig durch Land miteinander verbunden gewesen sein, welches vordem der wechselseitigen Ein- und Auswanderung der Bewohner als Brücke diente, aber seither durch Kälte unpassierbar geworden ist.

Sobald während der langsamen Temperaturabnahme in der Pliozänperiode die gemeinsam ausgewanderten Bewohner der Alten und Neuen Welt im Süden vom Polarkreis angelangt waren, wurden sie vollständig voneinander abgeschnitten. Diese Trennung trug sich, was die Bewohner der gemäßigteren Gegenden betrifft, vor langen, langen Zeiten zu. Und als damals die Pflanzen- und Tierarten südwärts wanderten, werden sie in dem einen großen Gebiet sich mit den Eingebornen Amerikas vermengt und mit ihnen zu konkurrieren gehabt haben, in dem anderen großen Gebiet mit europäischen Arten. Hier ist demnach alles zu reichlicher Abänderung der Arten angetan, weit mehr als es bei den in einer viel jüngeren Zeit auf verschiedenen Gebirgshöhen und in den arktischen Gegenden Europas und Amerikas isoliert zurückgelassenen alpinen Formen der Fall gewesen ist. Davon rührt es her, daß, wenn wir die jetzt lebenden Formen gemäßigterer Gegenden der Alten und der Neuen Welt miteinander vergleichen, wir nur sehr wenige identische Arten finden (obwohl Asa Gray kürzlich gezeigt hat, daß die Anzahl identischer Pflanzen größer ist, als man bisher angenommen hatte); aber wir finden in jeder großen Klasse viele Formen, welche ein Teil der Naturforscher als geographische Rassen und ein anderer als unterschiedene Arten betrachtet, zusammen mit einer Masse nahe verwandter oder stellvertretender Formen, die bei allen Naturforschern für eigene Arten gelten.

Wie auf dem Lande, so kann auch in den Gewässern der See eine langsame, südliche Wanderung der Fauna, welche während oder selbst etwas vor der Pliozänperiode längs der zusammenhängenden Küsten des Polarkreises sehr einförmig war, nach der Abänderungstheorie zur Erklärung der vielen nahe verwandten, jetzt in ganz gesonderten marinen Gebieten lebenden Formen dienen. Mit ihrer Hilfe läßt sich, wie ich glaube, das Dasein einiger noch lebender und tertiärer nahe verwandter Arten an den östlichen und westlichen Küsten des gemäßigteren Teils von Nord-Amerika begreifen, sowie die bei weitem auffallendere Erscheinung des Vorkommens vieler nahe verwandter Kruster (in Danas ausgezeichnetem Werk beschrieben), einiger Fische und anderer Seetiere im Japanischen und im Mittelmeer, in Gegenden mithin, welche jetzt durch einen ganzen Kontinent und eine weite Strecke des Ozeans voneinander getrennt sind.

Diese Fälle von naher Verwandtschaft vieler Arten, welche die Meere an der Ost- und Westküste Nord Amerikas, das Mittelmeer und das Japanische Meer, und die gemäßigten Länder Nord-Amerikas und Europas früher bewohnten oder jetzt bewohnen, sind nach der Schöpfungstheorie unerklärbar. Wir können nicht sagen, sie seien ähnlich erschaffen in Übereinstimmung mit den ähnlichen Naturbedingungen der beiderlei Gegenden; denn wenn wir z.B. gewisse Teile Süd-Amerikas mit Teilen von Süd-Afrika oder Australien vergleichen, so finden wir Landstriche, die sich hinsichtlich aller ihrer physikalischen Bedingungen einander genau entsprechen, aber in ihren Bewohnern sich völlig unähnlich sind.

Abwechselnder Eintritt der Eiszeit im Norden und Süden

Wir müssen jedoch zu unserem Gegenstand zurückkehren. Ich bin überzeugt, daß Edw. Forbes' Theorie einer großen Erweiterung fähig ist. In Europa haben wir die deutlichsten Beweise der Eiszeit von den Westküsten Groß-Britanniens an bis zur Uralkette und südwärts bis zu den Pyrenäen. Aus den im Eis eingefrorenen Säugetieren und der Beschaffenheit der Gebirgsvegetationen können wir schließen, daß Sibirien auf ähnliche Weise betroffen wurde. Im Libanon bedeckte früher, nach Dr. Hooker, ewiger Schnee die zentrale Achse und speiste Gletscher, welche in seine Täler 4000 Fuß sich hinabsenkten. Derselbe Beobachter hat neuerdings auf der Atlas-Kette in Nord-Afrika auf geringen Höhen große Moränen gefunden. Längs des Himalayas haben Gletscher an 900 engl. Meilen voneinander entlegenen Punkten Spuren ihrer ehemaligen weiten Erstreckung nach der Tiefe hinterlassen und in Sikkim sah Dr. Hooker Mais auf alten Riesenmoränen wachsen. Südlich des großen asiatischen Kontinents auf der entgegengesetzten Seite des Äquators erstreckten sich, wie wir jetzt aus den ausgezeichneten Untersuchungen der Herren J. Haast und Hector wissen, früher enorme Gletscher in Neuseeland tief hinab; und die von Dr. Hooker auf weit voneinander getrennten Bergen gefundenen nämlichen Pflanzenarten dieser Insel sprechen für die gleiche Geschichte einer früheren, kalten Zeit. Nach den von W. B. Clarke mir mitgeteilten Tatsachen scheinen deutliche Spuren von einer früheren Gletschertätigkeit auch in den Gebirgen der süd-östlichen Spitze Neuhollands vorzukommen.

Sehen wir uns in Amerika um. In der nördlichen Hälfte sind von Eis transportierte Felstrümmer beobachtet worden an der Ostseite des Kontinents abwärts bis zum 36° - 37° und an der Küste des Stillen Ozeans, wo das Klima jetzt so verschieden ist, bis zum 46° nördlicher Breite; auch in den Rocky Mountains sind erratische Blöcke gesehen worden. In der Cordillera von Süd-Amerika haben sich beinahe unter dem Äquator Gletscher ehedem weit über ihre jetzige Grenze herabbewegt. In Zentral-Chile habe ich einen ungeheuren Haufen von Detritus mit großen erratischen Blöcken untersucht, welcher das Portillotal quer durchsetzt, und von welchem kaum zu bezweifeln ist, daß er eine ungeheure Moräne bildete; und D. Forbes teilt mir mit, daß er in verschiedenen Teilen der Cordillera von 13° - 30° S. Br. in der ungefähren Höhe von 12000 Fuß stark gefurchte Felsen gefunden hat, ganz wie jene, die er in Norwegen gesehen hat, sowie große Detritusmassen mit gefurchten Geschieben. Längs dieser ganzen Cordillerenstrecke gibt es selbst in viel beträchtlicheren Höhen gar keine wirklichen Gletscher. Weiter südwärts finden wir an beiden Seiten des Kontinents, von 41° Br. bis zur südlichsten Spitze, die klarsten Beweise früherer Gletschertätigkeit in zahlreichen mächtigen, von ihrer Geburtsstätte weit entführten Blöcken.

Nach diesen verschiedenen Tatsachen, – daß nämlich die Wirkung des Eises sich ganz rings um die nördliche und südliche Hemisphäre erstreckte, daß diese Periode in beiden Hemisphären eine im geologischen Sinne neuere gewesen ist, daß sie in beiden, nach der Größe ihrer Wirkungen zu schließen, sehr lange gedauert hat, und endlich daß Gletscher noch neuerdings auf ein niedriges Niveau der ganzen Cordillerenkette entlang herabgestiegen sind, – schien mir früher der Schluß unvermeidlich zu sein, daß während der Eiszeit die Temperatur der ganzen Erde gleichzeitig gesunken sei. Nun hat aber Croll in einer Reihe ausgezeichneter Abhandlungen zu zeigen versucht, daß ein eisiger Zustand des Klimas das Resultat verschiedener, durch eine Zunahme der Exzentrizität der Erdbahn in Wirksamkeit tretender physikalischer Ursachen ist. Alle diese Ursachen streben nach dem gleichen Ziel; die wirksamste scheint aber der Einfluß der Exzentrizität auf die ozeanischen Strömungen zu sein. Aus Crolls Untersuchungen folgt, daß kalte Perioden regelmäßig alle zehn- oder fünfzehntausend Jahre wiederkehren, daß aber infolge gewisser zusammentreffender Umstände, von denen, wie Sir Ch. Lyell gezeigt hat, die relative Lage von Land und Wasser die bedeutungsvollste ist, in noch viel längeren Zwischenräumen die Kälte äußerst streng wird und lange Zeit anhält. Croll glaubt, daß die letzte große Eiszeit vor ungefähr 240000 Jahren eintrat und mit unbedeutenden Änderungen des Klimas ungefähr 160000 Jahre anhielt. In bezug auf ältere Eisperioden sind mehrere Geologen infolge direkter Beweise überzeugt, daß solche während der Miozän- und Eozänformationen, noch älterer Formationen nicht zu gedenken, vorkamen. In bezug auf unseren vorliegenden Gegenstand ist indessen das wichtigste Resultat, zu dem Croll gelangte, das, daß, sobald die nördliche Hemisphäre eine Kälteperiode zu durchleben hat, die Temperatur der südlichen Hemisphäre faktisch erhöht ist mit viel milderen Wintern und zwar hauptsächlich infolge von Veränderungen in der Richtung der Meeresströmungen. Und so ist es umgekehrt mit der nördlichen Hemisphäre, wenn die südliche eine Eiszeit durchmacht. Diese Folgerungen werfen ein so bedeutendes Licht auf geographische Verbreitung, daß ich sehr geneigt bin, sie für richtig zu halten. Ich will aber zunächst die einer Erklärung bedürftigen Tatsachen mitteilen.

Dr. Hooker hat gezeigt, daß in Süd-Amerika, außer vielen nahe verwandten Arten, zwischen 40 und 50 Blütenpflanzen des Feuerlandes, welche keinen unbeträchtlichen Teil der dortigen kleinen Flora bilden, trotz der ungeheuren Entfernung der beiden, auf entgegengesetzten Hemisphären liegenden Punkte, Nord-Amerika und Europa gemeinsam zukommen. Auf den hochragenden Gebirgen des tropischen Amerikas kommt eine Menge besonderer Arten aus europäischen Gattungen vor. Auf den Organ-Bergen Brasiliens hat Gardner einige wenige europäische temperierte, einige antarktische und einige Andengattungen gefunden, welche in den weitgedehnten warmen Zwischenländern nicht vorkommen. An der Silla von Caracas fand A. von Humboldt schon vor langer Zeit zu zwei Gattungen, welche für die Cordillera bezeichnend sind, gehörende Arten. In Afrika kommen auf den abyssinischen Gebirgen verschiedene charakteristische europäische Formen und einige wenige stellvertretende Arten der eigentümlichen Flora des Kaps der guten Hoffnung vor. Am Kap der guten Hoffnung sind einige wenige europäische Arten, die man nicht für eingeführt hält, und auf den Bergen verschiedene stellvertretende Formen europäischer Arten gefunden worden, die man in den tropischen Ländern Afrikas noch nicht entdeckt hat. Dr. Hooker hat auch unlängst gezeigt, daß mehrere der auf den oberen Teilen der hohen Insel Fernando Po und auf den benachbarten Cameroon Bergen im Golf von Guinea wachsenden Pflanzen mit denen der abyssinischen Gebirge an der anderen Seite des afrikanischen Kontinents und mit solchen des gemäßigten Europas nahe verwandt sind. Wie es scheint hat auch, nach einer Mitteilung Dr. Hookers, R. T. Löwe einige derselben gemäßigten Pflanzen auf den Bergen der Kapverdischen Inseln entdeckt. Diese Verbreitung derselben temperierten Formen, fast unter dem Äquator, quer über den ganzen Kontinent von Afrika bis zu den Bergen der Kapverdischen Inseln ist eine der staunenerregendsten Tatsachen, die je in bezug auf die Pflanzengeographie bekannt geworden sind.

Auf dem Himalaya und auf den vereinzelten Bergketten der indischen Halbinsel, auf den Höhen von Ceylon und den vulkanischen Kegeln Javas treten viele Pflanzen auf, welche entweder der Art nach identisch sind, oder sich wechselseitig vertreten und zugleich für europäische Formen vikariieren, die in den dazwischen gelegenen warmen Tiefländern nicht gefunden werden. Ein Verzeichnis der auf den höheren Bergspitzen Javas gesammelten Gattungen liefert ein Bild wie von einer auf einem Berge Europas gemachten Sammlung. Noch viel auffallender ist die Tatsache, daß eigentümliche südaustralische Formen durch Pflanzen vertreten werden, welche auf den Berghöhen von Borneo wachsen. Einige dieser australischen Formen erstrecken sich, wie ich von Dr. Hooker höre, bis längs der Höhen der Halbinsel Malakka und kommen dünn zerstreut einerseits über Indien und andererseits nordwärts bis Japan vor. Auf den südlichen Gebirgen Neuhollands hat Dr. F. Müller mehrere europäische Arten entdeckt; andere nicht von Menschen eingeführte Spezies kommen in den Niederungen vor, und, wie mir Dr. Hooker sagt, könnte noch eine lange Liste von europäischen Gattungen aufgestellt werden, die sich in Neuholland, aber nicht in den heißen Zwischenländern finden. In der vortrefflichen Einleitung zur Flora Neuseelands liefert Dr. Hooker noch andere analoge und schlagende Beispiele hinsichtlich der Pflanzen dieser großen Insel. Wir sehen daher, daß über der ganzen Erdoberfläche einesteils die auf den höheren Bergen der Tropen wachsenden Pflanzen, wie andernteils die in gemäßigten Tiefländern der nördlichen und der südlichen Hemisphäre verbreiteten entweder dieselben identischen Arten oder Varietäten der nämlichen Arten sind. Es ist indessen zu beachten, daß diese Pflanzen nicht streng genommen arktische Formen sind; denn wie H. C. Watson bemerkt hat, „je weiter man von polaren nach äquatorialen Breiten fortschreitet, desto mehr werden die alpinen oder Gebirgsfloren faktisch immer weniger und weniger arktisch". Neben diesen identischen und nahe verwandten Formen gehören viele von den dieselben weit voneinander getrennten Bezirke bewohnenden Arten Gattungen an, welche jetzt nicht mehr in den dazwischenliegenden tropischen Tiefländern gefunden werden.

Dieser kurze Abriß bezieht sich nur auf Pflanzen allein, aber einige wenige analoge Tatsachen lassen sich auch über die Verteilung der Landtiere anführen. Auch bei den Seetieren kommen ähnliche Fälle vor. Ich will als Beleg die Bemerkung eines der besten Gewährsmänner, des Professors Dana anführen, „daß es gewiß eine wunderbare Tatsache ist, daß Neuseeland hinsichtlich seiner Kruster eine größere Verwandtschaft mit seinem Antipoden Groß-Britannien als mit irgendeinem anderen Teile der Welt zeigt". Ebenso spricht Sir J. Richardson vom Wiedererscheinen nordischer Fischformen an den Küsten von Neuseeland, Tasmanien usw. Dr. Hooker sagt mir, daß Neuseeland 25 Algenarten mit Europa gemein hat, die in den tropischen Zwischenmeeren noch nicht gefunden worden sind.

Nach den vorstehend angeführten Tatsachen, nämlich dem Vorhandensein von Formen gemäßigter Breiten auf den Höhenzügen quer durch das ganze äquatoriale Afrika und der Halbinsel von Indien entlang bis nach Ceylon und dem Malayischen Archipel und in einer weniger scharf markierten Weise quer durch das weit ausgedehnte tropische Süd-Amerika, scheint es fast sicher zu sein, daß in einer früheren Periode; und zwar ohne Zweifel während des allerkältesten Teils der Eiszeit, die Tiefländer dieser großen Kontinente unter dem Äquator überall von einer beträchtlichen Anzahl temperierter Formen bewohnt gewesen sind. In dieser Zeit war das äquatoriale Klima im Niveau des Meeresspiegels wahrscheinlich dasselbe, was jetzt in denselben Breiten bei einer Höhe von fünf- bis sechstausend Fuß herrscht oder vielleicht selbst noch kälter. Während dieser kältesten Zeit müssen die Tiefländer unter dem Äquator mit einer gemischten tropischen und temperierten Vegetation bekleidet gewesen sein, ähnlich der von Hooker beschriebenen, welche jetzt an den niedrigeren Abhängen des Himalaya in einer Höhe von vier- bis fünftausend Fuß üppig gedeiht, aber vielleicht mit einem noch bedeutenderen Vorherrschen temperierter Formen. So fand ferner Mann auf der gebirgigen Insel Fernando Po im Golf von Guinea, daß in der Höhe von ungefähr fünftausend Fuß temperierte europäische Formen aufzutreten beginnen. Auf den Bergen von Panama fand Dr. Seemann die Vegetation in einer Höhe von nur zweitausend Fuß der von Mexiko gleich, indessen sind dabei „Formen der tropischen Zone harmonisch mit Formen der temperierten untermischt".

Wir wollen nun zusehen, ob Crolls Schluß, daß in der Zeit, wo die nördliche Hemisphäre von der stärksten Kälte der großen Glazialperiode ergriffen war, die südliche Hemisphäre in der Tat wärmer gewesen ist, irgendwelches Licht auf die gegenwärtige scheinbar unerklärliche Verbreitung verschiedener Organismen in den temperierten Teilen beider Hemisphären und auf den Gebirgen der Tropen wirft. Die Eiszeit muß nach Jahren gemessen sehr lang gewesen sein; und wenn wir uns daran erinnern, über welch ungeheure Räume einige naturalisierte Pflanzen und

Zwölftes Kapitel

Tiere innerhalb weniger Jahrhunderte verbreitet worden sind, so wird jene Zeit lang genug für jeden Grad der Wanderung gewesen sein. Wir wissen, daß, als die Kälte immer intensiver wurde, arktische Formen in gemäßigte Breiten einwanderten; und nach den eben mitgeteilten Tatsachen kann darüber kaum ein Zweifel bestehen, daß einige der kräftigeren, herrschenden und am weitesten verbreiteten temperierten Formen damals in die äquatorialen Tiefländer einzogen. Die Bewohner dieser heißen Tiefländer werden in derselben Zeit nach den tropischen und subtropischen Gegenden des Südens gewandert sein, denn die südliche Hemisphäre war in dieser Periode wärmer. Als mit dem Ende der Glazialperiode beide Hemisphären nach und nach ihre früheren Temperaturen wiedererhielten, werden die nordischen temperierten Formen, welche jetzt in den Tiefländern unter dem Äquator lebten, nach ihren früheren Wohnplätzen getrieben oder zerstört und durch die aus dem Süden zurückkehrenden äquatorialen Formen ersetzt worden sein. Indessen werden beinahe gewiß einige der nordischen temperierten Formen jedes benachbarte Hochland erstiegen haben, wo sie, wenn es hinreichend hoch war, lange sich erhalten konnten, wie die arktischen Formen auf den Gebirgen Europas. Sie werden sich selbst dann haben erhalten können, wenn ihnen das Klima nicht vollständig entsprach, denn die Veränderung der Temperatur muß sehr langsam gewesen sein, und unzweifelhaft besitzen die Pflanzen eine gewisse Fähigkeit zur Akklimatisierung, wie daraus hervorgeht, daß sie ihren Nachkommen konstitutionelle Verschiedenheiten mit Bezug auf das Widerstandsvermögen gegen Hitze und Kälte überliefern.

Im regelmäßigen Verlaufe der Ereignisse wird nun die südliche Hemisphäre einer intensiven Glazialzeit unterworfen worden sein, während die nördliche Hemisphäre wärmer wurde; und dann werden umgekehrt die südlichen temperierten Formen in die äquatorialen Tiefländer eingewandert sein. Die nordischen Formen, welche vorher auf den Gebirgen zurückgelassen worden waren, werden nun herabsteigen und sich mit südlichen Formen vermischen. Diese letzteren werden, als die Wärme zurückkehrte, nach ihrer früheren Heimat zurückgekehrt sein, dabei jedoch einige wenige Arten auf den Bergen zurückgelassen und einige der nordischen temperierten Formen, welche von ihren Bergvesten herabgestiegen waren, mit sich nach Süden geführt haben. Wir werden daher einige wenige Spezies in den nördlichen und südlichen temperierten Zonen und auf den Bergen der dazwischenliegenden tropischen Gegenden identisch finden. Die eine lange Zeit hindurch auf diesen Bergen oder in entgegengesetzten Hemisphären zurückgelassenen Arten werden aber mit vielen neuen Formen zu konkurrieren gehabt haben und werden etwas verschiedenen physikalischen Bedingungen ausgesetzt gewesen sein; sie dürften daher der Modifikation in hohem Grade ausgesetzt gewesen sein und dürften im allgemeinen nun als Varietäten oder als stellvertretende Arten erscheinen; und dies ist auch der Fall. Auch müssen wir uns daran erinnern, daß in beiden Hemisphären schon früher Glazialperioden eingetreten waren; denn diese werden in Übereinstimmung mit den nämlichen hier erörterten Grundsätzen erklären, woher es kommt, daß so viele, völlig distinkte Arten dieselben weit voneinander getrennten Gebiete bewohnen und zu Gattungen gehören, welche jetzt nicht mehr in den dazwischenliegenden tropischen Gegenden gefunden werden.

Es ist eine merkwürdige Tatsache, welche Hooker hinsichtlich Amerikas und Alphonse de Candolle hinsichtlich Australiens stark betonen, daß viel mehr identische oder jetzt unbedeutend modifizierte Arten von Norden nach Süden als in umgekehrter Richtung gewandert sind. Wir sehen indessen einige wenige südliche Pflanzenformen auf den Bergen von Borneo und Abyssinien. Ich vermute, daß diese überwiegende Wanderung von Norden nach Süden der größeren Ausdehnung des Landes im Norden und dem Umstand, daß diese nordischen Formen in ihrer Heimat in größerer Anzahl existierten, zuzuschreiben ist, in deren Folge sie durch natürliche Zuchtwahl und Konkurrenz bereits zu höherer Vollkommenheit und Herrschaftsfähigkeit als die südlicheren Formen gelangt waren. Und als nun beide Gruppen während der abwechselnden Glazialperioden sich in den äquatorialen Gegenden durcheinandermengten, waren die nördlichen Formen die kräftigeren und imstande, ihre Stellen auf den Bergen zu behaupten und später mit den südlichen Formen südwärts zu wandern; dasselbe fand aber mit den südlichen Formen in bezug auf die nordischen nicht statt. In gleicher Weise sehen wir heutzutage, daß sehr viele europäische Formen den Boden von La-Plata, Neuseeland und in geringerem Grade von Neuholland bedecken und die eingeborenen besiegt haben. Dagegen sind äußerst wenig südliche Formen an irgendeinem Teil der nördlichen Hemisphäre naturalisiert worden, obgleich Häute, Wolle und andere Gegenstände, mit welchen Samen leicht verschleppt werden dürften, während der letzten zwei oder drei Jahrhunderte aus den Plata-Staaten, während der letzten vierzig oder fünfzig Jahre aus Australien in Mengen eingeführt worden sind. Die Neilgherrie-Berge in Ost-Indien bieten jedoch eine teilweise Ausnahme dar, indem, wie mir Dr. Hooker sagt, australische Formen sich dort rasch naturalisieren und durch Samen verbreiten. Vor der letzten großen Eiszeit waren die tropischen Gebirge ohne Zweifel mit einheimischen Alpenpflanzen bevölkert; diese sind aber fast überall den in den größeren Gebieten und wirksameren Arbeitsstätten des Nordens erzeugten herrschenden Formen gewichen. Auf vielen Inseln sind die eingeborenen Erzeugnisse durch die naturalisierten bereits an Menge erreicht oder überboten; und dies ist der erste Schritt zum Untergang. Gebirge sind Inseln auf dem Lande, und die Erzeugnisse dieser Inseln sind vor denen der größeren nordischen Länderstrecken ganz in derselben Weise zurückgewichen, wie die Bewohner wirklicher Inseln überall von den durch den Menschen daselbst naturalisierten kontinentalen Formen verdrängt werden.

Dieselben Grundsätze sind auch auf die Erklärung der Verbreitung von Landtieren und von Seeorganismen in der nördlichen und südlichen temperierten Zone und auf den tropischen Gebirgen anwendbar. Als während der Höhezeit der Glazialperiode die Meeresströmungen sehr verschieden von den jetzigen waren, dürften wohl einige Bewohner der temperierten Meere den Äquator erreicht haben können; von diesen werden vielleicht einige wenige sofort imstande gewesen sein, unter Benutzung der kälteren Strömungen nach Süden zu wandern, während andere die kälteren Tiefen aufsuchten und dort leben blieben, bis die südliche Hemisphäre ihrerseits nun einem glazialen Klima unterworfen wurde und ihre weiteren Fortschritte ermöglichte, in beinahe derselben Weise, wie nach der Angabe von Forbes isolierte Stellen in den tieferen Teilen der nördlichen temperierten Meere auch heutzutage existieren, welche von arktischen Formen bewohnt werden.

Ich bin weit entfernt davon, zu glauben, daß alle Schwierigkeiten in bezug auf die Ausbreitung und die Beziehungen der identischen und verwandten Arten, welche jetzt so weit voneinander getrennt in der nördlichen und der südlichen gemäßigten Zone und zuweilen auch auf den dazwischenliegenden Gebirgsketten wohnen, durch die oben entwickelten Ansichten beseitigt sind. Die genauen Richtungen der Wanderung lassen sich nicht nachweisen. Wir können nicht angeben, warum gewisse Spezies gewandert sind und andere nicht, warum gewisse Spezies Abänderung erfahren haben und zur Bildung neuer Formengruppen Anlaß gegeben haben, während andere unverändert geblieben sind. Wir können nicht hoffen, solche Tatsachen zu erklären, solange wir nicht zu sagen vermögen, warum eine Art und nicht die andere durch menschliche Tätigkeit in fremden Landen naturalisiert werden kann, oder warum die eine zwei- oder dreimal so weit verbreitet und zwei- oder dreimal so gemein wie die andere Art in ihren Heimatgebieten ist.

Es bleiben auch noch verschiedene spezielle Schwierigkeiten zu lösen übrig: z.B. das von Dr. Hooker nachgewiesene Vorkommen derselben Pflanzen auf so enorm weit auseinanderliegenden Punkten wie Kerguelen-Land, Neuseeland und Feuerland; wie indessen Lyell vermutet hat, mögen Eisberge bei ihrer Verbreitung mit tätig gewesen sein. Das Vorkommen mehrerer ganz verschiedener Arten, aber aus ausschließlich südlichen Gattungen, an diesen und anderen entlegenen Punkten der südlichen Hemisphäre ist ein weit merkwürdigerer Fall. Denn einige dieser Arten sind so abweichend, daß sich nicht annehmen läßt, die Zeit vom Anbeginn der Eiszeit bis jetzt könne zu ihrer Wanderung und nachherigen Abänderung bis zum erforderlichen Grade ausgereicht haben. Die Tatsachen scheinen mir darauf hinzuweisen, daß verschiedene, zu denselben Gattungen gehörige Arten in strahlenförmiger Richtung von irgendeinem gemeinsamen Zentrum ausgegangen sind, und ich bin geneigt mich auch in der südlichen, ebenso wie in der nördlichen, Halbkugel nach einer früheren wärmeren Periode, vor dem Beginn der letzten Eiszeit, umzusehen, wo die jetzt mit Eis bedeckten antarktischen Länder eine ganz eigentümliche und abgesonderte Flora besessen haben. Es läßt sich vermuten, daß schon vor der Vertilgung dieser Flora während der Eiszeit sich einige wenige Formen derselben durch gelegentliche Transportmittel bis zu verschiedenen weit entlegenen Punkten der südlichen Halbkugel verbreitet hatten. Dabei mögen ihnen jetzt versunkene Inseln als Ruheplätze gedient haben. Durch diese Mittel, glaube ich, mögen die südlichen Küsten von Amerika, Neuholland und Neuseeland eine ähnliche Färbung durch dieselben eigentümlichen Formen des Lebens erhalten haben.

Sir Ch. Lyell hat an einer merkwürdigen Stelle mit einer der meinen fast identischen Redeweise Betrachtungen über die Einflüsse großer, über die ganze Erde ausgedehnter Schwankungen des Klimas auf die geographische Verbreitung der Lebensformen angestellt. Und wir haben soeben gesehen, wie Crolls Folgerungen, daß abwechselnd eintretende Glazialperioden auf der einen Hemisphäre mit wärmeren Perioden der entgegengesetzten Hemisphäre zusammenfielen, in Verbindung mit der Annahme einer langsamen Modifikation der Arten, eine Menge an Tatsachen in der Verbreitung der nämlichen und der verwandten Formen auf allen Teilen der Erde erklären. Die Ströme des Lebens sind während gewisser Perioden von Norden und während anderer von Süden her geflossen und haben in beiden Fällen den Äquator erreicht; aber die Ströme sind von Norden her viel stärker gewesen als die in umgekehrter Richtung und haben folglich viel reichlicher den Süden überschwemmt. Wie die Flut ihren Antrieb in waagerechten Linien abgesetzt am Strand zurückläßt, jedoch dort am höchsten, wo die Flut am höchsten ansteigt, so haben auch die Lebensströme ihren lebendigen Antrieb auf unseren Berghöhen hinterlassen in einer von den arktischen Tiefländern bis zu großen Höhen unter dem Äquator langsam aufsteigenden Linie. Die verschiedenen so gestrandeten Wesen kann man mit wilden Menschenrassen vergleichen, die fast allerwärts zurückgedrängt sich noch in Bergvesten erhalten als interessante Überreste der ehemaligen Bevölkerung der umgebenden Flachländer.

Dreizehntes Kapitel

Geographische Verbreitung (Fortsetzung)

Verbreitung der Süßwasserbewohner – Die Bewohner ozeanischer Inseln – Abwesenheit von Batrachiern und Landsäugetieren – Beziehungen der Bewohner von Inseln zu denen des nächsten Festlandes – Über Ansiedlung aus den nächsten Quellen und nachherige Abänderung – Zusammenfassung dieses und des vorigen Kapitels

Verbreitung der Süßwasserbewohner

Da Seen und Flußsysteme durch Schranken von Festland voneinander getrennt werden, so möchte man glauben, daß Süßwasserbewohner nicht imstande gewesen wären, sich innerhalb eines und desselben Landes weit zu verbreiten, und, da das Meer offenbar eine noch weniger überschreitbare Schranke ist, daß sie sich niemals in entfernte Länder hätten verbreiten können. Und doch verhält sich die Sache gerade entgegengesetzt. Nicht allein haben viele Süßwasserspezies aus ganz verschiedenen Klassen eine ungeheuer weite Verbreitung, sondern einander nahe verwandte Formen herrschen auch in auffallender Weise über die ganze Erdoberfläche vor. Ich erinnere mich noch sehr wohl der Überraschung, die ich fühlte, als ich zum ersten Mal in Brasilien Süßwasserformen sammelte und die Süßwasserinsekten, Muscheln usw. den englischen so ähnlich und die umgebenden Landformen jenen so unähnlich fand.

Doch kann dieses Vermögen weiter Verbreitung bei den Süßwasserbewohnern in den meisten Fällen, wie ich glaube, daraus erklärt werden, daß sie in einer für sie sehr nützlichen Weise von Teich zu Teich und von Strom zu Strom kurze und häufige Wanderungen anzustellen fähig gemacht worden sind, aus welcher Fähigkeit sich dann die Neigung zu weiter Verbreitung als eine fast notwendige Folge ergeben dürfte. Doch können wir hier nur wenige Fälle in Betracht ziehen; von diesen bieten Fische einige der am schwierigsten zu erklärenden dar. Man glaubte früher, daß eine und dieselbe Süßwasserspezies niemals auf zwei weit voneinander entfernten Kontinenten vorkommen könne. Dr. Günther hat aber vor kurzem gezeigt, daß der *Galaxias attenuatus* Tasmanien, Neu-Seeland, die Falkland-Inseln und das Festland von Süd-Amerika bewohnt. Dies ist ein wunderbarer Fall, welcher wahrscheinlich auf eine Verbreitung von einem antarktischen Zentrum aus während einer früheren warmen Periode hinweist. Indessen wird dieser Fall dadurch zu einem etwas weniger überraschenden, als die Arten dieser Gattung das Vermögen haben, durch irgendwelche unbekannte Mittel große Strecken offenen Meeres zu überschreiten; so findet sich eine Spezies, welche Neu-Seeland und den Auckland-Inseln gemeinsam zukommt, trotzdem sie durch eine Entfernung von ungefähr 230 Meilen (engl.) voneinander getrennt sind. Oft verbreiten sich Süßwasserfische auf dem nämlichen Festland weit und in beinahe launischer Weise, so daß zwei Flußsysteme einen Teil ihrer Fische miteinander gemein, einen anderen verschieden haben können. Wahrscheinlich werden sie gelegentlich durch Mittel transportiert, die man zufällige nennen kann. So werden nicht selten Fische von Wirbelwinden durch die Luft entführt, wonach sie als Fischregen wieder zur Erde gelangen; und es ist bekannt, daß die Eier ihre Lebensfähigkeit noch eine beträchtliche Zeit nach ihrer Entfernung aus dem Wasser bewahren. Doch dürfte die Verbreitung der Süßwasserfische vorzugsweise Höhenwechseln des Landes während der gegenwärtigen Periode zuzuschreiben sein, welche die Ursache wurden, daß manche Flüsse ineinander flossen. Auch lassen sich Beispiele anführen, daß dies ohne Veränderungen in den wechselseitigen Höhen durch Überschwemmungen bewirkt worden ist. Die große Verschiedenheit zwischen den Fischen auf den entgegengesetzten Seiten von Gebirgsketten, die kontinuierlich sind und folglich schon seit früher Zeit die Ineinandermün-

Dreizehntes Kapitel

dung der beiderseitigen Flußsysteme vollständig verhindert haben müssen, führt zum nämlichen Schluß. Einige Süßwasserfische stammen von sehr alten Formen ab, und in solchen Fällen wird die Zeit weitaus ausgereicht haben zu großen geographischen Veränderungen, jene Formen werden folglich auch Zeit und Mittel gefunden haben, sich durch weite Wanderungen zu verbreiten. Überdies ist Dr. Günther neuerdings durch verschiedene Betrachtungen zu dem Schluß veranlaßt worden, daß bei Fischen die gleichen Formen eine lange Dauer besitzen. Salzwasserfische können bei sorgfältigem Verfahren langsam ans Leben im Süßwasser gewöhnt werden, und nach Valenciennes gibt es kaum eine gänzlich auf Süßwasser beschränkte Fischgruppe, so daß wir uns vorstellen können, eine marine Form einer übrigens dem Süßwasser angehörigen Gruppe wandere weit der Seeküste entlang und werde später abgeändert und endlich in Süßwassern eines entlegenen Landes zu leben befähigt.

Einige Arten von Süßwasser-Conchylien haben eine sehr weite Verbreitung, und verwandte Arten, die nach meiner Theorie von gemeinsamen Arten abstammen und mithin aus einer einzigen Quelle hervorgegangen sind, walten über die ganze Erdoberfläche vor. Ihre Verbreitung setzte mich anfangs sehr in Verlegenheit, da ihre Eier nicht zur Fortführung durch Vögel geeignet sind und wie die Tiere selbst durch Seewasser sofort getötet werden. Ich konnte selbst nicht begreifen, wie es komme, daß einige naturalisierte Arten sich so schnell über ein und dasselbe Gebiet verbreitet haben. Doch haben zwei von mir beobachtete Tatsachen – und viele andere werden zweifelsohne noch entdeckt werden – einiges Licht über diesen Gegenstand verbreitet. Wenn eine Ente sich plötzlich aus einem mit Wasserlinsen bedeckten Teich erhebt, so bleiben leicht, wie ich zweimal gesehen habe, einige dieser kleinen Pflanzen an ihrem Rücken hängen, und es ist mir selbst passiert, daß, als ich einige Wasserlinsen aus einem Aquarium ins andere versetzte, ich ganz absichtslos das letztere mit Süßwassermollusken des ersteren bevölkerte. Doch ist ein anderer Umstand vielleicht noch wirksamer. Ich hängte einen Entenfuß in einem Aquarium auf, wo viele Eier von Süßwasserschnecken auszukriechen im Begriff waren, und fand, daß bald eine große Menge der äußerst kleinen ausgeschlüpften Schnecken an dem Fuß umherkrochen und sich so fest anklebten, daß sie von dem herausgenommenen Fuß nicht abgeschabt werden konnten, obwohl sie in einem etwas mehr vorgeschrittenen Alter freiwillig davon abfallen würden. Diese frisch ausgeschlüpften Mollusken, obschon zum Wohnen im Wasser bestimmt, lebten an dem Entenfuß in feuchter Luft wohl 12-20 Stunden lang, und während dieser Zeit kann eine Ente oder ein Reiher wenigstens 600-700 englische Meilen weit fliegen, um sich dann sicher wieder in einem Sumpf oder Bach niederzulassen, wie sie von einem Sturm übers Meer hin auf eine ozeanische Insel oder auf einen anderen entfernten Punkt verschlagen werden können. Auch erzählt mir Sir Ch. Lyell, daß man einen Wasserkäfer (*Dytiscus*) mit einer ihm fest ansitzenden Süßwasser-Napfschnecke (*Ancylus*) gefangen hat; und ein anderer Wasserkäfer derselben Familie aus der Gattung *Colymbetes* kam einmal an Bord der „Beagle" geflogen, als diese 45 englische Meilen vom nächsten Land entfernt war; wie viel weiter er aber mit einem günstigen Wind noch gekommen sein würde, vermag niemand zu sagen.

Was die Pflanzen betrifft, so ist es längst bekannt, was für eine ungeheure Ausbreitung manche Süßwasser- und selbst Sumpfgewächse auf den Festländern und bis zu entferntesten ozeanischen Inseln besitzen. Dies ist nach Alph. de Candolles Bemerkung am deutlichsten in solchen großen Gruppen von Landpflanzen zu ersehen, aus welchen nur einige Glieder aquatisch sind, denn diese letzten pflegen, als wäre es infolgedessen, sofort eine viel größere Verbreitung als die übrigen zu erlangen. Ich glaube, günstige Verbreitungsmittel erklären diese Erscheinung. Ich habe vorhin die Erdteilchen erwähnt, welche gelegentlich an Schnäbeln und Füßen der Vögel hängenbleiben. Sumpfvögel, welche die schlammigen Ränder der Sümpfe aufsuchen, werden meistens schmutzige Füße haben, wenn sie plötzlich aufgescheucht werden. Nun wandern gerade Vögel dieser Ordnung mehr als die irgendeiner anderen und zuweilen werden sie auf den entferntesten und ödesten Inseln des offenen Weltmeeres angetroffen. Sie werden sich nicht leicht auf der Oberfläche des Meeres niederlassen, wo der noch an ihren Füßen hängende Schlamm abgewaschen werden könnte; und wenn sie ans Land kommen, werden sie gewiß alsbald ihre gewöhnlichen Aufenthaltsorte an den Süßwassern aufsuchen. Ich glaube nicht, daß die Botaniker wissen, wie beladen der Schlamm der Teiche mit Pflanzensamen ist; ich habe jedoch einige kleine Versuche darüber gemacht, will aber hier nur den auffallendsten Fall mitteilen. Ich nahm im Februar drei Eßlöffel voll Schlamm von drei verschiedenen Stellen unter Wasser, am Rande eines kleinen Teiches. Dieser Schlamm wog getrocknet nur 6 ¾ Unzen. Ich bewahrte ihn sodann in meinem Arbeitszimmer bedeckt sechs Monate lang auf und zählte und riss jedes auf keimende Pflänzchen aus. Diese Pflänzchen waren von mancherlei Art und ihre Zahl betrug im ganzen 537; und doch war all dieser zähe Schlamm in einer einzigen Obertasse enthalten. Diesen Tatsachen gegenüber würde es nun, meine ich, geradezu unerklärlich sein, wenn es nicht mitunter vorkäme, daß Wasservögel die Samen von Süßwasserpflanzen in weite Fernen verschleppten und nach unbevölkerten Teichen und Strömen brächten. Und dasselbe Mittel mag hinsichtlich der Eier einiger kleiner Süßwassertiere in Wirksamkeit kommen.

Auch noch andere und jetzt noch unbekannte Kräfte mögen dabei ihren Anteil haben. Ich habe oben gesagt, daß Süßwasserfische manche Arten Sämereien fressen, obwohl sie viele andere Arten, nachdem sie sie verschlungen haben, wieder auswerfen; selbst kleine Fische verschlingen Samen von mäßiger Größe, wie die der gelben Wasserlilie und des Potamogeton. Reiher und andere Vögel sind Jahrhundert nach Jahrhundert täglich auf den Fischfang ausgegangen; wenn sie sich dann erheben, suchen sie oft andere Gewässer auf oder werden auch zufällig übers Meer getrieben; und wir haben gesehen, daß Samen oft ihre Keimkraft noch besitzen, wenn sie in Gewölle, in Exkrementen u. dergl. viele Stunden später wieder ausgeworfen werden. Als ich die großen Samen der herrlichen Wasserlilie, *Nelumbium*, sah und mich dessen erinnerte, was Alphonse de Candolle über die Verbreitung dieser Pflanze gesagt hat, so meinte ich, ihre Verbreitung müsse ganz unerklärlich sein. Doch versichert Audubon, Samen der großen südlichen Wasserlilie (nach Dr. Hooker wahrscheinlich das *Nelumbium luteum*) im Magen eines Reihers gefunden zu haben. Obwohl es mir nun als Tatsache nicht bekannt ist, so schließe ich doch aus der Analogie, daß, wenn ein Reiher in einem solchen Falle zu einem anderen Teich flöge und dort eine herzhafte Fischmahlzeit zu sich nähme, er wahrscheinlich aus seinem Magen wieder einen Ballen mit noch unverdautem Nelumbiumsamen auswerfen würde.

Bei Betrachtung dieser verschiedenen Verbreitungsmittel muß man sich noch erinnern, daß, wenn ein Teich oder Fluss z. B. auf einer sich hebenden Insel zuerst entsteht, er noch nicht bevölkert ist und ein einzelnes Sämchen oder Ei'chen gute Aussicht auf Fortkommen hat. Obschon ein Kampf ums Dasein zwischen den Individuen der wenn auch noch so wenigen Arten, die bereits in einem Teich beisammen leben, immer eintreten wird, so wird in Betracht, daß die Zahl der Arten selbst in einem gut bevölkerten Teich im Vergleich mit den ein gleiches Stück Land bewohnenden Arten gering ist, die Konkurrenz auch wahrscheinlich zwischen Wasserformen minder heftig als zwischen den Landbewohnern sein; ein neuer Eindringling aus den Gewässern eines fremden Landes würde folglich auch mehr Aussicht haben eine Stelle zu erobern, als ein neuer Kolonist auf dem trockenen Land. Auch dürfen wir nicht vergessen, daß viele Süßwasserbewohner tief auf der Stufenleiter der Natur stehen; und wir können mit Grund annehmen, daß solche niedrig organisierte Wesen langsamer als die höher ausgebildeten abändern oder modifiziert werden, demzufolge dann ein und die nämliche Art wasserbewohnender Organismen lange wandern kann. Wir müssen auch der Wahrscheinlichkeit gedenken, daß viele süßwasserbewohnende Spezies, nachdem sie früher über ungeheure Flächen in zusammenhängender Weise verbreitet waren, in den mittleren Gegenden derselben erloschen sein können. Aber die weite Verbreitung der Pflanzen und niederen Tiere des Süßwassers, mögen sie nun ihre ursprüngliche Formen unverändert bewahren oder in gewissem Grade modifiziert worden sein, hängt allem Anschein nach hauptsächlich von der weiten Verbreitung ihrer Samen und

Eier durch Tiere und zumal durch Süßwasservögel ab, welche bedeutende Flugkraft haben und natürlicherweise von einem Gewässer zum anderen wandern.

Die Bewohner ozeanischer Inseln

Wir kommen nun zur letzten der drei Klassen von Tatsachen, welche ich als diejenigen ausgewählt habe, welche in bezug auf Verbreitung die größten Schwierigkeiten darbieten, wenn wir uns der Ansicht anschließen, daß nicht bloß alle Individuen einer und derselben Art von irgendeinem einzelnen Bezirk ausgewandert sind, sondern daß verwandte Arten, wenn sie auch jetzt die voneinander getrenntesten Punkte bewohnen, doch von einem einzelnen Bezirk, der Geburtsstätte ihres früheren Urerzeugers, ausgegangen sind. Ich habe bereits meine Gründe angeführt, warum ich nicht wohl mit der Forbes'schen Ansicht übereinstimmen kann von der Ausdehnung der Kontinente innerhalb der Periode jetzt existierender Arten in einem so enormen Grade, daß alle die vielen Inseln der verschiedenen Ozeane hierdurch mit ihren jetzigen Landbewohnern bevölkert worden sind. Diese Ansicht würde allerdings zwar viele Schwierigkeiten beseitigen, aber keineswegs alle Erscheinungen hinsichtlich der Inselbevölkerung erklären. In den nachfolgenden Bemerkungen werde ich mich nicht auf die bloße Frage von der Verteilung der Arten beschränken, sondern auch einige andere Tatsachen betrachten, welche sich auf die Richtigkeit der beiden Theorien, die der selbstständigen Schöpfung der Arten und die ihrer Abstammung von anderen Formen mit fortwährender Abänderung beziehen.

Die Arten aller Klassen, welche ozeanische Inseln bewohnen, sind nur wenig im Vergleich zu denen gleichgroßer Flächen Festlandes, wie Alphonse de Candolle in bezug auf die Pflanzen und Wollaston hinsichtlich der Insekten zugeben. Neuseeland z.B., mit seinen hohen Gebirgen und mannigfaltigen Standorten und einer Breite von über 780 Meilen, und die davorliegenden Aucklands-, Campbell- und Chatham-Inseln enthalten zusammen nur 960 Arten von Blütenpflanzen; vergleichen wir diese geringe Zahl mit denen einer gleichgroßen Fläche am Kap der guten Hoffnung oder im südwestlichen Neuholland, so müssen wir zugestehen, daß etwas von irgendeiner Verschiedenheit in den physikalischen Bedingungen ganz unabhängiges die große Verschiedenheit der Artenzahlen verursacht hat. Selbst die einförmige Grafschaft von Cambridge zählt 847 und das kleine Eiland Anglesea 764 Pflanzenarten; doch sind auch einige Farne und einige eingeführte Arten in diesen Zahlen mit inbegriffen und ist der Vergleich auch in einigen anderen Beziehungen nicht ganz richtig. Wir haben Beweise dafür, daß das kahle Eiland Ascension ursprünglich nicht ein halbes Dutzend Blütenpflanzen besaß; jetzt sind viele dort naturalisiert worden, wie es eben auch auf Neu-Seeland und auf allen anderen ozeanischen Inseln, die nur angeführt werden können, der Fall ist. In bezug auf St. Helena hat man Grund, anzunehmen, daß die naturalisierten Pflanzen und Tiere schon viele einheimische Naturerzeugnisse gänzlich oder fast gänzlich vertilgt haben. Wer also der Lehre von der selbstständigen Erschaffung aller einzelnen Arten beipflichtet, der wird zugestehen müssen, daß auf den ozeanischen Inseln keine hinreichende Anzahl bestens angepaßter Pflanzen und Tiere geschaffen worden ist; denn der Mensch hat diese Inseln ganz absichtslos aus verschiedenen Quellen viel besser und vollständiger als die Natur bevölkert.

Obwohl auf ozeanischen Inseln die Zahl der Bewohner der Art nach dürftig ist, so ist das Verhältnis der endemischen, d.h. sonst nirgends vorkommenden Arten oft außerordentlich groß. Dies ergibt sich, wenn man z.B. die Anzahl der endemischen Landschnecken auf Madeira oder der endemischen Vögel im Galapagos-Archipel mit der auf irgendeinem Kontinent gefundenen Zahl und dann auch die beiderseitige Flächenausdehnung miteinander vergleicht. Es hätte sich diese Tatsache schon theoretisch erwarten lassen; denn, wie bereits erklärt worden, sind Arten, welche nach langen Zwischenräumen gelegentlich in einen neuen und isolierten Bezirk kommen

Geographische Verbreitung (Fortsetzung)

und dort mit neuen Genossen zu konkurrieren haben, in ausgezeichnetem Grade abzuändern geneigt und bringen oft Gruppen modifizierter Nachkommen hervor. Daraus folgt aber keineswegs, daß, weil auf einer Insel fast alle Arten einer Klasse eigentümlich sind, auch die der übrigen Klassen oder auch nur einer besonderen Sektion derselben Klasse eigentümlich sind; und dieser Unterschied scheint teils davon herzurühren, daß diejenigen Arten, welche nicht abänderten, in Menge eingewandert sind, so daß ihre gegenseitigen Beziehungen nicht viel gestört wurden, teils ist er von der häufigen Ankunft unveränderter Einwanderer aus dem Mutterland bedingt, mit denen sich die insularen Formen dann gekreuzt haben. Hinsichtlich der Wirkung einer solchen Kreuzung ist zu bemerken, daß die aus derselben entspringenden Nachkommen gewiß sehr kräftig werden müssen, so daß selbst eine gelegentliche Kreuzung wirksamer sein wird, als man voraus erwarten möchte. Ich will einige Beispiele anführen: Auf den Galapagos-Inseln gibt es 26 Landvögel, wovon 21 (oder vielleicht 23) endemisch sind, während von den 11 Seevögeln ihnen nur zwei eigentümlich angehören, und es liegt auf der Hand, daß Seevögel leichter und häufiger als Landvögel nach diesen Eilanden gelangen können. Die Bermudas dagegen, welche ungefähr ebensoweit von Nord-Amerika, wie die Galapagos von Süd-Amerika entfernt liegen, und einen ganz eigentümlichen Boden besitzen, haben nicht eine einzige endemische Art von Landvögeln, und wir wissen aus J. M. Jones' vortrefflichem Bericht über die Bermudas, daß sehr viele nordamerikanische Vögel gelegentlich diese Inseln besuchen. Auf die Insel Madeira werden fast alljährlich, wie mir E. V. Harcourt gesagt hat, viele europäische und afrikanische Vögel verschlagen. Die Insel wird von 99 Vogelarten bewohnt, von welchen nur eine der Insel eigentümlich, aber mit einer europäischen Form sehr nahe verwandt ist; und 3-4 andere sind auf diese und die kanarischen Inseln beschränkt. So sind diese beiden Inselgruppen, der Bermudas und Madeira, von den benachbarten Kontinenten aus mit Vogelarten besetzt worden, welche schon seit langen Zeiten in ihrer früheren Heimat miteinander gekämpft haben und einander angepaßt worden sind; und nachdem sie sich nun in ihrer neuen Heimat angesiedelt haben, wird jede Art durch die anderen in ihrer gehörigen Stelle und Lebensweise erhalten worden und mithin wenig zu modifizieren geneigt gewesen sein. Auch wird jede Neigung zur Abänderung durch die Kreuzung mit den aus dem Mutterland unverändert nachkommenden Einwanderern gehemmt worden sein. Madeira wird ferner von einer wunderbaren Anzahl eigentümlicher Landschnecken bewohnt, während nicht eine einzige Art von Seemuscheln auf seine Küste beschränkt ist. Obwohl wir nun nicht wissen, auf welche Weise die marinen Schalentiere sich verbreiten, so läßt sich doch einsehen, daß ihre Eier oder Larven vielleicht an Seetang und Treibholz sitzend oder an den Füßen der Watvögel hängend weit leichter als Landmollusken 300-400 Meilen weit über die offene See fortgeführt werden können. Die verschiedenen Insektenordnungen auf Madeira bieten nahezu parallele Fälle dar.

Ozeanischen Inseln fehlen zuweilen Tiere gewisser ganzer Klassen, deren Stellen durch Tiere anderer Klassen eingenommen werden. So vertreten oder vertraten neuerdings noch auf den Galapagos Reptilien und auf Neu-Seeland flügellose Riesenvögel die Säugetiere. Obwohl aber Neu-Seeland hier als ozeanische Insel besprochen wird, so ist es doch zweifelhaft, ob es mit Recht dazu gezählt wird; es ist von ansehnlicher Größe und durch kein tiefes Meer von Australien getrennt. Nach seinem geologischen Charakter und der Richtung seiner Gebirgsketten hat W. B. Clarke neuerdings behauptet, diese Insel sollte nebst Neu-Kaledonien nur als Anhängsel von Australien betrachtet werden. Was die Pflanzen der Galapagos betrifft, so hat Dr. Hooker gezeigt, daß das Zahlenverhältnis zwischen den verschiedenen Ordnungen ein ganz anderes als sonst allerwärts ist. Alle solche Verschiedenheiten in den Zahlenverhältnissen und das Fehlen ganzer Tier- und Pflanzengruppen auf Inseln setzt man gewöhnlich auf Rechnung vermeintlicher Verschiedenheiten in den physikalischen Bedingungen der Inseln; aber diese Erklärung ist ziemlich zweifelhaft. Leichtigkeit der Einwanderung ist, wie mir scheint, reichlich ebenso wichtig wie die Natur der Lebensbedingungen gewesen.

Dreizehntes Kapitel

Rücksichtlich der Bewohner ozeanischer Inseln lassen sich viele merkwürdige kleine Tatsachen anführen. So haben z. B. auf gewissen nicht mit einem einzigen Säugetier besetzten Inseln einige endemische Pflanzen prächtig mit Häkchen versehene Samen; und doch gibt es nicht viele Beziehungen, die augenfälliger wären, als die Eignung mit Haken besetzter Samen für den Transport durch die Haare und Wolle der Säugetiere. Indessen können hakentragende Samen leicht noch durch andere Mittel von Insel zu Insel geführt werden, wo dann die Pflanze etwas verändert, aber ihre mit Widerhaken versehenen Samen behaltend eine endemische Form bildet, für welche diese Haken einen nun ebenso unnützen Anhang bilden, wie es rudimentäre Organe, z. B. die runzeligen Flügel unter den zusammengewachsenen Flügeldecken mancher insularen Käfer sind. Ferner besitzen Inseln oft Bäume oder Büsche aus Ordnungen, welche anderwärts nur Kräuter enthalten; nun aber haben Bäume, wie Alph. de Candolle gezeigt hat, gewöhnlich nur beschränkte Verbreitungsgebiete, was immer die Ursache dieser Erscheinung sein mag. Daher ergibt sich dann, daß Baumarten wenig geeignet sein dürften, entlegene ozeanische Inseln zu erreichen; und eine krautartige Pflanze, welche auf einem Kontinent keine Aussicht auf Erfolg bei der Konkurrenz mit vielen vollständig entwickelten Bäumen hat, kann, wenn sie bei ihrer ersten Ansiedelung auf einer Insel nur mit anderen krautartigen Pflanzen in Konkurrenz tritt, leicht durch immer höher strebenden und jene überragenden Wuchs ein Übergewicht über dieselben erlangen. Ist dies der Fall, so wird natürliche Zuchtwahl die Höhe krautartiger Pflanzen, aus welcher Ordnung sie auch immer sein mögen, oft etwas zu vergrößern und dieselben erst in Büsche und endlich in Bäume zu verwandeln geneigt sein.

Abwesenheit von Batrachiern und Landsäugetieren

Was die Abwesenheit ganzer Ordnungen von Tieren auf ozeanischen Inseln betrifft, so hat Bory de St.-Vincent schon vor langer Zeit die Bemerkung gemacht, daß Batrachier (Frösche, Kröten und Molche) nie auf einer der vielen Inseln gefunden worden sind, womit der Große Ozean übersät ist. Ich habe mich bemüht, diese Behauptung zu prüfen und habe sie vollständig richtig befunden, mit Ausnahme von Neu-Seeland, Neu-Kaledonien, den Andaman-Inseln und vielleicht den Salomon-Inseln und den Seychellen. Ich habe aber bereits erwähnt, daß es zweifelhaft ist, ob man Neu-Seeland und Neu-Kaledonien zu den ozeanischen Inseln rechnen soll; und in bezug auf die Andaman- und Salomon-Gruppen und die Seychellen ist es noch zweifelhafter. Dieser allgemeine Mangel an Fröschen, Kröten und Molchen auf so vielen echten ozeanischen Inseln läßt sich nicht aus ihrer natürlichen Beschaffenheit erklären; es scheint vielmehr umgekehrt, als wären diese Inseln eigentümlich gut für diese Tiere geeignet; denn Frösche sind auf Madeira, den Azoren und auf Mauritius eingeführt worden, und haben sich so vermehrt, daß sie jetzt fast eine Plage sind. Da aber bekanntlich diese Tiere sowie ihr Laich (so viel bekannt, mit der Ausnahme einer einzigen indischen Spezies) durch Seewasser unmittelbar getötet werden, so ist leicht zu ersehen, daß deren Transport über Meer sehr schwierig wäre und sie aus diesem Grunde auf keiner streng ozeanischen Insel existieren. Dagegen würde es nach der Schöpfungstheorie sehr schwer zu erklären sein, warum sie auf diesen Inseln nicht erschaffen worden wären.

Säugetiere bieten einen weiteren Fall ähnlicher Art dar. Ich bin die ältesten Reisewerke sorgfältig durchgegangen und habe kein unzweifelhaftes Beispiel gefunden, daß ein Landsäugetier (von den gezähmten Haustieren der Eingeborenen abgesehen) irgendeine über 300 engl. Meilen weit vom Festland oder einer großen Kontinental-Insel entlegene Insel bewohnt habe; und viele Inseln in viel geringeren Abständen entbehren derselben gleichfalls gänzlich. Die Falkland-Inseln, welche von einem wolfartigen Fuchs bewohnt sind, scheinen einer Ausnahme am nächsten zu kommen, können aber nicht als ozeanisch gelten, da sie auf einer mit dem Festland zusammenhängenden Bank 280 engl. Meilen von diesem entfernt liegen; und da überdies schwimmende Eisberge erratische Blöcke an ihren westlichen Küsten abgesetzt haben, so könnten dieselben auch wohl einmal Füchse mitgebracht haben, wie das jetzt in den arktischen Gegenden oft vorkommt. Und doch kann man nicht behaupten, daß kleine Inseln nicht auch kleine Säugetiere ernähren könnten; denn es ist dies in der Tat in vielen Teilen der Erde mit sehr kleinen Inseln der Fall, wenn sie dicht an einem Kontinent liegen; und schwerlich läßt sich eine Insel anführen, auf der unsere kleinen Säugetiere sich nicht naturalisiert und bedeutend vermehrt hätten. Nach der gewöhnlichen Ansicht von der Schöpfung könnte man nicht sagen, daß nicht Zeit zur Schöpfung von Säugetieren gewesen wäre; viele vulkanische Inseln sind auch alt genug, wie sich teils aus der ungeheuren Zerstörung, die sie bereits erfahren haben, und teils aus dem Vorkommen tertiärer Schichten auf ihnen ergibt; auch ist Zeit gewesen zur Hervorbringung endemischer Arten aus anderen Klassen; und auf Kontinenten erscheinen und verschwinden Säugetiere bekanntlich in rascherer Folge als andere, tieferstehende Tiere. Obgleich nun aber Landsäugetiere auf ozeanischen Inseln nicht vorhanden sind, so finden sich doch fliegende Säugetiere fast auf jeder Insel ein. Neu-Seeland besitzt zwei Fledermäuse, die sonst nirgends auf der Welt vorkommen; die Norfolk-Insel, der Viti-Archipel, die Bonin-Inseln, die Mariannen- und Karolinengruppen und Mauritius: alle besitzen ihre eigentümlichen Fledermausarten. Warum, kann man fragen, hat die angebliche Schöpfungskraft auf diesen entlegenen Inseln nur Fledermäuse und keine anderen Säugetiere hervorgebracht? Nach meiner Anschauungsweise läßt sich diese Frage leicht beantworten; denn kein Landsäugetier kann über so weite Meeresstrecken hinwegkommen, welche Fledermäuse noch zu überfliegen imstande sind. Man hat Fledermäuse bei Tage weit über den Atlantischen Ozean ziehen sehen und zwei nordamerikanische Arten derselben besuchen die Bermudas-Inseln, 600 engl. Meilen vom Festland, regelmäßig oder zufällig. Ich hörte von Mr. Tomes, welcher diese Familie näher studiert hat, daß viele Arten derselben eine ungeheure Verbreitung besitzen und sowohl auf Kontinenten als auch weit entlegenen Inseln zugleich vorkommen. Wir brauchen daher nur anzunehmen, daß solche wandernde Arten durch natürliche Zuchtwahl den Bedingungen ihrer neuen Heimat angemessen modifiziert worden sind, und wir werden das Vorkommen von Fledermäusen auf ozeanischen Inseln begreifen, bei Abwesenheit aller anderen Landsäugetiere.

Es besteht noch eine andere interessante Beziehung, nämlich die zwischen der Tiefe des Inseln voneinander und vom nächsten Festland trennenden Meeres und dem Grade der Verwandtschaft der dieselben bewohnenden Säugetiere. Windsor Earl hat einige treffende, seitdem durch Wallaces vorzügliche Untersuchungen bedeutend erweiterte Beobachtungen in dieser Hinsicht über den großen Malayischen Archipel gemacht, welcher in der Nähe von Celebes von einem Streifen sehr tiefen Meeres durchschnitten wird, der zwei ganz verschiedene Säugetierfaunen trennt. Auf beiden Seiten desselben liegen die Inseln auf mäßig tiefen, untermeerischen Bänken und werden voneinander nahe verwandten oder ganz identischen Säugetierarten bewohnt. Ich habe bisher nicht Zeit gefunden, diesem Gegenstand auch in anderen Weltgegenden nachzuforschen; soweit ich aber damit gekommen bin, bleiben die Beziehungen sich gleich. Wir sehen z. B. Groß-Britannien durch einen seichten Kanal vom europäischen Festland getrennt, und die Säugetierarten sind auf beiden Seiten die nämlichen. Ähnlich verhält es sich mit vielen, nur durch schmale Meerengen von Neuholland geschiedenen Inseln. Die westindischen Inseln dagegen stehen auf einer fast 1000 Faden tief untergetauchten Bank; und hier finden wir zwar amerikanische Formen, aber von denen des Festlandes verschiedene Arten und selbst Gattungen. Da das Maß der Modifikation, welcher Tiere aller Art ausgesetzt sind, zum Teil von der Zeitdauer abhängt und eher anzunehmen ist, daß durch seichte Meerengen voneinander oder vom Festland getrennte Inseln in noch jüngerer Zeit als die durch tiefe Kanäle geschiedenen in Zusammenhang gewesen sind, so vermag man den Grund einer häufigen Beziehung zwischen der Tiefe des zwei Säugetierfaunen trennenden Meeres und dem Grade der Verwandtschaft derselben einzusehen, einer Beziehung, welche bei Annahme unabhängiger Schöpfungsakte ganz unerklärbar bleibt.

Dreizehntes Kapitel

Die vorangehenden Bemerkungen über die Bewohner ozeanischer Inseln, insbesondere die Spärlichkeit der Arten und die verhältnismäßig große Zahl endemischer Formen, – da nur die Glieder gewisser Gruppen und nicht anderer Gruppen derselben Klasse modifiziert worden sind – das Fehlen gewisser ganzer Ordnungen wie der Batrachier und der Landsäugetiere trotz der Anwesenheit fliegender Fledermäuse, die eigentümlichen Zahlenverhältnisse in manchen Pflanzenordnungen, die Verwandlung krautartiger Pflanzenformen in Bäume usw., alle scheinen sich mit der Ansicht, daß im Laufe langer Zeiträume gelegentliche Transportmittel viel zur Verbreitung der Organismen mitgewirkt haben, besser zu vertragen als mit der Meinung, daß alle unsere ozeanischen Inseln vordem in unmittelbarem Zusammenhang mit dem nächsten Festland gestanden haben; denn nach dieser letzten Ansicht würde wahrscheinlich die Einwanderung der verschiedenen Klassen gleichförmiger gewesen sein, und da die Arten in Menge einzogen, so würden auch ihre gegenzeitigen Beziehungen nicht bedeutend gestört, sie selbst folglich entweder gar nicht oder alle in einer gleichmäßigeren Weise modifiziert worden sein.

Ich leugne nicht, daß noch viele und große Schwierigkeiten vorliegen, zu erklären, auf welche Weise manche Bewohner der entfernteren Inseln, mögen sie nun ihre anfängliche Form beibehalten oder seit ihrer Ankunft abgeändert haben, bis zu ihrer gegenwärtigen Heimat gelangt sind. Doch ist die Wahrscheinlichkeit nicht zu übersehen, daß viele Inseln, von denen keine Spur mehr vorhanden ist, als Ruheplätze existiert haben können. Ich will einen solchen schwierigen Fall spezieller erwähnen. Fast alle und selbst die entlegensten und kleinsten ozeanischen Inseln werden von Landschnecken bewohnt, und zwar meist von endemischen, doch zuweilen auch von anderwärts vorkommenden Arten. Dr. Aug. A. Gould hat einige auffallende Beispiele von Landschnecken auf den Inseln des Stillen Ozeans mitgeteilt. Nun ist es eine anerkannte Tatsache, daß Landschnecken durch Seewasser sehr leicht getötet werden, und ihre Eier (wenigstens diejenigen, womit ich Versuche angestellt habe) sinken im Seewasser unter und werden getötet. Und doch muß es meiner Meinung nach irgendein unbekanntes, aber gelegentlich höchst wirksames Verbreitungsmittel für dieselben geben. Sollten vielleicht die jungen eben dem Ei entschlüpften Schneckchen an den Füßen irgendeines am Boden ausruhenden Vogels emporkriechen und dann von ihm weitergetragen werden? Es kam mir der Gedanke, daß Landschnecken, im Zustand des Winterschlafs und mit einem Deckel auf ihrer Schalenmündung, in Spalten von Treibholz über ziemlich breite Seearme müßten geführt werden können. Ich fand sodann, daß verschiedene Arten in diesem Zustand ohne Nachteil sieben Tage lang im Seewasser liegen bleiben können. Eine dieser Arten war *Helix pomatia*; nachdem sie sich wieder zur Winterruhe eingerichtet hatte, legte ich sie noch zwanzig Tage lang in Seewasser, worauf sie sich wieder vollständig erholte. Während dieser Zeit hätte sie von einer Meeresströmung von mittlerer Geschwindigkeit in eine Entfernung von 660 geographischen Meilen fortgeführt werden können. Da diese Art von *Helix* einen dicken kalkigen Deckel besitzt, so nahm ich ihn ab, und als sich hierauf wieder ein neuer häutiger Deckel gebildet hatte, tauchte ich sie noch vierzehn Tage in Seewasser, worauf sie wieder vollständig zu sich kam und davonkroch. Baron Aucapitaine hat neuerdings ähnliche Versuche angestellt; er brachte 100, zu 10 Arten gehörende Landschnecken in einen mit Löchern versehenen Kasten und tauchte sie vierzehn Tage lang in Seewasser. Von den 100 Schnecken erhielten sich siebenundzwanzig. Die Anwesenheit eines Deckels scheint von Bedeutung gewesen zu sein, denn von zwölf Exemplaren von *Cyclostoma elegans*, welches einen Deckel hat, erhielten sich elf. Wenn ich bedenke, wie gut bei mir *Helix pomatia* dem Seewasser widerstand, so ist es merkwürdig, daß von vierundfünfzig zu vier Arten von *Helix* gehörigen Exemplaren, mit denen Aucapitaine experimentierte, kein einziges sich erholte. Es ist indessen durchaus nicht wahrscheinlich, daß Landschnecken oft in dieser Weise transportiert worden sind; die Vogelfüße sind ein wahrscheinlicheres Transportmittel.

Geographische Verbreitung (Fortsetzung)

Beziehungen der Bewohner von Inseln zu denen des nächsten Festlandes – Über Ansiedlung aus den nächsten Quellen und nachherige Abänderung

Die auffallendste und für uns wichtigste Tatsache hinsichtlich der Inselbewohner ist ihre Verwandtschaft zu den Bewohnern des nächsten Festlandes, ohne mit denselben von gleichen Arten zu sein. Davon ließen sich zahlreiche Beispiele anführen. Der Galapagos-Archipel liegt 500-600 engl. Meilen von der Küste Süd-Amerikas entfernt unter dem Äquator. Hier trägt fast jedes Land- wie Wasserprodukt ein unverkennbar kontinental-amerikanisches Gepräge. Darunter befinden sich 26 Arten Landvögel, von welchen 21 oder vielleicht 23 für besondere Arten gehalten und gemeiniglich als hier geschaffen angesehen werden; und doch ist die nahe Verwandtschaft der meisten dieser Vögel mit amerikanischen Arten in jedem ihrer Charaktere, in Lebensweise, Betragen und Ton der Stimme offenbar. So ist es auch mit anderen Tieren und, wie Dr. Hooker in seinem ausgezeichneten Werk über die Flora dieser Inselgruppe gezeigt hat, mit einem großen Teil der Pflanzen. Der Naturforscher, welcher die Bewohner dieser vulkanischen Inseln des Stillen Ozeans betrachtet, fühlt, daß er auf amerikanischem Boden steht, obwohl er noch einige hundert Meilen vom Festland entfernt ist. Wie mag dies kommen? Woher sollten die, angeblich nur im Galapagos-Archipel und sonst nirgends erschaffenen Arten diesen so deutlichen Stempel der Verwandtschaft mit den in Amerika geschaffenen haben? Es findet sich nichts in den Lebensbedingungen, nichts in der geologischen Beschaffenheit, nichts in der Höhe oder dem Klima dieser Inseln noch in den Zahlenverhältnissen der verschiedenen, hier zusammenwohnenden Klassen, was den Lebensbedingungen auf den südamerikanischen Küsten sehr ähnlich wäre; ja es ist sogar ein großer Unterschied in allen diesen Beziehungen vorhanden. Andererseits aber besteht eine große Ähnlichkeit zwischen der vulkanischen Natur des Bodens, dem Klima und der Größe und Höhe der Inseln der Galapagos einer- und der Kapverdischen Gruppe andererseits. Aber welche unbedingte und gänzliche Verschiedenheit in ihren Bewohnern! Die der Inseln des grünen Vorgebirges sind mit denen Afrikas verwandt, wie die der Galapagos mit denen Amerikas. Derartige Tatsachen haben von der gewöhnlichen Annahme einer unabhängigen Schöpfung der Arten keine Erklärung zu erwarten, während nach der hier aufgestellten Ansicht es offenbar ist, daß die Galapagos entweder durch gelegentliche Transportmittel oder (wenn ich auch nicht an diese Annahme glaube) infolge eines früheren unmittelbaren Zusammenhangs mit Amerika von diesem Weltteil, wie die Kapverdischen Inseln von Afrika aus, bevölkert worden sind, und daß, obwohl diese Kolonisten Modifikationen ausgesetzt gewesen sein werden, doch das Erblichkeitsprinzip ihre erste Geburtsstätte verrät.

Es ließen sich noch viele analoge Fälle anführen; denn es ist in der Tat eine fast allgemeine Regel, daß die endemischen Erzeugnisse von Inseln mit denen der nächsten Festländer oder der nächsten großen Insel in verwandtschaftlicher Beziehung stehen. Ausnahmen sind selten und die meisten leicht erklärbar. So sind die Pflanzen von Kerguelenland, obwohl dieses näher an Afrika als an Amerika liegt, nach Dr. Hookers Bericht sehr eng mit denen der amerikanischen Flora verwandt; doch erklärt sich diese Abweichung durch die Annahme, daß die genannte Insel hauptsächlich durch strandende, den vorherrschenden Seeströmungen folgende Eisberge, bevölkert worden sei, welche Steine und Erde voll Samen mit sich geführt haben. Neuseeland ist hinsichtlich seiner endemischen Pflanzen mit Neuholland als dem nächsten Kontinent näher als mit irgendeiner anderen Gegend verwandt, wie es auch zu erwarten war; es hat aber auch offenbare Verwandtschaft mit Süd-Amerika, welches, wenn auch das zweitnächste Festland, so ungeheuer entfernt ist, daß die Tatsache als eine Anomalie erscheint. Doch auch diese Schwierigkeit verschwindet größtenteils unter der Voraussetzung, daß Neuseeland, Süd-Amerika und andere südliche Länder vor langen Zeiten teilweise von einem entfernt gelegenen Mittelpunkt, nämlich von den antarktischen Inseln aus, bevölkert worden sind, als diese während einer wärmeren Tertiärzeit vor dem Beginn der letzten Glazialperiode mit Pflanzenwuchs bekleidet waren. Die, wenn auch nur schwache, aber nach Dr. Hooker doch tatsächliche Verwandtschaft zwischen den Floren der südwestlichen Spitzen Australiens und des Kaps der guten Hoffnung ist ein noch viel merkwürdigerer Fall; doch ist dieselbe auf die Pflanzen beschränkt und wird auch ihrerseits sich gewiß eines Tages noch aufklären lassen.

Dasselbe Gesetz, welches die Verwandtschaft zwischen den Bewohnern von Inseln und dem nächsten Festland bestimmt hat, wiederholt sich zuweilen in kleinerem Maßstab aber in sehr interessanter Weise innerhalb einer und der nämlichen Inselgruppe. So wird ganz wunderbarerweise jede einzelne Insel des nur kleinen Galapagos-Archipels von vielen verschiedenen Arten bewohnt; aber diese Arten stehen in näherer Verwandtschaft zu einander, als zu den Bewohnern des amerikanischen Kontinents oder irgendeines anderen Teils der Welt. Und dies ist zu erwarten gewesen, da die Inseln so nahe beisammen liegen, daß alle zuverlässig ihre Einwanderer entweder aus gleicher Urquelle oder eine von der anderen erhalten haben müssen. Aber wie kommt es, daß auf diesen verschiedenen Inseln, welche einander in Sicht liegen und die nämliche geologische Beschaffenheit, dieselbe Höhe und das gleiche Klima usw. besitzen, so viele Einwanderer auf jeder in einer anderen und doch nur wenig verschiedenen Weise modifiziert worden sind? Dies ist auch mir lange Zeit als eine große Schwierigkeit erschienen, was aber hauptsächlich von dem tief eingewurzelten Irrtum herrührt, die physikalischen Bedingungen einer Gegend als das Wichtigste für deren Bewohner zu betrachten, während doch nicht in Abrede gestellt werden kann, daß die Natur der übrigen Organismen, mit welchen ein jeder zu konkurrieren hat, wenigstens ebenso hoch anzuschlagen und gewöhnlich eine noch wichtigere Bedingung ihres Gedeihens ist. Wenn wir nun diejenigen Bewohner der Galapagos betrachten, welche als nämliche Spezies auch in anderen Gegenden der Erde noch vorkommen, so finden wir, daß dieselben auf den einzelnen Inseln beträchtlich differieren. Diese Verschiedenheit hätte sich nun allerdings wohl erwarten lassen, wenn die Inseln durch gelegentliche Transportmittel bestockt worden wären, so daß z. B. der Same einer Pflanzenart zu einer und der einer anderen zu einer anderen Insel gelangt wäre, wenn auch alle von derselben allgemeinen Quelle ausgingen. Wenn daher in früherer Zeit ein Einwanderer sich zuerst auf einer der Inseln angesiedelt oder sich später von einer zu der anderen verbreitet hat, so dürfte er zweifelsohne auf den verschiedenen Inseln verschiedenen Lebensbedingungen ausgesetzt gewesen sein; denn er hätte auf jeder Insel mit einem anderen Kreis von Organismen zu konkurrieren gehabt. Eine Pflanze z. B. hätte den für sie am meisten geeigneten Boden auf der einen Insel schon vollständiger von anderen Pflanzen eingenommen gefunden als auf der anderen und wäre den Angriffen etwas verschiedener Feinde ausgesetzt gewesen. Wenn sie nun abänderte, so wird die natürliche Zuchtwahl wahrscheinlich auf verschiedenen Inseln verschiedene Varietäten begünstigt haben. Einzelne Arten werden sich indessen über die ganze Gruppe verbreiten und überall den nämlichen Charakter beibehalten haben, geradeso wie wir auch auf Festländern manche weit verbreitete Spezies überall unverändert bleiben sehen.

Doch die wahrhaft überraschende Tatsache auf den Galapagos, wie in minderem Grade in einigen anderen Fällen, besteht darin, daß sich die neugebildeten Arten nicht schnell über die ganze Inselgruppe ausgebreitet haben. Aber die einzelnen Inseln, wenn auch in Sicht voneinander gelegen, sind durch tiefe Meeresarme, meistens breiter als der britische Kanal, voneinander geschieden, und es liegt kein Grund zu der Annahme vor, daß sie früher unmittelbar miteinander vereinigt gewesen wären. Die Seeströmungen sind heftig und gehen quer durch den Archipel hindurch, und heftige Windstöße sind außerordentlich selten, so daß die Inseln tatsächlich viel wirksamer voneinander geschieden sind, als dies auf der Karte erscheinen mag. Dem ungeachtet sind doch einige der Arten, sowohl anderwärts vorkommende wie dem Archipel eigentümlich angehörende, mehreren Inseln gemeinsam, und die gegenwärtige Art ihrer Verbreitung führt zu der Vermutung, daß diese sich wahrscheinlich von einer der Inseln aus zu den anderen verbreitet haben. Aber wir bilden uns, wie ich glaube, oft eine irrige Meinung über die

Wahrscheinlichkeit, daß von nahe verwandten Arten bei freiem Verkehr die eine ins Gebiet der anderen vordringen werde. Es unterliegt zwar keinem Zweifel, daß, wenn eine Art irgendeinen Vorteil über eine andere hat, sie dieselbe in kurzer Zeit mehr oder weniger verdrängen wird; wenn aber beide gleich gut für ihre Stellen in der Natur angepaßt sind, so werden sie wahrscheinlich beide ihre eigenen Plätze behaupten und für alle Zeiten behalten. Da es eine uns geläufige Tatsache ist, daß viele von Menschen naturalisierte Arten sich mit erstaunlicher Schnelligkeit über weite Gebiete verbreitet haben, so sind wir zu glauben geneigt, daß die meisten Arten es ebenso machen würden; aber wir müssen bedenken, daß die in neuen Gegenden naturalisierten Formen gewöhnlich keine nahen Verwandten der Ureinwohner, sondern sehr verschiedene Formen sind, welche nach Alph. de Candolle verhältnismäßig sehr oft auch besonderen Gattungen angehören. Auf dem Galapagos-Archipel sind sogar viele Vögel, welche ganz wohl imstande wären von Insel zu Insel zu fliegen, voneinander verschieden, wie z. B. drei einander nahe stehende Arten von Spottdrosseln jede auf eine besondere Insel beschränkt sind. Nehmen wir nun an, die Spottdrossel von Chatham-Island werde durch einen Sturm nach Charles-Island verschlagen, das schon seine eigene Spottdrossel hat, wie sollte sie dazu gelangen sich hier festzusetzen? Wir dürfen mit Gewißheit annehmen, daß Charles-Island mit ihrer eigenen Art wohlbesetzt ist, denn jährlich werden mehr Eier dort gelegt und junge Vögel ausgebrütet, als fortkommen können; und wir dürfen ferner annehmen, daß die Art von Charles-Island für diese ihre Heimat wenigstens ebensogut geeignet ist wie die der Chatham-Inseln eigentümliche Art. Sir Ch. Lyell und Wollaston haben mir eine merkwürdige zur Erläuterung dieser Verhältnisse dienende Tatsache mitgeteilt, daß nämlich Madeira und das dicht dabei gelegene Porto-Santo viele besondere, aber einander vertretende Landschnecken besitzen, von welchen einige in Felsspalten leben; und obwohl große Steinmassen jährlich von Porto-Santo nach Madeira gebracht werden, so ist doch diese letzte Insel noch nicht mit den Arten von Porto-Santo bevölkert worden; trotzdem haben sich auf beiden Inseln europäische Arten angesiedelt, weil sie zweifelsohne irgendeinen Vorteil vor den eingeborenen voraus hatten. Nach diesen Betrachtungen werden wir uns nicht mehr sehr darüber wundern dürfen, daß die endemischen und die stellvertretenden Arten, welche die verschiedenen Inseln des Galapagos-Archipels bewohnen, sich noch nicht allgemein von Insel zu Insel verbreitet haben. In den verschiedenen Bezirken eines Kontinents hat wahrscheinlich die frühere Besitzergreifung durch eine Art wesentlich dazu beigetragen, die Vermischung von Arten, welche Bezirke mit nahezu gleichen Lebensbedingungen bewohnen, zu hindern. So haben die südöstliche und südwestliche Ecke Australiens eine nahezu gleiche physikalische Beschaffenheit und sind durch zusammenhängendes Land miteinander verbunden, werden aber gleichwohl von einer ungeheuren Anzahl verschiedener Säugetier-, Vögel- und Pflanzenarten bewohnt; ebenso verhält es sich nach Bates mit den Schmetterlingen und anderen Tieren, welche das große offene und zusammenhängende Tal des Amazonenstromes bewohnen.

Dasselbe Prinzip, welches den allgemeinen Charakter der Fauna und Flora der ozeanischen Inseln bestimmt, nämlich die Beziehungen zu der Quelle, aus welcher Kolonisten am leichtesten hergeleitet werden können, und deren spätere Modifikation, ist von der weitesten Anwendbarkeit in der ganzen Natur. Wir sehen dies auf jedem Berg, in jedem See, in jedem Marschland. Denn die alpinen Arten, mit Ausnahme der durch die Glazialereignisse weitverbreiteten Formen, sind mit denen der umgebenden Tiefländer verwandt; so haben wir in Süd-Amerika alpine Colibris, alpine Nager, alpine Pflanzen usf., aber alle von streng amerikanischen Formen; und es liegt auf der Hand, daß ein Gebirge während seiner allmählichen Emporhebung von den benachbarten Tiefländern aus kolonisiert werden würde. So ist es auch mit den Bewohnern der Seen und Marschen, ausgenommen insoweit nicht die große Leichtigkeit der Überführung es den nämlichen Süßwasserformen gestattet hat sich über große Teile der ganzen Erdoberfläche zu verbreiten. Wir sehen dasselbe Prinzip in den Charakteren der meisten blinden Höhlentiere Europas und Amerikas. Andere analoge Tatsachen könnten noch angeführt werden. Es wird sich nach meiner Meinung überall bestätigen, daß, wo immer in zwei, wenn auch noch so weit voneinander entfernten Gegenden viele nahe verwandte oder stellvertretende Arten vorkommen, auch einige identische Arten vorhanden sein werden; und wo immer viele nahe verwandte Arten vorkommen, da werden auch viele Formen gefunden werden, welche einige Naturforscher als besondere Arten und andere nur als Varietäten betrachten. Diese zweifelhaften Formen drücken uns die Stufen in der fortschreitenden Abänderung aus.

Diese Beziehung zwischen dem Vermögen und der Ausdehnung der Wanderung bei gewissen Arten (sei es in jetziger Zeit oder in einer früheren Periode) und dem Vorkommen anderer nahe verwandter Arten in entfernten Teilen der Erde ergibt sich in einer anderen, noch allgemeineren Weise. Gould sagte mir vor langer Zeit, daß von denjenigen Vogelgattungen, welche sich über die ganze Erde erstrecken, auch viele Arten eine weite Verbreitung besitzen. Ich vermag kaum zu bezweifeln, daß diese Regel allgemein richtig ist, obwohl dies schwer zu beweisen sein dürfte. Unter den Säugetieren finden wir sie scharf bei den Fledermäusen und in schwächerem Grade bei den hunde- und katzenartigen Tieren ausgesprochen. Wir sehen sie in der Verbreitung der Schmetterlinge und Käfer. Und so ist es auch bei den meisten Süßwasserformen, unter welchen so viele Gattungen aus den verschiedensten Klassen über die ganze Erde reichen und viele einzelne Arten eine ungeheure Verbreitung besitzen. Es soll damit nicht behauptet werden, daß in den über die ganze Erde verbreiteten Gattungen alle Arten, sondern nur, daß einige in weiter Ausdehnung vorkommen. Auch soll nicht gesagt werden, daß die Arten in solchen Gattungen im Mittel eine sehr weite Verbreitung haben; denn dies wird zu einem Großteil davon abhängen, wie weit der Modifikationsprozeß gegangen ist. So können z. B. zwei Varietäten einer Art die eine Europa, die andere Amerika bewohnen, und die Art hat dann eine unermeßliche Verbreitung; ist aber die Abänderung etwas weiter gediehen, so werden die zwei Varietäten als zwei verschiedene Arten gelten und die Verbreitung einer jeden wird sehr beschränkt erscheinen. Noch weniger soll gesagt werden, daß Arten, welche das Vermögen besitzen, Schranken zu überschreiten und sich weit auszubreiten, wie mancher mit kräftigen Flügeln versehene Vogel, sich notwendig weit ausbreiten müssen; denn wir dürfen nicht vergessen, daß zur weiten Verbreitung nicht allein das Vermögen Schranken zu überschreiten, sondern auch noch das bei weitem wichtigere Vermögen gehört, in fernen Landen den Kampf ums Dasein mit den neuen Genossen siegreich zu bestehen. Aber nach der Annahme, daß alle Arten einer Gattung, wenngleich jetzt über die entferntesten Teile der Erde zerstreut, von einem einzelnen Urerzeuger abstammen, sollten wir finden und finden es auch, wie ich glaube, als allgemeine Regel, daß wenigstens einige Arten eine sehr weite Verbreitung besitzen.

Wir dürfen nicht vergessen, daß viele Gattungen aus allen Klassen außerordentlich alten Ursprungs sind und daß daher in solchen Fällen genügende Zeit war sowohl zur Verbreitung als auch zur späteren Modifikation. Ebenso haben wir nach geologischen Zeugnissen Grund zur Annahme, daß in jeder Hauptklasse die tieferstehenden Organismen gewöhnlich langsamer als die höheren Formen abändern; daher die tieferen Formen mehr Aussicht gehabt haben, sich weit zu verbreiten und doch dieselben spezifischen Merkmale zu behaupten. Diese Tatsache in Verbindung mit dem Umstand, daß die Samen und Eier der meisten tiefstehenden Formen außerordentlich klein sind und sich zur weiten Fortführung besser eignen, erklärt wahrscheinlich ein Gesetz, welches schon längst bekannt und erst unlängst von Alph. de Candolle in bezug auf die Pflanzen vortrefflich erläutert worden ist: daß nämlich jede Gruppe von Organismen sich zu einer umso weiteren Verbreitung eigne, je tiefer sie steht.

Die soeben erörterten Beziehungen, daß nämlich niedrig stehende Organismen sich weiter als die höheren verbreiten, – daß einige Arten weit ausgebreiteter Gattungen selbst eine große Verbreitung besitzen, – ferner derartige Tatsachen, daß Alpen-, Süßwasser und Marschbewohner mit denen der umgebenden Tief- und Trockenländer verwandt sind, – die auffallende Verwandtschaft zwischen den Bewohnern von Inseln und denen des nächsten Festlandes, – die noch nähere Verwandtschaft der verschiedenen Arten, welche die einzelnen Inseln eines und desselben Archipels bewohnen, – alle diese Verhältnisse sind nach der gewöhnlichen Annahme einer unabhängigen Schöpfung der einzelnen Arten völlig unverständlich, dagegen zu erklären durch die Annahme stattgefundener Kolonisation von der nächsten oder leichtest erreichbaren Quelle aus mit nachfolgender Anpassung der Ansiedler an ihre neue Heimat.

Zusammenfassung dieses und des vorigen Kapitels

In diesen zwei Kapiteln habe ich nachzuweisen gestrebt, daß, wenn wir unsere Unwissenheit über alle Wirkungen der klimatischen und Niveauveränderungen der Länder, welche in der Jetztzeit gewiß vorgekommen sind, und noch anderer Veränderungen, die wahrscheinlich stattgefunden haben mögen, gebührend eingestehen und unsere tiefe Unkenntnis der mannigfaltigen merkwürdigen gelegentlichen Transportmittel anerkennen, und wenn wir erwägen (und dies ist eine bedeutungsvolle Betrachtung), wie oft eine oder die andere Art sich über ein zusammenhängendes weites Gebiet ausgebreitet haben mag, um später in den mittleren Teilen desselben zu erlöschen, so scheinen mir die Schwierigkeiten der Annahme, daß alle Individuen einer Spezies, wo sie auch immer vorkommen mögen, von gemeinsamen Eltern abstammen, nicht unüberwindlich zu sein; und so leiten uns verschiedene allgemeine Betrachtungen, insbesondere über die Wichtigkeit natürlicher Schranken aller Art und die analoge Verteilung von Untergattungen, Gattungen und Familien zu derselben Folgerung, welche viele Naturforscher mit dem Namen einzelner Schöpfungsmittelpunkte bezeichnet haben. Was die verschiedenen Arten einer nämlichen Gattung betrifft, die nach meiner Theorie von einer Geburtsstätte ausgegangen sein müssen, so halte ich, wenn wir unsere Unwissenheit wie vorhin eingestehen und bedenken, daß manche Lebensformen nur sehr langsam abändern und mithin ungeheuer langer Zeiträume für ihre Wanderungen bedurften, die Schwierigkeit durchaus nicht für unüberwindlich, obgleich sie in diesem Falle, sowie hinsichtlich der Individuen einer nämlichen Art oft außerordentlich groß sind.

Um die Wirkung des Klimawechsels auf die Verbreitung der Organismen durch Beispiele zu erläutern, habe ich den bedeutungsvollen Einfluß der letzten Eiszeit nachzuweisen gesucht, welche selbst die Äquatorialgegenden ergriff und welche infolge des abwechselnden Eintritts der Kälte im Norden und Süden den Geschöpfen entgegengesetzter Hemisphären sich durcheinander zu mengen gestattete und einige derselben in allen Teilen der Erde auf Bergspitzen gestrandet zurückließ. Um zu zeigen, wie mannigfaltig die gelegentlichen Transportmittel sind, habe ich die Ausbreitungsweise der Süßwasserbewohner etwas ausführlicher erörtert.

Wenn sich die Schwierigkeiten der Annahme, daß im Laufe langer Zeiten die Individuen einer Art ebenso wie die verschiedenen zu einer und derselben Gattung gehörigen Arten von einer gemeinsamen Quelle ausgegangen sind, nicht als unübersteiglich erweisen, dann glaube ich, daß alle leitenden Erscheinungen der geographischen Verbreitung mittelst der Theorie der Wanderung und darauffolgenden Abänderung und Vermehrung der neuen Formen erklärbar sind. Man vermag alsdann die große Bedeutung der natürlichen Schranken, – Wasser oder Land – in bezug nicht bloß auf die Scheidung der verschiedenen botanischen wie zoologischen Provinzen, sondern augenscheinlich auch auf die Bildung derselben zu erkennen. Man vermag dann die Konzentration verwandter Spezies auf dieselben Gebiete zu begreifen und woher es komme, daß in verschiedenen geographischen Breiten, wie z.B. in Süd-Amerika, die Bewohner der Ebenen und Berge, der Wälder, Marschen und Wüsten, in so geheimnisvoller Weise durch Verwandtschaft miteinander wie mit den erloschenen Wesen verkettet sind, welche ehedem einen und denselben Weltteil bewohnt haben. Wenn wir erwägen, daß die gegenseitigen Beziehungen von Organismus zu Organismus von höchster Wichtigkeit sind, vermögen wir einzusehen, warum zwei Gebiete mit beinahe den gleichen physikalischen Bedingungen oft von sehr verschiedenen Lebensformen bewohnt sind. Denn je nach der Länge der seit der Ankunft der Kolonisten in einer der beiden oder in beiden Gegenden verflossenen Zeit, – je nach der Natur des Verkehrs, welcher gewissen Formen gestattete und anderen wehrte, sich in größerer oder geringerer Anzahl einzudrängen, je nachdem diese Eindringlinge zufällig in mehr oder weniger unmittelbare Konkurrenz miteinander und mit den Urbewohnern gerieten oder nicht, – und je nachdem dieselben mehr oder weniger rasch zu variieren fähig waren, müssen in zwei oder mehreren Gegenden, ganz unabhängig von ihren physikalischen Verhältnissen, unendlich vermannigfachte Lebensbedingungen entstanden sein, muß ein fast endloser Betrag von organischer Wirkung und Gegenwirkung sich entwickelt haben, – und müssen, wie es wirklich der Fall ist, einige Gruppen von Wesen in hohem und andere nur in geringerem Grade abgeändert, müssen einige sich zu großem Übergewicht entwickelt haben und andere nur in geringer Anzahl in den verschiedenen, großen, geographischen Provinzen der Erde vorhanden sein.

Nach diesen nämlichen Grundsätzen ist es, wie ich nachzuweisen versucht habe, auch zu begreifen, warum ozeanische Inseln nur wenige, aber unter diesen verhältnismäßig viele endemische oder eigentümliche Bewohner haben und warum daselbst in Übereinstimmung mit den Wanderungsmitteln die eine Gruppe von Wesen lauter eigentümliche und die andere Gruppe, sogar in der nämlichen Klasse, lauter Arten darbietet, welche mit denen eines benachbarten Weltteils dieselben sind. Es läßt sich einsehen, warum ganze Gruppen von Organismen, wie Batrachier und Landsäugetiere, auf den ozeanischen Inseln fehlen, während die meisten vereinzelt liegenden Inseln ihre eigentümlichen Arten von Luftsäugetieren oder Fledermäusen besitzen. Es läßt sich die Ursache einer gewissen Beziehung erkennen zwischen der Anwesenheit von Säugetieren von mehr oder weniger abgeänderter Beschaffenheit auf Inseln und der Tiefe der diese voneinander und vom Festland trennenden Meeresarme. Es ergibt sich deutlich, warum alle Bewohner einer Inselgruppe, wenn auch auf jedem der Eiland von anderer Art, doch innig miteinander und, in minderem Grade, mit denen des nächsten Festlandes oder des sonst wahrscheinlichen Stammlandes verwandt sind. Wir sehen deutlich ein, warum in zwei, wenn auch noch so weit voneinander entfernten Ländergebieten, sobald sehr nahe verwandte oder stellvertretende Arten vorhanden sind, auch beinahe immer einige identische Spezies vorkommen.

Wie der verstorbene Edward Forbes oft behauptet hat: Es besteht ein auffallender Parallelismus in den Gesetzen des Lebens durch Zeit und Raum. Die Gesetze, welche die Aufeinanderfolge der Formen in vergangenen Zeiten geleitet haben, sind fast die nämlichen wie die, von denen in der Jetztzeit deren Verschiedenheiten in verschiedenen Ländergebieten abhängen. Wir erkennen dies aus vielen Tatsachen. Der Bestand jeder Art und Artengruppe ist der Zeit nach kontinuierlich; denn der scheinbaren Ausnahmen von dieser Regel sind so wenige, daß sie wohl am richtigsten daraus erklärt werden, daß wir die Reste gewisser Formen in den mittleren Schichten, wo sie fehlen, während sie darüber und darunter vorkommen, nur noch nicht entdeckt haben; – so ist es auch in bezug auf den Raum sicherlich allgemeine Regel, daß das von einer einzelnen Art oder einer Artengruppe bewohnte Gebiet kontinuierlich ist, indem die allerdings nicht seltenen Ausnahmen sich, wie ich zu zeigen versucht habe, dadurch erklären, daß jene Arten in einer früheren Zeit unter abweichenden Verhältnissen oder mittelst gelegentlichen Transportes gewandert oder daß sie in den dazwischenliegenden Teilen ausgedehnter Gebiete erloschen sind. Arten und Artengruppen haben ein Maximum der Entwicklung in der Zeit wie im Raum. Artengruppen, welche in einem und demselben Zeitabschnitt oder in einem und demselben Raumbezirk zusammenleben, sind oft durch besondere auffallende, aber unbedeutende Merkmale, wie Skulptur oder Farbe, charakterisiert. Wenn wir die lange Reihe verflossener Zeitabschnitte und die räumlich weit voneinander entfernten zoologischen und botanischen Provinzen über die ganze Erdoberfläche ins Auge fassen, so finden wir hier wie dort, daß einige

Spezies aus gewissen Klassen nur wenig voneinander differieren, während andere aus anderen Klassen oder auch nur aus anderen Familien derselben Ordnung weit abweichen. In Zeit und Raum ändern die niedriger organisierten Glieder jeder Klasse gewöhnlich minder als die höheren ab; doch kommen in beiden Fällen auffallende Ausnahmen von dieser Regel vor. Nach meiner Theorie sind diese verschiedenen Beziehungen durch Zeit und Raum ganz begreiflich; denn mögen wir die Lebensformen ansehen, welche in aufeinanderfolgenden Zeitaltern sich verändert, oder jene, welche nach ihren Wanderungen in andere Weltgegenden abgeändert haben, in beiden Fällen sind die Formen innerhalb jeder Klasse durch das nämliche Band der gewöhnlichen Zeugung miteinander verkettet; und in beiden Fällen sind die Gesetze der Abänderung die nämlichen gewesen und sind Modifikationen durch die nämliche Kraft der natürlichen Zuchtwahl gehäuft worden.

Vierzehntes Kapitel

Gegenseitige Verwandtschaft organischer Wesen; Morphologie; Embryologie; rudimentäre Organe

Klassifikation: Unterordnung der Gruppen – Natürliches System – Regeln und Schwierigkeiten der Klassifikation erklärt aus der Theorie der Deszendenz mit Modifikation – Klassifikation der Varietäten – Abstammung stets bei der Klassifikation benutzt – Analoge oder Anpassungscharaktere – Verwandtschaften: allgemeine, verwickelte und strahlenförmige – Erlöschung trennt und begrenzt die Gruppen – Morphologie: zwischen Gliedern derselben Klasse und zwischen Teilen desselben Individuums – Embryologie: deren Gesetze daraus erklärt, daß Abänderungen nicht im frühen Lebensalter eintreten und in korrespondierendem Alter vererbt werden – Rudimentäre Organe: ihre Entstehung erklärt – Zusammenfassung des Kapitels

Klassifikation: Unterordnung der Gruppen – Natürliches System – Regeln und Schwierigkeiten der Klassifikation erklärt aus der Theorie der Deszendenz mit Modifikation – Klassifikation der Varietäten – Abstammung stets bei der Klassifikation benutzt

Von der frühesten Periode in der Geschichte der Erde an gleichen alle organischen Wesen einander in immer weiter abnehmendem Grade, so daß man sie in Gruppen und Untergruppen klassifizieren kann. Diese Gruppierung ist offenbar nicht willkürlich, wie die der Sterne zu Sternbildern. Die Existenz von Gruppen würde eine einfache Bedeutung haben, wenn eine Gruppe ausschließlich für das Wohnen auf dem Lande und eine andere für das Leben im Wasser, eine für Fleisch-, eine andere für die Pflanzennahrung usw. gebildet wäre; in der Natur aber verhält sich die Sache sehr verschieden, denn es ist bekannt, wie oft sogar Glieder einer nämlichen Untergruppe verschiedene Lebensweisen besitzen. Im zweiten und vierten Kapitel, über Abänderung und natürliche Zuchtwahl, habe ich zu zeigen versucht, daß es in jedem Lande die weit verbreiteten, die überall vorkommenden und gemeinen, d.h. die herrschenden, zu großen Gattungen gehörenden Arten in jeder Klasse sind, die am meisten variieren. Die so entstandenen Varietäten oder beginnenden Arten gehen endlich in neue und verschiedene Arten über, welche nach dem Vererbungsprozeß geneigt sind, andere neue und herrschende Arten zu erzeugen. Demzufolge streben die Gruppen, welche jetzt groß sind und allgemein viele herrschende Arten in sich einschließen, danach, beständig an Umfang zuzunehmen. Ich habe weiter nachzuweisen versucht, daß aus dem Streben der abändernden Nachkommen einer Art, so viele und verschiedene Stellen wie möglich im Haushalt der Natur einzunehmen, eine beständige Neigung zur Divergenz der Charaktere entspringt. Diese letzte Folgerung wurde unterstützt durch die Betrachtung der großen Mannigfaltigkeit der Formen, die, auf irgendeinem kleinen Gebiet, in Konkurrenz miteinander geraten, und durch die Wahrnehmung gewisser Tatsachen bei der Naturalisierung.

Ich habe ferner darzutun versucht, daß bei den an Zahl und an Divergenz des Charakters zunehmenden Formen ein fortwährendes Streben vorhanden ist, die früheren minder divergenten und minder verbesserten Formen zu unterdrücken und zu ersetzen. Ich ersuche den Leser, nochmals das Schema anzusehen, welches bestimmt war, die Wirkungsweise dieser verschiedenen Prinzipien zu erläutern, und er wird finden, daß die einem gemeinsamen Urerzeuger entsprossenen abgeänderten Nachkommen unvermeidlich immer weiter in Gruppen und Untergruppen auseinanderfallen müssen. In dem Schema mag jeder Buchstabe der obersten Linie eine Gattung bezeichnen, welche mehrere Arten enthält, und alle Gattungen dieser oberen Linie bilden miteinander eine Klasse, denn alle sind von einem gemeinsamen alten Erzeuger entsprossen und haben mithin irgend etwas gemeinsames ererbt. Aber die drei Gattungen auf der linken Seite haben diesem nämlichen Prinzip zufolge mehr miteinander gemein und bilden eine Unterfamilie, verschieden von derjenigen, welche die zwei rechts zunächst folgenden einschließt, die auf der fünften Abstammungsstufe einem ihnen und jenen gemeinsamen Erzeuger entsprungen sind. Diese fünf Genera haben auch noch vieles miteinander gemein, doch weniger, als wenn sie in Unterfamilien vereinigt werden; sie bilden miteinander eine Familie, verschieden von den die nächsten drei Gattungen weiter rechts umfassenden, welche sich in einer noch früheren Periode von den vorigen abgezweigt haben. Und alle diese von *A* entsprungenen Gattungen bilden eine von den aus *I* entsprossenen verschiedene Ordnung. So haben wir hier viele Arten von gemeinsamer Abstammung in mehrere Genera verteilt, und diese Genera bilden, indem sie zu immer größeren Gruppen zusammentreten, erst Unterfamilien, dann Familien, dann Ordnungen, sämtlich zu einer Klasse gehörig. So erklärt sich nach meiner Ansicht die Erscheinung der natürlichen Subordination aller organischen Wesen in Gruppen unter Gruppen, die uns freilich infolge unserer Gewöhnung daran nicht immer genug aufzufallen pflegt. Die organischen Wesen lassen sich ohne Zweifel, wie alle anderen Gegenstände, in vielfacher Weise in Gruppen ordnen, entweder künstlich nach einzelnen Charakteren, oder natürlicher nach einer Anzahl von Merkmalen. Wir wissen z. B., daß man Mineralien und selbst Elementarstoffe so anordnen kann. In diesem Falle gibt es natürlich keine Beziehung der Klassifikation zu der genealogischen Aufeinanderfolge, und es läßt sich für jetzt kein Grund angeben, warum sie in Gruppen zerfallen. Bei organischen Wesen steht aber die Sache anders und die oben entwickelte Ansicht erklärt ihre natürliche Anordnung in Gruppen unter Gruppen; und eine andere Erklärung ist nie versucht worden.

Die Naturforscher bemühen sich, wie wir gesehen haben, die Arten, Gattungen und Familien jeder Klasse in ein sogenanntes natürliches System zu ordnen. Aber was versteht man nun unter einem solchen System? Einige Schriftsteller betrachten es nur als ein Fachwerk, worin die einander ähnlichsten Lebewesen zusammengeordnet und die unähnlichsten auseinander gehalten werden, – oder als ein künstliches Mittel, um allgemeine Sätze so kurz wie möglich auszudrücken, so daß, wenn man z. B. in einem Satz (Diagnose) die allen Säugetieren, in einem anderen die allen Raubsäugetieren und in einem dritten die allen hundeartigen Raubsäugetieren gemeinsamen Merkmale zusammengefaßt hat, man endlich imstande ist, nur durch Beifügung eines einzigen ferneren Satzes eine vollständige Beschreibung jeder beliebigen Hundeart zu liefern. Das Sinnreiche und Nützliche dieses Systems ist unbestreitbar; doch glauben viele Naturforscher, daß das natürliche System noch eine weitere Bedeutung habe, nämlich die, den Plan des Schöpfers zu enthüllen; solange aber nicht näher bezeichnet wird, ob Anordnung im Raum oder in der Zeit, oder in beiden, oder, was sonst mit dem „Plan des Schöpfers" gemeint ist, scheint mir damit für unsere Kenntnis nichts gewonnen zu sein. Solche Ausdrücke, wie die berühmten Linné'schen, die wir oft in mancherlei Einkleidungen versteckt wiederfinden, daß nämlich die Charaktere nicht die Gattung machen, sondern die Gattung die Charaktere gebe, scheinen mir zugleich andeuten zu sollen, daß unsere Klassifikation noch etwas mehr als bloße Ähnlichkeit zu berücksichtigen habe. Und ich glaube in der Tat, daß dies der Fall ist, und daß die Gemeinsamkeit der Abstammung (die einzige bekannte Ursache der Ähnlichkeit organischer Wesen) das, obschon unter mancherlei Modifikationsstufen beobachtete Band ist, welches durch unsere natürliche Klassifikation teilweise enthüllt werden kann.

Betrachten wir nun die bei der Klassifikation befolgten Regeln und die dabei vorkommenden Schwierigkeiten von der Ansicht aus, daß die Klassifikation entweder einen unbekannten Schöpfungsakt darstellt oder auch nur einfach ein Mittel bietet, allgemeine Sätze auszusprechen und die einander ähnlichsten Formen zusammenzustellen. Man hätte wohl meinen können, und es ist in älteren Zeiten angenommen worden, daß diejenigen Teile der Organisation, welche die Lebensweise und im allgemeinen die Stellung eines jeden Wesens im Haushalt der Natur bestimmen, von sehr großer Bedeutung bei der Klassifikation wären. Und doch kann nichts unrichtiger sein. Niemand legt mehr der äußeren Ähnlichkeit der Maus mit der Spitzmaus, des Dugongs mit dem Wal, und des Wales mit dem Fisch einige Wichtigkeit bei. Diese Ähnlichkeiten, wenn auch in innigstem Zusammenhang mit dem ganzen Leben des Tieres stehend, werden als bloße „analoge oder Anpassungs-Charaktere" bezeichnet; doch werden wir auf die Betrachtung dieser Ähnlichkeiten später zurückkommen. Man kann es sogar als eine allgemeine Regel ansehen, daß, je weniger ein Teil der Organisation für Spezialzwecke bestimmt ist, desto wichtiger er für die Klassifikation wird. So z.B. sagt R. Owen, indem er vom Dugong spricht: „Ich habe die Generationsorgane, insofern sie mit Lebens- und Ernährungsweise der Tiere in wenigst näher Beziehung stehen, immer als solche betrachtet, welche die klarsten Andeutungen über die wahren Verwandtschaften derselben zu liefern vermögen. Wir sind am wenigsten der Gefahr ausgesetzt, in Modifikationen dieser Organe einen bloßen adaptiven für einen wesentlichen Charakter zu nehmen." So ist es auch mit den Pflanzen. Wie merkwürdig ist es nicht, daß die Vegetationsorgane, von welchen ihre Ernährung und ihr Leben überhaupt abhängig ist, so wenig zu bedeuten haben, während die Reproduktionswerkzeuge und deren Erzeugnis, der Same und Embryo, von oberster Bedeutung sind. So haben wir früher bei Erörterung gewisser morphologischer Verschiedenheiten, welche von keiner physiologischen Bedeutung sind, gesehen, daß sie oft für die Klassifikation von höchstem Wert sind. Dies hängt von der Beständigkeit ab, mit welcher sie in vielen verwandten Gruppen auftreten: und diese Beständigkeit hängt wiederum hauptsächlich davon ab, daß etwaige geringe Strukturabweichungen in solchen Teilen von der natürlichen Zuchtwahl, welche nur auf nützliche Charaktere wirkt, nicht erhalten und angehäuft worden sind.

Daß die bloße physiologische Wichtigkeit eines Organs seine Bedeutung für die Klassifikation nicht bestimme, ergibt sich fast schon aus der Tatsache allein, daß der klassifikatorische Wert eines Organs in verwandten Gruppen, wo man ihm doch eine gleiche physiologische Bedeutung zuschreiben darf, oft weit verschieden ist. Kein Naturforscher kann sich mit einer Gruppe näher beschäftigt haben, ohne daß ihm diese Tatsache aufgefallen wäre, was auch in den Schriften fast aller Autoren vollkommen anerkannt wird. Es wird genügen, wenn ich Robert Brown als den höchsten Gewährsmann zitiere, welcher bei Erwähnung gewisser Organe bei den Proteaceen sagt, ihre generische Wichtigkeit „ist so wie die aller ihrer Teile nicht allein in dieser, sondern nach meiner Erfahrung in allen natürlichen Familien sehr ungleich und scheint mir in einigen Fällen ganz verloren zu gehen." Ebenso sagt er in einem anderen Werk, die Genera der Connaraceae „unterscheiden sich durch die Ein- oder Mehrzahl ihrer Ovarien, durch Anwesenheit oder Mangel des Eiweißes und durch die schuppige oder klappenartige Ästivation. Ein jedes einzelne dieser Merkmale ist oft von mehr als generischer Wichtigkeit; hier aber erscheinen alle zusammengenommen unzureichend, um nur die Gattung *Cnestis* von *Connarus* zu unterscheiden" Ich will noch ein Beispiel von den Insekten anführen, wo in der einen großen Abteilung der Hymenopteren nach Westwoods Beobachtung die Fühler von sehr beständiger Bildung sind, während sie in einer anderen Abteilung sehr abändern und die Abweichungen von ganz untergeordnetem Wert für die Klassifikation sind; und doch wird niemand behaupten wollen, daß die Fühler in diesen zwei Gruppen derselben Ordnung von ungleichem physiologischen Wert seien. So ließen sich noch Beispiele beliebiger Zahl von der veränderlichen Wichtigkeit desselben wesentlichen Organs für die Klassifikation innerhalb derselben Gruppe von Organismen anführen.

Es wird ferner niemand behaupten, rudimentäre oder verkümmerte Organe wären von hoher physiologischer Wichtigkeit oder von vitaler Bedeutung, und doch besitzen ohne Zweifel sich in diesem Zustand befindende Organe häufig für die Klassifikation einen großen Wert. So wird niemand bestreiten, daß die Zahnrudimente im Oberkiefer junger Wiederkäuer sowie gewisse Knochenrudimente in deren Füßen sehr nützlich sind, um die nahe Verwandtschaft der Wiederkäuer mit den Dickhäutern zu beweisen. Und so bestand auch Robert Brown streng auf der hohen Bedeutung, welche die Stellung der verkümmerten Blumen der Gräser für ihre Klassifikation haben.

Dagegen ließen sich zahlreiche Beispiele von Merkmalen anführen, die von Organen hergenommen sind, welche als von sehr unbedeutender physiologischer Wichtigkeit angesehen werden müssen, welche aber allgemein für sehr nützlich zur Bestimmung ganzer Gruppen gelten. So ist z. B. der Umstand, ob eine offene Kommunikation zwischen der Nasenhöhle und der Mundhöhle vorhanden ist, nach R. Owen der einzige unbedingte Unterschied zwischen Reptilien und Fischen, und ebensowichtig ist die Einbiegung des Unterkieferwinkels bei den Beuteltieren, die verschiedene Zusammenfaltungsweise der Flügel bei den Insekten, die bloße Farbe bei gewissen Algen, die Behaarung gewisser Blütenteile bei den Gräsern, die Art der Hautbedeckung, wie Haar- oder Federkleid bei den Wirbeltierklassen. Hätte der *Ornithorhynchus* ein Feder- statt ein Haargewand, so würde dieser äußere, unwesentlich erscheinende Charakter vielleicht von manchen Naturforschern als ein wichtiges Hilfsmittel zur Bestimmung des Verwandtschaftsgrades dieses sonderbaren Geschöpfes den Vögeln gegenüber angesehen worden sein.

Die Wichtigkeit an sich gleichgültiger Charaktere für die Klassifikation hängt hauptsächlich von ihrer Korrelation zu manchen anderen, mehr oder weniger wichtigen Merkmalen ab. In der Tat ist der Wert miteinander verbundener Charaktere in der Naturgeschichte sehr augenscheinlich. Daher kann sich, wie oft bemerkt worden ist, eine Art in mehreren einzelnen Charakteren von hoher physiologischer Wichtigkeit und fast allgemeinem Übergewicht weit von ihren Verwandten entfernen und uns doch nicht in Zweifel darüber lassen, wohin sie gehört. Daher hat sich ferner oft genug eine bloß auf ein einziges Merkmal, wenngleich von höchster Bedeutung, gegründete Klassifikation als mangelhaft erwiesen; denn kein Teil der Organisation ist unabänderlich beständig. Die Wichtigkeit einer Verkettung von Charakteren, wenn auch keiner davon wesentlich ist, erklärt nach meiner Meinung allein den Ausspruch Linnés, daß die Charaktere nicht das Genus machen, sondern dieses die Charaktere gibt; denn dieser Ausspruch scheint auf eine Würdigung vieler untergeordneter ähnlicher Punkte gegründet zu sein, welche zu gering sind, um definiert werden zu können. Gewisse zu den Malpighiaceen gehörende Pflanzen bringen vollkommene und verkümmerte Blüten zugleich hervor; die letzten verlieren nach A. de Jussieus Bemerkung „die Mehrzahl der Art-, Gattungs-, Familien- und selbst Klassencharaktere und spotten mithin unserer Klassifikation". Als aber *Aspicarpa* mehrere Jahre lang in Frankreich nur verkümmerte Blüten lieferte, welche in einer Anzahl der wichtigsten Punkte der Organisation so wunderbar von dem eigentlichen Typus der Ordnung abweichen, da erkannte doch Richard scharfsinnig genug, wie Jussieu bemerkt, daß diese Gattung unter den Malpighiaceen zurückbehalten werden müsse. Dieser Fall scheint mir den Geist wohl zu bezeichnen, in welchem unsere Klassifikationen gegründet sind.

In der Praxis bekümmern sich aber die Naturforscher nicht viel um den physiologischen Wert des Charakters, deren sie sich zur Definition einer Gruppe oder bei Einordnung einer Spezies bedienen. Wenn sie einen nahezu einförmigen und einer großen Anzahl von Formen gemeinsamen Charakter finden, der bei anderen nicht vorkommt, so benutzen sie ihn als sehr wertvoll; kommt er bei einer geringeren Anzahl vor, so ist er von geringerem Wert. Zu diesem Grundsatz haben sich einige Naturforscher offen als zu dem einzig richtigen bekannt, und keiner entschiedener als der vortreffliche Botaniker Auguste St.-Hilaire. Wenn gewisse unbedeutende Charaktere immer in Kombination mit anderen erscheinen, mag auch ein bedingendes Band zwischen ihnen nicht zu entdecken sein, so wird ihnen besonderer Wert beigelegt. Da in den meisten Tiergruppen wesentliche Organe, wie die zur Bewegung des Blutes, zur Atmung, zur Fortpflanzung bestimmten, nahezu von gleicher Beschaffenheit sind, so werden sie bei deren Klassifikation für sehr wertvoll angesehen; wogegen wieder in anderen Tiergruppen alle diese wichtigsten Lebenswerkzeuge nur Charaktere von ganz untergeordnetem Wert darbieten. So hat Fritz Müller neuerdings bemerkt, daß in derselben Gruppe der Crustaceen *Cypridina* mit einem Herzen versehen ist, während es in zwei nahe verwandten Gattungen, *Cypris* und *Cytherea*, fehlt; eine Spezies von *Cypridina* hat entwickelte Kiemen, während andere Arten keine besitzen.

Wir können einsehen, warum vom Embryo entnommene Charaktere sich als von gleicher Wichtigkeit erweisen, wie die der erwachsenen Tiere; denn eine natürliche Klassifikation umfaßt natürlich die Arten in allen ihren Lebensaltern. Doch liegt es nach der gewöhnlichen Anschauungsweise keineswegs auf der Hand, warum die Struktur des Embryos für diesen Zweck höher in Anschlag zu bringen wäre, als die des erwachsenen Tieres, welches doch nur allein vollen Anteil am Haushalt der Natur nimmt. Nun haben bedeutende Naturforscher, wie H. Milne Edwards und L. Agassiz, scharf hervorgehoben, daß embryonale Charaktere von allen die wichtigsten für die Klassifikation sind, und diese Behauptung ist fast allgemein als richtig aufgenommen worden. Trotzdem ist ihre Bedeutung zuweilen übertrieben worden, da die adaptiven Charaktere der Larven nicht ausgeschlossen wurden, und Fritz Müller hat, um dies zu beweisen, die große Klasse der Crustaceen allein nach ihren embryologischen Verschiedenheiten angeordnet, wobei sich zeigte, daß eine solche Anordnung keine natürliche ist. Darüber kann aber kein Zweifel bestehen, daß von dem Embryo entnommene Merkmale allgemein nicht bloß bei Tieren, sondern auch bei Pflanzen von dem höchsten Wert sind. So sind bei den Blütenpflanzen deren zwei Hauptgruppen nur auf embryonale Verschiedenheiten gegründet, nämlich auf die Zahl und Stellung der Blätter des Embryos oder der Cotyledonen und auf die Entwicklungsweise der Plumula und Radicula. Wir werden sofort sehen, warum diese Charaktere bei der Klassifikation so wertvoll sind, weil nämlich das natürliche System in seiner Anordnung genealogisch ist.

Unsere Klassifikationen stehen offenbar häufig unter dem Einfluß der Idee verwandtschaftlicher Verkettungen. Es ist nichts leichter, als eine Anzahl allen Vögeln gemeinsamer Charaktere zu bezeichnen, aber hinsichtlich der Kruster ist eine solche Definition noch nicht möglich gewesen. Es gibt Kruster an den entgegengesetzten Enden der Reihe, welche kaum einen Charakter miteinander gemein haben; aber da die an den zwei Enden stehenden Arten offenbar mit anderen und diese wieder mit anderen Krustern usw. verwandt sind, so ergibt sich ganz unzweideutig, daß sie alle zu dieser und zu keiner anderen Klasse der Gliedertiere gehören.

Auch die geographische Verbreitung ist oft, wenngleich vielleicht nicht in völlig logischer Weise, zur Klassifikation mitbenutzt worden, zumal in sehr großen Gruppen nahe untereinander verwandter Formen. Temminck besteht auf der Nützlichkeit und selbst Notwendigkeit dieses Verfahrens bei gewissen Vogelgruppen; wie sie denn auch von einigen Entomologen und Botanikern in Anwendung gezogen ist.

Was endlich den vergleichsweisen Wert der verschiedenen Artengruppen, wie Ordnungen und Unterordnungen, Familien und Unterfamilien, Gattungen usw. betrifft, so scheinen sie wenigstens bis jetzt ganz willkürlich zu sein. Einige der besten Botaniker, wie Bentham u.a., haben ausdrücklich deren willkürlichen Wert betont. Man könnte bei den Pflanzen wie bei den Insekten Beispiele anführen von Artengruppen, die von geübten Naturforschern erst nur als Gattungen aufgestellt und dann allmählich zum Rang von Unterfamilien und Familien erhoben worden sind, und zwar nicht deshalb, weil durch spätere Forschungen neue wesentliche, zuerst übersehene Unterschiede in ihrer Organisation ermittelt worden wären, sondern nur infolge späterer Entdeckung vieler verwandter Arten mit nur schwach abgestuften Unterschieden.

Alle voranstehenden Regeln, Behelfe und Schwierigkeiten der Klassifikation klären sich, wenn ich mich nicht sehr täusche, durch die Annahme auf, daß das natürliche System auf die Deszendenz mit fortwährender Abänderung sich gründet, daß diejenigen Charaktere, welche nach der Ansicht der Naturforscher eine echte Verwandtschaft zwischen zwei oder mehr Arten dartun, von einem gemeinsamen Ahnen ererbt sind, insofern eben alle echte Klassifikation eine genealogische ist: – daß gemeinsame Abstammung das unsichtbare Band ist, wonach alle Naturforscher unbewußterweise gesucht haben, nicht aber ein unbekannter Schöpfungsplan, oder der Ausdruck für allgemeine Beziehungen, oder eine angemessene Methode, die Naturgegenstände nach den Graden ihrer Ähnlichkeit oder Unähnlichkeit miteinander zu verbinden oder voneinander zu trennen.

Doch ich muß meine Ansicht ausführlicher auseinandersetzen. Ich glaube, daß die Anordnung der Gruppen in jeder Klasse, ihre gegenseitige Nebenordnung und Unterordnung streng genealogisch sein muß, wenn sie natürlich sein soll, daß aber das Maß der Verschiedenheit zwischen den verschiedenen Gruppen oder Verzweigungen, obschon sie alle in gleicher Blutsverwandtschaft mit ihrem gemeinsamen Erzeuger stehen, sehr ungleich sein kann, indem dieselbe von den verschiedenen Graden erlittener Modifikation abhängig ist; und dies findet seinen Ausdruck darin, daß die Formen in verschiedene Gattungen, Familien, Sektionen und Ordnungen gruppiert werden. Der Leser wird meine Meinung am besten verstehen, wenn er sich nochmals das Schema im vierten Kapitel ansehen will. Nehmen wir an, die Buchstaben *A* bis *L* stellen verwandte Genera dar, welche in der silurischen Zeit gelebt haben und selbst von einer noch früheren Form abstammen. Arten von dreien dieser Genera (*A*, *F* und *I*) haben sich in abgeänderten Nachkommen bis auf den heutigen Tag fortgepflanzt, welche durch die fünfzehn Genera a^{14} bis z^{14} der obersten Horizontallinie ausgedrückt sind. Nun sind aber alle diese modifizierten Nachkommen einer einzelnen Art als in gleichem Grade blutsverwandt dargestellt; man könnte sie bildlich als Vettern im gleichen millionsten Grade bezeichnen; und doch sind sie weit und in ungleichem Grade voneinander verschieden. Die von *A* abstammenden Formen, welche nun in 2-3 Familien geschieden sind, bilden eine andere Ordnung als die von *I* entsprossenen, die auch in zwei Familien gespalten sind. Auch können die von *A* abgeleiteten jetzt lebenden Formen ebensowenig in eine Gattung mit ihrem Ahnen *A*, wie die von *I* herkommenden in eine mit ihrem Erzeuger zusammengestellt werden. Die noch jetzt lebende Gattung F^{14} hingegen mag man als nur wenig modifiziert betrachten und demnach mit deren Stammgattung *F* vereinigen, wie es ja in der Tat noch jetzt einige organische Formen gibt, welche zu silurischen Gattungen gehören. So kommt es, daß das Maß oder der Wert der Verschiedenheiten zwischen denjenigen organischen Wesen, die alle in gleichem Grade miteinander blutsverwandt sind, doch so außerordentlich ungleich geworden ist. Dem ungeachtet aber bleibt ihre genealogische Anordnung vollkommen richtig nicht allein in der jetzigen, sondern auch in allen sukzessiven Perioden der Deszendenz. Alle modifizierten Nachkommen von *A* haben etwas Gemeinsames von ihrem gemeinsamen Ahnen geerbt, wie die des *I* von dem ihrigen, und so wird es sich auch mit jedem untergeordneten Zweig der Nachkommenschaft in jeder der aufeinanderfolgenden Perioden verhalten. Sollten wir indessen annehmen, irgendwelche Nachkommen von *A* oder *I* seien so bedeutend modifiziert worden, daß sie sämtliche Spuren ihrer Abkunft eingebüßt haben, so werden sie in einer natürlichen Klassifikation ihre Stellen gleichfalls vollständig verloren haben, wie dies bei einigen noch lebenden Formen wirklich der Fall zu sein scheint. Von allen Nachkommen der Gattung *F* ist der ganzen Deszendenz entlang angenommen worden, daß sie nur wenig modifiziert worden sind und daher gegenwärtig nur ein einzelnes Genus bilden. Aber dieses Genus wird, obschon sehr vereinzelt, doch seine eigene Zwischenstelle einnehmen. Die Darstellung der Gruppen, wie sie hier im Schema in einer ebenen Fläche gegeben wurde, ist viel zu einfach. Die Zweige sollten als nach allen Richtungen divergierend dargestellt sein. Hätte ich die Namen der Gruppen einfach in eine lineare Reihe schreiben wollen, so würde die Darstellung noch viel weniger natürlich gewesen sein; und es ist anerkanntermaßen unmöglich, in einer Reihe auf einer Fläche die Verwandtschaft zwischen den verschiedenen Wesen einer und derselben Gruppe darzustellen. So ist nach meiner Ansicht das Natursystem genealogisch in seiner Anordnung, wie ein Stammbaum, aber das Maß der Modifikationen, welche die verschiedenen Gruppen durchlaufen haben, muß durch Einteilung derselben in verschiedene sogenannte Gattungen, Unterfamilien, Familien, Sektionen, Ordnungen und Klassen ausgedrückt werden. Es wird die Mühe lohnen, diese Ansicht von der Klassifikation durch einen Vergleich mit den Sprachen zu erläutern. Wenn wir einen vollständigen Stammbaum des Menschen besäßen, so würde eine genealogische Anordnung der Menschenrassen die beste Klassifikation aller jetzt auf der ganzen Erde gesprochenen Sprachen abgeben; und sollte man alle erloschenen Sprachen und alle mittleren und langsam abändernden Dialekte mit aufnehmen, so würde diese Anordnung, glaube ich, die einzig mögliche sein. Da könnte nun der Fall eintreten, daß irgendeine sehr alte Sprache nur wenig abgeändert und zur Bildung nur weniger neuen Sprachen geführt hätte, während andere (infolge der Ausbreitung und späteren Isolierung und der Zivilisationsstufen einiger von gemeinsamem Stamm entsprossener Rassen) sich sehr verändert und die Entstehung vieler neuer Sprachen und Dialekte veranlaßt hätten. Die Ungleichheit der Abstufungen in der Verschiedenheit der Sprachen eines Sprachstammes müßte durch Unterordnung von Gruppen unter andere ausgedrückt werden; aber die eigentliche oder selbst allein mögliche Anordnung würde nur genealogisch sein; und dies wäre streng naturgemäß, indem auf diese Weise alle lebenden wie erloschenen Sprachen je nach ihren Verwandtschaften miteinander verkettet und der Ursprung und der Entwicklungsgang einer jeden einzelnen nachgewiesen werden würde.

Wir wollen nun zur Bestätigung dieser Ansicht einen Blick auf die Klassifikation der Varietäten werfen, von welchen man annimmt oder weiß, daß sie von einer Art abstammen. Diese werden unter die Arten eingereiht und die Untervarietäten wieder unter die Varietäten; und in manchen Fällen werden noch manche andere Unterscheidungsstufen angenommen, wie bei den domestizierten Tauben. Es werden hier fast die nämlichen Regeln wie bei der Klassifikation der Arten befolgt. Manche Schriftsteller haben auf der Notwendigkeit bestanden, die Varietäten nach einem natürlichen statt künstlichen System zu klassifizieren; wir werden z.B. gewarnt, nicht zwei Ananasvarietäten zusammenzuordnen, bloß weil ihre Frucht, obgleich der wesentlichste Teil, zufällig nahezu übereinstimmt. Niemand stellt die schwedischen mit den gemeinen Rüben zusammen, obwohl deren verdickter eßbarer Stil so ähnlich ist. Der beständigste Teil, welcher es immer sein mag, wird zur Klassifikation der Varietäten benützt; so sagt der große Landwirt Marshall, die Hörner des Rindviehs seien für diesen Zweck sehr nützlich, weil sie weniger als die Form und Farbe des Körpers veränderlich sind usf., während sie bei den Schafen ihrer Veränderlichkeit wegen viel weniger brauchbar sind. Ich stelle mir vor, daß, wenn man einen wirklichen Stammbaum hätte, eine genealogische Klassifikation der Varietäten allgemein vorgezogen werden würde, und einige Autoren haben in der Tat eine solche versucht. Denn, mag ihre Abänderung groß oder klein sein, so werden wir uns doch überzeugt halten können, daß das Vererbungsprinzip diejenigen Formen zusammenhalte, welche in den meisten Beziehungen miteinander verwandt sind. So werden alle Purzeltauben, obschon einige Untervarietäten in dem wichtigen Merkmal, der Länge des Schnabels, weit voneinander abweichen, doch durch die gemeinsame Sitte zu purzeln unter sich zusammengehalten, aber die kurzschnäbelige Zucht hat diese Gewohnheit beinahe oder vollständig abgelegt. Dem ungeachtet hält man diese Purzler, ohne über die Sache nachzudenken oder zu urteilen, in einer Gruppe beisammen, weil sie einander durch Abstammung verwandt und in manchen anderen Beziehungen ähnlich sind.

Was dann die Arten in ihrem Naturzustand betrifft, so hat jeder Naturforscher die Abstammung bei der Klassifikation faktisch mit in Betracht gezogen, indem er in seine unterste Gruppe, die Spezies nämlich, beide Geschlechter aufnahm, und wie ungeheuer diese zuweilen sogar in den wesentlichsten Charakteren voneinander abweichen, ist jedem Naturforscher bekannt; so haben erwachsene Männchen und Hermaphroditen gewisser Cirripeden kaum ein Merkmal miteinander gemein, und doch denkt niemand daran sie zu trennen. Sobald man wahrnahm, daß drei ehedem als ebensoviele Gattungen aufgeführte Orchideenformen, *Monachanthus*, *Myanthus* und *Catasetum*, zuweilen auf der nämlichen Pflanze entstehen, wurden sie sofort als Varietäten betrachtet; es ist mir nun aber möglich geworden, zu zeigen, daß sie die männliche, weibliche

Gegenseitige Verwandtschaft organischer Wesen; Morphologie; Embryologie; rudimentäre Organe

und Zwitterform der nämlichen Art bilden. Der Naturforscher schließt in eine Spezies die verschiedenen Larvenzustände des nämlichen Individuums ein, wie weit dieselben auch unter sich und von dem erwachsenen Tier verschieden sein mögen, wie er auch den von Steenstrup sogenannten Generationswechsel mit einbegreift, den man nur in einem technischen Sinne noch als an einem Individuum verlaufend betrachten kann. Er schließt Mißgeburten und Varietäten mit ein, nicht sowohl weil sie der elterlichen Form nahezu gleichen, sondern weil sie von derselben abstammen.

Da die Abstammung bei Klassifikation der Individuen einer Art trotz der oft außerordentlichen Verschiedenheit zwischen Männchen, Weibchen und Larven allgemein benutzt worden ist, und da dieselbe bei Klassifikation von Varietäten, welche ein gewisses und mitunter ansehnliches Maß von Abänderung erfahren haben, in Betracht gezogen wird: sollte es nicht der Fall gewesen sein, daß man das nämliche Element ganz unbewußt bei Zusammenstellung der Arten in Gattungen und der Gattungen in höhere Gruppen und aller dieser im sogenannten natürlichen System angewendet hat? Ich glaube, daß dies allerdings geschehen ist; und nur so vermag ich die verschiedenen Regeln und Vorschriften zu verstehen, welche von unseren besten Systematikern befolgt worden sind. Wir haben keine geschriebenen Stammbäume, sondern sind genötigt, die gemeinschaftliche Abstammung nur vermittelst der Ähnlichkeiten jedweder Art zu ermitteln. Daher wählen wir diejenigen Charaktere aus, welche, soviel wir beurteilen können, am wenigsten in Beziehung zu den äußeren Lebensbedingungen, welchen jede Art neuerdings ausgesetzt gewesen ist, modifiziert worden sind. Rudimentäre Gebilde sind in dieser Hinsicht ebensogut und zuweilen noch besser, als andere Teile der Organisation. Mag ein Charakter noch so unwesentlich erscheinen, sei es ein eingebogener Unterkieferwinkel, oder die Faltungsweise eines Insektenflügels, sei es das Haar- oder Federgewand des Körpers: wenn sich derselbe durch viele und verschiedene Spezies erhält, durch solche zumal, welche sehr ungleiche Lebensweisen haben, so erhält er einen hohen Wert; denn wir können seine Anwesenheit in so vielerlei Formen mit so mannigfaltigen Lebensweisen nur durch seine Ererbung von einem gemeinsamen Stamm erklären. Wir können uns dabei hinsichtlich einzelner Punkte der Organisation irren; wenn aber mehrere noch so unwesentliche Charaktere durch eine ganze große Gruppe von Wesen mit verschiedener Lebensweise gemeinschaftlich hindurchziehen, so werden wir nach der Deszendenztheorie fast überzeugt sein können, daß diese Gemeinschaft von Charakteren von einem gemeinsamen Vorfahren ererbt ist. Und wir wissen, daß solche in Korrelation zueinander stellende oder aggregierte Charaktere bei der Klassifikation von großem Wert sind.

Es wird begreiflich, warum eine Art oder eine ganze Gruppe von Arten in einigen ihrer wesentlichsten Charaktere von ihren Verwandten abweichen und doch ganz wohl im System mit ihnen zusammengestellt werden kann. Man kann dies getrost tun und hat es oft getan, solange wie noch eine genügende Anzahl von wenn auch unbedeutenden Charakteren das verhüllte Band gemeinsamer Abstammung verrät. Es mögen zwei Formen nicht einen einzigen Charakter gemeinsam besitzen, wenn aber diese extremen Formen noch durch eine Reihe vermittelnder Gruppen miteinander verkettet sind, so dürfen wir doch sofort auf eine gemeinsame Abstammung schließen und sie alle zusammen in eine Klasse stellen. Da wir Charaktere von hoher physiologischer Wichtigkeit, solche die zur Erhaltung des Lebens unter den verschiedensten Existenzbedingungen dienen, gewöhnlich am beständigsten finden, so legen wir ihnen besonderen Wert bei; wenn aber dieselben Organe in einer anderen Gruppe oder Gruppenabteilung sehr abweichen, so schätzen wir sie hier auch sofort bei der Klassifikation geringer. Wir werden sehr bald sehen, warum embryonale Merkmale eine so hohe klassifikatorische Wichtigkeit besitzen. Die geographische Verbreitung mag bei der Klassifikation großer Gattungen zuweilen mit Nutzen angewendet werden, weil alle Arten einer und derselben Gattung, welche eine eigentümliche und abgesonderte Gegend bewohnen, höchstwahrscheinlich von gleichen Eltern abstammen.

Vierzehntes Kapitel

Analoge oder Anpassungscharaktere

Nach den oben entwickelten Ansichten wird es begreiflich, wie wesentlich es ist, zwischen wirklicher Verwandtschaft und analoger oder Anpassungsähnlichkeit zu unterscheiden. Lamarck hat zuerst die Aufmerksamkeit auf diesen Unterschied gelenkt, und Macleay u. a. sind ihm darin glücklich gefolgt. Die Ähnlichkeit, welche zwischen dem Dugong, einem den Pachydermen verwandten Tier, und den Walen in der Form des Körpers und der Bildung der vorderen ruderförmigen Gliedmaßen, und jene, welche zwischen diesen beiden Säugetieren und den Fischen besteht, ist Analogie. So ist die Ähnlichkeit zwischen einer Maus und einer Spitzmaus (*Sorex*), welche zu verschiedenen Ordnungen gehören, eine analoge, ebenso auch die noch größere zwischen der Maus und einem kleinen Beuteltier Australiens (*Antechinus*), welche Mr. Mivart hervorhebt. Wie mir scheint, lassen sich die letzteren Ähnlichkeiten durch Adaptation für ähnlich lebendige Bewegungen durch Dickichte und Pflanzenwuchs in Verbindung mit dem Verbergen vor Feinden erklären.

Bei den Insekten finden sich unzählige Beispiele dieser Art, daher Linné, durch äußeren Anschein verleitet, wirklich ein Homopter unter die Motten gestellt hat. Wir sehen etwas Ähnliches auch bei unseren kultivierten Varietäten in der auffallend ähnlichen Körperform bei den veredelten Rassen des chinesischen und gemeinen Schweins und in den verdickten Stämmen der gemeinen und der schwedischen Rübe. Die Ähnlichkeit zwischen dem Windhund und dem englischen Wettrenner ist schwerlich eine mehr auf Einbildung beruhende, als andere von einigen Autoren zwischen einander sehr entfernt stehenden Tieren aufgesuchte Analogien.

Nach der Ansicht, daß Charaktere nur insofern von wesentlicher Bedeutung für die Klassifikation sind, als sie die gemeinsame Abstammung ausdrücken, lernen wir deutlich einsehen, warum analoge oder Anpassungscharaktere, wenn auch von höchstem Wert für das Gedeihen der Wesen, doch für den Systematiker fast wertlos sind. Denn zwei Tiere von ganz verschiedener Abstammung können leicht ähnlichen Lebensbedingungen angepaßt und sich daher äußerlich sehr ähnlich geworden sein; aber solche Ähnlichkeiten verraten keine Blutsverwandtschaft, sondern sind vielmehr geeignet, die wahre Blutsverwandtschaft der Formen zu verbergen. Wir begreifen hierdurch ferner das anscheinende Paradoxon, daß die nämlichen Charaktere analoge sind, wenn eine ganze Gruppe mit einer anderen verglichen wird, aber für echte Verwandtschaft zeugen, wofern es sich um die Vergleichung von Gliedern einer und der nämlichen Gruppe untereinander handelt. So stellen Körperform und Ruderfüße der Wale nur eine Analogie zu denen der Fische dar, indem solche in beiden Klassen nur eine Anpassung des Tieres zum Schwimmen im Wasser bezwecken; aber beiderlei Charaktere beweisen auch die nahe Verwandtschaft zwischen den Gliedern der Walfamilie selbst; denn diese Teile sind durch die ganze Ordnung hindurch so sehr ähnlich, daß wir nicht an die Vererbung derselben von einem gemeinsamen Vorfahren zweifeln können. Und ebenso ist es auch mit den Fischen.

Es ließen sich zahlreiche Fälle von auffallender Ähnlichkeit einzelner Teile oder Organe bei sonst völlig verschiedenen Wesen anführen, welche derselben Funktion angepaßt worden sind. Ein gutes Beispiel bietet die große Ähnlichkeit der Kiefer beim Hund und dem tasmanischen Wolf, dem *Thylacinus*, dar, Tiere, welche im natürlichen System weit voneinander getrennt stehen. Diese Ähnlichkeit ist aber auf die äußere Erscheinung beschränkt, wie das Vorragen der Eckzähne und die schneidende Form der Backenzähne. Denn in Wirklichkeit weichen die Zähne sehr voneinander ab; so hat der Hund auf jeder Seite des Oberkiefers vier falsche und nur zwei wahre Backenzähne, während der *Thylacinus* drei falsche und vier wahre Backenzähne hat. Auch weichen die Backenzähne in den beiden Tieren sehr in der relativen Größe und in ihrer Struktur ab. Dem bleibenden Gebiß geht ein sehr verschiedenes Milchgebiß voraus. Es kann natürlich jedermann leugnen, daß die Zähne in beiden Fällen durch die natürliche Zuchtwahl nacheinander auftretender Abänderungen zum Zerreißen von Fleisch angepaßt worden sind; wird dies aber in dem einen Falle zugegeben, so ist es für mich unverständlich, daß man es im anderen leugnen sollte. Ich sehe mit Freuden, daß eine so bedeutende Autorität wie Prof. Flower zu demselben Schluß gelangt ist.

Die in einem früheren Kapitel mitgeteilten außerordentlichen Fälle, daß sehr verschiedene Fische elektrische Organe besitzen, – daß sehr verschiedene Insekten Leuchtorgane besitzen, – und daß Orchideen und Asclepiadeen Pollenmassen mit klebrigen Scheiben haben, gehören in die nämliche Kategorie analoger Ähnlichkeiten. Diese Fälle sind aber so wunderbar, daß sie als Schwierigkeiten oder Einwendungen gegen meine Theorie vorgebracht worden sind. In allen solchen Fällen lassen sich gewisse fundamentale Verschiedenheiten in dem Wachstum oder der Entwicklung der Teile und allgemein auch in ihrer reifen Struktur nachweisen. Der zu erreichende Zweck ist derselbe, aber die Mittel sind, wenn sie auch oberflächlich dieselben zu sein scheinen, wesentlich verschieden. Das früher unter dem Ausdruck der „analogen Abänderung" erwähnte Prinzip ist bei diesen Fällen wahrscheinlich häufig mit ins Spiel gekommen, d.h. die Glieder einer und derselben Klasse haben, wenn sie auch nur entfernt miteinander verwandt sind, so vieles in ihrer Konstitution Gemeinsame geerbt, daß sie geneigt sind, unter ähnlichen anregenden Ursachen auch in einer ähnlichen Art und Weise zu variieren; und dies wird offenbar das Erlangen von Teilen oder Organen, welche einander auffallend gleichen, durch natürliche Zuchtwahl, unabhängig von ihrer direkten Vererbung von einem gemeinsamen Urerzeuger, unterstützen.

Da zu verschiedenen Klassen gehörende Arten häufig durch sukzessive unbedeutende Modifikationen einem Leben unter nahezu ähnlichen Umständen angepaßt worden sind, – z.B. um die drei Elemente, Land, Luft und Wasser zu bewohnen, – so können wir vielleicht verstehen, woher es kommt, daß zuweilen zwischen den Untergruppen verschiedener Klassen ein Zahlenparallelismus beobachtet worden ist. Ein Naturforscher, dem ein Parallelismus dieser Art auffiele, könnte dadurch, daß er den Wert der Gruppen in verschiedenen Klassen (und alle unsere Erfahrung zeigt uns, daß deren Schätzung bis jetzt noch willkürlich ist) willkürlich erhöhte oder herabsetzte, den Parallelismus leicht sehr weit ausdehnen. In dieser Weise sind wahrscheinlich die Septenär-, Quinär-, Quaternär- und Ternär-Systeme entstanden.

Es gibt noch eine andere und merkwürdige Klasse von Fällen, in denen große äußere Ähnlichkeit nicht von einer Anpassung an ähnliche Lebensweisen abhängt, sondern des Schutzes wegen erlangt worden ist. Ich meine die wunderbare Art und Weise, in welcher gewisse Schmetterlinge andere und völlig verschiedene Arten nachahmen, wie es zuerst von Bates beschrieben worden ist. Dieser ausgezeichnete Beobachter hat gezeigt, daß in einigen Distrikten von Süd-Amerika, wo z. B. eine *Ithomia* in prächtigen Schwärmen vorkommt, ein anderer Schmetterling, eine *Leptalis*, oft dem Schwarm zugemischt gefunden wird, welcher in jedem Ton und Streifen der Farbe und selbst in der Form der Flügel der *Ithomia* so ähnlich ist, daß Bates trotz seiner durch elfjährige Sammlertätigkeit geschärften Augen und trotzdem er immer auf seiner Hut war, beständig getäuscht wurde. Werden die Spottformen und die nachgeahmten gefangen und verglichen, so sieht man, daß sie in ihrer wesentlichen Struktur völlig verschieden sind und nicht bloß zu besonderen Gattungen, sondern oft sogar zu verschiedenen Familien gehören. Wäre dieses Nachahmen nur in einem oder in zwei Fällen vorgekommen, so hätte man sie als merkwürdige Koinzidenz übergehen können. Wenn man sich aber von einem Bezirk entfernt, wo eine *Leptalis* eine *Ithomia* nachahmt, so wird man eine andere Spottform und eine andere nachgeahmte aus denselben beiden Gattungen, beide wieder einander gleich sehr ähnlich, finden. Im Ganzen werden nicht weniger als zehn Gattungen aufgezählt mit Arten, welche andere Schmetterlinge nachahmen. Die nachgeahmte und nachahmende Form bewohnen immer dieselbe Gegend; wir finden niemals einen Nachahmer, der entfernt von der Form lebte, die er nachbildet. Die Spötter sind fast ausnahmslos seltene Insekten; die nachgeahmten kommen fast in jedem Falle in großen Schwärmen vor. In demselben Distrikt, in dem eine *Leptalis* eine *It-*

Vierzehntes Kapitel

homia nachahmt, kommen zuweilen noch andere Lepidopteren vor, die dieselbe *Ithomia* imitieren; so daß man an derselben Stelle Arten von drei Tag- und selbst eine von einer Nacht-Schmetterlingsgattung finden kann, die alle einer Art einer vierten Gattung außerordentlich ähnlich sind. Es verdient besonders bemerkt zu werden, daß viele sowohl der imitierenden Formen der *Leptalis* als auch der nachgeahmten Formen durch eine abgestufte Reihe als bloße Varietäten einer und derselben Spezies nachgewiesen werden können, während andere unzweifelhaft distinkte Arten sind. Warum werden nun aber, kann man fragen, gewisse Formen als nachgeahmte, andere als die Nachahmer angesehen? Bates beantwortet diese Frage zufriedenstellend damit, daß er zeigt, wie die Form, welche imitiert wird, den gewöhnlichen Habitus der Gruppe, zu der sie gehört, bewahrt, während die Nachahmer ihren Habitus verändert haben und nicht mehr ihren nächsten Verwandten ähnlich sind.

Wir kommen nun zunächst zu der Frage, welcher Ursache man es möglicherweise zuschreiben kann, daß gewisse Tag- und Nacht-Schmetterlinge so oft die Tracht anderer und ganz distinkter Formen annehmen; warum hat sich zur Verwirrung der Naturforscher die Natur zu Bühnenmanövern herabgelassen! Bates hat ohne Zweifel die rechte Erklärung gefunden. Die nachgeahmten Formen, welche immer äußerst zahlreich vorkommen, müssen gewöhnlich der Zerstörung in hohem Maße entgehen, sonst könnten sie nicht in solchen Schwärmen auftreten; man hat jetzt auch zahlreiche Beweise gesammelt, daß sie Vögeln und anderen insektenfressenden Tieren zuwider sind. Die imitierenden Formen, welche denselben Bezirk bewohnen, sind dagegen vergleichsweise selten und gehören zu seltenen Gruppen. Sie müssen daher gewöhnlich irgendeiner Gefahr ausgesetzt sein, denn sonst würden sie, nach der Zahl der von allen Schmetterlingen gelegten Eier, in drei oder vier Generationen die ganze Gegend in Schwärmen überziehen. Wenn nun ein Glied einer dieser verfolgten und seltenen Gruppen eine Tracht annähme, die der einer gut geschützten Art so gliche, daß sie das Auge eines erfahrenen Entomologen beständig täuschte, so würde sie auch oft Raubvögel und Insekten täuschen, die Form daher der gänzlichen Vernichtung entgehe. Man kann beinahe sagen, daß Bates faktisch den Prozeß belauscht habe, durch welchen die Spottform der nachgeahmten so äußerst ähnlich wird; denn er weist nach, daß einige der Formen von *Leptalis*, welche so viele andere Schmetterlinge nachahmen, sehr variieren. In einer Gegend kommen mehrere Varietäten vor und von diesen gleicht in gewisser Ausdehnung nur eine der gemeinen *Ithomia* derselben Gegend. In einer anderen Gegend finden sich zwei oder drei Varietäten, von denen eine viel häufiger als die andere ist, und diese ahmt die *Ithomia* außerordentlich nach. Aus Tatsachen dieser Art schließt Bates, daß die *Leptalis* zuerst variierte, und daß eine Varietät, welche zufällig in gewissem Grade irgendeinem gemeinen, denselben Distrikt bewohnenden Schmetterling glich, durch diese Ähnlichkeit mit einer gut gedeihenden und wenig verfolgten Art eine größere Wahrscheinlichkeit erlangte, der Zerstörung durch Vögel und Insekten zu entgehen, und folglich öfter erhalten wurde. – „Die weniger vollständigen Ähnlichkeitsgrade werden Generation nach Generation eliminiert und nur die anderen zur Erhaltung ihrer Art bewahrt." Wir haben daher hier ein ausgezeichnetes Beispiel des Prinzips der natürlichen Zuchtwahl.

Wallace und Trimen haben gleichfalls mehrere auffallende Fälle von Nachahmung, Mimikry, bei den Lepidopteren des Malayischen Archipels beschrieben; ebenso bei einigen anderen Insekten. Wallace hat auch ein Beispiel von Nachahmung bei den Vögeln entdeckt; bei den größeren Säugetieren haben wir indessen nichts derartiges. Die viel bedeutendere Häufigkeit von Nachahmung bei Insekten als bei anderen Tieren ist wahrscheinlich die Folge ihrer geringen Größe; Insekten können sich nicht selbst verteidigen mit Ausnahme der Arten, welche mit einem Stachel versehen sind; und ich habe nie von einem Fall gehört, daß ein solches andere Insekten nachahme, obschon sie selbst imitiert werden; Insekten können größeren Tieren nicht durch Flug entgehen; sie sind daher wie die meisten schwachen Geschöpfe auf Kunstgriffe und Verstellung angewiesen.

Man muß beachten, daß der Prozeß der Nachahmung wahrscheinlich niemals bei Formen begann, welche einander in der Farbe sehr unähnlich sind. Geht er aber von Spezies aus, welche einander bereits etwas ähnlich waren, so kann die größte Ähnlichkeit, wenn sie von Vorteil ist, leicht durch die oben erwähnten Mittel erlangt werden; und wenn die nachgeahmte Form infolge irgendeiner Ursache später allmählich modifiziert würde, so würde die nachahmende Form denselben Weg geführt und dadurch beinahe in jedem möglichen Grade umgeändert werden, so daß sie schließlich ein Aussehen oder eine Färbung erhielte, welche von der der anderen Glieder der Familie, zu der sie gehört, gänzlich verschieden ist. Einige Schwierigkeit liegt indessen hier noch vor; denn man muß notwendigerweise in manchen Fällen annehmen, daß die alten, zu mehreren verschiedenen Gruppen gehörenden Formen noch ehe sie in der jetzigen Ausdehnung voneinander abwichen, zufällig einem Glied einer anderen und geschützten Gruppe in einem hinreichenden Grade glichen, um einen unbedeutenden Schutz daraus zu erhalten. Und dies gab dann den Ausgangspunkt für das spätere Erlangen der allervollkommensten Ähnlichkeit.

Verwandtschaften: allgemeine, verwickelte und strahlenförmige – Erlöschung trennt und begrenzt die Gruppen

Da die abgeänderten Nachkommen herrschender Arten großer Gattungen diejenigen Vorzüge, welche die Gruppen, wozu sie gehören, groß und ihre Eltern herrschend gemacht haben, zu erben streben, so sind sie beinahe sicher, sich weit auszubreiten und mehr oder weniger Stellen im Haushalt der Natur einzunehmen. So streben die größeren und herrschenderen Gruppen in jeder Klasse nach immer weiterer Vergrößerung und ersetzen demnach viele kleinere und schwächere Gruppen. So erklärt sich auch die Tatsache, daß alle erloschenen wie noch lebenden Organismen einige wenige große Ordnungen und noch weniger Klassen bilden. Ein Beleg dafür, wie wenige an Zahl die oberen Gruppen und wie weit sie in der Welt verbreitet sind, ist die auffallende Tatsache, daß die Entdeckung Neuhollands nicht ein Insekt aus einer neuen Klasse geliefert hat, und daß im Pflanzenreich, wie ich von Dr. Hooker vernehme, nur zwei oder drei kleine Familien hinzugekommen sind.

Im Kapitel über die geologische Aufeinanderfolge habe ich nach dem Prinzip, daß im allgemeinen jede Gruppe während des lang dauernden Modifikationsprozesses in ihrem Charakter sehr divergiert hat, zu zeigen mich bemüht, woher es kommt, daß die älteren Lebensformen oft einigermaßen mittlere Charaktere zwischen jetzt existierenden Gruppen darbieten. Da einige wenige solcher alten und mittleren Stammformen sich in nur wenig abgeänderten Nachkommen bis zum heutigen Tage erhalten haben, so geben diese zur Bildung unserer sogenannten vermittelnden oder aberranten Gruppen Veranlassung. Je abirrender eine Form ist, desto größer muß die Zahl verkettender Glieder sein, welche gänzlich vertilgt worden und verloren gegangen sind. Auch dafür, daß die aberranten Formen sehr durch Erlöschen gelitten haben, finden sich einige Belege; denn sie sind gewöhnlich nur durch äußerst wenige Arten vertreten, und die wirklich vorkommenden Arten sind gewöhnlich sehr verschieden voneinander, was gleichfalls auf Erlöschung hinweist. Die Gattungen *Ornithorhynchus* und *Lepidosiren* z. B. würden nicht weniger aberrant sein, wenn sie jede durch ein Dutzend statt nur eine oder zwei Arten vertreten wären. Wir können, glaube ich, diese Erscheinung nur erklären, indem wir die aberranten Formen als Gruppen betrachten, welche im Kampf mit siegreichen Konkurrenten unterlegen sind und von denen sich nur noch wenige Glieder infolge eines ungewöhnlichen Zusammentreffens günstiger Umstände bis heute erhalten haben.

Waterhouse hat die Bemerkung gemacht, daß, wenn ein Glied aus einer Tiergruppe Verwandtschaft mit einer ganz anderen Gruppe zeigt, diese Verwandtschaft in den meisten Fällen eine allgemeine und nicht eine spezielle Verwandtschaft ist. So ist nach Waterhouse von allen Nagern die Viscache (*Lagostomus*) am nächsten mit den Beuteltieren verwandt; aber die Charaktere, worin sie sich den Marsupialien am meisten nähert, haben eine allgemeine Beziehung zu den Beuteltieren und nicht zu dieser oder jener Art im besonderen. Da diese Verwandtschaftsbeziehungen der Viscache zu den Beuteltieren für wirkliche gelten und nicht Folge bloßer Anpassung sind, so müssen sie nach meiner Theorie von gemeinschaftlicher Ererbung von einem gemeinsamen Urerzeuger herrühren. Daher wir denn auch annehmen müssen, entweder, daß alle Nager einschließlich der Viscache von einem sehr alten Beuteltier abgezweigt sind, welches natürlich einen mehr oder weniger mittleren Charakter in bezug auf alle jetzt existierende Beuteltiere besessen hat, oder daß sowohl Nager als auch Beuteltiere von einem gemeinsamen Stammvater herrühren und beide Gruppen durch starke Abänderungen seitdem in verschiedenen Richtungen auseinandergegangen sind. Nach beiderlei Ansichten müssen wir annehmen, daß die Viscache mehr von den erblichen Charakteren des alten Stammvaters an sich behalten hat, als sämtliche anderen Nager; und deshalb zeigt sie keine besonderen Beziehungen zu diesem oder jenem noch vorhandenen Beutler, sondern nur indirekt zu allen oder fast allen Marsupialien überhaupt, indem sie sich einen Teil des Charakters des gemeinsamen Urerzeugers oder eines früheren Gliedes dieser Gruppe erhalten hat. Andererseits besitzt nach Waterhouses Bemerkung unter allen Beuteltieren die *Phascolomys* am meisten Ähnlichkeit nicht mit einer einzelnen Art, sondern mit der ganzen Ordnung der Nager überhaupt. In diesem Falle ist indessen sehr zu vermuten, daß die Ähnlichkeit nur eine Analogie ist, indem die *Phascolomys* sich einer Lebensweise angepaßt hat, wie sie Nager besitzen. Der ältere De Candolle hat ziemlich ähnliche Bemerkungen hinsichtlich der allgemeinen Natur der Verwandtschaft zwischen verschiedenen Pflanzenordnungen gemacht.

Nach dem Prinzip der Vermehrung und der stufenweisen Divergenz des Charakters der von einem gemeinsamen Ahnen abstammenden Arten in Verbindung mit der erblichen Erhaltung eines Teils des gemeinsamen Charakters erklären sich die außerordentlich verwickelten und strahlenförmig auseinandergehenden Verwandtschaften, wodurch alle Glieder einer Familie oder höheren Gruppe miteinander verkettet werden. Denn der gemeinsame Stammvater einer ganzen Familie, welche jetzt durch Erlöschung in verschiedene Gruppen und Untergruppen gespalten ist, wird einige seiner Charaktere in verschiedener Art und Abstufung modifiziert allen gemeinsam mitgeteilt haben, und die verschiedenen Arten werden demnach nur durch Verwandtschaftslinien von verschiedener Länge miteinander verbunden sein, welche in weit älteren Vorgängern ihren Vereinigungspunkt finden, wie es das so oft angezogene Schema darstellt. Wie es schwer ist, die Blutsverwandtschaft zwischen den zahlreichen Angehörigen irgendeiner alten oder vornehmen Familie sogar mit Hilfe eines Stammbaums zu zeigen, und fast unmöglich, es ohne dieses Hilfsmittel zu tun, so begreift man auch die außerordentliche Schwierigkeit, auf welche Naturforscher, ohne die Hilfe einer bildlichen Skizze, stoßen, wenn sie die verschiedenen verwandtschaftlichen Beziehungen zwischen den vielen lebenden und erloschenen Gliedern einer großen natürlichen Klasse nachweisen wollen.

Das Erlöschen hat, wie wir im vierten Kapitel gesehen haben, einen bedeutsamen Anteil an der Bildung und Erweiterung der Lücken zwischen den verschiedenen Gruppen in jeder Klasse gehabt. Wir können selbst die Trennung ganzer Klassen voneinander, wie z.B. die der Vögel von allen anderen Wirbeltieren, durch die Annahme erklären, daß viele alte Lebensformen ganz verlorengegangen sind, durch welche die ersten Stammeltern der Vögel vordem mit den ersten Stammeltern der übrigen und damals noch weniger differenzierten Wirbeltierklassen verkettet gewesen sind. Dagegen sind nur wenige von den Lebensformen erloschen, welche einst die Fische mit den Batrachiern verbanden. In noch geringerem Grade ist dies in einigen anderen Klassen, z.B. bei den Krustern der Fall gewesen, wo die wundersamst verschiedenen Formen noch durch eine lange und nur teilweise unterbrochene Kette von verwandten Formen zusammengehalten werden. Erlöschung hat die Gruppen nur umgrenzt, durchaus nicht gemacht. Denn wenn alle Formen, welche jemals auf dieser Erde gelebt haben, plötzlich wiedererscheinen könnten, so würde es zwar ganz unmöglich sein, die Gruppen durch Definitionen voneinander zu unterscheiden, dem ungeachtet würde eine natürliche Klassifikation oder wenigstens eine natürliche Anordnung möglich sein. Wir können dies ersehen, indem wir unser Schema betrachten. Nehmen wir an, die Buchstaben *A* bis *L* stellen elf silurische Gattungen dar, und einige derselben haben große Gruppen abgeänderter Nachkommen hinterlassen. Jedes Mittelglied in allen Ästen und Zweigen ihrer Nachkommenschaft sei noch am Leben, und diese Glieder seien so fein wie die zwischen den feinsten Varietäten abgestuft. In diesem Falle würde es ganz unmöglich sein, die vielfachen Glieder der verschiedenen Gruppen von ihren unmittelbaren Eltern und Nachkommen durch Definitionen zu unterscheiden. Und doch würde die im Bild gegebene Anordnung ganz gut passen und auch natürlich sein; denn nach dem Vererbungsprinzip würden alle von *A* herkommenden Formen unter sich etwas gemein haben. An einem Baum kann man diesen oder jenen Zweig unterscheiden, obwohl sich beide bei der Gabelteilung vereinigen und ineinanderfließen. Wir könnten, wie gesagt, die verschiedenen Gruppen nicht definieren; aber wir könnten Typen oder solche Formen hervorheben, welche die meisten Charaktere jeder Gruppe, groß oder klein, in sich vereinigten, und so eine allgemeine Vorstellung vom Wert der Verschiedenheiten zwischen denselben geben. Dies wäre das, wozu wir getrieben werden würden, wenn wir je dahin gelangten, alle Formen einer Klasse, die in Zeit und Raum vorhanden gewesen sind, zusammenzubringen. Wir werden zwar ganz gewiß nie imstande sein, eine so vollständige Sammlung zu machen, dem ungeachtet aber bei gewissen Klassen uns diesem Ziel nähern; und Milne Edwards hat noch unlängst in einer vortrefflichen Abhandlung auf der großen Wichtigkeit bestanden, sich an Typen zu halten, gleichviel, ob wir imstande sind oder nicht, die Gruppen zu trennen und zu umschreiben, zu welchen diese Typen gehören.

Endlich haben wir gesehen, daß natürliche Zuchtwahl, welche aus dem Kampf ums Dasein hervorgeht und zu Erlöschung und Divergenz des Charakters in den vielen Nachkommen einer herrschenden Stammart fast unvermeidlich führt, jene großen und allgemeinen Züge in der Verwandtschaft aller organischen Wesen, nämlich ihre Sonderung in Gruppen und Untergruppen, erklärt. Wir benutzen das Element der Abstammung bei Klassifikation der Individuen beider Geschlechter und aller Altersabstufungen in einer Art, wenn sie auch nur wenige Charaktere miteinander gemein haben; wir benutzen die Abstammung bei der Einordnung anerkannter Varietäten, wie sehr sie auch von ihrer Stammart abweichen mögen; und ich glaube, daß dieses Element der Abstammung das geheime Band ist, welches alle Naturforscher unter dem Namen des natürlichen Systems gesucht haben. Da nach dieser Vorstellung das natürliche System, soweit es ausgeführt werden kann, genealogisch angeordnet ist und man die Grade der Verschiedenheit durch die Ausdrücke Gattungen, Familien, Ordnungen usw. bezeichnet, so begreifen wir die Regeln, welche wir bei unserer Klassifikation zu befolgen veranlaßt werden. Wir können begreifen, warum wir manche Ähnlichkeit weit höher als andere abzuschätzen haben; warum wir mitunter rudimentäre oder nutzlose oder andere physiologisch unbedeutende Organe anwenden; warum wir beim Aufsuchen der Beziehungen der einen zu der anderen Gruppe analoge oder Anpassungscharaktere kurz verwerfen und sie doch wieder innerhalb einer und derselben Gruppe gebrauchen. Es wird uns klar, warum wir alle lebenden und erloschenen Formen in wenig große Klassen zusammenordnen können, und warum die verschiedenen Glieder jeder Klasse in den verwickeltsten und strahlenförmig auseinanderlaufenden Verwandtschaftslinien miteinander verkettet sind. Wir werden wahrscheinlich niemals das verwickelte Verwandtschaftsgewebe zwischen den Gliedern irgendeiner Klasse entwirren; wenn wir jedoch einen einzelnen Teil der Aufgabe ins Auge fassen und nicht nach irgendeinem unbekannten Schöpfungsplan ausschauen, so dürfen wir hoffen, sichere aber langsame Fortschritte zu machen.

Professor Haeckel hat in seiner ‚generellen Morphologie' und in mehreren anderen Werken neuerdings sein großes Wissen und sein Geschick darauf verwandt, das, was er Phylogenie oder die Deszendenzlinien aller organischen Wesen nennt, zu ermitteln. Beim Verfolgen der einzelnen Reihen verläßt er sich hauptsächlich auf embryologische Charaktere, zieht aber ebensogut homologe und rudimentäre Organe, wie auch die Perioden, in welchen, wie man annimmt, die verschiedenen Lebensformen in unseren geologischen Formationen nacheinander aufgetreten sind, zu Hilfe. Er hat damit kühn einen ersten Anfang gemacht und zeigt uns, wie die Klassifikation künftig zu behandeln sein wird.

Morphologie: zwischen Gliedern derselben Klasse und zwischen Teilen desselben Individuums

Wir haben gesehen, daß die Glieder einer und derselben Klasse, unabhängig von ihrer Lebensweise, einander im allgemeinen Plan ihrer Organisation gleichen. Diese Übereinstimmung wird oft mit dem Ausdruck „Einheit des Typus" bezeichnet; oder man sagt, die einzelnen Teile und Organe der verschiedenen Spezies einer Klasse seien einander homolog. Der ganze Gegenstand wird unter dem Namen Morphologie begriffen. Dies ist einer der interessantesten Teile der Naturgeschichte der Tiere und kann deren wahre Seele genannt werden. Was kann es Sonderbareres geben, als daß die Greifhand des Menschen, der Grabfuß des Maulwurfs, das Rennbein des Pferdes, die Ruderflosse der Seeschildkröte und der Flügel der Fledermaus sämtlich nach demselben Modell gebaut sind und gleiche Knochen in der nämlichen gegenseitigen Lage enthalten? Wie merkwürdig ist es, um ein untergeordnetes, wenn auch auffallendes Beispiel zu geben, daß der Hinterfuß des Kängurus, welcher für das Springen über die offenen Ebenen, der des kletternden, blattfressenden Koala, der auch gleicherweise gut zum Ergreifen der Zweige angepaßt ist, der des auf der Erde lebenden, Insekten und wurzelfressenden Bandicoots und der einiger anderen australischen Beuteltiere sämtlich nach demselben außerordentlichen Typus gebaut sind, nämlich mit äußerst schlanken und von einer gemeinsamen Hautbedeckung umhüllten Knochen des zweiten und dritten Fingers, so daß diese wie eine einzige mit zwei Krallen versehene Zehe erscheinen! Trotz dieser Ähnlichkeit des Bauplans werden die Hinterfüße dieser verschiedenen Tiere offenbar zu soweit verschiedenen Zwecken benützt, wie nur denkbar möglich ist. Der Fall wird umso auffallender, als die amerikanischen Opossums, welche nahezu dieselbe Lebensweise haben, wie einige ihrer australischen Verwandten, nach dem gewöhnlichen Plan gebaute Füße haben. Professor Flower, dem ich diese Angaben entnommen habe, bemerkt zum Schluß: „Wir können dies Übereinstimmung des Typus nennen, ohne jedoch der Erklärung dieser Erscheinung damit viel näher zu kommen." Und dann fügt er hinzu: „Legt es aber nicht sehr nachdrücklich die Annahme wirklicher Verwandtschaft, der Vererbung von einem gemeinsamen Vorfahren nahe?"

Geoffroy Saint-Hilaire hat mit großem Nachdruck die große Wichtigkeit der wechselseitigen Lage oder Verbindung der Teile in homologen Organen hervorgehoben; die Teile mögen in fast allen Abstufungen der Form und Größe abändern, aber sie bleiben fest in derselben Weise miteinander verbunden. So finden wir z. B. die Knochen des Ober- und des Vorderarms oder des Ober- und Unterschenkels nie umgestellt. Daher kann man den homologen Knochen in ganz verschiedenen Tieren denselben Namen geben. Dasselbe große Gesetz tritt in der Mundbildung der Insekten hervor. Was kann verschiedener sein, als der ungeheuer lange spiralförmige Saugrüssel eines Abendschmetterlings, der sonderbar zurückgebrochene Rüssel einer Biene oder Wanze und die großen Kiefer eines Käfers? Und doch werden alle diese zu so ungleichen Zwecken dienenden Organe durch unendlich zahlreiche Modifikationen einer Oberlippe, Oberkiefer und zwei Paar Unterkiefer gebildet. Dasselbe Gesetz herrscht in der Zusammensetzung des Mundes und der Glieder der Kruster. Und ebenso ist es mit den Blüten der Pflanzen.

Nichts hat weniger Aussicht auf Erfolg, als ein Versuch, diese Ähnlichkeit des Bauplans in den Gliedern einer nämlichen Klasse mit Hilfe der Nützlichkeitstheorie oder der Lehre von den endlichen Ursachen zu erklären. Die Hoffnungslosigkeit eines solchen Versuches ist von Owen in seinem äußerst interessanten Werk „On the Nature of Limbs" ausdrücklich anerkannt worden. Nach der gewöhnlichen Ansicht von der selbständigen Schöpfung einer jeden Spezies läßt sich nur sagen, daß es so ist und daß es dem Schöpfer gefallen hat, alle Tiere und Pflanzen in jeder großen Klasse nach einem einförmig geordneten Plan zu bauen; das ist aber keine wissenschaftliche Erklärung.

Dagegen ist die Erklärung nach der Theorie der natürlichen Zuchtwahl aufeinanderfolgender geringer Abänderungen, deren jede der abgeänderten Form einigermaßen nützlich ist, welche aber infolge der Korrelation oft auch andere Teile der Organisation mitberühren, in hohem Grade einfach. Bei Abänderungen dieser Art wird sich nur wenig oder gar keine Neigung zur Änderung des ursprünglichen Bauplans oder zur Versetzung der Teile zeigen. Die Knochen eines Beines können in jedem Maße verkürzt und abgeplattet, sie können gleichzeitig in dicke Häute eingehüllt werden, um als Flosse zu dienen; oder ein mit einer Bindehaut zwischen den Zehen versehener Fuß kann alle seine Knochen oder gewisse Knochen bis zu jedem beliebigen Maße verlängern und die Bindehaut im gleichen Verhältnis vergrößern, so daß er als Flügel zu dienen imstande ist; und doch ist ungeachtet aller so bedeutender Abänderungen keine Neigung zu einer Änderung der Knochenbestandteile an sich oder zu einer anderen Zusammenfügung derselben vorhanden. Wenn wir annehmen, daß ein alter Vorfahre oder der Urtypus, wie man ihn nennen kann, aller Säugetiere, Vögel und Reptilien Beine besaß, zu welchem Zweck sie auch bestimmt gewesen sein mögen, welche nach dem vorhandenen allgemeinen Plan gebildet waren, so werden wir sofort die klare Bedeutung der homologen Bildung der Beine in der ganzen Klasse begreifen. Wenn wir ferner hinsichtlich des Mundes der Insekten nur annehmen, daß ihr gemeinsamer Urahne eine Oberlippe, Oberkiefer und zwei Paar Unterkiefer, vielleicht von sehr einfacher Form, besessen hat, so wird natürliche Zuchtwahl vollkommen zur Erklärung der unendlichen Verschiedenheit in den Bildungen und Verrichtungen der Mundteile der Insekten genügen. Dem ungeachtet ist es begreiflich, daß der ursprünglich gemeinsame Plan eines Organs allmählich so verdunkelt werden kann, daß er endlich ganz verlorengeht, sei es durch Verkümmerung und endlich durch vollständiges Fehlschlagen gewisser Teile, durch Verschmelzung anderer Teile, oder durch Verdoppelung oder Vervielfältigung noch anderer: Abänderungen, die nach unserer Erfahrung alle in den Grenzen der Möglichkeit liegen. In den Ruderfüßen gewisser ausgestorbener riesiger See-Eidechsen (*Ichthyosaurus*) und in den Teilen des Saugmundes gewisser Kruster scheint der gemeinsame Grundplan bis zu einem gewissen Grade verwischt zu sein.

Ein anderer und gleich merkwürdiger Zweig der Morphologie beschäftigt sich mit der Reihenhomologie, d.h. mit dem Vergleich, nicht des nämlichen Teils in verschiedenen Gliedern einer Klasse, sondern der verschiedenen Teile oder Organe eines nämlichen Individuums. Die meisten Physiologen glauben, die Knochen des Schädels seien homolog – d.h. in Zahl und relativer Verbindung übereinstimmend – mit den Elementarteilen einer gewissen Anzahl von Wirbeln. Die vorderen und die hinteren Gliedmaßen eines jeden Tieres sind bei allen Wirbeltierklassen offenbar homolog zueinander. Dasselbe Gesetz gilt auch für die wunderbar zusammengesetzten Kinnladen und Beine der Kruster. Wohl jedermann weiß, daß in einer Blume die gegenseitige Stellung der Kelch- und der Kronenblätter und der Staubfäden und Staubwege zueinander ebenso wie deren innere Struktur aus der Annahme erklärbar werden, daß es metamorphosierte spiralständige Blätter sind. Bei monströsen Pflanzen erhalten wir oft den direkten Beweis von der Möglichkeit der Umbildung eines dieser Organe ins andere; und bei Blüten während ihrer frühen Entwicklung, sowie bei den Embryonalzuständen von Crustaceen und vielen anderen Tieren sehen wir wirklich, daß Organe, die im reifen Zustand äußerst verschieden voneinander sind, auf ihren ersten Entwicklungsstufen einander außerordentlich gleichen.

Vierzehntes Kapitel

Wie unerklärlich sind diese Erscheinungen der Reihenhomologie nach der gewöhnlichen Ansicht von einer Schöpfung! Warum sollte doch das Gehirn in einem aus so vielen und so außergewöhnlich geformten Knochenstücken zusammengesetzten Kasten eingeschlossen sein, welche dem Anschein nach Wirbel darstellen! Wie Owen bemerkt, kann der Vorteil, welcher aus einer der Trennung der Teile entsprechenden Nachgiebigkeit des Schädels für den Geburtsakt bei den Säugetieren entspringt, keinesfalls die nämliche Bildungsweise desselben bei den Vögeln und Reptilien erklären. Oder warum sind den Fledermäusen dieselben Knochen wie den übrigen Säugetieren zu Bildung ihrer Flügel und Beine anerschaffen worden, da sie dieselben doch zu gänzlich verschiedenen Zwecken, nämlich jene zum Fliegen und diese zum Gehen, gebrauchen? Und warum haben Kruster mit einem aus zahlreicheren Organpaaren zusammengesetzten Mund in gleichem Verhältnis weniger Beine, oder umgekehrt die mit mehr Beinen versehenen weniger Mundteile? Endlich, warum sind die Kelch- und Kronenblätter, die Staubgefäße und Staubwege einer Blüte, trotz ihrer Bestimmung zu so gänzlich verschiedenen Zwecken, alle nach demselben Muster gebildet?

Nach der Theorie der natürlichen Zuchtwahl können wir alle diese Fragen beantworten. Wir brauchen hier nicht zu betrachten, auf welche Weise der Körper mancher Tiere zuerst in eine Reihe von Segmenten, oder in eine rechte und linke Seite miteinander entsprechenden Organen geteilt wurde; denn derartige Fragen liegen beinahe jenseits unserer Untersuchung. Wahrscheinlich sind indessen einige reihenförmig sich wiederholende Gebilde das Resultat einer Zellenvermehrung durch Teilung, welche die Vermehrung der aus solchen Zellen sich entwickelnden Teile mit sich bringt. Es muß für unseren Zweck genügen, im Sinne zu behalten, daß eine unbestimmte Wiederholung desselben Teiles oder Organs, wie Owen bemerkt hat, das gemeinsame Attribut aller gering oder wenig modifizierten Formen ist; daher besaß wahrscheinlich die unbekannte Stammform aller Wirbeltiere viele Wirbel, die unbekannte Stammform aller Gliedertiere viele Körpersegmente und die unbekannte Stammform der Blütenpflanzen viele in einer oder mehreren Spiralen geordnete Blätter. Wir haben auch früher gesehen, daß Teile, die sich oft wiederholen, sehr geneigt sind, nicht bloß in der Zahl, sondern auch in der Form zu variieren. Folglich werden solche Teile, da sie bereits in beträchtlicher Anzahl vorhanden und sehr variabel sind, natürlich ein zur Anpassung an die verschiedenartigsten Zwecke geeignetes Material darbieten; und doch werden sie allgemein infolge der Kraft der Vererbung deutliche Züge ihrer ursprünglichen oder fundamentalen Ähnlichkeit bewahren. Sie werden diese Ähnlichkeit umso mehr beibehalten, als die Abänderungen, welche die Grundlage für die spätere Modifikation durch natürliche Zuchtwahl darbieten, von Anfang an ähnlich zu sein streben werden, da die Teile auf einer früheren Wachstumsstufe gleich und sie nahezu denselben Bedingungen ausgesetzt sind. Derartige Teile werden, mögen sie mehr oder weniger modifiziert sein, Reihenhomologa darstellen, wenn nicht ihr gemeinsamer Ursprung vollständig verdunkelt worden ist.

In der großen Klasse der Mollusken lassen sich zwar Homologien zwischen Teilen verschiedener Spezies, aber nur wenige Reihenhomologien nachweisen, wie z.B. die Klappe der Chitonen, d.h. wir sind selten imstande zu sagen, daß ein Teil oder Organ mit einem anderen in dem nämlichen Individuum homolog sei. Dies läßt sich wohl erklären, weil wir selbst bei den untersten Gliedern des Weichtierkreises auch nicht annähernd eine solche unbestimmte Wiederholung einzelner Teile wie in den übrigen großen Klassen des Tier- und Pflanzenreiches finden.

Morphologie ist indessen ein viel komplizierterer Gegenstand, als es auf den ersten Blick scheint, wie vor kurzem E. Ray Lankester in einer merkwürdigen Abhandlung gezeigt hat. Er zieht eine wichtige Scheidewand zwischen gewissen Klassen von Fällen, welche von den Naturforschern sämtlich in gleicher Weise für Homologie angesehen wurden. Er schlägt vor, die Gebilde, welche einander infolge der Abstammung von einem gemeinsamen Urerzeuger mit später eintretender Modifikation bei verschiedenen Tieren gleichen, homogene, und die Ähnlichkeiten, welche nicht in dieser Weise erklärt werden können, homoplastische zu nennen. Er glaubt z.B., daß die Herzen der Vögel und Säugetiere im ganzen einander homogen sind, d.h. von einem gemeinsamen Urerzeuger herzuleiten sind, daß aber die vier Herzhöhlen in den beiden Klassen homoplastisch sind, d.h. sich unabhängig entwickelt haben. Lankester führt auch die große Ähnlichkeit der Teile auf der rechten und linken Seite des Körpers und der hintereinanderliegenden Abschnitte eines und desselben individuellen Tieres an; und hier liegen gewöhnlich homolog genannte Teile vor, welche keine Beziehung zur Abstammung verschiedener Spezies von einem gemeinsamen Urerzeuger haben. Homoplastische Gebilde sind dieselben, welche ich, freilich in sehr unvollkommener Weise, als analoge Modifikationen oder Ähnlichkeiten bezeichnet habe. Ihre Bildung kann zum Teil dem Umstand zugeschrieben werden, daß verschiedene Organismen oder verschiedene Teile eines und desselben Organismus' in analoger Weise variiert haben, zum Teil dem, daß ähnliche Modifikationen für denselben allgemeinen Zweck oder die gleiche Funktion erhalten worden sind, wofür sich viele Beispiele anführen ließen.

Die Naturforscher stellen den Schädel oft als eine Reihe metamorphosierter Wirbel, die Kinnladen der Krabben als metamorphosierte Beine, die Staubgefäße und Staubwege der Blumen als metamorphosierte Blätter dar; doch würde es, wie Huxley bemerkt hat, in den meisten Fällen richtiger sein, zu sagen, Schädel wie Wirbel, Kinnladen und Beine usw. seien nicht eines aus dem anderen, wie sie jetzt existieren, sondern beide aus einem gemeinsamen Element entstanden. Inzwischen brauchen die meisten Naturforscher jenen Ausdruck nur in bildlicher Weise, indem sie weit von der Meinung entfernt sind, daß Primordialorgane irgendwelcher Art – Wirbel in dem einen und Beine im anderen Falle – während einer langen Reihe von Generationen wirklich in Schädel und Kinnladen umgebildet worden seien. Und doch ist der Anschein, daß eine derartige Modifikation stattgefunden habe, so vollkommen, daß die Naturforscher schwer vermeiden können, eine diesem letzten Sinne entsprechende Ausdrucksweise zu gebrauchen. Nach der hier vertretenen Ansicht können jene Ausdrücke wörtlich genommen werden; und die wunderbare Tatsache, daß die Kinnladen z.B. einer Krabbe zahlreiche Merkmale an sich tragen, welche dieselben wahrscheinlich ererbt haben würden, wenn sie wirklich während einer langen Generationenreihe durch allmähliche Metamorphose aus echten, wenn auch äußerst einfachen Beinen entstanden wären, wird zum Teil erklärt.

Embryologie: deren Gesetze daraus erklärt, daß Abänderungen nicht im frühen Lebensalter eintreten und in korrespondierendem Alter vererbt werden

Dies ist einer der wichtigsten Teile im ganzen Gebiet der Naturgeschichte. Allgemein werden die Metamorphosen der Insekten etwas abrupt in ein paar Stufen ausgeführt; die Umformungen sind aber in Wirklichkeit zahlreich und allmählich, wenn auch verdeckt. So hat z. B. Sir J. Lubbock gezeigt, daß ein gewisses ephemerides Insekt (*Chloëon*) sich während seiner Entwicklung über zwanzig Mal häutet und jedesmal einen gewissen Betrag von Veränderung erfährt; in einem solchen Falle haben wir den Akt der Metamorphose in seinem natürlichen oder primären Gang vor uns. Was für große Strukturveränderungen während der Entwicklung mancher Tiere ausgeführt werden, zeigen uns viele Insekten, noch deutlicher aber viele Crustaceen. Derartige Veränderungen erreichen indessen ihren Höhepunkt in dem sogenannten Generationswechsel einiger der niederen Tiere. Was kann z.B. größeres Erstaunen erregen, als daß ein zartes verzweigtes, mit Polypen besetztes und an einen submarinen Felsen geheftetes Korallenstöckchen erst durch Knospung, dann durch quere Teilung eine Menge großer schwimmender Quallen erzeugt, und daß diese Quallen Eier produzieren, aus denen zunächst freischwimmende Tierchen hervorgehen, welche sich an Steine heften und sich zu verzweigten Polypenstöckchen entwickeln; und so fort in endlosen Kreisen? Die Ansicht von der wesentlichen Identität des Genera-

Vierzehntes Kapitel

tionswechsels mit der gewöhnlichen Metamorphose hat neuerdings durch N. Wagners Entdeckung eine kräftige Stütze erhalten, wonach die Larve einer *Cecidomyia*, d. i. die Made einer Fliege, ungeschlechtlich andere ähnliche Larven und diese wiederum andere erzeugt, welche endlich in reife Männchen und Weibchen entwickelt werden, die ihre Art in der gewöhnlichen Weise durch Eier fortpflanzen.

Es mag der Erwähnung wert sein, daß ich, als Wagners Entdeckung zuerst bekannt wurde, gefragt wurde, wie es zu erklären möglich sei, daß die Larven dieser Fliegen das Vermögen der geschlechtslosen Vermehrung erlangt hätten. Solange der Fall einzig blieb, konnte keine Antwort gegeben werden. Es hat nun aber bereits Grimm gezeigt, daß eine andere Fliege, ein *Chironomus*, sich auf eine nahezu gleiche Art und Weise fortpflanzt; auch glaubt er, daß dies in der Ordnung häufig vorkomme. Es ist die Puppe und nicht die Larve des *Chironomus*, welche diese Fähigkeit hat; und Grimm zeigt ferner, daß dieser Fall in einer gewissen Ausdehnung „den von der *Cecidomyia* mit der Parthenogenesis der Cocciden verbindet", wobei der Ausdruck Parthenogenesis die Tatsache umfaßt, daß die reifen Weibchen der Cocciden fähig sind, ohne Zutun der Männchen fruchtbare Eier zu legen. Man kennt jetzt gewisse, zu verschiedenen Klassen gehörende Tiere, welche das gewöhnliche Fortpflanzungsvermögen in einem ungewöhnlich frühen Alter besitzen. Wir brauchen nun bloß die parthenogenetische Reproduktion durch allmähliche Abstufungen auf ein immer früheres Alter zurückzutreiben, – wobei uns *Chironomus* einen beinahe genau intermediären Zustand, nämlich die Puppe, zeigt, – und wir können vielleicht den wunderbaren Fall der *Cecidomyia* erklären.

Es ist schon bemerkt worden, daß verschiedene Teile eines und desselben Individuums, welche sich in einer frühen embryonalen Zeit einander völlig gleich sind, im reifen Alter der Tiere sehr verschieden und zu ganz abweichenden Diensten bestimmt werden. Ebenso wurde erwähnt, daß die verschiedensten Arten und Gattungen derselben Klasse im Embryonalzustand einander allgemein sehr ähnlich, wenn aber vollständig entwickelt, sehr unähnlich sind. Ein besserer Beweis dieser letzten Tatsache läßt sich nicht anführen als der, welchen von Baer erwähnt, „daß die Embryonen von Säugetieren, Vögeln, Eidechsen, Schlangen und wahrscheinlich auch Schildkröten sich in der ersten Zeit, im ganzen sowohl als in der Bildungsweise ihrer einzelnen Teile, so außerordentlich ähnlich sind, daß man sie in der Tat nur an ihrer Größe unterscheiden könne. Ich besitze zwei Embryonen in Weingeist aufbewahrt, deren Namen ich beizuschreiben vergessen habe, und nun bin ich ganz außerstande zu sagen, zu welcher Klasse sie gehören. Es können Eidechsen oder kleine Vögel oder sehr junge Säugetiere sein, so vollständig ist die Ähnlichkeit in der Bildungsweise von Kopf und Rumpf dieser Tiere. Die Extremitäten fehlen indessen noch. Aber auch wenn sie vorhanden wären, so würden sie auf ihrer ersten Entwicklungsstufe nichts beweisen; denn die Beine der Eidechsen und Säugetiere, die Flügel und Beine der Vögel nicht weniger als die Hände und Füße der Menschen: alle entspringen aus der nämlichen Grundform." – Die Larven der meisten Crustaceen gleichen auf entsprechenden Entwicklungsstufen einander sehr, wie verschieden auch die Erwachsenen werden mögen; und so verhält es sich bei vielen anderen Tieren. Zuweilen geht eine Spur des Gesetzes der embryonalen Ähnlichkeit noch in ein späteres Alter über; so gleichen Vögel derselben Gattung oder nahe verwandter Genera einander oft in ihrem Jugendkleid: alle Drosseln z. B. in ihrem gefleckten Gefieder. In der Katzenfamilie sind die meisten Arten, wenn sie erwachsen sind, gestreift oder streifenweise gefleckt; und solche Streifen oder Flecken sind auch noch am neugeborenen Jungen des Löwen und des Puma deutlich vorhanden. Wir sehen zuweilen, aber selten, auch etwas derart bei den Pflanzen. So sind die Embryonalblätter des *Ulex* und die ersten Blätter der neuholländischen Akazien, welche später nur noch Phyllodien hervorbringen, zusammen gesetzt oder gefiedert, wie die gewöhnlichen Leguminosenblätter.

Diejenigen Punkte der Organisation, worin die Embryonen ganz verschiedener Tiere einer und derselben Klasse sich gegenseitig gleichen, haben oft keine unmittelbare Beziehung zu ihren Existenzbedingungen. Wir können z.B. nicht annehmen, daß in den Embryonen der Wirbeltiere der eigentümliche schleifenartige Verlauf der Arterien nächst den Kiemenspalten des Halses mit der Ähnlichkeit der Lebensbedingungen in Zusammenhang stehe: beim jungen Säugetier, das im Mutterleib ernährt wird, beim Vogel, welcher dem Ei entschlüpft, und beim Frosch, der sich im Laich unter Wasser entwickelt. Wir haben nicht mehr Grund, an einen solchen Zusammenhang zu glauben, als anzunehmen, daß die Übereinstimmung der Knochen in der Hand des Menschen, im Flügel einer Fledermaus und im Ruderfuß eines Tümmlers mit einer Übereinstimmung der äußeren Lebensbedingungen in Verbindung stehe. Niemand wird annehmen, daß die Streifen an dem jungen Löwen oder die Flecken an der jungen Amsel diesen Tieren von irgendwelchem Nutzen sind.

Anders verhält sich jedoch die Sache, wenn ein Tier während eines Teiles seiner Embryonalzeit aktiv ist und für sich selbst zu sorgen hat. Die Periode der Tätigkeit kann früher oder kann später im Leben kommen; doch wann immer sie auch kommen mag, die Anpassung der Larve an ihre Lebensbedingungen ist ebenso vollkommen und schön, wie die des reifen Tieres an die seinige. In welch wichtiger Weise dies zur Erscheinung kommt, hat Sir J. Lubbock vor kurzem in seinen Bemerkungen über die große Ähnlichkeit der Larven mancher zu weit getrennten Ordnungen gehörender Insekten und die Unähnlichkeit der Larven anderer zu derselben Ordnung gehörender Insekten, je nach der Lebensweise, gezeigt. Durch derartige Anpassungen, besonders wenn sie eine Arbeitsteilung auf die verschiedenen Entwicklungsstufen einschließen, wenn z.B. eine Larve auf dem einen Zustand Nahrung zu suchen, auf dem anderen einen Ort zum Anheften auszuwählen hat, wird dann zuweilen auch die Ähnlichkeit der Larven einander verwandter Tiere sehr verdunkelt; und es ließen sich Beispiele anführen, wo die Larven zweier Arten und sogar Artengruppen noch mehr voneinander verschieden sind, als ihre reifen Eltern. In den meisten Fällen jedoch folgen auch die tätigen Larven noch mehr oder weniger dem Gesetz der embryonalen Ähnlichkeit. Die Cirripeden liefern einen guten Beleg dafür; selbst der berühmte Cuvier erkannte nicht, daß ein *Lepas* ein Kruster ist; aber ein Blick auf ihre Larven verrät dies in unverkennbarer Weise. Und ebenso haben die zwei Hauptabteilungen der Cirripeden, die gestielten und die sitzenden, welche in ihrem äußeren Aussehen so sehr voneinander abweichen, Larven, die auf allen ihren Entwicklungsstufen kaum voneinander unterschieden werden können.

Während des Verlaufs seiner Entwicklung erhebt sich der Embryo gewöhnlich in der Organisation; ich gebrauche diesen Ausdruck, obwohl ich weiß, daß es kaum möglich ist, genau anzugeben, was unter höherer oder tieferer Organisation zu verstehen sei. Doch wird wahrscheinlich niemand bestreiten, daß der Schmetterling höher organisiert sei als die Raupe. In einigen Fällen jedoch, wie bei parasitischen Krustern, sieht man allgemein das reife Tier für tieferstehend als die Larve an. Ich beziehe mich wieder auf die Cirripeden. Auf ihrer ersten Stufe hat die Larve drei Paar Füße, ein einziges sehr einfaches Auge und einen rüsselförmigen Mund, womit sie reichliche Nahrung aufnimmt, denn sie nimmt bedeutend an Größe zu. Auf der zweiten Stufe, dem Puppenstand des Schmetterlings entsprechend, hat sie sechs Paar schön gebauter Schwimmfüße, ein Paar herrlich zusammengesetzter Augen und äußerst zusammengesetzte Fühler, aber einen geschlossenen und unvollkommenen Mund, der keine Nahrung aufnehmen kann; ihre Verrichtung auf dieser Stufe ist, einen zur Befestigung und zur letzten Metamorphose geeigneten Platz mittelst ihres wohlentwickelten Sinnesorgans zu suchen und mit ihren mächtigen Schwimmorganen zu erreichen. Wenn diese Aufgabe erfüllt ist, so bleibt das Tier lebenslänglich an seiner Stelle befestigt; seine Beine verwandeln sich in Greiforgane; es bildet sich wieder ein gut gebildeter Mund aus; aber das Tier hat keine Fühler, und seine beiden Augen haben sich jetzt wieder in einen kleinen und ganz einfachen Augenfleck verwandelt. In diesem letzten und vollständigen Zustand kann man die Cirripeden als höher oder tiefer organisiert betrachten, als sie im Larvenzustand gewesen sind. In einigen ihrer Gattungen jedoch ent-

Vierzehntes Kapitel

wickeln sich die Larven entweder zu Hermaphroditen von der gewöhnlichen Bildung oder zu (von mir so genannten) komplementären Männchen; und in diesen letzten ist die Entwicklung sicher zurückgeschritten, denn sie bestehen aus einem bloßen Sack mit kurzer Lebensfrist, ohne Mund, Magen oder anderes wichtiges Organ, das der Reproduktion ausgenommen.

Wir sind so sehr gewöhnt, Strukturverschiedenheiten zwischen Embryonen und erwachsenen Organismen zu sehen, daß wir uns veranlaßt fühlen, diese Erscheinung als in gewisser Weise notwendig mit dem Wachstum zusammenfallend zu betrachten. Inzwischen ist doch kein Grund einzusehen, warum der Plan z. B. zum Flügel der Fledermaus oder zum Ruder des Tümmlers mit allen ihren Teilen in den richtigen Verhältnissen nicht schon im Embryo entworfen worden sein könnte, sobald nur irgendein Gebilde in demselben sichtbar wurde. Und in einigen ganzen Tiergruppen sowohl als in gewissen Gliedern anderer Gruppen ist dies der Fall und weicht der Embryo zu keiner Zeit seines Lebens weit vom Erwachsenen ab; so hat Owen in bezug auf die Tintenfische bemerkt: „Da ist keine Metamorphose; der Cephalopodencharakter ist deutlich da, schon weit früher als die Teile des Embryos vollständig sind." Land-Mollusken und Süßwasser-Crustaceen werden in der ihnen eigenen Form geboren, während die marinen Formen dieser beiden großen Klassen beträchtliche und oft sehr große Entwicklungsveränderungen durchlaufen. Ferner erleiden die Spinnen kaum irgendeine Metamorphose. Bei fast allen Insekten durchlaufen die Larven, mögen sie nun tätig und den verschiedenst gestalteten Lebensarten angepaßt sein oder untätig bleiben, dabei von ihren Eltern gefüttert oder mitten in die ihnen angemessene Nahrung hineingesetzt werden, eine ähnliche wurmförmige Entwicklungsstufe; in einigen wenigen Fällen aber ist, wie bei *Aphis*, nach den trefflichen Zeichnungen Huxleys über die Entwicklung dieses Insekts, kaum eine Spur dieses wurmförmigen Zustands zu finden.

In manchen Fällen fehlen nur die früheren Entwicklungsstufen. So hat Fritz Müller die merkwürdige Entdeckung gemacht, daß gewisse garneelenartige Crustaceen (mit *Penaeus* verwandt) zuerst in der einfachen *Nauplius*-Form erscheinen, dann zwei oder drei *Zoëa*-Stufen, dann die *Mysis*-Form durchlaufen und endlich die reife Form erlangen. Nun kennt man in der ganzen enormen Klasse der Malakostraken, zu denen diese Kruster gehören, bis jetzt keine Form, die zuerst eine *Nauplius*-Form entwickelte, obschon sehr viele als *Zoëa* erscheinen. Dem ungeachtet belegt Müller seine Ansicht mit Gründen, daß alle Crustaceen als Nauplii erschienen sein würden, wenn keine Unterdrückung der Entwicklung eingetreten wäre.

Wie sind aber dann diese verschiedenen Erscheinungen der Embryologie zu erklären? – nämlich: die sehr gewöhnliche, wenn auch nicht allgemeine Verschiedenheit der Organisation des Embryos und des Erwachsenen? – die in einer früheren Periode bestehende Gleichheit der verschiedenen Teile desselben individuellen Embryo, welche schließlich sehr ungleich werden und verschiedenen Zwecken dienen? – die fast allgemeine, obschon nicht ausnahmslose Ähnlichkeit zwischen Embryonen oder Larven der verschiedensten Spezies einer und derselben Klasse? – das Bestehenbleiben von Bildungen am Embryo, solange er sich im Ei oder dem mütterlichen Körper findet, welche weder zu dieser noch einer späteren Periode des Lebens für ihn von Nutzen sind, während Larven, welche für sich selbst zu sorgen haben, den umgebenden Bedingungen vollkommen angepaßt sind – und endlich die Tatsache, daß gewisse Larven höher auf der Stufenleiter der Organisation stehen, als die reifen Tiere, zu denen sie sich entwickeln? Ich glaube, daß sich alle diese Erscheinungen auf folgende Weise erklären lassen:

Gewöhnlich nimmt man an, vielleicht weil Monstrositäten sich oft sehr früh am Embryo zu zeigen beginnen, daß geringe Abänderungen oder individuelle Verschiedenheiten notwendig in einer gleichmäßig frühen Periode des Embryos zum Vorschein kommen. Doch haben wir dafür wenig Beweise, und diese weisen sogar eher auf das Gegenteil; denn es ist bekannt, daß die Züchter von Rindern, Pferden und verschiedenen Tieren der Liebhaberei erst eine gewisse Zeit nach der Geburt des jungen Tieres zu sagen imstande sind, welche Form oder Vorzüge dasselbe schließlich zeigen wird. Wir sehen dies deutlich bei unseren eigenen Kindern; wir können nicht immer sagen, ob die Kinder von schlanker oder gedrungener Figur sein oder wie sie sonst genau aussehen werden. Die Frage ist nicht, in welcher Lebensperiode eine Abänderung verursacht worden ist, sondern in welcher die Wirkungen in die Erscheinung treten werden. Die Ursache kann schon auf Vater oder Mutter oder auf beide Eltern vor der Reproduktion gewirkt haben und hat nach meiner Meinung gewöhnlich da schon gewirkt. Es verdient Beachtung, daß es für ein sehr junges Tier, solange es noch im Mutterleib oder im Ei eingeschlossen ist oder von seinen Eltern genährt und geschützt wird, von keiner Bedeutung ist, ob es die meisten Charaktere etwas früher oder später im Leben erlangt. Es würde z.B. für einen Vogel, der sich sein Futter am besten mit einem stark gekrümmten Schnabel verschafft, gleichgültig sein, ob er die entsprechende Schnabelform schon bekommt, solange er noch von seinen Eltern gefüttert wird, oder nicht.

Ich habe im ersten Kapitel angeführt, daß eine Abänderung, die in irgendwelcher Lebenszeit der Eltern zuerst zum Vorschein kommt, sich auch in gleichem Alter wieder beim Jungen zu zeigen strebt. Gewisse Abänderungen können nur in sich entsprechenden Altern wieder erscheinen, wie z.B. die Eigentümlichkeiten der Raupe oder des Kokons oder des Imagos des Seidenschmetterlings, oder der Hörner des fast erwachsenen Rindes. Aber auch außer dem streben Abänderungen, welche nach allem, was wir wissen, einmal früher oder später im Leben eingetreten sein könnten, im entsprechenden Alter des Nachkommen wieder zu erscheinen. Ich bin weit entfernt zu glauben, daß dies unabänderlich der Fall ist, und könnte selbst eine gute Anzahl von Ausnahmefällen anführen, wo Abänderungen (im weitesten Sinne des Wortes genommen) im Kinde früher als in den Eltern eingetreten sind.

Diese zwei Gesetze, daß nämlich unbedeutende Abänderungen allgemein zu einer nicht sehr frühen Lebensperiode eintreten und zu einer entsprechenden nicht frühen Periode vererbt werden, erklären, wie ich glaube, alle oben aufgezählten Haupterscheinungen in der Embryologie. Doch, sehen wir uns zuerst nach einigen analogen Fällen bei unseren Haustiervarietäten um. Einige Autoren, die über den Hund geschrieben haben, behaupten, der Windhund und der Bullenbeißer seien, wenn auch noch so verschieden von Aussehen, in der Tat sehr nahe verwandte Varietäten, vom nämlichen wilden Stamm entsprossen. Ich war daher begierig zu erfahren, wie weit ihre neugeworfenen Jungen voneinander abweichen. Züchter sagten mir, daß sie beinahe ebenso verschieden seien wie ihre Eltern; und nach dem Augenschein mag dies auch beinahe der Fall sein. Aber bei wirklicher Ausmessung der alten Hunde und der 6 Tage alten Jungen fand ich, daß diese letzten entfernt noch nicht die abweichenden Maßverhältnisse angenommen hatten. Ebenso ist mir mitgeteilt worden, daß die Füllen des Karren- und des Rennpferdes, – zwei Rassen, welche fast gänzlich durch Zuchtwahl im Zustand der Domestikation gebildet worden sind –, ebensosehr wie die erwachsenen Tiere voneinander abweichen. Als ich aber sorgfältige Ausmessungen an den Müttern und den drei Tage alten Füllen eines Renners und eines Karrengauls vornahm, fand ich, daß dies keineswegs der Fall ist.

Da wir entscheidende Beweise dafür besitzen, daß die verschiedenen Haustaubenrassen von nur einer wilden Art abstammen, so verglich ich junge Tauben verschiedener Rassen 12 Stunden nach dem Ausschlüpfen miteinander; ich maß die Größenverhältnisse (wovon ich die Einzelheiten hier nicht mitteilen will) des Schnabels, der Weite des Mundes, der Länge der Nasenlöcher und der Augenlider, der Läufe und Zehen sowohl beim wilden Stamm als auch bei Kröpfern, Pfauentauben, Runt- und Barbtauben, Drachen- und Botentauben und Purzlern. Einige von diesen Vögeln weichen nun im reifen Zustand so außerordentlich in der Länge und Form des Schnabels und in anderen Charakteren voneinander ab, daß man sie, wären sie natürliche Erzeugnisse, zweifelsohne in ganz verschiedene Genera bringen würde. Wenn man aber die Nestlinge dieser verschiedenen Rassen in eine Reihe ordnet, so erscheinen, obwohl man die meisten derselben eben noch voneinander unterscheiden kann, die Verschiedenheiten ihrer Proportionen in den genannten Beziehungen unvergleichbar geringer, als in den erwachsenen Vögeln. Einige charakteristische Differenzpunkte der Alten, wie z.B. die Weite des Mundspaltes, sind an den

Vierzehntes Kapitel

Jungen noch kaum zu entdecken. Ich fand nur eine merkwürdige Ausnahme von dieser Regel, indem die Jungen des kurzstirnigen Purzlers von den Jungen der wilden Felstaube und der anderen Rassen in allen Maßverhältnissen fast genau ebenso verschieden waren, wie im erwachsenen Zustand.

Die zwei oben aufgestellten Gesetze erklären diese Tatsachen. Liebhaber wählen ihre Pferde, Hunde und Tauben zur Nachzucht aus, wenn sie nahezu erwachsen sind. Es ist ihnen gleichgültig, ob die verlangten Bildungen und Eigenschaften früher oder später im Leben zum Vorschein kommen, wenn nur das erwachsene Tier sie besitzt. Und die eben mitgeteilten Beispiele, insbesondere von den Tauben, zeigen, daß die charakteristischen Verschiedenheiten, welche den Wert einer jeden Rasse bedingen und durch künstliche Zuchtwahl gehäuft worden sind, nicht allgemein in einer frühen Lebensperiode zum Vorschein gekommen und auch erst in einem entsprechenden späteren Lebensalter auf die Nachkommen vererbt sind. Aber der Fall mit dem kurzstirnigen Purzler, welcher schon in einem Alter von zwölf Stunden seine eigentümlichen Maßverhältnisse besitzt, beweist, daß dies keine allgemeine Regel ist; denn hier müssen die charakteristischen Unterschiede entweder in einer früheren Periode als gewöhnlich erschienen, oder wenn nicht, statt in dem entsprechenden in einem früheren Alter vererbt worden sein.

Wenden wir nun diese zwei Gesetze auf die Arten im Naturzustand an. Nehmen wir eine Vogelgruppe an, die von irgendeiner alten Form herkommt und durch natürliche Zuchtwahl für verschiedene Lebensweisen modifiziert worden ist. Dann werden infolge der vielen, sukzessiven, kleinen Abänderungsstufen, welche in einem nicht frühen Alter eingetreten sind und sich in entsprechendem Alter weitervererbt haben, die Jungen nur wenig modifiziert worden und sich einander immer noch ähnlicher geblieben sein, als es bei den Alten der Fall ist, geradeso wie wir es bei den Tauben gesehen haben. Wir können diese Ansicht auf sehr verschiedene Bildungen und auf ganze Klassen ausdehnen. Die vorderen Gliedmassen z. B., welche der Stammart als Beine gedient haben, mögen infolge langwährender Modifikation bei dem einen Nachkommen den Diensten der Hand, bei einem anderen denen des Ruders und bei einem dritten solchen des Flügels angepaßt worden sein; aber nach den zwei obigen Gesetzen werden die vorderen Gliedmaßen in den Embryonen dieser verschiedenen Formen nicht sehr modifiziert worden sein, obschon in jeder die Vordergliedmaßen des reifen Tieres sehr verschieden sind. Was für einen Einfluß lange fortgesetzter Gebrauch oder Nichtgebrauch auf die Abänderung der Gliedmaßen oder anderer Teile irgendeiner Spezies auch immer gehabt haben mag, so wird ein solcher Einfluß doch hauptsächlich oder ganz allein das nahezu reife Tier betreffen, welches bereits seine ganze Lebenskraft zu entfalten hat und sein Leben selbst fristen muß; und die so entstandenen Wirkungen werden sich im entsprechenden nahezu reifen Alter vererben. Das Junge wird daher nicht oder nur wenig durch die Wirkungen des vermehrten Gebrauchs oder Nichtgebrauchs modifiziert werden.

In einigen Fällen mögen die aufeinanderfolgenden Abänderungsstufen schon in sehr früher Lebenszeit erfolgt, oder jede solche Stufe wird in einer früheren Lebensperiode vererbt worden sein, als worin sie zu erst entstanden sind. In beiden Fällen wird das Junge oder der Embryo, (wie die Beobachtung am kurzstirnigen Purzler zeigt) der reifen elterlichen Form vollkommen gleichen. Und dies ist in einigen ganzen Tiergruppen oder nur in gewissen Untergruppen die Regel, wie bei den Tintenfischen, Land-Mollusken, Süßwasser-Crustaceen, Spinnen, und in einigen Fällen aus der großen Klasse der Insekten. Was nun die Endursache betrifft, warum das Junge in diesen Fällen keine Metamorphose durchläuft, so läßt sich erkennen, daß dies von den folgenden zwei Bedingungen herrührt; erstens davon, daß das Junge schon von sehr früher Entwicklungsstufe an für seine eigenen Bedürfnisse zu sorgen hatte, und zweitens davon, daß es genau dieselbe Lebensweise wie seine Eltern befolgte; denn in diesem Falle wird es für die Existenz der Art unabweisbar sein, daß das Kind in derselben Weise wie seine Eltern modifiziert wird. Was ferner die merkwürdige Tatsache betrifft, daß so viele Land- und Süßwasserformen keine Metamorphose durchlaufen, während die marinen Glieder derselben Gruppen verschiedene Umgestaltungen erfahren, so hat Fritz Müller die Vermutung ausgesprochen, daß der Prozeß der langsamen Modifikation und Anpassung eines Tieres an ein Leben auf dem Lande oder im Süßwasser, statt im Meer, bedeutend dadurch vereinfacht werden würde, wenn es kein Larvenstadium durchliefe; denn es ist nicht wahrscheinlich, daß Plätze im Naturhaushalt, die sowohl für Larven, als für reife Zustände unter so neuen und bedeutend abgeänderten Lebensweisen geeignet wären, von anderen Organismen gar nicht oder schlecht besetzt sein sollten. In diesem Falle würde das allmähliche Erlangen der erwachsenen Struktur auf einem immer früheren und früheren Alter durch die natürliche Zuchtwahl begünstigt, und alle Spuren früherer Metamorphosen würden endlich verloren werden.

Wenn es auf der anderen Seite für den Jugendzustand eines Tieres vorteilhaft ist, eine von der elterlichen etwas verschiedene Lebensweise einzuhalten und demgemäß einen etwas abweichenden Bau zu haben, oder wenn es für Larven, die bereits von ihren Eltern abweichen, vorteilhaft ist, noch weiter abzuweichen, so kann nach dem Gesetz der Vererbung in übereinstimmenden Lebenszeiten das Junge oder die Larve durch natürliche Zuchtwahl immer mehr und mehr bis zu jedem denkbaren Grade von seinen Eltern verschieden werden. Verschiedenheiten in den Larven können auch mit den aufeinanderfolgenden Stufen ihrer Entwicklung in Korrelation treten, so daß die Larve auf ihrer ersten Stufe weit von der Larve auf der zweiten Stufe abweicht, wie es bei so vielen Tieren der Fall ist. Auch das Erwachsene kann sich Lagen und Gewohnheiten anpassen, wo ihm Bewegungs-, Sinnes- oder andere Organe nutzlos werden, und in diesem Falle kann man dessen letzte Metamorphose als eine rückschreitende bezeichnen.

Nach den eben gemachten Bemerkungen läßt sich erkennen, wie durch Abänderungen im Bau der Jungen in Übereinstimmung mit einer Vererbung derselben in korrespondierenden Altersstufen Tiere dazu gelangen, von dem ursprünglichen Zustand ihrer erwachsenen Erzeuger vollständig verschiedene Entwicklungszustände zu durchlaufen. Die meisten unserer besten Gewährsmänner sind jetzt überzeugt, daß die verschiedenen Larven- und Puppenzustände von Insekten in dieser Weise durch Adaptation und nicht durch Vererbung von einer alten Form aus erlangt worden sind. Der merkwürdige Fall der Sitaris, eines Käfers, welcher gewisse ungewöhnliche Entwicklungsstufen durchläuft, wird erläutern, wie dies zustande kommt. So stellt die erste Larvenform, wie es Fabre beschreibt, ein kleines, lebendiges, mit sechs Füßen, zwei langen Antennen und vier Augen versehenes Insekt dar. Diese Larven kriechen in einem Bienenstock aus; und wenn die Drohnen im Frühjahr aus ihren Verstecken hervorkommen, was sie vor den Weibchen tun, so springen jene Larven auf sie und benutzen dann die Begattung, um auf die weiblichen Bienen zu kriechen. Sobald die letzteren ihre Eier auf den in den Zellen befindlichen Honig legen, hüpft die Käferlarve auf das Ei und verzehrt es. Später erfährt sie eine komplette Veränderung; die Augen verschwinden, die Füße und Antennen werden rudimentär und sie ernährt sich von Honig. Sie gleicht daher nunmehr den gewöhnlichen Insektenlarven. Endlich unterliegt sie noch weiteren Verwandlungen und erscheint zuletzt als vollkommener Käfer. Wenn nun ein Insekt mit ähnlichen Umgestaltungen wie diese Sitaris der Urerzeuger einer ganzen, neuen, großen Insektenklasse werden sollte, so würde wahrscheinlich der allgemeine Verlauf der Entwicklung und besonders der der ersten Larvenstände in dieser neuen Klasse sehr verschieden von dem der jetzt existierenden Insekten sein. Und sicher würden die ersten Larvenzustände nicht den früheren Zustand irgendeines erwachsenen und alten Insekts repräsentiert haben.

Auf der anderen Seite ist es sehr wahrscheinlich, daß bei vielen Tiergruppen uns die embryonalen oder Larvenzustände mehr oder weniger vollständig die Form des Urerzeugers der ganzen Gruppe in seinem erwachsenen Zustand zeigen. In der ungeheuren Klasse der Crustaceen erscheinen wunderbar voneinander verschiedene Formen, wie saugende Parasiten, Cirripeden, Entomostraken und selbst Malakostraken, in ihrem ersten Larvenzustand unter einer ähnlichen

Nauplius-Form; und da diese Larven im offenen Meer sich ernähren und leben und nicht irgendwie eigentümlichen Lebensweisen angepaßt sind, so ist es, wie auch noch nach anderen von Fritz Müller angeführten Gründen, wahrscheinlich, daß ein unabhängiges erwachsenes Tier ähnlich einem *Nauplius* in einer sehr früheren Zeit existiert und später längs mehrerer divergierender Deszendenzreihen die verschiedenen obengenannten großen Crustaceengruppen erzeugt hat. So ist es ferner nach dem, was wir von den Embryonen der Säugetiere, Vögel, Fische und Reptilien wissen, wahrscheinlich, daß diese Tiere die modifizierten Nachkommen irgendeines alten Urerzeugers sind, welcher im erwachsenen Zustand mit Kiemen, einer Schwimmblase, vier flossenartigen Gliedmaßen und einem langen Schwanz, alles für das Leben im Wasser passend, versehen war.

Da alle organischen Wesen, welche noch leben oder jemals auf dieser Erde gelebt haben, in einige wenige große Klassen eingeordnet werden können, und da alle Formen innerhalb jeder Klasse, unserer Theorie gemäß, früher durch die feinsten Abstufungen miteinander verkettet gewesen sind, so würde die beste, oder in der Tat, wenn unsere Sammlungen einigermaßen vollständig wären, die einzig mögliche Anordnung derselben die genealogische sein. Gemeinsame Abstammung ist das geheime Band, welches die Naturforscher unter dem Namen natürliches System gesucht haben. Von dieser Annahme aus können wir begreifen, woher es kommt, daß in den Augen der meisten Naturforscher die Bildung des Embryos für die Klassifikation selbst noch wichtiger als die des Erwachsenen ist. Tiere zweier oder mehrerer Gruppen mögen jetzt im erwachsenen Zustand in Bau und Lebensweise noch so verschieden voneinander sein; wenn sie gleiche oder ähnliche Embryonalzustände durchlaufen, so dürfen wir uns überzeugt halten, daß beide von denselben Eltern abstammen und deshalb nahe verwandt sind. So verrät Übereinstimmung in der Embryonalbildung gemeinsame Abstammung; aber Unähnlichkeit in der Embryonalentwicklung beweist noch nicht eine verschiedene Abstammung, denn in einer von zwei Gruppen können die Entwicklungsstufen unterdrückt oder durch Anpassung an neue Lebensweisen so stark modifiziert worden sein, daß man sie nicht wiedererkennen kann. Selbst in Gruppen, in welchen die Erwachsenen im äußersten Grade modifiziert worden sind, wird die Gemeinsamkeit der Abstammung oft durch die Struktur der Larven enthüllt; wir haben z. B. gesehen, daß die Cirripeden, obschon sie äußerlich den Muscheln so ähnlich sind, an ihren Larven sogleich als zur großen Klasse der Kruster gehörig erkannt werden können. Da der Bau des Embryos uns im allgemeinen mehr oder weniger deutlich den Bau ihrer alten noch wenig modifizierten Stammform überliefert, so sehen wir auch ein, warum alte und erloschene Lebensformen so oft den Embryonen der heutigen Arten derselben Klasse gleichen. Agassiz hält dies für ein allgemeines Naturgesetz; und wir dürfen hoffen, es später noch bestätigt zu sehen. Es läßt sich indessen nur in denjenigen Fällen beweisen, wo der alte Zustand des Erzeugers der Gruppe weder durch sukzessive in einer früheren Wachstumsperiode erfolgte Abänderungen noch durch Vererbung derartiger Abweichungen auf ein früheres Lebensalter, als worin sie ursprünglich aufgetreten sind, verwischt worden ist. Auch ist zu erwähnen, daß das Gesetz ganz wahr sein und doch, weil sich die geologische Urkunde nicht weit genug rückwärts erstreckt, noch auf lange hinaus oder für immer unbeweisbar bleiben kann. In denjenigen Fällen wird das Gesetz nicht gelten, in denen eine alte Form in ihrem Larvenzustand irgendeiner speziellen Lebensweise angepaßt wurde und denselben Larvenzustand einer ganzen Gruppe von Nachkommen überlieferte; denn diese werden in ihrem Larvenzustand dann keiner noch älteren Form im erwachsenen Zustand gleichen.

So scheinen sich mir die leitenden Tatsachen in der Embryologie, welche an Wichtigkeit keinen anderen nachstehen, aus dem Prinzip zu erklären, daß Modifikationen in der langen Reihe von Nachkommen eines frühen Urerzeugers nicht in einem sehr frühen Lebensalter eines jeden derselben erschienen und in einem entsprechenden Alter vererbt worden sind. Die Embryologie gewinnt sehr an Interesse, wenn wir uns so den Embryo als ein mehr oder weniger verblichenes

Bild der gemeinsamen Stammform, entweder in ihrer erwachsenen oder Larvenform, aller Glieder derselben großen Tierklasse vorstellen.

Rudimentäre Organe: ihre Entstehung erklärt

Organe oder Teile in diesem eigentümlichen Zustand, die den offenbaren Stempel der Nutzlosigkeit an sich tragen, sind in der Natur äußerst gewöhnlich oder selbst allgemein. Es dürfte unmöglich sein, eines der höheren Tiere namhaft zu machen, bei welchen nicht irgendein Teil sich in einem rudimentären Zustand findet. Bei den Säugetieren besitzen z. B. die Männchen immer rudimentäre Zitzen; bei Schlangen ist der eine Lungenflügel rudimentär; bei Vögeln kann man den Afterflügel getrost als einen verkümmerten Finger ansehen und bei einigen Arten ist der ganze Flügel insoweit rudimentär, daß er nicht zum Fliegen benutzt werden kann. Was kann wohl merkwürdiger sein als die Anwesenheit von Zähnen bei den Embryonen der Wale, die im erwachsenen Zustand nicht einen Zahn im ganzen Kopf haben, und das Dasein von Schneidezähnen im Oberkiefer unserer Kälber vor der Geburt, welche aber niemals das Zahnfleisch durchbrechen?

Rudimentäre Organe lassen ihren Ursprung und ihre Bedeutung auf verschiedene Weise deutlich erkennen. So gibt es Käfer, welche zu nahe miteinander verwandten Arten oder selbst zu einer und derselben identischen Art gehören, welche entweder vollkommene Flügel von voller Größe oder bloß äußerst kleine hautige Rudimente, die nicht selten unter den Flügeldecken fest miteinander verwachsen, besitzen; und in diesen Fällen ist es unmöglich zu zweifeln, daß diese Rudimente die Flügel vertreten. Rudimentäre Organe behalten zuweilen noch die Möglichkeit ihrer Funktion; dies scheint bei den Brustdrüsen männlicher Säugetiere gelegentlich der Fall zu sein, von welchen man weiß, daß sie zuweilen sich wohl entwickelt und Milch abgesondert haben. So haben ferner die Weibchen der Gattung *Bos* gewöhnlich vier entwickelte und zwei rudimentäre Zitzen am Euter; aber bei unserer zahmen Kuh entwickeln sich zuweilen auch die zwei letzten und geben Milch. Bei Pflanzen sind zuweilen bei Individuen einer und der nämlichen Spezies die Kronenblätter bald nur als Rudimente und bald in ganz ausgebildetem Zustand vorhanden. Bei gewissen getrenntgeschlechtlichen Pflanzen fand Kölreuter, daß sich nach der Kreuzung einer Art, bei welcher die männlichen Blüten ein rudimentäres Pistill hatten, mit einer hermaphroditen Spezies, deren Blüten natürlich ein entwickeltes Pistill besaßen, das Rudiment in den Bastardnachkommen oft bedeutend vergrößert habe; und dies beweist deutlich, daß die rudimentären und vollkommenen Pistille ihrer Natur nach wesentlich gleich sind. Ein Tier kann verschiedene Teile im vollkommenen Zustand besitzen, und doch können sie in einem gewissen Sinne rudimentär sein, da sie nutzlos sind. So hat die Larve des gewöhnlichen Wassersalamanders oder *Triton*, wie G. H. Lewes bemerkt, „Kiemen und verbringt ihr Leben unter Wasser; aber die *Salamandra atra*, welche hoch oben im Gebirge lebt, bringt vollständig ausgebildete Junge hervor. Dieses Tier lebt niemals im Wasser. Öffnen wir indessen ein trächtiges Weibchen, so finden wir innerhalb desselben Larven mit ausgezeichneten gefiederten Kiemen; und bringt man diese ins Wasser, so schwimmen sie ebenso herum wie die Larven des Wassersalamanders. Offenbar hat diese auf Wasserleben eingerichtete Organisation keine Beziehung zum künftigen Leben des Tieres, ebensowenig ist sie eine Anpassung an einen embryonalen Zustand; sie hat allein bezug auf vorelterliche Anpassungen, sie wiederholt eine Entwicklungsphase der Urerzeuger."

Ein zweierlei Verrichtungen dienendes Organ kann für die eine und sogar die wichtigere derselben rudimentär werden oder ganz fehlschlagen und in voller Wirksamkeit für die andere bleiben. So ist die Bestimmung des Pistills die, den Pollenschläuchen zu gestatten, die in dem an seiner Basis gelegenen Ovarium enthaltenen Ei'chen zu erreichen. Das Pistill besteht aus der

Narbe und dem diese tragenden Griffel; bei einigen Compositen jedoch haben die männlichen Blütchen, welche natürlich nicht befruchtet werden können, ein Pistill in rudimentärem Zustand, indem es keine Narbe besitzt; und doch bleibt es sonst wohl entwickelt und wie in anderen Compositen mit Haaren überzogen, um den Pollen von den umgebenden und vereinigten Antheren abzustreifen. So kann auch ein Organ für seine eigentliche Bestimmung rudimentär und für einen anderen Zweck benutzt werden; so scheint in gewissen Fischen die Schwimmblase für ihre eigentliche Verrichtung, den Fisch im Wasser flottierend zu erhalten, beinahe rudimentär zu werden, indem sie in ein Atmungsorgan oder in eine Lunge überzugehen beginnt. Es könnten noch viele andere ähnliche Beispiele angeführt werden.

Noch so wenig entwickelte, aber doch brauchbare Organe sollten nicht rudimentär genannt werden, wenn wir nicht Grund zu der Vermutung haben, daß sie früher einmal höher entwickelt gewesen sind; sie können für „werdende" Organe gelten und sind im Fortgang zu weiterer Entwicklung begriffen. Dagegen sind rudimentäre Organe entweder vollständig nutzlos: wie Zähne, welche niemals das Zahnfleisch durchbrechen, oder beinahe nutzlos: wie die Flügel des Straußes, die nur als Segel dienen. Da Organe in diesem Zustand früher, wenn sie noch weniger entwickelt gewesen wären, noch geringeren Nutzen gehabt hätten als jetzt, so können sie auch früher nicht durch Variation und natürliche Zuchtwahl gebildet worden sein, welche bloß durch Erhaltung nützlicher Abänderungen wirkt. Sie weisen nur auf einen früheren Zustand ihres Besitzers hin und sind teilweise nur durch Vererbung erhalten worden. Es ist indessen schwer zu erkennen, welche Organe rudimentäre und welche „werdende" sind; denn wir können nur nach Analogie urteilen, ob ein Teil weiterer Entwicklung fähig ist, in welchem Falle allein er ein werdender genannt zu werden verdient. Organe in diesem Zustand werden immer selten sein; denn es werden Geschöpfe mit werdenden Organen gewöhnlich durch ihre Nachkommen mit Organen in vollkommenerem und entwickelterem Zustand ersetzt worden und folglich schon vor langer Zeit ausgestorben sein. Der Flügelstummel des Pinguins ist als Ruder von großem Nutzen und mag daher den beginnenden Vogelflügel vorstellen; nicht als ob ich glaubte, daß er es wirklich sei, denn wahrscheinlich ist er ein reduziertes und für eine neue Bestimmung hergerichtetes Organ. Der Flügel des *Apteryx* andererseits ist völlig nutzlos und wirklich rudimentär. Die einfachen fadenförmigen Gliedmaßen des *Lepidosiren* betrachtet Owen als „die Anfänge von Organen, welche bei höheren Wirbeltieren eine vollständige funktionelle Entwicklung erreichen"; nach der neuerdings von Dr. Günther verteidigten Ansicht sind sie aber wahrscheinlich Überreste, die aus dem erhalten gebliebenen Achsenteil der Flosse bestehen, deren seitliche Strahlen oder Äste abortiert sind. Die Milchdrüsen des *Ornithorhynchus* können vielleicht, mit denen der Kuh verglichen, als werdende bezeichnet werden. Die Eierzügel gewisser Cirripeden, welche nur wenig entwickelt sind und nicht mehr zur Befestigung der Eier dienen, sind werdende Kiemen.

Rudimentäre Organe variieren sehr gern sowohl in ihrer Entwicklungsstufe als auch in anderen Beziehungen in den Individuen einer und der nämlichen Art. Außerdem ist der Grad, bis zu welchem das Organ rudimentär geworden ist, in nahe verwandten Arten zuweilen sehr verschieden. Für diesen letzten Fall liefert der Zustand der Flügel bei einigen zu der nämlichen Familie gehörigen weiblichen Nachtschmetterlingen ein gutes Beispiel. Rudimentäre Organe können gänzlich fehlschlagen oder abortieren, und daher rührt es dann, daß wir bei gewissen Tieren oder Pflanzen nicht einmal eine Spur mehr von einem Organ finden, welches wir nach Analogie dort zu erwarten berechtigt sind und nur zuweilen noch in monströsen Individuen der Spezies hervortreten sehen. So ist bei den meisten Scrophularinen das fünfte Staubgefäß völlig abortiert; doch können wir schließen, daß ein fünfter Staubfaden früher existiert hat; denn in vielen Arten der Familie findet sich ein Rudiment eines solchen und dieses Rudiment kommt zuweilen vollständig entwickelt zum Vorschein, wie es beim gemeinen Löwenmaul zu sehen ist. Wenn man die Homologien eines Teils in den verschiedenen Gliedern einer Klasse verfolgt, so ist nichts gewöhnlicher oder nützlicher, um die Beziehungen der Teile zueinander ordentlich zu verstehen, als die Entdeckung von Rudimenten. R. Owen hat dies ganz gut in Zeichnungen der Beinknochen des Pferdes, des Ochsen und des Nashorns dargestellt.

Es ist eine bedeutungsvolle Tatsache, daß rudimentäre Organe, wie die Zähne im Oberkiefer der Wale und Wiederkäuer, oft im Embryo zu entdecken sind und nachher völlig verschwinden. Auch ist es, glaube ich, eine allgemeine Regel, daß ein rudimentäres Organ den angrenzenden Teilen gegenüber im Embryo größer als im Erwachsenen erscheint, so daß das Organ im Embryo minder rudimentär ist und oft kaum als irgendwie rudimentär bezeichnet werden kann. Daher sagt man oft von einem rudimentären Organ, es sei auf seiner embryonalen Entwicklungsstufe auch im Erwachsenen stehengeblieben.

Ich habe jetzt die leitenden Tatsachen in bezug auf rudimentäre Organe aufgeführt. Bei weiterem Nachdenken über dieselben muß jedermann von Erstaunen betroffen werden; denn dieselbe Urteilskraft, welche uns so deutlich erkennen läßt, wie vortrefflich die meisten Teile und Organe gewissen Bestimmungen angepaßt sind, lehrt uns hier mit gleicher Deutlichkeit, daß diese rudimentären und atrophierten Organe unvollkommen und nutzlos sind. In den naturgeschichtlichen Werken liest man gewöhnlich, daß die rudimentären Organe nur der „Symmetrie wegen" oder „um das Schema der Natur zu ergänzen" vorhanden sind; dies scheint mir aber keine Erklärung, sondern nur eine Umschreibung der Tatsache zu sein. Auch ist es nicht konsequent durchzuführen. So hat die *Boa constrictor* Rudimente der Hintergliedmaßen und des Beckens, und wenn man nun sagt, daß diese Knochen erhalten worden sind, „um das natürliche Schema zu vervollständigen", warum sind sie, wie Professor Weisman fragt, nicht bei anderen Schlangen erhalten worden, welche nicht einmal eine Spur dieser Knochen besitzen? Was würde man von einem Astronomen denken, welcher behaupten wollte, weil Planeten in elliptischen Bahnen um die Sonne laufen, so nehmen Satelliten denselben Lauf um die Planeten nur der Symmetrie wegen? Ein ausgezeichneter Physiologe sucht das Vorkommen rudimentärer Organe durch die Annahme zu erklären, daß sie dazu dienen, überschüssige oder dem System schädliche Materie auszuscheiden. Aber kann man denn annehmen, daß das kleine nur aus Zellgewebe bestehende Wärzchen, welches in männlichen Blüten oft die Stelle des Pistills vertritt, dies zu bewirken vermöge? Kann man annehmen, daß die Bildung rudimentärer Zähne, die später wieder resorbiert werden, dem in raschem Wachsen begriffenen Kalbsembryo durch Ausscheidung der ihm so wertvollen phosphorsauren Kalkerde von irgendwelchem Nutzen sein könne? Wenn ein Mensch durch Amputation einen Finger verliert, so kommt an den Stummeln zuweilen ein unvollkommener Nagel wieder zum Vorschein. Man könnte nun geradesogut glauben, daß dieses Rudiment nur um Hornmaterie auszuscheiden wieder erscheine, wie daß die Nagelstummel an den Ruderfüßen des Manati dazu bestimmt wären.

Nach meiner Annahme einer Fortpflanzung mit Abänderung erklärt sich die Entstehung rudimentärer Organe vergleichsweise einfach und wir können in ziemlich weitem Umfang die ihre unvollkommene Entwicklung regelnden Gesetze einsehen. Wir kennen eine Menge Beispiele von rudimentären Organen bei unseren Kulturerzeugnissen, wie den Schwanzstummel in ungeschwänzten Rassen, den Ohrstummel in ohrlosen Rassen bei Schafen, das Wiedererscheinen kleiner, nur in der Haut hängender Hörner bei ungehörnten Rinderrassen, und besonders, nach Youatt, bei jungen Tieren derselben, und den Zustand der ganzen Blüte im Blumenkohl. Oft sehen wir auch Stummel verschiedener Art bei Mißgeburten. Aber ich bezweifle, daß irgendeiner von diesen Fällen geeignet ist, die Bildung rudimentärer Organe in der Natur weiterzubeleuchten, als daß er uns zeigt, daß Stummel entstehen können; denn wägt man die Beweise gegeneinander ab, so erfolgt deutlich ein Ausschlag nach der Seite der Annahme hin, daß Arten im Naturzustand keinen großen und plötzlichen Veränderungen unterliegen. Aus dem Studium unserer Kulturerzeugnisse lernen wir aber, daß der Nichtgebrauch der Teile zu einer Reduktion ihrer Größe führt, und daß dieses Resultat vererbt wird.

Vierzehntes Kapitel

Aller Wahrscheinlichkeit nach hat hauptsächlich Nichtgebrauch die Organe rudimentär gemacht. Zuerst wird er in langsamen Schritten zu einer immer vollständigeren Reduktion eines Teils führen, bis dieser endlich rudimentär wird, so bei den Augen in dunklen Höhlen lebender Tiere, und bei den Flügeln ozeanische Inseln bewohnender Vögel, welche selten durch Raubtiere zum Fliegen gezwungen werden und daher dieses Vermögen zuletzt gänzlich einbüßen. Ebenso kann ein unter gewissen Umständen nützliches Organ unter anderen Umständen sogar nachteilig werden, wie die Flügel der auf kleinen und exponierten Inseln lebenden Insekten. In diesem Falle wird natürliche Zuchtwahl fortwährend dazu beigetragen haben, das Organ langsam zu reduzieren, bis es unschädlich und rudimentär wird.

Eine jede Änderung im Bau und in den Verrichtungen, welche in unmerkbaren Abstufungen eintreten kann, liegt im Wirkungsbereich der natürlichen Zuchtwahl; daher kann ein Organ, welches infolge geänderter Lebensweise nutzlos oder nachteilig für die eine Bestimmung wird, abgeändert und für andere Verrichtungen verwendet werden. Oder ein Organ wird nur noch für eine von seinen früheren Verrichtungen beibehalten. Ursprünglich durch natürliche Zuchtwahl gebildete, aber nutzlos gewordene Organe können ganz gut veränderlich sein, weil ihre Abänderungen nicht mehr durch natürliche Zuchtwahl aufgehalten werden können. Alles dies stimmt ganz wohl mit dem überein, was wir im Naturzustand sehen. In welchem Lebensabschnitt überdies auch ein Organ durch Nichtbenützung oder Züchtung reduziert werden mag (und dies wird gewöhnlich erst der Fall sein, wenn das Tier zu seiner vollen Reife und Tatkraft gelangt ist): das Prinzip der Vererbung in sich entsprechenden Altern wird dieses Organ stets im nämlichen reifen Alter in reduziertem Zustand wiedererscheinen zu lassen streben und es mithin nur selten im Embryo affizieren. So erklärt sich mithin die beträchtlichere Größe rudimentärer Organe im Embryo im Verhältnis zu den benachbarten Teilen und deren relativ geringere Größe im Erwachsenen. Wenn z.B. die Zehe eines erwachsenen Tieres viele Generationen lang infolge irgendeiner Änderung der Lebensweise immer weniger und weniger benützt wurde, oder wenn ein Organ oder eine Drüse immer weniger und weniger funktionell tätig war, so können wir schließen, daß der Teil bei den erwachsenen Nachkommen dieses Tieres an Größe reduziert sein wird, aber seinen ursprünglichen Entwicklungsmodus im Embryo nahezu beibehalten haben wird.

Es bleibt indessen noch eine Schwierigkeit übrig. Wenn ein Organ nicht mehr benutzt wird und infolgedessen bedeutend reduziert worden ist, wie kann es nun immer weiter reduziert werden, bis endlich nur eine Spur von ihm übrigbleibt; und wie kann es endlich völlig fehlschlagen? Es ist kaum möglich, daß Nichtgebrauch noch irgendeine weitere Wirkung äußern kann, nachdem das Organ einmal funktionslos gemacht worden war. Hier ist noch irgendeine weitere Erklärung notwendig, welche ich nicht geben kann. Wenn es z.B. bewiesen werden könnte, daß jeder Teil der Organisation in einem höheren Grade nach einer Größenverminderung hin als nach einer Größenzunahme zu variieren strebe, dann würden wir zu verstehen imstande sein, auf welche Weise ein nutzlos gewordenes Organ unabhängig von den Wirkungen des Nichtgebrauchs rudimentär gemacht und schließlich vollständig unterdrückt werden würde; denn die nach einer Größenabnahme hinwirkenden Abänderungen würden nicht mehr durch natürliche Zuchtwahl aufgehalten werden. Das in einem früheren Kapitel erläuterte Prinzip der Ökonomie des Wachstums, wonach die zur Bildung eines dem Besitzer nicht mehr nützlichen Teiles verwendeten Bildungsstoffe so weit wie möglich erspart werden, kommt vielleicht beim Rudimentärwerden eines nutzlosen Teils mit ins Spiel. Dieses Prinzip wird aber beinahe notwendig auf die früheren Stadien des Reduktionsprozesses beschränkt sein; denn wir können nicht annehmen, daß z.B. eine äußerst kleine Papille, welche in einer männlichen Blüte das Pistill der weiblichen Blüte repräsentiert und bloß aus Zellgewebe besteht, noch weiter reduziert oder absorbiert werden könne, um Nahrung zu ersparen.

Da endlich rudimentäre Organe, durch was für Stufen sie auch auf ihren jetzigen nutzlosen

Zustand herabgebracht worden sein mögen, die Geschichte eines früheren Zustands der Dinge erzählen und nur durch das Vererbungsvermögen beibehalten worden sind, so wird es aus dem Gesichtspunkt einer genealogischen Klassifikation begreiflich, woher es kommt, daß Systematiker beim Einordnen der Organismen an ihre richtigen Stellen im natürlichen System die rudimentären Organe für ihren Zweck zuweilen ebenso nützlich oder selbst nützlicher befunden haben, als die Teile von hoher physiologischer Wichtigkeit. Rudimentäre Organe kann man mit den Buchstaben eines Wortes vergleichen, welche beim Buchstabieren desselben noch beibehalten, aber nicht mit ausgesprochen werden und bei Nachforschungen über dessen Ursprung als vortreffliche Führer dienen. Nach der Annahme einer Deszendenz mit Abänderung können wir schließen, daß das Vorkommen von Organen in einem verkümmerten, unvollkommenen und nutzlosen Zustand und deren gänzliches Fehlschlagen, statt wie bei der gewöhnlichen Theorie der Schöpfung große Schwierigkeiten zu bereiten, vielmehr nach den hier erörterten Gesichtspunkten vorauszusehen war.

Zusammenfassung des Kapitels

Ich habe in diesem Kapitel zu zeigen versucht, daß die Anordnung aller organischen Wesen aller Zeiten ineinander untergeordneten Gruppen, – daß die Natur der Beziehungen, nach welchen alle lebenden und erloschenen Wesen durch zusammengesetzte, strahlenförmige und oft sehr auf Umwegen zusammenhängende Verwandtschaftslinien in einige wenige große Klassen vereinigt werden, – daß die von den Naturforschern bei ihren Klassifikationen befolgten Regeln und sich darbietenden Schwierigkeiten, – daß der auf die konstanten und bedeutungsvollen Charaktere gelegte Wert, gleichviel ob sie für die Lebensverrichtungen von großer oder, wie die der rudimentären Organe, von gar keiner Wichtigkeit sind, – daß der außerordentliche Unterschied im Wert zwischen analogen oder Anpassungs- und wahren Verwandtschaftscharakteren: – daß alle diese und noch viele andere solcher regelmäßigen Erscheinungen sich naturgemäß aus der Annahme einer gemeinsamen Abstammung verwandter Formen und deren Modifikation durch Abänderung und natürliche Zuchtwahl in Begleitung von Erlöschung und von Divergenz des Charakters herleiten lassen. Von diesem Standpunkt aus die Klassifikation beurteilend, muß man sich erinnern, daß das Element der Abstammung allgemein berücksichtigt wird, wenn man die beiden Geschlechter, Alterszustände, dimorphe Formen und die anerkannten Varietäten, wie verschieden voneinander sie auch in ihrem Bau sein mögen, alle in eine Art zusammenordnet. Wenn wir nun die Anwendung dieses Elements der Deszendenz als die einzige mit Sicherheit erkannte Ursache von der Ähnlichkeit organischer Wesen untereinander etwas weiter ausdehnen, so wird uns die Bedeutung des natürlichen Systems klarer werden; es ist genealogisch in seinen Anordnungsversuchen, und es werden die Grade der Verschiedenheiten, in welche die einzelnen Verzweigungen auseinandergelaufen sind, mit den Kunstausdrücken Varietäten, Arten, Gattungen, Familien, Ordnungen und Klassen bezeichnet.

Indem wir von dieser nämlichen Annahme einer Fortpflanzung mit Abänderung ausgehen, werden uns alle großen Haupterscheinungen in der Morphologie erklärlich: sowohl das gemeinsame Modell, wonach die homologen Organe, zu welchem Zweck sie auch immer bestimmt sein mögen, bei allen Arten einer Klasse gebildet sind, als auch die Reihen- und seitlichen Homologien eines jeden Pflanzen- oder Tierindividuums.

Die großen leitenden Tatsachen in der Embryologie erklären sich aus dem Prinzip, daß sukzessive geringe Abänderungen nicht notwendig oder allgemein schon in einer sehr frühen Lebenszeit eintreten, und daß sie sich dann in entsprechendem Alter weitervererben: so die Ähnlichkeit der homologen Teile in einem Embryo, welche im reifen Alter in Form und Verrichtungen weit auseinandergehen, – und die Ähnlichkeit der homologen Teile oder Organe in verwandten, wenn auch sehr verschiedenen Arten, wenn sie auch in den erwachsenen Tieren den möglichst verschiedenen Zwecken dienen. Larven sind aktive Embryonen, welche in einem bedeutenderen oder geringeren Grade in bezug auf ihre Lebensweisen speziell modifiziert worden sind und diese Modifikationen auf entsprechenden Altersstufen vererbt haben. Nach diesen nämlichen Prinzipien und in Anbetracht dessen, daß, wenn Organe infolge von Nichtgebrauch oder von Züchtung in ihrer Größe reduziert werden, dies gewöhnlich in derjenigen Lebensperiode geschieht, wo das Wesen für seine Bedürfnisse selbst zu sorgen hat, und in fernerem Anbetracht des strengen Waltens des Erblichkeitsprinzips ist, hätte das Vorkommen rudimentärer Organe selbst vorausgesehen werden können. Die Wichtigkeit embryonaler Charaktere und rudimentärer Organe für die Klassifikation wird aus der Annahme verständlich, daß eine natürliche Anordnung genealogisch sein muß.

Endlich scheinen mir die verschiedenen Klassen von Tatsachen, welche in diesem Kapitel in Betracht gezogen worden sind, so deutlich auszusprechen, daß die zahllosen Arten, Gattungen und Familien organischer Wesen, womit diese Welt bevölkert ist, allesamt und jedes wieder in seiner eigenen Klasse oder Gruppe insbesondere, von gemeinsamen Eltern abstammen und im Laufe der Deszendenz modifiziert worden sind, daß ich dieser Anschauungsweise ohne Zögern schon folgen würde, selbst wenn ihr keine sonstigen Tatsachen und Argumente weiter zu Hilfe kämen.

Fünfzehntes Kapitel

Allgemeine Wiederholung und Schluß

Wiederholung der Einwände gegen die Theorie natürlicher Zuchtwahl – Wiederholung der allgemeinen und besonderen Umstände zu deren Gunsten – Ursachen des allgemeinen Glaubens an die Unveränderlichkeit der Arten – Wie weit die Theorie natürlicher Zuchtwahl auszudehnen ist – Folgen ihrer Annahme für das Studium der Naturgeschichte – Schlußbemerkungen

Da dieser ganze Band eine lange Beweisführung ist, so wird es dem Leser angenehm sein, die leitenden Tatsachen und Schlußfolgerungen kurz zusammengefaßt zu sehen.

Ich leugne nicht, daß man viele und ernste Einwände gegen die Theorie der Deszendenz mit Modifikation durch Abänderung und natürliche Zuchtwahl vorbringen kann. Ich habe versucht, sie in ihrer ganzen Stärke zu entwickeln. Nichts kann im ersten Augenblick weniger glaubhaft erscheinen, als daß die zusammengesetztesten Organe und Instinkte ihre Vollkommenheit erlangt haben sollen nicht durch höhere, wenn auch der menschlichen Vernunft analoge, Kräfte, sondern durch die bloße Häufung zahlloser kleiner, aber jedem individuellen Besitzer vorteilhafter Abänderungen. Diese Schwierigkeit, wie unübersteiglich groß sie auch unserer Einbildungskraft erscheinen mag, kann gleichwohl nicht für wesentlich gelten, wenn wir folgende Sätze gelten lassen: daß alle Teile der Organisation und alle Instinkte wenigstens individuelle Verschiedenheiten darbieten; – daß ein Kampf ums Dasein besteht, welcher zur Erhaltung jeder nützlichen Abweichung von den bisherigen Bildungen oder Instinkten führt, – und endlich daß Abstufungen in der Vollkommenheit eines jeden Organs bestanden haben, die alle in ihrer Weise gut waren. Die Wahrheit dieser Sätze kann nach meiner Meinung nicht bestritten werden.

Es ist ohne Zweifel äußerst schwierig, auch nur eine Vermutung darüber auszusprechen, durch welche Abstufungen, zumal in durchbrochenen und erlöschenden Gruppen organischer Wesen, die bedeutend durch Aussterben gelitten haben, manche Bildungen vervollkommnet worden sind; aber wir sehen so viele befremdende Abstufungen in der Natur, daß wir äußerst vorsichtig sein müssen ehe wir sagen, daß irgendein Organ oder Instinkt oder ein ganzes Gebilde nicht durch stufenweise Fortschritte zu seiner gegenwärtigen Beschaffenheit gelangt sein könne. Man muß zugeben, daß besonders schwierige Fälle der Theorie der natürlichen Zuchtwahl entgegentreten, und einer der merkwürdigsten Fälle dieser Art zeigt sich in dem Vorkommen von zwei oder drei bestimmten Kasten von Arbeitern oder unfruchtbaren Weibchen in einer und derselben Ameisengemeinde; doch habe ich zu zeigen versucht, wie auch diese Schwierigkeit zu überwinden ist.

Was die fast allgemeine Unfruchtbarkeit der Arten bei ihrer Kreuzung anbelangt, die einen so merkwürdigen Gegensatz zur fast allgemeinen Fruchtbarkeit gekreuzter Varietäten bildet, so muß ich die Leser auf die am Ende des neunten Kapitels gegebene Zusammenfassung der Tatsachen verweisen, welche mir entscheidend zu sein scheinen, um darzutun, daß diese Unfruchtbarkeit in nicht höherem Grade eine angeborne Eigentümlichkeit bildet, als die Schwierigkeit zwei Baumarten aufeinanderzupropfen, daß sie vielmehr zusammenfalle mit Verschiedenheiten, die auf das Reproduktivsystem der gekreuzten Arten beschränkt sind. Wir finden die Bestätigung dieser Folgerung in der weiten Verschiedenheit der Ergebnisse, wenn die nämlichen zwei Arten wechselseitig miteinander gekreuzt werden, d.h. wenn eine Spezies zuerst als Vater und dann als Mutter benutzt wird. Die Betrachtung dimorpher und trimorpher Pflanzen führt uns durch Analogie zu demselben Schluß; denn wenn die Formen illegitim befruchtet werden, so geben sie keine oder nur wenig Samen und ihre Nachkommen sind mehr oder weniger steril; und diese Formen gehören zu einer und derselben unzweifelhaften Spezies und weichen in keiner Weise voneinander ab, ausgenommen in ihren Reproduktionsorganen und -Funktionen.

Fünfzehntes Kapitel

Obwohl die Fruchtbarkeit gekreuzter Varietäten und ihrer Blendlinge von so vielen Autoren als ausnahmslos bezeichnet worden ist, so kann dies doch nach den von Gärtner und Kölreuter mitgeteilten Tatsachen nicht als richtig gelten. Die meisten der zu Versuchen benützten Varietäten sind unter Domestikation entstanden, und da die Domestikation (ich meine nicht bloß Gefangenschaft) die Unfruchtbarkeit offenbar zu beseitigen strebt, welche, nach Analogie zu schließen, die elterlichen Arten bei ihrer Kreuzung betroffen haben würde, so dürfen wir nicht erwarten, daß sie Unfruchtbarkeit bei der Kreuzung an ihren modifizierten Nachkommen veranlassen werde. Die Beseitigung der Unfruchtbarkeit ist, wie es scheint, eine Folge derselben Ursache, welche die reichliche Fortpflanzung unserer domestizierten Tiere unter mannigfachen Umständen gestattet; und dies wiederum folgt augenscheinlich daraus, daß sie allmählich an häufige Veränderungen der Lebensbedingungen gewöhnt worden sind.

Eine doppelte und parallele Reihe von Tatsachen scheint auf die Unfruchtbarkeit der Spezies bei deren erster Kreuzung und auf die ihrer Bastardnachkommen viel Licht zu werfen. Auf der einen Seite haben wir guten Grund zu glauben, daß geringe Veränderungen in den Lebensbedingungen allen organischen Wesen Kraft und Fruchtbarkeit verleihen. Wir wissen auch, daß eine Kreuzung zwischen den verschiedenen Individuen einer nämlichen Varietät und zwischen verschiedenen Varietäten die Zahl ihrer Nachkommen vermehrt und ihnen sicher vermehrte Lebenskraft und Größe gibt. Dies ist hauptsächlich Folge davon, daß die gekreuzten Formen etwas verschiedenen Lebensbedingungen ausgesetzt gewesen sind; denn ich habe durch eine mühevolle Reihe von Experimenten ermittelt, daß, wenn alle Individuen der nämlichen Varietät während mehrerer Generationen denselben Bedingungen ausgesetzt wurden, der aus einer Kreuzung entspringende Vorteil häufig bedeutend vermindert war oder ganz verschwand. Dies ist die eine Seite der Frage. Andererseits wissen wir, daß Spezies, welche lange Zeit nahezu gleichförmigen Bedingungen ausgesetzt waren, wenn sie in der Gefangenschaft neuen und bedeutend veränderten Bedingungen unterworfen werden, entweder untergehen oder, wenn sie leben bleiben, unfruchtbar werden, trotzdem sie im übrigen vollkommen gesund bleiben. Dies tritt gar nicht oder nur in sehr geringem Grade bei unseren Kulturerzeugnissen ein, welche lange Zeit schwankenden Bedingungen ausgesetzt worden sind. Wenn wir daher finden, daß Bastarde, welche aus einer Kreuzung zwischen zwei verschiedenen Arten abstammen, der Zahl nach wenig sind, weil sie bald nach der Konzeption oder in einem sehr frühen Alter absterben, oder daß sie, wenn sie am Leben bleiben, mehr oder weniger unfruchtbar werden, so scheint dies höchst wahrscheinlich das Resultat davon zu sein, daß sie in der Tat, weil sie aus zwei verschiedenen Organisationen verschmolzen sind, einer großen Veränderung in ihren Lebensbedingungen ausgesetzt worden sind. Wer in einer bestimmten Art und Weise erklärt, warum z. B. ein Elefant oder ein Fuchs in seinem Heimatland sich nicht in der Gefangenschaft ordentlich fortpflanzt, während das domestizierte Schwein oder der Hund sich reichlich unter den verschiedenartigsten Bedingungen fortpflanzt, wird gleichzeitig auch die Frage bestimmt zu beantworten imstande sein, warum zwei verschiedene Spezies bei ihrer Kreuzung ebenso wie deren hybride Nachkommen allgemein mehr oder weniger unfruchtbar sind, während zwei domestizierte Varietäten bei der Kreuzung ebenso wie deren Blendlingsnachkommen vollkommen fruchtbar sind.

Wenden wir uns zur geographischen Verbreitung, so erscheinen auch da die Schwierigkeiten für die Theorie der Deszendenz mit Modifikation erheblich genug. Alle Individuen einer nämlichen Art und alle Arten einer Gattung oder selbst noch höherer Gruppen stammen von gemeinsamen Eltern ab; deshalb müssen sie, wenn auch jetzt in noch so weit zerstreuten und isolierten Teilen der Welt zu finden, im Laufe aufeinanderfolgender Generationen aus einer Gegend in alle anderen gewandert sein. Wir sind oft ganz außerstande, auch nur zu vermuten, auf welche Weise dies geschehen sein möge. Da wir jedoch anzunehmen berechtigt sind, daß einige Arten die nämliche spezifische Form während ungeheuer langer Perioden, in Jahren gemessen, beibehalten haben, so darf man kein allzugroßes Gewicht auf die gelegentliche weite Verbreitung einer und derselben Spezies legen; denn während langer Zeiträume wird sie auch zu weiter Verbreitung durch vielerlei Mittel Gelegenheit gehabt haben. Eine durchbrochene oder gespaltene Verbreitungsweise läßt sich oft durch Erlöschen der Arten inmitten inneliegenden Gebieten erklären. Es ist nicht zu leugnen, daß wir mit den mannigfaltigen klimatischen und geographischen Veränderungen, welche die Erde erst in neueren Perioden erfahren hat, noch ganz unbekannt sind; und solche Veränderungen werden die Wanderungen häufig erleichtert haben. Beispielsweise habe ich zu zeigen versucht, wie mächtig die Eiszeit die Verbreitung sowohl der identischen als auch verwandter Formen über die Erdoberfläche beeinflußt hat. Ebenso sind wir bis jetzt auch fast ganz unbekannt mit den vielen gelegentlichen Transportmitteln. Was die Erscheinung betrifft, daß verschiedene Arten einer und derselben Gattung entfernt voneinanderliegende und abgesonderte Gegenden bewohnen, so werden, da der Abänderungsprozeß notwendig langsam vor sich gegangen ist, während eines sehr langen Zeitraums alle die Wanderungen begünstigenden Mittel möglich gewesen sein, wodurch sich einigermaßen die Schwierigkeit vermindert, die weite Verbreitung der Arten einer Gattung zu erklären.

Da nach der Theorie der natürlichen Zuchtwahl eine endlose Anzahl von Mittelformen alle Arten jeder Gruppe durch ebenso feine Abstufungen, wie unsere jetzigen Varietäten darstellen, miteinander verkettet haben muß, so kann man die Frage aufwerfen, warum wir nicht alle diese vermittelnden Formen rundum uns her erblicken? Warum fließen nicht alle organischen Formen zu einem unentwirrbaren Chaos zusammen? Aber was die noch lebenden Formen betrifft, so müssen wir uns erinnern, daß wir (mit Ausnahme einiger seltenen Fälle) nicht zur Erwartung berechtigt sind, direkt vermittelnde Glieder zwischen ihnen selbst, sondern nur etwa zwischen ihnen und einigen erloschenen und durch andere ersetzten Formen zu entdecken. Selbst auf einem weiten Gebiet, das während einer langen Periode seinen Zusammenhang bewahrt hat und dessen Klima und übrige Lebensbedingungen nur allmählich von einem Bezirk, den eine Art bewohnt, zu einem anderen von einer nahe verwandten Art bewohnten Bezirk abändern, selbst da sind wir nicht berechtigt, oft die Erscheinungen vermittelnder Formen in den Grenzdistrikten zu erwarten. Denn wir haben Grund zur Annahme, daß nur wenige Arten einer Gattung fortgesetzte Abänderungen erleiden, daß dagegen die anderen gänzlich erlöschen, ohne eine abgeänderte Nachkommenschaft zu hinterlassen. Von den Arten, welche sich verändern, ändern immer nur wenige in der nämlichen Gegend gleichzeitig ab, und alle Modifikationen gehen nur langsam vor sich. Ich habe auch gezeigt, daß die vermittelnden Varietäten, welche anfangs wahrscheinlich in den Zwischenzonen vorhanden gewesen sein werden, einer Verdrängung und Ersetzung durch die verwandten Formen von beiden Seiten her ausgesetzt gewesen sind; denn die letzteren werden gewöhnlich vermöge ihrer großen Anzahl schnellere Fortschritte in ihren Abänderungen und Verbesserungen als die minder zahlreich vertretenen Mittelvarietäten machen, so daß diese vermittelnden Varietäten mit der Länge der Zeit ersetzt und vertilgt werden.

Nach dieser Annahme des Aussterbens einer unendlichen Menge vermittelnder Glieder zwischen den erloschenen und lebenden Bewohnern der Erde und ebenso zwischen den in einer jeden der aufeinanderfolgenden Perioden existierenden und den noch älteren Arten fragt es sich, warum nicht jede geologische Formation mit Resten solcher Verbindungsglieder erfüllt ist, und warum nicht jede Sammlung fossiler Reste einen klaren Beweis von solcher Abstufung und Umänderung der Lebensformen darbietet. Obwohl die geologischen Untersuchungen uns unzweifelhaft die frühere Existenz vieler Mittelglieder zur näheren Verkettung zahlreicher Lebensformen miteinander dargetan haben, so liefern sie uns doch nicht die unendlich zahlreichen, feineren Abstufungen zwischen den früheren und jetzigen Arten, welche meine Theorie erfordert, und dies ist der am meisten in die Augen springende von den vielen gegen meine Theorie vorgebrachten Einwände. Und wie kommt es ferner, daß ganze Gruppen verwandter Arten in dem einen oder dem anderen geologischen Schichtensystem oft so plötzlich erscheinen, obschon dies häufig nur scheinbar der Fall ist? Obgleich wir jetzt wissen, daß organisches Leben auf

Fünfzehntes Kapitel

dieser Erde in einer unberechenbar weit zurückliegenden Zeit, lange vor Ablagerung der tiefsten Schichten des kambrischen Systems, erschienen ist, warum finden wir nicht große Schichtenlager unter diesem System gefüllt mit den Überbleibseln der Vorfahren der kambrischen Fossilien? Denn nach meiner Theorie müssen solche Schichtensysteme in diesen frühen und gänzlich unbekannten Epochen der Erdgeschichte irgendwo abgelagert worden sein.

Ich kann auf diese Fragen und Einwände nur mit der Annahme antworten, daß die geologische Urkunde bei weitem unvollständiger ist, als die meisten Geologen glauben. Die Menge der Exemplare in allen unseren Museen zusammengenommen ist absolut nichts im Vergleich mit den zahllosen Generationen zahlloser Arten, welche sicherlich gelebt haben. Die gemeinsame Stammform von je 2 bis 3 Arten wird nicht in allen ihren Charakteren genau das Mittel zwischen denen ihrer modifizierten Nachkommen halten, ebenso wie die Felstaube nicht genau in Kropf und Schwanz das Mittel hält zwischen ihren Nachkommen, dem Kröpfer und der Pfauentaube. Wir würden außerstande sein, eine Art als die Stammart einer oder mehrerer anderen Arten zu erkennen, untersuchten wir beide auch noch so genau, wenn vor nicht auch die meisten der vermittelnden Glieder besäßen; und bei der Unvollständigkeit der geologischen Urkunden haben wir kaum das Recht zu erwarten, daß so viele Mittelglieder je gefunden werden. Wenn man zwei oder drei oder selbst noch mehr Mittelglieder entdeckte, so würden sie viele Naturforscher einfach als ebensoviele neue Arten einreihen, ganz besonders wenn man sie in ebensovielen verschiedenen Schichtenabteilungen fände, wären in diesem Falle ihre Unterschiede auch noch so klein. Es könnten viele, jetzt lebende, zweifelhafte Formen angeführt werden, welche wahrscheinlich Varietäten sind; wer könnte aber behaupten, daß in künftigen Zeiten noch so viele fossile Mittelglieder entdeckt werden, daß die Naturforscher nach der gewöhnlichen Anschauungsweise zu entscheiden imstande wären, ob diese zweifelhaften Formen Varietäten zu nennen sind oder nicht? Nur ein kleiner Teil der Erdoberfläche ist geologisch untersucht worden, und nur von gewissen Organismen-Klassen können fossile Reste, wenigstens in größerer Anzahl, erhalten werden. Viele Arten erfahren, wenn sie gebildet sind, niemals weitere Veränderungen, sondern erlöschen ohne modifizierte Nachkommen zu hinterlassen; und die Zeiträume, während welcher die Arten der Modifikation unterlegen sind, waren zwar nach Jahren gemessen lang, aber wahrscheinlich im Verhältnis zu denen, in welchen sie unverändert geblieben sind, doch nur kurz. Weit verbreitete und herrschende Arten variieren am häufigsten und am meisten, und Varietäten sind anfänglich oft nur lokal; beide Ursachen machen die Entdeckung von Zwischengliedern in jeder einzelnen Formation noch weniger wahrscheinlich. Örtliche Varietäten verbreiten sich nicht eher in andere und entfernte Gegenden, als bis sie beträchtlich abgeändert und verbessert sind; und wenn sie sich verbreitet haben und nun in einer geologischen Formation entdeckt werden, so wird es scheinen, als seien sie erst jetzt plötzlich erschaffen worden, und man wird sie einfach als neue Arten betrachten. Die meisten Formationen sind mit Unterbrechungen abgelagert worden; und ihre Dauer ist wahrscheinlich kürzer als die mittlere Dauer der Artenformen gewesen. Zunächst aufeinanderfolgende Formationen werden in den meisten Fällen durch leere Zeiträume von großer Dauer voneinander getrennt; denn fossilführende Formationen, mächtig genug, um späterer Zerstörung zu widerstehen, können der allgemeinen Regel nach nur da gebildet werden, wo dem in Senkung begriffenen Meeresgrund viele Sedimente zugeführt werden. In den damit abwechselnden Perioden von Hebung und Ruhe wird das Blatt der Erdgeschichte in der Regel unbeschrieben bleiben. Während dieser letzten Perioden wird wahrscheinlich mehr Veränderung in den Lebensformen, während der Senkungszeiten mehr Erlöschen derselben stattfinden.

Was die Abwesenheit fossilreicher Schichten unterhalb der kambrischen Formation betrifft, so kann ich nur auf die im zehnten Kapitel aufgestellte Hypothese zurückkommen: obschon nämlich unsere Kontinente und Ozeane eine enorme Zeit hindurch in, nahezu den jetzigen gleichen relativen Stellungen bestanden haben, so haben wir doch keinen Grund, anzunehmen, daß dies immer der Fall gewesen ist; folglich können Formationen, die viel älter sind, als irgendwelche jetzt existierende, unter den großen Ozeanen begraben liegen. Hinsichtlich des Umstands, daß seit der Konsolidation unseres Planeten die Zeit für den angenommenen Betrag organischer Veränderung nicht ausgereicht habe, – und dieser, von Sir W. Thompson hervorgehobene Einwand ist wahrscheinlich einer der schwersten der bis jetzt vorgebrachten, – so kann ich nur sagen, daß wir erstens nicht wissen, wie schnell, nach Jahren gemessen, Arten sich verändern, und zweitens, daß viele Naturforscher bis jetzt noch nicht zugestehen mögen, daß wir von der Konstitution des Weltalls und von dem Inneren unserer Erde genug wissen, um mit Sicherheit über die Dauer ihres früheren Bestehens spekulieren zu können.

Daß die geologische Urkunde lückenhaft ist, gibt jedermann zu; daß sie es aber in dem von meiner Theorie verlangten Grade ist, werden nur wenige zugestehen wollen. Wenn wir hinreichend lange Zeiträume überblicken, erklärt uns die Geologie deutlich, daß die Arten sich sämtlich verändert haben, und sie haben in der Weise abgeändert, wie es meine Theorie erheischt, nämlich langsam und stufenweise. Wir erkennen dies deutlich daraus, daß die fossilen Reste organischer Formen zunächst aufeinanderfolgender Formationen unabänderlich einander weit näher verwandt sind, als die fossilen Arten aus Formationen, die durch weite Zeiträume voneinander getrennt sind.

Dies ist die Summe der verschiedenen hauptsächlichsten Einwürfe und Schwierigkeiten, die man mit Recht gegen meine Theorie vorbringen kann, und ich habe die Antworten und Erläuterungen, welche, so viel ich sehen kann, darauf zu geben sind, nun in Kürze wiederholt. Ich habe diese Schwierigkeiten viele Jahre lang selbst zu sehr empfunden, als daß ich an ihrem Gewicht zweifeln sollte. Aber es verdient noch insbesondere hervorgehoben zu werden, daß die wichtigeren Einwände sich auf Fragen beziehen, über die wir eingestandenermaßen in Unwissenheit sind; und wir wissen nicht einmal, wie unwissend wir sind. Wir kennen nicht alle die möglichen Übergangsabstufungen zwischen den einfachsten und den vollkommensten Organen; wir können nicht behaupten, alle die mannigfaltigen Verbreitungsmittel der Organismen während des Verlaufes so zahlloser Jahrtausende zu kennen, oder angeben zu können, wie unvollständig die geologische Urkunde ist. Wie bedeutend aber auch diese mancherlei Schwierigkeiten sein mögen, so genügen sie meiner Ansicht nach doch nicht, um meine Theorie einer Deszendenz mit nachheriger Modifikation umzustoßen.

Wenden wir uns nun zur anderen Seite unserer Beweisführung. Im Zustand der Domestikation sehen wir eine große Variabilität durch veränderte Lebensbedingungen verursacht oder wenigstens angeregt, häufig aber in einer so dunklen Art, daß wir versucht werden, die Abänderungen als spontane zu betrachten. Die Variabilität wird durch viele verwickelte Gesetze geleitet, durch Korrelation des Wachstums, Kompensation, durch vermehrten Gebrauch und Nichtgebrauch von Teilen und durch die bestimmte Einwirkung der umgebenden Lebensbedingungen. Es ist sehr schwierig zu bestimmen wie viel Abänderung unsere Kulturerzeugnisse erfahren haben, doch können wir getrost annehmen, daß das Maß derselben groß gewesen ist, und daß Modifikationen auf lange Perioden hinaus vererblich sind. Solange wie die Lebensbedingungen die nämlichen bleiben, haben wir Grund, anzunehmen, daß eine Modifikation, welche sich schon seit vielen Generationen vererbt hat, sich auch noch ferner auf eine fast unbegrenzte Zahl von Generationen hinaus vererben kann. Andererseits haben wir Zeugnisse dafür, daß Veränderlichkeit, wenn sie einmal ins Spiel gekommen, unter der Domestikation für eine sehr lange Zeit nicht aufhört; wir wissen auch nicht, ob sie überhaupt je aufhört, denn unsere ältesten Kulturerzeugnisse bringen gelegentlich noch immer neue Abarten hervor.

Der Mensch ruft Variabilität in Wirklichkeit nicht hervor, sondern er setzt nur unabsichtlich organische Wesen neuen Lebensbedingungen aus, und dann wirkt die Natur auf deren Organisation und verursacht Abänderungen. Der Mensch kann aber die ihm von der Natur dargebotenen Abänderungen zur Nachzucht auswählen und dieselben hierdurch in einer beliebigen Richtung häufen, und er tut dies auch wirklich. Er paßt auf diese Weise Tiere und Pflanzen seinem eigenen Nutzen und Vergnügen an. Er kann dies planmäßig oder kann es unbewußt tun, indem er die ihm zur Zeit nützlichsten oder am meisten gefallenden Individuen erhält, ohne dabei irgendeine Absicht zu haben, die Rasse zu ändern. Er kann sicher einen großen Einfluß auf den Charakter einer Rasse dadurch ausüben, daß er in jeder aufeinanderfolgenden Generation individuelle Abänderungen zur Nachzucht auswählt, so geringe, daß sie für das ungeübte Auge kaum wahrnehmbar sind. Dieser Prozeß einer unbewußten Zuchtwahl ist das große Agens in der Erzeugung der ausgezeichnetsten und nützlichsten unserer domestizierten Rassen gewesen. Daß nun viele der vom Menschen gebildeten Abänderungen den Charakter natürlicher Arten schon größtenteils besitzen, geht aus den unausgesetzten Zweifeln in bezug auf viele derselben hervor, ob es Varietäten oder ursprünglich distinkte Arten sind.

Es ist kein Grund nachzuweisen, weshalb diese Prinzipien, welche in bezug auf die kultivierten Organismen so erfolgreich gewirkt haben, nicht auch in der Natur wirksam gewesen sein sollten. In der Erhaltung begünstigter Individuen und Rassen während des beständig wiederkehrenden Kampfes ums Dasein sehen wir ein wirksames und nie ruhendes Mittel der natürlichen Zuchtwahl. Der Kampf ums Dasein ist die unvermeidliche Folge der hochpotenzierten geometrischen Zunahme, welche allen organischen Wesen gemein ist. Dieses rasche Zunahmeverhältnis ist durch Rechnung nachzuweisen und wird tatsächlich erwiesen aus der schnellen Vermehrung vieler Pflanzen und Tiere während einer Reihe eigentümlich günstiger Jahre und bei ihrer Naturalisierung in einer neuen Gegend. Es werden mehr Individuen geboren, als fortzuleben imstande sind. Ein Gran in der Waage kann den Ausschlag geben, welches Individuum fortleben und welches zugrunde gehen, welche Varietät oder Art sich vermehren und welche abnehmen und endlich erlöschen soll. Da die Individuen einer nämlichen Art in allen Beziehungen in die nächste Konkurrenz miteinander geraten, so wird gewöhnlich auch der Kampf zwischen ihnen am heftigsten sein; er wird fast ebenso heftig zwischen den Varietäten einer nämlichen Art, und dann zunächst am heftigsten zwischen den Arten einer Gattung sein. Aber der Kampf kann auch andererseits oft sehr heftig zwischen Arten sein, welche auf der Stufenleiter der Natur weit auseinander stehen. Der geringste Vorteil, den gewisse Individuen in irgendeinem Lebensalter oder zu irgendeiner Jahreszeit über ihre Konkurrenten voraushaben, oder eine wenn auch noch so wenig bessere Anpassung an die umgebenden Naturverhältnisse wird im Laufe der Zeit den Ausschlag geben.

Bei Tieren mit getrenntem Geschlecht wird in den meisten Fällen ein Kampf der Männchen um den Besitz der Weibchen stattfinden. Die kräftigsten oder diejenigen Männchen, welche am erfolgreichsten mit ihren Lebensbedingungen gekämpft haben, werden gewöhnlich am meisten Nachkommenschaft hinterlassen. Aber der Erfolg wird oft davon abhängen, daß die Männchen besondere Waffen oder Verteidigungsmittel oder besondere Reize besitzen; und der geringste Vorteil kann zum Sieg führen.

Da die Geologie uns deutlich nachweist, daß ein jedes Land große physikalische Veränderungen erfahren hat, so ist zu erwarten, daß die organischen Wesen im Naturzustand abgeändert haben, in derselben Weise wie die kultivierten unter ihren veränderten Lebensbedingungen. Und wenn nun eine Veränderlichkeit im Naturzustand vorhanden ist, so würde es eine unerklärliche Erscheinung sein, wenn die natürliche Zuchtwahl nicht ins Spiel gekommen wäre. Es ist oft versichert worden, ist aber nicht zu beweisen, daß das Maß der Abänderung in der Natur eine streng bestimmte Quantität sei. Obwohl der Mensch nur auf äußere Charaktere allein und oft bloß nach seiner Laune wirkt, so vermag er doch in kurzer Zeit dadurch großen Erfolg zu erzielen, daß er allmählich alle in einer Richtung hervortretenden individuellen Verschiedenheiten bei seinen Kulturformen häuft; und jedermann gibt zu, daß wenigstens individuelle Verschiedenheiten bei den Arten im Naturzustand vorkommen. Aber von diesen abgesehen, haben

Allgemeine Wiederholung und Schluß

alle Naturforscher das Dasein von Varietäten eingestanden, welche verschieden genug sind, um in den systematischen Werken als solche mitaufgeführt zu werden. Doch kann niemand einen bestimmten Unterschied zwischen individuellen Abänderungen und leichten Varietäten oder zwischen deutlicher markierten Abarten, Unterarten und Arten angeben. Auf verschiedenen Kontinenten und in verschiedenen Teilen desselben Kontinents, wenn sie durch Schranken irgendwelcher Art voneinander getrennt sind, und auf den in der Nähe der Kontinente liegenden Inseln, was für eine Menge von Formen existiert da, welche die einen erfahrenen Naturforscher als bloße Varietäten, die anderen als geographische Rassen oder Unterarten, noch andere als distinkte, wenn auch nahe verwandte Arten betrachten!

Wenn daher Pflanzen und Tiere faktisch, sei es auch noch so langsam oder gering, variieren, warum sollten nicht Abänderungen oder individuelle Verschiedenheiten, welche in irgendeiner Weise nützlich sind, durch natürliche Zuchtwahl oder das Überleben des Passendsten bewahrt und gehäuft werden? Wenn der Mensch die ihm selbst nützlichen Abänderungen durch Geduld züchten kann, warum sollten nicht unter den abändernden und komplizierten Lebensbedingungen Abänderungen, welche für die lebendigen Naturerzeugnisse nützlich sind, häufig auftreten und bewahrt oder gezüchtet werden? Welche Schranken kann man dieser Kraft setzen, welche durch lange Zeiten hindurch tätig ist und die ganze Konstitution, Struktur und Lebensweise eines jeden Geschöpfes rigoros prüft, das Gute begünstigt und das Schlechte verwirft? Ich vermag keine Grenze für diese Kraft zu sehen, welche jede Form den verwickeltsten Lebensverhältnissen langsam und wunderschön anpaßt. Die Theorie der natürlichen Zuchtwahl scheint mir, auch wenn wir uns nur hierauf allein beschränken, im höchsten Grade wahrscheinlich zu sein. Ich habe bereits, so ehrlich wie möglich, die dagegen erhobenen Schwierigkeiten und Einwände rekapituliert; jetzt wollen wir uns zu den speziellen Tatsachen und Folgerungen wenden, welche zugunsten unserer Theorie sprechen.

Nach der Ansicht, daß Arten nur stark ausgebildete und bleibende Varietäten sind und jede Art zuerst als eine Varietät existiert hat, können wir sehen, woher es kommt, daß keine Grenzlinie gezogen werden kann zwischen Arten, welche man gewöhnlich als Produkte ebensovieler besonderer Schöpfungsakte betrachtet, und zwischen Varietäten, die man als Bildungen sekundärer Gesetze gelten läßt. Nach dieser nämlichen Ansicht ist es ferner zu begreifen, warum in einer Gegend, wo viele Arten einer Gattung entstanden sind und nun gedeihen, diese Arten noch viele Varietäten darbieten; denn, wo die Artenfabrikation tätig betrieben worden ist, da dürften wir als allgemeine Regel auch erwarten, sie noch in Tätigkeit zu finden; und dies ist der Fall, wofern Varietäten beginnende Arten sind. Überdies behalten auch die Arten großer Gattungen, welche die Mehrzahl der Varietäten oder beginnenden Arten liefern, in gewissem Grade den Charakter von Varietäten bei; denn sie unterscheiden sich in geringerem Maße, als die Arten kleinerer Gattungen voneinander. Auch haben die nahe verwandten Arten großer Gattungen, wie es scheint, eine beschränktere Verbreitung und bilden vermöge ihrer Verwandtschaft zueinander kleine um andere Arten gescharte Gruppen, in welchen beiden Hinsichten sie ebenfalls Varietäten gleichen. Dies sind, von dem Gesichtspunkt aus beurteilt, daß jede Art unabhängig erschaffen worden sei, befremdende Erscheinungen, welche dagegen der Annahme ganz wohl entsprechen, daß alle Arten sich aus Varietäten entwickelt haben.

Da jede Art bestrebt ist, sich infolge des geometrischen Verhältnisses ihrer Fortpflanzung in ihrer Zahl unendlich zu vermehren, und da die modifizierten nachkommen einer jeden Spezies sich umso rascher zu vervielfältigen vermögen, je mehr dieselben in Lebensweise und Organisation auseinanderlaufen, je mehr und je verschiedenartigere Stellen sie demnach im Haushalt der Natur einzunehmen imstande sind, so wird in der natürlichen Zuchtwahl ein beständiges Streben vorhanden sein, die am weitesten divergierenden Nachkommen einer jeden Art zu erhalten. Daher werden im langen Verlaufe solcher allmählichen Abänderungen die geringen und bloße Varietäten einer Art bezeichnenden Verschiedenheiten sich zu größeren, die Spezies einer nämlichen Gattung charakterisierenden Verschiedenheiten steigern. Neue und verbesserte Varietäten werden die älteren weniger vervollkommneten und intermediären Abarten unvermeidlich ersetzen und vertilgen, und hierdurch werden die Arten größtenteils zu scharf umschriebenen und wohl unterschiedenen Objekten. Herrschende Arten aus den größeren Gruppen einer jeden Klasse streben wieder neue und herrschende Formen zu erzeugen, so daß jede große Gruppe geneigt ist noch größer und divergierender im Charakter zu werden. Da jedoch nicht alle Gruppen in dieser Weise beständig an Größe zunehmen können, indem zuletzt die Welt sie nicht mehr zu fassen vermöchte, so verdrängen die herrschenderen die minder herrschenden. Dieses Streben der großen Gruppen an Umfang zu wachsen und im Charakter auseinanderzulaufen, in Verbindung mit der meist unvermeidlichen Folge starken Erlöschens anderer, erklärt die Anordnung aller Lebensformen in Gruppen, die innerhalb einiger wenigen großen Klassen anderen subordiniert sind, eine Anordnung, die zu allen Zeiten gegolten hat. Diese große Tatsache der Gruppierung aller organischen Wesen in ein sogenanntes natürliches System ist nach der gewöhnlichen Schöpfungstheorie ganz unerklärlich.

Da natürliche Zuchtwahl nur durch Häufung kleiner, aufeinanderfolgender, günstiger Abänderungen wirkt, so kann sie keine großen und plötzlichen Umgestaltungen bewirken; sie kann nur mit sehr langsamen und kurzen Schritten vorgehen. Daher denn auch der Kanon „Natura non facit saltum", welcher sich mit jeder neuen Erweiterung unserer Kenntnisse mehr bestätigt, aus dieser Theorie einfach begreiflich wird. Wir können ferner begreifen, warum in der ganzen Natur dasselbe allgemeine Ziel durch eine fast endlose Verschiedenheit der Mittel erreicht wird; denn jede einmal erlangte Eigentümlichkeit wird lange Zeit hindurch vererbt, und bereits in mancher Weise verschieden gewordene Bildungen müssen demselben allgemeinen Zweck angepaßt werden. Kurz wir sehen, warum die Natur so verschwenderisch mit Abänderungen und doch so geizig mit Neuerungen ist. Wie dies aber ein Naturgesetz sein könnte, wenn jede Art unabhängig erschaffen worden wäre, vermag niemand zu erläutern.

Aus dieser Theorie scheinen mir noch viele andere Tatsachen erklärbar. Wie befremdend wäre es, daß ein Vogel in Gestalt eines Spechtes geschaffen worden wäre, um Insekten am Boden aufzusuchen; daß eine Hochlandgans, welche niemals oder selten schwimmt, mit Schwimmfüßen, daß ein drosselartiger Vogel zum Tauchen und zum Leben von unter dem Wasser lebenden Insekten, und daß ein Sturmvogel geschaffen worden wäre mit einer Organisation, welche der Lebensweise eines Alks entspricht, und so in zahllosen anderen Fällen. Aber nach der Ansicht, daß die Arten sich beständig der Individuenzahl nach zu vermehren streben, während die natürliche Zuchtwahl immer bereit ist, die langsam abändernden Nachkommen jeder Art einem jeden in der Natur noch nicht oder nur unvollkommen besetzten Platz anzupassen, hören diese Tatsachen auf befremdend zu sein und hätten sich sogar vielleicht voraussehen lassen.

Wir können bis zu einem gewissen Grade verstehen, woher es kommt, daß in der ganzen Natur solche Schönheit herrscht; denn dies kann in großem Maße der Tätigkeit der Zuchtwahl zugeschrieben werden. Daß nach unseren Ideen von Schönheit Ausnahmen vorkommen, wird niemand bezweifeln, der einen Blick auf manche Giftschlangen, Fische, auf gewisse häßliche Fledermäuse mit einer verzerrten Ähnlichkeit mit einem menschlichen Antlitz wirft. Sexuelle Zuchtwahl hat den Männchen, zuweilen beiden Geschlechtern, bei vielen Vögeln, Schmetterlingen und anderen Tieren die brillantesten Farben und anderen Schmuck gegeben. Sie hat die Stimme vieler männlicher Vögel sowohl für ihre Weibchen als auch für unsere Ohren musikalisch wohlklingend gemacht. Blüten und Früchte sind durch prächtige Farben im Gegensatz zum grünen Laub abstechend gemacht worden, damit die Blüten von Insekten leicht gesehen, besucht und befruchtet, damit die Samen der Früchte von Vögeln ausgestreut würden. Woher es kommt, daß gewisse Farben, Klänge und Formen den Menschen und den niederen Tieren Vergnügen machen, – d.h. wie das Gefühl für Schönheit in seiner einfachsten Form zuerst erlangt wurde, – wissen wir ebensowenig, wie gewisse Gerüche und Geschmäcke zuerst angenehm gemacht wurden. Da die natürliche Zuchtwahl durch Konkurrenz wirkt, so adaptiert und veredelt sie die Bewohner einer jeden Gegend nur im Verhältnis zu den anderen Bewohnern; daher darf es uns nicht überraschen, wenn die Arten irgendeines Bezirkes, welche nach der gewöhnlichen Ansicht doch speziell für diesen Bezirk geschaffen und angepaßt sein sollen, durch die naturalisierten Erzeugnisse aus anderen Ländern besiegt und ersetzt werden; ebensowenig dürfen wir uns wundern, wenn nicht alle Einrichtungen in der Natur, soweit wir ermessen können, absolut vollkommen sind, selbst das menschliche Auge nicht, und wenn manche derselben sogar hinter unseren Begriffen von Angemessenheit weit zurückbleiben. Es darf uns nicht befremden, wenn der Stachel der Biene als Waffe gegen einen Feind gebraucht ihren eigenen Tod verursacht; wenn die Drohnen in so ungeheurer Anzahl nur für einen einzelnen Akt erzeugt, und dann größtenteils von ihren unfruchtbaren Schwestern getötet werden; wenn unsere Nadelhölzer eine so unermeßliche Menge von Pollen verschwenden; wenn die Bienenkönigin einen instinktiven Haß gegen ihre eigenen fruchtbaren Töchter empfindet; oder wenn die Ichneumoniden sich im lebenden Körper von Raupen ernähren, und andere Fälle mehr. Weit mehr hätte man sich nach der Theorie der natürlichen Zuchtwahl darüber zu wundern, daß nicht noch mehr Fälle von Mangel an absoluter Vollkommenheit beobachtet werden.

Die verwickelten und wenig bekannten Gesetze, welche das Entstehen von Varietäten in der Natur beherrschen, sind, soweit unsere Einsicht reicht, die nämlichen, welche auch die Erzeugung verschiedener Spezies geleitet haben. In beiden Fällen scheinen die physikalischen Bedingungen eine direkte und bestimmte Wirkung hervorgebracht zu haben; wie viel, können wir aber nicht sagen. Wenn daher Varietäten in ein neues Gebiet eindringen, so nehmen sie gelegentlich etwas von den Charakteren der diesem Bezirk eigentümlichen Spezies an. Bei Varietäten sowohl als bei Arten scheinen Gebrauch und Nichtgebrauch eine beträchtliche Wirkung gehabt zu haben; denn es ist unmöglich, sich diesem Schluß zu entziehen, wenn man z.B. die Dickkopfente (*Micropterus*) mit Flügeln sieht, welche zum Flug fast ebensowenig brauchbar wie die der Hausente sind, oder wenn man den grabenden Tukutuku (*Ctenomys*), welcher mitunter blind ist, und dann gewisse Maulwurfarten betrachtet, die immer blind sind und ihre Augenrudimente unter der Haut liegen haben, oder endlich, wenn man die blinden Tiere in den dunkeln Höhlen Europas und Amerikas ansieht. Bei Arten und Varietäten scheint die korrelative Abänderung eine sehr wichtige Rolle gespielt zu haben, so daß, wenn ein Teil abgeändert worden ist, auch andere Teile notwendig modifiziert worden sind. Bei Arten wie bei Varietäten kommt Rückschlag zu längst verlorenen Charakteren gelegentlich vor. Wie unerklärlich ist nach der Schöpfungstheorie das gelegentliche Erscheinen von Streifen an Schultern und Beinen der verschiedenen Arten der Pferdegattung und ihrer Bastarde; und wie einfach erklärt sich diese Tatsache, wenn wir annehmen, daß alle diese Arten von einer gemeinsamen gestreiften Stammform herrühren, in derselben Weise, wie unsere domestizierten Taubenrassen von der blau-grauen Felstaube mit schwarzen Flügelbinden abstammen!

Wie läßt es sich nach der gewöhnlichen Ansicht, daß jede Art unabhängig erschaffen worden sei, erklären, daß die Artencharaktere oder diejenigen, wodurch sich die verschiedenen Spezies einer Gattung voneinander unterscheiden, veränderlicher als die Gattungscharaktere sind, in welchen alle übereinstimmen? Warum wäre z.B. die Farbe einer Blüte in irgendeiner Art einer Gattung, wo alle übrigen Arten mit verschiedenen Farben versehen sind, eher zu variieren geneigt, als wenn alle Arten derselben Gattung von gleicher Farbe sind? Wenn Arten nur stark ausgezeichnete Varietäten sind, deren Charaktere schon in hohem Grade beständig geworden sind, so begreift sich dies; denn sie haben bereits seit ihrer Abzweigung von einer gemeinsamen Stammform in gewissen Merkmalen variiert, durch welche sie eben spezifisch voneinander verschieden geworden sind; und deshalb werden auch diese nämlichen Charaktere noch fortdauernd unbeständiger sein, als die Gattungscharaktere, die sich schon seit einer unermeßlichen Zeit unverändert vererbt haben. Nach der Theorie der Schöpfung ist es unerklärlich, warum ein allein bei einer Art einer Gattung in ganz ungewöhnlicher Weise entwickelter und daher, wie wir natürlich schließen können, für dieselbe Art sehr wichtiger Charakter vorzugsweise zu variieren geneigt sein soll; während dagegen nach meiner Ansicht dieser Teil seit der Abzweigung der verschiedenen Arten von einer gemeinsamen Stammform in ungewöhnlichem Grade Abänderungen erfahren hat und gerade deshalb seine noch fortwährende Veränderlichkeit voraus zu erwarten stand. Dagegen kann es auch vorkommen, daß ein in der ungewöhnlichsten Weise entwickelter Teil, wie der Flügel der Fledermäuse, sich doch nicht veränderlicher als irgendein anderer Teil zeigt, wenn derselbe vielen untergeordneten Formen gemeinsam, d. h. schon seit sehr langer Zeit vererbt worden ist; denn in diesem Falle wird er durch lange fortgesetzte natürliche Zuchtwahl beständig geworden sein.

Werfen wir auf die Instinkte einen Blick: So wunderbar manche auch sind, so bieten sie der Theorie der natürlichen Zuchtwahl kleiner und allmählicher nützlicher Abänderungen keine größere Schwierigkeit als die körperlichen Bildungen dar. Man kann daraus begreifen, warum die Natur bloß in kleinen abgestuften Schritten verschiedene Tiere einer nämlichen Klasse mit ihren verschiedenen Instinkten versieht. Ich habe zu zeigen versucht, wie viel Licht das Prinzip der stufenweisen Entwicklung auf den wunderbaren Bauinstinkt der Honigbiene wirft. Auch Gewohnheit kommt bei Modifizierung der Instinkte zweifelsohne oft in Betracht; aber dies ist sicher nicht unerläßlich der Fall, wie wir bei den geschlechtslosen Insekten sehen, die keine Nachkommen hinterlassen, auf welche sie die Erfolge langwährender Gewohnheit übertragen könnten. Nach der Ansicht, daß alle Arten einer Gattung von einer gemeinsamen Stammart herrühren und von dieser vieles gemeinsam geerbt haben, vermögen wir die Ursache zu erkennen, weshalb verwandte Arten, wenn sie wesentlich verschiedenen Lebensbedingungen ausgesetzt sind, doch beinahe denselben Instinkten folgen: wie z. B. die Drosseln des tropischen und temperierten Süd-Amerikas ihre Nester inwendig ebenso mit Schlamm überziehen, wie es unsere europäischen Arten tun. In Folge der Ansicht, daß Instinkte nur ein langsamer Erwerb unter der Leitung natürlicher Zuchtwahl sind, dürfen wir uns nicht darüber wundern, wenn manche derselben noch unvollkommen und Fehlgriffen ausgesetzt sind, und wenn manche unter ihnen anderen Tieren zum Nachteil gereichen.

Wenn Arten nur ausgezeichnete und bleibende Varietäten sind, so erkennen wir sogleich, warum ihre durch Kreuzung entstandenen Nachkommen den nämlichen verwickelten Gesetzen unterliegen, – in Art und Grad der Ähnlichkeit mit den Eltern, in der Verschmelzung ineinander durch wiederholte Kreuzung und in anderen ähnlichen Punkten, – wie die gekreuzten Nachkommen anerkannter Varietäten. Diese Ähnlichkeit würde eine befremdende Tatsache sein, wenn die Arten unabhängig voneinander erschaffen und nur die Varietäten durch sekundäre Kräfte entstanden wären.

Wenn wir auch zugeben, daß die geologische Urkunde im äußersten Grade unvollständig ist, so unterstützen dann die wenigen Tatsachen, welche die Urkunde liefert, doch kräftig die Theorie der Deszendenz mit fortwährender Abänderung. Neue Arten sind von Zeit zu Zeit langsam und in aufeinanderfolgenden Intervallen auf den Schauplatz getreten und das Maß der Umänderung, welche sie nach gleichen Zeiträumen erfuhren, ist in den verschiedenen Gruppen sehr verschieden. Das Erlöschen von Arten oder ganzen Artengruppen, welches in der Geschichte der organischen Welt eine so wesentliche Rolle gespielt hat, folgt fast unvermeidlich aus dem Prinzip der natürlichen Zuchtwahl, denn alte Formen werden durch neue und verbesserte Formen ersetzt. Weder einzelne Arten noch Artengruppen erscheinen wieder, wenn die Kette der gewöhnlichen Fortpflanzung einmal unterbrochen worden ist. Die stufenweise Ausbreitung herrschender Formen mit langsamer Modifikation ihrer Nachkommen hat zur Folge, daß die Lebensformen nach langen Zeitintervallen so erscheinen, als hätten sie sich gleichzeitig auf der ganzen Erdoberfläche verändert. Die Tatsache, daß die Fossilienreste jeder Formation im Charakter einigermaßen das Mittel halten zwischen den Fossilien der darunter und darüber liegenden Formationen, erklärt sich einfach aus ihrer mittleren Stelle in der Deszendenzreihe. Die große Tatsache, daß alle erloschenen Organismen in ein und dasselbe große System mit den lebenden Wesen gehören, ist eine natürliche Folge davon, daß die lebenden und die erloschenen Wesen die Nachkommen gemeinsamer Stammeltern sind. Da Arten im allgemeinen während des langen Verlaufs ihrer Deszendenz mit Modifikationen im Charakter divergiert haben, so können wir verstehen, woher es kommt, daß die älteren Formen oder die früheren Urerzeuger jeder Gruppe so oft eine in gewissem Grade mittlere Stelle zwischen jetzt lebenden Gruppen einnehmen. Man hält die neueren Formen im ganzen für höher auf der Stufenleiter der Organisation stehend, als die alten; und sie müssen auch insofern höher stehen als diese, da die späteren und verbesserten Formen die älteren und noch weniger verbesserten Formen im Kampf ums Dasein besiegt haben. Auch sind im allgemeinen ihre Organe mehr spezialisiert für verschiedene Verrichtungen. Diese Tatsache ist vollkommen verträglich mit der anderen, daß viele Wesen jetzt noch eine einfache und nur wenig verbesserte Organisation, für einfachere Lebensbedingungen passend, besitzen; sie ist auch damit verträglich, daß manche Formen in ihrer Organisation zurückgeschritten sind, dadurch daß sie sich auf jeder Deszendenzstufe einer veränderten und verkümmerten Lebensweise besser anpaßten. Endlich wird das wunderbare Gesetz langer Dauer verwandter Formen auf einem und demselben Kontinent – wie die der Marsupialien in Neuholland, der Edentaten in Süd-Amerika, und andere solche Fälle – verständlich, denn innerhalb eines und desselben Landes werden die jetzt lebenden und erloschenen Formen durch Abstammung nahe miteinander verwandt sein.

Wenn man, was die geographische Verbreitung betrifft, zugibt, daß im Verlaufe langer Erdperioden, infolge früherer klimatischer und geographischer Veränderungen und der Wirkung so vieler gelegentlicher und unbekannter Verbreitungsmittel, starke Wanderungen von einem Weltteil zum anderen stattgefunden haben, so erklären sich die meisten leitenden Tatsachen der Verbreitung aus der Theorie der Deszendenz mit fortdauernder Abänderung. Man kann einsehen, warum ein so auffallender Parallelismus in der räumlichen Verteilung der organischen Wesen und ihrer geologischen Aufeinanderfolge in der Zeit besteht; denn in beiden Fällen sind diese Wesen durch das Band gewöhnlicher Fortpflanzung miteinander verkettet, und die Abänderungsmittel sind die nämlichen gewesen. Wir begreifen die volle Bedeutung der wunderbaren Tatsache, welche jedem Reisenden aufgefallen ist, daß im nämlichen Kontinent unter den verschiedenartigsten Lebensbedingungen, – in der Wärme und der Kälte, im Gebirge und Tiefland, in Marsch- und Wüstenstrecken, – die meisten der Bewohner aus jeder großen Klasse offenbar verwandt sind; denn es sind gewöhnlich Nachkommen von den nämlichen Stammeltern und ersten Kolonisten. Nach diesem nämlichen Prinzip früherer Wanderungen, in den meisten Fällen in Verbindung mit entsprechender Abänderung, begreift sich mit Hilfe der Eiszeit die Identität einiger wenigen Pflanzen und die nahe Verwandtschaft vieler anderen auf den entferntesten Gebirgen und in den nördlichen und südlichen temperierten Zonen; und ebenso die nahe Verwandtschaft einiger Meeresbewohner in den nördlichen und in den südlichen gemäßigten Breiten, obwohl sie durch das ganze Tropenmeer getrennt sind. Und wenn auch zwei Gebiete so übereinstimmende physikalische Bedingungen darbieten, wie es die nämlichen Arten nur je bedürfen, so dürfen wir uns darüber nicht wundern, daß ihre Bewohner weit voneinander verschieden sind, falls dieselben während langer Perioden vollständig voneinander getrennt waren; denn da die Beziehung von Organismus zu Organismus die wichtigste aller Beziehungen ist und die zwei Gebiete Ansiedler in verschiedenen Perioden und Verhältnissen von einem dritten Gebiet oder wechselseitig voneinander erhalten haben werden, so wird der Verlauf der Abänderung in beiden Gebieten unvermeidlich ein verschiedener gewesen sein.

Nach dieser Annahme stattgefundener Wanderungen mit nachfolgender Abänderung erklärt es sich, warum ozeanische Inseln nur von wenigen Arten bewohnt werden, warum aber viele von diesen eigentümliche oder endemische sind. Wir sehen deutlich, warum Arten aus solchen Tiergruppen, welche weite Strecken des Ozeans nicht zu überschreiten imstande sind, wie Frösche und Landsäugetiere, keine ozeanischen Eilande bewohnen, und weshalb dagegen neue und eigentümliche Fledermausarten, Tiere, welche den Ozean überschreiten können, so oft auf weit vom Festland entlegenen Inseln vorkommen. Solche Tatsachen, wie die Anwesenheit besonderer Fledermausarten und der Mangel aller anderen Säugetiere auf ozeanischen Inseln sind nach der Theorie unabhängiger Schöpfungsakte gänzlich unerklärbar.

Das Vorkommen nahe verwandter oder stellvertretender Arten in irgendwelchen zwei Gebieten setzt nach der Theorie gemeinsamer Abstammung mit allmählicher Abänderung voraus, daß die gleichen Eltern vordem beide Gebiete bewohnt haben; und wir finden fast ohne Ausnahme, daß, wo immer viele einander nahe verwandte Arten zwei Gebiete bewohnen, auch einige identische noch in beiden zugleich existieren. Und wo immer viele verwandte aber verschiedene Arten vorkommen, da kommen auch viele zweifelhafte Formen und Varietäten der nämlichen Gruppen vor. Es ist eine sehr allgemeine Regel, daß die Bewohner eines jeden Gebiets mit den Bewohnern desjenigen nächsten Gebiets verwandt sind, aus welchem sich die Einwanderung des ersten mit Wahrscheinlichkeit ableiten läßt. Wir sehen dies in fast allen Pflanzen und Tieren des Galapagos-Archipels, auf Juan Fernandez und den anderen amerikanischen Inseln, welche in auffallendster Weise mit denen des benachbarten amerikanischen Festlands verwandt sind; und ebenso verhalten sich die Bewohner des Kapverdischen Archipels und anderer afrikanischer Inseln zum afrikanischen Festland. Man muß zugeben, daß diese Tatsachen aus der Schöpfungstheorie nicht erklärbar sind.

Wie wir gesehen haben, ist die Tatsache, daß alle früheren und jetzigen organischen Wesen in einige wenige große Klassen und in Gruppen geordnet werden können, welche anderen Gruppen subordiniert sind und wobei die erloschenen Gruppen oft zwischen die noch lebenden fallen, aus der Theorie der natürlichen Zuchtwahl mit den mit ihr in Zusammenhang stehenden Erscheinungen des Erlöschens und der Divergenz des Charakters erklärbar. Aus denselben Prinzipien ergibt sich auch, warum die wechselseitige Verwandtschaft von Arten und Gattungen in jeder Klasse so verwickelt und weitläufig ist. Es ergibt sich, warum gewisse Charaktere viel besser als andere zur Klassifikation brauchbar sind; warum Anpassungscharaktere, obschon von oberster Bedeutung für das Wesen selbst, kaum von irgendeiner Wichtigkeit bei der Klassifikation sind; warum von rudimentären Organen abgeleitete Charaktere, obwohl diese Organe dem Organismus zu nichts dienen, oft einen hohen Wert für die Klassifikation besitzen; und warum embryonale Charaktere oft den höchsten Wert von allen haben. Die eigentlichen Verwandtschaften aller Organismen, im Gegensatz zu ihren adaptiven Ähnlichkeiten, rühren von gemeinschaftlicher Ererbung oder Abstammung her. Das natürliche System ist eine genealogische Anordnung, wobei die erlangten Differenzgrade durch die Ausdrücke Varietäten, Spezies, Gattungen, Familien usw. bezeichnet werden; und die Deszendenzlinien haben wir durch die beständigsten Charaktere zu entdecken, welches dieselben auch sein mögen und wie gering auch deren Wichtigkeit für das Leben sein mag.

Die Tatsachen, daß das Knochengerüst das nämliche in der Hand des Menschen, wie im Flügel der Fledermaus, im Ruder des Tümmlers und im Bein des Pferdes ist, – daß die gleiche Anzahl von Wirbeln den Hals der Giraffe wie des Elefanten bildet, – und zahllose andere derartige Tatsachen erklären sich sogleich aus der Theorie der Abstammung mit geringen und langsam aufeinanderfolgenden Abänderungen. Die Ähnlichkeit des Bauplans im Flügel und Bein der Fledermaus, obwohl sie zu so ganz verschiedenen Diensten bestimmt sind, in den Kinnladen und den Beinen einer Krabbe, in den Kronenblättern, in den Staubgefäßen und Staubwegen der Blüten wird gleicherweise aus der Annahme allmählicher Modifikation von Teilen oder Organen erklärbar, welche in der gemeinsamen Stammform einer jeden dieser Klassen ursprünglich gleich gewesen sind. Nach dem Prinzip, daß allmählich auftretende Abänderungen nicht immer schon in frühem Alter erfolgen und sich auf ein gleiches und nicht frühes Alter vererben, ergibt sich deutlich, warum die Embryonen von Säugetieren, Vögeln, Reptilien und Fischen einander so ähnlich und ihrer erwachsenen Form so unähnlich sind. Man wird sich nicht mehr darüber wundern, daß der Embryo eines luftatmenden Säugetiers oder Vogels Kiemenspalten und in Bogen verlaufende Arterien, wie der Fisch besitzt, welcher die im Wasser aufgelöste Luft mithilfe wohlentwickelter Kiemen zu atmen hat.

Nichtgebrauch, zuweilen von natürlicher Zuchtwahl unterstützt, führt oft zur Verkümmerung eines Organs, wenn es bei veränderter Lebensweise oder unter wechselnden Lebensbedingungen nutzlos geworden ist, und man bekommt auf diese Weise eine richtige Vorstellung von der Bedeutung rudimentärer Organe. Aber Nichtgebrauch und natürliche Zuchtwahl werden auf jedes Geschöpf gewöhnlich erst wirken, wenn es zur Reife gelangt ist und selbständigen Anteil am Kampf ums Dasein zu nehmen hat, und werden daher nur wenig über ein Organ in den ersten Lebensaltern vermögen; infolgedessen wird ein Organ in solchem frühen Alter nicht verringert oder verkümmert werden. Das Kalb z. B. hat Schneidezähne, welche aber im Oberkiefer das Zahnfleisch nie durchbrechen, von einem frühen Urerzeuger mit wohlentwickelten Zähnen geerbt, und wir können annehmen, daß diese Zähne im reifen Tier während vieler aufeinanderfolgender Generationen durch Nichtgebrauch reduziert worden sind, weil Zunge und Gaumen oder die Lippen zum Abweiden des Futters ohne ihre Hilfe durch natürliche Zuchtwahl ausgezeichnet hergerichtet worden sind, während im Kalb diese Zähne nicht beeinflußt und nach dem Prinzip der Vererbung auf gleichen Altersstufen von früher Zeit an bis auf den heutigen Tag so vererbt worden sind. Wie ganz unerklärbar ist es nach der Annahme, daß jedes organische Wesen mit allen seinen einzelnen Teilen besonders erschaffen worden sei, daß Organe, welche so deutlich das Gepräge der Nutzlosigkeit an sich tragen, wie diese nie zum Durchbruch gelangenden Schneidezähne des Kalbs oder die verschrumpften Flügel unter den verwachsenen Flügeldecken so mancher Käfer, so häufig vorkommen! Man könnte sagen, die Natur habe Sorge getragen, durch rudimentäre Organe, durch embryonale und homologe Gebilde uns ihren Abänderungsplan zu verraten, welchen zu erkennen wir aber zu blind sind.

Ich habe jetzt die hauptsächlichsten Tatsachen und Betrachtungen wiederholt, welche mich zur festen Überzeugung geführt haben, daß die Arten während einer langen Deszendenzreihe modifiziert worden sind. Dies ist hauptsächlich durch die natürliche Zuchtwahl zahlreicher, nacheinander auftretender, unbedeutender günstiger Abänderungen bewirkt worden, in bedeutungsvoller Weise unterstützt durch die vererbten Wirkungen des Gebrauchs und Nichtgebrauchs von Teilen, und, in einer vergleichsweise bedeutungslosen Art, nämlich in bezug auf Adaptivbildungen, gleichviel ob jetzige oder frühere, durch die direkte Wirkung äußerer Bedingungen und das unserer Unwissenheit als spontan erscheinende Auftreten von Abänderungen. Es scheint so, als hätte ich früher die Häufigkeit und den Wert dieser letzten Abänderungsformen unterschätzt, als solcher, die zu bleiben den Modifikationen der Struktur unabhängig von natürlicher Zuchtwahl führen. Da aber meine Folgerungen neuerdings vielfach falsch dargestellt worden sind und behauptet worden ist, ich schreibe die Modifikation der Spezies ausschließlich der natürlichen Zuchtwahl zu, so sei mir die Bemerkung gestattet, daß ich in der ersten Ausgabe dieses Werkes, wie später, die folgenden Worte an einer hervorragenden Stelle, nämlich am Schluß der Einleitung aussprach: „Ich bin überzeugt, daß natürliche Zuchtwahl das hauptsächlichste, wenn auch nicht einzige Mittel zur Abänderung der Lebensformen gewesen ist." Dies hat nichts genützt. Die Kraft beständiger falscher Darstellung ist zäh; die Geschichte der Wissenschaft lehrt aber, daß diese Kraft glücklicherweise nicht lange anhält.

Man kann wohl kaum annehmen, daß eine falsche Theorie die mancherlei großen Gruppen der oben aufgezählten Tatsachen in so zufriedenstellender Weise erklären würde, wie meine Theorie der natürlichen Zuchtwahl es tut. Es ist neuerdings entgegnet worden, daß dies eine unsichere Weise zu folgern sei; es ist aber dieselbe Methode, welche man bei Beurteilung der gewöhnlichen Ergebnisse im Leben anwendet, und welche häufig von den größten Naturforschern angewendet worden ist. Auf solchen Wegen ist man zur Undulationstheorie des Lichts gelangt, und die Annahme der Drehung der Erde um ihre eigene Achse war bis vor kurzem kaum durch irgendeinen direkten Beweis unterstützt. Es ist keine triftige Einrede, daß die Wissenschaft bis jetzt noch kein Licht über das viel höhere Problem vom Wesen oder dem Ursprung des Lebens verbreite. Wer vermöchte zu erklären, was das Wesen der Attraktion oder Gravitation sei? Obwohl Leibnitz einst Newton anklagte, daß er „verborgene Qualitäten und Wunder in die Philosophie" eingeführt habe, so werden doch die aus diesem unbekannten Element der Attraktion abgeleiteten Resultate ohne Einrede angenommen.

Ich sehe keinen triftigen Grund, warum die in diesem Band aufgestellten Ansichten gegen irgend jemandes religiöse Gefühle verstoßen sollten. Es dürfte wohl beruhigen, (da es zeigt, wie vorübergehend derartige Eindrücke sind), wenn wir daran erinnern, daß die größte Entdeckung, welche der Mensch jemals gemacht hat, nämlich das Gesetz der Attraktion oder Gravitation, von Leibnitz auch angegriffen worden ist, „weil es die natürliche Religion untergrabe und die offenbarte verleugne". Ein berühmter Schriftsteller und Geistlicher hat mir geschrieben, „er habe allmählich einsehen gelernt, daß es eine ebenso erhabene Vorstellung von der Gottheit sei, zu glauben, daß sie nur einige wenige der Selbstentwicklung in andere und notwendige Formen fähige Urtypen geschaffen, wie daß sie immer wieder neue Schöpfungsakte nötig gehabt habe, um die Lücken auszufüllen, welche durch die Wirkung ihrer eigenen Gesetze entstanden seien".

Aber warum, wird man fragen, haben denn fast alle ausgezeichnetsten lebenden Naturforscher und Geologen diese Ansicht von der Veränderlichkeit der Spezies bis vor kurzem verworfen? Es kann ja doch nicht behauptet werden, daß organische Wesen im Naturzustand keiner Abänderung unterliegen; es kann nicht bewiesen werden, daß das Maß der Abänderung im Laufe langer Zeiten eine beschränkte Größe sei; ein bestimmter Unterschied zwischen Arten und ausgeprägten Varietäten ist noch nicht angegeben worden und kann nicht angegeben werden. Es läßt sich nicht behaupten, daß Arten bei der Kreuzung ohne Ausnahme unfruchtbar und Varietäten unabänderlich fruchtbar seien, auch nicht daß Unfruchtbarkeit eine besondere Gabe und ein Merkmal des Erschaffenseins sei. Der Glaube, daß Arten unveränderliche Erzeugnisse seien, war fast unvermeidlich, solange man der Geschichte der Erde nur eine kurze Dauer zuschrieb, und nun, da wir einen Begriff von der Länge der Zeit erlangt haben, sind wir nur zu geneigt, ohne Beweis anzunehmen, die geologische Urkunde sei so vollständig, daß sie uns einen klaren Nachweis über die Abänderung der Arten geliefert haben würde, wenn sie solche Abänderung erfahren hätten.

Aber die Hauptursache, weshalb wir von Natur aus nicht geneigt sind, zuzugestehen, daß eine Art eine andere verschiedene Art erzeugt haben könne, liegt darin, daß wir stets behutsam in der Zulassung einer großen Veränderung sind, deren Mittelstufen wir nicht kennen. Die Schwierigkeit ist dieselbe wie die, welche so viele Geologen fühlten, als Lyell zuerst behauptete, daß binnenländische Felsrücken gebildet und große Täler ausgehöhlt worden seien durch die Kräfte, welche wir jetzt noch in Tätigkeit sehen. Der Geist kann die volle Bedeutung des Ausdrucks von einer Million Jahre unmöglich fassen; er kann nicht die ganze Größe der Wirkung zusammenrechnen und begreifen, welche durch Häufung einer Menge kleiner Abänderungen während einer fast unendlichen Anzahl von Generationen entstanden ist.

Obwohl ich von der Wahrheit der in diesem Buch in der Form eines Auszugs mitgeteilten Ansichten vollkommen durchdrungen bin, so hege ich doch keineswegs die Erwartung, erfahrene Naturforscher davon zu überzeugen, deren Geist von einer Menge von Tatsachen erfüllt ist, welche sie seit einer langen Reihe von Jahren gewöhnt sind, von einem dem meinigen ganz entgegengesetzten Gesichtspunkt aus zu betrachten. Es ist so leicht, unsere Unwissenheit unter Ausdrücken, wie „Schöpfungsplan", „Einheit des Typus" usw. zu verbergen und zu glauben, daß

Allgemeine Wiederholung und Schluß

wir eine Erklärung geben, wenn wir bloß eine Tatsache wiederholen. Wer von Natur geneigt ist, unerklärten Schwierigkeiten mehr Wert als der Erklärung einer gewissen Summe von Tatsachen beizulegen, der wird gewiß meine Theorie verwerfen. Auf einige wenige Naturforscher von biegsamerem Geiste und welche schon an der Unveränderlichkeit der Arten zu zweifeln begonnen haben, mag dieses Buch einigen Eindruck machen; aber ich blicke mit Vertrauen auf die Zukunft, auf junge und strebende Naturforscher, welche beide Seiten der Frage mit Unparteilichkeit zu beurteilen fähig sein werden. Wer immer sich zur Ansicht neigt, daß Arten veränderlich sind, wird durch gewissenhaftes Geständnis seiner Überzeugung der Wissenschaft einen guten Dienst leisten; denn nur so kann der Berg von Vorurteilen, unter welchen dieser Gegenstand begraben ist, allmählich beseitigt werden.

Mehrere hervorragende Naturforscher haben sich noch neuerlich dahin ausgesprochen, daß eine Menge angeblicher Arten in jeder Gattung keine wirklichen Arten darstellen, wogegen andere Arten wirkliche, d. h. selbständig erschaffene Spezies seien. Mir scheint es wunderbar, wie man zu einem solchen Schluß gelangen kann. Sie geben zu, daß eine Menge von Formen, die sie selbst bis vor kurzem für spezielle Schöpfungen gehalten haben und welche noch jetzt von der Mehrzahl der Naturforscher als solche angesehen werden, welche mithin das ganze äußere charakteristische Gepräge von Arten besitzen, – sie geben zu, daß diese durch Abänderung hervorgebracht worden seien, weigern sich aber, dieselbe Ansicht auf andere davon nur sehr unbedeutend verschiedene Formen auszudehnen. Dem ungeachtet behaupten sie nicht eine Definition oder auch nur eine Vermutung darüber abgeben zu können, welches die erschaffenen und welches die durch sekundäre Gesetze entstandenen Lebensformen seien. Sie geben Abänderung als eine vera causa in einem Falle zu und verwerfen solche willkürlich im anderen, ohne den Grund der Verschiedenheit in beiden Fällen nachzuweisen. Der Tag wird kommen, wo man dies als einen eigentümlichen Beleg für die Blindheit vorgefaßter Meinung anführen wird. Diese Schriftsteller scheinen mir nicht mehr über einen wunderbaren Schöpfungsakt als über eine gewöhnliche Geburt erstaunt zu sein. Aber glauben sie wirklich, daß in unzähligen Momenten unserer Erdgeschichte jedesmal gewisse elementare Atome kommandiert worden seien, zu lebendigen Geweben ineinander zu fahren? Sind sie der Meinung, daß durch jeden angenommenen Schöpfungsakt bloß ein einziges, oder daß viele Individuen entstanden sind? Wurden alle diese zahllosen Arten von Pflanzen und Tieren in Form von Samen und Eiern, oder wurden sie als erwachsene Individuen erschaffen? Und die Säugetiere insbesondere, sind sie erschaffen worden mit den unwahren Merkmalen der Ernährung im Mutterleib? Zweifelsohne können einige dieser Fragen von denjenigen nicht beantwortet werden, welche an die Schöpfung von nur wenigen Urformen oder von irgendeiner einzigen Form von Organismen glauben. Verschiedene Schriftsteller haben versichert, daß es ebenso leicht sei, an die Schöpfung von einer Million Wesen als von einem zu glauben; aber Maupertius' philosophischer Grundsatz von „der kleinsten Wirkung" bestimmt uns, lieber die kleinere Zahl anzunehmen; und gewiß dürfen wir nicht glauben, daß zahllose Wesen in jeder großen Klasse mit offenbaren und doch trügerischen Merkmalen der Abstammung von einem einzelnen Erzeuger erschaffen worden seien.

Als Belege für einen früheren Zustand der Dinge habe ich in den vorstehenden Abschnitten und an anderen Orten mehrere Sätze beibehalten, welche die Ansicht enthalten, daß die Naturforscher an eine einzelne Entstehung jeder Spezies glauben; ich bin darüber, daß ich mich so ausgedrückt habe, sehr getadelt worden. Unzweifelhaft war dies aber der allgemeine Glaube, als die erste Auflage des vorliegenden Werkes erschien. Ich habe früher mit sehr vielen Naturforschern über das Thema der Evolution gesprochen und bin auch nicht einmal einer sympathischen Zustimmung begegnet. Wahrscheinlich glaubten damals einige an Entwicklung; aber entweder schwiegen sie, oder sie drückten sich so zweideutig aus, daß es nicht leicht war, ihre Meinung zu verstehen. Jetzt haben sich die Sachen ganz und gar geändert und fast jeder Naturforscher nimmt das große Prinzip der Evolution an. Es gibt indessen noch einige, welche noch immer glauben, daß Spezies durch völlig unerklärte Mittel neue und gänzlich verschiedene Formen plötzlich aus sich haben entstehen lassen; wie ich aber gezeigt habe, lassen sich schwerwiegende Beweise der Annahme großer und abrupter Modifikationen entgegenstellen. Von einem wissenschaftlichen Standpunkt aus und als Anleitung zu weiterer Untersuchung läßt sich aus der Annahme, daß sich neue Formen plötzlich auf unerklärliche Weise aus alten und sehr verschiedenen Formen entwickelt haben, nur wenig mehr Vorteil ziehen als aus dem alten Glauben an die Entstehung der Arten aus dem Staub der Erde.

Man kann noch die Frage aufwerfen, wie weit ich die Lehre von der Abänderung der Spezies ausdehne? Die Frage ist schwer zu beantworten, weil, je verschiedener die Formen sind, welche wir betrachten, desto mehr die Argumente zugunsten einer gemeinsamen Abstammung weniger zahlreich werden und an Stärke verlieren. Einige Beweisgründe von dem allergrößten Gewicht reichen aber sehr weit. Die sämtlichen Glieder ganzer Klassen können durch Verwandtschaftsbeziehungen miteinander verkettet und alle nach dem nämlichen Prinzip in Gruppen klassifiziert werden, welche anderen subordiniert sind. Fossile Reste sind oft geeignet, große Lücken zwischen den lebenden Ordnungen des Systems auszufüllen.

Organe in einem rudimentären Zustand beweisen oft, daß ein früher Urerzeuger dieselben Organe in vollkommen entwickeltem Zustand besessen habe; daher setzt ihr Vorkommen in manchen Fällen ein ungeheures Maß von Abänderung in dessen Nachkommen voraus. Durch ganze Klassen hindurch sind mancherlei Gebilde nach einem gemeinsamen Bauplan geformt, und in einem sehr frühen Alter gleichen sich die Embryonen einander genau. Daher hege ich keinen Zweifel, daß die Theorie der Deszendenz mit allmählicher Abänderung alle Glieder einer nämlichen Klasse oder eines nämlichen Reiches umfaßt. Ich glaube, daß die Tiere von höchstens vier oder fünf und die Pflanzen von ebensovielen oder noch weniger Stammformen herrühren.

Die Analogie würde mich noch einen Schritt weiter führen, nämlich zu glauben, daß alle Pflanzen und Tiere nur von einer einzigen Urform herrühren; doch könnte die Analogie eine trügerische Führerin sein. Dem ungeachtet haben alle lebenden Wesen vieles miteinander gemein in ihrer chemischen Zusammensetzung, ihrer zelligen Struktur, ihren Wachstumsgesetzen, ihrer Empfindlichkeit gegen schädliche Einflüsse. Wir sehen dies selbst in einem so geringfügigen Umstand, daß dasselbe Gift Pflanzen und Tiere in ähnlicher Art affiziert, oder daß das von der Gallwespe abgesonderte Gift monströse Auswüchse an der wilden Rose wie an der Eiche verursacht. In allen organischen Wesen, vielleicht mit Ausnahme einiger der niedersten, scheint die geschlechtliche Fortpflanzung wesentlich ähnlich zu sein. In allen ist, so viel bis jetzt bekannt, das Keimbläschen dasselbe. Daher geht jedes individuelle organische Wesen von einem gemeinsamen Ursprung aus. Und selbst was ihre Trennung in zwei Hauptabteilungen, in ein Pflanzen- und ein Tierreich betrifft, so gibt es gewisse niedrige Formen, welche in ihren Charakteren so sehr das Mittel zwischen beiden halten, daß sich die Naturforscher noch darüber streiten, zu welchem Reich sie gehören; Professor Asa Gray hat bemerkt, daß „Sporen und andere reproduktive Körper von manchen der unvollkommenen Algen zuerst ein charakteristisch tierisches und dann erst ein unzweifelhaft pflanzliches Dasein führen". Nach dem Prinzip der natürlichen Zuchtwahl mit Divergenz des Charakters erscheint es daher nicht unglaublich, daß sich von solchen niedrigen Zwischenformen beide, sowohl Pflanzen als auch Tiere entwickelt haben könnten. Und wenn wir dies zugeben, so müssen wir auch zugeben, daß alle organischen Wesen, die jemals auf dieser Erde gelebt haben, von irgendeiner Urform abstammen. Doch beruht dieser Schluß hauptsächlich auf Analogie, und es ist unwesentlich, ob man ihn anerkennt oder nicht. Es ist ohne Zweifel möglich, daß, wie G. H. Lewes hervorgehoben hat, im ersten Beginn des Lebens viele verschiedene Formen entwickelt worden sind; wenn dies aber der Fall ist, so dürfen wir schließen, daß nur sehr wenige von ihnen modifizierte Nachkommen hinterlassen haben. Denn wir besitzen, wie ich vorhin erst in bezug auf die Glieder eines jeden großen Unterreichs, wie das der Wirbeltiere, Gliedertiere usw., bemerkt habe, in deren embryonalen, homologen Verhältnissen und den rudimentären Bildungen bestimmte Beweise dafür, daß alle von einem einzigen Urerzeuger abstammen.

Wenn die von mir in diesem Band und die von Wallace im „Linnean Journal" aufgestellten, oder sonstige analoge Ansichten, über den Ursprung der Arten allgemein zugelassen werden, so läßt sich bereits dunkel voraussehen, daß der Naturgeschichte eine große Umwälzung bevorsteht. Die Systematiker werden ihre Arbeiten so wie bisher fortsetzen können, aber nicht mehr unablässig durch den gespenstischen Zweifel geängstigt werden, ob diese oder jene Form eine wirkliche Art sei. Dies wird sicher, und ich spreche aus Erfahrung, keine kleine Erleichterung gewähren. Der endlose Streit, ob die fünfzig britischen *Rubus*-Sorten wirkliche Arten sind oder nicht, wird aufhören. Die Systematiker werden nur zu entscheiden haben (was keineswegs immer leicht ist), ob eine Form hinreichend beständig oder verschieden genug von anderen Formen ist, um eine Definition zuzulassen und, wenn dies der Fall ist, ob die Verschiedenheiten wichtig genug sind, um einen spezifischen Namen zu verdienen. Dieser letzte Punkt wird eine weit wesentlichere Betrachtung als bisher erheischen, wo auch die geringfügigsten Unterschiede zwischen zwei Formen, wenn sie nicht durch Zwischenstufen miteinander verschmolzen waren, bei den meisten Naturforschern für genügend galten, um beide zum Rang von Arten zu erheben.

Fernerhin werden wir anzuerkennen genötigt sein, daß der einzige Unterschied zwischen Arten und ausgeprägten Varietäten nur darin besteht, daß diese letzten durch Zwischenstufen noch heutzutage miteinander verbunden sind oder für verbunden gehalten werden, während die Arten es früher gewesen sind. Ohne daher die Berücksichtigung noch jetzt vorhandener Zwischenglieder zwischen irgend zwei Formen verwerfen zu wollen, werden wir veranlaßt, den wirklichen Betrag der Verschiedenheit zwischen denselben sorgfältiger abzuwägen und höher zu schätzen. Es ist ganz gut möglich, daß jetzt allgemein als bloße Varietäten anerkannte Formen künftighin spezifischer Benennungen wert geachtet werden, in welchem Falle dann die wissenschaftliche und die gemeine Sprache miteinander in Übereinstimmung kämen. Kurz, wir werden die Arten auf dieselbe Weise zu behandeln haben, wie die Naturforscher jetzt die Gattungen behandeln, welche annehmen, daß die Gattungen nichts weiter als willkürliche, der Bequemlichkeit halber eingeführte Gruppierungen seien. Das mag nun keine eben sehr heitere Aussicht sein; aber wir werden wenigstens hierdurch das vergebliche Suchen nach dem unbekannten und unentdeckbaren Wesen der „Spezies" loswerden.

Die anderen und allgemeineren Zweige der Naturgeschichte werden sehr an Interesse gewinnen. Die von Naturforschern gebrauchten Ausdrücke: Affinität, Verwandtschaft, gemeinsamer Typus, elterliches Verhältnis, Morphologie, Anpassungscharaktere, verkümmerte und fehlgeschlagene Organe usw. werden statt der bisherigen bildlichen eine sachliche Bedeutung gewinnen. Wenn wir ein organisches Wesen nicht länger wie die Wilden ein Linienschiff als etwas ganz jenseits ihres Fassungsvermögens Liegendes betrachten, wenn wir jedem organischen Naturerzeugnis eine lange Geschichte zugestehen; wenn wir jedes zusammengesetzte Gebilde und jeden Instinkt als die Summe vieler einzelner, dem Besitzer nützlicher Einrichtungen betrachten, in derselben Weise wie wir etwa eine große mechanische Erfindung als das Produkt der vereinten Arbeit, Erfahrung, Beurteilung und selbst der Fehler zahlreicher Arbeiter ansehen, wenn wir jedes organische Wesen auf diese Weise betrachten: wieviel interessanter (ich rede aus Erfahrung) wird dann das Studium der Naturgeschichte werden!

Ein großes und fast noch unbetretenes Feld wird sich öffnen für Untersuchungen über die Ursachen und Gesetze der Variation, über die Korrelation, über die Folgen von Gebrauch und Nichtgebrauch, über den direkten Einfluß äußerer Lebensbedingungen usw. Das Studium der domestizierten Formen wird unermeßlich an Wert steigen. Eine vom Menschen neu gezogene Varietät wird ein für das Studium wichtigerer und anziehenderer Gegenstand sein als die Vermehrung der bereits unzähligen Arten unserer Systeme mit einer neuen. Unsere Klassifikationen werden, soweit wie möglich, zu Genealogien werden und dann erst den wirklichen so-

Fünfzehntes Kapitel

genannten Schöpfungsplan darlegen. Die Regeln der Klassifikation werden ohne Zweifel einfacher werden, wenn wir ein bestimmtes Ziel im Auge haben. Wir besitzen keine Stammbäume und Wappenbücher und werden daher die vielfältig auseinanderlaufenden Abstammungslinien in unseren natürlichen Genealogien mithilfe von lang vererbten Charakteren jeder Art zu entdecken und zu verfolgen haben. Rudimentäre Organe werden mit untrüglicher Sicherheit von längst verlorengegangenen Gebilden sprechen. Arten und Artengruppen, welche man abirrende genannt hat und bildlich lebende Fossile nennen könnte, werden uns ein vollständigeres Bild von den früheren Lebensformen zu entwerfen helfen. Die Embryologie wird uns die in gewissem Maße verdunkelte Bildung der Prototypen einer jeden der Hauptklassen des Systems enthüllen.

Wenn wir uns davon überzeugt halten können, daß alle Individuen einer Art und alle nahe verwandten Arten der meisten Gattungen in einer nicht sehr fernen Vorzeit von einem gemeinsamen Erzeuger entsprungen und von einer gemeinsamen Geburtsstätte aus gewandert sind, und wenn wir erst besser die mancherlei Mittel kennen werden, welche ihnen bei ihren Wanderungen zugute gekommen sind, dann wird das Licht, welches die Geologie über die früheren Veränderungen des Klimas und der Niveauverhältnisse der Erdoberfläche schon verbreitet hat und noch ferner verbreiten wird, uns sicher in den Stand setzen, in wunderbarer Weise die früheren Wanderungen der Erdbewohner zu verfolgen. Sogar jetzt schon kann die Vergleichung der Meeresbewohner an den zwei entgegengesetzten Küsten eines Kontinents und die Natur der mannigfaltigen Bewohner dieses Kontinents in bezug auf ihre offenbaren Einwanderungsmittel dazu dienen, die alte Geographie einigermaßen zu beleuchten.

Die edle Wissenschaft der Geologie verliert etwas von ihrem Glanz durch die außerordentliche Unvollständigkeit ihrer Urkunden. Man kann die Erdrinde mit den in ihr enthaltenen organischen Resten nicht als ein wohlgefülltes Museum, sondern nur als eine zufällige und nur dann und wann einmal bedachte arme Sammlung ansehen. Die Ablagerung jeder großen fossilführenden Formation ergibt sich als die Folge eines ungewöhnlichen Zusammentreffens von günstigen Umständen, und die leeren Pausen zwischen den aufeinanderfolgenden Ablagerungszeiten entsprechen Perioden von unermeßlicher Dauer. Doch werden wir imstande sein, die Länge dieser Perioden einigermaßen durch die Vergleichung der vorhergehenden und nachfolgenden organischen Formen zu bemessen. Wir dürfen nach den Sukzessionsgesetzen der organischen Wesen nur mit großer Vorsicht versuchen, zwei Formationen, welche nicht viele identische Arten enthalten, als genau gleichzeitig zu betrachten. Da die Arten infolge langsam wirkender und noch fortdauernder Ursachen und nicht durch wunderbare Schöpfungsakte entstanden und vergangen sind, und da die wichtigste aller Ursachen organischer Veränderung, – die Wechselbeziehungen zwischen Organismus zu Organismus, in deren Folge eine Verbesserung des einen die Verbesserung oder die Vertilgung des anderen bedingt, – fast unabhängig von der Veränderung und vielleicht plötzlichen Veränderung der physikalischen Bedingungen ist, so folgt, daß der Grad der von einer Formation zur anderen stattgefundenen Abänderung der fossilen Wesen wahrscheinlich als ein guter Maßstab für die Länge der inzwischen abgelaufenen Zeit dienen kann. Eine Anzahl in Masse zusammenhaltender Arten jedoch dürfte lange Zeit unverändert fortleben können, während in der gleichen Zeit mehrere dieser Spezies, die in neue Gegenden auswandern und in den Kampf mit neuen Konkurrenten geraten, Abänderung erfahren würden; daher dürfen wir die Genauigkeit dieses von den organischen Veränderungen entlehnten Zeitmaßes nicht überschätzen.

In einer fernen Zukunft sehe ich die Felder für noch weit wichtigere Untersuchungen sich öffnen. Die Psychologie wird sich mit Sicherheit auf den von Herbert Spencer bereits wohlbegründeten Satz stützen, daß notwendig jedes Vermögen und jede Fähigkeit des Geistes nur stufenweise erworben werden kann. Licht wird auf den Ursprung der Menschheit und ihre Geschichte fallen.

Schriftsteller ersten Ranges scheinen vollkommen von der Ansicht befriedigt zu sein, daß jede Art unabhängig erschaffen worden ist. Nach meiner Meinung stimmt es besser mit den der Materie vom Schöpfer eingeprägten Gesetzen überein, daß das Entstehen und Vergehen früherer und jetziger Bewohner der Erde durch sekundäre Ursachen veranlaßt werde, denjenigen gleich, welche die Geburt und den Tod des Individuums bestimmen. Wenn ich alle Wesen nicht als besondere Schöpfungen, sondern als lineare Nachkommen einiger weniger, schon lange vor der Ablagerung der kambrischen Schichten vorhanden gewesener Vorfahren betrachte, so scheinen sie mir dadurch veredelt zu werden. Und nach der Vergangenheit zu urteilen, dürfen wir getrost annehmen, daß nicht eine einzige der jetzt lebenden Arten ihr unverändertes Abbild auf eine ferne Zukunft übertragen wird. Überhaupt werden von den jetzt lebenden Arten nur sehr wenige durch irgendwelche Nachkommenschaft sich bis in eine sehr ferne Zukunft fortpflanzen; denn die Art und Weise, wie alle organischen Wesen im System gruppiert sind, zeigt, daß die Mehrzahl der Arten einer jeden Gattung und alle Arten vieler Gattungen keine Nachkommenschaft hinterlassen haben, sondern gänzlich erloschen sind. Wir können insofern einen prophetischen Blick in die Zukunft werfen und voraussagen, daß es die gemeinsten und weitverbreitetsten Arten in den großen und herrschenden Gruppen einer jeden Klasse sein werden, welche schließlich die anderen überdauern und neue herrschende Arten liefern werden. Da alle jetzigen Lebensformen lineare Abkommen derjenigen sind, welche lange vor der kambrischen Periode gelebt haben, so können wir überzeugt sein, daß die regelmäßige Aufeinanderfolge der Generationen niemals unterbrochen worden ist und eine allgemeine Flut niemals die ganze Welt zerstört hat. Daher können wir mit Vertrauen auf eine Zukunft von gleichfalls unberechenbarer Länge blicken. Und da die natürliche Zuchtwahl nur durch und für das Gute eines jeden Wesens wirkt, so wird jede fernere körperliche und geistige Ausstattung desselben seine Vervollkommnung zu fördern streben.

Es ist anziehend, eine dichtbewachsene Uferstrecke zu betrachten, bedeckt mit blühenden Pflanzen vielerlei Art, mit singenden Vögeln in den Büschen, mit schwärmenden Insekten in der Luft, mit kriechenden Würmern im feuchten Boden, und sich dabei zu überlegen, daß alle diese künstlich gebauten Lebensformen, so abweichend unter sich und in einer so komplizierten Weise voneinander abhängig, durch Gesetze hervorgebracht sind, welche noch fort und fort um uns wirken. Diese Gesetze, im weitesten Sinne genommen, heißen: Wachstum mit Fortpflanzung; Vererbung, fast in der Fortpflanzung mit inbegriffen, Variabilität infolge der indirekten und direkten Wirkungen äußerer Lebensbedingungen und des Gebrauchs oder Nichtgebrauchs; rasche Vermehrung in einem zum Kampf ums Dasein und als Folge dessen zu natürlicher Zuchtwahl führenden Grade, welche letztere wiederum die Divergenz des Charakters und das Erlöschen minder vervollkommneter Formen bedingt. So geht aus dem Kampf der Natur, aus Hunger und Tod unmittelbar die Lösung des höchsten Problems hervor, das wir zu fassen vermögen: die Erzeugung immer höherer und vollkommenerer Tiere. Es ist wahrlich eine großartige Ansicht, daß der Schöpfer den Keim alles Lebens, das uns umgibt, nur wenigen oder nur einer einzigen Form eingehaucht hat, und daß, während unser Planet den strengsten Gesetzen der Schwerkraft folgend sich im Kreise geschwungen, aus so einfachem Anfang sich eine endlose Reihe der schönsten und wundervollsten Formen entwickelt hat und noch immer entwickelt.

Dritter Teil

Die Abstammung des Menschen

Inhalt (Dritter Teil)

Einleitung 701

I. Die Abstammung oder der Ursprung des Menschen 705

Erstes Kapitel 707

Tatsachen, welche für die Abstammung des Menschen von einer niederen Form zeugen

Natur der Beweise für den Ursprung des Menschen – Homologe Bildungen beim Menschen und den niederen Tieren – Verschiedene Punkte der Übereinstimmung – Entwicklung – Rudimentäre Bildungen; Muskeln, Sinnesorgane, Haare, Knochen, Reproduktionsorgane usw. – Die Tragweite dieser drei großen Klassen von Tatsachen in bezug auf den Ursprung des Menschen

Zweites Kapitel 721

Über die Art der Entwicklung des Menschen aus einer niederen Form

Variabilität des Körpers und Geistes beim Menschen – Vererbung – Ursachen der Variabilität – Die Gesetze der Abänderung sind dieselben beim Menschen wie bei den niederen Tieren – Direkte Wirkung der Lebensbedingungen – Wirkungen des vermehrten Gebrauchs und des Nichtgebrauchs von Teilen – Entwicklungshemmungen – Rückschlag – Korrelative Abänderung – Verhältnis der Zunahme – Hindernisse der Zunahme – Natürliche Zuchtwahl – Der Mensch, das herrschendste Tier auf der Erde – Bedeutung seines Körperbaues – Ursachen, welche zu seiner aufrechten Stellung führten; von dieser abhängende Änderungen des Baues – Größenabnahme der Eckzähne – Größenzunahme und veränderte Gestalt des Schädels – Nacktheit – Fehlen eines Schwanzes – Verteidigungsloser Zustand des Menschen

Drittes Kapitel 750

Vergleich der Geisteskräfte des Menschen mit denen der niederen Tiere

Die Verschiedenheit in den geistigen Kräften zwischen dem höchsten Affen und dem niedrigsten Wilden ist ungeheuer – Gewisse Instinkte sind gemeinsam – Gemütsbewegungen – Neugierde – Nachahmung – Aufmerksamkeit – Gedächtnis – Einbildung – Verstand – Progressive Vervollkommnung – Von Tieren gebrauchte Werkzeuge und Waffen – Abstraktion, Selbstbewußtsein – Sprache – Schönheitssinn – Glaube an Gott, spirituelle Kräfte; Aberglauben

Viertes Kapitel 774

Vergleich der Geisteskräfte des Menschen mit denen der niederen Tiere (Fortsetzung)

Das moralische Gefühl – Fundamentalsatz – Die Eigenschaften sozialer Tiere – Ursprung der Fähigkeit zum Geselligleben – Kampf zwischen entgegengesetzten Instinkten – Der Mensch, ein soziales Tier – Die ausdauernden sozialen Instinkte überwinden andere weniger beständige Instinkte – Soziale Tugenden von Wilden allein geachtet – Tugenden, die das Individuum betreffen, erst auf späterer Entwicklungsstufe erlangt – Große Bedeutung des Urteils von Mitgliedern von derselben Gemeinschaft über das Benehmen – Überlieferung moralischer Neigungen – Zusammenfassung

Fünftes Kapitel 797

Über die Entwicklung der intellektuellen und moralischen Fähigkeiten während der Urzeit und der zivilisierten Zeiten

Fortbildung der intellektuellen Kräfte durch natürliche Zuchtwahl – Bedeutung der Nachahmung – Soziale und moralische Fähigkeiten – Ihre Entwicklung innerhalb der Grenzen eines und desselben Stammes – Natürliche Zuchtwahl in ihrem Einfluß auf zivilisierte Nationen – Beweise, daß zivilisierte Nationen einst barbarisch waren

Sechstes Kapitel 811

Über die Verwandtschaften und die Genealogie des Menschen

Stellung des Menschen in der Tierreihe – Das natürliche System ist genealogisch – Adaptive Charaktere von geringer Bedeutung – Verschiedene kleine Punkte der Übereinstimmung zwischen dem Menschen und den Quadrumanen – Rang des Menschen im natürlichen System – Geburtsstelle und Alter des Menschen – Fehlen von fossilen Übergangsgliedern – Niedere Stufen in der Genealogie des Menschen, wie sie sich erstens aus seinen Verwandtschaften und zweitens aus seinem Bau ergeben – Früher hermaphroditer Zustand der Wirbeltiere – Schluß

Siebtes Kapitel 827

Über die Rassen des Menschen

Die Natur und der Wert spezifischer Merkmale – Anwendung auf die Menschenrassen – Argumente, welche der Betrachtung der sogenannten Menschenrassen als distinkter Spezies günstig und entgegengesetzt sind – Subspezies – Monogenisten und Polygenisten – Konvergenz des Charakters – Zahlreiche Punkte der Übereinstimmung an Körper und Geist zwischen den verschiedensten Menschenrassen – Der Zustand des Menschen, als er sich zuerst über die Erde verbreitete – Jede Rasse stammt nicht von einem einzelnen Paar ab – Das Aussterben von Rassen – Die Bildung der Rassen – Die Wirkung der Kreuzung – Geringer Einfluß der direkten Wirkung der Lebensbedingungen – Geringer oder kein Einfluß der natürlichen Zuchtwahl – Geschlechtliche Zuchtwahl
Anmerkung über die Ähnlichkeiten und Verschiedenheiten im Bau und in der Entwicklung des Gehirns bei dem Menschen und den Affen, von Prof. Huxley (1874)

II. Geschlechtliche Zuchtwahl 859

Achtes Kapitel 861

Grundsätze der geschlechtlichen Zuchtwahl

Sekundäre Sexualcharaktere – Geschlechtliche Zuchtwahl – Art und Weise der Wirksamkeit – Überwiegen der Männchen – Polygamie – Allgemein ist nur das Männchen durch geschlechtliche Zuchtwahl modifiziert – Begierde des Männchens – Variabilität des Männchens – Wahl vom Weibchen ausgeübt – Geschlechtliche Zuchtwahl verglichen mit der natürlichen – Vererbung zu entsprechenden Lebensperioden, zu entsprechenden Jahreszeiten und durch das Geschlecht beschränkt – Beziehungen zwischen den verschiedenen Formen der Vererbung – Ursachen, weshalb das eine Geschlecht und die Jungen nicht durch geschlechtliche Zuchtwahl modifiziert werden
Anhang: Über die proportionalen Zahlen der beiden Geschlechter durch das ganze Tierreich – Das relative Verhältnis der Geschlechter in bezug auf natürliche Zuchtwahl

Neuntes Kapitel 904

Sekundäre Sexualcharaktere in den niederen Klassen des Tierreichs

Derartige Charaktere fehlen in den niedersten Klassen – Glänzende Farben – Mollusken – Anneliden – Crustaceen, sekundäre Sexualcharaktere hier stark entwickelt; Dimorphismus; Farbe; Merkmale, welche nicht vor der Reife erlangt werden – Spinnen, Geschlechtsfarben derselben; Stridulation der Männchen – Myriapoden

Zehntes Kapitel 914

Sekundäre Sexualcharaktere der Insekten

Verschiedenartige Bildungen, welche die Männchen zum Ergreifen der Weibchen besitzen – Verschiedenheiten zwischen den Geschlechtern, deren Bedeutung nicht einzusehen ist – Verschiedenheit zwischen den Geschlechtern in bezug auf die Größe – *Thysanura* – *Diptera* – *Hemiptera* – *Homoptera*; Vermögen, Töne hervorzubringen, nur im Besitz der Männchen – *Orthoptera*; Stimmorgane der Männchen; verschiedenartig in ihrer Struktur; Kampfsucht; Färbung – *Neuroptera*; sexuelle Verschiedenheiten in der Färbung – *Hymenoptera*; Kampfsucht und Färbung – *Coleoptera*; Färbung; mit großen Hörnern versehen, wie es scheint, zur Zierde; Kämpfe; Stridulationsorgane allgemein beiden Geschlechtern eigen

Elftes Kapitel 935

Insekten (Fortsetzung); Ordnung der Lepidoptera

Geschlechtliche Werbung der Schmetterlinge – Kämpfe – Klopfende Geräusche – Farben beiden Geschlechtern gemeinsam oder glänzender bei den Männchen – Beispiele – Sind nicht Folge der direkten Wirkung der Lebensbedingungen – Farben als Schutzmittel angepaßt – Färbungen der Nachtschmetterlinge – Entfaltung – Wahrnehmungsvermögen der Lepidoptern – Variabilität – Ursachen der Verschiedenheiten in der Färbung zwischen den Männchen und Weibchen – Mimikry; weibliche Schmetterlinge glänzender gefärbt als die Männchen – Helle Farben der Raupen – Zusammenfassung und Schlußbemerkungen über die sekundären Sexualcharaktere der Insekten – Vögel und Insekten miteinander verglichen

Zwölftes Kapitel 953

Sekundäre Sexualcharaktere der Fische, Amphibien und Reptilien

Fische: Werbung und Kämpfe der Männchen – Bedeutendere Größe der Weibchen – Männchen: helle Farben und ornamentale Anhänge; andere merkwürdige Charaktere – Färbungen und Anhänge von den Männchen allein während der Paarungszeit erlangt – Fische, bei denen beide Geschlechter glänzend gefärbt sind – Protektive Farben – Die weniger augenfälligen Färbungen der Weibchen können nicht nach dem Grundsatz des Schutzgebens erklärt werden – Männliche Fische bauen Nester und sorgen für die Eier und Jungen – Amphibien: Verschiedenheiten des Baues und der Farbe zwischen den Geschlechtern – Stimmorgane – Reptilien: Schildkröten – Krokodile – Schlangen: Farben in manchen Fällen protektiv – Eidechsen: Kämpfe derselben – Ornamentale Anhänge – Merkwürdige Verschiedenheiten in der Struktur der beiden Geschlechter – Färbungen – Geschlechtliche Verschiedenheiten fast so groß wie bei den Vögeln

Dreizehntes Kapitel 970

Sekundäre Sexualcharaktere der Vögel

Geschlechtliche Verschiedenheiten – Gesetz des Kampfes – Spezielle Waffen – Stimmorgane – Instrumentalmusik – Liebesgebärden und Tänze – Beständiger und an die Jahreszeit gebundener Schmuck – Doppelte und einfache jährliche Mauser – Entfaltung des Schmucks seitens der Männchen

Vierzehntes Kapitel 997

Vögel (Fortsetzung)

Wahl vom Weibchen ausgeübt – Dauer der Bewerbung – Nichtgepaarte Vögel – Geistige Eigenschaften und Geschmack für das Schöne – Vorliebe für oder Antipathie gegen gewisse Männchen seitens der Weibchen – Variabilität der Vögel – Abänderungen zuweilen plötzlich auftretend – Gesetze der Abänderung – Bildung der Augenflecken – Abstufungen der Charaktere – Pfauhahn, Argus-Fasan und *Urosticte*

Fünfzehntes Kapitel 1025

Vögel (Fortsetzung)

Erörterung, warum in manchen Spezies allein die Männchen, und in anderen Spezies beide Geschlechter glänzend gefärbt sind – Über geschlechtlich beschränkte Vererbung in ihrer Anwendung auf verschiedene Bildungen und auf ein hell gefärbtes Gefieder – Nestbau in Beziehung zur Farbe – Verlust des Hochzeitsgefieders während des Winters

Sechzehntes Kapitel 1041

Vögel (Schluß)

Das Jugendgefieder in bezug auf den Charakter des Gefieders beider Geschlechter im erwachsenen Zustand – Sechs Klassen von Fällen – Geschlechtliche Verschiedenheiten der Männchen nahe verwandter oder repräsentativer Spezies – Das Weibchen nimmt die Charaktere des Männchens an – Das Gefieder der Jungen in bezug auf das Sommer- und Wintergefieder der Erwachsenen – Über die Steigerung der Schönheit der Vögel auf der ganzen Welt – Protektive Färbung – Auffallend gefärbte Vögel – Würdigung der Neuheit – Zusammenfassung der vier Kapitel über Vögel

Siebzehntes Kapitel 1070

Sekundäre Sexualcharaktere der Säugetiere

Das Gesetz des Kampfes – Spezielle auf die Männchen beschränkte Waffen – Ursache des Fehlens der Waffen bei den Weibchen – Beiden Geschlechtern gemeinsame Waffen, die aber doch ursprünglich zuerst vom Männchen erlangt wurden – Anderer Nutzen solcher Waffen – Ihre hohe Bedeutung – Bedeutendere Größe der Männchen – Verteidigungsmittel – Über die von beiden Geschlechtern gezeigte Vorliebe beim Paaren der Säugetiere

Achtzehntes Kapitel 1088

Sekundäre Sexualcharaktere der Säugetiere (Fortsetzung)

Stimme – Merkwürdige geschlechtliche Eigentümlichkeiten bei Robben – Geruch – Entwicklung des Haares – Farbe des Haares und der Haut – Anomaler Fall, wo das Weibchen mehr geschmückt ist als das Männchen – Farbe und Schmuck: Folgen geschlechtlicher Zuchtwahl – Farbe zum Zweck des Schutzes erlangt – Farbe, wenn schon beiden Geschlechtern gemeinsam, doch häufig Folge geschlechtlicher Zuchtwahl – Über das Verschwinden von Flecken und Streifen bei erwachsenen Säugetieren – Über die Farben und den Zierat der Quadrumanen – Zusammenfassung

III. Geschlechtliche Zuchtwahl in Beziehung auf den Menschen und Schluß 1107

Neunzehntes Kapitel 1109

Sekundäre Sexualcharaktere des Menschen

Verschiedenheiten zwischen dem Mann und der Frau – Ursachen derartiger Verschiedenheiten und gewisser, beiden Geschlechtern eigener Charaktere – Gesetz des Kampfes – Verschiedenheiten der Geisteskräfte und der Stimme – Über den Einfluß der Schönheit bei der Bestimmung der Heiraten unter den Menschen – Aufmerksamkeit der Wilden auf Zierate – Ihre Ideen von Schönheit der Frauen – Neigung, jede natürliche Eigentümlichkeit zu übertreiben

Zwanzigstes Kapitel 1131

Sekundäre Sexualcharaktere des Menschen (Fortsetzung)

Über die Wirkungen der fortgesetzten Wahl von Frauen nach einem verschiedenen Maßstab der Schönheit in jeder Rasse – Über die Ursachen, welche die geschlechtliche Zuchtwahl bei zivilisierten und wilden Rassen stören – Der geschlechtlichen Zuchtwahl günstige Bedingungen in Urzeiten – Über die Art der Wirkung der geschlechtlichen Zuchtwahl beim Menschengeschlecht – Über den Umstand, daß die Frauen wilder Stämme in etwas die Fähigkeit haben, sich Gatten zu wählen – Fehlen des Haares am Körper und Entwicklung des Bartes – Farbe der Haut – Zusammenfassung

Einundzwanzigstes Kapitel 1148

Allgemeine Zusammenfassung und Schluß

Hauptsächlichste Schlußfolgerung, daß der Mensch von einer niederen Form abstammt – Art und Weise der Entwicklung – Genealogie des Menschen – Intellektuelle und moralische Fähigkeiten – Geschlechtliche Zuchtwahl – Schlußbemerkungen

Zusatzbemerkung über geschlechtliche Zuchtwahl in bezug auf Affen 1159

Einleitung

Das Wesen des vorliegenden Buches wird man am besten beurteilen können, wenn ich kurz angebe, wie ich dazu kam, es zu schreiben. Viele Jahre hindurch habe ich Notizen über den Ursprung oder die Abstammung des Menschen gesammelt, ohne daß mir etwa der Plan vorgeschwebt hätte, über den Gegenstand einmal zu schreiben, vielmehr mit dem Entschluß, dies nicht zu tun, da ich fürchtete, daß ich dadurch nur die Vorurteile gegen meine Ansichten verstärken würde. Es schien mir hinreichend, in der ersten Ausgabe meiner „Entstehung der Arten" darauf hingewiesen zu haben, daß durch dieses Buch auch Licht auf den Ursprung des Menschen und seine Geschichte geworfen werden würde; diese Andeutung schloß ja doch den Gedanken ein, daß der Mensch bei jedem allgemeinen Schluß in bezug auf die Art seiner Erscheinung auf der Erde mit anderen organischen Wesen zusammengefaßt werden müsse. Gegenwärtig trägt die Sache ein vollständig verschiedenes Ansehen. Wenn ein Naturforscher wie Carl Vogt in seiner Eröffnungsrede als Präsident des Nationalinstituts von Genf (1869) sagen darf: „Personne, en Europe au moins, n'ose plus soutenir la création indépendante et de toutes pièces, des espèces", so muß doch offenbar wenigstens eine große Zahl Naturforscher der Annahme zugetan sein, daß Arten die modifizierten Nachkommen anderer Arten, sind; und vorzüglich gilt dies für die jüngeren und aufstrebenden Naturforscher. Die größere Zahl derselben nimmt die Tätigkeit der natürlichen Zuchtwahl an, obschon einige, ob mit Recht, muß die Zukunft entscheiden, hervorheben, daß ich deren Wirksamkeit bedeutend überschätzt habe. Von den älteren und angeseheneren Häuptern der Naturwissenschaft sind leider noch viele gegen eine Entwicklung in jeglicher Form.

Infolge der von den meisten Naturforschern, denen schließlich, wie in jedem anderen Falle, noch andere nicht wissenschaftlich Gebildete folgen werden, jetzt angenommenen Ansichten bin ich darauf geführt worden, meine Notizen zusammenzustellen, um zu sehen, wie weit sich die allgemeinen Schlußfolgerungen, zu denen ich in meinen früheren Schriften gekommen war, auf den Menschen anwenden lassen. Dies schien umso wünschenswerter, als ich diese Betrachtungsweise noch niemals ausdrücklich auf eine Art einzeln genommen angewendet hatte. Wenn wir unsere Aufmerksamkeit auf irgendeine Form beschränken, so entbehren wir die gewichtigen Beweismittel, die aus der Natur der Verwandtschaft, welche große Gruppen von Organismen untereinander verbindet, aus ihrer geographischen Verbreitung in der Gegenwart und in vergangenen Zeiten und aus ihrer geologischen Aufeinanderfolge fließen. Es bleiben dann die homologen Bildungen, die embryonale Entwicklung und die rudimentären Organe einer Art, mag dies nun der Mensch oder irgendein anderes Tier sein, auf welches sich unsere Aufmerksamkeit richtet, zu betrachten übrig; und diese großen Klassen von Tatsachen bieten gerade, wie es mir scheint, umfassende und endgültige Zeugnisse zugunsten des Prinzips einer stufenweisen Entwicklung dar. Indessen sollte man die kräftige Unterstützung durch die anderen Argumente sich deshalb doch immer vor Augen halten.

Die einzige Aufgabe dieses Werkes ist, zu untersuchen, erstens ob der Mensch, wie jede andere Spezies, von irgendeiner früher existierenden Form abstammt, zweitens, welches die Art seiner Entwicklung war, und drittens, welchen Wert die Verschiedenheiten zwischen den sogenannten Menschenrassen haben. Da ich mich auf diese Punkte beschränken werde, so wird es nicht notwendig sein, im einzelnen die Verschiedenheiten zwischen den verschiedenen Rassen zu beschreiben; es ist dies ein äußerst umfangreicher Gegenstand, welcher in vielen wertvollen Werken ausführlich erörtert worden ist. Das hohe Alter des Menschen ist in der neueren Zeit durch die Bemühungen einer Menge ausgezeichneter Männer nachgewiesen worden, zuerst von Boucher de Perthes; und dies ist die unentbehrliche Grundlage zum Verständnis seines Ursprungs. Ich werde daher diesen Beweis für erbracht annehmen und darf wohl meine Leser auf die vorzüglichen Schriften von Sir Charles Lyell, Sir John Lubbock und anderen verweisen.

Einleitung

Auch werde ich kaum Veranlassung haben, mehr zu tun, als auf den Betrag der Verschiedenheit zwischen dem Menschen und den anthropomorphen Affen hinzuweisen; denn nach der Ansicht der kompetentesten Beurteiler hat Professor Huxley überzeugend nachgewiesen, daß der Mensch in jedem einzelnen sichtbaren Merkmal weniger von den höheren Affen abweicht, als diese von den niederen Gliedern derselben Ordnung, der Primaten, abweichen.

Das vorliegende Werk enthält kaum irgendwelche originellen Tatsachen in bezug auf den Menschen; da aber die Folgerungen, zu welchen ich nach Vollendung einer flüchtigen Skizze gelangte, mir interessant zu sein schienen, so glaubte ich, daß sie auch andere interessieren dürften. Es ist oft und mit Nachdruck behauptet worden, daß der Ursprung des Menschen nie zu enträtseln sei. Aber Unwissenheit erzeugt viel häufiger Sicherheit, als es das Wissen tut. Es sind immer diejenigen, welche wenig wissen, und nicht die, welche viel wissen, welche positiv behaupten, daß dieses oder jenes Problem nie von der Wissenschaft werde gelöst werden. Die Schlußfolgerung, daß der Mensch, in gleicher Weise wie andere Arten, ein Nachkomme von irgendwelchen anderen niedrigeren und ausgestorbenen Formen sei, ist durchaus nicht neu. Lamarck kam schon vor langer Zeit zu dieser Folgerung, welche neuerdings von mehreren ausgezeichneten Naturforschern und Philosophen zu der ihrigen gemacht worden ist, z.B. von Wallace, Huxley, Lyell, Vogt, Lubbock, Büchner, Rolle etc.[1] und besonders von Haeckel. Der letztgenannte Naturforscher hat außer seinem großen Werk: Generelle Morphologie (1866) noch neuerdings (1868 und in achter Auflage 1889) seine „Natürliche Schöpfungsgeschichte" herausgegeben, in welcher er die Genealogie des Menschen eingehend erörtert. Wäre dieses Buch erschienen, ehe meine Arbeit niedergeschrieben war, würde ich sie wahrscheinlich nie zu Ende geführt haben; fast alle die Folgerungen, zu denen ich gekommen bin, finde ich durch diesen Forscher bestätigt, dessen Kenntnisse in vielen Punkten viel reicher sind als meine. Wo ich irgendeine Tatsache oder Ansicht aus Professor Haeckels Schriften hinzugefügt habe, gebe ich seine Gewähr im Text, andere Angaben lasse ich so, wie sie ursprünglich in meinem Manuskript standen, und füge dann nur gelegentlich in den Anmerkungen Hinweise auf seine Schriften hinzu, als eine Bestätigung der zweifelhaften oder interessanteren Punkte.

Schon seit vielen Jahren ist es mir äußerst wahrscheinlich erschienen, daß geschlechtliche Zuchtwahl eine bedeutende Rolle bei der Differenzierung der Menschenrassen gespielt habe; in meiner „Entstehung der Arten" begnügte ich mich aber damit, nur auf diese Ansicht hinzuweisen. Als ich nun dazu kam, diese Gesichtspunkte auf den Menschen anzuwenden, fand ich, daß es unumgänglich notwendig sei, den ganzen Gegenstand in ausführlichem Detail zu behandeln.[2] Infolgedessen ist der zweite Teil des vorliegenden Werkes, welcher von der geschlechtlichen Zuchtwahl handelt, zu einer unverhältnismäßigen Länge, wenn mit dem ersten Teil verglichen, angewachsen; dies ließ sich indessen nicht vermeiden.

---

[1] Da die Werke der erstgenannten Schriftsteller in England allgemein bekannt sind, so hat der Verfasser deshalb ihre Titel nicht speziell anzuführen für nötig gehalten. Doch glaubt der Übersetzer auch diese hiermit aufnehmen zu sollen. Es sind dies: A. R. Wallack: Contributions to the Theory of Natural Selection, London 1870 (Kap. IX u. X); Huxley: Zeugnisse für die Stellung des Menschen in der Natur. Übers. Braunschweig 1863; Sir Ch. Lyell: Das Alter des Menschengeschlechts auf der Erde. Übers. Leipzig 1864; L. Büchner: Sechs Vorlesungen über die Darwin'sche Theorie. Frankfurt 1865. Verf. fährt fort: Ich will hier nicht den Versuch machen, alle Schriftsteller zu zitieren, welche dieselbe Ansicht vertreten. So hat G. Canstrini eine interessante Abhandlung über rudimentäre Charaktere und deren Beziehung zu der Frage nach dem Ursprung des Menschen veröffentlicht (Annuario della Soc. d. Nat., Modena 1867, p.81). Ein anderes Werk hat Dr. Francesco Barrago herausgegeben unter dem Titel (italienisch 1869): „Der Mensch geschaffen zum Ebenbilde Gottes, auch geschaffen als Ebenbild des Affen."

[2] Prof. Haeckel war der einzige Schriftsteller, welcher zur Zeit des Erscheinens des vorliegenden Werkes den Gegenstand der geschlechtlichen Zuchtwahl seit der Veröffentlichung der „Entstehung der Arten" besprochen und die volle Bedeutung desselben erkannt und erörtert hatte; er hat dies in seinen verschiedenen Arbeiten in sehr umsichtiger Weise getan.

Einleitung

Ich hatte beabsichtigt, den vorliegenden Bogen einen Versuch über den Ausdruck der verschiedenen Gemütsbewegungen bei dem Menschen und den niederen Tieren hinzuzufügen. Sir Charles Bells wundervolles Buch hatte meine Aufmerksamkeit vor vielen Jahren schon auf diesen Gegenstand gelenkt. Dieser berühmte Anatom behauptet, daß der Mensch mit gewissen Muskeln ausgerüstet sei, ausschließlich zu dem Zweck, seine Gemütsbewegungen auszudrükken. Da diese Ansicht offenbar mit dem Glauben in Widerspruch steht, daß der Mensch von irgendeiner anderen und niederen Form abstammt, so wurde es für mich notwendig, dieselbe eingehender zu betrachten. Ich wünschte gleichermaßen festzustellen, inwieweit die Gemütsbewegungen von den verschiedenen Menschenrassen in derselben Weise ausgedrückt werden; aber wegen des Umfangs des vorliegenden Werkes hielt ich es für besser, diese Abhandlung selbständig zu veröffentlichen.

I. Die Abstammung oder der Ursprung des Menschen

Erstes Kapitel

Tatsachen, welche für die Abstammung des Menschen von einer niederen Form zeugen

Natur der Beweise für den Ursprung des Menschen – Homologe Bildungen beim Menschen und den niederen Tieren – Verschiedene Punkte der Übereinstimmung – Entwicklung – Rudimentäre Bildungen; Muskeln, Sinnesorgane, Haare, Knochen, Reproduktionsorgane usw. – Die Tragweite dieser drei großen Klassen von Tatsachen in bezug auf den Ursprung des Menschen

Ein jeder, welcher zu entscheiden wünscht, ob der Mensch der modifizierte Nachkomme irgendeiner früher existierenden Form sei, würde wahrscheinlich zuerst untersuchen, ob der Mensch, in einem wie geringen Grade auch immer, seiner körperlichen Struktur nach und in seinen geistigen Fähigkeiten variiert, und wenn dies der Fall ist, ob diese Abänderungen seinen Nachkommen in Übereinstimmung mit den bei niederen Tieren geltenden Gesetzen überliefert werden; ferner, ob die Abänderungen, soweit es unsere Unwissenheit zu beurteilen gestattet, die Wirkungen derselben allgemeinen Ursachen sind und ob sie von denselben allgemeinen Gesetzen beherrscht werden wie bei anderen Organismen, z.B. von der Korrelation, den vererbten Wirkungen des Gebrauchs und Nichtgebrauchs usw. Ist ferner der Mensch ähnlichen Mißbildungen unterworfen, infolge von Bildungshemmungen, von Verdoppelung von Teilen usw., und bietet er in irgendwelchen seiner Mißbildungen einen Rückschlag auf einen früheren und älteren Bildungstypus dar? Natürlich ließe sich auch untersuchen, ob der Mensch, wie so viele anderen Tiere, Varietäten und Unterrassen habe entstehen lassen, die nur unbedeutend voneinander abweichen, oder Rassen, welche so verschieden voneinander sind, daß sie als zweifelhafte Spezies zu klassifizieren sind. Wie sind derartige Rassen über die Erde verbreitet und wie wirken sie bei einer Kreuzung auf einander, sowohl in der ersten Generation als auch in den folgenden? Und so ließen sich noch über viele andere Punkte Fragen aufstellen.

Bei dieser Untersuchung würde man dann zunächst zu der wichtigen Frage kommen, ob der Mensch zu einer im Verhältnis so rapiden Zunahme neigt, daß hierdurch gelegentlich heftige Kämpfe um das Dasein und infolgedessen wohltätige Abänderungen veranlaßt werden, gleichviel ob am Körper oder am Geist, welche dann bewahrt bleiben, während die nachteiligen beseitigt werden. Greifen die Rassen oder Arten, gleichviel welcher Ausdruck hier angewandt wird, über einander über und ersetzen einander, so daß einige schließlich unterdrückt werden? Wir werden sehen, daß alle diese Fragen, wie es in der Tat in bezug auf die meisten derselben auf der Hand liegt, bejahend beantwortet werden müssen, in derselben Weise wie bei den niederen Tieren. Die verschiedenartigen, hier angedeuteten Betrachtungen können aber füglich eine Zeitlang noch zurückgestellt werden, und wir wollen zuerst nachsehen, inwieweit die körperliche Bildung des Menschen mehr oder weniger deutliche Spuren seiner Abstammung von irgendeiner niederen Form zeigt. In späteren Kapiteln werden dann die geistigen Fähigkeiten des Menschen im Vergleich mit denen der niederen Tiere betrachtet werden.

Die körperliche Bildung des Menschen. – Es ist bekannt, daß der Mensch nach demselben allgemeinen Typus oder Modell wie die anderen Säugetiere gebildet ist. Alle Knochen seines Skeletts können mit entsprechenden Knochen eines Affen oder einer Fledermaus oder Robbe verglichen werden; dasselbe gilt für seine Muskeln, Nerven, Blutgefäße und Eingeweide. Das Gehirn, dieses bedeutungsvollste aller Organe, folgt denselben Bildungsgesetzen, wie Huxley und andere Anatomen gezeigt haben. Bischoff[1] welcher zu den Reihen der Gegner gehört, gibt

---

[1] Die Großhirnwindungen des Menschen, 1868, p.96. Die Schlußfolgerungen dieses Schriftstellers ebenso wie die, zu denen Gratiolet und Aeby in bezug auf das Gehirn gelangt sind, werden in dem dem ersten Teil des vorliegenden Werks angefügten Anhang von Prof. Huxley erörtert werden.

zu, daß jede wesentliche Spalte und Falte im Gehirn des Menschen ihr Analogon im Gehirn des Orang-Utans findet; er fügt aber hinzu, daß auf keiner Entwicklungsperiode die Gehirne beider vollständig untereinander übereinstimmen. Eine völlige Übereinstimmung konnte man auch nicht erwarten, denn sonst würden ihre geistigen Fähigkeiten dieselben gewesen sein; Vulpian[2] bemerkt: „Les différences réelles, qui existent entre l'encéphale de l'homme et celui des singes supérieurs, sont bien minimes. Il ne faut pas se faire d'illusions à cet égard. L'homme est bien plus près des singes anthropomorphes par les caractères anatomiques de son cerveau, que ceux-ci ne le sont non seulement des autres mammifères, mais même de certains quadrumanes, des guenons et des macaques." Es wäre aber überflüssig, hier noch weitere Einzelheiten in Betreff der Übereinstimmung zwischen dem Menschen und den höheren Säugetieren in der Bildung des Gehirns und aller anderen Teile des Körpers anzuführen.

Es dürfte indessen der Mühe wert sein, einige wenige Punkte, welche nicht direkt oder augenfällig in Verbindung mit dem Körperbau stehen, speziell anzuführen, aus denen diese Übereinstimmung oder Verwandtschaft deutlich hervorgeht.

Der Mensch ist fähig, von den anderen Tieren gewisse Krankheiten aufzunehmen oder sie ihnen mitzuteilen, wie Wasserscheu, Pocken, Rotz, Syphilis, Cholera, Flechten usw.[3], und diese Tatsache beweist die große Ähnlichkeit[4] ihrer Gewebe und ihres Blutes, sowohl in ihrem feineren Bau als auch in ihrer Zusammensetzung, und zwar viel deutlicher, als es durch deren Vergleich unter dem besten Mikroskop oder mit Hilfe der sorgfältigsten chemischen Analyse nachgewiesen werden kann. Die Affen sind vielen von denselben nicht kontagiösen Krankheiten ausgesetzt wie wir. So fand Rengger[5], welcher eine Zeit lang den *Cebus Azarae* in seinem Vaterland sorgfältig beobachtete, daß er Katarrh bekam, mit den gewöhnlichen Symptomen, welcher auch bei häufigen Rückfällen zu Schwindsucht führte. Diese Affen litten an Schlagfluß, Entzündung der Eingeweide und grauem Star am Auge. Die jüngeren starben oft am Fieber während der Periode, in der sie ihre Milchzähne verloren; Arzneien haben dieselbe Wirkung auf sie wie auf uns. Viele Arten von Affen haben eine starke Vorliebe für Tee, Kaffee und spirituose Getränke; sie können auch, wie ich selbst gesehen habe, mit Vergnügen Tabak rauchen.[6] Brehm behauptet, daß die Eingeborenen von Nord-Afrika die wilden Paviane dadurch fangen, daß sie Gefäße mit einem starken geistigen Getränk hinstellen, in welchem sich die Affen betrinken. Er hat mehrere dieser Tiere, die er in Gefangenschaft hielt, in diesem Zustand gesehen und gibt einen höchst komischen Bericht ihres Benehmens und ihrer wunderbaren Grimassen. Am folgenden Morgen waren sie sehr verstimmt und übel aufgelegt; sie hielten ihren schmerzenden Kopf mit beiden Händen und boten einen äußerst erbarmungswürdigen Anblick dar. Wurde ihnen Bier oder Wein angeboten, so wandten sie sich mit Widerwillen ab, labten sich dagegen an Zitronensaft.[7] Ein amerikanischer Affe, ein *Ateles*, wollte, nachdem er einmal von

---

[2] Leçons sur la Physiol, 1866, p.890, nach dem Zitat bei Dally, L'ordre des Primates et le Transformisme, 1868, p.29.
[3] Dr. W. Lauder Lindsay hat diesen Gegenstand ziemlich ausführlich behandelt im „Journal of Mental Science", July 1871, und in der „Edinburgh Veterinary Review", July 1858.
[4] Einer meiner Kritiker (British Quarterly Review, Octob. Ist, 1871, p.472) hat das, was ich hier gesagt habe, in sehr starker und verächtlicher Weise kritisiert; da ich aber nicht den Ausdruck „Identität" brauche, sehe ich nicht ein, daß ich hier einen großen Irrtum begangen hätte. Zwischen der Tatsache, daß dieselbe oder eine sehr ähnliche Infektion oder Ansteckung bei zwei verschiedenen Tieren dieselbe Wirkung hervorruft, und der Prüfung zweier verschiedener Flüssigkeiten mit demselben chemischen Reagens scheint mir eine sehr starke Analogie zu bestehen.
[5] Naturgeschichte der Säugetiere von Paraguay, 1830, p.50.
[6] Dieselben Geschmackseigentümlichkeiten kommen manchen noch niedrigeren Tieren zu. Mr. A. Nicols hat, wie er mir mitteilt, in Queensland in Australien drei Individuen von *Phascolarctus cinereus* gehalten; ohne daß es ihnen irgendwie gelehrt worden wäre, entwickelte sich bei ihnen ein starker Geschmack für Rum und für Tabakrauchen.
[7] Brehm: Tierleben. 2. Aufl., Bd. 1, p.147, 155. Über den *Ateles*, p.194. Wegen anderer analoger Angaben s. p.72, 194.

Branntwein trunken geworden war, nie mehr solchen anrühren; er war daher weiser als viele Menschen. Diese unbedeutenden Tatsachen beweisen, wie ähnlich die Geschmacksnerven bei den Affen und den Menschen sein müssen und in wie ähnlicher Weise ihr ganzes Nervensystem affiziert wird.

Der Mensch wird von inneren Parasiten geplagt, welche zuweilen tötliche Wirkungen hervorbringen, in gleicher Weise auch von äußeren; alle diese Schmarotzer gehören zu denselben Gattungen oder Familien wie die, welche andere Säugetiere bewohnen, und, was die Krätzmilbe betrifft, zu derselben Spezies.[8] Der Mensch ist in gleicher Weise wie andere Säugetiere, Vögel und selbst Insekten[9], jenem geheimnisvollen Gesetz unterworfen, welches gewisse normale Vorgänge, wie die Trächtigkeit, ebenso wie die Reife und die Dauer gewisser Krankheiten den Mondperioden zu folgen veranlaßt. Seine Wunden werden durch denselben Heilungsprozeß wiederhergestellt, und die nach der Amputation seiner Gliedmaßen gelassenen Stümpfe besitzen gelegentlich, besonders während der früheren embryonalen Periode, eine gewisse Fähigkeit der Regeneration wie bei den niedersten Tieren.[10]

Der ganze Hergang jener bedeutungsvollsten Verrichtung, der Fortpflanzung der Art, ist bei den Säugetieren in auffallender Weise derselbe, von dem ersten Akt der Werbung des Männchens an[11] bis zu der Geburt und der Ernährung der Jungen. Die Affen werden in einem fast genau so hilflosen Zustand geboren wie unsere eigenen Kinder; und in gewissen Gattungen weichen die Jungen in ihrem Aussehen von den Erwachsenen genauso viel ab, wie menschliche Kinder von ihren erwachsenen Eltern.[12] Einige Schriftsteller haben als einen wichtigen Unterschied hervorgehoben, daß beim Menschen die Jungen in einem viel späteren Alter zur Reife gelangen, als bei irgendeinem anderen Tier. Wenn wir aber einen Blick auf die Menschenrassen werfen, welche tropische Länder bewohnen, so ist der Unterschied nicht groß. Denn der Orang-Utan wird, wie man annimmt, nicht vor einem Alter von 10 bis 15 Jahren reif.[13] Der Mann weicht von der Frau in der großen Körperkraft, in dem Behaartsein usw., ebenso wie in bezug auf den Geist, in derselben Weise ab, wie die beiden Geschlechter vieler Säugetiere voneinander abweichen. Es ist überhaupt die Übereinstimmung im allgemeinen Bau, in der feinen Struktur der Gewebe, in der chemischen Zusammensetzung und in der Konstitution zwischen dem Menschen und den höheren Tieren, besonders den anthropomorphen Affen eine äußerst enge.

Embryonale Entwicklung. – Der Mensch entwickelt sich aus einem Eichen von ungefähr $1/125$ Zoll (0,2 mm) im Durchmesser, welches in keiner Hinsicht von den Eichen anderer Tiere abweicht. Der Embryo selbst kann auf einer frühen Stufe kaum von dem anderer Glieder des Wirbeltierreichs unterschieden werden. Auf dieser Periode verlaufen die Halsarterien in bogenförmigen Ästen, als wenn sie das Blut zu Kiemen brächten, welche bei den höheren Wirbeltieren

---

[8] Dr. W. Lauder Lindsay, in: Edinburgh Veterinary Review, July 1858, p.13.
[9] In bezug auf Insekten s. Dr. Laycock: On a general law of vital periodicity. British Associat., 1842. MacCulloch sah einen Hund an dreitägigem Wechselfieber leiden. Silliman's Americ. Journ. of Science, XVII, 305. Ich werde später auf diesen Gegenstand zurückkommen.
[10] Die Beweise hierfür habe ich gegeben in der Schrift: „Über das Variieren der Tiere und Pflanzen im Zustand der Domestikation." 2. Aufl., Bd. II, p.17 d. Übers.; weiteres könnte noch hinzugefügt werden.
[11] „Mares e diversis generibus Quadrumanorum sine dubio dignoscunt feminas humanas amaribus. Primum, credo, odoratu, postea aspectu. Mr.Youatt, qui diu in Hortis Zoologicis (Bestiariis) medicus animalium erat, vir in rebus observandis cautus et sagax, hoc mihi certissime probavit, et curatores eiusdem loci et alii e ministris confirmaverunt. Sir Andrew Smith et Brehm notabant idem in Cynocephalo. Illustrissimus Cuvier etiam narrat multam de hac re, qua ut opinor nihil turpius potest indicari inter omnia hominibus et quadrumanis communia. Narrat enim Cynocephalum quendam in furorem incidere aspectu feminarum aliquarum, sed nequaquam accendi tanto furore ab omnibus. Semper eligebat juniores et dignoscebat in turba et advocabat voce gestuque."
[12] Diese Bemerkung machen in bezug auf *Cynocephalus* und die anthropomorphen Affen Geoffroy St. Hilaire und Fr. Cuvier, Hist. natur. des Mammifères, Tom. I, 1824.
[13] Huxley: Stellung des Menschen in der Natur, p.38 (Übers.).

nicht vorhanden sind; doch sind die Spalten an den Seiten des Halses noch vorhanden und geben die frühere Stellung jener an. Auf einer etwas späteren Periode, wenn sich die Gliedmaßen entwickeln, entstehen, wie der berühmte v. Baer bemerkt, die Füße von Eidechsen und Säugetieren, die Flügel und Füße der Vögel und ebenso die Hände und Füße des Menschen sämtlich aus derselben Grundform. „Erst auf späteren Entwicklungsstufen", sagt Professor Huxley[14], „bietet das junge menschliche Wesen deutliche Verschiedenheiten von dem jungen Affen dar, welcher letztere ebensoweit vom Hund in seiner Entwicklung abweicht, wie es der Mensch tut. So auffallend diese letztere Behauptung zu sein scheint, so ist sie doch nachweisbar richtig."

Nach den vorstehenden, auf Grund so bedeutender Autoritäten mitgeteilten Angaben würde es meinerseits überflüssig sein, noch eine Anzahl weiterer entlehnter Einzelheiten zu geben, um zu zeigen, daß der Embryo des Menschen streng dem anderer Säugetiere gleicht. Es mag indessen noch hinzugefügt werden, daß der menschliche Embryo in verschiedenen Punkten seiner Bildung gleichfalls gewissen niederen Formen in deren erwachsenem Zustand ähnlich ist. So ist z. B. das Herz zuerst einfach ein pulsierendes Gefäß, die Exkremente werden durch eine Kloake entleert, und das Schwanzbein springt wie ein wahrer Schwanz vor, indem es sich beträchtlich „jenseits der rudimentären Beine" verlängert.[15] Bei den Embryonen aller luftatmenden Wirbeltiere entsprechen gewisse Drüsen, die sogenannten Wolffschen Körper, den Nieren erwachsener Fische und fungieren auch wie diese.[16] Selbst in einer späteren embryonalen Periode lassen sich einige auffallende Übereinstimmungen zwischen dem Menschen und den niederen Tieren beobachten. Bischoff sagt, daß die Gehirnwindungen eines menschlichen Fötus vom Ende des siebten Monats ungefähr die Entwicklungsstufe erreichen, welche ein erwachsener Pavian zeigt.[17] Wie Professor Owen bemerkt[18], „ist die große Zehe, welche beim Stehen oder Gehen den Stützpunkt bildet, vielleicht die charakteristischste Eigentümlichkeit des menschlichen Baus". Aber bei einem Embryo von ungefähr einem Zoll Länge fand Professor Wyman[19], „daß die große Zehe kürzer als die anderen und, statt diesen parallel zu sein, unter einem Winkel vom Fußrand vorsprang und daher mit dem bleibenden Zustand dieses Teils bei den Affen übereinstimmte". Ich will mit der Anführung einer Stelle von Huxley schließen[20], welcher fragt, ob der Mensch in einer vom Hund, Vogel, Frosch oder Fisch verschiedenen Weise entstehe, und dann sagt: „Die Antwort kann nicht einen Augenblick zweifelhaft sein. Die Ursprungsweise und die frühen Entwicklungsstufen des Menschen sind mit denen der in dem Tierreich unmittelbar unter ihm stehenden Formen identisch. Ohne allen Zweifel steht er in diesen Beziehungen den Affen viel näher, als die Affen dem Hund stehen."

Rudimente. – Obgleich dieser Gegenstand nicht von wesentlich größerer Bedeutung ist als die beiden zuletzt erwähnten, so soll er doch aus mehreren Gründen hier mit größerer Ausführlichkeit behandelt werden.[21] Es läßt sich nicht eines der höheren Tiere anführen, welches nicht irgendeinen Teil in einem rudimentären Zustand besäße, und der Mensch bietet keine Ausnahme von dieser Regel dar. Rudimentäre Organe müssen von solchen unterschieden werden, welche

---

[14] Huxley: ebd., p.75.
[15] Prof. Wyman, in: Proceed. Americ. Acad. of Sciences, Vol. IV, 1860, p.17.
[16] Owen: Anatomy of Vertebrates, Vol. I, p.533.
[17] Die Großhirnwindungen des Menschen, 1868, p.95.
[18] Anatomy of Vertebrates, Vol. II, p.553.
[19] Proceed. Soc. Nat. Hist., Boston 1863, Vol. IX, p.185.
[20] Die Stellung des Menschen in der Natur, p.74.
[21] Ich hatte eine Skizze dieses Kapitels bereits niedergeschrieben, ehe ich eine wertvolle Abhandlung von G. Canestrini gelesen hatte, welcher ich viel zu verdanken habe: Caratteri rudimentali in ordine all' origine del uomo, in: Annuario della Soc. d. Nat., Modena 1867, p.81. Haeckel hat ganz vorzügliche Erörterungen über diesen ganzen Gegenstand unter dem Titel Dysteleologie in seiner „Generellen Morphologie" und seiner „Schöpfungsgeschichte" angestellt.

auf dem Wege der Bildung sind, obschon in manchen Fällen die Unterscheidung nicht leicht ist. Die ersteren sind entweder absolut nutzlos, wie die Zitzen der männlichen Säugetiere oder die oberen Schneidezähne von Wiederkäuern, welche niemals das Zahnfleisch durchschneiden, oder sie sind von so untergeordnetem Nutzen für ihren jetzigen Besitzer, daß wir nicht annehmen können, sie hätten sich unter den jetzt existierenden Bedingungen entwickelt. Organe in diesem letzteren Zustand sind nicht streng genommen rudimentär, sie neigen aber nach dieser Richtung hin. Andererseits sind in der Bildung begriffene Organe, wenn auch noch nicht völlig entwickelt, für ihre Besitzer von großem Nutzen und weiterer Entwicklung fähig. Rudimentäre Organe sind äußerst variabel, und dies läßt sich zum Teil daraus verstehen, daß sie nutzlos oder nahezu nutzlos sind und infolgedessen nicht länger mehr der natürlichen Zuchtwahl unterliegen. Sie werden oft vollständig unterdrückt. Wenn dies eintritt, können sie nichtsdestoweniger gelegentlich durch Rückschlag wiedererscheinen, und dies ist ein der Aufmerksamkeit wohl werter Umstand.

Nichtgebrauch während derjenigen Lebensperiode, in welcher ein Organ sonst hauptsächlich gebraucht wird, und dies ist meist während der Reifezeit der Fall, in Verbindung mit Vererbung auf einem entsprechenden Lebensalter scheinen die hauptsächlichsten Ursachen gewesen zu sein, welche das Rudimentärwerden der Organe veranlaßten. Der Ausdruck „Nichtgebrauch" bezieht sich nicht bloß auf die verringerte Tätigkeit der Muskeln, sondern umfaßt auch einen verminderten Zufluß von Blut nach einem Teil oder Organe hin; entweder weil dasselbe weniger Änderungen des Druckes ausgesetzt ist, oder weil es in irgendwelcher Weise weniger gewohnheitsgemäß tätig ist. Es können indessen Rudimente von Teilen im einen Geschlecht auftreten, welche im anderen Geschlecht normal vorhanden sind; und solche Rudimente sind, wie wir später sehen werden, oft in einer von der oben erwähnten verschiedenen Art entstanden. In manchen Fällen sind Organe durch natürliche Zuchtwahl verkümmert, weil sie der Art unter einer veränderten Lebensweise nachteilig geworden sind. Der Prozeß der Verkümmerung wird wahrscheinlich oft durch die beiden Prinzipien der Kompensation und Ökonomie des Wachstums unterstützt; aber die letzten Stufen der Verkümmerung – wenn nämlich der Nichtgebrauch alles, was ihm einigermaßen zugeschrieben werden kann, vollbracht hat, und sobald die durch die Ökonomie des Wachstums bewirkte Ersparnis sehr klein sein würde[22] –, sind nur schwer zu erklären. Die endliche und vollständige Unterdrückung eines Teils, welcher bereits nutzlos und in der Größe sehr verkümmert ist, in welchem Falle weder Kompensation noch Ökonomie des Wachstums ins Spiel kommen können, läßt sich vielleicht mit Hilfe der Hypothese der Pangenesis verstehen und, wie es scheint, auf keine andere Weise. Da indessen der ganze Gegenstand der rudimentären Organe in meinen früheren Werken[23] ausführlich erläutert und erörtert worden ist, brauche ich hier über dieses Kapitel nichts mehr zu sagen.

In vielen Teilen des menschlichen Körpers hat man Rudimente verschiedener Muskeln beobachtet[24]; und nicht wenige Muskeln, welche in manchen niederen Tieren regelmäßig vorhanden sind, können gelegentlich beim Menschen in einer beträchtlich verkümmerten Form nachgewiesen werden. Jedermann muß die Kraft beobachtet haben, mit welcher viele Tiere, besonders Pferde, ihre Haut bewegen oder erzittern machen, und dies wird durch den *Panniculus carnosus* bewirkt. Überbleibsel dieses Muskels in einem noch wirkungsfähigen Zustand werden an verschiedenen Teilen unseres Körpers gefunden, z. B. an der Stirn, wo sie die Augenbrauen heben. Das *Platysma myoides*, welches am Hals entwickelt ist, gehört zu diesem System, kann aber nicht willkürlich in

---

[22] Einige gute kritische Bemerkungen über diesen Gegenstand haben Murie und Mivart gegeben, in: Transact. Zool. Soc., Vol. VII, p.92.
[23] Variieren der Tiere und Pflanzen im Zustand der Domestikation. 2. Aufl., Bd. II, p.359 und 450. S. auch Entstehung der Arten. 7. (deutsche) Aufl., p.523.
[24] So gibt z. B. Richard (Annal. d. scienc. natur. 3., Sér. Zool., T. XVIII, p.13) Beschreibung und Abbildung von Rudimenten des von ihm so genannten „muscle pédieux de la main", welcher, wie er sagt, zuweilen „infiniment petit" sei. Ein anderer, „Tibial postérieur" genannter Muskel ist meist an der Hand gar nicht vorhanden, erscheint aber von Zeit zu Zeit in einem mehr oder weniger rudimentären Zustand.

Erstes Kapitel

Tätigkeit gebracht werden. Wie mir Professor Turner aus Edinburgh mitteilt, hat er gelegentlich Muskelfasern an fünf verschiedenen Stellen entdeckt, nämlich in den Achselhöhlen, in der Nähe der Schulterblätter usw., welche alle auf das System des großen Hautmuskels bezogen werden müssen. Er hat auch gezeigt[25], daß der *Musculus sternali* oder „*sternalis brutorum*", welcher nicht etwa eine Verlängerung des *Rectus abdominis*, sondern eng mit dem *Panniculus* verwandt ist, in dem Verhältnis von ungefähr 3 % unter mehr als 600 Leichnamen vorkam. Er fügte hinzu, daß dieser Muskel „eine vorzügliche Erläuterung der Angabe darbiete, daß gelegentlich auftretende und rudimentäre Bildungen besonders einer Abänderung in der Anordnung ausgesetzt sind".

Einige wenige Personen haben die Fähigkeit, die oberflächlichen Muskeln ihrer Kopfhaut zusammenzuziehen, und diese Muskeln befinden sich in einem variablen und zum Teil rudimentären Zustand. Herr A. de Candolle hat mir ein merkwürdiges Beispiel des lange erhaltenen Bestehens oder der langen Vererbung dieser Fähigkeit, ebenso wie ihrer ungewöhnlichen Entwicklung mitgeteilt. Er kennt eine Familie, von welcher ein Glied (das gegenwärtige Haupt der Familie), als junger Mann schwere Bücher von seinem Kopf schleudern konnte, allein durch die Bewegung seiner Kopfhaut, und er gewann durch Ausführung dieses Kunststücks Wetten. Sein Vater, Onkel, Großvater und alle seine drei Kinder besitzen dieselbe Fähigkeit in demselben ungewöhnlichen Grade. Vor acht Generationen wurde diese Familie in zwei Zweige geteilt, so daß das Haupt des oben genannten Zweigs Vetter im siebten Grade zu dem Haupt des anderen Zweigs ist. Dieser entfernte Verwandte wohnt in einem anderen Teil von Frankreich; und als er gefragt wurde, ob er dieselbe Fertigkeit besäße, produzierte er sofort seine Kraft. Dieser Fall bietet eine nette Erläuterung dafür dar, wie zäh eine absolut nutzlose Fähigkeit vererbt werden kann, welche wahrscheinlich von unseren alten halbmenschlichen Vorfahren herrührt; viele Affen haben nämlich das Vermögen, und benutzen es auch, ihre Kopfhaut stark vor- und rückwärts zu bewegen.

Die äußeren Muskeln, welche dazu dienen, das ganze äußere Ohr zu bewegen, und die inneren Muskeln, welche dessen verschiedene Teile bewegen, finden sich bei dem Menschen in einem rudimentären Zustand und sie gehören sämtlich zum System des *Panniculus*; sie sind auch in ihrer Entwicklung, oder wenigstens in ihren Funktionen, variabel. Ich habe einen Mann gesehen, welcher das ganze Ohr vorwärts ziehen konnte; andere können es nach oben ziehen; ein anderer konnte es rückwärts bewegen[26]; und nach dem, was mir eine dieser Personen sagt, ist es wahrscheinlich, daß die meisten von uns dadurch, daß wir oft unsere Ohren berühren und hierdurch unsere Aufmerksamkeit auf sie lenken, nach wiederholten Versuchen etwas Bewegungskraft wiedererlangen könnten. Die Fähigkeit, die Ohren aufzurichten und sie nach verschiedenen Richtungen hinzuwenden, ist ohne Zweifel für viele Tiere von höchstem Nutzen, da diese hierdurch den Ort der Gefahr erkennen; ich habe aber nie auf zuverlässige Autorität hin von einem Menschen gehört, welcher auch nur die geringste Fähigkeit, die Ohren in dieser Weise zu richten, besessen hätte, die einzige Bewegung, welche für ihn von Nutzen sein könnte. Die ganze äußere Ohrmuschel kann man als Rudiment betrachten, zusammen mit den verschiedenen Falten und Vorsprüngen (Helix und Antihelix, Tragus und Antitragus usw.), welche bei den niederen Tieren das Ohr kräftigen und stützen, wenn es aufgerichtet ist, ohne sein Gewicht sehr zu vermehren. Manche Autoren vermuten indessen, daß der Knorpel der Ohrmuschel dazu dient, die Schallschwingungen dem Hörnerv zu übermitteln. Mr. Toynbee kommt aber[27], nachdem er alle bekannten Erfahrungen über diesen Punkt gesammelt hat, zu dem Schluß, daß die äußere Ohrmuschel von keinem bestimmten Nutzen ist. Die Ohren des Schimpansen und des Orang-Utans sind denen des Menschen merkwürdig ähnlich[28], auch sind die Ohrmuskeln gleichfalls

---

[25] Prof. W. Turner: Proc. Roy. Soc., Edinburgh 1866/67, p.65.
[26] Canestrini zitiert für ähnliche Tatsachen Hyrtl (Anuario della Soc. dei Natural. Modena 1867, p.97).
[27] The Diseases of the Ear, by J. Toynbee. London 1860, p.12. Ein angesehener Physiologe, Prof. Preyer, teilt mir mit, daß er in neuerer Zeit Versuche über die Funktionen der Ohrmuschel angestellt habe und ziemlich zu demselben Resultat gekommen sei, wie das oben erwähnte.
[28] Prof. A. Macalister: Annals and Mag. of Nat. Hist., Vol. VII, 1871. p.342.

nur sehr gering entwickelt, und mir haben die Wärter in den zoologischen Gärten versichert, daß diese Tiere sie nie bewegen oder aufrichten, so daß also diese Organe in einem gleichermaßen rudimentären Zustand sind, was die Funktion betrifft, wie beim Menschen. Warum diese Tiere, ebenso wie die Voreltern des Menschen, die Fähigkeit, ihre Ohren aufzurichten, verloren haben, können wir nicht sagen. Es könnte sein, doch befriedigt mich diese Ansicht nicht völlig, daß sie infolge ihres Lebens auf Bäumen und wegen ihrer großen Kraft nur wenigen Gefahren ausgesetzt waren und deshalb während einer langen Zeit ihre Ohren nur wenig bewegt und dadurch allmählich das Vermögen, sie zu bewegen, verloren haben. Dies würde ein paralleler Fall mit dem jener großen und schweren Vögel sein, welche das Vermögen, ihre Flügel zum Flug zu gebrauchen infolge des Umstandes verloren haben, daß sie ozeanische Inseln bewohnen und daher den Angriffen von Raubtieren nicht ausgesetzt gewesen sind. Die Unfähigkeit des Menschen und mehrerer Affen, die Ohren zu bewegen, wird indessen zum Teil dadurch ausgeglichen, daß sie den Kopf sehr frei in einer horizontalen Ebene bewegen und somit Laute aus allen Richtungen her auffangen können. Es ist behauptet worden, daß nur das Ohr des Menschen ein Läppchen besitze. „Ein Rudiment ist aber beim Gorilla zu finden."[29] und wie ich von Prof. Preyer höre, fehlt es nicht selten beim Neger.

Der berühmte Bildhauer Mr. Woolner macht mich auf eine kleine Eigentümlichkeit am äußeren Ohr aufmerksam, welche er oft sowohl bei Männern als auch bei Frauen beobachtet und deren volle Bedeutung er erfaßt hat. Seine Aufmerksamkeit wurde zuerst auf den Gegenstand gerichtet, als er seine Statue des „Puck" herstellte, welchem er spitze Ohren gegeben hatte. Er wurde hierdurch dazu veranlaßt, die Ohren verschiedener Affen und später noch sorgfältiger die des Menschen zu untersuchen. Die Eigentümlichkeit besteht in einem kleinen stumpfen, von dem inneren Rand der äußeren Falte oder der Helix vorspringenden Punkt. Wenn er vorhanden ist, ist er bei der Geburt schon entwickelt und findet sich, nach Prof. Ludwig Meyer, häufiger beim Mann als bei der Frau. Dieser Punkt springt nicht bloß nach innen zum Mittelpunkt des Ohres hin, sondern oft etwas nach außen von der Ebene des Ohres vor, so daß er sichtbar wird, wenn der Kopf direkt von vorn oder von hinten betrachtet wird. Er ist in der Größe und auch etwas in der Stellung variabel, indem er entweder etwas höher oder tiefer steht; zuweilen kommt er auch nur an dem einen Ohr und nicht gleichzeitig am anderen vor. Sein Vorkommen ist nicht auf den Menschen beschränkt; ich beobachtete einen Fall bei einem *Ateles beelzebuth* im zoologischen Garten; und Dr. E. Ray Lankester teilt mir einen anderen Fall von einem Schimpansen im Hamburger zoologischen Garten mit. Die Helix besteht offenbar aus dem nach innen gefalteten äußeren Rand des Ohres, und diese Faltung scheint in irgendeiner Weise damit zusammenzuhängen, daß das ganze äußere Ohr beständig nach rückwärts gedrückt wird. Bei vielen Affen, welche nicht hoch in der ganzen Ordnung stehen, wie bei den Pavianen und manchen Arten von *Macacus*[30], ist der obere Teil des Ohres leicht zugespitzt und der Rand ist durchaus nicht nach innen gefaltet. Wäre aber der Rand in dieser Weise gefaltet worden, so würde notwendig eine kleine Spitze nach innen und wahrscheinlich auch etwas nach außen von der Ebene des Ohres vorspringen; und so ist eine solche auch, wie ich glaube, in vielen Fällen entstanden. Andererseits behauptet Prof. L. Meyer in einem vor kurzem veröffentlichten guten Aufsatz[31], daß das Ganze bloß ein Fall von Variabilität sei, und daß die Vorsprünge nicht wirklich solche seien, sondern nur daher rührten, daß der innere Knorpel zu jeder Seite der Spitze nicht vollständig entwickelt sei. Ich bin völlig bereit, zuzugeben, daß dies für viele Fälle, so für die von Prof. Meyer abgebildeten, wo mehrere sehr kleine Spitzen sich fanden oder wo der ganze Rand buchtig ist, die richtige Erklärung ist. Ich selbst habe durch die Gefälligkeit des Dr. L. Down das Ohr eines mikrozephalen Idioten sehen können, bei dem sich an der Außenseite der Helix und nicht an dem nach innen gefalteten Rand ein Vorsprung befand; die Spitze kann daher in diesem Falle in keiner Beziehung zu einer früheren Ohrspitze

---

[29] Mr. St. George Mivart: Elementary Anatomy, 1873, p.396.
[30] S. auch die Bemerkungen und die Abbildungen der Lemuridenohren in der vortrefflichen Abhandlung von Murie und Mivart in den Transact. Zool. Soc., Vol. VII, 1869, p.6 und 90.
[31] Über das Darwinsche Spitzohr, in: Archiv für path. Anat. und Phys., 1871, p.485.

Erstes Kapitel

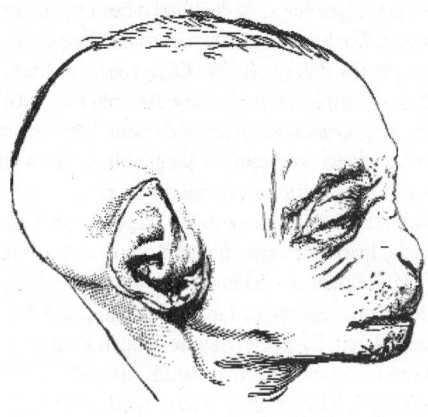

Fötus eines Orang-Utans. Genaue Kopie einer Photographie, um die Form des Ohres in diesem frühen Alter zu zeigen.

stehen. Nichtsdestoweniger scheint mir meine ursprüngliche Ansicht, daß diese Vorsprünge Überreste der Spitzen früher aufgerichteter und zugespitzter Ohren seien, noch immer die wahrscheinlich richtige zu sein. Ich glaube dies wegen der Häufigkeit des Vorkommens derselben und wegen der allgemeinen Übereinstimmung ihrer Stellung mit der der Spitze eines zugespitzten Ohres. In einem Falle, von dem mir eine Photographie zugesandt wurde, ist der Vorsprung so groß, daß, wenn man im Einklang mit Prof. Meyers Ansicht annehmen wollte, das Ohr würde durch die gleichmäßige Entwicklung des Knorpels, entlang der ganzen Ausdehnung des Randes vollständig werden, dieser ein ganzes Drittel des Ohres bedecken würde. Zwei Fälle sind mir mitgeteilt worden, einer von Nord-Amerika und einer von England, bei denen der obere Rand gar nicht nach innen gefaltet, sondern zugespitzt war, so daß er im Umriß dem zugespitzten Ohr eines gewöhnlichen Säugetiers sehr ähnlich war. In einem dieser Fälle, dem eines kleinen Kindes, verglich der Vater das Ohr mit der Zeichnung eines Affenohres, des Ohres vom *Cynopithecus niger*, die ich an anderer Stelle mitgeteilt habe, und meinte, daß beider Umrisse einander sehr ähnlich seien. Wenn in diesen beiden Fällen der Rand in der normalen Weise nach innen gefaltet worden wäre, so hätte sich ein Vorsprung nach innen bilden müssen. Ich will noch hinzufügen, daß in zwei anderen Fällen der Umriß nach innen etwas zugespitzt blieb, obschon der Rand des oberen Teils des Ohres völlig normal, in einem Falle freilich sehr schmal, nach innen gefaltet war. Der vorstehende Holzschnitt (Fig. 1) ist eine sorgfältig gefertigte Kopie einer Photographie eines Orang-Utan-Fötus (die mir freundlichst von Dr. Nitsche zugesandt wurde), an welcher zu sehen ist, wie verschieden der zugespitzte Umriß des Ohres in dieser Periode, von dessen Form im erwachsenen Zustande ist, wo es eine große allgemeine Ähnlichkeit mit dem des Menschen hat. Ganz offenbar wird das Herunterfalten der Spitze eines solchen Ohres, wenn es sich nicht während seiner weiteren Entwicklung noch bedeutend verändert, einen nach innen vorspringenden Fortsatz entstehen lassen. Es scheint mir daher im ganzen noch immer wahrscheinlich, daß die in Rede stehenden Vorsprünge in manchen Fällen, sowohl beim Menschen als auch beim Affen, Überbleibsel eines früheren Zustandes sind.

Die Nickhaut, oder das dritte Augenlid, mit ihren akzessorischen Muskeln und anderen Gebilden ist besonders wohl entwickelt bei den Vögeln und ist für diese von großer funktioneller Bedeutung, da sie sehr schnell über den ganzen Augapfel gezogen werden kann. Sie findet sich auch bei manchen Reptilien und Amphibien und bei gewissen Fischen, wie z.B. bei Haifischen. Sie ist ziemlich gut entwickelt in den beiden unteren Abteilungen der Säugetiere, nämlich bei den Monotremen und Marsupialien und in einigen wenigen unter den höheren Säugetieren, wie beim Walroß. Beim Menschen und den Quadrumanen dagegen, wie bei den meisten übrigen Säugetieren existiert sie, wie alle Anatomen annehmen, nur als ein bloßes Rudiment, als die sogenannte halbmondförmige Falte.[32]

Der Geruchssinn ist für die größere Zahl der Säugetiere von der höchsten Wichtigkeit, für einige, wie die Wiederkäuer, dadurch, daß er dieselben vor Gefahren warnt, für andere, wie die Carnivoren, daß er sie die Beute finden läßt, für noch andere, wie den wilden Eber, zu beiden Zwecken. Der Geruchssinn ist aber von äußerst untergeordnetem Nutzen, wenn überhaupt von irgendwelchem, selbst für die dunkelfarbigen Rassen, bei denen er allgemein noch höher entwickelt ist als bei den zivilisierten Rassen[33]; doch warnt er sie weder vor Gefahren, noch leitet er sie zur Nahrung; auch verhindert er nicht, daß die Eskimos in der übelriechendsten Atmosphäre schlafen, oder daß viele Wilde halbfaules Fleisch essen. Bei Europäern ist das Geruchsvermögen bei verschiedenen Individuen sehr verschieden, wie mir ein ausgezeichneter Naturforscher versichert hat, bei dem dieser Sinn sehr hochentwickelt ist und der dem Gegenstand seine Aufmerksamkeit zugewandt hat. Wer an das Prinzip einer stufenweisen Entwicklung glaubt, wird nicht leicht zugeben, daß dieser Sinn in seinem jetzigen Zustand ursprünglich vom Menschen, wie er jetzt existiert, erlangt wurde. Er erbte die Fähigkeit in einem abgeschwächten und insofern rudimentären Zustand von irgendeinem früheren Vorfahren, dem sie äußerst nutzbar war und von dem sie beständig gebraucht wurde. Bei den Tieren, welche diesen Sinn in hoher Entwicklung besitzen, wie bei Hunden und Pferden, ist die Erinnerung an Personen und Orte entschieden mit ihrem Geruch vergesellschaftet; und es läßt sich vielleicht hierdurch verstehen, woher es kommt, daß, wie Dr. Maudsley richtig bemerkt hat[34], der Geruchssinn beim Menschen „in einer merkwürdig wirksamen Weise Ideen und Bilder bereits vergessener Szenen und Orte wiedererweckt".

Der Mensch weicht auffallend von allen übrigen Primaten darin ab, daß er fast nackt ist. Doch finden sich wenige kurze steife Haare über den größeren Teil des Körpers beim männlichen Geschlecht und feine dunenartige an dem des weiblichen. Die verschiedenen Rassen weichen sehr im Behaartsein voneinander ab; bei Individuen, welche zu derselben Rasse gehören, sind die Haare äußerst variabel, nicht bloß in der Menge, sondern auch in der Stellung. So sind bei manchen Europäern die Schultern völlig nackt, während sie bei anderen dicke Haarbüschel tragen.[35] Es läßt sich wohl kaum bezweifeln, daß die in dieser Weise über den Körper zerstreuten Haare die Überbleibsel des gleichförmigen Haarkleids der niederen Tiere sind. Diese Ansicht wird dadurch umso wahrscheinlicher, daß, wie bekannt ist, feine, kurze und hellgefärbte Haare an den Gliedmaßen und anderen Teilen des Körpers sich gelegentlich zu dicht stehenden, langen und im ganzen groben, dunklen Haaren entwickeln, wenn sie in der Nähe alter, entzündeter Oberflächen abnorm ernährt werden.[36]

---

[32] J. Müller: Handbuch der Physiologie. 4. Aufl., Bd. 2, p.312. Owen: Anatomy of Vertebrates, Vol. III, p.260; derselbe über das Walroß: Proceed. Zool. Soc., 8. Novbr. 1854. S. auch R. Knox: Great Artists and Anatomists, p.106. Dieses Rudiment ist, wie es scheint, bei Negern und Australiern etwas größer als bei Europäern. S. C. Vogt: Vorlesungen über den Menschen. Bd. I, p.162.

[33] Sehr bekannt und auch von anderen bestätigt ist der Bericht, den Al. von Humboldt von dem Geruchsvermögen der Eingeborenen von Süd-Amerika gibt. Houzeau behauptet (Études sur les Facultés Mentales etc., Tom. I, 1872, p.91), wiederholt Versuche angestellt und konstatiert zu haben, daß Neger und Indianer im Dunkeln Personen an ihrem Geruch erkennen können. Dr. W. Ogle hat einige merkwürdige Beobachtungen über den Zusammenhang des Riechvermögens mit dem Farbstoff der Schleimhaut des riechenden Teils der Nasenhöhle ebenso wie der Körperhaut gemacht. Ich habe daher im Text von den dunkelfarbigen Rassen als von den mit feinerem Geruchsinn, als die Weißen, begabten gesprochen. S. Ogles Aufsatz in: Medico-chirurgical Transactions, London, Vol. LIII, 1870, p.276.

[34] The Physiology and Pathology of Mind. 2. Edit., 1868, p.134.

[35] Eschricht: Über die Richtung der Haare am menschlichen Körper, in: Müllers Archiv für Anat. und Phys., 1837, p.47. Ich werde mich oft auf diese sehr interessante Arbeit zu beziehen haben.

[36] Paget: Lectures on Surgical Pathology, 1853. Vol. I, p.71.

Erstes Kapitel

Sir James Paget teilt mir mit, daß Personen, welche zu einer und derselben Familie gehören, oft in ihren Augenbrauen einzelne wenige Haare haben, die viel länger als die übrigen sind, so daß diese unbedeutende Eigentümlichkeit vererbt zu werden scheint. Auch diese Haare scheinen ihre Repräsentanten zu haben; denn an einem jungen Schimpansen, und bei gewissen Arten von *Macacus*, finden sich zerstreut stehende, beträchtlich lange Haare auf der nackten Haut oberhalb der Augen, die unseren Augenbrauen entsprechen; ähnliche lange Haare springen aus der Haarbekleidung der Augenbrauenleisten bei manchen Pavianen vor.

Das feine, wollähnliche Haar oder der sogenannte Lanugo, mit welchem der menschliche Fötus während des sechsten Monats dicht bedeckt ist, bietet einen noch merkwürdigeren Fall dar. Er entwickelt sich zuerst während des fünften Monats an den Augenbrauen und dem Gesicht und besonders um den Mund, wo er viel länger als auf dem Kopf ist. Ein Schnurrbart dieser Art wurde von Eschricht[37] an einem weiblichen Fötus beobachtet. Doch ist dies kein so auffallender Umstand, wie es auf den ersten Blick erscheinen mag; denn die beiden Geschlechter gleichen einander in allen äußeren Merkmalen während der früheren Wachstumsperioden sehr. Die Richtung und Anordnung der Haare auf allen Teilen des Embryonalkörpers sind dieselben wie beim erwachsenen Körper, unterliegen aber bedeutender Variabilität. So ist die ganze Oberfläche, selbst mit Einschluß der Stirn und der Ohren, dicht bekleidet; es ist aber eine bezeichnende Tatsache, daß die Handflächen und Fußsohlen völlig nackt sind, wie es die unteren Flächen aller vier Extremitäten der niederen Tiere sind. Da dies kaum eine zufällige Übereinstimmung sein kann, so stellt die wollige Bedeckung des Fötus wahrscheinlich das erste bleibende Haarkleid derjenigen Säugetiere dar, welche behaart geboren werden. Es sind Berichte von drei oder vier Fällen veröffentlicht worden, wo Personen über ihren ganzen Körper und das Gesicht dicht mit feinem langen Haar bedeckt geboren waren; und dieser merkwürdige Zustand wird streng vererbt und steht mit einer abnormen Entwicklung der Zähne in Korrelation.[38] Prof. Alex. Brandt hat, wie er mir mitteilt, das Haar vom Gesicht eines in dieser Weise ausgezeichneten, fünfunddreißigjährigen Menschen mit dem Lanugo eines Fötus verglichen und beides in der Textur völlig ähnlich gefunden; er bemerkt dazu, daß deshalb der Fall wohl einer Entwicklungshemmung des Haares in Verbindung mit einem fortbestehenden Wachstum zugeschrieben werden könne. Wie mir ein Arzt an einem Kinderhospital versichert hat, ist der Rücken vieler zarter Kinder mit langem seidenartigen Haar bedeckt, welche Fälle wahrscheinlich in dieselbe Kategorie gehören.

Es scheint, als wenn der hinterste Backenzahn, der sogenannte Weisheitszahn, bei den zivilisierten Menschenrassen rudimentär zu werden strebte. Diese Zähne sind meistens kleiner als die anderen Backenzähne, wie es gleichfalls mit den entsprechenden Zähnen beim Schimpansen und beim Orang-Utan der Fall ist; auch haben sie nur zwei getrennte Wurzeln. Sie durchbrechen das Zahnfleisch nicht eher als im siebzehnten Jahr ungefähr, und man hat mir versichert, daß sie viel mehr der Zerstörung ausgesetzt sind und früher verloren werden, als die anderen Zähne; doch widersprechen dem ausgezeichnete Zahnärzte. Auch sind sie viel mehr, sowohl in ihrer Bildung als auch in der Zeit ihrer Entwicklung, zu variieren geneigt als die anderen Zähne.[39] Bei den schwarzen Rassen sind dagegen die Weisheitszähne gewöhnlich mit drei getrennten Wurzeln versehen und meist gesund; auch weichen sie von den anderen Backenzähnen weniger in der Größe ab, als bei den kaukasischen Rassen.[40] Professor Schaaffhausen erklärt diese Verschiedenheit zwischen den Rassen damit, daß „der hintere zahntragende Abschnitt der Kiefer"

---

[37] Eschricht, a.a.O., p.40, 47.
[38] S. mein „Variieren der Tiere u. Pflanzen im Zustand der Domestikation". 2. Aufl., Bd. II, p.373. Prof. Alex. Brandt hat mir vor kurzem einen weiteren Fall mitgeteilt von einem Vater und Sohn, die in Rußland mit denselben Eigentümlichkeiten geboren wurden. Ich habe Zeichnungen von beiden aus Paris erhalten.
[39] Dr. Webb: Teeth in Man and the Anthropoid Apes. Zitiert von C. Cartek Blake, in: Anthropolog. Review, July 1867, p.299.
[40] Owen: Anatomy of Vertebrates. Vol. III, p.320, 321, 325.

bei den zivilisierten Rassen[41] „immer verkürzt" ist; und ich meine, diese Verkürzung kann man ruhig dem Umstand zuschreiben, daß zivilisierte Menschen sich gewöhnlich von weichen, gekochten Speisen ernähren und daher ihre Kinnladen weniger gebrauchen. Mr. Brace teilt mir mit, daß es in den Vereinigten Staaten eine durchaus gewöhnliche Operation werde, bei Kindern einige Backenzähne zu entfernen, da die Kinnladen nicht groß genug wachsen für die vollständige Entwicklung der normalen Zahl.[42]

In bezug auf den Verdauungskanal ist mir nur ein einziges Beispiel von einem Rudiment vorgekommen, nämlich der wurmförmige Anhang des Blinddarms. Der Blinddarm ist eine Abzweigung oder ein Divertikel des Darms, welcher mit einem Blindsack endigt, und bei vielen niedrigeren pflanzenfressenden Säugetieren ist er außerordentlich lang, bei dem marsupialen Koala ist er faktisch über dreimal so lang wie der ganze Körper.[43] Zuweilen ist er in einen langen, sich allmählich zuspitzenden Fortsatz ausgezogen und zuweilen in Abteilungen abgeschnürt. Es scheint, als wenn infolge veränderter Ernährung oder Lebensweise der Blindsack bei verschiedenen Tieren sehr verkürzt worden sei, wo dann der wurmförmige Anhang als Rudiment des verkürzten Teils übrigblieb. Daß dieser Anhang ein Rudiment ist, können wir aus seiner unbedeutenden Größe und aus den Beweisen für seine Veränderlichkeit, beim Menschen schließen, welche Professor Canestrini[44] gesammelt hat. Er fehlt gelegentlich vollständig oder ist wiederum bedeutend entwickelt; seine Höhle ist zuweilen vollständig für die Hälfte oder zwei Drittel seiner Länge verschlossen, wobei dann der Endteil aus einer abgeplatteten, soliden Ausbreitung besteht. Beim Orang-Utan ist dieser Anhang lang und gewunden; beim Menschen entspringt er vom Ende des kurzen Blinddarms und ist gewöhnlich 4-5 Zoll lang, während er nur ein Drittel Zoll im Durchmesser hat. Er ist nicht bloß nutzlos, sondern wird zuweilen Todesursache, von welcher Tatsache mir vor kurzem zwei Fälle bekannt geworden sind. Es rührt dies daher, daß kleine, harte Körper in den Kanal eindringen und dadurch Entzündungen verursachen.[45]

Bei einigen niederen Vierhändern, bei den Lemuriden und bei den Carnivoren, ebenso bei vielen Beuteltieren findet sich in der Nähe des unteren Endes des Oberarmbeins ein Kanal, das sogenannte supracondyloide Loch, durch welches der große Nerv der vorderen Gliedmaßen und zuweilen auch die große Arterie hindurchtritt. Nun findet sich am Oberarmbein des Menschen gewöhnlich eine Spur dieses Kanals; zuweilen ist er aber ziemlich vollständig entwickelt, indem er von einem überhängenden hakenförmigen Knochenfortsatz gebildet wird, der sich dann durch einen Bandstreifen zu einem Loch vervollständigt. Dr. Struthers[46], welcher sorgfältig auf den Gegenstand geachtet hat, hat jetzt gezeigt, daß diese Eigentümlichkeit zuweilen vererbt wird, da sie bei einem Vater und unter sieben seiner Kinder bei nicht weniger als vieren vorgekommen ist. Ist der Kanal vorhanden, so tritt unveränderlich der große Armnerv durch ihn hindurch, und dies beweist deutlich, daß er das Homologon und Rudiment des supracondyloiden Lochs der niederen Säugetiere ist. Nach einer Schätzung von Professor Turner kommt er, wie

---

[41] Über die primitive Form des Schädels. Übers. in Anthropolog. Review, Oct. 1868, p.426.
[42] Prof. Mantegazza schreibt mir aus Florenz, daß er neuerdings den letzten Backenzahn bei den verschiedenen Menschenrassen untersucht habe und zu dem gleichen Resultat, wie das im Text mitgeteilte, gekommen sei, daß er nämlich bei den höheren oder zivilisierten Rassen auf dem Wege der Atrophie oder Elimination sei.
[43] Owen: Anatomy of Vertebrates, Vol. III, p 416, 434, 441.
[44] Annuario della Soc. dei Natur., Modena 1867, p.94.
[45] Ch. Martins (De l'unité organique, in: Revue des Deux Mondes, 15 Juin 1862, p.16) und Haeckel (Generelle Morphologie. Bd. II, p.278) haben beide bemerkt, daß dieses eigentümliche Rudiment zuweilen den Tod verursacht.
[46] In bezug auf die Vererbung s. Dr. Struthers in der „Lancet", 15. Febr. 1873, und einen anderen wichtigen Aufsatz, ebd., 24. Jan.1863, p.83. Dr. Knox war, wie mir gesagt wurde, der erste Anatom, der die Aufmerksamkeit auf dieses eigentümliche Gebilde beim Menschen lenkte; s. seine „Great Artists and Anatomists," p.63; s. auch einen wichtigen Aufsatz über diesen Fortsatz von Gruber im Bulletin de l'Acad. Imp. de St. Pétersbourg, Tom. XII, 1867, p.448.

mir derselbe mitteilte, an ungefähr einem Prozent frischer Skelette vor. Wenn aber die gelegentliche Entwicklung dieser Bildung beim Menschen, wie es als wahrscheinlich erscheint, Folge eines Rückschlags ist, so ist sie ein Rückschlag auf einen sehr alten Zustand der Dinge, da sie bei den höheren Vierhändern fehlt.

Es findet sich am Oberarmbein noch eine andere Durchbohrung oder ein Loch, welches gelegentlich beim Menschen vorhanden ist und das intercondyloide genannt werden kann. Dieses kommt, wenn auch nicht konstant, bei verschiedenen anthropomorphen und anderen Affen[47], aber gleichfalls bei vielen der niederen Säugetieren vor. Es ist merkwürdig, daß dieses Loch während alter Zeiten viel häufiger vorhanden gewesen zu sein scheint, als in neuerer Zeit. Mr. Busk[48] hat über diesen Gegenstand die folgenden Beweisstücke gesammelt: Professor Broca „beobachtete die Durchbohrung an 4½ % der von ihm auf der Cimetière du Sud in Paris gesammelten Armknochen, und in der Höhle von Orrony, deren Inhalt der Bronzeperiode zugeschrieben wird, fand sie sich selbst an acht Oberarmbeinen unter zweiunddreißig. Dieses außerordentliche Verhältnis glaubt er aber dem Umstand zuschreiben zu müssen, daß die Höhle vielleicht eine Art ‚Familiengruft' gewesen ist. Ferner fand Mr. Dupont 30 % durchbohrter Armknochen in den Höhlen des Lesse-Tals, welche der Rentierperiode angehören, während Mr. Leguay in einer Art von Dolmen in Argenteuil 25 % perforiert fand; und Pruner-Bey fand von den Knochen von Vauréal 26 % in diesem Zustand. Auch darf man nicht unbeachtet lassen, daß Pruner-Bey angibt, dieser Zustand sei bei Guanchenskeletten der gewöhnliche." Die Tatsache, daß alte Rassen, in diesem Falle wie in mehreren anderen, häufiger als neuere Rassen Bildungen darbieten, welche denen niederer Tiere gleichen, ist interessant. Eine hauptsächliche Ursache hiervon scheint die zu sein, daß ältere Rassen in der langen Deszedenzreihe ihren entfernten, tierähnlichen Urerzeugern etwas näher stehen als moderne Rassen.

Obgleich das Schwanzbein, mit gewissen anderen später zu beschreibenden Wirbeln, beim Menschen als Schwanz keine Funktion hat, so wiederholt es doch offenbar diesen Teil anderer Wirbeltiere. Auf einer früheren Embryonalperiode ist es frei und springt, wie wir gesehen haben, über die unteren Extremitäten vor. In gewissen seltenen und anomalen Fällen[49] hat man gefunden, daß es selbst noch nach der Geburt ein kleines äußeres Rudiment eines Schwanzes bildet. Das Schwanzbein ist kurz und enthält gewöhnlich nur vier Wirbel in einem rudimentären Zustand; sie bestehen mit Ausnahme des obersten nur aus dem Wirbelkörper.[50] Sie sind mit einigen kleinen Muskeln versehen, von denen, wie mir Professor Turner mitteilt, der eine ausdrücklich von Theile als eine rudimentäre Wiederholung des Extensors des Schwanzes beschrieben worden ist, welcher bei vielen Säugetieren so kräftig entwickelt ist.

Das Rückenmark erstreckt sich beim Menschen nur bis zum letzten Rücken- oder ersten Lendenwirbel nach abwärts; doch läuft ein fadenartiges Gebilde (das filum terminale) in der Achse des Kreuzteils des Rückenmarkskanals und selbst dem Rücken der Schwanzwirbel entlang noch hinab. Der obere Teil dieses Gebildes ist, wie mir Professor Turner mitteilt, unzweifelhaft mit dem Rückenmark homolog, der untere Teil besteht aber offenbar nur aus der *Pia mater* oder der gefäßreichen Hüllmembran. Selbst in diesem Falle kann man sagen, daß das Schwanzbein eine

---

[47] Mr. St. George Mivart, in: Philosoph. Transact., 1867, p.310.
[48] On the Caves of Gibraltar, in: Transact. Internat. Congress of prehist. Arch., Third Session, 1869, p.159. Professor Wyman hat vor kurzem gezeigt (Fourth Annual Report, Peabody Museum 1871, p.20), daß diese Durchbohrung sich bei 31 % der menschlichen Überreste aus einigen alten Grabhügeln in den westlichen Vereinigten Staaten und in Florida findet. Sie kommt häufig bei Negern vor.
[49] Quatrefages hat neuerdings die Beweise über diesen Punkt gesammelt. Revue des Cours Scientifiques, 1867/1868, p.625. Im Jahre 1840 zeigte Fleischmann einen menschlichen Fötus, der einen frei vorspringenden Schwanz besaß, mit selbständigen Wirbelkörpern, was nicht immer der Fall ist. Dieser Schwanz wurde von den vielen, bei der Naturforscherversammlung in Erlangen anwesenden Anatomen kritisch untersucht (s. Marshall, in: Niederländ. Archiv für Zoologie, Dezember 1871).
[50] Owen: On the nature of Limbs, 1849, p.114.

Spur eines so wichtigen Gebildes wie des Rückenmarks trägt, wenngleich es nicht mehr in einen knöchernen Kanal eingeschlossen ist. Die folgende Tatsache, für deren Mitteilung ich gleichfalls Professor Turner zu Dank verpflichtet bin, zeigt, wie genau das Schwanzbein dem wirklichen Schwanz bei niederen Tieren entspricht: Luschka hat nämlich neuerdings an der Spitze der Schwanzknochen einen sehr eigentümlich gewundenen Körper entdeckt, welcher mit der mittleren Kreuzbeinarterie im Zusammenhang steht; diese Entdeckung veranlaßte dann Krause und Meyer, den Schwanz eines Affen (*Macacus*) und einer Katze zu untersuchen; bei beiden fanden sie, wenn auch nicht gerade an der Spitze, einen ähnlich gewundenen Körper.

Die Fortpflanzungsorgane bieten verschiedene rudimentäre Bildungen dar; diese weichen aber in einer bedeutungsvollen Hinsicht von den vorstehenden Fällen ab. Wir haben es hier nicht mit dem Überbleibsel eines Teils zu tun, welcher der Spezies nicht mehr in einem funktionsfähigen Zustand angehört, vielmehr mit einem Teil, welcher beständig bei dem einen Geschlecht vorhanden und in Funktion ist, während er in dem anderen durch ein bloßes Rudiment vertreten wird. Nichtsdestoweniger ist das Vorkommen solcher Rudimente ebenso schwer unter Zugrundelegung des Glaubens an die besondere Schöpfung jeder einzelnen Spezies zu erklären, wie die vorhin erörterten Fälle von Rudimenten. Ich werde später auf diese Rudimente zurückzukommen haben und werde zeigen, daß ihr Vorhandensein allgemein nur auf Erblichkeit beruht, insofern nämlich, als daß das eine Geschlecht Teile erlangt hat, welche zum Teil auch dem anderen überliefert worden sind. An dieser Stelle will ich nur einige Beispiele solcher Rudimente anführen. Es ist allgemein bekannt, daß bei den Männchen aller Säugetiere, mit Einschluß des Menschen, rudimentäre Brustdrüsen vorhanden sind; diese haben sich in mehreren Fällen vollständig entwickelt und haben eine reichliche Menge von Milch gegeben. Ihre wesentliche Identität bei beiden Geschlechtern zeigt sich gleichfalls durch ihre sympathische Vergrößerung bei beiden während der Masern. Die sogenannte *Vesicula prostatica*, welche bei vielen männlichen Säugetieren beobachtet worden ist, ist jetzt ganz allgemein für das Homologon des weiblichen Uterus in Verbindung mit dem damit verbundenen Kanal anerkannt worden. Man kann unmöglich Leuckarts klare Beschreibung des Organs und seine Betrachtungen darüber lesen, ohne die Richtigkeit seiner Folgerungen zuzugeben. Dies wird besonders bei denjenigen Säugetieren deutlich, bei welchen der weibliche Uterus sich gabelförmig teilt; denn bei den Männchen derselben ist die *Vesicula prostatica* in gleicher Weise geteilt.[51] Es ließen sich noch andere rudimentäre Bildungen, die zu dem Fortpflanzungssystem gehören, hier anführen.[52]

Die Tragweite der drei großen, jetzt mitgeteilten Klassen von Tatsachen ist nicht mißzudeuten. Es würde aber überflüssig sein, hier die ganzen Folgerungen, welche ich im einzelnen in meiner „Entstehung der Arten" gegeben habe, zu wiederholen. Die homologe Bildung des ganzen Körpers bei den Gliedern einer und derselben Klasse ist sofort verständlich, wenn wir ihre Abstammung von einem gemeinsamen Urerzeuger und gleichzeitig ihre spätere Anpassung an verschieden gewordene Bedingungen annehmen. Nach jeder anderen Ansicht ist die Ähnlichkeit der Form zwischen der Hand eines Menschen oder eines Affen und dem Fuß eines Pferdes, der Flosse einer Robbe, dem Flügel einer Fledermaus usw. völlig unerklärlich.[53] Es ist keine wis-

---

[51] Leuckart, in: Todd's Cyclopaedia of Anatomy, 1849-52, Vol. IV, p.1415. Beim Menschen ist dieses Organ nur von drei bis sechs Linien lang, ist aber, wie so viele anderen rudimentären Organe, in bezug auf seine Entwicklung, wie auf andere Merkmale, variabel.

[52] S. hierüber Owen: Anatomy of Vertebrates, Vol. III, p.675, 676, 706.

[53] In einem neuerdings erschienenen und mit ausgezeichneten Illustrationen ausgestatteten Werk (La Théorie Darwinienne et la création dite indépendant, 1874) bemüht sich Prof. Bianconi, nachzuweisen, daß in den obigen wie in anderen Fällen homologe Bildungen vollständig nach mechanischen Grundsätzen unter Berücksichtigung ihres Gebrauchs erklärt werden können. Niemand hat so gut gezeigt, wie wunderbar derartige Bildungen ihren Zwecken angepaßt sind; diese Anpassung läßt sich, wie ich glaube, durch natürliche Zuchtwahl erklären. Bei Betrachtung des Fledermausflügels wendet er (p.218) etwas an, was mir wie ein (um Auguste Comtes Worte zu gebrauchen) bloß methaphysisches Prinzip erscheint, nämlich „die Erhaltung der Säugetiernatur des Tieres in ihrer

senschaftliche Erklärung, wenn man sagt, daß sie alle nach demselben ideellen Plan gebaut seien. In bezug auf die Entwicklung können wir nach dem Prinzip, daß Abänderungen auf einer im ganzen späteren embryonalen Periode auftreten und zu entsprechenden Altern vererbt werden, deutlich verstehen, woher es kommt, daß die Embryonen sehr verschiedener Formen doch mehr oder weniger vollkommen den Bau ihres gemeinsamen Urerzeugers beibehalten. Von keinem anderen Standpunkt aus ist je eine Erklärung der wunderbaren Tatsache gegeben worden, daß die Embryonen eines Menschen, Hundes, einer Robbe, Fledermaus, eines Reptils usw. anfangs kaum voneinander unterschieden werden können. Um das Vorhandensein rudimentärer Organe zu verstehen, haben wir nur anzunehmen, daß ein früherer Vorfahre die in Frage stehenden Teile in vollkommenem Zustand besessen hat und daß dieselben unter veränderten Lebensgewohnheiten bedeutend reduziert wurden, und zwar entweder infolge einfachen Nichtgebrauchs oder mittelst der natürlichen Zuchtwahl derjenigen Individuen, welche am wenigsten mit überflüssigen Organen belastet waren, letzteres mit Unterstützung durch die früher angegebenen Vorgänge.

Wir können hiernach verstehen, woher es gekommen ist, daß der Mensch und alle übrigen Wirbeltiere nach demselben allgemeinen Plan gebaut sind, warum sie die gleichen Stufen früherer Entwicklung durchlaufen und warum sie gewisse Rudimente gemeinsam beibehalten haben. Folgerecht sollten wir offen die Gemeinsamkeit ihrer Abstammung zugeben; irgendeine andere Ansicht sich zu bilden, hieße annehmen, daß unser eigener Bau und der sämtlicher Tiere um uns her nur eine Falle sei, um unser Urteil gefangen zu nehmen. Die Richtigkeit dieser Folgerung wird noch bedeutend verstärkt, wenn wir die Glieder der ganzen Tierreihe und die Tatsachen ihrer Verwandtschaft oder Klassifikation, ihrer geographischen Verbreitung und geologischen Aufeinanderfolge betrachten. Es ist nur unser natürliches Vorurteil und jene Anmaßung, die unsere Vorfahren erklären hieß, daß sie von Halbgöttern abstammten, welche uns gegen diese Schlußfolgerung einnehmen. Es wird aber nicht lange dauern, und die Zeit wird da sein, wo man sich darüber wundern wird, daß Naturforscher, welche mit dem Bau und der Entwicklung des Menschen und anderer Säugetiere infolge eingehender Vergleiche bekannt waren, haben glauben können, daß jedes derselben die Folge eines besonderen Schöpfungsaktes gewesen sei.

Integrität". Nur in einigen wenigen Fällen bespricht er Rudimente und dann auch nur solche Teile, welche teilweise rudimentär sind, wie die Afterklauen des Schweins und des Ochsen, welche den Boden nicht berühren; von diesen weist er klar nach, daß sie dem Tier von Nutzen sind. Unglücklicherweise betrachtet er solche Fälle gar nicht, wie die kleinen nie das Zahnfleisch durchbrechenden Zähne des Ochsen, oder die Milchdrüsen männlicher Säugetiere, oder die Flügel gewisser Käfer, die unter den verwachsenen Flügeldecken liegen, oder die Rudimente der Pistille und Staubfäden in gewissen Blüten, und viele andere derartige Fälle. Obgleich ich Professor Bianconis Werke große Bewunderung zolle, scheint mir doch die jetzt von den meisten Naturforschern geteilte Ansicht, daß homologe Bildungen nach dem Prinzip einfacher Anpassung unerklärlich seien, unerschüttert geblieben zu sein.

Zweites Kapitel

Über die Art der Entwicklung des Menschen aus einer niederen Form

Variabilität des Körpers und Geistes beim Menschen – Vererbung – Ursachen der Variabilität – Die Gesetze der Abänderung sind dieselben beim Menschen wie bei den niederen Tieren – Direkte Wirkung der Lebensbedingungen – Wirkungen des vermehrten Gebrauchs und des Nichtgebrauchs von Teilen – Entwicklungshemmungen – Rückschlag – Korrelative Abänderung – Verhältnis der Zunahme – Hindernisse der Zunahme – Natürliche Zuchtwahl – Der Mensch, das herrschendste Tier auf der Erde – Bedeutung seines Körperbaues – Ursachen, welche zu seiner aufrechten Stellung führten; von dieser abhängende Änderungen des Baues – Größenabnahme der Eckzähne – Größenzunahme und veränderte Gestalt des Schädels – Nacktheit – Fehlen eines Schwanzes – Verteidigungsloser Zustand des Menschen

Offenbar unterliegt der Mensch gegenwärtig einer bedeutenden Variabilität. Nicht zwei Individuen einer und derselben Rasse sind völlig gleich. Wir mögen Millionen Gesichter untereinander vergleichen, jedes wird vom anderen verschieden sein. Ein gleich großer Betrag von Verschiedenheit besteht in den Proportionen und Dimensionen der verschiedenen Teile seines Körpers. Die Länge der Beine ist einer der variabelsten Punkte.[1] Wenn auch in einigen Teilen der Erde ein langer Schädel, in anderen Teilen ein kurzer Schädel vorherrscht, so besteht doch eine große Verschiedenheit der Form selbst innerhalb der Grenzen einer und derselben Rasse, wie bei den Ureinwohnern von Amerika und Süd-Australien – und die letzteren bilden „wahrscheinlich dem Blut, den Gewohnheiten und der Sprache nach eine so homogene Rasse, wie irgendeine existierende" – und selbst bei den Einwohnern eines so beschränkten Gebiets wie der Sandwich-Inseln.[2] Ein ausgezeichneter Zahnarzt versicherte mir, daß die Zähne fast ebenso viele Verschiedenheiten darbieten wie die Gesichtszüge. Die Hauptarterien haben so häufig einen abnormen Verlauf, daß man es zu chirurgischen Zwecken für nützlich erkannt hat, aus 1040 Leichen zu berechnen, wie oft jede Verlaufsart vorkommt.[3] Die Muskeln sind außerordentlich variabel; so fand Professor Turner[4], daß die des Fußes nicht in zwei unter 50 Leichen einander genau gleich sind, und bei einigen waren die Abweichungen beträchtlich. Professor Turner fügt noch hinzu, daß die Fähigkeit, die passenden Bewegungen auszuführen, in Übereinstimmung mit den verschiedenen Abweichungen modifiziert sein muß. Mr. J. Wood hat das Vorkommen von 295 Muskel-Varietäten an sechsunddreißig Leichen mitgeteilt[5] und bei einer anderen Reihe von derselben Zahl nicht weniger als 558 Varietäten, die an beiden Seiten des Körpers vorkommenden für eine gerechnet. Bei der letzten Reihe fehlen nicht an einem einzigen Körper unter den sechsunddreißig „Abweichungen von den gültigen Beschreibungen des Muskelsystems, welche die anatomischen Handbücher geben, vollständig." Eine einzige Leiche bot die außerordentliche Zahl von fünfundzwanzig verschiedenen Abnormitäten dar. Derselbe Muskel variiert zuweilen auf vielerlei Weise; so beschreibt Professor Macalister[6] nicht weniger als zwanzig verschiedene Abweichungen an dem *Palmaris accessorius*.

---

[1] Investigations in Military and Anthropological Statistics of American Soldiers, by B. A. Gould, 1869, p.256.
[2] In bezug auf die Schädelform der Eingeborenen von Nord-Amerika s. Dr. Aitken Meigs, in: Proceed. Acad. Natur. Sc. Philadelphia, May 1868. Über die Australier s. Huxley, in: Lyell: Alter des Menschengeschlechts, 1863, p.51. Über die Sandwich-Insulaner: Prof. J. Wyman: Observations on Crania. Boston 1868, p.18.
[3] Anatomy of the Arteries, von R. QUAIN. Vorrede, Vol. I, 1844.
[4] Transact. Roy. Soc. Edinburgh. Vol. XXIV, p.175, 189.
[5] Proceed. Roy. Soc., 1867, p.544, auch 1868, p.483, 524; ebenso ein früherer Aufsatz 1866, p.229.
[6] Proceed. Roy. Irish Academy. Vol. X, 1868, p.141.

Zweites Kapitel

Der alte berühmte Anatom Wolff[7] hebt hervor, daß die inneren Eingeweide variabler sind als die äußeren Teile: „Nulla particula est, quae non aliter et aliter in aliis se habeat hominibus." Er hat selbst eine Abhandlung über die Auswahl typischer Exemplare der Eingeweide zu deren Darstellung geschrieben. Eine Erörterung über das ideal Schöne der Leber, Lungen, Nieren usw., wie man das Ideal des göttlich schönen, menschlichen Antlitzes erörtert, klingt für unsere Ohren wohl fremdartig.

Die Variabilität oder Verschiedenartigkeit der geistigen Fähigkeiten bei Menschen einer und derselben Rasse, der noch größeren Verschiedenheiten zwischen Menschen verschiedener Rassen gar nicht zu gedenken, ist so notorisch, daß es nicht nötig ist, hier noch ein Wort darüber zu sagen. Dasselbe gilt für die niederen Tiere. Alle die Leute, welche Menagerien geleitet haben, geben diese Tatsache zu, und wir sehen dieselbe auch deutlich bei unseren Hunden und anderen domestizierten Tieren. Besonders Brehm legt auf die Tatsache Nachdruck, daß jeder individuelle Affe unter denen, welche er in Afrika in Gefangenschaft hielt, seine eigenen, ihm eigentümlichen Anlagen und Launen gehabt habe; er erwähnt vorzugsweise einen Pavian wegen seiner hohen Intelligenz; und die Wärter im zoologischen Garten zeigten mir ein zu der Abteilung der Affen der Neuen Welt gehöriges Individuum, welches gleichfalls wegen seiner Intelligenz merkwürdig war. Auch Rengger betont die Verschiedenheit der einzelnen geistigen Eigenschaften bei Affen derselben Spezies, die er in Paraguay hielt, und fügt hinzu, daß diese Verschiedenheit zum Teil angeboren, zum Teil das Resultat der Art und Weise sei, in welcher die Tiere behandelt oder erzogen wären.[8]

Ich habe an einem anderen Ort[9] das Thema der Vererbung so ausführlich erörtert, daß ich hier kaum irgend etwas hinzuzufügen nötig habe. Eine große Anzahl von Tatsachen sind in bezug auf die Überlieferung sowohl der äußerst unbedeutenden, als der bedeutungsvollsten Charaktere gesammelt worden, und zwar eine viel größere Anzahl in bezug auf den Menschen als in bezug auf irgendeines der niederen Tiere; doch sind in bezug auf die letzteren die Tatsachen immer noch reichlich genug. Was z.B. die Überlieferung geistiger Eigenschaften betrifft, so ist dieselbe bei unsern Hunden, Pferden und anderen domestizierten Tieren offenbar. Außer den speziellen Neigungen und Gewohnheiten werden ein allgemein intelligentes Wesen, Mut, schlechtes und gutes Temperament usw. sicher überliefert. In bezug auf den Menschen sehen wir ähnliche Tatsachen fast in jeder Familie; und wir wissen jetzt durch die ausgezeichneten Arbeiten Mr. Galtons[10], daß das Genie, welches eine wunderbar komplizierte Kombination höherer Fähigkeiten umfaßt, zur Erblichkeit neigt; andererseits ist es nur zu gewiß, daß Verrücktheit und beschränkte geistige Kräfte gleichfalls durch ganze Familien gehen.

Was die Ursachen der Variabilität betrifft, so sind wir in allen Fällen in großer Unwissenheit; wir sehen nur, daß dieselbe beim Menschen wie bei den niederen Tieren in irgendeiner Beziehung zu den Lebensbedingungen stehen, welchen eine jede Spezies mehrere Generationen hintereinander ausgesetzt gewesen ist. Domestizierte Tiere variieren mehr als Tiere im Naturzustand; und dies ist offenbar Folge der verschiedenartigen und wechselnden Lebensbedingungen, denen sie ausgesetzt gewesen sind. Die verschiedenen Menschenrassen gleichen in dieser Hinsicht domestizierten Tieren, und dasselbe gilt von den Individuen einer und derselben Rasse, sobald sie einen sehr großen Bezirk, wie z.B. Amerika bewohnen. Den Einfluß verschiedenartiger Bedingungen sehen wir an den zivilisierten Nationen; denn deren Glieder gehören verschiedenen Rangklassen an und haben verschiedene Beschäftigungen, wodurch sie eine größere Verschiedenartigkeit von Eigentümlichkeiten darbieten als die Glieder barbarischer Nationen. Andererseits ist aber die Gleichförmigkeit unter den Wilden bedeutend übertrieben

---

[7] Acta Acad. Petropolit., 1878, Ps. II, p.217.
[8] Brehm: Tierleben. 2. Aufl. Bd. I, p.119, 162. Rengger: Säugetiere von Paraguay, p.57.
[9] Variieren der Tiere und Pflanzen im Zustand der Domestikation. 2. Aufl. Bd. II, Kap. 12.
[10] Hereditary Genius, an Inquiry into its Laws and Consequences, 1869.

worden, und in manchen Fällen kann man kaum sagen, daß sie überhaupt existiere.[11] Nichtsdestoweniger ist es ein Irrtum, selbst wenn wir nur auf die Lebensbedingungen sehen, denen er unterworfen gewesen ist, vom Menschen so zu sprechen, als sei er „weit mehr domestiziert"[12] als irgendein anderes Tier. Einige wilde Rassen, z. B. die Australier, sind keinen mannigfaltigeren Bedingungen ausgesetzt als viele Spezies, welche sehr weite Verbreitungsbezirke haben. In einer anderen und noch bedeutungsvolleren Beziehung weicht der Mensch sehr weit von jedem im strengen Sinn domestizierten Tier ab; die Nachzucht ist nämlich bei ihm weder durch methodische noch durch unbewußte Zuchtwahl kontrolliert worden. Keine Rasse oder größere Zahl von Menschen ist von anderen Menschen so vollständig unterworfen worden, daß gewisse Individuen, weil sie in irgendwelcher Weise ihren Herren von größerem Nutzen gewesen wären, erhalten und so unbewußt zur Nachzucht ausgewählt worden wären. Auch sind sicherlich nicht gewisse männliche und weibliche Individuen absichtlich ausgewählt und miteinander verbunden worden, mit Ausnahme des bekannten Falles der preußischen Grenadiere, und in diesem Falle folgte, wie man von vornherein erwarten konnte, der Mensch dem Gesetz methodischer Zuchtwahl; denn es wird ausdrücklich angeführt, daß in den Dörfern, welche die Grenadiere mit ihren großen Weibern bewohnten, viele ebenso große Menschen aufgezogen worden sind. Auch in Sparta wurde eine Art Zuchtwahl ausgeübt; denn es war vorgeschrieben, daß alle Kinder bald nach der Geburt untersucht wurden; die wohlgebildeten und kräftigen wurden erhalten, die anderen dem Tod überlassen.[13]

Betrachten wir alle Menschenrassen als eine einzige Art bildend, so ist ihre Verbreitung ganz enorm; aber schon einzelne verschiedene Rassen, wie die Amerikaner und Polynesier, haben sehr weite Verbreitungsbezirke. Es ist ein bekanntes Gesetz, daß weitverbreitete Spezies viel variabler sind als Spezies mit beschränkter Verbreitung; und man kann weit zutreffender, die Variabilität des Menschen mit der weitverbreiteter Spezies, als mit der domestizierter Tiere vergleichen.

---

[11] Mr. Bates bemerkt (The Naturalist on the Amazons, 1863, Vol. II, p.159) in bezug auf die Indianer eines und desselben südamerikanischen Stammes: „Nicht zwei von ihnen waren in der Form des Kopfes einander überhaupt ähnlich; der eine hatte ein ovales Gesicht mit schönen Zügen, ein anderer war völlig mongolisch in der Breite und dem Vorspringen der Backen, der Öffnung der Nasenlöcher und der Schiefheit der Augen."
[12] Blumenbach: Treatises on Anthropology, engl. Übers. 1865, p.205.
[13] Mitford: History of Greece, Vol. I, p.282. Aus einer Stelle in Xenophons Memorabilien, 2. Buch, 4. (auf welche mich Mr. J. N. Hoare aufmerksam gemacht hat) scheint hervorzugehen, daß es ein bei den Griechen geltender Grundsatz war, daß die Männer die Frauen mit einem Hinblick auf die Gesundheit und Kraft ihrer Kinder wählen sollten. Der griechische Dichter Theognis, welcher 550 v. Chr. lebte, erkannte deutlich, wie bedeutungsvoll die Zuchtwahl, wenn sie sorgfältig angewandt würde, für die Veredelung der Menschheit sein würde. Er sah auch, daß Reichtum häufig die gehörige Wirksamkeit der geschlechtlichen Zuchtwahl störte. Er schreibt so:
Widder zur Zucht und Esel erspäh'n wir, Kyrnos, und edle
Ross', und ein jeglicher will solche von wack'rem Geschlecht
Aufzieh'n; aber zu freien die schuftige Tochter des Schuftes,
Kümmert den Edlen nicht, bringt sie nur Schätze zu ihm.
Auch nicht weigert ein Weib sich, des Schufts Eh'gattin zu werden,
Ist er nur reich; weit vor zieht sie der Tugend das Geld.
Schätze nur achtet man hoch. Mit dem Schufte versippt sich der Edle
Und mit dem Edlen der Schuft: Habe vermischt das Geschlecht.
(Darum wund're dich nicht. Polypaedes, wenn ins Gemeine
Sinket der Bürger Geschlecht, Edles mit Schuft'gem sich mengt.)
Ob er nun selbst wohl weiß, daß ein Schurke von Vater sie zeugte,
Führt er sie gleichwohl heim, weil der Besitz ihn verlockt:
Er, der erlaucht, die Verruf'ne, dieweil die gewaltige Not ihn
Antreibt, welche des Manns Sinn, sich zu schicken, gewöhnt.
(Die Elegien des Theognis. Übers. von W. Binder. Stuttgart 1859. p.15.)

Zweites Kapitel

Die Variabilität erscheint nicht bloß beim Menschen und den niederen Tieren durch die nämlichen allgemeinen Ursachen veranlaßt worden zu sein, sondern in beiden Fällen werden auch dieselben Körperteile in einer streng analogen Weise affiziert. Dies ist mit so ausführlichen Details von Godron und Quatrefages erwiesen worden, daß ich hier nur auf deren Werke zu verweisen habe.[14] Monstrositäten, welche allmählich in unbedeutende Varietäten übergehen, sind gleichfalls beim Menschen und den niederen Tieren einander so ähnlich, daß für beide eine und dieselbe Klassifikation und dieselben Bezeichnungen gebraucht werden können, wie man aus Isidore Geoffroy St. Hilaires großem Werk sehen kann.[15] In meinem Buch über das Variieren domestizierter Tiere habe ich den Versuch gemacht, in einer skizzenartigen Weise die Gesetze des Variierens unter die folgenden Punkte zu ordnen: die direkte und bestimmte Wirkung veränderter Bedingungen, wie sich dieselben bei allen oder fast allen Individuen einer und derselben Spezies zeigt, welche unter denselben Umständen in einer und derselben Art und Weise abändern; – die Wirkungen lange fortgesetzten Gebrauchs oder Nichtgebrauchs von Teilen; – die Verwachsung homologer Teile; – die Variabilität in Mehrzahl vorhandener Teile; – Kompensation des Wachstums, doch habe ich von diesem Gesetz beim Menschen kein entscheidendes Beispiel gefunden; – die Wirkungen des mechanischen Drucks eines Teils auf einen anderen, wie der Druck des Beckens auf den Schädel des Kindes im Mutterleib; – Entwicklungshemmungen, welche zur Verkleinerung oder Unterdrückung von Teilen führen; – das Wiedererscheinen lange verlorener Eigentümlichkeiten durch Rückschlag; – und endlich korrelative Abänderung. Alle diese sogenannten Gesetze gelten in gleicher Weise für den Menschen, wie für die niederen Tiere, und die meisten derselben sogar für Pflanzen. Es wäre hier überflüssig, sie alle zu erörtern[16]; mehrere sind aber für uns von solcher Bedeutung, daß sie mit ziemlicher Ausführlichkeit behandelt werden müssen.

Die direkte und bestimmte Wirkung veränderter Bedingungen. – Dies ist ein äußerst verwickelter Gegenstand. Es läßt sich nicht leugnen, daß veränderte Bedingungen irgendwelchen Einfluß und gelegentlich sogar eine beträchtliche Wirkung auf Organismen aller Arten äußern; auch scheint es auf den ersten Blick wahrscheinlich, daß, wenn man hinreichend Zeit gestattete, ein solches Resultat unabänderlich eintreten würde. Doch ist mir es nicht gelungen, deutliche Beweise zugunsten dieser Folgerung zu erhalten; es lassen sich auch auf der anderen Seite gültige Gründe für das Gegenteil anführen, mindestens soweit die zahllosen Bildungseigentümlichkeiten in Betracht kommen, welche speziellen Zwecken angepaßt sind. Es kann indessen kein Zweifel sein, daß veränderte Bedingungen fluktuierende Variabilität in fast endloser Ausdehnung veranlassen, wodurch die ganze Organisation in gewissem Grade plastisch gemacht wird.

In den Vereinigten Staaten wurden über eine Million Soldaten, welche während des letzten Krieges dienten, gemessen und die Staaten, in denen sie geboren und erzogen waren, notiert.[17] Aus dieser staunenswerten Zahl von Beobachtungen ergibt sich als bewiesen, daß lokale Einflüsse irgendwelcher Art direkt auf die Größe wirken; und wir lernen ferner, „daß der Staat, in dem das körperliche Wachstum zum großen Teil stattgefunden hat, und der Staat der Geburt, welcher die Abstammung ergibt, einen ausgesprochenen Einfluß auf die Größe auszuüben scheinen". So ist z.B. als feststehend ermittelt worden, daß ein Aufenthalt in den westlichen Staaten „während der Jahre des Wachstums eine Zunahme der Größe hervorzubringen neigt". Andrerseits ist es sicher, daß bei Matrosen die Lebensweise das Wachstum hemmt, wie sich „aus der

---

[14] Godron: De l'espèce, 1859. Tom. II, Buch 3. Quatrefages: Unité de l'espèce humaine, 1861; auch die Vorlesungen über Anthropologie, mitgeteilt in der Revue des Cours Scientifiques, 1866/68.

[15] Histoire génér. et partic. des Anomalies de l'Organisation. Tom. I, 1832.

[16] Ich habe diese Gesetze ausführlich in dem Buch „Das Variieren der Tiere und Pflanzen im Zustand der Domestikation", 2. Aufl., Bd II, Kap. 22 und 23 erörtert. J. P. Durand hat vor nicht langer Zeit (1868) eine wertvolle Abhandlung veröffentlicht: De l'Influence des Milieux etc. Er legt, was die Pflanzen betrifft, auf die Beschaffenheit des Bodens großes Gewicht.

[17] Investigations in Military and Anthropological Statistics, by B. A. Gould, 1869, p.93, 107, 126, 131, 134.

bedeutenden Verschiedenheit der Größe von Soldaten und Matrosen im Alter von 17 und 18 Jahren ergibt". Mr. B. A. Gould versuchte die Natur dieser Einflüsse festzustellen, welche hiernach auf die Größe einwirken; er gelangte indessen nur zu negativen Resultaten, nämlich daß sie weder im Klima noch in der Bodenerhebung des Landes, noch selbst „in irgendwelchem kontrollierbarem Grade" in der Reichlichkeit oder dem Mangel der Lebensannehmlichkeiten liegen. Diese letzte Schlußfolgerung steht im direkten Gegensatz zu der, zu welcher Villermé nach der Statistik der Körpergröße der in verschiedenen Teilen Frankreichs Konskribierten gelangte. Wenn wir die Verschiedenheit in der Körpergröße zwischen den polynesischen Häuptlingen und den niedrigen Volksstämmen derselben Inselgruppen, oder zwischen den Einwohnern der fruchtbaren vulkanischen und der niedrigen unfruchtbaren Koralleninseln desselben Ozeans[18], oder ferner zwischen den Feuerländern der östlichen und westlichen Küsten ihres Heimatlandes, wo die Subsistenzmittel sehr verschieden sind, miteinander vergleichen, so ist es kaum möglich, den Schluß zu umgehen, daß bessere Nahrung und größerer Komfort die Körpergröße beeinflussen. Die voranstehenden Angaben zeigen aber, wie schwierig es ist, zu irgendeinem präzisen Resultat zu gelangen. Dr. Beddoe hat vor kurzem nachgewiesen, daß bei den Einwohnern Großbritanniens der Aufenthalt in Städten und gewisse Beschäftigungen einen die Körpergröße beeinträchtigenden Einfluß haben; und er schließt ferner, daß das Resultat in einer gewissen Ausdehnung vererbt wird, wie es auch in den Vereinigten Staaten der Fall ist. Weiter glaubt auch Dr. Beddoe, daß, wo nur immer „eine Rasse das Maximum ihrer physischen Entwicklung erlangt, sie auch an Energie und moralischer Kraft sich am höchsten erhebt"[19].

Ob äußere Bedingungen irgendeine anderer direkte Wirkung auf den Menschen äußern, ist nicht bekannt. Es hätte sich erwarten lassen, daß Verschiedenheiten des Klimas einen ausgesprochenen Einfluß haben würden, da bei einer niederen Temperatur die Lungen und Nieren zu größerer Tätigkeit und bei einer höheren Temperatur die Leber und die Haut zu einer solchen herangezogen werden.[20] Man meinte früher, daß die Hautfarbe und die Beschaffenheit des Haares durch Licht oder Wärme bestimmt würden; und obgleich sich kaum leugnen läßt, daß eine gewisse Wirkung hierdurch ausgeübt wird, so stimmen fast alle Beobachter jetzt darin überein, daß die Wirkung nur sehr gering gewesen ist, selbst nach viele Generationen dauernder Einwirkung. Doch wird dieser Gegenstand besser noch dann erörtert werden, wenn wir von den verschiedenen Rassen des Menschen reden. In bezug auf unsere domestizierten Tiere haben wir Gründe zu der Annahme, daß Kälte und Feuchtigkeit direkt das Wachstum der Haare affizieren; für den Menschen ist mir aber kein entscheidender Beweis hierfür begegnet.

Wirkung des vermehrten Gebrauchs und Nichtgebrauchs von Teilen. – Es ist allgemein bekannt, daß der Gebrauch die Muskeln des Individuums kräftigt und daß völliger Nichtgebrauch oder die Zerstörung des betreffenden Nervs sie schwächt. Wird das Auge zerstört, so wird der Sehnerv häufig atrophisch; wenn eine Arterie unterbunden wird, so nehmen die seitlichen Blutgefäße nicht bloß an Durchmesser, sondern auch an Dicke und Kraft ihrer Wandungen zu. Hört infolge von Krankheit die eine Niere auf zu wirken, so nimmt die andere an Größe zu und verrichtet doppelte Arbeit. Knochen nehmen nicht bloß an Dicke, sondern auch an Länge zu, wenn sie größere Gewichte zu tragen haben.[21] Verschiedene gewohnheitsgemäß ausgeübte Beschäftigungen

---

[18] In bezug auf Polynesier siehe Prichard: Physical History of Mankind. Vol. V, 1847, p.145, 283; auch Godron, De l'espèce, Tom.II, p.289. Es besteht auch eine merkwürdige Verschiedenheit in der äußeren Erscheinung zwischen den nahe verwandten Hindus des oberen Ganges und Bengalens; s. Elphinstone: History of India, Vol. I, p.234.
[19] Memoirs Anthropolog. Soc., Vol. III, 1867/1869, p.561, 565, 567.
[20] Dr. Brakenridge: Theory of Diathesis, in: Medical Times, June 19th nd July 17th, 1869.
[21] Ich habe Gewährsmänner für diese verschiedenen Angaben angeführt in meinem „Variieren der Tiere und Pflanzen im Zustand der Domestikation", 2. Aufl., Bd. II, p.340, 341. Dr. Jäger: Über das Längenwachstum der Knochen. In der Jenaischen Zeitschrift, Bd. V, Heft 1.

Zweites Kapitel

bringen veränderte Verhältnisse zwischen verschiedenen Teilen des Körpers hervor. So wurde durch die Kommission der Vereinigten Staaten mit Bestimmtheit festgestellt[22], daß die Beine der im letzten Krieg eingesetzten Matrosen um 0,217 Zoll länger waren, als die der Soldaten, trotzdem daß die Matrosen im Mittel kleiner waren; dagegen waren ihre Arme um 1,09 kürzer und daher außer Verhältnis kürzer in bezug auf ihre geringere Körperhöhe. Diese Kürze der Arme ist offenbar Folge ihres stärkeren Gebrauchs und ist ein ganz unerwartetes Resultat; doch benutzen Matrosen ihre Arme hauptsächlich zum Ziehen und nicht zum Tragen von Lasten. Der Umfang des Nackens und die Höhe des Spanns sind bei Matrosen größer, während der Umfang der Brust, der Taille und der Hüften geringer ist als bei Soldaten.

Ob die verschiedenen hier angeführten Modifikationen erblich werden würden, wenn dieselbe Lebensweise während vieler Generationen befolgt würde, ist unbekannt, aber wahrscheinlich. Rengger[23] schreibt die dünnen Beine und die dicken Arme der Payaguas-Indianer dem Umstand zu, daß sie Generationen hindurch fast ihr ganzes Leben in Kanus zugebracht haben, wobei ihre unteren Gliedmaßen bewegungslos waren. Andere Schriftsteller sind in bezug auf andere analoge Fälle zu einem ähnlichen Schluß gelangt. Nach Cranz[24], welcher lange Zeit unter den Eskimos lebte, „glauben die Eingeborenen, daß der Scharfsinn und das Geschick zum Robbenfangen (ihre höchste Kunst und Tugend) erblich sind, und jedenfalls ist etwas Wahres hieran; denn der Sohn eines berühmten Robbenfängers wird sich auszeichnen, auch wenn er seinen Vater in der Kindheit schon verloren hat". Doch ist es in diesem Falle die geistige Anlage, welche ebenso wie die körperliche Bildung offenbar vererbt wird. Es wird angeführt, daß die Hände englischer Arbeiter schon bei der Geburt größer sind als die der besitzenden Klassen.[25] Nach der Korrelation, welche wenigstens in manchen Fällen[26] zwischen der Entwicklung der Gliedmaßen und der Kiefer besteht, ist es möglich, daß bei den Klassen, welche nicht viel mit ihren Händen und Füßen arbeiten, die Kiefer schon aus diesem Grund an Größe abnehmen. Daß sie allgemein bei veredelten und zivilisierten Menschen kleiner sind als bei harter Arbeit verrichtenden oder Wilden, ist sicher. Doch wird, wie Mr. Herbert Spencer[27] bemerkt hat, bei Wilden der bedeutendere Gebrauch der Kiefer zum Kauen grober, ungekochter Nahrung in einer direkten Weise auf die Kaumuskeln, und auf die Knochen, an welchen diese befestigt sind, einwirken. Bei Kindern ist schon lange vor der Geburt die Haut an den Fußsohlen dicker als an irgendeinem anderen Teil des Körpers[28]; und es läßt sich kaum zweifeln, daß dies eine Folge der vererbten Wirkungen des eine lange Reihe von Generationen hindurch stattgefundenen Drucks ist.

Es ist eine allgemein bekannte Tatsache, daß Uhrmacher und Kupferstecher sehr leicht kurzsichtig werden, während Leute, die viel im Freien leben, und besonders Wilde meist weitsichtig sind.[29] Kurzsichtigkeit und Weitsichtigkeit neigen sicher zur Vererbung.[30] Die Inferiorität der Europäer in bezug auf das Gesicht und die anderen Sinne im Vergleich mit Wilden ist ohne Zweifel die gehäufte und vererbte Wirkung eines viele Generationen hindurch verminderten Gebrauchs; denn Rengger führt an[31], daß er wiederholt Europäer beobachtet hat, welche unter wilden Indianern aufgezogen waren und ihr ganzes Leben dort verbracht hatten, und welche

---

[22] Investigations etc., von B. A. Gould, 1869, p.288.
[23] Säugetiere von Paraguay, 1830, p.4.
[24] History of Groenland, 1767, Vol. I, p.230.
[25] Intermarriage, by Alex. Walker, 1838, p.377.
[26] Variieren der Tiere und Pflanzen. 2. Aufl. Bd. I, p.193.
[27] Die Prinzipien der Biologie (übers. von Vetter), 1. Bd., p.497.
[28] Paget: Lectures on Surgical Pathology. Vol. I, 1853, p.209.
[29] Es ist eine eigentümliche und unerwartete Tatsache, daß Seeleute den Festlandsbewohnern in bezug auf die mittlere Größe der deutlichen Sehweite nachstehen. Dr. B. A. Gould hat nachgewiesen, daß dies der Fall ist (Sanitary Memoirs of the War of the Rebellion, 1869, p.530); er erklärt es dadurch, daß bei Seeleuten die gewöhnliche Entfernung des Sehens „auf die Länge des Schiffes und die Höhe der Masten beschränkt ist".
[30] Variieren der Tiere und Pflanzen im Zustand der Domestikation. 2. Aufl. Bd. II, S.9.
[31] Säugetiere von Paraguay, p.8, 10. Ich habe reichlich Gelegenheit gehabt, das außerordentliche Sehvermögen

nichtsdestoweniger es ihnen an Schärfe ihrer Sinne nicht gleichtun konnten. Derselbe Naturforscher macht die Bemerkung, daß die zur Aufnahme der verschiedenen Sinnesorgane am Schädel vorhandenen Höhlen bei den amerikanischen Ureinwohnern größer sind als bei Europäern; und dies weist ohne Zweifel auf eine entsprechende Verschiedenheit in den Dimensionen der Organe selbst hin. Auch Blumenbach hat über die bedeutende Größe der Nasenhöhlen in den Schädeln amerikanischer Eingeborener Bemerkungen gemacht und bringt diese Tatsache mit ihrem merkwürdig scharfen Geruchsinn in Beziehung. Die Mongolen der weiten Ebenen von Nord-Asien haben Pallas zufolge wunderbar vollkommene Sinne; und Prichard glaubt, daß die große Breite ihrer Schädel, von einem Backenknochen zum anderen, Folge ihrer höchst entwickelten Sinnesorgane sei.[32]

Die Quechua-Indianer bewohnen die Hochplateaus von Peru; und Alcide d'Orbigny führt an[33], daß sie infolge des Umstands, daß sie beständig eine sehr verdünnte Luft einatmen, Brustkasten und Lungen von außerordentlichen Durchmessern erlangt haben. Auch sind die Lungenzellen größer und zahlreicher als bei Europäern. Diese Beobachtungen sind in Zweifel gezogen worden; aber Mr. D. Forbes hat sorgfältig viele Aymaras von einer verwandten Rasse gemessen, welche in der Höhe von zehn- und fünfzehntausend Fuß leben; er teilt mir mit[34], daß sie von den Menschen aller anderen Rassen, welche er gesehen habe, auffällig in dem Umfang und der Länge ihrer Körper abweichen. In seiner Tabelle von Maßen wird die Größe jedes Menschen zu tausend genommen und die anderen Maßangaben auf diese Zahl bezogen. Es zeigt sich hier, daß die ausgestreckten Arme der Aymaras kürzer als die der Europäer und viel kürzer als die der Neger sind. Die Beine sind gleichfalls kürzer und sie bieten die merkwürdige Eigentümlichkeit dar, daß bei jedem durchgemessenen Aymara der Oberschenkel faktisch kürzer als das Schienbein ist. Im Mittel verhält sich die Länge des Oberschenkels zu der des Schienbeins wie 211:252, während, bei zwei zu derselben Zeit gemessenen Europäern die Oberschenkel zu den Schienbeinen sich wie 244:230 und bei drei Negern wie 258:241 verhielten. Auch der Oberarm ist im Verhältnis zum Unterarm kürzer. Diese Verkürzung des Teils der Gliedmaßen, welche dem Körper am nächsten ist, scheint mir, wie Mr. Forbes vermutungsweise andeutet, ein Fall von Kompensation im Verhältnis zu der bedeutend vergrößerten Länge des Rumpfs zu sein. Die Aymaras bieten noch einige andere eigentümliche Punkte in ihrem Körperbau dar, so z.B. das sehr geringe Vorspringen ihrer Fersen.

Diese Menschen sind so vollständig an ihren kalten und hohen Aufenthaltsort akklimatisiert, daß sie sowohl früher, als sie von den Spaniern in die niedrigeren, östlichen Ebenen hinabgeführt, als auch später, wo sie durch die hohen Lohnsätze versucht wurden, die Goldwäschereien aufzusuchen, eine schreckenerregende Sterblichkeitsziffer darboten. Nichtsdestoweniger fand Mr. Forbes ein paar im Blut rein erhaltene Familien, welche zwei Generationen hindurch leben geblieben waren, und machte die Beobachtung, daß sie noch immer ihre charakteristischen Eigentümlichkeiten vererbten. Aber selbst ohne Messung fiel es auf, daß diese Eigentümlichkeiten sich alle vermindert hatten, und nach der Messung zeigte sich, daß ihre Körper nicht in dem Maß verlängert waren, wie die der Menschen auf dem Hochplateau, während ihre Oberschenkel sich etwas verlängert hatten, ebenso wie ihre Schienbeine, wenn auch in geringerem Grade. Die Maßangaben selbst kann man in Mr. Forbes' Abhandlung nachsehen. Nach diesen

---

der Feuerländer zu beobachten. S. auch Lawrence (Lectures on Physiology etc., 1822, p.404) über denselben Gegenstand. Mr. Giraud-Teulon hat neuerdings (Revue des Cours scientifiques, 1870, p.625) eine große und wertvolle Zahl von Beweisen gesammelt, welche zeigen, daß die Ursache der Kurzsichtigkeit: „C'est le travail assidu, de près."

[32] Prichard: Physic. Hist. of Mankind (nach der Autorität von Blumenbach). Vol. I, 1851, p.311; die Angabe von Pallas ebd., Vol. IV, 1844, p.407.

[33] Zitiert v. Prichard: Researches into the phys. Hist. of Mankind. Vol. V, p.463.

[34] Mr. Forbes' wertvolle Arbeit ist jetzt publiziert in: Journal of the Ethnological Soc. of London. New Ser., Vol. II, 1870, p.193.

wertvollen Beobachtungen läßt sich, wie ich meine, nicht daran zweifeln, daß ein viele Generationen lange dauernder Aufenthalt in einer sehr hoch gelegenen Gegend sowohl direkt als indirekt erbliche Modifikationen in den Körperproportionen herbeizuführen neigt.[35] Mag auch der Mensch während der späteren Zeiten seiner Existenz infolge des vermehrten oder verminderten Gebrauchs von Teilen nicht sehr modifiziert worden sein, so zeigen doch die hier gegebenen Tatsachen, daß er die Eigenschaft, hierdurch beeinflußt zu werden, nicht verloren hat, und wir wissen positiv, daß dasselbe Gesetz für die Tiere Gültigkeit hat. Infolge hiervon können wir schließen, daß, als zu einer sehr frühen Epoche die Urerzeuger des Menschen sich in einem Übergangszustand befanden und sich aus Vierfüßern zu Zweifüßern umwandelten, die natürliche Zuchtwahl wahrscheinlich in hohem Maße durch die vererbten Wirkungen des vermehrten oder verminderten Gebrauchs der verschiedenen Teile des Körpers unterstützt worden sein mag.

Entwicklungshemmungen. – Entwicklungshemmungen sind verschieden von Wachstumshemmungen; denn Körperteile, die sich im Zustand der Entwicklungshemmung finden, fahren zu wachsen fort, während sie noch immer ihre frühere Beschaffenheit beibehalten. Verschiedene Monstrositäten fallen unter diese Kategorie und einige sind bekanntlich gelegentlich vererbt worden, wie z.B. die Gaumenspalte. Für unseren Zweck wird es genügen, auf die Entwicklungshemmung des Gehirns bei mikrozephalen Idioten hinzuweisen, wie sie Vogt in seiner größeren Abhandlung beschrieben hat.[36] Ihre Schädel sind kleiner und ihre Hirnwindungen weniger kompliziert als beim normalen Menschen. Die Stirnhöhlen oder die Vorsprünge über den Augenbrauen sind bedeutend entwickelt und die Kiefer sind prognath in einem „effrayanten" Grade, so daß diese Idioten gewissermaßen den niederen Typen des Menschen ähnlich sind. Ihre Intelligenz und die meisten ihrer geistigen Fähigkeiten sind äußerst schwach. Sie sind nicht imstande, die Fähigkeit der Sprache zu erlangen, und sind einer fortgesetzten Aufmerksamkeit völlig unfähig, aber sehr geneigt, nachzuahmen. Sie sind kräftig und merkwürdig lebendig, beständig herumtanzend und springend und Grimassen schneidend. Sie kriechen oft Treppen auf allen Vieren hinauf und klettern merkwürdig gern an Möbeln oder Bäumen in die Höhe. Wir werden hierdurch an das Entzücken erinnert, mit welchem beinahe alle Knaben Bäume erklettern; und dies wiederum erinnert uns an junge Lämmer und Zicken, welche, ursprünglich alpine Tiere, sich daran ergötzen, auf jeden Hügel, wie klein er auch sein mag, zu springen. Blödsinnige ähneln niederen Tieren noch in anderen Beziehungen; so hat man mehrere Fälle berichtet, wo sie jeden Bissen Nahrung erst sorgfältig berochen, ehe sie ihn in den Mund steckten. Einen Idioten hat man beschrieben, der zur Unterstützung der Hände oft seinen Mund gebrauchte, wenn er Läuse suchte. Sie sind oft schmutzig in ihrem Benehmen und haben kein Gefühl für Anstand; mehrere Fälle sind endlich beschrieben worden, wo ihr Körper merkwürdig haarig war.[37]

Rückschlag. – Viele der nun mitzuteilenden Fälle hätten schon unter der letzten Überschrift gegeben werden können. Sobald irgendeine Bildung in ihrer Entwicklung gehemmt ist, aber noch fortwächst, bis sie einer entsprechenden Bildung bei einem niedrigeren und erwachsenen Glied derselben Gruppe genau ähnlich wird, können wir sie in gewissem Sinne als einen Fall von Rückschlag betrachten. Die niederen Glieder einer Gruppe geben uns eine Idee, wie der ge-

---

[35] Dr. Wilckens (Landwirtschaftliches Wochenblatt, No. 10, 1869) hat vor kurzem eine interessante Abhandlung veröffentlicht, worin er zeigt, wie domestizierte Tiere, welche in bergigen Gegenden leben, einen modifizierten Körperbau haben.
[36] Memoire sur les Microcéphales, 1867, p.50, 125, 169, 171, 184-198.
[37] Professor Laycock faßt die Charaktere der tierähnlichen Idioten in der Art zusammen, daß er sie theroid nennt (Journal of Mental Science, July 1863). Dr. Scott (The Deaf and Dumb, 2. ed., 1870, p.10) hat oft beobachtet, wie Geistesschwache ihre Nahrung beriechen. S. über denselben Gegenstand und über das Behaartsein der Idioten: Dr. Maudsley, Body and Mind, 1870, p.46-51. Auch Pinel hat ein auffallendes Beispiel von Behaartsein bei einem Blödsinnigen mitgeteilt.

meinsame Urerzeuger der Gruppe wahrscheinlich gebildet war; und es ist kaum zu glauben, daß ein auf einer früheren Stufe der embryonalen Entwicklung stehengebliebener Teil imstande sein sollte, in seinem Wachstum so weit fortzuschreiten, daß er schließlich seine besondere Funktion verrichten kann, wenn er nicht diese Fähigkeit des Fortwachsens während eines früheren Zustandes seiner Existenz, wo der gegenwärtig ausnahmsweise oder gehemmte Bildungszustand normal war, erlangt hätte. Das einfache Gehirn eines mikrozephalen Idioten kann, insoweit es dem eines Affen gleicht, in diesem Sinne wohl als ein Fall von Rückschlag bezeichnet werden.[38] Es gibt aber andere Fälle, welche noch strenger in das vorliegende Kapitel des Rückschlags gehören. Gewisse Bildungen, welche regelmäßig bei den niederen Tieren der Gruppe, zu welcher der Mensch gehört, vorkommen, treten gelegentlich auch bei ihm auf, wenn sie sich auch nicht an dem normalen menschlichen Embryo vorfinden, oder sie entwickeln sich, wenn sie normal am menschlichen Embryo vorhanden sind, in einer abnormen Weise, obschon diese Entwicklungsweise für die niedrigeren Glieder derselben Gruppe normal ist. Diese Bemerkungen werden durch die folgenden Erläuterungen noch deutlicher werden.

Bei verschiedenen Säugetieren geht der Uterus allmählich aus der Form eines doppelten Or-

---

[38] In meinem „Variieren der Tiere und Pflanzen im Zustand der Domestikation", 2. Aufl. Bd. II, S. 65 schrieb ich den nicht seltenen Fall von überzähligen Brustdrüsen bei Frauen dem Rückschlag zu. Ich war hierzu, als zu einem wahrscheinlichen Schluß, dadurch geführt worden, daß die überzähligen Drüsen meist symmetrisch auf der Brust stehen, und besonders noch dadurch, daß in einem Falle, bei der Tochter einer Frau mit überzähligen Brustdrüsen eine einzelne fungierende Milchdrüse in der Weichengegend vorhanden war. Ich bemerke aber jetzt (s. z. B. Preyer: Der Kampf ums Dasein, 1869, p.45), daß *mammae erraticae* auch an anderen Stellen vorkommen, so am Rücken, in der Achselhöhle und am Schenkel; die Drüsen gaben im letzteren Falle so viel Milch, daß das Kind damit ernährt wurde. Die Wahrscheinlichkeit, daß die überzähligen Milchdrüsen infolge von Rückschlag erschienen, wird hierdurch bedeutend vermindert; nichtsdestoweniger erscheint mir dies noch immer wahrscheinlich, weil häufig zwei Paar symmetrisch auf der Brust gefunden werden; von mehreren Fällen dieser Art ist mir selbst mitgeteilt worden. Es ist bekannt, daß mehrere Lemuren normal zwei Paar Milchdrüsen an der Brust haben. Es sind fünf Fälle vom Vorhandensein von mehr als einem Paar Brustdrüsen (natürlich rudimentären) beim männlichen Geschlecht (Mensch) mitgeteilt worden; s. Journal of Anat. and Physiology, 1872, p.56, in bezug auf einen von Dr. Handyside angeführten Fall von zwei Brüdern, welche diese Eigentümlichkeit darboten; s. auch einen Aufsatz von Dr. Bartels, in: Reichert und Dubois-Reymonds Archiv, 1872, p.304. In einem der von Dr. Bartels erwähnten Fälle besaß ein Mann fünf Milchdrüsen, eine davon in der Mittellinie oberhalb des Nabels; Meckel von Hemsbach glaubt, daß dies durch das Vorkommen einer medianen Mamma bei gewissen Fledermäusen illustriert wird. Im ganzen dürfen wir wohl bezweifeln, ob sich in beiden Geschlechtern beim Menschen jemals überzählige Brustdrüsen überhaupt hätten entwickeln können, wenn nicht seine früheren Urerzeuger mit mehr als einem einzigen Paar versehen gewesen wären.
In meinem oben angeführten Werk (Bd. II, p.14) schrieb ich auch, wennschon mit großem Zögern, die häufigen Fälle von Polydactylismus beim Menschen dem Rückschlag zu. Zum Teil wurde ich durch die Angabe Professor Owens, daß einige Ichthyopterygier mehr als fünf Finger haben und daher, wie ich annahm, einen ursprünglichen Zustand beibehalten haben, zu dieser Erklärung veranlaßt; Professor Gegenbaur bestreitet indessen Owens Folgerungen (Jenaische Zeitschrift, Bd. V, Heft 3, p.341). Es scheint aber andererseits nach der vor kurzem von Dr. Günther über die Flosse des Ceratodus vorgetragenen Ansicht (welche Flosse zu beiden Seiten einer zentralen Reihe von Knochenstücken mit gegliederten knöchernen Strahlen versehen ist) nicht besonders schwierig, anzunehmen, daß sechs oder mehr Finger an der einen Seite, oder die doppelte Zahl an beiden Seiten, durch Rückschlag wiedererscheinen können. Dr. Zouteveen hat mir mitgeteilt, daß ein Fall bekannt ist, wo ein Mann vierundzwanzig Finger und vierundzwanzig Zehen hatte! Zu der Folgerung, daß das Vorhandensein überzähliger Finger eine Folge des Rückschlags sei, wurde ich vorzüglich durch die Tatsache geführt, daß derartige Finger nicht bloß streng vererbt werden, sondern auch, wie ich damals glaubte, das Vermögen haben, wie die normalen Finger niederer Wirbeltiere, nach Amputationen wieder zu wachsen. Ich habe aber in der zweiten Auflage meines Werkes „Das Variieren im Zustand der Domestikation" erklärt, warum ich den berichteten Fällen eines derartigen Wiederwachsens nur wenig Vertrauen schenke. Nichtsdestoweniger verdient es, insofern Entwicklungshemmung und Rückschlag eng verwandte Vorgänge sind, Beachtung, daß das Vorhandensein verschiedener Bildungen in einem embryonalen oder gehemmten Zustand, wie ein gespaltener Gaumen, ein zweihörniger Uterus usw., häufig mit Polydactylismus verbunden ist. Meckel und I. Geoffroy St. Hilaire haben dies stets betont. Für jetzt ist es aber am sichersten, die Idee ganz und gar aufzugeben, daß zwischen der Entwicklung überzähliger Finger und dem Rückschlag auf irgendeinen niedrig organisierten Vorfahren des Menschen irgendeine Beziehung bestehe.

gans mit zwei getrennten Öffnungen und zwei Kanälen, wie bei den Beuteltieren, in die Form eines einzigen Organs über, welches mit Ausnahme einer kleinen inneren Falte kein weiteres Zeichen der Verdopplung zeigt; so bei den höheren Affen und dem Menschen. Die Nagetiere bieten eine vollständige Reihe von Abstufungen zwischen diesen beiden äußersten Formenzuständen dar. Bei allen Säugetieren entwickelt sich der Uterus aus zwei primitiven Tuben, deren untere Teile die Hörner bilden, und mit den Worten des Dr. Farre: „Der Körper des Uterus bildet sich beim Menschen durch die Verwachsung der beiden Hörner an ihren unteren Enden, während bei denjenigen Tieren, bei welchen kein mittlerer Teil oder Körper existiert, die Hörner unvereint bleiben. In dem Maße, als die Entwicklung des Uterus fortschreitet, werden die beiden Hörner allmählich kürzer, bis sie zuletzt verloren oder gleichsam in den Körper des Uterus absorbiert werden." Die Winkel des Uterus sind noch immer, selbst so hoch in der Stufenreihe wie bei den niederen Affen und ihren Verwandten, den Lemuren, in Hörner ausgezogen.

Nun finden sich nicht selten bei Frauen anormale Fälle vor, wo der reife Uterus mit Hörnern versehen oder teilweise in zwei Organe gespalten ist; und derartige Fälle wiederholen nach Owen die Entwicklungsstufe „der allmählichen Konzentration", welche gewisse Nagetiere erreichen. Wir haben vermutlich hier ein Beispiel einer einfachen Hemmung der embryonalen Entwicklung vor uns, mit nachfolgendem Wachstum und völliger funktioneller Entwicklung; denn beide Seiten des teilweise doppelten Uterus sind fähig, die ihm eigenen Leistungen während der Trächtigkeit zu vollziehen. In noch anderen und selteneren Fällen sind zwei getrennte Uterinhöhlen gebildet, von denen jede ihre eigene Öffnung und ihren Kanal besitzt.[39] Während der gewöhnlichen Entwicklung des Embryo wird kein derartiger Zustand durchlaufen und es ist schwer, wenn auch vielleicht nicht unmöglich, anzunehmen, daß die beiden einfachen, kleinen primitiven Tuben (wenn der Ausdruck gestattet ist) wissen sollten, wie sie in zwei getrennte Uteri auszuwachsen haben, – jeder mit einer wohlgebildeten Öffnung und einem Kanal und jeder mit zahlreichen Muskeln, Nerven, Drüsen und Gefäßen versehen, – wenn sie nicht früher einmal einen ähnlichen Verlauf der Entwicklung, wie bei den noch jetzt lebenden Beuteltieren, durchschritten hätten. Niemand wird behaupten mögen, daß eine so vollkommene Bildung wie der abnorme doppelte Uterus bei Frauen das Resultat bloßen Zufalls sein könne. Aber das Prinzip des Rückschlags, durch welches lange verloren gewesene Bildungen von neuem ins Leben gerufen werden, mag als Führer für die volle Entwicklung des Organs dienen, selbst nach dem Verlauf einer enorm langen Zeit.

Professor Canestrini kommt nach Erörterung der vorstehenden und noch anderer analoger Fälle zu demselben Schluß, wie der eben mitgeteilte. Er führt als ferneres Beispiel noch das Wangenbein an[40], welches bei einigen Quadrumanen und anderen Säugetieren normal aus zwei Teilen besteht. Dies ist sein Zustand im zweimonatlichen menschlichen Fötus; und so bleibt es zuweilen infolge von Entwicklungshemmung beim erwachsenen Menschen und besonders bei den niederen prognathen Rassen. Hieraus schließt Canestrini, daß bei irgendeinem früheren Urerzeuger des

---

[39] S. Dr. A. Farres bekannten Artikel in der Cyclopaedia of Anatomy and Phys., Vol. V, 1859, p.642. Owen: Anatomy of Vertebrates. Vol. III, 1868, p.687. Prof. Turner, in: Edinburgh Medical Journal, Febr. 1865.

[40] Annuario della Soc. dei Naturalisti di Modena, 1867, p.83. Prof. Canestrini gibt Auszüge aus verschiedenen Autoren über diesen Gegenstand. Laurillard bemerkt, daß er in der Form, den Proportionen und der Verbindung der beiden Wangenbeine bei mehreren menschlichen Körpern und gewissen Affen eine vollständige Ähnlichkeit gefunden habe und daß er diese Anordnung der Teile nicht als einen bloßen Zufall zu betrachten vermöge. Einen anderen Aufsatz über dieselbe Anomalie hat Dr. Saviotti in der „Gazetta delle Cliniche", Turin 1871, veröffentlicht, wo er angibt, daß sich Spuren der Teilung in ungefähr 2 % erwachsener Schädel nachweisen lassen; er bemerkt auch, daß sie häufiger in prognathen, nicht-arischen Schädeln vorkomme als in anderen. S. auch G. Delorenzi über denselben Gegenstand: „Tre nuovi casi d'anomalia dell' osso malare", Torino 1872. Auch E. Morselli: Sopra una rara anomalia dell' osso malare. Modena 1872. Noch neuerlicher hat Gruber eine Broschüre über die Teilung dieses Knochens geschrieben. Ich führe diese Zitate hier an, weil ein Kritiker ohne Grund und ohne Bedenken meine Angaben bezweifelt hat.

Menschen dieser Knochen normal in zwei Teile geteilt gewesen sein muß, welche später miteinander verschmolzen sind. Beim Menschen besteht das Stirnbein aus einem einzigen Stück, aber im Embryo und bei Kindern und bei fast allen niederen Säugetieren besteht es aus zwei durch eine deutliche Naht getrennten Stücken. Diese Naht bleibt gelegentlich mehr oder weniger deutlich beim Menschen noch nach der Reifeperiode bestehen und findet sich häufiger bei Schädeln aus dem Altertum als bei solchen aus der Neuzeit, und besonders, wie Canestrini beobachtet hat, bei den aus der Driftformation ausgegrabenen und zum brachyzephalen Typus gehörenden Schädeln. Auch hier gelangt er wieder zu demselben Schluß, wie bei dem analogen Fall vom Wangenbein. Bei diesen und anderen sofort zu gebenden Beispielen scheint die Ursache der Tatsache, daß ältere Rassen in gewissen Merkmalen sich häufiger niederen Tieren annähern, als es neuere Rassen tun, die zu sein, daß die letzteren durch einen etwas größeren Abstand in der langen Deszendenzreihe von ihren früheren halbmenschlichen Vorfahren getrennt sind.

Verschiedene andere Anomalien beim Menschen, welche den vorstellenden mehr oder weniger analog sind, sind von verschiedenen Schriftstellern als Fälle von Rückschlag aufgeführt worden; doch scheinen dieselben ziemlich zweifelhaft zu sein; denn wir müssen außerordentlich tief in der Säugetierreihe hinabsteigen, ehe wir derartige Verhältnisse normal vorhanden finden.[41]

Beim Menschen sind die Eckzähne vollständig fungierende Kauwerkzeuge; aber ihr eigentlicher Charakter als Eckzähne wird, wie Owen bemerkt[42], „durch die konische Form ihrer Krone angedeutet, welche in einer stumpfen Spitze endet, nach außen konvex, nach innen eben oder subkonkav ist und an der Basis der inneren Fläche einen schwachen Vorsprung zeigt. Die konische Form ist am besten bei den melanesischen Rassen, besonders bei den Australiern ausgedrückt. Der Eckzahn ist tiefer und mit einer stärkeren Wurzel als die Schneidezähne eingepflanzt". Und doch dient dieser Eckzahn beim Menschen nicht mehr als eine spezielle Waffe zum Zerreißen seiner Feinde oder seiner Beute; er kann daher, soweit es seine eigentliche Funktion betrifft, als rudimentär betrachtet werden. In jeder größeren Sammlung menschlicher Schädel können einige gefunden werden, wie Haeckel[43] bemerkt, bei denen der Eckzahn beträchtlich, in derselben Weise wie bei den anthropomorphen Affen, aber in einem geringeren Grade, über die anderen Zähne vorspringt. In diesen Fällen bleiben zwischen den Zähnen der einen Kinnlade offene Stellen zur Aufnahme der Eckzähne des entgegengesetzten Kiefers. Ein Zwischenraum dieser Art an einem Kaffernschädel, den Wagner abbildete, ist überraschend groß.[44] Bedenkt man, wie wenig alte Schädel im Vergleich mit neueren untersucht worden sind, so ist es eine interessante Tatsache, daß in mindestens drei Fällen die Eckzähne bedeutend vorspringen, und in dem Kiefer von Naulette sind sie, wie man sagt, enorm.[45]

Nur die Männchen der anthropomorphen Affen haben völlig entwickelte Eckzähne; aber beim weiblichen Gorilla und in einem geringeren Grade beim weiblichen Orang-Utan sprin-

---

[41] Eine ganze Reihe von Fällen hat Isid. Geoffroy St. Hilaire mitgeteilt (Hist. des Anomalies. Tom. III, p.437). Ein Kritiker (Journal of Anatomy and Physiology, 1871, p.366) tadelt mich deshalb sehr, weil ich die zahlreichen in der Literatur mitgeteilten Fälle von in ihrer Entwicklung gehemmten Organen nicht erörtert habe. Er sagt, daß meiner Theorie zufolge „jeder während der Entwicklung eines Organs durchlaufene Zustand nicht bloß Mittel zu einem Zweck ist, sondern früher einmal selbst ein Zweck gewesen sei." Dies scheint mir nicht notwendig richtig zu sein. Warum sollen nicht während einer früheren Entwicklungsperiode Abänderungen auftreten können, welche zu Rückschlag in keiner Beziehung stehen? Und doch können solche Abänderungen erhalten und gehäuft werden, wenn sie von irgendwelchem Nutzen sind, z.B. wenn sie den Entwicklungsverlauf abkürzen und vereinfachen. Warum sollen nicht ferner nachteilige Abnormitäten, wie atrophierte oder hypertrophierte Teile, welche in keinem Bezug zu einem früheren Existenzzustand stehen, ebensogut in einer früheren Entwicklungsperiode wie während der Reife auftreten können?
[42] Anatomy of Vertebrates. Vol. III, 1868, p.323.
[43] Generelle Morphologie, 1866, Bd. II, p.CLV.
[44] C. Vogt: Vorlesungen über den Menschen, 1863, Bd. I, p.189, 190.
[45] C. Carter Blake: On a jaw from La Naulette. In: Anthropolog. Review, 1867, p.295. Schaaffhausen, ibid., 1868, p.426.

gen diese Zähne beträchtlich über die anderen vor; die Tatsache also, daß, wie man mir versichert hat, Frauen zuweilen beträchtlich vorspringende Eckzähne besitzen, bietet keinen ernstlichen Einwand gegen die Annahme dar, daß ihre gelegentlich bedeutende Entwicklung beim Menschen ein Fall von Rückschlag auf die Form des affenähnlichen Urerzeugers sei. Wer die Ansicht verlacht, daß die Form seiner eigenen Eckzähne und deren gelegentliche bedeutende Entwicklung bei anderen Menschen Folge des Umstands ist, daß unsere frühen Urerzeuger mit diesen furchtbaren Waffen versehen gewesen sind, wird doch wahrscheinlich im Akt des Verhöhnens seine Abstammung offenbaren. Denn obschon er nicht mehr diese Zähne als Waffen zu gebrauchen geneigt ist und nicht einmal die Kraft dazu hat, so wird er doch unbewußter Weise seine Fletschmuskeln (wie sie Sir C. Bell[46] nennt) zusammenziehen und dadurch jene Zähne ebenso zur Aktion bereit exponieren wie ein Hund, der zum Kampfe gerüstet ist.

Gelegentlich entwickeln sich viele Muskeln beim Menschen, welche anderen Vierhändern oder anderen Säugetieren eigen sind. Professor Vlacovich[47] untersuchte vierzig männliche Leichen und fand bei neunzehn unter ihnen einen Muskel, den er den *ischiopubicus* nennt; bei drei anderen war ein Band vorhanden, welches diesen Muskel ersetzte, und bei den übrigen achtzehn fand sich keine Spur davon. Unter dreißig weiblichen Leichen war dieser Muskel auf beiden Seiten nur bei zweien entwickelt, aber bei drei anderen fand sich das rudimentäre Band. Es scheint daher dieser Muskel beim männlichen Geschlecht viel häufiger zu sein als beim weiblichen, und aus dem Prinzip, nach welchem der Mensch von einer niederen Form abstammt, läßt sich diese Tatsache wohl verstehen. Denn bei mehreren niederen Tieren ist der Muskel nachgewiesen worden und dient bei allen diesen ausschließlich nur den Männchen beim Reproduktionsgeschäft.

Mr. J. Wood hat in einer Reihe wertvoller Aufsätze[48] eine ungeheure Anzahl von Muskelvarietäten beim Menschen ausführlich beschrieben, welche normalen Bildungen bei niederen Tieren gleichen. Betrachtet man nur die Muskeln, welche denen gleichen, die bei unseren nächsten Verwandten, den Vierhändern, regelmäßig vorhanden sind, so sind diese schon zu zahlreich, um hier auch nur angeführt zu werden. Bei einem einzigen männlichen Leichnam, welcher eine kräftige körperliche Entwicklung und einen wohlgebildeten Schädel besaß, wurden nicht weniger als sieben Muskelabweichungen beobachtet, welche sämtlich deutlich Muskeln repräsentieren, welche verschiedenen Arten von Affen eigen sind. So hatte dieser Mensch z.B. auf beiden Seiten des Halses einen echten und kräftigen *Levator claviculae*, so wie er sich bei allen Arten von Affen findet und von welchem man sagt, daß er bei ungefähr einer unter sechzig menschlichen Leichen vorkommt.[49] Ferner hatte dieser Mensch „einen speziellen Abductor des Metatarsalknochens der fünften Zehe, einen solchen wie er nach den Demonstrationen von Professor Huxley „und Mr. Flower gleichförmig bei den höheren und niederen Affen existiert". Ich will nur noch zwei weitere Fälle anführen. Der *Acromio-basilaris* findet sich bei allen in der Tierreihe unter dem Menschen stehenden Säugetieren und scheint zu dem Gang auf allen Vieren in Be-

---

[46] The Anatomy of Expression, 1844, p.110, 131.
[47] Zitiert von Prof. Canestrini in dem Annuario etc., 1867. p.90.
[48] Diese Aufsätze verdienen sämtlich von allen denen sorgfältig studiert zu werden, welche kennenzulernen wünschen, wie häufig unsere Muskeln variieren und wie sie bei diesen Abweichungen denen der Quadrumanen ähnlich werden. Die folgenden Zitate beziehen sich auf die wenigen, oben im Text mitgeteilten Punkte: Proceed. Royal Soc., Vol. XIV, 1865, p.379-384; Vol. XV, 1866, p.241, 242; Vol. XV, 1867, p.544; Vol. XVI, 1868, p.524. Ich will hier noch hinzufügen, daß Murie und St. George Mivart in ihrer Arbeit über die Lemuriden gezeigt haben, wie außerordentlich variabel einige Muskeln bei diesen Tieren, den niedersten Formen der Primaten, sind (Transact. Zoolog. Soc., Vol. VII, 1869, p.96). Auch gradweise Abänderungen an den Muskeln, welche zu Bildungseigentümlichkeiten führen, die noch niedriger stehenden Tieren eigen sind, finden sich zahlreich bei den Lemuriden.
[49] Prof. MacAlister, in: Proceed. Roy. Irish Academy. Vol. X, 1868, p.124.

ziehung zu stehen[50]; beim Menschen erscheint er an einer von ungefähr sechzig Leichen. Von den Muskeln der unteren Gliedmaßen fand Mr. Bradley[51] einen *Abductor ossis metatarsi quinti* an beiden Füßen beim Menschen; bis dahin war kein Fall von seinem Vorkommen beim Menschen berichtet worden; er findet sich aber stets bei den anthropomorphen Affen. Die Hände und Arme des Menschen sind außerordentlich charakteristische Bildungen, doch sind ihre Muskeln äußerst geneigt zu variieren, so daß sie dann den entsprechenden Muskeln bei niederen Tieren gleichen.[52] Derartige Ähnlichkeiten sind entweder vollständig und vollkommen oder unvollkommen, im letzteren Fall aber offenbar von einer Übergangsbeschaffenheit. Gewisse Abweichungen sind häufiger beim Mann, andere häufiger bei der Frau, ohne daß wir imstande wären, irgendeinen Grund hierfür anzuführen. Nach der Beschreibung zahlreicher Abänderungen macht Mr. Wood die folgende bezeichnende Bemerkung: „bemerkenswerte Abweichungen von dem gewöhnlichen Typus der Muskelbildungen bewegen sich in bestimmten Richtungen, welche für Andeutungen irgendeines unbekannten Faktors gehalten werden müssen, der für eine umfassende Kenntnis der allgemeinen und wissenschaftlichen Anatomie von hoher Bedeutung ist".[53]

Daß dieser unbekannte Faktor Rückschlag auf einen früheren Zustand der Existenz ist, kann als im höchsten Grade wahrscheinlich angenommen werden.[54] Es ist völlig unglaublich, daß ein Mensch nur infolge eines bloßen Zufalls abnormer Weise in nicht weniger als sieben seiner Muskeln gewissen Affen gleichen sollte, wenn nicht ein genetischer Zusammenhang zwischen ihnen bestände. Stammt auf der anderen Seite der Mensch von irgendeiner affenähnlichen Form ab, so läßt sich kein triftiger Grund beibringen, warum gewisse Muskeln nach einem Verlauf von vielen tausend Generationen nicht plötzlich in derselben Weise wiedererscheinen sollten, wie bei Pferden, Eseln und Maultieren dunkelfarbige Streifen auf den Beinen und Schultern nach einem Verlauf von Hunderten oder wahrscheinlich Tausenden von Generationen plötzlich wieder erscheinen.

Diese verschiedenen Fälle von Rückschlag sind denen von rudimentären Organen, wie sie im ersten Kapitel mitgeteilt wurden, so nahe verwandt, daß viele von ihnen mit gleichem Recht in jedem der beiden Kapitel hätten untergebracht werden können. So kann man sagen, daß ein menschlicher Uterus, welcher Hörner besitzt, in einem rudimentären Zustand das Organ repräsentiert, wie ihn gewisse Säugetiere im normalen Zustand besitzen. Manche Teile, welche beim

---

[50] Champneys, in: Journal of Anatomy and Physiology, Nov. 1871, p.178.
[51] Journal of Anatomy and Physiology, May 1872, p.421.
[52] MacAlister (ebd., p.121) hat seine Beobachtungen in Tabellen gebracht und findet, daß Muskelvarietäten am allerhäufigsten am Vorderarm sind, dann kommt das Gesicht, dann der Fuß usw.
[53] Dr. Haugthon teilt einen merkwürdigen Fall von Abweichung am menschlichen Flexor pollicis longus mit (Proceed. Roy. Irish Academy, June 27th, 1864, p.715) und fügt hinzu: „Dieses merkwürdige Beispiel zeigt, daß der Mensch zuweilen diejenige Anordnung der Sehnen des Daumens und der übrigen Finger besitzen kann, welche für den *Macacus* charakteristisch ist; ob man aber einen solchen Fall so beurteilen solle, daß hier ein *Macacus* aufwärts in die menschliche Form, oder daß ein Mensch abwärts in die *Macacus*-Form übergehe, oder ob man darin ein angeborenes Naturspiel sehen darf, vermag ich nicht zu entscheiden." Es gewährt wohl Genugtuung, von einem so tüchtigen Anatomen und einem so erbitterten Gegner des Evolutionismus auch nur die Möglichkeit erwähnen zu hören, daß einer der beiden ersten Annahmen zugestimmt werde. Auch Prof. MacAlister hat (Proceed. Roy. Irish Academy. Vol. X, 1864, p.138) Abweichungen am *Flexor pollicis longus* beschrieben, welche wegen ihrer Beziehungen zu den Muskeln der Quadrumanen merkwürdig sind.
[54] Seit der ersten Auflage dieses Buchs hat Mr. Wood in den Philos. Transact., 1870, p.83 eine andere Abhandlung erscheinen lassen über die Muskelvarietäten am Hals, an der Schulter und der Brust des Menschen. Er weist hier nach, wie äußerst variabel diese Muskeln sind und wie oft und wie bedeutend die Abweichungen den normalen Muskeln der niederen Tiere ähneln. Er faßt es in der folgenden Weise zusammen: „Es wird für meinen Zweck genügen, wenn es mir gelungen ist, die wichtigsten Formen nachzuweisen, welche, sobald sie am menschlichen Körper als Varietäten auftreten, in einer hinreichend charakteristischen Weise das darbieten, was man in diesem Zweig der wissenschaftlichen Anatomie als Beweise und Beispiele für das Darwinsche Prinzip des Rückschlags oder das Gesetz der Vererbung betrachten kann."

Menschen rudimentär sind, wie das Schwanzbein bei beiden Geschlechtern und die Brustdrüsen beim männlichen Geschlecht, sind immer vorhanden, während andere, wie das supracondyloide Loch, nur gelegentlich erscheinen und daher in die Kategorie der Rückschlagsfälle hätten aufgenommen werden können. Diese verschiedenen, auf Rückschlag ebenso wie auf Verkümmerung im strengen Sinne zu beziehenden Bildungen decken die Abstammung des Menschen von irgendeiner niederen Form in einer nicht mißzuverstehenden Weise auf.

Korrelatives Abändern. – Beim Menschen stehen, wie bei den niederen Tieren, viele Bildungen in einer so intimen Beziehung zueinander, daß, wenn der eine Teil abweicht, ein anderer es gleichfalls tut, ohne daß wir in den meisten Fällen imstande wären, irgendeinen Grund beizubringen. Wir können nicht sagen, ob der eine Teil den anderen beherrscht oder ob beide von irgendeinem früher entwickelten Teil beherrscht werden. Wie Isid. Geoffroy wiederholt betont hat, sind in dieser Weise verschiedene Monstrositäten ganz eng miteinander verknüpft. Ganz besonders sind homologe Bildungen geneigt, gemeinsam abzuändern, wie wir es an den beiden Seiten des Körpers und an den oberen und unteren Gliedmaßen sehen. Meckel hat schon vor langer Zeit die Bemerkung gemacht, daß, wenn die Armmuskeln von ihrem eigentlichen Typus abweichen, sie fast immer die Verhältnisse der Muskeln des Beins wiederholen; und so umgekehrt mit den Beinmuskeln. Die Organe des Gesichts und Gehörs, die Zähne und Haare, die Farbe der Haut und der Haare, Farbe und Konstitution stehen mehr oder weniger in Korrelation.[55] Professor Schaaffhausen hat zuerst die Aufmerksamkeit auf die Beziehung gelenkt, welche offenbar zwischen einem muskulösen Bau und den stark ausgesprochenen Oberaugenhöhlenleisten existiert, wie sie für die niederen Menschenrassen so charakteristisch sind.

Außer den Abänderungen, welche mit mehr oder weniger Wahrscheinlichkeit unter die vorgenannte Kategorie gruppiert werden können, gibt es noch eine große Klasse von Variationen, welche provisorisch als spontane bezeichnet werden können; infolge unserer Unwissenheit scheinen sie nämlich ohne irgendwelche anregende Ursache zu entstehen. Es kann indessen gezeigt werden, daß derartige Abänderungen, mögen sie nun in unbedeutenden individuellen Verschiedenheiten oder in stark markierten und plötzlichen Abweichungen des Baues bestehen, viel mehr von der Konstitution des Organismus abhängen, als von der Natur der Bedingungen, welchen derselbe ausgesetzt war.[56]

Verhältnis der Zunahme. – Man weiß, daß zivilisierte Völker unter günstigen Bedingungen, wie in den Vereinigten Staaten, ihre Zahl in fünfundzwanzig Jahren verdoppeln, und nach einer Berechnung von Euler kann dies in wenig über zwölf Jahren eintreten.[57] Nach dem ersterwähnten Verhältnis würde die jetzige Bevölkerung der Vereinigten Staaten, nämlich dreißig Millionen, in 657 Jahren die ganze Erdoberfläche, Wasser und Land, so dicht bevölkern, daß auf einem Quadratyard vier Menschen zu stehen haben würden. Das primäre und fundamentale Hindernis für die fortgesetzte Zunahme des Menschen ist die Schwierigkeit, Existenzmittel zu erlangen und mit Leichtigkeit leben zu können. Daß dies der Fall ist, können wir aus dem schließen, was wir z. B. in den Vereinigten Staaten sehen, wo die Existenz leicht und Raum für viele vorhanden ist. Würden diese Mittel plötzlich in Großbritannien verdoppelt, so würde sich auch unsere Einwohnerzahl schnell verdoppeln. Bei zivilisierten Nationen wirkt das oben erwähnte primäre Hindernis hauptsächlich durch das Erschweren der Heiraten. Auch ist das Sterblichkeitsver-

---

[55] Die Autoritäten für diese verschiedenen Angaben sind angeführt in meinem Buch „Das Variieren der Tiere und Pflanzen im Zustand der Domestikation". 2. Aufl., Bd. II, p.365-382.
[56] Dieser ganze Gegenstand ist im 23. Kapitel des 2. Bandes meines Buchs „Das Variieren der Tiere und Pflanzen im Zustand der Domestikation" erörtert worden.
[57] S. den für immer merkwürdigen „Essay on the principle of Population, by the Rev. T. Malthus". Vol. I, 1826, p.6, 517.

Über die Art der Entwicklung des Menschen aus einer niederen Form

hältnis der Kinder in den ärmsten Klassen von großer Bedeutung, ebenso die größere Sterblichkeit auf allen Altersstufen infolge verschiedener Krankheiten bei den Bewohnern dicht bevölkerter und elender Häuser. Die Wirkungen schwerer Epidemien und Kriege werden bald bei Nationen ausgeglichen, welche unter günstigen Bedingungen leben, und sogar mehr als ausgeglichen. Auch kommt Auswanderung als ein zeitweises Hindernis der Zunahme in Betracht, aber bei den äußerst armen Klassen in keiner großen Ausdehnung.

Wie Malthus bemerkt hat, haben wir Grund zu vermuten, daß die Reproduktionskraft bei barbarischen Rassen tatsächlich geringer ist als bei zivilisierten. Positives wissen wir über diesen Gegenstand nicht, denn bei Wilden ist eine Volkszählung nie vorgenommen worden; aber nach den übereinstimmenden Zeugnissen der Missionare und anderer, welche lange mit solchen Völkern gelebt haben, scheint es, daß ihre Familien gewöhnlich klein, daß große Familien dagegen im ganzen selten sind. Zum Teil wird dies, wie man annimmt, dadurch zu erklären sein, daß die Frauen ihre Kinder eine sehr lange Zeit hindurch stillen; aber es ist doch auch äußerst wahrscheinlich, daß Wilde, welche oft viel Not leiden und welche keine so reichliche und nahrhafte Kost erhalten wie zivilisierte Menschen, faktisch weniger fruchtbar sind. In einem früheren Werk[58] habe ich gezeigt, daß alle unsere domestizierten Vierfüßler und Vögel und alle unsere kultivierten Pflanzen fruchtbarer sind als die entsprechenden Spezies im Naturzustand. Die Tatsachen, daß plötzlich mit einem Exzeß von Nahrung versorgte oder sehr fett gemachte Tiere und daß plötzlich aus einem sehr armen in einen sehr reichen Boden versetzte Pflanzen mehr oder weniger steril gemacht werden, bieten keinen triftigen Einwand gegen diesen Schluß dar. Wir dürfen daher erwarten, daß zivilisierte Menschen, welche in einem gewissen Sinne hoch domestiziert sind, fruchtbarer als wilde Menschen seien. Es ist auch wahrscheinlich, daß die erhöhte Fruchtbarkeit zivilisierter Nationen, wie es bei unseren domestizierten Tieren der Fall ist, ein erblicher Charakter wird; es ist wenigstens bekannt, daß beim Menschen eine Neigung zu Zwillingsgeburten durch Familien läuft.[59]

Trotzdem, daß Wilde weniger fruchtbar erscheinen als zivilisierte Völker, würden sie doch an Zahl reißend zunehmen, wenn nicht ihre Menge durch gewisse Einflüsse stark niedergehalten würde. Die Santali oder Bergstämme von Indien haben in neuerer Zeit für diese Tatsache eine gute Erläuterung gegeben; sie haben sich nämlich, wie Mr. Hunter[60] gezeigt hat, seitdem die Vakzination eingeführt worden ist, andere Seuchen gemildert sind und der Krieg rücksichtslos unterdrückt worden ist, in einem außerordentlichen Maße vermehrt. Diese Zunahme hätte indessen nicht möglich sein können, wenn dieses rohe Volk sich nicht in die benachbarten Distrikte verbreitet und dort für Lohn gearbeitet hätte. Wilde heiraten fast immer; es tritt aber irgendeine kluge Rückhaltung doch ein, denn sie heiraten gewöhnlich nicht in dem Alter, in welchem das Heiraten am frühesten möglich ist. Häufig verlangt man von den jungen Männern den Nachweis, daß sie ein Weib erhalten können, und sie haben gewöhnlich zunächst die Summe zu verdienen, um welche sie die Frau von ihren Eltern kaufen. Bei Wilden beschränkt die Schwierigkeit, eine Subsistenz zu finden, ihre Zahl gelegentlich in viel direkterer Weise, als bei zivilisierteren Völkern; denn alle Stämme leiden periodisch an schweren Hungersnöten. Zu solchen Zeiten sind die Wilden gezwungen, viel schlechte Nahrung zu verzehren, und es kann nicht ausbleiben, daß ihre Gesundheit hierdurch geschädigt wird. Viele Berichte sind über ihre geschwollenen Bäuche und abgemagerten Gliedmaßen nach und während der Hungersnot veröffentlicht worden. Ferner sind sie auch dann gezwungen, viel umherzuwandern und, wie man mir in Australien versicherte, kommen ihre Kinder in großen Zahlen um. Da die Zeiten der Hungersnot periodisch wiederkehren und hauptsächlich von extremen Verhältnissen der Jahreszeiten abhängen, so müssen alle Stämme in ihrer Zahl schwanken, sie können nicht stetig und regelmäßig zunehmen, da für die Versorgung mit Nahrung keine künstliche Zufuhr eintritt. Gelangen Wilde in Not, so

---

[58] Über das Variieren der Tiere und Pflanzen im Zustand der Domestikation. 2. Aufl., Bd. II, p.127-130, 187.
[59] Sedgwick: British and Foreign Medico-Chirurg. Review, July 1863, p.170.
[60] The Annals of Rural Bengal, by W. W. Hunter, 1868, p.259.

greifen sie gegenseitig in ihre Territorien über und das Resultat ist Krieg; doch sind sie in der Tat fast immer mit ihren Nachbarn im Krieg. Zu Wasser und zu Lande sind sie bei ihren Bemühungen um Nahrung vielen Zufällen ausgesetzt, und in manchen Ländern müssen sie auch von den größeren Raubtieren viel leiden. Selbst in Indien sind manche Distrikte durch die Räubereien der Tiger geradezu entvölkert worden.

Malthus hat diese verschiedenen Hindernisse erörtert; er betont aber dasjenige nicht stark genug, welches wahrscheinlich das bedeutungsvollste von allen ist, nämlich Kindermord, und besonders die Tötung weiblicher Kinder, und die Gewohnheit, Fehlgeburten zu veranlassen. Diese Gebräuche herrschen jetzt in vielen Teilen der Erde, und früher scheint Kindermord, wie Mr. M'Lennan[61] gezeigt hat, in einem noch ausgedehnteren Grade geherrscht zu haben. Diese Gebräuche scheinen bei Wilden dadurch entstanden zu sein, daß sie die Schwierigkeit oder vielmehr die Unmöglichkeit eingesehen haben, alle Kinder, welche geboren werden, zu erhalten. Zügelloses Leben kann auch noch zu den oben erwähnten Hindernissen hinzugerechnet werden; doch ist dies keine Folge des Mangels an Subsistenzmitteln, obschon Grund zu der Annahme vorhanden ist, daß es in manchen Fällen (wie z. B. in Japan) absichtlich ermuntert worden ist, als ein Mittel, die Bevölkerung niedrig zu erhalten.

Wenn wir auf eine äußerst frühe Zeit zurückblicken, ehe der Mensch die Würde der Menschlichkeit erreicht hat, so sehen wir, daß er mehr durch Instinkt und weniger durch Vernunft geleitet worden sein wird als die Wilden zur jetzigen Zeit. Unsere frühen, halbmenschlichen Vorfahren werden den Gebrauch des Kindermords nicht ausgeübt haben; denn die Instinkte der niederen Tiere sind nie so verkehrt[62], daß sie dieselben regelmäßig zur Zerstörung ihrer eigenen Nachkommenschaft führten, oder daß sie völlig frei von Eifersucht wären. Es wird auch keine kluge Zurückhaltung vom Heiraten stattgefunden haben, und die Geschlechter werden sich im frühen Alter reichlich verbunden haben. Daher wird zur Zeit der Urerzeuger des Menschen deren Zahl zu einer rapiden Zunahme geneigt gewesen sein, aber Hindernisse irgendwelcher Art, entweder periodische oder beständige, müssen dieselbe niedrig gehalten haben, und zwar selbst noch stärker als bei den jetzt lebenden Wilden. Was die genaue Beschaffenheit dieser Hindernisse gewesen sein mag, können wir ebensowenig für unsere Vorfahren wie für die meisten anderen Tiere sagen. Wir wissen, daß Pferde und Rinder, welche keine sehr stark fruchtbaren Tiere sind, sich, seit sie zuerst in Süd-Amerika dem Verwildern überlassen wurden, in einem enormen Verhältnis vermehrt haben. Das Tier, bei welchem die Entwicklung die meiste Zeit erfordert, nämlich der Elefant, würde in wenigen tausend Jahren die ganze Erde bevölkern. Die Zunahme jeder Spezies von Affen muß durch irgendein Mittel gehindert worden sein, aber nicht, wie Brehm bemerkt, durch die Angriffe von Raubtieren. Niemand wird annehmen, daß das faktische Reproduktionsvermögen der wilden Pferde und Rinder in Amerika anfangs in irgendeinem merkbaren Grade vermehrt gewesen wäre, oder daß dieses Vermögen jedesmal, nachdem ein Bezirk vollständig bevölkert war, wieder abgenommen hätte. Ohne Zweifel wirken in diesem Falle, wie in allen anderen, viele Hindernisse zusammen und verschiedene Hindernisse unter verschiedenen Umständen. Zeiten periodischen Mangels, die von ungünstigen Jahreszeiten abhängen, sind wahrscheinlich das bedeutungsvollste von allen, und dasselbe wird bei den frühesten Erzeugern des Menschen der Fall gewesen sein.

---

[61] Primitive Marriage, 1865.
[62] Der Verfasser eines Artikels im „Spectator" (March 12th, 1871, p.320) macht über diese Stelle die folgenden Bemerkungen: „Darwin sieht sich gezwungen, eine neue Theorie über den Sündenfall des Menschen einzuführen. Er weist nach, daß die Instinkte der höheren Tiere viel edler sind als die Gewohnheiten wilder Menschenrassen, und sieht sich daher dazu getrieben, die Theorie wieder hervorzuholen – und zwar in einer Form, deren wesentliche Orthodoxie ihm vollständig entgangen zu sein scheint – und als wissenschaftliche Hypothese einzuführen, daß der Gewinn des Menschen an Erkenntnis die Ursache einer zeitweiligen, jedoch lange anhaltenden moralischen Verschlechterung war, wie sie sich in den vielen, besonders bei Heiraten bestehenden, sündhaften Gebräuchen wilder Stämme zeigt. Was weiter als dies behauptet denn die jüdische Überlieferung von der moralischen Entartung des Menschen infolge seines Haschens nach einer ihm durch seine höchsten Instinkte verbotenen Erkenntnis?"

Natürliche Zuchtwahl. – Wir haben nun gesehen, daß der Mensch an Körper und Geist variabel ist und daß die Abänderungen entweder direkt oder indirekt durch dieselben allgemeinen Ursachen veranlaßt werden und denselben allgemeinen Gesetzen folgen, wie bei den niederen Tieren. Der Mensch hat sich weit über die Oberfläche der Erde verbreitet und muß während seiner unaufhörlichen Wanderungen[63] den verschiedenartigsten Bedingungen ausgesetzt gewesen sein. Die Einwohner des Feuerlandes, des Kaps der Guten Hoffnung und Tasmaniens in der einen Hemisphäre und der arktischen Gegenden in der anderen müssen durch verschiedene Klimate hindurchgegangen sein und ihre Lebensweise viele Male verändert haben, ehe sie ihre jetzigen Wohnstätten erreichten.[64] Die frühen Urerzeuger des Menschen müssen auch wie alle anderen Tiere die Neigung gehabt haben, über das Maß ihrer Subsistenzmittel hinaus sich zu vermehren; sie müssen daher gelegentlich einem Kampf um die Existenz ausgesetzt gewesen und infolgedessen dem starren Gesetz der natürlichen Zuchtwahl unterlegen sein. Wohltätige Abänderungen aller Arten werden daher entweder gelegentlich oder gewöhnlich erhalten, schädliche beseitigt worden sein. Ich beziehe mich hierbei nicht auf stark markierte Abweichungen des Baues, welche nur in langen Zeitintervallen auftreten, sondern auf lediglich individuelle Verschiedenheiten. Wir wissen z. B., daß die Muskeln unserer Hände und Füße, welche unser Bewegungsvermögen bestimmen, wie die der niederen Tiere[65] unaufhörlicher Variabilität unterliegen. Wenn nun die Urerzeuger des Menschen, welche irgendeinen Distrikt, besonders einen solchen bewohnten, der in seinen Bedingungen eine gewisse Veränderung erfuhr, in zwei gleiche Massen geteilt würden, so würde die eine Hälfte, welche alle die Individuen umfaßte, welche durch ihr Bewegungsvermögen am besten dazu ausgerüstet wären, ihre Subsistenz zu erlangen oder sich zu verteidigen, im Mittel in einer größeren Zahl überleben bleiben und mehr Nachkommen erzeugen, als die andere und weniger gut ausgerüstete Hälfte.

Der Mensch ist selbst in dem rohesten Zustand, in welchem er jetzt existiert, das dominierendste Tier, was je auf der Erde erschienen ist. Er hat sich weiter verbreitet als irgendeine andere hoch organisierte Form und alle anderen sind vor ihm zurückgewichen. Offenbar verdankt er diese unendliche Überlegenheit seinen intellektuellen Fähigkeiten, seinen sozialen Gewohnheiten, welche ihn dazu führten, seine Genossen zu unterstützen und zu verteidigen, und seiner körperlichen Bildung. Die äußerst hohe Bedeutung dieser Charaktere ist durch endgültige Entscheidung des Kampfes ums Dasein bewiesen worden. Durch seine intellektuellen Kräfte ist die artikulierte Sprache entwickelt worden, und von dieser haben seine wundervollen Fortschritte im wesentlichen abgehangen. Wie Mr. Chauncey Wright bemerkt:[66] „eine psychologische Analyse des Vermögens der Sprache zeigt, daß selbst der geringste Fortschritt dabei mehr Gehirnkraft erfordern dürfte, als der größte Fortschritt in irgendeiner anderen Richtung". Er hat verschiedene Waffen, Werkzeuge, Fallen usw. erfunden und ist fähig, sie zu gebrauchen; und damit verteidigt er sich, tötet oder fängt er seine Beute und vermag sich auf andere Weise Nahrung zu verschaffen. Er hat Flöße oder Boote gemacht, auf denen er fischen oder zu benachbarten fruchtbaren Inseln übersetzen kann. Er hat die Kunst, Feuer zu machen, entdeckt, durch welches harte, holzige Wurzeln verdaulich und giftige Wurzeln oder Kräuter unschädlich gemacht werden können. Die Entdeckung des Feuers, wahrscheinlich die größte mit Ausnahme der Sprache, die je vom Menschen gemacht worden ist, rührt aus der Zeit vor dem Dämmern

---

[63] S. einige gute Bemerkungen hierüber von W. Stanley Jevons: A deduction from Darwin's Theory. In: „Nature", 1869, p.231.
[64] Latham: Man and his Migrations, 1851, p.135.
[65] Murie und St. George Mivart sagen in ihrer Anatomie der Lemuriden (Transact. Zoolog. Soc., Vol. VII, 1869, p.96-98): „Einige Muskeln sind so unregelmäßig, daß sie keiner der erwähnten Gruppen irgendwie zugeordnet werden können." Diese Muskeln weichen selbst in den beiden Seiten eines und desselben Individuums voneinander ab.
[66] Limits of Natural Selection, in: North American Review, Oct. 1870, p.295.

der Geschichte her. Diese verschiedenen Erfindungen, durch welche der Mensch im rohesten Zustand ein solches Übergewicht erhalten hat, sind das direkte Resultat der Entwicklung seiner Beobachtungskräfte, seines Gedächtnisses, seiner Neugierde, Einbildungskraft und seines Verstandes. Ich kann daher nicht verstehen, wie Mr. Wallace behaupten kann[67], daß „natürliche Zuchtwahl den Wilden nur hätte mit einem Gehirn versehen können, was dem eines Affen ein wenig überlegen wäre".

Obgleich die intellektuellen Kräfte und sozialen Gewohnheiten von der äußersten Bedeutung für den Menschen sind, so dürfen wir doch die Bedeutung seines körperlichen Zustands, welchem Gegenstand der noch übrige Teil dieses Kapitels gewidmet sein wird, nicht unterschätzen. Die Entwicklung der intellektuellen und sozialen oder moralischen Fähigkeiten wird in einem späteren Kapitel erörtert werden.

Selbst mit Präzision zu hämmern ist keine leichte Sache, wie jeder, der das Tischlern zu lernen versucht hat, zugeben wird. Einen Stein so genau nach einem Ziel zu werfen, wie es ein Feuerländer kann, wenn es gilt, sich zu verteidigen oder Vögel zu töten, erfordert die höchste Vollendung der in Korrelation stehenden Wirkungsweise der Muskeln der Hand, des Arms und der Schultern, einen feinen Gefühlssinn dabei gar nicht zu erwähnen. Um einen Stein oder einen Speer zu werfen, und zu vielen anderen Handlungen, muß der Mensch fest auf seinen Füßen stehen, und dies wiederum erfordert die vollkommene Anpassung zahlreicher Muskeln. Um einen Feuerstein in das roheste Werkzeug zu verwandeln, um einen Knochen zu einer pfeilförmigen Lanzenspitze oder zu einem Haken zu verarbeiten, bedarf es des Gebrauchs einer vollkommenen Hand. Denn, wie ein äußerst fähiger Richter, Mr. Schoolcraft bemerkt[68], das Formen von Steinfragmenten zu Messern, Lanzen oder Pfeilspitzen beweist „außerordentliche Geschicklichkeit und lange Übung". Einen Beweis hierfür haben wir zum großen Teil darin, daß die Urmenschen eine Teilung der Arbeit ausführten; es fabrizierte nicht jeder seine eigenen Feuersteinwerkzeuge oder rohe Töpferei für sich, sondern gewisse Individuen scheinen sich solcher Arbeit gewidmet zu haben und erhielten ohne Zweifel im Tausch hierfür die Erträge der Jagd. Archäologen sind überzeugt, daß eine enorme Zeit verflossen sein muß, ehe unsere Voreltern daran dachten, abgesprungene Feuersteinstücke zu glatten Werkzeugen zu polieren. Ein menschenähnliches Tier, welches eine Hand und einen Arm besaß, hinreichend vollkommen, um einen Stein mit Genauigkeit zu werfen oder einen Feuerstein in ein rohes Werkzeug zu formen, konnte bei hinreichender Übung, wie sich wohl kaum zweifeln läßt, fast alles machen, soweit nur mechanische Geschicklichkeit in Betracht kommt, was ein zivilisierter Mensch machen kann. Die Struktur der Hand läßt sich in dieser Beziehung mit der der Stimmorgane vergleichen, welche bei den Affen zum Ausstoßen verschiedener Signalrufe oder, wie in einer Spezies, musikalischer Kadenzen gebraucht werden. Aber beim Menschen sind völlig ähnliche Stimmorgane, infolge der vererbten Wirkungen des Gebrauchs, der Äußerung artikulierter Sprache angepaßt worden.

Wenden wir uns nun zu den nächsten Verwandten des Menschen und daher auch zu den besten

---

[67] Quarterly Review, April 1869, p.392. Es ist dieser Gegenstand in Mr. Wallaces Contributions to the Theory of Natural Selection, 1870, in welchem alle hier herangezogenen Aufsätze wieder veröffentlicht sind, ausführlicher erörtert worden. Der „Essay on Man" ist sehr gut kritisiert worden von Prof. Claparède, einem der ausgezeichnetsten [jetzt leider verstorbenen] Zoologen in Europa, in einem Artikel der Bibliothèque Universelle, Juni 1870. Die oben im Text zitierte Bemerkung wird jeden überraschen, welcher Wallaces berühmten Aufsatz „On the Origin of Human Races deduced from the Theory of Natural Selection" gelesen hat, ursprünglich publiziert in: Anthropological Review, May 1864, p.CLVIII. Ich kann mir nicht versagen, hier eine äußerst treffende Bemerkung Sir. J. Lubbocks in bezug auf diesen Aufsatz (Prehistoric Times, 1865, p.479) zu zitieren, wo er nämlich sagt, daß Mr. Wallace „mit charakteristischer Selbstlosigkeit dieselbe (nämlich die Idee der natürlichen Zuchtwahl) ohne Rückhalt Hrn. Darwin zuschreibt, trotzdem es bekannt ist, daß er diese Idee ganz selbständig erfaßt hat und sie, wenn auch nicht in gleich durchgearbeiteter Fülle, zu derselben Zeit veröffentlichte".

[68] Zitiert von Mr. Lawson Tait in seinem „Law of Natural Selection", in: Dublin Quarterly Journal of Medical Science, Febr. 1869. Auch Dr. Keller wird als weitere Bestätigung zitiert.

Repräsentanten unserer früheren Urerzeuger, so finden wir, daß die Hände bei den Vierhändern nach demselben allgemeinen Plan wie bei uns gebaut, aber viel weniger vollkommen verschiedenartiger Benutzung angepaßt sind. Ihre Hände dienen nicht so gut wie die Füße eines Hundes zur Fortbewegung, wie wir bei denjenigen Affen sehen können, welche auf den äußeren Rändern der Sohlen oder auf dem Rücken ihrer gebogenen Finger gehen, wie der Schimpanse und Orang-Utan.[69] Indessen sind ihre Hände für das Erklimmen von Bäumen wunderbar geeignet. Affen ergreifen dünne Zweige oder Taue mit dem Daumen auf der einen und den Fingern und der Handfläche auf der anderen Seite, in derselben Weise wie wir es tun. Sie können auch ziemlich große Gegenstände, wie den Hals einer Flasche, zu ihrem Mund führen. Paviane wenden Steine um und scharren Wurzeln mit ihren Händen aus. Sie ergreifen Nüsse, Insekten oder andere kleine Gegenstände so, daß dabei der Daumen den übrigen Fingern gegenübergestellt wird, und ohne Zweifel ziehen sie in dieser Weise Eier und junge Vögel aus den Nestern. Amerikanische Affen schlagen die wilden Orangen auf Zweige auf, bis die Rinde geborsten ist, und zerren diese dann mit den Fingern ihrer beiden Hände ab. Sie schlagen im wilden Zustand harte Früchte mit Steinen auf. Andere Affen öffnen Muschelschalen mit den beiden Daumen. Mit ihren Fingern ziehen sie Dornen und Grannen aus und suchen einander die Schmarotzer ab. Sie rollen Steine herab oder werfen sie nach ihren Feinden. Nichtsdestoweniger führen sie aber diese verschiedenen Handlungen ungeschickt aus, und wie ich selbst gesehen habe, sind sie vollständig außer Stande, einen Stein mit Präzision zu werfen.

Es scheint mir durchaus nicht richtig zu sein, daß, weil „Gegenstände nur ungeschickt von Affen erfaßt" werden, ein viel weniger „spezialisiertes Greiforgan" ihnen ebensogut gedient haben würde[70], wie ihre gegenwärtigen Hände. Im Gegenteil, ich sehe keinen Grund zu zweifeln, ob nicht eine noch vollkommener konstruierte Hand für sie ein Vorteil gewesen wäre, vorausgesetzt, und es ist von Wichtigkeit, dies hervorzuheben, daß ihre Hände damit für das Erklettern von Bäumen nicht weniger geschickt geworden wären. Wir dürfen vermuten, daß eine so vollkommene Hand wie die des Menschen von Nachteil für das Klettern gewesen wäre, da die am meisten auf Bäumen lebenden Affen in der Welt, nämlich *Ateles* in Amerika, *Colobus* in Afrika und *Hylobates* in Asien, entweder keine Daumen oder ihre Finger zum Teil miteinander verwachsen haben, so daß ihre Hände in bloße Greifhaken verwandelt worden sind.[71]

Sobald irgendein frühes Glied in der großen Reihe der Primaten infolge einer Veränderung der Art und Weise, seine Subsistenz zu erlangen, oder einer Veränderung in den Bedingungen seines Heimatlandes dazu gelangte, etwas weniger auf Bäumen und mehr auf dem Boden zu leben, würde seine Art, sich fortzubewegen, modifiziert worden sein; und in diesem Falle wird die Form entweder noch eigentlicher vierfüßig oder strenger zweifüßig werden müssen. Paviane bewohnen bergige oder felsige Distrikte und klettern nur notgedrungen auf hohe Bäume[72], sie haben daher auch fast die Gangart eines Hundes angenommen. Nur der Mensch ist ein Zweifüßer geworden; und wir können, wie ich glaube, zum Teil sehen, wie er dazu gekommen ist, die aufrechte Stellung zu erhalten, welche eines seiner auffallendsten Merkmale bildet. Der Mensch hätte seine jetzige herrschende Stellung in der Welt nicht ohne den Gebrauch seiner Hände erreichen können, welche so wunderbar geeignet sind, seinem Willen folgend tätig zu sein. Wie Sir C. Bell betont:[73] „Die Hand ersetzt alle Instrumente und durch ihr Zusammenwir-

---

[69] Owen: Anatomy of Vertebrates. Vol. III, p.71.
[70] Quarterly Review, April 1869, p 392.
[71] Bei *Hylobates syndactylus* sind, wie der Name es bezeichnet, zwei Finger regelmäßig verwachsen; dasselbe ist, wie mir Mr. Blyth mitteilt, gelegentlich mit den Fingern von *H. agilis, lar* und *leuciscus* der Fall. *Colobus* ist im strengsten Sinne Baumtier und außerordentlich lebhaft (Brehm: Tierleben, Bd. I, p.50); ob er aber ein besserer Kletterer als die Arten der verwandten Gattungen ist, weiß ich nicht. Es verdient Erwähnung, daß die Füße der Faultiere, der vollständigsten Baumtiere der Welt, wunderbar hakenförmig sind.
[72] Brehm: Tierleben. 2. Aufl., Bd. I, p.163.
[73] The Hand, its Mechanism, etc. „Bridgewater Treatise", 1863, p.38.

ken mit dem Intellekt verleiht sie ihm universelle Herrschaft". Die Hände und Arme hätten aber kaum hinreichend vollkommen werden können, Waffen zu fabrizieren oder Steine und Speere nach einem bestimmten Ziel zu werfen, solange sie gewohnheitsgemäß zur Fortbewegung benutzt worden wären, wobei sie das ganze Gewicht des Körpers zu tragen hatten, oder solange sie speziell, wie vorher schon bemerkt wurde, zum Erklettern von Bäumen angepaßt waren. Eine derartige rohe Behandlung würde auch den Gefühlssinn abgestumpft haben, von dem ihr fernerer Gebrauch zum großen Teil abhing. Schon aus diesen Ursachen allein wird es ein Vorteil für den Menschen gewesen sein, daß er ein Zweifüßer geworden ist; aber für viele Handlungen ist es unentbehrlich, daß beide Arme und der ganze obere Teil des Körpers frei seien, und zu diesem Zweck mußte er fest auf seinen Füßen stehen. Um diesen großen Vorteil zu erlangen, sind die Füße platt geworden und ist die große Zehe eigentümlich modifiziert, obgleich dies den Verlust der Fähigkeit zum Greifen mit sich gebracht hat. Es ist in Übereinstimmung mit dem Prinzip der physiologischen Arbeitsteilung, welches durch das ganze Tierreich hindurch herrscht, daß in dem Maße, wie die Hände zum Greifen vervollkommnet wurden, die Füße sich mehr zum Tragen und zur Fortbewegung ausbildeten. Doch haben bei einigen Wilden die Füße ihr Greifvermögen nicht vollständig verloren, wie durch die Art des Erkletterns von Bäumen und durch den Gebrauch, der in verschiedener Weise von ihnen gemacht wird, bewiesen wird.[74]

War es ein Vorteil für den Menschen, seine Hände und Arme frei zu haben und fest auf seinen Füßen zu stehen, woran sich nach seinem so ausgezeichneten Erfolg in dem Kampf ums Dasein nicht zweifeln läßt, dann kann ich keinen Grund sehen, warum es für die Urerzeuger des Menschen nicht hätte vorteilhaft gewesen sein sollen, immer mehr und mehr aufrecht oder zweifüßig zu werden. Sie würden dadurch besser imstande gewesen sein, sich mit Steinen und Keulen zu verteidigen oder ihre Beute anzugreifen oder auf andere Weise Nahrung zu erlangen. Die am besten gebauten Individuen werden in der Länge der Zeit am besten Erfolg gehabt haben und in größerer Zahl am Leben geblieben sein. Wenn der Gorilla und einige wenige verwandte Formen ausgestorben wären, würde man mit großer Überzeugungskraft und scheinbar mit sehr viel Recht zu dem Schluß getrieben werden, daß ein Tier nicht allmählich aus einem Vierfüßler in einen Zweifüßer umgewandelt worden sein könnte, da alle Individuen in einem Zwischenzustand erbärmlich schlecht zum Gehen angelegt gewesen wären. Aber wir wissen (und dies ist wohl der Überlegung wert), daß mehrere Affen jetzt faktisch sich in diesem Zwischenzustand befinden, und niemand zweifelt, daß sie einen im ganzen ihren Lebensbedingungen gut angepaßten Bau haben. So läuft der Gorilla mit einem seitlich watschelnden Gang, schreitet aber gewöhnlich so fort, daß er sich auf seine gebeugten Hände stützt. Die langarmigen Affen gebrauchen gelegentlich ihre Arme wie Krücken, indem sie ihren Körper zwischen denselben nach vorwärts schwingen, und einige Arten von *Hylobates* können, ohne daß es ihnen gelehrt worden wäre, mit ziemlicher Schnelligkeit aufrecht gehen oder laufen. Doch bewegen sie sich ungeschickt und viel weniger sicher als der Mensch. Kurz, wir sehen bei den jetzt lebenden Affen verschiedene Abstufungen zwischen einer Form der Bewegung, welche streng der eines Vierfüßers gleicht, und der eines Zweifüßers oder des Menschen; doch nähern sich, wie ein unparteiischer Beurteiler betont[75], die anthropomorphen Affen in ihrem Bau mehr dem zweifüßigen als dem vierfüßigen Typus.

In dem Maße, wie die Urerzeuger des Menschen mehr und mehr aufrecht wurden, ihre Hände und Arme mehr und mehr zum Greifen und zu anderen Zwecken, und ihre Beine und Füße

---

[74] Haeckel erörtert in ausgezeichneter Weise die Schritte, durch welche der Mensch ein Zweifüßer wurde, in: Natürliche Schöpfungsgeschichte, 1868, p.507. Dr. Büchner (Vorlesungen über die Darwinsche Theorie, 1868, p.195) hat eine Anzahl von Fällen, wo der Fuß vom Menschen als Greiforgan gebraucht wird, gegeben; ebenso über die Bewegungsweise der höheren Affen, welche ich im nächstfolgenden Satz erwähne. Über den letzten Punkt s. auch Owen: Anatomy of Vertebrates. Vol. III, p.71.

[75] Prof. Broca: La constitution des Vertèbres caudales, in: Revue d'Anthropologie, 1872, p.26 (Separatabdruck).

gleichzeitig zur sicheren Stütze und zur Ortsbewegung modifiziert wurden, werden auch endlose andere Veränderungen im Bau notwendig geworden sein. Das Becken muß breiter, das Rückgrat eigentümlich gebogen und der Kopf in einer veränderten Stellung befestigt worden sein; und alle diese Veränderungen sind vom Menschen erlangt worden. Professor Schaaffhausen[76] behauptet, daß „die kräftigen Zitzenfortsätze des menschlichen Schädels das Resultat seiner aufrechten Stellung sind", und diese Fortsätze fehlen beim Orang-Utan, Schimpansen usw. und sind beim Gorilla kleiner als beim Menschen. Es ließen sich noch verschiedene andere Bildungen hier speziell anführen, welche mit der aufrechten Stellung des Menschen im Zusammenhang stehend erscheinen. Es ist sehr schwer zu entscheiden, wie weit alle diese in Korrelation stehenden Modifikationen das Resultat natürlicher Zuchtwahl und wie weit sie das Resultat der vererbten Wirkungen des vermehrten Gebrauchs gewisser Teile oder der Wirkung eines Teils auf einen anderen sind. Ohne Zweifel wirken diese Mittel der Veränderung gleichzeitig miteinander; wenn z.B. gewisse Muskeln und die Knochenleisten, an welchen sie befestigt sind, durch beständigen Gebrauch vergrößert werden, so zeigt dies, daß gewisse Handlungen gewohnheitsgemäß ausgeführt werden und von Nutzen sein müssen. Es werden daher diejenigen Individuen, welche sie am besten ausführten, in größerer Zahl leben zu bleiben neigen.

Der freie Gebrauch der Hände und Arme, welcher zum Teil die Ursache, zum Teil das Resultat der aufrechten Stellung des Menschen ist, scheint auf indirekte Weise noch zu anderen Modifikationen des Baus geführt zu haben. Wie vorhin angegeben wurde, waren die frühen männlichen Vorfahren des Menschen wahrscheinlich mit großen Eckzähnen versehen; in dem Maße aber, wie sie allmählich die Fertigkeit erlangten, Steine, Keulen oder andere Waffen im Kampf mit ihren Feinden zu gebrauchen, werden auch ihre Kinnladen und Zähne immer weniger und weniger gebraucht haben. In diesem Falle werden die Kinnladen in Verbindung mit den Zähnen an Größe reduziert worden sein, wie wir nach zahllosen analogen Fällen wohl ganz sicher annehmen können. In einem späteren Kapitel werden wir einen streng parallelen Fall anführen, nämlich die Verkümmerung oder das vollständige Verschwinden der Eckzähne bei männlichen Wiederkäuern, welches allem Anschein nach zu der Entwicklung ihrer Hörner in Beziehung steht, ebenso bei Pferden, wo jene Verkümmerung mit dem Gebrauch in bezug steht, mit den Schneidezähnen und Hufen zu kämpfen.

Wie Rütimeyer[77] und andere behauptet haben, ist bei den erwachsenen Männchen der anthropomorphen Affen entschieden die Wirkung der Kiefermuskeln, welche bei ihrer bedeutenden Entwicklung auf den Schädel derselben ausgeübt worden ist, die Ursache gewesen, weshalb dieser letztere in so vielen Beziehungen so beträchtlich von dem des Menschen abweicht und eine „wirklich schreckenerregende Physiognomie" erhalten hat. In dem Maße also, wie die Kinnladen und Zähne bei den Vorfahren des Menschen allmählich an Größe reduziert wurden, wird auch der erwachsene Schädel nahezu dieselben Charaktere dargeboten haben, welche er bei den Jungen der anthropomorphen Affen darbietet, und wird hierdurch sich immer mehr dem des jetzt lebenden Menschen ähnlich gestaltet haben. Eine bedeutende Verkümmerung der Eckzähne bei den Männchen wird fast sicher, wie wir später noch sehen werden, infolge der Vererbung auch die Zähne der Weibchen beeinflußt haben.

Wie die verschiedenen geistigen Fähigkeiten nach und nach sich entwickelt haben, wird auch das Gehirn beinahe mit Sicherheit größer geworden sein. Ich denke, wohl niemand zweifelt daran, daß die bedeutende Größe des Gehirns des Menschen im Verhältnis zu seinem Körper und im Vergleich mit dem Gehirn des Gorilla oder Orang-Utan, in enger Beziehung zu seinen höheren geistigen Kräften steht. Streng analogen Tatsachen begegnen wir bei Insekten; so sind unter anderem die Kopfganglien bei den Ameisen von außerordentlichen Dimensionen, während

---

[76] „Über die Urform des Schädels" (auch übers. in: Anthropological Review, Oct. 1868, p.423). Owen (Anatomy of Vertebrates, Vol. II, 1866, p.551), über den Mastoidfortsatz bei den höheren Affen.
[77] Die Grenzen der Tierwelt, eine Betrachtung zu Darwins Lehre, 1868, p.51.

diese Ganglien überhaupt bei allen Hymenoptern viele Male größer sind als bei den weniger intelligenten Ordnungen, wie z. B. bei den Käfern.[78] Auf der anderen Seite denkt niemand daran, daß der Intellekt irgend zweier Tiere oder irgend zweier Menschen genau durch den kubischen Inhalt ihrer Schädel gemessen werden kann. Es ist sogar sicher, daß eine außerordentliche geistige Tätigkeit bei einer äußerst kleinen absoluten Masse von Nervensubstanz existieren kann. So sind ja die wunderbaren verschiedenen Instinkte, geistigen Kräfte und Affekte der Ameisen allgemein bekannt, und doch sind ihre Kopfganglien nicht so groß wie das Viertel eines kleinen Stecknadelkopfs. Von diesem letzteren Gesichtspunkt aus ist das Gehirn einer Ameise das wunderbarste Substanzatom in der Welt und vielleicht noch wunderbarer als das Gehirn des Menschen.

Die Annahme, daß beim Menschen irgendeine enge Beziehung zwischen der Größe des Gehirns und der Entwicklung der intellektuellen Fähigkeiten besteht, wird durch die Vergleichung von Schädeln wilder und zivilisierter Rassen, alter und moderner Völker und durch die Analogie der ganzen Wirbeltierreihe unterstützt. Dr. J. Barnard Davis hat durch viele sorgfältige Messungen nachgewiesen[79], daß die mittlere Schädelkapazität bei Europäern 92,3 Kubikzoll, bei Amerikanern 87,5, bei Asiaten 87,1 und bei Australiern nur 81,9, beträgt. Professor Broca[80] hat gefunden, daß Schädel aus Gräbern in Paris vom neunzehnten Jahrhundert gegen solche aus Gräbern des zwölften Jahrhunderts in dem Verhältnis von 1484:1426 größer waren, und daß die durch Messungen ermittelte Zunahme der Größe ausschließlich den Stirnteil des Schädels betraf, – den Sitz der intellektuellen Fähigkeiten. Auch Prichard ist überzeugt, daß die jetzigen Bewohner Großbritanniens „viel geräumigere Hirnkapseln" haben als die alten Einwohner. Nichtsdestoweniger muß zugegeben werden, daß einige Schädel von sehr hohem Alter, wie z. B. der berühmte Neandertalschädel, sehr gut entwickelt und geräumig sind.[81] In bezug auf die niederen Tiere ist Mr. Lartet[82] durch Vergleichung der Schädel tertiärer und jetzt lebender Säugetiere, welche zu denselben Gruppen gehören, zu dem merkwürdigen Schluß gelangt, daß in den neueren Formen das Gehirn allgemein größer und die Windungen komplizierter sind. Auf der anderen Seite habe ich gezeigt[83], daß die Gehirne domestizierter Kaninchen an Größe beträchtlich reduziert sind, verglichen mit denen des wilden Kaninchens oder des Hasen; und dies mag dem Umstand zugeschrieben werden, daß sie viele Generationen hindurch in enger Gefangenschaft gehalten wurden, so daß sie ihren Intellekt, ihren Instinkt, ihre Sinne und ihre willkürlichen Bewegungen nur wenig ausgeübt haben.

Die allmähliche Gewichtszunahme des Gehirns und Schädels beim Menschen muß die Entwicklung der jene Teile tragenden Wirbelsäule, und ganz besonders zu der Zeit beeinflußt haben, als er anfing, aufrecht zu gehen. Und in dem Maße, wie diese Veränderung der Lage allmählich zustande kam, wird auch der innere Druck des Gehirns einen Einfluß auf die Form des Schädels geäußert haben; denn viele Tatsachen weisen nach, wie leicht der Schädel auf diese Weise affiziert wird. Ethnologen glauben, daß er durch die Form der Wiege modifiziert wird, in welcher

---

[78] Dujardin: Annal. d. scienc. natur. 3, Sér. Zoolog., Tom. XIV, 1850, p.203. S. auch Mr. Lowne: Anatomy and Physiology of the *Musco vomitoria*, 1870, p.14. Mein Sohn, Mr. F. Darwin, hat mir die Zerebralganglien der *Formica rufa* präpariert.

[79] Philosoph. Transact., 1869, p.513.

[80] Les Sélections, par P. Broca, in: Revue d'Anthropologie, 1873; s. auch das Zitat in C. Vogts Vorlesungen über den Menschen. Bd. I, p.104-108. Prichard: Physic. Hist. of Mankind. Vol. I, 1838, p.305.

[81] In dem oben zitierten interessanten Artikel macht Broca die gute Bemerkung, daß bei zivilisierten Nationen die mittlere Schädelkapazität dadurch herabgedrückt werden muß, daß eine beträchtliche Anzahl von an Geist und Körper schwachen Individuen, die im Zustand der Wildheit sicher beseitigt worden wären, erhalten wird. Andererseits enthält bei Wilden der Mittelwert nur die fähigeren Individuen, die unter äußerst harten Bedingungen leben zu bleiben fähig waren. Broca erklärt hierdurch die sonst unerklärliche Tatsache, daß die mittlere Schädelkapazität der alten Troglodyten von Lozère größer ist als die der modernen Franzosen.

[82] Comptes rendus de l'Acad. d. Sciences. Paris, 1. Juni 1868.

[83] Das Variieren der Tiere und Pflanzen im Zustand der Domestikation. 2. Aufl., Bd. I, p.137.

die kleinen Kinder schlafen. Habituelle Kontraktionen von Muskeln und eine Narbe nach einer schweren Verbrennung haben die Gesichtsknochen dauernd modifiziert. Bei jungen Individuen, deren Köpfe infolge einer Krankheit entweder nach der Seite oder nach rückwärts fixiert wurden, hat das eine Auge seine Stellung verändert, und ist die Form des Schädels modifiziert worden, und dies ist, wie es scheint, das Resultat davon, daß das Gehirn nun in einer anderen Richtung drückte.[84] Ich habe gezeigt, daß bei langohrigen Kaninchen selbst eine so unbedeutende Ursache wie das Vorwärtshängen des einen Ohrs auf dieser Seite fast jeden einzelnen Knochen des Schädels nach vorn zieht, so daß die Knochen der beiden sich gegenüberliegenden Seiten sich nicht länger mehr genau entsprechen. Sollte endlich irgendein Tier an allgemeiner Körpergröße beträchtlich zu- oder abnehmen, ohne daß die geistigen Kräfte sich irgendwie veränderten, oder sollten die geistigen Kräfte bedeutend vergrößert oder verringert werden, ohne daß irgendeine beträchtliche Änderung in der Körpergröße einträte, so würde beinahe gewiß die Form des Schädels verändert werden. Ich komme zu dieser Folgerung nach meinen Beobachtungen an domestizierten Kaninchen, von denen einige Arten noch viel größer geworden sind als das wilde Tier, während andere nahezu dieselbe Größe behalten haben; in beiden Fällen aber ist das Gehirn im Verhältnis zur Größe des Körpers beträchtlich kleiner geworden. Ich war nun anfangs sehr erstaunt, als ich fand, daß bei allen diesen Kaninchen der Schädel verlängert oder dolichozephal geworden war; so war z. B. von zwei Schädeln ziemlich derselben Breite, – der eine von einem wilden Kaninchen, der andere von einer großen domestizierten Form, – der erstere nur 3,15, der letztere 4,3 Zoll lang.[85] Eine der ausgesprochensten Verschiedenheiten bei den verschiedenen Menschenrassen ist die, daß der Schädel bei den einen verlängert, bei den anderen abgerundet ist; und hier mag die aus dem Fall mit dem Kaninchen sich ergebende Erklärung zum Teil wohl gelten; denn Welcker findet, daß „kleine Menschen mehr zur Brachyzephalie, große mehr zur Dolichozephalie neigen"[86]; und große Leute lassen sich wohl mit den größeren Kaninchen mit längerem Kopfe vergleichen, welche sämtlich verlängerte Schädel haben oder dolichozephal sind.

Nach diesen verschiedenen Tatsachen können wir bis zu einem gewissen Punkt die Mittel erkennen, durch welche der Mensch die beträchtliche Größe und die mehr oder weniger abgerundete Form seines Schädels erlangt hat; und dies sind gerade Merkmale, welche ihm in einer ausgezeichneten Weise, zum Unterschied von den niederen Tieren, eigen sind.

Eine andere äußerst auffällige Verschiedenheit zwischen dem Menschen und den niederen Tieren ist die Nacktheit seiner Haut. Walfische und Delphine (*Cetacea*), Dugongs (*Sirenia*) und der *Hippopotamus* sind nackt. Dies mag für dieselben beim Gleiten durch das Wasser von Vorteil sein; auch wird es kaum wegen des Wärmeverlusts von Nachteil für sie sein, da diejenigen Arten unter ihnen, welche kältere Gegenden bewohnen, von einer dicken Schicht von Tran umgeben sind, welche demselben Zweck dient, wie der Pelz der Seehunde und Ottern. Elefanten und Rhinozerosse sind fast haarlos, und da gewisse ausgestorbene Arten, welche einstmals unter einem arktischen Klima lebten, mit langen Haaren oder Wolle bedeckt waren, so dürfte es fast scheinen, als wenn die jetzt lebenden Arten beider Gattungen ihre Haarbedeckung dadurch verloren hätten, daß sie lange Zeit der Wärme ausgesetzt waren. Dies erscheint um so wahrscheinlicher, als diejenigen Elefanten in Indien, welche in höher gelegenen und kälteren Distrikten

---

[84] Schaaffhausen führt die Fälle von krampfhafter Kontraktion und der Narbe nach Blumenbach und Busch an (Anthropolog. Review, Oct. 1868, p.420). Dr. Jarrold (Anthropologia, 1808, p.115, 116) führt nach Campers und seinen eigenen Beobachtungen Fälle von Modifikation des Schädels an infolge einer Fixierung des Kopfes in einer unnatürlichen Stellung. Er glaubt, daß gewisse Handwerke, wie das der Schuhmacher, die Stirn runder und vorspringender machen, weil sie den Kopf beständig vorgebeugt halten lassen.

[85] Variieren der Tiere und Pflanzen im Zustand der Domestikation. 2. Aufl. Bd. I, p.127 über die Verlängerung des Schädels, p.130 über die Wirkung des Hängens der Ohren.

[86] Zitiert von Schaaffhausen, in: Anthropolog. Review, Oct. 1868, p.419.

leben, mehr Haare haben[87], als die in den Niederungen lebenden. Dürfen wir dann wohl schließen, daß der Mensch von Haaren entblößt wurde, weil er ursprünglich irgendein tropisches Land bewohnt hat? Die Tatsache, daß er Haare hauptsächlich im männlichen Geschlecht an der Brust und im Gesicht, und in beiden Geschlechtern an der Verbindung aller vier Gliedmaßen mit dem Rumpf behalten hat, begünstigt jene Folgerung, allerdings unter der Annahme, daß das Haar verloren wurde, ehe der Mensch die aufrechte Stellung erlangt hatte; denn die Teile, welche jetzt die meisten Haare behalten haben, würden die am meisten gegen die Wärme der Sonne geschützten gewesen sein. Die Schädelhöhe bietet indessen eine merkwürdige Ausnahme dar; denn zu allen Zeiten muß sie einer der am meisten exponierten Teile gewesen sein, und doch ist sie dicht mit Haaren bedeckt. Die Tatsache indessen, daß die anderen Glieder der Ordnung der Primaten, zu welcher der Mensch gehört, trotzdem sie verschiedene heiße Gegenden bewohnen, doch mit Haaren, und zwar im allgemeinen auf der oberen Fläche am dichtesten[88], bekleidet sind, steht mit der Annahme in Widerspruch, daß der Mensch infolge der Einwirkung der Sonne nackt wurde. Mr. Belt ist der Ansicht[89], daß es innerhalb der Tropen für den Menschen ein Vorteil sei, von Haaren entblößt zu sein, da er dadurch in den Stand gesetzt wird, sich von der Menge Zecken (Acari) und andren Parasiten zu befreien, von denen er oft heimgesucht wird und welche häufig Entzündungen veranlassen. Ob aber dieses Übel hinreichend groß ist, um zum Nacktwerden des Körpers durch natürliche Zuchtwahl zu führen, dürfte bezweifelt werden, da keines der vielen die Tropen bewohnenden Säugetiere, so viel mir bekannt ist, irgendein spezielles Erleichterungsmittel erlangt hat. Die Ansicht, welche mir die wahrscheinlichste zu sein scheint, ist die, daß der Mensch oder vielmehr ursprünglich die Frau, wie ich in den Kapiteln über geschlechtliche Zuchtwahl noch weiter zeigen werde, ihr Haarkleid zu ornamentalen Zwecken verlor; und nach dieser Annahme ist es durchaus nicht überraschend, daß der Mensch in bezug auf das Behaartsein von allen übrigen Primaten so beträchtlich abweicht. Denn durch die geschlechtliche Zuchtwahl erlangte Charaktere weichen oft bei nahe miteinander verwandten Formen in einem außerordentlichen Grade voneinander ab.

Nach einer populären Ansicht ist die Abwesenheit des Schwanzes ein vorwiegend unterscheidendes Merkmal des Menschen; da aber diejenigen Affen, welche dem Menschen am nächsten stehen, gleichfalls dies Organ nicht besitzen, so betrifft dessen Verschwinden nicht den Menschen allein. Seine Länge ist zuweilen bei Spezies einer und derselben Gattung merkwürdig verschieden; so ist er bei einigen Arten von *Macacus* länger als der ganze Körper und besteht aus vierundzwanzig Wirbeln; bei anderen existiert er nur als ein kaum sichtbarer Stumpf und enthält nur drei oder vier Wirbel. Bei einigen Arten von Pavianen sind fünfundzwanzig Schwanzwirbel vorhanden, während beim Mandrill nur zehn sehr kleine abgestutzte Wirbel und nach Cuviers Angabe[90] zuweilen nur fünf solche vorhanden sind. Der Schwanz läuft beinahe immer nach dem Ende hin spitz zu, mag er nun kurz oder lang sein, und ich vermute, daß dies ein Resultat der durch Nichtgebrauch eintretenden Atrophie der terminalen Muskeln in Verbindung mit der der Arterien und Nerven ist, welche zuletzt zu einer Atrophie der endständigen Knochen führt. Für jetzt kann aber die häufig vorkommende große Verschiedenheit in der Länge

---

[87] Owen: Anatomy of Vertebrates. Vol. III, p.619.
[88] Isidore Geoffroy St. Hilaire gibt in der Histoire natur. génér., Tom. II, 1859, p.216-217, Bemerkungen über das Behaartsein des Kopfes beim Menschen, ebenso über den Umstand, daß die obere Körperfläche bei Affen und anderen Säugetieren dichter mit Haaren bekleidet ist, als die untere. Dies ist auch von verschiedenen anderen Autoren erwähnt worden. Doch führt Prof. Gervais (Hist. natur. des Mammifères. Tom. I, 1854, p.28) an, daß beim Gorilla das Haar am Rücken dünner sei, als an der unteren Fläche, da es oben teilweise abgerieben werde.
[89] The Naturalist in Nicaragua, 1874, p.209. Als eine Bestätigung der Ansicht Mr. Belts will ich eine Stelle aus Sir W. Denisons „Varieties of Vice-Regal Life", Vol. I, 1870, p.440, zitieren: „Man sagt, es bestehe bei den Australiern der Brauch, wenn das Ungeziefer lästig wird, die Haut zu sengen."
[90] St. George Mivart, in: Proceed. Zoolog. Soc., 1865, p.562, 583. J. E. Gray: Catalogue Brit. Mus., „Skeletons". Owen: Anatomy of Vertebrates. Vol. II, p.517. Isid. Geoffroy St. Hilaire: Hist. natur. génér., Tom. II, p.244.

des Schwanzes nicht erklärt werden. Es handelt sich indessen hier spezieller um das völlige äußerliche Verschwinden des Schwanzes. Prof. Broca hat vor kurzem gezeigt[91], daß der Schwanz bei allen Säugetieren aus zwei, meist plötzlich voneinander abgesetzten Teilen besteht; der basale Teil besteht aus mehr oder weniger vollkommen mit Kanälen versehenen und Fortsätzen gleich gewöhnlichen Wirbeln besitzenden Wirbeln, während die Wirbel des terminalen Teils keine Kanäle haben, beinahe glatt und echten Wirbeln kaum ähnlich sind. Ein, wenn auch nicht äußerlich sichtbarer, Schwanz ist beim Menschen und den anthropomorphen Affen wirklich vorhanden und ist bei beiden nach demselben Typus gebaut. Im terminalen Teil sind die das *Os coccygis* bildenden Wirbel völlig rudimentär, an Größe und Zahl verkümmert. In dem basalen Teil finden sich auch nur wenig Wirbel, sie sind fest miteinander verbunden und in ihrer Entwicklung gehemmt; sie sind aber viel breiter und platter geworden als die entsprechenden Wirbel im Schwanz anderer Tiere; sie bilden das, was Broca die akzessorischen Kreuzbeinwirbel nennt. Diese sind von funktioneller Bedeutung, sie haben gewisse innere Teile zu stützen und so fort; ihre Modifikation steht in direktem Zusammenhang mit der aufrechten oder halbaufrechten Stellung des Menschen und der anthropomorphen Affen. Diese Folgerung ist umso vertrauenswürdiger, als Broca früher einer anderen Ansicht war, die er jetzt aufgegeben hat. Die Modifikation der basalen Schwanzwirbel beim Menschen und bei den höheren Affen dürfte daher direkt oder indirekt durch natürliche Zuchtwahl bewirkt worden sein.

Was sollen wir aber von den rudimentären und variablen Wirbeln des terminalen Teils des Schwanzes sagen, welche das *Os coccygis* bilden? Eine Idee, welche schon oft lächerlich gemacht worden ist und es ohne Zweifel wieder werden wird, daß nämlich Reibung mit dem Verschwinden des äußeren Teils des Schwanzes etwas zu tun gehabt hat, ist doch nicht so lächerlich, wie sie auf den ersten Blick zu sein scheint. Dr. Anderson gibt an[92], daß der außerordentlich kurze Schwanz des *Macacus brunneus* von elf Wirbeln, mit Einschluß der unter die Haut versenkten basalen, gebildet wird. Das Ende ist sehnig und enthält keine Wirbel; auf dies folgen fünf rudimentäre und so kleine Wirbel, daß sie zusammengenommen nur anderthalb Linien lang sind; sie sind beständig in der Form eines Hakens nach einer Seite gebogen. Der nur ein wenig mehr als einen Zoll lange freie Teil des Schwanzes enthält nur vier weitere kleine Wirbel. Dieser kurze Schwanz wird aufrecht getragen; aber ungefähr ein Viertel der Gesamtlänge ist nach links hin auf sich zurückgebogen; dieser terminale Teil, welcher die hakenförmige Partie enthält, dient dazu, „die Lücke zwischen dem obern auseinanderweichenden Teil der Gesäßschwielen auszufüllen", das Tier sitzt daher auf ihm und macht ihn rauh und schwielig. Dr. Anderson faßt seine Beobachtungen folgendermaßen zusammen: „Diese Tatsachen scheinen mir nur eine Erklärung zuzulassen. Wegen seiner geringen Länge ist dieser Schwanz dem Affen im Wege, wenn er sich niedersetzt, und wird in dieser Stellung häufig unter das Tier gesteckt. Wegen des Umstandes, daß er nicht bis über das Ende der Sitzhöcker reicht, scheint es, als wäre der Schwanz mit Willen des Tieres in den Zwischenraum zwischen den Gesäßschwielen hineingebogen worden, um zu vermeiden, zwischen diesen und den Boden gedrückt zu werden, und als wäre die Krümmung mit der Zeit bleibend geworden, sich von selbst einfügend, wenn das Tier zufällig auf den Schwanz zu sitzen kam". Unter diesen Umständen ist es nicht überraschend, daß die Oberfläche des Schwanzes rauh und schwielig geworden ist; Dr. Murie[93], welcher diese Art und drei andere, nahe verwandte Arten mit unbedeutend längerem Schwanz im zoologischen Garten sorgfältig beobachtet hat, sagt, daß wenn sich das Tier setzt, „der Schwanz notwendigerweise auf eine Seite des Gesäßes gesteckt wird; und mag er kurz oder lang sein, die Wurzel ist immer dem ausgesetzt, abgerieben oder gestutzt zu werden". Da wir nun dafür Beweise haben, daß

---

[91] Revue d'Anthropologie, 1872. „La constitution des Vertèbres caudales."
[92] Proceed. Zoolog. Soc., 1872, p.210.
[93] Proceed. Zoolog. Soc., 1872, p.786.

Zweites Kapitel

Verstümmelungen gelegentlich vererbt werden[94], so ist es nicht sehr unwahrscheinlich, daß bei kurzschwänzigen Affen der vorspringende, funktionell nutzlose Teil des Schwanzes nach vielen Generationen rudimentär und verdreht worden ist, weil er beständig gerieben und verdrückt wurde. Wir sehen beim *Macacus brunneus* den vorspringenden Teil in diesem Zustand und beim *M. ecaudatus* und mehreren höheren Affen vollständig abortiert. So weit wir es beurteilen können, ist dann schließlich der Schwanz beim Menschen und bei den anthropomorphen Affen infolge davon verschwunden, daß der terminale Teil eine sehr lange Zeit hindurch durch Reibung beschädigt wurde, während der basale, in der Haut eingebettete Teil reduziert und modifiziert wurde, um sich der aufrechten oder halbaufrechten Stellung anzupassen.

Ich habe nun zu zeigen versucht, daß einige der unterscheidendsten Merkmale des Menschen aller Wahrscheinlichkeit nach entweder direkt oder, und zwar häufiger, indirekt durch natürliche Zuchtwahl erlangt worden sind. Wir müssen im Auge behalten, daß Modifikationen in der Bildung oder der Konstitution, welche nicht dazu dienen, einen Organismus an seine Lebensgewohnheiten oder an die von ihm verzehrte Nahrung oder passiv an die ihn umgebenden Bedingungen anzupassen, auf diese Weise nicht erlangt werden können. Wir dürfen indessen bei der Entscheidung, welche Modifikationen für jedes Wesen von Nutzen sind, nicht zu sicher sein; wir müssen uns daran erinnern, wie wenig wir über den Gebrauch vieler Teile wissen oder was für Veränderungen im Blut oder den Geweben einen Organismus für ein neues Klima oder irgendeine neue Art von Nahrung geeignet zu machen dienen können. Auch dürfen wir das Prinzip der Korrelation nicht vergessen, durch welches, wie Isidore Geoffroy in bezug auf den Menschen gezeigt hat, viele fremdartige Bildungsabweichungen untereinander verbunden werden. Unabhängig von der Korrelation führt eine Veränderung in einem Teil oft, infolge des vermehrten oder verminderten Gebrauchs anderer Teile, zu anderen Veränderungen einer vollständig unerwarteten Art. Auch ist es gut, sich solcher Tatsachen zu erinnern, wie des wunderbaren Wachstums von Gallen auf Pflanzen, welche das Gift eines Insekts veranlaßt, und der merkwürdigen Farbveränderungen im Gefieder von Papageien, wenn sie sich von gewissen Fischen ernähren oder wenn ihnen das Gift von Kröten eingeimpft wird.[95] Denn wir sehen hieraus, daß die Körperflüssigkeiten, wenn sie zu irgendeinem bestimmten Zweck abgeändert werden, andere merkwürdige Veränderungen herbeiführen können. Ganz besonders müssen wir im Auge behalten, daß Modifikationen, welche im Verlauf vergangener Zeiten zu irgendeinem nützlichen Zweck erlangt und beständig gebraucht worden sind, wahrscheinlich sicher fixiert und schon lange vererbt worden sind.

Man kann daher den direkten und indirekten Resultaten natürlicher Zuchtwahl eine sehr beträchtliche, wennschon unbestimmte, Ausdehnung geben; doch gebe ich jetzt, nachdem ich die Abhandlung von Naegeli über die Pflanzen und die Bemerkungen verschiedener Schriftsteller, besonders die neuerdings von Prof. Broca in bezug auf die Tiere geäußerten, gelesen habe, zu, daß ich in den früheren Ausgaben meiner Entstehung der Arten wahrscheinlich der Wirkung der natürlichen Zuchtwahl oder des Überlebens des Passendsten zu viel zugeschrieben habe. Ich habe die fünfte Ausgabe der „Entstehung" dahin geändert, daß ich meine Bemerkungen nur auf die adaptiven Veränderungen des Körperbaus beschränkte; ich bin aber nach den Aufklärungen, die wir selbst in den letzten wenigen Jahren erhalten haben, überzeugt, daß sehr viele Bildungen, die uns jetzt nutzlos zu sein scheinen, sich später als nützlich erweisen und daher unter die

---

[94] Ich beziehe mich hier auf Dr. Brown-Séquards Beobachtungen über die vererbten Wirkungen einer bei Meerschweinchen Epilepsie verursachenden Operation, und auf die noch kürzlicher bekanntgemachten analogen Wirkungen der Durchschneidung des Sympathicus am Hals. Ich werde hernach Veranlassung haben, Salvins interessanten Fall von den allem Anschein nach vererbten Wirkungen der Gewohnheit der Mot-mots anzuführen, wonach sich diese Vögel die Fahnen ihrer eigenen Schwanzfedern abbeißen. S. auch über den Gegenstand im allgemeinen: Variieren der Tiere und Pflanzen im Zustand der Domestikation. 2. Aufl., Bd. II, p.26-28.
[95] Das Variieren der Tiere und Pflanzen im Zustand der Domestikation. 2. Aufl., Bd. II, p.320, 322.

Wirksamkeit der natürlichen Zuchtwahl fallen werden. Nichtsdestoweniger hatte ich früher die Existenz vieler Strukturverhältnisse nicht hinreichend beachtet, welche, soweit wir es für jetzt beurteilen können, weder wohltätig noch schädlich zu sein scheinen; und ich glaube, dies ist eines der größten Versehen, welches ich bis jetzt in meinem Werk entdeckt habe. Es mag mir als Entschuldigung zu sagen gestattet sein, daß ich zwei bestimmte Absichten vor Augen hatte, erstens, zu zeigen, daß Spezies nicht einzeln geschaffen worden sind, und zweitens, daß natürliche Zuchtwahl das bei der Veränderung hauptsächlich Wirksame war, wenn sie auch in großem Maße durch die vererbten Wirkungen des Gebrauchs und in geringerem Maße durch die direkte Wirkung der umgebenden Bedingungen unterstützt wurde. Indessen bin ich nicht imstande gewesen, den Einfluß meines früheren und damals sehr verbreiteten Glaubens, daß jede Spezies absichtlich erschaffen worden sei, vollständig zu beseitigen, und dies führte mich zu der stillschweigenden Annahme, daß jedes einzelne Strukturdetail, mit Ausnahme der Rudimente, von irgendwelchem speziellen, wenn auch unerkannten Nutzen sei. Mit dieser Annahme im Sinne würde wohl ganz natürlich jedermann die Wirkung der natürlichen Zuchtwahl, sei es während früherer oder jetziger Zeiten, zu hoch anschlagen. Einige von denen, welche das Prinzip der Entwicklung annehmen, aber natürliche Zuchtwahl verwerfen, scheinen zu vergessen, während sie mein Buch kritisieren, daß ich die beiden eben erwähnten Absichten vor Augen hatte. Wenn ich daher auch darin geirrt haben sollte, daß ich der natürlichen Zuchtwahl eine große Kraft zuschrieb, was ich aber durchaus nicht zugebe, oder daß ich ihren Einfluß übertrieben hätte, was an sich wahrscheinlich ist, so habe ich, wie ich hoffe, wenigstens dadurch etwas Gutes gestiftet, daß ich dazu beigetragen habe, das Dogma einzelner Schöpfungsakte umzustoßen.

Daß alle organischen Wesen mit Einschluß des Menschen viele Modifikationen des Körperbaus darbieten, welche für dieselben weder jetzt von irgendeinem Nutzen sind, noch es früher gewesen sind und daher keine physiologische Bedeutung haben, ist, soviel ich jetzt erkennen kann, wahrscheinlich. Wir wissen nicht, was die zahllosen unbedeutenden Verschiedenheiten zwischen den Individuen einer jeden Spezies hervorbringt; denn der Rückschlag verlegt das Problem nur wenige Schritte rückwärts; und doch muß jede Eigentümlichkeit ihre eigene wirksame Ursache gehabt haben. Sollten diese Ursachen, welcher Art sie auch gewesen sein mögen, gleichförmiger und energischer längere Zeit hindurch wirken (und es läßt sich kein Grund dafür annehmen, warum dies nicht zuweilen eintreten sollte), so würde das Resultat hiervon das Auftreten nicht bloß einer unbedeutenden individuellen Verschiedenheit, sondern einer scharf markierten konstanten Modifikation sein, wenn auch einer Modifikation ohne physiologische Bedeutung. Strukturveränderungen nun, welche in keiner Weise wohltätig sind, können durch natürliche Zuchtwahl nicht gleichförmig gehalten werden, wennschon alle solche, welche nachteilig sind, durch dieselbe werden beseitigt werden. Indessen würde Gleichförmigkeit der Charaktere natürliche Folge der angenommenen Gleichförmigkeit der anregenden Ursachen sein, wie auch in gleicher Weise Folge der ungehinderten Kreuzung vieler Individuen. Derselbe Organismus kann daher auf diese Weise im Verlauf aufeinanderfolgender Zeiträume nacheinander mehrere Modifikationen erlangen, und diese werden in einem nahezu gleichförmigen Zustand überliefert werden, so lange die anregenden Ursachen dieselben bleiben und freie Kreuzung eintreten kann. In bezug auf diese anregenden Ursachen können wir hier, ebenso wie bei Besprechung der sogenannten spontanen Abänderungen, nur sagen, daß sie in einer viel innigeren Beziehung zu der Konstitution des abändernden Organismus als zu den Naturbedingungen, denen derselbe ausgesetzt war, stehen.

Schluß. – Wir haben in diesem Kapitel gesehen, daß in derselben Weise wie der Mensch heutzutage so wie jedes andere Tier verschiedenartigen individuellen Verschiedenheiten oder unbedeutenden Abänderungen ausgesetzt ist, auch ohne Zweifel die früheren Urerzeuger des Menschen es waren. Die Abänderungen waren damals, wie sie es jetzt sind, Folgen derselben allgemeinen Ursachen und unterlagen denselben allgemeinen und komplizierten Gesetzen. Wie alle Tiere sich über die Grenzen ihrer Subsistenzmittel hinaus zu vervielfältigen streben, so muß dies auch mit den Urerzeugern des Menschen der Fall gewesen sein, und dies wird unvermeidlich zu einem Kampf ums Dasein und zu natürlicher Zuchtwahl geführt haben. Dieser letztere Vorgang wird in großem Maße durch die vererbten Wirkungen des vermehrten Gebrauchs der Teile unterstützt worden sein, und beide Vorgänge werden unablässig gegenseitig aufeinander zurückwirken. Es scheint auch, wie wir hernach noch sehen werden, daß verschiedene bedeutungslose Charaktere vom Menschen durch geschlechtliche Zuchtwahl erlangt worden sind. Ein noch unerklärter Rest von Veränderungen muß der Annahme einer gleichförmigen Wirkung jener unbekannten Einflüsse überlassen bleiben, welche gelegentlich scharf gezeichnete und plötzlich auftretende Abweichungen des Baus bei unseren domestizierten Erzeugnissen hervorbringen.

Nach den Gewohnheiten der Wilden und der größeren Zahl der Quadrumanen zu urteilen, lebte der Urmensch und selbst die affenähnlichen Urerzeuger des Menschen wahrscheinlich gesellig. Bei im strengen Sinne sozialen Tieren wirkt natürliche Zuchtwahl zuweilen indirekt auf das Individuum durch die Erhaltung von Abänderungen, welche der Genossenschaft wohltätig sind. Eine Genossenschaft, welche eine große Zahl gut angelegter Individuen umfaßt, nimmt an Zahl zu und besiegt andere und weniger gut begabte Gesellschaften, selbst wenn schon jedes einzelne Glied über die anderen Glieder derselben Gesellschaft keinen Vorteil erlangen mag. Bei gesellig lebenden Insekten sind viele merkwürdige Bildungseigentümlichkeiten, welche dem Individuum von geringem oder gar keinem Nutzen sind, wie z. B. der pollensammelnde Apparat oder der Stachel der Arbeiterbienen oder die großen Kiefer der Soldatenameisen, erlangt worden. Von den höheren gesellig lebenden Tieren ist mir nicht bekannt, daß irgendwelche Bildungseigentümlichkeit nur zum besten der ganzen Gesellschaft modifiziert worden wäre, wenn auch einige für dieselbe von sekundärem Nutzen sind. So scheinen z. B. die Hörner der Wiederkäuer und die großen Eckzähne der Paviane von den Männchen als Waffen für den geschlechtlichen Kampf erlangt worden zu sein, sie werden aber auch zur Verteidigung der Herde oder Truppe benutzt. Was gewisse geistige Fähigkeiten betrifft, so liegt der Fall, wie wir im fünften Kapitel sehen werden, gänzlich verschieden; denn diese Fähigkeiten sind hauptsächlich oder selbst ausschließlich zum Nutzen der Gesellschaft erlangt worden, wobei die Individuen, welche die Gesellschaft zusammensetzen, zu derselben Zeit indirekt eine Begünstigung erfahren haben.

Den im Vorstehenden entwickelten Ansichten ist oft entgegengehalten worden, daß der Mensch eines der hilflosesten und verteidigungslosesten Geschöpfe in der Welt ist, und daß er während seines frühen und weniger gut entwickelten Zustandes noch hilfloser gewesen sein wird. Der Herzog von Argyll[96] behauptet z. B., „daß der menschliche Körperbau von der Bildung der Tiere in einer Richtung großer physischer Hilflosigkeit und Schwäche abgewichen ist; d.h. es ist eine Divergenz eingetreten, welche von allen Übrigen am unmöglichsten bloßer natürlicher Zuchtwahl zugeschrieben werden kann". Er führt an: den nackten und unbeschützten Zustand des Körpers, das Fehlen großer Zähne oder Krallen zur Verteidigung, die geringe Körperkraft des Menschen, seine geringe Schnelligkeit im Laufen und seine geringe Fähigkeit, durch den Geruchssinn Nahrung zu finden oder Gefahren zu vermeiden. Diesen Mangelhaftigkeiten hätte sich noch der noch bedenklichere Verlust der Fähigkeit, schnell Bäume zu erklettern und dadurch vor Feinden zu entfliehen, hinzufügen lassen. Der Verlust des Haarkleides wird für die Bewohner eines warmen Landes keine große Schädigung gewesen sein. Wir sehen ja, daß die unbekleideten Feuerländer in ihrem schauerlichen Klima existieren können. Wenn man den ver-

---

[96] Primeval Man, 1869, p.66.

teidigungslosen Zustand des Menschen mit dem der Affen vergleicht, von denen viele mit fürchterlichen Eckzähnen ausgerüstet sind, so müssen wir uns daran erinnern, daß im völlig entwickelten Zustand nur die Männchen solche besitzen, indem sie sie hauptsächlich zum Kampf mit ihren Nebenbuhlern brauchen; und doch sind die Weibchen, welche nicht damit versehen sind, völlig imstande, leben zu bleiben.

In bezug auf die körperliche Größe oder Kraft wissen wir nicht, ob der Mensch von irgendeiner vergleichsweise kleinen Art, wie dem Schimpansen, abstammt oder von einer so mächtigen wie dem Gorilla, und wir können daher auch nicht sagen, ob der Mensch größer und stärker oder kleiner und schwächer im Vergleich zu seinen Urerzeugern geworden ist. Wir müssen indessen im Auge behalten, daß ein Tier, welches bedeutende Größe, Kraft und Wildheit besitzt und welches, wie der Gorilla, sich gegen alle Feinde verteidigen kann, wahrscheinlich nicht sozial geworden sein wird, und dies würde in äußerst wirksamer Weise die Entwicklung jener höheren geistigen Eigenschaften beim Menschen, wie Sympathie und Liebe zu seinen Mitgeschöpfen, gehemmt haben. Es dürfte daher von einem unendlichen Vorteil für den Menschen gewesen sein, von irgendeiner verhältnismäßig schwachen Form abgestammt zu sein.

Die geringe körperliche Kraft des Menschen, seine geringe Schnelligkeit, der Mangel natürlicher Waffen usw. werden mehr als ausgeglichen erstens durch seine intellektuellen Kräfte, durch welche er sich, während er noch im Zustand der Barbarei verblieb, Waffen, Werkzeuge usw. formen lernte, und zweitens durch seine sozialen Eigenschaften, welche ihn dazu führten, seinen Mitmenschen Hilfe angedeihen zu lassen und solche wiederum von ihnen zu empfangen. Kein Land auf der Erde ist in einem größeren Grade so dicht mit gefährlichen Tieren erfüllt wie Süd-Afrika, kein Land bietet fürchterlichere Leidensquellen dar als die arktischen Gegenden, und doch behauptet sich eine der schwächsten Rassen, nämlich die Buschmänner in Süd-Afrika, ebenso wie es die zwergischen Eskimos in den arktischen Gegenden tun. Die Vorfahren des Menschen kamen ohne Zweifel an Intellekt und wahrscheinlich an sozialen Anlagen den niedrigsten jetzt existierenden Wilden nicht gleich; es ist aber völlig gut einzusehen, daß sie existiert und sogar geblüht haben können, wenn sie an intellektueller Ausbildung gewannen, zu derselben Zeit als sie allmählich ihre tierähnlichen Fähigkeiten, wie die des Kletterns auf Bäumen usw. verloren. Aber selbst wenn diese Vorfahren des Menschen bei weitem hilfloser und verteidigungsloser waren als irgendwelche jetzt existierende Wilde; sobald sie irgendeinen warmen Kontinent oder eine große Insel wie Australien oder Neu-Guinea oder Borneo bewohnten (die letztere Insel bewohnt jetzt der Orang-Utan), so würden sie keiner besonderen Gefahr ausgesetzt gewesen sein. Auf einem Bezirk, welcher so groß wie einer der genannten ist, würde die aus der Konkurrenz zwischen den einzelnen Stämmen folgende natürliche Zuchtwahl in Verbindung mit den vererbten Wirkungen der Gewohnheit hinreichend gewesen sein, um unter günstigen Bedingungen den Menschen auf seine jetzige hohe Stellung in der Reihe der Organismen zu erheben.

Drittes Kapitel

Vergleich der Geisteskräfte des Menschen mit denen der niederen Tiere

Die Verschiedenheit in den geistigen Kräften zwischen dem höchsten Affen und dem niedrigsten Wilden ist ungeheuer – Gewisse Instinkte sind gemeinsam – Gemütsbewegungen – Neugierde – Nachahmung – Aufmerksamkeit – Gedächtnis – Einbildung – Verstand – Progressive Vervollkommnung – Von Tieren gebrauchte Werkzeuge und Waffen – Abstraktion, Selbstbewußtsein – Sprache – Schönheitssinn – Glaube an Gott, spirituelle Kräfte; Aberglauben

Wir haben in den ersten beiden Kapiteln gesehen, daß der Mensch in seiner körperlichen Bildung deutliche Spuren seiner Abstammung von irgendeiner niederen Form darbietet; man könnte aber behaupten, daß sich bei dieser Folgerung irgendein Irrtum eingeschlichen haben müsse, da der Mensch in seinen Geisteskräften so bedeutend von allen anderen Tieren abweicht. Die Verschiedenheit in dieser Hinsicht ist ohne Zweifel enorm, selbst wenn man die Seele eines der niedrigsten Wilden, welcher kein Wort besitzt, eine höhere Zahl als vier auszudrücken, und welcher keine abstrakten Bezeichnungen für die gewöhnlichsten Gegenstände oder Affekte[1] gebraucht, mit der des höchstorganisierten Affen vergleicht. Ohne Zweifel würde der Unterschied selbst dann immer noch ungeheuer bleiben, wenn einer der höheren Affen soweit veredelt oder zivilisiert wäre, wie es ein Hund ist im Vergleich mit seiner Stammform, dem Wolf oder Schakal. Die Feuerländer gehören zu den niedersten Barbaren; ich habe mich aber fortwährend darüber verwundern müssen, wie genau die drei an Bord des Beagle befindlichen Feuerländer, welche einige Jahre in England lebten und etwas Englisch sprechen konnten, uns in der ganzen Anlage und den meisten unserer geistigen Fähigkeiten glichen. Wenn kein organisches Wesen außer dem Menschen irgendwelche geistige Fähigkeiten besessen hätte, oder wenn seine Fähigkeiten von einer völlig verschiedenen Natur wären im Vergleich mit denen der niederen Tiere, so würden wir nie imstande gewesen sein, uns zu überzeugen, daß unsere hohen Fähigkeiten allmählich entwickelt worden sind. Es läßt sich aber deutlich nachweisen, daß kein fundamentaler Unterschied dieser Art besteht. Wir müssen auch zugeben, daß ein viel weiterer Abstand in den geistigen Fähigkeiten zwischen einem der niedrigsten Fische, wie der Pricke oder einem *Amphioxus*, und dem der höheren Affen besteht, als zwischen dem Affen und dem Menschen; und doch wird diese Lücke durch zahllose Abstufungen ausgefüllt.

Auch in bezug auf die moralischen Anlagen ist der Unterschied zwischen einem Barbaren, wie dem von dem alten Seefahrer Byron beschriebenen Mann, welcher sein Kind an den Felsen zerschlug, weil es einen Korb mit Seeigeln hatte fallen lassen, und einem Howard oder Clarkson nicht klein, ebensowenig der Unterschied, in bezug auf den Verstand, zwischen einem Wilden, der keine abstrakten Ausdrücke gebrauchte, und einem Newton oder Shakespeare. Verschiedenheiten dieser Art zwischen den größten Männern der höchsten Rassen und den niedrigsten Wilden werden durch die feinsten Abstufungen miteinander verbunden. Es ist daher auch möglich, daß sie ineinander übergehen und auseinander sich entwickeln können.

Ich beabsichtige in diesem Kapitel nun zu zeigen, daß zwischen dem Menschen und den höheren Säugetieren kein fundamentaler Unterschied in bezug auf ihre geistigen Fähigkeiten besteht. Jeder Abschnitt dieses Gegenstandes hätte sich zu einer besonderen Abhandlung ausdehnen lassen, muß aber hier nur kurz behandelt werden. Da keine Einteilung der geistigen Fähigkeiten ganz allgemein angenommen worden ist, werde ich meine Bemerkungen in einer meinen Zwecken am meisten dienenden Weise anordnen und werde diejenigen Tatsachen auswählen, welche mich am meisten frappiert haben, in der Hoffnung, daß sie auch auf den Leser ihre Wirkung äußern werden.

---

[1] S. die Belege über diese Punkte bei Sir J. Lubbock: Prehistoric Times, p.354ff.

Vergleich der Geisteskräfte des Menschen mit denen der niederen Tiere

In bezug auf die sehr tief auf der Stufenleiter stehenden Tiere werde ich noch einige weitere Tatsachen in dem Abschnitt über geschlechtliche Zuchtwahl zu geben haben, welche zeigen werden, daß ihre geistigen Fähigkeiten viel bedeutender sind, als man hätte erwarten können. Die Veränderlichkeit dieser Fähigkeiten bei Individuen einer und derselben Art ist ein bedeutungsvoller Punkt für uns, und einige wenige Erläuterungen hierüber mögen hier gegeben werden. Es würde aber überflüssig sein, hier auf viele Einzelheiten über diesen Gegenstand einzugehen, denn nach häufigen Erkundigungen habe ich gefunden, daß alle diejenigen, welche lange Zeit Tiere vieler Arten, mit Einschluß der Vögel, aufmerksam beobachtet haben, der Meinung sind, daß die Individuen in jedem geistigen Charakterzug bedeutend voneinander abweichen. Zu untersuchen, in welcher Weise die geistigen Fähigkeiten zuerst in den niedrigsten Organismen sich entwickelt haben, ist eine ebenso hoffnungslose Untersuchung als die, wie das Leben zuerst entstand. Dies sind Probleme für eine ferne Zukunft, wenn sie überhaupt je von Menschen gelöst werden können.

Da der Mensch dieselben Sinne wie die niederen Tiere besitzt, so müssen seine fundamentalen Anschauungen dieselben sein. Der Mensch hat auch einige wenige Instinkte mit den Tieren gemeinsam, wie den der Selbsterhaltung, der geschlechtlichen Liebe, der Liebe der Mutter für ihr Neugeborenes, den Trieb des letzteren zu saugen usw. Doch hat vielleicht der Mensch etwas weniger Instinkte als diejenigen Tiere, welche zunächst in der Stufenreihe auf ihn folgen. Der Orang-Utan auf den indischen Inseln und der Schimpanse in Afrika bauen Plattformen, auf denen sie schlafen, und da beide Arten dieselbe Gewohnheit haben, so könnte man schließen, daß dies die Folge eines Instinkts sei; wir sind aber nicht sicher, ob es nicht das Resultat des Umstandes ist, daß beide Tiere ähnliche Bedürfnisse und die gleiche Fähigkeit der Überlegung haben. Wir können annehmen, daß diese Affen die vielen giftigen Früchte der Tropen vermeiden, und der Mensch besitzt diese Kenntnisse nicht. Da aber unsere Haustiere, wenn sie in fremde Länder gebracht und zuerst im Frühjahr hinausgetrieben werden, oft giftige Pflanzen fressen, welche sie später vermeiden, so sind wir nicht sicher, ob die Affen nicht nach ihrer eigenen Erfahrung oder nach der ihrer Eltern lernen, welche Früchte sie zu wählen haben. Indessen ist es gewiß, wie wir sofort sehen werden, daß die Affen eine instinktive Furcht vor Schlangen und wahrscheinlich auch vor anderen gefährlichen Tieren haben.

Die geringe Zahl und vergleichsweise Einfachheit der Instinkte bei den höheren Tieren ist merkwürdig kontrastierend mit denen der niederen Tiere. Cuvier behauptete, daß Instinkt und Intelligenz in umgekehrtem Verhältnis zueinander stehen, und manche Schriftsteller haben gemeint, daß die intellektuellen Fähigkeiten der höheren Tiere sich allmählich aus deren Instinkten entwickelt haben. Es hat aber Pouchet in einem interessanten Aufsatz[2] gezeigt, daß ein derartiges umgekehrtes Verhältnis faktisch nicht besteht. Diejenigen Insekten, welche die wunderbarsten Instinkte besitzen, sind sicher auch die intelligentesten. Unter den Wirbeltieren besitzen die am wenigsten intelligenten Glieder, nämlich die Fische und Amphibien, keine komplexen Instinkte; und unter den Säugetieren ist das Tier, welches wegen seiner Instinkte merkwürdig ist, nämlich der Biber, sehr intelligent, was jeder zugeben wird, welcher Morgans ausgezeichnete Beschreibung dieses Tieres[3] gelesen hat.

Obgleich sich die ersten Spuren der Intelligenz nach Herbert Spencer[4] durch die Vervielfältigung und Koordination von Reflexwirkungen entwickelt haben, und obschon viele der einfacheren Instinkte in Wirkungen dieser Art übergehen und kaum von ihnen unterschieden werden können, wie bei dem Saugen junger Tiere, so scheinen doch die komplizierteren Instinkte unabhängig von irgendeiner Intelligenz entstanden zu sein. Ich möchte aber durchaus nicht leugnen, daß instinktive Tätigkeiten ihren fixierten und nicht angelernten Charakter verlieren und durch andere Tätigkeiten ersetzt werden können, welche mit Hilfe des freien Willens ausgeführt werden. Andererseits werden aber Handlungen des Verstandes, wie z.B. wenn Vögel auf ozea-

---

[2] L'instinct chez les Insectes, in: Revue des Deux Mondes. Febr. 1870, p.690.
[3] The American Beaver and his Works, 1868.
[4] The Principles of Psychology, 2. edit., 1870, p.418-443.

nischen Inseln zuerst sich vor Menschen zu fürchten lernen, in Instinkte umgewandelt und als solche vererbt, wenn sie mehrere Generationen hindurch ausgeführt worden sind. Man kann dann von diesen Handlungen sagen, daß sie im Charakter verderbt sind, denn sie werden nun nicht mehr durch den Verstand oder nach der Erfahrung ausgeführt. Dagegen scheint die größere Zahl der komplizierten Instinkte in einer völlig verschiedenen Weise erlangt worden zu sein, nämlich durch die natürliche Zuchtwahl von Variationen einfacher instinktiver Handlungen. Derartige Variationen scheinen aus denselben unbekannten Ursachen, welche hierauf die Organisation des Gehirns wirken, zu entstehen, wie solche unbedeutende Abänderungen oft individuelle Verschiedenheiten in anderen Teilen des Körpers hervorrufen; und infolge unserer Unwissenheit sagen wir dann häufig, daß diese Variationen spontan auftreten. Ich glaube, wir können auch mit Bezug auf den Ursprung der komplizierteren Instinkte zu keinem anderen Schluß gelangen, wenn wir an die wunderbaren Instinkte steriler Arbeiterameisen und Bienen uns erinnern, welche keine Nachkommen hinterlassen, denen sie die Wirkungen der Erfahrung und veränderten Lebensweise überliefern könnten.

Obschon ein hoher Grad von Intelligenz mit dem Vorhandensein komplizierter Instinkte verträglich ist, wie wir bei den eben genannten Insekten und beim Biber gesehen haben, und obgleich Handlungen, welche zuerst willkürlich erlernt wurden, infolge von Gewohnheit bald mit der Schnelligkeit und Sicherheit einer Reflextätigkeit ausgeführt werden können, so ist es doch nicht unwahrscheinlich, daß freie Intelligenz und Instinkt (welcher eine gewisse vererbte Modifikation des Gehirns in sich begreift) sich in einer gewissen Ausdehnung in ihrer gegenseitigen Entwicklung stören. Über die Funktionen des Gehirns ist nur wenig bekannt; aber wir beobachten, daß in dem Maße, wie die intellektuellen Fähigkeiten höher entwickelt werden, auch die verschiedenen Teile des Gehirns durch die feinst verwobenen Kanäle gegenseitigen Austausches miteinander in Verbindung gebracht werden müssen; und als Folge hiervon würde jeder einzelne Teil vermutlich weniger geschickt werden, besondere Empfindungen oder Assoziationen in einer bestimmten und vererbten, das ist instinktiven, Weise zu entwickeln. Es scheint selbst eine gewisse Beziehung zwischen einem niederen Intelligenzgrade und einer starken Neigung zur Bildung fixierter, wennschon nicht vererbter Gewohnheiten zu bestehen; wenigstens hat ein scharfsinniger Arzt gegen mich geäußert, daß in geringem Grade schwachsinnige Personen in allem nach Routine und Gewohnheit zu handeln streben, und daß man sie viel glücklicher macht, wenn man sie darin ermutigt.

Ich hielt es für der Mühe wert, diese Abschweifung hier einzuschalten, weil wir die geistigen Fähigkeiten der höheren Tiere und besonders des Menschen leicht unterschätzen können, wenn wir ihre auf die Erinnerung vergangener Ereignisse, auf Vorsicht, Nachdenken und Einbildungskraft gegründeten Handlungen mit den vollständig ähnlichen Handlungen vergleichen, welche von niederen Tieren instinktiv ausgeführt werden. In diesem letzteren Falle ist die Fähigkeit zur Ausführung solcher Handlungen Schritt für Schritt durch Variabilität der psychischen Organe und natürliche Zuchtwahl erreicht worden, ohne daß eine bewußte Intelligenz von Seiten des Tieres während einer jeden der aufeinanderfolgenden Generationen dazu gekommen wäre. Ohne Zweifel ist viel von der intelligenten Tätigkeit, die der Mensch ausführt, auf Nachahmung und nicht auf Überlegung zu schieben, wie Mr. Wallace bemerkt hat[5], aber zwischen seinen Handlungen und vielen der von niederen Tieren ausgeführten besteht der große Unterschied, daß der Mensch beim ersten Versuch nicht imstande ist, z.B. ein steinernes Beil oder ein Boot durch seine Fähigkeit der Nachahmung zu fertigen. Er hat seine Arbeit durch Übung zu erlernen. Ein Biber dagegen kann seinen Damm oder Kanal, ein Vogel sein Nest genau so oder nahezu so gut, eine Spinne ihr wunderbares Gewebe vollständig so gut[6] das erste Mal, wo sie es versuchen, bauen, wie wenn sie alt und erfahren sind.

---

[5] Contribution to the Theory of Natural Selection, 1870, p.212.
[6] Wegen der Belege hierzu s. das äußerst interessante Buch von J. Traherne Moggridge: Harvesting Ants and Trap-door Spiders, 1873, p.126, 128.

Vergleich der Geisteskräfte des Menschen mit denen der niederen Tiere

Doch kehren wir zu unserem vorliegenden Gegenstand zurück. Die niederen Tiere empfinden offenbar wie der Mensch Freude und Schmerz, Glück und Unglück. Das Glück gibt sich nirgends besser zu erkennen als bei jungen Tieren, wie bei jungen Hunden, Katzen, Lämmern usw., wenn sie zusammen spielen, wie unsere eigenen Kinder. Selbst Insekten spielen zusammen, wie jener ausgezeichnete Beobachter P. Huber beschrieben hat[7], welcher sah, wie Ameisen sich jagten und taten, als wenn sie einander bissen, genau so, als wenn es junge Hunde gewesen wären.

Die Tatsache, daß die niederen Tiere durch dieselben Gemütsbewegungen betroffen werden wie wir, ist so sicher festgestellt, daß es nicht nötig ist, den Leser durch viele Einzelheiten zu ermüden. Der Schreck wirkt auf sie in derselben Weise wie auf uns, er macht ihre Muskeln erzittern, ihr Herz schlagen, die Schließmuskeln erschlaffen und das Haar sich aufrichten. Verdacht, das Kind der Gefahr, drückt sich äußerst charakteristisch bei vielen wilden Tieren aus. Es ist, denke ich, unmöglich, die Beschreibung, welche Sir E. Tennent von dem Betragen der weiblichen, als Locktiere dienenden Elefanten gibt, zu lesen, ohne zu der Überzeugung zu kommen, daß sie den Betrug bewußterweise und absichtlich ausführen und wohl wissen, um was es sich handelt. Mut und Furchtsamkeit sind bei Individuen einer und derselben Spezies äußerst veränderliche Eigenschaften, wie wir bei unseren Hunden deutlich sehen. Manche Hunde und Pferde sind schlechten Temperaments und werden leicht böse, andere sind guten Temperaments, und diese Eigenschaften werden sicher vererbt. Jedermann weiß, wie leicht Tiere wütend werden und wie deutlich sie es zeigen. Viele und wahrscheinlich wahre Anekdoten hat man von der lange verschobenen und überlegten Rache verschiedener Tiere veröffentlicht. Der zuverlässige Rengger und Brehm[8] geben an, daß die amerikanischen und afrikanischen Affen, welche sie zahm besaßen, sich sicher rächten. Sir Andrew Smith, ein Zoologe, dessen skrupulöse Genauigkeit von vielen Leuten ausdrücklich anerkannt wurde, hat mir die folgende, von ihm selbst persönlich erlebte Geschichte erzählt: Am Kap der Guten Hoffnung hatte ein Offizier einen bestimmten Pavian häufig geneckt. Als das Tier ihn eines Sonntags zur Parade gehen sieht, gießt es Wasser in ein Loch, macht schnell etwas dicken Schlamm zurecht und spritzt diesen ganz geschickt und zum Amüsement vieler Zuschauer über den Offizier, als er vorüberging. Noch lange Zeit nachher freute sich und triumphierte der Pavian, so oft er das Opfer seiner Rache sah.

Die Liebe eines Hundes zu seinem Herrn ist eine bekannte Tatsache; so sagt ein alter Schriftsteller:[9] „Ein Hund ist das einzige Ding in der Welt, das Dich mehr liebt, als sich selbst."

Man hat von einem Hund berichtet, der noch im Todeskampf seinen Herrn liebkost hat, und alle haben davon gehört, wie ein Hund, an dem man die Vivisektion ausführte, die Hand seines Operateurs leckte. Wenn nicht dieser Mann ein Herz von Stein hatte, so muß er, wenn die Operation nicht durch Erweiterung unserer Erkenntnis völlig gerechtfertigt war, bis zur letzten Stunde seines Lebens Gewissensbisse gefühlt haben.

Whewell[10] hat sehr richtig gefragt: „Wer nur die rührenden „Beispiele mütterlicher Liebe liest, die so oft von Frauen aller Nationen und von den Weibchen aller Tiere erzählt worden sind, kann der wohl zweifeln, daß der Beweggrund der Handlung in beiden Fällen derselbe ist?" Wir sehen mütterliche Zuneigung in den unbedeutendsten Zügen sich äußern; so beobachtete Rengger einen amerikanischen Affen (einen *Cebus*), welcher sorgfältig die Fliegen ver-

---

[7] Recherches sur les moeurs des Fourmis, 1810, p.173.
[8] Alle folgenden Angaben, welche nach der Autorität dieser beiden Naturforscher gemacht sind, sind entnommen aus Rengger: Naturgesch. der Säugetiere von Paraguay, 1830, p.41-57 und aus: Brehms Tierleben, 2. Aufl., Bd. I, p.49-173.
[9] Zitiert von Dr. Lauder Lindsay in seiner „Physiology of Mind in the Lower Animals", in: Journal of Mental Science, April 1871, p.38.
[10] Bridgewater Treatise, p.263.

scheuchte, die sein Junges peinigten, und Duvaucel sah einen *Hylobates*, welcher seinen Jungen in einem Fluß die Gesichter wusch. Der Kummer weiblicher Affen um den Verlust ihrer Jungen war so intensiv, daß er ohne Ausnahme den Tod gewisser Arten verursachte, welche Brehm in Nord-Afrika in Gefangenschaft hielt. Verwaiste Affen wurden stets von den anderen Affen, sowohl Männchen als Weibchen, adoptiert und sorgfältig bewacht. Ein weiblicher Pavian hatte ein so weites Herz, daß er nicht bloß junge Affen anderer Arten adoptierte, sondern auch noch junge Hunde und Katzen stahl, welche er beständig mit sich herumführte. Doch ging seine Liebe nicht so weit, mit seinen adoptierten Nachkommen die Nahrung zu teilen, worüber sich Brehm deshalb verwunderte, weil seine Affen stets alles gewissenhaft mit ihren Jungen teilten. Ein adoptiertes Kätzchen kratzte den ebenerwähnten liebevollen Pavian; dieser, welcher sicher einen feinen Verstand besaß, war sehr erstaunt, gekratzt zu werden, untersuchte sofort die Füße des Kätzchens und biß ihm, ohne sich viel zu besinnen, die Krallen ab.[11] Im zoologischen Garten hörte ich von einem Wärter, daß ein alter Pavian (*C. Chacma*) einen *Rhesus*-Affen adoptiert hatte; als aber ein junger Drill und Mandrill in den Käfig getan wurden, schien er zu bemerken, daß diese Affen, trotzdem sie verschiedenen Arten angehörten, doch noch näher mit ihm verwandt wären, denn er verstieß sofort den *Rhesus* und adoptierte jene beiden. Ich sah dann, daß der *Rhesus* sehr unzufrieden damit war, in dieser Weise verstoßen zu werden; er neckte und attackierte den jungen Drill und Mandrill, wie ein ungezogenes Kind, so oft er es mit Sicherheit tun konnte, welches Betragen bei dem alten Pavian große Indignation erregte. Nach Brehm verteidigen auch Affen ihre Herren, wenn diese von irgend jemand angegriffen werden, ebensogut wie sie Hunde, denen sie zugetan sind, gegen die Angriffe anderer Hunde verteidigen. Wir berühren aber hiermit den Gegenstand der Sympathie und Treue, auf welchen ich noch zurückkommen werde. Einige von Brehms Affen amüsierten sich damit, einen gewissen alten Hund, den sie nicht leiden konnten, und ebenso andere Tiere in verschiedenen ingeniösen Weisen zu necken.

Die meisten der komplizierteren Gemütsbewegungen sind den höheren Tieren und uns gemeinsam. Jedermann hat gesehen, wie eifersüchtig ein Hund auf die Liebe seines Herrn ist, wenn diese noch irgendeinem anderen Wesen erwiesen wird, und ich habe dieselbe Tatsache bei Affen beobachtet. Dies zeigt, daß die Tiere nicht bloß Liebe fühlen, sondern auch die Sehnsucht haben, geliebt zu werden. Die Tiere haben offenbar Ehrgeiz; sie lieben Anerkennung und Lob, und ein Hund, welcher seinem Herrn einen Korb trägt, zeigt Selbstgefälligkeit und Stolz in hohem Grade. Ich glaube, es kann kein Zweifel sein, daß ein Hund Schamgefühl, und zwar verschieden von Furcht, besitzt, ebenso etwas der Bescheidenheit sehr Ähnliches, wenn er zu oft um Nahrung bettelt. Ein großer Hund verachtet das Knurren eines kleinen Hundes, und dies könnte man Großmut nennen. Mehrere Beobachter haben angegeben, daß Affen es sicher nicht leiden können, ausgelacht zu werden, und sie erfinden zuweilen eingebildete Beleidigungen. Im zoologischen Garten sah ich einen Pavian, der jedesmal in grenzenlose Wut geriet, wenn sein Wärter einen Brief oder ein Buch herausholte und ihm laut vorlas; und diese Wut war so heftig, daß er bei einer Gelegenheit, bei welcher ich selbst zugegen war, sein eigenes Bein biß, bis das Blut kam. Hunde zeigen auch etwas, was ganz gut ein Sinn für Humor genannt werden kann, verschieden vom bloßen Spielen; wenn irgend etwas, ein Stock oder dergl., einem Hunde hingeworfen wird, trägt er es oft eine kurze Strecke weit fort; dann kommt er wieder, legt den Gegenstand nahe vor sich auf den Boden und wartet bis sein Herr dicht herankommt, um jenen aufzuheben. Nun ergreift aber der Hund das Ding schnell und läuft im Triumph damit fort, wiederholt dasselbe Stückchen und erfreut sich offenbar des Scherzes.

---

[11] Ohne allen Grund bestreitet ein Kritiker (Quarterly Review, July 1871, p.72) die Möglichkeit dieses Aktes, wie ihn Brehm beschrieben hat, nur um mein Buch zu diskreditieren. Ich habe daher den Versuch gemacht und gefunden, daß ich mit meinen eigenen Zähnen die kleinen scharfen Krallen eines beinahe fünf Wochen alten Kätzchens fassen konnte.

Wir wollen uns nun den intellektuelleren Erregungen und Fähigkeiten zuwenden, welche von großer Bedeutung sind, da sie die Grundlage zur Entwicklung der höheren geistigen Kräfte bilden. Die Tiere freuen sich offenbar der Anregung und leiden unter der Langeweile, wie man bei Hunden, und nach Rengger, bei Affen sehen kann. Alle Tiere empfinden Verwunderung und viele zeigen Neugierde. Von dieser letzteren Eigenschaft haben sie zuweilen zu leiden, so wenn der Jäger Grimassen schneidet und sie dadurch anlockt. Ich habe dies beim Reh selbst gesehen und dasselbe gilt für die behutsamen Gemsen und manche Arten von wilden Enten. Brehm teilt eine merkwürdige Erzählung von der instinktiven Furcht mit, welche seine Affen vor Schlangen zeigten; ihre Neugierde war aber so groß, daß sie sich nicht enthalten konnten, gelegentlich ihre Neugierde in einer äußerst menschlichen Art und Weise zu befriedigen, dadurch, daß sie den Deckel des Kastens, in dem die Schlangen gehalten wurden, aufhoben. Mich frappierte diese Erzählung so, daß ich eine ausgestopfte und zusammengerollte Schlange in das Affenhaus im zoologischen Garten mitnahm, und die dadurch verursachte Aufregung war eines der merkwürdigsten Schauspiele, was ich jemals zu Gesicht bekommen habe. Drei Arten von *Cercopithecus* waren am meisten beunruhigt, sie flogen in ihrem Käfig herum und stießen scharfe Warnrufe aus, welche von den anderen Affen verstanden wurden. Nur wenige junge Affen und ein alter *Anubis*-Pavian nahmen von der Schlange keine Notiz. Ich legte dann das ausgestopfte Exemplar in einem der größeren Behälter auf den Boden. Nach einiger Zeit hatten sich alle Affen rings um dasselbe in weitem Kreise versammelt und boten, dasselbe anstierend, einen äußerst lächerlichen Anblick dar. Sie wurden äußerst nervös, und als z. B. eine hölzerne Kugel, welche ein ihnen vollständig vertrautes Spielzeug war, zufällig im Stroh, unter dem sie teilweise verhüllt war, bewegt wurde, stoben sie sofort auseinander. Diese Affen benahmen sich sehr verschieden, wenn ein toter Fisch, eine Maus oder irgend andere neue Gegenstände in ihre Käfige gebracht wurden. Denn obwohl sie zuerst erschreckt waren, näherten sie sich doch bald, nahmen dieselben in die Hände und untersuchten sie. Ich brachte dann eine lebendige Schlange in einem Papiersack, dessen Öffnung lose verschlossen war, in einen der größeren Behälter. Einer der Affen näherte sich sofort, öffnete vorsichtig den Sack ein wenig, guckte hinein und schoß sofort weg. Dann beobachtete ich, was Brehm beschrieben hat; denn einer von den Affen nach dem anderen, mit hocherhobenem und auf die Seite gewandtem Kopf, konnte der Versuchung nicht widerstehen, von Zeit zu Zeit in den aufrechtstehenden Sack und auf den schreckenerregenden Gegenstand, der ruhig auf seinem Boden lag, einen flüchtigen Blick zu werfen. Es möchte fast scheinen, als wenn die Affen irgendeine Vorstellung von zoologischer Verwandtschaft hätten, denn diejenigen, welche Brehm hielt, zeigten eine merkwürdige und doch nicht mißzudeutende instinktive Furcht vor unschuldigen Eidechsen und Fröschen. Auch ist beobachtet worden, daß ein Orang-Utan von dem ersten Anblick einer Schildkröte sehr beunruhigt wurde.[12]

Das Prinzip der Nachahmung ist beim Menschen sehr stark und besonders, wie ich selbst beobachtet habe, beim Wilden. Bei gewissen krankhaften Zuständen des Gehirns wird diese Neigung zu einem außerordentlichen Grade gesteigert; manche hemiplegische Personen und andere, im Anfangsstadium der entzündlichen Gehirnerweichung sprechen unbewußt jedes gehörte Wort aus ihrer eignen oder einer fremden Sprache nach und ahmen auch jede Gebärde oder Handlung nach, die in ihrer Gegenwart ausgeführt wird.[13] Desor[14] hat bemerkt, daß kein niederes Tier willkürlich eine vom Menschen verrichtete Handlung nachahmt, bis wir, in der Stufenleiter aufsteigend, zu den Affen kommen, von denen ja sehr bekannt ist, daß sie in lächerlicher Weise nachahmen. Tiere ahmen aber zuweilen ihre Handlungen untereinander nach; so lernten zwei Arten von Wölfen, welche von Hunden aufgezogen worden waren, zu bellen, wie es zuweilen

---

[12] W. C. L. Martin: Natur. Hist. of Mammalia, 1841, p.405.
[13] Dr. Bateman: On Aphasia, 1870, p.110.
[14] Angeführt von C. Vogt: Mémoires sur les Microcéphales, 1867, p.168.

auch der Schakal tut.[15] Ob dies indessen eine willkürliche Nachahmung genannt werden kann, ist eine andere Frage. Vögel ahmen den Gesang ihrer Eltern und zuweilen den anderer Vögel nach; Papageien sind wegen ihrer Nachahmung jedes oft von ihnen gehörten Lautes bekannt. Dureau de la Malle[16] teilt den Fall eines von einer Katze aufgezogenen Hündchens mit, welches die so bekannte Gewohnheit der Katzen nachzuahmen lernte, sich die Füße zu lecken und sich damit das Gesicht und die Ohren zu reinigen; dasselbe hat auch der bekannte Audouin gesehen. Ich habe noch mehrere bestätigende Berichte erhalten; in einem dieser Fälle wurde ein Hund nicht von der Katze gesäugt, wohl aber bei einer solchen in Gesellschaft junger Kätzchen aufgezogen; hierdurch hatte er die erwähnte Gewohnheit erlernt, die er während seines ganzen Lebens von dreizehn Jahren ausübte. Dureau de la Malles Hund lernte auch von den Kätzchen mit einem Ball zu spielen, ihn mit den Vorderpfoten zu rollen und danach zu springen. Einer meiner Korrespondenten versichert mir, daß eine Katze in seinem Hause ihre Pfoten in den Hals einer Milchkanne zu stecken pflegte, die eine für ihren Hals zu enge Öffnung hatte. Ein Junges dieser Katze lernte sehr bald denselben Streich ausführen und benutzte dies später stets, so oft sich nur eine Gelegenheit dazu bot.

Man kann wohl sagen, daß die Eltern vieler Tiere im Vertrauen auf das in ihren Jungen tätig werdende Prinzip der Nachahmung und noch besonders auf ihre instinktiven oder erblichen Anlagen dieselben „erziehen". Wir sehen dies, wenn eine Katze ihrem Kätzchen eine lebendige Maus bringt; und Dureau de la Malle hat (in dem oben zitierten Aufsatz) eine merkwürdige Schilderung seiner Beobachtungen an Habichten gegeben, welche ihre Jungen Geschicklichkeit ebenso wie Beurteilung der Entfernung lehrten, dadurch, daß sie erst tote Mäuse und Sperlinge durch die Luft werfen, welche die Jungen meist nicht fangen konnten, und dann lebendige Vögel fliegen ließen.

Kaum irgendeine Fähigkeit ist für den intellektuellen Fortschritt des Menschen von größerer Bedeutung als die Fähigkeit der Aufmerksamkeit. Tiere zeigen diese Fähigkeit offenbar, so wenn eine Katze vor einer Höhle wartet und sich vorbereitet, auf ihre Beute zu springen. Wilde Tiere werden zuweilen hierdurch so befangen, daß man sich ihnen leicht annähern kann. Mr. Bartlett hat mir ein merkwürdiges Beispiel mitgeteilt, wie variabel diese Fähigkeit bei den Affen ist. Ein Mann, welcher Affen abrichtete, pflegte die gewöhnlichen Arten von der zoologischen Gesellschaft zum Preise von 5 Pfund (Sterling) das Stück zu kaufen; er erbot sich aber, die doppelte Summe zu zahlen, wenn ihm erlaubt sei, drei oder vier derselben ein paar Tage lang bei sich zu halten, um einen auszuwählen. Als er gefragt wurde, wie es möglich sei, daß er so bald schon sehe, ob ein besonderer Affe sich als ein guter Schauspieler herausstellen werde, antwortete er, daß alles von ihrer Fähigkeit, aufzumerken, abhänge. Würde die Aufmerksamkeit des Affen, während er mit ihm spräche und ihm irgend etwas erklärte, leicht abgezogen, sei es durch eine Fliege an der Wand oder irgendeinen anderen unbedeutenden Gegenstand, so sei der Fall hoffnungslos. Versuche er einen unaufmerksamen Affen durch Strafe zum Agieren zu bringen, so werde er böse. Andererseits meinte er, daß ein Affe, welcher aufmerksam auf ihn merke, immer abgerichtet werden könne.

Es ist fast überflüssig, noch zu erwähnen, daß Tiere ein ausgezeichnetes Gedächtnis für Personen und Orte haben. Mir hat Sir Andrew Smith mitgeteilt, daß ihn ein Pavian am Kap der Guten Hoffnung voller Freude nach einer Abwesenheit von neun Monaten wiedererkannt habe. Ich habe einen Hund gehabt, welcher wild und unwirsch gegen alle Fremden war, und habe absichtlich sein Gedächtnis nach einer Abwesenheit von fünf Jahren und zwei Tagen auf die Probe gestellt. Ich ging zu dem Stall, wo er war, und rief ihn an in meiner alten Weise; er zeigte keine Freude, aber folgte mir augenblicklich, kam heraus und gehorchte mir so genau, als wenn ich ihn erst vor einer halben Stunde verlassen hätte. Ein Strom alter Ideenverbindungen, welche

---

[15] Variieren der Tiere und Pflanzen im Zustand der Domestikation. 2. Aufl., Bd. I, p.29.
[16] Annales des Sciences natur., 1. Série, Tom. XXII, p.397.

fünf Jahre lang geschlummert hatten, war hierdurch in seiner Seele augenblicklich angeregt worden. Selbst Ameisen erkannten, wie P. Huber[17] entschieden nachgewiesen hat, ihre Genossen, die demselben Haufen angehörten, nach einer Trennung von vier Monaten wieder. Tiere können sicher durch irgendwelche Mittel die Zeitintervalle zwischen wiederkehrenden Ereignissen beurteilen.

Die Einbildungskraft ist eine der höchsten Prärogativen des Menschen. Durch dieses Vermögen verbindet er unabhängig vom Willen frühere Eindrücke und Ideen und erzeugt damit glänzende und neue Resultate. Jean Paul Friedrich Richter bemerkt:[18] „ein Dichter, welcher erst überlegen muß, ob er einen seiner Charaktere Ja oder Nein sagen lassen soll – zum Teufel mit ihm. Er ist nur ein seelenloser Körper". Das Träumen gibt uns die beste Idee von dieser Fähigkeit, wie ebenfalls Jean Paul sagt: „Der Traum ist eine unwillkürliche Kunst der Dichtung." Der Wert der Produkte unserer Einbildungskraft hängt natürlich von der Zahl, Genauigkeit und Klarheit unserer Eindrücke ab, ferner von dem Urteil und dem Geschmack bei der Auswahl und dem Zurückweisen der unwillkürlich sich darbietenden Kombinationen und in einer gewissen Ausdehnung von unserer Fähigkeit, sie willkürlich zu kombinieren. Da Hunde, Katzen, Pferde und wahrscheinlich alle höheren Tiere, selbst Vögel, wie nach gewichtigen Autoritäten[19] angeführt wird, lebhafte Träume haben und sich dies durch ihre Bewegungen und ihre Stimme zeigt, so müssen wir auch zugeben, daß sie eine gewisse Einbildungskraft haben. Es muß etwas Spezielles dabei sein, was die Hunde veranlaßt, in der Nacht und besonders bei Mondschein in einer so merkwürdigen und melancholischen Weise zu heulen. Es tun dies nicht alle Hunde; nach Houzeau[20] sehen sie dabei nicht den Mond an, sondern einen bestimmten Punkt am Horizont. Houzeau glaubt, daß ihre Vorstellungen durch die undeutlichen Umrisse der umgebenden Gegenstände gestört werden, wodurch phantastische Bilder vor ihnen heraufbeschworen werden. Ist dies der Fall, dann könnte man ihre Empfindungen beinahe abergläubisch nennen.

Unter allen Fähigkeiten des menschlichen Geistes steht, wie wohl allgemein zugegeben wird, der Verstand oben an. Es bestreiten nur wohl wenige Personen noch, daß die Tiere eine gewisse Fähigkeit des Nachdenkens haben. Fortwährend kann man sehen, daß Tiere warten, überlegen und sich entschließen. Es ist eine bezeichnende Tatsache, daß, je mehr die Lebensweise irgendeines besonderen Tieres von einem Naturforscher beobachtet wird, dieser ihm desto mehr Verstand zuschreibt und desto weniger die Handlungen nicht angelernten Instinkten beilegt.[21] In späteren Kapiteln werden wir sehen, daß Tiere, welche äußerst niedrig in der Stufenleiter stehen, offenbar einen gewissen Grad von Verstand zeigen. Es ist ohne Zweifel oft schwierig, zwischen den Äußerungen des Verstandes und denen des Instinkts zu unterscheiden. So bemerkt Dr. Hayes in seinem Werk über das „offene Polarmeer" wiederholt, daß seine Hunde, statt die Schlitten in einer kompakten Masse zu ziehen, auseinandergingen und sich trennten, wenn sie auf dünnes Eis kamen, so daß ihr Gewicht gleichmäßiger verteilt wurde. Dies war oft das erste Warnzeichen, welches die Reisenden erhielten, daß das Eis dünn und gefährlich wurde. Handelten nun die Hunde nach der Erfahrung jedes einzelnen Individuums so oder nach dem Beispiele der älteren und gescheiteren Hunde oder nach einer ererbten Gewohnheit, d.h. nach einem Instinkt? Dieser Instinkt könnte wohl in jener Zeit entstanden sein, als vor langen Jahren Hunde zuerst von den Eingeborenen dazu benutzt wurden, Schlitten zu ziehen, oder es könnten die arktischen Wölfe, die Urväter der Eskimohunde, diesen Instinkt erlangt

---

[17] Les Moeurs des Fourmis, 1810, p.150.
[18] Zitiert in Maudsley: Physiology and Pathology of Mind, 1868, p.19, 220.
[19] Jerdon: Birds of India. Vol. I, 1862, p.XXI. Houzeau erzählt, daß seine Parakitten und Kanarienvögel träumten: Facultés Mentales. Tom. II, p.136.
[20] Facultés Mentales des Animaux, 1872, Tom. II, p.181.
[21] L. H. Morgans Buch über „The American Beaver", 1868, bietet eine gute Erläuterung dieser Bemerkung dar. Ich kann mich indessen der Ansicht nicht erwehren, daß er die Kraft des Instinkts viel zu sehr unterschätzt.

haben, der sie zwang, ihre Beute nicht in einer geschlossenen Masse anzugreifen, wenn sie sich auf dünnem Eis befanden.

Wir können nur nach den Umständen, unter welchen gewisse Handlungen vollzogen werden, beurteilen, ob sie Folge eines Instinktes oder eine Verstandesäußerung oder nur Folgen einer bloßen Ideenassoziation sind; doch steht ja das letztere mit Verstand im engsten Zusammenhang. Einen merkwürdigen Fall hat Prof. Moebius[22] von einem Hecht erzählt, welcher durch eine Glasplatte von dem benachbarten, mit Fischen besetzten Aquarium getrennt war und sich bei den Versuchen, die anderen Fische zu fangen, oft mit solcher Heftigkeit gegen das Glas anstieß, daß er zuweilen ganz betäubt war. Drei Monate hindurch tat er dies beständig; endlich lernte er aber vorsichtig zu sein und tat es nicht mehr. Nun wurde die Glasplatte entfernt; der Hecht griff aber diese besonderen Fische nicht an, obschon er andre, die später eingesetzt waren, verschlang. So stark war die Idee des Stoßes in seinem schwachen Verstand mit den Angriffen auf seine früheren Nachbarn assoziiert. Wenn ein Wilder, welcher niemals eine große Fensterscheibe gesehen hat, auch nur ein einziges Mal gegen eine solche angerannt wäre, so würde er für eine geraume Zeit nachher einen Stoß mit einem Fensterrahmen assoziieren, wahrscheinlich aber sehr verschieden vom Hecht, würde er über die Natur des Hindernisses Überlegungen anstellen und unter analogen Umständen vorsichtig sein. Wie wir nun gleich sehen werden, genügt es bei Affen zuweilen, daß sie infolge einer einmal ausgeführten Handlung einen schmerzhaften oder anderen unangenehmen Eindruck erhalten, um sie von einer Wiederholung derselben abzuhalten. Wenn wir diesen Unterschied zwischen dem Affen und dem Hecht einfach dem zuschreiben, daß die Ideenassoziation bei dem einen um so viel stärker und dauernder ist als bei dem anderen, trotzdem daß der Hecht den so viel schwereren Schaden erlitt, können wir wohl in bezug auf den Menschen behaupten, daß ein ähnlicher Unterschied den Besitz eines fundamental verschiedenen Geistes bedingt?

Houzeau erzählt[23], daß beim Übergang über eine weite und dürre Ebene in Texas seine Hunde sehr an Durst litten, und daß sie zwischen dreißig und vierzig Mal Vertiefungen hinabjagten, um nach Wasser zu suchen. Diese Vertiefungen waren keine Täler, auch waren weder Bäume darin, noch zeigten sie irgendeine andre Verschiedenheit der Vegetation; da sie absolut trocken waren, konnte auch kein Geruch nach feuchter Erde da gewesen sein. Die Hunde benahmen sich so, als wüßten sie, daß eine Vertiefung in dem Boden ihnen die beste Chance, Wasser zu finden, darböte; Houzeau hat dasselbe Benehmen auch bei anderen Tieren beobachtet.

Ich habe es gesehen, – und ich bin überzeugt, andere auch – daß wenn irgendein kleiner Gegenstand vor einem der Elefanten im zoologischen Garten auf den Boden geworfen wird, zu weit für ihn um ihn zu erreichen, er dann mit seinem Rüssel jenseits des Gegenstandes auf den Boden bläst, um durch den dort von allen Seiten reflektierten Luftstrom den Gegenstand in seinen Bereich treiben zu lassen. Ferner teilte mir ein bekannter Ethnologe, Herr Westropp, mit, daß er in Wien beobachtet habe, wie ein Bär mit seiner Pfote in dicht an seinem Käfig stehendem Wasser eine Strömung zu erregen suchte, um ein Stückchen auf dem Wasser schwimmenden Brotes in seinen Bereich zu bringen. Diese Handlungen des Elefanten und Bären können kaum dem Instinkt oder vererbter Gewohnheit zugeschrieben werden, da sie für die Tiere im Naturzustand nur von wenig Nutzen sein würden. Was ist nun der Unterschied zwischen solchen Handlungen, wenn sie ein unkultivierter Mensch ausführt, und wenn sie eines der höheren Tiere verrichtet?

Der Wilde und der Hund haben oft an niedrigen Stellen Wasser gefunden und das Zusammentreffen unter solchen Umständen wurde in ihrem Geiste assoziiert. Ein kultivierter Mensch würde vielleicht irgendeinen allgemeinen Satz über die Sache aufstellen; nach allem aber, was wir von Wilden wissen, ist es äußerst zweifelhaft, ob sie dies tun, und ein Hund tut es sicherlich nicht. Ein Wilder wird aber ebenso wie ein Hund in derselben Weise suchen, aber auch häufig

---

[22] Die Bewegungen der Tiere etc., 1873, p.11.
[23] Facultés Mentales des Animaux, 1872, Tom. II, p.265.

enttäuscht werden, und bei beiden scheint es in gleicher Weise eine Handlung des Verstandes zu sein, mag nun irgendein allgemeiner Satz über den Gegenstand bewußtermaßen dem Geiste vorgestellt werden oder nicht.[24] Dasselbe wird auch für den Elefanten und den Bären gelten, welche Strömungen in der Luft oder im Wasser erzeugen. Der Wilde würde sicherlich weder wissen, noch sich darum kümmern, nach welchen Gesetzen die gewünschten Bewegungen hervorgebracht werden; und doch würde die Handlung durch einen rohen Prozeß der Überlegung geleitet werden, und zwar so sicher wie es ein Philosoph in der längsten Kette seiner Deduktionen wird. Ohne Zweifel würde der Unterschied zwischen ihm und einem der höheren Tiere darin bestehen, daß er viel geringfügigere Umstände und Bedingungen beachten und jeden Zusammenhang zwischen ihnen nach einer viel kürzeren Erfahrung beobachten würde; und dies ist von einer durchgreifenden Bedeutung. Ich hielt ein sorgfältiges Tagebuch über die Handlungen eines meiner Kinder; und als es ungefähr elf Monate war und ehe es noch ein einziges Wort sprechen konnte, wurde ich beständig von der, verglichen mit dem intelligentesten Hunde, den ich je gesehen, so bedeutenderen Schnelligkeit frappiert, mit welcher alle Arten von Gegenständen und Lauten in seinem Geiste assoziiert wurden. Die höheren Tiere weichen aber in genau derselben Weise in bezug auf dies Assoziationsvermögen von den niedriger stehenden, wie z. B. dem Hecht, ab, und ebenso auch in bezug auf das Ziehen von Schlüssen und auf Beobachtungen.

Die nach einer sehr kurzen Erfahrung sich einstellenden Verstandesschlüsse zeigen sich schon gut in der nachfolgend geschilderten Handlungsweise amerikanischer Affen, welche in ihrer Ordnung ziemlich tief stehen. Rengger, ein höchst sorgfältiger Beobachter, gibt an, daß, als er seinen Affen in Paraguay zuerst Eier gab, sie dieselben zerbrachen und daher viel von ihrem Inhalt verloren. Später schlugen sie vorsichtig das eine Ende an einem harten Körper ein und nahmen die Schalenstückchen mit ihren Fingern heraus. Hatten sie sich einmal mit irgendeinem scharfen Werkzeuge geschnitten, so wollten sie es nicht wieder berühren oder es nur mit der größten Vorsicht behandeln. Zuckerstücke wurden ihnen oft in Papier eingewickelt gegeben, und Rengger tat zuweilen eine lebendige Wespe in das Papier, so daß sie beim hastigen Entfalten gestochen wurden. War dies aber einmal der Fall gewesen, so hielten sie stets das Päckchen zuerst an ihre Ohren, um irgendeine Bewegung im Innern zu entdecken.[25]

Die folgenden Fälle beziehen sich auf Hunde. Mr. Colquhoun[26] schoß zwei wilde Enten flügellahm, welche auf das jenseitige Ufer eines Flusses fielen. Sein Wasserhund versuchte beide auf einmal herüberzubringen, es gelang ihm aber nicht. Obwohl man wußte, daß er nie vorher auch nur eine Feder gekrümmt hätte, biß er die eine Ente tot, brachte die andere herüber und ging nun zu dem toten Vogel zurück. Oberst Hutchinson erzählt, daß zwei Rebhühner auf einmal geschossen wurden, das eine wurde getötet, das andere verwundet. Das letztere rannte fort und wurde vom Hund gefangen, welcher auf dem Rückweg beim toten Vogel vorbeikam. „Er blieb stehen, offenbar sehr in Verlegenheit, und nach ein- oder zweimaligem Versuchen, wobei er fand, daß er es nicht mitnehmen konnte, ohne das flügellahm geschossene entwischen zu lassen, überlegte er einen Augenblick, biß dann dieses mit einem kräftigen Ruck absichtlich tot und brachte dann beide Vögel auf einmal. Es war dies das einzige bekannte Beispiel, daß er je mit Absicht irgendwelches Wildbret verletzt hätte." Hier haben wir Verstand, wenn auch nicht durchaus vollkommen. Denn der Hund hätte den verwundeten Vogel zuerst bringen und dann nach dem toten zurückkehren können, wie es in dem Fall mit den zwei wilden Enten geschah.

---

[24] Prof. Huxley hat mit wunderbarer Klarheit die geistigen Schritte analysiert, durch welche ein Mensch, ebensogut wie ein Hund, zu einem, dem im Text gegebenen analogen Schluß gelangt. S. seinen Artikel: „Mr. Darwin's Critics", in: Contemporaneus Review, Nov. 1871, p.462, und in: Critiques and Essays, 1873, p.279.
[25] Auch Mr. Belt beschreibt in seinem sehr interessanten Buch (The Naturalist in Nicaragua, 1874, p.119) verschiedene Handlungen eines zahmen Zebus, welche, wie ich glaube, deutlich beweisen, daß dieses Tier eine gewisse Überlegungskraft besitzt.
[26] The Moor and the Loch, p. 45. Hutchinson: Dog Breaking, 1850, p.46.

Drittes Kapitel

Ich führe die vorstehenden Fälle an, da für sie die Gewähr zweier unabhängiger Zeugen spricht, weil in beiden Beispielen die Wasserhunde nach Überlegung eine von ihnen ererbte Gewohnheit durchbrachen (die, das apportierte Wild nicht zu töten), und weil sie zeigen, wie stark die Fähigkeit der Überlegung gewesen sein muß, daß sie eine fixierte Gewohnheit überwand.

Ich will mit der Anführung einer Bemerkung Humboldts schließen.[27] „Der Maultiertreiber in Süd-Amerika sagt: ‚Ich will Ihnen nicht das Maultier geben, dessen Schritt am leichtesten ist, sondern la mas racional, das, welches es sich am besten überlegt',“ und Humboldt fügt hinzu: „Dieser populäre Ausdruck, den lange Erfahrung diktiert, widerspricht der Annahme von belebten Maschinen vielleicht besser, als alle Argumente der spekulativen Philosophie." Nichtsdestoweniger leugnen selbst jetzt noch einige Schriftsteller, daß die höheren Tiere auch nur eine Spur von Verstand haben; sie versuchen, wie es scheint, durch bloße Wortklauberei[28] alle die oben angeführten Tatsachen wegzuexplizieren.

Ich glaube, es ist nun gezeigt worden, daß der Mensch und die höheren Tiere, besonders die Primaten, einige wenige Instinkte gemeinsam haben. Alle haben dieselben Sinneseindrücke und Empfindungen, ähnliche Leidenschaften, Affekte und Erregungen, selbst die komplexeren, wie Eifersucht, Verdacht, Ehrgeiz, Dankbarkeit und Großherzigkeit; sie üben Betrug und rächen sich; sie sind empfindlich für das Lächerliche und haben selbst einen Sinn für Humor. Sie fühlen Verwunderung und Neugierde, sie besitzen dieselben Kräfte der Nachahmung, Aufmerksamkeit, Überlegung, Wahl, Gedächtnis, Einbildung, Ideenassoziation, Verstand, wenn auch in sehr verschiedenen Graden. Die Individuen einer und derselben Spezies zeigen gradweise Verschiedenheit im Intellekt von absoluter Schwachsinnigkeit bis zu großer Trefflichkeit. Sie sind auch dem Wahnsinn ausgesetzt, wennschon sie weit weniger oft daran leiden als der Mensch.[29] Nichtsdestoweniger haben viele Schriftsteller behauptet, daß der Mensch durch seine geistigen Fähigkeiten von allen niederen Tieren durch eine unüberschreitbare Schranke getrennt sei. Ich habe mir früher eine Sammlung von über zwanzig solcher Aphorismen gemacht; sie sind aber beinahe wertlos, da ihre große Zahl und Verschiedenheit die Schwierigkeit, wenn nicht die Unmöglichkeit des Versuches darlegen. Es ist behauptet worden, daß nur der Mensch einer allmählichen Vervollkommnung fähig sei, daß er allein Werkzeuge und Feuer gebrauche, andere Tiere sich angewöhne, Eigentum besitze, daß kein anderes Tier das Vermögen der Abstraktion habe oder allgemeine Ideen besitze, Selbstbewußtsein habe und sich selbst verstehe, daß kein Tier eine Sprache gebrauche, daß nur der Mensch ein Gefühl für Schönheit habe, Launen ausgesetzt sei, das Gefühl der Dankbarkeit, des Geheimnisvollen usw. besitze, daß er an Gott glaube oder mit einem Gewissen ausgerüstet sei. Ich will über die wichtigeren und interessanteren der angegebenen Punkte ein paar Bemerkungen zu geben versuchen.

Erzbischof Sumner behauptete früher[30], daß nur der Mensch einer fortschreitenden Veredelung fähig sei. Daß er einer unvergleichlich größeren und schnelleren Veredelung als irgendein anderes Tier fähig ist, läßt sich nicht bestreiten; dies ist wesentlich eine Folge seines Vermögens zu sprechen und seine erworbene Kenntnis zu überliefern. Was die Tiere betrifft, so wollen wir

---

[27] Personal Narrative, Vol. III, p.106.
[28] Ich freue mich, zu sehn, daß ein so scharfsinniger Denker wie Leslie Stephen, da, wo er von der vermeintlich unübersteiglichen Schranke zwischen dem Geist des Menschen und der niederen Tiere spricht (Darwinism and Divinity, Essays on Free-thinking, 1873, p.80), das folgende sagt: „In der Tat scheinen uns die aufgestellten Unterschiede auf keinem besseren Grund zu ruhen als eine große Zahl anderer metaphysischer Distinktionen, auf der Annahme nämlich, daß, weil man zwei Dingen zwei verschiedene Namen geben kann, sie deshalb auch verschiedener Natur sein müssen. Es ist schwer zu verstehen, wie jemand, der nur irgend jemals einen Hund gehalten oder einen Elefanten gesehen hat, an dem Vermögen eines Tieres zweifeln kann, die wesentlichen Prozesse des Nachdenkens auszuüben."
[29] S. Madness in Animals, by Dr. W. Lauder Lindsay, in: Journal of Mental Science, July 1871.
[30] Zitiert von Sir Ch. Lyell: Das Alter des Menschengeschlechts. Original, p.497. (Der betreffende Abschnitt wurde in der Übersetzung weggelassen.)

Vergleich der Geisteskräfte des Menschen mit denen der niederen Tiere

zunächst das Individuum betrachten. Hier weiß jeder, der nur irgendeine Erfahrung im Stellen von Fallen besitzt, daß junge Tiere viel leichter gefangen werden können als alte, sie lassen auch Feinde viel leichter sich annähern; und selbst in bezug auf alte Tiere ist es unmöglich, viele an einer und derselben Stelle und in derselben Art von Fallen zu fangen oder durch dieselbe Art von Giften zu töten. Und doch ist es unwahrscheinlich, daß alle von dem Gift genossen hätten, und unmöglich, daß alle in der Falle gefangen worden wären. Sie müssen dadurch Vorsicht lernen, daß sie ihre Genossen gefangen oder vergiftet sehen. In Nord-Amerika, wo die pelztragenden Tiere lange Zeit verfolgt worden sind, zeigen sie nach dem einstimmigen Zeugnis aller Beobachter einen fast unglaublichen Grad von Scharfsinn, Vorsicht und List; es ist aber das Fallenstellen dort so lange schon ausgeführt worden, daß hier vielleicht Vererbung mit ins Spiel kommt. Es ist mir von mehreren Seiten mitgeteilt worden, daß, als Telegraphen zuerst angelegt wurden, sich in den betreffenden Gegenden viele Vögel dadurch töteten, daß sie gegen die Drähte flogen, daß sie aber im Laufe sehr weniger Jahre diese Gefahr vermeiden lernten, wie es scheinen möchte, weil sie sahen, daß ihre Kameraden dadurch umkamen.[31]

Betrachten wir aufeinanderfolgende Generationen oder die Rasse, so ist keinem Zweifel unterworfen, daß Vögel und andere Tiere allmählich Vorsicht in bezug auf den Menschen oder andere Feinde sowohl erlangen als verlieren. Und diese Vorsicht ist gewiß zum größten Teil eine angeerbte Gewohnheit oder ein Instinkt, zum Teil aber das Resultat individueller Erfahrung. Ein guter Beobachter, Leroy[32], führt an, daß in Distrikten, wo Füchse sehr viel gejagt werden, die Jungen, wenn sie zuerst ihre Höhlen verlassen, unstreitig viel schlauer sind als die Alten in Distrikten, wo sie nicht sehr gestört werden.

Unsere domestizierten Hunde stammen von Wölfen und Schakalen[33] ab, und obwohl sie nicht an Verschlagenheit gewonnen und an Bedachtsamkeit und ängstlicher Vorsicht verloren haben mögen, so haben sie doch in gewissen moralischen Eigenschaften, wie Zuneigung, Zuverlässigkeit, Temperament und wahrscheinlich in allgemeiner Intelligenz Fortschritte gemacht. Die gemeine Ratte hat mehrere andere Spezies durch ganz Europa, in Teilen von Nord-Amerika, in Neuseeland und neuerdings in Formosa ebenso wie auf dem Festland von China besiegt und zurückgetrieben. Mr. Swinhoe[34], welcher die beiden letzteren Fälle mitteilt, schreibt den Sieg der gemeinen Ratte über die größere *Mus coninga* ihrer überlegenen Schlauheit zu; und diese letztere Eigenschaft läßt sich wohl der beständigen Anstrengung aller ihrer Fähigkeiten zuschreiben, die sie der Verfolgung und Zerstörung durch den Menschen entgegengesetzt, ebenso wie dem Umstand, daß fast alle weniger schlauen oder schwachköpfigeren Ratten mit Erfolg vom Menschen vertilgt worden sind. Es ist indessen möglich, daß der Erfolg der gemeinen Ratte davon abhängt, daß sie schon zu der Zeit größere Schlauheit als die verwandten Arten besessen hat, in der sie noch nicht mit dem Menschen vergesellschaftet war. Ohne Bezugnahme auf irgendwelche direkten Beweise behaupten zu wollen, daß kein Tier im Verlauf der Zeit in bezug auf den Intellekt oder andere geistige Fähigkeiten fortgeschritten sei, heißt die Frage von der Entwicklung der Arten überhaupt verneinen. Wir werden später sehen, daß nach Lartet jetzt lebende und zu mehreren Ordnungen gehörende Säugetiere größere Gehirne haben, als ihre alten tertiären Prototypen.

Es ist oft gesagt worden, daß kein Tier irgendein Werkzeug gebrauche. Der Schimpanse knackt aber im Naturzustande eine wilde Frucht, ungefähr einer Walnuß ähnlich, mit einem Stein.[35] Rengger[36] lehrte sehr leicht einen amerikanischen Affen auf diese Weise harte Palmnüsse

---

[31] Wegen weiterer Belege mit Details s. Houzeau: Les Facultés Mentales des Animaux. Tom. II, 1872, p.147.
[32] Lettres philos. sur l'Intelligence des Animaux. Nouv. édit., 1802, p.86.
[33] S. die Belege hierfür im 1. Kapitel des 1. Bands von: Variieren der Tiere und Pflanzen im Zustand der Domestikation.
[34] Proceed. Zool. Soc., 1864, p.186.
[35] Savage and Wyman, in: Boston Journal of Nat. Hist., Vol. IV, 1843/44, p.383.
[36] Säugetiere von Paraguay, 1830, p.51-56.

zu öffnen und später gebrauchte dieser dann auf eigenen Antrieb Steine, um andere Arten von Nüssen ebenso wie Kästen zu öffnen. Er entfernte auch die weiche Rinde einer Frucht, welche einen unangenehmen Geschmack hatte. Einem anderen Affen wurde gelehrt, den Deckel einer großen Kiste mit einem Stock zu öffnen, und später brauchte er den Stock als Hebel, um schwere Körper zu bewegen; und ich habe selbst gesehen, wie ein junger Orang-Utan einen Stock in einen Spalt steckte, seine Hände an das andere Ende brachte und ihn in der richtigen Weise als Hebel benutzte. Es ist bekannt, daß die zahmen Elefanten in Indien sich Zweige abbrechen, um die Fliegen abzuwehren; dasselbe Manöver ist bei einem wilden Elefanten beobachtet worden.[37] Ich habe einen jungen weiblichen Orang-Utan gesehen, der sich, wenn er glaubte, er solle geschlagen werden, mit einer Decke oder mit Stroh zudeckte und schützte. In diesen verschiedenen Fällen werden Steine und Stöcke als Werkzeuge gebraucht; sie werden aber gleicherweise als Waffen benutzt. Brehm[38] führt nach der Autorität des bekannten Reisenden Schimper an, daß, wenn in Abessinien die zu der einen Art (*C. Gelada*) gehörenden Paviane truppenweise von den Bergen herabsteigen, um die Felder zu plündern, sie zuweilen Truppen einer anderen Spezies (*G. Hamadryas*) begegnen, und dann beginnt ein Kampf. Die Geladas rollen große Steine herab, welchen die Hamadryas auszuweichen suchen, und dann gehen beide Spezies mit großem Lärm wütend aufeinander los. Als Brehm den Herzog von Coburg-Gotha begleitete, stand er einem Angriff mit Feuerwaffen auf einen Trupp von Pavianen an dem Paß von Mensa in Abessinien bei. Die Paviane wälzten ihrerseits so viele Steine, einige so groß wie ein Menschenkopf, den Berg herab, daß die Angreifer sich schnell zurückziehen mußten, und der Paß war tatsächlich eine Zeit lang für die Karawane verschlossen. Es verdient Beachtung, daß diese Paviane hier in Übereinstimmung handelten. Mr. Wallace[39] sah bei drei Gelegenheiten weibliche Orang-Utans in Begleitung ihrer Jungen „Zweige und die großen dornigen Früchte der Durianbäume mit allen Zeichen der Wut abbrechen und einen solchen Schauer von Geschossen herabwerfen, daß es ihnen gelang, zu verhindern, daß er sich dem Baum zu sehr näherte". Wie ich wiederholt gesehen habe, wirft ein Schimpanse jedes Ding, was ihm in die Hand kommt, nach seinem Beleidiger; und der oben erwähnte Pavian bereitete zu diesem Zwecke Schlamm.

Im zoologischen Garten gebrauchte ein Affe, welcher schwache Zähne hatte, einen Stein, um sich Nüsse zu öffnen; und mir versicherten die Wärter, daß das Tier, wenn es den Stein gebraucht habe, ihn im Stroh verberge und keinen anderen Affen ihn berühren lasse. Hier haben wir die Idee des Eigentums; doch ist diese Idee jedem Hund, der einen Knochen hat, und den meisten oder allen Vögeln in bezug auf ihre Nester eigen.

Der Herzog von Argyll[40] bemerkt, daß das Formen eines Werkzeugs zu einem speziellen Zwecke dem Menschen absolut eigentümlich sei, und er hält dies für einen unermeßlichen Abstand zwischen ihm und den Tieren. Es liegt ohne Zweifel ein sehr bedeutender Unterschied hierin, aber mir scheint in Sir J. Lubbocks Vermutung[41] viel wahres zu liegen, daß, als die Urmenschen zuerst Feuersteine zu irgendwelchem Zwecke benutzten, sie sie zufällig zerschlagen und dann die scharfen Bruchstücke benutzt haben werden. Von diesem Punkt aus bedurfte es dann nur eines kleinen Schrittes, um die Feuersteine absichtlich zu zerbrechen, und keines sehr großen Schrittes, um sie roh zu formen. Indessen dürfte der letztere Fortschritt sehr langer Zeit bedurft haben, wenn wir nach dem ungeheuren Zeitintervall urteilen, welcher verging, ehe der Mensch der neueren Steinperiode begann, seine Werkzeuge zu schleifen und zu polieren. Beim Zerbrechen der Feuersteine werden, wie Sir J. Lubbock gleichfalls bemerkt, Funken hervorgesprungen sein und beim Schleifen derselben wird sich Wärme entwickelt haben: „Hierdurch

---

[37] The Indian Field, 4. March 1871.
[38] Tierleben. 2. Aufl. Bd. I, p.163, 166.
[39] The Malay Archipelago. Vol. I, 1869, p.87.
[40] Primeval Man, p.145, 147.
[41] Prehistoric Times, 1865, p.473f.

Vergleich der Geisteskräfte des Menschen mit denen der niederen Tiere

können die beiden gewöhnlichen Methoden, Feuer zu erhalten, entstanden sein". Die Natur des Feuers wird in den vielen vulkanischen Gegenden, wo Lava gelegentlich durch Wälder fließt, bekannt geworden sein. Die anthropomorphen Affen bauen sich, wahrscheinlich durch Instinkt geleitet, flache temporäre Hütten auf Bäumen. Wie aber viele Instinkte in großem Maße vom Verstand kontrolliert werden, so können auch die einfacheren, wie der, sich solche flachen Nester zu bauen, leicht in einen willkürlichen, bewußten Akt übergehen. Es ist bekannt, daß der Orang-Utan sich zur Nachtzeit mit den Blättern des *Pandanus* zudeckt, und Brehm führt an, daß sich einer seiner Paviane gegen die Sonnenwärme dadurch schützte, daß er eine Strohmatte über den Kopf warf. In diesen letzteren Handlungen haben wir wahrscheinlich die ersten Schritte zu einigen der einfacheren Künste zu sehen, nämlich zu einer rohen Architektur und Kleidung, wie sie unter den frühen Stammeltern des Menschen entstanden.

Abstraktion, allgemeine Ideen, Selbstbewußtsein, geistige Individualität. — Es würde, selbst für jemand, der viel mehr Kenntnisse besitzt als ich, außerordentlich schwer sein, zu bestimmen, inwieweit Tiere irgendwelche Spuren dieser hohen geistigen Fähigkeiten darbieten. Diese Schwierigkeit rührt von der Unmöglichkeit her, zu beurteilen, was in der Seele eines Tieres vorgeht; ferner verursacht die Tatsache noch eine weitere Schwierigkeit, daß die Schriftsteller in hohem Maße darin auseinander gehen, was für eine Bedeutung sie den oben erwähnten Ausdrükken beilegen. Dürfen wir nach den verschiedenen, vor kurzem veröffentlichten Aufsätzen urteilen, so scheint es, als ob der größte Nachdruck auf die vermeintlich vollständige Abwesenheit des Abstraktionsvermögens bei Tieren gelegt würde, oder des Vermögens allgemeine Begriffe zu bilden. Wenn aber ein Hund in der Entfernung einen Hund sieht, so ist es oft ganz klar, daß er nur in abstraktem Sinne wahrnimmt, daß es ein Hund ist, denn wenn er näher herankommt, so ändert sich sein ganzes Wesen plötzlich, wenn der andre Hund mit ihm befreundet ist. Ein neuerer Schriftsteller bemerkt, daß es in allen derartigen Fällen eine reine Vermutung sei, wenn man behauptet, daß der psychische Akt bei Tieren nicht von wesentlich derselben Natur wie beim Menschen sei. Wenn einer von beiden das, was er mit seinen Sinnen wahrnimmt, auf einen geistigen Begriff bezieht, so tun es auch beide.[42] Wenn ich zu meinem Terrier in einem eifrigen Ton sage (und ich habe den Versuch viele Male gemacht): „Such', such', wo ist es?" so nimmt er dies sofort als ein Zeichen, daß irgend etwas aufgestöbert werden müsse, sieht sich zuerst schnell rings um und stürzt sich dann in das nächste Dickicht, um irgendeinem Wild auf die Spur zu kommen; findet er nichts, so sieht er sich nach einem Eichhorn auf einem der nahe stehenden Bäume um. Weisen nun diese Handlungen nicht deutlich daraufhin, daß der Hund in seiner Seele einen allgemeinen Begriff oder eine Idee davon hatte, daß irgendein Tier zu entdecken und zu jagen sei?

Man kann ganz gern zugeben, daß kein Tier Selbstbewußtsein habe, wenn unter diesem Ausdruck verstanden werden soll, daß es über solche Fragen wie: woher es komme oder wohin es gehe, oder was das Leben und was der Tod sei, und so fort, nachdenke. Wie können wir aber sicher sein, daß ein alter Hund mit einem ausgezeichneten Gedächtnis und etwas Einbildungskraft, wie sie sich durch seine Träume zu erkennen gibt, niemals über die Freuden und Leiden Betrachtungen anstellt, welche er früher auf der Jagd hatte? Dies wäre aber eine Form des Selbstbewußtseins. Andererseits hat aber Büchner bemerkt:[43] Wie wenig kann das abgearbeitete Weib eines verkommenen australischen Wilden, welches kaum irgendwelche abstrakte Worte braucht und nicht über vier zählen kann, ein Selbstbewußtsein betätigen oder über die Natur seiner eigenen Existenz nachdenken! Es wird allgemein zugegeben, daß die höheren Tiere Gedächtnis besitzen, ferner Aufmerksamkeit, Ideenassoziation, und selbst etwas Einbildungskraft und Verstand. Wenn diese Fähigkeiten, welche bei verschiedenen Tieren sehr verschieden sind, einer Ausbil-

---

[42] Mr. Hookham in einem Brief an Prof. Max Müller, in: Birmingham News, May 1873.
[43] Vorlesungen über die Darwinsche Theorie, p.190.

dung fähig sind, so scheint es nicht besonders unwahrscheinlich zu sein, daß die komplizierteren Fähigkeiten, wie die höheren Formen der Abstraktion und des Selbstbewußtseins usw. sich aus der Entwicklung und Kombination der einfacheren herausgebildet haben. Gegen die hier vertretenen Ansichten ist hervorgehoben worden, daß es unmöglich sei anzugeben, bei welchem Punkt in der aufsteigenden Stufenleiter die Tiere einer Abstraktion fähig würden usw.; wer kann denn aber sagen, in welchem Alter dies bei unsern Kindern eintritt? Wir sehen wenigstens, daß derartige Fähigkeiten sich bei Kindern in unmerklichen Abstufungen entwickeln.

Daß Tiere das Bewußtsein ihrer psychischen Individualität bewahren, ist durchaus nicht fraglich. Als meine Stimme eine Reihe alter Assoziationen in der Seele des obengenannten Hundes wachrief, muß er seine geistige Individualität behalten haben, obschon jedes Atom seines Gehirns wahrscheinlich mehr als einmal während des Verlaufs von fünf Jahren gewechselt hatte. Dieser Hund hätte das vor kurzem in der Absicht, alle Evolutionisten niederzuschmettern, vorgebrachte Argument beibringen und sagen können: „Ich verbleibe inmitten aller geistigen Stimmungen und aller materiellen Veränderungen derselbe.... Die Lehre, daß die Atome die empfangenen Eindrücke als Erbschaft den anderen an ihre Stelle rückenden Atomen überlassen, widerspricht der Äußerung des Bewußtseins und ist daher falsch; es ist dies aber dieselbe Lehre, welche durch die Theorie der Entwicklung notwendig gemacht wird, und demzufolge ist auch diese Hypothese eine falsche."[44]

Sprache. – Diese Fähigkeit ist mit Recht als einer der Hauptunterschiede zwischen dem Menschen und den niederen Tieren betrachtet worden. Aber der Mensch ist, wie ein äußerst kompetenter Richter, Erzbischof Whately, bemerkt, „nicht das einzige Tier, welches von einer Sprache Gebrauch machen kann, um das auszudrücken, was in seinem Geiste vorgeht, und welches mehr oder weniger verstehen kann, was in dieser Weise von anderen ausgedrückt wird."[45] Der *Cebus Azarae* in Paraguay gibt, wenn er aufgeregt wird, wenigstens sechs verschiedene Laute von sich, welche bei anderen Affen ähnliche Erregungen veranlassen.[46] Die Bewegungen des Gesichts und die Gesten von Affen können von uns verstanden werden, und sie verstehen zum Teil die unsern, wie Rengger und andere erklären. Es ist eine noch merkwürdigere Tatsache, daß der Hund seit seiner Domestikation in wenigstens vier oder fünf verschiedenen Tönen zu bellen gelernt hat.[47] Obgleich das Bellen ihm eine neue Kunst ist, so werden doch ohne Zweifel auch die wilden Arten, von denen der Hund abstammt, ihre Gefühle durch Schreie verschiedener Arten ausgedrückt haben. Bei dem domestizierten Hunde haben wir das Bellen des Eifers, wie auf der Jagd, das des Ärgers ebenso wie das Knurren, das heulende Bellen der Verzweiflung, z.B. wenn sie eingeschlossen sind, das Heulen bei Nacht, das der Freude, wenn sie z.B. mit ihrem Herrn spazieren gehen sollen, und das sehr bestimmte Bellen des Verlangens oder der Bitte, z.B. wenn sie wünschen, daß eine Tür oder ein Fenster geöffnet werde. Nach Houzeau, der dem Gegenstand besondere Aufmerksamkeit widmete, stößt das Haushuhn mindestens ein Dutzend bezeichnender Laute aus.[48]

Der beständige Gebrauch der artikulierten Sprache indessen ist dem Menschen eigentümlich; aber er benutzt gemeinsam mit den niederen Tieren unartikulierte Ausrufe in Verbindung mit Gesten und den Bewegungen seiner Gesichtsmuskeln[49], um seine Gedanken auszudrücken. Dies gilt besonders für die einfacheren und lebendigeren Gefühle, welche aber nur wenig mit unserer

---

[44] The Rev. Dr. J. M'Cann: Anti-Darwinism, 1869, p.13.
[45] Zitiert in: Anthropological Review, 1864, p.158.
[46] Rengger: a.a.O., p.45.
[47] S. mein Buch „Das Variieren der Tiere und Pflanzen im Zustand der Domestikation". 2. Aufl. Bd. I, p. 28.
[48] Facultés Mentales des Animaux. Tom. II, 1872, p.346-349.
[49] S. eine Erörterung dieses Gegenstandes in Mr. E. Tylors sehr interessantem Buch: Researches into the Early History of Mankind, 1865, Cap. 2-4.

höheren Intelligenz in Zusammenhang stehen. Unsere Ausrufe des Schmerzes, der Furcht, der Überraschung, des Ärgers, in Verbindung mit entsprechenden Handlungen, und das Murmeln einer Mutter mit ihrem geliebten Kind sind ausdrucksvoller als irgendwelche Worte. Das, was den Menschen von den niederen Tieren unterscheidet, ist nicht das Verständnis artikulierter Laute; denn Hunde verstehen, wie jedermann weiß, viele Worte und Sätze. In dieser Beziehung stehen sie auf derselben Entwicklungsstufe wie Kinder zwischen zehn und zwölf Monaten, welche auch viele Worte und kurze Sätze verstehen, und doch nicht ein einziges Wort hervorbringen können. Es ist nicht sowohl die bloße Fähigkeit der Artikulation, welche den Menschen von anderen Tieren unterscheidet, denn, wie jedermann weiß, können Papageien und andere Vögel sprechen; auch ist es nicht die bloße Fähigkeit, bestimmte Klänge mit bestimmten Ideen zu verbinden; denn es ist ganz sicher, daß manche Papageien, welchen Sprechen gelehrt worden ist, ohne zu irren, Worte mit Dingen und Personen mit Ereignissen in Verbindung bringen.[50] Von den niederen Tieren weicht der Mensch allein durch seine unendlich größere Fähigkeit, die verschiedenartigsten Laute und Ideen zu assoziieren, ab; und dies hängt offenbar von der hohen Entwicklung seiner geistigen Fähigkeiten ab.

Wie Horne Tooke, einer der Gründer der edlen Wissenschaft der Philologie, bemerkt, ist die Sprache eine Kunst, wie das Brauen und Backen; es würde aber das Schreiben ein viel entsprechenderes Gleichnis dargestellt haben. Sicher ist die Sprache kein echter Instinkt, da eine jede Sprache gelernt werden muß. Sie weicht indessen von allen gewöhnlichen Künsten sehr weit ab, denn der Mensch hat eine instinktive Neigung zu sprechen, wie wir in dem Lallen junger Kinder sehen, während kein Kind eine instinktive Neigung zu brauen, backen oder schreiben hat. Überdies nimmt kein Philologe jetzt an, daß irgendeine Sprache mit Überlegung erfunden worden sei; eine jede hat sich langsam und unbewußt durch viele Stufen entwickelt.[51] Die Laute, welche Vögel von sich geben, stellen in mehreren Beziehungen die nächste Analogie mit der Sprache dar, denn alle Glieder derselben Art äußern dieselben instinktiven, zur Bezeichnung ihrer Gemütsbewegungen dienenden Laute; und alle Arten, welche das Singvermögen besitzen, äußern dieses Vermögen instinktiv. Aber der wirkliche Gesang und selbst die Lockrufe werden von den Eltern oder Pflegeeltern gelernt. Diese Laute sind, wie Daines Barrington[52] bewiesen hat, „ebensowenig eingeboren wie es die Sprache dem Menschen ist". Die ersten Versuche zum Singen „lassen sich mit dem unvollkommenen Stammeln bei einem Kind vergleichen, welches zu lallen beginnt". Die jungen Männchen üben sich beständig, oder, wie der Vogelsteller es ausdrückt, sie probieren zehn oder elf Monate lang. Ihre ersten Versuche lassen kaum eine Spur ihres späteren Gesangs erkennen; wenn sie aber älter werden, kann man ungefähr erkennen, wonach sie stre-

---

[50] Ich habe mehrere detaillierte Berichte hierüber erhalten. Admiral Sir J. Sullivan, den ich als einen sorgfältigen Beobachter kenne, versichert mir, daß ein eine lange Zeit in seines Vaters Hause gehaltener afrikanischer Papagei ausnahmslos gewisse Personen des Hausstandes und ebenso Besucher bei ihren Namen nannte. Beim Frühstück sagte er zu jedermann „Guten Morgen" und zu allen „Gute Nacht", wenn sie abends das Zimmer verließen, ohne je diese Begrüßungen zu verwechseln. Bei Begrüßung von Sir J. Sullivans Vater pflegte er dem „Guten Morgen" noch einen kurzen Satz hinzuzufügen, den er nach dem Tod des Vaters nicht ein einziges Mal wiederholte. Einen fremden Hund, der durch das offene Fenster ins Zimmer kam, schalt er heftig aus; ebenso zankte er auf einen anderen Papageien (er rief: „You naughty polly"), der aus seinem Käfig herausgegangen war und auf dem Küchentisch liegende Äpfel aß. S. auch ebenso über Papageien: Houzeau: Facultés Mentales. Tom. II, p.309. Dr. A. Moschkau erzählt mir, daß er einen Star gekannt habe, welcher beim Grüßen kommender Personen mit „Guten Morgen" und fortgehender mit „Leb wohl, alter Kerl" sich niemals geirrt habe. Ich könnte noch mehrere solcher Fälle anführen.
[51] S. einige gute Bemerkungen hierüber von Prof. Whitney, in: Oriental and Linguistic Studies, 1873, p.354. Er bemerkt, daß bei der Entwicklung der Sprache der Trieb der Mitteilung zwischen den Menschen die lebendige Kraft ist, welche „sowohl bewußt als auch unbewußt tätig ist: bewußt, sofern es das zunächst zu erreichende Ziel gilt, unbewußt, sofern es die weiteren Folgen der Handlung betrifft".
[52] Hon. Daines Barrington, in: Philos. Transact., 1773, p.262. S. auch Dureau de la Malle, in: Annal. des scienc. natur., 3. Sér. Zool., Tom. X, p.119.

ben, und endlich sagt man, sie singen ihren Gesang rund ab. Nestlinge, welche den Gesang einer verschiedenen Art gelernt haben, wie z. B. in Tirol aufgezogene Kanarienvögel, lehren und überliefern ihre neue Sangesweise ihren Nachkommen. Die unbedeutenden natürlichen Verschiedenheiten des Gesangs bei Individuen derselben Spezies, welche verschiedene Gegenden bewohnen, können ganz passend, wie Barrington bemerkt, mit Provinzialdialekten verglichen werden, und die Sangesweisen verwandter, wenn auch verschiedener Spezies lassen sich mit den Sprachen verschiedener Menschenrassen vergleichen. Ich habe die vorstehenden Einzelheiten gegeben, um zu zeigen, daß eine instinktive Neigung, eine Kunst sich anzueignen, keine auf den Menschen beschränkte Eigentümlichkeit ist.

Was den Ursprung der artikulierten Sprache betrifft, so kann ich, nachdem ich einerseits die äußerst interessanten Werke von Mr. Hensleigh Wedgwood, F. Farrar und Professor Schleicher[53], und die berühmten Vorlesungen von Professor Max Müller auf der anderen Seite gelesen habe, nicht daran zweifeln, daß die Sprache ihren Ursprung der Nachahmung und Modifikation verschiedener natürlicher Laute, der Stimmen anderer Tiere und der eigenen instinktiven Ausrufe des Menschen unter Beihilfe von Zeichen und Gesten verdankt. Wenn wir die geschlechtliche Zuchtwahl behandeln werden, wird sich zeigen, daß der Urmensch oder vielmehr irgendein sehr früher Stammvater des Menschen wahrscheinlich seine Stimme, wie es heutigen Tages einer der Gibbon-artigen Affen tut, dazu benutzte, echt musikalische Kadenzen hervorzubringen, d. h. also zum Singen. Nach einer sehr weit verbreiteten Analogie können wir auch schließen, daß dieses Vermögen besonders während der Werbung der beiden Geschlechter ausgeübt sein wird, um verschiedene Gemütsbewegungen auszudrücken wie Liebe, Eifersucht, Triumph, und gleichfalls, um als Herausforderung für die Nebenbuhler zu dienen. Die Nachahmung musikalischer Ausrufe durch artikulierte Laute mag daher wahrscheinlich Worten zum Ursprung gedient haben, welche verschiedene komplexe Erregungen ausdrückten. Da es zu der Frage der Nachahmung in Beziehung steht, verdient die bedeutende Neigung bei unseren nächsten Verwandten, den Affen, bei mikrozephalen Idioten[54] und bei den barbarischen Menschenrassen, alles, was sie nur hören, nachzuahmen, wohl eine Beachtung. Da die Affen sicher vieles von dem verstehen, was von Menschen zu ihnen gesprochen wird, und da sie im Naturzustand Warnrufe bei Gefahren ihren Genossen[55] zurufen; da ferner Hühner bestimmte Warnzeichen bei Gefahren auf dem Boden oder am Himmel wegen der Habichte (beide, ebenso wie ein drittes, werden von Hunden verstanden)[56] ausstoßen: – dürfte da nicht irgendein ungewöhnlich gescheites, affenähnliches Tier darauf gefallen sein, das Heulen eines Raubtieres nachzuahmen, um dadurch seinen Mitaffen die Natur der zu erwartenden Gefahr anzudeuten? Und dies würde ein erster Schritt zur Bildung einer Sprache gewesen sein.

Als nun die Stimme immer weiter und weiter benutzt wurde, werden die Stimmorgane weiter gekräftigt und infolge des Prinzips der vererbten Wirkungen des Gebrauchs vervollkommnet worden sein; und dies wird wieder auf das Vermögen des Sprechens zurückgewirkt haben. Aber noch viel bedeutungsvoller ist ohne Zweifel die Beziehung zwischen dem fortgesetzten Gebrauch der Sprache und der Entwicklung des Gehirns gewesen. Die geistigen Fähigkeiten müssen bei irgendeinem frühen Vorfahren des Menschen viel höher entwickelt gewesen sein, als bei irgendeinem jetzt lebenden Affen, selbst bevor die unvollkommenste Form der Rede hat in Ge-

---

[53] On the Origin of Language, by H. Wedgwood, 1866. Chapters on Language, by the Rev. F. Farrar, 1865. Diese Werke sind äußerst interessant. S. auch: De la Physion. et de la Parole, von Alb. Lemoine, 1865, p.190. Die Schrift des verstorbenen Aug. Schleicher ist auch von Dr. Bikkers ins Englische übersetzt worden unter dem Titel: Darwinism tested by the science of language, 1869.

[54] Vogt: Mém. sur les Microcéphales, 1867, p.169. In bezug auf Wilde habe ich im Journal of Researches, 1845, p.206, einige Tatsachen mitgeteilt.

[55] S. entscheidende Beweise hierfür in den so oft zitierten beiden Werken von Rengger und Brehm.

[56] Houzeau teilt einen merkwürdigen Bericht seiner Beobachtungen hierüber mit, in: Facultés Mentales des Animaux, Tom. II, p.348.

brauch kommen können. Wir können aber zuversichtlich annehmen, daß der beständige Gebrauch und die weitere Entwicklung dieses Vermögens dadurch auf die Seele zurückgewirkt haben wird, daß sie dieselbe in den Stand setzte und ermutigte, lange Gedankenzüge zu durchdenken. Ein langer und komplexer Gedankenzug kann ebensowenig ohne die Hilfe von Worten durchgeführt werden, mögen sie gesprochen werden oder stumm bleiben, wie eine genaue Berechnung ohne den Gebrauch von Zahlen oder der Algebra. Es scheint auch, als wenn selbst die gewöhnlichen Gedankenreihen irgendeine Form von Sprache fast erforderten oder durch eine solche erleichtert würden; denn das taubstumme und blinde Mädchen Laura Bridgman gebrauchte ihre Finger, als man sie beobachtete, während sie träumte.[57] Nichtsdestoweniger kann auch eine lange Reihenfolge von lebendigen und zusammenhängenden Ideen durch die Seele ziehen ohne die Hilfe von irgendeiner Form von Sprache, wie wir aus den langen Träumen von Hunden schließen können. Wir haben auch gesehen, daß Tiere imstande sind, bis zu einem gewissen Grade nachzudenken, und dies offenbar ohne die Hilfe der Sprache. Der innige Zusammenhang zwischen dem Gehirn, wie es jetzt bei uns entwickelt ist, und der Fähigkeit der Sprache zeigt sich deutlich in jenen merkwürdigen Fällen von Gehirnerkrankung, bei denen die Sprache besonders affiziert ist, wie in dem Fall, wo das Vermögen, sich substantiver Wörter zu erinnern, verloren ist, während andere Wörter völlig korrekt gebraucht werden können, oder wo Substantiva einer gewissen Klasse, oder alle Substantiva und Eigennamen mit Ausnahme ihrer Anfangsbuchstaben vergessen sind.[58] In der Annahme, daß der fortgesetzte Gebrauch der Stimmorgane und der geistigen Organe zu erblichen Veränderungen in ihrem Bau und ihren Funktionen führe, liegt nicht mehr Unwahrscheinliches als in der gleichen Annahme für die Form der Handschrift, welche zum Teil von der Bildung der Hand, zum Teil von der Geistesbeschaffenheit abhängt; und die Form der Handschrift wird sicher vererbt.[59]

Mehrere Schriftsteller, besonders Prof. Max Müller[60], haben neuerdings behauptet, der Gebrauch der Sprache setze das Vermögen voraus, allgemeine Begriffe zu bilden; und daß, da vermeintlich kein Tier dies Vermögen besitze, hierdurch eine unüberwindbare Schranke zwischen ihnen und dem Menschen gezogen sei.[61] Was die Tiere betrifft, so habe ich bereits zu zeigen versucht, daß sie diese Fähigkeit, wenigstens in einem rohen und beginnenden Grade besitzen. Und was Kinder im Alter von zehn bis elf Monaten und Taubstumme betrifft; so scheint es mir unglaublich, daß sie imstande sein sollten, gewisse Laute mit gewissen allgemeinen Ideen mit der Schnelligkeit, mit der es geschieht, in Verbindung zu bringen, wenn nicht solche Ideen in ihrer Seele bereits gebildet wären. Dieselbe Bemerkung kann auf die intelligenteren Tiere aus-

---

[57] S. Bemerkungen hierüber von Dr. Maudsley, in: The Physiology and Pathology of Mind. 2. edit., 1868, p.199.
[58] Viele merkwürdige Fälle der Art sind mitgeteilt worden. Dr. Bateman on Aphasia, 1870, p.27, 31, 53, 100 etc. S. auch: Inquiries concerning the Intellectual Powers, von Abercrombie, 1838, p.150.
[59] Über das Variieren der Tiere und Pflanzen im Zustand der Domestikation. 2. Aufl., Bd. II, p.6.
[60] Lectures on „Mr. Darwin's Philosophy of Language", 1873.
[61] Das Urteil eines so ausgezeichneten Philologen wie Prof. Whitney wird in bezug auf diesen Punkt viel mehr Gewicht haben, als irgend etwas was ich sagen könnte. Von Bleeks Ansichten sprechend bemerkt er (Oriental and Linguistic Studies, 1873, p.297): „Weil im großen und ganzen die Sprache das notwendige Hilfsmittel des Gedankens, unentbehrlich zur Entwicklung des Denkvermögens, zur Deutlichkeit und Mannigfaltigkeit und Komplexität der Begriffe, zur vollen Herrschaft des Bewußtseins ist, deshalb möchte er mit Unrecht den Gedanken ohne Sprache absolut unmöglich machen, die Fähigkeit mit ihrem Werkzeug identifizierend. Er könnte ebenso vernünftig behaupten wollen, die menschliche Hand könne nicht ohne ein Werkzeug handeln. Von einer solchen Theorie ausgehend kommt er Müllers schlimmsten Paradoxen ziemlich nahe, daß ein Kind (infans, nicht sprechend) kein menschliches Wesen ist, und daß Taubstumme nicht eher in den Besitz der Vernunft gelangen, bis sie gelernt haben, ihre Finger zur Nachahmung gesprochener Worte zu benutzen." Max Müller gibt (Lectures on Mr. Darwin's Philosophy of Language, 1873, dritte Vorlesung) den folgenden Aphorismus in kursivem Druck: „Es gibt keinen Gedanken ohne Worte, ebensowenig wie es Worte ohne Gedanken gibt." Was für eine merkwürdige Definition muß hier das Wort „Gedanken" erhalten haben!

gedehnt werden. So bemerkt Mr. Leslie Stephen:[62] „Ein Hund bildet einen allgemeinen Begriff von Katze oder Schaf und kennt das entsprechende Wort so gut, wie ein Philosoph. Und die Fähigkeit zu verstehen ist ein ebenso guter, wenn auch dem Grade nach niedrigerer Beweis für vokale Intelligenz, wie die Fähigkeit zu sprechen".

Warum die jetzt für die Sprache benutzten Organe ursprünglich schon zu diesem Zweck vervollkommnet sein sollten, und zwar eher als irgend andere Organe, ist nicht schwer einzusehen. Ameisen haben ein ziemlich beträchtliches Vermögen, sich mit Hilfe ihrer Antennen untereinander verständlich zu machen, wie Huber gezeigt hat, welcher ein ganzes Kapitel der Sprache der Ameisen widmet. Wir könnten auch unsere Finger als passende Hilfsmittel benutzt haben, denn eine hierin geübte Person kann einem Tauben jedes Wort einer in einer öffentlichen Versammlung schnell gehaltenen Rede auf diese Weise mitteilen; der Verlust unserer Hände würde aber bei einem solchen Gebrauch eine sehr bedenkliche Störung gewesen sein. Da alle höheren Säugetiere Stimmorgane besitzen, welche nach demselben allgemeinen Plan wie die unseren gebaut sind und welche als Mittel der Mitteilung benutzt werden, so war es offenbar wahrscheinlich, daß, wenn das Vermögen der Mitteilung weiter entwickelt werden sollte, diese selben Organe noch weiter entwickelt werden würden; und dies ist durch Zuhilfenahme der benachbarten und gut angepaßten Teile bewirkt worden, nämlich der Zunge und der Lippen.[63] Die Tatsache, daß die höheren Affen ihre Stimmorgane nicht zur Sprache benutzen, erklärt sich ohne Zweifel dadurch, daß ihre Intelligenz nicht hinreichend entwickelt worden ist. Der Umstand, daß sie dieselben Organe besitzen, welche bei lange fortgesetzter Übung zur Sprache hätten benutzt werden können, obschon sie sie nicht in dieser Weise benutzen, ist dem Falle parallel, daß viele Vögel, welche Singorgane besitzen, trotzdem doch niemals singen. So haben die Nachtigall und die Krähe ähnlich gebaute Stimmorgane; die erstere benutzt dieselben zu mannigfaltigem Gesang, die letztere nur zum Krächzen.[64] Wenn man fragt, warum der Intellekt der Affen nicht in demselben Grade entwickelt ist wie der des Menschen, so kann die Antwort nur die Bezeichnung allgemeiner Ursachen enthalten. Bedenkt man unsere Unwissenheit in bezug auf die aufeinanderfolgenden Entwicklungsstufen, welche jedes Wesen durchlaufen hat, so ist es unverständig, irgendeine bestimmtere Antwort zu erwarten.

Die Bildung verschiedener Sprachen und verschiedener Spezies und die Beweise, daß beide durch einen stufenweise fortschreitenden Gang entwickelt worden sind, beruhen auf in merkwürdiger Weise gleichen Grundlagen.[65] Wir können aber den Ursprung vieler Wörter weiter zurückverfolgen, als den Ursprung der Arten, denn wir können wahrnehmen, wie sie faktisch aus der Nachahmung verschiedener Laute entstanden sind. In verschiedenen Sprachen finden wir auffallende Homologien, welche Folgen der Gemeinsamkeit der Abstammung sind, und Analogien, welche Folgen eines ähnlichen Bildungsprozesses sind. Die Art und Weise, in welcher gewisse Buchstaben oder Laute abändern, wenn andere abändern, erinnert sehr an Korrelation des Wachstums; wir finden in beiden Fällen Verdopplung von Teilen, die Wirkung lange fortgesetzten Gebrauchs usw. Das häufige Vorkommen von Rudimenten sowohl bei Sprachen als bei Spezies ist noch merkwürdiger. Der Buchstabe m in dem englischen Worte „am" bedeutete „ich", so daß in dem Ausdruck I am ein überflüssiges und nutzloses Rudiment beibehalten worden ist. Auch beim Schreiben von Wörtern werden oft Buchstaben als Rudimente älterer Formen

---

[62] Essays on Free-thinking etc., 1873, p.82.
[63] S. einige gute Bemerkungen hierüber in: Maudsley: The Physiology and Pathology of Mind, 1868, p.199.
[64] MacGillivray: Hist. of British Birds. Vol. II, 1839, p.29. Ein ausgezeichneter Beobachter, Mr. Blackwall, bemerkt, daß die Elster leichter einzelne Worte und selbst ganze Sätze aussprechen lernt, als beinahe irgendein anderer britischer Vogel; doch fügt er hinzu, daß er nach langer und aufmerksamer Beobachtung ihrer Natur und Art nie erfahren habe, daß sie im Naturzustand irgendeine ungewöhnliche Fähigkeit im Nachahmen gezeigt habe. Researches in Zoology, 1834, p.158.
[65] S. den sehr interessanten Parallelismus zwischen der Entwicklung der Sprachen und Arten, den Sir Ch. Lyell gibt, in: Das Alter des Menschengeschlechts. Übers. Cap. 23, p.395.

der Aussprache beibehalten. Sprachen können wie organische Wesen in Gruppen klassifiziert werden, die anderen Gruppen untergeordnet sind, und man kann sie entweder natürlich nach ihrer Abstammung oder künstlich nach anderen Charakteren klassifizieren. Herrschende Sprachen und Dialekte verbreiten sich weit und führen allmählich zur Ausrottung anderer Sprachen. Ist eine Sprache einmal ausgestorben, so erscheint sie, wie Sir. C. Lyell bemerkt, gleich einer Spezies niemals wieder. Ein und dieselbe Sprache hat nie zwei Geburtsstätten. Verschiedene Sprachen können sich kreuzen oder miteinander verschmelzen.[66] Wir sehen in jeder Sprache Variabilität, und neue Wörter tauchen beständig auf; da es aber für das Erinnerungsvermögen eine Grenze gibt, so sterben einzelne Wörter, wie ganze Sprachen allmählich ganz aus. Max Müller[67] hat sehr richtig bemerkt: „In jeder Sprache findet beständig ein Kampf ums Dasein zwischen den Wörtern und grammatischen Formen statt: die besseren, kürzeren, leichteren Formen erlangen beständig die Oberhand, und sie verdanken ihren Erfolg ihrer eigenen inhärenten Kraft". Diesen wichtigeren Ursachen des Überlebens gewisser Wörter läßt sich auch noch die bloße Neuheit und Mode hinzufügen; denn in dem Geiste aller Menschen besteht eine starke Vorliebe für unbedeutende Veränderungen in allen Dingen. Das Überleben oder die Beibehaltung gewisser begünstigter Wörter in dem Kampf ums Dasein ist natürliche Zuchtwahl.

Die vollkommen regelmäßige und wunderbar komplexe Konstruktion der Sprachen vieler barbarischer Nationen ist oft als ein Beweis entweder des göttlichen Ursprungs dieser Sprachen, oder des hohen Kulturzustandes und der früheren Zivilisation ihrer Begründer vorgebracht worden. So schreibt Friedrich von Schlegel: „Wir beobachten häufig bei den Sprachen, welche auf der niedrigsten Stufe intellektueller Kultur zu stehen scheinen, einen sehr hohen und ausgebildeten Grad in der Kunst ihrer grammatischen Struktur. Dies ist besonders der Fall bei dem Baskischen und Lappländischen und bei vielen der amerikanischen Sprachen".[68] Es ist aber zuverlässig ein Irrtum, von irgendeiner Sprache als einer Kunst zu sprechen, in dem Sinne, als sei sie mit Mühe und Methode ausgearbeitet worden. Die Philologen geben jetzt zu, daß Konjugationen, Deklinationen u.s.f. ursprünglich als verschiedene Wörter existierten, die später miteinander vereinigt wurden; und da solche Wörter die augenfälligsten Beziehungen zwischen Objekten und Personen ausdrückten, so ist nicht zu verwundern, daß sie von Menschen der meisten Rassen während der frühesten Zeit benutzt worden sind. Was die Vervollkommnung betrifft, so wird die folgende Erläuterung am besten zeigen, wie leicht man irren kann: Ein Crinoide besteht zuweilen aus nicht weniger als 150.000 Schalenstückchen[69], welche alle vollständig symmetrisch in strahlenförmigen Linien angeordnet sind; aber ein Naturforscher hält ein Tier dieser Art nicht für vollkommener als ein seitlich symmetrisches mit vergleichsweise wenigen Teilen, von denen keine einander gleichen mit Ausnahme der auf den entgegengesetzten Seiten des Körpers befindlichen. Er betrachtet mit Recht die Differenzierung und Spezialisierung der Organe als den Prüfstein der Vervollkommnung. So sollte man, was die Sprachen betrifft, die am meisten symmetrischen und kompliziertesten nicht über die unregelmäßigen, abgekürzten und verbastardierten Sprachen stellen, welche ausdrucksvolle Worte und zweckmäßige Formen der Konstruktion von verschiedenen erobernden oder eroberten oder einwandernden Rassen sich angeeignet haben.

Aus diesen wenigen und unvollständigen Betrachtungen schließe ich, daß die äußerst komplizierte und regelmäßige Konstruktion vieler barbarischer Sprachen kein Beweis dafür ist, daß sie ihren Ursprung einem besonderen Schöpfungsakt[70] verdanken. Auch bietet, wie wir gesehen

---

[66] S. Bemerkungen hierüber in einem interessanten Aufsatz von F. W. Farrar, betitelt: Philology and Darwinism, in: „Nature", March 24th 1870, p.528.
[67] „Nature", Jan. 6th 1870, p.257.
[68] Zitiert von: C. S Wake: Chapters on Man, 1868, p.101.
[69] Buckland: Bridgewater Treatise, p.411.
[70] Einige treffende Bemerkungen über die Vereinfachung der Sprachen s. bei Sir J. Lubbock: Origin of Civilisation, 1870, p.278.

haben, die Fähigkeit artikulierter Sprache an sich kein unüberwindbares Hindernis für den Glauben dar, daß der Mensch sich aus irgendeiner niederen Form entwickelt hat.

Schönheitssinn. – Dieser Sinn ist für einen dem Menschen eigentümlichen erklärt worden. Ich beziehe mich hier nur auf das Vergnügen, welches gewisse Farben, Formen und Laute veranlassen und welches ganz gut ein Sinn für das Schöne genannt werden kann; bei kultivierten Menschen sind indessen derartige Empfindungen innig mit komplizierten Ideen und Gedankenzügen assoziiert. Wenn wir aber sehen, wie männliche Vögel mit Vorbedacht ihr Gefieder und dessen prächtige Farben vor den Weibchen entfalten, während andere nicht in derselben Weise geschmückte Vögel keine solche Vorstellung geben, so läßt sich unmöglich zweifeln, daß die Weibchen die Schönheit ihrer männlichen Genossen bewundern. Da sich Frauen überall mit solchen Federn schmücken, so läßt sich die Schönheit solcher Ornamente nicht bestreiten. Wie wir später sehen werden, sind die Nester der Kolibris und die Spielplätze der Kragenvögel (*Chlamydera*) geschmackvoll mit lebhaft gefärbten Gegenständen ausgeschmückt; und dies zeigt, daß sie ein gewisses Vergnügen beim Anblick derartiger Dinge empfinden müssen. Bei der großen Mehrzahl der Tiere ist indessen, soweit wir es beurteilen können, der Geschmack für das Schöne auf die Reize des anderen Geschlechts beschränkt. Die reizenden Klänge, welche viele männliche Vögel während der Zeit der Liebe von sich geben, werden gewiß von den Weibchen bewundert, für welche Tatsache später noch Beweise beigebracht werden. Wären weibliche Vögel nicht imstande, die schönen Farben, den Schmuck, die Stimmen ihrer männlichen Genossen zu würdigen, so würde alle die Mühe und Sorgfalt, welche diese darauf verwenden, ihre Reize vor den Weibchen zu entfalten, weggeworfen sein, und dies läßt sich unmöglich annehmen. Warum gewisse glänzende Farben Vergnügen erregen, läßt sich, wie ich vermute, ebensowenig erklären, als warum gewisse Gerüche und Geschmäcke angenehm sind; Gewohnheit hat aber jedenfalls etwas damit zu tun; denn was unsern Sinnen zuerst unangenehm ist, wird zuletzt angenehm, und Gewohnheiten werden vererbt. In bezug auf Laute hat Helmholtz zu einem gewissen Teil aus physiologischen Gründen erklärt, warum Harmonien und gewisse Arten des Tonfalles angenehm sind. Ferner sind Laute, welche häufig in unregelmäßigen Zwischenräumen wiederkehren, äußerst unangenehm, wie jeder zugeben wird, der nachts dem unregelmäßigen Klappen eines Taues auf einem Schiff zugehört hat. Dasselbe Prinzip scheint auch in bezug auf das Gesicht zu gelten, da das Auge Symmetrie oder Figuren mit einer regelmäßigen Wiederkehr vorzieht. Muster dieser Art werden selbst von den niedrigsten Wilden als Zierat verwendet; auch sind solche durch geschlechtliche Zuchtwahl zur Verschönerung einiger männlicher Tiere entwickelt worden. Mögen wir nun für das durch das Gesicht oder Gehör erlangte Vergnügen in diesen Fällen einen Grund angeben können oder nicht, der Mensch und viele der niederen Tiere ergötzen sich in gleicher Weise an den nämlichen Farben, dem graziösen Schattieren und derlei Formen und an den nämlichen Lauten.

Der Geschmack für das Schöne, wenigstens was die weibliche Schönheit betrifft, ist nicht in einer spezifischen Form im menschlichen Geiste vorhanden; denn bei den verschiedenen Menschenrassen ist er sehr verschieden, und er ist selbst bei den verschiedenen Nationen einer und derselben Rasse nicht ein und derselbe. Nach den widerlichen Ornamenten und der gleichmäßig widerlichen Musik zu urteilen, welche die meisten Wilden bewundern, ließe sich behaupten, daß ihr ästhetisches Vermögen nicht so hoch entwickelt sei wie bei gewissen Tieren, z. B. bei Vögeln. Offenbar wird kein Tier fähig sein, solche Szenen zu bewundern, wie den Himmel zur Nachtzeit, eine schöne Landschaft oder verfeinerte Musik; aber an solchen hohen Geschmacksobjekten, welche ihrer Natur nach von der Kultur und von komplexen Assoziationen abhängen, erfreuen sich Barbaren und unerzogene Personen gleichfalls nicht.

Viele Fähigkeiten, welche dem Menschen zu seinem allmählichen Fortschritt von unschätzbarem Dienste gewesen sind, wie das Vermögen der Einbildung, der Verwunderung, der Neugierde, ein unbestimmtes Gefühl für Schönheit, eine Neigung zum Nachahmen und die Vorliebe für Aufregung oder Neuheit, mußten natürlich zu den wunderlichsten Änderungen der Gewohnheiten und Moden führen. Ich führe diesen Punkt deshalb an, weil ein neuerer Schriftsteller[71] wunderbar genug die Laune „als eine der merkwürdigsten und typischsten Verschiedenheiten zwischen Wilden und den Tieren" bezeichnet hat. Wir können aber nicht bloß wahrnehmen, woher es kommt, daß der Mensch launisch ist, sondern wir sehen auch, daß die niederen Tiere, wie sich später noch zeigen wird, in ihren Zuneigungen, Widerwillen und ihrem Gefühl für Schönheit ebenfalls launisch sind. Wir haben auch Grund zu vermuten, daß sie Neuheit ihrer selbst wegen, lieben.

Gottesglaube, Religion. – Wir haben keine Beweise dafür, daß dem Menschen von seinem Ursprung an der veredelnde Glaube an die Existenz eines allmächtigen Gottes eigen war. Im Gegenteil sind reichliche Zeugnisse, nicht von flüchtigen Reisenden, sondern von Männern, welche lange unter Wilden gelebt haben, beigebracht worden, daß zahlreiche Rassen existiert haben und noch existieren, welche keine Idee eines Gottes oder mehrerer Götter und keine Worte in ihren Sprachen haben, eine solche Idee auszudrücken.[72] Natürlich ist diese Frage von der anderen höheren völlig verschieden, ob ein Schöpfer und Regierer des Weltalls existiert; und diese ist von den größten Geistern, welche je gelebt haben, bejahend beantwortet worden.

Verstehen wir indessen unter dem Ausdruck „Religion" den Glauben an unsichtbare oder geistige Kräfte, so stellt sich der Fall völlig verschieden; denn dieser Glaube scheint bei den weniger zivilisierten Rassen ganz allgemein zu sein. Auch ist es nicht schwer zu verstehen, wie er entstanden ist. Sobald die bedeutungsvollen Fähigkeiten der Einbildungskraft, Verwunderung und Neugierde in Verbindung mit einem Vermögen nachzudenken, teilweise entwickelt waren, wird der Mensch ganz von selbst gesucht haben, das, was um ihn her vorgeht, zu verstehen, und wird auch über seine eigene Existenz dunkel zu spekulieren begonnen haben. Mr. M'Lennan[73] hat bemerkt: „Irgendeine Erklärung der Lebenserscheinungen muß der Mensch sich ausdenken; und nach ihrer Allgemeinheit zu schließen scheint die einfachste und dem Menschen sich zuerst darbietende Hypothese die gewesen zu sein, daß die Erscheinungen der Natur der Anwesenheit solcher zur Tätigkeit treibender Geister in Tieren, Pflanzen, leblosen Gegenständen und auch in den Naturkräften zuzuschreiben seien, wie die sind, von deren Besitz sich der Mensch bewußt ist". Wie Mr. Tylor klar entwickelt hat, ist es auch wahrscheinlich, daß Träume der Annahme solcher Geister zuerst Entstehung gegeben haben; denn Wilde unterscheiden nicht leicht zwischen subjektiven und objektiven Eindrücken. Wenn ein Wilder träumt, so glaubt er, daß die Bilder, welche vor ihm erscheinen, von weitem hergekommen sind und über ihm stehen; oder „die Seele des Träumers geht auf Reisen aus und kommt heim mit der Erinnerung dessen, was sie gesehen hat."[74] So lange aber die obengenannten Fähigkeiten der Einbildung, Neugierde, des Verstandes usw. nicht ziemlich

---

[71] „The Spectator", Dec. 4th 1869, p.1430.

[72] S. einen ausgezeichneten Aufsatz hierüber von F. Farrar, in: Anthropological Review, Aug. 1864, p.CCXVII. Wegen weiterer Tatsachen s. Sir J. Lubbock: Prehistoric Times. 2. edit., 1869, p.564 und besonders die Kapitel über Religion in seinem „Origin of Civilisation", 1870.

[73] The Worship of Animals and Plants, in: Fortnightly Review, Oct. 1st 1865, p.422.

[74] Tylor: Early History of Mankind, 1856, p.6. S. auch die drei bemerkenswerten Kapitel über die Entwicklung der Religion in Lubbocks „Origin of Civilisation", 1870. In gleicher Weise erklärt Herbert Spencer in seinem geistvollen Aufsatz in der Fortnightly Review (May 1st 1870, p.535) die frühesten Formen religiösen Glaubens in der ganzen Welt dadurch, daß der Mensch durch Träume, Zwielichtbilder und andere Veranlassungen dazu gebracht wurde, sich selbst als ein doppeltes Wesen zu betrachten, ein körperliches und geistiges. Da von dem geistigen Wesen angenommen wird, es lebe nach dem Tode weiter und sei mächtig, so wird es durch verschiedene Geschenke und Zeremonien günstig zu stimmen versucht und um seinen Beistand angefleht. Er zeigt dann weiter, daß die frühesten Vorfahren und Gründern eines Stammes nach irgendeinem Tier oder Gegenstand gegebenen Namen oder Spitznamen nach Ablauf langer Zeiträume für Bezeichnungen des wirklichen Urerzeugers des Stammes angesehen wurden; und von einem derartigen Tier und Objekt wird dann geglaubt, daß es noch immer als ein Geist existiere, es wird heilig gehalten und als ein Gott verehrt. Nichtsdestoweniger kann ich mich der Vermutung nicht erwehren, daß es einen noch früheren und roheren Zustand gegeben hat, wo alles, was nur Kraft oder Bewegung äußerte, als mit einer Art von Leben und geistigen, unseren eigenen analogen, Fähigkeiten begabt angesehen wurde.

gut in dem Geiste des Menschen entwickelt waren, werden ihn seine Träume nicht zu dem Glauben an Geister veranlaßt haben, ebensowenig wie einen Hund.

Die Neigung der Wilden, sich einzubilden, daß natürliche Dinge und Kräfte durch geistige oder lebende Wesen belebt seien, wird vielleicht durch eine kleine Tatsache, welche ich früher einmal beobachtet habe, erläutert. Mein Hund, ein völlig erwachsenes und sehr aufmerksames Tier, lag an einem heißen und stillen Tag auf dem Rasen; aber nicht weit von ihm bewegte ein kleiner Luftzug gelegentlich einen offenen Sonnenschirm, welchen der Hund völlig unbeachtet gelassen haben würde, wenn irgend jemand dabei gestanden hätte. So aber knurrte und bellte der Hund wütend jedesmal, wenn sich der Sonnenschirm leicht bewegte. Ich meine, er muß in einer schnellen und unbewußten Weise bei sich überlegt haben, daß Bewegung ohne irgendwelche offenbare Ursache die Gegenwart irgendeiner fremdartigen lebendigen Kraft andeutete, und kein Fremder hatte ein Recht, sich auf seinem Territorium zu befinden.

Der Glaube an spirituelle Kräfte wird leicht in den Glauben an die Existenz eines Gottes oder mehrerer Götter übergehen; denn Wilde werden naturgemäß Geistern dieselben Leidenschaften, dieselbe Lust zur Rache oder die einfachste Form der Gerechtigkeit und dieselben Zuneigungen zuschreiben, welche sie selbst in sich fühlen. Die Feuerländer scheinen in dieser Beziehung sich in einem mittleren Zustand zu befinden, denn als der Arzt an Bord des Beagle einige junge Enten zum Aufbewahren als zoologische Exemplare schoß, erklärte York Minster in der feierlichsten Weise: „Oh! Mr. Bynoe, viel Regen, viel Schnee, viel Blasen", und dies wurde offenbar als zu befürchtende Strafe für die Verwüstung menschlicher Nahrung verstanden. So erzählte er ferner, als sein Bruder einen „wilden Mann" getötet habe, hätten lange Zeit Stürme geherrscht und es sei viel Regen und Schnee gefallen. Und doch konnten wir nie finden, daß die Feuerländer an das glaubten, was wir einen Gott nennen würden, oder daß sie irgendwelche religiöse Gebräuche ausübten. Jemmy Button behauptete mit gerechtfertigtem Stolz fest und sicher, daß in seinem Land kein Teufel sei, und diese letztere Bemerkung ist um so merkwürdiger, als bei den Wilden der Glaube an böse Geister bei weitem gewöhnlicher, als der Glaube an gute herrscht.

Das Gefühl religiöser Ergebung ist ein in hohem Grade kompliziertes, indem es aus Liebe, vollständiger Unterordnung unter ein erhabenes und mysteriöses Etwas, einem starken Gefühl der Abhängigkeit[75], der Furcht, Verehrung, Dankbarkeit, Hoffnung in bezug auf die Zukunft und vielleicht noch anderen Elementen besteht. Kein Wesen hätte eine so komplizierte Gemütserregung an sich erfahren können, bis nicht seine intellektuellen und moralischen Fähigkeiten zum mindesten auf einen mäßig hohen Standpunkt entwickelt wären. Nichtsdestoweniger sehen wir eine Art Annäherung an diesen Geisteszustand in der innigen Liebe eines Hundes zu seinem Herrn, welche mit völliger Unterordnung, etwas Furcht und vielleicht noch anderen Gefühlen vergesellschaftet ist. Das Benehmen eines Hundes, wenn er nach einer Abwesenheit zu seinem Herrn zurückkehrt, und, wie ich hinzufügen kann, eines Affen bei der Rückkehr zu seinem geliebten Wärter, ist sehr weit von dem verschieden, was diese Tiere gegen ihresgleichen äußern. Im letzteren Falle scheinen die Freudenbezeigungen etwas geringer zu sein, und das Gefühl der Gleichheit zeigt sich in jeder Handlung. Professor Braubach[76] geht so weit, zu behaupten, daß ein Hund zu seinem Herrn wie zu einem Gott aufblickt.

Dieselben hohen geistigen Fähigkeiten, welche den Menschen zuerst dazu führten, an unsichtbare geistige Kräfte, dann an Fetischismus, Polytheismus und endlich Monotheismus zu glauben, werden ihn, solange seine Verstandeskräfte nur wenig entwickelt waren, unfehlbar zu verschiedenen fremdartigen Gebräuchen und Formen des Aberglaubens geführt haben. Schon

---

[75] S. auch einen guten Aufsatz über die psychischen Elemente der Religion von L. Owen Pike, in: Anthropolog. Review, Apr. 1870, p.LXIII.

[76] Religion, Moral usw. der Darwinschen Art-Lehre, 1869, p.53. Es wird angegeben (Dr. W. Lauder Lindsay, in: Journal of Mental Science, 1871, p.43), daß vor langer Zeit schon Bacon und auch der Dichter Burns derselben Meinung gewesen seien.

der Gedanke an viele Arten dieser ist schaudervoll, so das Opfern menschlicher Wesen einem blutliebenden Gott, das Überführen unschuldiger Personen durch das Gottesgericht mit Gift oder Feuer, Zauberei usw.; und doch verlohnt es sich wohl, gelegentlich über diese Formen von Aberglauben nachzudenken; denn sie zeigen uns, in welch unendlicher Weise wir der Vervollkommnung unseres Verstandes, der Wissenschaft und unseren aufgestapelten Kenntnissen zu Dank verpflichtet sind. Wie Sir J. Lubbock[77] sehr gut bemerkt hat, „ist es nicht zu viel, wenn wir sagen, daß die schauerliche Furcht vor unbekannten Übeln wie eine dichte Wolke über dem Leben der Wilden hängt und jedes Vergnügen verbittert". Diese traurigen, indirekt aus unseren höchsten Fähigkeiten herzuleitenden Folgen können mit den zufälligen und gelegentlichen Mißgriffen der Instinkte niederer Tiere verglichen werden.

---

[77] Prehistoric Times. 2. edit., p.571. In demselben Werk findet sich (p.553) eine vorzügliche Schilderung der vielen fremdartigen und kapriziösen Gebräuche der Wilden.

Viertes Kapitel

Vergleich der Geisteskräfte des Menschen mit denen der niederen Tiere (Fortsetzung)

Das moralische Gefühl – Fundamentalsatz – Die Eigenschaften sozialer Tiere – Ursprung der Fähigkeit zum Gesellígleben – Kampf zwischen entgegengesetzten Instinkten – Der Mensch, ein soziales Tier – Die ausdauernden sozialen Instinkte überwinden andere weniger beständige Instinkte – Soziale Tugenden von Wilden allein geachtet – Tugenden, die das Individuum betreffen, erst auf späterer Entwicklungsstufe erlangt – Große Bedeutung des Urteils von Mitgliedern derselben Gemeinschaft über das Benehmen – Überlieferung moralischer Neigungen – Zusammenfassung

Ich unterschreibe vollständig die Meinung derjenigen Schriftsteller[1], welche behaupten, daß von allen Unterschieden zwischen dem Menschen und den niederen Tieren das moralische Gefühl oder das Gewissen weitaus der bedeutungsvollste ist. Dieses Gefühl, wie Mackintosh[2] bemerkt, „beherrscht rechtmäßiger Weise jedes andere Prinzip menschlicher Tätigkeit". Diese Gewalt wird in jenem kurzen, aber gebieterischen und so äußerst bezeichnenden Worte „soll" zusammengefaßt. Es ist das edelste aller Attribute des Menschen, welches ihn, ohne daß er sich einen Augenblick zu besinnen braucht, dazu führt, sein Leben für das eines Mitgeschöpfes zu wagen, oder ihn nach sorgfältiger Überlegung einfach durch das tiefe Gefühl des Rechts oder der Pflicht dazu treibt, sein Leben irgendeiner großen Sache zu opfern. Immanuel Kant ruft aus: „Pflicht! Du erhabener, großer Name, der du nichts Beliebtes, was Einschmeichelung bei sich führt, in dir fassest, sondern Unterwerfung verlangst, doch auch nichts drohest, was natürliche Abneigung im Gemüthe erregte und schreckte, um den Willen zu bewegen, sondern bloß ein Gesetz aufstellst, welches von selbst im Gemüthe Eingang findet, und doch sich selbst wider Willen Verehrung (wenn gleich nicht immer Befolgung) erwirbt, vor dem alle Neigungen verstummen, wenn sie gleich im Geheimen ihm entgegenwirken, welches ist der deiner würdige Ursprung und wo findet man die Wurzel deiner edlen Abkunft?"[3]

Es haben diese Frage viele Schriftsteller von ausgezeichneter Befähigung[4] erörtert, und meine einzige Entschuldigung, sie hier nochmals zu berühren, ist sowohl die Unmöglichkeit, sie ganz zu übergehen, als auch der Umstand, daß, so weit es mir bekannt ist, ihr niemand ausschließlich von naturhistorischer Seite her näher getreten ist. Es besitzt diese Untersuchung auch einiges selbständiges Interesse, nämlich als ein Versuch, zu sehen, wie weit das Studium der niederen Tiere Licht auf eine der höchsten psychischen Fähigkeiten des Menschen werfen kann.

Der folgende Satz scheint mir in hohem Grade wahrscheinlich zu sein, nämlich daß jedes Tier, welches es auch sein mag, wenn es nur mit scharf ausgesprochenen sozialen Instinkten (die elterliche und kindliche Zuneigung hier mit eingeschlossen) versehen ist[5], unvermeidlich ein mo-

---

[1] S. z.B. über diesen Gegenstand: Quatrefages: Unité de l'espèce humaine, 1861, p.21ff.
[2] Dissertation on Ethical philosophy, 1837, p.231ff.
[3] Kritik der praktischen Vernunft (Sämtliche Werke, herausgegeben von Rosenkranz, 8. Th., p.214).
[4] Mr. Bain gibt (Mental and Moral Science, 1868, p.543-725) eine Liste von sechsundzwanzig englischen Autoren, welche über diesen Gegenstand geschrieben haben und deren Namen hier allgemein bekannt sind; diesen lassen sich die Namen von Bain selbst, von Lecky, Shadworth Hodgson, Sir J. Lubbock und noch anderer beifügen.
[5] Sir B. Brodie bemerkt, daß der Mensch ein soziales Tier sei (Psychological Enquiries, 1854, p.192), und stellt dann die bezeichnende Frage auf: „Sollte dies nicht die strittige Frage über die Existenz eines moralischen Gefühls beilegen?" Ähnliche Ideen sind wahrscheinlich vielen schon gekommen, wie schon vor langer Zeit Marcus Aurelius. J. S. Mill spricht in seinem berühmten Buch über „Utilitarianism", 1864. p.46) von den sozialen Gefühlen als einer „kraftvollen natürlichen Empfindung" und als „dem natürlichen Grund des Gefühls für utilitäre Moralität". Ferner sagt er: „Gleich den anderen erworbenen, oben erwähnten Fähigkeiten ist die moralische Kraft,

ralisches Gefühl oder Gewissen erlangen würde, wenn sich seine intellektuellen Kräfte so weit oder nahezu so weit wie beim Menschen entwickelt hätten. Denn erstens führen die sozialen Instinkte ein Tier dazu, Vergnügen an der Gesellschaft seiner Genossen zu haben, einen gewissen Grad von Sympathie mit ihnen zu fühlen und verschiedene Dienste für sie zu verrichten. Diese Dienste können von einer ganz bestimmten und offenbar instinktiven Natur sein; sie können aber auch, wie es bei den meisten der höheren sozialen Tiere der Fall ist, ein bloßer Wunsch oder eine Bereitwilligkeit sein, ihren Genossen in gewisser allgemeiner Weise zu helfen. Diese Gefühle und Dienste erstrecken sich aber durchaus nicht auf alle Individuen derselben Spezies, sondern nur auf die derselben Gemeinschaft. Zweitens: Sobald die geistigen Fähigkeiten sich hoch entwickelt haben, durchziehen Bilder aller vergangenen Handlungen und Beweggründe unaufhörlich das Gehirn eines jeden Individuums, und jenes Gefühl des Unbefriedigtseins oder selbst Unglücks, welches, wie wir hernach sehen werden, unabänderlich die Folge irgendeines unbefriedigten Instinkts ist, wird entstehen, so oft bemerkt wird, daß der andauernde und stets gegenwärtige soziale Instinkt irgendeinem anderen zu der Zeit stärkeren, aber weder seiner Natur nach dauernden, noch einen sehr lebhaften Eindruck zurücklassenden Instinkte nachgegeben hat. Offenbar sind viele instinktive Begierden, wie die des Hungers, ihrer Natur nach nur von kurzer Dauer und werden, wenn sie einmal befriedige sind, nicht leicht und nicht lebendig vor die Seele zurückgerufen. Drittens: Nachdem die Fähigkeit der Sprache erlangt worden ist und die Wünsche der Mitglieder einer und derselben Gemeinschaft deutlich ausgedrückt werden können, wird die allgemeine Meinung darüber, wie ein jedes Mitglied zum allgemeinen Besten zu wirken hat, naturgemäß in einem ganz hervorragenden Grade das Bestimmende bei den Handlungen werden. Wir dürfen aber nicht vergessen, daß, ein wie großes Gewicht wir auch der öffentlichen Meinung einräumen, unsere Rücksicht auf die Billigung oder Mißbilligung unserer Genossen doch auf Sympathie beruht, die, wie wir sehen werden, einen wesentlichen Teil des sozialen Instinkts ausmacht und geradezu sein Grundstein ist. Endlich wird auch die Gewohnheit beim Individuum eine sehr wichtige Rolle in bezug auf die Bestimmung der Handlungsweise jedes Mitglieds spielen; denn die sozialen Instinkte und Impulse werden, wie alle anderen Instinkte, durch die Gewohnheit bedeutend gekräftigt werden, wie es auch mit dem Gehorsam gegen die Wünsche und das Urteil der Gesellschaft geschieht. Diese verschiedenen subordinierten Sätze müssen nun erörtert werden und zwar einige von ihnen in ziemlicher Ausführlichkeit.

Es dürfte zweckmäßig sein, zunächst vorauszuschicken, daß ich nicht behaupten will, daß jedes streng soziale Tier, wenn nur seine intellektuellen Fähigkeiten zu gleicher Tätigkeit und gleicher Höhe wie beim Menschen entwickelt wären, genau dasselbe moralische Gefühl wie der Mensch erhalten würde. In derselben Weise wie verschiedene Tiere ein gewisses Gefühl von Schönheit haben, trotzdem sie sehr verschiedene Gegenstände bewundern, können sie auch ein Gefühl von Recht und Unrecht haben, trotzdem sie durch dasselbe zu sehr verschiedenen Handlungsweisen veranlaßt werden. Um einen extremen Fall anzuführen: Wäre z.B. der Mensch unter genau denselben Zuständen erzogen wie die Stockbiene, so dürfte sich kaum zweifeln lassen, daß unsere unverheirateten Weibchen es ebenso wie Arbeiterbienen für eine heilige Pflicht halten würden, ihre Brüder zu töten, und die Mütter würden suchen, ihre fruchtbaren

---

wenn nicht ein Teil unserer Natur, so doch ein natürlicher Auswuchs aus ihr, wie jene fähig, in gewissem niederen Grade spontan hervorzutreten". Im Gegensatz zu alledem sagt er aber auch: „Wenn nun, wie das meine eigene Überzeugung ist, die moralischen Gefühle nicht angeboren, sondern erlangt sind, so sind sie doch, aus diesem Grunde nicht weniger natürlich." Nur mit Zögern wage ich von einem so tiefen Denker abzuweichen; doch läßt sich kaum bestreiten, daß die sozialen Gefühle bei den niederen Tieren instinktiv oder angeboren sind; und warum sollten sie dann beim Menschen es nicht ebenso sein? Mr. Bain (s. z.B.: The Emotions and the Will, 1855, p.481) und andere glauben, daß das moralische Gefühl von jedem Individuum während seiner Lebenszeit erlangt werde. Nach der allgemeinen Entwicklungstheorie ist dies mindestens äußerst unwahrscheinlich. Das Ignorieren aller überlieferten geistigen Eigenschaften wird, wie es mich dünkt, später als ein sehr ernster Fehler in den Werken J. S. Mills angesehen werden.

Töchter zu vertilgen und niemand würde daran denken, dies zu verhindern.[6] Nichtsdestoweniger würde in unserem angenommenen Fall die Biene oder irgendein anderes soziales Tier, wie es mir scheint, doch irgendein Gefühl von Recht und Unrecht oder ein Gewissen erhalten. Denn jedes Individuum würde ein innerliches Gefühl von dem Besitz gewisser weniger starker und andauernder Instinkte haben, so daß oft ein Kampf entstehen würde, welchem Impuls zu folgen wäre; es würde daher Befriedigung und Unbefriedigung gefühlt werden, da vergangene Eindrücke während ihres beständigen Zuges durch die Seele miteinander verglichen werden würden. In diesem Falle würde ein innerer Warner dem Tier sagen, daß es besser gewesen wäre, eher dem einen Impuls als dem anderen zu folgen. Dem einen Zug hätte gefolgt werden „sollen", der eine würde „recht", der andere „unrecht" gewesen sein. Aber auf diese Ausdrücke werde ich sogleich zurückzukommen haben.

Neigung zur Geselligkeit, Soziabilität! – Tiere vieler Arten sind gesellig; wir finden selbst, daß verschiedene Spezies zusammenleben, so einige amerikanische Affen und die sich vereinigenden Scharen von Raben, Dohlen und Staren. Der Mensch zeigt dasselbe Gefühl in der starken Liebe zum Hund, welche der Hund mit Interesse erwidert. Jedermann muß beobachtet haben, wie unglücklich sich Pferde, Hunde, Schafe usw. fühlen, wenn sie von ihren Genossen getrennt sind, und welche Freude sie, wenigstens die erstgenannten Arten, bei ihrer Wiedervereinigung zeigen. Es ist interessant, über die Gefühle eines Hundes zu spekulieren, welcher stundenlang in einem Zimmer bei seinem Herrn oder irgendeinem der Familie ruhig daliegt, ohne daß von ihm die geringste Notiz genommen wird, sobald er aber eine kurze Zeit allein gelassen wird, bellt oder heult er schrecklich. Wir wollen unsere Aufmerksamkeit auf die höheren sozialen Tiere beschränken mit Ausschluß der Insekten, obgleich mehrere derselben gesellig leben und einander in vielen wichtigen Beziehungen helfen. Der gewöhnlichste Dienst, welchen sich höhere Tiere gegenseitig erweisen, ist, daß sie mittels der vereinigten Sinne aller einander vor Gefahr warnen. Jeder Jäger weiß, wie Dr. Jäger bemerkt[7], wie schwer es ist, Tieren in Herden oder Gruppen nahezukommen. Wilde Pferde und Rinder geben, wie ich glaube, kein Warnsignal, aber schon die Haltung eines jeden, welches zuerst einen Feind wittert, warnt die übrigen. Kaninchen stampfen laut mit den Hinterfüßen auf den Boden als Signal, Schafe und Gemsen tun dasselbe, aber mit den Vorderfüßen, und sie stoßen auch einen pfeifenden Ton aus. Viele Vögel und manche Säugetiere stellen Wachen auf, welche bei den Robben, wie man sagt[8], gewöhnlich die Weibchen sind. Der Anführer einer Truppe Affen dient als Wache und stößt Rufe aus, die sowohl Gefahr als Sicherheit verkünden.[9] Soziale Tiere verrichten einander manche kleine Dien-

---

[6] H. Sidgwick sagt in einer trefflichen Erörterung dieses Gegenstandes (The Academy, 15. Juni 1872, p.231): „Eine höher entwickelte Biene würde, wie wir überzeugt sein können, eine mildere Lösung der Bevölkerungsfrage anstreben." Nach den Gewohnheiten vieler oder der meisten Wilden zu urteilen, löst indessen der Mensch das Problem durch weiblichen Kindermord, Polyandrie und völlig freies Vermischen; es ließe sich daher wohl zweifeln, ob es durch eine mildere Methode gelöst werde. Miss Cobbe, welche über dasselbe Beispiel Erörterungen anstellt (Darwinism in Morals, in : Theological Review, Apr. 1872, p.188-191) sagt, die Grundsätze der sozialen Pflicht würden dadurch umgekehrt werden. Damit meint sie, wie ich vermute, daß die Erfüllung einer sozialen Pflicht die Individuen zu schädigen streben würde; sie übersieht aber die Tatsache, welche sie ohne Zweifel zugeben wird, daß die Instinkte der Biene zum besten der Gemeinschaft erlangt worden sind. Sie geht so weit, daß sie sagt, wenn die in diesem Kapitel verteidigte Theorie der Moral jemals allgemein angenommen würde, „könne sie nicht umhin zu glauben, daß in der Stunde ihres Triumphs die Tugend der Menschheit zu Grabe geläutet wird!" Es steht zu hoffen, daß der Glaube an die Dauer der Tugend auf dieser Erde nicht bei vielen Menschen an einem so schwachen Faden hängt.
[7] Die Darwinsche Theorie, p.101.
[8] R. Browne, in: Proceed. Zoolog. Soc., 1868, p.409.
[9] Brehm: Tierleben. 2. Aufl., Bd. I, 1864, p.115, 162. In bezug auf die Affen, welche sich gegenseitig Dornen ausziehen, s. p.116. In bezug auf die *Hamadryas*-Paviane, welche Steine umdrehen, wird die Tatsache nach dem Zeugnis von Alvarez gegeben (p.158), dessen Beobachtungen Brehm für völlig glaubwürdig hält. Wegen der Fälle, wo die alten Pavianmännchen die Hunde angreifen, s. p.162, und wegen des Adlers p.118.

ste: Pferde zwicken einander und Kühe lecken einander an jeder Stelle, wo sie ein Stechen fühlen; Affen suchen einander äußere Schmarotzer ab, und Brehm führt an, daß, nachdem ein Trupp des *Cercopithecus griseoviridis* durch ein dorniges Gebüsch geschlüpft war, jeder Affe sich auf einem Zweig ausstreckte und ein anderer sich zu ihm setzte, „gewissenhaft" seinen Pelz untersuchte und jeden Stachel auszog.

Tiere leisten sich auch noch wichtigere Dienste; so jagen Wölfe und andere Raubtiere in Truppen und helfen einander beim Angriff auf ihre Beute; Pelikane fischen in Gemeinschaft. Die *Hamadryas*-Paviane drehen Steine um, um Insekten zu suchen usw., und wenn sie an einen großen kommen, wenden ihn so viele als herankommen können zusammen um und teilen die Beute. Soziale Tiere verteidigen sich gegenseitig; Bison-Bullen in Nord-Amerika treiben bei Gefahren die Kühe und Kälber in die Mitte der Herde, während sie den Rand verteidigen. In einem späteren Kapitel werde ich auch Fälle anführen, wo zwei wilde Bullen in Chillingham einen alten gemeinsam angriffen und wo zwei Hengste zusammen versuchten, einen dritten von einer Herde Stuten wegzutreiben. Brehm begegnete in Abessinien einer großen Herde von Pavianen, welche quer durch ein Tal zogen; einige hatten bereits den gegenüberliegenden Hügel erstiegen und einige waren noch im Tal. Die letzteren wurden von den Hunden angegriffen, aber sofort eilten die alten Männchen von den Felsen herab und brüllten mit weit geöffnetem Maul so fürchterlich, daß die Hunde sich bestürzt zurückzogen. Sie wurden von neuem zum Angriff angefeuert, aber diesmal waren alle Paviane wieder auf die Höhen hinaufgestiegen mit Ausnahme eines jungen, ungefähr sechs Monate alten, welcher laut um Hilfe rufend einen Felsblock erklettert hatte und umringt wurde. Jetzt kam eines der größten Männchen, ein wahrer Held, nochmals vom Hügel herab, ging langsam zu dem jungen, liebkoste ihn und führte ihn triumphierend weg, die Hunde waren zu sehr erstaunt, um ihn anzugreifen. Ich kann der Versuchung nicht widerstehen, noch eine andere Szene mitzuteilen, welcher derselbe Naturforscher als Zeuge beiwohnte. Ein Adler ergriff einen jungen *Cercopithecus*, konnte ihn aber, da sich jener an einen Zweig klammerte, nicht sofort wegschleppen. Der Affe schrie laut um Hilfe, worauf die anderen Tiere der Truppe mit vielem Gebrüll zum Einsatz herbeieilten, den Adler umringten und ihm so viele Federn ausrissen, daß er nicht länger an seine Beute dachte, sondern daran, wie er wegkäme. Dieser Adler, bemerkt Brehm, wird sicher niemals wieder einen einzelnen Affen in einer Herde angreifen.[10]

Es ist gewiß, daß in Gesellschaft lebende Tiere ein Gefühl der Liebe zueinander haben, welches erwachsene, nicht soziale Tiere nicht fühlen. Wie weit sie in den meisten Fällen tatsächlich mit den Schmerzen und Freuden der anderen sympathisieren, ist besonders mit Rücksicht auf die letzteren zweifelhafter. Doch gibt Mr. Buxton, welcher ausgezeichnete Gelegenheit zur Beobachtung hatte[11], an, daß seine Macaws, welche in Norfolk frei lebten, ein „extravagantes Interesse" an einem Paar mit einem Nest hatten; so oft das Weibchen dasselbe verließ, wurde es von einer Schar anderer umringt, welche „zu seiner Ehre ein fürchterliches Geschrei erhoben". Es ist oft schwer zu entscheiden, ob Tiere ein Gefühl für die Leiden anderer haben. Aber wer kann sagen, was Kühe fühlen, wenn sie um einen sterbenden oder toten Genossen herumstehen und ihn anstarren? Allem Anschein nach fühlen sie indessen, wie Houzeau bemerkt, kein Mitleid. Daß Tiere zuweilen weit davon entfernt sind, irgendwelche Sympathie zu zeigen, ist nur zu sicher; denn sie treiben ein verwundetes Tier aus der Herde oder stoßen und plagen es zu Tode. Dies dürfte beinahe der schwärzeste Punkt in der Naturgeschichte sein, wenn nicht die dafür aufgestellte Erklärung richtig ist, wonach der Instinkt oder Verstand der Tiere sie dazu an-

---

[10] Mr. Belt führt den Fall an, wo ein Affe, ein *Ateles*, in Nicaragua bald zwei Stunden lang im Wald schreien gehört wurde und man einen Adler dicht bei ihm auf dem Zweig sitzen fand. Der Vogel fürchtete offenbar, ihn anzugreifen, solange er ihm Auge in Auge gegenübersaß. Nach dem, was Belt von der Lebensweise dieser Affen gesehen hat, glaubt er, daß sie sich gegen die Angriffe der Adler dadurch schützen, daß zwei oder drei zusammenhalten. The Naturalist in Nicaragua, 1874, p.118.
[11] Annals and Magaz. of Natural History, Nov. 1868, p.382.

Viertes Kapitel

treibt, einen verwundeten Genossen auszustoßen, damit nicht Raubtiere, mit Einschluß des Menschen, versucht würden, der Herde zu folgen. In diesem Falle ist ihr Betragen nicht viel schlimmer als das der nordamerikanischen Indianer, welche ihre schwachen Kameraden in den Steppen umkommen lassen, oder der Fidschi-Insulaner, welche, wenn ihre Eltern alt oder krank werden, sie lebendig begraben.[12]

Es sympathisieren indessen sicher viele Tiere mit dem Unglück oder der Gefahr ihrer Genossen. Dies ist selbst bei Vögeln der Fall. Capt. Stansbury[13] fand am Salzsee in Utah einen alten und vollständig blinden Pelikan, welcher sehr fett war und von seinen Genossen lange Zeit, und zwar sehr gut, gefüttert worden sein mußte. Mr. Blyth teilt mir mit, daß er sah, wie indische Krähen zwei oder drei ihrer Genossen, welche blind waren, fütterten; und ich habe von einem ähnlichen Falle bei unserem Haushuhn gehört. Wenn man will, kann man diese Handlungen instinktive nennen, doch sind derartige Fälle viel zu selten, um der Entwicklung irgendeines speziellen Instinktes zum Ausgangspunkt dienen zu können.[14] Ich selbst habe einen Hund gesehen, welcher niemals bei einem seiner größten Freunde, nämlich der Katze, welche krank in einem Korb lag, vorüberging, ohne sie ein paar Mal mit der Zunge zu belecken, das sicherste Zeichen von freundlicher Gesinnung bei einem Hund.

Es muß Sympathie genannt werden, welche einen mutigen Hund veranlaßt, sich auf jeden zu stürzen, der seinen Herrn schlägt, wie er es sicher tun wird. Ich sah, wie jemand die Bewegung machte, als schlüge er eine Dame, die einen sehr furchtsamen kleinen Hund auf ihrem Schoß hatte; auch war dieser Versuch noch nie zuvor gemacht worden. Das kleine Geschöpf sprang sofort auf und davon; sobald aber das vermeintliche Schlagen vorüber war, war es wirklich rührend zu sehen, wie unablässig es suchte, seiner Herrin Gesicht zu lecken und sie zu trösten. Brehm[15] führt an, daß, als ein Pavian in der Gefangenschaft gehascht werden sollte, um gestraft zu werden, die anderen ihn zu beschützen suchten. In den oben angeführten Fällen muß es Sympathie gewesen sein, welche die Paviane und Cercopitheken veranlaßte, ihre jungen Genossen gegen die Hunde und den Adler zu verteidigen. Ich will nur noch ein einziges weiteres Beispiel eines sympathischen und heroischen Betragens bei einem kleinen amerikanischen Affen anführen. Vor mehreren Jahren zeigte mir ein Wärter im zoologischen Garten ein paar tiefe und kaum geheilte Wunden in seinem Genick, die ihm, während er auf dem Boden kniete, ein wütender Pavian beigebracht hatte. Der kleine amerikanische Affe, welcher ein warmer Freund dieses Wärters war, lebte in demselben großen Behältnis und fürchtete sich schrecklich vor dem großen Pavian, sobald er aber seinen Freund, den Wärter, in Gefahr sah, stürzte er nichtsdestoweniger zum Einsatz herbei und zog durch Schreien und Beißen den Pavian so vollständig ab, daß der Mann imstande war, sich zu entfernen, nachdem er, wie der ihn behandelnde Arzt später äußerte, in großer Lebensgefahr gewesen war.

Außer Liebe und Sympathie zeigen Tiere noch andere mit den sozialen Instinkten in Verbindung stehende Eigenschaften, welche man beim Menschen moralische nennen würde; und ich stimme mit Agassiz[16] überein, daß Hunde etwas dem Gewissen sehr ähnliches besitzen.

Hunde besitzen sicherlich etwas Kraft der Selbstbeherrschung, und diese scheint nicht gänzlich Folge der Furcht zu sein. Wie Braubach bemerkt[17], wird ein Hund sich des Stehlens von

---

[12] Sir J. Lubbock: Prehistoric Times. 2. edit., p.446.
[13] Wie L. H. Morgan in seiner Schrift: The American Beaver, 1878, p.272 zitiert. Capt. Stansbury gibt auch einen interessanten Bericht über die Art und Weise, wie ein sehr junger Pelikan, welcher von einer starken Strömung fortgetrieben wurde, in seinen Versuchen, das Ufer zu erreichen, von einem halben Dutzend alter Vögel geleitet und ermutigt wurde.
[14] Wie Mr. Bain bemerkt: „Wirksame Hilfe einem Leidenden gebracht, entspringt wirklicher Sympathie." Mental and Moral Science, 1868, p.245.
[15] Tierleben. 2. Aufl., Bd. 1, p.154.
[16] De l'Espèce et de la Classifikation, 1869, p.97.
[17] Die Darwinsche Art-Lehre, 1869, p.54.

Nahrung in Abwesenheit seines Herrn enthalten. Hunde sind schon lange für den echten Typus der Treue und des Gehorsams genommen worden; aber auch der Elefant ist seinem Treiber oder Wärter sehr treu und betrachtet ihn als den Leiter der Herde. Dr. Hooker erzählte mir, daß ein Elefant, den er in Indien ritt, so tief in sumpfigem Boden einsank, daß er bis zum anderen Tag feststecken blieb, wo er von Männern mit Hilfe von Stricken erlöst wurde. Unter solchen Umständen ergreifen Elefanten mit ihren Rüsseln alle Gegenstände, tot und lebendig, um sie unter ihre Knie zu bringen und dadurch das tiefere Einsinken in den Schlamm zu verhindern. Der Treiber war nun schrecklich in Sorge, daß das Tier den Dr. Hooker ergreifen und ihn erdrücken möchte. Wie aber Dr. Hooker sagt, war der Treiber selbst durchaus nicht in Gefahr. Diese Nachsicht mitten in einer für ein schweres Tier so fürchterlichen Lage ist ein wunderbarer Zug einer edlen Treue.[18]

Alle Tiere, welche in Massen zusammenleben und einander verteidigen, oder ihre Feinde gemeinsam angreifen, müssen in gewissem Grade einander treu sein, und derjenige, welcher einem Anführer folgt, muß in einem gewissen Grade gehorsam sein. Wenn die Paviane in Abessinien[19] einen Garten plündern, so folgen sie schweigend ihrem Anführer, und wenn ein unkluges junges Tier ein Geräusch macht, so bekommt es von den anderen eine Ohrfeige, um es Schweigen und Gehorsam zu lehren. Mr. Galton, der so ausgezeichnete Gelegenheit zur Beobachtung der halbwilden Rinder in Süd-Afrika gehabt hat, sagt[20], daß sie selbst eine momentane Trennung von der Herde nicht ertragen können. Sie sind wesentlich sklavisch und nehmen ruhig die allgemeine Bestimmung hin, ohne ein besseres Los zu suchen, als von einem Ochsen angeführt zu werden, der Selbstvertrauen genug besitzt, diese Stellung anzunehmen. Die Leute, welche diese Tiere für das Geschirr zähmen, achten sorgsam auf die, welche besonders grasen und dadurch Anlage zu Selbstvertrauen zeigen; diese spannen sie dann als Vorochsen ein. Mr. Galton fügt hinzu, daß solche Tiere selten und wertvoll sind; würden viele solche geboren, so würden sie bald eliminiert werden, da die Löwen beständig nach solchen Individuen auf der Lauer liegen, welche sich von der Herde entfernen.

In bezug auf den Impuls, welcher gewisse Tiere dazu führt, sich gesellig miteinander zu verbinden und einander auf viele Weisen zu helfen, kann man schließen, daß sie in den meisten Fällen durch dasselbe Gefühl der Befriedigung oder des Vergnügens dazu getrieben werden, welches sie bei der Ausübung anderer instinktiver Handlungen an sich erfahren, oder durch dasselbe Gefühl des Nichtbefriedigtseins, wie in anderen Fällen der Verhinderung instinktiver Handlungen. Wir sehen dies in zahllosen Beispielen, und es wird in auffallender Weise durch die erworbenen Instinkte unserer domestizierten Tiere erläutert. So ergötzt sich ein junger Schäferhund an dem Treiben der Schafe und dem rund um die Herde Herumlaufen, aber nicht am Beißen; ein junger Fuchshund ergötzt sich am Jagen eines Fuchses, während manche andere Hundearten, wie ich selbst erfahren habe, Füchse vollständig unbeachtet lassen. Welches starke Gefühl innerer Befriedigung muß einen Vogel, ein Tier von so viel innerem Leben, dazu treiben, Tag für Tag über seinen Eiern zu sitzen! Zugvögel sind unglücklich, wenn man sie am Wandern hindert, und vielleicht freuen sie sich auf die Abreise zu ihrem langen Flug; es läßt sich aber kaum glauben, daß die arme flügellahme Gans, welche, wie Audubon erzählt, rechtzeitig zu Fuß ihre lange Wanderung von wahrscheinlich mehr als tausend Meilen antrat, irgendeine Freude dabei empfunden habe. Einige Instinkte werden nur durch schmerzliche Gefühle bestimmt, so durch die Furcht, welche zur Selbsterhaltung führt und sich in manchen Fällen auf spezielle Feinde bezieht. Ich vermute, daß wohl niemand die Empfindungen des Vergnügens oder des Schmerzes analysieren kann. Es ist indessen in vielen Fällen wahrscheinlich, daß In-

---

[18] S. auch Hookers Himalayan Journals. Vol. II., 1854. p.333.
[19] Brehm: Tierleben. 2. Aufl., Bd. I, p.159.
[20] S. seinen äußerst interessanten Aufsatz über Geselligkeit beim Rind und Menschen in: MacMillan's Magazine, Febr. 1871, p.353.

stinkten durch die bloße Kraft der Vererbung, ohne das Reizmittel weder von Vergnügen noch Schmerz, gefolgt wird. Ein junger Vorstehhund kann, wenn er zuerst Wild wittert, scheinbar nicht anders, als zu stehen, ein Eichhorn in einem Käfig, welches die Nüsse, die es nicht essen kann, beklopft, als wenn es dieselben im Boden vergraben wollte, wird kaum so angesehen werden können, als handle es dabei entweder aus Vergnügen oder aus Schmerz. Die gewöhnliche Annahme, nach welcher die Menschen zu jeder Handlung dadurch angetrieben werden müßten, daß sie irgendein Vergnügen oder einen Schmerz dabei erfahren, dürfte daher irrig sein. Wird auch einer Gewohnheit blind und ohne weitere Überlegung und unabhängig von irgendeinem im Augenblick gefühlten Vergnügen oder Schmerz nachgegeben, so wird doch, wenn dieselbe zwangsweise und plötzlich aufgehalten werden würde, ein unbestimmtes Gefühl des Unbefriedigtseins allgemein empfunden werden.

Es ist oft angenommen worden, daß die Tiere an erster Stelle gesellig gemacht wurden, und daß sie als Folge hiervon sich ungemütlich fühlten, wenn sie voneinander getrennt wurden, und gemütlich, so lange sie zusammen waren. Eine wahrscheinlichere Ansicht ist aber die, daß diese letzteren Empfindungen zuerst entwickelt wurden, damit diejenigen Tiere, welche durch das Leben in Gesellschaft Nutzen hätten, veranlaßt würden, zusammenzuleben, in derselben Weise wie das Gefühl des Hungers und das Vergnügen am Essen ohne Zweifel zuerst erlangt wurden, um die Tiere zum Essen zu veranlassen. Das Gefühl des Vergnügens an Gesellschaft ist wahrscheinlich eine Erweiterung der elterlichen oder kindlichen Zuneigungen, da der soziale Instinkt dadurch im Jungen entwickelt worden zu sein scheint, daß es lange bei seinen Eltern blieb; und diese Erweiterung dürfte zum Teil der Gewohnheit, hauptsächlich aber der natürlichen Zuchtwahl zuzuschreiben sein. Bei denjenigen Tieren, welche durch das Leben in enger Gemeinschaft bevorzugt wurden, werden diejenigen Individuen, welche das größte Vergnügen an der Gesellschaft empfanden, am besten verschiedenen Gefahren entgehen, während diejenigen, welche sich am wenigsten um ihre Kameraden kümmerten und einzeln lebten, in größerer Anzahl umkommen werden. Was den Ursprung der elterlichen und kindlichen Zuneigungen betrifft, welche, wie es scheint, den sozialen Neigungen zugrunde liegen, so kennen wir die Stufen ihrer Entwicklung nicht; wir können aber annehmen, daß sie zum großen Teil durch natürliche Zuchtwahl erlangt worden sind. So ist dies fast sicher der Fall gewesen bei den ungewöhnlichen und entgegengesetzten Gefühlen des Hasses gegen die nächsten Verwandten, wie bei den Arbeiterbienen, welche ihre Drohnenbrüder töten, und bei den Bienenköniginnen, welche ihre Tochterköniginnen töten. Es ist nämlich hier der Trieb, ihre nächsten Verwandten zu zerstören, statt sie zu lieben, für die Gemeinschaft von Nutzen gewesen. Elterliche Liebe oder irgendein dieselbe ersetzendes Gefühl hat sich bei gewissen, außerordentlich tief stehenden Tieren entwickelt, z.B. bei Seesternen und Spinnen. Sie ist auch gelegentlich allein bei einigen wenigen Gliedern einer Tiergruppe vorhanden, so bei der Gattung *Forficula*, dem Ohrwurm.

Das überaus wichtige Gefühl der Sympathie ist verschieden von dem der Liebe. Eine Mutter kann ihr schlafendes und passiv daliegendes Kind leidenschaftlich lieben, aber man kann kaum sagen, daß sie dann Sympathie für dasselbe fühle. Die Liebe eines Menschen zu seinem Hund ist verschieden von Sympathie; in ähnlicher Weise ist es die Liebe eines Hundes für seinen Herrn. Wie früher Adam Smith, so hat neuerdings Mr. Bain behauptet, daß der Grund der Sympathie in der starken Nachwirkung liege, welche wir von früheren Zuständen des Leidens oder Vergnügens empfinden. Infolgedessen „erweckt der Anblick einer anderen Person, welche Hunger, Kälte, Ermüdung erduldet, in uns eine Erinnerung an dieselben Zustände, welche selbst in der Idee schmerzlich sind". Wir werden auf diese Weise veranlaßt, die Leiden eines anderen zu mildern, um zu gleicher Zeit auch unsere eigenen schmerzlichen Gefühle zu besänftigen. In gleicher Weise werden wir veranlaßt, an der Freude anderer teilzunehmen.[21] Ich kann aber nicht

---

[21] S. das erste wunderbare Kapitel in Adam Smith: Theory of Moral Sentiments; auch Bain: Mental and Moral Science, 1868, p.244 und 275-282. Mr. Bain führt an, daß „Sympathie indirekt eine Quelle des Vergnügens für

Vergleich der Geisteskräfte des Menschen mit denen der niederen Tiere (Fortsetzung)

einsehen, wie diese Ansicht jene Tatsache erklärt, daß Sympathie in einem unmeßbar stärkeren Grade von einer geliebten Person als von einer indifferenten erregt wird. Der bloße Anblick des Leidens, ganz unabhängig von Liebe, würde ja schon hinreichen, lebhafte Erinnerungen und Assoziationen in uns zu erwecken. Die Erklärung dürfte in der Tatsache zu finden sein, daß bei allen Tieren Sympathie allein auf die Glieder einer und derselben Gemeinschaft, daher auf bekannte und mehr oder weniger geliebte Mitglieder, aber nicht auf alle Individuen einer und derselben Spezies sich bezieht. Diese Tatsache ist nicht überraschender als die, daß die Furcht bei vielen Tieren sich nur auf gewisse Feinde bezieht. Arten, welche nicht gesellig leben, wie Löwen und Tiger, fühlen ohne Zweifel Sympathie mit dem Leiden ihrer Jungen, aber nicht mit dem irgendeines anderen Tieres. Beim Menschen verstärkt wahrscheinlich Selbstsucht, Erfahrung, Nachahmung, wie Mr. Bain gezeigt hat, die Kraft der Sympathie; denn die Hoffnung, in Erwiderung Gutes zu erfahren, treibt uns dazu, Handlungen sympathischer Freundlichkeit anderen zu erweisen; und dann wird das Gefühl der Sympathie sehr durch die Gewohnheit verstärkt. Wie kompliziert auch die Weise sein mag, in welcher dieses Gefühl zuerst entstanden sein mag, da es eines der bedeutungsvollsten für alle diejenigen Tiere ist, welche einander helfen und verteidigen, so wird es durch natürliche Zuchtwahl vergrößert worden sein; denn diejenigen Gemeinschaften, welche die größte Zahl der sympathischsten Mitglieder umfassen, werden am besten gedeihen und die größte Anzahl von Nachkommen erzielen.

In vielen Fällen ist es indessen unmöglich, zu entscheiden, ob gewisse soziale Instinkte durch natürliche Zuchtwahl erlangt worden sind, oder ob sie das indirekte Resultat anderer Instinkte und Fähigkeiten sind, wie der Sympathie, des Verstandes, der Erfahrung und einer Neigung zur Nachahmung, oder ferner, ob sie einfach das Resultat lange fortgesetzter Gewohnheit sind. Ein so merkwürdiger Instinkt wie der, Wachen aufzustellen, um die ganze Gemeinschaft vor Gefahr zu warnen, kann kaum das indirekte Resultat irgendeiner jener Fähigkeiten gewesen sein; er muß daher direkt erlangt worden sein. Auf der anderen Seite mag die Gewohnheit, nach welcher die Männchen einiger sozialen Tiere die Herde zu verteidigen und ihre Feinde oder ihre Beute gemeinsam anzugreifen pflegen, vielleicht aus gegenseitiger Sympathie entstanden sein; aber Mut, und in den meisten Fällen auch Kraft, muß schon vorher und wahrscheinlich durch natürliche Zuchtwahl erlangt worden sein.

Von den verschiedenen Instinkten und Gewohnheiten sind einige viel stärker als andere, d.h. einige verursachen entweder mehr Vergnügen, wenn sie ausgeführt werden, und mehr Unbehagen, wenn sie verhindert werden, als andere, oder, und dies ist wahrscheinlich völlig ebenso bedeutungsvoll, sie werden viel beständiger infolge der Vererbung befolgt, ohne irgendein spezielles Gefühl der Freude oder des Schmerzes zu erregen. Wir selbst sind uns dessen wohl bewußt, daß manche Gewohnheiten viel schwerer zu heilen oder zu ändern sind, als andere. Man kann daher auch oft bei Tieren einen Kampf zwischen verschiedenen Instinkten beobachten, oder zwischen einem Instinkt und einer gewohnheitsgemäßen Neigung: So wenn ein Hund auf einen Hasen losstürzt, gescholten wird, pausiert, zweifelt, wieder hinausjagt oder beschämt zu seinem Herrn zurückkehrt; oder wenn eine Hündin zwischen der Liebe zu ihren Jungen und zu ihrem Herrn kämpft, denn man sieht sie sich zu jenen wegschleichen, gewissermaßen als schäme sie sich, nicht ihren Herrn zu begleiten. Das merkwürdigste mir bekannte Beispiel aber von einem Instinkt, welcher einen anderen bezwingt, ist der Wanderinstinkt, welcher den mütterlichen überwindet. Der erstere ist wunderbar stark; ein gefangener Vogel schlägt zu der betreffenden Zeit seine Brust gegen den Draht seines Käfigs, bis sie nackt und blutig ist; er veranlaßt

---

den sie empfindend sei", und erklärt dies als eine Folge der Reziprozität. Er bemerkt, daß „die Person, welche Wohltaten empfing, oder andere an ihrer Stelle, durch Sympathie oder gute Dienste für das Opfer sich erkenntlich zeigen können". Wenn indessen Sympathie, wie es der Fall zu sein scheint, streng genommen ein Instinkt ist, so würde ihre Ausübung direkt Vergnügen machen, in derselben Weise wie die Ausübung fast jeden anderen Instinktes oben als solches dargestellt wurde.

junge Lachse, aus dem Süßwasser herauszuspringen, wo sie ruhig weiter leben könnten, und führt sie damit unabsichtlich zum Selbstmord. Jedermann weiß, wie stark der mütterliche Instinkt ist, welcher selbst furchtsame Vögel ermutigt, größerer Gefahr sich auszusetzen, doch immer mit Zaudern und im Widerstreit mit dem Instinkt der Selbsterhaltung. Nichtsdestoweniger ist der Wanderinstinkt so mächtig, daß spät im Herbst Ufer- und Hausschwalben häufig ihre zarten Jungen verlassen und sie elendiglich in ihren Nestern umkommen lassen.[22]

Wir können wohl sehen, daß ein instinktiver Antrieb, wenn er in irgendwelcher Weise einer Spezies vorteilhafter ist als irgendein anderer oder entgegengesetzter Instinkt, durch natürliche Zuchtwahl der kräftigere von beiden werden kann; denn diejenigen Individuen, welche ihn am stärksten entwickelt haben, werden in größerer Zahl andere überleben. Ob dies aber der Fall ist mit dem Wanderinstinkt in Vergleich mit dem mütterlichen, ließe sich wohl bezweifeln. Die größere Beständigkeit und ausdauernde Wirkung des Ersteren zu gewissen Zeiten des Jahres und zwar während des ganzen Tages, dürften ihm eine Zeitlang eine überwiegende Kraft verleihen.

Der Mensch ein soziales Tier. – Die meisten Leute geben zu, daß der Mensch ein soziales Wesen ist. Wir sehen dies in seiner Abneigung gegen Einsamkeit und in seinem Wunsch nach Gesellschaft noch über die seiner eigenen Familie hinaus. Einzelhaft ist eine der schärfsten Strafarten, welche über jemand verhängt werden kann. Einige Schriftsteller vermuten, daß der Mensch im Urzustand in einzelnen Familien lebte; wenn aber auch heutigen Tages einzelne Familien oder nur zwei oder drei die einsamen Gefilde irgendeines wilden Landes durchziehen, so stehen sie doch immer, soweit ich es nur ermitteln konnte, mit anderen, denselben Bezirk bewohnenden Familien in freundschaftlichem Verkehr. Derartige Familien treffen gelegentlich zu Beratschlagungen zusammen und vereinigen sich zur gemeinsamen Verteidigung. Darin, daß die benachbarte Bezirke bewohnenden Stämme fast immer miteinander im Krieg sind, liegt kein Grund dagegen, daß der Mensch ein soziales Tier ist; denn soziale Instinkte erstrecken sich niemals auf alle Individuen einer und derselben Art. Nach Analogie mit der größten Zahl der Quadrumanen zu schließen, ist es wahrscheinlich, daß die frühen affenähnlichen Urerzeuger des Menschen gleichfalls sozial waren; dies ist aber für uns von keiner großen Bedeutung. Obschon der Mensch, wie er jetzt existiert, wenig spezielle Instinkte hat und wohl alle, welche seine frühen Urerzeuger besessen haben mögen, verloren hat, so ist dies doch kein Grund, warum er nicht von einer äußerst entfernten Zeit her einen gewissen Grad instinktiver Liebe und Sympathie für seine Genossen behalten haben sollte. Wir sind uns in der Tat alle bewußt, daß wir derartige sympathische Gefühle besitzen[23]; unser Bewußtsein sagt uns aber nicht, ob dieselben instinktiv und vor langer Zeit in derselben Weise wie bei den niederen Tieren entstanden sind, oder ob sie von jedem Einzelnen von uns während unserer früheren Lebensjahre erlangt worden sind. Da der Mensch ein soziales Tier ist, so wird er auch wahrscheinlich eine Neigung, seinen Kameraden treu und dem Anführer seines Stammes gehorsam zu bleiben, vererben; denn diese Eigen-

---

[22] Diese Tatsache wurde nach der Angabe L. Jenyns' (s. dessen Ausgabe von White's Natural History of Selborne, 1853, p.204) zuerst von dem berühmten Jenner berichtet in den Philos. Transact. für 1824, und ist seit jener Zeit von mehreren Beobachtern, besonders von Mr. Blackwall bestätigt worden. Der letztgenannte sorgfältige Beobachter untersuchte zwei Jahre hintereinander spät im Herbst sechsunddreißig Nester. Er fand, daß zwölf davon junge tote Vögel, fünf dem Ausschlüpfen nahe Eier und drei nur eine zeitlang bebrütete Eier enthielten. Es werden auch viele Vögel, welche zu einem so langen Flug noch nicht alt genug sind, gleichfalls aufgegeben und zurückgelassen. S. Blackwall: Researches in Zoology, 1834, p.108, 118. Für weitere Beweise, deren kaum welche nötig sind, s. Leroy: Lettres philos., 1802, p.217. In bezug auf Schwalben s. Goulds Introduction to the Birds of Great Britain, 1873, p.5. Ähnliche Fälle sind von Mr. Adams auch in Kanada beobachtet worden; s. Popular Science Review, July, p.283.

[23] Hume bemerkt (An Enquiry concerning the Principles of Moral. Edit. 1751, p.132): „Es scheint das Bekenntnis notwendig zu sein, daß das Glück und Unglück anderer uns keine völlig indifferenten Schauspiele sind, daß im Gegenteil die Betrachtung des ersteren … uns eine heimliche Freude bereitet, während das Auftreten des letzteren … einen melancholischen Schatten über unsere Phantasie breitet."

Vergleich der Geisteskräfte des Menschen mit denen der niederen Tiere (Fortsetzung)

schaft ist den meisten sozialen Tieren gemein. Er wird folglich in gleicher Weise eine gewisse Fähigkeit der Selbstbeherrschung besitzen. Er wird auch infolge einer angeerbten Neigung noch immer geneigt sein, gemeinsam mit anderen seine Mitmenschen zu verteidigen, und bereit, ihnen in allen Weisen zu helfen, welche nicht zu stark mit seiner eigenen Wohlfahrt oder seinen eigenen lebhaften Wünschen sich kreuzen.

Diejenigen sozialen Tiere, welche am unteren Ende der Stufenleiter stehen, werden fast ausschließlich, und diejenigen, welche höher in der Reihenfolge stehen, in großem Maße bei der Hilfe, welche sie den Gliedern derselben Genossenschaft angedeihen lassen, durch spezielle Instinkte unterstützt. In gleicher Weise werden sie aber auch zum Teil durch gegenseitige Liebe und Sympathie dazu veranlaßt werden, wobei sie, wie es wohl scheint, der Verstand in einem gewissen Grade unterstützt. Obgleich der Mensch, wie eben bemerkt, keine speziellen Instinkte hat, welche ihm sagen, wie er seinem Mitmenschen helfen soll, so fühlt er doch den Antrieb dazu, und bei seinen vervollkommneten intellektuellen Fähigkeiten wird er in dieser Hinsicht natürlich durch Nachdenken und Erfahrung geleitet werden. Auch wird ihn instinktive Sympathie veranlassen, die Billigung seiner Mitmenschen hoch anzuschlagen, denn die Empfänglichkeit für Lob und das starke Gefühl für Ruhm einer-, andererseits der noch stärkere Widerwille gegen Spott und Verachtung sind, wie Mr. Bain klar gezeigt hat[24], Folgen der Sympathie. Infolge hiervon wird der Mensch durch die Wünsche, den Beifall und Tadel seiner Mitmenschen, wie diese durch deren Gesten und Sprache ausgedrückt werden, bedeutend beeinflußt. So geben die sozialen Instinkte, welche der Mensch in einem sehr rohen Zustand erlangt haben muß, und die vielleicht selbst von seinen früheren, affenähnlichen Urerzeugern erlangt worden sind, noch immer den Anstoß zu vielen seiner besten Handlungen; seine Handlungen werden aber in einem höheren Grade durch die ausdrücklichen Wünsche und das Urteil seiner Mitmenschen und unglücklicherweise sehr oft durch seine eigenen starken, eigensüchtigen Begierden bestimmt. In dem Maße aber, wie die Gefühle der Liebe und Sympathie und die Kraft der Selbstbeherrschung und die Gewohnheit verstärkt werden, und wie das Vermögen des Nachdenkens klarer wird, so daß der Mensch die Gerechtigkeit der Urteile seiner Mitmenschen würdigen kann, wird er sich unabhängig von irgendeinem Gefühl der Freude oder des Schmerzes, das er in dem Augenblick fühlen könnte, zu einer gewissen Richtung seines Benehmens getrieben fühlen. Dann – und kein Barbar oder unkultivierter Mensch könnte so denken – kann er sagen: Ich bin der oberste Richter meines eigenen Betragens; oder mit den Worten Kants: „Ich will in meiner eigenen Person nicht die Würde der Menschheit verletzen".

Die beständigeren sozialen Instinkte überwinden die weniger beständigen. – Wir haben indessen bis jetzt den wichtigsten Punkt, um welchen sich die ganze Frage des moralischen Gefühls dreht, noch nicht betrachtet: Wie kommt es, daß ein Mensch fühlt, daß er der einen instinktiven Begierde eher gehorchen soll als der anderen? Warum bereut er es bitterlich, wenn er dem starken Gefühl der Selbsterhaltung nachgegeben und sein Leben nicht gewagt hat, um das eines Mitgeschöpfes zu retten, oder warum bereut er es, infolge peinlichen Hungers, Nahrung gestohlen zu haben?

An erster Stelle ist es offenbar, daß beim Menschen die instinktiven Impulse verschiedene Grade der Mächtigkeit besitzen. Ein Wilder wird sein Leben wagen, um das eines Mitgliedes seiner Genossenschaft zu retten, wird aber in bezug auf einen Fremden völlig indifferent bleiben; eine junge furchtsame Mutter wird, vom mütterlichen Instinkt getrieben, ohne auch nur einen Augenblick zu zögern, sich der größten Gefahr um ihres Kindes willen aussetzen, aber nicht um eines bloßen Mitgeschöpfes willen. Trotzdem hat schon mancher Mann oder selbst Knabe, welcher noch niemals zuvor sein Leben für ein anderes wagte, in dem aber Mut und Sympathie schön entwickelt waren, mit Hintansetzung des Instinkts der Selbsterhaltung sich augenblicklich in den Strom gestürzt, um einen dem Ertrinken nahen Mitmenschen, wenn es auch ein Fremder

---

[24] Mental and Moral Science, 1868, p.254.

war, zu retten. In diesem Falle wird der Mensch durch dasselbe instinktive Motiv getrieben, welches den kleinen heroischen amerikanischen Affen, den ich früher erwähnte, veranlaßte, den großen und von ihm gefürchteten Pavian anzugreifen, um seinen Wärter zu retten. Derartige Handlungen, wie die eben genannten, scheinen das einfache Resultat davon zu sein, daß die sozialen oder mütterlichen Instinkte stärker sind als irgendwelche anderen Instinkte oder Motive; denn um Folge einer Überlegung oder Folge eines Gefühls von Freude oder Schmerz sein zu können, werden sie zu augenblicklich ausgeübt, wennschon die Nichtausübung ein Unbehagen veranlassen würde. Andererseits kann aber wohl in einem furchtsamen Menschen der Instinkt der Selbsterhaltung so stark sein, daß er unfähig wäre, sich dahin zu bringen, irgendeine solche Gefahr zu laufen, vielleicht selbst dann nicht, wenn es das Leben seines eigenen Kindes gilt.

Ich weiß wohl, daß manche Personen behaupten, Handlungen, welche durch einen plötzlichen Antrieb zur Ausführung gelangen, wie in den obenerwähnten Fällen, gehörten nicht in den Bereich des moralischen Gefühls und könnten daher nicht moralisch genannt werden. Dieselben beschränken diesen Ausdruck auf Handlungen, welche mit Überlegung und nach einem siegreichen Wettstreit über entgegenstehende Begierden ausgeführt werden, oder auf Handlungen, welche Folgen irgendeines edlen Motivs sind. Es scheint indessen kaum möglich zu sein, eine scharfe Unterscheidungslinie dieser Art zu ziehen.[25] Was erhabene Motive betrifft, so sind viele Beispiele von Barbaren mitgeteilt worden, welche jeden Gefühls eines allgemeinen Wohlwollens gegen die Menschheit bar und nicht durch irgendwelches religiöse Motiv geleitet mit völliger Überlegung in der Gefangenschaft eher ihr Leben opferten, als ihre Kameraden verrieten; und sicherlich ist ihr Benehmen als ein moralisches zu betrachten. Was die Überlegung und den Sieg über entgegenstehende Motive betrifft, so läßt sich auch beobachten, daß Tiere in bezug auf einander entgegenstehende Instinkte zweifeln; so, wenn es sich darum handelt, ihren Nachkommen oder ihren Kameraden in Gefahr zu helfen; und doch werden ihre Handlungen, trotzdem sie zum Besten anderer ausgeführt werden, nicht moralische genannt. Überdies wird eine von uns sehr oft ausgeführte Handlung zuletzt ohne Überlegung oder Zaudern verrichtet werden, und doch wird sicherlich niemand behaupten, daß eine in dieser Weise verrichtete Handlung aufhört, moralisch zu sein; im Gegenteil fühlen wir alle, daß eine Handlung nicht als vollkommen oder als in der edelsten Weise ausgeführt angesehen werden kann, wenn sie nicht infolge eines augenblicklichen Impulses ohne Überlegung oder Anstrengung und in derselben Weise ausgeführt wird, wie sie ein Mensch tun würde, bei dem die nötigen Eigenschaften angeboren sind. Indessen verdient derjenige, welcher erst seine Furcht oder seinen Mangel an Sympathie überwinden muß, ehe er zur Handlung schreitet, nach einer Seite hin noch mehr Anerkennung als derjenige, dessen angeborene Disposition ihn zu einer guten Handlung ohne weitere Anstrengung führt. Da wir zwischen den Beweggründen nicht weiter unterscheiden können, so bezeichnen wir alle Handlungen einer gewissen Klasse als moralisch, wenn sie von einem moralischen Wesen ausgeführt werden. Ein moralisches Wesen ist ein solches, welches imstande ist, seine vergangenen und zukünftigen Handlungen oder Beweggründe miteinander zu vergleichen und sie zu billigen oder zu mißbilligen. Zu der Annahme, daß irgendeines der niederen Tiere diese Fähigkeit habe, haben wir keinen Grund. Wenn daher ein Neufundländerhund ein Kind aus dem Wasser holt, oder wenn ein Affe sich in Gefahr begibt, um seinen Kameraden zu retten, oder einen verwaisten Affen in sorgsame Pflege nimmt, so nennen wir dieses Benehmen nicht moralisch; beim Menschen dagegen, welcher allein mit Sicherheit als moralisches Wesen bezeichnet werden kann, werden Handlungen einer gewissen Klasse moralische genannt, mögen sie

---

[25] Ich beziehe mich hier auf den Unterschied zwischen dem, was man materielle, und dem, was man formelle Moralität genannt hat. Ich freue mich, zu sehen, daß Prof. Huxley (Critiques and Adresses, 1873, p.287) dieselbe Ansicht hat. Mr. Leslie Stephen bemerkt (Essays on Free Thinking and Plain Speaking, 1873, p.83): „Der metaphysische Unterschied zwischen materieller und formeller Moralität ist so irrelevant wie andere derartige Unterschiede."

mit Überlegung nach einem Kampf mit entgegenstehenden Beweggründen oder infolge eines augenblicklichen Impulses durch den Instinkt oder infolge der Nachwirkung einer nach und nach erlangten Gewohnheit ausgeführt werden.

Doch kehren wir zu unserem zunächst vorliegenden Gegenstand zurück. Obgleich manche Instinkte kräftiger sind als andere und damit zu entsprechenden Handlungen führen, so kann doch nicht behauptet werden, daß die sozialen Instinkte beim Menschen (mit Einschluß der Ruhmliebe und der Furcht vor Tadel) gewöhnlich stärker sind oder durch langandauernde Gewohnheit stärker geworden sind, als z.B. die Instinkte der Selbsterhaltung, des Hungers, der Lust, der Rache usw. Warum bereut der Mensch, – selbst wenn er sich Mühe gibt, jedes solche Gefühl der Reue zu verbannen –, daß er mehr dem einen natürlichen Impuls gefolgt ist als dem anderen, und ferner, warum fühlt er, daß er sein Betragen bereuen sollte? In dieser Beziehung weicht der Mensch völlig von den niederen Tieren ab, doch können wir, wie ich glaube, die Ursache dieser Verschiedenheit mit einem ziemlichen Grade von Deutlichkeit erkennen.

Infolge der Lebendigkeit seiner geistigen Fähigkeiten kann der Mensch es nicht vermeiden zu reflektieren: Vergangene Eindrücke und Bilder durchziehen unaufhörlich mit Deutlichkeit seine Seele. Bei denjenigen Tieren nun, welche beständig in Massen vereinigt leben, sind die sozialen Instinkte fortwährend gegenwärtig und ausdauernd. Derartige Tiere sind immer bereit, das Warnsignal auszustoßen, die Genossenschaft zu verteidigen und ihren Genossen in Übereinstimmung mit ihren Gewohnheiten zu helfen; sie fühlen zu allen Zeiten, ohne den Antrieb einer speziellen Leidenschaft oder Begierde, einen gewissen Grad von Liebe und Sympathie für sie; sie sind unglücklich, wenn sie lange von ihnen getrennt sind, und wieder in ihrer Gesellschaft immer glücklich. Dasselbe gilt auch für uns selbst. Selbst wenn wir ganz allein sind, wie oft denken wir mit Vergnügen oder mit Kummer daran, was andere von uns denken – an deren vermeintliche Billigung oder Mißbilligung; und dies alles ist Folge der Sympathie, eines Fundamentalelements der sozialen Instinkte. Ein Mensch, welcher keine Spur derartiger Instinkte besäße, würde ein unnatürliches Monstrum sein. Auf der anderen Seite ist die Begierde, den Hunger oder irgendeine Leidenschaft, wie die der Rache, zu befriedigen, ihrer Natur nach temporär und kann zeitweise vollständig befriedigt werden. Es ist auch nicht leicht, vielleicht kaum möglich, mit vollständiger Lebendigkeit z.B. das Gefühl des Hungers sich zurückzurufen und, wie oft bemerkt worden ist, nicht einmal das Gefühl irgendwelchen Leidens. Der Instinkt der Selbsterhaltung wird nicht gefühlt, ausgenommen in Gegenwart einer drohenden Gefahr, und mancher Feigling hat sich für tapfer gehalten, bis er seinem Feinde Auge in Auge gegenübergestanden hat. Der Wunsch nach dem Eigentum eines anderen Menschen ist vielleicht ein so beständiger wie irgendeiner, der angeführt werden kann; aber selbst in diesem Falle ist das befriedigende Gefühl wirklichen Besitzes meist ein schwächeres Gefühl als der Wunsch danach. Schon mancher Dieb hat sich, wenn er kein gewohnheitsmäßiger war, nach glücklichem Erfolg gewundert, warum er dies oder jenes gestohlen hat.[26]

---

[26] Feindschaft oder Haß scheint gleichfalls ein in hohem Maße andauerndes Gefühl zu sein, vielleicht mehr als irgendein anderes, was etwa angeführt werden könnte. Neid wird definiert als Haß eines anderen wegen irgendeines Vorzugs oder Erfolgs. Bacon betont (Essay IX): „Von allen anderen Affekten ist Neid der zudringlichste und beständigste." Bei Hunden kommt es leicht vor, daß sie sowohl fremde Menschen als auch fremde Hunde hassen, besonders wenn sie in der Nachbarschaft leben, aber nicht zu derselben Familie, zu demselben Stamm oder Gefolge gehören. Hiernach möchte das Gefühl angeboren zu sein scheinen, und es ist sicherlich ein äußerst andauerndes. Es scheint das Komplement und der Gegensatz des echten sozialen Instinkts zu sein. Nach dem, was wir von den Wilden hören, gilt allem Anschein nach etwas dem ähnliches auch für sie. Wenn dies der Fall ist, so wäre es nur ein kleiner Schritt, um bei jedem solche Gefühle auf irgendein Mitglied des fremden Stammes zu übertragen, wenn ihm dies einen Schaden zugefügt hätte und sein Feind geworden wäre. Auch ist es nicht wahrscheinlich, daß das primitive Gewissen eines Menschen darüber Vorwürfe machen würde, daß er seinen Feind schädigt; es würde ihm eher vorwerfen, daß er sich nicht gerächt habe. Gutes zu tun in Erwiderung für Böses, den Feind zu lieben, ist eine Höhe der Moralität, von der wohl bezweifelt werden dürfte, ob die sozialen Instinkte für sich selbst uns dahin gebracht haben würden. Notwendigerweise mußten diese Instinkte, in Verbindung mit Sympathie, hochkul-

Viertes Kapitel

Der Mensch kann es nicht vermeiden, daß alte Eindrücke beständig wieder durch seine Seele ziehen; hierdurch wird er gezwungen, die Eindrücke, z. B. vergangenen Hungers oder befriedigter Rache oder auf Kosten anderer Menschen vermiedener Gefahr, mit dem fast stets gegenwärtigen Instinkt der Sympathie und mit seiner früheren Kenntnis von dem, was andere für preiswürdig oder für tadelnswert halten, zu vergleichen. Diese Kenntnis kann er nicht aus seiner Seele verbannen, und sie wird infolge der instinktiven Sympathie als von großer Bedeutung angesehen. Er wird dann das Gefühl haben, daß er irre geleitet worden sei, als er einem auftauchenden Instinkt oder einer Gewohnheit nachgegeben habe, und dies verursacht bei allen Tieren das Gefühl des Unbefriedigtseins oder selbst des Elends.

Der vorhin mitgeteilte Fall der Schwalbe bietet eine Erläuterung, wenn auch in umgekehrter Weise, eines nur zeitweise, aber doch für diese Zeit stark vorherrschenden Instinkts dar, welcher einen anderen, welcher gewöhnlich alle übrigen beherrscht, überwindet. Zu der betreffenden Zeit des Jahres scheinen diese Vögel den ganzen Tag lang nur die eine Begierde zu kennen: zu wandern. Ihre Gewohnheiten ändern sich, sie werden rastlos, lärmend und versammeln sich in Haufen. Solange der mütterliche Vogel seine Nestlinge ernährt oder über ihnen sitzt, ist der mütterliche Instinkt wahrscheinlich stärker als der Wanderinstinkt; aber derjenige, welcher der andauernde ist, erhält den Sieg, und zuletzt fliegt der Vogel in einem Augenblick, wo seine Jungen nicht in Sicht sind, auf und davon und verläßt sie. Ist er am Ende seiner langen Reise und hat der Wanderinstinkt zu wirken aufgehört, welch schmerzliche Gewissensbisse würde der Vogel fühlen, wenn er, mit großer geistiger Lebendigkeit ausgerüstet, sich dem nicht entziehen könnte, daß das Bild seiner Jungen, welche in dem rauhen Norden vor Kälte und Hunger umkommen mußten, beständig durch seine Seele zöge.

In dem Moment der Handlung wird der Mensch ohne Zweifel geneigt sein, dem stärkeren Antrieb zu folgen, und obschon ihn dies gelegentlich zu den edelsten Taten führen kann, so wird es doch bei weitem häufiger ihn dazu bringen, seine eigenen Begierden auf Kosten anderer Menschen zu befriedigen. Wenn aber nach deren Befriedigung die vergangenen und schwächeren Eindrücke mit den immer vorhandenen sozialen Instinkten verglichen werden, und bei seiner hohen Achtung vor der guten Meinung seiner Mitmenschen, wird sicherlich Reue eintreten; der Mensch wird dann Gewissensbisse, Reue, Bedauern oder Scham empfinden; doch bezieht sich das letztere Gefühl fast ausschließlich auf das Urteil anderer. Er wird infolgedessen sich entschließen, mit mehr oder weniger Kraft, in Zukunft anders zu handeln. Dies ist das Gewissen; denn das Gewissen schaut rückwärts und dient uns als Führer für die Zukunft.

Die Natur und Stärke der Empfindungen, welche wir Bedauern, Scham, Reue oder Gewissensbisse nennen, hängen dem Anschein nach nicht allein von der Stärke des verletzten Instinkts, sondern auch zum Teil von der Stärke der Versuchung und häufig noch mehr von dem Urteil unserer Mitmenschen ab. Inwieweit jeder Mensch die Anerkennung anderer würdigt, hängt von der Stärke seines angeborenen oder erlangten Gefühls der Sympathie ab, auch von seiner eigenen Fähigkeit, die entfernteren Folgen seiner Handlungen sich zu überlegen. Ein anderes Element ist äußerst bedeutungsvoll, wennschon nicht notwendig: die Ehrfurcht oder Furcht vor Gott oder den Geistern, an die jeder Mensch glaubt; dies gilt vorzüglich für die Fälle, wo Gewissensbisse empfunden werden. Mehrere Kritiker haben mir entgegengehalten, daß, wenn auch ein geringer Grad von Bedauern oder Reue durch die in diesem Kapitel verteidigte Ansicht erklärt werden könne, es doch unmöglich sei, in dieser Weise das seelenerschütternde Gefühl der Gewissensbisse zu erklären. Ich kann diesem Einwurf nur wenig Gewicht beilegen. Meine Kritiker definieren nicht, was sie unter Gewissensbissen verstehen, und ich kann keine Definition finden, die mehr enthielte, als ein überwältigendes Gefühl der Reue. Gewissensbisse scheinen in demselben Verhältnis zur Reue zu stehen, wie Wut zu Ärger, oder Todesangst zu Schmerz. Es ist

---

tiviert und mit Hilfe des Verstandes, des Unterrichts, der Liebe oder Furcht Gottes erweitert werden, ehe eine solche goldene Regel je hätte erdacht und befolgt werden können.

durchaus nicht befremdend, daß ein so starker und so allgemein bewunderter Instinkt wie Mutterliebe, wenn ihm nicht gehorcht wird, zum Gefühl des tiefsten Elends führt, sobald der Eindruck der vorübergegangenen Veranlassung zum Nichtgehorchen abgeschwächt ist. Selbst wenn eine Handlung keinem speziellen Instinkte entgegengesetzt ist: Einfach zu wissen, daß unsere Freunde und Gleichstehenden uns verachten, ist hinreichend, uns sehr unglücklich zu machen. Wer kann daran zweifeln, daß die Verweigerung eines Duells aus Furcht manchem Mann die allerbitterste Scham verursacht hat? So mancher Hindu ist, wie man sagt, bis auf den Grund seiner Seele erschüttert worden, weil er unreine Nahrung zu sich genommen hat. Das folgende ist ein weiterer Fall von Gewissensbissen, wie man es meiner Meinung nach wohl nennen muß. Dr. Landor fungierte als Magistratsperson in West-Australien und erzählte[27], daß ein Eingeborener auf seiner Farm nach dem Verlust einer seiner Frauen infolge von Krankheit zu ihm gekommen sei und gesagt habe, „daß er im Begriffe sei, zu einem entfernten Stamm zu gehen, um zur Befriedigung seines Gefühls von Pflicht gegen seine Frau ein anderes Weib mit dem Speere zu töten. Ich sagte ihm, daß, wenn er es thäte, ich ihn zeitlebens ins Gefängnis bringen würde. Er blieb ein paar Monate auf der Farm, wurde aber außerordentlich mager und klagte, daß er nicht ruhen und nicht essen könne, daß der Geist seiner Frau ihn heimsuche, weil er nicht ein anderes Leben für ihres genommen habe. Ich blieb unerbittlich und versicherte ihm, daß ihn nichts retten würde, wenn er es thäte". Nichtsdestoweniger verschwand der Mann für länger als ein Jahr, und kehrte dann in gehobener Stimmung zurück. Seine andere Frau erzählte dann Dr. Landor, daß ihr Mann einem zu einem entfernten Stamm gehörenden Weib das Leben genommen habe; es war aber unmöglich, legale Zeugnisse für die Handlung beizubringen. Die Verletzung einer vom Stamm heilig gehaltenen Regel läßt hiernach, wie es scheint, die tiefsten Gefühle entstehen, – und zwar völlig getrennt von den sozialen Instinkten, ausgenommen insofern die Regel auf das Urteil der Genossenschaft gegründet ist. Wie so viele fremdartige Formen des Aberglaubens auf der ganzen Erde entstanden sind, wissen wir nicht; auch können wir nicht angeben, woher es kommt, daß einige wirkliche und schwere Verbrechen, wie z. B. Inzest, selbst von den niedersten Wilden verabscheut werden (doch ist dies allerdings nicht ganz allgemein). Es ist selbst zweifelhaft, ob bei manchen Wilden Inzest mit größerem Abscheu betrachtet würde, als die Heirat eines Mannes mit einer Frau, die denselben Namen führt, auch wenn es keine Verwandte ist. „Dies Gesetz zu verletzen ist ein Verbrechen, welches die Australier in höchstem Maße verabscheuen, worin sie vollständig mit gewissen Stämmen in Nord-Amerika übereinstimmen. Wenn in beiden Teilen der Erde die Frage gestellt wird: Ist es schlechter, ein Mädchen eines fremden Stammes zu töten, oder ein Mädchen des eigenen Stammes zu heiraten, so würde eine Antwort ohne Zögern gegeben werden, die unserer Beantwortungsweise genau entgegengesetzt ist".[28] Den neuerdings von einigen Schriftstellern betonten Glauben, daß das Verabscheuen des Inzestes Folge davon ist, daß wir ein spezielles von Gott eingepflanztes Gewissen besitzen, dürften wir daher zu verwerfen haben. Im ganzen ist es wohl verständlich, wie ein von einem so mächtigen Gefühl wie Gewissensbissen angetriebener Mensch (auch wenn dasselbe so entstanden ist, wie es oben erklärt wurde) dazu gebracht werden kann, in einer Art und Weise zu handeln, von welcher ihm zu glauben gelehrt worden ist, daß sie als Vergeltung dient, z. B. wenn er sich selbst der Gerechtigkeit überliefert.

Von seinem Gewissen beeinflußt wird der Mensch durch lange Gewohnheit eine so vollkommene Selbstbeherrschung erlangen, daß seine Begierden und Leidenschaften zuletzt fast augenblicklich und ohne Kampf seinen sozialen Sympathien und Instinkten, mit Einschluß seines Gefühls für das Urteil seiner Mitmenschen, nachgeben. Der noch immer hungrige oder noch immer rachsüchtige Mensch wird nicht daran denken, Nahrung zu stehlen oder seine Rache auszuführen. Es ist möglich, oder wie wir später sehen werden, selbst wahrscheinlich, daß die

---

[27] Insanity in Relation to Law, Ontario, United States 1871, p.14.
[28] E. B. Tylor, in: Contemporary Review, April 1873, p.707.

Gewohnheit der Selbstbeherrschung wie andere Gewohnheiten vererbt wird. So kommt der Mensch selbst dazu, infolge erlangter und vielleicht ererbter Gewohnheit zu fühlen, daß es das Beste für ihn ist, seinen dauernden Impulsen zu folgen. Das gebieterische Wort „soll" scheint nur das Bewußtsein von der Existenz einer Regel des Betragens zu enthalten, wie immer diese auch entstanden sein mag. Früher muß das Drängen, daß ein beleidigter Mann ein Duell auskämpfen solle, oft heftig gewesen sein. Wir sagen selbst, daß ein Vorstehhund stehen soll und ein Apportierhund apportieren. Tun sie es nicht, so erfüllen sie ihre Pflicht nicht und handeln unrecht.

Wenn irgendeine Begierde oder ein Instinkt, welcher zu einer dem Besten anderer entgegenstehenden Handlung führt, einem Menschen, wenn dieser sich ihn vor die Seele ruft, noch immer als ebenso stark oder noch stärker als sein sozialer Instinkt erscheint, so wird er kein heftiges Bedauern fühlen, ihm gefolgt zu sein; er wird sich aber dessen bewußt sein, daß, wenn sein Betragen seinen Mitmenschen bekannt würde, er von ihnen Mißbilligung erfahren würde, und nur wenige sind so völlig der Sympathie bar, um nicht Mißbehagen zu empfinden, wenn dies eintritt. Hat er keine solche Sympathie und sind seine Begierden, die ihn zu schlechten Handlungen leiten, zu der Zeit stark und werden sie vor die Seele zurückgerufen, nicht von den persistenteren sozialen Instinkten und der Beurteilung anderer bekämpft, dann ist er seinem Wesen nach ein schlechter Mensch[29], und das einzige ihn zurückhaltende Motiv ist die Furcht vor der Strafe und die Überzeugung, daß es auf die Dauer für seine eigenen, eigensüchtigen Interessen am besten sein würde, mehr das Beste der anderen, als sein eigenes ins Auge zu fassen.

Offenbar kann jeder mit einem weiten Gewissen seine eigenen Begierden befriedigen, wenn sie nicht mit seinen sozialen Instinkten sich kreuzen, d.h. mit dem Besten anderer; aber um völlig vor seinen Vorwürfen sicher zu sein oder wenigstens vor Unbehagen, ist es beinahe notwendig, die Mißbilligung seiner Mitmenschen, mag sie gerechtfertigt sein oder nicht, zu vermeiden. Auch darf der Mensch nicht die feststehenden Gewohnheiten seines Lebens, besonders wenn dieselben verständige sind, durchbrechen; denn wenn er dies tut, wird er zuverlässig ein Unbefriedigtsein empfinden; auch muß er gleichzeitig den Tadel des einen Gottes oder der Götter vermeiden, an welchen oder an welche er je nach seiner Kenntnis oder nach seinem Aberglauben glauben mag. In diesem Falle tritt aber oft noch die weitere Furcht vor göttlicher Strafe ein.

Die eigentlichen sozialen Tugenden zuerst allein beachtet. – Die oben gegebene Ansicht von dem ersten Ursprung und der Natur des moralischen Gefühls, welches uns sagt, was wir tun sollen, und des Gewissens, welches uns tadelt, wenn wir jenem nicht gehorchen, stimmt ganz gut mit dem überein, was wir von dem früheren unentwickelten Zustand dieser Fähigkeit beim Menschen kennen. Die Tugenden, welche wenigstens im allgemeinen von rohen Menschen ausgeübt werden müssen, um es zu ermöglichen, daß sie in einer Gemeinsamkeit verbunden leben können, sind diejenigen, welche noch immer als die wichtigsten anerkannt werden. Sie werden aber fast ausschließlich nur in bezug auf Menschen desselben Stammes ausgeübt; und die ihnen entgegengesetzten Handlungen werden, sobald sie in bezug auf Menschen anderer Stämme ausgeübt werden, nicht als Verbrechen betrachtet. Kein Stamm würde zusammenhalten können, bei welchem Mord, Räuberei, Verräterei usw. gewöhnlich wären; infolgedessen werden solche Verbrechen innerhalb der Grenzen eines und desselben Stammes „mit ewiger Schmach gebrandmarkt"[30], erregen aber jenseits dieser Grenzen keine derartigen Empfindungen. Ein nordameri-

---

[29] Dr. Prosper Despine bringt in seiner „Psychologie naturelle", 1868 (Tom. I, p.243; Tom. II, p.169), viele merkwürdige Fälle von den schlimmsten Verbrechern, welche dem Anschein nach vollkommen eines Gewissens entbehrten.

[30] S. einen guten Aufsatz in der „North British Review", 1867, p.395; vgl. auch W. Bagehots Abhandlungen über die Bedeutung des Gehorsams und des Zusammenhaltens für den Urmenschen, in: The Fortnightly Review, 1867, p.529 und 1868, p.457 usw.

Vergleich der Geisteskräfte des Menschen mit denen der niederen Tiere (Fortsetzung)

kanischer Indianer ist mit sich selbst wohl zufrieden und wird von anderen geehrt, wenn er einen Menschen eines anderen Stammes skalpiert, und ein Dyak schneidet einer ganz friedlichen Person den Kopf ab und trocknet ihn als Trophäe. Der Kindesmord hat im größten Maßstab in der ganzen Welt geherrscht[31] und hat keinen Tadel gefunden; es ist im Gegenteil die Ermordung von Kindern, besonders von Mädchen, als etwas Gutes für den Stamm oder wenigstens nicht als schädlich für denselben angesehen worden. In früheren Zeiten wurde der Selbstmord nicht allgemein als Verbrechen betrachtet[32], sondern wegen des dabei bewiesenen Mutes eher als ehrenvolle Handlung; und er wird noch immer von einigen halbzivilisierten und wilden Nationen ausgeübt, ohne für tadelnswert zu gelten, denn er berührt nicht augenfällig andere desselben Stammes. Man hat berichtet, daß ein indischer Thug es in seinem Gewissen bedauerte, nicht ebenso viele Reisende stranguliert und beraubt zu haben, als sein Vater vor ihm getan hatte. Auf einem niedrigen Zustand der Zivilisation wird allerdings die Beraubung von Fremden meist für ehrenvoll gelten.

Sklaverei ist, wenngleich sie in alten Zeiten in mancher Weise wohltätig war, ein großes Verbrechen[33]; doch wurde sie bis ganz neuerdings selbst von den zivilisierten Nationen nicht dafür angesehen. Dies war besonders deshalb der Fall, weil die Sklaven meist einer von der ihrer Herren verschiedenen Rasse angehörten. Da Barbaren auf die Meinung ihrer Frauen gar nichts geben, werden die Weiber gewöhnlich wie Sklaven behandelt. Die meisten Wilden sind für die Leiden Fremder völlig indifferent oder ergötzen sich selbst an ihnen, wenn sie dieselben sehen. Es ist bekannt, daß die Frauen und Kinder der nordamerikanischen Indianer bei dem Martern ihrer Feinde mithelfen. Einige Wilde haben schaudererregende Freude an der Grausamkeit mit Tieren[34] und menschliches Rühren mit diesen ist eine bei ihnen unbekannte Tugend. Nichtsdestoweniger finden sich Gefühle des Wohlwollens, besonders während Krankheiten, zwischen den Gliedern eines und desselben Stammes gewöhnlich und erstrecken sich zuweilen auch über die Grenzen des Stammes hinaus. Mungo Parks rührende Erzählung von der Freundlichkeit einer Negerin aus dem Inneren Afrikas gegen ihn ist bekannt. Es ließen sich viele Fälle edler Treue von Wilden gegeneinander, aber nicht gegen Fremde anführen; die gewöhnliche Erfahrung rechtfertigt den Grundsatz des Spaniers: „Traue niemals, niemals einem Indianer". Treue kann nicht ohne Wahrheit bestehen, und diese fundamentale Tugend ist nicht selten bei den Gliedern eines Stammes untereinander zu finden: So hörte Mungo Park, daß die Negerin ihre Kinder lehrte, die Wahrheit zu lieben. Dies ist ferner eine von den Tugenden, welche so tief in die Seele sich einwurzeln, daß sie zuweilen von Wilden gegen Fremde, selbst unter großen Gefahren ausgeübt werden; aber den Feind zu belügen ist selten für eine Sünde gehalten worden, wie die Geschichte der modernen Diplomatik nur zu deutlich zeigt. Sobald ein Stamm einen anerkannten Führer hat, wird Ungehorsam zum Verbrechen, und selbst kriechendes Unterordnen wird als geheiligte Tugend angesehen.

Wie in Zeiten der Roheit kein Mensch ohne Mut seinem Stamm nützlich sein oder treu bleiben kann, so ist auch diese Eigenschaft früher allgemein im höchsten Ansehen gehalten worden; und obgleich in zivilisierten Ländern ein guter, aber furchtsamer Mensch der Gesellschaft viel nützlicher sein kann, als ein tapferer, so können wir uns doch des instinktiven Gefühls nicht er-

---

[31] Die ausführlichste Erörterung dieses Punktes, welche ich gefunden habe, findet sich bei Gerland: Über das Aussterben der Naturvölker, 1868. Ich werde aber auf den Kindsmord in einem späteren Artikel zurückzukommen haben.

[32] S. die sehr interessante Diskussion über den Selbstmord in Lecky's History of European Morals, Vol. I, 1869, p.228. In bezug auf Wilde teilt mir Mr. Winwood Reade mit, daß die Neger in West-Afrika häufig Selbstmord begehen. Es ist bekannt, wie verbreitet er unter den unglücklichen Eingeborenen von Süd-Amerika nach der spanischen Eroberung war. In bezug auf Neu-Seeland s. die Reise der Novara, und in bezug auf die Aleuten s. Müller, den Houzeau zitiert, in: Facultés Mentales etc., Tom. II, p.136.

[33] S. Bagehot: Physics and Politics, 1872, p.72.

[34] S. z.B. Hamiltons Erzählung von den Kaffern, in: Anthropological Review, 1870, p.XV.

Viertes Kapitel

wehren, den letzteren höher als den Feigling zu schätzen, mag letzterer auch ein noch so wohlwollender Mensch sein. Auf der anderen Seite ist Klugheit, welche die Wohlfahrt anderer nicht berührt, wenn sie auch an sich eine sehr nützliche Tugend ist, niemals sehr hoch geschätzt worden. Da niemand die für die Wohlfahrt des Stammes notwendigen Tugenden ohne Selbstaufopferung, Selbstbeherrschung und die Kraft der Ausdauer üben kann, so sind diese Eigenschaften zu allen Zeiten, und zwar äußerst gerechter Weise, hochgeschätzt worden. Der amerikanische Wilde unterwirft sich freiwillig ohne Murren den schrecklichsten Qualen, um seine Tapferkeit und seinen Mut zu beweisen und zu kräftigen; und wir müssen ihn unwillkürlich bewundern, wie selbst einen indischen Fakir, welcher infolge eines närrischen religiösen Motivs an einem in sein Fleisch gestoßenen Haken in der Luft hängt.

Die anderen auf das Individuum selbst Bezug habenden Tugenden, welche nicht augenfällig die Wohlfahrt des Stammes berühren, wenn sie es in der Tat auch wohl tun können, sind vom Wilden nie geschätzt worden, trotzdem sie jetzt von zivilisierten Nationen hoch anerkannt werden. Die größte Unmäßigkeit ist für Wilde kein Vorwurf, ungeheure Zügellosigkeit und unnatürliche Verbrechen herrschen bei ihnen in staunenerregender Weise.[35] Sobald indessen die Ehe, als Polygamie oder Monogamie, gebräuchlich wird, führt die Eifersucht auch zur Einprägung der weiblichen Tugend, und da diese dann geehrt wird, trägt sie auch dazu bei, sich auf unverheiratete Frauen zu verbreiten. Wie langsam es geschieht, bis sie sich auch auf das männliche Geschlecht verbreitet, sehen wir bis auf den heutigen Tag. Keuschheit erfordert vor allen Dingen Selbstbeherrschung, sie ist daher schon seit einer sehr frühen Zeit in der moralischen Geschichte zivilisierter Völker geehrt worden. Als eine Folge hiervon ist der sinnlose Gebrauch des Zölibats seit einer sehr frühen Zeit als Tugend betrachtet worden.[36] Die Verabscheuung der Unzüchtigkeit, welche uns so natürlich erscheint, daß man diesen Abscheu für angeboren halten könnte, und welcher eine so wirksame Hilfe zur Keuschheit ist, ist eine moderne Tugend, welche ausschließlich, wie Sir G. Staunton bemerkt[37], dem zivilisierten Leben angehört. Dies wird durch die religiösen Gebräuche verschiedener Nationen des Altertums, durch die Pompejanischen Wandgemälde und durch die Gebräuche vieler Wilden bewiesen.

Wir haben nun gesehen, daß Handlungen von Wilden für gut oder schlecht gehalten werden und wahrscheinlich auch von dem Urmenschen so betrachtet wurden, nur insoweit sie in einer auffallenden Weise die Wohlfahrt des Stammes, nicht die der Art, ebensowenig wie die des Menschen als eines individuellen Mitglieds des Stammes betreffen. Diese Folgerung stimmt sehr gut mit dem Glauben überein, daß das sogenannte moralische Gefühl ursprünglich den sozialen Instinkten entstammte; denn beide beziehen sich zunächst ausschließlich auf die Gesellschaft. Die hauptsächlichsten Ursachen der niedrigeren Moralität Wilder, wenn sie nach unserem Maßstab beurteilt wird, sind erstens die Beschränkung der Sympathie auf denselben Stamm, zweitens unzureichendes Vermögen des Nachdenkens, so daß die Beziehungen vieler Tugenden, besonders der das Individuum betreffenden, zu der allgemeinen Wohlfahrt des Stammes nicht erkannt werden. So erkennen z.B. Wilde die mannigfachen Übel nicht, welche einem Mangel an Keuschheit, Mäßigung usw. folgen. Und drittens ist als Ursache der niederen Moralität Wilder die schwache Entwicklung der Selbstbeherrschung zu nennen, denn dieses Vermögen ist noch nicht durch lange fortgesetzte, vielleicht ererbte Gewohnheit, durch Unterricht und Religion gekräftigt worden.

Ich bin auf die eben erwähnten Einzelheiten in bezug auf die Immoralität der Wilden[38] ein-

---

[35] Mr. M'Lennan hat eine gute Sammlung von Tatsachen über diesen Gegenstand gegeben, in: Primitive Marriage, 1865, p.176.
[36] Lecky: History of European Morals. Vol. I, 1869, p.109.
[37] Embassy to China. Vol. II, p.348.
[38] Zahlreiche Belege über denselben Gegenstand findet man im VIII. Kapitel von Sir J. Lubbock's Origin of Civilisation, 1870.

Vergleich der Geisteskräfte des Menschen mit denen der niederen Tiere (Fortsetzung)

gegangen, weil einige Schriftsteller neuerer Zeit eine sehr hohe Meinung von der moralischen Natur derselben geäußert, oder die meisten ihrer Verbrechen einem mißverstandenen Wohlwollen zugeschrieben haben.[39] Diese Schriftsteller scheinen ihre Folgerungen darauf zu gründen, daß die Wilden diejenigen Tugenden besitzen, welche für die Existenz einer Familie und einer Stammesgemeinschaft von Nutzen oder selbst notwendig sind, – Eigenschaften, welche sie unzweifelhaft und oft in einem sehr hohen Grade besitzen.

Schlußbemerkungen. – Die Philosophen der derivativen[40] Schule der Moralisten nahmen früher an, daß der Grund der Moralität in einer Art von Selbstsucht läge, neuerdings ist aber das „Prinzip des größten Glücks" besonders in den Vordergrund gebracht worden. Es ist indessen richtiger von diesem letzteren Prinzip, als von dem Maßstab des Betragens zu sprechen, und es nicht als das Motiv desselben zu bezeichnen. Nichtsdestoweniger äußern sich alle Schriftsteller, deren Werke ich konsultiert habe, mit einigen wenigen Ausnahmen[41], so, als müßte für jede Handlung ein bestimmtes Motiv existieren, und daß dies mit einem gewissen Behagen oder Unbehagen verbunden sein müsse. Der Mensch scheint aber häufig impulsiv zu handeln, d.h. einem Instinkt oder einer alten Gewohnheit zu folgen, ohne sich irgendeines Vergnügens bewußt zu werden, in derselben Weise wie wahrscheinlich eine Biene oder Ameise handelt, wenn sie blindlings ihren Instinkten folgt. In Fällen äußerster Gefahr, so wenn ein Mensch während eines Feuers ein Mitgeschöpf, ohne einen Augenblick zu zögern, zu retten unternimmt, kann er kaum ein Vergnügen empfinden; und noch weniger hat er Zeit, darüber nachzudenken, was für ein Unbefriedigtsein er später empfinden würde, wenn er nicht jenen Versuch machte. Sollte er nachher über sein Benehmen nachdenken, so würde er fühlen, daß in ihm noch eine impulsive Kraft liegt, welche von der Sucht nach Vergnügen oder Glück weit verschieden ist, und diese scheint der tief eingewurzelte soziale Instinkt zu sein.

Was die niederen Tiere betrifft, so scheint es viel passender, von ihren sozialen Instinkten als von solchen zu sprechen, welche sich mehr zum allgemeinen Besten als zum allgemeinen Glück der Spezies entwickelt haben. Der Ausdruck „allgemeines Beste" kann definiert werden als die Bezeichnung für die Erziehung der größtmöglichen Zahl von Individuen in voller Kraft und Gesundheit und mit allen Fähigkeiten in vollkommener Ausbildung, und zwar unter den Lebensbedingungen, denen sie ausgesetzt sind. Da ohne Zweifel die sozialen Instinkte beider, sowohl des Menschen als der niederen Tiere in nahezu denselben Abstufungen entwickelt worden sind, so würde es, wenn es ausführbar wäre, wohl ratsam sein, in beiden Fällen dieselbe Definition zu benutzen und als Maßstab für die Moral eher das allgemeine Beste oder die Wohlfahrt der Gemeinde als das allgemeine Glück anzunehmen; doch würde diese Definition vielleicht eine Einschränkung wegen der politischen Moral erfordern.

---

[39] Z.B. Lecky: History of European Morals, Vol. I, p.124.

[40] Dieser Ausdruck wird in einem guten Artikel in der Westminster Review, Oct. 1869, p.498, gebraucht. Über das Prinzip des größten Glücks s. J. S. Mill: Utilitarianism, p.17.

[41] Mill erkennt in der deutlichsten Weise an (System of Logic. Vol. II, p.422), daß Handlungen aus Gewohnheit ohne vorherige Erwartung eines Vergnügens ausgeführt werden können. Auch H. Sidgwick bemerkt in seinem Aufsatz über Behagen und Begierde (The Contemporary Review, April 1872, p.671): „Um alles zusammenzufassen, so möchte ich in Widerspruch zu der Theorie, daß unsere bewußten tätigen Impulse immer auf die Erzeugung angenehmer Empfindungen in uns gerichtet sind, behaupten, daß wir überall im Bewußtsein einen besonders achtbaren Impuls finden, der auf etwas, was nicht Vergnügen ist, gerichtet ist, und daß in vielen Fällen dieser Impuls insofern eine aufs das eigene Selbst gerichteten unverträglich ist, als diese zwei nicht wohl in demselben Moment des Bewußtseins gleichzeitig vorhanden sind." Ein dunkles Gefühl, daß unsere Impulse durchaus nicht immer aus einem gleichzeitigen oder erwarteten Vergnügen entspringen, ist, wie ich nicht anders glauben kann, eine der Hauptursachen für die Annahme der intuitiven Theorie der Moral und für das Verwerfen der utilitarischen Theorie oder der des „größten Glückes". Was die letztere Theorie betrifft, so ist ohne Zweifel der Maßstab für das Betragen und das Motiv zu demselben häufig miteinander verwechselt worden; doch sind beide faktisch in einem gewissen Grade verschmolzen.

Viertes Kapitel

Wenn ein Mensch sein Leben wagt, um das eines Mitgeschöpfes zu retten, so scheint es richtiger hier zu sagen, daß er für das allgemeine Beste oder die allgemeine Wohlfahrt handelt, als zu sagen, daß er es für das allgemeine Glück der Menschheit tue. Ohne Zweifel fallen die Wohlfahrt und das Glück des Individuums gewöhnlich zusammen, und ein zufriedener glücklicher Stamm wird besser gedeihen als einer, welcher unzufrieden und unglücklich ist. Wir haben gesehen, daß selbst auf einer frühen Periode der Geschichte der Menschheit die ausgesprochenen Wünsche der Gesellschaft notwendig in hohem Grade das Benehmen jedes einzelnen Mitglieds beeinflußt haben werden; und da alle nach Glück streben, so wird „das Prinzip des größten Glücks" ein sehr bedeutungsvoller sekundärer Führer und ein wichtiges Ziel geworden sein; als primärer Antrieb und Führer werden jedoch immer die sozialen Instinkte mit Einschluß der Sympathie (welche uns zur Beachtung der Billigung und Mißbilligung anderer führt) gedient haben. Hierdurch wird der Vorwurf, daß man den Grund des edelsten Teiles unserer Natur in das niedere Prinzip der Selbstsucht legt, beseitigt; man müßte denn in der Tat die Genugtuung, welches jedes Tier fühlt, wenn es seinen richtigen Instinkten folgt, und das Unbefriedigtsein, welches dasselbe fühlt, sobald es daran gehindert wird, selbstsüchtig nennen.

Der Ausdruck der Wünsche und des Urteils der Glieder einer und derselben Gemeinschaft, anfangs mündlich, später auch durch Schriftsprache, bildet entweder die einzige Richtschnur unseres Benehmens, oder kräftigt in hohem Maße die sozialen Instinkte; doch haben derartige Meinungen zuweilen eine direkt in Opposition zu diesen Instinkten stehende Tendenz. Diese letztere Tatsache wird durch das Gesetz der Ehre sehr wohl erläutert, d. h. das Gesetz der Meinung von unseresgleichen und nicht aller unserer Landsleute. Ein Verstoß gegen dieses Gesetz, – selbst wenn anerkannt werden muß, daß der Verstoß in strenger Übereinstimmung mit der wirklichen Moral ist –, hat manchem Mann mehr Gewissensbisse verursacht, als ein wirkliches Verbrechen. Wir erkennen denselben Einfluß in dem brennenden Gefühl der Scham, welches die meisten von uns selbst nach Verlauf von Jahren gefühlt haben, wenn sie irgendeinen zufälligen Verstoß gegen eine unbedeutende, wenn nur einmal feststehende Regel der Etikette sich ins Gedächtnis zurückrufen. Das Urteil der ganzen Gemeinschaft wird durch eine gewisse unbestimmte Erfahrung von dem bestimmt werden, was auf die Länge der Zeit für alle Mitglieder das beste ist. Dies Urteil wird aber nicht selten infolge von Ungewißheit oder von einem schwachen Vermögen des Nachdenkens irren. Daher sind die merkwürdigsten Gebräuche und Formen des Aberglaubens im vollen Gegensatz zur wahren Wohlfahrt und Glückseligkeit der Menschheit durch die ganze Welt so übermächtig geworden. Wir sehen dies in dem Entsetzen, welches ein Hindu fühlt, der seine Kaste verläßt, und in unzähligen anderen Beispielen. Es dürfte schwer sein, zwischen den Gewissensbissen, die ein Hindu fühlt, der der Versuchung nachgegeben hat, unreine Nahrung zu genießen, und denjenigen zu unterscheiden, welche nach dem Begehen eines Diebstahls gefühlt werden; die ersteren dürften aber wahrscheinlich die härteren sein.

Auf welche Weise so viele absurde Gesetze des Benehmens, ebenso wie so viele absurde religiöse Glaubensansichten entstanden sind, wissen wir nicht, ebensowenig, woher es kommt, daß sie in allen Teilen der Welt sich dem menschlichen Geist so tief eingeprägt haben. Es ist aber der Bemerkung wert, daß ein beständig während der früheren Lebensjahre eingeprägter Glaube und zwar so lange das Gehirn Eindrücken leicht zugänglich ist, fast die Natur eines Instinkts anzunehmen scheint; und das eigentliche Wesen eines Instinkts liegt ja darin, daß man ihm unabhängig vom Nachdenken folgt. Ebensowenig können wir sagen, warum gewisse bewundernswerte Tugenden, wie die Wahrheitsliebe, von einigen wilden Stämmen viel höher anerkannt werden als von anderen[42], und ferner warum ähnliche Verschiedenheiten selbst unter zivilisierten Nationen bestehen. Da wir wissen, wie stark viele fremdartige Gebräuche und Aberglauben fixiert worden sind, brauchen wir uns darüber nicht zu verwundern, daß die auf das In-

---

[42] Gute Beispiele teilt Mr. Wallace mit, in: Scientific Opinion, Sept. 15th 1869, und ausführlicher in seinen Contributions to the Theory of Natural Selection, 1870, p.353.

dividuum Bezug habenden Tugenden uns jetzt in einem Grade natürlich erscheinen (da sie in der Tat auf Nachdenken beruhen), daß man sie für eingeboren halten möchte, trotzdem sie vom Menschen in seinem frühesten Zustand nicht geschätzt wurden.

Trotz vieler Zweifelsquellen kann der Mensch meistens, und zwar leicht, zwischen den höheren und niederen moralischen-Regeln unterscheiden. Die höheren gründen sich auf die sozialen Instinkte und beziehen sich auf die Wohlfahrt anderer; sie beruhen auf der Billigung unserer Mitmenschen und auf Nachdenken. Die niederen Regeln, trotzdem manche von ihnen, wenn sie Selbstaufopferung mit im Gefolge haben, kaum den Namen niederer verdienen, beziehen sich hauptsächlich auf das eigene Selbst und verdanken ihren Ursprung der öffentlichen Meinung, sobald diese durch Erfahrung und Kultur gereift ist; denn sie werden von rohen Stämmen nicht befolgt.

Wenn der Mensch in der Kultur fortschreitet und kleinere Stämme zu größeren Gemeinschaften vereinigt werden, so wird das einfachste Nachdenken jedem Individuum sagen, daß es seine sozialen Instinkte und Sympathien auf alle Glieder der Nation auszudehnen hat, selbst wenn sie ihm persönlich unbekannt sind. Ist dieser Punkt einmal erreicht, so besteht dann nur noch eine künstliche Grenze, welche ihn abhält, seine Sympathie auf alle Menschen aller Nationen und Rassen auszudehnen. In der Tat, wenn gewisse Menschen durch große Verschiedenheiten im Äußeren oder in der Lebensweise von ihm getrennt sind, so dauert es, wie uns unglücklicherweise die Erfahrung lehrt, lange, ehe er sie als seine Mitgeschöpfe betrachtet. Sympathie über die Grenzen der Menschheit hinaus, d.h. Humanität gegen die niederen Tiere scheint eine der spätesten moralischen Erwerbungen zu sein. Wilde besitzen dieses Gefühl, wie es scheint, nicht, mit Ausnahme der Humanität gegen ihre Schoßtiere. Wie wenig die alten Römer dasselbe kannten, zeigt sich in ihren abstoßenden Gladiatorenkämpfen. Die bloße Idee der Humanität war, soviel ich beobachten konnte, den meisten Gauchos der Pampas neu. Diese Tugend, eine der edelsten, welche dem Menschen eigen sind, scheint als natürliche Folge des Umstands zu entstehen, daß unsere Sympathien immer zarter und weiter ausgedehnt werden, bis sie endlich auf alle fühlenden Wesen sich erstrecken. Sobald diese Tugend von einigen wenigen Menschen geehrt und ausgeübt wird, verbreitet sie sich durch Unterricht und Beispiele auf die Jugend und wird auch eventuell in der öffentlichen Meinung eingebürgert.

Die höchste mögliche Stufe in der moralischen Kultur, zu der wir gelangen können, ist die, wenn wir erkennen, daß wir unsere Gedanken kontrollieren sollen und „selbst in unsern innersten Gedanken nicht noch einmal die Sünden nachdenken dürfen, welche uns die Vergangenheit so angenehm machten"[43]. Was nur immer irgendeine schlechte Handlung der Seele vertraut macht, macht auch ihre Ausführung um so vieles leichter. So hat Marc Aurel schon vor langer Zeit gesagt: „So wie deine gewöhnlichen Gedanken sind, wird auch der Charakter deiner Seele sein, denn die Seele ist von den Gedanken gefärbt."[44]

Unser großer Philosoph Herbert Spencer hat vor kurzem seine Ansichten über das moralische Gefühl ausgesprochen. Er sagt:[45] „Ich glaube, daß die Erfahrungen der Nützlichkeit, welche durch alle vergangenen Generationen in der menschlichen Rasse organisiert und befestigt worden sind, entsprechende Modifikationen hervorgebracht haben, welche infolge fortgesetzter Überlieferung und Anhäufung zu gewissen Fähigkeiten moralischer Intuition geworden sind, – gewisse Erregungen entsprechen dem rechten und unrechten Betragen, welche keine zu Tage tretende Grundlage in den individuellen Erfahrungen der Nützlichkeit haben." Wie mir scheint, gibt es nicht die geringste in der Sache selbst liegende Unwahrscheinlichkeit für die Annahme, daß tugendhafte Neigungen mehr oder weniger stark vererbt werden; denn – um hier nicht die verschiedenen Dispositionen und Gewohnheiten zu erwähnen, welche von vielen unserer domestizierten Tiere ihren Nachkom-

---

[43] Tennyson: Idylls of the King, p.244.
[44] Betrachtungen des Kaisers M. Aurelius Antoninus. Englische Übersetzung, 2. Ausg. 1869, p.112. Marc Aurel war 121 geboren worden.
[45] Brief an Mill, in: Bain's Mental and Moral Science, 1868, p.722.

men überliefert werden –, ich habe von authentischen Fällen gehört, in welchen eine Sucht zu stehlen und eine Neigung zu lügen durch Familien selbst höherer Stände hindurchging; und da das Stehlen ein so seltenes Verbrechen in den wohlhabenden Klassen ist, so können wir die in zwei oder drei Mitgliedern derselben Familie auftretende Neigung nicht durch eine zufällige Koinzidenz erklären. Werden schlechte Neigungen überliefert, so ist es wahrscheinlich, daß auch gute in gleicher Weise vererbt werden. Daß der Zustand des Körpers mit seiner Einwirkung auf das Gehirn einen bedeutenden Einfluß auf die moralischen Neigungen hat, ist den meisten von denen bekannt, welche an chronischer Verdauungsstörung oder an der Leber gelitten haben. Dieselbe Tatsache zeigt sich auch darin, „daß die Verirrung oder Zerstörung des moralischen Gefühls oft eines der ersten Symptome beginnender geistiger Störung ist"[46]; und Geisteskrankheiten werden notorisch häufig vererbt. Ausgenommen durch das Prinzip der Vererbung moralischer Neigungen haben wir kein Mittel, die Verschiedenheiten zu erklären, welche, wie man annimmt, in dieser Beziehung zwischen den verschiedenen Menschenrassen existieren.

Selbst die teilweise Vererbung tugendhafter Neigungen würde eine unendliche Unterstützung für den primären Antrieb sein, welcher direkt aus den sozialen Instinkten und indirekt aus der Gutheißung unserer Mitmenschen entspringt. Nehmen wir für einen Augenblick an, daß tugendhafte Neigungen vererbt werden, so erscheint es wenigstens in solchen Fällen, wie Keuschheit, Müßigkeit, Humanität gegen Tiere usw. wahrscheinlich, daß sie der geistigen Organisation sich zuerst durch Gewohnheit, Unterricht und Beispiel, mehrere Generationen hindurch in derselben Familie fortgesetzt, eingeprägt haben, und nur in einem völlig untergeordneten Grade, wenn überhaupt, dadurch, daß diejenigen Individuen, welche diese Tugenden besaßen, in dem Kampf ums Dasein am besten fortkamen. Der hauptsächlichste Grund, welcher mich mit Rücksicht auf irgendeine derartige Vererbung zweifeln lassen könnte, liegt in jenen sinnlosen Gebräuchen, abergläubischen Formen und Geschmacksrichtungen, wie das Entsetzen eines Hindu vor unreiner Nahrung, welche doch nach demselben Prinzip vererbt werden müßten. Obschon dies an sich vielleicht nicht weniger wahrscheinlich ist, als daß Tiere durch Vererbung den Geschmack für gewisse Arten von Nahrung oder die Furcht vor gewissen Feinden erlangen, so ist mir doch kein Zeugnis vorgekommen zur Unterstützung der Annahme, daß auch abergläubische Gebräuche und sinnlose Gewohnheiten vererbt würden.

Endlich werden die sozialen Instinkte, welche ohne Zweifel vom Menschen ebenso wie von den niederen Tieren zum Besten der ganzen Gemeinschaft erlangt worden sind, von Anfang an den Wunsch, seinen Genossen zu helfen, und ein gewisses Gefühl der Sympathie in ihm angeregt, ihn aber auch dazu veranlaßt haben, ihre Billigung und Mißbilligung zu beachten. Derartige Antriebe werden ihm in einer sehr frühen Periode als eine rohe Regel für Recht und Unrecht gedient haben. Aber in dem Maße, wie der Mensch nach und nach an intellektueller Kraft zunahm und in den Stand gesetzt wurde, die weiter ab liegenden Folgen seiner Handlungen zu übersehen, wie er hinreichende Kenntnisse erlangt hatte, um verderbliche Gebräuche und Aberglauben zu verwerfen, wie er, je länger desto mehr, nicht bloß die Wohlfahrt, sondern auch das Glück seiner Mitmenschen ins Auge fassen lernte, wie infolge von Gewohnheit, dieser Folge wohltuender Erfahrung, wohltätigen Unterrichts und Beispiels, seine Sympathien zarter und weiter ausgedehnt wurden, so daß sie sich auf alle Menschen aller Rassen, auf die schwachen, gebrechlichen und anderen unnützen Glieder der Gesellschaft; endlich sogar auf die niederen Tiere erstreckten, – in dem Maße wird auch der Maßstab seiner Moralität höher und höher gestiegen sein. Und die Moralisten der derivativen Schule und auch einige Intuitionisten geben zu, daß der Maßstab der Moralität seit einer frühen Periode der Geschichte der Menschheit wirklich ein höherer geworden ist.[47]

---

[46] Maudsley: Body and Mind, 1870, p.60.
[47] Ein Schriftsteller, welcher der Bildung eines gesunden Urteils wohl fähig ist, drückt sich in der North British Review, July 1869, p.531 sehr entschieden in diesem Sinne aus. Mr. Lecky scheint (History of Morals. Vol. I, p.143) in gewissem Maße zuzustimmen.

Vergleich der Geisteskräfte des Menschen mit denen der niederen Tiere (Fortsetzung)

Da man zuweilen sieht, daß zwischen verschiedenen Instinkten bei niederen Tieren ein Kampf besteht, so ist es nicht überraschend, daß auch beim Menschen ein Kampf zwischen seinen sozialen Instinkten, mit den davon abgeleiteten Tugenden, und seinen niederen, wenn auch im Augenblick stärkeren, Antrieben und Begierden sich erhebt. Dies ist, wie Mr. Galton[48], bemerkt hat, um so weniger überraschend, als der Mensch sich aus dem Zustand der Barbarei erst innerhalb einer verhältnismäßig neueren Zeit erhoben hat. Haben wir irgendeiner Versuchung nachgegeben, so empfinden wir ein Gefühl des Unbefriedigtseins, der Scham, Reue und Gewissensbisse, analog dem, welches infolge anderer starker, nicht befriedigter oder unterdrückter Instinkte empfunden wird, und in diesem Fall nennen wir es Gewissen; denn wir können nicht verhindern, daß vergangene Bilder und Eindrücke beständig durch unsere Seele ziehen. Wir vergleichen den abgeschwächten Eindruck einer vorübergegangenen Versuchung mit den beständig gegenwärtigen sozialen Instinkten oder mit Gewohnheiten, welche wir in früher Jugend erlangt und durch unser ganzes Leben gekräftigt haben, bis sie zuletzt fast so stark wie Instinkte geworden sind; Wenn wir, die Versuchung immer vor unseren Augen, derselben nicht nachgegeben haben, so geschah dies, weil entweder der soziale Instinkt oder irgendeine Gewohnheit in dem Augenblick in uns vorherrschte, oder weil wir gelernt haben, daß diese uns später, wenn wir sie mit dem abgeschwächten Eindruck der Versuchung vergleichen, um so stärker erscheinen würde, und daß wir ihre Verletzung schmerzlich empfinden würden. Blicken wir auf spätere Generationen, so haben wir keine Ursache zu befürchten, daß die sozialen Instinkte schwächer werden würden; und wir können wohl erwarten, daß tugendhafte Gewohnheiten stärker und vielleicht durch Vererbung fixiert werden. In diesem Falle wird der Kampf zwischen unseren höheren und niederen Antrieben weniger hart sein und die Tugend wird triumphieren.

Zusammenfassung der letzten beiden Kapitel. – Es läßt sich nicht daran zweifeln, daß die Verschiedenheit zwischen der Seele des niedrigsten Menschen und der des höchsten Tieres ungeheuer ist. Wenn ein anthropomorpher Affe unbefangen seinen eigenen Zustand beurteilen könnte, so würde er zugeben, daß, obgleich er einen kunstvollen Plan sich ausdenken könnte, einen Garten zu plündern, obgleich er Steine zum Kämpfen oder zum Aufbrechen von Nüssen benutzen könnte, doch der Gedanke, einen Stein zu einem Werkzeug umzuformen, völlig über seinen Horizont ginge. Er würde ferner zugeben, daß er noch weniger imstande wäre, einem Gedankengang metaphysischer Betrachtungen zu folgen oder ein mathematisches Problem zu lösen, oder über Gott zu reflektieren, oder eine große Naturszene zu bewundern. Einige Affen würden indessen wahrscheinlich erklären, daß sie die Schönheit der farbigen Haut und des Haarkleides ihrer Ehegenossen bewundern könnten und wirklich bewundern; sie würden zugeben, daß, obschon sie den anderen Affen durch Ausrufe einige ihrer Wahrnehmungen und einfacheren Bedürfnisse verständlich machen könnten, doch die Idee, bestimmte Gedanken durch bestimmte Laute auszudrücken, ihnen niemals in den Sinn gekommen sei. Sie könnten behaupten, daß sie bereit wären, ihren Genossen in derselben Herde auf viele Weise zu helfen, ihr Leben für sie zu wagen und für ihre Waisen zu sorgen, sie würden aber genötigt sein, anzuerkennen, daß eine interesselose Liebe für alle lebenden Geschöpfe, dieses edelste Attribut des Menschen, vollständig über ihre Fassungskraft hinausginge.

So groß nun auch nichtsdestoweniger die Verschiedenheit an Geist zwischen dem Menschen und den höheren Tieren sein mag, so ist sie doch sicher nur eine Verschiedenheit des Grades und nicht der Art. Wir haben gesehen, daß die Empfindungen und Eindrücke, die verschiedenen Erregungen und Fähigkeiten, wie Liebe, Gedächtnis, Aufmerksamkeit, Neugierde, Nachahmung, Verstand usw., deren sich der Mensch rühmt, in einem beginnenden oder zuweilen selbst in

---

[48] S. sein merkwürdiges Buch: „On Hereditary Genius", 1869, p.349. Der Herzog von Argyll gibt in seinem: „Primeval Man", 1869, p.188 einige gute Bemerkungen über den in der Natur des Menschen auftretenden Kampf zwischen Recht und Unrecht.

einem gut entwickelten Zustand bei den niederen Tieren gefunden werden. Sie sind auch in einem gewissen Grade der erblichen Veredelung fähig, wie wir an dem domestizierten Hund im Vergleich mit dem Wolf oder Schakal sehen. Wenn bewiesen werden könnte, daß gewisse höhere geistige Fähigkeiten, wie Bildung allgemeiner Begriffe, Selbstbewußtsein usw. dem Menschen absolut eigentümlich wären, was äußerst zweifelhaft zu sein scheint, so ist es nicht unwahrscheinlich, daß dieselben nur die begleitenden Resultate anderer weit fortgeschrittener intellektueller Fähigkeiten sind; und diese wiederum sind hauptsächlich das Resultat des fortgesetzten Gebrauchs einer höchst entwickelten Sprache. In welchem Alter entwickelt sich bei dem neugeborenen Kind das Vermögen der Abstraktion, in welchem Alter wird das Kind selbstbewußt und reflektiert über seine eigene Existenz? Wir können hierauf keine Antwort geben; ebensowenig wie wir die gleiche Frage in bezug auf die aufsteigende Reihe organischer Wesen beantworten können. Das halb Künstliche und halb Instinktive der Sprache trägt noch immer den Stempel ihrer allmählichen Entwicklung an sich. Der veredelnde Glaube an Gott ist den Menschen nicht allgemein eigen und der Glaube an tätige, spirituelle Kräfte folgt naturgemäß aus seinen anderen geistigen Kräften. Das moralische Gefühl bietet vielleicht die beste und höchste Unterscheidung zwischen dem Menschen und den niederen Tieren; doch brauche ich kaum hierüber etwas zu sagen, da ich erst vor kurzem zu zeigen versucht habe, daß die sozialen Instinkte – die wichtigste Grundlage der moralischen Konstitution des Menschen[49] – mit der Unterstützung der sich äußernden intellektuellen Kräfte und der Wirkungen der Gewohnheit naturgemäß zu der goldenen Regel führen: „Was Ihr wollt, daß man Euch tue, das tut auch andern"; und dies ist der Grundstein der Moralität.

In dem nächsten Kapitel werde ich einige wenige Bemerkungen über die wahrscheinlichen Stufen und Mittel machen, durch welche die verschiedenen geistigen und moralischen Fähigkeiten des Menschen allmählich weiterentwickelt worden sind. Daß diese Entwicklung wenigstens möglich ist, sollte doch nicht geleugnet werden, wenn wir täglich, bei jedem Kind, diese Fähigkeiten sich entwickeln sehen; auch können wir eine vollständige Stufenreihe von dem geistigen Zustand eines völligen Idioten, noch niedriger als der des niedrigsten Tieres, bis zu dem Geiste eines Newton verfolgen.

---

[49] Betrachtungen des Marc Aurel, a.a.O., p. 139.

Fünftes Kapitel

Über die Entwicklung der intellektuellen und moralischen Fähigkeiten während der Urzeit und der zivilisierten Zeiten

Fortbildung der intellektuellen Kräfte durch natürliche Zuchtwahl – Bedeutung der Nachahmung – Soziale und moralische Fähigkeiten – Ihre Entwicklung innerhalb der Grenzen eines und desselben Stammes – Natürliche Zuchtwahl in ihrem Einfluß auf zivilisierte Nationen – Beweise, daß zivilisierte Nationen einst barbarisch waren

Die in diesem Kapitel zu erörternden Gegenstände sind von höchstem Interesse, werden aber nur in einer sehr unvollkommenen und fragmentaren Weise behandelt werden. In einem schon vorhin erwähnten ausgezeichneten Aufsatz sucht Mr. Wallace zu beweisen[1], daß der Mensch, nachdem er zum Teil jene intellektuellen und moralischen Fähigkeiten erlangt hatte, welche ihn von den niederen Tieren unterscheiden, nur in geringem Maße eine weitere, durch natürliche Zuchtwahl oder irgendwelche andere Mittel bewirkte Modifikation seiner körperlichen Bildung erfahren haben dürfte. Denn durch seine geistigen Fähigkeiten ist der Mensch in den Stand gesetzt, „sich bei einem nicht weiter veränderten Körper mit dem sich verändernden Universum in Harmonie zu erhalten". Er hat eine bedeutende Fähigkeit, seine Gewohnheiten neuen Lebensbedingungen anzupassen; er erfindet Waffen, Werkzeuge und denkt sich verschiedene Pläne aus, um sich Nahrung zu verschaffen und sich zu verteidigen. Wenn er in ein kälteres Klima wandert, so benutzt er Kleider, baut sich Hütten und macht Feuer, und mit Hilfe des Feuers bereitet er sich durch Kochen Nahrung aus sonst unverdaulichen Stoffen. Er hilft seinen Mitmenschen in mannigfacher Weise und schließt auf zukünftige Ereignisse. Selbst in einer sehr weit zurückliegenden Zeit schon führte er eine Teilung der Arbeit aus.

Andererseits müssen die niederen Tiere Modifikationen ihres Körperbaues erleiden, um unter bedeutend veränderten Bedingungen leben bleiben zu können. Sie müssen stärker gemacht werden, oder müssen wirksamere Zähne oder Klauen erhalten, um sich gegen neue Feinde zu verteidigen; oder sie müssen an Größe reduziert werden, um weniger leicht entdeckt werden zu können und Gefahren zu entgehen. Wandern sie in ein kälteres Klima aus, so müssen sie mit einem dickerem Pelz bekleidet werden oder ihre Konstitution muß sich ändern. Werden sie nicht in dieser Weise modifiziert, so werden sie aufhören, zu existieren.

Wie indessen Mr. Wallace mit Recht betont hat, liegt der Fall in bezug auf die intellektuellen und moralischen Fähigkeiten des Menschen sehr verschieden. Diese Fälligkeiten sind variabel, und wir haben allen Grund zu glauben, daß die Abweichungen zur Vererbung neigen. Wenn sie daher früher für den Urmenschen und seine affenähnlichen Urerzeuger von großer Bedeutung waren, so werden sie durch natürliche Zuchtwahl vervollkommnet oder fortgeschritten sein. Über die große Bedeutung der intellektuellen Fähigkeiten kann kein Zweifel bestehen, denn der Mensch verdankt ihnen hauptsächlich seine hervorragende Stellung auf der Erde. Wir sehen ein, daß auf dem rohesten Zustande der Gesellschaft diejenigen Individuen, welche die scharfsinnigsten waren, welche die besten Waffen oder Fallen erfanden und benutzten und welche am besten imstande waren, sich zu verteidigen, die größte Zahl von Nachkommen erzogen haben werden. Diejenigen Stämme, welche die größte Anzahl von so begabten Menschen umfaßten, werden an Zahl zugenommen und andere Stämme unterdrückt haben. Die Zahl hängt an erster Stelle von den Subsistenzmitteln ab und diese wieder teilweise von der physikalischen Beschaffenheit des Landes, aber in einem bedeutend höheren Grade von den daselbst ausgeübten Künsten. In dem Maße wie ein Stamm sich ausdehnt und siegreich ist, wird er sich oft noch wei-

---
[1] Anthropological Review, May 1864, p.CLVIII.

ter durch die Absorption anderer Stämme vergrößern.[2] Die Körpergröße und Kraft der Menschen eines Stammes sind gleichfalls für seinen Erfolg von ziemlicher Bedeutung und hängen zum Teil von der Beschaffenheit und der Menge der Nahrung ab, welche erlangt werden kann. In Europa wurden die Menschen der Bronzeperiode von einer kräftigeren und, nach ihren Schwertgriffen zu urteilen, auch großhändigeren Rasse verdrängt[3]; der Erfolg dieser war aber wahrscheinlich in einem bedeutend höheren Grade eine Folge ihrer Überlegenheit in den Künsten.

Alles was wir über Wilde wissen oder was wir aus ihren Traditionen und alten Denkmälern, deren Geschichte von den jetzigen Bewohnern der betreffenden Länder vollständig vergessen ist, schließen können, weist darauf hin, daß von den entferntesten Zeiten an erfolgreiche Stämme andere Stämme verdrängt haben. Überreste ausgestorbener oder vergessener Stämme sind in allen zivilisierten Gegenden der Erde, auf den wilden Steppen von Amerika und auf den isolierten Inseln des Stillen Ozeans entdeckt worden. Noch heutigen Tages verdrängen überall zivilisierte Nationen barbarische, ausgenommen da, wo das Klima eine Grenze für die Entwicklung des Lebens zieht, und sie haben hauptsächlich, wenn auch nicht ausschließlich, ihren Erfolg ihren Kunstfertigkeiten zu danken, welche wiederum das Produkt ihres Verstandes sind. Es ist daher höchst wahrscheinlich, daß beim Menschen die intellektuellen Fähigkeiten allmählich durch natürliche Zuchtwahl vervollkommnet worden sind, und dieser Schluß genügt für unseren vorliegenden Zweck. Unzweifelhaft würde es sehr interessant gewesen sein, die Entwicklung jeder einzelnen Fähigkeit von dem Zustande an, in welchem sie bei niederen Tieren existierte, zu dem, in welchem sie beim Menschen vorhanden ist, zu verfolgen; doch gestatten mir weder meine Fähigkeit noch meine Kenntnisse, diesen Versuch zu machen.

Es verdient Beachtung, daß, sobald die Urerzeuger des Menschen sozial geworden waren (und dies trat wahrscheinlich zu einer sehr frühen Periode ein), die Fortschritte der intellektuellen Fähigkeiten durch das Prinzip der Nachahmung in Verbindung mit Verstand und Erfahrung in einer Weise unterstützt und motiviert sein werden, von welcher wir jetzt bei den niederen Tieren nur Spuren sehen. Affen ahmen sehr gern alles nach, wie es auch die niedrigsten Wilden tun; und die einfache, früher schon erwähnte Tatsache, daß nach einer gewissen Zeit kein Tier an demselben Ort durch dieselbe Art von Fallen gefangen werden kann, zeigt, daß Tiere durch Erfahrung lernen und die Vorsicht ihrer Genossen nachahmen. Wenn nun in einem Stamm irgendein Mensch, welcher scharfsinniger ist als die übrigen, eine neue Finte oder Waffe oder irgendein anderes Mittel des Angriffs oder der Verteidigung erfindet, so wird das offenbarste eigene Interesse, ohne die Unterstützung großer Verstandestätigkeit, die anderen Glieder des Stammes dazu bringen, ihn nachzuahmen, und hierdurch werden alle Vorteile haben. Die gewohnheitsgemäße Übung einer jeden neuen Kunst muß gleichfalls in einem unbedeutenden Grade den Verstand kräftigen. Ist die neue Erfindung von großer Bedeutung, so wird der Stamm an Zahl zunehmen, sich verbreiten und andere Stämme verdrängen. In einem hierdurch zahlreicher gewordenen Stamme wird auch die Wahrscheinlichkeit immer größer sein, daß andere ausgezeichnete und erfinderische Glieder geboren werden. Hinterließen solche Leute Kinder, welche deren geistige Überlegenheit erben konnten, so wird die Wahrscheinlichkeit der Geburt von noch ingeniöseren Mitgliedern wieder größer geworden sein und besonders bei einem sehr kleinen Stamme ganz entschieden größer. Selbst wenn sie keine Kinder hinterließen, wird doch der Stamm wenigstens Blutsverwandte von ihnen noch enthalten, und es ist von Landwirten[4] nachgewiesen worden, daß durch das Erhalten einer Familie und das Nachzüchten von ihr, wenn

---

[2] Wenn die Glieder eines Stammes oder ganze Stämme in einen anderen Stamm aufgegangen sind, so nehmen sie, wie Mr. Maine bemerkt (Ancient Law, 1861, p.131), nach einiger Zeit an, daß sie Nachkommen derselben Voreltern wie die Glieder des letzteren seien.

[3] Morlot: Soc. Vaud. Scienc. Nat., 1860, p.294.

[4] Beispiele habe ich in meinem „Variieren der Tiere und Pflanzen im Zustand der Domestikation", 2. Aufl., Bd. II, p.224 gegeben.

Über die Entwicklung der intellektuellen und moralischen Fähigkeiten

sich überhaupt nur ein Tier aus derselben beim Schlachten als ein wertvolles herausstellte, die gewünschte Beschaffenheit erlangt worden ist.

Wenden wir uns nun den sozialen und moralischen Fähigkeiten zu. Damit die Urmenschen oder die affenähnlichen Urerzeuger des Menschen sozial würden, mußten sie dieselben instinktiven Gefühle erlangt haben, welche andere Tiere dazu treiben, in Menge beisammen zu leben; und sie boten ohne Zweifel dieselbe allgemeine Disposition dazu dar. Sie werden sich ungemütlich gefühlt haben, wenn sie von ihren Kameraden getrennt waren, für welche sie einen gewissen Grad von Liebe gefühlt haben; sie werden einander vor Gefahr gewarnt und werden sich gegenseitig beim Angriff oder bei der Verteidigung unterstützt haben. Alles dies setzt einen gewissen Grad von Sympathie, von Treue und von Mut voraus. Derartige soziale Eigenschaften, deren wichtige Bedeutung für die niederen Tiere niemand bestritten hat, wurden ohne Zweifel von den Urerzeugern des Menschen auch in einer ähnlichen Weise erlangt, nämlich durch natürliche Zuchtwahl mit Unterstützung einer vererbten Gewohnheit. Kamen zwei Stämme des Urmenschen, welche in demselben Lande wohnten, miteinander in Konkurrenz, so wird, wenn der eine Stamm bei völliger Gleichheit aller übrigen Umstände eine größere Zahl mutiger, sympathischer und treuer Glieder umfaßte, welche stets bereit waren, einander vor Gefahr zu warnen, einander zu helfen und zu verteidigen, dieser Stamm ohne Zweifel am besten gediehen sein und den anderen besiegt haben. Man darf nicht vergessen, von welcher unendlichen Bedeutung bei den nie aufhörenden Kriegen der Wilden Treue und Mut sein müssen. Die Überlegenheit, welche disziplinierte Soldaten über undisziplinierte Massen zeigen, ist hauptsächlich eine Folge des Vertrauens, welches ein jeder in seine Kameraden setzt. Gehorsam ist, wie Mr. Bagehot sehr gut entwickelt hat[5], von der höchsten Bedeutung, denn irgendeine Form von Regierung ist besser als gar keine. Selbstsüchtige und streitsüchtige Leute werden nicht zusammenhalten, und ohne Zusammenhalt kann nichts ausgerichtet werden. Ein Stamm, welcher die obengenannte Eigenschaft in hohem Grade besitzt, wird sich verbreiten und anderen Stämmen gegenüber siegreich sein; aber im Laufe der Zeit wird, nach dem Zeugnis der ganzen vergangenen Geschichte, auch er an seinem Teil von irgendeinem anderen und noch höher begabten Stamme überflügelt werden. Hierdurch werden die sozialen und moralischen Eigenschaften sich langsam zu erhöhen und über die ganze Erde zu verbreiten neigen.

Man könnte aber nun fragen, woher kam es, daß innerhalb der Grenzen eines und desselben Stammes eine größere Anzahl seiner Glieder zuerst mit sozialen und moralischen Eigenschaften begabt wurde und wodurch wurde der Maßstab der Vorzüglichkeit erhöht? Es ist äußerst zweifelhaft, ob Nachkommen der sympathischeren und wohlwollenderen Eltern oder derjenigen, welche ihren Kameraden am treuesten waren, in einer größeren Anzahl aufgezogen wurden als Kinder selbstsüchtiger und verräterischer Eltern desselben Stammes. Wer bereit war, sein Leben eher zu opfern als seine Kameraden zu verraten, wie es gar mancher Wilde getan hat, der wird oft keine Nachkommen hinterlassen, welche seine edle Natur erben könnten. Die tapfersten Leute, welche sich stets willig fanden, sich im Krieg an die Spitze ihrer Genossen zu stellen, und welche bereitwillig ihr Leben für andere in die Schanze schlugen, werden im Durchschnitt in einer größeren Zahl umkommen als andere Menschen. Es scheint daher kaum wahrscheinlich, daß die Zahl mit solchen Tugenden ausgerüsteter Menschen oder der Maßstab ihrer Vortrefflichkeit durch natürliche Zuchtwahl, d.h. durch das Überleben des Passendsten erhöht werden könnte; denn davon sprechen wir hier nicht, daß ein Stamm aus einem Kampfe mit einem anderen siegreich hervorgeht.

Wenngleich die Umstände, welche zu einer Zahlenzunahme derartig begabter Leute innerhalb eines und desselben Stammes führen, zu kompliziert sind, um einzeln deutlich verfolgt werden zu können, so sind wir doch imstande, einige der wahrscheinlichen Schritte zu erkennen. So wird

---

[5] S. eine Reihe merkwürdiger Artikel „On Physics and Politics", in: Fortnightly Review, Nov. 1867, 1. Apr. 1868, 1. Juli 1869; seitdem separat erschienen.

an erster Stelle in der Weise wie die Verstandeskräfte und die Voraussicht der einzelnen Glieder sich verbessern, jeder Mensch bald lernen, daß, wenn er seine Mitmenschen unterstützt, er auch gewöhnlich in Erwiderung Hilfe von ihnen erfahren wird. Aus diesem niedrigen Motiv dürfte er die Gewohnheit, seinen Genossen zu helfen, erlangen; und die Gewohnheit, wohlwollende Handlungen auszuüben, kräftigt sicherlich das Gefühl der Sympathie, welches den ersten Antrieb zu wohlwollenden Handlungen abgibt. Überdies neigen Gewohnheiten, welchen mehrere Generationen hindurch die Menschen gefolgt sind, wahrscheinlich zur Vererbung.

Es gibt aber noch einen anderen und noch kräftigeren Antrieb zur Entwicklung der sozialen Tugenden, nämlich das Lob und der Tadel unserer Mitmenschen. Wie wir bereits gesehen haben, ist es zunächst eine Folge des Instinkts der Sympathie, daß wir beständig andern beides, sowohl Lob als Tadel erteilen, während wir, wenn beides auf uns bezogen wird, das Lob lieben und den Tadel fürchten, und dieser Instinkt wurde ohne Zweifel ursprünglich wie alle übrigen sozialen Instinkte durch natürliche Zuchtwahl erlangt. Wie früh in ihrer Entwicklung die Urerzeuger des Menschen fähig wurden, das Lob oder den Tadel ihrer Mitgeschöpfe zu fühlen und durch sie beeinflußt zu werden, können wir natürlich nicht sagen; aber es scheint, daß selbst Hunde Ermutigung, Lob und Tadel wohl zu schätzen wissen. Die rohesten Wilden kennen das Gefühl des Ruhmes, wie sie deutlich durch das Aufbewahren der Trophäen ihrer Tapferkeit, durch die Gewohnheit des exzessiven Sich-Rühmens und selbst durch die extreme Sorgfalt zeigen, welche sie auf ihre persönliche Erscheinung und Dekoration verwenden. Denn wenn sie die Meinung ihrer Kameraden gar nicht beachteten, so würden derartige Gewohnheiten sinnlos sein.

Gewiß empfinden sie Scham bei dem Verletzen einiger ihrer einfacheren Gesetze, und allem Anschein nach auch Gewissensbisse, wie durch den Fall des Australiers bewiesen wird, welcher abmagerte und nicht ruhen konnte, weil er versäumt hatte, zur Besänftigung des Geistes seiner verstorbenen Frau ein anderes Weib zu ermorden. Wenn mir auch kein Bericht irgendeines anderen Falles vorgekommen ist, so ist es doch kaum zu glauben, daß ein Wilder, welcher sein Leben eher opfert, als daß er seinen Stamm verrät, oder daß einer, der sich selbst eher als Gefangenen überliefert, als daß er sein Wort bricht[6], nicht in seiner innersten Seele Gewissensbisse fühlen sollte, sobald er eine Pflicht versäumt hat, welche er für heilig hält.

Wir können daher schließen, daß der Urmensch in einer äußerst weit zurückliegenden Zeit durch das Lob und den Tadel seiner Genossen beeinflußt worden sein wird. Offenbar werden die Mitglieder eines und desselben Stammes ein Benehmen, welches ihnen als ein das allgemeine Beste förderndes erschien, lobend anerkennen und ein solches verwerfen, welches ihnen übelbringend erschien. Andern Gutes zu tun, – andern zu tun, wie ihr wollt, daß man Euch tue – ist der Grundstein der Moralität. Es ist daher kaum möglich, die Bedeutung der Sucht nach Lob und der Furcht vor Tadel während der Zeiten der Roheit zu überschätzen. Ein Mensch, welcher durch kein tiefes instinktives Gefühl dazu getrieben wurde, sein Leben für das Beste anderer zu opfern, dagegen zu solchen Handlungen durch ein Gefühl des Ruhmes veranlaßt wurde, würde durch sein Beispiel denselben Wunsch nach Ruhm bei anderen Menschen erregen und würde durch Übung das edle Gefühl der Bewunderung kräftigen. Er kann auf diese Weise seinem Stamm viel mehr Gutes tun als durch Erzeugung einer Nachkommenschaft, in der Absicht, seinen eigenen edlen Charakter zu vererben.

Mit der Zunahme der Erfahrung und des Verstandes lernt der Mensch die entfernter liegenden Wirkungen seiner Handlungen erkennen und lernt auch die das Individuum betreffenden Tugenden, wie Mäßigkeit, Keuschheit usw. welche während sehr früher Zeiten, wie wir vorher gesehen haben, vollständig unbeachtet geblieben sein werden, nun sehr hochschätzen oder selbst für heilig halten. Ich brauche indessen nicht zu wiederholen, was ich im vierten Kapitel über diesen Gegenstand gesagt habe. Zuletzt wird sich dann unser moralisches Gefühl oder Gewissen gebildet haben, jene äußerst komplizierte Erscheinung, die ihren ersten Ursprung in den sozialen

---

[6] Mr. Wallace führt Fälle hiervon an in seinen „Contributions to the Theory of Natural Selection", 1870, p.354.

Instinkten hat, die in großem Maße von der Anerkennung unserer Mitmenschen geleitet, von dem Verstand, dem eigenen Interesse und in späteren Zeiten von tiefreligiösen Gefühlen beherrscht und durch Unterricht und Gewohnheit befestigt wird.

Es darf nicht vergessen werden, daß, wenn auch eine hohe Stufe der Moralität nur einen geringen oder gar keinen Vorteil für jeden individuellen Menschen und seine Kinder über die anderen Menschen in einem und demselben Stamm darbietet, doch eine Zunahme in der Zahl gut begabter Menschen und ein Fortschritt in dem allgemeinen Maßstab der Moralität sicher dem einen Stamm einen unendlichen Vorteil über einen anderen verleiht. Ein Stamm, welcher viele Glieder umfaßt, die in einem hohen Grade den Geist des Patriotismus, der Treue, des Gehorsams, Mutes und der Sympathie besitzen und daher stets bereit sind, einander zu helfen und sich für das allgemeine Beste zu opfern, wird über die meisten anderen Stämme den Sieg davontragen, und dies würde natürliche Zuchtwahl sein. Zu allen Zeiten haben über die ganze Erde einzelne Stämme andere verdrängt, und da die Moralität ein bedeutungsvolles Element bei ihrem Erfolg ist, so wird der Maßstab der Moralität sich zu erhöhen und die Zahl gut begabter Menschen überall zuzunehmen streben.

Es ist indessen sehr schwer, sich irgendein Urteil darüber zu bilden, warum ein besonderer Stamm und nicht ein anderer erfolgreich gewesen und in der Zivilisationsstufe gestiegen ist. Viele Wilde sind noch in demselben Zustande, in welchem sie sich vor mehreren Jahrhunderten befanden, als sie entdeckt wurden. Wie Mr. Bagehot bemerkt hat, sind wir geneigt, den Fortschritt als das Normale im Leben der menschlichen Gesellschaft zu betrachten; aber die Geschichte widerlegt dies. Die Alten hatten nicht einmal diese Idee, ebensowenig wie die orientalischen Nationen sie heutigen Tages haben. Eine andere bedeutende Autorität, Sir Henry Maine, sagt:[7] „der größte Teil der Menschheit hat niemals auch nur eine Spur eines Wunsches gezeigt, daß seine bürgerlichen Institutionen verbessert werden sollten". Fortschritt scheint von vielen zusammenwirkenden günstigen Bedingungen abzuhängen, die viel zu kompliziert sind, um hier einzeln verfolgt zu werden. Es ist aber oft bemerkt worden, daß ein kühles Klima, weil es zur Industrie und den verschiedenen Kunstfertigkeiten führt, zu jenem Zwecke äußerst günstig gewesen ist. Die Eskimos haben, von starrer Notwendigkeit bedrückt, viele ingeniöse Erfindungen gemacht, aber ihr Klima ist zu rauh gewesen, um einen beständigen Fortschritt zu gestatten. Nomadisches Leben, mag es auf weiten Ebenen oder in den dichten Wäldern der Tropenländer oder den Seeküsten entlang geführt worden sein, ist in allen Fällen äußerst nachteilig gewesen. Bei Beobachtung der barbarischen Einwohner Feuerlands drängte sich mir die Überzeugung auf, daß der Besitz irgendwelchen Eigentums, ein fester Wohnsitz und die Verbindung vieler Familien unter einem Häuptling die unentbehrlichen Erfordernisse zur Zivilisation sind. Derartige Gebräuche fordern fast mit Notwendigkeit die Kultur des Bodens; und die ersten Fortschritte im Landbau sind wahrscheinlich, wie ich an einem anderen Orte gezeigt habe[8], das Resultat irgendeines Zufalls gewesen, wie beispielsweise, wenn die Samenkörner eines Fruchtbaumes auf einen Abraumhaufen fallen und eine ungewöhnlich schöne Varietät hervorbringen. Indessen ist das Problem des ersten Fortschritts der Wilden, nach ihrer Zivilisation hin, vorläufig viel zu schwer, um gelöst zu werden.

Natürliche Zuchtwahl in ihrem Einflüsse auf zivilisierte Nationen. – Ich habe bis jetzt den Fortschritt des Menschen von einem früheren halbmenschlichen Zustand zu dem der jetzt lebenden Wilden betrachtet. Es dürfte aber doch der Mühe wert sein, einige Bemerkungen über die Wirksamkeit der natürlichen Zuchtwahl auf zivilisierte Nationen hier noch hinzuzufügen. Es ist dieser Gegenstand von Mr. W. R. Greg[9] recht gut erörtert worden, wie früher schon von Mr. Wal-

---

[7] Ancient Law, 1861, p.22. Wegen Bagehots Bemerkungen s. Fortnightly Review, 1. Apr. 1868, p.452.

[8] Das Variieren der Tiere und Pflanzen im Zustand der Domestikation. 2. Aufl., Bd. I, p.342, 343.

[9] Fraser's Magazine, Sept. 1868, p.353. Es scheint dieser Aufsatz viele Personen sehr frappiert zu haben; auch hat er zwei merkwürdige Abhandlungen hervorgerufen, ebenso eine Entgegnung in „The Spectator", 3. Okt. und

lace, und Mr. Galton.[10] Die meisten meiner Bemerkungen sind von diesen drei Schriftstellern entnommen. Bei Wilden werden die an Geist und Körper Schwachen bald beseitigt und die, welche leben bleiben, zeigen gewöhnlich einen Zustand kräftiger Gesundheit. Auf der anderen Seite tun wir zivilisierten Menschen alles nur Mögliche, um den Prozeß dieser Beseitigung aufzuhalten. Wir bauen Zufluchtsstätten für die Schwachsinnigen, für die Krüppel und die Kranken; wir erlassen Armengesetze und unsere Ärzte strengen die größte Geschicklichkeit an, das Leben eines jeden bis zum letzten Moment noch zu erhalten. Es ist Grund vorhanden, anzunehmen, daß die Impfung Tausende erhalten hat, welche infolge ihrer schwachen Konstitution früher den Pocken erlegen wären. Hierdurch geschieht es, daß auch die schwächeren Glieder der zivilisierten Gesellschaft ihre Art fortpflanzen. Niemand, welcher der Zucht domestizierter Tiere seine Aufmerksamkeit gewidmet hat, wird daran zweifeln, daß dies für die Rasse des Menschen im höchsten Grade schädlich sein muß. Es ist überraschend, wie bald ein Mangel an Sorgfalt oder eine unrecht geleitete Sorgfalt zur Degeneration einer domestizierten Rasse führt, aber mit Ausnahme des den Menschen selbst betreffenden Falls ist wohl kaum ein Züchter so unwissend, daß er seine schlechtesten Tiere zur Nachzucht zuließe.

Die Hilfe, welche wir dem Hilflosen zu widmen uns getrieben fühlen, ist hauptsächlich das Resultat des Instinkts der Sympathie, welcher ursprünglich als ein Teil der sozialen Instinkte erlangt, aber später in der oben bezeichneten Art und Weise zarter gemacht und weiter verbreitet wurde. Auch könnten wir unsere Sympathie, wenn sie durch den Verstand hart bedrängt würde, nicht hemmen, ohne den edelsten Teil unserer Natur herabzusetzen. Der Chirurg kann sich abhärten, wenn er eine Operation ausführt, denn er weiß, daß er zum Besten seines Patienten handelt, aber wenn wir absichtlich den Schwachen und Hilflosen vernachlässigen sollten, so könnte es nur geschehen um den Preis einer aus einem vorliegenden überwältigenden Übel herzuleitenden großen Wohltat. Wir müssen daher die ganz zweifellos schlechte Wirkung des Lebenbleibens und der Vermehrung der Schwachen ertragen; doch scheint wenigstens ein Hindernis für die beständige Wirksamkeit dieses Moments zu existieren, in dem Umstand nämlich, daß die schwächeren und untergeordneteren Glieder der Gesellschaft nicht so häufig wie die Gesunden heiraten; und dies Hemmnis könnte noch ganz außerordentlich verstärkt werden, obwohl man es mehr hoffen als erwarten kann, wenn die an Körper und Geist Schwachen sich des Heiratens enthielten.

In jedem Land, in welchem ein großes stehendes Heer gehalten wird, werden die tüchtigsten jungen Leute bei der Konskription genommen oder ausgehoben. Sie sind damit frühzeitigem Tode während eines Krieges ausgesetzt, werden oft zu Lastern verführt und sind verhindert, in der Blüte ihres Lebens zu heiraten. Es werden andererseits die kleineren und schwächeren Männer von bedenklicher Konstitution zu Hause gelassen, folglich haben diese viel mehr Aussicht, heiraten und ihre Art fortpflanzen zu können.[11]

Der Mensch häuft Besitztum an und hinterläßt es seinen Kindern, so daß die Kinder der Reichen in dem Wettlauf nach Erfolg vor denen der Armen einen Vorteil voraus haben, unabhängig von körperlicher oder geistiger Überlegenheit. Andererseits treten die Kinder kurzlebiger Eltern, welche daher im Durchschnitt selbst von schwacher Gesundheit und geringer Lebenskraft sind, ihr Besitztum früher an, als andere Kinder, heiraten daher wahrscheinlich auch früher und hinterlassen eine größere Zahl von Nachkommen, welche ihre minder gute Konstitution erben. Es

---

17. Okt. 1868. Ebenso hat er Erörterungen veranlaßt im Quart. Journal of Science, 1869, p.152, dann von Mr. Lawson Tait, in: The Dublin Quart. Journ. of Medical Science, Febr. 1869, und von E. Ray Lankester in seiner „Comparative Longevity", 1870, p.128. Ähnliche Ansichten wurden früher schon geäußert, in: „Australasian", 12. Juli 1867. Von mehreren dieser Schriftsteller habe ich Ideen entlehnt.

[10] Wallace in der Anthropolog. Review, am früher angeführten Orte; Galton, in: Macmillan's Magazine, Aug. 1865, p.318. S. auch sein größeres Werk „Hereditary Genius", 1870.

[11] Prof. H. Fick gibt (Einfluß der Naturwissenschaft auf das Recht, Juni 1872) mehrere gute Bemerkungen hierüber und über andere derartige Punkte.

ist indessen das Erben von Besitz und Eigentum durchaus kein Übel. Denn ohne die Anhäufung von Kapital könnten die Künste keine Fortschritte machen und es ist hauptsächlich durch die Kraft dieser geschehen, daß die zivilisierten Rassen sich verbreitet haben und jetzt noch immer ihren Bezirk erweitern, so daß sie die Stelle der niedrigeren Rassen einnehmen. Auch stört die mäßige Anhäufung von Wohlstand den Prozeß der Zuchtwahl durchaus nicht. Wenn ein armer Mensch reich wird, so beginnen seine Kinder, den Handel oder ein Gewerbe, in welchem es des Kampfes genug gibt, so daß der an Körper und Geist Fähigere am besten fortkommt. Das Vorhandensein einer Menge gut unterrichteter Leute, welche nicht um ihr tägliches Brot zu arbeiten haben, ist in einem Grade bedeutungsvoll, welcher nicht überschätzt werden kann; denn alle intellektuelle Arbeit wird von ihnen verrichtet und von solcher Arbeit hängt der materielle Fortschritt jeglicher Art hauptsächlich ab, um andere und höhere Vorteile gar nicht zu erwähnen. Wird der Wohlstand sehr groß, so verwandelt er ohne Zweifel leicht die Menschen in unnütze Drohnen, aber ihre Zahl ist niemals groß; auch tritt ein Eliminationsprozeß in einem gewissen Grade hier ein, da wir täglich sehen, wie reiche Leute närrisch oder verschwenderisch werden und allen ihren Wohlstand vergeuden.

Primogenituren mit Familienfideikommissen sind ein direkteres Übel, obwohl es früher wegen der durch sie ermöglichten Bildung einer vorherrschenden Klasse von großem Vorteil gewesen sein mag; denn irgendeine Regierung ist besser als Anarchie. Die meisten ältesten Söhne, mögen sie auch an Körper oder Geist schwach sein, heiraten, während die jüngeren Söhne, so überlegen sie auch in den ebengenannten Beziehungen sein mögen, nicht so allgemein heiraten. Auch können unwürdige älteste Söhne mit Familiengütern ihren Reichtum nicht verschwenden. Aber hier sind, wie in anderen Punkten, die Beziehungen des zivilisierten Lebens so kompliziert, daß noch andere kompensatorische Hemmnisse eingreifen. Die Männer, welche durch Primogenitur reich sind, sind imstande, Generation nach Generation sich die schöneren und reizvolleren Frauen zu wählen, und diese müssen allgemein an Körper gesund und an Geist lebendig sein. Den schlimmen Folgen einer beständigen Reinhaltung derselben Deszendenzreihe ohne irgendwelche Wahl, welches dieselben auch sein mögen, wird stets von Männern von Rang vorgebeugt, welche ihre Macht und ihren Reichtum zu vergrößern wünschen; und dies bewirken sie dadurch, daß sie Erbinnen heiraten. Aber die Töchter von Eltern, welche nur einzige Kinder erzeugt haben, sind für sich schon wie Mr. Galton[12] gezeigt hat, leicht steril. Daher werden beständig Adelsfamilien in der direkten Linie aussterben, so daß ihr Reichtum in irgendeine Seitenlinie überfließt, unglücklicherweise wird aber diese Linie nicht durch Superiorität irgendwelcher Art bestimmt.

Obgleich hiernach die Zivilisation auf viele Weise die Wirksamkeit der natürlichen Zuchtwahl hemmt, so begünstigt dieselbe offenbar mittels der verbesserten Nahrung und der Beseitigung von gelegentlichen Notständen die bessere Entwicklung des Körpers. Dies läßt sich daraus schließen, daß, wo man auch den Vergleich angestellt haben mag, zivilisierte Leute immer physisch kräftiger gefunden werden als Wilde.[13] Sie scheinen auch gleiche Kraft der Ausdauer zu haben, wie sich in vielen abenteuerlichen Expeditionen herausgestellt hat. Selbst der große Luxus der Reichen kann nur in geringem Grade nachteilig sein. Denn die wahrscheinliche Lebensdauer unserer Aristokratie ist auf allen Altersstufen und in beiden Geschlechtern sehr unbedeutend geringer als diejenige gesunder Engländer der niederen Klassen.[14]

Wir wollen nun die intellektuellen Fähigkeiten allein betrachten. Wenn wir auf jeder Stufe der Gesellschaft die Glieder in zwei gleiche Massen teilten, von denen die eine diejenigen umfaßte, welche intellektuell höher begabt wären, die andere die ihnen untergeordneteren, so läßt sich

---

[12] Hereditary Genius, 1870, p.132-140.
[13] Quatrefages: Revue des Cours scientifiques, 1867/1868, p.659.
[14] S. die fünfte und sechste, nach guten Quellen zusammengestellte Kolumne der Tabelle in E. Ray Lankester's Comparative Longevity, 1870, p.115.

Fünftes Kapitel

kaum zweifeln, daß die erstere in allen Beschäftigungsweisen bessere Erfolge erzielen und eine größere Anzahl von Kindern aufbringen würde. Selbst in den niedrigsten Schichten des Lebens muß Geschick und Fähigkeit von irgendwelchem Vorteil sein, wenn auch, wegen der großen Arbeitsteilung, in vielen Tätigkeitszweigen nur von sehr geringem. Es wird daher bei zivilisierten Nationen eine Neigung bestehen, daß die intellektuell Befähigten sowohl der Zahl nach als auch in bezug auf den Maßstab der Intelligenz zunehmen. Doch möchte ich nicht behaupten, daß die Neigung nicht durch andere Momente mehr als ausgeglichen werden dürfte, wie z. B. durch die Vermehrung der Leichtsinnigen und Sorglosen; aber selbst für diese muß Geschicklichkeit von irgendwelchem Vorteil sein.

Ansichten wie den eben vorgetragenen ist oft entgegengehalten worden, daß die ausgezeichnetsten Leute, welche je gelebt haben, keine Nachkommen hinterlassen haben, um ihren großen Intellekt zu vererben. Mr. Galton bemerkt:[15] „Ich bedaure, nicht imstande zu sein, die einfache Frage zu lösen, ob und inwieweit Männer und Frauen, welche Wunder des Genies waren, unfruchtbar sind. Ich habe indessen gezeigt, daß hervorragende Männer dies durchaus nicht sind." Große Gesetzgeber, die Gründer segensreicher Religionen, große Philosophen und wissenschaftliche Entdecker unterstützen den Fortschritt der Menschheit in einem viel höheren Grade durch ihre Werke als durch das Hinterlassen einer zahlreichen Nachkommenschaft. Was die körperliche Struktur betrifft, so ist es die Auswahl der unbedeutend besser begabten und die Beseitigung der ebenso unbedeutend weniger gut begabten Individuen und nicht die Erhaltung scharf markierter und seltener Anomalien, welche zur Verbesserung einer Spezies führt. Dasselbe wird auch für die intellektuellen Fähigkeiten der Fall sein. Es werden nämlich auch hier die in irgend etwas fähigeren Menschen auf jeder Stufe der Gesellschaft bessere Erfolge erzielen als die weniger fähigen, und, wenn sie nicht auf andere Weise daran gehindert werden, infolgedessen stärker an Zahl zunehmen. Hat sich in irgendeiner Nation die Höhe des Intellekts und die Anzahl intellektueller Leute vermehrt, so können wir nach dem Gesetz der Abweichung vom Mittel, wie Mr. Galton gezeigt hat, erwarten, daß Wunder des Genies etwas häufiger als früher erscheinen werden.

In bezug auf die moralischen Eigenschaften findet beständig eine gewisse Beseitigung der am schlechtesten Veranlagten statt, selbst bei den ziviliertesten Nationen. Übeltäter werden hingerichtet oder auf lange Zeit gefangen gesetzt, so daß sie ihre schlechtesten Eigenschaften nicht in größerer Menge fortpflanzen können. Melancholische und geisteskranke Personen werden in Gewahrsam gehalten oder begehen Selbstmord. Heftige und streitsüchtige Leute finden oft ein blutiges Ende. Ruhelose Leute, welche keine stetige Beschäftigung ergreifen wollen – und dies Überbleibsel der Barbarei ist ein großes Hemmnis für die Zivilisation[16] – wandern in neugegründete Staaten aus, wo sie sich als nützliche Pioniere erweisen. Unmäßigkeit ist in so hohem Grade zerstörend, daß die wahrscheinliche Lebensdauer der Unmäßigen z. B. im Alter von dreißig, nur 13,8 Jahre beträgt, während sie für die Arbeiter auf dem Lande von demselben Alter in England 40,59 beträgt. Liederliche Frauen haben wenige Kinder und liederliche Männer heiraten selten; beide leiden durch die Entwicklung konstitutioneller Krankheiten. Bei der Zucht von domestizierten Tieren ist die Beseitigung derjenigen Individuen, welche, wenn sie auch der Zahl nach wenig sind, in irgendeiner bestimmten Weise untergeordnet sind, ein durchaus nicht bedeutungsloses Moment in bezug auf den Erfolg. Dies gilt besonders für die schädlichen Merkmale, welche infolge von Rückschlag wieder aufzutreten neigen, wie z. B. schwarze Farbe bei Schafen; und auch beim Menschen können einige der schlechtesten Anlagen, welche gelegentlich ohne irgendwelche nachweisbare Ursache in Familien auftreten, vielleicht als Rückschlag auf einen wilden Zustand angesehen werden, von welchem wir durch nicht gar zu viele Generationen getrennt sind. Diese Ansicht scheint in der Tat durch die gewöhnliche Redensart anerkannt zu werden, daß derartige Leute die „schwarzen Schafe" der Familie seien.

---

[15] Hereditary Genius, 1870, p.330.
[16] Hereditary Genius, 1870, p.347.

Über die Entwicklung der intellektuellen und moralischen Fähigkeiten

Was einen erhöhten Maßstab der Moralität und eine vermehrte Anzahl ziemlich gut begabter Menschen betrifft, so scheint bei zivilisierten Nationen die natürliche Zuchtwahl nur wenig zu bewirken, obwohl die fundamentalen sozialen Instinkte ursprünglich hierdurch erlangt worden sind. Ich habe aber, als ich von den niederen Rassen handelte, mich schon hinreichend über die Ursachen verbreitet, welche zum Fortschritt der Moralität führen, nämlich die billigende Zustimmung unserer Mitmenschen, – die Kräftigung unserer Sympathien durch Gewohnheit, – Beispiel und Nachahmung, – Verstand, – Erfahrung und selbst eigenes Interesse, – Unterricht während der Jugend und religiöse Gefühle.

Ein äußerst bedeutungsvolles Hemmnis für die Zunahme der Zahl von Menschen einer höheren Klasse in zivilisierten Ländern ist von Mr. Greg und Mr. Galton sehr scharf hervorgehoben worden[17], nämlich die Tatsache, daß die sehr Armen und Leichtsinnigen, welche oft durch Laster heruntergekommen sind, fast unabänderlich früh heiraten, während die Sorgsamen und Mäßigen, welche meist auch in anderer Beziehung tugendhaft sind, spät im Leben heiraten, so daß sie imstande sind, sich selbst und ihre Kinder mit Leichtigkeit zu erhalten. Diejenigen, welche früh heiraten, erzeugen innerhalb einer gegebenen Zeit nicht bloß eine größere Anzahl von Generationen, sondern sie bringen, wie Dr. Duncan gezeigt hat[18], auch viel mehr Kinder hervor. Außerdem sind die Kinder, welche von Müttern während der Blüte ihres Lebens geboren werden, schwerer und größer und daher wahrscheinlich kräftiger als diejenigen, welche in anderen Perioden geboren werden. Hierdurch neigt die Zahl der leichtsinnigen, heruntergekommenen und oft lasterhaften Glieder der Gesellschaft zu einer Zunahme in einem schnelleren Maße als die der vorsichtigen und im allgemeinen tugendhaften Glieder. Oder, wie Mr. Greg den Fall darstellt: „der sorglose, schmutzige, nicht höher hinaus wollende Irländer vermehrt sich wie die Kaninchen; der frugale, vorausdenkende, sich selbst achtende, ehrgeizige Schotte, welcher streng in seiner Moralität, durchgeistigt in seinem Glauben, gescheit und diszipliniert in seinem Wesen ist, verbringt die besten Jahre seines Lebens im Kampfe und imstande des Zölibats, heiratet spät und hinterläßt nur wenig Nachkommen. Man nehme ein Land, welches ursprünglich von tausend Sachsen und tausend Kelten bevölkert gewesen sei, und nach einem Dutzend Generationen werden 5/6 der Bevölkerung Kelten sein, aber 5/6 des Besitzes, der Macht und des Intellekts werden dem einen übrig gebliebenen Sechstel der Sachsen angehören. In dem ewigen Kampfe ums Dasein wird die untergeordnete und weniger begünstigte Rasse es sein, welche vorherrscht und zwar vorherrscht nicht kraft ihrer guten Eigenschaften, sondern kraft ihrer Fehler."

Es sind indessen mehrere Hemmnisse gegen diese nach abwärts strebende Bewegung vorhanden. Wir haben gesehen, daß die Unmäßigen einem hohen Sterblichkeitsverhältnis unterliegen und daß die im höchsten Grade Liederlichen wenig Nachkommen hinterlassen. Die ärmsten Klassen häufen sich in Städten an und Dr. Stark hat nach den statistischen Ergebnissen von zehn Jahren für Schottland bewiesen[19], daß auf allen Altersstufen das Sterblichkeitsverhältnis in Städten höher ist als in ländlichen Bezirken, „und während der ersten fünf Lebensjahre ist das Mortalitätsverhältnis der Stadt fast genau das doppelte von dem der ländlichen Bezirke". Da die Angaben sowohl die Reicheren als die Armen umfassen, so würde ohne Zweifel mehr als die doppelte Anzahl von Geburten nötig sein, um die Zahl der sehr armen Einwohner in Städten im Verhältnis zu denen auf dem Lande in gleicher Höhe zu erhalten. Bei Frauen ist das Verheiraten in einem zu frühen Alter in hohem Grade schädlich; denn in Frankreich hat man gefunden, daß „zweimal soviel verheiratete weibliche Personen im Alter von unter zwanzig Jahren im Jahre starben, als unverheiratete des-

---

[17] Fraser's Magazine, Sept. 1868, p.353. MacMillan's Magazine, Aug. 1865, p.318. F. W. Farrar (Fraser's Magaz., Aug. 1870, p.264) ist verschiedener Ansicht.
[18] On the laws of the Fertility of Women, in: Transact. Roy. Soc. Edinburgh, Vol. XXIV, p.287, dann auch einzeln erschienen unter dem Titel: „Fecundity, Fertility and Sterility", 1871. S. auch Galton: Hereditary Genius, p.352-357, wo sich Beobachtungen zugunsten der obigen Ansicht finden.
[19] Tenth Annual Report of Births, Deaths etc. in Scotland, 1867, p.XXIX.

Fünftes Kapitel

selben Alters". Auch die Sterblichkeit von verheirateten Männern unter zwanzig Jahren ist ganz „exzessiv hoch"[20], was aber die Ursache hiervon sein mag, scheint zweifelhaft. Sollten endlich diejenigen Männer, welche in kluger Weise das Heiraten aufschieben, bis sie ihre Familien mit Komfort erhalten können, Frauen in der Blüte des Lebens nehmen, wie sie es ja oft tun, so würde das Verhältnis der Zunahme in den besseren Klassen nur unbedeutend verringert werden.

Nach einer enormen Menge statistischer Angaben, welche im Verlauf des Jahres 1853 aufgenommen wurden, ist ermittelt worden, daß die unverheirateten Männer in ganz Frankreich zwischen dem Alter von zwanzig und achtzig Jahren in einem viel größeren Verhältnis starben als die verheirateten. So starben z. B. von jedem Tausend unverheirateter Männer zwischen dem Alter von zwanzig und dreißig Jahren jährlich 11,3, während von den verheirateten nur 6,5 starben.[21] Die Gültigkeit eines ähnlichen Gesetzes wurde während der Jahre 1863 und 1864 in bezug auf die ganze Bevölkerung in einem Alter von über zwanzig in Schottland nachgewiesen. Es starben z. B. von jedem Tausend unverheirateter Männer in dem Alter zwischen zwanzig und dreißig Jahren 14,97 jährlich, während von den verheirateten nur 7,24 starben, also weniger als die Hälfte.[22] Dr. Stark bemerkt hierzu: „Junggesellentum ist viel zerstörender für das Leben, als es die ungesündesten Handwerke sind, oder als der Aufenthalt in einem ungesunden Hause oder Bezirke es ist, wo niemals auch nur der entfernteste Versuch zu einer gesundheitlichen Verbesserung gemacht worden ist." Er ist der Ansicht, daß die verringerte Mortalität das direkte Resultat „der Verheiratung und der regelmäßigen häuslichen Gewohnheiten ist, welche diesem Zustande eigen sind". Er nimmt indessen an, daß die unmäßigen, liederlichen und verbrecherischen Klassen, deren Lebensdauer gering ist, für gewöhnlich nicht heiraten, und es muß zugegeben werden, daß Männer mit schwacher Konstitution, schlechter Gesundheit oder irgendeiner bedeutenden Schwäche an Körper oder Geist oft nicht wünschen werden zu heiraten oder zurückgewiesen werden. Dr. Stark scheint zu dem Schluß, daß das Verheiratet-Sein an sich eine hauptsächliche Ursache des verlängerten Lebens ist, dadurch gekommen zu sein, daß er fand, daß bejahrte verheiratete Männer noch immer einen beträchtlichen Vorteil in dieser Beziehung vor den unverheirateten desselben hohen Alters voraus haben. Jedermann werden aber Beispiele bekannt geworden sein, wo Männer von schwacher Gesundheit, welche während ihrer Jugend nicht heirateten, doch ein hohes Alter erreicht haben, obwohl sie schwach blieben und daher immer eine wahrscheinlich geringere Lebensdauer und auch weniger Aussicht zu heiraten hatten. Noch ein anderer merkwürdiger Umstand scheint die Folgerung des Dr. Stark zu unterstützen, daß nämlich Witwen und Witwer in Frankreich im Vergleich mit den verheirateten Personen einem sehr ungünstigen Mortalitätsverhältnis unterliegen; doch schreibt Dr. Farr dies der Armut und den üblen Gewohnheiten zu, welche der Auflösung der Familie folgen, ebenso wie dem Kummer. Im ganzen können wir mit Dr. Farr schließen, daß die geringere Mortalität verheirateter Personen gegenüber derjenigen unverheirateter, welche ein allgemeines Gesetz zu sein scheint, hauptsächlich Folge der konstanten „Beseitigung unvollkommener Formen und der geschickten Auswahl der schönsten Individuen innerhalb jeder der aufeinander folgenden Generationen ist", wobei die Zuchtwahl sich nur auf den verheirateten Zustand bezieht und auf alle körperlichen, intellektuellen und moralischen Eigenschaften wirkt.[23] Wir können daher wohl

---

[20] Diese Zitate sind unserer höchsten Autorität über solche Fragen entnommen, nämlich Dr. Farr in seinem Aufsatz: On the Influence of Marriage on the Mortality of the French People, gelesen vor der Nat. Assoc. for the Promotion of Social Science, 1858.

[21] Dr. Farr, ebd. Die weiter unten angeführten Angaben sind derselben merkwürdigen Arbeit entnommen.

[22] Ich habe das fünfjährige Mittel genommen aus: The Tenth Annual Report of Births, Deaths etc. in Scotland, 1867. Das Zitat nach Dr. Stark ist aus einem Artikel in den Daily News, 17. Oct. 1868, welcher nach Dr. Farrs Urteil mit großer Sorgfalt verfaßt ist.

[23] Dr. Duncan bemerkt (Fecundity, Fertility etc., 1871, p.334) hierüber: „Auf jeder Altersstufe gehen die Gesunden und Schönen von den Unverheirateten auf die verheiratete Seite über und lassen damit die Reihen der Unverheirateten voll von Kränklichen und Unglücklichen."

schließen, daß gesunde und gute Menschen, welche aus Klugheit eine Zeit lang unverheiratet bleiben, keinem hohen Mortalitätsverhältnis unterliegen.

Wenn die verschiedenen, in den letzten beiden Absätzen speziell angeführten, und vielleicht noch andere jetzt unbekannte, Hemmnisse es nicht verhindern, daß die leichtsinnigen, lasterhaften und in anderer Weise niedriger stehenden Glieder der Gesellschaft sich in einem schnelleren Verhältnisse vermehren als die bessere Klasse der Menschen, so wird die Nation rückschreiten, wie es in der Geschichte der Welt nur zu oft vorgekommen ist. Wir müssen uns daran erinnern, daß Fortschritt keine unabänderliche Regel ist. Es ist äußerst schwer zu sagen, warum die eine zivilisierte Nation emporsteigt, machtvoller wird und sich weiter verbreitet als eine andere; oder warum eine und dieselbe Nation zu einer Zeit mehr fortschreitet als zu einer anderen. Wir können nur sagen, daß dies von einer Zunahme der faktischen Anzahl der Bevölkerung, von der Zahl der Menschen, die mit hohen intellektuellen und moralischen Fähigkeiten begabt sind, ebenso wie von der Höhe dessen abhängt, was bei ihnen als ausgezeichnet gilt. Körperliche Bildung scheint nur geringen Einfluß zu haben, ausgenommen insofern, als körperliche Kraft zu geistiger Kraft führt.

Es ist von mehreren Schriftstellern hervorgehoben worden, daß, weil hohe intellektuelle Kräfte einer Nation vorteilhaft sind, die alten Griechen, welche in bezug auf den Intellekt doch einige Grade höher gestanden haben als irgendeine Rasse, welche je existiert hat[24], in ihrer ganzen Entwicklung noch höher gestiegen, an Zahl noch mehr zugenommen und ganz Europa bevölkert haben müßten, wenn die Wirksamkeit der natürlichen Zuchtwahl wirklich bestände. Wir sehen hier die stillschweigende Annahme, die so oft in bezug auf körperliche Bildung gemacht wird, daß ein gewisses angeborenes Streben zu einer beständigen Weiterentwicklung an Geist und Körper vorhanden sei. Aber Entwicklung aller Art hängt von vielen zusammenwirkenden günstigen Umständen ab. Natürliche Zuchtwahl wirkt nur in der Weise eines Versuchs. Individuen und Rassen mögen gewisse unbestreitbare Vorteile erlangt haben und können doch, weil ihnen andere Charaktere fehlen, untergegangen sein. Die Griechen können wegen eines Mangels an Zusammenhalten zwischen den vielen kleinen Staaten, wegen der geringen Größe ihres ganzen Landes rückwärts geschritten sein, ebenso wegen der Ausübung der Sklaverei oder wegen ihrer extremen Sinnlichkeit; denn sie unterlagen nicht eher, als bis „sie entnervt und bis ins innerste Mark verderbt waren"[25]. Die westlichen Nationen Europas, welche jetzt so unmeßbar ihre früheren, wilden Urerzeuger überflügelt haben und auf dem Gipfel der Zivilisation stehen, verdanken wenig oder gar nichts von ihrer Superiorität der direkten Vererbung von den alten Griechen, obwohl sie den schriftlich hinterlassenen Werken dieses wunderbaren Volks viel verdanken.

Wer kann positiv angeben, warum die spanische Nation, die zu einer Zeit so dominierend war, in dem Wettlauf der Völker überflügelt worden ist? Das Erwachen der Nationen Europas aus den Jahrhunderten der Dunkelheit ist ein noch verwirrenderes Problem. In dieser frühen Zeit hatten, wie Mr. Galton bemerkt hat, fast alle Männer einer weicheren Natur, die, welche sich einer beschaulichen Betrachtung oder der Kultur des Geistes ergaben, keinen anderen Zufluchtsort als den Busen der Kirche, und diese forderte das Zölibat[26]; und dieses wieder mußte fast sicher einen verschlechternden Einfluß auf jede der folgenden Generationen ausüben. Während dieser selben Periode wählte die heilige Inquisition mit der äußersten Sorgfalt die freisinnigsten und kühnsten Männer aus, um sie zu verbrennen oder gefangen zu setzen. Allein in Spanien

---

[24] Siehe die geistvolle und originelle Erörterung dieses Gegenstands von Galton: Hereditary Genius, p.340-342.
[25] Greg in Fraser's Magazine, Sept. 1868, p.357.
[26] Hereditary Genius, 1870, p.357-359. F. H. Farrar bringt Gründe für die gegenteilige Ansicht bei (Fraser's Magazine, August 1870, p.257). Sir Ch. Lyell hat bereits an einer merkwürdigen Stelle (Principles of Geology, Vol. II, 1868, p.489) die Aufmerksamkeit auf den üblen Einfluß der Inquisition gelenkt, indem sie nämlich durch Zuchtwahl den allgemeinen Stand der Intelligenz in Europa herabgedrückt habe.

Fünftes Kapitel

wurden von den besten Leuten – d. h. von denen, welche zweifelten und Fragen aufwarfen, und ohne Zweifel ist ja kein Fortschritt möglich – während dreier Jahrhunderte jährlich eintausend eliminiert. Das Übel, welches die katholische Kirche hierdurch bewirkt hat, ist unberechenbar, wenn es auch in gewisser, vielleicht großer Ausdehnung auf andere Weise ausgeglichen wurde. Nichtsdestoweniger ist Europa in einem Verhältnis ohne Gleichen fortgeschritten.

Der merkwürdige Erfolg der Engländer als Kolonisten, gegenüber anderen europäischen Nationen, welche durch einen Vergleich der Fortschritte der Kanadier englischen und französischen Ursprungs erläutert wird, ist deren „unerschrockener und ausdauernder Energie" zugeschrieben worden; wer kann aber sagen, wie die Engländer ihre Energie erlangten? Wie es scheint, liegt in der Annahme sehr viel Wahres, daß der wunderbare Fortschritt der Vereinigten Staaten ebenso wie der Charakter des Volkes die Resultate natürlicher Zuchtwahl sind. Die energischeren, rastloseren und mutigeren Menschen aus allen Teilen Europas sind während der letzten zehn oder zwölf Generationen in jenes große Land eingewandert und haben dort den größten Erfolg gehabt.[27] Blicken wir auf die fernste Zukunft, so glaube ich nicht, daß die Ansicht des Mr. Zincke übertrieben ist, wenn er sagt:[28] „Alle übrigen Reihen von Begebenheiten – z.B. die, welche als Resultat die geistige Kultur in Griechenland, und die, welche die römische Kaiserzeit hervorgehen ließen – scheinen nur Zweck und Bedeutung zu erhalten, wenn sie im Zusammenhang mit, oder noch eher als Unterstützung für ... den großen Strom angelsächsischer Auswanderung nach dem Westen hin betrachtet werden". So dunkel das Problem des Fortschritts der Zivilisation ist, so können wir wenigstens sehen, daß eine Nation, welche eine lange Zeit hindurch die größte Zahl hoch intellektueller, energischer, tapferer, patriotischer und wohlwollender Männer erzeugte, im allgemeinen über weniger begünstigte Nationen das Übergewicht erlangen wird.

Natürliche Zuchtwahl ist die Folge des Kampfes ums Dasein, und dieser ist die Folge eines rapiden Verhältnisses der Vermehrung. Es ist unmöglich, das Verhältnis, in welchem der Mensch an Zahl zuzunehmen strebt, nicht tief zu bedauern, – ob dies freilich weise ist, ist eine andere Frage; – denn es führt dasselbe bei barbarischen Stämmen zum Kindesmord und vielen anderen Übeln, und bei zivilisierten Nationen zu der gräßlichsten Verarmung, zum Zölibat und zu den späten Heiraten der Klügeren. Da aber der Mensch an denselben physischen Übeln zu leiden hat wie die niederen Tiere, so hat er kein Recht, eine Immunität diesen Übeln gegenüber, die eine Folge des Kampfes ums Dasein sind, zu erwarten. Wäre er nicht während der Urzeiten der natürlichen Zuchtwahl ausgesetzt gewesen, so würde er zuversichtlich niemals die jetzige hohe Stufe der Menschlichkeit erreicht haben. Wenn wir in vielen Teilen der Erde enorme Strecken des fruchtbarsten Landes, Strecken, welche imstande sind, zahlreiche glückliche Heimstätten zu tragen, nur von einigen herumwandernden Wilden bewohnt sehen, so möchte man wohl zu der Folgerung veranlaßt werden, daß der Kampf ums Dasein nicht hinreichend heftig gewesen sei, um den Menschen aufwärts auf seine höchste Stufe zu treiben. Nach alle dem, was wir vom Menschen und den niederen Tieren wissen, zu urteilen, hat es stets eine hinreichende Variabilität in den intellektuellen und moralischen Eigenschaften gegeben, um zu einem stetigen Fortschritt durch natürliche Zuchtwahl zu führen. Ohne Zweifel erfordert ein solches Fortschreiten viel günstig zusammenwirkende Umstände, aber es dürfte wohl zu bezweifeln sein, ob die günstigsten dazu hingereicht haben würden, wenn nicht das Verhältnis der Zunahme ein rapides und der infolge davon auftretende Kampf ums Dasein ein bis zum äußersten Grade heftiger gewesen wäre. Nach dem, was wir z.B. in Teilen von Süd-Amerika sehen, scheint es, als würde ein Volk, welches wohl zivilisiert genannt werden kann, wie die spanischen Kolonisten, leicht indolent wird und rückwärts schreitet, wenn die Lebensbedingungen gar zu günstig und leicht sind. Bei hoch zivilisierten Nationen hängt der beständige Fortschritt in einem untergeordneten Grade von natürlicher Zuchtwahl ab; denn derartige Nationen

---

[27] Galton in: Macmillan's Magazine, Aug. 1865, p.325. S. auch „Nature", Dec. 1869, p.184: On Darwinism and National Life.
[28] Last Winter in the United States, 1858, p.29.

ersetzen und vertilgen einander nicht so, wie es wilde Stämme tun. Nichtsdestoweniger werden in der Länge der Zeit die intelligenteren Individuen einer und derselben Genossenschaft besseren Erfolg haben, als die untergeordneteren, und werden auch zahlreichere Nachkommen hinterlassen; und dies ist eine Form der natürlichen Zuchtwahl. Die wirksameren Ursachen des Fortschrittes scheinen zu bestehen einmal in einer guten Erziehung während der Jugend, wo das Gehirn Eindrücken leicht zugänglich ist, und dann in einem hohen Maßstab der Vortrefflichkeit, wie er in der Natur der fähigsten und besten Leute ausgeprägt, in den Gesetzen, Gebräuchen und Überlieferungen der Nation verkörpert und von der öffentlichen Meinung aufgenötigt wird. Man muß indessen im Auge behalten, daß die Macht der öffentlichen Meinung von unserer Anerkennung der Billigung und Mißbilligung anderer abhängt; und diese Anerkennung gründet sich auf unsere Sympathie, welche, wie kaum bezweifelt werden kann, als eines der wichtigsten Elemente der sozialen Instinkte ursprünglich durch natürliche Zuchtwahl entwickelt wurde.[29]

Über die Beweise, daß alle zivilisierten Nationen einst Barbaren waren. – Der vorliegende Gegenstand ist in einer so eingehenden und vorzüglichen Weise von Sir J. Lubbock,[30] Mr. Tylor, Mr. M'Lennan und anderen behandelt worden, daß ich hier nur nötig habe, einen sehr kurzen Auszug ihrer Resultate zu geben. Die früher vom Herzog von Argyll[31] und noch früher vom Erzbischof Whately zugunsten der Annahme, daß der Mensch als ein zivilisiertes Wesen auf die Welt gekommen ist, und daß alle Wilden seit jener Zeit einer Entartung unterlegen sind, vorgebrachten Argumente scheinen mir im Vergleich mit den von der anderen Seite vorgebrachten schwach zu sein. Ohne Zweifel sind viele Nationen in ihrer Zivilisation zurückgegangen und einige mögen in vollständige Barbarei verfallen sein, obwohl mir in bezug auf den letzteren Punkt keine Beweise begegnet sind. Die Feuerländer wurden wahrscheinlich durch andere erobernde Horden gezwungen, sich in ihrem unwirtlichen Lande niederzulassen, und sie können infolge davon wohl noch etwas weiter entartet sein; es dürfte aber schwer zu beweisen sein, daß sie viel tiefer als die Botokuden gesunken sind, welche die schönsten Teile von Brasilien bewohnen.

Die Zeugnisse für die Annahme, daß alle zivilisierten Nationen die Nachkommen von Barbaren sind, bestehen auf der einen Seite aus deutlichen Spuren ihres früheren niedrigen Zustandes, wie noch immer existierenden Gebräuchen, Glaubensansichten, ihrer Sprache usw., auf der anderen Seite aus Beweisen, daß Wilde unabhängig und selbständig imstande sind, einige wenige Schritte in der Zivilisationsstufe sich zu erheben und auch wirklich sich erhoben haben. Der tatsächliche Beweis für den ersten Punkt ist im äußersten Grade merkwürdig, kann aber hier nicht gegeben werden; ich beziehe mich auf solche Fälle, wie z. B. die Kunst des Zählens, welche, wie Mr. Tylor an den an einigen Orten noch immer gebrauchten Worten nachgewiesen hat, ihren Ursprung in dem Zählen der Finger, zuerst der einen Hand, dann der anderen und endlich auch der Zehen gehabt hat. Wir haben Spuren hiervon in unserem eigenen Dezimal-System und in den römischen Zahlzeichen, wo wir, nachdem die Ziffer V erreicht ist (von der man annimmt, daß sie eine zusammengezogene Abbildung der menschlichen Hand darstelle), zu den Zahlen VI usw. übergehen, bei denen ohne Zweifel die andere Hand gebraucht wurde; – so ferner wenn die Engländer „von three score and ten sprechen, wo sie im Vigesimalsystem zählen, wobei jedes score als ideelle Einheit aufgefaßt für zwanzig steht – für ‚ein Mann' wie es ein Mexikaner oder Karaibe ausdrücken würde."[32] Den Ansichten einer großen und an Anhängern beständig zunehmenden Philologenschule zufolge trägt jede Sprache Merkzeichen ihrer langsamen und allmählichen Entwicklung an

---

[29] Ich bin Mr. John Morley wegen mehrerer guter kritischer Bemerkungen über diesen Gegenstand sehr verbunden; s. auch Broca: Les Sélections. Revue d'Anthropologie, 1872.
[30] On the Origin of Civilisation. Proc. Ethnolog. Soc., Nov. 26th, 1867.
[31] Primeval Man, 1869.
[32] Royal Institution of Great Britain, March 15th 1867; s. auch Researches into the Early History of Mankind, 1865.

sich. Dasselbe ist der Fall mit der Kunst zu schreiben, da die Buchstaben Rudimente bildlicher Darstellungen sind. Es ist kaum möglich, Mr. M'Lennans Werk[33] zu lesen, ohne zuzugeben; daß fast alle zivilisierten Nationen noch immer gewisse Spuren derartiger roher Gewohnheiten, wie des zwangsweisen Gefangennehmens der Weiber, beibehalten. Welche Nation des Altertums, fragt derselbe Schriftsteller, kann angeführt werden, welche ursprünglich monogam gewesen wäre? Die ursprüngliche Idee der Gerechtigkeit, wie sie sich durch das Gesetz des Kampfes und anderer Gebräuche zeigt, deren Spuren noch jetzt übrig sind, war gleichfalls äußerst roh. Viele noch jetzt existierende abergläubische Züge sind die Überbleibsel früherer falscher religiöser Glaubensansichten. Die höchste Form der Religion – die großartige Idee eines Gottes, welcher die Sünde haßt und die Gerechtigkeit liebt – war während der Urzeit unbekannt.

Wenden wir uns jetzt zu der anderen Form von Beweisen: Sir J. Lubbock hat nachgewiesen, daß einige Wilde neuerdings in einigen ihrer einfacheren Kunstfertigkeiten fortgeschritten sind. Nach dem äußerst merkwürdigen Bericht, welchen er von den Waffen, Werkzeugen und Künsten gibt, welche von Wilden in verschiedenen Teilen der Welt gebraucht oder geübt werden, läßt sich nicht daran zweifeln, daß dies fast alles unabhängige Entdeckungen gewesen sind, vielleicht mit Ausnahme der Kunst, Feuer zu machen.[34] Der australische Bumerang ist ein gutes Beispiel einer solchen unabhängigen Entdeckung. Als man zuerst die Bewohner von Tahiti besuchte, waren sie in vielen Beziehungen gegen die Einwohner der meisten anderen polynesischen Inseln fortgeschritten. Für die Annahme, daß die hohe Kultur der eingeborenen Peruaner und Mexikaner aus irgendeiner fremden Quelle geflossen sei, lassen sich keine triftigen Gründe anführen[35]; viele eingeborene Pflanzen wurden dort kultiviert und einige wenige eingeborene Tiere domestiziert. Wir müssen im Auge behalten, daß eine wandernde Bootsmannschaft aus irgendeinem halb zivilisierten Lande, wenn sie an die Küsten von Amerika angetrieben worden wäre, nach dem geringen Einfluß der meisten Missionare zu urteilen, keine ausgesprochene Wirkung auf die Eingeborenen geäußert haben würde, wenn diese nicht bereits in einem gewissen Grade fortgeschritten gewesen wären. Werfen wir unsern Blick auf eine äußerst entfernt zurückliegende Zeit in der Geschichte der Welt, so finden wir, um Sir J. Lubbocks bekannte Ausdrücke zu gebrauchen, eine palaeolithische und eine neolithische Periode; und niemand wird behaupten, daß die Kunst, rohe Feuersteinwerkzeuge zu polieren, eine geborgte gewesen sei. In allen Teilen von Europa, und zwar im Osten bis nach Griechenland, dann in Palästina, Indien, Japan, Neuseeland und Afrika, mit Einschluß Ägyptens, sind Feuersteinwerkzeuge in großer Menge entdeckt worden, und von ihrem Gebrauch hat sich bei den jetzigen Einwohnern auch nicht einmal eine Tradition erhalten. Wir haben auch indirekte Belege dafür, daß solche Werkzeuge früher von den Chinesen und alten Juden gebraucht wurden. Es besteht daher wohl kaum ein Zweifel darüber, daß die Bewohner dieser zahlreichen Länder, welche nahezu die ganze zivilisierte Welt umfassen, sich einstmals in einem barbarischen Zustand befanden. Zu glauben, daß der Mensch vom Ursprung an zivilisiert gewesen und dann in so vielen Gegenden einer Entartung unterlegen sei, hieße eine sehr erbärmliche Ansicht von der menschlichen Natur hegen. Allem Anschein nach ist es eine richtigere und wohltuendere Ansicht, daß Fortschritt viel allgemeiner gewesen ist als Rückschritt, daß der Mensch, wenn auch mit langsamen und unterbrochenen Schritten, sich von einem niedrigeren Zustand zu dem höchsten jetzt in Kenntnissen, Moral und Religion von ihm erlangten erhoben hat.

---

[33] Primitive Marriage, 1865; s. auch einen offenbar von demselben Verfasser herrührenden ausgezeichneten Artikel in der North British Review; July 1869. Auch L. H. Morgan: A Conjectural Solution of the Origin of the Class. System of Relationship, in: Proceed. American Acad. of Sciences. Vol. VII, Febr. 1868. Prof. Schaaffhausen erwähnt (Anthropolog. Review, Oct. 1869, p.373) „die Spuren von Menschenopfern im Homer und im alten Testament".

[34] Sir J. Lubbock: Prehistoric Times. 2. edit., 1869. Kap. XV und XVI, an mehreren Stellen. S. auch das ausgezeichnete 9. Kapitel in Tylor's Early History of Mankind. 2. edit., 1870.

[35] Dr. Ferd. Müller hat einige gute Bemerkungen hierüber gemacht in der „Reise der Novara". Anthrop. Teil., Abteil. III, 1868, p.127.

Sechstes Kapitel

Über die Verwandtschaften und die Genealogie des Menschen

Stellung des Menschen in der Tierreihe – Das natürliche System ist genealogisch – Adaptive Charaktere von geringer Bedeutung – Verschiedene kleine Punkte der Übereinstimmung zwischen dem Menschen und den Quadrumanen – Rang des Menschen im natürlichen System – Geburtsstelle und Alter des Menschen – Fehlen von fossilen Übergangsgliedern – Niedere Stufen in der Genealogie des Menschen, wie sie sich erstens aus seinen Verwandtschaften und zweitens aus seinem Bau ergeben – Früher hermaphroditer Zustand der Wirbeltiere - Schluß

Selbst wenn zugegeben wird, daß die Verschiedenheit zwischen dem Menschen und seinen nächsten Verwandten in bezug auf seine körperliche Bildung so groß ist, wie es einige Naturforscher behaupten, und obgleich wir zugeben müssen, daß die Verschiedenheit zwischen ihnen in bezug auf die geistigen Kräfte ungeheuer ist, so zeigen doch, wie mir scheint, die in den vorangehenden Kapiteln mitgeteilten Tatsachen in der deutlichsten Weise, daß der Mensch von irgendeiner niedrigeren Form abstammt, trotzdem daß verbindende Zwischenglieder bis jetzt noch nicht entdeckt worden sind.

Der Mensch bietet zahlreiche unbedeutende und mannigfaltige Abänderungen dar, welche durch dieselben allgemeinen Ursachen herbeigeführt und nach denselben allgemeinen Gesetzen bestimmt und überliefert werden wie bei den niederen Tieren. Der Mensch hat sich in einem so rapiden Verhältnis vervielfältigt, daß er notwendig einem Kampf ums Dasein und infolge hiervon der natürlichen Zuchtwahl ausgesetzt worden ist. Er hat viele Rassen entstehen lassen, von denen einige so verschieden voneinander sind, daß sie oft von Naturforschern als distinkte Arten klassifiziert worden sind. Sein Körper ist nach demselben homologen Plan gebaut, wie der anderer Säugetiere. Er durchläuft dieselben Zustände embryonaler Entwicklung. Er behält viele rudimentäre und nutzlose Bildungen bei, welche ohne Zweifel einstmals eine Funktion verrichteten. Gelegentlich erscheinen Merkmale wieder bei ihm, welche, wie wir allen Grund zu glauben haben, im Besitz seiner früheren Urerzeuger waren. Wäre der Ursprung des Menschen von dem aller übrigen Tiere völlig verschieden gewesen, so wären diese verschiedenen Erscheinungen bloße nichtssagende Täuschungen; eine solche Annahme ist indessen unglaublich. Auf der anderen Seite aber sind sie wenigstens in einer großen Ausdehnung verständlich unter der Annahme, daß der Mensch mit anderen Säugetieren von irgendeiner unbekannten und niederen Form abstammt.

Infolge des tiefen Eindrucks, welchen die geistigen und seelischen Kräfte des Menschen gemacht haben, haben einige Naturforscher die ganze organische Welt in drei Reiche eingeteilt, das Menschenreich, das Tierreich und das Pflanzenreich, womit sie also dem Menschen ein besonderes Reich einräumen.[1] Geistige Kräfte können von dem Naturforscher nicht verglichen oder klassifiziert werden; er kann aber zu zeigen versuchen, wie ich es getan habe, daß die geistigen Fähigkeiten des Menschen und der niederen Tiere nicht der Art nach, wenn schon ungeheuer dem Grade nach voneinander abweichen. Eine Verschiedenheit des Grades, so groß sie auch sein mag, berechtigt uns nicht dazu, den Menschen in ein besonderes Reich zu stellen, wie vielleicht am besten durch eine Vergleichung der geistigen Kräfte zweier Insekten gezeigt wird, nämlich eines *Coccus* oder Schildlaus und einer Ameise, welche unzweifelhaft zu einer und derselben Klasse gehören. Die Verschiedenheit ist hier größer, wenn auch von einer etwas verschiedenen Art, als zwischen dem Menschen und dem höchsten Säugetier. Der weibliche

---

[1] Isidore Geoffroy Saint-Hilaire gibt einen detaillierten Bericht über die Stellung, welche dem Menschen von verschiedenen Naturforschern in ihren Klassifikationen eingeräumt worden ist, in seiner Hist. natur. génér., Tom. II, 1859, p.170-189.

Sechstes Kapitel

Coccus hängt sich, während er jung ist, mit seinem Rüssel an einer Pflanze fest, saugt deren Saft, aber bewegt sich nicht wieder, wird befruchtet und legt Eier; und dies ist seine ganze Geschichte. Andererseits aber die Gewohnheiten und geistigen Kräfte einer Arbeiterameise zu beschreiben, würde, wie Pierre Huber gezeigt hat, einen ganzen Band füllen. Ich möchte indessen kurz einige wenige Punkte anführen. Ameisen tauschen sicher untereinander Mitteilungen aus und mehrere vereinigen sich zu derselben Arbeit oder zum Spielen. Sie Erkennen die Mitglieder ihres Haufens selbst nach monatelanger Abwesenheit wieder und fühlen Sympathie miteinander. Sie errichten große Gebäude, halten sie reinlich, schließen am Abend die Türen und stellen Wachen aus. Sie bauen Straßen und selbst Tunnel unter Flüssen und temporäre Brücken über dieselben dadurch, daß sie sich aneinander hängen. Sie sammeln Nahrung für die ganze Genossenschaft, und wenn ein für das Einbringen zu großer Gegenstand an das Nest gebracht wird, so erweitern sie die Türe und bauen sie nachher wieder auf. Sie legen Vorräte von Samenkörnern an, deren Keimung sie verhindern, und welche sie, wenn sie feucht wurden, zum Trocknen an die Luft bringen. Sie halten sich Blattläuse und andere Insekten als Milchkühe. Sie ziehen in regelmäßigen Reihen zum Kampfe aus und opfern ohne Besinnen ihr Leben für das allgemeine Wohl. Sie wandern nach einem vorher gefaßten Plan aus. Sie fangen sich Sklaven. Sie bewegen die Eier ihrer Aphiden ebenso wie ihre eigenen Eier und Kokons nach den wärmeren Teilen des Nests, damit sie schneller zum Auskriechen gelangen; und es ließen sich noch endlose ähnliche Tatsachen anführen.[2] Im ganzen ist der Unterschied in den geistigen Kräften zwischen einer Ameise und einem Coccus ganz ungeheuer, und doch hat sich niemand auch nur im Traum einfallen lassen, beide in verschiedene Klassen und noch viel weniger in verschiedene Reiche zu stellen. Ohne Zweifel wird dieser Abstand von den zwischenliegenden Graden geistiger Kräfte vieler anderer Insekten überbrückt, und dies ist beim Menschen und den höheren Affen nicht der Fall. Wir haben aber allen Grund zu glauben, daß die Unterbrechungen der Reihe einfach das Resultat des Umstands sind, daß viele Formen ausgestorben sind.

Professor Owen hat die Säugetierreihe mit besonderer Berücksichtigung der Bildung ihres Gehirns in vier Unterklassen eingeteilt. Eine derselben umfaßt den Menschen, in eine andere stellt er die beiden Abteilungen der Marsupialien und Monotremen, so daß er den Menschen allen übrigen Säugetieren gegenüber als so verschieden hinstellt, wie die beiden letzten Gruppen zusammengenommen. Soviel mir bekannt ist, ist diese Ansicht von keinem Naturforscher angenommen worden, welcher der Bildung eines unabhängigen Urteils fähig ist, und braucht daher hier nicht weiter betrachtet zu werden.

Wir können wohl einsehen, warum eine Klassifikation, welche auf irgendein einzelnes Organ oder Merkmal – selbst auf ein Organ von einer so wunderbaren Kompliziertheit oder von solcher Bedeutung wie das Gehirn – oder auf hohe Entwicklung der geistigen Fähigkeiten sich gründet, sich fast mit Gewißheit als unbefriedigend herausstellen wird. Der Versuch, nach diesem Prinzip einzuteilen, ist in der Tat bei den Hymenopteren unter den Insekten angestellt worden. Wurden aber diese nach ihrer Lebensweise oder ihren Instinkten klassifiziert, so erwies sich die Anordnung als durchaus künstlich.[3] Die Klassifikationen können natürlich auf irgendwelches Merkmal basiert werden, so auf die Größe, die Farbe oder das Element, welches die Tiere bewohnen. Es haben aber die Naturforscher schon seit langer Zeit die tiefe Überzeugung gehabt, daß es ein natürliches System gebe. Wie jetzt allgemein zugegeben wird, muß dieses System soweit wie nur möglich genealogisch in seiner Anordnung sein, – d. h. die verschiedenen Nachkommen einer und derselben Form müssen in einer Gruppe zusammengehalten werden und zwar getrennt von

---

[2] Einige der interessantesten Tatsachen über die Lebensweise der Ameisen, die je veröffentlicht worden sind, hat Mr. Belt gegeben in seinem „Naturalist in Nicaragua", 1874. S. auch Mr. Moggridges treffliches Buch „Harvesting Ants" etc., 1873, auch den Artikel „L'Instinct chez les Insectes" von George Pouchet in: Revue des Deux Mondes, Febr. 1870, p.682.
[3] Westwood: Modern Classifikation of Insects. Vol. II, 1840, p.87.

den verschiedenen Nachkommen einer anderen Form. Sind aber die Stammformen miteinander verwandt, so werden es auch deren Nachkommen sein, und die beiden Gruppen zusammen werden dann eine gemeinsame größere Gruppe bilden. Die Größe der Verschiedenheit zwischen den verschiedenen Gruppen, – welche den Betrag der Modifikationen, denen eine jede derselben unterlegen ist, bezeichnet, – wird durch derartige Ausdrücke wie Gattungen, Familien, Ordnungen und Klassen angegeben. Da wir keine Urkunden über die Deszendenzreihen besitzen, so können die Stammbäume nur durch Beobachtung der Ähnlichkeitsgrade zwischen den einzelnen zu klassifizierenden Wesen entdeckt werden. Zu diesem Zwecke sind zahlreiche einzelne Punkte der Übereinstimmung von viel größerer Bedeutung als der Betrag von Ähnlichkeit oder Unähnlichkeit in einigen wenigen Punkten. Wenn nachgewiesen würde, daß zwei Sprachen einander in einer Menge von Worten und Konstruktionsweisen glichen, so würden sie ganz allgemein als aus einer gemeinsamen Quelle stammend anerkannt werden, trotzdem sie in einigen wenigen Punkten oder Konstruktionsweisen bedeutend voneinander abweichen. Aber bei organischen Wesen dürfen die Punkte der Übereinstimmung nicht aus Anpassungen an ähnliche Lebensgewohnheiten bestehen. Es können z. B. zwei Tiere ihren ganzen Körperbau zum Leben im Wasser modifiziert haben und werden doch trotzdem in keine irgend nähere Verbindung miteinander im natürlichen System gebracht werden. Wir können hieraus erkennen, woher es kommt, daß Übereinstimmungen in unbedeutenden Bildungen, in nutzlosen und in rudimentären Organen und in Teilen, welche jetzt nicht funktionell tätig sind oder sich in einem embryonalen Zustande befinden, für die Klassifikation bei weitem die zweckdienlichsten sind; denn sie können kaum Folgen von Anpassungen sein, die in einer späteren Zeit etwa eingetreten wären. Sie offenbaren uns daher die alten Deszendenzlinien oder die eigentliche Verwandtschaft.

Wir können ferner einsehen, warum ein großer Betrag von Modifikation an einem und demselben Merkmale uns nicht veranlassen darf, zwei Organismen deshalb weit voneinander zu trennen. Ein Teil, welcher bereits von demselben Teil bei anderen verwandten Formen sehr verschieden ist, hat nach der Entwicklungstheorie bereits bedeutend variiert; und solange der Organismus denselben anregenden Bedingungen ausgesetzt ist, würde folglich jener Teil auch noch weiteren Abweichungen derselben Art unterliegen, und diese würden, wenn sie wohltätig sind, erhalten und dadurch beständig vergrößert werden. In vielen Fällen, wie z. B. bei dem Schnabel eines Vogels oder bei dem Zahn eines Säugetieres, würde die beständige Weiterentwicklung dieses einen Teiles für die Spezies von keinem Vorteil zur Erlangung ihrer Nahrung oder zu irgendeinem anderen Zweck sein; beim Menschen indessen können wir keine bestimmte Grenze für die fortgesetzte Entwicklung des Gehirns und der geistigen Fähigkeiten sehen, soweit ein Vorteil für die Art dabei in Rede kommt. Bei der Bestimmung der Stellung des Menschen in dem natürlichen oder genealogischen System darf daher die extreme Entwicklung des Gehirns nicht schwerer wiegen als eine Menge von Übereinstimmungen in anderen weniger bedeutungsvollen oder völlig bedeutungslosen Punkten.

Die größere Zahl der Naturforscher, welche die ganze Struktur des Menschen mit Einschluß seiner geistigen Fähigkeiten in Betracht gezogen haben, ist Blumenbach und Cuvier gefolgt und hat den Menschen in eine besondere Ordnung unter dem Titel der Zweihänder gebracht und daher auf gleiche Klassifikationsstufe mit den Ordnungen der Vierhänder, Fleischfresser usw. Neuerdings sind viele unserer besten Naturforscher zu der zuerst von Linné, der so merkwürdig wegen seines Scharfsinns war, ausgesprochenen Ansicht zurückgekehrt und haben den Menschen in eine und dieselbe Ordnung mit den Quadrumanen unter dem Titel der Primaten gebracht. Die Richtigkeit dieser Folgerung wird zugegeben werden, wenn man an erster Stelle die soeben gemachten Bemerkungen über die vergleichsweise geringe Bedeutung der großen Entwicklung des Gehirns beim Menschen für seine Klassifikation im Auge behält und wenn man sich ferner daran erinnert, daß die scharf ausgesprochenen Verschiedenheiten zwischen den Schädeln des Menschen und der Quadrumanen, welche neuerdings von Bischoff, Aeby und anderen hervorgehoben worden sind, offenbar Folge ihrer verschieden entwickelten Gehirne sind. An zweiter Stelle müssen wir uns aber erinnern, daß fast alle die anderen und bedeutungsvolleren Verschiedenheiten zwischen dem Menschen und den Quadrumanen offenbar ihrer Natur nach adaptiv sind und sich hauptsächlich auf die aufrechte Stellung des Menschen beziehen. Dahin gehört die Bildung seiner Hände, seines Fußes und Beckens, die Krümmung seines Rückgrats und die Stellung seines Kopfes. Die Familie der Robben bietet eine gute Erläuterung für die geringe Bedeutung adaptiver Charaktere in bezug auf die Klassifikation dar. Diese Tiere weichen von allen anderen Fleischfressern in der Form ihres Körpers und in der Bildung ihrer Gliedmaßen viel mehr ab, als der Mensch von den höheren Affen abweicht; und doch werden in den meisten Systemen, von dem Cuviers bis zu dem neuesten von Mr. Flower[4], die Robben als eine bloße Familie in der Ordnung der Karnivoren angesehen. Wäre der Mensch nicht in der Lage gewesen, sich selbst zu klassifizieren, so würde er niemals auf den Gedanken gekommen sein, eine besondere Ordnung zur Aufnahme seiner selbst zu errichten.

Es würde über die mir gesteckten Grenzen und auch völlig über meine Kenntnisse gehen, die zahllosen Bildungsverhältnisse auch nur namentlich anzuführen, in welchen der Mensch mit den anderen Primaten übereinstimmt. Unser großer Anatom und Philosoph, Professor Huxley, hat diesen Gegenstand ausführlich erörtert[5] und ist zu dem Schluß gekommen, daß der Mensch in allen Teilen seiner Organisation weniger von den höheren Affen abweicht, als diese von den niedrigeren Gliedern derselben Gruppe verschieden sind. Folglich „ist es nicht gerechtfertigt, den Menschen in eine besondere Ordnung zu stellen".

In einem früheren Teil dieses Bandes habe ich verschiedene Tatsachen angeführt, welche zeigten, wie eng der Mensch in seiner Konstitution mit den höheren Säugetieren übereinstimmt, und diese Übereinstimmung muß von der großen Ähnlichkeit unseres Körpers mit dem jener Tiere in der mikroskopischen Struktur und chemischen Zusammensetzung abhängen. Ich führte das Beispiel an, daß wir denselben Krankheiten und den Angriffen verwandter Parasiten ausgesetzt sind; ferner unsere gemeinsame Neigung zu denselben Reizmitteln und die ähnlichen durch diese ebenso wie durch verschiedene Arzneimittel hervorgerufenen Wirkungen und andere derartige Tatsachen.

Da geringe und nicht weiter bedeutungsvolle Punkte der Übereinstimmung zwischen dem Menschen und den höheren Affen in den systematischen Werken gewöhnlich nicht erwähnt werden und da dieselben, wenn sie zahlreich sind, deutlich unsere Verwandtschaft aufdecken, will ich einige wenige dieser Punkte speziell anführen. Die relative Stellung der Gesichtszüge ist offenbar beim Menschen und den Quadrumanen dieselbe; und die verschiedenen Gemütserregungen werden von nahezu ähnlichen Bewegungen der Muskeln und der Haut hauptsächlich oberhalb der Augenbrauen und um den Mund herum ausgedrückt. Einige wenige Gesichtsausdrücke sind in der Tat fast ganz dieselben, wie das Weinen bei gewissen Affenarten und das lärmende Lachen anderer, wobei die Mundwinkel rückwärts gezogen und die unteren Augenlider gerunzelt werden. Die äußeren Ohren sind merkwürdig gleich. Beim Menschen ist die Nase in viel höherem Maße hervorstehend als bei den meisten Affen; wir können aber den Anfang zur Krümmung einer Adlernase an der Nase des Hoolock-Gibbons sehen; und dies ist bei dem *Semnopithecus nasica* bis zu einem lächerlichen Extrem geführt.

Das Gesicht vieler Affen ist mit Bärten, Backenbärten oder Schnurrbärten geziert. Bei manchen Arten von *Semnopithecus*[6] wächst das Haar auf dem Kopf zu einer bedeutenden Länge und bei den Mützenaffen (*Macacus radiatus*) strahlt es von einem Punkt auf dem Scheitel aus, mit einer auf der Mitte herablaufenden Scheitelung wie beim Menschen. Es wird gewöhnlich gesagt, daß die Stirn dem Menschen sein edles und intellektuelles Ansehen gibt; aber das dichte

---

[4] Proceed. Zoolog. Soc., 1869, p.4.
[5] Zeugnisse für die Stellung des Menschen in der Natur. Übers. p.79 und an anderen Orten.
[6] Isid. Geoffroy Saint-Hilaire: Hist. natur. génér., Tom. II, 1859, p.217.

Haar auf dem Kopf des Mützenaffen endet nach unten ganz plötzlich und es folgt ihm hier so kurzes und feines Haar, daß von einer geringen Entfernung aus die Stirn mit Ausnahme der Augenbrauen vollständig nackt erscheint. Man hat irrtümlicher Weise behauptet, daß Augenbrauen bei keinem Affen vorhanden wären. In der eben genannten Spezies ist der Grad von Nacktheit an der Stirn bei verschiedenen Individuen verschieden, und Eschricht[7] gibt an, daß die Grenze zwischen der behaarten Kopfhaut und der nackten Stirn bei unsern Kindern zuweilen nicht scharf bestimmt ist, so daß wir hier, wie es scheint, einen beiläufigen Fall von Rückschlag auf einen Urerzeuger vor uns haben, bei welchem die Stirn noch nicht völlig nackt geworden war.

Es ist eine bekannte Tatsache, daß die Haare an unsern Armen von oben und unten her am Ellbogen in eine Spitze zusammenzukommen streben. Diese merkwürdige Anordnung, welche der bei den meisten niederen Säugetieren so ungleich ist, findet sich in gleicher Weise beim Gorilla, dem Schimpanse, dem Orang-Utan, einigen Arten von *Hylobates* und selbst einigen wenigen amerikanischen Affen. Aber bei *Hylobates agilis* ist das Haar am Unterarm abwärts gerichtet, oder nach der gewöhnlichen Weise nach der Hand zu, und bei *H. Lar* ist es fast aufrecht mit einer nur sehr geringen Neigung nach vorn, so daß in dieser letzteren Art das Haar sich in einem Übergangszustand befindet. Es kann kaum bezweifelt werden, daß bei den meisten Säugetieren die Dichte des Haars und seine Richtung auf dem Rücken dem Zweck angepaßt ist, den Regen abzuhalten; selbst die querstehenden Haare auf den Vorderbeinen eines Hundes können zu diesem Zwecke dienen, wenn er beim Schlafen sich zusammengerollt hat. Mr. Wallace macht die Bemerkung, daß das Konvergieren der Haare nach dem Ellbogen zu an den Armen des Orang-Utans (dessen Lebensweise er sorgfältig studiert hat) dazu dient, den Regen abzuhalten, wenn das Tier bei Regenwetter, wie es sein Gebrauch ist, mit gebogenen Armen und mit um einen Zweig oder selbst auf seinem eigenen Kopf zusammengefalteten Händen dasitzt. Der Angabe Livingstones zufolge sitzt auch der Gorilla „im strömenden Regen mit den Händen über seinem Kopfe" da.[8] Ist die eben gegebene Erklärung, wie es wahrscheinlich der Fall zu sein scheint, korrekt, so bietet das Haar an unsern Vorderarmen ein merkwürdiges Zeugnis für unsern früheren Zustand dar; denn niemand kann die Vermutung hegen, daß es jetzt von irgendeinem Nutzen ist zur Abhaltung des Regens; es wäre auch bei unserer jetzigen aufrechten Stellung für diesen Zweck entschieden nicht passend gerichtet.

Es würde indessen voreilig sein, dem Prinzip der Anpassung in bezug auf die Richtung der Haare beim Menschen oder seinen frühen Urerzeugern zu sehr zu vertrauen; denn es ist unmöglich, die von Eschricht über die Anordnung der Haare am menschlichen Fötus (und diese ist dieselbe wie beim Erwachsenen) gegebenen Figuren zu betrachten, ohne mit diesem ausgezeichneten Beobachter darin übereinzustimmen, daß noch andere und noch kompliziertere Ursachen dazwischen getreten sind. Die Konvergenzpunkte scheinen in einer gewissen Beziehung zu denjenigen Punkten beim Embryo zu stehen, welche sich während seiner Entwicklung zuletzt geschlossen haben. Es scheint auch irgendwelche Beziehung zwischen der Anordnung der Haare an den Gliedmaßen und dem Verlauf der Markarterien zu bestehen.[9]

Man darf nun aber auch nicht etwa annehmen, daß die Ähnlichkeit, in den eben genannten und vielen anderen Punkten, zwischen dem Menschen und gewissen Affen – wie der Besitz einer nackten Stirn, eines wallenden Haarwuchses auf dem Kopf usw. – sämtlich notwendig das Resultat einer ununterbrochenen Vererbung von einem mit diesen Merkmalen versehenen Urerzeuger oder eines später eingetretenen Rückschlags sind. Viele von diesen Übereinstimmungen

---

[7] Über die Richtung der Haare usw. in: Müllers Archiv für Anat. und Physiol., 1837, p.51.

[8] Zitiert von Reade: The African Sketch Book. Vol. I, 1873, p.152.

[9] Über das Haar bei *Hylobates* s. C. L. Martin: Natur. Hist. of Mammals,1841, p.415; auch Isid. Geoffroy Saint-Hilaire: Über die amerikanischen Affen und andere Arten, in: Hist. natur. génér.,Tom. II, 1859, p.212, 243. Eschricht: a.a.O., p.46, 55, 61. Owen: Anatomy of Vertebrates. Vol. III, p.619. Wallace: Contributions to the Theory of Natural Selection, 1870, p.344.

sind wahrscheinlich eine Folge analoger Abänderungen, welche, wie ich an einem anderen Orte zu zeigen versucht habe[10], daher rühren, daß von gemeinsamen Stammformen ausgehende Organismen eine ähnliche Konstitution haben und von ähnlichen, Variabilität hervorrufenden Ursachen beeinflußt worden sind. In bezug auf die ähnliche Richtung der Haare am Vorderarm des Menschen und gewisser Affen läßt sich, da dieses Merkmal fast allen anthropomorphen Affen gemeinsam zukommt, wohl annehmen, daß es wahrscheinlich auf Vererbung zu beziehen ist; indessen ist dies doch nicht sicher, da auch einige sehr weit abstehende amerikanische Affen in gleicher Weise charakterisiert sind.

Obgleich nun, wie wir jetzt gesehen haben, der Mensch kein begründetes Recht hat, eine besondere Ordnung für sich zu bilden, so könnte er doch vielleicht eine besondere Unterordnung oder Familie beanspruchen. Professor Huxley teilt in seinem neuesten Werk[11] die Primaten in drei Unterordnungen; die Anthropiden mit allein dem Menschen, die Simiaden, welche die Affen aller Arten umfassen, und die Lemuriden mit den mannigfaltigen Gattungen der Lemuren. Soweit Verschiedenheiten in gewissen wichtigen Teilen des Baues in Betracht kommen, kann der Mensch ohne Zweifel mit Recht den Rang einer Unterordnung beanspruchen, und diese Stellung ist zu niedrig, wenn wir hauptsächlich auf seine geistigen Fähigkeiten blicken. Nichtsdestoweniger scheint es von einem genealogischen Gesichtspunkt aus, als sei dieser Rang zu hoch und als dürfe der Mensch nur eine Familie oder möglicherweise selbst nur eine Unterfamilie bilden. Stellen wir uns vor, es gingen drei Deszendenzlinien von einer gemeinsamen Stammform aus, so ist es völlig begreiflich, daß zwei von ihnen nach dem Verlauf langer Zeiten so unbedeutend verändert sein könnten, daß sie noch immer Spezies einer und derselben Gattung blieben, während die dritte Deszendenzlinie so bedeutend modifiziert sein könnte, daß sie den Rang einer bestimmten Unterfamilie oder selbst Ordnung verdiente. Aber in diesem Falle ist es fast sicher, daß die dritte Linie noch immer infolge der Vererbung zahlreiche kleine Punkte der Übereinstimmung mit den anderen beiden Linien darbieten würde. Hier würde denn nun die für jetzt unlösliche Schwierigkeit eintreten, wie viel Gewicht wir in unsern Klassifikationen auf scharf ausgesprochene Verschiedenheiten in einigen wenigen Punkten, d.h. auf die Größe der eingetretenen Modifikation legen sollen und wie viel auf eine nahe Übereinstimmung in zahlreichen bedeutungslosen Punkten als Andeutung der Deszendenzreihe oder der Genealogie. Den wenigen, aber starken Verschiedenheiten großes Gewicht beizulegen, ist der nächstliegende und vielleicht auch der sicherste Weg, obgleich es korrekter zu sein scheint, den vielen kleinen Übereinstimmungen große Aufmerksamkeit zu widmen, da sie eine wirkliche natürliche Klassifikation geben.

Um uns in bezug auf den Menschen ein Urteil über diesen Punkt zu bilden, müssen wir einen Blick auf die Klassifikation der Simiaden werfen. Diese Familie wird fast von allen Zoologen in die Gruppe der Catarhinen oder Affen der alten Welt und in die Gruppe der Platyrhinen oder Affen der neuen Welt geteilt. Die erstere ist in ihren sämtlichen Gliedern, wie schon ihr Name ausdrückt, durch die eigentümliche Struktur ihrer Nasenlöcher und durch den Besitz von vier falschen Backenzähnen in jeder Kinnlade charakterisiert; die letztere, welche zwei sehr verschiedene Untergruppen enthält, umfaßt Formen, welche sämtlich durch verschieden gebaute Nasenlöcher und durch den Besitz von sechs falschen Backenzähnen in jeder Kinnlade charakterisiert sind. Es lassen sich noch einige andere kleinere Verschiedenheiten anführen. Der Mensch gehört nun ohne Frage rücksichtlich seiner Bezahnung, des Baues seiner Nasenlöcher und in einigen anderen Beziehungen zu der Abteilung der Catarhinen oder der altweltlichen Formen, und den Platyrhinen gleicht er nicht mehr als die Catarhinen in irgendwelchen Merkmalen, mit Ausnahme einiger weniger von nicht besonderer Bedeutung und offenbar von einer adaptiven Natur. Es würde daher gegen alle Wahrscheinlichkeit sein, wollte man annehmen,

---

[10] Das Variieren der Tiere und Pflanzen etc. 2. Aufl., Bd. II, p.395.
[11] An Introduction to the Classifikation of Animals, 1869, p.99.

daß irgendeine alte Spezies der neuweltlichen Gruppe variiert und dadurch ein menschenähnliches Wesen mit allen den distinktiven Merkmalen, welche der altweltlichen Abteilung eigen sind, hervorgebracht habe, wobei sie gleichzeitig auch ihre sämtlichen eigenen Unterscheidungsmerkmale verloren haben müßte. Es läßt sich folglich kaum irgend bezweifeln, daß der Mensch ein Zweig des altweltlichen Simiadenstammes ist, und daß er von einem genealogischen Gesichtspunkte aus in die Abteilung der Catarhinen einzuordnen ist.[12]

Die anthropomorphen Affen, nämlich der Gorilla, Schimpanse, Orang-Utan und Hylobates, werden von den meisten Zoologen als eine besondere Untergruppe von den übrigen Affen der alten Welt getrennt. Es ist mir wohl bekannt, daß Gratiolet unter Bezugnahme auf die Bildung des Gehirns das Vorhandensein dieser Untergruppe nicht zugibt, und sie ist auch ohne Zweifel eine unterbrochene. So ist der Orang-Utan, wie Mr. St. George Mivart bemerkt[13], „eine der eigentümlichsten und aberrantesten Formen, die sich in der ganzen Ordnung finden läßt". Die übrigen, nicht anthropomorphen Affen der alten Welt werden ferner von einigen Zoologen in zwei oder drei kleinere Untergruppen geteilt. Die Gattung *Semnopithecus* mit ihrem eigentümlich zusammengesetzten Magen bildet den Typus der einen dieser Untergruppen. Es scheint aber aus den wunderbaren Entdeckungen Mr. Gaudrys in Griechenland hervorzugehen, daß dort während der Miozänperiode eine Form existierte, welche *Semnopithecus* und *Macacus* verband, und dies erläutert wahrscheinlich die Art und Weise, in welcher die anderen und höheren Gruppen einst miteinander zusammenhingen.

Wird zugegeben, daß die anthropomorphen Affen eine natürliche Untergruppe bilden, so kann man auch schließen, daß irgendein altes Glied dieser anthropomorphen Untergruppe dem Menschen Entstehung gegeben habe. Denn der Mensch stimmt mit ihnen nicht bloß in allen denjenigen Merkmalen überein, welche er mit der ganzen Gruppe der Catarhinen in Gemeinschaft besitzt, sondern auch in anderen eigentümlichen Charakteren, so in der Abwesenheit eines Schwanzes und der Gesäßschwielen und in der ganzen äußeren Erscheinung. Es ist nicht wahrscheinlich, daß ein Glied einer der anderen niederen Untergruppen durch das Gesetz analoger Abänderungen ein menschenähnliches Geschöpf, welches den höheren anthropomorphen Affen in so vielen Beziehungen gleicht, hätte entstehen lassen können. Ohne Zweifel ist der Mensch im Vergleich mit den meisten seiner Verwandten einem außerordentlichen Betrage von Modifikation unterlegen, und zwar hauptsächlich infolge seines bedeutend entwickelten Gehirns und seiner aufrechten Stellung. Nichtsdestoweniger dürfen wir nicht vergessen, daß er nur „eine der verschiedenen exzeptionellen Formen der Primaten ist."[14]

Jeder Naturforscher, welcher an das Prinzip der Entwicklung glaubt, wird zugeben, daß die beiden Hauptabteilungen der Simiaden, nämlich die catarhinen und platyrhinen Affen mit ihren Untergruppen, sämtlich von einem äußerst weit zurückliegenden alten Urerzeuger ausgegangen sind. Die frühen Nachkommen dieses Urerzeugers werden, ehe sie in irgendeinem beträchtlichen Grade voneinander abgewichen waren, noch immer eine einzige natürliche Gruppe gebildet haben; aber einige dieser Arten oder dieser beginnenden Gattungen werden bereits angefangen haben, durch ihre divergierenden Merkmale die künftigen Unterscheidungszeichen der beiden Abteilungen der Catarhinen und Platyrhinen anzudeuten. Es werden daher die Glieder dieser angenommenen alten Gruppe weder in ihrer Bezahnung noch in der Natur ihrer Nasenlöcher so gleichförmig gewesen sein, wie es auf der einen Seite die jetzt lebenden catarhinen, auf der anderen die jetzt lebenden platyrhinen Affen sind, sondern sie werden in dieser Beziehung den ver-

---

[12] Dies ist so ziemlich dieselbe Klassifikation wie die provisorisch von St. George Mivart angenommene (Philos. Transact. Roy. Soc., 1867, p.300), welcher nach Abscheidung der Lemuriden die übrigen Primaten in die Hominiden, die Simiaden, den Catarhinen entsprechend, die Cebiden und die Hapaliden teilt, wobei die beiden letzteren Gruppen den Platyrhinen entsprechen. Mr. Mivart ist noch immer derselben Ansicht: s. „Nature", 1871, p.481.
[13] Transact. Zoolog. Soc., Vol. VI, 1867, p.214.
[14] St. George Mivart: Philos. Transact., 1867, p.410.

wandten Lemuriden geglichen haben, welche in der Form ihrer Schnauze[15] bedeutend und in bezug auf ihre Bezahnung in einem ganz außerordentlichen Grade voneinander abweichen.

Die catarhinen und platyrhinen Affen stimmen in einer Menge von Merkmalen miteinander überein, wie sich schon aus dem Umstand ergibt, daß sie ohne Frage in eine und dieselbe Ordnung gestellt werden. Die vielerlei Charaktere, welche sie in Gemeinschaft besitzen, können kaum von so vielen verschiedenen Spezies unabhängig erlangt worden sein, es müssen also diese Merkmale vererbt sein. Aber eine alte Form, welche Charaktere besaß, von denen viele den catarhinen und platyrhinen Affen gemeinsam eigen sind, von denen andere in einem intermediären Zustand und einige wenige in einer von den gegenwärtig in beiden Gruppen vorhandenen vielleicht ganz verschiedenen Weise vorhanden waren, würde unzweifelhaft, wenn sie ein Zoologe zu bestimmen hätte, als ein Affe bezeichnet werden. Und da der Mensch von dem genealogischen Standpunkt aus zu dem Stamm der catarhinen oder altweltlichen Formen gehört, so müssen wir schließen, wie sehr sich auch unser Stolz gegen diesen Schluß empören mag, daß unsere früheren Urerzeuger wahrscheinlich in dieser Weise bezeichnet worden wären.[16] Wir dürfen aber nicht in den Irrtum verfallen, etwa anzunehmen, daß der frühere Urerzeuger des ganzen Stammes der Simiaden, mit Einschluß des Menschen, mit irgendeinem jetzt existierenden Affen identisch oder ihm auch nur sehr ähnlich gewesen sei.

Über die Geburtsstätte und das Alter des Menschen. – Wir werden natürlich darauf geführt zu untersuchen, wo die Geburtsstätte des Menschen gewesen ist, d.h. auf derjenigen Stufe seiner Deszendenzreihe, wo unsere Urerzeuger von dem Stamm der Catarhinen sich abzweigten. Die Tatsache, daß sie zu diesem Stamm gehörten, zeigt ganz entschieden, daß sie die alte Welt bewohnten, aber weder Australien noch irgendeine ozeanische Insel, wie wir aus den Gesetzen der geographischen Verbreitung schließen können. In jeder großen Region der Erde sind die dort lebenden Säugetiere nahe mit den ausgestorbenen Arten derselben Region verwandt. Es ist daher wahrscheinlich, daß Afrika früher von jetzt ausgestorbenen Affen bewohnt wurde, welche dem Gorilla und dem Schimpansen nahe verwandt waren; und da diese beiden Spezies jetzt die nächsten Verwandten des Menschen sind, so ist es noch etwas wahrscheinlicher, daß unsere frühen Urerzeuger auf dem afrikanischen Festland lebten. Es ist aber ganz unnütz, über diesen Gegenstand Spekulationen anzustellen; denn zwei oder drei anthropomorphe Affen, einer fast so groß wie der Mensch, nämlich der *Dryopithecus*[17] von Lartet. welcher mit dem *Hylobates* nahe verwandt war, existierten in Europa während der Miozänperiode, und seit dieser so entfernt liegenden Periode hat die Erde sicher viele große Revolutionen erfahren und es ist auch hinreichende Zeit für Wanderungen im größten Maßstab vergangen.

Zu der Zeit und an dem Ort, wann und wo dies auch gewesen sein mag, als der Mensch zuerst sein Haarkleid verlor, bewohnte er wahrscheinlich ein warmes Land, und dies würde einer Ernährung von Früchten, von denen er nach Analogie zu urteilen lebte, günstig gewesen sein. Wir sind weit davon entfernt, wirklich zu wissen, wann der Mensch zuerst von dem Stamm der Catarhinen abzweigte; indessen kann dies schon in einer so entfernten Periode eingetreten sein, wie der eozänen; denn die höheren Affen waren von den niedrigeren Formen der Ordnung bereits zu einer so frühen Zeit wie der oberen miozänen abgezweigt, wie durch die Existenz des *Dryopithecus* eben bewiesen wird. Wir sind auch vollständig unwissend darüber, in einem wie schnellen Verhältnis Organismen überhaupt, mögen sie nun hoch oder niedrig in der Stufenleiter

---

[15] Murie and St. George Mivart: On the Lemuridae, in: Transact. Zoolog. Soc., Vol. VII, 1869, p.5.
[16] Haeckel ist zu demselben Schluß gekommen. S. Über die Entstehung des Menschengeschlechts in Virchows Samml. gemeinverst. wissensch. Vorträge, 1868, p.61. S. auch seine „Natürliche Schöpfungsgeschichte", in welcher er seine Ansichten über die Genealogie des Menschen im einzelnen entwickelt.
[17] Dr. C. Forsyth Major: Sur les Singes fossiles trouvés en Italie, in: Soc. Ital. delle Scienz. Natur., Tom. XV, 1872.

stehen, unter günstigen Umständen modifiziert werden können; indessen wissen wir, daß einige Organismen eine und dieselbe Form während eines enormen Zeitraums beibehalten haben. Aus dem, was wir im Zustande der Domestikation vor sich gehen sehen, erfahren wir, daß innerhalb einer und derselben Periode einige der gleichzeitigen Nachkommen einer und derselben Art gar nicht geändert zu haben brauchen, einige nur wenig und andere wieder bedeutend. So mag es mit dem Menschen der Fall gewesen sein, welcher im Vergleich mit den höheren Affen einen großen Betrag an Modifikationen in gewissen Merkmalen erfahren hat.

Die große Unterbrechung in der organischen Stufenreihe zwischen dem Menschen und seinen nächsten Verwandten, welche von keiner ausgestorbenen oder lebenden Spezies überbrückt werden kann, ist oft als ein schwerwiegender Einwurf gegen die Annahme vorgebracht worden, daß der Mensch von einer niederen Form abgestammt ist; für diejenigen aber, welche durch allgemeine Gründe überzeugt an das allgemeine Prinzip der Entwicklung glauben, wird dieser Einwurf nicht als ein Einwurf von sehr großem Gewicht erscheinen. Solche Unterbrechungen treten unaufhörlich an allen Punkten der Reihe auf, einige sind weit, sehr scharf ausgeprägt und bestimmt, andere in verschiedenen Graden weniger nach diesen Beziehungen hin, so z. B. zwischen dem Orang-Utan und seinen nächsten Verwandten – Zwischen dem *Tarsius* und den anderen Lemuriden – zwischen dem Elefanten und in einer noch auffallenderen Weise zwischen dem *Ornithorhynchus* oder der *Echidna* und allen übrigen Säugetieren. Aber alle diese Unterbrechungen beruhen lediglich auf der Zahl der verwandten Formen, welche ausgestorben sind. In irgendeiner künftigen Zeit, welche nach Jahrhunderten gemessen nicht einmal sehr entfernt ist, werden die zivilisierten Rassen der Menschheit beinahe mit Bestimmtheit auf der ganzen Erde die wilden Rassen ausgerottet und ersetzt haben. Wie Professor Schaaffhausen bemerkt hat[18], werden zu derselben Zeit ohne Zweifel auch die anthropomorphen Affen ausgerottet sein. Der Abstand zwischen dem Menschen und seinen nächsten Verwandten wird dann noch weiter sein; denn er tritt dann zwischen dem Menschen in einem noch zivilisierteren Zustand als dem kaukasischen, wie wir hoffen können, und irgendeinem so tief in der Reihe stehenden Affen wie einem Pavian auf, statt daß er sich gegenwärtig zwischen dem Neger oder Australier und dem Gorilla findet.

Was das Fehlen fossiler Reste betrifft, welche den Menschen mit seinen affenähnlichen Urerzeugern zu verbinden dienen, so wird niemand auf diese Tatsache viel Gewicht legen, welcher Sir C. Lyells Erörterung[19] gelesen hat, worin er zeigt, daß in sämtlichen Klassen der Wirbeltierreihe die Entdeckung fossiler Reste ein äußerst langsamer und vom Zufall abhängiger Vorgang gewesen ist. Auch darf man nicht vergessen, daß diejenigen Gegenden, welche am wahrscheinlichsten solche Reste darbieten, die den Menschen mit irgendeinem ausgestorbenen affenähnlichen Geschöpf verbinden, bis jetzt von Geologen noch nicht untersucht sind.

Die niederen Stufen in der Genealogie des Menschen. – Wir haben gesehen, daß der Mensch sich als von der Abteilung der Catarhinen oder altweltlichen Formen der Simiaden abgezweigt darstellt, welche Abzweigung also eintrat, nachdem diese Abteilung von der der neuweltlichen Formen verschieden geworden war. Wir wollen jetzt versuchen, den noch entfernteren Zügen seiner Genealogie zu folgen, wobei wir an erster Stelle auf die gegenseitigen Verwandtschaften zwischen den verschiedenen Klassen und Ordnungen und auch, wenn schon in untergeordneter Weise, auf die Perioden Rücksicht nehmen, in welchen dieselben, soweit bis jetzt ermittelt ist, nacheinander auf der Oberfläche der Erde erschienen sind. Die Lemuriden stehen unter und nahe bei den Simiaden, indem sie eine sehr verschiedene Familie der Primaten oder nach Haeckel und anderen selbst eine besondere Ordnung bilden. Diese Gruppe ist in einem ganz außerordentlichen Grade verschiedenartig geworden und auseinandergefallen und umfaßt viele aberrante Formen. Sie hat daher wahrscheinlich viel von dem Aussterben einzelner Formen gelitten. Die meisten der

---

[18] Anthropological Review, Apr. 1867, p.236.
[19] Elements of Geology, 1865; p.583-585. Das Alter des Menschengeschlechts (Übers.), p.97.

Sechstes Kapitel

Überbleibsel leben noch auf Inseln, namentlich auf Madagaskar und auf den Inseln des malaiischen Archipels, wo sie keiner so scharfen Konkurrenz ausgesetzt gewesen sind, wie dies auf gut bevölkerten Kontinenten der Fall gewesen sein würde. Diese Gruppe bietet auch viele gradweise Verschiedenheiten dar, welche, wie Huxley bemerkt[20], „unmerklich von der Krone und Spitze der tierischen Schöpfung zu Geschöpfen herabführen, von denen scheinbar nur ein Schritt zu den niedrigsten, kleinsten und am wenigsten intelligenten Formen der plazentalen Säugetiere ist". Nach diesen verschiedenen Betrachtungen ist es wahrscheinlich, daß die Simiaden sich ursprünglich aus den Vorfahren der jetzt noch lebenden Lemuriden entwickelt haben und diese wiederum aus Formen, welche in der Reihe der Säugetiere sehr tief standen.

Die Beuteltiere stehen in vielen bedeutungsvollen Merkmalen unterhalb der plazentalen Säugetiere. Sie erscheinen in einer früheren geologischen Periode und ihr Verbreitungsbezirk war früher ein viel ausgedehnterer, als sich derselbe jetzt darstellt. Es wird daher allgemein angenommen, daß die Plazentalen sich von den Implazentalen oder den Beuteltieren heraus entwickelt haben, indessen nicht etwa von Formen, welche den jetzt existierenden Marsupialien sehr gleichen, sondern von deren früheren Urerzeugern. Die Monotremen sind ganz offenbar mit den Marsupialien verwandt, sie bilden eine dritte und noch niedrigere Abteilung in der großen Reihe der Säugetiere. Heutigen Tages werden sie nur von dem *Ornithorhynchus* und der *Echidna* repräsentiert, und man kann diese beiden Formen ganz getrost als Überbleibsel einer bedeutend größeren Gruppe betrachten, welche infolge des Zusammentreffens besonders günstiger Umstände in Australien erhalten worden sind. Die Monotremen sind ganz außerordentlich interessant, da sie in mehreren bedeutungsvollen Punkten ihres Körperbaus nach der Klasse der Reptilien hinführen.

Wenn wir den Versuch machen, die Genealogie der Säugetiere und daher auch des Menschen noch weiter abwärts in der Tierreihe zu verfolgen, so kommen wir auf immer dunklere und dunklere Gebiete der Wissenschaft; wie aber ein äußerst fähiger Forscher, Mr. Parker, bemerkt hat, haben wir guten Grund anzunehmen, daß kein echter Vogel oder kein echtes Reptil in die Deszendenzreihe eintritt. Wer hier zu erfahren wünscht, was Scharfsinn und Kenntnisse hervorbringen können, mag die Schriften Professor Haeckels zu Rate ziehen.[21] Ich will mich mit einigen allgemeinen Bemerkungen hier begnügen. Jeder Anhänger der Entwicklungstheorie wird zugeben, daß die fünf großen Wirbeltierklassen, nämlich Säugetiere, Vögel, Reptilien, Amphibien und Fische, sämtlich von einem gemeinsamen Prototypen oder von einer Stammform abgestammt sind; denn sie haben sehr viel, besonders während ihrer embryonalen Zustände, gemeinsam. Da die Klasse der Fische die am niedrigsten organisierte ist und vor den übrigen auf der Erde erschienen ist, so können wir schließen, daß sämtliche Glieder des Wirbeltierreichs von irgendeinem fischähnlichen Tier herrühren. Die Annahme, daß voneinander so verschiedene Tiere, wie ein Affe, ein Elefant, ein Kolibri, eine Schlange, ein Frosch und ein Fisch usw. sämtlich von denselben Eltern entsprossen sein könnten, wird denjenigen ganz monströs erscheinen, welche die neueren Fortschritte der Naturgeschichte nicht mit Aufmerksamkeit verfolgt haben; denn diese Annahme setzt die frühere Existenz von Zwischengliedern voraus, welche alle diese jetzt so völlig ungleichen Formen eng miteinander verbanden.

Nichtsdestoweniger ist es sicher, daß Tiergruppen existiert haben, oder selbst jetzt noch existieren, welche die verschiedenen großen Wirbeltierklassen mehr oder weniger eng miteinander zu verbinden geeignet waren oder sind. Wir haben gesehen, daß der *Ornithorhynchus* sich in

---

[20] Stellung des Menschen in der Natur, p.119.
[21] Ausgeführte Tabellen sind mitgeteilt in seiner „Generellen Morphologie", Bd. II, p.CLIII und p.425, und mit speziellerer Beziehung auf den Menschen in seiner „Natürlichen Schöpfungsgeschichte", 1874. Bei der kritischen Anzeige des letzteren Werkes in „The Academy", 1869, p.42 sagt Prof. Huxley, daß er das Phylum oder die Deszendenzlinien der Vertebraten für ausgezeichnet von Haeckel erörtert hält, wenngleich er von ihm in einigen Punkten abweicht. Er drückt auch seine hohe Wertschätzung der allgemeinen Haltung und des Geistes des ganzen Werkes aus.

mehreren Beziehungen den Reptilien nähert; und Professor Huxley hat die merkwürdige Entdeckung gemacht, welche Mr. Cope und andere bestätigt haben, daß die alten Dinosaurier in vielen wichtigen Beziehungen mitten zwischen gewissen Reptilien und gewissen Vögeln inne stehen; die hier zur Rede stehenden Vögel sind die straußartigen Vögel (offenbar selbst die weitverbreiteten Reste einer größeren Gruppe) und der *Archaeopteryx*, jener merkwürdige Vogel der Sekundärzeit, welcher einen langen Schwanz hatte wie eine Eidechse. Ferner bieten nach Professor Owen[22] die Ichthyosaurier – große Meereidechsen, die mit Ruderfüßen versehen waren – viele Verwandtschaften mit Fischen oder vielmehr, Huxley zufolge, mit Amphibien dar. Diese letztere Klasse, welche in ihrer höchsten Abteilung die Frösche und Kröten enthält, ist offenbar mit den ganoiden Fischen verwandt. Diese letzteren Fische wieder waren während der früheren geologischen Perioden sehr zahlreich und nach einem, wie man sich auszudrücken pflegt, bedeutend verallgemeinerten Plan gebaut, d. h. sie zeigten verschiedenartige Verwandtschaften mit anderen Gruppen von Organismen. Der Lepidosiren ist wiederum so nahe mit den Amphibien und Fischen verwandt, daß die Zoologen sich lange gestritten haben, in welche dieser beiden Gruppen er zu stellen sei. Der Lepidosiren und einige wenige ganoide Fische sind dadurch vor völliger Zerstörung gerettet worden, daß sie Flüsse bewohnen, welche schützende Zufluchtshäfen bilden und dieselbe Beziehung zu den großen Wassermassen des Ozeans darbieten, wie die Inseln zu den Kontinenten.

Endlich ist ein einziges Glied der ungeheuer großen und verschiedenartigen Klasse der Fische, nämlich das Lanzettfischchen oder *Amphioxus*, so verschieden von allen übrigen Fischen, daß Haeckel behauptet, es müßte eine besondere Klasse im Wirbeltierreich bilden. Dieser Fisch ist wegen seiner negativen Merkmale merkwürdig; man kann kaum sagen, daß er ein Gehirn, eine Wirbelsäule, ein Herz usw. besitzt, so daß er auch von den älteren Naturforschern unter die Würmer gestellt wurde. Vor vielen Jahren machte Professor Goodsir die Beobachtung, daß das Lanzettfischchen einige Verwandtschaften mit den Ascidien darbietet, welche wirbellose hermaphroditische und beständig fremden Körpern angeheftete marine Geschöpfe sind. Sie erscheinen kaum als Tiere und bestehen aus einem zähen lederartigen Sack mit zwei kleinen vorspringenden Öffnungen. Sie gehören zu den Molluscoiden Huxleys, einer niedrigen Abteilung des großen Unterreichs der Mollusken; neuerdings sind sie aber von einigen Zoologen unter die Vermes oder Würmer gestellt worden. Ihre Larven sind der Form nach den Kaulquappen etwas ähnlich[23] und haben das Vermögen, frei herumzuschwimmen. Kowalevsky[24] hat neuerdings beobachtet, daß die Larven der Ascidien den Wirbeltieren verwandt sind und zwar in der Weise ihrer Entwicklung, in der relativen Lage ihres Nervensystems und in dem Besitz eines Gebildes, welches der *Chorda dorsalis* der Wirbeltiere sehr ähnlich ist. Dies ist von Prof. Kupffer bestätigt worden. Mr. Kowalevsky schreibt mir von Neapel, daß er diese Beobachtungen jetzt noch weiter geführt hat; sollten seine Resultate sicher begründet werden, so würden sie eine Entdeckung von dem größten Wert darstellen. Dürfen wir uns nun auf Embryologie verlassen, welche sich stets als der sicherste Führer bei der Klassifikation erwiesen hat, so scheint es hiernach, als hätten wir endlich einen Schlüssel zu jener Quelle gefunden, aus welcher die Wirbeltiere herstammen.[25] Wir würden danach zu der Annahme berechtigt sein, daß in einer äußerst

---

[22] Palaeontology, 1860, p.199.

[23] Ich habe die Genugtuung gehabt, auf den Falkland-Inseln im April 1833 und daher mehrere Jahre vor irgendeinem anderen Naturforscher die lokomotiven Larven einer zusammengesetzten Ascidie gesehen zu haben, welche mit *Synoicum* nahe verwandt, aber, wie es scheint, doch generisch von ihm verschieden war. Der Schwanz war ungefähr fünfmal so lang wie der Kopf und endete in einem feinen Faden. Er war, wie ich es unter einem einfachen Mikroskop gezeichnet habe, deutlich durch quere opake Scheidewände geteilt, welche, wie ich vermute, die großen von Kowalevsky abgebildeten Zellen darstellen. Auf einer früheren Entwicklungsstufe war der Schwanz dicht um den Kopf der Larve gewickelt.

[24] Mém. de l'Acad. des Sciences de St. Pétersbourg. Tom. X, No. 15, 1866.

[25] Bemerken muß ich aber doch, daß einige kompetente Männer diese Folgerung bestreiten; so z. B. M. Giard in

Sechstes Kapitel

frühen Periode eine Gruppe von Tieren existierte, in vielen Beziehungen den Larven unserer jetzt lebenden Ascidien ähnlich, welche in zwei große Zweige auseinanderging; von diesen ging der eine in der Entwicklung zurück und brachte die jetzige Klasse der Ascidien hervor, während der andere sich zu der Krone und Spitze des ganzen Tierreichs erhob, dadurch, daß er die Wirbeltiere entstehen ließ.

Wir haben bis jetzt versucht, in großen Umrissen die Genealogie der Wirbeltiere mit Hilfe ihrer gegenseitigen Verwandtschaften zu entwerfen. Wir wollen nunmehr den Menschen betrachten, wie er gegenwärtig existiert, und ich meine, wir werden teilweise imstande sein, in den aufeinanderfolgenden Perioden, aber wohl nicht in der gehörigen Zeitfolge, den Bau unserer frühen Urerzeuger zu rekonstruieren. Dies kann mit Hilfe der Rudimente ausgeführt werden, welche der Mensch noch besitzt, ferner durch die Charaktere, welche gelegentlich bei ihm infolge eines Rückschlages zur Erscheinung kommen, und endlich durch die Hilfe der Gesetze der Morphologie und Embryologie. Die verschiedenen Tatsachen, auf welche ich mich hier beziehen werde, sind in den vorausgehenden Kapiteln mitgeteilt worden.

Die frühen Urerzeuger des Menschen müssen einst mit Haaren bekleidet gewesen sein, wobei beide Geschlechter Bärte hatten. Ihre Ohren waren wahrscheinlich zugespitzt und einer Bewegung fähig und ihr Körper war mit einem Schwanz versehen, welcher die gehörigen Muskeln besaß. Auch auf ihre Gliedmaßen und den Körper wirkten viele Muskeln, welche jetzt nur gelegentlich wiedererscheinen, aber bei den Quadrumanen im normalen Zustand vorhanden sind. In dieser oder in etwas früherer Zeit liefen die große Arterie und der Nerv des Oberarms durch ein supracondyloides Loch. Der Darmkanal gab ein viel größeres Divertikel oder einen Blinddarm ab, als es der jetzt beim Menschen vorhandene ist. Nach dem Zustand der großen Zehe beim Fötus zu urteilen war damals der Fuß ein Greiffuß und ohne Zweifel waren unsere Urerzeuger Baumtiere, welche ein warmes, mit Wäldern bedecktes Land bewohnten. Die Männchen waren mit großen Eckzähnen versehen, welche ihnen als furchtbare Waffen dienten. Auf einer noch viel früheren Periode war der Uterus doppelt, die Auswurfstoffe wurden durch eine Kloake entleert, und das Auge wurde von einem dritten Augenlid oder einer Nickhaut geschützt. Auf einer noch früheren Periode müssen die Urerzeuger des Menschen in ihrer Lebensweise Wassertiere gewesen sein; denn die Morphologie lehrt ganz deutlich, daß unsere Lungen aus einer modifizierten Schwimmblase hervorgingen, welche einst als hydrostatisches Gebilde wirkte. Die Spalten am Hals des menschlichen Embryos zeigen uns, wo einst die Kiemen lagen. In dem mit dem Mond oder wöchentlich wiederkehrenden Perioden einiger unsrer Funktionen besitzen wir offenbar noch immer Andeutungen unsres einstigen Geburtsortes, eines von den Wellen umspülten Strandes. Ungefähr in dieser Periode waren die echten Nieren durch die Wolffschen Körper ersetzt. Das Herz bestand nur in der Form eines einfach pulsierenden Gefäßes, und die *Chorda dorsalis* nahm die Stelle einer Wirbelsäule ein. Diese frühen Vorläufer des Menschen, welche wir hiernach in den dunklen Zeiten vergangener Äonen sehen, müssen so einfach organisiert gewesen sein wie das Lanzettfischchen oder *Amphioxus*, oder selbst noch einfacher.

Es ist aber noch ein anderer Punkt, welcher einer ausführlichen Erwähnung bedarf. Es ist längst bekannt, daß in dem Wirbeltierreich das eine Geschlecht Rudimente verschiedener akzessorischer, zu dem System der Reproduktionsorgane gehöriger Teile besitzt, welche eigentlich dem entgegengesetzten Geschlecht angehören; und es ist ermittelt worden, daß auf einer sehr frühen embryonalen Periode beide Geschlechter echte männliche und weibliche Generationsdrüsen besitzen. Es scheint daher ein äußerst weit zurückliegender Urerzeuger des großen Wirbeltierreichs hermaphro-

---

einer Reihe von Aufsätzen in den „Archives de Zoologie Expérimentale", 1872. Trotzdem sagt aber derselbe Forscher, p.281: „L'organisation de la larva ascidienne en dehors de toute hypothèse et de toute théorie nous montre comment la nature peut produire la disposition fondamentale du type vertébré (l'existence d'une corde dorsale) chez un invertébré par la seule condition vitale de l'adaptation, et cette simple possibilité du passage supprime l'abîme entre les deux sous-règnes, encore bien qu'on ignore par où le passage s'est fait en réalité."

ditisch oder androgyn gewesen zu sein.[26] Hier stoßen wir aber auf eine eigentümliche Schwierigkeit. In der Klasse der Säugetiere besitzen die Männchen in ihren *Vesiculae prostaticae* Rudimente eines Uterus mit dem daranstoßenden Kanal, sie besitzen auch Rudimente von Brustdrüsen; und einige männliche Beuteltiere haben Rudimente einer marsupialen Tasche.[27] Es ließen sich noch andere analoge Tatsachen hinzufügen. Haben wir nun anzunehmen, daß irgendein äußerst altes Säugetier zwitterhaft blieb, nachdem es die hauptsächlichsten Unterscheidungsmerkmale seiner eigenen Klasse erlangt hatte, nachdem es daher von den niederen Klassen des Wirbeltierreichs abgezweigt war? Dies scheint im höchsten Grade unwahrscheinlich zu sein. Denn wir müssen bis zu den Fischen, der niedrigsten Klasse von allen, hinabsteigen, um jetzt noch existierende hermaphroditische Formen zu finden.[28] Daß verschiedene akzessorische Teile, die dem einen Geschlecht eigen sind, in einem rudimentären Zustand beim anderen Geschlecht gefunden werden, kann dadurch erklärt werden, daß das eine Geschlecht allmählich diese Organe erlangte, und daß sie dann in mehr oder weniger unvollkommenem Zustand auf das andere Geschlecht mit überliefert wurden. Wenn wir die geschlechtliche Zuchtwahl zu behandeln haben werden, werden wir zahllose Beispiele dieser Form der Überlieferung antreffen, – so in den Fällen, wo Sporne, besondere Federn oder brillante Farben, welche von den männlichen Vögeln zum Kämpfen oder zum Schmuck erlangt worden sind, in einem unvollkommenen oder rudimentären Zustand den Weibchen überliefert worden sind.

Daß männliche Säugetiere funktionell unvollkommene Milchdrüsen besitzen, ist in manchen Beziehungen ganz besonders merkwürdig. Die Monotremen haben die ordentlichen milchabsondernden Drüsen mit Öffnungen, aber ohne Zitzen; und da diese Tiere faktisch am Anfang der ganzen Säugetierreihe stehen, so ist es wahrscheinlich, daß die Urerzeuger dieser Klasse in gleicher Weise die milchabsondernden Drüsen, aber keine Zitzen besessen haben. Diese Folgerung wird noch durch das unterstützt, was wir von ihrer Entwicklungsweise wissen; denn Professor Turner teilt mir nach der Autorität von Kölliker und Langer mit, daß beim Embryo die Milchdrüsen deutlich nachgewiesen werden können, noch ehe die Warzen auch nur im geringsten sichtbar sind; und die Entwicklung nacheinander auftretender Teile am Individuum stellt im allgemeinen die Entwicklung nacheinander auftretender Geschöpfe in derselben Deszendenzreihe dar oder stimmt mit dieser überein. Die Marsupialien weichen von den Monotremen durch den Besitz von Zitzen ab, so daß diese Organe wahrscheinlich von den Marsupialien zuerst erlangt wurden, nachdem sie von den Monotremen sich abgezweigt und sich über dieselben erhoben hatten, worauf sie dann den plazentalen Säugetieren überliefert wurden.[29] Niemand wird

---

[26] Dies ist die Schlußfolgerung, zu welcher eine der höchsten Autoritäten in der vergleichenden Anatomie gelangte, nämlich Prof. Gegenbaur, in seinen Grundzügen der vergleichenden Anatomie. 2. Aufl., 1870, p.876. Er ist zu diesem Resultat vorzüglich durch das Studium der Amphibien geleitet worden; es scheint aber nach den Untersuchungen Waldeyers (Eierstock und Ei. Ein Beitrag zur Entwicklungsgeschichte der Sexualorgane. Leipzig 1870, p.152f.) die Uranlage der Sexualorgane auch bei den höheren Vertebraten hermaphroditisch zu sein (zitiert in: Humphrey's Journ. of Anat. and Phys., 1869, p.161). Ähnliche Ansichten haben mehrere Schriftsteller schon vor längerer Zeit geteilt, wenn schon nicht so gut begründet wie in neuerer Zeit.
[27] Der männliche *Thylacinus* bietet das beste Beispiel dar. Owen: Anatomy of Vertebrates, Vol. III, p.771.
[28] Hermaphroditismus ist bei mehreren Spezies von *Serranus* und einigen anderen Fischen beobachtet worden, wo er entweder normal und symmetrisch oder abnorm und einseitig auftritt. Dr. Zouteveen hat mir Belege über diesen Gegenstand mitgeteilt und mir besonders einen Aufsatz von Prof. Halbertsma in den Abhandlungen der Holländischen Akademie der Wissenschaften, Bd. XVI, genannt. Dr. Günther bezweifelt die Tatsache. Sie ist aber jetzt von zu vielen guten Beobachtern mitgeteilt worden, als daß sie noch länger bestritten werden könnte. Dr. M. Lessona schreibt mir, daß er die von Cavolini am Serranus gemachten Beobachtungen verifiziert habe. Prof. Ercolani hat neuerdings zu zeigen gemeint, daß Aale Zwitter sind (Acad. delle Science. Bologna, Dec. 28th 1871).
[29] Prof. Gegenbaur hat gezeigt (Jenaische Zeitschr. Bd. VII, p.212), daß bei zwei verschiedenen Säugetierordnungen zwei verschiedene Typen von Zitzen vorkommen, daß es vollständig zu begreifen ist, wie sie werden von den Zitzen der Beuteltiere, und diese letzteren von den Milchdrüsen der Monotremen abgeleitet werden können. S. auch einen Aufsatz von Dr. Max Hus über die Brustdrüsen in derselben Zeitschrift. Bd. VIII, p.176.

annehmen, daß die Marsupialien noch zwitterhaft blieben, nachdem sie ihren gegenwärtigen Bau annäherungsweise erreicht hatten. Wie haben wir es nun dann zu erklären, daß männliche Säugetiere Milchdrüsen besitzen? Es ist möglich, daß sie zuerst bei den Weibchen sich entwickelt und dann auf die Männchen vererbt haben; aber nach dem Folgenden ist dies kaum wahrscheinlich.

Eine andere Ansicht wäre, zu vermuten, daß lange, nachdem die Urerzeuger der ganzen Säugetierklasse aufgehört hatten, Zwitter zu sein, beide Geschlechter Milch abgesondert und damit ihre Jungen ernährt hätten, und daß, was die Marsupialien betrifft, beide Geschlechter die Jungen in der marsupialen Tasche getragen hätten. Dies wird nicht ganz unwahrscheinlich erscheinen, wenn wir uns erinnern, daß die Männchen jetztlebender Nadelfische (*Syngnathus*) die Eier der Weibchen in ihre abdominalen Taschen aufnehmen, sie ausbrüten und, wie manche annehmen, später die Jungen ernähren[30], – daß ferner gewisse andere männliche Fische die Eier innerhalb ihres Mundes oder der Kiemenhöhle ausbrüten, – daß gewisse männliche Kröten die rosenkranzförmigen Schnüre von Eiern von ihren Weibchen abnehmen und sie um ihre eigenen Schenkel herumwickeln und dort behalten, bis die Kaulquappen geboren worden sind, – daß ferner gewisse männliche Vögel die Pflicht des Brütens ganz auf sich nehmen, und daß männliche Tauben ebenso gut wie die weiblichen ihre Nestlinge mit einer Absonderung aus ihrem Kröpfe ernähren. Die oben angegebene Vermutung kam mir aber zuerst, als ich sah, daß die Milchdrüsen bei männlichen Säugetieren so viel vollkommener entwickelt sind als die Rudimente jener anderen akzessorischen Teile des Fortpflanzungssystems, welche sich in dem einen Geschlecht finden, trotzdem sie eigentlich dem anderen angehören. Die Milchdrüsen und Zitzen können in der Form, wie sie bei männlichen Säugetieren existieren, in der Tat kaum rudimentär genannt werden, sie sind einfach nicht vollständig entwickelt und nicht funktionell tätig. Sie werden unter dem Einfluß gewisser Krankheiten sympathisch mit affiziert, ganz wie dieselben Organe beim Weibchen. Bei der Geburt und zur Zeit der Pubertät sondern sie oft einige wenige Tropfen Milch ab; diese letztere Tatsache kam in dem merkwürdigen, früher erwähnten Falle vor, wo ein junger Mann zwei Paar Milchdrüsen besaß. Man hat Fälle kennengelernt, wo sie gelegentlich beim Menschen und anderen Säugetieren in der Reifeperiode so wohl entwickelt waren, daß sie eine reichliche Menge von Milch absonderten. Wenn wir nun annehmen, daß während einer frühen, lange dauernden Periode die männlichen Säugetiere ihre Weibchen bei der Ernährung ihrer Nachkommen unterstützten[31], und daß später aus irgendeiner Ursache (z.B. wenn eine kleinere Zahl von Jungen hervorgebracht wurde) die Männchen aufhörten, diese Hilfe zu leisten, so würde Nichtgebrauch der Organe während des Reifezustands dazu führen, daß sie untätig würden; und nach zwei bekannten Prinzipien der Vererbung würde dieser Zustand der Untätigkeit wahrscheinlich auf die Männchen im entsprechenden Alter der Reife vererbt werden. Aber auf einer früheren Altersstufe würden diese Organe unaffiziert bleiben, so daß sie bei den Jungen beider Geschlechter gleichmäßig wohl entwickelt sein würden.

Schluß. – Die beste Definition der Weiterentwicklung oder des Fortschritts in der organischen Stufenleiter, welche je gegeben worden ist, ist die von Karl Ernst von Baer gegebene, daß dieselbe auf dem Betrag der Differenzierung und Spezialisierung der verschiedenen Teile eines und desselben Wesens beruht, wenn es, wie ich geneigt sein würde hinzuzufügen, zur Reife ge-

---

[30] Mr. Lockwood glaubt (nach dem Zitat im Quart. Journ. of Science, Apr. 1868, p.269) nach dem, was er über die Entwicklung von *Hippocampus* beobachtet hat, daß die Wandungen der Abdominaltasche des Männchens in irgendeiner Weise Nahrung darbieten. Über männliche Fische, welche die Eier in ihrem Mund ausbrüten, s. einen sehr interessanten Aufsatz von Prof. Wyman, in: Proceed. Boston. Soc. Nat. Hist., Sept. 15th 1857; auch Prof. Turner, in: Journ. of Anat. and Physiol., Nov. 1st 1866, p.78. Ähnliche Fälle hat gleicherweise Dr. Günther beschrieben.
[31] Mdlle. C. Royer hat eine ähnliche Ansicht vorgetragen in ihrem „Origine de l'homme" etc., 1870.

langt ist. Da nun Organismen mittels der natürlichen Zuchtwahl langsam verschiedenartigen Richtungen des Lebens angepaßt worden sind, so werden ihre Teile infolge des durch die Teilung der physiologischen Arbeit erlangten Vorteils immer mehr und mehr für verschiedene Funktionen differenziert und spezialisiert worden sein. Ein und derselbe Teil scheint oft zuerst für den einen Zweck und dann lange Zeit später für irgendeinen anderen und völlig verschiedenen Zweck modifiziert worden zu sein; und hierdurch sind alle Teile mehr oder weniger kompliziert gemacht worden. Aber jeder Organismus wird noch immer den allgemeinen Typus des Baues seines Urerzeugers, von dem er ursprünglich herrührte, beibehalten. In Übereinstimmung mit dieser Ansicht scheint, wenn wir die geologischen Zeugnisse berücksichtigen, die Organisation im ganzen auf der Erde in langsamen und unterbrochenen Schritten vorgeschritten zu sein. In dem großen Unterreich der Wirbeltiere hat sie im Menschen gegipfelt. Es darf indessen nicht angenommen werden, daß Gruppen organischer Wesen fortwährend unterdrückt werden und verschwinden, sobald sie anderen und vollkommeneren Gruppen Entstehung gegeben haben. Wenn auch die letzteren über ihre Vorgänger gesiegt haben, so brauchen sie doch nicht für alle Stellen in dem Haushalt der Natur besser angepaßt gewesen zu sein. Einige alte Formen sind allem Anschein nach leben geblieben, weil sie geschützte Orte bewohnten, wo sie keiner sehr scharfen Konkurrenz ausgesetzt waren; und diese unterstützen uns oft bei der Konstruktion unserer Genealogien dadurch, daß sie uns ein leidliches Bild früherer und sonst verloren gegangener Bildungen geben. Wir dürfen aber nicht in den Irrtum verfallen, die jetzt lebenden Glieder irgendeiner niedrig organisierten Gruppe als vollkommene Repräsentanten ihrer alten Urerzeuger zu betrachten.

Die ältesten Urerzeuger im Unterreiche der Wirbeltiere, auf welche wir imstande sind, einen, wenn auch nur undeutlichen Blick zu werfen, bestanden, wie es scheint, aus einer Gruppe von Seetieren[32], welche den Larven der jetzt lebenden Ascidien ähnlich waren. Diese Tiere ließen wahrscheinlich eine Gruppe von Fischen entstehen, welche gleich niedrig wie der Lanzettfisch organisiert waren; und aus diesen müssen sich die ganoiden und andere dem *Lepidosiren* ähnliche Fische entwickelt haben. Von derartigen Fischen führt uns ein nur sehr kleiner Schritt zu den Amphibien. Wir haben gesehen, daß Vögel und Reptilien einst innig miteinander verbunden waren und die Monotremen bringen jetzt in einem unbedeutenden Grade die Säugetiere mit den Reptilien in Verbindung. Für jetzt kann aber niemand sagen, durch welche Deszendenzreihe die drei höheren und verwandten Klassen, nämlich Säugetiere, Vögel und Reptilien, von den beiden niederen Wirbeltierklassen, nämlich Amphibien und Fischen, abzuleiten sind. Innerhalb

---

[32] Die Bewohner des Meeresstrandes müssen von den Flutzeiten bedeutend beeinflußt werden: Tiere, welche entweder an der mittleren Flutgrenze oder an der mittleren Ebbegrenze leben, durchlaufen in vierzehn Tagen einen vollständigen Kreislauf von verschiedenen Flutständen. Infolge hiervon wird ihre Versorgung mit Nahrung Woche für Woche auffallenden Veränderungen unterliegen. Die Lebensvorgänge solcher, unter diesen Bedingungen viele Generationen hindurch lebender Tiere können kaum anders als in regelmäßigen wöchentlichen Perioden verlaufen. Es ist nun eine mysteriöse Tatsache, daß bei den höheren und jetzt auf dem Land lebenden Wirbeltieren, ebenso wie in anderen Klassen, viele normale und krankhafte Prozesse Perioden von einer oder von mehreren Wochen haben; diese würden verständlich werden, wenn die Wirbeltiere von einem mit den jetzt zwischen den Flutgrenzen lebenden Ascidien verwandten Tier abstammten. Viele Beispiele solcher periodischer Prozesse könnten angeführt werden, so die Trächtigkeit der Säugetiere, die Dauer fieberhafter Krankheiten etc. Das Ausbrüten der Eier bietet ebenfalls ein gutes Beispiel dar; denn Mr. Bartlett zufolge („Land and Water", Jan. 17th 1871) werden Taubeneier in zwei Wochen ausgebrütet, Hühnereier in drei, Enteneier in vier, Gänseeier in fünf und Straußeneier in sieben. So weit wir es beurteilen können, dürfte eine wiederkehrende Periode, falls sie nur annäherungsweise die gehörige Dauer für irgendeinen Vorgang oder eine Funktion hatte, sobald sie einmal erlangt war, nicht leicht einer Veränderung unterliegen; sie könnte daher fast durch jede beliebige Anzahl von Generationen überliefert werden. Wäre aber die Funktion verändert, so würde auch die Periode abzuändern sein und würde auch leicht beinahe plötzlich um eine ganze Woche ändern. Diese Schlußfolgerung würde, wenn sie als richtig gefunden würde, höchst merkwürdig sein; denn es würden dann die Trächtigkeitsdauer bei einem jeden Säugetier, die Brütezeit aller Vogeleier und viele andere Lebensvorgänge noch immer die ursprüngliche Geburtsstätte dieser Tiere verraten.

der Klasse der Säugetiere sind die einzelnen Schritte nicht schwer zu verfolgen, welche von den alten Monotremen zu den alten Marsupialien führen und von diesen zu den frühen Urerzeugern der planzentalen Säugetiere. Wir können auf diese Weise bis zu den Lemuriden aufsteigen, und der Zwischenraum zwischen diesen bis zu den Simiaden ist nicht groß. Die Simiaden zweigten sich dann in zwei große Stämme ab, die neuweltlichen und die altweltlichen Affen, und aus den letzteren ging in einer frühen Zeit der Mensch, das Wunder und der Ruhm des Weltalls, hervor.

Wir haben auf diese Weise dem Menschen einen Stammbaum von wunderbarer Länge gegeben, man könnte aber meinen nicht einen Stammbaum von edler Beschaffenheit. Es ist oft bemerkt worden, daß die Welt sich lange auf die Ankunft des Menschen vorbereitet zu haben scheint; und dies ist in einem gewissen Sinne durchaus wahr, denn er verdankt seine Geburt einer langen Reihe von Vorfahren. Hätte ein einziges Glied in dieser langen Kette niemals existiert, so würde der Mensch nicht genau das geworden sein, was er jetzt ist. Wenn wir nicht absichtlich unsere Augen schließen, so können wir nach unsern jetzigen Kenntnissen annähernd unsere Abstammung erkennen, und wir dürfen uns derselben nicht schämen. Der niedrigste Organismus ist etwas bei weitem Höheres als der unorganische Staub unter unsern Füßen; und niemand mit einem vorurteilsfreien Geist kann irgendein lebendes Wesen, wie niedrig es auch stehen mag, studieren, ohne enthusiastisch über seine merkwürdige Struktur und seine Eigenschaften erstaunt zu werden.

Siebtes Kapitel

Über die Rassen des Menschen

Die Natur und der Wert spezifischer Merkmale – Anwendung auf die Menschenrassen – Argumente, welche der Betrachtung der sogenannten Menschenrassen als distinkter Spezies günstig und entgegengesetzt sind – Subspezies – Monogenisten und Polygenisten – Konvergenz des Charakters – Zahlreiche Punkte der Übereinstimmung an Körper und Geist zwischen den verschiedensten Menschenrassen – Der Zustand des Menschen, als er sich zuerst über die Erde verbreitete – Jede Rasse stammt nicht von einem einzelnen Paar ab – Das Aussterben von Rassen – Die Bildung der Rassen – Die Wirkung der Kreuzung – Geringer Einfluß der direkten Wirkung der Lebensbedingungen – Geringer oder kein Einfluß der natürlichen Zuchtwahl – Geschlechtliche Zuchtwahl

Es ist nicht meine Absicht, hier die verschiedenen sogenannten Rassen des Menschen zu beschreiben, sondern ich will nur untersuchen, was der Wert der Unterschiede zwischen ihnen von einem klassifikatorischen Gesichtspunkt aus ist, und wie dieselben entstanden sind. Bei der Bestimmung des Umstands, ob zwei oder mehrere miteinander verwandte Formen als Spezies oder als Varietäten zu klassifizieren sind, werden die Naturforscher praktisch durch die folgenden Betrachtungen geleitet: Einmal nämlich durch den Betrag an Verschiedenheit zwischen ihnen, und ob derartige Verschiedenheiten sich auf wenige oder viele Punkte ihres Baues beziehen, und ob dieselben von physiologischer Bedeutung sind; aber noch spezieller durch den Umstand, ob diese Verschiedenheiten konstant sind. Konstanz des Charakters ist das, was für besonders wertvoll gehalten und wonach von den Naturforschern gesucht wird. Sobald gezeigt oder wahrscheinlich gemacht werden kann, daß die in Frage stehenden Formen eine lange Zeit hindurch verschieden geblieben sind, so wird dies ein Argument von bedeutendem Gewicht zugunsten ihrer Behandlung als Spezies. Selbst ein unbedeutender Grad von Unfruchtbarkeit zwischen irgend zwei Formen bei ihrer ersten Kreuzung oder bei ihren Nachkommen wird allgemein als eine entscheidende Probe für ihre spezifische Verschiedenheit angesehen; auch wird ihr beständiges Getrenntbleiben innerhalb eines und desselben Bezirks ohne Verschmelzung gewöhnlich als hinreichender Beweis angesehen entweder für einen gewissen Grad gegenseitiger Unfruchtbarkeit oder, was die Tiere betrifft, eines gewissen Widerwillens gegen wechselseitige Paarung.

Unabhängig von einer Verschmelzung infolge einer Kreuzung ist der vollständige Mangel von Varietäten, welche irgend zwei nahe verwandte Formen in einer sonst gut untersuchten Gegend miteinander verbinden, wahrscheinlich das bedeutungsvollste von allen Kennzeichen für ihre spezifische Verschiedenheit. Und hier liegt ein von der Berücksichtigung der bloßen Konstanz des Charakters etwas verschiedener Gedanke zugrunde; denn zwei Formen können äußerst variabel sein und doch keine Zwischenvarietäten erzeugen. Geographische Verbreitung wird oft unbewußt und zuweilen bewußt als Zeugnis mit herangezogen, so daß Formen, welche in zwei weit voneinander getrennten Bezirken leben, innerhalb deren die meisten anderen Bewohner spezifisch verschieden sind, gewöhnlich auch selbst als verschieden betrachtet werden; doch bietet dieser Umstand in Wahrheit keine Hilfe zur Unterscheidung geographischer Rassen von sogenannten guten oder echten Spezies dar.

Wir wollen nun diese allgemein angenommenen Grundsätze auf die Rassen des Menschen anwenden und ihn in demselben Sinne betrachten, in welchem ein Naturforscher irgendein anderes Tier ansehen würde. Was den Betrag an Verschiedenheit zwischen den Rassen betrifft, so müssen wir unserem feinen Unterscheidungsvermögen etwas zugute rechnen, welches wir durch die lange Übung der Selbstbeobachtung gewonnen haben. Obschon, wie Elphinstone bemerkt, ein

Siebtes Kapitel

neu in Indien angekommener Europäer zuerst die verschiedenen eingeborenen Rassen nicht unterscheiden kann, so erscheinen sie ihm doch bald äußerst unähnlich[1]; und ebenso kann der Hindu zuerst keine Verschiedenheit zwischen den verschiedenen europäischen Eingeborenen wahrnehmen. Selbst die verschiedensten Menschenrassen sind einander der Form nach viel ähnlicher, als zuerst angenommen werden würde; gewisse Negerstämme müssen ausgenommen werden, während andere, wie mir Dr. Rohlfs schreibt und wie ich selbst gesehen habe, kaukasische Gesichtszüge haben. Diese allgemeine Ähnlichkeit zeigt sich deutlich in den französischen Photographien in der Collection anthropologique du Muséum von Menschen, die verschiedenen Rassen angehören, von welchen die größere Zahl, (wie viele Leute, denen ich sie gezeigt habe, bemerkt haben) für Europäer gelten kann. Nichtsdestoweniger würden diese Menschen, wenn man sie lebendig sähe, unzweifelhaft sehr verschieden erscheinen, so daß wir ganz entschieden in unserem Urteil durch die bloße Farbe der Haut und des Haars, durch unbedeutende Verschiedenheiten in den Gesichtszügen und durch den Ausdruck sehr beeinflußt werden.

Es ist indessen zweifellos, daß die verschiedenen Rassen, wenn sie sorgfältig verglichen und gemessen werden, bedeutend voneinander abweichen, – so in der Textur des Haars, den relativen Proportionen aller Teile des Körpers[2], der Kapazität der Lungen, der Form und dem Rauminhalt des Schädels und selbst in den Windungen des Gehirns.[3] Es würde aber eine endlose Aufgabe sein, die zahlreichen Punkte der Verschiedenheiten des Baues einzeln durchzugehen. Die Rassen weichen auch in der Konstitution, in der Akklimatisationsfähigkeit und in der Empfänglichkeit für verschiedene Krankheiten voneinander ab; auch sind ihre geistigen Merkmale sehr verschieden, hauptsächlich allerdings, wie es scheinen dürfte, in der Form ihrer Gemütserregungen, zum Teil aber auch in ihren intellektuellen Fähigkeiten. Ein jeder, welcher die Gelegenheit zum Vergleich gehabt hat, muß von dem Kontrast überrascht gewesen sein zwischen dem schweigsamen, selbst morosen Eingeborenen von Süd-Amerika und dem leichtherzigen, schwatzhaften Neger. Ein ziemlich ähnlicher Kontrast besteht zwischen den Malaien und Papuas[4], welche unter denselben physikalischen Bedingungen leben und nur durch einen sehr schmalen Meeresstrich voneinander getrennt sind.

Wir wollen zuerst die Gründe betrachten, die man zugunsten einer Klassifikation der Menschenrassen als besonderer Arten vorbringen kann, und dann die, welche für die gegenteilige Ansicht sprechen. Wenn ein Naturforscher, welcher noch niemals zuvor einen Neger, Hottentotten, Australier oder Mongolen gesehen hätte, diese miteinander zu vergleichen hätte, so würde er sofort bemerken, daß sie in einer Menge von Charakteren voneinander abweichen, von denen einige unbedeutend, einige aber von ziemlicher Bedeutung sind. Bei näherer Erörterung würde er finden, daß diese Formen einem Leben unter sehr verschiedenen Klimaten angepaßt sind und daß sie auch in ihrer körperlichen Konstitution und ihren geistigen Anlagen etwas voneinander verschieden sind. Wenn man ihm dann sagte, daß Hunderte ganz ähnlicher Exemplare aus denselben Ländern herbeigebracht werden könnten, so würde er zuversichtlich erklären, daß sie so gute Spezies seien wie viele andere, welche er mit spezifischen Namen zu versehen gewohnt wäre. Diese Folgerung würde noch bedeutend an Stärke gewinnen, sobald er sich vergewissert hätte, daß diese Formen dieselben Merkmale schon für viele Jahrhunderte beibehalten haben, und daß Neger, die allem Anschein nach mit den jetzt lebenden identisch waren, mindestens

---

[1] History of India, 1841. Vol. I, p.323. Pater Ripa macht genau dieselbe Bemerkung in bezug auf die Chinesen.
[2] Eine ungeheure Zahl von Maßangaben von Weißen, Schwarzen und Indianern sind mitgeteilt in den „Investigations in the Military and Anthropolog. Statistics of American Soldiers", by B. A. Gould, 1869, p.298-358; über die Kapazität der Lungen, ebd., p.471. S. auch die zahlreichen und wertvollen Tabellen bei Dr. Weisbach nach den Beobachtungen von Dr. Scherzer und Dr. Schwarz in der Reise der Novara, Anthropolog. Teil, 1867.
[3] S. z.B. Marshalls Bericht über das Gehirn eines Buschmann-Weibs, Philos. Transact., 1864, p.519.
[4] Wallace: The Malay Archipelago. Vol. II, 1869, p.178.

schon vor viertausend Jahren gelebt haben.⁵ Er würde ferner von einem ausgezeichneten Beobachter, Dr. Lund⁶, hören, daß die in den Höhlen von Brasilien gefundenen Menschenschädel, welche mit vielen ausgestorbenen Säugetieren dort begraben sind, zu demselben Typus gehören, welcher jetzt noch über den ganzen amerikanischen Kontinent vorherrscht.

Unser Naturforscher würde sich dann vielleicht zur geographischen Verbreitung wenden und würde wahrscheinlich erklären, daß Formen, welche nicht bloß dem äußeren Anschein nach voneinander abweichen, sondern welche einerseits für die heißesten, andererseits für die feuchtesten oder auch trockensten Länder und ebenso für arktische Gegenden angepaßt sind, distinkte Spezies sein müssen. Er dürfte sich wohl auf die Tatsache berufen, daß keine einzige Spezies in der dem Menschen zunächst stehenden Tiergruppe, nämlich den Quadrumanen, einer niederen Temperatur oder einem einigermaßen beträchtlichen Wechsel des Klimas widerstehen kann, und daß diejenigen Spezies, welche dem Menschen am nächsten kommen, niemals selbst unter dem temperierten Klima von Europa bis zur Reife aufgezogen worden sind. Die zuerst von Agassiz⁷ erwähnte Tatsache würde einen tiefen Eindruck auf ihn machen, daß nämlich die verschiedenen Rassen über die ganze Erde in dieselben zoologischen Provinzen verteilt sind, wie diejenigen sind, welche von unzweifelhaft verschiedenen Arten und Gattungen von Säugetieren bewohnt werden. Dies ist ganz offenbar der Fall mit den Australiern, den mongolischen und Neger-Rassen des Menschen, in einer weniger scharf ausgesprochenen Weise mit den Hottentotten, aber wieder deutlich mit den Papuas und Malaien, welche, wie Mr. Wallace gezeigt hat, ziemlich durch dieselbe Linie voneinander geschieden werden, welche die beiden großen zoologischen Provinzen voneinander trennt, die Malaiische und Australische. Die Ureinwohner von Amerika haben ihren Verbreitungsbezirk über diesen ganzen Kontinent, und dies scheint zuerst der oben angegebenen Regel entgegen zu sein, denn die meisten Naturerzeugnisse der südlichen und nördlichen Hälfte sind sehr verschieden. Doch verbreiten sich einige wenige Lebensformen, wie das Opossum, von der einen Hälfte in die andere, wie es früher auch mit einigen der gigantischen Edentaten der Fall war. Die Eskimos erstrecken sich, wie andere arktische Tiere, rund um die ganze Polargegend herum. Man muß auch beachten, daß der Grad der Verschiedenheit zwischen den Säugetieren der verschiedenen zoologischen Provinzen nicht dem Grade der Trennung der letzteren voneinander entspricht, so daß man es auch kaum als eine Anomalie betrachten kann, daß der Neger mehr und der Amerikaner viel weniger von den anderen Menschenrassen abweicht, als es die Säugetiere derselben Kontinente, Afrika und Amerika, von denen anderer Provinzen tun. Es kann auch noch hinzugefügt werden, daß allem Anschein nach der Mensch ursprünglich keine ozeanische Insel bewohnt hat; und in dieser Beziehung gleicht er den anderen Mitgliedern seiner Klasse.

---

⁵ In bezug auf die Abbildungen in den berühmten ägyptischen Höhlen von Abu-Simbel bemerkt Pouchet (The Plurality of the Human Races. Transl. 1864, p.50), daß er die Repräsentanten der zwölf oder noch mehr Nationen, welche einige Autoren darin wiedererkennen zu können meinen, auch nicht entfernt wiedererkennbar finden könne. Selbst einige der am schärfsten markierten Rassen können nicht mit jenem Grade der Einstimmigkeit identifiziert werden, welcher nach dem, was über diesen Gegenstand geschrieben worden ist, zu erwarten gewesen wäre. So führen Messrs. Nott and Gliddon (Types of Mankind, p.148) an, daß Ramses II. oder der Große stolze europäische Gesichtszüge habe, während Knox, ein anderer überzeugter Anhänger der Meinung von der spezifischen Verschiedenheit der Menschenrassen (Races of Man, 1850, p.201) bei der Schilderung des jungen Memnon (wie mir Mr. Birch sagt, ein und dieselbe Person mit Ramses II.) in der entschiedensten Weise behauptet, daß er in seinen Merkmalen mit den Juden in Antwerpen identisch sei. Als ich ferner im British Museum mit zwei kompetenten Richtern, Beamten der Anstalt, die Statue des Amunoph III. betrachtete, stimmten wir darin überein, daß seine Gesichtszüge eine stark ausgesprochene Negerform haben. Die Herren Nott und Gliddon dagegen (a.a.O., p.416, Fig. 53) beschreiben ihn als „einen Mischling, aber ohne Beimischung von Negerblut".
⁶ Zitiert von Nott and Gliddon: Types of Mankind, 1854, p.439. Sie führen auch noch weitere bestätigende Belege an; doch meint C. Vogt, daß der Gegenstand noch weiterer Untersuchung bedürfe.
⁷ Diversity of Origin of the Human Races, in: Christian Examiner, July 1850.

Siebtes Kapitel

Wenn man zu bestimmen sucht, ob die angenommenen Varietäten einer und derselben Form von domestizierten Tieren als solche oder als spezifisch verschieden klassifiziert werden sollen, d. h. ob einige von ihnen von verschiedenen wilden Spezies abgestammt sind, so würde jeder Zoologe viel Gewicht auf die Tatsache legen, wenn sie sich ermitteln ließe, ob ihre äußeren Parasiten spezifisch verschieden sind. Es würde nur um so mehr Gewicht auf diese Tatsache gelegt werden, als sie eine ausnahmsweise sein würde; denn Mr. Denny hat mir mitgeteilt, daß die verschiedensten Arten von Hunden, Haushühnern und Tauben in England von denselben Spezies von Pediculinen oder Läusen heimgesucht werden. Nun hat Mr. A. Murrey sorgfältig die in verschiedenen Ländern von den verschiedenen Menschenrassen abgesuchten Pediculinen untersucht[8], und er findet, daß sie nicht bloß in der Farbe, sondern auch in der Struktur ihrer Kiefer und Gliedmaßen voneinander abweichen. In jedem Fall, wo zahlreiche Exemplare erlangt wurden, waren die Verschiedenheiten konstant. Der Arzt eines Walfischfängers im Stillen Ozean hat mir versichert, daß, wenn die Läuse, welche einige Sandwich-Insulaner an Bord dieses Schiffes zahlreich bedeckten, sich auf die Körper der englischen Matrosen verirrten, sie im Verlauf von drei oder vier Tagen starben. Diese Pediculinen waren dunkler gefärbt und schienen von denen verschieden zu sein, welche den Eingeborenen von Chiloë in Südamerika eigentümlich waren und von welchen man mir einige Exemplare gab. Diese wiederum scheinen viel größer und weicher zu sein als europäische Läuse. Mr. Murrey verschaffte sich vier Arten aus Afrika, nämlich von den Negern der Ost- und Westküste, von den Hottentotten und von den Kaffern, zwei Arten von den Eingeborenen von Australien, zwei von Nord-Amerika und zwei von Süd-Amerika. In diesen letzten Fällen darf vermutet werden, daß die Läuse von Eingeborenen kamen, welche verschiedene Distrikte bewohnten. Bei Insekten werden unbedeutende Verschiedenheiten des Baues, wenn sie nur konstant sind, allgemein als von spezifischem Wert angesehen, und die Tatsache, daß die Menschenrassen von Parasiten heimgesucht werden, welche spezifisch verschieden zu sein scheinen, könnte ganz ruhig als Argument betont werden, daß die Rassen selbst als distinkte Spezies klassifiziert werden sollen.

Wäre unser angenommener Zoologe in seiner Untersuchung bis hierher gekommen, so würde er zunächst untersuchen, ob die Menschenrassen, wenn sie sich kreuzen, in irgendeinem Grade steril seien. Er dürfte das Werk eines vorsichtigen und philosophischen Beobachters, Professor Broca[9], zu Rate ziehen, und darin würde er gute Belege dafür finden, daß einige Rassen völlig fruchtbar untereinander sind, aber in bezug auf andere Rassen auch Belege einer entgegengesetzten Natur. So ist behauptet worden, daß die eingeborenen Frauen von Australien und Tasmanien selten mit europäischen Männern Kinder hervorbrächten; indessen sind die Angaben gerade über diesen Punkt jetzt als fast wertlos erwiesen worden. Die Mischlinge werden von den reinen Schwarzen getötet; so ist kürzlich ein Bericht veröffentlicht worden über einen Fall, wo elf junge Leute einer Mischlingsrasse zu gleicher Zeit ermordet und verbrannt wurden, deren Überbleibsel dann von der Polizei gefunden wurden.[10] Ferner ist oft gesagt worden, daß, wenn Mulatten untereinander heiraten, sie wenig Kinder erzeugen. Auf der anderen Seite behauptet aber Dr. Bachman von Charlestown[11] positiv, daß er Mulattenfamilien gekannt habe, welche mehrere Generationen hindurch untereinander geheiratet hatten und im Mittel genau so fruchtbar waren wie sowohl rein Weiße als rein Schwarze. Früher von Sir C. Lyell angestellte Untersu-

---

[8] Transact. Roy. Soc. Edinburgh, Vol. XXII, 1861, p.567.
[9] On the Phenomena of Hybridity in the genus Homo. Engl. transl., 1864.
[10] S. den interessanten Brief von T. A. Murray in der Anthropolog. Review, Apr. 1868, p.LIII. In diesem Brief wird die Angabe des Grafen Strzelecki widerlegt, daß australische Frauen, welche mit einem weißen Mann Kinder gehabt haben, später mit ihrer eigenen Rasse unfruchtbar wären. A. de Quatrefages hat gleichfalls zahlreiche Belege dafür gesammelt (Revue des Cours scientifiques, Mars 1869, p.239), daß Australier und Europäer bei einer Kreuzung nicht unfruchtbar sind.
[11] An Examination of Prof. Agassiz's Sketch of the Natural Provinces of the Animal World. Charleston 1855, p.44.

chungen über diesen Gegenstand haben ihn, wie er mir mitteilt, zu derselben Schlußfolgerung geführt.[12] Die Volkszählung für das Jahr 1854 in den Vereinigten Staaten umfaßte Dr. Bachman zufolge 405.751 Mulatten, und diese Zahl scheint unter Berücksichtigung aller bei dem Fall in Frage kommenden Umstände gering zu sein; sie dürfte aber zum Teil durch die herabgekommene und anomale Stellung der Klasse und durch das ausschweifende Leben der Frauen zu erklären sein. In einem gewissen Grade muß eine Absorption von Mulatten rückwärts in die Neger immer im Fortschreiten begriffen sein, und dies würde zu einer offenbaren Verringerung der Zahl der ersteren führen. Die geringere Lebensfähigkeit der Mulatten wird in einem zuverlässigen Werk[13] als eine wohlbekannte Erscheinung besprochen; doch wäre dies eine von der verringerten Fruchtbarkeit etwas verschiedene Tatsache und könnte kaum als ein Beweis für die spezifische Verschiedenheit der beiden elterlichen Rassen vorgebracht werden. Ohne Zweifel sind sowohl tierische als pflanzliche Bastarde, wenn sie von äußerst verschiedenen Spezies hervorgebracht sind, einem frühzeitigen Tod ausgesetzt; aber die Eltern der Mulatten können nicht in die Kategorie äußerst verschiedener Spezies gebracht werden. Das gewöhnliche Maultier, dessen langes Leben und Lebenskraft und doch so große Unfruchtbarkeit notorisch sind, zeigt, wie wenig notwendig bei Bastarden eine Verbindung zwischen verringerter Fruchtbarkeit und Lebensfähigkeit besteht, und andere analoge Fälle könnten noch angeführt werden.

Selbst, wenn später noch bewiesen werden sollte, daß alle Menschenrassen vollkommen fruchtbar untereinander wären, so dürfte doch derjenige, welcher aus anderen Gründen geneigt wäre, sie für distinkte Spezies zu halten, mit vollem Recht schließen, daß Fruchtbarkeit und Unfruchtbarkeit keine sicheren Kriterien spezifischer Verschiedenheit darbieten. Wir wissen, daß diese Eigenschaften durch veränderte Lebensbedingungen oder durch nahe Inzucht leicht affiziert und daß sie von sehr komplizierten Gesetzen beherrscht werden, z. B. von dem der ungleichen Fruchtbarkeit wechselseitiger Kreuzungen zwischen denselben zwei Spezies. Bei Formen, welche als unzweifelhafte Spezies klassifiziert werden müssen, besteht eine vollkommene Reihenfolge von denen an, welche bei einer Kreuzung absolut steril sind, bis zu denen, welche fast ganz oder vollkommen fruchtbar sind. Die Grade der Unfruchtbarkeit fallen nicht scharf mit den Graden der Verschiedenheit im äußeren Bau oder in der Lebensweise zusammen. Der Mensch kann in vielen Beziehungen mit denjenigen Tieren verglichen werden, welche schon seit langer Zeit domestiziert worden sind, und eine große Menge von Belegen kann zugunsten der Pallasschen Theorie[14] vorgebracht werden, daß die Domestikation die Unfrucht-

---

[12] Dr. Rohlfs schreibt mir, daß er die aus Arabern, Berbern und Negern hervorgegangenen Mischlingsrassen der Sahara außerordentlich fruchtbar gefunden habe. Auf der anderen Seite teilt mir aber Mr. Winwood Reade mit, daß die Neger an der Goldküste, obwohl sie Weiße und Mulatten sehr bewundern, doch den Grundsatz haben, Mulatten sollten nicht untereinander heiraten, da die Kinder nur gering an Zahl und kränklich wären. Wie Mr. Reade bemerkt, verdient diese Annahme Beachtung, da Weiße schon seit vierhundert Jahren die Goldküste besucht und sich dort niedergelassen haben, so daß die Eingeborenen hinreichend Zeit gehabt haben, sich durch Erfahrung hierüber zu unterrichten.
[13] Military and Anthropolog. Statistics of American Soldiers, by B. A. Gould, 1869, p.319.
[14] Das Variieren der Tiere und Pflanzen im Zustand der Domestikation. 2. Aufl., Bd. II, p.126. Ich möchte hier den Leser daran erinnern, daß die Unfruchtbarkeit der Arten bei ihrer Kreuzung keine speziell erlangte Eigenschaft, sondern wie die Unfähigkeit gewisser Bäume, aufeinandergepfropft zu werden, Folge anderer erlangter Verschiedenheiten ist. Die Natur dieser Verschiedenheiten ist unbekannt; sie stehen aber in einer spezielleren Weise mit dem Reproduktionssystem und viel weniger mit der äußeren Struktur oder mit den gewöhnlichen Verschiedenheiten der Konstitution in Beziehung. Ein für die Unfruchtbarkeit gekreuzter Spezies bedeutungsvolles Element liegt allem Anschein nach darin, daß die eine oder beide seit langer Zeit an feststehende Lebensbedingungen gewöhnt waren; denn wir wissen, daß veränderte Lebensbedingungen einen speziellen Einfluß auf das Reproduktionssystem äußern; auch haben wir, wie vorhin bemerkt, zu der Annahme guten Grund, daß die fluktuierenden Zustände der Domestikation jene Unfruchtbarkeit zu eliminieren streben, welche bei Spezies im Naturzustand ihrer Kreuzung so allgemein folgt. Es ist an anderen Orten von mir gezeigt worden, daß die Unfruchtbarkeit gekreuzter Arten nicht durch natürliche Zuchtwahl erlangt worden ist. Man sieht ja ein, daß es, wenn zwei Formen bereits sehr unfruchtbar geworden sind, kaum möglich ist, daß ihre Unfruchtbarkeit durch die Erhaltung oder das

barkeit, welche ein so allgemeines Resultat der Kreuzung von Spezies im Naturzustand ist, zu eliminieren strebt. Nach diesen verschiedenen Betrachtungen kann man mit Recht betonen, daß die vollkommene Fruchtbarkeit der miteinander gekreuzten Rassen des Menschen, wenn sie festgestellt wäre, uns nicht absolut daran hindern könnte, sie als distinkte Spezies aufzuführen.

Abgesehen von der Fruchtbarkeit hat man zuweilen geglaubt, daß die Charaktere der Nachkommen aus einer Kreuzung Beweise dafür darböten, ob die elterlichen Formen als Spezies oder als Varietäten einzuordnen seien; aber nach einer sorgfältigen Erwägung der Belege bin ich zu der Folgerung gekommen, daß keiner allgemeinen Regel dieser Art getraut werden kann. Das gewöhnliche Resultat einer Kreuzung ist die Erzeugung einer gemischten oder intermediären Form; in gewissen Fällen schlagen aber manche der Nachkommen auffallend nach dem einen Erzeuger, und manche nach dem anderen. Dies tritt dann besonders gern ein, wenn die Eltern in Charakteren voneinander verschieden sind, welche zuerst als plötzliche Abänderungen oder Monstrositäten aufgetreten sind.[15] Ich erwähne diesen Punkt, weil mir Dr. Rohlfs mitteilt, daß er in Afrika häufig gesehen habe, wie die Nachkommen von Negern, die sich mit Menschen anderer Rassen gekreuzt hatten, entweder vollkommen schwarz oder vollkommen weiß, und nur selten gescheckt waren. Andererseits ist es aber notorisch, daß in Amerika die Mulatten gewöhnlich ein intermediäres Aussehen darbieten.

Wir haben nun gesehen, daß ein Naturforscher sich für völlig berechtigt halten könnte, die Menschenrassen als distinkte Spezies einzuordnen; denn er hat gefunden, daß sie in zahlreichen Charakteren des Baues und der Konstitution, von denen einige von großer Bedeutung sind, voneinander verschieden sind. Auch sind diese Verschiedenheiten in sehr langen Zeiträumen nahezu konstant geblieben. Unser Zoologe wird auch in einem gewissen Grade von dem enormen Verbreitungsverhältnis des Menschen beeinflußt worden sein, welches in der Klasse der Säugetiere eine große Anomalie sein würde, wenn das menschliche Geschlecht als eine einzige Spezies angesehen werden sollte. Er wird von der Verbreitung der verschiedenen sogenannten Rassen überrascht gewesen sein, welche mit der anderer, zweifellos distinkter Spezies von Säugetieren übereinstimmt. Endlich dürfte er betonen, daß die wechselseitige Fruchtbarkeit aller Rassen noch nicht vollständig bewiesen ist, und daß sie, selbst wenn sie bewiesen wäre, noch keinen absoluten Beweis ihrer spezifischen Identität darbieten würde.

Wenn sich nun unser angenommener Naturforscher nach Gründen für die andere Seite der Frage umsähe und untersuchte, ob die Formen des Menschen sich, wie gewöhnliche Spezies, verschieden erhalten, wenn sie in einem und demselben Land in großen Zahlen untereinander gemischt leben, so würde er sofort sehen, daß dies durchaus nicht der Fall ist. In Brasilien würde er eine ungeheure Bastardbevölkerung von Negern und Portugiesen bemerken; in Chiloë und anderen Teilen von Süd-Amerika würde er sehen, daß die ganze Bevölkerung aus Indianern

---

Überleben der immer mehr und mehr unfruchtbaren Individuen vermehrt werden könnte; denn in dem Maße, wie die Unfruchtbarkeit zunimmt, werden immer weniger und weniger Nachkommen erzeugt werden, welche die Art fortpflanzen könnten, und endlich werden nur in großen Zwischenräumen einzelne Individuen hervorgebracht werden. Es gibt aber selbst einen noch höheren Grad von Unfruchtbarkeit als diesen. Sowohl Gärtner als auch Kölreuter haben nachgewiesen, daß bei Pflanzengattungen, welche zahlreiche Spezies umfassen, sich eine Reihe bilden läßt von Arten, welche bei ihrer Kreuzung immer weniger und weniger Samen erzeugen, aber doch vom Pollen der anderen Arten affiziert werden, da ihr Keim zu schwellen beginnt. Hier ist es offenbar unmöglich, die sterileren Individuen, welche bereits aufgehört haben, Samen zu produzieren, zur Nachzucht zu wählen, so daß also der Gipfel der Unfruchtbarkeit, wo nur der Keim affiziert wird, nicht durch Zuchtwahl erreicht worden sein kann. Dieser höchste Grad und zweifelsohne auch die anderen Grade der Unfruchtbarkeit sind Folgezustände, welche mit gewissen unbekannten Verschiedenheiten in der Konstitution des Reproduktionssystems der gekreuzten Arten zusammenhängen.

[15] Das Variieren der Tiere und Pflanzen im Zustand der Domestikation. 2. Aufl., Bd. II, p.106.

und Spaniern besteht, welche in verschiedenen Graden ineinander übergegangen sind.[16] In vielen Teilen desselben Kontinents würde er die kompliziertesten Kreuzungen zwischen Negern, Indianern und Europäern antreffen, und derartige dreifache Kreuzungen bieten die schärfste Probe für wechselseitige Fruchtbarkeit der elterlichen Formen dar, wenigstens nach den Erfahrungen aus dem Pflanzenreich zu schließen. Auf einer Insel des Stillen Ozeans würde er eine kleine Bevölkerung von miteinander vermischtem polynesischen und englischen Blut finden, und auf den Inseln des Fidschi-Archipels eine Bevölkerung von Polynesiern und Negritos, welche sich in allen Graden gekreuzt haben. Viele analoge Fälle könnten noch z.B. aus Süd-Afrika angeführt werden. Es sind daher die Menschenrassen nicht hinreichend distinkt, um ohne Verschmelzung zusammen bestehen zu können, und das Ausbleiben einer Verschmelzung gibt die herkömmliche und beste Probe für die spezifische Verschiedenheit ab.

Unser Naturforscher würde gleichfalls sehr beunruhigt werden, sobald er bemerkte, daß die Unterscheidungsmerkmale aller Rassen des Menschen in hohem Grade variabel sind. Diese Tatsache fällt sofort jedem auf, wenn er zuerst die Negersklaven in Brasilien sieht, welche aus allen Teilen von Afrika eingeführt worden sind. Dieselbe Bemerkung gilt auch für die Polynesier und für viele andere Rassen. Es kann bezweifelt werden, ob irgendein Charakter angeführt werden kann, welcher für eine Rasse distinktiv und konstant ist. Wilde sind selbst innerhalb der Grenzen eines und desselben Stammes auch nicht entfernt so gleichförmig im Charakter, wie oft behauptet worden ist. Die Hottentottenfrauen bieten gewisse Eigentümlichkeiten dar, welche schärfer markiert sind als diejenigen, welche bei irgendeiner anderen Rasse auftreten; aber man weiß, daß sie nicht von konstantem Vorkommen sind. Bei den verschiedenen amerikanischen Stämmen weichen die Farbe und das Behaartsein beträchtlich ab; dasselbe gilt bis zu einem gewissen, und in bezug auf die Form der Gesichtszüge bis zu einem bedeutenden Grade für die Neger in Afrika. Die Form des Schädels variiert in manchen Rassen bedeutend[17]; und so ist es mit jedem anderen Charakter. Nun haben alle Naturforscher durch teuer erkaufte Erfahrungen gelernt, wie vorschnell der Versuch ist, Spezies mit Hilfe inkonstanter Charaktere zu definieren.

Aber das gewichtigste aller Argumente gegen die Betrachtung der Rassen des Menschen als distinkter Spezies ist, daß sie gradweise ineinander übergehen und zwar, so weit wir es beurteilen können, in vielen Fällen ganz unabhängig davon, ob sie sich miteinander gekreuzt haben oder nicht. Der Mensch ist sorgfältiger als irgendein anderes Wesen studiert worden, und doch besteht die größtmögliche Verschiedenheit des Urteils zwischen fähigen Richtern darüber, ob er als eine einzige Spezies oder Rasse klassifiziert werden solle, oder als zwei (Virey), als drei (Jacquinot), als vier (Kant), fünf (Blumenbach), sechs (Buffon), sieben (Hunter), acht (Agassiz), elf (Pickering), fünfzehn (Bory St. Vincent), sechzehn (Desmoulins), zweiundzwanzig (Morton), sechzig (Crawfurd), oder als dreiundsechzig nach Burke.[18] Diese Verschiedenartigkeit der Beurteilung beweist nicht, daß die Rassen nicht als Spezies zu klassifizieren wären, es zeigt aber dieselbe, daß sie allmählich ineinander übergehen und daß es kaum möglich ist, scharfe Unterscheidungsmerkmale zwischen ihnen aufzufinden.

Jedem Naturforscher, welcher das Unglück gehabt hat, sich an die Beschreibung einer Gruppe äußerst veränderlicher Organismen zu machen, sind Fälle vorgekommen, – und ich spreche aus Erfahrung – welche dem des Menschen völlig gleichen; und ist er zur Vorsicht disponiert, so

---

[16] A. de Quatrefages hat in der Anthropolog. Review, Jan. 8th 1869, p.22 einen interessanten Bericht über den Erfolg und die Energie der Paulistas in Brasilien gegeben, welche eine stark gekreuzte Rasse aus Portugiesen und Indianern mit einer Zumischung von Blut anderer Rassen darstellen.

[17] Z.B. bei den Eingeborenen von Amerika und Australien. Prof. Huxley, sagt (Transact. Internation. Congress of Prehistoric. Archaeol., 1868, p.105), daß „die Schädel vieler Süddeutscher und Schweizer so kurz und breit sind, wie die der Tartaren" usw.

[18] S. eine gute Erörterung dieses Gegenstandes bei Waitz: Introduct. to Anthropology. Engl. transl. 1863, p.198-208; 227. Mehrere der obigen Angaben habe ich aus H. Tuttle's Origin and Antiquity of Physical Man, Boston 1866, p.35 entnommen.

wird er damit enden, daß er alle die Formen, welche allmählich ineinander übergehen, zu einer einzigen Spezies vereinigt. Denn er wird sich selbst sagen, daß er kein Recht hat, Objekte mit Namen zu belegen, welche er nicht definieren kann. Fälle dieser Art kommen auch in der Ordnung, welche den Menschen mit einschließt, vor, nämlich bei gewissen Gattungen von Affen, während in anderen Gattungen, wie bei *Cercopithecus*, die meisten Spezies mit Sicherheit bestimmt werden können. In der amerikanischen Gattung *Cebus* werden die verschiedenen Formen von manchen Naturforschern als Spezies rangiert, von anderen als bloße geographische Rassen. Wenn nun zahlreiche Exemplare von Cebus aus allen Teilen von Süd-Amerika gesammelt würden, und es stellte sich heraus, daß diejenigen Formen, welche jetzt spezifisch verschieden zu sein scheinen, durch kleine Abstufungen allmählich ineinander übergehen, so würden sie von den meisten Naturforschern als bloße Varietäten oder Rassen aufgeführt werden; und in dieser Weise ist die größere Zahl der Naturforscher in bezug auf die Rassen des Menschen verfahren. Nichtsdestoweniger muß man bekennen, daß es wenigstens im Pflanzenreich[19] Formen gibt, welche man Spezies zu nennen nicht umhin kann, welche aber unabhängig von einer zwischen ihnen auftretenden Kreuzung durch zahllose Abstufungen miteinander verbunden werden.

Einige Naturforscher haben neuerdings den Ausdruck „Subspezies" angewendet, um Formen zu bezeichnen, welche viele der charakteristischen Eigenschaften echter Spezies besitzen, welche aber kaum einen so hohen Rang verdienen. Wenn wir nun die gewichtigen Argumente, die oben für das Erheben der Menschenrassen zur Würde von Spezies mitgeteilt wurde, uns vergegenwärtigen und auf der anderen Seite die unüberwindlichen Schwierigkeiten, sie zu definieren, so dürfte der Ausdruck „Subspezies" hier sehr passend angewendet werden. Aber schon aus langer Gewohnheit wird vielleicht der Ausdruck „Rasse" stets vorgezogen werden. Die Wahl von Ausdrücken ist nur insofern von Bedeutung, als es äußerst wünschenswert ist, soweit es nur überhaupt möglich ist, dieselben Ausdrücke für dieselben Grade von Verschiedenheit zu gebrauchen. Unglücklicherweise ist dies sehr selten möglich; denn es umfassen die größeren Gattungen allgemein näher verwandte Formen, welche nur mit großer Schwierigkeit auseinandergehalten werden können, während die kleineren Gattungen innerhalb einer und derselben Familie Formen einschließen, welche vollkommen distinkt sind; und doch müssen alle gleichmäßig als Spezies rangiert werden. Ferner sind auch die Spezies innerhalb einer und derselben großen Gattung durchaus nicht in demselben Grade einander ähnlich; im Gegenteil können in den meisten Fällen einige von ihnen in kleine Gruppen um andere Arten herum, wie Satelliten um Planeten, angeordnet werden.

Die Frage, ob das Menschengeschlecht aus einer oder aus mehreren Spezies besteht, ist in den letzten Jahren von den Anthropologen sehr lebhaft behandelt worden, welche sich in zwei Schulen trennt, die Monogenisten und die Polygenisten. Diejenigen, welche das Prinzip der Entwicklung nicht annehmen, müssen die Spezies entweder als einzelne Schöpfungen oder als in irgendeiner Weise distinkte Einheiten ansehen, und welche Menschenformen sie als Spezies zu betrachten haben, müssen sie nach Analogie der Methode entscheiden, welche, gewöhnlich bei der Klassifikation anderer organischer Wesen als Arten befolgt wird. Es ist aber ein hoffnungsloser Versuch, diesen Punkt entscheiden zu wollen, bis irgendeine Definition des Ausdruckes „Spezies" allgemein angenommen sein wird; und diese Definition darf kein unbestimmbares Element einschließen, wie eben einen Schöpfungsakt. Wir könnten ebensogut ohne irgendeine Definition zu entscheiden versuchen, ob eine gewisse Anzahl von Häusern ein Dorf, ein Flecken oder eine Stadt genannt werden soll. Eine praktische Illustration der Schwierigkeit haben wir in den kein Ende nehmenden Zweifeln, ob viele nahe verwandte Säugetiere, Vögel, Insekten und

---

[19] Prof. Nägeli hat mehrere auffallende Fälle in seinen Botanischen Mitteilungen. Bd. II, 1866, p.294-369 sorgfältig beschrieben. Ähnliche Bemerkungen hat Prof. Asa Gray über einige intermediäre Formen der Compositen Nord-Amerikas gemacht.

Pflanzen, welche einander in Nord-Amerika und Europa vertreten, als Spezies oder als geographische Rassen aufgeführt werden sollen; und dasselbe gilt für die Erzeugnisse vieler Inseln, welche in geringer Entfernung von dem nächsten Festland gelegen sind.

Auf der anderen Seite werden diejenigen Naturforscher, welche das Prinzip der Entwicklung annehmen, – und dies wird von der größeren Zahl der aufstrebenden Männer jetzt angenommen, – keinen Zweifel haben, daß alle Menschenrassen von einem einzigen ursprünglichen Stamm herrühren, mögen sie es nun für passend oder nicht für passend halten, dieselben als distinkte Spezies zu bezeichnen zum Zweck, damit den Betrag ihrer Verschiedenheit auszudrücken.[20] Bei unseren domestizierten Tieren steht die Frage, ob die verschiedenen Rassen von einer oder mehreren Spezies ausgegangen sind, etwas verschieden. Obgleich man zugeben kann, daß alle solche Rassen ebenso wie alle natürlichen Spezies innerhalb einer und derselben Gattung unzweifelhaft einem und demselben primitiven Stamm entsprungen sind, so ist es doch ein völlig zulässiger Gegenstand der Diskussion, ob alle die domestizierten Rassen, z.B. des Hundes, den jetzigen Grad von Verschiedenheit erlangt haben, seitdem irgendeine Spezies zuerst vom Menschen domestiziert wurde, oder ob sie einige ihrer Charaktere einer Vererbung von distinkten Spezies verdanken, welche bereits im Naturzustand verschieden geworden waren. In Betreff des Menschen kann keine solche Frage entstehen, denn man kann nicht sagen, daß er zu irgendeiner besonderen Periode domestiziert worden wäre.

Während eines frühen Stadiums der Divergenz der Menschenrassen von einer gemeinsamen Stammform werden sie nur wenig voneinander abgewichen und der Zahl nach nur wenig gewesen sein. Infolgedessen werden sie, soweit ihre unterscheidenden Merkmale in Betracht kommen, weniger Ansprüche gehabt haben, als distinkte Spezies betrachtet zu werden, als die jetzt existierenden sogenannten Rassen. Nichtsdestoweniger würden solche frühen Rassen vielleicht von einigen Naturforschern als distinkte Spezies aufgeführt worden sein, – so willkürlich ist der Ausdruck Spezies, – wenn ihre Verschiedenheiten, obschon äußerst unbedeutend, konstanter gewesen wären, als sie es jetzt sind, und sie nicht allmählich ineinander übergegangen wären.

Es ist indessen möglich, wenn auch nicht entfernt wahrscheinlich, daß die ältesten Urerzeuger des Menschen früher bedeutend in ihren Charakteren voneinander auseinander gegangen sind, bis sie einander unähnlicher wurden, als es die jetzt bestehenden Rassen irgendwie sind, und daß sie später, wie Vogt[21] vermutet, in ihren Charakteren konvergiert haben. Wenn der Mensch mit einem und demselben Ziel vor Augen die Nachkommen zweier distinkter Spezies zur Nachzucht auswählt, so führt er zuweilen, soweit die allgemeine äußere Erscheinung in Betracht kommt, einen beträchtlichen Grad von Konvergenz herbei. Dies ist, wie Nathusius[22] gezeigt hat mit den veredelten Rassen der Schweine der Fall, welche von zwei distinkten Spezies abgestammt sind, und in einem weniger scharf markierten Grade auch mit den veredelten Rassen des Rindes. Ein bedeutender Anatom, Gratiolet, behauptet, daß die anthropomorphen Affen keine natürliche Untergruppe bilden, daß vielmehr der Orang-Utan ein hochentwickelter Gibbon oder Semnopithecus, der Schimpanse ein hoch entwickelter Macacus und der Gorilla ein hoch entwickelter Mandrill ist. Wenn man diese Folgerung, welche fast ausschließlich auf Charakteren des Gehirns beruht, zugibt, so würde man einen Fall von Konvergenz, mindestens in äußeren Merkmalen, vor sich haben; denn die anthropomorphen Affen sind sich sicherlich in vielen Punkten einander ähnlicher, als sie anderen Affen sind. Alle analogen Ähnlichkeiten, wie die eines Walfisches mit einem Fisch, kann man in der Tat als Fälle von Konvergenz bezeichnen; doch ist dieser Ausdruck niemals auf oberflächliche und adaptive Ähnlichkeiten angewendet worden. In den meisten Fällen würde es indessen außerordentlich voreilig sein, eine große Ähnlichkeit der

---

[20] S. Prof. Huxley, welcher sich in diesem Sinne ausdrückt, in: Fortnightly Review, 1865, p.275.
[21] Vorlesungen über den Menschen. Bd. II, p.285.
[22] Die Rassen des Schweins, 1860, p.46. Vorstudien für eine Geschichte etc. Schweineschädel, 1864, p.104. In bezug auf das Rind s. A. de Quatrefages: Unité de l'Espèce Humaine, 1861, p.119.

Siebtes Kapitel

Merkmale in vielen Punkten des Baues bei den modifizierten Nachkommen einst weit voneinander verschieden gewesener Wesen einer Konvergenz zuzuschreiben. Die Form eines Kristalls wird allein durch die Molekularkräfte bestimmt, und es ist nicht überraschend, daß unähnliche Substanzen zuweilen ein und dieselbe Form annehmen können; aber bei organischen Wesen müssen wir uns doch daran erinnern, daß die Form eines jeden von einer endlosen Menge komplizierter Beziehungen abhängt, nämlich von Abänderungen, welche Folgen von Ursachen sind, die viel zu intrikat sind, um einzeln verfolgt werden zu können; – ferner von der Natur der Abänderungen, welche erhalten worden sind, und dies hängt wieder von den umgebenden physikalischen Bedingungen und in einem noch höheren Grade von den umgebenden Organismen ab, mit welchen ein jeder in Konkurrenz getreten ist; – und endlich von Vererbung, an sich schon ein schwankendes Element, wobei alle die zahllosen Voreltern wieder Formen besaßen, welche durch ganz gleichmäßig komplizierte Beziehungen bestimmt worden waren. Es erscheint im äußersten Grade unglaublich, daß die modifizierten Nachkommen zweier Organismen, wenn diese in einer ausgesprochenen Weise voneinander verschieden waren, jemals später so weit konvergieren sollten, daß sie durch ihre ganze Organisation hindurch sich einer Identität näherten. Was den oben angezogenen Fall der konvergierenden Rassen der Schweine betrifft, so haben sich Beweise ihrer Abstammung aus zwei ursprünglichen Stämmen noch immer deutlich erhalten, und zwar nach Nathusius an gewissen Knochen ihrer Schädel. Wären die Menschenrassen, wie es einige Naturforscher vermuten, von zwei oder mehreren distinkten Spezies abgestammt, welche voneinander so weit oder nahezu so weit abgewichen wären, wie der Orang-Utan vom Gorilla abweicht, so ließe sich kaum bezweifeln, daß ausgesprochene Verschiedenheiten in der Struktur gewisser Knochen noch immer beim Menschen, wie er jetzt existiert, nachweisbar sein würden.

Obgleich die jetzt lebenden Menschenrassen in vielen Beziehungen, so in der Farbe, dem Haar, der Form des Schädels, den Proportionen des Körpers usw., verschieden sind, so stellen sie sich doch, wenn man ihre ganze Organisation in Betracht zieht, als einander in einer Menge von Punkten äußerst ähnlich heraus. Viele dieser Punkte sind so bedeutungslos, oder von einer so eigentümlichen Natur, daß es äußerst unwahrscheinlich ist, daß dieselben von ursprünglich verschiedenen Spezies oder Rassen unabhängig erlangt worden sein sollten. Dieselbe Bemerkung trifft mit gleicher oder noch größerer Kraft zu in bezug auf die zahlreichen Punkte geistiger Ähnlichkeit zwischen den verschiedensten Rassen des Menschen. Die Eingeborenen von Amerika, die Neger und die Europäer weichen voneinander ihrem Geiste nach so weit ab, als irgend drei Rassen, die man nur nennen könnte. Und doch war ich, als ich mit den Feuerländern an Bord der Beagle zusammenlebte, unaufhörlich von vielen kleinen Charakterzügen überrascht, welche zeigten, wie ähnlich ihre geistigen Anlagen den unsrigen waren; und dasselbe war der Fall in bezug auf einen Vollblutneger, mit dem ich zufällig eine Zeitlang nahe bekannt war.

Wer Mr. Tylors und Sir J. Lubbocks interessante Werke[23] aufmerksam liest, wird kaum umhin können, einen tiefen Eindruck von der großen Ähnlichkeit zwischen den Menschen aller Rassen in ihren Geschmacksrichtungen, Dispositionen und Gewohnheiten zu erhalten. Dies zeigt sich in dem Vergnügen, welches sie alle an Tanz, an roher Musik, Schauspielen, Malen, Tätowieren und sich auf andere Weise Dekorieren finden, in ihrem gegenseitigen Verständnis einer Gebärdensprache, in dem gleichen Ausdruck in ihren Zügen und in den gleichen unartikulierten Ausrufen, wenn sie durch verschiedene Gemütsbewegungen erregt sind. Diese Ähnlichkeit oder vielmehr Identität ist auffallend, wenn man sie mit den verschiedenen Ausdrucksarten und Ausrufen zusammenhält, welche bei verschiedenen Spezies von Affen zu beobachten sind. Es sind gute Beweise dafür vorhanden, daß die Kunst, mit Bogen und Pfeilen zu schießen, nicht von einem gemeinsamen Urerzeuger des Menschengeschlechts überliefert worden ist; und doch

---

[23] Tylor: Early History of Mankind, 1865; in bezug auf Belege für eine Gestensprache s. p.54. Lubbock: Prehistoric Times. 2. edit., 1869.

sind die steinernen Pfeilspitzen, welche aus den entlegensten Teilen der Erde zusammengebracht sind und in den entferntesten Zeiten verfertigt wurden, wie Westkopp und Nilsson bemerkt haben[24], fast identisch; und diese Tatsache kann nur dadurch erklärt werden, daß die verschiedene Rassen ähnliche Fähigkeiten der Erfindung oder geistige Kräfte überhaupt gehabt haben. Dieselbe Bemerkung ist von Archäologen[25] in bezug auf gewisse weitverbreitete Ornamente, z.B. Zickzacks usw., gemacht worden, ebenso in bezug auf verschiedene einfache Zeichen des Glaubens und auf Gebräuche, wie das Begraben der Toten unter megalithischen Bauten. Ich erinnere mich, in Süd-Amerika beobachtet zu haben, daß dort, wie in so vielen anderen Teilen der Erde, der Mensch allgemein die Gipfel hoher Berge gewählt hat, um auf ihnen Massen von Steinen anzuhäufen, entweder zum Zweck, irgendein merkwürdiges Ereignis zu bezeichnen, oder seine Toten zu begraben.

Wenn nun Naturforscher eine nahe Übereinstimmung in zahlreichen kleinen Einzelheiten der Gewohnheiten, der Geschmacksrichtungen und Dispositionen zwischen zwei oder mehreren domestizierten Rassen oder zwei nahe verwandten natürlichen Formen beobachten, so benutzen sie diese Tatsachen als Argumente dafür, daß alle von einem gemeinsamen Urerzeuger abstammen, welcher in dieser Weise begabt war, und daß folglich alle zu einer und derselben Spezies gerechnet werden sollten. Dasselbe Argument kann mit viel Kraft auf die Rassen des Menschen angewandt werden.

Da es unwahrscheinlich ist, daß die zahlreichen und bedeutungslosen Punkte der Ähnlichkeit zwischen den verschiedenen Menschenrassen in dem Bau des Körpers und in geistigen Fähigkeiten (ich beziehe mich hier nicht auf ähnliche Gebräuche) sämtlich unabhängig voneinander erlangt worden sein sollten, so müssen sie von Voreltern vererbt worden sein, welche damit ausgezeichnet waren. Wir erhalten hierdurch etwas Einsicht in den frühen Zustand des Menschen, ehe er sich Schritt für Schritt über die Oberfläche der Erde verbreitete. Der Verbreitung des Menschen in durch das Meer weit voneinander getrennte Gegenden ging ohne Zweifel ein ziemlich beträchtlicher Grad der Divergenz der Charaktere in den verschiedenen Rassen voraus, denn im anderen Falle würden wir zuweilen ein und dieselbe Rasse in verschiedenen Kontinenten antreffen, und dies ist niemals der Fall. Nachdem Sir J. Lubbock die jetzt von den Wilden in allen Teilen der Erde ausgeübten Künste miteinander verglichen hat, führt er diejenigen einzeln auf, welche der Mensch nicht gekannt haben konnte, als er zuerst aus seinem ursprünglichen Geburtsort auswanderte; denn wenn sie einmal gelernt wären, würden sie niemals wieder vergessen worden sein.[26] So zeigt er, daß der Speer, welcher nur eine Weiterentwicklung der Messerspitze ist, und die Keule, welche nur ein langer Hammer ist, die einzig übrigbleibenden Sachen sind. Er gibt indessen zu, daß die Kunst, Feuer zu machen, wahrscheinlich schon entdeckt worden war, denn sie ist allen jetzt lebenden Rassen gemeinsam und war den alten Höhlenbewohnern Europas bekannt. Vielleicht war die Kunst, rohe Boote oder Flöße zu machen, gleichfalls bekannt. Da aber der Mensch zu einer sehr entfernten Zeit existierte, als das Land an vielen Stellen in einem von dem jetzigen sehr verschiedenen Niveau erhoben war, so kann er wohl auch imstande gewesen sein, ohne die Hilfe von Booten sich weit zu verbreiten. Sir J. Lubbock bemerkt ferner, wie unwahrscheinlich es ist, daß unsere frühesten Vorfahren hätten höher zählen können, als bis zu zehn, wenn man in Betracht zieht, daß so viele der jetzt lebenden Rassen nicht über vier hinauskommen. Nichtsdestoweniger konnten zu jener frühen Periode die intellektuellen und sozialen Fähigkeiten des Menschen kaum in irgendeinem extremen Grad geringer als diejenigen gewesen sein, welche die niedrigsten Wilden jetzt besitzen. Andernfalls

---

[24] Über analoge Formen der Werkzeuge s. H. M. Westropp in den Memoirs of Anthropol. Soc.; s. auch Nilsson: The Primitive Inhabitants of Scandinavia. Engl. transl. ed. by Sir J. Lubbock, 1868, p.104.
[25] Hodder M. Westropp: On Cromlechs etc., in: Journal of Ethnolog. Soc., mitgeteilt in Scientific Opinion, June 2nd 1889, p.3.
[26] Prehistoric Times, 1869, p.574.

hätte der Urmensch nicht so ausgezeichnet erfolgreich im Kampf ums Dasein sein können, wie sich durch seine frühe und weite Verbreitung zeigt.

Aus der fundamentalen Verschiedenheit zwischen gewissen Sprachen haben manche Philologen den Schluß gezogen, daß der Mensch, als er sich zuerst weit verbreitete, noch kein sprechendes Tier gewesen sei. Indes läßt sich vermuten, daß Sprachen, welche bei weitem weniger vollkommen waren als irgend jetzt gesprochene, unterstützt von Gesten, benutzt worden sein können und doch in den späteren und höher entwickelten Sprachen keine Spuren zurückgelassen haben. Es scheint zweifelhaft, ob ohne den Gebrauch irgendeiner Sprache, wie unvollkommen sie auch gewesen sein mag, der Intellekt des Menschen sich bis zu der Höhe hätte entwickeln können, welche durch seine schon zu einer frühen Zeit vorherrschende Stellung bedingt war.

Ob der Urmensch in der Zeit, wo er nur wenig Kunstfertigkeiten, und zwar von der rohesten Art, besaß und wo auch sein Vermögen zu sprechen äußerst unvollkommen war, schon verdient haben dürfte, Mensch genannt zu werden, hängt natürlich von der Definition ab, die wir anwenden. In einer Reihe von Formen, welche unmerkbar aus einem affenähnlichen Wesen in den Menschen übergingen, wie er jetzt existiert, würde es unmöglich sein, irgendeinen solchen Punkt zu bezeichnen, wo der Ausdruck „Mensch" angewandt werden müßte. Doch ist dies ein Gegenstand von sehr geringer Bedeutung. Ferner ist es ein fast vollständig indifferenter Gegenstand, ob die sogenannten Menschenrassen mit diesem Ausdruck bezeichnet oder als Spezies oder Subspezies rangiert werden. Doch scheint der letztere Ausdruck der angemessenste zu sein. Endlich dürfen wir wohl voraussetzen, daß in der Zeit, in welcher die Grundsätze der Entwicklungstheorie angenommen sein werden, was sicher in sehr kurzer Zeit der Fall sein wird, der Streit zwischen den Monogenisten und Polygenisten still und unbeobachtet absterben wird.

Eine andere Frage darf nicht ohne eine Erwähnung gelassen werden, nämlich ob, wie man zuweilen annimmt, jede Subspezies oder Rasse des Menschen von einem einzigen Paar von Voreltern abgestammt ist. Bei unseren domestizierten Tieren kann eine neue Rasse leicht von einem einzelnen Paar ausgebildet werden, welches einige neue Merkmale besitzt, ja selbst von einem einzigen in dieser Weise ausgezeichneten Individuum, und zwar dadurch, daß man die variierenden Nachkommen mit Sorgfalt zur Paarung auswählt. Aber die meisten unserer Rassen sind nicht absichtlich von einem ausgewählten Paar, sondern unbewußt durch die Erhaltung vieler Individuen, welche, wenn auch noch so unbedeutend, in einer nützlichen oder erwünschten Art und Weise variiert haben, gebildet worden. Wenn in dem einen Land kräftigere und schwere Pferde und in einem anderen Land leichtere und flüchtigere Pferde beständig vorgezogen würden, so könnten wir sicher sein, daß im Laufe der Zeit, ohne daß irgendwelche besondere Paare oder Individuen in jedem der Länder getrennt zur Nachzucht ausgelesen worden wären, zwei verschiedene Unterrassen gebildet worden sein würden. Viele Rassen sind in dieser Weise gebildet worden und die Art und Weise ihres Entstehens ist der der natürlichen Spezies sehr analog. Wir wissen auch, daß die Pferde, welche nach den Falkland-Inseln gebracht worden sind, während der aufeinanderfolgenden Generationen kleiner und schwächer geworden sind, während diejenigen, welche in den Pampas verwildert sind, größere und gröbere Köpfe erlangt haben; und derartige Veränderungen sind offenbar Folgen des Umstands, daß nicht etwa irgendein Paar, sondern alle Individuen denselben Bedingungen ausgesetzt gewesen sind, wobei vielleicht das Prinzip des Rückschlags unterstützend eingewirkt hat. In keinem dieser Fälle sind die neuen Unterrassen von irgendeinem einzelnen Paar abgestammt, sondern von vielen Individuen, welche in verschiedenem Grade, aber in derselben allgemeinen Art, variiert haben; und wir dürfen schließen, daß die Menschenrassen ähnlich entstanden sind, indem die Modifikationen entweder das Resultat des Umstands waren, daß sie verschiedenen Bedingungen ausgesetzt wurden, oder das indirekte Resultat irgendeiner Form von Zuchtwahl. Aber auf diesen letzteren Gegenstand werden wir sofort zurückkommen.

Über das Aussterben von Menschenrassen. – Das teilweise und vollständige Aussterben vieler Rassen und Unterrassen des Menschen sind historisch bekannte Ereignisse. Humboldt sah in Süd-Amerika einen Papagei, welcher das einzige lebende Wesen war, das die Sprache eines ausgestorbenen Stammes noch kannte. Alte Monumente und Steinwerkzeuge, welche sich in allen Teilen der Welt finden und von welchen unter den gegenwärtigen Einwohnern keine Tradition mehr erhalten ist, weisen auf reichliches Aussterben hin. Einige kleine und versprengte Stämme, Überbleibsel früherer Rassen, leben noch in isolierten und gewöhnlich bergigen Distrikten. In Europa standen die alten Rassen nach Schaaffhausen[27] sämtlich auf der Stufenreihe „tiefer als die rohesten jetzt lebenden Wilden"; sie müssen daher in einer gewissen Ausdehnung von jeder jetzt existierenden Rasse abgewichen sein. Die von Professor Broca aus Les Eyzies beschriebenen Überreste weisen, obgleich sie unglücklicherweise einer einzelnen Familie angehört zu haben scheinen, auf eine Rasse hin mit einer höchst merkwürdigen Kombination niederer oder affenartiger und höherer charakteristischer Merkmale. Diese Rasse ist „völlig verschieden von irgendeiner anderen alten oder modernen Rasse, von der wir je gehört haben"[28]. Sie wich daher auch von der quaternären Rasse der belgischen Höhlen ab.

Bedingungen, welche äußerst ungünstig für sein Bestehen erscheinen, kann der Mensch lange widerstehen.[29] Der Mensch hat in den äußersten Gegenden des Nordens lange gelebt, wo er kein Holz hatte, aus dem er sich seine Boote oder andere Werkzeuge hätte machen können, und wo er nur Tran als Brennmaterial und nur geschmolzenen Schnee als Getränk hatte. An der Südspitze von Amerika leben die Feuerländer ohne den Schutz von Kleidern oder von irgendeinem Bau, welcher eine Hütte genannt zu werden verdient. In Süd-Afrika wandern die Eingeborenen über die dürrsten Ebenen, wo gefährliche Tiere in großer Anzahl vorhanden sind. Der Mensch kann den tödlichen Einfluß des Terai am Fuße des Himalaja und die pesthauchenden Küsten des tropischen Afrika ertragen.

Das Aussterben ist hauptsächlich eine Folge der Konkurrenz eines Stammes mit dem anderen und einer Rasse mit der anderen. Verschiedene hindernde Momente sind fortwährend in Tätigkeit, welche dazu dienen, die Zahl jedes wilden Stammes niedrig zu halten, – so die periodisch eintretenden Hungersnöte, das Wandern der Eltern und das infolge hiervon auftretende Sterben der Kinder, das lange Stillen, Kriege, Naturereignisse, Krankheiten, zügelloses Leben, das Stehlen von Frauen, Kindesmord und besonders verminderte Fruchtbarkeit. Wird infolge irgendeiner Ursache eines dieser Hindernisse verstärkt, wenn auch nur in einem unbedeutenden Grade, so wird der auf diese Weise betroffene Stamm zur Abnahme neigen, und wenn einer von zwei aneinanderstoßenden Stämmen weniger zahlreich und weniger machtvoll als der andere wird, so wird der Kampf sehr bald durch Krieg, Blutvergießen, Kannibalismus, Sklaverei und Absorption beendet. Selbst wenn ein schwächerer Stamm nicht in dieser Weise plötzlich hinweggeschwemmt wird, nimmt er doch, wenn er einmal beginnt abzunehmen, beständig weiter ab, bis er ausgestorben ist.[30]

Wenn zivilisierte Nationen mit Barbaren in Berührung kommen, so ist der Kampf kurz, mit Ausnahme der Orte, wo ein tödliches Klima der eingeborenen Rasse zur Hilfe kommt. Von den Ursachen, welche zum Sieg der zivilisierten Nationen führen, sind einige sehr deutlich und einfach, andere kompliziert und dunkel. Wir können einsehen, daß die Kultur des Landes aus vielen Gründen den Wilden verderblich sein wird; denn sie können oder werden ihre Gewohnheiten nicht ändern. Neue Krankheiten und Laster haben sich als in hohem Grade zerstörend erwiesen, und es scheint, als ob in jeder Nation eine neue Krankheit viele Todesfälle veranlaßt, bis dieje-

---

[27] Übersetzung in: Anthropolog. Review, Oct. 1868, p.431.
[28] Transact. Internat. Congress of Prehistor. Archaeolog., 1868, p.172-175. S. auch Broca, in: Anthropolog. Review, Oct. 1868, p.410.
[29] Gerland: Über das Aussterben der Naturvölker, 1868, p.82.
[30] Gerland führt a.a.O., p.12 Tatsachen zur Unterstützung dieser Angabe an.

nigen, welche für ihren zerstörenden Einfluß am meisten empfänglich sind, nach und nach ausgejätet sind.[31] Dasselbe dürfte mit den schlimmen Wirkungen der geistigen Getränke und ebenso mit dem unbezwinglich starken Gefallen an solchen, den so viele Wilde zeigen, der Fall sein. So mysteriös die Tatsache ist, so scheint es doch ferner, als ob die erste Begegnung distinkter und getrennt gewesener Völker Krankheiten erzeuge.[32] Mr. Sproat, welcher die Frage des Aussterbens in Vancouver-Island eingehend untersuchte, glaubt, daß veränderte Lebensgewohnheiten, welche stets Folge der Ankunft von Europäern sind, eine Störung der Gesundheit herbeiführen. Er legt auch auf eine so unbedeutende Ursache großes Gewicht, wie die ist, daß die Eingeborenen durch das neue Leben um sich herum „verdutzt und dumm werden. Sie verlieren den Trieb zu eigener Anstrengung und erhalten keine neuen Reize an dessen Stelle"[33].

Der Grad ihrer Zivilisation scheint ein höchst bedeutungsvolles Element bei dem Erfolg der in Konkurrenz kommenden Nationen zu sein. Noch vor wenigen Jahrhunderten fürchtete Europa das Eindringen östlicher Barbaren; jetzt würde irgendeine solche Furcht lächerlich sein. Es ist, wie Mr. Bagehot bemerkt hat, eine noch merkwürdigere Tatsache, daß in früheren Zeiten die Wilden nicht vor den klassischen Nationen verschwanden, wie sie es jetzt vor den modernen zivilisierten Nationen tun. Wäre dies der Fall gewesen, so würden die alten Moralisten sicher über dieses Ereignis ihre Bemerkungen gemacht haben, aber es findet sich in keinem Schriftsteller jener Periode über die untergehenden Barbaren irgendeine Klage.[34] Die wirksamste von allen Ursachen des Aussterbens scheint in vielen Fällen verminderte Fruchtbarkeit und Krankheit besonders unter den Kindern zu sein; beides ist Folge der Änderung der Lebensbedingungen, trotzdem die neuen Bedingungen an sich nicht schädlich zu sein brauchen. Ich bin Mr. H. Howorth sehr verbunden, daß er meine Aufmerksamkeit auf diesen Gegenstand gelenkt und mir darauf bezügliche Mitteilungen gemacht hat. Ich habe die folgenden Fälle gesammelt.

Als Tasmanien zuerst kolonisiert wurde, wurde die Zahl der Eingeborenen nach einer ungefähren Schätzung von einigen zu 7000, von anderen zu 20.000 veranschlagt. Bald war dieselbe bedeutend reduziert, und zwar hauptsächlich infolge ihrer Kämpfe mit den Engländern und untereinander. Als nach der berüchtigten, von allen Kolonisten unternommenen Jagd die übrigbleibenden Eingeborenen sich der Regierung überlieferten, bestanden sie nur noch aus 120 Individuen[35], welche 1832 nach Flinders Insel transportiert wurden. Diese zwischen Tasmanien und Australien gelegene Insel ist vierzig Meilen lang und zwölf bis achtzehn Meilen (engl.) breit; sie scheint gesund zu sein, und die Eingeborenen wurden gut behandelt. Nichtsdestoweniger litt ihre Gesundheit bedeutend. Im Jahre 1834 (Bonwick p.250) bestanden sie noch aus siebenundvierzig erwachsenen Männern, achtundvierzig erwachsenen Frauen und sechzehn Kindern, oder im ganzen aus 111 Seelen. Im Jahre 1835 waren nur noch einhundert übrig. Da ihre Abnahme reißend fortschritt und da sie selbst glaubten, woanders nicht so schnell auszusterben, wurden sie 1847 nach Oyster Cove im südlichen Teil von Australien zurückgebracht. Damals (20. Dez. 1847) waren es noch vierzehn Männer, zweiundzwanzig Frauen und zehn Kinder.[36] Aber die Veränderung des Aufenthalts tat ihnen nicht gut, Krankheit und Tod verfolgte sie noch immer, und 1864 lebten nur noch ein Mann (welcher 1869 starb) und drei ältere Frauen. Die Unfruchtbarkeit der Frauen ist eine selbst noch merkwürdigere Tatsache, als die Neigung zu Krankheit und Tod. In der Zeit, als in Oyster Cove nur neun Frauen übrig waren, sagten sie Mr. Bonwick (p.386), daß nur zwei jemals Kinder geboren hätten; und diese zwei hatten zusammen nur drei Kinder gehabt!

---

[31] S. Bemerkungen in diesem Sinne bei Sir H. Holland, in: Medical Notes and Reflections, 1839, p.390.
[32] S. Gerland, a.a.O., p.8. Pöppig spricht von dem Hauch der Zivilisation, welcher den Wilden giftig ist.
[33] Sproat: Scenes and Studies of Savage Life, 1868, p.284.
[34] Bagehot: Physics and Politics, in: Fortnightly Review. Apr. 1st 1868, p.455.
[35] Alle die hier gemachten Angaben sind entnommen aus: J. Bonwick: The Last of the Tasmanians, 1870.
[36] Dies ist die Angabe des Gouverneurs von Tasmanien, Sir W. Denison: Varieties of Vice-Regal Life, 1870, Vol. I, p.67.

In bezug auf die Ursache dieses außerordentlichen Verhaltens macht Dr. Story die Bemerkung, daß den Versuchen, die Eingeborenen zu zivilisieren, der Tod gefolgt sei. „Wenn sie sich überlassen geblieben wären, so daß sie nach ihrer Gewohnheit hätten herumschweifen können, und nicht gestört worden wären, so würden sie mehr Kinder erzeugt haben und die Sterblichkeit wäre geringer gewesen." Ein anderer sorgfältiger Beobachter der Eingeborenen, Mr. Davis, bemerkt: „Geburten gab es nur wenige und Todesfälle waren zahlreich. Dies mag in großem Maßstabe Folge der Änderung ihrer Lebens- und Nahrungsweise gewesen sein; aber noch mehr Folge ihrer Verbannung von der Hauptinsel von Van Diemens Land und der daher rührenden Niedergeschlagenheit ihrer Gemüter" (Bonwick p.388, 390).

Ähnliche Tatsachen sind in zwei weit voneinander entfernten Teilen von Australien beobachtet worden. Der berühmte Forschungsreisende Gregory sagte Mr. Bonwick, daß „bei den Schwarzen bereits der Mangel der Reproduktion selbst in den neuerlichst bewohnten Teilen fühlbar wäre und daß Verfall bald eintreten würde." Von dreizehn Eingeborenen von Sharks Bay, welche den Murchison River besuchten, starben innerhalb dreier Monate zwölf an Schwindsucht.[37]

Die Abnahme der Maoris von Neuseeland ist von Mr. Fenton sorgfältig untersucht und in einem ausgezeichneten Bericht dargelegt worden, aus dem mit einer Ausnahme alle die folgenden Angaben entnommen sind.[38] Die Zahlenabnahme seit 1830 wird von allen zugegeben, mit Einschluß der Eingeborenen selbst; sie schreitet noch immer stetig fort. Obgleich es sich bis jetzt noch immer als unmöglich herausgestellt hat, eine wirkliche Volkszählung der Eingeborenen vorzunehmen, so sind doch ihre Zahlenverhältnisse von Bewohnern vieler Distrikte sorgfältig abgeschätzt worden. Das Resultat scheint Vertrauen zu verdienen; es zeigt, daß in den vierzehn Jahren vor 1858 die Abnahme 19,42 Prozent betragen hat. Einige der in dieser Art sorgfältig untersuchten Stämme lebten hundert Meilen voneinander entfernt, einige an der Küste, einige landeinwärts; auch waren ihre Subsistenzmittel und Lebensweise in einem gewissen Grade verschieden (p. 28). Ihre Gesamtzahl wurde 1858 auf 53.700 angenommen; im Jahre 1872, nach dem Ablauf von wiederum vierzehn Jahren, wurde eine zweite Zählung vorgenommen, und die nun angegebene Zahl beträgt nur 36.359, was eine Abnahme von 32,29 Prozent ergibt![39] Mr. Fenton kommt, nachdem er im einzelnen das Ungenügende der verschiedenen, zur Erklärung dieser außerordentlichen Abnahme angeführten Ursachen, wie neue Krankheiten; die Liederlichkeit der Frauen, Trunkenheit, Kriege usw. nachgewiesen hat, infolge gewichtiger Gründe zu dem Schluß, daß sie hauptsächlich von der geringen Fruchtbarkeit der Frauen und der außerordentlichen Sterblichkeit der kleinen Kinder abhängt (p.31, 34). Als Beweis hierfür führt er an (p.33), daß 1844 ein Nichterwachsener auf je 2,57 Erwachsene kam, während im Jahre 1858 ein Nichterwachsener erst auf 3,27 Erwachsene kam. Auch die Sterblichkeit der Erwachsenen ist groß. Als eine weitere Ursache der Abnahme führt er ferner die Ungleichheit der beiden Geschlechter an; es werden weniger Mädchen als Knaben geboren. Auf diesen letzteren, vielleicht von einer gänzlich verschiedenen Ursache abhängenden Umstand werde ich in einem späteren Kapitel zurückkommen. Mr. Fenton vergleicht mit Erstaunen die Abnahme in Neuseeland mit der Zunahme in Irland, zwei im Klima nicht sehr unähnlichen Ländern, wo die Einwohner jetzt nahezu ähnliche Lebensweise haben. Die Maoris selbst (p.35) „schreiben ihre Abnahme in einem gewissen Maße der Einführung neuer Nahrung und der Kleidung und der damit in Verbindung stehenden Änderung der Lebensgewohnheiten zu"; und wenn wir den Einfluß veränderter Bedingungen auf die Fruchtbarkeit betrachten werden, wird es sich zeigen, daß sie wahrscheinlich darin Recht haben. Die Verminderung begann zwischen den Jahren 1830 und 1840; Mr. Fenton weist nach (p.40), daß ungefähr um 1830 die Kunst, fauliges Korn (Mais)

---

[37] In bezug auf diese Tatsachen siehe Bonwick: Daily Life of the Tasmanians, 1870, p.90, und: The Last of the Tasmanians, 1870, p.386.
[38] „Observations on the Aboriginal Inhabitants of New Zealand", von der Regierung herausgegeben, 1859.
[39] New Zealand, by Alex. Kennedy, 1873, p.47.

durch langes Einweichen in Wasser zuzubereiten, entdeckt und reichlich ausgeübt wurde; und dies zeigt, daß eine Änderung der Lebensgewohnheiten unter den Eingeborenen begann, selbst als Neuseeland nur dünn von Europäern bewohnt war. Als ich die Bay of Islands 1835 besuchte, waren die Kleidung und Nahrung der Eingeborenen bereits sehr modifiziert worden; sie bauten Kartoffeln, Mais und andere landwirtschaftliche Erzeugnisse und tauschten dieselben gegen englische Manufakturwaren und Tabak.

Aus vielen Angaben im Leben des Bischofs Patteson[40] geht zur Evidenz hervor, daß die Melanesier der Neuen Hebriden und der benachbarten Archipele in einem ganz außerordentlichen Grade an Krankheiten litten und in großer Zahl umkamen, als sie nach Neueeland, den Norfolk-Insel und anderen gesunden Orten gebracht wurden, um zu Missionaren erzogen zu werden.

Die Abnahme der eingeborenen Bevölkerung der Sandwich-Inseln ist ebenso notorisch, wie die von Neu-Seeland. Von den eines Urteils am meisten Fähigen ist nach ungefährer Schätzung angegeben worden, daß, als Cook die Inseln im Jahre 1779 entdeckte, ihre Bevölkerung ungefähr 300.000 betrug. Nach einer oberflächlichen Zählung im Jahre 1823 bestand dieselbe aus 142.050 Seelen. Im Jahre 1832 und in verschiedenen späteren Zeiten wurde eine genaue Volkszählung offiziell vorgenommen. Ich bin aber nur imstande gewesen, die folgenden Resultate zu erhalten.

Jahr	Eingeborene Bevölkerung (mit Ausnahme von 1832 und 1836, wo die wenigen Fremden mit eingerechnet wurden).	Jährliches Abnahmeverhältnis in Prozent, unter der Annahme, daß es zwischen zwei aufeinanderfolgenden Zählungen gleich blieb, da diese nach regelmäßigen Zwischenräumen angestellt wurden.
1832	130.313	4,46
1836	108.579	2,47
1853	71.019	0,81
1860	67.084	2,18
1866	58.765	2,17
1872	51.531	

Wir sehen hier, daß in dem Zeitraum von vierzig Jahren, zwischen 1832 und 1872, die Bevölkerung um nicht weniger als achtundsechzig Prozent abgenommen hat! Dies ist von den meisten Schriftstellern auf die Liederlichkeit der Frauen, die früheren blutigen Kriege, die schwere, den eroberten Stämmen auferlegte Arbeit und neu eingeführte Krankheiten, welche sich bei verschiedenen Gelegenheiten als äußerst zerstörend erwiesen haben, geschoben worden. Ohne Zweifel sind diese und andere ähnliche Ursachen in hohem Grade wirksam gewesen und können wohl das außerordentliche Abnahmeverhältnis zwischen den Jahren 1832 und 1836 erklären; die wirksamste von allen Ursachen scheint aber die verringerte Fruchtbarkeit zu sein. Einer Angabe des Dr. Ruschenberger von der Marine der Vereinigten Staaten zufolge, welcher diese Inseln zwischen 1835 und 1837 besuchte, hatten in einem Distrikt von Hawaii nur fünfundzwanzig Männer unter 1134 und in einem anderen Distrikt nur zehn unter 637 eine Familie mit drei Kindern. Von achtzig verheirateten Frauen hatten nur neununddreißig überhaupt Kinder geboren, und „der offizielle Bericht gibt als Mittel nur ein halbes Kind jedem verheirateten Paare auf der ganzen Insel". Dies ist fast genau dieselbe Mittelzahl wie bei den Tasmaniern in Oyster Cove. Jarves, dessen Geschichte 1843 erschien, sagt, daß „Familien, welche drei Kinder haben, frei von allen Steuern sind; diejenigen, welche mehr haben, werden durch Geschenke an Land und andere Aufmunterungen belohnt". Dies ganz beispiellose Vorgehen der Regierung

---

[40] Life of J. C. Patteson, by C. M. Younge, 1874; s. besonders Vol.I, p.530.

zeigt klar, wie unfruchtbar die Rasse geworden war. Ein Geistlicher, A. Bishop, erklärte im „Hawaiischen Spectator" 1839, daß eine große Anzahl von Kindern in frühem Alter sterben; und Bischof Staley teilt mir mit, daß dies noch immer der Fall ist, genau wie in Neuseeland. Dies ist der Vernachlässigung der Kinder durch die Frauen zugeschrieben worden, ist aber wahrscheinlich zum großen Teil Folge der angeborenen Schwäche der Konstitution bei den Kindern, die zu der verringerten Fruchtbarkeit der Eltern in Beziehung steht. Es besteht überdies noch eine weitere Ähnlichkeit mit dem Fall von Neuseeland, in der Tatsache nämlich, daß ein Überschuß von männlichen über weibliche Geburten statthat. Die Volkszählung von 1872 ergibt 31.650 männliche auf 25.247 weibliche Individuen jeden Alters, das sind 125,36 männliche auf je 100 weibliche, während in allen zivilisierten Ländern die weiblichen Individuen die männlichen überwiegen. Ohne Zweifel mag die Liederlichkeit der Frauen zum Teil ihre geringe Fruchtbarkeit erklären; aber die Änderung ihrer Lebensgewohnheiten ist eine viel wahrscheinlichere Ursache, welche auch gleichzeitig die vermehrte Sterblichkeit, besonders der Kinder, erklären dürfte. Die Inseln wurden von Cook im Jahre 1779, von Vancouver 1794 und später häufig von Walfischjägern besucht. Im Jahre 1819 kamen Missionare an und fanden, daß der König den Götzendienst bereits beseitigt und andere Veränderungen bewirkt hatte. Nach dieser Zeit fand eine rapide Veränderung in fast allen Lebensgewohnheiten der Eingeborenen statt und sie wurden bald „die zivilisiertesten der Inselbewohner des Stillen Ozeans". Einer meiner Gewährsmänner, Mr. Coan, welcher auf den Inseln geboren ist, bemerkt, daß die Eingeborenen im Verlauf von fünfzig Jahren eine größere Veränderung in ihren Lebensgewohnheiten durchgemacht haben, als die Engländer während eines Tausend von Jahren. Aus Mitteilungen, die ich von Bischof Staley erhielt, geht nicht hervor, daß die ärmeren Klassen jemals ihre Nahrungsart sehr verändert haben, obschon viele neue Früchte eingeführt worden sind und das Zuckerrohr in ganz allgemeinem Gebrauch ist. Infolge ihrer Leidenschaft, den Europäern nachzuahmen, haben sie indessen schon zu einer frühen Zeit ihre Art, sich zu kleiden, geändert; auch ist der Gebrauch alkoholischer Getränke sehr allgemein geworden. Obgleich diese Veränderungen unbeträchtlich erscheinen, kann ich nach dem, was in bezug auf Tiere bekannt ist, wohl glauben, daß sie hinreichen dürften, die Fruchtbarkeit der Eingeborenen zu verringern.[41]

Endlich gibt Mr. Macnamara an[42], daß die niedrigstehenden und herabgekommenen Bewohner der Andaman-Inseln, auf der östlichen Seite des Meerbusens von Bengalen, „für jede Veränderung des Klimas außerordentlich empfindlich sind: in der Tat, wollte man sie von ihren heimischen Inseln wegnehmen, so würden sie beinahe sicher sterben, und zwar unabhängig von der Nahrung oder äußerlichen Einflüssen". Er führt ferner an, daß die Bewohner des Tales von Nepal, welches im Sommer außerordentlich heiß ist, und ebenso die verschiedenen Bergstämme in Indien an Dysenterie und Fieber leiden, sobald sie in die Ebenen kommen, und daß sie sterben, wenn sie versuchen, das ganze Jahr dort zuzubringen.

Wir sehen hiernach, daß viele der wilderen Menschenrassen sehr leicht von Krankheiten leiden, wenn sie veränderten Bedingungen oder Lebensweisen ausgesetzt werden, und nicht ausschließlich, wenn sie in ein neues Klima transportiert werden. Bloße Änderungen in den Gewohnheiten, welche an sich nicht schädlich zu sein scheinen, scheinen dieselbe Wirkung zu haben; in mehreren Fällen werden die Kinder in eigentümlicher Weise leicht ergriffen. Es ist, wie Mr. Macnamara bemerkt, oft gesagt worden, daß der Mensch ungestraft den größten Ver-

---

[41] Die vorstehenden Angaben sind hauptsächlich den folgenden Werken entnommen: Jarves: History of the Hawaiian Islands, 1843, p.400-407; Cheever: Life in the Sandwich-Islands, 1851, p.277; Ruschenberger wird von Bonwick zitiert: The Last of the Tasmanians, 1870, p.378; Bishop wird angeführt von Sir Edw. Belcher: Voyage round the World, 1843, Vol. I, p.272. Die Zählungen der verschiedenen Jahre verdanke ich, auf Fürsprache von Dr. Youmans in New York, Mr. Coan; und in den meisten Fällen habe ich Youmans Zahlen mit den in verschiedenen der eben genannten Werke gegebenen verglichen. Den Zensus von 1850 habe ich weggelassen, weil zwei ganz verschiedene Zahlen angegeben worden sind.
[42] The Indian Medical Gazette, Nov. 1st 1871, p.240.

Siebtes Kapitel

schiedenheiten des Klimas und anderen Veränderungen widerstehen könne; dies ist aber nur in bezug auf zivilisierte Rassen wahr. Der Mensch scheint in seinem wilden Zustand in dieser Beziehung beinahe so empfindlich zu sein, wie seine nächsten Verwandten, die anthropoiden Affen, welche eine Entfernung aus ihrem Heimatland niemals lange überlebt haben.

Die infolge veränderter Bedingungen eintretende Verringerung der Fruchtbarkeit, wie es bei den Tasmaniern, den Maoris, Sandwich-Insulanern und allem Anschein nach bei den Australiern der Fall ist, ist noch interessanter als ihre Neigung zu Krankheit und Tod; denn selbst ein geringer Grad von Unfruchtbarkeit wird in Verbindung mit jenen anderen Ursachen, welche die Zunahme jeder Bevölkerung zu hindern streben, früher oder später zum Aussterben führen. Die Verminderung der Fruchtbarkeit kann in manchen Fällen durch die Liederlichkeit der Frauen erklärt werden (wie bis vor kurzem bei den Bewohnern von Tahiti); Mr. Fenton hat aber gezeigt, daß diese Erklärung bei den Neuseeländern ebensowenig wie bei den Tasmaniern genügt.

In dem oben erwähnten Aufsatz führt Mr. Macnamara Gründe zu der Annahme auf, daß die Einwohner von Distrikten, welche der Malaria ausgesetzt sind, leicht unfruchtbar werden; doch kann dies auf mehrere der obigen Fälle nicht angewandt werden. Einige Schriftsteller haben die Vermutung ausgesprochen, daß die Ureinwohner von Inseln infolge lange fortgesetzter Inzucht unfruchtbar und kränklich geworden sind; in den obigen Fällen ist die Unfruchtbarkeit zu genau mit der Ankunft der Europäer zusammengefallen, um uns die Annahme dieser Erklärung zu gestatten. Auch haben wir gegenwärtig keinen Grund zu glauben, daß der Mensch für die üblen Wirkungen der Inzucht in hohem Grade empfindlich ist, besonders in so großen Bezirken wie Neuseeland und dem Sandwich-Archipel. Im Gegenteil ist es bekannt, daß die jetzigen Einwohner der Norfolk-Insel beinahe sämtlich Vettern oder nahe Verwandte sind, ebenso wie die Todas in Indien und die Bewohner einiger der westlichen schottischen Inseln; und doch scheint ihre Fruchtbarkeit nicht gelitten zu haben.[43]

Eine viel wahrscheinlichere Ansicht wird durch die Analogie mit den niederen Tieren dargeboten. Es kann nachgewiesen werden, daß das Reproduktionssystem in einem außerordentlichen Grade (doch wissen wir nicht, warum) für veränderte Lebensbedingungen empfindlich ist; diese Empfindlichkeit führt sowohl zu wohltätigen als üblen Resultaten. Eine große Sammlung von Tatsachen über diesen Gegenstand habe ich im XVIII. Kapitel des zweiten Bandes meines „Variieren der Tiere und Pflanzen im Zustande der Domestikation" gegeben; ich kann hier nur den allerkürzesten Auszug geben; jeder der sich für die Sache interessiert, mag das angeführte Werk zu Rate ziehen. Sehr unbedeutende Veränderungen erhöhen die Gesundheit, Lebenskraft und Fruchtbarkeit der meisten oder aller organischen Wesen, während von anderen Veränderungen bekannt ist, daß sie eine große Zahl von Tieren unfruchtbar machen. Einer der bekanntesten Fälle ist der der gezähmten Elefanten, welche sich in Indien nicht fortpflanzen, trotzdem sie sich in Ava, wo den Weibchen gestattet ist, in gewisser Ausdehnung durch die Wälder zu schweifen, wo sie also unter natürlichere Bedingungen gesetzt sind, häufig vermehren. Der Fall von verschiedenen amerikanischen Affen, von denen beide Geschlechter in ihrem eigenen Heimatland jahrelang zusammengehalten worden sind und sich doch nur sehr selten oder niemals fortgepflanzt haben, ist ein noch zutreffenderes Beispiel wegen ihrer Verwandtschaft mit dem Menschen. Es ist merkwürdig, eine wie geringe Veränderung in den Lebensbedingungen häufig bei einem wilden Tiere, wenn es gefangen wird, Unfruchtbarkeit herbeiführt; und dies ist um so befremdender, als alle unsere domestizierten Tiere fruchtbarer geworden sind, als sie im Naturzustand waren; einige von ihnen können den unnatürlichsten Bedingungen widerstehen, ohne daß ihre Fruchtbarkeit vermindert würde.[44] Gewisse Tiergruppen werden viel leichter als

---

[43] Über die nahe Verwandtschaft der Norfolk-Insulaner s. Sir W. Denison: Varieties of Vice-Regal Life. Vol. I, 1870, p.410. In bezug auf die Todas s. Col. Marshalls Buch, 1873, p.110; wegen der westlichen Inseln von Schottland s. Dr. Mitchell, in: Edinburgh Medical Journal, März bis Juni 1865.

[44] In bezug auf die Belege über diesen Punkt s. Variieren der Tiere und Pflanzen etc. 2. Aufl., Bd. II, p.127.

andere durch Gefangenschaft affiziert, und allgemein werden sämtliche Arten einer und derselben Gruppe in derselben Art und Weise affiziert. Zuweilen wird aber nur eine einzige Spezies in einer Gruppe unfruchtbar gemacht, während es die anderen nicht werden; andererseits kann auch eine einzelne Spezies ihre Fruchtbarkeit behalten, während die meisten anderen in der Zucht fehlschlagen. Werden die Männchen und Weibchen mancher Spezies in ihrem Heimatland gefangen gehalten oder läßt man sie beinahe, aber nicht völlig frei leben, so vereinigen sie sich nie; andere verbinden sich unter gleichen Umständen häufig, bringen aber niemals Nachkommen hervor; andere wieder bringen einige Nachkommen hervor, aber weniger als im Naturzustand; und es ist, da es auf die oben erwähnten Fälle von Menschen Bezug hat, von Wichtigkeit, zu bemerken, daß die Jungen leicht schwach und kränklich werden und gern in einem frühen Alter sterben.

Wenn man sieht, wie allgemein dieses Gesetz der Empfindlichkeit des Reproduktionssystems gegen veränderte Lebensbedingungen ist und daß es auch für unsere nächsten Verwandten, die Quadrumanen, gilt, so kann ich kaum zweifeln, daß es auch auf den Menschen in seinem ursprünglichen Zustand Anwendung erleidet. Wenn daher Wilde irgendeiner Rasse plötzlich dazu veranlaßt werden, ihre Lebensgewohnheiten zu verändern, so werden sie mehr oder weniger unfruchtbar, und ihre Nachkommen leiden in der Jugend an ihrer Gesundheit in derselben Weise und aus derselben Ursache, wie es der Elefant und der Jagdleopard in Indien, viele Affen in Amerika und eine große Menge von Tieren aller Arten bei der Entfernung aus ihren natürlichen Bedingungen tun.

Wir können einsehen, woher es kommt, daß Ureinwohner, welche lange Zeit Inseln bewohnt haben und welche lange Zeit nahezu gleichförmigen Bedingungen ausgesetzt gewesen sind, von irgendwelchen Veränderungen in ihren Gewohnheiten speziell affiziert werden, wie es der Fall zu sein scheint. Zivilisierte Rassen können sicher Veränderungen aller Art viel besser widerstehen als Wilde; und in dieser Hinsicht sind sie domestizierten Tieren ähnlich; denn obschon dieselben zuweilen in ihrer Gesundheit leiden (wie z. B. europäische Hunde in Indien), so werden sie doch nur selten unfruchtbar, wenngleich einige wenige derartige Fälle bekannt geworden sind.[45] Die Immunität zivilisierter Rassen und domestizierter Tiere ist wahrscheinlich Folge des Umstandes, daß sie in größerem Maße variierenden Bedingungen ausgesetzt worden sind und daher sich auch mehr an solche gewöhnt haben, als die Mehrzahl wilder Tiere, daß sie früher eingewandert sind oder von Land zu Land gebracht worden sind, und daß sich verschiedene Familien oder Unterrassen gekreuzt haben. Allem Anschein nach gibt eine Kreuzung mit zivilisierten Rassen einer ursprünglichen Rasse sofort eine gewisse Immunität gegen die üblen Folgen veränderter Bedingungen. So nahm die gekreuzte Nachkommenschaft der Tahitianer und Engländer, als sie sich auf der Pitcairn-Insel niederließ, so rapide zu, daß die Insel bald übervölkert war; im Juni 1856 wurde sie nach der Norfolk-Insel übergeführt. Sie bestand dann aus 60 verheirateten Personen und 134 Kindern, eine Gesamtzahl von 194 ergebend. Hier nahm sie gleicherweise so rapide zu, daß, obgleich sechzehn von ihnen im Jahre 1859 zur Pitcairn-Insel zurückkehrten, sie im Januar 1868 aus 300 Seelen bestand, wobei männliche und weibliche Individuen in genau gleichen Zahlen vorhanden waren. Was für einen Kontrast bietet dieser Fall mit dem der Tasmanier dar! Die Norfolk-Insulaner vermehrten sich in nur zwölf und einem halben Jahre von 194 auf 300, während die Tasmanier sich während fünfzehn Jahren von 120 auf 46 verminderten, unter welcher letzteren Zahl nur zehn Kinder waren.[46]

Ferner nahmen in dem Zwischenraum zwischen den Zählungen von 1856 und 1872 die Eingeborenen reinen Blutes auf den Sandwich-Inseln um 8081 ab, während die für gesünder gehal-

---

[45] Variieren der Tiere und Pflanzen etc. 2. Aufl., Bd. II, p.184.
[46] Diese Einzelheiten sind entnommen aus: „The Mutineers of the Bounty", von Lady Belcher, 1870, und aus „Pitcairn Island", ordered to be printed by the House of Commons, May 29th 1863. Die folgenden Angaben über die Sandwich-Insulaner sind aus der Honolulu-Gazette und von Mr. Coan.

tenen Mischlinge um 847 zunahmen; ich weiß indessen nicht, ob die letztere Zahl die Nachkommenschaft der Mischlinge oder nur die Mischlinge der ersten Generation enthält.

Die Fälle, welche ich hier mitgeteilt habe, beziehen sich sämtlich auf Ureinwohner, welche infolge der Einwanderung zivilisierter Menschen neuen Bedingungen ausgesetzt worden sind. Wahrscheinlich würde aber Unfruchtbarkeit und schwächliche Gesundheit als Folge eintreten, wenn Wilde durch irgendwelche Ursache, wie z. B. das Eindringen eines erobernden Stammes, gezwungen würden, ihre Heimstätten zu verlassen und ihre Lebensgewohnheiten zu ändern. Es ist ein interessanter Umstand, daß das hauptsächlichste Hindernis der Domestizierung wilder Tiere, welche ja die Fähigkeit einer reichlichen Vermehrung nach der ersten Gefangennahme mit einschließt, und eines der hauptsächlichsten Hindernisse gegen das am Leben bleiben wilder Menschen und ihrer Umwandlung in eine zivilisierte Rasse, wenn sie mit der Zivilisation in Berührung gebracht worden sind, ein und dasselbe ist, nämlich Unfruchtbarkeit infolge veränderter Lebensbedingungen.

Obgleich endlich die allmähliche Abnahme und endliche Erlöschung der Menschenrassen ein dunkles Problem ist, – beides hängt von vielen Ursachen ab, welche an verschiedenen Orten und zu verschiedenen Zeiten verschieden gewesen sind – so ist es doch dasselbe Problem wie das, was sich beim Aussterben irgendeines der höheren Tiere darbietet – z. B. des fossilen Pferdes; welches aus Süd-Amerika verschwand, um bald nachher innerhalb derselben Bezirke von zahllosen Herden des spanischen Pferdes wieder ersetzt zu werden. Der Neuseeländer scheint sich dieses Parallelismus bewußt zu sein, denn er vergleicht sein künftiges Schicksal mit dem der eingeborenen Ratte, welche von der europäischen Ratte jetzt fast ganz ausgerottet ist. Ist auch die Schwierigkeit einer Erklärung sowohl für unsere Vorstellung, als auch faktisch groß, wenn wir die Ursachen genau festzustellen wünschen, so sollte sie es doch nicht unserem Verstand sein, so lange wir beständig vor Augen behalten, daß die Zunahme jeder Spezies und jeder Rasse fortwährend durch verschiedene Hindernisse aufgehalten wird, so daß, wenn irgendein neues Hindernis, wenn auch noch so unbedeutend, hinzutritt, die Rasse sicherlich an Zahl abnehmen wird. Eine Abnahme der Zahl wird früher oder später zum Aussterben führen. Das Ende wird dann in den meisten Fällen durch das Eindringen erobernder Stämme mit Sicherheit herbeigeführt.

Über die Bildung von Menschenrassen. – In einigen Fällen hat die Kreuzung von verschiedenen Rassen zur Bildung einer neuen Rasse geführt. Die eigentümliche Tatsache, daß Europäer und Hindus, welche zu demselben arischen Stamm gehören und eine fundamental gleiche Sprache sprechen, in der äußeren Erscheinung weit voneinander verschieden sind, während die Europäer nur wenig von den Juden abweichen, welche zum semitischen Stamm gehören und eine völlig andere Sprache sprechen, hat Broca[47] dadurch zu erklären gesucht, daß er meint, gewisse arische Zweige hätten sich während ihrer weiten Verbreitung mit verschiedenen eingeborenen Stämmen in reichlichem Maß gekreuzt. Wenn zwei in dichter Berührung lebende Rassen sich kreuzen, so ist das erste Resultat eine heterogene Mischung. So sagt Mr. Hunter bei Beschreibung der Santali oder Bergstämme von Indien, daß sich Hunderte von unmerklichen Abstufungen verfolgen lassen „von den schwarzen untersetzten Stämmen der Bergländer bis zu den schlanken olivenfarbigen Brahmanen mit ihrer intelligenten Stirn, ihren ruhigen Augen und dem hohen, aber schmalen Kopf"; so daß es bei Gerichtshöfen notwendig ist, die Zeugen zu fragen, ob sie Santalis oder Hindus sind.[48] Ob ein heterogenes Volk wie die Eingeborenen einiger der polynesischen Inseln, die sich durch die Kreuzung zweier distinkter Rassen gebildet haben, wobei nur wenig oder gar keine rassenreine Individuen erhalten sind, jemals homogen werden könne, ist durch direkte Belege nicht ermittelt. Da aber bei unsern domestizierten Tieren eine gekreuzte

---

[47] On Anthropology, in: Anthropologe Review. Jan. 1868, p.38.
[48] The Annals of Rural Bengal, 1868, p.134.

Zucht im Laufe weniger Generationen mit Gewißheit fixiert und durch sorgfältige Zuchtwahl gleichförmig gemacht werden kann[49], so dürfen wir schließen, daß das reichliche Kreuzen einer heterogenen Mischlingsbevölkerung während vieler Generationen die Stelle der Zuchtwahl ersetzen und jede Neigung zum Rückschlag überwinden wird, so daß endlich die gekreuzte Rasse homogen werden wird, wennschon sie nicht in gleichem Grade an den Charakteren der beiden elterlichen Rassen teilzuhaben braucht.

Von allen Verschiedenheiten zwischen den Menschenrassen ist die der Hautfarbe die augenfälligste und eine der bestmarkierten. Verschiedenheiten dieser Art glaubte man früher dadurch erklären zu können, daß die Menschen lange Zeit verschiedenen Klimaten ausgesetzt gewesen seien; aber Pallas zeigte zuerst, daß diese Ansicht nicht haltbar ist, und ihm sind fast alle Anthropologen gefolgt.[50] Die Ansicht ist vorzüglich deshalb verworfen worden, weil die Verbreitung der verschieden gefärbten Rassen, von denen die meisten ihre gegenwärtigen Heimatländer lange bewohnt haben müssen, nicht mit den entsprechenden Verschiedenheiten des Klimas übereinstimmt. Es muß auch auf solche Fälle ein, wenn auch geringes, Gewicht gelegt werden, wie den der holländischen Familien, welche, wie wir von einer ausgezeichneten Autorität[51] hören, nicht die geringste Farbenveränderung erlitten haben, nachdem sie drei Jahrhunderte hindurch in Süd-Afrika gelebt haben. Die in verschiedenen Teilen der Welt doch gleichförmige äußere Erscheinung der Zigeuner und Juden ist, wenn auch die Gleichförmigkeit der letzteren etwas übertrieben worden ist[52], gleichfalls ein Argument für die Wirkungslosigkeit des Klimas. Man hat gemeint, daß eine sehr feuchte oder eine sehr trockene Atmosphäre auf die Modifikation der Hautfarbe einen noch größeren Einfluß habe als bloße Hitze. Da aber d'Orbigny in Süd-Amerika und Livingstone in Afrika zu diametral entgegengesetzten Folgerungen in bezug auf die Feuchtigkeit und Trockenheit gelangten, so muß jeder Schluß über diese Frage als sehr zweifelhaft betrachtet werden.[53]

Verschiedene Tatsachen, welche ich an einem anderen Ort mitgeteilt habe, beweisen, daß die Farbe der Haut und des Haars zuweilen in überraschender Weise mit einer vollkommenen Immunität für die Wirkung gewisser vegetabilischer Gifte und für die Angriffe gewisser Parasiten in Korrelation steht. Es kam mir daher der Gedanke, daß Neger und andere dunkelfarbige Rassen ihre dunkelfarbige Haut dadurch erlangt haben könnten, daß während einer langen Reihe von Generationen die dunkleren Individuen stets dem tödlichen Einfluß der Miasmen ihrer Geburtsländer entgangen sind.

Ich fand später, daß dieselbe Idee schon vor langer Zeit Dr. Wells gekommen sei.[54] Daß Neger und selbst Mulatten fast vollständig frei vom gelben Fieber sind, welches im tropischen Amerika so zerstörend auftritt, ist längst bekannt.[55] Sie bleiben auch in großer Ausdehnung von den tödlichen Wechselfiebern frei, welche in einer Ausdehnung von mindestens zweitausendsechshundert Meilen (engl.) an den Küsten von Afrika herrschen und welche jährlich den Tod von einem Fünftel der weißen Ansiedler und die Heimkehr eines anderen Fünftels in invalidem Zustand verursachen.[56] Diese Immunität des Negers scheint zum Teil angeboren zu sein und zwar in

---

[49] Das Variieren der Tiere und Pflanzen im Zustand der Domestikation. 2. Aufl., Bd. II, p.109.
[50] Pallas, in: Acta Acad. Petropolit., 1780. Pars II, p.69. Ihm folgte Rudolphi in seinen Beiträgen zur Anthropologie, 1812. Eine ausgezeichnete Zusammenfassung der Beweise hat Godron gegeben, in: De l'Espèce, 1859, Tom. II, p.246 etc.
[51] Sir Andrew Smith, zitiert von Knox, Races of Man, 1850, p.473.
[52] S. hierüber A. de Quatrefages, in: Revue des Cours scientifiques. Oct. 17th 1868, p.731.
[53] Livingstone: Travels and Researches in South Africa, 1857, p.338, 329. D'Orbigny, zitiert von Gordon, De l'Espèce. Tom. II, p.266.
[54] S. einen vor der Royal Society 1813 gelesenen Aufsatz, welcher in seinen Essays 1818 veröffentlicht ist. Verschiedene Fälle von Korrelation der Farbe mit konstitutionellen Eigentümlichkeiten habe ich mitgeteilt in dem „Variieren der Tiere und Pflanzen im Zustand der Domestikation". 2. Aufl., Bd. II, p.260, 382.
[55] S. z.B. Nott and Gliddon: Types of Mankind, p.68.
[56] Major Tulloch in einem Aufsatz, gelesen vor der Statistical Society, Apr. 20th 1840, und mitgeteilt im Athenaeum, 1840, p.353.

Abhängigkeit von irgendeiner unbekannten Eigentümlichkeit der Konstitution, zum Teil als Resultat der Akklimatisation. Pouchet[57] führt an, daß die vom Vizekönig von Ägypten für den mexikanischen Krieg geborgten Negerregimenter, welche sich aus der Nähe des Sudan rekrutiert hatten, dem gelben Fieber fast ebensogut entgingen als die ursprünglich aus verschiedenen Teilen von Afrika ausgeführten und an das Klima von West-Indien gewöhnten Neger. Daß die Akklimatisation hierbei eine Rolle spielt, zeigt sich in den vielen Fällen, wo Neger, nachdem sie eine Zeitlang in einem kälteren Klima sich aufgehalten haben, in einer gewissen Ausdehnung für tropische Fieber empfänglich geworden sind.[58] Es hat auch die Natur des Klimas, in welchem die weißen Rassen lange gelebt haben, gleichfalls Einfluß auf sie; denn während der fürchterlichen Epidemie des gelben Fiebers in Demerara im Jahre 1837 fand Dr. Blair, daß das Sterblichkeitsverhältnis der Eingewanderten proportional den Breitegraden des Landes war, aus dem sie gekommen waren. Bei dem Neger läßt die Immunität, soweit sie das Resultat einer Akklimatisation ist, auf ein ungeheuer lange wirksames ausgesetzt gewesen sein schließen, denn die Ureinwohner des tropischen Amerika, die dort seit unvordenklichen Zeiten gewohnt haben, sind nicht frei vom gelben Fieber; Mr. H. B. Tristram führt an, daß es Bezirke in Nord-Afrika gibt, welche die eingeborenen Einwohner jedes Jahr zu verlassen gezwungen sind, wogegen die Neger mit Ruhe dort bleiben können.

Daß die Immunität des Negers in irgendwelchem Grade mit der Farbe seiner Haut in Korrelation stehe, ist eine bloße Konjektur; sie kann ebensogut mit irgendeiner Verschiedenheit in seinem Blut, seinem Nervensystem oder anderen Geweben in Korrelation sein. Nichtsdestoweniger schien mir diese Vermutung nach den oben angezogenen Tatsachen und infolge des Umstands, daß ein Zusammenhang zwischen dem Teint und einer Neigung zur Schwindsucht offenbar besteht, nicht unwahrscheinlich zu sein. Infolgedessen versuchte ich, aber mit wenig Erfolg[59], zu bestimmen, wieweit sie Gültigkeit habe. Der verstorbene Dr. Daniell, welcher lange an der Westküste von Afrika gelebt hatte, sagte mir, daß er an keine solche Beziehung glaube. Er war selbst ungewöhnlich blond und hatte dem Klima in einer wunderbaren Weise widerstanden. Als er zuerst als Knabe an der Küste ankam, sagte ein alter und erfahrener Negerhäuptling nach seiner äußeren Erscheinung voraus, daß dies der Fall sein würde. Dr. Nicholson von Antigua

---

[57] The Plurality of the Human Races, (Übers.) 1864, p.60.
[58] A. de Quatrefages: Unité de l'Espèce humaine, 1861, p. 205. Waitz: Introduct. to Anthropology, (Übers.) Vol. I, 1863, p.124. Livingstone führt in seinen Reisen analoge Fälle an.
[59] Im Frühjahr des Jahres 1862 erhielt ich vom General-Direktor des medizinischen Departementes der Armee die Erlaubnis, den verschiedenen Regimentsärzten im auswärtigen Dienst eine Tabelle zum Ausfüllen mit den folgenden dazu gefügten Bemerkungen zu schicken. Ich habe aber keine Antworten erhalten. Da mehrere gut ausgesprochene Fälle bei unseren domestizierten Tieren beschrieben worden sind, wo eine Beziehung zwischen der Farbe der Hautanhänge und der Konstitution bestand, und es bekannt ist, daß in einem einigermaßen beschränkten Grade eine Beziehung zwischen der Farbe der Menschenrassen und dem von ihnen bewohnten Klima besteht, so scheint die folgende Untersuchung wohl der Betrachtung wert: nämlich, ob bei Europäern zwischen der Farbe ihrer Haare und ihrer Empfänglichkeit für die Krankheiten der Tropenländer irgendeine Beziehung besteht. Wenn die Ärzte der verschiedenen Regimenter, während sie in ungesunden tropischen Distrikten stationiert sind, die Freundlichkeit haben wollten, zuerst als Maßstab des Vergleichs zu zählen, wie viele Leute in dem Truppenteil, von welchem die Kranken herkommen, dunkle und hell gefärbte Haare und Haare einer mittleren oder zweifelhaften Färbung haben; und wenn dann von demselben Arzt ein ähnlicher Bericht über alle diese Leute geführt würde, welche an Malaria und gelbem Fieber oder an Dysenterie leiden, so würde es sich sehr bald ergeben, nachdem Tausende von Fällen tabellarisch zusammengestellt sein würden, ob zwischen der Farbe des Haares und der konstitutionellen Empfänglichkeit für Tropenkrankheiten irgendeine Beziehung existiert. Vielleicht läßt sich keine derartige Beziehung nachweisen, die Untersuchung ist aber wohl des Anstellens wert. Im Fall ein positives Resultat erreicht wird, dürfte es auch von einigem praktischen Nutzen bei der Auswahl der Leute zu irgendeinem speziellen Dienst sein. Theoretisch würde das Resultat von höchstem Interesse sein, da es eins der Mittel andeutete, durch welches eine Menschenrasse, welche seit einer unendlich langen Zeit ein ungesundes tropisches Klima bewohnt, dunkelgefärbt geworden sein dürfte, nämlich durch die bessere Erhaltung dunkelhaariger Individuen oder solcher mit dunklem Teint während einer langen Reihe von Generationen.

schrieb mir, nachdem er dem Gegenstand eingehende Aufmerksamkeit gewidmet hatte, daß er nicht glaube, daß dunkelfarbige Europäer dem gelben Fieber mehr entgingen, als diejenigen, welche hell gefärbt wären. Mr. J. M. Harris leugnet gänzlich, daß Europäer mit dunklem Haar einem heißen Klima besser widerstehen als andere Menschen; im Gegenteil hat ihn die Erfahrung gelehrt, bei der Auswahl der Leute zum Dienst an der Küste von Afrika die mit rotem Haar zu wählen.[60] Soweit daher diese wenigen Andeutungen reichen, scheint die Hypothese, daß die Farbe der schwarzen Rassen daher rühren könnte, daß immer dunklere und dunklere Individuen in größerer Zahl überlebend geblieben wären, während sie dem Fieber erzeugenden Klima ihrer Heimatländer ausgesetzt waren, der Begründung zu entbehren.

Dr. Sharpe bemerkt[61], daß eine tropische Sonne, welche eine weiße Haut verbrennt und Blasen auf ihr erzeugt, eine schwarze Haut gar nicht schädige; dies ist, wie er hinzufügt, nicht eine Folge der Gewöhnung im Individuum, denn nur sechs oder acht Monate alte Kinder werden oft nackt herumgetragen und werden nicht affiziert. Ein Arzt hat mir versichert, daß vor einigen Jahren seine Hände jedesmal während des Sommers, aber nicht während des Winters, mit hellbraunen Flecken gezeichnet worden wären, wie Sommersprossen, aber nur größer, und daß diese Flecken beim Verbranntwerden in der Sonne niemals affiziert wurden, während die weißen Teile seiner Haut bei mehreren Gelegenheiten stark entzündet und in Blasen erhoben worden waren. Auch bei den niederen Tieren besteht eine konstitutionelle Verschiedenheit in bezug auf die Empfindlichkeit gegen die Wirkung der Sonne zwischen den mit weißem Haar bedeckten und anderen Teilen der Haut.[62] Ob das Freibleiben der Haut von einem in dieser Weise Verbranntwerden von hinreichender Bedeutung ist, um die allmähliche Erlangung eines dunklen Teints beim Menschen durch natürliche Zuchtwahl zu erklären, bin ich außer Stande zu beurteilen. Sollte dies der Fall sein, so würden wir anzunehmen haben, daß die Eingeborenen des tropischen Amerika eine viel kürzere Zeit dort leben, als die Neger in Afrika oder die Papuas in den südlichen Teilen des Malaiischen Archipels, ebenso wie die heller gefärbten Hindus eine kürzere Zeit in Indien gelebt haben, als die dunkleren Ureinwohner der zentralen und südlichen Teile der Halbinsel.

Obgleich wir mit unseren jetzigen Kenntnissen die Verschiedenheiten in der Färbung zwischen den Menschenrassen weder durch einen daraus erlangten Vorteil, noch durch die direkte Einwirkung des Klimas zu erklären vermögen, so dürfen wir doch die Wirkung des letzteren nicht völlig vernachlässigen; denn wir haben guten Grund zu glauben, daß eine gewisse vererbte Wirkung hierdurch hervorgebracht wird.[63]

In unserem zweiten Kapitel haben wir gesehen, daß die Lebensbedingungen in einer direkten Weise die Entwicklung des ganzen Körpers affizieren und daß diese Wirkungen überliefert werden. Wie allgemein angenommen wird, erleiden die europäischen Ansiedler in den Vereinigten Staaten eine geringe, aber außerordentlich rapide eintretende Veränderung des Ansehens. Ihre

---

[60] Anthropological Review. Jan. 1866, p.XXI. Dr. Sharpe sagt auch in bezug auf Indien (Man a Special Creation, 1873, p.118), daß mehrere medizinische Beamte die Beobachtung gemacht haben, daß Europäer mit hellem Haar und blühendem Teint weniger unter den Krankheiten tropischer Länder leiden, als Personen mit dunklem Haar und bleichem Teint; „so viel ich weiß, scheinen gute Gründe für diese Annahme vorzuliegen." Andererseits ist aber, wie auch Capt. Burton, Mr. Heddle in Sierra Leone einer direkt entgegengesetzten Ansicht, und „von seinen Beamten sind mehr durch das Klima der westafrikanischen Küste getötet worden, als von denen irgendeines anderen Mannes". (W. Reade: African Sketch Book. Vol. II, p.522.).

[61] Man a Special Creation, 1873, p.119.

[62] Variieren der Tiere und Pflanzen im Zustand der Domestikation. 2. Aufl., Bd. II, p.383, 384.

[63] S. z. B. A. de Quatrefages (Revue des Cours scientifiques, 10. Okt. 1868, p.724) über die Wirkung des Aufenthalts in Abessinien und Arabien, und andere analoge Fälle. Dr. Rolle gibt (Der Mensch, seine Abstammung usw., 1865, p.99) nach der Autorität Khanikofs an, daß die größere Zahl der sich in Georgien niedergelassen habenden deutschen Familien im Verlaufe von zwei Generationen dunkle Haare und Augen bekommen haben. Mr. D. Forbes teilt mir mit, daß die Quechuas in den Anden sehr bedeutend je nach der Lage der von ihnen bewohnten Täler in der Farbe variieren.

Körper und Gliedmaßen werden verlängert; Col. Bernys teilt mir mit, daß einen guten Beweis hierfür die während des letzten Krieges in den Vereinigten Staaten beobachtete Tatsache abgab, welche lächerliche Erscheinung die deutschen Regimenter darboten, als sie in Kleider gesteckt wurden, die für den amerikanischen Markt angefertigt und die ihnen aller Wege viel zu lang waren. Wir haben auch eine beträchtliche Menge von Beweisen, welche zeigen, daß in den südlichen Staaten die Haussklaven der dritten Generation eine markierte Verschiedenheit in ihrer äußeren Erscheinung von den Feldsklaven darbieten.[64]

Wenn wir indessen die Menschenrassen in ihrer Verbreitung auf der ganzen Erde betrachten, so müssen wir zu dem Schluß gelangen, daß ihre charakteristischen Verschiedenheiten durch die direkte Wirkung verschiedener Lebensbedingungen, selbst nachdem sie solchen für eine enorme Zeit dauernd ausgesetzt gewesen sind, nicht erklärt werden können. Die Eskimos leben ausschließlich von animaler Kost, sie sind mit dicken Pelzen bekleidet und sind einer intensiven Kälte und lange dauernden Dunkelheit ausgesetzt; und doch weichen sie in keinem außerordentlichen Grade von den Einwohnern des südlichen China ab, welche gänzlich von vegetabilischer Kost leben und beinahe nackt einem heißen, ja glühenden Klima ausgesetzt sind. Die unbekleideten Feuerländer leben von den Meereserzeugnissen ihrer unwirtlichen Küste. Die Botokuden wandern in den heißen Wäldern des Innern umher und leben hauptsächlich von vegetabilischen Erzeugnissen; und doch sind diese Stämme einander so ähnlich, daß die Feuerländer an Bord der Beagle von mehreren Brasilianern für Botokuden gehalten wurden. Ferner sind die Botokuden, ebenso wie die anderen Einwohner des tropischen Amerika, völlig von den Negern verschieden, welche die gegenüberliegenden Küsten des Atlantischen Ozeans bewohnen, einem nahezu gleichen Klima ausgesetzt sind und beinahe dieselben Lebensgewohnheiten haben.

Auch durch vererbte Wirkungen des vermehrten oder verminderten Gebrauchs von Teilen können die Verschiedenheiten zwischen den Menschenrassen nicht erklärt werden, ausgenommen in einem vollkommen nichtssagenden Grade. Menschen, welche beständig in Booten leben, mögen ihre Beine etwas verändert haben, diejenigen, welche hohe Gegenden bewohnen, mögen einen etwas größeren Brustkasten haben, und diejenigen, welche beständig gewisse Sinnesorgane gebrauchen, mögen die Höhlen, in welche diese eingebettet sind, der Größe nach etwas erweitert und infolge hiervon ihre Gesichtszüge ein wenig modifiziert haben. Bei zivilisierten Nationen haben die etwas reduzierte Größe der Kinnladen infolge eines verminderten Gebrauchs, das beständige Spiel verschiedener Muskeln, welche verschiedene Gemütserregungen auszudrücken dienen, und die vermehrte Größe des Gehirns infolge der größeren intellektuellen Lebendigkeit, alles in Verbindung eine beträchtliche Wirkung auf die allgemeine Erscheinung im Vergleich mit Wilden hervorgebracht.[65] Es ist auch möglich, daß vermehrte Körpergröße, ohne eine entsprechende Zunahme der Größe des Gehirns, manchen Rassen (wenigstens nach den früher angeführten Fällen bei Kaninchen zu urteilen) einen verlängerten, dem dolichozephalen Typus angehörigen Schädel verschafft haben mag.

Endlich ist auch das nur wenig erklärte Prinzip der Korrelation zur Tätigkeit gelangt, wie in dem Fall einer bedeutenden Entwicklung des Muskelsystems und stark vorspringender Oberaugenbrauenleisten. Die Farbe des Haares und der Haut stehen offenbar miteinander in Korrelation, wie die Textur des Haares bei den Mandan-Indianern von Nord-Amerika mit dessen Farbe.[66] Die Farbe der Haut und der von ihr ausgehende Geruch stehen gleichfalls auf irgendwelche Weise in Verbindung. Bei den Schafrassen steht die Zahl der Haare auf einem gegebenen

---

[64] Harlan: Medical Researches, p.532. A. de Quatrefages: Unité de l'Espèce humaine, 1861, p.128, hat sehr viele Belege über diesen Gegenstand gesammelt.

[65] S. Prof. Schaaffhausen, in: Anthropological Review, Oct. 1868, p.429.

[66] Mr. Catlin gibt an (North American Indians. 3. edit., 1842, Vol. I, p.49), daß im ganzen Stamm der Mandan-Indianer ungefähr eines unter je zehn oder zwölf Individuen aller Altersstufen und beider Geschlechter helle silbergraue Haare habe, was erblich sei. Dieses Haar ist nun so grob und barsch wie die Mähne eines Pferdes, während die Haare anderer Farben weich und dünn sind.

Stück Hautfläche und die Zahl der Drüsenöffnungen auf demselben im Verhältnis zueinander.[67] Wenn wir nach der Analogie von unseren domestizierten Tieren urteilen dürfen, so fallen viele Modifikationen der Struktur beim Menschen unter dieses Prinzip der korrelativen Entwicklung.

Wir haben nun gesehen, daß die äußeren charakteristischen Verschiedenheiten zwischen den Rassen des Menschen in einer zufriedenstellenden Weise weder durch die direkte Wirkung der Lebensbedingungen noch durch die Wirkungen des fortgesetzten Gebrauchs von Teilen, noch durch das Prinzip der Korrelation erklärt werden können. Wir werden daher zu untersuchen veranlaßt, ob unbedeutende individuelle Verschiedenheiten, denen der Mensch im äußersten Maße ausgesetzt ist, nicht im Verlaufe einer langen Reihe von Generationen durch natürliche Zuchtwahl erhalten und gehäuft worden sein dürften. Hier begegnet uns aber sofort der Einwurf, daß nur wohltätige Abänderungen auf diese Weise erhalten werden können; und soweit wir imstande sind, hierüber zu urteilen (doch sind wir über diesen Punkt beständig der Gefahr eines Irrtums ausgesetzt), ist nicht eine einzige der Verschiedenheiten zwischen den Menschenrassen von irgendwelchem direkten oder speziellen Nutzen für dieselben. Bei dieser Bemerkung müssen natürlich die intellektuellen und moralischen oder sozialen Eigenschaften ausgenommen werden. Die große Variabilität der sämtlichen äußeren Verschiedenheiten zwischen den Rassen der Menschen weist gleichfalls darauf hin, daß diese Verschiedenheiten von keiner großen Bedeutung sein können; denn wären sie von Bedeutung gewesen, so würden sie schon lange entweder fixiert und erhalten, oder eliminiert worden sein. In dieser Beziehung ist der Mensch jenen von den Naturforschern proteisch oder polymorph genannten Formen ähnlich, welche äußerst variabel geblieben sind, und zwar wie es scheint, infolge des Umstandes, daß ihre Abänderungen von einer indifferenten Beschaffenheit und infolge hiervon der Entwicklung der natürlichen Zuchtwahl entgangen sind.

So weit sind denn also alle unsere Versuche, die Verschiedenheiten zwischen den einzelnen Rassen des Menschen zu erklären, vereitelt worden; noch bleibt aber ein bedeutungsvolles Moment übrig, nämlich geschlechtliche Zuchtwahl, welche mit der gleichen Energie auf den Menschen wie auf viele andere Tiere gewirkt zu haben scheint. Ich will nicht behaupten, daß geschlechtliche Zuchtwahl sämtliche Verschiedenheiten zwischen den Rassen erklären wird. Ein unerklärter Rest bleibt übrig, über welchen wir in unserer Unwissenheit nur sagen können, daß, wie ja Individuen beständig z. B. mit ein wenig runderen oder schmaleren Köpfen oder mit ein wenig längeren oder kürzeren Nasen geboren werden, derartige unbedeutende Verschiedenheiten wohl fixiert und gleichförmig werden können, wenn die unbekannten Kräfte, welche sie herbeiführten, in einer beständigeren Art und Weise wirken und durch lange fortgesetzte Kreuzung unterstützt würden. Derartige Abänderungen gehören in die Klasse provisorischer Fälle, welche ich im zweiten Kapitel angedeutet habe, und welche in Ermangelung einer besseren Bezeichnung spontane Abänderungen genannt wurden. Ich behaupte auch nicht, daß die Wirkungen der geschlechtlichen Zuchtwahl mit wissenschaftlicher Genauigkeit angegeben werden können; es kann aber nachgewiesen werden, daß es eine unerklärte Tatsache sein würde, wenn der Mensch durch diese Kraft nicht modifiziert worden wäre, welche in so wirksamer Weise zahllose Tiere beeinflußt hat. Es kann ferner gezeigt werden, daß die Verschiedenheiten zwischen den Rassen des Menschen, wie die der Farbe, des Behaartseins, der Form der Gesichtszüge usw. von einer solchen Art sind, daß man wohl hätte erwarten können, die geschlechtliche Zuchtwahl werde auf sie eingewirkt haben. Um aber diesen Gegenstand in einer entsprechenden Art und Weise zu behandeln, habe ich es für nötig gehalten, das ganze Tierreich Revue passieren zu lassen. Ich habe demselben daher den zweiten Teil dieses Werks gewidmet. Zum Schluß werde ich auf den Menschen zurückkommen und werde, nachdem ich den Versuch gemacht habe, zu zeigen, wie weit er durch geschlechtliche Zuchtwahl modifiziert worden ist, eine kurze Zusammenfassung der in diesem ersten Teil enthaltenen Kapitel geben.

---

[67] Über den Geruch der Haut s. Godron: De l'Espèce. Tom. II, p.217. Über die Poren der Haut s. Dr. Wilckens: Die Aufgaben der landwirtschaftlichen Zootechnik, 1869, p.7.

Anmerkung über die Ähnlichkeiten und Verschiedenheiten im Bau und in der Entwicklung des Gehirns bei dem Menschen und den Affen, von Professor Huxley (1874)

Der Streit über die Natur und die Größe der Verschiedenheiten im Bau des Gehirns beim Menschen und bei den Affen, welcher vor ungefähr fünfzehn Jahren entstand, ist noch nicht zu Ende, wenn schon jetzt etwas ganz Verschiedenes der hauptsächlichste Gegenstand des Streites ist, verglichen mit dem was er früher war. Ursprünglich wurde behauptet und mit eigentümlicher Zähigkeit immer wieder behauptet, daß das Gehirn aller Affen, selbst der höchsten, von dem des Menschen in dem Fehlen solcher auffallender Gebilde abwiche, wie der hinteren Lappen der Großhirnhemisphären mit dem hinteren Horn der Seitenventrikel und des in diesen Seitenventrikeln enthaltenen *Hippocampus minor*, welches alles beim Menschen so augenfällig ist.

Indessen, der wahre Sachverhalt, daß die drei in Frage stehenden Gebilde im Gehirn der Affen ebensogut entwickelt sind wie im menschlichen Gehirn, oder selbst noch besser, und daß es für alle Primaten (wenn wir die Lemuren davon ausschließen) charakteristisch ist, diese Teile gehörig entwickelt zu haben, ruht jetzt auf einer so sicheren Basis wie irgendein Satz in der vergleichenden Anatomie. Überdies wird von einem jeden aus der langen Reihe von Anatomen, welche in den letzten Jahren der Anordnung der komplizierten Furchen und Windungen, die auf der Oberfläche der Großhirnhemisphären bei dem Menschen und den höheren Affen erscheinen, spezielle Aufmerksamkeit gewidmet haben, zugegeben, daß sie bei jenem nach einem und demselben Plan angeordnet sind, wie bei diesen. Jede Hauptwindung und jede Hauptfurche eines Schimpansengehirns ist in dem Gehirn eines Menschen deutlich vertreten, so daß die für den einen Fall angewandte Terminologie auch auf den anderen paßt. Über diesen Punkt besteht keine Verschiedenheit der Meinungen. Vor einigen Jahren veröffentlichte Professor Bischoff eine Abhandlung[68] über die Großhirnwindungen beim Menschen und bei Affen; und da es sicherlich nicht die Absicht meines gelehrten Herrn Kollegen war, die Bedeutung der Verschiedenheiten zwischen Affen und Menschen in diesem Punkt zu mindern, so führe ich gern eine Stelle aus seiner Abhandlung an.

„Daß die Affen und namentlich Orang-Utan, Chimpanse und Gorilla dem Menschen in ihrer ganzen Organisation sehr nahe stehen, viel näher als irgendein anderes Tier, ist eine alt bekannte, von Niemand bezweifelte Tatsache. Von dem Gesichtspunkt der Organisation allein aufgefaßt, würde wohl Niemand jemals der Ansicht Linnés entgegengetreten sein, den Menschen nur als eine besondere Art an die Spitze der Säugetiere und jener Affen zu stellen. Beide zeigen in allen ihren Organen eine so nahe Verwandtschaft, daß es ja der genauesten anatomischen Untersuchung bedarf, um die dennoch vorhandenen Unterschiede nachzuweisen. So steht es auch mit den Gehirnen. Die Gehirne des Menschen, Orang-Utan, Chimpanse, Gorilla stehen sich trotz aller vorhandenen wichtigen Verschiedenheiten doch sehr nahe" (a.a.O. p.491, Sep.-Abdr. S.101).

Es besteht daher kein Streit mehr in bezug auf die Ähnlichkeit in fundamentalen Charakteren zwischen dem Gehirn der Affen und des Menschen, ebensowenig in bezug auf die wunderbar große Ähnlichkeit zwischen Schimpanse, Orang-Utan und Menschen, selbst in den Einzelheiten der Anordnung der Windungen und Furchen der Großhirnhemisphären. Wenn wir uns zu den Verschiedenheiten zwischen dem Gehirn der höchsten Affen und des Menschen wenden, so besteht auch keine ernstliche Streitfrage in bezug auf die Natur und Größe dieser Verschiedenheiten. Es wird zugegeben, daß die Großhirnhemisphären des Menschen absolut und relativ größer

---

[68] Die Großhirnwindungen des Menschen mit Berücksichtigung ihrer Entwicklung bei dem Fötus und ihrer Anordnung bei den Affen, in: Abhandl. der math.-physik. Klasse der Königl. Bayer. Akademie d. Wiss., Bd. X, 1870, p.389.

sind als die des Orang-Utan und Schimpansen, daß seine Stirnlappen weniger durch das Vorspringen des Augenhöhlendaches nach oben ausgehöhlt sind, daß seine Windungen und Furchen, der Regel nach, weniger symmetrisch angeordnet sind und eine größere Zahl sekundärer Faltungen darbieten. Es wird ferner zugegeben, daß der Regel nach beim Menschen die *Temporo-Okzipitalfurche* oder „äußere senkrechte" Spalte, welche gewöhnlich ein so scharf ausgeprägtes Merkmal des Affengehirns ist, nur schwach angedeutet ist. Es ist aber auch ganz klar, daß keine dieser Verschiedenheiten eine scharfe Trennung zwischen den Gehirnen der Affen und dem des Menschen bedingt. In bezug auf die äußere senkrechte Spalte Gratiolets im menschlichen Gehirn sagt z. B. Prof. Turner:[69]

„In manchen Gehirnen erscheint sie einfach als ein Einschnitt des Hemisphärenrandes, in anderen dagegen erstreckt sie sich eine Strecke weit mehr oder weniger quer nach außen. Ich habe sie an der rechten Hemisphäre eines weiblichen Gehirnes mehr als zwei Zoll nach außen gehen sehen, und in einem anderen Präparate, auch eine rechte Hemisphäre, ging sie vier Zehntel Zoll nach außen und erstreckte sich dann abwärts entlang dem unteren Rande der äußeren Oberfläche der Hemisphäre. Die unbestimmte Abgrenzung dieser Spalte in der Mehrzahl der menschlichen Gehirne, verglichen mit ihrer merkwürdigen Deutlichkeit im Gehirn der meisten Quadrumanen, ist eine Folge der Anwesenheit gewisser oberflächlicher, scharf ausgesprochener, sekundärer Windungen beim Menschen, welche die Spalte überbrücken und den Parietallappen mit dem Okzipitallappen verbinden. Je dichter die erste dieser überbrückenden Windungen an dem Längsspalt liegt, desto kürzer ist die äußere parieto-okzipitale Spalte" (a.a.O. p.12).

Die Obliteration der äußeren senkrechten Spalte Gratiolets ist daher kein konstantes Merkmal des menschlichen Gehirns. Andererseits ist aber auch ihre volle Entwicklung kein konstantes Merkmal des Gehirns der höheren Affen. Denn beim Schimpansen ist die mehr oder weniger ausgedehnte Obliteration der äußeren perpendiculären Furche durch „Übergangswindungen" auf der einen oder der anderen Seite wiederholt bemerkt worden von Professor Rolleston, Mr. Marshall, Mr. Broca und Professor Turner. Zum Schluß eines besonderen Aufsatzes über diesen Gegenstand sagt der letztere:[70]

„Die drei soeben beschriebenen Exemplare des Schimpansen-Hirns beweisen, daß die Verallgemeinerung, welche Gratiolet zu ziehen versucht hat, daß nämlich die vollständige Abwesenheit der ersten Übergangswindung und das Verborgensein der zweiten wesentlich charakteristische Züge am Gehirn dieses Tieres seien, durchaus nicht allgemein annehmbar ist. Nur in einem Präparate folgte das Gehirn in diesen Eigentümlichkeiten dem von Gratiolet ausgedrückten Gesetze. In bezug auf die Anwesenheit der oberen Übergangswindung bin ich anzunehmen geneigt, daß sie, wenigstens in einer Hemisphäre, bei der Majorität der Gehirne dieses Tieres, welche bis jetzt abgebildet oder beschrieben worden sind, vorhanden gewesen ist. Die oberflächliche Lage der zweiten Übergangswindung ist offenbar weniger häufig und ist bis jetzt, wie ich glaube, nur in dem in dieser Mitteilung geschilderten Gehirne (A) gesehen worden. Die unsymmetrische Anordnung der Windungen beider Hemisphären, auf welche sich frühere Beobachter in ihren Beschreibungen bezogen haben, wird gleichfalls durch diese Präparate gut erläutert" (p.8, 9).

Selbst wenn die Anwesenheit der Temporo-Okzipital-Spalte, oder der äußeren senkrechten Furche, ein Unterscheidungszeichen zwischen den höheren Affen und dem Menschen wäre, würde der Wert eines solchen distinktiven Merkmals durch den Bau des Gehirns bei den platyrhinen Affen sehr zweifelhaft werden. Während in der Tat der *Temporo-Okzipital-Sulcus* eine der konstantesten Furchen bei den catarhinen oder altweltlichen Affen ist, ist er bei den neuweltlichen Affen niemals stark entwickelt; er fehlt bei den kleineren Platyrhinen, ist ru-

---

[69] Convolutions of the Human Cerebrum topographically considered, 1866. p.12.
[70] Bemerkungen, besonders über die Übergangswindungen am Schimpansengehirn, in: Proceed. Roy. Soc., Edinburgh 1865/66.

dimentär bei *Pithecia*[71], und mehr oder weniger durch Übergangswindungen obliteriert bei *Ateles*.

Ein innerhalb der Grenzen einer einzelnen Gruppe in dieser Weise variabler Charakter kann keinen großen systematischen Wert haben.

Es ist ferner ermittelt worden, daß der Grad der Asymmetrie der Windungen auf den beiden Seiten des menschlichen Gehirns großer individueller Variation unterliegt, und daß bei den Individuen der Buschmannrasse, welche bis jetzt untersucht worden sind, die Windungen und Furchen der beiden Hemisphären beträchtlich weniger kompliziert und symmetrischer sind als im Europäergehirn, während bei manchen Individuen des Schimpanse ihre Komplexität und Asymmetrie auffallend wird. Dies ist besonders bei dem von Mr. Broca abgebildeten Gehirn eines jungen männlichen Schimpansen der Fall (L'ordre des Primates, p.165, Fig. 11).

Was ferner die Frage der absoluten Größe betrifft, so ist ermittelt worden, daß die Verschiedenheit zwischen dem größten und kleinsten gesunden menschlichen Gehirn beträchtlicher ist als der Unterschied zwischen dem kleinsten gesunden menschlichen Gehirn und dem größten Schimpansen- oder Orang-Utan-Gehirn.

Übrigens besteht noch ein Umstand, in welchem die Gehirne des Orang-Utans und Schimpansen dem Gehirn des Menschen ähnlich sind, in dem sie aber von den niederen Affen abweichen: Das ist das Vorhandensein zweier *Corpora candicantia*, die Cynomorpha haben nur eines.

Angesichts dieser Tatsachen stehe ich nicht an, in diesem Jahre 1874 den Satz zu wiederholen und zu betonen, den ich im Jahre 1873 ausgesprochen habe:[72]

„Was also den Bau des Gehirns anlangt, so ist klar, daß der Mensch weniger vom Schimpanse und Orang-Utan verschieden ist, als diese selbst von den niedern Affen, und daß der Unterschied zwischen den Gehirnen des Schimpanse und des Menschen fast bedeutungslos ist, wenn man ihn mit dem zwischen dem Gehirn des Schimpanse und eines Lemurs vergleicht".

In dem schon herangezogenen Aufsatz leugnet Professor Bischoff nicht den zweiten Teil dieser Angabe; aber zunächst macht er die irrelevante Bemerkung, daß es nicht weiter wunderbar sei, wenn die Gehirne eines Orang-Utan und eines Lemur sehr verschieden sind; dann fährt er fort und behauptet: „Wenn man das Gehirn eines Menschen mit dem eines Orang-Utan, das Gehirn dieses mit dem eines Schimpanse, dieses mit dem eines Gorilla, dieses mit dem eines *Ateles* und so fort eines *Hylobates*, *Semnopithecus*, *Cynocephalus*, *Cercopithecus*, *Macacus*, *Cebus*, *Callithrix*, *Lemur*, *Stenops*, *Hapale* der Reihe nach vergleicht, so wird man nirgends einen größeren oder auch nur ähnlich großen Sprung in der Entwicklung der Windungen der Gehirne zweier nebeneinanderstehender Glieder dieser Reihe finden, als er sich zwischen dem Gehirne des Menschen und des Orang-Utan oder Schimpanse findet."

Hierauf erwidere ich erstens, daß diese Behauptung, mag sie nun richtig oder falsch sein, durchaus nichts mit dem in der „Stellung des Menschen" aufgestellten Satz zu tun hat, welcher sich nicht auf die Entwicklung der Windungen allein, sondern auf den Bau des ganzen Gehirns bezieht. Hätte sich Professor Bischoff die Mühe genommen, einen Blick auf p.109 des kritisierten Buches zu werfen, so würde er faktisch die folgende Stelle gefunden haben: „Und es ist ein merkwürdiger Umstand, daß, obgleich nach unserer gegenwärtigen Kenntnis ein wirklicher anatomischer Sprung in der Formenreihe der Affengehirne vorhanden ist, die durch diesen Sprung entstehende Lücke in der Reihe nicht zwischen dem Menschen und den menschenähnlichen Affen, sondern zwischen den niedrigeren und den niedersten Affen liegt, oder, mit anderen Worten, zwischen den Affen der alten und neuen Welt und den Lemuren. Bei jedem bis jetzt untersuchten Lemur ist das kleine Gehirn zum Teil von oben sichtbar, und sein hinterer Lappen mit dem eingeschlossenen hinteren Horn und Hippocampus minor ist mehr oder weniger rudi-

---

[71] Flower: On the Anatomy of *Pithecia Monachus*, in: Proceed. Zoolog. Soc., 1862.
[72] Stellung des Menschen in der Natur (Übers.), p.115.

mentär. Jeder Sahui, amerikanische Affe, Affe der alten Welt, Pavian oder Anthropoide hat dagegen sein kleines Gehirn hinten völlig von den Lappen des großen Gehirns bedeckt und besitzt ein großes hinteres Horn mit einem wohlentwickelten Hippocampus minor".

Diese Angabe war eine völlig richtige Wiedergabe dessen, was zur Zeit, als sie gemacht wurde, bekannt war; durch die später erfolgte Entdeckung der relativ geringen Entwicklung der hinteren Lappen beim Siamang und dem Heulaffen erscheint sie mir auch nicht mehr als scheinbar abgeschwächt zu sein. Ungeachtet der ausnahmsweisen Kürze der hinteren Lappen in diesen beiden Spezies wird niemand behaupten wollen, daß deren Gehirne auch nur im geringsten Grade dem der Lemuren sich nähern. Und wenn wir, anstatt *Hapale* aus ihrer natürlichen Stelle zu bringen, wie es Prof. Bischoff völlig unerklärlicher Weise tat, die Reihe der von ihm ausgewählten und erwähnten Tiere wie folgt schreiben: *Homo, Pithecus, Troglodytes, Hylobates, Semnopithecus, Cynocephalus, Cercopithecus, Macacus, Cebus, Callithrix, Hapale, Lemur, Stenops*, so wage ich von neuem zu versichern, daß der große Sprung in dieser Reihe zwischen *Hapale* und *Lemur* sich findet und daß dieser Sprung beträchtlich größer ist, als der zwischen irgendwelchen zwei anderen Gliedern der Reihe. Professor Bischoff ignoriert die Tatsache, daß, lange ehe er schrieb, Gratiolet die Trennung der Lemuren von den anderen Primaten faktisch auf Grund der Verschiedenheit ihrer zerebralen Merkmale vorgeschlagen hatte, und daß Professor Flower im Verlauf seiner Beschreibung des Gehirns des javanischen Lori die folgenden Bemerkungen gemacht hatte:[73]

„Und es ist besonders merkwürdig, daß in der Entwicklung der hinteren Lappen keine Annäherung an das Lemurengehirn mit kurzen Hemisphären bei denjenigen Affen stattfindet, welche, wie man gewöhnlich vermutet, sich dieser Familie in anderen Beziehungen nähern, nämlich bei den niederen Formen der Gruppe der Platyrhinen."

Soweit der Bau des erwachsenen Gehirns in Betracht kommt, rechtfertigen die sehr beträchtlichen Zusätze zu unserer Kenntnis, welche durch die Untersuchungen so vieler Beobachter während der letzten zehn Jahre gemacht worden sind, noch immer vollständig meine im Jahre 1863 gemachte Angabe. Es ist aber gesagt worden, daß selbst wenn man die Ähnlichkeit zwischen den erwachsenen Gehirnen des Menschen und der Affen zugibt, sie nichtsdestoweniger in Wirklichkeit weit voneinander verschieden sind, weil sie in der Art und Weise ihrer Entwicklung fundamentale Verschiedenheiten darbieten. Niemand würde bereiter sein, die Stärke dieses Argumentes zuzugeben, als ich, wenn derartige fundamentale Entwicklungsverschiedenheiten wirklich existierten. Ich leugne aber, daß sie existieren. Im Gegenteil besteht eine fundamentale Übereinstimmung in der Entwicklung des Gehirns bei dem Menschen und den Affen.

Von Gratiolet geht die Angabe aus, daß ein fundamentaler Unterschied in der Entwicklung des Gehirns der Affen und desjenigen des Menschen bestände, und zwar infolgendem: Es sollen bei den Affen die Furchen, welche zuerst auftreten, an der hinteren Gegend der Großhirn-Hemisphären gelegen sein, während beim menschlichen Fötus die Furchen zuerst auf den Stirnlappen sichtbar werden.[74]

Diese allgemeine Angabe gründet sich auf zwei Beobachtungen, auf die eines beinahe zur Geburt reifen Gibbons, bei dem die hinteren Windungen „wohl entwickelt", während die der Stirnlappen „kaum angedeutet" waren[75] (a.a.O., p.38), und auf die andere eines menschlichen Fötus

---

[73] Transactions of the Zoological Society, Vol. V, 1862.
[74] „Chez tous les singes, les plis postérieurs se développent les premiers; les plis antérieurs se développent plus tard, aussi la vertèbre occipitale et pariétale sont-elles relativement très-grandes chez le foetus. L'Homme présente une exception remarquable quant à l'époque de l'apparition des plis frontaux, qui sont les premiers indiqués; mais le développement général du lobe frontal, envisagé seulement par rapport à son volume, suit les mêmes lois que dans les singes." Gratiolet: Mémoire sur les Plis cérébraux de l'Homme et des Primates, p.39, Tab. IV, Fig. 3.
[75] Gratiolets Worte sind (a.a.O., p.39): „Dans le fœtus dont il s'agit les plis cérébraux postérieurs sont bien développés, tandis que les plis du lobe frontal sont à peine indiqués." Die Abbildung indessen (Taf. IV, Fig. 3) zeigt die Rolandosche Spalte und eine der Stirnwindungen deutlich genug. Nichtsdestoweniger schreibt Mr. Alix in sei-

der 22. oder 23. Woche des Uterinlebens, bei welchem Gratiolet bemerkt, daß die Insel unbedeckt war, daß aber nichtsdestoweniger „des incisures sèment le lobe antérieur, une scissure peu profonde indique la séparation du lobe occipital, très-réduit, d'ailleurs, dès cette époque. Le reste de la surface cérébrale est encore absolument lisse", (a.a.O., p.83.)

Drei Ansichten dieses Gehirns sind auf Tafel XI, Figur 1, 2, 3 des angeführten Werkes mitgeteilt; sie geben die obere, seitliche und untere Ansicht der Hemisphäre, aber nicht die Innenansicht. Es ist der Beachtung wert, daß die Abbildung durchaus nicht zu Gratiolets Beschreibung stimmt, insofern die Spalte (anterotemporale) auf der hinteren Hälfte der Hemisphärenfläche ausgeprägter ist, als irgendeine der auf der vorderen Hälfte unbestimmten angedeuteten. Wenn die Abbildung richtig ist, so rechtfertigt sie Gratiolets Schluß in keiner Weise: „Il y a donc entre ces cerveaux (nämlich dem eines *Callithrix* und eines Gibbon) et celui du fœtus humain une différence fondamentale. Chez celui-ci, longtemps avant que les plis temporaux apparaissent, les plis frontaux essayent d'exister", (a.a.O., p.83.)

Seit Gratiolets Zeit indessen ist die Entwicklung der Windungen und Furchen des Gehirns zum Gegenstand erneuter Untersuchungen gemacht worden von Schmidt, Bischoff, Pansch[76] und ganz besonders von Ecker[77], dessen Arbeit nicht bloß die neueste, sondern auch die vollständigste Abhandlung über den Gegenstand ist.

Die schließlichen Resultate dieser Untersuchungen lassen sich wie folgt zusammenfassen :

1) Beim menschlichen Fötus bildet sich die Sylvische Spalte im Laufe des dritten Monats des Uterinlebens. In dieser Zeit und im vierten Monat sind die Großhirn-Hemisphären glatt und abgerundet (mit Ausnahme der Sylvischen Vertiefung) und springen rückwärts weit über das kleine Gehirn vor.

2) Die eigentlich so genannten Furchen beginnen in dem Zeitraum zwischen dem Ende des vierten und dem Anfang des sechsten Monats des fötalen Lebens zu erscheinen; Ecker hebt aber sorgfältig hervor, daß nicht bloß die Zeit, sondern auch die Reihenfolge ihres Auftretens beträchtlicher individueller Abänderung unterliegt. In keinem Falle indessen sind die Stirn- oder die Schläfenfurchen die frühesten.

In der Tat liegt die erste Furche, welche erscheint, auf der inneren Fläche der Hemisphäre (woher es ohne Zweifel kommt, daß Gratiolet, welcher diese Seite bei seinem Fötus nicht untersucht zu haben scheint, dieselbe übersehen hat); es ist dies entweder die innere senkrechte (okzipito-parietale) oder die Hippocampus-Furche, da diese beiden dicht beieinanderliegen und eventuell ineinanderlaufen. Der Regel nach ist die Okzipito-parietal-Furche die frühere von beiden.

3) In dem späteren Teile dieser Periode entwickelt sich eine andere Furche, die „postero-parietale" oder die Rolandosche Spalte; ihr folgen im Laufe des sechsten Monats die anderen Hauptfurchen des Stirn-, Scheitel-, Schläfen- und Hinterhauptlappens. Es liegen indessen keine deutlichen Beweise vor, daß eine von diesen konstant vor den anderen erscheint; und es ist merkwürdig, daß an dem aus dieser Periode von Ecker beschriebenen und abgebildeten Gehirn (a.a.O., p.212-13, Taf. II, Fig. 1, 2, 3, 4) die Antero-temporal-Furche (scissure parallèle), wel-

---

ner „Notice sur les travaux anthropologiques de Gratiolet" (Mém. de la Société d'Anthropologie de Paris, 1868, p.XXXII) folgendermaßen: „Gratiolet a eu entre les mains le cerveau d'un fœtus de Gibbon, singe éminemment supérieur, et tellement rapproché de l'orang, que des naturalistes très-compétents l'ont rangé parmi les anthropoides. M. Huxley, par exemple, n'hésite pas sur ce point. Eh bien, c'est sur le cerveau d'un fœtus de Gibbon que Gratiolet a vu les circonvolutions du lobe temporosphénoîdal déjà développées lorsqu'ils n'existent pas encore de plis sur le lobe frontal. Il était donc bien autorisé à dire, que chez l'homme les circonvolutions apparaissent d'ά en ω, tandis que chez les singes elles se développent d'ω en ά."

[76] Über die typische Anordnung der Furchen und Windungen auf den Großhirn-Hemisphären des Menschen und der Affen, in: Archiv für Anthropologie. III, 1868.

[77] Zur Entwicklungsgeschichte der Furchen und Windungen der Großhirn-Hemisphären im Fötus des Menschen, in: Archiv für Anthropologie. III, 1868.

che für das Affengehirn so charakteristisch ist, ebensogut, wenn nicht noch besser entwickelt ist, als die Rolandosche Spalte, auch viel mehr markiert ist, als die eigentlichen frontalen Furchen.

Nimmt man alle Tatsachen, wie sie jetzt stehen zusammen, so geht daraus hervor, daß die Reihenfolge des Auftretens der Furchen und Windungen im fötalen menschlichen Gehirn in vollkommener Harmonie mit der allgemeinen Entwicklungslehre und mit der Ansicht steht, daß sich der Mensch aus irgendeiner affenähnlichen Form entwickelt hat, obschon darüber kein Zweifel sein kann, daß diese Form in vielen Beziehungen von allen Gliedern der jetzt lebenden Ordnung der Primaten verschieden war.

C. E. von Baer hat uns vor einem halben Jahrhundert gelehrt, daß verwandte Tiere im Verlaufe ihrer Entwicklung zuerst die Merkmale der größeren Gruppen, zu denen sie gehören, annehmen und stufenweise diejenigen erhalten, welche sie innerhalb der Grenzen ihrer Familie, Gattung und Art einschließen; er hat gleichzeitig bewiesen, daß kein Entwicklungszustand eines höheren Tieres dem erwachsenen Zustand irgendeines niederen Tieres genau ähnlich ist. Es ist völlig korrekt zu sagen, daß ein Frosch den Zustand eines Fisches durchläuft, insofern auf einer Periode seines Lebens die Kaulquappe alle Charaktere eines Fisches hat und, wenn sie sich nicht weiterentwickelte, unter die Fische einzuordnen wäre. Es ist aber gleichermaßen wahr, daß eine Kaulquappe sehr verschieden von allen bekannten Fischen ist.

In gleicher Weise kann man ganz richtig sagen, daß das Gehirn eines menschlichen Fötus vom fünften Monat nicht bloß das Gehirn eines Affen, sondern das eines Arctopithecus- oder Marmoset- ähnlichen Affen sei; denn seine Hemisphären mit ihren großen hinteren Lappen und mit keinen anderen Furchen als der Sylvischen und der Hippocampus-Furche bieten charakteristische Merkmale dar, welche nur in der Gruppe der Arctopithecus-artigen Primaten gefunden werden. Es ist aber gleichermaßen richtig, wie Gratiolet bemerkt, daß es mit seiner weit offenen Sylvischen Spalte vom Gehirn aller lebenden Marmosets abweicht. Ohne Zweifel würde es dem Gehirn eines älteren Fötus eines Marmosets viel ähnlicher sein. Wir wissen aber durchaus nichts von der Entwicklung des Gehirns bei den Marmosets. In bezug auf die eigentlichen Platyrhinen verdanken wir die einzige Beobachtung, die mir bekannt ist, Pansch, welcher an dem Gehirn eines fötalen *Cebus Apella* außer der Sylvischen Spalte und der tiefen Hippocampus-Furche nur eine sehr seichte anterotemporale Furche (scissure parallèle Gratiolets) fand.

Diese Tatsache nun, zusammengenommen mit dem Umstand, daß die anterotemporale Furche bei solchen Platyrhinen wie dem Saimiri vorhanden ist, welcher nur Spuren von Furchen auf der vorderen Hälfte der Außenseite der Großhirn-Hemisphären oder gar keine zeigt, bietet unzweifelhaft, so weit sie eben geht, einen gültigen Beleg zugunsten der Hypothese Gratiolets dar, daß die hinteren Furchen in den Gehirnen der Platyrhinen vor den vorderen auftreten. Daraus folgt aber durchaus nicht, daß die Regel, welche für die Platyrhinen gilt, sich auch auf die Catarhinen erstrecke. Wir besitzen durchaus keinen Aufschluß über die Entwicklung des Gehirns bei den Cynomorpha, und in bezug auf die Anthropomorpha nichts als die oben erwähnte Beschreibung des Gehirns eines der Geburt nahen Gibbons. Im jetzigen Augenblicke haben wir nicht den Schatten eines Beweises dafür, daß die Furchen eines Schimpanse- oder Orang-Utan-Gehirns nicht in derselben Reihenfolge auftreten wie die des Menschen.

Gratiolet eröffnet seine Vorrede mit dem Aphorismus: „Il est dangereux dans les sciences de conclure trop vite". Ich fürchte, er muß diesen gesunden Grundsatz zu der Zeit vergessen haben, als er im Text seines Werkes bis zur Erörterung der Verschiedenheiten zwischen Menschen und Affen gekommen war. Ohne Zweifel würde der Verfasser eines der merkwürdigsten Beiträge zum richtigen Verständnis des Säugetiergehirns, welcher je veröffentlicht worden ist, der erste gewesen sein, das Unzureichende seiner Angaben zuzugeben, wenn er den Vorteil der vorgeschrittenen Untersuchungen erlebt hätte. Das Unglück ist, daß seine Schlußfolgerungen von

Leuten als Argumente zugunsten des Obskurantismus verwendet werden, welche inkompetent sind, ihre Begründung zu würdigen.[78]

Es ist aber wichtig, zu bemerken, daß – mag nun Gratiolet mit seiner Hypothese in bezug auf die relative Reihenfolge des Erscheinens der Schläfen- und Stirnfurchen Recht oder Unrecht gehabt haben, – die Tatsache bleibt; daß, ehe sowohl Temporal- als Frontalfurchen erscheinen, das fötale Gehirn des Menschen Charaktere darbietet, welche nur in der niedersten Gruppe der Primaten (mit Beiseitelassung der Lemuren) zu finden sind, und daß dies genau das ist, was wir zu erwarten haben, wenn der Mensch aus einer stufenweisen Modifikation der nämlichen Form hervorgegangen ist, wie der, von der die übrigen Primaten entsprungen sind.

---

[78] Z. B. M. l'Abbé Lecomte in seinem schrecklichen Pamphlet: „Le Darwinisme et l'origine de l'Homme", 1873.

II. Geschlechtliche Zuchtwahl

Achtes Kapitel

Grundsätze der geschlechtlichen Zuchtwahl

Sekundäre Sexualcharaktere – Geschlechtliche Zuchtwahl – Art und Weise der Wirksamkeit – Überwiegen der Männchen – Polygamie – Allgemein ist nur das Männchen durch geschlechtliche Zuchtwahl modifiziert – Begierde des Männchens – Variabilität des Männchens – Wahl vom Weibchen ausgeübt – Geschlechtliche Zuchtwahl verglichen mit der natürlichen – Vererbung zu entsprechenden Lebensperioden, zu entsprechenden Jahreszeiten und durch das Geschlecht beschränkt – Beziehungen zwischen den verschiedenen Formen der Vererbung – Ursachen, weshalb das eine Geschlecht und die Jungen nicht durch geschlechtliche Zuchtwahl modifiziert werden

Anhang: Über die proportionalen Zahlen der beiden Geschlechter durch das ganze Tierreich – Das relative Verhältnis der Geschlechter in bezug auf natürliche Zuchtwahl

Bei Tieren mit getrenntem Geschlecht weichen die Männchen notwendig von den Weibchen in ihren Reproduktionsorganen ab; diese bieten daher die primären Geschlechtscharaktere dar. Die Geschlechter weichen aber oft auch in dem ab, was Hunter sekundäre Sexualcharaktere genannt hat, welche in keiner direkten Verbindung mit dem Akt der Reproduktion stehen. Es besitzen z.B. die Männchen gewisse Sinnesorgane oder Bewegungsorgane, welche den Weibchen völlig fehlen, oder sie haben dieselben höher entwickelt, damit sie die Weibchen leicht finden oder erreichen können; oder ferner es besitzt das Männchen besondere Greiforgane, um das Weibchen sicher halten zu können. Diese letzteren Organe von unendlich mannigfacher Art gehen allmählich in diejenigen über und können in manchen Fällen kaum von denselben unterschieden werden, welche gewöhnlich für primäre angesehen werden, so z.B. die komplizierten Anhänge an der Spitze des Hinterleibs bei männlichen Insekten. In der Tat, wenn wir nicht den Ausdruck „primär" auf die Generationsdrüsen beschränken, ist es kaum möglich, wenigstens soweit die Greiforgane in Betracht kommen, zu entscheiden, welche derselben primär und welche sekundär genannt werden sollen.

Das Weibchen weicht oft vom Männchen dadurch ab, daß es Organe zur Ernährung oder zum Schutze seiner Jungen besitzt, wie die Milchdrüsen der Säugetiere und die Abdominaltasche der Marsupialien. Auch die Männchen besitzen in einigen wenigen Fällen ähnliche Organe, welche den Weibchen fehlen, wie die Taschen zur Aufnahme der Eier, welche die Männchen gewisser Fische besitzen, und die temporär entwickelten Bruttaschen gewisser männlicher Frösche. Die Weibchen der meisten Bienen haben einen speziellen Apparat zum Sammeln und Eintragen des Pollen, und ihre Legeröhre ist zu einem Stachel für die Verteidigung ihrer Larven und der ganzen Genossenschaft modifiziert worden. Zahlreiche ähnliche Fälle könnten angeführt werden, doch berühren sie uns hier nicht. Es gibt indessen andere geschlechtliche Verschiedenheiten, die uns hier besonders angehen und welche mit den primären Organen in gar keinem Zusammenhange stehen, so die bedeutendere Größe, Stärke und Kampflust der Männchen, ihre Angriffswaffen oder Verteidigungsmittel gegen Nebenbuhler, ihre auffallendere Färbung und verschiedene Ornamente, ihr Gesangsvermögen und andere derartige Charaktere.

Außer den vorgenannten primären und sekundären geschlechtlichen Differenzen weichen die Männchen von den Weibchen zuweilen in Bildungen ab, welche zu verschiedenen Lebensgewohnheiten in Beziehung stehen und entweder gar nicht oder nur indirekt auf die Reproduktionsfunktionen Bezug haben. So sind die Weibchen gewisser Fliegen (*Culicidae* und *Tabanidae*) Blutsauger, während die Männchen von Blüten leben und keine Kiefer an ihrer Mundöffnung haben.[1] Nur die

---

[1] Westwood: Modern Classifikation of Insects, Vol. II, 1840, p.541. In bezug auf die Angaben über *Tanais*, welche weiterhin erwähnt werden, bin ich Fritz Müller zu Dank verbunden.

Achtes Kapitel

Männchen gewisser Schmetterlinge und einiger Crustaceen (z. B. *Tanais*) haben unvollkommene, geschlossene Mundöffnungen und können keine Nahrung aufnehmen. Die komplementären Männchen gewisser Cirripeden leben wie epiphytische Pflanzen entweder auf der weiblichen oder der hermaphroditischen Form und entbehren einer Mundöffnung und der Greiffüße. In diesen Fällen ist es das Männchen, welches modifiziert worden ist und gewisse bedeutungsvolle Organe verloren hat, welche die Weibchen besitzen. In anderen Fällen ist es das Weibchen, welches derartige Teile verloren hat. So ist z.B. der weibliche Leuchtkäfer ohne Flügel, wie es auch viele weibliche Schmetterlinge sind; von diesen verlassen einige niemals ihre Kokons. Viele weibliche parasitische Crustaceen haben ihre Schwimmfüße verloren. Bei einigen Rüsselkäfern (Curculionidae) besteht eine bedeutende Verschiedenheit zwischen dem Männchen und Weibchen in der Länge des Rostrums oder des Rüssels.[2] Doch ist die Bedeutung dieser und vieler anderer Verschiedenheiten durchaus nicht erklärt. Verschiedenheiten der Struktur zwischen den beiden Geschlechtern, welche zu verschiedenen Lebensgewohnheiten in Beziehung stehen, sind meist auf die niederen Tiere beschränkt; aber auch bei einigen wenigen Vögeln weicht der Schnabel des Männchens von dem des Weibchens ab. Beim Huia von Neuseeland ist der Unterschied merkwürdig groß; wir erfahren von Dr. Buller[3], daß das Männchen seinen starken Schnabel dazu benutzt, die Insektenlarven aus faulendem Holz auszumeißeln, während das Weibchen mit seinem weit längeren, bedeutend gekrümmten und biegsamen Schnabel die weicheren Teile sondiert; sie helfen sich auf diese Weise gegenseitig. In den meisten Fällen stehen die Verschiedenheiten im Bau in einer mehr oder weniger direkten Beziehung zu der Fortpflanzung der Art. So wird ein Weibchen, welches eine Menge Eier zu ernähren hat, mehr Nahrung erfordern als das Männchen und wird infolgedessen spezieller Mittel bedürfen, sich dieselben zu verschaffen. Ein männliches Tier, welches nur eine sehr kurze Zeit lebt, kann ohne Schaden infolge von Nichtgebrauch seine Organe zur Beschaffung von Nahrung verlieren, es wird aber seine Bewegungsorgane in vollkommenem Zustande behalten, damit es das Weibchen erreichen kann. Andererseits kann das Weibchen getrost seine Organe zum Fliegen, Schwimmen oder Gehen verlieren, wenn es allmählich Gewohnheiten annimmt, welche ein derartiges Vermögen nutzlos machen.

Wir haben es indessen hier nur mit geschlechtlicher Zuchtwahl zu tun. Dieselbe hängt von dem Vorteil ab, welchen gewisse Individuen über andere Individuen desselben Geschlechts und derselben Spezies erlangen in ausschließlicher Beziehung auf die Reproduktion. Wenn die beiden Geschlechter in ihrer Struktur in bezug auf die verschiedenen Lebensgewohnheiten, wie in den oben erwähnten Fällen, voneinander abweichen, so sind sie ohne Zweifel durch natürliche Zuchtwahl modifiziert worden in Verbindung mit einer auf ein und dasselbe Geschlecht beschränkten Vererbung. Es fallen ferner die primären Geschlechtsorgane und die Organe zur Ernährung und Beschützung der Jungen unter diese selbe Kategorie. Denn diejenigen Individuen, welche ihre Nachkommen am besten erzeugten oder ernährten, werden *ceteris paribus* die größte Anzahl hinterlassen, diese Superiorität zu erben, während diejenigen, welche ihre Nachkommen nur schlecht erzeugten oder ernährten, auch nur wenige hinterlassen werden, dieses ihr schwächeres Vermögen zu erben. Da das Männchen das Weibchen aufzusuchen hat, so braucht es für diesen Zweck Sinnes- und Bewegungsorgane. Wenn aber diese Organe für die anderen Zwecke des Lebens notwendig sind, wie es meistens der Fall ist, so werden sie durch natürliche Zuchtwahl entwickelt worden sein. Hat das Männchen das Weibchen gefunden, so sind ihm zuweilen Greiforgane, um dasselbe fest zu halten, absolut notwendig. So teilt mir Dr. Wallace mit, daß die Männchen gewisser Schmetterlinge sich nicht mit den Weibchen verbinden können, wenn ihre Tarsen oder Füße gebrochen sind. Die Männchen vieler ozeanischer Crustaceen haben ihre Füße und Antennen in einer außerordentlichen Weise zum Ergreifen des Weibchens modifiziert. Wir dürfen daher vermuten, daß diese Tiere wegen des Umstandes, daß sie von den Wel-

---

[2] Kirby and Spenge: Introduction to Entomology. Vol. III, 1826, p.309.
[3] The Birds of New Zealand, 1872, p.66.

len des offenen Meeres umhergeworfen werden, jene Organe absolut nötig haben, um ihre Art fortpflanzen zu können; und wenn dies der Fall ist, so wird deren Entwicklung das Resultat der gewöhnlichen oder natürlichen Zuchtwahl sein. Einige in der ganzen Reihe äußerst niedrig stehende Tiere sind zu dem nämlichen Zwecke modifiziert worden; so ist die untere Fläche des hinteren Endes ihres Körpers bei gewissen parasitischen Würmern in erwachsenem Zustand wie eine Raspel rauh geworden; damit winden sie sich um die Weibchen und halten sie fest.[4]

Wenn die beiden Geschlechter genau denselben Lebensgewohnheiten folgen und das Männchen höher entwickelte Sinnes- oder Bewegungsorgane als das Weibchen hat, so kann es wohl sein, daß diese in ihrem vervollkommneten Zustand für das Männchen zum Finden des Weibchens unentbehrlich sind; aber in der ungeheuren Mehrzahl der Fälle dienen sie nur dazu, dem einen Männchen eine Überlegenheit über ein anderes zu geben. Denn die weniger gut ausgerüsteten Männchen werden, wenn ihnen Zeit gelassen wird, auch noch dazu kommen, sich mit den Weibchen zu paaren, und sie werden in allen übrigen Beziehungen, nach der Struktur des Weibchens zu urteilen, gleichmäßig ihrer gewöhnlichen Lebensweise gut angepaßt sein. In derartigen Fällen muß geschlechtliche Zuchtwahl in Tätigkeit getreten sein. Denn die Männchen haben ihre jetzige Bildung nicht dadurch erreicht, daß sie zum Überleben in dem Kampfe ums Dasein besser ausgerüstet sind, sondern dadurch, daß sie einen Vorteil über andere Männchen erlangt und diesen Vorteil nur auf ihre männlichen Nachkommen überliefert haben. Es war gerade die Bedeutung dieses Unterschieds, welche mich dazu führte, diese Form der Zuchtwahl als „geschlechtliche Zuchtwahl" zu bezeichnen. Wenn ferner der hauptsächlichste Dienst, welchen die Greiforgane dem Männchen leisten, darin besteht, das Entschlüpfen des Weibchens noch vor der Ankunft anderer Männchen oder während des Angriffs von solchen zu verhüten, so werden diese Organe durch geschlechtliche Zuchtwahl vervollkommnet worden sein, d.h. durch den Vorteil, welchen gewisse Männchen über ihre Nebenbuhler erlangt haben. Es ist aber in den meisten derartigen Fällen unmöglich, zwischen den Wirkungen der natürlichen und der geschlechtlichen Zuchtwahl zu unterscheiden. Es ließen sich leicht ganze Kapitel mit Einzelheiten über die Verschiedenheiten zwischen den Geschlechtern in ihren Sinnes-, Bewegungs- und Greiforganen füllen. Da indessen diese Bildungen von nicht mehr Interesse als andere den gewöhnlichen Lebenszwecken angepaßte sind, so will ich sie fast ganz übergehen und nur einige wenige Beispiele von jeder Klasse anführen.

Es gibt viele andere Bildungen und Instinkte, welche durch geschlechtliche Zuchtwahl entwickelt worden sein müssen, – so die Angriffswaffen und die Verteidigungsmittel, welche die Männchen zum Kampf mit ihren Nebenbuhlern und zum Zurücktreiben derselben besitzen – ihr Mut und ihre Kampflust, – ihre Ornamente verschiedener Art, – ihre Organe zur Hervorbringung von Vokal- und Instrumentalmusik – und ihre Drüsen zur Absonderung riechbarer Substanzen. Die meisten dieser letzteren Bildungen dienen nur dazu, das Weibchen anzulocken oder aufzuregen. Daß diese Auszeichnungen das Resultat geschlechtlicher und nicht gewöhnlicher Zuchtwahl sind, ist klar, da unbewaffnete, nicht mit Ornamenten verzierte oder keine besonderen Anziehungspunkte besitzende Männchen in dem Kampf ums Dasein gleichmäßig gut bestehen und eine zahlreiche Nachkommenschaft hinterlassen würden, wenn nicht besser begabte Männchen vorhanden wären. Wir dürfen schließen, daß dies der Fall sein würde; denn die Weibchen,

---

[4] Mr. Perrier führt diesen Fall an (Revue Scientifique, 1. Fevr. 1873, p.865) als einen, der den Glauben an geschlechtliche Zuchtwahl völlig untergrabe; er glaubt nämlich, daß ich alle Verschiedenheiten zwischen den Geschlechtern der geschlechtlichen Zuchtwahl zuschreibe. Es hat sich daher dieser ausgezeichnete Naturforscher, wie so viele Franzosen, nicht die Mühe genommen, auch nur die ersten Grundsätze der geschlechtlichen Zuchtwahl zu verstehen. Ein englischer Zoologe behauptet, daß die Klammerorgane gewisser männlicher Tiere sich nicht hätten durch die Wahl des Weibchens entwickeln können! Hätte ich nicht diese Bemerkung gefunden, so würde ich es nicht für möglich gehalten haben, daß irgend jemand, der dieses Kapitel gelesen hat, sich hätte einbilden können, ich behauptete, daß die Wahl des Weibchens mit der Entwicklung von Greiforganen beim Männchen irgend etwas zu tun habe.

welche ohne Waffen und Ornamente sind, sind doch imstande, leben zu bleiben und ihre Art fortzupflanzen. Sekundäre Geschlechtscharaktere von der eben erwähnten Art werden in den folgenden Kapiteln ausführlich erörtert werden, da sie in vielen Beziehungen von Interesse sind, aber ganz besonders, da sie von dem Willen, der Wahl und der Rivalität der Individuen jedes der beiden Geschlechter abhängen. Wenn wir zwei Männchen sehen, welche um den Besitz des Weibchens kämpfen, oder mehrere männliche Vögel, welche ihr stattliches Gefieder entfalten und die fremdartigsten Gesten vor einer versammelten Menge von Weibchen anstellen, so können wir nicht daran zweifeln, daß sie, wenn auch nur durch Instinkt dazu getrieben, doch wissen, was sie tun, und mit Bewußtsein ihre geistigen und körperlichen Kräfte anstrengen.

In derselben Art und Weise, wie der Mensch die Rasse seiner Kampfhähne durch die Zuchtwahl derjenigen Vögel verbessern kann, welche in den Hahnenkämpfen siegreich sind, so haben auch, wie es den Anschein hat, die stärksten und siegreichsten Männchen oder diejenigen, welche mit den besten Waffen versehen sind, im Naturzustand den Sieg davongetragen und haben zur Verbesserung der natürlichen Rasse oder Spezies geführt. Im Verlauf der wiederholten Kämpfe auf Tod und Leben wird ein geringer Grad von Variabilität, wenn derselbe nur zu irgendeinem Vorteil, wenn auch noch so unbedeutend, führt, zu der Wirksamkeit der geschlechtlichen Zuchtwahl genügen; und es ist sicher, daß sekundäre Sexualcharaktere außerordentlich variabel sind. In derselben Weise wie der Mensch je nach seiner Ansicht von Geschmack seinem männlichen Geflügel Schönheit geben oder, richtiger ausgedrückt, die ursprünglich von der elterlichen Spezies erlangte Schönheit modifizieren kann, – wie er den Sebright-Bantam-Hühnern ein neues und elegantes Gefieder, eine aufrechte und eigentümliche Haltung geben kann, – so haben auch allem Anschein nach im Naturzustand die weiblichen Vögel die Schönheit oder andere anziehende Eigenschaften ihrer Männchen dadurch erhöht, daß sie lange Zeit hindurch die anziehenderen Männchen sich erwählt haben. Ohne Zweifel setzt dies ein Vermögen der Unterscheidung und des Geschmacks von Seiten des Weibchens voraus, welches auf den ersten Blick äußerst unwahrscheinlich erscheint; doch hoffe ich durch die später anzuführenden Tatsachen zu zeigen, daß die Weibchen faktisch dies Vermögen besitzen. Wenn indessen gesagt wird, daß die niederen Tiere einen Sinn für Schönheit haben, so darf nicht etwa vermutet werden, daß ein solcher Sinn mit dem eines kultivierten Menschen mit seinen vielgestaltigen und komplizierten assoziierten Ideen vergleichbar ist. Richtiger würde es sein, den Geschmack am Schönen bei Tieren mit dem bei den niedrigsten Wilden zu vergleichen, welche sich mit allen möglichen brillanten, glänzenden oder merkwürdigen Gegenständen bedecken, und dies bewundern.

Nach unserer Unwissenheit in bezug auf mehrere Punkte ist die genaue Art und Weise, in welcher geschlechtliche Zuchtwahl wirkt, etwas unsicher zu bestimmen. Wenn trotzdem diejenigen Naturforscher, welche bereits an die Veränderlichkeit der Arten glauben, die folgenden Kapitel lesen wollen, so werden sie, denke ich, mit mir darüber übereinstimmen, daß geschlechtliche Zuchtwahl in der Geschichte der organischen Welt eine bedeutende Rolle gespielt hat. Es ist sicher, daß bei fast allen Tieren ein Kampf zwischen den Männchen um den Besitz des Weibchens besteht. Diese Tatsache ist so bekannt, daß es überflüssig sein würde, hier Beispiele anzuführen. Es können daher die Weibchen unter der Voraussetzung, daß ihre geistigen Fähigkeiten für die Ausübung einer solchen Wahl hinreichen, eines von mehreren Männchen auswählen. In zahlreichen Fällen aber machen besondere Umstände den Kampf zwischen den Männchen besonders heftig. So kommen bei unseren Zugvögeln allgemein die Männchen vor den Weibchen auf den Brutplätzen an, so daß viele Männchen bereit sind, um jedes einzelne Weibchen zu kämpfen. Die Vogelfänger behaupten, daß dies unabänderlich bei der Nachtigall und dem Plattmönch der Fall ist, wie mir Mr. Jenner Weir mitgeteilt hat, welcher die Angabe in bezug auf die letztere Spezies selbst bestätigen kann.

Mr. Swaysland von Brighton, welcher während der letzten vierzig Jahre unsere Zugvögel bei ihrem ersten Eintreffen zu fangen pflegte, hat niemals die Erfahrung gemacht, daß die Weibchen irgendeiner Art vor ihren Männchen ankämen. Während eines Frühlings schoß er neununddreißig Männchen von Ray's Bachstelze (*Budytes Raii*), ehe er ein einziges Weibchen sah. Mr. Gould hat durch die Sektion der zuerst in England ankommenden Bekassinen ermittelt, daß die männlichen Vögel vor den weiblichen ankommen. Dasselbe gilt für die meisten Zugvögel der Vereinigten Staaten.[5] In der Periode, in welcher der Lachs in unseren Flüssen aufsteigt, ist die Majorität der Männchen vor den Weibchen zur Brut bereit. Allem Anschein nach ist dasselbe bei Fröschen und Kröten der Fall. In der ganzen großen Klasse der Insekten schlüpfen die Männchen fast immer vor dem anderen Geschlecht aus dem Puppenzustand aus, so daß sie meistens eine Zeit lang schwärmen, ehe irgendwelche Weibchen sichtbar sind.[6] Die Ursache dieser Verschiedenheit zwischen der Periode der Ankunft der Männchen und der Weibchen und deren Reifeperiode ist hinreichend klar. Diejenigen Männchen, welche jährlich zuerst in ein Land einwandern oder welche im Frühjahr zuerst zur Brut bereit sind oder die eifrigsten sind, werden die größte Anzahl von Nachkommen hinterlassen, und diese werden ähnliche Instinkte und Konstitutionen zu vererben neigen. Man muß im Auge behalten, daß es unmöglich gewesen wäre, die Zeit der geschlechtlichen Reife bei den Weibchen wesentlich zu ändern, ohne gleichzeitig die Periode der Hervorbringung der Jungen zu stören – eine Periode, welche durch die Jahreszeiten bestimmt werden muß. Im ganzen läßt sich nicht daran zweifeln, daß fast bei allen Tieren, bei denen die Geschlechter getrennt sind, ein beständig wiederkehrender Kampf zwischen den Männchen um den Besitz der Weibchen stattfindet.

Die Schwierigkeit in bezug auf geschlechtliche Zuchtwahl liegt für uns darin, zu verstehen, wie es kommt, daß diejenigen Männchen, welche andere besiegen, oder diejenigen, welche sich als den Weibchen am meisten anziehend erweisen, eine größere Zahl von Nachkommen hinterlassen, um ihre Superiorität zu erben, als die besiegten und weniger anziehenden Männchen. Wenn dieses Resultat nicht erlangt wird, so können die Charaktere, welche gewissen Männchen einen Vorteil über andere verleihen, nicht durch geschlechtliche Zuchtwahl vervollkommnet und angehäuft werden. Wenn die Geschlechter in genau gleicher Anzahl existieren,, so werden doch die am schlechtesten ausgerüsteten Männchen schließlich auch Weibchen finden (mit Ausnahme der Fälle, wo Polygamie herrscht) und dann ebenso viele und für ihre allgemeinen Lebensgewohnheiten gleichmäßig gut ausgerüstete Nachkommen hinterlassen wie die bestbegabten Männchen. Infolge verschiedener Tatsachen und Betrachtungen war ich früher zu dem Schluß gekommen, daß bei den meisten Tieren, bei denen sekundäre Sexualcharaktere gut entwickelt sind, die Männchen den Weibchen an Zahl beträchtlich überlegen sind; dies ist aber durchaus nicht immer richtig. Verhielten sich die Männchen zu den Weibchen wie zwei zu eins oder drei zu zwei oder selbst in einem noch etwas geringeren Verhältnis, so würde die ganze Angelegenheit einfach sein. Denn die besser bewaffneten oder größere Anziehungskraft darbietenden Männchen würden die größte Zahl von Nachkommen hinterlassen. Nachdem ich aber, soweit es möglich ist, die numerischen Verhältnisse der Geschlechter untersucht habe, glaube ich nicht, daß irgendwelche bedeutende Ungleichheit der Zahl für gewöhnlich existiert. In den meisten Fällen scheint die geschlechtliche Zuchtwahl in der folgenden Art und Weise in Wirksamkeit gekommen zu sein.

Wir wollen irgendeine Spezies, z.B. einen Vogel, annehmen und die Weibchen, welche einen Bezirk bewohnen, in zwei gleiche Massen teilen; die eine bestehe aus den kräftigeren und besser

---

[5] J. A. Allen: On the Mammals and Winter Birds of East Florida, in: Bull. Mus. Comp. Zoology, Harvard College. Vol. II, p.268.

[6] Selbst bei denjenigen Pflanzen, bei denen die Geschlechter getrennt sind, werden die männlichen Blüten allgemein vor den weiblichen reif. Viele hermaphroditische Pflanzen sind, wie zuerst C. K. Sprengel gezeigt hat, dichogam, d. h. ihre männlichen und weiblichen Organe sind nicht zu derselben Zeit fortpflanzungsfähig, so daß sie sich nicht selbst befruchten können. In solchen Pflanzen ist nun allgemein der Pollen in derselben Blüte früher reif, als die Narbe, obschon einige exzeptionelle Fälle vorkommen, bei denen die weiblichen Organe vor den männlichen die Reife erlangen.

genährten Individuen, die andere aus den weniger kräftigen und weniger gesunden. Es kann darüber kaum ein Zweifel bestehen, daß die ersteren im Frühjahr vor den letzteren zur Brut bereit sein werden; und das ist auch die Meinung von Mr. Jenner Weir, welcher viele Jahre hindurch die Lebensweise der Vögel aufmerksam beobachtet hat. Auch darüber kann kein Zweifel bestehen, daß die kräftigsten, am besten genährten und am frühesten brütenden Weibchen im Mittel es erreichen werden, die größte Zahl tüchtiger Nachkommen aufzuziehen.[7] Wie wir gesehen haben, sind allgemein die Männchen schon vor den Weibchen zum Fortpflanzungsgeschäft bereit; von den Männchen treiben nun die stärksten und bei einigen Spezies die am besten bewaffneten die schwächeren Männchen fort, und die ersteren werden sich dann mit den kräftigeren und am besten genährten Weibchen verbinden, da diese die ersten sind, welche zur Brut bereit sind.[8] Derartige kräftige Paare werden sicher eine größere Zahl von Nachkommen aufziehen, als die zurückgebliebenen Weibchen, welche unter der Voraussetzung, daß die Geschlechter numerisch gleich sind, gezwungen werden, sich mit den besiegten und weniger kräftigen Männchen zu paaren; und hier findet sich denn alles, was nötig ist, um im Verlauf aufeinanderfolgender Generationen die Größe, Stärke und den Mut der Männchen zu erhöhen oder ihre Waffen zu verbessern.

Aber in einer großen Menge von Fällen gelangen die Männchen, welche andere Männchen besiegen, nicht unabhängig von einer Wahl seitens der Weibchen in den Besitz derselben. Die Bewerbung der Tiere ist durchaus keine so einfache und kurz abgemachte Angelegenheit, wie man wohl denken möchte. Die Weibchen werden durch die geschmückteren oder die sich als die besten Sänger zeigenden oder die am besten gestikulierenden Männchen am meisten angeregt oder ziehen vor, sich mit solchen zu paaren. Es ist aber offenbar wahrscheinlich, wie es auch in manchen Fällen faktisch beobachtet worden ist, daß diese Männchen in derselben Weise es auch vorziehen werden, sich mit den kräftigeren und lebendigeren Weibchen zu begatten.[9] Es werden daher die kräftigeren Weibchen, welche zuerst zum Brutgeschäft kommen, die Auswahl unter vielen Männchen haben; und wenn sie auch nicht immer die stärksten und am besten bewaffneten wählen werden, so werden sie sich doch diejenigen aussuchen, welche überhaupt kräftig und gut bewaffnet sind und in manchen anderen Beziehungen am meisten Anziehungskraft ausüben. Beide Geschlechter solcher zeitigen Paare werden daher beim Aufziehen von Nachkommen, wie oben auseinandergesetzt wurde, einen Vorteil über andere haben; und dies hat offenbar während eines langen Verlaufes aufeinander folgender Generationen hingereicht, nicht bloß die Stärke und das Kampfvermögen der Männchen zu erhöhen, sondern auch ihre verschiedenen Zieraten und andere Punkte der Anziehung reicher entwickeln zu lassen.

In dem umgekehrten und viel selteneren Fall, wo die Männchen besondere Weibchen auswählen, ist es klar, daß diejenigen, welche die kräftigsten sind und andere besiegt haben, die freieste Wahl haben; und es ist beinahe gewiß, daß sie ebensowohl kräftigere als mit gewissen Anziehungsreizen versehene Weibchen sich wählen werden. Derartige Paare werden bei der Erziehung von Nachkommen einen Vorteil haben, und dies wird noch besonders dann der Fall sein, wenn

---

[7] Das Folgende ist ein ausgezeichnetes, von einem erfahrenen Ornithologen erwähntes Zeugnis vom Charakter der Nachkommen. Mr. J. A. Allen spricht (Mammals and Winter Birds of East Florida, p.229) von den späteren Bruten nach der zufälligen Zerstörung der ersten, und sagt, daß man diese „kleiner und blasser gefärbt finde, als die zeitiger in der Saison ausgebrüteten. In Fällen, wo mehrere Bruten in jedem Jahr gezogen werden, sind der allgemeinen Regel zufolge die Vögel der früheren Bruten in jeder Beziehung die vollkommensten und kräftigsten".

[8] Hermann Müller ist in bezug auf diejenigen weiblichen Bienen, welche zuerst in jedem Jahr ausschlüpfen, zu demselben Schluß gelangt. S. seinen bemerkenswerten Aufsatz: „Anwendung der Darwinschen Lehre auf Bienen", in: Verhandl. d. naturhist. Ver. der preuß. Rheinl., XXIX. Jahrg., 1872, p.45.

[9] Ich habe Mitteilungen in diesem Sinne in bezug auf die Hühner erhalten, welche ich später noch erwähnen werde. Selbst bei solchen Vögeln, welche sich, wie der Tauber, für ihre Lebenszeit paaren, überläßt, wie ich von Mr. Jenner Weir höre, das Weibchen seinen Genossen, wenn er krank oder schwach wird.

das Männchen die Kraft besitzt, das Weibchen während der Paarungszeit zu verteidigen, wie es bei einigen der höheren Tiere vorkommt, oder wenn es das Weibchen bei der Sorge um das Junge unterstützt. Dieselben Grundsätze werden gelten, wenn beide Geschlechter gegenseitig gewisse Individuen des anderen Geschlechts vorzogen und auswählten, unter der Voraussetzung allerdings, daß sie nicht bloß die mit größeren Reizen versehenen, sondern gleichzeitig auch die kräftigeren Individuen auswählten.

Numerisches Verhältnis der beiden Geschlechter. – Ich habe oben bemerkt, daß geschlechtliche Zuchtwahl eine einfache Angelegenheit wäre, wenn die Männchen den Weibchen an Zahl beträchtlich überlegen wären. Ich wurde hierdurch veranlaßt, soweit ich es tun konnte, die proportionalen Zahlen beider Geschlechter bei so vielen Tieren wie nur möglich zu untersuchen; doch sind die Materialien nur dürftig. Ich will hier nur einen kurzen Abriß der Resultate geben und die Einzelheiten für eine anhangsweise Erörterung aufbewahren, um hier den Gang meiner Beweisführung nicht zu unterbrechen. Nur domestizierte Tiere bieten die Gelegenheit dar, die proportionalen Zahlen bei der Geburt festzustellen; es sind aber speziell für diesen Zweck keine Berichte abgefaßt oder Listen etc. geführt worden. Indessen habe ich auf indirektem Wege eine beträchtliche Menge statistischer Angaben gesammelt, aus denen hervorgeht, daß bei den meisten unserer domestizierten Tiere die Geschlechter bei der Geburt nahezu gleich sind. So sind von Rennpferden während einundzwanzig Jahren 25.560 Geburten registriert worden, und die männlichen Geburten standen zu den weiblichen in dem Verhältnisse von 99,7:100. Bei Windspielen ist die Ungleichheit größer als bei irgendeinem anderen Tiere, denn während zwölf Jahren verhielten sich unter 6878 Geburten die männlichen Geburten zu den weiblichen wie 110,1:100. Es ist indessen in einem gewissen Grade zweifelhaft, ob man mit Sicherheit schließen darf, daß dieselben proportionalen Zahlen ebenso unter natürlichen Verhältnissen wie im Zustande der Domestikation auftreten würden; denn unbedeutende und unbekannte Verschiedenheiten in den Lebensbedingungen affizieren in einer gewissen Ausdehnung das Verhältnis der beiden Geschlechter zueinander. So verhalten sich in bezug auf den Menschen die männlichen Geburten in England wie 104,5, in Rußland wie 108,9 und bei den Juden in Livland wie 120 zu 100 weiblichen Geburten. Ich werde aber auf diesen merkwürdigen Punkt, den Exzeß männlicher Geburten, im Anhang zu diesem Kapitel zurückkommen. Am Kap der Guten Hoffnung wurden indessen während mehrerer Jahre männliche Kinder europäischer Herkunft im Verhältnis von zwischen 90 und 99 zu 100 weiblichen geboren.

Für unsern gegenwärtigen Zweck haben wir es hier mit dem Verhältnis der beiden Geschlechter nicht zur Zeit der Geburt, sondern zur Zeit der Reife zu tun, und dies bringt noch ein anderes Element des Zweifels mit sich. Denn es ist eine sicher bestätigte Tatsache, daß bei dem Menschen eine beträchtlich bedeutendere Zahl der männlichen Kinder vor oder während der Geburt und während der ersten wenigen Jahre der Kindheit stirbt als der weiblichen. Dasselbe ist fast sicher mit den männlichen Lämmern der Fall und dasselbe dürfte wahrscheinlich auch für die Männchen einiger anderen Tiere gelten. Die Männchen mancher Tiere töten einander in Kämpfen oder sie treiben einander herum, bis sie bedeutend abgemagert sind. Sie müssen auch, während sie im eifrigen Suchen nach Weibchen umherwandern, oft verschiedenen Gefahren ausgesetzt sein. Bei vielen Arten von Fischen sind die Männchen viel kleiner als die Weibchen und man glaubt, daß sie oft von den letzteren oder von anderen Fischen verschlungen werden. Bei manchen Vögeln scheint es, als ob die Weibchen zeitiger stürben als die Männchen; auch sind sie einer Zerstörung, während sie auf dem Nest sitzen oder während sie sich um ihre Jungen mühen, sehr ausgesetzt. Bei Insekten sind die weiblichen Larven oft größer als die männlichen und dürften infolgedessen wohl häufiger von anderen Tieren gefressen werden. In manchen Fällen sind die reifen Weibchen weniger lebendig und weniger schnell in ihren Bewegungen als die Männchen und werden daher nicht so gut imstande sein, den Gefahren zu entrinnen. Bei den

Achtes Kapitel

Tieren im Naturzustand müssen wir uns daher, um uns über die Verhältnisse der Geschlechter im Reifezustand ein Urteil zu bilden, auf bloße Schätzung verlassen, und diese ist, vielleicht mit Ausnahme der Fälle, wo die Ungleichheit stark markiert ist, nur wenig zuverlässig. Soweit sich aber ein Urteil bilden läßt, können wir nichtsdestoweniger aus den im Anhang gegebenen Tatsachen schließen, daß die Männchen einiger weniger Säugetiere, vieler Vögel und einiger Fische und Insekten die Weibchen an Zahl beträchtlich übertreffen.

Das Verhältnis zwischen den Geschlechtern fluktuiert unbedeutend während aufeinanderfolgender Jahre. So variierte bei Rennpferden für je hundert geborener Weibchen die Zahl der Männchen von 107,1 in dem einen Jahre bis zu 92,6 in einem anderen Jahre, und bei Windspielen von 116,3 zu 95,3. Wären aber Zahlen aus einem noch ausgedehnteren Bezirk als England ist, tabellarisch zusammengestellt worden, so würden wahrscheinlich diese Fluktuationen verschwunden sein, und so wie sie sind, dürften sie kaum genügen, um zur Wirksamkeit der geschlechtlichen Zuchtwahl im Naturzustand zu führen. Nichtsdestoweniger scheinen bei einigen wenigen wilden Tieren, wie im Anhang gezeigt werden wird, die Proportionen entweder während verschiedener Jahre oder in verschiedenen Örtlichkeiten in einem hinreichend bedeutenden Grade zu schwanken, um zu einer derartigen Wirksamkeit zu führen. Denn man muß beachten, daß irgendein Vorteil, der während gewisser Jahre oder in gewissen Örtlichkeiten von denjenigen Männchen erlangt wurde, welche imstande waren, andere Männchen zu besiegen, oder welche für die Weibchen die meiste Anziehungskraft besaßen, wahrscheinlich auf deren Nachkommen überliefert und später nicht wieder eliminiert werden würde. Wenn während der aufeinanderfolgenden Jahre infolge der gleichen Zahl der Geschlechter jedes Männchen überall imstande wäre, sich ein Weibchen zu verschaffen, so würden die kräftigeren oder anziehenderen Männchen, welche früher erzeugt wurden, doch immer noch mindestens ebensoviel Wahrscheinlichkeit haben, Nachkommen zu hinterlassen, als die weniger kräftigen und weniger anziehenden.

Polygamie. – Die Gewohnheit der Polygamie führt zu denselben Resultaten, welche aus einer faktischen Ungleichheit in der Zahl der Geschlechter sich ergeben würden. Denn wenn jedes Männchen sich zwei oder mehrere Weibchen verschafft, so werden viele Männchen nicht imstande sein, sich zu paaren; und zuverlässig werden diese letzteren die schwächeren oder weniger anziehenden Individuen sein. Viele Säugetiere und einige wenige Vögel sind polygam; bei Tieren indessen, welche zu den niederen Klassen gehören, habe ich keine Zeugnisse hierfür gefunden. Die intellektuellen Kräfte solcher Tiere sind vielleicht nicht hinreichend groß, um sie dazu zu führen, einen Harem von Weibchen um sich zu sammeln und zu bewachen. Daß irgendeine Beziehung zwischen Polygamie und der Entwicklung sekundärer Sexualcharaktere existiert, scheint ziemlich sicher zu sein; und dies unterstützt die Ansicht, daß ein numerisches Übergewicht der Männchen der Tätigkeit geschlechtlicher Zuchtwahl ganz außerordentlich günstig sein würde. Nichtsdestoweniger bieten viele Tiere, besonders Vögel, welche ganz streng monogam leben, scharf ausgesprochene sekundäre Sexualcharaktere dar, während andrerseits einige wenige Tiere, welche polygam leben, nicht in dieser Weise ausgezeichnet sind.

Wir wollen zuerst schnell die Klasse der Säugetiere durchlaufen und uns dann zu den Vögeln wenden. Der Gorilla scheint polygam zu sein, und das Männchen weicht beträchtlich vom Weibchen ab. Dasselbe gilt für einige Paviane, welche in Herden leben, die zweimal so viele erwachsene Weibchen als Männchen enthalten. In Süd-Amerika bietet der *Mycetes caraya* gut ausgesprochene geschlechtliche Verschiedenheiten in der Färbung, dem Bart und den Stimmorganen dar; und das Männchen lebt meist mit zwei oder drei Weibchen. Das Männchen des *Cebus capucinus* weicht etwas von dem Weibchen ab und scheint auch polygam zu sein.[10] In

---

[10] Über den Gorilla s. Savage und Wyman, in: Boston Journ. of Natur. Hist., Vol. V, 1845-47, p.423. Über *Cynocephalus* s. Brehm: Illustriertes Tierleben. 2. Aufl., Bd. I, 1876, p.159. Über *Mycetes* s. Rengger: Naturgesch. d. Säugetiere von Paraguay, 1830, p.14, 20. Über *Cebus* s. Brehm: a.a.O., p.201.

bezug auf die meisten anderen Affen ist über diesen Punkt nur wenig bekannt, aber manche Spezies sind streng monogam. Die Wiederkäuer sind ganz außerordentlich polygam und sie bieten häufiger geschlechtliche Verschiedenheiten dar als vielleicht irgendeine andere Gruppe von Säugetieren, besonders in ihren Waffen, aber gleichfalls in anderen Merkmalen. Die meisten hirschartigen, rinderartigen Tiere und Schafe sind polygam, wie es auch die meisten Antilopen sind, obgleich einige der letzteren monogam leben. Sir Andrew Smith erzählt von den Antilopen in Süd-Afrika und sagt, daß in Herden von ungefähr einem Dutzend selten mehr als ein reifes Männchen sich findet. Die asiatische *Antilope Saiga* scheint der ausschweifendste Polygamist in der Welt zu sein; denn Pallas[11] gibt an, daß das Männchen sämtliche Nebenbuhler forttreibt und eine Herde von ungefähr hundert Tieren um sich sammelt, welche aus Weibchen und Kälbern besteht. Das Weibchen ist hornlos und hat weichere Haare, weicht aber in anderer Weise nicht viel vom Männchen ab. Das wilde Pferd der Falkland-Inseln und der westlichen Staaten von Nord-Amerika ist polygam; mit Ausnahme der bedeutenderen Größe und der Verhältnisse des Körpers weicht aber der Hengst nur wenig von der Stute ab. Der wilde Eber bietet in seinen großen Hauern und einigen anderen Charakteren scharf markierte sexuelle Merkmale dar. In Europa und in Indien führt er mit Ausnahme der Brunstzeit ein einsames Leben, aber um diese Zeit vergesellschaftet er sich in Indien mit mehreren Weibchen, wie Sir W. Elliot annimmt, welcher reiche Erfahrung in der Beobachtung dieses Tieres besitzt. Ob dies auch für den Eber in Europa gilt, ist zweifelhaft, doch wird es von einigen Angaben unterstützt. Der erwachsene männliche indische Elefant bringt, wie der Eber, einen großen Teil seiner Zeit in Einsamkeit hin; aber wenn er sich mit anderen Tieren zusammentut, so findet man, wie Dr. Campbell angibt, „selten mehr als ein Männchen mit einer großen Herde von Weibchen". Die größeren Männchen treiben die kleineren und schwächeren fort oder töten sie. Das Männchen weicht vom Weibchen durch seine ungeheueren Stoßzähne und bedeutendere Größe, Kraft und Ausdauer ab. Die Verschiedenheit ist in dieser letzteren Beziehung so groß, daß die Männchen, wenn sie gefangen sind, um ein Fünftel höher geschätzt werden als die Weibchen.[12] Bei anderen pachydermen Tieren weichen die Geschlechter sehr wenig oder gar nicht voneinander ab, auch sind sie, soweit es bekannt ist, keine Polygamisten. Von keiner Spezies aus den Ordnungen der Chiroptern, Edentaten, Nagetiere und Insektenfresser habe ich gehört, daß sie polygam sei, mit Ausnahme der gemeinen Ratte unter den Nagern, von der, wie einige Rattenfänger versichern, die Männchen mit mehreren Weibchen leben. Nichtsdestoweniger weichen die beiden Geschlechter einiger Faultiere (Edentaten) in dem Charakter und der Farbe gewisser Gruppen von Haaren an den Schultern voneinander ab.[13] Auch bieten viele Arten von Fledermäusen (Chiroptern) gut ausgesprochene geschlechtliche Verschiedenheiten dar, hauptsächlich in dem Umstand, daß die Männchen Riech-Drüsen und -Taschen besitzen und von hellerer Färbung sind.[14] In der großen Ordnung der Nager weichen, soweit ich es habe verfolgen können, die Geschlechter nur selten voneinander ab, und wenn sie es tun, ist es nur unbedeutend in der Färbung des Pelzes.

Wie ich von Sir Andrew Smith höre, lebt der Löwe in Süd-Afrika zuweilen mit einem einzigen Weibchen, meistens aber mit mehr als einem, und in einem Fall fand man, daß er sogar mit fünf Weibchen lebte, so daß er also polygam ist. Er ist, soweit ich ausfindig machen kann, der einzige Polygamist in der ganzen Gruppe der landbewohnenden Karnivoren und er allein bietet wohl ausgesprochene Sexualcharaktere dar. Wenn wir uns indessen zu den Seekarnivoren wenden, so stellt sich der Fall sehr verschieden, wie wir hernach sehen werden. Denn viele Spezies von

---

[11] Pallas: Spicilegia zoologica, Fascic. XII, 1777, p.29. Sir Andrew Smith: Illustrations of the Zoology of South Africa, 1849, pl. 29 über den *Kobus*. Owen gibt in seiner „Anatomy of Vertebrates", Vol. III, 1868, p.633, eine Tabelle, welche unter anderem auch zeigt, welche Arten von Antilopen in Herden leben.
[12] Dr. Campbell, in: Proceed. Zoolog. Soc., 1869, p.138. S. auch einen interessanten Aufsatz von Lieutenant Johnstone, in: Proceed. Asiatic. Soc. of Bengal, May 1868.
[13] Dr. Gray, in: Annals and Mag. of Nat. Hist., 1871, Vol. VII, p.302.
[14] S. Dr. Dobsons vortrefflichen Aufsatz, in: Proceed. Zool. Soc., 1872, p.214.

Achtes Kapitel

Robben bieten außerordentliche sexuelle Verschiedenheiten dar, und sie sind in eminentem Grade polygam. So besitzt der männliche See-Elefant der Südsee nach der Angabe von Péron stets mehrere Weiber, und von dem See-Löwen von Forster sagt man, daß er von zwanzig bis dreißig Weibchen umgeben wird; im Norden begleitet den männlichen Seebär von Steller sogar eine noch größere Zahl von Weibchen. Es ist eine interessante Tatsache, daß, wie Dr. Gill bemerkt[15], bei den monogamen Arten, „oder denen, welche in kleinen Gesellschaften leben, nur wenig Unterschied in der Größe zwischen den Männchen und Weibchen besteht; bei den sozialen Arten oder vielmehr bei solchen, bei denen die Männchen sich Harems halten, sind die Männchen ungeheuer viel größer als die Weibchen".

Was die Vögel betrifft, so sind viele Spezies, in denen die Geschlechter bedeutend voneinander abweichen, sicher monogam. In Großbritannien sehen wir z. B. gut ausgesprochene Verschiedenheiten bei der wilden Ente, welche mit einem einzigen Weibchen sich paart, bei der gemeinen Amsel und beim Gimpel, von dem man sagt, daß er sich fürs Leben paart. Dasselbe gilt, wie mir Mr. Wallace mitgeteilt hat, für die Cotingiden von Süd-Amerika und für viele andere Vögel. In mehreren Gruppen bin ich nicht imstande gewesen ausfindig zu machen, ob die Spezies polygam oder monogam leben. Lesson sagt, daß die Paradiesvögel, welche wegen ihrer geschlechtlichen Verschiedenheiten so merkwürdig sind, polygam leben; Mr. Wallace zweifelt aber, ob er für diesen Ausspruch hinreichende Belege gehabt hat. Mr. Salvin teilt mir mit, er werde zu der Annahme veranlaßt, daß die Kolibris polygam leben. Der männliche Witwenvogel (*Vidua*), welcher wegen seiner Schwanzfedern so merkwürdig ist, scheint sicher ein Polygamist zu sein.[16] Mr. Jenner Weir und andere haben mir versichert, daß nicht selten drei Stare ein und dasselbe Nest frequentieren; ob dies aber ein Fall von Polygamie oder Polyandrie ist, ist nicht ermittelt worden.

Die hühnerartigen Vögel bieten fast ebenso scharf markierte geschlechtliche Verschiedenheiten dar wie die Paradiesvögel und Kolibris, und viele ihrer Arten sind bekanntlich polygam; andere dagegen leben in strikter Monogamie. Welchen Kontrast bieten die beiden Geschlechter des polygamen Pfauen oder Fasans und des monogamen Perlhuhns oder Rebhuhns dar! Es ließen sich viele ähnliche Fälle noch anführen, wie in der Gruppe der Waldhühner, bei denen die Männchen des polygamen Auerhuhns und des Birkhuhns bedeutend von den Weibchen abweichen, während die Geschlechter des monogamen Moor- und schottischen Schneehuhns nur sehr wenig voneinander verschieden sind. Unter den Laufvögeln bieten, wenn man die trappenartigen ausnimmt, nur wenig Spezies scharf markierte sexuelle Verschiedenheiten dar, und man sagt, daß die große Trappe (*Otis tarda*) polygam sei. Unter den Watvögeln weichen nur äußerst wenige Arten sexuell voneinander ab; aber der Kampfläufer (*Machetes pugnax*) bietet eine sehr auffallende Ausnahme dar und Montagu glaubt, daß diese Art polygam sei. Hiernach wird es daher ersichtlich, daß bei Vögeln oft eine nahe Beziehung zwischen Polygamie und der Entwicklung scharf markierter sexueller Verschiedenheiten besteht. Als ich Mr. Bartlett, welcher über Vögel so bedeutende Erfahrung besitzt, im zoologischen Garten fragte, ob der männliche Tragopan (einer der Gallinaceen) polygam sei, überraschte mich seine Antwort: „Ich weiß es nicht, ich sollte es aber nach seinen glänzenden Farben wohl meinen".

Es verdient Beachtung, daß der Instinkt der Paarung mit einem einzigen Weibchen im Zustand der Domestikation leicht verloren geht. Die wilde Ente ist streng monogam, die domestizierte Ente stark polygam. Mr. W. D. Fox teilt mir mit, daß bei einigen halb gezähmten Wildenten, welche auf einem großen Teich in seiner Nachbarschaft gehalten wurden, so viele Entriche von den

---

[15] The Eared Seals, in: American Naturalist. Vol. IV, Jan. 1871.
[16] The Ibis. Vol. III, 1861, p.133, über den Progne-Wittwenvogel. S. auch über *Vidua axillaris* ebd., Vol. II, 1860, p.211. Über die Polygamie des Auerhahns und der großen Trappe s. L. Lloyd: Game Birds of Sweden, 1867, p.19 und 182. Montagu und Selby sprechen vom Birkhuhn als einem polygamen, vom Schneehuhn als einem monogamen Vogel.

Wildhütern geschossen wurden, daß nur einer für je sieben oder acht Weibchen übrig gelassen wurde, und doch wurden ganz ungewöhnlich große Bruten erzogen. Das Perlhuhn lebt in strikter Monogamie. Mr. Fox findet aber, daß dieser Vogel am besten fortkommt, wenn man auf zwei oder drei Hennen einen Hahn hält. Die Kanarienvögel paaren sich im Naturzustand; aber die Züchter in England bringen mit vielem Erfolge nur ein Männchen zu vier oder fünf Weibchen. Ich habe diese Fälle angeführt, da sie es wahrscheinlich machen, daß Arten, die im Naturzustand monogam sind, sehr leicht entweder zeitweise oder beständig polygam werden können.

In bezug auf die Reptilien und Fische muß bemerkt werden, daß zu wenig von ihrer Lebensweise bekannt ist, um uns in den Stand zu setzen, von ihren Hochzeitsarrangements zu sprechen. Man sagt indessen, daß der Stichling (*Gasterosteus*) ein Polygamist sei[17], und das Männchen weicht während der Brutzeit auffallend vom Weibchen ab.

Fassen wir nun die Mittel zusammen, durch welche, soweit wir es beurteilen können, die geschlechtliche Zuchtwahl zur Entwicklung sekundärer Sexualcharaktere geführt hat. Es ist gezeigt worden, daß die größte Zahl kräftiger Nachkommen durch die Paarung der kräftigsten, der am besten bewaffneten und der, im Kampf mit anderen, siegreichen Männchen mit den kräftigsten und am besten ernährten Weibchen, welche im Frühjahr zuerst zur Brut bereit sind, erzogen wird. Wenn sich derartige Weibchen die anziehenderen und gleichzeitig auch kräftigeren Männchen auswählen, so werden sie eine größere Zahl von Nachkommen aufbringen als die sich verspätenden Weibchen, welche sich mit den weniger kräftigen und weniger anziehenden Männchen paaren müssen. Dasselbe wird eintreten, wenn die kräftigeren Männchen die mit größerer Anziehungskraft versehenen und zu derselben Zeit gesünderen und kräftigeren Weibchen auswählen; und besonders wird dies gelten, wenn das Männchen das Weibchen verteidigt und es bei der Beschaffung von Nahrung für die Jungen unterstützt. Der in dieser Weise von den kräftigeren Paaren beim Aufziehen einer größeren Anzahl von Nachkommen erlangte Vorteil hat allem Anschein nach hingereicht, geschlechtliche Zuchtwahl in Tätigkeit treten zu lassen. Aber ein großes Übergewicht an Zahl seitens der Männchen über die Weibchen würde noch wirksamer sein: – mag das Übergewicht nur gelegentlich und lokal oder bleibend sein, mag es zur Zeit der Geburt oder später infolge der bedeutenderen Zerstörung der Weibchen eintreten, oder mag es indirekt ein Resultat eines polygamen Lebens sein.

Das Männchen allgemein mehr modifiziert als das Weibchen. – Wenn die beiden Geschlechter voneinander in der äußeren Erscheinung abweichen, so ist es durch das ganze Tierreich hindurch das Männchen, welches, mit seltenen Ausnahmen, hauptsächlich modifiziert worden ist; denn allgemein bleibt das Weibchen den Jungen seiner eigenen Spezies und ebenso auch anderen erwachsenen Gliedern derselben Gruppe ähnlicher. Die Ursache hiervon scheint darin zu liegen, daß die Männchen beinahe aller Tiere stärkere Leidenschaften haben als die Weibchen. Daher sind es die Männchen, welche miteinander kämpfen und eifrig ihre Reize vor den Weibchen entfalten; und diejenigen, welche siegreich aus solchen Wettstreiten hervorgehen, überliefern ihre Superiorität ihren männlichen Nachkommen. Warum die Männchen ihre Merkmale nicht auf beide Geschlechter vererben, wird hernach betrachtet werden. Daß die Männchen aller Säugetiere begierig die Weibchen verfolgen, ist allgemein bekannt. Dasselbe gilt für die Vögel. Aber viele männliche Vögel verfolgen nicht nur die Weibchen, sie entfalten auch ihr Gefieder, führen fremdartige Gesten auf und lassen ihren Gesang in Gegenwart der Weibchen erschallen. Bei den wenigen Fischen, welche beobachtet worden sind, scheint das Männchen viel eifriger zu sein als das Weibchen; und dasselbe ist bei Alligatoren und, wie es scheint, auch bei Batrachiern der Fall. Durch die ungeheure Klasse der Insekten hindurch herrscht, wie Kirby bemerkt[18], „das Gesetz, daß das Männchen das Weibchen aufzusuchen hat". Wie ich von zwei

---

[17] Noel Humphreys: River Gardens, 1857.
[18] Kirby and Spence: Introduction to Entomology. Vol. III, 1826, p.342

bedeutenden Autoritäten, Mr. Blackwall und Mr. C. Spence Bate, höre, sind unter den Spinnen und Crustaceen die Männchen lebendiger und in ihrer Lebensweise herumschweifender als die Weibchen. Wenn bei Insekten und Crustaceen die Sinnes- oder Bewegungsorgane in dem einen Geschlecht vorhanden sind, in dem anderen dagegen fehlen, oder wenn sie, wie es häufig der Fall ist, in dem einen Geschlecht höher entwickelt sind als in dem anderen, so ist es beinahe unabänderlich, soweit ich es nachweisen kann, das Männchen, welches derartige Organe behalten oder dieselben am meisten entwickelt hat, und dies zeigt, daß das Männchen während der Bewerbung der beiden Geschlechter der tätigere Teil ist.[19]

Das Weibchen ist andererseits mit sehr seltenen Ausnahmen weniger begierig als das Männchen. Wie der berühmte Hunter[20] schon vor langer Zeit bemerkte, verlangt es im allgemeinen geworben zu werden; es ist spröde, und man kann oft sehen, daß es eine zeitlang den Versuch macht, dem Männchen zu entrinnen. Jeder, der nur die Lebensweise von Tieren aufmerksam beobachtet hat, wird imstande sein, sich Beispiele dieser Art ins Gedächtnis zurückzurufen. Nach verschiedenen später mitzuteilenden Tatsachen zu urteilen und nach den Wirkungen, welche getrost der geschlechtlichen Zuchtwahl zugeschrieben werden können, übt das Weibchen, wenn auch vergleichsweise passiv, allgemein eine gewisse Wahl aus und nimmt ein Männchen im Vorzug vor anderen an. Oder wie die Erscheinungen uns zuweilen zu glauben veranlassen dürften: es nimmt nicht dasjenige Männchen, welches ihm das anziehendste war, sondern dasjenige, welches ihm am wenigsten zuwider war. Das Ausüben einer gewissen Wahl von Seiten des Weibchens scheint ein fast so allgemeines Gesetz wie die Begierde des Männchens zu sein.

Wir werden natürlich veranlaßt, zu untersuchen, warum das Männchen in so vielen und soweit voneinander verschiedenen Klassen gieriger als das Weibchen geworden ist, so daß es das Weibchen aufsucht und den tätigeren Teil bei der ganzen Bewerbung darstellt. Es würde kein Vorteil und sogar etwas Verlust an Kraft sein, wenn beide Geschlechter gegenseitig einander suchen sollten. Warum soll aber fast immer das Männchen der suchende Teil sein? Bei Pflanzen müssen die Eichen nach der Befruchtung eine Zeit lang ernährt werden, daher wird der Pollen notwendig zu den weiblichen Organen hingebracht, er wird auf die Narbe entweder durch die Tätigkeit der Insekten oder des Windes oder durch die eigenen Bewegungen der Staubfäden gebracht. Bei den Algen und anderen Pflanzen geschieht dies sogar durch die Bewegungsfähigkeit der Antherozoiden. Bei niedrig organisierten Tieren, welche beständig an einem und demselben Orte befestigt sind und getrennte Geschlechter haben, wird das männliche Element unabänderlich zum Weibchen gebracht, und wir können hiervon auch die Ursache einsehen; denn wenn die Eier selbst sich vor ihrer Befruchtung lösten und keiner späteren Ernährung oder Beschützung bedürften, so könnten sie wegen ihrer relativ bedeutenderen Größe weniger leicht transportiert werden als das männliche Element. Daher sind viele der niederen Tiere in dieser Beziehung den Pflanzen analog.[21] Da die Männchen fest angehefteter und im Wasser lebender Tiere dadurch veranlaßt wurden, ihr befruchtendes Element auszustoßen, so ist es natürlich, daß diejenigen ihrer Nachkommen, welche sich in der Stufenleiter erhoben und die Fähigkeit der Ortsbewegung erlangten, dieselbe Gewohnheit beibehielten; sie werden sich den Weibchen so sehr als möglich

---

[19] Ein parasitisches Insekt aus der Ordnung der Hymenopteren bietet (vgl. Westwood: Modern Classific. of Insects. Vol. II, p.160) eine Ausnahme von dieser Regel dar, da das Männchen rudimentäre Flügel hat und niemals die Zelle, in welcher es geboren wurde, verläßt, während das Weibchen gut entwickelte Flügel besitzt. Audouin glaubt, daß die Weibchen dieser Spezies von den Männchen befruchtet werden, welche mit ihnen in derselben Zelle geboren werden; es ist aber viel wahrscheinlicher, daß die Weibchen andere Zellen besuchen und dadurch nahe Inzucht vermeiden. Wir werden später einigen wenigen exzeptionellen Fällen aus verschiedenen Klassen begegnen, wo das Weibchen anstatt des Männchens der aufsuchende und werbende Teil ist.
[20] Essays and Observations, edited bei Owen. Vol. I, 1861, p.174.
[21] Prof. Sachs (Lehrbuch der Botanik, 1870, p.633) bemerkt bei der Schilderung der männlichen und weiblichen reproduktiven Zellen: „Es verhält sich die eine bei der Vereinigung aktiv, ... die andere erscheint bei der Vereinigung passiv."

nähern, um der Gefahr zu entgehen, daß das befruchtende Element während eines langen Weges durch das Wasser verloren geht. Bei einigen wenigen der niederen Tiere sind die Weibchen allein festgeheftet und in diesen Fällen müssen die Männchen der suchende Teil sein. In bezug auf Formen, deren Urerzeuger ursprünglich freilebend waren, ist es aber schwer zu verstehen, warum unabänderlich die Männchen die Gewohnheit erlangt haben, sich den Weibchen zu nähern, anstatt von ihnen aufgesucht zu werden. In allen Fällen würde es indessen, damit die Männchen erfolgreich Suchende werden, notwendig sein, daß sie mit starken Leidenschaften begabt würden; die Erlangung solcher Leidenschaften würde eine natürliche Folge davon sein, daß die begierigeren Männchen eine größere Zahl von Nachkommen hinterließen, als die weniger begierigen.

Die größere Begierde des Männchens hat somit indirekt zu der viel häufigeren Entwicklung sekundärer Sexualcharaktere bei Männchen als beim Weibchen geführt. Aber die Entwicklung solcher Charaktere wird auch, wie ich nach einem langen Studium der domestizierten Tiere schließe, noch dadurch bedeutend unterstützt, daß das Männchen viel häufiger variiert als das Weibchen. Nathusius, welcher eine sehr große Erfahrung hat, ist entschieden derselben Meinung.[22] Einige gute Belege zugunsten dieser Schlußfolgerung kann man durch einen Vergleich der beiden Geschlechter des Menschen erlangen. Während der Novara-Expedition[23] wurde eine ungeheure Zahl von Messungen der verschiedenen Körperteile bei verschiedenen Rassen angestellt; und dabei wurde gefunden, daß die Männer in beinahe allen Fällen eine größere Breite der Variation darboten als die Weiber. Ich werde aber auf diesen Gegenstand in einem späteren Kapitel zurückzukommen haben. Mr. J. Wood[24], welcher die Abänderungen der Muskeln beim Menschen sorgfältig verfolgt hat, druckt die Schlußfolgerung, daß „die größte Zahl von Abnormitäten an einem einzelnen Leichnam bei den Männern gefunden wird". Er hatte vorher bemerkt, daß „im ganzen unter hundertzwei Leichnamen die Varietäten mit überzähligen Bildungen einundhalb Mal häufiger bei Männern vorkommen als bei Frauen, was sehr auffallend gegen die größere Häufigkeit von Varietäten mit Fehlen gewisser Teile bei Weibern kontrastiert, was vorhin besprochen wurde". Professor Macalister bemerkt gleichfalls[25], daß Variationen in den Muskeln „wahrscheinlich bei Männern häufiger sind als bei Weibern". Gewisse Muskeln, welche normal beim Menschen nicht vorhanden sind, finden sich auch häufiger beim männlichen Geschlecht entwickelt als beim weiblichen, obgleich man annimmt, daß Ausnahmen von dieser Regel vorkommen. Dr. Burt Wilder[26] hat hundertzweiundfünfzig Fälle von der Entwicklung überzähliger Finger in Tabellen gebracht. Von diesen Individuen waren 86 männliche und 39, also weniger als die Hälfte, weibliche, während die übrigbleibenden siebenundzwanzig in bezug auf ihr Geschlecht unbekannt waren. Man darf indessen nicht übersehen, daß Frauen wohl häufiger versuchen dürften, eine Mißbildung dieser Art zu verheimlichen, als Männer. Ferner behauptet Dr. L. Meyer, daß die Ohren der Männer in der Form variabler sind als die der Frauen.[27] Endlich ist die Temperatur beim Mann variabler als bei der Frau.[28]

Die Ursache der größeren allgemeinen Variabilität im männlichen als im weiblichen Geschlecht ist unbekannt, ausgenommen in so weit als sekundäre Geschlechtscharaktere außeror-

---

[22] Vorträge über Viehzucht, 1872, p.63.
[23] Reise der Novara: Anthropologischer Teil, 1867, p.216, 269. Die Resultate wurden nach den von K. Scherzer und Schwarz angeführten Messungen berechnet von Dr. Weisbach. Über die größere Variabilität der Männchen bei domestizierten Tieren s. mein „Variieren der Tiere und Pflanzen im Zustand der Domestikation". 2. Aufl., Bd. II, p.85.
[24] Proceedings of the Royal Society. Vol. XVI, July 1868, p.519, 524.
[25] Proceed. Royal Irish Academy. Vol. X, 1868, p.123.
[26] Massachusetts Medical Society. Vol. II, No. 3, 1868, p.9.
[27] Virchows Archiv, 1871, p.488.
[28] Die Schlußfolgerungen, zu denen neuerdings Dr. Stockton Hough in bezug auf die Temperatur des Menschen gelangt ist, sind mitgeteilt in: Popul. Science Review, 1. Jan. 1874, p.97.

dentlich variabel und gewöhnlich auf die Männchen beschränkt sind; wie wir sofort sehen werden, ist diese Tatsache bis zu einem gewissen Grade verständlich. Durch die Wirksamkeit der geschlechtlichen und der natürlichen Zuchtwahl sind männliche Tiere in vielen Fällen von ihren Weibchen sehr verschieden geworden; aber die beiden Geschlechter neigen auch, unabhängig von Zuchtwahl, infolge der Verschiedenheit der Konstitution dazu, in etwas verschiedener Weise zu variieren. Das Weibchen hat viel organische Substanz auf die Bildung seiner Eier zu verwenden, während das Männchen bedeutende Kraft aufwendet in den heftigen Kämpfen mit seinen Nebenbuhlern, im Umherwandern beim Aufsuchen des Weibchens, im Anstrengen seiner Stimme, in dem Erguß stark riechender Absonderungen usw.; auch wird dieser Aufwand gewöhnlich auf eine kurze Periode zusammengedrängt. Die bedeutende Kraft des Männchens während der Zeit der Liebe scheint häufig seine Färbung intensiver zu machen, unabhängig von irgendeinem auffallenden Unterschied vom Weibchen.[29] Beim Menschen und dann wieder so niedrig in der Stufenreihe, wie bei den Schmetterlingen, ist die Körpertemperatur beim Männchen höher als beim Weibchen, was den Menschen betrifft, in Verbindung mit einem langsameren Puls.[30] Im großen und ganzen ist der Aufwand an Substanz und Kraft bei beiden Geschlechtern wahrscheinlich nahezu gleich, wenngleich er auf verschiedene Weise und mit verschiedener Schnelligkeit bewirkt wird.

Es kann infolge der eben hier angeführten Ursachen kaum ausbleiben, daß die beiden Geschlechter, wenigstens während der Fortpflanzungszeit, etwas verschieden in der Konstitution sind; und obgleich sie genau den nämlichen Bedingungen ausgesetzt sein mögen, werden sie in etwas verschiedener Art zu variieren neigen. Wenn derartige Abänderungen von keinem Nutzen für eines der beiden Geschlechter sind, werden sie durch geschlechtliche oder natürliche Zuchtwahl nicht gehäuft und verstärkt werden. Nichtsdestoweniger können sie bleibend werden, wenn die erregende Ursache beständig wirkt; und in einer Übereinstimmung mit einer häufig vorkommenden Form der Vererbung können sie allein auf das Geschlecht überliefert werden, bei welchem sie zuerst auftraten. In diesem Fall gelangen die beiden Geschlechter dazu, permanente, indessen bedeutungslose Verschiedenheiten der Charaktere darzubieten. Mr. Allen zeigt z.B., daß bei einer großen Anzahl von Vögeln, welche die nördlichen und südlichen Vereinigten Staaten bewohnen, die Exemplare aus dem Süden dunkler gefärbt sind, als die aus dem Norden; dies scheint das direkte Resultat der Verschiedenheiten zwischen den beiden Gegenden in bezug auf Temperatur, Licht usf. zu sein. In einigen wenigen Fällen scheinen nun die beiden Geschlechter einer und derselben Spezies verschieden affiziert worden zu sein: beim *Agelaeus phoeniceus* ist die Färbung der Männchen im Süden bedeutend intensiver geworden, während es beim *Cardinalis virginianus* die Weibchen sind, welche so affiziert worden sind. Bei Quiscalus major sind die Weibchen äußerst variabel in der Färbung geworden, während die Männchen nahezu gleichförmig bleiben.[31]

In verschiedenen Klassen des Tierreichs kommen ausnahmsweise einige wenige Fälle vor, in welchen das Weibchen statt des Männchens gut ausgeprägte sekundäre Sexualcharaktere erlangt hat, wie z. B. glänzendere Farben, bedeutendere Größe, Kraft oder Kampflust. Bei Vögeln findet sich zuweilen eine vollständige Transposition der jedem Geschlecht gewöhnlich eigenen Charaktere; die Weibchen sind in ihren Bewerbungen viel gieriger geworden, die Männchen bleiben vergleichsweise passiv, wählen sich aber doch, wie es scheint und wie man nach den Resultaten

---

[29] Professor Mantegazza ist geneigt, anzunehmen (Lettera a Carlo Darwin, in: Archivio per l'Anthropologia, 1871, p.306), daß die bei so vielen männlichenTieren gewöhnlichen hellen Farben Folge der Gegenwart und Retention von Samenflüssigkeit bei ihnen sind; dies kann aber kaum der Fall sein; denn viele männliche Vögel, z.B. junge Fasane, werden im Herbst ihres ersten Jahres hell gefärbt.

[30] In bezug auf den Menschen s. Dr. J. Stockton Hough, dessen Folgerungen in der Popul. Science Review, 1874, p.97 mitgeteilt sind. S. Girards Beobachtungen über Schmetterlinge, angeführt im Zoological Record, 1869, p.347.

[31] Mammals and Birds of East Florida, a.a.O., p.234, 280, 295.

wohl schließen darf, die anziehendsten Weibchen aus. Hierdurch sind gewisse weibliche Vögel lebhafter gefärbt oder in anderer Weise auffallender verziert, sowie kräftiger und kampflustiger geworden als die Männchen, und es werden dann auch diese Charaktere nur den weiblichen Nachkommen überliefert.

Man könnte vermuten, daß in einigen Fällen ein doppelter Vorgang der Zuchtwahl stattgefunden habe, daß nämlich die Männchen die anziehenderen Weibchen und die letzteren die anziehenderen Männchen sich ausgewählt haben. Doch würde dieser Prozeß, wenn er auch zur Modifikation beider Geschlechter führen könnte, doch nicht das eine Geschlecht vom anderen verschieden machen, wenn nicht geradezu ihr Geschmack für das Schöne ein verschiedener wäre. Dies ist indessen für alle Tiere, mit Ausnahme des Menschen, eine zu unwahrscheinliche Annahme, als daß sie der Betrachtung wert wäre. Es gibt jedoch viele Tiere, bei denen die Geschlechter einander ähnlich sind und bei denen beide mit denselben Ornamenten ausgerüstet sind, welche der Tätigkeit der geschlechtlichen Zuchtwahl zuzuschreiben uns wohl die Analogie veranlassen könnte. In solchen Fällen dürfte mit größerer Wahrscheinlichkeit vermutet werden, daß ein doppelter oder wechselseitiger Prozeß geschlechtlicher Zuchtwahl eingetreten war. Die stärkeren und früher reifen Weibchen würden die anziehenderen und kräftigeren Männchen gewählt, und die letzteren alle Weibchen mit Ausnahme der anziehenderen zurückgewiesen haben. Nach dem aber, was wir von der Lebensweise der Tiere wissen, ist diese Ansicht kaum wahrscheinlich, da das Männchen allgemein begierig ist, sich mit irgendeinem Weibchen zu paaren. Es ist wahrscheinlicher, daß die beiden Geschlechtern gemeinsam zukommenden Zierden von einem Geschlecht, und zwar im allgemeinen dem männlichen, erlangt und dann den Nachkommen beider Geschlechter überliefert wurden. Wenn allerdings während einer langdauernden Periode die Männchen irgendeiner Spezies bedeutend die Weibchen an Zahl überträfen und dann während einer gleichfalls lange andauernden Periode unter verschiedenen Lebensbedingungen das Umgekehrte einträte, so könnte leicht ein doppelter, aber nicht gleichzeitiger Prozeß der geschlechtlichen Zuchtwahl in Tätigkeit treten, durch welchen die beiden Geschlechter sehr voneinander verschieden gemacht werden könnten.

Wir werden später sehen, daß viele Tiere existieren, bei denen weder das eine noch das andere Geschlecht brillant gefärbt oder mit speziellen Zieraten versehen ist, und bei denen doch die Individuen beider Geschlechter oder nur des einen wahrscheinlich durch geschlechtliche Zuchtwahl einfache Farben, wie weiß oder schwarz, erlangt haben. Die Abwesenheit glänzender Farben oder anderer Zieraten kann das Resultat davon sein, daß Abänderungen der richtigen Art niemals vorgekommen sind oder daß die Tiere selbst einfache Farben, wie schlichtes Schwarz oder Weiß, vorgezogen haben. Düstere Farben sind oft durch natürliche Zuchtwahl zum Zweck des Schutzes erlangt worden, und die Entwicklung auffallender Farben durch geschlechtliche Zuchtwahl scheint durch die damit verbundene Gefahr zuweilen gehemmt worden zu sein. In anderen Fällen aber dürften die Männchen wahrscheinlich lange Zeit hindurch miteinander um den Besitz der Weibchen gekämpft haben; und doch wird keine Wirkung erreicht worden sein, wenn nicht von den erfolgreicheren Männchen eine größere Zahl von Nachkommen zur weiteren Vererbung ihrer Superiorität hinterlassen worden ist, als von den weniger erfolgreichen Männchen; und dies hängt, wie früher gezeigt wurde, von verschiedenen komplizierten Zufälligkeiten ab.

Geschlechtliche Zuchtwahl wirkt in einer weniger rigorosen Weise als natürliche Zuchtwahl. Die letztere erreicht ihre Wirkungen durch das Leben oder den Tod, auf allen Altersstufen, der mehr oder weniger erfolgreichen Individuen. In der Tat folgt zwar der Tod auch nicht selten dem Streit rivalisierender Männchen. Aber allgemein gelingt es nur dem weniger erfolgreichen Männchen nicht, sich ein Weibchen zu verschaffen, oder dasselbe erlangt später in der Jahreszeit ein übriggebliebenes und weniger kräftiges Weibchen, oder erlangt, wenn die Art polygam ist, weniger Weibchen, so daß es weniger oder minder kräftige oder gar keine Nachkommen hinterläßt. Was die Strukturverhältnisse betrifft, welche durch gewöhnliche oder natürliche Zuchtwahl erlangt werden, so findet sich in den meisten Fällen, solange die Lebensbedingungen dieselben bleiben, eine Grenze, bis zu welcher die vorteilhaften Modifikationen in bezug auf gewisse spezielle Zwecke sich steigern können. Was aber die Strukturverhältnisse betrifft, welche dazu führen, das eine Männchen über das andere siegreich zu machen, sei es im direkten Kampf oder im Gewinnen des Weibchens durch allerhand Reize, so findet sich für den Betrag vorteilhafter Modifikationen keine bestimmte Grenze, so daß die Arbeit der geschlechtlichen Zuchtwahl so lange fortgehen wird, als die gehörigen Abänderungen auftreten. Dieser Umstand kann zum Teil den häufigen und außerordentlichen Betrag von Variabilität erklären, welchen die sekundären Geschlechtscharaktere darbieten. Nichtsdestoweniger wird aber die natürliche Zuchtwahl immer entscheiden, daß die siegreichen Männchen keine Charaktere solcher Art erlangen, wenn dieselben für sie in irgend hohem Grade schädlich sein würden, sei es daß zu viel Lebenskraft auf dieselben verwendet würde, oder daß die Tiere dadurch irgendwelchen großen Gefahren ausgesetzt würden. Es ist indessen die Entwicklung gewisser solcher Bildungen – z. B. des Geweihes bei manchen Hirscharten – bis zu einem wunderbaren Extrem geführt worden und in manchen Fällen bis zu einem Extrem, welches, soweit die allgemeinen Lebensbedingungen in Betracht kommen, für das Männchen von einem unbedeutenden Nachteil sein muß. Aus dieser Tatsache lernen wir, daß die Vorteile, welche die begünstigten Männchen aus dem Sieg über andere Männchen im Kampf oder in der Bewerbung erlangt haben, wodurch sie auch in den Stand gesetzt wurden, eine zahlreichere Nachkommenschaft zu hinterlassen, auf die Länge bedeutender gewesen sind als diejenigen, welche aus einer vielleicht etwas vollkommeneren Anpassung an die äußeren Lebensbedingungen resultieren. Wir werden ferner sehen, und dies hätte sich niemals voraus erkennen lassen, daß das Vermögen, das Weibchen durch Reize zu fesseln, in einigen wenigen Fällen von größerer Bedeutung gewesen ist als das Vermögen andere Männchen im Kampf zu besiegen.

Gesetze der Vererbung

Um zu verstehen, in welcher Weise geschlechtliche Zuchtwahl gewirkt und im Laufe der Zeit in die Augen fallende Resultate bei vielen Tieren vieler Klassen hervorgebracht hat, ist es notwendig, die Gesetze der Vererbung, soweit dieselben bekannt sind, im Geiste gegenwärtig zu halten. Zwei verschiedene Elemente werden unter dem Ausdruck „Vererbung" begriffen, nämlich die Überlieferung und die Entwicklung von Besonderheiten. Da aber diese meistens Hand in Hand gehen, wird die Unterscheidung oft übersehen. Wir sehen diese Verschiedenheit an denjenigen Merkmalen, welche in den früheren Lebensjahren überliefert werden, welche aber erst zur Zeit der Reife oder während des höheren Alters entwickelt werden. Wir sehen denselben Unterschied noch deutlicher bei sekundären Sexualcharakteren; denn diese werden durch beide Geschlechter hindurch vererbt und doch nur in dem einen allein entwickelt. Daß sie in beiden Geschlechtern vorhanden sind, zeigt sich offenbar, wenn zwei Spezies, welche scharf markierte sexuelle Merkmale besitzen, gekreuzt werden. Denn eine jede überliefert die ihrem männlichen und weiblichen Geschlecht eigenen Charaktere auf die Bastardnachkommen beider Geschlechter. Dieselbe Tatsache wird offenbar, wenn Besonderheiten, welche dem Männchen eigen sind, gelegentlich beim Weibchen sich entwickeln, wenn dieses alt und krank wird, wie z.B., wenn die gemeine Haushenne die wallenden Schwanzfedern, die Sichelfedern, den Kamm, die Sporne, die Stimme und selbst die Kampflust des Hahns erhält. Dasselbe tritt auch umgekehrt bei kastrierten Männchen zu Tage. Ferner werden gelegentlich, und zwar unabhängig von hohem Alter oder Krankheit, Merkmale von dem Männchen auf das Weibchen übertragen: so z. B. wenn in gewissen Hühnerrassen Sporne regelmäßig bei den jungen und gesunden Weibchen auftreten. In Wahrheit haben sie sich aber nur einfach beim Weibchen entwickelt; denn in jeder Brut wird jedes Detail der Struktur des Spornes durch das Weibchen hindurch auf dessen männliche Nachkommen vererbt. Es werden später viele Fälle angeführt werden, wo das Weibchen mehr oder weniger vollkommen solche Charaktere darbietet, welche dem Männchen eigen sind, bei diesen zuerst entwickelt und dann auf das Weibchen überliefert worden sein müssen. Der umgekehrte Fall, daß sich Charaktere zuerst beim Weibchen entwickelt haben und diese dann auf das Männchen überliefert worden sind, ist weniger häufig, es dürfte daher gut sein, ein recht auffallendes Beispiel hierfür anzuführen. Bei Bienen wird der Pollen sammelnde Apparat allein vom Weibchen zum Einsammeln des Pollens für die Larven benutzt, und doch ist er in den meisten Spezies teilweise auch bei den Männchen entwickelt, für welche er völlig nutzlos ist, und bei dem Männchen des *Bombus*, der Hummel, ist er vollkommen entwickelt.[32] Da nicht ein einziges anderes Hymenopter, selbst nicht einmal die Wespe, welche so nahe mit der Biene verwandt ist, mit einem Pollensammelnden Apparat versehen ist, so haben wir keinen Grund, etwa zu vermuten, daß ursprünglich die männlichen Bienen ebensogut Pollen einsammelten wie die Weibchen, wenngleich wir einigen Grund haben, zu vermuten, daß ursprünglich männliche Säugetiere ihre Jungen ebensogut säugten wie die Weibchen. In allen Fällen von Rückschlag endlich werden Charaktere durch zwei, drei oder viele Generationen hindurch vererbt und dann unter gewissen unbekannten günstigen Bedingungen entwickelt. Diese bedeutungsvolle Unterscheidung zwischen Überlieferung und Entwicklung wird am leichtesten im Sinne behalten werden mit Hilfe der Hypothese der Pangenesis. Dieser Hypothese zufolge stößt jede Einheit oder Zelle des Körpers Keimchen oder unentwickelte Atome ab, welche den Nachkommen beider Geschlechter überliefert werden und sich durch Selbsttheilung vervielfältigen. Sie können während der früheren Lebensjahre oder während aufeinanderfolgender Generationen unentwickelt bleiben; ihre Entwicklung zu kleinsten Einheiten oder Zellen, die denen gleichen, von welchen sie selbst herrühren, hängt von ihrer Verwandtschaft oder Vereinigung mit anderen Einheiten oder Zellen ab, die sich vor ihnen im gesetzmäßigen Verlauf des Wachstums entwickelt haben.

Vererbung auf entsprechenden Perioden des Lebens. – Die Neigung hierzu ist eine sicher ermittelte Tatsache. Wenn ein neues Merkmal an einem Tier auftritt, so lange es jung ist, mag dasselbe nun während des ganzen Lebens bestehen bleiben oder nur eine Zeit lang währen, so wird es der allgemeinen Regel nach in demselben Alter auch bei den Nachkommen wiedererscheinen und die gleiche Zeitdauer bestehen bleiben. Wenn auf der anderen Seite ein neuer Charakter im Alter der Reife erscheint oder selbst während des hohen Alters, so neigt er dazu, bei den Nachkommen in demselben vorgeschrittenen Alter wiederzuerscheinen. Treten Abweichungen von dieser Regel auf, so erscheinen die überlieferten Charaktere viel häufiger vor als nach dem entsprechenden Alter. Da ich diesen Gegenstand mit hinreichender Ausführlichkeit in einem anderen Werk[33] erörtert habe, so will ich hier nur zwei oder drei Beispiele anführen, um den Gegenstand in das Gedächtnis des Lesers zurückzurufen. Bei mehreren Hühnerrassen weichen die Hühnchen, während sie noch mit dem Daunenkleid bedeckt sind, die jungen Vögel in ihrem ersten wirklichen Gefieder und dann auch die erwachsenen in ihrem Federkleid bedeutend voneinander, ebenso wie von ihrer gemeinsamen elterlichen Form, dem *Gallus bankiva*, ab; und diese Eigentümlichkeiten werden von jeder Zucht ihren Nachkommen zu den entsprechenden Lebensaltern treu überliefert. So haben z.B. die Hühnchen der gefütterten (spangled) Hamburger, so lange sie mit Daunen bekleidet sind, einige wenige dunkle Flecken auf dem Kopf und am Rumpf, sind aber nicht längs gestreift, wie in vielen anderen Zuchten; in ihrem ersten wirklichen Gefieder sind sie „wundervoll gestrichelt", d. h. jede Feder ist

---

[32] H. Müller: Anwendung der Darwinschen Lehre etc., in: Verhandl. d. nat. Ver. d. preuß. Rheinlande etc., XXIX. Jahrg., 1872, p.42.

[33] Das Variieren der Tiere und Pflanzen im Zustand der Domestikation. 2. Aufl., Bd. II, p.86. In dem vorletzten Kapitel desselben Bandes ist die oben erwähnte provisorische Hypothese der Pangenesis ausführlich erörtert worden.

von zahlreichen dunklen Strichen quer gezeichnet; aber in ihrem zweiten Gefieder werden die Federn alle gefüttert, d. h. erhalten einen dunklen runden Fleck an der Spitze.[34] Es sind daher in dieser Zucht in drei verschiedenen Lebensperioden Abänderungen aufgetreten und sind dann auf diese wieder überliefert worden. Die Taube bietet einen noch merkwürdigeren Fall dar, da die ursprüngliche elterliche Spezies mit Fortschreiten des Alters keine Veränderung des Gefieders erleidet, ausgenommen, daß zur Zeit der Reife die Brust mehr irisiert. Und doch gibt es Rassen, welche ihre charakteristischen Farben nicht eher erlangen, als bis sie sich zwei-, drei- oder viermal gemausert haben; und diese Modifikationen des Gefieders werden regelmäßig vererbt.

Vererbung zu entsprechenden Jahreszeiten. – Bei Tieren im Naturzustand kommen zahllose Beispiele vor, daß Merkmale zu verschiedenen Zeiten des Jahres periodisch erscheinen. Wir sehen dies an dem Geweih der Hirsche und dem Pelzwerk arktischer Tiere, welches während des Winters dick und weiß wird. Zahlreiche Vögel erlangen allein während der Brutzeit glänzende Farben und andere Zierden. Pallas gibt an[35], daß in Sibirien die domestizierten Rinder und Pferde während des Winters heller gefärbt werden, und ich habe selbst eine ähnliche auffallende Veränderung der Farbe, d. h. von einer bräunlichen Rahmfarbe oder einem Rotbraun bis zum vollkommenen Weiß bei mehreren Ponies in England beobachtet. Obgleich ich nicht weiß, ob diese Neigung, ein verschieden gefärbtes Kleid während verschiedener Jahreszeiten anzunehmen, vererbt wird, so ist dies doch wahrscheinlich der Fall, da alle Farbschattierungen vom Pferde streng vererbt werden. Auch ist diese durch die Jahreszeit bestimmte Vererbung nicht merkwürdiger als eine durch Alter oder Geschlecht beschränkte.

Vererbung durch das Geschlecht beschränkt. – Die gleichmäßige Überlieferung von besonderen Merkmalen auf beide Geschlechter ist die häufigste Form der Vererbung, wenigstens bei denjenigen Tieren, welche keine stark markierten geschlechtlichen Verschiedenheiten darbieten und in der Tat auch bei vielen mit solchen. Es werden aber ziemlich allgemein Besonderheiten ausschließlich auf dasjenige Geschlecht vererbt, bei welchem sie zuerst erschienen. Hinreichende Belege über diesen Punkt sind in meinem Werk über das „Variieren der Tiere und Pflanzen im Zustande der Domestikation" mitgeteilt worden; ich will aber auch hier ein paar Beispiele anführen. Es gibt Rassen vom Schaf und der Ziege, bei denen die Hörner des Männchens bedeutend in der Form von denen des Weibchens abweichen; und diese im Zustand der Domestikation erlangten Verschiedenheiten werden regelmäßig auf dasselbe Geschlecht wieder überliefert. Bei weiß, braun und schwarz gefleckten (tortoise-shell) Katzen sind der allgemeinen Regel zufolge nur die Weibchen so gefärbt, wogegen die Männchen rostrot sind. Bei den meisten Hühnerrassen werden die jedem Geschlecht eigenen Merkmale nur auf dieses selbe Geschlecht vererbt. Diese Form der Überlieferung ist so allgemein, daß es eine Anomalie ist, wenn wir bei gewissen Rassen Abänderungen gleichmäßig auf beide Geschlechter vererbt sehen. So gibt es auch gewisse Unterrassen von Hühnern, bei welchen die Männchen kaum voneinander unterschieden werden können, während die Weibchen beträchtlich in der Färbung abweichen. Bei der Taube sind die Geschlechter der elterlichen Spezies in keinem äußeren Merkmal voneinander verschieden; nichtsdestoweniger ist bei gewissen domestizierten Rassen das Männchen vom Weibchen verschieden gefärbt.[36] Die Fleischlappen bei der englischen Botentaube

---

[34] Diese Tatsachen sind nach der hohen Autorität eines großen Züchters, Mr. Teebay, in Tegetmeier's Poultry Book, 1868, p.158 mitgeteilt. Über die Charaktere von Hühnchen verschiedener Rassen und über die Rassen der Tauben, welche oben erwähnt werden, s. das Variieren der Tiere und Pflanzen usw. 2. Aufl., Bd. I, p.179, 277; Bd. II, p.88.

[35] Novae Spezies Quadrupedum e Glirium ordine, 1778, p.7. Über die Vererbung der Farbe bei Pferden s. das Variieren der Tiere und Pflanzen im Zustand der Domestikation. 2. Aufl., Bd. I, p.56. Vergl. auch in demselben Buch, Bd. II, p.82 eine allgemeine Erörterung über die durch das Geschlecht beschränkte Vererbung.

[36] Dr. Chapuis: Le Pigeon Voyageur Belge, 1865, p.87. Boitard et Corbié: Les Pigeons de Volière etc., 1824, p.173. S. auch in bezug auf ähnliche Verschiedenheiten bei gewissen Rassen in Modena: „Le variazioni dei Colombi domestici", del Paolo Bonizzi, 1873.

und der Kropf bei der Kropftaube sind beim Männchen stärker entwickelt als beim Weibchen; und obschon diese Eigentümlichkeiten durch lange fortgesetzte Zuchtwahl seitens des Menschen erlangt worden sind, so ist doch die geringe Verschiedenheit zwischen den beiden Geschlechtern gänzlich Folge der Form von Vererbung, welche hier geherrscht hat. Denn sie sind nicht infolge der Wünsche des Züchters, sondern eher gegen diese Wünsche aufgetreten.

Die meisten unserer domestizierten Rassen sind durch die Anhäufung vieler unbedeutender Abänderungen gebildet worden; und da einige der aufeinanderfolgenden Stufen nur auf ein Geschlecht, einige auf beide Geschlechter überliefert worden sind, so finden wir in den verschiedenen Rassen einer und derselben Spezies alle Abstufungen zwischen bedeutender sexueller Verschiedenheit und vollständiger Ähnlichkeit. Es sind bereits Beispiele angeführt worden von den Rassen des Huhns und der Taube, und im Naturzustand sind analoge Fälle von häufigem Vorkommen. Bei Tieren im Zustand der Domestikation, – ob aber auch im Naturzustand, will ich nicht zu sagen wagen, – kann das eine Geschlecht ihm eigentümliche Charaktere verlieren und hierdurch dazu kommen, daß es in einem gewissen Grade dem anderen Geschlecht ähnlich wird; z.B. haben die Männchen einiger Hühnerrassen ihre männlichen Schwanz- und Sichelfedern verloren. Auf der anderen Seite können aber auch die Verschiedenheiten zwischen den Geschlechtern im Zustand der Domestikation erhöht werden, wie es beim Merinoschaf der Fall ist, wo die Mutterschafe die Hörner verloren haben. Ferner können Merkmale, welche dem einen Geschlecht eigen sind, plötzlich beim anderen erscheinen, wie es bei denjenigen Unterrassen des Huhns der Fall ist, bei denen die Hennen, während sie noch jung sind, Sporne erhalten, oder, wie es bei gewissen Unterrassen der polnischen Hühner sich findet, bei denen, wie man wohl anzunehmen Grund hat, ursprünglich zuerst die Weibchen eine Federkrone erhielten und sie später auf die Männchen vererbten. Alle diese Fälle sind unter Annahme der Hypothese der Pangenesis verständlich; denn sie hängen davon ab, daß die Keimchen gewisser Teile des Körpers, obwohl sie in beiden Geschlechtern vorhanden sind, doch durch den Einfluß der Domestikation entweder ruhend erhalten oder zur Entwicklung gebracht werden.

Es findet sich hier noch eine schwierige Frage, welche passender auf ein späteres Kapitel verschoben werden mag, nämlich ob eine ursprünglich in beiden Geschlechtern entwickelte Eigentümlichkeit durch Zuchtwahl in ihrer Entwicklung auf ein Geschlecht allein beschränkt werden kann. Wenn z. B. ein Züchter beobachtete, daß einige seiner Tauben (bei welcher Spezies Merkmale gewöhnlich in gleichem Grade auf beide Geschlechter überliefert werden) in ein blasses Blau variierten, kann er dann durch lange fortgesetzte Zuchtwahl eine Rasse erziehen, bei welcher nur die Männchen von dieser Färbung sind, während die Weibchen unverändert bleiben? Ich will hier nur bemerken, daß dies äußerst schwierig sein dürfte, wenn es auch vielleicht nicht unmöglich ist. Denn das natürliche Resultat eines Weiterzüchtens von den blaßblauen Männchen würde das sein, seinen ganzen Stamm mit Einschluß beider Geschlechter in diese Färbung hinüberzuführen. Wenn indessen Abänderungen der bewußten Färbung aufträten, welche vom Anfang an in ihrer Entwicklung auf das männliche Geschlecht beschränkt wären, so würde nicht die mindeste Schwierigkeit vorliegen, eine Rasse zu bilden, welche dadurch charakterisiert ist, daß beide Geschlechter eine verschiedene Färbung zeigen, wie es in der Tat mit einer belgischen Rasse erreicht worden ist, bei welcher nur die Männchen schwarz gestreift sind. Wenn in einer ähnlichen Weise irgendeine Abänderung bei einer weiblichen Taube aufträte, welche vom Anfang an in ihrer Entwicklung auf die Weibchen beschränkt wäre, so würde es leicht sein, eine Rasse zu erziehen, bei welcher nur die Weibchen in dieser Weise charakterisiert wären. Wäre aber die Abänderung nicht ursprünglich in dieser Weise beschränkt gewesen, so würde der Prozeß äußerst schwierig, vielleicht unmöglich sein.[37]

---

[37] Es gereicht mir zur großen Genugtuung, seit Veröffentlichung der ersten Auflage des vorliegenden Werkes die folgenden Bemerkungen eines sehr erfahrenen Züchters, des Herrn Tegetmeier, zu finden (the „Field", Sept. 1872). Nachdem er einige merkwürdige Fälle von Überlieferung der Färbung nur auf ein Geschlecht und der Bil-

Achtes Kapitel

Über die Beziehung zwischen der Periode der Entwicklung eines Merkmals und seiner Überlieferung auf ein Geschlecht oder auf beide. – Warum gewisse Merkmale von beiden Geschlechtern, andere nur von einem Geschlecht, nämlich von demjenigen, bei welchem die Besonderheit zuerst auftrat, geerbt werden, ist in den meisten Fällen völlig unbekannt. Wir können nicht einmal eine Vermutung aufstellen, warum bei gewissen Unterrassen der Taube schwarze Streifen, obwohl sie durch das Weibchen zur Vererbung gelangen, sich nur beim Männchen entwickeln, während jedes andere Merkmal gleichmäßig auf beide Geschlechter überliefert wird; warum ferner bei Katzen die schwarz, braun und weiße Färbung (tortoise-shell) mit seltenen Ausnahmen nur bei den Weibchen sich entwickelt. Ein und dieselbe Eigentümlichkeit, wie fehlende und überzählige Finger, Farbenblindheit usw. kann beim Menschen nur von den männlichen Gliedern einer Familie und in einer anderen Familie nur von den weiblichen geerbt werden, obwohl sie in beiden Fällen ebenso gut durch das entgegengesetzte wie durch das gleichnamige Geschlecht überliefert wird.[38] Obgleich wir uns hiernach in Unwissenheit befinden, so scheinen doch häufig zwei Regeln zu gelten; nämlich, daß Abänderungen, welche zuerst in einem von beiden Geschlechtern in einer späteren Lebenszeit auftreten, sich bei demselben Geschlechte zu entwickeln neigen, während Abänderungen, welche zeitig im Leben in einem der beiden Geschlechter zuerst auftreten, zu einer Entwicklung in beiden Geschlechtern neigen. Ich bin indessen durchaus nicht gemeint, hierin die einzige bestimmende Ursache zu erblicken. Da ich nirgends anders diesen Gegenstand erörtert habe und er eine bedeutende Tragweite in bezug auf geschlechtliche Zuchtwahl hat, so muß ich hier in ausführliche und etwas intrikate Einzelheiten eingehen.

Es ist an sich wahrscheinlich, daß irgendeine Besonderheit, welche in frühem Alter auftritt, zu einer gleichmäßig auf beide Geschlechter stattfindenden Vererbung neigt. Denn die Geschlechter weichen der Konstitution nach nicht sehr voneinander ab, ehe das Reproduktionsvermögen von ihnen erlangt worden ist. Ist auf der anderen Seite dieses Vermögen eingetreten und haben die Geschlechter begonnen, ihrer Konstitution nach voneinander abzuweichen, so werden die Keimchen (wenn ich mich auch hier der Sprechweise der Hypothese der Pangenesis bedienen darf), welche von jedem variierenden Teil in dem einen Geschlecht abgestoßen werden, viel wahrscheinlicher die gehörigen Wahlverwandtschaften besitzen, um sich mit den Geweben des gleichnamigen Geschlechts zu verbinden und sich demzufolge zu entwickeln, als mit denjenigen des anderen Geschlechts.

Zu der Annahme, daß eine Beziehung dieser Art existiere, wurde ich zuerst durch die Tatsache geführt, daß, sobald nur immer in irgendeiner Weise das erwachsene Männchen von dem erwachsenen Weibchen verschieden geworden ist, das erstere in derselben Weise auch von den Jungen beider Geschlechter verschieden ist. Die Allgemeinheit dieser Tatsache ist durchaus merkwürdig. Sie gilt für beinahe alle Säugetiere, Vögel, Amphibien und Fische, auch für viele Crustaceen, Spinnen und einige wenige Insekten, nämlich gewisse Orthopteren und Libellen. In allen diesen Fällen müssen die Abänderungen, durch deren Anhäufung das Männchen seine eigentümlichen männlichen Merkmale erlangt hat, in einer etwas späten Periode des Lebens eingetreten sein, sonst würden die jungen Männchen ähnlich ausgezeichnet worden sein; und in Übereinstimmung mit unserem Gesetz werden sie nur auf erwachsene Männchen vererbt und entwickeln sich nur bei diesen. Wenn andererseits das erwachsene Männchen den Jungen beider Geschlechter sehr ähnlich ist (wobei diese mit seltenen Ausnahmen einander gleich sind), so ist

---

dung einer Unterrasse mit diesem Merkmal bei Tauben beschrieben hat, sagt er: „Es ist ein eigentümlicher Umstand, daß Mr. Darwin die Möglichkeit einer Modifikation der geschlechtlichen Färbung bei Vögeln durch eine Methode künstlicher Zuchtwahl ausgesprochen hat. Als er dies tat, kannte er die von mir mitgeteilten Fälle nicht; es ist aber merkwürdig, wie außerordentlich nahe er in seiner Vermutung der richtigen Methode des Züchtens gekommen ist."

[38] Verweisungen sind gegeben in meinem „Variieren der Tiere und Pflanzen im Zustand der Domestikation". 2. Aufl., Bd. II, p.82.

es meist auch dem erwachsenen Weibchen ähnlich; und in den meisten dieser Fälle treten die Abänderungen, durch welche das junge und alte Tier ihre gegenwärtigen Merkmale erlangten, wahrscheinlich in Übereinstimmung mit unserer Regel während der Jugend auf. Hier kann man aber wohl zweifeln, denn zuweilen werden die Besonderheiten auf die Nachkommen in einem früheren Alter vererbt als in dem, in welchem sie zuerst bei den Eltern erscheinen, so daß die Eltern abgeändert, als sie erwachsen waren, und ihre Eigentümlichkeiten dann auf die Nachkommen vererbt haben können, während diese jung waren. Überdies gibt es viele Tiere, bei denen die beiden Geschlechter einander sehr ähnlich und doch von ihren Jungen verschieden sind; und hier müssen die Merkmale der Erwachsenen spät im Leben erlangt worden sein; trotzdem werden diese Merkmale in scheinbarem Widerspruch gegen unser Gesetz auf beide Geschlechter vererbt. Wir dürfen indessen die Möglichkeit oder selbst Wahrscheinlichkeit nicht übersehen, daß Abänderungen der nämlichen Natur zuweilen gleichzeitig und in gleicher Weise bei beiden Geschlechtern, wenn sie ähnlichen Bedingungen ausgesetzt sind, zu einer im ganzen späteren Periode des Lebens auftreten; und in diesem Falle werden die Abänderungen auf die Nachkommen beider Geschlechter in einem entsprechenden späten Lebensalter vererbt. Hier würde denn kein wirklicher Widerspruch gegen unsere Regel eintreten, daß die Abänderungen, welche spät im Leben auftreten, ausschließlich auf das Geschlecht vererbt werden, bei dem sie zuerst erscheinen. Dieses letztere Gesetz scheint noch allgemeiner zu gelten als das andere, daß nämlich Abänderungen, welche in einem der beiden Geschlechter früh im Leben auftreten, zu einer Vererbung auf beide Geschlechter neigen. Da es offenbar unmöglich war, auch nur annäherungsweise zu schätzen, in einer wie großen Anzahl von Fällen durch das ganze Tierreich hindurch diese beiden Sätze Gültigkeit haben, so kam ich auf den Gedanken, einige auffallende und entscheidende Beispiele zu untersuchen und mich auf das aus ihnen erhaltene Resultat zu verlassen.

Einen ausgezeichneten Fall bietet für diese Untersuchung die Familie der hirschartigen Tiere dar. Bei sämtlichen Arten, mit Ausnahme einer einzigen, entwickelt sich das Geweih nur beim Männchen, obwohl es ganz sicher durch das Weibchen überliefert wird und auch wohl imstande ist, sich gelegentlich abnormer Weise bei diesem zu entwickeln. Andererseits ist beim Rentier das Weibchen mit einem Geweihe versehen, so daß bei dieser Art das Geweih entsprechend unserem Gesetz zeitig im Leben auftreten müßte, lange zuvor ehe die beiden Geschlechter zur Reife gelangen und in ihrer Konstitution sehr auseinander gehen. Bei allen den anderen Arten der Hirsche müßte das Geweih später im Leben auftreten und infolge hiervon nur bei demjenigen Geschlecht zur Entwicklung gelangen, bei dem es zuerst am Urerzeuger der ganzen Familie erschien. Ich finde nun bei sieben zu verschiedenen Sektionen der Familie gehörigen und verschiedene Gegenden bewohnenden Spezies, bei welchen nur die Männchen Geweihe tragen, daß das Geweih zuerst in einer Zeit erscheint, welche von neun Monaten nach der Geburt, und dies beim Rehbock, bis zu zehn oder zwölf oder selbst noch mehr Monaten nach derselben variiert, letzteres bei den Hirschen der sechs anderen größeren Spezies.[39] Aber bei dem Rentier liegt der Fall sehr verschieden. Denn wie ich von Professor Nilsson höre, welcher freundlich genug war, meinetwegen spezielle Untersuchungen in Lappland anstellen zu lassen, erscheinen die Hörner bei den jungen Tieren innerhalb der ersten vier oder fünf Wochen nach der Geburt, und zwar zu derselben Zeit bei beiden Geschlechtern. Wir haben daher hier ein Gebilde, welches sich zu einer äußerst ungewöhnlich frühen Lebenszeit in einer Spezies der Familie entwickelt und welches auch allein in dieser einen Spezies beiden Geschlechtern eigen ist.

---

[39] Ich bin Herrn Cupples sehr verbunden, welcher von Mr. Robertson, dem erfahrenen Oberwildwart des Marquis of Breadalbane, Erkundigungen über den Rehbock und den Hirsch in Schottland für mich eingezogen hat. In bezug auf den Damhirsch bin ich Mr. Eyton und anderen für Mitteilungen zu Dank verpflichtet. Wegen des *Cervus alces* von Nord-Amerika s. Land and Water, 1868, p.221 u. 254. Und wegen *Cervus virginianus* und *strongylocerus* desselben Kontinents s. J. D. Caton, in: Ottawa Acad. of Natur. Science., 1868, p.13. Wegen des *Cervus Eldi* von Pegu s. Lieutenant Beavan, in: Proceed. Zoolog. Soc., 1867, p.762.

Achtes Kapitel

Bei mehreren Arten von Antilopen sind die Männchen allein mit Hörnern versehen, während in einer größeren Zahl beide Geschlechter Hörner haben. In bezug auf die Periode der Entwicklung derselben teilt mir Mr. Blyth mit, daß im zoologischen Garten gleichzeitig einmal ein junger Kudu (*Antilope strepsiceros*), bei welcher Art nur die Männchen gehörnt sind, und das Junge einer nahe verwandten Spezies, nämlich das Eland (*Antilope oreas*), lebten, bei welchem beide Geschlechter gehörnt sind. Nun waren in strenger Übereinstimmung mit unserem Gesetz bei dem jungen männlichen Kudu, obwohl derselbe bereits zehn Monate alt war, die Hörner merkwürdig klein, wenn man die schließlich von ihnen erreichte Größe in Betracht zieht, während bei dem jungen männlichen Eland, obwohl er nur drei Monate alt war, die Hörner bereits sehr viel größer waren als bei dem Kudu. Es ist auch der Erwähnung wert, daß bei der gabelhörnigen Antilope[40] nur einige wenige Weibchen, etwa eines unter fünf, Hörner haben; diese finden sich in einem rudimentären Zustand, wennschon sie zuweilen über einen Zoll lang werden. Es befindet sich daher diese Spezies, was den Besitz von Hörnern seitens der Männchen allein betrifft, in einem intermediären Zustand, und die Hörner erscheinen nicht eher, als ungefähr fünf oder sechs Monate nach der Geburt. Im Vergleich daher mit dem wenigen, was wir von der Entwicklung der Hörner bei anderen Antilopen wissen und was in bezug auf die Hörner der Hirsche, Rinder usw. bekannt ist, treten die der Gabelhorn-Antilope in einer intermediären Lebensperiode auf, d. h. weder sehr früh, wie bei Rindern und Schafen, noch sehr spät, wie bei den größeren Hirschen und Antilopen. Bei Schafen, Ziegen und Rindern, bei denen die Hörner in beiden Geschlechtern gut entwickelt sind, wenn sie auch in der Größe nicht völlig gleich sind, können sie schon bei der Geburt oder bald nachher gefühlt oder selbst schon gesehen werden.[41]
Unser Gesetz läßt uns indessen in bezug auf einige Schafrassen im Stich, z. B. bei den Merinos, wo nur die Widder gehörnt sind. Denn infolge eingezogener Erkundigungen[42] bin ich nicht imstande, zu sagen, daß die Hörner bei dieser Rasse später im Leben entwickelt werden als bei gewöhnlichen Schafen, bei denen beide Geschlechter gehörnt sind. Es ist aber bei domestizierten Schafen das Vorhandensein oder das Fehlen der Hörner kein scharf fixiertes Merkmal, denn eine gewisse Zahl von Merinomutterschafen trägt kleine Hörner und einige Widder sind hornlos, während bei den meisten Rassen gelegentlich auch hornlose Mutterschafe geboren werden.

Dr. W. Marshall hat neuerdings die Protuberanzen, welche so häufig am Kopf von Vögeln auftreten, speziell studiert[43] und gelangt zu dem folgenden Schluß, daß sie sich bei denjenigen Arten, bei denen sie auf die Männchen beschränkt sind, spät im Leben entwickeln, während sie bei den Arten, bei denen sie beiden Geschlechtern zukommen, in einer sehr frühen Periode entwickelt werden. Sicherlich ist dies eine auffallende Bestätigung meiner zwei Vererbungsgesetze.

Bei den meisten Arten der prachtvollen Familie der Fasanen weichen die Männchen auffallend von den Weichen ab und erreichen ihre Körperzierde in einer verhältnismäßig späten Periode des Lebens. Der Ohrenfasan (*Crossoptilon auritum*) bietet indessen eine merkwürdige Aus-

---

[40] *Antilocapra americana*. Ich habe Dr. Canfield für Angaben in Betreff der Hörner des Weibchens zu danken; s. auch seinen Aufsatz, in: Proceed. Zoolog. Soc., 1866, p.209. S. auch Owen: Anatomy of Vertebrates. Vol. III, p.627.
[41] Mir ist versichert worden, daß bei den Schafen in Nord-Wales schon zur Zeit der Geburt die Hörner immer gefühlt werden können und zuweilen selbst einen Zoll lang sind. In bezug auf das Rind sagt Youatt (Cattle, 1834, p.277), daß der Vorsprung des Stirnbeins bei der Geburt die Haut durchbohrt und daß die Hornsubstanz sich bald auf demselben bildet.
[42] Prof. Victor Carus hat für mich bei den höchsten Autoritäten in bezug auf die Merino-Schafe in Sachsen Erkundigungen eingezogen. An der Guineaküste in Afrika gibt es indessen eine Schafrasse, bei welcher wie bei den Merinos nur die Widder allein Hörner haben; und Mr. Winwood Reade teilt mir mit, daß in einem von ihm beobachteten Falle ein junger, am 10. Februar geborener Widder zuerst am 6. März die Hörner zeigte, so daß die Entwicklung der Hörner in diesem Falle zu einer späteren Lebensperiode eintrat, unserem Gesetz zufolge, als bei dem Waliser Schaf, bei dem beide Geschlechter gehörnt sind.
[43] Über die knöchernen Schädelhöcker der Vögel, in: Niederländ. Archiv für Zoologie. Bd. I, Heft 2, 1872.

nahme dar, denn hier besitzen beide Geschlechter die schönen Schwanzfedern, die großen Ohrbüschel und den scharlachfarbenen Samt um den Kopf; und ich finde, daß alle diese Besonderheiten in Übereinstimmung mit unserem Gesetz sehr zeitig im Leben erscheinen. Das erwachsene Männchen kann indessen vom erwachsenen Weibchen durch das Vorhandensein von Sporen unterschieden werden; und in Übereinstimmung mit unserer Regel fangen diese, wie mir Mr. Bartlett versichert hat, sich nicht vor dem Alter von sechs Monaten zu entwickeln an und selbst in diesem Alter können die beiden Geschlechter kaum unterschieden werden.[44] Der männliche und weibliche Pfau differieren auffallend voneinander in fast jedem Teil ihres Gefieders, mit Ausnahme des eleganten Federstutzes auf dem Kopf, welcher beiden Geschlechtern eigen ist; und dieser entwickelt sich sehr früh im Leben, lange bevor die anderen Zierate sich entwickeln, welche auf das Männchen beschränkt sind. Die wilde Ente bietet einen analogen Fall dar, denn der schöne grüne Spiegel auf den Flügeln ist beiden Geschlechtern gemeinsam, obwohl er beim Weibchen dunkler und etwas kleiner ist; und dieser entwickelt sich zeitig im Leben, während die gekräuselten Schwanzfedern und andere dem Männchen eigentümlichen Zierden später entwickelt werden.[45] Zwischen solchen extremen Fällen großer sexueller Übereinstimmung und bedeutender Verschiedenheit, wie denen des *Crossoptilon* und des Pfauen, könnten viele dazwischenliegende angeführt werden, bei denen die einzelnen Merkmale in der Reihenfolge ihrer Entwicklung unsern beiden Gesetzen folgen.

Da die meisten Insekten ihre Puppenhülle in einem geschlechtsreifen Zustand verlassen, ist es zweifelhaft, ob die Periode der Entwicklung das Übertragen ihrer Merkmale auf eines oder beide Geschlechter bestimmt. Wir wissen aber nicht, ob die gefärbten Schuppen z.B. in zwei Arten von Schmetterlingen, von denen bei der einen beide Geschlechter verschieden gefärbt sind, während bei der anderen beide gleich sind, in demselben relativen Alter im Kokon sich entwickeln. Auch wissen wir nicht, ob alle Schuppen gleichzeitig auf den Flügeln einer und derselben Spezies von Schmetterlingen entwickelt werden, bei welcher gewisse gefärbte Auszeichnungen auf ein Geschlecht beschränkt sind, während andere Flecke beiden Geschlechtern gemeinsam sind. Eine Verschiedenheit dieser Art in der Periode der Entwicklung ist nicht so unwahrscheinlich, als es auf den ersten Blick scheinen mag. Denn bei den Orthoptern, welche ihren erwachsenen Zustand nicht durch eine einzige Metamorphose, sondern durch eine Reihe aufeinanderfolgender Häutungen erreichen, gleichen die jungen Männchen einiger Spezies zuerst den Weibchen und erlangen ihre unterscheidenden männlichen Merkmale erst während einer späteren Häutung. Streng analoge Fälle kommen auch während der aufeinanderfolgenden Häutungen gewisser männlichen Krustentiere vor.

---

[44] Beim gemeinen Pfau (*Pavo cristatus*) besitzt nur das Männchen Sporne, während der Javanische Pfau (*Pavo muticus*) den ungewöhnlichen Fall darbietet, daß beide Geschlechter mit Spornen versehen sind. Ich glaubte daher sicher erwarten zu dürfen, daß sich dieselben bei der letzten Spezies früher im Leben entwickeln würden, als beim gemeinen Pfau. Mr. Hegt in Amsterdam teilt mir aber mit, daß bei jungen, zu beiden Spezies gehörenden Vögeln des vorhergehenden Jahres am 23. April 1869 vorgenommener Vergleich keine Verschiedenheit in der Entwicklung der Sporne zeigte. Indessen waren zu dieser Zeit die Sporne nur durch unbedeutende Höcker oder Erhebungen repräsentiert. Ich glaube annehmen zu dürfen, daß man es mir mitgeteilt haben würde, wenn später irgendeine Verschiedenheit in der Schnelligkeit der Entwicklung bemerkbar gewesen wäre.

[45] Bei einigen anderen Arten der Familie der Enten ist der Spiegel bei beiden Geschlechtern in einem bedeutenden Grade verschieden; ich bin aber nicht imstande gewesen, nachzuweisen, ob seine völlige Entwicklung bei den Männchen solcher Arten später im Leben eintritt als bei der gemeinen Ente, wie es unserer Regel zur Folge der Fall sein sollte. Wir haben aber bei dem verwandten *Mergus cucullatus* einen Fall dieser Art: Hier weichen die beiden Geschlechter auffallend in der allgemeinen Befiederung und auch in einem beträchtlichen Grade in dem Spiegel ab, welcher beim Männchen rein weiß, beim Weibchen gräulich weiß ist. Nun sind die jungen Männchen zuerst in allen Beziehungen den Weibchen ähnlich und haben einen gräulich weißen Spiegel; dieser wird aber in einem früheren Alter rein weiß als in dem, in welchem das erwachsene Männchen seine stärker ausgesprochenen sexuellen Verschiedenheiten im Gefieder erhält. S. Audubon: Ornithological Biography. Vol. III, 1835, p.249-250.

Achtes Kapitel

Wir haben bis jetzt nur die Übertragung von Merkmalen in bezug auf die Periode der Entwicklung bei Spezies im Naturzustand betrachtet. Wir wollen uns nun zu den domestizierten Tieren wenden und zuerst Monstrositäten und Krankheiten berühren. Das Vorhandensein überzähliger Finger und das Fehlen gewisser Phalangen muß in einer frühen embryonalen Periode bestimmt werden – wenigstens ist die Neigung zu profusen Blutungen angeboren, wie es wahrscheinlich auch die Farbenblindheit ist; – doch sind diese Eigentümlichkeiten und andere ähnliche oft in bezug auf ihre Überlieferung auf ein Geschlecht beschränkt, so daß das Gesetz, daß Merkmale, welche in einer frühen Periode sich entwickeln, auf beide Geschlechter vererbt zu werden neigen, hier vollständig fehlschlägt. Wie aber vorhin bemerkt wurde, scheint dieses Gesetz keine auch nur annähernd so allgemeine Gültigkeit zu haben, wie der umgekehrte Satz, daß nämlich Eigentümlichkeiten, welche spät im Leben an einem Geschlecht erscheinen, auch nur ausschließlich auf dieses Geschlecht vererbt werden. Aus der Tatsache, daß die oben erwähnten abnormen Eigentümlichkeiten auf ein Geschlecht beschränkt werden, und zwar lange ehe die geschlechtlichen Funktionen in Tätigkeit treten, können wir schließen, daß eine Verschiedenheit irgendwelcher Art zwischen den Geschlechtern schon zu einem äußerst frühen Lebensalter bestehen muß. Was geschlechtlich beschränkte Krankheiten betrifft, so wissen wir zu wenig von der Zeit, zu welcher sie überhaupt entstehen, um irgendeinen sicheren Schluß zu ziehen. Indessen scheint die Gicht unter unser Gesetz zu fallen, denn sie ist meist verursacht durch Unmäßigkeit im Mannesalter und wird vom Vater auf seine Söhne in einer viel ausgesprocheneren Art als auf seine Töchter vererbt.

Bei den verschiedenen domestizierten Schafen, Ziegen und Rindern weichen die Männchen von ihren Weibchen in der Form oder der Entwicklung ihrer Hörner, ihrer Stirn, ihrer Mähne, ihrer Wamme, ihres Schwanzes und ihrer Höcker auf den Schultern ab; und in Übereinstimmung mit unserem Gesetz werden diese Eigentümlichkeiten nicht eher vollständig entwickelt, als ziemlich spät im Leben. Bei Hunden weichen die Geschlechter nicht voneinander ab, ausgenommen darin, daß bei gewissen Rassen, besonders bei dem schottischen Hirschhund, das Männchen viel größer und schwerer als das Weibchen ist. Und wie wir in einem späteren Kapitel sehen werden, nimmt das Männchen bis zu einer ungewöhnlich späten Lebenszeit beständig an Größe zu, welcher Umstand nach unserer Regel es erklären wird, daß die bedeutendere Größe nur seinen männlichen Nachkommen vererbt wird. Andererseits ist die dreifarbige Beschaffenheit des Haares (tortoise-shell), welche auf weibliche Katzen beschränkt ist, schon bei der Geburt völlig deutlich, und dieser Fall widerspricht unserem Gesetz. Es gibt eine Taubenrasse, bei welcher nur die Männchen mit Schwarz gestreift sind, und die Streifen können selbst bei Nestlingen schon nachgewiesen werden; sie werden aber deutlicher mit jeder später eintretenden Mauserung, so daß dieser Fall zum Teil unserer Regel widerspricht, zum Teil sie unterstützt. Bei der englischen Botentaube und dem Kröpfer tritt die völlige Entwicklung der Fleischlappen und des Kropfes ziemlich spät im Leben ein; und diese Merkmale werden in Übereinstimmung mit unserem Gesetz in Vollkommenheit nur den Männchen vererbt. Die folgenden Fälle gehören vielleicht in die früher erwähnte Klasse, bei welcher die beiden Geschlechter in einer und derselben Art und Weise auf einer ziemlich späten Periode des Lebens variiert und infolgedessen ihre neuen Merkmale auf beide Geschlechter in einer entsprechend späten Periode vererbt haben; und wenn dies der Fall ist, so widersprechen derartige Fälle unserer Regel nicht. Es gibt Unterrassen der Tauben, welche Neumeister[46] beschrieben hat, bei denen beide Geschlechter im Verlauf von zwei oder drei Mauserungen die Farbe verändern, wie es in gleicher Weise auch der Mandelpurzler tut. Nichtsdestoweniger sind diese Veränderungen, obwohl sie ziemlich spät im Leben auftreten, beiden Geschlechtern gemeinsam. Eine Varietät des Kanarienvogels, nämlich der „London Prize", bietet einen ziemlich analogen Fall dar.

---

[46] Das Ganze der Taubenzucht, 1837, p.21, 24. In bezug auf die gestreiften Tauben s. Dr. Chapuis: Le Pigeon Voyageur Belge, 1865, p.87.

Bei den Hühnerrassen scheint die Vererbung verschiedener Besonderheiten auf ein Geschlecht oder auf beide Geschlechter allgemein durch die Periode bestimmt zu werden, in welcher sich solche Auszeichnungen entwickeln. So weicht in allen den Zuchten, bei welchen das erwachsene Männchen bedeutend in der Färbung von den Weibchen und von der wilden Stammart abweicht, dasselbe auch von dem jungen Männchen ab, so daß die erst neuerdings erlangten Eigentümlichkeiten in einer verhältnismäßig späten Periode des Lebens erschienen sein müssen. Andererseits sind bei den meisten Rassen, bei denen die beiden Geschlechter einander ähnlich sind, die Jungen in nahezu derselben Art und Weise gefärbt wie ihre Eltern, und dies macht es wahrscheinlich, daß ihre Farben zuerst früh im Leben auftraten. Wir sehen Beispiele dieser Tatsache bei allen schwarzen und weißen Rassen, bei denen die Jungen und Alten beider Geschlechter einander gleich sind. Auch kann nicht behauptet werden, daß in einem schwarzen oder weißen Gefieder etwas Eigentümliches liege, welches zu seiner Vererbung auf beide Geschlechter führe. Denn bei vielen natürlichen Spezies sind allein die Männchen entweder schwarz oder weiß, während die Weibchen sehr verschieden gefärbt sind. Bei den sogenannten Kuckucksunterrassen des Huhns, bei welchen die Federn quer mit dunklen Streifen gestrichelt sind, sind beide Geschlechter und die Hühnchen in nahezu derselben Art und Weise gefärbt. Das Gefieder der Sebright-Bantam-Hühner mit schwarz geränderten Federn ist in beiden Geschlechtern dasselbe und bei den Hühnchen sind die Schwungfedern deutlich, wennschon unvollkommen gerändert. Die gefütterten Hamburger bieten indessen eine teilweise Ausnahme dar, denn wennschon die beiden Geschlechter sich nicht vollkommen gleich sind, so ähneln sie sich doch einander mehr, als es die Geschlechter der ursprünglichen elterlichen Spezies tun; und doch erreichen sie ihr charakteristisches Gefieder spät im Leben, denn die Hühnchen sind deutlich gestrichelt. Wendet man sich zu anderen Merkmalen außer der Farbe, so besitzen allein die Männchen der wilden elterlichen Spezies und der meisten domestizierten Rassen einen wohlentwickelten Kamm; aber bei dem jungen spanischen Hahn ist er in einem sehr frühen Alter bedeutend entwickelt, und in Übereinstimmung mit dieser frühen Entwicklung beim Männchen ist er auch bei den erwachsenen Weibchen von ungewöhnlicher Größe. Bei der Kampfhahnrasse wird die Kampfsucht in einem wunderbar frühen Alter entwickelt, wovon merkwürdige Beweise gegeben werden könnten; und dieser Charakter wird auch auf beide Geschlechter vererbt, so daß die Hennen wegen ihrer außerordentlichen Kampfsucht jetzt allgemein in besonderen Behältern ausgestellt werden. Bei den polnischen Rassen bildet sich die Protuberanz des Schädels, welche die Federkrone trägt, zum Teil schon ehe die Hühnchen ausschlüpfen, und die Federkrone selbst beginnt sehr bald zu wachsen, wenn auch anfangs nur schwach.[47] Und in dieser Rasse charakterisiert eine große knöcherne Protuberanz und eine ungeheure Federkrone die erwachsenen Tiere beider Geschlechter.

Nach dem nun endlich, was wir jetzt von den Beziehungen gesehen haben, welche in vielen natürlichen Spezies und domestizierten Rassen zwischen der Periode der Entwicklung ihrer Merkmale und der Art und Weise ihrer Überlieferung existieren, – wenn z. B. die auffallende Tatsache des frühen Wachstums des Geweihes beim Rentier, bei dem beide Geschlechter Geweihe tragen, im Vergleich mit dessen viel später eintretendem Wachstum bei den anderen Spezies, bei denen das Männchen allein ein Geweih trägt, – können wir schließen, daß die eine, wenn auch nicht die einzige Ursache der Vererbung von Eigentümlichkeiten ausschließlich auf ein Geschlecht der Umstand ist, daß sie sich in einem späteren Alter entwickeln, und zweitens, daß eine, wenn auch wie es scheint weniger wirksame Ursache der Vererbung von Besonder-

---

[47] Wegen ausführlicher Einzelheiten und Verweisungen über alle diese Punkte in bezug auf verschiedene Rassen des Huhns s. „Das Variieren der Tiere und Pflanzen im Zustand der Domestikation". 2. Aufl., Bd. I, p.278 und 285. Was die höheren Tiere betrifft, so sind die geschlechtlichen Verschiedenheiten, welche im Zustand der Domestikation entstanden sind, in demselben Werk unter den die einzelnen Spezies behandelnden Abschnitten beschrieben.

heiten auf beide Geschlechter deren Entwicklung in einem frühen Alter ist, in einer Zeit also, wo die Geschlechter in ihrer Konstitution nur wenig voneinander abweichen. Es scheint indessen, als wenn doch irgendeine Verschiedenheit zwischen den Geschlechtern selbst während einer frühen embryonalen Periode existieren müßte; denn in diesem Alter entwickelte Merkmale werden nicht selten auf ein Geschlecht beschränkt.

Zusammenfassung und Schlußbemerkungen. – Nach der vorstehenden Erörterung über die verschiedenen Gesetze der Vererbung sehen wir, daß Merkmale der Eltern oft oder selbst ganz allgemein geneigt sind, sich bei demselben Geschlecht in dem nämlichen Alter und periodisch in derselben Jahreszeit, in welcher sie zuerst bei den Eltern auftraten, zu entwickeln. Diese Regeln sind aber infolge unbekannter Ursachen bei weitem nicht fixiert. Die aufeinanderfolgenden Stufen im Verlauf der Modifikation einer Spezies können daher leicht auf verschiedenen Wegen überliefert werden; einige dieser Stufen werden nur auf ein Geschlecht, andere auf beide vererbt, einige auf die Nachkommen eines bestimmten Alters und einige andere auf alle Altersstufen. Es sind nicht bloß die Gesetze der Vererbung äußerst kompliziert, sondern es sind auch die Ursachen so, welche die Variabilität herbeiführen und beherrschen. Die auf diese Weise verursachten Abänderungen werden durch geschlechtliche Zuchtwahl erhalten und angehäuft, welche an sich wieder eine äußerst verwickelte Angelegenheit ist, da sie von der Glut der Liebe, dem Mut und der Nebenbuhlerschaft der Männchen ebensowohl wie von dem Wahrnehmungsvermögen, dem Geschmack und dem Willen der Weibchen abhängt. Geschlechtliche Zuchtwahl wird auch bedeutend von der auf die allgemeine Wohlfahrt der Spezies gerichteten natürlichen Zuchtwahl beherrscht. Es kann daher nicht anders sein, als daß die Art und Weise, in welcher die Individuen eines von beiden Geschlechtern oder beider Geschlechter durch geschlechtliche Zuchtwahl beeinflußt worden sind, im äußersten Grade kompliziert ist.

Wenn Abänderungen spät im Leben bei einem Geschlecht auftreten und auf dasselbe Geschlecht in demselben Alter überliefert werden, so werden notwendigerweise das andere Geschlecht und die Jungen unverändert bleiben. Wenn die Abänderungen spät im Leben auftreten, aber auf beide Geschlechter in demselben Alter vererbt werden, so werden nur die Jungen unverändert gelassen. Indessen können Abänderungen in jeder Periode des Lebens in einem Geschlecht oder in beiden auftreten und auf beide Geschlechter in allen Altersstufen überliefert werden, und dann werden alle Individuen der Art in ähnlicher Weise modifiziert werden. In den folgenden Kapiteln werden wir sehen, daß alle diese Fälle im Naturzustand häufig auftreten..

Geschlechtliche Zuchtwahl kann niemals auf irgendein Tier wirken, bevor nicht das Alter der Fortpflanzungsfähigkeit erreicht ist. Infolge der großen Begierde des Männchens hat sie meistens auf dieses Geschlecht und nicht auf die Weibchen gewirkt. Hierdurch sind die Männchen mit Waffen zum Kampf mit ihren Nebenbuhlern oder mit Organen zur Entdeckung und zum sichern Festhalten der Weibchen oder zum Reizen oder zum Gefallen derselben versehen worden. Wenn die Geschlechter in dieser Hinsicht voneinander abweichen, so ist es auch, wie wir gesehen haben, ein äußerst allgemeines Gesetz, daß das erwachsene Männchen mehr oder weniger vom jungen Männchen verschieden ist; und wir können aus dieser Tatsache schließen, daß die aufeinanderfolgenden Abänderungen, durch welche das erwachsene Männchen modifiziert wurde, allgemein nicht lange vor dem Eintritt des reproduktionsfähigen Alters entwickelt wurden. Sobald aber nur immer einige oder viele der Abänderungen früh im Leben aufgetreten sind, werden die jungen Männchen in einem größeren oder geringeren Grad an den Auszeichnungen der erwachsenen Männchen teilhaben. Verschiedenheiten dieser Art zwischen den alten und den jungen Männchen können bei vielen Tierarten beobachtet werden.

Es ist wahrscheinlich, daß junge männliche Tiere oft in einer Weise zu variieren gestrebt haben, welche in einem frühen Alter nicht bloß für sie von keinem Nutzen, sondern geradezu schädlich gewesen sein würde – wie z. B. die Erlangung glänzender Farben, welche sie ihren

Feinden viel sichtbarer gemacht haben würden, oder von Gebilden, wie großen Hörnern, welche während ihrer Entwicklung viel Lebenskraft beansprucht haben würden. Bei jungen Männchen auftretende Abänderungen dieser Art werden beinahe gewiß durch natürliche Zuchtwahl beseitigt worden sein. Andererseits wird bei erwachsenen und erfahrenen Männchen der aus der Erlangung derartiger Eigentümlichkeiten hergeleitete Vorteil den Umstand, daß sie dadurch Gefahren in mancherlei Graden ausgesetzt wurden, mehr als aufgehoben haben.

Da die Abänderungen, welche dem Männchen eine Superiorität über andere Männchen beim Kampf oder beim Aufsuchen, Festhalten oder Bezaubern des anderen Geschlechts geben, wenn sie durch Zufall beim Weibchen aufträten, diesem von keinem Nutzen sein würden, so werden sie in diesem Geschlecht durch geschlechtliche Zuchtwahl nicht erhalten worden sein. Wir haben hinreichende Belege dafür, daß bei domestizierten Tieren Abänderungen aller Arten durch Kreuzung und zufällige Todesfälle bald verloren gehen, wenn sie nicht sorgfältig bei der Nachzucht ausgewählt werden. Infolge hiervon werden Abänderungen der obigen Art, wenn sie durch Zufall bei Weibchen auftreten und ausschließlich in der weiblichen Linie weiter vererbt werden, äußerst geneigt sein, verloren zu gehen. Wenn indessen die Weibchen abänderten und ihre neu erlangten Besonderheiten ihren Nachkommen beiderlei Geschlechts überlieferten, so werden diejenigen derselben, welche den Männchen von Vorteil waren, von diesen durch geschlechtliche Zuchtwahl erhalten und folglich die beiden Geschlechter in der nämlichen Art und Weise modifiziert werden, obwohl derartige Merkmale für die Weibchen von keinem Nutzen sind. Ich werde indessen später auf diese verwickelten Fälle zurückzukommen haben. Endlich können die Weibchen auch Merkmale durch Überlieferung von dem männlichen Geschlecht erlangen und haben sie allem Anschein nach auch oft erlangt.

Unaufhörlich hat die Natur von Abänderungen, welche spät im Leben auftreten und nur auf ein Geschlecht überliefert werden, Vorteil gezogen und hat solche durch geschlechtliche Zuchtwahl mit Beziehung auf die Reproduktion der Art angehäuft. Es erscheint daher auf den ersten Blick als unerklärliche Tatsache, daß ähnliche Abänderungen nicht auch häufig durch natürliche Zuchtwahl mit Beziehung auf die gewöhnliche Lebensweise angehäuft worden sind. Wäre dies eingetreten, so würden die beiden Geschlechter häufig in verschiedener Weise modifiziert worden sein, z. B. zum Zwecke des Fangens von Beute oder des Entgehens der Gefahr. Verschiedenheiten dieser Art zwischen den beiden Geschlechtern treten gelegentlich auf, besonders bei den niederen Tieren; dies setzt voraus, daß beide Geschlechter im Kampf um die Existenz verschiedenen Lebensgewohnheiten folgen, was bei den höheren Klassen selten ist. Der Fall liegt indessen ganz verschieden, wenn es sich um die reproduktiven Funktionen handelt, in welcher Hinsicht beide Geschlechter notwendig voneinander verschieden sind. Denn es haben sich Bildungsabänderungen, welche auf diese Funktionen Bezug haben, oft als von Wert für das eine Geschlecht herausgestellt und sind, da sie in einer späteren Periode des Lebens aufgetreten sind, nur auf ein Geschlecht überliefert worden. Derartige Abänderungen, in dieser Weise erhalten und überliefert, haben dann zur Entwicklung sekundärer Sexualcharaktere geführt.

In den folgenden Kapiteln werde ich von den sekundären Sexualcharakteren bei Tieren aller Klassen handeln und werde in jedem einzelnen Fall die in dem vorliegenden Kapitel auseinandergesetzten Grundsätze anzuwenden versuchen. Die niedrigsten Klassen werden uns nur für sehr kurze Zeit aufhalten; aber die höheren Tiere, besonders die Vögel, müssen in einer ziemlichen Ausführlichkeit betrachtet werden. Man muß dabei im Auge behalten, daß ich aus bereits angeführten Gründen nur beabsichtige, einige wenige erläuternde Beispiele von den zahllosen Bildungen zu geben, durch deren Hilfe das Männchen das Weibchen findet oder, wenn es dasselbe gefunden hat, festhält. Auf der anderen Seite werden alle die Bildungseigentümlichkeiten und Instinkte, durch welche ein Männchen andere Männchen besiegt und durch welche dasselbe das Weibchen anlockt oder aufreizt, ausführlich erörtert werden, da diese in vielen Fällen die interessantesten sind.

Anhang

Über die proportionalen Zahlen der beiden Geschlechter bei Tieren verschiedener Klassen

Da niemand, so weit ich darüber nachkommen kann, auf die relativen Zahlen der beiden Geschlechter durch das ganze Tierreich die Aufmerksamkeit gerichtet hat, will ich hier meine Materialien geben so wie ich sie habe sammeln können, obschon sie außerordentlich unvollständig sind. Sie enthalten nur in einigen wenigen Fällen wirkliche Zählungen und auch diese Zahlen sind nicht sehr groß. Da die Verhältniszahlen mit Sicherheit und aufgrund in großem Maße vorgenommener Zählungen nur vom Menschen bekannt sind, will ich zuerst diese als Maßstab des Vergleichs mitteilen.

Mensch. – In England wurden während des Zeitraums von zehn Jahren (von 1857 bis 1866) 707.120 Kinder im jährlichen Mittel lebend geboren und zwar im Verhältnis von 104,5 Knaben auf 100 Mädchen. Im Jahre 1857 verhielten sich aber die männlichen Geburten durch ganz England wie 105,2 und im Jahre 1867 wie 104,0 zu 100 weiblichen. Betrachtet man einzelne Bezirke, so war in Buckinghamshire (wo im Mittel jährlich 5000 Kinder geboren werden) das mittlere Verhältnis der männlichen zu den weiblichen Geburten während der ganzen Periode der oben genannten zehn Jahre 102,8 zu 100, während es in Nord-Wales (wo das jährliche Mittel der Geburten 12.873 beträgt) sich bis auf 106,2 zu 100 erhob. Nimmt man noch einen kleineren Bezirk, z. B. Rutlandshire (wo die jährlichen Geburten im Mittel nur 739 betragen), so verhielten sich im Jahre 1864 die männlichen Geburten wie 114,6 und im Jahre 1862 wie 97,0 zu 100; aber selbst in diesem kleinen Bezirk war das mittlere Verhältnis aus den 7385 Geburten während der ganzen zehnjährigen Periode wie 104,5 zu 100, d. i. also das nämliche Verhältnis wie in ganz England.[48] Die Proportionen werden zuweilen durch unbekannte Ursachen in geringem Grade gestört; so gibt Prof. Faye an, „daß in einigen Bezirken von Norwegen während einer zehnjährigen Periode beständig zu wenig Knaben geboren wurden, während in anderen das umgekehrte Verhältnis bestand". In Frankreich verhielten sich während vierundvierzig Jahren die männlichen zu den weiblichen Geburten wie 106,2 zu 100; aber während dieser Periode ist es in einem Departement fünfmal, in einem anderen sechsmal vorgekommen, daß die weiblichen Geburten die männlichen übertrafen. In Rußland erhebt sich das Verhältnis sogar bis auf 108,9 und in Philadelphia in den Vereinigten Staaten auf 110,5 zu 100.[49] Das aus ungefähr siebzig Millionen Geburten von Bickes berechnete Mittel für Europa ist 106 Knaben zu 100 Mädchen. Auf der anderen Seite wird das Verhältnis bei den weißen, am Kap der Guten Hoffnung geborenen Kindern so niedrig, daß es während aufeinanderfolgender Jahre zwischen 90 und 99 Knaben auf 100 Mädchen schwankt. Es ist eine merkwürdige Tatsache, daß bei Juden das Verhältnis der männlichen Geburten entschieden größer ist als bei Christen. So verhalten sich die männlichen Geburten der Juden in Preußen wie 113, in Breslau wie 114 und in Livland wie 120 zu 100 weiblichen, während die christlichen Geburten in denselben Gegenden das gewöhnliche Verhältnis zeigen, z. B. in Livland 104 zu 100.[50]

---

[48] Twenty-ninth Annual Report of the Registrar-General for 1866. In diesem Bericht ist (p.XII) eine spezielle zehnjährige Tabelle gegeben.
[49] In bezug auf Norwegen und Rußland s. einen Auszug von Prof. Fayes Untersuchungen, in: British and Foreign Medico-Chirurgical Review, April 1867, p.343, 345. In bezug auf Frankreich s. das Annuaire pour l'an 1867, p.213. Wegen Philadelphia s. Dr. Stockton-Hough, in: Social Science Assoc., 1874; in bezug auf das Kap. s. Quetelet, zitiert von Dr. H. H. Zouteveen in der Holländischen Übersetzung dieses Werkes (Bd. I, p.417), wo viele Angaben über die Verhältniszahlen der Geschlechter gemacht werden.
[50] In Betreff der Juden s. Thury: La Loi de Production des Sexes, 1863, p.25.

Prof. Faye bemerkt, daß „ein noch größeres Überwiegen der Knaben angetroffen werden würde, wenn der Tod beide Geschlechter im Mutterleib und während der Geburt in gleichem Verhältnis träfe. Es ist aber Tatsache, daß auf je 100 totgeborene Mädchen in mehreren Ländern von 134,6 bis 144,9 totgeborener Knaben kommen. Außerdem sterben auch während der ersten vier oder fünf Lebensjahre mehr Knaben als Mädchen; so starben z. B. in England während des ersten Jahres 126 Knaben auf je 100 Mädchen, – ein Verhältnis, welches sich in Frankreich noch ungünstiger herausstellt."[51] Dr. Stockton-Hough erklärt diese Tatsachen zum Teil daraus, daß die Entwicklung der Knaben häufiger als die der Mädchen mangelhaft ist. Wir haben vorhin gesehen, daß das männliche Geschlecht variabler in der Bildung ist, als das weibliche; Abänderungen nun in wichtigen Organen werden allgemein schädlich sein. Aber die Größe des Körpers und besonders des Kopfes, welche bei männlichen Kindern bedeutender ist als bei weiblichen, ist noch eine andere Ursache; die Knaben werden hiernach während der Geburt leichter verletzt. Infolge hiervon ist die Zahl der totgeborenen Knaben größer; wie ein äußerst kompetenter Richter, Dr. Crichton Browne[52], meint, leiden Knaben häufig an ihrer Gesundheit während mehrerer Jahre nach der Geburt. Als eine Folge dieses Überwiegens des Sterblichkeitsverhältnisses bei Knaben und des Umstandes, daß Männer im erwachsenen Alter verschiedenen Gefahren ausgesetzt sind, ebenso als eine Folge ihrer Neigung zum Auswandern, hat sich ergeben, daß die Frauen in allen lange bestehenden Staaten, wo statistische Erhebungen angestellt worden sind[53], beträchtlich die Männer an Zahl übertreffen.

Es scheint auf den ersten Blick eine mysteriöse Tatsache zu sein, daß bei verschiedenen Nationen unter verschiedenen Bedingungen und Klimaten, in Neapel, Preußen, Westfalen, Holland, Frankreich, England und den Vereinigten Staaten der Überschuß der männlichen über die weiblichen Geburten geringer ist, wenn sie unehelich als wenn sie ehelich sind.[54] Dies ist von verschiedenen Schriftstellern auf vielerlei verschiedene Weise erklärt worden, so aus der gewöhnlich großen Jugend der Mutter, aus den verhältnismäßig zahlreichen Erstgeburten usw. Wir haben aber gesehen, daß Knaben wegen der bedeutenden Größe ihres Kopfes mehr als weibliche Kinder während der Geburt leiden; und da die Mütter unehelicher Kinder mehr als andere Frauen aus verschiedenen Ursachen (so infolge der Versuche der Verheimlichung durch starkes Schnüren, harter Arbeit, gestörten Gemütes usw.) schwierige Geburten haben werden, so werden die männlichen Kinder im Verhältnis darunter leiden. Wahrscheinlich ist dies die wirksamste von allen Ursachen davon, daß bei unehelichen Geburten das Verhältnis der lebend geborenen Knaben zu den Mädchen geringer ist als bei ehelichen Geburten. Bei den meisten Tieren ist nun die bedeutendere Größe der erwachsenen Männchen im Vergleich zu den Weibchen eine Folge davon, daß die stärkeren Männchen während der Kämpfe um den Besitz der Weibchen die schwächeren besiegt haben; und ohne Zweifel ist es eine Folge dieser Tatsache, daß die beiden Geschlechter wenigstens mancher Tiere bei der Geburt an Größe verschieden sind.

---

[51] British and Foreign Medico-Chirurgical Review, April 1867, p.343. Dr. Stark bemerkt gleichfalls (Tenth Annual Report of Births, Deaths etc. in Scotland, 1867, p.XXVIII), daß „diese Beispiele hinreichen dürften, um zu zeigen, daß beinahe auf jeder Altersstufe die Männer in Schottland dem Sterben mehr unterliegen und ein höheres Sterblichkeitsverhältnis zeigen als die Frauen. Die Tatsache indessen, daß sich diese Eigentümlichkeit am stärksten in der Periode der Kindheit geltend macht, wo doch Anzug, Nahrung und allgemeine Behandlung beider Geschlechter gleich sind, scheint zu beweisen, daß das höhere Sterblichkeitsverhältnis des männlichen Geschlechts eine vom Geschlecht allein abhängige, eingeprägte, natürliche und konstitutionelle Eigentümlichkeit ist."
[52] West Riding Lunatic Asylum Report. Vol. I, 1871, p.8. Sir J. Simpson hat nachgewiesen, daß der Kopf männlicher Kinder den der weiblichen um drei Achtel Zoll im Umfang und um ein Achtel im Querdurchmesser übertrifft. Quetelet hat gezeigt, daß das Weib kleiner geboren wird als der Mann; s. Dr. Duncan: Fecundity, Fertility, Sterility, 1871, p.387.
[53] Bei den wilden Guaranys von Paraguay stehen die Weiber nach den Angaben des sorgfältigen Azara (Voyages dans l'Amérique méridionale. Tom. II, 1809, p.60, 179) zu den Männern im Verhältnis von 14:13.
[54] Babbage: Edinburgh Journal of Science, 1829, Vol. I, p.88; auch p.90 über totgeborene Kinder. Über uneheliche Kinder in England s. Report of Registrar General for 1866, p.XV.

Achtes Kapitel

Es stellt sich hiernach die merkwürdige Tatsache heraus, daß wir die häufigeren Todesfälle männlicher als weiblicher Kinder, besonders unehelicher, wenigstens zum Teil der geschlechtlichen Zuchtwahl zuschreiben können.

Es ist oft vermutet worden, daß das relative Alter der Eltern das Geschlecht der Nachkommen bestimme; und Prof. Leuckart[55] hat, seiner Ansicht nach einen Zweifel ausschließende, Belege in bezug auf den Menschen und gewisse domestizierte Tiere vorgebracht, um zu zeigen, daß dies ein bedeutungsvoller, wenn auch nicht der einzige Faktor bei dem Resultat sei. Ferner glaubte man, daß die Periode der Befruchtung im Verhältnis zum Zustand des Weibchens die wirksame Ursache sei; neuere Beobachtungen erschüttern aber diese Ansicht. Nach Dr. Stockton-Hough[56] äußert die Jahreszeit, die Armut oder Wohlhabenheit der Eltern, das Wohnen auf dem Lande oder in Städten, das Kreuzen mit fremden Einwanderern usw., alles dies einen Einfluß auf das Verhältnis der Geschlechter zueinander. In bezug auf den Menschen vermutet man ferner, daß Polygamie die Geburt einer größeren Proportion von Mädchen veranlasse; aber Dr. Campbell[57] hat diesem Gegenstand in den Harems von Siam eingehende Aufmerksamkeit gewidmet und ist zu dem Schluß gelangt, daß das Verhältnis der männlichen zu den weiblichen Geburten dort dasselbe ist wie bei monogamen Verbindungen. Kaum irgendein Tier ist in solchem Maße polygam gemacht worden wie das englische Rennpferd, und doch werden wir sofort sehen, daß dessen männliche und weibliche Nachkommen fast genau gleiche Zahlen darbieten. Ich will nun die Tatsachen mitteilen, welche ich in bezug auf die proportionalen Zahlen der Geschlechter bei verschiedenen Tieren gesammelt habe, und will dann kurz erörtern, inwieweit bei Bestimmung des Resultats Zuchtwahl ins Spiel gekommen ist.

Pferde. – Herr Tegetmeier hat die Güte gehabt, aus dem „Racing Calendar" die Geburten von Rennpferden während einer Periode von vierundzwanzig Jahren, nämlich von 1846 bis 1867 für mich in Tabellen zu bringen; das Jahr 1849 ist weggelassen, da in diesem Jahre die Erhebungen nicht veröffentlicht wurden. Die Totalzahl aller Geburten betrug 25.560[58], wovon 12.763 männliche und 12.797 weibliche waren; oder die männlichen standen im Verhältnis von 99,7 zu 100 weiblichen. Da diese Zahlen ziemlich groß sind und aus allen Teilen von England während des Verlaufs mehrerer Jahre zusammengetragen sind, so können wir mit vielem Vertrauen schließen, daß bei dem domestizierten Pferd oder mindestens beim Rennpferd die beiden Geschlechter in fast gleicher Anzahl erzeugt werden. Die Schwankungen in den Verhältniszahlen während der aufeinanderfolgenden Jahre sind denjenigen sehr gleich, welche beim Menschen vorkommen, wenn ein kleiner und dünn bevölkerter Bezirk in Betracht gezogen wird; so verhielten sich im Jahre 1856 die männlichen Pferde wie 107,1 und im Jahre 1867 nur wie 92,6 zu 100 weiblichen. In den tabellarisch geordneten Erhebungen variiert das Verhältnis periodisch, denn die Männchen überwogen die Weibchen während sechs aufeinanderfolgender Jahre; und die Weibchen überwogen die Männchen während zweier Perioden, jede von vier Jahren; dies kann indessen wohl zufällig sein, wenigstens kann ich nichts der Art beim Menschen in der zehnjährigen Tabelle aus dem Registrar's Report für 1866 entdecken.

---

[55] Leuckart, in: Wagners Handwörterbuch der Physiologie. Bd. IV, 1853, p.774.
[56] Social Science Associat. of Philadelphia, 1874.
[57] Anthropological Review, April 1870, p.CVIII.
[58] Während elf Jahren ist auch die Zahl der Stuten verzeichnet worden, welche sich als unfruchtbar herausstellten oder welche ihre Füllen zu früh gebaren; und dabei verdient es Beachtung, da es zeigt, wie unfruchtbar diese sehr gut genährten und in ziemlich enger Inzucht vermehrten Tiere geworden sind, daß nicht viel unter einem Drittel der Stuten keine lebenden Füllen produzierten. So wurden während des Jahres 1866 809 Hengst- und 816 Stutenfüllen geboren und 743 Stuten brachten keine Nachkommen hervor. Während des Jahres 1867 wurden 836 Hengst- und 902 Stutenfüllen geboren und 794 Stuten schlugen fehl.

Hunde. – Während eines Zeitraums von zwölf Jahren, von 1857 bis 1868, sind die Geburten einer großen Anzahl von Windspielen aus ganz England in das Journal „The Field" eingeschickt worden; und ich bin wiederum Herrn Tegetmeier dafür verbunden, daß er mir die Resultate sorgfältig in Tabellen gebracht hat. Die verzeichneten Geburten betrugen im ganzen 6878, von denen 3605 männliche und 3273 weibliche waren; sie standen also zueinander im Verhältnis von 110,1 männlichen zu 100 weiblichen Geburten. Die größten Schwankungen kamen vor im Jahre 1864, wo sich die Zahlen wie 95,3 männliche, und im Jahre 1867, wo sie sich wie 116,3 männliche zu 100 weiblichen verhielten. Das oben angegebene mittlere Verhältnis von 110,1 zu 100 ist für den Windhund wahrscheinlich nahezu korrekt; ob es aber auch für andere domestizierte Rassen gelten dürfte, ist in ziemlichem Grade zweifelhaft. Mr. Cupples hat sich bei mehreren großen Hundezüchtern erkundigt und dabei erfahren, daß alle ohne Ausnahme der Ansicht sind, daß die Weibchen in der Mehrzahl geboren werden; er vermutet, diese Annahme könne wohl dadurch entstanden sein, daß die Weibchen weniger hoch geschätzt werden, und daß die damit zusammenhängende Enttäuschung auf das Gemüt einen stärkeren Eindruck mache.

Schaf. – Das Geschlecht der Schafe wird von den Landwirten erst mehrere Monate nach der Geburt ermittelt, zu der Zeit, wenn die Männchen kastriert werden, so daß die folgenden Erhebungen nicht die Verhältniszahlen zur Zeit der Geburt geben. Überdies finde ich, daß mehrere große Schafzüchter in Schottland, welche jährlich einige tausend Schafe erziehen, fest überzeugt sind, daß während des ersten oder der zwei ersten Jahre eine größere Zahl von Männchen als von Weibchen stirbt; es würde hiernach zur Zeit der Geburt das Verhältnis der Männchen etwas größer sein als zur Zeit der Kastration. Dies ist ein merkwürdiges Zusammentreffen mit dem, was, wie wir gesehen haben, beim Menschen eintritt; und wahrscheinlich hängen beide Fälle von einer gemeinsamen Ursache ab. Ich habe von vier Herren in England, welche während der letzten zehn bis sechzehn Jahre Niederungsrassen, hauptsächlich Leicesterschafe gezüchtet haben, Zahlenangaben erhalten; die Zahl der Geburten beträgt im ganzen 8965; davon sind 4407 männliche und 4558 weibliche, dies ergibt also ein Verhältnis von 96,7 männlichen zu 100 weiblichen Lämmern. In bezug auf die Cheviot-Rasse und die in Schottland gezüchteten Schafe mit schwarzem Gesicht habe ich von sechs Züchtern, worunter zwei in großem Maßstabe züchten, hauptsächlich aus den Jahren 1867 bis 1869 Angaben erhalten, einige reichen aber bis 1862 zurück. Die Gesamtzahl aller notierten Geburten beläuft sich auf 50.685 und besteht aus 25.071 männlichen und 25.614 weiblichen, so daß die Männchen im Verhältnis von 97,9 zu 100 Weibchen stehen. Nehmen wir die englischen und schottischen Erhebungen zusammen, so erhebt sich die Gesamtzahl auf 59.650, von denen 29.478 männliche und 30.172 weibliche Geburten sind, also im Verhältnis von 97,7 männlichen zu 100 weiblichen. Bei Schafen sind also ganz bestimmt im Alter, wo die Männchen kastriert werden, die Weibchen in der Mehrzahl; wahrscheinlich gilt dies aber nicht für die Zeit der Geburt.[59]

In bezug auf Rinder habe ich Zahlenangaben von neun Herren erhalten, zusammen 982 Geburten betragend, also zu wenig, um zuverlässige Grundlagen zu geben. Es waren 447 Stierkälber und 505 Kuhkälber geboren, also in dem Verhältnis von 94,4 männlichen auf 100 weibliche. Der Rev. W. D. Fox teilt mir mit, daß sich unter 34 im Jahre 1867 auf einer Farm in Derbyshire geborenen Kälbern nur ein einziges Stierkalb fand. Mr. Harrison Weir schreibt mir, daß er sich bei mehreren Schweinezüchtern erkundigt hat; die meisten schätzen das Verhältnis der männlichen

---

[59] Ich bin Herrn Cupples sehr verbunden, daß er mir die oben erwähnten statistischen Angaben aus Schottland ebenso wie einige der folgenden Mitteilungen über Rinder verschafft hat. Zuerst hat Mr. R. Elliot aus Laighwood meine Aufmerksamkeit auf den frühen Tod der Männchen gelenkt, eine Angabe, die mir später Mr. Aitchison und andere bestätigten. Dem letztgenannten Herrn und Mr. Payan bin ich Dank schuldig für umfassende Zahlenangaben über Schafe.

zu den weiblichen Geburten wie 7 zu 6. Derselbe Herr hat viele Jahre lang Kaninchen gezüchtet und dabei beobachtet, daß eine viel größere Zahl von männlichen als weiblichen Jungen geboren werden. Schätzungen sind aber nur von geringem Wert.

Über Säugetiere im Naturzustand bin ich nur sehr wenig zu erfahren imstande gewesen. In bezug auf die gemeine Ratte habe ich widersprechende Angaben erhalten. Mr. R. Elliot von Laighwood teilt mir mit, ein Rattenfänger habe ihm versichert, daß er immer die Männchen in bedeutender Mehrzahl gefunden habe, selbst unter den Jungen in den Nestern. Infolge hiervon untersuchte Mr. Elliot später selbst einige hundert alte Ratten und fand die Angabe bestätigt. Mr. F. Buckland hat eine große Anzahl weißer Ratten gezogen, und auch er ist der Meinung, daß die Männchen bedeutend an Zahl die Weibchen überwiegen. In bezug auf Maulwürfe wird gesagt, daß „die Männchen weit zahlreicher seien als die Weibchen"[60]; und da das Fangen dieser Tiere eine besondere Beschäftigung mancher Leute ist, so kann man sich vielleicht auf die Angabe verlassen. Bei der Schilderung einer Antilope von Süd-Afrika (*Kobus ellipsiprymnus*) bemerkt Sir A. Smith[61], daß in den Herden dieser und anderer Spezies die Männchen im Vergleich mit den Weibchen geringer an Zahl sind; die Eingeborenen glauben, daß auch bei der Geburt der Tiere dies Verhältnis herrsche; Andere glauben, daß die jungen Männchen von den Herden weggetrieben werden, und Sir A. Smith sagt, daß er zwar selbst niemals Herden gesehen habe, welche nur aus jungen Männchen bestanden hätten, daß aber andere versichern, daß dies vorkomme. Es scheint wohl wahrscheinlich zu sein, daß wenn die jungen Männchen von den Herden fortgetrieben sind, sie sehr leicht den vielen Raubtieren des Landes zur Beute fallen.

Vögel. – In bezug auf das Huhn habe ich nur einen einzigen Bericht erhalten, nämlich von 1001 Hühnchen eines hochgezüchteten Stammes von Cochinchina-Hühnern, welche Mr. Stretch im Verlauf von acht Jahren erzogen hat: 487 ergaben sich als Männchen und 514 als Weibchen, das ist also ein Verhältnis von 94,7 zu 100. Was die domestizierten Tauben betrifft, so sind hier gute Belege dafür vorhanden, daß entweder die Männchen im Exzeß erzeugt werden, oder daß sie länger leben; denn diese Vögel paaren sich ausnahmslos treu, und einzelne Männchen sind, wie mir Mr. Tegetmeier mitteilt, immer billiger zu kaufen als Weibchen. Gewöhnlich ist von den beiden aus den zwei in demselben Gelege sich findenden Eiern erzogenen Vögeln das eine ein Männchen, das andere ein Weibchen; aber Mr. Harrison Weir, welcher ein so bedeutender Züchter gewesen ist, sagt, daß er oft in demselben Nest zwei Tauber, selten dagegen zwei Tauben erzogen habe; außerdem ist das Weibchen allgemein von beiden das schwächere Tier und geht leichter zugrunde.

Was die Vögel im Naturzustand betrifft, so sind Mr. Gould und andere[62] überzeugt, daß die Männchen allgemein zahlreicher sind; während doch, da die jungen Männchen vieler Arten den Weibchen ähnlich sind, natürlich die letzteren als die am zahlreichsten vertretenen scheinen sollten. Mr. Baker von Leadenhall hatte große Mengen von Fasanen aus von wilden Vögeln gelegten Eiern erzogen und teilt Mr. Jenner Weir mit, daß meistens vier oder fünf Hähne auf je eine Henne produziert werden. Ein erfahrener Beobachter bemerkt[63], daß in Skandinavien die Bruten des Auer- und Birkhuhns mehr Männchen als Weibchen enthalten, und daß von dem „Dal-ripa" (einer Art Schneehuhn (*Lagopus subalpina* Nilss.]) mehr Männchen als Weibchen die „Leks" oder Balzplätze besuchen; den letzteren Umstand erklären indessen einige Beobachter dadurch, daß eine größere Zahl von Hennen von kleinen Raubtieren getötet wird. Aus verschiedenen von White in Seiborne[64] mitgeteilten Tatsachen scheint klar hervorzugehen, daß von den Rebhühnern

---

[60] Bell: History of British Quadrupeds, p.100.
[61] Illustrations of the Zoology of S. Africa, 1849, pl. 29.
[62] Brehm kommt zu demselben Schluß (Illustr. Tierleben. 2. Aufl., Bd. IV, 2. Abt., Vögel, 1. Bd., p.20).
[63] Nach der Autorität von L. Lloyd: Game Birds of Sweden, 1867, p.12,132.
[64] Natural History of Selborne. Letter XXIX. Ausg. von 1825. Vol. I, p.139.

die Männchen im südlichen England in beträchtlicher Überzahl vorhanden sein müssen; und mir ist versichert worden, daß dies auch in Schottland der Fall sei. Mr. Weir erkundigte sich bei den Händlern, welche zu gewissen Zeiten des Jahres große Mengen von Kampfläufern (*Machetes pugnax*) erhalten, und erhielt die Auskunft, daß bei dieser Art die Männchen bei weitem die zahlreicheren sind. Derselbe Naturforscher hat sich auch für mich bei den Vogelstellern erkundigt, welche jedes Jahr eine erstaunliche Menge verschiedener kleiner Vögel für den Londoner Markt lebendig fangen, und erhielt von einem alten und glaubwürdigen Mann ohne Zögern die Antwort, daß beim Buchfinken die Männchen an Zahl weit überwiegen; und zwar glaubte er ein so hohes Verhältnis wie 2 zu 1 oder mindestens wie 5 zu 3 annehmen zu müssen.[65] Auch bei Amseln waren, wie derselbe Mann behauptete, die Männchen die zahlreichsten, mochten sie nun in Schlingen oder nachts in Netzen gefangen werden. Allem Anschein nach kann man sich auf diese Angaben verlassen, da derselbe Mann angab, bei der Lerche, dem Leinfinken (*Linaria montana*) und dem Stieglitz seien die Geschlechter in ziemlich gleicher Anzahl vorhanden. Auf der anderen Seite ist es sicher, daß beim gemeinen Hänflinge die Weibchen bedeutend überwiegen, aber während verschiedener Jahre in ungleicher Weise; der genannte Beobachter fand in manchen Jahren das Verhältnis der Weibchen zu den Männchen wie vier zu eins. Man darf indessen nicht außer acht lassen, daß die Hauptjahreszeit zum Fangen der Vögel nicht vor dem September anfängt, so daß bei einigen Spezies zum Teil schon die Wanderung begonnen haben kann; und die Schwärme bestehen um diese Zeit oft nur aus Weibchen. Mr. Salvin richtete seine Aufmerksamkeit besonders auf die Geschlechter der Kolibris in Zentral-Amerika und ist überzeugt, daß bei den meisten Spezies die Männchen überwiegen; so erlangte er in einem Jahre 204 Exemplare, welche zu zehn Spezies gehörten, und darunter waren 166 Männchen und nur 38 Weibchen. Bei zwei anderen Arten waren die Weibchen in der Mehrzahl; die Verhältnisse variieren aber augenscheinlich entweder während verschiedener Jahreszeiten oder an verschiedenen Lokalitäten; denn bei einer Gelegenheit verhielten sich die Männchen von *Campylopterus hemileucurus* zu den Weibchen wie fünf zu zwei und bei einer anderen Gelegenheit gerade im umgekehrten Verhältnis.[66] Da es zu dem letzteren Punkt in Beziehung steht, will ich hinzufügen, daß Mr. Powys fand, daß sich in Korfu und Epirus die Geschlechter des Buchfinken getrennt hielten, und zwar waren „die Weibchen bei weitem die zahlreichsten", während Mr. Tristram in Palästina fand, daß „die männlichen Schwärme dem Anschein nach die weiblichen bedeutend an Zahl übertrafen"[67]. So sagt ferner Mr. G. Taylor[68] in bezug auf *Quiscalus major*, daß in Florida „sehr wenig Weibchen im Verhältnis zu den Männchen" vorkämen, während in Honduras das umgekehrte Verhältnis herrschte und die Spezies den Charakter einer polygamen darböte.

Fische. – Bei Fischen können die Zahlenverhältnisse der beiden Geschlechter nur dadurch ermittelt werden, daß sie im erwachsenen oder fast erwachsenen Zustand gefangen werden; und auch dann noch sind viele Umstände vorhanden, welche das Erreichen irgendeiner richtigen Folgerung erschweren.[69] Unfruchtbare („gelte") Weibchen können leicht für Männchen gehalten werden, wie Dr. Günther in bezug auf die Forelle mir gegenüber bemerkt hat. Man glaubt, daß bei einigen Spezies die Männchen sehr bald sterben, nachdem sie die Eier befruchtet haben.

---

[65] Mr. Jenner Weir erhielt ähnliche Auskunft, als er während des folgenden Jahres Erkundigungen anstellte. Um eine Idee von der Zahl der Buchfinken zu geben, will ich noch anführen, daß im Jahre 1869 zwei Sachverständige eine Wette machten; der eine fing an einem Tage 62, der andere 40 männliche Buchfinken. Die größte Zahl, welche ein Mann an einem einzigen Tage fing, war 70.

[66] The Ibis. Vol. II, p.260, zitiert in Gould's Trochilidae, 1861, p.52. In bezug auf die vorstehenden Verhältniszahlen bin ich Herrn Salvin für eine tabellarische Übersicht seiner Resultate verbunden.

[67] Ibis, 1860, p.137; 1867, p.369.

[68] Ibis, 1862, p.137.

[69] Leuckart zitiert Bloch (Wagners Handwörterbuch der Physiol., Bd. IV, 1853, p.775), daß bei Fischen zweimal so viel Männchen wie Weibchen vorkommen.

Achtes Kapitel

Bei vielen Spezies sind die Männchen von viel geringerer Größe als die Weibchen, so daß eine große Zahl von Männchen aus demselben Netz entschlüpfen kann, mit welchem die Weibchen gefangen werden. Mr. Carbonnier[70], welcher der Naturgeschichte des Hechtes (*Esox lucius*) eine besondere Aufmerksamkeit gewidmet hat, gibt an, daß viele Männchen infolge ihrer geringeren Größe von den größeren Weibchen verschlungen werden; auch ist er der Ansicht, daß die Männchen fast aller Fische aus derselben Ursache größerer Gefahr ausgesetzt sind als die Weibchen. Nichtsdestoweniger scheinen in den wenigen Fällen, in welchen die proportionalen Zahlen der Geschlechter wirklich beobachtet worden sind, die Männchen in bedeutender Überzahl vorhanden zu sein. So gibt Mr. R. Buist, der Oberaufseher der in Stormontfield eingerichteten Versuche, an, daß im Jahre 1865 unter 70 wegen der Beschaffung von Eiern ans Land gezogenen Lachsen über 60 Männchen waren. Auch im Jahre 1867 lenkt er die Aufmerksamkeit „auf das ungeheure Mißverhältnis der Männchen zu den Weibchen. Wir hatten im Anfange mindestens 10 Männchen auf ein Weibchen." Später wurden Weibchen in genügender Anzahl zur Erlangung von Eiern gefangen. Er fügt hinzu: „wegen der verhältnismäßig so großen Anzahl von Männchen kämpfen und zerren sie sich beständig auf den Laichplätzen herum"[71]. Ohne Zweifel läßt sich dies Mißverhältnis wenigstens zum Teil, ob ganz ist sehr zweifelhaft, dadurch erklären, daß die Männchen vor den Weibchen in den Flüssen stromaufwärts wandern. In bezug auf die Forelle bemerkt Mr. Fr. Buckland: „Es ist eine merkwürdige Tatsache, daß die Männchen an Zahl sehr bedeutend die Weibchen übertreffen. Es findet sich ausnahmslos, daß, wenn die Fische zuerst in die Netze fahren, sich zum wenigsten sieben oder acht Männchen auf ein Weibchen gefangen haben. Ich kann dies nicht vollständig erklären; entweder die Männchen sind zahlreicher als die Weibchen oder die letztern suchen sich eher durch Verbergen als durch Flucht zu retten". Er fügt dann hinzu, daß man durch sorgfältiges Absuchen der Ufer hinreichend Weibchen zur Gewinnung der Eier erlangen könne.[72] Mr. H. Lee teilt mir mit, daß unter 212 zu diesem Zwecke in Lord Portsmouth's Park gefangenen Forellen 150 Männchen und 62 Weibchen sich fanden.

Auch bei den Cypriniden scheinen die Männchen in der Mehrzahl vorhanden zu sein; aber mehrere Glieder dieser Familie, nämlich der Karpfen, die Schleihe, der Brachsen und die Elritze, folgen dem Anschein nach dem im Tierreich seltenen Gebrauch der Polyandrie; denn beim Laichen begleiten stets zwei Männchen das Weibchen, eines auf jeder Seite, und beim Brachsen sogar drei oder vier. Diese Tatsache ist so wohlbekannt, daß es allgemein empfohlen wird, beim Besetzen eines Teiches zwei männliche Schleihen auf ein Weibchen oder wenigstens drei Männchen auf zwei Weibchen zu nehmen. In bezug auf die Elritze führt ein ausgezeichneter Beobachter an, daß auf den Laichplätzen die Männchen zehnmal so zahlreich sind wie die Weibchen; sobald ein Weibchen unter die Männchen kommt, „drücken sich sofort zwei Männchen, auf jeder Seite eines, an dasselbe heran, und wenn sie sich eine Zeit lang in dieser Situation befunden haben, werden sie von zwei anderen Männchen abgelöst".[73]

Insekten. – Aus dieser großen Klasse bieten nur die Lepidopteren die Mittel dar, über die proportionalen Zahlen der Geschlechter zu einem Urteile zu gelangen; denn diese sind von vielen guten Beobachtern mit besonderer Sorgfalt gesammelt und vom Ei oder vom Raupenzustand an in großer Zahl erzogen worden. Ich hatte gehofft, daß mancher Züchter von Seidenwürmern vielleicht eine sorgfältige Liste geführt haben würde; aber nachdem ich nach Frankreich und Ita-

---

[70] Zitiert in: „The Farmer", March 18th 1869, p.369.
[71] The Stormontfield Piscicultural Experiments, p.23. „The Field", 29. Juni 1867.
[72] Land and Water, 1868, p.41.
[73] Yarrell: History of British Fishes. Vol. I, 1836, p.307; über *Cyprinus carpio*, p.331; über *Tinca vulgaris*, p.331; über *Abramis brama*, p.336. In bezug auf die Elritze (*Leuciscus phoxinus*) s. Loudon's Mag. of Natur. Hist. Vol. V, 1832, p.682.

lien geschrieben und verschiedene Abhandlungen eingesehen habe, kann ich nur sagen, daß ich nirgends finde, daß dies jemals geschehen ist. Die allgemeine Meinung scheint dahin zu gehen, daß die Geschlechter in ziemlich gleicher Zahl auftreten; wie ich aber von Prof. Canestrini höre, sind in Italien viele Züchter überzeugt, daß die Weibchen in der Mehrzahl erzeugt werden. Indessen teilt mir derselbe Forscher mit, daß von den beiden jährlichen Zuchten des Ailanthus-Seidenwurms (*Bombyx cynthia*) die Männchen in der ersten bedeutend überwiegen, während in der zweiten die Geschlechter ziemlich in gleicher Anzahl oder vielleicht die Weibchen eher in Mehrzahl auftreten.

Was die Schmetterlinge im Naturzustand betrifft, so sind mehrere Beobachter sehr von dem, allem Anschein nach sehr enormen, Übergewicht der Männchen frappiert worden.[74] So sagt Mr. Bates[75], wo er von den ungefähr einhundert Arten spricht, welche das Gebiet des oberen Amazonasstromes bewohnen, daß die Männchen viel zahlreicher sind als die Weibchen, sogar selbst bis zum Verhältnis von hundert zu einem. In Nord-Amerika schätzt Edwards, welcher bedeutende Erfahrung hatte, bei der Gattung *Papilio* die Männchen zu den Weibchen wie vier zu eins; und Mr. Walsh, welcher mir diese Angabe mitteilte, sagt mir, daß es bei *P. turnus* sicher der Fall sei. In Süd-Afrika fand Mr. Trimen bei neunzehn Spezies die Männchen in der Mehrzahl[76], und bei einer derselben, welche auf offenen Stellen schwärmt, schätzt er das Verhältnis der Männchen zu den Weibchen wie fünfzig zu eins. Von einer anderen Art, bei welcher die Männchen an gewissen Lokalitäten zahlreich waren, sammelte er während sieben Jahren nur fünf Weibchen. Auf der Insel Bourbon sind nach der Angabe des Mr. Maillard die Männchen von einer Spezies *Papilio* zwanzigmal so zahlreich wie die Weibchen.[77] Mr. Trimen teilt mir mit, daß es nach dem, was er selbst gesehen oder von andern gehört hat, selten vorkommt, daß die Weibchen irgendeines Schmetterlings an Zahl die Männchen übertreffen; doch ist dies vielleicht bei drei südafrikanischen Arten der Fall. Mr. Wallace[78] gibt an, daß von der *Ornithoptera croesus* im Malaiischen Archipel die Weibchen häufiger sind und leichter gefangen werden als die Männchen; dies ist aber ein seltener Schmetterling. Ich will hier hinzufügen, daß Guenée in bezug auf *Hyperythra*, ein Genus der Spanner, sagt, in Sammlungen aus Indien würden vier bis fünf Weibchen auf ein Männchen geschätzt.

Als diese Frage nach den proportionalen Zahlen der Geschlechter der Insekten vor die Entomologische Gesellschaft gebracht wurde[79], wurde allgemein zugegeben, daß die Männchen der meisten Lepidopteren im erwachsenen oder Imagozustand in größerer Zahl gefangen würden als die Weibchen; aber mehrere Beobachter schrieben diese Tatsache dem Umstand zu, daß die Lebensweise der Weibchen zurückhaltender sei und das Männchen zeitiger den Kokon verlasse. Daß das letztere bei den meisten Schmetterlingen, ebenso wie auch bei anderen Insekten der Fall ist, ist allerdings wohlbekannt. Hierdurch gehen, wie Mr. Personnat bemerkt, die Männchen des domestizierten *Bombyx Yamamai* im Anfang der Saison und die Weibchen am Ende der Saison verloren, weil sie nicht gepaart werden können.[80] Ich kann mich indessen doch nicht überzeugen, daß diese Ursachen genügen sollten, den bedeutenden Überschuß von Männchen bei den oben erwähnten Schmetterlingen, welche in ihrem Vaterland so außerordentlich häufig sind, zu erklären. Mr. Stainton, welcher viele Jahre hindurch den kleineren Motten eine so eingehende Aufmerksamkeit gewidmet hat, teilt mir folgendes mit: Als er sie im Imagozustand gesammelt habe, sei er der

---

[74] Leuckart zitiert Meinecke (Wagners Handwörterbuch der Physiol., Bd. IV, 1853, p.775) in bezug auf die Angabe, daß bei Schmetterlingen die Männchen drei- bis viermal zahlreicher sind als die Weibchen.
[75] The Naturalist on the Amazons. Vol. II, 1863, p.228, 347.
[76] Vier von diesen Fällen hat Mr. Trimen mitgeteilt in seinem Rhopalocera Africae Australis.
[77] Zitiert von Trimen, in: Transact. Entomol. Soc., Vol. V, part IV, 1866.
[78] Transact. Linnean Soc., Vol. XXV, p.37.
[79] Proceed. Entomol. Soc., Febr. 17th 1868.
[80] Zitiert von Wallace, in: Proceed. Entomol. Soc., 3. Ser., Vol. V, 1867, p.487.

Meinung gewesen, daß die Männchen zehnmal so zahlreich wären wie die Weibchen; seitdem er sie aber im großem Maßstab aus der Raupe erzöge, sei er überzeugt, daß die Weibchen am zahlreichsten seien. Mehrere Entomologen stimmen dieser Ansicht bei. Doch sind Mr. Doubleday und einige andere der entgegengesetzten Meinung und sind überzeugt, daß sie aus dem Ei oder aus dem Raupenzustand eine größere Anzahl von Männchen als Weibchen aufgezogen haben.

Außer der beweglicheren Lebensweise der Männchen, ihrem zeitigeren Verlassen der Kokons und dem Vorzug, den sie in manchen Fällen offenen Plätzen geben, können noch andere Ursachen für die scheinbare oder wirkliche Verschiedenheit in den proportionalen Zahlen der beiden Geschlechter bei den Lepidopteren angeführt werden, und zwar sowohl wenn sie im Imagozustand gefangen, als auch wenn sie aus dem Ei oder dem Raupenzustand aufgezogen werden. Viele Züchter in Italien sind, wie ich von Prof. Canestrini höre, der Meinung, daß die weibliche Raupe des Seidenschmetterlings mehr von der neuerdings aufgetretenen Krankheit leidet als die männliche; und Dr. Staudinger teilt mir mit, daß beim Aufziehen von Schmetterlingen mehr Weibchen im Kokon sterben als Männchen. Bei vielen Spezies ist die weibliche Raupe größer als die männliche; ein Sammler wird aber natürlich die schönsten Exemplare auswählen und daher unbeabsichtigter Weise eine größere Zahl von Weibchen sammeln. Drei Sammler haben mir erzählt, daß sie dies allerdings in der Gewohnheit hätten; Dr. Wallace ist indessen überzeugt, daß die meisten Sammler alle Exemplare von den selteneren Arten nehmen, welche sie finden können, da diese allein der Mühe des Aufziehens wert sind. Haben Vögel eine größere Zahl von Raupen um sich herum, so werden sie wahrscheinlich die größeren verschlingen; auch teilt mir Prof. Canestrini mit, daß in Italien einige Züchter, allerdings aber auf unzureichende Beweise gestützt, der Ansicht sind, daß in der ersten Zucht des Ailanthus-Seidenspinners die Wespen eine größere Zahl weiblicher als männlicher Raupen zerstören. Dr. Wallace bemerkt ferner, daß die weiblichen Raupen, weil sie größer als die männlichen sind, mehr Zeit zu ihrer Entwicklung brauchen und mehr Nahrung und Feuchtigkeit zu sich nehmen; sie werden dadurch während einer längeren Zeit der Gefahr, von Ichneumoniden, Vögeln usw. zerstört zu werden, ausgesetzt sein und in Zeiten des Mangels in größerer Zahl umkommen. Es scheint daher ganz gut möglich, daß im Naturzustand weniger weibliche Lepidoptern den Reifezustand erreichen, als männliche; und für unseren speziellen Zweck haben wir es mit den Zahlen im Reifezustand zu tun, wenn die Geschlechter bereit sind, ihre Art fortzupflanzen.

Die Art und Weise, in welcher die Männchen gewisser Schmetterlinge sich in außerordentlichen Massen um ein einziges Weibchen ansammeln, weist dem Anschein nach auf einen bedeutenden Überschuß an Männchen hin; doch kann diese Tatsache wohl vielleicht auch dadurch erklärt werden, daß die Männchen zeitiger ihre Puppenhülle durchbrechen. Mr. Stainton teilt mir mit, man könne oft sehen, wie zwölf bis zwanzig Männchen sich um ein einziges Weibchen von *Elachista rufocinerea* versammeln. Es ist bekannt, daß, wenn man eine jungfräuliche *Lasiocampa quercus* oder *Saturnia carpini* in einem Behältnis an die Luft setzt, sich in großer Anzahl Männchen um sie her versammeln, und ist sie in einem Zimmer eingeschlossen, so kommen die Männchen selbst (in England) durch den Kamin zu ihr. Mr. Doubleday glaubt sich erinnern zu können, daß er an fünfzig bis hundert Männchen von jeder der beiden oben erwähnten Spezies im Verlauf eines einzigen Tages von einem gefangen gehaltenen Weibchen herbeigelockt gesehen habe. Mr. Trimen stellte auf der Insel Wight eine Schachtel frei hin, in welcher ein Weibchen der *Lasiocampa* am vergangenen Tage eingeschlossen worden war, und sehr bald versuchten fünf Männchen sich Eingang zu verschaffen. Mr. Verreaux steckte in Australien das Weibchen einer kleinen *Bombyx*-Art in einer Schachtel in seine Tasche und wurde dann von einer Menge Männchen begleitet, so daß ungefähr 200 mit ihm zusammen in das Haus kamen.[81]

Mr. Doubleday hat meine Aufmerksamkeit auf Dr. Staudingers Lepidoptern-Liste[82] gelenkt,

---

[81] Blanchard: Métamorphoses, Mœurs des Insectes, 1868, p.225-226.

[82] Lepidoptern-Doublettenliste. Berlin, Nr. X, 1866.

welche die Preise der Männchen und Weibchen von 300 Spezies oder gut markierten Varietäten von Schmetterlingen (Rhopalocera) aufführt. Die Preise der sehr gemeinen Arten sind natürlich für beide Geschlechter dieselben; aber bei 114 der selteneren Arten sind sie verschieden; dabei sind in allen Fällen mit Ausnahme eines einzigen die Männchen die billigeren. Im Mittel von den Preisen der 113 Spezies verhält sich der Preis der Männchen zu dem der Weibchen wie 100 zu 149; und dem Anschein nach weist dies darauf hin, daß die Männchen im umgekehrten Verhältnis aber in denselben Zahlen den Weibchen überlegen sind. Ungefähr 2000 Spezies oder Varietäten von Dämmerungs- und Nachtfaltern (Heterocera) sind katalogisiert, wobei diejenigen mit flügellosen Weibchen wegen der Verschiedenheit in der Lebensweise der beiden Geschlechter hier weggelassen werden; von diesen 2000 Spezies haben 141 einen nach dem Geschlecht verschiedenen Preis, darunter sind die Männchen von 130 billiger, dagegen die Männchen von nur 11 Spezies teurer als die Weibchen. Im Mittel verhält sich der Preis der Männchen der 130 Arten zu dem der Weibchen wie 100 zu 143. In bezug auf die Tagschmetterlinge in dieser mit Preisen versehenen Liste ist Mr. Doubleday (und kein Mensch in England hat größere Erfahrungen gesammelt) der Ansicht, daß sich in der Lebensweise dieser Arten nichts findet, was die Verschiedenheit in den Preisen der beiden Geschlechter erklären könne, und daß die einzige Erklärung nur in dem Überwiegen der Männchen der Zahl nach liegen könne. Ich bin aber verpflichtet hinzuzufügen, daß Dr. Staudinger, wie er mir mitteilt, selbst anderer Meinung ist. Er meint, daß die weniger lebhaften Gewohnheiten der Weibchen und das frühere Verlassen der Puppenhüllen seitens der Männchen es erkläre, warum seine Sammler eine größere Anzahl von Männchen als von Weibchen erhalten, was denn natürlich auch den niedrigeren Preis der ersteren erkläre. In bezug auf die aus Raupen erzogenen Exemplare glaubt, wie vorhin schon angeführt, Dr. Staudinger, daß eine größere Zahl von Weibchen während der Gefangenschaft im Kokon sterben, als von Männchen. Er fügt noch hinzu, daß bei gewissen Arten das eine Geschlecht während gewisser Jahre das andere überwiege.

Von direkten Beobachtungen über die Geschlechter von Lepidoptern, welche entweder aus dem Ei oder aus der Raupe erzogen wurden, habe ich nur die wenigen folgenden Zahlenangaben erhalten:

	Männchen	Weibchen
The Rev. J. Hellins[83] in Exeter erzog während des Jahres 1868 Imagos von 73 Spezies, welche enthielten	153	137
Mr. Albert Jones in Eltham erzog im Jahr 1868 Imagos von 9 Spezies, welche enthielten	159	126
Im Jahr 1869 erzog derselbe Imagos von 4 Spezies, davon waren	114	112
Mr. Buckler in Emsworth, Hants, erzog im Jahr 1869 Imagos von 74 Spezies, davon waren	180	169
Dr. Wallace in Colchester erzog in einer Brut von *Bombyx cythnia*	52	48
Dr. Wallace erzog 1869 aus Kokons von *Bombyx Pernyi*, welche aus China geschickt worden waren	224	123
Dr. Wallace erzog in den Jahren 1868 und 1869 aus zwei Sätzen von Kokons der *Bombyx Yamamai*	52	46
Total	934	761

In diesen acht Partien von Kokons und Eiern wurden daher Männchen im Überschuß erzeugt. Nimmt man sie alle zusammen, so ist das Verhältnis der Männchen zu dem der Weibchen wie 122,7 zu 100. Die Zahlen sind aber kaum groß genug, um für zuverlässig gelten zu können.

Nach den von verschiedenen Quellen herrührenden oben mitgeteilten Belegen, welche sämtlich nach einer und derselben Richtung hinweisen, gelange ich im ganzen zu der Folgerung, daß bei den meisten Spezies der Lepidoptern die Männchen im Imagozustand allgemein die Weibchen der Zahl nach übertreffen, welches auch ihr Verhältnis bei dem ersten Verlassen der Eihülle gewesen sein mag.

In bezug auf die anderen Insektenordnungen bin ich nur imstande gewesen, sehr wenig zuverlässige Informationen zusammenzubringen. Beim Hirschkäfer (*Lucanus cervus*) „scheinen die Männchen viel zahlreicher zu sein als die Weibchen"; als aber, wie Cornelius es im Laufe des Jahres 1867 beobachtete, eine ungewöhnliche Anzahl dieser Käfer in dem einen Teil von Deutschland auftraten, schienen die Weibchen die Männchen im Verhältnis von sechs zu eins zu übertreffen. Bei einem der Elateriden sollen, wie man sagt, die Männchen viel zahlreicher als die Weibchen sein, und „oft findet man zwei oder drei Männchen in Verbindung mit einem Weibchen[84], so daß hier Polyandrie zu herrschen scheint". Von *Siagonium* (Staphyliniden), bei welchem die Männchen mit Hörnern versehen sind, „sind die Weibchen bei weitem zahlreicher als das andere Geschlecht". In der entomologischen Gesellschaft führte Mr. Janson an, daß die Weibchen des Rinden fressenden *Tomicus villosus* so häufig sind, daß sie zu einer Plage werden, während die Männchen so selten sind, daß man sie kaum kennt.

Es ist kaum der Mühe wert, etwas über die Verhältniszahlen der Geschlechter bei gewissen Arten und selbst Gruppen von Insekten zu sagen; denn die Männchen sind unbekannt oder sehr selten und die Weibchen parthenogenetisch, d. h. fruchtbar ohne Begattung; Beispiele hierfür bieten mehrere Formen der Cynipiden dar.[85] Bei allen gallenbildenden Cynipiden, welche Mr. Walsh bekannt sind, sind die Weibchen vier- oder fünfmal so zahlreich wie die Männchen; dasselbe ist auch, wie er mir mitteilt, bei den gallenbildenden Cecidomyidae (Zweiflügler) der Fall. Von einigen gemeinen Spezies der Blattwespen (*Tenthredinae*) hat Mr. F. Smith Hunderte von Exemplaren aus Larven aller Größen erzogen, hat aber niemals ein einziges Männchen erhalten. Auf der anderen Seite sagt Curtis[86], daß sich bei mehreren von ihm aufgezogenen Arten (*Athalia*) die Männchen zu den Weibchen wie sechs zu eins verhielten, während bei den geschlechtsreifen, in den Feldern gefangenen Insekten der nämlichen Spezies genau das umgekehrte Verhältnis beobachtet wurde. Aus der Familie der Bienen sammelte Hermann Müller[87] eine große Zahl von Exemplaren vieler Arten, erzog andere aus den Kokons und zählte die Geschlechter. Er fand, daß bei einigen Spezies die Männchen an Zahl bedeutend die Weibchen übertrafen; bei anderen trat das Umgekehrte ein, und bei noch anderen waren die beiden Geschlechter nahezu gleich. Da aber in den meisten Fällen die Männchen die Puppenhülle vor den Weibchen verlassen, so sind sie beim Beginn der Paarungszeit praktisch im Überschuß. Müller beobachtete auch, daß die relative Zahl der beiden Geschlechter bei einigen Arten bedeutend in verschiedenen Örtlichkeiten differiere. Wie mir aber H. Müller selbst mitgeteilt hat, müssen diese Bemerkungen mit Vorsicht aufgenommen werden, da das eine Geschlecht der Beobachtung leichter entgehen könnte als das andere. So

---

[83] Dieser Beobachter ist so freundlich gewesen, mir einige Resultate aus früheren Jahren zu schicken, nach welchen die Weibchen das Übergewicht zu haben scheinen; es waren aber so viele der Zahlenangaben bloße Schätzungen, daß ich es für unmöglich fand, sie tabellarisch zu ordnen.

[84] Günther's Record of Zoological Literature, 1867, p.260. Über die Überzahl der weiblichen *Lucanus* ebd., p.250. Über die Männchen des *Lucanus* in England s. Westwood: Modern Classific. of Insects. Vol. I, p.187. Über *Siagonium* ebd., p.172.

[85] Walsh, in: The American Entomologist. Vol. I, 1869, p.103. F. Smith, in: Record of Zoological Literature, 1867, p.328.

[86] Farm-Insects, p.45-46.

[87] Anwendung der Darwinschen Lehre auf Bienen, in: Verhandl. d. nat.Vereins d. preuß. Rheinl., 29. Jahrg., 1872.

hat sein Bruder Fritz Müller beobachtet, daß in Brasilien die beiden Geschlechter einer und derselben Spezies von Bienen verschiedene Blumenarten besuchen. In bezug auf Orthoptern weiß ich kaum irgend etwas über die relative Anzahl der Geschlechter; indessen sagt Körte[88], daß unter 500 Heuschrecken, die er untersuchte, sich die Männchen zu den Weibchen wie fünf zu sechs verhielten. In bezug auf die Neuroptern führt Mr. Walsh an, daß bei vielen, aber durchaus nicht bei allen Arten der Odonaten-Gruppe ein bedeutender Überschuß an Männchen existiert; auch bei der Gattung *Hetaerina* sind die Männchen mindestens viermal so zahlreich wie die Weibchen. Bei gewissen Arten der Gattung *Gomphus* sind die Männchen in gleicher Anzahl mit den Weibchen vorhanden, während in zwei anderen Spezies die Weibchen zwei- oder dreimal so zahlreich sind wie die Männchen. Von einigen europäischen Spezies von *Psocus* können Tausende von Weibchen ohne ein einziges Männchen gesammelt werden, während bei anderen Arten der nämlichen Gattung beide Geschlechter häufig sind.[89] In England hat Mr. Mac Lachlan Hunderte der weiblichen *Apatania muliebris* gesammelt, aber das Männchen niemals gesehen; und von *Boreus hyemalis* sind hier nur vier oder fünf Männchen gesehen worden.[90] Bei den meisten dieser Arten (ausgenommen die Tenthredinen) ist kein Grund zur Vermutung vorhanden, daß die Weibchen parthenogenetisch fortpflanzen; und da sehen wir denn, wie unwissend wir über die Ursache der offenbaren Verschiedenheit der proportionalen Zahlen der beiden Geschlechter sind.

Was die anderen Klassen der Arthropoden betrifft, so bin ich noch weniger imstande gewesen, mir Information zu verschaffen. In bezug auf Spinnen schreibt mir Mr. Blackwall, welcher dieser Klasse viele Jahre hindurch sorgfältige Aufmerksamkeit gewidmet hat, daß die Männchen ihrer herumschweifenderen Lebensweise wegen häufiger gesehen werden und daher zahlreicher zu sein scheinen. Bei einigen wenigen Spezies ist dies faktisch der Fall; er erwähnt aber mehrere Arten aus sechs Gattungen, bei denen die Weibchen viel zahlreicher zu sein scheinen als die Männchen.[91] Die im Vergleich mit der der Weibchen geringe Größe der Männchen, welche zuweilen bis zu einem extremen Grad getrieben ist, und ihr äußerst verschiedenes Aussehen kann wohl in einigen Fällen ihre Seltenheit in den Sammlungen erklären.[92]

Einige der niederen Crustaceen sind imstande, ihre Art geschlechtslos fortzupflanzen, und dies wird wohl die äußerste Seltenheit der Männchen erklären. So untersuchte von Siebold[93] sorgfältig nicht weniger als 13.000 Exemplare von *Apus* von einundzwanzig Fundorten, und unter diesen fand er nur 319 Männchen. Bei einigen anderen Formen (so bei *Tanais* und *Cypris*) ist Grund zur Annahme vorhanden, wie mir Fritz Müller mitteilt, daß das Männchen viel kurzlebiger ist als das Weibchen, welcher Umstand, vorausgesetzt, daß die beiden Geschlechter anfangs in gleicher Zahl vorhanden sind, die Seltenheit der Männchen erklären würde. Auf der anderen Seite hat der nämliche Forscher an den Küsten von Brasilien ausnahmslos bei weitem mehr Männchen als Weibchen von den Diastyliden und Cypridinen gefangen; so waren unter 63 Exemplaren einer Spezies der letzten Gattung, die er an einem Tage gefangen hatte, 57 Männchen; er vermutet aber, daß dieses Überwiegen vielleicht Folge irgendeiner unbekannten Verschiedenheit in der Lebensweise der beiden Geschlechter sein mag. Bei einer der höheren brasilianischen Krabben, nämlich einem *Getasimus*, fand Fritz Müller die Männchen viel zahlreicher als die Weibchen. Nach der reichen Erfahrung des Mr. Spence Bate scheint bei sechs gemeinen britischen Krabben, deren Namen er mir mitgeteilt hat, das Umgekehrte der Fall zu sein.

---

[88] Die Strich-, Zug- und Wanderheuschrecke, 1828, p.20.
[89] Observations on North American Neuroptera, by H. Hagen and R. D.Walsh, in: Proceed. Entomol. Soc. Philadelphia, Oct. 1863, p.168, 223, 239.
[90] Proceed. Entomol. Soc., London, Febr. 17th 1868.
[91] Eine andere bedeutende Autorität in bezug auf diese Klasse, Prof. Thorellin Upsala (On European Spiders, 1869/70, Part. 1, p.205) äußert sich so, als wenn weibliche Spinnen im allgemeinen häufiger wären als die männlichen.
[92] S. über diesen Gegenstand Mr. O. Pickard-Cambridge, zitiert in Quarterly Journal of Science, 1868, p.429.
[93] Beiträge zur Parthenogenesis, p.174.

Achtes Kapitel

Das relative Verhältnis der Geschlechter in bezug zur natürlichen Zuchtwahl

Wir haben Grund zu vermuten, daß der Mensch in manchen Fällen durch Zuchtwahl indirekt sein eigenes, geschlechterzeugendes Vermögen beeinflußt hat. Gewisse Frauen neigen dazu, während ihres ganzen Lebens mehr Kinder des einen Geschlechts hervorzubringen als des anderen; dasselbe gilt für viele Tiere, z. B. für Kühe und Pferde. So teilt mir Mr. Wright von Yeldersley House mit, daß eine seiner arabischen Stuten, obwohl sie sieben Mal zu verschiedenen Hengsten gebracht wurde, sieben Stutenfüllen produzierte. Obgleich mir sehr wenig Belege hierfür zu Gebote stehen, führt mich die Analogie doch zu der Annahme, daß die Neigung eines der beiden Geschlechter zu erzeugen ebenso wie fast jede andere Eigentümlichkeit vererbt wird, z. B. wie die, Zwillinge zu erzeugen. Was die erwähnte Neigung betrifft, so hat mir Mr. J. Downing, eine zuverlässige Autorität, Tatsachen mitgeteilt, welche zu beweisen scheinen, daß dies bei gewissen Familien von Shorthorn-Rindvieh vorkommt. Colonel Marshall[94] hat neuerdings nach sorgfältiger Untersuchung gefunden, daß die Todas, ein Bergvolk Indiens, aus 112 männlichen und 84 weiblichen Individuen von allen Altern bestehen, das ist im Verhältnis von 133,3 Männern zu 100 Weibern. Die Todas, welche bei ihren ehelichen Verbindungen polyandrisch sind, übten während früheren Zeiten ausnahmslos weiblichen Kindesmord; diese Sitte ist aber jetzt eine beträchtliche Zeit lang außer Gebrauch gekommen. Von den innerhalb der letzten Jahre geborenen Kindern sind die Knaben zahlreicher als die Mädchen, und zwar im Verhältnis von 124 zu 100. Colonel Marshall erklärt diese Tatsache in der folgenden ingeniösen Weise: „Wir wollen behufs der Erläuterung drei Familien als Repräsentanten des Mittelzustandes des ganzen Stammes annehmen. Eine Mutter erzeuge sechs Töchter und keine Söhne, eine zweite Mutter habe nur sechs Söhne, während die dritte drei Söhne und drei Töchter habe. Nach dem Gebrauchthum des Stammes tötet die erste Mutter vier Töchter und erhält zwei; die zweite erhält ihre sechs Söhne; die dritte tötet zwei Töchter und behält eine, dazu noch ihre drei Söhne. Wir haben dann von den drei Familien neun Söhne und drei Töchter, auf denen die Fortpflanzung des Stammes ruht. Während aber die Männer zu Familien gehören, bei denen die Neigung, Söhne zu produzieren, groß ist, haben die Frauen die entgegengesetzte Anlage. Dieser Einfluß verstärkt sich mit jeder Generation, bis dann endlich, wie wir es faktisch finden, Familien dazu kommen, beständig mehr Söhne als Töchter zu haben."

Daß dies Resultat der oben erwähnten Form des Kindesmords folgen würde, scheint beinahe sicher zu sein, das heißt, wenn wir annehmen, daß die Neigung, ein bestimmtes Geschlecht zu erzeugen, vererbt wird. Da aber die obigen Zahlen so äußerst dürftig sind, so habe ich nach weiteren Belegen gesucht, kann aber nicht entscheiden, ob das, was ich gefunden habe, zuverlässig ist; trotzdem ist es aber doch vielleicht der Mühe wert, die Tatsachen mitzuteilen. Die Maoris von Neuseeland haben lange Zeit Kindesmord ausgeübt; Mr. Fenton[95] gibt an, daß er „Beispiele von Frauen gefunden habe, die vier, sechs und selbst sieben Kinder, meist Mädchen, getötet haben. Das allgemeine Zeugnis der eines Urteils am meisten fähigen Personen beweist indessen, daß dieser Gebrauch seit vielen Jahren fast ganz aufgehört hat. Wahrscheinlich kann man das Jahr 1835 als dasjenige bezeichnen, wo er aufhörte zu bestehen." Nun sind bei den Neuseeländern, ebenso wie bei den Todas, männliche Geburten beträchtlich im Überschuß. Mr. Fenton bemerkt (p.30): „Eine Tatsache ist sicher, obschon die genaue Periode des Beginns des eigentümlichen Zustandes von Mißverhältnis zwischen den Geschlechtern nicht nachweisbar fixiert werden kann: es ist vollständig klar, daß diese allmähliche Abnahme während der Jahre 1830 bis 1844, also in der Zeit, wo die nicht erwachsene Bevölkerung von 1844 erzeugt wurde, in vollem Fortschreiten war und bis zur gegenwärtigen Zeit mit großer Energie angedauert hat."

---

[94] The Todas, 1873., p.100, 111, 194, 196.
[95] Aboriginal Inhabitants of New-Zealand. Governement Report 1859, p.36.

Grundsätze der geschlechtlichen Zuchtwahl

Die folgenden Angaben sind Mr. Fenton entnommen (p.26); da aber die Zahlen nicht groß sind, da auch die Zählung nicht sorgfältig war, läßt sich kein gleichförmiges Resultat erwarten. Man muß bei diesem und den folgenden Fällen im Sinn behalten, daß im normalen Zustand einer jeden Bevölkerung, wenigstens bei allen zivilisierten Nationen, ein Überschuß der Frauen besteht, und zwar infolge der größeren Sterblichkeit des männlichen Geschlechts während der Jugend und zum Teil auch der Zufälle aller Art im späteren Leben. Im Jahre 1858 wurde die eingeborene Bevölkerung von Neuseeland als aus 31.667 männlichen und 24.304 weiblichen Individuen jeden Alters bestehend geschätzt, das ist also im Verhältnis von 130,3 männlichen zu 100 weiblichen. Aber während desselben Jahres wurden in gewissen beschränkten Bezirken die Zahlen mit großer Sorgfalt ermittelt, und da ergaben sich 753 männliche und 616 weibliche Individuen, das ist aber ein Verhältnis von 122,2 männlichen zu 100 weiblichen Individuen. Von größerer Bedeutung für uns ist es, daß während dieses selben Jahres 1858 die nicht-erwachsenen männlichen Individuen innerhalb des nämlichen Bezirks zu 178, die nichterwachsenen weiblichen zu 142 gefunden wurden, also im Verhältnis von 125,3 zu 100. Es mag noch hinzugefügt werden, daß 1844, zu welcher Zeit weiblicher Kindesmord erst vor kurzem aufgehört hatte, in einem Bezirk 281 nicht-erwachsene männliche und nur 194 nicht-erwachsene weibliche Individuen vorhanden waren, das ist im Verhältnis von 144,8 männlichen zu 100 weiblichen.

Auf den Sandwich-Inseln übertreffen die Männer an Zahl die Weiber. Kindesmord wurde dort früher in schrecklicher Ausdehnung getrieben, war aber durchaus nicht auf Mädchen beschränkt, wie Mr. Ellis[96] gezeigt hat und wie mir auch von Bischof Staley und dem Rev. M'Coan mitgeteilt worden ist. Trotzdem bemerkt ein anderer, wie es scheint, glaubwürdiger Schriftsteller, Mr. Jarves[97], dessen Beobachtungen sich auf den Archipel beziehen: „Es lassen sich zahlreiche Frauen finden, welche den Mord von drei bis sechs oder acht Kindern eingestehen;" und er fügt hinzu: „Da Frauen für weniger nützlich als Männer gehalten werden, werden Mädchen häufiger getötet." Nach dem, was bekanntermaßen in anderen Teilen der Welt vorkommt, ist diese Angabe wahrscheinlich, muß aber mit viel Vorsicht aufgenommen werden. Der Gebrauch des Kindesmords hörte etwa um das Jahr 1819 auf, wo der Fetischdienst abgeschafft wurde und Missionare sich auf den Inseln niederließen. Eine im Jahre 1839 vorgenommene sorgfältige Zählung der erwachsenen und steuerfähigen Männer und Frauen auf der Insel Kauai und in einem Bezirk von Oahu (s. Jarves, p.404) ergab 4723 Männer und 3776 Frauen, das ist ein Verhältnis von 125,08 zu 100. In derselben Zeit war die Zahl der männlichen Individuen unter vierzehn Jahren in Kauai und unter achtzehn Jahren in Oahu 1797 und die der weiblichen Individuen derselben Altersstufen 1429; hier haben wir das Verhältnis von 125,75 männlichen zu 100 weiblichen Individuen.

Eine Volkszählung aller Inseln im Jahre 1856 ergab[98] 36.272 männliche Individuen von allen Altern und 33.128 weibliche, oder 109,49 zu 100. Die männlichen Individuen unter siebzehn Jahren betrugen 10.773 und die weiblichen unter demselben Alter 9593 oder 112,3 zu 100. Nach der Volkszählung von 1872 ist das Verhältnis der männlichen Individuen jeden Alters (mit Einschluß der Mischlinge) zu den weiblichen wie 125,36 zu 100. Man muß im Auge behalten, daß alle diese Angaben von den Sandwich-Inseln das Verhältnis lebender männlicher zu lebenden weiblichen Individuen, nicht das der Geburten ergeben; und nach dem Verhältnis bei allen zivilisierten Ländern zu urteilen, würde die Verhältniszahl der männlichen Individuen sich beträchtlich höher herausgestellt haben, wenn die Geburten gezählt worden wären.[99]

---

[96] Narrative of a Tour through Hawaii, 1826, p.298.
[97] History of the Sandwich-Islands, 1843, p.93.
[98] Dies wird von H. T. Cheever mitgeteilt, in: Life in the Sandwich-Islands, 1851, p.277.
[99] Wo Dr. Coulter (Journal R. Geograph. Soc., Vol. V, 1835, p.67) den Zustand von Kalifornien um das Jahr 1830 beschreibt, sagt er, daß die von den spanischen Missionaren bekehrten Eingeborenen fast alle ausgestorben oder am Aussterben sind, obwohl sie gut behandelt, nicht aus ihrem Geburtsland vertrieben und vom Gebrauch spirituoser Getränke abgehalten werden. Er schreibt dies zum großen Teil der unbezweifelten Tatsache zu, daß die

Achtes Kapitel

Wir haben nach den verschiedenen, im vorstehenden angeführten Quellen wohl Grund zur Annahme, daß Kindesmord, in der oben besprochenen Weise ausgeführt, dazu führt, eine Rasse zu bilden, welche männliche Nachkommen produziert; ich bin aber weit davon entfernt zu vermuten, daß dieser Gebrauch, sofern der Mensch in Betracht kommt, oder irgendein analoger Vorgang bei anderen Arten, die einzige bestimmende Ursache eines Überschusses der Männchen sei. Es dürfte hier bei abnehmenden Rassen, welche bereits in gewissem Grade unfruchtbar geworden sind, irgendein unbekanntes, zu diesem Resultat führendes Gesetz bestehen. Außer den früher angezogenen Ursachen dürfte die größere Leichtigkeit der Geburt bei Wilden und ihre geringere damit verbundene Schädigung ihrer männlichen Kinder dazu führen, das Verhältnis der lebendiggebornen Knaben zu den Mädchen zu erhöhen. Es scheint indessen kein irgend notwendiger Zusammenhang zwischen den Lebensgewohnheiten der Wilden und einem merkbaren Überschuß der männlichen Individuen zu bestehen; d. h. wenigstens, wenn wir uns nach den Charakteren der dürftigen Nachkommenschaft der vor kurzem noch existierenden Tasmanier und der gekreuzten Nachkommenschaft der jetzt die Norfolk-Insel bewohnenden Tahitianer ein Urteil bilden dürfen.

Da die Männchen und Weibchen vieler Tiere in bezug auf ihre Lebensweise etwas voneinander verschieden sind, auch in verschiedenem Grade Gefahren ausgesetzt sind, so ist es wahrscheinlich, daß in vielen Fällen beständig mehr Individuen des einen Geschlechts als des anderen zerstört werden. So weit ich aber die Komplikation der Ursachen verfolgen kann, würde ein unterschiedsloses wenn auch bedeutendes Zerstören eines der beiden Geschlechter nicht dahin streben, das geschlechterzeugende Vermögen der Art zu modifizieren. Bei im strengen Sinne sozialen Tieren, wie bei Bienen oder Ameisen, welche eine ungeheure Zahl unfruchtbarer und fruchtbarer Weibchen im Verhältnis zu den Männchen erzeugen und für welche dieses Überwiegen von oberster Bedeutung ist, können wir einsehen, daß diejenigen Gemeinden am besten gedeihen, welche Weibchen mit einer starken vererbten Neigung zur Erzeugung immer zahlreicherer Weibchen enthalten, und in derartigen Fällen wird eine ungleiche Neigung zur Geschlechtserzeugung schließlich durch natürliche Zuchtwahl erlangt werden. Bei Tieren, welche in Herden oder Truppen leben, wo die Männchen sich vor die Herde stellen und dieselbe verteidigen, wie bei dem nordamerikanischen Bison und gewissen Pavianen, ist es wohl begreiflich, wie eine Neigung zur Erzeugung von Männchen durch natürliche Zuchtwahl erlangt werden könnte; denn die Individuen der besser verteidigten Herden werden eine zahlreichere Nach-

---

Männer an Zahl bedeutend die Weiber überwiegen, weiß aber nicht, ob dies eine Folge des Ausbleibens weiblicher Nachkommenschaft oder des häufigen Todes der Mädchen im frühen Alter ist. Aller Analogie nach ist die letzte Alternative höchst unwahrscheinlich. Er fügt hinzu, daß „eigentlich so zu nennender Kindesmord nicht gewöhnlich ist, obschon sehr häufig zu Fehlgeburten Zuflucht genommen wird". Wenn Dr. Coulter in bezug auf den Kindesmord recht hat, so kann dieser Fall nicht zur Unterstützung der Ansicht Colonel Marshalls angeführt werden. Nach der rapiden Abnahme der bekehrten Eingeborenen können wir vermuten, daß ihre Fruchtbarkeit, wie in den früher mitgeteilten Fällen, sich infolge der veränderten Lebensgewohnheiten vermindert hat.

Ich hatte gehofft, etwas Licht über diesen Gegenstand aus der Züchtung der Hunde zu erhalten, insofern bei den meisten Rassen, vielleicht mit Ausnahme der Windspiele, viel mehr weibliche Junge getötet werden als männliche, gerade so wie bei den Todas. Mr. Cupples versichert mir, daß dies bei schottischen Hirschhunden gewöhnlich der Fall ist. Unglücklicherweise weiß ich über die Verhältniszahlen der beiden Geschlechter von keiner Rasse, die Windspiele ausgenommen, etwas, und hier verhalten sich die männlichen Geburten zu den weiblichen wie 110,1 zu 100. Nach Erkundigungen, die ich von vielen Züchtern eingezogen habe, scheint es, als ob die Weibchen in mancher Beziehung mehr geschätzt würden, obwohl sie in anderer Weise unbequem sind. Auch geht daraus nicht hervor, daß die weiblichen Jungen der bestgezüchtetsten Hunde systematisch mehr getötet werden als die männlichen, wenn schon dies zuweilen in beschränktem Grade eintritt. Ich bin daher nicht imstande zu entscheiden, ob wir das Überwiegen der männlichen Geburten bei Windspielen nach den oben angeführten Grundsätzen erklären können. Andererseits haben wir gesehen, daß bei Pferden, Rindern und Schafen, welche zu wertvoll sind, um die Jungen irgendeines Geschlechts zu töten, wenn eine Verschiedenheit stattfindet, die weiblichen Geburten unbedeutend überwiegen.

kommenschaft hinterlassen. Was den Menschen betrifft, so nimmt man an, daß der aus dem Überwiegen der Männer innerhalb eines Stammes herzuleitende Vorteil eine der hauptsächlichsten Ursachen für den Gebrauch des weiblichen Kindesmordes sei.

So weit wir es übersehen können, wird in keinem Fall eine vererbte Neigung, beide Geschlechter in gleichen Zahlen oder das eine Geschlecht im Überschuß zu erzeugen, für gewisse Individuen mehr als für andere von direktem Vorteil oder Nachteil sein; es wird z. B. ein Individuum, welches die Neigung hat mehr Männchen als Weibchen zu produzieren, im Kampf ums Leben keinen besseren Erfolg haben als ein Individuum mit der entgegengesetzten Neigung; es kann daher eine Neigung dieser Art nicht durch natürliche Zuchtwahl erlangt werden. Nichtsdestoweniger gibt es gewisse Tiere (so z.B. Fische und Rankenfüßer), bei welchen zwei oder mehr Männchen zur Befruchtung des Weibchens notwendig zu sein scheinen; dementsprechend überwiegen hier die Männchen bedeutend, es ist aber durchaus nicht augenfällig, wie diese Tendenz zur Erzeugung männlicher Nachkommen erlangt worden sein könnte. Ich glaubte früher, daß, wenn eine Neigung beide Geschlechter in gleichen Zahlen zu erzeugen für die Spezies von Vorteil sei, dies eine Folge der natürlichen Zuchtwahl sei; ich sehe aber jetzt ein, daß dies ganze Problem so verwickelt ist, daß es sicherer ist, seine Lösung der Zukunft zu überlassen.

Neuntes Kapitel

Sekundäre Sexualcharaktere in den niederen Klassen des Tierreichs

Derartige Charaktere fehlen in den niedersten Klassen – Glänzende Farben – Mollusken – Anneliden – Crustaceen, sekundäre Sexualcharaktere hier stark entwickelt, Dimorphismus; Farbe; Merkmale, welche nicht vor der Reife erlangt werden – Spinnen, Geschlechtsfarben derselben; Stridulation der Männchen – Myriapoden

In den niedersten Klassen des Tierreichs sind die beiden Geschlechter nicht selten in einem und demselben Individuum vereinigt und infolge hiervon können natürlich sekundäre Sexualcharaktere nicht entwickelt werden. In vielen Fällen, wo die beiden Geschlechter getrennt sind, sind die einzelnen verschieden geschlechtlichen Individuen an irgendeine Unterlage dauernd befestigt, so daß das eine nicht das andere suchen oder um dasselbe kämpfen kann. Überdies ist es beinahe sicher, daß diese Tiere zu unvollkommene Sinne und viel zu niedrige Geisteskräfte haben, um die Schönheit und andere Anziehungspunkte des anderen Geschlechts würdigen oder Rivalität fühlen zu können.

In so niedrigen Klassen wie den Protozoen, Coelenteraten, Echinodermen und niederen Würmern kommen daher sekundäre Sexualcharaktere von der Art, wie wir sie zu betrachten haben, nicht vor; und diese Tatsache stimmt zu der Annahme, daß derartige Charaktere in den höheren Klassen durch geschlechtliche Zuchtwahl erlangt worden sind, welche von dem Willen, den Begierden und der Wahl der beiden Geschlechter abhängt. Nichtsdestoweniger kommen dem Anschein nach einige wenige Ausnahmen vor; so höre ich z. B. von Dr. Baird, daß die Männchen gewisser Eingeweidewürmer von den Weibchen unbedeutend in der Färbung abweichen. Wir haben aber keinen Grund zu der Vermutung, daß derartige Verschiedenheiten durch geschlechtliche Zuchtwahl gehäuft worden seien. Einrichtungen, mittels deren das Männchen das Weibchen hält und welche für die Fortpflanzung der Spezies unentbehrlich sind, sind unabhängig von geschlechtlicher Zuchtwahl und sind durch gewöhnliche Zuchtwahl erlangt worden.

Viele von den niederen Tieren, mögen sie hermaphroditisch oder getrennt geschlechtlich sein, sind mit den glänzendsten Farbtönen geziert oder in einer eleganten Art und Weise schattiert oder gestreift. Dies ist z. B. der Fall bei vielen Korallen und See-Anemonen (*Actiniae*), bei einigen Quallen (*Medusae*, *Porpita* usw.), bei manchen Planarien, Ascidien, zahlreichen Seesternen, Seeigeln usw.; wir können aber aus den bereits angeführten Gründen, nämlich aus der Vereinigung der beiden Geschlechter bei einigen dieser Tiere, dem dauernd festgehefteten Zustand anderer und den niedrigen Geisteskräften aller, schließen, daß solche Farben nicht als geschlechtliche Anziehungsreize dienen und nicht durch geschlechtliche Zuchtwahl erlangt worden sind. Man muß im Auge behalten, daß wir in keinem einzigen Falle hinreichende Beweise dafür haben, daß Färbungen in dieser Weise erlangt worden sind, ausgenommen wenn das eine Geschlecht glänzender oder auffallender gefärbt ist als das andere und wenn keine Verschiedenheit in den Lebensgewohnheiten der beiden Geschlechter besteht, welche diese Abweichungen erklären könnte. Der Beweis hierfür wird aber nur dann so vollständig, wie er je sein kann, wenn die bedeutender verzierten Individuen, welche fast immer die Männchen sind, ihre Reize willkürlich vor dem anderen Geschlecht entfalten; denn wir können nicht annehmen, daß eine derartige Entfaltung nutzlos ist; und ist sie von Vorteil, so wird auch fast unvermeidlich geschlechtliche Zuchtwahl die Folge sein. Wir können indessen diese Folgerung auch auf beide Geschlechter, wenn sie gleich gefärbt sind, in dem Falle ausdehnen, daß ihre Färbung derjenigen des in gewissen anderen Spezies derselben Gruppe allein so gefärbten Geschlechts offenbar analog ist.

Wie haben wir denn nun die schönen oder selbst prachtvollen Farben vieler Tiere der niedersten Klassen zu erklären? Es erscheint sehr zweifelhaft, ob derartige Färbungen häufig zum Schutz dienen; doch sind wir in dieser Hinsicht äußerst leicht einem Irrtum ausgesetzt, wie jeder zugeben wird, welcher Mr. Wallaces ausgezeichnete Abhandlung über diesen Gegenstand gelesen hat. Es würde z. B. auf den ersten Blick wohl niemand der Gedanke kommen, daß die vollkommene Durchsichtigkeit der Quallen oder Medusen vom höchsten Nutzen für sie als ein Schutzmittel sei; wenn wir aber von Haeckel daran erinnert werden, daß nicht bloß die Medusen, sondern auch viele ozeanische Mollusken, Crustaceen und selbst kleine ozeanische Fische dieselbe glasähnliche Beschaffenheit, häufig von prismatischen Farben begleitet, darbieten, so können wir kaum daran zweifeln, daß sie durch dieselbe der Aufmerksamkeit pelagischer Vögel und anderer Feinde entgehen. Mr. Giard ist auch überzeugt[1], daß die hellen Farben gewisser Spongien und Ascidien ihnen zum Schutz dienen. Auffallende Färbungen sind für viele Tiere auch insofern wohltätig, als sie die Tiere, welche sie zu verschlingen Lust hätten, warnen, daß sie widrig sind, oder daß sie gewisse spezielle Verteidigungsmittel besitzen; dieser Gegenstand wird aber besser später erörtert werden.

In unserer Unwissenheit über die meisten niederen Tiere können wir nur sagen, daß ihre prachtvollen Farben das direkte Resultat entweder der chemischen Beschaffenheit oder der feineren Struktur ihrer Körpergewebe sind und zwar unabhängig von irgendeinem daraus fließenden Vorteil. Kaum irgendeine Farbe ist schöner als das arterielle Blut; es ist aber kein Grund vorhanden, zu vermuten, daß die Farbe des Blutes an sich irgendein Vorteil sei; und wenn sie auch dazu beiträgt, die Schönheit der Wangen eines Mädchens zu erhöhen, so wird doch niemand behaupten wollen, daß sie zu diesem Zweck erlangt worden sei. So ist ferner bei vielen Tieren, und besonders bei den niederen, die Galle intensiv gefärbt; in dieser Weise ist z. B. die außerordentliche Schönheit der Eoliden (nackter Seeschnecken), wie mir Dr. Hancock mitgeteilt hat, hauptsächlich eine Folge der durch die durchscheinenden Hauptbedeckungen hindurch gesehenen Gallendrüsen; und wahrscheinlich ist diese Schönheit von keinem Nutzen für diese Tiere. Die Färbungen der absterbenden Blätter in einem amerikanischen Wald werden von allen, die sie gesehen haben, als prachtvoll beschrieben; und doch nimmt niemand an, daß diese Färbungen für die Bäume von dem allergeringsten Nutzen sind. Erinnert man sich daran, wie viele Substanzen neuerlich von Chemikern gebildet worden sind, welche natürlichen organischen Verbindungen äußerst analog sind und welche die prachtvollsten Farben darbieten, so müßten wir es doch für eine befremdende Tatsache erklären, wenn nicht ähnlich gefärbte Substanzen oft auch unabhängig von einem dadurch erreichten nützlichen Zweck in dem komplizierten Laboratorium der lebenden Organismen entstanden wären.

Unterreich der Mollusken. – Durch diese ganze große Abteilung des Tierreichs kommen sekundäre Sexualcharaktere, solche wie wir sie hier betrachten, so weit ich es ausfindig machen kann, nirgends vor. In den drei niedrigsten Klassen, nämlich den Ascidien, Bryozoen und Brachiopoden (die Molluscoiden mehrerer Zoologen bildend), wären solche auch nicht zu erwarten gewesen, denn die meisten der hierher gehörigen Tiere sind beständig an irgendeine Unterlage befestigt oder haben die Geschlechter in einem und demselben Individuum vereinigt. Bei den Lamellibranchiern, oder den zweischaligen Muscheln, ist Hermaphroditismus nicht selten. In der nächst höheren Klasse, der der Gastropoden oder einschaligen Schnecken, sind die Geschlechter entweder vereint oder getrennt. In diesem letzteren Falle aber besitzen die Männchen niemals spezielle Organe zum Finden, Festhalten oder Reizen der Weibchen, oder zum Kämpfen mit anderen Männchen. Die einzige äußerliche Verschiedenheit zwischen den Geschlechtern besteht, wie mir Mr. Gwyn Jeffreys mitteilt, darin, daß die Schalen zuweilen ein wenig in der Form abweichen; so ist z. B. die Schale der gemeinen Strandschnecke (*Litorina litorea*) beim Männchen etwas schmaler und hat eine etwas verlängertere Spindel als die des Weibchens.

---

[1] Archives de Zoologie expérimentale. Tom. I, 1872, p.563.

Aber Verschiedenheiten dieser Art stehen, wie wohl vermutet werden kann, direkt im Zusammenhang mit dem Akt der Reproduktion oder mit der Entwicklung der Eier.

Wenn auch die Gastropoden einer Ortsbewegung fähig und mit unvollkommenen Augen versehen sind, so scheinen sie doch nicht mit hinreichenden geistigen Kräften ausgerüstet zu sein, um den Individuen eines und desselben Geschlechts einen Kampf der Nebenbuhlerschaft zu gestatten und dadurch sekundäre Sexualcharaktere erlangen zu lassen. Nichtsdestoweniger geht bei den lungenatmenden Gastropoden oder Landschnecken der Paarung eine Werbung voraus; denn wenn diese Tiere auch Hermaphroditen sind, so sind sie doch durch ihre Struktur gezwungen, sich zu paaren. Agassiz bemerkt:[2] „Quiconque a eu l'occasion d'observer les amours des limaçons, ne saurait mettre en doute la séduction déployée dans les mouvements et les allures qui préparent et accomplissent le double embrassement de ces hermaphrodites." Es scheinen diese Tiere eines geringen Grades dauernder Anhänglichkeit fähig zu sein. Ein sorgfältiger Beobachter, Mr. Lonsdale, teilt mir mit, daß er einmal ein Paar Landschnecken (*Helix pomatia*), von denen die eine schwächlich war, in einen kleinen und schlecht versorgten Garten getan habe. Nach einer kurzen Zeit war das kräftige und gesunde Individuum verschwunden und konnte nach der schleimigen Spur, die es hinterlassen hatte, über die Mauer in einen benachbarten, gut versorgten Garten verfolgt werden. Mr. Lonsdale folgerte daraus, daß es seinen kränklichen Genossen verlassen habe; aber nach einer Abwesenheit von vierundzwanzig Stunden kehrte es zurück und teilte offenbar das Resultat seiner erfolgreichen Entdeckungsreise seinem Gefährten mit, denn beide machten sich nun auf denselben Weg und verschwanden über die Mauer.

Selbst in der höchsten Klasse der Mollusken, der der Cephalopoden oder der Tintenfische, bei welchen die Geschlechter getrennt sind, kommen sekundäre Sexualcharaktere von der Art, welche wir hier betrachten, soviel ich sehen kann, nicht vor. Dieser Umstand überrascht wohl allerdings, da diese Tiere hochentwickelte Sinnesorgane besitzen und auch beträchtlich ausgebildete geistige Kräfte haben, wie alle die zugeben werden, welche die kunstvollen Bestrebungen dieser Tiere, ihren Feinden zu entgehen, beobachtet haben. Gewisse Cephalopoden sind indessen durch ein außerordentliches Geschlechtsmerkmal charakterisiert: Das männliche Sexualelement wird nämlich bei diesen in einem der Arme oder Tentakeln angesammelt, welcher dann abgeworfen wird und, sich mit seinen Saugnäpfen an den Weibchen festhaltend, eine Zeitlang ein selbständiges Leben führt. Dieser abgeworfene Arm ist einem besonderen Tier so vollständig ähnlich, daß er von Cuvier als parasitischer Wurm *Hectocotylus* beschrieben wurde. Diese wunderbare Bildung dürfte aber eher als ein primärer denn als ein sekundärer Geschlechtscharakter bezeichnet werden.

Obgleich nun bei den Mollusken geschlechtliche Zuchtwahl nicht ins Spiel gekommen zu sein scheint, so sind doch viele einschalige Schnecken und zweischalige Muscheln, wie Voluten, Conus, Pilgrimmuscheln usw. schön gefärbt und geformt. Die Farben sind dem Anschein nach in den meisten Fällen von keinem Nutzen als Schutzmittel; sie sind wahrscheinlich wie in den niedrigsten Klassen das direkte Resultat der Beschaffenheit der Gewebe und die Formen und die Skulptur der Schale hängt von der Art und Weise ihres Wachstums ab. Die Menge von Licht scheint bis zu einem gewissen Maß von Einfluß zu sein; denn obgleich, wie mir Mr. Gwyn Jeffreys wiederholt bestätigt hat, die Schalen mancher in größter Tiefe lebender Arten glänzend gefärbt sind, so sehen wir doch im allgemeinen, daß die unteren Schalenflächen und die vom Mantel bedeckten Teile weniger hell gefärbt sind, als die oberen und dem Licht ausgesetzten Flächen.[3] In manchen Fällen, wie bei Schaltieren, welche mitten unter Korallen oder hell gefärbten

---

[2] De l'Espèce et de la Classific etc., 1869, p.106.
[3] Ich habe ein merkwürdiges Beispiel vom Einfluß des Lichts auf die Färbung einer sich verzweigenden Inkrustation gegeben (Geolog. Beobachtungen über die Vulkanischen Inseln [übers. von V. Carus], 1877, p.55). Dieselbe war vom Wellenschlag an den Uferklippen der Insel Ascension abgelagert worden und war gebildet aus der Lösung zerriebener Muschelschalen.

Meerpflanzen leben, dürften die hellen Farben als Schutzmittel dienen.[4] Aber viele der Nudibranchier oder nackten Seeschnecken sind ebenso schön gefärbt wie irgendwelche Schneckenschalen, wie in dem prachtvollen Werk der Herren Alder und Hancock nachgesehen werden kann; und nach einer mir freundlichst von Mr. Hancock gemachten Mitteilung ist es äußerst zweifelhaft, ob diese Farben gewöhnlich den Tieren zum Schutz dienen. Bei einigen Arten mag dies wohl der Fall sein, wie bei einer, welche auf den grünen Blättern von Algen lebt und selbst schön grün gefärbt ist. Aber viele hellgefärbte, weiße oder in anderer Weise auffallende Spezies suchen kein Versteck; während andererseits einige gleichmäßig auffallende Spezies, ebenso wie andere düster gefärbte Arten unter Steinen und in dunklen Höhlen leben. Offenbar steht daher bei diesen nudibranchen Mollusken die Färbung in keiner innigen Beziehung zu der Beschaffenheit der Örtlichkeiten, welche sie bewohnen.

Diese nackten Seeschnecken sind Hermaphroditen; trotzdem paaren sie sich aber, wie es auch die Landschnecken tun, von denen viele außerordentlich nette Schalen besitzen. Es wäre wohl denkbar, daß zwei Hermaphroditen, gegenseitig durch die bedeutendere Schönheit angezogen, sich verbinden und Nachkommen hinterlassen könnten, welche die größere Schönheit ihrer Eltern erben würden. Aber bei so niedrig organisierten Wesen ist dies außerordentlich unwahrscheinlich. Es springt auch durchaus nicht sofort in die Augen, warum die Nachkommen der schöneren Paare von Hermaphroditen über die weniger schönen irgendwelchen Vorteil von der Art haben sollten, daß sie nun an Zahl zunähmen, wenn nicht allerdings Lebenskraft und Schönheit allgemein zusammenfielen. Wir haben hier nicht einen solchen Fall vor uns, wo die Männchen früher als die Weibchen reif werden und die schöneren Männchen dann von den lebenskräftigeren Weibchen ausgewählt werden. Allerdings, wenn brillante Farben für ein hermaphroditisches Tier in bezug auf seine allgemeinen Lebensgewohnheiten wohltätig wären, so würden auch die lebendiger gefärbten Individuen am besten fortkommen und an Zahl zunehmen; dies wäre aber dann ein Fall von natürlicher und nicht von geschlechtlicher Zuchtwahl.

Unterreich der Würmer: Klasse der Anneliden (oder Ringelwürmer). – Obgleich in dieser Klasse die beiden Geschlechter, wenn sie getrennt sind, zuweilen in Merkmalen von solcher Bedeutung voneinander verschieden sind, daß sie in verschiedene Gattungen oder selbst Familien gebracht worden sind, so scheinen die Verschiedenheiten doch nicht von der Art zu sein, daß man sie mit Sicherheit der geschlechtlichen Zuchtwahl zuschreiben könnte. Diese Tiere sind häufig schön gefärbt; da aber die Geschlechter in dieser Beziehung nicht voneinander abweichen, berührt uns der Fall nur wenig. Selbst die Nemertinen, trotzdem sie so niedrig organisiert sind, „wetteifern in Schönheit und Verschiedenheit der Färbung mit jeder anderen Gruppe der wirbellosen Tiere"; doch konnte Dr. McIntosh[5] nicht entdecken, daß diese Farben von irgendwelchem Nutzen seien. Die festsitzenden Anneliden werden nach der Zeit der Reproduktion trüber gefärbt, wie Quatrefages angibt[6]; ich vermute, dies ist dem weniger lebensvollen Zustand in dieser Zeit zuzuschreiben. Alle diese wurmartigen Tiere, stehen dem Anschein nach zu tief auf der Stufenleiter, als daß man annehmen könnte, entweder die beiden Geschlechter ließen irgendeine Wahl eintreten, um einen Genossen zu erlangen, oder die Individuen eines und desselben Geschlechts wären imstande, mit ihren Nebenbuhlern zu kämpfen.

Unterreich der Arthropoden; Klasse: Crustaceen. – In dieser großen Klasse begegnen wir zuerst unzweifelhaften sekundären Sexualcharakteren, welche oft in einer merkwürdigen Weise entwickelt sind. Unglücklicherweise ist die Lebensweise der Crustaceen nur sehr unvollkommen

---

[4] Dr. Morse hat diesen Gegenstand neuerdings in seinem Aufsatz über die adaptive Färbung der Mollusken erörtert: Proceed. Boston Soc. of Nat. Hist., Vol. XIV, April 1871.

[5] S. seine schöne Monographie über „British Annelids", Part I, 1873, p.3.

[6] S. Perrier: L'origine de l'Homme d'après Darwin. Revue scientifique. Febr. 1873, p.866.

bekannt und wir können daher den Gebrauch vieler, nur dem einen Geschlecht eigentümlichen Strukturverhältnisse nicht erklären. Bei den niedrigen parasitischen Spezies sind die Männchen von geringer Größe und nur sie allein sind mit vollkommenen Schwimmfüßen, Antennen und Sinnesorganen versehen. Die Weibchen entbehren diese Organe und ihr Körper besteht oft nur aus einer unförmigen sackartigen Masse. Diese außerordentlichen Verschiedenheiten zwischen den beiden Geschlechtern stehen aber ohne Zweifel in Beziehung zu ihrer so sehr voneinander abweichenden Lebensweise und berühren uns infolgedessen hier nicht. Bei verschiedenen, zu verschiedenen Familien gehörigen Crustaceen sind die vorderen Antennen mit eigentümlichen fadenförmigen Körpern versehen, von denen man glaubt, daß sie als Geruchsorgane fungieren; und diese sind bei den Männchen bedeutend zahlreicher als bei den Weibchen. Da die Männchen schon ohne eine ungewöhnliche Entwicklung ihrer Geruchsorgane beinahe mit Sicherheit früher oder später imstande sein würden, die Weibchen zu finden, so ist die bedeutende Anzahl von Riechfäden wahrscheinlich durch geschlechtliche Zuchtwahl erlangt worden, und zwar dadurch, daß die besser damit ausgerüsteten Männchen bei dem Finden von Genossinnen und dem Hinterlassen von Nachkommenschaft am erfolgreichsten gewesen sind. Fritz Müller hat eine merkwürdige dimorphe Spezies von *Tanais* beschrieben, bei welcher die Männchen durch zwei distinkte Formen repräsentiert werden, welche niemals ineinander übergehen. Bei der einen Form ist das Männchen mit zahlreicheren Riechfäden, bei der anderen mit kräftigeren und verlängerten Chelae oder Scheren versehen, welche dazu dienen, das Weibchen festzuhalten. Fritz Müller vermutet, daß diese Verschiedenheiten zwischen den männlichen Formen einer und derselben Spezies dadurch entstanden sein dürften, daß gewisse Individuen in der Anzahl ihrer Riechfäden variiert haben, während bei anderen Individuen die Form und die Größe ihrer Scheren variiert habe, so daß von den ersteren diejenigen, welche am besten imstande waren, die Weibchen zu finden, und von den letzteren diejenigen, welche am besten imstande waren, das Weibchen, sobald sie es gefunden hatten, festzuhalten, die größere Anzahl von Nachkommen hinterlassen haben, um ihre beziehentlichen Vorteile zu erben.[7]

Bei einigen der niederen Crustaceen weicht die rechte vordere Antenne des Männchens in ihrer Struktur bedeutend von der der linken Seite ab, wobei die letztere in ihren einfachen, spitz zulaufenden Gliedern den Antennen des Weibchens ähnlich ist. Beim Männchen ist die modifizierte Antenne entweder in der Mitte geschwollen, oder winklig gebogen oder in ein elegantes und zuweilen wunderbar kompliziertes Greiforgan verwandelt.[8] Wie ich von Sir J. Lubbock höre, dient es dazu, das Weibchen festzuhalten; und zu demselben Zweck ist einer der beiden hinteren Füße auf derselben Seite des Körpers in eine Schere verwandelt. Bei einer anderen Familie sind die unteren oder hinteren Antennen nur bei den Männchen „in merkwürdiger Weise zickzackförmig gebildet".

Bei den höheren Crustaceen bilden die vorderen Füße ein Paar Zangen oder Scheren und diese sind allgemein beim Männchen größer als beim Weibchen, – und zwar so bedeutend, daß der Marktpreis der männlichen eßbaren Krabbe (*Cancer pagurus*) nach Mr. C. Spence Bate fünfmal so hoch ist wie der des Weibchens. Bei vielen Spezies sind die Scheren auf den entgegengesetzten Seiten des Körpers von ungleicher Größe, wobei, wie mir Mr. C. Spence Bate mitteilt, die der rechten Seite meistens, wenn auch nicht unabänderlich, die größten sind. Diese Ungleichheit ist oft beim Männchen viel bedeutender als beim Weibchen. Auch weichen die beiden Scheren oft in ihrer Struktur voneinander ab, wobei die kleineren denen des Weibchens

---

[7] „Für Darwin", Leipzig 1864, p.15. S. die vorausgehende Erörterung über die Riechfäden. Sars hat einen einigermaßen analogen Fall bei einem norwegischen Kruster, der *Pontoporeia affinis*, beschrieben. S. das Zitat in „Nature", 1870, p.455.
[8] S. Sir J. Lubbock, in: Ann. and Magaz. of Nat. Hist., Vol. XI, 1853, Pl. I und X, und Vol. XII, 1853, Pl. VII. S. auch Lubbock, in: Transact. Entomol. Soc., New Ser., Vol. IV, 1856-58, p.8. In bezug auf die oben erwähnten zickzackförmigen Antennen s. Fritz Müller: Für Darwin, p.27, Anm. 1.

ähnlich sind. Was für ein Vorteil durch die Ungleichheit dieser Organe auf den gegenüberliegenden Seiten des Körpers und dadurch erlangt wird, daß die Ungleichheit beim Männchen viel bedeutender ist als beim Weibchen; und warum sie, auch wenn sie von gleicher Größe sind, oft beide beim Männchen viel größer sind als beim Weibchen, ist unbekannt. Die Scheren sind zuweilen von solcher Länge und Größe, daß sie, wie ich von Mr. Spence Bate höre, unmöglich dazu benutzt werden können, Nahrung zum Mund zu führen. Bei den Männchen gewisser Süßwasser-Garneelen (*Palaemon*) ist der rechte Fuß faktisch länger als der ganze Körper.[9] Es könnte wohl die bedeutende Größe des einen Fußes und seiner Schere dem Männchen bei seinem Kampf mit seinen Nebenbuhlern helfen; dieser Gebrauch kann aber die Ungleichheit dieser Teile auf den entgegengesetzten Seiten des Körpers des Weibchens nicht erklären. Nach einer von Milne-Edwards mitgeteilten Angabe[10] leben bei der Gattung *Gelasimus* Männchen und Weibchen in einer und derselben Höhle; und dies zeigt, daß sie sich paaren; das Männchen verschließt die Öffnung der Höhle mit einer seiner beiden Scheren, welche enorm entwickelt ist, so daß sie hier indirekt als Verteidigungsmittel dient. Ihr hauptsächlichster Nutzen besteht indessen wahrscheinlich darin, das Weibchen zu ergreifen und festzuhalten; und man weiß, daß dies bei einigen Krustern, wie bei *Gammarus*, der Fall ist. Das Männchen des Einsiedlerkrebses (*Pagurus*) trägt wochenlang die von dem Weibchen bewohnte Schale herum.[11] Indessen vereinigen sich, wie mir Mr. Spence Bate mitteilt, bei der gemeinen Uferkrabbe (*Carcinus maenas*) die Geschlechter direkt, nachdem das Weibchen seine harte Schale abgestoßen hat, wo es so weich ist, daß es verletzt werden würde, wenn es das Männchen mit seinen kräftigen Scheren ergriffe; es wird aber vom Männchen schon vor dem Akt der Häutung gefangen und herumgeschleppt, wo es eben ohne Gefahr ergriffen werden kann.

Fritz Müller führt an, daß gewisse Arten von *Melita* von allen anderen Amphipoden durch eine Eigentümlichkeit der Weibchen unterschieden sind; nämlich „die Hüftblätter des vorletzten Fußpaares sind in hakenförmige Fortsätze ausgezogen, an die sich das Männchen mit den Händen des ersten Fußpaares festklammert". Die Entwicklung dieser hakenförmigen Fortsätze ist wahrscheinlich das Resultat des Umstandes, daß diejenigen Weibchen, welche während des Reproduktionsaktes am sichersten gehalten wurden, die größte Anzahl von Nachkommen hinterlassen haben. Ein anderer brasilianischer Amphipode (*Orchestia Darwinii*) bietet ähnlich wie *Tanais* einen Fall von Dimorphismus dar; es finden sich nämlich hier zwei männliche Formen, welche in der Struktur ihrer Scheren voneinander abweichen.[12] Da Scheren einer der beiden Formen ganz entschieden zum Festhalten der Weibchen ausgereicht haben würden, – denn beide Formen werden ja jetzt zu diesem Zweck benutzt, – so entstanden die beiden männlichen Formen wahrscheinlich dadurch, daß einige in der einen, andere in einer anderen Art und Weise variierten, wobei beide Formen aus der verschiedenen Gestalt ihrer Organe gewisse spezielle, aber beinahe gleiche Vorteile erlangten.

Es ist nicht bekannt, daß männliche Crustaceen um den Besitz der Weibchen miteinander kämpften; doch ist dies wahrscheinlich der Fall; denn es gilt für die meisten Tiere, daß, wenn das Männchen größer ist als das Weibchen, ersteres seine bedeutende Größe dadurch erlangt hat, daß seine Vorfahren viele Generationen hindurch mit anderen Männchen gekämpft haben. In den meisten Ordnungen der Crustaceen, und besonders in der höchsten, der der Brachyuren, ist das Männchen größer als das Weibchen; dabei müssen indessen die parasitischen Gattungen, wo die beiden Geschlechter verschiedene Lebensweisen haben, und die meisten Entomostraken ausge-

---

[9] S. einen Aufsatz von C. Spence Bate mit Abbildungen, in: Proceed. Zool. Soc., 1868, p.363, und über die Nomenklatur der Gattung ebd., p.585. Ich bin Herrn Spence Bate für fast alle die oben erwähnten Angaben in bezug auf die Scheren der höheren Crustaceen außerordentlich verbunden.
[10] Histoire natur. des Crustac., Tom. II, 1837, p.50.
[11] C. Spence Bate: Brit. Assoc., Fourth Report on the Fauna of S. Devon.
[12] Fritz Müller: Für Darwin, p.16-18.

nommen werden. Die Scheren vieler Crustaceen sind Waffen, welche für einen Kampf wohl geeignet sind. So sah ein Sohn von Mr. Spence Bate, wie eine Krabbe, *Portunus puber*, mit einer anderen, *Carcinus maenas*, kämpfte, wobei es nicht lange dauerte, bis die letztere auf den Rücken geworfen und ein Bein nach dem anderen vom Körper losgerissen wurde. Wenn mehrere Männchen eines brasilianischen *Gelasimus*, einer mit ungeheuren Scheren versehenen Art, von Fritz Müller zusammen in ein Glasgefäß getan wurden, so verstümmelten und töteten sie sich gegenseitig. Mr. Bate brachte ein großes Männchen von *Carcinus maenas* in einen Trog mit Wasser, welchen bereits ein Weibchen bewohnte, das sich mit einem kleineren Männchen verbunden hatte; das letztere wurde sehr bald aus dem Besitz vertrieben. Mr. Bate fügt aber hinzu: „Wenn sie um den Besitz kämpften, so war der Sieg ein unblutiger; denn ich sah keine Wunden." Derselbe Naturforscher trennte einen männlichen Sandhüpfer, *Gammarus marinus*, der so gemein an den englischen Küsten ist, von seinem Weibchen, welche beide in einem und demselben Gefäß mit vielen anderen Individuen derselben Spezies in Gefangenschaft gehalten wurden. Das hierdurch geschiedene Weibchen begab sich bald in die Gesellschaft seiner Kameraden. Nach einiger Zeit wurde das Männchen wiederum in dasselbe Gefäß gebracht, und nachdem es eine Zeitlang herumgeschwommen war, stürzte es sich mitten in die Menge und holte sich sofort ohne irgendeinen Kampf sein Weibchen wieder. Diese Tatsache beweist, daß bei den Amphipoden, einer in der Stufenreihe so tief stehenden Ordnung, die Männchen und Weibchen einander erkennen und eine gegenseitige Anhänglichkeit besitzen.

Die geistigen Fähigkeiten der Crustaceen sind wahrscheinlich höher, als auf den ersten Blick wahrscheinlich zu sein scheint. Jeder, der versucht hat, eine der Uferkrabben, welche an vielen tropischen Küsten so gemein sind, zu fangen, wird wahrgenommen haben, wie schlau und alert sie sind. Es gibt eine große Krabbe, *Birgus latro*, welche sich auf Korallen-Inseln findet und sich auf dem Grund einer tiefen Grube ein dickes Bett aus den abgezupften Fasern der Kokosnuß baut. Sie nährt sich von den abgefallenen Früchten des Kokosbaums, indem sie die Schale, Faser für Faser, abreißt; und stets beginnt sie an dem Ende der Frucht, wo sich die drei augenähnlichen Vertiefungen finden. Dann beißt sie durch eine von diesen Vertiefungen durch, wobei sie ihre schweren Vorderscheren wie einen Hammer benutzt, dreht sich dann herum und holt den eiweißartigen Kern mit ihren schmaleren hinteren Scheren heraus. Diese Handlungen sind aber wahrscheinlich instinktiv, so daß sie wohl von einem jungen Tier ebensogut wie von einem alten ausgeführt werden. Den folgenden Fall kann man indessen kaum in dieser Art beurteilen: Ein zuverlässiger Beobachter, Mr. Gardner[13], sah einer Strandkrabbe (*Gelasimus*) zu, wie sie ihre Grube baute, und warf einige Muschelschalen nach der Höhle hin. Eine davon rollte hinein und drei andere Schalen blieben wenige Zoll von der Öffnung entfernt liegen. In ungefähr fünf Minuten brachte die Krabbe die Muschel, welche in die Höhle gefallen war, heraus und schleppte sie bis zu einer Entfernung von einem Fuß von der Öffnung; dann sah sie die drei anderen in der Nähe liegen, und da sie augenscheinlich dachte, daß diese gleichfalls hineinrollen könnten, schleppte sie auch diese auf die Stelle, wo sie die erste hingebracht hatte. Ich meine, es dürfte schwer sein, diese Handlung von einer zu unterscheiden, die der Mensch mit Hilfe der Vernunft ausführt.

Was die Färbung betrifft, welche so oft in den beiden Geschlechtern bei Tieren der höheren Klassen verschieden ist, so kennt Mr. Spence Bate kein irgend scharf ausgesprochenes Beispiel einer solchen Verschiedenheit bei den Englischen Crustaceen. Indessen weichen in einigen Fällen Männchen und Weibchen unbedeutend in der Schattierung voneinander ab; doch hält Mr. Bate diese Verschiedenheit nicht für größer, als durch die verschiedenen Lebensgewohnheiten der beiden Geschlechter erklärt werden kann, wie denn das Männchen mehr umherwandert und daher mehr dem Licht ausgesetzt ist. Dr. Power versuchte die Geschlechter der Arten, welche Mauritius bewohnen, nach der Farbe zu unterscheiden, es gelang ihm indessen niemals, mit Ausnahme einer Spezies von *Squilla*, wahrscheinlich die *S. stylifera*; das Männchen derselben wird als „schön bläulich-grün", einige der

---

[13] Travels in the Interior of Brazil, 1864, p.111.

Anhänge als kirschrot beschreiben, während das Weibchen große wolkige Flecke von Braun und Grau hat und „das Rot an ihm viel weniger lebhaft ist als bei dem Männchen"[14]. Wir dürfen wohl vermuten, daß in diesem Falle geschlechtliche Zuchtwahl in Tätigkeit war. Nach Mr. Berts Beobachtungen über das Verhalten der *Daphnia*, wenn dieses Tier in ein durch ein Prisma erleuchtetes Gefäß getan wird, haben wir Grund zu glauben, daß selbst die niedrigsten Crustaceen Farben unterscheiden können. Bei *Sapphirina* (einer ozeanischen Gattung von Entomostraken) sind die Männchen mit sehr kleinen Schildern oder zellenähnlichen Körpern versehen, welche wunderschöne schillernde Farben darbieten; diese Gebilde fehlen bei den Weibchen, und bei einer Art fehlen sie beiden Geschlechtern.[15] Es wäre indessen außerordentlich voreilig, zu schließen, daß diese merkwürdigen Organe dazu dienen, bloß die Weibchen anzuziehen. Wie mir Fritz Müller mitgeteilt hat, ist bei den Weibchen einer brasilianischen Art von *Gelasimus* der ganze Körper nahezu gleichförmig gräulich-braun. Beim Männchen ist der hintere Teil dagegen gesättigt grün und in dunkelbraun abschattierend; dabei ist es merkwürdig, daß diese Farben sich leicht im Laufe nur weniger Minuten verändern, – das Weiß wird schmutziggrau oder selbst schwarz und das Grün „verliert viel von seinem Glanze". Es verdient noch besondere Beachtung, daß die Männchen ihre glänzenden Farben nicht vor der Reifezeit erhalten. Sie scheinen viel zahlreicher als die Weibchen zu sein; auch weichen sie von diesen in der bedeutenderen Größe ihrer Scheren ab. Bei einigen Spezies der Gattung, wahrscheinlich bei allen, paaren sich die Geschlechter und die Paare bewohnen je eine und dieselbe Höhle. Sie sind auch ferner, wie wir gesehen haben, hochintelligente Tiere. Nach diesen verschiedenen Betrachtungen scheint es wahrscheinlich zu sein, daß bei dieser Art das Männchen mit munteren Farben verziert worden ist, um das Weibchen anzuziehen oder anzuregen.

Es ist eben angegeben worden, daß der männliche *Gelasimus* seine auffallenden Farben nicht eher erreicht, als bis er reif und nahezu bereit ist, sich zu paaren. Dies scheint mit den vielen merkwürdigen Verschiedenheiten der Struktur zwischen beiden Geschlechtern die allgemeine Regel in der ganzen Klasse zu sein. Wir werden hernach sehen, daß dasselbe Gesetz durch das ganze große Unterreich der Wirbeltere hindurch herrscht; und in allen Fällen ist dies ganz außerordentlich bezeichnend für Merkmale, welche infolge geschlechtlicher Zuchtwahl erlangt worden sind. Fritz Müller[16] gibt einige auffallende Beispiele für dieses Gesetz; so erhält der männliche Sandhüpfer (*Orchestia*) seine großen Zangen, welche von denen des Weibchens sehr verschieden gebildet sind, nicht eher, als bis er fast völlig ausgewachsen ist; in der Jugend sind seine Zangen denen des Weibchens ähnlich.

Klasse: Arachnida (Spinnen usw.) – Die Geschlechter weichen meistens nicht sehr in der Farbe voneinander ab; doch sind die Männchen oft dunkler als die Weibchen, wie man in dem prachtvollen Werk Blackwalls sehen kann.[17] In einigen Arten weichen indessen die Geschlechter auffallend voneinander in der Färbung ab; so ist das Weibchen von *Sparassus smaragdulus* mattgrün, während das Männchen ein schön gelbes Abdomen hat mit drei Längsstreifen von gesättigtem Rot. Bei einigen Arten von *Thomisus* sind die beiden Geschlechter einander sehr ähnlich; bei anderen weichen sie bedeutend voneinander ab; und analoge Fälle kommen in vielen anderen Gattungen vor. Es ist oft schwer zu sagen, welches der beiden Geschlechter am meisten von der gewöhnlichen Färbung der ganzen Gattung, zu welcher die Spezies gehört, abweicht; doch glaubt Mr. Blackwall, daß es, einer allgemeinen Regel zufolge, das Männchen ist. Canestrini[18] bemerkt, daß bei gewissen Gattungen

---

[14] Ch. Fraser, in: Proceed. Zoolog. Soc., 1869, p.3. Ich verdanke der Freundlichkeit von Mr. Bate die Mitteilung von Dr. Power.

[15] Claus: Die freilebenden Copepoden, 1863, p.35.

[16] „Für Darwin", p.53.

[17] A History of the Spiders of Great Britain, 1861-64. In bezug auf die oben erwähnten Tatsachen vergl. p.77, 88, 102.

[18] Dieser Schriftsteller hat neuerdings eine wertvolle Abhandlung über „Caratteri sessuali secondarii degli Aracnidi" veröffentlicht in: Atti della Soc. Veneto-Trentina di Se. Nat. Padova. Vol. I., Fasc. 3, 1873.

die Männchen mit Leichtigkeit spezifisch unterschieden werden können, die Weibchen nur mit großer Schwierigkeit. Wie mir Mr. Blackwall mitteilt, sind in der Jugend die beiden Geschlechter einander ähnlich; und beide erleiden häufig bedeutende Veränderungen in der Farbe während der aufeinanderfolgenden Häutungen, ehe sie zum Reifezustand gelangen. In anderen Fällen scheint nur das Männchen die Farbe zu verändern. So ist das Männchen des vorhin erwähnten, glänzend gefärbten *Sparassus* zuerst dem Weibchen ähnlich und erhält seine ihm eigentümlichen Farben erst, wenn es nahezu erwachsen ist. Spinnen besitzen sehr scharfe Sinne und zeigen auch viel Intelligenz. Wie allgemein bekannt ist, zeigen die Weibchen oft die stärkste Affektion für ihre Eier, welche sie in ein seidenes Gewebe eingehüllt mit sich herumtragen. Die Männchen suchen die Weibchen mit Eifer auf, und Canestrini und andere haben gesehen, wie Männchen um den Besitz derselben kämpften. Derselbe Schriftsteller teilt mit, daß die Vereinigung der beiden Geschlechter in ungefähr zwanzig Spezies beobachtet worden ist; er behauptet positiv, daß das Weibchen einige der Männchen, welche ihm den Hof machen, zurückweist, ihnen mit geöffneten Mandibeln droht und zuletzt nach langem Zögern das auserwählte annimmt. Nach diesen verschiedenen Betrachtungen können wir mit einiger Zuversicht annehmen, daß die gut ausgesprochenen Verschiedenheiten in der Farbe zwischen den Geschlechtern gewisser Arten das Resultat einer geschlechtlichen Zuchtwahl sind; doch fehlt uns noch die beste Form des Beweises, die Entfaltung des Zierats seitens des Männchens. Nach der außerordentlichen Variabilität der Farbe bei dem Männchen einiger Spezies, so z. B. bei *Theridion lineatun*, möchte es scheinen, als wenn die Sexualcharaktere der Männchen noch nicht gut fixiert worden seien. Aus der Tatsache, daß die Männchen gewisser Spezies zwei, in der Größe und Länge ihrer Kinnladen voneinander abweichende Formen darbieten, folgert Canestrini dasselbe; es erinnert uns dies an die oben erwähnten Fälle dimorpher Crustaceen.

Das Männchen ist allgemein viel kleiner als das Weibchen, zuweilen in einem außerordentlichen Grade[19]; es muß äußerst vorsichtig sein bei seinen Annäherungen, da das Weibchen oft seine Sprödigkeit zu einer gefährlichen Höhe treibt. De Geer sah ein Männchen, welches mitten in seinen vorbereitenden Liebkosungen „von dem Gegenstand seiner Aufmerksamkeit ergriffen, in ein Gewebe eingewickelt und dann verzehrt wurde, ein Anblick, welcher ihn", wie er hinzusetzt, „mit Schrecken und Indignation erfüllte."[20] O. P. Cambridge[21] erklärt die ganz außerordentliche Kleinheit des Männchens bei der Gattung *Nephila* in der folgenden Art. „M. Vinson gibt eine anschauliche Schilderung der behenden Art und Weise, in welcher das diminutive Männchen der Wildheit des Weibchens dadurch entgeht, daß es auf dessen Körper und riesenhaften Gliedmaßen herumgleitet und Verstecken spielt. Offenbar sind bei einer solchen Verfolgung die Chancen des Entkommens für die kleinsten Männchen am günstigsten. Allmählich wird in dieser Weise eine diminutive Rasse von Männchen zur Zucht ausgewählt worden sein, bis sie dann zuletzt zur möglich geringsten, mit der Ausübung ihrer geschlechtlichen Funktionen noch verträglichen Größe zusammenschrumpften, in der Tat wahrscheinlich zu der Größe, in der wir sie jetzt sehen, d. h. so klein, daß sie eine Art von Parasit auf dem Weibchen sind und entweder zu klein, um von diesem beachtet, oder zu behend und zu klein, um von ihm ohne große Schwierigkeit ergriffen zu werden."

Westring hat die interessante Entdeckung gemacht, daß die Männchen mehrerer Arten von *Theridion*[22] die Fähigkeit haben, einen schwirrenden Laut hervorzubringen, während die Weib-

---

[19] Aug. Vinson teilt ein gutes Beispiel von der geringen Größe des Männchens bei *Epeira nigra* mit (Aranéides des Iles de la Réunion, pl. VI, Fig. 1 u. 2). Wie ich hinzufügen will, ist bei dieser Spezies das Männchen braun, das Weibchen schwarz mit rot gebänderten Füßen. Andere selbst noch auffallendere Fälle von Ungleichheit der Größe zwischen beiden Geschlechtern sind mitgeteilt worden in: Quarterly Journal of Science, July 1868, p.429. Ich habe aber die Originalberichte nicht gesehen.

[20] Kirby and Spence: Introduction to Entomology. Vol. I, 1818, p.280.

[21] Proceed. Zoolog. Soc., 1871, p.621.

[22] *Theridion (Asagena Sund.) serratipes, quadripunctatum* et *guttatum*. S. Westring, in: Kröyer: Naturhist. Tidskrift. Bd. IV, 1842-1843, p.349, und And. Raekk., Bd. II, 1846-1849, p.342. S. auch in Betreff anderer Spezies Araneae Suecicae, p.184.

chen völlig stumm sind. Der Stimmapparat besteht aus einer gesägten Leiste an der Basis des Hinterleibes, gegen welche der harte hintere Teil des Thorax gerieben wird; und von dieser Bildung konnte bei den Weibchen nicht die Spur entdeckt werden. Es verdient Beachtung, daß mehrere Schriftsteller, mit Einschluß des bekannten Arachnologen Walckenaer, erklärt haben, daß Spinnen von Musik angelockt werden.[23] Nach Analogie mit den im nächsten Kapitel zu beschreibenden Orthoptern und Homoptern können wir wohl mit Sicherheit annehmen, daß die Stridulation, wie Westring bemerkt, dazu dient, das Weibchen entweder zu rufen oder anzuregen; und dies ist, soviel mir bekannt ist, in der aufsteigenden Reihe der tierischen Formen der erste Fall, wo Laute zu diesem Behufe hervorgebracht werden.[24]

Klasse: Myriapoda. – In keiner der beiden Ordnungen dieser, Skolopendern und Tausendfüßler umfassenden Klasse kann ich irgendwie scharf ausgesprochene Beispiele von geschlechtlichen Verschiedenheiten finden, wie sie uns hier ganz besonders angehen. Bei *Glomeris limbata* indessen und vielleicht noch bei einigen wenigen anderen Spezies weichen die Männchen unbedeutend in der Färbung von den Weibchen ab; doch ist diese *Glomeris* eine äußerst variable Art. Bei den Männchen der Diplopoden sind die, einem der vorderen Segmente des Körpers oder auch dem hinteren Segment angehörenden Füße in Greifhaken verwandelt, welche das Weibchen festzuhalten dienen. Bei einigen Arten von *Julus* sind die Tarsen des Männchens mit häufigen Saugnäpfen zu demselben Zweck versehen. Es ist, wie wir bei Besprechung der Insekten sehen werden, ein bei weitem ungewöhnlicherer Umstand, daß es bei *Lithobius* das Weibchen ist, welches am Ende des Körpers mit Greifanhängen zum Festhalten des Männchens versehen ist.[25]

---

[23] Dr. H. H. van Zouteveen hat in seiner holländischen Übersetzung dieses Werkes (Bd. I, p.444) mehrere Fälle gesammelt.
[24] Hilgendorf hat indessen vor kurzem die Aufmerksamkeit auf eine analoge Bildung bei einigen der höheren Crustaceen gelenkt, welche dem Hervorbringen eines Lautes angepaßt zu sein scheint. (S. Zoolog. Record., 1868, p.603.)
[25] Walckenaer et P. Gervais: Hist. natur. des Insectes Aptères. Tom. IV, 1847, p.17, 19, 68.

Zehntes Kapitel

Sekundäre Sexualcharaktere der Insekten

Verschiedenartige Bildungen, welche die Männchen zum Ergreifen der Weibchen besitzen – Verschiedenheiten zwischen den Geschlechtern, deren Bedeutung nicht einzusehen ist – Verschiedenheit zwischen den Geschlechtern in bezug auf die Größe – *Thysanura* – *Diptera* – *Hemiptera* – *Homoptera*; Vermögen, Töne hervorzubringen, nur im Besitz der Männchen – *Orthoptera*; Stimmorgane der Männchen; verschiedenartig in ihrer Struktur; Kampfsucht; Färbung – *Neuroptera*; sexuelle Verschiedenheiten in der Färbung – *Hymenoptera*; Kampfsucht und Färbung – *Coleoptera*; Färbung; mit großen Hörnern versehen, wie es scheint, zur Zierde; Kämpfe; Stridulationsorgane allgemein beiden Geschlechtern eigen

In der ungeheuer großen Klasse der Insekten sind die Geschlechter zuweilen in ihren Bewegungsorganen voneinander verschieden und oft auch in ihren Sinnesorganen, wie in den kammförmigen und sehr schön gefiederten Antennen der Männchen vieler Spezies. Bei einer der Ephemeren, nämlich *Chloëon*, hat das Männchen große, säulenförmig vorspringende Augen, welche dem Weibchen vollständig fehlen.[1] Die Punktaugen fehlen bei den Weibchen gewisser anderer Insekten, wie bei den Mutilliden, welche auch der Flügel entbehren. Wir haben es aber hier hauptsächlich mit Bildungen zu tun, durch welche das eine Männchen in den Stand gesetzt wird, ein anderes zu besiegen, und zwar entweder im Kampf oder in der Bewerbung, durch seine Kraft, Kampfsucht, Zierat oder Musik. Die unzähligen Veranstaltungen, durch welche das Männchen fähig wird, das Weibchen zu ergreifen, können daher kurz übergangen werden. Außer den komplizierten Gebilden an der Spitze des Hinterleibs, welche vielleicht als primäre Organe[2] angesehen werden müssen, „ist es", wie Mr. B. D. Walsh[3] bemerkt hat, „erstaunlich, wie viele verschiedene Organe von der Natur zu dem scheinbar unbedeutenden Zweck umgestaltet worden sind, daß das Männchen das Weibchen festzuhalten imstande sei". Die Kinnladen oder Mandibeln werden zuweilen zu diesem Zweck benutzt. So hat das Männchen von *Corydalis cornuta*, einem mit den Libellen usw. ziemlich nahe verwandten Insekt aus der Ordnung der Neuroptern, ungeheure, gekrümmte Kiefer, welche viele Male länger als die des Weibchens sind; auch sind sie glatt, statt gezähnt zu sein, wodurch das Männchen in den Stand gesetzt wird, das Weibchen ohne Verletzung festzuhalten.[4] Einer der Hirschkäfer von Nord-Amerika (*Lucanus elaphus*) gebraucht seine Kiefer, welche viel größer als die des Weibchens sind, zu demselben Zweck, aber wahrscheinlich auch zum Kampf. Bei einer der Sandwespen (*Ammophila*) sind die Kiefer in beiden Geschlechtern nahezu gleich, werden aber für verschiedene Zwecke gebraucht. Die Männchen sind, wie Professor Westwood bemerkt, „außerordentlich hitzig und ergreifen

---

[1] Sir J. Lubbock: Transact. Linnean Soc., Vol. XXV, 1866, p.484. In bezug auf die Mutilliden s. Westwood: Modern Classifikation of Insects. Vol. II, p.213.

[2] Diese Organe der Männchen sind häufig bei nahe verwandten Spezies verschieden und bieten ausgezeichnete spezifische Merkmale dar. Doch ist von einem funktionellen Gesichtspunkt aus, wie mir Mr. R. MacLachlan bemerkt hat, ihre Bedeutsamkeit wahrscheinlich überschätzt worden. Es ist die Vermutung aufgestellt worden, daß unbedeutende Verschiedenheiten in diesen Organen genügen würden, die Kreuzung gut ausgesprochener Varietäten oder beginnender Spezies zu verhindern, und daher die Entwicklung solcher befördern würden. Daß dies aber schwerlich der Fall sein kann, können wir aus den vielen mitgeteilten Fällen schließen, wo verschiedene Spezies in der Begattung gesehen worden sind (s. z. B. Bronn: Geschichte der Natur. Bd. II, 1843, p.164 und Westwood, in: Transact. Entomol. Soc., Vol. III, 1842, p.195). Mr. MacLachlan teilt mir mit (s. Stettiner Entomolog. Zeitung, 1867, p.155), daß, als von Dr. Aug. Meyer mehrere Spezies von Phryganiden, welche scharf ausgesprochene Verschiedenheiten dieser Art darbieten, zusammen gefangengehalten wurden, sie sich begatteten und daß das eine Paar befruchtete Eier produzierte.

[3] The Practical Entomologist, Philadelphia. Vol. II., May 1867, p.88.

[4] Mr. Walsh: a.a.O., p.107.

ihre Genossen mit ihren sichelförmigen Kiefern um den Hals"[5], während die Weibchen diese Organe zum Graben in Sandbänken und zum Bauen ihrer Nester benutzen.

Die Tarsen der Vorderfüße sind bei vielen männlichen Käfern verbreitert oder mit breiten Haarpolstern versehen, und bei vielen Gattungen von Wasserkäfern sind sie mit einem runden platten Saugapparat ausgerüstet, so daß das Männchen sich an dem schlüpfrigen Körper des Weibchens festhalten kann. Es ist ein viel ungewöhnlicheres Vorkommen, daß die Weibchen mancher Wasserkäfer (*Dytiscus*) ihre Flügeldecken tief gefurcht und bei *Acilius sulcatus* dicht mit Haaren besetzt haben, als Halt für das Männchen. Die Weibchen einiger anderer Wasserkäfer (*Hydroporus*) haben ihre Flügeldecken zu demselben Zweck punktiert.[6] Bei dem Männchen von *Crabro cribrarius* ist es die Tibia, welche in eine breite hornige Platte mit äußerst kleinen hautigen Flecken erweitert ist, wodurch sie ein eigentümliches siebartiges Ansehen erhält.[7] Bei den Männchen von *Penthe* (einer Gattung der Käfer) sind einige wenige der mittleren Antennenglieder erweitert und an der unteren Fläche mit Haarkissen versehen, genau denen an den Tarsen der Carabiden gleich „und offenbar zu demselben Zweck". Bei männlichen Libellen sind die Anhänge an der Spitze des Schwanzes in „einer fast unendlichen Verschiedenartigkeit zu merkwürdigen Formen modifiziert, um sie fähig zu machen, den Hals des Weibchens zu umfassen". Endlich sind bei den Männchen vieler Insekten die Beine mit eigentümlichen Dornen, Höckern oder Sporen besetzt oder das ganze Bein ist gebogen oder verdickt – (dies ist aber durchaus nicht unabänderlich ein sexueller Charakter); – oder ein Paar oder alle drei Paare sind, und zwar zuweilen zu einer ganz außerordentlichen Länge ausgezogen.[8]

In allen Ordnungen bieten die Geschlechter vieler Spezies Verschiedenheiten dar, deren Bedeutung nicht zu erklären ist. Ein merkwürdiger Fall ist der von einem Käfer, dessen Männchen die linke Mandibel bedeutend vergrößert hat, so daß der Mund in hohem Maße verzerrt ist. Bei einem anderen karabiden Käfer, dem *Eurygnathus*[9] haben wir den, soweit es Mr. Wollaston bekannt ist, einzigen Fall, daß der Kopf des Weibchens, allerdings in einem variablen Grade, viel breiter und größer ist als der des Männchens. Derartige Fälle ließen sich in beliebiger Zahl anführen. Sie sind auch unter den Schmetterlingen unendlich zahlreich; einer der außerordentlichsten ist der, daß gewisse männliche Schmetterlinge mehr oder weniger atrophierte Vorderbeine haben, wobei die Tibien und Tarsen zu bloßen rudimentären Höckern reduziert sind. Auch weichen die Flügel in den beiden Geschlechtern oft in der Verteilung der Adern[10] und zuweilen auch beträchtlich in dem Umriß voneinander ab, so bei *Aricoris epitus*, wie mir im British Museum Mr. A. Butler gezeigt hat. Die Männchen gewisser südamerikanischer Schmetterlinge haben Haarbüschel an den Rändern der Flügel und hornige Auswüchse auf den Flächen des hinteren Paares.[11] Bei mehreren britischen Schmetterlingen sind, wie mir Mr. Wonfor gezeigt hat, nur die Männchen teilweise mit eigentümlichen Schuppen bekleidet.

---

[5] Modern Classifikation of Insects. Vol. II, 1840, p.205, 206. Mr. Walsh, welcher meine Aufmerksamkeit auf diesen doppelten Gebrauch der Kinnladen lenkte, sagt, daß er wiederholt diese Tatsache beobachtet habe.

[6] Wir haben hier einen merkwürdigen und unerklärlichen Fall von Dimorphismus; denn einige von den Weibchen vier europäischer Spezies von *Dytiscus* und gewisser Spezies von *Hydroporus* haben glatte Flügeldecken; und intermediäre Abstufungen zwischen gefurchten oder punktierten und völlig glatten Flügeldecken sind nicht beobachtet worden; s. Dr. H. Schaum, zitiert im „Zoologist", Vol. V-VI, 1847-48, p.l896; auch Kirby and Spence: Introduction to Entomology. Vol. III, 1826, p.305.

[7] Westwood: Modern Classifikation of Insects. Vol. II, p.193. Die folgende Angabe in bezug auf *Penthe* und andere in Anführungszeichen mitgeteilte sind aus: Walsh: Practical Entomologist, Philadelphia. Vol. II, p.88, entnommen.

[8] Kirby and Spence: Introduction to Entomology. Vol. III, p.332-336.

[9] Insecta Maderensia, 1854, p.20.

[10] E. Doubleday, in: Annals and Magaz. of Natur. Hist., Vol. I, 1848, p.379. Ich will hier noch hinzufügen, daß bei gewissen Hymenoptern (s. Shuckard: Fossorial Hymenoptera, 1837, p.39-43) die Flügel nach dem Geschlecht in der Aderung verschieden sind.

[11] H. W. Bates, in: Journal of Proceed. Linnean Soc., Vol. VI, 1862, p.74. Mr. Wonfors Beobachtungen werden zitiert, in: Popular Science Review, 1868, p.343.

Zehntes Kapitel

Der Zweck der Leuchtkraft beim weiblichen Leuchtkäfer ist vielfach Gegenstand der Erörterung gewesen. Das Männchen leuchtet schwach, ebenso die Larven und selbst die Eier. Einige Schriftsteller haben vermutet, daß das Licht dazu diene, die Feinde abzuschrecken, andere, daß es das Männchen zum Weibchen leite. Endlich scheint Mr. Belt[12] die Schwierigkeit gelöst zu haben: Er findet, daß alle Lampyriden, welche er darauf untersucht hat, allen insektenfressenden Säugetieren und Vögeln äußerst widerwärtig sind. Es steht nun mit der später mitzuteilenden Ansicht des Mr. Bates in Einklang, daß viele Insekten die Lampyriden streng nachahmen, um für solche gehalten zu werden und der Zerstörung zu entgehen. Er glaubt ferner, daß die leuchtenden Arten davon Vorteil haben, daß sie sofort als ungenießbar erkannt werden. Wahrscheinlich läßt sich dieselbe Erklärung auf die Elateren ausdehnen, bei welchen beide Geschlechter stark leuchten. Es ist unbekannt, warum die Flügel des weiblichen Leuchtkäfers sich nicht entwickelt haben; in dem jetzigen Zustand gleicht derselbe aber sehr einer Larve, und da so viele Tiere von Larven sich ernähren, können wir wohl verstehen, warum das Weibchen so viel leuchtender und auffallender als das Männchen geworden ist und warum selbst die Larven auch leuchten.

Verschiedenheit in der Größe beider Geschlechter. – Bei Insekten aller Arten sind gewöhnlich die Männchen kleiner als die Weibchen; und diese Verschiedenheit kann oft schon im Larvenzustand nachgewiesen werden. Die Verschiedenheit zwischen den männlichen und weiblichen Kokons des Seidenschmetterlings (*Bombyx mori*) ist so beträchtlich, daß sie in Frankreich durch eine eigentümliche Methode des Wägens voneinander geschieden werden.[13] In den niederen Klassen des Tierreichs scheint die bedeutendere Größe der Weibchen allgemein davon abzuhängen, daß sie eine enorme Anzahl von Eiern entwickeln, und dies dürfte auch in einer gewissen Ausdehnung für die Insekten gelten. Dr. Wallace hat aber eine viel wahrscheinlichere Erklärung aufgestellt. Nach einer sorgfältigen Beobachtung der Entwicklung der Raupen von *Bombyx Cynthia* und *Yamamai* und besonders einiger zwerghafter, aus einer zweiten Zucht mit unnatürlicher Nahrung gezogener Raupen fand er, „daß in dem Verhältnis wie der individuelle Schmetterling schöner ist, auch die zu seiner Metamorphose erforderliche Zeit länger ist; und aus diesem Grunde geht dem Weibchen, welches das größere und schwerere Insekt ist, weil es seine zahlreichen Eier mit sich herumzutragen hat, das Männchen voraus, welches kleiner ist und weniger zu zeitigen hat"[14]. Da nun die meisten Insekten kurzlebig und vielen Gefahren ausgesetzt sind, so wird es offenbar für das Weibchen von Vorteil sein, sobald wie möglich befruchtet zu werden. Dieser Zweck wird dadurch erreicht werden, daß die Männchen zuerst in großer Anzahl reif werden, bereit, die Ankunft der Weibchen zu warten, und dies wird natürlich wiederum, wie Mr. A. R. Wallace bemerkt hat[15], eine Folge der natürlichen Zuchtwahl sein; denn die kleineren Männchen werden zuerst die Reife erlangen und werden daher eine große Zahl von Nachkommen hervorbringen, welche die verkümmerte Größe ihrer männlichen Erzeuger erben werden, während die größeren Männchen, weil sie später reif werden, weniger Nachkommen hinterlassen werden.

Von der Regel, daß die männlichen Insekten kleiner sind als die weiblichen, gibt es indessen Ausnahmen, und einige dieser Ausnahmen sind auch verständlich. Größe und Körperkraft werden für Männchen von Vorteil sein, welche um den Besitz der Weibchen kämpfen, und in diesem Falle, wie z.B. bei dem Hirschkäfer (*Lucanus*), sind die Männchen größer als die Weibchen. Es gibt indessen auch andere Käfer, von denen man nicht weiß, daß sie miteinander kämpfen, und von denen doch die Männchen die Weibchen an Größe übertreffen; die Bedeutung dieser Tat-

---

[12] The Naturalist in Nicaragua, 1874, p.316-320. Über das Phosphoreszieren der Eier s. Annals and Mag. of Nat. Hist., Nov. 1871, p.372.
[13] Robinet: Vers à Soie, 1848, p.207.
[14] Transact. Entomol. Soc., 3. Series., Vol. V, p.486.
[15] Journal of Proceed. Entomol. Soc., 4, Febr. 1867, p.LXXI.

sache ist unbekannt. Aber bei einigen dieser Fälle, so bei den ungeheuren Formen der *Dynastes* und *Megasoma*, können wir wenigstens sehen, daß keine Notwendigkeit vorliegt, daß die Männchen kleiner als die Weibchen sein müßten, damit sie vor ihnen den Reifezustand erreichen; denn diese Käfer sind nicht kurzlebig und es würde demnach auch hinreichende Zeit zum Paaren der beiden Geschlechter vorhanden sein. So sind ferner männliche Libelluliden zuweilen nachweisbar größer und niemals kleiner als die weiblichen[16], und wie Mr. MacLachlan glaubt, paaren sie sich allgemein mit den Weibchen nicht eher, als bis eine Woche oder vierzehn Tage verflossen sind und bis sie ihre eigentümlichen männlichen Färbungen erhalten haben. Aber den merkwürdigsten Fall, welcher zeigt, von welch' komplizierten und leicht zu übersehenden Beziehungen ein so unbedeutender Charakter, wie eine Verschiedenheit in der Größe zwischen den beiden Geschlechtern, abhängen kann, bieten die mit Stacheln versehenen Hymenoptern dar. Mr. Fred. Smith teilt mir mit, daß fast in dieser ganzen großen Gruppe die Männchen in Übereinstimmung mit der allgemeinen Regel kleiner als die Weibchen sind und ungefähr eine Woche früher als diese ausschlüpfen; aber unter den Bienen sind die Männchen von *Apis mellifica*, *Anthidium manicatum* und *Anthophora acervorum*, und unter den grabenden Hymenoptern die Männchen der *Methoca ichneumonides* größer als die Weibchen. Die Erklärung dieser Anomalie liegt darin, daß bei diesen Spezies ein Hochzeitsflug absolut notwendig ist und daß die Männchen größerer Kraft und bedeutenderer Größe bedürfen, um die Weibchen durch die Luft zu führen. Die bedeutendere Größe ist hier im Widerspruch mit der gewöhnlichen Beziehung zwischen der Größe und der Entwicklungsperiode erlangt worden; denn obwohl die Männchen größer sind, schlüpfen sie doch vor den kleineren Weibchen aus.

Wir wollen nun die verschiedenen Ordnungen durchgehen und dabei solche Tatsachen auswählen, wie sie uns besonders hier angehen. Die Lepidoptern (Tag- und Nachtschmetterlinge) sollen für ein besonderes Kapitel aufgespart bleiben.

Ordnung: *Thysanura*. – Die Glieder dieser Ordnung sind für ihre Klasse niedrig organisiert. Sie sind flügellose, trüb gefärbte, sehr kleine Insekten mit häßlichen, beinahe mißförmigen Köpfen und Körpern. Die Geschlechter sind nicht voneinander verschieden; sie bieten aber eine interessante Tatsache dar dadurch, daß sie zeigen, wie die Männchen selbst auf einer tiefen Stufe des Tierreichs den Weibchen eifrig den Hof machen können. Sir J. Lubbock[17] beschreibt den *Sminthurus luteus* und sagt: „Es ist sehr unterhaltend, diese kleinen Wesen miteinander kokettieren zu sehen. Das Männchen, welches viel kleiner als das Weibchen ist, läuft um dasselbe herum; sie stoßen sich einander, stellen sich gerade gegeneinander über und bewegen sich vorwärts und rückwärts wie zwei spielende Lämmer. Dann tut das Weibchen, als wenn es davonliefe, und das Männchen läuft hinter ihm her mit einem komischen Aussehen des Ärgers überholt es und stellt sich ihm wieder gegenüber. Dann dreht sich das Weibchen spröde herum, aber das Männchen, schneller und lebendiger, schwenkt gleichfalls rundum und scheint es mit seinen Antennen zu peitschen. Dann stehen sie für ein Weilchen wieder Auge in Auge gegenüber, spielen mit ihren Antennen und scheinen durchaus nur einander anzugehören."

Ordnung: *Diptera* (Fliegen). – Die Geschlechter weichen in der Farbe wenig voneinander ab. Die größte Verschiedenheit, die Mr. Fr. Walker bekannt geworden ist, bietet die Gattung *Bibio* dar, bei welcher die Männchen schwärzlich oder vollkommen schwarz und die Weibchen dunkel bräunlich-orange sind. Die Gattung *Elaphomyia*, welche Mr. Wallace[18] in Neu-Guinea entdeckt hat, ist äußerst merkwürdig, da die Männchen mit Hörnern versehen sind, welche dem Weibchen

---

[16] In bezug auf diese und andere Angaben über die Größe der Geschlechter s. Kirby and Spence: Introduction etc., Vol. III, p.300; über die Lebensdauer bei Insekten s. ebd., p.344.
[17] Transact. Linnean Soc., Vol. XXVI, 1868, p.296.
[18] The Malay Archipelago. Vol. II, 1869, p.313.

vollständig fehlen. Die Hörner entspringen von unterhalb der Augen und sind in einer merkwürdigen Weise denen der Hirsche ähnlich, indem sie entweder verzweigt oder bandförmig verbreitet sind. Bei einer der Arten sind sie an Länge der des ganzen Körpers gleich. Man könnte meinen, daß sie zum Kampf dienen; da sie aber in einer Spezies von einer schönen rosenroten Farbe sind, mit Schwarz gerändert und mit einem blassen Streifen in der Mitte, und da diese Insekten überhaupt eine sehr elegante Erscheinung haben, so ist es vielleicht wahrscheinlicher, daß die Hörner zur Zierde dienen. Daß die Männchen einiger Diptern miteinander kämpfen, ist gewiß; denn Professor Westwood[19] hat dies mehrere Male bei einigen Arten von *Tipula* gesehen. Die Männchen anderer Diptern versuchen allem Anschein nach die Weibchen durch ihre Musik zu gewinnen; H. Müller[20] beobachtete eine Zeitlang zwei Männchen einer *Eristalis*, die einem Weibchen den Hof machten; sie schwebten über ihr, flogen von der einen auf die andere Seite und machten gleichzeitig ein hohes summendes Geräusch. Mücken und Moskitos (*Culicidae*) scheinen einander gleichfalls durch Summen anzulocken. Prof. Mayer hat neuerdings ermittelt, daß die Haare an den Antennen der Männchen im Einklang mit den Tönen einer Stimmgabel schwingen, die innerhalb der Reihe von Tönen liegen, welche das Weibchen gibt. Die längeren Haare schwingen sympathisch mit den tieferen, die kürzeren Haare mit den höheren Tönen. Auch Landois versichert, wiederholt einen ganzen Schwarm von Mücken durch das Hervorbringen eines besonderen Tones herangelockt zu haben. Es mag noch bemerkt werden, daß die geistigen Fähigkeiten der Zweiflügler wahrscheinlich höher als bei den meisten anderen Insekten sind, in Übereinstimmung damit, daß ihr Nervensystem so hoch entwickelt ist.[21]

Ordnung: *Hemiptera* (Wanzen). – Mr. J. W. Douglas welcher besonders den britischen Arten seine Aufmerksamkeit gewidmet hat, ist so freundlich gewesen, mir eine Schilderung ihrer geschlechtlichen Verschiedenheiten zu geben. Die Männchen einiger Spezies sind mit Flügeln versehen, während die Weibchen flügellos sind. Die Geschlechter weichen auch voneinander in der Form des Körpers, der Flügelscheiden, der Antennen und der Tarsen ab. Da aber die Bedeutung dieser Verschiedenheiten vollständig unbekannt ist, so mögen sie hier übergangen werden. Die Weibchen sind allgemein größer und kräftiger als die Männchen. Bei britischen und, soweit Mr. Douglas es weiß, auch bei exotischen Spezies weichen die Geschlechter gewöhnlich nicht sehr in der Farbe ab; aber in ungefähr sechs britischen Arten ist das Männchen beträchtlich dunkler als das Weibchen, und in ungefähr vier anderen Arten ist das Weibchen dunkler als das Männchen. Beide Geschlechter einiger Arten sind sehr schön gefärbt; und da diese Insekten einen äußerst ekelhaften Geruch von sich geben, so dürften ihre auffallenden Farben als ein Zeichen für insektenfressende Tiere dienen, daß sie ungenießbar sind. In einigen wenigen Fällen scheinen die Farben direkt als Schutzmittel zu dienen. So teilt mir Prof. Hoffmann mit, daß er eine kleine rosa und grüne Art kaum von den Knospen an den Lindenstämmen, welche dieses Insekt aufsucht, hätte unterscheiden können.

Einige Arten der Reduviden bringen ein schrillendes Geräusch hervor und von *Pirates stridulus* wird angegeben[22], daß dies durch die Bewegung des Halses innerhalb der Höhle des Prothorax hervorgebracht werde. Westring zufolge bringt auch *Reduvius personatus* ein Geräusch hervor. Ich habe aber keinen Grund zu vermuten, daß dies ein sexueller Charakter sei, ausgenommen, daß bei nicht sozialen Insekten ein lautproduzierendes Organ von keinem Nutzen sein kann, wenn es nicht geschlechtliche Rufe hervorbringt.

---

[19] Modern Classifikation of Insects. Vol. II, 1840, p.526.
[20] Anwendung der Darwinschen Lehre etc., in: Verhandl. d. nat. Ver. d. preuß. Rheinl., 29. Jahrg., p.80. Mayer, in: American Naturalist, 1874, p.236.
[21] S. Mr. B. T. Lownes sehr interessantes Werk: On the Anatomy of the Blow-Fly, Musca vomitoria, 1870, p.14. Er bemerkt (p.33), daß „die gefangenen Fliegen einen eigentümlichen klagenden Ton ausstoßen und daß dieser Ton das Verschwinden anderer Fliegen verursacht".
[22] Westwood: Modern Classifikation of Insects. Vol. II, p.473.

Ordnung: *Homoptera* (Zirpen). – Jeder, der in einem tropischen Wald umhergewandert ist, wird über den Klang erstaunt gewesen sein, den die männlichen Zikaden hervorbringen. Die Weibchen sind stumm, wie schon der griechische Dichter Xenarchus sagt: „Glücklich leben die Zikaden, da sie alle stimmlose Weiber haben." Der von ihnen hervorgebrachte Laut konnte deutlich an Bord der Beagle gehört werden, als dieses Schiff eine viertel englische Meile von der Küste von Brasilien entfernt vor Anker lag, und Kapitän Hancock sagt, daß der Laut in der Entfernung von einer englischen Meile gehört werden könne. Früher hielten sich die Griechen, wie es die Chinesen heutigen Tages tun, diese Insekten in Käfigen wegen ihres Gesanges, so daß derselbe für die Ohren mancher Menschen angenehm sein muß.[23] Die Zikadiden singen gewöhnlich während des Tages, während die Fulgoriden Nachtsänger zu sein scheinen. Nach Landois[24] wird der Laut durch die Schwingungen der Ränder der Luftöffnungen hervorgebracht, welche durch einen aus den Tracheen ausgestoßenen Luftstrom in Bewegung gesetzt werden; doch wird diese Ansicht neuerdings bestritten. Dr. Powell scheint bewiesen zu haben[25], daß er durch die Schwingungen einer durch einen speziellen Muskel in Bewegung gesetzten Membran hervorgebracht wird. Beim lebenden Insekt kann man während des Stridulierens diese Membran schwingen sehen, und beim toten Insekt wird der richtige Ton gehört, wenn der etwas eingetrocknete und hart gewordene Muskel mit einer Stecknadelspitze angezogen wird. Beim Weibchen ist der ganze komplizierte Stimmapparat zwar vorhanden, aber viel weniger als beim Männchen entwickelt und wird niemals zum Hervorbringen von Lauten benutzt.

In bezug auf den Zweck dieser Musik sagt Dr. Hartmann[26], wo er von der *Cicada septemdecim* der Vereinigten Staaten spricht: „Das Trommeln ist jetzt (6. und 7. Juni 1851) aus allen Richtungen zu hören. Ich glaube, daß dies die hochzeitliche Aufforderung seitens der Männchen ist. In dichtem Kastaniengebüsch ungefähr von Kopfhöhe stehend, wo Hunderte von Männchen um mich herum waren, beobachtete ich, daß die Weibchen sich um die trommelnden Männchen versammelten." Er fügt dann hinzu: „In diesem Jahr (August 1868) brachte ein Zwergbirnbaum in meinem Garten ungefähr fünfzig Larven von *Cicada pruinosa* hervor, und ich beobachtete mehrere Male, daß die Weibchen sich in der Nähe eines Männchens niederließen, während es seine schallenden Töne ausstieß." Fritz Müller schreibt mir aus Süd-Brasilien, daß er oft einem musikalischen Streit zwischen zwei oder drei Männchen einer Zikade zugehört habe, welche eine besonders laute Stimme hatten und in einer beträchtlichen Entfernung voneinander saßen. Sobald das erste seinen Gesang beendigt hatte, begann unmittelbar darauf ein zweites, dann ein anderes. Da hiernach so viele Rivalität zwischen den Männchen existiert, so ist es wahrscheinlich, daß die Weibchen sie nicht bloß an den von ihnen ausgestoßenen Lauten erkennen, sondern daß sie, wie weibliche Vögel, vom Männchen mit der anziehendsten Stimme angelockt oder angeregt werden.

Von ornamentalen Verschiedenheiten zwischen den beiden Geschlechtern bei den Homoptern habe ich keinen gut markierten Fall gefunden. Mr. Douglas teilt mir mit, daß es drei britische Arten gibt, bei denen das Männchen schwarz oder mit schwarzen Binden gezeichnet ist, während die Weibchen blaß gefärbt oder düsterfarbig sind.

Ordnung: *Orthoptera* (Grillen und Heuschrecken). – Die Männchen der drei durch ihre Springfüße ausgezeichneten Familien dieser Ordnung sind merkwürdig wegen ihrer musikalischen Fähigkeit, nämlich die der Achetiden oder Grillen, der Locustiden und der Acridiiden oder Heu-

---

[23] Diese Einzelheiten sind entnommen aus „Westwood's Modern Classifikation of Insects", Vol. II, 1840, p.422. S. auch über die Fulgoriden Kirby and Spence: Introduction etc., Vol. II, p. 401.
[24] Zeitschrift für wissenschaftliche Zoologie. Bd. XVII, 1867, p.152-158.
[25] Transact. New Zealand Institut. Vol. V, 1873, p. 286.
[26] Für diesen Auszug aus dem „Journal of the Doings of Cicada septemdecim" von Dr. Hartmann bin ich Mr. Walsh verbunden.

schrecken. Die von einigen Locustiden hervorgebrachten Geräusche sind so laut, daß sie während der Nacht in einer Entfernung von einer englischen Meile gehört werden[27], und die von gewissen Spezies hervorgebrachten Laute sind selbst für das menschliche Ohr nicht unmusikalisch, so daß sie die Indianer am Amazonenstrom in Käfigen aus geflochtenen Weiden halten. Alle Beobachter stimmen darin überein, daß die Geräusche dazu dienen, die stummen Weibchen zu rufen oder anzuregen. In bezug auf die Wanderheuschrecke Rußlands hat Körte[28] einen interessanten Fall von der Wahl eines Männchens seitens des Weibchens gegeben. Während sich die Männchen dieser Art (*Pachytylus migratorius*) mit dem Weibchen paaren, bringen sie aus Ärger oder Eifersucht ein Geräusch hervor, sobald sich ein anderes Männchen nähert. Wird das Heimchen oder die Hausgrille während der Nacht überrascht, so gebraucht es seine Stimme, um seine Genossen zu warnen.[29] Das Katy-did (*Platyphyllum concavum*, eine Form der Locustiden) in Nord-Amerika steigt nach der Beschreibung[30] auf die oberen Zweige eines Baumes und beginnt am Abend „ein lärmendes Geschwätz, während rivalisierende Laute von den benachbarten Bäumen ausgehen, so daß die Gebüsche von dem Ruf des Katy-did-she-did die ganze liebe lange Nacht hindurch erschallen". Mr. Bates sagt, indem er von der europäischen Feldgrille (einer der Achetiden) spricht : „Man hat beobachtet, wie sich das Männchen am Abend vor den Eingang zu seiner Höhle stellt und seine Stimme erhebt, bis sich ein Weibchen nähert; hierauf folgt den lauteren Tönen ein leises Geräusch, während der erfolgreiche Musiker mit seinen Antennen den neugewonnenen Genossen liebkost."[31] Dr. Scudder war imstande, eines dieser Insekten dazu zu bringen, ihm zu antworten, dadurch, daß er mit einer Feder auf einer Feile rieb.[32] In beiden Geschlechtern ist von von Siebold ein merkwürdiger Gehörapparat entdeckt worden, welcher, in den Vorderschienen seinen Sitz hat.[33]

In den drei Familien werden die Geräusche auf verschiedene Weise hervorgebracht. Bei den Männchen der Achetiden besitzen beide Flügeldecken dasselbe Gebilde, und dies besteht bei der Feldgrille (*Gryllus campestris*), wie es Landois beschrieben hat[34] aus 131 bis 138 scharfen Querleisten oder Zähnen auf der unteren Seite einer der Adern der Flügeldecken. Diese gezahnte Ader (Schrillader Landois) wird mit großer Schnelligkeit quer über eine vorspringende glatte harte Ader auf der oberen Fläche des entgegengesetzten Flügels gerieben. Zuerst wird ein Flügel über den anderen gerieben und dann wird die Bewegung umgekehrt. Beide Flügel werden zu derselben Zeit etwas in die Höhe gehoben, um die Resonanz zu verstärken. In einigen Spezies sind die Flügeldecken an ihrer Basis mit einer glimmerartigen Platte versehen.[35] Was die Bildung der Zähne einer anderen Spezies von *Gryllus*, nämlich von *G. domesticus*, betrifft, so hat Dr. Graber gezeigt[36], daß sie mit Hilfe der Zuchtwahl sich aus den äußerst kleinen Schuppen und Haaren entwickelt haben, mit denen die Flügel und der Körper bedeckt sind; ich kam in bezug auf diejenigen der Coleoptern zu demselben Schluß. Dr. Graber zeigt aber ferner, daß ihre Entwicklung zum Teil eine direkte Folge des aus der Reibung eines Flügels auf dem anderen entstehenden Reizes ist.

---

[27] L. Guilding, in: Transact. Linnean Soc., Vol. XV, p.154.
[28] Ich führe dies nach der Gewähr von Köppen (Über die Heuschrecken in Süd-Rußland, 1866, p.32) an; ich habe mich vergebens bemüht, mir Körtes Buch zu verschaffen.
[29] Gilbert White: Natur. History of Selborne. Vol. II, 1825, p.226.
[30] Harris: Insects of New England, 1842, p.128.
[31] The Naturalist on the Amazons. Vol. I, 1863, p.252. Mr. Bates gibt eine sehr interessante Erörterung über die Abstufungen in der Entwicklung der Stimmorgane der drei Familien; s. auch Westwood: Modern Classification of Insects. Vol. II, p.445 und 453.
[32] Proceed. Boston Soc. of Natur. History. Vol. XI, April 1868.
[33] Lehrbuch der vergleichenden Anatomie. Bd. I, 1848, p.583.
[34] Zeitschrift für wissenschaftliche Zoologie. Bd. XVII, 1867, p.117.
[35] Westwood: Modern Classification of Insects. Vol. I, p.440.
[36] Über den Tonapparat der Locustiden, ein Beitrag zum Darwinismus, in Zeitschr. f. wissensch. Zoologie. Bd. XXII, 1872, p.100.

Bei den Locustiden weichen die Flügeldecken der beiden einander gegenüberstehenden Seiten in ihrer Bildung ab und können nicht, wie es in der letzten Familie der Fall war, indifferent auch in umgekehrter Weise benutzt werden. Der linke Flügel, welcher wie ein Violinbogen wirkt, liegt über dem rechten Flügel, welcher als Violine selbst dient. Einer der Nerven an der unteren Fläche des ersteren ist fein gesägt und wird quer über die vorspringenden Nerven an der oberen Fläche des entgegengesetzten oder rechten Flügels hingezogen. Bei unserer englischen *Phasgonura viridissima* schien es mir, als ob die gesägte Ader gegen die abgerundete hintere Ecke des entgegengesetzten Flügels gerieben würde, deren Rand verdickt, braun gefärbt und sehr scharf ist. Am rechten Flügel, aber nicht am linken, findet sich eine kleine Platte, so durchscheinend wie ein Glimmerplättchen und von Adern umgeben, welche der Spiegel genannt wird. In *Ephippiger vitium*, einem Mitglied derselben Familie, finden wir eine merkwürdige untergeordnete Modifikation; die Flügeldecken sind hier bedeutend an Größe reduziert, aber, „der hintere Teil des Prothorax ist in eine Art Gewölbe über die Flügeldecken erhoben, welches wahrscheinlich die Wirkung hat, den Laut zu verstärken"[37].

Wir sehen hiernach, daß der tonerzeugende Apparat bei den Locustiden, welche, wie ich glaube, die kräftigsten Sänger in der Ordnung enthalten, mehr differenziert und spezialisiert ist als bei den Achetiden, bei denen die beiden Flügeldecken dieselbe Struktur und dieselbe Funktion haben.[38] Indessen hat Landois bei einer Form der Locustiden, nämlich bei *Decticus*, eine kurze und schmale Reihe kleiner Zähne, fast bloßer Rudimente, auf der unteren Fläche der rechten Flügeldecke entdeckt, welche unter der anderen liegt und niemals als Bogen benutzt wird. Ich habe dieselbe rudimentäre Bildung an der unteren Fläche der rechten Flügeldecke bei *Phasgonura viridissima* beobachtet. Wir können daher mit Sicherheit schließen, daß die Locustiden von einer Form abstammen, bei welcher, wie bei den jetzt lebenden Achetiden, beide Flügeldecken an der unteren Fläche gezahnte Adern besaßen und beide ganz indifferent als Bogen benutzt werden konnten, daß aber bei den Locustiden die beiden Flügeldecken allmählich differenziert und vervollkommnet wurden, und zwar nach dem Prinzip der Arbeitsteilung so, daß der eine ausschließlich als Bogen, der andere nur als Violine wirkte. Dr. Graber ist derselben Ansicht; er hat gezeigt, daß sich rudimentäre Zähne gewöhnlich an der unteren Fläche des rechten Flügels finden. Durch welche Stufen der einfachere Apparat bei den Achetiden entstand, wissen wir nicht; es ist aber wahrscheinlich, daß die basalen Teile der Flügeldecken einander früher überdeckten, so wie sie es jetzt noch tun, und daß die Reibung der Adern einen kratzenden Ton hervorbrachte, wie es jetzt noch, wie ich sehe, der Fall mit den Flügeldecken der Weibchen ist.[39] Ein in dieser Weise gelegentlich und zufällig von den Männchen hervorgebrachter kratzender Laut kann, wenn er auch noch so wenig dazu diente, den Weibchen als liebender Zuruf zu erscheinen, doch leicht durch geschlechtliche Zuchtwahl intensiver gemacht worden sein dadurch, daß passende Abänderungen in der Rauhigkeit der Flügeladern beständig erhalten blieben.

In der dritten und letzten Familie, nämlich der der Acridiiden, wird das schrillende Geräusch in einer sehr verschiedenen Weise hervorgebracht und ist nach Dr. Scudder nicht so grell wie in den vorhergehenden Familien. Die innere Oberfläche des Oberschenkels ist mit einer Längsreihe sehr kleiner eleganter, lanzett-förmiger, elastischer Zähne versehen, 85 bis 93 an der Zahl[40], und diese werden quer über die scharfen vorspringenden Adern der Flügeldecken herabgezogen, welche hierdurch zum Schwingen und zur Resonanz gebracht werden. Harris[41] sagt, daß, wenn

---

[37] Westwood: Modern Classifikation of Insects. Vol. I, p.453.
[38] Landois: a.a.O., p.121, 122.
[39] Mr. Walsh teilt mir auch mit, wie er bemerkt habe, daß das Weibchen (von *Platyphyllum concavum*), „wenn es gefangen wird, ein schwaches kratzendes Geräusch durch das Reiben der beiden Flügeldecken aufeinander hervorbringe".
[40] Landois: a.a.O., p.113.
[41] Insects of New England, 1842, p.133.

eines der Männchen zu spielen beginnt, es zuerst „die Tibien der Hinterbeine unter die Schenkel heraufzieht, wo sie in eine zu ihrer Aufnahme bestimmte Furche eingefügt werden, und dann zieht es das Bein scharf auf und nieder. Es spielt seine beiden Geigen nicht gleichzeitig auf einmal, sondern zuerst die eine, dann die der anderen Seite". Bei vielen Arten ist die Basis des Hinterleibs zu einer großen Blase ausgehöhlt, von welcher man annimmt, daß sie als Resonanzboden dient. Bei *Pneumora*, einem südafrikanischen Genus, welches zu derselben Familie gehört, begegnen wir einer neuen und merkwürdigen Modifikation. Bei dem Männchen springt eine kleine, mit Einschnitten versehene Leiste schräg von jeder Seite des Abdomen vor, gegen welche die Hinterschenkel gerieben werden.[42] Da das Männchen mit Flügeln versehen, das Weibchen flügellos ist, so ist es merkwürdig, daß die Oberschenkel nicht in der gewöhnlichen Art und Weise gegen die Flügeldecken gerieben werden; dies dürfte aber vielleicht durch die ungewöhnlich geringe Größe der Hinterbeine erklärt werden. Ich bin nicht imstande gewesen, die innere Fläche der Oberschenkel zu untersuchen, welche der Analogie nach zu schließen fein gesägt sein dürfte. Die Spezies von *Pneumora* sind eingehender zum Zweck der Stridulation modifiziert worden als irgendein anderes orthopteres Insekt. Denn bei den Männchen ist der ganze Körper in ein musikalisches Instrument umgewandelt worden, er ist durch Luft zu einer großen durchsichtigen Blase ausgedehnt, um die Resonanz zu verstärken. Mr. Trimen teilt mir mit, daß am Kap der guten Hoffnung diese Insekten während der Nacht ein wunderbares Geräusch hervorbringen.

In diesen drei Familien entbehren die Weibchen beinahe immer eines wirksamen tonerzeugenden Apparats. Doch gibt es einige wenige Ausnahmen von dieser Regel; Dr. Graber hat gezeigt, daß beide Geschlechter von *Ephippiger* (Locustiden) damit versehen sind, wennschon die Organe beim Männchen und Weibchen bis zu einem gewissen Grade verschieden sind. Wir können daher nicht annehmen, daß sie vom Männchen auf das Weibchen übertragen worden sind, was mit den sekundären Sexualcharakteren vieler anderer Tiere der Fall gewesen zu sein scheint. Sie müssen sich in beiden Geschlechtern unabhängig entwickelt haben, welche sich ohne Zweifel während der Zeit der Liebe einander gegenseitig rufen. Bei den meisten anderen Locustiden (aber nach Landois' Angabe nicht bei *Decticus*) haben die Weibchen Rudimente der den Männchen eigentümlichen Stridulationsorgane, von denen sie wahrscheinlich auf die Weibchen übertragen worden sind. Landois hat auch derartige Rudimente an der unteren Fläche der Flügeldecken der weiblichen Achetiden und an den Schenkeln der weiblichen Acridiiden gefunden. Auch bei den Homoptern besitzen die Weibchen den eigentümlichen Stimmapparat in einem funktionsunfähigen Zustand; und wir werden noch später in anderen Abteilungen des Tierreichs vielen Beispielen begegnen, wo Gebilde, welche dem Männchen eigentümlich sind, in einem rudimentären Zustand beim Weibchen vorkommen.

Landois hat noch eine andere interessante Tatsache beobachtet, nämlich daß bei den Weibchen der Acridiiden die für das Lautgeben bestimmten Zähne an den Oberschenkeln durch das ganze Leben in demselben Zustand bleiben, in welchem sie zuerst während des Larvenzustands in beiden Geschlechtern erscheinen. Bei den Männchen werden sie dagegen vollständig entwickelt und erreichen ihre vollkommene Bildung mit der letzten Häutung, wenn das Insekt geschlechtsreif und zur Fortpflanzung bereit ist.

Aus den jetzt gegebenen Tatsachen sehen wir, daß die Mittel, durch welche die Männchen der Orthoptern ihre Laute produzieren, äußerst verschiedenartig und durchaus von denen, welche bei den Homoptern angewendet werden, abweichend sind.[43] Aber durch das ganze Tierreich hindurch sehen wir häufig, daß derselbe Zweck durch die verschiedenartigsten Mittel erreicht

---

[42] Westwood: Modern Classifikation of Insects. Vol. I, p.462.

[43] Landois hat neuerdings bei gewissen Orthoptern rudimentäre Bildungen gefunden, welche den lauterzeugenden Organen bei den Homoptern sehr ähnlich sind; dies ist eine überraschende Tatsache. S. Zeitschr. f. wissensch. Zool., Bd. XXII, Heft 3, 1871, p.348.

wird. Dies scheint eine Folge davon zu sein, daß die ganze Organisation im Laufe der Zeiten mannigfache Veränderungen erlitten hat und daß, da ein Teil nach dem anderen variiert hat, aus verschiedenen Abänderungen zu einem und dem nämlichen allgemeinen Zweck Vorteil gezogen worden ist. Die Verschiedenheit der Mittel zur Hervorbringung einer Stimme in den drei Familien der Orthoptern und bei den Homoptern läßt die große Bedeutung dieser Gebilde für die Männchen zu dem Zweck des Herbeirufens oder Anlockens der Weibchen recht hervortreten. Wir dürfen von der Größe der Modifikationen nicht überrascht sein, welche die Orthoptern in dieser Beziehung erlitten haben, da wir jetzt infolge von Dr. Scudders merkwürdiger Entdeckung[44] wissen, daß die Zeit hierzu mehr als ausreichend gegeben war. Dieser Naturforscher hat neuerdings in der Devonischen Formation von Neu-Braunschweig ein fossiles Insekt gefunden, welches mit „dem bekannten Paukenfell oder dem Stridulationsapparat der männlichen Locustiden" versehen war. Obgleich dieses Insekt in den meisten Beziehungen mit den Neuroptern verwandt war, so scheint es doch, wie es so oft mit sehr alten Formen der Fall ist, die beiden Ordnungen der Neuroptern und Orthoptern noch näher, als sie sich jetzt schon stehen, miteinander zu verbinden.

Ich habe jetzt nur noch wenig über die Orthoptern zu sagen. Einige von ihren Spezies sind sehr kampfsüchtig. Wenn zwei männliche Feldgrillen (*Gryllus compestris*) miteinander gefangengehalten werden, so kämpfen sie so lange miteinander, bis eine getötet ist, und die Spezies von *Mantis* manövrieren der Beschreibung nach mit ihren schwertförmigen Vorderbeinen wie Husaren mit ihren Säbeln. Die Chinesen halten diese Insekten in kleinen aus Bambus geflochtenen Käfigen und bringen sie wie Kampfhähne miteinander zusammen.[45] Was die Färbung betrifft, so sind einige ausländische Heuschrecken wunderschön verziert. Die Hinterflügel sind mit Rot, Blau und Schwarz gezeichnet. Da aber in der ganzen Ordnung die beiden Geschlechter selten bedeutend in der Färbung voneinander verschieden sind, so ist es nicht wahrscheinlich, daß sie diese glänzenden Tinten der geschlechtlichen Zuchtwahl verdanken. Auffallende Färbungen können für diese Insekten auch als Schutzmittel von Nutzen sein dadurch, daß sie ihren Feinden anzeigen, daß sie ungenießbar sind. So ist beobachtet worden[46], daß eine indische, hell gefärbte Heuschrecke ohne Ausnahme verschmäht wurde, wenn man sie Vögeln und Eidechsen darbot. Es sind indessen auch einige Fälle von geschlechtlicher Verschiedenheit in der Färbung aus dieser Ordnung bekannt. Das Männchen einer amerikanischen Grille[47] wird beschrieben als weiß wie Elfenbein, während das Weibchen von einer beinahe weißen Farbe bis zu einer grünlich gelben oder schwärzlichen variiert. Mr. Walsh teilt mir mit, daß das erwachsene Männchen von *Spectrum femoratum* (eine Form der Phasmiden) „von einer glänzenden, bräunlich-gelben Farbe, das erwachsene Weibchen dagegen von einem trüben opaken bräunlichen Aschgrau ist, während die Jungen beider Geschlechter grün sind". Endlich will ich noch erwähnen, daß das Männchen einer merkwürdigen Art von Grillen[48] mit „einem langen hautigen Anhang versehen ist, welcher wie ein Schleier über das Gesicht herabfällt"; was aber sein Gebrauch sein mag, ist nicht bekannt.

Ordnung: *Neuroptera*. – Hier braucht nur wenig bemerkt zu werden, ausgenommen hinsichtlich der Färbung. Bei den Ephemeriden weichen die Geschlechter oft unbedeutend in ihrer düsteren Farbe ab[49], es ist aber nicht wahrscheinlich, daß die Männchen hierdurch für die Weibchen anziehend gemacht werden. Die Libelluliden oder Wasserjungfern sind mit glänzenden grünen,

---

[44] Transact. Entomol. Soc. 3. Series., Vol. II, Journal of Proceedings, p.117.
[45] Westwood: Modern Classifikation of Insects. Vol. I, p.427, wegen der Grillen, p.445.
[46] Ch. Horne, in: Proceed. Entomolog. Soc. 3, May 1869, p.XII.
[47] Der *Oecanthus nivalis*. Harris: Insects of New England, 1842, p.124. Die beiden Geschlechter des europäischen *Oe. pellucidus* weichen, wie ich von Victor Carus höre, in nahezu derselben Art voneinander ab.
[48] Platyblemmus: Westwood: Modern Classifikation. Vol. I, p.447.
[49] B. D. Walsh: The Pseudo-Neuroptera of Illinois, in: Proceed. Entomol. Soc. of Philadelphia, 1862, p.361.

blauen, gelben und scharlachenen metallischen Färbungen geziert, und die Geschlechter weichen oft voneinander ab. So sind die Männchen einiger der Agrioniden, wie Professor Westwood bemerkt[50], „von einem reichen Blau mit schwarzen Flügeln, während die Weibchen schön grün mit farblosen Flügeln sind". Aber bei *Agrion Ramburii* sind diese Farben in den beiden Geschlechtern gerade umgekehrt.[51] In der ausgedehnten, nordamerikanischen Gattung *Hetaerina* haben allein die Männchen einen schönen karminroten Fleck an der Basis jedes Flügels. Bei *Anax Junius* ist der basale Teil des Abdomens beim Männchen von einem lebhaften Ultramarinblau und beim Weibchen grasgrün. Andererseits weichen bei der verwandten Gattung *Gomphus* und in einigen anderen Gattungen die Geschlechter nur wenig in der Färbung voneinander ab. Durch das ganze Tierreich hindurch sind ähnliche Fälle, wo die Geschlechter nahe verwandter Formen entweder bedeutend oder sehr wenig oder durchaus nicht voneinander abweichen, von häufigem Vorkommen. Obgleich bei vielen Libelluliden eine so beträchtliche Verschiedenheit in der Färbung zwischen den Geschlechtern besteht, so ist es doch oft schwer zu sagen, welches das am meisten glänzende ist, und die gewöhnliche Färbung der beiden Geschlechter ist, wie wir eben gesehen haben, bei einer Art von Agrioniden geradezu umgekehrt. Es ist nicht wahrscheinlich, daß in irgendeinem dieser Fälle die Farben als Schutzmittel erlangt worden sind. Wie Mr. MacLachlan, welcher dieser Familie eingehende Aufmerksamkeit gewidmet hat, mir schreibt, werden die Libellen, die Tyrannen der Insektenwelt, am wenigsten unter allen Insekten von den Vögeln oder anderen Feinden angegriffen. Er glaubt, daß ihre glänzenden Farben als ein geschlechtliches Anziehungsmittel dienen. Gewisse Libellen werden offenbar durch besondere Farben angezogen. So beobachtete Mr. Patterson[52], daß diejenigen Spezies von Argrioniden, deren Männchen blau sind, sich in großer Zahl auf das blaue Schwimmstück einer Angelleine niederließen, während zwei andere Spezies von hellweißen Farben angezogen wurden.

Es ist eine zuerst von Schelver beobachtete, interessante Tatsache, daß die Männchen mehrerer zu zwei Unterfamilien gehörenden Gattungen, wenn sie zuerst aus der Puppenhülle ausschlüpfen, genauso wie die Weibchen gefärbt sind, daß aber ihre Körper in einer kurzen Zeit eine auffallend milchigblaue Farbe erlangen infolge der Ausschwitzung einer Art von Öl, welches in Äther und Alkohol löslich ist. Mr. MacLachlan glaubt, daß bei den Männchen von *Libellula depressa* diese Veränderung der Farbe nicht vor nahezu vierzehn Tagen nach der Metamorphose eintritt, wenn die Geschlechter bereit sind, sich zu paaren.

Gewisse Spezies von *Neurothemis* bieten einer Angabe von Brauer[53] zufolge einen merkwürdigen Fall von Dimorphismus dar, indem einige der Weibchen gewöhnliche Flügel haben, während andere Weibchen sie „wie bei den Männchen der nämlichen Spezies sehr reich netzförmig entwickelt haben". Brauer „erklärt die Erscheinung nach Darwinschen Grundsätzen durch die Vermutung, daß das dichte Netzwerk der Adern ein sekundärer Sexualcharakter bei den Männchen ist, welcher plötzlich auf einige Weibchen, statt auf alle, wie es gewöhnlich vorkommt, überliefert worden ist". Mr. MacLachlan teilt mir noch einen anderen Fall von Dimorphismus bei mehreren Spezies von *Agrion* mit, bei denen eine gewisse Zahl von Individuen von einer orangenen Färbung gefunden wird; und diese sind unabänderlich Weibchen. Dies ist wahrscheinlich ein Fall von Rückschlag; denn bei den echten Libelluliden sind, sobald die Geschlechter in der Färbung verschieden sind, die Weibchen immer orange oder gelb, so daß es, – angenommen *Agrion* stamme von irgendeiner primordialen Form ab, welche die charakteristischen geschlechtlichen Färbungen der typischen Libelluliden besessen habe, – nicht überra-

---

[50] Modern Classifikation etc., Vol. II, p.37.
[51] Walsh: a.a.O., p.381. Ich bin diesem Forscher für Mitteilung der folgenden Tatsachen in bezug auf Hetaerina, Anax und Gomphus verbunden.
[52] Transact. Entomol. Soc., Vol. I, 1836, p.LXXXI.
[53] S. den Auszug in: Zoological Record for 1867, p.450.

schend wäre, wenn eine Neigung, in dieser Art und Weise zu variieren, allein bei den Weibchen einträte.

Obgleich viele Libelluliden so große, kraftvolle und wilde Insekten sind, so hat doch Mr. MacLachlan nicht beobachtet, daß die Männchen miteinander kämpften, mit Ausnahme, wie er meint, einiger der kleineren Spezies von *Agrion*. Bei einer anderen sehr verschiedenen Gruppe dieser Ordnung, nämlich bei den Termiten oder weißen Ameisen, kann man sehen, wie beide Geschlechter um die Zeit des Schwärmens herumlaufen, „das Männchen hinter dem Weibchen her, zuweilen zwei ein Weibchen jagend, und mit großem Eifer kämpfend, wer den Preis gewinne"[54]. Von *Atropos pulsatorius* wird angegeben, daß er mit seinen Kiefern ein Geräusch mache, was von anderen Individuen beantwortet wird.[55]

Ordnung: *Hymenoptera*. – Bei der Beschreibung der Lebensweise von *Cerceris*, einem wespenähnlichen Insekt, bemerkt jener unvergleichliche Beobachter Fabre[56], daß „häufig Kämpfe zwischen den Männchen um den Besitz eines besonderen Weibchens stattfinden, welches als ein dem Anschein nach unbeteiligter Zuschauer des Kampfes um die Obergewalt daneben sitzt, und wenn der Sieg entschieden ist, ruhig in Begleitung des Siegers davonfliegt". Westwood sagt[57], daß die Männchen einer der Blattwespen (*Tenthredines*) „beobachtet worden sind miteinander kämpfend und mit ihren Mandibeln ineinander verbissen". Da Fabre davon spricht, daß die Männchen von *Cerceris* um den Besitz eines besonderen Weibchens kämpfen, so lohnt es sich der Mühe, sich daran zu erinnern, daß zu dieser Ordnung gehörende Insekten das Vermögen haben, sich nach langen Zeiträumen wiederzuerkennen, und große Anhänglichkeit aneinander besitzen. So trennte z.B. Pierre Huber, dessen Genauigkeit niemand bezweifelt, mehrere Ameisen voneinander, und als sie nach einem Zwischenraum von vier Monaten andere antrafen, welche zu demselben Haufen gehört hatten, erkannten sie sich gegenseitig und liebkosten einander mit ihren Antennen. Wären es fremde gewesen, so würden sie miteinander gekämpft haben. Wenn ferner zwei Ameisenhaufen miteinander in Kampf geraten, so greifen die Ameisen einer und derselben Seite in der allgemeinen Verwirrung zuweilen einander an, bemerken aber bald den Irrtum, und die eine Ameise begütigt die andere.[58]

Unbedeutende Verschiedenheiten in der Färbung je nach dem Geschlecht sind in dieser Ordnung häufig, aber auffallende Verschiedenheiten sind selten, mit Ausnahme der Familie der Bienen; und doch sind beide Geschlechter gewisser Gruppen so brillant gefärbt, – z.B. bei *Chrysis*, bei welcher Gattung Scharlach und metallisches Grün vorherrschen, – daß wir dies als ein Resultat der geschlechtlichen Zuchtwahl anzusehen versucht werden. Der Angabe von Mr. Walsh zufolge[59] sind bei den Ichneumoniden die Männchen fast allgemein heller gefärbt als die Weibchen. Andererseits sind bei den Thentrediniden die Männchen meistens dunkler als die Weibchen. Bei den Siriciden sind die Geschlechter häufig verschieden. So ist das Männchen von *Sirex juvencus* mit Orange gebändert, während das Weibchen dunkel purpurn ist; es ist aber schwierig zu sagen, welches Geschlecht das am meisten geschmückte sei. Bei *Tremex columbae* ist das Weibchen viel glänzender gefärbt als das Männchen. Wie mir Mr. F. Smith mitteilt, sind unter den Ameisen die Männchen mehrerer Spezies schwarz, während die Weibchen bräunlich sind.

In der Familie der Bienen, besonders bei den einzeln lebenden Arten sind, wie ich von demselben ausgezeichneten Entomologen gehört habe, die Geschlechter öfters in der Färbung verschieden. Die Männchen sind allgemein die glänzenderen und bei *Bombus* ebensowohl wie bei

---

[54] Kirby and Spence: Introduction to Entomology. Vol. II, 1818, p.35.
[55] Houzeau: Les Facultés mentales etc., Tome I, p.104.
[56] S. den interessanten Artikel: The Writings of Fabre, in: Natur. History Review. April 1862, p.122.
[57] Journal of Proceed. Entomolog. Soc., Sept. 7th 1863, p.169.
[58] P. Huber: Recherches sur les mœurs des Fourmis, 1810, p.150, 165.
[59] Proceed. Entomolog. Soc. of Philadelphia, 1866, p.238-239.

Zehntes Kapitel

Apathus viel variabler in der Färbung als die Weibchen. Bei *Anthophora retusa* ist das Männchen von einem gesättigten Rötlichbraun, während das Weibchen vollständig schwarz ist; ebenso sind die Weibchen mehrerer Spezies von *Xylocopa* schwarz, während die Männchen hellgelb sind. Andererseits sind die Weibchen einiger Spezies, so bei *Andrena fulva*, viel heller gefärbt als die Männchen. Derartige Verschiedenheiten der Färbung können kaum dadurch erklärt werden, daß die Männchen verteidigungslos sind und eines Schutzes bedürfen, während die Weibchen durch ihren Stachel wohl verteidigt sind. H. Müller[60], welcher der Lebensweise der Bienen besondere Aufmerksamkeit geschenkt hat, schreibt diese Verschiedenheit der Färbung hauptsächlich geschlechtlicher Zuchtwahl zu. Daß Bienen ein scharfes Beobachtungsvermögen für Farben haben, ist sicher. Er sagt, daß die Männchen eifrig die Weibchen suchen und um ihren Besitz kämpfen; er erklärt es aus derartigen Kämpfen, daß bei gewissen Arten die Mandibeln der Männchen größer sind als die der Weibchen. In manchen Fällen sind die Männchen viel zahlreicher als die Weibchen, entweder zeitig im Jahre oder zu allen Zeiten und an allen Orten, wogegen in anderen Fällen allem Anschein nach die Weibchen überwiegen. In manchen Arten scheinen die schöneren Männchen von den Weibchen erwählt worden zu sein, und in anderen die schöneren Weibchen von den Männchen. Infolgedessen weichen in gewissen Gattungen (Müller, p.42) die Männchen mehrerer Arten in ihrer Erscheinung bedeutend voneinander ab, während die Weibchen beinahe nicht zu unterscheiden sind; bei anderen Gattungen tritt das Umgekehrte ein. H. Müller glaubt (p.82), daß die von einem Geschlecht durch sexuelle Zuchtwahl erhaltenen Farben häufig in einem variablen Grade auf das andere Geschlecht übertragen worden sind, gerade so wie der pollensammelnde Apparat des Weibchens oft auf das Männchen übertragen worden ist, für welches er absolut nutzlos ist.[61]

Mutilla europaea gibt einen stridulierenden Laut von sich, und der Angabe von Goureau[62] zufolge haben beide Geschlechter diese Fähigkeit. Er schreibt den Laut einer Reibung des dritten und der vorhergehenden Hinterleibssegmente zu, und wie ich sehe, sind die oberen Flächen dieser mit sehr feinen konzentrischen Leisten versehen, aber ebenso ist es auch der vorspringende Brustkragen, auf welchen der Kopf eingelenkt ist; und wird dieser Kragen mit einer Nadelspitze gekratzt, so gibt er den eigentümlichen Laut von sich. Es ist ziemlich überraschend, daß beide Geschlechter diese Fähigkeit, einen Laut hervorzubringen, besitzen, da das Männchen geflügelt und das Weibchen flügellos ist. Es ist notorisch, das Bienen gewisse Gemütsbewegungen, z.B. Ärger, durch den Ton ihres Summens ausdrücken; und der Angabe H. Müllers zufolge (p.80) machen die Männchen mancher Arten ein eigentümliches singendes Geräusch, wenn sie die Weibchen verfolgen.

---

[60] Anwendung der Darwinschen Lehre auf Bienen, a.a.O.
[61] Offenbar ohne viel über den Gegenstand nachgedacht zu haben, wirft Mr. Perrier in seinem Artikel „La Sélection sexuelle d'après Darwin" (Revue scientifique, Febr. 1873, p.868) hier ein, daß die Männchen sozialer Bienen, welche sich bekanntermaßen aus nicht befruchteten Eiern entwickeln, neue Charakteren nicht ihren männlichen Nachkommen überliefern können. Dies ist ein außerordentlich seltsamer Einwurf. Eine weibliche Biene, welche von einem Männchen befruchtet wurde, welches gewisse, die Vereinigung der Geschlechter erleichternde oder dasselbe für das Weibchen anziehender machende Charaktere darbot, wird Eier legen, aus denen sich nur Weibchen entwickeln, aber diese jungen Weibchen werden nächstes Jahr Männchen hervorbringen; und wird man behaupten mögen, daß solche Männchen Charaktere ihrer Großväter väterlicherseits nicht erben werden? Um einen so nahe parallelen Fall wie möglich von anderen Tieren anzuführen: Wenn das Weibchen irgendeines weißen Säugetiers oder Vogels mit dem Männchen einer schwarzen Rasse gekreuzt würde und die männlichen und weiblichen Nachkommen würden miteinander gepaart, wird man behaupten wollen, daß die Enkel nicht eine Neigung zur schwarzen Farbe von ihrem Großvater väterlicherseits erben? Das Erlangen neuer Eigentümlichkeiten seitens steriler Arbeiterbienen ist ein viel schwierigerer Fall; ich habe aber in meiner „Entstehung der Arten" zu zeigen versucht, wie diese sterilen Wesen der Tätigkeit der natürlichen Zuchtwahl unterliegen.
[62] Zitiert von Westwood, in: Modern Classifikation of Insects. Vol. II, p.214.

Ordnung: *Coleoptera* (Käfer). – Viele Käfer sind so gefärbt, daß sie der Oberfläche der Orte ähnlich sind, welche sie gewöhnlich bewohnen, und dadurch dem entgehen, von ihren Feinden entdeckt zu werden. Andere Spezies, z.B. die Diamantkäfer, sind mit prächtigen Färbungen geziert, welche häufig in Streifen, Flecken, Kreuzen und anderen eleganten Mustern angeordnet sind. Derartige Färbungen können kaum direkt als Schutzmittel dienen, ausgenommen in dem Fall einiger von Blüten lebender Arten; sie können aber zur Warnung oder als Erkennungsmittel dienen, nach demselben Prinzip wie die Phosphoreszenz der Leuchtkäfer. Da bei Käfern die Färbungen der beiden Geschlechter allgemein gleich sind, haben wir keine Belege dafür, daß sie durch geschlechtliche Zuchtwahl erlangt worden sind; dies ist aber wenigstens möglich, denn sie können sich in dem einen Geschlecht entwickelt haben und dann auf das andere übertragen worden sein. Diese Ansicht ist in denjenigen Gruppen, welche andere scharf ausgebildete sekundäre Sexualcharaktere besitzen, selbst in einem gewissen Grade wahrscheinlich. Blinde Käfer, welche selbstverständlich nicht die Schönheit des anderen Geschlechts bewundern können, bieten, wie ich von Mr. Waterhouse jun. höre, niemals glänzende Farben dar, obgleich sie oft polierte Oberflächen haben. Doch kann die Erklärung ihrer düsteren Färbung auch wohl darin liegen, daß blinde Insekten Höhlen und andere dunkle Örtlichkeiten bewohnen.

Einige Longicornier, besonders gewisse Prioniden, bieten indessen eine Ausnahme von der gewöhnlichen Regel dar, daß die Geschlechter der Käfer in der Färbung nicht voneinander verschieden sind. Die meisten dieser Insekten sind groß und glänzend gefärbt. Die Männchen der Gattung *Pyrodes*[63] sind, wie ich in Mr. Bates' Sammlung sah, gewöhnlich roter, aber etwas matter als die Weibchen, welche letztere von einer mehr oder weniger glänzenden goldgrünen Färbung sind. Andererseits ist bei einer Spezies das Männchen goldgrün, während das Weibchen reich mit Rot und Purpur gefärbt ist. In der Gattung *Esmeralda* weichen die Geschlechter in der Färbung so bedeutend voneinander ab, daß sie als verschiedene Arten aufgeführt worden sind; bei einer Spezies sind Beide von einem schönen glänzenden Grün, aber das Männchen hat einen roten Thorax. Im ganzen sind, soweit ich es beurteilen kann, die Weibchen derjenigen Prioniden, bei denen die Geschlechter verschieden sind, reicher gefärbt als die Männchen, und dies stimmt nicht mit der gewöhnlichen Regel in bezug auf die Färbung überein, sobald diese durch geschlechtliche Zuchtwahl erlangt worden ist.

Eine äußerst merkwürdige Verschiedenheit zwischen den Geschlechtern vieler Käfer bieten die großen Hörner dar, welche vom Kopf, dem Thorax oder dem Schildchen der Männchen entspringen; in einigen wenigen Fällen gehen dieselben von der unteren Fläche des Körpers aus. In der großen Familie der Lamellicornia sind diese Hörner denen verschiedener Säugetiere ähnlich, wie der Hirsche, Rhonozerosse usw., und sind sowohl ihrer Größe als auch ihrer verschiedenartigen Formen wegen wunderbar. Die Weibchen bieten allgemein Rudimente der Hörner in der Form kleiner Höcker oder Leisten dar, aber einigen fehlt selbst jedes Rudiment davon. Andererseits sind bei den Weibchen von *Phanaeus lancifer* die Hörner nahezu so gut entwickelt wie beim Männchen und bei den Weibchen einiger anderer Spezies der nämlichen Gattung und der Gattung *Copris* nur unbedeutend weniger entwickelt. Wie mir Mr. Bates mitgeteilt hat, lau-

---

[63] *Pyrodes pulcherrimus*, bei welcher Art die Geschlechter auffallend voneinander verschieden sind, ist von Mr. Bates in den Transact. Entomolog. Soc., 1869, p.50, beschrieben worden. Ich will hier noch die wenigen anderen Fälle anführen, in denen ich eine Verschiedenheit der Farbe zwischen den beiden Geschlechtern bei Käfern habe erwähnen hören. Kirby und Spence führen (Introduction to Entomology. Vol. III, p.301) eine *Cantharis*, *Meloë*, ein *Rhagium* und die *Leptura testacea* an; das Männchen der letzteren ist bräunlich mit einem schwarzen Thorax, das Weibchen durchaus schmutzig rot. Diese beiden letzten Käfer gehören zur Ordnung der Longicornia. Die Herren R. Trimen und Waterhouse jun. nennen mir zwei Lamellicornier, nämlich eine *Peritrichia* und einen *Trichius*; das Männchen des letzteren ist dunkler gefärbt als das Weibchen. Bei *Tillus elongatus* ist das Männchen schwarz, das Weibchen dagegen, wie angenommen wird, immer dunkelblau gefärbt mit einem roten Thorax. Wie ich von Mr. Walsh höre, ist auch das Männchen von *Orsodacna atra* schwarz, während das Weibchen (die sogenannte *O. ruficollis*) einen rötlich-braunen Thorax hat.

fen die Verschiedenheiten in der Struktur der Hörner nicht mit den bedeutenderen und charakteristischen Verschiedenheiten zwischen den verschiedenen Unterabteilungen der Familie parallel. So gibt es innerhalb einer und derselben Sektion der Gattung *Onthophagus* Spezies, welche entweder ein einziges am Kopf stehendes Horn haben, oder zwei verschiedene Hörner.

In beinahe allen Fällen sind die Hörner wegen exzessiver Variabilität merkwürdig, so daß eine gradweise angeordnete Reihe sich bilden läßt von den am höchsten entwickelten zu anderen so entarteten Männchen, daß sie kaum von den Weibchen unterschieden werden können. Mr. Walsh[64] fand, daß bei *Phanaeus carnifex* die Hörner bei einigen Männchen dreimal so lang waren wie bei anderen. Nachdem Mr. Bates über hundert Männchen von *Onthophagus rangifer* untersucht hatte, glaubte er, daß er endlich eine Spezies entdeckt habe, bei welcher die Hörner nicht variierten; und doch erwies eine noch weitere Untersuchung das Gegenteil.

Die außerordentliche Größe der Hörner und ihre sehr verschiedene Bildung bei nahe verwandten Formen deutet darauf hin, daß sie zu irgendeinem wichtigen Zweck gebildet worden sind; aber ihre außerordentliche Veränderlichkeit bei den Männchen einer und derselben Spezies führt wieder zu dem Schluß, daß dieser Zweck nicht von einer ganz bestimmten Natur sein kann. Die Hörner bieten kein Zeichen von Abreibung dar, als wenn sie zu irgendeiner gewöhnlichen Arbeit benutzt würden. Einige Schriftsteller vermuten[65], daß die Männchen, weil sie viel mehr herumwandern als die Weibchen, der Hörner als Verteidigungsmittel gegen ihre Feinde bedürfen; aber in vielen Fällen scheinen die Hörner nicht gut zur Verteidigung angepaßt zu sein, da sie nicht scharf sind. Die am meisten in die Augen springende Vermutung ist die, daß sie von den Männchen in ihren gegenseitigen Kämpfen benutzt werden. Aber man hat niemals beobachtet, daß sie miteinander kämpfen; auch konnte Mr. Bates nach einer sorgfältigen Untersuchung zahlreicher Arten keine hinreichenden Belege in dem verstümmelten oder zerbrochenen Zustand der Hörner dafür finden, daß sie zu diesem Zweck benutzt worden wären. Wenn die Männchen die Gewohnheit gehabt hätten, miteinander zu kämpfen, so würde wahrscheinlich die Größe der Tiere selbst durch natürliche Zuchtwahl vermehrt worden sein, so daß sie die der Weibchen überträfen. Mr. Bates hat aber die beiden Geschlechter in über hundert Spezies von Copriden miteinander verglichen und findet bei gut entwickelten Individuen keine ausgesprochene Verschiedenheit in dieser Beziehung. Überdies gibt es einen zu der nämlichen großen Abteilung der Lamellicornier gehörigen Käfer, nämlich *Lethrus*, dessen Männchen, wie man weiß, miteinander kämpfen; doch sind diese nicht mit Hörnern versehen, wenn auch ihre Mandibeln viel größer sind als die der Weibchen.

Die Schlußfolgerung, welche am besten mit der Tatsache übereinstimmt, daß die Hörner so immens und doch nicht in einer feststehenden Weise entwickelt worden sind, – wie sich durch ihre außerordentliche Variabilität in einer und derselben Spezies und durch ihre außerordentliche Verschiedenartigkeit in nahe verwandten Spezies zeigt, – ist die, daß sie zur Zierde erlangt worden sind. Diese Ansicht wird auf den ersten Blick äußerst unwahrscheinlich erscheinen; wir werden aber später bei vielen Tieren, welche in der Stufenleiter viel höher stehen, nämlich bei Fischen, Amphibien, Reptilien und Vögeln finden, daß verschiedene Arten von Leisten, Höckern, Hörnern und Kämmen allem Anschein nach nur für diesen einen Zweck entwickelt worden sind.

Die Männchen von *Onitis furcifer* und einigen anderen Arten der Gattung sind mit eigentümlichen Vorsprüngen an den Oberschenkeln der Vorderbeine und mit einer großen Gabel oder einem Paar Hörnern an der unteren Fläche des Thorax' versehen. Nach anderen Insekten zu urteilen, dürften dieselben das Männchen darin unterstützen, sich am Weibchen festzuhalten. Obgleich die Männchen auch nicht eine Spur von Hörnern an der oberen Fläche ihres Körpers darbieten, so ist doch bei den Weibchen ein Rudiment eines einfachen Horns auf dem Kopf und

---

[64] Proceed. Entomolog. Soc. of Philadelphia, 1864, p.228.
[65] Kirby and Spence: Introduction to Entomology. Vol. III, p.300.

einer Leiste am Thorax deutlich sichtbar. Daß die unbedeutende Thoraxleiste beim Weibchen ein Rudiment eines dem Männchen eigentümlichen Vorsprungs ist, welcher freilich bei dem Männchen dieser besonderen Spezies vollständig fehlt, ist klar. Denn das Weibchen von *Bubas bison*, einer *Onitis* sehr nahe verwandten Form, hat eine ähnlich geringe Leiste am Thorax und das Männchen hat an derselben Stelle einen großen Vorsprung. So kann ferner darüber kein Zweifel sein, daß der kleine Höcker am Kopf des weiblichen *Onitis furcifer*, ebenso wie bei den Weibchen zweier oder dreier verwandter Spezies, ein rudimentärer Repräsentent des am Kopf stehenden Horns ist, welches den Männchen so vieler lamellicorner Käfer wie z. B. *Phanaeus*, häufig zukommt.

In diesem Falle bewährte sich der alte Glaube, daß Rudimente nur erschaffen worden seien, um das Schema der Natur zu vervollständigen, in einem Grade nicht, daß der gewöhnliche Zustand der Dinge in dieser Familie geradezu vollständig durchbrochen wird. Vernünftigerweise können wir vermuten, daß die Männchen ursprünglich Hörner trugen und sie in einem rudimentären Zustand auf die Weibchen überlieferten, wie bei so vielen anderen Lamellicorniern. Warum die Männchen später die Hörner verloren haben, wissen wir nicht; dies kann aber durch das Prinzip der Kompensation verursacht worden sein, infolge der Entwicklung der großen Hörner und Vorsprünge an der unteren Fläche; und da diese auf die Männchen beschränkt sind, werden hiernach die Rudimente der oberen Hörner bei den Weibchen nicht zum Verschwinden gebracht worden sein.

Die bisher mitgeteilten Fälle beziehen sich auf die Lamellicornier; aber die Männchen einiger weniger anderen Käfer, welche zu zwei sehr voneinander verschiedenen Gruppen gehören, nämlich den Curculioniden und Staphyliniden, sind mit Hörnern versehen, – bei den ersteren an der unteren Fläche des Körpers[66], bei den letzteren an der oberen Fläche des Kopfes und des Thorax'. Bei den Staphyliniden sind die Hörner der Männchen einer und der nämlichen Spezies außerordentlich variabel, genauso wie wir es bei den Lamellicorniern gesehen haben. Bei *Siagonium* haben wir einen Fall von Dimorphismus; denn die Männchen können in zwei Gruppen geteilt werden, welche bedeutend in der Größe ihrer Körper und in der Entwicklung ihrer Hörner voneinander abweichen ohne irgendein dazwischenliegende Stufe. Bei einer Spezies von *Bledius*, welche gleichfalls zu den Staphyliniden gehört, können an der nämlichen Örtlichkeit männliche Exemplare gefunden werden, wie Professor Westwood angibt, „bei welchen das zentrale Horn des Thorax' sehr groß ist, während die Hörner des Kopfes ziemlich rudimentär sind, und andere, bei denen die Hörner des Thorax' viel kürzer sind, während die Vorsprünge am Kopf lang sind"[67]. Hier haben wir daher dem Anschein nach ein Beispiel von Kompensation, welches auf den eben mitgeteilten Fall von einem Verlust der oberen Hörner bei den Männchen von *Onitis* Licht wirft.

Gesetz des Kampfes. – Einige männliche Käfer, welche zum Kampf nur schlecht ausgerüstet zu sein scheinen, treten doch mit anderen in einen Streit um den Besitz der Weibchen ein. Mr. Wallace[68] sah zwei Männchen von *Leptorhynchus angustatus*, einem schmalen, langen Käfer mit einem sehr verlängerten Rostrum, „die um ein Weibchen kämpften, welches dicht dabei emsig mit Bohren beschäftigt war. Sie stießen einander mit ihren Rüsseln, kratzten und schlugen sich offenbar in der größten Wut. Das kleinere indessen rannte bald davon und gab sich dadurch als besiegt zu erkennen". In einigen wenigen Fällen sind die Männchen gut zum Kämpfen ausgerüstet, und zwar durch den Besitz großer, gezähnter Mandibeln, welche viel größer als

---

[66] Kirby and Spence: Introduction to Entomology. Vol. III, p.329.
[67] Modern Classifikation of Insects. Vol. I, p.172. Auf derselben Seite wird auch *Siagonium* geschildert. Im British Museum bemerkte ich ein männliches Exemplar von *Siagonium*, welches einen intermediären Zustand darbot, so daß der Dimorphismus nicht streng durchgeführt ist.
[68] The Malay Archipelage. Vol. II, 1869, p.276. Riley: Sixth Report on Insects of Missouri, 1874, p.115.

die der Weibchen sind. Dies ist bei dem gemeinen Hirschkäfer (*Lucanus cervus*) der Fall, dessen Männchen ungefähr eine Woche früher als die Weibchen aus der Puppe ausschlüpfen, so daß häufig mehrere Männchen zu sehen sind, welche ein und dasselbe Weibchen verfolgen. Um diese Zeit ereignen sich heftige Kämpfe zwischen ihnen. Als Mr. A. H. Davis[69] zwei Männchen mit einem Weibchen in einer Schachtel einschloß, kniff das größere Männchen das kleinere so lange und so heftig, bis dieses seine Ansprüche aufgab. Ein Freund erzählte mir, daß er als Knabe oft die Männchen zusammengebracht, um sie kämpfen zu sehen, und dabei bemerkt habe, daß sie viel kühner und wütender gewesen seien als die Weibchen, wie es ja auch bei den höheren Tieren bekanntlich der Fall ist. Die Männchen ergriffen seinen Finger, wenn er vor sie gehalten wurde, aber nicht so die Weibchen, obgleich sie stärkere Kiefer haben. Bei vielen der Lucaniden, ebenso wie bei dem vorhin erwähnten *Leptorhynchus* sind die Männchen größere und kräftigere Insekten als die Weibchen. Die beiden Geschlechter von *Lethrus cephalotes* (einem der Lamellicornier) bewohnen eine und dieselbe Höhle, und das Männchen hat größere Mandibeln als das Weibchen. Wenn ein fremdes Männchen während der Brunstzeit in die Höhle einzudringen versucht, so wird es angegriffen. Das Weibchen bleibt dabei nicht passiv, sondern schließt die Öffnung der Höhle und feuert sein Männchen dadurch an, daß es dasselbe beständig von hinten hervortreibt. Die ganze Handlung hört nicht eher auf, als bis der Angreifer getötet ist oder davonläuft.[70] Die beiden Geschlechter eines anderen lamellicornen Käfers, des *Ateuchus cicatricosus*, leben paarweise und scheinen sehr aneinander zu hängen. Das Männchen treibt das Weibchen dazu an, die Kotballen zu rollen, in denen die Eier abgelegt werden, und wenn das Weibchen entfernt wird, wird das Männchen sehr beunruhigt; wird dagegen das Männchen entfernt, so hört das Weibchen völlig auf zu arbeiten und würde, wie Mr. Brulerie[71] glaubt, auf ein und derselben Stelle bleiben, bis es stürbe.

Die großen Mandibeln der männlichen Lucaniden sind in außerordentlichem Grade sowohl der Größe als auch der Struktur nach variabel und sind in dieser Beziehung den Hörnern am Kopf und Thorax vieler männlicher Lamellicornier und Staphyliniden ähnlich. Man kann von den bestausgerüsteten bis zu den schlechtestbedachten oder degenerierten Männchen eine vollkommene Reihe darstellen. Obgleich die Mandibeln des gemeinen Hirschkäfers und wahrscheinlich auch vieler anderer Spezies als wirksame Waffen im Kampf benutzt werden, so ist es doch zweifelhaft, ob ihre bedeutende Größe hierdurch erklärt werden kann. Wir haben gesehen, daß bei dem *Lucanus elaphus* von Nord-Amerika dieselben zum Ergreifen des Weibchens benutzt werden. Da sie so auffallend und elegant verzweigt und infolge ihrer großen Länge zum Kneifen nicht wohl geschickt sind, so ist mir zuweilen die Vermutung durch den Kopf gegangen, daß sie den Männchen gleichfalls als Zierat dienstbar seien, in derselben Weise wie die Hörner am Kopf und Thorax der verschiedenen, oben beschriebenen Spezies. Der männliche *Chiasognathus Grantii* von Süd-Chile, ein prachtvoller, zu derselben Familie gehörender Käfer, hat enorm entwickelte Mandibeln und ist kühn und kampfsüchtig. Wird er von irgendeiner Seite her bedroht, so dreht er sich herum, öffnet seine großen Kiefern und beginnt zu derselben Zeit ein lautes stridulierendes Geräusch zu machen. Seine Mandibeln waren aber nicht kräftig genug, meinen Finger so zu kneipen, daß ich einen wirklichen Schmerz empfunden hätte.

Geschlechtliche Zuchtwahl, welche den Besitz eines beträchtlichen Wahrnehmungsvermögens und starker leidenschaftlicher Empfindungen voraussetzt, scheint bei den Lamellicorniern eine größere Wirksamkeit entfaltet zu haben als bei irgendeiner anderen Familie der Coleoptern oder Käfer. Bei einigen Spezies sind die Männchen mit Waffen zum Kampf ausgerüstet; einige leben in Paaren und zeigen gegenseitige Anhänglichkeit; viele haben das Vermögen, Laute von sich zu

---

[69] Entomological Magazine. Vol. I, 1833, p.82. S. auch in bezug auf die Kämpfe dieser Spezies: Kirby and Spence: Introduction etc., Vol. III, p.314; und Westwood: Modern Classifikation etc., Vol. I, p.187.

[70] Zitiert von Fischer, in: Dictionnaire class. d'Hist. Nat., Tom. X, p.324.

[71] Annales Soc. Entomol. de France, 1866, zitiert in: Journal of Travel, by A. Murray, 1868, p.135.

geben, wenn sie erregt werden; viele sind mit den außerordentlichsten Hörnern versehen, offenbar des Schmucks wegen. Einige ihrer Lebensweise nach als Tagformen zu bezeichnende sind prächtig gefärbt; und endlich gehören mehrere der größten Käfer in der Welt zu dieser Familie, welche von Linné und Fabricius an die Spitze der ganzen Ordnung der Coleoptern gestellt wurde.[72]

Stridulationsorgane. – Käfer, welche zu vielen und sehr voneinander verschiedenen Familien gehören, besitzen derartige Organe. Der Laut kann zuweilen in der Entfernung von mehreren Fuß oder selbst Yards[73] gehört werden, ist aber nicht mit dem von den Orthoptern hervorgebrachten zu vergleichen. Der Teil, welchen man die Raspel nennen könnte, besteht allgemein aus einer schmalen, leicht erhobenen Fläche, welche von sehr feinen parallelen Rippen gekreuzt wird, die zuweilen so fein sind, daß sie iridesziernde Farben hervorbringen und unter dem Mikroskop eine sehr elegante Erscheinung darbieten. In manchen Fällen, z. B. bei *Typhoeus*, kann deutlich gesehen werden, daß äußerst kleine borstige, schuppenartige Vorsprünge, welche die ganze umgebende Fläche in annähernd parallelen Linien bedecken, in die Rippen der Raspel übergehen. Der Übergang findet so statt, daß die Linien zusammenfließen gerade und gleichzeitig vorspringend und glatt werden. Eine harte Leiste an irgendeinem benachbarten Teil des Körpers, welcher indessen in einigen Fällen speziell für diesen Zweck modifiziert ist, dient als Kratzer für die Raspel. Dieser Kratzer wird schnell quer über die Raspel bewegt oder auch umgekehrt die Raspel quer über den Kratzer.

Diese Organe sind an sehr verschiedenen Stellen des Körpers angebracht. Beim Totengräber (*Necrophorus*) finden sich zwei parallele Raspeln an der dorsalen Oberfläche des fünften Abdominalsegments, wobei jede Raspel oder jedes Reibzeug aus 126 bis 140 feinen Rippen besteht.[74] Diese Rippen werden gegen die hinteren Ränder der Flügeldecken gerieben, von denen ein kleines Stück über die allgemeinen Konturen vorspringt. Bei vielen Crioceriden und bei *Clythra quadripunctata* (einer der Chrysomeliden) und bei einigen Tenebrioniden etc.[75] liegt das Reibzeug auf der dorsalen Spitzenfläche des Abdomen, auf dem Pygidium oder Propygidium, und wird wie in dem obigen Falle von den Flügeldecken gerieben. Bei *Heterocerus*, welcher zu einer anderen Familie gehört, liegen die Reibzeuge an den Seiten des ersten Abdominalsegments und werden von Leisten an den Oberschenkeln gerieben.[76] Bei gewissen Curculioniden und Carabiden[77] sind die betreffenden Teile in bezug auf ihre Stellung gerade umgekehrt; denn das Reibzeug liegt hier an der unteren Fläche der Flügeldecken in der Nähe ihrer Spitzen oder ihren äußeren Rändern entlang und die Kanten der Abdominalsegmente dienen als Reiber. Bei *Pelobius Hermanni* (einem der Dytisciden oder Wasserkäfer) läuft eine starke Leiste parallel und nahe dem Nahtrand der Flügeldecken und wird von Rippen gekreuzt, die im mittleren Teil grob, aber zu den beiden Enden hin und besonders zu dem oberen Ende hin allmählich immer feiner

---

[72] Westwood: Modern Classifikation of Insects. Vol. I, p.184.
[73] Wollaston: On certain musical Curculionidae, in: Annals and Magaz. of Natur. Hist., Vol. VI, 1860, p.14.
[74] Landois, in: Zeitschrift für wiss. Zool., Bd. XVII, 1867, p127.
[75] Ich bin Mr. G. R. Crotch sehr dafür verbunden, daß er mir zahlreiche Präparate von verschiedenen Käfern dieser drei sowohl als auch anderer Familien, ebenso wie wertvolle Information aller Art mitgeteilt hat. Er glaubt, daß das Stridulationsvermögen bei *Clythra* früher noch nicht beobachtet worden ist. Auch Mr. E. W. Janson bin ich für Mitteilungen und für Präparate Dank schuldig. Ich will hinzufügen, daß mein Sohn, Mr. F. Darwin, herausgefunden hat, daß *Dermestes murinus* striduliert; er hat aber vergebens nach dem betreffenden Apparat gesucht. Neuerdings ist auch *Scolytus* von Dr. Chapman als ein schrillender Käfer beschrieben worden, in: Entomolgist's Monthly Magazine. Vol. VI, p.130.
[76] Schiödte, übersetzt in: Annals and Magaz. of Natur. Hist., Vol. X,. 1867, p.37.
[77] Westring hat in Kröyers Naturhistor. Tidskrift, Bd. II, 1848-49, p.334, die Stridulationsorgane sowohl von diesen beiden als auch von anderen Familien beschrieben. Unter den Carabiden habe ich *Elaphrus uliginosus* und *Blethisa multipunctata*, die mir Mr. Crotch übersandt hatte, untersucht. Bei *Blethisa* kommen die queren Leisten an dem gefurchten Rand des Abdominalsegments, soviel ich es beurteilen kann, nicht mit beim Kratzen der Reibzeuge auf den Flügeldecken ins Spiel.

werden. Wird dieses Insekt unter Wasser oder in der Luft festgehalten, so wird ein stridulierendes Geräusch durch Reiben des äußersten hornigen Randes des Abdomens gegen das Reibzeug hervorgebracht. Bei einer großen Anzahl von longicornen Käfern liegen die Organe wieder durchaus verschieden. Das Reibzeug findet sich hier am Mesothorax, welcher gegen den Prothorax gerieben wird. Landois zählte 238 sehr feine Rippen an dem Reibzeug von *Cerambyx heros*.

Viele Lamellicomier haben das Vermögen, Laute hervorzubringen. Die betreffenden Organe weichen in bezug auf ihre Lage sehr voneinander ab. Einige Spezies stridulieren sehr laut, so daß, als Mr. F. Smith einen *Trox sabulosus* gefangen hatte, ein dabeistehender Wildwart glaubte, er habe eine Maus gefangen. Ich bin aber nicht imstande gewesen, die betreffenden Organe bei diesem Käfer nachzuweisen. Bei *Geotrupes* und *Typhoeus* läuft eine schmale Leiste schräg über die Coxa jedes Hinterbeins (und hat bei *G. stercorarius* vierundachtzig Rippen), welche von einem speziell hierzu vorspringenden Teil eines der Abdominalsegmente gerieben wird. Bei dem nahe verwandten *Copris lunaris* läuft eine außerordentlich schmale feine Raspel am Nahtrand der Flügeldecken entlang mit einer anderen kurzen Raspel nahe dem basalen Außenrand. Aber bei einigen anderen Coprinen liegt der Angabe von Leconte[78] zufolge das Reibzeug auf der dorsalen Oberfläche des Abdomens. Bei *Oryctes* ist es auf dem Propygidium gelegen und der Angabe desselben Entomologen zufolge bei einigen anderen Dynastinen an der unteren Fläche der Flügeldecken. Endlich gibt Westring an, daß bei *Omaloplia brunnea* das Reibzeug an dem Prosternum, der Reiber an dem Metasternum gelegen sei. Hier nehmen also diese Teile die untere Fläche des Körpers ein, statt wie bei den Longicorniern auf der oberen Fläche gelegen zu sein.

Wir sehen hieraus, daß die Stridulationsorgane in den verschiedenen Familien der Coleoptern der Lage nach wunderbar verschiedenartig sind, aber nicht so bedeutend der Struktur nach. Innerhalb einer und derselben Familie sind einige Spezies mit diesen Organen versehen und einigen fehlen dieselben vollständig. Diese Verschiedenartigkeit wird verständlich, wenn wir annehmen, daß ursprünglich verschiedene Spezies ein reibendes oder zischendes Geräusch durch das Aufeinanderreiben der harten und rauhen Teile ihrer Körper, die zufällig miteinander in Berührung waren, hervorbrachten, und daß infolge des Umstandes, daß der hierdurch hervorgebrachte Laut in irgendein Weise nützlich war, die rauhen Stellen allmählich zu regelmäßigen Stridulationsorganen entwickelt wurden. Einige Käfer bringen, wenn sie sich bewegen, entweder absichtlich oder unabsichtlich jetzt ein reibendes Geräusch hervor, ohne irgend besondere Organe zu diesem Zweck zu besitzen. Mr. Wallace teilt mir mit, daß der *Euchirus longimanus* (ein Lamellicornier, dessen Vorderbeine beim Männchen wunderbar verlängert sind) „während er sich bewegt, ein leises, zischendes Geräusch durch das Vorstrecken und das Nachziehen des Abdomens hervorbringt, und wenn er ergriffen wird, bringt er ein kratzendes Geräusch hervor dadurch, daß er seine Hinterbeine gegen die Kanten der Flügeldecken reibt". Das zischende Geräusch wird ganz offenbar hervorgebracht durch ein schmales, feilenartiges Reibzeug, welches dem Nahtrand jeder Flügeldecke entlang läuft; und ich konnte in gleicher Weise das kratzende Geräusch hervorbringen, als ich die chagrinierte Oberfläche des Oberschenkels gegen den granulierten Rand der entsprechenden Flügeldecke rieb. Ich konnte aber hier kein eigentlich feilenartiges Reibzeug entdecken, auch ist es nicht wahrscheinlich, daß ich dasselbe bei einem Insekt von dieser Größe übersehen haben sollte. Nach den Untersuchungen von *Cychrus* und nach dem, was Westring in seinen zwei Abhandlungen über diesen Käfer geschrieben hat, scheint es sehr zweifelhaft, ob derselbe irgendein echtes Reibzeug besitzt, obwohl er das Vermögen hat, einen Laut hervorzubringen.

Nach der Analogie mit den Orthoptern und Homoptern erwartete ich auch bei den Coleoptern zu finden, daß die Stridulationsorgane je nach dem Geschlecht verschieden seien. Doch hat

---

[78] Mr. Walsh aus Illinois ist so gut gewesen, mir Auszüge von Leconte's „Introduction to Entomology" (p.101, 143) zu schicken, wofür ich ihm sehr verbunden bin.

Landois, welcher mehrere Spezies sorgfältig untersucht hat, keine solche Verschiedenheit gefunden, ebensowenig Westring und Mr. G. R. Crotch, welcher letztere die Freundlichkeit gehabt hat, zahlreiche Präparate zu machen, die er mir zur Untersuchung zur Verfügung gestellt hat. Es würde indessen schwer sein, irgendwelche unbedeutende geschlechtliche Verschiedenheit hier nachzuweisen, wegen der großen Variabilität dieser Organe. So war bei dem ersten Paar von *Necrophorus humator* und von *Pelobius*, welches ich untersuchte, das Reibzeug beim Männchen beträchtlich größer als beim Weibchen; bei später untersuchten Exemplaren war dies aber nicht der Fall. Bei *Geotrupes stercorarius* schien mir das Reibzeug bei drei Männchen dicker, opaker und vorspringender zu sein als bei derselben Zahl von Weibchen. Infolgedessen sammelte mein Sohn, Mr. F. Darwin, um nachzuweisen, ob die Geschlechter in ihrem Stridulationsvermögen voneinander abweichen, siebenundfünfzig Exemplare, welche er in zwei Gruppen teilte, je nachdem sie in derselben Art und Weise gehalten ein größeres oder unbedeutenderes Geräusch machten. Er untersuchte dann ihr Geschlecht, fand aber, daß die Männchen in beiden Gruppen sich sehr nahe in demselben Verhältnis zu den Weibchen befanden. Mr. F. Smith hat zahlreiche Exemplare von *Mononychus pseudacori* (ein Curculionide) lebendig gehalten und ist überzeugt, daß beide Geschlechter Laute hervorbringen, und zwar dem Anschein nach in gleichem Grade.

Nichtsdestoweniger ist das Stridulationsvermögen sicher bei einigen wenigen Coleoptern ein sexueller Charakter. Mr. Crotch hat die Entdeckung gemacht, daß nur die Männchen zweier Spezies von *Heliopathes* (Tenebrionidae) Stridulationsorgane besitzen. Ich untersuchte fünf Männchen von *Heliopathes gibbus* und bei allen diesen fand sich ein wohlentwickeltes Reibzeug, zum Teil in zwei geteilt, an der dorsalen Fläche des terminalen Abdominalsegments, während in derselben Anzahl von Weibchen auch nicht ein Rudiment des Reibzeugs zu finden, die häutige Bedeckung des Segments im Gegenteil durchscheinend und viel dünner als beim Männchen war. Bei *H. cribratostriatus* besitzt das Männchen ein ähnliches Reibzeug, ausgenommen, daß es nicht teilweise in zwei Abteilungen getrennt ist; und dem Weibchen fehlt dieses Organ vollständig. Aber außerdem hat das Männchen noch an den Spitzenrändern der Flügeldecken auf jeder Seite der Naht drei oder vier kurze Längsleisten, welche von äußerst feinen Rippen gekreuzt werden, die parallel mit den auf dem abdominalen Reibzeug und diesem ähnlich sind. Ob diese Leisten als ein selbständiges Reibzeug oder als ein Reiber für das Abdominalreibzeug dienen, konnte ich nicht nachweisen. Das Weibchen bietet nicht die Spur von dieser letzteren Bildung dar.

Wir haben ferner bei drei Spezies des lamellicornen Genus *Oryctes* einen nahezu parallelen Fall. Bei dem Weibchen des *O. gryphus* und *nasicornis* sind die Rippen auf den Reibzeugen des Propygidiums weniger kontinuierlich und weniger deutlich als beim Männchen. Die hauptsächlichste Verschiedenheit liegt aber darin, daß die ganze Oberfläche dieses Segments, wenn sie in dem gehörigen Licht gehalten wird, dicht mit Haaren bekleidet erscheint, welche bei den Männchen fehlen oder durch außerordentlich feinen Flaum dargestellt werden. Es muß bemerkt werden, daß bei allen Coleoptern der wirksame Teil des Reibzeugs von Haaren entblößt ist. Bei *O. senegalensis* ist die Verschiedenheit zwischen den Geschlechtern schärfer markiert, und dies ist am besten zu sehen, wenn das betreffende Segment gereinigt und als durchscheinendes Objekt betrachtet wird. Beim Weibchen ist die ganze Oberfläche mit kleinen separaten Leisten bedeckt, welche Dornen tragen, während beim Männchen diese Leisten, je weiter sie nach der Spitze zu sich finden, immer mehr und mehr zusammenfließen, regelmäßig und nackt werden, so daß drei Viertel des Segments mit äußerst feinen parallelen Rippen bedeckt werden, welche beim Weibchen vollständig fehlen. Man kann indessen bei den Weibchen aller drei Spezies von *Oryctes*, wenn das Abdomen eines aufgeweichten Exemplars vorwärts und rückwärts gezogen wird, einen leichten kratzenden oder stridulierenden Laut hervorbringen.

Was *Heliopathes* und *Oryctes* betrifft, so läßt sich kaum daran zweifeln, daß die Männchen den stridulierenden Laut hervorbringen, um die Weibchen zu rufen oder zu reizen; aber bei den meisten Käfern dient dem Anschein nach die Stridulation beiden Geschlechtern als gegenseitiger Lockruf. Käfer stridulieren bei verschiedenen Erregungen in derselben Art, wie Vögel ihre Stimme zu verschiedenen Zwecken benutzen, außer dem an ihre Genossen gerichteten Gesang. Der große *Chiasognathus* striduliert aus Ärger oder zur Herausforderung; viele Spezies tun dasselbe in der Angst oder Furcht, wenn sie so gehalten werden, daß sie nicht entschlüpfen können. Die Herren Wollaston und Crotch waren imstande, durch Klopfen an die hohlen Baumstämme auf den Kanarischen Inseln die Gegenwart von Käfern, die zur Gattung *Acalles* gehören, durch ihre Stridulation zu entdecken. Endlich bringt der männliche *Ateuchus* seinen Laut hervor, um das Weibchen in seiner Arbeit zu ermutigen, und aus Unruhe, wenn dasselbe entfernt wird.[79] Einige Naturforscher glauben, daß die Käfer diesen Laut hervorbringen, um ihre Feinde damit abzuschrecken; ich kann aber nicht glauben, daß ein Vierfüßler oder Vogel, welcher imstande ist, einen großen Käfer zu verschlingen, durch ein so unbedeutendes Geräusch abgeschreckt werden könne. Die Annahme, daß die Stridulation als ein geschlechtlicher Lockruf dient, wird durch die Tatsache unterstützt, daß die Individuen der Totenuhr, *Anobium tesselatum*, bekanntlich das Klopfen untereinander beantworten, oder, wie ich selbst beobachtet habe, selbst auf ein künstlich gemachtes klopfendes Geräusch antworten. Mr. Doubleday teilt mir auch mit, daß er zwei oder drei Mal beobachtet habe, wie ein Weibchen klopfte[80], und im Verlaufe von einer oder zwei Stunden fand er es mit einem Männchen vereint und bei einer Gelegenheit sogar von mehreren Männchen umgeben. Endlich erscheint es wahrscheinlich, daß die beiden Geschlechter vieler Arten von Käfern zunächst in den Stand gesetzt wurden, durch das unbedeutende reibende Geräusch, welches durch das Reiben der benachbarten Teile ihres harten Körpers aufeinander hervorgerufen wurde, einander zu finden, und daß in dem Maße wie die Männchen oder die Weibchen, welche das stärkste Geräusch machten, den besten Erfolg beim Finden von Genossen hatten, die Rauhigkeit an verschiedenen Teilen ihrer Körper allmählich durch geschlechtliche Zuchtwahl zu echten Stridulationsorganen entwickelt wurde.

---

[79] M. P. de la Brulerie, zitiert in: Journal of Travel, by A. Murray. Vol. I, 1868, p.135.
[80] Mr. Doubleday teilt mir mit, daß „das Geräusch von dem Insekt dadurch hervorgebracht wird, daß es sich so hoch auf seinen Beinen erhebt wie es nur kann, und dann seinen Thorax fünf- oder sechsmal in rapider Aufeinanderfolge gegen die Unterlage aufstößt, auf welcher es sitzt". Wegen Nachweisen über diesen Gegenstand s. Landois, in: Zeitschrift für wissenschaftliche Zoologie. Bd. XVII, p.131. Olivier sagt (nach dem Zitat bei Kirby and Spence: Introduction etc., Vol. II, p.395), daß das Weibchen von *Pimelia striata* einen ziemlich lauten Ton hervorbringt durch das Aufschlagen ihres Abdomens gegen irgendeine harte Substanz „und daß das Männchen, dieses Rufes gewärtig, ihr bald aufwartet und sie sich paaren".

Elftes Kapitel

Insekten (Fortsetzung); Ordnung der Lepidoptera

Geschlechtliche Werbung der Schmetterlinge – Kämpfe – Klopfende Geräusche – Farben beiden Geschlechtern gemeinsam oder glänzender bei den Männchen – Beispiele – Sind nicht Folge der direkten Wirkung der Lebensbedingungen – Farben als Schutzmittel angepaßt – Färbungen der Nachtschmetterlinge – Entfaltung – Wahrnehmungsvermögen der Lepidoptern – Variabilität – Ursachen der Verschiedenheiten in der Färbung zwischen den Männchen und Weibchen – Mimikry; weibliche Schmetterlinge glänzender gefärbt als die Männchen – Helle Farben der Raupen – Zusammenfassung und Schlußbemerkungen über die sekundären Sexualcharaktere der Insekten – Vögel und Insekten miteinander verglichen

Der interessanteste Punkt für uns ist bei dieser großen Ordnung die Verschiedenheit in der Färbung zwischen den Geschlechtern einer und derselben Spezies und zwischen den verschiedenen Spezies einer und derselben Gattung. Beinahe dieses ganze Kapitel wird diesem Gegenstand gewidmet sein; ich will aber zuerst einige wenige Bemerkungen über einen oder zwei andere Punkte machen. Oft kann man mehrere Männchen sehen, welche ein Weibchen verfolgen oder sich um dasselbe versammeln. Ihre Bewerbung scheint eine sich sehr in die Länge ziehende Angelegenheit zu sein, denn ich habe häufig ein oder mehrere Männchen beobachtet, wie sie um ein Weibchen herumtanzten, bis ich ermüdet wurde, ohne das Ende der Bewerbung auch nur vorauszusehen. Auch teilt mir Mr. A. G. Butler mit, daß er mehrere Male eine volle Viertelstunde lang ein Männchen in seinen Bewerbungen um ein Weibchen beobachtet habe; dasselbe wies es aber hartnäckig zurück und ließ sich zuletzt auf die Erde nieder, schloß seine Flügel und entging so seinen Annäherungen.

Obgleich Schmetterlinge so schwache und zerbrechliche Wesen sind, so sind sie doch kampfsüchtig; man hat eine *Iris*[1] gefangen, deren Flügelspitzen infolge eines Kampfes mit einem anderen Männchen gebrochen waren. Mr. Collingwood erzählt von den häufigen Kämpfen zwischen den Schmetterlingen von Borneo und sagt: „sie drehen sich mit der größten Schnelligkeit umeinander herum und scheinen von der größten Wut erregt zu sein."

Die *Ageronia feronia* bringt ein Geräusch hervor wie das eines Zahnrades, welches unter einem federnden Sperrhaken läuft, und welches in der Entfernung von mehreren Yards gehört werden kann. Bei Rio de Janeiro hörte ich dieses Geräusch nur, als zwei Schmetterlinge sich einander in unregelmäßigem Lauf jagten, so daß es wahrscheinlich während der Bewerbung der Geschlechter hervorgebracht wird.[2]

Auch einige Nachtschmetterlinge bringen Laute hervor, z. B. die Männchen von *Thecophora fovea*. Bei zwei Gelegenheiten hörte Mr. Buchanan White[3], wie das Männchen von *Hylophila prasinana* ein scharfes schnelles Geräusch erzeugte, welches, wie er meint, in derselben Weise hervorgebracht wird, wie bei *Cicada*, nämlich durch eine mit einem Muskel versehene elastische Membran. Er zitiert auch Guenée dafür, daß *Setina* ein Geräusch hervorbringt wie das Ticken einer Uhr, wie es scheint „mit Hilfe zweier großer paukenförmiger Blasen in der Brustgegend; dieselben sind beim Männchen viel mehr entwickelt als beim Weibchen". Es scheinen daher die

---

[1] *Apatura Iris*: The Entomologist's Weekly Intelligencer, 1850, p.139. In bezug auf die Schmetterlinge von Borneo s. C. Collingwood: Rambles of a Naturalist, 1868, p.183.
[2] Mr. Doubleday hat einen eigentümlichen häutigen Sack an der Basis der Vorderflügel entdeckt, welcher wahrscheinlich zur Hervorbringung des Lautes in Beziehung steht (Proceed. Entomolog. Soc. 3, March 1845, p.123). Wegen der *Thecophora* s. Zoological Record, 1869, p.401. Die Beobachtungen Mr. Buchanan Whites finden sich in: The Scottish Naturalist, July 1872, p.214.
[3] The Scottish Naturalist, July 1872, p.213.

lauterzeugenden Organe bei den Lepidoptern in einer gewissen Beziehung zu den Sexualfunktionen zu stehen. Das bekannte Geräusch des Totenkopfschwärmers will ich nicht erwähnen; es wird meist bald, nachdem der Schmetterling die Puppenhülle verlassen hat, gehört.

Girard hat immer beobachtet, daß der moschusartige Geruch, welchen zwei Arten von Sphinx-Schwärmern von sich geben, den Männchen eigentümlich ist:[4] In den höheren Tierklassen werden wir viele Beispiele dafür finden, daß allein die Männchen Geruch abgeben.

Jedermann muß die außerordentliche Schönheit vieler Tag- und Nachtschmetterlinge bewundert haben; und wir werden zu der Frage veranlaßt: Sind diese Färbungen und verschiedenen Zeichnungen das Resultat der direkten Wirkung der physikalischen Bedingungen, denen diese Insekten ausgesetzt gewesen sind, ohne irgendeinen daraus fließenden Vorteil? Oder sind nacheinander auftretende Abänderungen angehäuft und entweder als Schutzmittel oder für irgendeinen unbebekannten Zweck festgehalten worden, oder dazu, daß das eine Geschlecht dem anderen anziehend gemacht werde? Und ferner, was ist die Bedeutung davon, daß bei den Männchen und Weibchen gewisser Spezies die Färbungen sehr verschieden und bei den beiden Geschlechtern anderer Spezies gleich sind? Ehe wir versuchen, diese Fragen zu beantworten, muß eine Anzahl von Tatsachen hier mitgeteilt werden.

Bei unseren schönen englischen Schmetterlingen, dem Admiral, dem Pfauenauge, den Füchsen (*Vanessae*), und vielen anderen sind die Geschlechter einander gleich. Dies ist auch der Fall bei den prachtvollen Heliconiden und den meisten Danaiden der Tropenländer. Aber bei gewissen anderen tropischen Gruppen und bei einigen unserer englischen Schmetterlinge, so bei der Iris, dem Aurorafalter usw. (*Apatura Iris* und *Anthocharis cardamines*), weichen die Geschlechter entweder bedeutend oder nur unbedeutend in der Farbe voneinander ab. Es ist unmöglich, den Glanz der Männchen einiger tropischer Spezies mit Worten zu schildern. Selbst innerhalb einer und der nämlichen Gattung finden wir oft Spezies, welche eine außerordentliche Verschiedenheit zwischen den Geschlechtern darbieten, während bei anderen die Geschlechter nahezu gleich sind. So teilt mir Mr. Bates, welchem ich für die meisten der folgenden Tatsachen ebenso wie dafür, daß er diese ganze Erörterung nochmals durchgesehen hat, sehr verbunden bin, mit, daß er von der südamerikanischen Gattung *Epicalia* zwölf Spezies kennt, von denen die beiden Geschlechter an denselben Orten schwärmen (und dies ist nicht immer bei Schmetterlingen der Fall), welche daher nicht durch die äußeren Bedingungen verschieden beeinflußt worden sein können.[5] Von neun unter diesen zwölf Spezies gehören die Männchen zu den prachtvollsten von allen Schmetterlingen und weichen so bedeutend von den vergleichsweise einfachen Weibchen ab, daß sie früher in besondere Gattungen gestellt wurden. Die Weibchen dieser neun Spezies sind einander in dem allgemeinen Typus ihrer Färbung ähnlich und sind gleichfalls beiden Geschlechtern der Arten mehrerer verwandten Gattungen ähnlich, welche sich in verschiedenen Teilen der Erde finden. Wir können daher schließen, daß diese neun Spezies und wahrscheinlich alle übrigen Arten dieser Gattung von einer vorelterlichen Form abstammen, welche in nahezu derselben Weise gefärbt war. Bei der zehnten Spezies behält das Weibchen noch immer dieselbe allgemeine Färbung, aber das Männchen ist ihm ähnlich, so daß dies in einer viel weniger auffallenden und abstechenden Art gefärbt ist als die Männchen der vorhergehenden Spezies. Bei der elften und zwölften Spezies weichen die Weibchen von dem bei ihrem Geschlecht in dieser Gattung gewöhnlichen Typus der Färbung ab, denn sie sind in nahezu derselben Weise lebhaft dekoriert, beinahe wie die Männchen, aber in einem etwas geringeren Grade. Es scheinen also bei diesen beiden Arten die hellen Farben der Männchen auf die Weibchen übertragen worden zu sein, während das Männchen der zehnten Spezies die einfache Färbung sowohl des Weibchens als auch der elterlichen Form der Gattung entweder beibehalten oder wiedererlangt hat.

---

[4] Zoological Record, 1869, p.347.
[5] S. auch den Aufsatz von Mr. Bates in den Proceed. Entomolog. Soc. of Philadelphia, 1865, p.206; auch Mr. Wallace über denselben Gegenstand in bezug auf *Diadema*, in: Transact. Entomolog. Soc. of London, 1868, p.278.

Die beiden Geschlechter in diesen drei Fällen sind daher, wenn auch in einer entgegengesetzten Art und Weise, nahezu gleich gemacht worden. In der verwandten Gattung *Eubagis* sind beide Geschlechter einiger Spezies einfach gefärbt und einander nahezu gleich, während bei der größeren Zahl die Männchen mit schönen metallischen Färbungen in einer verschiedenartigen Weise verziert sind und bedeutend von ihren Weibchen abweichen. Durch die ganze Gattung hindurch behalten die Weibchen denselben allgemeinen Charakter, so daß sie gewöhnlich einander bedeutend ähnlicher sind als ihren eigenen Männchen.

Bei der Gattung *Papilio* sind alle Spezies der Gruppe *Aeneas* merkwürdig wegen ihrer auffallenden und stark kontrastierenden Farben und sie erläutern die häufig vorhandene Neigung, in der Größe der Verschiedenheit zwischen den Geschlechtern gradweise. Abstufungen eintreten zu lassen. In einigen wenigen Spezies, z.B. bei *P. ascanius*, sind die Männchen und Weibchen einander gleich; bei anderen sind die Männchen entweder ein wenig heller oder sehr viel glänzender gefärbt als die Weibchen. Die unseren *Vanessae* verwandte Gattung *Junonia* bietet einen nahezu parallelen Fall dar; denn obgleich die Geschlechter der meisten ihrer Spezies einander ähnlich sind und satter Färbung entbehren, so ist doch in gewissen Spezies, wie z.B. bei *J. oenone*, das Männchen etwas glänzender gefärbt als das Weibchen, und bei einigen wenigen (z.B. *J. andremiaja*) ist das Männchen von dem Weibchen so verschieden, daß es leicht fälschlich für eine vollständig verschiedene Spezies genommen werden kann.

Auf einen anderen merkwürdigen Fall machte mich im British Museum Mr. A. Butler aufmerksam, nämlich auf die *Theclae* aus dem tropischen Amerika, bei denen beide Geschlechter nahezu gleich und wundervoll glänzend sind. Bei einer anderen Art ist das Männchen in einer ähnlichen prächtigen Weise gefärbt, während die ganze obere Fläche des Weibchens von einem dunklen gleichförmigen Braun ist. Unsere gemeinen, kleinen, blauen, englischen Schmetterlinge der Gattung *Lycaena* erläutern die verschiedenen Differenzen in der Färbung zwischen den Geschlechtern fast ebensogut, wenn auch nicht in einer so auffallenden Weise, wie die eben genannten exotischen Gattungen. Bei *Lycaena agestis* haben beide Geschlechter braune, mit kleinen orangenen Augenflecken geränderte Flügel und sind folglich gleich. Bei *L. aegon* sind die Flügel des Männchens schön blau mit schwarz gerändert, während die Flügel des Weibchens braun sind mit einem ähnlichen Rand und denen von *L. agestis* sehr ähnlich. Endlich sind bei *L. arion* beide Geschlechter von blauer Farbe und nahezu gleich, obschon beim Weibchen die Ränder der Flügel etwas trüber und die schwarzen Flecken deutlicher sind. Und in einer hellblauen indischen Spezies gleichen sich beide Geschlechter einander noch mehr.

Ich habe die vorstehenden Fälle in ziemlichem Detail mitgeteilt, um an erster Stelle zu zeigen, daß, wenn die Geschlechter bei Schmetterlingen voneinander abweichen, der allgemeinen Regel nach das Männchen das schönste ist und am meisten von dem gewöhnlichen Typus der Färbung der Gruppe, zu welcher die Art gehört, abweicht. In den meisten Gruppen sind daher die Weibchen der verschiedenen Spezies einander viel ähnlicher, als es die Männchen sind. Indessen sind in einigen Fällen, auf welche ich später noch hinzuweisen haben werde, die Weibchen glänzender gefärbt als die Männchen. An zweiter Stelle sind die obigen Fälle mitgeteilt worden, um es dem Leser klar zu machen, daß innerhalb einer und der nämlichen Gattung die beiden Geschlechter häufig jede Abstufung von gar keiner Verschiedenheit in der Färbung bis zu einer so bedeutenden darbieten, daß es lange gedauert hat, ehe die beiden Geschlechter von den Entomologen in eine und dieselbe Gattung gestellt wurden. Wir haben aber drittens auch gesehen, daß, wenn die Geschlechter einander ziemlich ähnlich sind, dies allem Anschein nach entweder die Folge davon ist, daß das Männchen seine Farben dem Weibchen überliefert hat, oder daß das Männchen die ursprünglichen Farben der Gattung, zu welcher die Art gehört, beibehalten oder vielleicht auch wiedererlangt hat. Auch verdient es Beachtung, daß in denjenigen Gruppen, bei denen die Geschlechter verschieden sind, die Weibchen gewöhnlich in einer gewissen Ausdehnung den Männchen ähnlich sind, so daß, wenn die Männchen in einem außerordentlichen

Elftes Kapitel

Grade schön sind, auch die Weibchen fast ausnahmslos einen gewissen Grad von Schönheit ihrerseits darbieten. Aus den zahlreichen Fällen von Abstufung in dem Betrag an Verschiedenheit zwischen den Geschlechtern und aus dem Vorherrschen desselben allgemeinen Typus der Färbung durch die ganze Gruppe hindurch können wir schließen, daß es im allgemeinen dieselben Ursachen gewesen sind, welche die brillante Färbung allein der Männchen bei manchen Spezies und beider Geschlechter in mehr oder weniger gleichem Grade bei anderen Spezies bestimmt haben.

Da so viele prachtvolle Schmetterlinge die Tropenländer bewohnen, so ist oft vermutet worden, daß sie ihre Farben der großen Wärme und Feuchtigkeit dieser Zonen verdanken. Aber aus dem Vergleich verschiedener nahe verwandter Gruppen von Insekten aus den gemäßigten und den tropischen Ländern hat Mr. Bates gezeigt[6], daß diese Ansicht nicht aufrecht erhalten werden kann; und die Belege hierfür werden zwingend, sobald brillant gefärbte Männchen und einfach gefärbte Weibchen einer und derselben Spezies den nämlichen Bezirk bewohnen, sich von demselben Futter ernähren und genau dieselben Lebensbedingungen haben. Selbst wenn die Geschlechter einander ähnlich sind, können wir kaum glauben, daß ihre brillanten und schön angeordneten Farben das zwecklose Resultat einer besonderen Beschaffenheit der Gewebe und eine Folge der Einwirkung der umgebenden Bedingungen sind.

Sobald die Farbe zu irgendeinem speziellen Zweck modifiziert worden ist, ist dies, und zwar bei Tieren aller Arten, soweit wir es beurteilen können, zum Zwecke des Schutzes oder zur Bildung eines Anziehungsmittels der Geschlechter aneinander geschehen. Bei vielen Arten von Schmetterlingen sind die oberen Flächen der Flügel dunkel gefärbt, und dies befähigt sie aller Wahrscheinlichkeit nach dazu, der Beobachtung und der Gefahr zu entgehen. Aber Schmetterlinge sind vorzüglich, wenn sie ruhen, den Angriffen ihrer Feinde ausgesetzt, und die meisten Arten erheben beim Ruhen ihre Flügel senkrecht über ihren Rücken, so daß nur die unteren Seiten dem Blick ausgesetzt sind. Diese Seite ist es daher, welche in vielen Fällen in auffallender Weise so gefärbt ist, daß sie den Gegenständen gleicht, auf welche diese Insekten sich am häufigsten niederlassen. Ich glaube, es war Dr. Rössler, welcher zuerst die Ähnlichkeit der geschlossenen Flügel gewisser *Vanessae* und anderer Schmetterlinge mit der Rinde von Bäumen bemerkte. Viele analoge auffallende Fälle könnten hier noch mitgeteilt werden. Der interessanteste Fall ist der, den Mr. Wallace[7] von einem gewöhnlichen indischen und einem Schmetterling aus Sumatra (*Kallima*) berichtet hat, welcher wie durch einen Zauber verschwindet, wenn er sich in einem Gebüsch niederläßt. Denn er verbirgt seinen Kopf und seine Antennen zwischen den geschlossenen Flügeln, und diese können in ihrer Form, Färbung und Äderung von einem verwelkten Blatt in Verbindung mit dessen Stiel nicht unterschieden werden. In einigen anderen Fällen ist die untere Fläche der Flügel brillant gefärbt, und doch dient sie als Schutzmittel. So sind die Flügel bei *Thecla rubi*, wenn sie geschlossen sind, smaragdgrün und gleichen den jungen Blättern des Himbeerstrauchs, auf welchem dieser Schmetterling im Frühjahr am häufigsten sitzend anzutreffen ist. Es ist auch merkwürdig, daß bei sehr vielen Arten, bei denen die Geschlechter in der Farbe der oberen Fläche bedeutend voneinander abweichen, die untere Fläche in beiden Geschlechtern sehr ähnlich oder identisch gefärbt ist und als Schutzmittel dient.[8]

Obgleich die dunklen Färbungen der oberen oder unteren Flächen vieler Schmetterlinge ohne Zweifel dazu dienen, sie zu verbergen, so können wir doch diese Ansicht nicht auf die glänzenden und auffallenden Färbungen der oberen Fläche solcher Arten ausdehnen, wie z. B. auf unseren Admiral und unser Pfauenauge, die *Vanessae*, unseren weißen Kohlschmetterling (*Pieris*) oder den großen, schwalbenschwänzigen *Papilio*, welcher auf offenen Gründen schwärmt. Denn

---

[6] The Naturalist on the Amazons. Vol. I, 1863, p.19.
[7] S. einen interessanten Artikel in der Westminster Review, July 1867, p.10. Ein Holzschnitt der *Kallima* ist von Mr. Wallace in Hardwickes Science Gossip, Sept. 1867, p.196, mitgeteilt worden.
[8] G. Fraser, in: Nature, Apr. 1871, p.489.

es sind diese Schmetterlinge durch jene Farben sichtbar für jedes lebende Wesen gemacht worden. Bei diesen Spezies sind beide Geschlechter einander gleich; aber bei dem gemeinen Zitronenfalter (*Gonepterix rhamni*) ist das Männchen intensiv gelb, während das Weibchen viel blasser ist, und bei dem Aurorafalter (*Anthocharis cardamines*) haben nur die Männchen die glänzenden orangenen Spitzen an ihren Flügeln. In diesen Fällen sind die Männchen und Weibchen gleichmäßig in die Augen fallend, und es ist nicht glaubhaft, daß ihre Verschiedenheit in der Färbung in irgendeiner Beziehung zu gewöhnlichen Schutzmitteln steht. Prof. Weismann bemerkt[9], daß das Weibchen einer der Lycaenen ihre braunen Flügel ausbreitet, wenn es sich auf den Boden setzt, und dann beinahe unsichtbar ist; andererseits schließt das Männchen, wenn es ruht, seine Flügel, als wenn es wüßte, welche Gefahr ihm das helle Blau der oberen Fläche derselben brächte. Dies zeigt, daß die blaue Farbe in keiner Weise schützend sein kann. Nichtsdestoweniger ist es wahrscheinlich, daß die auffallenden Farben vieler Spezies in einer indirekten Weise wohltätig sind und zwar dadurch, daß dieselben sofort zu erkennen geben, daß sie ungenießbar sind. Denn in gewissen anderen Fällen ist die Schönheit durch die Nachahmung anderer schöner Spezies erreicht worden, welche denselben Bezirk bewohnen und vor Angriffen dadurch sicher geworden sind, daß sie in irgendein Weise den Feinden offensiv sind; dann haben wir aber noch immer die Schönheit der nachgeahmten Spezies zu erklären.

Das Weibchen unseres Aurorafalters, welcher oben erwähnt wurde, und einer amerikanischen Spezies (*Anthocharis genutia*) bietet uns, wie Mr. Walsh gegenüber mir geäußert hat, wahrscheinlich die ursprünglichen Farben der elterlichen Art der ganzen Gattung dar; denn beide Geschlechter von vier oder fünf sehr weit verbreiteten Arten sind in nahezu derselben Art und Weise gefärbt. Wir können hier schließen, wie in mehreren der vorhergehenden Fälle, daß es die Männchen von *Anthocharis cardamines* und *genutia* sind, welche von dem gewöhnlichen Typus der Färbung ihrer Gattung abgewichen sind. Bei der *Anth. sara* aus Kalifornien sind die orangenen Spitzen beim Weibchen zum Teil entwickelt worden; sie sind aber blasser als beim Männchen und in einigen anderen Beziehungen unbedeutend verschieden. Bei einer verwandten indischen Form, der *Iphias glaucippe*, sind die orangenen Spitzen in beiden Geschlechtern völlig entwickelt. Bei dieser *Iphias* gleicht die untere Fläche der Flügel, worauf mich Mr. A. Butler aufmerksam gemacht hat, in merkwürdiger Weise einem blaßgefärbten Blatt; und bei unserem englischen Aurorafalter gleicht die untere Fläche dem Blütenkopf der wilden Petersilie, auf welchen man denselben häufig sich zur Nachtruhe niederlassen sehen kann.[10] Dieselbe Beweiskraft, welche uns dazu zwingt, zu glauben, daß die untere Fläche in diesen Fällen zum Zweck des Schutzes gefärbt worden ist, veranlaßt uns aber auch es zu leugnen, daß in den Fällen, wo die Flügel mit hellem Orange an der Spitze versehen worden sind, und besonders wenn dieser Charakter auf das Männchen beschränkt ist, dies zu demselben Zweck geschehen sei.

Die meisten Nachtschmetterlinge ruhen während des ganzen Tages oder des größeren Teils desselben bewegungslos mit herabhängenden Flügeln, und die oberen Flächen der Flügel sind oft, wie Mr. Wallace bemerkt hat, in einer wunderbaren Weise schattiert und gefärbt, um der Entdeckung zu entgehen. Bei den Bombyciden und Noctuiden[11] bedecken im Ruhezustand die Vorderflügel die Hinterflügel und verbergen dieselben, so daß die letzteren ohne große Gefahr glänzend gefärbt sein können; und so sind sie in vielen Spezies beider Familien wirklich gefärbt. Während des Flugs sind diese Schmetterlinge oft imstande, ihren Feinden zu entgehen; nichtsdestoweniger müssen, da die Hinterflügel beim Fliegen dem Blick vollständig ausgesetzt sind, die glänzenden Farben derselben allgemein auf Kosten einer gewissen Gefahr erlangt worden sein. Aber die folgende Tatsache zeigt uns, wie vorsichtig wir sein müssen beim Ziehen von

---

[9] Einfluß der Isolierung auf die Artbildung, 1872, p.58.
[10] S. die interessanten Beobachtungen von Mr. T. W. Wood: „The Student", Sept. 1868, p.81.
[11] Mr. Wallace, in: Hardwicke's Science Gossip, Sept. 1867, p.193.

Schlüssen über einen derartigen Gegenstand. Die gemeinen Gelbbandeulen (*Triphaena*) fliegen oft während des Tages oder des frühen Abends herum und sind dann wegen der Farbe ihrer Hinterflügel sehr auffallend. Man würde natürlich hier denken, daß dies eine Quelle der Gefahr sei; aber Mr. Jenner Weir glaubt, daß dies faktisch ein Mittel zur Sicherung ist. Denn die Vögel stoßen auf diese glänzend gefärbten und zerbrechlichen Flächen statt auf den Körper. So tat z. B. Mr. Weir ein kräftiges Exemplar von *Triphaena pronuba* in seine Volière, welches sofort von einem Rotkehlchen verfolgt wurde; da aber die Aufmerksamkeit des Vogels sich auf die gefärbten Flügel richtete, so wurde die Motte nicht eher als nach ungefähr fünfzig Versuchen gefangen und nachdem kleine Partien der Flügel wiederholt abgebrochen worden waren. Er versuchte dasselbe Experiment in freier Luft mit einer *Triphaena fimbria* und einer Schwalbe, aber die bedeutende Größe dieser Motte verhinderte wahrscheinlich ihr Gefangenwerden.[12] Wir werden hierdurch an eine von Mr. Wallace[13] gemachte Angabe erinnert, nämlich daß in den brasilianischen Wäldern und auf den malaiischen Inseln viele häufige und auffallend geschmückte Schmetterlinge nur schwache Flieger sind, obwohl sie in ihren Flügeln eine große Fläche besitzen; und „oft werden sie mit durchbohrten und gebrochenen Flügeln gefangen, als wenn sie von Vögeln ergriffen worden wären. Wären die Flügel im Verhältnis zum Körper viel kleiner gewesen, so würde das Insekt, wie es scheint, wahrscheinlich häufiger an einem wichtigen Teil getroffen oder durchbohrt worden sein, und deshalb kann wohl die Zunahme der Flächenausdehnung der Flügel indirekt eine Wohltat für das Insekt gewesen sein".

Entfaltung der Reize. – Die hellen Farben vieler Tag- und einiger Nachtschmetterlinge sind besonders zur Entfaltung angeordnet worden, so daß sie leicht gesehen werden können. Helle Farben werden zur Nachtzeit nicht sichtbar sein; und es läßt sich nicht zweifeln, daß Nachtschmetterlinge im ganzen genommen viel weniger lebhaft gefärbt sind als Tagschmetterlinge, welche alle ihrer Lebensweise nach Tagtiere sind. Aber die Nachtschmetterlinge gewisser Familien, so z. B. der Zygaeniden, mehrere Sphingiden, Uraniiden, einige Arctiiden und Saturniiden fliegen während des Tages oder des frühen Abends herum, und viele dieser Arten sind außerordentlich schön und viel glänzender gefärbt als die im strengen Sinne nachts lebenden Arten. Einige wenige Ausnahmefälle von glänzend gefärbten Nachtfliegern sind indessen beschrieben worden.[14]

Wir haben auch noch einen Beweis anderer Art in bezug auf diese Entfaltung. Wie vorhin erwähnt, erheben die Tagschmetterlinge ihre Flügel im Ruhezustand; und während sie im Sonnenschein ausruhen, erheben sie oft abwechselnd die Flügel und lassen sie wieder sinken, wodurch sie beide Oberflächen vollständig dem Blick aussetzen; obschon nun die untere Fläche oft als Schutzmittel in einer dunklen Weise gefärbt ist, so ist sie doch in vielen Spezies ebenso glänzend gefärbt wie die Oberfläche, zuweilen auch in einer sehr verschiedenen Weise. Bei einigen tropischen Spezies ist die untere Fläche selbst noch brillanter gefärbt als die obere.[15] Bei dem großen Perlmuttfalter, der *Argynnis aglaia*, ist nur die untere Fläche mit glänzenden Silberflecken verziert. Nichtsdestoweniger ist der allgemeinen Regel nach die obere Fläche, welche wahrscheinlich die vollständiger exponierte ist, glänzender und in einer verschiedenartigeren Weise gefärbt als die untere. Es bietet daher die untere Fläche im allgemeinen den Entomologen die

---

[12] S. auch über diesen Gegenstand Mr. Weirs Aufsatz in den Transact. Entomolog. Soc., 1869, p.23.
[13] Westminster Review. July 1867, p.16.
[14] So z. B. *Lithosia*; Prof. Westwood scheint aber (Modern Classifikation of Insects. Vol. II, p.390) über diesen Fall überrascht gewesen zu sein. Über die relativen Färbungen der Tag- und Nachtschmetterlinge s. ebd., p.333 und 392; auch Harris: Treatise on the Insects of New England, 1842, p.315.
[15] Derartige Verschiedenheiten zwischen den oberen und unteren Flächen der Flügel bei mehreren Spezies von Papilio kann man auf den schönen Tafeln zu Mr. Wallaces Abhandlung „On the Papilionidae of the Malayan Region" sehen, in: Transact. Linnean Soc., Vol. XXV, Part I, 1865.

nützlichsten Merkmale dar zum Auffinden der Verwandtschaften der verschiedenen Arten. Fritz Müller teilt mir mit, daß in der Nähe seines Hauses in Süd-Brasilien drei Arten von *Castnia* gefunden werden; bei zweien von ihnen sind die Hinterflügel dunkel und stets von den Vorderflügeln bedeckt, wenn diese Schmetterlinge ruhen. Die dritte Art aber hat schwarze, schön mit rot und weiß gefleckte Hinterflügel, und diese werden vollständig ausgebreitet und entfaltet, sobald nur immer der Schmetterling ruht. Es könnten noch andere derartige Fälle hinzugefügt werden.

Wenn wir uns nun zu der enormen Gruppe der Nachtschmetterlinge wenden, welche, wie ich von Mr. Stainton höre, gewöhnlich die untere Fläche ihrer Flügel nicht vollständig dem Blick aussetzen, so finden wir, daß diese Seite sehr selten glänzender gefärbt ist als die obere, oder auch nur mit gleichem Glanz. Einige Ausnahmen von dieser Regel, entweder wirkliche oder scheinbare, müssen angeführt werden, so die *Hypopyra*[16]. Mr. R. Trimen teilt mir mit, daß in Guenées großem Werk drei Motten abgebildet sind, bei denen die untere Fläche weitaus die brillanteste ist. So ist z. B. bei der australischen *Gastrophora* die obere Fläche der Vorderflügel blaß gräulich-ockergelb, während die untere Fläche prachtvoll mit einem Augenfleck in Kobaltblau verziert ist, welcher in der Mitte eines schwarzen, von orange-gelb und nach außen von bläulich-weiß geränderten Fleckes sich befindet. Aber die Lebensweise dieser drei Schmetterlinge ist unbekannt, so daß für diese ungewöhnliche Art der Färbung keine Erklärung gegeben werden kann. Auch teilt mir Mr. Trimen mit, daß die untere Fläche der Flügel gewisser anderer *Geometrae*[17] und vierteiliger *Noctuae* entweder bunter oder glänzender gefärbt ist als die obere Fläche; aber einige dieser Spezies haben die Gewohnheit, „ihre Flügel vollständig aufrecht über ihren Rücken zu halten und in dieser Stellung eine beträchtliche Zeit zu bleiben", wobei sie die untere Fläche dem Blick aussetzen. Andere Spezies haben, wenn sie sich auf den Boden oder auf Pflanzen niederlassen, die Gewohnheit, ihre Flügel dann und wann plötzlich leicht zu erheben. Es ist daher die Tatsache, daß die untere Fläche der Flügel bei manchen Motten glänzender gefärbt ist als die obere, kein so anomaler Umstand, wie es auf den ersten Blick erscheint. Die Saturniiden enthalten einige der schönsten unter allen Nachtschmetterlingen, ihre Flügel sind wie beim kleinen Nachtpfauenauge mit schönen Augenflecken verziert, und Mr. T. W. Wood[18] macht die Bemerkung, daß sie in manchen ihrer Bewegungen Tagschmetterlingen gleichen, „z. B. in dem sanften Auf- und Abschwingen ihrer Flügel, als wenn es auf eine Entfaltung ihrer Schönheit ankäme, welches für die Tagschmetterlinge charakteristischer ist als für die Nachtschmetterlinge."

Es ist eine eigentümliche Tatsache, daß bei keinem britischen Nachtschmetterling, und kaum bei irgendwelchen ausländischen Arten, soweit ich es wenigstens nachweisen kann, sobald sie brillant gefärbt sind, die Geschlechter in bezug auf die Färbung bedeutend voneinander verschieden sind, obwohl dies bei vielen glänzend gefärbten Tagschmetterlingen der Fall ist. Indes wird das Männchen eines amerikanischen Nachtfalters, der *Saturnia Io*, beschrieben als im Besitz tiefgelber und merkwürdig mit purpurroten Flecken gezeichneter Vorderflügel, während die Flügel des Weibchens purpurbraun und mit grauen Linien gezeichnet sind.[19] Die britischen Nachtschmetterlinge, welche in ihrer Färbung dem Geschlecht nach verschieden sind, sind alle braun oder haben verschiedene Farbnuancen von Schmutziggelb oder fast Weiß. Bei mehreren Spezies sind die Männchen viel dunkler als die Weibchen[20], und diese gehören Gruppen an, welche meistens während des Nachmittags fliegen. Auf der anderen Seite haben bei vielen Gat-

---

[16] S. Wormald über diese Tiere, in : Proceed. Entomolog. Soc. 2, March 1868.
[17] S. auch eine Beschreibung der südamerikanischen Gattung *Erateina* (einer der Geometern) in: Transact. Entomolog. Soc., New Series, Vol. V, pl. XV und XVI.
[18] Proceed. Entomolog. Soc. of London, July 6th 1868, p. XXVII.
[19] Harris: Treatise on the Insects of New England, edited by Flint, 1862, p. 395.
[20] Ich beobachtete z. B. in der Sammlung meines Sohnes, daß bei *Lasiocampa quercus*, *Odonestis potatoria*, *Hypogymna dispar*, *Dasychira pudibunda* und *Cycnia mendica* die Männchen dunkler sind als die Weibchen. Bei der zuletzt genannten Spezies ist die Verschiedenheit in der Farbe zwischen den beiden Geschlechtern scharf ausge-

tungen, wie mir Mr. Stainton mitteilt, die Männchen weißere Unterflügel als die Weibchen, für welche Tatsache *Agrotis exclamationis* ein gutes Beispiel darbietet. Bei dem Hopfenspinner (*Hepialus humuli*) ist die Verschiedenheit schärfer ausgesprochen, die Männchen sind weiß und die Weibchen gelb mit dunkleren Zeichnungen.[21] Wahrscheinlich werden hierdurch die Männchen in diesen Fällen auffallender und können von den Weibchen, während sie in der Dämmerung herumfliegen, leichter gesehen werden.

Nach den verschiedenen, im vorstehenden erwähnten Tatsachen ist es unmöglich anzunehmen, daß die brillanten Farben von Tagschmetterlingen und einigen wenigen Nachtfaltern im allgemeinen zum Zweck des Schutzes erlangt worden seien. Wir haben gesehen, daß ihre Färbungen und eleganten Zeichnungen so, als wenn es auf eine Entfaltung derselben abgesehen sei, angeordnet sind und dem Anblick dargeboten werden. Ich werde daher zu der Vermutung geleitet, daß die Weibchen im allgemeinen die glänzender gefärbten Männchen vorziehen oder von diesen am meisten angeregt werden; denn nach jeder anderen Annahme würden die Männchen, so weit wir sehen können, zu gar keinem Zweck geschmückt sein. Wir wissen, daß Ameisen und gewisse lamellicorne Käfer eines Gefühls der Zuneigung für einander fähig sind und daß Ameisen ihre Genossen nach einem Verlaufe von mehreren Monaten wiedererkennen. Es liegt daher keine abstrakte Unwahrscheinlichkeit vor, daß die Lepidoptern, welche in der Stufenleiter wahrscheinlich nahezu oder vollständig so hoch stehen wie jene Insekten, hinreichende geistige Fähigkeiten haben sollten, helle Färbungen zu bewundern. Sie finden sicher Blüten durch deren Färbungen. Der Taubenschwanz (*Macroglossa stellatarum*) stürzt sich, wie oft beobachtet werden kann, aus einer ziemlichen Entfernung auf eine Gruppe Blüten in der Mitte von grünem Laub, und zwei Personen haben mir versichert, daß dieser Schwärmer wiederholt an den Wänden eines Zimmers auf gemalte Blumen hinflog und vergebens versuchte, seinen Rüssel in dieselben einzuführen. Fritz Müller teilt mir mit, daß mehrere Arten von Schmetterlingen in Süd-Brasilien eine unverkennbare Vorliebe für gewisse Farben vor anderen zeigen: Er beobachtete, daß sie die brillanten roten Blüten von fünf oder sechs Gattungen von Pflanzen sehr häufig aufsuchten, aber niemals die weiß oder gelb blühenden Arten derselben oder anderer Gattungen, die in dem nämlichen Garten wuchsen; auch habe ich noch andere Berichte in demselben Sinne erhalten. Der gemeine weiße Schmetterling fliegt oft, wie ich von Mr. Doubleday höre, auf ein Stück Papier auf der Erde hinunter, indem er dasselbe ohne Zweifel für ein Insekt seiner Art hält. Mr. Collingwood[22] erzählt von der Schwierigkeit, gewisse Schmetterlinge in dem malaiischen Archipel zu sammeln, und gibt an, daß „ein auf einen auffallend vorspringenden Zweig gestecktes totes Exemplar oft ein Insekt derselben Spezies in seinem stürmischen Flug aufhält und in den Bereich des Netzes herabbringt, besonders wenn es dem anderen Geschlecht angehört."

Die Werbung der beiden Geschlechter bei Schmetterlingen ist, wie schon bemerkt wurde, eine langwierige Angelegenheit. Die Männchen kämpfen zuweilen aus Eifersucht miteinander,

---

sprochen; auch teilt mir Mr. Wallace mit, daß wir hier, wie er meint, einen Fall von protektiver Nachäffung oder Mimikry vor uns haben, welche auf das eine Geschlecht beschränkt ist, wie später noch ausführlich auseinandergesetzt werden wird. Das weiße Weibchen von *Cycnia* gleicht dem sehr allgemeinen *Spilosoma menthastri*, bei welchem beide Geschlechter weiß sind; und Mr. Stainton hat die Beobachtung gemacht, daß dieser letztere Schmetterling mit äußerstem Widerwillen von einer ganzen Brut junger Truthähne verschmäht wurde, welche andere Schmetterlinge sehr gern fressen. Wenn daher die *Cycnia* von britischen Vögeln gewöhnlich für ein *Spilosoma* gehalten würde, so würde sie dem Gefressenwerden entgehen und ihre täuschende weiße Farbe wäre daher eine außerordentliche Wohltat für sie.

[21] Es ist merkwürdig, daß auf den Shetland-Inseln das Männchen dieses Spinners, anstatt vom Weibchen sehr verschieden zu sein, ihm häufig in der Färbung sehr ähnlich ist (s. MacLachlan: Transact. Entomol. Soc., Vol. II, 1866, p.459). G. Fraser vermutet (Nature, Apr. 1871, p.489), daß in der Zeit des Jahres, wo der Hopfenspinner auf diesen nördlichen Inseln erscheint, die weiße Farbe der Männchen nicht nötig sein würde, sie während der Dämmerungsnächte den Weibchen sichtbar zu machen.

[22] Rambles of a Naturalist in the Chinese Seas, 1868, p.182.

und man sieht oft, wie viele um ein und dasselbe Weibchen herumjagen oder sich um dasselbe versammeln. Wenn nun die Weibchen nicht ein Männchen dem anderen vorziehen, so muß die Paarung dem bloßen Zufall überlassen sein, und dies scheint mir durchaus nicht der wahrscheinliche Ausgang zu sein. Wenn auf der anderen Seite die Weibchen gewöhnlich, oder selbst nur gelegentlich, die schöneren Männchen vorziehen, so werden die Farben der letzteren gradweise glänzender geworden und werden auf beide Geschlechter oder nur auf ein Geschlecht vererbt worden sein, je nach dem gerade vorherrschenden Gesetz der Vererbung. Sind die Schlußfolgerungen, zu denen wir aus verschiedenen Arten von Belegen im Anhang zum neunten Kapitel gelangt sind, zuverlässig, so wird der Prozeß der geschlechtlichen Zuchtwahl durch einen Umstand sehr erleichtert worden sein, nämlich dadurch, daß die Männchen vieler Lepidoptern, wenigstens im Imagozustand, die Weibchen bedeutend an Zahl übertreffen.

Einige Tatsachen stehen indessen der Annahme, daß weibliche Schmetterlinge die schöneren Männchen vorziehen, entgegen. So ist mir von mehreren Beobachtern versichert worden, daß frische Weibchen häufig in der Paarung mit abgeflogenen, abgeblaßten oder schmutzigen Männchen zu sehen sind. Doch ist dies ein Umstand, welcher in vielen Fällen kaum ausbleiben kann, da die Männchen zeitiger aus ihren Puppenhüllen ausschlüpfen als die Weibchen. Bei Nachtschmetterlingen aus der Familie der Bombyciden paaren sich die Geschlechter unmittelbar, nachdem sie die Form des Imagos angenommen haben; denn wegen des rudimentären Zustands ihrer Mundorgane können sie sich nicht ernähren. Wie mir mehrere Entomologen bemerkt haben, befinden sich die Weibchen in einem fast torpiden Zustand und scheinen auch nicht die mindeste Wahl in bezug auf ihre Genossen zu äußern. Dies ist mit dem gemeinen Seidenschmetterling (*Bombyx mori*) der Fall, wie mir mehrere Züchter vom Kontinent und in England gesagt haben. Dr. Wallace, welcher in bezug auf die Züchtung von *Bombyx Cynthia* große Erfahrung hat, ist der Überzeugung, daß die Weibchen keine Wahl oder keine Vorliebe zeigen. Er hat über dreihundert von diesen Spinnern lebend zusammengehalten und hat oft die kräftigsten Weibchen mit verstümmelten Männchen sich paaren sehen. Wie es scheint, kommt dies umgekehrt selten vor. Denn, wie er glaubt, gehen die kräftigen Männchen bei den schwächlichen Weibchen vorüber und werden mehr von denen angezogen, welche die meiste Lebenskraft darbieten. Obwohl die Bombyciden dunkel gefärbt sind, erscheinen sie nichtsdestoweniger wegen ihrer eleganten und bunten Schattierungen unserem Auge als schön.

Ich habe bis jetzt nur die Arten erwähnt, bei denen die Männchen heller gefärbt sind als die Weibchen, und habe ihre Schönheit dem Umstand zugeschrieben, daß viele Generationen hindurch die Weibchen die anziehenderen Männchen gewählt haben. Es kommen aber auch, wenn schon selten, umgekehrte Fälle vor, wo die Weibchen brillanter sind als die Männchen; hier haben, wie ich glaube, die Männchen die schöneren Weibchen gewählt und haben dadurch langsam deren Schönheit erhöht. Wir wissen nicht, warum in verschiedenen Klassen des Tierreichs die Männchen einiger weniger Spezies die schöneren Weibchen erwählt haben, statt mit Freuden irgendein Weibchen zu nehmen, was im Tierreich die allgemeine Regel zu sein scheint; wenn aber im Gegensatz zu dem, was allgemein bei den Lepidoptern der Fall ist, die Weibchen zahlreicher wären als die Männchen, so würden wahrscheinlich die letzteren die schöneren Weibchen aussuchen. Mr. Butler zeigte mir mehrere Arten von *Callidryas* im British Museum; bei einigen glichen die Weibchen den Männchen an Schönheit, bei anderen übertrafen sie dieselben bedeutend; denn nur die Weibchen haben die Flügelränder mit Karmesin und Orange unterlaufen und mit Schwarz gefleckt. Die einfacheren Männchen dieser Arten gleichen einander sehr und zeigen damit, daß hier die Weibchen modifiziert worden sind, während in den Fällen, wo die Männchen die geschmückteren sind, diese modifiziert sind und die Weibchen einander fast gleich bleiben.

In England haben wir einige analoge, wenn schon nicht so ausgesprochene Fälle. Nur die Weibchen zweier Arten von *Thecla* haben einen hellpurpurnen oder orangenen Fleck auf den

Vorderflügeln. Bei *Hipparchia* sind die Geschlechter nicht sehr verschieden; es ist aber das Weibchen von *H. janira*, welches einen auffallenden hellbraunen Fleck auf seinen Flügeln hat; und die Weibchen einiger von den anderen Arten sind heller gefärbt als ihre Männchen. Ferner haben die Weibchen von *Colias edusa* und *hyale* „orange oder gelbe Flecken auf dem schwarzen Randsaum, die bei den Männchen nur durch dünne Striche angedeutet sind"; bei *Pieris* sind es die Weibchen, welche „mit schwarzen Flecken auf den Vorderflügeln verziert sind, dieselben sind bei den Männchen nur teilweise vorhanden". Nun weiß man, daß die Männchen vieler Schmetterlinge die Weibchen während ihres Hochzeitsfluges tragen; in der eben genannten Art aber sind es die Weibchen, welche die Männchen tragen, so daß die Rollen, welche die beiden Geschlechter spielen, umgekehrt sind, wie es auch ihre relative Schönheit ist. Durch das ganze Tierreich hindurch stellen die Männchen bei der Werbung den tätigeren Teil dar, und ihre Schönheit scheint dadurch erhöht worden zu sein, daß die Weibchen die anziehenderen Individuen angenommen haben; bei diesen Schmetterlingen indessen übernehmen bei der endlichen Hochzeitszeremonie die Weibchen die tätigere Rolle, so daß wir annehmen dürfen, daß sie dies auch bei der Werbung tun. In diesem Falle können wir sehen, woher es kommt, daß sie die schöneren geworden sind. Mr. Meldola, dem die vorstehenden Angaben entnommen sind, sagt zum Schluß: „Obschon ich von der Wirksamkeit der geschlechtlichen Zuchtwahl beim Hervorbringen der Farben bei Insekten nicht überzeugt bin, kann es doch nicht geleugnet werden, daß diese Tatsachen Mr. Darwins Ansicht auffallend bestätigen."[23]

Da geschlechtliche Zuchtwahl an erster Stelle von Variabilität abhängt, so müssen ein paar Worte über diesen Gegenstand noch hinzugefügt werden. In bezug auf die Farbe besteht hier keine Schwierigkeit, da äußerst variable Lepidoptern in beliebiger Zahl angeführt werden können. Ein einziges gutes Beispiel wird hier genügen. Mr. Bates zeigte mir eine ganze Reihe von Exemplaren von *Papilio Sesostris* und *Childrenae*. Bei der letzteren Art variierten die Männchen sehr in der Größe des schön emaillierten grünen Flecks auf den Vorderflügeln und in der Größe sowohl des weißen Flecks als auch des glänzenden karmesinroten Streifens auf den Hinterflügeln, so daß zwischen den am meisten und am wenigsten glänzend gefärbten Männchen ein großer Unterschied bestand. Das Männchen von *Papilio Sesostris* ist viel weniger schön als *Papilio Childrenae*. Auch dieses variiert etwas in der Größe des grünen Flecks auf den Vorderflügeln und in dem gelegentlichen Auftreten eines kleinen karmesinroten Streifens auf den Hinterflügeln, der, wie es scheinen möchte, von dem Weibchen seiner eigenen Spezies entlehnt ist. Denn die Weibchen dieser und vieler anderen Spezies der *Aeneas*-Gruppe besitzen diesen karmesinfarbenen Streifen. Es fand sich daher zwischen den glänzendsten Exemplaren von *P. Sesostris* und den am wenigsten glänzenden von *P. Childrenae* nur eine kleine Lücke; und offenbar lag, soweit bloße Variabilität in Betracht kam, keine Schwierigkeit vor, mittels der Zuchtwahl die Schönheit der Spezies beständig zu erhöhen. Hier ist die Variabilität fast ganz auf das männliche Geschlecht beschränkt; aber Mr. Wallace und Mr. Bates haben gezeigt[24], daß die Weibchen einiger Spezies außerordentlich variabel sind, während die Männchen nahezu konstant bleiben. In einem späteren Kapitel werde ich zu zeigen Gelegenheit haben, daß die schönen, auf den Flügeln vieler Lepidoptern sich findenden Augenflecke oder Ozellen außerordentlich variabel sind. Ich will hier hinzufügen, daß diese Ozellen nach der Theorie der geschlechtlichen Zucht-

---

[23] Nature, 27. Apr. 1871, p.508. Meldola zitiert Donzel, in: Soc. Ent. de France, 1837, p.77, über den Flug des Schmetterlings während der Paarung s. auch G. Fraser, in: Nature, 20. Apr. 1871, p.489, über die sexuellen Verschiedenheiten mehrerer englischer Schmetterlinge.

[24] Wallace: On the Papilionidae of the Malayan Region, in: Transact. Linnean Soc., Vol. XXV, 1865, p.8, 36. Ein auffallendes Vorkommen einer seltenen, ganz streng zwischen zwei anderen gut markierten Varietäten intermediären Varietät ist von Mr. Wallace beschrieben worden. S. auch Mr. Bates, in: Proceed. Entomolog. Soc., Nov. 19th 1866, p.XL.

wahl eine Schwierigkeit darbieten; denn obschon sie uns so ornamental erscheinen, sind sie niemals in dem einen Geschlecht vorhanden und fehlen in dem anderen, auch sind sie niemals in den beiden Geschlechtern sehr verschieden.[25] Diese Tatsache ist für jetzt unerklärlich; sollte aber später gefunden werden, daß die Bildung eines Ozellus Folge irgendeiner, in einer sehr frühen Entwicklungsperiode auftretenden Veränderung der Gewebe der Flügel wäre, so dürfen wir nach dem, was wir von den Gesetzen der Vererbung wissen, erwarten, daß sie auf beide Geschlechter überliefert werden würde, auch wenn sie in einem Geschlecht allein zuerst aufträte und ausgebildet würde.

Obgleich viele ernstliche Einwürfe erhoben werden können, so scheint es doch im ganzen wahrscheinlich, daß die meisten derjenigen Spezies von Lepidoptern, welche brillant gefärbt sind, ihre Farben geschlechtlicher Zuchtwahl verdanken, ausgenommen gewisse, sofort zu erwähnende Fälle, bei denen die auffallende Färbung als ein Schutzmittel durch Mimikry erlangt worden ist. Infolge der heftigeren Begierde des Männchens, durch das ganze Tierreich hindurch, ist dasselbe allgemein bereit, jedes Weibchen anzunehmen, und es ist gewöhnlich das Weibchen, welches eine Wahl ausübt. Wenn daher bei den Lepidoptern geschlechtliche Zuchtwahl eingewirkt hat, so muß, wenn die Geschlechter verschieden sind, das Männchen das am brillantesten gefärbte sein, und dies ist unzweifelhaft die gewöhnliche Regel. Wenn beide Geschlechter brillant gefärbt sind und einander gleichen, so scheinen die von den Männchen erlangten Charaktere auf beide Geschlechter überliefert worden zu sein. Wir werden zu diesem Schluß durch Fälle geführt, selbst innerhalb einer und derselben Gattung, wo sich zwischen einem außerordentlichen Grade von Verschiedenheit zwischen den beiden Geschlechtern bis zu einer Identität in der Färbung Abstufungen finden.

Man kann aber fragen, ob die Verschiedenheit in der Färbung zwischen den Geschlechtern nicht durch andere Mittel außer der geschlechtlichen Zuchtwahl erklärt werden kann. So ist es bekannt[26], daß die Männchen und Weibchen einer und derselben Spezies von Schmetterlingen in mehreren Fällen verschiedene Lokalitäten bewohnen, daß erstere meist im Sonnenschein sich herumtummeln, während letztere düstere Wälder aufsuchen. Es ist daher möglich, daß verschiedene Lebensbedingungen direkt auf die beiden Geschlechter eingewirkt haben; doch ist dies nicht wahrscheinlich[27], da sie im erwachsenen Zustand nur während einer sehr kurzen Zeit verschiedenen Bedingungen ausgesetzt sind und die Larven beider den nämlichen Bedingungen unterliegen. Mr. Wallace glaubt, daß die Verschiedenheit zwischen den Geschlechtern nicht sowohl eine Folge davon ist, daß die Männchen modifiziert worden sind, als davon, daß die Weibchen in allen oder fast allen Fällen zum Zweck des Schutzes dunkle Farben erlangt haben. Mir scheint es im Gegenteil viel wahrscheinlicher zu sein, daß in der großen Majorität der Fälle nur die Männchen durch geschlechtliche Zuchtwahl modifiziert worden sind, während die Weibchen nur wenig verändert wurden. Wir können hiernach einsehen, woher es kommt, daß die Weibchen verschiedener, aber verwandter Spezies einander viel mehr ähnlich sind als die Männchen. Sie zeigen uns annähernd die ursprüngliche Färbung der elterlichen Spezies der Gruppe, zu welcher sie gehören. Indessen sind sie beinahe immer durch einige der aufeinanderfolgenden Stufen der Abänderung etwas modifiziert worden, durch deren Anhäufung die Männchen schöner geworden sind. Doch will ich nicht leugnen, daß allein die Weibchen einiger Arten speziell zum Zweck des Schutzes modifiziert worden sein können. In den meisten Fällen werden die Männchen und

---

[25] Mr. Bates hat die Güte gehabt, diesen Gegenstand vor die entomologische Gesellschaft zu bringen; ich habe darüber von mehreren Entomologen Antworten erhalten.
[26] H. W. Bates: The Naturalist on the Amazons. Vol. II, 1863, p.228. A. R. Wallace, in: Transact. Linnean Soc., Vol. XXV, 1865, p.10.
[27] Über diesen ganzen Gegenstand s. „Über das Variieren der Tiere und Pflanzen im Zustand der Domestikation", 2. Aufl., Bd. II, Kap. 23.

Elftes Kapitel

Weibchen verschiedener Arten während ihrer längeren Larvenzustände verschiedenen Bedingungen ausgesetzt gewesen und können hierdurch indirekt beeinflußt worden sein. Doch wird bei den Männchen jede unbedeutende Veränderung der Farbe, die hierdurch hervorgerufen wurde, meistens durch die mittels sexueller Zuchtwahl erlangten brillanteren Färbungen maskiert worden sein. Wenn wir die Vögel besprechen werden, so werden wir die ganze Frage zu erörtern haben, ob die Verschiedenheiten der Färbung zwischen den Männchen und Weibchen eine Folge davon ist, daß die Männchen durch geschlechtliche Zuchtwahl zu ornamentalen Zwecken, oder davon, daß die Weibchen durch natürliche Zuchtwahl zum Schutz modifiziert worden sind. Ich werde daher hier nur wenig über den Gegenstand sagen.

In allen den Fällen, in denen die häufigere Form einer gleichmäßigen Vererbung auf beide Geschlechter vorgeherrscht hat, wird die Zuchtwahl der hellgefärbten Männchen auch streben, die Weibchen hellgefärbt zu machen, und die Zuchtwahl dunkel gefärbter Weibchen wird umgekehrt streben, die Männchen dunkel zu machen. Werden beide Vorgänge gleichzeitig durchgeführt, so werden sie dahin streben, einander zu neutralisieren; und das endliche Resultat wird davon abhängen, ob eine größere Anzahl von Weibchen es erreicht, zahlreiche Nachkommen zu hinterlassen, weil sie durch dunkle Farben geschützt waren, oder eine größere Zahl von Männchen, weil sie heller gefärbt waren und dadurch Genossinnen fanden.

Um die häufige Überlieferung von Charakteren auf ein Geschlecht allein zu erklären, drückt Mr. Wallace seine Ansicht dahin aus, daß die gewöhnlichere Form der gleichmäßigen Vererbung auf beide Geschlechter durch natürliche Zuchtwahl in eine Vererbung auf ein Geschlecht allein verändert werden kann; ich kann aber keine diese Ansicht begünstigenden Belege finden. Wir wissen nach dem, was im Zustand der Domestikation eintritt, daß neue Charaktere oft erscheinen, welche von Anfang an auf ein Geschlecht allein überliefert werden; und es würde nicht im geringsten schwierig sein, durch Zuchtwahl derartiger Abänderungen helle Farbe nur den Männchen zu geben und gleichzeitig oder später nur den Weibchen dunklere Farben. Es ist wohl wahrscheinlich, daß auf diese Weise die Weibchen einiger Tag- und Nachtschmetterlinge zum Zweck des Schutzes unscheinbar und von ihren Männchen sehr verschieden geworden sind.

Ohne entscheidende Beweise möchte ich indessen nicht annehmen, daß bei einer großen Anzahl von Spezies zwei komplizierte Prozesse von Zuchtwahl, von denen ein jeder die Überlieferung neuer Charaktere auf ein Geschlecht allein erfordert, in Tätigkeit getreten sind, – wobei nämlich die Männchen durch das Besiegen ihrer Nebenbuhler glänzender und die Weibchen dadurch, daß sie ihren Feinden entgingen, trübe gefärbt worden wären. Das Männchen des gewöhnlichen Zitronenvogels (*Gonepterix*) ist von einem bei weitem intensiveren Gelb als das Weibchen, obschon das letztere fast gleichmäßig auffallend ist; und in diesem Falle scheint es nicht wahrscheinlich zu sein, daß letzteres seine blassere Färbung als ein Schutzmittel erlangt habe, wogegen es wahrscheinlich ist, daß das Männchen seine helleren Farben als ein Mittel zur geschlechtlichen Anziehung erlangte. Das Weibchen von *Anthocharis cardamines* besitzt nicht die schönen orangenen Spitzen an seinen Flügeln, mit welchen das Männchen verziert ist. Infolgedessen ist es den in unseren Gärten so gemeinen weißen Schmetterlingen (*Pieris*) sehr ähnlich; wir haben aber keinen Beweis, daß diese Ähnlichkeit für die Art eine Wohltat ist. Im Gegenteil, da dieses Weibchen beiden Geschlechtern mehrerer Spezies der nämlichen Gattung ähnlich ist, welche verschiedene Teile der Erde bewohnen, so ist es wahrscheinlich, daß es einfach in einem hohen Grade seine ursprünglichen Farben behalten hat.

Verschiedene Betrachtungen führen endlich, wie wir gesehen haben, zu der Schlußfolgerung, daß bei der größeren Anzahl brillant gefärbter Lepidoptern es das Männchen ist, welches hauptsächlich durch geschlechtliche Zuchtwahl modifiziert worden ist. Die Größe der Verschiedenheit zwischen den Geschlechtern hängt von der Form von Vererbung ab, welche vorgeherrscht hat. Die Vererbung wird durch so viele unbekannte Gesetze oder Bedingungen bestimmt, daß sie uns in ihrer Wirkung äußerst launisch erscheint[28]; und insoweit können wir wohl einsehen, woher es kommt, daß bei nahe verwandten Spezies die Geschlechter entweder in einem erstaunlichen Grade voneinander abweichen, oder in ihrer Färbung identisch sind. Da die aufeinander folgenden Stufen in dem Prozeß der Abänderung notwendig sämtlich durch die Weibchen hindurch überliefert werden, so kann eine größere oder geringere Anzahl solcher Veränderungszustände sich bei diesen leicht entwickeln, und hieraus können wir verstehen, weshalb sich so häufig eine Reihe feiner Abstufungen von einer außerordentlich großen Verschiedenheit bis zu einem durchaus nicht verschiedenen Zustand zwischen den Geschlechtern verwandter Spezies zeigt. Diese Fälle von Abstufungen sind, wie hinzugefügt werden mag, viel zu häufig, als daß die Vermutung begünstigt würde, daß wir hier Weibchen vor uns sähen, welche faktisch den Prozeß des Übergangs darböten und ihre glänzenden Farben zum Zweck des Schutzes verlören. Denn wir haben allen Grund zu schließen, daß in einer jeden gegebenen Zeit die größere Zahl der Spezies sich in einem fixierten Zustand befindet.

Nachäffung, Mimikry. – Dieses Prinzip ist zuerst in einem ausgezeichneten Aufsatz von Mr. Bates[29] klar nachgewiesen worden, welcher dadurch eine Masse Licht auf viele dunkle Probleme warf. Es war früher beobachtet worden, daß gewisse Schmetterlinge in Süd-Amerika, welche zu völlig verschiedenen Familien gehören, den Heliconiden in jedem Strich und jeder Schattierung der Färbung so sehr glichen, daß sie nur durch einen erfahrenen Entomologen von jenen unterschieden werden konnten. Da die Heliconiden in ihrer gewöhnlichen Art und Weise gefärbt sind, während die anderen von der gewöhnlichen Färbung der Gruppen, zu denen sie gehören, abweichen, so ist es klar, daß die letzteren die nachahmenden und die Heliconiden die nachgeahmten sind. Mr. Bates bemerkte ferner, daß die nachahmenden Spezies vergleichsweise selten sind, während die nachgeahmten in großen Zahlen umherschwärmen, und daß die beiden Formen durcheinandergemischt leben. Aus der Tatsache, daß die Heliconiden in die Augen fallende und schöne Insekten, aber sowohl den Individuen als auch den Arten nach so zahlreich sind, folgerte er, daß sie gegen die Angriffe der Vögel durch irgendeine Absonderung oder einen Geruch geschützt sein müßten, und diese Folgerung ist jetzt in ausgedehnter Weise besonders durch Mr. Belt bestätigt worden.[30] Hieraus schloß nun Mr. Bates ferner, daß die Schmetterlinge, welche die geschützten Spezies nachahmen, ihre jetzige wunderbar täuschende Erscheinung durch Abänderung und natürliche Zuchtwahl erlangt haben, mit der Absicht, für die geschützten Arten gehalten zu werden und dadurch dem Gefressenwerden zu entgehen. Eine Erklärung der brillanten Farben der nachgeahmten Schmetterlinge wird hier nicht zu geben versucht, nur eine Erklärung der Färbung der nachahmenden. Die Farben der Ersteren müssen wir in derselben allgemeinen Weise uns erklären wie in den früheren in diesem Kapitel erörterten Fällen. Seit der Veröffentlichung des Aufsatzes von Mr. Bates sind ähnliche und in gleicher Weise auffallende Tatsachen von Mr. Wallace in der malaiischen Provinz, von Mr. Trimen in Süd-Afrika und von Mr. Riley in den Vereinigten Staaten beobachtet worden.[31]

Da mehrere Schriftsteller es für sehr schwierig gehalten haben einzusehen, wie die ersten Schritte in dem Prozeß der Nachäffung durch natürliche Zuchtwahl hätten geschehen können, so dürfte die Bemerkung wohl zweckmäßig sein, daß der Prozeß wahrscheinlich vor langer Zeit bei Formen seinen Anfang nahm, welche in der Färbung einander nicht sehr unähnlich waren.

---

[28] Über das Variieren der Tiere und Pflanzen im Zustand der Domestikation. 2. Aufl., Bd. II, Kap. 12, p.20.
[29] Transact. Linnean Soc., Vol. XXIII, 1862, p.495.
[30] Proceed. Entomolog. Soc., 3. Dez. 1866, p.XLV.
[31] Wallace, in: Transact. Linnean Soc., Vol. XXV, 1865, p.1; auch in: Transact. Entomolog. Soc. 3. Series. Vol. IV, 1867, p.301. Trimen, in: Linn. Transact., Vol. XXVI, 1869, p.497. Riley: Third Annual Report on the noxious Insects of Missouri, 1871, p.163-168. Dieser letzte Aufsatz ist wertvoll, da Mr. Riley hier alle die Einwürfe erörtert, die gegen Mr. Bates' Theorie erhoben worden sind.

Elftes Kapitel

In diesem Falle wird selbst eine geringe Abänderung von Vorteil sein, wenn die eine Spezies dadurch der anderen gleicher gemacht wird; später kann die nachgeahmte Spezies durch natürliche Zuchtwahl oder durch andere Mittel bis zu einem extremen Grade modifiziert worden sein. Waren die Änderungen stufenweise, so können die Nachahmer leicht denselben Weg geführt worden sein, bis sie in einem gleicherweise extremen Grade von ihrem ursprünglichen Zustand abwichen; sie können schließlich ein Ansehen oder eine Färbung erreichen, welche der der anderen Glieder der Gruppe, zu welcher sie gehören, völlig ungleich ist. Man muß sich auch daran erinnern, daß viele Spezies von Lepidoptern sehr gern beträchtlichen und plötzlichen Abänderungen in der Farbe unterliegen. Einige wenige Beispiele sind in diesem Kapitel mitgeteilt worden; noch viel mehr sind in Mr. Bates' und Mr. Wallaces Abhandlungen zu finden.

Bei mehreren Spezies sind die Geschlechter einander gleich und ahmen die beiden Geschlechter einer anderen Spezies nach. Mr. Trimen führt aber in dem bereits erwähnten Aufsatz drei Fälle an, wo die Geschlechter der nachgeahmten Form in der Färbung voneinander abweichen und die Geschlechter der nachahmenden Art in gleicher Weise voneinander verschieden sind. Es sind auch mehrere Fälle beschrieben worden, wo allein die Weibchen brillant gefärbte und geschützte Spezies nachahmen, während die Männchen „das normale Ansehen ihrer unmittelbaren Verwandten beibehalten." Offenbar sind hier die aufeinanderfolgenden Abänderungen, durch welche das Weibchen modifiziert worden ist, auf dieses allein überliefert worden. Es ist indessen wahrscheinlich, daß einige der vielen aufeinanderfolgenden Abänderungen auf die Männchen überliefert worden sein und sich in ihnen entwickelt haben würden, wären nicht derartige Männchen, weil sie den Weibchen weniger anziehend waren, eliminiert worden, so daß nur diejenigen Abänderungen erhalten wurden, welche von Anfang an in ihrer Überlieferung auf das weibliche Geschlecht beschränkt waren. Wir haben eine teilweise Erläuterung für diese Bemerkungen in einer Angabe des Mr. Belt[32], daß die Männchen einiger Leptaliden, welche geschützte Spezies nachahmen, noch immer in einer versteckten Art und Weise einige ihrer ursprünglichen Charaktere beibehalten. So ist bei den Männchen „die obere Hälfte des Unterflügels rein weiß, während der ganze Rest des Flügels mit schwarz, rot und gelb gebändert und gefleckt ist, wie bei der nachgeahmten Spezies. Die Weibchen haben diesen weißen Fleck nicht, und die Männchen verbergen ihn gewöhnlich dadurch, daß sie ihn mit dem Oberflügel bedecken. Ich kann mir daher nicht vorstellen, daß er von irgendeinem anderen Nutzen für sie ist als von dem, als Reizmittel bei der Werbung zu dienen, wenn sie ihn den Weibchen darbieten und hierdurch deren tief eingewurzelte Vorliebe für die normale Farbe der Ordnung befriedigen, zu welcher die Leptaliden gehören."

Helle Färbung der Raupen. – Während ich über die Schönheit so vieler Schmetterlinge Betrachtungen anstellte, kam mir der Gedanke, daß ja auch mehrere Raupen glänzend gefärbt sind, und da geschlechtliche Zuchtwahl hier unmöglich eingewirkt haben kann, so erschien es mir voreilig, die Schönheit des geschlechtsreifen Insekts der Wirksamkeit dieses Prozesses zuzuschreiben, wenn nicht die glänzenden Farben seiner Larven in irgendeiner Weise erklärt werden könnten. An erster Stelle mag bemerkt werden, daß die Farben der Raupen in keiner nahen Korrelation zu denen des geschlechtsreifen Insekts stehen. Zweitens dienen ihre glänzenden Farben in keiner gewöhnlichen Art und Weise zum Schutz. Als ein Beispiel hierfür teilt mir Mr. Bates mit, daß die am auffallendsten gefärbte Larve, welche er je gesehen hat (die einer *Sphinx*), auf den grünen Blättern eines Baumes in den offenen Llanos von Süd-Amerika lebte. Sie war ungefähr 4 Zoll lang, quer schwarz und gelb gebändert und hatte Kopf, Beine und Schwanz hellrot. Sie fiel daher jedem Menschen, welcher vorbeiging, in einer Entfernung von vielen Yards und ohne Zweifel auch jedem vorüberfliegenden Vogel auf.

---

[32] The Naturalist in Nicaragua, 1874, p.385.

Ich wandte mich nun an Mr. Wallace, welcher ein angeborenes Genie hat Schwierigkeiten zu lösen. Nach einigem Überlegen erwiderte er: „Die meisten Raupen erfordern Schutz, was sich daraus ableiten läßt, daß mehrere Arten mit Stacheln oder irritierenden Haaren versehen, und daß viele grün, wie die Blätter auf denen sie leben, oder den Zweigen derjenigen Bäume, auf welchen sie leben, merkwürdig gleich gefärbt sind." Ich will noch als ein anderes Beispiel von Schutz hinzufügen, daß es, wie mir Mr. J. Mansel Weale mitteilt, eine Raupe eines Nachtschmetterlings gibt, welche auf den Mimosen in Süd-Afrika lebt und sich eine Hülle fabriziert, welche von den umgebenden Dornen vollständig ununterscheidbar ist. Nach derartigen Betrachtungen hielt es Mr. Wallace für wahrscheinlich, daß auffallend gefärbte Raupen dadurch geschützt seien, daß sie einen ekelerregenden Geschmack hätten. Da aber ihre Haut äußerst zart ist und da ihre Eingeweide leicht aus einer Wunde hervorquellen, so würde ein unbedeutendes Picken mit dem Schnabel eines Vogels für sie so letal sein, als wenn sie gefressen worden wären. „Widriger Geschmack allein würde daher," wie Mr. Wallace bemerkt, „nicht genügend sein, eine Raupe zu schützen, wenn nicht irgendein äußeres Zeichen dem Tier, welches sie fressen will, anzeigte, daß die vorgebliche Beute ein widriger Bissen ist." Unter diesen Umständen wird es in hohem Grade vorteilhaft für eine Raupe sein, augenblicklich und mit Sicherheit von allen Vögeln und anderen Tieren als ungenießbar erkannt zu werden. Daher werden die prächtigsten Farben von Nutzen sein und können durch Abänderungen und durch das Überleben der am leichtesten wiederzuerkennenden Individuen erlangt worden sein.

Diese Hypothese erscheint auf den ersten Blick sehr kühn; als sie aber der entomologischen Gesellschaft[33] mitgeteilt wurde, tauchten verschiedene Angaben zu ihrer Unterstützung auf; Mr. J. Jenner Weir, welcher eine große Zahl von Vögeln in einer Volière hält, hat, wie er mir mitteilt, zahlreiche Versuche gemacht und findet keine Ausnahme von der Regel, daß alle Raupen von nächtlicher und zurückgezogener Lebensweise mit glatter Haut, ferner alle von grüner Färbung, ebenso alle, welche Zweigen ähnlich sind, mit Gier von Vögeln verzehrt werden. Die mit Haaren und Stacheln besetzten Arten wurden ohne Ausnahme verschmäht, ebenso vier in einer auffallenden Weise gefärbte Arten. Wenn die Vögel eine Raupe verwarfen, so gaben sie deutlich durch das Schütteln ihres Kopfes und Reinigen ihres Schnabels zu erkennen, daß ihnen der Geschmack zuwider war.[34] Mr. A. Butler gab gleichfalls drei auffallend gefärbte Arten von Raupen und Motten einigen Eidechsen und Fröschen, und sie wurden verschmäht, obwohl daß andere Arten gierig gefressen wurden. Es wird hierdurch die große Wahrscheinlichkeit der Ansicht Mr. Wallaces bestätigt, daß nämlich gewisse Raupen zu ihrem eigenen Besten auffallend gefärbt worden sind, damit sie leicht von ihren Feinden wiedererkannt würden, beinahe nach dem nämlichen Grundsatz, wie die Apotheker gewisse Gifte zum Besten der Menschen in auffallend gefärbten Flaschen verkaufen. Für jetzt können wir indessen hierdurch die elegante Verschiedenartigkeit der Färbung vieler Raupen nicht erklären. Hätte aber irgendeine Spezies in einer früheren Zeit ein trübes, geflecktes oder gestreiftes Ansehen erlangt, entweder durch Nachahmung umgebender Gegenstände oder durch die direkte Einwirkung des Klimas usw., so würde sie beinahe sicher nicht gleichförmig geworden sein, wenn ihre Färbung intensiv und hell gemacht worden wäre; denn um eine Raupe einfach auffallend zu machen, gibt es keine Zuchtwahl in irgendeiner bestimmten Richtung.

---

[33] Proceed. Entomolog. Soc., Dec. 3rd 1866, p.XLV, und March 4th 1867, p.LXXX.
[34] S. den Aufsatz von Mr. J. Jenner Weir: On Insects and insectivorous Birds, in: Transact. Entomolog. Soc., 1869, p.21; auch Mr. Buttlers Aufsatz ebd., p.27. Mr. Riley hat analoge Tatsachen mitgeteilt, in: Third Annual Report on the noxious Insects of Missouri, 1871, p.148. Einige widersprechende Fälle sind indessen von Mr. Wallace und M. H. d'Orville mitgeteilt worden; s. Zoological Record, 1869, p.349.

Elftes Kapitel

Zusammenfassung und Schlußbemerkungen über Insekten. – Blicken wir zurück auf die verschiedenen Ordnungen, so sehen wir, daß die Geschlechter oft in verschiedenen Merkmalen voneinander abweichen in einer Weise, deren Bedeutung nicht im mindesten einzusehen ist. Die Geschlechter weichen auch oft in ihren Sinnes- oder Bewegungsorganen voneinander ab, so daß die Männchen schnell die Weibchen entdecken oder erreichen können, und noch öfter darin, daß die Männchen verschiedenartige Einrichtungen zum Halten der Weibchen besitzen, wenn sie sie einmal gefunden haben. Aber geschlechtliche Verschiedenheiten dieser Arten gehen uns hier nur in einem untergeordneten Grade an.

In beinahe allen Ordnungen kennt man Arten, deren Männchen, selbst wenn sie schwächlicher und zarter Natur sind, in hohem Grade kampfsüchtig sind, und einige wenige sind mit speziellen Waffen zum Kampf mit ihren Nebenbuhlern ausgerüstet. Aber das Gesetz des Kampfes herrscht bei Insekten nicht annähernd so weit vor wie bei höheren Tieren. Es ist daher aus diesem Grunde wahrscheinlich, daß die Männchen nur in wenigen Fällen größer und stärker geworden sind als die Weibchen. Im Gegenteil sind sie gewöhnlich kleiner, damit sie sich in einer kürzeren Zeit entwickeln können, um in größerer Anzahl beim Ausschlüpfen der Weibchen in Bereitschaft zu sein.

In zwei Familien der Homoptern und dreien der Orthoptern besitzen nur die Männchen lauterzeugende Organe in einem wirksamen Zustand. Dieselben werden während der Brunstzeit unaufhörlich gebraucht, nicht bloß um das Weibchen zu rufen, sondern auch um dieses anzuregen und zu bezaubern im Wettkampf mit anderen Männchen. Niemand, welcher die Wirksamkeit von Zuchtwahl irgendeiner Art zugibt, wird, nachdem er die obige Erörterung gelesen hat, bestreiten, daß diese musikalischen Instrumente durch geschlechtliche Zuchtwahl erlangt worden sind. In vier anderen Ordnungen sind die Individuen eines Geschlechts oder häufiger noch beider Geschlechter mit Organen zur Hervorbringung verschiedener Laute versehen, welche dem Anschein nach bloß als Locktöne gebraucht werden. Wenn beide Geschlechter in dieser Weise ausgerüstet sind, werden diejenigen Individuen, welche imstande sind, das lauteste oder anhaltendste Geräusch zu machen, vor denjenigen Individuen Genossen erhalten, welche weniger lärmend sind, so daß ihre Organe wahrscheinlich durch geschlechtliche Zuchtwahl erlangt worden sind. Es ist belehrend, über die wunderbare Mannigfaltigkeit der Mittel nachzudenken, durch welche Laute hervorgebracht werden: Einrichtungen, welche entweder die Männchen allein oder beide Geschlechter in nicht weniger als sechs Ordnungen besitzen. Wir lernen daraus, wie wirksam geschlechtliche Zuchtwahl gewesen ist bei der Hervorbringung von Modifikationen, welche sich zuweilen, wie bei den Homoptern, auf bedeutungsvolle Teile der Organisation beziehen.

Nach den im letzten Kapitel beigebrachten Gründen ist es wahrscheinlich, daß die großen Hörner der Männchen vieler Lamellicornier und einiger anderer Käfer als Zierat erlangt worden sind. Wegen der unbedeutenden Größe der Insekten sind wir geneigt, ihre äußere Erscheinung zu unterschätzen. Wenn wir uns aber ein männliches *Chalcosoma* mit seinem poliertem bronzefarbenen Panzer, seinen ungeheuren, komplizierten Hörnern zur Größe eines Pferdes oder selbst nur eines Hundes vergrößert vorstellen könnten, so würde es eines der imponierendsten Tiere der Welt sein.

Die Färbung der Insekten ist ein komplizierter und dunkler Gegenstand. Wenn das Männchen unbedeutend vom Weibchen abweicht und keines der beiden Geschlechter brillant gefärbt ist, so haben wahrscheinlich beide Geschlechter in einer unbedeutend verschiedenen Art und Weise variiert, wobei dann die Abweichungen von jedem Geschlecht auf das gleichnamige vererbt wurden, ohne daß daraus irgendein Vorteil oder Nachteil hervorging. Wenn das Männchen brillant gefärbt ist und auffallend vom Weibchen abweicht, wie es bei manchen Libellen und vielen Schmetterlingen der Fall ist, so verdankt es wahrscheinlich seine Farben geschlechtlicher Zuchtwahl, während das Weibchen einen ursprünglichen oder sehr alten Typus der Färbung beibehalten hat, welcher nur unbedeutend durch die früher erörterten Einwirkungen modifiziert worden ist. Aber in einigen Fällen ist offenbar das Weibchen dadurch dunkel geworden, daß Abänderungen als direktes Schutzmittel auf es allein überliefert worden sind; und es ist beinahe gewiß, daß es zuweilen brillant gefärbt worden ist, um andere, denselben Bezirk bewohnende geschützte Arten nachzuahmen. Wenn die Geschlechter einander ähnlich und beide dunkel gefärbt sind, so sind sie ohne Zweifel in einer Menge von Fällen zum Zweck des Schutzes gefärbt worden. Dasselbe ist in einigen Beispielen der Fall, wo beide hell gefärbt sind, wodurch sie geschützte Spezies nachahmen oder umgebenden Gegenständen, wie Blüten, ähnlich werden, oder ihren Feinden zu erkennen geben, daß sie von einer ungenießbaren Art sind. In anderen Fällen, wo die Geschlechter einander ähnlich und beide brillant gefärbt sind, und besonders wenn die Farben zur Entfaltung entwickelt sind, können wir schließen, daß sie vom männlichen Geschlecht als Anziehungsmittel erlangt und dann auf das Weibchen übertragen worden sind. Wir werden zu dieser Folgerung noch besonders geführt, sobald derselbe Typus der Färbung durch eine ganze Gruppe hindurch herrscht; und wir finden dann, daß die Männchen einiger Spezies von den Weibchen in der Färbung sehr abweichen, während beide Geschlechter anderer Spezies nur wenig verschieden oder völlig gleich sind, wobei dann zwischenliegende Abstufungen diese beiden extremen Zustände miteinander verbinden.

In derselben Art und Weise, wie helle Farben oft teilweise von den Männchen auf die Weibchen übertragen worden sind, ist es auch mit den außerordentlichen Hörnern vieler Lamellicornier und anderer Käfer der Fall gewesen; so sind ferner die lauterzeugenden Organe, welche den Männchen der Homoptern und Orthoptern eigen sind, allgemein in einem rudimentären oder selbst in einem nahezu vollkommenen Zustand auf die Weibchen übertragen worden, allerdings nicht in einem hinreichend vollkommenen Zustand, um von irgendeinem Nutzen zu sein. Es ist auch eine interessante und sich auf geschlechtliche Zuchtwahl beziehende Tatsache, daß die Stridulationsorgane gewisser männlicher Orthoptern nicht eher als bis mit der letzten Häutung vollständig entwickelt werden, und daß die Farben gewisser männlicher Libellen nicht eher vollständig entwickelt werden, als nach Ablauf einiger Zeit nach ihrem Ausschlüpfen aus dem Puppenzustand und wenn sie zur Begattung reif sind.

Eine Wirksamkeit geschlechtlicher Zuchtwahl ist nur unter der Voraussetzung denkbar, daß die anziehenderen Individuen von dem anderen Geschlecht vorgezogen werden, und da es bei den Insekten, wenn die Geschlechter voneinander abweichen, das Männchen ist, welches mit seltenen Ausnahmen am meisten geziert ist und welches am meisten von dem Typus, zu welchem die Art gehört, abweicht, und da es das Männchen ist, welches begierig das Weibchen aufsucht, so müssen wir annehmen, daß gewöhnlich oder gelegentlich das Weibchen die schöneren Männchen vorzieht, und daß diese hierdurch ihre Schönheit erlangt haben. Daß in den meisten oder sämtlichen Ordnungen die Weibchen das Vermögen haben, irgendein besonderes Männchen zu verschmähen, ist nach den vielen eigentümlichen Vorrichtungen wahrscheinlich, welche die Männchen besitzen, um die Weibchen zu ergreifen, wie große Kinnladen, Haftkissen, Dornen, verlängerte Beine usw.; denn diese Einrichtungen zeigen, daß der Akt seine Schwierigkeiten hat, so daß die Beteiligung des Weibchens notwendig scheint. Nach dem, was wir vom Wahrnehmungsvermögen und den Affekten verschiedener Insekten wissen, liegt von vornherein keine Unwahrscheinlichkeit in der Annahme, daß geschlechtliche Zuchtwahl in ziemlicher Ausdehnung in Tätigkeit getreten ist; wir haben aber bis jetzt noch keine direkten Belege über diesen Punkt und einige Tatsachen widersprechen der Annahme. Nichtsdestoweniger können wir doch, wenn wir sehen, daß viele Männchen ein und dasselbe Weibchen verfolgen, kaum glauben, daß die Paarung einem blinden Zufall überlassen wäre, – daß das Weibchen keine Wahl ausübte und von den prächtigen Färbungen oder anderen Zieraten, mit denen das Männchen allein dekoriert ist, nicht beeinflußt werden sollte.

Wenn wir annehmen, daß die Weibchen der Homoptern und Orthoptern die von ihren männ-

Elftes Kapitel

lichen Genossen hervorgebrachten musikalischen Laute würdigen und daß die verschiedenen Instrumente zu diesem Zweck durch geschlechtliche Zuchtwahl vervollkommnet worden sind, so liegt in der weiteren Annahme wenig Unwahrscheinliches, daß die Weibchen anderer Insekten Schönheit in der Form und Färbung würdigen und daß infolge hiervon solche Merkmale von den Männchen zu diesem Zweck erlangt worden sind. Aber wegen des Umstands, daß die Farbe so variabel und daß dieselbe so oft zum Zweck des Schutzes modifiziert worden ist, ist es schwierig zu entscheiden, wie zahlreich im Verhältnis die Fälle sind, bei welchen geschlechtliche Zuchtwahl ins Spiel gekommen ist. Dies ist ganz besonders schwierig in denjenigen Ordnungen, wie den Orthoptern, Hymenoptern und Coleoptern, bei welchen die beiden Geschlechter selten bedeutend in der Farbe voneinander abweichen, denn wir sind hier auf bloße Analogie angewiesen. Was indessen die Coleoptern betrifft, so finden wir, wie vorhin bemerkt wurde, daß in der großen Gruppe der Lamellicornier, welche von einigen Autoritäten an die Spitze der Ordnung gestellt wird und bei welcher wir zuweilen eine gegenseitige Anhänglichkeit zwischen den Geschlechtern beobachten, die Männchen einiger Spezies in Besitz von Waffen zum geschlechtlichen Kampf, andere mit wunderbaren Hörnern versehen, viele mit Stridulationsorganen ausgerüstet und andere wieder mit glänzenden, metallischen Farben verziert sind. Es scheint daher hiernach wahrscheinlich, daß alle diese Charaktere auf ein und demselben Weg erlangt worden sind, nämlich durch geschlechtliche Zuchtwahl. Bei den Schmetterlingen haben wir die besten Beweise hierfür, da die Männchen sich oft große Mühe geben, ihre schönen Farben zu entfalten; wir können nicht glauben, daß sie so handeln würden, wenn dieses Entfalten bei der Werbung nicht für sie von Nutzen wäre.

Wenn wir von den Vögeln handeln, werden wir sehen, daß sie in ihren sekundären Sexualcharakteren die größte Analogie mit den Insekten darbieten. So sind viele männliche Vögel in hohem Grade kampflustig und manche sind mit speziellen Waffen zum Kampf mit ihren Nebenbuhlern ausgerüstet. Sie besitzen Organe, welche während der Brunstzeit zum Hervorbringen vokaler und instrumentaler Musik benutzt werden. Sie sind häufig mit Kämmen, Hörnern, Fleischlappen und Schmuckfedern der mannigfaltigsten Arten geschmückt und mit schönen Farben verziert, alles offenbar zum Zweck der Entfaltung. Wir werden finden, daß, wie bei den Insekten, in gewissen Gruppen beide Geschlechter gleichmäßig schön und gleichmäßig mit Zieraten versehen sind, welche gewöhnlich auf das männliche Geschlecht beschränkt sind. In anderen Gruppen sind beide Geschlechter gleichmäßig einfach gefärbt und ohne besondere Zierden. Endlich sind in einigen wenigen anomalen Fällen die Weibchen schöner als die Männchen. Wir werden oft in ein und derselben Gruppe von Vögeln jede Abstufung von gar keiner Verschiedenheit zwischen den beiden Geschlechtern bis zu einer äußerst großen Verschiedenheit finden. Wir werden sehen, daß, ganz wie die weiblichen Insekten, die weiblichen Vögel oft mehr oder weniger deutliche Spuren oder Rudimente der Merkmale besitzen, welche eigentlich den Männchen gehörten und nur für sie von Nutzen sind. In der Tat ist die Analogie in allen diesen Beziehungen zwischen den Vögeln und Insekten eine merkwürdig große. Was für eine Erklärung nur immer in der einen Klasse anwendbar ist, dieselbe läßt sich wahrscheinlich auch auf die andere anwenden; und die Erklärung liegt, wie wir später noch in weiteren Details zu zeigen versuchen werden, in geschlechtlicher Zuchtwahl.

Zwölftes Kapitel

Sekundäre Sexualcharaktere der Fische, Amphibien und Reptilien

Fische: Werbung und Kämpfe der Männchen – Bedeutendere Größe der Weibchen – Männchen: helle Farben und ornamentale Anhänge; andere merkwürdige Charaktere – Färbungen und Anhänge von den Männchen allein während der Paarungszeit erlangt – Fische, bei denen beide Geschlechter glänzend gefärbt sind – Protektive Farben – Die weniger augenfälligen Färbungen der Weibchen können nicht nach dem Grundsatz des Schutzgebens erklärt werden – Männliche Fische bauen Nester und sorgen für die Eier und Jungen – Amphibien: Verschiedenheiten des Baues und der Farbe zwischen den Geschlechtern – Stimmorgane – Reptilien: Schildkröten – Krokodile – Schlangen: Farben in manchen Fällen protektiv – Eidechsen: Kämpfe derselben – Ornamentale Anhänge – Merkwürdige Verschiedenheiten in der Struktur der beiden Geschlechter – Färbungen – Geschlechtliche Verschiedenheiten fast so groß wie bei den Vögeln

Wir sind nun bei dem großen Unterreich der Wirbeltiere angekommen und wollen mit der untersten Klasse, nämlich den Fischen, beginnen. Die Männchen der Plagiostomen (Haifische, Rochen usw.) und der chimärenartigen Fische sind mit Klammerwerkzeugen versehen, welche dazu dienen, das Weibchen festzuhalten, ähnlich wie die verschiedenen Bildungen, welche so viele der niedrigeren Tiere besitzen. Außer den Klammerorganen haben die Männchen vieler Rochen haufenförmige Gruppen starker, scharfer Dornen auf dem Kopf und mehrere Reihen solcher den oberen äußeren Flächen ihrer Brustflossen entlang. Diese sind bei den Männchen einiger Spezies vorhanden, bei denen die anderen Teile des Körpers glatt sind. Sie werden nur zeitweise während der Paarungszeit entwickelt, und Dr. Günther vermutet, daß sie als Greiforgane in Tätigkeit kommen in der Weise, daß die beiden Seiten des Körpers nach innen und unten umgeschlagen werden. Es ist eine merkwürdige Tatsache, daß die Weibchen und nicht die Männchen mancher Spezies, so z. B. von *Raja clavata*, den Rücken mit großen hakenförmigen Dornen dicht besetzt haben.[1]

Nur die Männchen des Capelin (*Mallotus villosus*, eines lachsartigen Fisches) haben eine aus dicht stehenden, bürstenartigen Schuppen bestehende Leiste, mittels derer zwei Männchen, eines auf jeder Seite, das Weibchen halten, während dasselbe mit großer Geschwindigkeit über den sandigen Grund hinfährt und dort seinen Laich ablegt.[2] Der hiervon sehr verschiedene *Monacanthus scopas* bietet eine ziemlich analoge Bildung dar. Wie mir Dr. Günther mitteilt, besitzt das Männchen einen Haufen steifer gerader Stacheln, wie die Zähne eines Kammes, an den Seiten des Schwanzes; dieselben waren in einem Exemplar von sechs Zoll Länge beinahe eineinhalb Zoll lang; das Weibchen hat an derselben Stelle einen Haufen Borsten, die man mit denen einer Zahnbürste vergleichen kann. Bei einer anderen Spezies, M. Peronii, hat das Männchen eine Bürste ähnlich der beim Männchen der ersten Spezies, während die Seiten des Schwanzes beim Weibchen glatt sind. Bei einigen anderen Arten derselben Gattung läßt sich wahrnehmen, daß der Schwanz beim Männchen etwas rauh, beim Weibchen vollkommen glatt ist; und endlich sind bei anderen Arten die Schwanzseiten beider Geschlechter glatt.

Die Männchen vieler Fische kämpfen um den Besitz der Weibchen. So ist der männliche Stichling (*Gasterosteus leiurus*) beschrieben worden als „närrisch vor Entzücken", wenn das Weibchen aus seinem Versteck herauskommt und das Nest in Augenschein nimmt, welches das Männchen für dasselbe gebaut hat. „Das Männchen fliegt um das Weibchen herum in allen Richtungen, dann zurück zu den angehäuften Materialien für den Nestbau, dann im Augenblick

---

[1] Yarrell: History of British Fishes. Vol. II, 1836, p.417, 425, 436. Dr. Günther teilt mir mit, daß die Dornen bei Raja clavata den Weibchen eigentümlich sind.
[2] The American Naturalist. Apr. 1871, p.119.

wieder zurück, und wenn das Weibchen nicht entgegenkommt, versucht das Männchen es mit seiner Schnauze zu stoßen und mit dem Schwanz und dem Seitenstachel zum Nest zu treiben.³ Die Männchen sollen Polygamisten sein.⁴ Sie sind außerordentlich kühn und kampflustig, während „die Weibchen vollständig friedfertig sind". Ihre Kämpfe sind zu Zeiten verzweifelter Art, „denn diese kleinen Kämpfer heften sich für mehrere Sekunden eng aneinander und stürzen miteinander kopfüber herum, bis ihre Kraft vollständig erschöpft zu sein scheint". Bei den rauhschwänzigen Stichlingen (*G. trachurus*) beißen die Männchen einander, während sie im Kampfe rund umeinander herumschwimmen und versuchen, sich gegenseitig mit ihren erhobenen seitlichen Dornen zu durchbohren. Derselbe Schriftsteller fügt hinzu:⁵ „Der Biß dieser kleinen Furien ist sehr scharf. Sie benutzen auch ihre seitlichen Dornen mit solch' tötlicher Wirkung, daß ich gesehen habe, wie während eines Kampfes der eine seinen Widersacher vollständig aufschlitzte, so daß er auf den Boden sank und starb." Ist ein Fisch besiegt, „so verläßt ihn sein tapferes Benehmen, seine munteren Farben blassen ab, und er verbirgt sein Unglück in der Mitte seiner friedlichen Kameraden, ist aber eine Zeitlang der beständige Gegenstand der Nachstellungen seitens seines Besiegers."

Der männliche Lachs ist so kampflustig wie der kleine Stichling, ebenso ist es die männliche Forelle, wie ich von Dr. Günther höre. Mr. Shaw beobachtete einen heftigen Kampf zwischen zwei männlichen Lachsen, welcher einen ganzen Tag dauerte; und Mr. R. Buist, Oberaufseher der Fischereien, teilt mir mit, daß er oft von der Brücke in Perth beobachtet hat, wie die Männchen ihre Nebenbuhler forttreiben, während die Weibchen laichen. „Die Männchen kämpfen beständig und zerren sich auf den Laichstätten herum, und viele verletzen einander so, daß der Tod gar mancher Männchen hierdurch verursacht wird. Wenigstens hat man viele in der Nähe der Flußufer in einem Zustand der Erschöpfung und dem Anschein nach im Absterben begriffen gesehen."⁶ Wie mir Mr. Buist mitteilt, besuchte der Verwalter der Stormontfielder Zuchtteiche im Juni 1868 den nördlichen Tyne und fand ungefähr dreihundert tote Lachse, welche mit Ausnahme eines einzigen sämtlich Männchen waren. Seiner Überzeugung nach hatten sie alle ihr Leben im Kampf mit anderen verloren.

Der merkwürdigste Umstand in bezug auf den männlichen Lachs ist, daß sich während der Laichzeit außer einer bedeutenden Veränderung in der Farbe „die untere Kinnlade verlängert und ein knorpliger Vorsprung von der Spitze aus sich nach oben erhebt, welcher, wenn die Kinnladen geschlossen sind, in eine tiefe Aushöhlung zwischen den Intermaxillarknochen des Oberkiefers eingreift."⁷ Bei unserem Lachs hält diese Strukturveränderung nur während der Laichzeit an; bei dem *Salmo lycaodon* des westlichen Nord-Amerika aber ist diese Veränderung, wie Mr. J. K. Lord glaubt⁸, permanent und am meisten bei den älteren Männchen ausgesprochen, welche schon früher in den Flüssen aufgestiegen sind. Bei diesen alten Männchen werden die Kinnladen zu ungeheuren hakenförmigen Vorsprüngen entwickelt und die Zähne wachsen zu regelmäßigen Hauern aus, oft über einen halben Zoll lang. Der Angabe von Mr. Lloyd⁹ zufolge dient bei dem europäischen Lachs die temporäre hakenförmige Bildung dazu, die Kinnladen zu kräftigen und zu schützen, wenn das eine Männchen ein anderes mit wunderbarer Heftigkeit angreift. Aber die bedeutend entwickelten Zähne der männlichen amerikanischen Lachse können mit den Stoßzäh-

---

³ S. die interessanten Artikel Mr. Waringtons, in : Annals and Magaz. of Nat. Hist., 2. Ser., Vol. X, 1852, p.276, und Vol. XVI, 1855, p.330.
⁴ Noel Humphreys: River Gardens, 1857.
⁵ Loudon's Mag. of Nat. History. Vol. III, 1830, p.331.
⁶ The Field, 29. Juni 1867. Wegen Mr. Shaws Angabe s. Edinburgh Review, 1843. Ein anderer erfahrener Beobachter (Scrope: Days of Salmon Fishing, p.60) bemerkt, daß der männliche Lachs, wenn er könnte, alle übrigen Männchen wie der Hirsch vertreiben würde.
⁷ Yarrell: History of British Fishes. Vol. II, 1836, p.10.
⁸ The Naturalist in Vancouvers Island. Vol. I, 1866, p.54.
⁹ Scandinavian Adventures. Vol. I, 1854, p.100, 104.

nen vieler männlichen Säugetiere verglichen werden; sie weisen eher auf einen offensiven Zweck hin als auf eine bloße protektive Bedeutung.

Der Lachs ist nicht der einzige Fisch, bei welchem die Zähne in den beiden Geschlechtern verschieden sind. Dies ist auch bei vielen Rochen der Fall. Bei *Raja clavata* hat das Männchen scharfe spitze Zähne, welche nach rückwärts gerichtet sind, während die Zähne des Weibchens breit und platt sind und eine Art Pflaster bilden, so daß diese Zähne in den beiden Geschlechtern einer und der nämlichen Spezies mehr voneinander verschieden sind, als es gewöhnlich bei verschiedenen Gattungen einer und derselben Familie der Fall ist. Die Zähne des Männchens werden erst dann scharf, wenn dasselbe erwachsen ist; solange es jung ist, sind sie breit und platt wie die des Weibchens. Wie es so häufig bei sekundären Sexualcharakteren vorkommt, besitzen beide Geschlechter einiger Spezies von Rochen, z.B. *R. batis*, wenn die erwachsen sind, scharfe, zugespitzte Zähne, und hier scheint ein Charakter, welcher dem Männchen eigen und ursprünglich von diesem erlangt worden ist, auf die Nachkommen beider Geschlechter überliefert worden zu sein. Auch bei *R. maculata* sind die Zähne gleichfalls in beiden Geschlechtern zugespitzt, aber nur wenn sie vollständig erwachsen sind; die Männchen erhalten diese Form in einem früheren Alter als die Weibchen. Wir werden später analogen Fällen bei gewissen Vögeln begegnen, bei welchen das Männchen das beiden Geschlechtern im erwachsenen Zustand eigene Gefieder in einem etwas früheren Alter erlangt als das Weibchen. Bei anderen Arten von Rochen besitzen die Männchen, selbst wenn sie alt sind, niemals scharfe Zähne, und es sind folglich beide Geschlechter, wenn sie erwachsen sind, mit breiten, platten Zähnen versehen, ähnlich denen der Jungen und der reifen Weibchen der oben erwähnten Spezies.[10] Da die Rochen kühne, kräftige und gefräßige Fische sind, so dürfen wir vermuten, daß die Männchen ihre scharfen Zähne zum Kämpfen mit ihren Rivalen erhalten; da sie aber viele Teile besitzen, welche zum Ergreifen des Weibchens modifiziert und angepaßt sind, so ist es möglich, daß ihre Zähne zu diesem Zweck benutzt werden.

Was die Größe betrifft, so behauptet Mr. Carbonnier[11], daß bei fast allen Fischen das Weibchen größer ist als das Männchen; und Dr. Günther kennt nicht ein einziges Beispiel, in welchem das Männchen faktisch größer wäre als das Weibchen. Bei einigen Cyprinodonten ist das Männchen nicht einmal halb so groß wie das Weibchen. Da bei vielen Arten von Fischen die Männchen gewöhnlich miteinander kämpfen, so ist es überraschend, daß sie nicht allgemein durch die Wirkungen der geschlechtlichen Zuchtwahl größer und kräftiger geworden sind als die Weibchen. Die Männchen leiden unter ihrer geringen Größe; denn der Angabe von Mr. Carbonnier zufolge werden sie gern von den Weibchen ihrer eigenen Spezies, sobald dieselbe fleischfressend ist, und ohne Zweifel auch von anderen Spezies gefressen. Bedeutende Größe muß daher in irgendeiner Weise von größerer Bedeutung für die Weibchen sein als es die Kraft und die Größe für die Männchen zum Kämpfen mit anderen Männchen ist, und dies wahrscheinlich, um den ersteren die Erzeugung einer ungeheuren Anzahl von Eiern zu ermöglichen.

Bei vielen Arten ist nur das Männchen mit hellen Farben verziert oder die Farben sind beim Männchen viel glänzender als beim Weibchen. Auch ist das Männchen zuweilen mit Anhängen versehen, welche demselben von keinem größeren Nutzen zu den gewöhnlichen Zwecken des Lebens zu sein scheinen, als es die Schwanzfedern des Pfauhahns sind. Die meisten der folgenden Tatsachen verdanke ich der großen Freundlichkeit Dr. Günthers. Es ist Grund zu der Vermutung vorhanden, daß viele tropische Fische dem Geschlecht nach in Farbe und Struktur voneinander verschieden sind, und hierfür finden sich auch einige auffallende Beispiele bei unseren britischen Fischen. Der männliche *Callionymus lyra* wird von den Engländern „gemmeous dragonet" genannt „wegen seiner brillanten edelsteinartigen Farben". Wenn er frisch aus dem

---

[10] S. Yareells Schilderung der Rochen in seiner „History of British Fishes", Vol. II, 1836, p.416, mit einer ausgezeichneten Figur, und p.422, 432.
[11] Zitiert in: The Farmer, 1868, p.369.

Meer genommen wird, ist der Körper gelb in verschiedenen Schattierungen und mit einem lebhaften Blau auf dem Kopf gestreift und gefleckt; die Rückenflossen sind blaßbraun mit dunklen Längsbändern, die Bauchflossen, Schwanz- und Afterflossen sind bläulichschwarz. Das Weibchen, von den Engländern „sordid dragonet" genannt, wurde von Linné und vielen späteren Naturforschern für eine besondere Spezies gehalten. Dasselbe ist von einem schmutzigen Rötlichbraun, die Rückenflossen sind braun und die anderen Flossen weiß. Die Geschlechter weichen auch in der proportionalen Größe des Kopfes und des Mundes voneinander ab, ebenso in der Stellung der Augen[12], aber die am meisten auffallende Verschiedenheit ist die außerordentliche Verlängerung der ersten Rückenflosse beim Männchen. W. Saville Kent macht die Bemerkung: „Dieser sonderbare Anhang scheint, nach meinen Beobachtungen über diese Spezies in der Gefangenschaft, demselben Zweck" zu dienen, wie die Fleischlappen, Federbüsche und anderen abnormen Anhänge der Männchen bei hühnerartigen Vögeln, dem Zweck nämlich ihre Genossin zu bezaubern."[13] Die jungen Männchen gleichen in ihrer Struktur und Farbe den erwachsenen Weibchen. In der ganzen Gattung *Callionymus*[14] ist das Männchen allgemein viel glänzender gefleckt als das Weibchen, und bei mehreren Spezies ist nicht bloß die Rückenflosse, sondern auch die Afterflosse des Männchens bedeutend verlängert.

Das Männchen des Seeskorpions (*Cottus scorpio*) ist schlanker und kleiner als das Weibchen. Es besteht auch eine große Verschiedenheit in der Färbung zwischen den Geschlechtern. „Für jeden, der diesen Fisch nicht während der Laichzeit, wo seine Färbung am glänzendsten ist, beobachtet hat, ist es", wie Mr. Lloyd[15] bemerkt, „schwierig, sich eine Vorstellung von der Mischung der brillanten Farben zu machen, mit welchen derselbe, der in anderen Beziehungen so wenig begünstigt ist, um diese Zeit verziert ist." Bei *Labrus mixtus* sind beide Geschlechter schön, obwohl sie in der Färbung sehr verschieden sind; das Männchen ist orange mit hellblauen Streifen und das Weibchen hellrot mit einigen schwarzen Flecken auf dem Rücken.

In der sehr ausgezeichneten Familie der Cyprinodonten, Bewohner auswärtiger Süßgewässer, weichen die Geschlechter zuweilen bedeutend in verschiedenen Merkmalen voneinander ab. Bei dem Männchen von *Mollienesia petenensis*[16] ist die Rückenflosse bedeutend entwickelt und mit einer Reihe großer runder, augenförmiger, hellgefärbter Flecke gezeichnet, während dieselbe Flosse beim Weibchen kleiner, von verschiedener Form und nur mit unregelmäßigen, gekrümmten, braunen Flecken gezeichnet ist. Bei den Männchen ist auch der basale Rand der Afterflosse ein wenig vorgezogen und dunkel gefärbt. Bei den Männchen einer verwandten Form, des *Xiphophorus Hellerii*, ist der untere Rand der Afterflosse zu einem langen Faden entwickelt, welcher, wie ich von Dr. Günther höre, mit hellen Farben gestreift ist. Dieser fadenförmige Anhang enthält keine Muskeln und kann dem Anschein nach von keinem direkten Nutzen für den Fisch sein. Wie es bei *Callionymus* der Fall ist, sind die Männchen, solange sie jung sind, in ihrer Färbung und Struktur den erwachsenen Weibchen ähnlich. Geschlechtliche Verschiedenheiten wie die vorstehenden können ganz streng mit denen verglichen werden, welche bei hühnerartigen Vögeln so häufig vorkommen.[17]

Bei einem siluroiden Fisch, welcher die süßen Gewässer von Süd-Amerika bewohnt, nämlich dem *Plecostomus barbatus*[18], ist bei dem Männchen der Mund und das Interoperculum mit einem Bart steifer Haare gefranst, von welchen das Weibchen kaum eine Spur zeigt. Diese Haare sind von der Natur der Schuppen. Bei einer anderen Spezies derselben Gattung springen von

---

[12] Ich habe diese Beschreibungen nach Yarrells „British Fishes", Vol. I, 1835, p.261 und 266, zusammengestellt.
[13] Nature, July 1873, p.264.
[14] Catalogue of Acanthopter. Fishes in the British Museum, by Dr. Günther, 1861, p.138-151.
[15] Game Birds of Sweden etc., 1867, p.466.
[16] In bezug auf diese und die folgenden Spezies bin ich Dr. Günther für Information verbunden. S. auch dessen Aufsatz über die Fische von Zentral-Amerika, in: Transact. Zoolog. Soc., Vol. VI, 1868, p.485.
[17] Dr. Günther macht diese Bemerkung, in: Catalogue of Fishes in the British Museum. Vol. III, 1861, p.141.
[18] S. Dr. Günther über diese Gattung, in: Proceed. Zoolog. Soc., 1868, p.232.

dem vorderen Teile des Kopfes des Männchens weiche biegsame Tentakeln vor, welche beim Weibchen fehlen. Diese Tentakeln sind Verlängerungen der eigentlichen Haut und sind daher den steifen Haaren der früheren Spezies nicht homolog; es läßt sich aber kaum zweifeln, daß beide demselben Zweck dienen. Was dieser Zweck sein mag, ist schwierig zu vermuten. Eine Verzierung scheint hier nicht wahrscheinlich zu sein; wir können aber kaum vermuten, daß steife Haare und biegsame Filamente in irgendeiner gewöhnlichen Weise allein den Männchen von Nutzen sein könnten. Bei jenem fremdartigen, monströs aussehenden Fisch, der *Chimaera monstrosa*, hat das Männchen einen hakenförmigen Knochen auf der Spitze des Kopfes, welcher nach vorwärts gerichtet und an seinem abgerundeten Ende mit scharfen Dornen bedeckt ist; beim Weibchen fehlt diese Krone vollständig; was aber ihr Gebrauch sein mag, ist völlig unbekannt.[19]

Die Gebilde, die bis jetzt erwähnt wurden, sind beim Männchen, nachdem es zur Reife gekommen ist, permanent; aber bei einigen Arten von *Blennius* und bei einer anderen verwandten Gattung[20] entwickelt sich ein Kamm auf dem Kopf des Männchens nur während der Paarungszeit, auch wird der Körper der Männchen zu derselben Zeit heller gefärbt. Es läßt sich nur wenig daran zweifeln, daß dieser Kamm als ein temporäres geschlechtliches Ornament dient; denn das Weibchen zeigt auch nicht eine Spur davon. Bei anderen Arten der nämlichen Gattung besitzen beide Geschlechter einen Kamm und mindestens bei einer Spezies ist keines von beiden Geschlechtern damit versehen. Bei vielen Chromiden, z. B. bei *Geophagus* und besonders bei *Cichla*, haben die Männchen, wie ich von Professor Agassiz höre[21] eine auffallende Protuberanz am Vorderkopf, welche bei den Weibchen und den jungen Männchen vollständig fehlt. Professor Agassiz fügt hinzu: „Ich habe diesen Fisch häufig zur Zeit des Laichens beobachtet, wo die Protuberanz am größten ist, ebenso zu anderen Jahreszeiten, wo dieselbe vollständig fehlt und die beiden Geschlechter in der Kontur des Profils ihres Kopfes durchaus keine Verschiedenheit voneinander zeigen. Ich konnte durchaus nicht mit Sicherheit bestimmen, daß diese Hervorragung irgendeiner speziellen Funktion diene, und die Indianer am Amazonasstrom wissen über ihren Gebrauch nichts." Diese Protuberanzen gleichen in ihrem periodischen Erscheinen den fleischigen Karunkeln an den Köpfen gewisser Vögel, ob sie aber als Ornamente von Nutzen sind, muß für jetzt zweifelhaft bleiben.

Die Männchen derjenigen Fische, welche beständig in der Färbung von den Weibchen verschieden sind, werden häufig während der Zeit des Laichens brillanter, wie ich von Professor Agassiz und Dr. Günther höre. Dies ist gleichfalls bei einer Menge von Fischen der Fall, deren Geschlechter zu allen anderen Zeiten des Jahres in ihrer Färbung identisch sind. Als Beispiel können die Schleihe, das Rotauge und der Barsch angeführt werden. Der männliche Lachs ist in dieser Zeit „auf den Wangen mit orange gefärbten Streifen gezeichnet, welche ihm die Erscheinung eines *Labrus* geben, und auch der Körper nimmt an einer gold-orangenen Färbung Teil. Die Weibchen sind von Farbe dunkel und werden gewöhnlich Schwarzfische genannt."[22] Eine analoge und selbst noch größere Veränderung findet bei dem *Salmo eriox* (dem bull-trout der Engländer) statt. Die Männchen der Rotforelle (*Salmo umbla*) sind gleichfalls während der Laichzeit etwas heller in der Färbung als die Weibchen.[23] Die Farben des Hechts der Vereinigten Staaten (*Esox reticulatus*), besonders die des Männchens, werden während der Laichzeit ausnehmend brillant und irisdeszierend.[24] Unter vielen anderen Beispielen bietet ein weiteres auf-

---

[19] F. Buckland, in: Land and Water. July 1868, p.377, mit einer Abbildung. Es ließen sich noch viele andere Fälle von nur den Männchen eigentümlichen Bildungen, deren Gebrauch, unbekannt ist, anführen.
[20] Dr. Günther: Catalogue of Fishes etc., Vol. III, p.221 und 240.
[21] S. auch Prof. and Mrs. Agassiz: A Journey in Brazil, 1868, p.220.
[22] Yarrell: History of British Fishes. Vol. II, 1836, p.10, 12, 35.
[23] W. Thompson, in: Annals and Magaz. of Natur. Hist., Vol. VI, 1841, p.440.
[24] The American Agriculturist, 1868, p.100.

fallendes der männliche Stichling (*Gasterosteus leiurus*) dar, welcher von Mr. Warington[25] beschrieben wird als „über alle Beschreibung schön". Der Rücken und die Augen des Weibchens sind einfach braun und der Bauch weiß, dagegen sind die Augen des Männchens „vom glänzendsten Grün und haben einen metallischen Glanz, wie die grünen Federn mancher Kolibris. Die Kehle und der Bauch sind von einem hellen Scharlach, der Rücken gräulichgrün, und der ganze Fisch erscheint, als wenn er in gewisser Weise durchscheinend wäre und von einem inneren Feuer erglühte". Nach der Laichzeit verändern sich alle diese Farben, die Kehle und der Bauch werden blasser rot, der Rücken mehr grün und die glühend scheinenden Färbungen verschwinden.

Was die Werbung der Fische betrifft, so sind seit dem Erscheinen der ersten Auflage dieses Werkes außer dem vom Stichling mitgeteilten Falle noch weitere beobachtet worden. W. S. Kent sagt, daß das Männchen von *Labrus mixtus*, welches, wie wir gesehen haben, in der Färbung vom Weibchen abweicht, „ein tiefes Loch im Sand des Kastens macht und dann in der überredendsten Weise das Weibchen derselben Spezies zu bestimmen sucht, es mit ihm zu teilen, wobei es zwischen dem Weibchen und dem Loch beständig hin- und herschwimmt und offenbar die größte Sorge an den Tag legt, daß jenes ihm folge". Die Männchen von *Cantharus lineatus* werden während der Laichzeit tief bleischwarz; sie ziehen sich dann aus dem Haufen zurück und höhlen ein Loch aus zum Nest. „Jedes Männchen hält nun sorgfältig Wache über seiner ihm gehörigen Höhle und greift jeden anderen Fisch desselben Geschlechts energisch an und vertreibt ihn. Seinen Genossen vom anderen Geschlecht gegenüber ist sein Benehmen sehr verschieden; viele der letzteren sind zu dieser Zeit von Eiern ausgedehnt, und durch alle „ihm nur zu Gebote stehenden Mittel versucht das Männchen dieselben einzeln zu dem vorbereiteten Nest zu locken und dort die Tausende von Eiern abzusetzen, mit denen sie beladen sind und welche es dann beschützt und mit der größten Sorgfalt bewacht"[26].

Ein noch auffallenderes Beispiel von Werbung, ebenso wie von Entfaltung der Reize seitens der Männchen ist von Carbonnier in Bezug auf einen chinesischen *Macrobus* mitgeteilt worden, der diese Fische in der Gefangenschaft sorgfältig beobachtet hat.[27] Die Männchen sind ganz wunderschön gefärbt, schöner als die Weibchen. Während der Laichzeit konkurrieren sie um den Besitz der Weibchen; im Akt der Brautwerbung breiten sie, der Angabe Carbonniers zufolge, in derselben Weise wie der Pfauhahn, ihre Flossen aus, welche gefleckt und mit hell gefärbten Strahlen verziert sind. Sie tummeln sich auch mit großer Lebhaftigkeit um die Weibchen herum und scheinen durch „l'étalage de leurs vives couleurs chercher à attirer l'attention des femelles; lesquelles ne paraissaient indifférentes à ce manège, elles nageaient avec une molle lenteur vers les mâles et semblaient se complaire dans leur voisinage". Nachdem das Männchen seine Braut gewonnen hat, bildet es eine kleine Scheibe aus Schaum, indem es Luft und Schleim aus dem Mund ausstößt. Dann nimmt es die befruchteten vom Weibchen gelegten Eier in den Mund; dies beunruhigte Carbonnier sehr, da er glaubte, sie würden verschlungen werden. Bald aber bringt das Männchen dieselben in den scheibenförmigen Schaum, bewacht sie später, erneuert den Schaum und sorgt sich um die Jungen, wenn sie ausgeschlüpft sind. Ich erwähne diese Einzelheiten deshalb, weil es, wie wir sofort sehen werden, Fische gibt, bei denen die Männchen die Eier in der Mundhöhle ausbrüten; und diejenigen, welche nicht an das Prinzip der stufenweisen Entwicklung glauben, könnten fragen, wie ein solcher Gebrauch wohl entstanden sein könnte. Die Schwierigkeit wird aber sehr vermindert, wenn wir erfahren, daß es Fische gibt, welche in dieser Weise die Eier zusammennehmen und forttragen. Wären sie nämlich durch irgendwelche Ursache aufgehalten worden, sie wieder abzulegen, so dürften sie wohl die Gewohnheit, sie in der Mundhöhle auszubrüten, erlangt haben.

---

[25] Annals and Magaz. of Natur. Hist., 2. Ser., Vol. X, 1852, p.276.
[26] Nature, May 1873, p.25.
[27] Bullet. Soc. d'Acclimat., Paris, Juill. 1869 und Jan. 1870.

Um aber auf den zunächst vorliegenden Gegenstand zurückzukommen. Der Fall liegt folgendermaßen: Weibliche Fische legen, soweit ich es in Erfahrung bringen kann, niemals freiwillig ihren Laich ab, ausgenommen in Gegenwart der Männchen, und die Männchen befruchten niemals die Eier, ausgenommen in Gegenwart der Weibchen. Die Männchen kämpfen um den Besitz der Weibchen. Bei vielen Arten sind die Männchen, solange sie jung sind, den Weibchen in der Färbung ähnlich; werden sie aber erwachsen, so werden sie viel glänzender und behalten ihre Farben durch ihr ganzes Leben. Bei anderen Arten werden die Männchen nur während der Laichzeit heller oder in anderer Weise bedeutender verziert als die Weibchen. Die Männchen machen den Weibchen eifrig den Hof und geben sich in einem Falle, wie wir gesehen haben, Mühe, ihre Schönheit vor diesen zu entfalten. Kann man wohl glauben, daß sie während ihrer Brautwerbung ohne Zweck so handeln würden? Dies würde aber der Fall sein, wenn nicht die Weibchen irgendeine Wahl ausübten und diejenigen Männchen wählten, welche ihnen am meisten gefallen oder welche sie am meisten reizen. Wenn das Weibchen eine derartige Wahl ausübt, dann sind alle obige Fälle von Verzierung der Männchen sofort mittels sexueller Zuchtwahl verständlich.

Wir haben nun zunächst zu untersuchen, ob diese Ansicht, daß die hellen Färbungen gewisser männlicher Fische durch die geschlechtliche Zuchtwahl erlangt worden sind, unter Zuhilfenahme des Gesetzes der gleichmäßigen Überlieferung von Merkmalen auf beide Geschlechter auch auf jene Gruppe übertragen werden kann, bei welchen die Männchen und Weibchen in demselben oder nahezu demselben Grade und in derselben Art und Weise glänzend sind. Bei einer Gattung wie *Labrus*, welche einige der glänzendsten Fische der Erde umfaßt, z. B. den *Labrus pavo*, der mit sehr verzeihlicher Übertreibung beschrieben wird[28] als aus polierten Schuppen von Gold bestehend, eingefaßt mit Lapislazuli, Rubinen, Saphiren, Smaragden und Amethysten, können wir mit großer Wahrscheinlichkeit dieser Annahme folgen; denn wir haben gesehen, daß die Geschlechter wenigstens bei einer Spezies bedeutend in der Färbung voneinander abweichen. Bei einigen Fischen könnten wohl, wie bei vielen der niedrigsten Tiere, glänzende Farben das direkte Resultat der Natur ihrer Gewebe und der Wirkung der umgebenden Bedingungen sein ohne irgendwelche Hilfe einer Zuchtwahl. Vielleicht ist der Goldfisch (*Cyprinus auratus*), wenigstens nach der Analogie der Goldvarietät des gemeinen Karpfens zu urteilen, ein hier einschlagender Fall, da er seine glänzenden Farben einer einzigen, infolge der Bedingungen, welchen dieser Fisch im Zustand der Gefangenschaft unterworfen ist, plötzlich auftretenden Abänderung verdanken dürfte. Es ist indessen wahrscheinlicher, daß diese Farben durch künstliche Zuchtwahl intensiver geworden sind, da diese Spezies in China seit einer sehr weit zurückliegenden Zeit schon sorgfältig gezüchtet worden ist.[29] Unter natürlichen Verhältnissen scheint es nicht wahrscheinlich zu sein, daß so hochorganisierte Wesen wie Fische, und welche unter so komplizierten Bedingungen leben, glänzend gefärbt werden sollten, ohne aus einer so bedeutenden Veränderung irgendeinen Nachteil oder einen Vorteil zu erlangen, folglich also auch ohne das Dazwischentreten natürlicher Zuchtwahl.

Was müssen wir denn nun in bezug auf die vielen Fische, bei welchen beide Geschlechter gleich gefärbt sind, daraus folgern? Mr. Wallace[30] glaubt, daß die Spezies, welche Riffe bewoh-

---

[28] Bory de Saint Vincent, in: Diction. class. d'Hist. natur., Tom. IX, 1826, p.151.
[29] Veranlaßt durch einige Bemerkungen über diesen Gegenstand in meinem Buch „Das Variieren der Tiere und Pflanzen im Zustand der Domestikation" hat Mr. W. F. Mayers (Chinese Notes and Queries, Aug. 1868, p.123) die alten chinesischen Enzyklopädien durchsucht. Er findet, daß Goldfische zuerst unter der Sung-Dynastie, welche um das Jahr 960 unserer Zeitrechnung herrschte, in Gefangenschaft gezüchtet wurden. Im Jahre 1129 waren diese Fische sehr zahlreich. An einem anderen Ort wird erzählt, daß seit dem Jahre 1548 „in Hangchow eine Varietät produziert wurde, welche wegen ihrer intensiv roten Farbe der Feuer-Fisch genannt wurde. Sie wird ganz allgemein bewundert, und es gibt keinen Hausstand, wo sie nicht kultiviert würde, teils infolge des Wetteifers in bezug auf ihre Farbe, teils als Quelle von Einnahmen."
[30] Westminster Review, July 1867, p.7.

nen, wo Korallen und andere glänzend gefärbte Organismen in großer Zahl leben, glänzend gefärbt sind, damit sie der Entdeckung seitens ihrer Feinde entgehen; aber meiner Erinnerung zufolge würden sie hierdurch nur in hohem Grade auffallend gemacht werden. In den süßen Gewässern der Tropenländer finden sich keine glänzend gefärbten Korallen oder andere Organismen, welchen die Fische ähnlich werden könnten, und doch sind viele Spezies im Amazonasstrom schön gefärbt und viele der fleischfressenden Cypriniden in Indien sind „mit glänzenden Längslinien verschiedener Farben geschmückt"[31]. Mr. M'Clelland geht bei Beschreibung dieser Fische so weit, zu vermuten, daß „der eigentümliche Glanz ihrer Farben als ein besseres Ziel für Eisvögel, Seeschwalben und andere Vögel diene, welche dazu bestimmt seien, die Anzahl dieser Fische in gewissen Schranken zu halten". Aber heutigen Tages werden nur wenige Naturforscher annehmen, daß irgendein Tier auffallend gemacht worden sei als Hilfsmittel zu seiner eigenen Zerstörung. Es ist möglich, daß gewisse Fische auffallend gefärbt worden sind, um Vögeln und Raubtieren anzuzeigen, daß sie ungenießbar sind (wie auseinandergesetzt wurde, als die Raupen besprochen wurden); es ist aber, wie ich glaube, nicht bekannt, daß irgendein Fisch, wenigstens kein Süßwasserfisch, deshalb von fleischfressenden Tieren verschmäht würde, weil er widerwärtig wäre. Im ganzen ist die wahrscheinlichste Ansicht in bezug auf die Fische, bei denen beide Geschlechter brillant gefärbt sind, die, daß ihre Farben von den Männchen als eine geschlechtliche Zierde erlangt worden und dann in einem gleichen oder nahezu gleichen Grade auf das andere Geschlecht überliefert worden sind.

Wir haben nun zu betrachten, ob, wenn das Männchen in einer auffallenden Weise von dem Weibchen in der Färbung oder in anderen Zieraten abweicht, dasselbe allein modifiziert worden ist, so daß auch die Abänderungen nur von seinen männlichen Nachkommen ererbt worden sind, oder ob das Weibchen besonders modifiziert und zum Zweck des Schutzes unansehnlich geworden ist, wobei dann solche Modifikationen nur von den Weibchen ererbt wurden. Es läßt sich unmöglich bezweifeln, daß die Färbung von vielen Fischen als Schutzmittel erlangt worden ist. Niemand kann die gefleckte obere Fläche einer Flunder betrachten und deren Ähnlichkeit mit dem sandigen Meeresgrund, auf welchem der Fisch lebt, übersehen. Übrigens können auch gewisse Fische durch die Tätigkeit ihres Nervensystems ihre Farben in Anpassung an umgebende Gegenstände, und zwar in kurzer Zeit, verändern.[32] Eines der auffallendsten Beispiele unter allen je beschriebenen von einem Tier, welches durch seine Farbe (soweit sich nach Sammlungsexemplaren urteilen läßt) und durch seine Form Schutz erhält, ist das von Dr. Günther mitgeteilte[33] von einer Meernadel, welche mit ihren rötlichen, flottierenden Fadenanhängen kaum vom Seegras zu unterscheiden ist, an welches sie sich mit ihrem Greifschwanz befestigt. Die Frage, welche jetzt hier zu untersuchen ist, ist aber die, ob die Weibchen allein zu diesem Zweck modifiziert worden sind. Wir können einsehen, daß das eine Geschlecht durch natürliche Zuchtwahl zum Zweck des Schutzes nicht mehr als das andere modifiziert werden wird, vorausgesetzt, daß beide Geschlechter variieren; es müßte denn das eine Geschlecht eine längere Zeit hindurch Gefahren ausgesetzt sein oder geringere Kraft besitzen, solchen Gefahren zu entgehen, als das andere; und bei Fischen scheinen die Geschlechter in diesen Beziehungen nicht voneinander abzuweichen. Soweit eine derartige Verschiedenheit existiert, sind die Männchen, weil sie meist von geringerer Größe sind und mehr umherschweifen, einer größeren Gefahr ausgesetzt als die Weibchen; und doch sind die Männchen, wenn die Geschlechter überhaupt verschieden sind, beinahe immer die am auffallendsten Gefärbten. Die Eier werden unmittelbar, nachdem sie abgelegt sind, befruchtet, und wenn dieser Prozeß mehrere Tage dauert, wie es beim Lachs der Fall ist[34], so wird das Weibchen während der ganzen Zeit vom Männchen be-

---

[31] Indian Cyprinidae, by M. J. M'Clelland, in: Asiatic Researches. Vol. XIX, P. II, 1839, p.230.
[32] G. Pouchet, in: L'Institut, Nov. 1st 1871, p.134.
[33] Proceed. Zoolog. Soc., 1865, p.327, pl. XIV und XV.
[34] Yarrell: History of British Fishes. Vol. II, p.11.

gleitet. Nachdem die Eier befruchtet sind, werden sie in den meisten Fällen von beiden Eltern unbeschützt gelassen, so daß die Männchen und Weibchen, soweit das Eierlegen in Betracht kommt, gleichmäßig der Gefahr ausgesetzt sind; auch sind beide für die Erzeugung fruchtbarer Eier von gleicher Bedeutung. Infolgedessen werden die mehr oder weniger hell gefärbten Individuen beider Geschlechter in gleichem Maße häufig zerstört oder erhalten werden, und beide werden einen gleichen Einfluß auf die Färbung ihrer Nachkommen oder der Rasse haben.

Gewisse, zu verschiedenen Familien gehörende Fische bauen Nester, und einige dieser Fische sorgen auch für die Jungen, wenn sie ausgeschlüpft sind. Bei *Crenilabrus massa* und *melops* arbeiten beide Geschlechter der hell gefärbten Arten zusammen beim Aufbau ihrer Nester aus Seegras, Muscheln usw.[35] Aber bei gewissen Fischen verrichten die Männchen alle Arbeiten und übernehmen auch später die ausschließliche Sorge für die Jungen. Dies ist der Fall bei den dunkel gefärbten Meergrundeln[36], bei denen die Geschlechter, soviel man weiß, in der Farbe nicht voneinander verschieden sind, und ebenfalls bei den Stichlingen (*Gasterosteus*), bei welchen die Männchen während der Laichzeit brillant gefärbt werden. Das Männchen des glattschwänzigen Stichlings (*G. leiurus*) verrichtet eine lange Zeit hindurch die Pflichten einer Wärterin mit exemplarischer Sorgfalt und Wachsamkeit und ist beständig tätig, die Jungen sanft zum Nest zurückzugeleiten, wenn sie sich zu weit entfernen. Mutig treibt dasselbe alle Feinde fort mit Einschluß der Weibchen seiner eigenen Spezies. Es würde in der Tat für das Männchen kein geringer Trost sein, wenn das Weibchen nach Ablegung seiner Eier sofort von irgendeinem Feinde gefressen würde, denn das Männchen ist gezwungen, es beständig von dem Nest fortzutreiben.[37]

Die Männchen gewisser anderer Fische, welche Süd-Amerika und Ceylon bewohnen und zu zwei verschiedenen Ordnungen gehören, haben die außerordentliche Gewohnheit, die von den Weibchen gelegten Eier innerhalb des Mundes oder der Kiemenhöhlen auszubrüten.[38] Bei den Spezies vom Amazonasstrom, welche diese Gewohnheit haben, sind, wie mir Professor Agassiz freundlich mitgeteilt hat, „die „Männchen nicht bloß gewöhnlich heller als die Weibchen, sondern es ist auch diese Verschiedenheit zur Laichzeit größer als zu irgendeiner anderen Zeit". Die Spezies von *Geophagus* haben dieselbe Eigentümlichkeit, und bei dieser Gattung wird eine auffallende Protuberanz am Vorderkopf der Männchen während der Brütezeit entwickelt. Bei den verschiedenen Spezies von Chromiden lassen sich, wie mir gleichfalls Professor Agassiz mitgeteilt hat, geschlechtliche Differenzen in der Farbe beobachten, „mögen die Arten ihre Eier im Wasser um die Wasserpflanzen herum oder in Höhlungen legen, wonach sie dieselben beim Ausschlüpfen, ohne weitere Sorge für sie zu haben, sich selbst überlassen, oder mögen sie flache Nester in den Flußschlamm bauen, auf denen sie dann sitzen, wie unsere *Pomotis* es tut. Es ist auch zu beachten, daß diese Nestsitzer zu den hellsten Spezies ihrer betreffenden Familien gehören; so ist z. B. *Hygrogonus* hellgrün mit großen schwarzen, von dem brillantesten Rot eingefaßten Augenflecken". Ob bei allen den Spezies von Chromiden das Männchen allein es ist, welches auf den Eiern sitzt, ist nicht bekannt. Es ist indessen offenbar, daß die Tatsache, ob die Eier beschützt werden oder unbeschützt bleiben, wenig oder gar keinen Einfluß auf die Verschiedenheiten in der Farbe zwischen den beiden Geschlechtern geäußert hat. Offenbar würde auch ferner in allen den Fällen, in denen die Männchen ausschließlich die Sorge um das Nest und die Jungen übernehmen, die Zerstörung der heller gefärbten Männchen von einem viel größeren Einfluß auf den Charakter der Rasse sein als die Zerstörung der heller gefärbten Weibchen.

---

[35] Nach den Beobachtungen von Gerbe. S. Günther's Record of Zoolog. Literature, 1865, p.194.
[36] Cuvier: Règne animal. Vol.11, 1829, p.242.
[37] S. Mr. Waringtons äußerst interessante Beschreibung der Lebensweise von *Gasterosteus leiurus*, in: Ann. and Magaz. of Natur. Hist., 2. Ser., Vol. XVI, 1855, p.330.
[38] Prof. Wyman, in: Proceed. Boston Soc. of Natur. Hist., 15. Sept. 1857; s. auch W. Turner, in: Journal of Anatomy and Physiol., 1. Nov. 1866, p.78. Dr. Günther hat gleichfalls noch weitere Fälle beschrieben.

Zwölftes Kapitel

Denn der Tod des Männchens während der Periode der Bebrütung oder Aufzucht würde den Tod der Jungen mit sich führen, so daß diese dessen Eigentümlichkeiten nicht erben könnten; und doch sind in vielen dieser selben Fälle die Männchen auffallender gefärbt als die Weibchen.

Bei den meisten Lophobranchiern (Meernadeln, Seepferdchen usw.) haben die Männchen entweder marsupiale Taschen oder halbkugelige Vertiefungen am Abdomen, in welchen die von den Weibchen gelegten Eier ausgebrütet werden. Auch zeigen die Männchen große Anhänglichkeit an ihre Jungen.[39] Die Geschlechter weichen gewöhnlich nicht sehr in der Färbung voneinander ab; doch glaubt Dr. Günther, daß die männlichen *Hippocampi* eher heller sind als die weiblichen. Die Gattung *Solenostoma* bietet indessen einen sehr merkwürdigen exzeptionellen Fall dar.[40] Hier ist nämlich das Weibchen viel lebhafter gefärbt und gefleckt als das Männchen und nur das Weibchen hat eine marsupiale Tasche und brütet die Eier aus, so daß das Weibchen von *Solenostoma* von allen übrigen Lophobranchiern in dieser letzteren Beziehung und von beinahe allen übrigen Fischen darin verschieden ist, daß es heller gefärbt ist als das Männchen. Es ist nicht wahrscheinlich, daß diese merkwürdige doppelte Umkehrung des Charakters bei dem Weibchen ein zufälliges Zusammentreffen sein sollte. Da die Männchen mehrerer Fische, welche ausschließlich die Sorge für die Eier und die Jungen übernehmen, heller gefärbt sind als die Weibchen, und da hier das weibliche *Solenostoma* dieselbe Sorge auf sich nimmt und heller gefärbt ist als das Männchen, so könnte man schließen, daß die auffallenden Farben desjenigen Geschlechts, welches von beiden für die Wohlfahrt der Nachkommen das bedeutungsvollste ist, in einer gewissen Weise als Schutzmittel dienen müssen. Aber in Anbetracht der Menge von Fischen, bei denen die Männchen entweder dauernd oder periodisch heller sind als die Weibchen, deren Leben aber durchaus nicht von größerer Bedeutung für die Wohlfahrt der Spezies ist als das der Weibchen, kann diese Ansicht kaum aufrecht erhalten werden. Wenn wir die Vögel besprechen werden, werden sich uns analoge Fälle darbieten, bei welchen eine vollständige Umkehrung der gewöhnlichen Attribute der beiden Geschlechter eingetreten ist, und wir werden dann eine, wie es scheinen dürfte, wahrscheinliche Erklärung hierfür geben, nämlich diese, daß die Männchen die anziehenderen Weibchen gewählt haben, anstatt daß die letzteren in Übereinstimmung mit der gewöhnlichen, durch das ganze Tierreich hindurch herrschenden Regel die anziehenderen Männchen gewählt hätten.

Im ganzen können wir schließen, daß bei den meisten Fischen, bei welchen die Geschlechter in der Farbe oder in anderen ornamentalen Merkmalen voneinander verschieden sind, die Männchen ursprünglich zuerst abgeändert haben, worauf dann ihre Abänderungen auf dasselbe Geschlecht überliefert und durch geschlechtliche Zuchtwahl, nämlich durch Anziehung und Reizung der Weibchen, angehäuft wurden. Indessen sind in vielen Fällen derartige Merkmale entweder teilweise oder vollständig auch auf die Weibchen übertragen worden. Ferner sind in anderen Fällen beide Geschlechter zum Zweck des Schutzes gleich gefärbt worden. Es scheint aber kein einziges Beispiel vorzukommen, wo die Farben oder andere Merkmale des Weibchens allein speziell zu diesem letzteren Zweck modifiziert worden wären.

Der letzte Punkt, welcher einer Erwähnung bedarf, ist, daß Fische aus vielen Teilen der Welt bekannt sind, welche verschiedenartige Geräusche hervorbringen, und diese werden in manchen Fällen als musikalische Laute beschrieben. Dr. Dufossé, welcher diesem Gegenstand speziell seine Aufmerksamkeit gewidmet hat, sagt, daß die Laute von verschiedenen Fischen auf mehrerlei Weise willkürlich hervorgebracht werden: durch Reibung der Schlundknochen, – durch Schwingungen gewisser, an die Schwimmblase befestigter Muskeln, wobei diese als Resonanzboden dient, – und durch Schwingungen der eigentlichen Schwimmblasenmuskeln. Auf die letztgenannte Art erzeugt *Trigla* reine und langgezogene Töne, welche beinahe über eine Oktave

---

[39] Yarrell: Hist. of British Fishes. Vol. II, 1836, p.329, 338.
[40] Seit dem Erscheinen des Werks: The Fishes of Zanzibar, by Col. Playfair, 1866, worin p.137 diese Art beschrieben ist, hat Dr. Günther die Exemplare nochmals untersucht und mir die oben mitgeteilten Bemerkungen gegeben.

reichen. Der für uns interessanteste Fall ist aber der von zwei Arten von *Ophidium*, bei denen allein das Männchen mit einem lauterzeugenden Apparat, welcher aus kleinen beweglichen, mit der Schwimmblase in Verbindung stehenden und mit eigenen Muskeln versehenen Knochen besteht, ausgerüstet ist.[41] Das Trommeln der Umbrinen in den europäischen Meeren soll aus einer Tiefe von zwanzig Faden hörbar sein. Die Fischer von Rochelle behaupten, daß „allein die Männchen während der Laichzeit das Geräusch machen, und daß es möglich ist, dieselben durch Nachahmung dieses Geräuschs ohne Köder zu fangen"[42]. Nach dieser Angabe und besonders noch nach dem Falle bei *Ophidium* ist es beinahe sicher, daß hier, in der niedersten Klasse der Wirbeltiere, wie bei so vielen Insekten lauterzeugende Organe wenigstens in manchen Fällen durch geschlechtliche Zuchtwahl als Mittel, die Geschlechter zusammenzubringen, entwickelt worden sind.

Amphibien

Urodela. – Beginnen wir mit den geschwänzten Amphibien. Die Geschlechter der Wassersalamander oder Tritonen weichen oft sowohl in der Farbe als auch in der Struktur bedeutend voneinander ab. Bei einigen Spezies entwickeln sich während der Paarungszeit prehensile Krallen an den Vorderbeinen der Männchen; zu dieser Zeit sind bei dem männlichen Triton palmipes die Hinterfüße mit einer Schwimmhaut versehen, welche während des Winters beinahe vollständig resorbiert wird, so daß dann seine Füße denen des Weibchens gleich sind.[43] Diese Bildung unterstützt ohne Zweifel das Männchen bei seinem eifrigen Suchen und Verfolgen des Weibchens. Wenn es dem Weibchen den Hof macht, läßt es das Ende seines Schwanzes schnell schwingen. Bei unseren gewöhnlichen Wassersalamandern (*Triton punctatus* und *cristatus*) entwickelt sich während der Paarungszeit ein hoher, vielfach zahnartig eingeschnittener Kamm dem Rücken und Schwänze des Männchens entlang, welcher während des Winters wieder resorbiert wird. Wie mir Mr. St. George Mivart mitteilt, ist der Kamm nicht mit Muskeln versehen und kann daher nicht zur Ortsbewegung benutzt werden. Da er während der Zeit der Brautwerbung mit hellen Farben gerändert wird, so läßt sich kaum zweifeln, daß er den Männchen zur Zierde dient. Bei vielen Spezies bietet der Körper stark kontrastierende, wenn auch schmutzigen, Färbungen dar, und diese werden während der Paarungszeit lebendiger. So ist z. B. das Männchen unseres gemeinen kleinen Wassersalamanders (*Triton punctatus*) „oben bräunlich-grau, was nach unten in Gelb übergeht, welches im Frühling ein saftiges helles Orange wird, überall mit runden dunklen Flecken gezeichnet". Der Rand des Kammes ist dann gleichfalls mit Hellrot oder Violett punktiert. Das Weibchen ist gewöhnlich von gelblich-brauner Farbe mit zerstreut stehenden braunen Flecken und die untere Fläche ist häufig vollständig gleichfarbig.[44] Die Jungen sind düster gefärbt. Die Eier werden während des Akts des Eierlegens befruchtet und werden in der Folge weder vom Vater noch von der Mutter weiterversorgt. Wir können daher schließen, daß die Männchen ihre scharf gezeichneten Färbungen und ornamentalen Anhänge durch geschlechtliche Zuchtwahl erlangt haben, und daß diese dann entweder allein auf die männlichen Nachkommen oder auf beide Geschlechter überliefert worden sind.

---

[41] Comptes rendus. Tom. XLVI, 1858, p.353; Tom. XLVII, 1858, p.916; Tom. LIV, 1862, p.393. Das von den Umbrinas (*Sciaena aquila*) gemachte Geräusch soll nach mehreren Autoren mehr wie der Ton einer Flöte oder Orgel sein als Trommeln. Dr. Zouteveen gibt in der holländischen Übersetzung dieses Werkes (Bd. II, p.36) einige weitere Einzelheiten über die von Fischen hervorgebrachten Laute.

[42] C. Kingsley, in: Nature, May 1870, p.40.

[43] Bell: History of British Reptiles. 2. edit., 1849, p.156-159.

[44] Bell: a.a.O., p.146, 151.

Zwölftes Kapitel

Anura oder Batrachia. – Bei vielen Fröschen und Kröten dienen die Farben offenbar zum Schutz, wie es mit den hellgrünen Farben bei Laubfröschen und den düster gefleckten Zeichnungen vieler auf der Erde lebenden Arten der Fall ist. Die am auffallendsten gefärbte Kröte, welche ich je gesehen habe, nämlich der *Phryniscus nigricans*[45], war auf der ganzen oberen Fläche des Körpers so schwarz wie Tinte, während die Sohlen der Füße und Teile des Abdomens mit dem hellsten Carmoisin gefleckt waren. Sie kroch auf den weiten, sandigen oder offenen Grasebenen von La Plata unter einer glühenden Sonne herum und mußte den Blick jedes vorüberkommenden Wesens auf sich ziehen. Die Farben können für die Kröte eine Wohltat sein dadurch, daß sie allen Raubvögeln sofort anzeigen, daß dieselbe ein ekelerregender Bissen ist.

In Nicaragua gibt es einen kleinen Frosch, „hell in Rot und Blau angetan", welcher sich nicht wie die meisten anderen Arten verbirgt, sondern bei Tage herumhüpft. Mr. Belt sagt[46], daß er, sobald er sein glückliches Gefühl der Sicherheit gesehen habe, auch überzeugt gewesen sei, daß er ungenießbar sei. Nach verschiedenen Versuchen gelang es ihm eine junge Ente dazu zu verführen, einen jungen Frosch zu schnappen, er wurde aber augenblicklich wieder ausgeworfen, „und die Ente ging herum, ihren Kopf schüttelnd, als versuche sie irgendeinen unangenehmen Geschmack loszuwerden".

Was geschlechtliche Verschiedenheiten betrifft, so kennt Dr. Günther bei Fröschen und Kröten kein auffallendes Beispiel; doch kann er häufig das Männchen von dem Weibchen dadurch unterscheiden, daß die Färbung des ersteren ein wenig mehr intensiv ist. Auch kennt Dr. Günther keine auffallende Verschiedenheit in der äußeren Struktur zwischen den Geschlechtern mit Ausnahme der Vorsprünge, welche während der Paarungszeit an den Vorderbeinen des Männchens sich entwickeln und durch welche das Männchen befähigt wird, das Weibchen zu halten.[47] Es ist überraschend, daß diese Tiere nicht schärfer ausgesprochene geschlechtliche Verschiedenheiten erlangt haben; denn wenn sie auch kaltes Blut haben, so sind doch ihre Leidenschaften stark. Dr. Günther teilt mir mit, daß er mehrere Male gefunden hat, wie eine unglückliche weibliche Kröte durch eine zu dichte Umarmung von drei oder vier Männchen erstickt worden war. Professor Hoffmann in Gießen hat beobachtet, wie Frösche während der Paarungszeit den ganzen Tag lang und mit einer solchen Heftigkeit kämpften, daß bei einem der Körper aufgeschlitzt wurde.

Frösche und Kröten besitzen eine interessante geschlechtliche Verschiedenheit, nämlich die sich nur im Besitz der Männchen befindenden musikalischen Begabungen. Es scheint freilich mit Rücksicht auf unseren Kunstgeschmack ein unangebrachter Ausdruck zu sein, wenn man die dissonierenden und überwältigend lauten Töne, welche männliche Riesenfrösche und einige andere Spezies ausstoßen, als Musik bezeichnet. Nichtsdestoweniger singen gewisse Frösche in einer entschieden gefälligen Weise. In der Nähe von Rio de Janeiro pflegte ich häufig am Abend dazusitzen und auf eine Anzahl kleiner Laubfrösche zu horchen, welche auf den Grasflächen in der Nähe des Wassers saßen und lieblich zirpende Töne harmonisch erklingen ließen. Die verschiedenen Laute werden hauptsächlich von den Männchen während der Paarungszeit ausgestoßen, wie es auch der Fall mit dem Quaken unserer gewöhnlichen Frösche ist.[48] In Übereinstimmung mit dieser Tatsache sind die Stimmorgane der Männchen viel höher entwickelt als die der Weibchen. In einigen Gattungen sind nur die Männchen mit Säcken versehen, welche sich in den Kehlkopf öffnen.[49] So sind z.B. bei dem eßbaren Frosch (*Rana esculenta*) „die Stimm-

---

[45] Zoology of the Voyage of the „Beagle", 1843. Reptiles, by Mr. Bell, p.49.
[46] The Naturalist in Nicaragua, 1874, p.321.
[47] Bei *Bufo sikkimensis* hat nur das Männchen zwei plattenartige Callositäten an der Brust und gewisse Rauhigkeiten an den Fingern, welche vielleicht demselben Zweck dienen, wie die oben erwähnten Vorsprünge (Dr. Anderson, Proceed. Zoolog. Soc., 1871, p.204).
[48] Bell: History of British Reptiles, 1849, p.93.
[49] J. Bishop, in: Todd's Cyclopaedia of Anatomy and Physiol., Vol. IV, p.1503.

säcke den Männchen eigentümlich und werden beim Akt des Quakens mit Luft gefüllte große kugelige Blasen, welche an beiden Seiten des Halses in der Nähe der Mundwinkel nach außen hervorragen". Der Ruf des Männchens wird hierdurch außerordentlich kräftig gemacht, während der des Weibchens nur ein unbedeutendes, knurrendes Geräusch ist.[50] Die Stimmorgane sind auch bei den verschiedenen Gattungen der Familie voneinander verschieden, und ihre Entwicklung kann in allen Fällen geschlechtlicher Zuchtwahl zugeschrieben werden.

Reptilien

Chelonia oder Schildkröten. – Meer- und Landschildkröten bieten keine gut ausgesprochenen geschlechtlichen Verschiedenheiten dar. Bei manchen Spezies ist der Schwanz des Männchens länger als der des Weibchens. Bei manchen ist das Plastron oder die untere Hälfte des Knochenpanzers beim Männchen unbedeutend konkav in Beziehung zu dem Rücken des Weibchens. Das Männchen der Schlammschildkröte der Vereinigten Staaten (*Chrysemys picta*) hat an seinen Vorderfüßen Krallen, welche zweimal so lang sind, wie diejenigen des Weibchens, und diese werden gebraucht, wenn sich die Geschlechter verbinden.[51] Bei den ungeheuren Schildkröten der Galapagos-Inseln (*Testudo nigra*) sollen, wie man sagt, die Männchen zu einer bedeutenderen Größe heranwachsen als die Weibchen. Während der Paarungszeit und zu keiner anderen bringt das Männchen ein heiseres, blasendes Geräusch hervor, welches in einer Entfernung von mehr als hundert Yards gehört werden kann; das Weibchen dagegen braucht seine Stimme niemals.

Von der *Testudo elegans* aus Indien sagt man, „daß die Kämpfe der Männchen aus ziemlicher Entfernung gehört werden können, infolge des Lärms, den sie beim Stoßen aufeinander hervorbringen."[52]

Crocodilia. – Die Geschlechter weichen, wie es scheint, in der Farbe nicht voneinander ab; ich weiß auch nicht, ob die Männchen miteinander kämpfen, obschon dies wahrscheinlich ist; denn manche Arten führen wunderbare Vorstellungen vor den Weibchen auf. Bartram[53] beschreibt, daß der männliche Alligator bestrebt ist, sich das Weibchen dadurch zu gewinnen, daß er in der Mitte einer Lagune sich herumtummelt und brüllt. Dabei ist er „in einem Grade geschwollen, daß er dem Platzen nahe ist; seinen Kopf und Schwanz in die Höhe gehoben dreht und treibt er sich auf der „Oberfläche des Wassers herum wie ein Indianerhäuptling, der seine Kriegstänze einstudiert". Während der Paarungszeit geben die Unterkieferdrüsen des Krokodils einen moschusartigen Geruch von sich, der seinen Aufenthaltsort durchzieht.[54]

Ophidia. – Dr. Günther teilt mir mit, daß die Männchen immer kleiner als die Weibchen sind und allgemein längere und schlankere Schwänze haben; er kennt aber keine andere Differenz ihrer äußeren Bildung. Was die Farbe betrifft, so kann Dr. Günther beinahe immer das Männchen vom Weibchen durch seine schärfer hervortretenden Färbungen unterscheiden. So ist das schwarze Zickzackband auf dem Rücken der männlichen ägyptischen Viper deutlicher ausgedrückt als bei der weiblichen. Die Verschiedenheit ist bei den Klapperschlangen von Nord-Amerika noch viel deutlicher, deren Männchen, wie mir der Wärter im zoologischen Garten zeigte, augenblicklich von dem Weibchen dadurch unterschieden werden kann, daß es am ganzen Körper mehr schmutzig-gelb ist. In Süd-Afrika bietet der *Bucephalus capensis* eine analoge

---

[50] Bell: a. a.O., p.112-114.
[51] C. J. Maynard, in: The American Naturalist, Dec. 1869, p.555.
[52] Dr. Günther: Reptiles of British India, 1864, p.7.
[53] Travels through Carolina etc., 1791, p.128.
[54] Owen: Anatomy of Vertebrates. Vol. I, 1866, p.615.

Verschiedenheit dar, „denn das Weibchen ist niemals so voll mit Gelb an den Seiten gefleckt wie das Männchen"[55]. Auf der anderen Seite ist das Männchen der indischen *Dipsas cynòdon* schwärzlich braun mit einem zum Teil schwarzen Bauch, während das Weibchen rötlich oder gelblich-olivenfarben ist und einen entweder gleichförmig gelblichen oder mit Schwarz marmorierten Bauch hat. Bei *Tragops dispar* desselben Landes ist das Männchen hellgrün und das Weibchen bronzefarbig.[56] Ohne Zweifel dienen die Farben einiger Schlangen zum Schutz, wie die grünen Färbungen der Baumschlangen und die verschieden gefleckten Färbungen der Spezies, welche an sandigen Orten leben. Es ist aber zweifelhaft, ob die Farben vieler Arten, so z.B. der gemeinen englischen Schlange und Viper, dazu dienen, sie zu verbergen; und dies ist noch zweifelhafter bei den vielen ausländischen Arten, welche mit äußerster Eleganz gefärbt sind. Die Färbung gewisser Spezies ist im erwachsenen und jungen Zustand sehr verschieden.[57]

Während der Paarungszeit sind die analen Riechdrüsen der Schlangen in lebhafter Funktion[58]; dasselbe gilt für die gleichen Drüsen bei den Eidechsen, wie wir es schon für die Unterkieferdrüsen von Krokodilen gesehen haben. Da die Männchen der meisten Tiere die Weibchen aufsuchen, so dienen diese einen riechenden Stoff absondernden Drüsen wahrscheinlich dazu, das Weibchen zu reizen oder zu bezaubern, und zwar hierzu viel eher, als dasselbe nach dem Ort hinzuleiten, wo das Männchen zu finden ist. Obwohl männliche Schlangen so träg zu sein scheinen, sind sie doch verliebt; denn man hat schon viele Männchen um ein und dasselbe Weibchen herumkriechen sehen, ja selbst um den toten Körper eines Weibchens. Es ist nicht bekannt, daß sie aus Eifersucht miteinander kämpften. Ihre intellektuellen Kräfte sind höher, als sich hätte voraussetzen lassen. In den zoologischen Gärten lernen sie bald, nicht mehr auf die eiserne Stange loszufahren, mit denen ihre Käfige gereinigt werden; Dr. Keen in Philadelphia teilt mir mit, daß einige Schlangen, die er hielt, nach vier oder fünf Malen es lernten, eine Schlinge zu vermeiden, mit der sie zuerst leicht gefangen wurden. Ein ausgezeichneter Beobachter in Ceylon, Mr. E. Layard[59], sah eine Kobra ihren Kopf durch eine enge Öffnung stecken und eine Kröte verschlingen. „Mit dieser Last versehen, konnte sie sich nicht wieder zurückziehen. Da sie dies einsah, brach sie mit Bedauern den kostbaren Bissen wieder aus, welcher sich davonzumachen begann. Dies war zu stark für die Philosophie einer Schlange; so wurde denn die Kröte wieder ergriffen, und von neuem war die Schlange nach heftigen Anstrengungen, sich zurückzuziehen, dazu gezwungen, ihre Beute wieder von sich zu geben. Diesmal hatte sie aber etwas gelernt, und nun wurde die Kröte an den Beinen ergriffen, zurückgezogen und dann im Triumph verschlungen."

Der Wärter im zoologischen Garten ist der Überzeugung, daß gewisse Schlangen, z.B. *Crotalus* und *Python*, ihn von allen anderen Personen unterscheiden. In einem und demselben Käfig zusammengehaltene Kobras scheinen eine gewisse Anhänglichkeit füreinander zu fühlen.[60]

Es scheint indessen daraus, daß die Schlangen ein gewisses Vermögen der Überlegung, lebendige Leidenschaften und gegenseitige Anhänglichkeit besitzen, nicht zu folgen, daß sie auch mit hinreichendem Geschmack begabt sein sollten, brillante Färbungen bei ihren Genossen in einer Weise zu bewundern, daß hierdurch die Spezies mittels geschlechtlicher Zuchtwahl verschönt worden sein könnte. Trotzdem ist es schwierig, auf irgendeine andere Weise die außerordentliche Schönheit gewisser Spezies zu erklären, z.B. die der Korallenschlangen von Amerika, welche intensiv rot sind, mit schwarzen und gelben Querbändern. Ich erinnere mich noch sehr wohl, wie überrascht ich war, als ich die Schönheit der ersten Korallenschlange vor mir hatte, welche ich quer über einen Pfad in Brasilien gleiten sah. Schlangen, in dieser eigen-

---

[55] Sir Andrew Smith: Zoology of South Africa. Reptilia, 1864, pl. X.
[56] Dr. A. Günther: Reptiles of British India. Ray Society 1864, p.304, 308.
[57] Dr. Stoliczka, in: Journ. of Asiat. Soc. of Bengal. Vol. XXXIX, 1870, p.205, 211.
[58] Owen: Anatomy of Vertebrates. Vol. I, 1866, p.615.
[59] Rambles in Ceylon, in: Ann. and Magaz. of Nat. Hist., 2. Ser., Vol. IX, 1852, p.333.
[60] Dr. Günther: Reptiles of British India, 1864, p.340.

tümlichen Weise gefärbt, werden, wie Mr. Wallace auf die Autorität von Dr. Günther gestützt angibt[61], nirgends anders auf der ganzen Erde als in Süd-Amerika gefunden, und hier kommen nicht weniger als vier Gattungen vor. Eine von diesen ist giftig (*Elaps*), bei einer zweiten und weit davon verschiedenen Gattung ist es zweifelhaft, ob sie giftig ist, und die beiden anderen sind vollständig harmlos. Die zu diesen verschiedenen Gattungen gehörenden Arten bewohnen dieselben Bezirke und sind einander so ähnlich, daß niemand „als ein Naturforscher die harmlosen von den giftigen Arten unterscheiden kann". Es haben daher, wie Mr. Wallace glaubt, die unschädlichen Arten ihre Farben als ein Schutzmittel nach dem Prinzip der Nachäffung erhalten, denn ihre Feinde werden sie dieses Umstandes wegen für gefährlich halten. Indessen bleibt die Ursache der glänzenden Farben der giftigen *Elaps* hiernach unerklärt; man könnte sie vielleicht aus geschlechtlicher Zuchtwahl erklären.

Schlangen bringen noch andere Laute außer dem Zischen hervor. Die giftige *Echis carinata* hat an ihren Seiten einige schräge Reihen von Schuppen einer eigentümlichen Struktur mit gesägten Rändern. Wenn diese Schlange gereizt wird, werden diese Schuppen gegeneinander gerieben, was „einen merkwürdigen, ausgezogenen, beinahe zischenden Laut hervorbringt"[62]. In bezug auf das Klappern der Klapperschlangen haben wir endlich etwas bestimmtere Mitteilungen erhalten. Professor Aughey gibt an[63], daß er, während er selbst nicht gesehen wurde, bei zwei Gelegenheiten aus einer geringen Entfernung eine Klapperschlange beobachtet habe, welche aufgerollt und mit erhobenem Kopf mit kurzen Unterbrechungen eine halbe Stunde lang klapperte; endlich sah er eine andere Schlange sich nähern, und sobald sie sich gefunden hatten, begatteten sie sich. Er ist daher überzeugt, daß einer der Zwecke der Klapper der ist, die Geschlechter zusammenzubringen. Unglücklicherweise hat er nicht ermittelt, ob es das Männchen oder das Weibchen war, welches an einem Ort blieb und das andere rief. Aus den obigen Tatsachen folgt aber durchaus nicht, daß die Klapper nicht noch auf andere Weise für diese Schlangen von Nutzen ist, als Warnung für Tiere, welche sie sonst angreifen würden. Auch kann ich mich den verschiedenen mitgeteilten Berichten gegenüber nicht ganz ungläubig verhalten, wonach sie damit ihre Beute mit Furcht paralysieren. Einige andere Schlangen machen gleichfalls ein deutliches Geräusch, wenn sie ihren Schwanz schnell gegen die umgebenden Pflanzenstengel schwingen. Ich habe dies selbst bei einem *Trigonocephalus* in Süd-Amerika gehört.

Lacertilia. – Die Männchen von manchen und wahrscheinlich von vielen Arten von Eidechsen kämpfen aus Eifersucht miteinander. So ist der auf Bäumen lebende *Anolis cristatellus* aus Süd-Amerika außerordentlich kampflustig. „Während des Frühjahrs und des ersten Teils des Sommers begegnen sich nur selten zwei Männchen, ohne in einen Kampf zu geraten. Wenn sie einander zuerst erblicken, so nicken sie drei oder vier Mal mit ihrem Kopf auf und nieder und breiten zu derselben Zeit den Kragen oder die Tasche unterhalb ihrer Kehle aus. Ihre Augen glänzen vor Wut und nachdem sie ihre Schwänze einige Sekunden lang hin- und hergeschwungen haben, als wollten sie sich Energie sammeln, stürzen sie wütend aufeinander los, rollen sich kopfüber übereinander und halten sich mit ihren Zähnen fest. Der Kampf endet meist damit, daß einer der Kämpfer seinen Schwanz verliert, welcher dann häufig von dem Sieger verzehrt wird." Das Männchen dieser Spezies ist beträchtlich größer als das Weibchen[64], und soweit Dr. Günther imstande gewesen ist, es nachzuweisen, ist dies bei Eidechsen aller Arten die allgemeine Regel. Bei *Cyrtodactylus rubidus* der Andaman-Inseln besitzen nur die Männchen präanale Poren; und nach der Analogie zu schließen, dienen dieselben dazu, einen Geruch auszusenden. [65]

---

[61] Westminster Review, 1. Juli 1867, p.196.
[62] Dr. Anderson, in: Proceed. Zoolog. Soc., 1871, p.196.
[63] The American Naturalist, 1873, p.85.
[64] Mr. N. L. Austen hat diese Tiere lange Zeit lebendig gehalten. S. Land and Water, July 1867, p.9.
[65] Stoliczka, in: Journal of Asiatic Soc. of Bengal. Vol. XXXIV, 1870, p.166.

Die Geschlechter weichen oft bedeutend in verschiedenen äußeren Merkmalen voneinander ab. Das Männchen des obenerwähnten *Anolis* ist mit einem Kamm versehen, welcher dem Rücken und Schwanz entlang läuft und nach Belieben aufgerichtet werden kann; aber das Weibchen zeigt von diesem Kamm auch nicht eine Spur. Bei der indischen *Cophotis ceylanica* besitzt das Weibchen einen Rückenkamm, doch viel weniger entwickelt als beim Männchen, und dasselbe ist, wie mir Dr. Günther mitteilt, bei den Weibchen vieler *Iguana*, *Chamaeleon* und anderer Eidechsen der Fall. Bei einigen Spezies ist indessen der Kamm in beiden Geschlechtern gleichmäßig entwickelt, so bei der *Iguana tuberculata*. Bei der Gattung *Sitana* sind allein die Männchen mit einer großen Kehltasche versehen, welche wie ein Fächer auseinandergefaltet werden kann und blauschwarz und rot gefärbt ist. Diese glänzenden Farben bietet dieselben aber nur während der Paarungszeit dar. Das Weibchen besitzt auch nicht ein Rudiment dieses Anhangs. Bei *Anolis cristatellus* ist der Angabe von Mr. Austen zufolge der Kehlsack, wenn auch in einem rudimentären Zustand, beim Weibchen vorhanden und hellrot mit Gelb marmoriert. Ferner sind bei gewissen anderen Eidechsen beide Geschlechter in gleicher Weise mit Kehlsäcken versehen. Hier sehen wir, wie in vielen früher erörterten Fällen, bei Spezies, welche zu derselben Gruppe gehören, einen und denselben Charakter entweder auf die Männchen beschränkt oder bei den Männchen bedeutender entwickelt als bei den Weibchen, oder auch in beiden Geschlechtern gleichmäßig entwickelt. Die kleinen Eidechsen der Gattung *Draco*, welche auf ihrem von Rippen unterstützten Fallschirm durch die Luft gleiten und welche in bezug auf die Schönheit ihrer Färbung jeder Beschreibung spotten, sind mit Hautanhängen an ihren Kehlen versehen, „ähnlich den Fleischlappen der hühnerartigen Vögel". Diese werden aufgerichtet, wenn das Tier gereizt wird. Sie kommen in beiden Geschlechtern vor, sind aber am besten bei dem Männchen entwickelt, wenn es zur Reife gelangt, in welchem Alter der mittlere Anhang zuweilen zweimal so lang wie der Kopf wird. Die meisten dieser Spezies haben gleichfalls einen niedrigen Kamm dem Rücken entlang laufend, und dieser ist bei den völlig erwachsenen Männchen viel mehr entwickelt als bei den Weibchen oder jungen Männchen.[66]

Eine chinesische Art soll während des Frühlings paarweise leben; „wenn eine gefangen wird, fällt die andere vom Baum herab und läßt sich ungestraft fangen" – ich vermute aus Verzweiflung.[67]

Es sind noch andere und viel merkwürdigere Verschiedenheiten zwischen den Geschlechtern gewisser Eidechsen vorhanden. Das Männchen von *Ceratophora aspera* trägt an der Spitze seiner Schnauze einen Anhang, der halb so lang wie der Kopf ist. Er ist zylindrisch, mit Schuppen bedeckt, biegsam und wie es scheint einer Erektion fähig; beim Weibchen ist er vollständig rudimentär. Bei einer zweiten Spezies der nämlichen Gattung bildet eine endständige Schuppe ein kleines Horn auf der Spitze des biegsamen Anhangs, und bei einer dritten Spezies (*C. Stoddartii*) ist der ganze Anhang in ein Horn umgewandelt, welches gewöhnlich von weißer Farbe ist, aber wenn das Tier gereizt wird, eine purpurähnliche Färbung erlangt. Beim erwachsenen Männchen dieser letzteren Spezies ist das Horn einen halben Zoll lang; dagegen beim Weibchen und den Jungen ist es von einer äußerst geringen Größe. Dieser Anhang läßt sich, wie Dr. Günther gegenüber mir bemerkt hat, mit den Kämmen hühnerartiger Vögel vergleichen und dient, wie es den Anschein hat, zur Zierde.

Bei der Gattung *Chamaeleon* kommen wir zu dem höchsten Grade von Verschiedenheit zwischen den Geschlechtern. Der obere Teil des Schädels des männlichen *Chamaeleon bifurcus*, eines Bewohners von Madagaskar, ist in zwei große, solide, knöcherne Vorsprünge ausgezogen, welche mit Schuppen bedeckt sind wie der übrige Kopf, und von dieser wunderbaren Modifikation der Bildung besitzt das Weibchen nur ein Rudiment. Ferner trägt bei *Chamaeleon Owenii*,

---

[66] Alle diese Angaben und Zitate in bezug auf *Cophotis*, *Sitana* und *Draco*, ebenso die folgenden Tatsachen in bezug auf *Ceratophora* und *Chamaeleon* rühren entweder von Dr. Günther selbst her oder sind seinem prachtvollen Werk „Reptiles of British India", Ray Society, 1864, p.122, 130, 135, entnommen.
[67] Swinhoe: Proceed. Zoolog. Soc., 1870, p.240.

von der Westküste von Afrika, das Männchen an seiner Schnauze und dem Vorderkopf drei merkwürdige Hörner, von denen das Weibchen nicht eine Spur hat. Diese Hörner bestehen aus einem Knochenauswuchs, welcher mit einer glatten, einen Teil der allgemeinen Körperbedeckungen bildenden Scheide überzogen ist, so daß sie ihrer Struktur nach identisch mit den Hörnern eines Ochsen, einer Ziege oder anderer scheidenhörniger Wiederkäuer sind. Obgleich diese drei Hörner in ihrer Erscheinung so bedeutend von den beiden großen Verlängerungen des Schädels bei *Chamaeleon bifurcus* verschieden sind, so läßt sich doch kaum zweifeln, daß sie in der Lebensgeschichte dieser beiden Tiere demselben allgemeinen Zweck dienen. Die erste Vermutung, welche wohl einem jeden entgegentreten wird, ist, daß sie von den Männchen, wenn sie miteinander kämpfen, benutzt werden; und da diese Tiere sehr streitsüchtig sind[68], ist diese Ansicht wahrscheinlich die richtige. T. W. Wood teilt mir auch mit, daß er einmal zwei Individuen von *Chamaeleon pumilus* auf dem Ast eines Baumes heftig miteinander kämpfen gesehen habe; sie schwangen ihre Köpfe herum und suchten einander zu beißen; dann ruhten sie für eine Weile und nahmen später den Kampf wieder auf.

Bei vielen Arten von Eidechsen weichen die Geschlechter unbedeutend in der Farbe, den Schattierungen und Streifen voneinander ab, welche bei den Männchen heller und deutlicher abgegrenzt sind als bei den Weibchen. Dies ist z. B. mit den vorhin erwähnten *Cophotis* und dem *Acanthodactylus capensis* von Süd-Afrika der Fall. Bei einem *Cordylus* des letzterwähnten Landes ist das Männchen entweder viel roter oder viel grüner als das Weibchen. Bei den indischen *Calotes nigrilabris* besteht eine größere Verschiedenheit in der Farbe zwischen den Geschlechtern, auch sind die Lippen des Männchens schwarz, während die des Weibchens grün sind. Bei unserer kleinen gemeinen, lebendig gebärenden Eidechse (*Zootoca vivipara*) ist „die untere Seite des Körpers und die Basis des Schwanzes beim Männchen hellorange mit Schwarz gefleckt; beim Weibchen sind diese Teile blaß-gräulich-grün ohne Flecke"[69]. Wir haben gesehen, daß allein die Männchen bei *Sitana* einen Kehlsack besitzen, und dieser ist in einer glänzenden Weise mit Schwarz, Blauschwarz und Rot gefärbt. Bei dem *Proctotretus tenuis* aus Chile ist nur das Männchen mit Flecken von Blaugrün und Kupferrot gezeichnet.[70] In vielen Fällen behalten die Männchen die nämlichen Farben durch das ganze Jahr, in anderen aber werden sie während der Paarungszeit viel heller. Als ein weiteres Beispiel will ich noch den *Calotes maria* anführen, welcher in dieser Zeit einen hellroten Kopf hat, während der übrige Körper grün ist.[71]

Bei vielen Spezies sind beide Geschlechter vollständig gleich schön gefärbt, und es ist kein Grund zu der Vermutung vorhanden, daß solche Färbungen zum Schutz dienen. Bei den hellgrünen Arten, welche mitten in der Vegetation leben, dienen zwar diese Farben ohne Zweifel zum Verbergen; im nördlichen Patagonien sah ich eine Eidechse (*Proctotretus multimaculatus*), welche, wenn sie erschreckt wurde, ihren Körper platt machte, die Augen schloß und dann wegen ihrer fleckigen Färbung kaum von dem umgebenden Sand zu unterscheiden war. Die glänzenden Farben aber, mit denen so viele Eidechsen geschmückt sind, ebenso auch die verschiedenen merkwürdigen Anhänge werden wahrscheinlich von den Männchen als Anziehungsmittel erlangt und dann entweder allein auf die männlichen Nachkommen oder auf beide Geschlechter überliefert. In der Tat scheint geschlechtliche Zuchtwahl bei Reptilien eine fast ebenso bedeutungsvolle Rolle gespielt zu haben wie bei Vögeln. Die weniger auffallenden Färbungen der Weibchen im Vergleich mit denen der Männchen können, wie es Mr. Wallace bei Vögeln tun zu können glaubt, nicht dadurch erklärt werden, daß die Weibchen während der Brütezeit Gefahren ausgesetzt sind.

---

[68] Dr. Buchholz, in: Monatsberichte d. K. Preuß. Akad., Jan. 1874, p.78.
[69] Bell: History of British Reptiles. 2. ed., 1849, p.40.
[70] In bezug auf *Proctotretus* s. Zoology of the Voyage of the „Beagle". Reptiles, by Mr. Bell, p.8. Wegen der Eidechsen von Süd-Afrika s. Zoology of South Africa: Reptiles, by Sir Andrew Smith, pl. 26 und 39. Wegen des indischen *Calotes* s. Günther: Reptiles of British India, p.143.
[71] Günther, in: Proceed. Zoolog. Soc., 1870, mit einer kolorierten Abbildung.

Dreizehntes Kapitel

Sekundäre Sexualcharaktere der Vögel

Geschlechtliche Verschiedenheiten – Gesetz des Kampfes – Spezielle Waffen – Stimmorgane – Instrumentalmusik – Liebesgebärden und Tänze – Beständiger und an die Jahreszeit gebundener Schmuck – Doppelte und einfache jährliche Mauser – Entfaltung des Schmucks seitens der Männchen

Sekundäre Sexualcharaktere sind bei Vögeln von größerer Mannigfaltigkeit und auffallender, wenn sie auch vielleicht keine bedeutenderen Veränderungen der Struktur mit sich bringen, als in irgendeiner anderen Klasse des Tierreiches. Ich werde daher den Gegenstand in ziemlicher Ausführlichkeit behandeln. Zuweilen, wenn auch selten, besitzen männliche Vögel spezielle Waffen zum Kampf miteinander. Sie bestricken die Weibchen durch vokale und instrumentale Musik der mannigfaltigsten Art. Sie sind mit allerlei Arten von Kämmen, Fleischlappen, Protuberanzen, Hörnern, mit Luft ausdehnbaren Säcken, Federstützen, nackten Federschäften, Schmuckfedern und anderen verlängerten Federn, die graziös von allen Teilen des Körpers entspringen, verziert. Der Schnabel und die nackte Haut um den Kopf herum und die Federn sind oft prächtig gefärbt. Die Männchen machen den Weibchen zuweilen den Hof durch Tanzen oder durch Aufführung phantastischer Gebärden, entweder auf dem Boden oder in der Luft. Mindestens in einem Falle sendet das Männchen einen moschusartigen Geruch aus, von dem man wohl vermuten kann, daß er für das Weibchen als Reiz- oder Liebesmittel dient; denn jener ausgezeichnete Beobachter, Mr. Ramsay[1], sagt von der australischen Moschusente (*Biziura lobata*), daß „der Geruch, welchen das Männchen während der Sommermonate aussendet, auf dieses Geschlecht beschränkt ist und bei einigen Individuen während des ganzen Jahres abgesondert wird. Ich habe niemals, selbst in der Paarungszeit, ein Weibchen geschossen, welches irgendwelchen Geruch nach Moschus gezeigt hätte." Dieser Geruch ist so stark während der Paarungszeit, daß er lange, ehe der Vogel zu sehen ist, wahrgenommen werden kann.[2] Im ganzen scheinen die Vögel unter allen Tieren die ästhetischsten zu sein, natürlich mit Ausnahme des Menschen, und sie haben auch nahezu denselben Geschmack für das Schöne, wie wir haben. Dies zeigt sich darin, daß wir uns über den Gesang der Vögel freuen und daß unsere Frauen, sowohl die zivilisierten als auch die wilden, ihre Köpfe mit erborgten Federn schmücken und Edelsteine zur Zierde benutzen, welche kaum glänzender gefärbt sind als die nackte Haut und die Fleischlappen gewisser Vögel. Beim Menschen indessen ist dieser Sinn für Schönheit, wenn er kultiviert ist, ein viel komplizierteres Gefühl und ist mit verschiedenen intellektuellen Ideen vergesellschaftet.

Ehe wir von den Charakteren handeln, mit denen wir es hier ganz besonders zu tun haben, will ich nur eben gewisse Verschiedenheiten zwischen den Geschlechtern anführen, welche dem Anschein nach von Verschiedenheiten in ihrer Lebensweise abhängen; denn wenn auch derartige Fälle bei den niederen Klassen häufig sind, so sind sie doch bei den höheren selten. Zwei Kolibris, die zu der Gattung *Eustephanns* gehören und die Insel Juan Fernandez bewohnen, wurden lange Zeit für spezifisch verschieden gehalten. Wie mir aber Mr. Gould mitteilt, weiß man jetzt, daß es die beiden Geschlechter einer und derselben Spezies sind, sie weichen in der Form ihres Schnabels unbedeutend voneinander ab. Bei einer anderen Gattung von Kolibris (*Grypus*) ist der Schnabel des Männchens dem Rand entlang gesägt und an seiner Spitze hakenförmig gekrümmt, wodurch er von dem des Weibchens bedeutend abweicht. Bei der *Neomorpha* von Neuseeland

---

[1] Ibis. New Ser., Vol. III, 1867, p.414.
[2] Gould: Handbook to the Birds of Australia, 1865, Vol. II, p.383.

besteht, wie wir gesehen haben, eine noch größere Verschiedenheit in der Form des Schnabels in Beziehung auf die Art und Weise, wie sich die beiden Geschlechter ernähren. Etwas Ähnliches läßt sich bei unserem Stieglitz (*Carduelis elegans*) beobachten; denn wie mir Mr. Jenner Weir versichert, können die Vogelfänger die Männchen an ihrem unbedeutend längeren Schnabel erkennen. Oft findet man Scharen von Männchen sich von den Samen der Weberkarden (*Dipsacus*) nähren, welche sie mit ihrem verlängerten Schnabel erreichen können, während die Weibchen sich häufiger von den Samen der *Scrophularia* ernähren. Nimmt man eine unbedeutende Verschiedenheit dieser Art als Ausgangspunkt an, so läßt sich sehen, wie die Schnäbel der beiden Geschlechter durch natürliche Zuchtwahl zu einer bedeutenden Verschiedenheit gebracht werden können. Es ist indessen in einigen der angeführten Fälle möglich, daß zuerst die Schnäbel der Männchen in Beziehung auf ihre Kämpfe mit anderen Männchen modifiziert worden sind, und daß dies später zu unbedeutenden Änderungen der Lebensweise geführt hat.

Gesetz des Kampfes. – Fast alle männlichen Vögel sind äußerst kampfsüchtig und brauchen ihren Schnabel, ihre Flügel und Beine, um miteinander zu kämpfen. Wir sehen dies alle Frühjahre bei unseren Rotkehlchen und Sperlingen. Der kleinste von allen Vögeln, nämlich der Kolibri, ist einer der zanksüchtigsten. Mr. Gosse[3] beschreibt einen solchen Kampf, in welchem ein paar Kolibris sich an ihren Schnäbeln faßten und sich beständig rundherumdrehten, bis sie fast auf den Boden fielen; und Mr. Montes de Oca spricht von einer anderen Gattung und erzählt, daß sich selten zwei Männchen begegnen, ohne einen sehr heftigen, in der Luft ausgekämpften Streit zu beginnen. Werden sie in Käfigen gehalten, so „endet der Kampf meistens damit, daß die Zunge des einen von beiden aufgeschlitzt wird, welcher dann sicherlich, weil er unfähig ist sich zu ernähren, stirbt"[4]. Unter den Watvögeln kämpfen die Männchen des gemeinen Wasserhuhns (*Gallinula chloropus*) „zur Paarungszeit heftig um die Weibchen. Sie stehen fast aufrecht im Wasser und schlagen mit ihren Füßen." Man hat gesehen, daß zwei Hähne eine halbe Stunde lang sich in dieser Weise bekämpften, bis einen den Kopf des anderen zu fassen bekam, welcher entschieden getötet worden wäre, wenn nicht der Beobachter eingeschritten wäre. Das Weibchen sah während der ganzen Zeit als ruhiger Zuschauer zu.[5] Die Männchen eines verwandten Vogels (*Gallicrex cristatus*) sind, wie mir Mr. Blyth mitteilt, ein Drittel größer als die Weibchen und sind während der Paarungszeit so kampfsüchtig, daß sie von den Eingeborenen des östlichen Bengalen zu Kämpfen gehalten werden. In Indien werden verschiedene andere Vögel zu demselben Zweck gehalten, z.B. die Bulbuls (*Pycnonotus haemorrhous*), welche „mit großem Elan kämpfen"[6].

Der polygame Kampfläufer (*Machetes pugnax*) ist wegen seiner außerordentlichen Kampfsucht bekannt; im Frühling versammeln sich die Männchen, welche beträchtlich größer sind als die Weibchen, Tag für Tag an bestimmten Flecken, wo die Weibchen ihre Eier zu legen beabsichtigen. Die Hühnerjäger entdecken diese Flecken daran, daß der Rasen leicht niedergetreten ist. Hier kämpfen diese Läufer fast so wie Kampfhähne, ergreifen einander mit ihren Schnäbeln und schlagen sich mit ihren Flügeln. Der runde Federkragen rund um ihren Hals wird dann aufgerichtet und dient der Angabe des Colonel Montagu zufolge den Tieren wie ein Schild, um „auf dem Boden hinstreichend die zarteren Teile zu schützen". Dies ist auch das einzige mir bekannte Beispiel bei Vögeln von irgendeiner Bildung, welche als ein Schild dient. Indessen dient dieser Federkragen wegen seiner verschiedenartigen reichen Färbungen wahrscheinlich hauptsächlich zur Zierde. Wie die meisten kampfsüchtigen Vögel scheinen sie jederzeit zum Kampf bereit zu sein, und wenn sie in enger Gefangenschaft miteinander leben, töten sie sich oft. Mon-

---

[3] Zitiert von Gould: Introduction to the Trochilidae, 1861, p.29.
[4] Gould: a.a.O., p.52.
[5] W. Thompson: Nat. Hist. of Ireland: Birds. Vol. II, 1850, p.327.
[6] Jerdon: Birds of India, 1863, Vol. II, p.96.

tagu beobachtete aber, daß ihre Kampflust während des Frühjahrs größer wird, wo die langen Federn an ihrem Hals vollständig entwickelt sind; und zu dieser Zeit ruft die geringste Bewegung von irgendeinem Vogel einen allgemeinen Kampf hervor.[7] Für die Kampflust der mit Schwimmfüßen versehenen Vögel werden zwei Beispiele genügen. In Guyana „kommen blutige Kämpfe zur Paarungszeit zwischen den Männchen der wilden Moschusente (*Cairina moschata*) vor, und da, wo diese Kämpfe gefochten worden sind, ist der Fluß eine Strecke lang mit Federn bedeckt"[8]. Selbst Vögel, welche für einen Kampf nur schlecht ausgerüstet zu sein scheinen, beginnen heftige Kämpfe. So treiben unter den Pelikanen die stärkeren Männchen stets die schwächeren fort, schnappen nach ihnen mit ihren großen Schnäbeln und geben ihnen heftige Schläge mit ihren Flügeln. Männliche Bekassinen kämpfen zusammen, „stoßen und treiben einander mit ihren Schnäbeln in einer Weise, wie sie merkwürdiger kaum gedacht werden kann". Von einigen wenigen Arten glaubt man, daß sie niemals kämpfen. Dies ist nach Audubon mit einem Specht der Vereinigten Staaten (*Picus auratus*) der Fall, obgleich „die Weibchen von einer Anzahl, bis zu einem halben Dutzend, ihrer munteren Liebhaber verfolgt werden"[9].

Die Männchen vieler Vögel sind größer als die Weibchen, und dies ist ohne Zweifel das Resultat des Vorteils, welchen die größeren und stärkeren Männchen über ihre Nebenbuhler viele Generationen hindurch erlangt haben. Die Größenverschiedenheit zwischen den beiden Geschlechtern ist bei einigen australischen Spezies bis zu einem ganz extremen Grade geführt worden. So sind die Männchen der Moschusente (*Biziura*) und die Männchen von *Cincloramphus cruralis* (mit unserem Steinschmätzer verwandt) der wirklichen Messung nach faktisch zweimal so groß wie ihre beziehentlichen Weibchen.[10] Bei vielen anderen Vögeln sind die Weibchen größer als die Männchen, und, wie früher bereits bemerkt wurde, ist die häufig hierfür angeführte Erklärung, daß nämlich die Weibchen beim Aufziehen der Jungen die meiste Arbeit haben, nicht hinreichend. In einigen wenigen Fällen haben, wie wir späterhin noch sehen werden, die Weibchen allem Anschein nach ihre bedeutendere Größe und Kraft deshalb erlangt, um andere Weibchen besiegen und in den Besitz der Männchen gelangen zu können.

Die Männchen vieler hühnerartigen Vögel, besonders der polygamen Arten, sind mit speziellen Waffen zum Kampf mit ihren Nebenbuhlern versehen, nämlich mit Spornen, welche mit einer fürchterlichen Wirkung benutzt werden können. Ein zuverlässiger Schriftsteller hat berichtet[11], daß in Derbyshire ein Habicht auf eine Kampfhenne, welche in Begleitung ihrer Kücken war, stieß, worauf der Hahn zu ihrer Hilfe herbeieilte und seinen Sporn gerade durch das Auge und den Schädel des Angreifers hindurchschlug. Der Sporn war nur mit Schwierigkeit aus dem Schädel herauszuziehen, und da der Habicht, trotzdem er tot war, seinen Griff festhielt, waren die beiden Vögel fest ineinander verbissen. Doch war der Hahn, als er freigemacht wurde, nur wenig verletzt. Der unbesiegbare Mut der Kampfhähne ist ja bekannt. Ein Herr, welcher vor langer Zeit die folgende brutale Szene beobachtete, erzählte mir, daß ein Vogel durch irgendeinen Zufall im Hühnerstall ein Bein gebrochen hatte, und der Besitzer wagte eine Wette dafür, daß, wenn das Bein geschient werden könnte, so daß der Vogel nur aufrecht stehen könnte, er zu kämpfen fortfahren würde. Dies wurde auf der Stelle ausgeführt und der Vogel kämpfte mit unbezähmtem Mut so lange, bis er seinen Todesstreich erhielt. In Ceylon kämpft eine nahe verwandte wilde Art, der *Gallus Stanleyi*, bekanntlich ganz verzweifelt „in der Verteidigung seines Serails", so daß einer der Kämpfenden häufig tot gefunden wird.[12] Ein indisches Rebhuhn (*Ortygornis gularis*), dessen Männchen mit starken und scharfen Spornen versehen ist, ist so

---

[7] MacGillivray: History of British Birds. Vol. IV, 1852, p.177-181.

[8] Sir R. Schomburgk, in: Journal of R. Geograph. Soc., Vol. XIII, 1843, p.31.

[9] Ornithological Biography. Vol. I, p.191. Wegen der Pelikane und Bekassinen s. ebd. Vol. III, p.381, 477.

[10] Gould: Handbook of Birds of Australia. Vol. I, p.395; Vol. II, p.383.

[11] Mr. Hewitt, in: Poultry Book, by Tegetmeier, 1866, p.137.

[12] Layard, in: Annals and Magaz. of Nat. Hist., Vol. XIV, 1854, p.63.

streitsüchtig, „daß die Narben von früheren Kämpfen die Brust von beinahe jedem Vogel, den man tötet, entstellen"[13].

Die Männchen beinahe aller hühnerartigen Vögel, selbst derjenigen, welche nicht mit Spornen versehen sind, werden während der Paarungszeit in heftige Kämpfe verwickelt. Der Auerhahn und das Birkhuhn (*Tetrao urogallus* und *T. tetrix*), welche beide polygam leben, haben regelmäßig bestimmte Plätze, wo sie viele Wochen hindurch sich in großer Anzahl versammeln, um miteinander zu kämpfen und vor den Weibchen ihre Reize zu entfalten. Dr. W. Kowalevsky teilt mir mit, daß er in Rußland auf Plätzen, wo der Auerhahn gefochten hat, den Schnee ganz blutig fand, und die Birkhühner „lassen die Federn in allen Richtungen hinfliegen", wenn mehrere „in einem königlichen Kampf engagiert sind". Der ältere Brehm gibt einen anziehenden Bericht über die Balze, wie dieser Liebestanz und Liebesgesang des Birkhuhns genannt wird. Der Vogel stößt beinahe beständig die fremdartigsten Laute aus. „Vor dem Kollern hält er den Schwanz senkrecht und fächerförmig ausgebreitet, richtet Hals und Kopf, an welchen alle Federn gesträubt sind, in die Höhe und trägt die Flügel vom Leib ab und gesenkt. Dann tut er einige Sprünge hin und her, zuweilen im Kreis herum und drückt endlich den Unterschnabel so tief auf die Erde, daß er sich die Kinnfedern abreibt. Bei allen diesen Bewegungen schlägt er mit den Flügeln, und dreht sich um sich selber herum. Je hitziger er wird, umso lebhafter gebärdet er sich, und schließlich meint man, daß man einen Wahnsinnigen oder Tollen vor sich habe." Zu solchen Zeiten werden die Birkhühner so von ihrem Gegenstand absorbiert, daß sie fast blind und taub werden, indessen in einem geringeren Grad als der Auerhahn. Infolgedessen läßt sich ein Vogel nach dem anderen an dem nämlichen Ort schießen oder selbst mit der Hand fangen. Nachdem die Männchen diese Szenen aufgeführt haben, beginnen sie miteinander zu kämpfen, und ein und derselbe Birkhahn wird, um seine Stärke über mehrere Gegner zu beweisen, mehrere Balzplätze an einem Morgen besuchen, welche in aufeinanderfolgenden Jahren immer dieselben bleiben.[14]

Der Pfauhahn erscheint mit seiner langen Schwanzschleppe mehr wie ein Stutzer als ein Krieger, doch tritt auch er zuweilen in heftige Kämpfe ein. Mr. W. Darwin Fox teilt mir mit, daß zwei Pfauhähne, während sie in einer geringen Entfernung von Chester miteinander kämpften, so aufgeregt wurden, daß sie über die ganze Stadt hinweg immer noch kämpfend flogen, bis sie sich auf der Spitze von St. Johns Turm niederließen.

Der Sporn ist bei denjenigen hühnerartigen Vögeln, welche damit versehen sind, im allgemeinen einfach, aber *Polyplectron* hat zwei oder selbst mehr an einem Bein, und es ist beobachtet worden, daß einer der Blutfasane (*Ithaginis cruentus*) fünf Sporne hatte. Die Sporne sind allgemein auf das Männchen beschränkt und werden beim Weibchen durch bloße Höcker oder Rudimente repräsentiert; doch besitzen die Weibchen des javanischen Pfaus (*Paio muticus*) und, wie mir Mr. Blyth mitteilt, die Weibchen des kleinen rotrückigen Fasans (*Euplocamus erythrophthalmus*) Sporne. Bei *Galloperdix* hat gewöhnlich das Männchen zwei Sporne und das Weibchen nur einen Sporn an jedem Bein.[15] Man kann daher die Sporne getrost als einen männlichen Charakter ansehen, welcher gelegentlich in größerem oder geringerem Grade auf die Weibchen übertragen worden ist. Wie die meisten anderen sekundären Sexualcharaktere sind die Sporne äußerst variabel sowohl in ihrer Zahl als in ihrer Entwicklung bei einer und derselben Spezies.

Verschiedene Vögel haben Sporne an ihren Flügeln. Aber die ägyptische Gans (*Chenalopex aegyptiacus*) hat nur nackte, stumpfe Höcker, und dies zeigt uns wahrscheinlich die erste Stufe, aus welcher echte Sporne sich bei anderen verwandten Vögeln entwickelt haben. Bei der sporn-

---

[13] Jerdon: Birds of India. Vol. III, p.574.
[14] Brehm: Illustriertes Tierleben, 1879. 2. Aufl., Bd. VI (2. Abt., Vögel, 3. Bd.), p.45. Einige der oben mitgeteilten Angaben sind entnommen aus: L. Lloyd: The Game Birds of Sweden etc., 1867, p.79.
[15] Jerdon: Birds of India, über *Ithaginis*: Vol. III, p.523; über *Galloperdix*: p.541.

flügeligen Gans (*Plectropterus gambensis*) haben die Männchen viel größere Sporne als die Weibchen, und sie benutzen dieselben, wie mir Mr. Bartlett mitteilt, bei ihren Kämpfen untereinander, so daß in diesem Falle die Flügelsporne als geschlechtliche Waffen dienen; aber der Angabe Livingstones zufolge werden sie hauptsächlich bei der Verteidigung der Jungen gebraucht. Die *Palamedea* ist mit einem Paar Spornen an jedem Flügel bewaffnet, und diese sind so fürchterliche Waffen, daß ein einziger Schlag damit einen Hund heulend davongetrieben hat. Dem Anschein nach sind aber in diesem Falle, oder auch bei den mit Spornen an den Flügeln versehenen Rallen, die Sporne beim Männchen nicht größer als beim Weibchen.[16] Bei gewissen Regenpfeifern müssen indessen die Flügelsporne als ein geschlechtlicher Charakter betrachtet werden. So wird der Höcker an der Flügelschulter beim Männchen unseres gemeinen Kibitzes (*Vanellus cristatus*) während der Paarungszeit vorragender, und es ist bekannt, daß die Männchen miteinander kämpfen. Bei einigen Spezies von *Lobivanellus* entwickelt sich während der Paarungszeit ein ähnlicher Höcker zu einem kurzen hornigen Sporn. Beim australischen *L. lobatas* haben beide Geschlechter Sporne, aber dieselben sind bei den Männchen viel größer als bei den Weibchen. Bei einem verwandten Vogel, dem *Hoplopterus armatus*, werden die Sporne während der Paarungszeit nicht größer, aber man hat in Ägypten gesehen, daß diese Vögel in derselben Weise miteinander kämpfen wie unsere Kibitze. Sie springen dann plötzlich in die Höhe und schlagen einander von der Seite zuweilen mit einem tödlichen Erfolg. Sie treiben auf diese Weise auch andere Feinde fort.[17]

Die Zeit der Liebe ist die Zeit des Kampfes. Aber die Männchen einiger Vögel, wie des Kampfhuhns und der Kampfläufer und selbst die jungen Männchen des wilden Truthahns und Haselhuhns[18], sind bereit zu kämpfen, sooft sie einander begegnen. Die Gegenwart des Weibchens ist die teterrima belli causa. Die bengalischen Knaben bringen die niedlichen kleinen Männchen des Amadavat (*Estrelda amandava*) dazu, miteinander zu kämpfen, dadurch daß sie drei kleine Käfige in eine Reihe stellen mit einem Weibchen in der Mitte. Nach kurzer Zeit lassen sie die zwei Männchen frei und sofort beginnt ein ganz verzweifelter Kampf.[19] Wenn viele Männchen sich auf einem und demselben bestimmten Platz versammeln und miteinander kämpfen, wie es bei den Waldhühnern und verschiedenen anderen Vögeln der Fall ist, so werden sie meist von den Weibchen begleitet[20], welche später mit den siegreichen Kämpfern sich paaren. Aber in einigen Fällen geht das Paaren dem Kämpfen voraus, statt ihm zu folgen. So führt Audubon an[21], daß mehrere Männchen des virginischen Ziegenmelkers (*Caprimulgus virginianus*) „in einer äußerst unterhaltenden Art und Weise dem Weibchen den Hof machen, und sobald dasselbe seine Wahl getroffen hat, jagt der bevorzugte Liebhaber alle Eindringlinge fort und treibt sie über die Grenzen seiner Herrschaft hinaus". Im allgemeinen versuchen die Männchen mit aller Kraft, ihre Nebenbuhler fortzutreiben oder zu töten, ehe sie sich paaren. Indessen scheint es doch, als ob die Weibchen nicht ohne Ausnahme immer die siegreichen Männchen vorzögen. Mir ist in der Tat von Dr. W. Kowalevsky versichert worden, daß das weibliche

---

[16] In bezug auf die ägyptische Gans s. MacGillivray: British Birds. Vol. IV, p.639. Wegen *Plectropterus* s. Livingstone: Travels, p.254. Wegen *Palamedea* s. Brehms Tierleben. Bd. VI (Vögel, 3. Bd.), p.407. S. über diesen Vogel auch Azara: Voyage dans l'Amérique méridion. Tom. IV, 1809, p.179, 253.

[17] S. über den Kibitz: Mr. R. Carr, in: Land and Water, 8. Aug. 1868, p.46; in bezug auf *Lobivanellus* s. Jerdon: Birds of India. Vol. III, p.647, und Gould: Handbook of Birds of Australia. Vol. II, p.220. Wegen des *Hoplopterus* s. Mr. Allen, in: Ibis. Vol. V, 1863, p.156.

[18] Audubon: Ornithological Biography. Vol. I, p.4-13; Vol. II, p.492.

[19] Mr. Blyth, in: Land and Water, 1867, p.212.

[20] Richardson, über *Tetrao unibellus*, in: Fauna Bor. Amer. Birds, 1831, p.343. L. Lloyd: Game Birds of Sweden, 1867, p.22, 79; über den Auer- und Birkhahn. Brehm führt indessen an (Tierleben usw., Bd. IV, p.352), daß in Deutschland die Birkhennen gewöhnlich beim Balzen der Birkhähne nicht zugegen sind; das ist aber eine Ausnahme von der gewöhnlichen Regel. Möglicherweise liegen die Hennen versteckt in den umgebenden Büschen, wie es bekanntlich bei den Birkhennen in Skandinavien und mit anderen Arten in Nord-Amerika der Fall ist.

[21] Ornithological Biography. Vol. II, p.275.

Auerhuhn sich zuweilen mit einem jungen Männchen fortstiehlt, welches nicht gewagt hat, mit den älteren Hähnen den Kampfplatz zu betreten, in derselben Weise wie es gelegentlich bei den Tieren des Rotwilds in Schottland der Fall ist. Wenn zwei Männchen in Gegenwart eines einzigen Weibchens sich in einen Kampf einlassen, so gewinnt ohne Zweifel gewöhnlich der Sieger das Ziel seiner Wünsche. Aber einige von diesen Kämpfen werden dadurch verursacht, daß herumwandernde Männchen versuchen, den Frieden eines bereits vereinigten Paares zu stören.[22]

Selbst bei den kampfsüchtigen Arten ist es wahrscheinlich, daß das Paaren nicht ausschließlich von der bloßen Kraft und dem bloßen Mut der Männchen abhängt. Denn derartige Männchen sind allgemein mit verschiedenen Zieraten geschmückt, welche oft während der Paarungszeit brillanter und eifrigst vor den Weibchen entfaltet werden. Auch versuchen die Männchen ihre Genossin durch Liebestöne, Gesang und Gebärden zu bezaubern oder zu reizen, und in vielen Fällen ist die Bewerbung eine sich in die Länge ziehende Angelegenheit. Es ist daher nicht wahrscheinlich, daß die Weibchen für die Reize des anderen Geschlechts unempfänglich sind oder daß sie unabänderlich gezwungen sind, sich den siegreichen Männchen zu ergeben. Es ist wahrscheinlicher, daß die Weibchen von gewissen Männchen entweder vor oder nach dem Kampf gereizt werden und diese daher unbewußt vorziehen. Was den *Tetrao umbellus* betrifft, so geht ein guter Beobachter[23] so weit anzunehmen, daß die Kämpfe der Männchen „nur Scheingefechte sind, ausgeführt, um sich in größtmöglichem Vorteil vor den um sie herum versammelten und sie bewundernden Weibchen zu zeigen. Denn ich bin niemals imstande gewesen, einen verstümmelten Helden zu finden, und selten habe ich mehr als eine geknickte Feder gefunden." Ich werde auf diesen Gegenstand zurückzukommen haben, will aber hier hinzufügen, daß beim *Tetrao cupido* der Vereinigten Staaten ungefähr zwanzig Männchen sich auf einem besonderen Fleck versammeln und, während sie umherstolzieren, die Luft von ihrem außerordentlichen Lärmen erdröhnen machen. Bei der ersten Antwort seitens eines Weibchens beginnen die Männchen wütend miteinander zu kämpfen, und der Schwächere gibt nach. Aber dann suchen, der Angabe von Audubon zufolge, sowohl die Sieger als auch die Besiegten das Weibchen, so daß die Weibchen dann entweder die Wahl eintreten lassen müssen, oder der Kampf von neuem beginnen muß. So kämpfen ferner die Männchen eines der Feldstare der Vereinigten Staaten (*Sturnella ludoviciana*) heftig miteinander, „aber beim Erblicken eines Weibchens fliegen sie alle hinter diesem her, als wenn sie närrisch wären"[24].

Vokal- und Instrumentalmusik. – Bei Vögeln dient die Stimme dazu, verschiedene Gemütserregungen auszudrücken, wie Unglück, Furcht, Ärger, Triumph oder das bloße Gefühl des Glücks. Dem Anschein nach wird sie zuweilen dazu benutzt, Schrecken zu erregen, wie es mit dem zischenden Geräusch der Fall ist, welches einige Vögel als Nestlinge ausstoßen. Audubon erzählt[25], daß ein Reiher (*Ardea nycticorax* Linné), welchen er zahm hielt, sich zu verstecken pflegte, wenn sich eine Katze näherte, und „dann stürzte er plötzlich vor und stieß eines der fürchterlichsten Geschreie aus, sich offenbar über die Unruhe und die Flucht der Katze amüsierend". Der gemeine Haushahn gluckt seiner Henne und die Henne ihren Kücken, wenn ein guter Bissen gefunden wird. Die Henne „wiederholt, wenn sie ein Ei gelegt hat, einen und denselben Ton sehr oft und schließt dann mit der Sexte höher, welche sie für lange Zeit aushält"[26]; und hierdurch drückt sie ihre Freude aus. Einige gesellig lebende Vögel rufen offenbar einander zu Hilfe, und da sie von Baum zu Baum flüchten, wird der Schwarm durch stets einander antwor-

---

[22] Brehm: Tierleben. 2. Aufl., Bd. IV (Vögel, 1. Bd.), 1878, p.20. Audubon: Ornithological Biography. Vol. II, p.492
[23] Land and Water, 25. Juli 1868, p.14.
[24] Audubon's Ornithological Biography, über *Tetrao cupido*: Vol. II, p.492; über die *Sturnella*: Vol. II, p.219.
[25] Ornithological Biography. Vol. V, p.601.
[26] Daines Barrington, in: Philosophical Transactions, 1778, p.252.

tende, zirpende Rufe zusammengehalten. Während der nächtlichen Wanderungen der Gänse und anderer Wasservögel kann man hoch über unseren Köpfen sonore Ausrufe von der Spitze des Zugs her in der Dunkelheit hören, denen dann Ausrufe von dem Ende des Zuges antworten. Gewisse Ausrufe dienen als Warnsignale, welche, wie der Jäger auf Kosten seiner Zeit erfahren hat, sowohl von einer und derselben Spezies als auch von anderen sehr wohl verstanden werden. Der Haushahn kräht und der Kolibri zirpt im Triumph über einen besiegten Nebenbuhler. Indessen werden der echte Gesang der meisten Vögel und verschiedene fremdartige Laute hauptsächlich während der Paarungszeit hervorgebracht und dienen entweder nur als Reize oder bloß als Lockruf für das andere Geschlecht.

Die Naturforscher sind in bezug auf den Zweck des Singens der Vögel sehr geteilter Meinung. Seit Montagus Zeiten haben wenige noch sorgfältigere Beobachter gelebt als er, und derselbe behauptet, daß „die Männchen der Singvögel und viele andere im allgemeinen nicht die Weibchen aufsuchen; sondern ihr Geschäft im Frühling besteht im Gegenteil darin, sich auf irgendeinen weit sichtbaren Punkt niederzulassen und dort ihre vollen, liebeatmenden Töne erklingen zu lassen; das Weibchen erkennt diese aus Instinkt und begibt sich darauf zu dem Fleck hin, um sich ihren Genossen zu wählen"[27]. Mr. Jenner Weir teilt mir mit, daß dies in bezug auf die Nachtigall sicher der Fall ist. Bechstein, welcher während seines ganzen Lebens Vögel hielt, führt an, „daß der weibliche Kanarienvogel immer den besten Sänger sich wählt und daß im Naturzustand der weibliche Finke unter Hunderten von Männchen dasjenige sich auswählt, dessen Gesang ihm am besten gefällt"[28]. Darüber kann kein Zweifel sein, daß Vögel untereinander äußerst aufmerksam auf den Gesang sind. Mr. Weir hat mir einen Fall von einem Gimpel mitgeteilt, dem gelehrt worden war, einen deutschen Walzer zu pfeifen, und der ein so guter Sänger war, daß er zehn Guineen kostete. Als dieser Vogel zuerst in ein Zimmer gebracht wurde, wo andere Vögel gehalten wurden, und er zu singen anfing, stellten sich alle übrigen Vögel – und es waren ungefähr zwanzig Hänflinge und Kanarienvögel vorhanden, in ihrem Bauer auf die dem Vogel nächste Seite und hörten mit dem größten Interesse dem neuen Sänger zu. Viele Naturforscher glauben, daß das Singen der Vögel beinahe ausschließlich „die Wirkung der Rivalität und Nebenbuhlerschaft" sei und nicht zu dem Zweck ausgeübt werde, ihre Genossen zu bezaubern. Dies war die Ansicht von Daines Barrington und White von Selborne, welche beide dem Gegenstand besondere Aufmerksamkeit schenkten.[29] Indessen gibt Barrington zu, „daß eine Überlegenheit im Gesang den Vögeln eine wunderbare Überlegenheit über andere überhaupt gibt, wie Vogelfänger sehr gut wissen".

Es besteht ganz sicher ein intensiver Grad von Rivalität zwischen den Männchen in ihrem Gesang. Vogelliebhaber bringen ihre Vögel zusammen, um zu sehen, welcher am längsten singen wird, und mir hat Mr. Yarrell erzählt, daß ein Vogel ersten Ranges zuweilen singen wird, bis er fast tot oder der Angabe von Bechstein zufolge[30] vollständig tot umfällt, infolge des Zerplatzens eines Gefäßes in den Lungen. Was auch immer die Ursache sein mag, männliche Vögel sterben, wie ich von Mr. Weir höre, häufig während der Singzeit plötzlich. Daß die Gewohnheit zu singen zuweilen von der Liebe vollständig unabhängig ist, ist klar. Denn man hat einen unfruchtbaren hybriden Kanarienvogel beschrieben[31], welcher sang, als er sich selbst im Spiegel erblickte, und dann auf sein eigenes Spiegelbild losstürzte. Er griff in gleicher Weise mit Wut einen weiblichen Kanarienvogel an, als er zu ihm in dasselbe Bauer gebracht wurde. Die Vogelfänger

---

[27] Ornithological Dictionary, 1833, p.475.
[28] Naturgeschichte der Stubenvögel, 1840, p.4. Auch Mr. Harrison Weir schreibt mir: „Mir ist gesagt worden, daß die am besten singenden Männchen zuerst einen Genossen erhalten, wenn sie in demselben Zimmer gezüchtet worden sind."
[29] Philosophical Transactions, 1773, p.263. White: Natural History of Selborne. Vol. I, 1825, p.246.
[30] Naturgeschichte der Stubenvögel, 1849, p.252.
[31] Mr. Bold, in: Zoologist, 1843-44, p.659.

ziehen beständig Vorteil aus der Eifersucht, die durch den Akt des Singens angeregt wird. Ein Männchen, welches gut singt, wird verborgen und geschützt, während ein ausgestopfter Vogel, mit geleimten Zweigen umgeben, dem Blick ausgesetzt wird. Auf diese Weise hat, wie Mr. Weir mir mitteilt, ein Mann im Laufe eines einzigen Tages fünfzig, und an einem sogar siebzig männliche Buchfinken gefangen. Das Vermögen und die Neigung zum Singen bietet bei Vögeln so bedeutende Verschiedenheiten dar, daß, obschon der Preis eines gewöhnlichen männlichen Buchfinken nur einen Sixpence beträgt, Mr. Weir doch einen Vogel sah, für welchen der Vogelhändler drei Pfund forderte. Die Probe für einen wirklich guten Sänger ist dabei die, daß derselbe zu singen fortfährt, während der Käfig rund um den Kopf des Besitzers geschwungen wird.

Daß Vögel ebensowohl aus Eifersucht wie zu dem Zweck, das Weibchen zu bezaubern, singen, ist durchaus nicht unverträglich miteinander und hätte sich in der Tat als miteinander Hand in Hand gehend erwarten lassen, ebenso wie Geschmücktsein und Kampfsucht. Indessen schließen einige Autoren, daß der Gesang des Männchens nicht dazu dienen könne, das Weibchen zu bezaubern, weil die Weibchen einiger Spezies, wie des Kanarienvogels, des Rotkehlchens, der Lerche und des Gimpels, besonders wenn sie, wie Bechstein bemerkt, im Zustand des Verwitwetseins sich befinden, selbst einen melodiösen Gesang ertönen lassen. In einigen von diesen Fällen kann man die Gewohnheit, zu singen, zum Teil dem Umstand zuschreiben, daß die Weibchen sehr gut gefüttert und in Gefangenschaft gehalten worden sind[32], denn dies stört alle die gewöhnlich mit der Reproduktion der Art im Zusammenhang stehenden Funktionen. Es sind bereits viele Beispiele mitgeteilt worden von der teilweisen Übertragung sekundärer männlicher Charaktere auf das Weibchen, so daß es durchaus nicht überraschend ist, zu sehen, daß die Weibchen einiger Spezies auch das Vermögen, zu singen, besitzen. Man hat ferner auch geschlossen, daß der Gesang des Männchens nicht als ein Reizmittel dienen könne, weil die Männchen gewisser Spezies, z.B. des Rotkehlchens, während des Herbstes singen.[33] Es ist indessen nichts häufiger, als daß Tiere darin Vergnügen finden, irgendwelchen Instinkt auch zu anderen Zeiten auszuüben als zu denen, wo er ihnen von wirklichem Nutzen ist. Wie oft sehen wir Vögel leicht hinfliegen, durch die Luft gleitend und segelnd, und offenbar nur zum Vergnügen. Die Katze spielt mit der gefangenen Maus und der Kormoran mit dem gefangenen Fisch. Der Webervogel (*Ploceus*) amüsiert sich, wenn er in einem Käfig eingeschlossen ist, damit, Grashalme niedlich zwischen das Drahtgitter seines Käfigs einzuflechten. Vögel, welche gewöhnlich während der Paarungszeit kämpfen, sind meist zu allen Zeiten bereit, miteinander zu kämpfen, und die Männchen des Auerhahns halten ihre Balzen oder Leks auf den gewöhnlichen Versammlungsplätzen auch während des Herbstes.[34] Es ist daher durchaus nicht überraschend, daß männliche Vögel zu ihrer eigenen Unterhaltung auch dann noch zu singen fortfahren, wenn die Zeit der Brautwerbung vorüber ist.

Das Singen ist bis zu einem gewissen Grade, wie in einem früheren Kapitel gezeigt wurde, eine Kunst und wird durch Übung bedeutend veredelt. Man kann Vögel verschiedene Melodien lehren, und selbst der unmelodische Sperling hat zu singen gelernt wie ein Hänfling. Sie nehmen den Gesang ihrer Näreltern[35] und zuweilen den ihrer Nachbarn an[36]. Alle die gewöhnlichen Sänger gehören zu der Ordnung der Insessores und ihre Stimmorgane sind viel komplizierter, als diejenigen der meisten anderen Vögel. Doch ist es eine merkwürdige Tatsache, daß einige der Insessores, wie die Raben, Krähen und Elstern, denselben Singapparat[37] besitzen, obwohl

---

[32] Daines Barrington, in: Philosoph. Transact., 1773, p.262; Bechstein: Naturgeschichte der Stubenvögel, 1840. p.4.
[33] Dies ist auch mit der Wasseramsel (*Cinclus*) der Fall. S. Mr. Hepburn, in: Zoologist, 1844-46, p.1068.
[34] L. Lloyd: Game Birds of Sweden, 1867, p.25.
[35] Daines Barrington: a. a.O., p.264; Bechstein: Stubenvögel, p.5.
[36] Dureau de la Malle führt ein merkwürdiges Beispiel von einigen frei in seinem Garten in Paris lebenden Amseln an (Annal. des scienc. natur., 3. Sér., Zool., Tom. X, p.118), welche von einem im Käfig gehaltenen Vogel ein republikanisches Lied lernten.

sie niemals singen und von Natur ihre Stimmen in durchaus keiner bedeutenden Weise modulieren. J. Hunter behauptet[38], daß bei den echten Sängern die Kehlkopfmuskeln der Männchen stärker sind als die der Weibchen. Aber mit dieser unbedeutenden Ausnahme besteht zwischen den Stimmorganen der beiden Geschlechter keine Verschiedenheit, obwohl die Männchen der meisten Spezies so viel besser und so beständiger singen, als die Weibchen.

Es ist merkwürdig, daß nur kleine Vögel eigentlich singen. Indessen muß die australische Gattung *Menura* ausgenommen werden, denn die *Menura Alberti*, welche ungefähr die Größe eines halb erwachsenen Truthahns hat, ahmt nicht bloß andere Vögel nach, sondern es ist auch „ihr eigenes Pfeifen außerordentlich schön und mannigfaltig". Die Männchen versammeln sich wie zu einer Konzertprobe, wo sie singen und ihre Schwänze heben und auseinanderbreiten wie Pfaue und ihre Flügel sinken lassen.[39] Es ist auch merkwürdig, daß die Vögel, welche singen, selten mit glänzenden Farben oder anderen Zieraten geschmückt sind. Von unseren britischen Vögeln sind, mit Ausnahme des Gimpels und des Stieglitz', die besten Sänger einfach gefärbt. Die Eisvögel, Bienenfresser, Raken, Wiedehopfe, Spechte usw. stoßen harsche Geschreie aus, und die glänzend gefärbten Vögel der Tropenländer sind kaum jemals Sänger.[40] Es scheinen daher glänzende Färbungen und das Vermögen zu singen einander zu ersetzen. Wir können wohl einsehen, daß, wenn das Gefieder nicht in seinem Glanz variierte, oder wenn helle Farben für die Art gefährlich waren, andere Mittel haben angewendet werden müssen, das Weibchen zu bezaubern; und eine melodische Stimme bietet eines dieser Mittel dar.

Bei einigen Vögeln sind die Stimmorgane je nach den Geschlechtern sehr voneinander verschieden. Bei *Tetrao cupido* hat das Männchen zwei nackte, orange gefärbte Säcke, einen auf jeder Seite des Halses, und diese werden stark aufgeblasen, wenn das Männchen während der Paarungszeit seinen merkwürdig hohlen, in einer großen Entfernung hörbaren Laut ausstößt. Audubon hat nachgewiesen, daß der Laut innig mit diesem Apparat in Verbindung steht, welcher uns an die Luftsäcke an jeder Seite des Kopfes bei gewissen männlichen Fröschen erinnert; denn er fand, daß der Laut bedeutend vermindert wurde, wenn einer der Säcke bei einem zahmen Vogel angestochen war, und waren beide angestochen, so hörte er vollständig auf. Das Weibchen hat „eine etwas ähnliche, wenn auch kleinere nackte Hautstelle am Hals, aber sie kann nicht aufgeblasen werden"[41]. Das Männchen einer anderen Art von Waldhuhn (*Tetrao urophasianus*) hat, während es das Weibchen umwirbt, seinen „nackten gelben Kropf zu einer beinahe monströsen Größe, reichlich halb so groß wie der Körper, aufgetrieben", und es stößt dann verschiedenartige kratzende, tiefe, hohle Töne aus. Die Halsfedern aufgerichtet, die Flügel gesenkt und auf dem Boden schleifend und den langen zugespitzten Schwanz wie einen Fächer ausgebreitet, zeigt es sich dann in einer Menge verschiedenartiger, grotesker Stellungen. Die Speiseröhre des Weibchens zeigt in keiner Weise etwas Bemerkenswertes.[42]

Es scheint jetzt sicher ermittelt zu sein, daß der Kehlsack der männlichen europäischen Trappe (*Otis tarda*) und wenigstens noch vier anderer Spezies nicht, wie man früher vermutete, dazu dient, Wasser zu halten, sondern mit der Äußerung eines eigentümlichen Tones während der Paarungszeit im Zusammenhang steht, welcher einem „Ock" gleicht.[43] Ein rabenartiger Vogel,

---

[37] Bishop, in: Todd's Cyclopaedia of Anat. and Physiol., Vol. IV, p.1496.
[38] Nach der Angabe von Barrington, in: Philosoph. Transact., 1773, p.262.
[39] Gould: Handbook to the Birds of Australia. Vol. I, 1865, p.298-310. S. auch T. W. Wood, in: „Student", April 1870, p.125.
[40] S. Bemerkungen hierüber in: Gould: Introduction to the Trochilidae, 1861, p.22.
[41] Major W. Ross King: The Sportsman and Naturalist in Canada, 1866, p.144-146. Mr. T. W. Wood gibt im „Student" (April 1870, p.116) eine ausgezeichnete Schilderung der Stellungen und Gewohnheiten dieses Vogels während seiner Brautwerbung. Er führt an, daß die Ohrbüschel oder Halsschmuckfedern aufgerichtet werden, so daß sie sich oberhalb des Kopfes treffen.
[42] Richardson: Fauna Bor. Americana: Birds, 1831, p.359; Audubon: Ornitholog. Biograph., Vol. IV, p.507.

welcher Süd-Amerika bewohnt (*Cephalopterus ornatus*), wird Schirmvogel genannt wegen seines ungeheuren, von nackten weißen Federschäften und dunkelblauen, erstere überdeckenden Federn gebildeten Federstutzes, welchen der Vogel zu einer großen, nicht weniger als fünf Zoll im Durchmesser haltenden und den ganzen Kopf bedeckenden Haube erheben kann. Dieser Vogel hat an seinem Hals einen langen, dünnen, zylindrischen, fleischigen Anhang, welcher dicht mit schuppenartigen blauen Federn bekleidet ist. Er dient wahrscheinlich zum Teil als Schmuck, aber gleichfalls auch als ein Resonanzapparat. Denn Mr. Bates fand, daß derselbe „mit einer ungewöhnlichen Entwicklung der Luftröhre und der Stimmorgane" im Zusammenhang steht. Wenn der Vogel seinen eigentümlichen, tiefen, lauten und lange ausgehaltenen flötenartigen Ton ausstößt, wird jener Anhang ausgedehnt. Beim Weibchen ist die Federkrone und der Anhang am Hals nur rudimentär vorhanden.[44]

Die Stimmorgane verschiedener, mit Schwimmfüßen versehener und Wat-Vögel sind außerordentlich kompliziert und weichen in gewisser Ausdehnung bei beiden Geschlechtern voneinander ab. In manchen Fällen ist die Luftröhre wie ein Waldhorn gewunden und tief in das Brustbein eingebettet. Beim wilden Schwan (*Cygnus ferus*) ist sie beim erwachsenen Männchen tiefer eingebettet als beim Weibchen oder dem jungen Männchen. Bei dem männlichen *Merganser* ist der erweiterte Teil der Luftröhre mit einem besonderen Muskelpaar versehen.[45] Bei einer der Enten, nämlich *Anas punctata*, ist die knöcherne Erweiterung beim Männchen nur wenig mehr entwickelt als beim Weibchen.[46] Aber die Bedeutung dieser Verschiedenheiten in der Luftröhre bei den beiden Geschlechtern der Anatiden ist nicht erklärt; denn das Männchen ist nicht immer das stimmreichere. So ist bei der gemeinen Ente der Ton des Männchens nur ein Zischen, während das Weibchen ein lautes Quaken ausstößt.[47] Bei einem der Kranich (*Grus virgo*) dringt die Luftröhre der beiden Geschlechter in das Sternum ein, bietet aber „gewisse geschlechtliche Modifikationen" dar. Beim Männchen des schwarzen Storches findet sich gleichfalls eine wohl ausgesprochene geschlechtliche Verschiedenheit in der Länge und der Krümmung der Luftröhrenäste.[48] Es haben also in diesen Fällen sehr bedeutungsvolle Gebilde je nach dem Geschlecht gewisse Modifikationen erfahren.

Es ist oft schwierig zu entscheiden, ob die vielen fremdartigen Töne und Geschreie, welche männliche Vögel während der Paarungszeit ausstoßen, als ein Reizmittel oder nur als ein Lockruf für das Weibchen dienen. Das sanfte Girren der Turteltaube und vier anderer Tauben gefällt dem Weibchen, wie man wohl vermuten kann. Wenn das Weibchen des wilden Truthahns am Morgen seinen Ruf ertönen läßt, so antwortet das Männchen mit einem von dem gewöhnlichen kollernden Geräusch verschiedenen Ton. Ersteres bringt es hervor, sobald es mit aufgerichteten Federn, rauschenden Flügeln und geschwollenen Fleischlappen vor dem Weibchen sich brüstend einherstolziert.[49] Das Kollern des Birkhahns dient sicher als Lockruf für das Weibchen; denn

---

[49] C. L. Bonaparte, zitiert in: The Naturalist's Library. Birds. Vol. XIV, p.126.
[43] Die folgenden Aufsätze sind neuerdings über diesen Gegenstand geschrieben worden: Prof. A. Newton, in: „The Ibis", 1862, p.107; Dr. Cullen, ebd., 1865, p.145; Prof. Flower, in: Proceed. Zoolog. Soc., 1865, p.747; und Dr. Murie, in: Proceed. Zoolog. Soc., 1868, p.471. In dem zuletzt erwähnten Aufsatz ist eine ausgezeichnete Abbildung der männlichen australischen Trappe in voller Entfaltung mit ausgedehntem Kehlsack gegeben. Es ist eine eigentümliche Tatsache, daß der Sack nicht bei allen Männchen derselben Spezies entwickelt ist.
[44] Bates: The Naturalist on the Amazons, 1863, Vol. II, p.284; Wallack, in: Proceed. Zoolog. Soc., 1850, p.206. Neuerdings ist eine neue Spezies mit einem noch größeren Halsanhang entdeckt worden (C. penduliger); s. Ibis. Vol. I, p.457.
[45] Bishop, in: Todd's Cyclopaedia of Anat. and Physiol., Vol. IV, p.1499.
[46] Prof. Newton, in: Proceed. Zoolog. Soc., 1871, p.651.
[47] Der Löffelreiher (Platalea) hat eine in der Form einer 8 gewundene Luftröhre; und doch ist dieser Vogel stumm (s. Jerdon: Birds of India. Vol. III, p.763). Mr. Blyth teilt mir aber mit, daß diese Windungen nicht immer vorhanden sind, so daß sie vielleicht jetzt auf dem Wege sind, zu verschwinden.
[48] Rud. Wagner: Lehrbuch der Anatomie der Wirbeltiere, 1843, p.128. In bezug auf die Angabe vom Schwan s. Yarrell: History of Brit. Birds. 2. edit.. 1845, Vol. III, p.193.

man hat erfahren, daß es vier oder fünf Weibchen aus weiter Entfernung zu einem in Gefangenschaft gehaltenen Männchen hingerufen hat. Da aber der Birkhahn sein Kollern stundenlang während aufeinanderfolgender Tage und, wie es der Auerhahn tut, „mit alles überwältigender Leidenschaft" fortsetzt, so werden wir zu der Vermutung geführt, daß die Weibchen, welche bereits anwesend sind, hierdurch bezaubert werden.[50] Die Stimme des gemeinen Raben wird bekanntlich während der Paarungszeit verschieden und ist daher in einer gewissen Weise geschlechtlich.[51] Was sollen wir aber zu dem rauhen Geschrei z. B. mancher Arten von Macaws sagen? Haben diese Vögel wirklich einen so schlechten Geschmack für musikalische Laute, als sie dem Anschein nach für Farben haben, wenigstens nach dem unharmonischen Konstrast ihres auffallend gelben und blauen Gefieders zu urteilen? Es ist allerdings möglich, daß die lauten Stimmen vieler männlicher Vögel, ohne daß dadurch irgendein Vorteil für sie erzielt worden ist, das Resultat der vererbten Wirkungen des beständigen Gebrauchs ihrer Stimmorgane sind, wenn sie durch die kräftigen Leidenschaften der Liebe, der Eifersucht und der Wut erregt werden. Auf diesen Punkt werden wir aber zurückkommen, wenn wir die Säugetiere behandeln werden.

Wir haben bis jetzt nur von der Stimme gesprochen; aber die Männchen verschiedener Vögel üben während der Zeit ihrer Bewerbung noch etwas aus, was man Instrumentalmusik nennen könnte. Pfauhähne und Paradiesvögel rasseln mit den Kielen ihrer Federn zusammen. Truthähne fegen mit ihren Flügeln über den Boden hin, und einige Arten von Waldhühnern bringen hierdurch ein summendes Geräusch hervor. Wenn ein anderes nordamerikanisches Waldhuhn (*Tetrao umbellus*) mit aufgerichtetem Schwanz und entfalteter Krause „seine Federpracht den in der Nachbarschaft verborgen liegenden Weibchen darbietet", so trommelt es, indem es seine Flügel der Angabe Mr. R. Haymonds zufolge oberhalb des Rückens zusammenschlägt und nicht, wie Audubon meinte, gegen die Seite schlägt. Der hierdurch hervorgebrachte Laut wird von einigen mit einem entfernten Donner, von anderen mit dem schnellen Wirbel einer Trommel verglichen. Das Weibchen trommelt niemals, „sondern fliegt direkt zu der Stelle, wo das Männchen in der genannten Weise beschäftigt ist". Im Himalaya macht das Männchen des Kalij-Fasans „oft ein eigentümlich trommelndes Geräusch mit seinen Flügeln, dem Geräusch nicht unähnlich, welches man durch das Schütteln eines Stücks steifer Leinwand hervorbringen kann". An der Westküste von Afrika versammeln sich die kleinen schwarzen Webervögel (*Ploceus*?) in einer kleinen Anzahl auf den Büschen rund um einen kleinen offenen Fleck und singen und gleiten durch die Luft mit zitternden Flügeln, „was einen rapiden schwirrenden Ton hervorbringt, wie eine Kinderklapper". Ein Vogel nach dem anderen produziert sich in dieser Weise stundenlang, aber nur während der Paarungszeit. In derselben Zeit bringen die Männchen gewisser Ziegenmelker (*Caprimulgus*) ein äußerst fremdartiges Geräusch mit ihren Flügeln hervor. Die verschiedenen Spezies der Spechte klopfen einen Zweig mit ihrem Schnabel mit einer so rapiden schwingenden Bewegung, daß „der Kopf an zwei Stellen zugleich zu sein scheint". Der hierdurch hervorgebrachte Klang ist in einer beträchtlichen Entfernung hörbar, kann aber nicht beschrieben werden, und ich glaube sicher, daß von niemandem, der ihn zum ersten Mal hört, je vermutet werden wird, was ihn hervorbringt. Da dieses rasselnde Geräusch vorzüglich während der Paarungszeit gemacht wird, so ist es als ein Liebesgesang angesehen worden; es ist aber strenger genommen vielleicht nur ein Lockruf. Wenn das Weibchen aus seinem Nest getrieben wird, so hat man beobachtet, daß es sein Männchen in dieser Weise ruft, welches dann in derselben Weise antwortet und bald an Ort und Stelle erscheint. Endlich verbindet auch der männliche Wiedehopf (*Upupa epops*) Vokal- mit Instrumentalmusik. Denn während der Paarungszeit zieht er, wie Mr. Swinhoe gesehen hat, zuerst Luft ein und schlägt dann die Spitze seines Schnabels senkrecht gegen einen Stein oder den Stamm eines Baumes, „worauf dann die durch den

---

[50] L. Lloyd: The Game Birds of Sweden, 1867, p.22, 81.
[51] Jenner: Philosoph. Transact., 1824, p.20.

röhrenförmigen Schnabel abwärts gestoßene Luft den richtigen Laut hervorbringt". Wenn der Schnabel nicht in der eben geschilderten Weise aufgestoßen wird, ist der Laut völlig verschieden. Gleichzeitig wird Luft verschluckt und die Speiseröhre schwillt stark an; dies dient zur Resonanz und wahrscheinlich nicht bloß beim Wiedehopf, sondern auch bei Tauben und anderen Vögeln.[52]

In den vorstehend angeführten Fällen werden Laute hervorgebracht mit Hilfe von bereits vorhandenen und anderweit notwendigen Gebilden, aber in den folgenden Fällen sind gewisse Federn speziell zu dem ausdrücklichen Zweck modifiziert worden, die Töne hervorzubringen. Das meckernde, schnurrende oder summende Geräusch, wie es die verschiedenen Beobachter bezeichnen, welches die Bekassine (*Scolopax gallinago*) hervorbringt, muß einen jeden, der es nur einmal gehört hat, überrascht haben. Dieser Vogel fliegt zur Zeit der Paarung „vielleicht tausend Fuß in die Höhe", treibt sich in solcher Höhe flatternd im Kreise herum und schießt aus dieser mit ganz ausgebreitetem Schwanz und zitternden Flügeln in einem Bogen mit überraschender Schnelligkeit zur Erde herab. Der Laut wird nur während dieses rapiden Herabschießens hervorgebracht. Niemand war imstande, die Ursache dieses Geräuschs zu erklären, bis Meves beobachtete, daß auf jeder Seite des Schwanzes die äußeren Federn eigentümlich geformt sind; sie haben nämlich einen steifen, säbelförmig gekrümmten Schaft, die schräg davon abgehenden Äste der Fahne sind von ungewöhnlicher Länge und die äußeren Ränder sind fest aneinander geheftet. Er fand, daß wenn man auf diese Federn bläst oder wenn man dieselben an einen langen dünnen Stock bindet und sie schnell durch die Luft bewegt, man einen genau dem meckernden, von dem lebenden Vogel hervorgebrachten Laut ähnlichen Ton hervorbringen kann. Beide Geschlechter sind mit diesen Federn versehen; sie sind aber beim Männchen allgemein größer als beim Weibchen und bringen einen tieferen Ton hervor. Bei einigen Spezies, so bei *S. frenata*, sind vier Federn und bei *S. javensis* sind nicht weniger als acht Federn auf jeder Seite des Schwanzes bedeutend modifiziert. Werden die Federn von verschiedenen Spezies in der eben geschilderten Weise durch die Luft geschwungen, so werden verschiedene Töne hervorgebracht, und der *Scolopax Wilsonii* der Vereinigten Staaten macht, während er sich schnell zur Erde herabstürzt, ein Geräusch, als wenn eine Gerte schnell durch die Luft gezogen wird.[53]

Beim Männchen von *Chamaepetes unicolor* (einem großen hühnerartigen Vogel aus Amerika) ist die erste Schwungfeder erster Ordnung nach der Spitze zu gebogen und viel mehr zugespitzt als beim Weibchen. Bei einem verwandten Vogel, der *Penelope nigra* beobachtete Mr. Salvin ein Männchen, welches, während es „mit ausgebreiteten Flügeln abwärts flog, eine Art von krachendem, rauschendem Geräusch von sich gab", wie beim Umfallen eines Baumes.[54] Nur das Männchen einer der indischen Trappen (*Sypheotides auritus*) hat bedeutend zugespitzte Schwungfedern erster Ordnung, und vom Männchen einer verwandten Spezies weiß man, daß es, während es das Weibchen umwirbt, einen summenden Ton

---

[52] Wegen der verschiedenen oben angeführten Tatsachen s. über Paradiesvögel: Brehm: Tierleben, Bd. V (Vögel, 2. Bd.), p.415; über Waldhühner: Richardson: Fauna Bor. Americana: Birds, p.343 und 359; Major W. Ross King: The Sportsman in Canada, 1866, p.156; Mr. Haymond, in: Prof. Cox's Geol. Survey of Indiana, p.227; Audubon: American Ornitholog. Biograph., Vol. I, p.216; über den Kalij-Fasan: Jerdon: Birds of India. Vol. III, p.533; über die Webervögel: Livingstone: Expedition to the Zambesi, 1865, p.425; über Spechte: MacGillivray: Hist. of British Birds. Vol. III, 1840, p.84, 88, 89 und 95; über den Wiedehopf: Swinhoe, in: Proceed. Zoolog. Soc., 23. Juni 1863, p.264, und: 1871, p.348; über die Ziegenmelker: Audubon: a.a.O., Vol. II, p.255 und: American Naturalist, 1873, p.672. Der englische Ziegenmelker macht gleichfalls im Frühling ein merkwürdiges Geräusch während seines rapiden Flugs.
[53] S. den interessanten Aufsatz von Meves, in: Proceed. Zoolog. Soc., 1858, p.199. In bezug auf die Lebensweise der Bekassine s. MacGillivray: History of British Birds. Vol. IV, p.371. Wegen der amerikanischen Bekassine: Capt. Blakiston, in: Ibis. Vol. V, 1863, p.131.
[54] Mr. Salvin, in: Proceed. Zoolog. Soc., 1867, p.160. Ich bin diesem ausgezeichneten Ornithologen sehr verbunden für Zeichnungen der Federn von *Chamaepetes* und für andere Mitteilungen.

hervorbringt.⁵⁵ Bei einer sehr verschiedenen Gruppe von Vögeln, nämlich den Kolibris, haben nur die Männchen gewisser Arten entweder die Schäfte ihrer Schwungfedern erster Ordnung sehr verbreitert, oder die Fahnen plötzlich nach dem Ende zu ausgeschnitten. So hat z. B. das Männchen von *Selasphorus platycercus* im erwachsenen Zustand die ersten Schwungfedern in dieser Weise ausgeschnitten. Während es von Blüte zu Blüte fliegt, bringt es ein „scharfes, fast pfeifendes Gerausch" hervor⁵⁶, aber wie es Mr. Salvin schien, wurde das Geräusch nicht absichtlich hervorgebracht.

Endlich haben bei verschiedenen Spezies einer Untergattung von *Pipra* oder Manakins die Männchen modifizierte Schwungfedern zweiter Ordnung, und zwar, wie Mr. Sclater beschrieben hat, in einer noch merkwürdigeren Weise. Bei der brillant gefärbten *Pipra deliciosa* sind die drei ersten Schwungfedern zweiter Ordnung dickschaftig und nach dem Körper zu gekrümmt; bei der vierten und fünften ist die Veränderung größer; und bei der sechsten und siebenten ist der Schaft in einem außerordentlichen Grade verdickt und bildet eine solide hornige Masse. Auch die Fahnen sind bedeutend in ihrer Form verändert im Vergleich mit den entsprechenden Federn des Weibchens. Selbst die Knochen des Flügels, welche diese eigentümlichen Federn tragen, sollen beim Männchen, wie Mr. Fraser sagt, bedeutend verdickt sein. Diese kleinen Vögel bringen ein außerordentliches Geräusch hervor. Der erste „scharfe Ton ist dem Knall einer Peitsche nicht unähnlich"⁵⁷.

Die Verschiedenartigkeit der sowohl durch die Stimmorgane als auch andere Werkzeuge hervorgebrachten Laute, welche die Männchen vieler Spezies während der Paarungszeit äußern, und die Verschiedenheit der Mittel zur Hervorbringung solcher Laute, ist in hohem Grade merkwürdig. Wir erhalten hierdurch eine hohe Idee von ihrer Bedeutung zu sexuellen Zwecken und werden an dieselbe Folgerung erinnert, zu der wir in bezug auf Ähnliches bei den Insekten gelangten. Es ist nicht schwer, sich die verschiedenen Stufen vorzustellen, durch welche die Töne eines Vogels, welche ursprünglich nur als ein bloßer Lockruf oder zu irgendeinem anderen Zweck gebraucht wurden, zu einem melodischen Liebesgesang veredelt worden sein können. In bezug auf die Fälle, wo es sich um die Modifikation von Federn handelt, durch welche das Trommeln, Pfeifen oder die anderen lauteren Geräusche hervorgebracht werden, wissen wir, daß einige Vögel während ihrer Brautwerbung ihr nicht modifiziertes Gefieder schütteln, rasseln oder erzittern machen; und wenn die Weibchen veranlaßt wurden, die besten Spieler zu wählen, so dürften diejenigen Männchen, welche die stärksten oder dicksten oder auch die am meisten verdünnten, an irgendeinem beliebigen Teil des Körpers sitzenden Federn besäßen, die erfolgreichsten sein; und hierdurch können in langsamen Abstufungen die Federn beinahe in jeder Ausdehnung modifiziert worden sein. Natürlich werden die Weibchen nicht jede unbedeutende aufeinanderfolgende Abänderung in der Form beachten, sondern nur die durch so veränderte Federn hervorgebrachten Laute. Es ist eine merkwürdige Tatsache, daß in derselben Klasse von Tieren so verschiedenartige Laute sämtlich den Weibchen der verschiedenen Spezies angenehm sein sollen, wie das Mekkern der Bekassine mit ihrem Schwanz, das Klopfen des Spechtes mit dem Schnabel, das rauhe trompetenartige Geschrei gewisser Wasservögel, das Girren der Turteltaube und der Gesang der Nachtigall. Wir dürfen aber den Geschmack der verschiedenen Arten nicht nach einem gleichförmigen Maßstab beurteilen; auch dürfen wir hierbei nicht den Maßstab des menschlichen Geschmacks anlegen. Selbst in bezug auf den Menschen müssen wir uns daran erinnern, welche unharmonischen Geräusche das Ohr des Wilden angenehm berühren, wie das Schlagen des Tamtams und die grellen Töne von Rohrpfeifen. Sir. S. Baker bemerkt⁵⁸, daß „wie der Magen der Araber das rohe Fleisch und die warm aus dem Tier genommene,

---

⁵⁵ Jerdon: Birds of India. Vol. III, p.618, 621.
⁵⁶ Gould: Introduction to the Trochilidae, 1861, p.49; Salvin: Proceed. Zoolog. Soc., 1867, p.160.
⁵⁷ Sclater, in: Proceed. Zoolog. Soc., 1860, p.90, und in: Ibis. Vol. IV, 1862, p.175; auch Salvin, in: Ibis, 1860, p.37.
⁵⁸ The Nile Tributaries of Abyssinia, 1867, p.203.

noch rauchende Leber vorzieht, so ziehe sein Ohr auch seine in gleicher Weise rauhe und unharmonische Musik aller anderen vor".

Liebesgebärden und Tänze. – Die merkwürdigen Liebesgebärden verschiedener Vögel, besonders der Gallinaceen, sind bereits gelegentlich erwähnt worden, so daß hier nur wenig hinzugefügt zu werden braucht. In Nord-Amerika versammeln sich große Mengen eines Waldhuhns, des *Tetrao phasianellus*, jeden Morgen während der Paarungszeit auf einem ausgewählten ebenen Fleck, und hier laufen sie rundherum in einem Kreis von ungefähr fünfzehn oder zwanzig Fuß im Durchmesser, so daß der Boden vollständig kahlgetreten wird, wie ein Elfenring. Bei diesen „Rebhuhntänzen", wie sie von den Jägern genannt werden, nehmen die Vögel die fremdartigsten Stellungen an und laufen herum, einige nach links, einige nach rechts. Audubon beschreibt die Männchen eines Reihers (*Ardea herodias*), wie sie auf ihren langen Beinen mit großer Würde vor ihren Weibchen herumstolzieren und ihre Nebenbuhler herausfordern. Bei einem widerwärtigen Aasgeier (*Cathartes jota*) sind, wie derselbe Naturforscher angibt, „die Gestikulationen und das Paradieren der Männchen am Anfang der Liebezeit äußerst lächerlich". Gewisse Vögel führen ihre Liebesgebärden im Flug aus, wie wir bei dem schwarzen afrikanischen Webervogel gesehen haben, und nicht auf der Erde. Während des Frühjahrs erhebt sich unser kleines Weißkehlchen (*Sylvia cinerea*) oft wenige Fuß oder Yards über einem Gebüsch in die Luft und „schwebt mit einer verzückten und phantastischen Bewegung während der ganzen Zeit singend darüber und senkt sich wieder auf seinen Ruheplatz". Die große englische Trappe wirft sich, wie es Wolf dargestellt hat, in ganz unbeschreibliche wunderliche Stellungen, während sie das Weibchen umwirbt. Eine verwandte indische Trappe (*Otis bengalensis*) „steigt in solchen Zeiten senkrecht in die Luft mit einem eiligen Schlagen der Flügel, wobei sie ihren Federkamm hebt, die Federn des Halses und der Brust aufsträubt, und läßt sich dann auf den Boden nieder". Sie wiederholt dieses Manöver mehrmals hintereinander und summt während der Zeit in einer eigentümlichen Weise. Die Weibchen, welche zufällig in der Nähe sind, „gehorchen jenen tanzenden Aufforderungen", und wenn sie sich nähern, senkt das Männchen seine Flügel und breitet seinen Schwanz wie ein Truthahn aus.[59]

Den merkwürdigsten Fall aber bieten drei verwandte Gattungen australischer Vögel dar, die berühmten Laubenvögel – sämtlich ohne Zweifel Nachkommen einer alten Spezies, welche zuerst den merkwürdigen Instinkt erlangte, sich zur Produktion ihrer Liebespantomimen kleine Lauben zu bauen. Die Lauben, welche, wie wir später noch sehen werden, mit Federn, Muschelschalen, Knochen und Blättern in hohem Grade dekoriert sind, werden einzig zu dem Zweck der Werbung auf die Erde gebaut, denn ihre Nester bauen sie auf Bäume. Beide Geschlechter helfen bei dem Aufbauen dieser Lauben, aber das Männchen ist der hauptsächlichste Arbeiter daran. Dieser Instinkt ist so stark, daß er selbst in der Gefangenschaft noch ausgeübt wird. Mr. Strange hat die Lebensweise einiger Atlas-Laubenvögel beschrieben[60], welche er in seiner Volière in Neu-Süd-Wales sich hielt. „Eine Zeitlang jagt das Männchen das Weibchen durch die ganze Volière, dann geht es zu der Laube, pickt eine lebhaft gefärbte Feder oder ein großes Blatt, stößt einen merkwürdigen Laut aus, richtet alle seine Federn in die Höhe, läuft rund um die Laube herum und wird dabei so aufgeregt, daß seine Augen fast aus dem Kopf herauszuspringen scheinen: unaufhörlich hebt es zuerst den einen Flügel, dann den anderen, stößt einen sanften, pfeifenden Ton aus und scheint, wie der Haushahn, irgend etwas von der Erde auf-

---

[59] Wegen *Tetrao phasionellus* s. Richardson: Fauna Bor. Americana, p.361; und wegen weiterer Einzelheiten: Capt. Blakiston: Ibis, 1863, p.127. In bezug auf *Cathartes* und *Ardea*: Audubon: Ornithol. Biograph., Vol. II, p.51 und Vol. III, p.89. Über das Weißkehlchen s. MacGillivray: History of British Birds. Vol. II, p.354. Über die indische Trappe: Jerdon: Birds of India. Vol. III, p.618.

[60] Gould: Handbook to the Birds of Australia. Vol. I, p.444, 449, 455. Die Laube des Atlasvogels ist im Zoologischen Garten in Regents Park, London, zu sehen.

zupicken, bis zuletzt das Weibchen sanften Mutes auf dasselbe zugeht." Captain Stokes hat die Lebensweise und die „Spielhäuser" einer anderen Art, nämlich des großen Laubenvogels, beschrieben. Hier sah er, wie derselbe „vor- und rückwärts flog, eine Muschelschale abwechselnd von der einen, dann von der anderen Seite aufnahm und, dieselbe in seinem Schnabel haltend, in die Pforte eintrat". Diese merkwürdigen Bauten, welche einzig und allein als Versammlungsräume aufgeführt werden, wo sich beide Geschlechter unterhalten und sich den Hof machen, müssen den Vögeln viele Mühe kosten, so ist z.B. die Laube der braunbrüstigen Art beinahe vier Fuß lang, achtzehn Zoll hoch und auf einer dicken Lage von Stäben errichtet.

Schmuck. – Ich will zuerst die Fälle erörtern, in welchen die Männchen entweder ausschließlich oder in einem viel bedeutenderen Grade geschmückt sind als die Weibchen, und in einem späteren Kapitel diejenigen, in denen beide Geschlechter in gleicher Weise geschmückt sind, und endlich die seltenen Fälle, in denen das Weibchen etwas glänzender gefärbt ist als das Männchen. Wie es mit den künstlichen Zieraten der Fall ist, welche wilde und zivilisierte Menschen benutzen, so ist auch bei den natürlichen Zieraten der Vögel der Kopf der hauptsächlichste Gegenstand der Ausschmückung.[61] Die Zierate sind, wie zu Beginn dieses Kapitels erwähnt wurde, in einer wunderbaren Weise verschiedenartig. Die Schmuckgebilde an der vorderen oder hinteren Seite des Kopfes sind verschiedenartig geformte Federn und zuweilen einer Aufrichtung oder Ausbreitung fähig, wodurch ihre schönen Farben vollständig entfaltet werden. Gelegentlich sind elegante Ohrbüschel vorhanden. Der Kopf ist zuweilen mit samtartigen kurzen Federn bedeckt, wie beim Fasan, oder er ist nackt und lebhaft gefärbt. Auch die Kehle ist zuweilen mit einem Bart geschmückt oder mit Fleischlappen oder Karunkeln. Derartige Anhänge sind im allgemeinen hell gefärbt und dienen ohne Zweifel als Zierat, wenn sie auch nicht immer für unsere Augen ornamental sind. Denn während das Männchen sich im Akt des Hofmachens dem Weibchen gegenüber befindet, schwellen dieselben oft an und nehmen noch lebendigere Farben an, wie z.B. bei dem Truthahn. Zu solchen Zeiten schwellen die fleischigen Anhänge am Kopf des männlichen Tragopan-Fasans (*Ceriornis Temminckii*) zu einem großen Lappen an der Kehle und zu zwei Hörnern an, eines auf jeder Seite des glänzenden Federstutzes, und diese sind dann mit dem intensivsten Blau gefärbt, was ich je gesehen habe.[62] Bei den afrikanischen Hornraben (*Buceros abyssinicus*) wird der scharlachene, blasenartige Fleischlappen am Hals aufgeblasen, und der Vogel bietet dann mit seinen herabhängenden Flügeln und ausgebreitetem Schwanz „eine ganz großartige Erscheinung dar"[63]. Selbst die Iris des Auges ist zuweilen beim Männchen glänzender gefärbt als beim Weibchen, und dasselbe ist häufig mit dem Schnabel der Fall, z.B. bei unserer gemeinen Amsel. Bei *Buceros corrugatus* sind der ganze Schnabel und der ungeheure Helm beim Männchen auffallender gefärbt als beim Weibchen, und „die schrägen Gruben an den Seiten der unteren Kinnlade sind dem männlichen Geschlecht eigentümlich"[64].

Ferner trägt der Kopf häufig fleischige Anhänge, Fäden und solide Protuberanzen. Wenn diese nicht beiden Geschlechtern zukommen, sind sie immer auf die Männchen beschränkt. Die soliden Vorsprünge sind im Detail von Dr. W. Marshall beschrieben worden[65]; er zeigt, daß sie entweder aus schwammiger Knochensubstanz oder aus Haut und anderen Geweben bestehen. Bei Säugetieren werden echte Hörner stets von den Stirnbeinen getragen; bei den Vögeln aber sind verschiedene Knochen zu diesem Zweck modifiziert worden; bei verschiedenen Arten einer und derselben Gruppe haben die Höcker entweder Knochenzapfen als Grundlage, oder es fehlen

---

[61] S. Bemerkungen in diesem Sinne über das Gefühl für Schönheit bei den Tieren von J. Shaw, in: Athenaeum, 24. Nov. 1866, p.681.
[62] S. Dr. Muries Schilderung und kolorierte Abbildungen, in: Proceed. Zoolog. Soc., 1872, p.730.
[63] Mr. Monteiro, in: Ibis. Vol. IV, 1862, p.339.
[64] Land and Water, 1868, p.217.
[65] Über die Schädelhöcker etc., in: Niederländ. Archiv für Zoologie. Bd. I, Heft 2, 1872.

solche, und beide extreme Fälle werden durch zwischenliegende Abstufungen miteinander verbunden. Es bemerkt daher Dr. Marshall mit Recht, das Abänderungen der verschiedensten Arten zur Entwicklung dieser ornamentalen Anhänge durch geschlechtliche Zuchtwahl gedient haben. Verlängerte Federn oder Schmuckfedern entspringen von beinahe jedem Teil des Körpers. Die Federn an der Kehle und an der Brust sind zuweilen zu schönen Kragen und Halskrausen entwickelt. Die Schwanzfedern sind häufig sehr verlängert, wie wir an den Schwanzdeckfedern des Pfauhahns und am Schwanz des Argusfasans sehen. Beim Pfauhahn sind selbst die Knochen des Schwanzes zum Tragen der schweren Schwanzdeckfedern modifiziert worden.[66] Der Körper des Argusfasans ist nicht größer als der eines Huhns; doch beträgt die Länge von der Spitze des Schnabels bis zum Ende des Schwanzes nicht weniger als fünf Fuß drei Zoll[67], und die der sehr schön mit Augenflecken gezierten Flügelfedern zweiter Ordnung nahezu drei Fuß. Bei einem kleinen afrikanischen Ziegenmelker (*Cosmetornis vexillaris*) erreicht eine der Schwungfedern erster Ordnung während der Paarungszeit eine Länge von sechsundzwanzig Zoll, während der Vogel selbst nur zehn Zoll lang ist. Bei einer anderen nahe verwandten Gattung von Ziegenmelkern sind die Schäfte der verlängerten Flügelfedern nackt mit Ausnahme der Spitze, wo sie eine Scheibe tragen.[68] Ferner sind in einer anderen Gattung von Ziegenmelkern die Schwanzfedern selbst noch ungeheurer entwickelt. Im allgemeinen sind die Federn des Schwanzes häufiger verlängert, als die der Flügel, da jede bedeutende Verlängerung derselben den Flug beeinträchtigen würde. Wir sehen daher, daß eine und dieselbe Art von Verzierung von den Männchen nahe verwandter Vögel durch die Entwicklung sehr verschiedener Federn erlangt worden ist.

Es ist eine merkwürdige Tatsache, daß die Federn von Vogelarten, welche zu sehr verschiedenen Gruppen gehören, in beinahe genau derselben eigentümlichen Weise modifiziert worden sind. So sind die Flügelfedern bei einem der oben erwähnten Ziegenmelker am ganzen Schaft nackt und enden nur in einer Scheibe, oder sie sind, wie es zuweilen genannt wird, löffel- oder spatelförmig. Federn dieser Art kommen am Schwanz eines Motmot (*Eumomota superciliaris*), eines Eisvogels, Finken, Kolibris, Papageien, mehrerer indischer Drongos (*Dicrurus* und *Edolius*, bei einem derselben steht die Scheibe senkrecht) und am Schwanz gewisser Paradiesvögel vor. Bei diesen letzteren Vögeln zieren ähnliche Federn, sehr schön mit Augenflecken versehen, den Kopf, wie es gleichfalls bei einigen hühnerartigen Vögeln der Fall ist. Bei einer indischen Trappe (*Sypheotides auritus*) enden die Federn, welche die Ohrbüschel, die ungefähr vier Zoll lang sind, bilden, gleichfalls in Scheiben.[69] Es ist eine äußerst eigentümliche Tatsache, daß die Motmots, wie Mr. Salvin klar gezeigt hat[70], ihren Schwanzfedern dadurch die Spatelform geben, daß sie die Barben abbeißen, und daß ferner diese beständige Verstümmelung in gewissem Grade eine vererbte Wirkung hervorgebracht hat.

Ferner sind die Fahnen der Federn bei verschiedenen sehr weit auseinanderstehenden Vögeln fadenförmig, wie bei einigen Reihern, Ibissen, Paradiesvögeln und hühnerartigen Vögeln. In anderen Fällen verschwinden die Fahnen und lassen den Schaft nackt, und dieser erreicht im Schwanz von *Paradisea apoda* eine Länge von vierunddreißig Zoll[71]; bei *P. papuana* sind sie viel kürzer und dünn. Werden kleinere Federn in dieser Weise nackt, so erscheinen sie wie Borsten, z. B. an der Brust des Truthahns. Wie eine jede schwankende Mode in der Kleidung beim Menschen allmählich bewundert wird, so scheint auch bei Vögeln eine Veränderung beinahe jeder Art in der Struktur oder der Färbung der Federn beim Männchen von dem Weibchen bewundert worden zu sein. Die Tatsache, daß die Federn in sehr weit voneinander verschiedenen

---

[66] Dr. W. Marshall: Über den Vogelschwanz, in: Niederländ. Archiv für Zoologie. Bd. I, Heft 2, 1872.
[67] Jardine's Naturalist's Library: Birds. Vol. XIV, p.166.
[68] Sclater, in: Ibis. Vol. VI, 1864, p.114. Livingstone: Expedition to the Zambesi, 1865, p.66.
[69] Jerdon: Birds of India. Vol. III, p.620.
[70] Proceed. Zoolog. Soc., 1873, p.429.
[71] Wallace, in: Annals and Magaz. of Nat. Hist., Vol. XX, 1857, p.416, und in: Malay Archipelago. Vol. II, 1869, p.390.

Gruppen in einer analogen Art und Weise modifiziert worden sind, hängt ohne Zweifel ursprünglich davon ab, daß alle Federn nahezu dieselbe Struktur und Entwicklungsweise haben und folglich auch in einer und der nämlichen Art und Weise zu variieren neigen. Wir sehen oft eine Neigung zu anologer Variabilität in dem Gefieder unserer domestizierten Vogelrassen, welche zu verschiedenen Spezies gehören. So sind Federbüsche bei mehreren Spezies aufgetreten. Bei einer ausgestorbenen Varietät des Truthahns bestand der Federstutz aus nackten Schäften, welche von daunenartigen Fadenfedern überragt wurden, so daß diese in einem gewissen Grade den spatelformigen, oben beschriebenen Federn ähnlich wurden. Bei gewissen Rassen der Taube und des Huhns sind die Federn fadenförmig, wobei die Schäfte eine gewisse Neigung haben, nackt zu werden. Bei der Sebastopol-Gans sind die Schulterfedern bedeutend verlängert, gekräuselt oder selbt spiral gedreht und haben fadige Ränder.[72]

Es braucht hier kaum irgend etwas über die Färbung gesagt zu werden, denn jedermann weiß, wie glänzend die Farben der Vögel und wie harmonisch sie miteinander verbunden sind. Die Farben sind oft metallisch und irideszierend. Kreisförmige Flecke werden zuweilen von einer oder mehreren verschieden schattierten Zonen umgeben und werden hierdurch in Augenflecke verwandelt. Auch braucht nicht viel über die wunderbaren Verschiedenheiten zwischen den Geschlechtern vieler Vögel gesagt zu werden. Der gemeine Pfauhahn bietet hier ein auffallendes Beispiel dar. Weibliche Paradiesvögel sind düster gefärbt und entbehren aller Ornamente, während die Männchen wahrscheinlich die am allermeisten unter allen Vögeln und in so verschiedenen Weisen geschmückte Vögel sind, daß man sie sehen muß, um alles würdigen zu können. Die verlängerten und gold-orangenen Schmuckfedern, welche von unterhalb der Flügel der *Paradisea apoda* entspringen, werden, wenn sie senkrecht aufgerichtet und zum Schwingen gebracht werden, als eine Art von Hof beschrieben, in dessen Mittelpunkt der Kopf „wie eine kleine smaragdene Sonne erscheint, deren Strahlen von den beiden Schmuckfedern gebildet werden"[73]. In einer anderen außerordentlich schönen Spezies ist der Kopf kahl und „von einem reichen Kobaltblau mit mehreren Querreihen von schwarzen, samtartigen Federn"[74].

Männliche Kolibris überbieten beinahe die Paradiesvögel in ihrer Schönheit, wie jeder zugeben wird, welcher die prächtigen Abbildungen von Mr. Gould oder seine reiche Sammlung gesehen hat. Es ist sehr merkwürdig, in wie vielen verschiedenartigen Weisen diese Vögel verziert sind. Es ist beinahe von jedem Teil des Gefieders Vorteil gezogen worden durch besondere Modifikation desselben, und die Modifikationen sind, wie mir Mr. Gould gezeigt hat, in einigen Arten fast aus jeder Untergruppe zu einem wunderbaren Extrem getrieben. Derartige Fälle sind denen merkwürdig gleich, welche wir bei unseren Liebhaberrassen sehen, welche der Mensch nur des Schmuckes wegen züchtet; gewisse Individuen variierten ursprünglich in einem Merkmal und andere Individuen, welche zu einer und derselben Spezies gehörten, in anderen Merkmalen, und diese hat dann der Mensch aufgegriffen und bis zu einem extremen Punkt gehäuft. So geschah es mit dem Schwanz der Pfauentaube, der Haube des Jakobiners, dem Schnabel und den Fleischlappen der Botentaube usw. Die einzige Verschiedenheit zwischen diesen Fällen ist die, daß bei den einen die Entwicklung derartiger Merkmale das Resultat der vom Menschen ausgeübten Zuchtwahl ist, während sie in den anderen, wie bei Kolibris, Paradiesvögeln usw. eine Folge geschlechtlicher Zuchtwahl, d.h. der von Weibchen vollzogenen Wahl der schöneren Männchen ist.

Ich will nur noch einen anderen Vogel erwähnen, welcher wegen des außerordentlichen Kontrastes in der Farbe zwischen den beiden Geschlechtern merkwürdig ist, nämlich den berühmten

---

[72] S. mein Buch: Das Variieren der Tiere und Pflanzen im Zustand der Domestikation. 2. Aufl., Bd. I, p.321 und 326.
[73] Zitiert nach Mr. de Lafresnaye, in: Annals and Magaz. of Nat. Hist., Vol. XIII, 1854, p.157. S. auch Mr. Wallaces viel ausführlichere Schilderung ebd., Vol. XX, 1857, p.412, und in seinem Malay Archipelago.
[74] Wallace: The Malay Archipelago. Vol. II, 1869, p.405.

Glöckner (*Chasmorhynchus niveus*) von Süd-Amerika, dessen Stimme in der Entfernung von drei Meilen (miles) unterschieden werden kann und einen jeden, der sie zuerst hört, in Erstaunen setzt. Das Männchen ist rein weiß, während das Weibchen schmutzig-grün ist, und die erste Färbung ist bei Landvögeln mäßiger Größe und von nicht aggressiven Gewohnheiten sehr selten. Auch hat das Männchen, wie Waterton beschrieben hat, ein spirales Rohr, welches beinahe drei Zoll lang ist und von der Basis des Schnabels entspringt. Es ist tief schwarz und über und über mit kleinen daunigen Federn bedeckt. Dieses Rohr kann durch eine Kommunikation mit dem Gaumen mit Luft aufgeblasen werden, und wenn es nicht aufgeblasen ist, hängt es an der einen Seite herab. Die Gattung besteht aus vier Spezies, deren Männchen sehr verschieden sind, während die Weibchen nach der von Mr. Sclater in einem äußerst interessanten Aufsatz gegebenen Beschreibung einander außerordentlich ähnlich sind und hierdurch ein vorzügliches Beispiel der allgemeinen Regel darbieten, daß innerhalb einer und derselben Gruppe die Männchen viel mehr voneinander verschieden sind als die Weibchen. In einer zweiten Art (*C. nudicollis*) ist das Männchen gleichfalls schneeweiß mit Ausnahme eines großen Fleckens nackter Haut an der Kehle und rund um die Augen, welcher während der Paarungszeit von schöner grüner Farbe ist. In einer dritten Art (*C. tricarunculatus*) sind nur der Kopf und Hals des Männchens weiß, der übrige Körper ist kastanienbraun; auch ist das Männchen dieser Spezies mit drei fadenförmigen Vorsprüngen versehen, welche halb so lang wie der Körper sind und von denen der eine von der Basis des Schnabels und die beiden anderen von den Mundwinkeln entspringen.[75]

Das gefärbte Gefieder und gewisse andere Ornamente der Männchen im erwachsenen Zustand werden entweder für das Leben beibehalten oder periodisch während des Sommers und der Paarungszeit erneuert. Um diese Zeit wechseln der Schnabel und die nackte Haut um den Kopf häufig ihre Farben, wie es der Fall ist bei einigen Reihern, Ibissen, Möwen, einem der eben erwähnten Glöckner usw. Bei dem weißen Ibis werden die Wangen, die ausdehnbare Haut der Kehle und der basale Teil des Schnabels karmesinrot.[76] Bei einer der Rallen (*Gallicrex cristatus*) entwickelt sich während derselben Zeit eine große rote Karunkel am Kopf des Männchens. Dasselbe ist mit einem dünnen hornigen Kamm auf dem Schnabel eines Pelikans (*P. erythrorhynchus*) der Fall; denn nach der Paarungszeit werden diese Hornkämme abgeworfen wie die Hörner von den Köpfen der Hirsche; und das Ufer einer Insel in einem See in Nevada fand man mit diesen merkwürdigen Resten ganz bedeckt.[77]

Veränderungen der Farbe im Gefieder je nach der Jahreszeit hängen erstens von einer doppelten jährlichen Mauserung, zweitens von einer wirklichen Veränderung der Farbe in den Federn selbst und drittens davon ab, daß die dunkler gefärbten Ränder periodisch abgestoßen werden, oder daß die drei Vorgänge sich mehr oder weniger kombinieren. Das Abstoßen der hinfälligen Ränder läßt sich mit dem Abstoßen des Dunenkleides bei sehr jungen Vögeln vergleichen, denn die Dunen entstehen in den meisten Fällen von den Spitzen der ersten wirklichen Federn.[78]

Was die Vögel betrifft, welche jährlich einer zweimaligen Mauserung unterliegen, so gibt es erstens einige Arten, z.B. Schnepfen, Brachschwalben (*Glareolae*) und Brachschnepfen, bei welchen die beiden Geschlechter einander ähnlich sind und die Farbe zu keiner Zeit verändern. Ich weiß nicht, ob das Wintergefieder dicker und wärmer ist als das Sommergefieder; Wärme scheint mir aber, wenn keine Farbveränderung eintritt, der wahrscheinlichste Zweck der doppelten Mauserung zu sein. Zweitens gibt es auch Vögel, z.B. gewisse Spezies von *Totanus* und anderen Watvögeln, deren Geschlechter einander gleichen, aber deren Sommergefieder in un-

---

[75] Sclater, in: The Intellectual Observer, Januar 1867. Waterton's Wanderings, p.118. S. auch den interessanten Aufsatz von Salvin, mit einer Tafel, in: Ibis, 1865, p.90.
[76] Land and Water, 1867, p.394.
[77] D. G. Elliot, in: Proceed. Zoolog. Soc., 1869, p.589.
[78] Nitzsch: Pterylography, edited by P. L. Sclater. Ray Society 1867, p.14.

bedeutendem Grade von dem Wintergefieder verschieden ist. Indessen ist die Verschiedenheit der Farbe in diesen Fällen so unbedeutend, daß sie kaum ein Vorteil für die Vögel sein kann, und sie läßt sich vielleicht der direkten Einwirkung der umgebenden Bedingungen zuschreiben, welchen die Vögel während der beiden verschiedenen Jahreszeiten ausgesetzt sind. Drittens gibt es viele andere Vögel, bei welchen die Geschlechter gleich sind, welche aber in ihrem Sommer- und Wintergefieder sehr verschieden sind. Viertens gibt es Vögel, deren Geschlechter in der Farbe voneinander abweichen. Obgleich aber die Weibchen sich zweimal mausern, behalten sie doch dieselbe Färbung das ganze Jahr hindurch, während die Männchen eine Veränderung erleiden und zuweilen, wie bei gewissen Trappen, sogar eine große Veränderung in ihrer Färbung zeigen. Fünftens und letztens gibt es Vögel, deren Geschlechter sowohl im Winter- als auch im Sommergefieder voneinander verschieden sind; aber das Männchen unterliegt einer größeren Veränderung als das Weibchen bei jeder der wiederholt abwechselnd eintretenden Jahreszeiten, wofür der Kampfläufer (*Machetes pugnax*) ein gutes Beispiel darbietet.

Was die Ursache oder den Zweck der Verschiedenheiten in der Färbung zwischen dem Sommer- und Wintergefieder betrifft, so können dieselben in einigen Fällen, wie bei dem Schneehuhn[79], während beider Jahreszeiten zum Schutz dienen. Ist die Verschiedenheit zwischen den beiden Gefiedern unbedeutend, so kann sie vielleicht, wie bereits bemerkt, der direkten Wirkung der Lebensbedingungen zugeschrieben werden; aber bei vielen Vögeln läßt sich kaum daran zweifeln, daß das Sommergefieder zum Schmuck dient, selbst dann, wenn beide Geschlechter einander gleich sind. Wir können wohl annehmen, daß dies bei vielen Reihern, Silberreihern usw. der Fall ist, denn sie erhalten ihre schönen Schmuckfedern nur während der Paarungszeit. Überdies sind derartige Schmuckfedern, Federstutze usw., wenn sie auch beide Geschlechter besitzen, doch gelegentlich beim Männchen etwas stärker entwickelt als beim Weibchen und sie sind den Federn und anderen Zieraten ähnlich, welche nur die Männchen bei anderen Vögeln besitzen. Es ist auch bekannt, daß Gefangenschaft dadurch, daß sie das Reproduktionssystem männlicher Vögel affiziert, häufig die Entwicklung ihrer sekundären Sexualcharaktere hemmt, aber keinen unmittelbaren Einfluß auf irgendein anderes Merkmal hat; auch hat mir Mr. Bartlett mitgeteilt, daß acht oder neun Exemplare von *Tringa Canutus* im zoologischen Garten ihr schmuckloses Wintergefieder das ganze Jahr hindurch behielten, aus welcher Tatsache wir schließen können, daß das Sommergefieder, wenn es auch beiden Geschlechtern gemein ist, dieselbe Bedeutung für diese Vögel hat wie das ausschließlich männliche Gefieder vieler anderer Vögel.[80]

Aus den vorstehenden Tatsachen und ganz besonders aus der, daß bei gewissen Vögeln keines der beiden Geschlechter während beider jährlicher Mauserungen die Farbe irgendwie oder nur so unbedeutend verändert, daß diese Änderung ihnen kaum von irgendwelchem Nutzen sein kann, und daraus, daß die Weibchen anderer Spezies zwar sich zweimal mausern, aber doch das ganze Jahr hindurch dieselben Farben beibehalten, können wir schließen, daß die Gewohnheit, sich im Jahre zweimal zu mausern, nicht deshalb erlangt worden ist, daß das Männchen während der Paarungszeit einen ornamentalen Charakter erhalten soll; wir werden vielmehr zu der Annahme geführt, daß die doppelte Mauserung, welche ursprünglich zu irgendeinem bestimmten Zweck erlangt worden ist, später dazu benutzt wurde, in gewissen Fällen den Vögeln durch Erlangung eines Hochzeitsgefieders einen Vorteil zu gewähren.

---

[79] Das braun gefleckte Sommergefieder des Schneehuhns ist als Schutzmittel für dasselbe von genauso großer Bedeutung wie das weiße Wintergefieder; denn man weiß, daß in Skandinavien während des Frühlings, wenn der Schnee verschwunden ist, der Vogel einer Zerstörung durch Raubvögel sehr ausgesetzt ist, ehe er sein Sommerkleid erhalten hat. S. Wilhelm v. Wright, in: Lloyd: Game Birds of Sweden, 1867, p.125.

[80] In bezug auf die vorstehenden Angaben über Mauserung s. wegen der Bekassinen usw.: MacGillivray: Hist. of British Birds. Vol. VI, p.371; über *Glareola*, Brachschnepfen und Trappen: Jerdon: Birds of India. Vol. III, p.615, 630, 683; über *Totanus*: ebd., p.700; über die Schmuckfedern der Reiher: ebd., p.738, und MacGillivray: a.a.O., Vol. IV, p.435 und 444, und Mr. Stafford Allen, in: The Ibis. Vol. V, 1863, p.33.

Es scheint auf den ersten Blick ein überraschender Umstand zu sein, daß bei nahe verwandten Vögeln einige Spezies regelmäßig eine zweimalige jährliche Mauserung erleiden und andere nur eine einzige. Das Schneehuhn mausert sich z.B. zwei oder selbst drei Mal im Jahr und das Birkhuhn nur einmal. Einige der glänzend gefärbten Honigvögel (*Nectariniae*) von Indien und einige Untergattungen dunkel gefärbter Pieper (*Anthus*) haben eine doppelte Mauserung, während andere nur eine einmalige im Jahr haben.[81] Aber die Abstufungen in der Art und Weise der Mauserung, welche bei verschiedenen Vögeln bekanntlich vorkommen, zeigen uns, wie Spezies oder ganze Gruppen von Spezies ursprünglich ihre doppelte jährliche Mauserung erhalten haben dürften oder wie sie dieselbe, nachdem sie sie früher einmal erlangt hatten, wieder verloren haben. Bei gewissen Trappen und Regenpfeifern ist die Frühjahrsmauserung durchaus nicht vollständig; einige Federn werden erneuert und einige in der Farbe verändert. Wir haben auch Grund zu vermuten, daß bei gewissen Trappen und rallenartigen Vögeln, welche eigentlich eine doppelte Mauserung erleiden, einige der älteren Männchen ihr Hochzeitsgefieder das ganze Jahr hindurch behalten. Einige wenige bedeutend modifizierte Federn können während des Frühjahrs allein dem Gefieder hinzugefügt werden, wie es mit den scheibenförmigen Schwanzfedern gewisser Drongos (*Bhringa*) in Indien und mit den verlängerten Federn am Rücken, Hals und mit dem Federkamm gewisser Reiher der Fall ist. Durch derartige Stufen kann die Frühjahrsmauserung immer vollständiger gemacht worden sein, bis eine vollkommene doppelte Mauserung erreicht wurde. Einige Paradiesvögel behalten ihre Hochzeitsfedern das ganze Jahr hindurch, haben daher nur eine einfache Mauserung; andere werfen sie unmittelbar nach der Brütezeit ab, haben daher eine doppelte Mauserung, und noch andere werfen sie in dieser Zeit nur während des ersten Jahres ab, aber später nicht mehr; diese letzteren Arten stehen daher in bezug auf die Art ihrer Mauserung gerade in der Mitte. Es besteht auch bei vielen Vögeln ein großer Unterschied in der Länge der Zeit, während welcher jedes der beiden jährlichen Gefieder beibehalten wird, so daß das eine endlich das ganze Jahr hindurch behalten wird, während das andere vollständig verloren geht. So behält der *Machetes pugnax* seinen Kragen im Frühjahr kaum zwei Monate lang. Der männliche Witwenvogel (*Chera progne*) erhält in Natal sein schönes Gefieder und seine langen Schwanzfedern im Dezember oder Januar und verliert sie im März, so daß sie nur während ungefähr dreier Monate behalten werden. Die meisten Spezies, welche eine doppelte Mauserung erleiden, behalten ihre ornamentalen Federn ungefähr sechs Monate lang, Indessen behält das Männchen des wilden Gallus bankiva seine Hals-Sichelfedern neun oder zehn Monate lang, und wenn diese abgeworfen werden, treten die darunterliegenden schwarzen Federn am Hals völlig sichtbar hervor. Aber bei den domestizierten Nachkommen dieser Art werden die Hals-Sichelfedern sofort durch neue wieder ersetzt, so daß wir hier in bezug auf einen Teil des Gefieders sehen, wie eine doppelte Mauserung durch den Einfluß der Domestikation in eine einfache Mauserung umgewandelt worden ist.[82]

Der gemeine Enterich (*Anas boschas*) verliert bekanntlich nach der Paarungszeit sein männliches Gefieder für eine Zeit von drei Monaten, während welcher Zeit er das Gefieder des Weibchens annimmt. Die männliche Spießente (*Anas acuta*) verliert ihr Gefieder für eine kürzere Zeit, nämlich für sechs Wochen oder zwei Monate, und Montagu bemerkt, daß „diese doppelte Mauserung innerhalb einer so kurzen Zeit ein äußerst merkwürdiger Umstand ist, welcher allem menschlichen

---

[81] Über das Mausern des Schneehuhns s. Gould: Birds of Great Britain. Über die Honigvögel s. Jerdon: Birds of India. Vol. I, p.359, 365, 369. Über das Mausern von *Anthus* s. Blyth, in: The Ibis, 1867, p.32.
[82] Wegen der vorstehenden Angabe in bezug auf eine teilweise Mauserung und über die alten Männchen, welche ihr Hochzeitsgefieder behalten, s. Jerdon: Über Trappen und Regenpfeifer, in: Birds of India. Vol. III, p.617, 637, 709, 711; auch Blyth, in: Land and Water, 1867, p.84. Über das Mausern bei *Paradisea* s. einen interessanten Artikel von Dr. W. Marshall, in: Archives Néerlandaises. Tom. VI, 1871. Über die *Vidua*: Ibis. Vol. III, 1861, p.133. Über die Drongos: Jerdon: a.a.O., Vol. I, p.435. Über die Frühjahrsmauserung des *Herodias bubulcus* s. Mr. St. Allen, in: Ibis, 1863, p.33. Über *Gallus bankiva* s. Blyth, in: Annals and Magaz. of Natur. Hist., Vol. I, 1848, p.455. S. auch über diesen Gegenstand mein „Variieren der Tiere und Pflanzen im Zustand der Domestikation", 2. Aufl., Bd. I, p.264.

Dreizehntes Kapitel

Nachdenken Trotz zu bieten scheint". Wer aber an die allmähliche Modifikation der Arten glaubt, wird durchaus nicht überrascht sein, Abstufungen aller Arten zu finden. Sollte die männliche Spießente ihr neues Gefieder innerhalb einer noch kürzeren Zeit erhalten, so würden die neuen männlichen Federn beinahe notwendig mit den alten sich vermischen und beide wieder mit einigen, die dem Weibchen eigentümlich sind; und dies ist allem Anschein nach beim Männchen eines in nicht sehr entferntem Grade mit jenen verwandten Vogels, nämlich bei dem des *Merganser serrator*, der Fall. Denn hier sagt man, daß die Männchen „eine Veränderung des Gefieders erleiden, welche sie in einem gewissen Maße den Weibchen ähnlich macht". Durch eine unbedeutend weitergehende Beschleunigung des Vorgangs würde die doppelte Mauserung vollständig verloren gehen.[83]

Einige männliche Vögel, werden, wie schon früher angegeben, im Frühjahr heller gefärbt, nicht durch eine Frühlingsmauserung, sondern entweder durch eine wirkliche Veränderung der Farbe in den Federn oder durch das Abstoßen der dunkel gefärbten hinfälligen Ränder derselben. Die hierdurch verursachte Änderung der Farbe kann eine längere oder kürzere Zeit andauern. Bei dem *Pelecanus onocrotalus* breitet sich ein schöner rosiger Hauch über das ganze Gefieder im Frühling aus, wobei zitronengefärbte Flecke auf der Brust auftreten. Diese Färbungen halten aber, wie Mr. Sclater anführt, „nicht lange an, sondern verschwinden allgemein in ungefähr sechs Wochen oder zwei Monaten, nachdem sie erlangt worden sind". Gewisse Finken stoßen die Ränder ihrer Federn im Frühling ab und werden hierdurch heller gefärbt, während andere Finken keine Veränderung dieser Art erleiden. So bietet die *Fringilla tristis* der Vereinigten Staaten (ebenso wie viele andere amerikanische Spezies) ihre hellen Farben nur dar, wenn der Winter vorüber ist, während unser Stieglitz, welcher jenen Vogel in der Lebensweise genau repräsentiert, und unser Zeisig, welcher demselben der Struktur nach noch näher entspricht, keine derartige Veränderung erleiden. Aber eine Verschiedenheit dieser Art im Gefieder verwandter Spezies ist nicht überraschend; denn bei dem gemeinen Hänfling, welcher zu derselben Familie gehört, zeigt sich die karmesinfarbene Stirn und Brust in England nur während des Sommers, während diese Farben in Madeira das ganze Jahr hindurch behalten werden.[84]

Entfaltung des Gefieders seitens der Männchen. – Die männlichen Vögel entfalten eifrigst Zierate aller Arten, mögen diese nun dauernd oder nur zeitweise erlangt sein; und diese Zierate dienen allem Anschein nach dazu, die Weibchen zu erregen oder anzuziehen oder zu bezaubern. Die Männchen entfalten aber auch diese Zierate zuweilen, wenn sie sich nicht in der Gegenwart der Weibchen befinden, wie es gelegentlich mit den Waldhühnern auf ihren Balzplätzen geschieht und wie man auch bei dem Pfauhahn beobachten kann. Indessen wünscht dieser letztere Vogel sich offenbar irgendeinen Zuschauer und zeigt selbst häufig seinen Schmuck, wie ich selbst oft gesehen habe, vor Hühnern, ja selbst vor Schweinen.[85] Alle Naturforscher, welche die Lebensweise der Vögel, gleichviel ob im Naturzustand oder in der Gefangenschaft, aufmerksam beobachtet haben, sind einstimmig der Ansicht, daß die Männchen ein Vergnügen darin finden, ihre Schönheit zu entfalten. Audubon spricht häufig von den Männchen, als versuchten sie in verschiedenen Weisen das Weibchen zu bezaubern. Mr. Gould beschreibt einige Eigentümlichkeiten bei einem männlichen Kolibri und fährt dann fort, er zweifle nicht, daß er das Vermögen habe, diese Eigentümlichkeiten auf das Vorteilhafteste vor dem Weibchen zu entfalten. Dr. Jerdon betont[86], daß das schöne Gefieder des Männchens dazu diene, „das Weibchen zu bezaubern

---

[83] S. MacGillivray: History of British Birds. Vol. V, p.34, 70 und 223, über die Mauserung der Anatiden, mit Zitaten nach Waterton und Montagu. S. auch Yarrell: History of British Birds. Vol. III, p.243.

[84] Über den Pelikan s. Sclater, in: Proceed. Zoolog. Soc., 1868, p.265. Über die amerikanischen Finken s. Audubon: Ornitholog. Biograph., Vol. I, p.174, 221, und Jerdon: Birds of India. Vol. II, p.383. Über die *Fringilla cannabina* von Madeira s. Mr. E. Vernon Harcourt, in: Ibis. Vol. V, 1863, p.230.

[85] S. auch E. S. Dixon: Ornamental Poultry, 1848, p.8.

[86] Birds of India, Introduction. Vol. I, p.XXIV; über den Pfauhahn: Vol. III, p.507. S. Gould: Introduction to the Trochilidae, 1861, p.15 und 111.

und anzuziehen". Mr. Bartlett im zoologischen Garten drückt sich in demselben Sinne auf das Allerentschiedenste aus.

Es muß ein großartiger Anblick sein in den Wäldern von Indien, plötzlich auf zwanzig oder dreißig Pfauhennen zu stoßen, vor denen „die Männchen ihre prachtvollen Behänge entfalten und in allem Stolz ihres Prunkes vor den befriedigten Weibchen herumstolzieren". Der wilde Truthahn richtet sein glitzerndes Gefieder auf, breitet seinen schön gebänderten Schwanz und seine quergestreiften Flügelfedern aus und bietet im ganzen mit seinen prachtvollen karmesinen und blauen Fleischlappen eine prächtige, wenn auch für unsere Augen groteske Erscheinung dar. Ähnliche Tatsachen sind bereits in bezug auf Waldhühner verschiedener Arten mitgeteilt worden. Wenden wir uns zu einer anderen Ordnung: Die männliche *Rupicola crocea* ist einer der schönsten Vögel in der Welt, nämlich von einem glänzenden Orange, wobei einige Federn merkwürdig abgestutzt sind und fadig auseinandergehen. Das Weibchen ist bräunlichgrün mit Rot schattiert und hat einen viel kleineren Federkamm. Sir R. Schomburgk hat ihre Bewerbung beschrieben. Er fand einen ihrer Versammlungsplätze, wo zehn Männchen und zwei Weibchen gegenwärtig waren. Der Platz war von vier bis fünf Fuß im Durchmesser und erschien so, als ob er durch menschliche Hände von jedem Grashalm gereinigt und niedergeglättet wäre. Eines der Männchen „hüpfte herum, offenbar zum Entzücken mehrerer anderer. Jetzt breitete es seine Flügel aus, warf seinen Kopf in die Höhe oder öffnete seinen Schwanz wie einen Fächer, jetzt stolzierte es herum mit einem hüpfenden Gang, bis es ermüdet war, wo es eine Art von Gesang anstimmte und von einem anderen Männchen abgelöst wurde. So traten drei von ihnen nacheinander auf die Bühne und zogen sich dann mit Selbstzufriedenheit zu den anderen zurück." Die Indianer warten, um ihre Bälge zu erhalten, an einem dieser Versammlungsplätze, bis die Vögel eifrig mit Tanzen beschäftigt sind, und sind dann imstande, mit ihren vergifteten Pfeilen vier oder fünf Männchen eines nach dem anderen zu töten.[87] Von den Paradiesvögeln versammeln sich ein Dutzend oder noch mehr im vollen Gefieder befindlicher Männchen auf einem Baum, um, wie es die Eingeborenen nennen, eine Tanzgesellschaft abzuhalten, und hier scheint der ganze Baum, wie Mr. Wallace bemerkt, von dem Umherfliegen der Vögel, dem Erheben ihrer Flügel, dem Auf- und Abschwingen ihrer ausgezeichneten Schmuckfedern und dem Erzittern derselben, als sei er mit schwingenden Federn erfüllt. Wenn sie hiermit beschäftigt sind, so werden sie so davon absorbiert, daß ein geschickter Bogenschütze fast die ganze Gesellschaft schießen kann. Werden diese Vögel in Gefangenschaft auf dem malayischen Archipel gehalten, so sollen sie auf das Reinhalten ihrer Federn sehr viel Sorgfalt verwenden, breiten sie oft aus, untersuchen sie und entfernen jedes Pünktchen Schmutz. Ein Beobachter, welcher mehrere Paare lebend hielt, zweifelte nicht daran, daß die Entfaltung des Männchens dazu bestimmt war, dem Weibchen zu gefallen.[88]

Der Goldfasan und der Amherst-Fasan breiten nicht bloß während ihrer Brautwerbung ihre prächtigen Halskragen aus und erheben sie, sondern wenden sie auch, wie ich selbst gesehen habe, schräg gegen das Weibchen hin, auf welcher Seite dieses auch stehen mag, offenbar damit eine größere Fläche davon vor demselben entfaltet werde.[89] Auch wenden sie ihre schönen Schwänze und Schwanzdeckfedern etwas nach dieser Seite hin. Mr. Bartlett hat ein männliches *Polyplectron* im Akt der Brautwerbung beobachtet und hat mir ein Exemplar gezeigt, welches in der Stellung ausgestopft wurde, die es bei jenem Akt einnahm. Der Schwanz und die Flügel-

---

[87] Journal of the Roy. Geogr. Soc., Vol. X, 1840, p.236.
[88] Annais and Magaz. of Natur. Hist., Vol. XIII, 1854, p.157; auch Wallace: ebd., Vol. XX, 1857, p.412, und: The Malay Archipelago. Vol. II, 1869, p.252; auch Dr. Bennett, zitiert von Brehm: Tierleben. 2. Aufl., Bd. V, 2. Abt. (Vögel, 2. Bd.), p.416.
[89] Mr. T. W. Wood hat im „Student" (April 1870, p.115) eine ausführliche Schilderung der Art und Weise dieser Entfaltung gegeben, welche er die laterale oder einseitige nennt; es bietet sie der Goldfasan und der japanische Fasan, *Ph. versicolor*, dar.

federn dieses Vogels sind mit wunderschönen Augenflecken verziert, ähnlich denen auf dem Schwanz des Pfauhahns. Wenn nun der Pfauhahn sich präsentiert, so breitet er den Schwanz aus und richtet ihn quer zu seinem Körper in die Höhe, denn er steht vor dem Weibchen und hat zu derselben Zeit seine lebhaft gefärbte blaue Kehle und Brust zu zeigen. Aber die Brust des *Polyplectron* ist dunkel gefärbt und die Augenflecke sind nicht auf die Schwanzfedern beschränkt. Infolgedessen steht das *Polyplectron* nicht vor dem Weibchen, sondern es richtet seine Schwanzfedern etwas schräg auf und breitet sie in dieser Richtung aus, wobei es auf derselben Seite auch den Flügel ausbreitet und den der entgegengesetzten Seite erhebt. In dieser Stellung sind vor den Augen des bewundernden Weibchens die Augenflecke über den ganzen Körper in einer großen fütternden Fläche entwickelt. Auf welche Seite sich auch das Weibchen wenden mag, die ausgebreiteten Flügel und der schräg gehaltene Schwanz werden nach ihm hingedreht. Der männliche Tragopan-Fasan benimmt sich fast in derselben Weise; denn er richtet die Federn seines Körpers in die Höhe, wenn auch nicht gerade den Flügel selbst, und zwar auf der Seite, welche der entgegengesetzt ist, wo das Weibchen sich findet, und welche daher sonst nicht gesehen würde, so daß fast alle die schön gefleckten Federn zu einer und derselben Zeit gezeigt werden.

Der Argusfasan bietet einen noch viel merkwürdigeren Fall dar. Die ungeheuer entwickelten Schwungfedern zweiter Ordnung, welche auf das Männchen beschränkt sind, sind mit einer Reihe von zwanzig bis dreiundzwanzig Augenflecken verziert, jeder über einen Zoll im Durchmesser haltend. Diese Federn sind auch elegant mit schrägen dunklen Streifen und Reihen von Flecken gezeichnet, ähnlich denen an der Haut des Tigers und eines Leoparden in Verbindung. Diese schönen Zierate sind verborgen, bis sich das Männchen vor dem Weibchen sehen läßt. Es richtet dann seinen Schwanz auf und breitet seine Schwungfedern zu einem großen, beinahe aufrechten kreisförmigen Fächer oder Schild aus, welcher vor dem Körper gehalten wird. Der Hals und Kopf werden auf einer Seite gehalten, so daß sie vom Fächer verdeckt sind; um aber das Weibchen, vor welchem er paradiert, zu sehen, steckt der Vogel zuweilen seinen Kopf (wie Mr. Bartlett beobachtet hat) zwischen zwei seiner langen Schwungfedern durch und bietet dann einen grotesken Anblick dar. Im Naturzustand muß dies bei diesem Vogel eine häufig geübte Gewohnheit sein; denn als Mr. Bartlett und sein Sohn mehrere aus Indien geschickte vollkommene Bälge untersuchten, fanden sie eine Stelle zwischen zwei solchen Federn, die bedeutend berieben war, als wenn hier der Kopf oft durchgesteckt worden wäre. Mr. Wood glaubt auch, daß das Männchen von der Seite her über den Rand des Fächers nach dem Weibchen hinschielen könne.

Die Augenflecke auf den Schwungfedern sind wunderbare Objekte; sie sind so schattiert, daß, wie der Herzog von Argyll bemerkt[90], sie wie eine lose, in einer Aushöhlung liegende Kugel erscheinen. Als ich mir das Exemplar im British Museum betrachtete, welches mit ausgebreiteten und abwärts hängenden Flügeln ausgestopft ist, war ich indessen sehr enttäuscht, denn die Augenflecken erscheinen flach oder selbst konkav. Doch erklärte mir Mr. Gould die Sache sehr bald, denn er hielt die Federn aufrecht, in der Stellung, in welcher sie naturgemäß entfaltet werden würden; sobald nun das Licht von oben auf sie fällt, gleicht jeder Augenfleck sofort jenem ornamentalen Motiv, das man Kugel- und Sockel-Verzierung nennt. Diese Federn sind mehreren Künstlern gezeigt worden, und alle haben ihre Bewunderung über die vollkommene Schattierung ausgedrückt. Man darf wohl fragen, ob solche künstlerisch schattierte Verzierungen durch die Tätigkeit der geschlechtlichen Zuchtwahl gebildet sein können. Es wird aber zweckmäßig sein, die Antwort auf diese Frage bis dahin zu verschieben, wenn wir im nächsten Kapitel von dem Prinzip der stufenweisen Entwicklung sprechen.

Die vorstehenden Bemerkungen beziehen sich auf die Schwungfedern zweiter Ordnung, aber die Schwungfedern erster Ordnung, welche bei den meisten hühnerartigen Vögeln gleichförmig

---

[90] The Reign of Law, 1867, p.203.

gefärbt sind, stellen beim Argusfasan nicht weniger wundervolle Objekte dar. Sie sind von einer weichen, braunen Färbung mit zahlreichen dunklen Flecken, von denen jeder aus zwei oder drei schwarzen Flecken mit einer umgebenden dunklen Zone besteht. Aber die hauptsächlichste Verzierung besteht in einem parallel dem dunkelblauen Schaft laufenden Raum, welcher in seiner Kontur eine vollkommene zweite Feder darstellt, welche innerhalb der wahren Feder drinliegt. Dieser innere Teil ist heller kastanienbraun gefärbt und ist dicht mit äußerst kleinen weißen Punkten gefleckt. Ich habe diese Feder mehreren Personen gezeigt, und viele haben sie selbst noch mehr bewundert, als die Kugel- und Sockelfedern und haben erklärt, daß sie mehr einem Kunstwerk als einem Naturgegenstand gliche. Diese Federn werden nun bei allen gewöhnlichen Veranlassungen gänzlich verborgen, werden aber, zusammen mit den langen Federn der zweiten Ordnung, vollständig entfaltet, wobei sie sämtlich zusammen so ausgebreitet werden, daß sie einen großen Fächer oder ein großes Schild bilden.

Der Fall bei den männlichen Argusfasanen ist außerordentlich interessant, weil er einen guten Beleg dafür darbietet, daß die raffinierteste Schönheit nur als Reizmittel für das Weibchen dienen kann und zu keinem anderen Zweck. Daß dies der Fall ist, müssen wir daraus folgern, daß die Schwungfedern erster Ordnung niemals entfaltet werden und die Kugel- und Sockel-Verzierung niemals in ganzer Vollkommenheit gezeigt wird, ausgenommen, wenn das Männchen die Stellung der Brautwerbung annimmt. Der Argusfasan besitzt keine brillanten Farben, so daß ein Erfolg bei der Bewerbung von der bedeutenden Größe seiner Zierfedern abgehangen zu haben scheint, ebenso wie von der Ausführung der elegantesten Zeichnungen. Viele werden erklären, daß es vollkommen unglaublich ist, daß ein weiblicher Vogel imstande sein sollte, feine Schattierungen und auzgezeichnete Zeichnungen zu würdigen. Es ist zweifellos eine merkwürdige Tatsache, daß das Weibchen diesen beinahe menschlichen Grad von Geschmack besitzen soll. Wer der Ansicht ist, mit Sicherheit die Unterscheidungskraft und den Geschmack der niederen Tiere abschätzen zu können, mag leugnen, daß der weibliche Argusfasan solche ausgesuchte Schönheit würdigen könne; er wird aber dann gezwungen sein, zuzugeben, daß die außerordentlichen Stellungen, welche das Männchen während des Bewerbungsakts annimmt und durch welche die wunderbare Schönheit seines Gefieders vollständig zur Entfaltung kommt, zwecklos sind, und dies ist eine Schlußfolgerung, welche ich für meinen Teil wenigstens niemals zugeben kann.

Obgleich so viele Fasanen und verwandte hühnerartige Vögel sorgfältig ihr schönes Gefieder vor den Weibchen entfalten, so ist es doch merkwürdig, daß dies, wie mir Mr. Bartlett mitteilt, bei den trübe gefärbten Ohren- und Wallich'schen Fasanen (*Crossoptilon auritum* und *Phasianus Wallichii*) nicht der Fall ist; es scheinen daher diese Vögel sich dessen bewußt zu sein, daß sie wenig Schönheit zu entfalten imstande sind. Mr. Bartlett hat niemals gesehen, daß die Männchen einer dieser beiden Spezies miteinander kämpften, obschon er nicht so gute Gelegenheit gehabt hat, den Wallich'schen Fasan zu beobachten, wie den Ohrenfasan. Auch findet Mr. Jenner Weir, daß alle männlichen Vögel mit reichem oder scharf charakterisiertem Gefieder streitsüchtiger sind als die trübe gefärbten Arten, welche zu denselben Gruppen gehören. Der Stieglitz ist z.B. viel zanksüchtiger als der Hänfling, und die Amsel zanksüchtiger als die Drossel. Diejenigen Vögel, welche in den verschiedenen Jahreszeiten eine Veränderung des Gefieders erleiden, werden in der Periode, wo sie am lebhaftesten geziert sind, gleichfalls viel kampflustiger. Ohne Zweifel kämpfen auch die Männchen einiger dunkelgefärbter Vögel verzweifelt miteinander, aber es scheint doch, als ob in den Fällen, wo die geschlechtliche Zuchtwahl von großem Einfluß gewesen ist und den Männchen irgendeiner Spezies helle Farben gegeben hat, dieselbe dann auch den Männchen eine starke Neigung zum Kämpfen verliehen hätte. Wir werden nahe analoge Fälle noch zu verzeichnen haben, wenn wir von den Säugetieren reden werden. Auf der anderen Seite sind bei Vögeln das Vermögen des Gesangs und glänzende Färbungen selten von den Männchen einer und derselben Spezies zusammen erlangt worden. In diesem Falle würde aber der dadurch erlangte Vorteil ganz genau derselbe gewesen sein, nämlich Erfolg beim Bezaubern des Weibchens. Nichtsdestoweniger muß zugegeben werden, daß die Männchen mehrerer glänzend gefärbter Vögel ihre Federn speziell zu dem Zweck modifiziert haben, Instrumentalmusik hervorzubringen, obschon die Schönheit dieser letzteren, wenigstens unserem Geschmack nach, nicht mit der Vokalmusik vieler Singvögel verglichen werden kann.

Wir wollen uns nun zu solchen männlichen Vögeln wenden, welche in keinem sehr hohen Grade verziert sind, welche aber doch nichtsdestoweniger während ihrer Brautwerbung, das was sie nur irgend an Anziehungsmitteln besitzen, zur Entfaltung bringen. Diese Fälle sind in manchen Beziehungen noch merkwürdiger als die in dem Vorstehenden erörterten und sind nur wenig beachtet worden. Ich verdanke die folgenden Tatsachen, welche aus einer großen Menge wertvoller, mir freundlichst mitgeteilter Notizen herausgezogen sind, der Güte des Mr. Jenner Weir, welcher lange Zeit Vögel vieler Arten, mit Einschluß aller britischen Fringilliden und Emberiziden, gehalten hat. Der Gimpel macht seine Annäherungsversuche, indem er vor dem Weibchen steht; dann bläst er seine Brust auf, so daß viel mehr von den karmesinen Federn auf einmal zu sehen sind, als es sonst der Fall sein würde, und zu derselben Zeit dreht und biegt er seinen schwarzen Schwanz von der einen zu der anderen Seite hin in einer lächerlichen Art und Weise. Auch der männliche Buchfink steht vor dem Weibchen und zeigt dabei seine rote Brust und seinen aschblauen Kopf und Nacken. Die Flügel werden zu derselben Zeit leicht erhoben, wobei die rein weißen Binden auf den Schultern auffallender werden. Der gemeine Hänfling dehnt seine rosige Brust aus, erhebt leicht seine braunen Flügel und den Schwanz, so daß er durch Darstellung ihrer weißen Ränder sie offenbar noch am besten verwertet. Wir müssen indessen vorsichtig sein, wenn wir schließen wollen, daß die Flügel nur zur Entfaltung ausgebreitet werden, da dies manche Vögel tun, deren Flügel nicht schön sind. Dies ist der Fall mit dem Haushahn, doch ist es hier stets der Flügel auf der dem Weibchen entgegengesetzten Seite, welcher ausgebreitet und gleichzeitig auf dem Boden hingefegt wird. Der männliche Stieglitz benimmt sich von allen anderen Finken ganz verschieden. Seine Flügel sind schön, die Schultern sind schwarz und die schwarzspitzigen Flügelfedern mit Weiß gefleckt und mit Goldgelb gerändert. Wenn er dem Weibchen den Hof macht, schwingt er seinen Körper von der einen Seite zu der anderen und dreht seine leicht ausgebreiteten Flügel schnell herum, zuerst auf die eine, dann auf die andere Seite, wobei ein goldener Glanz über sie fällt. Wie Mr. Weir mir mitteilt, dreht sich kein anderer britischer Fink während seiner Bewerbung in dieser Weise von Seite zu Seite, nicht einmal der nahe verwandte männliche Zeisig tut es, denn er würde dadurch nichts seiner Schönheit zufügen.

Die meisten der britischen Ammern sind einfach gefärbte Vögel. Im Frühjahr erhalten aber die Federn auf dem Kopf des männlichen Rohrsperlings (*Emberiza schoeniclus*) eine schöne schwarze Farbe durch Abstoßung der grauen Spitzen, und diese werden während des Bewerbungsakts aufgerichtet. Mr. Weir hat zwei Arten von *Amadina* aus Australien gehalten. Die *A. castanotis* ist ein sehr kleiner und bescheiden gefärbter Finke mit einem dunklen Schwanz, weißem Rumpf und glänzend schwarzen oberen Schwanzdeckfedern, von welchen letzteren jede einzelne mit drei großen, auffallenden, ovalen, weißen Flecken gezeichnet ist.[91] Wenn das Männchen dieser Spezies das Weibchen umwirbt, breitet es leicht diese zum Teil gefärbten Schwanzdeckfedern aus und macht sie in einer sehr eigentümlichen Weise erzittern. Die männliche *Amadina Lathami* benimmt sich sehr verschieden hiervon, indem sie ihre brillant gefärbte Brust und ihren scharlachenen Rumpf und die scharlachenen oberen Schwanzdeckfedern vor dem Weibchen entfaltet. Ich will hier nach Dr. Jerdon hinzufügen, daß der indische Bulbul (*Pycnonotus haemorrhous*) karmesinrote untere Schwanzdeckfedern hat, und die Schönheit dieser Federn kann, wie man denken möchte, niemals gut entfaltet werden. „Wird aber der Vogel

---

[91] Wegen der Beschreibung dieser Vögel s. Gould: Handbook to the Birds of Australia. Vol. I, 1865, p.417.

erregt, so breitet er sie oft seitwärts aus, so daß sie selbst von oben gesehen werden können."[92] Die karmesinroten unteren Schwanzdecken einiger anderer Vögel, so eines der Spechte, *Picus major*, können auch ohne eine derartige Entfaltung gesehen werden. Die gemeine Taube hat iridesziierende Federn an der Brust, und ein jeder muß ja gesehen haben, wie das Männchen seine Brust aufbläst, während es das Weibchen umwirbt, und dabei diese Federn auf das Vorteilhafteste zeigt. Eine der schönen bronzeflügeligen Tauben aus Australien (*Ocyphaps lophotes*) benimmt sich, wie mir Mr. Weir es beschrieben hat, sehr verschieden. Während das Männchen vor dem Weibchen steht, senkt es seinen Kopf fast bis zur Erde, breitet den Schwanz aus und erhebt ihn senkrecht und breitet auch seine Flügel halb aus. Es hebt dann abwechselnd den Körper in die Höhe und senkt ihn wieder langsam, so daß die iridesziierenden, metallisch glänzenden Federn alle auf einmal zu sehen sind und in der Sonne glitzern.

Es sind nun hinreichende Tatsachen mitgeteilt worden, welche zeigen, mit welcher Sorgfalt männliche Vögel ihre verschiedenen Reize entfalten und wie sie dies mit dem größten Geschick tun. Während sie ihre Federn herausputzen, haben sie häufig Gelegenheit, sich selbst zu bewundern und zu studieren, wie sie ihre Schönheit am besten darbieten können. Da aber sämtliche Männchen einer und der nämlichen Spezies sich in genau derselben Art und Weise produzieren, so scheint es, als seien doch vielleicht zuerst absichtliche Handlungen instinktive geworden. Wenn dies der Fall ist, so dürfen wir die Vögel nicht bewußter Eitelkeit beschuldigen; und doch scheint uns, wenn wir einen Pfauhahn mit ausgebreiteten und erzitternden Schwanzfedern umherstolzieren sehen, derselbe das lebendige Abbild von Stolz und Eitelkeit zu sein.

Die verschiedenen Zierate, welche die Männchen besitzen, sind gewiß von der größten Bedeutung für dieselben, denn sie sind in einigen Fällen auf Kosten des bedeutend eingeschränkten Flug- oder Laufvermögens erlangt worden. Der afrikanische Ziegenmelker (Cosmetornis), welcher während der Paarungszeit eine seiner Schwungfedern erster Ordnung zu einem Fadenanhang von außerordentlicher Länge entwickelt hat, wird hierdurch in seinem Flug aufgehalten, obschon er zu anderen Zeiten seiner Schnelligkeit wegen merkwürdig ist. Die „ungeheure Größe" der Schwungfedern zweiter Ordnung des männlichen Argusfasans beraubt, wie man sagt, „den Vogel fast vollständig des Vermögens zu fliegen". Die schönen Schmuckfedern männlicher Paradiesvögel stören sie während eines starken Windes. Die außerordentlich langen Schwanzfedern der männlichen Witwenvögel (Vidua) von Süd-Afrika machen „ihren Flug schwer", sobald dieselben aber abgeworfen sind, fliegen sie so gut wie die Weibchen. Da Vögel stets brüten, wenn die Nahrung reichlich vorhanden ist, so erleiden die Männchen wahrscheinlich nicht viel Unbequemlichkeiten beim Suchen von Nahrung infolge ihres gehinderten Bewegungsvermögens. Es läßt sich aber kaum zweifeln, daß sie viel mehr der Gefahr ausgesetzt sind, von Raubvögeln gegriffen zu werden. Auch können wir daran nicht zweifeln, daß das lange Behänge des Pfauhahns und der lange Schwanz und die langen Schwungfedern des Argusfasans sie viel leichter zu einer Beute für irgendeine raubgierige Tigerkatze machen müssen, als es sonst der Fall wäre. Selbst die hellen Farben vieler männlichen Vögel müssen sie selbstverständlich für ihre Feinde aller Arten auffallender machen. Wahrscheinlich sind daher, wie Mr. Gould bemerkt hat, solche Vögel allgemein von einer scheuen Disposition, als ob sie sich dessen bewußt wären, daß ihre Schönheit eine Quelle der Gefahr für sie ist; auch sind sie viel schwerer zu entdecken und zu beschleichen als ihre dunkel gefärbten und vergleichsweise zahmen Weibchen oder als ihre jungen und noch nicht geschmückten Männchen.[93]

---

[92] Birds of India. Vol. II, p.96.
[93] Über den *Cosmetornis* s. Livingstone: Expedition to the Zambesi, 1865, p.66. Über den Argusfasan s. Jardine: Naturalist's Library: Birds. Vol. XIV, p.167. Über Paradiesvögel: Lesson, zitiert von Brehm: Tierleben. 1. Aufl., Bd. III, p.325. Über den Wittwenvogel s. Barrow: Travels in Afrika. Vol. I, p.243, und Ibis. Vol. III, 1861, p.133. Mr. Gould: Über das Scheusein männlicher Vögel, in: Handbook to the Birds of Australia. Vol. I, 1865, p.210, 457.

Dreizehntes Kapitel

Es ist eine noch merkwürdigere Tatsache, daß die Männchen einiger Vögel, welche mit speziellen Waffen für den Kampf ausgerüstet und im Naturzustand so kampfsüchtig sind, daß sie oft einander töten, darunter leiden, daß sie gewisse Zierate besitzen. Kampfhahnzüchter stutzen die Sichelfedern und schneiden die Kämme und Fleischlappen ihrer Hähne ab, und dann sagt man, sind die Vögel „abgestumpft". Ein nicht abgestumpfter (undubbed) Vogel ist, wie Mr. Tegetmeier betont, „in einem ungeheuren Nachteil. Der Kamm und die Fleischlappen bieten dem Schnabel seines Gegners einen leichten Halt dar, und da ein Hahn allemal schlägt, wo er hält, wenn er einmal seinen Feind ergriffen hat, so hat er ihn dann vollständig in seiner Gewalt. Selbst angenommen, daß der Vogel nicht getötet wird, so ist der Verlust an Blut, den ein nicht abgestumpfter Hahn erleidet, viel bedeutender als der, welchem ein gestumpfter Hahn ausgesetzt ist"[94]. Junge Truthähne ergreifen sich, während ihrer Kämpfe, stets einander bei den Fleischlappen, und ich vermute, daß die alten Vögel in derselben Weise kämpfen. Man könnte vielleicht einwerfen, daß der Kamm und die Fleischlappen nicht zur Zierde dienen und den Vögeln auf diese Weise nicht von Nutzen sein können; aber selbst für unsere Augen wird die Schönheit des glänzend schwarzen, spanischen Hahns durch sein weißes Gesicht und den karmesinen Kamm bedeutend erhöht, und jeder, der nur irgendeinmal die glänzend blauen Fleischlappen des männlichen Tragopan-Fasans gesehen hat, wenn er sie während der Brautwerbung ausdehnt, kann auch nicht einen Moment zweifeln, daß das in ihrer Entwicklung verfolgte Ziel die Schönheit sei. Aus den vorstehend mitgeteilten Tatsachen sehen wir deutlich, daß die Zierfedern und andere Schmuckarten des Männchens von der größten Bedeutung für dasselbe sein müssen; und wir sehen ferner, daß Schönheit in einigen Fällen selbst von größerer Bedeutung ist, als ein Erfolg beim Kampf.

---

[94] Tegetmeier: The Poultry Book, 1866, p.139.

Vierzehntes Kapitel

Vögel (Fortsetzung)

Wahl vom Weibchen ausgeübt – Dauer der Bewerbung – Nichtgepaarte Vögel – Geistige Eigenschaften und Geschmack für das Schöne – Vorliebe für oder Antipathie gegen gewisse Männchen seitens der Weibchen – Variabilität der Vögel – Abänderungen zuweilen plötzlich auftretend – Gesetze der Abänderung – Bildung der Augenflecken – Abstufungen der Charaktere – Pfauhahn, Argus-Fasan und *Urosticte*

Wenn die Geschlechter in bezug auf die Schönheit ihrer Erscheinung, auf ihr Gesangsvermögen oder auf das Vermögen das zu produzieren, was ich Instrumentalmusik genannt habe, voneinander abweichen, so ist es beinahe unveränderlich das Männchen, welches das Weibchen übertrifft. Wie wir soeben gesehen haben, sind diese Eigenschaften offenbar für das Männchen von höchster Bedeutung. Werden sie nur für einen Teil des Jahres erlangt, so geschieht dies immer kurz vor der Paarungszeit. Es ist das Männchen allein, welches mit Sorgfalt seine verschiedenartigen Anziehungsmittel entfaltet und oft fremdartige Gebärden auf dem Boden oder in der Luft in Gegenwart des Weibchens ausführt. Jedes Männchen treibt alle seine Nebenbuhler fort oder tötet dieselben, wenn es kann. Wir können daher folgern, daß es die Absicht des Männchens ist, das Weibchen dazu zu veranlassen, sich mit ihm zu paaren, und zu diesem Zweck versucht es, dasselbe auf verschiedenen Wegen zu reizen und zu bezaubern; dies ist auch die Meinung aller derer, welche die Lebensgewohnheiten der Vögel sorgfältig studiert haben. Es bleibt aber hier eine Frage übrig, welche eine äußerst bedeutungsvolle Tragweite in bezug auf geschlechtliche Zuchtwahl hat, nämlich: Reizt jedes Männchen einer und derselben Spezies gleichmäßig das Weibchen und zieht jedes dasselbe gleichermaßen an? Oder übt das letztere eine Wahl aus und zieht dieses gewisse Männchen vor? Diese letztere Frage kann infolge zahlreicher direkter und indirekter Belege bejahend beantwortet werden. Viel schwieriger ist es aber zu entscheiden, welche Eigenschaften die Wahl der Weibchen bestimmen. Doch haben wir auch hier wiederum einige direkte und indirekte Beweise dafür, daß in großem Maße das Anziehende der äußeren Erscheinung des Männchens es ist, welches hier ins Spiel kommt, obschon ohne Zweifel seine Kraft, sein Mut und andere geistige Eigenschaften desselben auch in Betracht kommen. Wir wollen mit den indirekten Beweisen beginnen.

Dauer der Brautwerbung. – Die Dauer der meist längeren Periode, während welcher beide Geschlechter gewisser Vögel Tag für Tag sich auf einem bestimmten Platz treffen, hängt wahrscheinlich zum Teil davon ab, daß die Bewerbung eine sich in die Länge ziehende Angelegenheit ist, zum Teil von der Wiederholung des Paarungsakts. So dauert in Deutschland und Skandinavien das Balzen oder die Leks der Birkhähne von Mitte März durch den ganzen April bis in den Mai hinein. Bis vierzig oder fünfzig oder selbst noch mehr Vögel sammeln sich auf den Leks, und ein und derselbe Platz wird häufig während aufeinanderfolgender Jahre besucht. Das Balzen des Auerhahns dauert von Ende März bis in die Mitte oder selbst das Ende des Monats Mai. In Nord-Amerika dauern die „Rebhuhntänze" des *Tetrao phasianellus* „einen Monat oder noch länger". Andere Arten von Waldhühnern, sowohl in Nord-Amerika als auch im östlichen Sibirien[1] haben nahezu dieselben Gewohnheiten. Die Hühnerjäger entdecken die Hügel, wo die Kampfläufer sich versammeln daran, daß das Gras niedergetreten ist, und dies weist darauf hin,

---

[1] Nordmann beschreibt (Bull. Soc. Imp. des Natur. de Moscou, 1861, Tom. XXXIV, p.264) das Balzen des *Tetrao urogalloides* im Amur-Land. Er schätzt die Zahl der sich versammelnden Männchen auf über einhundert, ohne die Weibchen, welche in den umgebenden Sträuchern verborgen liegen, mitzuzählen. Die dabei ausgestoßenen Geräusche weichen von denen des *T. urogallus*, des Auerhahns, ab.

daß derselbe Fleck lange Zeit frequentiert wird. Die Indianer von Guyana kennen die abgeräumten Kampfplätze sehr wohl, wo sie die schönen Waldhühner zu finden erwarten können, und die Eingeborenen von Neu-Guinea kennen die Bäume, wo sich zehn bis zwanzig in vollem Gefieder befindliche männliche Paradiesvögel versammeln. In diesem letzteren Falle ist nicht ausdrücklich angegeben, daß die Weibchen sich auf denselben Bäumen einfinden, aber wenn die Jäger nicht speziell danach gefragt werden, werden sie wahrscheinlich deren Anwesenheit nicht erwähnen, da ihre Bälge wertlos sind. Kleine Gesellschaften eines afrikanischen Webervogels (*Ploceus*) versammeln sich während der Paarungszeit und führen stundenlang ihre graziösen Evolutionen aus. Die große Bekassine (*Scolopax major*) versammelt sich während der Dämmerung in großen Zahlen in einem Sumpf, und ein und derselbe Ort wird zu demselben Zweck während aufeinanderfolgender Jahre besucht. Hier kann man sie umherlaufen sehen, „wie so viele große Ratten", mit ausgebreiteten Federn ihre Flügel schlagend und die fremdartigsten Geschreie ausstoßend.[2]

Einige der oben erwähnten Vögel, nämlich der Birkhahn, der Auerhahn, der *Tetrao phasianellus*, der Kampfläufer, die große Bekassine und vielleicht noch einige andere, leben, wie man annimmt, in Polygamie. Bei solchen Vögeln hätte man glauben können, daß die stärkeren Männchen einfach die schwächeren forttreiben und dann sofort sich in den Besitz so vieler Weibchen wie möglich setzen würden. Wenn es aber für das Männchen unerläßlich ist, das Weibchen zu reizen oder demselben zu gefallen, so können wir den Grund der längeren Dauer der Bewerbung und der Versammlung so vieler Individuen beider Geschlechter an einem und demselben Ort wohl verstehen. Gewisse Spezies, welche in strenger Monogamie leben, halten gleichfalls Hochzeitszusammenkünfte. Dies scheint in Skandinavien mit einem der Schneehühner der Fall zu sein; und deren Leks dauern von Mitte März bis Mitte Mai. In Australien errichtet der Leyervogel (*Menura superba*) kleine runde Hügel und die *M. Alberti* scharrt sich flache Höhlen aus oder, wie sie von den Eingeborenen genannt werden, Probierplätze, wo sich, wie man annimmt, beide Geschlechter versammeln. Die Versammlungen der *Menura superba* sind zuweilen sehr groß, und neuerdings hat ein Reisender eine Schilderung veröffentlicht[3], wonach er in einem unter ihm befindlichen Tal, welches dicht mit Strauchwerk bedeckt war, ein „Klingen hörte, welches ihn vollständig in Erstaunen versetzte". Als er in die Nähe hinkroch, erblickte er zu seiner Verwunderung hundertundfünfzig der prachtvollen Leyervögel „in förmlicher Schlachtordnung aufgestellt mit unbeschreiblicher Wut kämpfend". Die Lauben der Laubenvögel sind Zufluchtsorte beider Geschlechter während der Paarungszeit; und „hier treffen sich die Männchen und streiten miteinander um die Gunstbezeugungen der Weibchen, und hier versammeln sich die letzteren und kokettieren mit den Männchen". Bei zweien der Gattungen wird dieselbe Laube während vieler Jahre besucht.[4]

Die gemeine Elster (*Corvus pica* L.) pflegt sich, wie mir Mr. Darwin Fox mitgeteilt hat, aus allen Teilen des Delamere-Waldes her zu versammeln, um „die große Elsternhochzeit" zu feiern. Vor einigen Jahren waren diese Vögel in außerordentlich großer Anzahl vorhanden, so daß ein Wildwart an einem Morgen neunzehn Männchen und ein anderer mit einem einzigen Schuß sieben Vögel von einem Sitz zusammen schoß. Sie hatten damals die Gewohnheit, sich sehr zeitig im Frühjahr an besonderen Orten zu versammeln, wo man sie in Haufen sehen konnte, schwatzend, zuweilen miteinander kämpfend und geschäftig um die Bäume hin- und herflie-

---

[2] In bezug auf die Versammlungen der oben erwähnten Waldhühner s. Brehm: Tierleben. 2. Aufl., Bd. VI, 2. Abt. (Vögel, 3. Bd.), p.33; auch L. Lloyd: Game Birds of Sweden, 1867, p.19, 78. Richardson: Fauna Bor. Americana: Birds, p.362. Belegstellen in bezug auf die Versammlungen anderer Vögel sind früher angeführt worden. Über *Paradisea* s. Wallace, in: Annals and Magaz. of Natur. Hist., 2. Ser., Vol. XX, 1857, p.412. Über die Bekassinen: Lloyd: a.a.O., p.221.
[3] Zitiert von T. W. Wood, in: „Student", April 1870, p.125.
[4] Gould: Handbook to the Birds of Australia. Vol. I, p.300, 308, 448, 451. Über das Schneehuhn, das oben erwähnt wurde, s. Lloyd: a.a.O., p.129.

gend. Die ganze Angelegenheit wurde offenbar von den Vögeln als eine äußerst wichtige angesehen. Kurz nach der Versammlung trennten sie sich alle, und Mr. Fox beobachtete dann, ebenso wie andere, daß sie sich nun für das ganze Jahr gepaart hatten. In einem Bezirk, in welchem eine Spezies nicht in großer Anzahl existiert, können selbstverständlich keine großen Versammlungen dieser Art abgehalten werden und eine und die nämliche Spezies mag auch in verschiedenen Ländern verschiedene Lebensweisen haben. So habe ich z. B. nur ein einziges Mal von regelmäßigen Versammlungen der Birkhühner in Schottland gehört, von Mr. Wedderburn; trotzdem sind diese Versammlungen in Deutschland und Skandinavien so wohlbekannt, daß sie besondere Namen erhalten haben.

Nichtgepaarte Vögel. – Aus den hier mitgeteilten Tatsachen können wir schließen, daß bei Vögeln, welche zu sehr verschiedenen Gruppen gehören, die Bewerbung oft eine sehr langdauernde, delikate und mühsame Angelegenheit ist. Es ist selbst Grund zu der Vermutung vorhanden, so unwahrscheinlich dies auf den ersten Blick erscheinen wird, daß immer einige Männchen und Weibchen der nämlichen Spezies, welche denselben Bezirk bewohnen, einander nicht gefallen und infolgedessen sich auch nicht paaren. Viele Schilderungen sind veröffentlicht worden, wonach entweder das Männchen oder das Weibchen eines Paares geschossen und sehr schnell durch ein anderes ersetzt worden ist. Dies ist bei der Elster häufiger beobachtet worden als bei irgendeinem anderen Vogel, vielleicht infolge ihrer auffallenderen Erscheinung und ihres leichter sichtbaren Nestes. Der berühmte Jenner führt an, daß in Wiltshire ein Individuum eines Paares jeden Tag, und zwar nicht weniger als sieben Mal hintereinander geschossen wurde, aber trotz alledem ohne Erfolg; denn die übriggebliebene Elster „fand sehr bald einen anderen Gefährten", und das letzte Paar zog die Jungen auf. Allgemein wird, ein neuer Gatte am folgenden Tag gefunden; aber Mr. Thompson führt einen Fall an, wo ein Gatte schon am Abend desselben Tages wieder ersetzt wurde. Selbst nachdem die Eier ausgebrütet sind, wird, wenn einer der alten Vögel getötet wird, häufig ein neuer Gefährte gefunden Dies geschah nach einem Verlauf von zwei Tagen in einem vor kurzem von einem von Sir J. Lubbocks Jägern beobachteten Fall.[5] Die erste und augenfälligste Vermutung ist die, daß männliche Elstern bedeutend zahlreicher sein müssen als weibliche und daß in den oben erwähnten Fällen ebenso wie in noch vielen anderen, die noch angeführt werden könnten, allein die Männchen getötet wurden. Dies gilt allem Anschein nach für einige Beispiele. Denn die Wildwarte im Delamere-Forst versicherten Mr. Fox, daß die Elstern und Krähen, welche sie früher nach und nach in großer Zahl in der Nähe ihrer Nester schossen, sämtlich Männchen waren, und sie erklärten dies durch die Tatsache, daß die Männchen leicht getötet werden, während sie den auf den Nestern sitzenden Weibchen Nahrung bringen. Indessen fuhrt MacGillivray nach der Autorität eines ausgezeichneten Beobachters ein Beispiel auf, wo drei auf einem und demselben Nest hintereinander geschossene Elstern sämtlich Weibchen waren, und dann noch einen anderen Fall, wo sechs Elstern hintereinander getötet wurden, während sie auf denselben Eiern saßen, was es wahrscheinlich erscheinen läßt, daß die meisten von ihnen Weibchen waren, obschon, wie ich von Mr. Fox höre, auch das Männchen auf den Eiern sitzt, wenn das Weibchen getötet ist.

Sir J. Lubbocks Wildwart hat wiederholt, aber wie oft konnte er nicht sagen, eines von einem Paar von Eichelhähern (*Garrulus glandarius*) geschossen und kurze Zeit nachher das überlebende Individuum ausnahmslos wieder gepaart gefunden. Mr. W. D. Fox, Mr. F. Bond und andere haben eine von einem Paar Krähen (*Corvus corone*) geschossen, aber bald darauf war das Nest wieder von einem Paar bewohnt. Diese Vögel sind im allgemeinen häufig, aber der Wanderfalke (*Falco peregrinus*) ist selten, und doch führt Mr. Thompson an, daß in Irland, „wenn entweder ein altes Männchen oder ein Weibchen in der Paarungszeit getötet wird, was kein un-

---

[5] Über Elstern s. Jenner, in: Philosoph. Transact., 1824, p.21. MacGillivray: History of British Birds. Vol. I, p.570. Thompson, in: Annals und Magaz. of Natur. Hist., Vol. III, 1842, p.494.

Vierzehntes Kapitel

gewöhnlicher Umstand ist, binnen sehr wenigen Tagen ein neuer Gefährte gefunden wird, so daß ungeachtet solcher Zufälligkeiten die Horste doch mit Sicherheit die gehörige Zahl Junge ergeben". Mr. Jenner Weir hat in Erfahrung gebracht, daß dasselbe auch mit dem Wanderfalken in Beachy-Head eintritt. Derselbe Beobachter teilt mir mit, daß drei Turmfalken (*Falco tinnunculus*), und zwar sämtlich Männchen, einer nach dem anderen geschossen wurden, während sie ein und dasselbe Nest besuchten. Zwei von diesen waren in erwachsenem Gefieder und der dritte im Gefieder des vorhergehenden Jahres. Selbst in bezug auf den seltenen Goldadler (*Aquila chrysaëtos*) versicherte ein zuverlässiger Wildwart in Schottland Mr. Birkbeck, daß, wenn einer getötet werde, sich bald ein anderer finde. So ist auch in bezug auf die Schleiereule (*Strix flammea*) beobachtet worden, daß der überlebende Vogel „sehr leicht wieder einen Gatten fand und also durch die Tötung nichts erreicht war".

White von Selborne, welcher den Fall von der Eule anführt, fügt hinzu, daß er einen Mann gekannt habe, welcher die männlichen Rebhühner schoß, weil er glaubte, daß die Paare nach ihrer Paarung durch die Kämpfe der Männchen gestört würden; und obwohl er ein und dasselbe Weibchen mehrere Male zur Witwe gemacht habe, so wäre es doch stets sehr bald mit einem neuen Gatten versehen gewesen. Derselbe Naturforscher ließ auf Sperlinge, welche die Hausschwalben ihrer Nester beraubten, schießen; aber der Überlebende, „mochte es nun ein Männchen oder ein Weibchen sein, verschaffte sich sofort einen neuen Gatten und so mehrere Male hintereinander". Ich könnte analoge Fälle in bezug auf den Buchfinken, die Nachtigall und das Rotschwänzchen anführen. In bezug auf den letzteren Vogel (*Phoenicura ruticilla*) bemerkt ein Schriftsteller, daß derselbe durchaus nicht häufig in seiner Gegend gewesen sei, und er drückt sein großes Erstaunen darüber aus, wie das auf dem Nest sitzende Weibchen so bald mit Erfolg zu erkennen geben konnte, daß es verwitwet sei. Mr. Jenner Weir hat einen ganz ähnlichen Fall mir gegenüber erwähnt. In Blackheath sah er weder jemals den wilden Gimpel noch hörte er seinen Gesang und doch, wenn eines seiner in Käfigen gehaltenen Männchen gestorben war, kam im Laufe weniger Tage ein wildes Männchen herbei und ließ sich in der Nähe des verwitweten Weibchens nieder, dessen Lockruf durchaus nicht laut ist. Ich will nur noch eine einzige weitere Tatsache nach der Autorität desselben Beobachters anführen. Einer von einem Starenpaar (*Sturnus vulgaris*) wurde am Morgen geschossen; am Mittag war ein neuer Gefährte gefunden; dieser wurde wiederum geschossen; aber noch vor Einbruch der Nacht war das Pärchen wiederum komplett, so daß die untröstliche Witwe oder der betreffende Witwer während eines und desselben Tages sich dreimal zu trösten wußte. Mr. Engleheart teilt mir gleichfalls mit, daß er mehrere Jahre hindurch einen Vogel von einem Starenpärchen zu schießen pflegte, welches in einer Höhle in einem Haus in Blackheath baute; aber der Verlust war immer sofort wieder ersetzt. Während des einen Jahres hielt er sich eine Liste und fand, daß er fünfunddreißig Vögel von einem und demselben Nest geschossen hatte. Unter diesen befanden sich, sowohl Männchen als auch Weibchen, aber in welchem Verhältnis konnte er nicht sagen. Trotz aller dieser Zerstörung aber wurde doch eine Brut aufgezogen.[6]

Diese Tatsachen verdienen wohl Beachtung. Woher kommt es, daß ausreichend viele Vögel vorhanden sind, bereit, sofort einen verlorenen Gatten zu ersetzen? Elstern, Eichelhäher, Krähen, Rebhühner und einige andere Vögel sieht man während des Frühjahrs stets in Paaren, und diese bieten auf den ersten Blick den allerverwirrendsten Fall dar. Es leben aber auch Vögel eines und desselben Geschlechts, welche also selbstverständlich nicht eigentlich gepaart sind, zuweilen in Paaren oder kleinen Gesellschaften, wie es bekanntlich mit Tauben und Rebhühnern der

---

[6] Über den Wanderfalken s. Thompson: Natur. History of Ireland: Birds. Vol. I, 1849, p.39. Über Eulen, Sperlinge und Rebhühner s. White: Natur. History of Selborne. Ausgabe von 1825. Vol. I, p.139. Über die *Phoenicura* s. Loudon's Magaz. of Natur. Hist., Vol. VII, 1834, p.245. Brehm (Tierleben. 2. Aufl., Bd. IV, 2. Abt. [Vögel, 1. Bd.], p.21) erwähnt gleichfalls mehrere Fälle, wo sich Vögel während eines und desselben Tages dreimal von neuem paarten.

Vögel (Fortsetzung)

Fall ist. Es leben auch Vögel zu Dreien, wie es bei den Staren, Krähen, Papageien und Rebhühnern beachtet worden ist. Von den Rebhühnern ist bekannt geworden, daß zwei Weibchen mit einem Männchen leben. In allen solchen Fällen ist wahrscheinlich die Verbindung sehr leicht zu lösen, und einer der drei Vögel wird sich leicht mit einem Witwer oder einer Witwe paaren. Die Männchen gewisser Vögel kann man gelegentlich ihren Liebesgesang anstimmen hören, lange nachdem die eigentliche Zeit vorbei ist, was dafür spricht, daß sie entweder ihre Gattin verloren oder niemals eine solche erlangt haben. Der Tod eines von einem Paar, sei es durch Zufall oder infolge von Krankheit, wird den anderen Vogel frei und ledig zurücklassen, und es ist Grund zu der Vermutung vorhanden, daß weibliche Vögel während der Paarungszeit ganz besonders einem zeitigen Tod zu unterliegen neigen. Ferner werden Vögel, deren Nester zerstört wurden, oder unfruchtbare Paare oder verspätete Individuen leicht veranlaßt werden, sich neu zu paaren und werden wahrscheinlich froh sein, alle die Freuden und Pflichten des Aufziehens von Nachkommen auf sich zu nehmen, wenn auch diese nicht ihre eigenen sind.[7] Derartige Zufälligkeiten erklären wahrscheinlich die meisten der im vorstehenden angeführten Fälle.[8] Nichtsdestoweniger ist es eine befremdende Tatsache, daß innerhalb eines und desselben Bezirks während der Höhe der Paarungszeit so viele Männchen und Weibchen immer in Bereitschaft sein sollten, den Verlust des gepaarten Vogels wieder zu ersetzen. Warum paaren sich solche einzeln gebliebene Vögel nicht sofort miteinander? Haben wir nicht einige Veranlassung, hier zu vermuten (und auf diese Vermutung ist auch Mr. Jenner Weir gekommen), daß ebenso wie der Akt der Werbung bei vielen Vögeln eine sich in die Länge ziehende und langweilige Angelegenheit zu sein scheint, es auch gelegentlich eintritt, daß gewisse Männchen und Weibchen während der eigentlichen Zeit beim Anregen der Liebe zueinander keinen Erfolg haben und infolgedessen sich auch nicht paaren? Diese Vermutung wird etwas weniger unwahrscheinlich erscheinen, nachdem wir gesehen haben, welche starke Antipathien und Bevorzugungen weibliche Vögel gelegentlich in bezug auf besondere Männchen äußern.

Geistige Eigenschaften der Vögel und ihr Geschmack für das Schöne. – Ehe wir die Frage weiter erörtern, ob die Weibchen die anziehenderen Männchen sich auswählen oder das erste beste annehmen, das ihnen zufällig begegnet, wird es geraten sein, kurz die geistigen Kräfte der Vögel in Betracht zu ziehen. Ihr Verstand wird allgemein und vielleicht mit Recht als gering geschildert; doch ließen sich einige Tatsachen mitteilen[9], welche zum entgegengesetzten Schluß führen.

---

[7] White (Natur. History of Selborne, 1825, Vol. I, p.140) über das Vorkommen kleiner Bruten männlicher Rebhühner zeitig im Jahr, von welcher Tatsache ich noch andere Beispiele habe anführen hören. S. Jenner: Über den zurückgebliebenen Zustand der Generationsorgane bei gewissen Vögeln, in: Philosoph. Transact., 1824. In bezug auf Vögel, welche zu Dreien leben, verdanke ich Mr. Jenner Weir die Mitteilung der Fälle vom Star und den Papageien, und Mr. Fox den von den Rebhühnern. Über Krähen s. „The Field", 1868, p.415. Über das Singen verschiedener Vögel noch nach der eigentlichen Zeit s. L. Jenyns: Observations in Natural History, 1846, p.87.

[8] Nach der Autorität des Honor. O. W. Forester hat Mr. J. O. Morris den folgenden Fall mitgeteilt (The Times, Aug. 6th 1868). Der Wildwart hier „fand in diesem Jahr ein Habichtnest mit fünf Jungen darin. Er nahm vier davon und tötete sie, ließ aber einen mit gekappten Flügeln übrig, um als Lockvogel beim Zerstören der alten zu dienen. Diese wurden beide am nächsten Tag geschossen, als sie damit beschäftigt waren, den Jungen zu füttern, und der Wärter glaubte, die Sache sei abgemacht. Am nächsten Tag kam er wieder und fand zwei andere mitleidige Habichte, welche mit Adoptivgefühlen herbeigekommen waren, dem Waisenkind zu helfen. Diese beiden wurden wieder geschossen und das Nest verlassen. Als er später wiederkehrte, fand er zwei weitere mitleidige Individuen bei demselben Wohltätigkeitsgeschäft tätig. Einen von diesen tötete er; den anderen schoß er gleichfalls, konnte ihn aber nicht finden. Nun kam keiner wieder zu diesem unfruchtbaren Werk."

[9] Ich verdanke Prof. Newton die folgende Stelle aus Adam's Travels of a Naturalist, 1870, p.278. Wo er von den japanischen Spechtmeisen in der Gefangenschaft spricht, sagt er: „Anstatt der nachgiebigeren Frucht der Eibe, welche die gewöhnliche Nahrung der Spechtmeise von Japan bildet, gab ich ihr einmal harte Haselnüsse. Da der Vogel nicht imstande war, sie zu knacken, legte er sie eine nach der anderen in sein Wasserglas, offenbar mit der Idee, daß sie mit der Zeit weicher werden würden, – ein interessanter Beleg für die Intelligenz dieser Vögel."

Vierzehntes Kapitel

Ein geringes Vermögen des Nachdenkens ist indessen, wie wir es beim Menschen sehen, mit starken Affektionen, scharfer Wahrnehmung und Geschmack für das Schöne ganz gut verträglich, und mit diesen letzteren Eigenschaften haben wir es gerade hier zu tun. Es ist oft gesagt worden, daß Papageien so innig aneinander hängen, daß, wenn der eine stirbt, der andere eine lange Zeit hindurch sich grämt. Mr. Jenner Weir glaubt aber, daß in bezug auf die meisten Vögel die Stärke ihrer Zuneigung bedeutend übertrieben worden ist. Nichtsdestoweniger hat man gehört, daß, wenn einer von einem Paar im Zustand der Freiheit geschossen worden ist, der Überlebende tagelang nachher noch einen klagenden Ton ausgestoßen hat, und Mr. St. John teilt verschiedene Tatsachen mit[10], welche die Anhänglichkeit gepaarter Vögel aneinander beweisen. Bennett erzählt[11], daß in China eine Mandarin-Ente, nachdem ihr wunderschöner Enterich gestohlen worden war, ganz untröstlich blieb, obschon ihr andere Enteriche, die alle ihre Reize vor ihr entfalteten, eifrig den Hof machten. Nach Ablauf von drei Wochen wurde der gestohlene Enterich wiedergefunden, und sofort erkannte sich das Paar mit ungeheurer Freude wieder. Andererseits haben wir gesehen, daß Stare dreimal im Verlauf eines und desselben Tages über den Verlust ihres Gatten getröstet werden können. Tauben haben ein so ausgezeichnetes Ortsgedächtnis, daß sie, wie man in Erfahrung gebracht hat, zu ihren früheren Heimstätten nach einem Ablauf von neun Monaten wieder zurückgekehrt sind; und doch höre ich von Mr. Harrison Weir, daß, wenn ein Pärchen, welches seiner Natur nach zeitlebens verbunden geblieben sein würde, während des Winters für einige Wochen getrennt und mit anderen Vögeln gepaart wird, die beiden, wenn sie wieder zusammengebracht werden, selten, wenn überhaupt je, sich einander wiedererkennen.

Vögel zeigen zuweilen wohlwollende Gefühle; sie füttern die verlassenen Jungen selbst verschiedener Arten. Dies könnte man aber für einen Mißgriff ihres Instinkts halten. Sie füttern auch, wie in einem früheren Teil dieses Buches gezeigt wurde, erwachsene Vögel ihrer eigenen Spezies, welche blind geworden sind. Mr. Buxton gibt eine merkwürdige Schilderung eines Papageien, welcher die Sorge um einen vom Frost getroffenen und verkrüppelten Vogel einer verschiedenen Spezies auf sich nahm, seine Federn reinigte und ihn gegen die Angriffe der anderen Papageien verteidigte, welche zahlreich in seinem Garten herumschwärmten. Es ist eine noch merkwürdigere Tatsache, daß diese Vögel, wie es scheint, eine gewisse Sympathie mit den Freuden ihrer Genossen empfinden. Als ein Paar Kakadus ein Nest in einem Akazienbaum bauten, „war es förmlich lächerlich, das extravagante Interesse zu beobachten, welches die anderen Individuen derselben Spezies an diesem Geschäft nahmen". Diese Papageien zeigten auch eine unbändige Neugier und hatten offenbar „die Idee von Eigentum und Besitz"[12]. Sie haben auch ein gutes Gedächtnis; denn im zoologischen Garten haben sie ganz deutlich ihre früheren Herren nach Ablauf mehrerer Monate wiedererkannt.

Vögel besitzen eine scharfe Beobachtungsgabe. Ein jeder gepaarter Vogel erkennt natürlich seinen Genossen. Audubon führt an, daß von den Spottdrosseln der Vereinigten Staaten (*Mimus polyglottus*) eine gewisse Zahl das ganze Jahr hindurch in Louisiana bleibt, während die anderen nach den östlichen Staaten auswandern. Diese letzteren werden bei ihrer Rückkehr sofort wiedererkannt und stets von ihren südlichen Brüdern angegriffen. Vögel in der Gefangenschaft erkennen verschiedene Personen, wie durch die starke und dauernde Antipathie oder Zuneigung, welche sie ohne irgendeine scheinbare Ursache gegen gewisse Individuen zeigen, bewiesen wird. Ich habe von zahlreichen Beispielen hierfür bei Eichelhähern, Rebhühnern, Kanarienvögeln und ganz besonders bei Gimpeln gehört. Mr. Hussey hat beschrieben, in welch' außeror-

---

[10] A Tour in Sutherlandshire. Vol. I, 1849, p.185. Dr. Buller erzählt (Birds of New Zealand, 1872, p.56), „daß einst ein männlicher Königs-Lory getötet wurde; das Weibchen härmte und sehnte sich, verweigerte die Nahrung und starb an gebrochenem Herzen".

[11] Wandering in New South Wales. Vol. II, 1834, p.62.

[12] C. Buxton: Acclimatization of Parrots, in: Annals and Magaz. of Natur. Hist., Nov. 1868; p.381.

dentlicher Weise ein gezähmtes Rebhuhn jedermann erkannte; und seine Zu- und Abneigung war sehr stark. Dieser Vogel schien „lebhafte Farben sehr gern zu haben und man konnte kein neues Kleid anziehen und keinen neuen Hut aufsetzen, ohne seine Aufmerksamkeit zu fesseln"[13]. Mr. Hewitt hat die Lebensweise einiger Enten (direkte Nachkommen noch wilder Vögel) sorgfältig beschrieben, welche bei der Annähernng eines fremden Hundes oder einer Katze sich kopfüber ins Wasser stürzten und sich in Versuchen zu entfliehen erschöpften. Sie kannten aber Mr. Hewitts eigene Hunde und Katzen so gut, daß sie sich dicht bei ihnen niederlegten und in der Sonne wärmten. Sie zogen sich immer vor einem fremden Menschen zurück und taten dasselbe auch vor der Dame, welche sie pflegte, sooft sie irgendeine bedeutende Veränderung in ihrem Anzug vorgenommen hatte. Audubon berichtet, daß er einen wilden Truthahn aufzog und zähmte, welcher vor jedem fremden Hund ausriß. Dieser Vogel entfloh in die Wälder; einige Tage später sah Audubon, wie er glaubte, einen wilden Truthahn und ließ seinen Hund ihn jagen. Aber zu seinem Erstaunen lief der Vogel nicht weg, und als der Hund an ihn herankam, griff er den Vogel nicht an, sondern sie erkannten sich beide als alte Freunde wieder.[14]

Mr. Jenner Weir ist überzeugt, daß Vögel den Farben anderer Vögel besondere Aufmerksamkeit zuwenden, zuweilen aus Eifersucht und zuweilen als Zeichen der Verwandtschaft. So tat er einen Rohrsperling (*Emberiza schoeniclus*), welcher seinen schwarzen Kopf bekommen hatte, in seine Voliere, und der neue Ankömmling wurde von keinem Vogel weiter beachtet, ausgenommen von einem Gimpel, welcher gleichfalls einen schwarzen Kopf hatte. Dieser Gimpel war ein sehr ruhiger Vogel und hatte sich noch nie zuvor mit einem seiner Kameraden gezankt, mit Einschluß eines anderen Rohrsperlings, welcher aber seinen schwarzen Kopf noch nicht erhalten hatte. Aber der Rohrsperling mit dem schwarzen Kopf wurde so unbarmherzig behandelt, daß er wieder entfernt werden mußte. *Spiza cyanea* ist während der Paarungszeit von hellbrauner Farbe; obwohl der Vogel gewöhnlich friedfertig ist, griff er doch eine *S. ciris*, welche nur einen blauen Kopf hat, heftig an und skalpierte den unglücklichen Vogel vollständig. Mr. Weir war auch gezwungen, ein Rotkehlchen zu entfernen, da es alle Vögel, die nur irgend etwas Rot in ihrem Gefieder hatten, aber keine anderen Arten, wütend angriff. Es tötete faktisch einen rotbrüstigen Kreuzschnabel und tötete beinahe einen Stieglitz. Auf der anderen Seite hat er beobachtet, daß einige Vögel, als sie zuerst in seine Voliere gebracht wurden, nach den Arten hinflogen, welche ihnen am meisten in der Farbe glichen, und sich ruhig an ihrer Seite niederließen.

Da männliche Vögel mit soviel Sorgfalt ihr schönes Gefieder und andere Zierate vor dem Weibchen entfalten, so ist es offenbar wahrscheinlich, daß diese die Schönheit ihrer Liebhaber würdigen. Es ist indessen schwierig, direkte Belege ihrer Fähigkeit, Schönheit zu würdigen, zu erlangen. Wenn Vögel sich selbst in einem Spiegel anstarren, wofür viele Beweise angeführt worden sind, so sind wir nicht sicher, ob es nicht aus Eifersucht gegenüber einem vermeintlichen Nebenbuhler geschieht, obschon einige Beobachter dies nicht daraus folgern. In anderen Fällen ist es schwierig, zwischen bloßer Neugierde und Bewunderung zu unterscheiden. Es ist vielleicht das erstere Gefühl, welches, wie Lord Lilford anführt[15], den Kampfläufer so mächtig zu jedem hellen Gegenstand hinzieht, so daß er auf den ionischen Inseln „auf ein hell gefärbtes Taschentuch herabfährt, ohne Rücksicht auf wiederholt abgefeuerte Schüsse". Die gemeine Lerche wird aus den Lüften herabgezogen und in großer Anzahl gefangen durch einen kleinen Spiegel, den man in der Sonne bewegt und glitzern läßt. Ist es Bewunderung oder Neugierde, was die Elster, den Raben und einige andere Vögel veranlaßt, glänzende Gegenstände, wie Silberzeug oder Juwelen, zu stehlen und zu verbergen?

---

[13] The Zoologist, 1847-1848, p.1602.
[14] Hewitt: Über wilde Enten, in: Journal of Horticulture, Jan. 13th 1863, p.39. Audubon, über den wilden Truthahn, in: Ornitholog. Biography. Vol. I, p.14; über die Spottdrossel: ebd., Vol. I, p.110.
[15] The Ibis. Vol. II, 1860, p.344.

Vierzehntes Kapitel

Mr. Gould führt an, daß gewisse Kolibris die Außenseite ihrer Nester „mit dem äußersten Geschmack verzieren. Sie befestigen instinktiv schöne Stücke flacher Flechten daran, die größeren Stücke in der Mitte und die kleineren an dem mit dem Zweig verbundenen Teile. Hier und da wird eine hübsche Feder hineingeschoben oder an die äußeren Seiten befestigt, wobei der Schaft immer so gestellt wird, daß die Feder frei von der Oberfläche hervorragt." Den besten Beweis indessen für einen Geschmack für das Schöne bieten die drei Gattungen der bereits erwähnten australischen Laubvögel dar. Ihre Lauben, wo sich die Geschlechter vereinen und ihre fremdartigen Gebärden ausführen, werden verschieden gebaut; was uns aber hier am meisten angeht, ist, daß dieselben von den verschiedenen Spezies in einer abweichenden Art und Weise verziert werden. Der Atlasvogel sammelt munter gefärbte Gegenstände, solche wie die blauen Schwanzfedern von Papageien, gebleichte Knochen und Muschelschalen, welche er zwischen die Zweige steckt oder an dem Eingang in die Laube anordnet. Mr. Gould fand in der einen Laube einen sehr nett gearbeiteten steinernen Tomahawk und ein Stückchen blauen Kattuns, den sich die Vögel offenbar aus einem Lager der Eingeborenen verschafft hatten. Diese Gegenstände werden beständig anders geordnet und von den Vögeln in ihrem Spiel umhergeschleppt. Die Laube des gefleckten Laubenvogels „wird schön mit langen Grashalmen ausgefüttert, welche so angeordnet werden, daß die Spitzen sich nahezu treffen, und die Verzierungen sind außerordentlich reich". Runde Steine werden dazu benutzt, die Grasstengel an ihrem gehörigen Ort zu halten und verschiedene zu der Laube hinleitende Pfade zu bilden. Die Steine und Muscheln werden oft aus einer sehr großen Entfernung herbeigebracht. Der Prinzenvogel verziert nach der Beschreibung von Mr. Ramsay seinen kurzen Laubengang mit gebleichten Landmuscheln, welche zu fünf oder sechs Spezies gehören, und „mit Beeren verschiedener Farben, Blau, Rot und Schwarz, welche, wenn sie frisch sind, der Laube ein sehr nettes Aussehen geben. Außer diesen fanden sich mehrere, frisch abgepflückte Blätter und junge Schößlinge von einer rosa Färbung daran, so daß das Ganze einen entschiedenen Geschmack für das Schöne bekundete. Mr. Gould dürfte mit vollem Recht sagen, daß diese in hohem Grade verzierten Versammlungshallen als die wunderbarsten Beispiele von Vogelarchitektur betrachtet werden müssen, die bis jetzt entdeckt sind"; und wie wir sehen, ist der Geschmack der verschiedenen Spezies gewiß verschieden.[16]

Die Weibchen ziehen besondere Männchen vor. – Nachdem ich diese vorläufigen Bemerkungen über das Unterscheidungsvermögen und den Geschmack der Vögel gemacht habe, will ich nun alle die mir bekannten Tatsachen mitteilen, welche sich auf den Vorzug beziehen, welchen nachweisbar, das Weibchen bestimmten Männchen gibt. Es ist sicher, daß sich im Naturzustand gelegentlich verschiedene Spezies von Vögeln paaren und Bastarde erzeugen. Hierfür ließen sich viele Beispiele anführen. So erzählt MacGillivray, wie eine männliche Amsel und eine weibliche Drossel „sich ineinander verliebten" und Nachkommen zeugten.[17] Bis vor mehreren Jahren wurden achtzehn Fälle beschrieben, in denen in Großbritannien Bastarde zwischen dem Birkhuhn und dem Fasan vorgekommen waren.[18] Aber die meisten dieser Fälle lassen sich vielleicht dadurch erklären, daß einzelne Vögel keinen Genossen ihrer eigenen Art fanden, um sich mit ihm zu paaren. Bei anderen Vögeln glaubt Mr. Jenner Weir Grund zur Vermutung zu haben, daß Bastarde zuweilen das Resultat eines gelegentlichen Verkehrs von Vögeln sind, welche in dichter Nachbarschaft bauen. Aber diese Bemerkungen lassen sich nicht auf die vielen angeführten Beispiele von gezähmten oder domestizierten Vögeln anwenden, welche, obwohl sie zu verschiedenen Spezies gehörten und mit Individuen ihrer eigenen Spezies lebten, absolut vernarrt ineinander waren. So erzählt Waterton[19], daß aus einer Herde von dreiundzwanzig Kanada-Gän-

---

[16] Über die verzierten Nester der Kolibris s. Gould: Introduction to the Trochilidae, 1861, p.19. Über die Laubenvögel: Gould: Handbook to the Birds of Australia, 1865, Vol. I, p.444-461. Mr. Ramsay, in: The Ibis, 1867, p.456.
[17] History of British Birds. Vol. II, p.92.
[18] The Zoologist, 1853-54, p.39-46.
[19] Waterton: Essays on Natural History. 2. Series, p.42, 117. Was die folgenden Angaben betrifft, so ist zu verglei-

sen sich ein Weibchen mit einem einzeln lebenden Bernikel-Gänserich paarte, obwohl dieser in der äußeren Erscheinung und der Größe so verschieden ist, und sie brachten wirklich hybride Nachkommen hervor. Man hat die Erfahrung gemacht, daß eine männliche Pfeifente (*Mareca penelope*), welche mit Weibchen ihrer eigenen Spezies lebte, sich mit einer Spießente (*Querquedula acuta*) paarte. Lloyd beschreibt die merkwürdige Anhänglichkeit zwischen einer männlichen Brandente (*Tadorna vulpanser*) und einer gemeinen Ente. Viele weitere Beispiele könnten hier noch angeführt werden. Mr. E. S. Dixon bemerkt, daß „diejenigen, welche viele verschiedene Spezies zusammengehalten haben, sehr wohl wissen, welche unerklärliche Verbindungen dieselben häufig eingehen und daß sie ebensogern sich mit Individuen einer Rasse oder Spezies paaren und Junge erziehen, welche ihrer eigenen so fremdartig wie möglich ist, wie mit ihrer eigenen Stammform".

Mr. W. D. Fox teilt mir mit, daß er einmal gleichzeitig ein Paar chinesischer Gänse (*Anser cygnoides*) und einen gemeinen Gänserich mit drei Gänsen besaß. Die beiden Gruppen lebten völlig getrennt voneinander, bis der chinesische Gänserich eine der gemeinen Gänse verführte, mit ihm zu leben. Außerdem waren von den aus den Eiern der gemeinen Gänse ausgebrüteten Jungen nur vier reinen Blutes. Die anderen achtzehn erwiesen sich als Bastarde, so daß der chinesische Gänserich ganz überwiegende Reize verglichen mit dem gemeinen Gänserich gehabt zu haben scheint. Ich will hier nur noch einen anderen Fall anführen. Mr. Hewitt führt an, daß eine in der Gefangenschaft aufgezogene Wildente, „nachdem sie ein paar Jahre mit ihrem eigenen Enterich gebrütet hatte, sich auf einmal desselben entledigte, nachdem Mr. Hewitt eine männliche Spießente auf das Wasser gebracht hatte. Es war offenbar ein Fall von Verliebtsein auf den ersten Blick. Denn das Weibchen schwamm um den Ankömmling liebkosend herum, obwohl dieser offenbar beunruhigt und von ihren Liebesbezeigungen unangenehm berührt schien. Von dieser Stunde an vergaß das Weibchen seinen alten Genossen. Der Winter zog vorüber und im nächsten Frühjahr schien die Spießente von den Schmeicheleien des Weibchens umgestimmt worden zu sein. Denn sie nisteten zusammen und brachten sieben oder acht Junge hervor."

Was in diesen verschiedenen Fällen den Zauber gebildet haben mag, außer dem Reiz der Neuheit, können wir nicht einmal vermuten. Indessen spielt zuweilen die Farbe doch wohl eine Rolle; denn um Bastarde vom Zeisig (*Fringilla spinus*) und dem Kanarienvogel zu ziehen, ist es der Angabe von Bechstein zufolge am besten, Vögel ein und derselben Färbung zusammenzubringen. Mr. Jenner Weir brachte einen weiblichen Kanarienvogel in seine Volière, wo sich männliche Hänflinge, Stieglitze, Zeisige, Grünfinken, Buchfinken und andere Vögel befanden, um zu sehen, welchen von diesen das Weibchen sich erwählen würde. Aber dasselbe zweifelte nicht einen Augenblick, und der Grünfink gewann den Preis; sie paarten sich und produzierten hybride Nachkommen.

Was die Individuen einer und derselben Spezies betrifft, so erregt wohl die Tatsache, daß das Weibchen es vorzieht, sich lieber mit dem einen Männchen als mit dem anderen zu paaren, nicht so leicht die Aufmerksamkeit, als wenn dies, wie wir soeben gesehen haben, zwischen verschiedenen Spezies eintritt. Fälle der ersten Art können am besten bei domestizierten oder in Gefangenschaft gehaltenen Vögeln beobachtet werden. Dieselben sind aber oft durch zu reichliches Futter verwöhnt und zuweilen sind ihre Instinkte bis zu einem ganz außerordentlichen Grade verdorben. Von dieser letzteren Tatsache könnte ich hinreichende Belege von Tauben und besonders von Hühnern anführen; sie können aber hier nicht einzeln mitgeteilt werden. Verdorbene Instinkte können auch einige der Bastardverbindungen erklären, welche vorhin erwähnt wurden. Aber in vielen derartigen Fällen war den Vögeln gestattet worden, sich frei auf

---

chen: über die Pfeifente Loudon's Magaz. of Natur. Hist., Vol. XI, p.616. L. Lloyd: Scandinavian Adventures. Vol. I, 1854, p.452. Dixon: Ornamental and Domestic Poultry, p.137. Hewitt, in: Journal of Horticulture, Jan. 13th 1863, p.40. Bechstein: Stubenvögel, 1840, p.230. Mr. J. Jenner Weir hat mir neuerdings einen analogen Fall von Enten zweier verschiedener Arten mitgeteilt.

Vierzehntes Kapitel

großen Teichen zu bewegen, und es liegt kein Grund zu der Vermutung vor, daß sie durch reichliches Futter unnatürlich erregt worden wären.

Was Vögel im Naturzustand betrifft, so ist die erste sich jedermann aufdrängende und am meisten in die Augen springende Vermutung die, daß das Weibchen zur gehörigen Zeit das erste Männchen, dem es zufällig begegnet, annimmt. Dasselbe hat aber wenigstens Gelegenheit eine Wahl auszuüben, da es fast unabänderlich von vielen Männchen verfolgt wird. Audubon – und wir müssen uns erinnern, daß dieser Forscher ein langes Leben hindurch in den Wäldern der Vereinigten Staaten sich herumgetummelt und die Vögel beobachtet hat – zweifelt nicht daran, daß das Weibchen sich mit Überlegung seinen Gatten wählt. So spricht er von einem Specht und erzählt, daß das Weibchen von einem halben Dutzend munterer Liebhaber verfolgt werde, welche beständig fremdartige Gebärden ausführen, „bis dem einen in einer ausgesprochenen Weise der Vorzug gegeben wird". Das Weibchen des rotgeflügelten Stares (*Agelaeus phoeniceus*) wird gleichfalls von mehreren Männchen verfolgt, „bis dasselbe ermüdet sich niederläßt, die Werbungen der Männchen entgegennimmt und bald darauf eine Wahl trifft". Er beschreibt auch, wie mehrere männliche Ziegenmelker wiederholt mit erstaunlicher Schnelligkeit durch die Luft streifen, sich plötzlich herumdrehen und dabei ein eigentümliches Geräusch hervorbringen. „Aber sobald das Weibchen seine Wahl getroffen hat, werden die anderen Männchen fortgetrieben." Bei einer der Geierarten der Vereinigten Staaten (*Cathartes aura*) versammeln sich Gesellschaften von acht oder zehn oder mehr Männchen oder Weibchen auf umgestürzten Stämmen und zeigen das stärkste Verlangen, sich gegenseitig zu gefallen"; und nach vielen Liebkosungen führt jedes der Männchen seine Gattin im Fluge hinweg. Audubon beobachtete auch sorgfältig die wilden Herden der Kanadagänse (*Anser canadensis*) und gibt eine lebendige Beschreibung ihrer Liebesgebärden. Er sagt, daß die Vögel, welche sich schon früher gepaart hatten, „ihre Bewerbung sehr zeitig und zwar schon im Monat Januar erneuerten, während die anderen jeden Tag sich stundenlang stritten und kokettierten, bis alle sich mit der Wahl, welche sie getroffen hatten, befriedigt zeigten, wonach, obwohl sie alle zusammenblieben, doch jedermann leicht beobachten konnte, daß sie sehr ängstlich waren, sich paarweise zusammenzuhalten. Ich habe auch beobachtet, daß, je älter die Vögel waren, desto kürzer die Präliminarien ihrer Brautwerbung waren; die Junggesellen und alten Jungfern traten, ob mit Betrübnis oder in der Absicht von der Unruhe nicht gestört zu werden, ruhig zur Seite und legten sich in einiger Entfernung von den übrigen nieder."[20] Von demselben Beobachter ließen sich noch viele ähnliche Angaben in bezug auf andere Vögel anführen.

Wenn wir uns nun zu den domestizierten und in Gefangenschaft gehaltenen Vögeln wenden, so will ich damit beginnen, das Wenige mitzuteilen, was ich in bezug auf die Bewerbung der Hühner in Erfahrung gebracht habe. Ich habe lange Briefe über diesen Gegenstand von den Herren Hewitt und Tegetmeier und beinahe eine ganze Abhandlung von dem verstorbenen Mr. Brent erhalten. Jedermann wird zugeben, daß diese Herren, welche durch ihre veröffentlichten Werke so wohlbekannt sind, sorgfältige und erfahrene Beobachter sind. Sie glauben nicht, daß die Weibchen gewisse Männchen wegen der Schönheit ihres Gefieders vorziehen; aber man muß den künstlichen Zustand, in welchem sie lange Zeit gehalten worden sind, einigermaßen in Rechnung bringen. Mr. Tegetmeier ist überzeugt, daß ein Kampfhahn, obwohl er durch das Abstumpfen und das Stutzen seiner Sichelfedern entstellt ist, ebenso leicht von den Weibchen angenommen wird wie ein Männchen, welches alle seine natürlichen Ornamente noch besitzt. Mr. Brent indessen gibt zu, daß die Schönheit des Männchens wahrscheinlich dazu beiträgt, das Weibchen anzuregen; und die Zustimmung des Weibchens ist nötig. Mr. Hewitt ist überzeugt, daß die Verbindung durchaus nicht einem bloßen Zufall überlassen ist, denn das Weibchen zieht beinahe ausnahmslos das kräftigste, stolzeste und streitsüchtigste Männchen vor. Es ist

---

[20] Audubon: Ornitholog. Biography. Vol. I, p.191, 349; Vol. II, p.42, 271; Vol. III, p.2.

daher, wie er bemerkt, fast nutzlos, „ein reines Züchten zu versuchen, wenn ein Kampfhahn in guter Gesundheit und gutem Zustand an demselben Ort frei umherläuft; denn fast eine jede Henne wird nach dem Verlassen ihres Ruheplatzes sich dem Kampfhahn nähern, selbst wenn dieser Vogel nicht faktisch das Männchen von der Varietät des Weibchens wegtreibt." Unter gewöhnlichen Umständen scheinen die Männchen und Weibchen des Huhns vermittelst gewisser Gebärden zu einem gegenseitigen Einverständnis zu gelangen, welche mir Mr. Brent beschrieben hat. Hennen vermeiden aber häufig die ostensiblen Aufmerksamkeiten jüngerer Männchen. Alte Hennen von einem kampfsüchtigen Temperament haben, wie derselbe Schriftsteller mir mitteilt, fremde Männchen nicht gern und geben denselben nicht eher nach, als bis sie gehörig zum Gehorsam geschlagen werden. Indessen beschreibt Mr. Ferguson, wie eine kampfsüchtige Henne sofort durch die sanften Bewerbungen eines Shanghai-Hahnes gezähmt wurde.[21]

Wir haben Grund anzunehmen, daß Tauben beiderlei Geschlechts eine Paarung mit Vögeln derselben Rasse vorziehen; und Haustauben hassen alle die hochveredelten Rassen.[22] Mr. Harrison Weir hat vor kurzem von einem glaubwürdigen Beobachter, welcher blaue Tauben hielt, gehört, daß diese alle anders gefärbten Varietäten, wie weiße, rote und gelbe wegtreiben, und von einem anderen Beobachter, daß eine weibliche graubraune Botentaube nach wiederholten Versuchen nicht mit einem schwarzen Männchen gepaart werden konnte, aber sich unmittelbar darauf mit einem graubraunen paarte. Ferner hatte Mr. Tegetmeier ein weibliches blaues Möwchen, welches hartnäckig verweigerte, sich mit zwei Männchen derselben Rasse zu paaren, die hinter einander wochenlang mit ihm eingeschlossen wurden; als es herausgelassen wurde, hätte es sofort den ersten blauen Botentauber angenommen, der ihm Offerten machte. Da es ein wertvoller Vogel war, wurde es viele Wochen lang mit einem Silbermännchen (d. h. sehr blaß blau) eingeschlossen und paarte sich endlich mit ihm. Nichtsdestoweniger scheint im allgemeinen die Farbe nur wenig Einfluß auf das Paaren der Tauben zu haben. Mr. Tegetmeier färbte auf meine Bitte einige seiner Vögel mit Magenta-Rot, aber sie wurden von den übrigen nicht sehr beachtet.

Weibliche Tauben empfinden gelegentlich eine starke Antipathie gegen gewisse Männchen und zwar ohne irgendeine nachweisbare Ursache. So geben Boitard und Corbié, deren Erfahrungen sich über einen Zeitraum von fünfundvierzig Jahren erstrecken, an: „Quand une femelle éprouve de l'antipathie pour un mâle avec lequel on veut l'accoupler, malgré tous les feux de l'amour, malgré l'alpiste et le chènevis dont on la nourrit pour augmenter son ardeur, malgré un emprisonnement de six mois et même d'un an, elle refuse constamment ses caresses: les avances empressées, les agaceries, les tournoiements, les tendres roucoulements, rien ne peut lui plaire, ni l'émouvoir; gonflée, boudeuse, blottie dans un coin de la prison, elle n'en sort que pour boire et manger, ou pour repousser avec une espèce de rage des caresses devenues trop pressantes."[23] Auf der anderen Seite hat Mr. Harrison Weir selbst beobachtet und von mehreren Züchtern gehört, daß eine weibliche Taube gelegentlich eine starke Liebhaberei für ein besonderes Männchen bekam und ihren eigenen Gatten seinetwegen verließ. Einige Weibchen sind der Angabe eines anderen erfahrenen Beobachters, Riedel, zufolge[24] von einer liederlichen Disposition und ziehen fast jedes fremde Männchen ihrem eigenen Gatten vor. Manche verliebte Männchen, welche unsere englischen Züchter „heitere Vögel" nennen, sind in ihren Galanterien so erfolgreich, daß sie, wie mir Mr. Harrison Weir mitteilt, getrennt gehalten werden müssen, wegen des Nachteils, den sie verursachen.

---

[21] Rare and Prize Poultry, 1854, p.27.
[22] Das Variieren der Tiere und Pflanzen im Zustand der Domestikation. 2. Aufl., Bd. II, p.119.
[23] Boitard et Corbié : Les Pigeons etc., 1824, p.12. Prosper Lucas (Traité de l'Hérédité naturelle. Tom. II, 1850, p.296) hat selbst sehr ähnliche Fälle bei Tauben beobachtet.
[24] Die Taubenzucht, 1824, p.86.

Vierzehntes Kapitel

Audubon zufolge „richten in den Vereinigten Staaten zuweilen wilde Truthähne ihre Bewerbungen an domestizierte Weibchen und werden meist von diesen mit großem Vergnügen angenommen". Hiernach scheint es, als ob diese Weibchen den wilden Männchen vor ihren eigenen den Vorzug gäben.[25]

Das folgende ist ein noch merkwürdigerer Fall. Sir R. Heron hielt viele Jahre hindurch ein Tagebuch über die Gewohnheiten der Pfauen, welche er in größerer Anzahl züchtete. Er führt an, daß „die Hennen häufig eine große Vorliebe für einen besonderen Pfauhahn haben. Sie waren sämtlich einem alten gefleckten Pfauhahn so gut, daß, als derselbe in dem einen Jahr eingesperrt wurde, aber immer noch von den Weibchen gesehen werden konnte, sich dieselben beständig dicht um das Lattenwerk seines Gefängnisses versammelten und nicht litten, daß ein schwarzschultriger Pfauhahn sie berührte. Als er im Herbst freigelassen wurde, machte ihm die älteste von den Hennen den Hof und war in ihrer Bewerbung erfolgreich. Im nächsten Jahr wurde er in einem Stall gehalten und nun kokettierten alle die Hennen mit seinem Nebenbuhler."[26] Dieser Nebenbuhler war ein schwarzschultriger oder lackierter Pfauhahn, welcher für unsere Augen ein schönerer Vogel ist als die gewöhnliche Art.

Lichtenstein, welcher ein guter Beobachter war und ausgezeichnete Gelegenheit zur Beobachtung am Kap der guten Hoffnung hatte, versicherte Rudolphi, daß der weibliche Witwenvogel (*Chera progne*) das Männchen verlasse, wenn dasselbe der langen Schwanzfedern beraubt wird, mit welchen es während der Paarungszeit verziert ist; ich möchte vermuten, daß diese Beobachtung an Vögeln im Zustand der Gefangenschaft gemacht sein muß.[27] Das folgende ist ein analoges Beispiel: Dr. Jäger[28], früher Direktor des zoologischen Gartens in Wien, führt an, daß einem männlichen Silberfasan, welcher über die anderen Männchen gesiegt hatte und der angenommene Liebhaber der Weibchen war, sein ornamentales Gefieder verletzt wurde. Es wurde darauf sofort von einem Rivalen verdrängt, welcher die Oberhand erhielt und später den Trupp anführte.

Es ist eine merkwürdige Tatsache, da sie zeigt, wie bedeutungsvoll die Farbe bei der Werbung der Vögel ist, daß Mr. Boardman, ein bekannter Sammler und Beobachter von Vögeln seit vielen Jahren in den nördlichen Vereinigten Staaten, trotz seiner großen Erfahrung niemals gesehen hat, daß sich ein Albino mit einem anderen Vogel gepaart hätte; und doch hat er Gelegenheit gehabt, viele zu verschiedenen Spezies gehörige Albinos zu beobachten.[29] Es kann kaum behauptet werden, daß Albinos im Naturzustand unfähig sind, sich fortzupflanzen, da sie in der Gefangenschaft mit der größten Leichtigkeit gezogen werden können. Es scheint daher, als müsse man die Tatsache, daß sie sich nicht paaren, dem Umstand zuschreiben, daß sie von ihren normal gefärbten Genossen verworfen werden.

Weibliche Vögel üben nicht bloß eine Wahl aus, sondern umwerben in einigen wenigen Fällen das Männchen oder kämpfen sogar um dessen Besitz. Sir R. Heron führt an, daß bei den Pfauen die ersten Annäherungen stets vom Weibchen ausgehen. Etwas derselben Art findet auch Audubon zufolge bei den älteren Weibchen des wilden Truthahns statt. Beim Auerhahn kokettieren die Weibchen um das Männchen herum, während es auf einem der Versammlungsplätze herumstolziert, und suchen dessen Aufmerksamkeit zu fesseln.[30] Wir haben gesehen, daß eine zahme

---

[25] Ornithological Biography. Vol. I, p.13. S. Bemerkungen in demselben Sinne von Dr. Bryant, in: Allen: Mammals and Birds of Florida, p.344.

[26] Proceed. Zoolog. Soc., 1835, p.54. Der schwarzschulterige Pfau wird von Mr. Sclater für eine besondere Spezies gehalten, welche *Pavo nigripennis* benannt ist; die Tatsachen scheinen mir aber dafür zu sprechen, daß es nur eine Varietät ist.

[27] Rudolphi: Beiträge zur Anthropologie, 1812, p.184.

[28] Die Darwinsche Theorie und ihre Stellung zu Moral und Religion, 1869, p.59.

[29] Diese Angabe macht A. Leith Adams in seinen „Field and Forest Rambles", 1873, p.76; sie stimmt mit seinen eigenen Erfahrungen überein.

[30] In bezug auf Pfauen s. Sir R. Heron, in: Proceed. Zoolog. Soc., 1835, p.54, und E. S. Dixon: Ornamental Poultry, 1848, p.8. Wegen des Truthahns s. Audubon: a.a.O., p.4. Wegen des Auerhahns: Lloyd: Game Birds of Sweden, 1867, p.23.

Wildente nach einer langen Umwerbung einen anfangs unwilligen Spießenterich verführte. Mr. Bartlett glaubt, daß der *Lophophorus* wie viele andere hühnerartige Vögel von Natur polygam ist; man kann aber nicht zwei Weibchen mit einem Männchen in einen und denselben Käfig tun, weil sie so heftig miteinander kämpfen. Das folgende Beispiel von Rivalität ist noch überraschender, da es sich auf Gimpel bezieht, welche sich gewöhnlich für die Zeit ihres Lebens paaren. Mr. Jenner Weir brachte ein dunkel gefärbtes und häßliches Weibchen in seine Volière und unmittelbar darauf griff dieses ein anderes, gepaartes Weibchen so erbarmungslos an, daß das letztere getrennt werden mußte. Das neu hinzugekommene Weibchen verrichtete alle Dienste der Bewerbung und war zuletzt erfolgreich, denn es paarte sich mit dem Männchen. Aber nach einer gewissen Zeit erhielt es seinen gerechten Lohn; denn nachdem es aufgehört hatte, kampfsüchtig zu sein, wurde das alte Weibchen wieder hinzugebracht, und nun verließ das Männchen seine neue und kehrte zu seiner alten Liebe zurück.

In allen gewöhnlichen Fällen ist das Männchen so gierig, daß es jedes Weibchen annimmt und, soweit wir es beurteilen können, nicht das eine einem anderen vorzieht. Aber Ausnahmen von dieser Regel kommen, wie wir später sehen werden, allem Anschein nach in einigen wenigen Gruppen vor. Unter den domestizierten Vögeln habe ich nur von einem einzigen Fall gehört, in welchem die Männchen irgendeine Vorliebe für besondere Weibchen zeigten, nämlich vom Haushahn, welcher der hohen Autorität des Mr. Hewitt zufolge die jüngeren Hennen den älteren vorzieht. Auf der anderen Seite ist Mr. Hewitt infolge seiner Erfahrung bei der Ausführung hybrider Verbindungen zwischen den männlichen Fasanen und gemeinen Hennen überzeugt, daß der Fasan ohne Ausnahme die älteren Vögel vorzieht. Er scheint nicht im mindesten von ihrer Farbe beeinflußt zu werden, ist aber „in seinen Neigungen äußerst launisch"[31]. Infolge irgendeiner unerklärbaren Ursache zeigt er die allerentschiedenste Aversion gegen gewisse Hennen, welche keine Sorgfalt von Seiten des Züchters überwinden kann. Manche Hennen sind, wie Mr. Hewitt mir mitteilt, völlig ohne irgendeine Anziehung selbst für Männchen ihrer eigenen Spezies, so daß sie mit mehreren Hähnen ein ganzes Jahr hindurch gehalten werden können, und nicht ein Ei unter vierzig oder fünfzig erweist sich als fruchtbar. Auf der anderen Seite ist bei der langschwänzigen Eisente (*Harelda glacialis*), wie Ekström sagt, „beobachtet worden, daß gewisse Weibchen mehr umworben werden als die übrigen. In der Tat sieht man häufig ein Individuum von sechs oder acht verliebten Männchen umgeben." Ob diese Angabe glaubhaft ist, weiß ich nicht. Aber die Jäger des Landes schießen diese Weibchen, um sie als Lockvögel auszustopfen.[32]

In bezug auf den Umstand, daß weibliche Vögel eine gewisse Vorliebe für gewisse Männchen fühlen, müssen wir im Auge behalten, daß wir darüber, ob eine Wahl ausgeübt wird, nur nach Analogie urteilen können. Wenn ein Bewohner eines anderen Planeten eine Anzahl junger Landleute auf einem Jahrmarkt erblickte, wie sie mit einem hübschen Mädchen schöntäten und sich um dasselbe zankten wie Vögel auf einem ihrer Versammlungsplätze, so würde er aus dem Eifer der Bewerber, ihm zu gefallen und ihren Staat vor ihm zu entfalten, den Schluß ziehen, daß das Mädchen das Vermögen der Wahl habe. Nun liegt bei den Vögeln der Beweisapparat gerade so: sie haben scharfes Beobachtungsvermögen und scheinen einen gewissen Geschmack für das Schöne, sowohl in bezug auf die Farbe als auch auf Töne zu besitzen. Es ist sicher, daß Weibchen gelegentlich aus unbekannten Ursachen die stärkste Antipathie und stärkste Vorliebe gegen oder für gewisse Männchen zeigen. Wenn die Geschlechter in der Farbe und gewissen Verzierungen voneinander abweichen, so sind mit seltenen Ausnahmen die Männchen die am meisten verzierten, und zwar entweder für immer oder nur zeitweise während der Zeit der Paarung. In der Gegenwart der Weibchen entfalten sie eifrig ihre verschiedenen Zierate, strengen ihre Stimme an und führen fremdartige Gebärden aus. Selbst gut bewaffnete Männchen, von denen man hätte

---

[31] Mr. Hewitt, zitiert in Tegetmeier's Poultry Book, 1866, p.165.
[32] Zitiert in Lloyd's Game Birds of Sweden, p.345.

glauben mögen, daß sie in bezug auf ihren Erfolg nur von dem Gesetz des Kampfes abhingen, sind in den meisten Fällen im hohen Grade verziert, und ihre Zierate sind auf Kosten eines gewissen Betrags an Kraft erlangt worden. In anderen Fällen sind Zierate um den Preis einer vergrößerten Gefahr vor Raubtieren oder Raubvögeln erlangt worden. Bei verschiedenen Spezies versammeln sich viele Individuen beider Geschlechter an demselben Ort und ihre Brautwerbung ist eine sich in die Länge ziehende Angelegenheit. Wir haben selbst Grund zu vermuten, daß die Weibchen und Männchen innerhalb eines und desselben Distrikts nicht immer den Erfolg haben, einander zu gefallen und sich zu paaren.

Welche Folgerung haben wir denn nun aus diesen Tatsachen und Betrachtungen zu ziehen? Entwickelt das Männchen seine Reize mit so viel Pracht und Eifersucht zu gar keinem Zweck? Sind wir nicht berechtigt, anzunehmen, daß das Weibchen eine Wahl ausübt und daß dasselbe die Liebeserklärungen desjenigen Männchens annimmt, welches ihm am meisten gefällt? Es ist nicht wahrscheinlich, daß sich das Weibchen die Sache lange mit Bewußtsein überlegt; es wird aber von dem schönsten oder dem melodischsten oder dem tapfersten Männchen am meisten gereizt oder angezogen. Man darf dabei nicht vermuten, daß das Weibchen jeden Streifen oder jeden farbigen Fleck studiert, daß z. B. die Pfauhenne jedes Detail in dem prachtvollen Behänge des Pfauhahns bewundert: – es wird wahrscheinlich nur durch die allgemeine Wirkung frappiert. Wenn wir aber gehört haben, wie sorgfältig der männliche Argus-Fasan seine eleganten Schwungfedern erster Ordnung entfaltet und seine mit Augenflecken versehenen Schwungfedern in der richtigen Stellung, um die volle Wirkung hervorzubringen, aufrichtet, oder ferner wie der männliche Stieglitz abwechselnd seine goldgefütterten Flügel entfaltet, so dürfen wir nichtsdestoweniger uns nicht etwa zu sehr bei der Meinung beruhigen, daß das Weibchen nicht einem jeden Detail eines schönen Gefieders seine Aufmerksamkeit zuwendet. Wir können, wie bereits bemerkt wurde, über eine etwa ausgeübte Wahl nur nach Analogie urteilen; und die geistigen Fähigkeiten der Vögel weichen nicht fundamental von den unseren ab. Nach diesen verschiedenen Betrachtungen können wir schließen, daß das Paaren der Vögel nicht dem Zufall überlassen ist, sondern daß diejenigen Männchen, welche infolge ihrer verschiedenen Reize am besten imstande sind, den Weibchen zu gefallen oder dieselben zu reizen, unter gewöhnlichen Umständen von letzteren angenommen werden. Wenn dies zugegeben wird, so ist es auch nicht schwierig zu verstehen, auf welche Weise männliche Vögel nach und nach ihre ornamentalen Charaktere erlangt haben. Alle Tiere bieten individuelle Verschiedenheiten dar, und da der Mensch seine domestizierten Vögel dadurch modifizieren kann, daß er die Individuen auswählt, welche ihm am schönsten erscheinen, so wird auch die gewöhnlich oder selbst nur gelegentlich eintretende Vorliebe des Weibchens für die anziehenderen Männchen beinahe mit Sicherheit zu der Modifikation der Männchen führen; und derartige Modifikationen können dann im Laufe der Zeit beinahe in jeder Ausdehnung vermehrt werden, so lange sie nur mit der Existenz der Spezies verträglich sind.

Variabilität der Vögel und besonders ihrer sekundären Sexualcharaktere. – Variabilität und Vererbung sind die Grundlagen für die Wirksamkeit der Zuchtwahl. Daß domestizierte Vögel bedeutend variiert und daß die Abänderungen sich vererbt haben, ist sicher. Daß ferner Vögel im Naturzustand zur Bildung distinkter Rassen modifiziert worden sind, wird jetzt allgemein zugegeben.[33] Die Abänderungen können in zwei Klassen eingeteilt werden; in solche, welche uns

---

[33] Nach Dr. Blasius (The Ibis. Vol II, 1860, p.297) gibt es 425 unzweifelhafte Spezies von Vögeln, welche in Europa brüten, außer 60 Formen, welche häufig für distinkte Spezies gehalten werden. Von den letzteren meint Dr. Blasius, daß nur zehn wirklich zweifelhaft sind und daß die übrigen fünfzig mit ihren nächsten Verwandten vereinigt werden sollten; dies zeigt aber, daß bei einigen unserer europäischen Vögel ein beträchtlicher Grad von Abänderung bestehen muß. Es ist auch ein fernerer von den Naturforschern noch nicht festgestellter Punkt, ob mehrere nordamerikanische Vögel als von den europäischen Arten spezifisch verschieden klassifiziert werden müssen. Ferner werden viele nordamerikanische Formen, welche bis vor kurzem noch als distinkte Spezies aufgeführt wurden, jetzt für lokale Rassen angesehen.

in unserer Unwissenheit spontan aufzutreten scheinen, und in solche, welche direkt zu den umgebenden Bedingungen in Bezug stehen, so daß alle oder beinahe alle Individuen einer und der nämlichen Spezies in ähnlicher Weise modifiziert werden. Fälle der letzteren Art sind neuerdings sorgfältig von Mr. J. A. Allen beobachtet worden[34], welcher zeigt, daß in den Vereinigten Staaten viele Spezies von Vögeln, je weiter nach Süden sie leben, um so stärker, und je weiter nach Westen, nach den dürren Ebenen des Inneren hin sie leben, um so heller gefärbt sind. Allgemein scheinen beide Geschlechter in einer gleichen Art und Weise affiziert zu werden, zuweilen aber ein Geschlecht mehr als das andere. Dieses Resultat ist mit der Annahme nicht unverträglich, daß die Färbungen der Vögel hauptsächlich Folge der Anhäufung sukzessiver Abänderungen durch geschlechtliche Zuchtwahl sind; denn selbst wenn beide Geschlechter sehr verschieden voneinander geworden sind, kann das Klima eine gleiche Wirkung auf beide Geschlechter ausüben oder, infolge irgendeiner konstitutionellen Verschiedenheit, auf das eine Geschlecht eine größere Wirkung als auf das andere. Jedermann gibt zu, daß individuelle Verschiedenheiten zwischen den Gliedern einer und der nämlichen Spezies im Naturzustand vorkommen. Plötzliche und stark markierte Abänderungen sind selten; auch ist es zweifelhaft, ob sie, wenn sie wohltätig sind, durch Zuchtwahl häufig erhalten und auf spätere Generationen überliefert werden. Nichtsdestoweniger dürfte es der Mühe wert sein, die wenigen Fälle, welche ich zu sammeln imstande gewesen bin und welche sich hauptsächlich auf Farbe beziehen, jedoch mit Ausschluß des einfachen Albinismus und Melanismus, hier mitzuteilen. Mr. Gould gibt bekanntlich das Vorhandensein von Varietäten nur selten zu; denn er hält selbst unbedeutende Verschiedenheiten für spezifisch. Doch führt er an[35], daß in der Nähe von Bogota gewisse Kolibris, welche zu der Gattung *Cynanthus* gehören, in zwei oder drei Rassen oder Varietäten sich scheiden, welche voneinander in der Färbung des Schwanzes abweichen: „Bei einigen sind sämtliche Federn blau, während bei anderen die acht zentralen Federn mit einem schönen Grün an der Spitze gefleckt sind." Wie es scheint, sind in diesen und den folgenden Fällen intermediäre Abstufungen nicht beachtet worden. Nur bei den Männchen eines australischen Papageis sind „die Oberschenkel bei manchen scharlachrot, bei anderen grasgrün". Bei einem anderen Papagei desselben Landes haben „einige Individuen das quer über die Flügeldeckfedern sich ziehende Band hellgelb, während bei anderen derselbe Teil mit Rot gefärbt ist"[36]. In den Vereinigten Staaten haben einige wenige Männchen der scharlachenen Tanager (*Tanagra rubra*) „eine schöne Querbinde von Feuerrot auf den kleineren Flügeldeckfedern"[37]. Es scheint aber diese Abänderung etwas selten zu sein, so daß ihre Erhaltung durch geschlechtliche Zuchtwahl nur unter ungewöhnlich günstigen Umständen erfolgen würde. In Bengalen hat der Honigbussard (Pernis cristatus) entweder einen kleinen rudimentären Federstutz auf seinem Kopf oder durchaus keinen. Es würde indessen eine so unbedeutende Verschiedenheit kaum wert gewesen sein erwähnt zu werden, besäße nicht diese nämliche Spezies im südlichen Indien „einen gut entwickelten Okkipitalkamm, welcher aus mehreren abgestuften Federn gebildet wird"[38].

---

[34] Mammals and Birds of East Florida; ferner: „An Ornithological Reconnaissance of Kansas" etc. Trotz des Einflusses des Klimas auf die Farben der Vögel ist es doch schwierig, die trüben oder dunklen Färbungen beinahe aller Arten zu erklären, welche gewisse Länder bewohnen, z. B. die Galapagos-Inseln unter dem Äquator, die weiten temperierten Ebenen von Patagonien und, allem Anschein nach, auch Ägypten (s. Hartshorne, in: American Naturalist, 1873, p.747). Diese Länder sind offen und bieten den Vögeln wenig Schutzorte dar; es ist aber zweifelhaft, ob das Fehlen glänzend gefärbter Arten nach dem Prinzip des Schutzes erklärt werden kann; denn in den Pampas, welche ebenso offen, wenn schon mit grünem Gras bedeckt sind, und wo die Vögel der Gefahr ebenso ausgesetzt sind, sind viele glänzend und auffällig gefärbte Arten häufig. Ich habe zuweilen gedacht, ob nicht die vorherrschenden trüben Färbungen in der Szenerie der oben genannten Länder die Wertschätzung heller Farben seitens der dieselben bewohnenden Vögel beeinflußt haben könnten.
[35] Introduction to the Trochilidae, p.102.
[36] Gould: Handbook to the Birds of Australia. Vol. II, p.32 und 68.
[37] Audubon: Ornithological Biography, 1838, Vol. IV, p.389.
[38] Jerdon: Birds of India. Vol. I, p.108; und Mr. Blyth, in: Land and Water, 1868, p.381.

Vierzehntes Kapitel

Der folgende Fall ist in manchen Hinsichten noch interressanter. Eine gefleckte Varietät des Raben, bei welcher der Kopf, die Brust, das Abdomen und Teile der Flügel und der Schwanzfedern weiß sind, ist auf die Färöer beschränkt. Sie ist dort nicht sehr selten, denn Graba sah während seines Besuches acht bis zehn lebende Exemplare. Obschon die Charaktere dieser Varietät nicht völlig konstant sind, so ist dieselbe doch von mehreren hervorragenden Ornithologen als eine verschiedene Spezies aufgeführt und benannt worden. Die Tatsache, daß die gefleckten Vögel von den anderen Raben der Insel mit viel Geschrei verfolgt und angegriffen werden, war die hauptsächlichste Veranlassung, welche Brünnich zu dem Schluß leitete, daß sie spezifisch verschieden seien; man weiß indessen jetzt, daß dies ein Irrtum ist.[39] Dieser Fall scheint dem vor kurzem angeführten analog zu sein, daß Albino-Vögel sich nicht paaren, weil sie von ihren Genossen zurückgewiesen werden.

In verschiedenen Teilen der nördlichen Meere wird eine merkwürdige Varietät der gemeinen Lumme (*Uria troile*) gefunden, und auf den Färöern gehört unter je fünf Vögeln nach Grabas Schätzung stets eine dieser Varietät an. Dieselbe wird durch einen rein weißen Ring rund um das Auge, mit einer gebogenen schmalen anderthalb Zoll langen weißen Linie, welche sich von dem Ring aus nach hinten erstreckt, charakterisiert.[40] Dieser auffallende Charakter ist die Veranlassung gewesen, daß der Vogel von mehreren Ornithologen für eine besondere Spezies gehalten wurde, welche den Namen *Uria lacrymans* erhielt. Man weiß aber jetzt, daß es bloß eine Varietät ist. Sie paart sich oft mit der gemeinen Art, doch sind intermediäre Übergangsformen noch nie gesehen worden; auch ist dies nicht überraschend, denn Abänderungen, welche plötzlich erscheinen, werden, wie ich an einem anderen Ort gezeigt habe[41], entweder unverändert oder gar nicht überliefert. Wir sehen hieraus, daß zwei verschiedene Formen einer und der nämlichen Spezies an derselben Örtlichkeit zusammen existieren können, und wir dürfen nicht zweifeln, daß, wenn die eine irgendeinen bedeutenden Vorteil über die andere besessen hätte, sie sich bis zur Unterdrückung der letzteren vervielfältigt haben würde. Wenn z. B. die männlichen gefleckten Raben statt verfolgt und von ihren Kameraden fortgetrieben zu werden, in ähnlicher Weise wie der früher erwähnte gefleckte Pfauhahn eine bedeutende Anziehungskraft auf gewöhnliche schwarze Raben-Weibchen geäußert hätten, so würde sich ihre Zahl mit Schnelligkeit vermehrt haben und dies würde ein Fall von geschlechtlicher Zuchtwahl gewesen sein.

In bezug auf unbedeutende individuelle Verschiedenheiten, welche in einem größeren oder geringeren Grade allen Gliedern einer und der nämlichen Spezies gemein sind, haben wir allen Grund zu glauben, daß sie, was die Wirksamkeit der Zuchtwahl betrifft, die bei weitem wichtigste Rolle spielen. Sekundäre Sexualcharaktere sind einer Abänderung außerordentlich unterworfen, sowohl bei Tieren im Normalzustand als bei solchen im Zustand der Domestikation.[42] Wie wir in unserem achten Kapitel gesehen haben, ist auch Grund vorhanden, anzunehmen, daß Abänderungen mehr im männlichen als im weiblichen Geschlecht aufzutreten geneigt sind. Alle diese Zufälligkeiten in Verbindung sind für geschlechtliche Zuchtwahl äußerst günstig. Ob in dieser Weise erlangte Charaktere auf ein Geschlecht oder auf auf beide Geschlechter überliefert werden, hängt, wie ich im folgenden Kapitel zu zeigen hoffe, in den meisten Fällen ausschließlich von der Form der Vererbung ab, welche bei der in Rede stehenden Gruppe vorherrscht.

Es ist zuweilen schwierig, sich darüber eine Meinung zu bilden, ob gewisse unbedeutende Verschiedenheiten zwischen den Geschlechtern bei den Vögeln einfach das Resultat einer Va-

---

[39] Graba: Tagebuch einer Reise nach Färö, 1830, p.51-54. MacGillivray: History of British Birds. Vol. III, p.745; Ibis. Vol. V, 1863, p.469.
[40] Graba: a.a.O., p.54; MacGillivray: a.a.O., Vol. V, p.327.
[41] Das Variieren der Tiere und Pflanzen im Zustand der Domestikation. 2. Aufl., Bd. II, p.106.
[42] Über diese Punkte s. auch „Das Variieren der Tiere und Pflanzen im Zustand der Domestikation", 2. Aufl., Bd. I, p.281; Bd. II, p.84, 86.

riabilität mit geschlechtlich beschränkter Vererbung ohne die Hilfe geschlechtlicher Zuchtwahl sind, oder ob sie durch diesen letzteren Prozeß gehäuft worden sind. Ich beziehe mich hier nicht auf die zahllosen Beispiele, in denen das Männchen prachtvolle Farben oder andere Verzierungen entfaltet, an welchen das Weibchen in einem geringem Maße teilhat; denn diese Fälle sind beinahe sicher eine Folge davon, daß ursprünglich von dem Männchen erlangte Merkmale in einem größeren oder geringeren Grade auch aufs Weibchen vererbt worden sind. Was haben wir aber aus solchen Fällen zu schließen, in welchen, wie bei gewissen Vögeln, z. B. die Augen der beiden Geschlechter unbedeutend in der Farbe voneinander abweichen?[43] In manchen Fällen sind die Augen auffallend verschieden. So sind unter den Störchen in der Gattung *Xenorhynchus* die des Männchens schwärzlich nußbraun, während die der Weibchen bräunlichgelb sind. Bei vielen Hornvögeln (*Buceros*) haben, wie ich von Mr. Blyth höre[44], die Männchen intensiv karmesinrote und die Weibchen weiße Augen. Bei *Buceros bicornis* ist der hintere Rand des Helms und ein Streifen auf dem Schnabelkamm beim Männchen schwarz, aber nicht so beim Weibchen. Haben wir anzunehmen, daß diese schwarzen Zeichnungen und die karmesinrote Farbe der Augen bei den Männchen durch geschlechtliche Zuchtwahl erhalten oder verstärkt worden sind? Dies ist sehr zweifelhaft; denn Mr. Bartlett zeigte mir im zoologischen Garten, daß die innere Seite des Mundes dieses *Buceros* beim Männchen schwarz und beim Weibchen fleischfarbig ist, und ihre äußere Erscheinung oder Schönheit wird hierdurch gar nicht berührt. Ich beobachtete in Chile[45], daß die Iris beim Kondor, wenn er ungefähr ein Jahr alt ist, dunkelbraun ist, daß sie sich aber im Alter der Reife beim Männchen in Gelblichbraun und beim Weibchen in Hellrot verändert. Auch hat das Männchen einen kleinen longitudinalen, bleifarbigen, fleischigen Kamm. Bei vielen hühnerartigen Vögeln ist der Kamm eine bedeutende Verzierung und nimmt während des Aktes der Brautwerbung lebendige Farben an. Was sollen wir aber von dem trüb gefärbten Kamm beim Kondor denken, welcher uns nicht im allergeringsten ornamental erscheint? Dieselbe Frage könnte man in bezug auf andere Merkmale aufwerfen, so in bezug auf Höcker an der Basis des Schnabels bei der chinesischen Gans (*Anser cygnoides*), welcher beim Männchen viel größer ist als beim Weibchen. Auf diese Frage kann keine bestimmte Antwort gegeben werden; wir sollten aber vorsichtig mit der Annahme sein, daß solche Höcker und fleischige Anhänge für das Weibchen nicht anziehend sein könnten, wenn wir uns daran erinnern, daß bei wilden Menschenrassen verschiedene häßliche Entstellungen sämtlich als ornamental bewundert werden: z. B. tiefe Narben auf dem Gesicht, aus denen sich das Fleisch in Protuberanzen erhebt, ferner die Durchbohrung der Nasenscheidewand mit Stäben oder Knochen, Löcher in den Ohren und weit offen gezerrte Lippen.

Mögen nun Verschiedenheiten ohne weitere Bedeutung zwischen den Geschlechtern, wie die eben einzeln angeführten, durch geschlechtliche Zuchtwahl erhalten worden sein oder nicht, so müssen diese Verschiedenheiten ebensogut wie alle übrigen doch ursprünglich von den Gesetzen der Abänderung abhängen. Nach dem Prinzip der korrelativen Entwicklung variiert das Gefieder oft an verschiedenen Teilen des Körpers oder über den ganzen Körper in einer und derselben Art und Weise. Wir sehen dies bei gewissen Hühnerrassen sehr deutlich ausgeprägt. Bei allen Rassen sind die Federn am Hals und den Weichen im männlichen Geschlecht verlängert und werden Sichelfedern genannt. Wenn nun beide Geschlechter einen Federstutz erhalten, welcher in dieser Gattung ein neu auftretendes Merkmal ist, so werden die Federn auf dem Kopf des Männchens sichelfederförmig, offenbar nach dem Prinzip der Korrelation, während diejenigen auf dem Kopf des Weibchens von der gewöhnlichen Form sind. Auch steht die Farbe der den Federstutz bildenden Sichelfedern bei den Männchen oft mit der der Sichelfedern am Hals und an den Weichen in Korrelation, wie sich bei einem Vergleich dieser Federn bei den gold- und

---
[43] S. z. B. über die Iris einer *Podica* und eines *Gallicrex*, in: The Ibis. Vol. II, 1860, p.206, und Vol. V, 1863, p.426.
[44] S. auch Jerdon: Birds of India. Vol. I, p.243-245.
[45] Zoology of the Voyage of H. M. S. Beagle, 1841, p.6.

silbergeflitterten polnischen Hühnern, den Houdans- und den Crève-cœur-Rassen ergibt. Bei einigen natürlichen Spezies können wir dieselbe Korrelation in den Farben derselben Federn beobachten, so z. B. bei den Männchen der prachtvollen Gold- und Amherst-Fasanen.

Die Struktur jeder individuellen Feder ist im allgemeinen die Ursache, daß jede Veränderung in ihrer Färbung symmetrisch wird. Wir sehen dies in den verschiedenen betreßten, gefütterten und gestrichelten Rassen des Huhns, und nach dem Prinzip der Korrelation sind häufig die Federn über den ganzen Körper in einer und derselben Weise modifiziert. Wir werden hierdurch in den Stand gesetzt, ohne viele Mühe Rassen zu züchten, deren Gefieder fast ebenso symmetrisch wie das natürlicher Spezies gezeichnet ist. Bei betreßten und gefütterten Hühnern sind die gefärbten Ränder der Federn plötzlich und scharf begrenzt, aber bei einer Mischlingsform, welche ich von einem schwarzen spanischen Hahn, der einen grünlichen Samtglanz hatte, und einer weißen Kampfhenne zog, waren alle Federn grünlich-schwarz, ausgenommen nach ihrer Spitze zu, welche gelblich-weiß war. Aber zwischen den weißen Spitzen und den schwarzen Grundteilen fand sich an jeder Feder eine symmetrische, gebogene Zone von Dunkelbraun. In manchen Fällen bestimmt der Schaft der Federn die Verteilung der Farben. So war bei den Körperfedern eines Mischlings von demselben schwarzen spanischen Hahn und einer silbergefütterten polnischen Henne der Schaft und außerdem ein schmaler Streif an jeder Seite grünlich-schwarz, und dieser letztere wurde von einer regelmäßigen bräunlich-weiß geränderten Zone von Dunkelbraun umgeben. In diesen Fällen sehen wir Federn symmetrisch schattiert werden, ähnlich denen, welche dem Gefieder vieler natürlicher Spezies eine so große Eleganz verleihen. Ich habe auch eine Varietät der gemeinen Taube beobachtet, bei welcher die Flügelbalken symmetrisch mit drei hellen Schattierungen eingefaßt waren, statt einfach schwarz auf einem schieferblauen Grund zu sein, wie es bei der elterlichen Spezies sich findet.

In vielen Gruppen von Vögeln beobachtet man, daß das Gefieder in den verschiedenen Spezies verschieden gefärbt ist, daß aber gewisse Flecken, Zeichnungen oder Streifen von allen Spezies beibehalten werden. Analoge Fälle kommen bei den Rassen der Tauben vor, welche gewöhnlich die beiden Flügelbalken beibehalten, obschon dieselben rot, gelb, weiß, schwarz oder blau gefärbt sein können, während das übrige Gefieder von irgendeiner völlig verschiedenen Färbung ist. Das folgende ist ein noch merkwürdigerer Fall, in welchem gewisse Zeichnungen zwar beibehalten, aber doch in einer fast genau umgekehrten Weise gefärbt sind, als im Naturzustand. Die Urform der Felstaube hat einen blauen Schwanz und die Spitzenhälfte der äußeren Fahnen der beiden äußeren Schwanzfedern weiß; nun gibt es eine Untervarietät, welche statt eines blauen einen weißen Schwanz hat und bei welcher derselbe kleine Teil seiner Federn schwarz ist, welcher bei der elterlichen Spezies weiß gefärbt ist.[46]

Bildung und Variabilität der Ocellen oder Augenflecke auf dem Gefieder der Vögel. – Da keine Verzierungen schöner sind als die Augenflecken auf den Federn verschiedener Vögel, auf dem Haarkleid mancher Säugetiere, auf den Schuppen von Reptilien und Fischen, auf der Haut von Amphibien, auf den Flügeln vieler Schmetterlinge und anderer Insekten, so verdienen sie wohl besonders hervorgehoben zu werden. Ein solcher Augenfleck oder Ocellus besteht aus einem Fleck innerhalb eines anders gefärbten Ringes, ähnlich der Pupille innerhalb der Iris, aber der zentrale Fleck wird oft von noch weiter hinzutretenden konzentrischen Zonen umgeben. Die Augenflecken auf den Schwanzdeckfedern des Pfauhahns bieten ein allbekanntes Beispiel dar, ebenso diejenigen auf den Flügeln des Pfauenaugen-Schmetterlings (*Vanessa*). Mr. Trimen hat mir eine Beschreibung einer südafrikanischen Motte (*Gynanisa isis*) gegeben, welche unserem kleinen Nachtpfauenauge verwandt ist und bei welcher ein prachtvoller Augenfleck nahezu die ganze Oberfläche jedes Hinterflügels einnimmt. Er besteht aus einem schwarzen Mittelfeld,

---

[46] Bechstein: Naturgeschichte Deutschlands. Bd. IV, 1795, p.31, über eine Unter-Varietät der Mönch-Taube.

welches eine durchscheinende, halbmondförmige Zeichnung enthält und von aufeinanderfolgenden ockergelben, schwarzen, ockergelben, rosa, weißen, rosa, braunen und weißlichen Zonen umgeben wird. Obschon wir nun die Schritte nicht kennen, auf welchen diese wunderbar schönen und komplizierten Verzierungen entwickelt worden sind, so ist doch, mindestens bei Insekten, der Prozeß wahrscheinlich ein einfacher gewesen, denn wie mir Mr. Trimen schreibt, sind „bei den Lepidoptern keine anderen Charaktere bloßer Zeichnung oder Färbung so unbeständig wie die Augenflecken, sowohl der Zahl als auch der Größe nach". Mr. Wallace, welcher zuerst meine Aufmerksamkeit auf diesen Gegenstand lenkte, zeigte mir eine Reihe von Exemplaren unseres gemeinen gelben Sandauges (*Hipparchia Janira*), welche zahlreiche Abstufungen von einem einfachen, äußerst kleinen schwarzen Fleck bis zu einem elegant geformten Augenfleck darboten. Bei einem südafrikanischen Schmetterling (*Cyllo leda* L.), welcher zu derselben Familie gehört, sind die Augenflecken selbst noch variabler. In manchen Exemplaren sind große Stellen auf der oberen Fläche der Flügel schwarz gefärbt und enthalten regelmäßige weiße Zeichnungen, und von diesem Zustand aus läßt sich eine vollständige Stufenreihe verfolgen bis zu einem ziemlich vollkommenen Ocellus; dieser ist das Resultat einer Zusammenziehung der unregelmäßigen Farbflecken. In einer anderen Reihe von Exemplaren läßt sich eine Abstufung verfolgen von äußerst kleinen weißen Flecken, welche von einer kaum sichtbaren schwarzen Linie umgeben werden, zu vollkommen symmetrischen und großen Augenflecken.[47] In Fällen wie den vorstehenden, erfordert die Entwicklung eines vollkommenen Ocellus keinen langen Verlauf von Abänderungen und Zuchtwahl.

Bei Vögeln und vielen anderen Tieren scheint es nach dem Vergleich verwandter Spezies, als seien die kreisförmigen Flecken dadurch entstanden, daß Streifen unterbrochen und kontrahiert wurden. Bei dem Tragopan-Fasan repräsentieren beim Weibchen weiße Linien die schönen weißen Flecken der Männchen[48]; und etwas derselben Art läßt sich in den beiden Geschlechtern des Argusfasans beobachten. Wie sich dies auch verhalten mag, so gibt es doch Erscheinungen, welche die Annahme sehr stark begünstigen, daß auf der einen Seite ein dunkler Fleck oft dadurch gebildet wird, daß der färbende Stoff von einer umgebenden Zone, welche hierdurch heller gemacht wird, nach einem Mittelpunkt hingezogen wird, und auf der anderen Seite, daß ein weißer Fleck oft dadurch gebildet wird, daß die Farbe von einem zentral gelegenen Punkt entfernt wird, so daß sie sich in einer umgebenden dunklen Zone anhäuft. In beiden Fällen ist ein Augenfleck das Resultat. Der färbende Stoff scheint in einer nahezu konstanten Menge vorhanden zu sein, wird aber verschiedentlich verteilt und zwar entweder zentripetal oder zentrifugal. Die Federn des gemeinen Perlhuhns bieten ein gutes Beispiel weißer Flecken dar, welche von dunklen Zonen umgeben werden; und wo nur immer die weißen Flecken größer sind und nahe beieinander stehen, da fließen die umgebenden dunklen Zonen zusammen. Bei einer und derselben Schwungfeder des Argusfasans kann man dunkle Flecken sehen, welche von einer blassen Zone umgeben sind, und weiße Flecken innerhalb einer dunklen Zone. Es erscheint hiernach die Bildung eines Augenflecks in seinem einfachsten Zustand eine einfache Angelegenheit zu sein. Auf welche weitere Weisen aber die komplizierteren Augenflecken, welche von vielen aufeinanderfolgenden farbigen Zonen umgeben sind, sich gebildet haben, will ich nicht zu sagen wagen. Die gebänderten Federn der Mischlingsnachkommen von verschieden gefärbten Hühnern und die außerordentliche Variabilität der Augenflecken bei vielen Schmetterlingen führen uns aber zu dem Schluß, daß die Bildung dieser schönen Ornamente kein komplizierter Prozeß ist, sondern von irgendeiner unbedeutenden und sich abstufenden Veränderung in der Natur der benachbarten Gewebe abhängt.

---

[47] S. die Beschreibung des wunderbaren Betrags von Abänderung in der Färbung und der Form des Flügels dieses Schmetterlings von Mr. Trimen, in: Rhopalocera Africae australis, p.186.
[48] Jerdon: Birds of India. Vol. III, p.517.

Vierzehntes Kapitel

Abstufung sekundärer Sexualcharaktere. – Fälle von Abstufung sind von Wichtigkeit, da sie uns zeigen, daß sehr bedeutend komplizierte Verzierungen durch kleine aufeinanderfolgende Stufen erhalten werden können. Um die wirklichen Stufen zu entdecken, auf welchen das Männchen irgendeines jetzt existierenden Vogels seine prachtvollen Farben oder andere Verzierungen erhalten hat, müßten wir die lange Reihe seiner alten und ausgestorbenen Urerzeuger betrachten. Dies ist aber offenbar unmöglich. Wir können indessen allgemein einen Schlüssel zum Verständnis durch einen Vergleich aller Spezies einer und derselben Gruppe, wenn dieselbe eine große ist, erhalten; denn einige von ihnen werden wahrscheinlich mindestens in einer partiellen Art und Weise Spuren ihrer früheren Merkmale beibehalten haben. Statt auf langweilige Einzelheiten in bezug auf verschiedene Gruppen einzugehen, aus welchen auffallende Beispiele solcher Abstufungen angeführt werden könnten, scheint es am besten zu sein, ein oder zwei scharf charakterisierte Fälle zu nehmen, z. B. den Pfauhahn, und zu untersuchen, ob auf diese Weise irgendwelches Licht auf die Schritte geworfen werden kann, durch welche dieser Vogel so prachtvoll geschmückt worden ist. Der Pfauhahn ist hauptsächlich merkwürdig wegen der außerordentlichen Länge seiner Schwanzdeckfedern, wogegen der Schwanz selbst nicht bedeutend verlängert ist. Die Federfahnen sind fast der ganzen Länge dieser Farben entlang gespalten oder sind aufgelöst. Doch ist dies bei Federn vieler Spezies der Fall und auch bei einigen Varietäten des Haushuhns und der Taube. Die einzelnen Fahnenäste treten nach der Spitze des Schaftes zu zusammen, um die ovale Scheibe oder den Augenfleck zu bilden, welcher sicherlich eines der schönsten Objekte der Welt ist. Ein solcher besteht aus einem irideszierenden, intensiv blauen, zahnförmig eingeschnittenen Mittelpunkt, umgeben von einer sattgrünen Zone. Diese wiederum wird von einer breiten kupferbraunen Zone und diese endlich von fünf anderen schmalen Zonen von unbedeutend verschieden gefärbten, irideszierenden Schattierungen umgeben. Vielleicht verdient ein unbedeutender Charakter in der Scheibe Beachtung. Den Fahnenästen fehlen, eine Strecke lang einer der konzentrischen Zonen entsprechend, in höherem oder geringerem Grade die seitlichen Ästchen; so daß ein Teil der Scheibe von einer fast durchscheinenden Zone umgeben wird, welche derselben einen äußerst eleganten Anstrich gibt. Ich habe aber an einer anderen Stelle eine genaue analoge Abänderung der Sichelfedern einer Untervarietät des Kampfhahns gegeben[49], bei welcher die Spitzen, welche einen metallischen Anstrich haben, „von dem unteren Teil der Feder durch eine symmetrisch geformte durchscheinende Zone getrennt werden, welche aus den nackten Teilen der Fahnenäste gebildet wird". Der untere Rand oder die Basis des dunkelblauen Mittelpunktes des Augenflecks ist in der Richtung des Schaftes mit einem tiefen zahnförmigen Einschnitt versehen. Die umgebenden Zonen zeigen gleichfalls Spuren derartiger Einschnitte oder vielmehr Unterbrechungen. Diese zahnförmigen Einschnitte kommen dem indischen und javanischen Pfauhahn (*Pavo cristatus* und *P. muticus*) gemeinsam zu und sie schienen mir besondere Aufmerksamkeit zu verdienen, da sie wahrscheinlich mit der Entwicklung des Augenflecks in Verbindung stehen; aber eine Zeitlang konnte ich ihre Bedeutung auch nicht einmal vermuten.

Wenn wir das Prinzip der allmählichen Entwicklung für richtig halten, so müssen wir annehmen, daß früher viele Spezies existiert haben, welche jeden der einzelnen aufeinanderfolgenden Zustände zwischen den wunderbar verlängerten Schwanzdeckfedern des Pfauhahns und den kurzen Schwanzdeckfedern aller gewöhnlichen Vögel darboten; ferner ebenso Zwischenstufen zwischen den prachtvollen Augenflecken der ersteren und den einfachen Ocellen oder den einfach gefärbten Flecken anderer Vögel; und dasselbe gilt auch für alle übrigen Merkmale des Pfauhahns. Sehen wir uns unter den verwandten hühnerartigen Vögeln nach irgendwelchen gegenwärtig noch bestehenden Abstufungen um. Die Spezies und Subspecies von *Polyplectron* bewohnen Länder, welche an das Heimatland des Pfauhahns grenzen, und sind diesem Vogel

---

[49] Das Variieren der Tiere und Pflanzen im Zustand der Domestikation. 2. Aufl., Bd. I, p.283.

insoweit ähnlich, daß sie zuweilen Pfauenfasanen genannt werden. Mir hat auch Mr. Bartlett mitgeteilt, daß sie dem Pfauhahn in ihrer Stimme und in einigen Zügen ihrer Lebensweise ähnlich sind. Während des Frühjahrs stolzieren, wie früher beschrieben wurde, die Männchen vor den vergleichsweise einfach gefärbten Weibchen einher, breiten ihren Schwanz und ihre Schwungfedern, welche beide mit zahlreichen Augenflecken verziert sind, aus und richten sie auf. Bei *P. Napoleonis* sind die Augenflecken auf den Schwanz beschränkt und der Rücken ist von einem reichen metallischen Blau, in welchen Beziehungen diese Spezies sich dem javanischen Pfauhahn nähert. *P. Hardwickii* besitzt einen eigentümlichen Federstutz, in einer gewissen Weise dem derselben Pfauenart ähnlich. Die Augenflecken auf den Flügeln und dem Schwanz sämtlicher Spezies von *Polyplectron* sind entweder kreisförmig oder oval und bestehen aus einer schönen iridiszierenden grünlich-blauen oder grünlich-purpurnen Scheibe mit einem schwarzen Rand. Dieser Rand schattiert sich bei *P. chinquis* in braun ab, welches wieder mit blaß-rosa umrändert ist, so daß der Augenfleck hier von verschiedenen, wenn auch nicht glänzend schattierten konzentrischen Farbzonen umgeben ist. Die ungewöhnliche Länge der Schwanzdeckfedern ist ein anderer äußerst merkwürdiger Charakter bei *Polyplectron*. Denn in einigen Spezies sind sie halb so lang und in anderen zwei Drittel so lang wie die echten Schwanzfedern. Die Schwanzdeckfedern sind mit Augenflecken versehen, wie beim Pfauhahn. Es bilden hierdurch die verschiedenen Spezies von *Polyplectron* offenbar eine allmähliche Annäherung an den Pfauhahn und zwar in der Länge ihrer Schwanzdeckfedern, in den Zonen ihrer Augenflecken und in einigen anderen Charakteren.

Trotz dieser Annäherung veranlaßte mich beinahe doch die erste Spezies von *Polyplectron*, welche ich durch Zufall zur Untersuchung in die Hände bekam, die ganze Prüfung aufzugeben; denn ich fand nicht nur, daß die wirklichen Schwanzfedern, welche beim Pfauhahn völlig gleich gefärbt sind, mit Augenflecken verziert waren, sondern auch, daß die Augenflecken auf allen Feldern fundamental von denen beim Pfauhahn verschieden waren und zwar dadurch, daß sich an einer und derselben Feder zwei solcher Flecken fanden, einer auf jeder Seite des Schaftes. Ich kam hierdurch zu der Folgerung, daß die frühen Urerzeuger des Pfauhahns einem *Polyplectron* in gar keinem Grade ähnlich gewesen sein könnten. Als ich aber meine Untersuchung fortsetzte, beobachtete ich, daß in einigen der Spezies die beiden Augenflecken einander sehr nahe standen, daß bei den Schwanzfedern von *P. Hardwickii* sie sich einander berührten und endlich, daß sie bei den Schwanzdeckfedern dieser letzteren Spezies ebenso wie bei *P. malaccense* faktisch zusammenflossen. Da nur der zentrale Teil beider ineinanderfließt, so bleibt am oberen und unteren Ende ein zahnförmiger Einschnitt übrig, wie auch die umgebenden gefärbten Zonen gleichfalls eingezahnt sind. Hierdurch wird auf jeder Schwanzdeckfeder ein einfacher Augenfleck gebildet, wenngleich er noch deutlich seine Entstehung aus dem doppelten Fleck verrät. Diese zusammenfließenden Augenflecken weichen von den einfachen Ocellen des Pfauhahns dadurch ab, daß sie einen zahnförmigen Einschnitt an beiden Enden besitzen, statt daß sie nur am unteren oder basalen Ende einen solchen haben. Die Erklärung dieser Verschiedenheit ist indessen nicht schwierig. In einigen Arten von *Polyplectron* stehen die beiden ovalen Augenflecken auf einer und derselben Feder einander parallel, bei anderen Spezies (so bei *P. chinquis*) konvergieren sie nach einem Ende hin. Es wird nun das teilweise Zusammenfließen zweier konvergierender Augenflecken offenbar einen viel tieferen Einschnitt an dem divergierenden Ende bestehen lassen, als an dem konvergierenden Ende. Es ist auch ganz offenbar, daß, wenn die Konvergenz stark ausgesprochen und das Zusammenfließen vollständig ist, die Indentation an dem konvergierenden Ende völlig obliteriert zu werden strebt.

Die Schwanzfedern bei beiden Spezies des Pfauhahns sind völlig ohne Augenflecken, und dies steht offenbar in Beziehung zu dem Umstand, daß sie von den langen Schwanzdeckfedern verdeckt und verborgen werden. In dieser Beziehung weichen sie merkwürdig von den Schwanzfedern von *Polyplectron* ab, welche in den meisten Spezies mit größeren Ocellen verziert sind als diejenigen auf den Schwanzdeckfedern sind. Ich wurde hierdurch veranlaßt, sorgfältig die Schwanzfedern der verschiedenen Spezies von *Polyplectron* zu untersuchen, um nachzusehen, ob die Augenflecken bei irgendeiner derselben eine Neigung zum Verschwinden zeigten, und zu meiner Genugtuung hatte ich hierbei Erfolg. Die zentralen Schwanzfedern von *P. Napoleonis* haben beide Augenflecken auf jeder Seite des Schaftes vollständig entwickelt, aber der innere Augenfleck wird bei den mehr nach außen gelegenen Schwanzfedern immer weniger und weniger deutlich, bis an der inneren Seite der äußersten Feder ein bloßer Schatten oder eine rudimentäre Spur eines Flecks übrigbleibt. Ferner sind, wie wir gesehen haben, bei *P. malaccense* die Augenflecken an den Schwanzdeckfedern zusammenfließend, und diese Federn selbst sind von einer ungewöhnlichen Länge, indem sie zwei Drittel der Länge der Schwanzfedern betragen, so daß in diesen beiden Beziehungen sie den Schwanzdeckfedern des Pfauhahns ähnlich sind. Bei dieser Spezies nun sind nur die beiden zentralen Schwanzfedern und zwar jede mit zwei hell gefärbten Ocellen verziert, während der innere Augenfleck von allen übrigen Schwanzfedern völlig verschwunden ist. Es bieten folglich die Schwanzdeckfedern und die Schwanzfedern dieser Spezies von *Polyplectron* eine bedeutende Annäherung in der Struktur und Verzierung an die entsprechenden Federn des Pfauhahns dar.

So weit denn nun das Prinzip der Abstufung irgendwelches Licht auf die Schritte wirft, durch welche das prachtvolle Gehänge des Pfauhahns erlangt worden ist, braucht kaum noch irgend etwas weiter nachgewiesen zu werden. Wenn wir uns im Geiste einen Urerzeuger des Pfauhahns in einem beinahe genau intermediären Zustand zwischen dem jetzt existierenden Pfauhahn mit seinen enorm verlängerten Schwanzdeckfedern, die mit einfachen Augenflecken verziert sind, und einem gewöhnlichen hühnerartigen Vogel mit kurzen Schwanzdeckfedern, die bloß mit etwas Farbe gefleckt sind, vormalen, so erhalten wir das Bild eines mit *Polyplectron* verwandten Vogels; d.h. eines Vogels, welcher der Aufrichtung und Entfaltung fähige, mit zwei zum Teil zusammenfließenden Augenflecken verzierte und fast bis zum Verbergen der eigentlichen Schwanzfedern verlängerte Schwanzdeckfedern besitzt, während die letzteren bereits ihre Augenflecken zum Teil verloren haben. Der zahnförmige Einschnitt der zentralen Scheibe und der umgebenden Ringe der Augenflecken in beiden Spezies von Pfauen scheint mir deutlich zugunsten dieser Ansicht zu sprechen, und es wäre diese Struktur auch sonst unerklärlich. Die Männchen von *Polyplectron* sind ohne Zweifel sehr schöne Vögel; es kann aber ihre Schönheit, wenn sie aus einer geringen Entfernung betrachtet werden, mit der des Pfauhahns nicht verglichen werden. Viele weibliche Vorfahren des Pfaus müssen während einer langen Deszendenzreihe diese Superiorität gewürdigt haben; denn sie haben unbewußt durch das fortgesetzte Vorziehen der schönsten Männchen den Pfauhahn zum glänzendsten aller lebenden Vögel gemacht.

Argusfasan. – Einen anderen ausgezeichneten Fall zur Untersuchung bieten die Augenflecken auf den Schwungfedern des Argusfasans dar, welche in einer so wundervollen Weise schattiert sind, daß sie innerhalb Sockeln liegenden Kugeln gleichen, und welche daher von den gewöhnlichen Augenflecken verschieden sind. Ich glaube, es wird wohl niemand diese Schattierung, welche die Bewunderung vieler erfahrener Künstler erregt hat, dem Zufall zuschreiben, – dem zufälligen Zusammentritt von Atomen gefärbter Substanzen. Daß diese Ornamente sich durch eine behufs der Paarung ausgeübte Auswahl vieler aufeinanderfolgender Abänderungen gebildet haben sollten, von denen nicht eine einzige ursprünglich bestimmt war, diese Wirkung einer Kugel im Sockel hervorzubringen, scheint so unglaublich, als daß sich eine von Raphaels Madonnen durch die Wahl zufällig von einer langen Reihe jüngerer Künstler hingekleckster Schmierereien gebildet hätte, von denen nicht eine einzige ursprünglich bestimmt war, die menschliche Figur wiederzugeben. Um zu entdecken, in welcher Weise sich die Augenflecken bestimmt entwickelt haben, können wir auf keine lange Reihe von Urerzeugern blicken, auch

Vögel (Fortsetzung)

nicht auf verschiedene nahe verwandte Formen, denn solche existieren nicht; aber glücklicherweise geben uns die verschiedenen Federn am Flügel einen Schlüssel zur Lösung des Problems und sie beweisen demonstrativ, daß eine Abstufung von einem einfachen Fleck bis zu einem vollendeten Kugel- und Sockel-Ocellus wenigstens möglich ist.

Die die Augenflecken tragenden Schwungfedern sind mit dunklen Streifen oder Reihen dunkler Punkte bedeckt, wobei jeder Streifen oder jede Reihe schräg an der äußeren Seite des Schaftes zu einem Augenfleck hinläuft. Die dunklen Punkte sind meist in Querrichtung in bezug auf die Reihe, in welcher sie stehen, verlängert. Sie werden oft zusammenfließend, entweder in der Richtung der Reihe – und dann bilden sie einen longitudinalen Streifen – oder quer, d.h. mit den Flecken in den benachbarten Reihen, und dann bilden sie Querstreifen. Zuweilen löst sich ein Fleck in kleine Flecken auf, welche noch immer an ihren betreffenden Plätzen stehen.

Es dürfte angemessen sein, zuerst einen vollkommenen Kugel-und Sockel-Augenfleck zu beschreiben. Ein solcher besteht aus einem intensiv schwarzen, kreisförmigen Ring, welcher einen Raum umgibt, der genauso abschattiert ist, daß er einer Kugel ähnlich wird. Der Ring ist beinahe immer an einem in der oberen Hälfte liegenden Punkt etwas nach rechts und nach oben von dem weißen Licht der eingeschlossenen Kugel unbedeutend unterbrochen, zuweilen ist er auch nach der Basis zu an der rechten Seite unterbrochen. Diese kleinen Unterbrechungen haben eine wichtige Bedeutung. Der Ring ist nach dem linken oberen Winkel, wenn man die Feder aufrecht hält, immer sehr verdickt, wobei die Ränder sehr undeutlich umschrieben sind. Unter diesem verdickten Teil findet sich auf der Oberfläche der Kugel eine schräge, beinahe rein weiße Zeichnung, welche nach abwärts in einem blaßbleifarbigen Ton schattiert ist, und diese geht wieder in gelbliche und braune Färbungen über, welche nach dem unteren Teil der Kugel unmerklich dunkler und dunkler werden. Es ist gerade diese Schattierung, welche in einer so wunderbaren Weise die Wirkung hervorbringt, als scheine Licht auf eine konvexe Oberfläche. Untersucht man eine dieser Kugeln, so wird man finden, daß der untere Teil von einer braunen Färbung und undeutlich durch eine gekrümmte schräge Linie von dem oberen Teil geschieden ist, welcher gelber und mehr bleiern aussieht. Diese gekrümmte schräge Linie läuft in rechtem Winkel auf die längere Achse des weißen Lichtflecks und in der Tat aller Schattierungen. Aber diese Verschiedenheit in den Tinten stört nicht im allermindesten die vollkommene Schattierung der Kugel. Man muß noch besonders beachten, daß jeder Augenfleck in offenbarem Zusammenhang entweder mit einem dunklen Streifen oder mit einer Reihe dunkler Flecken steht, denn beide kommen ganz indifferent an einer und derselben Feder vor.

Ich will nun zunächst das andere Extrem der Reihe beschreiben, nämlich die erste Spur eines Augenflecks. Die kurze Schwinge zweiter Ordnung zunächst dem Körper ist wie die übrigen Federn mit schrägen, longitudinalen, im ganzen unregelmäßigen Reihen von Flecken gezeichnet. Der unterste Fleck, oder der am nächsten dem Schaft, ist in den fünf unteren Reihen (mit Ausnahme der basalen Reihe) um ein weniges größer als die anderen Flecken in derselben Reihe und ein wenig mehr in einer Querrichtung verlängert. Er weicht auch von anderen Flecken dadurch ab, daß er an seiner oberen Seite mit einigen mattgelben Schattierungen gerändert ist. Es ist aber dieser Fleck in keiner Weise merkwürdiger als die am Gefieder vieler Vögel auftretenden und kann leicht völlig übersehen werden. Der nächst höhere Fleck in jeder Reihe weicht durchaus nicht von den oberen in derselben Reihe ab, obschon er, wie wir sehen werden, in den folgenden Reihen bedeutend modifiziert wird. Die größeren Flecken nehmen genau dieselbe relative Stellung an dieser Feder ein, wie die vollkommenen Augenflecken an den längeren Schwungfedern.

Betrachtet man die nächsten zwei oder drei folgenden Schwingen zweiter Ordnung, so läßt sich eine absolut unmerkbare Abstufung von einem der eben beschriebenen unteren Flecken in Verbindung mit den nächst höheren in derselben Reihe bis zu einer merkwürdigen Verzierung verfolgen, welche nicht ein Augenfleck genannt werden kann und welche ich aus Mangel eines

Vierzehntes Kapitel

besseren Ausdrucks ein „elliptisches Ornament" nennen will. Wir sehen hier mehrere schräge Reihen von Flecken des gewöhnlichen Charakters. Jede Reihe von Flecken läuft abwärts nach einem der elliptischen Ornament hin und steht mit ihm in Verbindung, in genau derselben Weise wie jeder Streifen abwärts zu einem der Kugel- und Sockel-Augenflecken läuft und mit diesem in Verbindung steht. Faßt man irgendeine Reihe ins Auge, so ist der untere Fleck oder die untere Zeichnung dicker und beträchtlich länger als die oberen Flecken und sein linkes Ende ist zugespitzt und nach oben gekrümmt. Die schwarze Zeichnung wird an ihrer oberen Seite direkt von einem ziemlich breiten Raum reich schattierter Färbungen eingefaßt, welche mit einer schmalen braunen Zone beginnen, die wieder in eine orangene und diese in eine blasse bleifarbige Zeichnung übergeht, wobei das Ende nach dem Schaft hin blasser ist. Die abschattierten Färbungen füllen zusammen den ganzen inneren Raum des elliptischen Ornaments aus. Nach oberhalb und rechts von diesem Fleck mit seiner hellen Schattierung findet sich eine lange, schmale, schwarze Zeichnung, welche zu derselben Reihe gehört und welche ein wenig nach abwärts gekrümmt ist. Diese Zeichnung ist zuweilen in zwei Partien geteilt. Sie wird auch an der unteren Seite von einer gelblichen Färbung schmal gerändert. Nach links und oben findet sich in derselben schrägen Richtung, aber immer mehr oder weniger abgesetzt von ihr, eine andere schwarze Zeichnung. Diese Zeichnung ist allgemein subtriangulär und in der Form unregelmäßig, aber sie ist ungewöhnlich verlängert und regelmäßig. Sie besteht dem Anschein nach aus einer seitlichen und unterbrochenen Verlängerung der Zeichnung und ist wohl auch mit einem abgelösten und verlängerten Teil des zunächst folgenden oberen Flecks zusammgeflossen; doch bin ich hierüber nicht sicher. Diese drei Zeichnungen mit den dazwischentretenden helleren Schattierungen bilden zusammen das sogenannte elliptische Ornament. Diese Ornamente stehen in einer dem Schaft parallelen Reihe und entsprechen offenbar ihrer Lage nach den Kugel- und Sockel-Augenflecken. Ihre außerordentlich elegante Erscheinung kann mit einer Zeichnung nicht gewürdigt werden, da die orangenen und bleifarbigen Färbungen, die so schön mit den schwarzen Färbungen kontrastieren, nicht dargestellt werden können.

Zwischen einem der elliptischen Ornamente und einem vollkommenen Kugel- und Sockel-Augenfleck ist die Abstufung so vollkommen, daß es kaum möglich ist zu unterscheiden, wann der letztere Ausdruck in Gebrauch treten soll. Der Übergang von dem einen in das andere wird durch die Verlängerung und größere Krümmung in entgegengesetzten Richtungen der unteren schwarzen Zeichnung und besonders nach der oberen in Verbindung mit einem Zusammenziehen der unregelmäßigen subtriangulären oder schmalen Zeichnung bewirkt, so daß endlich diese drei Zeichnungen zusammenfließen und einen regelmäßigen elliptischen Ring bilden. Dieser Ring wird allmählich mehr und mehr kreisförmig und regelmäßig, während er in derselben Zeit an Durchmesser zunimmt. Der untere Teil des schwarzen Rings ist viel stärker gekrümmt als die untere Zeichnung im elliptischen Ornament. Der obere Teil des Rings besteht aus zwei oder drei getrennten Partien: Von der Verdickung des Teils, welcher die schwarze Zeichnung oberhalb der weißen Schattierung bildet, findet sich nur eine Spur. Dieser weiße Ton selbst ist noch nicht sehr konzentriert; unter ihm ist die Oberfläche heller gefärbt als ein vollkommener Kugel- und Sockel-Augenfleck. Spuren der Verbindung der drei oder vier verlängerten schwarzen Flecken oder Zeichnungen, aus denen der Ring gebildet wurde, können noch selbst in den vollkommensten Augenflecken beobachtet werden. Die unregelmäßige subtrianguläre oder schmale Zeichnung bildet offenbar durch ihre Zusammenziehung und Ausgleichung die verdickte Partie des Rings oberhalb der weißen Zeichnung eines vollkommenen Kugel- und Sockel-Augenflecks. Der untere Teil des Rings ist ausnahmslos ein wenig dicker als die anderen Teile, und dies folgt daraus, daß die untere schwarze Zeichnung des elliptischen Ornaments ursprünglich dicker war als die obere Zeichnung. In dem Prozeß des Zusammenfließens und der Modifikation kann jeder einzelne Schritt verfolgt werden, und der schwarze Ring, welcher die Kugel des Ocellus umgibt, wird ohne Frage durch die Verbindung und Modifikation der drei schwarzen Zeichnungen des elliptischen Ornaments gebildet. Die unregelmäßigen schwarzen Zickzackzeichnungen zwischen den aufeinanderfolgenden Augenflecken sind offenbar Folge davon, daß die etwas regelmäßigeren, aber ähnlichen Zeichnungen zwischen den elliptischen Ornamenten unterbrochen werden.

Die aufeinanderfolgenden Abstufungen in der Schattierung der Kugel- und Sockel-Augenflecken können mit gleicher Deutlichkeit verfolgt werden. Es läßt sich beobachten, wie die braunen, orangenen und blaß-bleifarbenen schmalen Zonen, welche die untere schwarze Zeichnung des elliptischen Ornaments begrenzen, sich allmählich immer mehr und mehr ausgleichen und ineinander abschattieren, wobei der obere hellere Teil zum Winkel linker Hand immer heller wird, so daß er fast weiß erscheint und gleichzeitig zusammengezogen wird. Aber selbst in dem vollkommensten Kugel- und Sockel-Ocellus läßt sich eine unbedeutende Verschiedenheit in der Färbung, wenn auch nicht in der Schattierung, zwischen den oberen und unteren Teilen der Kugel beobachten (wie vorher ausdrücklich erwähnt wurde). Denn die Trennungslinie verläuft schräg in derselben Richtung mit den hell gefärbten Lichtern des elliptischen Ornaments. Es läßt sich in dieser Weise zeigen, daß fast jedes minutiöse Detail in der Form und Färbung der Kugel- und Sockel-Augenflecken aus allmählichen Veränderungen an den elliptischen Ornamenten hervorgeht; und die Entwicklung der letzteren kann durch in gleicher Weise unbedeutende Schritte aus der Vereinigung zweier beinahe einfacher Flecke verfolgt werden, von denen der untere an seiner oberen Seite eine kleine, mattgelbliche Schattierung zeigt. Die Enden der längeren Schwungfedern zweiter Ordnung, welche die vollkommenen Kugel- und Sockel-Augenflecken tragen, sind in eigentümlicher Weise verziert. Die schrägen longitudinalen Streifen hören nach oben hin plötzlich auf und werden unregelmäßig, und oberhalb dieser Grenze ist das ganze obere Ende der Feder mit weißen, von kleinen schwarzen Ringen umgebenen Flecken bedeckt, welche auf einem dunklen Grund stehen. Selbst der schräge Streifen, welcher zu dem obersten Augenfleck gehört, wird nur durch eine sehr kurze, unregelmäßige schwarze Zeichnung mit der gewöhnlichen gekrümmten Querbasis dargestellt. Da dieser Streifen hiermit nach oben plötzlich abgeschnitten wird, so können wir nach dem, was vorausgegangen ist, vielleicht verstehen, wie es kommt, daß der obere verdickte Teil des Rings bei dem obersten Augenfleck fehlt; denn wie wird dieser verdickte Teil allem Anschein nach durch eine unterbrochene Verlängerung des nächst höheren Flecks in derselben Reihe gebildet. Wegen der Abwesenheit des oberen und verdickten Teils des Rings erscheint der oberste Augenfleck, obwohl er in allen übrigen Beziehungen vollkommen ist, so, als wenn sein oberes Ende schräg abgeschnitten wäre. Ich glaube, es würde jedermann, welcher glaubt, daß das Gefieder des Argusfasans, so wie wir es jetzt sehen, erschaffen sei, in Verlegenheit bringen, sollte er den unvollkommenen Zustand der obersten Augenflecken erklären. Ich will noch hinzufügen, daß bei den vom Körper entferntesten Schwungfedern zweiter Ordnung alle Augenflecken kleiner und weniger vollkommen sind als an den übrigen Federn und daß bei ihnen der obere Teil des Rings fehlt, wie in dem eben erwähnten Falle. Hier scheint die Unvollkommenheit mit der Tatsache in Verbindung zu stehen, daß die Flecken an dieser Feder weniger als gewöhnlich die Neigung zeigen, zu Streifen zusammenzufließen; sie werden im Gegenteil oft in kleinere Flecken aufgelöst, so daß zwei oder drei nach abwärts zu jedem Augenfleck laufen.

Noch ein anderer, sehr merkwürdiger Punkt, den Mr. T. W. Wood zuerst bemerkt hat[50], verdient unsere Aufmerksamkeit. Auf einer mir von Mr. Ward gegebenen Photographie eines ausgestopften Exemplars im Akt der Entfaltung kann man an den senkrecht gehaltenen Federn sehen, daß die weißen Zeichnungen an den Augenflecken, welche das von einer konvexen Oberfläche reflektierte Licht darstellen, am oberen oder ferneren Ende liegen, d. h. daß sie aufwärts gerichtet sind; und natürlich wird der Vogel, wenn er auf der Erde stehend seine Reize entfaltet,

---

[50] The Field, 28. Mai 1870.

von oben beleuchtet werden. Nun kommt der merkwürdige Punkt: Die äußeren Federn werden fast horizontal gehalten, und da deren Augenflecken gleichfalls als von oben beleuchtet erscheinen sollten, so müßten die weißen Zeichnungen an der oberen Seite der Augenflecken angebracht sein. So wunderbar die Tatsache auch ist, sie finden sich faktisch dort angebracht! Obgleich daher die Augenflecken auf den einzelnen Federn sehr verschiedene Stellungen in bezug auf das Licht einnehmen, so erscheinen sie doch alle als von oben beleuchtet, genauso wie ein Maler sie schattiert haben würde. Trotzdem sind sie aber nicht ganz genau von demselben Punkt aus beleuchtet, wie es der Fall sein sollte; denn die weißen Zeichnungen der Federn, welche beinahe horizontal gehalten werden, sind etwas zu weit nach dem ferneren Ende hin gestellt, d. h. sie stehen nicht ausreichend seitlich. Wir haben indessen kein Recht, absolute Vollkommenheit in einem durch geschlechtliche Zuchtwahl ornamental gemachten Teil zu erwarten, ebensowenig wie wir eine solche in einem durch natürliche Zuchtwahl zu einem realen Zweck modifizierten Teil erwarten dürfen, z.B. in jenem wunderbaren Organ, dem menschlichen Auge. Wir wissen ja, was Helmholtz, die höchste Autorität in Europa, über diesen Gegenstand, über das menschliche Auge gesagt hat, nämlich, daß er, wenn ihm ein Optiker ein so nachlässig gearbeitetes Instrument verkaufte, sich vollständig berechtigt halten würde, es ihm zurückzugeben.[51]

Wir haben nun gesehen, daß eine vollkommene Reihe von einfachen Flecken bis zu den wundervollen Kugel- und Sockelverzierungen sich verfolgen läßt. Mr. Gould, welcher mir einige dieser Federn freundlichst überließ, stimmt durchaus mit mir in bezug auf die Vollständigkeit der Abstufung überein. Offenbar zeigen uns die von den Federn eines und des nämlichen Vogels dargebotenen Entwicklungsstufen durchaus nicht notwendig die Schritte auf, durch welche die ausgestorbenen Urerzeuger der Spezies hindurchgegangen sind; sie geben uns aber wahrscheinlich den Schlüssel für das Verständnis der wirklichen Schritte und beweisen mindestens bis zur Demonstration, daß eine Abstufung möglich ist. Vergegenwärtigen wir uns, wie sorgfältig der männliche Argusfasan seine Schmuckfedern vor dem Weibchen entfaltet, ebenso wie die vielen anderen Tatsachen, welche es wahrscheinlich machen, daß weibliche Vögel die anziehenderen Männchen vorziehen, so wird niemand, der die Wirksamkeit geschlechtlicher Zuchtwahl zugibt, leugnen können, daß ein einfacher dunkler Fleck mit einer mattgelblichen Schattierung durch die Annäherung und Modifikation zweier benachbarter Flecken in Verbindung mit einer unbedeutenden Verstärkung der Färbung in eines der sogenannten elliptischen Ornamente umgewandelt werden kann. Diese letzteren Verzierungen sind vielen Personen gezeigt worden und alle haben zugegeben, daß sie schön sind. Einige halten sie sogar für schöner als die Kugel- und Sockel-Augenflecken. In der Weise wie die Schwungfedern zweiter Ordnung durch geschlechtliche Zuchtwahl verlängert wurden und die elliptischen Ornamente im Durchmesser zunahmen, wurden ihre Farben dem Anschein nach weniger hell; und es mußte nun die Verzierung der Schmuckfedern durch Verbesserung der Zeichnung und Schattierung erreicht werden. Dieser Vorgang ist nun eingetreten bis zur endlichen Entwicklung der wundervollen Kugel- und Sockel-Augenflecken. In dieser Weise – und wie mir scheint, in keiner anderen – können wir den jetzigen Zustand und den Ursprung der Verzierungen auf den Schwungfedern des Argusfasans verstehen.

Infolge des Lichts, welches das Prinzip der Abstufung uns gibt; – nach dem, was wir von den Gesetzen der Abänderung wissen, – nach den Veränderungen, welche bei vielen unserer domestizierten Vögel stattgefunden haben, – und endlich (wie wir später noch deutlicher sehen werden) nach dem Charakter des Jugendgefieders jüngerer Vögel können wir zuweilen mit einem gewissen Grade von Vertrauen die wahrscheinlichen Schritte andeuten, durch welche die Männchen ihr glänzendes Gefieder und ihre verschiedenen Verzierungen erlangt haben. Doch sind für

---

[51] Populäre wissenschaftliche Vorträge.

uns viele Fälle in völlige Dunkelheit gehüllt. Vor mehreren Jahren machte mich Mr. Gould auf einen Kolibri aufmerksam, die *Urosticte Benjamini* welcher wegen der eigentümlichen Verschiedenheit, die die beiden Geschlechter darbieten, merkwürdig ist. Das Männchen hat außer einer glänzenden Kehle grünlichschwarze Schwanzfedern, von denen die vier zentralen mit Weiß gespitzt sind. Bei dem Weibchen sind, wie bei den meisten der verwandten Spezies, die drei äußeren Schwanzfedern auf jeder Seite mit Weiß an der Spitze versehen, so daß das Männchen die vier zentralen, das Weibchen dagegen die sechs äußeren Federn mit weißen Spitzen verziert besitzt. Was den Fall so eigentümlich macht, ist, daß, obgleich die Färbung des Schwanzes bei beiden Geschlechtern vieler Arten von Kolibris verschieden ist, Mr. Gould doch nicht eine einzige Spezies außer der *Urosticte* kennt, bei welcher das Männchen die vier zentralen Federn mit weißer Spitze versehen hätte.

Der Herzog von Argyll bespricht diesen Fall[52], übergeht die geschlechtliche Zuchtwahl und fragt, „welche Erklärung gibt das Gesetz der natürlichen Zuchtwahl für solche spezifischen Varietäten, wie diese?" Er antwortet: „Durchaus keine", und ich stimme mit ihm vollkommen überein. Kann dies aber mit gleicher Zuversicht von der geschlechtlichen Zuchtwahl gesagt werden? Wenn man sieht, in wie vielfacher Weise die Schwanzfedern der Kolibris verschieden sind, warum könnten nicht die vier zentralen Federn allein in dieser einzigen Spezies so variiert haben, daß sie weiße Spitzen erlangten? Die Abänderungen können allmählich, oder auch etwas plötzlich eingetreten sein, wie in dem neuerdings mitgeteilten Fall der Kolibris in der Nähe von Bogota, an denen nur bei gewissen Individuen „die zentralen Schwanzfedern wunderschöne grüne Spitzen haben". Bei den Weibchen der *Urosticte* bemerkte ich äußerst kleine oder rudimentäre weiße Spitzen an den zwei äußeren der vier zentralen schwarzen Schwanzfedern, so daß wir hier eine Andeutung einer Veränderung irgendwelcher Art in dem Gefieder dieser Spezies vor uns sehen. Geben wir die Möglichkeit zu, daß die zentralen Schwanzfedern des Männchens in ihrem Weißwerden variieren, so liegt darin nichts Fremdartiges, daß derartige Variationen von der geschlechtlichen Wahl berücksichtigt worden sind. Die weißen Spitzen tragen in Verbindung mit den kleinen weißen Ohrbüscheln, wie der Herzog von Argyll zugibt, sicherlich zur Schönheit des Männchens bei, und die weiße Farbe wird allem Anschein nach von allen anderen Vögeln gewürdigt, wie sich aus derartigen Fällen schließen läßt, wie das schneeweiße Männchen des Glockenvogels einen solchen darbietet. Die von Sir R. Heron gemachte Angabe sollte nicht in Vergessenheit geraten, daß nämlich seine Pfauhennen, als sie vom Zutritt zu dem gefleckten Pfauhahn abgeschnitten waren, mit keinem anderen Männchen sich verbinden wollten und während dieses Jahres keine Nachkommen produzierten. Es ist auch nicht befremdend, daß Abänderungen an den Schwanzfedern der Urosticte speziell des Ornamentes wegen ausgewählt sein sollten. Denn das nächstfolgende Genus in der Familie erhält seinen Namen *Metallura* von dem Glanz dieser Federn. Überdies haben wir gute Belege dafür, daß Kolibris sich besondere Mühe geben, ihre Schwanzfedern sehen zu lassen. Mr. Belt schildert die Schönheit der *Florisuga mellivora*[53] und fährt dann fort: „Ich habe ein Weibchen auf einem Zweig sitzen und zwei Männchen ihre Reize vor ihm entfalten sehen. Das eine schießt auf wie eine Rakete, breitet dann plötzlich seinen schneeweißen Schwanz wie einen umgestülpten Fallschirm aus und senkt sich langsam vor ihm nieder, sich allmählich herumdrehend, um sich von vorn und von hinten zu zeigen ... Der ausgebreitete weiße Schwanz nahm mehr Raum ein als der ganze übrige Vogel und bildete offenbar den hervorstechendsten Zug in der ganzen Vorstellung. Während das eine Männchen sich herabließ, schoß das andere in die Höhe und kam dann ausgebreitet langsam herab. Dieses Spiel endete dann in einem Kampf zwischen den beiden Darstellern; ob aber der schönste oder der kampfsüchtigste der angenommene Liebhaber war, weiß ich nicht." Nachdem

---

[52] The Reign of Law, 1867, p.247.
[53] The Naturalist in Nicaragua, 1874, p.112.

Mr. Gould das eigentümliche Gefieder der *Urosticte* beschrieben hat, fügt er hinzu, „daß Verzierung und Abwechslung der einzige Zweck hierbei ist, darüber besteht bei mir nur wenig Zweifel"[54]. Wird dies zugegeben, so können wir einsehen, wie es kommt, daß die Männchen, welche in der elegantesten und neuesten Art und Weise gekleidet waren, einen Vorteil erlangten, und zwar nicht im gewöhnlichen Kampf ums Dasein, sondern im Rivalisieren mit anderen Männchen, und daß sie folglich eine größere Zahl von Nachkommen hinterließen, um ihre neu erlangte Schönheit zu vererben.

---

[54] Introduction to the Trochilidae, 1861, p.110.

Fünfzehntes Kapitel

Vögel (Fortsetzung)

Erörterung, warum in manchen Spezies allein die Männchen, und in anderen Spezies beide Geschlechter glänzend gefärbt sind – Über geschlechtlich beschränkte Vererbung in ihrer Anwendung auf verschiedene Bildungen und auf ein hell gefärbtes Gefieder – Nestbau in Beziehung zur Farbe – Verlust des Hochzeitsgefieders während des Winters

Wir haben in diesem Kapitel zu betrachten, warum bei vielen Arten von Vögeln das Weibchen nicht dieselben Verzierungen erhalten hat wie das Männchen, und warum bei vielen anderen Vögeln beide Geschlechter in gleicher Weise oder in beinahe gleicher Weise verziert sind. Im folgenden Kapitel werden wir dann untersuchen, warum in einigen seltenen Fällen das Weibchen in die Augen fallender gefärbt ist als das Männchen.

In meiner „Entstehung der Arten" habe ich vorübergehend die Vermutung ausgesprochen, daß der lange Schwanz des Pfauhahns, ebenso wie die auffallende schwarze Farbe des männlichen Auerhuhns für das Weibchen unzweckmäßig und selbst gefährlich wäre, solange es dem Brutgeschäft nachzukommen hat, und daß infolge hiervon die Überlieferung dieser Charaktere vom Männchen auf weibliche Nachkommen durch die natürliche Zuchtwahl gehemmt worden sei. Ich glaube noch immer, daß in einigen wenigen Beispielen dies eingetreten ist; aber nachdem ich alle Tatsachen, welche ich zusammenzubringen imstande war, reiflich überdacht habe, bin ich jetzt zu der Annahme geneigt, daß, wenn die Geschlechter verschieden sind, die aufeinander folgenden Abänderungen allgemein vom Anfang an in der Überlieferung auf dasselbe Geschlecht beschränkt gewesen sind, bei welchem sie zuerst auftraten. Seitdem meine Bemerkungen hierüber erschienen sind, ist der Gegenstand der geschlechtlichen Färbung in einigen sehr interessanten Aufsätzen von Mr. Wallace[1] erörtert worden, welcher der Ansicht ist, daß in beinahe allen Fällen die aufeinanderfolgenden Abänderungen ursprünglich zu einer gleichmäßigen Vererbung auf beide Geschlechter neigten, daß aber das Weibchen durch natürliche Zuchtwahl vor dem Erlangen der auffallenden Farben des Männchens bewahrt worden ist infolge der Gefahr, welcher es sonst während der Bebrütung ausgesetzt gewesen wäre.

Diese Ansicht macht eine langwierige Erörterung über einen schwierigen Punkt notwendig, nämlich ob die Überlieferung eines Charakters, welcher zuerst von beiden Geschlechtern geerbt wurde, später durch Hilfe von Zuchtwahl auf ein Geschlecht allein beschränkt werden kann. Wir müssen im Sinn behalten, wie es in dem einleitenden Kapitel über geschlechtliche Zuchtwahl gezeigt wurde, daß die Charaktere, welche in ihrer Entwicklung auf ein Geschlecht beschränkt sind, immer in dem anderen Geschlecht latent vorhanden sind. Wir können uns ein Beispiel ausdenken, welches am besten geeignet ist, die Schwierigkeit des Falles uns vor Augen zu führen. Nehmen wir an, daß ein Züchter den Wunsch hat, eine Rasse von Tauben darzustellen, bei welcher allein die Männchen blaßblau gefärbt sind, während die Weibchen ihre frühere schieferblaue Färbung behalten sollen. Da bei Tauben Charaktere aller Arten gewöhnlich auf beide Geschlechter gleichmäßig vererbt werden, so würde der Züchter den Versuch zu machen haben, diese letztere Form von Vererbung in eine geschlechtlich beschränkte Überlieferung umzuwandeln. Alles was er tun könnte, bestünde darin, in ausdauernder Weise jede männliche Taube, welche im allergeringsten Grade blasser blau gefärbt wäre, zur Zucht auszuwählen, und das natürliche Resultat dieses Prozesses, wenn er eine lange Zeit hindurch stetig fortgesetzt würde, und wenn die blassen Abänderungen entschieden vererbt würden oder häufig aufträten, würde darin bestehen, daß der Züchter seinen ganzen Stamm heller blau färbte. Unser Züchter würde aber

---
[1] Westminster Review. July 1867. Journal of Travel. Vol. I, 1868, p.73.

gezwungen sein, Generation nach Generation seine blaßblauen Männchen mit schieferblauen Weibchen zu paaren. Denn er wünscht ja die letzteren von dieser Färbung zu behalten. Das Resultat würde im allgemeinen entweder die Produktion einer gescheckten Mischlingsrasse sein oder, und zwar wahrscheinlicher, der schnelle und vollständige Verlust der blaßblauen Farbe. Denn die ursprüngliche schieferblaue Färbung würde mit überwiegender Kraft überliefert werden. Nehmen wir indessen an, daß in jeder der aufeinanderfolgenden Generationen einige blaßblaue Männchen und schieferblaue Weibchen hervorgebracht und immer miteinander gekreuzt würden, dann würden die schieferblauen Weibchen, wenn ich mich des Ausdruckes bedienen darf, viel blaßblaues Blut in ihren Adern haben, denn ihre Väter, Großväter usw. werden alle blaßblaue Vögel gewesen sein. Unter diesen Umständen läßt sich wohl denken (obschon ich keine entscheidenden Tatsachen kenne, welche die Sache wahrscheinlich machen), daß die schieferblauen Weibchen eine so starke latente Neigung zur blaßblauen Färbung erlangen, daß sie diese Farbe bei ihren männlichen Nachkommen nicht zerstören, während ihre weiblichen Nachkommen immer noch die schieferblaue Färbung behalten. Wäre dies der Fall, so würde das gewünschte Ziel, eine Rasse zu erzeugen, in welcher die beiden Geschlechter permanent in ihrer Farbe verschieden wären, erreicht werden.

Die außerordentliche Bedeutung oder geradezu Notwendigkeit des Umstandes, daß der in dem eben erläuterten Falle erwünschte Charakter, nämlich die blaßblaue Färbung, wenn auch in einem latenten Zustand bei dem Weibchen vorhanden ist, so daß die männlichen Nachkommen nicht benachteiligt werden, wird am besten nach dem folgenden richtig gewürdigt werden. Das Männchen vom Sömmerrings-Fasan hat einen siebenunddreißig Zoll langen Schwanz, während der des Weibchens nur acht Zoll lang ist. Der Schwanz des Männchens des gemeinen Fasans ist ungefähr zwanzig Zoll und der des Weibchens zwölf Zoll lang. Wenn nun der weibliche Sömmerrings-Fasan mit seinem kurzen Schwanz mit dem männlichen gemeinen Fasan gekreuzt würde, so kann man nicht zweifeln, daß die männlichen hybriden Nachkommen einen viel längeren Schwanz haben würden, als die reinen Nachkommen des gemeinen Fasans. Wenn auf der anderen Seite der weibliche gemeine Fasan, dessen Schwanz nahezu zweimal so lang als der des weiblichen Sömmerrings-Fasans ist, mit dem Männchen dieser letzteren Form gekreuzt würde, so würden die männlichen hybriden Nachkommen einen viel kürzeren Schwanz haben, als der der reinen Nachkommen des Sömmerrings-Fasans ist.[2]

Unser angenommener Züchter wird, um seine neue Rasse, deren Männchen von einer entschieden blaßblauen Farbe sind, während die Weibchen unverändert bleiben, zu bilden, beständig viel Generationen hindurch die Männchen auszuwählen haben und jeder Zustand von Blässe wird in den Männchen zu fixieren und in den Weibchen latent zu machen sein. Die Aufgabe würde eine außerordentlich schwierige sein und ist auch niemals versucht worden, könnte aber möglicherweise Erfolg haben. Das hauptsächlichste Hindernis würde der frühzeitige und vollständige Verlust der blaßblauen Färbung sein, wegen der Notwendigkeit wiederholter Kreuzungen mit den schieferblauen Weibchen, welche letztere zunächst gar keine latente Neigung haben, blaßblaue Nachkommen zu erzeugen.

Wenn auf der anderen Seite ein oder zwei Männchen, wenn auch noch so unbedeutend, in der Blässe ihrer Färbung variieren sollten und wenn die Abänderungen von Anfang an in der Überlieferung auf das männliche Geschlecht beschränkt wären, so würde die Aufgabe, eine neue Rasse der gewünschten Art zu bilden, leicht sein; denn es würden einfach derartige Männchen zur Zucht auszuwählen und mit gewöhnlichen Weibchen zu paaren sein. Ein analoger Fall ist faktisch eingetreten, denn in Belgien[3] gibt es Taubenrassen, bei welchen die Männchen allein

---

[2] Temminck sagt, daß der Schwanz des weiblichen *Phasianus Soemmerringii* nur sechs Zoll lang sei: Planches coloriées. Vol. V, 1838, p.487 und 488; die oben mitgeteilten Messungen hat Herr Sclater für mich ausgeführt. In bezug auf den gemeinen Fasan s. MacGillivray: History of British Birds. Vol. I, p.118-121.

[3] Dr. Chapuis: Le Pigeon Voyageur Belge, 1865, p.87.

mit schwarzen Streifen gezeichnet sind. So hat ferner Mr. Tegetmeier neuerdings gezeigt[4], daß Botentauben nicht selten silbergraue Vögel produzieren, welche beinahe immer Weibchen sind; er selbst hat zehn solcher Weibchen erzogen. Andrerseits ist es ein sehr ungewöhnliches Ereignis, wenn ein silbergraues Männchen erzeugt wird, so daß, wenn es gewünscht würde, nichts leichter wäre, als eine Rasse von Botentauben mit blauen Männchen und silbergrauen Weibchen zu bilden. Diese Neigung ist in der Tat so stark, daß, als Mr. Tegetmeier endlich ein silbergraues Männchen erhielt und es mit einem seiner silbergrauen Weibchen paarte, er nun erwartete, eine Frucht zu erzielen, wo beide Geschlechter so gefärbt wären. Er wurde indessen enttäuscht, denn das junge Männchen kehrte zur blauen Farbe seines Großvaters zurück, und nur das Weibchen war silbergrau. Ohne Zweifel wird sich diese Neigung zum Rückschlag bei den aus der Paarung eines gelegentlich auftretenden silbergrauen Männchens mit einem silbergrauen Weibchen produzierten Männchen durch Geduld eliminieren lassen, und dann werden beide Geschlechter gleich gefärbt sein. Diesen nämlichen Prozeß hat denn auch bei silbergrauen Möwchen Mr. Esquilant mit Erfolg ausgeführt.

Was das Huhn betrifft, so kommen Abänderungen der Farbe, welche in der Überlieferung auf das männliche Geschlecht beschränkt sind, beständig vor. Selbst wenn diese Form von Vererbung vorherrscht, kann es sich wohl zutragen, daß einige der aufeinanderfolgenden Stufen in dem Prozeß der Abänderung auf die Weibchen mit übertragen werden können, welche darin in einem unbedeutenden Grade den Männchen ähnlich werden, wie es bei manchen Hühnerrassen faktisch vorkommt. Oder es könnte auch ferner die größere Zahl, aber nicht alle, der aufeinanderfolgenden Stufen auf beide Geschlechter übertragen werden, und das Weibchen würde dann dem Männchen sehr ähnlich werden. Es läßt sich kaum zweifeln, daß dies die Ursache davon ist, daß die männliche Kropftaube einen etwas größeren Kropf und die männliche Botentaube etwas größere Fleischlappen hat als die entsprechenden Weibchen. Denn die Züchter haben nicht ein Geschlecht mehr als das andere bei der Nachzucht berücksichtigt und haben nicht den Wunsch gehegt, daß diese Charaktere beim Männchen stärker entfaltet sein sollten als beim Weibchen, trotzdem dies bei beiden Rassen der Fall ist.

Es müßte derselbe Prozeß eingeleitet und es müßten ganz dieselben Schwierigkeiten überwunden werden, wenn wir wünschten, eine Rasse zu bilden, bei welcher nur die Weibchen irgendeine neue Färbung darböten.

Es könnte nun aber unser Züchter wünschen eine Rasse zu bilden, bei welcher beide Geschlechter voneinander und auch beide von der elterlichen Spezies verschieden wären. Hier würde die Schwierigkeit ganz außerordentlich sein, wenn nicht die aufeinanderfolgenden Abänderungen von Anfang an auf beide Seiten beschränkt wären, und dann würde gar keine Schwierigkeit eintreten. Wir sehen dies bei dem Huhn. So weichen die beiden Geschlechter der gestrichelten Hamburger bedeutend voneinander, ebenso wie von den beiden Geschlechtern des ursprünglichen *Gallus bankiva* ab, und beide werden jetzt auf der Höhe ihrer Vorzüglichkeit gehalten durch fortgesetzte Zuchtwahl, welche unmöglich wäre, wenn nicht die Unterscheidungsmerkmale beider Geschlechter in ihrer Überlieferung beschränkt wären.

Das spanische Huhn bietet einen noch merkwürdigeren Fall dar; das Männchen hat einen ungeheuren Kamm, aber einige der aufeinanderfolgenden Abänderungen, durch deren Anhäufung jener erlangt wurde, scheinen auch auf das Weibchen überliefert worden zu sein. Denn dasselbe besitzt einen vielmal größeren Kamm, als der der Weibchen der elterlichen Spezies ist. Der Kamm des Weibchens weicht aber in einer Beziehung von dem des Männchens ab; er ist nämlich geneigt umzuschlagen, und in der neueren Zeit ist durch die Mode festgesetzt worden, daß dies immer der Fall sein soll; dieser Befehl hat auch sehr bald einen Erfolg gehabt. Es muß nun das Herabhängen des Kammes in seiner Überlieferung geschlechtlich beschränkt sein, denn

---

[4] The Field, Sept. 1872.

sonst würde es den Kamm des Männchens verhindern, vollkommen aufrecht zu stehen, was jedem Züchter entsetzlich wäre. Auf der anderen Seite muß aber auch das Aufrechtstehen des Kammes beim Männchen gleichfalls ein geschlechtlich beschränkter Charakter sein, denn im anderen Falle würde er den Kamm des Weibchens hindern herabzuhängen.

Aus den vorstehenden Erläuterungen sehen wir, daß es, selbst wenn wir eine ganz unbegrenzte Zeit zu unserer Disposition hätten, ein außerordentlich schwieriger und komplizierter, wenn auch vielleicht nicht unmöglicher Vorgang wäre, durch Zuchtwahl die eine Form von Überlieferung in die andere umzuwandeln. Ohne entschiedene Belege für jeden einzelnen Fall bin ich daher nicht geneigt zuzugeben, daß bei natürlichen Spezies dies häufig erreicht worden ist. Andererseits würde aber durch Hilfe aufeinanderfolgender Variationen, welche von Anfang an in ihrer Überlieferung geschlechtlich beschränkt waren, nicht die geringste Schwierigkeit bestehen können, männliche Vögel in der Farbe oder in irgendeinem anderen Charakter vom Weibchen verschieden zu machen, wobei das letztere unverändert gelassen oder unbedeutend verändert oder zum Zweck des Schutzes speziell modifiziert werden könnte.

Da glänzende Farben für die Männchen in ihrem Rivalitätskampf mit anderen Männchen von Nutzen sind, so werden derartige Farben bei der Zuchtwahl berücksichtigt, mögen sie nun ausschließlich auf das männliche Geschlecht beschränkt überliefert werden oder nicht. Infolge hiervon läßt sich erwarten, daß die Weibchen häufig an der glänzenderen Färbung der Männchen in einem größeren oder geringeren Grade Teil haben, und dies tritt bei einer Menge von Spezies ein. Wenn alle aufeinanderfolgenden Abänderungen gleichmäßig auf beide Geschlechter überliefert würden, so würden die Weibchen von den Männchen nicht zu unterscheiden sein. Dies tritt gleichfalls bei vielen Vögeln ein. Wenn indessen trübe Färbungen zur Sicherheit des Weibchens während der Brutzeit von hoher Bedeutung wären, wie es bei manchen auf dem Boden lebenden Vögeln der Fall ist, so würden die Weibchen, welche in der Helligkeit ihrer Farben variierten oder welche durch Vererbung von den Männchen irgendeine auffallende Annäherung an deren Helligkeit erlangten, früher oder später zerstört werden. Es würde aber die Neigung bei den Männchen, ganz unbegrenzt ihre eigene helle Färbung den weiblichen Nachkommen beständig zu überliefern, nur durch eine Veränderung in der Form der Vererbung beseitigt werden können; und dies würde, wie die oben gegebene beispielsweise Erläuterung es zeigt, äußerst schwierig sein. Das wahrscheinlichere Resultat der lange fortgesetzten Zerstörung der heller gefärbten Weibchen würde, vorausgesetzt, daß die gleiche Form von Überlieferung herrschend bliebe, die Verringerung oder gänzliche Beseitigung der hellen Farben der Männchen sein, und zwar infolge ihrer beständigen Kreuzung mit den trüber gefärbten Weibchen. Es würde langweilig sein, hier alle die übrigen möglichen Resultate zu verfolgen; ich will aber die Leser daran erinnern, daß, wenn geschlechtlich beschränkte Abänderungen in der hellen Färbung bei den Weibchen auftreten, selbst wenn dieselben nicht im allergeringsten für sie nachteilig wären und folglich auch nicht beseitigt würden, sie doch nicht begünstigt oder bei der Zucht berücksichtigt werden würden; denn das Männchen nimmt gewöhnlich jedes beliebige Weibchen an und wählt sich nicht die anziehenderen Individuen aus. Folglich würden diese Abänderungen leicht verloren werden und würden wenig Einfluß auf den Charakter der Rasse haben; und dies wird die Erklärung der Tatsache begünstigen, daß die Weibchen gewöhnlich weniger glänzend gefärbt sind als die Männchen.

Im achten Kapitel wurden Beispiele gegeben, – und es hätte sich noch eine beliebige Zahl hinzufügen lassen, – von Abänderungen, welche in verschiedenen Alterszuständen auftreten und auf entsprechende Altersstufen vererbt werden. Es wurde auch gezeigt, daß Abänderungen, welche spät im Leben auftreten, gewöhnlich auf dasselbe Geschlecht überliefert werden, bei welchem sie zuerst auftraten, während Abänderungen, welche früher im Leben erscheinen, geneigt sind, auf beide Geschlechter vererbt zu werden, womit jedoch nicht ausgesprochen werden soll, daß alle Fälle von geschlechtlich beschränkter Vererbung hierdurch erklärt werden können. Es

Vögel (Fortsetzung)

wurde ferner gezeigt, daß, wenn ein männlicher Vogel in der Weise variierte, daß er während des jugendlichen Alters glänzender würde, derartige Variationen so lange von keinem Nutzen sein würden, als das reproduktionsfähige Alter noch nicht erreicht ist, wo dann Konkurrenz zwischen den rivalisierenden Männchen eintritt. Aber bei Vögeln, welche auf dem Boden leben und welche gewöhnlich des Schutzes trüber Färbungen bedürfen, würden helle Färbungen für die jungen und unerfahrenen Männchen bei weitem gefährlicher sein als für die erwachsenen Männchen. Infolge hiervon würden die Männchen, welche in der Helligkeit ihres Gefieders während des jugendlichen Alters variierten, sehr häufig zerstört und durch natürliche Zuchtwahl beseitigt werden. Auf der anderen Seite können die Männchen, welche in derselben Art und Weise im nahezu geschlechtlichen Zustand variieren, obwohl sie hierdurch noch etwas mehr Gefahr ausgesetzt sind, leben bleiben und, da sie durch geschlechtliche Zuchtwahl begünstigt sind, ihre Art fortpflanzen. Da in vielen Fällen eine Beziehung besteht zwischen der Periode der Abänderung und der Form der Überlieferung, so würden, wenn die hell gefärbten jungen Männchen zerstört würden und derartige reife Männchen in ihrer Bewerbung erfolgreich wären, allein die Männchen glänzende Färbungen erlangen und nur ihren männlichen Nachkommen überliefern. Ich beabsichtige aber durchaus nicht, hiermit zu behaupten, daß der Einfluß des Alters auf die Form der Überlieferung die einzige Ursache der großen Verschiedenheit in dem Glanz des Gefieders zwischen den Geschlechtern vieler Vögel ist.

Da es in bezug auf alle Vögel, bei denen die Geschlechter in der Farbe verschieden sind, eine interessante Frage ist, ob allein die Männchen durch geschlechtliche Zuchtwahl modifiziert und die Weibchen, soweit die Wirksamkeit dieses Momentes in Betracht kommt, unverändert geblieben oder nur teilweise verändert worden sind, oder ob die Weibchen durch natürliche Zuchtwahl zum Zweck eines Schutzes speziell modifiziert worden sind, so will ich diese Frage in ziemlicher Ausführlichkeit erörtern, selbst in größerer Länge als die an und für sich in ihr liegende Bedeutung es verdienen könnte. Denn es lassen sich dabei verschiedene merkwürdige kollateral von ihr ausgehende Punkte bequem betrachten.

Ehe wir auf die Frage eingehen, und zwar besonders mit Rücksicht auf die Folgerungen Mr. Wallaces, dürfte es von Nutzen sein von einem ähnlichen Gesichtspunkte aus einige andere Verschiedenheiten zwischen den Geschlechtern zu erörtern. Es existierte früher in Deutschland eine Rasse von Hühnern[5], bei welchen die Hennen mit Spornen versehen waren. Sie waren fleißige Leger, aber störten ihre Nester mit ihren Spornen so bedeutend, daß man sie nicht auf ihren Eiern sitzen lassen konnte. Es schien mir daher früher einmal wahrscheinlich, daß bei den Weibchen der wilden Gallinaceen die Entwicklung von Spornen durch natürliche Zuchtwahl gehemmt worden sei, und zwar wegen des ihren eigenen Nestern zugefügten Schadens. Dies schien mir um so wahrscheinlicher, als die Flügelsporne, welche während der Nidifikationsperiode von keinem Nachteil sein können, häufig beim Weibchen ebensowohl entwickelt sind als beim Männchen, obwohl sie in nicht wenigen Fällen beim Männchen im ganzen größer sind. Wenn das Männchen mit Spornen an den Füßen versehen ist, so bietet das Weibchen beinahe immer Rudimente derselben dar. Das Rudiment besteht zuweilen aus einer bloßen Schuppe, wie bei den Spezies von *Gallus*. Es könnte daher geschlossen werden, daß die Weibchen ursprünglich mit wohlentwickelten Spornen versehen gewesen sind, daß diese aber entweder durch Nichtgebrauch oder durch natürliche Zuchtwahl verloren wurden. Folgt man aber dieser Ansicht, so würde man sie auf unzählige andere Fälle auszudehnen haben, und sie schließt auch die Folgerung ein, daß die weiblichen Urerzeuger der jetzt Sporne tragenden Spezies einst mit einem schädlichen Anhang belästigt gewesen seien.

In einigen wenigen Gattungen und Arten, so bei *Galloperdix*, *Acomus* und dem javanischen Pfau (*Pao muticus*), besitzen die Weibchen ebensowohl wie die Männchen wohlentwickelte Sporne. Haben wir nun aus dieser Tatsache zu schließen, daß sie eine verschiedene Art von Nest

---
[5] Bechstein: Naturgeschichte Deutschlands, 1793, Bd. III, p.339.

bauen, welches durch die Sporne nicht verletzt wird, und zwar verschieden von dem Nest, welches ihre nächsten Verwandten bauen, so daß also hier das Bedürfnis nicht vorlag, ihre Sporne zu beseitigen, oder haben wir anzunehmen, daß diese Weibchen die Sporne speziell zu ihrer Verteidigung bedürfen? Ein wahrscheinlicher Schluß ist der, daß beides, sowohl das Vorhandensein als die Abwesenheit von Spornen bei den Weibchen das Resultat von verschiedenen Gesetzen der Vererbung ist, welche unabhängig von natürlicher Zuchtwahl geherrscht haben. Bei den vielen Weibchen, bei welchen die Sporne als Rudimente erscheinen, können wir schließen, daß einige wenige der nacheinander auftretenden Abänderungen, durch welche sie bei den Männchen zur Entwicklung gelangten, sehr früh im Leben auftraten und als Folge hiervon auf die Weibchen überliefert wurden. In den anderen und viel selteneren Fällen, in welchen die Weibchen völlig entwickelte Sporne besitzen, können wir schließen, daß sämtliche nacheinander auftretende Abänderungen auch auf sie überliefert wurden, und daß sie allmählich die vererbte Gewohnheit erlangten, ihre Nester nicht zu stören.

Die Stimmorgane und die verschiedentlich modifizierten Federn zur Hervorbringung von Geräuschen ebenso wie die eigentümlichen Instinkte, diese Einrichtungen zu benutzen, sind oft in den beiden Geschlechtern verschieden, zuweilen aber in beiden gleich entwickelt. Können derartige Verschiedenheiten dadurch erklärt werden, daß die Männchen diese Organe und Instinkte erlangt haben, während die Weibchen vor einer Ererbung derselben dadurch bewahrt wurden, daß ihnen daraus eine Quelle der Gefahr, die Aufmerksamkeit von Raubvögeln und Raubtieren auf sich zu lenken, entstanden wäre? Dies scheint mir nicht wahrscheinlich zu sein, wenn wir an die große Zahl von Vögeln denken, welche ungestraft die Landschaft mit ihren Stimmen während des Frühjahrs erheitern.[6] Eine sichere Folgerung ist, daß, wie die Stimmorgane und instrumentalen Einrichtungen nur für die Männchen während ihrer Bewerbung von speziellem Nutzen sind, diese Organe durch geschlechtliche Zuchtwahl und beständigen Gebrauch allein bei diesem Geschlecht entwickelt wurden, während die aufeinanderfolgenden Abänderungen und die Wirkungen des Gebrauchs vom Anfang an in ihrer Überlieferung in einem größeren oder geringeren Grade auf die männlichen Nachkommen beschränkt wurden.

Es könnten viele analoge Fälle noch vorgebracht werden, z. B. die Schmuckfedern auf dem Kopf, welche allgemein bei dem Männchen länger als bei dem Weibchen, zuweilen von gleicher Länge bei beiden Geschlechtern sind und gelegentlich beim Weibchen fehlen, wobei es vorkommt, daß diese verschiedenen Fälle zuweilen in einer und derselben Gruppe von Vögeln eintreten. Es würde schwierig sein, eine Verschiedenheit dieser Art zwischen den beiden Geschlechtern dadurch zu erklären, daß es für das Weibchen eine Wohltat gewesen sei, einen unbedeutend kürzeren Federkamm zu besitzen, und daß derselbe infolge hiervon durch natürliche Zuchtwahl verkleinert oder völlig unterdrückt wäre. Ich will aber einen günstigeren Fall, nämlich die Länge des Schwanzes betrachten. Das lange Behänge des Pfauhahns würde nicht nur unbequem, sondern auch während der Inkubationsperiode und solange das Weibchen seine Jungen begleitet, gefährlich für dasselbe gewesen sein. Es liegt also darin, daß die Entwicklung des Schwanzes beim Weibchen durch natürliche Zuchtwahl gehemmt worden sei, nicht im allermindesten a priori eine Unwahrscheinlichkeit. Aber die Weibchen verschiedener Fasanen, welche dem Anschein nach auf ihren offenen Nestern ebenso vielen Gefahren ausgesetzt sind wie die Pfauhenne, haben Schwänze von beträchtlicher Länge. Die Weibchen von *Menura superba* haben ebenso wie die Männchen lange Schwänze und sie bauen ein kuppelförmiges Nest, welches bei einem so großen Vogel eine bedeutende Anomalie ist. Die Naturforscher haben sich darüber verwundert, wie die weibliche *Menura* während der Bebrütung ihren Schwanz unterbringen könne.

---

[6] Daines Barrington hielt es indessen für wahrscheinlich (Philosoph. Transact., 1773, p.164), daß deshalb wenig weibliche Vögel singen, weil dies für sie während der Inkubationszeit gefährlich gewesen wäre. Er fügt hinzu, daß eine ähnliche Ansicht möglicherweise auch die Inferiorität des Weibchens im Gefieder gegenüber dem Männchen erklären könne.

Man weiß aber jetzt[7], daß sie „in ihr Nest mit dem Kopf voraus eintritt und sich dann herumdreht, wobei ihr Schwanz zuweilen über ihren Rücken geschlagen, aber häufiger rund um ihre Seite herumgebogen wird. Es wird hierdurch der Schwanz im Laufe der Zeit völlig schief und gibt einen ziemlich sicheren Hinweis auf die Länge der Zeit, während welcher der Vogel bereits gesessen hat". Beide Geschlechter eines australischen Eisvogels (*Tanysiptera Sylvia*) haben bedeutend verlängerte mittlere Schwanzfedern, und da das Weibchen sein Nest in einer Höhle baut, so werden diese Federn, wie mir Mr. R. B. Sharpe mitgeteilt hat, während des Nestbaues sehr zerknittert.

In diesen beiden letztgenannten Fällen muß die bedeutende Länge der Schwanzfedern in einem gewissen Grade für das Weibchen unzuträglich sein, und da in beiden Spezies die Schwanzfedern des Weibchens etwas kürzer sind als die des Männchens, so könnte man schließen, daß ihre volle Entwicklung durch natürliche Zuchtwahl gehemmt sei. Es würde aber die Pfauhenne, wenn die Entwicklung ihres Schwanzes nur dann gehemmt worden wäre, wenn derselbe unzuträglich oder gefährlich lang geworden wäre, einen viel längeren Schwanz erlangt haben, als sie faktisch besitzt, denn ihr Schwanz ist im Verhältnis zur Größe ihres Körpers nicht nahezu so lang wie der vieler weiblicher Fasanen und auch nicht länger als der des weiblichen Truthuhns. Man muß auch im Sinn behalten, daß in Übereinstimmung mit dieser Ansicht, sobald der Schwanz der Pfauhenne gefährlich lang und infolge hiervon seine Entwicklung gehemmt würde, sie beständig auf ihre männlichen Nachkommen eingewirkt haben und den Pfauhahn gehindert haben würde, seinen jetzigen prachtvollen Behang zu erlangen. Wir können daher schließen, daß die Länge des Schwanzes beim Pfauhahn und seine Kürze bei der Pfauhenne das Resultat davon sind, daß die nötigen Abänderungen beim Männchen von Anfang an allein auf die männlichen Nachkommen vererbt worden sind.

Wir werden zu einer nahezu ähnlichen Schlußfolgerung in bezug auf die Länge des Schwanzes bei den verschiedenen Spezies von Fasanen geführt. Bei dem Ohrenfasan (*Crossoptilon auritum*) ist der Schwanz in beiden Geschlechtern von gleicher Länge, nämlich sechzehn oder siebzehn Zoll; bei dem gemeinen Fasan ist er ungefähr zwanzig Zoll lang bei dem Männchen und zwölf beim Weibchen. Bei dem Sömmerrings-Fasan ist er beim Männchen siebenunddreißig und beim Weibchen nur acht Zoll lang und endlich bei Reeves-Fasanen ist er zuweilen faktisch beim Männchen zweiundsiebzig Zoll lang und sechzehn Zoll beim Weibchen. Es ist daher in den verschiedenen Spezies der Schwanz des Weibchens seiner Länge nach beträchtlich verschieden und zwar ohne Bezug auf den Schwanz des Männchens, und dies läßt sich, wie mir scheint, mit viel größerer Wahrscheinlichkeit durch die Gesetze der Vererbung erklären – d.h. dadurch, daß die aufeinanderfolgenden Abänderungen vom Anfang an mehr oder weniger streng in ihrer Überlieferung auf das männliche Geschlecht beschränkt waren – als durch die Wirksamkeit der natürlichen Zuchtwahl, daß nämlich die Länge des Schwanzes in einem größeren oder geringeren Grade für die Weibchen der verschiedenen Spezies schädlich geworden wäre.

Wir können nun Mr. Wallaces Argumente in bezug auf die geschlechtliche Färbung der Vögel betrachten. Er glaubt, daß die ursprünglichen von den Männchen durch geschlechtliche Zuchtwahl erlangten glänzenden Farben in allen oder beinahe allen Fällen auf die Weibchen überliefert worden wären, wenn diese Übertragung nicht durch natürliche Zuchtwahl gehemmt worden wäre. Ich will hier den Leser daran erinnern, daß verschiedene auf diese Ansicht sich beziehende Tatsachen bereits in dem Abschnitt über Reptilien, Amphibien, Fische und Lepidoptern gegeben worden sind. Mr. Wallace gründet seine Ansicht hauptsächlich, aber nicht ausschließlich, wie wir im nächsten Kapitel sehen werden, auf die folgende Angabe[8], daß, wenn beide Geschlechter in einer sehr auffallenden Weise gefärbt sind, das Nest von einer solchen Natur ist, daß es die auf den Eiern sitzenden Vögel verbirgt, daß aber, wenn ein ausgesprochener Kontrast der Farbe

---

[7] Mr. Ramsay, in: Proceed. Zoolog. Soc., 1868, p.50.
[8] Journal of Travel, edited by A. Murray. Vol. I, 1868, p.78.

zwischen den Geschlechtern besteht, wenn das Männchen hell und das Weibchen düster gefärbt ist, das Nest dann offen ist und die auf den Eiern sitzenden Vögel den Blicken aussetzt. Dieses Zusammentreffen unterstützt, soweit es vorkommt, sicherlich die Annahme, daß die Weibchen, welche auf offenen Nestern sitzen, zum Zweck des Schutzes speziell modifiziert worden sind; wir werden aber sofort sehen, daß es noch eine andere und wahrscheinlichere Erklärung gibt, nämlich die, daß auffallend gefärbte weibliche Vögel häufiger als trübe gefärbte den Instinkt erlangt haben, kuppelförmige Nester zu bauen. Mr. Wallace gibt zu, daß, wie sich hätte erwarten lassen, einige Ausnahmen von diesen beiden Regeln existieren; es ist aber die Frage, ob die Ausnahmen nicht so zahlreich sind, daß die Regeln ernstlich erschüttert werden.

An erster Stelle liegt in der Bemerkung des Herzog von Argyll[9] viel wahres, daß ein großes kuppelförmiges Nest einem Feinde viel auffälliger ist, besonders allen auf Bäumen jagenden fleischfressenden Tieren, als ein kleineres offenes Nest. Auch dürfen wir nicht vergessen, daß bei vielen Vögeln, welche offene Nester bauen, die Männchen ebensogut wie die Weibchen auf den Eiern sitzen und letztere bei dem Ernähren der Jungen unterstützen. Dies ist z.B. der Fall bei *Pyranga aestiva*[10] einem der glänzendsten Vögel in den Vereinigten Staaten: das Männchen ist scharlachrot, das Weibchen hellbräunlich-grün. Wenn nun brillante Färbungen für Vögel, während sie auf ihren offenen Nestern sitzen, äußerst gefährlich wären, so würden in diesen Fällen die Männchen bedeutend gelitten haben. Es kann indessen für das Männchen von einer so kapitalen Bedeutung sein, glänzend gefärbt zu werden, um seine Rivalen zu besiegen, daß etwaige weitere Gefahren hierdurch mehr als ausgeglichen werden.

Mr. Wallace gibt zu, daß bei den Königskrähen (*Dicrurus*), Golddrosseln (*Orioli*) und Prachtdrosseln (*Pittidae*) die Weibchen auffallend gefärbt sind und doch offene Nester bauen. Er betont aber, daß die Vögel der ersten Gruppe in hohem Grade kampfsüchtig sind und sich selbst verteidigen können, daß diejenigen der zweiten Gruppe äußerste Sorgfalt darauf verwenden, ihre offenen Nester zu verbergen; doch gilt dies nicht für alle Fälle ohne Ausnahme[11]; und daß bei den Vögeln der dritten Gruppe die Weibchen hauptsächlich an der Unterfläche glänzend gefärbt sind. Außer diesen Fällen bietet die ganze Familie der Tauben, welche zuweilen hell und beinahe immer auffallend gefärbt sind und welche notorisch den Angriffen von Raubvögeln sehr ausgesetzt sind, eine bedenkliche Ausnahme von der Regel dar; denn Tauben bauen beinahe immer offene und exponierte Nester. In einer anderen großen Familie, der der Kolibris, bauen alle Spezies offene Nester, und doch sind bei einigen der prachtvollsten Spezies die Geschlechter einander gleich, und in der Majorität der Arten sind die Weibchen, wenn auch weniger brillant als die Männchen, aber doch hell gefärbt. Auch kann nicht behauptet werden, daß alle weiblichen Kolibris, welche hell gefärbt sind, dadurch der Entdeckung entgehen, daß ihre Farbentöne grün sind; denn einige entfalten auf ihrer oberen Fläche rote, blaue und andere Färbungen.[12]

Was die Vögel betrifft, welche in Höhlen nisten oder sich kuppelförmige Nester bauen, so werden, wie Mr. Wallace bemerkt, außer dem Verbergen noch andere Vorteile dadurch erreicht, so Schutz gegen Regen, größere Wärme und in warmen Ländern Schutz gegen die Sonnenstrahlen[13], so daß in dem Umstand, daß viele Vögel, von denen beide Geschlechter dunkel ge-

---

[9] Journal of Travel, edited by A. Murray. Vol. I, 1868, p.281.
[10] Audubon: Ornithological Biography. Vol. I, 233.
[11] Jerdon: Birds of India. Vol. II, p.108. Gould's Handbook to the Birds of Australia. Vol. I, p.463.
[12] So hat z. B. die weibliche *Eupetomena macroura* einen dunkelblauen Kopf und Schwanz und rötliche Weichen; die weibliche *Lampornis porphyrurus* ist schwärzlich-grün auf der oberen Fläche und hat Zügel und Seiten der Kehle karmesin; die weibliche *Eulampis jugularis* hat den Scheitel des Kopfes und den Rücken grün, aber die Weichen und der Schwanz sind karmesin. Es ließen sich noch viele andere Beispiele von in hohem Grade auffallenden Weibchen anführen. S. Mr. Goulds prachtvolles Werk über diese Familie.
[13] Mr. Salvin beobachtete in Guatemala (Ibis, 1864, p.375), daß Kolibris viel weniger gern ihre Nester in sehr warmem Wetter verließen, wenn die Sonne hell schien, als während kalten, wolkigen oder regnerischen Wetters, gerade als fürchteten sie, daß ihre Eier darunter litten.

färbt sind, verborgene Nester bauen[14], kein gültiger Einwurf gegen seine Ansicht liegt. Das Weibchen des Hornvogels (*Buceros*) z.B. in Indien und Afrika ist während der Zeit des Nistens außerordentlich sorgfältig geschützt; denn dasselbe klebt die Höhle, in welcher es auf seinen Eiern sitzt, mit seinen eigenen Exkrementen fast ganz zu und läßt nur eine kleine Öffnung, durch welche hindurch das Männchen es nährt, frei. Das Weibchen wird auf diese Weise während der ganzen Bebrütungszeit in enger Gefangenschaft gehalten[15]; und doch sind weibliche Hornvögel nicht augenfälliger gefärbt, als viele andere Vögel von gleicher Größe, welche offene Nester bauen. Wie mir Mr. Wallace selbst zugibt, liegt ein bedenklicher Einwurf gegen seine Ansicht darin, daß in einigen wenigen Gruppen die Männchen glänzend gefärbt, die Weibchen dunkel sind und trotzdem die letzteren ihre Eier in bedeckten Nestern ausbrüten. Dies ist der Fall mit den Grallinen von Australien, mit den Maluriden desselben Landes, den Nectariniden und mit mehreren der australischen Honigsauger oder Meliphagiden.[16]

Wenn wir die Vögel von England betrachten, so stellt sich heraus, daß kein enges und allgemein bestehendes Verhältnis zwischen den Farben des Weibchens und der Natur des Nestes, welches dasselbe baut, vorhanden ist. Ungefähr vierzig unserer britischen Vögel (mit Ausnahme der von bedeutender Größe; welche sich selbst verteidigen können) nisten in Höhlungen, an Ufern, an Flüssen oder Bäumen, oder bauen sich gewölbte Nester. Wenn wir die Farben des weiblichen Stieglitz, Gimpel oder der Amsel als Maßstab für den Grad der Augenfälligkeit annehmen, welche für das auf den Eiern sitzende Weibchen von keiner großen Gefahr ist, so kann man unter den eben erwähnten vierzig Vögeln nur die Weibchen von zwölf als in einem gefährlichen Grade auffallend gefärbt betrachten, wogegen die übrigbleibenden achtundzwanzig nicht auffällig sind.[17] Es besteht auch keine nahe Beziehung zwischen einer scharf ausgeprägten Verschiedenheit in der Farbe zwischen den beiden Geschlechtern und der Beschaffenheit des gebauten Nestes. So weicht der männliche Haussperling (*Passer domesticus*) sehr vom Weibchen ab, wogegen der männliche Baumsperling (*Passer montanus*) kaum irgendwie vom Weibchen verschieden ist; und doch bauen beide wohlverborgene Nester. Die beiden Geschlechter des gemeinen Fliegenschnäppers (*Muscicapa grisola*) können kaum voneinander unterschieden werden, während die Geschlechter des gefleckten Fliegenschnäppers (*M. luctuosa*) beträchtlich voneinander abweichen, und beide nisten in Höhlen. Die weibliche Amsel (*Turdus merula*) weicht bedeutend, die weibliche Ringamsel (*T. torquatus*) nur wenig und das Weibchen der gemeinen Drossel (*T. musicus*) kaum irgendwie von dem betreffenden Männchen ab, und doch bauen sie sämtlich offene Nester. Andererseits baut die ziemlich nahe mit den Genannten verwandte Wasseramsel (*Cinclus aquaticus*) ein gewölbtes Nest und die Geschlechter weichen hier ungefähr so viel voneinander ab wie bei der Ringamsel. Das Birkhuhn und Moorhuhn (*Tetrao tetrix* und *T. scoticus*) bauen offene Nester in gleichmäßig wohlverborgenen Örtlichkeiten. Doch weichen in der einen Spezies die Geschlechter bedeutend und in der anderen sehr wenig voneinander ab.

---

[14] Ich will als Beispiele von düster gefärbten Vögeln, welche verborgene Nester bauen, die zu acht australischen Gattungen gehörenden Spezies erwähnen, welche in Gould's Handbook to the Birds of Australia. Vol. I, p.340, 362, 365, 383, 387, 389, 391 und 414 beschrieben sind.

[15] C. Horne, in: Proceed. Zoolog. Soc., 1869, p.243.

[16] Über das Nisten und die Farben dieser letzten Spezies s. Gould's Handbook etc., Vol. I, p.504, 527.

[17] Ich habe über diesen Gegenstand MacGillivray's „British Birds" zu Rate gezogen, und obschon man in einigen Fällen in bezug auf den Grad des Verborgenseins des Nestes und rücksichtlich des Grades der Auffälligkeit des Weibchens Zweifel hegen kann, so können doch die folgenden Vögel, welche sämtlich ihre Eier in Höhlen oder kuppelförmige Nester legen, nach dem oben angenommenen Maßstab kaum als auffällig gefärbt werden: *Passer*, 2 Spezies; *Sturnus*, wo das Weibchen beträchtlich weniger glänzend ist als das Männchen; *Cinclus, Motacilla boarula* (?); *Erithacus* (?); *Fruticola*, 2 Sp.; *Saxicola; Ruticilla*, 2 Sp.; *Sylvia*, 3 Sp.; *Parus*, 3 Sp.; *Mecistura; Anorthura; Certhia; Sitta; Iynx; Muscicapa*, 2 Sp.; *Hirundo*, 3 Sp. und *Cypselus*. Die Weibchen der folgenden zwölf Vögel können nach dem nämlichen Maßstab für auffällig angesehen werden, nämlich: *Pastor, Motacilla alba, Parus major* und *P. caeruleus, Upupa, Picus*, 4 Sp., *Coracias, Alcedo* und *Merops*.

Fünfzehntes Kapitel

Trotz der im vorstehenden aufgezählten Einwürfe kann ich nach Durchlesen von Mr. Wallaces ausgezeichneter Abhandlung nicht zweifeln, daß im Hinblick auf die Vögel der ganzen Erde eine bedeutende Majorität derjenigen Spezies, bei denen die Weibchen auffallend gefärbt sind (und in diesen Fällen sind die Männchen mit seltenen Ausnahmen in gleicher Weise auffallend gefärbt), verborgene Nester zum Zweck eines Schutzes bauen. Mr. Wallace zählt[18] eine lange Reihe von Gruppen auf, in welchen diese Regel Gültigkeit hat. Es wird aber genügen, wenn ich hier als Beispiel die bekannteren Gruppen der Eisvögel, Tukans, Kurukus (*Trogones*), Brutvögel (*Capitonidae*), Pisangfresser (*Musophagae*), Spechte und Papageien anführe. Mr. Wallace glaubt, daß in diesen Gruppen die prachtvollen Färbungen, in dem Maße als die Männchen dieselben durch geschlechtliche Zuchtwahl allmählich erlangt haben, auf die Weibchen überliefert und wegen des Schutzes, welchen dieselben bereits durch die Art und Weise ihres Nestbaues erhielten, nicht wieder beseitigt wurden. Dieser Ansicht zufolge erlangten diese Vögel die jetzige Art und Weise des Nistens früher als die sie jetzt schmückenden Farben. Es scheint mir aber viel wahrscheinlicher zu sein, daß in den meisten Fällen die Weibchen, – wie dieselben dadurch immer mehr und mehr glänzend gefärbt wurden, daß sie an der Färbung des Männchens teilnahmen –, allmählich dazu geführt wurden, ihre Instinkte zu verändern (allerdings unter der Annahme, daß sie ursprünglich offene Nester bauten) und sich durch das Errichten kuppelförmiger oder verborgener Nester Schutz zu suchen. Niemand, welcher z. B. Audubons Beschreibung der Verschiedenheiten in dem Nestbau einer und der nämlichen Spezies in den nördlichen und südlichen Vereinigten Staaten liest[19], wird eine besondere Schwierigkeit darin finden zuzugeben, daß Vögel entweder durch eine Veränderung (im strengsten Sinne des Wortes) ihrer Lebensweise oder durch die natürliche Zuchtwahl sogenannter spontaner Abänderungen des Instinkts leicht dahin gebracht werden können, die Art und Weise ihres Nestbaues zu modifizieren.

Diese Art, das Verhältnis zwischen der hellen Färbung weiblicher Vögel und ihrer Weise, Nester zu bauen, soweit ein solches gültig ist, zu betrachten, erfährt durch gewisse analoge Fälle Unterstützung, welche in der Wüste Sahara vorkommen. Hier leben, wie in den meisten anderen Wüsten, verschiedene Vögel und viele andere Tiere, deren Färbung in einer wunderbaren Weise der Färbung der umgebenden Erdoberfläche angepaßt ist. Nichtsdestoweniger bestehen, wie mir Mr. Tristram mitgeteilt hat, einige merkwürdige Ausnahmen von dieser Regel. So ist das Männchen von *Monticola cyanea* wegen seiner hellblauen Farbe auffallend und das Weibchen ist beinahe in gleicher Weise auffallend wegen seines gefleckten und braunen Gefieders. Beide Geschlechter von zwei Spezies von *Dromolaea* sind von einem glänzenden Schwarz. Diese drei Vögel sind daher weit entfernt davon, durch ihre Farbe Schutz zu erhalten, und doch sind sie imstande zu leben, denn sie haben die Gewohnheit erlangt, bei drohender Gefahr in Höhlen oder Felsspalten Zuflucht zu suchen.

In bezug auf die oben angeführten Gruppen von Vögeln, bei denen die Weibchen auffallend gefärbt sind und verborgene Nester bauen, ist es nicht nötig, anzunehmen, daß bei jeder einzelnen Spezies der nestbauende Instinkt speziell modifiziert worden ist, sondern nur, daß die früheren Urerzeuger einer jeden Gruppe allmählich dazu gebracht wurden, kuppelförmige oder verborgene Nester zu errichten, und später diesen Instinkt in Verbindung mit ihrer hellen Farbe auf ihre modifizierten Nachkommen vererbten. Diese Folgerung ist, soweit sie zuverlässig ist, interessant. Sie zeigt nämlich, daß geschlechtliche Zuchtwahl in Verbindung mit gleichmäßiger oder nahezu gleichmäßiger Vererbung auf beide Geschlechter indirekt die Art und Weise des Nestbaues bei ganzen Gruppen von Vögeln bestimmt hat.

Selbst in den Gruppen, bei welchen Mr. Wallace zufolge die Weibchen ihre hellen Farben nicht durch natürliche Zuchtwahl verloren haben, weil sie infolge ihrer Art des Nestbaues bereits

---

[18] Journal of Travel, edited by A. Murray. Vol. I, p.78.
[19] S. viele Angaben hierüber in der „Ornithological Biography"; s. auch einige merkwürdige Beobachtungen über die Nester italienischer Vögel von Eugenio Bettoni in den Atti della Società Italiana. Vol. XI, 1869, p.487.

geschützt sind, weichen die Männchen oft in einem ganz unbedeutenden und gelegentlich in einem beträchtlichen Grade von den Weibchen ab. Dies ist eine sehr bezeichnende Tatsache; denn derartige Verschiedenheiten in der Färbung müssen aus dem Prinzip erklärt werden, daß einige der Abänderungen bei dem Männchen vom Anfang an in ihrer Überlieferung auf ein und das nämliche Geschlecht beschränkt gewesen sind, da sich doch kaum behaupten läßt, daß diese Verschiedenheiten, besonders wenn sie sehr unbedeutend sind, als ein Schutz für das Weibchen dienen. So bauen alle Spezies in der glänzenden Gruppe der Kurukus (*Trogones*) in Höhlen und Mr. Gould gibt Abbildungen[20] von beiden Geschlechtern von fünfundzwanzig Spezies, bei welchen sämtlich, mit einer teilweisen Ausnahme, die Geschlechter zuweilen unbedeutend, zuweilen auffallend in der Farbe voneinander abweichen, wobei die Männchen immer schöner als die Weibchen sind, obwohl auch die letzteren schön sind. Alle Spezies von Eisvögeln bauen in Höhlen und bei den meisten der Spezies sind die Geschlechter gleichmäßig glänzend, und soweit hat Mr. Wallaces Regel Gültigkeit. Aber bei einigen der australischen Spezies sind die Farben des Weibchens im ganzen etwas weniger lebhaft als die des Männchens und in einer glänzend gefärbten Art weichen die Geschlechter so bedeutend voneinander ab, daß sie anfangs für spezifisch verschieden gehalten wurden.[21] Mr. R. B. Sharpe, welcher diese Gruppe spezieller studiert hat, hat mir einige amerikanische Spezies (*Ceryle*) gezeigt, bei denen die Brust des Männchens einen schwarzen Gürtel trägt. Ferner ist auch bei *Carcineutes* die Verschiedenheit zwischen den Geschlechtern in die Augen fallend; bei dem Männchen ist die obere Fläche düsterblau mit schwarz gebändert, während die untere Fläche teilweise rotbraun gefärbt ist; auch findet sich um den Kopf herum viel Rot. Beim Weibchen ist die obere Fläche rötlich-braun mit schwarz gebändert und die untere Fläche ist weiß mit schwarzen Zeichnungen. Es ist eine interessante Tatsache, da sie zeigt, wie dieselbe eigentümliche Art geschlechtlicher Färbungen oft verwandte Formen charakterisiert, daß in drei Spezies von *Dacelo* das Männchen vom Weibchen nur darin abweicht, daß der Schwanz dunkelblau mit schwarz gebändert ist, während der Schwanz des Weibchens braun mit schwärzlichen Querbalken ist, so daß hier der Schwanz der beiden Geschlechter in seiner Färbung in genau derselben Weise verschieden ist, wie die ganze obere Fläche bei den beiden Geschlechtern von *Carcineutes*.

Unter den Papageien, welche gleichfalls in Höhlen nisten, finden wir analoge Fälle. In den meisten Arten sind beide Geschlechter glänzend gefärbt und nicht voneinander zu unterscheiden, aber in nicht wenigen Spezies sind die Männchen im ganzen lebhafter gefärbt als die Weibchen, oder selbst sehr verschieden von jenen. So ist neben anderen scharf ausgesprochenen Verschiedenheiten die ganze untere Fläche des männlichen Königslori (*Aprosmictus scapulatus*) scharlachrot, während die Kehle und Brust des Weibchens grün mit rot gemischt ist. Bei der *Euphema splendida* besteht eine ähnliche Verschiedenheit; das Gesicht und die Flügeldeckfedern des Weibchens sind außerdem von einem blasseren Blau als beim Männchen.[22] In der Familie der Meisen (*Parinae*), welche verborgene Nester bauen, ist das Weibchen unserer Blaumeise (*Parus caeruleus*) „viel weniger hell gefärbt" als das Männchen, und bei der prachtvollen gelben Sultanmeise von Indien ist die Verschiedenheit noch größer.[23]

Es sind ferner in der großen Gruppe der Spechte[24] die Geschlechter allgemein nahezu gleich, aber bei dem *Megapicus validus* sind alle die Teile des Kopfes, des Halses und der Brust, welche bei den Männchen karmesinrot sind, beim Weibchen blaßbraun. Da bei mehreren Spechten der

---

[20] S. seine Monographie der Trogoniden, erste Ausgabe.
[21] Nämlich *Cyanalcyon*. Gould: Handbook to the Birds of Australia. Vol. I, p.133. S. auch p.130, 136.
[22] Bei den Papageien von Australien läßt sich in der Verschiedenheit zwischen den Geschlechtern jede Abstufung verfolgen. S. Gould's Handbook. Vol. II, p.14-102.
[23] MacGillivray: History of British Birds. Vol. II, p.433. Jerdon: Birds of India. Vol. II, p.282.
[24] Alle die folgenden Tatsachen sind dem prachtvollen Werk „Malherbes Monographie des Picidées", 1861, entnommen.

Kopf hell scharlachrot ist, während der des Weibchens einfach gefärbt ist, so kam mir der Gedanke, daß diese Färbung möglicherweise das Weibchen in einem gefährlichen Grade auffallend machen würde, sobald es seinen Kopf aus der das Nest enthaltenden Höhle herausstreckt, und daß infolge hiervon diese Färbung in Übereinstimmung mit der Ansicht Mr. Wallaces beseitigt worden sei. Diese Ansicht wird durch das unterstützt, was Malherbe in bezug auf den *Indopicus Carlotta* angibt, daß nämlich die jungen Weibchen ganz ebenso wie die jungen Männchen etwas Scharlachrot um ihren Kopf haben, daß aber diese Färbung bei dem erwachsenen Weibchen verschwindet, während sie bei dem erwachsenen Männchen noch intensiver wird. Aber trotz dem allen machen die folgenden Betrachtungen diese Ansicht doch äußerst zweifelhaft. Das Männchen nimmt einen gehörigen Teil an der Bebrütung[25] und würde somit beinahe ebenso der Gefahr ausgesetzt sein; beide Geschlechter vieler Spezies haben einen in gleicher Weise hell scharlachrot gefärbten Kopf; bei anderen Spezies ist die Verschiedenheit zwischen den Geschlechtern in bezug auf diese scharlachene Färbung so unbedeutend, daß hierin kaum irgendein wahrnehmbarer Unterschied in der darin liegenden Gefahr erblickt werden kann; und endlich ist die Färbung des Kopfes in den beiden Geschlechtern oft in anderer Weise unbedeutend verschieden.

Die bis jetzt mitgeteilten Fälle von unbedeutenden und allmählich abgestuften Verschiedenheiten in der Färbung zwischen den Männchen und Weibchen in denjenigen Gruppen, bei welchen als allgemeine Regel die Geschlechter einander ähnlich sind, beziehen sich sämtlich auf Spezies, welche kuppelförmige oder verborgene Nester bauen. Aber ähnliche Abstufungen lassen sich in gleicher Weise in Gruppen beobachten, bei denen die Geschlechter der allgemeinen Regel nach einander ähnlich sind, welche aber offene Nester bauen. Da ich vorhin die australischen Papageien als Beispiel angeführt habe, so will ich hier, ohne weitere Details mitzuteilen, die australischen Tauben als Beispiel anführen.[26] Es verdient besondere Beachtung, daß in allen diesen Fällen die unbedeutenden Verschiedenheiten im Gefieder zwischen den Geschlechtern von derselben allgemeinen Beschaffenheit sind, wie die gelegentlich auftretenden größeren Verschiedenheiten. Eine gute Erläuterung dieser Tatsache ist bereits durch die Erwähnung der Eisvögel mitgeteilt worden, bei welchen entweder der Schwanz allein, oder die ganze obere Fläche des Gefieders in derselben Art und Weise in den beiden Geschlechtern verschieden ist. Ähnliche Fälle lassen sich bei Papageien und Tauben beobachten. Auch sind die Verschiedenheiten in der Färbung zwischen den Geschlechtern einer und der nämlichen Spezies von derselben allgemeinen Beschaffenheit wie die Verschiedenheiten in der Färbung zwischen den einzelnen Spezies einer und der nämlichen Gruppe. Denn wenn in einer Gruppe, in welcher die Geschlechter gewöhnlich gleich sind, das Männchen beträchtlich vom Weibchen abweicht, so ist es durchaus nicht in einem vollkommen neuen Stil gefärbt. Wir können daher schließen, daß innerhalb einer und der nämlichen Gruppe die speziellen Farben beider Geschlechter, wenn sie gleich sind, und die Färbungen des Männchens, wenn diese unbedeutend oder selbst beträchtlich vom Weibchen verschieden ist, in den meisten Fällen durch eine und die nämliche Ursache bestimmt worden sind; und dies ist geschlechtliche Zuchtwahl.

Wie bereits bemerkt worden ist, ist es nicht wahrscheinlich, daß Verschiedenheiten in der Färbung zwischen den Geschlechtern, wenn sie sehr unbedeutend sind, für das Weibchen als Schutzmittel von Nutzen sein können. Nehmen wir indessen an, daß sie von Nutzen seien, so könnte man wohl glauben, daß sie Übergangsfälle darstellen. Wir haben aber keinen Grund zu der Annahme, daß zu irgendeiner gegebenen Zeit viele Spezies einer Veränderung unterliegen. Wir können daher kaum zugeben, daß die zahlreichen Weibchen, welche sehr unbedeutend in der Färbung von ihren Männchen verschieden sind, jetzt alle zum Zweck eines Schutzes dunkler

---

[25] Audubon: Ornithological Biography. Vol. II, p.75. S. auch Ibis. Vol. I, p.268.
[26] Gould: Handbook to the Birds of Australia. Vol. II, p.109-149.

zu werden beginnen. Selbst wenn wir etwas schärfer ausgesprochene geschlechtliche Verschiedenheiten in Betracht ziehen: Ist es z.B. wahrscheinlich, daß der Kopf des weiblichen Buchfinken, das Karmesinrot an der Brust des weiblichen Gimpels, das Grün des weiblichen Grünfinken, die Krone des feuerköpfigen Goldhähnchens sämtlich durch den langsamen Prozeß der Zuchtwahl zum Zweck des Schutzes weniger hell gemacht worden sind? Ich kann dies nicht glauben, und noch weniger bei den unbedeutenden Verschiedenheiten zwischen den Geschlechtern bei solchen Vögeln, welche verborgene Nester bauen. Auf der anderen Seite können die Verschiedenheiten in der Färbung zwischen den beiden Geschlechtern, mögen sie nun größer oder kleiner sein, in einer bedeutenden Ausdehnung durch die Annahme erklärt werden, daß die aufeinanderfolgenden Variationen, welche die Männchen durch geschlechtliche Zuchtwahl erlangt haben, vom Anfang an in ihrer Überlieferung mehr oder weniger auf die Männchen beschränkt waren. Daß der Grad dieser geschlechtlichen Beschränkung in verschiedenen Spezies einer und der nämlichen Gruppe verschieden ist, wird niemand überraschen, welcher die Gesetze der Vererbung studiert hat; denn sie sind so kompliziert, daß sie uns bei unserer Unwissenheit in ihrer Wirksamkeit launenhaft zu sein scheinen.[27]

Soweit ich nachweisen kann, gibt es nur sehr wenige, eine beträchtliche Anzahl von Spezies enthaltende Gruppen, bei welchen alle Arten in beiden Geschlechtern glänzend und gleich gefärbt sind. Dies scheint aber, wie ich von Mr. Sclater höre, mit den Pisangfressern oder *Musophagae* der Fall zu sein. Auch glaube ich nicht, daß irgendeine größere Gruppe existiert, bei welcher die Geschlechter sämtlicher Arten in ihrer Färbung sehr weit voneinander verschieden wären. Mr. Wallace teilt mir mit, daß die Seidenschwänze von Süd-Amerika (*Cotingidae*) eines der besten Beispiele darbieten; aber bei einigen der Spezies, bei welchen das Männchen eine glänzende rote Brust hat, zeigt auch das Weibchen etwas Rot an seiner Brust, und die Weibchen anderer Spezies zeigen Spuren der grünen und anderer Färbungen der Männchen. Nichtsdestoweniger haben wir aber auch innerhalb anderer Gruppen Fälle von bedeutender Annäherung an eine größere geschlechtliche Ähnlichkeit oder Unähnlichkeit; und dies ist nach dem, was oben über die fluktuierende Beschaffenheit der Vererbung gesagt worden ist, ein etwas überraschender Umstand. Daß aber bei verwandten Tieren in hohem Maße die nämlichen Gesetze gelten, ist nicht überraschend. Das Haushuhn hat eine große Anzahl von Rassen und Unterrassen entstehen lassen, und bei diesen weichen im allgemeinen die Geschlechter im Gefieder voneinander ab, so daß es als ein merkwürdiger Umstand betrachtet worden ist, wenn sie in gewissen Unterrassen einander ähnlich sind. Auf der anderen Seite hat die Haustaube gleichfalls eine ungeheure Anzahl von verschiedenen Rassen und Unterrassen entstehen lassen, und bei diesen sind mit seltenen Ausnahmen die beiden Geschlechter identisch und gleich. Wenn daher andere Spezies von *Gallus* und *Columba* domestiziert worden wären und variierten, so würde es nicht voreilig sein, vorauszusagen, daß die nämlichen, von der herrschenden Form der Vererbung abhängigen allgemeinen Regeln der geschlechtlichen Ähnlichkeit und Unähnlichkeit in beiden Fällen gelten würden. In einer ähnlichen Weise hat allgemein dieselbe Form der Überlieferung durch dieselben natürlichen Gruppen hindurch geherrscht, wennschon ausgesprochene Ausnahmen von dieser Regel vorkommen. Innerhalb einer und der nämlichen Familie oder selbst derselben Gattung können die Geschlechter identisch und gleich oder sehr verschieden in der Färbung sein. Beispiele, welche sich auf dieselbe Gattung beziehen, sind bereits mitgeteilt worden, so bei Sperlingen, Fliegenschnäppern, Drosseln und Waldhühnern. In der Familie der Fasane sind die Männchen und Weibchen beinahe sämtlicher Spezies wunderbar unähnlich, sind aber einander bei dem Ohrenfasan oder *Crossoptilon auritum* vollständig ähnlich. In zwei Spezies von *Chloëphaga*,

---

[27] S. Bemerkungen in diesem Sinne in meinem Buch: Das Variieren der Tiere und Pflanzen im Zustand der Domestikation. 2. Aufl., Bd. II, Kap. 12.

einer Gattung der Gänse, können die Männchen nicht von den Weibchen unterschieden werden, ausgenommen durch die Größe, während in zwei anderen die Geschlechter einander so ungleich sind, daß sie leicht fälschlich für verschiedene Arten gehalten werden können.[28]

Die folgenden Fälle können nur durch die Gesetze der Vererbung erklärt werden, wo nämlich das Weibchen in einer späten Lebensperiode gewisse Charaktere erhält, welche dem Männchen eigen sind, und dann schließlich diesem mehr oder weniger vollständig ähnlich wird. Hier kann der Schutz kaum ins Spiel gekommen sein. Mr. Blyth teilt mir mit, daß die Weibchen von *Oriolus melanocephalus* und einiger nahe verwandter Spezies, wenn sie hinreichend reif sind, um zu brüten, beträchtlich in ihrem Gefieder von den erwachsenen Männchen verschieden sind. Aber nach der zweiten oder dritten Mauserung weichen sie nur darin von jenen ab, daß der Schnabel eine leicht grünliche Färbung erhält. Bei den Zwergreihern (*Ardetta*) erlangt derselben Autorität zufolge „das Männchen seine schließliche Färbung mit der ersten Mauserung, das Weibchen nicht vor der dritten oder vierten. In der Zwischenzeit bietet es eine intermediäre Färbung dar, welche schließlich gegen ein Kleid vertauscht wird, welches mit dem des Männchens identisch ist". So erlangt ferner der weibliche Wanderfalke (*Falco peregrinus*) sein blaues Gefieder langsamer als das Männchen. Mr. Swinhoe führt an, daß bei einem Drongo-Würger (*Dicrurus macrocercus*) das Männchen, während es fast noch ein Nestling ist, sein weiches braunes Gefieder mausert und ein gleichförmiges, glänzendes, grünlichschwarzes erhält. Das Weibchen behält dagegen lange Zeit die weißen Streifen und Flecken auf den Achselfedern und nimmt die gleichmäßige schwarze Farbe des Männchens vor den ersten drei Jahren nicht vollständig an. Derselbe ausgezeichnete Beobachter bemerkt, daß im Frühling des zweiten Jahres der weibliche Löffelreiher (*Platalea*) von China dem Männchen des ersten Jahres ähnlich ist, und daß er allem Anschein nach nicht vor dem dritten Frühling dasselbe erwachsene Gefieder erhält, wie es das Männchen in einem viel früheren Alter besitzt. Der weibliche nordamerikanische Seidenschwanz (*Bombycilla carolinensis*) ist vom Männchen nur sehr wenig verschieden; aber die Anhänge, welche wie Tropfen von rotem Siegellack die Schwungfedern verzieren[29], entwickeln sich bei demselben nicht so zeitig im Leben wie beim Männchen. Die obere Kinnlade beim Männchen eines indischen Papageien (*Palaeornis javanicus*) ist von der frühesten Jugend an korallenrot; beim Weibchen aber ist sie, wie Mr. Blyth an in Käfigen gehaltenen und wilden Vögeln beobachtet hat, anfangs schwarz und wird nicht eher rot, als bis der Vogel wenigstens ein Jahr alt ist, in welchem Alter die Geschlechter einander in allen Beziehungen ähnlich sind. Beide Geschlechter des wilden Truthuhns sind schließlich mit einem Büschel von Borsten auf ihrer Brust versehen, aber bei zwei Jahre alten Vögeln ist dieses Büschel beim Männchen ungefähr vier Zoll lang und beim Weibchen kaum zu bemerken. Wenn indessen das letztere sein viertes Jahr erreicht hat, so ist jenes Büschel vier bis fünf Zoll lang.[30]

Derartige Fälle dürfen nicht mit solchen vermengt werden, bei welchen erkrankte oder alte Weibchen abnormer Weise männliche Charaktere annehmen, oder mit solchen, in welchen vollkommen fruchtbare Weibchen, so lange sie jung sind, durch Abänderung oder durch irgendeine unbekannte Ursache die Merkmale des Männchens annehmen.[31] Aber alle diese Fälle haben so-

---

[28] The Ibis. Vol. VI, 1864, p.122.

[29] Wenn das Männchen dem Weibchen den Hof macht, werden diese Anhänge in Schwingungen versetzt „und dadurch sehr vortheilhaft zur Erscheinung gebracht", da die Flügel ausgestreckt gehalten werden. S. A. Leith Adams: Field and Forest Rambles, 1873, p.153.

[30] Über *Ardetta* s. die Übersetzung von Cuviers Règne animal von Mr. Blyth, p.159, Anmerk. Über *Falco peregrinus*: Blyth, in: Charlesworth's Magaz. of Natur. Hist., Vol. I, 1837, p.304. Über *Dicrurus*: Ibis. 1863, p.44. Über *Platalea*: Ibis. Vol. VI, 1864, p.366. Über die *Bombycilla*: Audubon: Ornitholog. Biography. Vol. I, p.229. Über *Palaeornis* s. auch Jerdon: Birds of India. Vol. I, p.263. Über den wilden Truthahn: Audubon: a.a.O., Vol. I, p.15. Von Judge Caton höre ich aber, daß in Illinois das Weibchen sehr selten das Federbüschel erhält. Analoge Fälle in bezug auf das Weibchen von *Petrocossyphus* hat R. B. Sharpe mitgeteilt in: Proceed. Zoolog. Soc., 1872, p.496.

[31] Sir. Blyth hat in der Übersetzung von Cuviers Règne animal verschiedene Fälle verzeichnet von *Lanius, Ruti-*

Vögel (Fortsetzung)

viel miteinander gemein, daß sie, der Hypothese der Pangenesis zufolge, davon abhängen, daß aus jedem Teil des Männchens herrührende Keimchen beim Weibchen, wenn auch latent, vorhanden sind, und daß ihre Entwicklung Folge von irgendeiner unbedeutenden Veränderung in den Wahlverwandtschaften seiner konstituierenden Gewebe ist.

Ein paar Worte, müssen noch über die Veränderung des Gefieders in Beziehung auf die Jahreszeit zugefügt werden. Aus früher angeführten Gründen läßt sich nur wenig daran zweifeln, daß die eleganten Schmuckfedern, die langen wallenden Federn, Federbüsche usw. von Silberreihern, Reihern und vielen anderen Vögeln, welche nur während des Sommers entwickelt und behalten werden, ausschließlich zu ornamentalen oder Hochzeitszwecken dienen, wenn sie auch beiden Geschlechtern gemeinsam zukommen. Das Weibchen wird hierdurch während der Bebrütungsperiode auffallender gemacht als während des Winters. Aber solche Vögel wie Reiher, Silberreiher werden imstande sein, sich selbst zu verteidigen. Da indessen Schmuckfedern wahrscheinlich während des Winters unbequem und gewiß von keinem Nutzen sind, so ist es möglich, daß die Gewohnheit, zweimal im Jahre sich zu mausern, allmählich durch natürliche Zuchtwahl zu dem Zweck erlangt worden ist, unzuträgliche Zieraten während des Winters abzustoßen. Diese Ansicht kann indessen auf viele Watvögel nicht ausgedehnt werden, bei welchen das Sommer- und Wintergefieder nur sehr wenig in der Färbung verschieden ist. Bei verteidigungslosen Spezies, bei welchen entweder beide Geschlechter oder allein die Männchen während der Paarung äußerst auffällig werden, – oder wenn die Männchen in dieser Zeit so lange Schwung- oder Schwanzfedern erlangen, daß der Flug gehindert wird, wie bei *Cosmetornis* und *Vidua* –, erscheint es sicherlich auf den ersten Blick im hohen Grade wahrscheinlich, daß die zweite Mauserung zu dem speziellen Zwecke erlangt worden ist, diese Ornamente abzuwerfen. Wir müssen uns indessen daran erinnern, daß viele Vögel, so die Paradiesvögel, der Argus-Fasan und Pfauhahn, ihre Schmuckfedern im Winter nicht abwerfen, und es läßt sich doch kaum behaupten, daß in der Konstitution dieser Vögel, mindestens der Gallinaceen, etwas liege, was eine doppelte Mauserung unmöglich macht; denn das Schneehuhn mausert sich dreimal im Jahre.[32] Es muß daher als zweifelhaft angesehen werden, ob die vielen Spezies, welche ihre ornamentalen Federn mausern oder ihre hellen Färbungen während des Winters verlieren, diese Gewohnheit wegen der Unbequemlichkeit oder der Gefahr, welcher sie im anderen Falle ausgesetzt wären, erlangt haben.

Ich komme daher zu dem Schluß, daß die Gewohnheit, zweimal im Jahre zu mausern, in den meisten oder sämtlichen Fällen zuerst zu irgendeinem bestimmten Zwecke erlangt worden ist, vielleicht um ein wärmeres Winterkleid zu bekommen, und daß Änderungen im Gefieder, welche während des Sommers auftreten, durch geschlechtliche Zuchtwahl angehäuft und auf die Nachkommen in derselben Zeit des Jahres überliefert wurden. Derartige Abänderungen wurden dann entweder von beiden Geschlechtern oder allein von den Männchen geerbt, je nach der Form von Vererbung, welche bei den betreffenden Arten vorherrschte. Dies erscheint wahrscheinlicher, als daß diese Spezies in allen Fällen ursprünglich die Neigung besessen hätten, ihr ornamentales Gefieder während des Winters zu behalten, hiervor aber durch natürliche Zuchtwahl bewahrt geblieben wären, wegen der dadurch veranlaßten Unbequemlichkeit oder Gefahr.

Ich habe in diesem Kapitel zu zeigen versucht, daß das Beweismaterial die Ansicht, Waffen, helle Farben und verschiedene Zieraten seien jetzt deshalb auf die Männchen beschränkt, weil die natürliche Zuchtwahl, die Neigung zu gleichmäßiger Vererbung der Charaktere auf beide Ge-

---

cilla, *Linaria* und *Anas*. Auch Audubon hat einen ähnlichen Fall von *Pyranga aestiva* verzeichnet, in: Ornitholog. Biography. Vol. V, p.519.
[32] S. Gould's Birds of Great Britain.

schlechter in eine Überlieferung auf das männliche Geschlecht allein umgewandelt habe, nicht in einer zuverlässigen Weise unterstützt. Es ist auch zweifelhaft, ob die Färbungen vieler weiblicher Vögel Folge einer zum Zwecke des Schutzes eintretenden Erhaltung von Abänderungen sind, welche von Anfang an in ihrer Überlieferung auf das weibliche Geschlecht beschränkt waren. Es wird aber zweckmäßig sein, jede weitere Erörterung über diesen Gegenstand so lange zu verschieben, bis ich im folgenden Kapitel die Verschiedenheiten im Gefieder zwischen den jungen und alten Vögeln behandelt haben werde.

Sechzehntes Kapitel

Vögel (Schluß)

Das Jugendgefieder in bezug auf den Charakter des Gefieders beider Geschlechter im erwachsenen Zustand – Sechs Klassen von Fällen – Geschlechtliche Verschiedenheiten der Männchen nahe verwandter oder repräsentativer Spezies – Das Weibchen nimmt die Charaktere des Männchens an – Das Gefieder der Jungen in bezug auf das Sommer- und Wintergefieder der Erwachsenen – Über die Steigerung der Schönheit der Vögel auf der ganzen Welt – Protektive Färbung – Auffallend gefärbte Vögel – Würdigung der Neuheit – Zusammenfassung der vier Kapitel über Vögel

Es muß nun die Überlieferung von Charakteren betrachtet werden, insofern dieselbe in bezug auf geschlechtliche Zuchtwahl durch das Alter beschränkt ist. Die Richtigkeit und die Bedeutung des Gesetzes einer Vererbung auf entsprechende Altersstufen braucht hier nicht erörtert zu werden, da über diesen Gegenstand bereits genug gesagt worden ist. Ehe ich aber die verschiedenen, im ganzen doch etwas komplizierten Regeln oder Klassen von Fällen mitteile, unter welchen man die sämtlichen Verschiedenheiten im Gefieder zwischen den jungen und alten Vögeln, soweit sie mir bekannt sind, zusammenfassen kann, dürfte es nicht unzweckmäßig sein, einige wenige vorläufige Bemerkungen zu machen.

Wenn bei Tieren aller Arten die Erwachsenen in der Farbe von den Jungen verschieden sind und die Farben der letzteren, soweit wir es beurteilen können, nicht von irgendwelchem speziellen Nutzen sind, so kann man sie, wie verschiedene embryonale Bildungen, dem Umstand zuschreiben, daß das junge Tier den Charakter eines früheren Urerzeugers beibehalten hat. Mit Zuversicht kann indessen diese Ansicht nur dann aufrecht erhalten werden, wenn die Jungen mehrerer Spezies einander sehr ähnlich und gleichfalls anderen erwachsenen Spezies ähnlich sind, welche zu derselben Gruppe gehören; denn die letzteren sind die lebendigen Beweise dafür, daß ein derartiger Zustand der Dinge früher möglich war. Junge Löwen und Pumas sind mit schwachen Streifen oder Reihen von Flecken gezeichnet, und da viele verwandte Arten sowohl in der Jugend als auch im erwachsenen Zustand ähnlich gezeichnet sind, so wird kein Naturforscher, welcher an eine allmähliche Entwicklung der Spezies glaubt, daran zweifeln, daß der Urerzeuger des Löwen und Puma ein gestreiftes Tier war und daß die Jungen Spuren dieser Streifen behalten haben, ebenso wie solche bei den Jungen schwarzer Katzen sich finden, welche im erwachsenen Zustand nicht im mindesten gestreift sind. Viele Arten der Hirschfamilie sind im geschlechtsreifen Alter nicht gefleckt und doch sind sie jung mit weißen Flecken bedeckt, wie es auch einige wenige Spezies in ihrem erwachsenen Zustand sind. So sind ferner auch in der ganzen Familie der Schweine (*Suidae*) und bei gewissen im ganzen nur entfernt damit verwandten Tieren, wie beim Tapir, die Jungen mit dunklen Längsstreifen gezeichnet; auch hier haben wir indessen einen Charakter vor uns, welcher allem Anschein nach von einem ausgestorbenen Urerzeuger herrührt und jetzt nur von den Jungen noch beibehalten wird. In allen derartigen Fällen sind die Farben der alten Tiere im Laufe der Zeit abgeändert worden, während die Jungen unverändert geblieben oder nur wenig abgeändert worden sind; und dies ist nach dem Gesetz der Vererbung auf entsprechende Altersstufen bewirkt worden.

Dasselbe Prinzip gilt auch für viele, zu verschiedenen Gruppen gehörenden Vögel, bei welchen die Jungen einander in hohem Grade gleichen und von ihren Eltern im erwachsenen Zustand bedeutend verschieden sind. Die Jungen beinahe sämtlicher Gallinaceen und einiger entfernt damit verwandter Vögel, wie der Strauße, sind im Dunenkleid längsgestreift; dieser Charakter weist aber auf einen so weit zurückliegenden Zustand der Dinge zurück, daß er uns kaum hier angeht. Junge Kreuzschnäbel (*Loxia*) haben zuerst gerade Schnäbel wie die anderen

Finken, und in ihrem gestreiften Jugendgefieder gleichen sie dem erwachsenen Hänfling und dem weiblichen Zeisig ebensowohl wie den Jungen des Stieglitz, Grünfinken und einiger anderen verwandten Arten. Die Jungen vieler Arten von Ammern (*Emberiza*) gleichen sowohl einander als auch dem erwachsenen Zustand der Grau-Ammer (*E. miliaria*). In beinahe der ganzen großen Gruppe der Drosseln haben die Jungen eine gefleckte Brust, – ein Charakter, welchen viele Arten ihr ganzes Leben hindurch behalten haben, welcher aber von anderen, wie z. B. von dem *Turdus migratorius*, vollständig verloren worden ist. So sind ferner bei vielen Drosseln die Federn am Rücken gefleckt, ehe sie sich zum ersten Mal gemausert haben, und dieser Charakter wird von gewissen östlichen Spezies zeitlebens beibehalten. Die Jungen vieler Arten von Würgern (*Lanius*), einiger Spechte und einer indischen Taube (*Chalcophaps indicus*) sind an der unteren Körperfläche quergestreift; und ähnlich sind gewisse verwandte Arten oder Gattungen im erwachsenen Zustand gezeichnet. Von einigen, einander nahe verwandten und prachtvollen indischen Kuckucken (*Chrysococcyx*) weichen die Spezies, wenn sie geschlechtsreif sind, beträchtlich in der Farbe voneinander ab, die Jungen derselben können aber nicht voneinander unterschieden werden. Die Jungen einer indischen Gans (*Sarkidiornis melanonotus*) sind im Gefieder einer verwandten Gattung, *Dendrocygna*, im erwachsenen Zustand sehr ähnlich.[1] Ähnliche Tatsachen werden später in bezug auf gewisse Reiher mitgeteilt werden. Junge Birkhühner (*Tetrao tetrix*) gleichen sowohl den alten Vögeln gewisser Spezies, z. B. *Tetrao scoticus*, als auch deren Jungen. Endlich zeigen sich die natürlichen Verwandtschaften vieler Spezies am besten in dem Jugendgefieder, wie Mr. Blyth, welcher dem Gegenstand eingehende Aufmerksamkeit gewidmet hat, richtig bemerkt hat, und da die wahren Verwandtschaften sämtlicher organischer Wesen von ihrer Abstammung von einem gemeinsamen Urerzeuger abhängen, so bestätigt diese Bemerkung eindringlich die Annahme, daß das Gefieder der jugendlichen Formen uns annäherungsweise die frühere oder vorelterliche Beschaffenheit der Spezies zeigt.

Obgleich uns hierdurch viele junge, zu verschiedenen Ordnungen gehörende Vögel einen Blick auf das Gefieder ihrer weit zurückliegenden frühen Urerzeuger werfen lassen, so gibt es doch auch viele andere Vögel, und zwar sowohl trübe als auch hell gefärbte, bei denen die Jungen ihren Eltern sehr ähnlich sind. Bei solchen Spezies können die Jungen der verschiedenen Arten einander nicht ähnlicher sein, als es die Eltern sind; auch können sie keine auffallenden Ähnlichkeiten mit verwandten Formen in ihrem erwachsenen Zustand darbieten. Sie geben uns nur wenig Aufklärung über das Gefieder ihrer Urerzeuger, ausgenommen, insoweit es wahrscheinlich ist, daß, wenn die jungen und die alten Vögel durch eine ganze Gruppe von Spezies hindurch in einer und der nämlichen Art und Weise gefärbt sind, auch ihre Urerzeuger ähnlich gefärbt waren.

Wir wollen nun die Klassen von Fällen oder die Regeln betrachten, unter welche die Verschiedenheiten und Ähnlichkeiten zwischen dem Gefieder der jungen und alten Vögel entweder beider Geschlechter oder eines Geschlechts allein gruppiert werden können. Gesetze dieser Art wurden zuerst von Cuvier ausgesprochen; mit dem Fortschreiten der Erkenntnis bedürfen sie indessen einiger Modifikation und Erweiterung. Dies habe ich, soweit es die außerordentliche Kompliziertheit des Gegenstandes gestattet, nach Belehrungen die ich aus verschiedenen Quellen schöpfte, zu tun versucht; es ist aber eine erschöpfende Abhandlung über diesen Gegenstand von irgendeinem kompetenten Ornithologen ein dringendes Bedürfnis. Um darüber zu einer Gewißheit zu gelangen, in welcher Ausdehnung jede dieser Regeln gilt, habe ich die in vier umfangreichen Werken mitgeteilten Tatsachen tabellarisch zusammengestellt, nämlich nach

---

[1] In bezug auf Drosseln, Würger und Spechte s. Mr. Blyth, in: Charles-worth's Magaz. of nat. Hist., Vol. I, 1837, p.304; auch die Anmerkung zu seiner Übersetzung von Cuviers „Règne animal", p.159. Auch den Fall von der *Loxia* teile ich nach Mr. Blyths Angaben mit. Über Drosseln s. auch Audubon: Ornitholog. Biography. Vol. II, p.195. Über *Chrysococcyx* und *Chalcophaps* s. Blyth, zitiert von Jerdon: Birds of India. Vol. III, p.485. Über *Sarkidiornis* s. Blyth, in: The Ibis, 1867, p.175.

MacGillivray über die Vögel von Groß-Britannien, nach Audubon über die nordamerikanischen Vögel, nach Jerdon über die Vögel von Indien und nach Gould über die von Australien. Ich will hier noch vorausschicken erstens, daß die verschiedenen Fälle oder Regeln allmählich ineinander übergehen, und zweitens, daß, wenn gesagt wird, die jungen glichen ihren Eltern, damit nicht gemeint sein soll, sie wären ihnen identisch gleich; denn ihre Farben sind beinahe immer etwas weniger lebhaft, auch sind die Federn weicher und oft von einer verschiedenen Form.

Regeln oder Klassen von Fällen

I. Wenn das erwachsene Männchen schöner oder in die Augen fallender ist, als das erwachsene Weibchen, so sind die Jungen beider Geschlechter in ihrem ersten Federkleid dem erwachsenen Weibchen sehr ähnlich, wie beim gemeinen Huhn und dem Pfau; oder, wie es gelegentlich vorkommt, sie sind diesem viel ähnlicher als dem erwachsenen Männchen.
II. Wenn das erwachsene Weibchen in die Augen fallender ist, als das erwachsene Männchen, was zuweilen, wenn auch selten vorkommt, so sind die Jungen beiderlei Geschlechts in ihrem ersten Gefieder den erwachsenen Männchen ähnlich.
III. Wenn das erwachsene Männchen dem erwachsenen Weibchen ähnlich ist, so haben die Jungen beiderlei Geschlechts ein ihnen besonders zukommendes eigentümliches Gefieder, wie z.B. beim Rotkehlchen.
IV. Wenn das erwachsene Männchen dem erwachsenen Weibchen ähnlich ist, so sind die Jungen beiderlei Geschlechts in ihrem ersten Federkleid den Erwachsenen ähnlich, wie es z.B. beim Eisvogel, vielen Papageien, Krähen, Grasmücken der Fall ist.
V. Wenn die Erwachsenen beiderlei Geschlechts ein verschiedenes Sommer- und Wintergefieder haben, mag nun das Männchen vom Weibchen verschieden sein oder nicht, so sind die Jungen den Erwachsenen beiderlei Geschlechts in deren Winterkleid, oder, jedoch viel seltener, in deren Sommerkleid, oder allein den Weibchen ähnlich; oder die Jungen können einen intermediären Charakter tragen; oder ferner sie können von den Erwachsenen in ihren Jahreszeitgefiedern bedeutend verschieden sein.
VI. In einigen wenigen Fällen weichen die Jungen in ihrem ersten Gefieder je nach ihrem Geschlecht voneinander ab, wobei die jungen Männchen mehr oder weniger nahe den erwachsenen Männchen und die jungen Weibchen mehr oder weniger nahe den erwachsenen Weibchen ähnlich sind.

1. Klasse: In dieser Klasse sind die Jungen beiderlei Geschlechts mehr oder weniger nahe den erwachsenen Weibchen ähnlich, während das erwachsene Männchen häufig in der augenfälligsten Art und Weise vom erwachsenen Weibchen verschieden ist. Hier ließen sich unzählige Beispiele aus allen Ordnungen anführen; es wird genügen, den gemeinen Fasan, die Ente und den Haussperling ins Gedächtnis zu rufen. Die in dieser Klasse inbegriffenen Fälle gehen allmählich in andere über. So können die beiden Geschlechter in ihrem erwachsenen Zustand so unbedeutend voneinander und die Jungen so unbedeutend von den Erwachsenen verschieden sein, daß es zweifelhaft wird, ob solche Fälle zu der vorliegenden Klasse oder zu der dritten oder vierten zu ziehen sind. So können ferner die Jungen beider Geschlechter, anstatt einander vollständig gleich zu sein, in einem unbedeutenden Grade voneinander abweichen, wie es in unserer sechsten Klasse der Fall ist. Diese transitionellen Fälle sind indessen nur wenig der Zahl nach oder mindestens nicht scharf ausgesprochen im Vergleich mit denen, welche ganz streng unter die vorliegende Rubrik fallen.
Die Kraft des vorliegenden Gesetzes zeigt sich sehr wohl in denjenigen Gruppen, in welchen der allgemeinen Regel nach die beiden Geschlechter und die Jungen sämtlich einander gleich

sind; denn wenn das Männchen in diesen Gruppen wirklich vom Weibchen verschieden ist, wie bei gewissen Papageien, Eisvögeln, Tauben usw., so sind die Jungen beider Geschlechter dem erwachsenen Weibchen ähnlich.[2] Wir sehen die nämliche Tatsache noch deutlicher in gewissen anomalen Fällen ausgesprochen; so weicht das Männchen von *Heliothrix auriculata* (einem Kolibri) augenfällig vom Weibchen darin ab, daß es eine prachtvolle Kehle und schöne Ohrbüschel hat; das Weibchen ist aber dadurch auffällig, daß es einen viel längeren Schwanz hat als das Männchen. Nun sind die Jungen beider Geschlechter (ausgenommen, daß die Brust mit Bronze gefleckt ist) den erwachsenen Weibchen mit Einschluß der Länge des weiblichen Schwanzes ähnlich, so daß der Schwanz des Männchens faktisch mit dem Erreichen des Reifezustands kürzer wird, was ein äußerst ungewöhnlicher Umstand ist.[3] Ferner ist das Gefieder des männlichen Sägetauchers (*Mergus merganser*) auffallender gefärbt und die Schulterfedern und Schwingen zweiter Ordnung sind viel länger als beim Weibchen; aber verschieden von dem, was soviel ich weiß bei allen übrigen Vögeln vorkommt, ist der Federkamm des erwachsenen Männchens, wenn er auch breiter ist als der des Weibchens, doch beträchtlich kürzer, nämlich nur wenig über einen Zoll lang, während der Federkamm des Weibchens zwei und einen halben Zoll lang ist. Nun sind die Jungen beider Geschlechter in allen Beziehungen den erwachsenen Weibchen ähnlich, so daß ihre Federkämme faktisch von größerer Länge, wenn auch etwas schmaler als beim erwachsenen Männchen sind.[4]

Wenn die Jungen und die Weibchen einander sehr ähnlich und beide vom Männchen verschieden sind, so liegt die Folgerung am nächsten, daß allein das Männchen modifiziert worden ist. Selbst in den anomalen Fällen von *Heliothrix* und *Mergus* ist es wahrscheinlich, daß ursprünglich beide Geschlechter im erwachsenen Zustand bei der einen Spezies mit einem beträchtlich verlängerten Schwanz und bei der anderen mit einem sehr verlängerten Federkamm versehen waren, daß diese Charaktere seitdem von den erwachsenen Männchen aus irgendeiner unerklärten Ursache verloren und in ihrem verkleinerten Zustand allein ihren männlichen Nachkommen in dem entsprechenden Alter der Geschlechtsreife überliefert worden sind. Die Annahme, daß in der vorliegenden Klasse, soweit die Verschiedenheiten zwischen den Männchen und den Weibchen zusammen mit deren Jungen in Betracht kommen, allein das Männchen modifiziert worden ist, wird nachdrücklich durch einige merkwürdige, von Mr. Blyth[5] mitgeteilte Tatsachen in bezug auf nahe verwandte Spezies, welche einander in verschiedenen Ländern repräsentieren, unterstützt. Denn bei mehreren dieser stellvertretenden Spezies haben die erwachsenen Männchen einen gewissen Betrag von Veränderung erlitten und können unterschieden werden; die Weibchen und die Jungen aus den verschiedenen Ländern sind dagegen nicht zu unterscheiden und sind daher absolut unverändert geblieben. Dies ist der Fall bei gewissen indischen Schmätzern (*Thamnobia*), bei gewissen Honigsaugern (*Nectarinia*), Würgern (*Tephrodornis*), gewissen Eisvögeln (*Tanysiptera*), Kalij-Fasanen (*Gallophasis*) und Baum-Rebhühnern (*Arboricola*).

---

[2] S. z. B. Mr. Goulds Beschreibung von *Cyanalcyon*, einem der Eisvögel (Handbook to the Birds of Australia. Vol. I, p.133), bei welchem indessen das junge Männchen, obschon es dem erwachsenen Weibchen ähnlich ist, weniger brillant gefärbt ist. In einigen Spezies von *Dacelo* haben die Männchen blaue Schwänze und die Weibchen braune; und Mr. R. B. Sharpe teilt mir mit, daß der Schwanz des jungen Männchens von *D. Gaudichaudii* anfangs braun ist. Mr. Gould hat (a.a.O., Vol. II, p.14, 20, 37) die Geschlechter und die Jungen gewisser schwarzer Kakadus und des Königs-Loris' beschrieben, bei welchen dasselbe Gesetz herrscht. S. auch Jerdon: Birds of India. Vol. I, p.260, über *Palaeornis rosa*, bei dem die Jungen mehr gleich dem Weibchen als dem Männchen sind. S. Audubon: Ornitholog. Biography. Vol. II, p.745, über die beiden Geschlechter und die Jungen von *Columba passerina*.
[3] Ich verdanke die Kenntnis dieser Tatsache Mr. Gould, welcher mir die Exemplare zeigte; s. auch seine „Introduction to the Trochilidae", 1861, p.120.
[4] MacGillivray: History of British Birds. Vol. V, p.207-214.
[5] S. dessen ausgezeichneten Aufsatz, in: Journal of the Asiatic Society of Bengal. Vol. XIX, 1850, p.223; s. auch Jerdon: Birds of India. Vol. I. Introduction, p.XXIX. In bezug auf Tanysiptera sagte Professor Schlegel Mr. Blyth, daß er mehrere verschiedene Rassen durch Vergleich der erwachsenen Männchen unterscheiden könne.

Vögel (Schluß)

In einigen analogen Fällen, nämlich bei Vögeln, welche ein verschiedenes Sommer- und Wintergefieder haben und deren Geschlechter nahezu gleich sind, können gewisse einander nahe verwandte Arten in ihrem Sommer- oder Hochzeitsgefieder leicht unterschieden werden, sind aber in ihrem Winterkleid ebenso wie in ihrem jugendlichen Gefieder ununterscheidbar. Dies ist der Fall bei einigen der nahe untereinander verwandten indischen Bachstelzen oder *Motacillae*. Mr. Swinhoe teilt mir mit[6], daß drei Spezies von *Ardeola*, einer Gattung der Reiher, welche einander auf verschiedenen Kontinenten vertreten, „in der auffallendsten Weise verschieden" sind, wenn sie mit ihren Sommerschmuckfedern geziert sind, daß sie aber nur schwer, wenn überhaupt, während des Winters voneinander unterschieden werden können. Es sind die Jungen dieser drei Spezies in ihrem Jugendgefieder gleichfalls den Erwachsenen in ihrem Winterkleid sehr ähnlich. Dieser Fall ist umso merkwürdiger, als in zwei anderen Spezies von *Ardeola* beide Geschlechter während des Winters und des Sommers nahezu dasselbe Gefieder behalten, wie das ist, was die drei zuerst erwähnten Spezies während des Winters und in ihrem unreifen Alterszustand besitzen; und dieses Gefieder, welches mehreren verschiedenen Spezies auf verschiedenen Altersstufen und zu verschiedenen Jahreszeiten gemeinsam zukommt, zeigt uns wahrscheinlich, wie der Urerzeuger der Gattung gefärbt war. In allen diesen Fällen können wir annehmen, daß das Hochzeitsgefieder, welches ursprünglich von den erwachsenen Männchen während der Paarungszeit erlangt und auf die Erwachsenen beider Geschlechter in der entsprechenden Jahreszeit vererbt wurde, modifiziert worden ist, während das Winterkleid und das Gefieder der unreifen Jungen unverändert gelassen worden ist.

Es entsteht nun natürlich die Frage: Woher kommt es, daß in diesen letzteren Fällen das Wintergefieder beider Geschlechter und in den zuerst erwähnten Fällen das Gefieder der erwachsenen Weibchen ebenso wie das unreife Gefieder der Jungen durchaus gar nicht beeinflußt worden ist? Diejenigen Spezies, welche einander in verschiedenen Ländern vertreten, werden beinahe immer irgendwie etwas verschiedenen Bedingungen ausgesetzt worden sein; wir können aber die Modifikation des Gefieders allein der Männchen kaum dieser Wirkung zuschreiben, wenn wir sehen, daß die Weibchen und die Jungen, obwohl sie in ähnlicher Weise denselben Bedingungen ausgesetzt gewesen sind, nicht affiziert wurden. Kaum irgendeine Tatsache in der Natur zeigt uns deutlicher, wie untergeordnet in ihrer Bedeutung die direkte Wirkung der Lebensbedingungen ist im Vergleich mit der durch Zuchtwahl bewirkten Anhäufung unbestimmter Abänderungen, als die überraschende Verschiedenheit zwischen den Geschlechtern vieler Vögel; denn beide Geschlechter müssen dieselbe Nahrung konsumiert haben und demselben Klima ausgesetzt gewesen sein. Nichtsdestoweniger hindert uns nichts, anzunehmen, daß im Laufe der Zeit neue Lebensbedingungen irgendeine direkte Wirkung entweder auf beide Geschlechter oder, infolge der konstitutionellen Verschiedenheiten, nur auf ein Geschlecht allein hervorbringen können. Wir sehen nur, daß dies seiner Bedeutung nach den angehäuften Resultaten der Zuchtwahl untergeordnet ist. Wenn indessen eine Spezies in ein neues Land einwandert – und dies muß ja der Bildung stellvertretender Arten vorausgehen, – so werden die veränderten Bedingungen, welchen dieselbe beinahe immer ausgesetzt sein wird, Veranlassung sein, daß sie auch einer weitverbreiteten Analogie nach zu urteilen, einem gewissen Betrag fluktuierender Variabilität unterliegen wird. In diesem Falle wird die geschlechtliche Zuchtwahl, welche von einem im höchsten Grade der Veränderung ausgesetzten Element abhängt, nämlich von dem Geschmack oder der Bewunderung des Weibchens, neue Farbschattierungen oder andere Verschiedenheiten gefunden haben, auf welche sie wirken und welche sie anhäufen konnte; und da geschlechtliche Zuchtwahl beständig in Wirksamkeit ist, so würde es, – nach dem, was wir von den Resultaten der unbeabsichtigten Zuchtwahl seitens des Menschen in bezug auf domestizierte Tiere wissen, – eine überraschende Tatsache sein, wenn Tiere, welche getrennte Bezirke be-

---

[6] S. auch Mr. Swinhoe, in: Ibis. July 1863, p.131, und einen früheren Aufsatz mit einem Auszug einer Notiz von Mr. Blyth, in: Ibis. Jan. 1861, p.52.

Sechzehntes Kapitel

wohnen, welche sich niemals kreuzen und hierdurch ihre neuerlich erlangten Charaktere verschmelzen können, nicht nach einem genügenden Zeitraum verschiedenartig modifiziert worden sein sollten. Diese Bemerkungen beziehen sich in gleicher Weise auf das Hochzeitskleid oder Sommergefieder, mag dasselbe nun auf das Männchen beschränkt oder beiden Geschlechtern eigen sein.

Obgleich die Weibchen der obengenannten nahe miteinander verwandten Arten ebenso wie ihre Jungen kaum irgendwie voneinander verschieden sind, so daß die Männchen allein unterschieden werden können, so weichen doch in den meisten Fällen die Weibchen der Spezies innerhalb eines und des nämlichen Genus nachweisbar voneinander ab. Indessen sind die Verschiedenheiten selten so bedeutend wie die zwischen den Männchen. Wir sehen dies deutlich in der ganzen Familie der Gallinaceen; so sind beispielsweise die Weibchen des gemeinen und des japanesischen Fasans und besonders des Gold- und des Amherst-Fasans, – vom Silberfasan und dem wilden Huhn, – einander in der Farbe sehr ähnlich, während die Männchen in einem außerordentlichen Grade voneinander verschieden sind. Dasselbe ist auch bei den Weibchen der meisten Cotingiden, Fringilliden und vieler anderer Familien der Fall. Es läßt sich in der Tat nicht daran zweifeln, daß, als allgemeine Regel, die Weibchen in einer geringeren Ausdehnung modifiziert worden sind als die Männchen. Einige wenige Vögel indessen bieten eine eigentümliche und unerklärliche Ausnahme dar; so weichen die Weibchen von *Paradisea apoda* und *P. papuana* mehr voneinander ab, als es ihre respektiven Männchen tun[7]; das Weibchen der letzteren Spezies ist an der unteren Körperfläche rein weiß, während das Weibchen der *P. apoda* unten tief braun ist. Ferner weichen, wie ich von Professor Newton höre, die Männchen zweier Spezies von *Oxynotus* (Würger), welche einander auf den Inseln Mauritius und Bourbon ersetzen[8], nur wenig in der Farbe voneinander ab, während die Weibchen sehr verschieden sind. Bei der Spezies von Bourbon scheint es, als ob das Weibchen zum Teil einen Jugendzustand des Gefieders beibehalten hätte, denn auf den ersten Blick „möchte man dasselbe für das Junge der Spezies von Mauritius halten". Diese Verschiedenheiten lassen sich mit denen vergleichen, welche unabhängig von der Zuchtwahl durch den Menschen und für uns unerklärbar bei gewissen Unterrassen des Kampfhahns vorkommen, bei welchen die Weibchen sehr verschieden sind, während die Männchen kaum unterschieden werden können.[9]

Da ich nun die Verschiedenheiten zwischen den Männchen verwandter Arten in so großer Ausdehnung durch geschlechtliche Zuchtwahl erkläre, wie lassen sich dann die Verschiedenheiten zwischen den Weibchen in allen gewöhnlichen Fällen erklären? Wir haben hier nicht nötig, die zu verschiedenen Gattungen gehörenden Arten zu betrachten; denn bei diesen werden Anpassung an verschiedene Lebensweisen und andere Kräfte mit ins Spiel gekommen sein. In bezug auf die Verschiedenheiten zwischen den Weibchen innerhalb einer und der nämlichen Gattung scheint es mir nach Durchsicht mehrerer großer Gruppen beinahe gewiß zu sein, daß die in einem größeren oder geringeren Grade eingetretene Übertragung von Charakteren, welche von den Männchen durch geschlechtliche Zuchtwahl erlangt worden waren, auf das Weibchen die hauptsächlich wirksame Kraft gewesen ist. Bei den verschiedenen britischen Finkenarten weichen die Geschlechter entweder sehr unbedeutend oder beträchtlich voneinander ab; und wenn wir die Weibchen des Grünfinken, Buchfinken, Stieglitz, Gimpel, Kreuzschnabel, Sperling usw. vergleichen, so sehen wir, daß sie hauptsächlich in den Punkten voneinander verschieden sind, in welchen sie zum Teil ihren respektiven Männchen gleichen; und die Farben der Männchen können wir getrost der geschlechtlichen Zuchtwahl zuschreiben. Bei vielen hühnerartigen Vögeln weichen die beiden Geschlechter in einem ganz außerordentlichen Grade voneinander ab, so beim Pfau, beim Fasan, beim Huhn, während bei anderen Spezies eine teilweise oder

---

[7] Wallace: The Malay Archipelago. Vol. II, 1869, p.394.

[8] Es sind diese Spezies unter Beigabe kolorierter Figuren von M. F. Pollen beschrieben, in: Ibis, 1866, p.275.

[9] Das Variieren der Tiere und Pflanzen im Zustand der Domestikation. 2. Aufl., Bd. I, p.280.

Vögel (Schluß)

selbst vollständige Übertragung von Charakteren vom Männchen auf das Weibchen stattgefunden hat. Die Weibchen der verschiedenen Spezies von *Polyplectron* bieten in einem undeutlichen Zustand, und zwar hauptsächlich auf dem Schwanz, die prachtvollen Augenflecken ihrer Männchen dar. Das weibliche Rebhuhn weicht vom Männchen nur darin ab, daß der rote Fleck auf seiner Brust kleiner ist, und die wilde Truthenne nur darin, daß ihre Farben viel trüber sind. Bei dem Perlhuhn sind die beiden Geschlechter nicht voneinander zu unterscheiden. Es liegt in der Annahme nichts Unwahrscheinliches, daß das einfarbige, wenn auch eigentümlich gefleckte Gefieder dieses letzteren Vogels zunächst durch geschlechtliche Zuchtwahl von den Männchen erlangt und dann auf beide Geschlechter überliefert worden ist; denn es ist nicht wesentlich von dem viel schöner gefleckten Gefieder verschieden, welches allein für das Männchen des Tragopan-Fasanen charakteristisch ist.

Es ist zu beachten, daß in manchen Fällen diese Übertragung der Charaktere von dem Männchen auf das Weibchen allem Anschein nach in einer weit zurückliegenden Zeit bewirkt worden ist, wonach später das Männchen bedeutenden Abänderungen unterlegen ist, ohne irgendwelche seiner später erlangten Charaktere auf das Weibchen zu übertragen. So sind z. B. das Weibchen und die Jungen des Birkhuhns (*Tetrao tetrix*) den beiden Geschlechtern und den Jungen des Moorhuhns (*T. scoticus*) ziemlich ähnlich; und wir können infolge hiervon schließen, daß das Birkhuhn von irgendeiner alten Spezies abstammt, bei welcher beide Geschlechter in nahezu derselben Weise gefärbt waren, wie das Moorhuhn. Da beide Geschlechter dieser letzteren Spezies während der Paarungszeit deutlicher gestreift sind, als zu irgendeiner anderen Zeit, und da das Männchen unbedeutend in seinen schärfer ausgesprochenen roten und braunen Tönen abweicht[10], so können wir folgern, daß sein Gefieder wenigstens in einer gewissen Ausdehnung von geschlechtlicher Zuchtwahl beeinflußt worden ist. Ist dies der Fall gewesen, so können wir weiter schließen, daß das nahezu ähnliche Gefieder des weiblichen Birkhuhns in einer früheren Periode auf ähnliche Weise entstanden ist. Seit dieser Zeit aber hat das männliche Birkhuhn sein schönes schwarzes Gefieder und seine gegabelten und nach außen gekräuselten Schwanzfedern erhalten; es ist aber kaum irgendeine Übertragung dieser Charaktere auf das Weibchen eingetreten, ausgenommen daß dasselbe an seinem Schwanz eine Spur der gekrümmten Gabelung zeigt.

Wir können daher schließen, daß das Gefieder der Weibchen verschiedener, wenn auch verwandter Arten oft dadurch mehr oder weniger verschieden geworden ist, daß Charaktere, welche sowohl in früheren als auch in neueren Zeiten von den Männchen durch geschlechtliche Zuchtwahl erlangt wurden, in verschiedenen Graden auf sie übertragen worden sind. Es verdient indessen besondere Aufmerksamkeit, daß glänzende Färbungen viel seltener übertragen worden sind, als andere Farbtöne. So hat z. B. das Männchen des Blaukehlchens (*Cyanecula suecica*) eine reichblaue Oberbrust, mit einem schwach dreieckigen roten Fleck; nun sind Zeichnungen von annähernd derselben Form auf das Weibchen übertragen worden, der mittlere Fleck ist aber rötlichbraun statt rot und wird von gefleckten anstatt von blauen Federn umgeben. Die hühnerartigen Vögel bieten viele analoge Fälle dar; denn keine von denjenigen Arten, so die Rebhühner, Wachteln, Perlhühner usw., bei welchen die Farben des Gefieders in hohem Grade von Männchen auf das Weibchen übertragen worden sind, ist glänzend gefärbt. Dies erläutern die Fasanen sehr gut, bei welchen das Männchen allgemein um so vieles glänzender ist als das Weibchen; aber bei dem Ohrenfasan und dem Wallichschen (*Crossoptilon auritum* und *Phasianus Wallichii*) sind die Geschlechter einander sehr ähnlich und ihre Färbungen sind trüb. Wir können selbst soweit gehen, anzunehmen, daß, wenn irgendein Teil des Gefieders dieser beiden Fasanen glänzend gefärbt gewesen wäre, dies nicht auf die Weibchen übertragen worden wäre. Diese Tatsachen unterstützen nachdrücklich die Ansicht von Mr. Wallace, daß bei Vögeln, wel-

---

[10] MacGillivray: History of British Birds. Vol. I, p.172-174.

che während der Zeit des Nistens vieler Gefahr ausgesetzt sind, die Übertragung heller Farben vom Männchen auf das Weibchen durch natürliche Zuchtwahl gehemmt worden ist. Wir dürfen indessen nicht vergessen, daß eine andere, früher mitgeteilte Erklärung möglich ist: daß nämlich diejenigen Männchen, welche variierten und hell gefärbt wurden, solange sie jung und unerfahren waren, großer Gefahr ausgesetzt gewesen und wohl meist zerstört worden sind; wenn auf der anderen Seite die älteren und vorsichtigeren Männchen in gleicher Weise variierten, so werden diese nicht bloß imstande gewesen sein, leben zu bleiben, sondern werden auch bei ihrer Konkurrenz mit anderen Männchen begünstigt gewesen sein. Abänderungen nun, welche spät im Leben auftreten, neigen dazu, ausschließlich auf dasselbe Geschlecht übertragen zu werden, so daß in diesem Falle äußerst glänzende Färbungen nicht auf die Weibchen übertragen worden sein würden. Auf der anderen Seite wären Zierate einer weniger augenfälligen Art, solche wie sie der Ohren- und Wallichs-Fasan besitzen, nicht gefährlich gewesen, und wären sie in früher Jugend erschienen, würden sie allgemein auf beide Geschlechter überliefert worden sein.

Außer den Wirkungen einer teilweisen Übertragung der Charaktere von den Männchen auf die Weibchen, können einige der Verschiedenheiten zwischen den Weibchen nahe verwandter Spezies auch der direkten oder bestimmten Wirkung der Lebensbedingungen zugeschrieben werden.[11] Bei den Männchen wird eine jede derartige Wirkung durch die glänzenden, infolge von geschlechtlicher Zuchtwahl erlangten Farben verhüllt worden sein; aber nicht so bei den Weibchen. Jede der endlosen Verschiedenheiten im Gefieder, welche wir bei unseren domestizierten Vögeln sehen, ist natürlich das Resultat irgendeiner bestimmten Ursache; und unter natürlichen und gleichförmigeren Bedingungen wird irgendeine gewisse Färbung, vorausgesetzt, daß sie in keiner Weise nachteilig ist, beinahe sicher früher oder später vorherrschen. Die reichliche Kreuzung der vielen zu einer und derselben Spezies gehörenden Individuen wird am Ende dahin streben, jede hierdurch veranlaßte Veränderung in der Farbe dem Charakter nach gleichförmig zu machen.

Es zweifelt niemand daran, daß bei vielen Vögeln die Färbung beider Geschlechter zum Zweck des Schutzes den Umgebungen angepaßt ist; und es ist möglich, daß bei einigen Arten allein die Weibchen in dieser Weise modifiziert worden sind. Obschon es ein schwieriger und, wie im letzten Kapitel gezeigt wurde, vielleicht unmöglicher Prozeß sein würde, die eine Form der Überlieferung durch Zuchtwahl in die andere zu verwandeln, so dürfte doch nicht die geringste Schwierigkeit vorhanden sein, die Farben der Weibchen unabhängig von denen des Männchens dadurch umgebenden Gegenständen anzupassen, daß Abänderungen, welche von Anfang an in ihrer Überlieferung auf das weibliche Geschlecht beschränkt waren, gehäuft wurden. Wären die Abänderungen nicht in dieser Art beschränkt, so würden die hellen Farben des Männchens verkümmert oder zerstört werden. Ob allein die Weibchen vieler Spezies in dieser Weise speziell modifiziert worden sind, ist gegenwärtig noch sehr zweifelhaft. Ich wünschte, Mr. Wallace der ganzen Ausdehnung nach folgen zu können; denn seine Annahme würde einige Schwierigkeiten beseitigen. Eine jede Abänderung, welche für das Weibchen von keinem Nutzen als Schutzmittel wäre, würde sofort wieder fehlschlagen, statt einfach dadurch verlorenzugehen, daß sie bei der Zuchtwahl nicht berücksichtigt würde, oder daß sie infolge der reichlichen Kreuzung verlorenginge, oder daß sie eliminiert werden würde, wenn sie auf das Männchen übertragen und diesem in irgendwelcher Art schädlich, wäre. So würde das Gefieder des Weibchens in seinem Charakter konstant erhalten werden. Es wäre gleichfalls eine Erleichterung, wenn wir annehmen könnten, daß die dunkleren Färbungen beider Geschlechter bei vielen Vögeln zum Zweck des Schutzes erlangt und bewahrt worden wären, – so z.B. bei dem Graukehlchen und dem Zaunkönig (*Accentor modularis* und *Troglodytes vulgaris*), – in bezug auf welche Erscheinung wir für die Wirksamkeit der geschlechtlichen Zuchtwahl nicht hinreichende Be-

---

[11] S. über diesen Gegenstand das 23. Kapitel in dem „Variieren der Tiere und Pflanzen im Zustand der Domestikation".

Vögel (Schluß)

weise haben. Wir müssen indessen in bezug auf die Folgerung, daß Färbungen, welche uns trübe erscheinen, auch den Weibchen gewisser Spezies nicht anziehend sind, vorsichtig sein; wir sollten derartige Fälle im Sinne behalten, wie den gemeinen Haussperling, bei welchem das Männchen bedeutend vom Weibchen abweicht, aber keine hellen Farbtöne darbietet. Wahrscheinlich wird niemand bestreiten wollen, daß viele hühnerartige Vögel, welche auf offenem Grund leben, ihre jetzigen Färbungen wenigstens zum Teil als Schutzmittel erlangt haben. Wir wissen, wie gut sie durch dieselben sich verbergen können; wir wissen, daß Schneehühner, während sie ihr Wintergefieder in das Sommerkleid umwandeln, die ja beide für sie protektiv sind, bedeutend durch Raubvögel leiden. Können wir aber wohl annehmen, daß die sehr unbedeutenden Verschiedenheiten in den Farbtönen und Zeichnungen z. B. zwischen dem weiblichen Birkhuhn und Moorhuhn als Schutzmittel dienen? Sind Rebhühner, so wie sie jetzt gefärbt sind, besser geschützt, als wenn sie Wachteln ähnlich geworden wären? Dienen die unbedeutenden Verschiedenheiten zwischen den Weibchen des gemeinen Fasans, des japanischen und Gold-Fasans zum Schutz oder hätte ihr Gefieder nicht ohne weiteren Nachteil vertauscht werden können? Nach dem, was Mr. Wallace von der Lebensweise gewisser hühnerartigen Vögel des östlichen Asiens beobachtet hat, glaubt er, daß solche geringen Verschiedenheiten wohltätig sind. Was mich betrifft, so will ich nur sagen, daß ich nicht überzeugt bin.

Als ich früher noch geneigt war, ein großes Gewicht auf das Prinzip des Schutzes als Erklärungsmittel der weniger hellen Farben weiblicher Vögel zu legen, kam mir der Gedanke, daß möglicherweise ursprünglich beide Geschlechter und die Jungen in gleichem Grade hell gefärbt gewesen sein könnten, daß aber später die Weibchen wegen der während der Brütezeit erwachsenen Gefahr und die Jungen wegen ihrer Unerfahrenheit behufs eines Schutzes dunkler geworden seien. Diese Ansicht wird aber durch keine Beweise unterstützt und ist nicht wahrscheinlich; denn wir setzen damit in unserer Vorstellung die Weibchen und die Jungen während vergangener Zeiten Gefahren aus, vor denen die modifizierten Nachkommen derselben zu schützen sich später als notwendig herausgestellt hätte. Wir hätten auch durch einen allmählichen Prozeß der Zuchtwahl die Weibchen und die Jungen auf beinahe genau dieselben Färbungen und Zeichnungen zurückzuführen und diese auf das entsprechende Geschlecht und Lebensalter zu überliefern. Es wäre auch eine etwas befremdende Tatsache, – unter der Annahme, daß die Weibchen und die Jungen während einer jeden Stufe des Modifikationsprozesses eine Neigung gezeigt hätten, so hell gefärbt zu werden wie die Männchen, – daß die Weibchen niemals dunkel gefärbt worden wären, ohne daß gleichzeitig auch die Jungen an dieser Veränderung teilgenommen hatten; denn soviel ich ermitteln kann, liegen keine Fälle vor von Spezies, bei denen die Weibchen trübe gefärbt, die Jungen dagegen hell gefärbt sind. Eine teilweise Ausnahme hiervon bieten indessen die Jungen gewisser Spechte dar, denn sie haben „den ganzen oberen Teil des Kopfes mit Rot gefärbt", welches sich später entweder bei den Erwachsenen beider Geschlechter zu einer einfachen kreisförmigen roten Linie vermindert oder bei den erwachsenen Weibchen vollständig verschwindet.[12]

Was schließlich die vorliegende Klasse von Fällen betrifft, so scheint die wahrscheinlichste Ansicht die zu sein, daß aufeinanderfolgende Abänderungen im Glanz oder in anderen ornamentalen Charakteren, welche bei den Männchen zu einer im ganzen späteren Lebensperiode auftraten, allein erhalten worden sind, und daß die meisten oder sämtliche dieser Abänderungen infolge der späten Lebensperiode, in welcher sie erschienen, von Anfang an nur auf die erwachsenen männlichen Nachkommen überliefert worden sind. Eine jede Abänderung in der Helligkeit, welche bei den Weibchen oder bei den Jungen aufgetreten wäre, würde für diese von keinem Nutzen gewesen und nicht bei der Nachzucht besonders gewählt worden sein; sie würde überdies, wäre sie gefährlich gewesen, beseitigt worden sein. In dieser Weise werden daher die

---

[12] Audubon: Ornitholog. Biography. Vol. I, p.193. MacGillivray: History of British Birds. Vol. III, p.85. S. auch den oben angeführten Fall von *Indopicus Carlottae*.

Weibchen und die Jungen entweder nicht modifiziert worden, oder, und dies ist um vieles häufiger vorgekommen, sie werden zum Teil durch Übertragung einiger der bei den Männchen nacheinander erscheinenden Abänderungen modifiziert worden sein. Auf beide Geschlechter haben vielleicht die Lebensbedingungen, welchen sie lange ausgesetzt gewesen waren, direkt eingewirkt; da aber die Weibchen nicht auch noch anderweitig modifiziert worden sind, werden diese alle Folgen derartiger Einwirkungen am besten darbieten. Diese Veränderungen werden wie alle anderen durch die reichliche Kreuzung vieler Individuen gleichförmig erhalten worden sein. In einigen Fällen, besonders bei Bodenvögeln, können auch die Weibchen und die Jungen unabhängig von den Männchen möglicherweise zum Zweck des Schutzes modifiziert worden sein, so daß sie beide das nämliche trübe Gefieder erlangt haben.

2. Klasse: Wenn das erwachsene Weibchen in die Augen fallender ist als das erwachsene Männchen, so sind die Jungen beiderlei Geschlechts in ihrem ersten Gefieder dem erwachsenen Männchen ähnlich. – Diese Klasse enthält gerade die umgekehrten Fälle von denen der vorigen, denn hier sind die Weibchen heller gefärbt oder mehr in die Augen fallend als die Männchen, und die Jungen sind, soweit man sie kennt, den erwachsenen Männchen ähnlich, statt den erwachsenen Weibchen zu gleichen. Die Verschiedenheit zwischen den Geschlechtern ist indessen niemals annähernd so groß, wie es bei vielen Vögeln in der ersten Klasse vorkommt, und die Fälle sind auch vergleichsweise selten. Mr. Wallace, welcher zuerst die Aufmerksamkeit auf die eigentümliche Beziehung lenkte, welche zwischen den weniger hellen Farben der Männchen und den von ihnen ausgeübten Pflichten des Brütens besteht, legt auf diesen Punkt ein großes Gewicht[13], als einen entscheidenden Beweis dafür, daß dunklere Farben zum Zweck des Schutzes während der Nidifikationsperiode erlangt worden sind. Eine davon verschiedene Ansicht scheint mir wahrscheinlicher zu sein. Da die Fälle merkwürdig und nicht zahlreich sind, so will ich alle hier anführen, welche ich zu finden imstande war.

In einer Abteilung der Gattung *Turnix* (wachtelartige Vögel) ist das Weibchen ausnahmslos größer als das Männchen (in einer der australischen Arten ist es nahezu zweimal so groß) und dies ist bei den hühnerartigen Vögeln ein ungewöhnlicher Umstand. Bei den meisten Spezies ist das Weibchen entschiedener und heller gefärbt als das Männchen[14] in einigen wenigen Arten sind indessen die Geschlechter einander gleich. Bei *Turnix taigoor* aus Indien „fehlt dem Männchen das Schwarz an der Kehle und dem Hals, und der ganze Färbungston des Gefieders ist heller und weniger ausgesprochen als der des Weibchens". Das Weibchen scheint lauter zu sein und ist sicher viel kampfsüchtiger als das Männchen, so daß die Weibchen, und nicht die Männchen, häufig von den Eingeborenen zum Kämpfen gehalten werden wie Kampfhähne. Wie von englischen Vogelfängern männliche Vögel in der Nähe einer Falle als Lockvögel aufgestellt werden, um andere Männchen durch Erregung ihrer Eifersucht zu fangen, so werden in Indien die Weibchen dieser *Turnix* hierzu verwandt. Sind die Weibchen in dieser Weise aufgestellt, so beginnen sie sehr bald „ihren lauten schnurrenden Lockruf ertönen zu lassen, welcher eine bedeutende Entfernung weit gehört werden kann, und alle Weibchen im Bereich der Hörbarkeit dieses Rufes laufen eiligst zu der Stelle hin und beginnen mit dem gefangenen Vogel zu kämpfen". Auf diese Weise können zwölf bis zwanzig Vögel, sämtlich brütende Weibchen, im Laufe eines einzigen Tages gefangen werden. Die Eingeborenen behaupten, daß die Weibchen, nachdem sie die Eier gelegt haben, sich in Herden versammeln und es den Männchen überlassen, die Eier auszubrüten. Es ist kein Grund vorhanden, diese Behauptungen zu bezweifeln, welche durch einige von Mr. Swinhoe in China gemachte Be-

---

[13] Westminster Review. July 1867, und: A. Murray: Journal of Travel, 1868, p.83.
[14] Wegen der australischen Arten s. Gould: Handbook to the Birds of Australia. Vol. II, p.178, 180, 186 und 188. An den Exemplaren der Trappenwachtel (*Pedionomus torquatus*) im Britischen Museum lassen sich ähnliche geschlechtliche Verschiedenheiten erkennen.

obachtungen unterstützt werden.[15] Mr. Blyth glaubt, daß die Jungen beider Geschlechter den erwachsenen Männchen ähnlich sind.

Die Weibchen der drei Arten von Goldschnepfen (*Rhynchaea*) „sind nicht größer, aber viel reicher gefärbt als die Männchen"[16]. Bei allen übrigen Vögeln, bei welchen die Luftröhre ihrer Struktur nach in den beiden Geschlechtern verschieden ist, ist sie bei den Männchen entwickelter und komplizierter als bei den Weibchen; aber bei der *Rhynchaea australis*, ist sie beim Männchen einfach, während sie beim Weibchen vier besondere Windungen beschreibt, ehe sie in die Lungen eintritt.[17] Es hat daher das Weibchen dieser Spezies einen eminent männlichen Charakter erhalten. Mr. Blyth hat durch Untersuchung vieler Exemplare ermittelt, daß bei *Rh. bengalensis*, welche Spezies der *Rh. australis* so ähnlich ist, daß sie, ausgenommen durch ihre kürzeren Zehen, kaum von ihr unterschieden werden kann, die Luftröhre in keinem der beiden Geschlechter gewunden ist. Diese Tatsache bietet ein weiteres auffallendes Beispiel für das Gesetz dar, daß sekundäre Sexualcharaktere oft bei nahe verwandten Formen weit voneinander verschieden sind, obschon es ein sehr seltener Umstand ist, wenn sich derartige Verschiedenheiten auf das weibliche Geschlecht beziehen. Es wird angegeben, daß die Jungen beider Geschlechter von *Rh. bengalensis* in ihrem ersten Gefieder den erwachsenen Männchen ähnlich sind.[18] Es ist auch Grund zu der Annahme vorhanden, daß das Männchen die Pflicht des Ausbrütens auf sich nimmt; denn Mr. Swinhoe[19] fand die Weibchen vor Ende des Sommers zu Herden versammelt, wie es mit den Weibchen von *Turnix* vorkommt.

Die Weibchen von *Phalaropus fulicarius* und *Ph. hyperboreus* sind größer und in ihrem Sommergefieder „lebhafter in ihrer Erscheinung als die Männchen". Doch ist die Verschiedenheit in der Farbe zwischen den Geschlechtern durchaus nicht augenfällig. Nur das Männchen von *Ph. fulicarius* übernimmt nach Professor Steenstrup die Verpflichtung des Brütens, wie es sich auch durch den Zustand seiner Brustfedern während der Brütezeit ergibt. Das Weibchen des Morinell-Regenpfeifers (*Eudromias morinellus*) ist größer als das Männchen, und die roten und schwarzen Farbtöne auf der unteren Fläche, der weiße halbmondförmige Fleck auf der Brust und die Streifen oberhalb der Augen sind bei ihm stärker ausgebildet. Auch nimmt das Weibchen wenigstens am Ausbrüten der Eier Teil; aber auch das Weibchen sorgt für die Jungen.[20] Ich bin nicht imstande gewesen, zu ermitteln, ob bei diesen Arten die Jungen den erwachsenen Männchen in bedeutenderem Grade ähnlich sind als den erwachsenen Weibchen; denn der Vergleich ist wegen der doppelten Mauserung etwas schwierig anzustellen.

Wenden wir uns nun zu der Ordnung der Strauße: Jedermann würde das Männchen des gemeinen Kasuars (*Casuarius galeatus*) für das Weibchen zu halten geneigt sein, da es kleiner ist und die Anhänge und die nackten Hautstellen am Kopf viel weniger hell gefärbt sind; auch hat mir Mr. Bartlett mitgeteilt, daß es im zoologischen Garten sicher allein das Männchen ist, welches auf den Eiern sitzt und die Sorge um die Jungen übernimmt.[21] Mr. T. W. Wood gibt an[22],

---

[15] Jerdon: Birds of India. Vol. III, p.596. Mr. Swinhoe, in : Ibis, 1865, p.542; 1866, p.131, 405.
[16] Jerdon: Birds of India. Vol. III, p.677.
[17] Gould's Handbook to the Birds of Australia. Vol. II, p.275.
[18] The Indian Field. Sept. 1858, p.3.
[19] Ibis, 1886, p.298.
[20] In bezug auf diese verschiedenen Angaben s. Gould: Birds of Great Britain. Professor Newton teilt mir mit, er sei nach seinen eigenen Beobachtungen wie nach denen anderer schon lange überzeugt gewesen, daß die Männchen der oben genannten Spezies entweder zum Teil oder vollständig die Pflicht der Bebrütung auf sich nehmen und daß sie im Falle einer Gefahr eine viel „größere Hingabe an ihre Jungen zeigen, als die Weibchen tun". So ist es auch, wie er mir mitteilt, mit der *Limosa lapponica* und einigen wenigen anderen Watvögeln der Fall, bei welchen die Weibchen größer sind und viel schärfer kontrastierende Farben besitzen als die Männchen.
[21] Die Eingeborenen von Ceram behaupten (Wallace: Malay Archipelago. Vol. II, p.150), daß das Männchen und das Weibchen abwechselnd auf den Eiern sitzen; diese Angabe ist aber, wie Mr. Bartlett glaubt, so zu erklären, daß das Weibchen das Nest besucht, um seine Eier abzulegen.
[22] The Student, April 1870, p.124.

daß das Weibchen während der Paarungszeit von außerordentlich kampfsüchtiger Disposition ist; seine Fleischlappen werden dann vergrößert und glänzender gefärbt. Ferner ist das Weibchen von einem der Emus (*Dromaeus irroratus*) beträchtlich größer als das Männchen und besitzt einen unbedeutenden Federbusch, ist aber in anderer Weise im Gefieder nicht zu unterscheiden. Allem Anschein nach besitzt es indessen, „wenn es geärgert oder sonstwie gereizt wird, stärker das Vermögen, wie ein Truthahn die Federn an seinem Hals und seiner Brust aufzurichten. Es ist gewöhnlich mutiger und zanksüchtiger. Es stößt einen tiefen, hohlen, gutturalen Ton aus, besonders zur Nachtzeit, welcher wie ein kleiner Gong klingt. Das Männchen hat einen schlankeren Bau und ist gelehriger, hat auch keine Stimme außer einem unterdrückten Zischen oder Knurren, wenn es ärgerlich ist." Es übt nicht nur die gesamten Pflichten der Brütung aus, sondern hat auch die Jungen gegen ihre Mutter zu verteidigen; „denn sobald diese ihre Nachkommenschaft erblickt, wird sie heftig erregt und scheint trotz des Widerstandes des Vaters ihre äußerste Kraft anzustrengen, sie zu zerstören. Monatelang nachher ist es nicht geraten, die Eltern zusammenzubringen, heftige Kämpfe sind das unvermeidliche Resultat, aus denen meist das Weibchen als Sieger hervorgeht."[23] Wir haben daher bei diesem Emu eine vollständige Umkehrung nicht bloß der elterlichen und Brut-Instinkte, sondern auch der gewöhnlichen moralischen Eigenschaften der beiden Geschlechter; die Weibchen sind wild, zanksüchtig und lärmend, die Männchen sanft und gut. Beim afrikanischen Strauß verhält sich der Fall sehr verschieden, denn hier ist das Männchen etwas größer als das Weibchen und hat schönere Schmuckfedern mit schärfer kontrastierenden Farben; nichtsdestoweniger übernimmt dasselbe vollständig die Pflicht des Brütens.[24]

Ich will noch die anderen wenigen mir bekannten Fälle anführen, wo das Weibchen augenfälliger gefärbt ist als das Männchen, obschon über ihre Art des Brütens nichts bekannt ist. Bei dem Geierbussard der Falkland-Inseln (*Milvago leucurus*) war ich sehr überrascht, bei der Zergliederung zu finden, daß die Individuen, welche stärker ausgesprochene Färbungen zeigten und deren Wachshaut und Beine orange gefärbt waren, die erwachsenen Weibchen waren, während diejenigen mit trüberem Gefieder und grauen Beinen die Männchen oder die Jungen waren. Bei einem australischen Baumläufer (*Climacteris erythrops*) weicht das Weibchen darin vom Männchen ab, daß es „mit schönen, strahlenförmigen, rötlichen Zeichnungen an der Kehle geschmückt ist, während beim Männchen diese Teile völlig gleichfarbig sind". Endlich übertrifft bei einem australischen Ziegenmelker „das Weibchen immer das Männchen an Größe und an dem Glanz der Färbung; andererseits haben die Männchen zwei weiße Flecken auf den Schwingen erster Ordnung augenfälliger entwickelt als die Weibchen"[25].

---

[23] S. die ausgezeichnete Beschreibung der Lebensweise dieses Vogels in der Gefangenschaft von Mr. A. W. Bennett, in: Land and Water, May 1868, p.233.
[24] Sclater: Über das Brüten der straußartigen Vögel, in: Proceed. Zoolog. Soc., June 9th 1863. Dasselbe ist bei der *Rhea Darwinii* der Fall: Capt. Musters sagt (At home with the Patagonians, 1871, p.128), daß das Männchen größer, stärker und schneller ist als das Weibchen und von einer unbedeutend dunkleren Färbung; doch nimmt es allein die Sorge um die Eier und um die Jungen auf sich, genauso wie es die gewöhnliche Spezies von *Rhea* tut.
[25] In bezug auf den *Milvago* s. Zoology of the Voyage of the „Beagle", Birds, 1841, p.16. Wegen der *Climacteris* und des Ziegenmelkers (*Eurostopodus*) s. Gould: Handbook to the Birds of Australia. Vol. I, p.602 und 697. Die neuseeländische Brand-Ente (*Tadorna variegata*) bietet einen völlig anomalen Fall dar; der Kopf des Weibchens ist rein weiß und sein Rücken ist röter als der des Männchens; der Kopf des Männchens ist von einer kräftigen dunkelbronzenen Farbe und sein Rücken ist mit schön gestrichelten, schieferfarbigen Federn bedeckt, so daß es durchaus als das Schönere von den beiden betrachtet werden kann. Es ist größer und kampfsüchtiger als das Weibchen und sitzt nicht auf den Eiern. Es fällt daher diese Spezies in allen diesen Beziehungen unter unsere erste Klasse von Fällen. Mr. Sclater war aber sehr überrascht, zu beobachten (Proceed. Zoolog. Soc., 1866, p.150), daß die Jungen beider Geschlechter, wenn sie ungefähr drei Monate alt sind, in ihren dunklen Köpfen und Hälsen den erwachsenen Männchen ähnlich sind, statt es den erwachsenen Weibchen zu sein, so daß es in diesem Falle scheinen möchte, als wären die Weibchen modifiziert worden, während die Männchen und Jungen einen früheren Zustand des Gefieders behalten haben.

Wir sehen hieraus, daß die Fälle, in denen die weiblichen Vögel auffallender gefärbt sind als die Männchen und wo die Jungen in ihrem unreifen Gefieder den erwachsenen Männchen, anstatt wie in der vorhergehenden Klasse den erwachsenen Weibchen, gleichen, nicht zahlreich sind, obschon sie sich auf verschiedene Ordnungen verteilen. Auch ist die Größe der Verschiedenheit zwischen den Geschlechtern unvergleichlich geringer, als wie sie häufig in der ersten Klasse auftritt, so daß die Ursache der Verschiedenheit, was dieselbe auch gewesen sein mag, in der gegenwärtigen Klasse weniger energisch oder weniger ausdauernd auf die Weibchen eingewirkt hat, als in der ersten Klasse auf die Männchen. Mr. Wallace glaubt, daß die Färbungen der Männchen zum Zweck des Schutzes während der Bebrütungszeit weniger augenfällig geworden sind; die Verschiedenheit zwischen den Geschlechtern scheint aber bei kaum einem der vorstehend erwähnten Fälle hinreichend groß zu sein, um diese Ansicht mit Sicherheit annehmen zu können. In einigen dieser Fälle sind die helleren Farbtöne des Weibchens beinahe ganz auf die untere Körperfläche beschränkt, und wenn die Männchen in dieser Weise gefärbt wären, so würden sie während des Sitzens auf den Eiern keiner Gefahr ausgesetzt gewesen sein. Man muß auch im Auge behalten, daß die Männchen nicht bloß in einem unbedeutenden Grade weniger auffallend gefärbt sind als die Weibchen, sondern auch von geringerer Größe sind und weniger Kraft haben. Sie haben überdies nicht bloß den mütterlichen Instinkt des Brütens erlangt, sondern sind auch weniger kampflustig und laut als die Weibchen und haben in einem Fall auch einfachere Stimmorgane. Es ist also eine beinahe vollständige Vertauschung der Instinkte, Gewohnheiten, Disposition, Farbe, Größe und einiger Struktureigentümlichkeiten zwischen den beiden Geschlechtern eingetreten.

Wenn wir nun annehmen können, daß die Männchen in der vorliegenden Klasse etwas von jener Begierde verloren haben, welche ihrem Geschlecht sonst eigen ist, so daß sie nun nicht länger mehr die Weibchen eifrig aufsuchen; oder wenn wir annehmen können, daß die Weibchen viel zahlreicher geworden sind als die Männchen – und in bezug auf eine indische Art von *Turnix* wird angegeben, daß man „die Weibchen viel gewöhnlicher trifft als die Männchen"[26] – dann ist es nicht unwahrscheinlich, daß die Weibchen dazu gebracht wurden, den Männchen den Hof zu machen, anstatt von diesen umworben zu werden. Dies ist in der Tat in einem gewissen Maße bei einigen Vögeln der Fall, wie wir es bei der Pfauhenne, dem wilden Truthahn und gewissen Arten von Waldhühnern gesehen haben. Nehmen wir die Gewohnheiten der meisten männlichen Vögel als Maßstab der Beurteilung, so muß die bedeutendere Größe und Kraft und die außerordentliche Kampfsucht der Weibchen der *Turnix* und der Emus die Bedeutung haben, daß sie versuchen, rivalisierende Weibchen fortzutreiben, um in den Besitz des Männchens zu gelangen; und nach dieser Ansicht werden alle Tatsachen verständlich; denn die Männchen werden wahrscheinlich von denjenigen Weibchen bezaubert oder gereizt werden, welche für sie durch ihre helleren Farben, andere Zierate oder Stimmkräfte die anziehendsten waren. Dann würde nun bald auch geschlechtliche Zuchtwahl ihr Werk verrichten und stetig die Anziehungsreize der Weibchen vermehren, während die Männchen und die Jungen durchaus gar nicht oder nur wenig modifiziert werden.

3. Klasse: Wenn das erwachsene Männchen dem erwachsenen Weibchen ähnlich ist, so haben die Jungen beiderlei Geschlechts ein ihnen besonders zukommendes eigentümliches Gefieder. – In dieser Klasse gleichen beide Geschlechter einander, wenn sie erwachsen sind, und sind von den Jungen verschieden. Dies kommt bei vielen Vögeln vieler Arten vor. Das männliche Rotkehlchen kann kaum vom Weibchen unterschieden werden, die Jungen aber sind mit ihrem trüb-olivenfarbenen und braunen Gefieder sehr verschieden von ihnen. Die Männchen und Weibchen des prachtvollen scharlachroten Ibis sind gleich, während die Jungen braun gefärbt

---
[26] Jerdon: Birds of India. Vol. III, p.598.

sind; und obgleich die Scharlachfarbe beiden Geschlechtern gemeinsam zukommt, so ist sie doch allem Anschein nach ein sexueller Charakter; denn bei Vögeln in der Gefangenschaft entwickelt sie sich nicht gut, in derselben Weise wie die glänzende Färbung bei männlichen Vögeln häufig nicht eintritt, wenn sie gefangengehalten werden. Bei vielen Arten von Reihern sind die Jungen bedeutend von den Erwachsenen verschieden, und obschon ihr Sommergefieder beiden Geschlechtern gemein ist, so hat es doch entschieden einen hochzeitlichen Charakter. Junge Schwäne sind schiefergrau, während die reifen Vögel rein weiß sind; es würde aber überflüssig sein, noch weitere Beispiele hier hinzuzufügen. Diese Verschiedenheiten zwischen den Jungen und den Alten hängen wie in den letzten zwei Klassen allem Anschein nach davon ab, daß die Jungen einen früheren oder alten Zustand des Gefieders beibehalten haben, während die Alten beiderlei Geschlechts ein neues Gefieder erhalten haben. Wenn die Erwachsenen hell gefärbt sind, so können wir aus den soeben in bezug auf den scharlachenen Ibis und viele Reiher gemachten Bemerkungen und aus der Analogie mit den Spezies der ersten Klasse schließen, daß derartige Farben von den nahezu geschlechtsreifen Männchen durch geschlechtliche Zuchtwahl erlangt worden sind, daß aber verschieden von dem, was in den beiden ersten Klassen vorkommt, die Überlieferung zwar wohl auf dasselbe Alter, aber nicht auf dasselbe Geschlecht beschränkt worden ist. Infolgedessen gleichen beide Geschlechter einander, wenn sie erwachsen sind, und weichen von den Jungen ab.

4. Klasse: Wenn das erwachsene Männchen dem erwachsenen Weibchen ähnlich ist, so sind die Jungen beiderlei Geschlechts in ihrem ersten Federkleid den Erwachsenen ähnlich. – In dieser Klasse gleichen die Jungen und die Erwachsenen beider Geschlechter einander, mögen sie nun glänzend oder düster gefärbt sein. Derartige Fälle sind meiner Meinung nach häufiger als die der letzten Klasse. Wir haben in England Beispiele hiervon beim Eisvogel, bei einigen Spechten, bei dem Eichelhäher, der Elster, Krähe und vielen kleinen, trübe gefärbten Vögeln, wie dem Graukehlchen oder dem Zaunkönig. Die Ähnlichkeit im Gefieder zwischen den Jungen und Alten ist aber niemals vollständig, sie stuft sich allmählich bis zur Unähnlichkeit ab. So sind die Jungen von einigen Gliedern der Familie der Eisvögel nicht bloß weniger lebhaft gefärbt als die Erwachsenen, sondern viele von den Federn der unteren Körperfläche sind mit Braun gerändert[27] – wahrscheinlich eine Spur eines früheren Zustandes des Gefieders. Die Jungen mancher Vögel sind häufig in derselben Gruppe von Vögeln, selbst innerhalb einer und der nämlichen Gattung, wie z. B. in einer australischen Gattung von Papageien (*Platycercus*), den Eltern beiderlei Geschlechts sehr ähnlich, während die Jungen anderer Spezies innerhalb derselben Gruppen von den Erzeugern, welche einander gleich sind, beträchtlich verschieden sind.[28] Beide Geschlechter und die Jungen des gemeinen Eichelhähers sind einander sehr ähnlich; aber beim kanadischen Häher (*Perisorius canadensis*) sind die Jungen von ihren Eltern so verschieden, daß sie früher als verschiedene Spezies beschrieben wurden.[29]

Ehe ich weiter gehe, will ich bemerken, daß die in dieser und den zwei nächsten Klassen zusammengebrachten Tatsachen so komplexer Natur und die Schlußfolgerungen so zweifelhaft sind, daß jeder, welcher nicht ein spezielles Interesse an dem Gegenstand nimmt, sie lieber überschlagen mag.

Die glänzenden oder auffallenden Färbungen, welche viele Vögel in der vorliegenden Klasse charakterisieren, können ihnen selten oder niemals als Schutzmittel von Nutzen sein, so daß sie wahrscheinlich von den Männchen durch geschlechtliche Zuchtwahl erlangt und dann auf die Weibchen und die Jungen übertragen worden sind. Es ist indessen möglich, daß die Männchen die anziehenden Weibchen gewählt haben; und wenn diese ihre Charaktere auf ihre Nachkom-

---

[27] Jerdon: Birds of India. Vol. I, p.222, 228. Gould: Handbook to the Birds of Australia. Vol. I, p.124, 130.
[28] Gould: a.a.O., Vol. II, p.37, 46, 56.
[29] Audubon: Ornithological Biography. Vol. II, p.55.

men beiderlei Geschlechts überlieferten, so wird dasselbe Resultat eintreten, wie durch die Wahl der anziehenderen Männchen seitens der Weibchen. Es sind aber einige Belege dafür vorhanden, daß diese Alternative nur selten, wenn überhaupt jemals, in irgendeiner dieser Gruppen von Vögeln, bei welchen die Geschlechter allgemein gleich sind, eingetreten ist; denn selbst wenn einige von den nacheinander auftretenden Abänderungen in ihrer Überlieferung auf beide Geschlechter fehlgeschlagen wären, so würden doch immer die Weibchen in einem geringen Grade die Männchen an Schönheit übertroffen haben. Genau das Umgekehrte kommt im Naturzustand vor; denn in beinahe jeder großen Gruppe, in welcher die Geschlechter allgemein einander ähnlich sind, sind die Männchen einiger weniger Arten in einem unbedeutenden Grade heller gefärbt als die Weibchen. Es ist ferner möglich, daß die Weibchen die schöneren Männchen gewählt haben könnten, während auch umgekehrt diese Männchen die schöneren Weibchen wählten; es ist aber zweifelhaft, einmal ob dieser doppelte Vorgang einer Auswahl leicht vorkommen dürfte, und zwar wegen der größeren Begierde des einen Geschlechts als des anderen, und dann ob derselbe wirksamer sein würde, als Auswahl seitens des einen Geschlechts allein. Es ist daher die wahrscheinliche Ansicht die, daß in der vorliegenden Klasse, soweit ornamentale Charaktere in Betracht kommen, die geschlechtliche Zuchtwahl in Übereinstimmung mit der allgemein durch das ganze Tierreich hindurch geltenden Regel gewirkt hat, nämlich auf die Männchen, und daß diese ihre allmählich erlangten Farben entweder gleichmäßig oder beinahe gleichmäßig ihren Nachkommen beiderlei Geschlechts überliefert haben.

Ein anderer Punkt ist zweifelhafter; ob nämlich die nacheinander auftretenden Abänderungen bei den Männchen zuerst erschienen, nachdem sie nahezu geschlechtsreif geworden waren, oder während der Jugend. In beiden Fällen muß geschlechtliche Zuchtwahl auf das Männchen gewirkt haben, als es mit Nebenbuhlern um den Besitz des Weibchens zu konkurrieren hatte; und in beiden Fällen sind die so erlangten Charaktere auf beide Geschlechter und auf alle Altersstufen überliefert worden. Wenn aber diese Charaktere von den Männchen erlangt wurden, als sie erwachsen waren, so könnten sie anfangs allein den Erwachsenen wieder vererbt und in einer späteren Periode auf die Jungen übertragen worden sein. Denn es ist bekannt, daß, wenn das Gesetz der Vererbung zu entsprechenden Lebensaltern fehlschlägt, die Nachkommen häufig Charaktere in einem früheren Alter erben als in dem, in welchem sie zuerst bei ihren Eltern erschienen waren.[30] Dem Anschein nach Fälle dieser Art sind bei Vögeln im Naturzustand beobachtet worden. So hat beispielsweise Mr. Blyth Exemplare von *Lanius rufus* und von *Colymbus glacialis* gesehen, welche, während sie noch jung waren, in einer völlig abnormen Weise das erwachsene Gefieder ihrer Eltern angenommen hatten.[31] Ferner werfen die Jungen des gemeinen Schwans (*Cygnus olor*) ihre dunklen Federn nicht eher ab und werden nicht früher weiß, als bis sie achtzehn Monate oder zwei Jahre alt sind; Dr. Forel hat aber einen Fall beschrieben, wo drei kräftige junge Vögel in einer Brut von vier rein weiß geboren wurden. Diese jungen Vögel waren keine Albinos, wie sich durch die Farbe ihrer Schnäbel und Beine zeigte, welche nahezu den entsprechenden Teilen der Erwachsenen glichen.[32]

Es dürfte sich lohnen, die oben angeführte dreifache Art und Weise, auf welche in der vorliegenden Klasse die beiden Geschlechter und die Jungen dazu gekommen sein könnten, einander zu gleichen, durch den merkwürdigen Fall der Gattung *Passer* zu erläutern.[33] Bei dem Haussperling (*P. domesticus*) weicht das Männchen bedeutend vom Weibchen und von den Jungen ab.

---

[30] Das Variieren der Tiere und Pflanzen im Zustand der Domestikation. 2. Aufl., Bd. II, p.91.
[31] Charlesworth: Magaz. of Natur. Hist., Vol. I, 1837, p.305, 306.
[32] Bulletin de la Société Vaudoise des Scienc. Natur., Vol. X, 1869, p.132. Die Jungen des polnischen Schwans, *Cygnus immutabilis* von Yarrell, sind immer weiß; man glaubt aber, wie mir Mr. Sclater mitteilt, daß diese Spezies nichts anderes ist als eine Varietät des domestizierten Schwans (*Cygnus olor*).
[33] Ich bin Mr. Blyth für Mitteilungen in bezug auf diese Gattung verbunden. Der Sperling von Palästina gehört zu der Untergattung *Petronia*.

Sechzehntes Kapitel

Junge und Weibchen sind einander ähnlich und in einem hohen Grade auch beiden Geschlechtern und den Jungen des Sperlings von Palästina (*P. brachydactylus*), ebenso wie auch einigen verwandten Spezies. Wir können daher annehmen, daß das Weibchen und die Jungen des Haussperlings uns annäherungsweise das Gefieder des Urerzeugers der Gattung darbieten. Beim Baumsperling (*P. montanus*) nun sind beide Geschlechter und die Jungen dem Männchen des Haussperlings sehr ähnlich, so daß diese sämtlich in einer und derselben Art und Weise modifiziert worden sind und sämtlich von der typischen Färbung ihres frühen Urerzeugers abweichen. Dies kann dadurch bewirkt worden sein, daß ein männlicher Vorfahre des Baumsperlings variierte, und zwar erstens als er nahezu geschlechtsreif oder zweitens während er ganz jung war, in welchen beiden Fällen er sein modifiziertes Gefieder auf die Weibchen und die Jungen überlieferte; oder drittens, er kann variiert haben, als er erwachsen war, und kann sein Gefieder auf beide erwachsene Geschlechter und, infolge des Fehlschlagens des Gesetzes der Vererbung zu entsprechenden Lebensaltern, in irgendeiner späteren Periode auf die Jungen vererbt haben.

Es läßt sich unmöglich entscheiden, welche von diesen drei Vorgangsweisen durch die ganze vorliegende Klasse von Fällen hindurch vorgeherrscht hat. Die Ansicht, daß die Männchen variierten, als sie jung waren, und ihre Abänderungen auf ihre Nachkommen beiderlei Geschlechts überlieferten, ist die wahrscheinlichste. Ich will hier hinzufügen, daß ich, allerdings mit wenig Erfolg, durch das Konsultieren verschiedener Werke versucht habe zu entscheiden, inwieweit bei Vögeln die Periode der Abänderung im allgemeinen die Überlieferung von Charakteren auf ein Geschlecht oder auf beide bestimmt hat. Die oft herangezogenen zwei Regeln (nämlich, daß spät im Leben auftretende Abänderungen auf ein und das nämliche Geschlecht überliefert werden, während diejenigen, welche zeitig im Leben auftreten, beiden Geschlechtern überliefert werden) bewährten sich dem Anschein nach in der ersten[34], zweiten und vierten Klasse von Fällen; sie schlagen aber in der dritten, häufig in der fünften[35] und in der sechsten, kleinen Klasse fehl. Indessen gelten sie doch, soweit ich es zu beurteilen vermag, bei einer beträchtlichen Majorität von Vogelarten; auch dürfen wir die auffallende allgemeine Folgerung des Dr. W. Marshall über die Schädelhöcker der Vögel nicht vergessen. Mögen nun die beiden Regeln Geltung haben oder nicht, aus den im achten Kapitel mitgeteilten Tatsachen können wir schließen, daß die Periode der Abänderung ein bedeutsames Element bei der Bestimmung der Form der Überlieferung gewesen ist.

In bezug auf die Vögel ist es schwierig zu entscheiden, nach welchem Maßstab wir beurteilen sollen, ob die Periode der Abänderung eine frühzeitige oder späte ist, ob nach dem Alter in bezug auf die Lebensdauer oder in bezug auf das Reproduktionsvermögen oder in bezug auf die Zahl der Mauserungen, welche die Spezies durchläuft. Das Mausern der Vögel ist zuweilen selbst innerhalb einer und der nämlichen Familie ohne irgendeine nachweisbare Ursache bedeutend verschieden. Einige Vögel mausern so zeitig, daß beinahe alle Körperfedern abgestoßen werden, ehe die ersten Schwungfedern völlig herangewachsen sind; und wir können nicht annehmen, daß dies der ursprüngliche Zustand der Dinge war. Wenn die Periode der Mauserung beschleunigt worden ist, so wird das Alter, in welchem die Farben des erwachsenen Gefieders zuerst entwickelt wurden, uns leicht fälschlich als ein früheres erscheinen, als es wirklich war. Dies kann durch den Gebrauch erläutert werden, welchem manche Vogelzüchter folgen, von der Brust von Nestling-Gimpeln und vom Kopf oder Hals junger Goldfasane einige wenige Federn

---

[34] Es bedürfen z. B. die Männchen von *Tanagra aestiva* und *Fringilla cyanea* drei Jahre, das Männchen von *Fringilla ciris* vier Jahre, um ihr schönes Gefieder zu vervollständigen. S. Audubon: Ornitholog. Biography. Vol. I, p.233, 280, 378. Die Harlekin-Ente braucht drei Jahre (ebd., Vol. III, p.614). Das Männchen vom Goldfasan kann, wie ich von Mr. Jenner Weir höre, vom Weibchen unterschieden werden, wenn es ungefähr drei Monate alt ist, es erreicht aber seinen vollen Glanz nicht eher als bis Ende September des folgenden Jahres.

[35] So brauchen der *Ibis tantalus* und *Grus americanus* vier Jahre, der Flamingo mehrere Jahre und die *Ardea Ludoviciana* zwei Jahre, ihr vollkommenes Gefieder zu erhalten. S. Audubon: a.a.O., Vol. I, p.221; Vol. III, p.133, 139, 213.

Vögel (Schluß)

auszureißen, um das Geschlecht der Vögel zu bestimmen; denn bei den Männchen werden diese Federn unmittelbar durch gefärbte ersetzt.[36] Die wirkliche Lebensdauer ist nur bei wenigen Vögeln bekannt, so daß wir kaum nach derselben als einem feststehenden Maßstab urteilen können. Und was die Periode betrifft, in welcher das Reproduktionsvermögen erlangt wird, so ist es eine merkwürdige Tatsache, daß verschiedene Vögel gelegentlich brüten, solange sie noch ihr unreifes Gefieder haben.[37]

Diese letztere Tatsache, daß Vögel in ihrem unreifen oder Jugendgefieder brüten, scheint der Annahme entgegenzustehen, daß die geschlechtliche Zuchtwahl, wie ich allerdings glaube, daß es der Fall ist, eine bedeutungsvolle Rolle bei der Verleihung ornamentaler Farben, Schmuckfedern usw. an die Männchen, und mittels der gleichartigen Überlieferung auch an die Weibchen vieler Spezies, gespielt hat. Der Einwurf würde ein triftiger sein, wenn die jüngeren und weniger geschmückten Männchen ebenso erfolgreich im Gewinnen von Weibchen und in der Fortpflanzung ihrer Art wären, wie die älteren und schöneren Männchen. Wir haben aber keinen Grund anzunehmen, daß dies der Fall ist. Audubon spricht vom Brüten der unreifen Männchen von *Ibis tantalus* als einem seltenen Ereignis, wie es auch Mr. Swinhoe in bezug auf die unreifen Männchen von *Oriolus* tut.[38] Wenn die Jungen irgendeiner Spezies in ihrem unreifen Gefieder erfolgreicher im Gewinnen von Genossen wären als die Erwachsenen, so würde wahrscheinlich das erwachsene Gefieder bald verloren werden, da ja dann diejenigen Männchen das Übergewicht erlangen würden, welche ihr unreifes Jugendkleid am längsten beibehielten; hierdurch würde am Ende der Charakter der Spezies modifiziert werden.[39] Wenn auf der anderen Seite die Jungen es niemals erreichten, ein Weibchen zu erlangen, so würde die Gewohnheit frühzeitiger Reproduktion vielleicht früher oder später vollständig eliminiert werden, da es überflüssig ist und eine Kraftverschwendung mit sich bringt.

Das Gefieder gewisser Vögel nimmt beständig während vieler Jahre, noch nachdem sie vollständig reif geworden sind, an Schönheit zu; dies ist mit dem Behang des Pfauhahns, mit einigen Arten von Paradiesvögeln, und mit der Federkrone und den Schmuckfedern gewisser Reiher der Fall, z. B. bei der *Ardea Ludoviciana*[40]; es ist aber zweifelhaft, ob die beständige Weiterent-

---

[36] Mr. Blyth, in: Charlesworth's Magaz. of Natur. Hist., Vol. I, 1837, p.380. Mr. Bartlett hat mir die Mitteilung in bezug auf die Goldfasanen gemacht.

[37] In Audubon's Ornitholog. Biography habe ich die folgenden Fälle gefunden. Der amerikanische „Redstart" *Muscicapa ruticilla*, Vol. I, p.203). Der *Ibis tantalus* braucht vier Jahre, um zu vollständiger Reife zu gelangen, brütet aber zuweilen im zweiten Jahr (Vol. III, p.133). Der *Grus americanus* braucht dieselbe Zeit, brütet aber, ehe er sein volles Gefieder erhält (Vol. III, p.211). Die Erwachsenen der *Ardea caerulea* sind blau und die Jungen weiß, und weiße, gefleckte und reife blaue Vögel kann man sämtlich durcheinander brüten sehen (Vol. IV, p.58); Mr. Blyth teilt mir indessen mit, daß gewisse Reiher dem Anschein nach dimorph sind, denn man kann weiße und gefärbte Individuen des nämlichen Alters beobachten. Die Harlekin-Ente (*Anas histrionica* L.) braucht drei Jahre, um ihr volles Gefieder zu erlangen; doch brüten viele Vögel im zweiten Jahr (Vol. III, p.614). Der weißköpfige Adler (*Falco leucocephalus*, Vol. III, p.210) brütet, wie man gleichfalls erfahren hat, in seinem unreifen Zustand. Einige Spezies von *Oriolus* brüten gleichfalls (nach den Angaben von Mr. Blyth und Mr. Swinhoe, in: Ibis, July 1863, p.68), ehe sie ihr volles Gefieder erlangen.

[38] S. die vorhergehende Anmerkung.

[39] Andere, zu völlig verschiedenen Klassen gehörende Tiere sind entweder gewöhnlich oder nur gelegentlich imstande, sich fortzupflanzen, bevor sie ihre erwachsenen Charaktere vollständig erlangt haben. Dies ist der Fall mit den jungen Männchen des Lachses. Man hat die Erfahrung gemacht, daß mehrere Amphibien sich fortpflanzen, während sie ihren Larvenbau behalten. Fritz Müller hat gezeigt („Für Darwin", p.54), daß die Männchen mehrerer amphipoden Crustaceen geschlechtsreif werden, solange sie noch jung sind; und ich halte dies für einen Fall von vorzeitiger Fortpflanzung, weil sie noch nicht ihre völlig entwickelten Klammerorgane erhalten haben. Alle derartige Tatsachen sind in hohem Grade interessant, da sie sich auf ein Mittel beziehen, durch welches die Spezies bedeutende Modifikationen des Charakters erleiden können.

[40] Jerdon: Birds of India, Vol. III, p.507, über den Pfauhahn. Dr. Marshall glaubt, daß die älteren und prächtigeren Männchen der Paradiesvögel einen Vorteil vor den jüngeren Männchen haben; s. Archives Néerlandaises. Tom. VI, 1871. – Über *Ardea* s. Audubon: a.a.O., Vol. III, p.139.

wicklung derartiger Federn das Resultat der Auswahl nacheinander auftretender wohltätiger Abänderungen (obschon dies in bezug auf die Paradiesvögel die wahrscheinlichste Ansicht ist) oder bloß beständigen Wachstums ist. Die meisten Fische nehmen beständig an Größe zu, so lange sie bei guter Gesundheit sind und reichliche Nahrung haben; und ein in gewisser Weise ähnliches Gesetz kann für die Schmuckfedern der Vögel gelten.

5. Klasse: Wenn die Erwachsenen beiderlei Geschlechts ein verschiedenes Winter- und Sommergefieder haben, mag nun das Männchen vom Weibchen verschieden sein oder nicht, so sind die Jungen den Erwachsenen beiderlei Geschlechts in dem Winterkleid, oder, jedoch viel seltener, in dem Sommerkleid, oder allein den Weibchen ähnlich; oder die Jungen können einen intermediären Charakter tragen; oder ferner sie können von den Erwachsenen in ihren beiden Jahreszeitgefiedern verschieden, sein. – Die Fälle in dieser Klasse sind in eigentümlicher Weise kompliziert; auch ist dies nicht zu verwundern, da sie von Vererbung abhängen, welche in höherem oder geringerem Grade in dreierlei verschiedener Weise beschränkt ist, nämlich durch das Geschlecht, das Alter und die Jahreszeit. In einigen Fällen durchlaufen die Individuen einer und der nämlichen Spezies mindestens fünf verschiedene Zustände des Gefieders. Bei den Spezies, in welchen das Männchen allein während der Sommerzeit oder, was der seltenere Fall ist, während beider Jahreszeiten[41] vom Weibchen verschieden ist, gleichen die Jungen allgemein den Weibchen, so bei dem sogenannten Stieglitz von Nord-Amerika und dem Anschein nach bei den prachtvollen *Maluri* von Australien.[42] Bei den Spezies, deren Geschlechter sowohl während des Sommers als auch während des Winters einander gleichen, können die Jungen den Erwachsenen ähnlich sein, und zwar erstens in deren Winterkleid, zweitens, doch tritt dies viel seltener ein, in ihrem Sommerkleid; drittens können sie zwischen diesen beiden Zuständen mittendrin stehen; und viertens können sie bedeutend von den Erwachsenen zu allen Jahreszeiten abweichen. Ein Beispiel des ersten dieser vier Fälle sehen wir an einem der Silberreiher von Indien (*Buphus coromandus*), bei welchem die Jungen und die Erwachsenen beider Geschlechter während des Winters weiß sind, die Erwachsenen aber während des Sommers goldrötlich werden. Bei dem Klaffschnabel (*Anastomus oscitans*) von Indien haben wir einen ähnlichen Fall, nur sind hier die Farben umgekehrt; denn die Jungen und die Erwachsenen beiderlei Geschlechts sind während des Winters grau und schwarz und die Erwachsenen werden während des Sommers weiß.[43] Ein Beispiel des zweiten Falls bietet der Tord-Alk (*Alca Torda* L.) dar; die Jungen sind in einem frühen Zustand des Gefieders wie die Erwachsenen während des Sommers gefärbt; und die Jungen des weißgekrönten Sperlings von Nord-Amerika (*Fringilla leucophrys*) haben, sobald sie flügge geworden sind, elegante weiße Streifen auf ihren Köpfen, welche von den Jungen und den Alten während des Winters verloren werden.[44] In bezug auf den dritten Fall, daß nämlich die Jungen einen intermediären Charakter zwischen dem Sommer- und Wintergefieder der Erwachsenen darbieten, betont Yarrell[45], daß dies bei vielen Watvögeln vorkommt. Was endlich den Fall betrifft, daß die Jungen bedeutend von beiden Geschlechtern in ihrem erwachsenen Sommer- und Wintergefieder abweichen, so kommt dies bei einigen Reihern und Silberreihern von Nord-Amerika und Indien vor, bei denen nur die Jungen weiß sind.

---

[41] Wegen erläuternder Fälle s. MacGillivray: History of British Birds. Vol. IV; über *Tringa* usw., p.229, 271; über den *Machetes*, p.172; über *Charadrius hiaticula*, p.118; über *Charadrius pluvialis*, p. 94.

[42] Wegen des Stieglitz (Golddistelfink) von Nord-Amerika, *Fringilla tristis* L., s. Audubon: Ornitholog. Biography. Vol. I, p.172; wegen der *Maluri*: Gould's Handbook to the Birds of Australia. Vol. I, p.318.

[43] Ich bin Mr. Blyth für Mitteilungen in bezug auf *Buphus* dankbar verbunden; s. auch Jerdon: Birds of India. Vol. III, p.749. Über den *Anastomus* s. Blyth, in: Ibis, 1867, p.173.

[44] Über die *Alca* s. MacGillivray: History of British Birds. Vol. V, p.347. Über die *Fringilla leucophrys* s. Audubon: a.a.O., Vol. II, p.89. Ich werde nachher noch darauf Bezug zu nehmen haben, daß die Jungen gewisser Reiher und Silberreiher weiß sind.

[45] History of British Birds. Vol. I, 1839, p.159.

Ich will über diese komplizierten Fälle nur einige wenige Bemerkungen machen. Wenn die Jungen den Weibchen in ihrem Sommerkleid oder den Erwachsenen beiderlei Geschlechts in ihrem Winterkleid gleichen, so sind die Fälle von den in der 1. und 3. Klasse verzeichneten nur darin verschieden, daß die ursprünglich von den Männchen während der Paarungszeit erlangten Charaktere in ihrer Überlieferung auf die entsprechende Jahreszeit beschränkt worden sind. Wenn die Erwachsenen ein verschiedenes Sommer- und Wintergefieder haben und die Jungen von beiden abweichen, so ist der Fall schwieriger zu verstehen. Wir können als wahrscheinlich annehmen, daß die Jungen einen alten Zustand des Gefieders beibehalten haben; wir können auch das Hochzeitsgefieder oder Sommerkleid der Erwachsenen durch geschlechtliche Zuchtwahl erklären; wie haben wir aber ihr verschiedenes Wintergefieder zu erklären? Wenn wir annehmen könnten, daß dieses Gefieder in allen Fällen als Schutzmittel dient, so würde dessen Erlangung eine einfache Sache sein; es scheint aber für diese Annahme kein rechter Grund vorzuliegen. Es könnte vermutet werden, daß die so sehr verschiedenen Lebensbedingungen während des Winters und des Sommers in einer direkten Art und Weise auf das Gefieder eingewirkt haben; dies kann wohl ein gewisses Resultat ergeben haben, ich habe aber kein rechtes Vertrauen, daß eine so bedeutende Verschiedenheit, wie wir sie zuweilen zwischen den beiderlei Gefiedern auftreten sehen, hierdurch verursacht worden sei. Eine wahrscheinlichere Erklärung ist, daß eine alte, zum Teil durch die Übertragung einiger Charaktere vom Sommergefieder modifizierte Form des Gefieders von den Erwachsenen während des Winters beibehalten worden ist. Endlich hängen allem Anschein nach sämtliche Fälle in der vorliegenden Klasse davon ab, daß Charaktere, welche von den erwachsenen Männchen erlangt worden sind, in verschiedener Weise je nach Alter, Jahreszeit und Geschlecht in ihrer Überlieferung beschränkt worden sind, es würde sich aber nicht verlohnen, zu versuchen, den komplizierten Beziehungen weiter zu folgen.

6. Klasse: Die Jungen weichen in ihrem ersten Gefieder je nach ihrem Geschlecht voneinander ab, wobei die jungen Männchen mehr oder weniger nahe den erwachsenen Männchen und die jungen Weibchen mehr oder weniger nahe den erwachsenen Weibchen ähnlich sind. – Obschon die zu dieser Klasse gehörenden Fälle in verschiedenen Gruppen vorkommen, so sind sie doch nicht zahlreich; indessen scheint es das Natürlichste zu sein, daß die Jungen den Erwachsenen des gleichen Geschlechts anfangs in einem gewissen Grade ähnlich seien und ihnen allmählich immer mehr und mehr gleich werden. Das erwachsene Männchen des Plattmönchs (*Sylvia atricapilla*) hat einen schwarzen Kopf, der des Weibchens ist rötlich-braun; und wie mir Mr. Blyth mitteilt, kann man die Jungen beiderlei Geschlechts an diesem Merkmal unterscheiden, selbst wenn sie noch Nestlinge sind. In der Familie der Drosseln ist eine ganz ungewöhnliche Anzahl ähnlicher Fälle beobachtet worden; so kann die männliche Amsel (*Turdus merula*) schon im Nest vom Weibchen unterschieden werden. Die beiden Geschlechter der Spottdrossel (*Turdus polyglottus* L.) weichen sehr wenig voneinander ab; doch können die Männchen schon in einem sehr frühen Alter von den Weibchen dadurch unterschieden werden, daß sie mehr reines Weiß zeigen.[46] Die Männchen einer Walddrossel und einer Steindrossel (nämlich *Orocetes erythrogastra* und *Petrocincla cyanea*) haben sehr viel schönes Blau in ihrem Gefieder, während die Weibchen braun sind; und die Männchen beider Spezies haben als Nestlinge ihre Hauptschwung- und Schwanzfedern mit Blau gerändert, während diejenigen der Weibchen mit Braun eingefaßt sind.[47] Bei der jungen Amsel nehmen die Schwungfedern ihren erwachsenen Charakter später als andere Federn an und werden nach ihnen schwarz; andererseits werden die Schwungfedern bei den beiden eben genannten Spezies vor den anderen blau. Die wahrscheinlichste An-

---

[46] Audubon: Ornitholog. Biography. Vol. I, p.113.
[47] Mr. C. A. Wright, in: Ibis. Vol. VI, 1864, p.65. Jerdon: Birds of India. Vol. I, p.515. S. auch über die Amsel: Blyth, in: Charlesworth's Magaz. of Natur. Hist., Vol. I, 1837, p.113.

sicht in Beziehung auf die Fälle der vorliegenden Klasse ist die, daß die Männchen, verschieden von dem, was in der 1. Klasse eintritt, ihre Farben in einem früheren Alter ihren männlichen Nachkommen überliefert haben, als in dem, in welchem sie selbst sie zuerst erlangten; denn wenn die Männchen variiert hätten, so lange sie noch ganz jung waren, so würden sie wahrscheinlich ihre Charaktere ihren Nachkommen beiderlei Geschlechts überliefert haben.[48]

Bei *Aïthurus polytmus* (einem der Kolibris) ist das Männchen glänzend schwarz und grün gefärbt und zwei von den Schwanzfedern sind ungeheuer verlängert; das Weibchen hat einen gewöhnlichen Schwanz und nicht auffallende Farben; anstatt daß nun in Übereinstimmung mit der gewöhnlichen Regel die jungen Männchen dem erwachsenen Weibchen ähnlich sind, beginnen sie schon von Anfang an die ihrem Geschlecht eigentümlichen Farben anzunehmen, wie auch ihre Schwanzfedern bald verlängert werden. Ich verdanke diese Mitteilung Mr. Gould, welcher mir auch den folgenden noch auffallenderen und noch nicht veröffentlichten Fall mitgeteilt hat. Zwei zu der Gattung *Eustephanus* gehörende, beide wundervoll gefärbte Kolibris bewohnen die kleine Insel Juan Fernandez und sind immer als spezifisch verschieden aufgeführt worden. Es ist aber vor kurzem ermittelt worden, daß der eine, welcher eine reiche nußbraune Farbe und einen goldroten Kopf hat, das Männchen ist, während der andere, welcher elegant mit Grün und Weiß gefleckt ist und einen metallisch grünen Kopf hat, das Weibchen ist. Nun sind die Jungen von Anfang an in einem gewissen Grade dem Erwachsenen des entsprechenden Geschlechts ähnlich und die Ähnlichkeit wird allmählich immer mehr und mehr vollständig.

Betrachtet man diesen letzten Fall und nimmt man wie vorhin das Gefieder der Jungen als Ausgangspunkt, so dürfte es scheinen, als wären beide Geschlechter ganz unabhängig voneinander schön gemacht worden, und als hätte nicht das eine Geschlecht teilweise seine Schönheit auf das andere übertragen. Das Männchen hat allem Anschein nach seine glänzenden Farben durch geschlechtliche Zuchtwahl, in derselben Weise wie beispielsweise der Pfauhahn oder der Fasan in unserer ersten Klasse von Fällen, und das Weibchen in derselben Weise wie *Rhynchaea* oder *Turnix* in unserer zweiten Klasse von Fällen erhalten. Aber darin liegt noch eine große Schwierigkeit: zu verstehen, wie dies zu ein und derselben Zeit bei beiden Geschlechtern einer und der nämlichen Spezies bewirkt werden konnte. Mr. Salvin gibt an, wie wir im achten Kapitel gesehen haben, daß bei gewissen Kolibris die Männchen den Weibchen bedeutend an Zahl überlegen sind, während bei anderen Arten, welche dasselbe Land bewohnen, die Weibchen bedeutend den Männchen überlegen sind. Wenn wir daher annehmen könnten, daß während irgendeiner früheren, lange dauernden Periode die Männchen der Spezies von Juan Fernandez die Weibchen bedeutend an Zahl übertroffen hätten, daß aber während einer anderen gleichfalls langen Zeit die Weibchen bedeutend den Männchen überlegen gewesen wären, so könnten wir einsehen, wie zu einer Zeit die Männchen und zu einer anderen Zeit die Weibchen durch Auswahl der glänzender gefärbten Individuen des anderen Geschlechts schön geworden sein könnten, wobei beide Geschlechter ihre Charaktere ihren Nachkommen zu einer im ganzen etwas früheren Periode als gewöhnlich überlieferten. Ob dies die richtige Erklärung ist, will ich nicht zu behaupten wagen; der Fall ist aber zu merkwürdig, um ganz mit Stillschweigen übergangen zu werden.

Wir haben nun in allen sechs Klassen gesehen, daß eine sehr nahe Beziehung zwischen dem Gefieder der Jungen und dem der Erwachsenen, und zwar entweder des einen Geschlechts oder bei-

---

[48] Es mögen außerdem noch die folgenden Fälle hier erwähnt werden: Die jungen Männchen der *Tanagra rubra* können von den jungen Weibchen unterschieden werden (Audubon: Ornitholog. Biography. Vol. IV, p.392); dasselbe gilt für die Nestlinge einer blauen Spechtmeise von Indien (*Dendrophila frontalis*, Jerdon: Birds of India. Vol. I, p.389). Mr. Blyth teilt mir mit, daß die Geschlechter des Schwarzkehlchens, *Saxicola rubicola*, in einem sehr frühen Alter unterschieden werden können. Mr. Salvin führt den Fall von einem Kolibri, ebenso den oben erwähnten von *Eustephanus* an (Proceed. Zool. Soc., 1870, p.206).

der Geschlechter besteht. Diese Beziehungen werden ziemlich gut durch den Grundsatz erklärt, daß das eine Geschlecht – und dies ist in der großen Majorität der Fälle das Männchen – zuerst durch Abänderung und geschlechtliche Zuchtwahl glänzende Farben und andere Ornamente erlangte und dieselben auf verschiedene Weise, in Übereinstimmung mit den anerkannten Gesetzen der Vererbung, seinen Nachkommen überlieferte. Warum Abänderungen in den verschiedenen Perioden des Lebens, und zwar selbst zuweilen bei den Arten einer und derselben Gruppe aufgetreten sind, wissen wir nicht; aber in bezug auf die Form der Überlieferung scheint eine bedeutungsvolle Ursache, welche dieselbe bestimmte, das Alter gewesen zu sein, in welchem die Abänderung zuerst auftrat.

Nach dem Gesetz der Vererbung zu entsprechenden Altersstufen und nach dem Umstand, daß eine jede Abänderung in der Farbe, welche bei den Männchen in einem frühen Alter erschien, nicht in dieser Zeit bei der Zucht gewählt, im Gegenteil häufig als gefährlich beseitigt wurde, während ähnliche in der Periode der Reproduktion oder in deren Nähe auftretende Abänderungen erhalten wurden, gelangt man zu dem Schluß, daß das Gefieder der Jungen häufig unmodifiziert gelassen oder nur wenig modifiziert worden ist. Wir erhalten hierdurch eine gewisse Einsicht in den Zustand der Färbung der einstigen Urerzeuger unserer jetzt lebenden Spezies. Bei einer ungeheuren Zahl von Spezies in fünf unter unseren sechs Klassen von Fällen sind die Erwachsenen des einen oder beiderlei Geschlechts, wenigstens während der Paarungszeit, glänzend gefärbt, während die Jungen unveränderlich weniger hell als die Erwachsenen oder völlig düster gefärbt sind; denn, soweit ich es ermitteln kann, ist kein Beispiel bekannt, wo die Jungen düster gefärbter Arten glänzende Farben entfalteten, oder wo die Jungen glänzend gefärbter Arten noch glänzender gefärbt wären als ihre Eltern. Indessen gibt es in der vierten Klasse, in welcher die Jungen und Alten einander ähnlich sind, viele Spezies (wennschon durchaus nicht alle), bei denen die Jungen glänzend gefärbt sind, und da diese Spezies ganze Gruppen bilden, so können wir schließen, daß ihre frühen Urerzeuger gleichfalls glänzend gefärbt waren. Wenn wir die Vögel der ganzen Erde betrachten, so scheint, mit dieser letzteren Ausnahme, ihre Schönheit seit jener Periode, von welcher wir in ihrem unreifen Jugendgefieder eine teilweise Überlieferung haben, bedeutend erhöht worden zu sein.

Über die Farbe des Gefieders in bezug auf den Schutz. – Man wird gesehen haben, daß ich Mr. Wallace in der Annahme, daß düstere Färbungen, sobald sie auf die Weibchen beschränkt sind, in den meisten Fällen speziell zum Zweck des Schutzes erlangt worden sind, nicht folgen kann. Wie indessen früher bemerkt wurde, kann darüber kein Zweifel bestehen, daß beide Geschlechter vieler Vögel ihre Färbung zu diesem Zweck so modifiziert haben, daß sie der Aufmerksamkeit ihrer Feinde entgehen, oder in einigen Fällen so, daß sie ihre Beute unbeobachtet beschleichen können, in derselben Weise wie das Gefieder der Eulen weich geworden ist, damit ihr Flug nicht gehört werde. Mr. Wallace bemerkt[49], daß „wir nur in den tropischen Ländern und zwar in Wäldern, welche ihren Laubschmuck niemals verlieren, ganze Gruppen von Vögeln finden, deren hauptsächlichste Farbe Grün ist". Ein jeder, der es nur irgendeinmal versucht hat, wird zugeben, wie schwierig es ist, Papageien in einem mit Blättern bedeckten Baum zu unterscheiden. Trotzdem müssen wir uns erinnern, daß viele Papageien mit karmesinen, blauen und orangenen Farbtönen geschmückt sind, welche kaum protektiv sind. Spechte leben ganz vorzüglich auf Bäumen, aber außer den grünen Spezies gibt es viele schwarze und schwarz und weiße Arten, während doch sämtliche Spezies allem Anschein nach nahezu denselben Gefahren ausgesetzt sind. Es ist daher wahrscheinlich, daß auf Bäumen lebende Vögel scharf ausgesprochene Färbungen durch geschlechtliche Zuchtwahl erlangt haben, daß aber die grünen Farben häufiger als irgendwelche andere durch natürliche Zuchtwahl wegen des dadurch erlangten Schutzes erlangt worden sind.

---

[49] Westminster Review, July 1867, p.5.

Sechzehntes Kapitel

In bezug auf Vögel, welche auf dem Boden leben, gibt jedermann zu, daß sie in einer solchen Weise gefärbt sind, daß sie der umgebenden Oberfläche ähnlich werden. Wie schwierig ist es, ein Rebhuhn, eine Bekassine, eine Schnepfe, gewisse Regenpfeifer, Lerchen und Ziegenmelker zu sehen, wenn sie sich auf die Erde ducken! Wüsten bewohnende Tiere bieten die auffallendsten Beispiele dar, denn die nackte Oberfläche bietet keinen Ort zum Verbergen, und beinahe alle kleineren Säugetiere, Reptilien und Vögel hängen in bezug auf ihre Sicherheit von ihrer Färbung ab. Mr. Tristram hat in bezug auf die Bewohner der Sahara bemerkt[50], daß sie alle durch „ihre Isabellen- oder Sandfarbe" geschützt werden. Wenn ich mir die Wüstenvögel, die ich in Süd-Amerika gesehen habe, ebenso wie die meisten der Bodenvögel von Großbritannien in mein Gedächtnis zurückrufe, so scheint es mir, daß beide Geschlechter in derartigen Fällen meist nahezu gleich gefärbt sind. Ich wandte mich nun infolge hiervon an Mr. Tristram in bezug auf die Vögel der Sahara, und er hat mir freundlich die folgende Mitteilung gemacht. Es gibt sechsundzwanzig zu fünfzehn Gattungen gehörige Spezies, deren Gefieder offenbar in einer protektiven Art und Weise gefärbt ist, und diese Färbung ist um so auffallender, als bei den meisten dieser Vögel dieselbe von der ihrer Gattungsverwandten verschieden ist. Unter diesen sechsundzwanzig Spezies sind bei dreizehn beide Geschlechter in derselben Art und Weise gefärbt; diese gehören aber zu Gattungen, bei welchen diese Regel gewöhnlich vorherrscht, so daß sie uns nichts darüber sagen, warum die protektiven Farben gerade bei Wüstenvögeln in beiden Geschlechtern dieselben sind. Von den anderen dreizehn Spezies gehören drei zu Gattungen, bei denen die Geschlechter gewöhnlich voneinander verschieden sind, und doch sind hier die Geschlechter gleich. Bei den übrigen zehn Spezies ist das Männchen vom Weibchen verschieden; die Verschiedenheit ist aber hauptsächlich auf die untere Fläche des Körpergefieders beschränkt, welche, wenn sich der Vogel auf den Boden duckt, verborgen ist; der Kopf und der Rücken haben in beiden Geschlechtern einen und denselben sandfarbigen Anstrich. Es hat also in diesen zehn Spezies natürliche Zuchtwahl zum Zweck des Schutzes auf die obere Fläche beider Geschlechter eingewirkt und sie gleichgemacht, während die untere Fläche allein der Männchen durch geschlechtliche Zuchtwahl zum Zweck der Verzierung verschieden geworden ist. Da hier beide Geschlechter gleichmäßig gut geschützt sind, sehen wir deutlich, daß die Weibchen nicht etwa durch natürliche Zuchtwahl verhindert worden sind, die Farben ihrer männlichen Erzeuger zu erben. Wir müssen vielmehr, wie früher erwähnt wurde, auf das Gesetz der geschlechtlich beschränkten Vererbung zurückgreifen.

In allen Teilen der Erde sind beide Geschlechter vieler weichschnäbeligen Vögel, besonders solcher, welche Schilfe und Röhrichte frequentieren, düster gefärbt. Ohne Zweifel würden sie, wenn ihre Farben glänzend gewesen wären, ihren Feinden viel auffälliger gewesen sein; ob aber ihre düsteren Färbungen speziell zum Zweck des Schutzes erlangt worden sind, scheint mir, soweit ich es beurteilen kann, doch zweifelhaft. Es ist noch zweifelhafter, ob derartige düstere Färbungen zum Zweck der Verzierung erlangt worden sein können. Wir müssen indessen im Auge behalten, daß männliche Vögel, obschon düster gefärbt, doch häufig bedeutend von ihren Weibchen abweichen, wie es z. B. beim gemeinen Sperling der Fall ist, und dies führt uns zu der Annahme, daß derartige Färbungen, weil sie anziehend sind, durch geschlechtliche Zuchtwahl erlangt worden sind. Viele der weichschnäbeligen Vögel sind Sänger; und man möge sich einer Diskussion in einem früheren Kapitel erinnern, in welcher gezeigt wurde, daß die besten Sänger selten durch helle Farbtöne verziert sind. Es möchte scheinen, als ob weibliche Vögel der allgemeinen Regel nach ihre Gefährten entweder ihrer angenehmen Stimmen oder ihrer munteren Farben wegen gewählt haben, aber nicht wegen beider Reize in Verbindung. Einige Spezies, welche offenbar zum Zweck des Schutzes gefärbt sind, so die Bekassine, Schnepfe, der Ziegenmelker, sind gleichfalls nach unseren Ansichten von Geschmack mit äußerster Eleganz gezeich-

---

[50] Ibis, 1859, Vol. I, p.249f. In einem an mich gerichteten Brief bemerkt indessen Dr. Rohlfs, daß nach seiner Bekanntschaft mit der Sahara diese Angabe zu weitgehend sei.

net und schattiert. In derartigen Fällen können wir schließen, daß sowohl natürliche als auch geschlechtliche Zuchtwahl gemeinsam zum Schutz und zur Verzierung gewirkt haben. Ob irgendein Vogel existiert, welcher nicht einen speziellen Reiz, womit er das andere Geschlecht anzieht, besitzt, dürfte bezweifelt werden. Wenn beide Geschlechter so düster gefärbt sind, daß es voreilig wäre, die Wirksamkeit geschlechtlicher Zuchtwahl anzunehmen, und wenn keine direkten Belege dafür beigebracht werden können, daß derartige Farben zum Schutz dienen, so ist es am besten, unsere vollständige Unwissenheit über die Sache einzugestehen, oder was nahezu auf dasselbe hinauskommt, das Resultat der direkten Wirkung der Lebensbedingungen zuzuschreiben.

Es gibt viele Vögel, von denen beide Geschlechter auffallend, wenn auch nicht glänzend gefärbt sind, so die zahlreichen schwarzen, weißen oder gescheckten Spezies; und diese Farben sind wahrscheinlich das Resultat geschlechtlicher Zuchtwahl. Bei der gemeinen Amsel, dem Auerhahn, dem Birkhuhn, der schwarzen Trauerente (*Oidemia*) und selbst bei einem der Paradiesvögel (*Lophorina atra*) sind allein die Männchen schwarz, während die Weibchen braun oder gefleckt sind, und es läßt sich kaum bezweifeln, daß in diesen Fällen die schwarze Farbe ein geschlechtlicher, bei der Nachzucht gewählter Charakter ist. Es ist daher in ziemlichem Grade wahrscheinlich, daß die völlige oder teilweise schwarze Färbung beider Geschlechter, bei solchen Vögeln wie den Krähen, gewissen Kakadus, Störchen und Schwänen und vielen Seevögeln, gleichfalls das Resultat geschlechtlicher Zuchtwahl in Begleitung einer gleichmäßigen Überlieferung auf beide Geschlechter ist; denn die schwarze Farbe kann kaum in einem Falle als Schutzmittel dienen. Bei mehreren Vögeln, bei welchen allein das Männchen schwarz ist, und bei anderen, bei denen beide Geschlechter schwarz sind, ist der Schnabel oder die Haut um den Kopf hell gefärbt, und der hierdurch dargebotene Kontrast erhöht bedeutend ihre Schönheit. Wir sehen dies an dem hellgelben Schnabel der männlichen Amsel, an der karmesinroten Haut oberhalb der Augen des Birkhahns und Auerhahns, an dem verschieden und hell gefärbten Schnabel des Trauer-Enterichs (*Oidemia*), an dem roten Schnabel der Steindohle (*Corvus graculus* L.), des schwarzen Schwans und des schwarzen Storches. Dies führt mich zu der Bemerkung, daß es durchaus nicht unglaublich ist, daß die Tukane die enorme Größe ihrer Schnäbel geschlechtlicher Zuchtwahl verdanken, zu dem Zweck, die verschiedenartigen und lebhaften Farbstreifen, mit denen diese Organe verziert sind, zu entfalten.[51] Die nackte Haut an der Schnabelbasis und rund um die Augen ist gleichfalls häufig glänzend gefärbt, und Mr. Gould sagt, indem er von einer dieser Spezies spricht[52], daß die Färbung des Schnabels, während der Paarungszeit zweifelsohne in dem schönsten und glänzendsten „Zustande sich finde". Darin daß die Tukane mit ungeheuren Schnäbeln, wennschon sie durch ihre schwammige Struktur so leicht wie möglich gemacht worden sind, zu einem uns fälschlich bedeutungslos erscheinenden Zweck beschwert wurden, nämlich zu dem Zweck schöne Farben zu entfalten, liegt nicht mehr Unwahrscheinlichkeit, als daß der männliche Argusfasan und einige andere Vögel mit so langen Schmuckfedern versehen sind, daß ihr Flug dadurch behindert wird.

---

[51] Für die ungeheure Größe des Schnabels bei den Tukanen ist noch niemals eine befriedigende Erklärung gegeben worden, noch weniger für deren glänzende Farben. Mr. Bates gibt an (The Naturalist on the Amazons. Vol. II, 1863, p.341), daß sie ihren Schnabel dazu gebrauchen, Früchte von den äußersten Spitzen der Zweige zu erreichen, und desgleichen, wie von anderen Gewährsmännern angeführt wird, Eier und junge Vögel aus den Nestern anderer Vögel herauszuholen. Mr. Bates gibt aber zu, daß der Schnabel „schwerlich als ein für den Zweck, zu welchem er verwandt wird, sehr vollkommen gebildetes Werkzeug betrachtet werden kann". Die große Massigkeit des Schnabels, die sich aus seiner Breite, Höhe, ebenso wie aus seiner Länge ergibt, ist nach der Ansicht, daß er nur als Greiforgan dient, nicht verständlich. Mr. Belt glaubt (The Naturalist in Nicaragua, p.197), daß der Schnabel ein Verteidigungsmittel gegen Feinde ist, besonders für das Weibchen, während es in einer Höhle in einem Baum auf den Eiern nistet.

[52] *Ramphastos carinatus*, Gould's Monograph of Ramphastidae.

Sechzehntes Kapitel

In derselben Weise, wie nur die Männchen verschiedener Spezies schwarz sind, während die Weibchen trübe gefärbt erscheinen, sind auch in wenigen Fällen allein die Männchen entweder gänzlich oder teilweise weiß, wie bei den verschiedenen Glockenvögeln von Süd-Amerika (*Chasmorhynchus*), der antarktischen Gans (*Bernicla antarctica*), dem Silberfasan usw., während die Weibchen braun oder trübe gefleckt sind. Es ist daher nach demselben oben erwähnten Grundsatz wahrscheinlich, daß beide Geschlechter vieler Vögel, wie weiße Kakadus, mehrere Silberreiher mit ihren wunderschönen Schmuckfedern, gewisse Ibisse, Möwen, Seeschwalben usw., ihr mehr oder weniger völlig weißes Gefieder durch geschlechtliche Zuchtwahl erlangt haben. Das weiße Gefieder einiger der eben genannten Vögel erscheint in beiden Geschlechtern nur, wenn sie geschlechtsreif sind. Dies ist bei gewissen Tölpeln, Tropenvögeln usw. und mit der Schneegans (*Anser hyperboreus*) der Fall. Da die letztere auf den nackten Bodenstellen brütet, wenn sie nicht mit Schnee bedeckt sind, und während des Winters nach Süden wandert, so liegt kein Grund zu der Vermutung vor, daß ihr erwachsenes, schneeweißes Gefieder zum Schutz dient. In dem vorhin erwähnten Klaffschnabel, *Anastomus oscitans*, haben wir einen noch besseren Beweis dafür, daß das weiße Gefieder ein hochzeitlicher Charakter ist, denn es wird nur während des Sommers entwickelt; die Jungen in ihrem unreifen Zustand und die Erwachsenen in ihrem Winterkleid sind grau und schwarz. Bei vielen Arten von Möwen (*Larus*) wird der Kopf und der Hals während des Sommers rein weiß, während er den Winter hindurch und im Jugendzustand grau oder gefleckt ist. Auf der anderen Seite tritt bei den kleineren Möwen (*Gavia*) und bei einigen Seeschwalben (*Sterna*) genau das Umgekehrte ein. Denn die Köpfe der jungen Vögel sind während des ersten Jahres und die der Erwachsenen während des Winters entweder rein weiß oder viel blasser gefärbt als während der Paarungszeit. Diese letzteren Fälle bieten ein weiteres Beispiel für die launische Art und Weise dar, in welcher die geschlechtliche Zuchtwahl häufig gewirkt zu haben scheint.[53]

Die Ursache, warum Wasservögel so viel häufiger ein weißes Gefieder erlangt haben als die auf dem Lande lebenden Vögel, hängt wahrscheinlich von ihrer bedeutenden Größe und ihrem starken Flugvermögen ab, so daß sie sich leicht verteidigen oder Raubvögeln entgehen können, denen sie überdies nicht sehr ausgesetzt sind. Geschlechtliche Zuchtwahl ist folglich hier nicht beeinflußt oder zum Zweck eines Schutzes besonders geleitet worden. Ohne Zweifel konnten bei Vögeln, welche auf dem offenen Ozean schwärmen, die Männchen und Weibchen einander viel leichter finden, wenn sie entweder durch ein völlig weißes oder durch ein intensiv schwarzes Gefieder auffallend gemacht wurden, so daß diese Farben möglicherweise zu demselben Zweck dienen, wie die Lockrufe vieler Landvögel.[54] Wenn ein weißer oder schwarzer Vogel ein auf dem Meer schwimmendes oder ans Ufer geworfenes Aas entdeckt und auf dasselbe hinabfliegt, wird er aus großer Entfernung gesehen werden können und wird andere Vögel derselben Art oder verschiedener Arten zu der Beute hinführen. Da dies aber ein Nachteil für die ersten Entdecker sein würde, so würden diejenigen Individuen, welche die weißesten oder die schwärzesten waren, hierdurch nicht mehr Nahrung erlangt haben als die weniger auffallenden Individuen. Es können also auffallende Färbungen nicht zu diesem Zweck durch natürliche Zuchtwahl allmählich erlangt worden sein.

Da die geschlechtliche Zuchtwahl von einem so fluktuierenden Element wie dem Geschmack abhängt, so können wir einsehen, woher es kommt, daß innerhalb einer und der nämlichen

---

[53] Über *Larus, Gavia* und *Sterna* s. MacGillivray: History of British Birds. Vol. V, p.115, 584, 626. Über *Anser hyperboreus* s. Audubon: Ornitholog. Biography. Vol. IV, p.562. Über den *Anastomus* s. Mr. Blyth, in: Ibis, 1867, p.173.

[54] Es mag hier auch erwähnt werden, daß von den Geiern, welche weit und breit durch die höheren Regionen der Atmosphäre, wie Seevögel über den Ozean, schwärmen, drei oder vier Spezies beinahe völlig oder großenteils weiß sind, während viele andere Spezies schwarz sind. Diese Tatsache unterstützt die Vermutung, daß diese auffallenden Farben den Geschlechtern helfen dürften, einander während der Paarungszeit zu finden.

Vögel (Schluß)

Gruppe von Vögeln mit nahezu derselben Lebensweise weiße oder nahezu weiße Arten ebensogut wie schwarze oder nahezu schwarze Arten existieren, wie z. B. weiße und schwarze Kakadus, Störche, Ibisse, Schwäne, Seeschwalben und Sturmvögel. Es kommen gleichfalls gescheckte Vögel zuweilen in denselben Gruppen vor, z. B. der schwarzhalsige Schwan, gewisse Seeschwalben und die gemeine Elster. Daß ein starker Kontrast in der Farbe den Vögeln angenehm ist, können wir nach einem Blick auf irgendeine große Sammlung von Exemplaren oder auf eine Reihe kolorierter Abbildungen schließen; denn häufig weichen die Geschlechter darin voneinander ab, daß das Männchen die blasseren Teile von einem reineren Weiß und die verschiedentlich gefärbten dunklen Teile von noch dunkleren Farbtönen besitzt als das Weibchen.

Es möchte selbst scheinen, als hätte die bloße Neuheit oder die Veränderung um ihrer selbst willen zuweilen wie ein Zauber auf weibliche Vögel gewirkt, in derselben Weise wie Veränderungen der Mode auf uns wirken. So kann man kaum sagen, daß die Männchen einiger Papageien, wenigstens unserem Geschmack zufolge, schöner sind als die Weibchen; sie weichen aber von diesen in solchen Punkten ab, wie den folgenden: Das Männchen hat ein rosenfarbiges Halsband statt „eines hell-smaragdenen schmalen grünen Halsbandes", wie es das Weibchen besitzt, oder das Männchen hat ein schwarzes Halsband, statt nur vorn „ein halbes gelbes Band" zu haben, mit einem blaß rosenfarbigen statt eines blauen Kopfes.[55] Da so viele männliche Vögel als hauptsächliche Zierate verlängerte Schwanzfedern oder verlängerte Federkämme haben, so scheint der verkürzte Schwanz, der früher von dem Männchen eines Kolibris beschrieben wurde, und die verkürzte Haube des männlichen Sägetauchers beinahe wie eine jener vielen, einander entgegengesetzten Veränderungen der Mode zu sein, welche wir an unseren eigenen Anzügen bewundern.

Einige Glieder der Familie der Reiher bieten einen noch viel merkwürdigeren Fall davon dar, daß Neuheit der Färbung allem Anschein nach wegen der Neuheit selbst geschätzt worden ist. Die Jungen der *Ardea asha* sind weiß, die Erwachsenen dunkel schieferfarbig, und es sind nicht bloß die Jungen, sondern auch die Erwachsenen des verwandten *Buphus coromandus* in ihrem Wintergefieder weiß, welche Farbe sich während der Paarungszeit in ein reiches goldenes Rötlichgelb verwandelt. Es ist unglaubhaft, daß die Jungen dieser zwei Spezies ebenso wie die einiger anderer Glieder derselben Familie[56] irgendeines speziellen Zwecks wegen weiß und dadurch für ihre Feinde auffallend gemacht worden seien, oder daß die Erwachsenen einer dieser zwei Spezies speziell während des Winters weiß geworden seien in einem Lande, welches niemals mit Schnee bedeckt ist. Auf der anderen Seite haben wir Grund zu der Annahme, daß die weiße Farbe von vielen Vögeln als eine geschlechtliche Zierat erlangt ist. Wir können daher schließen, daß ein früher Urerzeuger der *Ardea asha* und des *Buphus* ein weißes Gefieder zu hochzeitlichen Zwecken erlangt und diese Färbung auf seine Nachkommen überliefert hat, so daß die Jungen und die alten, wie gewisse, jetzt existierende Silberreiher, weiß wurden. Später wird dann die weiße Färbung von den Jungen beibehalten worden sein, während sie von den Erwachsenen gegen noch schärfer ausgesprochene Färbungen vertauscht wurde. Wenn wir aber noch weiter in der Zeit rückwärts auf noch frühere Urerzeuger dieser zwei Spezies blicken könnten, so würden wir wahrscheinlich die Erwachsenen dunkel gefärbt sehen. Daß dies der Fall sein dürfte, schließe ich aus der Analogie vieler anderer Vögel, welche während ihrer Jugend dunkel und im erwachsenen Zustand weiß sind, und noch besonders aus dem Fall der *Ardea gularis*, deren Färbungen gerade die umgekehrten von denen der *A. asha* sind. Deren Junge sind nämlich dunkel gefärbt und die Erwachsenen weiß, so daß hier die Jungen einen früheren

---

[55] S. Jerdon: Über die Gattung Palaeornis, in: Birds of India. Vol. I, p.258-260.

[56] Die Jungen von *Ardea rufescens* und *A. caerulea* der Vereinigten Staaten sind gleichfalls weiß, während die Erwachsenen so gefärbt sind, wie es ihr spezifischer Name ausdrückt. Audubon (Ornitholog. Biography. Vol. III, p.416; Vol. IV, p.58) scheint sich über den Gedanken zu amüsieren, daß diese merkwürdige Veränderung des Gefieders in hohem Grade „die Systematiker in Verwirrung bringen wird".

Zustand des Gefieders beibehalten haben. Es geht daher scheinbar hieraus hervor, daß die Vorfahren der *Ardea asha*, des *Buphus* und einiger verwandter Formen in ihrem erwachsenen Zustand während einer langen Deszendenzreihe Veränderungen in der Färbung in folgender Reihe erlitten haben: zuerst eine dunkle Schattierung, zweitens eine rein weiße Färbung und drittens infolge einer anderen Veränderung der Mode (wenn mir dieser Ausdruck erlaubt ist) ihre jetzige schieferfarbige, rötliche oder rötlich-graue Färbung. Diese aufeinanderfolgenden Veränderungen sind nur nach dem Prinzip verständlich, daß ihre Neuheit ihrer selbst wegen von den Vögeln bewundert worden ist.

Mehrere Schriftsteller haben der ganzen Theorie der geschlechtlichen Zuchtwahl den Einwand entgegengehalten, daß bei Tieren wie bei Wilden der Geschmack des Weibchens für gewisse Farben oder andere Verzierungen nicht viele Generationen hindurch konstant bleiben würde, daß zuerst eine Farbe, dann eine andere bewundert werden würde und folglich keine permanente Wirkung erreicht werden könnte. Wir können wohl zugeben, daß Geschmack etwas Schwankendes ist; er ist aber nicht durchaus arbiträr. Viel hängt von der Gewohnheit ab, wie wir beim Menschen sehen; und wir dürfen wohl schließen, daß dies auch für Vögel und andere Tiere gilt. Selbst in unserem eigenen Anzug bleibt der allgemeine Charakter lange bestehen und die Veränderung ist bis zu einem gewissen Grade abgestuft. An zwei Stellen eines späteren Kapitels werden ausführliche Beweise dafür mitgeteilt werden, daß Wilde vieler verschiedenen Rassen viele Generationen hindurch dieselben Narben auf der Haut, dieselben in häßlicher Weise durchbohrten Lippen, Nasenflügel oder Ohren, mißgestaltete Köpfe usw. bewundert haben; und diese Entstellungen bieten zu den natürlichen Ornamenten verschiedener Tiere einige Analogien dar. Nichtsdestoweniger bleiben aber bei Wilden derartige Moden nicht immer bestehen, wie wir aus den in dieser Beziehung zu beobachtenden Verschiedenheiten zwischen verwandten Stämmen eines und desselben Kontinents schließen können. So haben ferner die Züchter von Liebhaberrassen sicher viele Generationen hindurch dieselben Rassen bewundert und bewundern sie noch immer; sie wünschen entschieden unbedeutende Abänderungen herbei, welche als Veredelungen betrachtet werden; aber eine jede große oder plötzlich auftretende Veränderung wird als der größte Fehler angesehen. Wir haben nun keinen Grund zu vermuten, daß Vögel im Naturzustand einen völlig neuen Stil der Färbung bewundern würden, selbst wenn bedeutende und plötzliche Veränderungen häufig vorkämen, was durchaus nicht der Fall ist. Wir wissen, daß Haustauben sich nicht gern mit den verschieden gefärbten Liebhaberrassen paaren, daß Albino-Vögel gewöhnlich keine Ehegenossen bekommen, und daß die schwarzen Raben der Faröer ihre gescheckten Brüder fortjagen. Aber dieser Widerwille gegen eine plötzliche Veränderung schließt nicht aus, daß sie unbedeutende Abänderungen würdigen, ebensowenig wie dies beim Menschen der Fall ist. Es scheint daher in bezug auf den Geschmack, welcher von vielen Elementen abhängt, aber zum Teil von Gewöhnung und zum Teil von einer Vorliebe für Neuheit, nichts Unwahrscheinliches darin zu liegen, daß Tiere eine sehr lange Zeit hindurch denselben allgemeinen Stil der Verzierung oder andere Anziehungsmittel bewundern und trotzdem unbedeutende Veränderungen der Farben, der Form oder der Töne würdigen.

Zusammenfassung der vier Kapitel über Vögel. – Die meisten männlichen Vögel sind während der Paarungszeit in hohem Grade kampfsüchtig und einige besitzen speziell zum Kampf mit ihren Nebenbuhlern angepaßte Waffen. Aber die kampfsüchtigen und die bestbewaffneten Männchen hängen in bezug auf den Erfolg selten oder niemals allein von dem Vermögen, ihre Nebenbuhler zu vertreiben oder zu töten, ab, sondern haben außerdem noch spezielle Mittel zur Bezauberung des Weibchens. Bei einigen ist es die Fähigkeit zu singen oder fremdartige Rufe auszustoßen oder Instrumentalmusik hervorzubringen; und infolgedessen weichen die Männchen von den Weibchen in ihren Stimmorganen oder in der Bildung gewisser Federn ab. Aus den merkwürdig verschiedenartigen Mitteln zur Hervorbringung verschiedenartiger Laute

Vögel (Schluß)

gewinnen wir eine hohe Meinung von der Bedeutung dieses Mittels der Brautwerbung. Viele Vögel versuchen die Weibchen durch Liebestänze oder Gebärden, die auf dem Boden oder in der Luft und zuweilen auf dazu hergerichteten Plätzen ausgeführt werden, zu bezaubern. Aber Ornamente vielerlei Art, die glänzendsten Farbtöne, Kämme und Fleischlappen, wunderschöne Schmuckfedern, verlängerte Federn, Federstutze usf. sind bei weitem die häufigsten Mittel. In einigen Fällen scheint bloße Neuheit als Zauber gewirkt zu haben. Die Zierate der Männchen müssen für sie von höchster Bedeutung gewesen sein, denn sie sind in nicht wenigen Fällen auf Kosten einer vergrößerten Gefahr vor Feinden und selbst mit etwas Verlust an Kraft in den Kämpfen mit ihren Nebenbuhlern erlangt worden. Die Männchen sehr vieler Spezies erhalten ihr ornamentales Kleid nicht eher als bis sie zur Reife gelangen, oder sie nehmen es nur während der Paarungszeit an, oder es werden die Farbtöne zu dieser Zeit lebhafter. Gewisse ornamentale Anhänge werden während des Bewerbungsaktes selbst vergrößert, schwellen an und werden hell gefärbt. Die Männchen entfalten ihre Reize mit ausgesuchter Sorgfalt und zu ihrer besten Wirkung; und dies geschieht in der Gegenwart der Weibchen. Die Brautwerbung ist zuweilen eine sich in die Länge ziehende Angelegenheit, und viele Männchen und Weibchen versammeln sich an einem bestimmten Platz. Anzunehmen, daß die Weibchen die Schönheit der Männchen nicht würdigen, hieße der Meinung sein, daß ihre glänzenden Dekorationen, alle ihre Pracht und Entfaltung nutzlos seien; und dies ist nicht glaubhaft. Vögel haben ein feines Unterscheidungsvermögen, und in einigen wenigen Fällen läßt sich zeigen, daß sie einen Geschmack für das Schöne haben. Überdies weiß man, daß die Weibchen gelegentlich eine ausgesprochene Vorliebe oder Antipathie für gewisse individuelle Männchen zeigen.

Wird zugegeben, daß die Weibchen die schöneren Männchen vorziehen oder unbewußt von ihnen angeregt werden, dann werden die Männchen langsam aber sicher durch geschlechtliche Zuchtwahl immer mehr und mehr anziehend werden. Daß es dieses Geschlecht ist, welches hauptsächlich modifiziert worden ist, können wir aus der Tatsache schließen, daß beinahe in jeder Gattung, in welcher die Geschlechter verschieden sind, die Männchen viel mehr voneinander verschieden sind als die Weibchen. Dies zeigt sich sehr gut bei gewissen, nahe verwandten, repräsentativen Arten, bei welchen die Weibchen kaum unterschieden werden können, während die Männchen völlig verschieden sind. Vögel bieten im Naturzustand individuelle Verschiedenheiten dar, welche völlig ausreichen würden, geschlechtliche Zuchtwahl einwirken zu lassen. Wir haben aber gesehen, daß sie gelegentlich noch stärker ausgesprochene Abänderungen darbieten, welche so häufig wiederkehren, daß sie sofort fixiert werden dürften, wenn sie dazu dienten, das Weibchen anzulocken. Die Gesetze der Abänderung werden die Natur der anfänglich auftretenden Veränderungen bestimmt und in großem Maße das endliche Resultat beeinflußt haben. Die Abstufungen, welche sich zwischen den Männchen verwandter Spezies beobachten lassen, deuten die Natur der Schritte an, welche durchlaufen worden sind; sie erklären auch in der interessantesten Art und Weise, wie gewisse Charaktere entstanden sind, z. B. die zahnförmig eingeschnittenen Augenflecken auf den Schwanzfedern des Pfauhahns und die wunderbar schattierten Kugel- und Sockel-Augenflecken auf den Schwanzfedern des Argusfasans. Es ist offenbar, daß die glänzenden Farben, Federstutze, Schmuckfedern usw. vieler männlicher Vögel nicht als Schutzmittel erlangt worden sein können; sie bringen geradezu zuweilen Gefahr herbei. Daß sie nicht eine Folge der direkten und bestimmten Wirkung der Lebensbedingungen sind, darüber können wir uns versichert halten, weil die Weibchen denselben Bedingungen ausgesetzt und doch häufig von den Männchen im äußersten Grade verschieden sind. Obschon es wahrscheinlich ist, daß veränderte Bedingungen, welche während einer längeren Zeit gewirkt haben, irgendeine bestimmte Wirkung auf beide Geschlechter oder zuweilen nur auf ein Geschlecht hervorgebracht haben, so wird doch das bedeutungsvollere Resultat eine verstärkte Neigung zur Variabilität oder zum Auftreten stärker ausgeprägter, individueller Verschiedenheiten gewesen sein; und derartige Verschiedenheiten werden für die Wirkung der geschlechtlichen Zuchtwahl ein ausgezeichnetes

Sechzehntes Kapitel

Wirkungsgebiet dargeboten haben. Die Gesetze der Vererbung scheinen, ohne Rücksicht auf Zuchtwahl, bestimmt zu haben, ob Charaktere, die von den Männchen zum Zweck des Schmucks, zum Zweck des Hervorbringens verschiedener Laute und des Kämpfens miteinander erlangt worden sind, auf die Männchen allein oder auf beide Geschlechter und zwar entweder permanent oder nur periodisch während gewisser Jahreszeiten überliefert worden sind. Warum verschiedene Charaktere zuweilen in der einen Weise und zuweilen in der anderen überliefert worden sind, ist in den meisten Fällen unbekannt; aber es scheint häufig die Periode der Variabilität die bestimmende Ursache gewesen zu sein. Wenn die zwei Geschlechter alle Charaktere gemeinsam geerbt haben, so sind sie notwendigerweise einander ähnlich. Da aber die aufeinanderfolgenden Abänderungen verschieden überliefert werden können, so kann man jede mögliche Abstufung finden, und zwar selbst innerhalb eines und desselben Genus, von der größten Ähnlichkeit bis zu der schärfsten Unähnlichkeit zwischen den Geschlechtern. Bei vielen nahe verwandten und nahezu denselben Lebensgewohnheiten folgenden Spezies sind die Männchen hauptsächlich durch die Wirkung geschlechtlicher Zuchtwahl voneinander verschieden geworden, während die Weibchen hauptsächlich dadurch verschieden geworden sind, daß sie in einem größeren oder geringeren Grade an den auf diese Weise von den Männchen erlangten Charakteren teilgenommen haben. Überdies werden die Resultate der bestimmten Einwirkung der Lebensbedingungen bei den Weibchen nicht, wie es bei den Männchen der Fall ist, durch die infolge geschlechtlicher Zuchtwahl eintretende Häufung scharf ausgesprochener Färbungen und anderer Zierate verhüllt worden sein. Die Individuen beider Geschlechter, auf welche Weise sie auch beeinflußt sein mögen, werden auf jeder der aufeinanderfolgenden Perioden durch die reichliche Kreuzung vieler Individuen nahezu gleichförmig gehalten worden sein.

Bei denjenigen Spezies, bei welchen die Geschlechter in der Farbe verschieden sind, ist es möglich oder wahrscheinlich, daß zuerst eine Neigung bestand, die aufeinanderfolgenden Abänderungen auf beide Geschlechter gleichmäßig zu überliefern, daß aber, wenn dies eintrat, die Weibchen nur durch die Gefahr, welcher sie während der Zeit der Bebrütung ausgesetzt worden waren, verhindert wurden, die hellen Färbungen der Männchen anzunehmen. Wir haben aber keine Beweise dafür, daß es möglich ist, mittels der natürlichen Zuchtwahl eine Form der Überlieferung in eine andere umzuwandeln. Andererseits würde nicht die mindeste Schwierigkeit vorhanden sein, ein Weibchen düster gefärbt zu machen und dem Männchen noch immer seine helle Färbung zu erhalten, nämlich durch die Auswahl nacheinander auftretender Abänderungen, welche von Anfang an in ihrer Überlieferung auf ein und dasselbe Geschlecht beschränkt waren. Ob die Weibchen vieler Spezies faktisch in dieser Weise modifiziert worden sind, muß gegenwärtig noch zweifelhaft bleiben. Wenn durch das Gesetz der gleichmäßigen Überlieferung der Charaktere auf beide Geschlechter die Weibchen ebenso auffallend gefärbt worden sind wie die Männchen, so sind, wie es scheint, auch oft ihre Instinkte modifiziert worden und sie sind dazu veranlaßt worden, kuppelförmige oder verborgene Nester zu bauen.

In einer kleinen und merkwürdigen Klasse sind die Charaktere und Gewohnheiten beider Geschlechter völlig vertauscht worden; denn die Weibchen sind hier größer, stärker, lauter und heller gefärbt als ihre Männchen. Sie sind auch so streitsüchtig geworden, daß sie oft, wie die Männchen anderer kampfsüchtiger Spezies um den Besitz der Weibchen, so um den Besitz der Männchen miteinander kämpfen. Wenn sie, wie es wahrscheinlich erscheint, beständig ihre weiblichen Nebenbuhler wegtreiben und ihre hellen Farben oder andere Reize entfalten und damit die Männchen anzuziehen versuchen, so können wir verstehen, wie es gekommen ist, daß sie allmählich mittels der geschlechtlichen Zuchtwahl und der geschlechtlich beschränkten Vererbung schöner als die Männchen geworden sind, während die letzteren nicht modifiziert oder nur unbedeutend modifiziert wurden.

Sobald das Gesetz der Vererbung zu entsprechenden Lebensaltern, aber nicht das der geschlechtlich beschränkten Überlieferung in Kraft tritt, dann werden, wenn die Eltern spät im

Leben variieren, – und wir wissen, daß dies beständig bei unseren Hühnern und gelegentlich bei anderen Vögeln auftritt, – die Jungen nicht affiziert werden, während die Erwachsenen beider Geschlechter modifiziert werden. Treten diese beiden Gesetze der Vererbung in Kraft und variiert das eine oder das andere Geschlecht spät im Leben, so wird nur dieses Geschlecht allein modifiziert werden, während das andere Geschlecht und die Jungen unbeeinflußt bleiben. Treten Abänderungen in der hellen Färbung oder in anderen auffallenden Charakteren zeitig im Leben auf, wie es ohne Zweifel häufig sich ereignet, so werden diese von geschlechtlicher Zuchtwahl nicht früher beeinflußt werden, als bis die Periode der Reproduktion herankommt. Infolgedessen werden sie, wenn sie für die Jungen gefahrvoll sind, durch natürliche Zuchtwahl beseitigt werden. Wir können hierdurch verstehen, woher es kommt, daß spät im Leben auftretende Abänderungen so häufig zur Verzierung der Männchen bewahrt worden sind, während die Weibchen und die Jungen fast unverändert gelassen worden sind und sich daher einander gleichen. Bei Spezies, welche ein besonderes Sommer- und Wintergefieder haben und deren Männchen entweder den Weibchen während beider Jahreszeiten oder allein während des Sommers ähnlich oder von ihnen verschieden sind, sind die Abstufungen und Arten der Ähnlichkeit zwischen den Jungen und Alten außerordentlich kompliziert; und diese Komplexität hängt allem Anschein nach davon ab, daß Charaktere, welche zuerst von den Männchen erlangt worden sind, in verschiedener Weise und in verschiedenen Graden, sowie durch Geschlecht, Alter und Jahreszeit beschränkt, vererbt wurden.

Da die Jungen so vieler Spezies nur wenig in der Farbe und in anderen Zieraten abgeändert worden sind, so sind wir in den Stand gesetzt, uns ein Urteil in bezug auf das Gefieder ihrer früheren Urerzeuger zu bilden, und wir können schließen, daß die Schönheit unserer jetzt existierenden Spezies, wenn wir die ganze Klasse betrachten, seit der Zeit, von welcher uns das unreife Jugendgefieder einen indirekten Bericht gibt, bedeutend zugenommen hat. Viele Vögel, besonders solche, welche auf dem Boden leben, sind ohne Zweifel zum Zweck des Schutzes dunkel gefärbt worden. In einigen Fällen ist die obere exponierte Fläche des Gefieders in beiden Geschlechtern auf dieselbe Weise gefärbt worden, während die untere Fläche allein bei den Männchen durch geschlechtliche Zuchtwahl verschiedenartig verziert worden ist. Endlich können wir nach den in diesen vier Kapiteln mitgeteilten Tatsachen schließen, daß Waffen zum Kampf, Organe zum Hervorbringen von Lauten, Zierate vielerlei Art, helle und auffallende Färbungen allgemein von den Männchen durch Abänderung und geschlechtliche Zuchtwahl erlangt und auf verschiedenen Wegen je nach den verschiedenen Gesetzen der Vererbung überliefert worden sind, während die Weibchen und die Jungen vergleichsweise nur wenig abgeändert worden sind.[57]

---

[57] Ich bin Mr. Sclater sehr verbunden, daß er die Freundlichkeit gehabt hat, diese vier Kapitel über Vögel sowie die beiden folgenden über Säugetiere durchzusehen. Auf diese Weise bin ich davor bewahrt worden, Fehler in den Namen der Arten zu machen und irgendwelche Tatsachen anzuführen, von denen dieser ausgezeichnete Forscher weiß, daß sie falsch sind. Er ist indessen natürlicherweise für die Richtigkeit der von mir nach verschiedenen Autoritäten angeführten Angaben durchaus nicht verantwortlich.

Siebzehntes Kapitel

Sekundäre Sexualcharaktere der Säugetiere

Das Gesetz des Kampfes – Spezielle auf die Männchen beschränkte Waffen – Ursache des Fehlens der Waffen bei den Weibchen – Beiden Geschlechtern gemeinsame Waffen, die aber doch ursprünglich zuerst vom Männchen erlangt wurden – Anderer Nutzen solcher Waffen – Ihre hohe Bedeutung – Bedeutendere Größe der Männchen – Verteidigungsmittel – Über die von beiden Geschlechtern gezeigte Vorliebe beim Paaren der Säugetiere

Bei Säugetieren scheint das Männchen das Weibchen viel mehr nach dem Gesetz des Kampfes zu gewinnen als durch die Entfaltung seiner Reize. Die furchtsamsten Tiere, welche nicht mit irgendwelchen speziellen Waffen ausgerüstet sind, lassen sich während der Zeit der Liebe in verzweifelte Kämpfe ein. Zwei männliche Hasen hat man gesehen, welche solange miteinander fochten, bis einer getötet war. Männliche Maulwürfe kämpfen häufig, und zuweilen mit tötlichem Ausgang; männliche Eichhörnchen „beginnen häufig Kämpfe und verwunden oft einander heftig"; dasselbe tun auch männliche Biber, so daß „kaum ein Fell ohne Narben ist."[1] Ich beobachtete dieselbe Tatsache an den Häuten der Guanakos in Patagonien; auch waren bei einer Gelegenheit mehrere dieser Tiere so von ihrem Kampf absorbiert, daß sie ohne Furcht dicht an mir vorübergelaufen kamen. Livingstone erzählt, daß die Männchen vieler Tiere in Süd-Afrika beinahe ohne Ausnahme die in früheren Kämpfen erlangten Narben tragen.

Das Gesetz des Kampfes gilt; ebenso für Wasser- wie für Landsäugetiere. Es ist bekannt, wie verzweifelt männliche Robben während der Paarungszeit miteinander kämpfen und zwar sowohl mit ihren Zähnen als auch mit ihren Klauen; auch sind ihre Felle gleichfalls häufig mit Narben bedeckt. Männliche Spermaceti-Wale sind sehr eifersüchtig zu dieser Zeit, und in ihren Kämpfen „verbeißen sie sich häufig mit ihren Kinnladen, wälzen sich auf die Seite und zerren sich herum", so daß ihre Unterkinnladen durch diese Kämpfe häufig verbogen werden.[2]

Von allen männlichen Säugetieren, welche mit speziellen Waffen zum Kampf ausgerüstet sind, weiß man sehr wohl, daß sie heftige Kämpfe beginnen. Der Mut und die verzweifelten Duelle von Hirschen sind oft beschrieben worden. Ihre Skelette sind in verschiedenen Teilen der Welt mit unentwirrbar ineinander verschlungenen Geweihen gefunden worden, dadurch zeigend, wie elend sowohl der Sieger als auch der Besiegte umgekommen sein muß.[3] Kein Tier in der Welt ist so gefährlich wie der Elefant zur Brunstzeit. Lord Tankerville hat mir eine lebendige Beschreibung der Kämpfe zwischen den wilden Bullen in Chillingham-Park, den zwar in der Größe aber nicht im Mut degenerierten Nachkommen des gigantischen *Bos primigenius* gegeben. Im Jahre 1861 kämpften mehrere um die Herrschaft, und es wurde beobachtet, daß zwei von den jüngeren Bullen in Übereinstimmung den alten Anführer der Herde angriffen, ihn überwanden und kampfunfähig machten, so daß die Wärter glaubten, er läge tötlich verwundet in einem benachbarten Wald. Aber wenige Tage später näherte sich einer der jungen Bullen allein

---

[1] S. Watertons Schilderung des Kampfes zweier Hasen, in: Zoologist. Vol. I, 1843, p.211. Über Maulwürfe s. Bell: History of British Quadrupeds. I. edit., p.100. Über Eichhörnchen s. Audubon und Bachman: Viviparous Quadrupeds of North-America, 1846, p.269. Über Biber s. A. H. Green, in: Journal of the Linnean Society. Zool., Vol. X, 1869, p.362.
[2] Über die Kämpfe der Robben s. Capt. C. Abbott, in: Proceed. Zoolog. Soc., 1868, p.191; auch Mr. R. Brown: ebd., 1868, p.436; auch L. Lloyd: Game Birds of Sweden, 1867, p.412. Ferner: Pennant: Über den Spermaceti-Wal, s. J. H. Thompson, in: Proceed. Zoolog. Soc., 1867, p.246.
[3] S. Scrope (Art of Deerstalking, p.17) über das Ineinanderschlingen der Geweihe bei *Cervus elaphus*. Richardson sagt in der „Fauna Boreali-Americana", 1829, p.272, daß auch der Wapiti, das Orignal und Rentier so verschlungen gefunden worden sind. Sir A. Smith fand am Kap der guten Hoffnung die Skelette zweier Gnus in demselben Zustand.

dem Wald; und hierauf kam „der Herr der Jagd", welcher sich nur um Rache zu nehmen ruhig gehalten hatte, hervor und tötete in kurzer Zeit seinen Gegner. Er vereinigte sich dann wieder friedlich mit der Herde und führte lange und unangefochten das Szepter. Admiral Sir B. J. Sulivan teilt mir mit, daß, als er auf den Falkland-Inseln residierte, er einen jungen englischen Hengst eingeführt habe, welcher mit acht Stuten die Berge in der Nähe von Port William besuchte. Auf diesen Bergen lebten zwei wilde Hengste, jeder mit einer kleinen Zahl von Stuten; „und es ist sicher, daß diese Hengste einander niemals zu nahe gekommen sein würden, ohne miteinander zu kämpfen. Beide hatten einzeln versucht, den englischen Hengst zu bekämpfen und seine Stuten fortzutreiben, aber ohne Erfolg. Eines Tages kamen sie zusammen heran und griffen ihn an. Dies sah der Kapitän, welchem die Sorge um die Pferde anvertraut war; und als er zu der Stelle hinritt, fand er einen der Hengste mit dem englischen in einen Kampf verwickelt, während der andere die Stuten forttrieb und bereits vier von den übrigen getrennt hatte. Der Kapitän machte der Sache dadurch ein Ende, daß er die ganze Gesellschaft in das Korral trieb, denn die wilden Hengste wollten die Stuten nicht verlassen."

Männliche Tiere, welche bereits mit wirksamen schneidenden oder zerreißenden Zähnen für die gewöhnlichen Zwecke des Lebens versehen sind, wie die Carnivoren, Insectivoren und Nagetiere, sind selten mit Waffen versehen, die speziell für Kämpfe mit ihren Nebenbuhlern angepaßt sind. Bei den Männchen vieler anderer Tiere liegt aber der Fall sehr verschieden. Wir sehen dies an den Geweihen der Hirsche und an den Hörnern gewisser Arten von Antilopen, von denen die Weibchen hornlos sind. Bei vielen Tieren sind die Eckzähne in der unteren oder oberen Kinnlade oder in beiden bei den Männchen viel größer als bei den Weibchen, oder fehlen auch bei den letzteren, zuweilen mit Ausnahme eines verborgenen Rudiments. Gewisse Antilopen, das Moschustier, Kamel, Pferd, der Eber, verschiedene Affen, Robben und das Walroß bieten Beispiele dieser verschiedenen Fälle dar. Beim Weibchen des Walrosses fehlen die Stoßzähne zuweilen vollständig.[4] Beim männlichen indischen Elefanten und beim männlichen Dugong[5] bilden die oberen Schneidezähne starke Angriffswaffen. Beim männlichen Narwal ist allein der eine der oberen Zähne zu dem wohlbekannten spiral gewundenen sogenannten Horn entwickelt, welches zuweilen neun bis zehn Fuß an Länge erreicht. Man glaubt, daß die Männchen diese Hörner dazu benutzen, um miteinander zu kämpfen, denn „ein ungebrochenes ist selten zu beschaffen und gelegentlich kann man eins finden, an welchem die Spitze eines anderen in die gebrochene Stelle eingekeilt ist"[6]. Der Zahn auf der anderen Seite des Kopfes besteht bei dem Männchen aus einem ungefähr zehn Zoll langen Rudiment, welches in der Kinnlade eingebettet liegt; zuweilen aber, wenn auch selten, sind die Zähne auf beiden Seiten wohlentwickelt. Bei den Weibchen sind beide Zähne immer rudimentär. Der männliche Kachelot hat einen größeren Kopf als das Weibchen und diese Größe unterstützt ohne Zweifel diese Tiere bei ihren im Wasser zu haltenden Kämpfen. Endlich ist der männliche erwachsene *Ornithorhynchus* mit einem merkwürdigen Apparat versehen, nämlich mit einem Sporn am Vorderbein, welcher dem Giftzahn einer Giftschlange außerordentlich ähnlich ist; nach der Angabe Hartings ist aber die Absonderung dieser Drüse nicht giftig; und am Bein des Weibchens findet sich ein Loch, allem Anschein nach zur Aufnahme des Sporns.[7]

---

[4] Mr. Lamont (Seasons with the Sea-Horses, 1861, p.143) sagt, daß ein guter Stoßzahn des männlichen Walrosses 4 Pfund wiegt und größer ist als der des Weibchens, welcher nur ungefähr 3 Pfund wiegt. Die Männchen kämpfen den Schilderungen zufolge wütend. Über das gelegentliche Fehlen der Stoßzähne beim Weibchen s. Mr. R. Brown: Proceed. Zoolog. Soc., 1868, p.429.

[5] Owen: Anatomy of Vertebrates. Vol. III, p.283.

[6] Mr. R. Brown, in: Proceed. Zoolog. Soc., 1869, p.553. S. Prof. Turner, in: Journ. of Anat. and Phys., 1872, p.76, über die Homologien dieser Stoßzähne; s. auch J. W. Clarke, über die Entwicklung zweier Stoßzähne bei Männchen, in: Proceed. Zoolog. Soc., 1871, p.42.

[7] Owen über den Kachelot und *Ornithorhynchus*: a.a.O., Vol. III, p.638 und 641. Harting wird von Dr. Zouteveen in der holländischen Übersetzung des vorliegenden Werkes zitiert.

Siebzehntes Kapitel

Wenn die Männchen mit Waffen versehen sind, welche die Weibchen nicht besitzen, so läßt sich kaum daran zweifeln, daß sie dazu benutzt werden, mit anderen Männchen zu kämpfen, und daß sie durch geschlechtliche Zuchtwahl erlangt und allein auf das männliche Geschlecht vererbt worden sind. Es ist mindestens in den meisten Fällen nicht wahrscheinlich, daß die Weibchen deshalb derartige Waffen nicht erlangt haben, weil sie ihnen nutzlos oder überflüssig oder in irgendwelcher Art schädlich wären. Da dieselben im Gegenteil häufig von den Männchen zu verschiedenen Zwecken und ganz besonders zur Verteidigung gegen ihre Feinde benutzt werden, so ist es eine überraschende Tatsache, daß sie bei den Weibchen so vieler Tiere so schwach entwickelt sind oder vollständig fehlen. Ohne Zweifel wäre bei weiblichen Hirschen die in jedem der aufeinanderfolgenden Jahre wiederkehrende Entwicklung großer, sich verzweigender Geweihe und bei weiblichen Elefanten die Entwicklung ungeheurer Stoßzähne eine große Verschwendung von Lebenskraft gewesen, wenigstens nach der Annahme, daß sie für die Weibchen von keinem Nutzen sind. Infolgedessen werden diese Organe dazu geneigt haben, bei den Weibchen durch natürliche Zuchtwahl beseitigt zu werden; das heißt, wenn die nacheinander auftretenden Abänderungen in ihrer Überlieferung auf die weiblichen Nachkommen beschränkt geblieben wären, denn andernfalls würden die Waffen der Männchen schädlich beeinflußt worden sein, und dies würde ein noch größerer Nachteil gewesen sein. Im ganzen, sowie nach Betrachtung der folgenden Tatsachen, scheint es wahrscheinlich zu sein, daß, wenn die verschiedenen Waffen in den beiden Geschlechtern verschieden sind, dies allgemein von der vorherrschend gewesenen Art der erblichen Überlieferung abgehangen hat.

Da das Rentier die einzige Spezies in der ganzen Familie der hirschartigen Tiere ist, bei welcher das Weibchen mit Geweihen versehen ist, wenn sie auch etwas kleiner, dünner und weniger verzweigt sind als beim Männchen, so könnte man natürlich glauben, daß dieselben wenigstens in diesem Falle von irgendeinem speziellen Nutzen für dasselbe sind. Das Weibchen behält sein Geweih von der Zeit, wo dasselbe völlig entwickelt ist, nämlich vom September durch den ganzen Winter bis zum April oder Mai, wo es seine Jungen zur Welt bringt. Mr. Crotch hat um meinetwillen spezielle Erkundigungen in Norwegen eingezogen; es scheint, als ob sich das Weibchen zu dieser Zeit für ungefähr vierzehn Tage verberge, um seine Jungen abzusetzen; dann erscheint es wieder, und zwar meist hornlos. Wie ich indessen von Mr. H. Reeks höre, behält in Neu-Schottland das Weibchen zuweilen seine Hörner länger. Das Männchen wirft andererseits sein Geweih viel zeitiger ab, nämlich gegen Ende November. Da beide Geschlechter dieselben Bedürfnisse haben und denselben Lebensgewohnheiten folgen, und da das Männchen kein Geweih während des Winters besitzt, so ist es unwahrscheinlich, daß das Geweih von irgendeinem speziellen Nutzen für das Weibchen in dieser Zeit des Jahres sein kann, welche den größeren Teil der Zeit umfaßt, während welcher dasselbe überhaupt Geweihe trägt. Auch ist es nicht wahrscheinlich, daß es sein Geweih von irgendeinem alten Urerzeuger der ganzen Familie der hirschartigen Tiere vererbt haben kann; denn aus der Tatsache, daß die Weibchen so vieler Spezies in allen Teilen der Erde kein Geweih besitzen, können wir schließen, daß dies der ursprüngliche Charakter der Gruppe war.[8]

Das Geweih wird beim Rentier in einem äußerst ungewöhnlich frühen Alter entwickelt; was aber die Ursache hiervon sein mag, ist unbekannt. Die Folge dieses Umstands ist indessen allem Anschein nach die Übertragung der Geweihe auf beide Geschlechter gewesen. Wir müssen im Sinne behalten, daß die Geweihe immer durch das Weibchen überliefert werden und daß dieses eine latente Fähigkeit zur Entwicklung von Geweihen besitzt, wie wir bei alten oder erkrankten

---

[8] Über die Struktur und das Abwerfen des Geweihs beim Rentier s. Hoffberg, in: Amoenitates academicae. Vol. IV, 1788, p.149. In bezug auf die amerikanische Varietät oder Spezies s. Richardson: Fauna Boreali-Americana, p.241; auch Major.W. Ross King: The Sportsman in Canada, 1866, p.80.

Weibchen sehen.[9] Überdies bieten die Weibchen einiger anderer Spezies hirschartiger Tiere entweder normal oder gelegentlich Rudimente von Geweihen dar; so hat das Weibchen von *Cervulus moschatus* „in einem Knopf endende borstige Büschel statt eines Horns"; und „bei den meisten Exemplaren des weiblichen Wapiti (*Cervus canadensis*) findet sich an der Stelle des Geweihs eine scharfe, knöcherne Protuberanz"[10]. Aus diesen verschiedenen Betrachtungen können wir schließen, daß der Besitz ziemlich gut entwickelter Geweihe beim weiblichen Rentier eine Folge davon ist, daß die Männchen sie zuerst als Waffen für die Kämpfe mit anderen Männchen erhielten, und an zweiter Stelle eine Folge ihrer aus irgendeiner unbekannten Ursache in einem ungewöhnlich frühen Alter beim Männchen eintretenden Entwicklung und ihrer hiervon abhängenden Überlieferung auf beide Geschlechter.

Wenden wir uns nun zu den scheidenhörnigen Wiederkäuern. Unter den Antilopen kann man eine sich abstufende Reihe aufstellen, welche mit Spezies beginnt, deren Weibchen vollständig ohne Hörner sind, welche dann zu solchen fortschreitet, die so kleine Hörner haben, daß sie beinahe rudimentär sind, wie bei der *Antilocapra americana* (bei welcher Spezies sie sich nur bei einem unter je vier oder fünf Weibchen finden)[11], ferner zu denen, welche ziemlich gut entwickelte Hörner, aber offenbar kleiner und dünner als die Männchen und zuweilen auch von einer verschiedenen Form[12] haben, und endlich zu solchen, bei denen beide Geschlechter gleich große Hörner besitzen. Wie beim Rentier, so besteht auch bei den Antilopen eine Beziehung zwischen der Periode der Entwicklung der Hörner und ihrer Überlieferung auf ein Geschlecht oder auf beide. Es ist daher wahrscheinlich, daß ihr Vorhandensein oder Fehlen bei den Weibchen irgendeiner Spezies und ihr mehr oder weniger vollkommener Zustand bei den Weibchen anderer Spezies nicht davon abhängt, daß sie von irgendeinem speziellen Nutzen sind, sondern einfach von der Form der Vererbung. Es stimmt mit dieser Ansicht überein, daß, selbst in einer und der nämlichen begrenzten Gattung, beide Geschlechter einiger Spezies und allein die Männchen anderer Spezies in dieser Weise ausgerüstet sind. Es ist auch eine merkwürdige Tatsache, daß, obgleich die Weibchen von *Antilope bezoartica* der Regel nach Hörner entbehren, Mr. Blyth doch nicht weniger als drei Weibchen gesehen hat, welche solche besaßen, und es lag kein Grund zu der Annahme vor, daß diese alt oder krank gewesen wären.

Bei allen wilden Spezies von Ziegen und Schafen sind die Hörner beim Männchen größer als beim Weibchen und fehlen zuweilen beim letzteren vollständig.[13] Bei mehreren domestizierten Rassen des Schafs und der Ziege sind allein die Männchen mit Hörnern versehen; und in einigen Rassen, wie in der von Nord-Wales, in welcher beide Geschlechter eigentlich Hörner tragen, bleiben die Mutterschafe sehr gern hornlos. Bei diesen selben Schafen sind, wie mir ein zuverlässiger Beobachter bezeugt hat, der absichtlich eine Herde während der Lammzeit inspizierte, die Hörner bei der Geburt im allgemeinen beim Männchen vollständiger entwickelt als beim Weibchen. Mr. J. Peel kreuzte seine Lonk-Schafe, bei welchen stets beide Geschlechter Hörner tragen, mit hornlosen Leicesters und hornlosen Shropshire-Downs. Das Resultat war, daß die männlichen Nachkommen Hörner besaßen, deren Größe beträchtlich reduziert war, während

---

[9] Isidore Geoffroy St.-Hilaire: Essais de Zoologie générale, 1841, p.513. Außer dem Gehörn werden auch andere männliche Charaktere zuweilen in ähnlicher Weise auf das Weibchen übertragen; so sagt Mr. Boner bei der Schilderung einer alten weiblichen Gemse (Chamois Hunting in the Mountains of Bavaria, 1860, 2. edit., p.363): „Der Kopf sah nicht bloß ganz männlich aus, sondern es war dem Rücken entlang ein Kamm langer Haare vorhanden, wie er sich gewöhnlich nur bei Böcken findet."
[10] Über den *Cervulus* s. Dr. Gray: Catalogue of the Mammalia in the British Museum. Part. III, p.220. Über den *Cervus canadensis* oder das Wapiti s. Hon. J. D. Caton, in: Ottawa Acad. of Natur. Sciences, May 1868, p.9.
[11] Ich bin Dr. Canfield für diese Mitteilung verbunden; s. auch seinen Aufsatz, in: Proceed. Zoolog. Soc., 1866, p.105.
[12] So gleichen beispielsweise die Hörner der weiblichen *Antilope euchore* denen einer verschiedenen Spezies, nämlich der *Antilope dorcas*, var. *Corine*. S. Desmabest: Mammalogie, p.105.
[13] Gray: Catalogue Mammalia Brit. Museum. Part. III, 1852, p.160.

die weiblichen der Hörner gänzlich entbehrten. Diese verschiedenen Tatsachen weisen darauf hin, daß bei Schafen die Hörner ein bei den Weibchen viel weniger fest fixierter Charakter sind als bei den Männchen; und dies führt uns zu der Ansicht, daß die Hörner eigentlich männlichen Ursprungs sind.

Beim erwachsenen Bisamochsen (*Ovibos moschatus*) sind die Hörner des Männchens größer als die des Weibchens und beim letzteren berühren sich die Basen der Hörner nicht.[14] In bezug auf das gewöhnliche Rind bemerkt Mr. Blyth: „Bei den meisten der wilden rinderartigen Tiere sind die Hörner des Bullen sowohl länger als auch dicker als die der Kuh, und bei dem weiblichen Banteng (*Bos sondaicus*) sind die Hörner merkwürdig klein und bedeutend nach hinten geneigt. Bei den domestizierten Rassen des Rindes, sowohl der Formen mit Buckel als auch der buckellosen, sind die Hörner beim Bullen kurz und dick, bei der Kuh und dem Ochsen länger und schlanker, und ebenso sind sie beim indischen Büffel beim Bullen kürzer und dicker und bei der Kuh länger und schlanker. Beim wilden Gaour (*Bos gaurus*) sind die Hörner beim Bullen meist sowohl länger als auch dicker als bei der Kuh."[15] Ferner teilt mir Dr. Forsyth Major mit, daß im Val d'Arno ein fossiler Schädel gefunden worden ist, den man als dem weiblichen *Bos etruscus* angehörig betrachtet; derselbe ist gänzlich ohne Hörner. Ich will hier gleich hinzufügen, daß bei dem *Rhinoceros simus* die Hörner des Weibchens allgemein länger aber weniger kraftvoll sind als beim Männchen, und bei einigen anderen Spezies von *Rhinoceros* sollen sie beim Weibchen kürzer sein.[16] Nach diesen verschiedenen Tatsachen können wir als wahrscheinlich annehmen, daß Hörner aller Arten, selbst wenn sie in beiden Geschlechtern gleichmäßig entwickelt werden, zuerst von den Männchen erlangt wurden, um andere Männchen zu bekämpfen, und daß sie dann mehr oder weniger vollständig auf die Weibchen übertragen worden sind.

Die Wirkungen der Kastration verdienen Beachtung, da sie auf den vorliegenden Gegenstand Licht werfen. Hirsche erneuern nach dieser Operation ihr Geweih niemals wieder. Doch muß hier das männliche Rentier ausgenommen werden, da es nach der Kastration das Geweih erneuert. Diese Tatsache scheint ebenso wie das Vorkommen von Hörnern in beiden Geschlechtern auf den ersten Blick zu beweisen, daß die Hörner keinen sexuellen Charakter darstellen[17]; da sie aber in einer sehr frühen Periode entwickelt werden, ehe die Geschlechter der Konstitution nach voneinander verschieden sind, so ist es nicht überraschend zu finden, daß sie von der Kastration nicht beeinflußt werden, selbst wenn sie ursprünglich von den Männchen erlangt worden wären. Bei Schafen tragen eigentlich beide Geschlechter Hörner; man hat mir mitgeteilt, daß bei Schafen aus Wales die Hörner der Männchen durch die Kastration bedeutend reduziert werden; der Grad dieser Reduktion hängt aber in hohem Maße von dem Alter ab, in welchem die Operation ausgeführt wird, ganz ebenso wie dies auch bei anderen Tieren der Fall ist. Merino-Widder haben große Hörner, während die Mutterschafe „allgemein genommen hornlos sind"; und in dieser Rasse scheint die Kastration eine etwas größere Wirkung hervorzubringen, so daß die Hörner, wenn die Operation in einem frühen Alter vorgenommen wird, „beinahe unentwickelt bleiben."[18] An der Küste von Guinea lebt eine Schafrasse, bei welcher die Weibchen niemals Hörner tragen, und wie mir Mr. Winwood Reade mitteilt, fehlen dieselben den Widdern nach der Kastration vollständig. Bei Rindern werden die Hörner der Männchen durch die Kastration sehr verändert; denn anstatt kurz und dick zu sein, werden sie länger als die der Kuh, sind aber im übrigen diesen ähnlich. Die *Antilope bezoartica* bietet einen ziemlich analogen Fall dar: Die

---

[14] Richardson: Fauna Boreali-Americana, p.278.
[15] Land and Water, 1867, p.346.
[16] Sir Andrew Smith: Zoology of South Africa, pl. XIX. Owen: Anatomy of Vertebrates. Vol. III, p.624.
[17] Dies ist die Folgerung, zu der Seidlitz gelangt: Die Darwinsche Theorie, 1871, p.47.
[18] Ich bin Prof. Victor Carus sehr verbunden, daß er über diesen Punkt in Sachsen Erkundigungen eingezogen hat. H. v. Nathusius sagt (Viehzucht, 1872, p.64), daß die Hörner von zeitig kastrierten Schafen entweder vollständig verschwinden oder als bloße Rudimente bestehen bleiben; ich weiß aber nicht, ob er sich dabei auf Merinoschafe oder auf gewöhnliche Rassen bezieht.

Männchen haben lange, gerade, spiral gedrehte Hörner, welche einander fast parallel nach hinten gerichtet sind; die Weibchen tragen gelegentlich Hörner; wenn sie aber vorhanden sind, bieten sie eine sehr verschiedene Form dar, sie sind nicht spiral, gehen weit auseinander und biegen sich rundherum mit den Spitzen nach vorn. Nun ist es eine merkwürdige Tatsache, daß bei den kastrierten Männchen, wie mir Mr. Blyth mitteilt, die Hörner dieselbe eigentümliche Form wie beim Weibchen haben, aber länger und dicker sind. Wenn wir nach Analogie schließen dürfen, so zeigt uns wahrscheinlich in diesen beiden Fällen das Weibchen des Rindes und der Antilope den frühen Zustand der Hörner bei irgendeinem frühen Urerzeuger jeder Spezies. Warum aber die Kastration das Wiedererscheinen einer früheren Form der Hörner herbeiführen sollte, kann nicht mit irgendwelcher Sicherheit erklärt werden. Nichtsdestoweniger scheint es wahrscheinlich zu sein, daß in nahezu derselben Weise, wie die durch eine Kreuzung zwischen zwei verschiedenen Spezies oder Rassen verursachte konstitutionelle Störung der Nachkommen häufig zum Wiedererscheinen lange verlorengegangener Charaktere führt[19], wie hier die als Resultat der Kastration auftretende Störung in der Konstitution des Individuums dieselbe Wirkung hervorbringt.

Die Stoßzähne des Elefanten weichen in den verschiedenen Spezies oder Rassen je nach dem Geschlecht in nahezu derselben Art und Weise ab wie die Hörner der Wiederkäuer. In Indien und Malakka sind allein die Männchen mit wohlentwickelten Stoßzähnen versehen. Der Elefant von Ceylon wird von den meisten Naturforschern als eine verschiedene Rasse betrachtet, von einigen sogar als eine verschiedene Spezies, und hier „findet man nicht einen unter einhundert, welcher mit Stoßzähnen versehen wäre, und die wenigen, welche sie besitzen, sind ausschließlich Männchen"[20]. Der afrikanische Elefant ist zweifellos verschieden; und hier hat das Weibchen große wohlentwickelte Stoßzähne, wenn auch nicht so große wie die des Männchens.

Diese Verschiedenheiten in den Stoßzähnen der verschiedenen Rassen und Spezies von Elefanten, – die große Variabilität des Geweihs bei hirschartigen Tieren, wie besonders beim wilden Rentier, – das gelegentliche Vorhandensein von Hörnern bei der weiblichen *Anlilope bezoartica* und ihr gelegentliches Fehlen bei der weiblichen *Antilocapra americana*, – das Vorhandensein zweier Stoßzähne bei einigen wenigen männlichen Narwalen, – das vollständige Fehlen von Stoßzähnen bei einigen weiblichen Walrossen, – alles dies sind Beispiele für die außerordentliche Variabilität sekundärer Sexualcharaktere und ihre außerordentliche Geneigtheit in nahe verwandten Formen verschieden zu werden.

Obgleich Stoßzähne und Hörner in allen Fällen ursprünglich als Waffen zu geschlechtlichen Zwecken entwickelt worden zu sein scheinen, so dienen sie doch häufig auch zu anderen Zwecken. Der Elefant gebraucht seine Stoßzähne, wenn er den Tiger angreift. Der Angabe Bruces zufolge schneidet er die Stämme von Bäumen damit ein, bis sie leicht umgeworfen werden können, und er holt sich damit auch das mehlige Mark von Palmen heraus. In Afrika benutzt er oft den einen Stoßzahn, und dieser ist immer einer und derselbe, dazu, den Boden zu untersuchen und sich zu vergewissern, ob er seine Last zu tragen imstande ist. Der gemeine Bulle verteidigt die Herde mit seinen Hörnern; und nach Lloyd hat man in Schweden die Erfahrung gemacht, daß der Elk einen Wolf mit einem einzigen Schlag seines großen Geweihs tot niederstreckte. Viele ähnliche Tatsachen ließen sich noch anführen. Eine der merkwürdigsten sekundären Anwendungsweisen, zu welchen die Hörner irgendeines Tieres gelegentlich benutzt werden, ist die, welche Capitain Hutton, und zwar bei der wilden Ziege (*Capra aegagrus*) des Himalayas, beobachtet hat.[21] Dieselbe kommt, wie man sagt, auch beim Steinbock vor; stürzt nämlich das

---

[19] Verschiedene Versuche und andere Belege, welche beweisen, daß dies der Fall ist, habe ich in meinem „Variieren der Tiere und Pflanzen im Zustand der Domestikation", 2. Aufl., Bd. II, p.41-53 mitgeteilt.

[20] Sir J. Emerson Tennent: Ceylon, 1859, Vol. II, p.274. Wegen Malakka s. Journal of Indian Archipelago. Vol. IV, p.357.

[21] Calcutta Journal of Natural History. Vol. II, 1843, p.526.

Männchen zufällig von einer Höhe herab, so biegt es seinen Kopf nach vorn ein und bricht durch das Fallen auf seine massiven Hörner die Wirkung des Stoßes. Das Weibchen kann seine Hörner nicht in dieser Weise gebrauchen, da sie kleiner sind, aber wegen seiner ruhigeren Disposition bedarf es dieser merkwürdigen Art von Schutz nicht so nötig.

Jedes männliche Tier benutzt seine Waffen in seiner eigenen eigentümlichen Weise. Der gewöhnliche Widder macht einen Angriff und stößt dabei mit solcher Kraft mit den Basen seiner Hörner, daß ich gesehen habe, wie ein kräftiger Mann so leicht wie ein Kind über den Haufen gerannt wurde. Ziegen und gewisse Spezies von Schafen wie z. B. *Ovis cycloceros* aus Afghanistan[22], erheben sich auf ihren Hinterbeinen und stoßen dann nicht bloß, sondern „machen einen Hieb nach unten und einen Stoß mit der gerippten Vorderseite ihrer säbelförmigen Hörner, wie mit einem Säbel nach oben. Als ein *Ovis cycloceros* einen großen, domestizierten Widder, welcher ein anerkannter Boxer war, angriff, besiegte es ihn lediglich durch die Neuheit seiner Weise zu kämpfen, indem es immer sofort dicht an seinen Widersacher herantrat und ihn quer übers Gesicht und die Nase mit einem scharfen, ziehenden Hieb seines Kopfes faßte und ihm dann durch eine kurze Wendung aus dem Wege ging, ehe der Stoß zurückgegeben werden konnte." In Pembrokeshire hat man einen Ziegenbock gekannt, den Herrn einer seit mehreren Jahren verwilderten Herde, welcher mehrere andere Männchen im Einzelkampf getötet hat. Dieser Bock besaß enorme Hörner, welche in einer geraden Linie von Spitze zu Spitze neununddreißig Zoll maßen. Wie jedermann weiß, stößt der gemeine Bulle seinen Gegner und schleudert ihn hin und her. Aber der italienische Büffel soll niemals seine Hörner gebrauchen. Er gibt mit seiner konvexen Stirn einen fürchterlichen Stoß und trampelt dann auf seinem gestürzten Gegner mit seinen Knien, ein Instinkt, welchen der gemeine Bulle nicht besitzt.[23] Ein Hund, welcher einen Büffel an der Nase zum Stellen bringen will, wird daher sofort zermalmt. Wir müssen uns indessen erinnern, daß der italienische Büffel schon seit langer Zeit domestiziert worden ist, und es ist durchaus nicht gewiß, ob die wilde elterliche Form ähnlich geformte Hörner besessen hat. Mr. Bartlett teilt mir mit, daß, als eine Kap-Büffelkuh (*Bubalus caffer*) mit einem Bullen derselben Spezies in eine Umzäunung gebracht wurde, sie ihn angriff und er sie wiederum mit großer Heftigkeit herumtrieb. Mr. Bartlett sah aber offenbar, daß, wenn der Bulle nicht eine würdige Nachsicht gezeigt hätte, er sie durch einen einzigen Stoß mit seinen ungeheuren Hörnern leicht hätte töten können. Die Giraffe braucht ihre kurzen mit Haaren überzogenen Hörner, welche beim Männchen im ganzen etwas länger sind als beim Weibchen, in einer merkwürdigen Weise; sie schwingt mit ihrem langen Hals den Kopf nach beiden Seiten, beinahe umgekehrt, mit der Oberseite nach unten, und zwar mit solcher Kraft, daß ich selbst eine harte Planke gesehen habe, die durch einen einzigen Schlag tiefe Eindrücke erhalten hatte.

In bezug auf die Antilopen ist es zuweilen schwierig sich vorzustellen, wie sie ihre merkwürdig geformten Hörner möglicherweise benutzen können. So hat der Springbock (*Antilope euchore*) ziemlich kurze aufrechte Hörner, deren scharfe Spitzen beinahe rechtwinklig nach innen gebogen sind, so daß sie einander gegenüberstehen. Mr. Bartlett weiß nicht, wie sie benutzt werden, vermutet aber, daß sie eine fürchterliche Wunde auf jeder Seite des Gesichts eines etwaigen Gegners herbeiführen könnten. Die leicht gebogenen Hörner des *Oryx leucoryx* sind nach hinten gerichtet und sind von solcher Länge, daß ihre Spitzen über die Mitte des Rückens nach hinten reichen, über welchem sie in fast parallelen Linien stehen. Hiernach scheinen sie für einen Kampf eigentümlich schlecht angepaßt zu sein. Aber Mr. Bartlett teilt mir mit, daß, wenn zwei dieser Tiere sich zum Kampf vorbereiten, sie niederknien und ihren Kopf zwischen die Vorderfüße nehmen; bei dieser Haltung stehen dann die Hörner beinahe parallel und dicht am Boden, mit den Spitzen nach vorn und ein wenig nach oben gerichtet. Die Kämpfer nähern

---

[22] Mr. Blyth, in: Land and Water, March 1867, p.134, nach der Autorität des Capt. Hutton und anderer. Wegen der wilden Ziegen von Pembrokeshire s. The Field, 1869, p.150.

[23] Mr. E. M. Bailly: Sur l'usage des cornes etc., in: Annal. des Sciences natur., Tom. II, 1824, p.369.

sich nun allmählich und versuchen die umgewendeten Spitzen ihrer Hörner unter den Körper des Gegners zu bringen. Gelingt dies einem, so springt er plötzlich auf und wirft zu derselben Zeit seinen Kopf in die Höhe, wodurch er seinen Gegner verwunden oder selbst durchbohren kann. Beide Tiere knien immer nieder, um sich so weit wie möglich gegen dieses Manöver zu schützen. Man hat selbst berichtet, daß eine dieser Antilopen ihre Hörner mit Erfolg sogar gegen einen Löwen benutzt hat. Weil sie aber gezwungen ist, den Kopf zwischen die Vorderbeine zu bringen, um die Spitzen ihrer Hörner nach vorne gerichtet zu halten, so wird sie sich meist in großem Nachteil finden, wenn sie von irgendeinem anderen Tier angegriffen wird. Es ist daher nicht wahrscheinlich, daß die Hörner zu ihrer jetzigen großen Länge und eigentümlichen Stellung zum Zweck des Schutzes gegen Raubtiere gebracht worden sind. Wir können indessen sehen, daß, sobald irgendein alter, männlicher Urerzeuger des *Oryx* mäßig lange und ein wenig nach hinten geneigte Hörner erlangt hatte, er in seinen Kämpfen mit Nebenbuhlern gezwungen gewesen sein wird, seinen Kopf etwas nach innen und unten zu beugen, wie es jetzt gewisse Hirsche tun, und es ist nicht unwahrscheinlich, daß er dabei auch die Gewohnheit, zuerst gelegentlich und später regelmäßig niederzuknien, erlangt haben kann. In diesem Falle ist es beinahe sicher, daß diejenigen Männchen, welche die längsten Hörner besaßen, einen großen Vorteil vor den anderen, mit kürzeren Hörnern vorausgehabt haben werden, und dann werden die Hörner durch geschlechtliche Zuchtwahl allmählich immer länger und länger geworden sein, bis sie ihre jetzige außerordentliche Länge und Stellung erreichten.

Bei Hirschen vieler Arten bietet das Verzweigen des Geweihs einen merkwürdigen Fall von Schwierigkeit dar, denn sicher würde eine einfache gerade Spitze eine viel ernstlichere Wunde beibringen, als mehrere auseinandergehende Spitzen. In Sir Philipp Egertons Museum findet sich ein Geweih des Edelhirsches (*Cervus elaphus*) dreißig Zoll lang mit „nicht weniger als fünfzehn Enden oder Zweigen"; und in Moritzburg wird noch jetzt das Geweihpaar eines Edelhirsches aufgehoben, welchen im Jahre 1699 Friedrich I. schoß, von denen die linke Stange die erstaunliche Zahl von dreiunddreißig Enden, die rechte siebenundzwanzig, das ganze Geweih also sechzig Enden trug. Richardson bildet ein Geweih des wilden Rentiers mit neunundzwanzig Enden ab.[24] Nach der Art und Weise, in welcher das Geweih verzweigt ist, und noch besonders weil man weiß, daß Hirsche gelegentlich so miteinander kämpfen, daß sie mit ihren Vorderfüßen stoßen[25], kam Mr. Bailly geradezu zu dem Schluß, daß ihre Geweihe mehr von Nachteil als von Nutzen für sie seien. Aber dieser Schriftsteller übersieht die ausgemachten Kämpfe zwischen rivalisierenden Männchen. Da ich mich in bezug auf den Gebrauch oder den Vorteil der Enden in ziemlicher Verlegenheit befand, wendete ich mich an Mr. M'Neill von Colonsay, welcher das Leben des Edelhirsches lange und sorgfältig beobachtet hat, und er teilte mir mit, daß er niemals eines der Enden in Tätigkeit gebracht gesehen habe, daß aber die Augensprossen, weil sie sich nach unten neigen, für die Stirn ein bedeutender Schutz sind und daß ihre Spitzen gleichfalls beim Angriff gebraucht werden. Auch Sir Philipp Egerton teilt mir sowohl in bezug auf Edelhirsche als auch auf den Damhirsch mit, daß, wenn sie kämpfen, sie plötzlich aneinander fahren und, ihre Geweihe gegen den Körper des anderen gedrückt, einen verzweifelten Kampf beginnen. Wenn einer der Hirsche zuletzt gezwungen wird nachzugeben und sich umzuwenden, so versucht der Sieger seine Augensprossen in den besiegten Feind hineinzustoßen. Es scheint hiernach, als ob die oberen Enden hauptsächlich oder ausschließlich zum Stoßen und Parieren benutzt würden. Nichtsdestoweniger werden bei einigen Spezies auch die oberen Enden als An-

---

[24] Owen, über das Geweih des Edelhirsches, in seinen „British Fossil Mammals", 1846, p.478. Richardson, über das Geweih des Rentiers in seiner „Fauna Bor.-Americana", 1829, p.240. Ich verdanke Prof. Victor Carus die Angaben über den Moritzburger Hirsch.

[25] Hon. J. D. Caton (Ottawa Acad. of Natur. Science, May 1868, p.9) sagt, daß der amerikanische Hirsch mit seinen Vorderbeinen kämpft, nachdem „die Frage der Superiorität einmal ausgemacht und in der Herde anerkannt worden ist". Bailly : Sur l'usage des cornes, in: Annales des scienc. natur., Tom. II, 1824, p.371.

griffswaffen benutzt. Als in Judge Catons Park in Ottawa ein Mann von einem Wapiti-Hirsch (*Cervus canadensis*) angegriffen wurde und mehrere Leute ihn zu befreien versuchten, „erhob der Hirsch seinen Kopf nicht vom Boden; in der Tat, er hielt sein Gesicht beinahe platt auf der Erde, mit seiner Nase fast zwischen seinen Vorderfüßen, ausgenommen, wenn er seinen Kopf zu einer Seite drehte, um eine neue Beobachtung als Vorbereitung zu einem Angriff zu machen'". In dieser Stellung waren die Endspitzen des Geweihs gegen seine Gegner gerichtet. „Beim Drehen des Kopfes erhob er ihn notwendigerweise etwas, weil sein Geweih so lang war, daß er den Kopf nicht drehen konnte, ohne dasselbe auf der einen Seite etwas zu heben, während es auf der anderen Seite den Boden berührte." Der Hirsch trieb auf diese Weise allmählich die Gesellschaft, die dem Angegriffenen zu Hilfe kam, auf eine Entfernung von hundertfünfzig bis zweihundert Fuß zurück; und der Mann wurde getötet.[26]

Obgleich die Geweihe der Hirsche wirksame Waffen sind, so kann, wie ich glaube, darüber kein Zweifel sein, daß eine einzige Spitze viel gefährlicher gewesen wäre, als ein verzweigtes Geweih; und Judge Caton, welcher große Erfahrungen mit Hirschen gemacht hat, stimmt vollständig mit diesem Schluß überein. Es scheinen auch die verzweigten Geweihe, obgleich sie als Verteidigungsmittel gegen Nebenbuhlerhirsche von hoher Bedeutung sind, zu diesem Zweck nicht vollkommen angepaßt zu sein, da sie leicht ineinander verfangen werden. Mir ist daher die Vermutung durch den Sinn gegangen, daß sie zum Teil als Zierate von Nutzen sein könnten. Daß das verzweigte Geweih von Hirschen, ebenso wie die eleganten leierformigen Hörner gewisser Antilopen mit ihrer doppelten Krümmung für unsere Augen ornamental sind, wird niemand bestreiten können. Wenn daher die Geweihe, wie die glänzenden Rüstungen der Ritter älterer Zeiten, die edle Erscheinung von Hirschen und Antilopen erhöhen, so können sie wohl zum Teil für diesen Zweck modifiziert worden sein, wenn sie auch hauptsächlich zum faktischen Dienst im Kampf bestimmt sind. Ich habe aber zugunsten dieser Annahme keine Belege.

Neuerdings ist ein interessanter Fall veröffentlicht worden, nach welchem es scheinen möchte, als würden die Geweihe eines Hirsches in einem Distrikt der Vereinigten Staaten noch jetzt durch geschlechtliche und natürliche Zuchtwahl modifiziert. Ein Schriftsteller erzählt in einem ausgezeichneten amerikanischen Journal[27], daß er in den letzten einundzwanzig Jahren in den Adirondacks gejagt habe, wo der *Cervus virginianus* häufig ist. Ungefähr vor vierzehn Jahren hörte er zuerst von Spitzhornböcken (spike-horn-bucks). Diese wurden von Jahr zu Jahr häufiger, ungefähr vor fünf Jahren schoß er einen, später dann noch einen anderen, und jetzt werden sie häufig getötet. „Das Spitzhorn weicht bedeutend von dem gewöhnlichen Geweih des *C. virginianus* ab. Es besteht aus einer einzigen Spitze, welche schlanker als die Stange und kaum halb so lang ist, von der Stirn nach vorn vorspringt und in einer sehr scharfen Spitze endet. Es gibt dem Männchen, welches es besitzt, einen beträchtlichen Vorteil vor dem gewöhnlichen Hirsch. Außer dem Umstand, daß es in den Stand gesetzt wird, schneller durch die dichten Wälder und das Untergehölz zu laufen (und jeder Jäger weiß, daß Hirschkühe und einjährige Hirsche viel schneller als die großen Hirsche laufen, wenn diese mit ihren umfänglichen Geweihen beschwert sind), ist auch das Spitzhorn eine wirksamere Waffe als das gewöhnliche Geweih. Mit diesem Vorteil ausgerüstet gewinnen die Spitzhornböcke über die gemeinen Hirsche einen Vorteil und können im Laufe der Zeit dieselben in den Adirondacks vollständig verdrängen. Zweifellos war der Spitzhornbock bloß ein zufälliges Spiel der Natur; aber seine Spitzhörner gaben ihm einen Vorteil und befähigten ihn, seine Eigentümlichkeit fortzupflanzen. Seine Nachkommen haben einen gleichen Vorteil und haben die Eigentümlichkeit in einem beständig zunehmenden Verhältnis fortgepflanzt, bis sie langsam die mit Geweihen versehenen Hirsche aus den von ihnen bewohnten Gegenden verdrängen." Treffend hat ein Kritiker diesem Bericht die Frage entgegengehalten, warum dann, wenn die einfachen Hörner jetzt so vorteilhaft sind, verzweigte Ge-

---

[26] S. eine äußerst interessante Schilderung in dem Appendix zu dem oben zitierten Aufsatz von Hon. J. D. Caton.
[27] The American Naturalist, Dec. 1869, p.552.

weihe sich überhaupt jemals entwickelt haben. Hierauf kann ich nur mit der Bemerkung antworten, daß eine neue Art des Angriffs mit neuen Waffen von großem Vorteil sein kann, wie es sich in dem Falle des *Ovis cycloceros* zeigte, der einen seines Kampfvermögens wegen berühmten domestizierten Widder besiegte. Wenn auch das verzweigte Geweih eines Hirsches dem Kampf mit Rivalen gut angepaßt ist und wenn es auch ein Vorteil für die gabelförmige Varietät sein dürfte, langsam langes und verzweigtes Gehörn zu erhalten, so lange sie nur mit anderen Individuen derselben Art zu kämpfen hat, so folgt doch daraus durchaus noch nicht, daß ein verzweigtes Geweih für das Besiegen eines verschieden bewaffneten Feindes am besten angepaßt ist. In dem oben erwähnten Fall des *Oryx leucoryx* ist es beinahe sicher, daß der Sieg auf Seite derjenigen Antilope sein wird, welche kurze Hörner hat, welche daher nicht nötig hat, niederzuknien, obschon ein *Oryx* durch den Besitz noch längerer Hörner einen Vorteil erlangen würde, wenn er nur mit seinen entsprechenden Nebenbuhlern kämpfte.

Männliche Säugetiere, welche mit Stoßzähnen versehen sind, gebrauchen dieselben auf verschiedene Weise, wie es auch mit den Hörnern der Fall ist. Der Eber stößt seitwärts und aufwärts, das Moschustier mit bedenklicher Wirkung abwärts[28]; obwohl das Walroß einen so kurzen Hals und einen so ungelenken Körper hat, kann es doch mit gleicher Geschicklichkeit entweder „nach oben oder nach unten oder nach den Seiten hin stoßen"[29]. Wie mir der verstorbene Dr. Falconer mitgeteilt hat, kämpft der indische Elefant je nach der Stellung und Krümmung seiner Stoßzähne auf verschiedene Weise. Wenn sie nach vorn und nach oben gerichtet sind, so ist er imstande, einen Tiger eine große Strecke weit fortzuschleudern; man sagt selbst bis zu dreißig Fuß weit; wenn sie kurz und nach abwärts gewendet sind, sucht er den Tiger plötzlich auf den Boden zu bohren und ist deshalb in diesem Falle dem Reiter gefährlich, welcher leicht aus seinem Hudah herabgeschleudert wird.[30]

Sehr wenige männliche Säugetiere besitzen Waffen zweier verschiedener Arten, welche zum Kampf mit rivalisierenden Männchen speziell angepaßt sind. Der männliche Muntjac (*Cervulus*) bietet indessen eine Ausnahme dar, da er sowohl mit Hörnern als auch mit hervorragenden Eckzähnen versehen ist. Es ist aber die eine Form von Waffen häufig im Laufe der Zeiten durch eine andere ersetzt worden, wie wir aus dem was folgt schließen können. Bei Wiederkäuern steht die Entwicklung von Hörnern allgemein im umgekehrten Verhältnis zu den selbst nur mäßig entwickelten Eckzähnen. So sind Kamele, Guanokos, Zwerghirsche und Moschustiere hornlos, dagegen haben sie wirksame Eckzähne. Es sind diese Zähne „immer bei den Weibchen von geringerer Größe als bei den Männchen". Die Cameliden haben in ihrem Oberkiefer außer den echten Eckzähnen noch ein Paar eckzahnförmiger Schneidezähne.[31] Andererseits besitzen männliche Hirsche und Antilopen Hörner, wogegen sie selten Eckzähne haben, und wenn solche vorhanden sind, sind sie immer von geringer Größe, so daß es zweifelhaft ist, ob sie den Tieren in ihren Kämpfen von irgendwelchem Nutzen sind. Bei *Antilope montana* sind sie nur als Rudimente beim jungen Männchen vorhanden und verschwinden, wenn dasselbe alt wird; und beim Weibchen fehlen sie auf allen Altersstufen. Man hat aber in Erfahrung gebracht, daß die Weibchen gewisser anderer Antilopen und Hirsche gelegentlich Rudimente dieser Zähne darbieten.[32] Hengste haben kleine Eckzähne, welche bei der Stute entweder vollständig fehlen oder

---

[28] Pallas: Spicilegia zoologica. Fasc. XIII, 1779, p.18.
[29] Lamont: Seasons with the Sea-Horses, 1861, p.141.
[30] S. auch Corse (Philosoph. Transact., 1799, p.212) über die Art und Weise, in welcher die Mooknah-Varietät des Elefanten mit kurzen Stoßzähnen andere Elefanten angreift.
[31] Owen: Anatomy of Vertebrates. Vol. III, p.349.
[32] S. Rüppell, in: Proceed. Zoolog. Soc., Jan. 12th 1836, p.3, über die Eckzähne bei Hirschen und Antilopen mit einer Anmerkung von Mr. Martin über einen weiblichen amerikanischen Hirsch. S. auch Falconer: Palaeontol. Memoirs and Notes. Vol. I, 1868, p.576, über Eckzähne bei einem weiblichen, erwachsenen Hirsch. Bei alten Männchen des Moschustieres wachsen die Eckzähne zuweilen (s. Pallas, Spicileg. Zoolog., Fasc. XIII, 1779, p.18) zu einer Länge von drei Zoll aus, während bei alten Weibchen ein Rudiment davon kaum einen halben Zoll über das Zahnfleisch vorspringt.

rudimentär sind. Sie scheinen aber nicht bei den Kämpfen benutzt zu werden, denn Hengste beißen mit ihren Schneidezähnen und öffnen das Maul nicht weit, wie die Kamele und Guanakos. Wo nur immer das erwachsene Männchen einer Art gegenwärtig nicht zum Gebrauch geeignete Eckzähne besitzt, während das Weibchen entweder keine oder bloß Rudimente davon hat, da können wir schließen, daß der frühere männliche Urerzeuger der Spezies mit brauchbaren Eckzähnen versehen war, welche zum Teil auf die Weibchen übertragen worden sind. Die Verkümmerung dieser Zähne bei den Männchen scheint die Folge irgendeiner Veränderung in ihrer Art zu kämpfen gewesen zu sein, häufig durch die Entwicklung neuer Waffen verursacht, was indessen beim Pferd nicht der Fall ist.

Stoßzähne und Hörner sind offenbar für ihre Besitzer von großer Bedeutung, denn ihre Entwicklung verbraucht viel organische Substanz. Ein einziger Stoßzahn des asiatischen Elefanten – einer der ausgestorbenen wollhaarigen Spezies – und des afrikanischen Elefanten hat, wie man in einzelnen Fällen erfahren hat, bis hundertfünfzig, hundertsechzig und hundertachtzig Pfund beziehentlich gewogen und einige Schriftsteller haben selbst noch größere Gewichte angeführt.[33] Bei Hirschen, bei welchen die Geweihe periodisch erneuert werden, muß der Einfluß auf die Konstitution noch bedeutender sein. So wiegt das Geweih z. B. des Orignal oder Moschustiers fünfzig bis sechzig Pfund und das des ausgestorbenen irischen Riesenhirsches sechzig bis siebzig Pfund, während der Schädel des letzteren im Mittel nur fünfeinviertel Pfund wiegt. Obgleich die Hörner bei Schafen nicht periodisch erneuert werden, so führt nach der Meinung vieler Landwirte ihre Entwicklung doch einen wesentlichen Verlust für den Züchter herbei. Überdies sind Hirsche bei ihrer Flucht vor Raubtieren mit einem den Wettlauf noch erschwerenden Extragewicht beladen und werden beim Durchlaufen waldiger Gegenden bedeutend aufgehalten. Das Orignal z. B., dessen Geweih von Spitze zu Spitze fünfeinhalb Fuß mißt, und welches in seinem Gebrauch so geschickt ist, daß es nicht einen einzigen Zweig berühren oder abbrechen wird, wenn es ruhig geht, kann nicht so geschickt sich benehmen, wenn es vor einem Rudel Wölfe flieht. „Während des Laufes hält es seine Nase empor, so daß es das Geweih horizontal zurücklegt, und in dieser Stellung kann es den Boden nicht deutlich sehen."[34] Die Spitzen des Geweihs des großen irischen Riesenhirsches standen faktisch acht Fuß auseinander! Solange das Geweih mit Bast überzogen ist, was beim Edelhirsch ungefähr zwölf Wochen lang dauert, ist dasselbe äußerst empfindlich für Stöße, so daß in Deutschland die Hirsche um diese Zeit ihre Lebensart in einem gewissen Maße ändern und dichtere Wälder vermeiden, dagegen junges Gehölz und niedrige Dickichte aufsuchen.[35] Diese Tatsachen erinnern uns daran, daß männliche Vögel ornamentale Federn auf Kosten einer Verlangsamung des Flugvermögens und andere Zierate auf Kosten eines Verlustes ihrer Kraft beim Kämpfen mit rivalisierenden Männchen erlangt haben.

Wenn bei Säugetieren, wie es häufig der Fall ist, die Geschlechter in der Größe verschieden sind, so sind die Männchen beinahe immer größer und kräftiger. Dies gilt, wie mir Mr. Gould mitgeteilt hat, in einer sehr ausgesprochenen Weise für die Beuteltiere von Australien, deren Männchen bis in ein ungewöhnlich hohes Alter fortwährend zu wachsen scheinen. Aber der außerordentlichste Fall ist der von einer Robbe (*Callorhinus ursinus*), bei welcher ein ausgewachsenes Weibchen weniger als ein Sechstel des Gewichts eines ausgewachsenen Männchens wiegt.[36]

---

[33] Emerson Tennent: Ceylon, 1859, Vol. II, p.275. Owen: British Fossil Mammals, 1846, p.245.
[34] Richardson: Fauna Boreali-Americana (über das Orignal: *Alces palmata*), p.236, 237; über die Ausbreitung der Hörner s. auch Land and Water, 1869, p.143. S. über den irischen Riesenhirsch auch: Owen: British Fossil Mammals, p.447, 455.
[35] Forest Creatures, by G. Bonek, 1861, p.60.
[36] S. den sehr interessanten Aufsatz von Mr. J. A. Allen, in : Bullet. Museum Compar. Zoology of Cambridge, Mass., United States. Vol. II, No. 1, p.82. Die Gewichte wurden von einem sorgfältigen Beobachter, Capt. Bryant, ermittelt. Gill, in: The American Naturalist, Jan. 1871; Prof. Shaler über die relative Größe der Geschlechter bei Walfischen, in: American Naturalist, Jan. 1873.

Dr. Gill bemerkt, daß es die polygamen Robbenarten sind, deren Männchen bekanntlich wütend miteinander kämpfen, bei welchen die Geschlechter bedeutend der Größe nach voneinander abweichen; die monogamen Arten zeigen in dieser Hinsicht nur wenig Verschiedenheiten. Auch Walfische bieten Belege dar für die Beziehung, welche zwischen der Kampfsucht der Männchen und deren, mit der der Weibchen verglichen, bedeutenden Größe besteht; die Männchen der Bartenwale kämpfen nicht miteinander; sie sind auch nicht größer, sondern eher kleiner als ihre Weibchen. Andererseits kämpfen männliche Spermaceti-Wale heftig miteinander, „ihre Körper tragen häufig narbige Eindrücke von den Zähnen ihrer Rivalen", und sie sind doppelt so groß wie die Weibchen. Die bedeutendere Kraft des Männchens wird, wie schon vor längerer Zeit Hunter bemerkte[37], ausnahmslos in denjenigen Teilen des Körpers entfaltet, welche bei den Kämpfen mit rivalisierenden Männchen in Tätigkeit treten, z. B. in dem massiven Nacken des Bullen. Auch sind männliche Säugetiere mutiger und kampfsüchtiger als die Weibchen. Es läßt sich wenig daran zweifeln, daß diese Charaktere teilweise durch geschlechtliche Zuchtwahl erlangt worden sind, infolge einer Reihe von Siegen auf Seiten der kräftigeren und mutigeren Männchen über die schwächeren, zum Teil auch durch die vererbten Wirkungen des Gebrauches. Wahrscheinlich sind die aufeinanderfolgenden Abänderungen in dem Maße der Kraft, Größe und des Mutes, durch deren Anhäufung männliche Säugetiere diese charakteristischen Eigenschaften erlangt haben, im ganzen spät im Leben erschienen und sind infolge hiervon in einem beträchtlichen Grade rücksichtlich ihrer Überlieferung auf dasselbe Geschlecht beschränkt gewesen.

Von diesem Gesichtspunkt aus war ich bemüht, mir Mitteilungen in bezug auf den schottischen Hirschhund zu verschaffen, dessen Geschlechter mehr in der Größe voneinander verschieden sind als die irgendeiner anderen Rasse (obgleich Bluthunde beträchtlich verschieden sind) und auch mehr als die Geschlechter irgendeiner wilden, mir bekannten Spezies von Caniden. Ich wandte mich daher an Mr. Cupples, einen wohlbekannten Züchter dieser Rasse, welcher viele seiner eigenen Hunde gewogen und gemessen und welcher die folgenden Tatsachen aus verschiedenen Quellen mit großer Freundlichkeit für mich zusammengetragen hat. Vorzügliche männliche Hunde sind, an der Schulter gemessen, von achtundzwanzig Zoll, was für niedrig gilt, bis drei- oder selbst vierunddreißig Zoll hoch und wiegen von achtzig Pfund, was für leicht gilt, bis hundertundzwanzig oder selbst noch mehr Pfund. Die Weibchen sind von dreiundzwanzig bis siebenundzwanzig oder selbst achtundzwanzig Zoll hoch und wiegen von fünfzig bis siebzig oder selbst achtzig Pfund.[38] Mr. Cupples meint, daß von fünfundneunzig bis hundert Pfund für das Männchen und siebzig Pfund für das Weibchen ein richtiges Mittel ist. Aber es ist Grund zur Vermutung vorhanden, daß früher beide Geschlechter ein beträchtlicheres Gewicht erreichten. Mr. Cupples hat junge Hunde gewogen, als sie vierzehn Tage alt waren. In einem Wurf betrug das mittlere Gewicht von vier Männchen sechs und eine halbe Unze mehr als das zweier Weibchen. In einem anderen Wurf übertraf das mittlere Gewicht von vier Männchen das von einem Weibchen um weniger als eine Unze. Als dieselben Männchen drei Wochen alt waren, übertrafen sie das Weibchen um sieben und eine halbe Unze und im Alter von sechs Wochen um nahezu vierzehn Unzen. Mr. Wright von Yeldersleyhouse sagt in einem Brief an Mr. Cupples: „Ich habe mir über die Größe und das Gewicht junger Hunde aus vielen Würfen Notizen gemacht, und soweit meine Erfahrung reicht, sind männliche junge Hunde der Regel nach sehr wenig von weiblichen verschieden, bis sie ungefähr fünf oder sechs Monate alt sind; dann fangen die männlichen an zuzunehmen, wobei sie die weiblichen sowohl an Gewicht als auch an Größe übertreffen. Bei der Geburt und mehrere Wochen nachher kann ein weiblicher

---

[37] Animal Economy, p.45.
[38] S. auch Richardson: Manual on the Dog, p.59. Viele wertvolle Mitteilungen über den schottischen Hirschhund hat Mr. M'Neill, welcher zuerst die Aufmerksamkeit auf die Ungleichheit der Geschlechter lenkte, in Scrope's „Art of Deer Stalking" gegeben. Ich hoffe, Mr. Cupples führt sein Vorhaben aus, eine ausführliche Schilderung und Geschichte dieser berühmten Rasse zu veröffentlichen.

Siebzehntes Kapitel

junger Hund gelegentlich größer sein als irgendeiner der männlichen, aber sie werden ausnahmslos später von letzteren geschlagen." Mr. M'Neill von Colonsay kommt zu dem Schluß, „daß die Männchen ihre volle Größe nicht eher erhalten, als bis sie über zwei Jahre alt sind, daß aber die Weibchen sie früher erreichen". Nach Mr. Cupples' Erfahrung fahren männliche Hunde an Größe zuzunehmen fort, bis sie zwölf bis achtzehn Monate, und an Gewicht, bis sie achtzehn bis vierundzwanzig Monate alt sind, während die Weibchen in bezug auf die Größe im Alter von neun bis vierzehn oder fünfzehn Monaten und in bezug auf das Gewicht im Alter von zwölf bis fünfzehn Monaten zuzunehmen aufhören. Nach diesen verschiedenen Angaben ist es klar, daß die definitive Verschiedenheit in der Größe zwischen dem weiblichen und männlichen schottischen Hirschhund nicht eher erreicht wird als spät im Leben. Die Männchen werden fast ausschließlich zum Jagen benutzt; denn wie mir Mr. M'Neill mitteilt, haben die Weibchen nicht ausreichende Kraft und nicht ausreichendes Gewicht, einen ausgewachsenen Hirsch niederzuziehen. Nach den in alten Legenden angeführten Namen scheint es, wie ich von Mr. Cupples höre, als wären in einer sehr alten Zeit die Männchen die gefeiertsten gewesen, da die Weibchen nur als die Mütter berühmter Hunde erwähnt werden. Seit vielen Generationen ist es daher das Männchen gewesen, welches hauptsächlich auf seine Kraft, Größe, Flüchtigkeit und seinen Mut geprüft worden ist, und von den besten derselben ist dann weitergezüchtet worden. Da indessen die Männchen ihre gehörigen Dimensionen nicht eher als in einer im ganzen späteren Lebensperiode erreichen, so werden sie in Übereinstimmung mit dem oft angedeuteten Gesetz dazu geneigt haben, ihre Charaktere allein ihren männlichen Nachkommen zu überliefern, und hierdurch läßt sich wahrscheinlich die bedeutende Ungleichheit in der Größe zwischen den Geschlechtern des schottischen Hirschhundes erklären.

Die Männchen einiger weniger Vierfüßler besitzen Organe oder Teile, welche allein als Mittel der Verteidigung gegen die Angriffe anderer Männchen entwickelt werden. Einige Arten von Hirschen brauchen, wie wir gesehen haben, die oberen Enden ihres Geweihs hauptsächlich oder ausschließlich, um sich zu verteidigen; und die Oryx-Antilope verteidigt sich, wie mir Mr. Bartlett mitgeteilt hat, äußerst geschickt mit ihren langen, leicht gebogenen Hörnern; doch werden diese gleichfalls als Angriffsorgane gebraucht. Rhinozerosse parieren im Kampf, wie mir derselbe Beobachter mitteilt, ihre gegenseitigen, von der Seite beigebrachten Hiebe mit ihren Hörnern, welche dabei laut zusammenschlagen, wie es die Stoßzähne der Eber tun. Obgleich wilde Eber verzweifelt miteinander kämpfen, erhalten sie der Angabe Brehms zufolge selten tödliche Streiche, da diese meist auf die Stoßzähne des Gegners oder auf die Schicht von derber speckiger Haut fallen, welche die Schulter bedeckt und welche die deutschen Jäger das Schild nennen; und hier haben wir einen Teil, der speziell zur Verteidigung modifiziert ist. Bei Ebern in der Blüte ihrer Jahre werden die Stoßzähne in der Unterkinnlade zum Kämpfen benutzt; sie werden aber im hohen Alter, wie Brehm anführt, so bedeutend nach innen und oben über die Schnauze gekrümmt, daß sie nicht länger hierzu benutzt werden können. Sie können indessen noch immer und selbst in einer noch wirksameren Weise als Verteidigungsmittel von Nutzen sein. Zur Kompensation für den Verlust der unteren Stoßzähne als Waffen zum Angriff nehmen während des höheren Alters diejenigen des Oberkiefers, welche immer ein wenig seitwärts vorspringen, so bedeutend an Länge zu und krümmen sich so bedeutend aufwärts, daß sie als Angriffsmittel gebraucht werden können. Nichtsdestoweniger ist ein alter Eber nicht so gefährlich für den Menschen, wie einer im Alter von sechs oder sieben Jahren.[39]

Beim ausgewachsenen männlichen Babyrussa-Schwein von Celebes sind die unteren Stoßzähne fürchterliche Waffen, gleich denen des europäischen Ebers in der Blüte seines Lebens, während die oberen Stoßzähne so lang sind und so bedeutend nach innen gekrümmte Spitzen haben, damit zuweilen selbst die Stirn berührend, daß sie als Angriffswaffen völlig nutzlos sind.

---

[39] Brehm: Illustriertes Tierleben. 2. Aufl., 1. Abt., 3. Bd., p.548-549.

Sie sind Hörnern viel ähnlicher als Zähnen und sind offenbar als Zähne so nutzlos, daß man früher geradezu annahm, das Tier ruhe seinen Kopf in der Weise aus, daß es denselben mit den Zähnen an einen Zweig hänge. Ihre konvexen Oberflächen dürften indessen, wenn der Kopf ein wenig seitwärts gehalten wird, als ein ausgezeichnetes Verteidigungsmittel dienen, und daher kommt es vielleicht, daß sie bei älteren Tieren „meist abgebrochen sind, wie infolge eines Kampfes"[40]. Wir haben daher den merkwürdigen Fall hier vor uns, daß die oberen Stoßzähne des Babyrussa regelmäßig während der Blüte des Lebens eine Bildung annehmen, welche sie dem Anschein nach nur zur Verteidigung geschickt macht, während beim europäischen Eber die unteren Stoßzähne in einem minderen Grade und nur während des hohen Alters nahezu dieselbe Form annehmen und dann in einer gleichen Art nur zur Verteidigung dienen.

Beim Warzenschwein (*Phacochoerus aethiopicus*) krümmen sich die Stoßzähne im Oberkiefer des Männchens während der Blüte des Lebens nach oben und dienen, da sie zugespitzt sind, als fürchterliche Waffen. Die Stoßzähne in der unteren Kinnlade sind schärfer als die in der oberen, aber wegen ihrer Kürze scheint es kaum möglich zu sein, daß sie als Angriffswaffen benutzt werden. Sie müssen indessen die des Oberkiefers bedeutend kräftigen, da sie so abgeschliffen sind, daß sie dicht gegen die Basis derselben einpassen. Weder die oberen noch die unteren Stoßzähne scheinen speziell dazu modifiziert worden zu sein, zur Abwehr zu dienen, obschon sie ohne Zweifel in einer gewissen Ausdehnung hierzu benutzt werden. Aber das Warzenschwein entbehrt anderer spezieller Mittel zum Schutz nicht, denn es findet sich auf jeder Seite des Gesichts unterhalb der Augen ein im ganzen steifes, indessen biegsames, knorpeliges, längliches Kissen, welches zwei oder drei Zoll nach außen vorspringt; und als wir das lebende Tier beobachteten, schien es Mr. Bartlett und mir selbst, als würden diese Kissen, wenn sie von einem Feind mit seinen Stoßzähnen von unten getroffen würden, nach oben gewendet werden, wodurch sie in einer wunderbaren Weise die etwas vorspringenden Augen beschützten. Wie ich noch nach der Autorität des Mr. Bartlett hinzufügen will, stehen sich diese Eber, wenn sie miteinander kämpfen, direkt Auge in Auge gegenüber.

Endlich besitzt das afrikanische Flußschwein (*Potamochoerus penicillatus*) einen harten knorpeligen Höcker an jeder Seite des Gesichts unterhalb der Augen, welcher dem biegsamen Kissen des Warzenschweins entspricht. Auch hat es zwei knöcherne Vorsprünge am Oberkiefer oberhalb der Nasenlöcher. Ein Eber dieser Art brach kürzlich im zoologischen Garten in den Käfig eines Warzenschweins ein. Sie kämpften die ganze Nacht durch und wurden am Morgen sehr erschöpft, aber nicht bedenklich verwundet, gefunden. Es ist eine bezeichnende Tatsache, da es auf die Bedeutung der eben beschriebenen Vorsprünge und Auswüchse hinweist, daß dieselben mit Blut bedeckt und in einer außerordentlichen Weise zerschrammt und abgerieben waren.

Obgleich die Männchen so vieler Tiere aus der Familie der Schweine mit Waffen und, wie wir eben gesehen haben, mit Verteidigungsmitteln versehen sind, so scheinen doch diese Waffen in einer im ganzen späteren geologischen Periode erlangt worden zu sein. Dr. Forsyth Major führt[41] mehrere miozäne Spezies an; bei keiner derselben scheinen die Stoßzähne bei den Männchen bedeutend entwickelt gewesen zu sein. Auch Prof. Rütimeyer war früher über diese Tatsache überrascht.

Die Mähne des Löwen bietet ein gutes Verteidigungsmittel gegen die einzige Gefahr dar, welcher er ausgesetzt ist, nämlich gegen den Angriff von rivalisierenden Löwen. Denn, wie mir Sir A. Smith mitteilt, gehen die Männchen die fürchterlichsten Kämpfe ein und ein junger Löwe wagt sich einem alten nicht zu nähern. Im Jahre 1857 brach ein Tiger in Bromwich in den Käfig eines Löwen ein und nun folgte eine fürchterliche Szene: „Die Mähne des Löwen wahrte seinen Hals und Kopf vor bedeutenden Verletzungen, dem Tiger gelang es aber zuletzt, seinen Leib auf-

---

[40] S. Mr. Wallaces interessante Schilderung dieses Tieres, in: The Malay Archipelago, 1869, Vol. I, p.435.
[41] Atti della Soc. Italiana di Sc. Nat., 1873, Vol. XV, Fasc. IV.

zureißen, und in wenigen Minuten war er tot."[42] Der breite Kragen rund um den Hals und das Kinn des kanadischen Luchses (*Felix canadensis*) ist beim Männchen viel länger als beim Weibchen; ob er aber als Verteidigungsmittel dient, weiß ich nicht. Man weiß sehr wohl, daß männliche Robben verzweifelt miteinander kämpfen, und die Männchen gewisser Arten (*Otaria jubata*)[43] haben große Mähnen, während die Weibchen kleine oder gar keine haben. Der männliche Pavian vom Kap der guten Hoffnung (*Cynocephalus porcarius*) hat eine viel längere Mähne und größere Eckzähne als das Weibchen, und die Mähne dient wahrscheinlich zum Schutz; denn als ich die Wärter im zoologischen Garten, ohne ihnen eine Andeutung des Zwecks meiner Frage zu geben, fragte, ob irgendeiner der Affen speziell den anderen beim Nacken angreife, wurde mir geantwortet, daß dies nicht der Fall sei, mit Ausnahme des eben erwähnten Pavians. Bei dem Hamadryas-Pavian vergleicht Ehrenberg die Mähne des erwachsenen Männchens mit der eines jungen Löwen, während bei den Jungen beiderlei Geschlechts und bei den Weibchen die Mähne fast vollständig fehlt.

Es schien mir wahrscheinlich zu sein, als diene die ungeheure wollige Mähne des männlichen amerikanischen Bisons, welche fast bis auf die Erde reicht und bei den Männchen viel mehr entwickelt ist als bei den Weibchen, denselben in ihren furchtbaren Kämpfen zum Schutz, aber ein erfahrener Jäger erzählte Judge Caton, daß er niemals etwas beobachtet habe, was diese Annahme bestätige. Der Hengst hat eine dickere und vollere Mähne als die Stute; ich habe nun besondere Erkundigungen bei zwei bedeutenden Trainern und Züchtern, welche viele Hengste in Pflege gehabt haben, eingezogen, und mir ist versichert worden, daß sie „ausnahmslos versuchen, einander beim Nacken zu ergreifen". Es folgt indessen aus den vorstehenden Angaben nicht, daß, wenn das Haar am Nacken als Verteidigungsmittel dient, es ursprünglich zu diesem Zweck entwickelt worden ist, obschon das in einigen Fällen, wie z.B. beim Löwen, wohl wahrscheinlich ist. Mr. M'Neill hat mir mitgeteilt, daß die langen Haare an der Kehle des Hirsches (*Cervus elaphus*) als ein bedeutendes Schutzmittel für ihn von Nutzen sind, wenn er gejagt wird; denn die Hunde versuchen meist ihn bei der Kehle zu fassen. Es ist aber nicht wahrscheinlich, daß die Haare speziell für diesen Zweck entwickelt worden sind, denn andernfalls würden die Jungen und die Weibchen, wie wir wohl versichert sein können, in gleicher Weise geschützt worden sein.

Über die Wahl beim Paaren, wie sie sich bei beiden Geschlechtern der Säugetiere zeigt. – Ehe ich im nächsten Kapitel die Verschiedenheiten zwischen den Geschlechtern in der Stimme, im Geruch, den sie von sich geben, und der Verzierung beschreibe, wird es zweckmäßig sein, hier noch zu betrachten, ob die Geschlechter bei ihren Verbindungen irgendeine Wahl ausüben. Zieht das Weibchen irgendein besonderes Männchen, ehe oder nachdem die Männchen miteinander um die Oberherrschaft gekämpft haben, vor, oder wählt sich das Männchen, wenn es nicht polygam lebt, irgendein besonderes Weibchen aus? Der allgemeine Eindruck unter den Züchtern scheint der zu sein, daß das Männchen jedes Weibchen annimmt, und dies ist wegen der Begierde des Männchens in den meisten Fällen wahrscheinlich richtig. Ob dagegen der allgemeinen Regel nach das Weibchen ganz indifferent jedes Männchen annimmt, ist viel zweifelhafter. Im vierzehnten Kapitel, über die Vögel, wurde eine ziemliche Menge direkter und indirekter Belege dafür beigebracht, zu zeigen, daß das Weibchen sich seinen Genossen wählt; und es würde eine befremdende Anomalie sein, wenn weibliche Säugetiere, welche in der Stufenreihe der Organisation noch höher stehen und höhere geistige Kräfte haben, nicht allgemein, oder min-

---

[42] The Times, Nov. 10th 1857. In bezug auf den kanadischen Luchs s. Audubon und Bachman: Quadrupeds of North America, 1846, p.139.
[43] Dr. Murie, über *Otaria*, in: Proceed. Zoolog. Soc., 1869, p.109. In dem oben zitierten Aufsatz drückt Mr. J. A. Allen Zweifel aus (p.75), ob das Haar, welches am Hals des Männchens länger ist als an dem des Weibchens, eine Mähne genannt zu werden verdient.

destens häufig, eine gewisse Wahl ausüben sollten. Das Weibchen kann in den meisten Fällen entfliehen, wenn es von einem Männchen umworben wird, welches ihm nicht gefällt oder welches dasselbe nicht reizt; und wenn es, wie es so beständig vorkommt, von mehreren Männchen verfolgt wird, so wird es häufig die Gelegenheit haben, während jene miteinander kämpfen, mit irgendeinem Männchen sich zu entfernen oder sich mindestens zeitweise zu paaren. Dieser letztere Umstand, ist in Schottland häufig bei weiblichen Hirschen beobachtet worden, wie mir Sir Phillipp Egerton und andere mitgeteilt haben.[44]

Es ist kaum möglich, viel darüber zu wissen, ob weibliche Säugetiere im Naturzustand irgendeine Wahl bei ihren ehelichen Verbindungen ausüben. Die folgenden sehr merkwürdigen Einzelheiten über die Werbungen einer der Ohrenrobben, *Callorhinus ursinus*, werden hier nach der Autorität des Capt. Bryant mitgetheilt[45], welcher reichliche Gelegenheit zur Beobachtung hatte. Er sagt: „Viele von den Weibchen scheinen bei ihrer Ankunft auf der Insel, wo sie sich paaren, den Wunsch zu haben, zu irgendeinem besonderen Männchen zurückzukehren; sie klimmen häufig auf vorspringende Felsen, um die ganze Versammlung zu übersehen, rufen laut und horchen, ob sie nicht eine ihnen bekannte Stimme hören. Dann wechseln sie den Platz und wiederholen dasselbe. ... Sobald ein Weibchen das Ufer erreicht, begibt sich das nächste Männchen hinab zu ihm und stößt während der Zeit einen Laut aus, wie das Glucken einer Henne zu ihrem Kücken. Es macht ihm Diener und neckt es, bis es zwischen dasselbe und das Wasser gelangt, so daß es nicht mehr entfliehen kann. Dann ändert sich sein Benehmen und mit einem barschen Brummen treibt es dasselbe zu einer Stelle in seinem Harem. Dies wird fortgesetzt, bis die untere Reihe des Harems nahezu voll ist. Dann suchen die höher hinauf befindlichen Männchen die Zeit aus, wenn ihre glücklicheren Nachbarn sich von der Wache entfernt haben, um sich ihre Weiber zu stehlen. Dies tun sie so, daß sie dieselben in ihre Mäuler nehmen, über die Köpfe der anderen Weibchen hinwegheben und sorgfältig in ihrem eigenen Harem niederlegen, ebenso wie Katzen ihre Kätzchen tragen. Die Männchen noch weiter hinauf befolgen dieselbe Methode, bis der ganze Raum eingenommen ist. Häufig erfolgt ein Kampf zwischen zwei Männchen um den Besitz eines und des nämlichen Weibchens und beide ergreifen dasselbe zusammen und zerren es entzwei oder verletzen es mit ihren Zähnen schauerlich. Ist der Raum ganz gefüllt, dann geht das alte Männchen wohlgefällig umher, überblickt seine Familie, schilt diejenigen aus, welche die anderen drängen oder stören und treibt wütend alle Eindringlinge fort. Dieses Überwachen hält es beständig in lebhafter Tätigkeit."

Da so wenig über die Werbungen der Tiere im Naturzustand bekannt ist, habe ich zu ermitteln versucht, in wieweit unsere domestizierten Säugetiere eine Wahl bei ihrer Verbindung treffen. Hunde bieten die beste Gelegenheit zur Beobachtung dar, da sie sorgfältig beobachtet und gut verstanden werden. Viele Züchter haben ihre Meinung über diesen Punkt sehr entschieden ausgedrückt. So bemerkt Mr. Mayhew: „Die Weibchen sind imstande, durch Zeichen ihre Zuneigung kundzugeben, und zarte Aufmerksamkeit haben ebensoviel Gewalt über sie, wie man es in anderen Fällen erfahren hat, wo noch höhere Tiere in Betracht kommen. Hündinnen sind nicht immer klug in ihren Liebschaften, sondern sind geneigt, sich an Köter sehr niedrigen Grades wegzuwerfen. Werden sie mit einem Gefährten gemeinen Ansehens aufgezogen, dann entsteht häufig zwischen dem Paar eine Hingebung, welche keine Zeit später wieder beseitigen kann. Die Leidenschaft, denn das ist es wirklich, erhält eine mehr als romantische Dauerhaftigkeit." Mr. Mayhew, welcher seine Aufmerksamkeit hauptsächlich den kleineren Rassen zuwandte, ist überzeugt, daß die Weibchen von Männchen bedeutender Größe sehr stark

---

[44] Mr. Boner sagt in seiner ausgezeichneten Beschreibung der Lebensweise des Edelhirsches in Deutschland (Forest Creatures, 1861, p.81): „Während der Hirsch seine Rechte gegen den einen Eindringling verteidigt, bricht ein anderer in das Heiligtum seines Harems ein und führt Trophäe nach Trophäe fort." Genau dasselbe kommt bei Robben vor, s. Mr. J. A. Allen: a.a.O., p.100.

[45] Mr. J. A. Allen, in: Bullet. Museum Compar. Zoology of Cambridge, Mass., Vol. II, No. 1, p.99.

Siebzehntes Kapitel

angezogen werden.[46] Der bekannte Veterinär Blaine führt an[47], daß sein eigener weiblicher Mops einem Jagdhund so attachiert wurde, und ein weiblicher Jagdhund einem Köter, daß sie in beiden Fällen nicht mit einem Hunde ihrer eigenen Rasse sich paaren wollten, bis mehrere Wochen verstrichen waren. Mir sind zwei ähnliche und zuverlässige Berichte in bezug auf einen weiblichen Wasserhund und einen Jagdhund gegeben worden, welche beide in Pinscher verliebt waren.

Mr. Cupples teilt mir mit, daß er persönlich für die Genauigkeit des folgenden noch merkwürdigeren Falles haften kann, in welchem ein wertvoller und wunderbar intelligenter Pinscher einen Wasserhund liebte, welcher einem Nachbarn gehörte, und zwar in einem solchen Grade, daß er oft von ihm weggezogen werden mußte. Nachdem sie dauernd getrennt waren, wollte der Pinscher, obwohl sich wiederholt Milch in seinen Zitzen zeigte, doch nie die Werbung irgendeines anderen Hundes annehmen und trug zum Bedauern seines Besitzers niemals Junge. Mr. Cupples führt auch an, daß ein weiblicher Hirschhund, der sich jetzt (1868) unter seiner Meute findet, dreimal Junge produzierte, und bei jeder Gelegenheit zeigte er eine ausgesprochene Vorliebe für einen der größten und schönsten, aber nicht den gierigsten unter vier Hirschhunden, welche, sämtlich in der Blüte des Lebens, mit ihm lebten. Mr. Cupples hat beobachtet, daß das Weibchen allgemein einen Hund begünstigt, mit dem es in Gesellschaft gelebt hat und welchen es kennt; seine Scheu und Furchtsamkeit läßt es anfangs gegen fremde Hunde eingenommen sein. Das Männchen scheint im Gegenteil eher fremden Weibchen zugeneigt zu sein. Es scheint selten zu sein, daß das Männchen irgendein besonderes Weibchen zurückweist; doch teilt mir Mr. Wright von Yeldersleyhouse, ein großer Hundezüchter, mit, daß er einige Beispiele hiervon kennengelernt hat; er führt den Fall eines seiner eigenen Hirschhunde an, welcher von einer besonderen weiblichen Dogge keine Notiz nehmen wollte, so daß ein anderer Hirschhund hinzugeholt werden mußte. Es würde überflüssig sein, wie ich es wohl könnte, noch andere Fälle anzuführen, und ich will nur hinzufügen, daß Mr. Barr, welcher viele Bluthunde gezüchtet hat, angibt, daß in beinahe jedem einzelnen Falle besondere Individuen der beiden Geschlechter eine ausgesprochene Vorliebe füreinander zeigten. Nachdem endlich Mr. Cupples noch ein weiteres Jahr diesem Gegenstand seine Aufmerksamkeit zugewandt hat, hat er an mich geschrieben: „Ich habe die volle Bestätigung meiner früheren Angaben erhalten, daß Hunde beim Paaren entschiedene Vorliebe füreinander entwickeln, wobei sie häufig durch Größe, helle Farbe und individuelle Charaktere ebenso wie durch den Grad ihrer früheren Vertraulichkeit beeinflußt werden."

In bezug auf Pferde teilt mir Mr. Blenkiron, der größte Züchter von Rennpferden in der ganzen Welt, mit, daß Hengste in ihrer Wahl so häufig launisch sind, dabei die eine Stute zurückweisen und ohne nachweisbare Ursache eine andere annehmen, daß beständig die verschiedensten Kunstgriffe angewendet werden müssen. So wollte z. B. der berühmte Monarque niemals mit Bewußtsein die Stute Gladiateur eines Blickes würdigen, und es mußte ihm ein Streich gespielt werden. Wir können zum Teil den Grund sehen, warum wertvolle Rennpferdhengste, welche in solcher Nachfrage stehen, in ihrer Wahl so eigen sind. Mr. Blenkiron hat niemals einen Fall erlebt, wo eine Stute einen Hengst zurückgewiesen hätte; doch ist dies in Mr. Wrights Stall vorgekommen, so daß die Stute hier betrogen werden mußte. Prosper Lucas zitiert[48] verschiedene Angaben von französischen Autoritäten und bemerkt: „On voit des étalons, qui s'éprennent d'une jument et négligent toutes les autres." Nach der Autorität von Baëlen führt er ähnliche Tatsachen in bezug auf Bullen an; Mr. Reeks versichert mir, daß ein berühmter, seinem Vater gehörender Shorthorn-Bulle „sich beständig weigerte, sich mit einer schwarzen Kuh zu paaren". Bei der Beschreibung des domestizierten Rentiers von Lappland sagt Hoffberg: „Feminae ma-

---

[46] Dogs: their Management, by E. Mayhew, M. R. C. V. S., 2. edit., 1864, p.187-192.
[47] Zitiert von Alex. Walker: On Intermarriage, 1838, p.276. S. auch p.244.
[48] Traité de l'Héréd. Natur., Tom. II, 1850, p.296.

jores et fortiores mares prae ceteris admittunt, ad eos confugiunt, a junioribus agitatae, qui hos in fugam conjiciunt."[49] Ein Geistlicher, welcher viele Schweine gezüchtet hat, versichert mir, daß Säue häufig den einen Eber zurückweisen und unmittelbar darauf einen anderen annehmen.

Nach diesen Tatsachen kann kein Zweifel sein, daß bei den meisten unserer domestizierten Säugetiere starke individuelle Antipathien und Vorlieben häufig gezeigt werden, und zwar sehr viel häufiger vom Weibchen als vom Männchen. Da dies der Fall ist, so ist es unwahrscheinlich, daß die Verbindungen von Säugetieren im Naturzustand dem bloßen Zufall überlassen sein sollten. Es ist viel wahrscheinlicher, daß die Weibchen von besonderen Männchen, welche gewisse Charaktere in einem höheren Grade besitzen als andere Männchen, angelockt oder gereizt werden; was dies aber für Charaktere sind, können wir selten oder niemals mit Sicherheit nachweisen.

---

[49] Amoenitates academicae. Vol. IV, 1788, p.160.

Achtzehntes Kapitel

Sekundäre Sexualcharaktere der Säugetiere (Fortsetzung)

Stimme – Merkwürdige geschlechtliche Eigentümlichkeiten bei Robben – Geruch – Entwicklung des Haares – Farbe des Haares und der Haut – Anomaler Fall, wo das Weibchen mehr geschmückt ist als das Männchen – Farbe und Schmuck: Folgen geschlechtlicher Zuchtwahl – Farbe zum Zweck des Schutzes erlangt – Farbe, wenn schon beiden Geschlechtern gemeinsam, doch häufig Folge geschlechtlicher Zuchtwahl – Über das Verschwinden von Flecken und Streifen bei erwachsenen Säugetieren – Über die Farben und den Zierat der Quadrumanen – Zusammenfassung

Säugetiere brauchen ihre Stimmen zu verschiedenen Zwecken, zu Warnrufen, oder ein Glied einer Truppe ruft ein anderes an, oder eine Mutter ruft die von ihr verlorenen Jungen, oder die letzteren rufen nach ihrer Mutter um Schutz; aber derartige Verwendungen brauchen hier nicht betrachtet zu werden. Wir haben es hier nur mit der Verschiedenheit zwischen den Stimmen der beiden Geschlechter zu tun, z.B. zwischen der des Löwen und der Löwin oder des Bullen und der Kuh. Beinahe alle männlichen Säugetiere brauchen ihre Stimmen viel mehr während der Brunstzeit als zu irgendeiner anderen Zeit, und einige, wie die Giraffe und das Stachelschwein[1], sollen, wie man sagt, mit Ausnahme dieser Zeit vollständig stumm sein. Da die Kehlen (d. h. der Kehlkopf und die Schilddrüsen[2]) der Hirsche am Anfang der Paarungszeit periodisch vergrößert werden, so könnte man meinen, daß ihre mächtigen Stimmen dann in irgendeiner Weise für sie von großer Bedeutung sein müßten; doch ist dies sehr zweifelhaft. Nach Mitteilungen, welche mir zwei erfahrene Beobachter, Mr. M'Neill und Sir Ph. Egerton, gegeben haben, scheint es, als wenn junge Hirsche unter dem Alter von drei Jahren nicht brüllten oder schrien und als ob die älteren mit dem Beginn der Paarungszeit anfangs nur gelegentlich und mäßig zu schreien anfingen, während sie beim Suchen der Weibchen ruhelos umherwandern. Ihre Kämpfe werden durch ein lautes und anhaltendes Geschrei eingeleitet; aber während des eigentlichen Konflikts selbst verhalten sie sich schweigend. Tiere aller Art, welche gewöhnlich ihre Stimme gebrauchen, bringen unter jeder starken Gemütserregung, so wenn sie wütend werden oder sich zum Kampf vorbereiten, verschiedene Laute hervor; doch kann dies einfach nur das Resultat ihrer nervösen Aufregung sein, welches zu der krampfhaften Zusammenziehung beinahe aller Muskeln des Körpers führt, ebenso wie ein Mensch seine Zähne zusammenbeißt und seine Hände ringt, wenn er in Wut oder Angst ist. Ohne Zweifel fordern die Hirsche einander zum Kampf durch Geschrei heraus; aber wenn die Hirsche mit der kraftvolleren Stimme nicht zu derselben Zeit auch die stärkeren, besser bewaffneten und mutvolleren sind, werden sie über ihre Nebenbuhler keinen Vorteil erlangen.

Es ist möglich, daß das Brüllen des Löwen für ihn von irgendeinem faktischen Nutzen ist, und zwar dadurch, daß es seinen Gegner mit Schrecken erfüllt; denn wenn er in Wut gerät, so richtet er gleichfalls seine Mähne empor und versucht instinktiv, sich damit so schrecklich wie möglich aussehend zu machen. Es kann aber kaum angenommen werden, daß das Geschrei des Hirsches, selbst wenn es ihm in dieser Weise irgendwie von Nutzen wäre, von ausreichender Bedeutung gewesen sei, um zur periodischen Vergrößerung der Kehle zu führen. Einige Schriftsteller vermuten, daß das Geschrei als ein Ruf für das Weibchen diene; aber die oben zitierten erfahrenen Beobachter teilen mir mit, daß der weibliche Hirsch nicht das Männchen sucht, daß vielmehr die Männchen gierig die Weibchen aufsuchen, wie sich in der Tat nach dem, was wir von den

---
[1] Owen: Anatomy of Vertebrates. Vol. III, p.585.
[2] Ebd., p.595.

Gewohnheiten anderer männlicher Säugetiere wissen, erwarten ließ. Auf der anderen Seite ruft die Stimme des Weibchens schnell einen oder mehrere Hirsche zu ihm[3], wie den Jägern wohl bekannt ist, welche in wilden Gegenden ihren Ruf nachahmen. Wenn wir glauben könnten, daß das Männchen das Vermögen hätte, das Weibchen durch seine Stimme zu reizen oder zu locken, so würde die periodische Vergrößerung seiner Stimmorgane nach dem Gesetz geschlechtlicher Zuchtwahl, in Verbindung mit einer auf ein und dasselbe Geschlecht und auf dieselbe Jahreszeit beschränkten Vererbung, verständlich sein; wir haben aber keine diese Ansicht begünstigenden Belege. Wie der Fall liegt, so scheint die laute Stimme des Hirsches während der Paarungszeit für ihn von keinem speziellen Nutzen zu sein, weder während seiner Bewerbung noch während seiner Kämpfe, noch in irgendeiner anderen Weise. Dürfen wir aber nicht annehmen, daß der häufige Gebrauch der Stimme unter der starken Erregung von Liebe, Eifersucht und Wut, während vieler Generationen fortgesetzt, zuletzt doch eine vererbte Wirkung auf die Stimmorgane des Hirsches ebensogut ausgeübt haben kann, wie bei irgendwelchen anderen männlichen Tieren? Nach dem gegenwärtigen Zustand unserer Kenntnis scheint mir dies die wahrscheinlichste Ansicht zu sein.

Der männliche Gorilla hat eine furchtbare Stimme und ist, wenn er erwachsen ist, mit einem Kehlsack versehen, wie auch der männliche Orang-Utan einen solchen besitzt.[4] Die Gibbons zählen zu den lautesten unter allen Affen und die Sumatraner Spezies (*Hylobates syndactylus*) ist gleichfalls mit einem Kehlsack versehen. Aber Mr. Blyth, welcher Gelegenheit zur Beobachtung gehabt hat, glaubt nicht, daß das Männchen geräuschvoller ist als das Weibchen. Es brauchen daher wahrscheinlich diese letzteren Affen ihre Stimmen zu gegenseitigem Rufen und dies ist sicher bei einigen Säugetieren, z.B. beim Biber[5], der Fall. Ein anderer Gibbon, der *H. agilis*, ist dadurch merkwürdig, daß er das Vermögen besitzt, eine vollständige und korrekte Oktave musikalischer Noten hervorzubringen[6], welche, wie wir wohl mit Grund vermuten können, als geschlechtliches Reizmittel dienen. Ich werde aber auf diesen Gegenstand im nächsten Kapitel zurückzukommen haben. Die Stimmorgane des amerikanischen *Mycetes caraya* sind beim Männchen um ein Drittel größer als beim Weibchen und sind wunderbar kräftig. Wenn das Wetter warm ist, lassen diese Affen die Wälder während der Morgen und Abende von ihrem überwältigenden Geschrei erklingen. Die Männchen fangen das fürchterliche Konzert an, in welches die Weibchen mit ihren weniger kraftvollen Stimmen zuweilen einstimmen und welches häufig mehrere Stunden lang fortgesetzt wird. Ein ausgezeichneter Beobachter, Rengger[7], konnte nicht wahrnehmen, daß sie durch irgendeine spezielle Ursache angeregt wurden, ihr Konzert zu beginnen; er glaubt, daß sie, wie viele Vögel, an ihrer eigenen Musik Ergötzen finden und einander zu übertreffen suchen. Ob die meisten der vorstehend angeführten Affen ihre kräftigen Stimmen erlangt haben, um ihre Nebenbuhler zu besiegen und die Weibchen zu bezaubern, oder ob die Stimmorgane durch die vererbten Wirkungen lange fortgesetzten Gebrauchs gekräftigt und vergrößert worden sind, ohne daß irgendein besonderer Vorteil dadurch erreicht wurde, das will ich nicht zu entscheiden wagen. Doch scheint mindestens in bezug auf den Fall von *Hylobates agilis* die erste Ansicht die wahrscheinlichste zu sein.

Ich will hier zwei sehr merkwürdige Eigentümlichkeiten bei Robben erwähnen, weil mehrere Schriftsteller vermutet haben, daß sie die Stimme affizieren. Die Nase des männlichen See-Elefanten (*Macrorhinus proboscideus*) ist, wenn das Tier ungefähr drei Jahre alt ist, während der Paarungszeit bedeutend verlängert und kann dann aufgerichtet werden. In diesem Zu-

---

[3] S. z.B. Major W. Ross King (The Sportsman in Canada, 1866, p.53, 131) über die Gewohnheiten des Orignal und des wilden Rentiers.
[4] Owen: Anatomy of Vertebrates. Vol. III, p.600.
[5] M. Green, in: Journal of the Linnean Society. Vol. X, Zoology, 1869, p.362.
[6] C. L. Martin: General Introduction to the Natural History of Mammal. Animals, 1841, p.431.
[7] Naturgeschichte der Säugetiere von Paraguay, 1830, p.15, 21.

stand ist sie zuweilen einen Fuß lang. Das Weibchen ist in keiner Periode des Lebens mit einem solchen Gebilde versehen. Das Männchen bringt ein wildes, rauhes, gurgelndes Geräusch hervor, welches in großer Entfernung hörbar ist und von dem man glaubt, daß es durch den Rüssel verstärkt wird; die Stimme des Weibchens ist hiervon verschieden. Lesson vergleicht das Aufrichten des Rüssels mit dem Anschwellen der Fleischlappen männlicher hühnerartiger Vögel, während sie die Weibchen umwerben. Bei einer anderen verwandten Art von Robben, nämlich der Klappmütze (*Cystophora cristata*) ist der Kopf von einer großen Haube oder Blase bedeckt. Diese wird innen durch die Nasenscheidewand gestützt, welche sehr weit nach rückwärts verlängert ist und sich in eine sieben Zoll hohe Leiste erhebt. Die Klappe ist mit kurzen Haaren bedeckt und ist muskulös; sie kann aufgeblasen werden, bis sie an Größe mehr beträgt als der ganze Kopf groß ist! In der Brunstzeit kämpfen die Männchen auf dem Eis wütend miteinander und ihr Brüllen „soll dann zuweilen so laut sein, daß man es vier Meilen (miles) weit hört". Werden sie angegriffen, so brüllen und schreien sie gleichfalls, und so oft sie überhaupt erregt werden, wird die Haube aufgeblasen und zittert. Einige Naturforscher glauben, daß die Stimme hierdurch verstärkt wird, aber andere haben dieser außerordentlichen Bildung verschiedene andere Funktionen zugeschrieben. Mr. R. Brown glaubt, daß sie als Schutz gegen Zufälle aller Arten diene; dies ist indessen nicht wahrscheinlich; denn Mr. Lamont, welcher sechshundert dieser Tiere erlegt hat, versichert mir, daß die Klappe bei den Weibchen rudimentär und bei den Männchen während der Jugend nicht entwickelt ist.[8]

Geruch. – Bei einigen Tieren, so bei den bekannten Skunks von Amerika, scheint der überwältigende Geruch, den sie von sich geben, ausschließlich als Verteidigungsmittel zu dienen. Bei Spitzmäusen (*Sorex*) besitzen beide Geschlechter abdominale Geruchsdrüsen, und es läßt sich wegen der Art und Weise, in welcher ihre Körper von Vögeln und Raubtieren verschmäht werden, nur wenig zweifeln, daß dieser Geruch für die Tiere protektiv ist; nichtsdestoweniger werden die Drüsen bei den Männchen während der Paarungszeit vergrößert. Bei vielen anderen vierfüßigen Tieren sind die Drüsen in beiden Geschlechtern von der nämlichen Größe, aber ihr Gebrauch ist unbekannt. Bei anderen Spezies sind die Drüsen auf die Männchen beschränkt[9] oder sind bei diesen mehr entwickelt als bei den Weibchen und sie werden beinahe immer während der Brunstzeit tätiger. In dieser Periode vergrößern sich die Drüsen an den Seiten des männlichen Elefanten und sondern eine Sekretion ab, die einen starken Moschusgeruch hat. Die Männchen, selbst auch die Weibchen, vieler Arten von Fledermäusen haben an verschiedenen Teilen ihres Körpers gelegene Drüsen und ausstülpbare Taschen; man glaubt, daß sie einen Geruch von sich geben.

Die scharfe Aussonderung des Ziegenbocks ist wohlbekannt und die gewisser Hirsche ist wunderbar stark und persistent. An den Ufern des La Plata habe ich die ganze Luft mit dem Geruch des männlichen *Cervus campestris* bis in eine Entfernung von einer halben Meile windabwärts von einer Herde durchzogen gefunden, und ein seidenes Taschentuch, in welchem ich eine Haut nach Hause trug, behielt, obwohl es wiederholt benutzt und gewaschen worden war, wenn es zuerst entfaltet wurde, Spuren des Geruchs noch ein Jahr und sieben Monate lang. Dieses Tier gibt den starken Geruch nicht eher von sich, als bis es über ein Jahr alt ist, und wenn

---

[8] Über den See-Elefanten s. einen Artikel von Lesson, in: Diction. class. d'Hist. natur., Tom. XIII, p.418. Wegen der *Cystophora* oder *Stemmatopus* s. Dr. Dekay, in: Annals of the Lyceum of Natur. Hist., New York, Vol. I, 1824, p.94. Auch Pennant hat von Robbenjägern Mitteilungen über dieses Tier gesammelt. Den ausführlichsten Bericht hat Mr. Brown gegeben, in: Proceed. Zoolog. Soc., 1868, p.435.

[9] Wie beim Castoreum des Bibers, s. Mr. L. H. Morgans äußerst interessantes Werk: The American Beaver, 1868, p.300. Pallas hat (Spicileg. Zoolog., Fasc. VIII, 1779, p.23) die Riechdrüsen der Säugetiere sehr gut erörtert. Auch Owen (Anatomy of Vertebrates. Vol. III, p.632) gibt eine Schilderung dieser Drüsen mit Einschluß der des Elefanten und (p.634) der Spitzmäuse. Über Fledermäuse s. Dobson, in: Proceed. Zoolog. Soc., 1873, p.241.

es jung kastriert wird, sondert es denselben niemals ab.[10] Außer dem allgemeinen Geruch, mit welchem der ganze Körper gewisser Wiederkäuer während der Paarungszeit durchdrungen zu sein scheint (so z. B. *Bos moschatus*), besitzen viele Hirsche, Antilopen, Schafe und Ziegen riechbare Stoffe absondernde Drüsen an verschiedenen Stellen, besonders im Gesicht. Die sogenannten Tränensäcke oder Suborbitalgruben fallen unter diese Kategorie. Diese Drüsen sondern eine halbflüssige stinkende Substanz ab, welche zuweilen so reichlich ist, daß sie das ganze Gesicht tränkt, wie ich es bei einer Antilope gesehen habe. Sie sind „gewöhnlich beim Männchen größer als beim Weibchen und ihre Entwicklung wird durch die Kastration gehemmt"[11]. Desmarest zufolge fehlen sie beim Weibchen von *Antilope subgutturosa* vollständig. Es kann daher kein Zweifel sein, daß sie in irgendeiner Beziehung zu den reproduktiven Funktionen stehen. Sie sind auch bei nahe verwandten Formen zuweilen vorhanden und zuweilen fehlen sie. Bei dem erwachsenen, männlichen Moschustier (*Moschus moschiferus*) ist ein nackter Raum rund um den Schwanz von einer riechenden Flüssigkeit angefeuchtet, während bei dem erwachsenen Weibchen und beim Männchen, ehe es zwei Jahre alt wird, dieser Raum mit Haaren bedeckt und nicht riechend ist. Der eigentliche Moschusbeutel ist seiner Lage nach notwendig auf das Männchen beschränkt und bildet noch ein weiteres riechendes Organ. Es ist eine eigentümliche Tatsache, daß die von dieser letzteren Drüse abgesonderte Substanz sich der Angabe von Pallas zufolge während der Paarungszeit weder in der Konsistenz verändert noch der Quantität nach zunimmt. Nichtsdestoweniger nimmt dieser Forscher an, daß ihr Vorhandensein in irgendeiner Weise mit dem Akt der Reproduktion im Zusammenhang steht. Er gibt indessen nur eine vermutungsweise und nicht befriedigende Erklärung von ihrem Gebrauch.[12]

Wenn während der Paarungszeit das Männchen allein einen starken Geruch von sich gibt, so dient dieser in den meisten Fällen wahrscheinlich dazu, das Weibchen zu reizen oder zu locken. Wir dürfen in bezug auf diesen Punkt nicht nach unserem eigenen Geschmack urteilen; denn es ist wohl bekannt, daß Ratten von gewissen ätherischen Ölen und Katzen von Baldrian berauscht werden, Substanzen, welche weit entfernt davon sind, uns angenehm zu sein, und daß Hunde, obwohl sie Aas nicht fressen, doch dasselbe beschnuppern und sich darin wälzen. Aus den bei der Erörterung der Stimme des Hirsches gegebenen Gründen können wir wohl die Idee zurückweisen, daß der Geruch dazu diene, die Weibchen aus der Entfernung zu den Männchen hinzuführen. Reichlicher und lange fortgesetzter Gebrauch kann hier nicht ins Spiel gekommen sein, wie bei den Stimmorganen. Der ausgegebene Geruch muß für das Männchen von einer beträchtlichen Bedeutung sein, insofern in einigen Fällen große und komplizierte Drüsen entwickelt worden sind, die mit Muskeln zum Umwenden des Sacks und zum Schließen und Öffnen der Mündung versehen sind. Die Entwicklung dieser Organe durch geschlechtliche Zuchtwahl ist wohl verständlich, wenn die stärker riechenden Männchen beim Gewinnen des Weibchens die erfolgreichsten gewesen sind und Nachkommen hinterlassen haben, ihre allmählich vervollkommneten Drüsen und stärkeren Gerüche zu erben.

Entwicklung der Haare. – Wir haben gesehen, daß männliche Säugetiere häufig das Haar an ihrem Nacken und ihren Schultern viel stärker entwickelt haben als die Weibchen und es ließen sich noch viele weitere Beispiele hierfür anführen. Dies dient zuweilen als Verteidigungsmittel für das Männchen während seiner Kämpfe; ob aber das Haar in den meisten Fällen speziell zu diesem Zweck entwickelt worden ist, ist sehr zweifelhaft. Wir können ziemlich sicher sein, daß dies nicht der Fall ist, wenn nur ein dünner und schmaler Haarkamm der ganzen Länge des

---

[10] Rengger: Naturgeschichte der Säugetiere von Paraguay, 1830, p.355. Dieser Beobachter teilt auch einige merkwürdige Eigentümlichkeiten in bezug auf den entwickelten Geruch mit.
[11] Owen: Anatomy of Vertebrates. Vol. III, p.632. S. auch Dr. Muries Beobachtungen über diese Drüse, in: Proceed. Zoolog. Soc., 1870, p.340. Desmarest über die *Antilope subgutturosa* in seiner „Mammalogie", 1820, p.455.
[12] Pallas: Spicilegia Zoologica. Fasc. XIII, 1799, p.24. Desmoulins: Diction. class. d'Hist. Natur., Tom. III, p.556.

Rückens entlangläuft; denn ein Haarkamm dieser Art würde kaum irgendeinen Schutz bieten und die Kante des Rückens ist nicht wohl eine gerade verletzliche Stelle. Nichtsdestoweniger sind derartige Haarkämme zuweilen auf die Männchen beschränkt oder sind bei ihnen viel mehr entwickelt als bei den Weibchen. Zwei Antilopen, der *Tragelaphus scriptus*[13] und *Portax piecta*, mögen als Beispiel angeführt werden. Die Haarkämme gewisser Hirsche und des wilden Ziegenbocks stehen aufrecht, wenn diese Tiere in Wut oder Schrecken versetzt werden.[14] Es läßt sich aber kaum vermuten, daß dieselben nur zu dem Zweck entwickelt worden sind, um damit bei ihren Feinden Furcht zu erregen. Eine der eben erwähnten Antilopen, *Portax picta*, hat einen großen, scharf umschriebenen Pinsel schwarzen Haares an der Kehle und dieser ist beim Männchen viel größer als beim Weibchen. Beim *Ammotragus tragelaphus* von Nord-Afrika, einem Glied der Familie der Schafe, sind die Vorderbeine beinahe gänzlich durch ein außerordentliches Wachstum von Haaren verborgen, welche vom Nacken und der oberen Hälfte der Beine herabhängen. Mr. Bartlett glaubt aber nicht, daß dieser Mantel für das Männchen, bei welchem er viel mehr entwickelt ist als beim Weibchen, auch nur von dem geringsten Nutzen ist.

Männliche Säugetiere vieler Arten weichen von den Weibchen darin ab, daß sie mehr Haare oder Haare eines verschiedenen Charakters an gewissen Teilen ihrer Gesichter haben. Der Bulle allein hat gekräuselte Haare an der Stirn.[15] Bei drei nahe verwandten Untergattungen der Familie der Ziegen besitzen allein die Männchen Bärte und zuweilen von bedeutender Größe; in zwei anderen Untergattungen haben beide Geschlechter einen Bart, aber dieser verschwindet bei einigen domestizierten Rassen der gemeinen Ziege, und bei *Hemitragus* hat keines von beiden Geschlechtern einen Bart. Beim Steinbock ist der Bart während des Sommers nicht entwickelt und ist zu anderen Jahreszeiten so klein, daß er rudimentär genannt werden kann.[16] Bei einigen Affen ist der Bart auf das Männchen beschränkt, so beim Orang-Utan, oder ist beim Männchen viel größer als beim Weibchen, wie beim *Mycetes caraya* und *Pithecia satanas*. Dasselbe ist mit dem Backenbart einiger Spezies von *Macacus*[17] und, wie wir gesehen haben, mit den Mähnen einiger Arten von Pavianen der Fall. Aber bei den meisten Arten der Affen sind verschiedene Haarbüschel um das Gesicht und den Kopf in beiden Geschlechtern gleich.

Die Männchen verschiedener Glieder der Rinderfamilie (*Bovidae*) und gewisser Antilopen sind mit einer Wamme versehen oder einer großen Hautfalte am Hals, welche beim Weibchen viel weniger entwickelt ist.

Was haben wir nun in bezug auf derartige geschlechtliche Verschiedenheiten wie die angeführten zu folgern? Niemand wird behaupten wollen, daß die Bärte gewisser männlicher Ziegen, oder die Wamme des Bullen oder die Haarkämme entlang dem Rücken gewisser männlicher Antilopen diesen Tieren während des gewöhnlichen Verlaufs ihres Lebens von irgendweinem Nutzen sind. Es ist möglich, daß der ungeheure Bart der männlichen *Pithecia* und der große Bart des männlichen Orang-Utan ihre Kehle schützen, wenn sie miteinander kämpfen; denn die Wärter im zoologischen Garten sagen mir, daß viele Affen einander bei der Kehle angreifen. Es ist aber nicht wahrscheinlich, daß der Kinnbart zu einem besonderen Zweck entwickelt worden ist, der verschieden von dem wäre, welchem der Backenbart, Schnurrbart und andere Haarbüschel am Gesicht dienen, und niemand wird annehmen, daß diese als Schutzmittel von Nutzen sind. Müssen wir nun alle diese Anhänge von Haaren oder von Haut einfacher, zweckloser Variabilität beim Männchen zuschreiben? Es kann nicht geleugnet werden, daß dies möglich ist; denn bei fielen domestizierten Säugetieren sind gewisse Charaktere, die allem Anschein nach

---

[13] Dr. Gray: Gleanings from the Menagerie at Knowsley, pl. 28.
[14] Judge Caton über den Wapiti, in: Transact. Ottawa Acad. Natur. Scienc., 1868, p.36, 40. Blyth: Land and Water, 1867, p.37, über *Capra aegagrus*.
[15] Hunter's Essays and Observations, edited by Owen, 1861. Vol. I, p.236.
[16] S. Dr. Gray's Catal. Mammalia British Museum. Part. III, 1852, p.144.
[17] Rengger: Säugetiere von Paraguay etc., p.14; Desmarest: Mammalogie, p.66.

nicht auf Rückschlag von irgendeiner wilden elterlichen Form her bezogen werden können, auf die Männchen beschränkt oder bei diesen viel bedeutender entwickelt als bei den Weibchen – z.B. der Buckel beim männlichen Zeburind von Indien, der Schwanz beim fettschwänzigen Widder, die gewölbte Umrißlinie der Stirn bei dem Männchen mehrerer Rassen von Schafen und endlich die Mähne, die langen Haare an den Hinterbeinen und die Wamme allein beim Männchen der Berbura-Ziege.[18] Die Mähne, welche allein beim Widder einer afrikanischen Schafrasse auftritt, ist ein echter sekundärer Sexualcharakter, denn er wird, wie ich von Mr. Winwood Reade höre, nicht entwickelt, wenn das Tier kastriert ist. Obschon wir, wie ich in meinem Buch: „Das Variieren der Tiere und Pflanzen im Zustand der Domestikation" gezeigt habe, äußerst vorsichtig sein müssen, wenn wir folgern wollen, daß irgendein Charakter, selbst bei Tieren, die von halbzivilisierten Völkern gehalten werden, nicht der Zuchtwahl des Menschen unterlegen und hierdurch gehäuft sei, so ist dies doch in den soeben speziell angeführten Fällen unwahrscheinlich und noch besonders deshalb, weil diese Charaktere auf die Männchen beschränkt oder bei ihnen stärker entwickelt sind als bei den Weibchen. Wenn es positiv bekannt wäre, daß der afrikanische Widder mit einer Mähne von demselben primitiven Stamm, wie die anderen Schafrassen, oder der Berbura-Ziegenbock mit seiner Mähne, seiner Wamme usw. von demselben Stamm wie andere Ziegen abstammten, so müssen sie, angenommen, daß Zuchtwahl nicht auf diese Charaktere angewendet worden ist, Folge einfacher Variabilität in Verbindung mit geschlechtlich beschränkter Vererbung sein.

Es erscheint hiernach verständig, dieselbe Ansicht auf alle analogen Fälle auszudehnen, welche bei Tieren im Naturzustand vorkommen. Nichtsdestoweniger kann ich mich doch nicht davon überzeugen, daß diese Ansicht ganz allgemein anwendbar ist, wie z.B. bei der außerordentlichen Entwicklung von Haaren an der Kehle und den Vorderbeinen des männlichen *Ammotragus* oder des ungeheuren Bartes der männlichen *Pithecia*. Nach den Studien, welche ich der Natur habe widmen können, bin ich der Ansicht, daß bedeutend entwickelte Teile oder Organe in irgendeiner Periode zu einem besonderen Zweck erlangt wurden. Bei denjenigen Antilopen, bei welchen das Männchen im erwachsenen Alter auffallender gefärbt ist, als das Weibchen, und bei denjenigen Affen, bei welchen das Haar am Gesicht in einer eleganten Weise angeordnet und von einer verschiedenen Farbe ist, scheinen wahrscheinlicherweise die Haarkämme und Haarbüschel als Zierate erlangt worden zu sein; und ich weiß auch, daß dies die Ansicht einiger Naturforscher ist. Ist die Ansicht korrekt, dann läßt sich wenig daran zweifeln, daß diese Charaktere durch geschlechtliche Zuchtwahl erlangt oder mindestens modifiziert worden sind; inwieweit aber dieselbe Ansicht auf andere Säugetiere ausgedehnt werden kann, ist zweifelhaft.

Farbe des Haars und der nackten Haut. – Ich will zuerst alle die Fälle kurz aufführen, die mir bekannt sind, wo männliche Säugetiere in der Farbe von den Weibchen verschieden sind. Wie mir Mr. Gould mitgeteilt hat, weichen bei Beuteltieren die Geschlechter selten in dieser Beziehung voneinander ab. Aber das große rotbraune Känguruh bietet eine auffallende Ausnahme dar, indem hier „zartes Blau an denjenigen Teilen des Weibchens der vorherrschende Farbenton ist, welche beim Männchen rot sind"[19]. Bei dem *Didelphis opossum* von Cayenne soll das Weibchen ein wenig mehr rot sein als das Männchen. In bezug auf Nagetiere bemerkt Dr. Gray: „Afrikanische Eichhörnchen, besonders die in den tropischen Ländern gefundenen, haben einen Pelz, der zu gewissen Zeiten viel glänzender und lebhafter ist als zu anderen, und der Pelz des

---

[18] S. die Kapitel über diese verschiedenen Tiere im 1. Band meines „Variieren der Tiere und Pflanzen im Zustand der Domestikation"; auch Bd. II, 2. Aufl., p.84; auch Kap. 20 über die Ausübung von Zuchtwahl seitens halbzivilisierter Völker. Wegen der Berbura-Ziege s. Dr. Gray: Catalogue etc., p.157.
[19] *Osphranter rufus*, Gould: Mammals of Australia. Vol. II, 1863. Über *Didelphis* s. Desmarest: Mammalogie, p.304.

Männchens ist meist heller als der des Weibchens."[20] Dr. Gray teilt mir mit, daß er die afrikanischen Eichhörnchen deshalb speziell erwähnt, weil sie wegen ihrer ungewöhnlich hellen Färbungen diese Verschiedenheiten am besten darbieten. Das Weibchen von *Mus minutus* Rußlands ist von einer blasseren und schmutzigeren Färbung als das Männchen. Bei einer großen Anzahl von Fledermäusen ist das Haarkleid des Männchens heller und glänzender als beim Weibchen.[21] Mr. Dobson bemerkt ferner in bezug auf diese Tiere: „Verschiedenheiten, welche zum Teil oder gänzlich davon abhängen, daß das Männchen ein Pelzkleid von einem viel brillanteren Farbton, oder welches durch verschiedene Zeichnungen oder durch größere Länge gewisser Partien ausgezeichnet ist, besitzt, finden sich in einem irgendwie nachweisbaren Grade nur bei früchtefressenden Fledermäusen, bei denen der Gesichtssinn gut entwickelt ist." Diese letzte Bemerkung verdient Beachtung, da sie sich auf die Frage bezieht, ob helle Farben dadurch männlichen Tieren von Nutzen sein können, daß sie als Schmuck dienen. Wie Dr. Gray angibt, ist jetzt bei einer Gattung von Faultieren ermittelt, „daß die Männchen in einer von den Weibchen verschiedenen Weise geschmückt sind, d. h. sie haben einen Fleck von kurzem weichen Haar zwischen den Schultern, welcher allgemein mehr oder weniger orangefarbig und in einer Spezies rein weiß ist. Die Weibchen dagegen besitzen diese Zeichnung nicht."

Die auf dem Lande lebenden Carnivoren und Insectivoren bieten selten geschlechtliche Verschiedenheiten irgendwelcher Art dar, mit Einschluß ihrer Färbung. Indessen bietet der Ozelot (*Felis pardalis*) eine Ausnahme dar; denn hier sind die Farben des Weibchens mit denen des Männchens verglichen „moins apparentes, le fauve étant plus terne, le blanc moins pur, les raies ayant moins de largeur et les taches moins de diamètre"[22]. Auch die Geschlechter der verwandten *Felis mitis* weichen, aber selbst in einem noch geringeren Grade, voneinander ab, indem der allgemeine Farbton des Weibchens im ganzen etwas blasser ist, auch die Flecken weniger schwarz sind. Die See-Carnivoren oder Robben weichen auf der anderen Seite zuweilen beträchtlich in der Farbe voneinander ab, auch bieten sie, wie wir bereits gesehen haben, andere merkwürdige geschlechtliche Verschiedenheit dar. So ist das Männchen der *Otaria nigrescens* von der südlichen Hemisphäre oben von einer reichen braunen Schattierung, während das Weibchen, welches seine erwachsenen Farben früher im Leben erhält als das Männchen, oben dunkelgrau ist und die Jungen beider Geschlechter von einer sehr tiefen Schokoladenfärbung sind. Das Männchen der nordischen *Phoca groenlandica* ist graurot mit einer merkwürdigen sattelförmigen dunklen Zeichnung am Rücken; das Weibchen ist viel kleiner und hat ein sehr verschiedenes Aussehen, indem es „schmutzig weiß oder von einer gelblichen Strohfarbe ist, mit einem braunroten Hauch über den Rücken". Die Jungen sind anfangs rein weiß und können „kaum unter den Eisblöcken und dem Schnee unterschieden werden, wobei also ihre Farbe als Schutzmittel dient"[23].

Bei Wiederkäuern kommen geschlechtliche Verschiedenheiten der Farbe häufiger vor als in irgendeiner anderen Ordnung. Eine Verschiedenheit dieser Art ist bei den Strepsiceros-artigen Antilopen sehr allgemein. So ist das männliche Nilghau (*Portax pieta*) bläulich; grau und viel dunkler als das Weibchen; auch sind die viereckigen weißen Flecken an der Kehle, die weißen Zeichnungen an den Fesseln und die schwarzen Flecken an den Ohren sämtlich viel deutlicher. Wir haben gesehen, daß in dieser Spezies die Kämme und Büschel von Haaren gleichfalls beim Männchen entwickelter sind als beim hornlosen Weibchen. Wie mir Mr. Blyth mitgeteilt hat, wird das Männchen, ohne sein Haar abzustoßen, periodisch während der Paarungszeit dunkler.

---

[20] Annals and Magaz. of Natur. Hist., Nov. 1867, p.325. Über *Mus minutus* s. Desmarest: Mammalogie, p.304.

[21] J. A. Allen, in: Bulletin of Museum Compar. Zoolog. Cambridge, Mass., Unit. St., 1869, p.207. Mr. Dobson: Über die sexuellen Charaktere bei Fledermäusen, in: Proceed. Zoolog. Soc., 1873, p.241. Dr. Gray: Über Faultiere, ebd., 1871, p.436.

[22] Desmarest: Mammalogie, 1820, p.220. Über *Felis mitis* s. Rengger: a.a.O., p.194.

[23] Dr. Murie: Über die *Otaria*, in: Proceed. Zoolog. Soc., 1869, p.108. Mr. R. Brown: Über die *Phoca groenlandica*, ebd., 1868, p.417. Über die Farbe der Robben s. auch Desmarest: a.a.O., p.243, 249.

Junge Männchen können von jungen Weibchen, wenn sie nicht über zwölf Monate alt sind, nicht unterschieden werden, und wenn das Männchen vor dieser Zeit entmannt wird, so verändert es nach derselben Autorität niemals seine Farbe. Die Bedeutsamkeit dieser letzteren Tatsache als entscheidend für die sexuelle Natur der Färbung beim Nilghau wird offenbar, wenn wir hören[24], daß weder das rote Sommerkleid noch das blaue Winterkleid des virginischen Hirsches durch Entmannung im geringsten affiziert wird. Bei den meisten oder sämtlichen äußerst verzierten Spezies von *Tragelaphus* sind die Männchen dunkler als die hornlosen Weibchen und ihre Haarkämme sind vollständiger entwickelt. Beim Männchen jener prachtvollen Antilope *Oreas derbyanus* (Derbys Eland), ist der Körper roter, der ganze Hals viel schwärzer und das weiße Band, welches diese Färbungen voneinander trennt, breiter als beim Weibchen. Auch beim Eland vom Kap ist das Männchen unbedeutend dunkler als das Weibchen.[25]

Beim indischen Schwarzbock (*Antilope bezoartica*), welcher zu einem anderen Stamm der Antilopen gehört, ist das Männchen sehr dunkel, beinahe schwarz, während das hornlose Weibchen rehfarbig ist. Wir haben in dieser Spezies, wie mir Dr. Blyth mitteilt, eine genau parallele Reihe von Tatsachen wie bei der *Portax picta* vor uns, nämlich beim Männchen eine periodisch sich verändernde Farbe während der Paarungszeit, Wirkungen der Entmannung auf diese Veränderung, und die Jungen beider Geschlechter voneinander nicht zu unterscheiden. Bei der *Antilope nigra* ist das Männchen schwarz, das Weibchen, ebenso wie die Jungen, braun. Bei *A. singsing* ist das Männchen viel heller gefärbt als das hornlose Weibchen und seine Brust und sein Bauch sind viel schwärzer. Bei der männlichen *A. caama* sind die Zeichnungen und Linien, welche an verschiedenen Teilen des Körpers vorkommen, schwarz, statt wie beim Weibchen braun zu sein. Beim gefleckten Gnu (*A. gorgon*) sind „die Farben des Männchens nahezu dieselben wie die des Weibchens, nur gesättigter und von einem glänzenderen Ton"[26]. Andere analoge Fälle könnten noch angeführt werden.

Der Bantengbulle (*Bos sondaicus*) des malaiischen Archipels ist beinahe schwarz mit weißen Beinen und weißem Kreuz. Die Kuh ist von einem hellen Graubraun, wie auch die jungen Männchen bis ungefähr in das Alter von drei Jahren, wo sie sehr schnell die Farbe verändern. Der kastrierte Bulle kehrt zur Färbung des Weibchens zurück. Die weibliche Kemas-Ziege ist blasser und die weibliche *Capra aegagrus* soll gleichförmiger gefärbt sein, als ihre beziehentlichen Männchen. Hirsche bieten selten irgendwelche geschlechtliche Verschiedenheiten in der Farbe dar. Judge Caton teilt mir indessen mit, daß bei den Männchen des Wapitihirsches (*Cervus canadensis*) der Hals, der Bauch und die Beine viel dunkler sind als dieselben Teile beim Weibchen, aber während des Winters bleichen die dunklen Färbungen allmählich aus und verschwinden. Ich will hier noch erwähnen, daß Judge Caton in seinem Park drei Rassen des virginischen Hirsches besitzt, welche leicht in der Farbe voneinander verschieden sind; aber die Verschiedenheiten sind beinahe ausschließlich auf das blaue Winter- oder Paarungskleid beschränkt, so daß dieser Fall mit denen verglichen werden kann, welche in einem früheren Kapitel von nahe verwandten oder stellvertretenden Spezies von Vögeln angeführt wurden, die nur in ihrem Hochzeitsgefieder voneinander abweichen.[27] Die Weibchen des *Cervus paludosus* von Süd-Amerika, ebenso wie die Jungen beiderlei Geschlechts, besitzen die schwarzen Streifen an der Nase und

---

[24] Judge Caton, in: Transact. Ottawa Acad. of Natur. Sciences, 1868, p.4.
[25] Dr. Gray: Catalogue of Mammalia in the British Museum. Part. III, 1852, p.134-142; s. auch Dr. Gray's „Gleanings from the Menagerie of Knowsley", worin sich eine prachtvolle Abbildung des *Oreas derbyanus* findet; vergleiche den Text über *Tragelaphus*. Wegen des kapschen Eland (*Oreas canna*) s. Andrew Smith: Zoology of South Africa, pl. 41 und 42. Viele dieser Antilopen finden sich auch im Garten der zoologischen Gesellschaft.
[26] Über die *Antilope nigra* s. Proceed. Zoolog. Soc., 1850, p.133. In bezug auf eine verwandte Spezies, bei welcher sich eine gleiche geschlechtliche Verschiedenheit in der Färbung findet, s. Sir S. Baker: The Albert Nyanza, 1866, Vol. II, p.327. Wegen der *A. sing-sing* s. Gray: Catal. Mamm. Brit. Mus., p.100. Über die *A. caama* s. Desmarest: Mammalogie, p.468. Über das Gnu s. Sir Andrew Smith: Zoology of South Africa.
[27] Ottawa Academy of Natur. Scienc., May 21th 1868, p.3, 5.

die schwärzlich braune Linie an der Brust nicht, welche die erwachsenen Männchen charakterisieren.[28] Endlich ist das reife Männchen des wunderschön gefärbten und gefleckten Axishirsches beträchtlich dunkler als das Weibchen, wie mir Mr. Blyth mitteilt; und diese Färbung erlangt das kastrierte Männchen niemals.

Die letzte Ordnung, welche wir zu betrachten haben, ist die der Primaten. Das Männchen des *Lemur macaco* ist gewöhnlich kohlschwarz, während das Weibchen braun ist.[29] Unter den Quadrumanen der neuen Welt sind die Weibchen und Jungen von *Mycetes caraya* gräulich gelb und einander gleich; im zweiten Jahr wird das junge Männchen rötlich braun und im dritten Jahr schwarz, mit Ausnahme des Bauches, welcher indessen auch im vierten oder fünften Jahr vollständig schwarz wird. Es besteht auch ein scharf markierter Unterschied in der Farbe zwischen den Geschlechtern bei *Mycetes seniculus* und *Cebus capucinus*; die Jungen der ersteren Art und, wie ich glaube, auch der letzteren, gleichen den Weibchen. Bei *Pithecia leucocephala* sind die Jungen gleichfalls den Weibchen ähnlich, welche oben bräunlichschwarz und unten hell rostrot sind, während die erwachsenen Männchen schwarz sind. Die Haarkrause rings um das Gesicht bei *Ateles Marginatus* ist beim Männchen gelb gefärbt, beim Weibchen weiß. Wenden wir uns zu den altweltlichen Affen: Die Männchen von *Hylobates Hoolock* sind immer schwarz mit Ausnahme einer weißen Binde oberhalb der Brauen; die Weibchen variieren von weißlichbraun bis zu einem dunkleren mit schwarz gemischten Ton, sind aber niemals völlig schwarz.[30] Bei dem schönen *Cercopithecus diana* ist der Kopf des erwachsenen Männchens von einem intensiven Schwarz, während der des Weibchens dunkelgrau ist. Bei ersterem ist der Pelz zwischen den Schenkeln von einer eleganten Rehfarbe, bei letzterem ist er blasser. Bei dem schönen und merkwürdigen Schnurrbartaffen (*Cercopithecus cephus*) ist die einzige Verschiedenheit zwischen den Geschlechtern die, daß der Schwanz des Männchens nußbraun und der des Weibchens grau ist; aber Mr. Bartlett teilt mir mit, daß alle diese Töne beim Männchen, wenn es erwachsen ist, schärfer ausgesprochen werden, während sie beim Weibchen so bleiben, wie sie während der Jugend waren. Nach den kolorierten Abbildungen, welche Salomon Müller gegeben hat, ist das Männchen von *Semnopithecus chrysomelas* nahezu schwarz, während das Weibchen blaßbraun ist. Bei dem *Cercopithecus cynosurus* und *griseoviridis* ist ein Teil des Körpers, der auf das männliche Geschlecht beschränkt ist, von dem brillantesten Blau oder Grün und kontrastiert auffallend mit der nackten Haut an dem Hinterteil des Körpers, welche lebhaft rot ist.

Endlich weicht in der Familie der Paviane das erwachsene Männchen von *Cynocephalus hamadryas* vom Weibchen nicht bloß durch seine ungeheure Mähne, sondern auch unbedeutend in der Farbe des Haars und der nackten Hautschwielen ab. Beim männlichen Drill (*Cynocephalus leucophaeus*) sind die Weibchen und Jungen viel blasser gefärbt, mit weniger Grün, als die erwachsenen Männchen. Kein anderes Glied der ganzen Klasse der Säugetiere ist in so außerordentlicher Weise gefärbt als der männliche Mandrill (*Cynocephalus mormon*), wenn er erwachsen ist. In diesem Alter wird sein Gesicht schön blau, während der Rücken und die Spitze der Nase von dem brillantesten Rot ist. Nach einigen Autoren ist das Gesicht auch mit weißlichen Streifen gezeichnet und an anderen Teilen mit Schwarz schattiert; doch scheinen die Färbungen variabel zu sein. An der Stirn findet sich ein Haarkamm und am Kinn ein gelber Bart. „Toutes les parties supérieures de leurs cuisses et le grand espace nu de leurs fesses sont également colorés du rouge le plus vif avec un mélange de bleu, qui ne manque réellement pas d'élé-

---

[28] Sal. Müller: Über den Banteng, in: Over de Zoogdieren van den Indischen Archipel, 1839-44, Tab. 35. S. auch Raffles von Blyth zitiert, in: Land and Water, 1867, p.476. Über Ziegen: Dr. Gray: Catal. Mamm. Brit. Mus., p.146. Desmarest: Mammalogie, p.482. Über *Cervus paludosus*, Rengger: a.a.O., p.345.
[29] Sclater: Proceed. Zoolog. Soc., 1866, pl. 1. Dieselbe Tatsache ist auch von Pollen und Van Dam vollständig bestätigt worden. S. auch Dr. Gray, in: Annals and Mag. of Nat. Hist., May 1871, p.340.
[30] Über *Mycetes* s. Rengger: a.a.O., p. 14 und Brehm: Illustriertes Tierleben. 2. Aufl., Bd. I, p.176. Über *Ateles* s. Desmarest: Mammalogie, p.75. Über *Hylobates* s. Blyth: Land and Water, 1867, p.135. Über den *Semnopithecus*: Sal. Müller: Over de Zoogdieren van den Ind. Archipel, Tab. X.

gance."[31] Wenn das Tier erregt wird, werden alle die nackten Teile viel lebhafter gefärbt. Mehrere Schriftsteller haben bei der Beschreibung dieser letzteren glänzenden Farben, welche sie mit denen der brillantesten Vögel vergleichen, die allerlebhaftesten Ausdrücke gebraucht. Eine andere merkwürdige Eigentümlichkeit ist die, daß, wenn die großen Eckzähne völlig entwickelt sind, ungeheure Knochenprotuberanzen an jeder Wange gebildet werden, welche tief longitudinal gefurcht sind und über welchen die nackte Haut, so wie eben beschrieben worden ist, brillant gefärbt wird. Bei den erwachsenen Weibchen und den Jungen beiderlei Geschlechts sind diese Protuberanzen kaum bemerkbar, und die nackten Teile sind viel weniger hell gefärbt, das Gesicht ist fast schwarz, etwas mit Blau gefärbt. Indessen wird beim erwachsenen Weibchen die Nase zu gewissen eintretenden Zeiten mit Rot gefärbt.

In allen bis jetzt angeführten Fällen ist das Männchen auffallender oder heller gefärbt als das Weibchen und weicht in einem bedeutenderen Grade von den Jungen beiderlei Geschlechts ab. Wie aber bei einigen wenigen Vögeln das Weibchen glänzender gefärbt ist als das Männchen, so hat auch beim Rhesus-Affen (*Macacus rhesus*) das Weibchen eine größere Fläche nackter Haut rund um den Schwanz von einem brillanten karmesinrot, welches periodisch selbst noch lebhafter wird, wie mir die Wärter im zoologischen Garten versichert haben; auch ist sein Gesicht blaßrot. Auf der anderen Seite zeigen weder das erwachsene Männchen, noch die Jungen beiderlei Geschlechts, wie ich in dem Garten selbst sah, eine Spur von Rot an der nackten Haut am hinteren Ende des Körpers oder im Gesicht. Nach einigen veröffentlichten Berichten scheint es indessen, als wenn das Männchen gelegentlich oder während gewisser Jahreszeiten einige Spuren von Rot darböte. Obgleich es hiernach weniger geschmückt ist als das Weibchen, folgt es doch in der bedeutenderen Größe seines Körpers, den größeren Eckzähnen, entwickelterem Backenbart und vorspringenden Augenbrauenleisten der allgemeinen Regel, daß das Männchen das Weibchen übertrifft.

Ich habe nun alle mir bekannten Fälle von einer Verschiedenheit in der Farbe zwischen den Geschlechtern der Säugetiere angeführt. In einigen Fällen mögen die Verschiedenheiten das Resultat von Abänderungen sein, welche auf ein Geschlecht beschränkt und auch diesem selben Geschlecht überliefert wurden, ohne daß irgendein Vorteil dadurch erreicht wurde, und daher auch ohne die Hilfe einer Zuchtwahl. Wir haben Beispiele dieser Art bei unseren domestizierten Tieren, wie bei den Männchen gewisser Katzen, welche bräunlichrot sind, während die Weibchen dreifarbig sind (tortoise-shell). Analoge Fälle kommen auch in der Natur vor. Mr. Bartlett hat viele schwarze Varietäten des Jaguars, des Leoparden, des fuchsartigen Phalangers und des Wombats gesehen; und er ist sicher, daß alle oder beinahe alle diese Tiere Männchen waren. Auf der anderen Seite werden Wölfe, Füchse und wie es scheint auch amerikanische Eichhörnchen gelegentlich und zwar in beiden Geschlechtern schwarz geboren. Es ist daher vollkommen möglich, daß bei einigen Säugetieren eine Verschiedenheit der Geschlechter in der Färbung, besonders wenn diese Farbe angeboren ist, einfach, ohne die Hilfe von Zuchtwahl, das Resultat davon ist, daß eine oder mehrere Abänderungen auftraten, welche von Anfang an in ihrer Überlieferung geschlechtlich beschränkt waren. Nichtsdestoweniger ist es unwahrscheinlich, daß die mannigfaltigen lebhaften und kontrastierenden Farben gewisser Säugetiere, z.B. der oben erwähnten Affen und Antilopen auf diese Weise erklärt werden können. Wir müssen uns daran erinnern, daß diese Farben beim Männchen nicht bei der Geburt erscheinen, sondern nur zur Zeit oder nahe der Zeit der Reife und daß, verschieden von gewöhnlichen Abänderungen, diese Farben, wenn das Männchen entmannt wird, verloren werden. Es ist im ganzen eine viel wahrscheinli-

---

[31] Gervais: Hist. natur. des Mammifères, 1854, p.103. Hier werden auch Abbildungen des Schädels vom Männchen gegeben. Desmarest: Mammalogie, p.70. Geoffroy St. Hilaire et F. Cuvier: Hist. natur. des Mammifères, 1824, Tom. I.

chere Folgerung, daß die scharf markierten Färbungen und anderen ornamentalen Charaktere männlicher Säugetiere für dieselben in ihrer Rivalität mit anderen Männchen vorteilhaft waren und daher durch geschlechtliche Zuchtwahl erlangt wurden. Die Wahrscheinlichkeit dieser Ansicht wird dadurch verstärkt, daß die Verschiedenheiten in der Farbe zwischen den Geschlechtern beinahe ausschließlich, wie man beim Durchgehen der vorhin angeführten Einzelheiten beobachten kann, in denjenigen Gruppen und Untergruppen von Säugetieren auftreten, welche andere und bestimmte sekundäre Sexualcharaktere darbieten; und auch diese sind Folge der Wirkung geschlechtlicher Zuchtwahl.

Säugetiere nehmen offenbar von Farben Notiz. Sir S. Baker beobachtete wiederholt, daß der afrikanische Elefant und das Rhinozeros mit besonderer Wut Schimmel und Grauschimmel angriffen. Ich habe an einer anderen Stelle gezeigt[32], daß halbwilde Pferde allem Anschein nach vorziehen, sich mit solchen von der nämlichen Farbe zu paaren, und daß Herden von Damhirschen von verschiedener Farbe, obwohl sie zusammenlebten, sich doch lange Zeit gesondert hielten. Es ist eine noch bezeichnendere Tatsache, daß ein weibliches Zebra die Liebeserklärungen eines männlichen Esels nicht annehmen wollte, bis derselbe so angemalt war, daß er einem Zebra ähnlich wurde, und dann „nahm es ihn", wie John Hunter bemerkt, „sehr gern an. In dieser merkwürdigen Tatsache haben wir einen Fall von einem durch bloße Farbe angeregten Instinkt, welcher eine so starke Wirkung hatte, daß er alle übrigen Erregungen bemeisterte. Aber das Männchen bedurfte dies nicht; das Weibchen, welches ein ihm selbst einigermaßen ähnliches Tier war, war als solches schon ausreichend, es zu reizen."[33]

In einem früheren Kapitel haben wir gesehen, daß die geistigen Kräfte der höheren Tiere nicht der Art nach, wenn auch schon bedeutend dem Grade nach, von den entsprechenden Kräften des Menschen und besonders der niederen und barbarischen Rassen verschieden sind; und es möchte den Anschein haben, als ob selbst der Geschmack der letzteren für das Schöne nicht so weit von dem der Affen verschieden sei. Wie der Neger aus Afrika das Fleisch in seinem Gesicht in parallelen Leisten sich erheben läßt, „oder in Narben, welche, hoch über der natürlichen Oberfläche als widerwärtige Deformitäten hervortretend, doch für große persönliche Reize angesehen werden"[34], – wie Neger ebenso wie Wilde in vielen Teilen der Welt ihre Gesichter mit Rot, Blau, Weiß oder Schwarz in verschiedenen Zeichnungen anmalen – so scheint auch der männliche Mandrill aus Afrika sein tief durchfurchtes und auffallend gefärbtes Gesicht dadurch erlangt zu haben, daß er hierdurch für das Weibchen anziehend wurde. Es ist ohne Zweifel für uns eine äußerst groteske Idee, daß das hintere Ende des Körpers zum Zweck einer Verzierung selbst noch brillanter gefärbt sein solle als das Gesicht. Es ist dies aber in der Tat nicht mehr befremdend, als daß der Schwanz vieler Vögel ganz besonders geschmückt worden ist.

Bei Säugetieren sind wir gegenwärtig nicht im Besitz irgendwelcher Beweise, daß die Männchen sich Mühe geben, ihre Reize vor den Weibchen zu entfalten; und gerade die ausgesuchte Sorgfalt, mit welcher dies von Seiten der männlichen Vögel und anderer Tiere geschieht, ist das stärkste Argument zugunsten der Annahme, daß die Weibchen die Verzierungen und Farben, die vor ihnen entfaltet werden, bewundern oder daß sie durch sie angeregt werden. Es besteht indessen ein auffallender Parallelismus zwischen Säugetieren und Vögeln in allen ihren sekundären Sexualcharakteren, nämlich in ihren Waffen zum Kampf mit rivalisierenden Männchen, in ihren ornamentalen Anhängen und in ihren Farben. Wenn das Männchen vom Weibchen verschieden ist, so gleichen in beiden Klassen die Jungen beiderlei Geschlechts beinahe immer einander und in einer großen Majorität von Fällen auch dem erwachsenen Weibchen. In beiden Klassen erhält das Männchen die seinem Geschlecht eigenen Charaktere kurz vor dem fortpflanzungsfähigen Alter. Wird es in einem frühen Alter entmannt, so verliert es derartige Merk-

---

[32] Das Variieren der Tiere und Pflanzen im Zustand der Domestikation, 1873, 2. Aufl., Bd. II, p.117 und 118.
[33] Essays and Observations by J. Hunter, edited by R. Owen, 1861, Vol. I, p.194.
[34] Sir S. Baker: The Nile Tributaries of Abyssinia, 1867.

male. In beiden Klassen ist der Farbwechsel zuweilen an die Jahreszeit gebunden und die Färbungen der nackten Teile werden zuweilen während des Bewerbungsakts lebhafter. In beiden Klassen ist das Männchen beinahe immer lebhafter oder stärker gefärbt als das Weibchen und ist mit größeren Kämmen entweder von Haaren oder Federn oder mit anderen Anhängen verziert. In einigen wenigen ausnahmsweisen Fällen ist in beiden Klassen das Weibchen bedeutender geschmückt als das Männchen. Bei vielen Säugetieren, und was die Vögel betrifft, wenigstens bei einem, ist das Männchen stärker riechend als das Weibchen. In beiden Klassen ist die Stimme des Männchens kräftiger als die des Weibchens. Betrachtet man diesen Parallelismus, so läßt sich nur wenig daran zweifeln, daß hier eine und die nämliche Ursache, welche dieselbe auch gewesen sein mag, auf die Vögel und Säugetiere gewirkt hat, und soweit ornamentale Charaktere in Betracht kommen, kann das Resultat, wie es mir scheint, getrost der lange fortgesetzten Bevorzugung von Individuen des einen Geschlechts durch gewisse Individuen des anderen Geschlechts zugeschrieben werden, in Verbindung mit ihrem Erfolg, eine größere Anzahl von Nachkommen zu hinterlassen, welche ihre höheren Anziehungsreize erbten.

Gleichmäßige Überlieferung ornamentaler Charaktere auf beide Geschlechter. – Bei vielen Vögeln sind Zierate, von welchen uns die Analogie veranlaßt anzunehmen, daß sie ursprünglich von den Männchen erlangt wurden, gleichmäßig oder beinahe gleichmäßig auf beide Geschlechter überliefert worden, und wir wollen nun untersuchen, inwieweit diese Ansicht auf Säugetiere ausgedehnt werden kann. Bei einer beträchtlichen Anzahl von Spezies, besonders von kleineren Arten, sind beide Geschlechter unabhängig von geschlechtlicher Zuchtwahl zum Zweck eines Schutzes gefärbt worden; soweit ich es aber beurteilen kann, weder in so vielen Fällen noch in nahezu so auffallender Art und Weise wie in den meisten niederen Klassen. Audubon bemerkt, daß er die Bisamratte[35], während sie an den Ufern eines schlammigen Stromes saß, häufig für einen Erdkloß gehalten habe, so vollständig wäre die Ähnlichkeit. Der Hase ist ein sehr bekanntes Beispiel von Geschütztsein durch Farbe, und doch schlägt dieses Prinzip in einer nahe verwandten Spezies fehl, nämlich beim Kaninchen; denn sobald dieses Tier zu seinem Bau läuft, wird es dem Jäger und ohne Zweifel allen Raubtieren durch seinen nach oben gewendeten, rein weißen Schwanz auffallend. Niemand hat jemals bezweifelt, daß die Säugetiere, welche mit Schnee bedeckte Gegenden bewohnen, weiß geworden sind, um sich gegen ihre Feinde zu schützen oder um das Beschleichen ihrer Beute zu begünstigen. In Gegenden, wo der Schnee niemals lange auf dem Boden liegen bleibt, würde ein weißes Kleid von Nachteil sein; infolgedessen sind so gefärbte Arten in den wärmeren Teilen der Erde äußerst selten. Es verdient Beachtung, daß viele, mäßig kalte Gegenden bewohnende Säugetiere, obwohl sie kein weißes Winterkleid annehmen, doch während dieser Zeit blasser werden; und dies ist augenscheinlich das direkte Resultat der Bedingungen, welchen sie lange Zeit ausgesetzt gewesen sind. Pallas gibt an[36], daß in Sibirien eine Veränderung dieser Art beim Wolf, bei zwei Spezies von *Mustela*, bei dem domestizierten Pferd, *Equus hemionus*, der Hauskuh, bei zwei Spezies von Antilopen, dem Moschustier, beim Reh, dem Elk und dem Rentier vorkommt. Das Reh hat z. B. ein rotes Sommer- und ein gräulichweißes Winterkleid, und das Letztere kann vielleicht als Schutz für das Tier dienen, während es durch die laublosen, von Schnee und Rauchfrost überzogenen Dikkicht wandert. Wenn die eben angeführten Tiere ihre Verbreitung allmählich in Gegenden ausdehnten, welche beständig mit Schnee bedeckt bleiben, so würde wahrscheinlich ihr blasses Winterkleid durch natürliche Zuchtwahl gradweise immer weißer und weißer werden, bis es zuletzt so weiß wie Schnee wäre.

---

[35] *Fiber zibethicus*, Audubon und Bachman: The Quadrupeds of North America, 1846, p.109.
[36] Novae Spezies Quadrupedum e Glirium ordine, 1788, p.7. Was ich oben Reh genannt habe, ist der *Capreolus sibiricus subecaudatus* von Pallas.

Achtzehntes Kapitel

Mr. Reeks hat mir ein merkwürdiges Beispiel von einem Tier mitgeteilt, welches durch seine eigentümliche Färbung Vorteil hatte. Er zog in einem großen, von einer Mauer umgebenen Obstgarten fünfzig bis sechzig weiß und braun gescheckte Kaninchen; zu derselben Zeit hatte er einige ähnlich gescheckte Katzen in seinem Haus. Derartige Katzen sind, wie ich oft bemerkt habe, bei Tage sehr auffallend; da sie aber während der Dämmerung vor den Löchern der Kaninchenbaue auf Beute lauernd geduckt dazuliegen pflegten, so unterschieden sie die Kaninchen offenbar nicht von ihren ähnlich gefärbten Genossen. Das Resultat war, daß innerhalb von achtzehn Monaten jedes einzelne dieser gescheckt-gefärbten Kaninchen zerstört war; und es fanden sich Beweise, daß dies durch die Katzen geschehen war. Bei einem anderen Tier, dem Skunk, scheint die Farbe in einer Art und Weise von Vorteil zu sein, von der wir in anderen Klassen viele Beispiele finden. Kein Tier wird eines dieser Geschöpfe absichtlich angreifen, wegen des schauderhaften Geruchs, welchen es abgibt, wenn es gereizt wird; während der Dämmerung dürfte es aber doch nicht leicht erkannt werden, und dann könnte ein Raubtier es angreifen. Deshalb nun ist der Skunk, wie Mr. Belt glaubt[37], mit einem großen buschigen Schwanz ausgerüstet, der als auffallendes Warnzeichen dient.

Obgleich wir zugeben müssen, daß viele Säugetiere ihre jetzigen Farben entweder als Schutzmittel oder als Hilfsmittel zur Erlangung der Beute erhalten haben, so sind doch bei einer Menge von Spezies die Farben viel zu auffallend und zu eigentümlich angeordnet, um uns die Vermutung zu gestatten, daß sie diesen Zwecken dienen. Wir können als Erläuterung gewisse Antilopen betrachten. Wenn wir sehen, daß der viereckige weiße Fleck an der Kehle, die weißen Zeichnungen an den Fesseln und die runden schwarzen Flecken an den Ohren sämtlich beim Männchen der *Portax picta* viel deutlicher sind als beim Weibchen, – wenn wir sehen, daß die Farben beim männlichen *Oreas derbyanus* viel lebhafter, daß die schmalen weißen Linien an den Flanken und die breiten weißen Balken an der Schulter deutlicher sind als beim Weibchen, – wenn wir eine ähnliche Verschiedenheit zwischen den Geschlechtern der so merkwürdig verzierten Art *Tragelaphus scriptus* sehen, so können wir nicht annehmen, daß Verschiedenheiten dieser Art beiden Geschlechtern in ihrer täglichen Lebensweise von irgendwelchem Nutzen sind. Ein viel wahrscheinlicherer Schluß scheint der zu sein, daß die verschiedenartigen Zeichnungen zuerst von den Männchen erlangt, daß ihre Färbungen durch geschlechtliche Zuchtwahl intensiver geworden sind und dann teilweise auf die Weibchen überliefert wurden. Wird diese Ansicht angenommen, dann kann man nur wenig daran zweifeln, daß die in gleicher Weise eigentümlichen Färbungen und Zeichnungen vieler Antilopen, obwohl sie beiden Geschlechtern gemeinsam zukommen, in derselben Weise erlangt und überliefert wurden. So haben z.B. beide Geschlechter der Kudu-Antilope (*Strepsiceros kudu*) schmale, weiße, senkrechte Linien am hinteren Teil ihrer Flanken und eine elegante winkelige weiße Zeichnung an ihrer Stirn. Beide Geschlechter der Gattung *Damalis* sind sehr merkwürdig gefärbt. Bei *D. pygarga* sind der Rücken und Hals purpurrot, schattieren an den Seiten in Schwarz ab und sind dann von dem weißen Bauch und einem großen weißen Fleck auf der Kruppe scharf abgesetzt. Der Kopf ist noch merkwürdiger gefärbt. Eine große, längliche, weiße, schmal mit Schwarz gerändete Larve bedeckt das Gesicht bis herauf zu den Augen; auf der Stirn finden sich drei weiße Streifen und die Ohren sind mit Weiß gezeichnet. Die Kälber dieser Spezies sind von einem gleichförmigen, blassen Gelblichbraun. Bei *Damalis albifrons* weicht die Färbung des Kopfes von der letzterwähnten Spezies darin ab, daß hier ein einziger weißer Streifen die drei Streifen ersetzt und daß die Ohren beinahe vollständig weiß sind.[38] Nachdem ich, soweit ich es nach meinen besten Kräften zu tun imstande war, die geschlechtlichen Verschiedenheiten zu allen Klassen gehöriger Tiere studiert habe, konnte ich nicht vermeiden, zu dem Schluß zu kommen, daß die merkwürdig

---

[37] The Naturalist in Nicaragua, p.249.
[38] S. die schönen Tafeln in Sir Andrew Smith „Zoology of South Africa" und Dr. Gray's „Gleanings from the Menagerie of Knowsley".

angeordneten Farben vieler Antilopen, obwohl sie beiden Geschlechtern gemeinsam sind, das Resultat ursprünglich auf das Männchen angewandter geschlechtlicher Zuchtwahl sind.

Dieselbe Folgerung kann vielleicht auch auf den Tiger ausgedehnt werden, eines der schönsten Tiere in der Welt, dessen Geschlechter selbst von den mit wilden Tieren Handelnden nicht an der Farbe unterschieden werden können. Mr. Wallace glaubt[39], daß das gestreifte Fell des Tigers „so übereinstimmend mit senkrechten Stämmen des Bambusrohrs sei, daß es das Tier bedeutend beim Beschleichen seiner Beute unterstütze". Doch scheint mir diese Ansicht nicht befriedigend zu sein. Wir haben einige unbedeutende Zeugnisse dafür, daß seine Schönheit Folge geschlechtlicher Zuchtwahl sein mag; denn in zwei Spezies von *Felis* sind analoge Zeichnungen und Farben im ganzen beim Männchen heller als beim Weibchen. Das Zebra ist auffallend gestreift und Streifen können auf den offenen Ebenen von Süd-Afrika keinen Schutz darbieten. Burchell[40] sagt bei einer Beschreibung von einer Herde Zebras: „Ihre schlanken Rippen glänzten in der Sonne und die Helligkeit und Regelmäßigkeit ihrer gestreiften Kleider bot ein Gemälde außerordentlicher Schönheit dar, worin sie wahrscheinlich von keinem anderen Säugetier übertroffen werden." Da aber durch die ganze Gruppe der Equiden die Geschlechter in der Färbung identisch sind, so haben wir hier keinen Beweis für eine geschlechtliche Zuchtwahl. Nichtsdestoweniger wird derjenige, welcher die weißen und dunklen senkrechten Streifen auf den Flanken verschiedener Antilopen geschlechtlicher Zuchtwahl zuschreibt, wahrscheinlich dieselbe Ansicht auf den Königstiger und das schöne Zebra ausdehnen.

Wir haben in einem früheren Kapitel gesehen, daß, wenn junge zu gleichviel welcher Klasse gehörende Tiere nahezu dieselbe Lebensweise haben wie ihre Eltern, und doch in einer verschiedenen Art und Weise gefärbt sind, man wohl schließen kann, daß sie die Färbung irgendeines alten und ausgestorbenen Urerzeugers beibehalten haben. In der Familie der Schweine und in der Gattung Tapir sind die Jungen mit Längsstreifen gezeichnet und weichen hierdurch von jeder jetzt lebenden erwachsenen Spezies in diesen beiden Gruppen ab. Bei vielen Arten von Hirschen sind die Jungen mit eleganten weißen Flecken gezeichnet, von denen ihre Eltern nicht eine Spur darbieten. Es läßt sich eine allmählich aufsteigende Reihe verfolgen, vom Axishirsch, bei welchem beide Geschlechter in allen Altersstufen und während aller Jahreszeiten schön gefleckt sind (wobei die Männchen im ganzen etwas stärker gefärbt sind als die Weibchen), bis zu Spezies, bei welchen weder die Alten noch die Jungen gefleckt sind. Ich will einige Stufen in dieser Reihe anführen. Der mantschurische Hirsch (*Cervus mantschuricus*) ist während des ganzen Jahres gefleckt; die Flecken sind aber, wie ich im zoologischen Garten gesehen habe, während des Sommers viel deutlicher, wo die allgemeine Farbe des Pelzes heller ist, als während des Winters, wo die allgemeine Färbung dunkler und das Geweih vollständig entwickelt ist. Bei dem Schweinshirsch (*Hyelaphus porcinus*) sind die Flecken während des Sommers äußerst auffallend, wo der ganze Pelz rötlichbraun ist, verschwinden aber während des Winters, wo der Pelz braun wird, vollständig.[41] In diesen beiden Spezies sind die Jungen gefleckt. Bei dem virginischen Hirsch sind die Jungen gleichfalls gefleckt, und von den erwachsenen in Judge Catons Park lebenden Tieren bieten, wie mir derselbe mitgeteilt hat, ungefähr fünf Prozent zeitweise in der Periode, wenn das rote Sommerkleid durch das bläuliche Winterkleid ersetzt wird, eine Reihe von Flecken auf jeder Flanke dar, welche beständig der Zahl nach gleich, wennschon an Deutlichkeit sehr variabel sind. Von diesem Zustand ist dann nur ein sehr kleiner Schritt zu dem vollständigen Fehlen von Flecken zu allen Jahreszeiten bei den Erwachsenen, und endlich bis zu dem Fehlen derselben auf allen Altersstufen, wie es bei gewissen Spezies vorkommt. Aus der

---

[39] Westminster Review, July 1ᵗʰ 1767, p.5.
[40] Travels in South Africa, 1824, Vol. II, p.315.
[41] Dr. Gray: Gleanings from the Menagerie of Knowsley, p.64. Mr. Blyth erwähnt den Schweinshirsch von Ceylon (Land and Water, 1869, p.42) und sagt, daß er in der Zeit des Jahres, wo er sein Geweih erneuert, heller mit Weiß gefleckt ist als der gemeine Schweinshirsch.

Existenz dieser vollkommenen Reihe und ganz besonders aus dem Umstand, daß die Kälber so vieler Spezies gefleckt sind, können wir schließen, daß die jetzt lebenden Glieder der Familie der Hirsche die Nachkommen einer alten Spezies sind, welche wie der Axishirsch auf allen Altersstufen und zu allen Jahreszeiten gefleckt war. Ein noch früherer Urerzeuger war wahrscheinlich in einer gewissen Ausdehnung dem *Hyomoschus aquaticus* ähnlich; denn dieses Tier ist gefleckt und die hornlosen Männchen haben große vorspringende Eckzähne, von denen einige wenige echte Hirsche noch Rudimente bewahren. Es bietet der *Hyomoschus* auch einen jener interessanten Fälle von Formen dar, welche zwei Gruppen miteinander verbinden, da er in gewissen osteologischen Merkmalen zwischen den Pachydermen und Ruminanten mittendrin steht, welche man früher für vollkommen verschieden hielt.[42]

Hier entsteht nun eine merkwürdige Schwierigkeit. Wenn wir zugeben, daß gefärbte Flecken und Streifen als Zierate erlangt worden sind, woher kommt es, daß so viele jetzt lebende Hirsche, die Nachkommen eines ursprünglich gefleckten Tieres, und sämtliche Arten von Schweinen und Tapiren, die Nachkommen eines ursprünglich gestreiften Tieres, in ihrem erwachsenen Zustand ihre früheren Verzierungen verloren haben? Ich kann diese Frage nicht befriedigend beantworten. Wir können ziemlich sicher sein, daß die Flecken und Streifen bei den Voreltern unserer jetzt lebenden Spezies zur Zeit der Reife verschwanden, so daß sie von den Jungen beibehalten und infolge des Gesetzes der Vererbung auf entsprechende Altersstufen auch den Jungen aller späteren Generationen überliefert wurden. Es mag für den Löwen und den Puma ein großer Vorteil gewesen sein, wegen der offenen Beschaffenheit der Lokalitäten, in welchen sie gewöhnlich jagen, ihre Streifen verloren zu haben und hierdurch für ihre Beute weniger auffallend geworden zu sein; und wenn die nacheinander auftretenden Abänderungen, durch welche dieser Zweck erreicht wurde, im ganzen spät im Leben erschienen, so werden die Jungen ihre Streifen behalten haben, wie es bekanntlich der Fall ist. Was die Hirsche, Schweine und Tapire betrifft, so hat Fritz Müller die Vermutung gegenüber mir ausgesprochen, daß diese Tiere durch die Entfernung ihrer Flecken und Streifen mit Hilfe der natürlichen Zuchtwahl von ihren Feinden weniger leicht werden gesehen worden sein, und sie werden besonders eines solchen Schutzes bedurft haben, als die Carnivoren während der Tertiärzeit an Größe und Anzahl zuzunehmen begannen. Dies kann wohl die richtige Erklärung sein; es ist aber befremdend, daß die Jungen nicht gleich gut geschützt gewesen sein sollten, und noch befremdender, daß bei einigen Arten die Erwachsenen ihre Flecken entweder teilweise oder vollständig während eines Teils des Jahres beibehalten haben sollten. Können wir die Ursache auch nicht erklären, so wissen wir doch, daß, wenn der domestizierte Esel variiert und rötlich-braun, grau oder schwarz wird, die Streifen auf den Schultern und selbst am Rücken häufig verschwinden. Sehr wenige Pferde, mit Ausnahme mausbraun gefärbter Arten, bieten auf irgendeinem Teil ihres Körpers Streifen dar, und doch haben wir guten Grund zu glauben, daß das ursprüngliche Pferd an den Beinen und dem Rückgrat und wahrscheinlich an den Schultern gestreift war.[43] Es kann daher das Verschwinden der Flecken und Streifen bei unseren erwachsenen, jetzt lebenden Hirschen, Schweinen und Tapiren Folge einer Veränderung der allgemeinen Farbe ihres Haarkleides sein; ob aber diese Veränderung durch geschlechtliche oder natürliche Zuchtwahl bewirkt wurde oder Folge der direkten Wirkung der Lebensbedingungen oder irgendwelcher anderer unbekannter Ursachen war, ist unmöglich zu entscheiden. Eine von Mr. Sclater gemachte Beobachtung erläutert sehr gut unsere Unwissenheit von den Gesetzen, welche das Auftreten oder Verschwinden von Streifen regulieren: die Spezies von *Asinus*, welche den asiatischen Kontinent bewohnen, entbehren der Streifen und haben nicht einmal den queren Schulterstreif, während diejenigen, welche Afrika bewohnen, auffallend gestreift sind, mit der teilweisen Ausnahme von *A. taeniopus*, wel-

---

[42] Falconer and Cautley: Proceed. Geolog. Soc., 1843, und Falconer: Palaeont. Memoirs. Vol. I, p.196.
[43] Das Variieren der Tiere und Pflanzen im Zustand der Domestikation, 1873, 2. Aufl., Bd. I, p.62-69.

cher nur den queren Schulterstreif und meist einige undeutliche Querstreifen an den Beinen besitzt; und diese letztere Spezies bewohnt die fast mittendrin liegenden Gegenden von Ober-Ägypten und Abyssinien.[44]

Quadrumanen. – Ehe wir zum Schluß gelangen, wird es geraten sein, einige wenige Bemerkungen über die ornamentalen Auszeichnungen der Affen noch hinzuzufügen. Bei den meisten Spezies sind die Geschlechter einander in der Farbe ähnlich, aber bei einigen weichen, wie wir gesehen haben, die Männchen von den Weibchen ab, besonders in der Farbe der nackten Hautstellen, in der Entwicklung des Kinnbartes, Backenbartes und der Mähne. Viele Spezies sind in einer entweder so außerordentlichen oder so schönen Art und Weise gefärbt und sind mit so merkwürdigen und eleganten Haarkämmen versehen, daß wir es kaum vermeiden können, diese Eigenschaften als solche zu betrachten, welche zum Zweck der Verzierung erlangt worden sind. Es ist kaum zu begreifen, daß diese Haarkämme und die scharf kontrastierenden Farben des Pelzes und der Haut das Resultat bloßer Variabilität ohne die Hilfe von Zuchtwahl sein sollten, und es ist nicht denkbar, daß sie für diese Tiere von irgendeinem gewöhnlichen Nutzen sein könnten. Ist dies aber so, so sind sie wahrscheinlich durch geschlechtliche Zuchtwahl erlangt, indessen gleichmäßig oder beinahe gleichmäßig auf beide Geschlechter überliefert worden. Bei vielen Quadrumanen haben wir noch weitere Belege für die Wirkung geschlechtlicher Zuchtwahl in der bedeutenderen Größe und Kraft der Männchen und in der stärkeren Entwicklung ihrer Eckzähne im Vergleich mit denen der Weibchen.

In bezug auf die fremdartige Weise, in welcher beide Geschlechter einiger Spezies gefärbt sind, und auf die Schönheit anderer werden wenige Beispiele genügen. Das Gesicht des *Cercopithecus petaurista* ist schwarz, der Backen- und Kinnbart ist weiß, dabei findet sich ein umschriebener, runder, weißer Fleck auf der Nase, der mit kurzen weißen Haaren bedeckt ist, was dem Tier einen fast lächerlichen Anblick gibt. Der *Semnopithecus frontatus* hat gleichfalls ein schwärzliches Gesicht mit einem langen schwarzen Bart und einem großen nackten Fleck an der Stirn von einer bläulich weißen Färbung. Das Gesicht von *Macacus lasiotus* ist schmutzig fleischfarben mit einem umschriebenen roten Fleck auf jeder Backe. Die äußere Erscheinung des *Cercocebus aethiops* ist grotesk mit seinem schwarzen Gesicht, seinem weißen Backenbart und Kragen, seinem braunen Kopf und einem großen, nackten, weißen Fleck über jedem Augenlid. In sehr vielen Spezies sind der Kinnbart, Backenbart und die Haarkämme rings um das Gesicht von einer anderen Farbe als das Übrige des Kopfes, und wenn sie verschieden sind, sind sie immer von einer helleren Färbung[45], häufig rein weiß, zuweilen gelb oder rötlich. Das ganze Gesicht des südamerikanischen *Brachyurus calcus* ist „von einer glühenden Scharlachfärbung", doch erscheint diese Farbe nicht eher, als bis das Tier nahezu geschlechtsreif ist.[46] Die nackte Haut des Gesichts weicht in der Farbe bei den verschiedenen Spezies wunderbar ab. Sie ist oft braun oder fleischfarben mit vollkommen weißen Teilen und häufig so schwarz wie die Haut des schwärzesten Negers. Beim *Brachyurus* ist der Scharlachton glänzender als der des am lieblichsten errötenden, kaukasischen Mädchens. Die nackte Haut ist zuweilen deutlicher orange als bei irgendeinem Mongolen, und in mehreren Spezies ist sie blau, in Violett oder in Grau übergehend. Bei allen den Mr. Bartlett bekannten Spezies, bei welchen die Erwachsenen beiderlei Geschlechts stark gefärbte Gesichter haben, sind die Farben während der früheren Jugend stumpf oder fehlen. Dies gilt gleichfalls für den Mandrill und *Rhesus*, bei denen das Gesicht und die hinteren Teile des Körpers nur bei dem einen Geschlecht glänzend gefärbt sind. In diesen letzteren Fällen haben wir allen Grund zu glauben, daß die Farben durch geschlecht-

---

[44] Proceed. Zoolog. Soc., 1862, p.164. S. auch Dr. Hartmann: Annal. d. Landwirtsch., Bd. XLIII, p.222.
[45] Ich beobachtete diese Tatsache in den zoologischen Gärten; zahlreiche Beispiele sind auch in den kolorierten Tafeln zu Geoffroy St. Hilaire und F. Cuvier: Hist. nat. des Mammifères. Tom. I, 1824, zu finden.
[46] Bates: The Naturalist on the Amazons, 1863, Vol. II, p.310.

liche Zuchtwahl erlangt wurden, und wir werden natürlich dazu geführt, dieselbe Ansicht auch auf die vorstehend erwähnten Spezies auszudehnen, wenngleich bei diesen, wenn sie erwachsen sind, die Gesichter beider Geschlechter in einer und derselben Art gefärbt sind.

Obschon unserem Geschmack nach viele Arten von Affen bei weitem nicht schön sind, so werden doch andere Spezies allgemein wegen ihrer eleganten Erscheinung und ihrer hellen Farben bewundert. Der *Semnopithecus nemaeus* wird, obschon eigentümlich gefärbt, doch als äußerst schön beschrieben. Das orange gefärbte Gesicht wird von einem langen Backenbart von glänzender Weiße umgeben mit einer kastanienbraunen Linie über den Augenbrauen. Der Pelz am Rücken ist von einem zarten Grau, aber ein viereckiger Fleck auf den Lenden, der Schwanz und die Vorderarme sind sämtlich von reinem Weiß. Oberhalb der Brust findet sich eine kastanienbraune Kehle. Die Oberschenkel sind schwarz, die Beine kastanienrot. Ich will hier noch zwei andere Affen wegen ihrer Schönheit erwähnen, und ich habe gerade diese ausgewählt, da sie leichte geschlechtliche Verschiedenheiten in der Färbung darbieten, was es in einem gewissen Grade wahrscheinlich macht, daß beide Geschlechter ihre elegante Erscheinung geschlechtlicher Zuchtwahl verdanken. Bei dem Schnurrbartaffen (*Cercopithecus cephus*) ist die allgemeine Farbe des Pelzes grünlich gefleckt mit weißer Kehle; beim Männchen ist das Ende des Schwanzes kastanienbraun; aber das Gesicht ist der verzierteste Teil; die Haut ist nämlich hauptsächlich bläulichgrau schattiert, unterhalb der Augen in einen schwärzlichen Ton übergehend; dabei ist die Oberlippe von einem zarten Blau und an dem unteren Rand mit einem dünnen schwarzen Schnurrbart eingefaßt. Der Backenbart ist orangefarben, mit dem oberen Teil schwarz und bildet ein sich rückwärts bis zu den Ohren erstreckendes Band, welch' letztere mit weißlichen Haaren bekleidet sind. Im zoologischen Garten habe ich häufig Besucher die Schönheit eines anderen Affen bewundern hören, verdientermaßen *Cercopithecus Diana* genannt. Die allgemeine Farbe des Pelzes ist grau, die Brust und die innere Fläche der Vorderbeine sind weiß. Ein großer dreieckiger umschriebener Fleck an dem hinteren Teil des Rückens ist tief kastanienbraun. Beim Männchen sind die inneren Seiten der Oberschenkel und der Bauch zart rehfarben und der Scheitel des Kopfes ist schwarz. Das Gesicht und die Ohren sind intensiv schwarz und kontrastieren schön mit einem weißen quer über die Augenbrauen laufenden Kamm und mit einem langen weißen zugespitzten Bart, dessen basaler Teil schwarz ist.[47]

Bei diesen und vielen anderen Affen nötigen mich die Schönheit und die eigentümliche Anordnung ihrer Farben, noch mehr aber die verschiedenartige und elegante Anordnung der Kämme und Büschel von Haaren an ihren Köpfen zu der Überzeugung, daß diese Eigentümlichkeiten durch geschlechtliche Zuchtwahl ausschließlich als Zierate erlangt worden sind.

Zusammenfassung. – Das Gesetz des Kampfes um den Besitz des Weibchens scheint durch die ganze große Klasse der Säugetiere zu herrschen. Die meisten Naturforscher werden zugeben, daß die bedeutendere Größe, Kraft, der größere Mut und die größere Kampfsucht des Männchens, seine speziellen Angriffswaffen ebenso wie seine speziellen Verteidigungsmittel sämtlich durch jene Form von Zuchtwahl erlangt oder modifiziert worden sind, welche ich geschlechtliche Zuchtwahl genannt habe. Diese hängt nicht von irgendeiner Überlegenheit in dem allgemeinen Kampf um das Leben ab, sondern davon, daß gewisse Individuen des einen Geschlechts, und allgemein des männlichen, bei der Besiegung anderer Männchen erfolgreich gewesen sind und eine größere Zahl von Nachkommen hinterlassen haben, ihre Superiorität zu erben, als die weniger erfolgreichen Männchen.

Es gibt noch eine andere und friedfertigere Art von Wettkämpfen, bei welchen die Männchen versuchen, die Weibchen durch verschiedene Reize anzuregen oder zu locken. Dies wird wahr-

---

[47] Ich habe die meisten der obengenannten Affen im Garten der Zoological Society gesehen. Die Beschreibung des *Semnopithecus nemaeus* ist entnommen aus: W. G. Martin: Natur. Hist. of Mammalia, 1841, p.460; s. auch, p.475, 523.

scheinlich in manchen Fällen durch die kräftigen Gerüche bewirkt, welche die Männchen während der Paarungszeit aussenden, nachdem die Riechdrüsen durch geschlechtliche Zuchtwahl erlangt worden sind. Ob dieselbe Ansicht auch auf die Stimme ausgedehnt werden kann, ist zweifelhaft; denn die Stimmorgane der Männchen müssen durch den Gebrauch während des geschlechtsreifen Alters, unter den mächtigen Erregungen der Liebe, Eifersucht oder Wut gekräftigt und werden infolgedessen auf dasselbe Geschlecht überliefert worden sein. Verschiedene Kämme, Büschel und Mäntel von Haaren, welche entweder auf die Männchen beschränkt oder bei diesem Geschlecht bedeutender entwickelt sind als bei den Weibchen, scheinen in den meisten Fällen nur Zierate zu sein, obschon sie zuweilen bei der Verteidigung gegen rivalisierende Männchen von Nutzen sind. Es ist selbst Grund zu der Vermutung vorhanden, daß das verzweigte Geweih der Hirsche und die eleganten Hörner gewisser Antilopen, obschon sie eigentlich als Angriffs- oder Verteidigungswaffen dienen, zum Teil zum Zweck einer Verzierung modifiziert worden sind.

Wenn das Männchen in der Farbe vom Weibchen verschieden ist, so bietet es allgemein dunklere und schärfer kontrastierende Farbtöne dar. Wir begegnen in dieser Klasse nicht jenen glänzend roten, blauen, gelben und grünen Farben, welche bei männlichen Vögeln und vielen anderen Tieren so häufig sind. Indessen müssen hier die nackten Hautstellen gewisser Quadrumanen ausgenommen werden; denn derartige Teile, häufig in merkwürdiger Lage, sind auf die glänzendste Weise gefärbt. Die Farben des Männchens könnten wohl in anderen Fällen die Folgen einfacher Abänderungen sein, ohne daß eine Zuchtwahl auf sie eingewirkt hat. Wenn aber die Färbungen mannigfaltig und scharf ausgesprochen werden, wenn sie nicht eher entwickelt werden als in der Nähe der Zeit der Geschlechtsreife und wenn sie nach der Entmannung verloren werden, so können wir die Folgerung kaum vermeiden, daß sie durch geschlechtliche Zuchtwahl zum Zweck des Schmucks erhalten und ausschließlich oder beinahe ausschließlich auf dasselbe Geschlecht überliefert worden sind. Wenn beide Geschlechter in einer und derselben Art gefärbt und die Farben auffallend oder eigentümlich angeordnet sind, ohne daß diese von dem allergeringsten nachweisbaren Nutzen als Schutzmittel sind, und besonders wenn dieselben in Verbindung mit verschiedenen anderen ornamentalen Anhängen auftreten, so werden wir durch Analogie zu demselben Schluß geführt, nämlich, daß sie durch geschlechtliche Zuchtwahl erlangt worden sind, wenngleich sie dann auf beide Geschlechter überliefert wurden. Daß auffallende und verschiedenartige Färbungen, mögen sie auf die Männchen beschränkt oder beiden Geschlechtern gemeinsam sein, der allgemeinen Regel nach in denselben Gruppen und Untergruppen mit anderen sekundären Sexualcharakteren verbunden auftreten, welche entweder zum Kampf oder als Zierat dienen, – dies wird man für zutreffend halten, wenn man auf die verschiedenen in diesem und dem letzten Kapitel mitgeteilten Fälle zurückblickt.

Das Gesetz der gleichmäßigen Überlieferung von Eigentümlichkeiten auf beide Geschlechter, soweit Farben und andere Zierate in Betracht kommen, hat bei Säugetieren in viel ausgedehnterer Weise geherrscht als bei Vögeln; aber was Waffen, wie die Hörner und Stoßzähne, betrifft, so sind diese häufig entweder ausschließlich oder in einem viel vollkommeneren Grade den Männchen überliefert worden als den Weibchen. Dies ist ein überraschender Umstand; denn da die Männchen allgemein ihre Waffen zur Verteidigung gegen ihre Feinde aller Art brauchen, würden diese Waffen auch den Weibchen von Nutzen gewesen sein. Ihr Fehlen in diesem Geschlecht kann, soweit wir sehen können, nur durch die vorherrschende Form der Vererbung erklärt werden. Endlich ist bei Säugetieren der Kampf zwischen den Individuen eines und des nämlichen Geschlechts, mag er friedfertiger oder blutiger Natur sein, mit den seltensten Ausnahmen auf die Männchen beschränkt worden, so daß diese letzteren entweder zum Kampf miteinander oder zum Anlocken des anderen Geschlechts viel gewöhnlicher als die Weibchen durch geschlechtliche Zuchtwahl modifiziert worden sind.

III. Geschlechtliche Zuchtwahl
in Beziehung auf den Menschen und Schluß

Neunzehntes Kapitel

Sekundäre Sexualcharaktere des Menschen

Verschiedenheiten zwischen dem Mann und der Frau – Ursachen derartiger Verschiedenheiten und gewisser, beiden Geschlechtern eigener Charaktere – Gesetz des Kampfes – Verschiedenheiten der Geisteskräfte und der Stimme – Über den Einfluß der Schönheit bei der Bestimmung der Heiraten unter den Menschen – Aufmerksamkeit der Wilden auf Zierate – Ihre Ideen von Schönheit der Frauen – Neigung, jede natürliche Eigentümlichkeit zu übertreiben

Beim Menschen sind die Verschiedenheiten zwischen den Geschlechtern größer als bei den meisten Arten der Quadrumanen, aber nicht so groß wie bei einigen, z.B. beim Mandrill. Der Mann ist im Mittel beträchtlich größer, schwerer und stärker als die Frau, mit viereckigeren Schultern und deutlicher ausgebildeten Muskeln. Infolge der Beziehung, welche zwischen der Entwicklung des Muskelsystems und den Vorsprüngen der Augenbrauen besteht[1], ist die Augenbrauenleiste beim Mann im allgemeinen stärker ausgesprochen als bei der Frau. Sein Körper und besonders sein Gesicht ist behaarter und seine Stimme hat einen verschiedenen und kräftigeren Ton. Bei gewissen Rassen sollen die Frauen unbedeutend in der Färbung von den Männern abweichen. So spricht z.B. Schweinfurth von einer Negerin aus dem Stamme der Monbuttoos, welche das innere Afrika wenige Grade nördlich vom Äquator bewohnen, und sagt: „Wie bei ihrer ganzen Rasse war ihre Haut mehrere Schattierungen heller als die ihres Mannes und war ungefähr von der Farbe halb gerösteten Kaffees."[2] Da die Frauen auf den Feldern arbeiten und vollständig ohne Kleidung sind, so ist es nicht wahrscheinlich, daß ihre von der der Männer verschiedene Färbung eine Folge davon ist, daß sie der Sonne weniger ausgesetzt sind. Bei Europäern sind vielleicht die Frauen die heller gefärbten von beiden, wie man sehen kann, wenn beide Geschlechter gleichmäßig dem Wetter ausgesetzt gewesen sind.

Der Mann ist mutiger, kampflustiger und energischer als die Frau und hat einen erfinderischeren Geist. Sein Gehirn ist absolut größer; ob aber auch relativ im Verhältnis zur bedeutenderen Größe seines Körpers im Vergleich mit dem der Frau, ist, wie ich glaube, nicht ganz sicher ermittelt worden. Bei der Frau ist das Gesicht runder, die Kiefer und die Basis des Schädels sind kleiner, die Umrisse ihres Körpers sind runder, an einzelnen Teilen vorspringender, und ihr Becken ist breiter als beim Mann.[3] Dieser letztere Charakter dürfte aber vielleicht eher als ein primärer, denn als ein sekundärer Sexualcharakter betrachtet werden. Das Weib wird auch in einem früheren Alter geschlechtsreif als der Mann.

Wie bei Tieren aus allen Klassen, so werden auch beim Menschen die unterscheidenden Merkmale des männlichen Geschlechts nicht eher völlig entwickelt, als bis er nahezu geschlechtsreif ist, und wenn er entmannt wird, erscheinen sie niemals. Der Bart ist z.B. ein sekundärer Sexualcharakter, und männliche Kinder sind bartlos, trotzdem sie in frühem Alter reichliche Haare auf ihren Köpfen haben. Es ist wahrscheinlich eine Folge des im ganzen erst spät im Leben erfolgenden Auftretens der nacheinander erscheinenden Abänderungen, durch welche der Mann seine männlichen Charaktere erhalten hat, daß dieselben nur aufs männliche Geschlecht überliefert werden. Knaben und Mädchen sind einander sehr ähnlich, ebenso wie die Jungen von vielen anderen Tieren, bei denen die erwachsenen Geschlechter verschieden sind. Sie sind auch dem erwachsenen Weibchen viel ähnlicher als dem erwachsenen Männchen. Die Frau nimmt indessen zuletzt gewisse bestimmte Merkmale an und steht, wie man sagt, in der

---

[1] Schaaffhausen, in: Anthropological Review. Oct. 1868, p.419, 420, 427.
[2] „Im Herzen von Afrika." Engl. Übers. 1873. Bd. I, p.544.
[3] Ecker, in: Anthropological Review. Oct. 1868, p.351-356. Der Vergleich der Form des Schädels beim Mann und bei der Frau ist von Welcker sehr sorgfältig verfolgt worden.

Bildung ihres Schädels mitten zwischen dem Kind und dem Mann.[4] Wie ferner die Jungen von nahe verwandten aber verschiedenen Spezies bei weitem nicht so verschieden voneinander sind wie die Erwachsenen, so verhält es sich auch mit den Kindern der verschiedenen Rassen des Menschen. Einige Forscher haben sogar behauptet, daß Rassenverschiedenheiten am kindlichen Schädel nicht nachgewiesen werden können.[5] Was die Farbe betrifft, so ist das neugeborene Negerkind rötlich-nußbraun, was bald in schiefergrau übergeht; die schwarze Farbe entwickelt sich im Sudan innerhalb des ersten Jahres vollständig, aber in Ägypten nicht vor drei Jahren. Die Augen des Negers sind zuerst blau und das Haar ist mehr kastanienbraun als schwarz und nur an den Enden gekräuselt. Die Kinder der Australier sind unmittelbar nach der Geburt gelblich-braun und werden in einem späteren Alter dunkel. Die Kinder der Guaranys von Paraguay sind weißlich-gelb, erlangen, aber im Laufe weniger Wochen die gelblich-braune Färbung ihrer Eltern. Ähnliche Beobachtungen sind in mehreren anderen Teilen von Amerika gemacht worden.[6]

Ich habe die vorstehenden Verschiedenheiten zwischen dem männlichen und weiblichen Geschlecht beim Menschen speziell angeführt, weil sie in einer merkwürdigen Weise dieselben sind wie bei den Quadrumanen. Bei diesen Tieren ist das Weibchen in einem früheren Alter geschlechtsreif als das Männchen, wenigstens ist dies der Fall beim *Cebus Azarae*.[7] Bei den meisten der Spezies sind die Männchen größer und stärker als die Weibchen, für welche Tatsache der Gorilla ein wohlbekanntes Beispiel darbietet. Selbst in einem so unbedeutenden Merkmal, wie dem größeren Vorspringen der Augenbrauenleiste, weichen die Männchen gewisser Affen von den Weibchen ab[8] und stimmen in dieser Hinsicht mit dem Menschen überein. Beim Gorilla und gewissen anderen Affen bietet der Schädel des erwachsenen Männchens einen scharf ausgesprochenen Sagitalkamm dar, welcher beim Weibchen fehlt; und Ecker fand eine Spur einer ähnlichen Verschiedenheit zwischen den beiden Geschlechtern bei den Australiern.[9] Wenn sich bei den Affen irgendeine Verschiedenheit in der Stimme findet, so ist die des Männchens die kräftigere. Wir haben gesehen, daß gewisse männliche Affen einen wohlentwickelten Bart haben, welcher beim Weibchen vollständig fehlt oder viel weniger entwickelt ist. Es ist kein Beispiel bekannt, daß der Kinnbart, Backenbart oder Schnurrbart bei einem weiblichen Affen größer wäre als bei dem männlichen. Selbst in der Farbe des Bartes besteht ein merkwürdiger Parallelismus zwischen dem Menschen und den Quadrumanen; denn wenn beim Menschen der Bart in der Farbe vom Kopfhaar verschieden ist, wie es häufig der Fall ist, so ist er, wie ich glaube, beinahe immer von einer helleren Färbung und häufig rötlich. Ich habe diese Tatsache wiederholt in England beobachtet; vor kurzem haben mir aber zwei Herren geschrieben, um mir mitzuteilen, daß sie eine Ausnahme von der Regel bilden. Der eine von ihnen erklärt die Tatsache aus der großen Verschiedenheit der Farbe des Haars in der väterlichen und mütterlichen Seite seiner Familie. Beiden war diese Eigentümlichkeit schon lange bekannt (der eine war oft in den Verdacht gekommen, daß er seinen Bart färbe); sie waren dadurch darauf geführt worden, andere Menschen zu beobachten, und waren überzeugt, daß solche Ausnahmen sehr selten sind. Dr. Hooker, welcher auf diesen kleinen Punkt in meinem Interesse in Rußland aufmerkte, findet keine Ausnahme von der Regel. In Kalkutta war Mr. J. Scott von dem dortigen botanischen

---

[4] Ecker und Welcher, ebd., p.352, 355. C. Vogt: Vorlesungen über den Menschen. Bd. I, p.94.
[5] Schaaffhausen: Anthropological Review, a.a.O., p.429.
[6] Pruner-Bey über Negerkinder, angeführt von C. Vogt: Vorlesungen über den Menschen, Bd. I, p.238. Wegen weiterer Tatsachen über Negerkinder nach Winterbottoms und Campers Angaben s. Lawrence: Lectures on Physiology, 1822, p.451. In bezug auf die Kinder der Guaranys s. Rengger: Säugetiere von Paraguay, p.3. S. auch Godron: De l'Espèce. Tom. II, 1859, p.253. Wegen der Australier s. Waitz: Introduction to Anthropology, 1863, p.99.
[7] Rengger: Säugetiere etc., 1830, p.49.
[8] Wie bei *Macacus cynomolgus* (Desmarest: Mammalogie, p.65) und bei *Hylobates agilis* (Geoffroy St. Hilaire und F. Cuvier: Hist. natur. des Mammifères, 1824. Tom. I, p.2).
[9] Anthropological Review. Oct. 1868, p.353.

Garten so freundlich, sorgfältig die vielen Menschenrassen, die dort ebenso wie in einigen anderen Teilen Indiens zu sehen sind, zu beobachten, nämlich zwei Rassen in Sikkim, die Bhoteas, die Hindus, die Burmesen und die Chinesen. Obgleich die meisten dieser Rassen sehr wenig Haare im Gesicht haben, so fand er doch immer, daß, wenn irgendeine Verschiedenheit in der Farbe zwischen dem Kopfhaar und dem Bart bestand, der letztere ausnahmslos von einer helleren Färbung war. Nun weicht bei Affen, wie schon angeführt wurde, der Bart häufig in einer auffallenden Weise seiner Farbe nach von dem Haare auf dem Kopf ab, und in derartigen Fällen ist er ausnahmslos von einem helleren Ton, oft rein weiß und zuweilen gelb oder rötlich.[10]

Was das allgemeine Behaartsein des Körpers betrifft, so sind die Frauen bei allen Rassen weniger behaart als die Männer und bei einigen wenigen Quadrumanen ist die untere Seite des Körpers beim Weibchen weniger behaart als beim Männchen.[11] Endlich sind männliche Affen, ebenso wie die Männer, kühner und feuriger als die Weibchen. Sie führen den Trupp an und kommen, wenn Gefahr vorhanden ist, an dessen Spitze. Wir sehen hieraus, wie nahe der Parallelismus zwischen den geschlechtlichen Verschiedenheiten des Menschen und der Quadrumanen ist. Bei einigen wenigen Spezies indessen, wie bei gewissen Pavianen, dem Gorilla und dem Orang-Utan, besteht ein beträchtlich größerer Unterschied zwischen den Geschlechtern als beim Menschen, und zwar in der Größe der Eckzähne, in der Entwicklung und Farbe des Haars und besonders in der Farbe der nackten Hautstellen.

Alle die sekundären Sexualcharaktere des Menschen sind sämtlich äußerst variabel, selbst innerhalb der Grenzen einer und derselben Rasse, und sie weichen auch in den verschiedenen Rassen bedeutend ab. Diese beiden Regeln gelten allgemein durch das ganze Tierreich. Nach den ausgezeichneten an Bord der „Novara" gemachten Beobachtungen[12] fand man, daß die männlichen Australier die weiblichen nur um fünfundsechzig Millimeter an Höhe übertrafen, während bei den Javanern der mittlere Mehrbetrag zweihundertachtzig Millimeter war, so daß bei dieser letzteren Rasse die Verschiedenheit in der Größe zwischen den Geschlechtern mehr als dreimal so groß war als bei den Australiern. Zahlreiche Messungen wurden sorgfältig bei verschiedenen Rassen in Beziehung auf die Körpergröße, den Umfang des Halses und der Brust, die Länge des Rückgrates und der Arme angestellt, und sie zeigten beinahe alle, daß die Männer viel mehr voneinander verschieden waren als die Frauen. Diese Tatsache zeigt, daß, soweit diese Merkmale in Betracht kommen, es der Mann ist, welcher hauptsächlich seit der Zeit modifiziert wurde, in welcher die Rassen von ihrer gemeinsamen und ursprünglichen Stammform divergierten.

Die Entwicklung des Bartes und das Behaartsein des Körpers sind bei Menschen, welche zu verschiedenen Rassen und selbst zu verschiedenen Stämmen oder Familien in einer und derselben Rasse gehören, merkwürdig verschieden. Wir Europäer sehen das schon unter uns. Auf der Insel von St. Kilda erhalten nach der Angabe von Martin[13] die Männer nicht eher Bärte, welche selbst dann noch sehr dünn sind, als bis sie in das Alter von dreißig oder noch mehr Jahren gelangen. Auf dem europäisch-asiatischen Kontinent kommen Bärte vor, bis wir jenseits Indien

---

[10] Mr. Blyth teilt mir mit, daß er überhaupt nicht mehr als ein einziges Beispiel gesehen habe, wo der Kinn-, Bakkenbart usf. bei einem Affen in hohem Alter weiß geworden wäre, wie es so gewöhnlich der Fall bei uns ist. Doch kam dies bei einem alten gefangengehaltenen *Macacus cynomolgus* vor, dessen Schnurrbart „merkwürdig lang und menschenähnlich" war. Überhaupt bot dieser alte Affe eine lächerliche Ähnlichkeit mit einem der regierenden Monarchen von Europa dar, nach welchem er scherzweise beständig genannt wurde. Bei gewissen Menschenrassen wird das Barthaar kaum jemals grau; so hat Dr. Forbes, wie er mir mitgeteilt hat, niemals ein solches Beispiel bei den Aymaras und Quechuas von Süd-Amerika gesehen.
[11] Dies ist der Fall bei den Weibchen mehrerer Spezies von *Hylobates*; s. Geoffroy St. Hilaire und F. Cuvier: Hist. natur. des Mammif., Tom. I; s. auch über *H. lar*, in: Penny Cyclopaedia. Vol. II, p.149, 150.
[12] Die Resultate wurden von Dr. Weisbach nach den Messungen der Dr. K. Scherzer und Schwarz reduziert; s. Reise der Novara; Anthropologischer Teil, 1867, p.216, 231, 234, 236, 238, 269.
[13] Voyage to St. Kilda (3. edit.), 1753, p.37.

kommen, obschon sie bei den Eingeborenen von Ceylon, wie in alten Zeiten von Diodorus angeführt wird[14], häufig fehlen. Östlich von Indien verschwinden die Bärte, so bei den Siamesen, Malaien, Kalmücken, Chinesen und Japanern. Nichtsdestoweniger sind die Ainos[15], welche die nördlichsten Inseln des japanischen Archipels bewohnen, die behaartesten Menschen der Welt. Bei Negern ist der Kinnbart dürftig oder fehlt ganz, auch haben sie keine Backenbärte; in beiden Geschlechtern fehlt häufig das feine Wollhaar am Körper fast ganz.[16] Auf der anderen Seite besitzen die Papuas des malaiischen Archipels, welche nahezu so schwarz sind wie die Neger, wohlentwickelte Bärte.[17] Im Stillen Ozean haben die Einwohner des Fidschi-Archipels große buschige Bärte, während diejenigen der nicht weit davon entfernten Archipele von Tonga und Samoa bartlos sind. Es gehören aber diese Menschen verschiedenen Rassen an. Auf der Ellice-Gruppe gehören alle Einwohner zu einer und derselben Rasse; und doch haben auf der einen Insel allein, nämlich auf Nunemaya, „die Männer prachtvolle Bärte", während auf den anderen Inseln sie „der Regel nach ein Dutzend zerstreut stehender Haare statt eines Bartes besitzen"[18].

Über den ganzen großen amerikanischen Kontinent, kann man sagen, sind die Männer bartlos, aber in beinahe allen Stämmen erscheinen gern einige wenige kurze Haare im Gesicht, besonders im hohen Alter. Was die Stämme von Nord-Amerika betrifft, so schätzt Catlin, daß unter zwanzig Männern achtzehn von Natur vollständig einen Bart entbehren, aber gelegentlich ist ein Mann zu sehen, welcher versäumt hat, die Haare zur Pubertätszeit auszureißen, und einen weichen, einen oder zwei Zoll langen Bart hat. Die Guaranys von Paraguay weichen von allen sie umgebenden Stämmen darin ab, daß sie einen Kinnbart und selbst einige Haare am Körper haben, aber keinen Backenbart.[19] Mr. D. Forres, welcher diesem Punkt besondere Aufmerksamkeit schenkte, hat mir mitgeteilt, daß die Aymaras und Quechuas der Cordilleren merkwürdig haarlos sind; doch erscheinen bei ihnen im hohen Alter gelegentlich einige wenige zerstreute Haare am Kinn. Die Männer dieser beiden Stämme haben sehr wenig Haare an den verschiedenen Teilen des Körpers, wo bei den Europäern Haar in Menge wächst, und die Frauen haben an den entsprechenden Teilen gar keine. Indessen erreicht das Haar auf dem Kopf bei beiden Geschlechtern eine außerordentliche Länge und reicht häufig beinahe auf den Boden; dies ist gleichfalls bei einigen der nordamerikanischen Stämmen der Fall. In bezug auf die Menge des Haares und die allgemeine Form des Körpers weichen die Geschlechter der amerikanischen Eingeborenen voneinander nicht so bedeutend ab wie bei den meisten anderen Rassen des Menschen.[20] Diese Tatsache ist dem analog, was bei einigen verwandten Affen vorkommt: so sind die Geschlechter des Schimpansen nicht so verschieden voneinander wie die des Gorillas oder Orang-Utans.[21]

---

[14] Sir J. E. Tennent: Ceylon. Vol. II, 1859, p.107.
[15] Quatrefages: Revue des Cours scientifiques. Aug. 29th 1868, p.630. Vogt: Vorlesungen über den Menschen. Bd. I, p.159.
[16] Über die Bärte der Neger s. Vogt: Vorlesungen über den Menschen. Bd. I, p.159; Waitz: Anthropologie der Naturvölker. Bd. I, p.110. Es ist merkwürdig, daß in den Vereinigten Staaten (Investigations in Military and Anthropological Statistics of American Soldiers, 1869, p.569) die reinen Neger und ihre gekreuzten Nachkommen beinahe so behaarte Körper zu haben scheinen wie die Europäer.
[17] Wallace: The Malay Archipelago. Vol. II, 1869, p.178.
[18] Dr. J. Barnard Davis: On Oceanic Races, in: Anthropological Review. April 1870, p.185, 191.
[19] Catlin: North American Indians. 3. edit., 1842. Vol. II, p.227. Über die Guaranys s. Azara: Voyage dans l'Amérique méridion. Tom. II, 1869, p.58; und Rengger: Säugetiere von Paraguay, p.3.
[20] Prof. und Mrs. Agassiz (Journey in Brazil, p.530) bemerken, daß die Geschlechter der amerikanischen Indianer weniger verschieden voneinander sind als die Neger und der höheren Rassen. S. auch Rengger, a.a.O., p.3, über die Guaranys.
[21] Rütimeyer: Die Grenzen der Tierwelt; eine Betrachtung zu Darwins Lehre, 1868, p.54.

In den vorhergehenden Kapiteln haben wir gesehen, daß bei Säugetieren, Vögeln, Fischen, Insekten usw. viele Charaktere, welche, wie wir allen Grund zu haben glauben, ursprünglich durch geschlechtliche Zuchtwahl allein von einem Geschlecht erlangt worden waren, auf beide Geschlechter überliefert worden sind. Da diese selbe Form der Überlieferung allem Anschein nach in größerer Ausdehnung beim Menschen geherrscht hat, so wird es viele nutzlose Wiederholungen ersparen, wenn wir die dem männlichen Geschlecht eigentümlichen Charaktere in Verbindung mit gewissen anderen, beiden Geschlechtern gemeinsamen Charakteren betrachten.

Gesetz des Kampfes. – Bei barbarischen Nationen, z.B. bei den Australiern, sind die Frauen die beständige Ursache von Kriegen zwischen verschiedenen Stämmen. So war es ohne Zweifel auch in alten Zeiten: „Nam fuit ante Helenam mulier deterrima belli causa." Bei den nordamerikanischen Indianern ist der Streit förmlich in ein System gebracht worden. Jener ausgezeichnete Beobachter Hearne sagt:[22] – „Es hat bei diesem Volke stets für die Männer der Gebrauch bestanden, um eine jede Frau, welcher sie ergeben sind, zu ringen, und natürlich führt der kräftigste Teil stets den Preis hinweg. Ein schwacher Mann, wenn er nicht ein guter Jäger und sehr beliebt ist, erhält selten die Erlaubnis, ein Weib zu halten, welches ein starker Mann seiner Beachtung für wert hält. Dieser Gebrauch herrscht in allen Stämmen und veranlaßt die Entwicklung bedeutenden Ehrgeizes unter der Jugend, welche bei allen Gelegenheiten von ihrer Kindheit an ihre Kraft und Geschicklichkeit im Ringen versucht." Bei den Guanas von Süd-Amerika heiraten, wie Azara anführt, die Männer selten, ehe sie zwanzig oder noch mehr Jahre alt sind, da sie vor jenem Alter ihre Nebenbuhler nicht besiegen können.

Es könnten noch andere ähnliche Tatsachen mitgeteilt werden; aber selbst wenn wir keine Belege über diesen Punkt hätten, so könnten wir nach Analogie mit den höheren Quadrumanen[23] beinahe sicher sein, daß das Gesetz des Kampfes beim Menschen während der früheren Stufen seiner Entwicklung gleichfalls geherrscht hat. Das gelegentliche Erscheinen von Eckzähnen heutigen Tages noch, welche über die anderen vorspringen, mit Spuren eines Diastema, d.h. jenes offenen Raumes zur Aufnahme des Eckzahnes der entgegengesetzten Kinnlade, ist aller Wahrscheinlichkeit nach ein Fall von Rückschlag auf einen früheren Zustand, auf welchem die Urerzeuger des Menschen mit diesen Waffen versehen waren, ebenso wie viele jetzt noch existierende männliche Quadrumanen. Es ist in einem früheren Kapitel bemerkt worden, daß in dem Maße, als der Mensch seine aufrechte Haltung erhielt und beständig seine Hände und Arme zum Kampf mit Stäben und Steinen ebenso wie für die anderen Zwecke des Lebens benutzte, er auch seine Kinnladen und Zähne immer weniger und weniger gebraucht haben wird. Die Kinnladen werden dann zusammen mit ihren Muskeln infolge von Nichtgebrauch verkleinert worden sein, ebenso wie es die Zähne durch das noch nicht ganz aufgeklärte Prinzip der Korrelation und der Ökonomie des Wachstums sein werden; denn wir sehen überall, daß Teile, welche nicht länger mehr von Nutzen sind, an Größe reduziert werden. Durch solche Schritte wird die ursprüngliche Ungleichheit zwischen den Kiefern und Zähnen in den beiden Geschlechtern des Menschen schließlich vollständig ausgeglichen worden sein. Der Fall ist beinahe parallel mit dem von vielen männlichen Wiederkäuern, bei welchen die Eckzähne zu bloßen Rudimenten reduziert worden oder ganz verschwunden sind, und zwar allem Anschein nach infolge der Entwicklung der Hörner. Da die ungeheure Verschiedenheit zwischen den Schädeln der beiden Geschlechter beim Gorilla und Orang-Utan in naher Beziehung zur Entwicklung der ungeheuren Eckzähne bei den Männchen steht, so können wir schließen, daß die Verkleinerung der Kinn-

---

[22] A Journey from Prince of Wales Fort. 8vo edit. Dublin, 1796, p.104. Sir J. Lubbock teilt (Origin of Civilization, 1860, p.69) andere ähnliche Fälle aus Nord-Amerika mit. Wegen der Guanas von Süd-Amerika s. Azara: Voyages etc., Tom. II, p.94.

[23] Über die Kämpfe der männlichen Gorillas s. Dr. Savage, in: Boston Journal of Natur. Hist., Vol. V, 1847, p.423. Über *Presbytis entellus* s. The Indian Field, 1859, p.146.

laden und Zähne bei den frühen männlichen Vorfahren des Menschen zu einer äußerst auffallenden und günstigen Veränderung in seiner äußeren Erscheinung geführt haben muß.

Es läßt sich nur wenig daran zweifeln, daß die bedeutendere Größe und Stärke des Mannes im Vergleich mit der Frau, in Verbindung mit seinen breiteren Schultern, seiner entwickelteren Muskulatur, seinen eckigeren Körperumrissen, seinem größeren Mut und seiner größeren Kampflust, sämtlich zum größten Teil Folgen der Vererbung von seinen frühen halbmenschlichen männlichen Urerzeugern sind. Diese Charaktere werden indessen auch während der langen Zeiten, wo der Mensch sich noch immer in einem barbarischen Zustand befand, erhalten oder selbst gehäuft worden sein, und zwar durch den Erfolg der stärksten und kühnsten Männer, sowohl in dem allgemeinen Kampf ums Leben als auch in ihren Streiten um Frauen; einen Erfolg, welcher ihnen das Hinterlassen einer zahlreicheren Nachkommenschaft als die ihrer weniger begünstigten Brüder sicherte. Es ist nicht wahrscheinlich, daß die größere Kraft des Mannes ursprünglich durch die vererbten Wirkungen seiner größeren Tätigkeit erlangt wurde, daß er nämlich um seine eigene Subsistenz wie um die seiner Familie härter gearbeitet habe als die Frau; denn die Frauen sind bei allen barbarischen Nationen gezwungen, mindestens ebenso hart zu arbeiten wie die Männer. Bei zivilisierten Völkern hat die Entscheidung durch einen Kampf um den Besitz der Frauen lange aufgehört; andererseits haben der allgemeinen Regel zufolge die Männer stärker als die Frauen für ihre gemeinsame Subsistenz zu arbeiten; und hierdurch wird ihre größere Kraft erhalten worden sein.

Verschiedenheiten in den geistigen Kräften der beiden Geschlechter. – In bezug auf Verschiedenheiten dieser Natur zwischen dem Mann und der Frau ist es wahrscheinlich, daß geschlechtliche Zuchtwahl eine sehr bedeutende Rolle gespielt hat. Ich weiß sehr wohl, daß einige Schriftsteller bezweifeln, ob überhaupt irgendeine inhärente Verschiedenheit der Art besteht; dies ist aber nach der Analogie mit niederen Tieren, welche andere sekundäre Sexualcharaktere besitzen, mindestens wahrscheinlich. Niemand wird bestreiten, daß dem Temperament nach der Bulle von der Kuh, der wilde Eber von der Sau, der Hengst von der Stute und, wie den Menageriebesitzern wohlbekannt ist, die Männchen der größeren Affen von den Weibchen verschieden sind. Die Frau scheint vom Mann in bezug auf geistige Anlagen hauptsächlich in ihrer größeren Zartheit und der geringeren Selbstsucht verschieden zu sein; und dies gilt selbst für Wilde, wie aus einer wohlbekannten Stelle in Mungo Parks Reisen und aus den von vielen anderen Reisenden gemachten Angaben hervorgeht. Infolge ihrer mütterlichen Instinkte entfaltet die Frau diese Eigenschaften gegen ihre Kinder in einem außerordentlichen Grade. Es ist daher wahrscheinlich, daß sie dieselben häufig auch auf ihre Mitgeschöpfe ausdehnen wird. Der Mann ist der Nebenbuhler anderer Männer; er freut sich der Konkurrenz und diese führt zu Ehrgeiz, welcher nur zu leicht in Selbstsucht übergeht. Die letzteren Eigenschaften scheinen sein natürliches und unglückliches angeborenes Recht zu sein. Es wird meist zugegeben, daß beim Weibe die Vermögen der Anschauung, der schnellen Auffassung und vielleicht der Nachahmung stärker ausgesprochen sind als beim Mann. Aber mindestens einige dieser Fähigkeiten sind für die niederen Rassen charakteristisch und daher auch für einen vergangenen und niederen Zustand der Zivilisation.

Der hauptsächlichste Unterschied in den intellektuellen Kräften der beiden Geschlechter zeigt sich darin, daß der Mann zu einer größeren Höhe in allem, was er nur immer anfängt, gelangt, als zu welcher sich die Frau erheben kann, mag es nun tiefes Nachdenken, Vernunft oder Einbildungskraft, oder bloß den Gebrauch der Sinne und der Hände erfordern. Wenn eine Liste mit den ausgezeichnetsten Männern und eine zweite mit den ausgezeichnetsten Frauen in Poesie, Malerei, Skulptur, Musik (mit Einschluß sowohl der Komposition als auch der Ausübung), der Geschichte, Wissenschaft und Philosophie mit einem halben Dutzend Namen unter jedem Gegenstand angefertigt würde, so würden die beiden Listen keinen Vergleich miteinander aushalten. Wir können auch nach dem Gesetz der Abweichungen vom Mittel, welches Mr. Galton in seinem Buch über erbliches Genie so gut erläutert hat, schließen, daß, wenn die Männer einer entschiedenen Überlegenheit über die Frauen in vielen Gegenständen fähig sind, der mittlere Maßstab der geistigen Kraft beim Mann über dem der Frau stehen muß.

Unter den halbmenschlichen Urerzeugern des Menschen und bei wilden Völkern haben viele Generationen hindurch Kämpfe zwischen den Männern um den Besitz der Weiber stattgefunden. Aber bloße körperliche Kraft und Größe werden nur wenig zum Sieg beitragen, wenn sie nicht mit Mut, Ausdauer und entschiedener Energie verbunden sind. Bei sozialen Tieren haben die jungen Männchen gar manchen Streit durchzumachen, ehe sie ein Weibchen gewinnen, und die älteren Männchen können ihre Weibchen nur durch erneute Kämpfe sich erhalten. Sie haben auch, wie beim Menschen, ihre Weibchen ebenso wie ihre Jungen gegen Feinde aller Arten zu verteidigen und um ihre gemeinsame Erhaltung zu jagen. Aber Feinde zu vermeiden oder sie mit Erfolg anzugreifen, wilde Tiere zu fangen und Waffen zu erfinden und zu formen, erfordert die Hilfe der höheren geistigen Fähigkeiten, nämlich Beobachtung, Vernunft, Erfindung oder Einbildungskraft. Diese verschiedenen Fähigkeiten werden daher beständig auf die Probe gestellt und während der Mannbarkeit bei der Nachzucht berücksichtigt worden sein; sie werden überdies während dieser selben Periode des Lebens durch Gebrauch gekräftigt worden sein. Folglich können wir in Übereinstimmung mit dem oft erwähnten Prinzip erwarten, daß sie mindestens die Neigung zeigen, in der entsprechenden Periode der Mannbarkeit hauptsächlich auf die männlichen Nachkommen überliefert zu werden.

Wenn nun zwei Männer miteinander oder ein Mann mit einer Frau, von denen beide jede geistige Eigenschaft in derselben Vollendung besitzen, mit der Ausnahme, daß der eine größere Energie, Ausdauer und Mut hat, in Konkurrenz geraten, so wird allgemein dieser letztere hervorragender in jedem Streben werden, was auch der Gegenstand gewesen sein mag, und wird den Sieg gewinnen.[24] Man kann sagen, er hat Genie besessen, denn Genie ist von einer großen Autorität für nichts anderes als für Geduld erklärt worden, und Geduld in diesem Sinne bedeutet: nicht zurückweichende, unerschrockene Ausdauer. Diese Ansicht vom Genie ist aber vielleicht unzureichend, denn ohne die höheren Kräfte der Einbildungskraft und des Verstandes kann in vielen Gebieten kein eminenter Erfolg erreicht werden. Diese letzteren werden aber ebensogut wie die vorher erwähnten Fähigkeiten beim Manne teils durch geschlechtliche Zuchtwahl, d.h. durch den Streit rivalisierender Männchen, und teils durch natürliche Zuchtwahl, d.h. durch den Erfolg in dem allgemeinen Kampf ums Leben entwickelt worden sein; und da in beiden Fällen der Kampf während des reifen Alters eingetreten sein wird, so werden die hierdurch erlangten Charaktere auch vollständiger den männlichen als den weiblichen Nachkommen überliefert worden sein. Es ist mit dieser Ansicht, daß viele unserer geistigen Fähigkeiten durch geschlechtliche Zuchtwahl modifiziert oder gekräftigt worden sind, übereinstimmend, daß sie erstens, wie bekannt ist, zur Zeit der Pubertät eine beträchtliche Veränderung erleiden[25], und zweitens, daß Eunuchen während ihres ganzen Lebens in diesen selben Eigenschaften niedriger entwickelt bleiben. Hierdurch ist schließlich der Mann dem Weibe überlegen geworden. Es ist in der Tat ein Glück, daß das Gesetz der gleichmäßigen Überlieferung der Charaktere auf beide Geschlechter allgemein bei Säugetieren geherrscht hat; im anderen Falle würde wahrscheinlich der Mann in bezug auf die geistige Befähigung der Frau so viel überlegen geworden sein, wie der Pfauhahn in bezug auf ornamentales Gefieder der Pfauhenne.

---

[24] J. Stuart Mill bemerkt (The Subjection of Women, 1869, p.122): „Die Gegenstände, in denen der Mann die Frau am meisten übertrifft, sind diejenigen, welche das meiste Grübeln und konsequenteste Ausführen eines einzelnen Gedankens erfordern." Was ist dies anderes als Energie und Ausdauer?
[25] Maudsley: Mind and Body, p.31.

Neunzehntes Kapitel

Man muß sich daran erinnern, daß die Neigung der von einem der beiden Geschlechter in einer späteren Lebensperiode erlangten Charaktere, auf dasselbe Geschlecht in demselben Alter überliefert zu werden, und die Neigung der in einem früheren Alter erlangten Charaktere, auf beide Geschlechter vererbt zu werden, Regeln sind, welche, wenn auch allgemein, doch nicht immer sich als gültig erweisen. Gälten sie immer, so könnten wir zu dem Schluß kommen (doch schweife ich hier etwas über die mir gezogenen Grenzen hinaus), daß die vererbten Wirkungen der frühen Erziehung von Knaben und Mädchen gleichmäßig auf beide Geschlechter überliefert würden, so daß die gegenwärtige Ungleichheit zwischen den Geschlechtern in geistiger Kraft nicht durch einen ähnlichen Gang ihrer frühen Erziehung verwischt werden könnte; auch könnte sie nicht durch ihre ungleiche frühere Erziehung verursacht worden sein. Damit die Frau dieselbe Höhe wie der Mann erreichte, müßte sie in der Nähe ihrer Reifezeit zur Energie und Ausdauer und zur Anstrengung ihres Verstandes und ihrer Einbildungskraft bis auf den höchsten Punkt erzogen werden; und dann würde sie wahrscheinlich diese Eigenschaften hauptsächlich ihren erwachsenen Töchtern überliefern. Alle Frauen könnten indessen hierdurch in die Höhe gebracht werden, wenn nicht viele Generationen hindurch diejenigen Frauen, welche sich in den eben erwähnten kräftigen Tugenden auszeichneten, verheiratet würden und Nachkommen in größerer Anzahl erzeugten als andere Frauen. Wie vorhin in bezug auf körperliche Kräfte bemerkt wurde, so haben die Männer, wenn sie auch jetzt nicht mehr um den Besitz der Weiber kämpfen und überhaupt diese Form der Auswahl vorübergegangen ist, doch im allgemeinen während des Mannesalters einen heftigen Kampf zu bestehen, um sich selbst und ihre Familien zu erhalten; dies wird dazu führen, die geistigen Kräfte auf ihrer Höhe zu erhalten oder selbst zu vergrößern und als Folge hiervon auch die jetzige Ungleichheit zwischen den Geschlechtern gleich groß zu halten oder noch bedeutender zu machen.[26]

Stimme und musikalische Begabung. – Bei einigen Spezies der Quadrumanen besteht eine große Verschiedenheit zwischen den erwachsenen Geschlechtern in der Kraft der Stimme und in der Entwicklung der Stimmorgane, und der Mensch scheint diese Verschiedenheit von seinen frühen Urerzeugern ererbt zu haben. Die Stimmbänder des Mannes sind ungefähr ein Drittel länger als bei der Frau oder als bei Knaben; und Entmannung bringt bei ihm dieselbe Wirkung hervor, wie bei den niederen Tieren; denn „sie hält jenes hervortretende Wachstum des Schildknorpels usw. auf, welches die Verlängerung der Stimmbänder begleitet"[27]. In bezug auf die Ursache dieser Verschiedenheit zwischen den Geschlechtern habe ich den im letzten Kapitel gegebenen Bemerkungen über die wahrscheinlichen Wirkungen des lange fortgesetzten Gebrauches der Stimmorgane seitens des Männchens unter den Erregungen der Liebe, Wut und Eifersucht nichts hinzuzufügen. Nach Sir Duncan Gibb[28] ist die Stimme und die Form des Kehlkopfes in den verschiedenen Rassen des Menschen verschieden; doch soll, der Angabe nach, bei den Eingeborenen der Tartarei, von China usw. die Stimme des Mannes nicht so bedeutend von der des Weibes verschieden sein, wie in den meisten anderen Rassen.

Die Fähigkeit und Liebe zum Singen und zur Musik, wenn sie auch kein geschlechtliches Merkmal beim Menschen ist, darf hier nicht übergangen werden. Obschon die von Tieren aller Arten ausgestoßenen Laute vielen Zwecken dienen, kann doch mit Nachdruck hervorgehoben werden, daß die Stimmorgane ursprünglich in Beziehung zur Fortpflanzung der Art gebraucht

---

[26] Eine Beobachtung Vogts bezieht sich auf diesen Gegenstand; er sagt: „Es ist ein auffallender Umstand, daß der Unterschied der Geschlechter in Beziehung auf die Schädelhöhle mit der Vollkommenheit der Rasse zunimmt, so daß der Europäer weit mehr die Europäerin überragt, als der Neger die Negerin. Welcker findet diesen von Huschke aufgestellten Satz infolge seiner Messungen bei Negern und bei Deutschen bestätigt." Vogt fügt indessen hinzu (Vorlesungen über den Menschen. Bd. I, p.95): „Doch würde es noch mannigfacher Untersuchung bedürfen, um die allgemeine Geltung zu beweisen."
[27] Owen: Anatomy of Vertebrates. Vol. III, p.603.
[28] Journal of Anthropolog. Soc., April 1869, p.LVII und LXVI.

und vervollkommnet wurden. Insekten und einige wenige Spinnen sind die niedrigsten Tiere, welche absichtlich einen Laut hervorbringen, und dies wird allgemein mit Hilfe sehr schön konstruierter Stridulationsorgane bewirkt, welche häufig allein auf die Männchen beschränkt sind. Die hierdurch hervorgebrachten Laute bestehen, wie ich glaube, in allen Fällen aus einem und dem nämlichen Ton, welcher rhythmisch wiederholt wird[29], und dies ist zuweilen selbst für das Ohr des Menschen angenehm. Ihr hauptsächlichster und in einigen Fällen ausschließlicher Nutzen scheint darin zu bestehen, entweder das andere Geschlecht zu rufen oder es zu bezaubern.

Die von Fischen hervorgebrachten Laute sollen, wie man sagt, in einigen Fällen nur von den Männchen während der Paarungszeit hervorgebracht werden. Alle luftatmenden Wirbeltiere besitzen notwendigerweise einen Apparat zum Einatmen und Ausstoßen von Luft, mit einer Röhre, welche fähig ist, an einem Ende geschlossen zu werden. Wenn daher die ursprünglichen Glieder dieser Klasse stark erregt und ihre Muskeln heftig zusammengezogen wurden, so werden beinahe sicher absichtslos Laute hervorgebracht worden sein, und wenn diese sich in irgendeiner Weise nutzbar erwiesen, können sie leicht durch die Erhaltung gehörig angepaßter Abänderungen modifiziert oder intensiver gemacht worden sein. Die Amphibien sind die niedrigsten Wirbeltiere, welche Luft atmen, und viele von diesen Tieren, nämlich Frösche und Kröten, besitzen Stimmorgane, welche während der Paarungszeit unaufhörlich benutzt werden und welche häufig beim Männchen bedeutender entwickelt sind als beim Weibchen. Nur das Männchen der Schildkröte äußert einen Laut, und dies allein während der Zeit der Liebe. Männliche Alligatoren brüllen oder bellen während derselben Zeit. Jedermann weiß, in welcher Ausdehnung Vögel ihre Stimmorgane als Mittel der Brautwerbung benutzen, und einige Spezies üben auch etwas, was man Instrumentalmusik nennen könnte, aus.

In der Klasse der Säugetiere, mit welchen wir es hier ganz besonders zu tun haben, gebrauchen die Männchen von beinahe allen Spezies ihre Stimmen viel bedeutender während der Paarungszeit als zu irgendeiner anderen Zeit, und einige sind mit Ausnahme dieser Zeit absolut stumm. Bei anderen Spezies benutzen beide Geschlechter oder allein die Männchen ihre Stimmen zu Liebesrufen. In Anbetracht dieser Tatsachen und des Umstandes, daß die Stimmorgane einiger Säugetiere beim Männchen viel bedeutender als beim Weibchen entwickelt sind, und zwar entweder permanent oder nur zeitweise während der Paarungszeit, und ferner in Anbetracht, daß bei den meisten der niederen Klassen die von den Männchen hervorgebrachten Laute nicht bloß dazu dienen, das Weibchen zu rufen, sondern auch anzureizen oder zu locken, ist es eine überraschende Tatsache, daß wir jetzt keinerlei gute Belege dafür haben, daß diese Organe von männlichen Säugetieren dazu benutzt würden, die Weibchen zu bezaubern. Der amerikanische *Mycetes caraya* bildet vielleicht eine Ausnahme, wie noch wahrscheinlicher einer von jenen Affen, welche dem Menschen noch näher kommen, nämlich der *Hylobates agilis*. Dieser Gibbon hat eine äußerst laute, aber musikalische Stimme. Mr. Waterhouse führt an:[30] „Es schien mir, als ob beim Auf- und Abgehen der Skala die Intervalle immer genau halbe Töne wären, und sicher war der höchste Ton die genaue Oktave des niedrigsten. Die Qualität der Töne ist sehr musikalisch, und ich zweifle nicht, daß ein guter Violinspieler imstande ist, eine korrekte Vorstellung von der Komposition des Gibbon zu geben, ausgenommen in bezug auf die Lautheit". Mr. Waterhouse gibt dann die Noten wieder. Professor Owen, welcher gleichfalls ein Musiker ist, bestätigt die vorstehenden Angaben und bemerkt, allerdings irrtümlicherweise, daß man von diesem Gibbon „allein unter den Säugetieren sagen kann, daß er singe". Er scheint nach seiner musikalischen Aufführung sehr erregt zu sein. Unglücklicherweise sind seine Gewohnheiten niemals im Naturzustand eingehend beobachtet worden; aber nach der Analogie mit beinahe allen übrigen Tieren ist es äußerst wahrscheinlich, daß er seine musikalischen Töne besonders während der Zeit der Bewerbung ausstößt.

---

[29] Dr. Scudder: Notes on Stridulation, in: Proceed. Boston Soc. of Natur. Hist., Vol. XI, April 1868.
[30] Mitgeteilt in: W. C. L. Martin's General Introduction to the Natur. Hist. of Mamm. Animals, 1841, p.432. Owen: Anatomy of Vertebrates. Vol. III, p.600.

Dieser Gibbon ist nicht die einzige Spezies der Gattung, welche singt; mein Sohn, Francis Darwin, hat im zoologischen Garten aufmerksam dem *H. leuciscus* zugehört, als derselbe eine Kadenz von drei Noten in reinen, musikalischen Intervallen und mit einem hellen musikalischen Tone sang. Noch überraschender ist die Tatsache, daß gewisse Nagetiere musikalische Laute hervorbringen. Häufig sind singende Mäuse erwähnt und zu öffentlicher Ausstellung gebracht worden; gewöhnlich hatte man aber den Verdacht einer Betrügerei. Wir haben indessen endlich von einem wohlbekannten Beobachter, S. Lockwood, einen genauen Bericht[31] über die musikalischen Kräfte einer amerikanischen Art erhalten, des *Hesperomys cognatus*, welcher zu einer von der englischen Maus verschiedenen Gattung gehört. Dieses kleine Tier wurde in Gefangenschaft gehalten und sein Gesang wurde wiederholt gehört. Bei einem der hauptsächlichsten Gesänge „wurde der letzte Takt häufig zu zweien oder dreien ausgezogen; zuweilen wechselte das Tierchen von Cis und D zu C und D, dann trillerte es eine kurze Zeitlang auf diesen beiden Tönen und schloß dann mit einem schnellen Zirpen auf Cis und D. Der Unterschied zwischen den beiden halben Tönen war sehr ausgesprochen und für ein gutes Ohr leicht vernehmbar". Mr. Lockwood führt beide Gesänge mit Noten an und fügt noch hinzu, daß diese kleine Maus, obschon sie „kein Ohr für Takt hatte, doch die Tonart von B (zwei b's) und genau die Dur-Tonart innehielt".... „ihre weiche klare Stimme fällt mit aller möglichen Präzision um eine Oktave, beim Schluß hebt sie sich dann wieder zu einem sehr schnellen Triller auf Cis und D".

Ein Kritiker hat gefragt, auf welche Weise die Ohren des Menschen (und anderer Tiere, hätte er hinzusetzen müssen) durch Zuchtwahl so modifiziert werden konnten, daß sie musikalische Töne unterscheiden. Diese Frage verrät aber etwas Konfusion über diesen Gegenstand. Ein Geräusch ist eine Empfindung, welche das Resultat des gleichzeitigen Vorhandenseins „einfacher Schwingungen" der Luft von verschiedener Schwingungsdauer ist, von welchen eine jede so häufig intermittiert, daß ihr gesondertes Vorhandensein nicht wahrgenommen werden kann. Nur durch den Mangel der Kontinuität derartiger Schwingungen und durch den Mangel der Harmonie unter sich weicht ein Geräusch von einem musikalischen Ton ab. Soll daher ein Ohr imstande sein, Geräusche zu unterscheiden – und die hohe Bedeutung dieser Fähigkeit für alle Tiere wird von jedermann zugegeben –, so muß es auch für musikalische Töne empfindlich sein. Für das Vorhandensein dieser Fähigkeit haben wir selbst bei sehr tief in der Tierreihe stehenden Formen Beweise: so haben Krustentiere Hörhaare von verschiedener Länge, welche man hat schwingen sehen, wenn die richtigen musikalischen Töne angeschlagen wurden.[32] Wie in einem früheren Kapitel angeführt wurde, sind ähnliche Beobachtungen auch über die Haare an den Antennen der Mücken gemacht worden. Von guten Beobachtern ist positiv behauptet worden, daß Spinnen von Musik angezogen werden. Es ist auch ganz bekannt, daß manche Hunde heulen, wenn sie besondere Töne hören.[33] Robben würdigen offenbar die Musik; ihre Vorliebe für solche „war den Alten ganz wohl bekannt und noch heutigen Tages ziehen Jäger Vorteil aus derselben"[34].

Soweit daher die bloße Wahrnehmung musikalischer Töne in Betracht kommt, scheint in bezug auf den Menschen ebensowenig wie in bezug auf irgendein anderes Tier eine besondere Schwierigkeit vorzuliegen. Helmholtz hat mit physiologischen Gründen erklärt, warum Konsonanzen dem menschlichen Ohr angenehm, Dissonanzen unangenehm sind; wir haben es aber hier nur wenig mit diesen zu tun, da harmonische Musik eine späte Erfindung ist. Wir haben es

---

[31] The American Naturalist, 1871, p.761.
[32] Helmholtz: Die Lehre von den Tonempfindungen. 3. Aufl. 1870, p.234.
[33] Berichte in diesem Sinne sind verschiedene veröffentlicht worden. Mr. Peach schreibt mir, daß er wiederholt beobachtet hat, wie ein alter Hund heulte, wenn B auf der Flöte geblasen wurde, aber bei keinem anderen Ton. Ich will noch einen anderen Fall von einem Hund anführen, der stets winselte, wenn ein bestimmter Ton auf einer verstimmten Konzertine gespielt wurde.
[34] R. Brown, in : Proceed. Zoolog. Soc., 1868, p.410.

hier mehr mit der Melodie zu tun, und auch da ist es, Helmholtz zufolge, wohl einzusehen, warum die Töne unserer musikalischen Tonleiter benutzt werden. Das Ohr zerlegt alle Klänge in die dieselben zusammensetzenden „einfachen Schwingungen", wenngleich wir uns dieser Analyse nicht bewußt sind. Bei einem musikalischen Ton ist die tiefste jener Schwingungen allgemein die vorherrschende, die anderen, weniger deutlich ausgesprochenen, sind die Oktave, Duodezime, Doppeloktave usw., sämtlich zu dem vorherrschenden Grundton; irgendwelche zwei Noten unserer Skala haben viele dieser harmonischen Obertöne gemeinsam. Es scheint daher ziemlich klar zu sein, daß, wenn ein Tier immer genau denselben Gesang zu singen wünscht, es sich dadurch leiten lassen wird, daß es diejenigen Töne nacheinander anschlägt, welche viele Obertöne gemeinsam besitzen, d. h. es wird zu seinem Gesang Töne wählen, welche zu unserer musikalischen Tonleiter gehören.

Wenn aber ferner gefragt wird, warum musikalische Töne in einer gewissen Ordnung und einem bestimmten Rhythmus dem Menschen und anderen Tieren Vergnügen bereiten, so können wir hierfür ebensowenig einen Grund anführen, wie für das Angenehme gewisser Gerüche und Geschmäcke. Daß sie Tieren Vergnügen irgendeiner Art bereiten, können wir daraus schließen, daß sie zur Zeit der Brautwerbung von vielen Insekten, Spinnen, Fischen, Amphibien und Vögeln hervorgebracht werden; denn wenn die Weibchen nicht fähig wären, solche Laute zu würdigen, und sie nicht von ihnen angeregt oder bezaubert würden, so würden die ausdauernden Anstrengungen der Männchen und die häufig nur ihnen allein zukommenden komplizierten Gebilde nutzlos sein; und dies kann man unmöglich glauben.

Allgemein wird zugegeben, daß der menschliche Gesang die Grundlage oder der Ursprung der Instrumentalmusik ist. Da weder die Freude an dem Hervorbringen musikalischer Töne noch die Fähigkeit hierzu von dem geringsten Nutzen für den Menschen in Beziehungen zu seinen gewöhnlichen Lebensverrichtungen sind, so müssen sie unter die mysteriösesten gerechnet werden, mit welchen er versehen ist. Sie sind, wenn auch in einem sehr rohen Zustand, bei Menschen aller Rassen, selbst den wildesten, vorhanden; der Geschmack der verschiedenen Rassen ist aber so verschieden, daß unsere Musik den Wilden nicht das mindeste Vergnügen gewährt und ihre Musik für uns widrig und sinnlos ist. Dr. Seemann macht einige interessante Bemerkungen über diesen Gegenstand[35] und „zweifelt, ob selbst unter den Nationen des westlichen Europas, so intim sie auch durch nahen und häufigen Verkehr verbunden sind, die Musik der einen von den anderen in dem nämlichen Sinne aufgefaßt wird. Reisen wir nach Osten, so finden wir, daß sicher eine verschiedene Sprache der Musik besteht. Gesänge der Freude und Begleitung zum Tanze sind nicht länger wie bei uns in den Dur-, sondern immer in den Molltonarten". Mögen nun die halbmenschlichen Urerzeuger des Menschen, wie die singenden Gibbons, die Fähigkeit, musikalische Töne hervorzubringen und daher auch ohne Zweifel zu würdigen, besessen haben oder nicht, so wissen wir doch, daß der Mensch diese Fähigkeiten in einer sehr weit zurückliegenden Periode besessen hat. Lartet hat zwei, aus Knochen und Geweihstücken des Rentiers gefertigte Flöten beschrieben, welche in Höhlen zusammen mit Feuersteinwerkzeugen und den Resten ausgestorbener Tiere gefunden worden sind. Auch die Künste des Singens und Tanzens sind sehr alt und werden jetzt von allen oder beinahe allen niedrigsten Menschenrassen geübt. Die Poesie, welche als das Kind des Gesanges betrachtet werden kann, ist gleichfalls so alt, daß viele Personen darüber ein Erstaunen erfüllt hat, daß sie während der frühesten Zeiten, von denen wir überhaupt einen Bericht haben, entstanden sein sollte.

Die musikalischen Fähigkeiten, welche keiner Rasse vollständig fehlen, sind einer prompten und bedeutenden Entwicklung fähig, wie wir bei Hottentotten und Negern sehen, welche aus-

---

[35] Journal of Anthropological Society, Oct. 1870, p.CLV. S. auch die verschiedenen späteren Kapitel in Sir J. Lubbock's Prehistoric Times. 2. edit., 1869, welche eine ausgezeichnete Schilderung der Gewohnheiten der Wilden enthalten.

gezeichnete Musiker geworden sind, obschon sie in ihren Heimatländern nur selten etwas ausüben, was wir als Musik betrachten würden. Schweinfurth wurde indessen von einigen der einfachen Melodien, welche er im Innern von Afrika hörte, angenehm berührt. Es liegt aber in dem Umstand, daß musikalische Fähigkeiten beim Menschen schlummern können, nichts Abnormes: einigen Spezies von Vögeln, welche von Natur niemals singen, kann ohne große Schwierigkeit das Singen gelehrt werden; so hat ein Haussperling den Gesang eines Hänflings gelernt. Da diese beiden Spezies nahe verwandt sind und zur Ordnung der Insessores gehören, welche beinahe alle Singvögel der Welt umfaßt, so ist es möglich, daß der Urerzeuger des Sperlings ein Sänger gewesen sein kann. Es ist eine viel merkwürdigere Tatsache, daß Papageien, welche zu einer von den Insessores verschiedenen Gruppe gehören und verschieden gebaute Stimmorgane haben, nicht bloß gelehrt werden können zu sprechen, sondern auch von Menschen erfundene Melodien zu pfeifen oder zu singen, so daß sie einige musikalische Fähigkeit haben müssen. Nichtsdestoweniger wäre es äußerst voreilig, anzunehmen, daß die Papageien von irgendeinem alten Vorfahren abstammten, welcher ein Sänger gewesen wäre. Es ließen sich viele Fälle anführen, wo Organe und Instinkte, welche ursprünglich einem bestimmten Zweck angepaßt waren, einem anderen völlig verschiedenen Zweck dienstbar gemacht worden sind.[36] Es kann daher die Fähigkeit für höhere musikalische Entwicklung, welche die wilden Rassen des Menschen besitzen, entweder die Folge davon sein, daß unsere halbmenschlichen Urerzeuger irgendeine rohe Form von Musik ausgeübt haben, oder einfach davon, daß sie zu einem verschiedenen Zweck die gehörigen Stimmorgane erlangt haben. Aber in diesem letzteren Falle müssen wir annehmen, daß sie, wie in dem eben erwähnten Beispiel der Papageien und wie es bei vielen Tieren vorzukommen scheint, bereits einen gewissen Sinn für Melodie besessen haben.

Die Musik erweckt verschiedene Gemütserregungen in uns, regt aber nicht die schrecklicheren Gemütsstimmungen des Entsetzens, der Furcht, Wut usw. an. Sie erweckt die sanfteren Gefühle der Zärtlichkeit und Liebe, welche leicht in Vergebung übergehen. In den chinesischen Annalen wird gesagt: „Musik hat die Kraft, den Himmel auf die Erde herabsteigen zu machen". Sie regt gleichfalls uns das Gefühl des Triumphes und das ruhmvolle Erglühen für den Krieg an. Diese kraftvollen und gemischten Gefühle können wohl dem Gefühl der Erhabenheit Entstehung geben. Wir können, wie Dr. Seemann bemerkt, eine größere Intensität des Gefühls in einem einzigen musikalischen Ton konzentrieren als in seitenlangen Schriften. Nahezu dieselben Erregungen, aber viel schwächer und weniger kompliziert, werden wahrscheinlich von Vögeln empfunden, wenn das Männchen seinen vollen Stimmumfang in Rivalität mit anderen Männchen zum Zweck des Bezauberns des Weibchens ausströmen läßt. Die Liebe ist noch immer das häufigste Thema unserer Gesänge. Wie Herbert Spencer bemerkt: „Die Musik regt schlummernde Empfindungen auf, deren Möglichkeit wir nicht begriffen hätten und deren Bedeutung wir nicht kennen", oder wie Jean Paul sagt: „Sie erzählt uns von Dingen, die wir nicht sehen werden". Umgekehrt werden, wenn lebhafte Erregungen gefühlt und vom Redner ausgedrückt oder selbst in der gewöhnlichen Sprache erwähnt werden, musikalische Kadenzen und Rhythmus instinktiv gebraucht. Wird der afrikanische Neger erregt, so bricht er häufig in Gesang aus. „Ein anderer antwortet mit Gesang, während die übrige Gesellschaft, als wäre sie von einer musika-

---

[36] Seitdem dieses Kapitel gedruckt ist, habe ich einen wertvollen Artikel von Mr. Chauncey Wright (North Americ. Review, Oct. 1870, p.293) gesehen, welcher nach Erörterung des obigen Gegenstandes noch bemerkt: „Es gibt viele Folgen der letzten Gesetze oder Übereinstimmungen der Natur, nach welchen die Erlangung einer nützlichen Kraft viele resultierende Vorteile ebenso wie beschränkende Nachteile, sowohl faktische als auch nur mögliche, mit sich bringt, welche das Prinzip der Nützlichkeit nicht mit in seinen Wirkungskreis gezogen haben kann." Dieses Prinzip hat eine bedeutende Tragweite, wie ich in einem der früheren Kapitel des vorliegenden Werks zu zeigen versucht habe, mit Rücksicht auf die durch den Menschen vollzogene Erlangung einiger seiner charakteristischen geistigen Eigenschaften.

lischen Welle berührt, in vollkommenem Gleichklang einen Chor murmelt."[37] Selbst Affen drücken starke Gefühle in verschiedenen Tönen, Ärger und Ungeduld durch niedrige, Furcht und Schmerz durch hohe Töne aus.[38] Die durch Musik oder durch die Kadenzen leidenschaftlichen Redevortrags in uns angeregten Empfindungen und Ideen erscheinen, wegen ihrer Unbestimmtheit aber doch Tiefe, wie geistige Rückschläge auf Erregungen und Gedanken einer lange vergangenen Zeit.

Alle diese Tatsachen in bezug auf Musik und leidenschaftliche Rede werden in einer gewissen Ausdehnung verständlich, wenn wir annehmen dürfen, daß musikalische Töne und Rhythmen von den halbmenschlichen Urerzeugern des Menschen während der Zeit der Brautwerbung gebraucht wurden, in einer Zeit, in welcher Tiere aller Arten nicht nur von Liebe, sondern auch von den starken Leidenschaften der Eifersucht, Rivalität, und des Triumphes erregt werden. In diesem Falle werden nach dem tief eingepflanzten Prinzip vererbter Assoziationen musikalische Töne sehr leicht in einer vagen und unbestimmten Art die starken Erregungen einer längst vergangenen Zeit hervorrufen. Da wir allen Grund zu vermuten haben, daß die artikulierte Sprache, wie sie sicher die höchste ist, eine der am spätesten vom Menschen erlangten Künste ist, und da das instinktive Vermögen, musikalische Töne und Rhythmen zu produzieren, in der Tierreihe sehr weit hinab entwickelt ist, so wäre es durchaus mit dem Prinzip der Entwicklung im Widerspruch, wenn wir annehmen sollten, daß die musikalische Fähigkeit des Menschen sich von den in der leidenschaftslosen Rede benutzten Tönen aus entwickelt hätte. Wir müssen annehmen, daß die Rhythmen und Kadenzen der oratorischen Sprache aus vorher entwickelten musikalischen Kräften herzuleiten sind.[39] Auf diese Weise können wir verstehen, woher es kommt, daß Musik, Tanz, Gesang und Poesie so sehr alte Künste sind. Wir können selbst noch weiter gehen und, wie in einem früheren Kapitel bemerkt wurde, annehmen, daß musikalische Laute eine der Grundlagen für die Entwicklung der Sprache abgaben.[40]

Da die Männchen mehrerer quadrumanen Tiere viel höher entwickelte Stimmorgane besitzen als die Weibchen, und da ein Gibbon, eine Art der anthropomorphen Affen, eine ganze Oktave musikalischer Töne erklingen läßt und, wie man wohl sagen kann, singt, so scheint die Vermutung nicht unwahrscheinlich zu sein, daß die Urerzeuger des Menschen, entweder die Männchen oder die Weibchen oder beide Geschlechter, ehe sie das Vermögen, ihre gegenseitige Liebe in artikulierter Sprache auszudrücken, erlangt hatten, sich einander in musikalischen Tönen und Rhythmen zu bezaubern versuchten. In bezug auf den Gebrauch der Stimme bei den Quadrumanen während der Zeit der Liebe ist so wenig bekannt, daß wir kaum irgendein Mittel zur Beurteilung besitzen, ob die Gewohnheit zu singen zuerst von unseren männlichen oder von unseren weiblichen Urerzeugern erlangt wurde. Man nimmt allgemein an, daß Frauen lieblichere

---

[37] Winwood Reade: The Martyrdom of Man, 1872, p.441, und „African Sketch Book", 1873, Vol. II, p.313.
[38] Rengger: Säugetiere von Paraguay, p.49.
[39] S. die sehr interessante Erörterung über den Ursprung und die Funktion der Musik von Herbert Spencer in seinen gesammelten Essays, 1858, p.359. Mr. Spencer kommt zu einem, dem, zu welchem ich gelangt bin, genau entgegengesetzten Schluß. Er folgert, wie es früher Diderot tat, daß die in der erregten Rede benutzten Tonfälle die Grundlagen darbieten, von welchen sich die Musik entwickelt habe; während ich schließe, daß musikalische Töne und Rhythmus zuerst von den männlichen oder weiblichen Urerzeugern des Menschen erlangt wurden zu dem Zweck, das andere Geschlecht zu bezaubern. Hierdurch wurden musikalische Töne fest mit einigen der stärksten Leidenschaften verbunden, welche zu fühlen ein Tier fähig ist, und werden nun infolgedessen instinktiv oder durch Assoziationsbewegung benutzt, wenn starke Erregungen in der Rede ausgedrückt werden. Mr. Spencer bietet keine irgendwie befriedigende Erklärung dar, ebensowenig kann ich es, warum hohe und tiefe Töne beim Menschen und bei den niederen Tieren als Ausdrücke gewisser Gemütserregungen bezeichnend sein sollen. Auch gibt Mr. Spencer eine interessante Erörterung über die Beziehungen zwischen Poesie, Rezitativ und Gesang.
[40] Ich finde in Lord Monboddo's Origin of Language, Vol. I, 1774, p.469, daß Dr. Blacklock gleichfalls glaubte, „daß die erste Sprache unter den Menschen Musik war und daß, ehe unsere Ideen durch artikulierte Laute ausgedrückt wurden, sie durch Töne mitgeteilt wurden, welche in entsprechenderWeise je nach ihrer Höhe und Tiefe abgeändert wurden".

Stimmen besitzen als Männer, und soweit dies als Fingerzeig dient, können wir schließen, daß sie zuerst musikalische Kräfte erlangten, um das andere Geschlecht anzuziehen.[41] Ist dies aber der Fall, so muß dies lange vorher eingetreten sein, ehe unsere Urahnen hinreichend menschlich wurden, um ihre Frauen einfach als nützliche Sklaven zu behandeln und zu schätzen. Der leidenschaftliche Redner, Barde oder Musiker hat, wenn er mit seinen abwechselnden Tönen und Kadenzen die stärksten Gemütserregungen in seinen Hörern erregt, wohl kaum eine Ahnung davon, daß er dieselben Mittel benutzt, durch welche in einer äußerst entfernt zurückliegenden Periode seine halbmenschlichen Vorfahren ineinander die glühenden Leidenschaften während ihrer gegenseitigen Bewerbung und Rivalität erregten.

Über den Einfluß der Schönheit bei der Bestimmung der Heiraten unter den Menschen. – Im zivilisierten Leben wird der Mann in großem Maße, aber durchaus nicht ausschließlich, bei der Wahl seines Weibes durch äußere Erscheinung beeinflußt. Wir haben es aber hier hauptsächlich mit den Urzeiten zu tun, und das einzige Mittel, das wir besitzen, uns hier ein Urteil über diesen Gegenstand zu bilden, ist das, die Gewohnheit jetzt lebender, halbzivilisierter und barbarischer Nationen zu studieren. Wenn gezeigt werden kann, daß die Männer aus verschiedenen Rassen Frauen vorziehen, welche gewisse charakteristische Eigenschaften besitzen, oder umgekehrt, daß die Frauen gewisse Männer vorziehen, dann haben wir zu untersuchen, ob eine derartige Wahl, durch viele Generationen hindurch fortgesetzt, eine irgendwie nachweisbare Wirkung auf die Rasse, entweder auf ein Geschlecht oder auf beide Geschlechter ausüben würde, wobei die letztere Alternative von der vorherrschenden Form der Vererbung abhängt.

Es dürfte zweckmäßig sein, zuerst mit einigen Einzelheiten nachzuweisen, daß Wilde auf ihre persönliche Erscheinung die größte Aufmerksamkeit verwenden.[42] Daß sie eine Leidenschaft für Ornamente haben, ist bekannt, und ein englischer Philosoph geht so weit zu behaupten, daß Zeuge zuerst zum Zweck des Schmuckes, nicht zur Wärme gemacht wurden. Wie Professor Waitz bemerkt: „So arm und elend der Mensch auch sein mag, er findet ein Vergnügen daran, sich zu schmücken." Die Extravaganz der nackten Indianer von Süd-Amerika beim Schmücken ihrer Person zeigt sich darin, daß ein „Mann von bedeutender Körpergröße mit Schwierigkeit durch die Arbeit zweier Wochen hinreichenden Lohn verdient, um sich im Tausch die Chica zu verdienen, welche er so nötig hat, sich rot zu machen"[43]. Die ältesten Barbaren von Europa während der Rentierperiode brachten alle glänzenden oder eigentümlichen Gegenstände, welche sie zufällig fanden, in ihre Höhlen. Heutigen Tages schmücken sich überall die Wilden mit Schmuckfedern, Halsbändern, Armbändern, Ohrringen usw. Sie bemalen sich selbst in der verschiedenartigsten Weise. „Wenn bemalte Nationen mit derselben Aufmerksamkeit wie bekleidete untersucht worden wären, so würde man", wie Humboldt bemerkt, „wahrgenommen haben, daß die fruchtbarste Einbildungskraft und die veränderlichste Laune die Moden des Malens ebensowohl wie die der Kleidung erfunden haben."

In einem Teil von Afrika werden die Augenlider schwarz gefärbt, in einem anderen Teil wer-

---

[41] S. eine interessante Erörterung über diesen Gegenstand in: Haeckel: Generelle Morphologie. Bd. II, 1866, p.246.
[42] Eine ausführliche und ausgezeichnete Schilderung der Art und Weise, in welcher Wilde aus allen Teilen der Welt sich schmücken, hat der italienische Reisende Prof. Mantegazza gegeben, in : Rio de la Plata, Viaggi e Studi, 1867, p.525-545; alle die folgenden Angaben sind, wenn nicht andere Verweisungen gegeben sind, diesem Werk entnommen. S. auch Waitz: Introduction to Anthropology. Vol. I, 1863, p.275ff. Auch Lawrence gibt ausführliche Details in seinen „Lectures on Physiology", 1822. Seitdem dieses Kapitel geschrieben wurde, hat Sir J. Lubbock sein „Origin of Civilisation", 1870, herausgegeben, worin sich ein interessantes Kapitel über den vorliegenden Gegenstand findet und woraus (p.42, 48) ich einige Tatsachen in bezug auf das Färben der Zähne und Haare und das Anbohren der Zähne bei Wilden entnommen habe.
[43] Alex. v. Humboldt: Personal Narrative. Vol. IV, p.515; über die Phantasie, wie sie sich beim Malen des Körpers zeigt, p.522; über die Modifikation der Form der Waden, p.466.

den die Nägel gelb oder purpurn gefärbt. An vielen Orten wird das Haar in verschiedenen Tönen gefärbt. In verschiedenen Gegenden werden die Zähne schwarz, rot, blau usw. gefärbt, und auf dem malaiischen Archipel glaubt man sich schämen zu müssen, wenn man weiße Zähne „wie ein Hund" hat. Nicht ein einziges großes Land, von den Polargegenden im Norden bis nach Neu-Seeland im Süden kann angeführt werden, in welchem die ursprünglichen Bewohner sich nicht tätowiert hätten. Diesem Brauch folgten die alten Juden und die alten Briten. In Afrika tätowieren sich einige der Eingeborenen; es ist aber viel häufiger, Wucherungen sich erheben zu lassen dadurch, daß man Salz in an den verschiedenen Teilen des Körpers angebrachte Einschnitte einreibt; und solche werden von den Einwohnern in Kordofan und Darfur „für große persönliche Reize gehalten". In den arabischen Ländern wird keine Schönheit für vollendet angesehen, bis nicht die Wangen „oder Schläfe zerschlitzt sind"[44]. In Süd-Amerika würde, wie Humboldt bemerkt, „eine Mutter strafbarer Gleichgültigkeit gegen ihre Kinder angeklagt werden, wenn sie nicht künstliche Mittel anwendete, die Wade oder das Bein nach der Mode des Landes zu formen". In der alten und neuen Welt wurde früher die Form des Schädels während der Kindheit in der außerordentlichsten Art und Weise umgebildet, wie es jetzt noch an vielen Orten der Fall ist, und derartige Formabweichungen werden für ornamental gehalten. So betrachten z. B. die Wilden von Kolumbien[45] einen sehr abgeflachten Kopf als „einen wesentlichen Punkt der Schönheit".

Das Haar wird in verschiedenen Ländern mit besonderer Sorgfalt behandelt. Man läßt es in seiner vollen Länge wachsen, so daß es bis auf den Boden reicht, oder es wird „in einen kompakten und gekräuselten Wulst zusammengekämmt, welcher der Stolz und Ruhm der Papuas ist"[46]. In Nord-Afrika „braucht ein Mann eine Zeit von acht bis zehn Jahren, um seinen Haarputz zu vollenden". Bei anderen Nationen wird der Kopf geschoren und in Teilen von Süd-Amerika und Afrika werden selbst die Augenbrauen und Augenwimpern ausgerissen. Die Eingeborenen des oberen Nils schlagen die vier Schneidezähne aus und sagen, sie wünschten nicht wie Tiere auszusehen. Weiter nach Süden schlagen sich die Batokas nur die beiden oberen Schneidezähne aus, was, wie Livingstone bemerkt[47], dem Gesicht infolge des Vorspringens der unteren Kinnlade ein widriges Aussehen gibt; diese Völker halten aber das Vorhandensein der Schneidezähne für äußerst unschön, und beim Erblicken von Europäern riefen sie aus: „Seht die großen Zähne!" Der große Häuptling Sehituani versuchte vergeblich, diese Mode zu ändern. In verschiedenen Teilen von Afrika und im malaiischen Archipel feilen die Eingeborenen die Schneidezähne spitz zu wie die Sägezähne oder durchbohren sie mit Löchern, in welche sie Klötzchen stecken.

Wie bei uns das Gesicht hauptsächlich seiner Schönheit wegen bewundert wird, so ist es bei Wilden der vorzügliche Sitz der Verstümmelung. In allen Teilen der Welt werden die Nasenscheidewand, seltener die Flügel der Nase durchbohrt und Ringe, Stäbchen, Federn und anderer Zierat in die Löcher eingefügt. Die Ohren werden überall durchbohrt und ähnlich verziert, und bei den Botokuden und Lenguas von Süd-Amerika wird das Loch allmählich so erweitert, daß der untere Rand des Ohrläppchens die Schulter berührt. In Nord- und Süd-Amerika und in Afrika wird entweder die obere oder die untere Lippe durchbohrt, und bei den Botokuden ist das Loch in der Unterlippe so groß, daß eine Holzscheibe von vier Zoll Durchmesser hineingetan wird. Mantegazza gibt eine merkwürdige Schilderung der von einem südamerikanischen Eingeborenen empfundenen Scham und des Gelächters, welches er erregte, als er seine „Tembeta", das große gefärbte Stück Holz, welches durch das Loch gesteckt wird, verkaufte. In Zentral-Afrika durchbohren die Frauen die untere Lippe und tragen einen Kristall darin, welcher infolge

---

[44] The Nile Tributaries, 1867. The Albert Nyanza, 1866, Vol. I, p.218.
[45] Angeführt von Prichard: Physic. Hist. of Mankind. 4. edit., Vol. I, 1851, p.321.
[46] Über die Papuas s. Wallace: The Malay Archipelago. Vol. II, p.445. Über den Haarputz der Afrikaner: Sir S. Baker: The Albert Nyanza. Vol. I, p.210.
[47] Travels etc., p.583.

der Bewegung der Zunge „während der Unterhaltung eine unbeschreiblich lächerliche tanzende Bewegung macht". Die Frau des Häuptlings von Latooka sagte Sir. S. Baker[48], daß „Lady Baker sich sehr verschönern würde, wenn sie ihre Vorderzähne aus der unteren Kinnlade herausziehen und den langen zugespitzten, polierten Kristall in ihrer Unterlippe tragen wollte". Weiter nach Süden, bei den Makalolo, wird die Oberlippe durchbohrt und ein großer metallener und Bambus-Ring, „Pelelé" genannt, in dem Loch getragen. „Dies veranlaßte es, daß in einem Falle die Lippe zwei Zoll über die Nasenspitze vorragte, und als die Dame lächelte, hob die Kontraktion der Muskeln die Lippe bis über die Augen. Warum tragen die Frauen diese Dinge? wurde der ehrbare Häuptling Chinsurdi gefragt. Offenbar erstaunt über eine so dumme Frage erwiderte er: der Schönheit wegen! Es sind dies die einzigen schönen Dinge, welche die Frauen haben. Männer haben Bärte, Frauen haben keine. Was für eine Art Person würde die Frau sein ohne das Pelelé? Sie würde mit einem Munde wie ein Mann, aber ohne Bart, gar keine Frau sein"[49].

Kaum irgendein Teil des Körpers, welcher in unnatürlicher Weise modifiziert werden kann, ist verschont geblieben. Die Größe der hierdurch verursachten Leiden muß wunderbar gewesen sein, denn viele der Operationen erfordern zu ihrer Vollendung mehrere Jahre, so daß die Idee von ihrer Notwendigkeit ganz imperativ sein muß. Die Motive sind verschiedenartig; die Männer malen sich ihre Körper an, um sich im Kampfe schrecklich aussehend zu machen. Gewisse Verstümmelungen stehen mit religiösen Gebräuchen in Verbindung oder bezeichnen das Alter der Pubertät oder den Rang des Mannes, oder sie dienen dazu, die Stämme zu unterscheiden. Da bei Wilden dieselben Moden für lange Perioden herrschen[50], so erlangen Verstümmelungen, aus welcher Ursache immer sie auch zuerst gemacht wurden, bald den Wert von Unterscheidungszeichen. Aber Schmückung, Eitelkeit und die Bewunderung anderer scheinen die häufigsten Motive zu sein. In bezug auf das Tätowieren sagten mir die Missionare in Neuseeland, daß, als sie einige Mädchen zu überreden versuchten, den Gebrauch aufzugeben, diese ihnen antworteten: „Wir müssen wenigstens ein paar Linien auf unseren Lippen haben, denn wenn wir alt werden, würden wir sonst sehr häßlich sein." In bezug auf die Männer in Neuseeland sagt ein äußerst fähiger Beurteiler[51], daß es für die jungen Männer ein großer Punkt des Ehrgeizes sei, „schön tätowierte Gesichter zu haben, sowohl um sich für die Damen anziehend als im Kriege auffallend zu machen". Ein auf die Stirn tätowierter Stern und ein Punkt auf dem Kinn werden in einem Teil von Afrika von den Frauen für unwiderstehliche Anziehungsmittel gehalten.[52] In den meisten, aber nicht in allen Teilen der Welt sind die Männer bedeutender verziert als die Frauen und oft in einer verschiedenen Weise; zuweilen, wenn auch selten, sind die Frauen beinahe gar nicht verziert. Da die Wilden die Frauen den größten Teil der Arbeit verrichten lassen und sie ihnen nicht gestatten, die beste Art von Nahrung zu genießen, so steht es in Übereinstimmung mit der charakteristischen Selbstsucht der Männer, daß man den Frauen nicht gestattet, den schönsten Zierat zu erlangen oder zu gebrauchen. Endlich ist es eine merkwürdige, durch vorstehende Anführungen bewiesene Tatsache, daß dieselben Moden in der Modifizierung der Kopfform, in der Verzierung des Haares, in dem Malen, dem Tätowieren, dem Durchbohren der Nase, der Lippen oder der Ohren, in der Entfernung oder dem Feilen der Zähne usw., in den voneinander entferntest liegenden Teilen der Welt jetzt herrschen oder lange Zeit geherrscht haben. Es ist äußerst unwahrscheinlich, daß diese Gebräuche, welchen so viele Nationen folgen, auf eine aus irgendeiner gemeinsamen Quelle herrührende Tradition weisen. Sie deuten vielmehr

---

[48] The Albert Nyanza, 1866, Vol. I, p.217.
[49] Livingstone: British Association, 1860; Auszug im Athenaeum, 7. Juli 1860, p.29.
[50] Sir S. Baker (a.a.O., Vol. I, p.210) spricht von den Eingeborenen von Zentral-Afrika und sagt: „Jeder Stamm hat eine bestimmte und unveränderliche Art, sich das Haar zu frisieren." S. Agassiz (Journey in Brazil, 1868, p.318), über die Unveränderlichkeit des Tätowierens bei den Indianern des Amazonas-Gebiets.
[51] R. Taylor: New Zealand and its Inhabitants, 1855, p.152.
[52] Mantegazza: Viaggi e Studi, p.542.

die große Ähnlichkeit der geistigen Anlage bei allen Menschen an, zu welcher Rasse sie auch gehören mögen, in derselben Weise, wie die beinahe allgemeinen Gewohnheiten des Tanzens, des Maskierens und der Fertigung roher Gemälde.

Nach diesen vorläufigen Bemerkungen über die Bewunderung, welche die Wilden verschiedenem Zierat und Entstellungen zollen, die für unsere Augen äußerst häßlich sind, wollen wir sehen, inwieweit die Männer durch die Erscheinung ihrer Frauen angezogen werden und was ihre Ideen von Schönheit sind. Ich habe behaupten hören, daß Wilde in bezug auf die Schönheit ihrer Frauen völlig indifferent seien und dieselben nur als Sklaven schätzen; es dürfte daher der Mühe wert sein, zu bemerken, daß diese Folgerung durchaus nicht zu der Sorgfalt stimmt, welche die Frauen darauf verwenden, sich zu schmücken, ebensowenig wie zu ihrer Eitelkeit. Burchell[53] gibt einen unterhaltsamen Bericht von einer Buschmännin, welche so viel Fett, roten Ocker und glänzendes Pulver brauchte, daß sie „jeden anderen als einen sehr reichen Ehemann ruiniert haben würde". Sie zeigte auch „viel Eitelkeit und gar zu offenbares Bewußtsein ihrer Vorzüglichkeit". Mr. Winwood Reade teilt mir mit, daß die Neger der Westküste oft über die Schönheit ihrer Frauen sich in Erörterungen einlassen. Einige kompetente Beobachter haben den fürchterlich verbreiteten Gebrauch des Kindsmordes zum Teil auf Rechnung des von den Frauen gehegten Wunsches geschrieben, ihr gutes Aussehen zu bewahren.[54] In mehreren Ländern tragen die Frauen Talismane und Amulette, um die Zuneigung der Männer zu gewinnen; und Mr. Brown zählt vier zu diesem Zweck von den Frauen von Nordwest-Amerika gebrauchte Pflanzen auf.[55]

Hearne[56], welcher viele Jahre unter den amerikanischen Indianern lebte und ein ausgezeichneter Beobachter war, sagt, wo er von den Frauen spricht: „Man frage einen nördlichen Indianer, was Schönheit sei, und er wird antworten, ein breites glattes Gesicht, kleine Augen, hohe Wangen, eine niedrige Stirn, ein großes breites Kinn, eine kolbige Hakennase, eine gelbbraune Haut und bis zum Gürtel herabhängende Brüste". Pallas, welcher die nördlichen Teile des chinesischen Reiches besuchte, sagt: „Es werden diejenigen Frauen vorgezogen, welche die Mandschu-Form haben, d.h. ein breites Gesicht, hohe Wangenknochen, sehr breite Nasen und enorme Ohren"[57]; und Vogt bemerkt dazu, daß die schräge Stellung der Augen, welche den Chinesen und Japanesen eigentümlich ist, in ihren Gemälden, „wie es scheint, zu dem Zweck übertrieben wird, die volle Pracht und Schönheit dieser Stellung im Kontrast mit dem Auge der rothaarigen Barbaren hervortreten zu lassen". Es ist, wie Hue wiederholt bemerkt, wohlbekannt, daß die Chinesen aus dem Innern die Europäer mit ihrer weißen Haut und den vorspringenden Nasen für häßlich halten. Nach unsern Ideen ist die Nase bei den Eingeborenen von Ceylon durchaus nicht zu sehr vorspringend, und doch waren „die Chinesen im siebten Jahrhundert, an die platten Gesichtszüge der Mogulrassen gewöhnt, über die vorspringenden Nasen der Singalesen überrascht, und Thsang beschreibt sie als ‚den Schnabel eines Vogels und den Körper eines Menschen habend'".

---

[53] Travels in S. Africa, 1824, Vol. I, p.414.
[54] S. wegen Verweisungen: Gerland: Über das Aussterben der Naturvölker, 1868, p.51, 53, 55; auch Azara: Voyages etc., Tom. II, p.116.
[55] Über die von den nordwest-amerikanischen Indianern benutzten Produkte des Pflanzenreiches s. Pharmaceutical Journal, Vol. X.
[56] A Journey from Prince of Wales Fort. 8vo. edit., 1796, p.89.
[57] Zitiert von Prichard: Phys. Hist. of Mankind. 3. edit., Vol. IV, 1844, p.519. Vogt: Vorlesungen über den Menschen. Bd. I, p.162. Über die Meinung der Chinesen von den Singalesen s. Sir J. E. Tennent: Ceylon. Vol. II, 1859, p.107.

Neunzehntes Kapitel

Finlayson, der eingehend das Volk von Cochin-China beschreibt, sagt, daß ihre runden Köpfe und Gesichter ihre hauptsächlichsten charakteristischen Merkmale seien, und fügt dann hinzu: „Die Rundung des ganzen Gesichts ist bei den Frauen noch auffallender, welche in dem Verhältnis für schön erklärt werden, als sie diese Form des Gesichts darbieten." Die Siamesen haben kleine Nasen, mit auseinanderstehenden Nasenlöchern, einen großen Mund, etwas dicke Lippen, ein merkwürdig großes Gesicht mit sehr hohen und breiten Wangenknochen. Es ist daher nicht zu verwundern, daß Schönheit unserem Begriffe nach für sie fremd ist. Und doch betrachten sie ihre eigenen Frauen als viel schöner als die von Europa"[58].

Es ist wohlbekannt, daß bei vielen Hottentottenfrauen der hintere Teil des Körpers in einer wunderbaren Weise vorspringt; sie sind steatopyg; und Sir Andrew Smith erklärt es für sicher, daß diese Eigentümlichkeit von den Männern sehr bewundert wird.[59] Er sah einmal eine Frau, welche für eine Schönheit gehalten wurde; dieselbe war hinten so ungeheuer entwickelt, daß, als sie sich auf ebenem Boden niedergesetzt hatte, sie nicht aufstehen konnte, sondern sich soweit fortziehen mußte, bis sie an einen Abhang kam. Manche von den Frauen in verschiedenen Negerstämmen sind ähnlich charakterisiert; der Angabe von Burton zufolge sollen die Somali-Männer „ihre Frauen auf die Weise wählen, daß sie alle in eine Reihe stellen und diejenige auswählen, welche am meisten a tergo vorspringt. Nichts kann für einen Neger hassenswürdiger sein als die entgegengesetze Form"[60].

In bezug auf die Farbe verhöhnten die Neger Mungo Park wegen der weißen Farbe seiner Haut und des Vorspringens seiner Nase, welches sie beides für „häßliche und unnatürliche Bildungen betrachten". Er rühmte in Erwiderung das glänzende Schwarz ihrer Haut und die liebliche Depression ihrer Nasen. Dies hielten sie für „Schmeichelei", gaben ihm aber nichtsdestoweniger etwas zu essen. Auch die afrikanischen Mohren „zogen ihre Augenbrauen zusammen und schienen sich zu schütteln" über die weiße Farbe seiner Haut. Als die Negerknaben an der östlichen Küste Burton sahen, riefen sie aus : „Seht den weißen Mann! Sieht er nicht aus wie ein weißer Affe?" Wie Mr. Winwood Reade mir mitteilt, bewundern die Neger an der westlichen Küste eine sehr schwarze Haut mehr als eine von einer helleren Färbung. Aber ihr Entsetzen vor der weißen Farbe kann der Angabe desselben Reisenden zufolge zum Teil dem bei den meisten der Neger vorhandenen Glauben zugeschrieben werden, daß Dämonen und Geister weiß sind, zum Teil der Ansicht, daß sie ein Zeichen schlechter Gesundheit ist.

Die Banyai des südlicheren Teiles des Kontinents sind Neger, aber „eine große Menge von ihnen ist von einer helleren Milchkaffeefarbe, und es wird jetzt diese Farbe in dem ganzen Lande für schön gehalten", so daß wir hier einen verschiedenen Maßstab des Geschmacks haben. Bei den Kaffern, welche bedeutend von den Negern abweichen, ist „die Haut mit Ausnahme der Stämme in der „Nähe der Delagoa-Bai gewöhnlich nicht schwarz; die vorherrschende „Färbung ist eine Mischung von schwarz und rot und die häufigste Schattierung ist schokoladenbraun. Dunkler Teint wird als der häufigste „natürlich im größten Wert gehalten. Zu hören, daß man hell gefärbt oder wie ein weißer Mann sei, würde von einem Kaffern für ein sehr schlechtes Kompliment gehalten werden. Ich habe von einem unglücklichen Mann gehört, welcher so sehr hell war, daß ihn kein Mädchen heiraten wollte". Einer der Titel des Zulukönigs ist: „Ihr der Ihr schwarz seid."[61] Als Mr. Galton mit mir über die Eingeborenen von Süd-Afrika sprach, bemerkte er, daß ihre Ideen von

---

[58] Prichard, nach den Angaben von Crawfurd und Finlayson, in: Phys. Hist. of Mankind. Vol. IV, p.534, 535.

[59] „Idem illustrissimus viator dixit mihi praecinetorium vel tabulam feminae, quod nobis teterrimum est, quondam permagno aestimari ab hominibus in hac gente. Nunc res mutata est, et censent talem conformationem minime optandam esse."

[60] The Anthropological Review, November 1864, p.237. Wegen weiterer Verweisungen s. Waitz: Introduction to Anthropology, 1863, Vol. I, p.105.

[61] Mungo Park's Travels in Africa, 4°, 1816, p.53, 131. Burtons Angabe wird von Schaaffhausen zitiert, in: Archiv für Anthropologie, 1866, p.163. Über die Banyai s. Livingstone: Travels, p.64. Über die Kaffern s. J. Shooter: The Kafirs of Natal and the Zulu Country, 1857, p.1.

Schönheit sehr verschieden von unseren zu sein scheinen; denn in einem der Stämme wurden zwei schlanke helle und hübsche Mädchen von den Eingeborenen nicht bewundert.

Wenden wir uns zu anderen Teilen der Erde. In Java wird der Angabe von Frau Pfeiffer zufolge ein gelbes und nicht ein weißes Mädchen für eine Schönheit gehalten. Ein Mann von Cochin-China „erzählte verächtlich von der Frau des dortigen englischen Gesandten, sie habe weiße Zähne wie ein Hund und eine rosige Farbe wie Patatenblumen". Wir haben gesehen, daß die Chinesen unsere weiße Haut nicht lieben und daß die Nordamerikaner eine „gelblich braune Haut" bewundern. In Süd-Amerika sind die Yura-caras, welche die bewaldeten feuchten Abhänge der östlichen Cordillera bewohnen, merkwürdig blaß gefärbt, wie ihr Name in ihrer eigenen Sprache es ausdrückt; nichtsdestoweniger halten sie europäische Frauen für ihren eigenen sehr untergeordnet.[62]

Bei mehreren Stämmen von Nord-Amerika wächst das Haar am Kopf zu einer wunderbaren Länge, und Catlin führt einen merkwürdigen Beweis dafür an, wie sehr dieses geschätzt wird; der Häuptling der Crows nämlich wurde zu dieser Stellung deshalb erwählt, weil er die längsten Haare unter allen Männern im Stamm hatte, und zwar zehn Fuß und sieben Zoll. Die Aymaras und Quechuas von Süd-Amerika haben gleichfalls sehr lange Haare, und diese werden, wie Mr. D. Forbes mir mitteilt, wegen ihrer Schönheit so sehr geschätzt, daß die schwerste Strafe, welche man ihnen auflegen konnte, die war, das Haar abzuschneiden. In beiden Hälften des Kontinents vergrößern die Eingeborenen zuweilen die scheinbare Länge ihres Haares dadurch, daß sie faserige Substanzen mit ihm verweben. Obschon das Haar am Kopf hiernach sehr hoch geschätzt ist, so wird das im Gesicht doch von den nordamerikanischen Indianern „für sehr gemein" gehalten, und jedes Haar wird sorgfältig ausgezogen. Dieser Gebrauch herrscht durch den ganzen amerikanischen Kontinent von Vancouver's Island im Norden bis zum Feuerland im Süden. Als York Minster, ein Feuerländer an Bord der Beagle, in sein Land zurückgebracht wurde, sagten ihm die Eingeborenen, er solle die wenigen kurzen Haare in seinem Gesicht ausreißen. Sie drohten auch einem jungen Missionar, welcher eine Zeit lang bei ihnen gelassen wurde, damit, ihn nackt auszuziehen und die Haare von seinem Gesicht und Körper auszureißen, und doch war er durchaus kein stark behaarter Mann. Es wird diese Mode bis zu einem solchen Extrem getrieben, daß die Indianer von Paraguay ihre Augenbrauen und Augenwimpern ausreißen, da sie sagen, sie wünschten nicht, wie Pferde auszusehen.[63]

Es ist merkwürdig, daß in der ganzen Welt die Rassen, welche fast vollständig eines Bartes entbehren, Haare im Gesicht und am Körper nicht leiden können und Sorgfalt darauf verwenden, sie auszuziehen. Die Kalmücken sind bartlos, und man weiß, daß sie, wie die Amerikaner, alle zerstreut stehenden Haare ausreißen, und dasselbe gilt für die Polynesier, einige Malaien und die Siamesen. Mr. Veitch führt an, daß die japanischen Damen „sich sämtlich an unseren Backenbärten stießen, sie für sehr häßlich erklärten und mir rieten, sie abzuschneiden und wie japanesische Männer auszusehen". Die Neuseeländer haben kurze gekräuselte Bärte; doch rissen sie früher die Haare im Gesicht aus. Sie hatten ein Sprichwort, „daß es für einen haarigen Mann keine Frau gibt"; die Mode scheint sich aber in Neuseeland, vielleicht infolge der Anwesenheit von Europäern, geändert zu haben; man hat mir versichert, daß jetzt Bärte von den Maoris bewundert werden.[64]

---

[62] In bezug auf die Javanesen und die Cochinchinesen s. Waitz: Anthropologie der Naturvölker. Bd. I, p.366; Introduction to Anthropol., Vol. I, p.305. Wegen der Yura-caras s. Alc. d'Orbigny, zitiert bei Prichard: Phys. Hist. of Mankind. Vol. V, 3. ed., p.476.

[63] North American Indians, by G. Catlin. 3. edit., 1842, Vol. I, p.49. Vol. II, p.227. Über die Eingeborenen von Vancouver's Island s. Sproat: Scenes and Studies of Savage Life, 1868, p.25. Über die Indianer von Paraguay s. Azara: Voyages etc., Tom. II, p.105.

[64] Über die Siamesen s. Prichard: a.a.O., Vol. IV, p.533. Über die Japanesen: Veitch, in: Gardener's Chronicle, 1860, p.1104. In bezug auf die Neuseeländer s. Mantegazza: Viaggi e Studi, 1867, p.526. Wegen der anderen oben erwähnten Nationen s. Verweisungen in: Lawrence: Lectures on Physiology, 1822, p.272.

Neunzehntes Kapitel

Auf der anderen Seite bewundern bärtige Rassen ihre Bärte und schätzen sie sehr. Unter den Angelsachsen hatte jeder Teil des Körpers ihren Gesetzen zufolge einen anerkannten Wert. „Der Verlust des Bartes wurde auf zwanzig Schilling geschätzt, während das Brechen des Oberschenkels nur zu zwölf festgesetzt war."[65] Im Orient schwören die Männer feierlich bei ihren Bärten. Wir haben gesehen, daß Chinsurdi, der Häuptling der Makalolo in Afrika, offenbar der Ansicht war, daß Bärte eine große Zierde seien. Bei den Fidschi-Insulanern im Stillen Ozean ist der Bart „üppig und buschig und ist der größte Stolz der Männer", während die Eingeborenen der benachbarten Archipele von Tonga und Samoa „bartlos sind und ein rauhes Kinn verabscheuen". Nur auf einer einzigen Insel der Ellice-Gruppe sind „die Männer stark bebartet und nicht wenig stolz darauf"[66].

Wir sehen hieraus, wie sehr die verschiedenen Rassen des Menschen in ihrem Geschmack fürs Schöne verschieden sind. In jeder Nation, die weit genug fortgeschritten war, sich Bildnisse ihrer Götter oder ihrer vergötterten Herrscher zu machen, versuchten ohne Zweifel die Bildhauer ihr Ideal von Schönheit und Großartigkeit in diesen Bildwerken auszudrücken.[67] Von diesem Gesichtspunkt aus verdienen die griechischen Statuen des Jupiter oder Apollo mit den ägyptischen oder assyrischen Statuen im Geiste verglichen zu werden, und diese wiederum mit den häßlichen Basreliefs der zerstörten Bauten von Zentral-Amerika.

Ich bin sehr wenigen Angaben begegnet, welche der eben erwähnten Schlußfolgerung entgegenstehen; indessen ist Mr. Winwood Reade, welcher reichlich Gelegenheit zur Beobachtung nicht nur in bezug auf die Neger der Westküste von Afrika, sondern auch in bezug auf die des Innern hatte, welche niemals mit Europäern in Verbindung gestanden haben, überzeugt, daß ihre Ideen von Schönheit im ganzen dieselben sind wie unsere. In ähnlichem Sinne äußert sich Dr. Rohlfs brieflich gegen mich in bezug auf die Bornu und die von den Pullo-Stämmen bewohnten Länder. Mr. Reade fand, daß er mit den Negern in der Wertschätzung der Schönheit der eingeborenen Mädchen übereinstimmte und daß ihre Würdigung der Schönheit europäischer Frauen der unseren entsprechend war. Sie bewundern langes Haar und brauchen künstliche Mittel, es sehr reich erscheinen zu lassen. Sie bewundern auch einen Bart, obschon sie selbst spärlich damit versehen sind. Mr. Reade ist im Zweifel, welche Art von Nasen am meisten geschätzt werde. Man hat ein Mädchen sagen hören, „ich mag den nicht heiraten, er hat keine Nase", und dies beweist, daß eine sehr platte Nase kein Gegenstand der Bewunderung ist. Wir müssen uns indessen erinnern, daß die plattgedrückten und sehr breiten Nasen und vorspringenden Kinnladen der Neger der Westküste ausnahmsweise Typen unter den Einwohnern von Afrika sind. Trotz der vorstehenden Angaben gibt Mr. Reade zu, daß Neger „die Farbe unserer Haut nicht leiden können; sie betrachten blaue Augen mit Widerwillen und halten unsere Nasen für zu lang und unsere Lippen für zu dünn". Er hält es nicht für wahrscheinlich, daß Neger jemals „die schönste europäische Frau nur aufgrund der bloßen physischen Bewunderung einer gut aussehenden Negerin vorziehen würden"[68].

Die Wahrheit des schon vor längerer Zeit von Humboldt[69] betonten Grundsatzes, daß der

---

[65] Sir J. Lubbock: Origin of Civilization, 1870, p.321.
[66] Dr. Barnard Davis zitiert Prichard und andere wegen dieser Tatsachen von den Polynesiern, in: Anthropological Review, April 1870, p.185, 191.
[67] Ch. Comte gibt Bemerkungen in diesem Sinne in seinem „Traité de Législation", 3. edit., 1837, p.136.
[68] The African Sketch Book. Vol. II, 1873, p.253, 394, 521. Wie mir ein Missionar mitgeteilt hat, welcher lange Zeit unter den Feuerländern gelebt hat, betrachten dieselben europäische Frauen als außerordentlich schön; nach dem aber, was wir von dem Urteil der anderen Eingeborenen von Amerika gesehen haben, kann ich nur glauben, daß dies ein Irrtum ist, wenn sich nicht geradezu diese Angaben auf Feuerländer beziehen, welche einige Zeit unter Europäern gelebt haben und uns für höhere Wesen halten müssen. Ich muß noch hinzufügen, daß ein äußerst erfahrener Beobachter, Capt. Burton, der Ansicht ist, daß eine Frau, welche wir für schön halten, auf der ganzen Welt bewundert wird; Anthropological Review, March 1864, p.245.
[69] Personal Narrative. Vol. IV, p.518 u.a. O. Mantegazza hebt in seinen „Viaggi e Studi", 1867, denselben Grundsatz nachdrücklich hervor.

Mensch die Charaktere bewundert und häufig zu übertreiben sucht, welche die Natur ihm nur immer gegeben haben mag, zeigt sich auf vielerlei Weise. Der Brauch bartloser Rassen, jede Spur eines Bartes zu entfernen, ebenso wie allgemein die Haare am Körper, bietet eine Erläuterung dazu dar. Der Schädel ist während alter und neuerer Zeiten von vielen Nationen bedeutend modifiziert worden, und es läßt sich wenig zweifeln, daß dies besonders in Nord- und Süd-Amerika zu dem Zweck ausgeübt wurde, um irgendeine natürliche und bewunderte Eigentümlichkeit zu übertreiben. Viele amerikanische Indianer bewundern bekanntlich einen Kopf, der zu einem solchen extremen Grade abgeplattet ist, daß er uns wie der eines Idioten erscheint. Die Eingeborenen der Nordwestküste drücken ihren Kopf in die Form eines zugespitzten Kegels zusammen und es ist beständiger Gebrauch bei ihnen, das Haar in einen Knoten auf der Spitze ihres Kopfes zusammenzufassen zu dem Zweck, wie Dr. Wilson bemerkt, „die scheinbare Erhebung der beliebten konischen Form noch zu erhöhen". Die Einwohner von Arakhan „bewundern eine breite glatte Stirn, und um diese hervorzubringen befestigen sie eine Bleiplatte an den Köpfen ihrer neugeborenen Kinder". Andererseits „wird ein breites, gut gerundetes Hinterhaupt von den Eingeborenen der Fidschi-Inseln für eine große Schönheit gehalten"[70].

Wie für den Schädel, so gilt dasselbe auch für die Nase. Die alten Hunnen waren während des Zeitalters Attilas gewöhnt, die Nasen ihrer Kinder mit Bandagen abzuplatten „zum Zwecke der Übertreibung einer natürlichen Bildung". Bei den Tahiti-Insulanern wird die Benennung „Langnase" für einen Insult gehalten, und sie komprimieren die Nasen und Stirnen ihrer Kinder zum Zweck der Schönheit. Dasselbe ist der Fall bei den Malaien von Sumatra, den Hottentotten, gewissen Negern und den Eingeborenen von Brasilien.[71] Die Chinesen haben von Natur ungewöhnlich kleine Füße[72]; und es ist wohlbekannt, daß die Frauen der oberen Klassen ihre Füße verdrehen, um sie noch kleiner zu machen. Endlich glaubt Humboldt, daß die amerikanischen Indianer deshalb ihre Körper mit roter Farbe so gern anstreichen, um ihre natürliche Farbe zu übertreiben, und noch bis in die neueste Zeit erhöhen europäische Frauen ihre natürlichen hellen Farben durch rote und weiße Schminke. Es dürfte aber doch zweifelhaft sein, ob barbarische Nationen irgend derartige Absichten hatten, als sie sich bemalten.

Bei den Moden unserer eigenen Kleidung sehen wir genau dasselbe Prinzip und denselben Wunsch, jeden Punkt bis zum Extrem zu führen; auch zeigt sich hier derselbe Geist des wetteifernden Ehrgeizes. Es sind aber die Moden der Wilden viel beständiger als unsere; und wo nur immer ihre Körper künstlich modifiziert werden, ist dies notwendigerweise der Fall. Die arabischen Frauen des oberen Nils brauchen ungefähr drei Tage dazu, ihr Haar zu ordnen. Sie ahmen niemals anderen Stämmen nach, sondern wetteifern nur untereinander „in der höchsten Entwicklung ihres eigenen Stils". Dr. Wilson spricht von den zusammengedrückten Schädeln verschiedener amerikanischer Rassen und fügt hinzu: „Derartige Gebräuche gehören zu den am wenigsten zu beseitigenden und überleben um lange Zeit den Anprall der Revolutionen, welche Dynastien wechseln lassen und bedeutungsvollere Nationaleigentümlichkeiten beseitigen."[73] Dasselbe Prinzip kommt auch bei der Kunst der Zuchtwahl mit ins Spiel; und wir können

---

[70] Über die Schädel der amerikanischen Stämme s. Nott and Gliddon: Types of Mankind, 1854, p.440; Prichard: Physic. Hist. of Mankind. Vol. I, 3. edit., p.321; über die Eingeborenen von Arakhan, ebd., Vol. IV, p.537; Wilson: Physical Ethnology, in: Smithsonian Institution, 1863, p.288; über die Fiji-Insulaner, p.290. Sir J. Lubbock (Prehistoric Times, 2. edit., 1869, p.506) gibt ein ausgezeichnetes Resümee über diesen Gegenstand.

[71] Über die Hunnen s. Godron: De l'Espèce. Tom. II, 1859, p.300. Über die Eingeborenen von Tahiti s. Waitz: Anthropolog., Vol. I, p.305. Marsden, zitiert von Prichard: Physic. Hist. of Mankind. 3. ed., Vol. V, p.67. Lawrence: Lectures on Physiology, p.337.

[72] Diese Tatsache wurde auf der Reise der Novara festgestellt; s. Anthropologischer Teil, Dr. Weisbach, 1867, p.265.

[73] Smithsonian Institution, 1863, p.289. Über die Moden der arabischen Frauen s. Sir S. Baker: The Nile Tributaries, 1867, p.121.

hiernach, wie ich an einer anderen Stelle erklärt habe[74], die wunderbare Entwicklung der vielen Rassen von Tieren und Pflanzen verstehen, welche bloß zum Schmuck gehalten werden. Züchter wünschen immer einen jeden Charakter etwas vergrößert zu haben, sie bewundern keinen mittleren Maßstab; sicherlich wünschen sie keinen großen und plötzlichen Wechsel in dem Charakter ihrer Rassen; sie bewundern allein, was sie zu sehen gewöhnt sind; aber sie wünschen eifrigst, jeden charakteristischen Zug etwas mehr entwickelt zu haben.

Ohne Zweifel ist das sinnliche Wahrnehmungsvermögen des Menschen und der niederen Tiere so konstituiert, daß glänzende Farben und gewisse Formen ebenso wie harmonische und rhythmische Laute Vergnügen gewähren und schön genannt werden; warum dies aber so sein muß, wissen wir nicht. Es ist gewiß nicht wahr, daß es im Geist des Menschen irgendeinen allgemeinen Maßstab der Schönheit in bezug auf den menschlichen Körper gibt. Indessen ist es möglich, daß ein gewisser Geschmack im Laufe der Zeit vererbt worden ist, obschon keine Beweise zugunsten dieser Annahme vorhanden sind; und wenn dies der Fall ist, so würde jede Rasse ihren eigenen eingeborenen idealen Maßstab der Schönheit besitzen. Es ist behauptet worden[75], daß Häßlichkeit in einer Annäherung an die Bildung der niederen Tiere bestehe, und dies ist ohne Zweifel für zivilisiertere Nationen wahr, bei welchen der Intellekt hoch geschätzt wird; die Erklärung läßt sich aber kaum auf alle Formen von Häßlichkeit anwenden. Die Menschen einer jeden Rasse ziehen das vor, was sie zu sehen gewohnt sind, sie können keine Veränderung ertragen, aber sie lieben Abwechslung und bewundern es, wenn ein charakteristischer Punkt bis zu einem mäßigen Extrem geführt wird.[76] Menschen, welche an ein nahezu ovales Gesicht, an einfache und regelmäßige Züge und helle Farben gewöhnt sind, bewundern, wie wir Europäer es wissen, diese Punkte, wenn sie stark entwickelt sind. Auf der anderen Seite bewundern Menschen, welche an ein breites Gesicht mit hohen Wangenknochen, eine abgeplattete Nase und eine schwarze Haut gewöhnt sind, diese Punkte, wenn sie stark ausgeprägt sind. Ohne Zweifel können Eigenschaften aller Art leicht zu stark entwickelt werden, um schön zu sein. Es wird daher eine vollkommene Schönheit, welche viele Merkmale in besonderer Art und Weise modifiziert in sich faßt, in jeder Rasse ein Wunder sein. Wie der große Anatom Bichat vor längerer Zeit schon sagte: Wenn ein jeder nach derselben Form gegossen wäre, so würde es keine Schönheit geben. Wenn alle unsere Frauen so schön wie die Venus von Medici wären, so würden wir eine Zeitlang bezaubert sein; wir würden aber sehr bald Abwechslung wünschen; und sobald wir eine Abwechslung erlangt hätten, würden wir gewisse Eigenschaften bei unseren Frauen etwas über den nun existierenden gewöhnlichen Maßstab hinausragend zu sehen wünschen.

---

[74] Das Variieren der Tiere und Pflanzen im Zustand der Domestikation. 2. Aufl., Bd. I, p.240; Bd. II, p.274.
[75] Schaaffhausen: Archiv für Anthropologie, 1866, p.164.
[76] Mr. Bain hat (Mental and Moral Science, 1868, p.304-314) ungefähr ein Dutzend mehr oder weniger verschiedener Theorien der Idee der Schönheit gesammelt; aber keine stimmt völlig mit der hier gegebenen überein.

Zwanzigstes Kapitel

Sekundäre Sexualcharaktere des Menschen (Fortsetzung)

Über die Wirkungen der fortgesetzten Wahl von Frauen nach einem verschiedenen Maßstab der Schönheit in jeder Rasse – Über die Ursachen, welche die geschlechtliche Zuchtwahl bei zivilisierten und wilden Rassen stören – Der geschlechtlichen Zuchtwahl günstige Bedingungen in Urzeiten – Über die Art der Wirkung der geschlechtlichen Zuchtwahl beim Menschengeschlecht – Über den Umstand, daß die Frauen wilder Stämme in etwas die Fähigkeit haben, sich Gatten zu wählen – Fehlen des Haares am Körper und Entwicklung des Bartes – Farbe der Haut – Zusammenfassung

Wir haben im letzten Kapitel gesehen, daß bei allen barbarischen Rassen Zierat, Kleidung und äußere Erscheinung einen hohen Wert haben und daß die Männer über die Schönheit ihrer Frauen nach sehr verschiedenen Maßstäben urteilen. Wir müssen nun zunächst untersuchen, ob dieses Vorziehen und die darauf folgende Wahl derjenigen Frauen, welche den Männern einer jeden Rasse als die anziehendsten erschienen, während vieler Generationen, entweder den Charakter allein der Frauen oder beider Geschlechter verändert haben. Bei Säugetieren scheint die allgemeine Regel die zu sein, daß Charaktere aller Arten gleichmäßig von den Männchen und Weibchen geerbt werden; wir können daher erwarten, daß beim Menschen alle durch geschlechtliche Zuchtwahl von den Frauen oder von den Männern erlangten Charaktere gewöhnlich den Nachkommen beiderlei Geschlechts überliefert werden. Wenn irgendeine Veränderung hierdurch bewirkt worden ist, so ist es beinahe gewiß, daß die verschiedenen Rassen verschieden modifiziert sein werden, da jede ihren eigenen Maßstab der Schönheit hat.

Bei Menschen, besonders bei Wilden, stören viele Ursachen die Tätigkeit der geschlechtlichen Zuchtwahl, soweit der Körperbau in Betracht kommt. Zivilisierte Männer werden in hohem Grade durch die geistigen Reize der Frauen angezogen, ebenso durch ihren Wohlstand und besonders durch ihre soziale Stellung; denn die Männer heiraten selten in einen viel tieferen Lebensrang. Die Männer, welche im Gewinnen der schöneren Frauen erfolgreich sind, werden keine größere Wahrscheinlichkeit für sich haben, eine längere Deszendenzreihe zu hinterlassen als Männer mit einfacheren Weibern, ausgenommen die wenigen, welche ihr Vermögen nach den Gesetzen der Primogenitur vererben. In bezug auf die entgegengesetzte Form der Auswahl, nämlich die Wahl anziehender Männer durch die Frauen, wird, obschon bei zivilisierten Nationen die Frauen eine freie oder beinahe freie Wahl haben, was bei barbarischen Rassen nicht der Fall ist, doch deren Wahl in hohem Grade durch die soziale Stellung und den Wohlstand der Männer beeinflußt; und der Erfolg der letzteren im Leben hängt zum großen Teil von ihren intellektuellen Kräften und ihrer Energie oder von den Resultaten dieser selben Kräfte bei ihren Vorfahren ab. Es bedarf keiner Entschuldigung, wenn dieser Gegenstand etwas ausführlich behandelt wird; denn wie der Philosoph Schopenhauer bemerkt: „Das endliche Ziel aller Liebesintrigen, mögen sie komisch oder tragisch sein, ist wirklich von größerer Bedeutung als alle übrigen Zwecke im menschlichen Leben. Um was sich hier alles dreht, ist nichts Geringeres als die Beschaffenheit der nächsten Generation … Es ist nicht das Wohl und Wehe jedes einzelnen Individuums, sondern das der künftigen Menschenrasse, welches hier auf dem Spiel steht."[1]

Es ist indessen Grund vorhanden zu glauben, daß geschlechtliche Zuchtwahl bei gewissen zivilisierten oder halbzivilisierten Nationen doch eine Wirkung auf die Modifikation des Körperbaues einiger ihrer Glieder geäußert hat. Viele Personen sind, und wie es mir scheint mit Recht, davon überzeugt, daß die Glieder unserer Aristokratie, wobei ich unter diesem Ausdruck alle

---

[1] „Schopenhauer and Darwinism", in: Journal of Anthropology, Jan. 1871, p.323.

wohlhabenden Familien mit umfasse, in welchen Primogenitur seit langem geherrscht hat, – weil sie viele Generationen hindurch aus allen Klassen die schöneren Mädchen sich zu ihren Frauen erwählt haben, dem europäischen Maßstabe von Schönheit zufolge schöner geworden sind als die mittleren Klassen; doch sind die mittleren Klassen in bezug auf vollkommene Entwicklung des Körpers unter gleich günstigen Bedingungen. Cook bemerkt, daß die Superiorität in der persönlichen Erscheinung, „welche auf allen übrigen Inseln (des Stillen Ozeans) bei den Erees oder Adeligen zu beobachten ist, auf den Sandwich-Inseln allgemein gefunden wird". Dies mag aber hauptsächlich Folge ihrer besseren Ernährung und Lebensweise sein.

Bei der Beschreibung der Perser sagt der alte Reisende Chardin: „Ihr Blut ist jetzt durch häufige Vermischung mit den Georgiern und Circassiern, welche beide Nationen in bezug auf persönliche Schönheit die ganze Welt übertreffen, im hohen Grade veredelt. Es ist kaum ein Mann von Rang in Persien, welcher nicht von einer georgischen oder circassischen Mutter geboren wäre". Er fügt hinzu, daß sie ihre Schönheit erben, „indessen nicht von ihren Vorfahren, denn ohne die erwähnte Vermischung würden die Leute von Rang in Persien, welche Nachkommen der Tartaren sind, äußerst häßlich sein"[2]. Das folgende ist ein noch merkwürdigerer Fall. Die Priesterinnen, welche den Tempel der Venus Erycina in San-Giuliano in Sizilien bedienten, wurden um ihrer Schönheit willen aus ganz Griechenland ausgewählt. Sie waren keine vestalischen Jungfrauen, und Quatrefages[3], welcher die vorstehende Tatsache anführt, bemerkt, daß die Frauen von San-Giuliano noch heutigen Tages als die schönsten auf der Insel berühmt sind und von Künstlern als Modelle gesucht werden. Offenbar sind die Beweise in den eben erwähnten Fällen aber zweifelhaft.

Obgleich sich der folgende Fall auf Wilde bezieht, so ist er doch, seiner Merkwürdigkeit wegen, der Erwähnung wert. Mr. Winwood Reade teilt mir mit, daß die Jollofs, ein Negerstamm an der Westküste von Afrika, „wegen ihrer gleichförmig schönen Erscheinung merkwürdig sind". Einer seiner Freunde fragte einen dieser Leute: „Woher kommt es, daß ein jeder, dem ich hier begegne, so schön aussieht, nicht bloß Eure Männer, sondern auch Eure Frauen?" Der Jollof antwortete: „Das ist sehr leicht zu erklären: es ist stets unser Gebrauch gewesen, unsere schlecht aussehenden Sklaven auszusuchen und zu verkaufen". Es braucht kaum hinzugefügt zu werden, daß bei allen Wilden weibliche Sklaven als Konkubinen dienen. Daß dieser Neger, mag er es mit Recht oder mit Unrecht getan haben, das schöne Aussehen des Stammes der lange fortgesetzten Beseitigung der häßlichen Frauen zugeschrieben haben sollte, ist nicht so überraschend, als es auf den ersten Blick aussehen dürfte; denn ich habe an einer anderen Stelle gezeigt[4], daß Neger die Bedeutung der Zuchtwahl bei der Zucht der domestizierten Tiere vollkommen würdigen, und ich könnte nach Mr. Reade weitere Belege für diesen Punkt anführen.

Über die Ursachen, welche die Wirkung geschlechtlicher Zuchtwahl bei Wilden hindern oder hemmen. – Die hauptsächlichsten Ursachen sind: erstens, sogenannte kommunale Ehen oder allgemeine Vermischung; zweitens die Folgen des weiblichen Kindsmordes; drittens frühe Verlobungen; und endlich die niedrige Schätzung, in welcher die Frauen gehalten werden, nämlich als bloße Sklaven. Diese vier Punkte müssen mit einiger Ausführlichkeit betrachtet werden.

So lange das Paaren des Menschen oder irgendeines anderen Tieres dem Zufall überlassen ist, ohne daß von einem der Geschlechter eine Wahl ausgeübt wird, kann offenbar keine geschlechtliche Zuchtwahl vorkommen; und es wird auf die Nachkommen keine Wirkung dadurch hervor-

---

[2] Diese Zitate sind aus Lawrence: Lectures on Physiology etc., 1822, p.393, entnommen, welcher die Schönheit der höheren Klassen in England dem Umstand zuschreibt, daß die Männer lange Zeit hindurch die schöneren Frauen ausgewählt haben.
[3] „Anthropologie", in: Revue des Cours scientifiques. Oct. 1868, p.721.
[4] Das Variieren der Tiere und Pflanzen im Zustand der Domestikation. 2. Aufl., Bd. II, p.236.

gebracht werden, daß gewisse Individuen über andere bei ihrer Bewerbung einen Vorteil haben. Nun wird behauptet, daß heutigen Tages noch Stämme existieren, bei welchen das besteht, was Sir J. Lubbock aus Höflichkeit kommunale Ehen nennt, d. h. alle Männer und Frauen in dem Stamm sind Ehegatten untereinander. Die Ausschweifung vieler Wilden ist ohne Zweifel erstaunlich groß; es scheint mir aber doch, als wären noch weitere Beweise nötig, ehe wir vollständig annehmen können, daß die vorkommende Vermischung in irgendeinem Fall wirklich allgemein ist. Nichtsdestoweniger glauben alle diejenigen, welche den Gegenstand am eingehendsten studiert haben[5], und deren Urteil viel mehr wert ist als das meinige, daß kommunale Ehen (der Ausdruck wird in verschiedener Weise umgangen) die ursprüngliche und allgemeine Form auf der ganzen Erde war, mit Einschluß der Heiraten zwischen Brüdern und Schwestern. Der verstorbene Sir A. Smith, welcher viel in Süd-Afrika gereist war und die Lebensweise der Wilden dort und an anderen Orten gut kannte, drückte mir gegenüber die entschiedenste Meinung aus, daß keine Rasse existiere, bei welcher die Frau als Eigentum der Gemeinde betrachtet werde. Ich glaube, daß sein Urteil in hohem Grade durch die Idee bestimmt wurde, die wir mit dem Ausdruck Ehe verbinden. Im ganzen Verlaufe der folgenden Erörterung werde ich den Ausdruck in demselben Sinn gebrauchen, wie wenn Naturforscher von monogamen Tieren sprechen, worunter sie verstehen, daß das Männchen von einem einzigen Weibchen angenommen wird oder ein einziges Weibchen sich wählt und mit ihm entweder während der Brutzeit oder das ganze Jahr hindurch lebt und dasselbe nach dem Gesetz der Macht in seinem Besitz hält; oder so, wie wir von einer polygamen Spezies sprechen, worunter wir verstehen, daß das Männchen mit mehreren Weibchen lebt. Diese Art von Ehe ist alles, was uns hier angeht, da sie für die Arbeit der geschlechtlichen Zuchtwahl genügt. Ich weiß aber, daß mehrere der oben erwähnten Schriftsteller mit dem Ausdruck „Ehe" noch ein anerkanntes, vom Stamm geschütztes Recht verstehen.

Die indirekten Beweise zugunsten der Annahme eines früheren Vorherrschens kommunaler Ehen sind äußerst bündig und beruhen hauptsächlich auf Bezeichnungen der Verwandtschaftsgrade, welche zwischen den Gliedern eines und des nämlichen Stammes angewendet werden und welche einen Zusammenhang nur mit dem Stamm und nicht mit einem der beiden Eltern enthalten. Der Gegenstand ist aber zu weitläufig und kompliziert, um hier auch nur einen Auszug davon geben zu können. Ich werde mich daher auf wenige Bemerkungen beschränken. Offenbar ist bei solchen Ehen, oder wo das Band der Ehe ein sehr lockeres ist, die verwandtschaftliche Beziehung des Kindes zu seinem Vater nicht bekannt. Es scheint aber beinahe unglaublich zu sein, daß die Verwandtschaft des Kindes mit seiner Mutter jemals vollständig ignoriert worden sein sollte, besonders da die Frauen bei den meisten wilden Stämmen ihre Kinder eine lange Zeit hindurch stillen. Demzufolge werden in vielen Fällen die Deszendenzreihen nur durch die Mutter mit Ausschluß des Vaters zurückverfolgt. Aber in anderen Fällen drücken die zur Verwendung kommenden Bezeichnungen nur einen Zusammenhang mit dem Stamm, selbst mit Ausschluß der Mutter, aus. Es scheint wohl möglich, daß der Zusammenhang zwischen den untereinander verwandten Gliedern eines und desselben barbarischen Stammes, welche allen Arten von Gefahren ausgesetzt sind, wegen der Notwendigkeit gegenseitigen Schutzes und gegenseitiger Hilfe so viel bedeutungsvoller ist, als der zwischen der Mutter und ihrem Kinde, daß er zu dem alleinigen Gebrauch von Ausdrücken geführt hat, welche die erstgenannten verwandt-

---

[5] Sir J. Lubbock: The Origin of Civilization, 1870, Cap. III, besonders p.60-67. Mr. M'Lennan spricht in seinem äußerst wertvollen Werk über „Primitive Marriage", 1865, p.163, von der Verbindung der Geschlechter „in den frühesten Zeiten, als locker, vorübergehend und in einem gewissen Grade allgemein". Mr. M'Lennan und Sir J. Lubbock haben viele Belege über die außerordentliche Ausschweifung der Wilden der Jetztzeit gesammelt. Mr. L. H. Morgan kommt in seiner interessanten Abhandlung über das klassifikatorische System der Verwandtschaften (Proceed. Amer. Acad. of Sciences. Vol. VII, Febr. 1868, p.475) zu dem Schluß, daß Polygamie und alle Formen von Ehen während der Urzeiten unbekannt waren. Nach Sir J. Lubbocks Werk scheint es auch, als ob Bachofen gleichfalls der Ansicht wäre, daß ursprünglich kommunale Ehen geherrscht haben.

schaftlichen Beziehungen enthalten; aber Mr. Morgan ist überzeugt, daß diese Ansicht von der Sache durchaus nicht genügend ist.

Die in verschiedenen Teilen der Erde zur Bezeichnung des Verwandtschaftsgrades benutzten Ausdrücke können nach dem eben angeführten Schriftsteller in zwei große Klassen eingeteilt werden, die klassifikatorische und die beschreibende, – die letztere wird von uns angewendet. Es ist nun das klassifikatorische System, welches sehr nachdrücklich zu der Annahme führt, daß kommunale und andere äußerst lockere Formen von Ehen ursprünglich allgemein waren. So weit ich aber sehen kann, liegt von diesem Grunde aus keine Notwendigkeit vor, an eine absolut allgemeine Vermengung zu glauben; und ich freue mich zu sehen, daß dies auch Sir J. Lubbocks Ansicht ist. Männer und Frauen können, wie viele der niederen Tiere, früher feste, wenn auch nur zeitweise Verbindungen für eine jede Geburt eingegangen sein, und in diesem Falle wird nahezu so viel Verwirrung in den Ausdrücken der Verwandtschaftsgrade eingetreten sein, wie in dem Falle einer ganz allgemeinen Vermischung. Soweit geschlechtliche Zuchtwahl in Betracht kommt, ist alles was verlangt wird, daß eine Wahl ausgeübt wird, ehe sich die Eltern miteinander verbinden, und es ist von geringer Bedeutung, ob die Verbindungen fürs ganze Leben oder nur für ein Jahr bestehen.

Außer den von den Bezeichnungen der Verwandtschaftsgrade hergenommenen Belegen weisen noch andere Überlegungen auf das früher verbreitete Vorherrschen kommunaler Ehen hin. Sir J. Lubbock erklärt[6] in geistvoller Weise die fremdartige und weitverbreitete Gewohnheit der Exogamie, – d.h. die Form von Heiraten, wo die Männer eines Stammes sich immer Frauen aus einem anderen Stamm nehmen, – durch den Kommunismus, welcher die ursprüngliche Form der Ehe gewesen ist, so daß ein Mann niemals ein Weib für sich erlangte, wenn er es nicht von einem benachbarten und feindlichen Stamm für sich zur Gefangenen machte; denn dann wird dasselbe natürlich sein eigenes und wertvolles Besitztum geworden sein. Hierdurch kann der Gebrauch, Frauen zu fangen, entstanden und wegen der dadurch erlangten Ehre kann es schließlich die allgemeine Gewohnheit geworden sein. Wir können hiernach auch, Sir J. Lubbock zufolge, die Notwendigkeit einsehen, warum für die Heirat als eine „Beeinträchtigung der Rechte des Stammes eine Entschädigung oder Sühne eintreten mußte, da den alten Ideen entsprechend ein Mann kein Recht hatte, das sich selbst anzueignen, was dem ganzen Stamme gehörte". Sir J. Lubbock teilt ferner eine merkwürdige Menge von Tatsachen mit, welche zeigen, daß in alten Zeiten den Frauen, welche äußerst ausschweifend waren, große Ehre erwiesen wurde; und dies ist, wie er erklärt, zu verstehen, wenn wir annehmen, daß allgemeine Vermischung der ursprüngliche und daher lange in Ansehen stehende Gebrauch des Stammes war.[7]

Obgleich die Art und Weise der Entwicklung des ehelichen Bandes ein dunkler Gegenstand ist, wie wir nach den über mehrere Punkte auseinandergehenden Ansichten der drei Schriftsteller, welche ihn am sorgfältigsten studiert haben, nämlich Mr. Morgan, Mr. M'Lennan und Sir J. Lubbock, schließen können, so scheint es doch nach den vorstehenden und mehreren anderen Reihen von Beweisen wahrscheinlich zu sein[8], daß der Gebrauch der Ehe, in irgendeinem strengen Sinne des Wortes, erst allmählich entwickelt worden ist und daß eine beinahe allgemeine Vermischung einmal äußerst verbreitet auf der ganzen Erde war. Nichtsdestoweniger kann ich einmal wegen der Stärke des Gefühls der Eifersucht durch das ganze Tierreich hindurch und dann nach der Analogie der niederen Tiere und noch besonders derjenigen, welche dem Menschen in der Tierreihe am nächsten kommen, doch nicht glauben, daß absolut allgemeine Ver-

---

[6] Address to British Association „On the Social and Religious Condition of the Lower Races of Man", 1870, p.20.
[7] Origin of Civilization, 1870, p.86. In den verschiedenen, oben zitierten Werken wird man reichliche Belege über die Verwandtschaft nur mit den Frauen oder allein mit dem Stamm finden.
[8] C. Staniland Wake sucht (Anthropologia, March 1874, p.197) eingehend die von diesen drei Schriftstellern entwickelte Ansicht von dem früheren Vorherrschen einer fast ganz allgemeinen Vermischung zu widerlegen; er glaubt, daß das klassifikatorische System der Verwandtschaftsbezeichnung anders erklärt werden kann.

mischung in jener vergangenen Periode geherrscht hat, kurz ehe der Mensch seinen jetzigen Rang in der zoologischen Stufenreihe erlangte. Der Mensch ist, wie ich zu zeigen versucht habe, sicher von irgendeinem affenähnlichen Wesen abgestammt. Bei den jetzt existierenden Quadrumanen sind, soweit ihre Lebensgewohnheiten bekannt sind, die Männchen einiger Spezies monogam, leben aber nur während eines Teils des Jahres mit den Weibchen; hierfür scheint der Orang-Utan ein Beispiel darzubieten. Mehrere Arten, wie einige der indischen und amerikanischen Affen, sind im strengen Sinne monogam und leben das ganze Jahr hindurch in Gesellschaft ihrer Weiber. Andere sind polygam, wie der Gorilla und mehrere südamerikanische Spezies, und jede Familie lebt getrennt für sich. Selbst wenn dies eintritt, sind die einen und denselben Distrikt bewohnenden Familien wahrscheinlich in einer gewissen Ausdehnung sozial: so trifft man beispielsweise den Schimpanse gelegentlich in großen Truppen. Ferner sind andere Spezies polygam, aber mehrere Männchen, und zwar jedes mit seinen eigenen Weibchen, leben zu einer Truppe vereinigt, wie bei mehreren Spezies von Pavianen.[9] Wir können in der Tat nach dem, was wir von der Eifersucht aller männlichen Säugetiere wissen, von denen viele mit speziellen Waffen zum Kämpfen mit ihren Nebenbuhlern bewaffnet sind, schließen, daß allgemeine Vermischung der Geschlechter im Naturzustand äußerst unwahrscheinlich ist. Das Paaren mag nicht zeitlebens währen, sondern nur für jede Geburt; wenn indessen die Männchen, welche am stärksten und am besten dazu befähigt sind, ihre Weibchen und jungen Nachkommen zu verteidigen oder ihnen auf andere Weise zu helfen, die anziehenderen Weibchen sich wählen sollten, so würde das für die Wirksamkeit der geschlechtlichen Zuchtwahl genügen.

Wenn wir daher im Strom der Zeit weit genug zurückblicken und nach den sozialen Gewohnheiten des Menschen, wie er jetzt existiert, schließen, so ist die wahrscheinlichste Ansicht die, daß der Mensch ursprünglich in kleinen Gesellschaften lebte, jeder Mann mit einer Frau oder, wenn er die Macht hatte, mit mehreren, welche er eifersüchtig gegen alle anderen Männer verteidigte. Oder er mag kein soziales Tier gewesen sein und doch mit mehreren Frauen für sich allein gelebt haben, wie der Gorilla; denn „alle Eingeborenen stimmen darin überein, daß nur ein erwachsenes Männchen in einer Gruppe zu sehen ist. Wächst das junge Männchen heran, so findet ein Kampf um die Herrschaft statt und der Stärkste setzt sich dann, indem er die anderen getötet oder fortgetrieben hat, als Oberhaupt der Gesellschaft fest"[10]. Die jüngeren Männchen, welche hierdurch ausgestoßen sind und nun umherwandern, werden auch, wenn sie zuletzt beim Finden einer Gattin erfolgreich sind, die zu enge Inzucht innerhalb der Glieder einer und derselben Familie verhüten.

Obgleich Wilde jetzt äußerst ausschweifend sind und obschon kommunale Ehen früher in hohem Grade geherrscht haben mögen, so besteht doch bei vielen Stämmen irgendeine Form von Ehe, freilich von viel lockerer Natur als bei zivilisierten Nationen. Wie eben angeführt wurde, sind die anführenden Männer in jedem Stamm beinahe allgemein der Polygamie ergeben. Nichtsdestoweniger gibt es Stämme, welche beinahe am unteren Ende der ganzen Stufenreihe stehen, welche streng monogam leben. Dies ist der Fall mit den Veddahs von Ceylon. Sie haben der Angabe von Sir J. Lubbock zufolge[11] ein Sprichwort, „daß nur der Tod Mann und Frau voneinander trennen kann". Ein intelligenter Ceyloneser Häuptling, natürlich ein Polygamist, „war vollständig entsetzt über die komplette Barbarei, nur mit einer Frau zu leben und nie von ihr sich zu trennen als im Tode". Das wäre, sagte er, gerade wie bei den Wanderoo-Affen". Ob die Wilden, welche jetzt irgendeine Form von Ehe, entweder polygame oder monogame, eingehen,

---

[9] Brehm (Illustriertes Tierleben. 2. Aufl., Bd. I, p.159) sagt, *Cynocephalus hamadryas* lebe in großen Truppen, welche zweimal so viele erwachsene Weibchen wie erwachsene Männchen enthalten. S. Rengger, über amerikanische polygame Spezies, und Owen (Anatomy of Vertebrates. Vol. III, p.746) über amerikanische monogame Arten. Andere Zitate könnten noch beigebracht werden.
[10] Dr. Savage, in: Boston Journal of Natur. Hist., Vol. V, 1845-47, p.423.
[11] Prehistoric Times, 1869, p.124.

diesen Gebrauch von Urzeiten her beibehalten haben, oder ob sie auf irgendeine Form von Ehe gekommen sind, nachdem sie einen Zustand völliger allgemeiner Vermischung durchlaufen haben, darüber möchte ich mir auch nicht einmal eine Vermutung erlauben.

Kindsmord. – Dieser Gebrauch ist jetzt auf der ganzen Erde sehr häufig und es ist Grund vorhanden zu glauben, daß er während früherer Zeiten eine noch ausgedehntere Verbreitung hatte.[12] Die Barbaren finden es schwierig, sich selbst und ihre Kinder zu erhalten, und da ist es denn ein einfacher Plan, die Kinder zu töten. In Süd-Amerika zerstörten manche Stämme, wie Azara anführt, so viele Kinder beiderlei Geschlechts, daß sie kurz davor standen auszusterben. Auf den polynesischen Inseln hat man Frauen gekannt, welche von vier oder fünf bis selbst zu zehn ihrer Kinder getötet haben, und Ellis konnte nicht eine Frau finden, welche nicht wenigstens ein Kind getötet hatte. Wo nur immer Kindsmord herrscht, wird der Kampf um die Existenz in so weit weniger heftig sein und alle Glieder des Stammes werden eine gleich gute Chance haben, ihre wenigen überlebenden Kinder aufzuziehen. In den meisten Fällen wird eine größere Anzahl weiblicher als männlicher Kinder zerstört, denn offenbar sind die letzteren für den Stamm von größerem Wert, da sie, wenn sie erwachsen sind, bei der Verteidigung helfen und sich selbst unterhalten können. Aber die von den Frauen empfundene Mühe beim Aufziehen der Kinder, der damit in Verbindung stehende Verlust ihrer Schönheit, der höhere Wert und das glücklichere Geschick der Frauen, wenn sie wenig an Zahl sind, werden von den Frauen selbst und von verschiedenen Beobachtern als weitere Motive für den Kindsmord angeführt. In Australien, wo das Töten weiblicher Kinder noch häufig ist, wird das Verhältnis eingeborener Frauen zu Männern auf zwei zu drei geschätzt. In einem Dorf an der östlichen Grenze von Indien fand Oberst Macculloch nicht ein einziges Mädchen.[13]

Wenn infolge des Tötens der Mädchen die Frauen eines Stammes an Zahl nur wenig sind, so wird die Gewohnheit, sich Frauen aus benachbarten Stämmen einzufangen, von selbst eintreten. Sir J. Lubbock indessen schreibt, wie wir gesehen haben, diesen Gebrauch zum größten Teil der früheren Existenz kommunaler Ehen und dem davon abhängenden Umstand zu, daß sich die Männer Frauen aus anderen Stämmen gefangen haben, um sie als ihr alleiniges Besitztum für sich zu behalten. Es können noch weitere Ursachen hierfür angeführt werden, so, daß die Gesellschaften sehr klein waren, in welchem Falle die heiratsfähigen Frauen häufig gefehlt haben werden. Daß der Gebrauch des Raubens von Frauen während früherer Zeiten in großer Ausdehnung befolgt wurde, und selbst bei den Vorfahren zivilisierter Nationen, zeigt sich deutlich durch das Beibehalten vieler merkwürdiger Gebräuche und Zeremonien, von welchen Mr. M'Lennan eine äußerst interessante Beschreibung gegeben hat. Bei unseren eigenen Heiraten scheint der „beste Mann" der hauptsächlichste Gehilfe des Bräutigams beim Akte des Raubes gewesen zu sein. So lange nun die Männer gewohnheitsgemäß ihre Frauen durch Gewalt und List sich verschafften, ist es nicht wahrscheinlich, daß sie sich die anziehenderen Frauen gewählt haben werden; sie werden nur zu froh gewesen sein, überhaupt irgendein Weib zu fangen. Sobald aber der Gebrauch, sich Frauen von einem anderen Stamm zu verschaffen, durch Tausch bewirkt wurde, wie es jetzt an vielen Orten vorkommt, werden allgemein die anziehenderen Frauen gekauft worden sein. Die unablässige Kreuzung zwischen Stamm und Stamm indessen, welche jeder Form eines solchen Gebrauches notwendig folgte, wird dahin geführt haben, alle

---

[12] Mr. M'Lennan: Primitive Marriage, 1865. S. besonders über Exogamie und Kindsmord: p.130, 138, 165.
[13] Gerland (Über das Aussterben der Naturvölker, 1868) hat viele Mitteilungen über Kindsmord gesammelt, s. besonders: p.27, 51, 54. Azara (Voyages etc., Tom. II, p.94, 116) geht ausführlich in die Motive ein. S. auch M'Lennan, a.a.O., p.139, in bezug auf die Fälle in Indien. In bezug auf das Verhältnis der Frauen zu den Männern in Australien enthielt die vierte Auflage dieses Werkes die Angabe, Sir G. Grey habe dasselbe auf eins zu drei geschätzt. Grey sagt aber, daß unter 222 Geburten 93 weibliche und 129 männliche, also im Verhältnis von 1 zu 1,3 wären. Diese Tatsache hat daher keinen Bezug auf die Tötung weiblicher Kinder. (Diese von Mr. George Darwin ermittelte Korrektur wurde dem Übersetzer freundlichst durch Mr. Francis Darwin mitgeteilt.)

in einem und demselben Land wohnenden Völker im Charakter nahezu gleichförmig zu halten, und dies wird die Wirksamkeit der geschlechtlichen Zuchtwahl in der Differenzierung der Stämme bedeutend gestört haben.

Die Seltenheit der Frauen, eine Folge des Tötens weiblicher Kinder, führt auch zu einem anderen Brauch, nämlich der Polyandrie, welche in mehreren Teilen der Erde noch in Übung ist und welche früher, wie M'Lennan glaubt, beinahe allgemein herrschte. Diese letztere Folgerung wird aber von Mr. Morgan und Sir J. Lubbock bezweifelt.[14] Wo nur immer zwei oder mehrere Männer gezwungen sind, eine Frau zu heiraten, so ist es sicher, daß alle Frauen des Stammes verheiratet werden, und es wird dann keine Auswahl der anziehenderen Weiber von Seiten der Männer stattfinden. So beschreibt z. B. Azara, mit welcher Sorgfalt ein Guanaweib um alle möglichen Privilegien handelt, ehe sie irgendeinen oder mehrere Männer annimmt; und die Männer verwenden infolge hiervon auch ungewöhnliche Sorgfalt auf ihre persönliche Erscheinung. So können bei den Todas in Indien, welche Polyandrie ausüben, die Mädchen jeden Mann entweder annehmen oder zurückweisen.[15] Ein sehr häßlicher Mann wird in derartigen Fällen vielleicht durchaus nicht dazu kommen, ein Weib zu erlangen, oder er bekommt es erst spät im Leben; und doch werden die schöneren Männer, obschon die erfolgreichsten im Erlangen von Weibern, soweit wir sehen können, nicht mehr Nachkommen hinterlassen, ihre Schönheit zu erben, als die weniger schönen Ehegatten derselben Frauen.

Frühe Verlobungen und Sklaverei der Frauen. – Bei vielen Wilden besteht der Gebrauch, die Frauen schon als bloße Kinder zu verloben; und dies wird in einer wirksamen Weise verhüten, daß irgendein Vorziehen von beiden Seiten in bezug auf persönliche Erscheinung geltend gemacht werden kann. Es wird aber nicht verhindern, daß die anziehenderen Frauen später von kraftvolleren Männern ihren Ehegatten gestohlen oder mit Gewalt entführt werden; und dies ereignet sich häufig in Australien, Amerika und anderen Teilen der Welt. Diese selben Folgen in bezug auf geschlechtliche Zuchtwahl werden in einer gewissen Ausdehnung eintreten, wenn die Frauen fast ausschließlich als Sklaven oder Lasttiere geschätzt werden, wie es bei vielen Völkern der Fall ist. Indessen werden die Männer zu allen Zeiten die schönsten Sklavinnen, nach ihrem Maßstab von Schönheit, vorziehen.

Wir sehen hiernach, daß verschiedene Gebräuche bei Wilden herrschen, welche die Wirksamkeit der geschlechtlichen Zuchtwahl bedeutend stören oder vollständig aufheben können. Auf der anderen Seite sind die Lebensbedingungen, welchen die Wilden ausgesetzt sind, und einige ihrer Lebensgewohnheiten der natürlichen Zuchtwahl günstig; und diese kommt gleichzeitig mit geschlechtlicher Zuchtwahl ins Spiel. Man weiß, daß Wilde sehr heftig von wiederkehrenden Hungersnöten zu leiden haben; sie vermehren ihre Nahrungsmengen nicht durch künstliche Mittel; sie enthalten sich nur selten der Verheiratung[16] und heiraten allgemein jung. Infolgedessen müssen sie gelegentlich harten Kämpfen um die Existenz ausgesetzt sein, und nur die begünstigten Individuen werden leben bleiben.

In einer sehr frühen Zeit, ehe der Mensch seine jetzige Stellung in der Stufenreihe erlangt hatte, werden viele der Verhältnisse, in denen er lebte, verschieden von denen gewesen sein, welche jetzt bei Wilden zu treffen sind. Nach Analogie mit niederen Tieren zu urteilen, wird er damals entweder mit einem einzigen Weibe oder als Polygamist gelebt haben. Die kraftvollsten und fähigsten Männer werden beim Gewinnen anziehender Frauen den besten Erfolg gehabt

---

[14] Primitive Marriage, p.208. Sir J. Lubbock: Origin of Civilisation, p.100. S. auch Mr. Morgan: a.a.O., über das frühere Herrschen der Polyandrie.
[15] Voyages etc., Tom. II, p.92-95. Colonel Marshall: „Amongst the Todas", p.212.
[16] Burchell sagt (Travels in South Africa. Vol. II, 1824, p.58), daß unter den wilden Nationen von Süd-Afrika weder Männer noch Frauen jemals imstande des Zölibats ihr Leben hinbringen. Azara macht (Voyages dans l'Amérique mérid., Tom. II, 1809, p.21) genau dieselbe Bemerkung in bezug auf die wilden Indianer von Süd-Amerika.

haben. Sie werden auch in dem allgemeinen Kampf ums Dasein und in der Verteidigung sowohl ihrer Frauen als auch ihrer Nachkommen gegen Feinde aller Arten den besten Erfolg gehabt haben. In dieser frühen Zeit werden die Urerzeuger des Menschen in ihrer Intelligenz noch nicht hinreichend fortgeschritten gewesen sein, um vorwärts auf in der Zukunft möglicherweise eintretende Ereignisse geblickt zu haben; sie werden noch nicht vorausgesehen haben, daß das Aufziehen allen ihrer Kinder, besonders der weiblichen, den Kampf ums Dasein für den Stamm nur noch schwerer machen würde. Sie werden sich mehr durch ihre Instinkte und weniger durch ihre Vernunft haben leiten lassen, als es die Wilden heutigen Tages tun. Sie werden in jener Zeit nicht einen der stärksten von allen Instinkten, welcher allen niederen Tieren gemein ist, nämlich die Liebe zu ihren jungen Nachkommen, teilweise verloren haben, und infolgedessen werden sie Mädchentötung nicht ausgeübt haben. Es wird keine Seltenheit von Frauen dadurch eingetreten sein, und es wird Polyandrie nicht ausgeübt worden sein; denn wohl kaum irgendeine andere Ursache, mit Ausnahme der Seltenheit der Frauen, scheint hinreichend mächtig zu sein, das natürliche und weit verbreitete Gefühl der Eifersucht und den Wunsch eines jeden Mannes, eine Frau für sich zu besitzen, zu überwinden. Polyandrie dürfte eine natürliche Stufe zum Auftreten kommunaler Ehen oder beinahe allgemeiner Vermischung gewesen sein, obgleich die besten Autoritäten meinen, daß diese letztere der Polyandrie vorausging. Während der Urzeiten werden keine frühen Verlobungen stattgefunden haben; denn diese weisen auf eine Voraussicht der späteren Zeit hin. Auch werden Frauen nicht als bloße Sklaven oder Lasttiere geschätzt worden sein. Wenn den Frauen ebenso wie den Männern gestattet wurde, irgendwelche Wahl auszuüben, so werden beide Geschlechter sich ihren Gatten gewählt haben, und zwar nicht um geistige Reize oder großen Besitz oder soziale Stellung, sondern beinahe einzig und allein der äußeren Erscheinung nach. Alle Erwachsenen werden sich verheiratet oder gepaart haben, und sämtliche Nachkommen, soweit das möglich war, werden aufgezogen worden sein, so daß der Kampf um die Existenz periodisch bis zu einem extremen Grade hart gewesen sein wird. Es werden daher während dieser Urzeit alle Bedingungen für geschlechtliche Zuchtwahl viel günstiger gewesen sein als in einer späteren Periode, wo der Mensch in seinem intellektuellen Vermögen fortgeschritten, aber in seinen Instinkten zurückgegangen war. Was für einen Einfluß daher auch geschlechtliche Zuchtwahl in bezug auf Hervorrufung von Verschiedenheiten zwischen den Rassen des Menschen, ebenso wie zwischen dem Menschen und den höheren Quadrumanen, gehabt haben mag; es wird dieser Einfluß in einer sehr weit zurückliegenden Periode viel mächtiger gewesen sein als heutigen Tages, wennschon er nicht völlig verloren gegangen ist.

Über die Art der Wirksamkeit der geschlechtlichen Zuchtwahl beim Menschengeschlecht. – Die geschlechtliche Zuchtwahl wird bei den Urmenschen unter den eben angeführten günstigen Bedingungen und bei denjenigen Wilden, welche in der Jetztzeit irgendeine eheliche Verbindung eingehen, wahrscheinlich in der folgenden Art und Weise in Wirksamkeit getreten sein, wobei indessen die mehr oder weniger ausgedehnt befolgten Gewohnheiten der Tötung weiblicher Neugeborenen, früher Verlobungen usw. diese Wirksamkeit mehr oder weniger gestört haben. Die stärksten und lebenskräftigsten Männer, – diejenigen, welche am besten ihre Familien verteidigen und für dieselben jagen konnten, welche mit den besten Waffen versehen waren und das größte Besitztum hatten, wie z. B. eine größere Zahl von Hunden oder anderen Tieren, – werden beim Aufziehen einer durchschnittlich größeren Anzahl von Nachkommen mehr Erfolg gehabt haben als die schwächeren, ärmeren und niederen Glieder der nämlichen Stämme. Es läßt sich auch daran nicht zweifeln, daß solche Männer allgemein imstande gewesen sein werden, sich die anziehenderen Frauen zu wählen. Heutigen Tages erreichen es die Häuptlinge fast jeden Stammes auf der Erde, mehr als eine Frau zu erlangen. Bis ganz neuerdings war, wie ich von Mr. Mantell höre, beinahe jedes Mädchen auf Neuseeland, welches hübsch war oder hübsch zu werden versprach, irgendeinem Häuptling „tapu". Bei den Kaffern haben, wie Mr. C. Hamilton anführt[17], „die Häuptlinge allgemein die Auswahl aus den Frauen in einem Umkreise von vielen Meilen und sind äußerst bedacht darauf, ihre Privilegien festzuhalten oder zu bestätigen". Wir haben gesehen, daß jede Rasse ihren eigenen Geschmack für Schönheit hat, und wir wissen, daß es für den Menschen natürlich ist, jeden charakteristischen Punkt bei seinen domestizierten Tieren, bei seiner Kleidung, seinen Ornamenten und bei seiner persönlichen Erscheinung zu bewundern, sobald sie auch nur ein wenig über den mittleren Maßstab hinaus geführt sind. Wenn nun die verschiedenen vorstehenden Sätze zugegeben werden, und ich kann nicht sehen, daß sie zweifelhaft wären, so würde es ein unerklärlicher Umstand sein, wenn die Auswahl der anziehenderen Frauen durch die kraftvolleren Männer eines jeden Stammes, welcher im Mittel eine größere Zahl von Kindern aufziehen würden, nicht nach dem Verlauf vieler Generationen in einem gewissen Grade den Charakter des Stammes modifiziert haben würde.

Wenn bei unseren domestizierten Tieren eine fremde Rasse in ein neues Land eingeführt wird, oder wenn eine eingeborene Rasse lange Zeit und sorgfältig entweder zum Nutzen oder zur Zierde beachtet wird, so findet man nach mehreren Generationen, daß sie, sobald nur die Mittel zum Vergleich existieren, einen größeren oder geringeren Betrag an Veränderung erlitten hat. Dies ist eine Folge der während einer langen Reihe von Generationen fort geübten unbewußten Zuchtwahl, d.h. der Erhaltung der am meisten gebilligten Individuen, ohne irgendeinen Wunsch oder eine Erwartung eines derartigen Resultates von Seiten des Züchters. Wenn ferner zwei sorgfältige Züchter während vieler Jahre Tiere einer und der nämlichen Familie züchten und sie nicht miteinander oder mit einem gemeinsamen Maßstab vergleichen, so finden sie nach einiger Zeit, daß die Tiere zur Überraschung ihrer eigenen Besitzer in einem unbedeutenden Grade verschieden geworden sind.[18] Ein jeder Züchter hat, wie von Nathusius es gut ausdrückt, den Charakter seines eigenen Geistes, seinen eigenen Geschmack und sein Urteil seinen Tieren aufgedrückt. Welche Ursache könnte man nun anführen, warum ähnliche Resultate nicht der lange fortgesetzten Auswahl der am meisten bewunderten Frauen durch diejenigen Männer eines jeden Stammes folgen sollten, welche imstande waren, eine größere Zahl von Kindern bis zur Reife zu erziehen? Dies würde unbewußte Zuchtwahl sein, denn es würde eine Wirkung hervorgebracht werden unabhängig von irgendeinem Wunsch oder einer Erwartung von Seiten der Männer, welche gewisse Frauen anderen vorziehen.

Wir wollen einmal annehmen, daß die Glieder eines Stammes, bei welchem eine gewisse Form der Ehe gebräuchlich war, sich über einen nicht bewohnten Kontinent verbreiten; sie werden sich bald in verschiedene Horden teilen, welche durch verschiedene Grenzen und noch wirksamer durch die unaufhörlich zwischen allen barbarischen Nationen eintretenden Kriege voneinander getrennt werden. Die Horden werden auf diese Weise unbedeutend verschiedenen Lebensbedingungen und Gewohnheiten ausgesetzt werden und werden früher oder später dazu kommen, in einem geringen Grade voneinander abzuweichen. Sobald dies einträte, würde jeder isolierte Stamm für sich selbst einen unbedeutend verschiedenen Maßstab der Schönheit sich bilden[19], und dann würde unbewußte Zuchtwahl dadurch in Wirksamkeit treten, daß die kraftvolleren und leitenden Glieder der wilden Stämme gewisse Frauen anderen vorzögen. Hierdurch werden die anfangs sehr unbedeutenden Verschiedenheiten zwischen den Stämmen allmählich und unvermeidlich in einem immer größeren und bedeutenderen Grade verschärft werden.

Bei Tieren im Naturzustand sind viele Charaktere, welche den Männchen eigen sind, wie Größe, Stärke, spezielle Waffen, Mut und Kampfsucht durch das Gesetz des Kampfes erlangt worden. Die halbmenschlichen Urerzeuger des Menschen werden, wie ihre Verwandten, die

---

[17] Anthropological Review, Jan. 1870, p.XVI.
[18] Das Variieren der Tiere und Pflanzen im Zustand der Domestikation, 1873, 2. Aufl., Bd. II, p.140-147.
[19] Ein geistreicher Schriftsteller hebt nach einem Vergleich der Gemälde von Raphael, Rubens und neuen französischen Malern hervor, daß die Idee der Schönheit selbst in Europa nicht absolut dieselbe ist; s. die Lebensbeschreibungen von Haydn und Mozart von Bombet (sonst Mr. Beyle), engl. Übersetzung, p.278.

Quadrumanen, beinahe sicher in dieser Weise modifiziert worden sein; und da Wilde noch immer um den Besitz ihrer Frauen kämpfen, so wird ein ähnlicher Prozeß der Auswahl wahrscheinlich in einem größeren oder geringeren Grade bis auf den heutigen Tag vor sich gegangen sein. Andere, den Männchen der niederen Tiere eigene Charaktere, wie glänzende Farben und verschiedene Ornamente, sind dadurch erlangt worden, daß anziehendere Männchen von den Weibchen vorgezogen worden sind. Es finden sich indessen ausnahmsweise Fälle, in denen die Männchen, statt gewählt worden zu sein, selbst der wählende Teil gewesen sind. Wir erkennen solche Fälle daran, daß die Weibchen in einem höheren Grade verziert worden sind als die Männchen, wobei ihre ornamentalen Charaktere ausschließlich oder hauptsächlich auf ihre weiblichen Nachkommen überliefert worden sind. Ein derartiger Fall ist aus der Ordnung, zu welcher der Mensch gehört, beschrieben worden, nämlich der Rhesus-Affe.

Der Mann ist an Körper und Geist kraftvoller als die Frau, und im wilden Zustande hält er dieselbe in einem viel unterwürfigeren Stand der Knechtschaft, als es das Männchen irgendeines anderen Tieres tut; es ist daher nicht überraschend, daß er das Vermögen der Wahl erlangt hat. Die Frauen sind sich überall des Wertes ihrer Schönheit bewußt, und wenn sie die Mittel haben, finden sie ein größeres Entzücken daran, sich selbst mit allen Arten von Zierat zu schmücken, als es die Männer tun. Sie erborgen sich Schmuckfedern männlicher Vögel, mit denen die Natur dieses Geschlecht zierte, um die Weibchen zu bezaubern. Da die Frauen seit langer Zeit ihrer Schönheit wegen gewählt worden sind, so ist es nicht überraschend, daß einige der an ihnen nacheinander auftretenden Abänderungen ausschließlich auf dasselbe Geschlecht überliefert worden sind, daß folglich auch die Frauen ihre Schönheit in einem etwas höheren Grade ihren weiblichen als ihren männlichen Nachkommen überliefert haben und daher, der allgemeinen Meinung nach, schöner geworden sind als die Männer. Die Frauen überliefern indessen sicher die meisten ihrer Charaktere, mit Einschluß der Schönheit, ihren Nachkommen beiderlei Geschlechts, so daß das beständige Vorziehen der anziehenderen Frauen durch die Männer einer jeden Rasse je nach ihrem Maßstab von Geschmack dahin geführt haben wird, alle Individuen beider Geschlechter, die zu der Rasse gehören, in einer und derselben Weise zu modifizieren. Was die andere Form geschlechtlicher Zuchtwahl betrifft (welche bei den niederen Tieren bei weitem die häufigste ist), nämlich wo das Weibchen der auswählende Teil ist und nur diejenigen Männchen annimmt, welche es am meisten anregen oder entzücken, so haben wir Grund zu glauben, daß sie früher auf die Urerzeuger des Menschen gewirkt hat. Der Mann verdankt aller Wahrscheinlichkeit nach seinen Bart und vielleicht einige andere Charaktere der Vererbung von einem alten Urerzeuger, welcher seinen Zierat in dieser Weise erlangte. Es kann aber diese Form von Zuchtwahl gelegentlich auch während späterer Zeiten gewirkt haben; denn bei völlig barbarischen Stämmen sind die Frauen mehr in der Lage, ihre Liebhaber zu wählen, zu verwerfen und zu reizen, oder später ihre Ehemänner zu wechseln, als sich hätte erwarten lassen. Da dies ein Punkt von einiger Bedeutung ist, will ich die Belege, die ich zu sammeln imstande gewesen bin, im einzelnen mitteilen.

Hearne beschreibt, wie eine Frau in einem der Stämme des arktischen Amerika wiederholt ihrem Ehemann davonlief und sich mit dem geliebten Mann verband; und bei den Charruas von Süd-Amerika ist, wie Azara anführt, die Fähigkeit der Scheidung vollkommen frei. Wenn bei den Abiponen ein Mann ein Weib sich wählt, so handelt er mit den Eltern um den Preis. Aber „es kommt häufig vor, daß das Mädchen durch alles das, was zwischen den Eltern und dem Bräutigam abgemacht worden ist, einen Strich zieht und hartnäckig auch nur die Erwähnung der Heirath verweigert". Sie läuft häufig davon, verbirgt sich und verspottet damit den Bräutigam. Kapitän Musters, welcher unter den Patagoniern lebte, sagt, daß ihre Ehen immer durch Neigung begründet werden; „wenn die Eltern eine Partie gegen den Willen der Tochter abmachen, so verweigert sie dieselbe und wird niemals gezwungen, nachzugeben". In Feuerland erhält ein junger Mann zuerst die Zustimmung der Eltern dadurch, daß er ihnen irgendeinen Dienst erweist, und dann versucht er das Mädchen fortzuführen; „will sie aber nicht, so verbirgt sie sich in den Wäldern, bis ihr Bewunderer herzlich müde geworden ist, nach ihr zu lugen, und die Verfolgung aufgibt; dies kommt aber selten vor". Auf den Fidschi-Inseln ergreift der Mann die Frau, welche er sich zum Weibe wünscht, mit faktischer oder vorgegebener Gewalt; aber „wenn sie die Heimstätte ihres Entführers erreicht, so läuft sie, wenn sie die Verbindung nicht billigen sollte, zu irgendeinem, der sie schützen kann. Ist sie indessen zufriedengestellt, so ist die Sache sofort abgemacht". Bei den Kalmücken besteht ein regelmäßiger Wettlauf zwischen der Braut und dem Bräutigam, wobei die erstere einen gehörigen Vorsprung hat; und Clarke „erhielt die Versicherung, es käme kein Fall vor, daß ein Mädchen gefangen, würde, wenn sie nicht für den Verfolger etwas eingenommen wäre". So besteht auch bei den wilden Stämmen des malaiischen Archipels ein ähnlicher Wettlauf, und nach Mr. Bouriens Beschreibung scheint es, wie Sir J. Lubbock bemerkt, daß der Preis des „Wettlaufs nicht für den schnellsten und der des Kampfes nicht für den stärksten, sondern für den jungen Mann bestimmt ist, welcher das Glück hatte, der bestimmten Braut zu gefallen". Ein ähnlicher Brauch, mit gleichem Ausgang, herrscht auch bei den Koraks des nordöstlichen Asiens.

Wenden wir uns nun Afrika zu. Die Kaffern kaufen ihre Frauen, und Mädchen werden von ihren Vätern heftig geschlagen, wenn sie einen auserwählten Ehegatten nicht annehmen wollen; doch geht aus vielen von Mr. Shooter mitgeteilten Tatsachen offenbar hervor, daß sie ziemliche Freiheit der Wahl haben. So hat man erfahren, daß sehr häßliche, wenngleich reiche Männer es nicht erlangt haben, Frauen zu bekommen. Ehe die Mädchen ihre Einstimmung zur Verlobung aussprechen, veranlassen sie den Mann, sich gehörig zu präsentieren, zuerst von vorn und dann von hinten, und „seine Gangart zu zeigen". Es ist bekannt geworden, daß sie sich einem Mann versprochen haben und doch nicht selten mit einem begünstigten Liebhaber davongelaufen sind. So sagt auch Mr. Leslie, welcher die Kaffern sehr genau kannte : „Es ist ein Irrtum, sich vorzustellen, daß ein Vater seine Tochter in derselben Weise und mit derselben Machtvollkommenheit verkaufe, mit welcher er über eine Kuh disponiert." Bei den so niedrig stehenden Buschmänninnen von Süd-Afrika „muß der Liebhaber, wenn ein Mädchen zur Mannbarkeit herangewachsen ist, ohne verlobt zu sein, was indessen nicht häufig vorkommt, dessen Zustimmung ebensowohl wie die der Eltern erlangen"[20]. Mr. Winwood Reade stellte meinetwegen Nachforschungen in bezug auf die Neger von West-Afrika an und teilt mir nun mit, daß „die Frauen wenigstens unter den intelligenteren heidnischen Stämmen keine Schwierigkeit haben, diejenigen Männer zu bekommen, welche sie wünschen, obschon es für unweiblich angesehen wird, einen Mann aufzufordern, sie zu heiraten. Sie sind vollständig fähig, sich zu verlieben, und sind auch zarter, leidenschaftlicher und treuer Anhänglichkeit fähig". Noch weitere Beispiele könnten angeführt werden.

Wir sehen hieraus, daß bei Wilden die Frauen in keinem so vollständig unterwürfigen Zustand in bezug auf das Heiraten sich befinden, wie häufig vermutet worden ist. Sie können die Männer, welche sie vorziehen, anlocken und können zuweilen diejenigen, welche sie nicht leiden mögen, entweder vor oder nach der Heirat verwerfen. Ein Vorliebe seitens der Frauen, welche in irgendeiner Richtung stetig wirkt, wird schließlich den Charakter eines Stammes beeinflussen, denn die Weiber werden allgemein nicht bloß die hübscheren Männer, je nach ihrem Maßstab von Geschmack, sondern diejenigen wählen, welche zu derselben Zeit am besten imstande sind,

---

[20] Azara: Voyages etc., Tom. II, p.23. Dobrizhoffer: An Account of the Abipones. Vol. II., 1822, p.207. Kapt. Musters, in: Proceed. R. Geograph. Soc., Vol. XV, p.47. Williams: Über die Fidschi-Insulaner, zitiert von Lubbock: Origin of Civilisation, 1870, p.79. Über die Feuerländer: King and Fitzroy: Voyages of the Adventure and Beagle, Vol. II, 1839, p.182. Über die Kalmücken zitiert von Mr. M'Lennan: Primitive Marriage. 1865, p.32. Über die Malayen: Lubbock: a.a.O., p.76. J. Shooter: On the Kafirs of Natal, 1857, p.52-60; D. Leslie: Kafir Characters and Customs, 1871, p.4. Über die Buschmänninnen s. Burchell: Travels in South Africa. Vol. II, 1824, p.59. Über die Koraks s. McKennan, zitiert von Wake, in: Anthropologia, Oct. 1873, p.75.

sich zu verteidigen und zu unterhalten. Derartige gut begabte Paare werden im allgemeinen eine größere Anzahl von Nachkommen aufziehen als die weniger begünstigten. Dasselbe Resultat wird offenbar in einer noch schärfer ausgesprochenen Weise eintreten, wenn auf beiden Seiten eine Auswahl stattfindet, d.h. wenn die anziehenderen und zu derselben Zeit auch kraftvolleren Männer die anziehenderen Weiber vorziehen und umgekehrt auch wieder von diesen vorgezogen werden. Und diese doppelte Form von Auswahl scheint faktisch bei der Menschheit, besonders während der früheren Perioden unserer langen Geschichte, eingetreten zu sein.

Wir wollen nun etwas eingehender einige der Charaktere betrachten, welche die verschiedenen Rassen sowohl voneinander als von den niederen Tieren unterscheiden, nämlich die mehr oder weniger vollständige Abwesenheit von Haaren am Körper und die Farbe der Haut. Wir brauchen über die bedeutende Verschiedenheit in der Form der Gesichtszüge und des Schädels bei den verschiedenen Rassen nichts zu sagen, da wir bereits im letzten Kapitel gesehen haben, wie verschieden in diesen Beziehungen das Maß der Schönheit ist. Diese Charaktere werden daher wahrscheinlich von geschlechtlicher Zuchtwahl beeinflußt worden sein; wir haben indessen kein Mittel, zu beurteilen, ob dieser Einfluß hauptsächlich von der männlichen oder von der weiblichen Seite ausgegangen ist. Die musikalischen Fähigkeiten des Menschen sind gleichfalls bereits erörtert worden.

Fehlen des Haares am Körper und Entwicklung des Bartes. – Aus dem Vorhandensein des wolligen Haares oder des Lanugo am menschlichen Fötus und der rudimentären über den Körper zerstreuten Haare während des geschlechtsreifen Alters können wir schließen, daß der Mensch von irgendeinem behaarten Tiere abstammt, welches behaart geboren wurde und Zeit seines Lebens so blieb. Der Verlust des Haares ist eine Unbequemlichkeit und wahrscheinlich ein Nachteil für den Menschen selbst unter einem warmen Klima, denn er ist hierdurch der sengenden Sonne und plötzlichen Erkältungen, besonders während des feuchten Wetters, ausgesetzt. Wie Mr. Wallace bemerkt, sind die Eingeborenen in allen Ländern froh, ihre nackten Rücken und Schultern mit irgendeiner leichten Decke schützen zu können. Niemand vermutet, daß die Nacktheit der Haut irgendeinen direkten Vorteil für den Menschen darbietet. Es kann also sein Körper seiner Haarbedeckung nicht durch natürliche Zuchtwahl entkleidet worden sein.[21] Auch haben wir, wie in einem früheren Kapitel gezeigt wurde, keine Belege dafür, daß dies eine Folge der direkten Einwirkung des Klimas, oder daß es das Resultat einer korrelativen Entwicklung sei.

Das Fehlen von Haar am Körper ist in einem gewissen Grade ein sekundärer Sexualcharakter, denn in allen Teilen der Welt sind die Frauen weniger behaart als die Männer. Wir können daher vernünftigerweise vermuten, daß dies ein Charakter ist, welcher durch geschlechtliche Zuchtwahl erlangt worden ist. Wir wissen, daß die Gesichter mehrerer Spezies von Affen und große Flächen am hinteren Ende des Körpers bei anderen Spezies von Haaren entblößt worden sind; und dies können wir getrost geschlechtlicher Zuchtwahl zuschreiben, denn diese Flächen sind nicht bloß lebhaft gefärbt, sondern zuweilen, z. B. beim männlichen Mandrill und beim weiblichen Rhesus, bei dem einen Geschlecht viel lebhafter als bei dem anderen, besonders zur Brunstzeit. In dem Maße wie die Tiere allmählich das geschlechtsreife Alter erreichen, werden auch die nackten Flächen, wie mir Mr. Bartlett mitgeteilt hat, im Verhältnis zur Größe des gan-

---

[21] Wallace, A. R.: Contributions to the Theory of Natural Selection, 1870, p.346. Mr. Wallace glaubt (p.350), „daß irgendeine intelligente Kraft die Entwicklung des Menschen geleitet oder bestimmt habe"; und er betrachtet den haarlosen Zustand der Haut als einen unter diesen Gesichtspunkt fallenden Umstand. Mr. T. R. Stebbing erörtert diese Ansicht (Transactions of Devonshire Associat. for Science, 1870) und bemerkt, „daß, wenn Mr. Wallace seinen gewöhnlichen Scharfsinn der Frage von der haarlosen Haut des Menschen zugewendet hätte, er auch die Möglichkeit erkannt haben würde, daß sie wegen ihrer überlegenen Schönheit oder wegen der sich an größere Reinlichkeit knüpfenden Gesundheit ausgewählt worden sei".

zen Körpers größer. Das Haar scheint indessen in diesen Fällen nicht der Entblößung wegen entfernt worden zu sein, sondern damit die Farbe der Haut vollständig entfaltet werden konnte. So scheint auch ferner bei vielen Vögeln der Kopf und Hals der Federn durch geschlechtliche Zuchtwahl entkleidet worden zu sein, damit die hell gefärbte Haut besser zur Erscheinung komme.

Da die Frau einen weniger behaarten Körper hat als der Mann, und da dieser Charakter allen Rassen gemeinschaftlich zukommt, so können wir schließen, daß unsere weiblichen halbmenschlichen Urerzeuger wahrscheinlich zuerst teilweise des Haares entkleidet wurden und daß dies zu einer äußerst entfernt zurückliegenden Zeit eintrat, ehe noch die verschiedenen Rassen von einer gemeinsamen Stammform sich abgezweigt hatten. Wie unsere weiblichen Urerzeuger allmählich diesen neuen Charakter der Nacktheit erlangt haben, müssen sie denselben in einem beinahe gleichen Grade ihren Nachkommen beiderlei Geschlechts während ihrer Kindheit überliefert haben, so daß seine Überlieferung, wie es mit dem Zierat vieler Säugetiere und Vögel der Fall ist, weder durch Alter noch Geschlecht beschränkt worden ist. Darin, daß ein teilweiser Verlust des Haares von den affenähnlichen Urerzeugern des Menschen für ornamental gehalten worden ist, liegt nichts Überraschendes, denn wir haben gesehen, daß bei Tieren aller Arten unzählige fremdartige Charaktere in dieser Weise geschätzt und folglich durch geschlechtliche Zuchtwahl erlangt worden sind. Auch ist es nicht überraschend, daß ein in einem unbedeutenden Grade nachteiliger Charakter hierdurch erlangt worden ist, denn wir wissen, daß dies bei den Schmuckfedern einiger Vögel und bei den Geweihen mancher Hirsche der Fall ist.

Die Weibchen einiger anthropoider Affen sind, wie in einem früheren Kapitel angeführt wurde, an der unteren Fläche des Körpers etwas weniger behaart als die Männchen, und hier haben wir einen Punkt, der wohl als Ausgang für den Prozeß der Enthaarung gedient haben kann. In bezug auf die Vollendung dieses Vorganges durch geschlechtliche Zuchtwahl ist es gut, sich des neuseeländischen Sprichwortes zu erinnern, daß „es für einen haarigen Mann keine Frau gibt". Alle, welche Fotografien der siamesischen behaarten Familie gesehen haben, werden zugehen, wie lächerlich häßlich das entgegengesetzte Extrem von exzessivem Behaartsein ist. Der Kaiser von Siam mußte daher einen Mann bestechen, damit er die erste behaarte Frau in der Familie heiratete, welche dann diesen Charakter ihren jungen Nachkommen beiderlei Geschlechts überlieferte.[22]

Manche Rassen sind viel behaarter als andere, besonders auf männlicher Seite. Es darf aber nicht angenommen werden, daß die behaarteren Rassen, z. B. Europäer, einen ursprünglichen Zustand vollständiger beibehalten haben als die nackten, solche wie die Kalmücken oder Amerikaner. Es ist wahrscheinlicher, daß das Behaartsein der ersteren die Folge eines teilweisen Rückschlages ist; denn Charaktere, welche in einer früheren Zeit lange vererbt worden sind, sind immer geneigt, wiederzukehren. Wir haben gesehen, daß Idioten häufig sehr stark behaart sind; auch kehren sie leicht in anderen Charakteren auf einen niederen tierischen Typus zurück. Dem Anschein nach hat ein kaltes Klima zu dieser Art von Rückschlag nicht Veranlassung gegeben, mit Ausnahme vielleicht der Neger, welche während mehrerer Generationen in den Vereinigten Staaten aufgezogen worden sind[23], und möglicherweise der Ainos, welche die

---

[22] Das Variieren der Tiere und Pflanzen im Zustand der Domestikation. 2. Aufl., Bd. II, 1873, p.373.

[23] Investigations into Military and Anthropological Statistics of American Soldiers, by B. A. Gould, 1869, p.568. – Es wurden sorgfältige Beobachtungen über das Behaartsein von 2129 schwarzen und farbigen Soldaten, während sie sich badeten, angestellt; und unter Bezugnahme auf die veröffentlichte Tabelle „ist es auf den ersten Blick offenbar, daß zwischen den weißen und schwarzen Rassen in dieser Hinsicht, wenn überhaupt irgendein Unterschied, doch nur ein geringer besteht". Es ist indessen sicher, daß die Neger in ihrem so viel wärmeren Heimatland merkwürdig glatte Körper haben. Man muß noch besonders beachten, daß in der obigen Aufzählung reine Schwarze und Mulatten inbegriffen waren, und dies ist ein unglücklicher Umstand, da nach dem Prinzip, dessen Richtigkeit ich an einer anderen Stelle bewiesen habe, gekreuzte Menschenrassen außerordentlich leicht auf den ursprünglich behaarten Zustand ihrer frühen affenähnlichen Urerzeuger zurückschlagen werden.

nördlichen Inseln des japanischen Archipels bewohnen. Aber die Gesetze der Vererbung sind so komplizierter Natur, daß wir selten ihre Wirksamkeit verstehen können. Wenn das stärkere Behaartsein gewisser Rassen wirklich das Resultat von Rückschlag, ungehemmt durch irgendeine Form von Zuchtwahl, ist, so hört die äußerste Variabilität dieses Charakters, selbst innerhalb der Grenzen einer und derselben Rasse, auf, merkwürdig zu sein.[24]

In bezug auf den Bart finden wir, wenn wir uns zu unseren besten Führern, nämlich den Quadrumanen wenden, in beiden Geschlechtern gleichmäßig gut entwickelte Bärte bei vielen Spezies; aber bei anderen sind solche entweder auf die Männchen beschränkt oder bei diesen stärker entwickelt als bei den Weibchen. Nach dieser Tatsache und nach der merkwürdigen Anordnung, ebenso wie nach den hellen Farben des Haares um die Köpfe vieler Affen ist es in hohem Grade wahrscheinlich, wie früher auseinandergesetzt wurde, daß die Männchen ihre Bärte zuerst durch geschlechtliche Zuchtwahl als Zierat erhielten und sie dann in den meisten Fällen in gleichem oder nahezu gleichem Grade ihren Nachkommen beiderlei Geschlechts überlieferten. Wir wissen durch Eschricht[25], daß beim Menschen sowohl der weibliche als der männliche Fötus am Gesicht mit vielen Haaren versehen ist, besonders rings um den Mund, und dies deutet darauf hin, daß wir von einem Urerzeuger abstammen, dessen beide Geschlechter mit Bärten versehen waren. Es scheint daher auf den ersten Blick wahrscheinlich zu sein, daß der Mann seinen Bart von einer sehr frühen Periode her behalten hat, während die Frau ihren Bart zu der nämlichen Zeit verloren hat, als ihr Körper beinahe vollständig von Haaren entblößt wurde. Selbst die Farbe des Bartes beim Menschen scheint von einem affenähnlichen Urerzeuger geerbt worden zu sein; denn wenn irgendeine Verschiedenheit im Farbton zwischen dem Haar auf dem Kopf und dem Bart vorhanden ist, so ist der letztere bei allen Affen und beim Menschen heller gefärbt. Bei denjenigen Quadrumanen, bei welchen die Männchen einen größeren Bart haben als die Weibchen, ist derselbe vollständig nur zur Zeit der Geschlechtsreife entwickelt, genau wie beim Menschen, und es ist wohl möglich, daß nur die späteren Entwicklungsstufen vom Menschen beibehalten worden sind. Der Ansicht, daß der Bart von einer frühen Zeit her beibehalten worden ist, steht die Tatsache entgegen, daß er bei verschiedenen Rassen und selbst innerhalb der Grenzen einer und derselben Rasse sehr variabel ist; dies deutet nämlich darauf hin, daß Rückschlag in Tätigkeit getreten ist; denn lange verloren gewesene Charaktere variieren sehr gern, wenn sie wiedererscheinen.

Wir dürfen auch die Rolle nicht übersehen, welche die geschlechtliche Zuchtwahl während späterer Zeiten gespielt haben kann; denn wir wissen, daß bei Wilden die Männer der bartlosen Rassen sich unendliche Mühe geben, jedes einzelne Haar aus ihrem Gesicht als etwas Widerwärtiges auszureißen, während die Männer der behaarten Rassen den größten Stolz in ihren Bart setzen. Ohne Zweifel teilen die Frauen ganz diese Gefühle, und wenn dies der Fall ist, so kann es kaum anders sein, als daß geschlechtliche Zuchtwahl im Verlauf der späteren Zeiten eine Wirkung geäußert hat. Es ist auch möglich, daß der lange fortgesetzte Gebrauch, das Haar auszureißen, eine vererbte Wirkung hervorgebracht hat. Dr. Brown-Séquard hat gezeigt, daß, wenn man bei gewissen Tieren eine eigentümliche Operation ausführt, deren Nachkommen affiziert werden. Noch weitere Belege über die Vererbung der Wirkung von Verstümmelungen könnten beigebracht werden; doch hat eine vor kurzem von Mr. Salvin ermittelte Tatsache[26] eine noch direktere Beziehung zu den vorliegenden Fragen. Er hat nämlich gezeigt, daß bei den Motmots,

---

[24] Kaum irgendeine der in vorliegendem Werk ausgesprochenen Ansichten hat eine gleich ungünstige Beurteilung erfahren (s. z.B. Spengel: Die Fortschritte des Darwinismus, 1874, p.80), als die oben gegebene Erklärung des Verlustes des Haarkleides beim Menschen durch geschlechtliche Zuchtwahl; aber keines der dagegen vorgebrachten Argumente scheint mir ein großes Gewicht zu besitzen, wenn man die Tatsachen berücksichtigt, welche zeigen, daß die Nacktheit der Haut bis zu einem gewissen Grade ein sekundärer Sexualcharakter beim Menschen und bei einigen Quadrumanen ist.

[25] Über die Richtung der Haare am menschlichen Körper, in: Müllers Archiv für Anat. u. Phys., 1837, p.40.

[26] Über die Schwanzfedern der Motmots, in: Proceed. Zool. Soc., 1873, p.429.

welche bekanntlich die Gewohnheit haben, die Fahnen der beiden mittleren Schwanzfedern sich abzubeißen, die Fahnen dieser Federn von Natur etwas verkümmert sind. Trotzdem aber wird der Gebrauch, den Bart und die Haare am Körper auszureißen, beim Menschen wahrscheinlich nicht eher entstanden sein, als bis diese Haare durch irgendwelche Einflüsse schon etwas reduziert geworden waren.[27]

Es ist schwierig, sich darüber ein Urteil zu bilden, wie sich das Haar auf dem Kopf zu seiner jetzigen bedeutenden Länge bei vielen Rassen entwickelt hat. Eschricht[28] gibt an, daß beim menschlichen Fötus das Haar im Gesicht während des fünften Monats länger ist als das am Kopf, und dies weist darauf hin, daß unsere halbmenschlichen Urerzeuger nicht mit langen Zöpfen versehen waren, welche folglich eine spätere Akquisition gewesen sein müssen. Dies wird gleichfalls durch die außerordentlichen Verschiedenheiten in der Länge des Haares bei den verschiedenen Rassen angedeutet. Beim Neger bildet das Haar nur eine gekräuselte Matratze, bei uns ist es von bedeutender Länge und bei den amerikanischen Eingeborenen erreicht es nicht selten den Boden. Einige Spezies von Semnopithecus haben ihren Kopf mit mäßig langem Haar bedeckt, und dies dient wahrscheinlich zur Zierde und wurde durch geschlechtliche Zuchtwahl erreicht. Dieselbe Ansicht kann vielleicht auf das Menschengeschlecht ausgedehnt werden, denn wir wissen, daß lange Zöpfe jetzt sehr bewundert werden, und schon früher bewundert wurden, wie sich aus den Werken beinahe jedes Poeten nachweisen läßt. Der Apostel Paulus sagt: „(ist es nicht) dem Weibe eine Ehre, so sie lange Haare zeugt". Und wir haben gesehen, daß in Nord-Amerika ein Häuptling lediglich wegen der Länge seines Haares gewählt wurde.

Farbe der Haut. – An der besten Art von Beweisen dafür, daß die Farbe der Haut durch geschlechtliche Zuchtwahl modifiziert worden ist, fehlt es in bezug auf das Menschengeschlecht sehr; denn die Geschlechter weichen, wie wir gesehen haben, in dieser Beziehung nicht oder nur unbedeutend voneinander ab. Wir wissen indessen aus vielen bereits mitgeteilten Tatsachen, daß die Farbe der Haut von den Menschen aller Rassen als ein äußerst bedeutungsvolles Element bei ihrer Schönheit betrachtet wird, so daß es ein Charakter ist, welcher wahrscheinlich durch Zuchtwahl gern modifiziert worden sein wird, wie es in unzähligen Beispielen bei den niederen Tieren eingetreten ist. Es erscheint auf den ersten Blick als eine monströse Annahme, daß die glänzende Schwärze des Negers durch geschlechtliche Zuchtwahl erreicht worden sein soll. Es wird aber diese Ansicht durch verschiedene Analogien unterstützt, und wir wissen, daß Neger ihre eigene Schwärze bewundern. Wenn bei Säugetieren die Geschlechter in der Farbe verschieden sind, so ist das Männchen oft schwarz oder viel dunkler als das Weibchen, und es hängt lediglich von der Form der Vererbung ab, ob diese oder eine andere Färbung auf beide Geschlechter oder nur auf eins allein vererbt werden soll. Die Ähnlichkeit der *Pithecia satanas* – mit ihrer glänzenden schwarzen Haut, ihren weißen rollenden Augäpfeln und ihrem auf der Höhe gescheitelten Haar – mit einem Neger in Miniatur ist fast lächerlich.

Die Farbe des Gesichtes ist bei den verschiedenen Arten von Affen viel unterschiedlicher als bei den Rassen des Menschen, und wir haben einigen Grund zu der Annahme, daß die roten, blauen, orangenen, beinahe weißen und schwarzen Farbtöne ihrer Haut, selbst wenn sie beiden Geschlechtern gemeinsam zukommen, ebenso wie die glänzenden Farben ihres Pelzes und die ornamentalen Haarbüschel um ihren Kopf herum, sämtlich durch geschlechtliche Zuchtwahl erlangt worden sind. Da die Reihenfolge der Entwicklung der einzelnen Merkmale während des Wachstums im allgemeinen die Reihenfolge andeutet, in welcher die Merkmale, einer Art während der früheren Generationen entwickelt und modifiziert wurden, und da die neugebore-

---

[27] Mr. Sproat hat vermutungsweise dieselbe Ansicht ausgesprochen (Scenes and Studies of Savage Life, 1868, p.25). Einige hervorragende Ethnologen, unter anderen Gosse in Genf, glauben, daß künstliche Modifikationen des Schädels zum Vererben neigen.
[28] Eschricht: Über die Richtung der Haare, a.a.O., p.40.

Zwanzigstes Kapitel

nen Kinder der verschiedensten Rassen nicht nahezu so bedeutend in der Farbe voneinander verschieden sind wie die Erwachsenen, obschon ihre Körper vollständig der Haare entbehren, so erhalten wir hierdurch eine leise Hindeutung darauf, daß die Farben der verschiedenen Rassen später als die Entfernung des Haars erlangt wurden, was, wie früher angeführt wurde, in einer sehr frühen Periode eingetreten sein muß.

Zusammenfassung. – Wir können schließen, daß die bedeutendere Größe, Kraft, der größere Mut und die stärkere Kampflust und Energie des Mannes im Vergleich mit der Frau während der Urzeiten erlangt und später hauptsächlich durch die Kämpfe rivalisierender Männer um den Besitz der Weiber verstärkt worden sind. Die größere intellektuelle Kraft und das stärkere Erfindungsvermögen beim Mann ist wahrscheinlich eine Folge natürlicher Zuchtwahl in Verbindung mit den vererbten Wirkungen der Gewohnheit; denn die fähigsten Männer werden beim Verteidigen und bei dem Sorgen für sich selbst, für ihre Weiber und ihre Nachkommen den besten Erfolg gehabt haben. Soweit es die äußerst verwickelte Natur des Gegenstandes uns gestattet zu urteilen, scheint es, als hätten unsere männlichen affenähnlichen Urerzeuger ihre Bärte als Zierat erlangt, um das andere Geschlecht zu bezaubern oder zu reizen, und sie dann nur ihren männlichen Nachkommen überliefert. Die Weibchen wurden allem Anschein nach zuerst in gleicher Weise zur geschlechtlichen Zierde der Haardecke entkleidet; sie überlieferten aber diesen Charakter beinahe gleichmäßig beiden Geschlechtern. Es ist nicht unwahrscheinlich, daß die Weibchen auch in anderen Beziehungen zu demselben Zweck und durch dieselben Mittel modifiziert wurden, so daß die Frauen angenehmere Stimmen erhalten haben und schöner geworden sind als die Männer.

Es verdient besondere Beachtung, daß beim Menschengeschlecht die Bedingungen für die Wirksamkeit der geschlechtlichen Zuchtwahl während einer sehr frühen Periode, wo der Mensch gerade eben den Rang der Menschlichkeit erreicht hatte, in vielen Beziehungen viel günstiger waren, als während späterer Zeiten. Denn er wird damals, wie wir getrost schließen können, mehr durch seine instinktiven Leidenschaften und weniger durch Vorsicht oder Vernunft geleitet worden sein. Er wird damals eifersüchtig sein Weib oder seine Weiber gehütet haben. Er wird damals weder Kindsmord ausgeübt haben, noch wird er seine Frauen lediglich als nützliche Sklaven geschätzt haben, noch wird er sie während früher Kindheit verlobt haben. Wir können daher schließen, daß die Rassen des Menschen, soweit geschlechtliche Zuchtwahl in Betracht kommt, zum hauptsächlichsten Teil während einer sehr entfernt liegenden Epoche differenziert wurden; und diese Schlußfolgerung wirft auf die merkwürdige Tatsache Licht, daß in der allerältesten Periode, von welcher wir jetzt überhaupt irgendeinen Bericht erhalten haben, die Rassen des Menschen bereits nahezu oder vollständig so weit voneinander verschieden geworden waren, als sie heutigen Tages sind.

Die hier über die Rolle, welche geschlechtliche Zuchtwahl in der Geschichte des Menschen gespielt hat, vorgebrachten Ansichten ermangeln der wissenschaftlichen Präzision. Wer die Wirksamkeit dieser Kräfte bei niederen Tieren nicht zugibt, wird wahrscheinlich alles, was ich in den letzten Kapiteln über den Menschen geschrieben habe, nicht weiter beachten. Wir können nicht positiv sagen, daß dieser Charakter, aber nicht jener, hierdurch modifiziert worden ist. Es ist indessen gezeigt worden, daß die Rassen des Menschen voneinander und von ihren nächsten Verwandten unter den niederen Tieren in gewissen Charakteren abweichen, welche für sie in den gewöhnlichen Lebensgewohnheiten von keinem Nutzen sind und von denen es äußerst wahrscheinlich ist, daß sie durch geschlechtliche Zuchtwahl modifiziert worden sind. Wir haben gesehen, daß bei den niedrigsten Wilden die Völker eines jeden Stammes ihre eigenen charakteristischen Eigenschaften bewundern, – die Form des Kopfes und Gesichtes, die viereckige Gestalt der Wangenknochen, das Hervorragen oder das Eingedrücktsein der Nase, die Farbe der Haut, die Länge des Haares am Kopf, das Fehlen von Haaren im Gesicht und am Körper, oder das Vorhandensein eines großen Bartes und derartiges mehr. Es kann daher nicht gefehlt haben, daß diese und andere solche Punkte langsam und allmählich übertrieben worden sind dadurch, daß die kraftvolleren und fähigeren Männer in jedem Stamm, welche die größte Zahl von Nachkommen aufzuziehen ermöglicht haben, viele Generationen hindurch sich zu ihren Frauen die am schärfsten charakterisierten und daher am meisten anziehenden Weiber gewählt haben. Ich für meinen Teil komme zu dem Schluß, daß von allen den Ursachen, welche zu den Verschiedenheiten in der äußeren Erscheinung zwischen den Rassen des Menschen und den niederen Tieren geführt haben, die geschlechtliche Zuchtwahl bei weitem die wirksamste gewesen ist.

Einundzwanzigstes Kapitel

Allgemeine Zusammenfassung und Schluß

Hauptsächlichste Schlußfolgerung, daß der Mensch von einer niederen Form abstammt – Art und Weise der Entwicklung – Genealogie des Menschen – Intellektuelle und moralische Fähigkeiten – Geschlechtliche Zuchtwahl – Schlußbemerkungen

Eine kurze Zusammenfassung wird hier genügen, um die hervorragenderen Punkte in diesem Werke nochmals dem Leser ins Gedächtnis zurückzurufen. Viele der Ansichten, welche vorgebracht worden sind, sind äußerst spekulativ und einige werden sich ohne Zweifel als irrig herausstellen; ich habe aber in jedem einzelnen Fall die Gründe mitgeteilt, welche mich bestimmt haben, eher der einen Ansicht als einer anderen zu folgen. Es schien der Mühe wert zu sein, zu untersuchen, inwiefern das Prinzip der Entwicklung auf einige der komplizierteren Probleme in der Naturgeschichte des Menschen Licht werfen könne. Unrichtige Tatsachen sind dem Fortschritt der Wissenschaft in hohem Grade schädlich, denn sie bleiben häufig lange bestehen. Aber falsche Ansichten tun, wenn sie durch einige Beweise unterstützt sind, wenig Schaden, da jedermann ein heilsames Vergnügen daran findet, ihre Irrigkeit nachzuweisen; und wenn dies geschehen ist, ist unser Weg zum Irrtum hin verschlossen und gleichzeitig der Weg zur Wahrheit geöffnet.

Der hauptsächlichste Schluß, zu dem ich in diesem Buch gelangt bin und welcher jetzt die Ansicht vieler Naturforscher ist, welche wohl kompetent sind ein gesundes Urteil zu bilden, ist der, daß der Mensch von einer weniger hoch organisierten Form abstammt. Die Grundlage, auf welcher diese Folgerung ruht, wird nie erschüttert werden, denn die große Ähnlichkeit zwischen dem Menschen und den niederen Tieren sowohl in der embryonalen Entwicklung als in unzähligen Punkten des Baues und der Konstitution, sowohl von größerer als von der allergeringfügigsten Bedeutung, die Rudimente, welche er behalten hat, und die abnormen Fälle von Rückschlag, denen er gelegentlich unterliegt, – dies sind Tatsachen, welche nicht bestritten werden können. Sie sind lange bekannt gewesen, aber bis ganz vor kurzem sagten sie uns in bezug auf den Ursprung des Menschen nichts. Wenn wir sie aber jetzt im Lichte unserer Kenntnis der ganzen organischen Welt betrachten, so ist ihre Bedeutung gar nicht mißzuverstehen. Das große Prinzip der Entwicklung steht klar und fest vor uns, wenn diese Gruppen von Tatsachen in Verbindung mit anderen betrachtet werden, mit solchen wie der gegenseitigen Verwandtschaft der Glieder einer und der nämlichen Gruppe, ihrer geographischen Verteilung in vergangenen und jetzigen Zeiten und ihrer geologischen Aufeinanderfolge. Es ist unglaublich, daß alle diese Tatsachen Falsches aussagen sollten. Jeder, der nicht, wie ein Wilder, damit zufrieden ist, die Erscheinungen der Natur als unverbunden anzusehen, kann nicht länger glauben, daß der Mensch das Werk eines besonderen Schöpfungsaktes ist. Er wird gezwungen sein zuzugeben, daß die große Ähnlichkeit des Embryos des Menschen mit dem z. B. eines Hundes, – der Bau seines Schädels, seiner Glieder und seines ganzen Körpers nach demselben Grundplan wie bei den anderen Säugetieren und zwar unabhängig von dem Gebrauch, welcher etwa von den Teilen gemacht wird, – das gelegentliche Wiedererscheinen verschiedener Bildungen, z. B. mehrerer verschiedener Muskeln, welche der Mensch normal nicht besitzt, welche aber den Quadrumanen zukommen, – und eine Menge analoger Tatsachen, – daß alles dies in der offenbarsten Art auf den Schluß hinweist, daß der Mensch mit anderen Säugetieren der gemeinsame Nachkomme eines gleichen Urerzeugers ist.

Wir haben gesehen, daß der Mensch unaufhörlich individuelle Verschiedenheiten in allen Teilen seines Körpers und in seinen geistigen Eigenschaften darbietet. Diese Verschiedenheiten oder Abänderungen scheinen durch dieselben allgemeinen Ursachen herbeigeführt worden zu

Allgemeine Zusammenfassung und Schluß

sein und denselben Gesetzen zu gehorchen, wie bei den niederen Tieren. In beiden Fällen herrschen ähnliche Gesetze der Vererbung. Der Mensch strebt sein Geschlecht in einem größeren Maße zu vermehren als seine Subsistenzmittel. Infolgedessen ist er gelegentlich einem heftigen Kampf um die Existenz ausgesetzt, und natürliche Zuchtwahl wird bewirkt haben, was nur immer innerhalb ihrer Wirksamkeit liegt. Eine Reihenfolge scharf ausgesprochener Abänderungen ähnlicher Natur sind durchaus nicht notwendig; unbedeutende schwankende Verschiedenheiten der Individuen genügen für die Wirksamkeit natürlicher Zuchtwahl; womit nicht gesagt sein soll, daß wir irgendwelchen Grund zu der Annahme hätten, daß alle Teile der Organisation in demselben Grade zu variieren neigten. Wir können uns überzeugt halten, daß die vererbten Wirkungen des lange fortgesetzten Gebrauches oder Nichtgebrauches von Teilen vieles in derselben Richtung wie die natürliche Zuchtwahl bewirkt haben werden. Modifikationen, welche früher von Bedeutung waren, jetzt aber nicht länger von irgendeinem speziellen Nutzen sind, werden lange vererbt. Wenn ein Teil modifiziert wird, werden sich andere Teile nach dem Grundsatz der Korrelation verändern, wofür wir Beispiele in vielen merkwürdigen Fällen von korrelativen Monstrositäten haben. Etwas mag auch der direkten und bestimmten Wirkung der umgebenden Lebensbedingungen, wie reichliche Nahrung, Wärme oder Feuchtigkeit, zugeschrieben werden; und endlich sind viele Charaktere von unbedeutender physiologischer Wichtigkeit, einige allerdings auch von beträchtlicher Bedeutung, durch geschlechtliche Zuchtwahl erlangt worden.

Ohne Zweifel bietet der Mensch ebensogut wie jedes andere Tier Gebilde dar, welche, soweit wir mit unserer geringen Kenntnis urteilen können, jetzt von keinem Nutzen für ihn sind und es auch nicht während irgendeiner früheren Periode seiner Existenz weder in bezug auf seine allgemeinen Lebensbedingungen, noch in der Beziehung des einen Geschlechtes zum anderen gewesen sind. Derartige Gebilde können durch keine Form der Zuchtwahl, ebensowenig wie durch die vererbten Wirkungen des Gebrauches und Nichtgebrauches von Teilen erklärt werden. Wir wissen indessen, daß viele fremdartige und scharf ausgesprochene Eigentümlichkeiten der Bildung gelegentlich bei unseren domestizierten Erzeugnissen erscheinen, und wenn die unbekannten Ursachen, welche sie hervorrufen, gleichförmiger wirken würden, so würden jene wahrscheinlich allen Individuen der Spezies gemeinsam zukommen. Wir können hoffen, später etwas über die Ursachen solcher gelegentlichen Modifikationen, besonders durch das Studium der Monstrositäten, verstehen zu lernen. Es sind daher die Arbeiten von experimentierenden Forschern, wie z. B. die von Camille Dareste, für die Zukunft vielversprechend. Im allgemeinen können wir nur sagen, daß die Ursache einer jeden unbedeutenden Abänderung oder einer jeden Monstrosität vielmehr in der Natur oder der Konstitution des Organismus als in der Natur der umgebenden Bedingungen liegt, obschon neue und veränderte Bedingungen gewiß eine bedeutende Rolle im Hervorrufen organischer Veränderungen vieler Arten spielen.

Durch die eben angeführten Mittel, vielleicht mit Unterstützung anderer, bis jetzt noch nicht entdeckter, ist der Mensch auf seinen jetzigen Zustand erhoben worden. Seitdem er aber den Rang der Menschlichkeit erlangt hat, ist er in verschiedene Rassen oder, wie sie noch angemessener genannt werden können, Subspezies auseinandergegangen. Einige von diesen, z. B. die Neger und Europäer, sind so verschieden, daß, wenn Exemplare ohne irgendeine weitere Information einem Naturforscher gebracht worden wären, sie unzweifelhaft von ihm als gute und echte Spezies betrachtet worden sein würden. Nichtsdestoweniger stimmen alle Rassen in so vielen nicht bedeutenden Einzelheiten der Bildung und in so vielen geistigen Eigentümlichkeiten überein, daß diese nur durch Vererbung von einem gemeinsamen Urerzeuger erklärt werden können, und ein in dieser Weise charakterisierter Urerzeuger würde wahrscheinlich verdient haben, als Mensch klassifiziert zu werden.

Man darf nicht etwa annehmen, daß die Divergenz jeder Rasse von den anderen Rassen und aller Rassen von einer gemeinsamen Stammform auf irgendein Paar von Urerzeugern zurück

Einundzwanzigstes Kapitel

verfolgt werden kann. Im Gegenteil werden auf jeder Stufe in dem Prozeß der Modifikation alle Individuen, welche in irgendwelcher Weise am besten für ihre Lebensbedingungen, wenn auch in verschiedenem Grade, angepaßt waren, in größererer Zahl leben geblieben sein als die weniger gut angepaßten. Der Vorgang wird derselbe gewesen sein wie der, welchen der Mensch einschlägt, wenn er nicht absichtlich besondere Individuen unter seinen Tieren auswählt, sondern nur von allen besseren nachzüchtet und alle untergeordneten Individuen vernachlässigt. Hierdurch modifiziert er seinen Stamm langsam aber sicher und bildet unbewußt eine neue Linie. Dasselbe gilt in bezug auf Modifikationen, welche unabhängig von Zuchtwahl erlangt worden sind und welche die Folge von Abänderungen sind, die von der Natur des Organismus und der Wirkung der umgebenden Bedingungen oder auch von veränderten Lebensgewohnheiten herrühren; hier wird nicht bloß ein einzelnes Paar in einem viel bedeutenderen Grade als die anderen Paare modifiziert worden sein, welche dasselbe Land bewohnen; denn alle werden beständig durch freie Kreuzung vermengt worden sein.

Betrachtet man die embryonale Bildung des Menschen – die Homologien, welche er mit den niederen Tieren darbietet, die Rudimente, welche er behalten hat, und die Fälle von Rückschlag, denen er ausgesetzt ist, so können wir uns teilweise in unserer Phantasie den früheren Zustand unserer ehemaligen Urerzeuger konstruieren und können dieselben annäherungsweise in der zoologischen Reihe an ihren gehörigen Platz bringen. Wir lernen daraus, daß der Mensch von einem behaarten Vierfüßler mit Schwanz abstammt, welcher wahrscheinlich in seiner Lebensweise ein Baumtier und ein Bewohner der alten Welt war. Dieses Wesen würde, wenn sein ganzer Bau von einem Zoologen untersucht worden wäre, unter die Quadrumanen klassifiziert worden sein, so sicher wie es der gemeinsame und noch ältere Urerzeuger der Affen der alten und neuen Welt geworden wäre. Die Quadrumanen und alle höheren Säugetiere rühren wahrscheinlich von einem alten Beuteltier und dieses durch eine lange Reihe verschiedenartiger Formen von irgendeinem amphibienähnlichen Wesen und dieses wieder von irgendeinem fischähnlichen Tiere her. In dem trüben Dunkel der Vergangenheit können wir sehen, daß der frühere Urerzeuger aller Wirbeltiere ein Wassertier gewesen sein muß, welches mit Kiemen versehen war, dessen beide Geschlechter in einem Individuum vereinigt waren, dessen wichtigste körperlichen Organe (wie z. B. das Herz) unvollständig oder noch gar nicht entwickelt waren. Dieses Tier scheint den Larven unserer jetzt existierenden marinen Ascidien ähnlicher gewesen zu sein als irgendeiner anderen bekannten Form.

Sind wir zu dem ebenerwähnten Schluß in bezug auf den Ursprung des Menschen getrieben worden, so bietet sich die größte Schwierigkeit in dem Punkte dar, daß er einen so hohen Grad intellektueller Kraft und moralischer Anlagen erlangt hat. Aber ein jeder, welcher das allgemeine Prinzip der Entwicklung annimmt, muß sehen, daß die geistigen Kräfte der höheren Tiere, welche der Art nach dieselben sind wie die des Menschen, obschon sie dem Grade nach so verschieden sind, doch des Fortschritts fähig sind. So ist der Abstand zwischen den geistigen Kräften eines der höheren Affen und eines Fisches oder zwischen denen einer Ameise und einer Schildlaus ungeheuer. Doch bietet die Entwicklung dieser Kräfte bei Tieren keine spezielle Schwierigkeit dar; denn bei unseren domestizierten Tieren sind die geistigen Fähigkeiten sicher variabel, und die Abänderungen werden vererbt. Niemand bezweifelt, daß diese Fähigkeiten für die Tiere im Naturzustand von der größten Bedeutung sind. Daher sind die Bedingungen zu ihrer Entwicklung durch natürliche Zuchtwahl günstig. Dieselbe Folgerung kann auf den Menschen ausgedehnt werden. Der Verstand muß für ihn von äußerster Bedeutung gewesen sein, selbst schon in einer sehr weit zurückliegenden Periode; denn er setzte ihn in den Stand, die Sprache zu erfinden und zu gebrauchen, Waffen, Werkzeuge, Fallen usw. zu verfertigen, durch welche Mittel er, unterstützt durch seine sozialen Gewohnheiten, schon vor langer Zeit das herrschendste von allen lebenden Wesen wurde.

Ein großer Schritt in der Entwicklung des Intellekts wird geschehen sein, sobald die halb als

Kunst, halb als Instinkt zu betrachtende Sprache in Gebrauch kam; denn der beständige Gebrauch der Sprache wird auf das Gehirn zurückgewirkt und eine vererbte Wirkung hervorgebracht haben, und diese wieder wird umgekehrt auch wieder auf die Vervollkommnung der Sprache zurückgewirkt haben. Die bedeutende Größe des Gehirns beim Menschen, im Vergleich mit dem der niederen Tiere, im Verhältnis zur Größe seines Körpers kann zum hauptsächlichsten Teil, wie Mr. Chauncey Wright treffend bemerkt hat[1] dem zeitigen Gebrauch irgendeiner einfachen Form von Sprache zugeschrieben werden. Die Sprache ist ja jene wundervolle Maschinerie, welche allen Arten von Gegenständen und Eigenschaften Zeichen anhängt und welche Gedankenzüge erregt, die aus dem bloßen Eindruck der Sinne niemals entstanden wären, oder wenn sie entstanden wären, nicht hätten verfolgt werden können. Die höheren intellektuellen Kräfte des Menschen, wie die der Überlegung, der Abstraktion, des Selbstbewußtseins usw. werden wahrscheinlich der fortgesetzten Vervollkommnung und Übung der anderen geistigen Fähigkeiten gefolgt sein.

Die Entwicklung der moralischen Eigenschaften ist ein noch interessanteres Problem. Ihre Grundlage findet sie in den sozialen Instinkten, wobei wir unter diesem Ausdruck die Familienanhänglichkeit mit einschließen. Diese Instinkte sind von einer äußerst komplizierten Natur und bei den niederen Tieren veranlassen sie besondere Neigungen zu gewissen, bestimmten Handlungen; für uns sind aber die bedeutungsvolleren Elemente die Liebe und die davon verschiedene Erregung der Sympathie. Mit sozialen Instinkten begabte Tiere empfinden Vergnügen an der Gesellschaft anderer, warnen einander vor Gefahr und verteidigen und helfen einander in vielen Weisen. Diese Instinkte werden nicht auf alle Individuen der Spezies ausgedehnt, sondern nur auf die derselben Gemeinschaft. Da sie in hohem Grade für die Spezies wohltätig sind, so sind sie aller Wahrscheinlichkeit nach durch natürliche Zuchtwahl erlangt worden.

Ein moralisches Wesen ist ein solches, welches imstande ist, über seine früheren Handlungen und deren Motive nachzudenken, – einige von ihnen zu billigen und andere zu mißbilligen; und die Tatsache, daß der Mensch das einzige Wesen ist, welches man mit Sicherheit so bezeichnen kann, bildet den größten von allen Unterschieden zwischen ihm und den niederen Tieren. Ich habe aber im vierten Kapitel zu zeigen versucht, daß das moralische Gefühl erstens eine Folge der ausdauernden Natur und beständigen Gegenwart der sozialen Instinkte ist; zweitens daß es eine Folge der Würdigung, der Billigung und Mißbilligung seitens seiner Genossen ist, und drittens, daß es eine Folge des Umstandes ist, daß seine geistigen Fähigkeiten in hohem Grade tätig und seine Eindrücke von vergangenen Ereignissen äußerst lebhaft sind, in welchen Beziehungen er von den niederen Tieren abweicht. Infolge dieses geistigen Zustandes kann es der Mensch nicht vermeiden, rückwärts und vorwärts zu schauen und die neuen Eindrücke mit vergangenen zu vergleichen. Nachdem daher irgendeine temporäre Begierde oder Leidenschaft seine sozialen Instinkte bemeistert hat, wird er darüber reflektieren und den jetzt abgeschwächten Eindruck solcher vergangenen Antrieb mit dem beständig gegenwärtigen sozialen Instinkt vergleichen; und dann wird er jenes Gefühl von Nichtbefriedigung empfinden, welches alle nicht befriedigten Instinkte zurücklassen. Infolge dessen entschließt er sich, für die Zukunft verschieden zu handeln, – und dies ist Gewissen. Jeder Instinkt, welcher dauernd stärker und nachhaltiger ist als ein anderer, gibt einem Gefühl Entstehung, von welchem wir uns so ausdrükken, daß wir sagen, wir sollen ihm gehorchen. Wenn ein Vorstehhund imstande wäre, über sein früheres Betragen Betrachtungen anzustellen, so würde er sich sagen: Ich hätte jenen Hasen stellen sollen (wie wir in der Tat von ihm sagen) und nicht der vorübergehenden Versuchung, ihm nachzusetzen und ihn zu jagen, nachgeben sollen.

Soziale Tiere werden teilweise durch ein inneres Verlangen dazu angetrieben, den Gliedern einer und derselben Gemeinschaft in einer allgemeinen Art und Weise zu helfen, aber häufiger

---

[1] On the Limits of Natural Selection, in: North American Review, Oct. 1870, p.295.

dazu, gewisse bestimmte Handlungen zu verrichten. Der Mensch wird durch denselben allgemeinen Wunsch angetrieben, seinen Mitmenschen zu helfen, hat aber weniger oder gar keine speziellen Instinkte. Er weicht auch darin von den niederen Tieren ab, daß er imstande ist, seine Begierden durch Worte auszudrücken, welche hierdurch zu der verlangten und gewährten Hilfe hinführen. Auch der Beweggrund, Hilfe zu gewähren, ist beim Menschen bedeutend modifiziert; er besteht nicht mehr bloß aus einem blinden, instinktiven Antrieb, sondern wird zum großen Teil durch das Lob oder den Tadel seiner Mitmenschen beeinflußt. Beides, sowohl die Anerkennung und das Aussprechen von Lob als auch das vom Tadel, beruht auf Sympathie und diese Erregung ist, wie wir gesehen haben, eines der bedeutungsvollsten Elemente der sozialen Instinkte. Obschon die Sympathie, als ein Instinkt erlangt wird, so wird auch sie durch Übung oder Gewohnheit bedeutend gekräftigt. Da alle Menschen ihre eigene Glückseligkeit wünschen, so wird Lob oder Tadel für Handlungen und Beweggründe in dem Maße gespendet, als sie zu jenem Ziel führen; und da das Glück ein wesentlicher Teil des allgemeinen Besten ist, so dient das Prinzip des „größten Glücks" indirekt als ein nahezu richtiger Maßstab für Recht und Unrecht. In dem Maße als die Verstandeskräfte fortschreiten und Erfahrung erlangt wird, werden auch die entfernter liegenden Wirkungen gewisser Arten des Betragens auf den Charakter des Individuums und auf das allgemeine Beste wahrgenommen, und dann erhalten auch die Tugenden, welche sich auf das Individuum selbst beziehen, weil sie nun in den Bereich der öffentlichen Meinung eintreten, Lob und die ihnen entgegengesetzten Eigenschaften Tadel. Aber bei den weniger zivilisierten Nationen irrt der Verstand häufig, und viele schlechte Gebräuche und Formen von Aberglauben unterliegen derselben Betrachtung und werden infolgedessen als hohe Tugenden geschätzt und ihr Verletzen als ein schweres Verbrechen angesehen.

Die moralischen Fähigkeiten werden allgemein, und zwar mit Recht, als von höherem Werte geschätzt als die intellektuellen Kräfte. Wir müssen aber stets im Sinne behalten, daß die Tätigkeit des Geistes durch das lebhafte Zurückrufen vergangener Eindrücke eine der fundamentalen, wenngleich erst sekundären Grundlagen des Gewissens ist. Diese Tatsache bietet das stärkste Argument dar für die Erziehung und Anregung der intellektuellen Fähigkeiten jedes menschlichen Wesens auf alle nur mögliche Weise. Ohne Zweifel wird auch ein Mensch mit trägem Geiste, wenn seine sozialen Zuneigungen und Sympathien gut entwickelt sind, zu guten Handlungen geführt werden und kann ein ziemlich empfindliches Gewissen haben. Was aber nur immer die Einbildungskraft des Menschen lebhafter macht und die Gewohnheit, vergangene Eindrücke sich zurückzurufen und zu vergleichen, kräftigt, wird auch das Gewissen empfindlicher machen und kann selbst in einem gewissen Grade schwache soziale Zuneigungen und Sympathien ausgleichen und ersetzen.

Die moralische Natur des Menschen hat ihre jetzige Höhe zum Teil durch die Fortschritte der Verstandeskräfte und folglich einer gerechten öffentlichen Meinung erreicht, besonders aber dadurch, daß die Sympathien weicher oder durch Wirkungen der Gewohnheit, des Beispiels, des Unterrichts und des Nachdenkens weiter verbreitet worden sind. Es ist nicht unwahrscheinlich, daß tugendhafte Neigungen nach langer Übung vererbt werden. Bei den zivilisierten Rassen hat die Überzeugung von der Existenz einer Alles sehenden Gottheit einen mächtigen Einfluß auf den Fortschritt der Moralität gehabt. Schließlich betrachtet der Mensch nicht länger das Lob oder den Tadel seiner Mitmenschen als einen hauptsächlichsten Leiter, obschon wenige sich diesem Einfluß zu entziehen vermögen, sondern seine gewohnheitsmäßigen Überzeugungen bieten ihm unter der Kontrolle der Vernunft die sicherste Richtschnur. Sein Gewissen wird dann sein oberster Richter und Warner. Nichtsdestoweniger liegt die erste Begründung oder der Ursprung des moralischen Gefühls in den sozialen Instinkten, mit Einschluß der Sympathie; und diese Instinkte wurden ohne Zweifel ursprünglich wie bei den niederen Tieren durch natürliche Zuchtwahl erlangt.

Allgemeine Zusammenfassung und Schluß

Der Glaube an Gott ist häufig nicht bloß als der größte, sondern als der vollständigste aller Unterschiede zwischen dem Menschen und den niederen Tieren vorgebracht worden. Wie wir indessen gesehen haben, ist es unmöglich zu behaupten, daß dieser Glaube beim Menschen angeboren oder instinktiv sei. Andererseits scheint ein Glaube an alles durchdringende, spirituelle Kräfte allgemein zu sein und scheint eine Folge eines beträchtlichen Fortschritts in der Kraft der Überlegung des Menschen und eines noch größeren Fortschritts in den Fähigkeiten der Einbildung, der Neugierde und des Bewunderns zu sein. Ich weiß sehr wohl, daß der vermeintliche instinktive Glauben an Gott von vielen Personen als Beweismittel für das Dasein Gottes selbst benutzt worden ist. Dies ist aber ein voreiliger Schluß, da wir danach auch zu dem Glauben an die Existenz vieler grausamer und böswilliger Geister getrieben würden, die nur wenig mehr Kraft als der Mensch selbst besitzen. Denn der Glaube an diese ist viel allgemeiner als der an eine liebende Gottheit. Die Idee eines universellen und wohlwollenden Schöpfers des Weltalls scheint im Geiste des Menschen nicht eher zu entstehen, als bis er sich durch lange fortgesetzte Kultur emporgearbeitet hat.

Wer an die Entwicklung des Menschen aus einer niedrigen organisierten Form glaubt, wird natürlich fragen, wie sich dies zu dem Glauben an die Unsterblichkeit der Seele verhält. Die barbarischen Rassen des Menschen besitzen, wie Sir J. Lubbock gezeigt hat, keinen deutlichen Glauben dieser Art. Aber von den ursprünglichen Glaubensmeinungen der Wilden hergenommene Argumente sind, wie wir eben gesehen haben, von geringer oder gar keiner Bedeutung. Wenigen Personen macht die Unmöglichkeit einer genauen Bestimmung der Periode, in welcher während der Entwicklung des Individuums von der ersten Spur des kleinen Keimbläschens an bis zur Vollendung des Kindes entweder vor oder nach der Geburt der Mensch ein unsterbliches Wesen wird, irgendwelche Schwierigkeit, und es liegt auch hier keine größere Veranlassung eine Schwierigkeit zu finden vor, weil die Periode auch in der allmählich aufsteigenden organischen Stufenleiter unmöglich bestimmt werden kann.[2]

Ich weiß wohl, daß die Folgerungen, zu denen ich in diesem Werk gelangt bin, von einigen als in hohem Grade irreligiös denunziert werden; wer sie aber in dieser Weise bezeichnet, ist verbunden zu zeigen, warum es in höherem Maße irreligiös sein soll, den Ursprung des Menschen als einer besonderen Art durch Abstammung von irgendeiner niederen Form zu erklären, und zwar nach den Gesetzen der Abänderung und natürlichen Zuchtwahl, als die Geburt des Individuums nach den Gesetzen der gewöhnlichen Reproduktion zu erklären. Beide Akte der Geburt, sowohl der Art als des Individuums, sind in völlig gleicher Weise Teile jener großen Reihenfolge von Ereignissen, welche unser Geist als das Resultat eines blinden Zufalls anzunehmen sich weigert. Der Verstand, empört sich gegen einen derartigen Schluß, mögen wir nun imstande sein zu glauben, daß jede unbedeutende Abänderung der Struktur, die Verbindung eines jeden Samenkorns und andere derartige Ereignisse zu irgendeinem speziellen Zwecke angeordnet seien oder nicht.

Geschlechtliche Zuchtwahl ist in dem vorliegenden Werk in großer Ausführlichkeit behandelt worden; denn sie hat, wie ich zu zeigen versucht habe, in der Geschichte der organischen Welt eine bedeutungsvolle Rolle gespielt. Ich bin mir wohl bewußt, daß vieles noch zweifelhaft bleibt; ich habe mich aber bemüht, eine leidlich haltbare Ansicht von dem ganzen Falle vorzulegen. In den niederen Abteilungen des Tierreichs scheint geschlechtliche Zuchtwahl nichts bewirkt zu haben; solche Tiere sind häufig zeitlebens an einen und denselben Ort befestigt, oder es sind die beiden Geschlechter in einem und demselben Individuum vereinigt, oder, was von noch größerer Bedeutung ist, ihr Wahrnehmungs- und intellektuelles Vermögen ist noch nicht hinreichend vorgeschritten, um die Gefühle der Liebe und Eifersucht oder die Ausübung einer

---

[2] J. A. Picton teilt eine Erörterung hierüber mit in seinem Buch: New Theories and the Old Faith, 1870.

Einundwanzigstes Kapitel

Wahl zu gestatten. Sobald wir indessen zu den Arthropoden und Wirbeltieren, selbst zu den niedrigsten Klassen in diesen beiden großen Unterreichen kommen, sehen wir, daß geschlechtliche Zuchtwahl Bedeutendes erreicht hat.

Bei den verschiedenen großen Klassen des Tierreichs, bei Säugetieren, Vögeln, Reptilien, Fischen, Insekten und selbst Krustentieren, folgen die Verschiedenheiten zwischen den Geschlechtern beinahe genau denselben Regeln. Die Männchen sind beinahe immer die Werber und sie allein sind mit speziellen Waffen zum Kampfe mit ihren Rivalen versehen. Sie sind allgemein stärker und größer als die Weibchen und sind mit den nötigen Eigenschaften des Mutes und der Kampfsucht begabt. Sie sind entweder ausschließlich oder in einem viel höheren Grade als die Weibchen mit Organen zur Hervorbringung von Vokal- oder Instrumentalmusik und mit Riechdrüsen versehen. Sie sind mit unendlich mannigfaltigen Anhängen und mit den glänzendsten oder auffallendsten Farben, die häufig in eleganten Mustern angeordnet sind, geschmückt, während die Weibchen ohne Zier gelassen wurden. Wenn die Geschlechter in bedeutungsvolleren Bildungen voneinander abweichen, so ist es das Männchen, welches mit speziellen Sinnesorganen zur Entdeckung der Weibchen, mit Bewegungsorganen, um sie zu erreichen, und häufig mit Greiforganen, um sie festzuhalten, versehen ist. Diese verschiedenen Bildungen, um sich des Weibchens zu versichern oder es zu bezaubern, werden beim Männchen häufig nur während eines Teiles des Jahres, nämlich zur Paarungszeit, entwickelt. Sie sind in vielen Fällen in größerem oder geringerem Grade auch auf die Weibchen übertragen worden, und im letzteren Falle erscheinen sie oft bei diesen als bloße Rudimente. Sie gehen bei den Männchen nach der Entmannung verloren. Allgemein entwickeln sie sich beim Männchen nicht während der früheren Jugend, erscheinen aber kurz vor dem reproduktionsfähigen Alter. Daher gleichen in den meisten Fällen die Jungen beider Geschlechter einander und das Weibchen gleicht seinen jungen Nachkommen zeitlebens. In beinahe jeder großen Klasse kommen einige wenige anomale Fälle vor, bei welchen sich eine fast vollständige Umkehrung der Charaktere, welche den beiden Geschlechtern eigen sind, findet, so daß die Weibchen Charaktere annehmen, welche eigentlich den Männchen gehören. Diese überraschende Gleichförmigkeit in den Gesetzen, welche die Verschiedenheiten zwischen den Geschlechtern in so vielen weit voneinander getrennten Klassen regeln, wird verständlich, wenn wir annehmen daß eine gemeinsame Ursache in Tätigkeit gewesen ist, nämlich geschlechtliche Zuchtwahl.

Geschlechtliche Zuchtwahl hängt von dem Erfolg gewisser Individuen über andere desselben Geschlechts in bezug auf die Erhaltung der Spezies ab, während natürliche Zuchtwahl von dem Erfolg beider Geschlechter auf allen Altersstufen in bezug auf die allgemeinen Lebensbedingungen abhängt. Der geschlechtliche Kampf ist zweierlei Art. In der einen findet er zwischen den Individuen eines und des nämlichen Geschlechts und zwar allgemein des männlichen statt, um die Rivalen fortzutreiben oder zu töten, wobei die Weibchen passiv bleiben, während in der anderen der Kampf zwar auch zwischen den Individuen des nämlichen Geschlechts stattfindet, um die des anderen Geschlechts zu reizen oder zu bezaubern, und zwar meist die Weibchen, wobei aber die letzteren nicht mehr passiv bleiben, sondern die ihnen angenehmeren Genossen sich wählen. Diese letztere Art von Wahl ist der sehr analog, welche der Mensch zwar unbewußt, aber doch wirksam, bei seinen domestizierten Erzeugnissen anwendet, wenn er eine lange Zeit hindurch beständig die ihm am meisten gefallenden oder nützlichsten Individuen auswählt, ohne irgendeinen Wunsch die Rasse zu modifizieren.

Die Gesetze der Vererbung bestimmen, ob die durch geschlechtliche Zuchtwahl von einem der beiden Geschlechter erlangten Charaktere auf ein und dasselbe Geschlecht oder auf beide Geschlechter überliefert werden sollen, ebenso wie sie das Alter bestimmen, in welchem sich diese Charaktere zu entwickeln haben. Dem Anschein nach werden Abänderungen, welche spät im Leben auftreten, gemeiniglich auf ein und dasselbe Geschlecht überliefert. Variabilität ist die notwendige Grundlage für die Wirkung der Zuchtwahl und ist vollständig unabhängig von derselben. Es folgt hieraus, daß Abänderungen einer und derselben allgemeinen Beschaffenheit häufig von geschlechtlicher Zuchtwahl zu ihrem Vorteil benutzt und in bezug auf die Fortpflanzung der Spezies angehäuft worden sind, ebenso wie von natürlicher Zuchtwahl in bezug auf die allgemeinen Zwecke des Lebens. Wenn daher sekundäre Sexualcharaktere gleichmäßig auf beide Geschlechter überliefert werden, so können sie von gewöhnlichen spezifischen Charakteren nur mit Hilfe der Analogie unterschieden werden. Die durch geschlechtliche Zuchtwahl erlangten Modifikationen sind häufig so scharf ausgesprochen, daß die beiden Geschlechter oft als verschiedenen Spezies, ja selbst als verschiedenen Gattungen angehörig aufgeführt worden sind. Derartige scharf ausgesprochene Verschiedenheiten müssen in irgendeiner Weise von hoher Bedeutung sein, und wir wissen, daß sie in einigen Fällen auf Kosten nicht bloß der Bequemlichkeit, sondern des Schutzes gegen wirkliche Gefahren erlangt worden sind.

Der Glaube an die Wirksamkeit geschlechtlicher Zuchtwahl ruht hauptsächlich auf den folgenden Betrachtungen. Gewisse Eigentümlichkeiten sind auf ein Geschlecht beschränkt, und dies allein macht es wahrscheinlich, daß sie in den meisten Fällen in irgendwelcher Weise mit dem Akt der Reproduktion in Verbindung stehen. Diese Charaktere entwickeln sich in zahllosen Fällen vollständig nur zur Zeit der Geschlechtsreife und häufig nur während eines Teils des Jahres, welcher stets die Paarungszeit ist. Die Männchen sind (mit Beiseitelassung einiger weniger exzeptioneller Fälle) die bei der Bewerbung tätigeren; sie sind die besserbewaffneten und werden in verschiedener Weise zu den anziehenderen gemacht. Es ist speziell zu beachten, daß die Männchen ihre Reize mit ausgesuchter Sorgfalt in der Gegenwart der Weibchen entfalten und daß sie dieselben selten oder niemals entfalten, ausgenommen während der Zeit der Liebe. Es ist unglaublich, daß diese ganze Entfaltung zwecklos sein sollte. Endlich haben wir entschiedene Beweise bei einigen Säugetieren und Vögeln dafür, daß die Individuen des einen Geschlechts fähig sind, eine starke Antipathie oder Vorliebe für gewisse Individuen des anderen Geschlechts zu empfinden.

Behalten wir diese Tatsachen im Auge und denken wir an die ausgesprochenen Resultate der unbewußten Zuchtwahl des Menschen in ihrer Anwendung auf domestizierte Tiere und kultivierte Pflanzen, so scheint es mir beinahe sicher zu sein, daß, wenn die Individuen eines Geschlechts während einer langen Reihe von Generationen vorziehen sollten, sich mit gewissen Individuen des anderen Geschlechts zu paaren, welche in irgendeiner eigentümlichen Weise charakterisiert wären, die Nachkommen dann langsam aber sicher in derselben Art und Weise modifiziert werden würden. Ich habe nicht zu verbergen gesucht, daß, ausgenommen die Fälle, wo die Männchen zahlreicher sind als die Weibchen oder wo Polygamie herrscht, es zweifelhaft ist, wie die anziehenderen Männchen es erreichen, eine größere Anzahl von Nachkommen zu hinterlassen, welche ihre Superiorität in Zierat oder anderen Reizen ererben, als die weniger anziehenden Männchen; ich habe aber gezeigt, daß dies wahrscheinlich daraus folgt, daß die Weibchen und besonders die kräftigeren Weibchen, welche zuerst zur Fortpflanzung gelangen, nicht nur die anziehenderen, sondern auch gleichzeitig die kräftigeren, und siegreichen Männchen vorziehen werden.

Obgleich wir mehrere positive Beweise dafür haben, daß Vögel glänzende und schöne Gegenstände würdigen, wie z. B. die Laubenvögel in Australien, und obgleich sie sicher das Gesangsvermögen würdigen, so gebe ich doch vollständig zu, daß es eine staunenerregende Tatsache ist, daß die Weibchen vieler Vögel und einiger Säugetiere mit hinreichendem Geschmack versehen sein sollen, die Verzierungen zu würdigen, welche wir der geschlechtlichen Zuchtwahl zuzuschreiben Grund haben; und dies ist in bezug auf Reptilien, Fische und Insekten selbst noch staunenerregender. Wir wissen aber in der Tat sehr wenig über die geistige Begabung der niederen Tiere. Man kann nicht annehmen, daß männliche Paradiesvögel oder Pfauhähne z.B. sich so viele Mühe geben sollten, ihre schönen Schmuckfedern vor den Weibchen aufzurichten, auszubreiten und erzittern zu machen, ohne Zweck. Wir müssen uns der nach einer ausgezeichneten Autorität in einem früheren Kapitel mitgeteilten Tatsache erinnern, daß nämlich mehrere Pfauhennen, als sie von einem von ihnen bewunderten Pfauhahne getrennt wurden, lieber das ganze Jahr hindurch Witwen blieben, als daß sie sich mit einem anderen Vogel paarten. Nichtsdestoweniger kenne ich keine Tatsache in der Naturgeschichte, welche wunderbarer wäre, als daß der weibliche Argusfasan imstande sein soll, die ausgesuchte Schattierung der Kugel- und Sockelornamente und die eleganten Muster auf den Schwungfedern des Männchens zu würdigen. Wer der Ansicht ist, daß das Männchen so, wie es jetzt existiert, geschaffen wurde, muß annehmen, daß die Schmuckfedern, welche den Vogel verhindern, die Flügel zum Flug zu benutzen, und welche während des Aktes der Bewerbung und zu keiner anderen Zeit in einer, dieser einen Spezies völlig eigentümlichen Art und Weise entfaltet werden, ihm zum Schmuck gegeben worden sind. Wird dies angenommen, so muß er noch weiter annehmen, daß das Weibchen mit der Fähigkeit, derartigen Zierat zu würdigen, geschaffen oder begabt wurde. Ich weiche hiervon nur in der Überzeugung ab, daß der männliche Argusfasan seine Schönheit allmählich erlangte und zwar dadurch, daß die Weibchen viele Generationen hindurch die in höherem Grade geschmückten Männchen vorzogen, während die ästhetische Fähigkeit der Weibchen durch Übung und Gewohnheit in derselben Weise, wie unser eigener Geschmack allmählich veredelt wird, allmählich fortgeschritten ist. Durch den glücklichen Zufall, daß beim Männchen einige wenige Federn nicht modifiziert sind, sind wir in den Stand gesetzt deutlich zu sehen, wie einfache Flecke mit einer unbedeutenden gelblichen Schattierung auf der einen Seite durch kleine, abgestufte Schritte zu den wunderbaren Kugel- und Sockelornamenten entwickelt worden sind; und es ist wahrscheinlich, daß sie sich wirklich so entwickelt haben.

Ein jeder, welcher das Prinzip der Entwicklung annimmt und doch große Schwierigkeit empfindet zuzugeben, daß weibliche Säugetiere, Vögel, Reptilien und Fische den hohen Grad von Geschmack erlangt haben, welcher wegen der Schönheit der Männchen vorauszusetzen ist und welcher im allgemeinen mit unserem eigenen Geschmack übereinstimmt, muß bedenken, daß die Nervenzellen des Gehirns beim höchsten wie beim niedersten Gliede der Wirbeltierreihe die direkten Abkömmlinge derjenigen sind, welche der gemeinsame Urerzeuger dieses ganzen Unterreichs besessen hat. Denn hiernach können wir verstehen, woher es kommt, daß gewisse geistige Fähigkeiten sich bei verschiedenen und sehr weit voneinander stehenden Tiergruppen in nahezu derselben Weise und nahezu demselben Grade entwickelt haben.

Der Leser, welcher sich die Mühe gegeben hat, durch die verschiedenen der geschlechtlichen Zuchtwahl gewidmeten Kapitel sich durchzuarbeiten, wird imstande sein zu beurteilen, inwieweit die Folgerungen, zu denen ich gelangt bin, durch genügende Beweise unterstützt sind. Nimmt er diese Folgerungen an, so kann er sie, wie ich glaube, ruhig auf den Menschen ausdehnen. Es würde aber überflüssig sein, hier das zu wiederholen, was ich erst vor kurzem über die Art und Weise gesagt habe, in welcher geschlechtliche Zuchtwahl allem Anschein nach sowohl auf die männliche als auch die weibliche Seite des Menschengeschlechts eingewirkt hat, wie sie die Ursache gewesen ist, daß die beiden Geschlechter des Menschen an Körper und Geist und die verschiedenen Rassen in verschiedenen Charakteren voneinander, ebenso wie von ihrem alten und niedrig organisierten Urerzeuger verschieden geworden sind.

Wer das Prinzip der geschlechtlichen Zuchtwahl zugibt, wird zu der merkwürdigen Schlußfolgerung geführt, daß das Nervensystem nicht bloß die meisten der jetzt bestehenden Funktionen des Körpers reguliert, sondern auch indirekt die progressive Entwicklung verschiedener körperlicher Bildungen und gewisser geistiger Eigenschaften beeinflußt hat. Mut, Kampfsucht, Ausdauer, Kraft und Größe des Körpers, Waffen aller Arten, musikalische Organe, sowohl vokale als instrumentale, glänzende Farben und ornamentale Anhänge, alles ist indirekt von dem einen oder dem anderen Geschlechte erlangt worden, und zwar durch den Einfluß der Liebe und Eifersucht, durch die Anerkennung des Schönen im Klang, in der Farbe oder der Form; und diese Fähigkeiten des Geistes hängen offenbar von der Entwicklung des Gehirns ab.

Allgemeine Zusammenfassung und Schluß

Der Mensch prüft mit skrupulöser Sorgfalt den Charakter und den Stammbaum seiner Pferde, Rinder und Hunde, ehe er sie paart. Wenn er aber zu seiner eigenen Heirat kommt, nimmt er sich selten oder niemals solche Mühe. Er wird nahezu durch dieselben Motive wie die niederen Tiere, wenn sie ihrer eigenen freien Wahl überlassen sind, angetrieben, obgleich er insoweit ihnen überlegen ist, daß er geistige Reize und Tugenden hochschätzt. Andererseits wird er durch bloße Wohlhabenheit oder Rang stark angezogen. Doch könnte er durch Wahl nicht bloß für die körperliche Konstitution und das Äußere seiner Nachkommen, sondern auch für ihre intellektuellen und moralischen Eigenschaften etwas tun. Beide Geschlechter sollten sich der Heirat enthalten, wenn sie in irgendwelchem ausgesprochenen Grade an Körper, oder Geist untergeordnet wären; derartige Hoffnungen sind aber utopisch und werden niemals, auch nicht einmal zum Teil realisiert werden, bis die Gesetze der Vererbung durch und durch erkannt sind. Alles was uns diesem Ziele näher bringt, ist von Nutzen. Wenn die Prinzipien der Züchtung und der Vererbung besser verstanden werden, werden wir nicht unwissende Glieder unserer gesetzgebenden Körperschaften verächtlich einen Plan zur Ermittlung der Frage zurückweisen hören, ob blutsverwandte Heiraten für den Menschen schädlich sind oder nicht.

Der Fortschritt des Wohles der Menschheit ist ein äußerst verwickeltes Problem. Alle sollten sich des Heiratens enthalten, welche ihren Kindern die größte Armut nicht ersparen können, denn Armut ist nicht bloß ein großes Übel, sondern führt auch zu ihrer eigenen Vergrößerung, da sie Unbedachtsamkeit beim Verheiraten herbeiführt. Auf der anderen Seite werden, wie Mr. Galton bemerkt hat, wenn die Klugen das Heiraten vermeiden, während die Sorglosen heiraten, die untergeordneteren Glieder der menschlichen Gesellschaft die besseren zu verdrängen streben. Wie jedes andere Tier ist auch der Mensch ohne Zweifel auf seinen gegenwärtigen hohen Zustand durch einen Kampf um die Existenz infolge seiner rapiden Vervielfältigung gelangt, und wenn er noch höher fortschreiten soll, so muß er einem heftigen Kampfe ausgesetzt bleiben. Im anderen Falle würde er in Indolenz versinken und die höher begabten Menschen würden im Kampf um das Leben nicht erfolgreicher sein als die weniger begabten. Es darf daher unser natürliches Zunahmeverhältnis, obschon es zu vielen und offenbaren Übeln führt, nicht durch irgendwelche Mittel bedeutend verringert werden. Es muß für alle Menschen offene Konkurrenz bestehen, und es dürfen die Fähigsten nicht durch Gesetze oder Gebräuche daran verhindert werden, den größten Erfolg zu haben und die größte Zahl von Nachkommen aufzuziehen. So bedeutungsvoll der Kampf um die Existenz gewesen ist, so sind doch, soweit der höchste Teil der menschlichen Natur in Betracht kommt, andere Kräfte noch bedeutungsvoller; denn die moralischen Eigenschaften sind entweder direkt oder indirekt viel mehr durch die Wirkung der Gewohnheit, durch die Kraft der Überlegung, Unterricht, Religion usw. fortgeschritten, als durch natürliche Zuchtwahl, obschon dieser letzteren Kraft die sozialen Instinkte, welche die Grundlage für die Entwicklung des moralischen Gefühls dargeboten haben, ruhig zugeschrieben werden können.

Die hauptsächlichste Folgerung, zu welcher ich in diesem Werke gelangt bin, nämlich daß der Mensch von einer niedriger organisierten Form abgestammt ist, wird für viele Personen, wie ich zu meinem Bedauern wohl annehmen kann, äußerst widerwärtig sein. Es läßt sich aber kaum daran zweifeln, daß wir von Barbaren abstammen. Das Erstaunen, welches ich empfand, als ich zuerst einen Trupp Feuerländer an einer wilden, zerklüfteten Küste sah, werde ich niemals vergessen; denn der Gedanke schoß mir sofort durch den Sinn: So waren unsere Vorfahren. Diese Menschen waren absolut nackt und mit Farbe bedeckt, ihr langes Haar war verfilzt, ihr Mund vor Aufregung begeifert und ihr Ausdruck wild, verwundert und mißtrauisch. Sie besaßen kaum irgendwelche Kunstfertigkeiten und lebten wie wilde Tiere von dem, was sie fangen konnten. Sie hatten keine Regierung und waren gegen jeden, der nicht von ihrem kleinen Stamm war, ohne Erbarmen. Wer einen Wilden in seinem Heimatland gesehen hat, wird sich nicht sehr

Einundwanzigstes Kapitel

schämen, wenn er zu der Anerkennung gezwungen wird, daß das Blut noch niedrigerer Wesen in seinen Adern fließt. Was mich betrifft, so möchte ich ebenso gern von jenem heroischen kleinen Affen abstammen, welcher seinem gefürchteten Feinde trotzte, um das Leben seines Wärters zu retten, oder von jenem alten Pavian, welcher, von den Hügeln herabsteigend, im Triumph seinen jungen Kameraden aus einer Menge erstaunter Hunde herausführte, – als von einem Wilden, welcher ein Entzücken an den Martern seiner Feinde fühlt, blutige Opfer darbringt, Kindsmord ohne Gewissensbisse begeht, seine Frauen wie Sklaven behandelt, keine Züchtigkeit kennt und von dem gröbsten Aberglauben beherrscht wird.

Der Mensch ist wohl zu entschuldigen, wenn er einigen Stolz darüber empfindet, daß er, wenn auch nicht durch seine eigenen Anstrengungen, zur Spitze der ganzen organischen Stufenleiter gelangt ist; und die Tatsache, daß er in dieser Weise emporgestiegen ist, statt ursprünglich schon dahin gestellt worden zu sein, kann ihm die Hoffnung verleihen, in der fernen Zukunft eine noch höhere Bestimmung zu haben. Wir haben es aber hier nicht mit Hoffnungen oder Befürchtungen zu tun, sondern nur mit der Wahrheit, soweit unser Verstand es uns gestattet, sie zu entdecken; ich habe das Beweismaterial nach meinem besten Vermögen mitgeteilt. Wir müssen indessen, wie es scheint, anerkennen, daß der Mensch mit allen seinen edlen Eigenschaften, mit der Sympathie, welche er für die Niedrigsten empfindet, mit dem Wohlwollen, welches er nicht bloß auf andere Menschen, sondern auch auf die niedrigsten lebenden Wesen ausgedehnt, mit seinem gottähnlichen Intellekt, welcher in die Bewegungen und die Konstitution des Sonnensystems eingedrungen ist, mit allen diesen hohen Kräften doch noch in seinem Körper den unauslöschlichen Stempel eines niederen Ursprungs trägt.

Zusatzbemerkung über geschlechtliche Zuchtwahl in bezug auf Affen

(Aus der Zeitschrift „Nature", 2. Nov. 1876, p.18.)

Bei der Erörterung der geschlechtlichen Zuchtwahl in meiner „Abstammung des Menschen" hat mich keine Tatsache mehr interessiert und in Verlegenheit gebracht als die hell gefärbten hinteren Enden des Rumpfes und benachbarter Teile gewisser Affen. Da diese Teile in dem einen Geschlechte heller gefärbt sind als in dem anderen und da sie während der Zeit der Liebe glänzender werden, so kam ich zu dem Schluß, daß die Farben als ein geschlechtliches Reizmittel erlangt worden sind. Ich war mir wohl bewußt, daß ich deshalb lächerlich gemacht werden könnte, wennschon es tatsächlich nicht überraschender ist, daß ein Affe sein hellrotes hinteres Ende präsentieren sollte, als daß ein Pfauhahn sein prachtvolles Behänge entfaltet. Zu jener Zeit war ich indessen nicht im Besitz von Zeugnissen dafür, daß die Affen diesen Teil ihres Körpers während ihrer Werbung zeigen; und eine derartige Darbietung gewährt, was die Vögel betrifft, den besten Beweis dafür, daß der Zierat der Männchen ihnen beim Anziehen oder Reizen der Weibchen von Nutzen sind. Ich habe vor kurzem einen im „Zoologischen Garten", April 1876, erschienenen Artikel von Joh. von Fischer in Gotha über den Ausdruck verschiedener Erregungen bei Affen gelesen, welcher für jeden, welcher für den Gegenstand sich interessiert, des Studiums wert ist und welcher zeigt, daß der Verfasser ein sorgfältiger und scharfblickender Beobachter ist. In diesem Artikel findet sich eine Schilderung des Benehmens eines jungen männlichen Mandrills, als er sich selbst das erstemal in einem Spiegel erblickte; es wird hinzugefügt, daß er sich nach einiger Zeit herumdrehte und sein rotes hinteres Ende dem Spiegel darbot. Demzufolge schrieb ich an Herrn J. von Fischer, um ihn zu fragen, was er wohl meinte, daß die Bedeutung dieser eigentümlichen Handlungsweise sei. Er hat mir darauf zwei lange Briefe geschrieben voll von neuen und merkwürdigen Einzelheiten, welche, wie ich hoffe, später veröffentlicht werden. Er sagt, daß er zuerst selbst durch die erwähnte Handlungsweise in Verlegenheit gebracht und dazu veranlaßt worden sei, sorgfältig mehrere Individuen verschiedener anderer Affenarten zu beobachten, welche er lange Zeit in seinem Haus gehalten habe. Er findet, daß nicht bloß der Mandrill (*Cynocephalus mormon*), sondern auch der Drill (*C. leucophaeus*) und die anderen Pavianarten (*C. hamadryas. sphinx* und *babouin*), ferner auch *Cynopithecus niger*, sowie *Macacus rhesus* und *nemestrinus* diesen Teil ihres Körpers, welcher bei allen diesen Arten mehr oder weniger hell gefärbt ist, ihm zukehren, wenn sie vergnüglicher Stimmung sind, sowie anderen Personen als eine Art von Gruß. Er gab sich Mühe, einen *Macacus rhesus*, welchen er fünf Jahre lang gehalten hatte, von dieser unanständigen Gewohnheit zu heilen, und hatte endlich auch Erfolg. Diese Affen sind besonders geneigt, diese Handlung auszuführen und gleichzeitig zu grinsen, wenn sie zuerst zu einem neuen Affen gebracht werden, häufig aber auch, wenn sie zu ihren alten Affenfreunden kommen; nach dieser gegenseitigen Vorstellung von hinten fangen sie an miteinander zu spielen. Der junge Mandrill hörte nach einiger Zeit von selbst auf, in dieser Weise sich gegen seinen Herrn, von Fischer, zu benehmen, fuhr aber damit anderen Personen gegenüber, welche ihm Fremde waren, fort, sowie neuen Affen gegenüber. Ein junger *Cynopithecus niger* benahm sich gegen seinen Herrn, ausgenommen bei einer einzigen Gelegenheit, niemals so, tat es aber oft fremden Personen gegenüber und fährt damit bis auf den jetzigen Tag fort. Aus dieser Tatsache folgert von Fischer, daß diejenigen Affen, welche sich vor einem Spiegel in dieser Weise benahmen (nämlich der Mandrill,

Zusatzbemerkung über geschlechtliche Zuchtwahl in bezug auf Affen

Drill, *Cynopithecus niger*, *Macacus rhesus* und *nemestrinus*), so taten, als wäre ihr Spiegelbild eine neue Bekanntschaft. Der Mandrill und Drill, deren hinteres Ende besonders geschmückt ist, zeigen es, selbst wenn sie ganz jung sind, häufiger und augenfälliger, als es die anderen Arten tun. Zunächst in der Reihe kommt dann *Cynocephalus hamadryas*, während die anderen Arten seltener diese Handlung ausführen. Indessen weichen die einzelnen Tiere in dieser Beziehung voneinander ab und einige, welche sehr schüchtern sind, zeigen ihre hinteren Enden niemals. Es verdient noch besondere Beachtung, daß von Fischer niemals eine Art ihre hinteren Körperteile hat zeigen sehen, wenn diese gar nicht gefärbt waren. Diese Bemerkung bezieht sich auf *Macacus cynomolgus* und *Cercocebus radiatus* (der mit *M. rhesus* nahe verwandt ist), auf die Arten von *Cercopithecus* und mehrere amerikanische Affen. Die Gewohnheit, das hintere Ende als eine Begrüßung einem alten Freunde oder einer neuen Bekanntschaft zuzukehren, welche uns so merkwürdig erscheint, ist dies in Wirklichkeit nicht mehr als die Gewohnheiten vieler Wilden sind, z. B. sich den Bauch mit den Händen oder die Nasen aneinander zu reiben. Die Gewohnheit scheint beim Mandrill und Drill instinktiv oder vererbt zu sein, da sie von sehr jungen Tieren ausgeübt wurde; sie ist aber, wie so viele andere Instinkte, durch Beobachtung modifiziert oder geleitet worden; denn von Fischer sagt, daß sie sich Mühe geben, die Darstellung vollständig zu machen; und zeigen sie sich vor zwei Beobachtern, so wenden sie sich dem zu, welcher ihnen am meisten Aufmerksamkeit zu widmen scheint.

Was den Ursprung dieser Gewohnheit betrifft, so bemerkt von Fischer, daß seine Affen es gern haben, wenn man ihre nackten hinteren Enden klopft oder streichelt und daß sie dann vor Vergnügen grunzen. Sie drehen auch häufig diesen Teil des Körpers anderen Affen zu, um sich Stückchen Schmutzes absuchen zu lassen, wie es auch ohne Zweifel mit Dornen der Fall sein dürfte. Aber bei erwachsenen Tieren hängt die Gewohnheit bis zu einer gewissen Ausdehnung mit geschlechtlichen Empfindungen zusammen. So beobachtete von Fischer einen weiblichen *Cynopithecus niger* durch eine Glastüre und sah, wie er sich während mehrerer Tage „umdrehte und dem Männchen mit gurgelnden Tönen die stark gerötete Sitzfläche zeigte, was ich früher nie an diesem Tiere bemerkt hatte. Beim Anblick dieses Gegenstandes erregte sich das Männchen sichtlich, denn es polterte heftig an den Stäben, ebenfalls gurgelnde Laute ausstoßend". Da alle die Affen, deren hintere Körperteile mehr oder weniger hell gefärbt sind, wie von Fischer angibt, an offenen felsigen Orten leben, so glaubt er, daß diese Farben dazu dienen, das eine Geschlecht dem anderen in der Entfernung sichtbar zu machen. Da aber die Affen so gesellige, in Herden lebende Tiere sind, so sollte ich gemeint haben, daß kein Bedürfnis dafür vorläge, daß sich die Geschlechter aus der Entfernung erkannten. Mir scheint es wahrscheinlicher zu sein, daß die hellen Färbungen, mögen sie am Gesicht oder am hintern Körperende angebracht sein oder, wie beim Mandrill, an beiden Teilen, als ein geschlechtlicher Schmuck und Reizmittel dienen. Wie dem auch sein mag, da wir jetzt wissen, daß Affen die Gewohnheit haben, ihre hinteren Enden anderen Affen zuzukehren, so ist es durchaus nicht mehr überraschend, daß es dieser Teil ihres Körpers gewesen ist, welcher mehr oder weniger verziert worden ist. Die Tatsache, daß es nur die in dieser Weise ausgezeichneten Affen sind, welche, so viel wir bis jetzt wissen, die eigentümliche Geste als Gruß anderen Affen gegenüber ausführen, macht es zweifelhaft, ob die Gewohnheit zuerst aus irgendeiner unabhängigen Ursache erlangt wurde und ob die in Rede stehenden Tiere später dann als geschlechtliche Zierat gefärbt wurden, oder ob die Färbung und die Gewohnheit sich herumzudrehen zuerst durch Abänderung und geschlechtliche Zuchtwahl erlangt wurden und ob dann später die Gewohnheit als Zeichen der vergnügten Stimmung oder als eine Begrüßungsart nach dem Prinzip der vererbten Assoziation beibehalten wurde. Dieses Prinzip kommt allem Anschein nach bei vielen Gelegenheiten in Wirksamkeit; so wird allgemein zugegeben, daß der Gesang der Vögel hauptsächlich als Anziehungsmittel während der Zeit der Liebe dient und daß die „Leks" oder Versammlungen der Birkhühner mit der Brautwerbung in Zusammenhang stehe. Die Gewohnheit zu singen ist aber von manchen

Zusatzbemerkung über geschlechtliche Zuchtwahl in bezug auf Affen

Vögeln, wenn sie sich glücklich fühlen, beibehalten worden, beispielsweise vom gemeinen Rotkehlchen, und die Gewohnheit, sich auf den Balzplätzen zu versammeln, ist von den Birkhühnern auch während anderer Zeiten des Jahres beibehalten worden.

Ich bitte um Erlaubnis, noch einen anderen Punkt in Beziehung zur geschlechtlichen Zuchtwahl zu erwähnen. Es ist der Einwurf erhoben worden, daß diese Form der Auslese, insoweit der Zierat der Männchen in Betracht kommen, es einschließt, daß sämtliche Weibchen innerhalb eines und desselben Bezirks genau denselben Geschmack besitzen und ausüben müssen. Man muß indessen an erster Stelle beachten; daß, wenn auch die Breite der Abänderung einer Art sehr groß sein mag, sie doch durchaus nicht unbegrenzt ist. Ich habe an einem anderen Ort ein gutes Beispiel für diese Tatsache an der Taube angeführt, von welcher es wenigstens hundert in der Färbung weit voneinander verschiedene Varietäten gibt, und wenigstens zwanzig Varietäten vom Huhn, welche in derselben Art voneinander verschieden sind; aber die Reihe von Färbungen in diesen zwei Spezies ist äußerst verschieden. Es können daher die Weibchen natürlicher Spezies kein unbegrenztes Ziel für ihren Geschmack haben. An zweiter Stelle nehme ich an, daß niemand von denen, welche das Prinzip der geschlechtlichen Zuchtwahl für richtig halten, glaubt, die Weibchen wählten besondere Punkte der Schönheit an den Männchen; sie werden nur einfach von dem einen Männchen in einem höheren Grade gereizt oder angezogen als von einem anderen, und dies scheint, besonders bei Vögeln, häufig von einer glänzenden Färbung abzuhängen.

Selbst der Mann, vielleicht mit Ausnahme eines Künstlers, analysiert in den Zügen der Frau, welche er bewundert, nicht die unbedeutenden Verschiedenheiten, von welchen ihre Schönheit abhängt. Beim männlichen Mandrill ist nicht bloß das hintere Ende des Körpers, sondern auch das Gesicht prächtig gefärbt und mit schrägen Wülsten, einem gelblichen Bart und anderem Zierat ausgezeichnet. Nach dem, was wir vom Abändern der Tiere im Zustande der Domestikation sehen, können wir schließen, daß die oben erwähnten verschiedenen Zierden des Mandrills allmählich dadurch erlangt wurden, daß ein Individuum ein wenig in der einen Richtung und ein anderes Individuum in einer anderen Art abänderte. Diejenigen Männchen, welche die hübschesten oder die in irgendeiner Weise für die Weibchen anziehendsten waren, werden sich am häufigsten gepaart und im ganzen mehr Nachkommen hinterlassen haben als andere Männchen. Die Nachkommen der ersteren, obschon verschiedentlich gekreuzt, werden entweder die Eigentümlichkeit ihrer Väter erben oder eine verstärkte Neigung, in derselben Weise abzuändern, überliefern. Infolgedessen wird die ganze, eine und dieselbe Gegend bewohnende Masse von Männchen nach den Wirkungen beständiger Kreuzung dazu neigen, beinahe gleichförmig modifiziert zu werden, aber zuweilen in dem einen Merkmal etwas mehr und zuweilen in einem anderen, wenn auch außerordentlich langsam; alle werden schließlich für die Weibchen anziehender gemacht werden. Der Hergang ist dem gleich, was ich unbewußte Zuchtwahl des Menschen genannt habe und wovon ich mehrere Beispiele angeführt habe. In dem einen Lande schätzen die Bewohner einen flüchtigen oder leichten Hund oder ein solches Pferd, und in einem anderen Lande ein schweres und kräftigeres Tier; in keinem der beiden Länder besteht irgendeine Auslese individueller Tiere mit leichteren oder stärkeren Körpern und Gliedern. Nichtsdestoweniger ergibt sich nach Verlauf einer beträchtlichen Zeit, daß die Individuen in der gewünschten Art und Weise, wenn auch in jedem Land verschieden, modifiziert worden sind. In zwei absolut getrennten Ländern, von derselben Spezies bewohnt, deren Individuen niemals lange Zeiträume hindurch wechselseitig aus- und eingewandert sein und sich gekreuzt haben können, und wo überdies die Abänderungen wahrscheinlich nicht die identisch gleichen gewesen sein werden, dürfte geschlechtliche Zuchtwahl die Ursache sein, daß die Männchen verschieden wurden. Auch scheint mir die Annahme durchaus nicht phantastisch zu sein, daß zwei in sehr verschiedenen Umgebungen lebende Mengen von Weibchen wohl geneigt sein dürften, etwas verschiedene Geschmacksrichtungen in Beziehung auf Form, Laut oder Farbe zu erlangen. Wie sich dies aber auch verhalten mag, ich habe in meiner „Abstammung des Menschen" Beispiele von nahe miteinander verwandten, verschiedene Länder bewohnenden Vögeln angeführt, deren Junge und deren Weibchen nicht voneinander unterschieden werden können, während die erwachsenen Männchen beträchtlich verschieden sind; und dies kann mit großer Wahrscheinlichkeit der Wirksamkeit der geschlechtlichen Zuchtwahl zugeschrieben werden.

Vierter Teil

Der Ausdruck der Gemütsbewegungen
bei dem Menschen und den Tieren

Inhalt (Vierter Teil)

Einleitung 1169

Erstes Kapitel 1184

Allgemeine Prinzipien des Ausdrucks

Angabe der drei hauptsächlichsten Prinzipien – Das erste Prinzip: Zweckmäßige Handlungen werden gewohnheitsmäßig mit gewissen Seelenzuständen assoziiert und ausgeführt, mögen sie in jedem besonderen Falle von Nutzen sein oder nicht – Die Macht der Gewohnheit – Vererbung – Assoziierte gewohnheitsmäßige Bewegungen beim Menschen – Reflextätigkeiten – Übergang der Gewohnheiten in Reflextätigkeiten – Assoziierte gewohnheitsmäßige Bewegungen bei den niederen Tieren – Schlußbemerkungen

Zweites Kapitel 1197

Allgemeine Prinzipien des Ausdrucks (Fortsetzung)

Das Prinzip des Gegensatzes – Beispiele vom Hund und von der Katze – Ursprung des Prinzips – Konventionelle Zeichen – Das Prinzip des Gegensatzes ist nicht daraus hervorgegangen, daß entgegengesetzte Handlungen mit Bewußtsein unter entgegengesetzten Antrieben ausgeführt werden

Drittes Kapitel 1205

Allgemeine Prinzipien des Ausdrucks (Schluß)

Das Prinzip der direkten Wirkung des erregten Nervensystems auf den Körper, unabhängig vom Willen und zum Teil von der Gewohnheit – Veränderung der Farbe des Haares – Erzittern der Muskeln – Abgeänderte Sekretionen – Transpiration – Ausdruck des größten Schmerzes, der Wut, großer Freude und äußerster Angst – Kontrast zwischen den Erregungen, welche ausdrucksvolle Bewegungen verursachen und nicht verursachen – Aufregende und niederdrückende Seelenzustände – Zusammenfassung

Viertes Kapitel 1214

Mittel des Ausdrucks bei Tieren

Äußerung von Lauten – Stimmlaute – Auf andere Art hervorgebrachte Laute – Aufrichten der Hautanhänge, der Haare, Federn usw., bei den Seelenerregungen des Zorns und Schreckens – Das Zurückziehen der Ohren als eine Vorbereitung zum Kämpfen und als ein Ausdruck des Zorns – Aufrichten der Ohren und Emporheben des Kopfes als ein Zeichen der Aufmerksamkeit

Fünftes Kapitel 1231

Spezielle Ausdrucksformen der Tiere

Der Hund – Verschiedene ausdrucksvolle Bewegungen desselben – Katzen – Pferde – Wiederkäuer – Affen, deren Ausdrucksweise für Freude und Zuneigung, für Schmerz, Zorn, Erstaunen und Schreck

Sechstes Kapitel 1248

Spezielle Ausdrucksformen beim Menschen: Leiden und Weinen

Das Schreien und Weinen kleiner Kinder – Form der Gesichtszüge – Alter, in welchem das Weinen beginnt – Die Wirkungen gewohnheitsmäßigen Unterdrückens des Weinens – Schluchzen – Ursache der Zusammenziehung der Muskeln rings um das Auge während des Schreiens – Ursache der Tränenabsonderung

Siebtes Kapitel 1264

Bedrücktsein, Sorge, Kummer, Niedergeschlagenheit, Verzweiflung

Allgemeine Wirkung des Kummers auf den Körper – Schräge Stellung der Augenbrauen im Leiden – Über die Ursache der schrägen Stellung der Augenbrauen – Über das Herabziehen der Mundwinkel

Achtes Kapitel 1275

Freude, Ausgelassenheit, Liebe, zärtliche Gefühle, Andacht

Das Lachen: ursprünglich der Ausdruck der Freude – Lächerliche Ideen – Bewegungen des Gesichts während des Lachens – Natur des dabei hervorgebrachten Lautes – Die Absonderung von Tränen während hellen Gelächters – Abstufung vom lauten Lachen zum leichten Lächeln – Ausgelassenheit – Der Ausdruck der Liebe – Zärtliche Gefühle – Andacht

Neuntes Kapitel 1289

Überlegung – Nachdenken – Üble Laune – Schmollen – Entschlossenheit

Der Akt des Stirnrunzelns – Überlegung mit einer Anstrengung oder mit der Wahrnehmung von etwas Schwierigem oder Unangenehmem – Vertieftes Nachdenken – Üble Laune – Mürrisches Wesen – Hartnäckigkeit – Eigensinn und Schmollen – Bestimmtheit oder Entschiedenheit – Das feste Schließen des Mundes

Zehntes Kapitel 1298

Haß und Zorn

Haß und Wut; Wirkungen derselben auf den Körper – Entblößung der Zähne – Wut bei Geisteskranken – Zorn und Indignation – Wie dieselben von verschiedenen Menschenrassen ausgedrückt werden – Hohn und herausfordernder Trotz – Das Entblößen des Eckzahns auf einer Seite des Gesichts

Elftes Kapitel 1307

Geringschätzung – Verachtung – Abscheu – Schuld – Stolz usw. – Hilflosigkeit – Geduld – Bejahung und Verneinung

Verachtung, Spott und Geringschätzung verschieden ausgedrückt – Höhnisches Lächeln – Gebärden, welche Verachtung ausdrücken – Abscheu – Schuld, List, Stolz usw. – Hilflosigkeit oder Unvermögen – Geduld – Hartnäckigkeit – Zucken der Schultern, bei den meisten Menschenrassen vorkommend – Zeichen der Bejahung und Verneinung

Zwölftes Kapitel 1322

Überraschung – Erstaunen – Furcht – Entsetzen

Überraschung, Erstaunen – Erheben der Augenbrauen – Öffnen des Mundes – Vorstrecken der Lippen – Gebärden, welche die Überraschung begleiten – Verwunderung – Furcht – Äußerste Angst – Aufrichten der Haare – Zusammenziehung des Platysma myoides – Erweiterung der Pupille – Entsetzen – Schluß

Dreizehntes Kapitel 1340

Selbstaufmerksamkeit – Scham – Schüchternheit – Bescheidenheit – Erröten

Natur des Errötens – Vererbung – Die am meisten affizierten Teile des Körpers – Erröten bei verschiedenen Menschenrassen – Begleitende Gebärden – Zerstreutheit des Geistes – Ursachen des Errötens – Selbstaufmerksamkeit, das Fundamental-Element – Schüchternheit – Scham nach Verletzung von Moralgesetzen und konventionellen Regeln – Bescheidenheit – Theorie des Errötens – Schlußwiederholung

Vierzehntes Kapitel 1360

Schlußbemerkungen und Zusammenfassung

Die drei leitenden Grundsätze, welche die hauptsächlichsten Bewegungen des Ausdrucks bestimmt haben – Deren Vererbung – Über den Anteil, welchen der Wille und die Absicht bei der Erlangung verschiedener Ausdrucksweisen gehabt haben – Das instinktive Erkennen des Ausdrucks – Die Beziehung des Gegenstandes zur Frage von der spezifischen Einheit der Menschenrassen – Über das allmähliche Erlangen verschiedener Ausdrucksformen durch die Urerzeuger des Menschen – Die Wichtigkeit des Ausdrucks – Schluß

Einleitung

Über den körperlichen Ausdruck der Seelenbewegungen sind viele Werke geschrieben worden, aber eine noch größere Zahl über „Physiognomie", d.h. über das Erkennen des Charakters aus dem Studium der beständigen Form der Gesichtszüge. Mit diesem letzteren Gegenstand haben wir es hier nicht zu tun. Die älteren Abhandlungen[1], welche ich zu Rate gezogen habe, sind mir nur von geringem oder von gar keinem Nutzen gewesen. Die berühmten „Conférences"[2] des Malers Le Brun, 1667 erschienen, ist das beste mir bekannte ältere Werk; es enthält manche guten Bemerkungen. Eine andere, aber etwas veraltete Abhandlung, nämlich der „Discours" des bekannten holländischen Anatomen Peter Camper[3], nach den 1774-1782 gehaltenen Vorlesungen, kann kaum als eine irgendeinen merkbaren Fortschritt in der Erkenntnis des Gegenstands bezeichnende Arbeit betrachtet werden. Dagegen verdienen die folgenden Werke die eingehendste Berücksichtigung.

Der durch seine Entdeckungen in der Physiologie so berühmte Sir Charles Bell veröffentlichte 1806 die erste und im Jahre 1844 die dritte Ausgabe seiner „Anatomie und Philosophie des Ausdrucks"[4]. Man kann mit vollem Recht sagen, daß er nicht bloß den Grund zu diesem besonderen Zweig der Wissenschaft gelegt, sondern bereits ein wertvolles Gebäude aufgeführt habe. Sein Werk ist nach allen Richtungen hin von hohem Interesse; es enthält graphische Beschreibungen der verschiedenen Seelenbewegungen und ist ausgezeichnet illustriert. Es wird allgemein zugegeben, daß der Dienst, welchen es der Wissenschaft geleistet hat, hauptsächlich darin besteht, daß es die innige Beziehung nachgewiesen hat, welche zwischen den Bewegungen des seelischen Ausdrucks und denen der Respiration besteht. Einer der bedeutungsvollsten Punkte, so gering er auf den ersten Blick erscheinen mag, ist der, daß die rund um die Augen herumliegenden Muskeln während heftiger exspiratorischer Anstrengungen unwillkürlich zusammengezogen werden, um jene zarten Organe gegen den Druck des Blutes zu schützen. Diese Tatsache, welche Professor Donders in Utrecht mit der größten Freundlichkeit für mich nachuntersucht hat, wirft, wie wir später sehen werden, eine Masse Licht auf mehrere der bedeutungsvollsten Ausdrucksformen der menschlichen Gemütsstimmung. Die Verdienste von Sir Ch. Bells Werk sind von mehreren auswärtigen Schriftstellern unterschätzt oder vollständig übersehen, von einigen dagegen eingehend anerkannt worden, so z.B. von A. Lemoine[5], welcher mit vollem Recht sagt: *„Le livre de Ch. Bell devrait être médité par quiconque essaye de faire parler le visage de l'homme, par les philosophes aussi bien que par les artistes, car, sous une apparence plus légère et sous le prétexte de l'esthétique, c'est un des plus beaux monuments de la science des rapports du physique et du moral."*

Aus Gründen, welche sofort angeführt werden sollen, versuchte Sir Ch. Bell nicht, seine Ansichten so weit zu verfolgen, wie sie wohl hätten durchgeführt werden können. Er versucht darüber keine Erklärung zu geben, warum bei verschiedenen Seelenbewegungen verschiedene Muskeln in Tätigkeit gesetzt werden, warum z.B. von einer Person, welche vor Schmerz oder Angst leidet, die inneren Enden der Augenbrauen in die Höhe und die Mundwinkel herabgezogen werden.

---

[1] J. Parsons gibt in seiner Abhandlung „Appendix to the Philosophical Transactions", 1746, p. 41, ein Verzeichnis von einundvierzig älteren Schriftstellern, welche über den Ausdruck geschrieben haben.
[2] „Conférences sur l'expression des différens Caractères des Passions." Paris 1667, 4°. Ich zitiere stets nach dem Wiederabdruck der „Conférences" in der Ausgabe von Lavater von Moreau, erschienen 1820, in Bd. IX, p.257.
[3] Discours par Pierre Camper sur le moyen de représenter les diverses passions etc., 1792.
[4] Ich zitiere immer nach der dritten Ausgabe von 1844, welche nach dem Tod Sir Charles Bells erschien und seine letzten Verbesserungen enthält. Die erste Ausgabe von 1806 ist von viel untergeordneterem Wert und enthält mehrere seiner wichtigsten Ansichten noch nicht.
[5] De la Physionomie et de la Parole, par Albert Lemoine, 1865, p.101.

Einleitung

Im Jahre 1807 gab Moreau eine Ausgabe von Lavaters Physiognomik heraus[6], in welche er mehrere seiner eigenen Abhandlungen einverleibte; diese enthalten ausgezeichnete Beschreibungen der Bewegungen der Gesichtsmuskeln in Verbindung mit vielen wertvollen Bemerkungen. Er wirft indessen nur sehr wenig Licht auf die Philosophie des Gegenstands. Wo z. B. Moreau von dem Akt des Stirnrunzelns spricht, d. h. von der Zusammenziehung des von französischen Anatomen sogenannten *„sourciller"* (des *corrugator supercilii*), bemerkt er mit Recht: *„Cette action des sourciliers est un des symptômes les plus tranchés de l'expression des affections pénibles ou concentrées."* Er fügt dann hinzu, daß diese Muskeln wegen ihrer Anheftung und Lage dazu geeignet sind *„à reserrer, à concentrer les principaux traits de la face, comme il convient dans toutes ces passions vraiment oppressives ou profondes, dans ces affections dont le sentiment semble porter l'organisation à revenir sur elle-même, à se contracter et à s'amoindrir, comme pour offrir moins de prise et de surface à des impressions redoutables ou importunes."*

Wer der Ansicht ist, daß Bemerkungen dieser Art irgendwelches Licht auf die Bedeutung oder den Ursprung der verschiedenen Ausdrucksarten werfen, sieht die Sache von einem von dem meinigen sehr verschiedenen Standpunkt aus an.

In der oben angeführten Stelle findet sich, wenn überhaupt, nur ein kleiner Fortschritt in der Philosophie des Gegenstands gegenüber dem von Maler Le Brun eingenommenen Standpunkt, welcher 1667 bei der Schilderung des Ausdrucks der Furcht sagt : *„Le sourcil, qui est abaissé d'un côté et élevé de l'autre, fait voir que la partie élevée semble le vouloir joindre au cerveau pour le garantir du mal que l'âme aperçoit, et le coté qui est abaissé et qui paraît enflé, nous fait trouver dans cet état par les esprits qui viennent du cerveau en abondance, comme pour couvrir l'âme et la défendre du mal qu'elle craint; la bouche fort ouverte fait voir le saisissement du coeur, par le sang quis, se retire vers lui, ce qui l'oblige, voulant respirer, à faire un effort qui est cause que la bouche s'ouvre extrêmement, et qui, lorsqu'il passe par les organes de la voix, forme un son qui n'est point articulé; que si les muscles et les veines paraissent enflés, ce n'est que par les esprits que le cerveau envoie en ces parties-là."* Ich habe die vorstehenden Stellen für der Anführung wert gehalten als Proben des überraschenden Unsinns, welcher über den Gegenstand geschrieben worden ist.

„Die Physiologie oder der Mechanismus des Errötens" von Dr. Burgess erschien 1839; auf dieses Werk werde ich im dreizehnten Kapitel häufig verweisen.

Im Jahre 1862 veröffentlichte Dr. Duchenne zwei Ausgaben, in Folio und in Oktav, seines „Mechanismus der menschlichen Physiognomie", worin er mit Hilfe der Elektrizität die Bewegungen der Gesichtsmuskeln analysierte und durch prachtvolle Photographien erläuterte. Er hat mir in sehr liberaler Weise gestattet, so viele seiner Photographien zu kopieren wie ich wünschte. Mehrere seiner Landsleute haben von seinen Werken nur sehr oberflächlich gesprochen oder sie vollständig mit Stillschweigen übergangen. Es ist möglich, daß Duchenne die Bedeutung ein-

---

[6] „L'Art de connaître les Hommes" etc., par G. Lavater. Die früheste Ausgabe dieses Werkes, auf welche in der Ausgabe von 1820 in zehn Bänden als Moreaus Beobachtungen enthaltend Bezug genommen wird, soll im Jahre 1807 erschienen sein; und ich zweifle nicht daran, daß dies richtig ist, weil die am Anfang des ersten Bandes stehende „Notice sur Lavater" auf den 13. April 1806 datiert ist. In einigen bibliographischen Werken wird indessen als Erscheinungszeit 1805-9 angegeben; 1805 scheint aber unmöglich richtig sein zu können. Dr. Duchenne bemerkt (Mécanisme de la Physionomie Humaine, Ausgabe in 8°, 1862, und: Archives générales de Médecine, Jan. et Févr. 1862), daß Moreau „a composé pour son ouvrage un article important" etc. im Jahr 1805; ich finde in Band I. der Ausgabe von 1820 Stellen, welche die Daten 12. Dezember 1805 und 5. Januar 1806 tragen, außer dem bereits erwähnten 13. April 1806. Infolge des Umstands, daß einige dieser Stellen im Jahre 1805 „composé" wurden, schreibt Duchenne Moreau die Priorität vor Sir Ch. Bell zu, dessen Werk, wie wir gesehen haben, im Jahre 1806 herausgegeben wurde. Dies ist eine sehr ungewöhnliche Art, die Priorität wissenschaftlicher Werke zu bestimmen; doch sind derartige Fragen von äußerst geringer Bedeutung im Vergleich mit dem relativen Wert der Arbeiten. Die oben nach Moreau und Le Brun angeführten Stellen sind in diesen wie in allen übrigen Fällen nach der Ausgabe von Lavater von 1820 zitiert. Tom. IV, p.228; Tom. IX., p.279.

Einleitung

zelner Muskeln bei der Bildung einer Ausdrucksform übertrieben haben mag; denn infolge der äußerst innigen Art und Weise, in der diese Muskeln zusammenhängen, wie man aus Henles anatomischen Zeichnungen[7] sehen kann (wohl der besten jemals erschienenen), ist es schwer an deren getrennte Wirkung zu glauben. Nichtsdestoweniger hat Duchenne offenbar diese Fehlerquelle, ebenso wie noch andere, deutlich erkannt; und da er bekanntlich in der Erläuterung der Physiologie der Muskeln der Hand mit Hilfe der Elektrizität außerordentlich erfolgreich war, so ist es wahrscheinlich, daß er auch in Betreff der Gesichtsmuskeln im allgemeinen recht hat. Nach meiner Ansicht hat Dr. Duchenne den Gegenstand durch seine Behandlung desselben bedeutend gefördert. Niemand hat die Kontraktion jedes einzelnen Muskels und die infolge davon in der Haut entstehenden Furchen sorgfältiger studiert als er. Er hat auch gezeigt – und dies ist ein sehr wichtiger Dienst, den er der Sache geleistet hat –, welche Muskeln am wenigsten unter der Kontrolle des Willens sind. Auf theoretische Betrachtungen läßt er sich sehr wenig ein und versucht nur selten zu erklären, warum unter dem Einfluß gewisser Seelenerregungen sich gewisse Muskeln und nicht andere zusammenziehen.

Ein vortrefflicher französischer Anatom, Pierre Gratiolet, hat an der Sorbonne eine Reihe von Vorlesungen über den Ausdruck gehalten, welche 1865 nach seinem Tod unter dem Titel „*De la Physionomie et des Mouvements d'Expression*" herausgegeben wurden. Es ist dies ein sehr interessantes Werk, voll von wertvollen Beobachtungen. Seine Theorie ist ziemlich kompliziert und lautet, soweit dieselbe in einem einzigen Satz (p.65) wiedergegeben werden kann, folgendermaßen: – „*Il résulte de tous les faits que j'ai rappelés, que les sens, l'imagination et la pensée elle-même, si élevée, si abstracte qu'on la suppose, ne peuvent s'exercer sans éveiller un sentiment corrélatif, et que ce sentiment se traduit directement, sympathiquement, symboliquement ou métaphoriquement, dans toutes les sphères des organes extérieurs, qui le racontent tous, suivant leur mode d'action propre, comme si chacun d'eux avait été directement affecté.*"

Gratiolet scheint die vererbte Gewohnheit und in gewisser Ausdehnung sogar die Gewohnheit beim Individuum übersehen zu haben; es gelingt ihm daher, wie es mir scheint, nicht, die richtige Erklärung, ja überhaupt nur irgendeine Erklärung vieler Gebärden und Ausdrucksweisen zu geben. Als eine Erläuterung für das, was er symbolische Bewegungen nennt, will ich seine Bemerkungen (p.37), Herrn Chevreul entnommen, über einen Mann, welcher Billard spielt, anführen: „*Si une bille dévie légèrement de la direction que le joueur prétend lui imprimer, ne l'avez-vous pas vu cent fois la pousser du regard, de la tête et même des épaules, comme si ces mouvements, purement symboliques, pouvaient rectifier son trajet? Des mouvements non moins significatifs se produisent quand la bille manque d'une impulsion suffisante. Et, chez les joueurs novices, ils sont quelquefois accusés au point d'éveiller le sourire sur les lèvres des spectateurs.*" Derartige Bewegungen lassen sich, wie mir es scheint, einfach auf Rechnung der Gewohnheit schreiben. Sooft ein Mensch gewünscht hat, einen Gegenstand auf eine Seite zu bringen, sooft hat er denselben stets nach dieser Seite hin bewegt; sollte es nach vorwärts sein, stieß er ihn nach vorwärts, und wollte er ihn aufhalten, hat er ihn zurückgezogen. Wenn daher jemand seinen Billardball in einer falschen Richtung laufen sieht und er intensiv wünscht, daß er in einer anderen Richtung laufen möchte, so kann er es infolge langer Gewohnheit nicht vermeiden, unbewußt Bewegungen auszuführen, welche er in anderen Fällen für wirksam erkannt hat.

Als ein Beispiel sympathischer Bewegungen führt Gratiolet (p.212) den folgenden Fall an: – „*Un jeune chien à oreilles droites, auquel son maître présente de loin quelque viande appétissante, fixe avec ardeur ses yeux sur cet objet dont il suit tous les mouvements, et pendant que les yeux regardent, les deux oreilles se portent en avant comme si cet objet pouvait être entendu.*" Anstatt hier von einer Sympathie zwischen den Ohren und Augen zu sprechen, scheint mir es viel einfacher zu sein, anzunehmen, daß die Bewegungen dieser Organe durch lange fortgesetzte Gewohnheit fest miteinander assoziiert worden sind, da Hunde viele Generationen hindurch,

---

[7] Handbuch der systemat. Anatomie des Menschen. Band I, dritte Abteilung, 1858.

Einleitung

während sie scharf auf irgendeinen Gegenstand hinsahen, ihre Ohren gespitzt haben, um jeden Laut zu vernehmen, und umgekehrt auch wieder scharf nach der Richtung hinsahen, von welcher sie einen Laut vernommen haben.

Im Jahre 1859 veröffentlichte Dr. Piderit eine Abhandlung über den Ausdruck, die ich nicht gesehen habe, in welcher er aber, wie er später angibt, Gratiolet in vielen seiner Ansichten zuvorgekommen ist. 1867 gab er sein „Wissenschaftliches System der Mimik und Physiognomik" heraus. Es ist kaum möglich, in einigen wenigen Sätzen eine gehörige Idee von seinen Ansichten zu geben. Die beiden folgenden Sätze werden am besten ausdrücken, was in kürze gesagt werden kann: „Die Muskelbewegungen des Ausdrucks beziehen sich zum Teil auf imaginäre Gegenstände und zum Teil auf imaginäre Sinneseindrücke. In diesem Satz liegt der Schlüssel zum Verständnis aller expressiven Muskelbewegungen." (S.25). Ferner: „Expressive Bewegungen offenbaren sich hauptsächlich in den zahlreichen und beweglichen Muskeln des Gesichts, zum Teil weil die Nerven, durch welche sie in Bewegung gesetzt werden, in der unmittelbarsten Nähe des Seelenorgans entspringen, zum Teil aber auch weil diese Muskeln als Stützen der Sinnesorgane dienen." (S.26.) Wenn Dr. Piderit das Werk Sir Ch. Bells studiert hätte, würde er wahrscheinlich nicht gesagt haben (S.101), daß heftiges Lachen deshalb ein Runzeln der Stirn verursache, weil es in seiner Art etwas mit dem Schmerz Gemeinsames habe, oder daß bei kleinen Kindern die Tränen die Augen reizen (S.103) und dadurch die Zusammenziehung der umgebenden Muskeln veranlassen. Doch sind manche gute Bemerkungen durch das Buch zerstreut, auf welche ich mich später beziehen werde.

Kurze Erörterungen über den Ausdruck sind in verschiedenen Werken zu finden, welche hier nicht einzeln angeführt zu werden brauchen. Dagegen hat Mr. Bain in zwei seiner Werke den Gegenstand mit einiger Ausführlichkeit behandelt. Er sagt:[8] „Ich betrachte den sogenannten Ausdruck als Teil und Stück des Gefühls. Ich glaube es ist ein allgemeines Gesetz des Geistes, daß in Verbindung mit der Tatsache des inneren Fühlens oder des Bewußtseins eine diffusive Tätigkeit oder Erregung auf die Glieder des Körpers ausgeht." An einer anderen Stelle fügt er hinzu: „Eine sehr beträchtliche Zahl der Tatsachen kann unter den folgenden Grundsatz gebracht werden, daß nämlich Zustände des Vergnügens mit einer Erhöhung und Zustände des Schmerzes mit einer Herabstimmung einiger oder aller Lebensfunktionen in Zusammenhang stehen." Das oben erwähnte Gesetz der diffusiven Tätigkeit der Empfindungen scheint aber zu allgemein zu sein, um auf spezielle Ausdrucksformen viel Licht zu werfen.

Mr. Herbert Spencer macht bei Behandlung der Empfindungen in seinen „Grundzügen der Psychologie" (1855) die folgenden Bemerkungen: „Furcht drückt sich, wenn sie stark ist, in Schreien aus, in Versuchen, sich zu verbergen oder zu entfliehen, in Zuckungen und Zittern; und dies sind gerade die Erscheinungen, welche das wirkliche Erfahren des gefürchteten Übels begleiten würden. Die zerstörenden Leidenschaften zeigen sich in einer allgemeinen Spannung des Muskelsystems, im Knirschen der Zähne und Vorstrecken der Krallen, in den weit geöffneten Augen- und Nasenlöchern, im Knurren; und dies sind schwächere Formen der Tätigkeitsäußerungen, welche das Töten der Beute begleiten." Wie ich glaube liegt hierin die wahre Theorie einer großen Zahl von Ausdrucksformen; das hauptsächlichste Interesse und die größte Schwierigkeit des Gegenstands liegt aber in dem Verfolgen der wunderbar komplizierten Resultate. Ich sehe, daß irgend jemand (wer es aber war, bin ich nicht imstande gewesen zu ermitteln) bereits früher eine ganz ähnliche Ansicht ausgesprochen hat; denn Sir Ch. Bell sagt:[9] „Es ist behauptet worden, daß das, was die äußeren Zeichen der Leidenschaften genannt wird, nur die begleitenden Erscheinungen jener willkürlichen Bewegungen sind, die der Körperbau notwendig macht." Mr. Spencer hat auch eine wertvolle Abhandlung über die Physiologie des

---

[8] The Senses and the Intellect. 2 edit., 1864, p.96 und 288. Die Vorrede zur ersten Auflage dieses Werkes ist vom Juni 1855 datiert. Siehe auch die 2. Auflage von Bains Werk: „On the Emotions and the Will."
[9] The Anatomy of Expression. 3. edit., p.121.

Lachens[10] veröffentlicht, in welcher er auf das allgemeine Gesetz mit Nachdruck hinweist, daß eine „Empfindung, wenn sie einen gewissen Grad übersteigt, sich gewöhnlich in einer körperlichen Handlung äußert", und daß „ein von keinem besonderen Beweggrund geleiteter Überschuß von Nervenkraft offenbar zunächst die gewohnheitsmäßigen Wege einschlagen wird; reichen aber diese nicht aus, so fließt derselbe in die weniger gewohnheitsmäßigen über." Für die Beleuchtung unseres Gegenstandes ist dieses Gesetz, wie ich glaube, von der größten Bedeutung.[11]

Alle Schriftsteller, welche über den Ausdruck geschrieben haben, scheinen mit Ausnahme Mr. Spencers, des großen Kommentators des Prinzips der Entwicklung, fest davon überzeugt gewesen zu sein, daß die Arten, natürlich mit Einschluß des Menschen, in ihrem gegenwärtigen Zustand ins Dasein traten. Sir Ch. Bell, welcher diese Überzeugung hatte, behauptet, daß viele unserer Gesichtsmuskeln „bloße Werkzeuge für den Ausdruck" seien, oder „eine spezielle Einrichtung" für diesen einen Zweck darstellen.[12] Aber schon die einfache Tatsache, daß die menschenähnlichen Affen die nämlichen Gesichtsmuskeln wie wir besitzen[13], macht es sehr unwahrscheinlich, daß diese Muskeln bei uns ausschließlich dem Gesichtsausdruck dienen; denn ich denke doch, daß niemand anzunehmen geneigt sein wird, daß Affen mit speziellen Muskeln ausgestattet worden sind nur zu dem Zweck, ihre widerlichen Grimassen darzustellen. Es lassen sich in der Tat bestimmte, vom Ausdruck unabhängige Gebrauchsweisen mit großer Wahrscheinlichkeit für beinahe alle Gesichtsmuskeln nachweisen.

Sir Ch. Bell wünschte offenbar einen so weiten Unterschied zwischen dem Menschen und den niederen Tieren zu machen wie nur möglich; und infolge hiervon behauptet er, daß „bei den niederen Geschöpfen kein Ausdruck vorhanden ist als das, was man mehr oder weniger deutlich auf die Äußerungen ihres Willens oder die notwendigen Instinkte zurückführen kann." Er behauptet ferner, daß ihre Gesichter „hauptsächlich imstande zu sein scheinen, Wut oder Furcht auszudrücken"[14]. Aber selbst der Mensch kann Liebe und Demut durch äußere Zeichen nicht so deutlich ausdrücken wie ein Hund, wenn er mit hängenden Ohren, herabhängenden Lefzen, sich windendem Körper und wedelndem Schwanz seinem geliebten Herrn begegnet. Auch lassen sich diese Bewegungen beim Hund nicht durch Handlungen des Willens oder notwendige Instinkte erklären, ebensowenig wie das Glänzen der Augen und das Lächeln der Wangen bei einem Menschen, wenn er einen alten Freund trifft. Wenn Sir Ch. Bell über den Ausdruck der Zuneigung beim Hund gefragt worden wäre, so würde er ohne Zweifel geantwortet haben, daß dieses Tier mit speziellen Instinkten erschaffen worden sei, welche dasselbe für die gesellige Verbindung mit dem Menschen geschickt machten, und daß alle weiteren Untersuchungen über den Gegenstand überflüssig seien.

Obgleich Gratiolet es emphatisch leugnet[15], daß irgendein Muskel allein zum Zweck des Ausdrucks entwickelt worden sei, so scheint er doch niemals über das Prinzip der Entwicklung

---

[10] Essays: Scientific, Political and Speculative. 2. Series, 1863, p.111. Auch in der ersten Reihe findet sich eine Erörterung über das Lachen, welche mir aber von sehr untergeordnetem Wert zu sein scheint.

[11] Seit dem Erscheinen der oben herangezogenen Abhandlung hat Mr. Spencer noch eine andere geschrieben über „Morals and Moral Sentiments" in: Fortnightly Rewiew. April 1st 1871, p.426. Auch hat er jetzt seine Schlußfolgerungen im 2. Band der 2. Ausgabe der „Principles of Psychology", 1872, p.539, veröffentlicht. Um der Anschuldigung zu entgehen, als griffe ich in Mr. Spencers Bereich über, will ich erwähnen, daß ich schon in der „Abstammung des Menschen" ankündigte, damals bereits einen Teil des vorliegenden Buches geschrieben zu haben. Meine ersten schriftlichen Aufzeichnungen über das Thema des Ausdrucks tragen das Datum von 1838.

[12] Anatomy of Expression. 3. edit., p.98, 121, 131.

[13] Professor Owen führt ausdrücklich an (Proceed. Zoolog. Soc., 1830, p.28), daß dies in bezug auf den Orang-Utan der Fall ist, und zählt speziell alle die bedeutungsvolleren Muskeln auf, von welchen bekannt ist, daß sie beim Menschen dazu dienen, seine Gefühle auszudrücken. Siehe auch eine Beschreibung mehrerer Gesichtsmuskeln vom Schimpansen von Prof. MacAlister, in: Annals and Magaz. of Natur. Hist., Vol. VII, May 1871, p.342.

[14] Anatomy of Expression, p.121, 138.

[15] De la physionomie, p.12, 73.

nachgedacht zu haben. Allem Anschein nach betrachtet er jede Spezies als Resultat einer besonderen Schöpfung. Dasselbe gilt auch von den übrigen Schriftstellern über den Ausdruck. Nachdem z. B. Dr. Duchenne von den Bewegungen der Gliedmaßen gesprochen hat, geht er auf diejenigen über, welche dem Gesicht einen bestimmten Ausdruck geben, und bemerkt:[16] „*Le créateur n'a donc pas eu à se préoccuper ici des besoins de la mécanique; il a pu, selon sa sagesse, ou – que l'on me pardonne cette manière de parler – par une divine fantaisie, mettre en action tel ou tel muscle, un seul ou plusieurs muscles à la fois, lorsqu'il a voulu que les signes caractéristiques des passions, même les plus fugaces, fussent écrits passagèrement sur la face de l'homme. Ce langage de la physionomie une fois créé, il lui a suffi, pour le rendre universel et immuable, de donner à tout être humain la faculté instinctive d'exprimer toujours ses sentiments par la contraction des mêmes muscles.*"

Viele Schriftsteller betrachten den ganzen Gegenstand, die verschiedenen Ausdrucksformen, als unerklärlich. So sagt der berühmte Physiologe Johannes Müller:[17] „Der so äußerst verschiedene Ausdruck der Gesichtszüge in den verschiedenen Leidenschaften zeigt, daß je nach der Art der Seelenzustände ganz verschiedene Gruppen der Fasern des *Nervus facialis* in Tätigkeit oder Abspannung gesetzt werden. Die Gründe dieser Erscheinung, dieser Beziehung der Gesichtsmuskeln zu besonderen Leidenschaften, sind gänzlich unbekannt."

Solange man den Menschen und alle übrigen Tiere als besondere Schöpfungen betrachtet, wird ohne Zweifel unserem natürlichen Verlangen, den Ursachen des Ausdrucks soweit wie möglich nachzuforschen, eine wirksame Schranke gesetzt. Nach dieser Theorie kann alles und jedes gleichmäßig gut erklärt werden; in bezug auf die Lehre vom Ausdruck hat sie sich verderblich erwiesen, ebenso wie in bezug auf jeden anderen Zweig der Naturgeschichte. Beim Menschen lassen sich einige Formen des Ausdrucks, so das Sträuben des Haares unter dem Einfluß des äußersten Schreckens, oder des Entblößens der Zähne unter dem der rasenden Wut, kaum verstehen, ausgenommen unter der Annahme, daß der Mensch früher einmal in einem viel niedrigeren und tierähnlichen Zustand existiert hat. Die Gemeinsamkeit gewisser Ausdrucksweisen bei verschiedenen, aber verwandten Spezies, so die Bewegungen derselben Gesichtsmuskeln während des Lachens beim Menschen und bei verschiedenen Affen, wird etwas verständlicher, wenn wir an deren Abstammung von einem gemeinsamen Urerzeuger glauben. Wer aus allgemeinen Gründen annimmt, daß der Körperbau und die Gewohnheiten aller Tiere allmählich entwickelt worden sind, wird auch die ganze Lehre vom körperlichen Ausdruck der Seelenzustände in einem neuen und interessanten Licht betrachten.

Das Studium des Ausdrucks ist schwierig, da die Bewegungen häufig äußerst unbedeutend und von einer schnell vorübergehenden Natur sind. Es mag schon eine Verschiedenheit wahrgenommen werden, und doch kann es, wie ich wenigstens gefunden habe, unmöglich sein, anzugeben, worin die Verschiedenheit besteht. Wenn wir Zeuge irgendeiner tiefen Erregung sind, so wird unser Mitgefühl so stark erregt, daß eine sorgfältige Beobachtung vergessen oder fast unmöglich wird, von welcher Tatsache ich viele merkwürdige Belege erhalten habe. Unsere Einbildung ist eine andere und noch bedenklichere Quelle des Irrtums; denn wenn wir nach der Natur der Umstände irgendeinen Ausdruck zu sehen erwarten, so bilden wir uns leicht seine Anwesenheit ein. Obwohl Dr. Duchenne große Erfahrung besaß, so glaubte er doch, wie er selbst angibt, lange Zeit, daß sich bei gewissen Seelenerregungen mehrere Muskeln zusammenzögen, während er sich zuletzt überzeugte, daß die Bewegung auf einen einzelnen Muskel beschränkt war.

Um eine so gute Grundlage wie nur möglich zu gewinnen und um, unabhängig von der gewöhnlichen Meinung, zu ermitteln, inwieweit besondere Bewegungen der Gesichtszüge und Gebärden wirklich gewisse Seelenzustände ausdrücken, habe ich die folgenden Mittel als die

---

[16] Mécanisme de la Physionomie Humaine. Ausg. in 8°, p.31.
[17] Handbuch der Physiologie des Menschen. Bd. 2, 1840, S.92.

nützlichsten gefunden. An erster Stelle sind Kinder zu beobachten, denn sie bieten, wie Sir Ch. Bell bemerkt, viele seelische Erregungen „mit außerordentlicher Kraft" dar; während im späteren Leben mehrere unserer Ausdrucksarten „aufhören, der reinen und einfachen Quelle zu entspringen, aus welcher sie in der Kindheit hervorgehen."[18]

An zweiter Stelle kam mir der Gedanke, daß man Geisteskranke studieren müsse, da sie Ausbrüchen der stärksten Leidenschaften ausgesetzt sind, ohne sie irgendwie zu kontrollieren. Ich selbst hatte keine Gelegenheit dies zu tun; ich wandte mich daher an Dr. Maudsley und erhielt von ihm eine Empfehlung an Dr. J. Crichton Browne, welcher eine außerordentlich große Irrenheilanstalt in der Nähe von Wakefield leitet und, wie ich fand, dem Gegenstand bereits Aufmerksamkeit geschenkt hatte. Dieser vorzügliche Beobachter hat mir mit unermüdlicher Freundlichkeit zahlreiche Notizen und Beschreibungen mit wertvollen Andeutungen über viele Punkte gesandt, und ich kann den Wert seiner Unterstützung kaum überschätzen. Ich verdanke auch der Freundlichkeit von Mr. Patrick Nicol von der Sussex-Irrenanstalt interessante Angaben über zwei oder drei Punkte.

Drittens galvanisierte Dr. Duchenne, wie wir bereits gesehen haben, bestimmte Muskeln im Gesicht eines alten Mannes, dessen Haut wenig empfindlich war, und rief dadurch verschiedene Ausdrucksarten hervor, welche in einem großen Maßstab photographiert wurden. Glücklicherweise fiel es mir ein, mehrere der besten Tafeln ohne ein Wort der Erklärung mehr als zwanzig gebildeten Personen verschiedenen Alters und beiderlei Geschlechts zu zeigen und diese in jedem einzelnen Falle zu fragen, von welcher Seelenbewegung oder von welchem Gefühl der alte Mann ihrer Vermutung nach wohl erregt sei; die Antworten, die ich erhielt, notierte ich mir mit den von ihnen gebrauchten Worten. Mehrere dieser Ausdrucksformen wurden von beinahe jeder Person augenblicklich erkannt, wenn sie auch nicht mit genau denselben Worten beschrieben wurde, und ich glaube, daß man diese als naturgetreu ansehen kann; ich werde sie später einzeln anführen. Auf der anderen Seite wurden in bezug auf einige derselben die allerverschiedensten Urteile geäußert. Dieses Vorzeigen war noch in einer anderen Art von Nutzen, da es mich überzeugte, wie leicht wir von unserer Einbildung irregeführt werden können; denn als ich zum ersten Male Dr. Duchennes Photographien durchsah und gleichzeitig den dazugehörigen Text las, wobei ich erfuhr, was darzustellen beabsichtigt worden war, wurde ich von der Wahrhaftigkeit aller, mit nur wenig Ausnahmen, mit Bewunderung erfüllt. Wenn ich aber dieselben ohne Erklärung durchgesehen hätte, so würde ich dem ungeachtet ohne Zweifel ebensosehr in manchen Fällen in Verwirrung geraten sein, wie es anderen Personen ergangen ist.

Viertens hatte ich auch gehofft, von den großen Meistern der Malerei und Bildhauerkunst eine große Hilfe zu erhalten, welche so eingehende Beobachter sind. Ich habe daher Photographien und Kupferstiche vieler allgemein bekannter Kunstwerke genau betrachtet, habe aber, mit wenig Ausnahmen, dadurch keinen Vorteil erlangt. Der Grund hiervon ist ohne Zweifel der, daß bei Werken der Kunst die Schönheit das hauptsächliche, oberste Ziel ist; und stark kontrahierte Gesichtsmuskeln zerstören die Schönheit.[19] Die der Komposition zum Ausgangspunkt dienende Geschichte wird meistens durch geschickt angebrachte Nebendinge mit wunderbarer Kraft zur Darstellung und zum Ausdruck gebracht.

Fünftens schien es mir von großer Bedeutung zu sein, zu ermitteln, ob dieselben Weisen des Ausdrucks, dieselben Gebärden bei allen Menschenrassen, besonders bei denjenigen, welche nur wenig mit Europäern in gesellige Berührung gekommen sind, vorkommen, wie so oft ohne viele Belege zu geben behauptet worden ist. So bald nur immer dieselben Bewegungen der Gesichtszüge oder des Körpers bei mehreren verschiedenen Rassen des Menschen dieselben Seelenbewegungen ausdrücken, können wir mit großer Wahrscheinlichkeit folgern, daß derartige Ausdrucksarten echte sind, d.h. daß sie angeborene oder instinktive sind. Konventionelle Aus-

---

[18] Anatomy of Expression, 3. edit., p.198.
[19] Siehe Bemerkungen hierüber in Lessings Laokoon.

drucksformen oder Gebärden, welche das Individuum während der ersten Zeit seines Lebens sich aneignet, dürften wahrscheinlich bei den verschiedenen Rassen in derselben Weise voneinander verschieden gewesen sein, wie deren Sprachen es sind. Infolgedessen verteilte ich, zeitig im Jahre 1867, die folgenden Fragen gedruckt mit der Aufforderung, welcher auch vollständig entsprochen worden ist, daß man sich nur auf wirkliche Beobachtungen, nicht auf das Gedächtnis verlassen möge. Diese Fragen wurden nach Ablauf einer beträchtlich langen Zeit seit meiner ersten Beschäftigung mit dem Gegenstand niedergeschrieben, innerhalb deren meine Aufmerksamkeit nach einer anderen Richtung hin in Anspruch genommen war; und ich sehe jetzt, daß sie bedeutend besser hätten gestellt werden können. Einigen der später versendeten Exemplare fügte ich handschriftlich noch einige wenige Bemerkungen hinzu.

1. Wird das Erstaunen dadurch ausgedrückt, daß die Augen und der Mund weit geöffnet und die Augenbrauen in die Höhe gezogen werden?
2. Erregt die Scham ein Erröten, wenn die Farbe der Haut ein Sichtbarwerden desselben gestattet? Und besonders: wie weit erstreckt sich das Erröten am Körper abwärts?
3. Wenn ein Mensch unwillig oder trotzig ist, runzelt er die Stirn, hält er seinen Körper und Kopf aufrecht, wirft er seine Schultern zurück und ballt er die Faust?
4. Wenn er über irgendeinen Gegenstand tief nachdenkt oder ein Rätsel zu lösen versucht, runzelt er die Stirn oder die Haut unterhalb der unteren Augenlider?
5. Sind im Zustand der Niedergeschlagenheit die Mundwinkel herabgezogen und die inneren Enden der Augenbrauen durch den Muskel, welchen die Franzosen den „Gram-Muskel" nennen, emporgehoben? Die Augenbrauen stehen in diesem Zustand unbedeutend schräg; ihr inneres Ende ist leicht angeschwollen und die Stirn ist im mittleren Teil quer gefaltet, aber nicht quer über die ganze Breite, wie dann, wenn die Augenbrauen beim Erstaunen in die Höhe gezogen werden.
6. Wenn der Mensch in guter Laune ist, glänzen dann die Augen, ist die Haut rund um sie und unter ihnen etwas gerunzelt und ist der Mund an den Winkeln ein wenig nach hinten gezogen?
7. Wenn ein Mensch einen anderen verhöhnt oder bissig anfährt, wird dann der Winkel der Oberlippe über dem Hunds- oder Augenzahn auf der Seite erhoben, auf welcher der so angeredete Mensch sich findet?
8. Ist der Ausdruck des Mürrisch- oder Obstinatseins wiederzuerkennen, welcher sich hauptsächlich darin zeigt, daß der Mund fest geschlossen ist, die Augenbrauen etwas herabgezogen und leicht gerunzelt sind?
9. Wird Verachtung durch ein leichtes Vorstrecken der Lippen, durch Emporheben der Nase, verbunden mit einer leichten Exspiration ausgedrückt?
10. Wird Widerwille dadurch gezeigt, daß die Unterlippe nach abwärts gewendet und die Oberlippe leicht erhoben wird in Verbindung mit einer plötzlichen Exspiration, bald so wie ein beginnendes Erbrechen oder als wenn etwas aus dem Mund ausgespuckt würde?
11. Wird die äußerste Furcht allgemein in derselben Weise ausgedrückt, wie bei Europäern?
12. Wird das Lachen jemals so weit getrieben, daß es Tränen in die Augen bringt?
13. Wenn ein Mensch zu zeigen wünscht, daß er irgend etwas zu geschehen nicht verhindern kann oder daß er selbst etwas nicht tun kann, zuckt er dann mit den Schultern, wendet er seine Ellenbogen nach innen, streckt er seine Hände nach außen und öffnet er dieselben, wobei noch die Augenbrauen erhoben werden?
14. Wenn Kinder mürrisch oder eigensinnig sind, lassen sie dann den Mund hängen oder strecken sie die Lippen vor?
15. Kann Schuld, oder Schlauheit, oder Eifersucht im Ausdruck erkannt werden? Ich weiß indessen nicht, wie diese Ausdrucksformen scharf zu bestimmen sind.
16. Wird bei der Bejahung der Kopf in senkrechter Richtung genickt und bei der Verneinung nach den Seiten geschüttelt?

Einleitung

Beobachtungen an Eingeborenen, welche nur wenig Kommunikation mit Europäern gehabt haben, würden natürlich die wertvollsten sein, obschon solche überhaupt an Eingeborenen angestellt von großem Interesse für mich sein würden. Allgemeine Bemerkungen über den Ausdruck sind von verhältnismäßig geringem Wert; und das Gedächtnis ist so trügerisch, daß ich ernstlich bitte, ihm nicht zu trauen. Eine bestimmt abgefaßte Beschreibung des Ausdrucks unter irgendeiner Seelenerregung oder einem bestimmten Zustand des Geistes, mit einer Angabe der Umstände, unter welchen jene eintraten, würden großen Wert für mich haben.

Auf diese Fragen habe ich sechsunddreißig Antworten von verschiedenen Beobachtern erhalten, mehrere derselben von Missionaren oder Beschützern der eingeborenen Bevölkerung, denen allen ich für die große Mühe, welche sie sich gegeben haben, und für die wertvolle Hilfe, die ich dadurch erhalten habe, aufs Tiefste verbunden bin. Ich will ihre Namen usw. am Ende des vorliegenden Abschnitts einzeln aufzählen, um nicht die Reihe meiner Bemerkungen hier zu unterbrechen. Die Antworten beziehen sich auf mehrere der verschiedensten und wildesten Rassen des Menschen. In vielen Fällen sind die Umstände erzählt worden, unter denen eine jede der Ausdrucksformen beobachtet worden ist, und die Ausdrucksform selbst ist beschrieben. In derartigen Fällen kann den Antworten ein großes Vertrauen geschenkt werden. Bestanden die Antworten einfach in Ja oder Nein, dann habe ich sie immer mit Vorsicht aufgenommen. Aus der hierdurch erlangten Belehrung folgt, daß ein und derselbe Zustand der Seele durch die ganze Welt mit merkwürdiger Gleichförmigkeit ausgedrückt wird; und diese Tatsache ist als ein Beweis für die große Ähnlichkeit aller Menschenrassen im Bau des Körpers und in den geistigen Anlagen schon an sich interessant.

Sechstens und letztens habe ich so sorgfältig wie ich nur konnte dem Ausdruck mehrerer Leidenschaften bei einigen der gewöhnlichen Haustiere Aufmerksamkeit gewidmet; und dies ist, wie ich glaube, von äußerster Bedeutung, natürlich nicht, um zu entscheiden, inwieweit beim Menschen gewisse Ausdrucksformen für bestimmte Seelenzustände charakteristisch sind, sondern deshalb, weil es die sicherste Grundlage für eine Verallgemeinerung in Betreff der Ursachen oder des Ursprungs der verschiedenen Bewegungen des Ausdrucks darbietet. Bei der Beobachtung von Tieren sind wir weniger dem ausgesetzt, von unserer Einbildung uns vorweg einnehmen zu lassen, und darüber können wir sicher sein, daß die Ausdrucksart der Tiere nicht konventionell ist.

Die Beobachtung des Ausdrucks ist aus den oben erwähnten Gründen durchaus nicht leicht, was auch viele Personen, die ich gebeten habe gewisse Punkte zu beobachten, sehr bald gefunden haben. Diese Gründe sind einmal: die flüchtige Natur mancher Ausdrucksformen – der Umstand, daß die Veränderungen in den Gesichtszügen häufig äußerst gering sind, – daß unsere Sympathie leicht erweckt wird, wenn wir irgendeine starke Erregung der Seele vor uns sehen, wodurch unsere Aufmerksamkeit abgezogen wird, – daß uns unsere Einbildungskraft täuscht, indem wir in einer unbestimmten Weise wissen, was etwa zu erwarten ist, obwohl sicherlich nur wenige von uns wissen, worin die eigentlichen Veränderungen in dem Ausdruck genau bestehen, – und endlich selbst unsere lange Vertrautheit mit dem Gegenstand; alle diese Gründe wirken vereint. Es ist demzufolge schwer mit Sicherheit zu bestimmen, welches die Bewegungen der Gesichtszüge und des Körpers sind, die gewöhnlich gewisse Seelenzustände charakterisieren. Nichtsdestoweniger sind doch, wie ich hoffe, einige dieser Zweifel beseitigt worden und zwar einmal durch die Beobachtung kleiner Kinder, der Irren, der verschiedenen Menschenrassen, der Kunstwerke und endlich der Gesichtsmuskeln, wie diese unter der Wirkung des Galvanismus in Dr. Duchennes Versuchen erscheinen.

Es bleibt aber noch immer die viel bedeutendere Schwierigkeit übrig, nämlich die Ursache oder den Ursprung der verschiedenen Ausdrucksformen einzusehen und zu beurteilen, ob irgendeine theoretische Erklärung zuverlässig ist. Wenn wir nun mit unserem Verstand, so gut wie wir nur ohne die Hilfe irgendwelcher Regeln es können, beurteilen, welche von zwei oder mehr Erklärungen die zufriedenstellendste ist, oder ob beide völlig unbefriedigend sind, so sehe ich doch außerdem nur einen Weg, unsere Schlußfolgerungen zu prüfen. Derselbe besteht darin, daß wir beobachten, ob dasselbe Prinzip, durch welches dem Anschein nach die eine Ausdrucksform erklärt werden kann, in anderen verwandten Fällen angewendet werden kann, und besonders, ob ein und dasselbe allgemeine Prinzip mit befriedigenden Resultaten sowohl auf den Menschen als auch auf die niederen Tiere anwendbar ist. Ich bin zu glauben geneigt, daß diese letztere Methode von allen die dienstbarste ist. Die Schwierigkeit, die Wahrheit irgendeiner theoretischen Erklärung zu beurteilen und dieselbe durch eine bestimmte Untersuchungsreihe zu prüfen, verringert in hohem Maße das Interesse, welches dieses Studium eigentlich wohl zu erregen ganz geeignet wäre.

Endlich möchte ich in bezug auf meine eigenen Beobachtungen erwähnen, daß dieselben im Jahre 1838 begonnen wurden und daß ich von jener Zeit an bis auf den heutigen Tag gelegentlich dem Gegenstand Aufmerksamkeit geschenkt habe. Zu der eben angegebenen Zeit war ich bereits geneigt, an das Prinzip der Entwicklung oder der Herleitung der Arten von anderen und niedrigeren Formen zu glauben. Infolge hiervon fiel mir, als ich Sir Ch. Bells großes Werk las, dessen Ansicht, daß der Mensch mit gewissen Muskeln erschaffen worden sei, welche speziell zum Ausdruck seiner Empfindungen eingerichtet seien, als unbefriedigend auf. Es schien mir vielmehr wahrscheinlich zu sein, daß die Gewohnheit unsere Gefühle durch gewisse Bewegungen auszudrücken, wenn sie auch jetzt zu einer angeborenen geworden ist, doch in einer gewissen Art und Weise allmählich erlangt worden sei. Es war aber in keinem geringen Grade verwirrend, herausfinden zu wollen, wie derartige Gewohnheiten erlangt worden sind. Der ganze Gegenstand mußte von einem neuen Gesichtspunkt aus betrachtet werden und eine jede Ausdrucksform verlangte eine rationelle Erklärung. Diese Überzeugung führte mich dazu, das vorliegende Werk zu versuchen, wie unvollkommen seine Ausführung auch ausgefallen sein mag.

Ich will nun die Namen der Herren mitteilen, denen ich, wie ich oben sagte, für Informationen in bezug auf den Ausdruck, wie ihn die verschiedenen Menschenrassen darbieten, zu Dank tief verpflichtet bin, und ich will auch einige der Umstände speziell anführen, unter denen in einem jeden Falle die Beobachtungen angestellt worden sind. Dank der großen Freundlichkeit und dem bedeutenden Einfluß von Mr. Wilson, auf Hayes Place, Kent, habe ich aus Australien nicht weniger als dreizehn Reihen von Antworten auf meine Fragen erhalten. Dies ist ganz besonders glücklich für mich gewesen, da die Eingeborenen von Australien zu den verschiedenartigsten von allen Menschenrassen gehören. Es wird sich zeigen, daß die Beobachtungen hauptsächlich im Süden, in den Grenzbezirken der Kolonie Viktoria gemacht worden sind; doch habe ich auch einige ausgezeichnete Antworten aus dem Norden erhalten.

Mr. Dyson Lacy hat mir im Detail einige wertvolle Beobachtungen mitgeteilt, welche er mehrere hundert Meilen weit im Inneren von Queensland angestellt hat. Mr. R. Brough Smyth in Melbourne bin ich sehr verbunden für Beobachtungen, die er selbst angestellt hat, und für mehrere der folgenden Briefe, nämlich: von Mr. Hagenauer von Lake Wellington, einem Missionar in Gippsland, Viktoria, welcher durch seinen Umgang mit den Eingeborenen viel Erfahrung besitzt. Von Mr. Samuel Wilson, einem Grundbesitzer, welcher in Langerenong, Wimmera, Viktoria, lebt. Von Mr. George Taplin, Oberaufseher der eingeborenen industriellen Niederlassung in Port Macleay. Von Mr. Archibald G. Lang in Coranderrk, Viktoria, einem Lehrer an einer Schule, in welcher alte und junge Eingeborene von allen Teilen der Kolonie zusammenkommen. Von Mr. H. B. Lane in Belfast, Viktoria, einem Polizeibeamten und Amtmann, dessen Beobachtungen, wie mir versichert worden ist, in hohem Grade zuverlässig sind. Von Mr. Templeton Bunnett in Echuca, dessen Aufenthaltsort an der Grenze der Kolonie Viktoria liegt, und welcher

Einleitung

infolgedessen imstande war viele Eingeborene zu beobachten, welche wenig Verkehr mit den Weißen gehabt haben. Er hat seine Beobachtungen mit denen zweier anderer Herren verglichen, welche lange in seiner Nähe gelebt haben. Endlich auch von Mr. J. Bulmer, einem Missionar in einem entfernten Teil von Gippsland, Viktoria.

Ich bin auch dem ausgezeichneten Botaniker, Dr. Ferdinand Müller, in Viktoria, für einige von ihm selbst angestellte Beobachtungen, wie für die Zusendung anderer, welche Mrs. Green gemacht hat, sowie mehrerer der vorstehend erwähnten Briefe verbunden.

In bezug auf die Maoris von Neu-Seeland hat mir Mr. J. W. Stack nur einige wenige meiner Fragen beantwortet; diese Antworten waren aber merkwürdig ausführlich, klar, deutlich und bestimmt und enthielten Schilderungen der Umstände, unter denen die Beobachtungen gemacht worden sind.

Rajah Brooke hat mir einige Informationen in bezug auf die Dyaks von Borneo gegeben.

Betreffs der Malayen bin ich außerordentlich erfolgreich gewesen. Mr. F. Geach (an welchen ich von Mr. Wallace empfohlen worden war) hat während seines Aufenthaltes im Inneren Malaccas als Bergbau-Ingenieur viele Eingeborene beobachtet, welche noch niemals vorher mit weißen Leuten in gesellige Berührung gekommen waren. Er hat mir zwei lange Briefe geschrieben mit ausgezeichneten und detaillierten Beobachtungen über den Ausdruck. Gleichzeitig hat er auch die chinesischen Einwanderer im Malayischen Archipel beobachtet.

Auch der bekannte Naturforscher, Mr. Swinhoe, großbritannischer Konsul, hat die Chinesen, und zwar in ihrem Heimatland in meinem Interesse beobachtet und Erkundigungen bei anderen angestellt, auf welche er sich verlassen konnte.

In Indien hat Mr. H. Erskine während seines Aufenthalts in seiner offiziellen Stellung in dem Admednugur-Bezirk der Präsidentschaft Bombay der Ausdrucksweise der Einwohner Aufmerksamkeit geschenkt, hat aber deshalb viel Schwierigkeiten gehabt, zu irgendwelchen sicheren Schlußfolgerungen zu gelangen, weil dieselben gewöhnlich alle ihre Seelenerregungen in der Gegenwart von Europäern zu verbergen suchen. Er hat auch Informationen für mich von Mr. West, dem Richter in Kanara erhalten und einige intelligente eingeborene Herren über gewisse Punkte konsultiert. In Kalkutta beobachtete Mr. J. Scott, der Kurator des botanischen Gartens, sorgfältig die verschiedenen Menschenstämme, welche in demselben während eines beträchtlichen Zeitraums angestellt waren, und niemand hat mir so ausführliche Details mitgeteilt. Die Gewohnheit sorgfältiger Beobachtung, welche er durch seine botanischen Studien sich angeeignet hatte, hat er auch in bezug auf den in Frage stehenden Gegenstand zur Geltung gebracht. In Betreff der Insel Ceylon bin ich Mr. S. O. Glenie für Antworten auf mehrere meiner Fragen zu Dank verpflichtet.

Wenn ich mich nun Afrika zuwende, so bin ich, was die Neger betrifft, wenig glücklich gewesen, obschon Mr. Winwood Reade mir geholfen hat, so weit es nur in seiner Macht stand. Es würde vergleichsweise leicht gewesen sein, Informationen in Betreff der Neger-Sklaven in Amerika zu erhalten; da diese aber lange Zeit mit weißen Menschen Umgang gehabt haben, so würden derartige Beobachtungen nur wenig Wert besessen haben. Im südlichen Teil des afrikanischen Kontinents beobachtete Mrs. Barber die Kaffern und Fingoes und schickte mir viele ganz bestimmte Antworten. Mr. J. P. Mansel Weale hat gleichfalls Beobachtungen über die Eingeborenen angestellt; er hat mir auch ein merkwürdiges Dokument verschafft, nämlich die englisch niedergeschriebene Ansicht des Christian Gaika, Bruders des Häuptlings Sandilli, über die Ausdrucksweisen seiner Landsleute. In den nördlichen Gegenden von Afrika beantwortete Captain Speedy, welcher lange bei den Abyssiniern gelebt hat, meine Fragen teils aus dem Gedächtnis teils nach Beobachtungen, welche er am Sohn des Königs Theodor, der damals unter seiner Obhut war, angestellt hat. Professor Asa Gray und Mrs. Gray zollten mehreren Punkten betreffs der Ausdrucksweisen der Eingeborenen Aufmerksamkeit, als sie dieselben während ihrer Reise den Nil hinauf zu beobachten Gelegenheit hatten.

Einleitung

Auf dem großen amerikanischen Kontinent hat Mr. Bridges, ein bei den Feuerländern lebender Katechet, einige wenige Fragen in bezug auf die Ausdrucksweise derselben beantwortet, welche ich vor vielen Jahren ihm vorgelegt hatte. In der nördlichen Hälfte des Kontinents beobachtete Dr. Rothrock die Ausdrucksweise der wilden Atnah- und Espyox-Stämme am Nasse-Fluß im nordwestlichen Amerika. Auch beobachtete Mr. Washington Matthews, Assistenzarzt in der Armee der Vereinigten Staaten, mit besonderer Sorgfalt (nachdem er meine in den Smithsonian Reports abgedruckten Fragen gesehen hatte) einige der wildesten Stämme in den westlichen Teilen der Vereinigten Staaten, nämlich die Tetons, die Grosventres, die Mandans und die Assinaboines; seine Antworten haben sich als äußerst wertvoll erwiesen.

Endlich habe ich noch außer diesen speziellen Quellen der Information, einige wenige Tatsachen gesammelt, welche beiläufig in Reisewerken mitgeteilt sind.

Da ich häufig, und besonders im letzten Teil dieses Werkes, die Muskeln des menschlichen Gesichts zu erwähnen haben werde, habe ich eine Zeichnung aus Sir Ch. Bells Werk kopieren und verkleinern lassen (Fig. 1), ebenso zwei andere mit noch sorgfältigeren Details (Fig. 2 und Fig. 3) aus Henles bekanntem „Handbuch der Anatomie des Menschen". Die gleichen Buchstaben beziehen sich in allen drei Figuren auf die nämlichen Muskeln; es sind aber nur die Namen der bedeutungsvolleren angegeben, auf welche ich mich zu beziehen haben werde. Die Gesichtsmuskeln verschmelzen vielfach untereinander und erscheinen, wie mir gesagt worden ist, auf einem präparierten Gesicht kaum so deutlich geschieden, als sie hier dargestellt worden sind. Einige Schriftsteller nehmen an, daß die Gesichtsmuskulatur aus neunzehn paarigen und einem unpaarigen Muskel besteht[20]; andere lassen aber die Zahl viel größer sein, selbst bis auf fünfundfünfzig reichen, nach Moreau. Wie alle zugeben, welche über den Gegenstand geschrieben haben, sind sie sehr variabel in ihrer Anordnung und Moreau bemerkt, daß sie in kaum einem halben Dutzend Individuen gleich sind.[21] Sie variieren auch ihrer Funktion nach. So ist z. B. das Vermögen, den Augenzahn der einen Seite zu entblößen, bei verschiedenen Personen sehr verschieden. Auch die Fähigkeit die Nasenflügel zu bewegen ist der Angabe Piderits[22] zufolge in einem merkwürdigen Grade verschieden; und noch andere derartige Fälle ließen sich anführen.

---

[20] Partridge, in: Todd's Cyclopaedia of Anatomy and Physiology. Vol. II, p.227.
[21] La Physionomie, par G. Lavater. Tom. IV, 1820, p.274. Über die Zahl der Gesichtsmuskeln s. Tom IV, p.209-211.
[22] Mimik und Physiognomik, 1867, p.91.

Einleitung

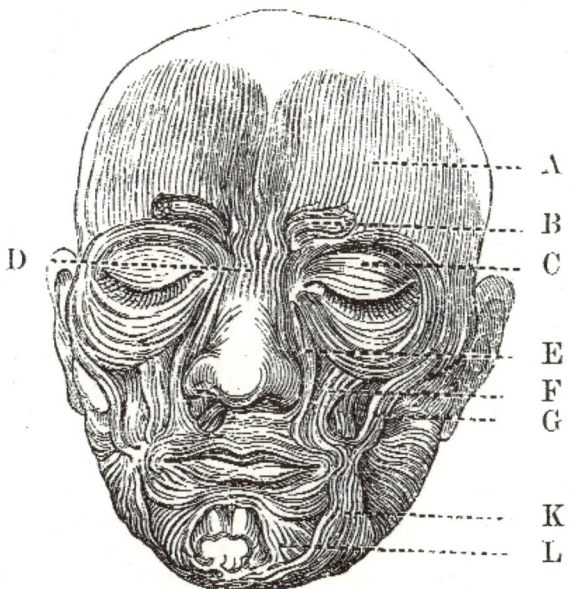

Fig. 1: Darstellung der Gesichtsmuskeln nach Sir Ch. Bell

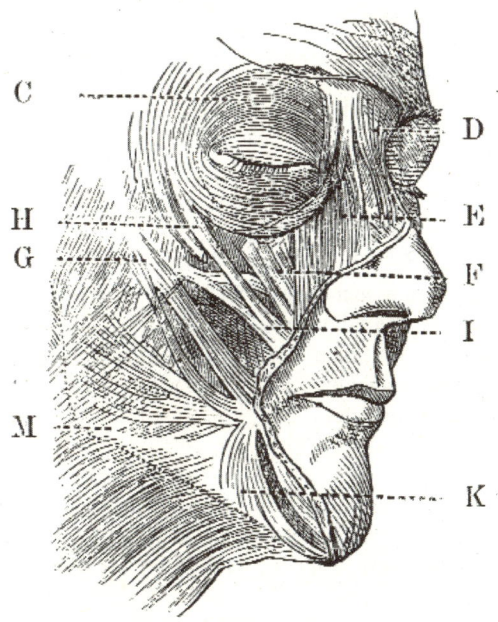

Fig. 2: Abbildung nach Henle

Einleitung

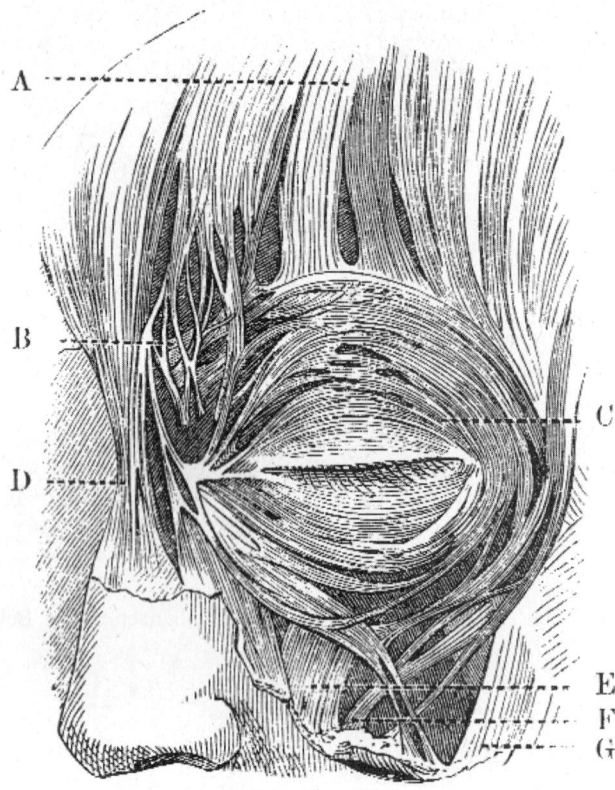

Fig. 3: Nach Henle

A	Occipto-froutalis oder Stirnmuskel
B	Corrugator supercilii oder Augenbrauen-Runzler
C	Orbicularis palpebrarum oder Ringmuskel des Auges
D	Pyramidalis nasi oder Pyramidenmuskel der Nase
F	Levator labii superioris alaeque nasi oder Heber der Oberlippe und des Nasenflügels
F	Levator labii proprius, eigentlicher Lippenheber
G	Zygomaticus, Jochbeinmuskel
H	Malaris, Wangenbeinmuskel
I	Kleiner Jochbeinmuskel
K	Triangularis oris oder Depressor anguli oris, Herabdrücker des Mundwinkels
L	Quadratus menti, oder viereckiger Kinnmuskel
M	Risorius, oder Lachmuskel, Teil des Platysma myoides, des Hautmuskels des Halses

Einleitung

Endlich kann ich mir das Vergnügen nicht versagen, meiner Verbindlichkeit gegen Mr. Rejlander wegen der Mühe Ausdruck zu geben, welche er sich gegeben hat, verschiedene Ausdrucksweisen für mich zu photographieren. Ich bin auch Herrn Kindermann in Hamburg verbunden für das Ausleihen einiger ausgezeichneter Negative von weinenden Kindern, und Dr. Wallich für ein reizendes Negativ eines lächelnden Mädchens. Meinen Dank an Dr. Duchenne für die mir gegebene liberale Erlaubnis, einige seiner großen Photographien kopieren und verkleinern zu lassen, habe ich bereits früher ausgesprochen.

Ich bin auch Mr. T. W. Wood zu großem Dank verpflichtet für die außerordentliche Mühe, welche er sich beim Zeichnen des Ausdrucks verschiedener Tiere nach dem Leben gegeben hat. Ein ausgezeichneter Künstler, Mr. Riviere, hat die Freundlichkeit gehabt, mir zwei Zeichnungen von Hunden zu geben, eine von einem Hund in einer feindlichen, die andere von einem in einer demütigen und liebkosenden Stimmung. Auch Mr. A. May hat mir zwei ähnliche Skizzen von Hunden gegeben. Mr. Cooper hat viel Sorgfalt auf die Anfertigung der Holzschnitte verwandt. Einige der Photographien und Zeichnungen, namentlich diejenigen von Mr. May und die von Mr. Wolf vom *Cynopithecus* wurden zunächst von Mr. Cooper photographisch auf den Holzstock gebracht und dann geschnitten; auf diese Weise ist beinahe absolute Treue erreicht worden.

Erstes Kapitel

Allgemeine Prinzipien des Ausdrucks

Angabe der drei hauptsächlichsten Prinzipien – Das erste Prinzip: Zweckmäßige Handlungen werden gewohnheitsmäßig mit gewissen Seelenzuständen assoziiert und ausgeführt, mögen sie in jedem besonderen Falle von Nutzen sein oder nicht – Die Macht der Gewohnheit – Vererbung – Assoziierte gewohnheitsmäßige Bewegungen beim Menschen – Reflextätigkeiten – Übergang der Gewohnheiten in Reflextätigkeiten – Assoziierte gewohnheitsmäßige Bewegungen bei den niederen Tieren – Schlußbemerkungen

Ich will damit beginnen, die drei Prinzipien oder Gesetze darzulegen, welche mir die meisten Ausdrucksformen und Gebärden zu erklären scheinen, die von dem Menschen und den niederen Tieren unter dem Einfluß verschiedener Seelenbewegungen und Gefühle unwillkürlich gebraucht werden.[1] Ich bin indessen selbst auf diese drei Prinzipien erst am Schluß meiner Beobachtungen gelangt. Sie werden im vorliegenden und in den zwei folgenden Kapiteln in einer allgemeinen Art und Weise erörtert werden. Sowohl beim Menschen als auch bei den niederen Tieren beobachtete Tatsachen werden hier benutzt werden; doch sind die letzteren Tatsachen vorzuziehen, da sie weniger geneigt sind, uns zu täuschen. Im vierten und fünften Kapitel will ich die speziellen Ausdruckserscheinungen bei einigen der niederen Tiere beschreiben und in den folgenden Kapiteln diejenigen beim Menschen. Jeder wird dann hierdurch in den Stand gesetzt sein, für sich selbst zu beurteilen, wie weit meine drei Prinzipien auf die Theorie des vorliegenden Gegenstands Licht werfen. Mir scheinen auf diese Weise so viele Ausdrucksweisen in einer ziemlich befriedigenden Art erklärt zu werden, daß wahrscheinlich sämtliche später als unter dieselben oder nahe analoge Gesichtspunkte gehörig nachgewiesen werden dürften. Ich brauche kaum vorauszuschicken, daß Bewegungen oder Veränderungen an jedem Teil des Körpers in ganz gleichmäßiger Weise zum Ausdruck benutzt werden können, so das Wedeln des Schwanzes beim Hund, das Zurückschlagen der Ohren beim Pferd, das Zucken der Schultern oder die Erweiterung der Kapillargefäße in der Haut beim Menschen. Diese drei Prinzipien sind nun die folgenden:

I. Das Prinzip zweckmäßiger assoziierter Gewohnheiten: – Gewisse komplizierte Handlungen sind unter gewissen Seelenzuständen von direktem oder indirektem Nutzen, um gewisse Empfindungen, Wünsche usw. zu erleichtern oder zu befriedigen; und sobald derselbe Seelenzustand herbeigeführt wird, so schwach dies auch geschehen mag, so ist infolge der Macht der Gewohnheit und der Assoziation eine Neigung vorhanden, dieselben Bewegungen auszuführen, wenn sie auch im gegebenen Falle nicht von dem geringsten Nutzen sind. Einige in der Regel durch Gewohnheit mit gewissen Seelenzuständen assoziierte Handlungen können teilweise durch den Willen unterdrückt werden, und in derartigen Fällen sind die Muskeln, welche am wenigsten unter der besonderen Kontrolle des Willens stehen, diejenigen, welche am meisten geneigt sind, doch noch tätig zu werden und damit Bewegungen zu veranlassen, welche wir als expressive anerkennen. In gewissen anderen Fällen erfordert das Unterdrücken einer gewohnheitsmäßigen Bewegung andere unbedeutende Bewegungen, und diese sind gleichermaßen ausdrucksvoll.

II. Das Prinzip des Gegensatzes: – Gewisse Seelenzustände führen zu bestimmten gewohnheitsmäßigen Handlungen, welche, nach unserem ersten Prinzip, zweckmäßig sind. Wenn nun ein

---

[1] Mr. Herbert Spencer hat (Essays: Second Series, 1863, p.138), eine deutliche Trennungslinie zwischen Seelenerregungen (Emotionen) und Empfindungen (Sensationen) gezogen, wovon die letzteren „in unserem Körpergerüst erzeugt werden". Beides, Erregungen und Empfindungen, klassifiziert er als Gefühle.

direkt entgegengesetzter Seelenzustand herbeigeführt wird, so tritt eine sehr starke und unwillkürliche Neigung zur Ausführung von Bewegungen einer direkt entgegengesetzten Natur ein, wenn auch dieselben von keinem Nutzen sind, und derartige Bewegungen sind in manchen Fällen äußerst ausdrucksvoll.

III. Das Prinzip, daß Handlungen durch die Konstitution des Nervensystems verursacht werden, von Anfang an unabhängig vom Willen und in einer gewissen Ausdehnung unabhängig von Gewohnheit: – Wenn das Sensorium stark erregt wird, so wird Nervenkraft im Überschuß erzeugt und in gewissen bestimmten Richtungen fortgepflanzt, welche zum Teil von dem Zusammenhang der Nervenzellen, zum Teil von Gewohnheit abhängen, oder die Zufuhr der Nervenkraft kann allem Anschein nach unterbrochen werden. Es werden hierdurch Wirkungen hervorgebracht, welche wir als expressive anerkennen. Dieses dritte Prinzip kann der Kürze wegen das der direkten Tätigkeit des Nervensystems genannt werden.

In bezug auf unser erstes Prinzip ist es bekannt, wie stark die Macht der Gewohnheit ist. Die kompliziertesten und schwierigsten Bewegungen können mit der Zeit ohne die geringste Anstrengung und ohne Bewußtsein ausgeführt werden. Man weiß nicht sicher, woher das kommt, daß Gewohnheit so wirksam in der Erleichterung komplizierter Bewegungen ist. Physiologen nehmen aber an[2], „daß sich die Leitungsfähigkeit der Nervenfasern mit der Häufigkeit ihrer Erregung ausbildet". Dies bezieht sich auf die Bewegungs- und Empfindungsnerven ebensowohl wie auf die Nerven, welche mit dem Akt des Denkens in Zusammenhang stehen. Daß irgendeine physikalische Veränderung in den Nervenzellen oder den Nerven hervorgebracht wird, welche gewohnheitsmäßig benutzt werden, kann kaum bezweifelt werden; denn im anderen Falle wäre es unmöglich, zu verstehen, warum die Neigung zu gewissen erworbenen Bewegungen vererbt wird. Daß diese vererbt wird, sehen wir bei Pferden in gewissen vererbten Schrittarten, so im kurzen Galopp und im Passgang, welche den Pferden nicht natürlich sind, im Stellen junger Vorstehhunde und im Spüren junger Hühnerhunde, in der eigentümlichen Flugart gewisser Taubenrassen usw. Wir haben analoge Fälle beim Menschen in der Vererbung gewisser Züge und ungewöhnlicher Gesten, auf welche wir sofort zurückkommen werden. Für diejenigen, welche die allmähliche Entwicklung der Arten annehmen, wird ein äußerst auffallendes Beispiel der Vollendung, mit welcher die schwierigsten konsensuellen Bewegungen überliefert werden können, von einem Schmetterling, dem Rüsselschwärmer (*Macroglossa*), dargeboten; man kann nämlich diesen Schwärmer kurz nach dem Verlassen seines Puppengehäuses, wie sich aus dem Staub auf seinen nicht verdrückten Flügelschuppen ergibt, ruhig in der Luft stehen sehen, seinen langen haarähnlichen Rüssel entrollt und in die kleinsten Öffnungen der Blüten eingesenkt. Ich glaube, niemand hat jemals gesehen, daß dieser Schmetterling die Ausführung seiner schwierigen Aufgabe, welche ein so sicheres Zielen erfordert, erst habe lernen müssen.

Wenn eine vererbte oder instinktive Neigung zur Ausübung einer Handlung oder ein vererbter Geschmack für gewisse Arten von Nahrung vorhanden ist, so ist ein gewisser Grad von Gewohnheit bei dem Individuum häufig oder allgemein erforderlich. Wir sehen dies an den Schrittarten des Pferdes und in einem gewissen Grade an dem Stellen der Vorstehhunde. Obschon manche jungen Hunde das erste Mal, wo sie mit hinausgenommen werden, ganz vorzüglich stellen, so assoziieren sie doch oft die eigentümliche geerbte Stellung mit einer falschen Witterung oder selbst mit einem Gesichtseindruck. Ich habe behaupten hören, daß wenn man einem Kalb gestattet, auch nur einmal an seiner Mutter zu saugen, es später viel schwieriger ist, es

---

[2] J. Müller: Handbuch der Physiologie des Menschen. Bd. 2, 1840. S.100. Siehe auch Mr. H. Spencers interessante Spekulationen über denselben Gegenstand und über die Genesis der Nerven, in seinen „Principles of Biology", Vol. II, p.346, und in seinen „Principles of Psychologie" (2. edit.), p.511-557.

mit der Hand aufzuziehen.³ Raupen, welche mit den Blättern einer Art von Bäumen gefüttert worden sind, sind, wie man erfahren hat, eher vor Hunger umgekommen, als daß sie die Blätter eines anderen Baumes gefressen hätten, obschon dieser ihnen im Naturzustand ihre eigentliche Nahrung darbot.⁴ Und so verhält es sich in vielen anderen Fällen.

Die Macht der Assoziation wird von jedermann zugegeben. Mr. Bain bemerkt, daß „Handlungen, Empfindungen und Gefühlszustände, welche zusammen oder in dichter Aufeinanderfolge vorkommen, zu verwachsen oder zusammenzuhängen streben, und zwar in einer solchen Weise, daß, wenn irgendeine von ihnen später der Seele dargeboten wird, die anderen in der Idee hervorgerufen zu werden geneigt sind"⁵. Es ist für unseren Zweck so bedeutungsvoll, völlig sich zu vergegenwärtigen, daß Handlungen leicht mit anderen Handlungen oder mit verschiedenen Zuständen der Seele assoziiert werden, daß ich ziemlich viele Beispiele anführen will; an erster Stelle solche, welche sich auf den Menschen, und später die, welche sich auf die niederen Tiere beziehen. Einige der Beispiele sind von einer sehr untergeordneten Natur; sie dienen aber unserem Zweck ebensogut wie bedeutungsvollere Gewohnheiten. Jedermann ist bekannt, wie schwierig oder selbst unmöglich es ist, ohne wiederholte Versuche die Gliedmaßen in gewissen entgegengesetzten Richtungen zu bewegen, welche niemals geübt worden sind. Analoge Fälle kommen bei Empfindungen vor, wie in dem bekannten Experiment, eine kleine Kugel zwischen den Spitzen zweier übereinander gekreuzter Finger zu rollen, wo man dann vollständig das Gefühl von zwei Kugeln erhält. Ein jeder sucht sich, wenn er auf den Boden fällt, durch Ausstrecken seiner Arme zu schützen; und wie Prof. Alison bemerkt hat: nur wenige können es über sich gewinnen, nicht so zu handeln, wenn sie absichtlich sich auf ein weiches Bett fallen lassen. Wenn man aus dem Haus hinausgeht, so zieht man seine Handschuhe völlig unbewußt an; dies könnte nun eine äußerst einfache Operation zu sein scheinen. Wer aber einmal ein Kind gelehrt hat, Handschuhe anzuziehen, weiß, daß dies durchaus nicht der Fall ist.

Ist unsere Seele lebendig erregt, so sind es auch die Bewegungen unseres Körpers. Aber hier kommt ein anderes Moment außer der Gewohnheit, nämlich der einer Leitung entbehrende Überschuß an Nervenkraft zum Teil mit ins Spiel. Norfolk sagt, wo er vom Kardinal Wolsey spricht :

„Seltsamer Aufruhr
Ist ihm im Hirn: er beißt die Lippe, starrt;
Hält plötzlich an den Schritt, blickt auf die Erde,
Legt dann die Finger an die Schläfe; stracks,
Springt wieder auf, läuft schnell, steht wieder still,
Schlägt heftig seine Brust; und gleich darauf reisst er
Die Augen auf zum Mond: seltsame Stellung
Sah'n wir hier an ihm wechseln."
    König Heinrich der Achte, 3. Aufz., 2. Szene.
          (Schlegel und Tieck.)

---

³ Eine Bemerkung beinahe desselben Sinnes haben vor langer Zeit schon Hippokrates und dann der berühmte Harvey gemacht; beide behaupten nämlich, daß ein junges Tier im Laufe weniger Tage die Kunst des Saugens vergißt und dieselbe nicht ohne einige Schwierigkeit sich wieder aneignen kann. Ich führe diese Behauptungen nach Dr. Darwins Zoonomia,Vol. I, 1794, p.140, an.

⁴ Siehe wegen der Autoritäten und in bezug auf verschiedene analoge Tatsachen: Das Variieren der Tiere und Pflanzen im Zustand der Domestikation. 2. Bd., 1868, S.403 (Übersetzung).

⁵ „The Senses and the Intellect", 2. edit.; 1864, p.332. Professor Huxley bemerkt (Grundzüge der Physiologie in allgemein verständlichen Vorlesungen, hrsg. von Rosenthal. Leipzig 1871, S.290): „Es kann als eine Regel aufgestellt werden, daß wenn zwei geistige Zustände häufig und lebhaft zusammen oder hintereinander hervorgerufen werden, die spätere Hervorbringung des einen genügt, um den anderen hervorzurufen; und zwar geschieht dies, ob wir es wünschen oder nicht."

Allgemeine Prinzipien des Ausdrucks

Der gemeine Mann kratzt sich häufig am Kopf, wenn er in Verlegenheit kommt; und ich glaube, daß er aus Gewohnheit so handelt, als wenn er eine unbedeutend unangenehme körperliche Empfindung erführe; ein Jucken am Kopf, dem er besonders ausgesetzt ist, erleichtert er nämlich dadurch etwas. Ein anderer reibt sich die Augen, wenn er in Verwirrung gerät, oder hustet kurz, wenn er verlegen ist, wobei er in beiden Fällen so handelt, als ob er eine wenig unbequeme Empfindung in seinen Augen oder in seiner Luftröhre fühlte.[6]

Infolge des beständigen Gebrauchs der Augen werden diese Organe ganz besonders leicht durch Assoziation unter verschiedenen Seelenzuständen beeinflußt, obschon offenbar nichts zu sehen ist. Wie Gratiolet bemerkt, wird ein Mensch, welcher eine ausgesprochene Ansicht heftig zurückweist, beinahe mit Sicherheit seine Augen schließen oder sein Gesicht abwenden; nimmt er aber den Satz an, so wird er als Bejahung mit dem Kopf nicken und seine Augen weit öffnen. Im letzteren Falle handelt er so, als wenn er die Sache ganz deutlich sähe, in ersterem Falle, als ob er sie nicht sähe oder nicht sehen wollte. Ich habe bemerkt, daß, wenn Personen einen schrecklichen Anblick beschreiben, sie häufig ihre Augen für Augenblicke fest schließen oder ihren Kopf schütteln, gleichsam um irgend etwas Unangenehmes nicht zu sehen oder hinwegzuscheuchen; und ich habe mich selbst dabei ertappt, daß, wenn ich im Dunkeln an ein schaudererregendes Schauspiel denke, ich die Augen fest zudrücke. Sieht man plötzlich auf irgendeinen Gegenstand oder sieht man sich ringsumher um, so hebt man seine Augenbrauen in die Höhe, damit die Augen schnell und weit geöffnet werden können. Dr. Duchenne macht die Bemerkung[7], daß, wenn eine Person sich auf etwas zu besinnen versucht, sie häufig die Augenbrauen in die Höhe zieht, als wenn sie das Gesuchte sehen wollte. Ein gebildeter Hindu machte dieselbe Bemerkung gegenüber Mr. Erskine in bezug auf seine Landsleute. Ich bemerkte, wie eine junge Dame, welche eifrig versuchte, sich an den Namen eines Malers zu erinnern, zuerst zu der einen Ecke der Zimmerdecke und dann in die entgegengesetzte Ecke hinaufsah, wobei sich die Augenbraue der betreffenden Seite emporwölbte, obgleich natürlich da oben nichts zu sehen war.

In den meisten der vorstehend angeführten Fälle können wir einsehen, in welcher Weise die assoziierten Bewegungen durch Gewohnheit erlangt worden sind; bei manchen Individuen sind aber gewisse fremdartige Gebärden oder besondere Züge in Assoziation mit gewissen Seelenzuständen aufgetreten, welche von gänzlich unerklärbaren Ursachen abhängen und zweifellos vererbt werden. An einem anderen Ort habe ich einen Fall meiner eigenen Erfahrung von einer außerordentlichen und zusammengesetzten Gebärde erzählt, welche mit angenehmen Gefühlen assoziiert und von dem Vater seiner Tochter überliefert war, ebenso noch einige andere analoge Tatsachen.[8] Ein anderes merkwürdiges Beispiel einer alten vererbten Bewegung, welche mit

---

[6] Gratiolet führt bei seiner Erörterung dieses Gegenstands (De la Physionomie, p.324) viele analoge Beispiele an. So z.B. s. p.42, über das Öffnen und Schließen der Augen. Engel wird (p.323) zitiert in Betreff der veränderten Gangart des Menschen, je nachdem die Gedanken sich ändern.

[7] Mécanisme de la Physionomie Humaine, 1862. p.17.

[8] Das Variieren der Tiere und Pflanzen im Zustand der Domestikation. Bd. 2, S.7. Die Vererbung gewohnheitsmäßiger Gebärden ist für uns von solcher Bedeutung, daß ich gern Mr. Galtons Erlaubnis benutze, den folgenden merkwürdigen Fall in seinen eigenen Worten mitzuteilen: – „Die folgende Schilderung einer bei Individuen von drei aufeinanderfolgenden Generationen auftretenden Gewohnheit ist von eigentümlichem Interesse, da dieselbe während des gesunden festen Schlafes eintritt und daher nicht durch Nachahmung erklärt werden kann, sondern durchaus natürlich sein muß. Die Einzelheiten sind vollkommen zuverlässig, denn ich habe ihnen ganz eingehend nachgeforscht und spreche nach zahlreichen und unabhängig voneinander erlangten Beweisen. Die Frau eines Herrn von sehr angesehener Stellung fand, daß derselbe die eigentümliche Angewohnheit hatte, wenn er in festem Schlaf auf dem Rücken in seinem Bett lag, seinen rechten Arm langsam vor seinem Gesicht aufwärts bis zur Stirn zu erheben und ihn dann mit einem Schwung wieder fallenzulassen, so daß die Handwurzel schwer auf seinen Nasenrücken fiel. Diese Bewegung kam nicht in jeder Nacht vor, sondern nur gelegentlich und war unabhängig von irgendeiner etwa zu ermittelnden Ursache. Zuweilen wurde die Bewegung eine Stunde lang und noch länger unaufhörlich wiederholt. Die Nase des Herrn war ziemlich vorstehend und ihr Rücken wurde von den erhaltenen

dem Wunsch, einen bestimmten Gegenstand zu erlangen, assoziiert war, wird im Laufe der vorliegenden Darstellung noch mitgeteilt werden.

Es gibt noch andere Handlungen, welche gemeiniglich unter gewissen Umständen, unabhängig von Gewohnheit, ausgeführt werden und welche eine Folge einer Nachahmung oder irgendeiner Art von Sympathie zu sein scheinen. So kann man zuweilen Personen sehen, welche, wenn sie irgend etwas mit einer Schere schneiden, ihre Kinnbacken in gleichem Tempo mit den Scherenblättern bewegen. Wenn Kinder schreiben lernen, so drehen sie häufig so wie sie ihre Finger bewegen die Zunge umher in einer lächerlichen Weise. Wird ein öffentlich auftretender Sänger plötzlich etwas heiser, so kann man hören, wie viele der Zuhörer sich zu räuspern beginnen, um ihren Hals frei zu machen; dies hat mir ein Herr versichert, auf den ich mich verlassen kann; es kommt hier aber wahrscheinlich Gewohnheit mit ins Spiel, da wir uns unter ähnlichen Umständen eben selbst ausräuspern würden. So ist mir auch gesagt worden, daß beim Wetthüpfen viele der Zuschauer, gewöhnlich Männer und Knaben, zu derselben Zeit, wo die Ausführenden ihre Sprünge machen, auch ihre Füße bewegen; aber auch in diesem Falle kommt wahrscheinlich Gewohnheit ins Spiel; es ist wenigstens sehr zweifelhaft, ob Frauen es auch machen würden.

Reflextätigkeiten: – Reflexbewegungen im strengen Sinne des Ausdrucks sind Folgen der Erregung eines peripherischen Nerven, welcher seinen Einfluß gewissen Nervenzellen überliefert, und diese regen ihrerseits wieder gewisse Muskeln oder Drüsen zur Tätigkeit an; und alles dies kann ohne irgendeine Empfindung oder ein Bewußtwerden unsrerseits stattfinden, obschon es oft hiervon begleitet wird. Da viele Reflextätigkeiten für den Ausdruck von hoher Bedeutung sind, so muß der Gegenstand hier mit etwas Ausführlichkeit besprochen werden. Wir werden auch sehen, daß etliche derselben in Handlungen übergehen oder kaum von solchen unterschieden werden können, welche durch Gewohnheit erworben worden sind.[9] Husten und Niesen sind geläufige Beispiele von Reflextätigkeiten. Bei kleinen Kindern ist der erste Akt der Atmung häufig ein Niesen, obschon dies die koordinierte Bewegung zahlreicher Muskeln erfordert. Das Atemholen ist zum Teil willkürlich, aber hauptsächlich eine Reflexbewegung und wird in der natürlichsten und besten Art und Weise ohne das Hinzutreten des Willens ausgeführt. Eine sehr große Zahl komplizierter Bewegungen sind reflektorisch. Ein Beispiel, wie es kaum besser ge-

---

Schlägen häufig schmerzhaft. Einmal wurde eine fatale Wunde dadurch verursacht, welche lange Zeit zum Heilen brauchte, und zwar wegen der Nacht für Nacht eintretenden Wiederholung der Schläge, die sie zuerst hervorgerufen hatten. Seine Frau mußte den Knopf vom Ärmel seines Nachthemds entfernen, da er mehrere starke Kratzwunden verursacht hatte; auch wurden mehrere Mittel versucht, den Arm festzubinden.

Viele Jahre nach seinem Tod heiratete sein Sohn eine Dame, welche niemals von dem Familienereignis gehört hatte. Sie beobachtete indessen genau dieselbe Eigentümlichkeit an ihrem Mann; da aber dessen Nase nicht besonders vorragend ist, hat sie bis jetzt noch nicht unter den Schlägen zu leiden gehabt. Die merkwürdige Bewegung tritt nicht ein, wenn er nur halb im Schlaf ist, so z. B. wenn er in seinem Armsessel nickt; im Moment aber, wo er fest einschläft, tritt sie leicht ein. Sie tritt wie bei seinem Vater intermittierend auf, zuweilen viele Nächte hindurch gar nicht, und zuweilen beinahe unaufhörlich während eines Teils fast jeder Nacht. Sie wird, wie es bei seinem Vater der Fall war, mit dem rechten Arm ausgeführt.

Eines seiner Kinder, ein Mädchen, hat dieselbe Eigentümlichkeit geerbt; sie führt sie gleichfalls mit der rechten Hand aus, aber in einer unbedeutend modifizierten Form; denn nachdem sie den Arm erhoben hat, läßt sie die Handwurzel nicht auf den Nasenrücken fallen, sondern die Innenwache der halbgeschlossenen Hand fällt über das Gesicht herab, dasselbe ziemlich schnell streichend. Auch bei diesem Kind ist das Auftreten dieses Zugs sehr intermittierend; er erscheint ganze Perioden hindurch für Monate nicht, kommt aber zuweilen unaufhörlich vor."

[9] Professor Huxley bemerkt (Grundzüge der Physiologie etc. von Rosenthal, 1871, S.289), daß die dem Rückenmark eigenen Reflextätigkeiten natürliche sind, daß wir aber mit Hilfe des Gehirns, das heißt also durch Gewohnheit, eine Unzahl künstlicher Reflextätigkeiten erlangen können. Virchow nimmt an (Sammlung wissenschaftl. Vorträge usw., Über das Rückenmark, 1871, S.24, 31), daß einige Reflexbewegungen kaum von Instinkten unterschieden werden können; und in bezug auf letztere kann hinzugefügt werden, daß einige von ihnen nicht von vererbten Gewohnheiten unterschieden werden können.

geben werden kann, ist das oft angeführte von einem enthaupteten Frosch, welcher natürlich nicht fühlen und keine Bewegung mit Bewußtsein ausführen kann. Bringt man aber einen Tropfen Säure auf die innere Oberfläche des Schenkels an einen Frosch in diesem Zustand, so reibt er den Tropfen mit der oberen Fläche des Fußes derselben Seite wieder ab. Wird dieser Fuß abgeschnitten, so kann er diese Handlung nicht ausführen. „Nach einigen fruchtlosen Anstrengungen gibt er daher den Versuch auf diese Weise auf, erscheint unruhig, als ob er, wie Pflüger sagt, irgendeine andere Weise aufsuchte, und schließlich gebraucht er den Fuß der anderen Seite und dadurch gelingt es ihm, die Säure wegzureiben. Offenbar haben wir hier nicht bloß Zusammenziehungen von Muskeln vor uns, sondern kombinierte und harmonische Kontraktionen in gehöriger Aufeinanderfolge zur Erreichung eines speziellen Zwecks. Dies sind Handlungen, welche ganz die Erscheinung darbieten, als würden sie durch den Verstand geleitet und durch den Willen angeregt, und zwar bei einem Tier, dessen anerkanntes Organ der Intelligenz und des Willens entfernt worden ist.[10]

Den Unterschied zwischen Reflextätigkeiten und willkürlichen Bewegungen sehen wir bei sehr jungen Kindern daran, daß sie, wie mir Sir Henry Holland mitgeteilt hat, nicht imstande sind, gewisse Handlungen, die denen des Niesens und Hustens gewisserweise analog sind, ausführen können, namentlich, daß sie nicht imstande sind, sich zu schnauben (d. h. ihre Nase zusammenzudrücken und heftig durch den engen Gang zu blasen), und daß sie nicht imstande sind, ihren Hals von Schleim zu reinigen. Die Ausführung dieser Akte haben sie zu lernen, und doch werden sie von uns, wenn wir etwas älter sind, beinahe so leicht wie Reflextätigkeiten vollzogen. Niesen und Husten indessen kann nur teilweise oder durchaus gar nicht vom Willen kontrolliert werden, während das Reinemachen des Halses oder das Räuspern und das Schnauben der Nase vollständig unter unserer Herrschaft stehen.

Wenn wir das Vorhandensein eines reizenden Körperchens in unserer Nase oder unserer Luftröhre merken, d. h. wenn dieselben empfindenden Nervenzellen gereizt werden, wie es beim Niesen und Husten der Fall ist, so können wir willkürlich die Körperchen entfernen dadurch, daß wir mit Kraft Luft durch diese Gänge hindurchtreiben. Wir können dies aber nicht mit nahezu derselben Kraft, Schnelligkeit und Präzision tun, wie bei einer Reflexbewegung. In diesem letzteren Falle erregen allem Anschein nach die empfindenden Nervenzellen die motorischen Nervenzellen ohne irgendeine Verschwendung von Kraft, wie es der Fall ist, wenn sie zuerst mit den Hemisphären des großen Gehirns in Kommunikation treten – dem Sitz unseres Bewußtseins und unseres Willens. In allen Fällen scheint ein tiefliegender Antagonismus zwischen denselben Bewegungen, je nachdem ob sie durch den Willen oder durch einen Reflexreiz angeregt werden, in der Kraft zu liegen, mit denen sie ausgeführt, und in der Leichtigkeit, mit welcher sie erregt werden. Claude Bernard behauptet daher: „*L'influence du cerveau tend donc à entraver les mouvements réflexes, à limiter leur force et leur étendue.*"[11]

Der bewußte Wunsch, eine Reflexhandlung auszuführen, hemmt oder unterbricht zuweilen ihre Ausführung, obschon die dazugehörenden empfindenden Nerven gereizt sein können. Vor vielen Jahren ging ich z.B. eine kleine Wette mit einem Dutzend junger Leute ein, daß sie nicht niesen würden, wenn sie Schnupftabak nähmen, obschon sie alle erklärten, daß sie es ausnahmslos täten. Demzufolge nahmen sie alle eine Prise; da sie aber sämtlich zu gewinnen wünschten, nieste nicht einer, obschon sich ihre Augen mit Wasser füllten, und alle ohne Ausnahme hatten mir die Wette zu bezahlen. Sir Henry Holland bemerkt[12], daß wenn man dem Akt des Schlingens Aufmerksamkeit zuwendet, die gehörigen Bewegungen gestört werden, und hieraus erklärt es

---

[10] Dr. Maudsley: Body and Mind, 1870, p.8.
[11] S. die sehr interessante Erörterung über den ganzen Gegenstand, in: Cl. Bernard: Tissus Vivants, 1860, p.353-356.
[12] Chapters on Mental Physiology, 1858, p.85.

sich wahrscheinlich, wenigstens zum Teil, daß es manche Personen für so schwierig halten, eine Pille zu verschlucken.

Ein anderes, sehr geläufiges Beispiel einer Reflextätigkeit ist das unwillkürliche Schließen der Augenlider, wenn die Oberfläche des Auges berührt wird. Eine ähnliche blinkende Bewegung wird dadurch verursacht, daß ein Schlag nach dem Gesicht zu gerichtet wird.. Dies ist aber eine gewohnheitsmäßige und keine streng reflektorische Tätigkeit, da der Reiz durch die Seele und nicht durch die Erregung eines peripherischen Nerven überliefert wird! Meist wird der ganze Körper und Kopf zu gleicher Zeit plötzlich zurückgezogen. Indessen können diese letzteren Bewegungen verhindert werden, wenn die Gefahr unserer Einbildungskraft nicht drohend erscheint; daß uns aber unser Verstand sagt, es sei keine Gefahr vorhanden, reicht nicht aus. Ich will eine unbedeutende Tatsache hier erwähnen, welche diesen Punkt erläutert und welche mich zu ihrer Zeit sehr amüsiert hat. Ich brachte mein Gesicht dicht an die dicke Glasscheibe vor einer Puff-Otter im zoologischen Garten mit dem festen Entschluß, nicht zurückzufahren, wenn die Schlange auf mich losstürzte. Sobald aber der Stoß ausgeführt wurde, war es mit meinem Entschluß aus, und ich sprang ein oder zwei Yards mit erstaunlicher Geschwindigkeit zurück. Mein Wille und mein Verstand waren kraftlos gegen die Einbildung einer Gefahr, welche niemals direkt erfahren worden war.

Die Heftigkeit des Zusammenfahrens scheint zum Teil von der Lebhaftigkeit der Einbildung und zum Teil von dem entweder gewohnheitsmäßigen oder zeitweiligen Zustand des Nervensystems abzuhängen. Wer auf das Scheuwerden seines Pferdes, je nachdem ob dasselbe ermüdet oder frisch ist, aufmerkt, wird beobachten, wie vollkommen die Abstufung von einem einfachen Blick auf irgendeinen unerwarteten Gegenstand mit einem augenblicklichen Zweifel, ob er gefährlich ist, bis zu einem so heftigen und schnellen Satz ist, daß das Tier wahrscheinlich sich nicht willkürlich in einer so rapiden Weise herumdrehen könnte. Das Nervensystem eines frisch und gut gefütterten Pferdes schickt seinen Befehl an das Bewegungsnervensystem so schnell, daß ihm keine Zeit gegönnt ist, zu überlegen, ob die Gefahr eine wirkliche ist oder nicht. Nach einem einmaligen heftigen Scheuwerden, wenn das Pferd erregt ist und das Blut reichlich durch das Gehirn fließt, ist es sehr geneigt, von neuem zusammenzufahren; dasselbe gilt, wie ich bemerkt habe, für kleine Kinder.

Ein Zusammenfahren infolge eines plötzlichen Geräusches, wo also der Reiz durch die Gehörnerven vermittelt wird, wird bei erwachsenen Personen immer von einem Blinken der Augenlider begleitet.[13] Indessen habe ich beobachtet, daß meine Kinder, obschon sie bei plötzlichen Geräuschen zusammenfuhren, wenn sie unter vierzehn Tagen alt waren, sicherlich nicht immer mit den Augen blinkten; und, wie ich glaube, taten sie dies niemals. Das Zusammenfahren eines älteren Kindes stellt dem Anschein nach ein unbestimmtes Greifen nach irgend etwas dar, um das Fallen zu verhüten. Ich schüttelte eine Pappschachtel dicht vor den Augen eines meiner Kinder, als es 114 Tage alt war, und es blinkte nicht im allergeringsten. Als ich aber ein wenig Konfekt in die Schachtel tat, sie in derselben Stellung wie vorher hielt, und mit jenem raschelte, so blinkte das Kind jedesmal heftig mit den Augen und fuhr ein wenig zusammen. Offenbar wäre es unmöglich, daß ein sorgfältig gehütetes Kind durch Erfahrung gelernt haben könnte, daß ein raschelndes Geräusch in der Nähe seiner Augen eine Gefahr anzeigte. Eine solche Erfahrung wird aber im späteren Alter während einer langen Reihe von Generationen erlangt worden sein, und nach dem, was wir von der Vererbung wissen, liegt darin nichts Unwahrscheinliches, daß eine Gewohnheit den Nachkommen zu einem früheren Alter vererbt wird, als zu dem, in welchem sie zuerst von den Eltern erlangt wurde.

Nach den vorstehenden Bemerkungen erscheint es wahrscheinlich, daß einige Handlungen, welche anfangs mit Bewußtsein ausgeführt wurden, durch Gewohnheit und Assoziation in Re-

---

[13] J. Müller bemerkt (Handbuch der Physiologie des Menschen, Engl. Übers., 2. Bd., S.1311), daß das Zusammenschrecken immer von einem Verschließen der Augenlider begleitet werde.

flexhandlungen umgewandelt worden und jetzt so fest fixiert sind und vererbt werden, daß sie ausgeführt werden, selbst wenn nicht der geringste Nutzen damit verbunden ist[14], sooft nur dieselben Ursachen eintreten, welche ursprünglich durch den Willen in uns diese Handlungen erregten. In solchen Fällen erregen die empfindenden Nervenzellen die motorischen Zellen, ohne erst mit denjenigen Zellen zu kommunizieren, von welchen unser Bewußtsein und unser Wille abhängt. Wahrscheinlich wurde das Niesen und Husten ursprünglich durch die Gewohnheit erlangt, jedes reizende Teilchen so heftig wie möglich aus dem empfindlichen Luftweg herauszustoßen. Was das Moment der Zeit betrifft, so ist davon mehr als hinreichend vergangen, daß diese Gewohnheiten angeborene oder in Reflexhandlungen umgewandelt wurden. Denn sie sind den meisten oder allen höheren Säugetieren gemein und müssen daher zuerst in einer sehr weit zurückliegenden Zeit erlangt worden sein. Warum der Akt des Räusperns keine Reflexhandlung ist und von unseren Kindern erlernt werden muß, kann ich nicht zu sagen behaupten. Wir können aber einsehen, warum das Schnauben mit dem Taschentuch gelernt werden muß.

Es ist kaum zu glauben, daß die Bewegungen eines kopflosen Frosches, wenn er einen Tropfen Säure oder irgendeinen anderen Gegenstand von seinem Schenkel wegwischt, – welche Bewegungen für den speziellen Zweck so gut koordiniert sind, – anfangs nicht willkürlich ausgeführt sein sollten, während sie später durch lang fortgesetzte Gewohnheit so leicht gemacht wurden, daß sie zuletzt ohne Bewußtsein oder unabhängig von den Hemisphären des Gehirns ausgeführt werden.

So scheint es ferner wahrscheinlich zu sein, daß das Zusammenfahren ursprünglich durch die Gewohnheit erlangt wurde, so schnell wie möglich der Gefahr durch einen Sprung zu entgehen, sooft nur irgendeiner unserer Sinne uns eine Warnung davor zukommen ließ. Wie wir gesehen haben, wird das Zusammenfahren von einem Blinken mit den Augenlidern begleitet, so daß die Augen, die zartesten und empfindlichsten Organe des Körpers, geschützt werden, und wie ich glaube, wird es immer von einem plötzlichen und kräftigen Einatmen begleitet, was die naturgemäße Vorbereitung für jede heftige Anstrengung ist. Wenn aber ein Mensch oder ein Pferd zusammenschreckt, so schlägt sein Herz gegen seine Rippen, und hier haben wir, wie man in Wahrheit sagen kann, ein Organ, welches niemals unter der Kontrolle des Willens gestanden hat und doch an den allgemeinen Reflexbewegungen des Körpers teilnimmt. Indessen werde ich auf diesen Punkt in späteren Kapiteln noch zurückkommen.

Die Zusammenziehung der Regenbogenhaut, sobald die Netzhaut durch ein helles Licht gereizt wird, ist ein anderes Beispiel einer Bewegung, welche, wie es scheint, unmöglich zuerst willkürlich ausgeführt und dann durch Gewohnheit fixiert worden ist; denn die Iris steht, soviel bekannt ist, bei keinem Tier unter der bewußten Kontrolle des Willens. In derartigen Fällen muß irgendein von der Gewohnheit vollständig verschiedener Erklärungsgrund noch entdeckt werden. Das Ausstrahlen von Nervenkraft aus heftig erregten Nervenzellen auf andere mit diesen in Zusammenhang stehenden Zellen, wie in dem Falle, wo ein helles auf die Netzhaut treffendes Licht ein Niesen veranlaßt, kann uns vielleicht bei dem Verständnis des Ursprungs mancher Reflexbewegungen unterstützen. Ein Ausstrahlen von Nervenkraft dieser Art, wenn es eine Bewegung verursacht, die die ursprüngliche Erregung zu mildern strebt – wie in dem Falle, wo die Zusammenziehung der Regenbogenhaut es verhindert, daß zu viel Licht auf die Netzhaut fällt – dürfte später mit Vorteil benutzt und für diesen speziellen Zweck modifiziert worden sein.

Es verdient ferner Erwähnung, daß Reflexbewegungen aller Wahrscheinlichkeit nach unbedeutenden Abänderungen unterworfen sind, ebenso wie alle körperlichen Bildungen und Instinkte, und alle die Abänderungen, welche wohltätig oder von ausreichender Wichtigkeit waren, werden danach gestrebt haben, erhalten und vererbt zu werden. So können Reflexhandlungen,

---

[14] Dr. Maudsley bemerkt (Body and Mind, p.10) daß „Reflexbewegungen, welche gewöhnlich einen nützlichen Zweck bewirken, unter den veränderten Umständen einer Krankheit sehr viel Schaden anrichten und selbst die Gelegenheitsursache heftigen Leidens und eines sehr schmerzvollen Todes werden können."

Erstes Kapitel

wenn sie einmal für den einen Zweck erlangt wurden, später unabhängig von dem Willen oder der Gewohnheit modifiziert werden, so daß sie nun einem bestimmten anderen Zweck dienen. Derartige Fälle würden denjenigen parallel sein, welche, wie wir allen Grund zu glauben haben, bei vielen Instinkten eingetreten sind; denn obschon manche Instinkte einfach durch lang fortgesetzte und vererbte Gewohnheit entwickelt worden sind, so haben sich andere, in hohem Grade komplizierte Instinkte durch die Erhaltung von Abänderungen schon früher bestehender entwickelt, d. h. durch natürliche Zuchtwahl.

Ich habe die Erwerbung von Reflexhandlungen in ziemlicher Ausführlichkeit, wie ich aber wohl fühle, immer noch in einer sehr unvollkommenen Weise erörtert, weil sie häufig im Zusammenhang mit Bewegungen, die für unsere Seelenerregungen ausdrucksvoll sind, mit ins Spiel kommen; es war auch notwendig, zu zeigen, daß mindestens einige von ihnen ursprünglich durch den Willenseinfluß erlangt worden sind, um eine Begierde zu befriedigen oder eine unangenehme Empfindung zu erleichtern.

Assoziierte, gewohnheitsmäßige Bewegungen bei den niederen Tieren. – Ich habe schon, was den Menschen betrifft, mehrere Beispiele von Bewegungen angeführt, welche, mit verschiedenen Zuständen des Geistes oder Körpers assoziiert, jetzt zwecklos sind, ursprünglich aber von Nutzen waren und auch jetzt noch immer unter gewissen Umständen von Nutzen sind. Da dieser Gegenstand für uns von großer Bedeutung ist, so will ich nun eine beträchtliche Anzahl analoger Tatsachen mit Bezug auf die Tiere anführen, obschon viele von ihnen sehr unbedeutender Natur sind. Meine Absicht ist, zu zeigen, daß gewisse Bewegungen ursprünglich zu einem bestimmten Zweck ausgeführt wurden und daß sie unter nahezu denselben Umständen noch jetzt hartnäckig infolge der Gewohnheit ausgeführt werden, wenn sie auch nicht von dem geringsten Nutzen sind. Daß die Neigung zu dergleichen in den meisten der folgenden Fälle vererbt wird, können wir daraus schließen, daß derartige Handlungen in einer und derselben Weise von allen Individuen der nämlichen Spezies, von Jungen und Alten ausgeführt werden. Wir werden auch sehen, daß sie durch die allerverschiedenartigsten, oft weit hergeholten und zuweilen mißverstandenen Assoziationen angeregt werden.

Wenn sich Hunde zum Schlafen auf einem Teppich oder einer anderen harten Fläche niederlegen wollen, so gehen sie meist rings im Kreise herum und kratzen den Boden mit ihren Vorderpfoten in einer sinnlosen Art, als wenn sie beabsichtigten, das Gras niederzutreten und eine Grube zu scharren, wie es ohne Zweifel ihre wilden Voreltern taten, als sie auf offenen grasigen Ebenen oder in den Wäldern lebten. Schakale, Fenneks u. a. verwandte Tiere in den zoologischen Gärten behandeln ihr Stroh in derselben Weise; es ist aber ein ziemlich merkwürdiger Umstand, daß die Wärter nach einer Beobachtung von mehreren Monaten niemals gesehen haben, daß sich die Wölfe ebenso benähmen. Ein halb blödsinniger Hund – und ein Tier in diesem Zustand wird ganz besonders geneigt sein, einer sinnlosen Handlung Folge zu geben – drehte sich, wie einer meiner Freunde beobachtet hat, auf einem Teppich dreizehnmal rings im Kreise herum, ehe er sich hinlegte.

Viele fleischfressende Tiere, welche nach ihrer Beute hinkriechen und sich vorbereiten, plötzlich auf dieselbe loszubrechen oder zu springen, senken ihren Kopf und ducken sich zum Teil, um für das Einspringen vorbereitet zu sein; und diese Gewohnheit ist in einer übertriebenen Form bei unseren Vorsteh- und Hühnerhunden erblich geworden. Ich habe nun hundert Mal beobachtet, daß, wenn zwei fremde Hunde sich auf einer offenen Straße begegnen, derjenige, welcher den anderen zuerst, wenn auch noch in der Entfernung von hundert oder zweihundert Yards sieht, nach dem ersten Blick immer seinen Kopf senkt, meist sich ein wenig duckt oder selbst niederlegt, d. h. also, er nimmt die gehörige Stellung ein, sich zu verbergen und sich für ein Losbrechen oder einen Sprung fertig zu machen, obschon die Straße völlig offen und die Entfernung noch groß ist. Ferner heben Hunde aller Arten, wenn sie ihre Beute eifrig beobachten

Allgemeine Prinzipien des Ausdrucks

und sich ihr langsam nähern, häufig das eine ihrer Vorderbein für eine lange Zeit in die Höhe in Bereitschaft für den nächsten vorsichtigen Schritt, und dies ist gerade für den Vorstehhund außerordentlich charakteristisch. Aber aus Gewohnheit benehmen sie sich in genau derselben Weise, sooft ihre Aufmerksamkeit erregt wird. (Fig. 4). Ich habe einen Hund am Fuß einer hohen Wand gesehen, der aufmerksam einem Laut auf der anderen Seite derselben zuhörte, wobei er ein Bein in die Höhe hob; in diesem Falle konnte doch keine Absicht vorhanden ge-

wesen sein, ein vorsichtiges Annähern vorzubereiten.

Fig. 4: Kleiner Hund, welcher eine Katze auf einem Tisch beobachtet. Nach einer von Mr. Rejlander aufgenommenen Photographie.

Haben Hunde ihre Exkremente ausgeleert, so machen sie oft mit allen vier Füßen einige wenige kratzende Bewegungen nach hinten, selbst auf einem nackten Steinpflaster, als wenn es zum Zweck des Zudeckens der Exkremente mit Erde geschähe, in nahezu derselben Weise, wie es Katzen tun. Wölfe und Schakale benehmen sich in den zoologischen Gärten in genau derselben Weise, und doch bedecken weder Wölfe, Schakale noch Füchse, wie mir die Wärter versichert haben, jemals ihre Exkremente, selbst wenn sie den Umständen nach es tun könnten, ebensowenig wie es die Hunde tun. Indessen begraben alle diese Tiere die übrigbleibende Nahrung. Wenn wir daher die Bedeutung der eben erwähnten katzenähnlichen Gewohnheit recht verstehen, worüber kaum ein Zweifel bestehen kann, so haben wir hier ein zweckloses Überbleibsel einer gewohnheitsmäßigen Bewegung, welche ursprünglich von irgendeinem entfernten Urerzeuger der Hundegattung zu einem bestimmten Zweck ausgeführt wurde und welche nun eine ungeheuer lange Zeit hindurch beibehalten worden ist.

Hunde und Schakale[15] finden ein großes Vergnügen daran, ihren Nacken und Rücken auf Aas zu wälzen und zu reiben. Es scheint ihnen der Geruch entzückend zu sein, obgleich wenigstens Hunde kein Aas fressen. Mr. Bartlett hat meinetwegen Wölfe beobachtet und ihnen Aas gegeben, hat aber niemals gesehen, daß sie sich auf demselben wälzten. Ich habe die Bemerkung gehört, und ich glaube sie ist richtig, daß die größeren Hunde, welche wahrscheinlich von Wölfen abstammen, sich nicht so häufig auf Aas wälzen als es kleinere Hunde tun, welche wahrscheinlich von Schakalen abstammen. Wenn ein Stück braunen Zwiebacks einem meiner Pinscher, einer Hündin, gegeben wird, und sie ist nicht hungrig, (ich habe auch von anderen ähnlichen Beispielen gehört), so zerrt sie dasselbe zuerst umher und zerfetzt es, als wenn es eine Ratte oder ein anderes Beutetier wäre; dann wälzt sie sich wiederholt auf demselben herum, als wenn es

---

[15] S. Mr. F. H. Salvins Schilderung eines zahmen Schakals, in: Land and Water, Oct. 1869.

ein Stück Aas wäre, und endlich frißt sie es. Es möchte fast scheinen, als sollte dem widrigen Bissen erst noch ein imaginärer Geschmack beigebracht werden, und um dies zu bewirken, handelt der Hund in seiner gewöhnlichen Art und Weise so, als wenn der Zwieback ein lebendiges Tier wäre oder wie Aas röche, obgleich er besser als wir weiß, daß dies nicht der Fall ist. Ich habe gesehen, daß derselbe Pinscher in derselben Art handelt, wenn er einen kleinen Vogel oder eine Maus getötet hat.

Hunde kratzen sich mit einer schnellen Bewegung eines ihrer Hinterbeine, und wenn man ihren Rücken mit einem Stock reibt, so ist die Gewohnheit so stark, daß sie nicht umhin können, die Luft oder den Boden in einer nutzlosen, lächerlichen Art und Weise zu kratzen. Wenn der eben erwähnte Pinscher mit einem Stock in dieser Weise gekratzt wird, so zeigt er zuweilen sein Entzücken noch durch eine andere gewohnheitsmäßige Bewegung, nämlich dadurch, daß er in die Luft leckt, als wenn er meine Hand leckte.

Pferde kratzen sich in der Art, daß sie diejenigen Teile ihres Körpers, welche sie mit ihren Zähnen erreichen können, benagen; aber noch gewöhnlicher zeigt ein Pferd dem anderen; wo es gekratzt werden möchte, und dann benagen sie sich gegenseitig. Ein Freund, dessen Aufmerksamkeit ich auf diesen Gegenstand gelenkt hatte, beobachtete, daß wenn er den Rücken seines Pferdes rieb, das Tier seinen Kopf vorstreckte, seine Zähne entblößte und seine Kinnladen bewegte, genau so, als wenn es den Rücken eines anderen Pferdes benagte, denn es hätte niemals seinen eigenen Rücken benagen können. Wenn ein Pferd stark gejuckt wird, wie es beim Striegeln geschieht, so wird seine Begierde, irgend etwas zu beißen, so unwiderstehlich stark, daß es die Zähne zusammenschlägt und auch, wenn schon nicht mit bösem Willen, den Wärter beißt. Infolge der Gewohnheit schlägt es gleichzeitig seine Ohren dicht herab, gewissermaßen um sie gegen das Gebissenwerden zu schützen, als wenn es mit einem anderen Pferd kämpfte.

Ist ein Pferd voll Eifer, eine Reise anzutreten, so nähert es sich der gewohnheitsmäßigen Bewegung des Fortschreitens auf die größtmögliche Art dadurch, daß es auf den Boden stampft. Wenn nun Pferde im Stall gefüttert werden sollen und sie erwarten ihren Hafer ängstlich, so stampfen sie das Pflaster oder das Stroh. Zwei meiner Pferde benehmen sich in dieser Weise; wenn sie sehen oder hören, daß der Hafer ihren Nachbarn gegeben wird. Hier haben wir aber etwas vor uns, was man beinahe Ausdruck nennen könnte, da das Stampfen des Bodens allgemein als ein Zeichen der Begierde anerkannt wird.

Katzen decken ihre Exkremente beider Arten mit Erde zu; mein Großvater aber sah[16], wie eine junge Katze Asche auf einen Löffel voll reinen Wassers scharrte, der auf dem Herd vergossen war, so daß hier eine gewohnheitsmäßige oder instinktive Handlung irrtümlich nicht durch eine vorausgehende Handlung oder durch den Geruch, sondern durch das Gesicht erregt wurde. Es ist sehr bekannt, daß Katzen ungern ihre Füße naß machen, wahrscheinlich, weil sie ursprünglich die trockenen Teile von Ägypten bewohnt haben, und wenn sie ihre Füße naß machen, so schütteln sie sie heftig. Meine Tochter goß etwas Wasser in ein Glas dicht neben dem Kopf einer jungen Katze, und sofort schüttelte diese ihre Füße in der gewöhnlichen Art und Weise, so daß wir hier eine gewohnheitsmäßige Bewegung haben, die irrtümlich durch einen assoziierten Laut statt durch den Gefühlssinn erregt wurde.

Junge Katzen, junge Hunde, junge Schweine und wahrscheinlich viele andere junge Tiere stoßen mit ihren Vorderfüßen gegen die Milchdrüsen ihrer Mütter, um eine reichlichere Milchabsonderung zu erregen oder sie zum Fließen zu bringen. Es ist nun bei jungen Katzen sehr gewöhnlich und durchaus nicht selten bei alten Katzen der gewöhnlichen und der persischen Rassen, (welche manche Naturforscher für spezifisch verschieden halten,) daß sie, wenn sie gemütlich auf einem warmen Schal oder auf einem anderen weichen Gegenstand liegen, diesen ruhig und abwechselnd mit ihren Vorderfüßen beklopfen; ihre Zehen sind ausgebreitet und die

---

[16] Dr. Darwin: Zoonomia. Vol. I, 1794, p.160. Ich finde in diesem Werk auch die Tatsache erwähnt (p.151), daß die Katzen ihre Füße ausstrecken, wenn sie vergnügt gestimmt sind.

Allgemeine Prinzipien des Ausdrucks

Krallen leicht vorgestreckt, genauso, als wenn sie an ihrer Mutter saugten. Daß dies dieselbe Bewegung ist, zeigt sich deutlich daraus, daß sie zu derselben Zeit häufig einen Zipfel von einem Schal in ihr Maul nehmen und daran saugen, wobei sie meistens ihre Augen schließen und vor Entzücken schnurren. Diese merkwürdige Bewegung wird gewöhnlich nur in Assoziation mit der Empfindung einer warmen weichen Oberfläche erregt. Ich habe aber eine alte Katze gesehen, welche sich freute, daß ihr Rücken gekratzt wurde, und nun die Luft mit ihren Füßen in ganz derselben Weise klopfte, so daß diese Handlung beinahe der Ausdruck einer angenehmen Empfindung geworden ist.

Da ich einmal auf den Akt des Saugens zu sprechen gekommen bin, will ich noch hinzufügen, daß diese zusammengesetzte Bewegung ebenso wie das abwechselnde Vorstrecken der Vorderfüße eine Reflexbewegung ist; denn beide Handlungen werden ausgeführt, wenn ein mit Milch angefeuchteter Finger in den Mund eines jungen Hundes gesteckt wird, bei dem der Vorderteil des Gehirns entfernt worden ist.[17] Man hat neuerdings in Frankreich angegeben, daß die Tätigkeit des Saugens allein durch den Geruchssinn erregt werde, so daß ein junger Hund, wenn seine Riechnerven zerstört werden, niemals sauge. In gleicher Weise scheint die wunderbare Fähigkeit, welche ein junges Hühnchen nur wenige Stunden nach dem Auskriechen besitzt, kleine Nahrungsteilchen aufzupicken, durch den Gehörsinn in Tätigkeit gesetzt worden zu sein; denn bei Hühnchen, welche durch künstliche Wärme ausgebrütet worden waren, hat ein tüchtiger Beobachter gefunden, daß „ein mit dem Fingernagel auf einem Brett gemachtes Geräusch, um das Picken der Henne nachzuahmen, die jungen Hühnchen zuerst gelehrt hat, ihre Nahrung aufzupicken"[18].

Ich will nur noch ein anderes Beispiel einer gewohnheitsmäßigen und zwecklosen Bewegung hinzufügen. Die Spießente (*Tadorna*) ernährt sich auf den von den Fluten unbedeckt gelassenen sandigen Dünen; sobald nun eine Wurmröhre entdeckt wird, „fängt sie an, den Boden mit ihren Füßen zu schlagen, gewissermaßen, als wenn sie über der Höhle tanzte, und dies veranlaßt den Wurm, an die Oberfläche zu kommen." Mr. St. John bemerkt nun, daß, wenn seine zahmen Spießenten „herankommen, um um Futter zu bitten, sie den Boden in einer ungeduldigen und rapiden Weise schlagen"[19]. Man kann dies daher beinahe als ihren Ausdruck für Hunger betrachten. Mr. Bartlett teilt mir mit, daß wenn der Flamingo und der Kagu (*Rhinochetus jubatus*) gefüttert sein wollen, sie den Boden in derselben merkwürdigen Art und Weise schlagen. So schlagen auch Eisvögel, wenn sie einen Fisch fangen, denselben stets so lange, bis er getötet ist, und in den zoologischen Gärten schlagen sie immer das rohe Fleisch, mit dem sie zuweilen gefüttert werden, ehe sie es verschlingen.

Ich glaube, wir haben nun die Richtigkeit unseres ersten Prinzips hinreichend erwiesen, nämlich, daß wenn irgendeine Empfindung, Begierde, ein Unwillen usw. während einer langen Reihe von Generationen zu irgendeiner willkürlichen Bewegung geführt hat, dann eine Neigung zur Ausführung einer ähnlichen Bewegung beinahe mit Sicherheit erregt werden wird, sooft dieselbe oder irgendeine analoge oder assoziierte Empfindung usf. wenn auch sehr schwach erfahren wird, trotzdem daß die Bewegung in diesem Falle nicht von dem geringsten Nutzen sein kann. Derartige gewohnheitsmäßige Bewegungen werden häufig oder ganz allgemein vererbt, und dann sind sie nur wenig von Reflextätigkeiten verschieden. Wenn wir von den speziellen Ausdrucksformen beim Menschen handeln werden, wird der letzte Teil unseres ersten Grundsatzes, wie er zu Anfang dieses Kapitels mitgeteilt wurde, sich als gültig herausstellen, nämlich,

---

[17] Carpenter: Principles of Comparative Physiology, 1854, p.690, und J. Müller: Physiologie, engl. Übers., 2. Bd., p.936.
[18] Mowbray: On Poultry. 6. edit., 1830, p.54.
[19] S. die von diesem ausgezeichneten Beobachter gegebene Schilderung, in: Wild Sports of the Highlands, 1846, p.142.

daß wenn durch Gewohnheit mit gewissen Seelenzuständen assoziierte Bewegungen teilweise durch den Willen unterdrückt werden, die im strengen Sinne unwillkürlichen Muskeln ebenso wie diejenigen, welche am wenigsten unter der besonderen Kontrolle des Willens stehen, noch immer geneigt sind, zu wirken; und deren Tätigkeit ist häufig in hohem Grade ausdrucksvoll. Wenn umgekehrt der Wille zeitweise oder beständig geschwächt ist, so treten die willkürlichen Muskeln gegen die unwillkürlichen zurück. Wie Sir Ch. Bell bemerkt[20], ist es eine den Pathologen geläufige Tatsache, „daß wenn Schwäche infolge einer Affektion des Gehirns auftritt, der Einfluß am größten auf diejenigen Muskeln sich äußert, welche in ihrem natürlichen Zustand am meisten unter dem Befehl des Willens stehen". Wir werden auch in unseren folgenden Kapiteln noch einen anderen in unserem ersten Prinzip enthaltenen Satz betrachten, nämlich, daß die Hemmung einer gewohnheitsmäßigen Bewegung zuweilen andere unbedeutende Bewegungen erfordert, wobei diese letzteren als ein Mittel des Ausdrucks dienen.

---

[20] Philosophical Transactions, 1823, p.182.

Zweites Kapitel

Allgemeine Prinzipien des Ausdrucks (Fortsetzung)

Das Prinzip des Gegensatzes – Beispiele vom Hund und von der Katze – Ursprung des Prinzips – Konventionelle Zeichen – Das Prinzip des Gegensatzes ist nicht daraus hervorgegangen, daß entgegengesetzte Handlungen mit Bewußtsein unter entgegengesetzten Antrieben ausgeführt werden

Wir wollen nun unser zweites Prinzip betrachten, das des Gegensatzes. Gewisse Seelenzustände führen, wie wir im letzten Kapitel gesehen haben, auf gewisse gewohnheitsmäßige Bewegungen, welche ursprünglich von Nutzen waren oder es noch immer sein können; und wir werden nun finden, daß, wenn ein direkt entgegengesetzter Seelenzustand herbeigeführt wird, eine heftige und unwillkürliche Neigung eintritt, Bewegungen einer direkt entgegengesetzten Natur auszuführen, auch wenn dieselben niemals von irgendeinem Nutzen waren. Einige wenige auffallende Beispiele dieses Gegensatzes werden angeführt werden, wenn wir die speziellen Ausdrucksweisen beim Menschen behandeln werden; da wir aber in diesen Fällen ganz besonders dem ausgesetzt sind, konventionelle oder künstliche Gebärden und Ausdrucksarten mit denen zu verwechseln, welche angeboren oder allgemein sind und welche allein als wahre Ausdrucksformen betrachtet zu werden verdienen, so will ich mich in dem vorliegenden Kapitel fast ausschließlich auf die niederen Tiere beschränken.

Wenn sich ein Hund einem fremden Hund oder Menschen in einer wilden und feindseligen Stimmung nähert, so geht er aufrecht und recht steif einher. Sein Kopf ist leicht emporgehoben oder nicht sehr gesenkt; der Schwanz wird aufrecht und vollständig steif getragen; die Haare sträuben sich, besonders dem Nacken und Rücken entlang; die gespitzten Ohren sind nach vorn gerichtet und die Augen haben einen starren Blick (s. Fig. 5 u. 7). Diese Erscheinungen sind, wie hernach erklärt werden wird, eine Folge davon, daß es Absicht des Hundes ist, seinen Feind anzugreifen; sie sind hiernach in hohem Grade verständlich. Da er sich darauf vorbereitet, mit einem wilden Knurren auf seinen Feind einzuspringen, so sind die Eckzähne unbedeckt und die Ohren werden rückwärts dicht an den Kopf angedrückt; mit diesen letzten Bewegungen haben wir es aber hier nicht zu tun. Wir wollen nun annehmen, daß der Hund plötzlich die Entdeckung macht, der Mann, dem er sich nähert, sei kein Fremder, sondern sein Herr; und nun muß man beobachten, wie vollständig und augenblicklich seine ganze Haltung umgewandelt wird. Anstatt aufrecht zu gehen, sinkt der Körper nach unten oder duckt sich, und führt windende Bewegungen aus; der Schwanz, statt steif und aufrecht gehalten zu werden, wird gesenkt und von der einen zur anderen Seite gewedelt; das Haar wird augenblicklich glatt; die Ohren sind heruntergeschlagen und nach hinten gezogen, aber nicht dicht an den Kopf; die Lippen sind schlaff. Dadurch, daß die Ohren nach hinten gezogen werden, werden die Augenlider verlängert und die Augen erscheinen nicht länger mehr rund und starr. Man muß noch hinzunehmen, daß das Tier zu solchen Zeiten in einem vor Freude aufgeregten Zustand sich befindet; es wird dabei Nervenkraft in Überschuß erzeugt, welche naturgemäß zu Handlungen irgendwelcher Art führt. Nicht eine der soeben bezeichneten Bewegungen, welche einen so deutlichen Ausdruck der Zuneigung darstellen, ist von dem geringsten direkten Nutzen für das Tier. Soweit ich es übersehen kann, sind sie nur dadurch zu erklären, daß sie in einem vollständigen Gegensatz zu der Haltung und den Bewegungen stehen, welche aus leicht einzusehenden Ursachen eintreten, wenn ein Hund zu kämpfen beabsichtigt, und welche demzufolge bezeichnend für den Zorn sind. Ich ersuche den Leser die vier folgenden Abbildungen zu betrachten, welche in der Absicht gegeben werden, um die Erscheinung eines Hundes unter diesen beiden Seelenzuständen lebendig ins Gedächtnis zu rufen. Es ist indessen nicht wenig schwierig, die Zuneigung bei einem Hund darzustellen, während er seinen Herrn liebkost und mit seinem Schwanz wedelt, da das Wesentliche des Ausdrucks hier in den beständigen gewundenen Bewegungen liegt.

Fig. 5: Hund, der sich einem anderen Hund in feindseliger Absicht nähert.
Von M. Riviere gez.

Fig. 6: Derselbe Hund in einer demütigen und zuneigungsvollen Stimmung.
Von Mr. Riviere gez.

Allgemeine Prinzipien des Ausdrucks (Fortsetzung)

Fig. 7: Halbblut-Schäferhund in demselben Zustand wie der Hund in Fig. 5.
Gez. von Mr. A. May.

Fig. 8: Derselbe Hund seinen Herrn liebkosend.
Gez. von Mr. A. May.

Zweites Kapitel

Wir wollen uns nun zu der Katze wenden. Wenn dieses Tier von einem Hund bedroht wird, so krümmt es den Rücken in einer überraschenden Art und Weise, richtet das Haar empor, öffnet das Maul und spuckt. Wir haben es aber hier nicht mit dieser so bekannten Haltung zu tun, welche für den Schreck in Verbindung mit Zorn so ausdrucksvoll ist, wir haben es hier nur mit dem Ausdruck des Zorns oder der Wut zu tun. Derselbe ist nicht häufig zu sehen, kann aber beobachtet werden, wenn zwei Katzen miteinander kämpfen, und ich habe ihn sehr wohl von einer wilden Katze dargestellt gesehen, die von einem Knaben geplagt wurde. Die Stellung ist fast genau dieselbe, wie die von einem Tiger, welcher gestört wird und über seinem Futter knurrt, was ja jeder in Menagerien gesehen haben muß. Das Tier nimmt eine kauernde Stellung an, der Körper ist ganz ausgestreckt und der Schwanz wird entweder ganz oder nur die Spitze von einer Seite zur anderen geschwungen oder gekrümmt. Das Haar ist nicht im mindesten aufgerichtet. So weit sind sowohl die Stellung als auch die Bewegungen nahezu die nämlichen als wenn das Tier bereit ist, auf seine Beute einzuspringen und wenn es ohne Zweifel wild wird. Bereitet es sich aber zum Kampf vor, dann tritt der Unterschied ein, daß die Ohren dicht nach hinten gedrückt werden; der Mund wird zum Teil geöffnet und zeigt die Zähne; die Vorderfüße werden gelegentlich mit vorgestreckten Krallen vorgestoßen, und gelegentlich stößt das Tier ein wütendes Knurren aus (s. Fig. 9). Alle oder beinahe alle diese Handlungen sind, wie hernach erklärt werden wird, eine natürliche Folge der Art und Weise, wie die Katze ihren Feind angreift, und der Absicht dies zu tun.

Wir wollen nun einmal eine Katze in einer gerade entgegengesetzten Stimmung betrachten, während sie sich recht zuneigungsvoll fühlt und ihren Herrn liebkost. Man beachte hier, wie entgegengesetzt dabei ihre ganze Haltung in jeder Hinsicht ist. Sie steht jetzt aufrecht mit dem Rücken leicht gekrümmt, was das Haar ziemlich rauh erscheinen läßt, ohne daß es sich jedoch sträubt; anstatt daß der Schwanz ausgestreckt gehalten und von der einen zur anderen Seite geworfen wird, wird derselbe vollständig steif und fast senkrecht in die Höhe gehalten; die Ohren sind aufrecht und gespitzt; das Maul ist geschlossen, und das Tier reibt sich an seinem Herrn mit einem Schnurren statt eines Knurrens. Es ist auch zu beachten, wie völlig die ganze Haltung einer schmeichelnden Katze von der eines Hundes in gleicher Stimmung verschieden ist, wenn letzterer mit kriechendem und sich windendem Körper, herabhängendem und wedelndem Schwanz und herabgedrückten Ohren seinen Herrn liebkost. Dieser Kontrast in den Stellungen und Bewegungen dieser beiden fleischfressenden Säugetiere in derselben vergnüglichen und zärtlichen Gemütsstimmung kann wie es mir scheint nur dadurch erklärt werden, daß die betreffenden Bewegungen in vollkommenem Gegensatz zu denen stehen, welche ausgeführt werden, wenn die Tiere böse sind und bereit, entweder zu kämpfen oder auf ihre Beute einzuspringen.

In diesen beiden Fällen, beim Hund und der Katze, haben wir allen Grund, zu glauben, daß die Gebärden sowohl der Feindseligkeit als auch der Zuneigung angeboren oder ererbt sind; denn sie sind in den verschiedenen Rassen der Spezies und in allen Individuen einer und der nämlichen Rasse, sowohl jungen als alten, beinahe identisch dieselben.

Ich will hier noch ein anderes Beispiel des Gegensatzes im Ausdruck anführen. Ich besaß früher einen großen Hund, welcher wie jeder andere Hund ein großes Vergnügen daran fand, hinaus spazieren zu gehen. Er zeigte seine Freude darin, daß er gravitätisch mit hoch erhobenen Schritten vor mir hertrabte mit hoch emporgehobenem Kopf, mäßig aufgerichteten Ohren und in die Höhe gehaltenem, dabei aber nicht steifem Schwanz. Nicht weit von meinem Haus führt ein Fußweg rechts vom Hauptgang ab zu einem Gewächshause hin, was ich häufig für ein paar Augenblicke zu besuchen pflegte, um nach meinen Versuchspflanzen zu sehen. Dies war jedesmal eine große Enttäuschung für den Hund, da er nicht wußte, ob ich den Spaziergang fortsetzen würde; und die augenblickliche und vollständige Veränderung des Ausdrucks, die ihn überfiel, sobald er nur meinen Körper im Allergeringsten zu dem Fußweg sich wenden sah (und zuweilen tat ich es nur des Versuches wegen), war förmlich lächerlich. Sein Blick der größten Niedergeschlagenheit war jedem Gliede meiner Familie bekannt und wurde das „Gewächshaus-Gesicht" genannt. Es bestand darin, daß der Kopf sehr gesenkt wurde, der ganze Körper ein wenig zusammensank und bewegungslos blieb, daß die Ohren und der Schwanz ganz plötzlich heruntersanken, wobei aber der Schwanz nicht im mindesten gewedelt wurde. Mit dem Sinken der Ohren und dem Hängenlassen seines großen Mauls wurden auch die Augen bedeutend im Aussehen verändert und sahen, wie ich der Ansicht war, weniger glänzend aus. Sein ganzes Aussehen war das der mitleidswerten, hoffnungslosen Niedergeschlagenheit; und wie ich schon gesagt habe, es war lächerlich, weil die Ursache so unbedeutend war. Jeder einzelne Zug in seiner Stellung war in vollständigem Gegensatz zu seiner früheren freudigen, aber doch würdevollen Haltung; es kann dies, wie mir scheint, auf keine andere Weise erklärt werden, als durch das Prinzip des Gegensatzes. Wäre nicht die Veränderung so augenblicklich gewesen, so würde ich dieselbe dem Umstand zugeschrieben haben, daß sein niedergeschlagener geistiger Zustand, wie beim Menschen, das Nerven- und Zirkulationssystem und dadurch notwendigerweise den Ton seines ganzen Muskelsystems affizierte, und zum Teil mag dies auch wirklich die Ursache gewesen sein.

Fig. 9: Katze, böse und zum Kampf bereit. Nach dem Leben gez. von Mr. Wood.

Fig. 10: Katze in zärtlicher Stimmung. Gez. von Mr. Wood.

Zweites Kapitel

Wir wollen nun untersuchen, auf welche Weise das Prinzip des Gegensatzes beim Ausdruck entstanden ist. Bei gesellig lebenden Tieren ist das Vermögen gegenseitiger Mitteilung zwischen den Gliedern einer und derselben Gemeinde, – und bei anderen Arten zwischen den verschiedenen Geschlechtern ebenso wie zwischen den Jungen und Alten –, von der größten Bedeutung für sie. Diese Mitteilungen werden meist mittels der Stimme bewirkt; es ist aber sicher, daß Gebärden und ausdrucksvolle Stellungen in einem gewissen Grade gegenseitig verstanden werden. Der Mensch gebraucht nicht bloß inartikulierte Ausrufe, Gebärden und ausdrucksvolle Mienen, sondern hat noch die artikulierte Sprache erfunden, wenn freilich das Wort „erfunden" auf einen Prozeß angewendet werden kann, der sich durch zahllose halb unbewußt getane Abstufungen vollzogen hat. Ein jeder, welcher Affen beobachtet hat, wird daran nicht zweifeln, daß sie vollkommen die Gebärden und den Ausdruck untereinander und, wie Rengger bemerkt, auch die des Menschen verstehen.[1] Wenn ein Tier im Begriff ist, ein anderes anzugreifen, oder auch, wenn es sich vor einem anderen fürchtet, macht es sich häufig schreckenerregend in seiner äußeren Erscheinung; es richtet das Haar auf, vermehrt dadurch scheinbar den Umfang seines Körpers, zeigt die Zähne, oder schwingt seine Hörner, oder stößt wütende Laute aus.

Da das Vermögen der gegenseitigen Mitteilung sicherlich für viele Tiere von großem Nutzen ist, so hat die Vermutung a priori nichts Unwahrscheinliches in sich, daß Gebärden, welche offenbar entgegengesetzter Natur sind verglichen mit denen, durch welche gewisse Gefühle bereits ausgedrückt werden, zuerst willkürlich unter dem Einfluß eines entgegengesetzten Gefühlszustandes angewendet worden sein dürften. Die Tatsache, daß die Gebärden jetzt angeboren sind, bietet keinen gültigen Einwurf gegen die Annahme dar, daß sie ursprünglich beabsichtigt waren; denn werden sie viele Generationen hindurch ausgeführt, so werden sie wahrscheinlich schließlich vererbt werden. Nichtsdestoweniger ist es mehr als zweifelhaft, wie wir sofort sehen werden, ob irgendwelche von den Fällen, welche unter die vorliegende Kategorie des Gegensatzes gehören, in dieser Weise entstanden sind.

Bei konventionellen Zeichen, welche nicht angeboren sind, wie bei denen welche die Taubstummen und die Wilden benutzen, ist von dem Prinzip des Gegensatzes oder der Antithese zum Teil Gebrauch gemacht worden. Die Zisterziensermönche hielten es für sündhaft, zu sprechen, da sie es aber nicht vermeiden konnten, eine gewisse gegenseitige Mitteilung zu unterhalten, so erfanden sie eine Gebärdensprache, bei welcher das Prinzip des Gegensatzes angewendet worden zu sein scheint.[2] Dr. Scott, von der Exeter Taubstummen-Anstalt, schreibt mir, daß „Gegensätze beim Lehren der Taubstummen, welche einen lebendigen Sinn für dieselben haben, sehr viel benutzt werden". Trotzdem bin ich doch überrascht gewesen, wie wenig völlig unzweideutige Beispiele sich dafür anführen lassen. Dies hängt zum Teil davon ab, daß sämtliche Zeichen gewöhnlich irgendeinen natürlichen Ursprung haben, und zum Teil von der Gewohnheit der Taubstummen und Wilden, ihre Zeichen zum Zweck größerer Geschwindigkeit so viel wie nur möglich zusammenzuziehen.[3] Ihre natürliche Quelle oder ihr Ursprung wird daher häufig zweifelhaft oder geht vollständig verloren, wie es in gleicher Weise auch bei Worten der artikulierten Sprache der Fall ist.

Überdies scheinen viele Zeichen, welche offenbar zueinander im Verhältnis des Gegensatzes stehen, beiderseits als selbständige Bezeichnungen entstanden zu sein. Dies scheint für die Zeichen zu gelten, welche die Taubstummen für Licht und Dunkelheit, für Stärke und Schwachheit

---

[1] Naturgeschichte der Säugetiere von Paraguay, 1830, S.55.
[2] M. Tylor gibt in seiner „Early History of Mankind" (2. edit., 1870, p.40) eine Beschreibung der Gebärdensprache der Zisterzienser und macht einige Bemerkungen über das Prinzip des Gegensatzes bei den Gebärden.
[3] S. über diesen Gegenstand das interessante Werk von Dr. W. R. Scott: The Deaf and Dumb, 2. edit., 1870, p.12. Er sagt: „Diese Zusammenziehung natürlicher Gebärden, in viel kürzere als es der natürliche Ausdruck erfordert, ist unter den Taubstummen sehr gewöhnlich. Diese zusammengezogene Gebärde ist häufig so verkürzt, daß sie alle Ähnlichkeit mit der naturgemäßen Form verloren hat, aber für die Taubstummen, welche sie gebrauchen, hat sie noch immer die Stärke der ursprünglichen Bezeichnung."

usw. benutzen. In einem späteren Kapitel werde ich zu zeigen versuchen, daß die einander entgegengesetzten Gebärden der Bejahung und der Verneinung, nämlich das senkrechte Nicken und das seitliche Schütteln des Kopfes, beiderseits wahrscheinlich einen natürlichen Ausgangspunkt hatten. Das Schwingen der Hand von rechts nach links, welches von manchen Wilden als Zeichen der Verneinung gebraucht wird, dürfte als Nachahmung des Kopfschüttelns erfunden worden sein; ob aber die entgegengesetzte Bewegung des Schwingens der Hand in einer geraden Linie vom Gesicht abwärts, welches als Zeichen der Bejahung gebraucht wird, durch den Gegensatz oder in irgendeiner völlig verschiedenen Art und Weise entstanden ist, bleibt zweifelhaft.

Wenden wir uns nun zu den Gebärden, welche angeboren sind oder allen Individuen der nämlichen Spezies gemeinsam zukommen und welche unter die vorliegende Kategorie des Gegensatzes fallen, so ist es äußerst zweifelhaft, ob irgendwelche von ihnen ursprünglich mit Vorbedacht erfunden und mit Bewußtsein ausgeführt worden sind. Beim Menschen ist das beste Beispiel einer Gebärde, welche in einem direkten Gegensatz zu anderen, naturgemäß unter einem entgegengesetzten Seelenzustand ausgeführten Bewegungen steht, das Zucken mit den Schultern. Dies drückt Unfähigkeit oder eine Entschuldigung aus, – es bezeichnet etwas, was nicht getan werden kann oder was nicht vermieden werden kann. Die Gebärde wird zuweilen bewußt und willkürlich gebraucht; es ist aber äußerst unwahrscheinlich, daß sie ursprünglich mit Vorbedacht erfunden und später durch Gewohnheit fixiert worden ist; es zucken nämlich nicht allein kleine Kinder in den oben bezeichneten Gemütszuständen mit ihren Achseln, sondern die Bewegung wird auch, wie in einem späteren Kapitel gezeigt werden wird, von verschiedenen untergeordneten Bewegungen begleitet, dessen sich nicht ein Mensch unter tausend bewußt wird, wenn er nicht speziell dem Gegenstand seine Aufmerksamkeit zugewandt hat.

Wenn Hunde sich einem fremden Hund nähern, so können sie es unter Umständen für zweckmäßig halten, durch ihre Bewegungen zu erkennen zu geben, daß sie freundlich gesinnt sind und nicht zu kämpfen wünschen. Wenn zwei junge Hunde im Spielen einander anknurren und sich in das Gesicht und die Beine beißen, so verstehen sie offenbar untereinander ihre Gebärden und Manieren. Es scheint geradezu bei jungen Hunden und Katzen ein gewisser Grad instinktiver Kenntnis davon zu existieren, daß sie ihre kleinen scharfen Zähne oder Krallen beim Spielen nicht zu derb gebrauchen dürfen, doch kommt letzteres zuweilen vor und dann ist ein Gewinsel das Ende vom Lied; im anderen Falle würden sie wohl oft sich gegenseitig die Augen verletzen. Wenn mein Pintscher mich beim Spielen in die Hand beißt, oft gleichzeitig dazu knurrend, und ich sage dann, wenn er zu stark beißt, zu ihm: „Ruhig, ruhig", so beißt er zwar weiter, antwortet mir aber doch mit ein paar wedelnden Bewegungen des Schwanzes, was zu bedeuten scheint: „Es schadet nichts, es ist ja nur Spaß." Obgleich nun wohl Hunde in dieser Weise anderen Hunden und dem Menschen wirklich ausdrücken und auszudrücken wünschen können, daß sie freundlicher Stimmung sind, so ist doch nicht zu glauben, daß sie jemals mit Vorbedacht daran gedacht hätten, ihre Ohren zurückziehen und herabzuschlagen statt sie aufrecht zu halten, ihren Schwanz herabhängen zu lassen und damit zu wedeln anstatt ihn steif und aufgerichtet zu tragen usw., weil sie gewußt hätten, daß diese Bewegungen in einem direkten Gegensatz zu denen stehen, welche sie in einer entgegengesetzten und bösen Stimmung ausführen.

Wenn ferner eine Katze, oder vielmehr wenn irgendein früher Urerzeuger der Spezies im Gefühl einer zuneigungsvollen Stimmung zuerst seinen Rücken leicht gekrümmt, seinen Schwanz senkrecht nach oben gehalten und seine Ohren gespitzt hat, kann man wohl glauben, daß das Tier mit vollem Bewußtsein gewünscht habe damit zu zeigen, daß sein Seelenzustand der direkte Gegensatz von dem sei, wo es in fertiger Bereitschaft zum Kampf oder auf seine Beute einzuspringen eine kriechende Stellung einnahm, seinen Schwanz von einer Seite zur anderen krümmte und seine Ohren herabdrückte? Selbst noch weniger kann ich glauben, daß mein Hund seine niedergeschlagene Haltung und sein „Gewächshaus-Gesicht" mit Willen anlegte, eine Haltung, welche einen so vollkommenen Kontrast zu seiner früheren gemütlichen Stimmung und ganzen Haltung bildete. Es kann nicht angenommen werden, daß er gewußt habe, ich würde seinen Ausdruck verstehen und er könne damit mein Herz erweichen und mich zum Aufgeben des Besuchs des Gewächshauses veranlassen.

Es muß daher in bezug auf die Entwicklung der Bewegungen, welche unter die vorliegende Kategorie gehören, noch irgendein anderes, vom Willen und Bewußtsein verschiedenes Prinzip tätig gewesen sein. Dieses Prinzip scheint im folgenden zu bestehen: Jede Bewegung, welche wir unser ganzes Leben hindurch willkürlich ausgeführt haben, hat die Tätigkeit gewisser Muskeln erfordert; und wenn wir eine direkt entgegengesetzte Bewegung ausgeführt haben, so ist beständig eine entgegengesetzte Gruppe von Muskeln in Tätigkeit gekommen, – wie beim Drehen nach rechts oder nach links, im Fortstoßen eines Gegenstandes von uns weg oder im Heranziehen desselben zu uns her, und beim Heben und Senken einer Last. Unsere Intentionen und Bewegungen sind so stark miteinander assoziiert, daß, wenn wir recht eifrig wünschen, daß sich ein Gegenstand in irgendeiner Richtung bewegen möchte, wir es kaum vermeiden können, unseren Körper in derselben Richtung zu bewegen, obgleich wir uns dessen vollkommen bewußt sein mögen, daß dies keinen Einfluß haben kann. Eine gute Erläuterung hiervon ist bereits in der Einleitung gegeben worden, nämlich in den grotesken Bewegungen eines jungen und eifrigen Billard-Spielers, wenn er den Lauf seines Balles verfolgt. Wenn ein Erwachsener, oder auch ein Kind, in leidenschaftlicher Erregung irgend jemand mit erhobener Stimme sagt, er solle fortgehen, so bewegt er meist seinen Arm, als wenn er den anderen damit fortschieben wolle, obgleich der Beleidiger nicht nahe dabei zu stehen braucht und obschon nicht die geringste Nötigung dazu vorhanden zu sein braucht, erst durch eine Gebärde noch zu erklären, was gemeint wird. Wenn wir auf der anderen Seite eifrig wünschen, daß jemand nahe zu uns herankommen möchte, so handeln wir so als ob wir ihn zu uns heranziehen wollten, und ähnliches tritt in zahllosen anderen Fällen ein.

Da die Ausführung gewöhnlicher Bewegungen entgegengesetzter Art unter entgegengesetzten Willenseinflüssen bei uns und den niederen Tieren zur Gewohnheit geworden ist, so erscheint es, wenn Tätigkeitsäußerungen einer bestimmten Art mit bestimmten Empfindungen oder Erregungen in feste Assoziation zueinander getreten sind, natürlich, daß Handlungen einer entgegengesetzten Art, wenn sie auch ohne Nutzen sind, unter dem Einfluß einer direkt entgegengesetzten Empfindung oder Erregung unbewußt durch Gewohnheit und Assoziation ausgeführt werden. Nur nach diesem Grundsatz kann ich es verstehen, auf welche Weise die Gebärden und Ausdrucksformen, welche unter die Rubrik der Gegensätze gehören, entstanden sind. Wenn sie freilich dem Menschen oder irgendeinem anderen Tier zur Unterstützung unartikulierter Ausrufe oder der Sprache von Nutzen sind, so werden sie auch willkürlich angewendet und die Gewohnheit dadurch verstärkt werden. Mögen sie aber als ein Mittel der Mitteilung von Nutzen sein oder nicht, so wird doch die Neigung, entgegengesetzte Bewegungen bei entgegengesetzten Empfindungen oder Erregungen auszuführen, wenn wir nach Analogie urteilen dürfen, durch lange Übung erblich werden; und darüber kann kein Zweifel bestehen, daß mehrere, von dem Prinzip des Gegensatzes abhängige Bewegungen vererbt werden.

Drittes Kapitel

Allgemeine Prinzipien des Ausdrucks (Schluß)

Das Prinzip der direkten Wirkung des erregten Nervensystems auf den Körper, unabhängig vom Willen und zum Teil von der Gewohnheit – Veränderung der Farbe des Haares – Erzittern der Muskeln – Abgeänderte Sekretionen – Transpiration – Ausdruck des größten Schmerzes, der Wut, großer Freude und äußerster Angst – Kontrast zwischen den Erregungen, welche ausdrucksvolle Bewegungen verursachen und nicht verursachen – Aufregende und niederdrückende Seelenzustände – Zusammenfassung

Wir kommen nun zu unserem dritten Prinzip, daß nämlich gewisse Handlungen, welche wir als Ausdruck für gewisse Zustände der Seele anerkennen, das direkte Resultat der Konstitution des Nervensystems sind und von Anfang an vom Willen und in hohem Maße auch von der Gewohnheit unabhängig gewesen sind. Wenn das Sensorium stark erregt wird, so erzeugt sich Nervenkraft im Überschuß und wird in gewissen Richtungen fortgepflanzt, welche von dem Zusammenhang der Nervenzellen und, so weit das Muskelsystem in Betracht kommt, von der Natur der Bewegungen, welche gewohnheitsmäßig ausgeübt worden sind, abhängen. Es kann aber auch allem Anschein nach der Zufluß der Nervenkraft unterbrochen werden. Natürlich ist jede Bewegung, welche wir ausführen, durch die Konstitution des Nervensystems bestimmt; aber Handlungen, welche in Gehorsam gegen den Willen oder infolge von Gewohnheit, oder durch das Prinzip des Gegensatzes ausgeführt werden, sollen hier soviel wie möglich ausgeschlossen werden. Der hier vorliegende Gegenstand ist sehr dunkel; seiner großen Bedeutung wegen muß er aber in ziemlicher Ausführlichkeit erörtert werden; und es ist immer sehr ratsam, unsere Unwissenheit deutlich zu erkennen.

Der auffallendste, wenn auch seltene und abnorme Fall, welcher für den direkten Einfluß des Nervensystems auf den Körper angeführt werden kann, wenn ersteres heftig affiziert wird, ist das Erbleichen des Haars, welches gelegentlich nach äußerst heftigem Schreck oder Kummer beobachtet worden ist. Ein authentischer Fall ist von einem Mann in Indien berichtet worden, welcher zur Hinrichtung geführt wurde und bei welchem die Veränderung der Farbe so schnell eintrat, daß sie für das Auge wahrnehmbar war.[1]

Ein anderes gutes Beispiel bietet das Zittern der Muskeln dar, welches den Menschen und vielen oder geradezu den meisten der niederen Tiere gemeinsam zukommt. Das Zittern ist von keinem Nutzen, oft geradezu störend und kann ursprünglich nicht durch den Willen erlangt und dann durch Assoziation mit irgendeiner Seelenerregung gewohnheitsmäßig geworden sein. Eine ausgezeichnete Autorität hat mir versichert, daß kleine Kinder nicht zittern, sondern unter den Umständen, welche bei Erwachsenen heftiges Zittern herbeiführen würden, in Konvulsionen verfallen. Das Zittern wird bei verschiedenen Individuen in sehr verschiedenem Grade und durch die verschiedenartigsten Ursachen hervorgerufen, so durch Einwirkung der Kälte auf die Oberfläche, durch Fieberanfälle, obwohl die Temperatur des Körpers hier höher als der normale Maßstab ist, bei Blutvergiftungen, im Delirium tremens und anderen Krankheiten, durch allgemeinen Kräftemangel im hohen Alter, durch Erschöpfung nach übermäßiger Ermüdung, nach lokalen Reizen durch heftige Verletzungen sowie Verbrennungen und in einer ganz besonderen Art und Weise durch die Einführung eines Katheters. Von allen Seelenerregungen ist bekanntermaßen Furcht diejenige, welche am leichtesten Zittern herbeiführt, aber dasselbe tun gelegentlich großer Zorn und große Freude. Ich erinnere mich, einmal einen Knaben gesehen zu haben,

---

[1] S. die interessanten Fälle, welche G. Pouchet gesammelt hat, in: Revue des Deux Mondes, Jan. 1st 1872, p.79. Vor wenigen Jahren wurde ein Fall auch der British Assoziation in Belfast mitgeteilt.

Drittes Kapitel

welcher gerade seine erste Bekassine im Flug abgeschossen hatte, dessen Hände vor Entzücken in einem solchen Grade zitterten, daß er eine Zeitlang nicht imstande war, seine Flinte wieder zu laden; und ich habe von einem ganz ähnlichen Fall bei einem australischen Wilden gehört, dem eine Flinte geliehen worden war. Schöne Musik verursacht infolge der unbestimmten Erregungen, welche sie hervorruft, ein den Rücken hinablaufendes Schauern bei manchen Personen. In den eben erwähnten physikalischen Ursachen und den Seelenerregungen scheint sehr wenig Gemeinsames zu liegen, was das Zittern veranlassen könnte. Sir James Paget, welchem ich für mehrere der angeführten Tatsachen verbunden bin, teilt mir mit, daß der Gegenstand ein sehr dunkler ist. Da Zittern häufig durch Wut veranlaßt wird lange vorher, ehe Erschöpfung eintritt, und da es zuweilen große Freude begleitet, so möchte es fast scheinen, als ob jede starke Erregung des Nervensystems den stetigen Fluß der Nervenkraft zu den Muskeln unterbräche.[2]

Die Art und Weise, in welcher die Absonderungen des Nahrungskanals und gewisser Drüsen, so der Leber, der Nieren oder der Milchdrüsen, durch heftige Gemütserregungen affiziert werden, ist ein anderes ausgezeichnetes Beispiel für die direkte Einwirkung des Sensoriums auf diese Organe und zwar unabhängig vom Willen oder von irgendeiner nutzbaren assoziierten Gewohnheit. Es besteht die größte Verschiedenheit bei verschiedenen Personen in den Teilen, welche auf diese Weise affiziert werden und in dem Grade ihrer Affektion.

Das Herz, welches ununterbrochen Tag und Nacht in einer so wunderbaren Weise fortschlägt, ist für äußere Reize äußerst empfindlich. Der bekannte Physiologe Claude Bernard hat gezeigt[3], wie die geringste Reizung eines Empfindungsnervs auf das Herz einwirkt, und zwar selbst dann, wenn ein Nerv so schwach berührt worden ist, daß von dem Tier, an welchem experimentiert wird, unmöglich ein Schmerz empfunden werden konnte. Wir dürfen daher erwarten, daß, wenn die Seele heftig erregt wird, sie augenblicklich in einer direkten Weise das Herz affiziert, und dies wird auch ganz allgemein anerkannt und von allen gefühlt. Claude Bernard hebt auch wiederholt hervor, und dies verdient besondere Beachtung, daß, wenn das Herz affiziert wird, es auf das Gehirn zurückwirkt; andrerseits wirkt aber der Zustand des Gehirns wieder durch den herumschweifenden Nerv auf das Herz zurück, so daß bei jeder Erregung eine lebhafte wechselseitige Wirkung und Rückwirkung zwischen diesen beiden bedeutungsvollsten Organen des Körpers besteht.

Das vasomotorische System, welches den Durchmesser der kleinen Arterien reguliert, wird vom Sensorium direkt beeinflußt, wie man sehen kann, wenn ein Mensch vor Scham errötet. Ich glaube aber, daß in diesem letzteren Fall die gehemmte Fortleitung der Nervenkraft zu den Gefäßen des Gesichts teilweise in einer merkwürdigen Art durch Gewohnheit erklärt werden kann. Wir werden auch imstande sein, etwas, wenn auch sehr wenig, Licht auf das unwillkürliche Sträuben des Haares bei den Erregungen des Schrecks und der Wut zu werfen! Die Tränenabsonderung hängt ohne Zweifel von dem Zusammenhang gewisser Nervenzellen ab; aber auch hier können wir einige wenige der Schritte verfolgen, durch welche der Abfluß von Nervenkraft den erforderlichen Kanälen entlang unter gewissen Seelenerregungen gewohnheitsmäßig geworden ist.

Eine kurze Betrachtung der äußeren Zeichen einiger der heftigeren Empfindungen und Gemütserregungen wird am besten dazu dienen, uns, wenn auch nur im allgemeinen Umriß, zu zeigen, in welcher komplizierten Art und Weise das hier betrachtete Prinzip der direkten Tätigkeit des erregten Nervensystems auf den Körper mit dem Prinzip gewohnheitsmäßig assoziierter zweckmäßiger Bewegungen verbunden ist.

Wenn Tiere an einem Anfall äußersten Schmerzes leiden, so winden sie sich meist in fürch-

---

[2] Joh. Müller bemerkt (Handbuch der Physiologie des Menschen, Bd. 2, S. 92): „Bei stärkeren Gemütsbewegungen verbreitet sich die Wirkung auf alle Rückenmarksnerven bis zur unvollkommenen Lähmung und zum Zittern."
[3] Leçons sur les Propr. des Tissus vivants, 1866, p.457-466.

terlichen Verdrehungen herum, und diejenigen, welche gewöhnlich ihre Stimme gebrauchen, stoßen durchdringende Schreie oder Geheul aus. Fast jeder Muskel des Körpers wird in heftige Tätigkeit versetzt. Bei dem Menschen ist der Mund dicht zusammengepreßt, oder gewöhnlicher die Lippen zurückgezogen, während die Zähne zusammengepreßt sind oder knirschen. Man sagt, daß in der Hölle „Zähneklappern" sei; ich habe das Knirschen der Backenzähne deutlich auch bei einer Kuh gehört, welche sehr heftig an einer Entzündung der Eingeweide litt. Als der weibliche *Hippopotamus* im zoologischen Garten seine Jungen zur Welt bringen wollte, litt er heftig. Das Tier ging unaufhörlich herum oder wälzte sich auf den Seiten, öffnete und schloß die Kinnladen und schlug die Zähne aufeinander.[4] Bei dem Menschen starren die Augen wie im fürchterlichsten Erstaunen wild hinaus oder die Augenbrauen sind heftig zusammengezogen. Der Körper ist in Schweiß gebadet und Tropfen rieseln das Gesicht herab. Die Zirkulation und Respiration sind bedeutend affiziert. Die Nasenlöcher sind daher meist erweitert und erzittern oft, oder der Atem wird solange angehalten, bis das Blut in dem purpurroten Gesicht stillsteht. Wenn die Seelenangst sehr heftig und langanhaltend ist, so verändern sich alle diese Anzeichen. Die äußerste Erschöpfung folgt mit Ohnmachten oder Konvulsionen.

Wenn ein Empfindungsnerv gereizt wird, so überliefert er einen gewissen Reiz der Nervenzelle, von welcher er ausgeht, und diese gibt ihren Reiz wieder zuerst an die entsprechende Nervenzelle der entgegengesetzten Körperseite und dann auf- und abwärts dem zerebrospinalen Nervenstrang entlang an andere Nervenzellen und zwar in größerer oder geringerer Ausdehnung, je nach der Stärke des ursprünglichen Reizes, so daß zuletzt das ganze Nervensystem affiziert werden kann.[5] Diese unwillkürliche Überlieferung von Nervenkraft kann mit vollständigem Bewußtsein erfolgen oder auch ohne dasselbe. Warum die Erregung einer Nervenzelle Nervenkraft erzeugt oder freisetzt, ist nicht bekannt; aber daß dies der Fall ist, scheint eine Folgerung zu sein, zu welcher die sämtlichen bedeutenderen Physiologen, wie Johannes Müller, Virchow, Bernard usw.[6] gelangt sind. Mr. Herbert Spencer bemerkt, daß man es als „eine gar nicht weiter fragliche Wahrheit annehmen kann, daß die in irgendeinem Augenblick vorhandene Quantität freigewordener Nervenkraft, welche in einer nicht weiter erforschbaren Weise in uns den Zustand hervorruft, den wir Fühlen nennen, sich in irgendeiner Richtung ausdehnen muß und eine gleich große Offenbarung von Kraft irgendwo anders erzeugen muß", so daß, wenn das Zerebrospinalsystem heftig gereizt und Nervenkraft im Überschuß frei gemacht wird, letztere sich in heftigen Empfindungen, lebendigem Denken, heftigen Bewegungen oder vermehrter Tätigkeit der Drüsen ausbreiten kann.[7] Mr. Spencer behauptet ferner, daß ein von keinem Beweggrund besonders geleiteter Überschuß an Nervenkraft offenbar zunächst die am meisten gewohnheitsmäßigen Wege einschlagen und, wenn diese nicht ausreichen, in die weniger gewohnheitsmäßigen einfließen werde. Folglich werden die Gesichts- und Atmungsmuskeln, welche die am meisten gebrauchten sind, geneigt sein, zuerst in Tätigkeit versetzt zu werden, dann diejenigen der oberen Extremitäten, zunächst dann diejenigen der unteren und endlich diejenigen des ganzen Körpers.[8]

Eine Gemütserregung kann sehr stark sein und wird doch nur wenig Neigung haben, Bewe-

---

[4] Mr. Bartlett: Notes on the Birth of a Hippopotamus. Proceed. Zoolog. Soc., 1871, p.255.
[5] S. über diesen Gegenstand Claude Bernard: Tissus vivants, 1866, p.316, 337, 358. Virchow drückt sich fast genauso darüber aus in einer Abhandlung „Über das Rückenmark" (Sammlung wissenschaftlicher Vorträge, 1871, S.28).
[6] Joh. Müller sagt bei der Schilderung der Nerventätigkeit: „Jeder schnelle Übergang in den Zuständen der Seele ist imstande eine Entladung zu bewirken." (Handbuch der Physiol., Bd. 2, S.89). S. Virchow und Bernard über denselben Gegenstand an Stellen der in der vorigen Anmerkung erwähnten Werke.
[7] H. Spencer: Essays: Scientific, Political etc., Second Series, 1863, p.109, 111.
[8] Sir H. Holland bemerkt (Medical Notes and Reflexions, 1839, p.328) bei Besprechung jenes merkwürdigen, in allgemeiner nervöser Unruhe bestehenden Körperzustandes, daß er „Folge der Anhäufung irgendeiner Erregungsursache zu sein scheint, welche zu ihrer Erleichterung der Muskelbewegungen bedarf".

gungen irgendeiner Art herbeizuführen, wenn sie nicht gewöhnlich zu einer willkürlichen Handlung behufs ihrer Erleichterung oder Befriedigung geführt hat; und wenn Bewegungen erregt werden, so wird deren Natur in einem hohen Grade durch diejenigen bestimmt, welche unter derselben Erregung häufig unwillkürlich zu einem bestimmten Zweck ausgeführt worden sind. Große Schmerzen treiben alle Tiere und haben dieselben während zahlloser Generationen dazu getrieben, die heftigsten und verschiedenartigsten Anstrengungen zu machen, um der Ursache des Leidens zu entfliehen. Selbst wenn ein Gliedmaß oder ein anderer besonderer Teil des Körpers verletzt wird, sehen wir oft eine Neigung, denselben zu schütteln, als gälte es, die Ursache abzuschütteln, obschon dies offenbar unmöglich wäre. Auf diese Weise kann eine Gewohnheit, mit der äußersten Kraft alle Muskeln anzustrengen, sich entwickelt haben, sooft heftige Schmerzen empfunden werden. Da die Muskeln der Brust und der Stimmorgane gewohnheitsmäßig gebraucht werden, so werden diese besonders der Erregung ausgesetzt sein, und es werden laute, scharfe Schreie und Angstrufe ausgestoßen werden. Aber wahrscheinlich ist auch der Vorteil, den das Tier vom Schreien erlangt, mit ins Spiel gekommen; denn die Jungen der meisten Tiere rufen, wenn sie in Angst oder Gefahr sind, laut nach ihren Eltern um Hilfe, wie auch die Mitglieder einer und derselben Gemeinschaft einander um Hilfe anrufen.

Ein anderes Prinzip, nämlich das innerliche Bewußtsein, daß die Kraft oder die Fähigkeit des Nervensystems beschränkt ist, wird, wenn auch nur in einem untergeordneten Grade, die Neigung zu heftigen Handlungen im äußersten Leiden verstärkt haben. Ein Mensch kann nicht tief nachdenken und gleichzeitig seine Muskelkraft auf das Äußerste anstrengen. Wie Hippokrates schon vor langer Zeit bemerkt hat: Wenn zwei Schmerzen zu einer und derselben Zeit gefühlt werden, so übertäubt der heftigere den anderen. Märtyrer sind in der Ekstase ihrer religiösen Schwärmerei wie es scheint häufig für die schauderhaftesten Qualen unempfindlich gewesen. Wenn Matrosen gepeitscht werden sollen, so nehmen sie zuweilen ein Stück Blei in ihren Mund, um es mit äußerster Kraft zu beißen und so den Schmerz zu ertragen. Kreißende Frauen bereiten sich darauf vor, ihre Muskeln bis zum Äußersten anzustrengen, um ihre Schmerzen dadurch zu erleichtern.

Wir sehen hieraus, daß die nicht besonders geleitete Ausstrahlung von Nervenkraft von den affiziert gewesenen Nervenzellen, – der lang fortgesetzte Gebrauch, in heftigem Kampf den Versuch zu machen, der Ursache des Leidens zu entfliehen – und das Bewußtsein, daß willkürliche Anstrengung der Muskeln den Schmerz erleichtert, daß alles dies wahrscheinlich sich vereinigt hat, die Neigung zu den heftigsten, beinahe konvulsivischen Bewegungen im Zustand äußersten Leidens herbeizuführen; und derartige Bewegungen mit Einschluß derer der Stimmorgane werden ganz allgemein als im hohen Grade ausdrucksvoll für diesen Zustand anerkannt.

Da die bloße Berührung eines Empfindungsnerven in einer direkten Weise auf das Herz zurückwirkt, so wird offenbar auch heftiger Schmerz in gleicher Weise, aber noch weit energischer auf dasselbe zurückwirken. Nichtsdestoweniger dürfen wir selbst in diesem Falle die indirekte Einwirkung der Gewohnheit auf das Herz nicht übersehen, wie wir später noch sehen werden, wenn wir die Zeichen der Wut betrachten.

Wenn ein Mann in einer Agonie von Schmerz leidet, so rieselt ihm häufig der Schweiß das Gesicht herab; und mir hat ein Veterinärarzt versichert, daß er häufig gesehen habe, wie bei Pferden die Tropfen von dem Bauch herabfallen und die Innenseite der Schenkel herabrinnen, ebenso an dem Körper der Rinder, wenn diese heftig leiden. Er hat dies beobachtet, als gar kein heftiger Kampf vorhanden war, welcher die starke Hauttätigkeit erklären konnte. Der ganze Körper des oben erwähnten weiblichen *Hippopotamus* war, während er seine Jungen gebar, mit rot gefärbtem Schweiß bedeckt. Dasselbe tritt auch bei äußerster Furcht ein. Dasselbe hat Mr. Bartlett beim Rhinozeros gesehen, und bei dem Menschen ist es ein bekanntes Symptom. Die Ursache der in diesen Fällen hervorbrechenden Transpiration ist vollkommen dunkel. Manche Physiologen glauben aber, daß sie mit einer Schwäche des kapillaren Kreislaufs zusammenhängt, und wir wissen allerdings, daß das vasomotorische System, welches den kapillaren Kreislauf reguliert, bedeutend von der Seele beeinflußt wird. Was die Bewegungen gewisser Muskeln des Gesichts im Zustand großen Leidens ebenso wie infolge anderer Seelenerregungen betrifft, so werden diese am besten betrachtet werden, wenn wir von den speziellen Ausdrucksformen des Menschen und der niederen Tiere handeln.

Wir wollen uns nun zu den charakteristischen Symptomen der Wut wenden. Unter dem mächtigen Einfluß dieser Erregung ist die Tätigkeit des Herzens bedeutend beschleunigt[9] oder kann auch sehr gestört sein. Das Gesicht ist gerötet, oder es wird purpurn infolge des verhinderten Rückflusses des Blutes oder kann auch totenbleich werden. Die Respiration ist beschwerlich; die Brust hebt sich mühsam und die erweiterten Nasenlöcher zittern. Häufig zittert der ganze Körper. Die Stimme ist affiziert; die Zähne sind fest zusammengeklemmt oder knirschen und das Muskelsystem ist gewöhnlich zu heftiger, beinahe tobsüchtiger Tätigkeit angeregt. Aber die Gebärden eines Menschen in diesem Zustand weichen gewöhnlich von den zwecklosen Wendungen und Kämpfen eines vom wütendsten Schmerz Geplagten ab; denn sie stellen mehr oder weniger deutlich die Handlung des Kämpfens oder Sichherumschlagens mit einem Feind dar.

Alle diese Zeichen der Wut sind wahrscheinlich zum großen Teil, und einige von ihnen scheinen es gänzlich zu sein, Folgen der direkten Einwirkung des erregten Sensoriums. Aber Tiere aller Arten und früher ihre Urerzeuger haben, wenn sie von einem Feinde angegriffen oder bedroht wurden, ihre Kräfte bis zum Äußersten im Kämpfen und im Verteidigen angestrengt. Wenn ein Tier nicht so handelt, oder nicht die Absicht oder wenigstens die Begierde hat, seinen Feind anzugreifen, so kann man nicht im eigentlichen Sinne sagen, daß es in Wut geraten sei. Eine vererbte Gewohnheit der Muskelanstrengung wird hierdurch in Assoziation mit Wut erlangt worden sein, und dies wird direkt oder indirekt verschiedene Organe nahezu in derselben Weise affizieren, wie es große körperliche Leiden tun.

Ohne Zweifel wird das Herz in gleicher Weise in einer direkten Art affiziert werden. Es wird aber auch aller Wahrscheinlichkeit nach durch Gewohnheit beeinflußt werden und letzteres um so mehr, als es nicht unter Kontrolle des Willens steht. Wir wissen, daß jede große Anstrengung, welche wir willkürlich unternehmen, das Herz beeinflußt und zwar durch mechanische und andere Prinzipien, welche hier nicht betrachtet zu werden brauchen. Und im ersten Kapitel wurde gezeigt, daß Nervenkraft leicht in gewohnheitsmäßig benutzten Kanälen fließt und zwar durch die Nerven der willkürlichen oder unwillkürlichen Bewegung und durch die der Empfindung. So wird selbst ein massiger Grad von Anstrengung auf das Herz einzuwirken geneigt sein, und nach dem Prinzip der Assoziation, von welchem so viele Beispiele angeführt worden sind, können wir ziemlich sicher sein, daß jede Empfindung oder Gemütserregung wie großer Schmerz oder Wut, welche gewohnheitsmäßig zu starker Muskeltätigkeit geführt hat, den Zufluß von Nervenkraft zum Herzen unmittelbar beeinflussen wird, obgleich zur gegebenen Zeit gar keine Muskelanstrengung vorhanden zu sein braucht.

Wie ich eben gesagt habe, wird das Herz nur um so leichter durch gewohnheitsgemäße Assoziationen affiziert werden, als es nicht unter der Kontrolle des Willens steht. Wenn ein Mensch mäßig zornig oder selbst wenn er in Wut geraten ist, so kann er wohl die Bewegungen seines Körpers beherrschen, er kann es aber nicht verhindern, daß sein Herz heftig schlägt. Seine Brust gibt vielleicht ein paar seufzende Inspirationen und seine Nasenlöcher zittern, denn die Bewegungen der Respiration sind nur zum Teil willkürlich. In gleicher Weise werden zuweilen allein diejenigen Muskeln des Gesichts, welche am wenigsten dem Willen unterworfen sind, eine geringe und vorübergehende Erregung verraten. Ferner sind die Drüsen gänzlich vom Willen un-

---

[9] Ich bin Mr. A. H. Garrod sehr verbunden dafür, daß er mich auf Lorains Buch über den Puls aufmerksam gemacht hat, in welchem ein Sphygmogramm eines rasenden Weibes mitgeteilt wird; dasselbe zeigt bedeutende Verschiedenheiten in der Schnelligkeit und anderen Merkmalen des Pulses derselben Frau im gesunden Zustand.

abhängig, und ein an Kummer leidender Mensch kann wohl seine Gesichtszüge beherrschen, kann aber nicht immer verhindern, daß ihm die Tränen in die Augen kommen. Wenn verlockende Nahrung vor einen hungrigen Menschen hingestellt wird, so kann er wohl seinen Hunger durch keine äußerliche Gebärde zu erkennen geben, er kann aber die Absonderung des Speichels in seinem Munde nicht unterdrücken.

Bei übergroßer Freude oder sehr lebendigem Vergnügen ist eine starke Neigung zu verschiedenen zwecklosen Bewegungen und zu Äußerung verschiedener Laute vorhanden. Wir sehen dies an unseren kleinen Kindern in ihrem lauten Lachen, dem Zusammenschlagen der Hände und dem Hüpfen vor Freude, in dem Springen und Bellen eines Hundes, wenn er mit seinem Herrn ausgehen will, und in den munteren Sprüngen eines Pferdes, wenn es auf ein offenes Feld gelassen wird. Freude beschleunigt die Zirkulation und diese reizt wieder das Gehirn, welches umgekehrt wieder auf den ganzen Körper zurückwirkt. Die eben erwähnten zwecklosen Bewegungen und die vermehrte Herztätigkeit kann zum hauptsächlichsten Teil auf den erregten Zustand des Sensoriums[10] und auf den davon abhängigen, nicht geleiteten Überschuß von Nervenkraft bezogen werden, wie Mr. Herbert Spencer behauptet. Es verdient Beachtung, daß hauptsächlich das Vorausempfinden eines Vergnügens und nicht sein wirklicher Genuß es ist, welches zu zwecklosen und extravaganten Bewegungen des Körpers und zum Ausstoßen verschiedener Laute führt. Wir sehen dies an unseren Kindern, wenn sie irgendein großes Vergnügen oder einen besonderen Reiz erwarten; auch Hunde, welche beim Anblick eines Tellers mit Futter freudig umhergesprungen sind, zeigen, wenn sie es bekommen, ihr Ergötzen durch kein äußerliches Zeichen, nicht einmal durch ein Wedeln ihres Schwanzes. Nun ist bei Tieren aller Arten das Erreichen beinahe aller ihrer Freuden mit Ausnahme derer der Wärme und der Ruhe mit lebendigen Bewegungen assoziiert und ist lange assoziiert gewesen, so beim Jagen oder beim Suchen nach Nahrung und bei ihrer Brautwerbung. Überdies ist die bloße Anstrengung der Muskeln nach langer Ruhe oder Gefangenschaft an sich selbst schon ein Vergnügen, wie wir auch an uns fühlen, und wie wir es an dem Spiel junger Tiere sehen. Nach diesem letzten Prinzip allein schon dürften wir daher vielleicht erwarten, daß lebhaftes Vergnügen geneigt sein wird, sich umgekehrt in Muskelbewegungen anzuzeigen.

Bei allen oder beinahe allen Tieren, selbst bei Vögeln, verursacht äußerste Angst ein Erzittern des Körpers. Die Haut wird blaß, es bricht Schweiß aus und die Haare sträuben sich. Die Absonderungen des Nahrungskanals und der Nieren werden vermehrt, und sie werden unwillkürlich entleert infolge der Erschlaffung der Schließmuskeln, wie es ja bekanntlich bei dem Menschen der Fall ist und wie ich es bei Kindern, Hunden, Katzen und Affen gesehen habe. Das Atmen ist beschleunigt. Das Herz schlägt schnell, wild und heftig. Ob es aber das Blut noch wirksamer durch den Körper pumpt, dürfte bezweifelt werden, denn die Oberfläche des Körpers erscheint blutlos und die Kraft der Muskeln schlägt sehr bald fehl. Bei einem erschreckten Pferd habe ich das Schlagen des Herzens durch den Sattel hindurch so deutlich gefühlt, daß ich die Schläge hätte zählen können. Die Geistestätigkeiten werden bedeutend gestört. Äußerste Erschöpfung folgt bald und selbst Ohnmacht. Man hat gesehen, daß ein erschrockener Kanarienvogel nicht bloß erzitterte und um die Basis seines Schnabels herum weiß wurde, sondern in

---

[10] Wie mächtig heftige Freude das Gehirn erregt und wie das Gehirn auf den Körper zurückwirkt, zeigt sich sehr deutlich in den seltenen Fällen sogenannter psychischer Intoxikationen. Dr. J. Crichton Browne erzählt (Medical Mirror, 1865) den Fall von einem Menschen eines stark nervösen Temperaments, welcher beim Empfang eines Telegramms mit der Nachricht, daß er ein Vermögen geerbt habe, zuerst blaß, dann heiter und bald ganz aufgeräumt, aber erhitzt und ruhelos wurde. Er machte dann mit einem Freund einen Spaziergang um sich zu beruhigen, kehrte aber mit stolperndem Gang, ausgelassen laut lachend, reizbarer Stimmung, beständig sprechend und laut in den Straßen singend zurück. Es wurde ganz positiv ermittelt, daß er kein spirituoses Getränk berührt hatte, obschon ihn jedermann für betrunken hielt. Nach einer Zeit trat Erbrechen ein; der halbverdaute Mageninhalt wurde untersucht; es ließ sich aber auch hier kein Geruch von Alkohol nachweisen. Er fiel dann in tiefen Schlaf und war beim Erwachen gesund, ausgenommen daß er über Kopfschmerzen, Übelkeit und Kraftlosigkeit klagte.

Ohnmacht fiel[11], und einmal habe ich in einem Zimmer ein Rotkehlchen gefangen, welches so vollständig in Ohnmacht lag, daß ich eine Zeitlang glaubte, es sei tot.

Die meisten dieser Symptome sind wahrscheinlich das direkte, von Gewohnheit unabhängige Resultat des gestörten Zustands des Sensoriums. Es ist aber zweifelhaft, ob sie alle auf diese Weise erklärt werden können. Wenn ein Tier beunruhigt wird, so steht es beinahe immer für einen Augenblick bewegungslos da, um seine Sinne zu sammeln und die Quelle der Gefahr zu ermitteln, zuweilen auch zum Zweck, der Entdeckung zu entgehen. Sehr bald folgt aber kopflose Flucht, ohne die Körperkraft wie beim Kampf zu Rate zu halten, und das Tier flieht so lange, als die Gefahr währt, bis äußerste Erschöpfung mit unterbrochener Respiration und Zirkulation, mit zitternden Muskeln des ganzen Körpers und profusem Schweiß ein ferneres Fliehen unmöglich macht. Es scheint daher nicht unwahrscheinlich zu sein, daß das Prinzip der assoziierten Gewohnheit zum Teil einige der oben erwähnten charakteristischen Symptome des äußersten Schrecks erklärt, mindestens daß derartige Gewohnheiten dieselben verstärken.

Daß das Prinzip assoziierter Gewohnheiten bei der Verursachung von Bewegungen, welche für die in Vorstehendem erwähnten verschiedenen heftigen Gemütserregungen und Empfindungen ausdrucksvoll sind, eine bedeutende Rolle gespielt hat, können wir, wie ich glaube, daraus schließen, daß wir erstens einige andere heftige Gemütserregungen, welche zu ihrer Erleichterung oder Befriedigung gewöhnlich keine willkürliche Bewegung bedürfen, und zweitens den Kontrast in der Natur der sogenannten erregenden und deprimierenden Seelenzustände betrachten. Keine Gemütserregung ist stärker als Mutterliebe. Es kann aber eine Mutter die innigste Liebe für ihr hilfloses Kind fühlen und sie doch durch kein äußeres Zeichen verraten, oder nur durch leichte liebkosende Bewegungen mit einem sanften Lächeln und zärtlichen Augen. Nun soll aber irgend jemand ihr Kind absichtlich verletzen, und man beachte nun, was für eine Veränderung eintritt; wie sie in die Höhe fährt mit drohendem Anblick, wie ihre Augen funkeln und ihr Gesicht sich rötet, wie ihr Busen wogt, ihre Nasenlöcher sich erweitern und ihr Herz schlägt; denn der Zorn und nicht die Mutterliebe hat gewohnheitsmäßig zur Tätigkeit geführt. Die Liebe zwischen den beiden Geschlechtern ist von Mutterliebe völlig verschieden, und wenn Liebende sich treffen, so wissen wir, daß ihre Herzen schnell schlagen, ihr Atem beschleunigt ist und ihre Gesichter erröten; denn diese Liebe ist nicht wie die einer Mutter zu ihrem Kind untätig.

Ein Mensch kann sein Herz mit Haß oder dem schwärzesten Verdacht erfüllt haben, oder von Neid oder Eifersucht zernagt sein; da aber diese Gefühle nicht sofort zu Handlungen führen und sie gewöhnlich eine Zeitlang anhalten, so werden sie auch durch kein äußerliches Zeichen sichtbar, ausgenommen, daß ein Mensch in diesem Zustand sicherlich nicht gemütlich und gut gelaunt erscheint. Wenn diese Gefühle in äußerliche Handlungen umschlagen, so nimmt Wut ihre Stelle ein und wird deutlich gezeigt. Maler können kaum Verdacht, Eifersucht, Neid usw. porträtieren, ausgenommen mit Hilfe von Nebendingen, welche die Geschichte zu erzählen haben, und Dichter gebrauchen solche unbestimmten und phantastischen Ausdrücke wie „grünäugige Eifersucht". Spencer beschreibt Verdacht als „faul, mißgünstig und grimmig, schief unter den Augenbrauen vorschielend" usw., Shakespeare spricht vom Neid „als hohläugig in seiner ekelhaften Hülle"; an einer anderen Stelle sagt er: „kein schwarzer Neid soll mich ins Grab bringen", und weiter „jenseits des drohenden Bereichs des blassen Neids."

Gemütsbewegungen und Empfindungen sind oft als erregende und deprimierende klassifiziert worden; wenn alle Organe des Körpers und der Seele – diejenigen der willkürlichen und unwillkürlichen Bewegung, der Wahrnehmung, Empfindung, des Denkens usw. – ihre Funktionen energischer und schneller als gewöhnlich ausführen, so kann man sagen, daß ein Mensch oder ein Tier erregt, und im entgegengesetzten Zustand, daß er niedergeschlagen sei. Ärger und

---

[11] Dr. Darwin: Zoonomia. Vol. I, 1794, p.148.

Drittes Kapitel

Freude sind von Anfang an erregende Gemütsbewegungen und sie führen naturgemäß, besonders der erstere, zu energischen Bewegungen, welche auf das Herz und dieses wieder auf das Gehirn zurückwirken. Ein Arzt machte einmal gegenüber mir die Bemerkung, um die aufregende Natur des Zornes zu beweisen, daß, wenn man im äußersten Grade abgespannt ist, man zuweilen eingebildete Beleidigungen erfindet und sich in Leidenschaft bringt und zwar ganz unbewußt, nur um sich selbst wieder zu kräftigen. Und seitdem ich diese Bemerkung gehört habe, habe ich gelegentlich ihre vollständige Wahrheit anerkannt.

Mehrere andere Seelenzustände scheinen anfangs aufregend zu sein, werden aber bald bis zu einem äußersten Grade niederschlagend. Wenn eine Mutter plötzlich ihr Kind verliert, so ist sie zuweilen vor Schmerz wie wahnsinnig und muß als sich in einem aufgeregten Zustand befindend betrachtet werden. Sie läuft wild umher, zerzaust sich das Haar oder die Kleider und ringt ihre Hände. Diese letztere Handlung ist vielleicht Folge des Prinzips des Gegensatzes und verrät ein innerliches Gefühl der Hilflosigkeit, daß nichts getan werden kann. Die anderen wilden und heftigen Bewegungen können zum Teil durch die Erleichterung erklärt werden, welche jede Anstrengung der Muskeln gewährt, und zum Teil durch den nicht besonders verwendeten Überfluß von Nervenkraft aus dem gereizten Sensorium. Aber beim plötzlichen Verluste einer geliebten Person ist einer der ersten und gewöhnlichsten Gedanken, welcher eintritt, der, daß irgend etwas mehr noch hätte geschehen können, um den Verlorenen zu retten. Ein ausgezeichneter Beobachter[12] spricht bei der Beschreibung des Benehmens eines Mädchens beim plötzlichen Tod ihres Vaters: „Sie ging um das Haus herum ihre Hände ringend wie ein geisteskrankes Geschöpf und rief aus: es war meine Schuld; ich hätte ihn niemals verlassen sollen; wenn ich nur bei ihm sitzen geblieben wäre!" usw. Wenn solche Ideen lebhaft vor der Seele stehen, dann wird durch das Prinzip assoziierter Gewohnheiten die stärkste Neigung zu energischen Handlungen irgendwelcher Art eintreten.

Sobald der Leidende sich dessen vollständig bewußt wird, daß nichts mehr getan werden kann, nimmt Verzweiflung oder tiefer Kummer die Stelle des wahnsinnigen Schmerzes ein. Der Leidende sitzt bewegungslos da oder schwankt langsam hin und her. Die Zirkulation wird träge. Das Atmen wird beinahe vergessen und tiefe Seufzer werden eingezogen. Alles dies wirkt auf das Gehirn zurück und es erfolgt bald Erschöpfung mit zusammengesunkenen Muskeln und stumpfen Augen. Da assoziierte Gewohnheit den Leidenden nicht länger mehr zum Handeln treibt, so wird er von seinen Freunden zu willkürlichen Anstrengungen veranlaßt und gedrängt, nicht dem schweigenden bewegungslosen Kummer nachzugeben. Anstrengung erregt das Herz; dieses wirkt auf das Gehirn zurück und hilft dem Geist, seine schwere Last tragen.

Ist der Schmerz sehr heftig, so führt er sehr bald äußerste Niedergeschlagenheit oder Erschöpfung herbei. Aber zuerst ist er ein Reizmittel und regt zu Handlungen an, wie wir sehen, wenn wir ein Pferd peitschen, und wie es sich zeigt durch die schrecklichen Qualen, die in fremden Ländern erschöpften Zugtieren beigebracht werden, um sie zu erneuerter Anstrengung anzutreiben. Furcht ist andrerseits die niederschlagendste von allen Gemütserregungen; sie führt bald die äußerste hilflose Erschöpfung herbei, gewissermaßen infolge oder in Assoziation mit den heftigsten und fortgesetztesten Anstrengungen der Gefahr zu entfliehen, wenn auch derartige Versuche faktisch nicht gemacht worden sind. Nichtsdestoweniger wirkt selbst äußerste Furcht häufig zu Anfang wie ein mächtiges Reizmittel. Ein durch Schreck zur Verzweiflung getriebener Mensch oder ein Tier wird mit wunderbarer Kraft begabt und ist notorisch im höchsten Grade gefährlich.

Im ganzen können wir schließen, daß das Prinzip der direkten Einwirkung des Sensoriums auf den Körper, welches eine Folge der Konstitution des Nervensystems und von Anfang an unab-

---

[12] Mrs. Oliphant in ihrem Roman „Miss Majoribanks", p.362.

Allgemeine Prinzipien des Ausdrucks (Schluß)

hängig vom Willen ist, in hohem Grade von Einfluß auf die Bestimmung vieler Ausdrucksformen gewesen ist. Gute Beispiele hierfür werden von dem Zittern der Muskeln, dem Schwitzen der Haut, den modifizierten Absonderungen des Nahrungskanals und der Drüsen bei verschiedenen Gemütserregungen und Empfindungen dargeboten. Aber Tätigkeiten dieser Art werden oft mit anderen kombiniert, welche eine Folge unsres ersten Prinzips sind, nämlich, daß Handlungen, welche häufig von direktem oder indirektem Nutzen waren, um bei gewissen Seelenzuständen gewisse Empfindungen, Begierden usw. zu befriedigen oder zu erleichtern, noch immer unter analogen Umständen durch bloße Gewohnheit ausgeführt werden, obgleich sie von keinem Nutzen sind. Wir sehen Kombinationen dieser Art wenigstens zum Teil in den wahnsinnigen Gebärden der Wut und in dem Sich-winden unter äußerstem Schmerz und vielleicht auch in der vermehrten Tätigkeit des Herzens und der Respirationsorgane. Selbst wenn diese und andere Gemütsbewegungen und Empfindungen in einer sehr schwachen Art erregt werden, wird doch eine Neigung zu ähnlichen Handlungen infolge der Macht lange assoziierter Gewohnheit eintreten; und diese Handlungen, welche am wenigsten unter der Kontrolle des Willens stehen, werden allgemein am längsten beibehalten. Gelegentlich ist auch unser Prinzip des Gegensatzes gleichfalls ins Spiel gekommen.

Es können schließlich so viele ausdrucksvolle Bewegungen durch die drei Prinzipien, welche nun erörtert worden sind, erklärt werden, – wie sich meiner Überzeugung nach noch im Laufe dieses Bandes herausstellen wird, – daß wir hoffen dürfen, später alle Ausdrucksformen hierdurch oder durch nahe analoge Prinzipien erklärt zu sehen. Es ist indessen häufig unmöglich, zu entscheiden, wie viel Gewicht in jedem besonderen Falle dem einen unserer Prinzipien und wie viel Gewicht dem anderen beizulegen ist; und sehr viele Punkte in der Lehre vom Ausdruck bleiben noch unerklärt.

Viertes Kapitel

Mittel des Ausdrucks bei Tieren

Äußerung von Lauten – Stimmlaute – Auf andere Art hervorgebrachte Laute – Aufrichten der Hautanhänge, der Haare, Federn usw., bei den Seelenerregungen des Zorns und Schreckens – Das Zurückziehen der Ohren als eine Vorbereitung zum Kämpfen und als ein Ausdruck des Zorns – Aufrichten der Ohren und Emporheben des Kopfes als ein Zeichen der Aufmerksamkeit

In diesem und dem folgenden Kapitel will ich, aber nur insoweit hinreichendem Detail als zur Erläuterung meines Gegenstandes nötig ist, die Bewegungen des Ausdrucks bei einigen wenigen, allgemein bekannten Tieren in verschiedenen Seelenzuständen beschreiben. Ehe ich aber dieselbe in gehöriger Aufeinanderfolge betrachte, wird es viel nutzlose Wiederholung ersparen, wenn ich gewisse den meisten von ihnen gemeinsame Ausdrucksmittel erörtere.

Das Äußern von Lauten. – Bei vielen Arten von Tieren, den Menschen mit eingeschlossen, sind die Stimmorgane im höchsten Grade wirksame Mittel des Ausdrucks. Wir haben im letzten Kapitel gesehen, daß, wenn das Sensorium stark erregt wird, die Muskeln des Körpers allgemein in heftige Bewegung versetzt werden; als Folge hiervon werden laute Töne ausgestoßen, wie schweigsam auch das Tier im allgemeinen sein mag und obschon die Laute von keinem Nutzen sind. Hasen und Kaninchen gebrauchen z.B., wie ich glaube, ihre Stimmorgane niemals, ausgenommen im Zustand des äußersten Leidens; so wenn ein verwundeter Hase vom Jäger getötet oder wenn ein junges Kaninchen von einem Wiesel gefangen wird. Rinder und Pferde ertragen große Schmerzen schweigend; ist aber der Schmerz excessiv und besonders wenn er mit Schrekken verbunden ist, dann stoßen sie fürchterliche Laute aus. Ich habe in den Pampas häufig in großen Entfernungen das Gebrüll der Rinder im Todeskampf unterschieden, wenn sie mit dem Lasso gefangen und ihnen die Schenkelsehnen durchschnitten wurden. Man sagt, daß Pferde wenn sie von Wölfen angegriffen werden, laute und eigentümliche Angstschreie ausstoßen.

Zu der Äußerung vokaler Laute dürften unwillkürliche und zwecklose, in der erwähnten Art und Weise angeregte Zusammenziehungen der Muskeln der Brust und Stimmritze zuerst Veranlassung gegeben haben. Jetzt wird aber die Stimme von vielen Tieren zu verschiedenen Zwecken benutzt; auch scheint Gewohnheit bei deren Verwendung unter anderen Umständen eine wichtige Rolle gespielt zu haben. Naturforscher haben, und wie ich glaube mit Recht, bemerkt, daß soziale Tiere, weil solche ihre Stimmorgane gewohnheitsmäßig als Mittel zu gegenseitiger Mitteilung benutzen, dieselben auch bei anderen Veranlassungen viel häufiger gebrauchen als andere Tiere. Es gibt aber auffallende Ausnahmen von dieser Regel, z. B. beim Kaninchen. Auch hat das Prinzip der Assoziation, welches einen so weiten Wirkungskreis hat, dabei eine Rolle gespielt. Es folgt hieraus, daß die Stimme, weil sie unter gewissen, Vergnügen, Schmerz, Zorn usw. veranlassenden Bedingungen gewohnheitsmäßig als nützliches Hilfsmittel angewendet worden ist, allgemein gebraucht wird, sobald nur dieselben Empfindungen oder Gemütsbewegungen unter völlig verschiedenen Bedingungen oder in einem geringeren Grade angeregt werden.

Die beiden Geschlechter vieler Tiere rufen während der Brunstzeit einander beständig, und in nicht wenig Fällen sucht das Männchen durch die Stimme das Weibchen zu bezaubern oder zu reizen. Dies scheint allerdings der uranfängliche Gebrauch und die ursprüngliche Entwickelungsweise der Stimme gewesen zu sein, wie ich in meiner „Abstammung des Menschen" zu zeigen versucht habe. Hiernach wird der Gebrauch der Stimmorgane mit der Vorausempfindung des größten Vergnügens, was die Tiere zu fühlen imstande sind, assoziiert worden sein. Tiere, welche in Gesellschaft leben, rufen einander oft wenn sie getrennt werden und empfinden offenbar eine große Freude, wenn sie sich treffen; dies sehen wir z. B. an einem Pferd bei der Rückkehr seines Gefährten, dem es entgegenwiehert. Die Mutter ruft beständig nach ihren verlorenen Jungen, so z.B. eine Kuh nach ihrem Kalb; auch rufen die Jungen vieler Tiere nach ihrer Mutter. Wenn eine Schafherde auseinandergetrieben wird, so blöcken die Mutterschafe beständig nach ihren Lämmern und die wechselseitige Freude beim Zusammenkommen drückt sich ganz deutlich aus. Wehe dem Menschen, welcher sich mit den Jungen der größten und furchtbaren Raubtiere zu schaffen macht, wenn diese das Angstgeschrei ihrer Jungen hören. Wut führt zur heftigen Anstrengung aller Muskeln mit Einschluß derer der Stimme und einige Tiere versuchen, wenn sie in Wut geraten sind, ihre Feinde durch deren Kraft und Wildheit in Schrecken zu versetzen, wie es der Löwe durch Brüllen und der Hund durch Knurren tut. Ich glaube deshalb, daß ihr Zweck dabei ist, Schrecken einzujagen, weil zu gleicher Zeit der Löwe sein Mähnenhaar, der Hund das Haar seinem Rücken entlang aufrichtet und sie sich dadurch so groß und so schrecklich aussehend machen wie nur möglich. Rivalisierende Männchen versuchen durch ihre Stimmen sich einander zu überbieten und einander herauszufordern; und dies führt zu Kämpfen auf Tod und Leben. Hierdurch wird der Gebrauch der Stimme mit der Erregung des Zorns, auf welche Weise er auch veranlaßt worden sein mag, assoziiert worden sein. Wir haben auch gesehen, daß intensive Schmerzen gleich der Wut zu heftigem Aufschreien führt; die Anstrengung des Schreies gibt an und für sich etwas Erleichterung. Hierdurch wird der Gebrauch der Stimme mit Leiden jedweder Art assoziiert worden sein.

Die Ursache, warum sehr verschiedene Laute bei verschiedenen Gemütsbewegungen und Empfindungen geäußert werden, ist ein sehr dunkler Gegenstand. Auch gilt die Regel nicht immer, daß irgendeine auffallende Verschiedenheit eintritt. So weicht z. B. beim Hund das Bellen vor Zorn nicht sehr von dem Bellen vor Freude ab, obschon beide unterschieden werden können. Es ist nicht wahrscheinlich, daß irgendeine genaue Erklärung der Ursache oder der Quelle jedes besonderen Lautes unter verschiedenen Seelenzuständen jemals gegeben werden wird. Wir wissen, daß einige Tiere, nachdem sie domestiziert worden sind, die Gewohnheit erlangt haben, Laute auszustoßen, die ihnen nicht natürlich waren.[1] So haben domestizierte Hunde und selbst gezähmte Schakale zu bellen gelernt, was ein Laut ist, der keiner Spezies der Gattung eigen ist, mit Ausnahme des *Canis latrans* von Nord-Amerika, welcher bellen soll. Auch haben einige Rassen der domestizierten Tauben in einer neuen und eigentümlichen Art und Weise zu girren gelernt.

Der Charakter der menschlichen Stimme unter dem Einfluß verschiedener Seelenerregungen ist von Herbert Spencer in seinem interessanten Aufsatz über Musik erörtert worden.[2] Er zeigt deutlich, daß die Stimme unter verschiedenen Bedingungen sich bedeutend in der Lautstärke und in der Qualität ändert, d. h. in der Resonanz und im Timbre, in der Höhe und den Intervallen. Es kann wohl niemand einen beredten Sprecher oder einen Prediger, dann einen Menschen, der zornig einen anderen anschreit, oder einen, welcher Erstaunen über etwas ausdrückt, hören, ohne von der Wahrheit der Bemerkung Spencers frappiert zu sein. Es ist merkwürdig wie früh im Leben schon die Modulation der Stimme ausdrucksvoll wird. Bei einem meiner Kinder bemerkte ich, ehe dasselbe zwei Jahre alt war, deutlich, daß das „Hm" der Zustimmung durch eine leichte Modulation stark emphatisch gemacht wurde, während ein eigentümlich winselndes Verneinen eine obstinate Bestimmtheit ausdrückte. Mr. Spencer weist ferner nach, daß die Sprache unter Erregung des Gemüts in allen den oben angeführten Beziehungen in inniger Beziehung zur Vokalmusik, und folglich auch zur Instrumentalmusik steht; und er versucht die charakteristischen Eigenschaften beider mit physiologischen Gründen zu erklären, nämlich aus „dem all-

---

[1] S. die Belege hierüber in meinem „Variieren der Tiere und Pflanzen im Zustand der Domestikation", Bd. 1, S.32. Über das Girren der Tauben, ebd., Bd. 1, S.191.
[2] Essays: Scientific, Political and Speculative, 1858. The Origin and Function of Music, p.359.

gemeinen Gesetz, daß eine Empfindung ein Reiz zur Muskeltätigkeit ist". Man kann zugeben, daß die Stimme durch dieses Gesetz beeinflußt wird; die Erklärung erscheint mir aber zu allgemein und zu vage, als daß sie auf die einzelnen Unterschiede, mit Ausnahme des Unterschieds der Lautstärke, zwischen dem gewöhnlichen Sprechen und dem Sprechen in gewissen Gemütserregungen oder dem Singen viel Licht werfen könnte.

Diese Bemerkung behält seine Gültigkeit, mögen wir annehmen, daß die verschiedenen Qualitäten der Stimme dadurch entstanden, daß unter der Erregung starker Gefühle gesprochen wurde und daß diese Qualitäten später auf die Vokalmusik übertragen wurden, oder mögen wir der Ansicht sein, wie ich es behaupte, daß die Gewohnheit musikalische Laute auszustoßen zuerst als ein Mittel der Brautwerbung bei den frühen Urerzeugern des Menschen entwickelt und hierdurch mit den stärksten Gemütserregungen, deren sie fähig waren, assoziiert wurde, – nämlich mit glühender Liebe, Rivalität und Triumph. Daß Tiere musikalische Töne hervorbringen, ist eine jedermann geläufige Tatsache, wie wir es ja täglich im Gesang der Vögel hören. Eine merkwürdigere Tatsache ist die, daß ein Affe, einer der Gibbons, genau eine Oktave musikalischer Töne hervorbringt, wobei er die Tonleiter in halben Tönen auf- und abwärts singt, so daß man von diesem Affen sagen kann, daß „er allein unter den Säugetieren singe"[3]. Durch diese Tatsache und durch die Analogie mit anderen Tieren bin ich zu der Folgerung geführt worden, daß die Urerzeuger des Menschen wahrscheinlich musikalische Töne ausstießen ehe sie das Vermögen der artikulierten Sprache erlangt hatten, und daß infolge hiervon die Stimme, wenn sie in irgendeiner heftigen Gemütserregung gebraucht wird, durch das Prinzip der Assoziation einen musikalischen Charakter anzunehmen strebt. Bei einigen der niederen Tiere können wir deutlich wahrnehmen, daß die Männchen ihre Stimmen dazu gebrauchen, ihren Weibchen zu gefallen und daß sie selbst an ihren eigenen vokalen Äußerungen Vergnügen finden. Warum aber besondere Laute ausgestoßen werden, und warum diese Vergnügen gewähren, kann für jetzt nicht erklärt werden.

Daß die Höhe der Stimme in gewisser Beziehung zu gewissen Empfindungszuständen steht, ist ziemlich klar. Eine Person, welche sich ruhig über schlechte Behandlung beklagt oder welche unbedeutend leidet, spricht beinahe immer in einem hohen Ton. Wenn Hunde ein wenig ungeduldig sind, so geben sie oft einen hohen pfeifenden Ton durch die Nase, der uns sofort als klagend auffällt[4]; wie schwer ist es aber zu wissen, ob der Laut seinem Wesen nach ein klagender ist oder nur in diesem besonderen Falle als solcher erscheint, weil wir aus Erfahrung gelernt haben, was er bedeutet. Rengger gibt an [5], daß die Affen (*Cebus Azarae*), welche er in Paraguay hielt, ihr Erstaunen durch einen halb pfeifenden, halb brummenden Ton, Zorn oder Ungeduld durch Wiederholung des Lautes „hu", „hu" mit einer tieferen, grunzenden Stimme, und Furcht oder Zorn durch schrilles Geschrei ausdrückten. Auf der anderen Seite drückt beim Menschen ein tiefes Stöhnen und ein hohes durchdringendes Geschrei in gleicher Weise den äußersten Schmerz aus. Das Lachen kann entweder hoch oder tief sein, so daß, wie schon Haller vor langer Zeit bemerkt hat[6], der Laut bei erwachsenen Personen den Charakter der Vokale O und A annimmt, während er bei Frauen und Kindern mehr den Charakter von E und I hat. Diese letzten beiden Vokallaute haben, wie Helmholtz gezeigt hat, ihrer Natur gemäß einen höheren Ton, als die beiden ersteren; und doch drücken beide Töne des Lachens in gleicher Weise Freude oder Vergnügen aus.

---

[3] Die zitierten Worte sind von Professor Owen. Es ist neuerdings nachgewiesen worden, daß Säugetiere, welche in der Stufenreihe viel tiefer als Affen stehen, nämlich Nagetiere, fähig sind, korrekte musikalische Töne hervorzubringen; s. die Schilderung einer singenden Hesperomys von S. Lockwood, in: The American Naturalist. Vol. V, Dezember 1871, p.761.
[4] Mr. Tylor (Primitive Culture. Vol. I, 1871, p.166) erwähnt bei Erörterung dieses Gegenstandes das Winseln des Hundes.
[5] Naturgeschichte der Säugetiere von Paraguay, 1830, S.46.
[6] Zitiert von Gratiolet: De la Physionomie, 1865, p.115.

Bei Betrachtung der Art und Weise, in welcher Äußerungen der Stimme eine Gemütserregung ausdrücken, werden wir naturgemäß darauf geführt, die Ursache dessen zu untersuchen, was man in der Musik „Ausdruck" nennt. Mr. Litchfield, welcher der Theorie der Musik lange Zeit seine Aufmerksamkeit gewidmet hat, ist so freundlich gewesen, mir über diesen Gegenstand die folgenden Bemerkungen mitzuteilen: „Die Frage, was das Wesen des musikalischen ‚Ausdrucks' sei, schließ eine Anzahl dunkler Punkte ein, welche soviel mir bekannt ist, noch ungelöste Rätsel sind. Indessen muß bis zu einem gewissen Punkt ein jedes Gesetz, welches in bezug auf den Ausdruck der Gemütserregungen durch einfache Laute als gültig gefunden worden ist, auch auf die höher entwickelte Ausdrucksweise des Gesangs anwendbar sein, welcher ja als der ursprüngliche Typus jeder Musik angenommen werden kann. Ein großer Teil der gemütlichen Wirkung eines Gesangs hängt vom Charakter der Tätigkeit ab, durch welche die Töne hervorgebracht werden. So hängt z.B. bei Gesängen, welche große Heftigkeit der Leidenschaft ausdrücken, die Wirkung oft hauptsächlich von dem kraftvollen Ausstoßen einer oder zweier charakteristischer Passagen ab, welche bedeutende Anstrengung der Stimmkraft erfordern, und es ist häufig zu beobachten, daß ein Gesang dieser Art seine gehörige Wirkung verfehlt, wenn er zwar von einer Stimme von hinreichender Kraft und gehörigem Umfang, um die charakteristischen Passagen wiederzugeben, aber ohne viel Anstrengung gesungen wird. Dies ist ohne Zweifel der Schlüssel zu dem Geheimnis, warum ein Lied so oft durch Transposition aus einer Tonart in die andere seine Wirkung verliert. Es zeigt sich hieraus, daß die Wirkung nicht bloß von den wirklichen Klängen selbst, sondern zum Teil auch von der Natur der Tätigkeit abhängt, welche die Klänge hervorbringt. Es ist in der Tat offenbar, daß, sobald wir fühlen, der ‚Ausdruck' eines Gesanges sei eine Folge seiner schnelleren oder langsameren Bewegung, der Ruhe seines Flußes, der Lautstärke seiner Äußerung usw., wir in der Tat die Muskeltätigkeit welche den Klang hervorbringt in derselben Weise beurteilen, wie wir die Muskeltätigkeit überhaupt beurteilen. Dies läßt aber die feinere und spezifischere Wirkung, welche wir den musikalischen Ausdruck des Gesanges nennen, das durch seine Melodie oder selbst durch die einzelnen die Melodie erst zusammensetzenden Töne hervorgerufene Entzücken unerklärt. Es ist dies eine Wirkung, welche von der Sprache nicht definiert werden kann, welche auch, so viel ich weiß, niemand zu analysieren imstande gewesen ist, und welche die geistvolle Spekulation Herbert Spencers über den Ursprung der Musik vollkommen unerklärt läßt. Denn es ist ganz sicher, daß die melodische Wirkung einer Reihe von Tönen nicht im allergeringsten von ihrer Stärke oder ihrer Schwäche, noch von ihrer absoluten Höhe abhängt. Ein Ton bleibt immer derselbe Ton, mag er laut oder schwach, von einem Kind oder einem Erwachsenen gesungen, mag er nun von einer Flöte oder von einer Posaune hervorgebracht werden. Die rein musikalische Wirkung irgendeines Tones hängt von seiner Stellung in dem ab, was man technisch die Tonleiter nennt; ein und derselbe Ton bringt hiernach absolut verschiedene Wirkungen auf das Ohr hervor, je nachdem ob er in Verbindung mit der einen oder einer anderen Reihe von Tönen gehört wird.

„Es ist also diese relative Assoziation von Tönen das Moment, von dem alle die wesentlich charakteristischen Wirkungen abhängen, welche man unter der Bezeichnung musikalischer Ausdruck' zusammenfaßt. Warum aber gewisse Assoziationen von Tönen gerade die und die, andere jene Wirkungen haben, ist ein Problem, welches noch immer zu lösen bleibt. Allerdings müssen diese Wirkungen auf die eine oder die andere Weise mit den arithmetischen Verhältnissen zwischen den Schwingungszahlen der Töne, welche eine musikalische Tonleiter bilden, in Verbindung stehen. Und es ist wohl möglich, – doch ist dies eine bloße Vermutung, – daß die größere oder geringere mechanische Leichtigkeit, mit welcher der schwingende Apparat des menschlichen Kehlkopfes aus einem Schwingungszustand in den anderen übergeht, eine der ursprünglichen Ursachen gewesen ist, weshalb verschiedene Reihen von Tönen ein größeres oder geringeres Vergnügen hervorgerufen haben."

Lassen wir aber diese verwickelten Fragen bei Seite und beschränken wir uns auf die einfa-

Viertes Kapitel

cheren Laute, so können wir wenigstens einige der Gründe für die Assoziation gewisser Arten von Tönen mit gewissen Seelenzuständen einsehen. Es wird z. B. ein von einem jungen Tier oder von einem Glied einer Tiergemeinde als ein Ruf nach Hilfe ausgestoßener Schrei naturgemäß laut, lang ausgezogen und hoch sein, so daß er in größere Entfernung reicht. Denn Helmholtz hat gezeigt[7], daß infolge der Form der inneren Höhle des menschlichen Ohrs und seiner daraus sich ergebenden Resonanzfähigkeit hohe Töne einen eigentümlichen starken Eindruck hervorrufen. Wenn männliche Tiere Laute ausstoßen, um den Weibchen zu gefallen, so werden sie natürlich solche anwenden, welche den Ohren der Spezies lieblich sind; und es möchte scheinen, als wenn dieselben Töne oft sehr verschiedenen Tieren angenehm wären, und zwar infolge der Ähnlichkeit ihrer Nervensysteme, wie wir ja selbst dies darin wahrnehmen, daß uns der Gesang der Vögel und selbst das Zirpen gewisser Laubfrösche Vergnügen macht. Auf der anderen Seite werden Laute, welche hervorgebracht werden, um einem Feind Schrecken einzujagen, naturgemäß rauh und unangenehm sein.

Ob das Prinzip des Gegensatzes, wie sich vielleicht hätte erwarten lassen, bei Lauten mit ins Spiel gekommen ist, ist zweifelhaft. Die unterbrochenen lachenden oder kichernden Laute, welche der Mensch und verschiedene Arten von Affen hervorbringen, wenn sie vergnügt gestimmt sind, sind von langausgezogenen Schreien dieser Tiere, wenn sie in Angst sind, so verschieden wie möglich. Das tiefe Grunzen der Befriedigung eines Schweins, wenn ihm sein Futter zusagt, ist von dem scharfen Schrei des Schmerzes oder Schreckens äußerst verschieden. Beim Hund aber sind, wie erst vor kurzem bemerkt wurde, das Bellen vor Zorn und das vor Freude Laute, welche durchaus nicht in Gegensatz zueinander stehen; dasselbe gilt auch für einige andere Fälle.

Es findet sich dabei noch ein anderer dunkler Punkt, nämlich, ob die unter verschiedenen Zuständen der Seele hervorgebrachten Laute die Form des Mundes bestimmen oder ob die Form desselben nicht von unabhängigen Ursachen bestimmt und der Laut dadurch modifiziert wird. Wenn ganz junge Kinder schreien, so öffnen sie ihren Mund weit, und dies ist ohne Zweifel notwendig, um einen starken vollen Laut auszustoßen; der Mund nimmt aber dann aus einer völlig verschiedenen Ursache eine fast viereckige Gestalt an, welche, wie später erklärt werden wird, von dem festen Schließen der Augenlider und dem daraus folgenden Heraufziehen der Oberlippe abhängt. Inwieweit diese viereckige Form des Mundes den klagenden oder weinenden Laut modifiziert, bin ich nicht vorbereitet zu sagen; wir wissen aber aus den Untersuchungen von Helmholtz und anderen, daß die Form der Mundhöhle und der Lippen die Natur und die Höhe der hervorgebrachten Vokallaute bestimmt.

In einem späteren Kapitel wird auch gezeigt werden, daß bei den Gefühlen der Verachtung oder des Abscheus aus erklärlichen Gründen eine Neigung vorhanden ist, durch die Mundhöhle oder Nasenlöcher hinauszublasen, und dies ruft einen Laut hervor wie „Puh" oder „Pish". Wenn irgend jemand erschreckt oder plötzlich in Erstaunen versetzt wird, so tritt, gleicherweise aus einer erklärlichen Ursache, nämlich um für eine längere Anstrengung vorbereitet zu sein, eine augenblickliche Neigung ein, den Mund weit zu öffnen, wie um eine tiefe und schnelle Inspiration auszuführen. Wenn die nächste volle Ausatmung erfolgt, so wird der Mund leicht geschlossen und, aus später zu erörternden Ursachen, die Lippen vorgestreckt; nach Helmholtz bringt aber diese Form des Mundes, wenn die Stimme überhaupt nur zum Tönen gebracht wird, den Laut des Vokals O hervor. Sicherlich kann man einen tiefen Laut eines langen Oh! von einer ganzen Menge Menschen unmittelbar nach dem Erleben irgendeines staunenerregenden Ereignisses hören. Wenn in Verbindung mit Überraschung Schmerz gefühlt wird, dann tritt eine Neigung ein, alle Muskeln des Körpers, mit Einschluß derer des Gesichts, zusammenzuziehen und dann werden die Lippen zurückgezogen; dies dürfte es vielleicht erklären, daß dann der

---

[7] Die Lehre von den Tonempfindungen, 1870, S.221ff. Helmholtz hat auch in diesem gelehrten Werk die Beziehung der Form der Mundhöhle zu dem Hervorbringen der Vokallaute ausführlich erörtert.

Ton höher wird und den Charakter des Ah oder Ach annimmt. Da die Furcht ein Erzittern sämtlicher Muskeln des Körpers verursacht, so wird auch die Stimme zitternd und gleichzeitig auch wegen der Trockenheit des Mundes heiser, da die Speicheldrüsen nicht tätig sind. Warum das Lachen der Menschen und das Kichern der Affen aus einer schnellen Wiederholung von Lauten besteht, kann nicht erklärt werden. Während der Äußerung dieser Laute wird der Mund dadurch, daß die Winkel nach hinten und nach oben gezogen werden, quer verlängert; für diese Tatsache eine Erklärung zu geben wird in einem späteren Kapitel versucht werden. Aber das ganze Thema von den Verschiedenheiten der unter verschiedenen Seelenzuständen hervorgebrachten Laute ist so dunkel, daß es mir kaum gelungen ist, irgendwelches Licht darauf zu werfen; und die Bemerkungen, welche ich hier gemacht habe, haben nur wenig Bedeutung.

Alle bis jetzt erwähnten Laute hängen von den Respirationsorganen ab; es sind aber auch Laute, welche durch völlig verschiedene Mittel hervorgebracht werden, ausdrucksvoll. Kaninchen stampfen laut auf den Boden, um ihren Kameraden ein Signal zu geben; und wenn man es ordentlich zu machen versteht, so kann man an einem ruhigen Abend die Kaninchen ringsumher antworten hören. Es stampfen auch diese Tiere, ebenso wie einige andere, auf den Boden wenn sie zornig gemacht werden. Stachelschweine rasseln mit ihren Stacheln und machen ihren Schwanz erzittern, wenn sie zornig werden, und ein solches Tier benahm sich in dieser Weise, als eine lebendige Schlange in seinen Käfig gebracht wurde. Die Stacheln am Schwanz sind von denen am übrigen Körper sehr verschieden; sie sind kurz, hohl, dünn wie ein Gänsekiel mit quer abgeschnittenem Ende, so daß sie offen sind; sie werden von langen, dünnen, elastischen Stielen getragen. Wenn nun der Schwanz schnell geschüttelt wird, so streichen diese hohlen Kiele gegeneinander und bringen, wie ich im Beisein von Mr. Bartlett hörte, einen eigentümlichen anhaltenden Laut hervor. Ich glaube, wir können einsehen, warum Stachelschweine durch eine Modifikation ihrer schützenden Stacheln mit diesem lauterzeugenden Instrument versehen worden sind. Sie sind nächtliche Tiere; und wenn sie ein auf Raub ausziehendes Raubtier wittern oder hören, so dürfte es für sie im Dunkeln ein großer Vorteil sein, ihrem Feind anzuzeigen, was sie sind und daß sie mit gefährlichen Stacheln ausgerüstet sind. Sie werden dadurch dem Angriff entgehen. Sie sind sich, wie ich hinzufügen will, der Kraft ihrer Waffen so vollständig bewußt, daß wenn sie in Wut geraten sie nach hinten einen Angriff machen, wobei ihre Stacheln aufgerichtet, indessen etwas nach hinten geneigt sind.

Viele Vögel bringen während ihrer Brautwerbung mittelst speziell eingerichteter Federn verschiedenartige Laute hervor. Wenn Störche erregt werden, so bringen sie mit ihren Schnäbeln ein lautes klapperndes Geräusch hervor. Manche Schlangen machen ein knarrendes und rasselndes Geräusch. Viele Insekten stridulieren dadurch, daß sie speziell modifizierte Teile ihrer harten Bedeckungen aufeinander reiben. Diese Stridulation dient allgemein als ein sexueller Reiz oder Ruf; sie wird aber auch dazu benutzt, verschiedene Gemütserregungen auszudrücken. Jeder, welcher Bienen aufmerksam beobachtet hat, weiß, daß sich ihr Summen ändert, wenn sie zornig sind; und dies dient als eine Warnung, daß Gefahr gestochen zu werden vorhanden ist. Ich habe diese wenigen Bemerkungen gemacht, weil einige Schriftsteller ein so großes Gewicht auf den Umstand gelegt haben, daß die Stimm- und Atmungsorgane speziell als Mittel des Ausdrucks angepaßt worden sind, daß es mir geraten schien zu zeigen, wie auf andere Weise erzeugte Laute demselben Zweck gleichmäßig gut dienen.

Aufrichten der Hautanhänge: – Kaum irgendeine Bewegung des Ausdrucks ist so allgemein wie das unwillkürliche Aufrichten der Haare, Federn und anderen Hautanhänge; denn durch drei der großen Wirbeltierklassen geht es gemeinsam durch. Diese Anhänge werden unter der Erregung des Zornes oder Schreckens emporgerichtet, ganz besonders wenn diese Gemütserregungen miteinander verbunden sind oder schnell aufeinanderfolgen. Die Bewegung dient dazu, das Tier seinen Feinden oder Nebenbuhlern größer und furchtbarer erscheinen zu lassen

Viertes Kapitel

und wird allgemein von verschiedenen willkürlichen Bewegungen, die demselben Zweck angepaßt sind, sowie von dem Ausstoßen wilder Laute begleitet. Mr. Bartlett, welcher über Tiere aller Arten eine so reiche Erfahrung besitzt, zweifelt nicht daran, daß dies der Fall ist; es ist aber eine davon ganz verschiedene Frage, ob die Fähigkeit des Aufrichtens ursprünglich zu diesem speziellen Zweck erlangt wurde.

Ich will zuerst eine ziemlich beträchtliche Menge von Tatsachen mitteilen, welche zeigen, wie allgemein diese Handlungsweise bei Säugetieren, Vögeln und Reptilien ist; dabei behalte ich das, was ich in bezug auf den Menschen zu sagen habe, für ein späteres Kapitel vor. Mr. Sutton, der intelligente Wärter im zoologischen Garten, beobachtete für mich sorgfältig den Schimpansen und den Orang-Utan; er gibt an, daß, wenn sie plötzlich erschreckt werden, wie durch ein Gewitter, oder wenn sie zornig gemacht werden, wie durch Necken, ihr Haar aufgerichtet wird. Ich sah einen Schimpansen, der vom Anblick eines schwarzen Kohlenträgers beunruhigt war; sein Haar richtete sich am ganzen Körper in die Höhe; er machte kurze Ansätze nach vorwärts, als wollte er den Mann angreifen, ohne irgendeine wirkliche Absicht es zu tun, aber doch, wie der Wärter bemerkt, in der Hoffnung, den Mann zu erschrecken. Wird der Gorilla zur Wut gereizt, so erscheint er nach der Beschreibung von Mr. Ford[8] „mit aufgerichtetem und vorstehendem Kamm, erweiterten Nasenlöchern und nach unten geworfener Unterlippe; zu gleicher Zeit „stößt er seinen charakteristischen Schrei aus, gewissermaßen um seinen Gegner zu erschrecken". Beim Anubis-Pavian sah ich in der Erregung des Zorns sich das Haar dem Rücken entlang vom Nacken bis zu den Lenden sträuben, aber nicht am Rumpf oder an anderen Teilen des Körpers. Ich brachte eine ausgestopfte Schlange in das Affenhaus und im Augenblick sträubte sich bei mehreren Spezies das Haar in die Höhe, besonders am Schwanz, wie ich es namentlich bei dem *Cercopithecus nictitans* beobachtete. Brehm gibt an[9], daß der *Midas oedipus* (eine zur Abteilung der amerikanischen Affen gehörende Form) im Affekt seine Mähne aufrichtet, um, wie er hinzufügt, sich so schrecklich wie möglich aussehend zu machen.

Bei den Raubtieren scheint das Sträuben der Haare beinahe ganz allgemein zu sein und wird häufig von drohenden Bewegungen, wie dem Zeigen der Zähne und dem Ausstoßen wilden Gebrülls begleitet. Beim *Herpestes* habe ich das Haar nahezu über den ganzen Körper mit Einschluß des Schwanzes aufrecht stehen sehen; bei *Hyaena* und *Proteles* wird der Rückenkamm in einer auffallenden Weise aufgerichtet. Der Löwe richtet im Affekt der Wut seine Mähne empor. Das Sträuben des Haares beim Hund dem Nacken und Rücken entlang und bei der Katze über den ganzen Körper ist eine jedermann bekannte Erscheinung. Bei der Katze tritt es dem Anschein nach nur im Affekt der Furcht ein, aber nicht, soweit ich es beobachtet habe, bei unterwürfiger Furcht, als wenn ein Hund von einem strengen Wildwart geschlagen werden soll. Wenn aber ein Hund sich zum Kampf geneigt zeigt, wie es zuweilen vorkommt, so geht das Haar in die Höhe. Ich habe häufig bemerkt, daß das Haar des Hundes besonders gern sich sträubt, wenn er halb im Zorn ist und sich halb fürchtet, wie z.B. wenn er im Dunkeln irgendeinen Gegenstand nur undeutlich sieht.

Ein Veterinärarzt hat mir versichert, daß er oft gesehen habe, wie sich bei Pferden und Kindern, an welchen er früher eine Operation vollzogen hatte und welche er von neuem operieren wollte, das Haar sträubte. Als ich einem Peccari eine ausgestopfte Schlange zeigte, richtete sich das Haar dem Rücken entlang in einer wunderbaren Art in die Höhe; dasselbe geschieht auch beim Eber, wenn er in Wut gerät. Man hat beschrieben, wie ein Elk, welcher in den Vereinigten Staaten einen Mann totbohrte, zuerst sein Geweih schwang, vor Wut schrie und den Boden stampfte; „endlich sah man, wie sich sein Haar sträubte und aufrecht stellte" und dann sprang er vorwärts zum Angriff.[10] Auch bei Ziegen, und wie ich von Mr. Blyth höre, auch bei einigen

---
[8] Zitiert von Huxley, in: Zeugnisse für die Stellung des Menschen in der Natur. Übersetzung 1863, S.59.
[9] Illustriertes Tierleben, Bd. 1, S.130.

indischen Antilopen wird das Haar aufgerichtet. Ich habe es beim behaarten Ameisenfresser sich sträuben sehen, ebenso beim Aguti, einem Nagetier. Eine weibliche Fledermaus[11], welche ihre Jungen in der Gefangenschaft aufzog, „sträubte das Haar auf ihrem Rücken", wenn irgend jemand in den Käfig hineinsah, und „biß heftig nach hingehaltenen Fingern".

Fig. 11: Henne, welche einen Hund von ihren Kücken wegtreibt. Nach der Natur gez. von Mr. Wood.

Vögel aller großen Hauptordnungen richten ihre Federn auf, wenn sie zornig oder erschreckt werden. Wohl ein jeder wird einmal gesehen haben, wie sich zwei junge Hähne, selbst wenn es ganz junge Vögel sind, mit aufgerichteten Halssichelfedern zum Kampf vorbereiten; es können auch diese Federn, wenn sie aufgerichtet werden, nicht als Verteidigungsmittel dienen; denn Kampfhahnzüchter haben durch die Erfahrung gelernt, daß es für die Hähne ein Vorteil ist, diese Federn zu stutzen. Der männliche Kampfläufer (*Machetes pugnax*) richtet gleichfalls seinen Federkragen in die Höhe, wenn er kämpft. Wenn ein Hund sich einer gemeinen Henne nähert, so breitet sie ihre Flügel aus, erhebt ihren Schwanz, richtet alle ihre Federn auf und stürzt sich so wild wie möglich aussehend auf den Eindringling. Der Schwanz wird nicht immer in derselben Stellung gehalten; zuweilen wird er so hoch gehoben, daß die mittleren Federn, wie in der beistehenden Zeichnung, beinahe den Rücken berühren. Schwäne erheben, wenn sie in Zorn geraten gleichfalls ihre Flügel und ihren Schwanz und richten ihre Federn auf. Sie öffnen ihren Schnabel und machen beim Rudern kleine schnelle Stöße vorwärts gegen einen jeden, der sich

---

[10] The Hon. J. Cat on: Ottawa Acad. of Natur. Sciences. May 1868, p.30, 40. Wegen der *Capra aegagrus* s. Land and Water, 1867, p.37.
[11] Land and Water. July 20th 1867, p.659.

Viertes Kapitel

dem Rande des Wassers zu weit nähert. Von den Tropen-Vögeln[12] sagt man, daß sie, wenn sie auf ihren Nestern gestört werden, nicht fortfliegen, sondern „nur ihre Federn aufrichten und schreien". Nähert man sich der Schleiereule, so „schwellt sie augenblicklich ihr Gefieder auf, breitet ihre Flügel und ihren Schwanz aus, zischt und schlägt ihre Kinnladen schnell mit Heftigkeit zusammen"[13]. Dasselbe tun auch andere Eulenarten. Wie mir Mr. Jenner Weir mitgeteilt hat, schütteln auch Habichte unter ähnlichen Umständen ihre Federn auf und breiten ihre Flügel und ihren Schwanz aus. Einige Arten von Papageien richten ihre Federn auf; ich habe dieselbe Äußerung beim Kasuar gesehen, als er beim Anblick eines Ameisenfressers zornig wurde. Junge Kuckucke im Nest richten ihre Federn auf, öffnen ihre Schnäbel weit und machen sich so schrecklich wie möglich.

Fig. 12: Schwan, welcher einen Eindringling fortjagt.
Nach der Natur gez. von Mr. Wood.

Wie ich von Mr. Heir höre, richten auch kleine Vögel, wie verschiedene Finken, Meisen und Grasmücken, wenn sie zornig sind, alle ihre Federn auf oder nur diejenigen um den Hals; oder sie breiten ihre Flügel und Schwanzfedern aus. Mit dem Gefieder in diesem Zustand fahren sie den Mund weit geöffnet und mit drohenden Gebärden aufeinander los. Aus seiner reichen Erfahrung zieht Mr. Weir den Schluß, daß das Aufrichten der Federn viel mehr durch den Zorn als durch Furcht verursacht wird. Als Beispiel führt er einen Bastard-Goldfinken von sehr zorniger

---

[12] *Phaeton rubricauda*: Ibis. Vol. III, p.180.
[13] Über die *Strix flammea* s. Audubon: Ornithological Biography. Vol. II, 1854, p.407. Andere Fälle habe ich im Zoologischen Garten beobachtet.

Disposition an, welcher, wenn sich ihm der Diener zu sehr näherte, im Augenblick die Erscheinung einer Kugel von Federn annahm. Er glaubt, daß, wenn Vögel erschreckt werden, sie der allgemeinen Regel nach ihre sämtlichen Federn dicht andrücken; die darauf folgende Verkleinerung ihrer Erscheinung ist häufig staunenerregend. Sobald sie sich von der Furcht oder der Überraschung erholen, ist das erste, was sie vornehmen, ihre Federn aufzuschütteln. Die besten Beispiele von diesem Andrücken der Federn, welche Mr. Weir beobachtet hat, bieten die Wachtel und der Wellenpapagei dar.[14] Eine solche Gewohnheit ist bei diesen Vögeln daraus verständlich, daß sie gewöhnt sind, in Gefahr sich entweder platt auf den Boden zu ducken oder bewegungslos auf einem Zweig zu sitzen, um der Entdeckung zu entgehen. Obgleich bei Vögeln Zorn die hauptsächlichste und häufigste Ursache des Aufrichtens der Federn sein mag, so ist es doch wahrscheinlich, daß junge Kuckucke, wenn sie im Nest gesehen werden, und eine Henne mit ihren Kücken, der sich ein Hund nähert, wenigstens einen geringen Schrecken fühlen. Mr. Tegetmeier teilt mir mit, daß bei Kampfhähnen das Aufrichten der Federn auf dem Kopf schon seit langer Zeit auf dem Kampfplatz als ein Zeichen der Feigheit erkannt worden ist.

Die Männchen einiger Eidechsen breiten, wenn sie während der Brunstzeit miteinander kämpfen, ihre Kehlsäcke oder Krausen aus und richten ihre Rückenkämme in die Höhe. Dr. Günther glaubt aber nicht, daß sie die einzelnen Dornen oder Schuppen aufrichten können.

Wir sehen hieraus, wie allgemein in den ganzen zwei höheren Wirbeltierklassen und bei einigen Reptilien die Hautanhänge unter dem Einfluß des Zorns oder der Furcht emporgerichtet werden. Wie wir aus Köllikers interessanter Entdeckung[15] wissen, wird die Bewegung durch die Zusammenziehung kleiner, nicht gestreifter, unwillkürlicher Muskeln, häufig *Arrectores pili* genannt, bewirkt, welche an die Wurzelscheiden der einzelnen Haare, Federn usw. geheftet sind. Durch die Zusammenziehung dieser Muskeln können die Haare augenblicklich aufgerichtet werden, wie wir beim Hund sehen, wobei das Haar gleichzeitig ein wenig aus seinem Balg herausgezogen wird; später wird es dann schnell wieder niedergedrückt. Die unendlich große Zahl dieser sehr kleinen Muskeln über den ganzen Körper eines behaarten Säugetieres ist staunenerregend. Das Aufrichten des Haares wird indessen in manchen Fällen, wie bei dem am Kopf des Menschen durch die quergestreiften und willkürlichen Fasern des darunter liegenden Panniculus carnosus unterstützt. Es geschieht durch die Tätigkeit dieser letzteren Muskeln, daß der Igel seine Stacheln aufrichtet. Aus den Untersuchungen Leydigs[16] und anderer geht auch hervor, daß sich quergestreifte Muskelfasern von dem Panniculus zu einigen der größeren Haare erstrecken, zu solchen wie den Schnurrborsten gewisser Säugetiere. Die *Arrectores pili* ziehen sich nicht bloß während der oben erwähnten Gemütserregungen zusammen, sondern auch bei der Anwendung von Kälte auf die Hautoberfläche. Ich erinnere mich, daß meine, aus einem niedrigeren und wärmeren Land gebrachten Maultiere und Hunde, nachdem sie eine Nacht auf der rauhen Cordillera zugebracht hatten, das Haar über den ganzen Körper emporgesträubt hatten, wie im allergrößten Schrecken. Wir sehen dieselbe Erscheinung bei uns in der „Gänsehaut" während des Frostes vor einem Fieberanfall. Mr. Lister[17] hat auch gefunden, daß das Kitzeln einer benachbarten Hautstelle das Aufrichten und Vortreten der Haare verursacht.

Nach diesen Tatsachen ist es offenbar, daß das Aufrichten der Hautanhänge eine vom Willen unabhängige Reflexbewegung ist; tritt diese Bewegung unter dem Einfluß des Zorns oder der

---

[14] *Melopsittacus undulatus*. S. eine Schilderung seiner Lebensweise bei Gould: Handbook of Birds of Australia. Vol. II, 1865, p.82.

[15] Diese Muskeln sind in seinen bekannten Büchern beschrieben. Ich bin dem ausgezeichneten Beobachter sehr dafür verbunden, daß er mir in einem Brief Aufklärung über diesen Gegenstand gegeben hat.

[16] Lehrbuch der Histologie des Menschen usw., 1857, S.82. Ich verdanke der Freundlichkeit von Prof. Turner Auszüge aus diesem Werk.

[17] Quarterly Journal of Microscopical Science. Vol. I, 1853, p.262.

Viertes Kapitel

Furcht ein, so darf sie nicht als eine zum Zweck der Erlangung irgendeines Vorteils erworbene Fähigkeit, sondern als ein wenigstens zu einem großen Teil mit einer Affektion des Sensoriums zusammenfallendes Resultat angesehen werden. Das Resultat kann, soweit es zufällig ist, mit dem profusen Schwitzen im äußersten Schmerz oder Schrecken verglichen werden. Nichtsdestoweniger ist es merkwürdig, eine wie unbedeutende Neigung häufig ausreicht, das Aufrichten des Haares zu verursachen, so wenn zwei Hunde im Spielen miteinander zu kämpfen vorgeben. Wir haben auch bei einer großen Zahl von Tieren, die zu sehr verschiedenen Ordnungen gehören, gesehen, daß das Aufrichten der Haare oder Federn beinahe immer von verschiedenen willkürlichen Bewegungen begleitet wird, – von drohenden Gebärden, Öffnen des Mundes, Zeigen der Zähne, bei Vögeln: Ausbreiten der Flügel und des Schwanzes und Ausstoßen rauher Laute; die Absicht bei diesen willkürlichen Bewegungen ist unverkennbar. Es scheint daher kaum glaublich, daß das koordinierte Aufrichten der Hautanhänge, durch welche das Tier seinen Feinden oder Nebenbuhlern größer und schrecklicher aussehend gemacht wird, durchaus ein zufälliges und zweckloses Resultat der Störung des Sensoriums sein sollte. Es scheint dies beinahe ebenso unglaublich, als daß das Aufrichten der Stacheln beim Igel oder der Stacheln beim Stachelschwein oder der Schmuckfedern bei vielen Vögeln während ihrer Brautwerbung alles nur zwecklose Handlungen sein sollten.

Wir stoßen hier auf eine bedeutende Schwierigkeit. Wie kann die Zusammenziehung der nicht gestreiften und unwillkürlichen *Arrectores pili* mit den verschiedenen willkürlichen Muskeln für denselben speziellen Zweck koordiniert worden sein? Wenn wir annehmen dürften, daß die Arrectoren ursprünglich willkürliche Muskeln gewesen wären und seitdem ihre Querstreifen verloren hätten und unwillkürlich geworden wären, so würde der Fall verhältnismäßig einfach sein. Mir ist indessen nicht bekannt, daß irgendwelche Belege zu Gunsten dieser Ansicht sprächen, obschon der umgekehrte Übergang keine große Schwierigkeit dargeboten haben würde, da die willkürlichen Muskeln in den Embryonen der höheren Tiere und in den Larven mancher Crustaceen sich in einem ungestreiften Zustand befinden. Überdies findet sich in den tieferen Hautschichten erwachsener Vögel das Muskelnetz nach Leydig[18] in einem Übergangszustand, da die Fasern nur Andeutungen einer Querstreifung darbieten.

Es scheint eine andere Erklärung möglich zu sein. Wir können annehmen, daß ursprünglich die *Arrectores pili* unbedeutend in einer direkten Art und Weise unter der Einwirkung der Wut und des Schreckens durch eine Störung des Nervensystems beeinflußt worden sind, wie es unzweifelhaft bei unserer sogenannten „Gänsehaut" vor einem Fieberanfall der Fall ist. Tiere sind wiederholt durch viele Generationen hindurch von Wut und Schrecken erregt worden; infolge hiervon werden die direkten Wirkungen des gestörten Nervensystems auf die Hautanhänge beinahe sicher durch Gewohnheit und durch die Tendenz der Nervenkraft, leicht gewohnten Kanälen entlang auszuströmen, verstärkt worden sein. Wir werden diese Ansicht von der Kraft der Gewohnheit in einem späteren Kapitel auffallend bestätigt sehen, wo gezeigt werden wird, daß das Haar der Wahnsinnigen infolge der wiederholten Anfälle von Wut und Schrecken in einer außerordentlichen Art und Weise affiziert wird. Sobald bei Tieren die Fähigkeit des Aufrichtens hierdurch gekräftigt oder gesteigert war, müssen sie die Haare oder Federn bei rivalisierenden oder in Wut geratenen Männchen häufig aufgerichtet und den Umfang ihrer Körper vergrößert gesehen haben. In diesem Falle scheint es möglich zu sein, daß bei ihnen der Wunsch entstanden ist, sich ihren Feinden gegenüber größer und furchtbarer aussehen zu machen und daß sie dabei eine drohende Stellung annahmen und rauhes Geschrei ausstießen; daß ferner derartige Stellungen und Laute nach einer Zeit durch Gewohnheit instinktiv wurden. Auf diese Weise dürften Handlungen, welche durch die Zusammenziehung willkürlicher Muskeln ausgeführt wurden, zu demselben speziellen Zweck mit solchen, welche unwillkürliche Muskeln ausführen, kombiniert

---

[18] Lehrbuch der Histologie usw., 1857, S.82.

worden sein. Es ist sogar möglich, daß Tiere, wenn sie erregt und sich undeutlich irgendeiner Veränderung im Zustand ihres Haarkleides bewußt sind, durch wiederholte Anstrengungen ihrer Aufmerksamkeit und ihres Willens auf dasselbe einwirken könnten; denn wir haben Anlaß zu glauben, daß der Wille imstande ist auf eine dunkle Art und Weise die Tätigkeit einiger nicht gestreifter oder unwillkürlicher Muskeln zu beeinflussen, wie in bezug auf die Periode der peristaltischen Bewegungen des Darms und die Kontraktion der Blase. Auch dürfen wir die Rolle nicht übersehen, welche Abänderung und natürliche Zuchtwahl gespielt haben können; denn diejenigen Männchen, welchen es gelang sich ihren Nebenbuhlern oder ihren anderen Feinden am furchtbarsten aussehend zu machen, wenn sie nicht von ganz überwältigender Kraft gewesen sind, werden im Mittel mehr Nachkommen hinterlassen haben, ihre charakteristischen Eigenschaften zu erben, was dieselben auch sein und wie sie zuerst erlangt sein mögen, als andere Männchen.

Das Aufblähen des Körpers und andere Mittel beim Feind Furcht zu erregen: – Gewisse Amphibien und Reptilien, welche entweder keine Stacheln zum Aufrichten oder keine Muskeln, durch welche jene aufgerichtet werden könnten, besitzen, vergrößern sich, wenn sie beunruhigt oder zornig werden, dadurch, daß sie Luft einatmen. Daß dies bei Fröschen und Kröten der Fall ist, ist allgemein bekannt. In der Äsopischen Fabel vom Ochsen und dem Frosch läßt der Dichter das letztere Tier vor Eitelkeit und Neid soweit aufblasen, bis es platzt. Diese Handlungsweise muß während der allerältesten Zeiten beobachtet worden sein, da, zufolge der Angabe von Mr. Hensleigh Wedgwood[19] das Wort Kröte in vielen europäischen Sprachen die Gewohnheit des Anschwellens ausdrückt. Es ist dieses Schwellen bei einigen exotischen Arten in den zoologischen Gärten beobachtet worden, und Dr. Günther glaubt, daß es der ganzen Gruppe allgemein zukommt. Nach Analogie zu schließen, war der ursprüngliche Zweck wahrscheinlich der, einem Feind gegenüber den Körper so groß und fürchterlich wie möglich erscheinen zu machen; es wird aber noch ein anderer und vielleicht bedeutungsvollerer sekundärer Vorteil dadurch erreicht. Wenn Frösche von Schlangen ergriffen werden, welches ihre hauptsächlichsten Feinde sind, so vergrößern sie sich wunderbar, so daß wenn die Schlange von geringer Größe ist, sie, wie mir Dr. Günther mitteilt, den Frosch nicht verschlucken kann, er entgeht daher dadurch dem Verschlungenwerden.

Chamäleons und einige andere Eidechsen blähen sich auf, wenn sie zornig werden. So ist eine Oregon bewohnende Spezies, die *Tapaya Douglasii*, langsam in ihren Bewegungen und beißt nicht, hat aber ein schreckliches Aussehen: „wenn sie gereizt wird, so springt sie in einer äußerst drohenden Art auf alles zu, was man ihr vorhält, öffnet gleichzeitig den Mund weit und zischt hörbar, worauf sie ihren Körper aufbläht und andere Zeichen des Zorns blicken läßt."[20]

Mehrere Arten von Schlangen blähen sich gleichfalls auf, wenn sie gereizt werden. In dieser Hinsicht ist die Puff-Otter (*Clotho arietans*) merkwürdig; nachdem ich aber dieses Tier sorgfältig beobachtet habe, glaube ich doch, daß es dies nicht zum Zweck der scheinbaren Vergrößerung seines Körperumfangs tut, sondern einfach um eine große Menge Luft einzuatmen, so daß es seinen überraschend lauten, harschen und lang ausgezognen, zischenden Laut hervorbringen kann. Die Kobra-de-capellos (Brillenschlangen) schwellen sich, wenn sie gereizt werden, ein wenig auf und zischen mäßig; zu derselben Zeit aber heben sie ihren Kopf in die Höhe und breiten mittelst ihrer verlängerten vorderen Rippen die Haut zu beiden Seiten des Halses zu einer großen platten Scheibe, dem sogenannten Schild, aus. Mit weit geöffnetem Mund nehmen sie dann ein schreckenerregendes Aussehen an. Der hierdurch erreichte Vorteil muß beträchtlich sein, um den damit verbundenen Verlust an Schnelligkeit (obschon diese noch immer bedeutend

---

[19] Dictionary of English Etymology, p.403.
[20] S. die Schilderung der Lebensweise dieses Tieres von Dr. Cooper, zitiert in: „Nature", Apr. 27th 1871, p.512.

Viertes Kapitel

ist) zu kompensieren, da sie im ausgebreiteten Zustand doch nicht ebensogut auf ihre Feinde oder ihre Beute losstürzen können, nach demselben Prinzip nämlich, daß ein breites dünnes Stück Holz nicht so schnell durch die Luft bewegt werden kann wie ein dünner runder Stock. Eine nicht giftige Schlange, *Tropidonotus macrophthalmus*, ein Bewohner Ost-Indiens, breitet, wenn sie gereizt wird, gleichfalls die Halshaut aus und wird daher häufig irrtümlich für ihre Landesgenossin, die Kobra, gehalten.[21] Diese Ähnlichkeit dient vielleicht dem Tropidonotus als ein gewisser Schutz. Eine andere nicht giftige Schlange, Dasypeltis, von Süd-Afrika, bläht sich auf, breitet ihren Hals aus und zischt und schießt auf jeden Eindringling in ihren Bereich.[22] Viele andere Schlangen zischen unter ähnlichen Umständen. Sie schwingen auch ihre vorgestreckten Zungen mit Schnelligkeit; und dies dürfte dazu dienen, das schreckenerregende ihres Aussehens noch zu vermehren.

Schlangen besitzen noch andere Mittel zum Hervorbringen von Lauten außer dem Zischen. Vor vielen Jahren beobachtete ich in Süd-Amerika, daß eine giftige Schlange, ein *Trigonocephalus*, wenn sie gestört wurde, mit Schnelligkeit das Ende ihres Schwanzes in vibrierende Bewegung versetzte, so daß es gegen das trockene Gras und Reißig stoßend ein rasselndes Geräusch hervorbrachte, welches noch in einer Entfernung von sechs Fuß deutlich gehört werden konnte.[23] Die tötliche und wilde *Echis carinata* aus Indien bringt „einen merkwürdigen, langgezogenen, beinahe zischenden Laut" auf eine ganz andere Weise hervor, nämlich dadurch, daß sie „die Ränder ihrer seitlichen Körperschuppen gegeneinander reibt", während der Kopf beinahe in derselben Stellung verbleibt. Die Schuppen an den Seiten, aber an keiner anderen Stelle des Körpers, sind stark gekielt und die Kiele wie eine Säge gezähnt; wenn nun das aufgerollt daliegende Tier seine Seiten gegeneinander reibt, so kratzen sie aufeinander.[24] Endlich haben wir noch den bekannten Fall der Klapperschlange. Wer nur die Klapper einer toten Schlange geschüttelt hat, kann sich keine rechte Idee von dem Laut machen, den das lebende Tier hervorbringt. Professor Shaler gibt an, daß dieser Laut von dem nicht zu unterscheiden ist, den das Männchen einer großen Zikade (ein homopteres Insekt), welche denselben Bezirk bewohnt, hervorbringt.[25] Als im zoologischen Garten die Klapperschlangen und Puff-Ottern zu gleicher Zeit heftig erregt wurden, war ich von der Ähnlichkeit der von ihnen hervorgebrachten Laute bedeutend frappiert; und obgleich das von der Klapperschlange gemachte Geräusch lauter und schriller als das Hissen der Puff-Otter ist, so konnte ich doch, wenn ich in der Entfernung von einigen Yards von ihnen stand, kaum beide voneinander unterscheiden. Zu welchem Zweck auch der Laut von der einen Spezies hervorgebracht wird, so kann ich doch kaum bezweifeln, daß er bei der anderen Spezies zu demselben Zweck dient; und aus den von vielen Schlangen gleichzeitig gemachten drohenden Gebärden schließe ich, daß ihr Zischen, das Klappern der Klapperschlange und des Schwanzes beim *Trigonocephalus*, das Kratzen der Schuppen bei

---

[21] Dr. Günther: Reptiles of British India, p.262.
[22] Mr. J. Mansel Weale: „Nature", Apr. 27th 1871, p.508.
[23] Journal of Researches during the Voyage of the Beagle, 1845, p.96. Ich verglich hier das auf die oben erwähnte Weise erzeugte Rasseln mit den Klappern der Klapperschlange.
[24] S. die Schilderung von Dr. Anderson, in: Proceed. Zoolog. Soc., 1871, p.196.
[25] The American Naturalist. Jan. 1872, p.32. Ich bedaure, Hrn. Prof. Shaler in der Annahme nicht folgen zu können, daß die Klapper durch natürliche Zuchtwahl zu dem Zweck entwickelt worden sei, Laute hervorzubringen, welche Vögel täuschen und anlocken, so daß sie der Schlange als Beute dienen können. Ich will indessen nicht bezweifeln, daß der Laut gelegentlich diesem Zweck dient. Die Schlußfolgerung, zu welcher ich gelangt bin, daß nämlich das Klappern der mit dem Verschlungenwerden bedachten Beute als Warnung dient, scheint mir viel wahrscheinlicher zu sein, da sie verschiedene Klassen von Tatsachen miteinander verbindet. Hätte diese Schlange die Klapper und die Gewohnheit zu klappern zu dem Zweck erlangt, Beute anzulocken, so scheint es nicht wahrscheinlich zu sein, daß das Tier ausnahmslos dasselbe Instrument benutzt, wenn es gereizt oder gestört wird. Was die Entwicklungsweise der Klapper betrifft, so hat Prof. Shaler nahezu dieselbe Ansicht wie ich; ich bin immer dieser Meinung gewesen, seitdem ich in Süd-Amerika den Trigonocephalus beobachtet habe.

Echis und die Ausbreitung des Halsschildes bei der Kobra, alles demselben Zweck dient, um sie nämlich ihren Feinden schrecklich erscheinen zu lassen.[26]

Auf den ersten Blick scheint die Schlußfolgerung wahrscheinlich, daß Giftschlangen, wie die im Vorstehenden erwähnten, weil sie bereits durch ihre Giftzähne so gute Verteidigungsmittel haben, niemals von irgendeinem Feind angegriffen werden und daß sie demzufolge nicht nötig haben, noch mehr Schrecken zu erregen. Dies ist aber durchaus nicht der Fall; denn in allen Teilen der Erde wird ihnen von vielen Tieren bedeutend nachgestellt. Es ist eine bekannte Tatsache, daß in den Vereinigten Staaten Schweine dazu benutzt werden, von Klapperschlangen heimgesuchte Bezirke zu säubern, was sie auch in äußerst wirksamer Weise tun.[27] In England greift der Igel die Kreuzotter an und verzehrt sie. Wie ich von Dr. Jerdon höre, töten in Indien mehrere Arten von Habichten und wenigstens eine Säugetierart, der *Herpestes*, Brillenschlangen und andere Giftschlangen[28]; ähnliches gilt auch für Süd-Afrika. Es ist daher durchaus nicht unwahrscheinlich, daß irgendein Zeichen oder ein Laut, durch welchen sich die giftigen Arten im Augenblick als gefährlich zu erkennen geben können, ihnen von größerem Nutzen wäre, als den nicht giftigen Arten, welche, im Falle daß sie angegriffen werden, nicht imstande sein würden, irgendwelchen wirklichen Schaden zu tun.

Da ich einmal so viel über Schlangen gesagt habe, werde ich versucht, noch einige wenige Bemerkungen über die Mittel hinzuzufügen, durch welche die Klapper der Klapperschlange wahrscheinlich entwickelt worden ist. Verschiedene Tiere, mit Einschluß einiger Eidechsen, kräuseln entweder, oder schwingen ihren Schwanz, wenn sie gereizt werden. Dies ist bei vielen Arten von Schlangen der Fall.[29] Im zoologischen Garten schwingt eine nicht giftige Art, die *Coronella Sayi*, ihren Schwanz so rapide hin und her, daß man ihn kaum mehr sehen kann. Der vorhin erwähnte *Trigonocephalus* hat dieselbe Gewohnheit; dabei ist das Ende seines Schwanzes ein wenig verdickt oder endet in einem Knopf. Bei der *Lachesis*, welche mit der Klapperschlange so nahe verwandt ist, daß Linné sie beide in eine und dieselbe Gattung brachte, endet der Schwanz in einer einfachen, großen, lanzettförmigen. Spitze oder Schuppe. Bei einigen Schlangen ist, wie Professor Shaler bemerkt, die Haut „in der Schwanzgegend unvollständiger von den darunterliegenden Teilen geschieden als an anderen Teilen des Körpers". Wenn wir nun annehmen, daß das Schwanzende irgendeiner alten amerikanischen Spezies vergrößert und von einer einzigen großen Schuppe bedeckt war, so hätte diese kaum bei den aufeinanderfolgenden Häutungen abgestoßen werden können. In diesem Falle wird sie beständig beibehalten worden sein und in jeder Wachstumsperiode wird sich, wenn die Schlange größer wurde, eine neue Schuppe, größer als die letzte, über dieser gebildet haben, welche dann ebenfalls erhalten worden sein wird. Es wird damit der Grund zur Entwicklung einer Klapper gelegt worden sein;

---

[26] Nach den in neuerer Zeit von Mrs. Barber über die Schlangen von Süd-Afrika gesammelten und im „Journal of the Linnean Society" mitgeteilten Berichten, wie auch nach den von mehreren Schriftstellern, z.B. von Lawson über die Klapperschlange in Nord-Amerika gegebenen Schilderungen, erscheint es nicht unwahrscheinlich, daß das schreckenerregende Aussehen von Schlangen und die von ihnen hervorgebrachten Laute gleichfalls dazu dienen können, ihnen Beute dadurch zu verschaffen, daß sie kleinere Tiere lähmen oder wie es zuweilen genannt wird: bezaubern.

[27] S. die Schilderung von Dr. R. Brown, in: Proceed. Zoolog. Soc., 1871, p.39. Er sagt, daß ein Schwein, so bald es eine Schlange sieht, auf dieselbe losstürzt; auch flüchtet sich eine Schlange sofort, wenn ein Schwein erscheint.

[28] Dr. Günther gibt Bemerkungen (Reptiles of British India, p.340) über die Zerstörung der Kobras durch den Ichneumon oder Herpestes und, so lange die Schlangen jung sind, durch das Jungle-Huhn. Es ist bekannt, daß auch der Pfauhahn ungestüm Schlangen tötet.

[29] Prof. Cope zählt eine Anzahl von Arten in seiner „Method of Creation of Organic Types", gelesen vor der American Philos. Soc., Decemb. 15th 1871, p.20, auf. In bezug auf den Gebrauch der von Schlangen gemachten Gebärden und Laute hat Prof. Cope dieselbe Ansicht wie ich. Seitdem die obigen Stellen im Text gedruckt worden sind, habe ich das Vergnügen gehabt zu finden, daß Mr. Henderson (The American Naturalist. May 1872, p.260) eine ähnliche Ansicht vom Gebrauch der Klapper hat, nämlich daß sie „verhindere, daß ein Angriff auf die Schlange gemacht werde."

wenn die Schlange, wie so viele andere Arten, ihren Schwanz in schwingende Bewegungen versetzte, sooft sie gereizt wurde, so wird die Klapper gewohnheitsmäßig benutzt worden sein. Daß die Klapper seit jener Zeit speziell dazu entwickelt worden ist, als ein wirksames schallerzeugendes Instrument zu dienen, darüber kann kaum ein Zweifel bestehen; denn selbst die in der Schwanzspitze eingeschlossenen Wirbel sind in ihrer Form verändert worden und hängen zusammen. Darin aber, daß verschiedene Gebilde, wie die Klapper der Klapperschlange, die Seitenschuppen der *Echis*, der Hals mit den darin befindlichen Rippen bei der Kobra und der ganze Körper der Puff-Otter zum Zweck, die Feinde dieser Tiere zu warnen und abzuschrecken, modifiziert worden sind, liegt keine größere Unwahrscheinlichkeit als darin, daß der ganze Körperbau eines Vogels, nämlich des wunderbaren Sekretärs (*Gypogeranus*), zu dem Zweck modifiziert worden ist, Schlangen ungestraft töten zu können. Nach dem, was wir vorhin gesehen haben, zu urteilen, ist es in hohem Grade wahrscheinlich, daß dieser Vogel seine Federn aufrichten wird, sobald er eine Schlange angreift; und sicher ist es, daß der *Herpestes*, wenn er eifrig auf eine Schlange losstürzt, das Haar auf dem ganzen Körper und besonders am Schwanz aufrichtet.[30] Wir haben auch gesehen, daß Stachelschweine, wenn sie beim Anblick einer Schlange zornig oder beunruhigt werden, ihren Schwanz in schnelle vibrierende Bewegung setzen und dabei durch das Zusammenschlagen der hohlen Stachelkiele einen eigentümlichen Laut hervorbringen. Es versuchen also hier beide, sowohl der Angreifer als der Angegriffene, sich gegenseitig so schrecklich wie möglich zu machen, und beide besitzen speziell zu diesem Zweck entwickelte Mittel, welche merkwürdig genug in einigen dieser Fälle nahezu dieselben sind. Endlich können wir einsehen, daß wenn einerseits diejenigen individuellen Schlangen, welche am besten imstande waren ihre Feinde fortzutreiben, am sichersten dem Verschlungenwerden entgingen, und wenn andererseits diejenigen Individuen der angreifenden Feinde in größerer Zahl leben blieben, welche am besten für das gefährliche Unternehmen, Giftschlangen zu töten und zu verschlingen, ausgerüstet waren, – daß dann in dem einen Falle wie in dem anderen unter der Annahme, daß die in Frage stehenden Charaktere variierten, wohltätige Abänderungen durch das Überleben des Passendsten erhalten worden sind.

Das Zurückziehen der Ohren und Andrücken derselben an den Kopf. – Die Ohren sind durch ihre Bewegungen bei vielen Tieren äußerst ausdrucksvoll; bei einigen aber, wie beim Menschen, den höheren Affen und vielen Wiederkäuern versagen sie in dieser Beziehung ihren Dienst. Ein unbedeutender Unterschied in der Haltung dient dazu, wie wir es täglich beim Hund sehen können, in der deutlichsten Weise einen verschiedenen Seelenzustand auszudrücken; wir haben es aber hier nur damit zu tun, daß die Ohren scharf nach hinten gezogen und dicht an den Kopf angedrückt werden. Es wird damit ein böser Gemütszustand gezeigt, doch nur bei den Tieren, welche mit ihren Zähnen kämpfen; eine Erklärung dieser Haltung bietet die Sorgfalt, mit welcher sie es zu verhüten suchen, daß sie von ihren Gegnern bei den Ohren ergriffen werden. Infolge hiervon werden durch Gewohnheit und Assoziation, sooft sie sich im geringen Grade böse fühlen oder im Spiel wild zu sein vorgeben, ihre Ohren zurückgezogen. Daß dies die richtige Erklärung ist, kann man aus der Beziehung folgern, welche bei sehr vielen Tieren zwischen ihrer Art und Weise zu kämpfen und dem Zurückziehen ihrer Ohren besteht.

Alle carnivoren Raubtiere kämpfen mit ihren Eckzähnen und alle ziehen, so viel ich beobachtet habe, ihre Ohren zurück, wenn sie böse oder wild werden. Man kann dies beständig bei Hunden sehen, wenn sie im Ernst miteinander kämpfen und bei jungen Hunden, wenn sie sich im Spiel beißen. Die Bewegung ist verschieden von der, wenn die Ohren herabsinken und leicht nach hinten gezogen werden, was ein Hund tut, wenn er vergnügt ist und von seinem Herrn geliebkost wird. Das Zurückziehen der Ohren ist gleichfalls bei jungen Kätzchen zu sehen, wenn

---

[30] Mr. des Voeux, in: Proceed. Zoolog. Soc., 1871, p.3.

sie in ihren Spielen miteinander kämpfen, ebenso bei erwachsenen Katzen, wenn sie wirklich wild werden, wie früher in Fig. 9 dargestellt worden ist. Obgleich hierdurch die Ohren in hohem Grade geschützt sind, so werden sie doch häufig bei alten männlichen Katzen während ihrer Kämpfe untereinander zerrissen. Dieselbe Bewegung ist bei Tigern, Leoparden usw. sehr auffallend, wenn sie in Menagerien über ihrem Futter knurren. Der Luchs hat merkwürdig lange Ohren; das Zurückziehen derselben, wenn man sich einem dieser Tiere in seinem Käfig nähert, ist sehr auffallend und für die wilde Stimmung des Tieres in eminentem Grade ausdrucksvoll. Selbst eine der Ohren-Robben, die *Otaria pusilla*, welche sehr kleine Ohren hat, zieht sie zurück, wenn sie wild auf die Füße ihres Wärters losstürzt.

Wenn Pferde miteinander kämpfen, so brauchen sie ihre Schneidezähne zum Beißen und ihre Vorderbeine zum Schlagen, viel mehr als sie ihre Hinterbeine zum Ausschlagen nach hinten brauchen. Es ist dies beobachtet worden, wenn sich Hengste losgemacht und miteinander gekämpft haben; es läßt sich auch aus der Art der Verwundungen schließen, welche sie sich einander beibringen. Ein jeder erkennt das bösartige Aussehen, was das Zurückziehen der Ohren einem Pferd gibt. Diese Bewegung ist von der sehr verschieden, welche ein Pferd macht, wenn es auf etwas hinter sich hört. Wenn ein bösgelauntes Pferd in einem Stall geneigt ist, hinten auszuschlagen, so werden die Ohren aus Gewohnheit zurückgezogen, obschon es weder die Absicht noch die Möglichkeit zu beißen hat. Wenn aber ein Pferd im Spiel, wenn es z.B. auf ein offenes Feld kommt, oder wenn es nur leise von der Peitsche berührt wird, seine beiden Hinterbeine aufhebt, so zieht es nicht immer die Ohren zurück; denn seine Stimmung ist dann nicht böse. Guanakos kämpfen wütend mit ihren Zähnen; sie müssen dies sehr häufig tun, denn ich fand die Häute mehrerer solcher Tiere, die ich in Patagonien schoß, tief mit Narben bedeckt. Dasselbe tun auch Kamele, und beide Tiere ziehen, wenn sie böse werden, ihre Ohren dicht nach hinten. Ich habe auch bemerkt, daß, wenn Guanakos nicht die Absicht zu beißen haben, sondern nur ihren widrigen Speichel aus der Ferne auf einen Eindringling ausspucken, sie ihre Ohren zurückziehen. Selbst wenn der *Hippopotamus* mit seinem weit geöffneten, enormen Maul einem Kameraden droht, zieht er gerade wie ein Pferd seine kleinen Ohren zurück.

Welchen Kontrast bieten nun die eben erwähnten Tiere gegenüber den Rindern, Schafen und Ziegen dar, welche niemals ihre Zähne beim Kampf benutzen und niemals ihre Ohren zurückziehen, wenn sie in Wut geraten! Obgleich Schafe und Ziegen so friedfertige Tiere zu sein scheinen, so begegnen sich doch häufig die Männchen in wütenden Kämpfen. Da die Hirschartigen eine nahe verwandte Familie bilden und ich nicht wußte, daß sie jemals mit ihren Zähnen kämpften, war ich über die Schilderung sehr erstaunt, welche Major Rossking von dem Orignal in Kanada gegeben hat. Er sagt: „Wenn sich zwei Männchen zufällig begegnen, so fahren sie, die Ohren zurückgeschlagen und mit den Zähnen aufeinander knirschend, mit fürchterlicher Wut aufeinander los."[31] Mr. Bartlett teilt mir aber mit, daß einige Hirscharten bösartig mit ihren Zähnen miteinander kämpfen, so daß das Zurückziehen der Ohren beim Orignal, mit unserer Regel übereinstimmt. Mehrere im zoologischen Garten gehaltene Arten von Känguruhs kämpfen in der Weise, daß sie mit ihren Vorderbeinen kratzen, mit den Hinterbeinen schlagen; sie beißen aber einander niemals und die Wärter haben auch niemals gesehen, daß sie ihre Ohren zurückziehen, wenn sie in Wut geraten. Kaninchen kämpfen hauptsächlich durch Schlagen und Kratzen; doch beißen sie auch einander; ich habe einmal gehört, daß eines den halben Schwanz seines Gegners abgebissen hat. Zu Beginn ihrer Kämpfe schlagen sie die Ohren zurück; später aber, wenn sie übereinander wegspringen und einander stoßen, halten sie die Ohren aufrecht oder bewegen sie herum.

Mr. Bartlett beobachtete einen wilden Eber, der sich mit seiner Sau zankte; beide hatten das Maul geöffnet und ihre Ohren zurückgezogen. Allem Anschein nach scheint dies aber beim domestizierten Schwein, wenn es sich herumzankt, nicht die gewöhnliche Handlungsart zu sein.

---

[31] The Sportsman and Naturalise in Canada, 1866, p.53.

Eber kämpfen in der Weise miteinander, daß sie mit ihren Hauern von unten nach oben schlagen; Mr. Bartlett bezweifelt es, ob sie dann ihre Ohren zurückziehen. Elefanten, welche in gleicher Weise mit ihren Stoßzähnen kämpfen, ziehen ihre Ohren nicht zurück, richten sie im Gegenteil auf, wenn sie aufeinander oder auf einen Feind losfahren.

Die Rhinozerosse im zoologischen Garten kämpfen mit ihren Nasenhörnern; man hat aber niemals gesehen, daß sie versuchen, einander zu beißen, ausgenommen beim Spielen; auch sind die Wärter überzeugt, daß sie ihre Ohren nicht wie Pferde, und Hunde, wenn sie böse werden, zurückziehen. Es ist daher die folgende von Sir S. Baker[32] gemachte Angabe unerklärlich, daß nämlich ein Rhinozeros, welches er in Nord-Afrika schoß, „keine Ohren hatte; es waren ihm dieselben von einem anderen Tier derselben Art während eines Kampfes dicht am Kopf abgebissen worden; auch ist diese Verstümmelung durchaus nicht ungewöhnlich."

Endlich noch ein paar Worte über die Affen. Einige Arten, welche bewegliche Ohren haben und mit ihren Zähnen kämpfen, – wie z. B. der *Cercopithecus ruber* – ziehen ihre Ohren, wenn sie gereizt werden, gerade so wie Hunde zurück; und dann haben sie ein sehr tückisches Aussehen. Andere Arten, wie der *Junus ecaudatus*, handeln dem Anschein nach nicht so. Ferner ziehen andere Arten, – und dies ist im Vergleich mit den meisten anderen Tieren eine große Anomalie, – ihre Ohren zurück, zeigen ihre Zähne und klappern damit, wenn sie sich über Liebkosungen recht vergnügt gestimmt fühlen. Ich habe dies bei zwei oder drei Spezies von *Macacus* und bei dem *Cynopithecus niger* beobachtet. Infolge unserer intimen Bekanntschaft mit Hunden würde diese Ausdrucksform von Leuten, welche mit der Art der Affen unbekannt sind, niemals für eine solche erkannt werden, die Freude oder Vergnügen bezeichnet.

Aufrichten der Ohren: – Diese Bewegung erfordert kaum noch einer eingehenderen Erwähnung. Alle Tiere, welche das Vermögen haben ihre Ohren frei zu bewegen, richten ihre Ohren, wenn sie erschreckt werden oder wenn sie irgendeinen Gegenstand aufmerksam beobachten, nach dem Punkt hin, auf welchen sie ihre Blicke richten, um jeden Laut aus dieser Gegend her wahrzunehmen. Allgemein richten sie zu derselben Zeit ihren Kopf in die Höhe, da alle ihre Sinnesorgane an diesem gelegen sind; einige von den kleineren Tieren richten sich sogar auf ihren Hinterbeinen auf. Selbst diejenigen Arten, welche auf dem Boden kauern oder augenblicklich die Flucht ergreifen, um der Gefahr zu entgehen, handeln für einen Moment in der geschilderten Weise, um die Quellen und die Natur der Gefahr zu ermitteln. Das Aufheben des Kopfes mit aufgerichteten Ohren und vorwärts gerichteten Augen gibt jedem Tier den nicht mißzuverstehenden Ausdruck gespannter Aufmerksamkeit.

---

[32] The Nile Tributaries of Abyssinia, 1867, p.443.

Fünftes Kapitel

Spezielle Ausdrucksformen der Tiere

Der Hund – Verschiedene ausdrucksvolle Bewegungen desselben – Katzen – Pferde – Wiederkäuer – Affen, deren Ausdrucksweise für Freude und Zuneigung, für Schmerz, Zorn, Erstaunen und Schreck

Der Hund: – Ich habe bereits früher (Fig. 5 und 7) die Erscheinung eines Hundes beschrieben, der sich einem anderen Hund mit feindseligen Absichten nähert. Er hat dann nämlich aufgerichtete Ohren, scharfe nach vorn gerichtete Augen; das Haar im Nacken und auf dem Rücken sträubt sich. Der Gang ist merkwürdig steif und der Schwanz wird aufrecht und steif getragen. Es ist diese Erscheinung uns eine so geläufige, daß man von einem zornigen Menschen zuweilen im Englischen sagt, „Er sträubt seinen Rücken". Von den oben erwähnten Punkten bedarf nur der steife Gang und der aufrecht gehaltene Schwanz weiterer Erörterung. Sir Ch. Bell bemerkt[1], daß wenn ein Tiger oder ein Wolf von seinem Wärter geschlagen und plötzlich zur Wut getrieben wird, „jeder Muskel in Spannung gerät und die Gliedmaßen in einer Haltung höchster Anstrengung sich befinden, bereit zum Springen". Diese Anspannung der Muskeln und der davon abhängige steife Gang können nach dem Prinzip assoziierter Gewohnheit erklärt werden; denn Zorn hat beständig zu heftigen Kämpfen und infolgedessen dazu geführt, daß alle Muskeln des Körpers heftig angestrengt wurden. Es ist auch Grund zur Vermutung vorhanden, daß das Muskelsystem eine kurze Vorbereitung oder einen gewissen Grad von Innervation bedarf, ehe es zu starker Tätigkeit gebracht werden kann. Meine eigene Empfindung führt mich zu diesem Schluß. Ich kann aber nicht finden, daß es eine Schlußfolgerung wäre, zu welcher auch Physiologen gelangt sind. Doch teilt mir Sir J. Paget mit, daß, wenn Muskeln plötzlich mit der größten Kraft ohne irgendwelche Vorbereitung zusammgezogen werden, sie sehr leicht zerreißen, so z.B. wenn ein Mensch unerwartet ausgleitet, daß dies aber nur selten eintritt, wenn eine Handlung so heftig sie auch sein mag, mit Vorbedacht ausgeführt wird.

Was die Aufrechthaltung des Schwanzes betrifft, so scheint sie (ob dies aber wirklich der Fall ist, weiß ich nicht) davon abzuhängen, daß die Hebemuskeln kräftiger sind als die herabziehenden, so daß, wenn alle Muskeln des hinteren Körperteils im Zustand der Spannung sich befinden, der Schwanz gehoben wird. Wenn ein Hund in einer gemütlichen Stimmung und vor seinem Herrn mit hohen elastischen Schritten einhertrabt, so trägt er gewöhnlich seinen Schwanz in die Höhe, obschon er nicht entfernt so steif gehalten wird, als wenn das Tier zornig ist. Wenn ein Pferd zum ersten Mal in ein offenes Feld freigelassen wird, so kann man sehen, wie es mit langen, elastischen weitausgreifenden Schritten, den Kopf und den Schwanz hoch in die Höhe gehalten, dahintrabt. Selbst wenn Kühe aus Vergnügen umherspringen, werfen sie ihre Schwänze in einer lächerlichen Art in die Höhe. Dasselbe ist auch bei verschiedenen Tieren in den zoologischen Gärten der Fall. Indessen wird in gewissen Fällen die Haltung des Schwanzes durch spezielle Umstände bestimmt. Sobald z.B. ein Pferd in großer Schnelligkeit zum Galopp übergeht, senkt es immer den Schwanz, um der Luft so wenig Widerstand wie nur möglich darzubieten.

Wenn ein Hund im Begriff ist, auf seinen Gegner loszuspringen, so stößt er ein wildes Knurren aus, die Ohren werden dicht nach hinten gedrückt und die Oberlippe wird den Zähnen aus dem Wege gezogen, besonders über den Eckzähnen (Fig. 13). Dieselben Bewegungen sind bei erwachsenen und bei jungen Hunden auch während ihrer Spiele zu beobachten. Wenn aber ein Hund beim Spiel böse wird, so ändert sich sein Ausdruck sofort. Indessen ist dies einfach eine

---

[1] The Anatomy of Expression, 1844, p.190.

Folge davon, daß die Lippen und Ohren mit viel größerer Energie zurückgezogen werden. Wenn ein Hund einen anderen nur anknurrt, so werden die Lippen gewöhnlich nur auf einer Seite, nämlich an der, wo sich sein Gegner findet, zurückgezogen.

Fig. 13: Kopf eines fletschenden Hundes.
Nach dem Leben gez. Von Mr. Wood.

Die Bewegungen eines Hundes, welcher Zuneigung zu seinem Herrn zu erkennen gibt, sind in unserem zweiten Kapitel (Fig. 6 und 8) beschrieben worden. Sie bestehen darin, daß der Kopf und der ganze Körper sich niedriger stellt und gewundene Bewegungen ausführt, während der Schwanz ausgestreckt und von der einen zur anderen Seite gewedelt wird. Die Ohren hängen herab und werden ein wenig nach hinten gezogen, was eine Verlängerung der Augenlider verursacht; dadurch wird das ganze Aussehen des Gesichts verändert. Die Lippen hängen lose herab und das Haar bleibt glatt. Alle diese Bewegungen oder Gebärden sind, wie ich glaube, dadurch erklärbar, daß sie in vollkommenem Gegensatz zu denjenigen stehen, welche naturgemäß ein bösgewordener Hund unter einem direkt entgegengesetzten Seelenzustand annimmt. Wenn man seinen Hund anredet oder eben nur bemerkt, so sehen wir die letzte Spur dieser Bewegungen in einem leichten Wedeln des Schwanzes, ohne daß der Körper irgendeine andere Bewegung machte und ohne daß selbst die Ohren herabhingen. Hunde geben ihre Zuneigung auch dadurch zu erkennen, daß sie sich an ihren Herren zu reiben und von ihnen gerieben oder geliebkost zu werden wünschen.

Gratiolet erklärt die eben angeführten Gebärden der Zuneigung in der folgenden Art. Der Leser mag beurteilen, ob ihm die Erklärung befriedigend erscheine. Wo er von den Tieren im allgemeinen mit Einschluß des Hundes spricht, sagt er:[2] *„C'est toujours la partie la plus sensible de leurs corps, qui recherche les caresses ou les donne. Lorsque toute la longueur des flancs et du corps est sensible, l'animal serpente et rampe sous les caresses; et ces ondulations se propageant le long des muscles analogues des segments jusqu'aux extrémités de la colonne vertébrale, la queue se ploie et s'agite."* Weiterhin bemerkt er, daß wenn Hunde sich zuneigungsvoll fühlen, sie ihre Ohren herabhängen lassen, um alle Laute abzuschließen, so daß ihre ganze Aufmerksamkeit auf die Liebkosungen ihrer Herren konzentriert werden kann!

Hunde haben noch eine andere und auffallende Weise, ihre Zuneigung zu erkennen zu geben, nämlich dadurch, daß sie die Hände oder das Gesicht ihrer Herren lecken. Sie lecken auch zuweilen andere Hunde, und dann immer am Maul. Ich habe auch gesehen, daß Hunde Katzen leckten mit denen sie befreundet waren. Diese Gewohnheit entstand wahrscheinlich daraus, daß die Weibchen ihre Jungen, die teuersten Gegenstände ihrer Liebe, um sie zu reinigen, beleckten. Nach einer kurzen Abwesenheit lecken sie auch oft ihre Jungen ein paar Mal schnell im Vorübergehen, allem Anschein nach aus Zuneigung. Hierdurch wird die Gewohnheit mit der Erregung der Liebe assoziiert worden sein, auf welche Weise diese auch später erregt werden mag. Sie ist jetzt so fest vererbt oder angeboren, daß sie gleichmäßig auf beide Geschlechter überliefert wird. Einer meiner weiblichen Pinscher warf vor kurzem Junge, welche sämtlich getötet wurden; und obwohl die Hündin schon zu allen Zeiten eine sehr zärtliche Kreatur war, so war ich doch über die Art und Weise überrascht, in welcher sie nun versuchte, ihre instinktive mütterliche Liebe dadurch zu befriedigen, daß sie sie auf mich wandte; und ihre Begierde, meine Hände zu lecken, wuchs zu einer unersättlichen Leidenschaft.

Dasselbe Prinzip erklärt es wahrscheinlich, warum Hunde, wenn sie sich zuneigungsvoll fühlen, es gern haben, sich an ihren Herren zu reiben oder von ihnen gerieben oder geklopft zu werden, denn von dem Warten ihrer Jungen her ist die Berührung mit einem geliebten Gegenstand in ihrer Seele fest mit der Erregung der Liebe assoziiert worden.

Das Gefühl der Zuneigung eines Hundes gegen seinen Herrn ist mit einem starken Gefühl der Unterwürfigkeit verbunden, welches mit der Furcht verwandt ist. Daher senken Hunde nicht bloß ihre Körper und kriechen ein wenig, wenn sie sich ihrem Herrn nähern, sondern werfen sich zuweilen auf den Boden, mit der Bauchseite nach oben gekehrt. Dies ist eine Bewegung, welche jedem Anzeichen von Widerstand so vollständig wie möglich entgegengesetzt ist. Ich besaß früher einen großen Hund, der sich nicht im geringsten fürchtete, mit anderen Hunden zu kämpfen. Aber ein wolfartiger Schäferhund in der Nachbarschaft besaß, trotzdem er nicht so wild und nicht so kraftvoll war wie mein Hund, einen starken Einfluß auf ihn. Wenn sich beide auf der Straße begegneten, so pflegte mein Hund ihm entgegenzurennen, den Schwanz zum Teil zwischen die Beine genommen und das Haar nicht aufgerichtet, und dann warf er sich auf den Boden, den Bauch nach oben. Durch diese Handlung schien er deutlicher als es durch Worte hätte geschehen können, sagen zu wollen: „Siehe, ich bin dein Sklave!"

Ein vergnüglicher und erregter, mit Zuneigung assoziierter Seelenzustand wird von manchen Hunden in einer sehr eigentümlichen Weise ausgedrückt, nämlich durch Grinsen. Somerville hat dies schon vor längerer Zeit bemerkt, wenn er sagt:

„Und mit höflichem Grinsen grüßt dich der schwänzelnde Hund
Kauernd, seine sich weit öffnende Nase
Wirft er auf, und seine großen kohlschwarzen Augen
Schmelzen in sanften Liebkosungen und demütiger Freude."

Die Jagd, Buch 1

---

[2] De la Physionomie, 1865, p.187, 218.

Fünftes Kapitel

Sir Walter Scotts berühmter schottischer Windhund, Maida, hatte diese Gewohnheit, und sie ist bei Pinschern gewöhnlich. Ich habe sie auch bei einem Spitz und bei einem Schäferhund gesehen. Mr. Riviere, welcher dieser Ausdrucksweise besondere Aufmerksamkeit geschenkt hat, teilt mir mit, daß sie selten in einer vollständigen Weise entfaltet wird, aber in einem geringeren Grade ganz gewöhnlich ist. Während des Aktes des Grinsens wird die Oberlippe wie beim Knurren zurückgezogen, so daß die Eckzähne sichtbar werden, und auch die Ohren werden zurückgezogen. Aber die allgemeine Erscheinung des Tieres zeigt deutlich, daß kein Zorn gefühlt wird. Sir Ch. Bell bemerkt:[3] „Hunde bieten bei ihrer Ausdrucksweise der Zuneigung ein geringes Aufwerfen der Lippen dar und grinsen und schnüffeln während ihrer Sprünge in einer lachenerregenden Weise." Manche Personen sprechen vom Grinsen, als wäre es ein Lachen. Wenn es aber wirklich ein Lachen wäre, so würden wir eine ähnliche, wenn auch ausgesprochenere Bewegung der Lippen und Ohren sehen, wenn Hunde ihr Freudengebell ertönen lassen; dies ist aber nicht der Fall, obschon ein Freudengebell oft auf ein Grinsen folgt. Auf der anderen Seite tun Hunde, wenn sie mit ihren Kameraden oder Herren spielen, beinahe immer so, als wenn sie einander beißen, und dann ziehen sie, wenn auch nicht energisch, ihre Lippen und Ohren zurück. Ich vermute daher, daß bei manchen Hunden eine Neigung vorhanden ist, sooft sie ein lebendiges, mit Zuneigung verbundenes Vergnügen empfinden, durch Gewohnheit und Assoziation auf dieselben Muskeln einzuwirken, als wenn sie im Spiel einander oder die Hände ihrer Herren beißen.

Ich habe im zweiten Kapitel die Gangart und die äußere Erscheinung eines Hundes in gemütlicher Stimmung beschrieben und den auffallenden Gegensatz erwähnt, den dasselbe Tier darbietet, wenn es niedergeschlagen und enttäuscht ist, wobei der Kopf, die Ohren, der ganze Körper, der Schwanz und das Maul herabsinken und die Augen matt werden. Bei der Erwartung irgendeines großen Vergnügens hüpfen und springen die Hunde in einer extravaganten Manier umher und bellen vor Freude. Die Neigung, in diesem Seelenzustand zu bellen, wird vererbt oder ist Eigenheit der Rasse. Windspiele bellen selten, wogegen die Spitzhunde so unablässig beim Ausgehen zu einem Spaziergang mit ihren Herren bellen, daß sie geradezu störend werden.

Der äußerste Schmerz wird von Hunden in nahezu derselben Weise ausgedrückt, wie bei vielen anderen Tieren, nämlich durch Heulen, Winden und Zusammenziehen des ganzen Körpers.

Aufmerksamkeit wird gezeigt durch Erhebung des Kopfes mit aufgerichteten Ohren, wobei die Augen intensiv auf den Gegenstand oder die Seite, worauf sich die Beobachtung lenkt, gerichtet werden. Ist es ein Laut, dessen Quelle nicht bekannt ist, so wird der Kopf häufig schräg von einer zur anderen Seite in einer äußerst bezeichnenden Art und Weise gewendet, allem Anschein nach, um mit größerer Genauigkeit zu beurteilen, von welchem Punkt der Laut ausgeht. Ich habe aber einen Hund gesehen, der über ein neues Geräusch sehr überrascht war und seinen Kopf infolge der Gewohnheit zu der einen Seite hindrehte, obschon er die Quelle des Geräusches deutlich wahrnahm. Wenn die Aufmerksamkeit der Hunde in irgendeiner Weise erregt wird, während sie irgendeinen Gegenstand beobachten oder auf irgendeinen Laut aufmerken, so heben sie, wie früher bemerkt wurde, häufig die eine Pfote in die Höhe (Fig. 4) und halten dieselbe oben, als wenn sie sich langsam und verstohlen annähern wollten.

Bei extremem Erschrecken wirft sich ein Hund nieder, heult und entleert seine Exkretionen; das Haar wird aber, wie ich glaube, nicht aufgerichtet, wenn nicht etwas Zorn dabei empfunden wird. Ich habe einen Hund gesehen, der über eine Musikbande, die außerhalb des Hauses laut spielte, stark erschrocken war, wobei jeder Muskel seines Körpers zitterte, sein Herz so schnell pulsierte, daß die Schläge kaum gezählt werden konnten und er mit weit geöffnetem Maul nach Atem rang, in derselben Weise, wie es ein erschreckter Mensch tut. Und doch hatte sich dieser Hund nicht angestrengt, er war nur langsam und ruhelos im Zimmer umhergewandert und der Tag war kalt gewesen.

---

[3] The Anatomy of Expression, 1844, p.140.

Selbst ein sehr unbedeutender Grad von Furcht zeigt sich unabänderlich dadurch, daß der Schwanz zwischen die Beine eingezogen wird. Dieses Einziehen des Schwanzes wird immer von einem Zurückziehen der Ohren begleitet; diese werden aber nicht dicht an den Kopf angedrückt, wie bei dem Knurren, und werden nicht herabgelassen, als wenn ein Hund vergnügt oder zuneigungsvoll gestimmt ist. Wenn zwei junge Hunde einander beim Spielen jagen, so hält der eine, welcher davonläuft, immer seinen Schwanz eingezogen. Dasselbe ist auch der Fall, wenn ein Hund in gemütlichster Stimmung in weiten Kreisen oder in Achterfiguren wie ein wahnsinniges Tier rings um seinen Herrn herumkariolt. Er handelt dann so, als wenn ein anderer Hund ihn jagte. Diese merkwürdige Art zu spielen, welche jedem geläufig sein muß, der nur irgend Hunde mit Aufmerksamkeit beobachtet hat, wird besonders gern dann angeregt, wenn das Tier ein wenig erschreckt oder zum Fürchten gebracht worden ist, so wenn sein Herr plötzlich im Dunkeln auf ihn zuspringt. In diesem Falle eben sowohl als wenn zwei junge Hunde im Spiel einander jagen, möchte es fast scheinen, als wenn der eine, welcher davonläuft, sich davor fürchtet, daß der andere ihn beim Schwanz faßt. So viel ich aber ausfindig machen kann, fangen Hunde einander nur sehr selten in dieser Weise. Ich fragte einen Herrn, welcher sein Leben lang Fuchshunde gehalten hatte, und derselbe wandte sich noch an andere erfahrene Jäger, ob sie je gesehen hätten, daß diese einen Fuchs auf diese Weise angriffen; sie hatten es aber niemals gesehen. Es scheint, wenn ein Hund gejagt wird oder wenn er in Gefahr, ist, hinten geschlagen zu werden oder daß irgend etwas auf ihn falle, daß er in diesen Fällen wünscht, so schnell wie möglich sein ganzes Hinterteil wegzubringen und daß dann infolge der Sympathie oder des Zusammenhangs zwischen den Muskeln auch der Schwanz dicht nach innen gezogen wird.

Ein ähnlicher Zusammenhang zwischen den Bewegungen des Hinterteils und des Schwanzes ist bei der Hyäne zu beobachten. Mr. Bartlett teilt mir mit, daß wenn zwei dieser Tiere miteinander kämpfen, sie wechselseitig sich der wunderbaren Gewalt des Gebisses des anderen bewußt und infolgedessen äußerst vorsichtig sind. Sie wissen recht gut, daß, wenn eins ihrer Beine ergriffen würde, der Knochen im Augenblick in Atome zermalmt werden würde. Sie nähern sich daher einander kniend, wobei ihre Beine so viel wie möglich nach innen gewendet sind und der ganze Körper gebogen, so daß er keinen irgendwie vorspringenden Punkt darbietet. Der Schwanz ist zu derselben Zeit dicht zwischen die Beine eingezogen. In dieser Stellung nähern sie sich einander von der Seite oder selbst teilweise von hinten. Dies ist ferner auch bei Hirschen der Fall, von denen mehrere Spezies, wenn sie böse sind und kämpfen, ihre Schwänze einziehen. Wenn ein Pferd auf der Weide das Hinterteil eines anderen im Spiel zu beißen versucht, oder wenn ein roher Junge einen Esel von hinten schlägt, so wird das Hinterteil und der Schwanz eingezogen, obschon es hier nicht so scheint, als würde dies nur deshalb getan, um den Schwanz vor Beschädigung zu schützen. Wir haben auch das Umgekehrte dieser Bewegungen schon gesehen. Denn wenn ein Tier mit hohen elastischen Schritten einhertrabt, so wird beinahe immer der Schwanz emporgetragen.

Wie ich gesagt habe, hält ein Hund, wenn er gejagt wird und davonläuft, seine Ohren nach hinten gerichtet, aber immer offen; und dies wird offenbar getan, um die Fußtritte seines Verfolgers zu hören. Aus Gewohnheit werden die Ohren häufig in dieser selben Stellung und der Schwanz eingezogen getragen, wenn die Gefahr offenbar vor dem Hund liegt. Ich habe wiederholt an einer furchtsamen Pintscherhündin beobachtet, daß wenn sie sich vor irgendeinem Gegenstand vor ihr fürchtete, dessen Natur sie vollständig kannte, wo sie also nicht nötig hatte, erst zu rekognoszieren, sie doch eine lange Zeit ihre Ohren und ihren Schwanz in dieser Stellung hielt, ein wahres Abbild der Traurigkeit. Ungemütlichkeit oder irgendwelche Furcht werden ähnlich ausgedrückt. So ging ich eines Tages aus dem Haus hinaus, gerade zu derselben Zeit, wo dieser Hund wußte, daß sein Mittagsbrot gebracht werden würde. Ich rief ihn nicht, aber er wünschte doch sehr, mich zu begleiten und gleichzeitig sehnte er sich nach seiner Mahlzeit;

Fünftes Kapitel

und da stand er da, zuerst nach der einen Richtung dann nach der anderen hinblickend, mit eingezogenem Schwanz und die Ohren zurückgeschlagen, eine unverkennbare Erscheinung einer verwirrten ungemütlichen Stimmung darbietend.

Beinahe alle die jetzt beschriebenen ausdrucksvollen Bewegungen mit Ausnahme des Grinsens vor Freude sind angeboren oder instinktiv, denn sie sind allen Individuen, Jungen wie Alten, und zwar aller Rassen, gemeinsam. Die meisten von ihnen kommen auch in gleicher Weise den ursprünglichen Eltern, nämlich dem Wolf wie dem Schakal zu, einige von ihnen sogar noch anderen Arten derselben Gruppe. Gezähmte Wölfe und Schakale springen, wenn sie von ihren Herren geliebkost werden, vor Freude umher, wedeln mit ihren Schwänzen, hängen ihre Ohren herab, lecken die Hände ihrer Herren, ducken sich nieder und werfen sich selbst auf den Boden, mit dem Bauch nach oben.[4] Ich habe einen im ganzen mehr fuchsähnlichen afrikanischen Schakal aus Gabun gesehen, der, wenn er geliebkost wurde, seine Ohren herabdrückte. Werden Wölfe und Schakale erschreckt, so ziehen sie sicherlich ihre Schwänze ein. Und es ist ein gezähmter Schakal beschrieben worden, der um seinen Herrn in Kreisen und Achterfiguren wie ein Hund herumlief, mit dem Schwanz zwischen den Beinen.

Es ist angeführt worden[5], daß Fuchse, mögen sie auch noch so zahm sein, niemals irgendeine der eben erwähnten ausdrucksvollen Bewegungen darbieten. Dies ist aber nicht streng genommen richtig. Vor vielen Jahren beobachtete ich im zoologischen Garten (und ich habe auch die Tatsache zu jener Zeit niedergeschrieben), daß ein sehr zahmer englischer Fuchs, wenn er von seinem Wärter geliebkost wurde, mit seinem Schwanz wedelte, seine Ohren niederdrückte und sich dann auf den Boden niederwarf mit dem Bauch nach oben. Der schwarze Fuchs aus Nordamerika drückte gleichfalls seine Ohren in einem unbedeutenden Grade nieder. Ich glaube aber, daß Füchse niemals die Hände ihres Herrn lecken; und man hat mir versichert, daß wenn sie in Furcht geraten, sie niemals ihre Schwänze einziehen. Wenn man die Erklärung, welche ich von dem Ausdruck der Zuneigung bei Hunden gegeben habe, annimmt, dann möchte es fast scheinen, als ob Tiere, welche nie domestiziert worden sind, nämlich Wölfe, Schakale und selbst Füchse, niemals durch das Prinzip des Gegensatzes gewisse ausdrucksvolle Gebärden sich angeeignet haben; denn es ist nicht wahrscheinlich, daß diese in Käfigen gefangengehaltenen Tiere dieselben dadurch gelernt hätten, daß sie Hunden nachahmten.

Katzen: – Ich habe bereits die Bewegungen einer Katze (Fig. 9), wenn sie sich wild fühlt, aber nicht erschreckt ist, beschrieben. Sie nimmt eine kauernde Stellung an und streckt gelegentlich ihre Vorderfüße aus mit ausgestreckten Klauen, fertig zum Zuschlagen. Der Schwanz ist ausgestreckt und wird gekrümmt oder von einer Seite zur anderen geschlagen. Das Haar wird nicht aufgerichtet; wenigstens war es in den wenigen Fällen, die ich beobachtete, nicht der Fall. Die Ohren werden zurückgezogen und die Zähne gezeigt. Leises, wildes Knurren wird ausgestoßen. Wir können einsehen, warum die von einer in der Vorbereitung zum Kampf mit einer anderen Katze begriffenen oder von einer irgendwie heftig gereizten Katze angenommene Stellung so vollständig verschieden ist von der, welche ein Hund annimmt, der einem anderen Hund mit feindseligen Absichten begegnet; denn die Katze gebraucht ihre Vorderfüße zum Schlagen, und das macht eine kauernde Stellung zweckmäßig oder notwendig. Sie ist auch viel mehr als ein Hund daran gewöhnt, verborgen stillzuliegen und plötzlich auf ihre Beute einzuspringen. Dafür, daß der Schwanz herumgeschlagen oder von der einen zur anderen Seite gekrümmt wird, läßt

---

[4] Viele Einzelheiten hat Güldenstädt in seiner Beschreibung des Schakals gegeben, in: Novi Comment. Acad. Sc. Petropol., Tom. XX, 1775, p.449. S. auch eine andere ausgezeichnete Schilderung dieses Tieres und seines Spielens, in: Land und Water, October 1869. Auch Lieut. Annesley, R. A., hat mir einige Einzelheiten über den Schakal mitgeteilt. Ich habe über Wölfe und Schakale im Zoologischen Garten vielfache Erkundigungen eingezogen und dieselben auch selbst beobachtet.

[5] Land and Water, Novemb. 6th 1869.

sich keine Ursache mit Gewißheit nachweisen. Diese Gewohnheit ist vielen anderen Tieren gemeinsam, z. B. dem Puma, wenn er sich zum Springen bereithält[6]; sie kommt aber bei Hunden oder Füchsen nicht vor, wie ich aus Mr. St. Johns Beschreibung eines Fuchses schließe, der im Hinterhalt liegt und einen Hasen fängt. Wir haben bereits gesehen, daß manche Arten von Eidechsen und verschiedene Schlangen, wenn sie erregt werden, schnell die Spitzen ihres Schwanzes erzittern machen. Es möchte fast scheinen, als wenn im Zustand starker Erregung eine nicht zu kontrollierende Begierde nach einer Bewegung irgendwelcher Art existiere, welche eine Folge davon ist, daß Nervenkraft von dem erregten Sensorium reichlich freigemacht wird, und daß, da der Schwanz frei herabhängt und seine Bewegungen die allgemeine Stellung des Körpers nicht stören, dieser gekrümmt und umhergeschlagen wird.

Alle Bewegungen einer Katze im zuneigungsvollen Gemütszustand finden sich in vollkommenem Gegensatz zu den eben beschriebenen. Jetzt steht sie aufrecht mit leicht gekrümmtem Rücken, den Schwanz senkrecht in die Höhe gehalten und die Ohren aufgerichtet, und sie reibt ihre Backen und Seiten an ihrem Herrn oder ihrer Herrin. Die Lust, sich an irgend etwas zu reiben, ist bei Katzen in diesem Seelenzustand so stark, daß man oft sehen kann, wie sie sich gegen Stühle oder Tischbeine oder Türpfosten reiben. Diese Art und Weise, ihre Zuneigung auszudrücken, entstand wahrscheinlich ursprünglich durch Assoziation wie beim Hund daher, daß die Mutter ihre Jungen pflegt und hätschelt und vielleicht auch daher, daß sich die Jungen untereinander lieben und miteinander spielen. Eine andere und sehr verschiedene Gebärde, welche für das Gefühl des Vergnügens ausdrucksvoll ist, ist bereits beschrieben worden, nämlich die merkwürdige Art und Weise, in welcher junge und selbst alte Katzen, wenn sie sich vergnügt fühlen, abwechselnd ihre Vorderfüße mit auseinandergehaltenen Zehen vorstrecken, als wenn sie gegen die Zitzen ihrer Mutter stoßen und an denselben saugen wollten. Diese Gewohnheit ist insofern jener des Reibens an irgend etwas analog, als beide allem Anschein nach von Handlungen sich herleiten lassen, welche während der Saugperiode ausgeführt werden. Warum Katzen ihre Zuneigung viel mehr durch Reiben ausdrücken als es Hunde tun, obschon letztere an der Berührung mit ihrem Herrn ein Entzücken finden, und warum Katzen nur gelegentlich die Hände ihrer Freunde lecken, während Hunde dies immer tun, kann ich nicht angeben. Katzen reinigen sich selbst durch Belecken ihres Pelzes viel regelmäßiger als es Hunde tun. Andererseits scheinen ihre Zungen viel weniger für diese Arbeit passend zu sein als die längeren und beweglicheren Zungen der Hunde.

Werden Katzen erschreckt, so stehen sie in voller Länge da und krümmen ihren Rücken in einer bekannten lächerlichen Art. Sie spucken, zischen oder knurren. Das Haar am ganzen Körper und besonders am Schwanz richtet sich auf. In den von mir beobachteten Fällen wurde der Basalteil des Schwanzes aufrecht, der Endteil nach einer Seite gebogen getragen. Aber zuweilen wird der Schwanz (siehe Fig. 14) nur ein wenig erhoben und fast von seiner Basis an zu der einen Seite gebogen. Die Ohren werden zurückgezogen und die Zähne exponiert. Wenn zwei junge Kätzchen miteinander spielen, so versucht das eine häufig das andere in dieser Weise zu erschrecken. Nachdem, was wir in früheren Kapiteln gesehen haben, sind sämtliche der eben erwähnten Einzelheiten des Ausdrucks verständlich mit Ausnahme der außerordentlichen Krümmung des Rückens. Ich bin zu der Annahme geneigt, daß in derselben Weise wie viele Vögel, während sie ihre Federn schütteln, dabei ihre Flügel und ihren Schwanz ausbreiten, um sich so groß wie möglich aussehen zu machen, auch Katzen in ihrer vollen Größe aufrecht dastehen, ihren Rücken krümmen, häufig den Basalteil ihres Schwanzes erheben und ihr Haar emporrichten, um denselben Zweck zu erreichen. Wird der Luchs angegriffen, so sagt man, daß er seinen Rücken krümme, und Brehm hat ihn in dieser Weise abgebildet. Die Wärter im zoologischen Garten haben aber keine irgend derartige Neigung zu dieser Stellung bei größeren katzenartigen Tieren wie Tiger, Löwen usw. gesehen. Diese haben aber auch wenig Ursache, sich vor irgendeinem anderen Tier zu fürchten.

---

[6] Azara: Quadrupèdes du Paraguay. Tom. I, 1801, p.136.

Fünftes Kapitel

Fig. 14: Katze, vor einem Hund erschreckend.
Nach dem Leben gez. Von Mr. Wood.

Katzen brauchen ihre Stimmen sehr viel als Mittel des Ausdrucks; und in verschiedenen Gemütserregungen und Begierden stoßen sie mindestens sechs oder sieben verschiedene Laute aus. Das Schnurren im befriedigten Zustand, welches sowohl während des Einatmens als auch während des Ausatmens gemacht wird, ist einer der merkwürdigsten Laute. Der Puma, Jagdleopard und Ozelot schnurren gleichfalls. Der Tiger aber „stößt, wenn er sich vergnügt fühlt, ein eigentümliches kurzes Schnüffeln aus, verbunden mit dem Schließen der Augenlider"[7]. Es wird angegeben, daß der Löwe, Jaguar und Leopard nicht schnurren.

Pferde: – Wenn Pferde wild werden, ziehen sie ihre Ohren scharf nach hinten, stoßen ihren Kopf vor und entblößen zum Teil ihre Schneidezähne, bereit zum Beißen. Sind sie dazu geneigt, hinten auszuschlagen, so ziehen sie gewöhnlich infolge der Gewohnheit auch ihre Ohren zurück und ihre Augen werden in einer eigentümlichen Art und Weise nach hinten gewandt.[8] Sind sie in einem zufriedenen Zustand, so wenn ein beliebtes Futter ihnen in den Stall gebracht wird, so erheben sie und ziehen sie ihren Kopf ein, spitzen ihre Ohren und sehen scharf ihre Freunde an, wobei sie oft wiehern. Ungeduld wird durch Stampfen auf den Boden ausgedrückt.

Die Bewegungen eines Pferdes, wenn es stark erschreckt wird, sind äußerst ausdrucksvoll. Eines Tages erschrak mein Pferd sehr über eine Sämaschine, die, von einem dicken Wachstuch bedeckt, auf dem offenen Feld stand. Es erhob seinen Kopf so hoch, daß der Hals beinahe senkrecht wurde; und dies tat es aus Gewohnheit, denn die Maschine lag an einem Abhang unter ihm

---

[7] Land and Water, 1867, p.657. S. auch Azara über den Puma indem vorhin angeführten Werk.
[8] S. Sir Ch. Bell: The Anatomy of Expression. 3. edit., p.123. S. auch p.126 darüber, daß Pferde nicht durch das Maul atmen und über die dazu in Beziehung stehende Erweiterung der Nasenlöcher.

und konnte durch das Erheben des Kopfes durchaus nicht mit größerer Deutlichkeit gesehen werden. Wäre irgendein Laut von derselben ausgegangen, so hätte er ebensowenig deutlicher gehört werden können. Die Augen und Ohren wurden intensiv vorwärts gerichtet und ich konnte durch den Sattel das Schlagen des Herzens fühlen. Mit roten erweiterten Nasenlöchern schnaubte es heftig und drehte sich rundum. Es wäre auch mit größter Eile davongeflogen, hätte ich es nicht daran gehindert. Das Erweitern der Nasenlöcher geschieht nicht zum Zweck, die Quelle der Gefahr zu wittern. Denn wenn ein Pferd sorgfältig irgendeinen Gegenstand beriecht und dabei nicht beunruhigt ist, so erweitert es seine Nasenlöcher nicht. Wenn ein Pferd keucht, so atmet es infolge der Anwesenheit einer Klappe in seiner Kehle nicht durch das offene Maul, sondern durch die Nasenlöcher, und diese sind infolge hiervon mit einer großen Ausdehnungsfähigkeit begabt worden. Diese Ausdehnung der Nasenlöcher ebenso wie das Schnauben und das Schlagen des Herzens sind Tätigkeiten, welche während einer langen Reihe von Generationen mit der Seelenerregung des Schrecks fest assoziiert worden sind; denn der Schreck hat gewohnheitsmäßig das Pferd zur heftigsten Anstrengung, beim eiligsten Davonlaufen von der Ursache der Gefahr weg, geführt.

Wiederkäuer: – Rinder und Schafe sind deshalb merkwürdig, weil sie in einem so unbedeutenden Grade ihre Gemütserregungen oder Empfindungen sichtbar werden lassen, mit Ausnahme des äußersten Schmerzes. Wenn ein Bulle wütend wird, so zeigt er seine Wut nur durch die Art und Weise, in welcher er seinen herabhängenden Kopf mit erweiterten Nasenlöchern trägt und durch Brüllen. Er stampft auch oft auf den Boden; und dieses Stampfen scheint von dem eines ungeduldigen Pferdes sehr verschieden zu sein, denn wenn der Boden locker ist, so wirft er Staubwolken auf. Ich glaube, daß Bullen in dieser Weise handeln, wenn sie von Fliegen irritiert werden, zum Zweck, dieselben fortzutreiben. Die wilderen Schafrassen und die Gemsen stampfen, wenn sie erschreckt werden, den Boden und pfeifen durch ihre Nasen; und dies dient ihren Kameraden als ein Warnsignal. Wird der Moschusochse der arktischen Länder angegriffen, so stampft er gleichfalls auf den Boden.[9] Wie diese Bewegung des Stampfens entstanden ist, kann ich nicht einmal vermuten; denn nach Erkundigungen, die ich zu diesem Zweck anstellte, scheint es nicht so, als wenn irgendeines dieser Tiere mit seinen Vorderfüßen kämpfte.

Manche Arten der Hirschgattung zeigen, wenn sie wild werden, viel mehr äußeren Ausdruck als es Rinder, Schafe oder Ziegen tun; denn sie ziehen wie bereits angeführt worden ist, ihre Ohren zurück, knirschen mit ihren Zähnen, richten ihre Haare auf, schreien und wetzen ihre Hörner. Eines Tages näherte sich im zoologischen Garten der Hirsch von Formosa (*Cervus pseudaxis*) mir in einer merkwürdigen Stellung mit emporgehobener Muffel, so daß die Hörner auf den Nakken gedrückt wurden. Der Kopf wurde dabei etwas schief gehalten. Nach dieser Ausdrucksform war ich sicher, daß er böse war. Er näherte sich langsam und sobald er dicht an die Eisenstäbe herankam, senkte er nicht seinen Kopf, um nach mir zu stoßen, sondern bog ihn plötzlich nach innen und schlug seine Hörner mit großer Kraft gegen das Gitter. Mr. Bartlett teilt mir mit, daß einige andere Spezies von Hirschen dieselbe Stellung annehmen, wenn sie zornig werden.

Affen: – Die verschiedenen Arten und Gattungen der Affen drücken ihre Gefühle auf viele verschiedene Weisen aus, und diese Tatsache ist interessant, da sie in einem gewissen Grade sich auch mit auf die Frage bezieht, ob die sogenannten Menschenrassen als verschiedene Spezies oder Varietäten aufgefaßt werden sollen. Denn wie wir in den folgenden Kapiteln sehen werden, drücken die verschiedenen Rassen des Menschen ihre Gemütserregungen und Empfindungen über die ganze Erde mit merkwürdiger Gleichförmigkeit aus. Einige der ausdrucksvollen Handlungen der Affen sind in anderer Weise noch interessant, nämlich dadurch, daß sie denen des

---

[9] Land and Water, 1869, p.152.

Fünftes Kapitel

Menschen äußerst analog sind. Da ich keine Gelegenheit gehabt habe, irgendeine Spezies der Gruppe unter allen Umständen zu beobachten, so werden meine gelegentlichen Bemerkungen am besten nach den verschiedenen Seelenzuständen angeordnet.

Vergnügen, Freude, Zuneigung. – Es ist nicht möglich, wenigstens ohne mehr Erfahrung als ich sie besitze, bei Affen den Ausdruck des Vergnügens oder der Freude von dem der Zuneigung zu unterscheiden. Junge Schimpansen geben eine Art von bellendem Laut von sich, wenn sie sich über die Rückkehr irgend jemandes freuen, dem sie anhänglich sind. Wenn dieser Laut, den die Wärter ein Lachen nennen, ausgestoßen wird, werden die Lippen vorgestreckt; doch werden sie dies auch im Zustand verschiedener anderer Erregungen. Nichtsdestoweniger konnte ich doch bemerken, daß, wenn diese Tiere freudig gestimmt waren, die Form der Lippen etwas von der verschieden war, welche sie annahmen, wenn sie sich ärgerten. Wird ein junger Schimpanse gekitzelt, – und die Achselhöhlen sind besonders für das Kitzeln empfindlich, wie bei unseren Kindern – so wird ein noch entschiedenerer kichernder oder lachender Laut ausgestoßen, obschon das Lachen zuweilen von keinem Laut begleitet wird. Die Mundwinkel werden dann zurückgezogen, und dies verursacht zuweilen, daß die unteren Augenlider leicht runzlig werden. Aber dieses Runzeln, welches für unser eigenes Lachen so charakteristisch ist, zeigte sich bei einigen anderen Affen noch deutlicher. Die Zähne im Oberkiefer werden beim Schimpansen nicht exponiert, wenn er seinen lachenden Laut ausstößt, in welcher Hinsicht er von uns abweicht. Aber die Augen funkeln und werden heller, wie Mr. W. L. Martin[10] bemerkt, der der Ausdrucksweise dieser Tiere besondere Aufmerksamkeit zugewendet hat.

Werden junge Orang-Utans gekitzelt, so grinsen sie gleichfalls und machen ein kicherndes Geräusch. Mr. Martin gibt an, daß ihre Augen glänzend werden. Sobald ihr Lachen aufhört, läßt sich beobachten, daß ein Ausdruck über ihr Gesicht geht, welcher wie Mr. Wallace gegenüber mir bemerkt, ein Lächeln genannt werden kann. Ich habe etwas derselben Art beim Schimpansen beobachtet. Dr. Duchenne – und ich kann keine bessere Autorität zitieren – teilt mir mit, daß er in seinem Haus einen sehr zahmen Affen ein Jahr lang gehalten hat; wenn er ihm während der Mahlzeiten irgendeinen ausgesuchten delikaten Bissen gab, beobachtete er, daß die Mundwinkel leicht erhoben wurden. Es ließ sich also ein Ausdruck der Befriedigung, der etwas von der Natur eines beginnenden Lächelns hatte und dem ähnlich war, was oft auf dem Gesicht des Menschen zu sehen ist, deutlich bei diesem Tier bemerken.

Freut sich der *Cebus Azarae*[11], daß er eine geliebte Person wiedersieht, so bringt er einen eigentümlichen kichernden Laut hervor. Er drückt auch angenehme Empfindungen dadurch aus, daß er seine Mundwinkel zurückzieht, ohne irgendeinen Laut hervorzubringen. Rengger nennt diese Bewegung Lachen. Man dürfte es aber angemessener ein Lächeln nennen. Die Form des Mundes ist verschieden, wenn entweder Schmerz oder Schreck ausgedrückt und ein schrillendes Geschrei ausgestoßen wird. Eine andere Art von *Cebus* im zoologischen Garten (*C. hypoleucus*) gibt, wenn er vergnügt gestimmt ist, oft hintereinander einen schrillen Ton von sich und zieht gleichfalls die Mundwinkel zurück, allem Anschein nach infolge der Zusammenziehung derselben Muskeln wie bei uns. Dasselbe tut der Berberaffe (*Inuus ecaudatus*) in einem außerordentlichen Grade; ich habe bei diesem Affen beobachtet, daß die Haut des unteren Augenlides sich dann runzelte. In derselben Zeit bewegte er seinen Unterkiefer oder Unterlippe schnell in einer krampfhaften Art, wobei die Zähne exponiert wurden. Aber der dabei hervorgebrachte Laut war kaum deutlicher als der, den wir zuweilen unterdrücktes Lachen nennen. Zwei von den Wärtern bestätigten, daß dieser unbedeutende Laut das Lachen des Tieres sei. Als ich aber meinen Zweifel hierüber ausdrückte (ich hatte zu der Zeit noch gar keine Erfah-

---

[10] Natural History of Mammalia. Vol. I, 1841, p.333, 410.
[11] Rengger (s. Säugetiere von Paraguay, 1830, S.46) hielt die Affen in ihrem Heimatland Paraguay sieben Jahre lang in Gefangenschaft.

Spezielle Ausdrucksformen der Tiere

rung), ließen sie den Affen einen verhaßten *Entellus*, der in derselben Abteilung mit ihm lebte, angreifen oder erschrecken. In dem Augenblick veränderte sich der ganze Ausdruck des Gesichts des *Inuus*. Der Mund wurde viel weiter geöffnet, die Eckzähne wurden vollständig sichtbar gemacht und ein heiserer, bellender Laut wurde ausgestoßen.

Der Anubis-Pavian (*Cynocephalus anubis*) wurde zunächst von seinem Wärter gereizt und in wütenden Zorn gebracht, wie es leicht geschehen kann, worauf der Wärter wieder gut Freund mit ihm wurde und ihm die Hand schüttelte. Sobald die Versöhnung vollzogen war, bewegte der Pavian seine Kinnladen und Lippen schnell auf und nieder und sah befriedigt aus. Wenn wir herzlich lachen, so läßt sich eine ähnliche Bewegung oder ein Zittern mehr oder weniger deutlich in unseren Kinnladen beobachten; aber beim Menschen werden besonders die Muskeln des Brustkastens beeinflußt, während bei diesem Pavian und bei einigen anderen Affen es die Muskeln der Kinnladen und Lippen waren, welche krampfhaft affiziert wurden.

Fig. 15: *Cynopithecus niger* in behaglicher Stimmung. Nach dem Leben gez. Von Mr. Wolf.

Fig. 16: Derselbe sich über Liebkosungen freuend.

Fünftes Kapitel

Ich habe bereits Gelegenheit gehabt, die merkwürdige Art und Weise zu erwähnen, in welcher zwei oder drei Spezies von *Macacus* und der *Cynopithecus niger* ihre Ohren zurückziehen und einen leisen schnatternden Laut ausstoßen, wenn sie sich über Liebkosungen freuen. Bei dem *Cynopithecus* (Fig. 16) werden zu derselben Zeit die Mundwinkel nach rückwärts und aufwärts gezogen, so daß die Zähne sichtbar werden. Es würde daher dieser Ausdruck von einem Fremden niemals als einer des Vergnügens erkannt werden. Der Kamm langer Haare auf dem Vorderkopf wird niedergeschlagen und dem Anschein nach die ganze Kopfhaut zurückgezogen. Hierdurch werden die Augenbrauen ein wenig emporgehoben und die Augen nehmen einen starren Ausdruck an; auch die unteren Augenlider werden leicht gerunzelt; aber dieses Runzeln ist wegen der beständigen Querfurchen auf dem Gesicht nicht auffallend.

Schmerzhafte Erregungen und Empfindungen. – Bei Affen wird der Ausdruck geringen Schmerzes oder irgendeiner schmerzhaften Gemütserregung, wie Kummer, Ärger, Eifersucht usw. nicht leicht von dem eines mäßigen Zornes unterschieden und die Seelenzustände gehen leicht und schnell ineinander über. Indessen wird bei einigen Arten Kummer ganz sicher durch Weinen ausgedrückt. Eine Frau, welche einen Affen, der der Annahme nach von Borneo gekommen war (*Macacus maurus* oder *M. inornatus* Gray), an die zoologische Gesellschaft verkaufte, erzählte, er habe oft geweint. Auch Mr. Bartlett hat ebenso wie der Wärter, Mr. Sutton, es wiederholt gesehen, daß er, wenn er sich härmte oder selbst wenn er sehr bemitleidet wurde, so reichlich weinte, daß ihm die Tränen die Backen herabliefen. Bei diesem Falle liegt indessen doch etwas Fremdartiges vor. Denn zwei später im zoologischen Garten gehaltene Exemplare, welche der Annahme nach zu derselben Spezies gehörten, hat man niemals weinen sehen, obschon sie von dem Wärter und von mir selbst sorgfältig beobachtet wurden, wenn sie sehr in Not waren und laut schrien. Rengger gibt an[12], daß sich die Augen des *Cebus Azarae* mit Tränen füllten, aber doch nicht genug, daß sie überliefen, nämlich dann, wenn er daran gehindert wurde, irgendeinen sehr ersehnten Gegenstand zu erlangen oder wenn er stark erschreckt wurde. Auch Humboldt gibt an, daß sich die Augen des *Callithrix sciureus* „augenblicklich mit Tränen füllen, wenn er von Furcht ergriffen wird". Als aber dieser kleine hübsche Affe im zoologischen Garten so lange geplagt wurde, bis er laut aufschrie, so trat dies doch nicht ein. Ich wünsche indessen nicht, auch nur den allergeringsten Zweifel an der Genauigkeit der Angabe Humboldts zu erregen.

Die Erscheinung der Niedergeschlagenheit bei jungen Orang-Utans und Schimpansen wenn sie krank sind, ist so deutlich und beinahe so ergreifend, wie bei unseren Kindern. Dieser Zustand des Geistes und des Körpers zeigt sich in den verdrossenen Bewegungen, dem niedergeschlagenen Ausdruck, den matten Augen und der veränderten Gesichtsfarbe.

Zorn: – Diese Gemütserregung wird von vielen Arten von Affen häufig dargeboten und, wie Mr. Martin bemerkt[13], auf viele verschiedene Arten ausgedrückt. „Viele Arten strecken, wenn sie gereizt werden, ihre Lippen vor, starren mit einem fixierten und wilden Blick auf ihren Feind und nehmen wiederholte kurze Anläufe, als wenn sie im Begriff wären, vorwärtszuspringen, während sie zu derselben Zeit innerlich gutturale Laute hervorbringen. Viele zeigen ihren Zorn dadurch, daß sie plötzlich vorwärts kommen, plötzliche Anläufe nehmen und zu derselben Zeit den Mund öffnen und die Lippen zusammenziehen, so daß die Zähne verborgen werden, während die Augen keck auf den Feind fixiert werden wie in wilder Herausforderung. Wieder andere und vorzüglich die langschwänzigen Affen, Guenons, zeigen ihre Zähne und begleiten ihr maliziöses Grinsen mit einem scharfen, abrupten, wiederholten Geschrei." Mr. Sutton bestätigt die Angabe, daß einige Arten ihre Zähne entblößen, wenn sie wütend werden, während andere dieselben durch Vorstrecken ihrer Lippen bedecken; einige Arten ziehen ihre Ohren zurück. Der vor kurzem an-

---

[12] Rengger: a.a.O., S.46. Humboldt: Personal Narrative. Engl.Übers., Vol. IV, p.527.
[13] Natural History of Mammalia, 1841, p.351.

geführte *Cynopithecus niger* handelt in dieser Art, drückt zu derselben Zeit den Haarkamm auf seinem Vorderkopf nieder und zeigt seine Zähne, so daß die Bewegungen der Gesichtszüge im Zorn nahezu dieselben sind wie diejenigen in der Freude, und es können die beiden Ausdrucksweisen nur von denjenigen unterschieden werden, welche mit dem Tier vertraut sind.

Paviane zeigen ihre Leidenschaft und drohen ihrem Feind häufig in einer sehr merkwürdigen Weise, nämlich dadurch, daß sie ihren Mund weit öffnen, wie im Akt des Gähnens. Mr. Bartlett hat es oft gesehen wie zwei Paviane, wenn sie in denselben Käfig getan wurden, zuerst einander gegenübersitzen und nun abwechselnd ihren Mund öffnen. Und diese Bewegung scheint häufig in einem wirklichen Gähnen ihr Ende zu nehmen. Mr. Bartlett glaubt, daß beide Tiere einander zu zeigen wünschen, daß sie mit einem furchtbaren Gebiß, wie dies unzweifelhaft der Fall ist, versehen sind. Da ich die Tatsache dieser gähnenden Gebärde kaum für richtig hielt, reizte Mr. Bartlett den alten Pavian und brachte ihn zur heftigen Leidenschaft; fast unmittelbar darauf begann er diese Bewegung. Einige Spezies von *Macacus* und *Cynopithecus*[14] benehmen sich in derselben Art und Weise. Paviane zeigen auch ihren Zorn, wie Brehm an denen beobachtet hat, die er in Abyssinien lebendig hielt, noch in einer anderen Weise, nämlich dadurch, daß sie den Boden mit der einen Hand schlagen „wie ein zorniger Mensch, der mit der Faust auf den Tisch schlägt". Ich habe diese Bewegung bei den Pavianen im zoologischen Garten gesehen. Aber zuweilen scheint diese Handlung eher ausdrücken zu sollen, daß sie einen Stein oder einen anderen Gegenstand in ihrem Strohlager suchen.

Mr. Sutton hat oft beobachtet, wie das Gesicht des *Macacus rhesus* rot wurde, wenn er in Wut geriet. Als er dies gegenüber mir erwähnte, griff ein anderer Affe einen *Rhesus* an, und nun sah ich, daß sich sein Gesicht so deutlich wie bei einem Menschen in einer heftigen Leidenschaft rötete. Im Laufe einiger Minuten, nachdem der Kampf vorüber war, erhielt das Gesicht dieses Affen seine natürliche Farbe wieder. In derselben Zeit, als das Gesicht sich rötete, schien der nackte hintere Teil des Körpers, welcher immer rot ist, noch roter zu werden. Doch kann ich nicht positiv behaupten, daß dies der Fall war. Wenn der Mandrill in irgendeiner Weise gereizt wird, so wird angegeben, daß die brillant gefärbten nackten Teile der Haut noch lebhafter gefärbt werden.

Bei mehreren Arten der Paviane springt die Leiste der Stirn bedeutend über die Augen hervor und ist mit wenig langen Haaren besetzt, die unsere Augenbrauen darstellen. Diese Tiere blicken beständig rund um sich her, und um nach oben sehen zu können, erheben sie ihre Augenbrauen. Es möchte fast scheinen, als hätten sie hierdurch die Gewohnheit erlangt, häufig ihre Augenbrauen zu bewegen. Wie sich dies auch verhalten möge: Viele Arten von Affen besonders die Paviane bewegen, wenn sie zornig oder in irgendeiner Weise gereizt werden, ihre Augenbrauen schnell und unaufhörlich auf und nieder, ebenso wie die behaarte Haut des Vorderkopfes.[15] Da wir beim Menschen das Erheben und Senken der Augenbrauen mit bestimmten Zuständen der Seele assoziieren, so gibt die beinahe unablässige Bewegung der Augenbrauen bei Affen denselben einen sinnlosen Ausdruck. Ich habe einmal einen Mann beobachtet, der die Gewohnheit hatte, fortwährend seine Augenbrauen ohne irgendwelche entsprechende Seelenerregung zu erheben; und dies gab ihm ein närrisches Aussehen. Dasselbe gilt für einige Personen, welche ihre Mundwinkel ein wenig zurück und aufwärts gezogen haben, wie bei einem beginnenden Lächeln, trotzdem sie zu der Zeit weder amüsiert noch vergnügt gestimmt sind.

Ein junger weiblicher Orang-Utan, der von seinem Wärter dadurch eifersüchtig gemacht wurde, daß dieser einem anderen Affen Aufmerksamkeit zuwendete, ließ leicht seine Zähne sehen, stieß ein mürrisches Geräusch ungefähr wie „tisch-schist" aus und drehte ihm den Rücken zu. Sowohl Orang-Utans als auch Schimpansen strecken, wenn sie etwas mehr geärgert werden,

---

[14] Brehm: Tierleben. Bd. 1, S.84. Über Paviane, welche den Boden Schlagen, s. S.61.
[15] Brehm bemerkt (Tierleben, a.a.O., S.68), daß die Augenbrauen des *Jnuus ecaudatus* häufig auf- und niederbewegt werden.

Fünftes Kapitel

ihre Lippen bedeutend vor und bringen ein scharfes bellendes Geräusch hervor. Ein junger weiblicher Schimpanse bot in einer heftigen Leidenschaft eine merkwürdige Ähnlichkeit mit einem Kind in demselben Zustand dar. Er schrie laut mit weit geöffnetem Mund, wobei die Lippen zurückgezogen waren, so daß die Zähne vollständig exponiert waren. Er warf die Arme wild um sich herum, sie zuweilen über dem Kopf zusammenschlagend. Er rollte sich auf dem Boden hin, zuweilen auf dem Rücken, zuweilen auf dem Bauch und biß nach jedem Ding, was er erreichen konnte.[16] Man hat einen jungen Gibbon (*Hylobates syndactylus*) beobachtet, der sich in leidenschaftlicher Erregung fast genau in derselben Art benahm.

Die Lippen junger Orang-Utans und Schimpansen werden unter verschiedenen Umständen zuweilen in wunderbarem Grade vorgestreckt. Sie tun dies nicht bloß, wenn sie leicht verärgert, mürrisch und enttäuscht sind, sondern auch, wenn sie sich über irgend etwas beunruhigen – in einem Falle bei dem Anblick einer Schildkröte[17], – und gleichfalls, wenn sie vergnügt werden. Es ist aber weder der Grad des Vorstreckens noch die Form des Mundes, wie ich glaube, in allen Fällen genau dieselbe; auch sind die Laute, welche dann ausgestoßen werden, verschieden. Die folgende Zeichnung (Fig. 17) stellt einen Schimpansen dar, der dadurch mürrisch gemacht worden war, daß man ihm eine Orange angeboten und dann weggenommen hatte. Ein ähnliches Vorstrecken oder Hängenlassen des Mundes, wenn auch in einem viel unbedeutenderen Grade, kann man bei mürrischen Kindern sehen.

Fig. 17: Schimpanse, enttäuscht und mürrisch.
Nach dem Leben gez. Von Mr. Wood.

---

[16] G. Bennett: Wanderings in New South Wales etc., Vol. II, 1834, p.153.
[17] W. C. Martin: Natur. History of Mamm. Animals, 1841, p.405.

Spezielle Ausdrucksformen der Tiere

Vor vielen Jahren stellte ich im zoologischen Garten einen Spiegel auf die Erde vor den jungen Orang-Utans hin, welche, soweit es bekannt war, niemals vorher einen solchen gesehen hatten. Zuerst starrten sie ihr eigenes Bild mit der stetesten Überraschung an und änderten oft ihren Standpunkt. Dann näherten sie sich dicht dem Bild und streckten ihre Lippen nach ihm hin, als wenn sie es küssen wollten, in genau derselben Weise, wie sie es gegeneinander getan hatten, als sie wenige Tage vorher in ein und dasselbe Zimmer gebracht worden waren. Dann machten sie alle möglichen Grimassen und stellten sich in verschiedenen Stellungen vor dem Spiegel auf, drückten und rieben die Oberfläche, hielten ihre Hände in verschiedener Entfernung hinter denselben, sahen hinter ihn und schienen endlich beinahe erschreckt zu sein, fuhren etwas zurück, wurden unwillig und verweigerten nun, länger hineinzusehen.

Wenn wir versuchen, irgendeine unbedeutende Handlung auszuführen, welche schwierig ist und Präzision erfordert, z.B. wenn wir eine Nadel einfädeln wollen, so schließen wir allgemein unsere Lippen fest, wie ich vermute zum Zweck, unsere Bewegungen nicht durch Atmen zu stören. Und ich bemerkte dieselbe Bewegung bei einem jungen Orang-Utan. Das arme kleine Geschöpf war krank und amüsierte sich damit, zu versuchen, die Fliegen an den Fensterscheiben mit seinen Knöcheln zu töten. Dies war schwierig, da die Fliegen umhersummten; und bei jedem Versuch wurden die Lippen fest geschlossen und in derselben Zeit ein wenig vorgestreckt.

Obschon der Gesichtsausdruck und noch spezieller die Gebärden von Orang-Utans und Schimpansen in mancher Hinsicht in hohem Grade ausdrucksvoll sind, so zweifle ich doch, ob sie im ganzen ebenso ausdrucksvoll sind wie diejenigen einiger anderer Arten von Affen. Dies mag zum Teil dem Umstand zugeschrieben werden, daß ihre Ohren unbeweglich sind, zum Teil der Nacktheit ihrer Augenbrauen, deren Bewegungen hierdurch weniger auffallend werden. Indessen wird, wenn sie ihre Augenbrauen erheben, ihre Stirn wie bei uns quer gefurcht. Im Vergleich mit dem Menschen sind ihre Gesichter ausdruckslos, hauptsächlich infolge des Umstandes, daß sie die Stirn nicht bei jeder Seelenerregung runzeln, d.h. soweit ich imstande gewesen bin zu beobachten, und ich habe dem Punkt sorgfältige Aufmerksamkeit zugewendet. Das Stirnrunzeln, welches eine der bedeutungsvollsten aller Ausdrucksformen bei dem Menschen ist, ist Folge der Zusammenziehung der Corrugatoren, durch welche die Augenbrauen herabgezogen und einander genähert werden, so daß sich auf der Stirn senkrechte Falten bilden. Man gibt freilich an[18], daß der Orang-Utan und Schimpanse diesen Muskel besitzen; er scheint aber nur selten in Tätigkeit versetzt zu werden, wenigstens in einer deutlichen Weise. Ich hielt meine Hände zur Bildung einer Art Gitter zusammen, brachte einige verlockende Früchte hinein und ließ nun einen jungen Orang-Utan und einen Schimpansen ihr Äußerstes versuchen, sie herauszubekommen. Obgleich sie aber ziemlich unwillig wurden, zeigte sich auch nicht eine Spur von Stirnrunzeln. Auch trat kein Stirnrunzeln ein, als sie wütend wurden. Zweimal nahm ich zwei Schimpansen aus ihrem im ganzen dunklen Zimmer plötzlich heraus in hellen Sonnenschein, welches uns mit Sicherheit die Stirn zu runzeln veranlaßt hätte. Sie blinkten und winkten mit ihren Augen, aber nur einmal sah ich ein sehr unbedeutendes Stirnrunzeln. Bei einer anderen Gelegenheit kitzelte ich die Nase eines Schimpansen mit einem Strohhalm, und als das Gesicht leicht runzelig wurde, erschienen auch unbedeutende senkrechte Furchen zwischen den Augenbrauen. Ich habe aber niemals ein Stirnrunzeln bei einem Orang-Utan gesehen.

Gerät der Gorilla in Wut, so wird beschrieben, daß er seinen Haarkamm aufrichte, seine Unterlippe herabhängen lasse, seine Nasenlöcher erweitere und furchtbare Töne ausstoße. Messrs. Savage und Wyman geben an[19], daß die Kopfhaut frei rück- und vorwärts bewegt werden kann und daß sie, wenn das Tier gereizt ist, stark zusammengezogen wird. Ich vermute aber, daß sie

---

[18] Prof. Owen über den Orang-Utan, s. Proceed. Zoolog. Soc., 1830, p.28. Über den Schimpansen s. Prof. MacAlister, in: Ann. and Magaz. of Natur. Hist., Vol. VII, 1871, p.342; derselbe gibt an, daß der Corrugator supercilii von dem Orbicularis palpebrarum nicht zu trennen sei.
[19] Boston Journal of Natur Hist., Vol. V, 1845-47, p.423; über den Schimpansen s. ebd., Vol. IV, 1843-44, p.365.

mit diesem letzteren Ausdruck meinen, daß die Kopfhaut herabgezogen wird. Denn sie sagen gleichfalls vom jungen Schimpansen, daß er, wenn er aufschreit, „die Augenbrauen stark zusammengezogen habe". Die bedeutende Fähigkeit zur Bewegung der Kopfhaut beim Gorilla, vielen Pavianen und anderen Affen verdient in bezug auf den Umstand, daß einige wenige Menschen dieselbe Fähigkeit besitzen, Beachtung; die Fähigkeit, willkürlich die Kopfhaut zu bewegen, ist entweder infolge von Rückschlag eingetreten oder beibehalten worden.

Erstaunen, Schreck: – Eine lebendige Süßwasserschildkröte wurde auf meine Bitte in denselben Behälter mit vielen Affen im zoologischen Garten gestellt. Sie zeigten grenzenloses Erstaunen, einige auch Furcht. Dies zeigte sich dadurch, daß sie bewegungslos und mit weit geöffneten Augen starr herabblickend dasaßen und ihre Augenbrauen oft auf und nieder bewegten. Das Gesicht schien etwas verlängert zu sein. Sie erhoben sich etwas auf ihre Hinterbeine, um einen noch besseren Blick zu gewinnen; auch zogen sie sich häufig wenige Fuß zurück und wendeten dann ihren Kopf über die eine Schulter, wieder starr herunterblickend. Es war merkwürdig zu beobachten, wie viel weniger sie sich vor der Schildkröte fürchteten als vor der lebendigen Schlange, welche ich früher einmal in ihren Behälter getan hatte; denn im Laufe weniger Minuten wagten einige der Affen sich in die Nähe, um die Schildkröte zu berühren. Auf der anderen Seite waren einige der größeren Paviane bedeutend erschreckt und grinsten, als wären sie im Begriff, laut aufzuschreien. Als ich eine kleine angezogene Puppe dem *Cynopithecus niger* zeigte, stand er bewegungslos da, starrte intensiv mit weit geöffneten Augen darauf hin und bewegte seine Ohren ein wenig vorwärts. Als aber die Schildkröte in seinen Käfig gebracht wurde, bewegte auch dieser Affe seine Lippen in einer merkwürdigen, schnell schnatternden Weise, von welcher der Wärter meinte, es solle die Schildkröte versöhnen und ihr gefallen.

Ich bin niemals imstande gewesen, deutlich wahrzunehmen, daß die Augenbrauen erstaunter Affen permanent in die Höhe gehoben, obschon sie häufig auf und nieder bewegt wurden. Aufmerksamkeit, welche dem Erstaunen vorausgeht, wird vom Menschen durch ein leichtes Erheben der Augenbrauen ausgedrückt. Dr. Duchenne teilt mir mit, daß wenn er dem früher erwähnten Affen einige vollständig neue Eßwaren gab, er seine Augenbrauen ein wenig in die Höhe hob und hierdurch das Ansehen größerer Aufmerksamkeit erhielt. Dann nahm er die Speise in seine Finger und kratzte, beroch und untersuchte sie mit herabgesenkten oder geradlinigen Augenbrauen, wodurch sich ein Ausdruck der Überlegung darstellte. Zuweilen warf er seinen Kopf ein wenig zurück, untersuchte dann mit plötzlich emporgehobenen Augenbrauen nochmals und kostete endlich die Nahrung.

In keinem einzigen Falle hielt irgendein Affe seinen Mund, während er erstaunt war, offen. Mr. Sutton beobachtete meinetwegen einen jungen Orang-Utan und einen Schimpansen während einer beträchtlich langen Zeit, und so viel sie auch erstaunt sein mochten oder wenn sie mit noch so intensiver Aufmerksamkeit auf irgendeinen fremdartigen Laut hörten, so hielten sie doch ihren Mund nicht offen. Diese Tatsache ist überraschend, da beim Menschen kaum irgendein Ausdruck allgemeiner ist, als ein weit geöffneter Mund im Gefühl des Erstaunens. So viel ich imstande gewesen bin zu beobachten, atmen Affen stärker durch ihre Nasenlöcher als es die Menschen tun; und dies dürfte erklären, daß sie, wenn sie erstaunt sind, ihren Mund nicht öffnen. Denn wie wir in einem späteren Kapitel sehen werden, handelt der Mensch, wenn er erstaunt ist, allem Anschein nach in dieser Weise zuerst zum Zweck, schnell eine volle Inspiration zu erhalten und später, um so ruhig wie möglich zu atmen.

Schreck wird von vielen Arten von Affen durch das Ausstoßen schriller Schreie ausgedrückt. Die Lippen werden zurückgezogen, so daß die Zähne exponiert sind. Das Haar wird aufgerichtet, besonders wenn gleichzeitig etwas Zorn gefühlt wird. Mr. Sutton hat das Gesicht des *Macacus rhesus* aus Furcht deutlich erbleichen sehen. Affen zittern auch aus Furcht und zuweilen entleeren sie ihre Exkremente. Ich habe einen gesehen, der als er gefangen wurde, beinahe im Übermaß des Schrecks in Ohnmacht fiel.

Es sind nun in bezug auf die Ausdrucksweise verschiedener Tiere hinreichende Tatsachen mitgeteilt worden. Unmöglich kann man mit Sir Ch. Bell übereinstimmen, wenn er sagt[20], daß „die Gesichter der Tiere hauptsächlich fähig zu sein scheinen, Furcht auszudrücken", und ferner, wenn er sagt, daß alle ihre Ausdrucksweisen „mehr oder weniger deutlich entweder auf ihre Willensakte oder notwendig erscheinenden Instinkte bezogen werden können". Wer einen Hund beobachtet, der sich vorbereitet, einen anderen Hund oder einen Menschen anzugreifen, und dann dasselbe Tier, wenn es seinen Herrn liebkost, oder wer den Gesichtsausdruck eines Affen betrachtet, wenn er insultiert, und dann, wenn er von seinem Wärter gehätschelt wird, wird zur Annahme geneigt sein, daß die Bewegungen ihrer Gesichtszüge und ihrer Gebärden beinahe so ausdrucksvoll sind wie die des Menschen. Obgleich von einigen der Ausdrucksformen bei niederen Tieren keine Erklärung gegeben werden kann, so ist doch die größere Zahl derselben in Übereinstimmung mit den drei am Anfang des ersten Kapitels angeführten Prinzipien erklärbar.

---

[20] Anatomy of Expression. 3. edit., 1844, p.138, 121.

Sechstes Kapitel

Spezielle Ausdruckweisen beim Menschen: Leiden und Weinen

Das Schreien und Weinen kleiner Kinder – Form der Gesichtszüge – Alter, in welchem das Weinen beginnt – Die Wirkungen gewohnheitsmäßigen Unterdrückens des Weinens – Schluchzen – Ursache der Zusammenziehung der Muskeln rings um das Auge während des Schreiens – Ursache der Tränenabsonderung

In diesem und den folgenden Kapiteln sollen die vom Menschen in verschiedenen Seelenzuständen dargebotenen Ausdrucksweisen beschrieben und erklärt werden, soweit es in meiner Macht liegt. Meine Beobachtungen sind in der Ordnung zusammengestellt, welche ich für die zweckmäßigste gefunden habe; diese wird allgemein zu entgegengesetzten Erregungen und Empfindungen führen, die aufeinanderfolgen.

Leiden des Körpers und der Seele, Weinen: – Ich habe bereits mit hinreichenden Einzelheiten im dritten Kapitel die Zeichen äußersten Schmerzes beschrieben, wie sie sich durch Schreien und Stöhnen, durch ein Winden des ganzen Körpers und durch das Zusammenschlagen oder Knirschen der Zähne darstellen. Diese Zeichen werden häufig von profusem Schwitzen, Erblassen, Zittern, äußerstem Abgespanntsein oder Ohnmacht begleitet, oder diese Zustände folgen jenen. Kein Leiden ist größer als das infolge äußerster Furcht oder höchsten Schauders; hier kommt aber eine besondere Erregung noch ins Spiel, die später an anderem Orte betrachtet werden wird. Lang andauerndes Leiden besonders des Geistes geht in trübe Stimmung, Kummer, Niedergeschlagenheit und Verzweiflung über, und dieser Zustand wird den Gegenstand des folgenden Kapitels bilden. Hier werde ich mich beinahe ganz auf das Weinen oder Schreien besonders bei Kindern beschränken.

Wenn kleine Kinder selbst geringen Schmerz erdulden, mäßigen Hunger oder Kummer leiden, so werden heftige und anhaltende Schreie ausgestoßen. Während sie in dieser Weise schreien, werden die Augen fest geschlossen, so daß die Haut rings um sie gefaltet und die Stirn zu einem Runzeln zusammengezogen ist. Der Mund ist weit geöffnet und die Lippen sind in einer eigentümlichen Art und Weise zurückgezogen, welche dem Mund eine viereckige Form gibt. Das Zahnfleisch oder die Zähne sind dabei mehr oder weniger exponiert. Der Atem wird beinahe krampfhaft eingezogen. Es ist leicht, kleine Kinder während des Schreiens zu beobachten. Ich habe aber Photographien, welche durch den Prozeß des augenblicklichen Lichtbildens gemacht wurden, als das beste Mittel zur Beobachtung erkannt, da es eingehendere Untersuchung gestattet. Ich habe zwölf davon gesammelt, von denen die meisten ausdrücklich für mich angefertigt wurden. Sie bieten alle dieselben allgemeinen charakteristischen Momente dar. Sechs von ihnen sind auf der nachfolgenden Seite mit den sechs Photographien von Kindern zu sehen.[1]

---

[1] Die besten Photographien in meiner Sammlung sind die von Mr. Rejlander, Victoria Street, London, und von Herrn Kindermann in Hamburg. Die Bilder 1, 3, 4 und 6 sind von dem ersteren, Bilder 2 und 5 von dem letzteren. Bild 6 ist gegeben worden, um das mäßige Weinen bei einem älteren Kind zu zeigen.

Spezielle Ausdrucksformen beim Menschen: Leiden und Weinen

Das feste Schließen der Augenlider und die infolge davon eintretende Kompression des Augapfels – und dies ist ein äußerst bedeutungsvolles Moment bei verschiedenen Ausdrucksweisen – dienen dazu, die Augen davor zu schützen, daß sie zu sehr mit Blut überfüllt werden, wie sofort im Detail erklärt werden soll. In bezug auf die Reihenfolge, in welcher sich die verschiedenen Muskeln zusammenziehen, um die Augen fest zusammenzudrücken, bin ich Dr. Langstaff aus Southampton für einige Beobachtungen, die ich seit der Zeit wiederholt habe, zu Dank verpflichtet. Die beste Art, diese Ordnung zu beobachten, ist: eine Person zuerst ihre Augenbrauen erheben (dies erzeugt Furchen quer über die ganze Stirn) und dann allmählich alle die Muskeln rund um das Auge mit so viel Kraft wie nur möglich zusammenziehen zu lassen. Der Leser, welcher mit der Anatomie des Gesichts nicht bekannt ist, sollte sich hier Seite 1181 und 1182 mit den Holzschnitten 1-3 ansehen. Die Augenbrauenrunzler, *corrugator supercilii*, scheinen die ersten Muskeln zu sein, welche sich zusammenziehen; sie ziehen die Augenbrauen nach unten und innen der Basis der Nase zu und verursachen senkrechte Furchen, d. h. also ein Stirnrunzeln, welches zwischen den Augenbrauen erscheint. Zu derselben Zeit verursachen sie das Verschwinden der über die ganze Stirn wegziehenden Querfurchen. Die kreisförmigen Muskeln ziehen sich beinahe gleichzeitig mit den Augenbrauenrunzlern zusammen und rufen Furchen ganz rings um das Auge hervor. Sie scheinen indessen einer Zusammenziehung mit größerer Kraft fähig zu sein, sobald die Zusammenziehung der Augenbrauenrunzler ihnen einen gewissen Stützpunkt gegeben hat. Zuletzt ziehen sich die Pyramidenmuskeln der Nase zusammen. Sie ziehen die Augenbrauen und die Haut der Stirn noch tiefer herab und erzeugen kurze Querfurchen über die Basis der Nase.[2] Der Kürze wegen werden

---

[2] Henle (Handbuch der systemat. Anat., Bd. 1, 1858, S.139) stimmt mit Duchenne darin überein, daß dies die Wirkung der Zusammenziehung des *Pyramidalis nasi* ist.

Sechstes Kapitel

diese Muskeln allgemein als die Kreismuskeln oder als diejenigen, welche das Auge umgeben, erwähnt werden.

Wenn diese Muskeln stark zusammengezogen werden, so ziehen sich auch diejenigen, welche nach der Oberlippe zulaufen[3], zusammen und erheben die Oberlippe. Dies hätte sich wegen der Art und Weise, in welcher wenigstens einer derselben, der *Malaris*, mit den kreisförmigen Muskeln in Zusammenhang steht, erwarten lassen. Ein jeder, welcher allmählich die Muskeln rings um seine Augen zusammenziehen will, wird in dem Maße, wie er die Kraft verstärkt, fühlen, daß seine Oberlippe und seine Nasenflügel (welche zum Teil von einem jener Muskeln beeinflußt werden) beinahe immer ein wenig in die Höhe gezogen werden. Wenn er seinen Mund fest schließt, während er die Muskeln rings um das Auge zusammenzieht, und dann plötzlich seine Lippen erschlafft, so wird er fühlen, daß der Druck auf sein Auge sich sofort verstärkt. Wenn ferner eine Person an einem hellen, blendenden Tag auf einen entfernten Gegenstand hinzusehen wünscht, sie aber gezwungen ist, teilweise ihre Augenlider zu schließen, so wird beinahe immer zu beobachten sein, daß sie die Oberlippe etwas erhebt. Der Mund mancher sehr kurzsichtigen Personen, welche beständig gezwungen sind, die Öffnung ihrer Augen etwas zu verkleinern, erhält aus dieser selben Ursache einen grinsenden Ausdruck.

Das Erheben der Oberlippe zieht das Fleisch auf den oberen Teilen der Wangen in die Höhe und bewirkt hierdurch eine stark markierte Falte auf jeder Wange – die Nasenlippenfalte – welche von der Nähe der Nasenflügel zu den Mundwinkeln und noch unter dieselben hinabläuft. Diese Falte oder Furche ist in allen den Photographien von weinenden Kindern zu sehen und ist für den Ausdruck eines solchen sehr charakteristisch, obschon eine nahezu ähnliche Falte im Akt des Lachens oder Lächelns gebildet wird.[4]

Da die Oberlippe während des Aktes des Schreiens in der eben erklärten Weise sehr in die Höhe gezogen wird, so werden die die Mundwinkel herabziehenden Muskeln (siehe K in Holzschnitt 1 und 2) stark zusammengezogen, um den Mund weit offenzuhalten, so daß ein starker

---

[3] Es bestehen dieselben aus dem *Levator labii superioris alaeque nasi*, dem *Levator labii proprius*, dem *Malaris*, und dem *Zygomaticus minor* oder kleinen Jochbeinmuskel. Dieser letztere Muskel liegt parallel mit dem großen Jochbeinmuskel und oberhalb desselben und heftet sich an den äußeren Teil der Oberlippe. Er ist in Fig. 2, (S.1181), aber nicht in Fig. 1 und 3 dargestellt. Dr. Duchenne wies zuerst (Mécanisme de la Physion. Hum., Album, 1862, p.39) die Bedeutung der Zusammenziehung dieses Muskels in bezug auf die beim Schreien angenommene Form des Gesichtes nach. Henle betrachtet die oben genannten Muskeln (mit Ausnahme des *Malaris*) als Unterabteilungen des *Quadratus labii superioris*.

[4] Obgleich Dr. Duchenne die Zusammenziehung der verschiedenen Muskeln während des Aktes des Weinens und die dadurch hervorgebrachten Furchen im Gesicht so sorgfältig studiert hat, so scheint doch in seiner Schilderung noch irgend etwas unvollständig zu sein; was dies aber ist, kann ich nicht sagen. Er hat eine Abbildung gegeben (Album, Fig. 48), in welcher die eine Hälfte des Gesichts durch Galvanisierung der gehörigen Muskeln lächelnd gemacht worden ist, während in der anderen Hälfte auf ähnliche Weise der Beginn des Weinens dargestellt ist. Beinahe alle diejenigen (nämlich neunzehn unter einundzwanzig Personen), denen ich die lächelnde Hälfte des Gesichts zeigte, erkannten augenblicklich den Ausdruck; aber mit Bezug auf die andere Hälfte erkannten nur sechs unter einundzwanzig Personen deren Ausdruck, d. h. wenn ich solche Ausdrücke, wie „Kummer", „Elend", Ärgerlichkeit" für korrekt nehme, während fünfzehn Personen sich äußerst komisch irrten. Einige sagten, das Gesicht drücke „Witz", „Befriedigung", „Schlauheit", „Abscheu" usw. aus. Wir können hieraus schließen, daß irgend etwas in dem Ausdruck unrichtig ist. Einige von diesen fünfzehn Personen dürften indessen zum Teil dadurch irregeführt worden sein, daß sie nicht erwarteten, einen alten Mann weinen zu sehen, und daß keine Tränen abgesondert wurden. Was eine andere Figur des Dr. Duchenne (Fig. 49) betrifft, in welcher die Muskeln der einen Gesichtshälfte der Art galvanisiert wurden, daß der Beginn des Weinens dargestellt wird, während gleichzeitig die Augenbrauen derselben Seite schräg gestellt sind, was für „Elend" charakteristisch ist, so wurde der Ausdruck von einer verhältnißmäßig größeren Zahl von Personen erkannt. Unter dreiundzwanzig Personen antworteten vierzehn ganz richtig: „Kummer", „Unglück", Trauer", „gerade vor dem Ausbruch des Weinens", „Erdulden von Schmerzen" usw. Andererseits konnten neun Personen entweder gar keine Ansicht sich bilden oder waren vollständig im Irrtum und antworteten: „schlauer Blick", „Vergnügen", „Sehen in intensives Licht", „Sehen auf einen entfernten Gegenstand" usw.

und voluminöser Laut ausgestoßen werden kann. Die Tätigkeit dieser einander entgegenstehenden Muskeln oben und unten strebt dem Mund eine oblonge fast viereckige Kontur zu geben, wie man in den vorangehenden Photographien sehen kann. Ein ausgezeichneter Beobachter[5] sagt bei der Beschreibung eines kleinen Kindes, welches während des Fütterns schrie: „Es bildete seinen Mund zu einem Viereck und ließ die Suppe aus allen vier Ecken herauslaufen." Ich bin der Ansicht – doch werden wir auf diesen Punkt in einem späteren Kapitel zurückkommen – daß die die Mundwinkel herabziehenden Muskeln weniger unter der besonderen Kontrolle des Willens stehen als die angrenzenden Muskeln, so daß wenn ein kleines Kind nur zweifelhaft geneigt ist, zu schreien, dieser Muskel allgemein der erste ist, welcher sich zusammenzieht, und der letzte, welcher aufhört zusammengezogen zu sein. Wenn ältere Kinder anfangen zu weinen, so sind die Muskeln, welche zur Oberlippe laufen, häufig die ersten, welche sich zusammenziehen. Dies ist vielleicht eine Folge davon, daß ältere Kinder keine so starke Neigung haben, laut aufzuschreien und infolgedessen ihren Mund weit offenzuhalten, so daß die eben genannten herabziehenden Muskeln in keine so heftige Tätigkeit versetzt werden.

Bei einem meiner eigenen Kinder beobachtete ich von seinem achten Tage an und einige Zeit später noch, daß das erste Zeichen eines Schreianfalls, wenn ein solcher in seinem allmählichen Eintritt beobachtet werden konnte, ein unbedeutendes Stirnrunzeln war infolge der Zusammenziehung der Augenbrauenrunzler. Die Kapillargefäße der nackten Kopf- und Gesichtshaut wurden zu derselben Zeit mit Blut gerötet. Sobald der Schreianfall faktisch begann, wurden alle Muskeln rings um die Augen heftig zusammengezogen und der Mund in der oben beschriebenen Weise weit geöffnet, so daß die Gesichtszüge in dieser früheren Periode dieselbe Form annahmen wie in einem etwas vorgeschritteneren Alter.

Dr. Piderit[6] legt auf die Zusammenziehung gewisser Muskeln großes Gewicht, welche die Nase herabziehen und die Nasenlöcher verengen und welche für den weinenden Ausdruck ganz besonders charakteristisch sein sollen. Die *Depressores anguli* oris werden, wie wir eben gesehen haben, gewöhnlich in derselben Zeit zusammengezogen und streben dann indirekt, den Angaben von Dr. Duchenne zufolge, in derselben Weise auf die Nase zu wirken. Bei Kindern, welche heftigen Schnupfen haben, läßt sich ein ähnliches zusammengekniffenes Aussehen der Nase beobachten, welches, wie Dr. Langstaff mir gegenüber bemerkte, Folge ihres beständigen Schnüffelns und des davon abhängigen Druckes der Atmosphäre auf die beiden Seiten ist. Der Zweck dieser Zusammenziehung der Nasenlöcher bei Kindern, welche Schnupfen haben oder während sie schreien, scheint der zu sein, das Herabfließen des Schleimes und der Tränen zu hemmen und das Ausströmen dieser Flüssigkeiten über die Oberlippe zu verhindern.

Nach einem lang andauernden und heftigen Schreianfall sind die Kopfhaut, das Gesicht und die Augen gerötet infolge davon, daß das Blut nun, wegen der heftigen exspiratorischen Anstrengungen, von dem Kopf zurückzufließen verhindert wurde. Aber die Röte der gereizten Augen ist hauptsächlich Folge des reichlichen Vergießens von Tränen. Die verschiedenen Muskeln des Gesichts, welche stark zusammengezogen worden waren, zucken noch immer ein wenig, die Oberlippe ist noch etwas in die Höhe gezogen oder umgebogen[7] und die Mundwinkel etwas nach abwärts gezogen. Ich habe es selbst gefühlt und es bei anderen erwachsenen Personen beobachtet, daß wenn Tränen mit Schwierigkeit zurückgedrängt werden, wie beim Lesen einer tragischen Geschichte, es beinahe unmöglich ist, zu verhindern, daß die verschiedenen Muskeln, welche bei jungen Kindern während ihrer Schreianfälle in heftige Tätigkeit versetzt werden, leicht zucken oder zittern.

Kleine Kinder vergießen, solange sie noch sehr jung sind, keine Tränen oder weinen nicht, wie es Wärterinnen und Ärzten wohlbekannt ist. Dieser Umstand ist nicht ausschließlich Folge

---

[5] Mrs. Gaskell: „Mary Barton", New. edit., p.84.
[6] Mimik und Physiognomik, 1867, S.102. Duchenne: Mécanisme de la Physion. Hum., Album, p.34.
[7] Dr. Duchenne macht diese Bemerkung, ebd., p.39.

Sechstes Kapitel

davon, daß die Tränendrüsen noch nicht fähig wären, Tränen abzusondern. Ich beobachtete diese Tatsache zuerst, als ich zufällig mit dem Aufschlag meines Rockes das offene Auge eines meiner Kinder gerieben hatte, als es 77 Tage alt war. Dies verursachte ein reichliches Erfüllen des Auges mit Wasser, und obschon das Kind heftig schrie, blieb das andere Auge trocken oder wurde nur leicht mit Tränen unterlaufen. Ein ähnlicher unbedeutender Erguß trat zehn Tage früher in beiden Augen während eines Schreianfalls ein. Die Tränen liefen nicht über die Augenlider und die Backen bei diesem Kind herab, als es im Alter von 122 Tagen heftig schrie. Dies trat zuerst 17 Tage später ein im Alter von 139 Tagen. Einige wenige andere Kinder sind für mich beobachtet worden; es stellte sich heraus, daß die Periode, wo reichliches Weinen eintritt, sehr variabel zu sein scheint. In einem Fall wurden die Augen leicht wässerig im Alter von nur 20 Tagen, in einem anderen in dem von 62 Tagen. Bei zwei anderen Kindern liefen die Tränen nicht über das Gesicht herab im Alter von 84 und 110 Tagen, aber bei einem dritten Kind liefen sie schon im Alter von 104 Tagen über die Wangen herab. Wie mir positiv versichert wurde, liefen in einem Fall Tränen in dem ungewöhnlich frühen Alter von 42 Tagen über das Gesicht. Es möchte scheinen, als ob die Tränendrüsen in den Individuen etwas Übung erforderten, ehe sie leicht zur Tätigkeit erregt werden können, in ziemlich derselben Art und Weise, wie verschiedene angeerbte konsensuelle Bewegungen und Geschmacksformen eine gewisse Übung erfordern, ehe sie fixiert und vollkommen werden. Dies ist umso wahrscheinlicher bei einer Gewohnheit wie der des Weinens, welche von einer Periode an erlangt worden sein muß, in welcher der Mensch von dem gemeinsamen Urerzeuger der Gattung *Homo* und der nicht weinenden anthropomorphen abgezweigt wurde.

Die Tatsache, daß Tränen in einem sehr frühen Alter nicht aus Schmerz oder irgendeiner geistigen Erregung vergossen werden, ist merkwürdig, da im späteren Leben keine Ausdrucksform allgemeiner oder schärfer ausgeprägt ist als das Weinen. Ist die Gewohnheit einmal von einem Kind erlangt worden, so drückt es in der deutlichsten Art und Weise Leiden aller Arten, sowohl körperlichen Schmerz als auch geistiges Unglück, selbst wenn es von anderen Erregungen wie Furcht oder Wut begleitet wird, durch Weinen aus. Indessen ist der Charakter des Weinens in einem sehr frühen Alter verschieden; wie ich bei meinen eigenen Kindern beobachtet habe: – leidenschaftliches Schreien ist verschieden von dem Weinen vor Kummer. Eine Dame teilt mir mit, daß ihr neun Monate altes Kind laut aufschreit aber nicht weint, wenn es in Leidenschaft gerät. Es vergießt aber Tränen, wenn es dadurch bestraft wird, daß man seinen Stuhl mit dem Rücken nach dem Tische zu umdreht. Diese Verschiedenheit kann vielleicht dem Umstand zugeschrieben werden, daß das Weinen in einem vorgeschritteneren Alter, wie wir sofort sehen werden, in den meisten Fällen mit Ausnahme des Kummers unterdrückt wird, aber auch dem anderen Umstand, daß die Fähigkeit eines solchen Zurückdrängens auf eine frühere Lebensperiode überliefert wird als auf die, in welcher es zum ersten Mal ausgeübt wurde.

Bei Erwachsenen und besonders denen des männlichen Geschlechts hört das Weinen bald auf, durch körperlichen Schmerz verursacht zu werden oder solchen auszudrücken. Dies kann dadurch erklärt werden, daß es für schwächlich und unmännlich gehalten wird, wenn Männer, sowohl zivilisierter als auch barbarischer Rassen, körperlichen Schmerz durch irgendwelche äußerliche Zeichen zu erkennen geben. Mit dieser Ausnahme weinen Wilde aus sehr unbedeutenden Ursachen reichlich, für welche Tatsache Sir J. Lubbock[8] Beispiele gesammelt hat. Ein Neuseeländerhäuptling „weinte wie ein Kind, weil die Matrosen seinen Lieblingsmantel mit Mehl gepudert hatten." Ich sah auf Feuerland einen Eingeborenen, welcher vor kurzem einen Bruder verloren hatte, der abwechselnd mit hysterischer Heftigkeit weinte und dann wieder über irgend etwas, was ihn amüsierte, herzlich lachte. Auch bei zivilisierten Nationen Europas besteht in der Häufigkeit des Weinens ein großer Unterschied. Engländer weinen selten, ausge-

---

[8] The Origin of Civilization, 1870, p.355.

nommen unter dem Druck des heftigsten Kummers, während in einigen Teilen des Kontinents die Menschen viel leichter und reichlicher Tränen vergießen.

Geisteskranke geben bekanntlich allen ihren Gemütserregungen mit nur geringer oder gar keiner Zurückhaltung nach; Dr. J. Crichton Browne hat mir nun mitgeteilt, daß für einfache Melancholie selbst im männlichen Geschlecht nichts charakteristischer ist, als eine Neigung zu weinen bei der allergeringsten Veranlassung oder auch aus gar keiner Ursache. Sie weinen auch ganz unverhältnismäßig beim Eintritt irgendeiner wirklichen Ursache des Kummers. Die Länge der Zeit, durch welche manche Patienten weinen, ebenso die Menge von Tränen, welche sie vergießen, ist zuweilen staunenerregend. Ein melancholisches Mädchen weinte einen ganzen Tag und gestand Dr. Browne später, daß es geschehen sei, weil sie sich erinnerte, daß sie früher einmal ihre Augenbrauen rasiert habe, um deren Wachstum zu befördern. Viele Patienten in der Anstalt sitzen eine lange Zeit da, sich beständig vorwärts und rückwärts bewegend, „und wenn man sie anredet, hören sie in ihren Bewegungen auf, ziehen ihre Augen zusammen, drücken ihre Mundwinkel herab und brechen in Weinen aus". In einigen dieser Fälle scheint der Angeredete oder freundlich Gegrüßte sich irgendeine eingebildete oder traurige Idee vor die Seele zu führen; aber in anderen Fällen regt ein Anstoß jeder Art, ganz unabhängig von irgendeiner kummervollen Idee, das Weinen an. Auch Patienten, welche an akuter Manie leiden, haben Paroxysmen von heftigem Weinen mitten in ihren unzusammenhängenden Rasereien. Wir dürfen indessen auf das reichliche Tränenvergießen bei Geisteskranken, als eine Folge des Mangels jeder Zurückhaltung, nicht zuviel Gewicht legen; denn gewisse Gehirnkrankheiten wie Hemiplegie, Hirnschwund und Marasmus haben eine spezielle Neigung, Weinen zu veranlassen. Das Weinen bei Geisteskranken ist ganz allgemein, selbst nachdem ein Zustand völliger Blödsinnigkeit erreicht worden und das Vermögen der Sprache verloren ist. Auch blödsinnig geborene Personen weinen.[9] Man sagt aber, daß es bei Kretins nicht der Fall ist.

Das Weinen scheint, wie wir bei Kindern sehen, die ursprüngliche und natürliche Ausdrucksform für Leiden irgendwelcher Art zu sein, mag es körperlicher Schmerz, der nur wenig der äußersten Agonie nachsteht, oder geistiges Unglück sein. Aber die vorstehend erwähnten Tatsachen und die gewöhnliche Erfahrung zeigt uns, daß eine häufig wiederholte Anstrengung, das Weinen zu unterdrücken, in Verbindung mit gewissen Seelenzuständen sehr wirksam ist, die Gewohnheit zu unterbrechen. Andererseits scheint es fast, als könne das Vermögen zu weinen durch Gewohnheit verstärkt werden. So behauptet Mr. B. Taylor[10], welcher lange in Neuseeland lebte, daß die Frauen dort willkürlich Tränen im Überfluß vergießen können. Sie kommen zu diesem Zweck, um die Toten dadurch zu beklagen, zusammen und setzen ihren Stolz darein, „in der ergreifendsten Weise zu weinen".

Ein einzelner Versuch des Zurückhaltens, auf die Tränendrüsen hingeleitet, scheint wenig zu tun und geradezu zu einem entgegengesetzten Resultat zu führen. Ein alter und erfahrener Arzt hat mir erzählt, daß er immer gefunden habe, wie das einzige Mittel, das gelegentlich bittere Weinen von Damen aufzuhalten, welche ihn um Rat fragten und selbst wünschten aufhören zu können, gewesen sei, sie zu bitten, dies nicht zu versuchen, und ihnen zu versichern, daß sie nichts mehr trösten würde, als lang anhaltendes reichliches Weinen.

Das Schreien kleiner Kinder besteht in lang anhaltendem Ausatmen mit kurzen rapiden, beinahe krampfhaften Inspirationen, dem in etwas vorgeschrittenerem Alter Schluchzen folgt. Der Angabe Gratiolets zufolge[11] ist während des Aktes des Schluchzens hauptsächlich die Stimmritze affiziert. Es wird dieser Laut gehört „im Augenblick, wenn die Inspiration den Widerstand der Stimmritze überwindet und die Luft in dieselbe hineinfährt". Es ist aber auch der ganze Akt der

---

[9] S. z.B. Mr. Marshalls Beschreibung eines Blödsinnigen, in: Philos.Transact., 1864, p.526. In bezug auf Kretins vgl. Piderit: Mimik und Physiognomik, 1867, S.61.
[10] New Zealand and its Inhabitants, 1855, p.175.
[11] De la Physionomie, 1865, p.126.

Atmung krampfhaft und heftig. Die Schultern werden zu derselben Zeit meist gehoben, da durch diese Bewegung das Atemholen erleichtert wird. Bei einem meiner Kinder waren, als es siebenundsiebzig Tage alt war, die Inspirationen so schnell und heftig, daß sie sich dem Charakter des Schluchzens näherten. Als es 138 Tage alt war, bemerkte ich zuerst entschiedenes Schluchzen, welches später jedem schlimmen Weinanfall folgte. Die Atembewegungen sind zum Teil willkürlich, zum Teil unwillkürlich, und ich vermute, daß das Schluchzen wenigstens zum Teil davon herrührt, daß die Kinder nach der frühesten Kindheit eine gewisse Fähigkeit haben, ihre Stimmorgane zu beherrschen und ihr Schreien zu unterbrechen. Da sie aber über ihre Respirationsmuskeln weniger Gewalt haben, so fahren diese eine Zeitlang fort, sich in einer willkürlichen und krampfhaften Art und Weise noch zusammenzuziehen, nachdem sie einmal in heftige Tätigkeit versetzt worden waren. Das Schluchzen scheint dem Menschen eigentümlich zu sein, denn die Wärter im zoologischen Garten versichern mir, daß sie niemals bei irgendeiner Art von Affen ein Schluchzen gehört haben, obschon Affen häufig laut schreien, während sie gejagt und gefangen werden und dann eine Zeit lang keuchen. Wir sehen hieraus, daß zwischen dem Schluchzen und dem reichlichen Vergießen von Tränen eine strenge Analogie besteht; denn bei Kindern beginnt das Schluchzen nicht während der frühesten Kindheit, tritt aber später ziemlich plötzlich ein und folgt dann jedem heftigen Weinanfall, bis die Gewohnheit mit den fortschreitenden Jahren abgelegt wird.

Über die Ursache der Zusammenziehung der rings um das Auge gelegenen Muskeln während des Schreiens: – Wir haben gesehen, daß neugeborene und junge Kinder, während sie schreien, ausnahmslos ihre Augen fest schließen und zwar durch die Zusammenziehung der umgebenden Muskeln, so daß die Haut rings herum in Falten gelegt wird. Bei älteren Kindern und selbst bei Erwachsenen läßt sich, sooft ein heftiges und nicht zurückgehaltenes Weinen eintritt, eine Neigung zur Zusammenziehung dieser selben Muskeln beobachten; doch wird dieselbe häufig gehemmt, um das Sehen nicht zu stören.

Sir Ch. Bell erklärt[12] diese Handlung in der folgenden Weise: „Während eines jeden heftigen Respirationsaktes, mag es beim herzlichen Lachen oder beim Weinen, Niesen oder Husten sein, wird der Augapfel durch die Fasern des Ringmuskels fest zusammengedrückt, und dies ist eine Einrichtung, um das Gefäßsystem des Inneren des Auges vor einem rückläufigen Anstoß, welcher dem Blut in derselben Zeit in den Venen mitgeteilt wird, zu hüten und es zu schützen. Wenn wir den Brustkasten zusammenziehen und die Luft austreiben, so tritt in den Venen des Halses und des Kopfes eine Verlangsamung des Blutes ein; und in den kraftvolleren Akten der Ausstoßung dehnt das Blut nicht bloß die Gefäße aus, sondern wird sogar in die kleineren Zweige zurückgetrieben. Wäre das Auge zu solchen Zeiten nicht gehörig zusammengedrückt und würde dem Stoß kein Widerstand geleistet, so könnte den zarten Geweben im Inneren des Auges ein nicht wieder gut zu machender Schaden zugefügt werden." Er bemerkt ferner, „wenn wir die Augenlider eines Kindes voneinander ziehen, um das Auge zu untersuchen, während es schreit und vor Leidenschaft um sich schlägt, so wird die Bindehaut plötzlich mit Blut gefüllt und die Augenlider umgewendet, weil dem Gefäßsystem des Auges nun die natürliche Stütze und das Mittel genommen wird, sich gegen den plötzlichen Zufluß von Blut zu bewahren."

Es werden die Muskeln rings um das Auge nicht bloß, wie Sir Ch. Bell angibt und ich selbst häufig beobachtet habe, während des Schreiens, lauten Lachens, Hustens und Niesens heftig zusammengezogen, sondern auch während mehrerer anderer analoger Handlungen. Schnaubt sich ein Mensch heftig durch die Nase, so zieht er dieselben Muskeln zusammen. Ich bat einen meiner Knaben, so laut wie er möglicherweise konnte, zu schreien und sobald er begann, zog er seine Kreismuskeln fest zusammen. Ich beobachtete dies wiederholt und als ich ihn fragte,

---

[12] The Anatomy of Expression, 1844, p.106. S. auch seinen Aufsatz in den Philosophical Transactions, 1822, p.284, ebd., 1823, p.166 und 289. Vgl. auch: The Nervous System of the Human Body. 3. edit., 1836, p.175.

warum er jedesmal seine Augen so fest geschlossen hätte, bemerkte ich, daß er sich der Tatsache nicht bewußt war; er hatte instinktiv oder unbewußt so gehandelt.

Um zu der Zusammenziehung dieser Muskeln zu gelangen, ist es nicht nötig, daß wirklich Luft aus der Brust ausgetrieben wird. Es genügt schon, die Muskeln der Brust und des Bauches mit großer Kraft zusammenzuziehen, während durch den Verschluß der Stimmritze keine Luft austreten kann. Bei heftigem Erbrechen oder Würgen wird das Zwerchfell dadurch veranlaßt, herabzutreten, daß der Brustkasten mit Luft gefüllt wird. Es wird dann durch den Verschluß der Stimmritze ebenso wie durch „die Zusammenziehung seiner eigenen Fasern"[13] in dieser Lage gehalten. Die Bauchmuskeln ziehen sich nun heftig über dem Magen zusammen; die eigenen Muskeln dieses kontrahieren sich gleichfalls, und der Inhalt wird dann hierdurch ausgeworfen. Während jeden Versuchs zum Erbrechen „wird der Kopf bedeutend mit Blut erfüllt, so daß das Gesicht rot und geschwollen wird und die großen Venen des Gesichts und der Schläfe sichtbar erweitert werden". Wie ich aus Beobachtung weiß, werden zu derselben Zeit die Muskeln rund um das Auge stark zusammengezogen. Dies ist gleicherweise der Fall, wenn die Bauchmuskeln mit ungewöhnlicher Kraft beim Austreiben des Inhalts des Darmkanals nach abwärts wirken.

Die größte Anstrengung der Muskeln des Körpers führt, wenn nicht auch diejenigen des Brustkastens zur Austreibung oder zum Zusammendrücken der in den Lungen enthaltenen Luft in heftige Tätigkeit versetzt werden, nicht zu der Zusammenziehung der Muskeln rings um das Auge. Ich habe meine Söhne beobachtet, wenn sie bei Turnübungen große Kraft aufwandten, so wenn sie wiederholt ihren nur an den Armen hängenden Körper emporzogen und schwere Gewichte vom Boden aufhoben. Aber es trat hier kaum eine Spur einer Zusammenziehung an den Muskeln rund um das Auge ein.

Da die Zusammenziehung dieser Muskeln zum Schutz der Augen während heftiger Exspirationen, wie wir später sehen werden, indirekt ein Fundamentalzug bei mehreren unserer bedeutungsvollsten Ausdrucksformen ist, so war ich außerordentlich begierig, zu ermitteln, inwieweit Sir Ch. Bells Ansicht bestätigt werden konnte. Prof. Donders in Utrecht[14], bekannt als eine der höchsten Autoritäten in Europa über das Gesicht und den Bau des Auges, hat mit größter Freundlichkeit diese Untersuchung für mich mit Hilfe der vielen ingeniösen Apparate der modernen Wissenschaft unternommen und die Resultate publiziert.[15] Er weist nach, daß während heftiger Exspirationen die äußeren, die in und die hinter dem Augapfel gelegenen Gefäße sämtlich in zweierlei Weise affiziert werden, nämlich durch den vermehrten Druck des Blutes in den Arterien und dadurch, daß der Rücklauf des Blutes in den Venen gehindert wird. Es ist daher sicher, daß sowohl die Arterien als auch die Venen des Auges während heftiger Exspirationen mehr oder weniger ausgedehnt werden. Die detailierten Beweise sind in Prof. Donders' wertvoller Abhandlung nachzusehen. Die Wirkungen auf die Venen des Kopfes sehen wir in ihrem Hervorragen und an der purpurnen Farbe des Gesichts eines Menschen, welcher heftig hustet, weil er halb erstickt ist. Ich will noch nach derselben Autorität erwähnen, daß das ganze Auge sicherlich während jeder heftigen Exspiration etwas nach vorn rückt. Dies ist eine Folge der Erweiterung der hinter dem Augapfel gelegenen Gefäße und hätte sich nach dem sehr innigen Zusammenhang des Auges und Gehirns erwarten lassen. Man weiß ja, daß das Gehirn, wenn ein Teil des

---

[13] S. Dr. Brintons Schilderung des Aktes des Erbrechens, in: Todds Cyclopaedia of Anatomy and Physiology. Vol. V, Supplement, 1859, p.318.

[14] Ich bin Mr. Bowman sehr dafür verbunden, daß er mich mit Prof. Donders bekannt gemacht hat und daß er diesen großen Physiologen hat dazu bestimmen helfen, die Untersuchung des vorliegenden Gegenstandes vorzunehmen. Auch bin ich Mr. Bowman dafür großen Dank schuldig, daß er mir mit der größten Freundlichkeit Aufschluß über viele Punkte gegeben hat.

[15] Diese Abhandlung erschien zuerst in dem Nederlandsch Archief voor Genees en Natuurkunde", Deel. 5. 1870. Es ist von Dr. W. D. Moore ins Englische übersetzt worden unter dem Titel: „On the Action of the Eyelids in determination of Blood from exspiratory effort", in: Archives of Medicine, edited by Dr. L. S. Beale. Vol. V, 1870, p.20.

Sechstes Kapitel

Schädels entfernt worden ist, mit jedem Atemzug sich hebt und senkt. Dasselbe kann man auch an den noch nicht geschlossenen Nähten kindlicher Köpfe beobachten. Ich vermute aber, daß dies auch die Ursache ist, weshalb die Augen eines erdrosselten Menschen aus ihren Höhlen herauszutreten scheinen.

In bezug auf den Schutz des Auges während heftiger exspiratorischer Anstrengungen durch den Druck der Augenlider kommt Prof. Donders nach seinen mannigfaltigen Beobachtungen zu dem Schluß, daß diese Handlung mit Sicherheit die Erweiterung der Gefäße beschränkt oder ganz beseitigt.[16] Er fügt hinzu, daß wir in solchen Zeiten nicht selten die Hand unwillkürlich auf die Augenlider legen sehen, gewissermaßen um hierdurch den Augapfel noch besser zu stützen und zu behüten.

Trotz dem allem kann für jetzt noch keine große Reihe von Belegen beigebracht werden, um nachzuweisen, daß das Auge wirklich Schaden leidet, wenn ihm während heftiger Exspiration eine Unterstützung fehlt. Doch finden sich einige. Es ist „eine Tatsache, daß gewaltsame exspiratorische Anstrengungen bei heftigem Husten oder Erbrechen und besonders beim Niesen zuweilen Veranlassung zu Zerreißungen der kleinen (äußeren) Gefäße des Auges geben"[17]. In bezug auf die inneren Gefäße hat in neuerer Zeit Dr. Gunning einen Fall von Exophthalmos als Folge eines Keuchhustens beschrieben, welcher seiner Meinung nach von der Zerreißung der tieferliegenden Gefäße abhing; und auch andere analoge Fälle sind beschrieben worden. Aber schon das bloße Gefühl des Unbehaglichen würde wahrscheinlich ausreichen, zu der assoziierten Gewohnheit, den Augapfel durch Zusammenziehung der umgebenden Muskeln zu schützen, hinzuführen. Selbst die Erwartung oder die Möglichkeit einer Schädigung würde wahrscheinlich dazu genügen, in derselben Weise wie ein zu nahe vor dem Auge hin- und herbewegter Gegenstand ein unwillkürliches Blinken mit dem Augenlid veranlaßt. Wir können daher aus Sir Ch. Bells Beobachtungen und besonders aus den noch sorgfältigeren Untersuchungen des Prof. Donders sicher folgern, daß das feste Schließen der Augenlider während des Schreiens der Kinder eine Handlung von tiefer Bedeutung und von wirklichem Nutzen ist.

Wir haben bereits gesehen, daß die Zusammenziehung der Kreismuskeln das Aufwärtsziehen der Oberlippe herbeiführt und folglich, wenn der Mund nicht weit offengehalten wird, das Herabziehen der Mundwinkel durch die Zusammenziehung der niederziehenden Muskeln. Auch die Bildung der Nasenlippenfalte auf den Backen tritt infolge des Aufwärtsziehens der Oberlippe ein. So sind die sämtlichen, hauptsächlichen, ausdrucksvollen Bewegungen des Gesichts während des Weinens offenbar das Resultat einer Zusammenziehung der Muskeln rund um das Auge. Wir werden auch finden, daß das Vergießen der Tränen von der Zusammenziehung dieser selben Muskeln abhängt oder mindestens in irgendwelcher Verbindung mit derselben steht.

In einigen der vorstehend angeführten Fälle und besonders beim Niesen und Husten ist es möglich, daß die Zusammenziehung der Kreismuskeln noch außerdem dazu dienen dürfte, das Auge vor einem zu heftigen Stoßen oder Erzittern zu schützen. Ich vermute dies deshalb, weil Hunde und Katzen, wenn sie harte Knochen zerbeißen, immer ihre Augenlider schließen und dies wenigstens zuweilen beim Niesen tun. Doch tun es Hunde nicht wenn sie laut bellen. Mr.

---

[16] Professor Donders bemerkt (am letztangeführten Ort, p.28): „Nach Verletzungen des Auges, nach Operationen und in einigen Formen innerer Entzündungen legen wir großen Wert auf die gleichmäßige Unterstützung der geschlossenen Augenlider und vermehren dieselbe noch in vielen Fällen durch eine Binde. In beiden Fällen suchen wir sorgfältig großen exspiratorischen Druck zu vermeiden, dessen Nachteil so bekannt ist." Mr. Bowman teilt mir mit, daß er in Fällen von exzessiver Lichtscheu, welche die skrophulöse Augenentzündung der Kinder begleitet, wo das Licht so schmerzhaft wirkt, daß es während Wochen oder Monaten durch den gewaltsamsten Schluß der Augenlider abgehalten wird, beim Öffnen der Lider häufig durch die Blässe der Augen überrascht worden ist, – nicht eine unnatürliche Blässe, sondern eine Abwesenheit jener Röte, welche sich hätte erwarten lassen, wenn die Oberfläche etwas entzündet wäre, was ja dann gewöhnlich der Fall ist; und diese Blässe ist er geneigt, als Folge des gewaltsamen Schlusses der Augenlider zu betrachten.

[17] Donders: a.a.O., p.36.

Sutton beobachtete für mich sorgfältig einen jungen Orang-Utan und Schimpansen und fand, daß beide immer ihre Augen beim Niesen und Husten aber nicht beim heftigen Schreien schlossen. Ich gab einem Affen der neuweltlichen Abteilung, nämlich einem Cebus, eine kleine Prise Schnupftabak; und als er nieste schloß er seine Augen. Als er aber bei einer späteren Gelegenheit lautes Geschrei ausstieß, schloß er dieselben nicht.

Ursache der Absonderung der Tränen: – Es ist eine bedeutungsvolle Tatsache, welche in jeder Theorie der Tränenabsonderung infolge einer Affektion der Seele betrachtet werden muß, daß, sooft die Muskeln rings um das Auge heftig und unwillkürlich zusammengezogen werden, um die Blutgefäße zusammenzudrücken und hierdurch die Augen zu schützen, Tränen abgesondert werden und häufig in ausreichender Menge, daß sie über die Backen herabrollen. Dies tritt auch unter den entgegengesetztesten Gemütserregungen, aber auch wenn durchaus keine Erregung vorhanden ist, ein. Die einzige Ausnahme, und dies sogar nur eine teilweise, von der allgemeinen Existenz einer Beziehung zwischen der unwillkürlichen und heftigen Zusammenziehung dieser Muskeln und der Tränenabsonderung ist der Fall bei sehr kleinen Kindern, welche, während sie mit fest zugeschlossenen Augenlidern heftig schreien, gewöhnlich nicht weinen, bis sie das Alter von zwei bis drei oder vier Monaten erreicht haben. Ihre Augen werden indessen schon in einem viel früheren Alter mit Tränen unterlaufen. Wie bereits bemerkt worden ist, möchte es scheinen, als kämen die Tränendrüsen aus Mangel an Übung oder aus irgendeiner anderen Ursache in einer sehr frühen Lebensperiode nicht zu einer völligen funktionellen Tätigkeit. Bei Kindern in einem etwas vorgeschritteneren Alter ist das Ausschreien oder das Winzeln infolge irgendeiner Störung so regelmäßig von dem Tränenvergießen begleitet, daß Weinen und Schreien fast gleichbedeutende Ausdrücke geworden sind.[18]

Unter der Einwirkung der entgegengesetzten Gemütsbewegung großer Freude oder Amusements tritt, so lange das Lachen mäßig ist, kaum irgendwelche Zusammenziehung der Muskeln rings um das Auge ein, so daß also auch kein Stirnrunzeln eintritt. Wenn aber lautschallendes Gelächter ausgestoßen wird mit schnellen und heftigen krampfhaften Exspirationen, dann strömen die Tränen das Gesicht herab. Ich habe mehr als einmal das Gesicht einer Person nach einem Paroxysmus heftigen Lachens beobachtet und konnte bemerken, daß die Ringmuskeln und die welche nach der Oberlippe laufen, noch immer teilweise zusammengezogen waren, was dann in Verbindung mit den von Tränen noch feuchten Wangen der oberen Hälfte des Gesichts einen Ausdruck gab, der von dem eines Kindes, welches noch immer vor Kummer schluchzt, nicht zu unterscheiden war. Die Tatsache, daß während heftigen Lachens Tränen das Gesicht herabströmen, ist eine allen Menschenrassen gemeinsam zukommende, wie wir in einem späteren Kapitel sehen werden.

Bei heftigem Husten, besonders wenn eine Person halb erstickt ist, wird das Gesicht purpurn, die Venen erweitert, die Kreismuskeln stark zusammengezogen und Tränen rinnen die Wangen hinab. Selbst nach einem Anfall gewöhnlichen Hustens hat beinahe jeder sich die Augen zu wischen. Bei heftigem Erbrechen oder Würgen werden wie ich selbst erfahren und an Anderen gesehen habe, die kreisförmigen Muskeln stark zusammengezogen, und zuweilen fließen Tränen reichlich die Backen herab. Es ist mir der Gedanke gekommen, daß dies eine Folge davon sein könnte, daß der scharfe reizende Stoff in die Nasenhöhle gebracht wird und nun durch Reflextätigkeit die Absonderung der Tränen verursacht. Infolgedessen bat ich einen meiner Ratgeber, einen Arzt, auf die Wirkungen des Würgens zu achten, wenn nichts aus dem Magen ausgeworfen würde. Infolge eines merkwürdigen Zufalls litt er selbst am nächsten Morgen an einem Würganfall und beobachtete drei Tage später eine Dame während eines ähnlichen Anfalls. Er ist ganz

---

[18] [D.h. im Englischen: to weep und to cry]. Mr. Hensleigh Wedgwood (Diction. of English Etymology. Vol. I, 1859, p.410) sagt: „Das Zeitwort ‚to weep' kommt von dem Angelsächsischen ‚wop', dessen ursprüngliche Bedeutung einfach Aufschreien ist."

sicher, daß in keinem der beiden Fälle ein Atom von Substanz aus dem Magen geworfen wurde, und doch wurden die Kreismuskeln stark zusammengezogen und Tränen reichlich vergossen. Ich kann auch ganz positiv für die energische Zusammenziehung dieser selben Muskeln rings um das Auge und die dazutretende reichliche Tränenabsonderung sprechen, wenn die Bauchmuskeln mit ungewöhnlicher Gewalt in der Richtung nach abwärts auf den Darmkanal wirken.

Das Gähnen fängt mit einer tiefen Inspiration an, der ein langes und gewaltsames Ausatmen folgt. Zu gleicher Zeit werden beinahe alle Muskeln des Körpers mit Einschluß derer rings um das Auge heftig zusammengezogen. Häufig werden während dieses Aktes Tränen abgesondert, und ich habe sie selbst über die Backen herablaufen sehen.

Ich habe häufig beobachtet, daß wenn Personen irgendeinen Punkt, der sie unerträglich juckt, kratzen, sie gewaltsam ihre Augenlider schließen. Ich glaube aber, daß sie hier nicht einen tiefen Atemzug tun und dann mit Gewalt ausatmen. Auch habe ich niemals beobachtet, daß hierbei die Augen mit Tränen gefüllt werden; doch bin ich nicht vorbereitet, zu behaupten, daß dies niemals eintritt. Das gewaltsame Schließen der Augenlider ist vielleicht nur ein Teil jener allgemeinen Tätigkeit, durch welche beinahe alle Muskeln des Körpers zu derselben Zeit steif gemacht werden. Es ist vollständig verschieden von dem sanften Schließen der Augen, welches wie Gratiolet[19] bemerkt, häufig das Riechen eines entzückenden Geruchs oder das Schmecken eines deliziösen Bissens begleitet, und welches wahrscheinlich darin seine Ursache hat, daß man wünscht, jeden anderen störenden Eindruck durch die Augen auszuschließen.

Prof. Donders schreibt mir das Folgende: „Ich habe einige Fälle einer sehr merkwürdigen Affektion beobachtet, wo nach einem leichten Reiben (attouchement) z.B. nach dem Reiben eines Rockes, welches weder eine Wunde noch eine Kontusion veranlaßte, krampfhafte Zusammenziehungen der Kreismuskeln mit einem profusen Tränenerguß eintraten, welche ungefähr eine Stunde anhielten. Später, zuweilen nach einer Zwischenzeit von mehreren Wochen traten nochmals heftige Krämpfe derselben Muskeln ein in Begleitung von Tränenabsonderung und verbunden mit primärer oder sekundärer Rötung des Auges." Mr. Bowman teilt mir mit, daß er gelegentlich sehr analoge Fälle beobachtet hat und daß in einigen derselben keine Rötung oder Entzündung der Augen eingetreten sei.

Ich war begierig, zu ermitteln, ob bei irgendeinem der niederen Tiere eine ähnliche Beziehung zwischen der Zusammenziehung der Kreismuskeln während heftigen Ausatmens und der Absonderung von Tränen bestände. Es gibt aber sehr wenige Tiere, welche diese Muskeln in einer lang andauernden Art zusammenziehen oder welche Tränen vergießen.

Der *Macacus maurus*, welcher früher in dem zoologischen Garten so reichlich weinte, würde einen schönen Fall zur Beobachtung dargeboten haben. Die beiden Affen aber, welche sich jetzt dort befinden und von denen man annimmt, daß sie zu derselben Spezies gehören, weinen nicht. Nichtsdestoweniger hat sie Mr. Bartlett und ich selbst, während sie laut schrien, sorgfältig beobachtet. Sie schienen diese Muskeln zusammenzuziehen. Sie bewegten sich aber so schnell in ihren Käfigen herum, daß es schwer war, sie mit Sicherheit zu beobachten. Soviel ich imstande gewesen bin, zu ermitteln, zieht kein anderer Affe seine Kreismuskeln beim Schreien zusammen.

Man weiß, daß der indische Elefant zuweilen weint. Sir E. Tennent sagt, wo er diejenigen beschreibt, die er in Ceylon gefangen und gebunden gesehen hat: „Einige lagen bewegungslos auf der Erde mit keinen anderen Zeichen von Leiden als den Tränen, welche ihre Augen füllten und beständig herabflossen." Wo er von einem anderen Elefanten spricht, sagt er: „Als er überwältigt und festgemacht worden war, war sein Kummer äußerst ergreifend. Seine Heftigkeit wich der größten Niedergeschlagenheit. Er lag auf der Erde, stieß durchdringendes Geschrei aus, während ihm Tränen seine Backen herabträufelten."[20] Im zoologischen Garten behauptet

---

[19] De la Physionomie, 1865, p.217.
[20] Ceylon. 3. edit., Vol. II, 1859, p.364, 376. Ich habe mich wegen weiterer Aufschlüsse über das Weinen des Elefanten an Mr. Thwaites in Ceylon gewandt und infolgedessen einen Brief von Mr. Glennie erhalten, welcher mit noch an-

der Wärter der indischen Elefanten positiv, daß er mehrmals Tränen das Gesicht eines alten Weibchens herabrollen gesehen habe, als es über die Entfernung eines Jungen unglücklich war. Ich war daher im äußersten Grade begierig, zu ermitteln (um nämlich die Gültigkeit jener regelmäßigen Beziehung zwischen der Zusammenziehung der Kreismuskeln und dem Vergießen von Tränen bei Menschen noch weiter zu erhärten) ob Elefanten, wenn sie laut schreien oder „trompeten", diese Muskeln zusammenziehen. Auf Mr. Bartletts Wunsch ließ der Wärter den alten und den jungen Elefanten trompeten, und wir sahen wiederholt bei beiden Tieren, daß gerade, wenn das Trompeten begann, die Ringmuskeln, besonders die unteren, deutlich zusammengezogen wurden. Bei einer späteren Gelegenheit ließ der Wärter den alten Elefanten noch lauter trompeten und ausnahmslos wurden sowohl die oberen als auch die unteren Kreismuskeln heftig zusammengezogen und zwar diesmal in gleichmäßigem Grade. Es ist eine eigentümliche Tatsache, daß der afrikanische Elefant, welcher freilich so verschieden von der indischen Art ist, daß er von manchen Naturforschern in eine besondere Untergattung gebracht wird, als er bei zwei Gelegenheiten zum lauten Trompeten gebracht wurde, keine Spur einer Zusammenziehung der Kreismuskeln darbot.

Nach den verschiedenen im Vorstehenden mitgeteilten, sich auf den Menschen beziehenden Fällen läßt sich, wie ich glaube, nicht zweifeln, daß die Zusammenziehung der Muskeln rings um das Auge während des heftigen Ausatmens oder wenn die ausgedehnte Brust gewaltsam zusammengedrückt wird, in einer gewissen Art innig mit der Absonderung von Tränen im Zusammenhang steht. Dies bestätigt sich unter sehr voneinander verschiedenen Gemütserregungen und auch unabhängig von irgendwelcher Erregung. Natürlich soll das nicht heißen, daß Tränen ohne die Zusammenziehung dieser Muskeln nicht abgesondert werden können. Denn es ist ja bekannt, daß sie häufig reichlich vergossen werden, wenn die Augenlider nicht geschlossen und wenn die Augenbrauen nicht gefurcht sind. Die Zusammenziehung muß sowohl unwillkürlich als auch lang anhaltend sein, wie während eines Erstickungsanfalls, oder energisch, wie während des Niesens. Das bloße unwillkürliche Blinken mit den Augenlidern bringt, wenn es auch häufig wiederholt wird, doch keine Tränen in die Augen. Auch reicht die willkürliche und lang anhaltende Zusammenziehung der verschiedenen umgebenden Muskeln hierzu nicht aus. Da die Tränendrüsen von Kindern leicht zu reizen sind, überredete ich meine eigenen und mehrere andere Kinder verschiedenen Alters, diese Muskeln wiederholt mit äußerster Kraft zusammenzuziehen und dies fortzusetzen, so lange sie es nur möglicherweise tun könnten. Dies brachte aber kaum irgendwelche Wirkung hervor. Zuweilen fand sich wohl ein wenig Feuchtigkeit in den Augen, aber nicht mehr als scheinbar durch das Ausdrücken der bereits abgesonderten Tränen innerhalb der Drüsen erklärt werden konnte.

Die Natur der Beziehung zwischen den unwillkürlichen und energischen Zusammenziehungen der Muskeln rings um das Auge und der Absonderung von Tränen kann nicht positiv bestimmt werden. Es mag aber vermutungsweise eine wahrscheinliche Ansicht hier vorgebracht werden. Die primäre Funktion der Tränenabsonderung ist, in Verbindung mit etwas Schleim

---

deren freundlichst eine Herde frisch eingefangener Elefanten beobachtete. Diese schrien, wenn sie gereizt wurden, heftig; es ist aber merkwürdig, daß sie bei diesem Schreien niemals die Muskeln rund um das Auge zusammenzogen. Auch vergossen sie keine Tränen, wie auch die eingeborenen Jäger behaupteten, niemals Elefanten weinen gesehen zu haben. Nichtsdestoweniger scheint es mir doch unmöglich zu sein, Sir E. Tennents distinkte Detailangaben über ihr Weinen zu bezweifeln, da dieselben auch noch von der positiven Behauptung des Wärters im zoologischen Garten unterstützt werden. Sicher ist, daß die beiden Elefanten im Garten, als sie laut zu trompeten anfingen, ihre ringförmigen Muskeln zusammenzogen. Ich kann diese einander widersprechenden Angaben nur dadurch miteinander versöhnen, daß ich annehme, die frisch eingefangenen Elefanten in Ceylon wünschten, weil sie erschreckt oder wütend waren, ihre Verfolger zu beobachten und zogen folglich ihre Augenringmuskeln nicht zusammen, damit ihr Sehen nicht behindert werde. Diejenigen, welche Sir E. Tennent weinen gesehen hat, waren völlig niedergeschlagen und hatten den Widerstand in Verzweiflung aufgegeben. Die Elefanten, welche im Zoologischen Garten auf das Kommandowort trompeteten, waren natürlich weder beunruhigt noch in Wut geraten.

Sechstes Kapitel

die Oberfläche des Auges schlüpfrig zu erhalten, und eine sekundäre Aufgabe ist, wie manche glauben, die Nasenhöhlen feucht zu erhalten, so daß die eingeatmete Luft feucht sei[21], gleichzeitig aber auch, um das Vermögen, zu riechen, zu begünstigen. Eine andere und mindestens gleichmäßig wichtige Funktion der Tränen ist aber, Staubteilchen oder andere sehr kleine Gegenstände, welche in das Auge gelangt sein könnten, wegzuschaffen. Daß dies von großer Bedeutung ist, wird aus den Fällen klar, in welchen die Hornhaut durch Entzündung undurchsichtig geworden ist, wenn die Staubteilchen infolge davon nicht entfernt werden konnten, weil das Auge und das Augenlid unbeweglich geworden waren.[22] Die Absonderung von Tränen infolge der Reizung irgendeines fremden Körpers im Auge ist eine Reflexthätigkeit; – d. h. der fremde Körper reizt einen peripherischen Nerven, welcher gewissen empfindenden Nervenzellen einen Eindruck überliefert; diese wiederum teilen anderen Nervenzellen einen Eindruck mit und diese endlich der Tränendrüse. Der diesen Drüsen überlieferte Reiz verursacht, wie wir guten Grund zur Annahme haben, eine Erschlaffung der muskulösen Wandungen der kleineren Arterien. Diese gestatten einer größeren Menge von Blut, das Drüsengewebe zu durchziehen und dies wieder führt eine reichlichere Sekretion von Tränen herbei. Wenn die kleinen Arterien des Gesichts mit Einschluß derer der Netzhaut unter sehr verschiedenen Umständen erschlafft werden, nämlich während eines heftigen Errötens, so werden zuweilen die Tränendrüsen in einer ähnlichen Art affiziert; denn die Augen füllen sich dann mit Tränen.

Es ist schwer, eine Vermutung darüber aufzustellen, auf welche Weise viele Reflextätigkeiten entstanden sind. Aber in bezug auf den vorliegenden Fall der Affektion der Tränendrüsen durch Reizung der Oberfläche des Auges dürfte es der Bemerkung wert sein, daß sobald irgendeine uranfängliche Tierform in ihrer Lebensweise halb auf das Leben am Lande angewiesen und nun dem ausgesetzt wurde, Staubteilchen in ihre Augen zu bekommen, diese, wenn sie nicht weggewaschen wurden, eine bedeutende Reizung verursacht haben werden; und nach dem Prinzip der Ausstrahlung von Nervenkraft an benachbarte Nervenzellen werden die Tränendrüsen zur Absonderung gereizt worden sein. Da dies oft wiedergekehrt sein wird und Nervenkraft leicht gewohnten Bahnen entlang ausstrahlt, so wird zuletzt eine geringe Reizung genügen, eine reichliche Tränenabsonderung zu verursachen.

Sobald durch dieses oder irgendein anderes Mittel eine Reflextätigkeit dieser Art hergestellt und leicht gemacht worden ist, werden andere auf die Oberfläche des Auges angewandte Reizmittel, so z. B. ein kalter Wind, langsame entzündliche Reizung oder ein Schlag auf das Augenlid eine reichliche Absonderung von Tränen verursachen, wie es ja bekanntlich der Fall ist. Die Drüsen werden auch durch die Reizung benachbarter Teile zur Tätigkeit gereizt. So werden, wenn die Nasenhöhlen durch stechende Dämpfe gereizt werden, wenn auch die Augenlider fest geschlossen gehalten werden, doch Tränen reichlich abgesondert, und dies tritt auch ein infolge eines Schlages auf die Nase z. B. mit einem Boxerhandschuh. Ein stechender Peitschenschlag auf das Gesicht ruft, wie ich gesehen habe, dieselbe Wirkung hervor. In diesen letzteren Fällen ist die Absonderung von Tränen nur ein zufälliges begleitendes Resultat und von keinem direkten Nutzen. Da alle diese Teile des Gesichts mit Einschluß der Tränendrüsen mit Zweigen desselben Nerven versehen werden, nämlich des fünften Paares, so ist es in einem gewissen Grade zu verstehen, warum die Wirkungen der Reizung irgendeines Zweigs auf die Nervenzellen oder Wurzeln der anderen Zweige sich verbreiten.

Die inneren Teile des Auges wirken gleichfalls unter gewissen Bedingungen in einer reflektorischen Weise auf die Tränendrüsen. Mr. Bowman hat mir freundlichst die folgende Angabe mitgeteilt. Der Gegenstand ist aber ein sehr verwickelter, da alle Teile des Auges in so inniger Beziehung zueinander stehen und für verschiedene Reize so empfindlich sind. Ein starkes auf die Netzhaut treffendes Licht hat, wenn letztere sich in normalem Zustand befindet, nur wenig

---

[21] Bergeon, zitiert im Journal of Anatomy and Physiology, Nov. 1871, p.235.
[22] S. z. B. einen von Sir Ch. Bell mitgeteilten Fall in den Philosophical Transactions, 1823, p.177.

Neigung, Tränenabsonderung zu verursachen. Aber bei ungesunden Kindern, welche kleine, lange offenbleibende Geschwüre auf der Hornhaut haben, wird die Netzhaut gegen Licht exzessiv empfindlich und selbst die Einwirkung des gewöhnlichen Tageslichtes verursacht gewaltsamen und lange dauernden Verschluß der Lider, ebenso wie einen profusen Tränenerguß. Wenn Personen, welche mit dem Gebrauch konvexer Gläser beginnen sollten, gewohnheitsmäßig die abnehmende Akkomodationsfähigkeit überanstrengen, so folgt häufig eine ungehörige Tränenabsonderung und die Netzhaut wird sehr leicht für Licht krankhaft empfindlich. Im allgemeinen sind krankhafte Affektionen der Oberfläche des Auges und der Ciliar-Gebilde, welche beim Akt der Akkomodation beteiligt sind, geneigt, von exzessiver Tränenabsonderung begleitet zu werden. Die Härte des Augapfels, wenn sie nicht bis zur Entzündung sich steigert, aber doch einen Mangel des Gleichgewichts zwischen den, von den im Augapfel gelegenen Gefäßen ergossenen und wieder aufgesogenen Flüssigkeiten einschließt, wird gewöhnlich nicht von irgendeiner Tränenabsonderung begleitet. Schlägt das Gleichgewicht zur anderen Seite über und wird das Auge zu weich, so ist eine größere Neigung zur Tränenabsonderung vorhanden. Endlich gibt es zahlreiche krankhafte Zustände und Strukturveränderungen der Augen, ja selbst fürchterliche Entzündungen, welche von nur geringer oder gar keiner Tränenabsonderung begleitet sein können.

Es verdient auch Erwähnung, da es sich indirekt auf unseren Gegenstand bezieht, daß das Auge und die umgebenden Teile einer außerordentlichen Zahl reflektierter und assoziierter Bewegungen, Empfindungen und Tätigkeiten, außer denen, die sich auf die Tränendrüsen beziehen, ausgesetzt sind. Wenn ein helles Licht die Netzhaut des einen Auges allein trifft, so zieht sich die Regenbogenhaut zusammen, aber die Regenbogenhaut des anderen Auges bewegt sich in einem meßbaren Zeitintervall. Die Regenbogenhaut bewegt sich gleichfalls bei der Akkomodation auf nahes oder entferntes Sehen und wenn man die beiden Augen konvergieren läßt.[23] Jedermann weiß, wie unwiderstehlich die Augenbrauen unter dem Einfluß eines intensiv hellen Lichtes herabgezogen werden. Die Augenlider blinken auch unwillkürlich, wenn ein Gegenstand in der Nähe der Augen bewegt oder ein Laut plötzlich gehört wird. Die bekannte Tatsache, daß ein helles Licht manche Personen veranlaßt, zu niesen, ist selbst noch merkwürdiger. Denn hier strahlt Nervenkraft aus gewissen Nervenzellen in Verbindung mit der Netzhaut nach den empfindenden Nervenzellen der Nase hin, welche ein Kitzeln in dieser hervorruft, und von diesen geht die Bewegung der Nervenkraft weiter auf diejenigen Zellen, welche die verschiedenen respiratorischen Muskeln (die Ringmuskeln eingeschlossen) beherrschen, die dann die Luft in einer so eigentümlichen Weise austreiben, daß sie allein durch die Nasenlöcher hervorbricht.

Um aber auf unseren Gegenstand zurückzukommen: Warum werden während eines Schreianfalls oder anderer heftiger expiratorischer Anstrengungen Tränen abgesondert? Da ein unbedeutender Schlag auf die Augenlider eine reichliche Tränenabsonderung veranlaßt, so ist es mindestens möglich, daß die krampfhaften Zusammenziehungen der Augenlider durch heftiges Drücken auf den Augapfel in einer ähnlichen Weise etwas Absonderung verursachen. Dies erscheint möglich, obschon die willkürliche Zusammenziehung derselben Muskeln keine solche Wirkung hervorbringt. Wir wissen, daß ein Mensch nicht willkürlich mit nahezu der gleichen Kraft niesen oder husten kann, als wenn er es automatisch tut; und dasselbe gilt für die Zusammenziehung der ringförmigen Muskeln. Sir Ch. Bell machte an diesen letzteren Versuche und fand, daß beim plötzlichen und gewaltsamen Schließen der Augenlider im Dunkeln Lichtfunken gesehen werden wie die, welche durch ein Schlagen der Augenlider mit den Fingern hervorgerufen werden. „Aber beim Niesen ist das Zusammendrücken „sowohl rapider als auch gewaltsamer und auch die Funken sind glänzender. Daß diese Funken eine Folge der Zusammen-

---

[23] S. über diese verschiedenen Punkte Prof. Donders: On the Anomalies of Accomodation and Refraction of the Eye, 1864, p.573.

ziehung der Augenlider sind, ist klar, weil, wenn diese während des Aktes des Niesens offengehalten werden, keine Lichtempfindung erfahren wird."

In den eigentümlichen von Prof. Donders und Mr. Bowman angeführten Fällen haben wir gesehen, daß einige Wochen nachdem die Augen unbedeutend beschädigt worden waren, krampfhafte Zusammenziehungen der Augenlider erfolgten und diese waren von einem profusen Tränenfluß begleitet. Bei dem Akt des Gähnens sind die Tränen allem Anschein nach nur Folgen der krampfhaften Zusammenziehung der Muskeln rings um das Auge. Trotz dieser letzteren Fälle scheint es aber doch kaum glaublich zu sein, daß der Druck der Augenlider auf die Oberfläche des Auges, – (wenn er auch krampfhaft und daher mit viel bedeutenderer Gewalt ausgeführt wird als willkürlich getan werden kann, – hinreichend sein solle, durch Reflextätigkeit die Absonderung der Tränen in den vielen Fällen zu verursachen, in welchen diese während heftiger exspiratorischer Anstrengung eintreten.

Es kann aber in Verbindung mit dem allen noch eine andere Ursache ins Spiel kommen. Wir haben gesehen, daß die inneren Teile des Auges unter gewissen Bedingungen in einer reflektorischen Art und Weise auf die Tränendrüsen wirken. Wir wissen, daß während heftiger exspiratorischer Anstrengungen der Druck des arteriellen Blutes innerhalb der Augengefäße vergrößert wird und daß der Rückfluß des venösen Blutes verhindert ist. Es scheint daher nicht unwahrscheinlich zu sein, daß die Ausdehnung der Augengefäße, welche hierdurch veranlaßt wird, durch Reflexion auf die Tränendrüsen wirken könnte, wodurch die Wirkungen, welche eine Folge des krampfhaften Druckes der Augenlider auf die Oberfläche des Auges sind, vergrößert würden.

Überlegt man sich, inwieweit diese Ansicht wahrscheinlich ist, so muß man im Auge behalten, daß die Augen kleiner Kinder durch zahllose Generationen in dieser doppelten Art und Weise, sooft sie geschrien haben, beeinflußt worden sind. Und nach dem Prinzip, daß Nervenkraft leicht gewohnten Kanälen entlang ausströmt, wird selbst ein mäßiger Druck des Augapfels und eine mäßige Ausdehnung der Augengefäße endlich durch Gewohnheit dahin gelangen, auf die Drüsen zu wirken. Wir haben einen analogen Fall darin, daß die Kreismuskeln beinahe immer in einem geringeren Grade selbst während eines unbedeutenden Weinanfalls zusammengezogen werden, wo keine Ausdehnung der Gefäße und keine unangenehme Empfindung innerhalb der Augen erregt worden sein kann.

Wenn überdies komplizierte Handlungen oder Bewegungen lange Zeit in strenger Assoziation miteinander ausgeführt und diese aus irgendeiner Ursache zuerst willkürlich und später gewohnheitsmäßig unterbrochen worden sind, dann wird, wenn die gehörigen erregenden Bedingungen eintreten, irgendein Teil der Handlung oder der Bewegung, welche am wenigsten unter der Kontrolle des Willens steht, häufig noch immer unwillkürlich vollzogen werden. Die Absonderung aus einer Drüse ist merkwürdig frei von dem Einfluß des Willens. Wenn daher mit dem vorschreitenden Alter des Individuums oder mit der fortschreitenden Kultur der Rasse die Gewohnheit des Weinens oder Schreiens unterdrückt wird und folglich auch keine Ausdehnung der Blutgefäße des Auges eintritt, so kann es nichtsdestoweniger ganz gut sich ereignen, daß Tränen noch immer abgesondert werden. Wir können, wie vor kurzem erst bemerkt wurde, die Muskeln rings um das Auge bei einer Person, welche eine traurige Geschichte liest, zwinkern oder in einem so unbedeutenden Grade zittern sehen, daß es kaum nachzuweisen ist. In diesem Falle ist kein Aufschrei und keine Ausdehnung der Blutgefäße eingetreten und doch senden infolge der Gewohnheit gewisse Nervenzellen einen geringen Betrag von Nervenkraft zu den Zellen hin, welche die Muskeln rings um das Auge beherrschen. Diese wiederum überliefern etwas davon an die Zellen, welche die Tränendrüsen beeinflussen; denn häufig werden die Augen zu gleicher Zeit eben mit Tränen angefeuchtet. Wenn das Zittern der Muskeln rund um das Auge und die Absonderung von Tränen vollständig aufgehalten worden ist, so ist es nichtsdestoweniger beinahe sicher, daß eine gewisse Neigung doch immer vorhanden gewesen ist, Nervenkraft in diesen selben Richtungen ausstrahlen zu lassen, und da die Tränendrüsen merkwürdig frei von der Kontrolle des Willens sind, so werden sie in außerordentlichem Grade dem ausgesetzt sein, noch immer in Tätigkeit zu treten und uns, obwohl keine äußeren Zeichen sichtbar werden, doch die traurigen Gedanken offenbaren, welche durch die Seele der Person ziehen.

Als eine weitere Erläuterung der hier entwickelten Ansichten kann ich noch bemerken, daß, wenn während einer frühen Lebensperiode, wo Gewohnheiten aller Arten sich leicht festsetzen, unsere Kinder daran gewohnt worden wären, im Gefühl des Vergnügens lautes schallendes Gelächter auszustoßen (während welches die Gefäße der Augen ausgedehnt werden) und zwar ebensohäufig und so anhaltend, wie sie der Gewohnheit der Schreianfälle nachgegeben haben, wenn sie sich unglücklich fühlen, sie wahrscheinlicherweise im späteren Leben Tränen so reichlich und so regelmäßig in dem einen Gemütszustand abgesondert haben würden wie in dem anderen. Leichtes Lachen oder ein Lächeln oder selbst ein vergnüglicher Gedanke würden ausgereicht haben, eine mäßige Tränenabsonderung zu verursachen. Es besteht allerdings eine offenbare Neigung in dieser Richtung, wie in einem späteren Kapitel gezeigt werden wird, wo wir die zarteren Gefühle besprechen. Bei den Sandwich-Insulanern werden der Angabe Freycinets zufolge[24] Tränen als ein Zeichen des Glücks angesehen. Wir würden aber doch noch bessere Beweise hierüber verlangen, als das Zeugnis eines vorübergehenden Reisenden. Wenn ferner unsere Kinder während vieler Generationen und jedes derselben während mehrerer Jahre beinahe täglich von lang anhaltenden Erstickungsanfällen zu leiden gehabt hätten, während welcher die Gefäße des Auges ausgedehnt und Tränen reichlich abgesondert werden, dann ist es wahrscheinlich, – denn so groß ist die Kraft der assoziierten Gewohnheit – daß während des späteren Lebens der bloße Gedanke an eine Erstickung ohne irgendwelche trübe Stimmung des Geistes hingereicht haben würde, Tränen in unsere Augen zu bringen.

Um dieses Kapitel zusammenzufassen: Das Weinen ist wahrscheinlich das Resultat irgendeiner derartigen Kette von Ereignissen wie den folgenden. Wenn Kinder Nahrung verlangen oder in irgendwelcher Weise leiden, so schreien sie laut auf, gleich den Jungen der meisten anderen Tiere, zum Teil als ein Rufen nach ihren Eltern um Hilfe, zum Teil infolge davon, daß jede große Anstrengung erleichternd wirkt. Lang anhaltendes Schreien führt unvermeidlich zur Überfüllung der Blutgefäße des Auges und dies wird zuerst bewußterweise und endlich gewohnheitsmäßig zur Zusammenziehung der Muskeln rings um das Auge geführt haben, um dasselbe zu schützen. In derselben Zeit wird der krampfhafte Druck auf die Oberfläche des Auges und die Ausdehnung der Gefäße innerhalb derselben, ohne mit Notwendigkeit irgendeine bewußte Empfindung herbeizuführen, durch Reflextätigkeit die Tränendrüsen affiziert haben. Endlich ist es durch die drei Prinzipien, daß Nervenkraft leicht gewohnten Kanälen entlang ausströmt, das Prinzip der Assoziation, welches in seiner Wirkungsweise sehr weit ausgedehnt ist, und daß gewisse Handlungen mehr unter der Kontrolle des Willens stehen als andere – dahin gekommen, daß ein Leiden leicht die Absonderung von Tränen verursacht, ohne mit Notwendigkeit von irgendeiner anderen Tätigkeit begleitet zu sein.

Obschon wir in Übereinstimmung mit dieser Ansicht das Weinen als ein zufälliges Resultat betrachten müssen, so zwecklos wie die Absonderung von Tränen infolge eines Schlags auf das Äußere des Auges oder als ein Niesen infolge der Affektion der Netzhaut durch ein helles Licht, so bietet dies doch keine Schwierigkeit dafür dar, einzusehen, daß die Absonderung der Tränen zur Erleichterung des Leidens dient. Und in dem Maße, wie das Weinen heftiger und hysterischer ist, umso mehr wird die Erleichterung größer sein – nach demselben Prinzip, daß das Winden des ganzen Körpers, das Knirschen mit den Zähnen und die Äußerung durchdringender Aufschreie, – daß dies alles in der Seelenangst der Schmerzen Erleichterung gibt.

---

[24] Zitiert von Sir J. Lubbock: Prehistoric Times, 1865, p.458.

Siebtes Kapitel

Bedrücktsein, Sorge, Kummer, Niedergeschlagenheit, Verzweiflung

Allgemeine Wirkung des Kummers auf den Körper – Schräge Stellung der Augenbrauen im Leiden – Über die Ursache der schrägen Stellung der Augenbrauen – Über das Herabziehen der Mundwinkel

Wenn der Geist unter einem heftigen Anfall von Gram gelitten hat und die Ursache hält noch immer an, so verfallen wir in einen Zustand des Niedergedrücktseins; oder wir können uns auch im äußersten Grade verloren und niedergeschlagen fühlen. Lange anhaltender körperlicher Schmerz führt, wenn er nicht geradezu äußerste Seelenangst verursacht, allgemein zu demselben Seelenzustand. Wenn wir in der Erwartung eines Leidens sind, so sind wir in Sorge; wenn wir keine Hoffnung auf Erlösung haben, so verzweifeln wir.

Personen, welche an exzessivem Kummer oder Gram leiden, suchen häufig sich durch heftige und beinahe wahnsinnige Bewegungen Erleichterung zu verschaffen, wie in einem früheren Kapitel beschrieben wurde; wird aber ihr Leiden in etwas gemildert, dauert es aber noch fort, so haben sie keinen Wunsch mehr nach Tätigkeit, sondern bleiben bewegungslos und passiv oder schwanken gelegentlich hin und her. Die Zirkulation wird träge, das Gesicht bleich; die Muskeln werden schlaff, die Augenlider matt; der Kopf hängt auf die zusammengezogene Brust herab; die Lippen, Wangen und der Unterkiefer sinken alle unter ihrem eigenen Gewicht herab. Es sind daher die ganzen Gesichtszüge verlängert, und von einer Person, welche eine böse Nachricht hört, sagt man, daß sie ein langes Gesicht mache. Eine Gesellschaft Eingeborener Feuerlands versuchte uns zu erklären, daß ihr Freund, der Kapitän eines Segelschiffes, niedergeschlagen sei; und zwar taten sie dies dadurch, daß sie ihre Backen mit beiden Händen herabzogen, um ihr Gesicht solange wie möglich erscheinen zu machen. Mr. Bunnet teilt mir mit, daß die Eingeborenen von Australien, wenn sie niedergeschlagen sind, den Mund hängen lassen. Nach lange anhaltendem Leiden werden die Augen matt und verlieren den Ausdruck; auch werden sie häufig leicht mit Tränen unterlaufen. Die Augenbrauen werden nicht selten schräg gestellt, was eine Folge davon ist, daß ihre inneren Enden in die Höhe gezogen werden. Dies ruft eigentümlich geformte Furchen auf der Stirn hervor, welche von denen eines einfachen Stirnrunzelns sehr verschieden sind; doch kann in einigen Fällen allein ein Stirnrunzeln vorhanden sein. Die Mundwinkel werden abwärts gezogen; und dies wird so ganz allgemein als ein Zeichen einer gedrückten Stimmung erkannt, daß es beinahe sprichwörtlich geworden ist.

Das Atmen wird langsam und schwach und wird häufig von tiefem Seufzen unterbrochen. Wie Gratiolet bemerkt, vergessen wir, sobald nur unsere Aufmerksamkeit lange auf einen Gegenstand gerichtet ist, zu atmen und erleichtern uns dann durch eine tiefe Inspiration; die Seufzer einer in Trauer befangenen Person sind aber Folge der langsamen Respiration und trägen Zirkulation und außerordentlich charakteristisch.[1] Wenn der Kummer einer Person in diesem Zustand wiederkehrt und sich zu einem Paroxysmus verschärft, dann ergreifen Krämpfe die Respirationsmuskeln und sie fühlt, als wenn irgend etwas, der sogenannte globus hystericus, in ihrer Kehle aufstiege. Diese krampfhaften Bewegungen sind offenbar mit dem Schluchzen der Kinder verwandt und sind Überbleibsel jener heftigeren Krämpfe, welche eintreten, wenn man von einer Person sagt, daß sie vor exzessivem Kummer ersticke.[2]

---

[1] Die obigen deskriptiven Bemerkungen sind zum Teil meinen eigenen Beobachtungen entnommen, hauptsächlich aber Gratiolet (De la Physionomie, p.53, 337; über das Seufzen p.232), welcher den ganzen Gegenstand sehr gut erörtert hat. S. auch Huschke: Mimices et Physiognomices Fragmentum physiologicum, 1821, p.21. Über das matte Aussehen der Augen s. Dr. Piderit: Mimik und Physiognomik, 1867, S.65.
[2] Über die Wirkung des Kummers auf die Respirationsorgane s. besonders noch Sir Ch. Bell: Anatomy of Expression. 3. edit., 1844, p.151.

Schräge Stellung der Augenbrauen: – Allein zwei Punkte der oben gegebenen Beschreibung erfordern weitere Erläuterung, und zwar sind dieselben sehr merkwürdig: nämlich das in die Höheziehen der inneren Enden der Augenbrauen und das Herabziehen der Mundwinkel. Was die Augenbrauen betrifft, so kann man wohl gelegentlich sehen, daß sie bei Personen, welche an tiefer Niedergeschlagenheit leiden oder voller Sorgen sind, eine schräge Stellung annehmen; so habe ich z.B. diese Bewegung bei einer Mutter gesehen, welche von ihrem kranken Sohn sprach; zuweilen auch wird sie durch völlig unbedeutende oder momentan vorübergehende Ursachen wirklicher oder vergeblicher Trübsal veranlaßt. Die Augenbrauen nehmen diese Stellung dadurch an, daß die Zusammenziehung gewisser Muskeln (nämlich der kreisförmigen, der Augenbraunrunzler und des Pyramidenmuskels der Nase, welche zusammen die Augenlider herabzuziehen und zusammenzuziehen streben) durch die kraftvollere Zusammenziehung der zentralen Bündel des Stirnmuskels zum Teil gehemmt wird. Diese letzteren Bündel erheben durch ihre Zusammenziehung allein die inneren Enden der Augenbrauen; und da die Augenbrauenrunzler in derselben Zeit die Augenbrauen zusammenziehen, so werden ihre inneren Enden in eine große Falte oder einen Klumpen zusammengelegt. Diese Falte ist in der Erscheinung der Augenbrauen, wenn sie schräg gestellt sind, in hohem Grade charakteristisch, wie auf den Bildern 2 und 5 in der folgenden Übersicht zu sehen ist. Die Augenbrauen erscheinen gleichzeitig etwas rauh infolge des Umstands, daß die Haare vorstehend gemacht sind. Dr. J. Crichton Browne hat auch häufig bei melancholischen Patienten, welche ihre Augenbrauen beständig in einer schrägen Stellung halten, „eine eigentümliche spitze Wölbung des oberen Augenlids" beobachtet. Eine Spur hiervon ist bei dem Vergleich des rechten und linken Augenlides des jungen Mannes in der Photographie (2. Bild) zu bemerken; denn er war nicht imstande, gleichmäßig auf beide Augenlider zu wirken. Dies zeigt sich auch an der Ungleichheit der Furchen auf den beiden Seiten seiner Stirn. Dieses spitze Wölben der Augenlider hängt, wie ich glaube, davon ab, daß nur die inneren Enden der Augenbrauen in die Höhe gezogen werden; denn wird die ganze Augenbraue in die Höhe gehoben und gebogen, so folgt das obere Augenlid in einem geringeren Grade derselben Bewegung.

Das am allermeisten auffallende Resultat der einander entgegengesetzten Zusammenziehung der oben erwähnten Muskeln wird aber durch die eigentümlichen sich auf der Stirn bildenden Furchen dargeboten. Man kann diese Muskeln, wenn sie in Verbindung, aber in entgegengesetzter Richtung in Tätigkeit treten, der Kürze wegen die „Gram-Muskeln" nennen. Wenn eine Person ihre Augenbrauen durch Zusammenziehung des ganzen Stirnmuskels erhebt, so erstrecken sich Querfalten über die ganze Breite der Stirn; in dem vorliegenden Falle werden aber nur die mittleren Bündel zusammengezogen; infolgedessen bilden sich Querfurchen allein über dem mittleren Teil der Stirn. Die Haut über dem äußeren Teil der Augenbrauen wird gleichzeitig durch die Zusammenziehung der äußeren Partien der Kreismuskeln nach abwärts gezogen und geglättet. Es werden auch die Augenbrauen durch die gleichzeitige Zusammenziehung der Augenbrauenrunzler einander genähert[3]; und diese letztere Handlung bringt senkrechte Furchen

---

[3] Bei den vorstehenden Bemerkungen über die Art und Weise, wie die Augenbrauen schräg gestellt werden, bin ich der, wie es scheint, ganz allgemeinen Ansicht aller der Anatomen gefolgt, deren Werke ich über die Tätigkeit der oben genannten Muskeln zu Rate gezogen oder mit denen ich mich unterhalten habe. Ich werde daher im ganzen Verlaufe dieses Werkes eine ähnliche Ansicht von der Wirkung des *corrugator supercilii, orbicularis, pyramidalis nasi* und der Stirnmuskeln festhalten. Dr. Duchenne indessen glaubt, – und jede Folgerung, zu welcher er gelangt, verdient ernstliche Erwägung, – daß es der von ihm ‚sourciler' genannte Augenbrauenrunzler sei, welcher den inneren Winkel der Augenbrauen erhebe und ein Antagonist des oberen und inneren Teils sowohl des Kreismuskels als auch des *pyramidalis nasi* ist (s. Mécanisme de la Physion. Humaine, 1862, folio, Art. V. Text und Figuren 19 bis 29; Oktavausgabe 1862, p.43, Text). Er gibt indessen zu, daß der Corrugator die Augenbrauen zusammenziehe und dadurch senkrechte Furchen über der Nasenwurzel oder ein Stirnrunzeln verursache. Er glaubt ferner, daß nach den äußeren zwei Dritteln der Augenbrauen zu der Augenbrauenrunzler in Verbindung mit dem oberen Teil des Kreismuskels wirke; beide stehen hier in Antagonismus zum Stirnmuskel. Wenn ich mich nach Henles Abbildung (Holzschnitt, Fig. 3, S. 1182) richte, so bin ich nicht imstande einzusehen, wie der Cor-

Siebtes Kapitel

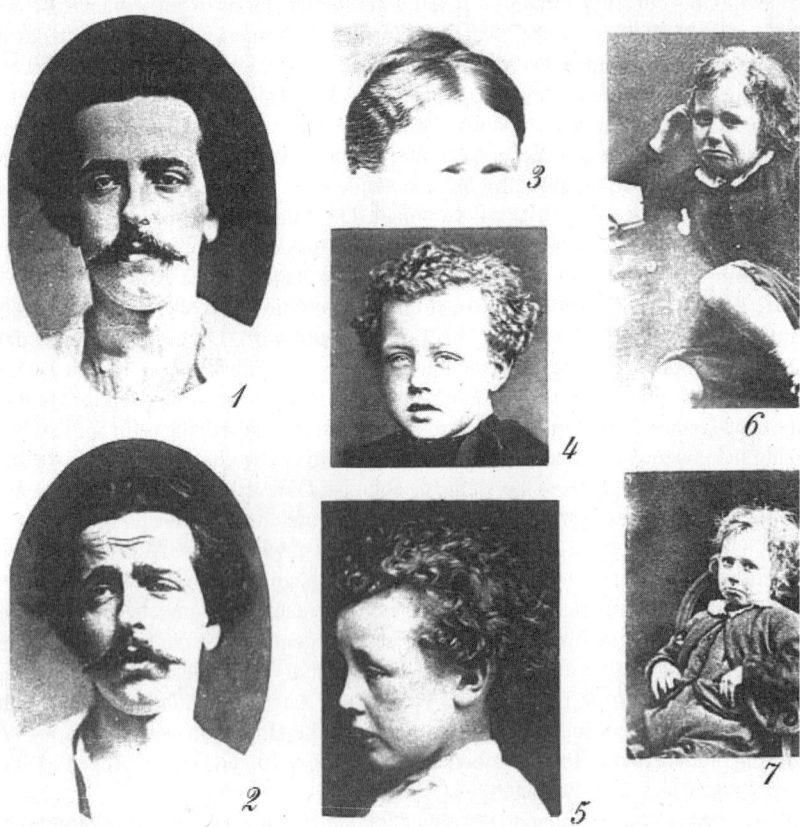

hervor, welche den äußeren und gesenkten Teil der Stirnhaut vom mittleren und in die Höhe gehobenen scheiden. Die Verbindung dieser senkrechten Furchen mit den mittleren und queren Furchen (s. 2. und 3. Bild) erzeugt auf der Stirn eine Zeichnung, welche man mit der Figur eines Hufeisens verglichen hat; streng genommen bilden aber diese Furchen die drei Seiten eines Vierecks. An der Stirn erwachsener oder nahezu erwachsener Personen sind dieselben häufig ganz deutlich, wenn die Augenbrauen in der geschilderten Weise schräg gestellt werden; bei kleinen Kindern aber sind sie infolge des Umstands, daß sich ihre Haut nicht leicht faltet, nur selten zu sehen oder es lassen sich bloße Spuren derselben nachweisen.

Diese eigentümlichen Furchen sind am besten auf Bild 3 auf der Stirn einer jungen Dame dargestellt, welche in einem ganz ungewöhnlichen Grade das Vermögen besitzt, willkürlich auf die erforderlichen Muskeln einzuwirken. Da dieselbe, während sie photographiert wurde, ganz von dem Versuch absorbiert war, so war ihr Gesichtsausdruck durchaus nicht der des Kummers; ich habe daher allein die Abbildung der Stirn gegeben. Bild 1, nach Dr. Duchennes Werk[4] ko-

---

rugator in der von Duchenne geschilderten Art wirken kann. S. auch über diesen Gegenstand Prof. Donders' Bemerkungen in den „Archives of Medicine", Vol. V, 1870, p. 34. Mr. J. Wood, welcher so bekannt wegen seiner sorgfältigen Studien über die Muskeln des menschlichen Körpers ist, sagt mir, er glaube, die Schilderung, die ich von der Wirkung des Angenbrauenrunzlers gegeben habe, sei korrekt. Es ist aber dies kein Punkt von irgendeiner Bedeutung in bezug auf den Ausdruck, welcher durch die schräge Stellung der Augenbrauen verursacht wird, noch von irgendeiner Bedeutung in bezug auf die Theorie seines Ursprungs.

[4] Ich bin Dr. Duchenne sehr für die Erlaubnis verbunden, diese beiden Photographien (Bilder 1 und 2) aus seinem Foliowerk reproduzieren zu lassen. Viele der vorstehenden Bemerkungen über das Falten der Haut, wenn die Augenbrauen schräg gestellt werden, sind seiner ausgezeichneten Erörterung über diesen Gegenstand entnommen.

piert, stellt in einem verkleinerten Maßstab das Gesicht in seinem natürlichen Zustand von einem jungen Mann dar, der ein guter Schauspieler war. Auf Bild 2 ist er abgebildet, wenn er Kummer ausdrückt; wie aber schon vorher bemerkt wurde, sind hier die beiden Augenbrauen nicht in gleichmäßiger Art beeinflußt worden. Daß der Gesichtsausdruck ein richtiger ist, kann man aus der Tatsache schließen, daß von fünfzehn Personen, denen die Originalphotographie gezeigt wurde, ohne irgendeinen Schlüssel zu dem, was mit dem Vorlegen des Bildes beabsichtigt wurde, vierzehn sofort antworteten: „verzweifelnder Kummer", „leidendes Erdulden", „Melancholie" usw. Die Geschichte des Bilds 5 ist einigermaßen merkwürdig. Ich sah die Photographie im Schaufenster eines Ladens und brachte sie zu Mr. Reylander, um ausfindig zu machen, von wem sie gemacht worden sei, wobei ich gegenüber ihm bemerkte, wie pathetisch der Ausdruck sei. Er antwortete: „Ich habe sie gemacht und der Ausdruck konnte wohl schon pathetisch sein, denn ein paar Minuten später brach der Junge in Weinen aus." Er zeigte mir dann eine Photographie desselben Knaben in einem gemütlichen Gemütszustand, welche ich habe reproduzieren lassen (Bild 4). Auf Bild 6 kann man eine Spur von schräger Stellung an den Augenbrauen entdecken; dieses Bild ist aber, ebenso wie Bild 7, hier mitgeteilt worden, um das Herabziehen der Mundwinkel zu zeigen, auf welchen Gegenstand ich sofort zurückkommen werde.

Es können nur wenig Personen ohne einige Übung willkürlich auf ihre „Gram-Muskeln" wirken; nach wiederholten Versuchen gelang es indessen einer beträchtlichen Anzahl, während andere es niemals können. Der Grad der schrägen Stellung der Augenbrauen, mag dieselbe willkürlich oder unbewußterweise angenommen worden sein, ist bei verschiedenen Personen sehr verschieden. Bei einigen, welche allem Anschein nach ungewöhnlich starke Pyramidenmuskeln haben, hebt die Zusammenziehung der mittleren Bündel des Stirnmuskels, obschon sie energisch sein mag, wie sich durch die viereckigen Furchen an der Stirn zeigt, die inneren Enden der Augenbrauen nicht in die Höhe, sondern hindert es nur, daß sie so tief herabgesenkt werden, als es sonst der Fall gewesen sein würde. Soweit ich zu beobachten imstande gewesen bin, werden die Gram-Muskeln viel häufiger von Kindern und Frauen als von Männern in Tätigkeit gesetzt. Nur selten, wenigstens bei erwachsenen Personen, wirkt körperlicher Schmerz auf sie ein, vielmehr beinahe ausschließlich Seelenangst. Zwei Personen, welche es nach einiger Übung erlangten, ihre Gram-Muskeln wirken zu lassen, fanden als sie sich im Spiegel betrachteten, daß sie, wenn sie ihre Augenbrauen schräg stellten, gleichzeitig unabsichtlich ihre Mundwinkel herabzogen; und dies ist häufig der Fall, wenn der Ausdruck natürlich angenommen wird.

Das Vermögen, die Gram-Muskeln gehörig in Tätigkeit zu bringen, scheint wie beinahe jede andere menschliche Fähigkeit erblich zu sein. Eine Dame, welche zu einer Familie gehörte, die dadurch berühmt war, daß sie eine außerordentliche Anzahl großer Schauspieler und Schauspielerinnen hervorgebracht hat, und welche selbst den hier besprochenen Ausdruck „mit merkwürdiger Präzision" wiedergeben kann, erzählte Dr. Crichton Browne, daß ihre ganze Familie diese Fähigkeit in einem merkwürdigen Grade besessen habe. Wie ich gleichfalls von Dr. Browne höre, soll sich dieselbe erbliche Neigung bis auf den letzten Nachkommen der Familie erstreckt haben, welche zu dem Roman „Red Gauntlet" von Sir Walter Scott Veranlassung gegeben hat; der Held wird hier aber beschrieben, als zöge er seine Stirn bei einer jeden starken Gemütserregung in eine hufeisenförmige Figur zusammen. Ich habe auch eine junge Frau gesehen, deren Stirn beinahe gewohnheitsmäßig in dieser Weise zusammengezogen zu sein schien, unabhängig von irgendeiner während der Zeit gefühlten Erregung.

Die Gram-Muskeln werden nicht sehr häufig ins Spiel gebracht; da ferner ihre Tätigkeit oft nur momentan ist, so entzieht sie sich leicht der Beobachtung. Obgleich die Ausdrucksform, wenn sie zur Beobachtung kommt, ganz allgemein und augenblicklich als die des Kummers oder der Sorgen erkannt wird, so ist doch nicht eine Person unter eintausend, wenn sie den Gegenstand nicht eingehend studiert hat, imstande, genau anzugeben, was für eine Veränderung im

Siebtes Kapitel

Gesicht des Leidenden vorgeht. Wahrscheinlich liegt hierin der Grund dafür, daß diese Ausdrucksform, soviel ich bemerkt habe, in keinem Werk der Dichtung, auch nicht einmal beiläufig, erwähnt wird, mit Ausnahme des „Red Gauntlet" und einem einzigen anderen Roman; es gehört aber die Verfasserin des letzten, wie mir gesagt worden ist, zu der oben erwähnten berühmten Familie von Schauspielern, so daß ihre Aufmerksamkeit vielleicht speziell auf diesen Gegenstand hingelenkt worden ist.

Die alten griechischen Bildhauer waren mit dieser Ausdrucksform wohlbekannt, wie es an den Statuen des Laokoon und des Schleifers zu sehen ist; wie aber Duchenne bemerkt, verlängerten sie die Querfurchen auf der Stirn über deren ganze Breite und begingen damit einen großen anatomischen Fehler; auch ist dies bei einigen modernen Statuen gleicherweise der Fall. Jene wunderbar sorgfältigen Beobachter haben indessen wahrscheinlicherweise eher mit Absicht die Wahrheit zum Zweck der Schönheit, geopfert, als, daß sie einen Fehler gemacht hätten; denn rechtwinklige Furchen auf der Stirn würden am Marmor keinen großartigen Anblick dargeboten haben. Soviel ich ausfindig machen kann, wird diese Ausdrucksform in ihrem vollständig entwickelten Zustand nicht oft von den alten Meistern auf Gemälden dargestellt, ohne Zweifel aus derselben Ursache. Doch teilte mir eine Dame, welche mit dieser Ausdrucksform vollkommen vertraut ist, mit, daß sie in Fra Angelicos Abnahme vom Kreuz in Florenz ganz deutlich von einer der Personen rechter Hand dargeboten wird; ich selbst könnte noch einige wenige andere Beispiele hinzufügen.

Dr. Crichton Browne widmete auf meine Bitte dieser Ausdrucksform bei den zahlreichen in der West-Riding Irrenanstalt unter seiner Behandlung stehenden geisteskranken Patienten eingehende Aufmerksamkeit; auch kennt er Duchennes Photographie von der Tätigkeit der Gram-Muskeln sehr gut. Er teilt mir mit, daß die letzteren bei Fällen von Melancholie und speziell von Hypochondrie beständig in energischer Tätigkeit gesehen werden können; und die von ihrer fortwährenden Zusammenziehung abhängigen, bleibend vorhandenen Linien oder Furchen sind für die Physiognomie der zu diesen beiden Klassen gehörenden Geisteskranken charakteristisch. Dr. Browne beobachtete in meinem Interesse eine beträchtliche Zeit hindurch sorgfältig drei Fälle von Hypochondrie, bei denen diese Gram-Muskeln beständig zusammengezogen waren. Einer dieser Fälle betraf eine 51 Jahre alte Witwe, welche sich einbildete, alle ihre Eingeweide verloren und infolgedessen einen ganz leeren Körper zu haben. Sie hatte einen Ausdruck großer Trübsal und schlug ihre halbgeschlossenen Hände stundenlang rhythmisch zusammen. Die Gram-Muskeln waren permanent zusammengezogen und die oberen Augenlider waren gewölbt. Dieser Zustand hielt monatelang an; dann wurde sie hergestellt und ihr Gesicht nahm nun seinen natürlichen Ausdruck wieder an. Ein zweiter Fall bot nahezu dieselben Eigentümlichkeiten dar; doch waren hier außerdem noch die Mundwinkel herabgezogen.

Auch Mr. Patrick Nicol hat mit großer Freundlichkeit für mich mehrere Fälle in der Sussex-Irrenanstalt beobachtet und mir in bezug auf drei derselben ausführliche Einzelheiten mitgeteilt, diese brauchen jedoch hier nicht angeführt zu werden. Aus seinen Beobachtungen an melancholischen Patienten schließt Mr. Nicol, daß die inneren Enden der Augenbrauen beinahe immer mehr oder weniger in die Höhe gezogen sind, wobei die Falten auf der Stirn mehr oder weniger deutlich markiert werden. In einem Falle, bei einer jungen Frau, war zu beobachten, daß diese Falten in beständigem Spiel oder beständiger Bewegung begriffen waren. In einigen Fällen sind die Mundwinkel herabgezogen, häufig aber nur in einem unbedeutenden Grade. Ein gewisses Maß an Verschiedenheit im Ausdruck der verschiedenen melancholischen Patienten konnte beinahe immer beobachtet werden. Allgemein hängen die Augenlider matt herab; die Haut in der Nähe ihrer äußeren Winkel und unter ihnen ist gefurcht. Die Nasenlippenfalte, welche von den Nasenflügeln zu den Mundwinkeln herabläuft und welche bei weinerlichen Kindern so auffallend ist, ist häufig bei diesen Patienten deutlich ausgesprochen.

Obgleich bei geisteskranken Personen die Gram-Muskeln häufig in beständiger Tätigkeit sind, so werden sie doch in gewöhnlichen Fällen zuweilen unbewußt durch lächerlich unbedeutende Veranlassungen in momentane Tätigkeit gebracht. Ein Herr machte einer jungen Dame ein widersinnig kleines Gegengeschenk; sie gab vor, beleidigt zu sein, und als sie ihm Vorwürfe machte, nahmen ihre Augenbrauen eine äußerst schräge Stellung an, wobei die Stirn die gehörigen Falten bekam. Eine andere junge Dame und ein junger Mann, beide in ausgelassener Laune, sprachen eifrigst mit außerordentlicher Geschwindigkeit aufeinander los; dabei bemerkte ich, daß, sooft die junge Dame geschlagen wurde und ihre Worte nicht schnell genug hervorbringen konnte, ihre Augenbrauen schräg nach oben gezogen wurden, wobei sich dann rechtwinklige Furchen auf ihrer Stirn bildeten. Gewissermaßen hißte sie in dieser Weise jedesmal die Notflagge; sie tat dies ungefähr ein halbes Dutzend Mal im Laufe weniger Minuten. Ich machte weiter keine Bemerkung über die Sache, bei einer anderen Gelegenheit aber bat ich sie, ihre Gram-Muskeln in Tätigkeit zu setzen; ein anderes junges Mädchen, das dabei war und dies willkürlich tun konnte, zeigte ihr, was dadurch beabsichtigt werde. Sie versuchte es nun wiederholt, doch mißlang es ihr vollständig. Und dennoch war eine so unbedeutende Veranlassung zur Trauer, wie das Gefühl, nicht imstande zu sein, schnell genug zu sprechen, ausreichend, diese Muskeln immer und immer wieder in energische Tätigkeit zu versetzen.

Der durch die Zusammenziehung der Gram-Muskeln hervorgerufene Ausdruck des Grams oder Kummers ist durchaus nicht auf Europäer beschränkt, scheint vielmehr allen Menschenrassen gemeinsam zuzukommen. Ich habe wenigstens glaubwürdige Schilderungen erhalten in bezug auf das Vorkommen desselben bei den Hindus, den Dhangars (einem der ursprünglichen Bergstämme von Indien, folglich zu einer ganz anderen Rasse gehörend als die Hindus), den Malayen, Negern und Australiern. Was die letzteren betrifft, so beantworten zwei Beobachter meine Fragen bejahend, gehen aber in keine Einzelheiten ein. Doch fügt Mr. Taplin meinen beschreibenden Bemerkungen die Worte hinzu: „Dies ist genau zutreffend." Was die Neger anlangt, so sah die Dame, welche Fra Angelicos Gemälde gegenüber mir erwähnte, einen Neger, welcher ein Boot auf dem Nil an einem Tau zog; als er auf ein Hindernis stieß, sah sie, wie seine Gram-Muskeln in heftige Tätigkeit versetzt und auf der Mitte der Stirn scharf ausgesprochene Falten gebildet wurden. Mr. Geach beobachtete einen Malayen in Malakka, dessen Mundwinkel stark herabgezogen waren, dessen Augenbrauen schräg standen und bei welchem kurze tiefe Gruben auf der Stirn vorhanden waren. Dieser Ausdruck währte nur eine sehr kurze Zeit; Mr. Geach bemerkt dazu: „Es war ein sehr fremdartiger Ausdruck, dem sehr ähnlich, welchen eine Person darbietet, die über irgendeinen schweren Verlust eben in Weinen ausbrechen will."

Die Eingeborenen von Indien sind, wie Mr. H. Erskine gefunden hat, mit dieser Ausdrucksform ganz bekannt; Mr. J. Scott vom botanischen Garten in Kalkutta hat mir mit großer Freundlichkeit eine ausführliche Beschreibung zweier Fälle geschickt. Er beobachtete eine Zeitlang, während er selbst nicht gesehen wurde, ein junges Dhangar-Weib von Nagpore, die Frau eines der Gärtner, welche ihr kleines im Sterben begriffenes Kind pflegte; dabei sah er deutlich, wie die Augenbrauen an den inneren Enden in die Höhe gezogen waren, die Augenlider matt herabhingen, die Stirn in der Mitte gefurcht und der Mund leicht geöffnet war mit stark herabgedrückten Mundwinkeln. Er trat dann hinter einer Wand von Pflanzen vor und redete die arme Frau an; sie fuhr zusammen, brach in eine Flut bitterer Tränen aus und beschwor ihn, ihr Kind zu heilen. Der zweite Fall betraf einen Hindustani-Mann, welcher infolge von Armut und Krankheit gezwungen war, seine Lieblingsziege zu verkaufen. Nachdem er das Geld erhalten hatte, blickte er wiederholt auf das Geld in seiner Hand und dann auf die Ziege, als sei er noch im Zweifel, ob er es nicht zurückgeben solle. Er ging dann zur Ziege, welche fertig aufgebunden war, um fortgeführt zu werden; das Tier erhob sich und leckte ihm die Hände. Seine Augen schwankten unstet von der einen zur anderen Seite; sein „Mund war teilweise geschlossen, die Mundwinkel sehr entschieden herabgedrückt". Endlich schien sich doch der Arme dazu zu

Siebtes Kapitel

entscheiden, daß er sich von seiner Ziege trennen müsse; und nun wurden, wie Mr. Scott sah, die Augenbrauen leicht schräg gestellt mit der charakteristischen Faltung oder Schwellung an den inneren Enden, es waren aber keine Falten auf der Stirn vorhanden. Der Mann stand eine Minute lang so da; dann brach er nach einem tiefen Seufzer in Tränen aus, hob seine beiden Hände auf, segnete die Ziege, drehte sich herum und ging davon, ohne sich noch einmal umzusehen.

Über die Ursache der schrägen Stellung der Augenbrauen im Leiden: – Mehrere Jahre lang schien mir keine Ausdrucksform so verwirrend zu sein wie diejenige, die wir hier betrachten. Was könnte die Ursache sein, daß sich bei Kummer oder bei Sorgen allein die mittleren Bündel des Stirnmuskels in Verbindung mit denen rings um das Auge zusammenziehen? Es scheint hier eine komplizierte Bewegung vorzuliegen zu dem alleinigen Zweck Gram oder Kummer auszudrücken; und doch ist dies ein verhältnismäßig seltener Ausdruck, der auch häufig übersehen wird. Ich glaube die Erklärung ist nicht so schwierig, als es auf den ersten Blick erscheint. Dr. Duchenne teilt eine Photographie des vorhin erwähnten jungen Mannes mit, als er nach aufwärts auf eine stark erleuchtete Fläche sah, dabei zogen sich seine Gram-Muskeln unwillkürlich in einer übertriebenen Art zusammen. Ich hatte diese Photographie vollständig vergessen, als ich an einem sehr hellen Tag, die Sonne hinter mir, während ich ausritt, einem Mädchen begegnete, dessen Augenbrauen, wie sie zu mir heraufsah, außerordentlich schräg gestellt wurden mit den eigentümlichen Furchen auf der Stirn. Dieselbe Bewegung habe ich dann unter ähnlichen Umständen bei mehreren späteren Gelegenheiten beobachtet. Bei meiner Rückkehr nach Hause ließ ich drei meiner Kinder, ohne ihnen eine Andeutung meines Zwecks zu geben, so lange und so aufmerksam wie sie nur konnten nach dem Gipfel eines hohen, gegen den äußerst glänzenden Himmel stehenden Baumes hinsehen. Bei allen dreien wurden die kreisförmigen Muskeln, die Augenbrauenrunzler und die Pyramidenmuskeln energisch durch Reflextätigkeit infolge der Reizung der Netzhaut zusammengezogen, damit ihre Augen vor dem hellen Licht geschützt würden. Sie versuchten aber ihr Äußerstes, aufwärts zu sehen, und nun ließ sich ein merkwürdiger, von krampfhaften Zuckungen begleiteter Kampf zwischen den ganzen Stirnmuskeln oder nur seinem mittleren Teil und den verschiedenen Muskeln, welche dazu dienen, die Augenbrauen herabzuziehen und die Augenlider zu schließen, beobachten. Die unwillkürliche Zusammenziehung der Pyramidenmuskeln verursachte eine quere und tiefe Runzelung auf dem Basalteil ihrer Nasen. Bei einem der drei Kinder wurden die ganzen Augenbrauen momentan erhoben und gesenkt, und zwar durch die abwechselnde Zusammenziehung des ganzen Stirnmuskels und der die Augen umgebenden Muskeln, so daß die ganze Breite der Stirn abwechselnd gefurcht und wieder geglättet wurde. Bei den zwei anderen Kindern wurde die Stirn nur in der Mitte gefurcht, wodurch sich rechtwinklige Falten bildeten; die Augenbrauen wurden schräg gestellt, ihre inneren Enden faltig geschwollen, – bei dem einen Kind zeigte sich dies in einem unbedeutenden Grade, bei dem anderen in einer scharf markierten Weise. Diese Verschiedenheit in der schrägen Stellung der Augenbrauen hing dem Anschein nach von einer Verschiedenheit in ihrer allgemeinen Beweglichkeit und von der Kraft der Pyramidenmuskeln ab. In diesen beiden Fällen wirkten die Muskeln unter dem Einfluß eines starken Lichtes auf die Augenbrauen und die Stirn in genau derselben Weise und mit jeder charakteristischen Einzelheit, wie unter dem Einfluß des Kummers oder der Sorgen.

Duchenne gibt an, daß der Pyramidenmuskel der Nase weniger unter der Kontrolle des Willens steht als die anderen Muskeln rings um das Auge. Er bemerkt, daß der junge Mensch, welcher so gut auf seine Gram-Muskeln, ebenso wie auf die meisten seiner übrigen Gesichtsmuskeln wirken konnte, seine Pyramidenmuskeln nicht zusammenziehn konnte.[5] Es ist indessen

---

[5] Mécanisme de la Physion. Humaine. Album, p.15.

Bedrücktsein, Sorge, Kummer, Niedergeschlagenheit, Verzweiflung

ohne Zweifel diese Fähigkeit bei verschiedenen Personen verschieden. Der Pyramidenmuskel dient dazu, die Haut der Stirn zwischen den Augenbrauen, gleichzeitig mit deren inneren Enden herabzuziehen. Die mittleren Bündel des Stirnmuskels sind die Antagonisten des Pyramidenmuskels; und wenn die Tätigkeit des letzteren besonders gehemmt wird, so müssen die mittleren Bündel jenes zusammengezogen werden. Wenn daher bei Personen mit kräftigen Pyramidenmuskeln unter dem Einfluß eines hellen Lichts ein unbewußtes Streben eintritt, das Herabsenken der Augenbrauen zu verhindern, so müssen die mittleren Bündel des Stirnmuskels in Tätigkeit gesetzt werden, und wenn deren Zusammenziehung hinreichend stark ist, die Pyramidenmuskeln zu überwältigen, so werden sie zusammen mit der Kontraktion der Augenbrauenrunzler und der kreisförmigen Muskeln in der eben geschilderten Weise auf die Augenbrauen und die Stirn wirken.

Wenn Kinder schreien oder in Weinen ausbrechen, so ziehen sie, wie wir wissen, die Kreismuskeln, die Augenbrauenrunzler und die Pyramidenmuskeln zusammen, ursprünglich zum Zweck ihre Augen zusammenzudrücken und sie hierdurch vor einer Blutüberfüllung zu schützen, später dann aus Gewohnheit. Ich erwartete daher bei Kindern zu finden, daß, wenn sie versuchten entweder den Ausbruch des im Anzug begriffenen Weinens zu verhindern oder das Weinen zu unterdrücken, sie die Zusammenziehung der obengenannten Muskeln in derselben Weise hemmen würden, als wenn sie nach aufwärts in helles Licht sehen, daß folglich häufig die mittleren Bündel des Stirnmuskels in Tätigkeit kommen würde. Demzufolge begann ich selbst, Kinder zu solchen Zeiten zu beobachten, und bat andere, darunter mehrere Ärzte, dasselbe zu tun. Es ist notwendig sorgfältig zu beobachten, da die eigentümliche, entgegengesetzte Wirkung dieser Muskeln bei Kindern nicht nahezu so deutlich ist wie bei Erwachsenen, weil bei ihnen die Stirn nicht so leicht gefaltet wird. Ich erkannte aber bald, daß bei derartigen Gelegenheiten die Gram-Muskeln sehr häufig in sehr entschiedene Tätigkeit kamen. Es würde überflüssig sein, hier sämtliche Fälle anzuführen, welche beobachtet wurden; ich will nur einige wenige einzeln mitteilen. Ein kleines, anderthalb Jahre altes Mädchen wurde von mehreren anderen Kindern gequält; ehe es in Tränen ausbrach, wurden die Augenbrauen ganz entschieden schräg gestellt. Bei einem etwas älteren Mädchen wurde dieselbe schräge Stellung beobachtet, wobei die inneren Enden der Augenbrauen deutlich faltig anschwollen; gleichzeitig wurden auch die Mundwinkel nach abwärts gezogen. Sobald sie in Tränen ausbrach, änderten sich sämtliche Gesichtszüge und die besondere Ausdrucksform verschwand. Nachdem ferner ein kleiner Junge geimpft worden war, was ihn zu heftigem Schreien und Weinen gebracht hatte, gab ihm der Arzt eine zu diesem Zweck mitgebrachte Apfelsine, was dem Kind ungemeines Vergnügen machte; als er zu weinen aufhörte, wurden alle die charakteristischen Bewegungen beobachtet, mit Einschluß der Bildung der rechtwinkligen Falten auf der Mitte der Stirn. Endlich begegnete ich auf der Straße einem kleinen, drei oder vier Jahre alten Mädchen, welches von einem Hund erschreckt worden war; als ich sie fragte, was ihr begegnet sei, hörte sie auf zu weinen und im Augenblick wurden ihre Augenbrauen in einem außerordentlichen Grade schräg gestellt.

Ich zweifle daher nicht daran, daß wir hier den Schlüssel zur Lösung des Problems haben, warum sich unter dem Einfluß des Kummers die mittleren Bündel des Stirnmuskels und die Muskeln rings um das Auge in Opposition zueinander zusammenziehen, – mag ihre Zusammenziehung eine länger anhaltende sein, wie bei den melancholischen Geisteskranken, oder momentan vorübergehen, wie infolge irgendeiner unbedeutenden Ursache der Trübsal. Wir haben alle als Kinder wiederholt unsere ringförmigen Muskeln, Augenbrauenrunzler und Pyramidenmuskeln zusammengezogen, um während des Schreiens unsere Augen zu schützen; unsere Vorfahren haben viele Generationen hindurch vor uns dasselbe getan; und obgleich wir wohl mit fortschreitenden Jahren leicht das Ausstoßen von Schmerzensschreien verhindern können, wenn wir uns in Not fühlen, so können wir doch der langen Gewohnheit wegen nicht immer eine leichte Zusammenziehung der eben genannten Muskeln verhindern; wir bemerken in der

Tat weder deren Zusammenziehung bei uns selbst, noch versuchen wir, sie aufzuhalten, wenn sie nur unbedeutend ist. Die Pyramidenmuskeln scheinen aber weniger unter der Kontrolle des Willens zu sein, als die anderen damit in Beziehung stehenden Muskeln; und wenn sie ordentlich entwickelt sind, kann ihre Zusammenziehung nur durch die antagonistische Zusammenziehung der mittleren Bündel des Stirnmuskels gehemmt werden. Das Resultat, welches notwendigerweise daraus folgt, daß diese Bündel energisch zusammengezogen werden, ist das Ziehen der Augenbrauen schräg nach innen und oben, das Zusammenfalten ihrer inneren Enden und die Bildung rechtwinkliger Furchen auf der Mitte der Stirn. Da Kinder und Frauen viel reichlicher weinen als Männer und da erwachsene Personen beiderlei Geschlechts nur selten weinen, ausgenommen bei geistiger Trübsal, so können wir einsehen, warum man die Gram-Muskeln, wie es meiner Meinung nach der Fall ist, viel häufiger bei Kindern und Frauen in Tätigkeit sieht, als bei Männern, und bei erwachsenen Personen beiderlei Geschlechts nur in Fällen geistiger Trübsal. In einigen der vorhin angeführten Fälle, so in dem des armen Dhangar-Weibes und des Hindustani-Mannes, folgte der Tätigkeit der Gram-Muskeln sehr schnell ein bitteres Weinen. In allen Fällen von Not, mag dieselbe groß oder klein sein, strebt unser Gehirn infolge langer Gewohnheit danach, gewissen Muskeln einen Befehl zum Zusammenziehen zu senden, als wären wir noch immer Kinder im Begriff laut aufzuschreien; diesem Befehl aber sind wir durch die wunderbare Gewalt des Willens und durch die Gewohnheit teilweise entgegenzuwirken imstande, obschon dies unbewußt geschieht, so weit es die Mittel des Gegenwirkens betrifft.

Über das Herabziehen der Mundwinkel: – Diese Handlung wird durch die *depressores anguli oris* ausgeführt (s. K. in Fig. 1 und 2, S.1181) Die Fasern gehen nach abwärts auseinander, während das obere konvergierende Ende rund um die Mundwinkel und an der Unterlippe ein wenig innerhalb der Mundwinkel[6] befestigt ist. Einige der Fasern scheinen Antagonisten des großen Jochbeinmuskels zu sein, andere die Antagonisten der verschiedenen, zum äußeren Teil der Oberlippe gehenden Muskeln. Die Zusammenziehung dieser Muskeln zieht die Mundwinkel, mit Einschluß des äußeren Teils der Oberlippe und selbst in einem geringen Grade der Nasenflügel nach unten und außen. Ist der Mund geschlossen und wirkt nun dieser Muskel, so bildet die Kommissur oder die Verbindungslinie der beiden Lippen eine gekrümmte Linie mit der Konkavität nach unten[7] und die Lippen selbst, besonders die Unterlippe, werden meist ein wenig vorgestreckt. Der Mund in diesem Zustand ist recht gut in den beiden Photographien von Mr. Rejlander dargestellt (siehe die Bilder 6 und 7 auf S.1265). Der obere Knabe (Bild 6) hatte gerade zu weinen aufgehört, nachdem er von einem anderen Knaben einen Schlag ins Gesicht bekommen hatte, und es war gerade der richtige Moment ergriffen worden, ihn zu photographieren.

Der Ausdruck für Gedrücktsein, Kummer oder Niedergeschlagenheit, wie er sich als Folge der Zusammenziehung dieses Muskels darstellt, ist von einem jeden bemerkt worden, der über den Gegenstand geschrieben hat. Wenn man sagt, daß eine Person „den Mund hängen läßt", so ist dieser Ausdruck mit dem synonym, daß er gedrückter Stimmung ist. Das Herabziehen der Mundwinkel kann, wie bereits nach der Autorität von Dr. Crichton Browne und von Mr. Nicol gesagt worden ist, oft bei den melancholischen Irren gesehen werden und war sehr gut in einigen, mir von dem ersteren der genannten Herren gesandten Photographien von Patienten mit starker Neigung zum Selbstmord ausgebildet. Bei Menschen, die zu verschiedenen Menschenrassen gehören, ist es beobachtet worden, namentlich Hindus, den dunklen Bergstämmen von Indien, bei Malayen und, wie mir Mr. Hagenauer mitteilt, bei den Eingeborenen von Australien.

Wenn Kinder schreien, so ziehen sie die Muskeln rund um die Augen fest zusammen und das zieht die Oberlippe in die Höhe; da sie dabei ihren Mund weit offenhalten müssen, so werden

---

[6] Henle: Handbuch der Anatomie des Menschen. Bd. 1, 1858, S.148, Fig. 68 und 69.

[7] S. die Schilderung der Wirkung dieses Muskels bei Duchenne: Mécanisme de la Physionomie Humaine. Album (1862, VIII, p.34.

auch die Niederzieher-Muskeln, welche zu den Mundwinkeln gehen, in starke Tätigkeit gesetzt. Dies verursacht allgemein, aber nicht ausnahmslos eine winklige Biegung in der Unterlippe an beiden Seiten in der Nähe der Mundwinkel. Das Resultat davon, daß auf die Ober- und Unterlippe in dieser Weise eingewirkt wird, ist, daß der Mund eine viereckige Gestalt annimmt. Die Zusammenziehung der Niederzieher-Muskeln ist am besten bei kleinen Kindern zu sehen, wenn sie nicht heftig schreien und besonders gerade ehe sie beginnen oder wenn sie aufhören zu schreien. Ihr kleines Gesicht nimmt dann einen äußerst bemitleidenswerten Ausdruck an, wie ich beständig bei meinen eigenen Kindern beobachtete, wenn sie im Alter von ungefähr sechs Wochen und zwei oder drei Monaten waren. Zuweilen wird, wenn sie gegen einen Weinanfall ankämpfen, der Mund in einer so übertriebenen Weise gekrümmt, daß er hufeisenförmig wird und dann wird der Ausdruck des Elends zu einer lächerlichen Karikatur.

Die Erklärung der Zusammenziehung dieses Muskels unter dem Einfluß des Gedrücktseins oder der Niedergeschlagenheit, folgt allem Anschein nach aus demselben allgemeinen Prinzip wie die schräge Stellung der Augenbrauen. Dr. Duchenne teilt mir mit, daß er aus seinen, nun während vieler Jahre fortgesetzten Beobachtungen zu dem Schluß kommt, daß dies einer der Gesichtsmuskeln ist, welcher am wenigsten unter der Kontrolle des Willens steht. Diese Tatsache dürfte in der Tat schon aus dem gefolgert werden, was soeben über Kinder gesagt wurde, die zweifelhaft zu weinen anfangen oder es versuchen, mit Weinen aufzuhören; denn dann beherrschen sie allgemein sämtliche andere Gesichtsmuskeln wirksamer als die Niederzieher der Mundwinkel. Zwei ausgezeichnete Beobachter, welche sich keine Theorie über die Sache gemacht hatten, einer derselben ein Arzt, beobachtete sorgfältig für mich einige ältere Kinder und Frauen, wie dieselben unter etwas entgegenwirkenden Kämpfen sich allmählich dem Punkt näherten, in Tränen auszubrechen; beide Beobachter waren darüber sicher, daß die Niederzieher-Muskeln eher in Tätigkeit zu kommen begannen als irgendeiner der anderen Muskeln. Da nun die Niederzieher wiederholt viele Generationen durch während der frühen Kindheit in heftige Tätigkeit versetzt worden sind, so wird Nervenkraft nach dem Prinzip lange assoziierter Gewohnheit streben, nach denselben Muskeln ebenso wie nach den anderen Gesichtsmuskeln hinzuströmen, sobald im späteren Leben selbst ein leichtes Gefühl der Trübsal empfunden wird. Da aber die Niederzieher etwas weniger unter der Kontrolle des Willens stehen als die meisten anderen Muskeln, so können wir erwarten, daß sie sich häufig in leichtem Grade zusammenziehen werden, während die anderen untätig bleiben. Es ist merkwürdig, eine wie geringe Herabdrückung der Mundwinkel dem Gesicht einen Ausdruck von Gedrücktsein oder Niedergeschlagenheit gibt, so daß eine äußerst unbedeutende Zusammenziehung dieser Muskeln hinreichend ist, diesen Seelenzustand zu verraten.

Ich will hier eine unbedeutende Beobachtung erwähnen, da sie dazu dient, den vorliegenden Gegenstand zusammenzufassen. Eine alte Dame mit gemütlichem, aber in Gedanken vertieftem Ausdruck saß mir in einem Eisenbahnwagen nahezu gegenüber. Während ich nach ihr hinsah, bemerkte ich, daß ihre *depressores anguli* oris sehr unbedeutend aber doch entschieden zusammengezogen wurden; da aber ihr Gesicht so glatt und mild wie immer blieb, so dachte ich nur darüber nach, wie bedeutungslos diese Zusammenziehung war und wie leicht man getäuscht werden dürfte. Der Gedanke war kaum in mir aufgestiegen, als ich sah, wie sich die Augen der Dame plötzlich so mit Tränen füllten, daß sie beinahe überflossen; dabei sank ihr ganzes Gesicht in sich zusammen. Nun konnte darüber kein Zweifel mehr bestehen, daß irgendeine schmerzliche Erinnerung, vielleicht an ein längst verlorenes Kind, ihr durch die Seele zog. Sobald ihr Sensorium in dieser Art affiziert wurde, überlieferten gewisse Nervenzellen aus langer Gewohnheit augenblicklich einen Befehl an alle Respirationsmuskeln und an die Muskeln rings um den Mund, sich auf einen Anfall von Weinen bereit zu machen. Diesem Befehl wurde aber durch den Willen, oder vielmehr durch eine später erlangte Gewohnheit das Gleichgewicht gehalten; sämtliche Muskeln gehorchten diesem Einfluß, mit Ausnahme der *depressores anguli oris*, welche

Siebtes Kapitel

in geringem Grade sich zusammenzogen. Der Mund wurde nicht einmal geöffnet, die Inspiration war nicht beschleunigt, und kein Muskel wurde affiziert, ausgenommen diejenigen, welche die Mundwinkel herabziehen.

Sobald der Mund dieser Dame, ihrerseits ganz unwillkürlich und unbewußt, begann, die für einen Anfall von Weinen gehörige Form anzunehmen, konnten wir beinahe sicher sein, daß etwas Nervenkraft durch die lange gewohnten Kanäle zu den verschiedenen Respirationsmuskeln, ebenso wie zu den Muskeln rings um das Auge und zu dem vasomotorischen Zentrum, welches den Blutzufluß zu den Tränendrüsen beherrscht, überliefert werden würde. Für die letztere Tatsache haben wir in der Tat einen deutlichen Beweis in der Erscheinung, daß ihre Augen leicht mit Tränen gefüllt wurden; wir können dies auch verstehen, da die Tränendrüsen weniger unter der Kontrolle des Willens stehen als die Gesichtsmuskeln. Ohne Zweifel bestand zu derselben Zeit eine gewisse Neigung in den Muskeln rings um das Auge sich zusammenzuziehen, gewissermaßen um sie vor dem Überfülltwerden mit Blut zu schützen; diese Zusammenziehuug wurde aber vollständig überwältigt und ihre Augenbrauen blieben ungefurcht. Wären die Pyramidenmuskeln, die Augenbrauenrunzler und die Kreismuskeln der Augen so wenig dem Willen gehorsam gewesen, wie sie es bei vielen Personen sind, so wären sie in geringerem Grade beeinflußt worden; dann würden sich auch die mittleren Bündel des Stirnmuskels in Antagonismus zusammengezogen haben und ihre Augenbrauen würden schräg gestellt worden sein mit rechtwinkligen Furchen auf der Stirn. Ihr Gesicht würde dann noch deutlicher, als es tat, den Zustand der Niedergeschlagenheit oder vielmehr des Kummers ausgedrückt haben.

Durch Vergegenwärtigung solcher Schritte wie der vorstehend geschilderten können wir einsehen, woher es kommt, daß, sobald irgendein melancholischer Gedanke durch das Gehirn zieht, eine eben wahrnehmbare Herabziehung der Mundwinkel oder ein leichtes Erheben der inneren Enden der Augenbrauen eintritt, oder daß selbst beide Bewegungen kombiniert werden, und unmittelbar darauf ein leichtes Füllen der Augen mit Tränen eintritt. Ein Zug von Nervenkraft wird mehreren gewohnten Kanälen entlang fortgeleitet und ruft auf jedem Punkt, wo der Wille nicht durch lange Gewohnheit bedeutende Gewalt des Eingreifens erlangt hat, eine Wirkung hervor. Die oben erwähnten Tätigkeiten können als rudimentäre Spuren der Schreianfälle betrachtet werden, welche während der frühesten Kindheit so häufig und so anhaltend sind. In diesem Falle, wie in vielen anderen, sind allerdings die Vermittlungsglieder wunderbar, welche bei der Erzeugung der verschiedenen Ausdrucksformen im menschlichen Gesicht Ursache und Wirkung miteinander verbinden; sie erklären uns die Bedeutung gewisser Bewegungen, welche wir unwillkürlich und unbewußt ausführen, sooft gewisse vorübergehende Erregungen durch unsere Seele ziehen.

Achtes Kapitel

Freude, Ausgelassenheit, Liebe, zärtliche Gefühle, Andacht

Das Lachen: ursprünglich der Ausdruck der Freude – Lächerliche Ideen – Bewegungen des Gesichts während des Lachens – Natur des dabei hervorgebrachten Lautes – Die Absonderung von Tränen während hellen Gelächters – Abstufung vom lauten Lachen zum leichten Lächeln – Ausgelassenheit – Der Ausdruck der Liebe – Zarte Gefühle – Andacht

Wenn die Freude intensiv ist, so führt sie zu verschiedenen zwecklosen Bewegungen, zum Herumtanzen, in die Händeschlagen, Stampfen etc. und zu lautem Lachen. Das Lachen scheint ursprünglich der Ausdruck bloßer Freude oder reinen Glücks zu sein. Wir sehen dies deutlich bei Kindern, wenn sie spielen und dabei beinahe unaufhörlich lachen. Wenn junge Leute, die schon aus der Kindheit heraus sind, recht ausgelassen sind, so hört man von ihnen immer viel sinnloses Lachen. Das Lachen der Götter wird von Homer beschrieben als „der Ausbruch ihrer himmlischen Freude nach ihren täglichen Banketten". Ein Mensch lächelt – und wie wir sehen werden, geht Lächeln allmählich in Lachen über – wenn er einem alten Freund auf der Straße begegnet, ebenso wie bei jedem unbedeutenden Vergnügen; so, wenn er ein schönes Parfüm riecht.[1] Laura Bridgeman konnte wegen ihrer Blindheit und Taubheit keinen Ausdruck durch Nachahmung irgendwie erlernt haben, und doch „lachte sie und schlug mit den Händen zusammen, und die Farbe auf ihren Wangen erhöhte sich", wenn ein Brief von einem geliebten Freund ihr durch Gebärdensprache mitgeteilt wurde. Bei anderen Gelegenheiten hat man gesehen, wie sie vor Freude auf den Boden stampfte.[2]

Auch blödsinnige und geistesschwache Personen bieten einen guten Beweis dafür dar, daß Lachen oder Lächeln ursprünglich reines Glück oder bloße Freude ausdrückte. Dr. Crichton Browne, dem ich wie bei so vielen anderen Gelegenheiten auch hier für die Resultate seiner großen Erfahrung verbunden bin, teilt mir mit, daß bei Idioten das Lachen die hervorstechendste uud häufigste aller gemütlichen Ausdrucksformen ist. Viele Blödsinnige sind mürrisch, leidenschaftlich, unruhig, in einem schmerzlichen Seelenzustand oder im äußersten Grade dumm, und diese lachen niemals. Andere lachen häufig in einer vollständig sinnlosen Art und Weise. So beklagte sich ein blödsinniger Knabe, der nicht fähig war zu sprechen, bei Dr. Browne mit Hilfe von Zeichen, daß ein anderer Knabe in der Anstalt ihm ein Auge blau geschlagen habe, und dies wurde „von Ausbrüchen von Gelächter begleitet, sein Gesicht war dabei mit dem hellsten Lächeln überdeckt". Es gibt noch eine andere große Klasse von Blödsinnigen, welche beständig freudig erregt und mild sind und fortwährend lachen oder lächeln.[3] Ihr Ausdruck bietet häufig ein stereotypes Lächeln dar; sobald Nahrung vor sie hingestellt wird, oder wenn sie geliebkost werden, oder wenn man ihnen helle Farben zeigt oder wenn sie Musik hören, vermehrt sich ihre Freudigkeit und dann grinsen, kichern und lachen sie. Einige von ihnen lachen mehr als gewöhnlich, wenn sie umhergehen oder irgendeine Muskelanstrengung versuchen. Die freudige Erregung der meisten dieser Blödsinnigen kann unmöglich, wie Dr. Browne bemerkt, mit irgendeiner bestimmten Idee assoziiert sein. Sie empfinden einfach Vergnügen und drücken dies durch Lachen oder Lächeln aus. Bei im ganzen hochgradig geistesschwachen Personen scheint persönliche Eitelkeit die häufigste Ursache des Lachens zu sein und nächst dieser das Vergnügen, was sie bei der zustimmenden Anerkennung ihres Betragens empfinden.

Bei erwachsenen Personen wird das Lachen durch Ursachen erregt, welche von denen be-

---

[1] Herbert Spencer: Essays, Scientific etc., 1858, p.360.
[2] F. Lieber: Über die Stimmlaute der Laura Bridgeman, in: Smithsonian Contributions. Vol. II, 1851, p.6.
[3] S. auch Mr. Marshall, in: Philosoph. Transactions, 1864, p.526.

trächtlich verschieden sind, welche während der Kindheit hinreichen. Diese Bemerkung ist aber kaum auf das Lächeln anwendbar. Das Lachen ist in dieser Beziehung dem Weinen analog, welches bei Erwachsenen beinahe ganz auf geistige Trübsal beschränkt ist, während es bei Kindern durch körperliche Schmerzen oder irgendwelche Leiden ebensowohl erregt wird wie durch Furcht oder Wut. Viele merkwürdige Erörterungen sind über die Ursache des Lachens bei erwachsenen Personen geschrieben worden. Der Gegenstand ist äußerst kompliziert. Irgend etwas nicht Zusammengehöriges oder Unerklärliches, das Erstaunen erregende oder auch ein gewisses Gefühl der Überlegenheit beim Lachenden, der dabei in einer glücklichen Geistesstimmung sich finden muß, scheint die häufigste Ursache zu sein.[4] Die Umstände dürfen nicht momentaner Natur sein; kein Armer wird lachen oder lächeln, wenn er plötzlich hört, daß ihm ein großes Vermögen vererbt worden ist. Wenn der Geist durch freudige Empfindungen stark erregt wird und irgendein unerwartetes Ereignis oder ein unerwarteter Gedanke tritt ein, dann wird, wie Mr. Herbert Spencer bemerkt[5], „eine bedeutende Menge nervöser Energie plötzlich in ihrem Abfluß gehemmt, anstatt daß ihr gestattet würde, sich in der Erzeugung einer äquivalenten Menge von neuen Gedanken und Erregungen, welche im Entstehen begriffen waren, auszubreiten". „... Der Überschuß muß sich in irgendeiner anderen Richtung Luft machen. Es erfolgt daher ein Ausfluß durch die motorischen Nerven auf verschiedene Klassen von Muskeln, und hierdurch werden die halb konvulsivischen Tätigkeiten erzeugt, „die wir Lachen nennen". Eine sich auf diesen Punkt beziehende Beobachtung hat einer meiner Korrespondenten während der letzten Belagerung von Paris gemacht, nämlich, daß die deutschen Soldaten nach starker Erregung infolge des Umstands, daß sie äußerster Gefahr ausgesetzt gewesen waren, besonders geneigt waren, bei dem geringsten Scherz in lautes Lachen auszubrechen. So wird ferner, wenn kleine Kinder gerade anfangen wollen zu weinen, ein unerwartetes Ereignis zuweilen ihr Weinen in Lachen verwandeln, welches allem Anschein nach gleichzeitig gut dazu dient, ihre überschüssige nervöse Energie zu verbrauchen.

Man sagt zuweilen, daß die Einbildung durch eine lächerliche Idee gekitzelt werde, und dieses sogenannte Kitzeln des Geistes ist dem Kitzeln des Körpers merkwürdig analog. Jedermann weiß, wie unmäßig Kinder lachen und wie ihr ganzer Körper konvulsivisch bewegt wird, wenn sie gekitzelt werden. Die anthropomorphen Affen stoßen, wie wir gesehen haben, gleichfalls einen wiederholten Laut aus, der unserem Lachen entspricht, wenn sie, besonders in den Achselhöhlen, gekitzelt werden. Ich berührte mit einem Stückchen Papier die Fußsohle eines meiner Kinder, als es nur sieben Tage alt war; der Fuß wurde plötzlich weggeschnellt und die Zehen in verschiedenen Richtungen gekrümmt wie bei einem älteren Kind. Derartige Bewegungen sind ebenso wie das Lachen, nachdem man gekitzelt wurde, offenbar Reflextätigkeiten, und dies zeigt sich gleichfalls darin, daß die kleinen nicht gestreiften Muskeln, welche dazu dienen, die einzelnen Haare an dem Körper aufzurichten, sich in der Nähe einer gekitzelten Oberhautstelle zusammenziehen.[6] Doch kann man das Lachen infolge einer lächerlichen Idee, wenn es auch unwillkürlich eintritt, doch nicht im strengen Sinne eine Reflextätigkeit nennen. In diesem Falle und bei dem des Lachens infolge eines Kitzelns muß sich die Seele in einem vergnüglichen Zustand befinden. Wenn ein kleines Kind von einem Fremden gekitzelt würde, so würde es vor Furcht schreien. Die Berührung muß leicht sein, und eine Idee oder ein Ereignis darf, wenn es lächerlich sein soll, nicht von großer Bedeutung sein. Die Teile des Körpers, welche am leichtesten gekitzelt werden, sind diejenigen, welche nicht gewöhnlich berührt werden, so die Achselhöhlen oder zwischen den Zehen, oder Teile so wie die Fußsohle, welche beständig von einer

---

[4] Mr. Bain gibt in seinem Buch „The Emotions and the Will", 1865, p.247, eine lange und interessante Erörterung über das Lächerliche. Das oben angeführte Zitat über das Lachen der Götter ist diesem Werk entnommen. S. auch Maudeville: The Fable of the Bees. Vol. II, p.168.
[5] The Physiology of Laughter. Essays. Second Series, 1863, p.114.
[6] J. Lister, in: Quarterly Journal of Microscopical Science, 1853, Vol. I, p.266.

breiten Fläche berührt werden. Doch bietet die Oberfläche, auf welcher wir sitzen, hier eine merkwürdige Ausnahme von der Regel dar. Der Angabe Gratiolets zufolge[7] sind gewisse Nerven für das Kitzeln viel empfindlicher als andere. Nach der Tatsache, daß ein Kind sich kaum selbst kitzeln kann oder wenigstens in einem viel geringeren Grade, als wenn es von einer anderen Person gekitzelt wird, scheint es, daß der genaue Punkt, welcher berührt werden soll, nicht bekannt sein darf, und so scheint auch in bezug auf den Geist irgend etwas Unerwartetes – eine neue oder nicht zusammenstimmende Idee, welche in einem gewohnheitsmäßigen Gedankenzug hineinbricht – ein starkes Element des Lächerlichen darzubieten.

Der Laut des Lachens wird durch eine tiefe Inspiration hervorgerufen, welcher kurze, unterbrochene, krampfhafte Zusammenziehungen des Brustkastens und besonders des Zwerchfells folgen.[8] Wir hören daher, daß man sich „beim Lachen beide Seiten hält". Infolge des Erschütterns des Körpers nickt der Kopf bald da bald dorthin. Häufig zittert die Unterkinnlade auf und nieder, wie es auch bei einigen Arten von Pavianen der Fall ist, wenn sie viel Vergnügen empfinden.

Während des Lachens wird der Mund mehr oder weniger weit geöffnet, die Mundwinkel stark nach hinten ebenso wie ein wenig nach oben, und die Oberlippe etwas in die Höhe gezogen. Das Zurückziehen der Mundwinkel sieht man am besten bei dem mäßigen Lachen und besonders in einem breiten Lächeln – die letztere Bezeichnung bezieht sich darauf, daß der Mund weit geöffnet wird. Auf den nachfolgenden Bildern 1-3 der in diesem Kapitel wiedergegebenen Photographien sind verschiedene Grade mäßigen Lachens und des Lächelns abgebildet worden. Die Photographie des kleinen Mädchens mit dem Hut rührt von Dr. Wallich her, und der Ausdruck war ein echter; die anderen beiden sind von Mr. Rejlander. Dr. Duchenne betont wiederholt[9], daß unter der Erregung der Freude der Mund ausschließlich durch die großen Jochbeinmuskeln, welche dazu dienen, die Mundwinkel rück- und aufwärts zu ziehen, beeinflußt wird; aber nach der Art und Weise zu urteilen, in welcher die oberen Zähne immer während des Lachens und des breiten Lächelns exponiert werden, ebenso wie nach meinen eigenen Empfindungen kann ich nicht daran zweifeln, daß einige der zur Oberlippe laufenden Muskeln gleichfalls in mäßige Tätigkeit versetzt werden. Die unteren und oberen Kreismuskeln des Auges werden zu derselben Zeit mehr oder weniger kontrahiert, und es besteht, wie im Kapitel über das Weinen erklärt worden ist, ein inniger Zusammenhang zwischen den kreisförmigen, besonders des unteren und einigen der zur Oberlippe laufenden Muskeln. Henle bemerkt hierüber[10], daß wenn ein Mensch das eine Auge fest schließt, er nicht vermeiden kann, die Oberlippe derselben Seite zurückzuziehen. Wenn man umgekehrt seinen Finger auf sein unteres Augenlid legt und dann seine oberen Schneidezähne soweit wie möglich sichtbar macht, so wird man fühlen, daß in dem Maße, wie die Oberlippe stark nach aufwärts gezogen wird, die Muskeln des unteren Augenlides sich zusammenziehen. In Henles Abbildung, die in dem Holzschnitt Fig. 2 wiedergegeben ist, kann man sehen, daß der *musculus malaris* (H), welcher zur Oberlippe hinläuft, einen beinahe integrierenden Teil des unteren kreisförmigen Muskels bildet.

Dr. Duchenne hat eine große Photographie eines alten Mannes (verkleinert auf Bild 4) in seinem gewöhnlichen passiven Zustand und eine andere von demselben Mann (Bild 5) natürlich lächelnd, mitgeteilt. Die letztere wurde von jedem, dem sie gezeigt wurde, als naturwahr wiedererkannt. Er hat auch als Beispiel eines unnatürlichen oder falschen Lächelns eine andere Photographie (Bild 6) desselben alten Mannes mitgeteilt, wo die Mundwinkel durch Galvani-

---

[7] De la Physionomie, p.186.
[8] Sir Ch. Bell (Anat. of Expression, p.147) macht einige Bemerkungen über die Bewegungen des Zwerchfells während des Lachens.
[9] Mécanisme de la Physionomie Humaine. Album, Légende VI.
[10] Handbuch der systematischen Anatomie des Menschen, 1858, Bd. 1, S.144. S. den Holzschnitt, Fig. 2 (H) auf S. 1181

Achtes Kapitel

sieren der großen Jochbeinmuskeln stark zurückgezogen sind. Daß der Ausdruck hier nicht natürlich ist, ist offenbar. Denn ich zeigte diese Photographie vierundzwanzig Personen, von denen drei nicht im geringsten sagen konnten, was damit gemeint war, während die anderen, obwohl sie wahrnahmen, daß der Ausdruck etwas von der Natur eines Lächelns an sich hatte, in so unbestimmten Worten meine Frage beantworteten, wie „ein schlechter Witz", ein „Versuch zum Lachen", „grinsendes Lachen", „halb erstauntes Lachen" usw. Dr. Duchenne schreibt das Falsche in dem Ausdruck durchaus dem zu, daß die Kreismuskeln der unteren Augenlider nicht ausreichend zusammengezogen sind; denn er legt mit Recht großes Gewicht bei dem Ausdruck auf ihre Zusammenziehung. Ohne Zweifel liegt in dieser Ansicht viel Wahres, indessen, wie es mir scheinen möchte, nicht die ganze Wahrheit. Die Zusammenziehung der unteren Kreismuskeln wird immer, wie wir gesehen haben, von dem Aufwärtsziehen der Oberlippe begleitet. Wäre auf Bild 6 auf die Oberlippe in dieser Weise in einem geringeren Grade eingewirkt worden, so würde ihre Krümmung weniger steif, auch die Nasenlippenfalte unbedeutend verschieden und der ganze Ausdruck, wie ich glaube, natürlicher geworden sein, ganz unabhängig von der deutlichen Wirkung der stärkeren Zusammenziehung der unteren Augenlider. Überdies ist der Augenbrauenrunzler auf Bild 6 zu sehr zusammengezogen und verursacht ein Stirnrunzeln, während dieser Muskel niemals unter dem Einfluß der Freude tätig ist, ausgenommen während eines stark ausgesprochenen oder heftigen Lachens.

Durch das Rückwärts- und Aufwärtsziehen der Mundwinkel infolge der Zusammenziehung der großen Jochbeinmuskeln und durch das Erheben der Oberlippe werden die Wangen nach oben gezogen. Es bilden sich hierdurch Falten unter den Augen und bei alten Leuten auch an ihren äußeren Winkeln, und diese sind für Lachen oder Lächeln in hohem Grade charakteristisch. Ein jeder kann fühlen und sehen, wenn er seine eigenen Empfindungen aufmerksam beobachten und sich in einem Spiegel betrachten will, daß in dem Maße, wie ein leichtes Lächeln in ein starkes oder selbst in ein Lachen übergeht und wie ferner die Oberlippe nach oben gezogen wird und die unteren Kreismuskeln sich zusammenziehen, auch die Falten an den unteren Augenlidern und die unterhalb der Augen bedeutend verstärkt oder vergrößert werden. Wie ich wiederholt beobachtet habe, werden zu derselben Zeit die Augenbrauen unbedeutend herabgezogen, was ein Beweis dafür ist, daß die oberen so gut wie die unteren Ringmuskeln wenigstens in einem gewissen Grade sich zusammenziehen, obwohl dies, soweit unsere Empfindungen dabei in Betracht kommen, unbemerkt eintritt. Wenn man die ursprüngliche Photographie des alten Mannes mit dem Gesicht in seinem gewöhnlichen behaglichen Zustand (Bild 4) mit der (Bild 5) vergleicht, in welcher er natürlich lächelt, so kann man sehen, daß in der letzteren die Augenbrauen ein wenig gesenkt sind. Ich vermute, daß dies eine Folge davon ist, daß die oberen Kreismuskeln durch die Gewalt lang assoziierter Gewohnheit dazu getrieben werden, in einer gewissen Ausdehnung in Übereinstimmung mit den unteren Ringmuskeln tätig zu werden, welche selbst in Verbindung mit dem Nachaufwärtsziehen der Oberlippe zusammengezogen werden.

Die Neigung in den Jochbeinmuskeln, sich unter vergnügten Gemütserregungen zusammenzuziehen, zeigte sich in einer merkwürdigen, mir von Dr. Browne mitgeteilten Tatsache bei Patienten, welche an der für Geisteskranke charakteristischen allgemeinen Lähmung leiden.[11] „In dieser Krankheit herrscht beinahe unveränderlich ein Optimismus – Täuschungen in bezug auf Wohlstand, Rang, Größe – unsinnige Freude, Wohlwollen und Verschwendung, während ihr frühestes körperliches Symptom ein Zittern an den Mundwinkeln und an den äußeren Augenwinkeln ist. Dies ist eine allgemein anerkannte Tatsache. Beständiges zitterndes Erregtsein der unteren Augenbrauen- und großen Jochbeinmuskeln ist für die früheren Zustände der allgemeinen Lähmung pathognomonisch. Das Gesicht hat einen zufriedenen und wohlwollenden Aus-

---

[11] S. auch Bemerkungen hierüber von Dr. J. Crichton Browne, in: Journal of Mental Science, Apr. 1871, p.149.

druck. In dem Maße wie die Krankheit fortschreitet, werden andere Muskeln mit ergriffen; bis aber vollständige Blödsinnigkeit erreicht ist, ist der vorherrschende Ausdruck der eines schwachen Wohlwollens."

Wie beim Lachen und dem breiten Lächeln die Wangen und die Oberlippe bedeutend emporgehoben sind, so scheint die Nase verkürzt zu sein und die Haut auf dem Nasenrücken wird fein in Querlinien gefurcht mit anderen schrägen Längslinien auf den Seiten. Gewöhnlich werden die mittleren oberen Schneidezähne exponiert. Eine scharf ausgesprochne Nasenlippenfalte wird gebildet, welche von dem Flügel eines jeden Nasenlochs zum Mundwinkel herabläuft. Häufig ist diese Falte bei alten Personen doppelt.

Ein helles und glänzendes Auge ist für einen vergnügten oder amüsierten Seelenzustand ebenso charakteristisch wie die Zurückziehung der Mundwinkel und Oberlippe mit den dadurch hervorgerufenen Falten. Selbst die Augen mikrozephaler Idioten, welche so tief gesunken sind, daß sie niemals sprechen lernen, glänzen unbedeutend auf, wenn sie eine Freude empfinden.[12] Beim extremen Lachen sind die Augen zu sehr mit Tränen unterlaufen, als daß sie glänzen könnten; aber die während mäßigen Lachens oder Lächelns aus den Drüsen ausgedrückte Feuchtigkeit dürfte den Glanz der Augen noch erhöhen helfen, obschon dies von einer durchaus untergeordneten Bedeutung sein muß, da sie in der Trauer matt werden, obwohl sie dann häufig feucht sind. Ihr Erglänzen scheint hauptsächlich Folge ihres Gespanntseins zu sein[13], was wieder von der Zusammenziehung der Kreismuskeln und von dem Druck der in die Höhe gehobenen Wangen abhängt. Der Angabe von Dr. Piderit zufolge, welcher diesen Punkt ausführlicher als irgendein anderer Schriftsteller erörtert hat[14], dürfte aber diese Spannung der Augen in hohem Grade dem Umstand zugeschrieben werden, daß die Augäpfel mit Blut und anderen Flüssigkeiten infolge der Beschleunigung des Kreislaufs, die von der Erregung der Freude abhängt, erfüllt werden. Er weist auf den Kontrast im Erscheinen der Augen bei einem hektischen Patienten mit rapider Zirkulation und den Augen eines an Cholera leidenden Menschen hin, bei dem beinahe alle Flüssigkeiten des Körpers entfernt worden sind. Jede Ursache, welche die Zirkulation herabsetzt, macht die Augen stumpfer. Ich erinnere mich, einen Mann gesehen zu haben, der durch lang andauernde und schwere Anstrengung während eines sehr heißen Tages im äußersten Grade ermattet war. Jemand, der dabei stand, verglich seine Augen mit denen eines gekochten Kabeljaus.

Doch kehren wir zu den Lauten zurück, welche während des Lachens hervorgebracht werden. Wir können in einer unbestimmten Art und Weise einsehen, wie es kommt, daß das Ausstoßen von Lauten irgendwelcher Art naturgemäß mit einem vergnügten Seelenzustand assoziiert wird; denn durch einen großen Teil des Tierreichs hindurch werden vokale oder instrumentale Laute entweder als ein Ruf oder als Reizmittel für das eine Geschlecht vom anderen angewendet. Es werden solche auch als Mittel gebraucht zum fröhlichen Zusammenkommen der Eltern mit den Jungen und der aneinander hängenden Glieder einer und derselben sozialen Gemeinschaft. Warum aber die Laute, welche der Mensch ausstößt, wenn er vergnügt ist, den eigentümlichen wiederholten Charakter des Lachens haben, wissen wir nicht. Nichtsdestoweniger können wir einsehen, daß sie naturgemäß so verschieden wie möglich von dem Aufschreien oder dem Weinen im Unglück sein werden; und wie bei dem Hervorbringen des letzteren die Exspirationen verlängert und zusammenhängend sind, während die Inspirationen kurz und unterbrochen sind, so könnte man vielleicht bei den Lauten, welche vor Freude ausgestoßen werden, erwarten, daß die Exspirationen kurz und unterbrochen sind, während die Inspirationen verlängert sind; und so ist es auch der Fall.

Es ist ein gleicherweise dunkler Punkt, warum die Mundwinkel zurückgezogen und die Ober-

---

[12] C. Vogt: Mémoire sur les Microcéphales, 1867, p.21.
[13] Sir Ch. Bell: Anatomy of Espression, p.133.
[14] Mimik und Physiognomik, 1867, S. 63-67.

lippe während des gewöhnlichen Lachens erhoben wird. Der Mund darf nicht bis zum äußersten Grade geöffnet werden; denn wenn dies während eines Paroxysmus exzessiven Lachens eintritt, so wird kaum irgendwelcher Laut geäußert, oder er verändert seinen Ton und scheint tief aus der Kehle zu kommen. Die Respirationsmuskeln und selbst die der Gliedmaßen geraten in derselben Zeit in rapide schwingende Bewegungen. Die Unterkinnlade nimmt häufig an dieser Bewegung Teil und dies dürfte dazu dienen, es zu verhindern, daß der Mund weit geöffnet wird. Da aber ein voller ausgiebiger Laut ausgestoßen werden soll, muß die Mundöffnung groß sein; und es geschieht vielleicht, um dies zu erreichen, daß die Mundwinkel zurückgezogen werden und die Oberlippe erhoben wird. Obgleich wir kaum weder die Form des Mundes während des Lachens, welche zur Faltenbildung unterhalb der Augen führt, noch den eigentümlichen wiederholten Laut des Lachens, noch das Zittern der Kinnlade erklären können, so können wir nichtsdestoweniger schließen, daß alle diese Wirkungen Folgen einer gemeinsamen Ursache sind. Denn sie sind alle für einen vergnügten Seelenzustand bei verschiedenen Arten von Affen charakteristisch und ausdrucksvoll.

Es läßt sich eine abgestufte Reihe verfolgen von heftigem zu mäßigem Lachen, zu einem breiten Lächeln, zu einem sanften Lächeln und zum Ausdruck bloß vergnügter Stimmung. Während des exzessiven Lachens wird der ganze Körper häufig nach rückwärts geworfen und schüttelt sich oder wird beinahe konvulsivisch bewegt; die Respiration ist bedeutend gestört; der Kopf und das Gesicht werden mit Blut überfüllt, die Venen ausgedehnt und die Ringmuskeln werden krampfhaft zusammengezogen, um die Augen zu schützen. Es werden reichlich Tränen abgesondert. Es ist daher, wie früher bemerkt wurde, kaum möglich, irgendeine Verschiedenheit zwischen dem von Tränen feuchten Gesicht einer Person nach einem Paroxysmus exzessiven Lachens und nach einem Anfall bittern Weinens nachzuweisen.[15] Es ist wahrscheinlich Folge der großen Ähnlichkeit der durch diese so weit voneinander verschiedenen Gemütserregungen verursachten krampfhaften Bewegungen, daß hysterische Patienten abwechselnd mit Heftigkeit weinen und lachen und daß kleine Kinder zuweilen plötzlich von dem einen in den anderen Zustand übergehen. Mr. Swinhoe bemerkt, daß er oft gesehen hat, wie Chinesen, wenn sie an tiefem Kummer leiden, plötzlich in hysterische Lachanfälle ausbrechen.

Ich war begierig zu erfahren, ob Tränen während exzessiven Lachens von den meisten Menschenrassen reichlich vergossen würden, und ich höre von meinen Korrespondenten, daß dies der Fall ist. Ein Fall wurde bei den Hindus beobachtet, und diese sagen selbst, daß es häufig vorkommt. Dasselbe gilt von den Chinesen. Die Frauen eines wilden Stammes von Malaien auf der Halbinsel von Malakka vergießen zuweilen Tränen, wenn sie herzlich lachen; doch kommt dies selten vor. Bei den Dyaks von Borneo muß es häufig der Fall sein, wenigstens bei den Frauen; denn ich höre von dem Rajah C. Brooke, daß es bei ihnen eine sehr gewöhnliche Redensart ist zu sagen, „wir weinten beinahe vor Lachen." Die Eingeborenen von Australien drücken ihre Gemütserregung sehr entschieden aus; mein Korrespondent beschreibt sie als vor Freude umherspringend und mit ihren Händen schlagend und auch als häufig brüllend vor Lachen. Nicht weniger als vier Beobachter haben bei solchen Gelegenheiten ihre Augen sich reichlich mit Wasser füllen sehen, und in einem Falle liefen die Tränen ihre Backen herab. Mr. Bulmer, ein Missionar in einem entfernten Teil von Viktoria, bemerkt, „daß sie ein sehr scharfes Gefühl für das Lächerliche haben; sie sind ausgezeichnete Mimiker, und wenn einer von ihnen imstande ist, die Eigentümlichkeiten irgendeines abwesenden Gliedes des Stammes nachzuahmen, so ist es sehr häufig, alle im Feldlager konvulsivisch lachen zu hören". Bei Europäern erregt kaum irgend etwas das Lachen so leicht wie Nachahmung, und es ist im ganzen merkwürdig, dieselbe

---

[15] Sir J. Reynolds bemerkt (Discourses XII, p.100): „Es ist merkwürdig zu beobachten, – es ist aber sicher richtig –, daß die Extreme entgegengesetzter Leidenschaften mit sehr wenig Abänderung durch eine und dieselbe Tätigkeit ausgedrückt werden." Er führt als Beispiele die wahnsinnige Freude einer Bacchantin und den Kummer einer Maria Magdalena an.

Achtes Kapitel

Tatsache bei den Wilden von Australien wiederzufinden, welche eine von den verschiedensten Rassen der Welt darstellen.

In Süd-Afrika füllen sich bei zwei Kafferstämmen, besonders bei den Weibern, die Augen häufig während des Lachens mit Tränen. Gaika, der Bruder des Häuptlings Sandilli, beantwortete meine Frage über diesen Punkt mit den Worten: „Ja, es ist ihr gewöhnlicher Gebrauch." Sir Andrew Smith hat gesehen, wie das bemalte Gesicht eines Hottentotten-Weibes nach einem Lachanfall mit Tränen übergossen war. Bei den Abessiniern in Nord-Afrika werden Tränen unter denselben Umständen abgesondert. Endlich ist dieselbe Tatsache auch in Nord-Amerika bei einem merkwürdigen wilden und isolierten Stamm, aber hauptsächlich bei den Weibern beobachtet worden. Bei einem anderen Stamm ist sie nur bei einer einzelnen Gelegenheit gesehen worden.

Wie vorhin bemerkt wurde, geht exzessives Lachen gradweise in mäßiges Lachen über. In diesem letzteren Falle werden die Muskeln rund um das Auge viel weniger zusammengezogen; auch findet sich wenig oder gar kein Stirnrunzeln. Zwischen einem leisen Lachen und einem breiten Lächeln ist kaum irgendwelcher Unterschied, ausgenommen daß beim Lächeln kein wiederholter Laut ausgestoßen wird, obschon eine einzelne, ziemlich starke Exspiration oder ein leises Geräusch – ein Rudiment eines Lachens – häufig zu Beginn eines Lächelns zu hören ist. Bei einem mäßig lächelnden Gesicht kann die Zusammenziehung der oberen Kreismuskeln gerade noch an einem leichten Senken der Augenbrauen bemerkt werden. Die Zusammenziehung der unteren ringförmigen und Augenlidmuskeln ist viel deutlicher und zeigt sich durch das Furchen der unteren Augenlider und der Haut unter ihnen in Verbindung mit einem leichten Hinaufziehen der Oberlippe. Aus dem breitesten Lächeln kommen wir durch die feinsten Abstufungen in das sanfteste. In diesem letzteren Falle werden die Gesichtszüge in einem viel geringeren Grade bewegt, auch viel langsamer, und der Mund wird geschlossen gehalten. Auch ist die Krümmung der Nasenlippenfurche unbedeutend verschieden in beiden Fällen. Wir sehen hieraus, daß keine scharfe Trennungslinie zwischen der Bewegung der Gesichtszüge während des heftigsten Lachens und eines sehr leichten Lächelns gezogen werden kann.[16]

Man kann daher sagen, daß ein Lächeln der erste Zustand in der Entwicklung eines Lachens ist. Man kann sich aber eine verschiedene und wahrscheinlichere Ansicht vorstellen, nämlich daß die Gewohnheit, laute wiederholte Töne aus einem Gefühl des Vergnügens auszustoßen, zuerst zur Zurückziehung der Mundwinkel und der Oberlippe und zur Zusammenziehung der ringförmigen Muskeln führte, und daß nun durch Assoziation und lang fortgesetzte Gewohnheit dieselben Muskeln in unbedeutende Tätigkeit versetzt werden, sobald durch irgendeine Ursache in uns ein Gefühl erregt wird, welches, wenn es stark wäre, zum Lachen geführt haben würde. Das Resultat ist dann ein Lächeln.

Mögen wir das Lachen als die vollständige Entwicklung eines Lächelns, oder wie es wahrscheinlicher ist, ein leises Lächeln als die letzte Spur einer durch viele Generationen fest eingewurzelten Gewohnheit zu lachen, sobald wir vergnügt gestimmt sind, betrachten, wir können bei unseren Kindern den allmählichen Übergang des einen ins andere verfolgen. Es ist denen, welchen die Pflege kleiner Kinder anvertraut ist, wohlbekannt, daß es schwer ist, sich zu vergewissern, wenn gewisse Bewegungen um ihren Mund herum wirklich ausdrucksvoll sind, d.h. wenn sie wirklich lächeln. Ich habe daher mit Sorgfalt meine eigenen Kinder beobachtet. Eines derselben lächelte im Alter von fünfundvierzig Tagen, während es gleichzeitig in einem glücklichen Gemütszustand war; d. h. hier wurden die Mundwinkel zurückgezogen und die Augen wurden gleichzeitig entschieden strahlend. Ich beobachtete dasselbe am folgenden Tag, aber am dritten Tag war das Kind nicht ganz wohl, und da fand sich keine Spur des Lächelns, und gerade dieses letztere macht es wahrscheinlich, daß die früheren Zeichen eines Lächelns

---

[16] Dr. Piderit ist zu demselben Schluß gekommen: a.a.O., S.99.

wirkliche waren. Acht Tage später und während der nächst darauffolgenden Woche war es merkwürdig, wie seine Augen erglänzten, sobald es lächelte, und seine Nase wurde in derselben Zeit quer gefurcht. Dies wurde nun von einem kleinen blökenden Geräusch begleitet, welches vielleicht ein Lachen darstellen sollte. Im Alter von 113 Tagen nahm dieses kleine Geräusch, welches immer während der Exspiration gemacht wurde, einen unbedeutend verschiedenen Charakter an und wurde mehr abgesetzt oder unterbrochen wie beim Schluchzen, und dies war sicherlich beginnendes Lachen. Die Veränderung im Ton schien mir zu der Zeit mit der größeren seitlichen Ausdehnung des Mundes zusammenzuhängen in dem Maße, wie das Lächeln breiter wurde.

Bei einem zweiten Kind wurde das erste wirkliche Lächeln ungefähr in demselben Alter beobachtet, nämlich bei fünfundvierzig Tagen, und bei einem dritten Kind in einem etwas früheren Alter. Als das zweite Kind fünfundsechzig Tage alt war, lächelte es viel breiter und deutlicher als das zuerst erwähnte in demselben Alter es tat und stieß selbst in diesem frühen Alter ein Geräusch aus, was dem Lachen sehr ähnlich war. In diesem allmählichen Erlangen der Gewohnheit des Lachens bei Kindern haben wir einen Fall vor uns, welcher in einem gewissen Grade mit dem des Weinens analog ist. Da bei den gewöhnlichen Bewegungen des Körpers, wie beim Gehen, Übung notwendig ist, so scheint dies auch beim Lachen und Weinen der Fall zu sein. Auf der anderen Seite ist die Kunst zu schreien, weil sie Kindern von Nutzen ist, von den frühesten Tagen an ganz gut entwickelt worden.

Ausgelassenheit, Heiterkeit: – Ist ein Mensch ausgelassener Stimmung, so bietet er, wenn er auch nicht wirklich lächelt, doch gewöhnlich eine gewisse Neigung dar, seine Mundwinkel zurückzuziehen. Infolge der Erregung des Vergnügens wird die Zirkulation schneller; die Augen sind glänzend und die Farbe des Gesichts erhöht sich. Das durch den vermehrten Blutzufluß gereizte Gehirn wirkt auf die geistigen Fähigkeiten zurück; es ziehen lebendige Ideen schneller durch die Seele und die Affekte werden wärmer. Ich habe einmal gehört, wie ein Kind, das nur wenig unter vier Jahren alt war, gefragt wurde, was es heiße, in guter Stimmung zu sein; darauf antwortete es, „das heißt Lachen, schwatzen und küssen". Es dürfte schwierig sein, eine richtigere und praktischere Definition zu geben. Ein Mensch in diesem Zustand hält seinen Körper aufrecht, seinen Kopf erhoben und seine Augen offen. Es liegt keine Ermattung in den Gesichtszügen und keine Zusammenziehung der Augenbrauen wird sichtbar. Im Gegenteil strebt der Stirnmuskel, wie Moreau bemerkt[17], sich leicht zusammenzuziehen, und dies glättet die Augenbrauen, entfernt jede Spur eines Stirnrunzelns, wölbt die Augenbrauen ein wenig und hebt die Augenlider. Die lateinische Redensart exporrigere frontem – die Augenbrauen entfalten – heißt daher heiter oder lustig sein. Der ganze Ausdruck eines Menschen in guter Laune ist das genaue Gegenteil von dem eines an Kummer Leidenden. Nach Sir Ch. Bell werden „in allen aufheiternden Gemütsbewegungen die Augenbrauen, Augenlider, die Nasenlöcher und die Mundwinkel erhoben. In den niederdrückenden Leidenschaften tritt das Umgekehrte ein". Unter dem Einfluß der letzteren werden die Augenbrauen schwer, die Augenlider, Wangen, der ganze Kopf erscheint ermattet, die Augen sind stumpf, das ganze Gesicht schlaff und das Atmen langsam. In der Freude wird das Gesicht breiter, im Kummer wird es länger. Ob das Prinzip des Gegensatzes hier bei der Hervorbringung dieser entgegengesetzten Ausdrucksweisen in Unterstützung der direkten Ursachen, welche speziell erwähnt worden und hinreichend deutlich sind, mit ins Spiel gekommen ist, will ich nicht zu sagen wagen.

Bei allen Menschenrassen scheint der Ausdruck guter Laune derselbe zu sein und wird leicht erkannt. Die Personen, welche mir aus den verschiedenen Teilen der alten und neuen Welt Mitteilungen gesandt haben, beantworten meine Fragen über diesen Punkt bejahend und geben

---

[17] La Physionomie, par G. Lavater, Ausgabe von 1820. Vol. IV, p.224. S. auch Sir Ch. Bell: Anatomy of Expression, p.172, wegen des weiter unten angeführten Zitats.

noch einige Einzelheiten in bezug auf die Hindus, Malaien und Neuseeländer. Das Glänzen der Augen bei den Australiern ist vier Beobachtern aufgefallen. Dieselbe Tatsache ist bei den Hindus, den Neuseeländern und den Dyaks von Borneo bemerkt worden.

Wilde drücken zuweilen ihre Befriedigung nicht bloß durch Lächeln aus, sondern auch durch Gebärden, welche von dem Vergnügen des Essens hergeleitet werden. So zitiert Mr. Wedgwood[18] eine Angabe Pethericks, daß die Neger am oberen Nil ein allgemeines Reiben ihres Bauches begannen, wenn er seine Perlen auspackte. Und Leichhardt sagt, daß die Australier mit ihrem Mund schmatzten und schnalzten, als sie seine Pferde und Ochsen und ganz besonders als sie seine Känguruh-Hunde sahen. Wenn die Grönländer „etwas mit Vergnügen bestätigen, so saugen sie mit einem bestimmten Laut Luft ein"[19] und dies dürfte eine Nachahmung des Aktes des Verschluckens würziger Speise sein.

Das Lachen wird durch die feste Zusammenziehung der Kreismuskeln des Mundes unterdrückt, welche den großen Jochbeinmuskel und andere Muskeln daran hindert, die Lippen nach rückwärts und aufwärts zu ziehen. Es wird auch zuweilen die Unterlippe von den Zähnen festgehalten, und dies gibt dem Gesicht einen schalkhaften Ausdruck, wie es bei der blinden und tauben Laura Bridgman beobachtet wurde.[20] Der große Jochbeinmuskel ist zuweilen in seinem Verlauf variabel. Ich habe eine junge Frau gesehen, bei welcher die Herabdrücker der Mundwinkel bei dem Unterdrücken eines Lächelns in starke Tätigkeit versetzt wurden. Dies gab ihr indessen durchaus nicht einen melancholischen Ausdruck des Gesichts, wegen des Glanzes ihrer Augen.

Das Lachen wird häufig in einer gewaltsamen Weise dazu angewendet, irgendeinen anderen Seelenzustand, selbst Zorn, zu verbergen oder zu maskieren. Wir sehen oft Personen lachen, um ihre Scham oder Schüchternheit zu verbergen. Wenn eine Person ihren Mund zusammenkneipt, als wollte sie die Möglichkeit eines Lächelns verhüten, obwohl nichts vorhanden ist, ein solches zu reizen, oder nichts, was den freien Genuß desselben verhindern könnte, so erhält das Gesicht einen affektierten, feierlichen oder pedantischen Ausdruck. Aber von solchen hybriden Ausdrucksformen braucht hier nichts weiter gesagt zu werden. Bei dem Verlachen wird ein wirkliches oder vorgegebenes Lächeln oder ein Lachen häufig mit dem Ausdruck, welcher der Verachtung eigentümlich ist, verschmolzen, und dies kann in zorniges Verachten oder Spott übergehen. In solchen Fällen ist die Bedeutung des Lachens oder des Lächelns die, der verletzenden Person zu zeigen, daß sie nur Erheiterung erregt.

Liebe, zärtliche Empfindungen usw.: – Obschon die Gemütserregung der Liebe z. B. die einer Mutter für ihre Kinder, eine der stärksten ist, deren die Seele fähig ist, so kann doch kaum gesagt werden, daß sie irgendein eigentümliches oder besonderes Mittel des Ausdrucks habe, und dies ist daraus verständlich, daß sie nicht gewohnheitsmäßig zu irgendeiner speziellen Tätigkeitsrichtung geführt hat. Da ohne Zweifel Zuneigung eine Vergnügen erregende Empfindung ist, so verursacht sie ohne Zweifel allgemein ein leichtes Lächeln und etwas Erglänzen der Augen. Ganz allgemein wird eine starke Begierde empfunden, die geliebte Person zu berühren, und Liebe wird durch dieses Mittel deutlicher als durch irgendein anderes ausgedrückt.[21] Wir verlangen daher danach, diejenigen in unsere Arme zu schließen, welche wir zärtlich lieben. Wahrscheinlich verdanken wir diese Begierde vererbter Gewohnheit in Assoziation mit dem Warten und Pflegen unserer Kinder und mit den gegenseitigen Liebkosungen Liebender.

---

[18] A Dictionary of English Etymology. 2. edit., 1872. Introduction, p.XLIV.
[19] Crantz, zitiert von Tylor: Primitive Culture. Vol. I, 1871, p.169.
[20] F. Lieber: Smithsonian Contributions. Vol. II, 1851, p.7.
[21] Mr. Bain bemerkt (Mental and Moral Science, 1868, p.239): „Zärtlichkeit ist eine auf verschiedene Weise erregte, Vergnügen gewährende Gemütsbewegung, deren Wirkung es ist, die menschlichen Wesen in eine gegenseitige Umarmung zu ziehen."

Bei den niederen Tieren sehen wir dasselbe Prinzip tätig, daß sich Vergnügen aus der Berührung in Assoziation mit Liebe herleitet. Hunde und Katzen finden offenbar großes Vergnügen daran, sich an ihren Herren oder Herrinnen zu reiben und von ihnen gerieben oder geklopft zu werden. Wie mir die Wärter im zoologischen Garten sagten, finden viele Arten von Affen ein Entzücken darin, einander zu hätscheln oder von anderen gehätschelt zu werden, auch von Personen, zu welchen sie Anhänglichkeit fühlen. Mr. Bartlett hat mir das Benehmen zweier Schimpansen, im ganzen älterer Tiere als diejenigen, die gewöhnlich nach Europa importiert werden, beschrieben, als sie zuerst zusammengebracht wurden. Sie saßen einander gegenüber, berührten einander mit ihren weit vorgestreckten Lippen, und der eine legte seine Hand auf die Schulter des anderen. Dann schlossen sie sich gegenseitig in ihre Arme. Später standen sie auf, ein jeder mit einem Arm auf der Schulter des anderen, hoben ihren Kopf in die Höhe, öffneten den Mund und schrien vor Entzücken.

Wir Europäer sind an das Küssen als ein Zeichen der Zuneigung so gewöhnt, daß man es für der Menschheit angeboren halten könnte. Dies ist indessen nicht der Fall. Steele irrte sich, als er sagte: „Die Natur war ihr Urheber und es begann mit der ersten Brautwerbung." Jemmy Button, der Feuerländer, sagte mir, daß diese Gewohnheit in seinem Vaterland unbekannt sei. Sie ist gleichfalls unbekannt bei den Neuseeländern, den Eingeborenen von Tahiti, den Papuas, den Australiern, den Somalis von Afrika und den Eskimos.[22] Es ist aber insoweit angeboren oder natürlich, als es allem Anschein nach von dem Vergnügen abhängt, mit einer geliebten Person in nahe Berührung zu kommen. In verschiedenen Teilen der Welt wird es durch das Reiben der Nasen aufeinander ersetzt, so bei den Neuseeländern und Lappländern, oder durch das Reiben oder Klopfen der Arme, der Brust oder des Bauches, oder daß der eine sein eigenes Gesicht mit den Händen oder Füßen des anderen streichelt. Vielleicht dürfte die Gewohnheit, als ein Zeichen der Zuneigung auf verschiedene Teile des Körpers zu blasen, von demselben Grundsatz abhängen.[23]

Die Empfindungen, welche man zärtlich nennt, sind schwer zu analysieren; sie scheinen aus Zuneigung, Freude und besonders aus Sympathie zusammengesetzt zu sein. Diese Empfindungen sind an sich von einer Vergnügen erregenden Natur, ausgenommen wenn das Mitleid zu tief ist oder Entsetzen erregt wird, wie bei der Nachricht, daß ein Mensch oder Tier gequält worden ist. Von unserem vorliegenden Gesichtspunkt aus sind sie deshalb merkwürdig, als sie so leicht die Absonderung von Tränen hervorrufen. So mancher Vater und Sohn hat beim Wiedersehen nach einer langen Trennung geweint, besonders wenn die Begegnung unerwartet war. Ohne Zweifel hat die äußerste Freude an sich die Neigung, auf die Tränendrüsen einzuwirken. Aber bei solchen Veranlassungen, wie der eben erwähnten, werden auch unbestimmte Gedanken an den Kummer, welcher empfunden worden wäre, wenn sich der Vater und der Sohn niemals getroffen hätten, wahrscheinlich durch die Seele gezogen sein, und Kummer führt naturgemäß zur Absonderung von Tränen. So heißt es bei der Rückkehr des Ulysses:

„Aber der Jüngling
Schlang um den herrlichen Vater sich schmerzvoll Tränen vergießend.
Beiden regte sich jetzo des Grams wehmütige Sehnsucht.

Also nun zum Erbarmen vergossen sie Tränen der Wehmut.
Ja den Klagenden wäre das Licht der Sonne gesunken,
Hätte Telemachos nicht alsbald zum Vater geredet."
Odyssee, Übers. von J. H. Voss. XVI. Ges., V. 213 f.

---

[22] Sir J. Lubbock gibt in „Prehistoric Times", 2. edit., 1869, p.552, ausführliche Schriftbelege für diese Angaben. Das Zitat aus Steele ist diesem Werk entnommen.
[23] S. eine ausführliche Schilderung mit Verweisungen bei E. B. Tylor: Researches into the Early History of Mankind. 2. edit., 1870, p.51.

Achtes Kapitel

Ferner heißt es von der Penelope, als sie endlich ihren Gatten wiedererkannte:

„Ihr aber erzitterten Herz und Knie,
Da sie die Zeichen erkannt, die genau ihr verkündet Odysseus.
Weinend lief sie hinan und schlang sich mit offenen Armen
Ihrem Gemahl um den Hals, und das Haupt ihm küssend begann sie."

Ebd., XXIII. Ges., V. 205-208.

Die lebhafte Rückerinnerung an unsere frühere Heimat oder an längst vergangene glückliche Zeiten verursacht sehr leicht die Füllung unserer Augen mit Tränen. Aber auch hier tritt sehr naturgemäß der Gedanke ein, daß diese Zeiten niemals wiederkehren werden. In derartigen Fällen können wir sagen, daß wir mit uns selbst in unserem jetzigen Zustand sympathisieren im Vergleich mit unserem früheren Zustand. Sympathie mit dem Unglück anderer, selbst mit dem rein imaginären Unglück der Heldin in einem traurigen Roman, für die wir keine Zuneigung weiter empfinden, reizt sehr leicht zu Tränen. Dasselbe tut die Sympathie mit dem Glück anderer, wie z.B. mit dem Glück eines Liebhabers, der in einer gut erzählten Novelle nach vielen harten Erfahrungen endlich an das Ziel seiner Wünsche kommt.

Sympathie scheint eine besondere und verschiedene Gemütserregung darzustellen; sie ist besonders geneigt, die Tränendrüsen zu reizen. Dies gilt sowohl für den Fall, daß wir Sympathie empfinden als auch für den, wo wir sie empfangen. Jedermann muß erfahren haben, wie leicht Kinder in Weinen ausbrechen, wenn wir sie für irgendeine kleine Verletzung bemitleiden. Wie mir Dr. Crichton Browne mitteilt, reicht bei den melancholischen Geisteskranken häufig ein freundliches Wort aus, sie in nicht zu stillendes Weinen zu versetzen. Sobald wir unser Mitleid mit dem Kummer eines Freundes ausdrücken, kommen häufig Tränen in unsere eigenen Augen. Das Gefühl der Sympathie wird gewöhnlich durch die Annahme erklärt, daß wenn wir von dem Leiden eines anderen hören oder dasselbe sehen, die Idee des Leidens in unserer eigenen Seele so lebhaft wachgerufen wird, daß wir selbst leiden. Diese Erklärung ist aber kaum genügend, denn sie gibt keinen Aufschluß über die innige Verbindung zwischen Sympathie und Zuneigung. Wir sympathisieren ohne Zweifel viel tiefer mit einer geliebten als mit einer gleichgültigen Person, und die Sympathie der einen gewährt uns vielmehr Erleichterung als die der anderen. Aber doch können wir ganz sicher auch mit denjenigen sympathisieren, für die wir keine Zuneigung empfinden.

Warum ein Leiden, wenn es wirklich von uns erfahren wird, Weinen erregt, ist in einem früheren Kapitel erörtert worden. In bezug auf die Freude ist deren natürlicher und allgemeiner Ausdruck das Lachen, und bei allen Menschenrassen führt das laute Lachen viel häufiger zur Absonderung von Tränen, als es irgendeine andere Ursache mit Ausnahme des Unglücks tut. Das Füllen der Augen mit Tränen, welches ohne Zweifel bei großer Freude eintritt, wenn auch kein Lachen es begleitet, kann, wie es mir scheint, nach denselben Grundsätzen durch Gewohnheit und Assoziation erklärt werden, wie das Vergießen von Tränen aus Kummer, wenn kein Aufschrei dabei ausgestoßen wird. Trotzdem ist es nicht wenig merkwürdig, daß Sympathie mit der Not anderer reichlicher Tränen erregt als unsere eigene Trübsal. Und dies ist sicherlich der Fall. Beim Leiden eines geliebten Freundes hat so mancher Mann Tränen vergossen, aus dessen Augen keines seiner eigenen Leiden eine Träne auspressen würde. Es ist noch merkwürdiger, daß Sympathie mit dem Glück oder der glücklichen Lage derjenigen, welche wir zärtlich lieben, zu demselben Resultat führt, während ein ähnliches von uns selbst empfundenes Glück unsere Augen trocken läßt. Wir müssen indessen im Auge behalten, daß die lang andauernde Gewohnheit der Zurückhaltung, welche in bezug auf das Hemmen des reichlichen Tränenflusses infolge körperlicher Schmerzen so wirkungsvoll ist, zu der Verhütung eines mäßigen Ergusses von Tränen aus Sympathie mit dem Leiden oder dem Unglück anderer nicht ins Spiel gebracht worden ist. Die Musik hat eine wunderbare Kraft, wie ich an einem anderen Ort zu zeigen versucht habe, in einer unbestimmten und vagen Art und Weise die starken Gemütserregungen in uns wieder wach zu rufen, welche vor längst vergangenen Zeiten gefühlt wurden, als, wie es wahrscheinlich ist, unsere frühen Urerzeuger einander mit Hilfe durch ihre Stimme erzeugter Töne umwarben. Und da mehrere unserer stärksten Gemütserregungen – Kummer, große Freude, Liebe, Sympathie – zur reichlichen Absonderung von Tränen führen, so ist es nicht überraschend, daß die Musik gleichfalls geneigt ist, unsere Augen mit Tränen zu füllen, besonders wenn wir bereits durch irgendeine der zarteren Empfindungen erweicht sind. Musik bringt auch häufig noch eine andere eigentümliche Wirkung hervor. Wir wissen, daß jede starke Empfindung, Gemütsbewegung oder Erregung – wie äußerster Schmerz, Wut, Schrecken, Freude oder die Leidenschaft der Liebe – sämtlich eine besondere Neigung haben, die Muskeln erzittern zu machen; und der eigentümliche Zug oder leichte Schauer, welcher bei vielen Personen den Rücken und die Gliedmaßen hinabfährt, wenn sie durch Musik mächtig ergriffen werden, scheint in demselben Verhältnis zu dem eben erwähnten Erzittern des Körpers zu stehen, in dem eine leichte Tränenabsonderung infolge der Macht der Musik zu dem Weinen aus irgendeiner starken und wirklichen Gemütsbewegung steht.

Andacht: – Da Andacht ist in einem gewissen Grade mit Zuneigung verwandt, obschon sie, hauptsächlich aus Ehrfurcht bestehend, häufig mit Furcht verbunden ist, so mag der Ausdruck dieses Seelenzustandes hier kurz erwähnt werden. Bei einigen sowohl früher als auch jetzt noch existierenden Sekten sind Religion und Liebe in befremdender Weise kombiniert worden, und es ist selbst behauptet worden, so traurig die Tatsache an sich sein mag, daß der heilige Kuß der Liebe nur wenig von dem verschieden sei, welchen ein Mann der Frau oder eine Frau dem Mann gibt.[24] Andacht wird hauptsächlich dadurch ausgedrückt, daß das Gesicht zum Himmel gewandt ist mit nach oben gerollten Augäpfeln. Sir Ch. Bell bemerkt, daß beim Herannahen des Schlafes oder eines Ohnmachtanfalles oder des Todes die Pupille nach oben und innen gezogen wird; er glaubt nun, daß „wenn wir uns in Andachtsempfindungen ergehen und äußere Eindrücke nicht beachtet werden, die Augen dann durch eine weder gelehrte noch erworbene Tätigkeit nach oben gewandt werden" und daß dies Folge einer und derselben Ursache ist, wie in den eben erwähnten Fällen.[25] Daß die Augen während des Schlafes nach oben gerollt werden, ist, wie ich von Prof. Donders höre, gewiß. Bei neugeborenen Kindern gibt diese Bewegung der Augäpfel, während sie an der Brust ihrer Mutter saugen, ihnen häufig einen absurden Ausdruck ekstatischen Entzückens, und hier läßt sich deutlich wahrnehmen, daß gegen die naturgemäße, während des Schlafs angenommene Stellung angekämpft wird. Aber Sir Ch. Bells Erklärung der Tatsache, welche auf der Annahme beruht, daß gewisse Muskeln mehr unter der Kontrolle des Willens stehen als andere, ist, wie ich von Prof. Donders höre, inkorrekt. Da die Augen häufig im Gebet nach oben gewendet werden, ohne daß der Geist so sehr in Gedanken absorbiert wäre, daß er der Bewußtlosigkeit des Schlafes sich annähert, so ist die Bewegung wahrscheinlich eine konventionelle – das Resultat des gewöhnlichen Glaubens, daß der Himmel, die Quelle der göttlichen Gewalt, zu der wir beten, über uns gelegen ist.

Eine demütige kniende Stellung mit erhobenen und ineinander gelegten Händen scheint uns infolge langer Gewohnheit eine der Andacht so wohl entsprechende Gebärde zu sein, daß man meinen könne, sie sei angeboren. Doch habe ich keinen einzigen Beweis hierfür von den verschiedenen außereuropäischen Menschenrassen erhalten. Während der klassischen Periode der römischen Geschichte war es nicht gebräuchlich, wie ich von einem ausgezeichneten Kenner

---

[24] Dr. Maudsley hat eine Erörterung hierüber in seinem Buch: Body and Mind, 1870, p.85.
[25] The Anatomy of Expression, p.103, und: Philosoph. Transactions, 1823, p.182.

des klassischen Altertums höre, daß die Hände in dieser Weise während des Gebets vereinigt wurden. Mr. Hensleigh Wedgwood hat allem Anschein nach die richtige Erklärung gegeben[26], obschon in ihr ausgedrückt wird, daß die Stellung eine der sklavischen Unterwürfigkeit ist. „Wenn der Betende kniet und seine Hände erhoben hält mit aneinander gelegten Handflächen, so stellt er einen Gefangenen dar, welcher die Vollständigkeit seiner Unterwerfung dadurch beweist, daß er seine Hände dem Sieger zum Binden darbietet. Es ist die bildliche Darstellung des lateinischen dare manus, um die Unterwürfigkeit zu bezeichnen." Es ist daher nicht wahrscheinlich, daß sowohl das Aufwenden der Augen als auch das Ineinanderlegen der geöffneten Hände unter dem Einfluß andächtiger Empfindungen angeborene oder wahrhaft ausdrucksvolle Handlungen sind, und dies hätte man auch kaum erwarten können. Denn es ist sehr zweifelhaft, ob Empfindungen, welche wir jetzt als andachtsvolle auffassen, die Herzen von Menschen bewegten, als sie in vergangenen Zeiten noch in einem unzivilisierten Zustand verharrten.

---

[26] The Origin of Language, 1866, p.146. Mr. Tylor (Early History of Mankind. 2. edit., 1870, p.48) gibt einen komplizierteren Ursprung für die Stellung der Hände während des Gebets an.

Neuntes Kapitel

Überlegung – Nachdenken – Üble Laune – Schmollen – Entschlossenheit

Der Akt des Stirnrunzelns – Überlegung mit einer Anstrengung oder mit der Wahrnehmung von etwas Schwierigem oder Unangenehmem – Vertieftes Nachdenken – Üble Laune – Mürrisches Wesen – Hartnäckigkeit – Eigensinn und Schmollen – Bestimmtheit oder Entschiedenheit – Das feste Schließen des Mundes

Die Augenbrauenrunzler bringen durch ihr Zusammenziehen die Augenbrauen etwas herab und nähern dieselben einander, wobei sie auf der Stirn senkrechte Falten, d. h. ein Stirnrunzeln hervorbringen. Sir Ch. Bell, welcher irrtümlicherweise der Ansicht war, daß der Augenbrauenrunzler ein dem Menschen eigentümlicher Muskel sei, bezeichnet ihn als „den merkwürdigsten Muskel des menschlichen Gesichts. Er verbindet die Augenbrauen mit einer energischen Anstrengung, was auf eine unerklärliche aber doch unwiderstehliche Weise die Idee des Geistes hervorruft." An einer anderen Stelle sagt er ferner: „Wenn die Augenbrauen zusammengezogen sind, so wird Energie des Geistes sichtbar; dabei vermischt sich die Idee des Gedankens und der Seelenbewegung mit der der wilden und brutalen Wut des reinen Tieres."[1] In diesen Bemerkungen liegt sehr viel Wahres, aber kaum die ganze Wahrheit. Dr. Duchenne hat den Augenbrauenrunzler den Muskel der Überlegung genannt[2], aber es kann dieser Name ohne einige Einschränkung nicht als völlig korrekt betrachtet werden.

Es kann ein Mensch in den tiefsten Gedanken versunken sein; seine Augenbrauen bleiben doch glatt, bis er im Zuge seines Nachdenkens auf irgendein Hindernis stößt oder bis er durch irgendeine Störung unterbrochen wird, dann zieht ein Stirnrunzeln wie ein Schatten über sein Gesicht. Ein halbverhungerter Mensch kann intensiv darüber nachdenken, wie er sich Nahrung verschaffen könnte; wahrscheinlich wird er aber kein Stirnrunzeln zeigen, bis er entweder in Gedanken oder bei einer Handlung auf irgendwelche Schwierigkeit stößt, oder wenn er die endlich erlangte Nahrung ekelhaft findet. Ich habe bemerkt, daß beinahe jeder augenblicklich die Stirn runzelt, wenn er in dem was er ißt einen fremdartigen oder schlechten Geschmack wahrnimmt. Ich bat mehrere Personen, ohne ihnen meine Absicht zu erklären, aufmerksam auf ein leises, klopfendes Geräusch hinzuhören, dessen Natur und Quelle sie sämtlich vollkommen kannten; nicht eine von ihnen runzelte die Stirn. Als aber jemand sich zu uns gesellte, der nicht begreifen konnte, was wir alle im tiefsten Stillschweigen täten, und dann gebeten wurde, aufzuhorchen, runzelte er die Stirn stark, wenn schon nicht aus übler Laune, und sagte er könne nicht im mindesten verstehen, was wir alle wollten.

---

[1] Anatomy of Expression, p.137, 139. Es ist nicht überraschend, daß sich die Augenbrauenrunzler beim Menschen viel stärker entwickelt haben, als bei den menschenähnlichen Affen; denn sie werden von ihm unter verschiedenen Umständen in beständige Tätigkeit versetzt und werden durch die vererbten Wirkungen des Gebrauchs gestärkt und modifiziert worden sein. Wir haben gesehen, was für eine bedeutungsvolle Rolle sie in Verbindung mit den Kreismuskeln des Auges spielen, um die Augen vor dem Überfülltwerden mit Blut während heftiger exspiratorischer Bewegungen zu schützen. Wenn die Augen so schnell und so gewaltsam wie möglich geschlossen werden, um sie vor einem Schlag zu retten, so ziehen sich die Augenbrauenrunzler zusammen. Bei Wilden oder anderen Menschen, deren Kopf unbedeckt getragen wird, werden die Augenbrauen beständig gesenkt und zusammengezogen, um als ein Schirm gegen das zu starke Licht zu dienen; und dies wird zum Teil durch die Augenbrauenrunzler ausgeführt. Diese Bewegung würde dem Menschen noch spezieller von Nutzen gewesen sein, wenn seine früheren Urerzeuger den Kopf aufrecht getragen hätten. Endlich glaubt Prof. Donders (Archives of Medicine, ed. by L. S. Beale, Vol. V, 1870, p.34), daß die Augenbrauenrunzler in Tätigkeit gesetzt werden, um das Hervortreten des Augapfels bei der Akkomodation des Sehens für die größte Nähe zu vermitteln.
[2] Mécanisme de la Physionomie Humaine. Album: Legende III.

Dr. Piderit[3], welcher Bemerkungen ähnlichen Inhalts veröffentlicht hat, fügt noch hinzu, daß Stotterer gewöhnlich beim Sprechen die Stirn runzeln und daß ein Mensch selbst beim Ausführen einer so geringfügigen Handlung wie dem Anziehen eines Stiefels die Stirn runzelt, wenn er ihn zu eng findet. Manche Personen runzeln die Stirn so gewohnheitsgemäß, daß die einfache Anstrengung des Sprechens beinahe immer ihre Augenbrauen veranlaßt, sich zusammenzuziehen.

Menschen aller Rassen runzeln die Stirn, wenn sie in ihren Gedanken auf irgendeine Weise verworren werden, wie ich aus den Antworten schließe, die ich auf meine Fragen erhalten habe; ich habe indessen dieselben schlecht formuliert, da ich dabei das vertiefte Nachdenken mit perplexer Überlegung verwechselt habe. Nichtsdestoweniger ist es doch klar, daß die Australier, Hindus und Kaffern von Süd-Afrika die Stirn runzeln, wenn sie in Verlegenheit geraten. Dobrizhofer bemerkt, daß die Guaranis von Süd-Amerika bei gleicher Gelegenheit ebenfalls ihre Augenbrauen zusammenziehen.[4]

Nach diesen Betrachtungen können wir schließen, daß das Stirnrunzeln nicht der Ausdruck der einfachen Überlegung, wie tief eingehend dasselbe auch sein mag, oder der, wenn auch noch so intensiven Aufmerksamkeit ist, sondern der Ausdruck für irgendeine Schwierigkeit oder etwas Unangenehmes, was während eines Gedankenzuges oder bei einer Handlung erfahren wird. Tiefe Überlegung kann indessen selten lange fortgesetzt werden ohne auf irgendeine Schwierigkeit zu stoßen, so daß es allgemein von einem Stirnrunzeln begleitet sein wird. Daher kommt es, daß das Stirnrunzeln dem Gesicht gewöhnlich, wie Sir Ch. Bell bemerkt, den Ausdruck intellektueller Energie gibt. Damit aber diese Wirkung hervorgebracht werde, müssen die Augen klar und fest sein oder nach abwärts gerichtet werden, wie es häufig beim tiefen Denken vorkommt. Das Gesicht muß nicht auf andere Weise gestört sein, wie es bei einem übelgelaunten oder mürrischen Menschen der Fall ist oder bei einem, welcher die Wirkungen lange anhaltenden Leidens zeigt, mit matten Augen und schlaff herabhängenden Kinnladen, oder welcher einen schlechten Geschmack in seiner Speise wahrnimmt, oder der es schwierig findet irgendeine unbedeutende Handlung, wie das Einfädeln einer Nadel, auszuführen. In diesen Fällen kann man häufig ein Stirnrunzeln eintreten sehn, es wird aber hier von irgendeiner anderen Ausdrucksform begleitet sein, welche es vollständig verhindert, daß das Gesicht den Anblick intellektueller Energie oder tiefen Denkens darbietet.

Wir können nun untersuchen, woher es kommt, daß ein Stirnrunzeln die Empfindung von irgend etwas Schwierigem oder Unangenehmem entweder in einem Gedankenzug oder in einer Handlung ausdrücken soll. In derselben Weise wie es Naturforscher empfehlenswert finden, die embryonale Entwicklung eines Organs zu verfolgen, um seinen Bau vollständig zu verstehen, ist es auch in bezug auf die Bewegungen des Gesichtsausdrucks geraten, so nahe wie möglich denselben Plan zu verfolgen. Die früheste und beinahe einzige Ausdrucksform, welche während der ersten Tage der Kindheit zu sehen ist, dann aber häufig dargeboten wird, ist die während des Aktes des Schreiens gezeigte; und das Schreien wird sowohl zuerst als auch noch einige Zeit später durch jede ängstigende oder unangenehme Empfindung oder Gemütsbewegung erregt, durch Hunger, Schmerz, Zorn, Eifersucht, Furcht usw. In solchen Zeiten werden die Muskeln rings um das Auge heftig zusammengezogen, und dies erklärt, wie ich glaube, in hohem Maß den Akt des Stirnrunzelns während der übrigen Zeit unseres Lebens. Ich habe wiederholt meine eigenen Kinder von einem Alter unter einer Woche bis zu dem von zwei oder drei Monaten beobachtet und gefunden, daß, wenn ein Schreianfall allmählich herankam, das erste Zeichen davon das Zusammenziehen der Augenbrauenrunzler war, welche ein leichtes Stirnrunzeln verursachte und welchem sehr bald das Zusammenziehen der anderen Muskeln rund um das Auge folgte. Wenn ein kleines Kind sich ungemütlich fühlt oder unwohl ist, so

---

[3] Mimik und Physiognomik, S.46.
[4] History of the Abipones. Engl. Übers., Vol. II, p.59, zitiert von Lubbock: Origin of Civilisation, 1870, p.355.

Überlegung – Nachdenken – Üble Laune – Schmollen – Entschlossenheit

kann man kleine Stirnrunzelungen – wie ich in meinem Tagebuch notiert habe, – beständig wie Schatten über ihr Gesicht ziehen sehen; diesen folgen allgemein, aber nicht immer, früher oder später Schreianfälle. Ich beobachtete z. B. ein kleines, zwischen sieben und acht Wochen altes Kind als es Milch saugte, welche kalt und ihm daher unangenehm war; während der ganzen Zeit behielt es ein leichtes Stirnrunzeln bei. Dieses entwickelte sich nie zu einem wirklichen Anfall von Weinen, doch ließ sich gelegentlich jede Stufe des dichten Herannahens eines solchen beobachten.

Da kleine Kinder zahllose Generationen hindurch der Gewohnheit, beim Anfang jeden Anfalls von Weinen oder Schreien die Augenbrauen zusammenzuziehen gefolgt sind, so ist dieselbe mit dem langsam eintretenden Gefühl von irgend etwas Ängstigendem oder Unangenehmem fest assoziiert worden. Sie ist daher leicht geneigt unter ähnlichen Umständen auch während des reifen Alters fortgesetzt zu werden, obschon sie dann niemals zu einem Weinanfall weiterentwickelt wird. Schreien oder Weinen wird schon in einer frühen Lebensperiode willkürlich zurückzudrängen begonnen, während das Stirnrunzeln kaum jemals auf irgendeiner Altersstufe unterdrückt wird. Es ist vielleicht der Bemerkung wert, daß bei zum Weinen sehr geneigten Kindern alles das, was ihren Geist verwirrt und was die meisten anderen Kinder nur zum Stirnrunzeln bringen würde, leicht ein Weinen hervorruft. So führt auch bei gewissen Klassen von Geisteskranken jede Anstrengung des Geistes, wie leicht sie auch sein mag, welche bei einem gewohnheitsmäßig die Stirn runzelnden Menschen ein leichtes Stirnrunzeln verursachen würde, zum nicht zurückzudrängenden Weinen. Darin, daß die Gewohnheit, die Augenbrauen bei der ersten Wahrnehmung von irgend etwas Ängstigendem zusammenzuziehen, obschon sie während der Kindheit erworben wurde, für den übrigen Teil unseres Lebens beibehalten wird, liegt nicht mehr Überraschendes als darin, daß viele andere in einem frühen Alter erworbene assoziierte Gewohnheiten sowohl vom Menschen als auch von den niederen Tieren beständig beibehalten werden. So behalten z. B. völlig erwachsene Katzen häufig die Gewohnheit bei, wenn sie sich warm und gemütlich fühlen, abwechselnd ihre Vorderpfoten mit ausgespreizten Zehen vorzustrecken, welche Gewohnheit sie zu einem bestimmten Zweck ausübten, als sie an ihren Müttern saugten.

Eine andere und verschiedene Ursache hat wahrscheinlich die Gewohnheit, die Stirn zu runzeln, sooft der Geist sich intensiv mit einem Gegenstand beschäftigt und auf irgendeine Schwierigkeit stößt, noch verstärkt. Das Gesicht ist der bedeutungsvollste von allen Sinnen; und während der Urzeiten muß die gespannteste Aufmerksamkeit unaufhörlich auf entfernte Gegenstände gerichtet worden sein, um Beute zu erlangen und Gefahren zu vermeiden. Ich erinnere mich, als ich in Teilen von Süd-Amerika reiste, welche wegen der Anwesenheit von Indianern gefährlich waren, darüber frappiert gewesen zu sein, wie unaufhörlich und doch allem Anschein nach unbewußt die halbwilden Gauchos den ganzen Horizont aufmerksam prüften. Wenn nun jemand ohne irgendwie den Kopf bedeckt zu haben (wie es doch ursprünglich beim Menschen der Fall gewesen sein muß) sich bis zum Äußersten anstrengt, in hellem Tageslicht und besonders wenn der Himmel glänzt, einen entfernten Gegenstand zu unterscheiden, so zieht er beinahe ausnahmslos seine Augenbrauen zusammen, um den Einfall von zu viel Licht in seine Augen zu verhüten; die unteren Augenlider, die Backen und die Oberlippe werden zu gleicher Zeit emporgehoben, so daß die Öffnung der Augen verringert wird. Ich habe absichtlich mehrere Personen, junge und alte, gebeten, unter den oben erwähnten Umständen nach entfernten Gegenständen zu sehen, wobei ich sie glauben machte, daß ich nur die Stärke ihres Gesichtsausdrucks zu prüfen wünschte; und sie alle benahmen sich in der eben beschriebenen Art und Weise. Einige von ihnen hielten auch ihre flachen, offenen Hände über die Augen, um den Überschuß von Licht abzuhalten. Nachdem Gratiolet einige Bemerkungen nahezu derselben Art gemacht hat[5], sagt er: „Ce sont là

---
[5] De la Physionomie, p.15, 144, 146. Mr. Herbert Spencer erklärt das Stirnrunzeln ausschließlich durch die Gewohnheit, die Augenbrauen zur Bildung eines Schirms für die Augen in einem hellen Licht zusammenzuziehen. S. Principles of Psychology. 2. edit., 1872, p.546.

des attitudes de vision difficile". Er kommt zu dem Schluß, daß sich die Muskeln rings um das Auge zum Teil zu dem Zweck zusammenziehen, zu viel Licht auszuschließen (was mir die bedeutungsvollere Absicht zu sein scheint), zum Teil um alle Strahlen von der Netzhaut abzuhalten, ausgenommen diejenigen, welche direkt von dem Gegenstand herkommen, welcher erforscht wird. Mr. Bowman, welchen ich über diesen Punkt um Rat fragte, meint, daß das Zusammenziehen der das Auge umgebenden Muskeln außerdem noch „zum Teil dazu dienen dürfte, die konsensuellen Bewegungen der beiden Augen dadurch zu sichern, daß ihnen ein festerer Stützpunkt gegeben wird, während die Augäpfel durch die Tätigkeit ihrer eigenen Muskeln für das binokulare Sehen eingestellt werden."

Da die Anstrengung, bei hellem Licht mit Aufmerksamkeit einen entfernten Gegenstand zu betrachten, sowohl schwierig als auch ermüdend ist und da diese Anstrengung durch zahllose Generationen hindurch gewohnheitsgemäß von der Zusammenziehung der Augenbrauen begleitet worden ist, so wird die Gewohnheit des Stirnrunzelns hierdurch bedeutend verstärkt worden sein, obschon sie ursprünglich während der ersten Kindheit aus einer davon völlig unabhängigen Ursache ausgeübt wurde, nämlich als erster Schritt zum Schutz der Augen beim Schreien. Soweit der Seelenzustand dabei in Betracht kommt, besteht allerdings eine große Analogie zwischen dem aufmerksamen Prüfen eines entfernten Gegenstandes und dem Verfolgen eines schwierigen Gedankenzuges oder auch der Ausführung irgendeiner kleinen und mühsamen mechanischen Arbeit. Die Annahme, daß die Gewohnheit des Stirnrunzelns beibehalten wird, wenn auch durchaus gar keine Nötigung vorliegt, zu viel Licht abzuhalten, erhält durch die früher erwähnten Fälle Unterstützung, bei denen die Augenbrauen oder Augenlider unter gewissen Umständen in einer nutzlosen Art und Weise in Tätigkeit gerieten, weil sie früher unter analogen Verhältnissen zu einem nützlichen Zweck ähnlich benutzt wurden. So schließen wir z.B. willkürlich unsere Augen, wenn wir einen Gegenstand nicht zu sehen wünschen, und wir sind sehr geneigt sie zu schließen, wenn wir einen Vorschlag verwerfen, als wenn wir ihn dann nicht sehen könnten oder wollten, oder auch aus gleichem Grunde, wenn wir an etwas Schauerliches denken. Wir erheben unsere Augenbrauen, wenn wir schnell alles rings um uns her zu sehen wünschen, und dasselbe tun wir häufig, wenn wir ernsthaft wünschen, uns an irgend etwas zu erinnern, gewissermaßen um zu versuchen, es zu sehen.

Versunkensein. Nachdenken: – Wenn eine Person in Gedanken verloren und ihr Geist abwesend ist, oder, wie es zuweilen gesagt wird, „wenn sie in Gedanken hinbrütet", so runzelt sie ihre Stirn nicht, aber die Augen erscheinen leer. Die unteren Augenlider werden nicht in die Höhe gezogen und gefaltet, in derselben Weise als wenn eine kurzsichtige Person einen entfernten Gegenstand zu erkennen versucht; gleichzeitig werden auch die oberen Augenringsmuskeln leicht zusammengezogen. Das Falten der unteren Augenlider unter solchen Umständen ist bei einigen Wilden beobachtet worden, so von Mr. Dyson Lacy bei den Australiern von Queensland und mehrere Male von Mr. Geach bei den Malaien des Innern von Malakka. Was die Bedeutung oder die Ursache dieser Handlung sein mag, kann für jetzt nicht erklärt werden; es liegt uns aber hier ein andres Beispiel einer Bewegung rund um die Augen herum in Beziehung auf den Seelenzustand vor.

Der leere Ausdruck der Augen ist sehr eigentümlich und zeigt sofort an, wenn ein Mensch vollständig in seinen Gedanken verloren ist. Professor Donders hat mit seiner gewöhnlichen Freundlichkeit diesen Gegenstand meinetwegen untersucht. Er hat andere in diesem Zustand beobachtet und ist selbst wieder von Professor Engelmann beobachtet worden. Die Augen werden dann nicht auf irgendeinen Gegenstand fixiert, also nicht, wie ich mir vorgestellt hatte, auf einen entfernten Gegenstand. Die Sehachsen der beiden Augen werden sogar häufig in geringem Grade divergent; wird der Kopf senkrecht gehalten und ist die Gesichtsebene horizontal, so steigt die Divergenz im Maximum bis zu einem Winkel von 2°. Dies wurde ermittelt durch Beobachtung des gekreuzten Doppelbildes eines entfernten Gegenstands. Wenn sich der Kopf nach vorn neigt, wie es häufig bei einem in Gedanken absorbierten Menschen vorkommt, infolge nämlich der allgemeinen Erschlaffung seiner Muskeln, dann werden, wenn die Gesichtsebene noch immer horizontal bleibt, die Augen notwendigerweise ein wenig aufwärts gedreht, und dann beträgt die Divergenz 3° oder 3° 5'; werden die Augen noch weiter nach oben gewendet, dann steigt sie bis auf 6° oder 7°. Professor Donders schreibt diese Divergenz der beinahe vollständigen Erschlaffung gewisser Augenmuskeln zu; welche leicht infolge des Versunkenseins des Geistes eintritt.[6] Der tätige Zustand der Muskeln der Augen führt zur Konvergenz derselben; Professor Donders bemerkt hierbei noch, die Divergenz der Augen während einer Zeit vollständigen Versunkenseins erläuternd, daß, wenn ein Auge erblindet, es beinahe immer nach Ablauf einer kurzen Zeit sich nach außen wendet; seine Muskeln werden nämlich nun nicht mehr dazu benutzt, den Augapfel zum Zweck des binokularen Sehens nach innen zu bewegen.

Verlegenes Überlegen wird häufig von gewissen Bewegungen oder Gebärden begleitet. In solchen Momenten erheben wir gewöhnlich unsere Hände an die Stirn, den Mund oder das Kinn; soweit ich es beobachtet habe, tun wir es aber nicht, wenn wir vollständig im Nachdenken versunken sind und wenn keine Schwierigkeit uns entgentritt. Plautus beschreibt in einem seiner Stücke[7] einen verlegenen Menschen und sagt: „Seht ihn an, er hat sein Kinn auf den Pfeiler seiner Hand gestützt." Selbst eine so kleinliche und allem Anschein nach bedeutungslose Gebärde, wie das Erheben der Hand zum Gesicht, ist bei einigen Wilden beobachtet worden. Mr. J. Mansel Weale hat es bei den Kaffern in Süd-Afrika gesehen; und der eingeborene Häuptling Gaika fügt hinzu, daß die Leute „manchmal an ihrem Bart zupfen." Mr. Washington Matthews, welcher einige der wildesten Indianerstämme in den westlichen Gegenden der Vereinigten Staaten beobachtet hat, bemerkt, daß er gesehen habe, wie dieselben, wenn sie ihre Gedanken konzentrieren, „ihre Hände, gewöhnlich den Daumen und Zeigefinger mit irgendeinem Teil des Gesichts, meist mit der Oberlippe, in Berührung bringen." Wir können wohl einsehen, warum man die Stirn drückt oder reibt, da tiefes Nachdenken das Gehirn ermüdet; warum man aber die Hand zum Mund oder dem Gesicht erhebt, ist durchaus nicht klar.

Üble Laune: – Wir haben gesehen, daß das Stirnrunzeln der natürliche Ausdruck irgendeiner empfundenen Schwierigkeit oder von irgend etwas Unangenehmem ist, was sich entweder in Gedanken oder bei einer Handlung darbietet; und wessen Geist häufig und leicht in dieser Weise affiziert wird, der wird sehr leicht übel gelaunt oder in unbedeutendem Grade zornig oder reizbar werden und wird dies gewöhnlich durch ein Stirnrunzeln zeigen. Aber ein infolge des Stirnrunzelns verstimmt erscheinender Ausdruck kann ausgeglichen werden, wenn der Mund, weil er gewohnheitsgemäß in ein Lächeln gezogen wird, freundlich erscheint und die Augen hell und fröhlich sind. Dasselbe tritt ein, wenn das Auge klar und sicher blickt und das Aussehen eines ernsten Überlegens vorhanden ist. Stirnrunzeln mit etwas herabgezogenen Mundwinkeln, welches letztere ein Zeichen des Kummers ist, gibt das Ansehen eines mürrischen Gereiztseins. Wenn ein Kind, während es weint, stark die Stirn runzelt (siehe Bild 2, S.1304)[8], aber nicht in der gewöhnlichen Art stark die Kreismuskeln zusammenzieht, dann bietet sich ein scharf ausgesprochener Ausdruck des Zornes oder selbst der Wut, in Verbindung mit dem des Unglücks dar.

Wenn die ganzen, zum Stirnrunzeln gebrachten Augenbrauen durch das Zusammenziehen der Pyramidenmuskeln der Nase stark nach unten gezogen werden, was Querfurchen oder Falten

---

[6] Gratiolet bemerkt (De la Physionomie, p.35): „Quand l'attention est fixée sur quelque image intérieure, l'oeil regarde dans le vide et s'associe automatiquement à la contemplation de l'esprit." Diese Ansicht verdient aber kaum eine Erklärung genannt zu werden.

[7] Miles Gloriosus, Act. II, Sc. 2.

[8] Die Originalphotographie des Herrn Kindermann ist viel ausdrucksvoller als diese Kopie, da sie die Runzelung an den Augenbrauen viel deutlicher zeigt.

quer über die Basis der Nase hervorruft, wird der Ausdruck der des mürrischen Wesens. Duchenne glaubt, daß das Zusammenziehen dieses Muskels ohne jedes Stirnrunzeln die Erscheinung der äußersten und aggressiven Härte veranlasst.[9] Ich zweifle aber sehr, ob dies ein wahrer oder natürlicher Ausdruck ist. Ich habe die Duchennesche Photographie eines jungen Mannes, bei welchem dieser Muskel mittels des Galvanismus in starke Kontraktion versetzt worden war, elf Personen, darunter einigen Künstlern, gezeigt und keiner hatte eine Idee davon, was beabsichtigt wurde, ausgenommen ein Mädchen, welches ganz richtig antwortete: „mürrische Zurückhaltung." Als ich, wohlwissend was damit beabsichtigt war, zum ersten Mal diese Photographie betrachtete, fügte meine Einbildungskraft, wie ich glaube, das, was noch notwendig war, nämlich die Runzelung der Augenbrauen, hinzu; infolge hiervon schien mir dann der Ausdruck richtig und zwar äußerst mürrisch zu sein.

Ein fest geschlossener Mund gibt in Verbindung mit herabgezogenen und gerunzelten Augenbrauen dem Ausdruck Entschiedenheit oder kann ihn auch zu dem der Halsstarrigkeit und Verdrießlichkeit machen. Woher es kommt, daß der fest geschlossene Mund dem Gesicht den Ausdruck der Entschiedenheit gibt, wird sofort erörtert werden. Ein Ausdruck mürrischer Hartnäckigkeit ist von meinen Korrespondenten deutlich bei den Eingeborenen von sechs verschiedenen Gegenden Australiens erkannt worden. Dasselbe ist auch bei den Malaien, Chinesen, Kaffern, Abessiniern und der Angabe von Dr. Rothrock zufolge in einem auffallenden Grade bei den wilden Indianern von Nord-Amerika, und nach Mr. D. Forbes bei den Aymaras von Bolivien erkannt worden. Ich habe ihn auch bei den Araucanern des südlichen Chile beobachtet. Mr. Dyson Lacy bemerkt, daß die Eingeborenen von Australien, wenn sie sich in diesem Seelenzustand befinden, zuweilen ihre Arme über der Brust kreuzen, eine Stellung, die man häufig bei uns sehen kann. Eine feste Entschiedenheit, zuweilen sich bis zur Hartnäckigkeit steigernd, wird auch zuweilen dadurch ausgedrückt, daß beide Schultern heraufgezogen werden; die Bedeutung dieser Gebärde wird im folgenden Kapitel erklärt werden.

Bei kleinen Kindern zeigt sich das Schmollen durch Hervorstrecken oder Hängenlassen des Mundes; wie es zuweilen genannt wird: „Sie machen ein Schnäuzchen."[10] Wenn die Mundwinkel stark herabgedrückt werden, so wird die Unterlippe ein wenig umgewandt und vorgestreckt und dies wird gleichfalls „Hängenlassen des Mundes" genannt. Aber das hier besprochene Mundhängen besteht in einem Vorstrecken beider Lippen in einer röhrigen Form, zuweilen in einem solchen Grade, daß sie bis zur Nasenspitze reichen, wenn die Nase kurz ist. Das Mundhängen wird gewöhnlich von Stirnrunzeln, zuweilen von der Äußerung eines Lautes, wie ‚buh' oder ‚wuh' begleitet. Diese Ausdrucksform ist deshalb merkwürdig, als sie, so weit mir bekannt ist, beinahe die einzige ist, welche viel deutlicher während der Kindheit als während des Erwachsenenalters dargeboten wird. Indessen ist eine gewisse Neigung zum Vorstrecken der Lippen unter dem Einfluß großer Wut bei den Erwachsenen aller Rassen vorhanden. Manche Kinder lassen den Mund hängen, wenn sie schüchtern sind, und dann kann man kaum sagen, daß sie schmollen.

Nach den Erkundigungen, welche ich bei mehreren großen Familien angestellt habe, scheint das Mundhängen bei europäischen Kindern nicht sehr allgemein zu sein; doch kommt es auf der ganzen Erde vor und muss bei den meisten wilden Rassen sowohl allgemein als auch scharf ausgesprochen sein, da es die Aufmerksamkeit vieler Beobachter gefesselt hat. Es ist in acht verschiedenen Bezirken in Australien bemerkt worden, und einer der Herren, die mir Aufschlüsse verschafften, bemerkt, wie bedeutend dann die Lippen der Kinder vorgestreckt werden. Zwei Beobachter haben das Mundhängen bei Kindern der Hindus gesehen, drei bei denen der Kaffern und Fingos in Süd-Afrika und bei den Hottentotten, und zwei bei den Kindern der wilden Indianer von Nord-Amerika. Mundhängen ist auch bei den Chinesen, Abessiniern, Malaien von

---

[9] Mécanisme de la Physionomie Humaine. Album: Legende IV, Fig. 16 bis 18.
[10] Hensleigh Wedgwood: On the Origin of Language, 1866, p.78.

Überlegung – Nachdenken – Üble Laune – Schmollen – Entschlossenheit

Malacca, den Dyaks von Borneo und häufig bei den Neu-Seeländern beobachtet worden. Mr. Mansel Weale teilt mir mit, daß er nicht bloß bei den Kindern der Kaffern sondern auch bei den Erwachsenen beiderlei Geschlechts gesehen habe, wie sie, wenn sie mürrisch sind, ihre Lippen bedeutend vorstrecken und Mr. Stack hat dasselbe in Neu-Seeland zuweilen bei den Männern und sehr häufig bei den Frauen beobachtet. Eine Spur derselben Ausdrucksform läßt sich gelegentlich selbst bei erwachsenen Europäern entdecken.

Wir sehen hieraus, daß das Vorstrecken der Lippen besonders bei kleinen Kindern über den größeren Teil der Erde für das mürrische Schmollen charakteristisch ist. Diese Bewegung ist dem Anschein nach ein Resultat davon, daß eine ursprüngliche Gewohnheit hauptsächlich während der Kindheit beibehalten worden ist oder daß gelegentlich zu ihr zurückgegriffen wird. Junge Orang-Utans und Schimpansen strecken ihre Lippen bis zu einem außerordentlichen Grade vor, (wie in einem früheren Kapitel beschrieben wurde), wenn sie unzufrieden, etwas erzürnt oder mürrisch sind, auch wenn sie überrascht, ein wenig erschreckt werden und selbst wenn sie in unbedeutendem Grade vergnügt werden. Der Mund wird hier, wie es scheint, zu dem Zweck vorgestreckt, um die den verschiedenen Seelenzuständen eigentümlichen Laute hervorzubringen; wie ich beim Schimpansen beobachtete, ist die Form des Mundes etwas verschieden, wenn der Ausruf des Vergnügens und wenn der des Zorns ausgestoßen wird. Sobald diese Tiere in Wut geraten, ändert sich die Form des Mundes vollständig und die Zähne werden dann gezeigt. Wenn der erwachsene Orang-Utan verwundet wird, so gibt er, wie man erzählt, „einen eigentümlichen Schrei von sich, der zuerst aus hohen Tönen besteht, sich aber zuletzt in ein leises Brummen vertieft. Während er die hohen Töne ausstößt, streckt er seine Lippen trichterförmig vor, beim Brummen in den tiefen Tönen hält er seinen Mund weit offen."[11] Beim Gorilla ist die Unterlippe, wie angegeben wird, großer Verlängerung fähig. Wenn dann nun unsere halbmenschlichen Urerzeuger ihre Lippen, wenn sie verdrießlich oder etwas erzürnt waren, in derselben Weise vorstreckten, wie es die jetzt lebenden menschenähnlichen Affen tun, so ist es keine anomale, aber doch merkwürdige Tatsache, daß unsere Kinder in ähnlichen Affekten eine Spur derselben Ausdrucksform und eine geringe Neigung, einen Laut auszustoßen, darbieten. Denn es ist bei Tieren durchaus nicht ungewöhnlich, daß sie Charaktere, welche ursprünglich ihre erwachsenen Urerzeuger besaßen und welche noch immer von bestimmten Arten, ihren nächsten Verwandten, besessen werden, während der Jugend mehr oder weniger vollkommen beibehalten und später verlieren.

Es ist auch keine anomale Tatsache, daß die Kinder der Wilden eine stärkere Neigung zum Vorstrecken der Lippen, wenn sie mürrisch schmollen, darbieten, als die Kinder zivilisierter Europäer; denn das Wesen der Wildheit scheint in der Beibehaltung eines ursprünglichen Zustands zu bestehen, und dies gilt gelegentlich sogar für körperliche Eigentümlichkeiten.[12] Man könnte dieser Ansicht von dem Ursprung des Mundhängenlassens den Umstand entgegenhalten, daß die menschenähnlichen Affen ihre Lippen auch dann vorstrecken, wenn sie erstaunt und selbst wenn sie etwas vergnügt gestimmt sind, während bei uns der Ausdruck allgemein auf einen mürrischen Seelenzustand beschränkt ist. Wir werden aber in einem späteren Kapitel sehen, daß die Überraschung bei verschiedenen Menschenrassen zuweilen zu einem geringen Vorstrecken der Lippen führt, obschon großes Überraschen oder Erstaunen gewöhnlicher dadurch gezeigt wird, daß der Mund weit geöffnet wird. Ebenso ziehen wir ja, wenn wir lächeln oder lachen, unsere Mundwinkel zurück und haben daher jede Neigung die Lippen vorzustrecken, wenn wir vergnügt gestimmt sind, verloren, wenn wirklich unsere frühen Urerzeuger das Vergnügen in dieser Weise ausdrückten.

Eine kleine, von schmollenden Kindern gemachte Gebärde, mag hier noch erwähnt werden, nämlich ihr Zucken mit der einen Schulter. Dies hat wie ich glaube eine verschiedene Bedeutung

---

[11] Sal. Müller, zitiert von Huxley: Zeugnisse für die Stellung des Menschen, S.44 (übersetzt).
[12] Ich habe mehrere Beispiele hiervon in meiner „Abstammung des Menschen", Teil I, Kap. 4, gegeben.

von dem Hochhalten beider Schultern. Ein eigensinniges Kind, welches auf dem Knie seiner Mutter sitzt, hebt die ihr nähere Schulter empor, bewegt sie dann schnell weg, um gewissermaßen einer Liebkosung auszuweichen und stößt dann mit ihr rückwärts, als wollte es einen Beleidiger fortstoßen. Ich habe ein Kind in ziemlicher Entfernung von irgend jemand anderem stehen und seine Empfindungen deutlich dadurch ausdrücken sehen, daß es die eine Schulter erhob, ihr dann eine geringe Bewegung nach rückwärts gab, und dann den ganzen Körper herumdrehte.

Bestimmtheit und Entschiedenheit: – Das feste Schließen des Mundes dient dazu, dem Gesicht einen Ausdruck der Entschiedenheit oder Bestimmtheit zu geben. Kein entschlossener Mensch hat wahrscheinlich jemals einen gewöhnlich weit offenstehenden Mund gehabt. Es wird daher auch eine kleine und schwache Unterkinnlade, welche anzudeuten scheint, daß der Mund nicht für gewöhnlich und fest geschlossen wird, allgemein für ein charakteristisches Zeichen einer Schwäche des Charakters gehalten. Eine länger anhaltende Anstrengung, sei es des Körpers oder des Geistes, setzt einen vorhergehenden Entschluß voraus; und wenn gezeigt werden kann, daß der Mund vor und während einer bedeutenden und andauernden Anstrengung des Muskelsystems allgemein mit Festigkeit geschlossen wird, dann wird auch nach dem Prinzip der Assoziation der Mund beinahe sicher geschlossen werden, sobald irgendein entschiedener Entschluß gefaßt wird. Nun haben mehrere Beobachter bemerkt, wie ein Mensch beim Beginn irgendeiner heftigen Muskelanstrengung ausnahmslos zuerst seine Lungen mit Luft ausdehnt und sie dann durch kraftvolles Zusammenziehen seiner Brustmuskeln zusammendrückt; um dies aber zu bewirken, muss der Mund fest geschlossen werden.

Für diese Handlungsweise hat man verschiedene Ursachen angegeben. Sir Ch. Bell behauptet[13], daß zu solchen Zeiten die Brust mit Luft ausgedehnt und im Zustand der Ausdehnung erhalten wird, um den am Brustkasten befestigten Muskeln einen festen Stützpunkt zu geben. Er bemerkt dann: Wenn zwei Menschen auf Tod und Leben miteinander ringen, so herrscht ein fürchterliches Stillschweigen, welches nur durch das harte, halb erstickte Atmen unterbrochen wird. Es herrscht Schweigen, weil das Austreiben von Luft beim Ausstoßen irgendeines Lautes den Stützpunkt für die Muskeln der Arme erschlaffen würde. Wird ein Aufschrei gehört, – angenommen der Kampf fände im Dunkeln statt, – so wissen wir sofort, daß einer von beiden den Kampf verzweifelt aufgegeben hat.

Gratiolet nimmt an[14], daß, wenn ein Mensch mit einem anderen bis aufs Äußerste zu kämpfen oder eine schwere Last zu unterstützen oder lange Zeit hindurch eine und dieselbe gezwungene Stellung beizubehalten hat, er notwendigerweise zuerst tief einatmen und dann mit dem Atemholen aufhören müsse; er glaubt aber, daß Sir Ch. Bells Erklärung irrig ist. Er behauptet, daß aufgehobene Respiration den Kreislauf des Blutes verlangsame, worüber, wie ich meine, kein Zweifel besteht; er führt auch einige merkwürdige Beweise aus dem Bau der niederen Tiere an, welche auf der einen Seite zeigen, daß für eine länger andauernde Muskelanstrengung eine verlangsamte Zirkulation und auf der anderen Seite für schnelle Bewegungen eine beschleunigte Zirkulation notwendig ist. Wir schließen dieser Ansicht zufolge, wenn wir irgendeine bedeutende Anstrengung beginnen, unseren Mund und unterbrechen das Atmen, um die Zirkulation des Blutes zu verlangsamen. Gratiolet faßt den Gegenstand mit den Worten zusammen: „C'est là la théorie de l'effort continu"; inwieweit aber diese Theorie von anderen Physiologen angenommen wird, weiß ich nicht.

Dr. Piderit erklärt[15] das feste Schließen des Mundes während heftiger Anstrengungen der Muskeln aus dem Prinzip, daß sich der Einfluß des Willens auch auf andere Muskeln ausbreitet als

---

[13] Anatomy of Expression, p.190.
[14] De la Physionomie, p.118-121.
[15] Mimik und Physiognomik, S.79.

Überlegung – Nachdenken – Üble Laune – Schmollen – Entschlossenheit

auf die, welche bei Ausführung irgendeiner besonderen Anstrengung notwendig in Tätigkeit gesetzt werden; und es sei natürlich, daß die Respirationsmuskeln und die des Mundes, welche so beständig gebraucht werden, ganz besonders leicht in dieser Weise beeinflußt werden. Mir scheint wohl wahrscheinlich in dieser Ansicht etwas Wahres zu liegen, denn wir pressen gern während heftiger Anstrengungen die Zähne aufeinander und dies ist, so lange die Muskeln der Brust stark zusammengezogen sind, nicht notwendig, um die Exspiration zu verhindern.

Wenn endlich jemand irgendeine delikate und schwierige Operation auszuführen hat, welche kein Aufbieten irgendeiner bedeutenden Kraft erfordert, so schließt er doch nichtsdestoweniger seinen Mund und hört eine Zeitlang zu atmen auf; er tut dies aber, damit die Bewegungen seiner Brust nicht diejenigen seiner Arme stören sollen. Wenn z. B. eine Person versucht, eine Nadel einzufädeln, so kann man sehen, wie sie ihre Lippen zusammendrückt und entweder aufhört zu atmen oder so ruhig wie möglich atmet. So war es auch, wie früher angegeben wurde, mit einem jungen und kranken Schimpansen, während er sich damit unterhielt, die Fliegen mit seinen Knöcheln zu töten, wie sie an den Fensterscheiben auf- und niedersummten. Eine Handlung, wie geringfügig sie auch sein mag, wenn sie nur schwierig ist, auszuführen, setzt einen gewissen Grad einer vorausgehenden entschlossenen Sammlung voraus.

Darin scheint nichts Unwahrscheinliches zu liegen, daß die eben genannten Ursachen in verschiedenen Graden entweder verbunden oder einzeln bei verschiedenen Veranlassungen ins Spiel gekommen sind. Das Resultat wird eine sicher entwickelte, jetzt vielleicht vererbte Gewohnheit sein, beim Beginn oder während einer jeden heftigen und lange anhaltenden Anstrengung oder jeder delikaten Operation fest den Mund zu schließen. Durch das Prinzip der Assoziation wird auch eine starke Neigung zu dieser selben Gewohnheit eintreten, sobald sich der Geist zu irgendeiner besonderen Handlung oder Art des Benehmens entschlossen hat, selbst ehe irgendeine körperliche Anstrengung aufgewendet wurde oder wenn gar keine solche notwendig war. Das gewohnheitsgemäße und feste Schließen des Mundes würde danach dazu gekommen sein, Entschiedenheit des Charakters zu zeigen; und Entschiedenheit geht leicht in Hartnäckigkeit über.

Zehntes Kapitel

Haß und Zorn

Haß und Wut; Wirkungen derselben auf den Körper. – Entblößung der Zähne – Wut bei Geisteskranken – Zorn und Indignation – Wie dieselben von verschiedenen Menschenrassen ausgedrückt werden – Hohn und herausfordernder Trotz – Das Entblößen des Eckzahns auf einer Seite des Gesichts

Wenn wir von einem Menschen irgendeine absichtliche Beleidigung erlitten haben, oder sie erleiden zu sollen erwarten oder wenn er uns in irgendeiner Weise anstößig ist, so haben wir ihn nicht gern, und diese Abneigung verschärft sich leicht zu Haß. Wenn derartige Empfindungen nur in einem mäßigen Grade erfahren werden, so werden sie durch keine Bewegung des Körpers oder der Gesichtszüge deutlich ausgedrückt mit Ausnahme vielleicht einer gewissen Würde des Benehmens oder durch etwas üble Laune. Es können indessen nur wenig Individuen lange über eine verhaßte Person nachdenken, ohne Indignation oder Wut zu empfinden und Zeichen derselben darzubieten. Ist aber die anstößige Person vollkommen ohne Bedeutung, so empfinden wir einfach Geringschätzung oder Verachtung. Ist dieselbe auf der anderen Seite allmächtig, dann geht der Haß in äußerste Angst über, so z.B. wenn ein Sklave an einen grausamen Herrn oder ein Wilder an eine blutdürstige bösartige Gottheit denkt.[1] Die meisten unserer Gemütsbewegungen sind so innig mit ihren Ausdrucksformen verbunden, daß sie kaum existieren, wenn der Körper passiv bleibt, – es hängt nämlich die Natur der Ausdrucksform zum hauptsächlichsten Teil von der Natur der Handlungen ab, welche unter diesen besonderen Seelenzuständen gewohnheitsmäßig ausgeführt worden sind. Es kann z.B. ein Mensch wissen, daß sein Leben in äußerster Gefahr schwebt und kann heftig wünschen, es zu retten, und doch, wie es Ludwig XVI. tat, als er von einer wütenden Volksmenge umgeben wurde, sagen: „Fürchte ich mich? Fühlt meinen Puls!" So kann auch ein Mensch einen anderen intensiv hassen. Solange aber sein Körperbau noch nicht affiziert ist, kann man nicht von ihm sagen, daß er wütend sei.

Wut: – Ich habe bereits Gelegenheit gehabt, von dieser Gemütsbewegung im dritten Kapitel zu handeln, als ich den direkten Einfluß des gereizten Sensoriums auf den Körper in Verbindung mit den Wirkungen gewohnheitsmäßig assoziierter Handlungen erörterte. Wut stellt sich in den verschiedenartigsten Weisen dar. Immer ist das Herz und die Zirkulation affiziert; das Gesicht wird rot oder purpurn, wobei die Venen an der Stirn und am Hals ausgedehnt werden. Das Erröten der Haut ist bei den kupferfarbigen Indianern von Süd-Amerika[2] und selbst, wie man sagt, an den weißen Narben, den Rückständen alter Wunden, bei Negern beobachtet worden.[3] Auch Affen erröten aus Leidenschaft. Bei einem meiner eigenen Kinder beobachtete ich, als es noch nicht vier Monate alt war, wiederholt, daß das erste Symptom eines sich nähernden leidenschaftlichen Anfalls das Einströmen des Blutes in seine nackte Kopfhaut war. Auf der anderen Seite wird die Tätigkeit des Herzens zuweilen durch große Wut so stark gehemmt, daß das Gesicht bleich oder livid wird[4], und nicht wenige an einer Herzkrankheit leidende Menschen sind unter dieser mächtigen Gemütserregung tot niedergefallen.

---

[1] S. einige Bemerkungen hierüber in Mr. Bains Buch: The Emotions and the Will. 2. edit., 1865, p.127.
[2] Rengger: Naturgeschichte der Säugetiere von Paraguay, 1830, S.3.
[3] Sir Ch. Bell: Anatomy of Expression, p.96. Andererseits spricht Dr. Burgess (Physiology of Blushing, 1839, p.31) von dem Rotwerden einer Narbe bei einer Negerin als sei dies der Natur nach ein Erröten vor Scham gewesen.
[4] Moreau und Gratiolet haben die Farben des Gesichts unter dem Einfluß intensiver Leidenschaft erörtert; s. die Ausgabe von 1820 von Lavater, Vol. IV, p.282 und 300, und Gratiolet: De la Physionomie, p.345.

Das Atemholen ist gleicherweise affiziert. Die Brust hebt sich schwer und die erweiterten Nasenlöcher zittern.[5] So schreibt Tennyson: „Scharfe Atemzüge des Zorns bliesen ihre zauberisch-schönen Nasenlöcher auf." Es sind daher derartige Ausdrücke entstanden wie „Rache schnauben" und „vor Zorn glühen"[6].

Das gereizte Gehirn gibt den Muskeln Kraft und gleichzeitg dem Willen Energie. Der Körper wird gewöhnlich aufrecht gehalten, bereit zur augenblicklichen Handlung, zuweilen aber auch nach vorn gebeugt gegen die anstößige Person hin, wobei die Gliedmaßen mehr oder weniger steif sind. Der Mund wird gewöhnlich mit Festigkeit geschlossen, um den festen Entschluß auszudrücken, und die Zähne werden fest aufeinander geschlossen oder sie knirschen. Derartige Gebärden wie das Erheben der Arme mit geballten Fäusten, als wollte man den Beleidiger schlagen, sind sehr häufig. Wenig Menschen in großer Leidenschaft und wenn sie jemand sagen, daß er fortgehen solle, können dem Trieb widerstehen, derartige Gebärden zu machen, als beabsichtigten sie, den anderen zu schlagen oder heftig hinwegzutreiben. Die Begierde zu schlagen wird in der Tat häufig so unerträglich stark, daß unbelebte Gegenstände geschlagen oder auf den Boden geschleudert werden; die Gebärden werden aber häufig vollständig zwecklos oder wahnsinnig. Junge Kinder wälzen sich, wenn sie in heftiger Wut sind, auf dem Boden, auf dem Rücken oder Bauch liegend, schreien, stoßen, kratzen oder beißen alles, was nur in ihren Bereich kommt. Dasselbe ist, wie ich von Mr. Scott höre, bei Hindukindern der Fall und, wie wir gesehen haben, auch bei den Jungen der anthropomorphen Affen.

Das Muskelsystem wird aber auch häufig in einer vollständig verschiedenen Art affiziert. Denn eine häufige Folge äußerster Wut ist das Zittern. Die gelähmten Lippen weigern sich dann, dem Willen zu gehorchen und „die Stimme erstickt in der Kehle"[7] oder sie wird laut, harsch und unharmonisch. Wird dabei viel und sehr schnell gesprochen, so schäumt der Mund. Das Haar sträubt sich zuweilen; ich werde aber auf diesen Gegenstand in einem anderen Kapitel zurückkommen, wenn ich von den gemischten Gemütserregungen der Wut und der äußersten Furcht handeln werde. In den meisten Fällen ist ein stark markiertes Stirnrunzeln wahrnehmbar; denn dies ist regelmäßig eine Folge des Gefühls, daß irgend etwas nicht gefällt oder schwer zu beseitigen ist in Verbindung mit einer Konzentration des Geistes. Zuweilen aber bleiben die Augenbrauen, anstatt bedeutend zusammengezogen und gesenkt zu werden, glatt, und die starrenden Augen werden weit offengehalten. Die Augen sind immer glänzend oder können, wie Homer es ausdrückt, feurig strahlen. Sie sind zuweilen mit Blut unterlaufen und man sagt: sie ragen aus ihren Höhlen hervor – ohne Zweifel das Resultat davon, daß der Kopf mit Blut überfüllt ist, wie sich aus der Ausdehnung der Venen ergibt. Der Angabe Gratiolets zufolge[8] sind die Pupillen immer in der Wut zusammengezogen, und ich höre von Dr. Crichton Browne, daß dies in den wütenden Delirien der Hirnhautentzündung der Fall ist; die Bewegungen der Regenbogenhaut unter dem Einfluß der verschiedenen Gemütsbewegungen ist aber ein sehr dunkler Gegenstand.

---

[5] Sir Ch. Bell: Anatomy of Expression, p.91, 107, hat diesen Gegenstand ausführlich erörtert. Moreau bemerkt (in der Ausgabe von 1820 von Lavaters Physignomik, Vol. IV, p.237), und zitiert Portal zur Bestätigung, daß asthmatische Patienten infolge der gewohnheitsmäßigen Zusammenziehung der die Nasenflügel erhebenden Muskeln permanent erweiterte Nasenlöcher erhalten. Die Erklärung, welche Dr. Piderit (Mimik und Physiognomik, S.82) von der Erweiterung der Nasenlöcher gibt, um nämlich ein freies Atemholen zu gestatten, während der Mund geschlossen ist und die Zähne fest zusammengebissen, scheint auch nicht nahezu so korrekt zu sein, wie die von Sir Ch. Bell gegebene, welcher dieselbe der Sympathie (d.h. gewohnheitsmäßigen Mittätigkeit) aller Respirationsmuskeln zuschreibt. Man kann sehen, wie sich die Nasenlöcher eines zornigen Menschen erweitern, obschon sein Mund offen ist.

[6] Mr. Wedgwood: On the Origin of Language, 1866, p.76. Er bemerkt auch, daß der Laut des harten Atmens „durch die Silben puff, huff, whiff, dargestellt wird, wonach dann ein huff ein Anfall übler Laune ist (im Englischen)."

[7] Sir Ch. Bell (Anatomy of Expression, p.95) gibt einige ausgezeichnete Bemerkungen über den Ausdruck der Wut.

[8] De la Physionomie, 1865, p.346.

Zehntes Kapitel

Shakespeare faßt die hauptsächlichsten charakteristischen Zeichen der Wut wie folgt zusammen:

„Im Frieden kann so wohl nichts einen Mann
Als Demut und bescheidne Sitte kleiden;
Doch bläst des Krieges Wetter euch ins Ohr,
Dann ahmt dem Tiger nach in seinem Tun;
Spannt eure Sehnen, ruft das Blut herbei!
Entstellt die liebliche Natur mit Wut!
Dann leiht dem Auge einen Schreckensblick;
Nun knirscht die Zähne, schwellt die Nüstern auf,
Den Atem hemmt, spannt alle Lebensgeister
Zur vollen Höh – auf, Englische von Adel!

Heinrich V., Akt 3, Szene 1.

Die Lippen werden zuweilen während der Wut in einer Art und Weise vorgestreckt, deren Bedeutung ich nicht verstehe, wenn es nicht von unserer Abstammung von irgendeinem affenartigen Tier herrührt. Beispiele hierfür sind nicht bloß bei Europäern beobachtet worden, sondern auch bei Australiern und Hindus. Indessen werden die Lippen viel häufiger zurückgezogen, wodurch die grinsenden und aufeinander gebissenen Zähne gezeigt werden. Dies ist beinahe von jedem bemerkt worden, welcher über den Ausdruck geschrieben hat.[9] Die Erscheinung ist die, als würden die Zähne entblößt, um zum Ergreifen oder zum Zerreißen eines Feindes bereit zu sein, wenn auch gar keine Absicht, in dieser Weise zu handeln, vorhanden sein mag. Mr. Dyson Lacy hat diesen grinsenden Ausdruck bei den Australiern beobachtet, wenn sie sich zanken, und dasselbe hat Gaika bei den Kaffern von Süd-Afrika gesehen. Wo Dickens[10] von einem verruchten Mörder spricht, der soeben gefangen worden war und von einer wütenden Volksmenge umgeben wurde, schildert er „das Volk als einer hinter dem anderen aufspringend, die Zähne fletschend und sich wie wilde Tiere benehmend". Jedermann, der viel mit kleinen Kindern zu tun gehabt hat, muß gesehen haben, wie natürlich es bei ihnen ist, wenn sie in Leidenschaft sind, zu beißen. Es scheint bei ihnen so instinktiv zu sein wie bei jungen Krokodilen, welche mit ihren kleinen Kinnladen schnappen, sobald sie aus dem Ei ausgekrochen sind.

Ein grinsender Ausdruck und das Vorstrecken der Lippen scheint zuweilen zusammenzugehen. Ein sorgfältiger Beobachter sagt, daß er viele Beispiele von intensivem Haß (welcher kaum von einer mehr oder weniger unterdrückten Wut unterschieden werden kann) bei Orientalen und einmal bei einer alten englischen Frau gesehen habe. In allen diesen Fällen „war ein Grinsen, nicht bloß ein mürrisches Dareinsehen, vorhanden, die Lippen verlängerten sich, die Wangen rückten gewissermaßen herunter, die Augen wurden halb geschlossen, während die Augenbrauen vollkommen ruhig blieben"[11].

Dieses Zurückziehen der Lippen und Entblößen der Zähne während der Paroxysmen der Wut, als sollte der Beleidiger gebissen werden, ist in Anbetracht dessen, wie selten die Zähne vom Menschen beim Kämpfen gebraucht werden, so merkwürdig, daß ich mich bei Dr. Crichton Browne erkundigte, ob diese Gewohnheit bei den Geisteskranken, deren Leidenschaften nicht

---

[9] Sir Ch. Bell: Anatomy of Expression, p.177. Gratiolet sagt (De la Physionomie, p.369): „Les dents se découvrent et imitent symboliquement l'action de déchirer et de mordre." Wenn Gratiolet statt den unbestimmten Ausdruck symboliquement zu gebrauchen, gesagt hätte, daß diese Bewegung ein Überbleibsel einer während der Urzeiten erlangten Gewohnheit wäre, als unsere halbmenschlichen Urerzeuger mit ihren Zähnen miteinander kämpften, wie Gorillas und Orang-Utans heutigen Tages, so würde er verständlicher gewesen sein. Dr. Piderit (Mimik und Physiognomik, S.82) spricht auch von dem Zurückziehen der Oberlippe während der Wut. In dem Stich nach einem von Hogarths wunderbaren Bildern wird die Leidenschaft in der deutlichsten Art und Weise durch die offenstarrenden Augen, die gerunzelte Stirn und die exponierten grinsenden Zähne dargestellt.
[10] Oliver Twist. Vol. III, p.245.
[11] The Spectator. July 11th 1868, p.819.

gezügelt werden, gewöhnlich sei. Er teilt mir mit, daß er es wiederholt sowohl bei Geisteskranken als auch Blödsinnigen beobachtet hat und gibt mir noch die folgenden Erläuterungen:

Kurz zuvor, ehe er meinen Brief empfing, war er Zeuge eines nicht zu beherrschenden Ausbruchs von Zorn und eingebildeter Eifersucht bei einer geisteskranken Dame. Zuerst überhäufte sie ihren Mann mit Vorwürfen, und während sie dies tat, schäumte sie am Mund. Zunächst näherte sie sich dann ihrem Mann dicht mit zusammengedrückten Lippen und einem giftig aussehenden Stirnrunzeln. Dann zog sie ihre Lippen zurück, besonders die Winkel der Oberlippe und zeigte ihre Zähne, wobei sie gleichzeitig einen heftigen Streich nach ihm ausführte. Ein zweiter Fall betraf einen alten Soldaten, welcher, wenn er aufgefordert wird, sich den Regeln der Anstalt zu fügen, seiner Unzufriedenheit, die schließlich in Wut ausgeht, Luft macht. Er beginnt gewöhnlich damit, daß er Dr. Browne fragt, ob er sich nicht schäme, ihn in einer solchen Art und Weise zu behandeln. Dann schwört und flucht er, schreitet auf und ab, wirft seine Arme wild umher und bedroht jeden, der in seine Nähe kommt. Endlich wenn seine Aufregung auf den Höhepunkt kommt, fährt er mit einer eigentümlichen seitwärtigen Bewegung auf Dr. Browne los, schüttelt seine geballte Faust vor ihm und droht ihm mit dem Untergang. Dann kann man sehen, wie seine Oberlippe erhoben wird, besonders an den Winkeln, so daß seine großen Eckzähne sichtbar werden. Er stößt seine Flüche durch seine aufeinandergepreßten Zähne durch und sein ganzer Ausdruck nimmt den Charakter äußerster Wildheit an. Eine ähnliche Beschreibung findet auch auf einen anderen Mann Anwendung mit Ausnahme, daß dieser gewöhnlich mit dem Mund schäumt und spuckt, tanzt und in einer fremdartigen rapiden Art und Weise umherspringt, wobei er seine Verwünschungen in einer schrillen Fistelstimme ausstößt.

Dr. Browne teilt mir auch den Fall eines epileptischen Blödsinnigen mit, welcher unabhängiger Bewegungen unfähig ist und den ganzen Tag mit einigem Spielzeug zubringt. Sein Temperament ist indessen mürrisch und wird leicht zur Heftigkeit aufgeregt. Wenn irgend jemand seine Spielsachen berührt, so hebt er seinen Kopf langsam aus seiner gewöhnlich herabhängenden Stellung und fixiert seine Augen auf den Beleidiger mit einem trägen, aber doch zornigen mürrischen Blick. Wird die ärgernde Veranlassung wiederholt, so zieht er seine dicken Lippen zurück, entblößt eine vorstehende Reihe häßlicher Zähne (unter denen die großen Eckzähne besonders bemerkbar sind) und führt dann einen schnellen, heftigen Schlag mit seiner offenen Hand auf die beleidigende Person aus. Die Schnelligkeit dieses Griffs ist, wie Dr. Browne bemerkt, bei einem gewöhnlich so torpiden Wesen merkwürdig, da dieser Mensch ungefähr fünfzehn Sekunden braucht, wenn er durch irgendein Geräusch aufmerksam gemacht wird, seinen Kopf von einer Seite zur anderen zu drehen. Wenn ihm in diesem wütenden Zustand ein Taschentuch, ein Buch oder irgendein anderer Gegenstand in seine Hände gegeben wird, so zieht er ihn zu seinem Mund und beißt ihn. Auch Mr. Nicol hat mir zwei Fälle geisteskranker Personen beschrieben, deren Lippen während der Wutanfälle zurückgezogen werden.

Dr. Maudsley fragt, nachdem er verschiedene, fremdartige, tierähnliche Züge bei Blödsinnigen einzeln geschildert hat, ob dies nicht eine Folge des Wiedererscheinens primitiver Instinkte sei – „ein schwaches Echo aus einer weit zurückliegenden Vergangenheit, Zeugen einer Verwandtschaft, welche der Mensch beinahe verwachsen hat". Er fügt hinzu, daß, so wie jedes menschliche Gehirn im Laufe seiner Entwicklung dieselben Zustände durchläuft, wie diejenigen, welche bei den niederen wirbellosen Tieren auftreten, und da das Gehirn eines Blödsinnigen sich in einem gehemmten Entwicklungszustand befindet, wir vermuten können, daß es „seine ursprünglichen Funktionen offenbaren wird, aber keine von den höheren Funktionen". Dr. Maudsley meint, daß dieselbe Ansicht auch auf das Gehirn in seinem degenerierten Zustand bei manchen geisteskranken Patienten ausgedehnt werden dürfe und fragt: „Woher kommt das wilde Fletschen, die Neigung zur Zerstörung, die obszöne Sprache, das wilde Heulen, die anstößigen Gewohnheiten, welche manche geisteskranke Patienten darbieten? Warum sollte ein menschliches, seiner Vernunft beraubtes Wesen jemals im Charakter so tierisch werden, wie es bei manchen der Fall ist, wenn es nicht die tierische Natur an sich hätte?"[12] Allem Anschein nach muß diese Frage bejahend beantwortet werden.

Zorn und Indignation: – Diese beiden Seelenzustände weichen von der Wut nur dem Grade nach ab, und es besteht auch kein scharf ausgesprochener Unterschied in ihren charakteristischen Zeichen. Im Zustand mäßigen Zorns ist die Tätigkeit des Herzens ein wenig vermehrt, die Farbe ist erhöht und die Augen werden glänzend. Auch die Respiration ist ein wenig beschleunigt und da sämtliche, dieser Funktion dienenden Muskeln in Assoziation handeln, so werden die Nasenflügel etwas erhoben, um einen freien Einzug der Luft zu gestatten, und dies ist ein äußerst charakteristisches Zeichen für die Indignation. Der Mund wird gewöhnlich zusammengedrückt und beinahe immer findet sich ein Stirnrunzeln an den Augenbrauen. Anstatt der wahnsinnigen Gebärde der äußersten Wut wirft sich ein indignierter Mensch unbewußt in eine Stellung, bereit zum Angriff oder zum Niederschlagen seines Gegners, den er vielleicht von Kopf bis Fuß mit trotziger Herausforderung abmißt. Er trägt seinen Kopf aufrecht, seine Brust ordentlich gehoben und die Füße fest auf den Boden gestellt. Er hält seine Arme in verschiedenen Stellungen, einen oder beide Ellenbogen eingestemmt oder mit den Armen starr an den Seiten herabhängend. Bei Europäern werden die Fäuste gewöhnlich geballt.[13] Die Bilder 1 und 2 (vgl. S.1314) sind ziemlich gute Darstellungen von Leuten, die Indignation simulieren. Es kann ja auch ein jeder in einem Spiegel sehen, wenn er sich lebhaft einbildet, daß er insultiert worden ist und in einem zornigen Ton seiner Stimme eine Erklärung verlangt. Er wird sich dann plötzlich und unbewußt in irgendeine derartige Stellung werfen.

Wut, Zorn und Indignation werden in nahezu derselben Art und Weise über die ganze Erde ausgedrückt. Die folgenden Beschreibungen dürften der Mitteilung wert sein, da sie Zeugnis hiervon ablegen, und da sie einige der vorstehenden Bemerkungen erläutern. Eine Ausnahme besteht indessen in bezug auf das Ballen der Fäuste, welches hauptsächlich auf Menschen beschränkt zu sein scheint, die mit ihren Fäusten kämpfen. Bei den Australiern hat nur einer meiner Korrespondenten die Fäuste geballt gesehen. Alle stimmen darin überein, daß der Körper aufrecht gehalten wird, und mit zwei Ausnahmen geben sie sämtlich an, daß die Augenbrauen schwer zusammengezogen werden. Einige von ihnen deuten den fest zusammengedrückten Mund an, die ausgedehnten Nasenlöcher und die blitzenden Augen. Der Angabe von Mr. Taplin zufolge wird Wut bei den Australiern dadurch ausgedrückt, daß die Lippen vorgestreckt und die Augen weit geöffnet, werden, und wenn es Frauen betrifft, daß sie umhertanzen und Staub in die Luft werfen. Ein anderer Beobachter erzählt von den Eingeborenen, daß, wenn sie in Wut geraten, sie ihre Arme wild umherwerfen.

Ähnliche Berichte, ausgenommen in bezug auf das Ballen der Fäuste, habe ich mit Rücksicht auf die Malayen der Halbinsel Malakka, die Abyssinier und die Eingeborenen von Süd-Afrika erhalten. Dasselbe gilt für die Dakota-Indianer von Nord-Amerika; nach Mr. Matthews halten sie dann ihren Kopf aufrecht, runzeln ihre Stirn und gehen oft mit lang ausgezogenen Schritten davon. Mr. Bridges gibt an, daß, die Feuerländer, wenn sie in Wut geraten, häufig auf den Boden stampfen, zerstreut umherlaufen, manchmal weinen und blaß werden. Mr. Stack beobachtete einen Neuseeländer, der sich mit einer Frau zankte, und machte in seinem Tagebuch die folgende Bemerkung: „Augen erweitert, Körper heftig nach rückwärts und vorwärts geworfen, Kopf vorwärts geneigt, Fäuste geballt, bald hinter den Kopf rückwärts geworfen, bald einander vor das Gesicht gehalten." Mr. Swinhoe sagt, daß meine Beschreibung mit dem übereinstimmt, was er bei den Chinesen gesehen hat, ausgenommen, daß ein zorniger Mann allgemein seinen Körper

---

[12] Body and Mind, 1870, p.51-53.
[13] Le Brun bemerkt in seinen bekannten „Conférences sur l'Expression" (La Physionomie par Lavater, edit. 1820, Vol. IX, p.268), daß Zorn durch das Ballen der Fäuste dargestellt wird. S. in demselben Sinn Huschke: Mimices et Physignomices Fragmentum Physiologicum, 1824, p.20. Auch Sir Ch. Bell: Anatomy of Expression, p.219.

nach seinem Gegner hinneigt, auf ihn hinzeigt und eine Flut von Beschimpfungen über ihn ergießt.

Was endlich die Eingeborenen von Indien betrifft, so hat mir Mr. J. Scott eine ausführliche Beschreibung ihrer Gebärden und Ausdrucksweisen, wenn sie in Wut sind, geschickt. Zwei Bengalesen, die niedrigen Kasten angehörten, zankten sich um ein Darlehen. Zuerst waren sie ruhig, wurden aber bald wütend und ergossen nun die stärksten Schimpfreden über ihre gegenseitigen Verwandten und Urahnen für viele Generationen zurück. Ihre Gebärden waren von denen der Europäer sehr verschieden; denn obschon ihre Brustkasten ausgedehnt und ihre Schultern straff gehalten wurden, so blieb ihr Arm doch steif herabhängend, wobei die Ellenbogen nach innen gewendet und die Hände abwechselnd fest geschlossen und geöffnet wurden. Ihre Schultern wurden häufig hoch in die Höhe erhoben und dann wieder gesenkt. Sie blickten von unten unter ihren gesenkten und stark gerunzelten Brauen wild aufeinander und ihre vorgestreckten Lippen wurden fest geschlossen. Sie näherten sich einander mit vorgestrecktem Kopf und Hals und stießen, kratzten und faßten einander. Dieses Vorstrecken des Kopfes und Körpers scheint bei den in Wut Geratenden eine sehr häufige Gebärde zu sein. Ich habe es bei heruntergekommenen englischen Frauen bemerkt, wenn sie sich heftig auf den Straßen zankten. In derartigen Fällen läßt sich annehmen, daß keine der beiden Parteien erwartet, von der anderen einen Streich zu empfangen.

Ein Bengalese, der im botanischen Garten beschäftigt war, wurde in Gegenwart Mr. Scotts von dem eingeborenen Aufseher beschuldigt, eine wertvolle Pflanze gestohlen zu haben. Er hörte schweigend und verächtlich der Anschuldigung zu. Seine Stellung war aufrecht, die Brust ausgedehnt, der Mund geschlossen, die Lippen vorgestreckt, die Augen fest und mit durchdringendem Blick. Er behauptete dann mit herausforderndem Trotz seine Unschuld mit aufgehobenen und geballten Händen, wobei sein Kopf nach vorn gestreckt, die Augen weit geöffnet und die Augenbrauen erhoben wurden. Mr. Scott hat auch zwei Mechis in Sikhim beobachtet, die über ihren Lohnanteil sich zankten. Sie gerieten sehr bald in eine wütende Leidenschaft, und dann wurden ihre Körper weniger aufrecht, die Köpfe nach vorn gestreckt. Sie machten einander Grimassen, die Schultern wurden erhoben, die Arme an den Ellenbogen steif nach innen gebogen und die Hände krampfhaft geschlossen aber nicht eigentlich geballt. Sie näherten und entfernten sich beständig voneinander, erhoben häufig ihre Arme, als wenn sie sich schlagen wollten; aber ihre Hände waren offen und kein Streich wurde ausgeführt. Mr. Scott hat ähnliche Beobachtungen auch an den Lepchas gemacht, welche er oft sich zanken gesehen hat, und bemerkt, daß sie ihre Arme steif und beinahe ihrem Körper parallel hielten, wobei die Hände etwas nach hinten gestreckt und zum Teil geschlossen, aber nicht eigentlich geballt wurden.

Hohn, herausfordernder Trotz; Entblößen des Eckzahns auf einer Seite: – Der Ausdruck den ich jetzt zu beschreiben beabsichtige, weicht nur wenig von dem ab, den ich bereits beschrieben habe, wo die Lippen zurückgezogen und die grinsenden Zähne exponiert werden. Der Unterschied besteht allein darin, daß die Oberlippe in einer derartigen Weise zurückgezogen wird, daß der Eckzahn allein auf einer Seite des Gesichts gezeigt wird; das Gesicht selbst ist allgemein etwas aufgestülpt und halb von der den Anstoß erregenden Person abgewendet. Die anderen Zeichen der Wut sind nicht notwendigerweise vorhanden. Dieser Ausdruck kann gelegentlich an einer Person beobachtet werden, welche einer anderen Hohn bietet oder sie trotzend herausfordert, obschon kein wirklicher Zorn dabei ist, so z.B. wenn irgend jemand scherzhafterweise irgendeines Fehlers bezichtigt wird und antwortet: „Ich biete der Beschuldigung Trotz." Die Ansdrucksform ist keine gewöhnliche; doch habe ich gesehen, wie eine Dame dieselbe mit vollkommener Deutlichkeit darbot, welche von einer anderen Person gehänselt wurde. Schon im Jahre 1746 hat sie Parsons in einem Kupferstich geschildert, der den einen unbedeckten Eckzahn der einen Seite zeigt.[14] Mr. Rejlander fragte mich, ohne daß ich irgendeine Andeutung in bezug auf den Gegenstand gegeben hatte, ob ich jemals diese Ausdrucksform beachtet hätte, und sagte, daß sie ihm sehr aufgefallen sei. Er hat für mich eine Dame photographiert (Bild 1), welche zuweilen unabsichtlich den Eckzahn der einen Seite zeigt und welche dies mit ungewöhnlicher Deutlichkeit willkürlich tun kann.

1. *2.*

Heliotype

Der Ausdruck eines halb scherzhaften Hohns geht allmählich in den großer Wildheit über, wenn in Verbindung mit stark gerunzelten Augenbrauen und wildem Blick der Eckzahn exponiert wird. Ein bengalischer Knabe wurde in Gegenwart Mr. Scotts irgendeiner Untat bezichtigt. Der Delinquent wagte nicht, seinem Ärger in Worten Luft zu machen; aber er zeigte sich deutlich in seinem Gesicht, zuweilen in einem trotzigen Stirnrunzeln, zuweilen „in einem durchaus hündischen Fletschen." Wenn sich dies darbot, „wurde der Winkel der Lippe über dem Augenzahn, welcher zufällig in diesem Falle sehr groß und vorragend war, nach der Seite des Anklägers gehoben, während ein starkes Stirnrunzeln noch in den Brauen zurückblieb". Sir Ch. Bell gibt an[15], daß der Schauspieler Cooke den entschiedensten Haß ausdrücken konnte, „wenn er bei einem schrägen Blick seiner Augen den äußeren Teil der Oberlippe in die Höhe zog und einen scharfen Eckzahn zeigte".

Das Entblößen des Eckzahns ist das Resultat einer doppelten Bewegung. Die Ecke oder der Winkel des Mundes wird ein wenig zurückgezogen und zu gleicher Zeit zieht ein Muskel, welcher parallel und nahe der Nase verläuft, den äußeren Teil der Oberlippe hinauf und entblößt den Eckzahn auf dieser Seite des Gesichts. Die Zusammenziehung dieses Muskels ruft eine deutliche Furche auf der Wange hervor und erzeugt starke Falten unter dem Auge, besonders an seinem inneren Winkel. Die Handlung ist dieselbe wie die eines fletschenden Hundes, und wenn ein Hund sich zum Kämpfen anschickt, so zieht or oft die Lippe auf einer Seite allein in die Höhe, nämlich auf der seinem Gegner zugewandten. Das englische Wort sneer (höhnen) ist faktisch dasselbe wie snarl (fletschen), welches ursprünglich snar hieß. Das erste ist nur „ein Element, welches die Fortdauer der Handlung bezeichnet"[16].

Ich vermute, daß wir eine Spur dieser selben Ausdrucksform in dem sehen, was wir ein höhnisches oder sardonisches Lächeln nennen. Die Lippen werden dann verbunden oder beinahe

---

[14] Transactions Philosoph. Soc., Appendix, 1746, p.65.
[15] Anatomy of Expression, p.136. Sir Ch. Bell nennt die Muskeln, welche die Eckzähne entblößen „die Fletschmuskeln".
[16] Hensleigh Wedgwood: Dictionary of English Etymology. Vol. III, 1865, p.240, 243.

verbunden gehalten, aber ein Winkel des Mundes wird auf der Seite nach der verhöhnten Person hin zurückgezogen, und dieses Zurückziehen des Mundwinkels bildet einen Teil des wirklichen Verhöhnens. Obgleich manche Personen mehr auf der einen Seite des Gesichts als auf der anderen lächeln, so ist es doch nicht leicht einzusehen, warum im Falle einer Verhöhnung das Lächeln, wenn es ein wirkliches ist, so gewöhnlich auf eine Seite beschränkt sein sollte. Ich habe bei diesen Gelegenheiten auch ein leichtes Zucken im Muskel bemerkt, welcher den äußeren Teil der Oberlippe aufwärts zieht, und wäre diese Bewegung vollständig ausgeführt worden, so würde sie den Eckzahn entblößt und ein leichtes Verhöhnen hervorgebracht haben.

Mr. Bulmer, ein australischer Missionar in einem entfernten Teil von Gipp's-Land sagt in Beantwortung meiner Fragen über das Entblößen des Eckzahns auf der einen Seite: „Ich finde, daß die Eingeborenen bei dem einander Anfletschen mit geschlossenen Zähnen sprechen, wobei die Oberlippe nach einer Seite aufgezogen ist und das Gesicht einen allgemeinen zornigen Ausdruck annimmt. Sie sehen aber die angeredete Person direkt an." Drei andere Beobachter in Australien, einer, in Abyssinien und einer in China beantworten meine Fragen über diesen Gegenstand bejahend. Da aber der Ausdruck ein seltener ist und sie auf keine Einzelheiten eingehen, so fürchte ich mich, mich ganz und gar auf sie zu verlassen. Es ist indessen durchaus nicht unwahrscheinlich, daß dieser tierähnliche Ausdruck bei Wilden häufiger ist als bei zivilisierten Rassen. Mr. Geach ist ein Beobachter, dem ich völliges Vertrauen schenken kann, und er hat diese Ausdrucksform bei einer Gelegenheit an einem Malayen im Innern von Malakka beobachtet. Mr. S. O. Glenie antwortet: „Wir haben diese Ausdrucksweise bei den Eingeborenen von Ceylon beobachtet, aber nicht häufig." Endlich hat in Nord-Amerika Dr. Rothrock dieselbe bei einigen wilden Indianern und häufig bei einem Stamm, der an die Atnahs anstößt, gesehen.

Obgleich die Oberlippe sicherlich zuweilen beim Verhöhnen oder herausfordernden Trotz allein auf einer Seite erhoben wird, so weiß ich doch nicht, ob dies immer der Fall ist; denn das Gesicht ist gewöhnlich halb abgewendet und der Ausdruck häufig nur momentan. Da die Bewegung nur auf eine Seite beschränkt ist, so könnte sie keinen wesentlichen Teil der Ausdrucksform bilden, sondern davon abhängen, daß die dazugehörigen Muskeln unfähig einer Bewegung sind, ausgenommen auf einer Seite. Ich bat vier Personen, es zu versuchen, willkürlich in dieser Weise ihre Muskeln in Tätigkeit zu bringen; zwei konnten den Eckzahn nur auf der linken Seite, eine nur auf der rechten Seite und die vierte weder auf der einen noch auf der anderen entblößen. Nichtsdestoweniger ist es durchaus nicht gewiß, daß dieselben Personen, wenn sie irgend jemand im Ernst herausforderten und Trotz geboten hätten, nicht unbewußt ihren Eckzahn auf der Seite entblößt haben würden, welche Seite es auch sei, die dem Beleidiger zugekehrt ist. Denn wir haben gesehen, daß manche Personen nicht willkürlich ihre Augenbrauen schräg stellen können und doch augenblicklich in dieser Weise handeln, wenn sie durch eine wirkliche, wenn auch äußerst geringfügige Ursache der Trübsal affiziert werden. Das Vermögen, willkürlich den Eckzahn auf einer Seite des Gesichts zu entblößen, ist daher häufig gänzlich verloren worden, und dies deutet an, daß es eine selten benutzte und beinahe abortive Handlung ist. Es ist in der Tat eine überraschende Tatsache, daß der Mensch diese Fähigkeit oder irgendeine Neigung zu ihrer eigentlichen Verwendung noch zeigen sollte. Denn Mr. Sutton hat bei unseren nächsten Verwandten, nämlich den Affen, im zoologischen Garten niemals eine fletschende Bewegung bemerkt, und er ist positiv sicher darüber, daß die Paviane, obwohl sie mit großen Eckzähnen versehen sind, dies niemals tun, sondern wenn sie wild sind und sich zum Angriff bereitmachen, alle ihre Zähne entblößen. Ob die erwachsenen anthropomorphen Affen, wo beim Männchen die Eckzähne viel größer sind als beim Weibchen, wenn sie sich zum Kampf vorbereiten, ihre Zähne entblößen, ist nicht bekannt.

Die hier betrachtete Ausdrucksweise, mag es der Ausdruck eines scherzhaften Hohns oder eines wilden Fletschens sein, ist eine der merkwürdigsten, welche beim Menschen vorkommt. Sie enthüllt seine tierische Abstammung; denn niemand, selbst wenn er in einem tödlichen

Zehntes Kapitel

Kampf mit einem Feind sich auf dem Boden wälzt und versucht, ihn zu beißen, würde versuchen, seine Eckzähne mehr zu brauchen als seine anderen Zähne. Wir dürfen wohl nach unserer Verwandtschaft mit den anthropomorphen Affen glauben, daß unsere männlichen halbmenschlichen Urerzeuger große Eckzähne besaßen, und noch jetzt werden gelegentlich Kinder geboren, bei denen sie sich von ungewöhnlich bedeutender Größe entwickeln mit Zwischenräumen in den einander gegenüberstehenden Kinnladen zu ihrer Aufnahme. Wir können ferner vermuten, nichtsdestoweniger wir keine Unterstützung aus Analogie haben, daß unsere halbmenschlichen Urerzeuger ihre Zähne entblößten, wenn sie sich zum Kampf bereiteten, da wir es immer noch tun, wenn wir wild werden, oder wenn wir einfach irgend jemanden verhöhnen oder ihm herausfordernden Trotz bieten, ohne irgendeine Absicht, mit unseren Zähnen wirklich Angriffe zu machen.

Elftes Kapitel

Geringschätzung – Verachtung – Abscheu – Schuld – Stolz usw. – Hilflosigkeit – Geduld – Bejahung und Verneinung

Verachtung, Spott und Geringschätzung verschieden ausgedrückt – Höhnisches Lächeln – Gebärden, welche Verachtung ausdrücken – Abscheu – Schuld, List, Stolz usw. – Hilflosigkeit oder Unvermögen – Geduld – Hartnäckigkeit – Zucken der Schultern, bei den meisten Menschenrassen vorkommend – Zeichen der Bejahung und Verneinung

Spott und Geringschätzung kann kaum von Verachtung unterschieden werden, ausgenommen daß sie einen im ganzen genommen zornigeren Seelenzustand voraussetzen. Sie können auch nicht deutlich von den Empfindungen unterschieden werden, welche im letzten Kapitel unter der Bezeichnung des Hohnes und des herausfordernden Trotzes erörtert wurden. Abscheu ist eine ihrer Natur nach im ganzen verschiedenere Empfindung und bezieht sich auf etwas Widerstehendes, ursprünglich in bezug auf den Geschmacksinn, wie es entweder faktisch wahrgenommen oder lebhaft eingebildet wird, und zweitens auf irgend etwas, was eine ähnliche Empfindung verursacht und zwar durch den Sinn des Geschmacks oder Gefühls oder selbst des Gesichts. Nichtsdestoweniger ist äußerste Verachtung oder wie sie zuweilen genannt wird, widrige Verachtung kaum von Abscheu verschieden. Diese verschiedenen Zustände der Seele sind daher nahe miteinander verwandt und jeder von ihnen kann auf viele verschiedene Weisen dargestellt werden. Einige Schriftsteller haben hauptsächlich die eine Ausdrucksweise hervorgehoben, andere wieder eine davon verschiedene. Aus diesen Umständen hat Mr. Lemoine gefolgert[1], daß ihre Beschreibungen nicht zuverlässig sind. Wir werden aber sofort sehen, daß es sehr natürlich ist, daß die Empfindungen, welche wir hier zu betrachten haben, auf viele verschiedenartige Weisen ausgedrückt werden, insofern verschiedene gewohnheitsmäßige Handlungen gleichmäßig gut, durch das Prinzip der Assoziation nämlich, zum Ausdruck derselben dienen.

Spott und Geringschätzung können ebenso wie Hohn und herausfordernder Trotz durch ein unbedeutendes Entblößen des Eckzahns auf einer Seite des Gesichts dargestellt werden, und diese Bewegung scheint allmählich in eine andere überzugehen, die einem Lächeln außerordentlich ähnlich ist. Oder das Lächeln oder das Lachen kann ein wirkliches sein, wenn auch ein höhnisches, und dies setzt voraus, daß der Beleidiger so bedeutungslos ist, daß er nur Erheiterung erregt; die Erheiterung ist aber meist nur ein Vorwand. Gaika bemerkt in seinen Antworten auf meine Fragen, daß von seinen Landsleuten, den Kaffern, Verachtung gewöhnlich durch ein Lächeln gezeigt wird; und der Rajah Brooke machte dieselbe Beobachtung in bezug auf die Dyaks von Borneo. Da das Lachen ursprünglich der Ausdruck einfacher Freude ist, so lachen, wie ich glaube, kleine Kinder niemals aus Hohn.

Das teilweise Schließen der Augenlider, wie Duchenne hervorhebt[2], oder das Wegwenden der Augen oder auch des ganzen Körpers sind gleichfalls äußerst ausdrucksvoll für Geringschätzung. Diese Handlungen scheinen erklären zu sollen, daß die verachtete Person nicht wert ist, angesehen zu werden oder unangenehm anzusehen ist. Die beistehende Photographie (siehe Bild 1 auf der nachfolgenden Seite) von Mr. Rejlander zeigt diese Form der Geringschätzung. Sie stellt eine junge Dame dar, von der man sich vorstellen kann, daß sie die Photographie eines verachteten Liebhabers zerreißt.

---

[1] De la Physiomonie et de la Parole, 1865, p.89.
[2] Physiomonie Humaine, Album, Legende VIII, p.35. Gratiolet spricht auch (De la Physiomonie, 1865, p.52) von dem Wegwenden der Augen und des Kopfes.

Elftes Kapitel

1

2.

3

Geringschätzung – Verachtung – Abscheu – Schuld – Stolz usw. – Hilflosigkeit – Geduld – Bejahung und Verneinung

Die gewöhnlichste Methode, Verachtung auszudrücken, ist die durch gewisse Bewegungen um die Nase und um den Mund. Aber die letzteren Bewegungen zeigen, wenn sie scharf ausgesprochen sind, Abscheu an. Die Nase kann leicht in die Höhe gewendet sein, was allem Anschein nach Folge des Aufwerfens der Oberlippe ist, oder die Bewegung kann in ein bloßes Falten der Nase abgekürzt sein. Die Nase ist häufig unbedeutend zusammengezogen, so daß der Gang zum Teil geschlossen wird[3], und dies ist häufig von einem unbedeutenden Schnaufen oder einer Exspiration begleitet. Alle diese Tätigkeiten sind dieselben mit denen, welche wir anwenden, wenn wir einen widrigen Geruch wahrnehmen, welchen wir von uns abzuhalten oder auszutreiben suchen. In äußersten Fällen strecken wir, wie Dr. Piderit bemerkt[4], beide Lippen vor und erheben sie oder auch nur die Oberlippe allein, gewissermaßen um die Nasenlöcher wie mit einer Klappe zu schließen, wobei natürlich die Nase nach oben gewendet wird. Wir scheinen hierdurch der verachteten Person sagen zu wollen, daß sie widerwärtig riecht[5], in nahezu derselben Art und Weise, wie wir ihr durch unsere halbgeschlossenen Augenlider oder durch das Wegwenden unseres Gesichts ausdrücken, daß sie nicht wert ist, angesehen zu werden. Man darf indessen nicht etwa annehmen, daß derartige Ideen wirklich durch die Seele ziehen, wenn wir unsere Verachtung ausdrücken. Da wir aber, sooft wir nur einen unangenehmen Geruch oder einen unangenehmen Anblick wahrgenommen haben, Bewegungen dieser Art ausgeführt haben, so sind sie gewohnheitsmäßig oder fixiert worden und werden nun unter jedem analogen Seelenzustand angewandt.

Verschiedene merkwürdige kleine Gebärden deuten gleicherweise Verachtung an, z. B. mit den Fingern, „ein Schnippchen schlagen". Dies ist, wie Mr. Tylor bemerkt[6], „nicht leicht zu verstehen, sowie wir es allgemein sehen. Wenn wir aber bemerken, daß dieselben Zeichen, wenn sie vollständig ruhig gemacht werden, als wenn wir irgendeinen kleinen Gegenstand zwischen dem Zeigefinger und Daumen wegrollen, oder wenn wir einen solchen mit dem Daumennagel und Zeigefinger wegschnippen, gewöhnliche und ganz gut verstandene Gebärden der Taubstummen sind, welche irgend etwas Geringes, Unbedeutendes, Verächtliches bezeichnen, so scheint es, als wenn wir hier eine vollkommen natürliche Handlungsweise übertrieben und konventionell in einer Weise mit einer Bedeutung versehen hätten, daß ihre ursprüngliche Meinung ganz verloren gegangen ist. Eine merkwürdige Erwähnung dieser Gebärde findet sich bei Strabo." Mr. Washington Matthews teilt mir mit, daß bei den Dakota-Indianern von Nord-Amerika Verachtung nicht bloß durch Bewegungen des Gesichts sowie die oben beschriebenen ausgedrückt wird, sondern auch „konventionell dadurch, daß die Hand geschlossen und in die Nähe der Brust gehalten wird, daß dann der Vorderarm plötzlich ausgestreckt, die Hand geöffnet und die Finger voneinander gespreizt werden. Wenn die Person, auf deren Kosten das Zeichen gemacht wird, anwesend ist, so wird die Hand nach ihr hin und der Kopf zuweilen von ihr weggewandt." Dieses plötzliche Ausstrecken und Öffnen der Hand deutet vielleicht das Fallenlassen oder Wegwerfen eines wertlosen Gegenstands an.

---

[3] Dr. W. Ogle weist in einem interessanten Aufsatz über den Geruchssinn (Medico-chirurgical Transactions, Vol. LIII, p.268) nach, dass wir, wenn wir etwas sorgfältig riechen wollen, statt eine tiefe Inspiration durch die Nase zu machen, die Luft durch eine Reihe kurzer, schneller, schnüffelnder Bewegungen einziehen. Wenn „die Nasenlöcher während dieses Prozesses beobachtet werden, so wird man sehen, daß sie sich, weit davon entfernt erweitert zu werden, bei jedem Schnüffeln faktisch zusammenziehen. Die Zusammenziehung umfaßt nicht die ganze vordere Öffnung, sondern nur den hinteren Teil." Er erklärt dann die Ursache dieser Bewegung. Wenn wir auf der anderen Seite irgendeinen Geruch auszuschließen wünschen, so betrifft, wie ich vermute, die Zusammenziehung nur den vorderen Teil der Nasenlöcher.
[4] „Mimik und Physiognomik", 1867, S.84, 93. Gratiolet (a.a.O., p.155) hat nahezu dieselbe Ansicht wie Dr. Piderit in Betreff des Ausdrucks der Verachtung und des Abscheus.
[5] Spott setzt eine starke Form von Verachtung voraus; und eine der Wurzeln des englischen Wortes „scorn" bedeutet nach Mr. Wedgwood (Dictionary of English Etymology, Vol. III, p.125) Kot oder Schmutz. Eine Person, welche verspottet wird, wird wie Schmutz behandelt.
[6] Early History of Mankind. 2. edit., 1870, p.45.

Elftes Kapitel

Der Ausdruck „Abscheu oder Widerwille" in seiner einfachsten Bedeutung bezeichnet etwas dem Geschmack Widerwärtiges. Es ist merkwürdig, wie leicht diese Empfindung durch irgend etwas in der äußeren Erscheinung, im Geruch oder der Natur unserer Nahrung Ungewöhnliches erregt wird. In Feuerland berührte ein Eingeborener etwas kaltes präserviertes Fleisch, welches ich in unserem Biwak aß, mit seinen Fingern und zeigte deutlich den äußersten Abscheu über dessen Weichheit, während ich auf der anderen Seite den äußersten Abscheu davor empfand, daß meine Speise von einem nackten Wilden berührt worden sei, wenn schon seine Hände nicht schmutzig zu sein schienen. Etwas Suppe in den Bart eines Menschen geschmiert, erscheint widerlich, obwohl daß natürlich nichts Widerliches in der Suppe selbst ist. Ich vermute, daß dies aus der sehr starken Assoziation in unserer Seele zwischen dem Anblick der Nahrung, wie sie auch sonst beschaffen sein mag, und der Idee des Essens derselben folgt.

Da die Empfindung des Abscheus ursprünglich in Verbindung mit dem Akt des Essens oder Schmeckens entsteht, so ist es natürlich, daß die Ausdrucksformen für denselben hauptsächlich in Bewegungen rund um den Mund bestehen. Da aber Abscheu gleichzeitig auch Ärger verursacht, so wird er gewöhnlich von einem Stirnrunzeln begleitet und häufig auch durch Gebärden, als wollte man den widerwärtigen Gegenstand fortstoßen oder sich gegen denselben verwahren. In den beiden Photographien (Bilder 2 und 3, S.1308) hat Mr. Rejlander diesen Ausdruck mit ziemlichem Erfolg dargestellt. Was das Gesicht betrifft, so wird mäßiger Abscheu auf verschiedenem Wege dargestellt; dadurch, daß der Mund weit geöffnet wird als wollte man einen widrigen Bissen herausfallen lassen, durch Spucken, durch Blasen, aus den vorgestreckten Lippen heraus, oder durch einen Laut als reinigte man sich die Kehle; derartige Gutturale werden geschrieben: „ach" oder „uch" und ihre Äußerung wird zuweilen von einem Schauder begleitet, wobei die Arme dicht an die Seiten gepreßt und die Schultern in derselben Weise erhoben werden, als wenn Entsetzen gefühlt würde.[7] Äußerster Abscheu wird durch Bewegungen rings um den Mund ausgedrückt, welche mit denen identisch sind, die für den Akt des Erbrechens vorbereitend sind. Der Mund wird weit geöffnet, die Oberlippe stark zurückgezogen, welches die Seiten der Nase in starke Falten bringt, und die Unterlippe vorgestreckt und so viel wie möglich umgewendet. Diese letztere Bewegung erfordert die Zusammenziehung der Muskeln, welche die Mundwinkel herunterziehen.[8]

Es ist merkwürdig, wie leicht und augenblicklich entweder bloßes Würgen oder wirkliches Erbrechen bei manchen Personen durch die bloße Idee herbeigeführt wird, an irgendeiner ungewöhnlichen Nahrung teilgenommen zu haben, wie an einem Tier, welches gewöhnlich nicht gegessen wird, obwohl nichts in einer derartigen Speise vorhanden ist, was den Magen veranlassen könnte, sie wieder auszuwerfen. Erfolgt Erbrechen als eine Reflextätigkeit aus irgendeiner wirklichen Ursache – so infolge zu reichlicher Nahrung oder verdorbenen Fleisches oder infolge eines Brechmittels – so erfolgt es nicht augenblicklich, sondern gewöhnlich nach einem beträchtlichen Zeitraum. Um daher das Würgen oder Erbrechen, welches so schnell und leicht durch eine bloße Idee erregt wird, erklären zu können, entsteht die Vermutung, daß unsere Urerzeuger früher die Fähigkeit gehabt haben müssen (ähnlich wie die, welche die Wiederkäuer und einige andere Tiere besitzen) willkürlich Nahrung, welche ihnen nicht zusteht, oder von welcher sie glauben, daß sie ihnen nicht bekommt, auswerfen zu können. Und wenn nun auch diese Fähigkeit verloren gegangen ist, so weit der Wille dabei in Betracht kommt, so wird sie doch zu unwillkürlicher Tätigkeit gerufen und zwar durch die Kraft einer früher wohlbefestigten Gewohnheit, sobald der Geist vor der Idee zurückschreckte, irgendeine gewisse Art von Nahrung oder irgend etwas Widerwärtiges

---

[7] S. hierüber Mr. Hensleigh Wedgwoods Einleitung zum „Dictionary of English Etymology", 2. edit., 1872, p.XXXVII.
[8] Duchenne glaubt, daß beim Umstülpen der Unterlippe die Winkel von den *depressores anguli oris* herabgezogen werden. Henle (Handbuch d. system. Anatomie des Menschen. Bd. 1, 1858, S.151) kommt zu dem Schluß, daß dies durch den *musculus quadratus menti* bewirkt wird.

Geringschätzung – Verachtung – Abscheu – Schuld – Stolz usw. – Hilflosigkeit – Geduld – Bejahung und Verneinung

überhaupt genossen zu haben. Diese Vermutung erhält durch die Tatsache, welche mir Mr. Sutton versichert hat, Unterstützung, daß sich die Affen im zoologischen Garten häufig erbrechen, während sie doch in vollständiger Gesundheit sich finden, was genauso aussieht, als wäre der Akt völlig willkürlich. Wir können indessen wohl verstehen, daß ein Mensch imstande ist, durch die Sprache seinen Kindern und anderen eine Kenntnis der Speisearten mitzuteilen, welche vermieden werden sollen, und daß er infolgedessen nur wenig Veranlassung gehabt haben wird, die Fähigkeit des willkürlichen Auswerfens anzuwenden, hierdurch wird dann diese Fähigkeit leicht infolge von Nichtgebrauch verlorengegangen sein.

Da der Geruchsinn so innig mit dem des Geschmacks in Verbindung steht, so ist es nicht überraschend, daß ein äußerst schlechter Geruch bei manchen Personen Würgen oder Erbrechen ebensoleicht erregen kann, wie der Gedanke an eine widerwärtige Speise es tut, und daß als eine weitere Folge davon ein mäßiger widerwärtiger Geruch die verschiedenen, für den Abscheu ausdrucksvollen Bewegungen verursachen kann. Die Neigung infolge eines fauligen Geruchs zu würgen wird in einer merkwürdigen Weise unmittelbar durch einen gewissen Grad von Gewohnheit verstärkt, dagegen sehr bald durch ein längeres Bekanntsein mit der Ursache des Widerwärtigen und durch willkürliches Bekämpfen verloren. So wollte ich z.B. das Skelett eines Vogels reinigen, welches nicht hinreichend mazeriert war; der Geruch davon brachte meinem Diener und mir selbst (wir hatten beide nicht viel Erfahrung in derartigen Arbeiten) so heftige Würganfälle bei, daß wir gezwungen waren, es aufzugeben. Während der vorausgehenden Tage hatte ich einige andere Skelette untersucht, welche unbedeutend rochen und doch affizierte mich der Geruch nicht im allergeringsten. Dagegen brachten mich diese selben Skelette später für mehrere Tage, sobald ich dieselben in die Hände nahm, zum Würgen.

Aus den Antworten, welche ich von meinen Korrespondenten erhalten habe, geht hervor, daß die verschiedenen Bewegungen, welche jetzt als Verachtung und Abscheu ausdrückend beschrieben worden sind, durch einen großen Teil der Welt hindurch herrschen. So antwortet mir z.B. Dr. Rothrock mit einer entschiedenen Bejahung in bezug auf gewisse wilde Indianerstämme von Nord-Amerika. Crantz sagt, daß, wenn ein Grönländer irgend etwas mit Verachtung oder Entsetzen verneint, er seine Nase aufwirft und einen leisen Laut durch sie ausstößt.[9] Mr. Scott hat mir eine graphische Beschreibung des Gesichts eines jungen Hindus beim Anblick von Rizinusöl geschickt, welches derselbe gelegentlich zu nehmen gezwungen war. Auch hat Mr. Scott denselben Ausdruck auf dem Gesicht Eingeborener höherer Kasten gesehen, welche sich gewissen verunreinigenden Gegenständen zu sehr genähert hatten. Mr. Bridges sagt, daß „die Feuerländer Verachtung durch Vorstrecken ihrer Lippen und Zischen durch dieselben und durch Aufwerfen der Nase ausdrücken". Die Neigung, entweder durch die Nase zu schnüffeln oder einen Laut, der sich durch „uch" oder „ach" ausdrücken läßt, auszustoßen, wird von mehreren meiner Korrespondenten bemerkt.

Ausspucken scheint beinahe ein ganz allgemeiner Ausdruck der Verachtung oder des Abscheus zu sein und offenbar stellt das Spucken das Ausstoßen von irgend etwas Widerwärtigem aus dem Mund dar. Shakespeare läßt den Herzog von Norfolk sagen: „Ich spei' ihn an, Nenn ihn verläumderische Memm' und Schurke." (Richard II, Akt I, Szene I); so ferner Falstaff: „Ich will dir was sagen, Heinz, – wenn ich dir eine Lüge sage, so spei' mir ins Gesicht." (Heinrich IV, 1 Teil, Akt II, Szene 4). Leichhardt bemerkt, daß die Australier „ihre Rede durch Spucken oder durch Ausstoßen eines Geräusches wie ‚puh, puh!' unterbrechen, allem Anschein nach als Ausdruck ihres Abscheus". Captain Burton spricht von gewissen Negern als vor „Abscheu auf die Erde spuckend"[10]. Captain Speedy teilt mir mit, daß dies auch bei den Abyssiniern der Brauch ist. Mr. Geach sagt, daß bei den Malayen von Malakka der Ausdruck des Abscheus

---

[9] Zitiert von Tylor: Primitive Culture. Vol. I, 1871, p.169.
[10] Diese beiden Zitate werden von Mr. H. Wedgwood: On the Origin of Language, 1866, p.75, mitgeteilt.

„dem Spucken aus dem Mund entspricht", und bei den Feuerländern ist nach der Angabe von Mr. Bridges „das Anspucken jemandes das höchste Zeichen der Verachtung".

Ich habe niemals Abscheu deutlicher ausgedrückt gesehen, als auf dem Gesicht eines meiner Kinder im Alter von fünf Monaten, als es zum ersten Mal etwas kaltes Wasser, und dann noch einmal einen Monat später, als es ein Stück einer reifen Kirsche in den Mund gesteckt bekam. Es zeigte sich dies dadurch, daß die Lippen und der ganze Mund eine Form annahmen, welche dem Inhalt gestattete, schnell herauszulaufen oder zu fallen. Gleichzeitig wurde die Zunge vorgestreckt. Diese Bewegungen waren von einem geringen Schauder begleitet. Es war um so komischer, als ich zweifle, ob das Kind wirklich Abscheu oder Widerwillen fühlte. Die Augen und die Stirn drückten großes Erstaunen und Erwägung aus. Das Vorstrecken der Zunge, um einen widrigen Gegenstand aus dem Mund fallen zu lassen, dürfte es erklären, woher es kommt, daß das Herausstrecken der Zunge allgemein als ein Zeichen der Verachtung oder des Hasses dient.[11]

Wir haben nun gesehen, daß Spott, Geringschätzung, Verachtung und Abscheu auf viele verschiedenartige Weisen ausgedrückt werden, durch Bewegung des Gesichts und durch verschiedene Gebärden, und daß dies dieselben über die ganze Erde sind. Sie bestehen alle aus Handlungen, welche das Zurückweisen oder Ausstoßen irgendeines wirklichen Gegenstandes ausdrücken, den wir nicht gern haben oder verabscheuen, welcher aber noch keine anderen starken Gemütserregungen einer gewissen Art, wie Wut oder Schrecken, in uns erregt; durch die Gewalt der Gewohnheit und der Assoziation werden dann ähnliche Handlungen ausgeführt, sooft irgendwelche analoge Empfindungen in unserer Seele entstehen.

Eifersucht, Neid, Geiz, Rache, Verdacht, List, Schlauheit, Schuld, Eitelkeit, Eingebildetsein, Ehrgeiz, Stolz, Demut usw.: – Es ist zweifelhaft, ob die größere Zahl der eben erwähnten komplizierten Seelenzustände durch irgendeinen feststehenden Ausdruck, der hinreichend deutlich wäre, um beschrieben oder gezeichnet zu werden, verraten wird. Wenn Shakspeare von dem Neid als „hohläugig" oder „schwarz" oder „blaß" und von der Eifersucht als dem „grünäugigen Ungeheuer" spricht, und wenn Spenser den Verdacht als „faul, mißgünstig und grimmig" beschreibt, so müssen sie diese Schwierigkeit empfunden haben. Nichtsdestoweniger können die erwähnten Empfindungen – wenigstens viele von ihnen – durch das Auge entdeckt werden, z.B. das Eingebildetsein. Wir werden aber häufig in einem höheren Grade, als wir vermuten, durch unsere vorausgehende Kenntnis der Personen oder der Umstände geleitet.

Meine Frage, ob der Ausdruck der Schuld oder der List unter den verschiedenen Menschenrassen wiedererkannt werden kann, beantworten meine Korrespondenten beinahe einstimmig bejahend; ich verlasse mich auch auf ihre Antworten, da sie allgemein verneinen, daß die Eifersucht in dieser Weise erkannt werden kann. In den Fällen, wo Einzelheiten mitgeteilt werden, wird beinahe immer auf die Augen Bezug genommen. Von einem schuldigen Menschen wird gesagt, daß er es vermeide, seinen Ankläger anzusehen, oder daß er ihm nur verstohlene Blicke zuwerfe. Von den Angen wird gesagt, daß sie „schräg hinschielen" oder daß sie „von einer Seite zur anderen schwanken", oder daß die Augenlider gesenkt und teilweise „geschlossen" sind. Letztere Bemerkung hat Mr. Hagenauer in bezug auf die Australier und Gaika in bezug auf die Kaffern gemacht. Die ruhelosen Bewegungen der Augen sind allem Anschein nach, (wie dann noch erklärt werden wird, wenn wir von dem Erröten sprechen werden), eine Folge davon, daß der Schuldige es nicht aushält, den Blick seines Anklägers zu ertragen. Ich will noch hinzufügen, daß ich bei einigen meiner eigenen Kinder in einem sehr frühen Alter einen Ausdruck der Schuld beobachtet habe ohne einen Schatten von Furcht. In einem Beispiel war der Ausdruck bei einem zwei Jahre und sieben Monate alten Kind unverkennbar deutlich und

---

[11] Mr. Tylor (Early History of Mankind. 2. edit., 1870, p.52) gibt an, daß dies der Fall ist; er fügt hinzu: „Es ist nicht recht klar, warum dies so sein muß."

führte zur Entdeckung seiner kleinen Missetat. Er wurde, wie ich in meinen zu der Zeit niedergeschriebenen Bemerkungen notiert habe, durch ein unnatürliches Glänzen der Augen und durch eine merkwürdige, affektierte, unmöglich zu beschreibende Art und Weise dargestellt.

Auch die Schlauheit wird, wie ich glaube, hauptsächlich durch Bewegungen um die Augen dargestellt. Denn diese sind weniger unter der Kontrolle des Willens infolge der Gewalt lang andauernder Gewohnheit als die Bewegungen des Körpers. Mr. Herbert Spencer bemerkt[12], „wenn ein lebhaftes Verlangen vorhanden ist, etwas auf der einen Seite des Gesichtsfeldes zu sehen, ohne die Vermutung aufkommen zu lassen, daß man es sieht, so tritt die Neigung ein, die auffallende Bewegung des Kopfes zu verhindern und die notwendige Richtung ausschließlich den Augen zu überlassen, welche daher sehr stark nach der einen Seite hingewendet werden. Wenn folglich die Augen nach einer Seite gewendet werden, während das Gesicht nicht nach derselben Seite gedreht wird, so erhalten wir die natürliche Sprache dessen, was man Schlauheit nennt."

Von allen den obengenannten komplizierten Seelenbewegungen ist vielleicht der Stolz die am deutlichsten ausgedrückte. Ein stolzer Mensch drückt sein Gefühl der Überlegenheit über andere dadurch aus, daß er seinen Kopf und Körper aufrecht hält. Er ist erhaben („*haut*" oder hoch) und macht sich selbst so groß wie möglich aussehend, so daß man metaphorisch von ihm sagt, er sei vor Stolz geschwollen oder ausgestopft. Man sagt zuweilen, daß ein Pfauhahn oder ein Truthahn, der mit aufgerichteten Federn umherstolziert, ein Sinnbild des Stolzes sei.[13] Ein arroganter Mensch blickt auf andere herunter und läßt sich kaum dazu herab, sie mit gesenkten Augenlidern anzusehen, oder er kann auch seine Verachtung durch unbedeutende Bewegungen ausdrücken wie die vorhin beschriebenen um die Nasenlöcher oder die Lippen herum. Der Muskel, welcher die untere Lippe umwendet, ist daher der *Musculus superbus* genannt worden. In einigen Photographien von Patienten, die an der Monomanie des Stolzes litten und die mir Dr. Crichton Browne geschickt hat, wurde der Kopf und der Körper aufrecht getragen und der Mund fest geschlossen. Diese letztere Tätigkeit, die für die Entschiedenheit ausdrucksvoll ist, ist, wie ich vermute, eine Folge davon, daß der stolze Mensch vollständiges Selbstvertrauen in sich fühlt. Der ganze Ausdruck des Stolzes steht in direktem Gegensatz zu dem der Demut, so daß hier von dem letzteren Seelenzustand nichts weiter gesagt zu werden braucht.

Hilflosigkeit, Unfähigkeit, Zucken mit den Schultern: – Wenn jemand auszudrücken wünscht, daß er etwas nicht tun, oder nicht verhindern kann, daß etwas geschehe, so erhebt er oft mit einer schnellen Bewegung beide Schultern. Wenn die ganze Gebärde vollkommen ausgeführt wird, so biegt er zu derselben Zeit seine Ellenbogen dicht nach innen, erhebt seine offenen Hände und dreht dieselben nach auswärts mit auseinander gespreizten Fingern. Häufig wird der Kopf etwas nach einer Seite gewendet, die Augenbrauen werden erhoben, was dann wieder Falten quer über die Stirn verursacht. Allgemein wird dabei der Mund geöffnet. Ich will hierbei noch erwähnen, um zu zeigen, wie unbewußt die Gesichtszüge hier beeinflußt werden, daß, obschon ich häufig absichtlich mit meinen Schultern gezuckt hatte, um zu beobachten, wie sich meine Arme stellen würden, ich doch durchaus mir dessen nicht bewußt wurde, daß meine Augenbrauen gehoben und mein Mund geöffnet wurde, bis ich mich selbst im Spiegel betrachtete; und seit der Zeit habe ich dann dieselben Bewegungen auch auf den Gesichtern anderer Leute bemerkt. Auf den den Bildern 3 und 4 (vgl. nachfolgende Seite) hat Mr. Rejlander mit viel Erfolg die Gebärde des Zuckens mit den Schultern dargestellt.

---

[12] Principles of Psychology. 2. edit., 1872, p.552.
[13] Gratiolet (De la Physionomie, p.351) macht diese Bemerkungen und teilt auch einige gute Bemerkungen über den Ausdruck des Stolzes mit. S. auch Sir Ch. Bell, (Anatomy of Expression, p.111) über die Tätigkeit des *musculus superbus*.

Elftes Kapitel

Geringschätzung – Verachtung – Abscheu – Schuld – Stolz usw. – Hilflosigkeit – Geduld – Bejahung und Verneinung

Engländer sind im ganzen viel weniger demonstrativ als die Menschen der meisten anderen europäischen Nationen es sind, und sie zucken mit ihren Schultern viel weniger häufig und energisch als es Franzosen und Italiener tun. Die Gebärde äußert sich in allen möglichen Graden von der komplizierten, eben beschriebenen Bewegung bis zu einem momentanen und kaum bemerkbaren Erheben beider Schultern, oder wie ich es bei einer in einem Lehnstuhl sitzenden Dame beobachtet habe, bis zu dem bloßen unbedeutenden Seitwärtswenden der offenen Hände mit ausgespreizten Fingern. Ich habe niemals gesehen, daß ganz kleine englische Kinder ihre Schultern gezuckt hätten. Doch wurde der folgende Fall sorgfältig von einem ärztlichen Lehrer und ausgezeichneten Beobachter beobachtet und mir von ihm mitgeteilt. Der Vater des in Rede stehenden Herrn war ein Pariser und seine Mutter eine Schottin. Seine Frau ist nach beiden Seiten von britischer Abkunft und mein Berichterstatter glaubt nicht, daß sie jemals in ihrem Leben mit den Schultern gezuckt hätte. Seine Kinder sind in England erzogen worden, und die Wärterin ist eine Vollblutengländerin, welche man niemals die Schultern hat zucken sehen. Nun wurde beobachtet, daß seine älteste Tochter im Alter zwischen sechzehn und achtzehn Monaten mit ihren Schultern zuckte, wobei zu der Zeit ihre Mutter ausrief: „Seht das kleine französische Mädchen, wie sie mit den Schultern zuckt!" Anfangs tat sie dies häufig, zuweilen dabei ihren Kopf ein wenig nach hinten und auf eine Seite werfend. Soweit aber beobachtet wurde, bewegte sie ihre Ellenbogen und Hände nicht in der gewöhnlichen Weise. Die Gewohnheit verlor sich allmählich wieder und jetzt, wo sie etwas über vier Jahre alt ist, sieht man nie, daß sie sie äußerte. Vom Vater sagt man, daß er zuweilen seine Schultern zuckte, besonders wenn er mit irgend jemand disputierte. Es ist aber äußerst unwahrscheinlich, daß seine Tochter ihn in einem so frühen Alter nachgeahmt hätte, denn wie mein Berichterstatter bemerkt, kann sie unmöglich häufig diese Gebärde bei ihm gesehen haben. Wenn übrigens die Gewohnheit durch Nachahmung erlangt worden wäre, so ist es nicht wahrscheinlich, daß sie sobald schon wieder freiwillig von diesem Kind und, wie wir sofort sehen werden, noch von einem zweiten Kind aufgegeben worden wäre, obwohl der Vater noch immer mit seiner Familie lebte. Es mag noch hinzugefügt werden, daß dieses kleine Mädchen ihrem Pariser Großvater im Gesicht in einem beinahe lächerlichen Grade ähnlich ist. Sie bietet noch eine andere und sehr merkwürdige Ähnlichkeit mit diesem dar, nämlich daß sie eine eigentümliche kleine Angewohnheit hat. Wenn sie ungeduldig irgend etwas zu haben wünscht, so streckt sie ihre kleine Hand aus und reibt geschwind den Daumen gegen den Zeige- und Mittelfinger, und diesen selben kleinen Zug bot unter denselben Umständen ihr Großvater sehr häufig dar.

Die zweite Tochter desselben Herrn zuckte auch ihre Schultern vor dem Alter von achtzehn Monaten und gab später die Gewohnheit wieder auf. Es ist natürlich möglich, daß sie ihrer älteren Schwester nachgeahmt haben kann, aber sie fuhr noch mit dieser Bewegung fort, nachdem ihre Schwester die Gewohnheit bereits verloren hatte. Anfangs war sie ihrem Pariser Großvater in einem minderen Grade ähnlich als ihre Schwester in demselben Alter es war. Jetzt ist sie es aber in einem noch größeren Grade. Auch sie übt noch bis heute die eigentümliche Gewohnheit aus, wenn sie ungeduldig etwas verlangt, ihren Daumen und ihre zwei Vorderfinger aufeinanderzureiben.

In diesem letzteren Falle liegt ein gutes Beispiel vor für die in einem früheren Kapitel gegebene Tatsache von der Vererbung eines Zuges oder einer Gebärde. Denn ich vermute doch, daß niemand eine so eigentümliche Gewohnheit wie diese, welche dem Großvater und zweien seiner Enkelkindern gemeinsam war, die ihn nie gesehen hatten, einem bloß zufälligen Zusammentreffen zuschreiben wird.

Betrachtet man alle diese Verhältnisse in bezug auf den Umstand, daß diese Kinder ihre Schultern zuckten, so läßt sich kaum bezweifeln, daß sie diese Gewohnheit von ihren französischen Vorfahren geerbt hatten, obwohl sie nur ein Viertel französischen Blutes in ihren Adern hatten und obwohl ihr Großvater nicht häufig mit seinen Schultern zuckte. Darin, daß diese Kinder

Elftes Kapitel

durch Vererbung eine Gewohnheit in früher Kindheit erlangt und dann wieder aufgegeben haben, liegt nichts sehr Ungewöhnliches, wenn auch die Tatsache interessant ist. Denn es ist bei vielen Arten von Tieren eine häufig vorkommende Tatsache, daß gewisse Charaktere eine gewisse Zeitlang von den Jungen beibehalten, dann aber verloren werden.

Da es mir eine Zeitlang in hohem Grade unwahrscheinlich erschien, daß eine so komplizierte Gebärde wie das Zucken mit den Schultern in Verbindung mit den dasselbe begleitenden Bewegungen angeboren sein sollte, so war ich begierig, zu ermitteln, ob die blinde und taube Laura Bridgman, welche die Angewohnheit nicht durch Nachahmung erlernt haben kann, sie ausübte. Und ich habe nun durch Dr. Innes von einer Dame, welche noch kürzlich das Kind unter ihrer Pflege hatte, gehört, daß sie mit ihren Schultern zuckt, ihre Ellenbogen nach innen dreht und ihre Augenbrauen in derselben Weise wie andere Leute und unter ähnlichen Umständen erhebt. Ich war auch begierig, zu erfahren, ob diese Gebärde von den verschiedenen Menschenrassen ausgeführt würde, besonders von denen, welche niemals irgendwelchen bedeutenden Verkehr mit Europäern gehabt hatten, und wir werden sehen, daß sie diese Bewegung ausführen. Es scheint aber, daß die Gebärde zuweilen bloß auf das Erheben oder Zucken der Schultern beschränkt ist, ohne daß die anderen Bewegungen gleichzeitig mit ausgeführt würden.

Mr. Scott hat diese Gebärde häufig bei den Bengalesen und Dhangars (die letzteren bilden eine besondere Rasse) gesehen, welche im botanischen Garten in Kalkutta beschäftigt werden; so wenn sie z. B. erklärten, daß sie irgendeine Arbeit, wie das Erheben einer schweren Last nicht tun könnten. Er befahl einem Bengalesen, auf einen hohen Baum zu klettern. Der Mann sagte aber mit einem Zucken seiner Schultern und einem Seitwärtsschütteln seines Kopfes, er könne es nicht. Mr. Scott wußte, daß der Mann faul war, glaubte, er könne es doch und bestand darauf, daß er es versuche. Sein Gesicht wurde nun bleich, seine Arme hingen schlaff an den Seiten herunter, sein Mund und seine Augen wurden weit geöffnet, und nun blickte er, den Baum nochmals abmessend, scheu von der Seite auf Mr. Scott hin, zuckte mit den Schultern, wendete seine Ellenbogen nach innen, streckte seine offenen Hände aus und erklärte mit einigen schnellen seitlichen Schwenkungen seines Kopfes, er wäre dazu nicht imstande. Mr. H. Erskine hat gleichfalls die Eingeborenen von Indien mit ihren Schultern zucken sehen; er hat aber nie gesehen, daß sie die Ellenbogen so weit nach innen drehten wie wir es tun; und während sie mit ihren Schultern zuckten, legten sie zuweilen ihre Hände kreuzweise über die Brust.

Bei den wilden Malayen des Innern von Malakka und bei den Bugis (echte Malayen, obschon sie eine verschiedene Sprache sprechen) hat Mr. Geach häufig diese Gebärde gesehen. Ich vermute, daß sie vollständig ausgeführt wird, da Mr. Geach in Beantwortung auf meine Frage, in welcher die Bewegungen der Schultern, Arme, Hände und des Gesichts beschrieben werden, bemerkt, sie werden in einem wunderschönen Stil ausgeführt. Ich habe leider einen Auszug aus einer wissenschaftlichen Reise verloren, in welcher das Zucken der Schultern bei einigen Eingeborenen (Mikronesiern) des Karolinen-Archipels im stillen Ozean sehr gut beschrieben wurde. Captain Speedy teilt mir mit, daß die Abyssinier mit den Schultern zucken, geht aber auf keine Einzelheiten ein. Mrs. Asa Gray sah einen arabischen Dragoman in Alexandrien genau so sich bewegen, wie es in meiner Frage beschrieben war, als ein alter Herr, dem er aufwartete, nicht in der gehörigen Richtung gehen wollte, die ihm bezeichnet worden war.

Mr. Washington Matthews sagt in bezug auf die wilden Indianerstämme des westlichen Teils der Vereinigten Staaten: „Ich habe bei einigen wenigen Gelegenheiten gefunden, daß die Leute ein unbedeutendes entschuldigendes Zucken zeigten, aber das Übrige jener bezeichnenden Gebärde, welche Sie beschreiben, habe ich nicht gesehen." Fritz Müller teilt mir mit, daß er die Neger in Brasilien mit ihren Schultern habe zucken sehen. Es ist indessen natürlich hier möglich, daß sie dies durch Nachahmung der Portugiesen gelernt haben. Mrs. Barber hat diese Gebärde niemals bei den Kaffern von Süd-Afrika gesehen, und Gaika hat, nach seiner Antwort zu urteilen, nicht einmal verstanden, was mit meiner Beschreibung gemeint war. Mr. Swinhoe ist gleich-

Geringschätzung – Verachtung – Abscheu – Schuld – Stolz usw. – Hilflosigkeit – Geduld – Bejahung und Verneinung

falls zweifelhaft in bezug auf die Chinesen. Er hat aber gesehen, daß sie unter Umständen, welche uns veranlassen würden, mit den Schultern zu zucken, ihren rechten Ellenbogen an die Seite drückten, ihre Augenbrauen erhoben, ihre Hand mit der Fläche nach der angeredeten Person hinstreckten und sie von rechts nach links schüttelten. Was endlich die Australier betrifft, so beantworten vier meiner Korrespondenten die Frage einfach verneinend und einer einfach bejahend. Mr. Bunnett, welcher ausgezeichnete Gelegenheit zur Beobachtung an den Grenzen der Kolonie Viktoria gehabt hat, antwortet auch mit einem „Ja" und fügt hinzu, daß die Gebärde „in einer bescheideneren und weniger demonstrativen Art ausgeführt wird, als es bei zivilisierten Nationen der Fall ist." Dieser Umstand dürfte es erklären, daß sie von vier meiner Korrespondenten nicht bemerkt worden ist.

Diese Angaben, welche sich auf die Europäer, Hindus, die Bergstämme von Indien, die Malayen, Mikronesier, Abyssinier, Araber, Indianer von Nord-Amerika und offenbar auch auf Australier beziehen – und viele dieser Eingeborenen haben kaum irgendwelchen Verkehr mit Europäern gehabt – sind wohl genügend zu beweisen, daß das Zucken mit den Schultern, in manchen Fällen von den übrigen eigentümlichen Bewegungen begleitet, eine der Menschheit natürliche Gebärde ist.

Diese Gebärde setzt eine unabsichtliche oder unvermeidliche Handlung unsererseits voraus oder eine, welche wir nicht ausführen können, oder auch eine Handlung, die irgendeine andere Person ausführt, welche wir nicht verhindern können. Sie begleitet derartige Redensarten wie „es war nicht meine Schuld", „es ist mir unmöglich, diese Vergünstigung zu gewähren", „er muß seinen eigenen Gang gehen, ich kann ihn nicht aufhalten". Das Zucken mit den Schultern drückt gleichfalls Geduld oder die Abwesenheit irgendeiner Absicht zu widerstehen aus. Daher werden die Muskeln, welche die Schultern erheben, wie mir ein Künstler mitgeteilt hat, zuweilen die „Geduldmuskeln" genannt. Der Jude Shylok sagt:

> „Signor Antonio, viel und oftermals
> Habt Ihr auf dem Rialto mich geschmäht
> Um meine Gelder und um meine Zinsen;
> Stets trug ich's mit geduld'gem Achselzucken."
>
> Kaufmann von Venedig, Akt I, Szene 3.

Sir Ch. Bell hat eine lebensgetreue Abbildung eines Mannes gegeben[14], welcher vor irgendeiner fürchterlichen Gefahr zurückschreckt und im Begriff ist, in verlorener Angst aufzuschreien. Er ist dargestellt mit seinen Schultern beinahe bis zu den Ohren erhoben und dies deutet sofort an, daß kein Gedanke an Widerstand vorhanden ist.

Da das Zucken mit den Schultern allgemein den Sinn hat: „ich kann dies oder das nicht tun", so drückt es zuweilen durch eine unbedeutende Änderung aus: „ich will es nicht tun". Die Bewegung drückt dann einen festen Entschluß aus, nicht zu handeln. Olmsted beschreibt[15] einen Indianer in Texas, welcher stark mit seinen Schultern zuckte, als ihm mitgeteilt wurde, daß eine Partie Reisende Deutsche wären und nicht Amerikaner, womit er ausdrücken wollte, daß er nichts mit ihnen zu tun haben wollte. Bei mürrischen und halsstarrigen Kindern kann man sehen, wie sie ihre beiden Schultern hoch emporhoben. Diese Bewegung wird aber nicht von anderen begleitet, welche allgemein ein echtes Schulterzucken begleiten. Ein ausgezeichneter Beobachter[16] sagt, als er einen jungen Mann beschreibt, welcher entschlossen war, dem Wunsch seines Vaters nicht nachzugeben: „Er steckte seine Hände tief in die Tasche, zog die Schultern bis an die Ohren in die Höhe, welches ein deutliches Zeichen dafür war, daß, mag es recht oder unrecht

---

[14] Anatomy of Expression, p.166.
[15] Journey through Texas, p.352.
[16] Mrs. Oliphant: The Brownlows, p.206.

Elftes Kapitel

sein, dieser Fels sich von seiner festen Unterlage fortbewegen würde, sobald es Jack wollte, und daß irgendeine Vorstellung über die Sache vollständig vergebens sei. Sobald der Sohn seinen Willen erlangt hatte, brachte er seine Schultern in ihre natürliche Lage."

Resignation wird zuweilen dadurch gezeigt, daß die offenen Hände eine über der anderen auf den unteren Teil des Körpers gelegt werden. Ich würde diese kleine Gebärde nicht einmal einer vorübergehenden Notiz für wert gehalten haben, hätte nicht Dr. W. Ogle gegenüber mir bemerkt, daß er sie zwei- oder dreimal bei Patienten beobachtet habe, welche sich unter der Einwirkung des Chloroforms auf Operationen vorbereiteten. Sie zeigten keine große Furcht, schienen aber durch diese Stellung der Hände zu erklären, daß sie sich nun entschlossen hätten und sich in das Unvermeidliche ergeben würden.

Wir können nun untersuchen, warum Menschen in allen Teilen der Welt, wenn sie fühlen (mögen sie nun dieses Gefühl zu zeigen wünschen oder nicht), daß sie irgend etwas nicht tun können oder nicht tun wollen, oder daß sie, wenn etwas von einem anderen geschieht, nicht widerstehen wollen, mit ihren Schultern zucken, zu derselben Zeit häufig ihre Ellenbogen nach innen biegen, die offenen Flächen ihrer Hände mit ausgespreizten Fingern zeigen, häufig ihren Kopf ein wenig auf die eine Seite werfen, ihre Augenbrauen erheben und ihren Mund öffnen. Diese Seelenzustände sind entweder einfach passiv oder zeigen die Entschiedenheit, nicht zu handeln, an. Keine der erwähnten Bewegungen sind von dem geringsten Nutzen. Die Erklärung liegt, wie ich nicht zweifeln kann, in dem Prinzip des unbewußten Gegensatzes. Dieses Prinzip scheint hier so deutlich ins Spiel zu kommen wie in dem Falle mit dem Hund, welcher, wenn er sich böse fühlt, sich in die gehörige Stellung zum Angriff versetzt und sich seinem Gegner so fürchterlich erscheinend macht wie möglich, sobald er sich aber zuneigungsvoll gestimmt fühlt, seinen ganzen Körper in eine direkt entgegengesetzte Stellung wirft, obgleich das von keinem direkten Nutzen für ihn ist.

Man beachte, wie ein indignierter Mensch, welcher empfindlich ist und sich einem Unrecht nicht unterwerfen will, seinen Kopf aufrecht trägt, seine Schultern zurückwirft und seine Brust ausdehnt. Er ballt häufig seine Fäuste und bringt einen oder beide Arme in die Höhe zum Angriff oder zur Verteidigung, wobei die Muskeln seiner Gliedmaßen steif sind. Er runzelt die Stirn, d. h., er zieht seine Augenbrauen zusammen und senkt sie, und da er entschlossen ist, schließt er seinen Mund. Die Handlungen und die Stellungen eines hilflosen Menschen sind in jedem einzelnen dieser Punkte genau das Umgekehrte. Auf den Bildern 3 und 4 (vgl. S.1314) können wir uns vorstellen, daß eine der Figuren eben gesagt hat: „Was wollen Sie damit sagen, daß Sie mich beleidigen?", und eine der Figuren auf den Bildern 1 und 2 würde antworten: „Ich konnte wahrhaftig nicht anders!" Der hilflose Mensch zieht unbewußterweise die Muskeln seiner Stirn zusammen, welche Antagonisten derjenigen sind, welche das Stirnrunzeln bewirken und hierdurch hebt er seine Augenbrauen in die Höhe. Zu gleicher Zeit erschlafft er die Muskeln um den Mund, so daß der Unterkiefer herabhängt. Der Gegensatz ist in jeder Einzelheit vollständig nicht bloß in der Bewegung der Gesichtszüge, sondern auch in der Stellung der Gliedmaßen und der Haltung des ganzen Körpers. Da der hilflose oder sich entschuldigende Mensch häufig wünscht, seinen Seelenzustand zu zeigen, so handelt er dann in einer auffallenden oder demonstrativen Art und Weise.

In Übereinstimmung mit der Tatsache, daß das feste Einstemmen der Ellenbogen und das Ballen der Fäuste Gebärden sind, welche durchaus nicht bei Menschen aller Rassen allgemein sind, wenn sie sich indigniert fühlen und vorbereitet sind, ihren Feind anzugreifen, so scheint es fast, als würde ein hilfloser oder entschuldigender Seelenzustand in vielen Teilen der Erde einfach durch das Zucken mit den Schultern ausgedrückt, ohne daß die Ellenbogen nach innen gedreht und die Hände geöffnet würden. Ein Mensch oder ein Kind, welches halsstarrig ist, oder einer, der irgendeinem großen Unglück gegenüber resigniert ist, hat in beiden Fällen keine Idee des Widerstands durch aktive Mittel, und er drückt diesen Seelenzustand dadurch aus, daß er einfach seine Schultern erhoben hält; oder er kann auch möglicherweise seine Arme über der Brust zusammenschlagen.

Zeichen der Bejahung oder Billigung und der Verneinung oder Mißbilligung; Nicken und Schütteln des Kopfes: – Ich war begierig, zu ermitteln, wie weit die gewöhnlichen Zeichen der Bejahung und Verneinung, wie wir sie gebrauchen, über die Erde verbreitet sind. Es sind in der Tat diese Zeichen in einem gewissen Grade für unsere Gefühle ausdrucksvoll, da wir ein senkrechtes Nicken der Billigung mit einem Lächeln unseren Kindern gegenüber machen, wenn wir ihr Betragen billigen, und unseren Kopf seitwärts mit einem Stirnrunzeln schütteln, wenn wir dasselbe mißbilligen. Bei kleinen Kindern besteht der erste Akt der Verneinung in einem Zurückweisen der Nahrung, und ich habe wiederholt bei meinen eigenen Kindern bemerkt, daß sie dies durch ein seitliches Wegziehen ihres Kopfes von der Brust oder von irgend etwas, was ihnen in einem Löffel angeboten wurde, ausdrückten. Bei der Annahme von Nahrung und dem Einnehmen derselben in ihren Mund neigen sie ihren Kopf vorwärts. Seitdem ich diese Beobachtungen machte, ist mir mitgeteilt worden, daß auf dieselbe Idee auch Charma[17], gekommen ist. Es verdient Beachtung, daß bei dem Annehmen oder Aufnehmen der Nahrung nur eine einzelne Bewegung des Kopfes nach vorne gemacht wird, und ein einfaches Nicken schließt eine Bejahung ein. Verweigern andererseits Kinder Nahrung, besonders wenn sie ihnen aufgenötigt werden soll, so bewegen sie ihren Kopf häufig mehrmals von Seite zu Seite, wie wir es tun, wenn wir in der Verneinung unseren Kopf schütteln. Überdies wird im Falle eines Zurückweisens der Kopf nicht selten zurückgeworfen oder der Mund geschlossen, so daß diese Bewegungen gleichfalls dazu gelangen könnten, als Zeichen einer Verneinung zu dienen. Mr. Wedgwood bemerkt über diesen Gegenstand[18], daß „wenn die Stimme mit geschlossenen Zähnen oder Lippen zum Tönen gebracht wird, sie den Laut der Buchstaben n oder m hervorbringt. Wir könnten daher den Gebrauch der Partikel ‚ne', um die Verneinung auszudrücken und möglicherweise auch das griechische μη in demselben Sinne hieraus erklären".

Daß diese Zeichen angeboren oder instinktiv sind, wenigstens bei Angelsachsen, wird dadurch in hohem Grade wahrscheinlich gemacht, daß die blinde und taube Laura Bridgmann beständig ihr Ja mit dem gewöhnlichen affirmativen Nicken und ihr Nein mit unserem negativen Schütteln des Kopfes begleitete. Hätte nicht Mr. Lieber das Gegenteil angegeben[19], so würde ich gemeint haben, daß sie diese Gebärde erlangt oder gelernt hätte, besonders in Anbetracht ihres wunderbar feinen Gefühlsausdrucks und der scharfen Wahrnehmung der Bewegungen anderer. Bei mikrocephalen Idioten, welche so geistig verkümmert sind, daß sie niemals zu sprechen lernen, schildert Vogt[20], daß einer von ihnen, wenn er gefragt wurde, ob er mehr Essen oder Trinken zu haben wünsche, durch ein Neigen oder Schütteln seines Kopfes antwortete. Schmalz nimmt in seiner merkwürdigen Abhandlung über die Erziehung der Taubstummen ebenso wie der Kinder, die nur einen Grad höher als Idioten stehen, an, daß sie immer beiderlei Zeichen, sowohl der Bejahung als auch der Verneinung, machen und verstehen können.[21]

Wenn wir die verschiedenen Menschenrassen betrachten, so sehen wir nichtsdestoweniger, daß diese Zeichen nicht so allgemein angewendet werden, wie ich es erwartet haben würde. Sie scheinen aber doch zu allgemein zu sein, um durchaus für konventionell oder künstlich gelten zu können. Meine Korrespondenten behaupten, daß beide Zeichen von den Malayen, von den Eingeborenen von Ceylon, den Chinesen, den Negern der Küste von Guinea und, der Angabe

---

[17] Essai sur le langage. 2. edit., 1846. Ich bin Miss Wedgwood für diese Mitteilung sowie für einen Auszug aus diesem Werk sehr verbunden.
[18] On the origin of Language, 1866, p.91.
[19] On the vocal sounds of Laura Bridgman: Smithsonian Contributions. Vol. II, 1851, p.11.
[20] Mémoire sur les Microcéphales, 1867, p.27.
[21] Zitiert von Tylor: Early History of Mankind. 2. edit., 1870, p.38.

Elftes Kapitel

Gaikas zufolge, von den Kaffern von Süd-Afrika angewendet werden, obschon bei diesem letzteren Volk Mr. Barber niemals ein seitliches Schütteln des Kopfes als Zeichen der Verneinung angewendet gesehen hat. In bezug auf die Australier stimmen sieben Beobachter darin überein, daß ein Nicken als Bejahungszeichen gegeben wird; fünf sind einstimmig darüber, daß ein seitliches Schütteln als Verneinung dient und zwar in Begleitung irgendeines Wortes oder ohne ein solches. Aber Mr. Dyson Lacy hat dieses letztere Zeichen in Queensland niemals gesehen, und Mr. Bulmer sagt, daß im Gipp's-Land eine Verneinung dadurch ausgedrückt wird, daß der Kopf ein wenig rückwärts geworfen und die Zunge ausgestreckt wird. Am nördlichen Ende des Kontinents in der Nähe der Torres-Straße schütteln die Eingeborenen, wenn sie eine Verneinung ausdrücken, „nicht mit dem Kopf, sondern halten die rechte Hand in die Höhe und schütteln diese, indem sie sie zwei- oder dreimal halb herum und wieder zurück drehen"[22]. Das Zurückwerfen des Kopfes mit einem Schnalzen der Zunge wird, wie man sagt, als Verneinungszeichen von den Neu-Griechen und Türken gebraucht, während dieses letztere Volk das Ja durch eine Bewegung ausdrückt, wie die von uns gemachte, wenn wir den Kopf schütteln.[23] Wie mir Captain Speedy mitteilt, drücken die Abyssinier eine Verneinung durch ein Werfen des Kopfes nach der rechten Schulter hin aus, wobei gleichzeitig ein leichtes Schnalzen bei geschlossenem Mund gemacht wird. Eine Bejahung wird dadurch ausgedrückt, daß der Kopf zurückgeworfen und die Augenbrauen für einen Augenblick erhoben werden. Die Tagalen von Luzon im Archipel der Philippinen werfen, wie ich von Dr. Adolph Meyer höre, wenn sie Ja sagen, gleichfalls ihren Kopf zurück. Nach der Angabe des Rajah Brooke drücken die Dyaks von Borneo eine Bejahung durch Erhebung der Augenbrauen und eine Verneinung durch ein leichtes Zusammenziehen derselben in Verbindung, mit einem eigentümlichen Blick der Augen aus. In bezug auf die Araber am Nil kamen Professor und Mrs. Asa Gray zu dem Schluß, daß ein Nicken als Bejahung selten war, während ein Schütteln des Kopfes als Verneinung niemals gebraucht und nicht einmal von ihnen verstanden wurde. Bei den Eskimos[24] bedeutet ein Nicken „Ja" und ein Blinzeln mit den Augen „Nein". Die Neuseeländer erheben „den Kopf und das Kinn an der Stelle einer nickenden Zustimmung"[25].

In bezug auf die Hindus kommt Mr. H. Ekskine nach Erkundigungen, die er bei erfahrenen Europäern und bei gebildeten Eingeborenen angestellt hat, zu dem Schluß, daß die Zeichen für die Bejahung und Verneinung abändern. Es wird zwar zuweilen ein Nicken und ein seitliches Schütteln, so wie wir es tun, gebraucht; eine Verneinung wird aber häufiger dadurch ausgedrückt, daß der Kopf plötzlich nach hinten und ein wenig nach einer Seite geworfen und ein leichtes Schnalzen mit der Zunge ausgestoßen wird. Was die Bedeutung dieses Schnalzens mit der Zunge sein mag, welches bei verschiedenen Völkern beobachtet worden ist, kann ich mir nicht vorstellen. Ein gebildeter Eingeborener sagt, daß die Bejahung häufig durch ein Werfen des Kopfes zur der linken Seite hin ausgedrückt würde. Ich bat Mr. Scott, besonders auf diesen Punkt zu achten, und nach wiederholten Beobachtungen glaubt er, daß ein senkrechtes Nicken von den Eingeborenen nicht für gewöhnlich als bejahend gebraucht wird, sondern daß der Kopf zuerst nach rückwärts, entweder nach der linken oder rechten Seite, und dann nur einmal schräg nach vorn geworfen wird. Diese Bewegung würde vielleicht von einem weniger sorgfältigen Beobachter als ein seitliches Schütteln beschrieben worden sein. Er führt auch an, daß bei der Verneinung der Kopf gewöhnlich nahezu aufrecht gehalten und mehrere Male geschüttelt wird.

Mr. Bridges teilt mir mit, daß die Feuerländer mit ihrem Kopf senkrecht in der Bejahung nikken und ihn bei der Verneinung seitlich schütteln. Nach der Angabe von Mr. Washington Matthews ist bei den wilden Indianern von Nord-Amerika das Nicken und Schütteln des Kopfes

---

[22] Mr. J. B. Jukes: Letters and Extracts etc., 1871, p.248.
[23] F. Lieber: On the vocal sounds etc., p.11. Tylor: a.a.O., p.53.
[24] Dr. King: Edinburgh Philos. Journal, 1845, p.313.
[25] Tylor: Early History of Mankind. 2. edit., 1870, p.53.

Geringschätzung – Verachtung – Abscheu – Schuld – Stolz usw. – Hilflosigkeit – Geduld –
Bejahung und Verneinung

von den Europäern gelernt worden und wird nicht naturgemäß verwendet. Sie drücken die Bejahung dadurch aus, „daß sie mit der Hand (wobei alle Finger mit Ausnahme des Zeigefingers eingebogen sind) nach abwärts und auswärts vom Körper eine Kurve beschreiben, während die Verneinung durch eine Bewegung der offenen Hand nach auswärts mit der Handfläche nach innen gekehrt ausgedrückt wird". Andere Beobachter geben an, daß das Zeichen der Bejahung bei diesen Indianern ein Erheben des Zeigefingers ist, welcher dann gesenkt und nach dem Boden gerichtet wird, oder die Hände werden gerade nach vorn von dem Gesicht aus bewegt. Das Zeichen der Verneinung ist dagegen ein Schütteln des Fingers oder der ganzen Hand von einer Seite zur anderen.[26] Diese letztere Bewegung stellt wahrscheinlich in allen Fällen das seitliche Schütteln des Kopfes dar. Die Italiener sollen in gleicher Weise den aufgehobenen Finger von rechts nach links bewegen als Zeichen der Verneinung, wie es in der Tat auch zuweilen Engländer tun.

Im ganzen finden wir eine beträchtliche Verschiedenheit in den Zeichen der Bejahung und Verneinung bei den verschiedenen Menschenrassen. Wenn wir in bezug auf die Verneinung annehmen, daß das Schütteln des Fingers oder der Hand von einer Seite zur anderen ein symbolischer Ausdruck für die seitliche Bewegung des Kopfes ist, und wenn wir ferner annehmen, daß die plötzliche Bewegung des Kopfes nach hinten eine der häufig von kleinen Kindern ausgeübten Handlungen darstellt, wenn sie Nahrung verweigern, so findet sich eine bedeutende Einförmigkeit über die ganze Erde in den Zeichen der Verneinung, und wir können auch sehen, wie sie entstanden sind. Die am schärfsten ausgesprochenen Ausnahmen werden von den Arabern, Eskimos, einigen australischen Stämmen und den Dyaks dargeboten. Bei den letzteren ist ein Stirnrunzeln das Zeichen der Verneinung, und auch bei uns begleitet ein Stirnrunzeln häufig ein seitliches Schütteln des Kopfes.

In bezug auf das Nicken als Zeichen der Bejahung sind die Ausnahmen im ganzen noch zahlreicher, nämlich bei manchen Hindus, bei den Türken, Abyssiniern, Dyaks, Tagalen und Neuseeländern. Zuweilen werden die Augenbrauen bei der Bejahung emporgehoben, und da eine Person, wenn sie ihren Kopf nach vorn und unten beugt, natürlich zur Person, welche sie anredet aufblickt, so wird sie auch leicht ihre Augenbrauen erheben, und dieses Zeichen dürfte in dieser Weise dann als Abkürzungszeichen entstanden sein. Ferner könnte vielleicht bei den Neuseeländern das Aufheben des Kinnes und Kopfes in der Bejahung in einer abgekürzten Form die Bewegung des Kopfes nach oben repräsentieren, nachdem derselbe bei dem Nicken vorwärts und rückwärts bewegt worden war.

---

[26] Lubbock: The Origin of Civilisation, 1870, p.277. Tylor: a.a.O., p.38. Lieber (a.a.O., p.11) erwähnt das Zeichen der Verneinung bei Italienern.

Zwölftes Kapitel

Überraschung – Erstaunen – Furcht – Entsetzen

Überraschung, Erstaunen – Erheben der Augenbrauen – Öffnen des Mundes – Vorstrecken der Lippen – Gebärden, welche die Überraschung begleiten – Verwunderung – Furcht – Äußerste Angst – Aufrichten der Haare – Zusammenziehung des Platysma myoides – Erweiterung der Pupille – Entsetzen – Schluß

Wird die Aufmerksamkeit plötzlich erregt und ist sie scharf, so geht sie allmählich in Überraschung über, diese wieder in Erstaunen, und dies endlich in bestürztes Entsetzen. Der letztere Seelenzustand ist dem Schrecken nahe verwandt. Aufmerksamkeit wird gezeigt durch leichtes Erheben der Augenbrauen; und in dem Maße wie dieser Zustand sich verschärft, werden sie in einem viel höheren Grade erhoben, während die Augen und der Mund weit geöffnet werden. Das Erheben der Augenbrauen ist notwendig, damit die Augen schnell und weit geöffnet werden können; diese Bewegung bringt Querfalten über die Stirn hervor. Der Grad, bis zu welchem die Augen und der Mund geöffnet werden, entspricht dem Grade der gefühlten Überraschung; es müssen aber diese Bewegungen koordiniert sein; denn ein weit geöffneter Mund mit nur unbedeutend erhobenen Augenbrauen gibt nur eine bedeutungslose Grimasse, wie Dr. Duchenne in einer seiner Photographien gezeigt hat.[1] Auf der anderen Seite kann man häufig sehen, wie eine Person ihre Überraschung durch bloßes Erheben ihrer Augenbrauen zu erkennen gibt.

Dr. Duchenne hat die Photographie eines alten Mannes gegeben, dessen Augenbrauen durch Galvanisierung des Stirnmuskels ordentlich erhoben und gewölbt sind und dessen Mund willkürlich geöffnet wurde. Diese Abbildung drückt Überraschung mit großer Treue aus. Ich zeigte sie vierundzwanzig Personen, ohne ein Wort der Erklärung zu sagen, und nur eine einzige sah durchaus nicht ein, was damit gemeint war. Eine zweite Person antwortete: Schrecken, was nicht so weitab falsch ist; indessen fügten einige der anderen den Worten Überraschung oder Erstaunen noch die Bezeichnungen hinzu: entsetzlich, kummervoll, schmerzlich oder widerwärtig.

Das weite Offenhalten der Augen und des Mundes ist eine ganz allgemein für die der Überraschung oder des Erstaunens erkannte Ausdrucksform. So sagt Shakespeare: „Ich sah 'nen Schmied mit seinem Hammer, so, mit offenem Mund verschlingen den Bericht von einem Schneider" (König Johann, Akt IV, Szene 2); und ferner: „Sie schienen fast, so starrten sie einander an, ihre Augenlider zu zersprengen; es war Sprache in ihrem Verstummen, und Rede selbst in ihrer Gebärde; sie sahen aus, als wenn sie von einer neu entstand'nen oder untergegangnen Welt gehört hätten." (Wintermärchen, Akt V, Szene 2.)

Meine Korrespondenten beantworten meine Fragen in bezug auf die verschiedenen Menschenrassen mit einer merkwürdigen Gleichförmigkeit in demselben Sinne; die eben erwähnten Gesichtszüge werden häufig von gewissen, sofort zu beschreibenden Gebärden und Lauten begleitet. Zwölf Beobachter in verschiedenen Teilen von Australien stimmen über diesen Punkt überein. Mr. Winwood Reade hat diese Ausdrucksform bei den Negern der Küste von Guinea beobachtet. Der Häuptling Gaika und andere beantworten meine Frage in Betreff der Kaffern von Süd-Afrika mit „Ja"; dasselbe tun andere ganz ausdrücklich mit Bezug auf die Abyssinier, Ceylonesen, Chinesen, Feuerländer, verschiedene Volksstämme von Nord-Amerika und die Neuseeländer. Bei den letzteren zeigt sich, wie Mr. Stack angibt, diese Ausdrucksform bei gewissen Individuen deutlicher als bei anderen, obschon sie alle soviel wie möglich ihre Gefühle zu verheimlichen suchen. Der Rajah Brooke sagt, daß die Dyaks von Borneo, wenn sie erstaunt

---
[1] Mécanisme de la Physionomie, Album, 1862, p.42.

Überraschung – Erstaunen – Furcht – Entsetzen

sind, ihre Augen weit öffnen, ihren Kopf hin- und herschwingen und sich auf ihre Brust schlagen. Mr. Scott teilt mir mit, daß den Arbeitsleuten im botanischen Garten in Kalkutta streng geboten ist, nicht zu rauchen; sie gehorchen aber häufig diesem Befehl nicht und wenn sie plötzlich auf der Tat ertappt werden, so öffnen sie zuerst ihre Augen und ihren Mund weit. Dann zucken sie oft leicht mit den Schultern, sobald sie wahrnehmen, daß die Entdeckung unvermeidlich ist, oder runzeln die Stirn und stampfen vor Ärger auf den Boden. Bald erholen sie sich aber von ihrer Überraschung und nun zeigt sich die unterwürfige Furcht an der Erschlaffung aller ihrer Muskeln; ihr Kopf scheint in die Schultern hineinzusinken; ihre niedergeschlagenen Augen wandern da und dorthin und sie bitten nun um Vergebung.

Der bekannte australische Erforscher Mr. Stuart hat eine sehr drastische Schilderung[2] des bestürzten Entsetzens in Verbindung mit Furcht bei einem Eingeborenen gegeben, welcher noch niemals zuvor einen Menschen hatte ein Pferd reiten sehen. Mr. Stuart näherte sich ihm ungesehen und rief ihn aus einer geringen Entfernung an. „Er drehte sich herum und sah mich. Was er sich einbildete, das ich wäre, weiß ich nicht; ich habe aber niemals ein schöneres Abbild von Furcht und Erstaunen gesehen. Er stand da, unfähig ein Glied zu rühren, an die Stelle gepflockt, den Mund offen, die Augen starrend … Er blieb bewegungslos, bis unser Schwarzer auf ein paar Yards von ihm gekommen war; da warf er plötzlich seine Strohbündel nieder und sprang so hoch wie er nur konnte in ein Mulga-Gebüsch." Er konnte nicht sprechen und antwortete nicht ein Wort auf die Erkundigungen, die der Schwarze an ihn richtete; sondern vom Kopf bis zu den Füßen zitternd „winkte er uns nur mit der Hand zu, daß wir fortsollten".

Daß die Augenbrauen durch einen angeborenen oder instinktiven Antrieb erhoben werden, läßt sich aus der Tatsache schließen, daß Laura Bridgman ausnahmslos so handelt, wenn sie erstaunt ist, wie mir die Dame versichert hat, welche sie kürzlich unter ihrer Pflege hatte. Da Überraschung durch irgend etwas Unerwartetes oder Unbekanntes erregt wird, so wünschen wir natürlich, wenn wir aufgeschreckt werden, die Ursache so schnell wie möglich wahrzunehmen; wir öffnen infolgedessen unsere Augen weit, damit das Gesichtsfeld vergrößert werde und die Augäpfel sich leicht nach allen Richtungen bewegen können. Dies erklärt aber kaum die so bedeutende Erhebung der Augenbrauen und das wilde Starren der weit geöffneten Augen. Die Erklärung liegt wie ich glaube darin, daß es unmöglich ist die Augen mit großer Schnelligkeit durch das bloße Erheben der oberen Augenlider zu öffnen. Um dies zu bewirken müssen die Augenbrauen energisch in die Höhe gehoben werden. Jeder, welcher es versuchen will, vor einem Spiegel seine Augen so schnell wie möglich zu öffnen, wird finden, daß er so handelt, und das energische Hinaufziehen der Augenbrauen öffnet die Augen so weit, daß sie starren, da alles Weiße rings um die Regenbogenhaut sichtbar wird. Überdies bietet die Erhebung der Augenbrauen auch einen Vorteil beim Sehen nach oben; denn solange sie gesenkt sind, hindern sie unser Sehen in dieser Richtung. Sir Ch. Bell gibt einen merkwürdigen kleinen Beweis[3] für die Rolle, welche die Augenbrauen beim Öffnen der Augenlider spielen. Bei einem schwerbetrunkenen Menschen sind alle Muskeln erschlafft; infolgedessen fallen die Augenlider matt herab, in derselben Weise wie es beim Einschlafen geschieht. Um dieser Neigung entgegenzuwirken erhebt der Trunkenbold seine Augenbrauen; und dies gibt ihm einen verlegenen närrischen Anblick, wie es auf einem der Hogartschen Blätter gut dargestellt ist. Ist nun einmal die Gewohnheit, die Augenbrauen zu erheben, um so schnell wie möglich alles rings um uns übersehen zu können, einmal erlangt worden, so wird diese Bewegung infolge der Assoziation eintreten, sobald aus irgendeiner Ursache selbst infolge irgendeines plötzlichen Lautes oder einer Idee Erstaunen empfunden wird.

Wenn bei erwachsenen Personen die Augenbrauen erhoben werden, so wird die ganze Stirn

---

[2] „The Polyglot News Letter", Melbourne, Dec. 1858, p.2.
[3] The Anatomy of Expression, p.166.

in Querlinien stark gefaltet; bei Kindern tritt dies aber nur in einem geringen Grade ein. Die Falten laufen in Linien, welche mit jeder Augenbraue konzentrisch oder parallel sind, und fließen zum Teil in der Mitte zusammen. Sie sind für den Ausdruck der Überraschung oder des Erstaunens in hohem Grade charakteristisch. Jede Augenbraue wird auch, wie Duchenne bemerkt[4], stärker gewölbt als sie es vorher war.

Die Ursache, warum der Mund geöffnet wird, wenn man Erstaunen empfindet, ist eine bedeutend kompliziertere Sache; allem Anschein nach wirken auch mehrere Ursachen zur Einleitung dieser Bewegung zusammen. Man hat häufig die Vermutung geäußert[5], daß dadurch der Gehörsinn geschärft werde; ich habe aber Personen beobachtet, welche mit gespannter Aufmerksamkeit auf ein unbedeutendes Geräusch hörten, dessen Natur und Quelle sie ganz gut kannten, und sie öffneten ihren Mund nicht. Eine Zeitlang bildete ich mir daher ein, daß das Öffnen des Mundes vielleicht dazu helfen könne, die Richtung aus welcher ein Laut ausgeht zu unterscheiden und zwar dadurch, daß man dem Laut noch einen anderen Kanal für seinen Eintritt ins Ohr, durch die Eustachische Trompete, darböte. Dr. Ogle[6] aber, welcher so freundlich gewesen ist, die besten neueren Autoritäten über die Funktionen der Eustachischen Trompete zu konsultieren, teilt mir mit, daß es beinahe zur Evidenz erwiesen ist, daß sie mit Ausnahme des Aktes des Schlingens verschlossen bleibt und daß bei Personen, bei denen die Trompete abnormerweise offenbleibt, der Gehörsinn durchaus nicht vollkommener ist; er wird im Gegenteil dadurch beeinträchtigt, daß die Atemlaute viel deutlicher werden. Wird eine Uhr in den Mund gehalten, ohne aber die Wände irgendwo zu berühren, so wird das Ticken derselben viel weniger deutlich gehört, als wenn sie außen gehalten wird. Bei Personen, bei denen die Eustachische Trompete infolge einer Krankheit oder eines Katarrhs permanent oder zeitweilig verschlossen ist, ist das Hören beeinträchtigt. Dies dürfte aber durch die Anhäufung von Schleim in der Trompete und die hieraus folgende Abschließung der Luft zu erklären sein. Wir können daher schließen, daß unter dem Eindruck des Erstaunens der Mund nicht deswegen offengehalten wird, daß die Laute deutlicher gehört werden, obwohl die meisten tauben Personen ihren Mund offenhalten.

Eine jede plötzliche Seelenerregung, mit Einschluß des Erstaunens, beschleunigt die Herztätigkeit und mit dieser auch die Respiration. Nun können wir, wie Gratiolet bemerkt[7] und wie es auch mir wohl der Fall zu sein scheint, viel ruhiger durch den offenen Mund als durch die Nase atmen. Wenn wir daher mit gespannter Aufmerksamkeit auf irgendeinen Laut zu hören wünschen, so unterbrechen wir entweder das Atemholen oder wir atmen, indem wir unseren Mund öffnen und gleichzeitig unseren Körper bewegungslos halten, so ruhig wie möglich. Einer meiner Söhne wurde in der Nacht durch ein Geräusch unter Umständen aufgeweckt, welche naturgemäß zu großer Behutsamkeit veranlaßten, und nach wenigen Minuten bemerkte er, daß sein Mund weit offenstand. Er wurde sich dann dessen bewußt, daß er ihn deshalb geöffnet hatte, um so ruhig wie möglich zu atmen. Diese Ansicht erhält noch durch den umgekehrten, bei Hunden vorkommenden Fall, Unterstützung. Wenn ein Hund nach starker Körperbewegung keucht oder an einem sehr heißen Tag ruht, so atmet er laut; wird aber seine Aufmerksamkeit plötzlich erregt, so spitzt er sofort seine Ohren zum Horchen, schließt seinen Mund und atmet, wie er es zu tun imstande ist, ruhig durch seine Nase.

Wenn die Aufmerksamkeit eine Zeitlang mit gespanntem Eifer auf irgendeinen Gegenstand, äußeren oder inneren, konzentriert wird, so werden sämtliche Organe des Körpers vergessen und

---

[4] Mécanisme de la Physionomie Humaine, Album, p.6.
[5] S. z. B. Dr. Piderit: Mimik und Physiognomik, S.88, welcher eine gute Erörterung über den Ausdruck der Überraschung gibt.
[6] Auch Dr. Murie hat mir, zum Teil der vergleichenden Anatomie entnommene Aufschlüsse gegeben, welche zu demselben Schluß führen.
[7] De la Physionomie, 1865, p.234.

vernachlässigt[8] und da die nervöse Energie eines jeden Individuums der Quantität nach beschränkt ist, so wird nur wenig irgendeinem anderen Körperteil übermittelt, mit Ausnahme dessen, welcher zu der Zeit in energische Tätigkeit versetzt wird. Viele Muskeln neigen daher zur Erschlaffung und die Unterkinnlade sinkt durch ihr eigenes Gewicht herab. Dies dürfte das Herabsinken des Unterkiefers und den offenen Mund bei einem Menschen erklären, welcher vor Verwunderung bestürzt und vielleicht schon wenn er weniger heftig affiziert ist. Wie ich in meinen Notizen verzeichnet finde, habe ich diese Erscheinung bei sehr kleinen Kindern bemerkt, wenn sie nur mäßig überrascht waren.

Es gibt noch eine andere und in hohem Grade wirksame Ursache, welche dahin führt, daß der Mund, wenn wir erstaunt sind, und ganz besonders, wenn wir plötzlich aufgeschreckt werden, geöffnet wird. Wir können eine ausgiebige und tiefe Inspiration viel leichter durch den weit geöffneten Mund als durch die Nasenlöcher ausführen. Wenn wir daher über irgendeinen plötzlichen Laut oder Anblick zusammenschrecken, so werden beinahe sämtliche Muskeln des Körpers unwillkürlich und augenblicklich in heftige Tätigkeit gesetzt, um uns gegen die Gefahr zu schützen oder um von ihr wegzuspringen, die wir ja gewohnheitsmäßig mit allem Unerwarteten assoziieren. Wir bereiten uns aber zu jeder großen Anstrengung unbewußterweise, wie früher erklärt wurde, dadurch vor, daß wir zuerst tief und voll einatmen, und demzufolge öffnen wir unseren Mund. Wenn keine Anstrengung folgt, wir aber noch immer erstaunt bleiben, so hören wir eine Zeitlang zu atmen auf oder atmen so ruhig wie möglich, damit jeder Laut deutlich gehört werden könne. Oder ferner, wenn unsere Aufmerksamkeit lange Zeit und gespannt absorbiert bleibt, so werden alle unsere Muskeln erschlafft und der Unterkiefer, welcher anfangs plötzlich geöffnet wurde, bleibt herabhängen. So treten mehrere Ursachen für eine und dieselbe Bewegung zusammen, sobald Überraschung, Erstaunen oder verwunderndes Entsetzen empfunden wird.

Obschon wir nun in diesem Affekt allgemein den Mund öffnen, so werden doch häufig die Lippen ein wenig vorgestreckt. Diese Tatsache erinnert uns daran, daß dieselbe Bewegung, freilich in einem viel stärker ausgesprochenen Grade, vom Schimpansen und Orang-Utan ausgeführt wird, wenn sie in Erstaunen geraten. Da eine starke Exspiration naturgemäß der tiefen Inspiration folgt, welche das erste Gefühl der aufschreckenden Überraschung begleitet, und da die Lippen häufig vorgestreckt werden, so können allem Anschein nach hieraus die verschiedenen Laute erklärt werden, welche dann gewöhnlich ausgestoßen werden. Zuweilen wird aber nur eine starke Exspiration gehört; so rundet Laura Bridgman, wenn sie in Entsetzen gerät, ihre Lippen und streckt sie vor, öffnet dieselben und atmet stark.[9] Einer der gewöhnlichsten Laute ist ein tiefes Oh; und infolge der von Helmholtz gegebenen Erklärung wird derselbe natürlich erfolgen, wenn der Mund mäßig geöffnet und die Lippen vorgestreckt werden. In einer ruhigen Nacht wurden von der „Beagle" in einer kleinen Bucht an Tahiti einige Raketen abgebrannt, um die Eingeborenen zu unterhalten; sowie jede Rakete abgeschossen worden war, herrschte absolutes Stillschweigen, diesem folgte aber ausnahmslos ein tiefes, stöhnendes „Oh", was ringsum in der ganzen Bucht erklang. Mr. Washington Matthews sagt, daß die nordamerikanischen Indianer das Erstaunen durch ein Stöhnen ausdrücken; der Angabe Mr. Winwood Reades zufolge strecken die Neger an der Westküste von Afrika ihre Lippen vor und geben einen Laut von sich wie „heigh, heigh". Wenn der Mund nicht sehr geöffnet wird, während die Lippen beträchtlich vorgestreckt werden, so wird ein blasendes, zischendes oder pfeifendes Geräusch erzeugt. Mr. R. Brough Smyth teilt mir mit, daß ein Australier aus dem Innern mit ins Theater genommen wurde, um einen Akrobaten zu sehen, der sich schnell überschlug: „Er war in hohem Grade erstaunt, streckte seine Lippen vor und machte mit dem Mund ein Geräusch, als bliese er ein Zündhölzchen aus." Nach der Mitteilung Mr. Bulmers lassen die Australier, wenn sie überrascht sind, den Ausruf „korki" hören, und um diesen hervorzubringen

---

[8] S. über diesen Gegenstand Gratiolet: a.a.O., p.254.
[9] Lieber: On the Vocal Sounds of Laura Bridgman. Smithsonian Contributions. Vol. II, 1851, p.7.

Zwölftes Kapitel

wird der Mund so ausgezogen, als sollte gepfiffen werden. Wir Europäer pfeifen häufig als Zeichen der Überraschung; so wird in einem neueren Roman gesagt:[10] „Hier drückte der Mann sein Erstaunen und seine Mißbilligung durch lange anhaltendes Pfeifen aus." Mr. J. Mansel Weale teilt mir Folgendes mit: Als ein Kaffer-Mädchen „den hohen Preis eines Artikels nennen hörte, zog sie ihre Augenbrauen in die Höhe und pfiff genau so, wie es ein Europäer getan haben würde". Mr. Wedgwood bemerkt, daß derartige Laute mit „whew" (wjuh) niedergeschrieben werden; sie dienen als Ausrufungslaute der Überraschung.

Nach der Angabe von drei anderen Beobachtern geben die Australier häufig das Erstaunen durch ein schnalzendes Geräusch zu erkennen. Auch Europäer drücken zuweilen eine leichte Überraschung durch ein unbedeutendes glucksendes Geräusch nahezu derselben Art aus. Wir haben gesehen, daß wenn wir aufgeschreckt werden, der Mund plötzlich geöffnet wird; und wenn dann die Zunge zufällig dicht an den Gaumen angepreßt ist, wird deren plötzliches Abziehen einen Laut dieser Art hervorrufen, welcher dadurch zu der Bedeutung gelangen könnte, Überraschung auszudrücken.

Wenden wir uns nun zu den Gebärden des Körpers. Eine überraschte Person erhebt oft die geöffneten Hände hoch über den Kopf oder mit einer Beugung der Arme nur bis zu gleicher Höhe mit dem Gesicht. Die geöffneten Handflächen sind nach der Person hingekehrt, welche dieses Gefühl verursacht, und die ausgestreckten Finger sind gespreizt. Diese Gebärde ist von Mr. Rejlander dargestellt (vgl. Bild 1, S.1327). Auf dem „Abendmahl" von Leonardo da Vinci halten zwei der Apostel ihre Hände halb erhoben und drücken dadurch deutlich ihr Erstaunen aus. Ein zuverlässiger Beobachter erzählte mir, daß er vor kurzem seine Frau unter den unerwartetsten Umständen angetroffen habe: „Sie starrte vor sich hin, öffnete den Mund und die Augen sehr weit und warf ihre beiden Arme hoch über den Kopf." Vor mehreren Jahren war ich überrascht, mehrere meiner kleinen Kinder zusammen ernstlich mit irgend etwas auf dem Boden beschäftigt zu sehen; die Entfernung war aber zu groß, als daß ich sie hätte fragen können, was sie vorhätten. Ich hob daher meine offenen Hände mit ausgestreckten Fingern über den Kopf und wurde mir, sobald ich sie ausgeführt hatte, auch der Bewegung bewußt. Ich wartete dann ohne ein Wort zu sagen, um zu sehen, ob die Kinder die Gebärde verstanden hätten; und als sie zu mir herangelaufen kamen, riefen sie aus: „Wir sahen, daß Du über uns erstaunt warst." Ich weiß nicht, ob diese Gebärde verschiedenen Menschenrassen eigen ist, da ich versäumt habe, über diesen Punkt Erkundigungen anzustellen. Daß sie angeboren oder natürlich ist, könnte man aus der Tatsache schließen, daß Laura Bridgman, wenn sie in plötzliches Erstaunen gerät, „ihre Arme ausbreitet und ihre Hände mit ausgestreckten Fingern nach oben wendet";[11] auch ist es in Anbetracht dessen, daß das Gefühl der Überraschung allgemein nur ein schnell vorübergehendes ist, nicht wahrscheinlich, daß sie diese Gebärde durch ihren scharfen Gefühlssinn gelernt haben sollten.

Huschke beschreibt[12] eine von der eben geschilderten etwas verschiedene aber damit verwandte Gebärde, welche, wie er sagt, Personen darbieten, wenn sie erstaunen. Sie halten sich aufrecht, die Gesichtszüge wie vorhin beschrieben, aber die gerade gehaltenen Arme werden nach hinten ausgebreitet, wobei die ausgestreckten Finger voneinander gespreizt werden. Ich selbst habe diese Gebärde niemals gesehen; doch ist Huschke wahrscheinlich korrekt; denn einer meiner Freunde fragte einen anderen, wie er wohl großes Erstaunen ausdrücken würde, und sofort warf er sich in die angegebene Stellung.

Wie ich glaube sind diese Gebärden nach dem Grundsatz des Gegensatzes erklärbar. Wir

---

[10] ‚Wenderholme', Vol. II, p.91.
[11] Lieber: On the Vocal Sounds etc., a.a.O., p.7.
[12] Huschke: Mimices et Physiognomices Fragment. physiol., 1821, p.18. Gratiolet (De la Physion., p.255) gibt die Abbildung eines Menschen in dieser Stellung, welche indessen nur Furcht in Verbindung mit Erstaunen auszudrücken scheint. Auch Le Brun (Lavater. Vol. IX, p.299) erwähnt das Öffnen der Hände bei einem erstaunten Menschen.

Überraschung – Erstaunen – Furcht – Entsetzen

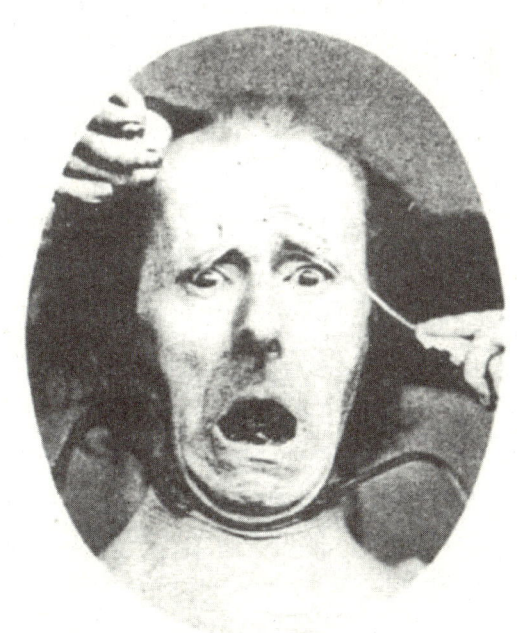

haben gesehen, daß, wenn jemand indigniert ist, er seinen Kopf aufrecht hält, seine Schultern festrückt, die Ellenbogen nach außen dreht, häufig seine Fäuste ballt und seinen Mund schließt, während die Stellung eines hilflosen Menschen in jedem einzelnen dieser Details gerade das Umgekehrte ist. Ein Mensch nun im gewöhnlichen, ruhigen Seelenzustand, der nichts tut und an nichts Besonderes denkt, läßt gewöhnlich seine beiden Arme schlaff an der Seite herabhängen, wobei die Hände etwas gebogen und die Finger nahe aneinander gehalten werden. Das plötzliche Erheben der Arme, entweder dar ganzen Arme oder der Vorderarme, das flache Öffnen der Hände und das Auseinanderspreizen der Finger – oder auch das Geradehalten der Arme und das Ausstrecken derselben nach hinten mit gespreizten Fingern – sind daher Bewegungen, welche in vollkommenem Gegensatz zu der Haltung stehen, welche unter einem indifferenten Seelenzustand eingenommen wird; sie werden infolge hiervon von einem erstaunten Menschen unbewußt ausgeführt. Häufig ist auch der Wunsch vorhanden, Überraschung in einer auffallenden Weise an den Tag zu legen, und die erwähnten Stellungen sind für diesen Zweck sehr passend. Man könnte fragen, warum nur Überraschung und einige wenige andere Seelenzustände durch Bewegungen sich darstellen, welche zu anderen im Gegensatz stehen. Dieses Prinzip wird aber bei denjenigen Seelenerregungen nicht ins Spiel gebracht, wie Schrecken, große Freude, Leiden oder Wut, welche naturgemäß schon zu gewissen Handlungsweisen führen und gewisse Wirkungen auf den Körper ausüben; denn hier sind alle Körpersysteme schon präokkupiert. Diese Gemütserregungen werden hierdurch bereits mit der größten Deutlichkeit ausgedrückt.

Es gibt noch eine andere kleine Gebärde, welche für das Erstaunen ausdrucksvoll ist, für die ich aber keine Erklärung darbieten kann, nämlich das Legen der Hand an den Mund oder an irgendeinen anderen Teil des Kopfes. Dieselbe ist bei so vielen Menschenrassen beobachtet worden, daß sie irgendeinen natürlichen Ursprung haben muß. Ein wilder Australier wurde in ein ganz mit offiziellen Papieren gefülltes Zimmer gebracht; dies überraschte ihn in hohem Grade, er rief aus „cluck, cluck, cluck" und brachte den Rücken der Hand gegen seine Lippen. Mrs. Barber sagt, daß die Kaffern und Fingos ihr Erstaunen durch einen ernsthaften Blick und dadurch ausdrücken, daß sie die rechte Hand auf den Mund legen, wobei sie das Wort „mawo" ausrufen, welches „wunderbar" bedeutet. Die Buschmänner legen, wie man sagt[13], ihre rechte Hand an den Hals und biegen den Kopf nach hinten, wenn sie erstaunt sind. Mr. Winwood Reade hat beobachtet, daß die Neger der Westküste von Afrika, wenn sie überrascht sind, ihre Hände gegen den Mund schlagen und gleichzeitig sagen: „Mein Mund klebt an mir", d.h. an meiner Hand; er hat auch gehört, daß dies die gewöhnliche Gebärde bei derartigen Gelegenheiten ist. Captain Speedy teilt mir mit, daß in solchen Zeiten die Abyssinier ihre rechte Hand an die Stirn legen, mit der Fläche nach außen. Endlich führt Mr. Washington Matthews an, daß das konventionelle Zeichen für das Erstaunen bei den wilden Stämmen der westlichen Teile der Vereinigten Staaten darin besteht, „die halbgeschlossene Hand über den Mund zu legen; während sie dies tun, biegen sie häufig den Kopf nach vorn und zuweilen werden Worte oder ein leichtes Stöhnen geäußert". Catlin[14] macht dieselbe Bemerkung über das Drücken der Hand auf den Mund in bezug auf die Mandan-Indianer und andere Indianerstämme.

Bewunderung: – Hierüber braucht nur wenig gesagt zu werden. Bewunderung besteht allem Anschein nach aus Überraschung in Begleitung von etwas Vergnügen und einem Gefühl der Zustimmung. Wird sie lebhaft empfunden, so werden die Augen geöffnet und die Augenbrauen erhoben. Das Auge wird strahlend, anstatt ausdruckslos zu bleiben, wie beim einfachen Erstaunen; und der Mund verbreitert sich zu einem Lächeln, statt weit offenzustehen.

---

[13] Huschke: a.a.O., p.18.
[14] North American Indians. 3. edit., 1842, Vol. I, p.105.

Furcht, Schrecken: – Das Wort „Furcht" (und das englische „fear") scheint von dem abgeleitet zu sein, was plötzlich und gefährlich ist[15]; und das Wort terror (lateinisch und englisch, deutsch: Schrecken) von dem Zittern der Stimmorgane und des Körpers. Ich gebrauche das Wort „terror" für die äußerste Furcht; manche Schriftsteller sind aber der Meinung, daß es auf Fälle beschränkt sein sollte, bei denen ganz besonders die Einbildungskraft in Betracht kommt. Der Furcht geht häufig ein Erstaunen voraus; und insoweit ist sie dem letzteren verwandt, daß beide dazu führen, die Sinne des Gesichts und Gehörs augenblicklich anzuspannen. In beiden Fällen werden die Augen und der Mund weit geöffnet und die Augenbrauen erhoben. Der zum Fürchten gebrachte Mensch steht anfangs bewegungslos wie eine Statue und atemlos da oder drückt sich nieder, als wollte er instinktiv der Entdeckung entgehen.

Das Herz zieht sich schnell und heftig zusammen, so daß es gegen die Rippen schlägt oder anstößt; es ist aber sehr zweifelhaft, ob es dann wirksamer als gewöhnlich arbeitet, so daß eine größere Menge Blutes allen Körperteilen zugeführt wird; denn die Haut wird augenblicklich bleich, wie bei einer beginnenden Ohnmacht. Dieses Bleichsein der Oberfläche ist indessen wahrscheinlich zum großen Teil oder ausschließlich eine Folge davon, daß das Nervenzentrum, von dem aus die Gefäßnerven beeinflußt werden, in einer solchen Weise affiziert wird, daß es die Zusammenziehung der kleinen Arterien der Haut verursacht. Daß die Haut unter dem Gefühl großer Furcht bedeutend affiziert wird, sehen wir an der merkwürdigen und unerklärlichen Weise, in welcher Perspiration sofort aus ihr hervorbricht. Diese Ausscheidung ist um so merkwürdiger, als die Oberfläche der Haut dann kalt ist, woher ja der Ausdruck „kalter Schweiß" rührt, während gewöhnlich die Schweißdrüsen zur Tätigkeit angeregt werden, wenn die Oberfläche warm ist. Auch die Haare auf der Haut richten sich auf und die oberflächlichen Muskeln zittern. Im Zusammenhang mit der gestörten Tätigkeit des Herzens wird auch das Atmen beschleunigt. Die Speicheldrüsen fungieren unvollkommen, der Mund wird trocken[16] und häufig geöffnet und geschlossen. Ich habe auch bemerkt, daß bei geringer Furcht eine starke Neigung zum Gähnen eintritt. Eines der am besten ausgesprochenen Symptone ist das Erzittern aller Muskeln des Körpers; dies zeigt sich häufig zuerst an den Lippen. Aus dieser Ursache und wegen der Trockenheit des Mundes wird die Stimme heiser oder unbestimmt oder kann auch gänzlich versagen. „Obstupui, steteruntque comae, et vox faucibus haesit."

Von der unbestimmten Furcht findet sich eine bekannte und großartige Beschreibung im Buch Hiob: „Da ich Gesichte betrachtete in der Nacht, wenn der Schlaf auf die Leute fällt, da kam mich Furcht und Zittern an, und alle meine Gebeine erschracken. Und da der Geist vor mir überging, standen mir die Haare zu Berge an meinem Leib; da stand ein Bild vor meinen Augen, und ich kannte seine Gestalt nicht; es war stille und ich hörte eine Stimme: Wie mag ein Mensch gerechter sein, denn Gott? Oder ein Mann reiner sein, denn der ihn gemacht hat?" (Hiob 4, 13-17)

In dem Maße, wie sich Furcht zu einer Seelenangst des Schreckens (oder äußerster Furcht) vergrößert, sehen wir, wie bei allen heftigen Gemütserregungen, verschiedenartige Resultate. Das Herz schlägt stürmisch oder versagt ganz zu fungieren und es tritt Ohnmacht ein; es ist Totenblässe vorhanden; das Atmen ist beschwerlich; die Nasenflügel sind weit ausgedehnt; „die Lippen schnappen und bewegen sich konvulsivisch, die hohle Wange zittert, die Kehle schluckt

---

[15] H. Wedgwood: Diction. of English Etymology. Vol. II, 1862, p.35. S. auch Gratiolet (De la Physionomie, p.135) über die Quellen solcher Worte wie terror, horror, rigidus, frigidus. [Über Furcht und fear s. dagegen Grimms Wörterbuch. Bd. 4, Sp. 683, wonach beide die innerlich „aufwühlende" Erregung ausdrücken.]

[16] Mr. Bain (The Emotions and the Will, 1865, p.54) erklärt in der folgenden Art und Weise den Ursprung des Gebrauchs: „Verbrecher in Indien dem Gottesgericht des Bissens von Reis zu unterwerfen. Man läßt den Angeklagten einen Mund voll Reis einnehmen und denselben nach einer kurzen Zeit auswerfen. Ist der Bissen ganz trocken, dann wird der Mensch für schuldig gehalten, sein eigenes böses Gewissen wirkt darauf hin, die Speicheldrüsen zu lähmen."

und zieht sich zusammen"[17]; die unbedeckten und vortretenden Augäpfel sind auf den Gegenstand des Schreckens fixiert oder sie können auch ruhelos von der einen zur anderen Seite rollen, „huc illuc volvens oculos totumque pererrat"[18]. Der Angabe nach werden die Pupillen enorm erweitert. Alle Muskeln des Körpers können steif oder in konvulsivische Bewegungen versetzt werden. Die Hände werden abwechselnd geballt und wieder geöffnet, häufig mit einer zuckenden Bewegung. Die Arme können vorgestreckt sein, als wollten sie irgendeine fürchterliche Gefahr abwenden, oder wild über den Kopf geworfen werden. Mr. Hagenauer hat diese letztere Bewegung bei einem vor Furcht entsetzten Australier gesehen. In anderen Fällen tritt eine plötzliche und unbezwingbare Neigung zur kopflosen Flucht ein; und diese ist dann so stark, daß die tapfersten Soldaten von einem plötzlichen panischen Schrecken ergriffen werden können.

Wenn die Furcht auf den höchsten Gipfel steigt, dann wird der fürchterliche Schrei des Entsetzens gehört. Große Schweißtropfen stehen auf der Haut. Alle Muskeln des Körpers erschlaffen. Das äußerste Gesunkensein aller Kräfte folgt bald und die Geisteskräfte versagen tätig zu sein. Die Eingeweide werden affiziert. Die Schließmuskeln hören auf zu wirken und halten den Inhalt der Körperhöhlen nicht länger mehr zurück.

Dr. J. Crichton Browne hat mir eine so bezeichnende Schilderung intensiver Furcht bei einer wahnsinnigen, fünfunddreißig Jahre alten Frau mitgeteilt, daß ich es, so traurig die Beschreibung ist, für gut halte, sie hier nicht wegzulassen. Wenn sie einen solchen Anfall bekommt, schreit sie auf: „Dies ist die Hölle!" „Da ist eine schwarze Frau!" „Ich kann nicht heraus!" – und andere derartige Ausrufe. Wenn sie in dieser Weise schreit, sind ihre Bewegungen die abwechselnder Anspannung und Zitterns. Einen Augenblick lang schließt sie ihre Hände fest, hält ihre Arme in einer steifen halbgebeugten Stellung vor sich hin; dann biegt sie plötzlich ihren Körper nach vorn, schwingt sich schnell hin und her, zieht ihre Finger durch die Haare, packt sich am Hals und versucht sich die Kleider abzureißen. Die Kopfnicker-Muskeln (*musc. sterno - cleido - mastoidei*, welche vereint dazu dienen, den Kopf auf die Brust zu beugen) treten auffallend vor, als wären sie geschwollen und die Haut über ihnen ist stark gefaltet. Ihr Haar, welches am Hinterkopf kurzgeschnitten und welches glatt ist, so lange sie ruhig ist, steht jetzt aufrecht; das vordere Haar ist durch die Bewegungen ihrer Hände völlig durcheinander gewirrt. Das Gesicht drückt große Seelenangst aus. Die Haut ist am Gesicht und Hals, abwärts bis zu den Schlüsselbeinen gerötet und die Venen der Stirn und des Halses springen vor wie dicke Stränge. Die Unterlippe hängt herab und ist etwas umgedreht. Der Mund wird halb offengehalten, der Unterkiefer springt etwas hervor. Die Wangen sind hohl und tief in gekrümmten, von den Nasenflügeln nach den Mundwinkeln hinlaufenden Zügen gefurcht. Die Nasenlöcher selbst sind erhoben und erweitert. Die Augen sind weit geöffnet und unter ihnen erscheint die Haut geschwollen; die Pupillen sind erweitert. Die Stirn ist quer mit vielen Falten bedeckt und an den inneren Enden der Augenbrauen ist sie stark in divergierenden Richtungen gefurcht infolge der kraftvollen und andauernden Zusammenziehung der Augenbrauenrunzler.

Auch Mr. Bell[19] hat die Seelenangst in äußerster Furcht und Verzweiflung beschrieben, welche er an einem Mörder beobachtete, der in Turin zum Richtplatz geführt wurde. „Auf jeder Seite im Karren saßen die diensttuenden Priester und in der Mitte saß der Verbrecher selbst. Es war unmöglich, den Zustand dieses unglücklichen Kerls ohne Schrecken mit anzusehen; und doch war es anderseits unmöglich, (als würde man durch einen fremdartigen Zauber immer wieder dazu getrieben), den so wilden, so von Schauer erfüllten Gegenstand nicht anzublicken. Er schien ungefähr fünfunddreißig Jahre alt zu sein, war von großer muskulöser Gestalt; sein Gesicht zeigte starke und wilde Züge; halb nackt, bleich wie der Tod, in tödlicher Angst und Furcht,

---

[17] Sir Ch. Bell: Transactions of Royal Soc., 1822, p.308; „Anatomy of Expression", p.88 und p.164-169.
[18] S. Moreau über das Rollen der Augen in der Ausgabe von 1820 des Lavater. Tom. IV, p.263. S. auch Gratiolet: De la Physionomie, p.17.
[19] Observations on Italy, 1825, p.48, zitiert in: The Anatomy of Expression, p.168.

jedes Glied vor angstvoller Qual angespannt, die Hände konvulsivisch zusammengeballt, mit ausbrechendem Schweiß und zusammengezogenen Augenbrauen, küßte er beständig die Figur des Heilands, welche auf der vor ihm aufgehängten Flagge gemalt war, aber mit einer solchen Seelenangst der wildesten Verzweiflung, daß nichts, was nur jemals auf der Bühne dargestellt werden könnte, auch nur den leisesten Begriff davon geben kann."

Ich will nur noch einen anderen Fall hinzufügen, der das äußerste Gesunkensein aller Kräfte im höchsten Grade der Furcht bei einem Menschen erläutert. Ein bösartiger Mörder zweier Personen wurde in ein Hospital gebracht infolge eines irrigen Eindrucks, daß er sich selbst vergiftet habe; als er am anderen Morgen mit Handschellen versehen und von der Polizei weggeführt wurde, beobachtete ihn Dr. W. Ogle sorgfältig. Seine Blässe war ganz extrem und das Gesunkensein seiner Kräfte so groß, daß er kaum imstande war, sich selbst anzukleiden. Seine Haut transpirierte; seine Augenlider und sein Kopf hingen so bedeutend herab, daß es unmöglich war, auch nur einen Blick seiner Augen zu erhaschen. Sein Unterkiefer hing herab. Es war keine Zusammenziehung irgendeines Gesichtsmuskels zu sehen, und Dr. Ogle ist beinahe sicher, daß das Haar nicht aufgerichtet war; denn er beobachtete es sehr nahe, da es zum Zweck der Täuschung gefärbt war.

In bezug auf die Art und Weise, wie die Furcht von den verschiedenen Menschenrassen dargestellt wird, stimmen meine Korrespondenten darin überein, daß die Zeichen dieselben sind wie bei den Europäern. Sie werden von den Hindus und den Eingeborenen von Ceylon in übertriebenem Grade ausgeführt. Mr. Geach hat gesehen, wie Malayen vor Furcht entsetzt bleich wurden und zitterten. Mr. Brough Smyth gibt an, daß ein eingeborener Australier „als er bei einer Gelegenheit in heftige Furcht geriet, eine Gesichtsfarbe zeigte, welche dem, was wir Blässe nennen, so nahe kam, wie man es sich bei einem sehr dunklen Menschen nur vorstellen kann". Mr. Dyson Lacy hat gesehen, wie sich äußerste Furcht bei einem Australier durch ein nervöses Zucken der Hände, Füße und Lippen, und durch den auf der Haut stehenden Schweiß darstellte. Viele Wilde unterdrücken die Zeichen nicht so stark wie es Europäer tun; häufig zittern sie bedeutend. Der Kaffer Gaika sagt in seiner ziemlich komischen Redeweise: „Das Schütteln des Körpers wird häufig erfahren und die Augen sind weit offen." Bei Wilden werden die Schließmuskeln häufig erschlafft, genau so, wie man es bei stark in Furcht gebrachten Hunden sehen kann und wie ich es bei Affen gesehen habe, die darüber in entsetzliche Furcht gerieten, daß sie gefangen wurden.

Das Aufrichten der Haare: – Einige Zeichen der Furcht verdienen noch etwas weitere Betrachtung. Dichter sprechen beständig vom Sträuben der Haare; Brutus sagt zum Geiste Cäsars: „Bist du ein Gott, ein Engel oder Teufel, der starren macht mein Blut, das Haar mir sträubt?" (Julius Cäsar, Akt IV, Szene 3) Kardinal Beaufort ruft nach der Ermordung Glosters aus: „Kämmt nieder doch sein Haar: seht, seht! es starrt!" (Heinrich VI, 2. Teil, Akt III, Szene 3) Da ich nicht sicher war, ob die Dichter nicht etwa auf den Menschen angewendet hätten, was sie häufig bei Tieren beobachtet hatten, bat ich Dr. Crichton Browne um Auskunft in bezug auf ähnliche Erscheinungen bei Geisteskranken. In Antwort hierauf führt er an, daß er wiederholt gesehen habe, wie sich das Haar unter dem Einfluß plötzlicher und äußerster Furcht emporgerichtet habe. Es war z.B. notwendig, bei einer geisteskranken Frau Morphium unter die Haut einzuspritzen; sie fürchtete die Operation außerordentlich, obschon sie sehr wenig Schmerz verursachte; sie glaubt nämlich, daß Gift in ihren Körper eingeführt würde und daß ihre Knochen bald erweicht würden und ihr Fleisch zu Staub verwandelt. Sie wird totenbleich, ihre Gliedmaßen werden durch eine Art tetanischen Krampfes steif und das Haar richtet sich am Vorderteil des Kopfes teilweise in die Höhe.

Dr. Browne bemerkt ferner, daß das borstige Sträuben des Haares, welches bei Geisteskranken so gewöhnlich ist, nicht immer mit äußerster Furcht verbunden ist. Es zeigt sich vielleicht am häufigsten bei chronischen Tobsüchtigen, welche in unzusammenhängender Weise rasen und zerstörende Triebe haben; das borstige Sträuben des Haares ist aber am meisten während ihrer Paroxysmen zu beobachten. Die Tatsache, daß das Haar unter dem Einfluß sowohl der Wut als auch der Furcht sich aufrichtet, stimmt vollständig mit dem überein, was wir bei niederen Tieren gesehen haben. Als Beleg hierfür bringt Dr. Browne mehrere Fälle bei. So richtet sich bei einem jetzt in der Anstalt befindlichen Mann vor dem Wiedereintritt jedes tobsüchtigen Paroxysmus „das Haar an seiner Stirn in die Höhe wie die Mähne eines Shetland-Ponys". Er hat mir von zwei Frauen Photographien geschickt, welche in den Zwischenzeiten ihrer Paroxysmen aufgenommen wurden und fügt in bezug auf die eine dieser beiden Frauen hinzu, „daß der Zustand ihres Haares ein sicheres und bequemes Kriterium ihres geistigen Zustandes sei". Eine dieser Photographien habe ich kopieren lassen und der Holzschnitt gibt, wenn er aus einer geringen Entfernung betrachtet wird, eine treue Darstellung des Originals mit der Ausnahme, daß das Haar im ganzen etwas zu grob und zu stark gekräuselt erscheint. Der außerordentliche Zustand des Haares bei den Geisteskranken ist nicht bloß Folge des Aufrichtens desselben, sondern auch seiner Trockenheit und Härte, was wiederum davon abhängt, daß die Hautdrüsen nicht tätig sind. Dr. Bucknill sagt[20], daß ein Wahnsinniger „wahnsinnig bis in die Fingerspitzen ist"; er hätte noch hinzufügen können: und häufig bis zur Spitze jedes einzelnen Haares.

Fig.18: Nach der Photographie einer geisteskranken Frau, um den Zustand ihres Haares zu zeigen.

Dr. Browne erwähnt als eine empirische Bestätigung der Beziehung, welche bei Geisteskranken zwischen dem Zustand des Haares und dem der Seele besteht, folgendes. Die Frau eines Arztes, welche die Pflege einer an akuter Melancholie mit starker Furcht vor dem Tod für sich selbst, ihren Mann und ihre Kinder leidenden Dame übernommen hatte, berichtete ihm am Tag, ehe er meinen Brief erhalten hatte, wörtlich wie folgt: „Ich glaube, Mrs. ... wird sich bald bessern, denn ihr Haar fängt an glatt zu werden; und ich habe immer bemerkt, daß unsere Patienten besser werden, sobald ihr Haar aufhört kraus und unbehandelbar zu sein."

---

[20] Zitiert von Dr. Maudsley: Body and Mind, 1870, p.41.

Dr. Browne schreibt den beständigen rauhen Zustand des Haares bei vielen geisteskranken Patienten zum Teil dem Umstand zu, daß ihr Geist fortwährend etwas gestört ist, und zum Teil den Wirkungen der Gewohnheit, d. h. dem Umstand, daß das Haar während der vielen wiederkehrenden Paroxysmen stark aufgerichtet wird. Bei Patienten, bei denen das borstige Sträuben einen extremen Grad erreicht, ist die Krankheit meist dauernd und tödlich; bei anderen aber, wo das Sträuben nur mäßig eintritt, erhält das Haar, sobald sie den gesunden Zustand ihres Geistes wiedererlangen, auch seine Glätte wieder.

In einem früheren Kapitel haben wir gesehen, daß bei Tieren das Haar durch die Zusammenziehung außerordentlich kleiner, nicht gestreifter und unwillkürlicher Muskeln aufgerichtet wird, welche an jeden einzelnen Haarbalg treten. Mr. J. Wood hat, wie er mir mitteilt, deutlich durch das Experiment ermittelt, daß außer jener allgemeinen Wirkung die Haare auf dem vorderen Teil des Kopfes beim Menschen, welche nach vorn niedergelegt sind, und diejenigen am hinteren Teil des Kopfes, welche nach hinten herabliegen, durch die Zusammenziehung des Hinterhaupt-Stirnmuskels oder Kopfhautmuskels in entgegengesetzten Richtungen aufgerichtet werden. Es scheint daher dieser Muskel das Aufrichten der Haare am Kopf des Menschen in derselben Weise zu unterstützen, wie der *panniculus carnosus*, oder der große Hautmuskel, bei der Aufrichtung der Stacheln am Rücken einiger der niederen Tiere unterstützend wirkt oder geradezu den größten Teil der Wirkung verrichtet.

Zusammenziehung des Platysma-myoides-Muskels: – Dieser Muskel breitet sich über den Seiten des Halses aus und erstreckt sich nach abwärts etwas über die Schlüsselbeine und nach aufwärts bis an die unteren Teile der Backen. Ein Teil von ihm, der *risorius* oder Lachmuskel genannt, ist in dem Holzschnitt Fig. 2, M (S.1181) dargestellt. Die Zusammenziehung dieses Muskels bewirkt die Bewegung der Mundwinkel und der unteren Teile der Wangen nach unten und hinten. Gleichzeitig ruft sie divergierende, längs verlaufende, vorspringende Falten an den Seiten des Halses bei jungen Individuen und bei alten mageren Personen feine Querfalten hervor. Man sagt zuweilen, dieser Muskel stehe nicht unter der Kontrolle des Willens; aber fast jedermann setzt ihn in Tätigkeit, wenn ihm gesagt wird, er solle die Mundwinkel mit großer Kraft nach hinten und unten ziehen. Ich habe indessen von einem Mann gehört, welcher ihn willkürlich nur an einer Seite des Halses zusammenziehen kann.

Sir Ch. Bell[21] und andere haben angegeben, daß dieser Muskel unter dem Einfluß der Furcht stark zusammengezogen werde; und Duchenne betont seine Bedeutung beim Ausdruck dieser Gemütsbewegung so stark, daß er ihn den „Muskel der Furcht"[22] nennt. Er gibt indessen zu, daß seine Zusammenziehung völlig ausdruckslos ist, wenn sie nicht von weiter Öffnung der Augen und des Mundes begleitet wird. Er hat eine (im beistehenden Holzschnitt kopierte und verkleinerte) Photographie (vgl. S.1334) des bei früheren Gelegenheiten schon erwähnten alten Mannes gegeben, als dessen Augenbrauen erhoben, der Mund geöffnet und das Platysma zusammengezogen war, und zwar alles dies mittelst des Galvanisierens. Die Originalphotographie wurde vierundzwanzig Personen gezeigt und diese wurden einzeln befragt, ohne daß irgendeine Erklärung gegeben worden wäre, welche Ausdrucksform wohl beabsichtigt sei. Zwanzig antworteten augenblicklich: „intensive Furcht" oder „Schauder", drei sagten Schmerz und eine „äußerstes Unbehagen". Dr. Duchenne hat noch eine andere Photographie desselben alten Mannes gegeben, mit zusammengezogenem Platysma, geöffnetem Mund und schräg gestellten Augenbrauen, wiederum mit Hilfe des Galvanismus. Der hierdurch bewirkte Ausdruck ist sehr auffallend (vgl. Bild 2, S.1327); die schräge Stellung der Augenbrauen fügt noch die Erscheinung großer geistiger Trübsal hinzu. Das Original wurde fünfzehn Personen gezeigt; zwölf antworteten äußerste Furcht oder Schauder und drei Seelenangst oder großes Leiden. Nach diesen Fällen und nach

---

[21] Anatomy of Expression, p.168.
[22] Mécanisme de la Physionomie Humaine. Album, Légende XI.

einer Untersuchung der anderen von Dr. Duchenne mitgeteilten Photographien, zusammen mit seinen darüber gemachten Bemerkungen, glaube ich, kann nur wenig Zweifel darüber bestehen, daß die Zusammenziehung des Platysma bedeutend den Ausdruck der Furcht erhöht. Nichtsdestoweniger sollte doch dieser Muskel kaum der der Furcht genannt werden, denn seine Zusammenziehung ist sicherlich kein notwendiger Begleiter dieses Seelenzustandes.

Fig. 19: Äußerste Furcht, nach einer Photographie von Dr. Duchenne.

Ein Mensch kann nämlich die äußerste Furcht in der deutlichsten Weise durch totenähnliche Blässe, durch Tropfen Schweißes auf der Haut und durch vollkommene Abspannung der Kräfte darbieten, und doch sind alle Muskeln mit Einschluß des Platysma vollständig erschlafft. Obgleich Dr. Browne häufig diese Muskeln bei Geisteskranken zucken und sich zusammenziehen gesehen hat, so ist er doch nicht imstande gewesen, die Zusammenziehung desselben mit irgendeinem bestimmten Seelenzustand in Verbindung zu bringen, obwohl er sorgfältig Patienten beobachtet hat, die von Furcht bedeutend litten. Andererseits hat Mr. Nicol drei Fälle beobachtet, in denen dieser Muskel unter dem Einfluß der Melancholie, verbunden mit großer Furcht, mehr oder weniger permanent zusammengezogen zu sein schien; doch waren in einem dieser Fälle verschiedene andere Muskeln am Hals und Kopf krampfhaften Zusammenziehungen unterworfen.

Dr. W. Ogle beobachtete für mich in einem der Londoner Hospitäler ungefähr zwanzig Patienten, gerade ehe sie wegen einer Operation der Einwirkung des Chloroforms ausgesetzt wurden. Sie zeigten etwas Zittern, aber keinen hohen Grad äußerster Furcht. Nur bei vier Fällen unter diesen war eine Zusammenziehung des Platysma sichtbar, und der Muskel begann nicht eher sich zusammenzuziehen, bis die Patienten anfingen zu schreien. Der Muskel schien sich im Moment einer jeden tief eingezognen Inspiration zusammenzuziehen, so daß es sehr zweifelhaft ist, ob die Zusammenziehung überhaupt von der Erregung der Furcht abhängig war. In einem fünften Fall war der Patient, welcher nicht chloroformiert worden war, in sehr großer Furcht, und sein Platysma war gewaltsamer und dauernder zusammengezogen als in den anderen Fällen. Aber selbst hier kann man noch zweifeln; denn Dr. Ogle hat gesehen, daß sich dieser Muskel, welcher hier ungewöhnlich entwickelt zu sein schien, zusammenzog, als der Mann seinen Kopf vom Kissen in die Höhe hob, nachdem die Operation vorüber war.

Da ich mich darüber sehr in Verlegenheit fühlte, warum in irgendeinem Falle ein oberflächlicher Muskel am Hals speziell von der Furcht affiziert werden sollte, wandte ich mich an meine vielen freundlichen Korrespondenten mit der Bitte um Auskunft über die Zusammenziehung dieses Muskels unter anderen Umständen. Es würde überflüssig sein, alle die Antworten hier mitzuteilen, die ich erhalten habe. Sie zeigen, daß dieser Muskel unter vielen verschiedenen Bedingungen, häufig in einer verschiedenen Art und in einem verschiedenen Grade in Tätigkeit tritt. Er wird in der Wasserscheu heftig zusammengezogen und in einem etwas geringeren Grade bei Kinnbackenkrampf; zuweilen auch in einer ausgesprochnen Weise während der Unempfindlichkeit nach Chloroform. Dr. W. Ogle beobachtete zwei Patienten, welche an einer solchen Schwierigkeit beim Atmen litten, daß die Luftröhre geöffnet werden mußte; in beiden Fällen war das Platysma stark kontrahiert. Einer dieser Männer hörte das Gespräch der ihn umgebenden Ärzte mit an, und als er fähig war zu sprechen, erklärte er, daß er sich nicht gefürchtet habe. In einigen anderen Fällen äußerster Schwierigkeit des Atemholens, obwohl sie keine Tracheotomie nötig machten, bemerkten Dr. Ogle und Dr. Langstaff keine Zusammenziehung des Platysma.

Mr. J. Wood, welcher, wie aus seinen verschiedenen Veröffentlichungen hervorgeht, die Muskeln des menschlichen Körpers mit so großer Sorgfalt untersucht hat, hat das Platysma häufig sich beim Erbrechen, bei Übelkeit und Abscheu oder Widerwillen zusammenziehen sehen; auch bei Kindern und Erwachsenen unter dem Einfluß der Wut, z.B. bei Irländerinnen, welche mit zornigen Gestikulationen zankten und schrien. Dies wird möglicherweise eine Folge ihrer hohen und zornigen Stimmen gewesen sein; denn ich kenne eine Dame, welche ausgezeichnet musikalisch ist, und beim Singen gewisser hoher Noten immer ihr Platysma zusammenzieht. Dasselbe tut, wie ich gesehen habe, ein junger Mann beim Angeben gewisser Töne auf der Flöte. Mr. J. Wood teilt mir mit, daß er das Platysma am besten bei Personen mit dickem Hals und breiten Schultern entwickelt gefunden habe, und daß bei Familien, in denen sich diese Eigentümlichkeiten vererben, seine Entwicklung gewöhnlich von einer bedeutenden Fähigkeit, willkürlich auf den homologen Hinterhaupt-Stirnmuskel einzuwirken, durch welchen die Kopfhaut bewegt werden kann, begleitet ist.

Keiner der vorstehend angeführten Fälle scheint irgendein Licht auf die Zusammenziehung des Platysma aus Furcht zu werfen; anders verhält es sich indessen, wie ich meine, mit den folgenden Fällen. Der vorhin erwähnte Herr, welcher willkürlich auf diesen Muskel nur an einer Seite des Halses wirken kann, sagt positiv, daß derselbe sich an beiden Seiten zusammenziehe, sobald er erschreckt werde. Es sind bereits Belege angeführt worden, welche zeigen, daß sich dieser Muskel zuweilen, vielleicht um den Mund weit öffnen zu helfen, zusammenzieht, wenn das Atmen infolge einer Krankheit schwierig wird und während der tiefen Inspirationen der Schreianfälle vor einer Operation. Sobald nun jemand über irgendeinen plötzlichen Anblick oder Laut zusammenschreckt, so holt er augenblicklich tief Atem; hiernach könnte möglicherweise die Zusammenziehung des Platysma mit der Empfindung der Furcht assoziiert worden sein. Es besteht indessen wie ich glaube eine noch wirksamere Beziehung. Die erste Empfindung der Furcht oder die Einbildung irgend etwas Fürchterlichen erregt gewöhnlich ein Schaudern. Ich habe mich selbst dabei überrascht, daß ich bei einem schmerzvollen Gedanken unwillkürlich ein wenig schauderte und ich nahm dabei deutlich wahr, daß sich mein Platysma zusammenzog; dasselbe geschieht, wenn ich ein Schaudern nachmache. Ich habe andere gebeten, dies zu tun; bei einigen zog sich der Muskel zusammen, bei anderen nicht. Einer meiner Söhne schauderte vor Kälte als er aus dem Bett aufstand und da er zufällig seine Hand am Hals hatte, fühlte er

Zwölftes Kapitel

deutlich, daß sich dieser Muskel zusammenzog. Er schauderte dann willkürlich zusammen, wie er es bei früheren Gelegenheiten getan hatte; das Platysma wurde aber dabei nicht affiziert. Mr. J. Wood hat auch mehrere Male beobachtet, wie sich dieser Muskel bei Patienten zusammenzog, die sich der Untersuchung wegen auszukleiden hatten, und zwar nicht weil sie sich gefürchtet hätten, sondern weil sie leicht vor Kälte schauderten. Unglücklicherweise bin ich nicht imstande gewesen zu ermitteln, ob, wenn der ganze Körper wie im Froststadium eines Anfalles von kaltem Fieber geschüttelt wird, das Platysma sich zusammenzieht. Da es sich indessen sicher häufig während eines Schauderns zusammenzieht, und da ein Schaudern häufig die erste Empfindung der Furcht begleitet, so haben wir, meine ich, hierin einen Schlüssel zum Verstehen seiner Tätigkeit im letzteren Falle[23] Seine Zusammenziehung ist indessen kein unabänderlicher Begleiter der Furcht; denn er tritt wahrscheinlich niemals unter dem Einfluß äußersten, ertötenden Schreckens in Tätigkeit.

Erweiterung der Pupillen: – Gratiolet hebt wiederholt hervor[24], daß die Pupillen enorm erweitert werden, sobald äußerste Furcht empfunden wird. Ich habe keinen Grund die Genauigkeit dieser Angabe zu bezweifeln, habe aber vergebens nach bestätigenden Belegen gesucht, den einen vorhin mitgeteilten Fall einer geisteskranken Frau ausgenommen, welche an großer Furcht litt. Wenn Dichter davon Sprechen, daß die Augen stark erweitert worden seien, so vermute ich, daß sie die Augenlider meinen. Munros Angabe[25], daß bei Papageien die Regenbogenhaut durch die Leidenschaften affiziert wird, unabhängig von der Lichtstärke, scheint sich auf diese Frage zu beziehen. Professor Donders teilt mir indessen mit, daß er bei diesen Vögeln häufig Bewegungen der Pupille gesehen habe, welche sich aber, wie er meint, auf das Vermögen dieser Vögel, das Auge verschiedenen Entfernungen zu akkomodieren, beziehen, in nahezu derselben Weise, wie sich unsere eigenen Pupillen zusammenziehen, wenn unsere Augen zum Nahe-Sehen konvergieren. Gratiolet bemerkt, daß die erweiterten Pupillen so erscheinen, als starrten sie in tiefe Finsternis. Ohne Zweifel ist die Furcht bei den Menschen häufig im Dunkeln erregt worden, aber kaum sooft oder so ausschließlich, daß es die Entstehung einer fixierten und assoziierten Gewohnheit erklären könnte. Angenommen daß Gratiolets Angabe korrekt ist, scheint es wahrscheinlicher zu sein, daß das Gehirn direkt durch die gewaltige Erregung der Furcht affiziert wird und auf die Pupillen zurückwirkt; doch teilt mir Professor Donders mit, daß dies ein äußerst komplizierter Gegenstand ist. Ich will noch hinzufügen, da es möglicherweise Licht auf den Gegenstand wirft, daß Dr. Fyffe vom Netley-Hospital, bei zwei Patienten beobachtet hat, daß die Pupillen während des Froststadiums eines Fieberanfalls deutlich erweitert waren. Professor Donders hat auch häufig eine Erweiterung der Pupillen bei beginnenden Ohnmächten gesehen.

Entsetzen: – Der durch diesen Ausdruck bezeichnete Seelenzustand umfaßt äußerste Furcht und ist in manchen Fällen beinahe synonym mit ihr. So mancher Mensch schon muß vor der glücklichen Entdeckung des Chloroforms beim Gedanken an eine bevorstehende chirurgische Operation Entsetzen empfunden haben. Wer einen Menschen fürchtet, ebenso wenn er ihn haßt, wird, wie Milton das Wort braucht, ein Entsetzen vor ihm fühlen. Wir empfinden Entsetzen, wenn wir irgend jemand, beispielsweise ein Kind, einer augenblicklichen zermalmenden Gefahr ausgesetzt sehen. Beinahe ein jeder würde dasselbe Gefühl im höchsten Grade an sich erfahren, wenn er Zeuge davon sein sollte, daß ein Mensch gemartert würde oder gemartert werden sollte.

---

[23] Duchenne hat in der Tat diese Ansicht (a.a.O., p.45), da er die Zusammenziehung des Platysma dem Schaudern vor Furcht (*frisson de la peur*) zuschreibt; an einem anderen Ort vergleicht er aber die Tätigkeit mit der, welche das Haar erschreckter Säugetiere sich aufzurichten verursacht; und dies kann kaum als völlig korrekt betrachtet werden.
[24] De la Physionomie, p.51, 256, 346.
[25] Zitiert in Whites „Gradation in Man", p. 57.

Überraschung – Erstaunen – Furcht – Entsetzen

In diesen Fällen ist keine Gefahr für uns selbst vorhanden; aber durch die Kraft der Einbildung und der Sympathie versetzen wir uns selbst in die Lage des Leidenden und empfinden etwas der Furcht Verwandtes.

Sir Ch. Bell bemerkt[26], daß das Entsetzen voll von Energie ist; der Körper ist im Zustand äußerster Anspannung, „nicht durch Furcht entnervt". Es ist daher wahrscheinlich, daß das Entsetzen allgemein von einer starken Zusammenziehung der Augenbrauen begleitet sein wird. Da aber die Furcht eines der Elemente ist, so werden die Augen und der Mund geöffnet und die Augenbrauen erhoben sein, soweit die antagonistische Tätigkeit der Augenbrauenrunzler diese Bewegung gestatten. Duchenne hat eine Photographie[27] (Figur 20) desselben bereits wiederholt erwähnten alten Mannes gegeben, wo die Augen etwas starrend, die Augenbrauen zum Teil erhoben und gleichzeitig stark zusammengezogen, der Mund geöffnet und das Platysma in Tätigkeit gesetzt war, und zwar auch hier wieder alles durch Anwendung des Galvanismus. Er ist der Ansicht, daß die hierdurch hervorgebrachte Ausdrucksform äußerste Furcht mit entsetzlichem Schmerz oder Qualen anzeigt. Ein gemarteter Mensch wird, solange ihm seine Leiden gestatten, vor dem Kommenden irgendwelche Furcht zu empfinden, wahrscheinlich Entsetzen im allerhöchsten Grade darbieten. Ich habe die Original-Photographie dreiundzwanzig Personen beiderlei Geschlechts und verschiedenen Alters gezeigt; dreizehn antworteten sofort: Entsetzen, großer Schmerz, Marter oder Seelenangst; drei antworteten: äußerste Furcht; so daß also sechzehn nahezu in Übereinstimmung mit Duchennes Ansicht antworteten. Sechs sagten indessen: Zorn, ohne Zweifel durch die stark zusammengezogenen Augenbrauen verleitet und den eigentümlich geöffneten Mund übersehend. Eine Person sagte: Abscheu. Im ganzen deuten diese Tatsachen an, daß wir hier eine ziemlich gute Darstellung des Entsetzens und der Todesangst vor uns haben. Die vorhin herangezogene Photographie (vgl. Bild 2, S.1327) zeigt gleichfalls Entsetzen; bei dieser weist aber die schiefe Stellung der Augenbrauen große geistige Angst nach statt der Energie.

Das Entsetzen wird allgemein von verschiedenen Gebärden begleitet, welche bei verschiedenen Individuen verschieden sind. Nach Gemälden zu urteilen wird häufig der ganze Körper

Fig. 20: Entsetzen und Todesangst, kopiert nach einer Photographie von Dr. Duchenne.

---

[26] Anatomy of Expression, p.160.
[27] Mécanisme de la Physionomie Humaine, Album, pl. 65, p.44, 45.

Zwölftes Kapitel

weggewandt oder fährt zusammen, oder die Arme werden heftig vorgestreckt, als wollten sie irgendeinen fürchterlichen Gegenstand fortstoßen. So viel aus der Handlungsart von Personen geschlossen werden kann, welche versuchen, eine lebhaft eingebildete Szene des Entsetzens auszudrücken, ist die häufigste Gebärde das Erheben beider Schultern, wobei die gebogenen Arme dicht gegen die Seiten der Brust gedrückt werden. Diese Bewegungen sind nahezu die gleichen mit denen, welche gewöhnlich ausgeführt werden, wenn wir stark frieren; allgemein werden sie von einem Schaudern, ebenso auch von einer tiefen Exspiration oder Inspiration begleitet, je nachdem die Brust zu der Zeit zufällig erweitert oder zusammengezogen ist. Die hierdurch hervorgebrachten Laute werden in Worten wie „uh" oder „ugh" ausgedrückt.[28] Es ist indessen nicht recht klar, warum wir, wenn wir frieren oder ein Gefühl des Entsetzens ausdrücken, unsere gebogenen Arme gegen den Körper drücken, unsere Schultern erheben und schaudern.

Schluß: – Ich habe nun versucht, die verschiedenartigen Ausdrucksweisen der Furcht, in ihren Abstufungen von bloßer Aufmerksamkeit zu einem überraschten Zusammenfahren bis zu äußerster Furcht und Entsetzen, zu beschreiben. Einige der Zeichen können durch die Prinzipien der Gewohnheit, Assoziation und Vererbung erklärt werden, so das weite Öffnen des Mundes und der Augen mit aufgehobenen Augenbrauen, so daß wir so schnell wie möglich rund um uns her sehen können und deutlich hören, was für Laute überhaupt nur unsere Ohren erreichen mögen. Denn wir haben uns in dieser Weise gewohnheitsmäßig vorbereitet, irgendeine Gefahr zu entdecken und ihr zu begegnen. Einige der anderen Zeichen der Furcht können gleichfalls, wenigstens zum Teil durch diese drei Prinzipien erklärt werden. Die Menschen haben zahllose Generationen hindurch versucht, ihren Feinden oder Gefahren durch ungestüme Flucht oder durch heftiges Kämpfen mit ihnen zu entgehen; und derartige Anstrengungen werden es verursacht haben, daß das Herz geschwind schlägt, das Atmen beschleunigt ist, die Brust sich schwer hebt und die Nasenlöcher erweitert werden. Da diese Anstrengungen sich häufig bis zur äußersten Höhe andauernd wiederholt haben, wird äußerste Kraftlosigkeit, Blässe, Schweiß, Zittern aller Muskeln oder ihre völlige Erschlaffung das endliche Resultat gewesen sein. Und nun streben, sobald die Erzeugung der Furcht stark empfunden wird, obwohl sie zu keiner Anstrengung zu führen braucht, durch die Gewalt der Vererbung und Assoziation dieselben Resultate wieder zu erscheinen.

Nichtsdestoweniger sind doch wahrscheinlicherweise viele oder die meisten der eben geschilderten Symptome äußerster Furcht, so das Klopfen des Herzens, das Zittern der Muskeln, der kalte Schweiß usw., zum großen Teil direkte Folgen der gestörten oder unterbrochenen Übermittlung von Nervenkraft von dem Gehirn-Rückenmarksystem an verschiedene Teile des Körpers, weil der Geist dabei so mächtig affiziert ist. Wir können dies zuversichtlich für die Ursache ansehen, unabhängig von Gewohnheit und Assoziation, in solchen Fällen, wo z.B. die Absonderungen des Darmkanals modifiziert werden und die Tätigkeit gewisser Drüsen versagt. In bezug auf das unwillkürliche Sträuben des Haares haben wir guten Grund zu der Annahme, daß, was die Tiere betrifft, dieser Akt, wie er auch ursprünglich entstanden sein mag, in Verbindung mit gewissen willkürlichen Bewegungen dazu dient, dieselben ihren Feinden schrecklich erscheinen zu lassen; und da dieselben unwillkürlichen und willkürlichen Bewegungen von Tieren ausgeführt werden, welche mit dem Menschen nahe verwandt sind, so werden wir zu der Annahme geführt, daß der Mensch durch Vererbung ein jetzt nutzlos gewordenes Überbleibsel derselben beibehalten hat. Es ist gewiß eine merkwürdige Tatsache, daß die äußerst kleinen nicht quergestreiften Muskeln, durch welche die dünn über den beinahe nackten Körper des Menschen zerstreut stehenden Haare aufgerichtet werden, bis auf den heutigen Tag erhalten

---

[28] S. Bemerkungen hierüber bei Mr. Wedgwood in der Einleitung zu seinem „Dictionary of English Etymology", 2. edit., 1872, p.XXXVII.

worden sind und daß dieselben sich noch immer unter denselben Gemütserregungen, nämlich äußerste Furcht und Wut zusammenziehen, welche das Aufrichten der Haare bei den niederen Gliedern der Ordnung, zu welcher der Mensch gehört, verursachen.

Dreizehntes Kapitel

Selbstaufmerksamkeit – Scham – Schüchternheit – Bescheidenheit – Erröten

Natur des Errötens – Vererbung – Die am meisten affizierten Teile des Körpers – Erröten bei verschiedenen Menschenrassen – Begleitende Gebärden – Zerstreutheit des Geistes – Ursachen des Errötens – Selbstaufmerksamkeit, das Fundamental-Element – Schüchternheit – Scham nach Verletzung von Moralgesetzen und konventionellen Regeln – Bescheidenheit – Theorie des Errötens – Schlußwiederholung

Das Erröten ist die eigentümlichste und menschlichste aller Ausdrucksformen. Affen werden vor Leidenschaft rot; es würde aber einer überwältigenden Menge von Beweisen bedürfen, um uns glauben zu machen, daß irgendein Tier erröten könne. Das Rotwerden des Gesichts infolge aufsteigender Schamröte (des hier im engeren Sinne sogenannten Errötens) ist Folge der Erschlaffung der muskulösen Wandungen der kleinen Arterien, durch welche die Haargefäße mit Blut gefüllt werden, und dies hängt wieder davon ab, daß die betreffenden vasomotorischen Zentralteile affiziert werden. Ohne Zweifel wird, wenn zu gleicher Zeit eine große geistige Aufregung herrscht, die allgemeine Zirkulation mit affiziert sein; es ist aber keine Folge der Tätigkeit des Herzens, daß das Netzwerk der kleinsten das Gesicht bedeckenden Gefäße unter einem Gefühl von Scham mit Blut überfüllt wird. Wir können Lachen durch Kitzeln der Haut, Weinen oder Stirnrunzeln durch einen Schlag, Zittern durch Furcht oder Schmerz verursachen usw.; wir können aber, wie Dr. Burgess bemerkt[1], ein Erröten durch keine physikalischen Mittel, – d. h. durch keine Einwirkung auf den Körper verursachen. Es ist der Geist, welcher affiziert sein muß. Das Erröten ist nicht bloß unwillkürlich; vielmehr erhöht schon der Wunsch es zu unterdrücken, dadurch daß er zur Aufmerksamkeit auf sich selbst führt, faktisch die Neigung dazu.

Jüngere Individuen erröten viel leichter und häufiger als alte, aber nicht während der ersten Kindheit[2]; dies ist deshalb merkwürdig, als wir wissen, daß kleine Kinder in einem sehr frühen Alter vor Leidenschaft rot werden. Ich habe den authentischen Bericht über zwei kleine Mädchen im Alter zwischen zwei und drei Jahren erhalten, welche erröteten, ferner von einem anderen empfindlichen, ein Jahr älteren Kind, welches errötete, wenn es wegen eines Fehlers getadelt wurde. Viele Kinder erröten in einem etwas fortgeschritteneren Alter in einer scharf ausgesprochenen Weise. Es scheint, als wären die geistigen Kräfte kleiner Kinder noch nicht hinreichend entwickelt, um ein Erröten bei ihnen zu gestatten. Daher kommt es auch, daß Idioten selten erröten. Dr. Crichton Browne beobachtete für mich die unter seiner Pflege befindlichen, sah aber niemals ein rechtes Erröten, obschon er gesehen hat, daß ihr Gesicht, allem Anschein nach aus Freude, wenn ihnen Nahrung vorgesetzt wurde, und aus Zorn rot wurde. Nichtsdestoweniger sind manche, wenn sie nicht im äußersten Grade erniedrigt sind, imstande zu erröten. So hat z. B. Dr. Behn[3] einen mikrozephalen Idioten von dreizehn Jahren beschrieben, dessen Augen ein wenig strahlten, wenn er sich freute oder wenn er erheitert wurde, und welcher errötete und sich nach der Seite umwandte, als er der ärztlichen Untersuchung wegen entkleidet wurde.

Frauen erröten viel mehr als Männer. Es ist selten, einen alten Mann erröten zu sehen, aber nicht nahezu so selten, eine alte Frau rot werden zu sehen. Die Blinden entgehen dem Erröten nicht. Laura Bridgman, welche in diesem Zustand und außerdem noch vollständig taub geboren

---

[1] The Physiology or Mechanism of Blushing, 1839, p.156. Ich werde häufig Veranlassung haben, dieses Buch im vorliegenden Kapitel zu zitieren.
[2] Dr. Burgess: a.a.O., p.56. Auf p.33 macht er gleichfalls die Bemerkung, daß Frauen viel reichlicher erröten als Männer, wie unten angegeben wird.
[3] Zitiert von C. Vogt: Mémoire sur les Microcéphales, 1867, p.20. Dr. Burgess zweifelt daran (a.a.O., p.56), ob Blödsinnige jemals erröten.

wurde, errötet.[4] Mr. R. H. Blair, Vorsteher des Worcester-College, gibt an, daß drei blind geborene Kinder unter sieben oder acht sich zu der Zeit in der Anstalt befindenden leicht und stark erröten. Anfangs sind sich die Blinden nicht bewußt, daß sie beobachtet werden, und es ist, wie mir Mr. Blair mitteilt, einer der wichtigsten Stücke in ihrer Erziehung, dieses Bewußtsein ihrem Geist einzuprägen; der hierdurch erlangte Eindruck dürfte die Neigung zu erröten durch die Verstärkung der Gewohnheit der Aufmerksamkeit auf sich selbst bedeutend festigen.

Die Neigung zu erröten wird vererbt. Dr. Burgess teilt den Fall einer Familie mit[5], bestehend aus dem Vater, der Mutter und zehn Kindern, welche sämtlich ohne Ausnahme bis zu einem äußerst peinlichen Grade zu erröten geneigt waren. Die Kinder wuchsen heran, „und einige von ihnen wurden auf Reisen geschickt, um diese krankhafte Empfindlichkeit zu überwinden; es half aber alles nicht das geringste." Selbst Eigentümlichkeiten beim Erröten scheinen vererbt zu werden. Als Sir James Paget das Rückgrat eines jungen Mädchens untersuchte, fiel ihm die eigentümliche Art des Errötens bei ihr auf; es erschien zuerst ein großer roter Fleck auf der einen Wange, dann kamen andere Flecken verschiedentlich über das Gesicht und den Hals zerstreut. Er fragte dann später die Mutter, ob ihre Tochter immer in dieser eigentümlichen Weise errötet wäre und erhielt zur Antwort: „Ja, sie ist nach mir geraten." Und nun bemerkte Sir J. Paget, daß er durch das Stellen dieser Frage die Mutter zu erröten veranlaßt habe; sie zeigte dabei dieselben Eigentümlichkeiten wie ihre Tochter.

In den meisten Fällen sind das Gesicht, die Ohren und der Hals die einzigen Teile, welche rot werden; viele Personen fühlen aber, während sie intensiv erröten, daß ihr ganzer Körper zu glühen und zu prickeln anfängt; und dies beweist, daß die ganze Körperoberfläche in irgendeiner Art affiziert sein muß. Man sagt zuweilen, daß das Erröten an der Stirn beginne, häufiger tut es dies an den Wangen und verbreitet sich später bis auf die Ohren und den Hals.[6] Bei zwei von Dr. Burgess untersuchten Albinos begann das Erröten mit einem kleinen umschriebenen Fleck auf den Wangen über dem Nervengeflecht der Ohrspeicheldrüse und vergrößerte sich dann kreisförmig; zwischen diesem erröteten Kreis und dem Erröten am Hals bestand eine deutliche Demarkationslinie, obschon beides gleichzeitig eintrat. Die Netzhaut, welche bei den Albinos naturgemäß rot ist, nahm unabänderlich zu derselben Zeit an Röte zu.[7] Jedermann muß bemerkt haben, wie leicht nach einmaligem Erröten frische Nachschübe von Erröten [wenn der Ausdruck gestattet ist] einander über das Gesicht jagen. Dem Erröten geht ein eigentümliches Gefühl in der Haut voraus. Nach Dr. Burgess folgt dem Erröten allgemein eine geringe Blässe, welche zeigt, daß sich die Haargefäße nach der Erweiterung zusammenziehen. In einigen seltenen Fällen wurde unter Umständen, welche ihrer Natur nach ein Erröten herbeiführen würden, Blässe verursacht anstatt Röte. So erzählte mir eine junge Dame, daß sie in einer großen und sehr noblen Gesellschaft mit ihrem Haar so fest am Knopf eines vorübergehenden Dieners hängen geblieben war, daß es eine Zeitlang dauerte, ehe sie wieder losgemacht werden konnte. Ihren Empfindungen nach bildete sie sich ein, daß sie tief purpurn errötet sei, und doch versicherte ihr eine Freundin, daß sie äußerst blaß geworden war.

Ich war begierig zu erfahren, wie weit sich das Erröten abwärts am Körper erstreckt. Sir James Paget, welcher notwendigerweise häufige Gelegenheit zur Beobachtung in dieser Hinsicht hat, war so freundlich, während zweier oder dreier Jahre meinetwegen diesen Punkt zu beachten. Er findet, daß sich das Erröten bei Frauen, welche am Gesicht, an den Ohren und im Nacken intensiv rot werden, gewöhnlich nicht weiter am Körper herunter erstreckt. Man sieht es selten so tief herabreichen, wie zu den Schlüsselbeinen und Schulterblättern; er selbst hat niemals einen einzigen Fall gesehen, wo es sich bis über den oberen Teil der Brust nach unten erstreckte. Er

---

[4] Lieber: On the Vocal Sounds etc., in: Smithsonian Contributions. Vol. II, 1851, p.6.
[5] A.a.O., p.182.
[6] Moreau: Ausgabe von Lavater von 1820, Vol. IV, p.303.
[7] Burgess: a.a.O., p.38, Über die Blässe nach dem Erröten, p.177.

hat auch bemerkt, daß das Erröten zuweilen nach unten nicht allmählich und unmerkbar, sondern mit unregelmäßigen, blaßroten Flecken aufhört. Dr. Langstaff hat gleichfalls in meinem Interesse mehrere Frauen beobachtet, deren Körper nicht im geringsten rot wurde, während ihr Gesicht vom Erröten tief purpurn wurde. Bei Geisteskranken, von denen einige außerordentlich zu erröten geneigt scheinen, hat Dr. Crichton Browne mehrere Male das Erröten bis auf die Schlüsselbeine sich erstrecken sehen und in zwei Fällen sogar bis auf die Brust. Er teilt mir den Fall von einer verheirateten, siebenundzwanzig Jahre alten Frau mit, die an Epilepsie litt. Am Morgen nach ihrer Ankunft in der Anstalt besuchte sie Dr. Browne zusammen mit seinen Assistenten, während sie im Bett lag. Im Augenblick als er sich ihr näherte, errötete sie tief über ihre Wangen und Schläfen und das Erröten breitete sich schnell bis zu den Ohren aus. Sie war sehr erregt und zitterte leicht. Dr. Browne band nun den Kragen ihres Hemdes auf, um den Zustand ihrer Lungen zu untersuchen und dabei ergoß sich ein glänzendes Erröten auf ihren Busen, sich in einer bogenförmigen Linie über das obere Drittel jeder Brust und abwärts zwischen die Brüste bis nahe an den schwertförmigen Fortsatz des Brustbeins erstreckend. Es ist dieser Fall deshalb von Interesse, als sich hiernach das Erröten nicht eher so weit hinab erstreckte, bis es dadurch intensiv wurde, daß ihre Aufmerksamkeit auf diesen Teil ihres Körpers gelenkt wurde. Im weiteren Verlauf der Untersuchung wurde sie ruhig und das Erröten verschwand; aber bei mehreren späteren Gelegenheiten traten dieselben Erscheinungen wieder auf.

Die vorstehend erwähnten Fälle zeigen, daß sich der allgemeinen Regel nach bei englischen Frauen das Erröten nicht tiefer hinab als bis zum Hals und dem oberen Teil der Brust erstreckt. Nichtsdestoweniger teilt mir Sir James Paget mit, daß er kürzlich von einem Fall gehört habe, und er könne sich sicher auf die Angabe verlassen, in welchem ein kleines Mädchen, über das beleidigt, was ihrer Idee nach ein Akt der Unzartheit war, über ihr ganzes Abdomen und die oberen Teile ihrer Beine errötete. Auch Moreau berichtet[8] nach der Autorität eines berühmten Malers, daß die Brust, Schultern, Arme und der ganze Körper eines Mädchens, was sich nach Widerstreben dazu verstanden hatte, als Modell zu dienen, rot wurden, als sie zum ersten Mal von ihren Kleidern entblößt wurde.

Es ist eine ziemlich merkwürdige Frage, warum in den meisten Fällen das Gesicht, die Ohren und der Hals allein rot werden, während doch häufig die ganze Oberfläche des Körpers prickelt und heiß wird. Dies scheint hauptsächlich davon abzuhängen, daß das Gesicht und die benachbarten Teile der Haut gewöhnlich der Luft, dem Licht und den Temperaturveränderungen ausgesetzt gewesen sind, durch welche die kleinen Arterien nicht bloß die Gewohnheit erlangt haben, sich leicht zu erweitern und zusammenzuziehen, sondern auch im Vergleich mit anderen Stellen der Oberfläche ungewöhnlich entwickelt worden zu sein scheinen.[9] Wie Mr. Moreau und Dr. Burgess bemerkt haben, ist dies wahrscheinlich Folge derselben Ursache, aus welcher das Gesicht auch unter verschiedenen Umständen so leicht rot wird, (wie in einem Fieberanfall, bei gewöhnlicher Wärme, heftiger Anstrengung, bei Zorn, einem leichten Schlag usw.), auf der anderen Seite aber vor Kälte und Furcht leicht blaß, und während der Schwangerschaft mißfarben wird. Das Gesicht ist auch ganz eigentümlich bei Hautkrankheiten, wie bei Pocken, Rose usw. dem Ergriffenwerden ausgesetzt. Diese Ansicht wird auch von der Tatsache unterstützt, daß Menschen gewisser Rassen, welche gewöhnlich nahezu nackt gehen, häufig über ihre Arme, über die Brust und selbst bis hinab auf ihre Taille erröten. Eine Dame, welche leicht und stark errötet, teilt Dr. Browne mit, daß, wenn sie sich beschämt oder aufgeregt fühlt, sie über das Gesicht, den Hals, die Handgelenke und Hände errötet –, d. h. also über alle unbedeckten Teile der Haut. Nichtsdestoweniger läßt sich doch zweifeln, ob das gewohnheitsmäßige Aussetzen der Haut des Gesichts und des Halses und das davon abhängige Vermögen, auf Reize aller Arten zu reagieren, an sich hinreichend ist, die Neigung bei Engländerinnen in diesen Teilen viel bedeu-

---

[8] S. Lavater, Ausgabe von 1820, Vol. IV, p.303.

[9] Burgess: a.a.O., p.114, 122. Moreau, in Lavater, a.a.O., Vol. IV, p.293.

tender zu erröten als an anderen zu erklären. Denn die Hände sind mit Nerven und kleinen Gefäßen hinreichend versorgt und sind der Luft ebensoviel ausgesetzt gewesen wie das Gesicht oder der Hals, und doch erröten die Hände selten. Wir werden sofort sehen, wie der Umstand, daß die Aufmerksamkeit des Geistes viel häufiger und eingehender auf das Gesicht als auf irgendeinen anderen Teil des Körpers gerichtet gewesen ist, wahrscheinlich eine genügende Erklärung darbietet.

Das Erröten bei den verschiedenen Menschenrassen: – Die kleinen Gefäße des Gesichts werden infolge der Erregung der Scham in beinahe allen Menschenrassen mit Blut gefüllt, obschon bei den sehr dunklen Rassen keine deutliche Farbveränderung wahrgenommen werden kann. Das Erröten ist bei allen arischen Nationen von Europa deutlich und in gewissem Grade auch bei denen Ost-Indiens. Aber Mr. Erskine hat niemals bemerkt, daß der Hals der Hindus entschieden davon ergriffen wäre. Bei den Lepchas des Sikkim hat Mr. Scott häufig ein leichtes Erröten auf den Wangen beobachtet, ferner an der Basis der Ohren und an den Seiten des Halses in Begleitung niedergeschlagener Augen und eines herabgesenkten Kopfes. Dies ist eingetreten, wenn er irgendeine Falschheit bei ihnen entdeckt oder sie der Undankbarkeit beschuldigt hatte. Die blasse, eigentümlich bleiche Gesichtsfarbe dieser Leute macht ein Erröten bei ihnen deutlicher als bei den meisten der anderen Eingeborenen von Indien. Bei den letzteren wird Scham, oder es könnte zum Teil auch Furcht sein, der Angabe Mr. Scotts zufolge viel deutlicher dadurch ausgedrückt, daß der Kopf abgewandt oder niedergebeugt wird, wobei die Augen hin- und herschwanken oder nur von der Seite blicken, als durch irgendeine Farbveränderung in der Haut.

Die semitischen Rassen erröten leicht und stark, wie sich schon aus ihrer allgemeinen Ähnlichkeit mit den Ariern hätte erwarten lassen. So heißt es von den Juden bei Jeremias (Kap.6, V.15): „Wie wohl sie wollen ungeschändet sein und wollen sich nicht schämen (erröten)."* Mrs. Asa Gray sah einen Araber, der sein Boot auf dem Nil sehr schwerfällig behandelte; und als er von seinen Begleitern ausgelacht wurde, „errötete er vollständig bis in den Nacken." Lady Duff Gordon bemerkt, daß ein junger Araber errötete, als er in ihre Nähe kam.[10]

Mr. Swinhoe hat die Chinesen erröten sehen, glaubt aber, daß dies selten ist. Doch haben sie den Ausdruck „vor Scham rot werden." Mr. Geach teilt mir mit, daß die in Malacca niedergelassenen Chinesen und die eingeborenen Malaien des Innern beide erröten. Einige von diesen Leuten gehen nahezu nackt; Mr. Geach war daher vorzüglich auf die Ausdehnung des Errötens abwärts aufmerksam. Mit Hinweglassen der Fälle, in denen nur das Gesicht errötend gesehen wurde, beobachtete Mr. Geach, daß das Gesicht, die Arme und die Brust eines vierundzwanzig Jahre alten Chinesen vor Scham rot wurden, und bei einem anderen Chinesen wurde der ganze Körper in ähnlicher Weise affiziert, als er gefragt wurde, warum er seine Arbeit nicht besser getan hätte. Bei zwei Malaien[11] sah Mr. Geach, daß das Gesicht, der Hals, die Brust und die Arme erröteten, und bei einem dritten Malaien (einem Bugis) erstreckte sich das Erröten bis zur Taille herab.

Die Polynesier erröten sehr viel. Mr. Stack hat Hunderte von Beispielen bei den Neu-Seeländern gesehen. Der folgende Fall ist der Erwähnung wert, da er sich auf einen alten Mann bezieht, welcher ungewöhnlich dunkelfarbig und zum Teil tätowiert war. Nachdem er sein Land für eine geringe jährliche Rente an einen Engländer verpachtet hatte, ergriff ihn eine starke Leidenschaft, sich einen Gig zu kaufen, was vor kurzem bei den Maoris Mode geworden war. Infolgedessen wünschte er die ganze Rente für vier Jahre von seinem Pächter im voraus

---

* Die Luthersche Übersetzung gibt das im Original stehende „Betroffensein" richtiger wieder als die autorisierte englische Übersetzung.

[10] Letters from Egypt., 1865, p.66. Lady Gordon irrt sich, wenn sie sagt, Malaien und Mulatten erröteten niemals.

[11] Capt. Osborn sagt (Quedah, p.199), wo er von einem Malaien spricht, den er wegen seiner Grausamkeit tadelte, er habe sich gefreut, den Mann erröten zu sehen.

Dreizehntes Kapitel

zu erhalten und konsultierte Mr. Stack, ob er dies tun könne. Der Mann war alt, schwerfällig, arm und zerlumpt, und die Idee, daß er sich in seinem Wagen zum Ansehen herumfahren könne, erheiterte Mr. Stack so sehr, daß er nicht umhin konnte, in Lachen auszubrechen, und hierauf „errötete der alte Mann bis an seine Haarwurzeln." Forster sagt[12], daß man auf den Wangen der schönsten Frauen in Tahiti „leicht ein sich ausbreitendes Erröten unterscheiden könne." Auch die Eingeborenen mehrerer der anderen Archipele des Stillen Ozeans erröten, wie man gesehen hat.

Mr. Washington Matthews hat häufig ein Erröten auf den Gesichtern der jungen Mädchen gesehen, die zu verschiedenen wilden Indianerstämmen von Nord-Amerika gehören. Am entgegengesetzten Ende des Kontinents in Feuerland erröten die Eingeborenen der Angabe Mr. Bridges' zufolge „sehr, aber vorzüglich die Frauen; sie erröten aber sicher auch über ihre eigene persönliche Erscheinung." Diese letztere Angabe stimmt mit dem überein, dessen ich mich von dem Feuerländer Jemmy Button erinnere, welcher errötete, als er über die Sorgfalt geneckt wurde, mit welcher er seine Schuhe blank machte und sich auf andere Weise noch schmückte. In bezug auf die Aymara-Indianer auf dem hochgelegenen Plateau von Bolivien sagt Mr. Forbes[13], daß es wegen der Farbe ihrer Haut unmöglich ist, ihr Erröten so deutlich zu sehen, wie bei den weißen Rassen. „Es läßt sich aber" unter solchen Umständen, welche bei uns ein Erröten hervorrufen würden, „immer derselbe Ausdruck der Bescheidenheit oder Verwirrung erkennen, und selbst im Dunkeln kann man ein Erhöhen der Temperatur der Haut des Gesichts fühlen, genauso, wie es bei Europäern vorkommt." Bei den Indianern, welche die warmen, gleichförmig feuchten Teile von Süd-Amerika bewohnen, antwortet dem Anschein nach die Haut der geistigen Erregung nicht so leicht wie bei den Eingeborenen der nördlichen und südlichen Teile des Kontinents, welche lange großem Klimawechsel ausgesetzt gewesen sind; denn Humboldt zitiert, ohne einen Protest dagegen zu erheben, die spöttische Bemerkung des Spaniers: „Wie kann man denen trauen, welche nicht erröten können?"[14] Wo Spix und Martius von den Ureinwohnern von Brasilien sprechen, führen sie an, daß man nicht eigentlich sagen könne, sie erröten. „Erst nach langem Verkehr mit den Weißen und nachdem sie eine gewisse Erziehung erhalten hatten, konnten wir bei den Indianern eine Veränderung der Farbe wahrnehmen, welche für die Erregungen ihrer Seele ausdrucksvoll war."[15] Es ist indessen unglaublich, daß das Vermögen zu erröten in dieser Weise entstanden sein könne; die Gewohnheit der Selbstaufmerksamkeit aber, welche eine Folge ihrer Erziehung und ihrer neuen Lebensweise war, dürfte jene eingeborene Neigung zum Erröten bedeutend verstärkt haben.

Mehrere glaubwürdige Beobachter haben mir versichert, daß sie auf den Gesichtern der Neger eine Erscheinung bemerkt hätten, welche einem Erröten ähnlich ist, und zwar unter Umständen, welche ein solches bei uns erregt haben würden, obwohl die Haut von einer elfenbeinschwarzen Färbung war. Manche beschreiben es als ein braunes Erröten; die meisten sagen aber, daß die Schwärze dann noch intensiver wird. Ein vermehrter Zufluß von Blut in

---

[12] J. R. Forster: Observations during a Voyage round the World. 4°, 1778, p.229. Waitz gibt (Anthropologie der Naturvölker, Teil 1, 1859, Seite 149) weitere Belege in bezug auf andere Inseln des Stillen Ozeans. Siehe auch Dampier: Über das Erröten der Tunqinesen (Vol II, p.40); ich habe aber das Werk nicht eingesehen. Waitz führt Bergmann dafür an, daß die Kalmücken nicht erröten; nach dem, was wir in bezug auf die Chinesen gesehen haben, läßt sich dies indessen bezweifeln. Er zitiert auch Roth, welcher leugnet, daß die Abessinier des Errötens fähig wären. Unglücklicherweise hat Captain Speedy, welcher so lange unter den Abessiniern gelebt hat, meine Anfrage über diesen Punkt nicht beantwortet. Endlich muß ich noch hinzufügen, daß der Rajah Brooke bei den Dyaks von Borneo niemals das geringste Zeichen eines Errötens gesehen hat; im Gegenteil geben sie selbst an, daß sie unter Umständen, welche bei uns ein Erröten erregen würde, „fühlen, wie das Blut aus dem Gesicht gezogen werde".

[13] Transact. of the Ethnolog. Society. Vol. II, 1870, p.16.
[14] Humboldt: Personal Narrative. Engl, transl., Vol. III, p.229.
[15] Zitiert von Prichard: Physic. History of Mankind. 4. edit., Vol. I, 1851, p.271.

die Haut scheint in einer gewissen Weise deren Schwärze zu erhöhen; so machen gewisse exanthematische Krankheiten die affizierten Stellen auf der Haut bei dem Neger schwärzer erscheinen, statt daß sie wie bei uns röter würden.[16] Vielleicht dürfte auch die Haut, weil sie durch die Erfüllung der Haargefäße gespannter wird, eine etwas verschiedene Farbe reflektieren, als sie vorher tat. Daß die Haargefäße des Gesichts unter der Gemütserregung der Scham beim Neger mit Blut gefüllt werden, können wir getrost annehmen, weil eine vollständig als solche charakterisierte Albino-Negerin, welche Buffon beschrieben hat[17], einen leichten purpurnen Anflug auf ihren Wangen zeigte, als sie sich nackend darstellen mußte. Narben der Haut bleiben beim Neger lange Zeit weiß, und Dr. Burgess, welcher häufig Gelegenheit hatte, eine Narbe dieser Art im Gesicht einer Negerin zu beobachten, hat deutlich gesehen, daß die Narbe „ausnahmslos rot wurde, sobald die Negerin plötzlich angeredet oder in irgendeiner Weise unbedeutend beschuldigt wurde"[18]. Man konnte sehen, daß das Erröten von der Peripherie der Narbe nach dem Mittelpunkt hin fortschritt; es erreichte aber den letzteren nicht. Mulatten erröten häufig sehr leicht und stark, wobei ein roter Hauch nach dem anderen über ihr Gesicht zieht. Nach diesen Tatsachen läßt sich nicht daran zweifeln, daß Neger erröten, obschon die Röte selbst auf der Haut nicht sichtbar wird.

Gaika und Mrs. Barber haben mir beide versichert, daß die Kaffern von Süd-Afrika niemals erröten. Dies dürfte aber vielleicht nur heißen, daß keine Farbveränderung zu unterscheiden ist. Gaika fügt hinzu, daß unter den Umständen, welche einen Europäer erröten machen würden, seine Landsleute „sich schämen, den Kopf aufrecht zu halten".

Vier meiner Korrespondenten haben angegeben, daß die Australier, welche beinahe so schwarz sind wie die Neger, niemals erröten. Ein fünfter beantwortet meine Frage mit einem Zweifel, wobei er bemerkt, daß wegen des schmutzigen Zustandes ihrer Haut nur ein sehr starkes Erröten gesehen werden könnte. Drei Beobachter geben an, daß die Australier wirklich erröten[19]; Mr. S. Wilson fügt noch hinzu, daß dies nur infolge einer starken Erregung bemerkbar ist und wenn die Haut nicht infolge langen Ausgesetztseins und eines Mangels an Reinlichkeit zu dunkel ist. Mr. Lang antwortet: „Ich habe bemerkt, daß Scham beinahe immer ein Erröten hervorruft, welches sich häufig den ganzen Hals herab erstreckt." Scham zeigt sich auch, wie er hinzufügt, dadurch, „daß die Augen von Seite zu Seite gedreht werden". Da Mr. Lang ein Lehrer in einer Eingeborenenschule war, so hat er wahrscheinlich hauptsächlich Kinder beobachtet, und wir wissen, daß sie mehr erröten als Erwachsene. Mr. G. Taplin hat Halbblutmischlinge erröten gesehen und er sagt, daß die Ureinwohner ein Wort haben, was Scham ausdrückt. Mr. Hagenauer, welcher einer von denen ist, welche niemals die Australier erröten gesehen haben, sagt, daß „er gesehen hat, wie sie vor Scham auf die Erde blicken"; und der Missionar Mr. Bulmer bemerkt: „Obschon ich nicht imstande gewesen bin, irgend etwas der Scham Ähnliches bei den erwachsenen Eingeborenen zu entdecken, habe ich doch bemerkt, daß die Augen der Kinder, wenn sie verschämt sind, ein ruheloses wässeriges Ansehen darbieten, als wenn sie nicht wüßten, wo sie hinsehen sollten."

Die bis jetzt mitgeteilten Tatsachen reichen wohl hin, nachzuweisen, daß das Erröten, mag nun irgendeine Farbveränderung dabei vorliegen oder nicht, den meisten und wahrscheinlich allen Menschenrassen gemeinsam zukommt.

---

[16] Siehe über diesen Punkt: Burgess: a.a.O., p.32; auch Waitz: Anthropologie der Naturvölker. Th. 1, 1859, S.149. Moreau gibt einen detaillierten Bericht (Lavater, 1820, Tom IV, p.302) von dem Erröten einer Negersklavin von Madagaskar, als sie von ihrem Herrn gezwungen wurde, ihren nackten Busen zu zeigen.
[17] Zitiert von: Prichard: Physic. History of Mankind. 4. edit., Vol. I, 1851, p.225.
[18] Burgess: a.a.O., p.31. Über das Erröten von Mulatten, ebd., p.33. Ich habe in bezug auf Mulatten ähnliche Schilderungen erhalten.
[19] Auch Barrington sagt, daß die Australier von Neu-Süd-Wales erröten, wie Waitz zitiert, a.a.O., S.149.

Dreizehntes Kapitel

Bewegungen und Gebärden, welche das Erröten begleiten: – Bei einem scharfen Gefühl der Scham findet sich ein starkes Verlangen nach Verbergen.[20] Wir wenden den ganzen Körper und ganz besonders das Gesicht weg, welches wir in irgendeiner Art zu verbergen suchen. Eine sich schämende Person kann es kaum ertragen, dem Blick der Anwesenden zu begegnen, so daß sie beinahe unabänderlich die Augen niederschlägt oder von der Seite in die Höhe sieht. Da allgemein in derselben Zeit auch ein starkes Verlangen vorhanden ist, die Erscheinung der Scham zu vermeiden, so wird ein vergeblicher Versuch gemacht, direkt die Person anzusehen, welche dieses Gefühl verursacht; und der Gegensatz zwischen diesen beiden entgegengesetzten Neigungen führt zu verschiedenen, unruhigen Bewegungen der Augen. Ich habe bemerkt, wie zwei Damen beim Erröten, was sie außerordentlich gern taten, einen dem Anschein nach äußerst merkwürdigen Zug sich angewöhnt hatten, nämlich unablässig mit den Augenlidern mit außerordentlicher Geschwindigkeit zu blinken. Ein intensives Erröten wird zuweilen von einem leichten Tränenerguß begleitet[21], und ich vermute, daß dies eine Folge davon ist, daß die Tränendrüsen an dem vermehrten Blutzufluß teilnehmen, welcher, wie wir wissen, in die Haargefäße der benachbarten Teile mit Einschluß der Netzhaut einströmt.

Viele Schriftsteller, sowohl alte als auch neuere, haben die vorstehend erwähnten Bewegungen bemerkt, und es ist bereits gezeigt worden, daß die Ureinwohner verschiedener Teile der Erde häufig ihre Scham durch das Abwärts- oder Seitwärtsblicken oder durch unruhige Bewegung ihrer Augen ausdrücken. Esra ruft aus Kap. 9 Vers 6: Mein Gott, ich schäme mich und scheue mich meine Augen aufzuheben zu dir, mein Gott! In Jesaja (Kap. 50, Vers 6) finden wir die Worte: „Mein Angesicht verbarg ich nicht vor Scham und Speichel." Seneca bemerkt (Episteln XL, 5), „daß die römischen Schauspieler ihre Köpfe hängen lassen, ihre Augen auf den Boden heften und sie gesenkt erhalten, aber nicht fähig sind, beim Darstellen der Scham zu erröten." Nach Macrobius, welcher im fünften Jahrhundert lebte (Saturnalia VII., 11) „behaupten die Naturphilosophen, daß die durch die Scham bewegte Natur das Blut vor ihr wie einen Schleier ausbreitet, da wir jemand, der errötet, auch häufig seine Hände vor das Gesicht halten sehen". Shakespeare läßt Markus zu seiner Nichte sagen (Titus Andronicus, Akt II, Szene 5): „Ach, wendst Du jetzt Dein Angesicht weg aus Scham?" Eine Dame teilt mir mit, daß sie in dem Lock-Hospital ein Mädchen gefunden habe, das sie früher gekannt hätte und welche ein verworfenes Subjekt geworden wäre. Als sie sich dem armen Geschöpf näherte, verbarg dasselbe sein Gesicht unter den Betttüchern und konnte nicht überredet werden, sich sehen zu lassen. Wir sehen häufig kleine Kinder, wenn sie schüchtern oder verschämt sind, sich wegwenden und noch immer aufrecht stehend ihre Gesichter in den Kleidern der Mutter verbergen; oder sie werfen sich mit dem Gesicht nach unten in deren Schoß.

Verwirrung des Geistes: – Bei den meisten Personen verwirren sich, während sie intensiv erröten, ihre geistigen Fähigkeiten. Dies ist in derartigen gewöhnlichen Ausdrücken anerkannt wie: „Sie wurde von Verlegenheit übergossen." Personen in dieser Gemütsverfassung verlieren ihre Geistesgegenwart und bringen eigentümliche, unpassende Bemerkungen hervor. Sie sind häufig sehr zerstreut, stottern und machen verkehrte Bewegungen oder fremdartige Grimassen. In gewissen Fällen kann man unwillkürliches Zucken einiger der Gesichtsmuskeln beobachten. Mir hat eine junge Dame, welche ganz excessiv errötet, mitgeteilt, daß sie zu solchen Zeiten nicht

---

[20] Mr. Wedgwood sagt (Diction. of English Etymology. Vol. III, 1865, p.155), daß das Wort Scham (shame) „wohl in der Idee des Schattens oder Verborgenseins seinen Ursprung finden und durch das deutsche Schemen, Schatten, erläutert werden dürfte". Gratiolet (De la Physionomie, p.357-362) hat eine gute Erörterung der die Scham begleitenden Gebärden gegeben; einige seiner Bemerkungen aber erscheinen mir doch ziemlich phantastisch. Siehe auch Burgess (a.a.O., p.69) über denselben Gegenstand.
[21] Burgess: a.a.O., p.181, 182. Auch Boerhaavn (zitiert von Gratiolet, a.a.O., p.361) erwähnt die Neigung zur Tränenabsonderung beim Erröten. Wie wir gesehen haben, spricht Mr. Bulmer von den „wässrigen Augen" der Kinder der australischen Eingeborenen wenn sie sich schämen.

Selbstaufmerksamkeit – Scham – Schüchternheit – Bescheidenheit – Erröten

einmal weiß, was sie sagt. Als ihr die Vermutung ausgesprochen wurde, daß dies eine Folge ihrer Angst sein dürfte, weil sie sich dessen bewußt würde, daß man ihr Erröten bemerke, antwortete sie, daß dies nicht der Fall sein könnte, „denn sie habe sich zuweilen genau so dumm gefühlt, wenn sie über einen Gedanken in ihrem eignen Zimmer errötete".

Ich will ein Beispiel von der außerordentlichen Störung des Geistes anführen, welcher manche empfindliche Menschen ausgesetzt sind: Ein Herr, auf den ich mich verlassen kann, versichert mir, daß er ein Augenzeuge der folgenden Szene gewesen ist: – Es wurde zu Ehren eines außerordentlich schüchternen Menschen ein kleines Mittagessen gegeben. Als derselbe aufstand, seinen Dank zu sagen, sagte er die Rede her, welche er offenbar auswendig gelernt hatte, indessen im absoluten Stillschweigen und ohne, daß er ein einziges Wort laut ausgesprochen hätte; dabei gestikulierte er aber, als wenn er gesprochen hätte, mit großer Emphase. Als seine Freunde bemerkten, wie die Sache stand, applaudierten sie laut dem vermeintlichen Ausbruch der Beredsamkeit, sobald seine Gebärde eine Pause andeutete, und der Mann entdeckte nicht einmal, daß er die ganze Zeit vollständig schweigend verharrt hatte. Im Gegenteil bemerkte er später gegenüber meinem Freund mit vieler Genugtuung, wie er glaube, daß er seine Sache ganz außerordentlich gut gemacht habe.

Wenn jemand sich sehr schämt oder sehr schüchtern ist und instinktiv errötet, so schlägt sein Herz sehr geschwind und sein Atem wird gestört. Es kann hierbei kaum anders geschehen, als daß die Zirkulation des Blutes innerhalb des Gehirns und vielleicht auch die geistigen Kräfte affiziert werden. Es scheint indessen zweifelhaft, nach den noch mächtigeren Einflüssen des Zornes und der Furcht auf die Zirkulation zu urteilen, ob wir hierdurch den verlegenen Seelenzustand bei Personen erklären können, während sie intensiv erröten.

Die richtige Erklärung liegt allem Anschein nach in der innigen Sympathie, welche zwischen dem kapillaren Kreislauf auf der Oberfläche des Kopfes und des Gesichts und dem des Gehirns besteht. Ich wandte mich an Dr. Crichton Browne wegen Aufschluß und er hat mir verschiedene auf diesen Gegenstand Bezug nehmende Tatsachen mitgeteilt. Wenn der Sympathikus auf einer Seite des Kopfes durchschnitten wird, so werden die Haargefäße auf dieser Seite erschlafft und mit Blut erfüllt, verursachen hierdurch eine Rötung und ein Warmwerden der Haut und gleichzeitig auch ein Steigen der Temperatur innerhalb des Schädels auf derselben Seite. Entzündung der Hirnhaut führt eine Überfüllung des Gesichts, der Ohren und der Augen mit Blut herbei. Das erste Stadium bei einem epileptischen Anfall scheint die Zusammenziehung der Gefäße des Gehirns zu sein und die erste äußere Offenbarung ist die außerordentliche Blässe des Gesichts. Kopfrose verursacht gewöhnlich Delirien. Selbst die bei heftigen Kopfschmerzen durch eine starke Einreibung hervorgerufene Erleichterung durch Erhitzen der Haut hängt, wie ich vermute, von demselben Grundsatz ab.

Dr. Browne hat bei seinen Patienten häufig die Dämpfe von salpetersaurem Amyläther angewandt[22], welcher die eigentümliche Eigenschaft hat, lebhafte Röte des Gesichts innerhalb von dreißig bis sechzig Sekunden hervorzurufen. Dieses Rotwerden ist dem Erröten vor Scham in beinahe jeder Einzelheit ähnlich: Es beginnt an mehreren verschiedenen Punkten im Gesicht und breitet sich aus bis es die ganze Oberfläche des Kopfes, Halses und der Vorderseite der Brust umfaßt. Aber nur in einem einzigen Fall hat man beobachtet, daß es sich bis auf den Bauch erstreckte. Die Arterien der Netzhaut werden erweitert, die Augen glänzen, und in einem Fall trat ein leichter Tränenerguß ein. Die Patienten werden anfangs angenehm erregt; wie aber das Rotwerden zunimmt, werden sie verlegen und verstört. Eine Frau, bei welcher die Dämpfe häufig angewendet worden waren, behauptete, daß sobald sie warm würde, sie wie „umnebelt" würde. Bei Personen, welche eben beginnen zu erröten, scheint es, nach ihren glänzenden Augen und ihrem lebendigen Betragen zu urteilen, als ob ihre Geisteskräfte etwas angeregt würden. Nur

---

[22] Siehe auch Dr. J. Crichton Brownes Abhandlung über diesen Gegenstand, in: The West Riding Lunatic Asylum Medical Report, 1871, p.95-98.

wenn das erröten exzessiv wird, wird der Geist verwirrt. Es möchte daher scheinen, als wären die Haargefäße des Gesichts sowohl während des Einatmens der Amylätherdämpfe als auch während des Errötens eher affiziert, als der Teil des Gehirns mit ergriffen wird, von dem die Geistesfähigkeiten abhängen.

Wenn umgekehrt das Gehirn an erster Stelle affiziert wird, so wird die Zirkulation der Haut in einer sekundären Art ergriffen. Dr. Browne hat, wie er mir mitteilt, häufig zerstreute rote Flecken und Zeichnungen an der Brust epileptischer Patienten beobachtet. Wenn in diesen Fällen die Haut an der Brust oder an dem Bauch leicht mit einem Pinsel oder einem anderen Gegenstand gerieben oder bei scharf ausgesprochenen Fällen einfach mit dem Finger berührt wird, so wird die berührte Oberflächenstelle in weniger als einer halben Minute mit hellroten Flecken bedeckt, welche sich eine geringe Entfernung auf beiden Seiten des berührten Punktes hin ausbreiten und mehrere Minuten stehenbleiben. Dies sind die „zerebralen Flecken" Trousseaus. Sie deuten, wie Dr. Browne bemerkt, einen im hohen Grade modifizierten Zustand des Gefäßsystems der Haut an. Wenn dann nun, wie nicht bezweifelt werden kann, eine innige Sympathie zwischen der kapillaren Zirkulation in dem Teil des Gehirns, von welchem unsere Geistesfähigkeiten abhängen, und in der Haut des Gesichts besteht, so ist es nicht überraschend, daß die moralischen Ursachen, welche intensives Erröten hervorrufen, gleichfalls und zwar unabhängig von ihrem eigentlichen störenden Einfluß eine starke Verwirrung des Geistes verursachen.

Die Natur der Seelenzustände, welche Erröten herbeiführen: – Es bestehen dieselben aus Schüchternheit, Scham und Bescheidenheit; das wesentlichste Element bei allen ist Aufmerksamkeit auf sich selbst. Viele Gründe können für die Annahme beigebracht werden, daß ursprünglich diese Selbstachtung, welche der persönlichen Erscheinung zugewendet ist, in bezug auf die Meinung anderer, die erregende Ursache war. Dieselbe Wirkung wurde dann später, infolge der Kraft der Assoziation, durch Selbstaufmerksamkeit in bezug auf die moralische Führung hervorgebracht. Es ist nicht der einfache Akt, über unsere eigene Erscheinung nachzudenken, sondern der Gedanke, was andere von uns denken, welcher ein Erröten hervorruft. In absoluter Einsamkeit würde die empfindlichste Person vollständig indifferent über ihre Erscheinung sein. Wir empfinden Tadel oder Mißbilligung viel schärfer als Billigung; infolgedessen verursachen geringschätzende oder lächerlich machende Bemerkungen, mögen sie sich auf unsere Erscheinung oder unser Betragen beziehen, viel leichter ein Erröten als Lob. Unzweifelhaft sind aber Lob und Bewunderung äußerst wirksam. Ein hübsches Mädchen errötet, wenn ein Mann sie scharf ansieht, trotzdem sie vollkommen sicher weiß, daß er sie nicht geringschätzt. Viele Kinder erröten ebenso wie alte und empfindsame Personen, wenn sie sehr gelobt werden. Später wird die Frage erörtert werden, woher es gekommen ist, daß das Bewußtsein, andere schenken unserer persönlichen Erscheinung Aufmerksamkeit, dahin geführt hat, daß die Haargefäße, speziell die des Gesichts, im Augenblick mit Blut gefüllt werden.

Die Gründe, weshalb ich annehme, daß die der persönlichen Erscheinung und nicht dem moralischen Betragen zugewandte Aufmerksamkeit das fundamentale Element bei der Erlangung der Gewohnheit des Errötens gewesen ist, sollen jetzt mitgeteilt werden. Einzeln sind sie unbedeutend, besitzen aber in Verbindung, wie es mir scheint, beträchtliches Gewicht. Es ist bekannt, daß nichts eine schüchterne Person so stark zum Erröten bringt wie irgendeine wenn auch noch so unbedeutende Bemerkung über ihre persönliche Erscheinung. Man kann selbst den Anzug einer leicht zum Erröten geneigten Frau nicht beachten, ohne dadurch zu veranlassen, daß sich ihr Gesicht purpurn färbt. Bei manchen Personen genügt es, sie scharf anzustarren, um sie, wie Coleridge bemerkt, erröten zumachen: – „Erkläre dies wer kann."[23]

---

[23] Im Laufe einer Erörterung über den sogenannten tierischen Magnetismus, in: Table Talk, Vol. I.

Selbstaufmerksamkeit – Scham – Schüchternheit – Bescheidenheit – Erröten

Bei den zwei von Dr. Burgess[24] beobachteten Albinos verursachte „der geringste Versuch, ihre Eigentümlichkeiten zu untersuchen, ausnahmslos ein tiefes Erröten." Frauen sind viel empfindlicher in bezug auf ihre persönliche Erscheinung als es Männer sind, besonders alte Frauen im Vergleich mit alten Männern. Auch erröten sie viel leichter. Die jungen Individuen beiderlei Geschlechts sind in bezug auf denselben Punkt viel empfindlicher als die alten und sie erröten auch viel leichter als alte. Kinder erröten in einem sehr frühen Alter nicht, auch zeigen sie die anderen Zeichen des Selbstbewußtseins nicht, welche allgemein das Erröten begleiten, und es ist einer ihrer Hauptreize, daß sie nicht darüber nachdenken, was andere von ihnen denken. In diesem frühen Alter können sie einen Fremden mit einem festen Blick und nicht blinkenden Augen wie einen unbelebten Gegenstand anstarren in einer Weise, welche wir ältere Personen nicht nachahmen können.

Es ist für jedermann klar, daß junge Männer und Frauen in bezug auf die gegenseitige Meinung hinsichtlich ihrer persönlichen Erscheinung im hohen Grad empfindlich sind, und sie erröten unvergleichlich mehr in der Gegenwart des anderen Geschlechts als in der ihres eigenen.[25] Ein junger, nicht leicht erröteneder Mann wird sofort bei irgendeiner unbedeutenden lächerlichen Bemerkung eines Mädchens über seine Erscheinung intensiv erröten, dessen Urteil über irgendeinen wichtigen Gegenstand er vollständig unbeachtet lassen würde. Kein glückliches Paar junger Liebenden, welche die Bewunderung und die Liebe des anderen höher als irgend etwas in der Welt wert halten, hat sich wahrscheinlich je umeinander beworben ohne so manches Erröten. Selbst die Barbaren Feuerlands erröten nach Mr. Bridges „hauptsächlich in bezug auf die Frauen, aber sicher auch über ihre eigene persönliche Erscheinung."

Von allen Teilen des Körpers wird das Gesicht am meisten betrachtet und angesehen, wie es auch natürlich ist, da es der hauptsächlichste Sitz des Ausdrucks und die Quelle der Stimme darbietet. Es ist auch der hauptsächlichste Sitz der Schönheit und der Häßlichkeit und über die ganze Erde ist es der am meisten geschmückte Teil. Es wird daher das Gesicht während vieler Generationen einer näheren und eingehenderen Selbstbetrachtung unterworfen gewesen sein als irgendein anderer Teil des Körpers; und in Übereinstimmung mit dem hier erwähnten Gesetz können wir einsehen, warum es am meisten dem Erröten unterworfen ist. Obschon der Umstand, daß sie den Temperaturveränderungen usw. am meisten ausgesetzt gewesen sind, wahrscheinlich die Fähigkeit der Erweiterung und Zusammenziehung in den Haargefäßen des Gesichts und der benachbarten Teile bedeutend erhöht hat, so wird dies doch an sich kaum erklären, daß diese Teile viel mehr als der übrige Körper erröten; denn es erklärt die Tatsache nicht, daß die Hände so selten erröten. Bei Europäern prickelt der ganze Körper leicht, wenn das Gesicht intensiv errötet, und bei denjenigen Menschenrassen, welche gewohnheitsgemäß fast nackt gehen, erstreckt sich das Erröten über einen viel größeren Teil des Körpers als bei uns. Diese Tatsachen sind in einem gewissen Grade verständlich, da die Selbstbeachtung der Urmenschen ebenso wie derjenigen existierenden Rassen, welche noch immer nackt gehen, nicht so ausschließlich auf ihr Gesicht beschränkt gewesen sein wird, wie es bei den Völkern der Fall ist, welche jetzt bekleidet einhergehen.

Wir haben gesehen, daß in allen Teilen der Welt Personen, welche über irgendein moralisches Vergehen Scham fühlen, geneigt sind; ihr Gesicht abzuwenden, nieder zu beugen oder zu verbergen, unabhängig von irgendeinem Gedanken über ihre persönliche Erscheinung. Die Absicht kann hier kaum die sein, ihr Erröten zu verbergen, denn das Gesicht wird dabei unter Umständen abgewendet oder verborgen, welche jeden Wunsch, die Scham zu verbergen, ausschließen, so wenn eine Schuld umständlich bekannt und bereut wird. Es ist indessen wahrscheinlich, daß der

---
[24] A.a.O., p.40.
[25] Mr. Bain bemerkt (The Emotions and the Will, 1865, p.65) über die Schüchternheit der Manieren, daß dieselbe „beim Verkehr der beiden Geschlechter durch den Einfluß der gegenseitigen Beachtung herbeigeführt werde und zwar infolge der beiderseitigen Sorge, nicht gut zueinander zu passen".

Dreizehntes Kapitel

Urmensch, ehe er eine große moralische Empfindlichkeit erlangt hatte, im hohen Grade in bezug auf seine persönliche Erscheinung empfindlich gewesen ist, wenigstens in Rücksicht auf das andere Geschlecht, und er wird infolgedessen bei jeder geringschätzigen Bemerkung über seine Erscheinung Unbehagen empfunden haben. Dies ist eine Form der Scham; und da das Gesicht derjenige Teil des Körpers ist, welcher am meisten angesehen wird, so ist es verständlich, daß jeder, der über seine persönliche Erscheinung in Scham gerät, den Wunsch haben wird, diesen Teil seines Körpers zu verbergen. Ist die Gewohnheit einmal hiernach erlangt worden, so wird sie natürlich beibehalten worden sein, wenn Scham aus streng moralischen Ursachen empfunden wurde. Es ist nicht leicht in anderer Weise einzusehen, warum unter diesen Umständen ein Verlangen noch vorhanden sein sollte, das Gesicht mehr als irgendeinen anderen Teil des Körpers zu verbergen.

Die bei jedem, der sich beschämt fühlt, so allgemeine Angewohnheit, sich wegzuwenden oder seine Augen zu senken, oder dieselben unruhig von einer Seite zur anderen zu bewegen, ist wahrscheinlich eine Folge davon, daß jeder auf die gegenwärtigen Personen gerichtete Blick die Überzeugung ihm wieder vor die Seele führt, daß er intensiv betrachtet wird. Und er versucht daher dadurch, daß er die gegenwärtigen Personen und besonders ihre Augen nicht ansieht, momentan dieser peinlichen Überzeugung zu entgehen.

Schüchternheit: – Dieser merkwürdige Seelenzustand, der häufig auch Blödigkeit oder falsche Scham oder ‚mauvaise honte' genannt wird, scheint eine der allerwirksamsten unter allen Ursachen des Errötens zu sein. Es wird allerdings die Schüchternheit hauptsächlich durch die Rötung des Gesichts, durch das Wegwenden oder Niederschlagen der Augen und durch eigentümliche, verkehrte, nervöse Bewegungen des Körpers erkannt. So manche Frau errötet aus dieser Ursache vielleicht hundert oder tausendmal im Verhältnis zu einem Mal, wo sie deshalb errötet, daß sie irgend etwas getan hat, was Scham verdient oder worüber sie sich wirklich schämt. Die Schüchternheit scheint von der Empfindlichkeit für die Meinung anderer, mag dieselbe eine gute oder schlechte sein, abzuhängen und besonders in bezug auf die äußere Erscheinung. Fremde wissen nichts von unserem Betragen oder unserem Charakter und kümmern sich auch nicht darum, aber sie können unsere Erscheinung kritisieren und tun dies auch häufig. Daher sind schüchterne Personen ganz besonders geneigt, in der Gegenwart von Fremden schüchtern zu werden und zu erröten. Das Bewußtsein, irgend etwas Eigentümliches oder selbst nur Neues an der Kleidung zu haben oder irgendein unbedeutender tadelnswerter Punkt an seiner Person und ganz besonders im Gesicht – Punkte, welche sehr leicht die Aufmerksamkeit Fremder auf sich lenken – macht den einmal schon Schüchternen ganz unerträglich schüchtern. Auf der anderen Seite sind wir in denjenigen Fällen, in welchen es sich um unser Betragen und nicht um die persönliche Erscheinung handelt, viel mehr geneigt, in der Gegenwart von Bekannten schüchtern zu werden, deren Urteil wir in einem gewissen Grade schätzen, als in der von Fremden. Ein Arzt erzählte mir, daß ein junger Mann, ein wohlhabender Herzog, mit dem er als ärztlicher Begleiter gereist war, wie ein Mädchen errötete, wenn er ihm sein Honorar bezahlte. Doch würde dieser junge Mann wahrscheinlich nicht errötet und schüchtern geworden sein, wenn er einem Kaufmann seine Rechnung bezahlt hätte. Einige Personen sind indessen so empfindsam, daß der bloße Akt des Sprechens beinahe mit jedermann hinreichend ist, ihr Selbstbewußtsein zu erregen, und dann ist ein leichtes Erröten das Resultat.

Mißbilligung oder Lächerlichmachen verursacht wegen unserer Empfindlichkeit in diesem Punkt Schüchternheit und Erröten viel leichter als Billigung, obgleich auch die letztere bei einigen Personen außerordentlich wirksam ist. Der Eingebildete ist selten schüchtern, denn er schätzt sich viel zu hoch, als daß er Geringschätzung erwarten könnte. Warum ein stolzer Mann häufig schüchtern ist, wie es der Fall zu sein scheint, liegt nicht so auf der Hand, wenn es nicht deshalb wäre, daß er mit all seinem Selbstvertrauen wirklich viel von der Meinung anderer hält,

Selbstaufmerksamkeit – Scham – Schüchternheit – Bescheidenheit – Erröten

obschon in einem geringschätzenden Sinne. Personen, welche äußerst scheu sind, sind selten in der Gegenwart derjenigen schüchtern, mit denen sie vollständig vertraut sind und von deren guter Meinung und Sympathie sie vollkommen versichert sind, so z. B. ein Mädchen in der Gegenwart ihrer Mutter. Ich habe es versäumt, in meinen gedruckten Fragebogen nachzuforschen, ob Schüchternheit bei den verschiedenen Menschenrassen entdeckt werden kann. Aber ein gebildeter Hindu versicherte Mr. Erskine, daß dieselbe bei seinen Landsleuten zu erkennen sei.

Wie die Ableitung des Wortes in mehreren Sprachen andeutet[26] ist Schüchternheit oder Scheuheit mit Furcht nahe verwandt. Doch ist sie im gewöhnlichen Sinne von Furcht verschieden. Ein schüchterner Mensch fürchtet ohne Zweifel die Beachtung Fremder; man kann aber kaum sagen, daß er sich vor ihnen fürchtet. Er kann so kühn wie ein Held in der Schlacht sein, und doch hat er in der Gegenwart von Fremden kein Selbstvertrauen in kleinlichen Dingen. Beinahe jedermann ist außerordentlich nervös, wenn er zuerst eine öffentliche Versammlung anredet, und die meisten Menschen behalten dies ihr ganzes Leben lang. Dies scheint aber von dem Bewußtsein einer großen, noch bevorstehenden Anstrengung abzuhängen mit deren assoziierten Wirkungen auf den Körper, und zwar wohl eher hiervon als von Schüchternheit[27], obschon ein furchtsamer oder schüchterner Mensch ohne Zweifel bei derartigen Gelegenheiten unendlich mehr leidet als ein anderer. Bei sehr kleinen Kindern ist es schwierig, zwischen Furcht und Schüchternheit zu unterscheiden. Das letztere Gefühl hat mir aber häufig bei ihnen den Charakter der Wildheit eines nicht gezähmten Tieres teilweise darzubieten geschienen. Schüchternheit tritt in einem sehr frühen Alter ein. Bei einem meiner eigenen Kinder sah ich, als es zwei Jahre und drei Monate alt war, eine Spur von dem, was sicher Schüchternheit zu sein schien und zwar in bezug auf mich selbst, nachdem ich nur eine Woche von Zuhause abwesend gewesen war. Es zeigte sich dies nicht durch ein Erröten, sondern dadurch, daß die Augen wenige Minuten leicht von mir weggewendet wurden. Ich habe bei anderen Gelegenheiten bemerkt, daß Schüchternheit oder Blödigkeit und wirkliche Scham in den Augen kleiner Kinder gezeigt werden, ehe sie die Fähigkeit zu erröten erlangt haben.

Da Schüchternheit allem Anschein nach von Selbstbeachtung abhängt, so können wir einsehen, wie recht diejenigen haben, welche behaupten, daß das Tadeln der Kinder wegen der Schüchternheit, statt ihnen dadurch irgend etwas Gutes zu tun, sehr schadet, da es ihre Aufmerksamkeit noch eingehender auf sich selbst richtet. Es ist sehr treffend hervorgehoben worden, daß „nichts jungen Leuten mehr schadet als beständig wegen ihrer Gefühle beobachtet zu werden, ihre Gesichter untersucht zu sehen und den Grad ihrer Empfindsamkeit durch das überwachende Auge des unbarmherzigen Zuschauers gemessen zu wissen. Unter dem Zwang derartiger Untersuchungen können sie an nichts denken als daran, daß sie angesehen werden; und nichts fühlen als Scham oder Sorge"[28].

Moralische Ursachen; Schuld: – In bezug auf das Erröten aus streng genommen moralischen Ursachen begegnen wir denselben fundamentalen Grundsätzen wie vorher, nämlich der Rücksicht auf die Meinung anderer. Es ist nicht das Bewußtsein, welches ein Erröten hervorruft; denn ein Mensch kann aufrichtig irgendeinen unbedeutenden, in der Einsamkeit begangenen Fehler bereuen, oder er kann die schärfsten Gewissensbisse wegen eines nicht entdeckten Verbrechens fühlen, und doch wird er nicht erröten. „Ich erröte", sagt Dr. Burgess[29], „in der Gegenwart mei-

---

[26] H. Wedgwood: Diction. English Etymology. Vol. III, 1865, p.184; dasselbe gilt für das lateinische verecundus.
[27] Mr. Bain (The Emotions and the Will, p.64) hat die „verlegenen", bei solchen Gelegenheiten empfundenen Gefühle, erörtert ebenso das „Lampenfieber" der der Bühne ungewohnten Schauspieler. Wie es scheint schreibt Mr. Bain diese Gefühle einfach der Sorge oder der Furchtsamkeit zu.
[28] Essays on Practical Education, by Maria and R. L. Edgeworth. New edit., Vol. II, 1822, p.38. Dr. Burgess (a.a.O., p.187) hebt dasselbe sehr stark hervor.
[29] A.a.O., p.50.

ner Ankläger." Es ist nicht das Gefühl der Schuld, sondern der Gedanke, daß andere uns für schuldig halten oder wissen, daß wir Schuld haben, was uns das Gesicht rot macht. Ein Mensch kann sich durch und durch beschämt fühlen, daß er eine kleine Unwahrheit gesagt hat, ohne zu erröten; aber wenn er auch nur vermutet, daß er entdeckt ist, wird er augenblicklich erröten, besonders wenn er von irgend jemandem entdeckt wird, den er verehrt.

Auf der anderen Seite kann ein Mensch überzeugt sein, daß Gott Zeuge aller seiner Handlungen ist und er kann sich irgendeines Fehlers tief bewußt fühlen und um Vergebung bitten; aber dies wird niemals ein Erröten hervorrufen, wie eine Dame meint, die sehr gern und stark errötet. Der Unterschied dieser Verschiedenheit in der Wirkung zwischen dem Bewußtsein, daß Gott unsere Handlungen kennt und daß sie die Menschen kennen, liegt, wie ich vermute, darin, daß die Mißbilligung der Menschen über unmoralisches Betragen ihrer Natur nach mit der Geringschätzung unseres persönlichen Erscheinens etwas verwandt ist, so daß beide durch Assoziation zu ähnlichen Resultaten führen, während die Mißbilligung Gottes keine derartige Assoziation hervorruft.

Gar manche Person ist intensiv errötet, wenn sie irgendeines Verbrechens beschuldigt wurde, trotzdem sie vollständig unschuldig war. Selbst der Gedanke (wie die eben erwähnte Dame mir gegenüber bemerkt hat), daß andere denken, daß wir eine unfreundliche oder dumme Bemerkung gemacht haben, ist weitaus genügend ein Erröten zu verursachen, obschon wir die ganze Zeit hindurch wissen, daß wir vollständig mißverstanden worden sind. Eine Handlung kann verdienstvoll oder von einer gleichgültigen Natur sein, aber eine empfindsame Person wird, wenn sie nur vermutet, daß andere eine verschiedene Ansicht hiervon haben, erröten. Z. B. kann eine Dame für sich allein Geld einem Bettler geben ohne eine Spur eines Errötens. Wenn aber andere noch gegenwärtig sind und sie zweifelt, ob sie es billigen, oder vermutet, daß sie glauben, sie würde von dem Wunsch beeinflußt, sich zu zeigen, so wird sie erröten. Dasselbe wird der Fall sein, wenn sie sich erbietet, die Not einer herabgekommenen Frau aus besseren Ständen zu erleichtern, noch besonders einer solchen, die sie früher unter besseren Verhältnissen gekannt hat, da sie dann nicht sicher sein kann, wie ihre Handlungsweise betrachtet werden wird. Aber derartige Fälle gehen in Schüchternheit über.

Verletzungen der Etikette: – Die Regeln der Etikette beziehen sich immer auf unser Betragen in der Gegenwart von anderen oder anderen gegenüber. Sie haben keinen notwendigen Zusammenhang mit dem moralischen Gefühl und sind oft bedeutungslos. Da sie aber von dem feststehenden Gebrauch unserer Gleichstehenden und Oberen abhängen, deren Meinung wir hoch in Ansehen halten, so werden sie nichtsdestoweniger beinahe als ebenso bindend betrachtet, wie die Gesetze der Ehre es für einen gebildeten Menschen sind. Infolgedessen wird ein Verletzen der Gesetze der Etikette, d. h. irgendeine Unhöflichkeit oder gaucherie, irgendeine unpassende Handlung oder unpassende Bemerkung, wenn sie auch ganz zufällig ist, das intensivste Erröten verursachen, dessen ein Mensch nur fähig ist. Selbst die Rückerinnerung an einen derartigen Akt wird nach Verlauf vieler Jahre ein Prickeln auf dem ganzen Körper hervorrufen. Auch ist die Kraft der Sympathie so stark, daß eine empfindsame Person, wie mir eine Dame versichert hat, zuweilen über offenbare Verletzung der Etikette durch einen vollkommen Fremden erröten wird, obwohl die Handlung selbst sie in keiner Weise etwas angeht.

Bescheidenheit: – Diese ist ein weiteres, mächtiges Mittel, Schamröte zu erregen. Doch schließt das Wort Bescheidenheit sehr verschiedene Seelenzustände in sich. Es umfaßt Demut, und wir schließen auf diese häufig daraus, daß eine Person über unbedeutendes Lob sich sehr freut und errötet, oder daß sie von Lob unangenehm berührt wird, welches ihr nach ihrem eigenen niedrigen Maßstab der Selbstbeurteilung zu hoch scheint. Das Erröten hat hier die gewöhnliche Bedeutung der Beachtung der Meinung anderer. Bescheidenheit [oder Sittsamkeit] bezieht sich aber häufig auf Akte der Unzartheit, und Unzartheit ist eine Sache der Etikette, wie wir deutlich bei den Nationen sehen, welche vollständig oder nahezu nackt gehen. Wer sittsam ist und leicht über Handlungen dieser Natur errötet, tut es, weil dies Verletzungen einer fest und weise gegründeten Etikette sind. Dies zeigt sich in der Tat aus der Ableitung des Wortes modestus von modus, ein Maß oder Maßstab unseres Benehmens. Ein Erröten infolge dieser Form von Bescheidenheit wird überdies gern intensiv, weil es sich gewöhnlich auf das andere Geschlecht bezieht, und wir haben gesehen, wie in allen Fällen unsere Geneigtheit zu erröten hierdurch vergrößert wird. Wir wenden den Ausdruck bescheiden, wie es den Anschein hat, auf diejenigen an, welche eine demütige Meinung von sich selbst haben und auf diejenigen, welche äußerst empfindsam in bezug auf ein unzartes Wort oder eine unzarte Tat sind, einfach deshalb, weil in beiden Fällen leicht Erröten erregt wird; denn diese beiden Seelenzustände haben sonst weiter nichts miteinander gemeinsam. Auch wird Schüchternheit aus dieser selben Ursache häufig irrtümlich für Bescheidenheit im Sinne von Demut gehalten.

Einige Personen werden plötzlich über irgendeine ihnen schnell in den Sinn kommende und unangenehme Erinnerung rot, wie ich selbst beobachtet habe und wie mir versichert worden ist. Die häufigste Ursache scheint die plötzliche Erinnerung daran zu sein, daß irgend etwas für eine andere Person nicht getan ist, was versprochen worden war. In diesem Falle dürfte der Gedanke halb unbewußt durch die Seele ziehen: „Was wird er von mir denken?" Und dann wird das Rotwerden die Natur eines wirklichen Errötens vor Scham erhalten. Ob aber derartige Erscheinungen des Rotwerdens in den meisten Fällen Folge einer Affektion des kapillaren Kreislaufs sind, ist sehr zweifelhaft. Denn wir müssen uns daran erinnern, daß beinahe jede starke Gemütserregung, so z. B. Zorn oder große Freude auf das Herz wirkt und das Gesicht zu erröten veranlaßt.

Die Tatsache, daß Erröten in absoluter Einsamkeit erregt werden kann, scheint der hier vertretenen Ansicht entgegen zu sein, nämlich, daß die Gewohnheit ursprünglich aus dem Gedanken daran entstanden sei, was andere von uns denken. Mehrere Damen, welche leicht und stark erröten, sind in bezug auf die Einsamkeit einstimmig, und einige von ihnen glauben, daß sie im Dunkeln erröteten. Nach dem, was Mr. Forbes in bezug auf die Aymaras angegeben hat, und nach meinen eigenen Empfindungen habe ich keinen Zweifel, daß die letzte Angabe richtig ist. Shakespeare irrte sich daher, als er Julia, welche nicht einmal allein war, zu Romeo sagen ließ (Akt II, Szene 2):

> „Du weißt, die Nacht verschleiert mein Gesicht,
> Sonst färbte Mädchenröte meine Wangen
> Um das, was du vorhin mich sagen hörtest."

Wenn aber ein Erröten im Alleinsein erregt wird, so bezieht sich die Ursache beinahe immer auf die Gedanken anderer über uns, auf Handlungen, die in ihrer Gegenwart ausgeführt oder von ihnen vermutet wurden; oder wir erröten ferner, wenn wir uns überlegen, was andere von uns gedacht haben würden, wenn sie von der Handlung gewußt hätten. Nichtsdestoweniger glauben ein oder zwei meiner Berichterstatter, daß sie aus Scham über Handlungen errötet sind, die in keiner Weise sich auf andere beziehen. Ist dies der Fall, so müssen wir das Resultat der Gewalt eingewurzelter Gewohnheit und der Assoziation unter einem Seelenzustand zuschreiben, welcher dem sehr analog ist, welcher gewöhnlich ein Erröten erregt. Auch dürfen wir uns darüber nicht überrascht fühlen, da selbst die Sympathie mit einer anderen Person, welche einen offenbaren Bruch der Etikette begeht, wie wir eben gesehen haben, der Annahme mehrerer nach zuweilen ein Erröten verursacht.

Ich komme denn endlich zum Schluß, daß das Erröten, mag es Folge der Schüchternheit oder Scham wegen eines wirklichen Verbrechens oder der Scham wegen eines Bruchs der Gesetze der Etikette oder der Bescheidenheit aus Demut oder der bei einer Unzartheit sich regenden Sittsamkeit sein, in allen Fällen von demselben Grundsatz abhängt, und dieser Grundsatz ist eine empfindliche Rücksicht für die Meinung und ganz besonders für die Geringschätzung anderer ursprünglich in Beziehung auf unsere persönliche Erscheinung, speziell unseres Gesichts, und in zweiter Linie durch die Kraft der Assoziation und der Gewohnheit in bezug auf die Meinung anderer über unser Betragen.

Theorie des Errötens: – Wir haben nun zu betrachten, warum der Gedanke, daß andere etwas von uns denken, unseren kapillaren Kreislauf affizieren sollte. Sir Ch. Bell hebt hervor[30], daß das Erröten eine spezielle Einrichtung für den Ausdruck unseres Inneren ist, „wie man daraus schließen kann, daß sich die Farbe nur auf die Oberfläche des Gesichts, des Halses und der Brust erstreckt, d. h. die am meisten exponierten Teile. Es ist nicht erlangt; es besteht von Anfang an." Dr. Burgess glaubt, daß es vom Schöpfer beabsichtigt war, „damit die Seele souveräne Gewalt habe, auf den Wangen die verschiedenen inneren Erregungen der moralischen Gefühle darzustellen", so daß es für uns selbst als eine Art Hemmnis und für andere als ein Zeichen dient, daß wir Gesetze verletzen, welche heilig gehalten werden sollten. Gratiolet bemerkt; *„Or, comme il est dans l'ordre de la nature que l'être social le plus intelligent soit aussi le plus intelligible, cette faculté de rougeur et de pâleur qui distingue l'homme, est un signe naturel de sa haute perfection."*

Dem Glauben, daß das Erröten speziell vom Schöpfer beabsichtigt worden sei, steht die allgemeine Theorie der Entwicklung entgegen, welche jetzt so allgemein angenommen wird. Es gehört aber nicht zu meiner Verpflichtung, hier mich in Argumentationen über die allgemeine Frage einzulassen. Diejenigen, welche an Absicht glauben, werden es schwierig finden, zu erklären, daß die Schüchternheit die häufigste und wirksamste aller Ursachen des Errötens ist, da es sowohl die errötende Person leidend als auch den Zuschauer ungemütlich macht, ohne daß es für eine von den beiden von dem geringsten Nutzen ist. Sie werden es auch schwierig finden, zu erklären, daß Neger und andere dunkelgefärbte Rassen erröten, bei denen eine Farbveränderung in der Haut kaum oder gar nicht sichtbar ist.

Ohne Zweifel erhöht ein leichtes Erröten die Schönheit eines Mädchengesichtes, und diejenigen tscherkessischen Frauen, welche imstande sind zu erröten, erreichen im Serail des Sultans ausnahmslos einen höheren Preis als weniger empfindliche Frauen.[31] Aber selbst derjenige, welcher ganz fest an die Wirksamkeit geschlechtlicher Zuchtwahl glaubt, wird kaum annehmen, daß das Erröten als ein geschlechtlicher Zierat erlangt wurde. Diese Ansicht würde auch dem entgegenstehen, was soeben über das Erröten dunkelgefärbter Rassen in einer unsichtbaren Art und Weise gesagt worden ist.

Die Hypothese, welche mir die wahrscheinlichste zu sein scheint, obschon sie zuerst voreilig erscheinen könnte, ist die, daß scharf auf irgendeinen Teil des Körpers gerichtete Aufmerksamkeit die gewöhnliche und tonische Zusammenziehung der kleinen Arterien dieses Teils zu stören geneigt ist. Infolge hiervon werden diese Gefäße zu solchen Zeiten mehr oder weniger erschlafft und augenblicklich mit arteriellem Blut erfüllt. Diese Neigung wird in hohem Grade verstärkt worden sein, wenn die Aufmerksamkeit während vieler Generationen häufig auf denselben Teil gewendet worden ist und zwar dadurch, daß die Nervenkraft leicht gewohnten Kanälen entlang fließt, und durch die Kraft der Vererbung. Sooft wir glauben, daß andere unsere persönliche Erscheinung geringschätzen oder auch nur beachten, wird unsere Aufmerksamkeit lebhaft auf die äußeren und sichtbaren Teile unseres Körpers gelenkt, und von allen derartigen Teilen sind wir im Gesicht am empfindlichsten, wie es ohne Zweifel während vieler vorausgegangener Gene-

---

[30] Bell: Anatomy of Expression, p.95. Burgess in bezug auf das weiter unten folgende Zitat: a.a.O., p.49. Gratiolet: De la Physionomie, p.94.
[31] Nach der Autorität der Lady Mary Wortley Montague; siehe Burgess: a.a.O., p.43.

rationen der Fall gewesen ist. Wenn wir daher für den Augenblick einmal annehmen, daß die Haargefäße von scharfer Aufmerksamkeit beeinflußt werden können, so werden diejenigen des Gesichts im höchsten Grade empfindlich geworden sein. Durch die Kraft der Assoziation werden dann dieselben Wirkungen einzutreten geneigt sein, sooft wir denken, daß andere unsere Handlungen oder unseren Charakter beachten oder beurteilen.

Da die Grundlage dieser Theorie darauf beruht, daß geistige Aufmerksamkeit eine gewisse Kraft besitzt, den kapillaren Kreislauf zu beeinflussen, so wird es notwendig sein, eine beträchtliche Menge von Einzelheiten anzuführen, die mehr oder weniger direkt sich auf diesen Gegenstand beziehen. Mehrere Beobachter[32], welche infolge ihrer großen Erfahrung und Kenntnis im hervorragenden Grade fähig sind, sich ein richtiges Urteil zu bilden, sind überzeugt, daß Aufmerksamkeit oder Bewußtwerden (welchen letzteren Ausdruck Sir Henry Holland für den bezeichnenderen hält), auf beinahe jeden Teil des Körpers konzentriert, irgendeine gewisse direkte physikalische Einwirkung auf denselben hervorruft. Dies gilt sowohl für die Bewegungen der unwillkürlichen wie der willkürlichen Muskeln, wenn sie unwillkürlich in Tätigkeit treten – desgleichen für die Absonderung der Drüsen –, für die Tätigkeit der Sinne und der Sinnesempfindungen – und selbst für die Ernährung der Teile.

Es ist bekannt, daß die unwillkürlichen Bewegungen des Herzens affiziert werden, wenn ihnen eingehende Aufmerksamkeit gewidmet wird. Gratiolet[33] führt den Fall eines Mannes an, der durch beständiges Beobachten und Zählen seines eigenen Pulses zuletzt es veranlaßte, daß unter je sechs Schlägen einer stets ausfiel. Auf der anderen Seite erzählte mir mein Vater von einem sorgfältigen Beobachter, welcher sicher herzkrank war und an einer Herzkrankheit starb, daß er positiv angegeben hätte, wie sein Puls gewöhnlich im äußersten Grade unregelmäßig wäre, und doch wurde er zu seinem Ärger ausnahmslos regelmäßig, sobald mein Vater das Zimmer betrat. Sir Henry Holland bemerkt[34], daß „die Wirkung auf die Zirkulation in einem Teil infolge des plötzlich auf ihn gerichteten und fest haftenden Bewußtseins häufig und unmittelbar zu Tage tritt." Prof. Laycock, welcher besondere Aufmerksamkeit auf Erscheinungen dieser Art gerichtet hat[35], hebt hervor, daß, „wenn die Aufmerksamkeit auf irgendeinen Teil des Körpers gerichtet wird, die Innervation und Zirkulation lokal gereizt und die funktionelle Tätigkeit dieses Teils entwickelt werde."

Es wird allgemein angenommen, daß die peristaltischen Bewegungen der Eingeweide dadurch beeinflußt werden, daß sich die Aufmerksamkeit in bestimmt wiederkehrenden Perioden auf sie richtet, und diese Bewegungen hängen vom Zusammenziehen nicht gestreifter und unwillkürlicher Muskeln ab. Die abnorme Tätigkeit der willkürlichen Muskeln bei Epilepsie, Veitstanz und Hysterie wird bekanntlich durch die Erwartung eines Anfalls beeinflußt, ebenso durch den Anblick anderer, in ähnlicher Weise leidender Patienten.[36] Dasselbe gilt auch für die unwillkürlichen Akte des Gähnens und Lachens.

Gewisse Drüsen werden durch das Denken an dieselben oder an die Bedingung, unter welcher

---

[32] In England war wohl, wie ich meine, Sir H. Holland der Erste, welcher den Einfluß der geistigen Aufmerksamkeit auf verschiedene Teile des Körpers erörterte, in seinen „Medical Notes and Reflections", 1839, p.61. Dieser Aufsatz wurde sehr erweitert wieder abgedruckt von Sir H. Holland in seinen „Chapters on Mental Physiology", 1858, p.79, nach welchem Werk ich immer zitiere. Ziemlich zu derselben Zeit und dann auch später noch erörterte Professor Laycock denselben Gegenstand; siehe Edinburgh Medical and Surgical Journal, July 1839, p.17-22; s. auch dessen „Treatise on the Nervous Diseases of Women", 1840, p.110, und: „Mind and Brain", Vol. II, 1860, p.327. Dr. Carpenters Ansichten über Mesmerismus gehen ziemlich auf dasselbe hinaus. Der berühmte Physiologe Johannes Müller schrieb über den Einfluß der Aufmerksamkeit auf die Sinne, in: Handbuch der Physiologie des Menschen. Bd. 2, 1840, S.95, 272. Sir James Paget erörterte den Einfluß des Geistes auf die Ernährung der Teile in seinen „Lectures on Surgical Pathology", 1853, Vol. I, p.39. Ich zitiere nach der dritten, von Professor Turner revidierten Ausgabe, 1870, p.28. S. auch Gratiolet: De la Physionomie, p.283-287.
[33] De la Physionomie, p.283.
[34] Chapters on Mental Physiology, 1858, p.111.
[35] Mind and Brain, 1860, p.327.
[36] Chapters on Mental Physiology, p.104-106.

Dreizehntes Kapitel

sie gewohnheitsgemäß erregt werden, stark beeinflußt. Dies ist eine allbekannte Erscheinung in bezug auf den vermehrten Zufluß von Speichel, wenn z. B. der Gedanke an eine intensiv saure Frucht lebhaft vorgestellt wird.[37] In unserem sechsten Kapitel wurde gezeigt, daß ein ernstliches und lang anhaltendes Verlangen entweder die Tätigkeit der Tränendrüsen zurückzuhalten oder zu vermehren wirksam ist. Einige merkwürdige Fälle sind in bezug auf Frauen mitgeteilt worden von der Gewalt des Geistes über die Milchdrüsen und noch merkwürdigere in bezug auf die Uterinfunktionen.[38]

Wenn wir unsere ganze Aufmerksamkeit auf irgendeinen Sinn richten, so wird dessen Schärfe erhöht[39], und die beständige Gewohnheit scharfer Aufmerksamkeit, so bei blinden Leuten auf den Gehörsinn und bei blinden und tauben Personen auf den Tastsinn, scheint den zur Rede stehenden Sinn permanent feiner auszubilden. Nach den Fähigkeiten verschiedener Menschenrassen zu urteilen, ist auch einiger Grund zu der Annahme vorhanden, daß die Wirkungen vererbt werden. Wendet man sich zu gewöhnlichen Empfindungen, so ist es eine bekannte Tatsache, daß der Schmerz ärger wird, wenn man ihm Beachtung schenkt, und Sir Benj. Brodie geht soweit zu glauben, daß man Schmerz in jedem Teil des Körpers fühlen könne, auf den die Aufmerksamkeit sich scharf richtet.[40] Sir Henry Holland bemerkt gleichfalls, daß wir uns nicht bloß der Existenz eines Teils bewußt werden, welcher konzentrierter Aufmerksamkeit unterworfen wird, sondern wir empfinden in demselben Teil auch verschiedene merkwürdige Gefühle, wie das der Schwere, der Hitze, Kälte, Prickeln oder Stechen.[41]

Endlich behaupten manche Physiologen, daß der Geist die Ernährung der Teile beeinflussen könne. Sir J. Paget hat einen merkwürdigen Fall der Gewalt allerdings nicht des Geistes, sondern des Nervensystems über das Haar mitgeteilt. Eine Dame, „welche Anfälle von Kopfschmerzen hat, die man nervöses Kopfweh nennt, findet immer am Morgen nach einem solchen, daß einige Stellen ihres Haares weiß sind, als wären sie mit Stärke gepudert. Die Veränderung wird in einer Nacht bewirkt, und wenige Tage später erhalten die Haare allmählich ihre dunkelbräunliche Färbung wieder"[42].

Wir sehen hieraus, daß eingehende Aufmerksamkeit sicherlich verschiedene Teile und Organe affiziert, welche nicht eigentlich unter der Kontrolle des Willens stehen. Durch welche Mittel Aufmerksamkeit – vielleicht die wunderbarste aller der wunderbaren Kräfte der Seele – bewirkt wird, ist ein äußerst dunkler Gegenstand. Der Angabe Johannes Müllers zufolge[43] ist der Prozeß, durch welchen die empfindenden Zellen des Gehirns durch den Willen für das Erhalten intensiver und deutlicher Eindrücke empfindlich gemacht werden, dem sehr analog, durch welchen

---

[37] Siehe über diesen Punkt: Gratiolet: De la Physionomie, p.287.

[38] Dr. J. Crichton Browne ist nach seinen Beobachtungen an Geisteskranken überzeugt, daß längere Zeit hindurch auf irgendeinen Teil oder ein Organ gelenkte Aufmerksamkeit schließlich dessen kapillare Zirkulation und Ernährung beeinflußt. Er hat mir einige außerordentliche Fälle mitgeteilt; einer derselben, welcher hier nicht ausführlich erzählt werden kann, betrifft eine verheiratete Frau von fünfzig Jahren, welche an der festen und lange anhaltenden Täuschung litt, daß sie in anderen Umständen sei. Als die erwartete Zeit herankam, benahm sie sich genauso, als wäre sie von einem Kind entbunden worden, und schien außerordentliche Schmerzen zu haben, so daß der Schweiß ihr auf der Stirn stand. Das Resultat war, daß ein Zustand der Dinge eintrat und drei Tage lang anhielt, welcher während der vorausgehenden sechs Jahre ausgesetzt hatte. Mr. Braid führt in seinem Buch: „Magic, Hypnotism, etc.", 1852, p.95, und in anderen Werken analoge Fälle, ebenso noch andere Tatsachen an, welche den großen Einfluß des Willens auf die Milchdrüsen, selbst einer Seite allein nachweisen.

[39] Dr. Maudsley hat (The Physiology and Pathology of Mind. 2. edit., 1868, p.105) nach guter Gewähr einige merkwürdige Angaben in bezug auf die Verbesserung des Tastsinnes durch Übung und Aufmerksamkeit mitgeteilt. Es ist merkwürdig, daß, wenn dieser Sinn hierdurch an irgendeinem Teil des Körpers, z.B. an einem Finger, schärfer geworden ist, er auch an der anderen Seite des Körpers in gleicher Weise an Schärfe gewonnen hat.

[40] The Lancet, 1838, p.39-40, zitiert von Prof. Laycock: Nervous Diseases of Women, 1840, p.110.

[41] Chapters on Mental Physiology, 1858, p.91-93.

[42] Lectures on Surgical pathology. 3. edit., revised by Prof. Turner, 1870, p.28, 31.

[43] Handbuch der Physiologie des Menschen. Bd. 2, 1840, S.97.

die Bewegungszellen dazu gereizt werden, Nervenkraft an willkürliche Muskeln zu senden. Es finden sich viele analoge Punkte in der Tätigkeit der empfindenden und bewegenden Nervenzellen, z. B. die allgemein bekannte Tatsache, daß nahe Aufmerksamkeit auf irgendeinen Sinn Ermüdung verursacht, ebenso wie die länger andauernde Anstrengung irgendeines Muskels.[44] Wenn wir daher willkürlich unsere Aufmerksamkeit auf irgendeinen Teil des Körpers konzentrieren, so werden wahrscheinlich die Zellen des Gehirns, welche Eindrücke und Empfindungen von diesem Teil erhalten, in irgendeiner unbekannten Weise zur Tätigkeit gereizt. Dies dürfte es erklären, daß ohne irgendwelche lokale Veränderung in dem Teil, auf welchen unsere Aufmerksamkeit ernstlich gerichtet ist, Schmerz oder eigentümliche Empfindungen gefühlt oder verstärkt werden.

Wenn indessen dieser Teil mit Muskeln versehen ist, so können wir nicht sicher sein, wie Mr. Michael Foster gegen mich bemerkt hat, ob nicht irgendein geringer Impuls unbewussterweise derartigen Muskeln übermittelt wird, und dies würde wahrscheinlich eine dunkle Empfindung in dem Teil verursachen.

In einer großen Zahl von Fällen, so bei den Speicheldrüsen und Tränendrüsen, dem Darmkanal usw. scheint die Gewalt der Aufmerksamkeit entweder hauptsächlich oder, wie manche Physiologen glauben, ausschließlich darauf zu beruhen, daß das vasomotorische System in einer derartigen Art und Weise affiziert wird, daß einer größeren Menge Blut gestattet wird, in die Kapillargefäße des in Rede stehenden Teils einzuströmen. Diese vermehrte Tätigkeit der Haargefäße kann in manchen Fällen mit der gleichzeitig vermehrten Tätigkeit des Sensoriums kombiniert sein.

Die Art und Weise, in welcher die Seele das vasomotorische System beeinflußt, kann in der folgenden Weise vorgestellt werden. Wenn wir wirklich eine saure Frucht schmecken, so wird ein Eindruck durch den Geschmacksnerv einem gewissen Teil des Sensoriums zugesendet. Dieses übermittelt Nervenkraft an das vasomotorische Zentrum, welches infolge hiervon den muskulösen Wandungen der kleinen Arterien, welche die Speicheldrüsen durchziehen, gestattet zu erschlaffen. Infolge hiervon fließt mehr Blut in diese Drüsen, und diese sondern eine reichlichere Menge von Speichel ab. Nun scheint es keine unwahrscheinliche Voraussetzung zu sein, daß, wenn wir intensiv über eine Empfindung nachdenken, derselbe Teil des Sensoriums oder ein nahe mit ihm zusammenhängender Teil desselben in einen Zustand von Tätigkeit versetzt wird, in derselben Weise, als wenn wir wirklich die Empfindung wahrnähmen. Ist dies der Fall, so werden dieselben Zellen im Gehirn vielleicht in einem geringeren Grade durch ein lebhaftes Denken an einen sauren Geschmack erregt werden, wie beim Wahrnehmen eines solchen, und sie werden dann in dem einen Falle so gut wie in dem anderen Nervenkraft dem vasomotorischen Zentralteil, und zwar mit denselben Resultaten, übersenden.

Um noch eine andere und in gewissen Beziehungen noch passendere Erläuterung zu geben: Wenn ein Mensch vor einem kräftigen Feuer steht, so rötet sich sein Gesicht. Dies scheint, wie Mr. Michael Foster mir mitteilt, zum Teil eine Folge der örtlichen Wirkung der Hitze, zum Teil einer Reflextätigkeit von dem vasomotorischen Zentralteil her zu sein.[45] In diesem letzteren Falle affiziert die Hitze die Nerven des Gesichts. Diese übermitteln einen Eindruck den empfindenden Zellen des Gehirns, welche auf den vasomotorischen Zentralteil einwirken, und dieser wieder wirkt auf die kleinen Arterien des Gesichts zurück, erschlafft sie und gestattet ihnen, mit Blut gefüllt zu werden. Auch hier scheint es nicht unwahrscheinlich zu sein, daß, wenn wir wiederholt mit großem Eifer unsere Aufmerksamkeit auf die Erinnerung unserer erhitzten Gesichter konzentrieren, derselbe Teil des Sensoriums, welcher uns das Bewußtwerden wirklicher

---

[44] Professor Laycock hat diesen Punkt in einer sehr interessanten Art erörtert. Siehe seine „Nervous Diseases of Women", 1840, p.110.
[45] S. auch Mr. Michael Foster, über die Tätigkeit des vasomotorischen Systems in seiner interessanten Vorlesung vor der Royal Institution, übersetzt in der „Revue des Cours Scientifiques", Sept. 25th 1869, p.683.

Dreizehntes Kapitel

Hitze mitteilt, in einem gewissen unbedeutenden Grade gereizt wird, und infolge hiervon können gewisse Teile von Nervenkraft an die vasomotorischen Zentralteile übersendet werden, so daß die Haargefäße des Gesichts sich erweitern. Da nun die Menschen im Verlauf endloser Generationen ihre Aufmerksamkeit häufig und ernstlich ihrer persönlichen Erscheinung gewidmet haben, und besonders ihrem Gesicht, so wird jede beginnende Neigung der Haargefäße des Gesichts, in dieser Weise affiziert zu werden, im Laufe der Zeit durch die eben erwähnten Grundsätze, nämlich daß Nervenkraft leicht gewohnten Kanälen entlang ausströmt, und durch vererbte Gewohnheit bedeutend verstärkt worden sein. Es wird hierdurch, wie mir scheint, eine plausible Erklärung für die mit dem Akt des Errötens in Verbindung stehenden leitenden Tatsachen dargeboten.

Rekapitulation: – Männer und Frauen und besonders die jungen haben stets in hohem Grade ihre persönliche Erscheinung wert gehalten und haben in gleicher Weise die Erscheinung anderer beobachtet. Das Gesicht ist der hauptsächlichste Gegenstand der Aufmerksamkeit gewesen, trotzdem, wenn der Mensch ursprünglich nackt ging, die ganze Oberfläche seines Körpers beachtet worden sein wird. Unsere Aufmerksamkeit auf uns selbst wird beinahe ausschließlich durch die Meinung anderer angeregt; denn kein in absoluter Einsamkeit lebender Mensch würde sich um seine Erscheinung kümmern. Jedermann fühlt Tadel empfindlicher als Lob. Sobald wir nun wissen oder vermuten, daß andere unsere persönliche Erscheinung geringschätzen, wird unsere Aufmerksamkeit sehr stark auf uns selbst und ganz besonders auf unser Gesicht gerichtet. Die wahrscheinliche Wirkung hiervon wird, wie soeben erklärt wurde, die sein, daß der Teil des Sensoriums, welcher die empfindenden Nerven des Gesichts erhält, zur Tätigkeit veranlaßt wird; und dieser wird durch das vasomotorische System auf die Haargefäße des Gesichts zurückwirken. Durch häufige Wiederholung während zahlloser Generationen wird der Prozeß in Assoziation mit dem Glauben, daß andere sich Gedanken über uns machen, so gewohnheitsgemäß geworden sein, daß selbst eine Vermutung ihrer Geringschätzung genügt, die Haargefäße zu erschlaffen, ohne irgendeinen bewußten Gedanken an unser Gesicht. Bei einigen empfindsamen Personen ist es hinreichend, auch nur ihren Anzug zu beachten, um dieselbe Wirkung hervorzurufen. Auch werden durch die Kraft der Assoziation und Vererbung unsere Haargefäße erschlafft, sobald wir wissen oder uns einbilden, daß irgend jemand, wenn auch stillschweigend, unsere Handlungen, Gedanken oder unseren Charakter tadelt, und ferner, wenn wir hoch gepriesen werden.

Nach dieser Hypothese können wir verstehen, woher es kommt, daß das Gesicht viel mehr errötet, als irgendein anderer Teil des Körpers, wenn schon die ganze Oberfläche in gewisser Weise affiziert wird, besonders bei den Rassen, welche noch immer nahezu nackt einhergehen. Es ist durchaus nicht überraschend, daß die dunkel gefärbten Rassen erröten, wenn schon keine Veränderung der Farbe auf ihrer Haut sichtbar ist. Nach dem Prinzip der Vererbung ist es ferner nicht überraschend, daß blindgeborene Personen erröten. Wir können verstehen, warum junge Individuen viel mehr affiziert werden als alte, und Frauen mehr als Männer und warum die entgegengesetzten Geschlechter speziell das gegenseitige Erröten erregen. Es wird offenbar, warum persönliche Bemerkungen besonders leicht Erröten verursachen und warum die mächtigste aller Ursachen die Schüchternheit ist. Denn die Schüchternheit bezieht sich auf die Gegenwart oder die Meinung anderer, und schüchterne Personen sind stets mehr oder weniger selbstbewußt. In bezug auf wirkliche Scham infolge moralischer Fehler können wir verstehen, woher es kommt, daß nicht die Schuld, sondern der Gedanke, daß andere uns für schuldig halten, ein Erröten erregt. Ein Mensch, welcher über ein in Einsamkeit begangenes Verbrechen nachdenkt und von seinem Gewissen gepeinigt wird, errötet nicht. Doch wird er unter der lebhaften Rückerinnerung an einen entdeckten Fehler oder an einen in der Gegenwart anderer begangenen erröten, wobei der Grad des Errötens in naher Beziehung zum Gefühl der Achtung vor denen steht, welche seinen Fehler entdeckt, miterlebt oder vermutet haben. Verletzung konventioneller Regeln des Betragens verursachen, wenn sie von uns gleich oder höher als wir stehenden Personen streng aufrecht erhalten werden, häufig intensiveres Erröten als selbst ein entdecktes Verbrechen, und ein Akt, welcher wirklich verbrecherisch ist, erregt, wenn er nicht von uns Gleichstehenden getadelt wird, kaum eine Erhöhung der Farbe auf unseren Wangen. Bescheidenheit aus Demut oder die Regung der Sittsamkeit infolge einer Unzartheit erregt ein lebhaftes Erröten, da sich beide auf das Urteil oder die feststehenden Gebräuche anderer beziehen.

Infolge der intimen Sympathie, welche zwischen dem kapillaren Kreislauf der Oberfläche des Kopfes und des Gehirns besteht, wird, sobald intensives Erröten eintritt, auch eine gewisse und häufig große Verlegenheit des Geistes eintreten. Dieselbe wird häufig von ungeschickten Bewegungen und zuweilen von unwillkürlichen Zuckungen gewisser Muskeln begleitet.

Da das Erröten dieser Hypothese zufolge ein indirektes Resultat der Aufmerksamkeit ist, welche ursprünglich unserer persönlichen Erscheinung, d.h. der Oberfläche des Körpers und ganz besonders dem Gesicht zugewendet war, so können wir die Bedeutung der Gebärden verstehen, welche über die ganze Erde das Erröten begleiten. Diese bestehen in dem Verbergen oder dem Wenden des Gesichts auf den Boden oder nach einer Seite. Die Augen werden gewöhnlich abgewendet oder sind unruhig; denn den Menschen anzublicken, welcher die Ursache war, daß wir Scham oder Schüchternheit empfinden, bringt uns sofort in einer unerträglichen Weise das Bewußtsein in unsere Seele zurück, daß sein Blick scharf auf uns gerichtet ist. Durch das Prinzip assoziierter Gewohnheit werden dieselben Bewegungen des Gesichts und der Augen ausgeübt und können in der Tat kaum vermieden werden, sobald wir wissen oder glauben, daß andere unser moralisches Betragen tadeln oder zu stark loben.

Vierzehntes Kapitel

Schlußbemerkungen und Zusammenfassung

Die drei leitenden Grundsätze, welche die hauptsächlichsten Bewegungen des Ausdrucks bestimmt haben – Deren Vererbung – Über den Anteil, welchen der Wille und die Absicht bei der Erlangung verschiedener Ausdrucksweisen gehabt haben – Das instinktive Erkennen des Ausdrucks – Die Beziehung des Gegenstandes zur Frage von der spezifischen Einheit der Menschenrassen – Über das allmähliche Erlangen verschiedener Ausdrucksformen durch die Urerzeuger des Menschen – Die Wichtigkeit des Ausdrucks – Schluß

Ich habe nun nach meinen besten Kräften die hauptsächlichsten, einen Ausdruck bezeichnenden Handlungen beim Menschen und bei einigen wenigen der niederen Tiere beschrieben: Ich habe auch versucht, den Ursprung oder die Entwicklung dieser Handlungen aus den drei im ersten Kapitel mitgeteilten Grundsätzen zu erklären. Der erste dieser Grundsätze ist der, daß Bewegungen, welche zur Befriedigung irgendeines Verlangens oder zur Erleichterung irgendeiner Empfindung von Nutzen sind, häufig wiederholt und so gewohnheitsgemäß werden, daß sie, mögen sie nun von Nutzen sein oder nicht, ausgeführt werden, sobald dasselbe Verlangen oder dieselbe Empfindung selbst in einem sehr schwachen Grade gefühlt wird.

Unser zweites Prinzip ist das des Gegensatzes. Die Gewohnheit, willkürlich unter entgegengesetzten Antrieben entgegengesetzte Bewegungen auszuführen, ist durch die praktische Übung unseres ganzen Lebens fest entwickelt worden. Wenn daher gewisse Handlungen in Übereinstimmung mit unserem ersten Grundsatz bei einem bestimmten Seelenzustand regelmäßig ausgeführt worden sind, so wird unwillkürlich eine starke Neigung eintreten, unter der Erregung eines entgegengesetzten Seelenzustandes direkt entgegengesetzte Handlungen auszuführen, mögen diese von irgendwelchem Nutzen sein oder nicht.

Unser drittes Prinzip ist das der direkten Wirkung des gereizten Nervensystems auf den Körper, unabhängig vom Willen und auch zum großen Teil unabhängig von der Gewohnheit. Die Erfahrung lehrt, daß Nervenkraft erzeugt und frei gemacht wird, sobald das Gehirn-Rückenmark-Nervensystem gereizt wird. Die Richtung, welche diese Nervenkraft einschlägt, wird notwendigerweise durch die Verbindungsarten der Nervenzellen untereinander und mit verschiedenen Teilen des Körpers bestimmt. Es wird diese Richtung aber auch bedeutend durch Gewohnheit beeinflußt, insofern die Nervenkraft sich leicht in lange gewohnten Kanälen fortpflanzt.

Die wahnsinnigen und sinnlosen Bewegungen eines wütenden Menschen können zum Teil dem einer besonderen Leitung ermangelnden Ausfluß von Nervenkraft und zum Teil der Gewohnheit zugeschrieben werden; denn es stellen dieselben häufig in einer unbestimmten Art den Akt des Schlagens dar. Sie gehen hierdurch in die unter unser erstes Prinzip fallenden Gebärden über; so z. B. wenn ein unwilliger oder indignierter Mensch sich unbewußt in eine zum Angriff seines Gegners passende Stellung bringt, wenn schon ohne irgendwelche Absicht, einen wirklichen Angriff auszuführen. Wir sehen auch den Einfluß der Gewohnheit bei allen den Gemütsbewegungen und Empfindungen, welche erregende genannt werden; sie haben nämlich diesen Charakter dadurch angenommen, daß sie gewöhnlich zu energischem Handeln geführt haben; eine Tätigkeit aber affiziert in einer indirekten Weise das Respirations- und Zirkulationssystem und das letztere wirkt wieder auf das Gehirn zurück. Sobald diese Erregungen oder Empfindungen selbst in unbedeutendem Grade von uns gefühlt werden, so wird, wenn sie auch zu dieser Zeit gar keine Anstrengung herbeiführen, doch trotzdem unser ganzer Körper durch die Kraft der Gewohnheit und Assoziation gestört. Andere Gemütserregungen und Empfindungen werden deprimierende genannt, weil sie nicht gewöhnlich zu energischem Handeln geführt haben, ausgenommen im ersten Beginn, wie bei äußerstem Schmerz, Furcht oder Gram; zuletzt haben sie vollständige Erschöpfung verursacht; sie werden infolge hiervon hauptsächlich durch negative Zeichen und allgemeine Abspannung ausgedrückt. Ferner gibt es noch andere Gemütserregungen, wie die der Zuneigung, welche gewöhnlich zu keiner Tätigkeit irgendwelcher Art führen und folglich auch von keinen scharf ausgesprochenen äußeren Zeichen dargestellt werden. Allerdings ruft die Zuneigung, insofern sie eine angenehme Empfindung ist, die gewöhnlichen Zeichen des Vergnügens hervor.

Andererseits scheinen viele von den Wirkungen, welche infolge der Reizung des Nervensystems eintreten, von dem Ausströmen der Nervenkraft in den durch frühere Willensanstrengungen gewohnheitsgemäß gewordenen Kanälen völlig unabhängig zu sein. Derartige Wirkungen, welche häufig den Seelenzustand der in dieser Art affizierten Personen verraten, können für jetzt nicht erklärt werden; so z.B. die Veränderung der Farbe des Haares infolge äußerster Furcht oder Grames, – der kalte Schweiß und das Zittern der Muskeln vor Furcht, – die modifizierten Absonderungen des Darmkanals – und das Aufhören der Tätigkeit in gewissen Drüsen.

Trotzdem nun, daß so vieles von dem hier behandelten Gegenstand unverständlich bleibt, können doch so viele einen bestimmten Ausdruck darstellenden Bewegungen und Tätigkeiten bis zu einem gewissen Grade durch die oben genannten drei Grundsätze oder Gesetze erklärt werden, daß wir hoffen dürfen, sie später sämtlich durch diese oder sehr analoge Prinzipien erklärt zu sehen.

Wenn Handlungen aller möglichen Art regelmäßig irgendeinen Seelenzustand begleiten, so werden sie sofort als ausdruckgebend erkannt. Dieselben können aus Bewegungen jedweden Teils des Körpers bestehen: so finden wir das Wedeln mit dem Schwanz beim Hund, das Zucken mit den Schultern beim Menschen, ferner das Sträuben der Haare, die Absonderung von Schweiß, einen veränderten Zustand der Kapillargefäße, beschwerliches Atmen und den Gebrauch der Stimmorgane und anderer lauterzeugender Werkzeuge. Selbst Insekten drücken Zorn, äußerste Furcht, Eifersucht und Liebe durch ihre Stridulation aus. Beim Menschen sind die Respirationsorgane von besonderer Bedeutung beim Ausdruck, nicht bloß in einer direkten, sondern in einem noch höheren Grade in einer indirekten Art.

Nur wenig Punkte sind bei dem vorliegenden Gegenstand interessanter als die außerordentlich komplizierte Kette von Vorkommnissen, welche zu gewissen ausdrucksvollen Bewegungen führen. Man nehme z.B. die schräge Stellung der Augenbrauen eines Menschen, der vor Kummer oder Sorgen leidet. Wenn Kinder vor Hunger oder Schmerz laut aufschreien, so wird die Zirkulation affiziert und die Augen werden dadurch leicht mit Blut überfüllt; infolgedessen werden die die Augen umgebenden Muskeln zum Schutz derselben stark zusammengezogen. Diese Handlungsweise ist im Verlauf vieler Generationen sicher fixiert und vererbt worden. Wenn aber mit dem Fortschritt der Jahre oder der Kultur die Gewohnheit zu schreien zum Teil zurückgedrängt wird, so streben doch die Muskeln rings um die Augen sich zusammenzuziehen, sobald auch nur unbedeutende Not gefühlt wird. Von diesen Muskeln sind die Pyramidenmuskeln der Nase weniger unter der Kontrolle des Willens als die anderen und ihr Zusammenziehen kann nur durch die der mittleren Bündel des Stirnmuskels gehemmt werden; diese letzteren Bündel ziehen die innern Enden der Augenbrauen in die Höhe und furchen die Stirn in einer eigentümlichen Weise, welche wir augenblicklich als den Ausdruck des Kummers oder der Sorge wiedererkennen. Unbedeutende Bewegungen, wie die eben beschriebenen, oder das kaum wahrnehmbare Herabziehen der Mundwinkel, sind die letzten Überbleibsel oder Rudimente scharf ausgesprochener und verständlicher Bewegungen. Sie sind für uns mit Hinsicht auf den Ausdruck ebenso bedeutungsvoll, wie es die gewöhnlichen Rudimente für den Naturforscher bei der Klassifikation und Genealogie organischer Wesen sind.

Daß die hauptsächlichsten ausdruckgebenden Handlungen, welche der Mensch und die niederen Tiere zeigen, jetzt angeboren oder vererbt sind, – d.h. daß sie nicht von dem Individuum

Vierzehntes Kapitel

gelernt worden sind, – wird von jedermann zugegeben. Ein Erlernen oder Nachahmen hat mit mehreren derselben so wenig zu tun, daß sie von den frühesten Tagen der Kindheit an durch das ganze Leben hindurch vollständig außer dem Bereich der Kontrolle liegen: so z.B. die Erschlaffung der Arterien in der Haut und die erhöhte Herztätigkeit beim Zorn. Wir können Kinder, nur zwei oder drei Jahre alt und selbst blind geborene, vor Scham erröten sehen, und die nackte Kopfhaut kleiner Kinder wird in der Leidenschaft rot. Kinder schreien vor Schmerz unmittelbar nach der Geburt und dann nehmen ihre Gesichtszüge sämtlich dieselbe Form an, wie während späterer Jahre. Schon diese Tatsachen allein reichen hin um zu zeigen, daß viele unserer bedeutungsvollsten Ausdrucksweisen nicht gelernt worden sind; es ist indessen merkwürdig, daß einige derselben, welche sicherlich angeboren sind, Übung beim Individuum erfordern, ehe sie in einer vollständigen und vollkommenen Art und Weise ausgeführt werden: so z.B. das Weinen und das Lachen. Die Erblichkeit der meisten unserer ausdruckgebenden Handlungen erklärt die Tatsache, daß Blindgeborene, wie ich von Mr. R. H. Blair höre, dieselben ebensogut zeigen, wie die mit dem Augenlicht begabten Kinder. Wir können hieraus auch die Tatsache verstehen, daß die Jungen und alten Individuen weit voneinander verschiedener Rassen, sowohl beim Menschen als bei den Tieren, denselben Seelenzustand durch dieselben Bewegungen ausdrücken.

Wir sind mit der Tatsache, daß junge und alte Tiere ihre Gefühle in derselben Art und Weise zum Ausdruck bringen, so vertraut, daß wir kaum bemerken wie merkwürdig es ist, daß ein junges, kaum geborenes Hündchen mit dem Schwanz wedelt, wenn es freudig gestimmt ist, seine Ohren niederdrückt und die Eckzähne entblößt, wenn es böse werden will, genau so wie ein alter Hund, oder daß ein kleines Kätzchen seinen Rücken krümmt und sein Haar sträubt, wenn es zum Fürchten oder in Zorn gebracht wird, wie eine alte Katze. Wenn wir uns indessen zu Gebärden wenden, die bei uns selbst weniger häufig sind und welche wir gewöhnt sind für künstliche oder Konventionelle anzusehen –, so das Zucken der Schultern als ein Zeichen der Unfähigkeit oder das Erheben der Arme mit offenen Händen und ausgespreizten Fingern als ein Zeichen der Verwunderung –, so überrascht es uns vielleicht zu sehr, wenn wir finden, daß sie angeboren sind. Daß diese und einige andere Gebärden vererbt werden, können wir daraus entnehmen, daß sie von ganz kleinen Kindern, von Blindgeborenen und von den allerverschiedensten Menschenrassen ausgeführt werden. Wir müssen auch im Auge behalten, daß neue und in hohem Grade eigentümliche Gewohnheiten in Assoziation mit gewissen Seelenzuständen bekanntermaßen bei gewissen Individuen entstanden und auf ihre Nachkommen, in einigen Fällen durch mehr als eine Generation, vererbt worden sind.

Gewisse andere Gebärden, welche uns so natürlich zu sein scheinen, daß wir uns leicht einbilden könnten sie wären angeboren, sind allem Anschein nach gelernt worden wie die Wörter einer Sprache. Dies scheint bei dem Falten und Emporheben der Hände und dem Wenden der Augen nach oben im Gebet der Fall zu sein. Dasselbe gilt für das Küssen als ein Zeichen der Zuneigung; dies ist indessen angeboren, insofern es von dem Vergnügen abhängt, das die Berührung mit einer geliebten Person hervorruft. Die Belege hinsichtlich der Vererbung des Nikkens und Schüttelns des Kopfes als Zeichen der Bejahung und der Verneinung sind zweifelhaft; dieselben sind nämlich nicht ganz allgemein, scheinen indessen doch zu weit verbreitet zu sein, als daß sie von allen Individuen so vieler Rassen unabhängig hätten erlangt werden können.

Wir wollen nun untersuchen, wie weit der Wille und das Bewußtsein bei der Entwicklung der verschiedenartigen Bewegungen des Ausdrucks mit ins Spiel gekommen sind. So weit wir es beurteilen können, sind nur einige wenige ausdruckgebende Bewegungen, solche wie die oben angeführten, von jedem Individuum gelernt worden, d.h. sind bewusterweise und willkürlich während der früheren Lebensjahre zu irgendeinem bestimmten Zweck oder aus Nachahmung anderer ausgeführt und dann zur Gewohnheit geworden. Die bei weitem größere Zahl der Bewegungen des Ausdrucks, und alle die bedeutungsvolleren, sind, wie wir gesehen haben, ange-

Schlußbemerkungen und Zusammenfassung

boren oder ererbt, und von diesen kann man nicht sagen, daß sie vom Willen des Individuums abhängen. Nichtsdestoweniger waren alle die unter unser erstes Gesetz Fallenden ursprünglich zu einem bestimmten Zweck ausgeführt worden – nämlich um irgendeiner Gefahr zu entgehen, irgendeine Not zu erleichtern oder irgendein Verlangen zu befriedigen. Es kann z.B. darüber kaum ein Zweifel bestehen, daß die Tiere, welche mit ihren Zähnen kämpfen, die Gewohnheit, wenn sie wild werden, ihre Ohren rückwärts dicht an den Kopf zu drücken, dadurch erlangt haben, daß ihre Voreltern willkürlich in dieser Weise gehandelt haben, um ihre Ohren vor dem Zerrissenwerden durch ihre Gegner zu schützen; denn diejenigen Tiere, welche nicht mit ihren Zähnen kämpfen, drücken einen wild gereizten Seelenzustand nicht in dieser Weise aus. Wir können es für in hohem Grade wahrscheinlich halten, daß wir selbst die Gewohnheit, die Muskeln rings um die Augen zusammenzuziehen, wenn wir ruhig weinen, d.h. ohne die Äußerung irgendeines Lautes, dadurch erlangt haben, daß unsere Urerzeuger besonders während der Kindheit beim Akt des Schreiens ein unbehagliches Gefühl in ihren Augäpfeln empfunden haben. Ferner sind einige in hohem Grade ausdrucksvolle Bewegungen das Resultat des Versuchs, andere ausdruckgebende Bewegungen aufzuhalten oder zu verhindern; so ist die schräge Stellung der Augenbrauen und das Herabziehen der Mundwinkel eine Folge des Versuchs, den Ausbruch eines Schreianfalls zu verhüten oder ihn zu unterbrechen, wenn er eingetreten ist. Hier liegt es auf der Hand, daß das Bewußtsein und der Wille zuerst mit ins Spiel gekommen sein muß; womit indessen nicht gesagt sein soll, daß wir uns in diesen oder in anderen derartigen Fällen bewußt würden, welche Muskeln in Tätigkeit gesetzt werden, was hier so wenig geschieht wie bei der Ausführung der allergewöhnlichsten willkürlichen Bewegungen.

Was die ausdruckgebenden Bewegungen betrifft, welche von dem Grundsatz des Gegensatzes abhängen, so ist hier klar, daß, wenn auch in einer entfernten und indirekten Art, der Wille dabei ins Spiel gekommen ist. Dasselbe gilt auch für die Bewegungen, welche unter unser drittes Prinzip fallen. Insofern diese dadurch beeinflußt worden sind, daß die Nervenkraft leicht in gewohnten Kanälen sich fortbewegt, sind sie durch frühere wiederholte Äußerungen des Willens bestimmt worden. Die Wirkungen, welche eine indirekte Folge dieses letzteren Einflusses sind, werden häufig in einer komplizierten Art durch die Kraft der Gewohnheit und Assoziation mit denen kombiniert, welche das direkte Resultat der Reizung des Gehirn-Rückenmark-Nervensystems sind. Dies scheint bei der vermehrten Herztätigkeit unter dem Einfluß einer jeden starken Seelenerregung der Fall zu sein. Wenn ein Tier sein Haar aufrichtet, eine drohende Stellung annimmt und wütende Laute ausstößt, um einen Feind in Schrecken und Furcht zu versetzen, so sehen wir eine merkwürdige Kombination von Bewegungen, welche ursprünglich willkürlich waren, mit unwillkürlichen. Es ist indessen möglich, daß selbst streng genommen unwillkürliche Akte, wie das Aufrichten der Haare, durch die mysteriöse Gewalt des Willens affiziert worden sein dürften.

Manche ausdruckgebende Bewegungen können in Assoziation mit gewissen Seelenzuständen spontan entstanden, wie die eigentümlichen kleinen Züge, die erst vor kurzem noch erwähnt wurden, und später vererbt worden sein. Ich kenne aber keine tatsächlichen Zeugnisse, welche diese Ansicht wahrscheinlich machen.

Das Vermögen der Mitteilung zwischen den Gliedern eines und desselben Stammes mittels der Sprache ist in bezug auf die Entwicklung des Menschen von der alleroberstern Bedeutung gewesen; und die Gewalt der Sprache wird durch die einen Ausdruck verleihenden Bewegungen des Gesichts und Körpers bedeutend unterstützt. Wir bemerken dies sofort, wenn wir uns über irgendeinen wichtigen Gegenstand mit einer Person unterhalten, deren Gesicht verhüllt ist. Nichtsdestoweniger bestehen, soweit ich es nachzuweisen imstande bin, keine Gründe für die Annahme, daß irgendein Muskel ausschließlich zum Zwecke des Ausdrucks entwickelt oder auch nur modifiziert worden wäre. Die Stimmorgane und die anderen lauterzeugenden Werkzeuge, durch welche verschiedene ausdrucksvolle Geräusche hervorgebracht werden, scheinen

Vierzehntes Kapitel

eine teilweise Ausnahme zu bilden; ich habe aber an einem anderen Ort zu zeigen versucht, daß diese Organe anfangs zu sexuellen Zwecken entwickelt wurden, damit das eine Geschlecht das andere rufen oder bezaubern könne. Ich kann auch keine Gründe für die Annahme ausfindig machen, daß irgendeine vererbte Bewegung, welche jetzt als ein Mittel des Ausdrucks dient, ursprünglich willkürlich und bewußt zur Erreichung dieses speziellen Zweckes ausgeführt worden wäre, – wie einige der Gebärden und die von Taubstummen benutzte Fingersprache. Im Gegenteil scheint jede echte oder vererbte Bewegung des Ausdrucks irgendeinen natürlichen oder unabhängigen Ursprung gehabt zu haben. Waren aber derartige Bewegungen einmal erlangt, so können sie willkürlich und bewusterweise als Hilfsmittel der gegenseitigen Mitteilung angewendet werden. Selbst kleine Kinder finden es in einem sehr frühen Alter heraus, wenn sie sorgfältig gewartet werden, daß ihre Schreianfälle ihnen Erleichterung herbeiführen, und üben dann das Schreien bald willkürlich aus. Wir können häufig sehen, wie jemand unwillkürlich seine Augenbrauen erhebt, um Überraschung auszudrücken, oder lächelt, um vermeintliche Befriedigung und Genugtuung auszudrücken. Häufig wünscht jemand gewisse Gebärden auffällig oder demonstrativ zu machen; dann hebt er seine ausgestreckten Arme mit weit voneinander gespreizten Fingern über seinen Kopf, um Erstaunen zu zeigen, oder zieht seine Schultern bis zu den Ohren in die Höhe, um zu zeigen, daß er irgend etwas nicht tun kann oder nicht tun will. Die Neigung zu derartigen Bewegungen wird dadurch verstärkt oder erhöht werden, daß dieselben in der angegebenen Weise willkürlich und wiederholt ausgeführt werden; auch können die Wirkungen vererbt werden.

Es ist vielleicht der Betrachtung wert, ob sich nicht gewisse Bewegungen, welche anfänglich nur von einem oder von wenigen Individuen dazu benutzt wurden, einen gewissen Seelenzustand auszudrücken, zuweilen auf andere Individuen verbreitet haben und schließlich durch die Gewalt der bewußten wie der unbewussten Nachahmung ganz allgemein geworden sind. Daß beim Menschen eine starke Neigung zur Nachahmung besteht, unabhängig von dem bewußten Willen, ist sicher. Dies zeigt sich in der außerordentlichsten Art und Weise bei gewissen Gehirnkrankheiten, besonders beim Beginn der entzündlichen Gehirnerweichung, und ist das „Echo-Symptom" genannt worden. Die in dieser Art affizierten Patienten ahmen ohne jedes Verständnis jede ihnen vorgemachte absurde Gebärde und jedes Wort nach, welches in ihrer Nähe, selbst in einer fremden Sprache geäußert wird.[1] Was die Tiere betrifft, so haben der Schakal und der Wolf in der Gefangenschaft das Bellen des Hundes nachahmen lernen. Auf welche Weise das Bellen des Hundes zuerst gelernt worden ist, welches verschiedene Gemütserregungen und Begierden auszudrücken dient und welches deshalb so merkwürdig ist, als es erst erlangt worden ist, seitdem das Tier domestiziert worden ist, und als es von verschiedenen Rassen in verschiedenem Grade vererbt wird, wissen wir nicht; könnten wir aber nicht vermuten, daß die Nachahmung bei seiner Erlangung etwas zu tun gehabt hat, insofern nämlich die Hunde lange Zeit in enger Assoziation mit einem so gesprächigen Tiere wie der Mensch eines ist, gelebt haben?

Im Verlauf der vorstehenden Bemerkungen und durch dieses ganze Buch habe ich häufig eine bedeutende Schwierigkeit in bezug auf die gehörige Anwendung der Ausdrücke Willen, Bewußtsein und Beabsichtigung empfunden. Handlungen, welche anfangs willkürlich sind, werden bald gewohnheitsgemäß und zuletzt erblich, und dann können sie selbst im Gegensatz zum Willen ausgeführt werden. Obschon sie häufig den Seelenzustand verraten, so wurde doch dieses Resultat anfangs weder beabsichtigt noch erwartet. Selbst solche Worte, wie daß „gewisse Bewegungen als Mittel des Ausdrucks dienen" können leicht irreleiten, da sie den Gedanken einschließen, daß dies ihr ursprünglicher Zweck war. Dies scheint indessen nur selten oder niemals der Fall gewesen zu sein; die Bewegungen sind entweder anfänglich von irgendeinem direkten Nutzen gewesen, oder sie sind die indirekte Wirkung des gereizten Zustandes des Sensorium.

---

[1] Siehe die interessanten, von Dr. Bateman über „Aphasie" mitgeteilten Tatsachen, 1870, p.110.

Schlußbemerkungen und Zusammenfassung

Ein kleines Kind kann entweder absichtlich oder instinktiv schreien, um zu zeigen, daß es Nahrung bedarf; es hat aber keinen Wunsch oder keine Absicht, dabei seine Gesichtszüge in die eigentümliche Form zu verziehen, welche so deutlich Unglück anzeigt. Und doch sind einige der charakteristischsten Ausdrucksformen des Menschen aus dem Akt des Schreiens herzuleiten, wie früher erklärt worden ist.

Obschon die meisten unserer ausdruckgebenden Handlungen angeboren oder instinktiv sind, wie von jedermann zugegeben wird, so ist es doch eine andere Frage, ob wir irgendeine instinktive Fähigkeit haben, sie wiederzuerkennen. Allgemein ist angenommen worden, daß dies der Fall sei; diese Annahme ist aber von Mr. Lemoine heftig bekämpft worden.[2] Affen lernen bald nicht bloß den Ton der Stimme ihrer Herren, sondern den Ausdruck ihres Gesichts unterscheiden, wie ein sorgfältiger Beobachter angegeben hat.[3] Hunde kennen sehr wohl den Unterschied zwischen liebkosenden und drohenden Gebärden und Tönen; auch scheinen sie einen mitleidsvollen Ton zu erkennen. So viel ich aber nach wiederholten Versuchen ermitteln konnte, verstehen sie keine nur auf das Gesicht beschränkte Bewegung mit Ausnahme des Lächelns oder Lachens; dies scheinen sie wenigstens in manchen Fällen wiederzuerkennen. Diesen beschränkten Grad von Kenntnis haben beide, sowohl Affen als Hunde, wahrscheinlich dadurch erlangt, daß sie eine rauhe oder freundliche Behandlung mit unseren Handlungen assoziierten; sicherlich ist diese Kenntnis nicht instinktiv. Ohne Zweifel werden Kinder bald die Bewegungen des Ausdrucks bei älteren Personen, als sie sind in derselben Weise verstehen lernen, wie die Tiere diejenigen ihrer Herren. Wenn überdies ein Kind weint oder lacht, so weiß es in einer allgemeinen Art, was es tut und was es fühlt, so daß dann nur ein geringer Aufwand von Verstand ihm sagen wird, was das Weinen oder Lachen bei anderen zu bedeuten hat. Die Frage ist indessen die: Erlangen unsere Kinder die Kenntnis des Ausdrucks nur durch Erfahrung mittels der Kraft der Assoziation und des Verstandes?

Da die meisten Bewegungen des Ausdrucks allmählich erlangt worden und später instinktiv geworden sein müssen, so scheint es in gewissem Grade a priori wahrscheinlich, daß auch das Wiedererkennen derselben instinktiv geworden sei. Wenigstens bietet diese Annahme keine größere Schwierigkeit dar als anzunehmen, daß wenn ein weibliches Säugetier zum ersten Mal Junge hat, es das Weinen vor Angst und Not bei ihren Jungen kennt, oder daß viele Tiere ihre Feinde instinktiv wiedererkennen und fürchten; und an diesen beiden Tatsachen läßt sich vernünftigerweise nicht zweifeln. Es ist indessen äußerst schwierig zu beweisen, daß unsere Kinder instinktiv die Bedeutung irgendeines Ausdrucks erkennen. Ich achtete auf diesen Punkt bei meinem erstgeborenen Kind, welches nichts durch den Verkehr mit anderen Kindern gelernt haben konnte, und kam zu der Überzeugung, daß es ein Lächeln verstand und Freude empfand ein solches zu sehen, es auch durch ein gleiches beantwortete, in einem viel zu frühen Alter, als daß es irgend etwas durch Erfahrung gelernt haben könnte. Als dies Kind ungefähr vier Monate alt war, machte ich in seiner Gegenwart verschiedene kuriose Geräusche und fremdartige Grimassen, versuchte auch böse auszusehen; waren aber die Geräusche nicht zu laut, so wurden sie ebenso wie die Grimassen für gute Späße aufgenommen; ich schrieb dies zu der Zeit dem Umstand zu, daß allem diesem Lächeln vorausgegangen war oder daß es ein Lächeln begleitete. Als es fünf Monate alt war, schien es einen mitleidsvollen Ausdruck und Ton der Stimme zu verstehen. Als es wenige Tage über sechs Monate alt war, tat seine Wärterin so als weinte sie; und hier sah ich, wie sein Gesicht augenblicklich einen melancholischen Ausdruck annahm mit stark herabgezogenen Mundwinkeln. Nun konnte dies Kind nur selten irgendein anderes Kind und niemals eine erwachsene Person weinen gesehen haben; auch zweifle ich, ob es in einem so frühen Alter über die Sache nachgedacht haben dürfte. Es scheint mir daher, daß ihm ein angeborenes Gefühl gesagt haben muß, das vermeintliche Wei-

---
[2] La Physionomie et la Parole, 1865, p.103, 118.
[3] Rengger: Naturgeschichte der Säugetiere von Paraguay, 1830, S.55.

nen der Wärterin drücke Kummer aus; und dies erregte durch den Instinkt der Sympathie in ihm Kummer.

Mr. Lemoine meint, daß wenn der Mensch eine angeborene Kenntnis der Ausdrucksformen besäße, Schriftsteller und Künstler es nicht für so schwierig, wie es bekanntlich der Fall ist, gefunden haben würden, die charakteristischen Zeichen jedes eigentümlichen Seelenzustandes zu beschreiben und nachzubilden. Dies scheint mir indessen kein gültiges Argument zu sein. Wir können faktisch sehen, wie sich der Ausdruck bei einem Menschen oder einem Tier, in einer nicht mißzuverstehenden Weise ändert, und doch völlig außer Stande sein, wie ich aus Erfahrung weiß, die Natur der Veränderung zu analysieren. In zwei von Duchenne mitgeteilten Fotografien eines und desselben alten Mannes (Bilder 5 und 6, S.1278) erkannte beinahe jeder, daß die eine ein echtes, die andere ein falsches Lächeln darstellte; und doch fand ich es für sehr schwierig zu entscheiden, worin der ganze Unterschied bestand. Es ist mir häufig als eine merkwürdige Tatsache aufgefallen, daß so viele Nuancierungen des Ausdrucks augenblicklich ohne irgendeinen bewußten Prozeß der Analyse unsererseits erkannt werden. Ich glaube, niemand kann deutlich einen verdrießlichen und einen schlauen Ausdruck beschreiben; und doch sind viele Beobachter darüber einstimmig, daß diese Ausdrucksformen bei den verschiedenen Menschenrassen zu erkennen sind. Beinahe jeder, dem ich Duchennes Fotografie des jungen Mannes mit schräg gestellten Augenbrauen (Bild 2, S.1266) zeigte, erklärte sofort, daß sie Kummer oder irgendein derartiges Gefühl ausdrücke; doch hätte wahrscheinlich nicht eine von diesen Personen oder eine unter einem Tausend vorher irgend etwas Genaues über die schräge Stellung der Augenbrauen mit den zusammengewulsteten inneren Enden oder über die rechtwinkligen Furchen auf der Stirn angeben können. So geht es auch mit vielen anderen Ausdrucksformen; ich habe darüber praktische Erfahrungen gemacht in bezug auf die Mühe, welche es kostete, andere zu unterrichten, welche Punkte zu beobachten wären. Wenn daher die große Unwissenheit in bezug auf Einzelheiten es nicht verhindert, daß wir mit Sicherheit und Fertigkeit verschiedene Ausdrucksweisen erkennen, so sehe ich nicht ein, wie man diese Unwissenheit als einen Beweis dafür vorbringen kann, daß unsere Kenntnis, obschon sie nur unbestimmt und ganz allgemein ist, nicht angeboren sei.

Ich habe mit ziemlich detaillierter Ausführlichkeit zu zeigen mich bemüht, daß alle die hauptsächlichen Ausdrucksweisen, welche der Mensch darbietet, über die ganze Erde dieselben sind. Diese Tatsache ist interessant, da sie ein neues Argument zu Gunsten der Annahme beibringt, daß die verschiedenen Rassen von einer einzigen Stammform abgestammt sind, welche beinahe vollständig menschlich in ihrem Bau und in hohem Grade in ihrer geistigen Entwicklung gewesen sein muß vor der Zeit, in welcher die Rassen auseinandergingen. Ohne Zweifel sind zwar wohl ähnliche Struktureinrichtungen, die demselben Zwecke angepaßt sind, häufig unabhängig voneinander durch Abänderung und natürliche Zuchtwahl von verschiedenen Spezies erlangt worden; diese Ansicht erklärt aber die große Ähnlichkeit verschiedener Spezies in einer großen Zahl unbedeutender Einzelheiten nicht. Wenn wir nun die zahlreichen, in keiner Beziehung zum Ausdruck stehenden Punkte der Struktur im Sinn behalten, in denen alle Menschenrassen nahe miteinander übereinstimmen und zu diesen die zahlreichen Punkte fügen, – einige von der größten Bedeutung und viele von dem untergeordnetsten Wert –, von welchen die Bewegungen des Ausdrucks direkt oder indirekt abhängen, so scheint es mir im höchsten Grade unwahrscheinlich zu sein, daß eine so große Ähnlichkeit oder vielmehr Identität im Bau durch unabhängige Mittel erlangt worden sein könne. Und dort müßte dies der Fall gewesen sein, wenn die einzelnen Menschenrassen von mehreren ursprünglich verschiedenen Spezies abgestammt wären. Es ist bei weitem wahrscheinlicher, daß die vielen Punkte großer Ähnlichkeit in den verschiedenen Rassen Folge der Vererbung von einer einzigen elterlichen Form sind, welche bereits einen menschlichen Charakter angenommen hatte.

Es wäre interessant, wenn schon vielleicht müßig, darüber eine Spekulation anzustellen, wie

Schlußbemerkungen und Zusammenfassung

früh in der langen Reihe unserer Urerzeuger die verschiedenen ausdruckgebenden Bewegungen, welche der Mensch darbietet, sukzessiv erlangt worden sind. Die folgenden Bemerkungen mögen mindestens dazu dienen, einige der hauptsächlichsten in diesem Band erörterten Punkte ins Gedächtnis zurückzurufen. Wir können zuverlässig annehmen, daß das Lachen als ein Zeichen der Freude oder des Vergnügens von unseren Urerzeugern ausgeübt wurde, lange ehe sie verdienten, menschlich genannt zu werden; denn sehr viele Arten von Affen stoßen, wenn sie vergnügt sind, einen oft wiederholten Laut aus, welcher offenbar unserem Lachen analog ist und von zitternden Bewegungen ihrer Kiefer und Lippen begleitet wird, wobei die Mundwinkel nach hinten und oben gezogen, die Wangen gefurcht und selbst die Augen glänzend werden.

In gleicher Weise können wir schließen, daß die Furcht seit einer äußerst entfernt zurückliegenden Zeit in beinahe derselben Weise ausgedrückt wurde, wie es jetzt von Menschen geschieht: nämlich durch Zittern, das Aufrichten der Haare, kalten Schweiß, Blässe, weit geöffnete Augen, Erschlaffung der meisten Muskeln und dadurch, daß sich der Körper niederduckte oder bewegungslos gehalten wurde.

Leiden wird von Anfang an, wenn es groß war, Schreien oder Knurren verursacht haben, wobei der Körper gewunden und mit den Zähnen geknirscht wurde. Unsere Urerzeuger werden aber jene in hohem Grade ausdrucksvollen Gesichtszüge nicht eher dargeboten haben, welche das Schreien und Weinen begleiten, bis ihre Zirkulations- und Respirationsorgane und die die Augen umgebenden Muskeln ihren gegenwärtigen Bau erlangt hatten. Das Vergießen von Tränen scheint durch Reflextätigkeit infolge der krampfhaften Zusammenziehung der Augenlider, vielleicht in Verbindung mit einer Überfüllung der Augen mit Blut während des Aktes des Schreiens entstanden zu sein. Das Weinen trat daher wahrscheinlich spät in der Reihe unserer Vorfahren auf; dieser Schluß stimmt mit der Tatsache überein, daß unsere nächsten Verwandten, die anthropomorphen Affen, nicht weinen. Wir müssen hier indessen mit einiger Vorsicht auftreten; denn da gewisse Affen, welche nicht mehr mit den Menschen verwandt sind, weinen, so kann sich diese Gewohnheit schon vor langer Zeit bei einem Unterzweig der Gruppe entwickelt haben, von welcher der Mensch ausgegangen ist. Wenn unsere früheren Urerzeuger vor Kummer oder Sorgen litten, werden sie nicht eher ihre Augenbrauen schräg gestellt oder ihr Mundwinkel herabgezogen haben, bis sie die Gewohnheit erlangt hatten zu versuchen, ihr Schreien zu unterdrücken. Es ist daher der Ausdruck des Kummers und der Sorge in eminentem Grade menschlich.

Wut wird in einer sehr frühen Periode durch drohende oder rasende Gebärden, durch rot werden der Haut und durch starrende Augen, aber nicht durch ein Stirnrunzeln ausgedrückt worden sein. Die Gewohnheit, die Stirn zu runzeln, scheint nämlich dadurch erlangt worden zu sein, daß die Augenbrauenrunzler (Korrugatoren) die ersten Muskeln waren, welche sich zusammenzogen, sobald während der frühesten Kindheit Schmerz, Zorn oder Trübsal empfunden wurde, zum Teil auch dadurch, daß das Runzeln der Stirn als Schirm bei schwierigem und intensivem Sehen diente. Diese Handlung, mit den Augenbrauen einen Schirm für die Augen zu bilden, scheint wahrscheinlicherweise nicht eher gewohnheitsgemäß geworden zu sein, bis der Mensch eine vollkommen aufrechte Stellung angenommen hatte; denn Affen runzeln ihre Augenbrauen nicht, wenn sie blendendem Lichte ausgesetzt werden. Unsere frühen Urerzeuger werden wahrscheinlich wenn sie in Wut geraten sind, ihre Zähne noch weiter gezeigt haben, als es jetzt der Mensch tut, selbst wenn er seinem Wutausbruch, wie im Falle einer Geisteskrankheit, vollen Lauf läßt. Wir können auch darüber beinahe sicher sein, daß sie ihre Lippen vorgestreckt haben werden, wenn sie mürrisch oder enttäuscht waren, und zwar in einem höheren Grade als es jetzt bei unseren Kindern oder selbst bei den Kindern jetzt lebender wilder Menschenrassen der Fall ist.

Unsere frühen Urerzeuger werden ferner, wenn sie sich unwillig oder in massigem Grade zornig fühlten, nicht eher ihren Kopf aufrecht gehalten, ihren Brustkasten erweitert, ihre Schultern scharf zusammengenommen und ihre Fäuste geballt haben, bis sie die gewöhnliche Haltung und aufrechte Stellung des Menschen angenommen und gelernt hatten, mit ihren Fäusten oder mit Keulen zu kämpfen. Bis zum Eintritt dieser Periode wird die gegensätzliche Gebärde des Zuckens mit den Schultern, als ein Zeichen der Unfähigkeit oder der Geduld, nicht entwickelt worden sein. Aus demselben Grund wird damals das Erstaunen nicht durch ein Emporheben der Arme mit geöffneten Händen und auseinandergespreizten Fingern ausgedrückt worden sein. Auch wird das Erstaunen, nach den Handlungen von Affen zu urteilen, sich nicht durch einen weit geöffneten Mund zu erkennen gegeben haben; die Augen werden aber weit geöffnet und die Augenbrauen gewölbt worden sein. Abscheu oder Widerwille wird in einer sehr frühen Zeit durch Bewegungen um den Mund, ähnlich denen des Erbrechens, gezeigt worden sein, — indessen nur wenn die Ansicht, welche ich vermutungsweise ausgesprochen habe, korrekt ist, daß nämlich unsere Urerzeuger die Fähigkeit hatten und auch davon Gebrauch machten, willkürlich und schnell irgendwelche Nahrung aus ihrem Magen auszustoßen, die ihnen nicht zusagte. Die verfeinerte Art indessen, Verachtung oder Geringschätzung durch Herabsenken der Augenlider oder Abwenden der Augen und des Gesichts auszudrücken, als wenn die verachtete Person nicht wert wäre, angesehen zu werden, wird wahrscheinlich nicht eher als bis in einer viel späteren Periode erlangt worden sein.

Von allen Ausdrucksformen scheint das Erröten die im strengen Sinne menschlichste zu sein; und doch ist sie sämtlichen oder nahezu sämtlichen Rassen des Menschen eigen, mag nun irgendwelche Veränderung der Farbe auf der Haut dabei sichtbar sein oder nicht. Die Erschlaffung der kleinen Arterien der Hautfläche, von welcher das Erröten abhängt, scheint an erster Stelle eine Folge davon gewesen zu sein, daß ernste Aufmerksamkeit der Erscheinung unserer eigenen Person, besonders unseres Gesichts zugewendet wurde, wozu dann Gewohnheit, Vererbung und das leichte Strömen von Nervenkraft gewohnten Kanälen entlang zur Unterstützung hinzugetreten ist; später scheint es dann durch die Kraft der Assoziation auf die Form der Selbstbeachtung ausgedehnt worden zu sein, welche sich der moralischen Aufführung zuwendet. Es kann kaum bezweifelt werden, daß viele Tiere imstande sind, schöne Farben und selbst Formen zu würdigen, wie es sich in der aufgewandten Mühe zeigt, mit welcher die Individuen des einen Geschlechts ihre Schönheit vor denen des anderen Geschlechts entfalten. Es scheint aber nicht möglich zu sein, daß irgendein Tier eher, als bis seine geistigen Fähigkeiten sich zu einem gleichen oder nahezu gleichen Grade mit denen des Menschen entwickelt hatten, seine eigene persönliche Erscheinung in nahen Betracht gezogen hat und in bezug auf dieselbe empfindlich geworden ist. Wir können daher wohl schließen, daß das Erröten in unserer langen Deszendenzreihe erst in einer sehr spätem Periode entstanden ist.

Aus den verschiedenen, eben erwähnten und im Laufe des vorliegenden Bandes mitgeteilten Tatsachen folgt, daß wenn die Struktur unserer Respirations- und Zirkulationsorgane nur in einem unbedeutenden Grade von dem Zustand, in dem sie sich jetzt befinden, abgewichen hätte, die meisten unserer Ausdrucksweisen wunderbar verschieden gewesen wären. Eine sehr geringe Veränderung im Verlauf der Arterien und Venen, welche zum Kopf gehen, würde es wahrscheinlich verhindert haben, daß sich das Blut während heftiger Exspirationen in unseren Augäpfeln anhäuft; denn dasselbe tritt nur bei äußerst wenigen Säugetieren ein. In diesem Falle würden wir einige unserer charakteristischsten Ausdrucksformen nicht dargeboten haben. Wenn der Mensch mit Hilfe äußerer Kiemen Wasser geatmet hätte (obgleich diese Idee kaum einer Vorstellung fähig ist), anstatt Luft durch seinen Mund und seine Nasenlöcher zu atmen, so würden seine Gesichtszüge seine Gefühle nicht wirksamer ausgedrückt haben, als es jetzt seine Hände oder Gliedmaßen tun. Wut und Widerwillen würden indessen noch immer durch Bewegungen um die Lippen und den Mund haben gezeigt werden können, und die Augen würden glänzender oder matter geworden sein, je nach dem Zustand der Zirkulation. Wenn unsere Ohren beweglich geblieben wären, so würden ihre Bewegungen in hohem Grade ausdrucksvoll gewesen sein, wie

Schlußbemerkungen und Zusammenfassung

es bei allen den Tieren der Fall ist, die mit ihren Zähnen kämpfen; und wir können annehmen, daß unsere früheren Urerzeuger in dieser Weise kämpften, da wir noch immer den Eckzahn der einen Seite entblößen, wenn wir jemanden Hohn oder Trotz bieten, und wir unsere sämtlichen Zähne zeigen, wenn wir in rasende Wut geraten.

Die Bewegungen des Ausdrucks im Gesicht und am Körper, welcher Art auch ihr Ursprung gewesen sein mag, sind an und für sich selbst für unsere Wohlfahrt von großer Bedeutung. Sie dienen als die ersten Mittel der Mitteilung zwischen der Mutter und ihrem Kind; sie lächelt ihm ihre Billigung zu und ermutigt es dadurch auf dem rechten Weg fortzugehen, oder sie runzelt ihre Stirn aus Mißbilligung. Wir nehmen leicht Sympathie bei anderen durch die Form ihres Ausdrucks wahr; unsere Leiden werden dadurch gemildert und unsere Freuden erhöht; und damit wird das gegenseitige wohlwollende Gefühl gekräftigt. Die Bewegungen des Ausdrucks verleihen unseren gesprochenen Worten Lebhaftigkeit und Energie. Sie enthüllen die Gedanken und Absichten anderer wahrer als es Worte tun, welche gefälscht werden können. So viel Wahrheit die sogenannte Wissenschaft der Physiognomie enthalten mag, sie scheint, wie Haller schon vor langer Zeit bemerkt hat[4], davon abzuhängen, daß verschiedene Personen je nach ihren Gemütsstimmungen verschiedene Gesichtsmuskeln in häufigen Gebrauch bringen; die Entwicklung dieser Muskeln wird hierdurch vielleicht verstärkt und die infolge ihrer gewohnheitsgemäßen Zusammenziehung im Gesicht auftretenden Linien oder Furchen werden damit tiefer und auffallender. Der freie Ausdruck einer Gemütserregung durch äußere Zeichen macht sie intensiver. Auf der anderen Seite macht das Zurückdrängen aller äußeren Zeichen, so weit dies möglich ist, unsere Seelenbewegungen milder.[5] Wer seiner Wut durch heftige Gebärden nachgibt, wird sie nur vergrößern; wer die äußeren Zeichen der Furcht nicht der Kontrolle des Willens unterwirft, wird Furcht in einem bedeutenderen Grade empfinden; und wer in Untätigkeit verharrt, wenn er von Kummer überwältigt wird, verliert die beste Chance, die Elastizität des Geistes wiederzuerhalten. Diese Resultate sind zum Teil eine Folge der innigen Beziehung, welche zwischen allen Gemütserregungen und ihren äußeren Offenbarungen besteht, zum Teil Folge des direkten Einflusses einer Anstrengung auf das Herz und folglich auch auf das Gehirn. Selbst das Heucheln einer Gemütsbewegung erregt dieselbe leicht in unserer Seele. Shakespeare, welcher wegen seiner wunderbaren Kenntnis der menschlichen Seele ein ausgezeichneter Beurteiler sein sollte, sagt:

> „Ist's nicht erstaunlich, daß der Spieler hier
> Bei einer bloßen Dichtung, einem Traum
> Der Leidenschaft, vermochte seine Seele
> Nach eignen Vorstellungen so zu zwingen,
> Daß sein Gesicht von ihrer Regung blaßte,
> Sein Auge naß, Bestürzung in den Mienen,
> Gebrochne Stimm' und seine ganze Haltung
> Gefügt nach seinem Sinn. Und alles das um nichts!"
>
> Hamlet, Akt II, Szene 2.

Wir haben gesehen, daß das Studium der Theorie des Ausdrucks in einer gewissen beschränkten Ausdehung die Folgerung bestätigt, daß der Mensch von irgendeiner niederen tierischen Form herstammt und die Annahme der spezifischen oder subspezifischen Identität der verschiedenen Menschenrassen unterstützt; so weit aber mein Urteil reicht, bedurfte es kaum einer solchen Bestätigung. Wir haben auch gesehen, daß der Ausdruck an sich, oder die Sprache der Seelenerregungen, wie er zuweilen genannt worden ist, sicherlich für die Wohlfahrt der Menschheit

---

[4] Zitiert von Moreau in seiner Ausgabe des Lavater, 1820, Tom. IV, p.311.
[5] Gratiolet (De la Physionomie, 1865, p.66) betont die Richtigkeit dieser Folgerung.

Vierzehntes Kapitel

von Bedeutung ist. So weit wie es möglich ist, die Quelle und den Ursprung der verschiedenen Ausdrucksweisen, welche stündlich auf den Gesichtern der Menschen um uns herum zu sehen sind (unsere domestizierten Tiere dabei gar nicht zu erwähnen), verstehen zu lernen, sollte ein großes Interesse für uns besitzen. Aus diesen verschiedenen Gründen können wir schließen, daß die Philosophie unseres Gegenstandes die Aufmerksamkeit, welche sie bereits von mehreren ausgezeichneten Beobachtern erfahren hat, wohl verdient und daß sie besonders seitens jeden fähigen Physiologen noch mehr Aufmerksamkeit verdient.

Große Werke. Sehr kleine Preise. Nur bei Zweitausendeins.

Ein Bestseller der Aufklärung vom ersten Biologen der Moderne.

Georges-Louis Leclerc Comte de Buffon Allgemeine Naturgeschichte.

Buffon (geboren 1707) war der Erste, der die Naturgeschichte auf eine wissenschaftliche Grundlage stellte. Mit seinen Untersuchungen an Skeletten legte er den Grundstein zur vergleichenden Anatomie. Über ein Jahrhundert vor Darwin gelangte er zu der Auffassung, dass alle Lebensformen einer Entwicklung unterlägen. Sein Mammutprojekt war, eine Geschichte der Welt zu schreiben, in der alles Wissen über die Mineralien, Pflanzen, Tiere und den Menschen enthalten sein sollte. Die ersten Bände („ein Musterbeispiel literarischer und gelehrter Meriten", FAZ) von Buffons Naturgeschichte.erschienen 1749 und wurden nicht nur von den Fachkollegen begeistert aufgenommen. Auch Diderot, Voltaire und Rousseau zählten zu seinen Bewunderern. Das Werk wurde ein Bestseller.

„Buffon ist, deutlicher noch als Humboldt, eine Schwellenfigur. Er konnte noch eine Form der Wissenschaft pflegen, die sich an ein großes Publikum richtete. Der literarische Ruhm (kürzlich wurde er in die offiziöse französische Klassikeredition, die Pléiades, aufgenommen) überblendete die gar nicht geringen wissenschaftlichen Einsichten Buffons auf dem Feld der Erdgeschichte und der sich herausbildenden Biologie" (FAZ). Wir legen die Berliner Ausgabe vor, die von 1771 bis 1774 erschien, ergänzt um den Buffon-Aufsatz von Wolf Lepenies („bietet einen hervorragenden Einstieg", FAS). Georges-Louis Leclerc Comte de Buffon „Allgemeine Naturgeschichte". 1.152 Seiten. Broschur. 7,99 €. Nummer 106 537.

"Sprache und Leben sind unzertrennliche Begriffe." Wilhelm von Humboldt

Wilhelm von Humboldt Schriften zur Sprache.

Sein Bruder Alexander ergründete die Geheimnisse der Welt mit den Mitteln der Naturwissenschaft, Wilhelm plante eine andere Form der Vermessung: Er wollte dem Wesen des Menschen mit einem Atlas der Sprachen nahe kommen. Und niemand wäre besser dafür geeignet gewesen als er: Humboldt sprach fließend Latein, Französisch, Italienisch, Englisch, beherrschte außerdem das Griechische und studierte Spanisch, Baskisch, Litauisch ...

Seine Theorien, in denen er den Charakter jeder einzelnen Sprache zu erfassen versuchte, markieren den Beginn der modernen Sprachwissenschaft. Er ergründete „die Eigenart der einzelnen, unübersetzbaren Sprachen, die für Humboldt verschiedene Weltsichten präsentierten. Daher leistet die vergleichende Sprachforschung, was Geisteswissenschaften überhaupt tun sollten: Sie macht uns mit den Möglichkeiten der Menschen vertraut" (Süddeutsche Zeitung).

Dieser Band enthält Wilhelm von Humboldts zentrale Schriften zur Sprachwissenschaft und Staatstheorie, Altertumskunde und Ästhetik, Geschichte und Anthropologie, Reisenotizen und ausgewählte Briefe. Wilhelm von Humboldt „Schriften zur Sprache". 1.056 Seiten. Broschur. 7,99 €. Nummer 106 248.

"Wir bräuchten jemanden, der die Situation des Kapitalismus am Beginn des 21. Jahrhunderts in intellektuell ähnlich beeindruckender Weise wie Marx auf den Begriff bringt." Paul Nolte

Karl Marx
Kapital und Politik.

Als im 19. Jahrhundert eine rasante Entwicklung in den Bereichen Technik und Naturwissenschaften einsetzt, ahnt ein junger Journalist, welcher gesellschaftliche Sprengstoff hier entsteht. Der erst 24-jährige Karl Marx ist Chefredakteur der liberalen Rheinischen Zeitung in Köln, die er zur Wortführerin der demokratischen Opposition Deutschlands macht. Teile seiner Gesellschaftsanalysen bieten auch heute noch Material zur Interpretation unserer politischen Situation.

„Seit sich der Kapitalismus ungehemmt und global entfalten kann, wächst die Systemkritik wieder", hat Der Spiegel beobachtet. Wir haben die Hauptwerke der marxschen Wirtschafts- und Gesellschaftstheorie ohne einen bevormundenden Kommentar zu einem kompakten Reader zusammengestellt: Das Kapital Band 1, Die Einleitung zu den Grundrissen der Ökonomie, Das Manifest der Kommunistischen Partei, Der achtzehnte Brumaire des Louis Bonaparte u.a. Mit einem Vorwort des Herausgebers der Marx-Engels-Gesamtausgabe Dr. H.-P. Harstick. Karl Marx „Kapital und Politik". 1.360 Seiten. Broschur. 7,99 €. Nummer 105 624.

Wie entsteht Macht? Was macht Wirtschaftsstrukturen erfolgreich? Wie beeinflussen sich Wirtschaft und Politik?

Max Weber
Wirtschaft und Gesellschaft.

Es gibt kaum ein zweites Buch, das für Historiker, Politiker, Kulturwissenschaftler und Soziologen eine solch immense Bedeutung hat wie Max Webers großes Hauptwerk „Wirtschaft und Gesellschaft".

Es „bildet bis heute ein schier unerschöpfliches Reservoir für Ideen über die Struktur und Dynamik und die begriffliche Erfassung gesellschaftlicher Erscheinungen" (Kindlers) und und bleibt für aktuelle Theoriediskussionen unverzichtbar.

Denn obwohl Weber sein im Untertitel „Grundriss der verstehenden Soziologie" genanntes Buch bereits Anfang des 20. Jahrhunderts konzipierte, erweist es sich in seiner prophetischen Sicht auf die globale Verbreitung einer streng nach Marktgesetzen konzipierten Wirtschafts- und Gesellschaftsordnung und deren Folgen als überraschend hellsichtig. Weber fragt: Nach welchen Systemen organisieren sich Herrschaftsordnungen? Wie gelangen sie zu politischer und wirtschaftlicher Macht? Dabei interessiert ihn vor allem, wie es in westlichen Gesellschaften zu einer Häufung von Rationalisierungsprozessen kommen konnte, wie sie in den Wirtschaftsordnungen des modernen Kapitalismus, in der parlamentarischen Regierungsform und in der modernen Verwaltungsstruktur zu finden sind. Weber sieht hier den Schlüssel für den politischen und wirtschaftlichen Erfolg. Er bezieht aber auch die Einflüsse von Recht und Religion in seine Untersuchungen mit ein. Max Weber „Wirtschaft und Gesellschaft". 1.156 Seiten. Broschur. 7,99 €. Nummer 101 939.

Wie bilden sich Gesellschaften? Was hält sie zusammen? Welchen Einfluss haben die Wertesysteme auf ihre Entstehung und Entwicklung?

Max Weber
Religion und Gesellschaft.

Diese Essays gehören zu den bedeutendsten und meist diskutierten Studien der Soziologie. Max Webers „Gesammelte Aufsätze zur Religionssoziologie" sind neben „Wirtschaft und Gesellschaft" sein wichtigstes und bekanntestes Werk (beide Werke sollen sich - so Webers Intention - gegenseitig ergänzen).

Die einzelnen Beiträge stellen Glanzleistungen der soziologischen Reflexion dar. Sie sind von besonderer Wichtigkeit für die Grundlegung einer soziologischen Methodologie und begründeten Webers Ruf als „einem der größten Denker des 20. Jahrhunderts" (WamS).

Weber stellt fest: Jede religiöse Weltanschauung ist mit einer spezifischen Ethik und Lebensführung verbunden und begünstigt dadurch das Entstehen neuer Organisationsformen. Denn religiöse Weltbilder beeinflussen auch die säkulare Wirklichkeit. „Weber erinnert daran, was Wissenschaft sein kann: ein spannungsvolles Ringen zwischen einer Überfülle von Leben und einem kalt sezierenden Verstand - nicht nur ein Trick, um sich in diverse Diskurse einzuklinken und sich als Experte wichtig zu tun" (Joachim Radkau, Autor der Biografie „Max Weber. Die Leidenschaft des Denkens"). Max Weber „Religion und Gesellschaft". 1.230 Seiten. Broschur. 7,99 €. Nummer 103 024.

Was ist ein Staat? Was ist legitime Herrschaft? Dürfen Politiker Geld verdienen?

Max Weber
Politik und Gesellschaft.

Max Weber zählt zu den Gründervätern und Meisterdenkern der modernen Soziologie und Kulturwissenschaft. Seine Werke, oft als bürgerlicher Gegenentwurf zu Marx' gesellschaftlicher Großtheorie interpretiert, sind längst Klassiker, von denen noch heute wichtige Impulse und Anregungen für den Diskurs der Kulturwissenschaften ausgehen, seine Rede „Politik als Beruf" ist der unverzichtbare Schlüsseltext der modernen Politikwissenschaft. Darin entwirft Weber eine bis heute gültige Typologie der politisch Handelnden.

Dieser Band versammelt neben Webers Zeitungsartikeln und Reden zu Politik und sozialpolitischen Themen auch die berühmten Reden „Politik als Beruf" und „Wissenschaft als Beruf". Den politischen Texten nachgestellt sind weitere Arbeiten, die die Vielfalt seiner Interessen und die Breite seines Werkes belegen, darunter auch den von Adorno gerühmten Entwurf einer Musiksoziologie. Max Weber „Politik und Gesellschaft". 1.140 Seiten. Broschur. 7,99 €. Nummer 103 616.

"Stellt als Kulturtheorie des voll entfalteten Kapitalismus die Arbeiten Max Webers in den Schatten." Frankfurter Allgemeine Zeitung

Georg Simmel
Philosophie des Geldes.

Georg Simmel war der Star unter den deutschen Philosophen seiner Zeit. Er veröffentlichte zahllose Aufsätze, viel beachtete Bücher und hatte entscheidenden Einfluss auf das entstehende Fach der Soziologie. Tout Berlin besuchte seine Vorlesungen, über die auch regelmäßig Berichte in der Tagespresse zu lesen waren. Missgünstige (und antisemitisch eingestellte) Kollegen torpedierten immer wieder seine akademische Karriere. Es erregte auch ihr Misstrauen, dass Simmel seine luziden philosophischen und soziologischen Einsichten mit schriftstellerischer Eleganz zu formulieren wusste. Simmels Blick auf die Welt und sein essayistischer Stil prägten die Philosophen, Soziologen und Schriftsteller der beginnenden Moderne. Ohne Simmel hätten Kurt Tucholsky, Siegfried Kracauer, Ernst Bloch, Walter Benjamin und Theodor W. Adorno anders gedacht und geschrieben.

In seinem zeitdiagnostischen Hauptwerk, der „Philosophie des Geldes", fragt Simmel, was die moderne Geldwirtschaft aus den Menschen gemacht hat und wie durch sie die Gesellschaft verändert wurde. Den positiven Aspekten wie der Überwindung des Feudalismus und der Entwicklung moderner Demokratien steht der wachsende Einfluss des Geldes gegenüber: Geld, das ursprünglich nur den Handel erleichtern sollte, beginnt sich zu verselbständigen. Geld wird Gott: Die Gebäude von Banken werden größer und prächtiger als Kirchen und beherrschen den Mittelpunkt der Städte. Sogar das Selbstwertgefühl des Menschen und seine Einstellung zum Leben werden vom Geld dominiert. Und doch besitzt der Mensch, die Freiheit, nach Dimensionen zu streben, die größer sind als Geld.

Aus dem Inhalt: Philosophie des Geldes, Der Begriff und die Tragödie der Kultur, Weibliche Kultur, Die Großstädte und das Geistesleben, Zur Soziologie der Familie, Zu einer Theorie des Pessimismus, Die ästhetische Bedeutung des Gesichts, Über die dritte Dimension in der Kunst u.a. Georg Simmel „Philosophische Kultur". Mit einem Text von Jürgen Habermas. 1.152 Seiten. Broschur. 7,99 €. Nummer 106 534.

"Die Darstellung besitzt spielerische Leichtigkeit, bezwingenden Charme, der das Publikum seit Jahrzehnten verführt." Frankfurter Allgemeine Zeitung

Egon Friedell
Kulturgeschichte der Neuzeit.
Kulturgeschichte Ägyptens und des Alten Orients.

Er war Theaternarr, Max-Reinhardt-Schauspieler, ein „Sprachwunder" (Karl Kraus) und genialer Feuilletonist, Doktor der Philosophie, Partylöwe und bekennender Müßiggänger, der die inspirierenden Potenzen alkoholischer Getränke rühmte - ein Wiener Original also. Und so würde Egon Friedell neben Peter Altenberg und Alfred Polgar bis heute lediglich zu den prominentesten Protagonisten der Wiener Kulturszene gezählt werden, wenn er nicht 1927 sein Erfolgsbuch veröffentlicht hätte: die große „Kulturgeschichte der Neuzeit", der er seinen Weltruhm verdankt. Erst zu diesem Zeitpunkt - er war fast 50 - wurde seine geheime Doppelexistenz aufgedeckt: Friedell führte auch ein Bücherleben, umgeben von vielen tausend Bänden, in die er seine geistvollen Kommentare notierte.

Mit der „Kulturgeschichte Ägyptens und des Alten Orients" lotete Friedell den Beginn der menschlichen Geschichte philosophisch-essayistisch aus, während er in „Der Kulturgeschichte der Neuzeit" die jüngere Historie als Krankengeschichte der Gattung Mensch zu deuten suchte. Friedell schreitet darin „durch die Zeiten mit der Souveränität eines Feldherrn und mit dem Einfühlungsvermögen eines Dichters" (PM History), er verfolgt so über die Jahrhunderte die Strömungen und geistigen, politischen und sozialen Entwicklungen und stellt uns die wichtigsten Persönlichkeiten in farbigen und anekdotenreichen Porträts vor. Mit umfassendem Hintergrundwissen düpiert er die Fachleute unterschiedlichster Profession, indem er bewusst parteilich, dabei stets stilsicher, mit immer wieder aufblitzender Ironie sowie gelegentlich eingestreuten satirischen Ketzereien den Alltag eines Nürnberger Handwerkers im 16. Jahrhundert ebenso veranschaulicht, wie Goethes Farbenlehre oder den Dadaismus.

„Mit einer unglaublichen Belesenheit, einem bestrickenden Witz, einem exakt wissenschaftlichen Verstand und wahrhaft subtilen Kunstgeschmack gibt Friedell unzählige Aspekte der kulturellen Entwicklung des europäischen - und amerikanischen - Menschen von der Renaissance bis zum Ersten Weltkrieg. Er stellt ihn in seine äußere und geistige Umwelt, schildert seinen Alltag, seine Tracht und Sitte mit derselben evokativen Frische wie die großen ideologischen Strömungen der Zeit", staunte die österreichische Schriftstellerin Hilde Spiel. Die Neue Zürcher versank in Friedells Kulturgeschichte wie in einem „spannenden Roman". Egon Friedell „Kulturgeschichte der Neuzeit und Kulturgeschichte Ägyptens und des Alten Orients". 1.335 Seiten. Broschur. 7,99 €. Nummer 106 836.

Preisänderungen und Lieferungen vorbehalten